HANDBUCH DER PHYSIK

UNTER REDAKTIONELLER MITWIRKUNG VON

R. GRAMMEL-STUTTGART · F. HENNING-BERLIN
H. KONEN-BONN · H. THIRRING-WIEN · F. TRENDELENBURG-BERLIN
W. WESTPHAL-BERLIN

HERAUSGEGEBEN VON

H. GEIGER UND KARL SCHEEL

BAND XX

LICHT
ALS
WELLENBEWEGUNG

Springer-Verlag Berlin Heidelberg GmbH
1928

LICHT
ALS
WELLENBEWEGUNG

BEARBEITET VON

L. GREBE · K. F. HERZFELD · W. KÖNIG
A. LANDÉ · H. LEY · R. MECKE · G. SZIVESSY
K. L. WOLF · G. WOLFSOHN

REDIGIERT VON H. KONEN

MIT 225 ABBILDUNGEN

Springer-Verlag Berlin Heidelberg GmbH
1928

ISBN 978-3-642-88925-7 ISBN 978-3-642-90780-7 (eBook)
DOI 10.1007/978-3-642-90780-7

URSPRÜNGLICH ERSCHIENEN BEI JULIUS SPRINGER IN BERLIN 1928
SOFTCOVER REPRINT OF THE HARDCOVER 1ST EDITION 1928

Inhaltsverzeichnis.

A. Die Natur des Lichtes.

B. Fortbildung der Wellentheorie.

C. Kristalloptik.

Kapitel 11.

Allgemeine physikalische Konstanten

(September 1926)[1].

a) Mechanische Konstanten.

Gravitationskonstante	$6{,}6_5 \cdot 10^{-8}$ dyn · cm² · g⁻²
Normale Schwerebeschleunigung	$980{,}665$ cm · sec^{-2}
Schwerebeschleunigung bei 45° Breite	$980{,}616$ cm · sec^{-2}
1 Meterkilogramm (mkg)	$0{,}980665 \cdot 10^{8}$ erg
Normale Atmosphäre (atm)	$1{,}01325_3 \cdot 10^{6}$ dyn · cm^{-2}
Technische Atmosphäre	$0{,}980665 \cdot 10^{6}$ dyn · cm^{-2}
Maximale Dichte des Wassers bei 1 atm	$0{,}999973$ g · cm^{-3}
Normales spezifisches Gewicht des Quecksilbers	$13{,}5955$

b) Thermische Konstanten.

Absolute Temperatur des Eispunktes	$273{,}2_0$°
Normales Litergewicht des Sauerstoffes	$1{,}42900$ g · l^{-1}
Normales Molvolumen idealer Gase	$22{,}414_5 \cdot 10^{3}$ cm^{3}
Gaskonstante für ein Mol	$0{,}8204_5 \cdot 10^{2}$ cm^3-atm · grad^{-1} $0{,}8313_2 \cdot 10^{8}$ erg · grad^{-1} $0{,}8309_0 \cdot 10^{1}$ int joule · grad^{-1} $1{,}985_8$ cal · grad^{-1}
Energieäquivalent der 15°-Kalorie (cal)	$4{,}184_2$ int joule $1{,}1623 \cdot 10^{-6}$ int k-watt-st $4{,}186_3 \cdot 10^{7}$ erg $4{,}268_8 \cdot 10^{-1}$ mkg

c) Elektrische Konstanten.

1 internationales Ampere (int amp)	$1{,}0000_0$ abs amp
1 internationales Ohm (int ohm)	$1{,}0005_0$ abs ohm
Elektrochemisches Äquivalent des Silbers	$1{,}11800 \cdot 10^{-3}$ g · int coul^{-1}
Faraday-Konstante für ein Mol und Valenz 1	$0{,}9649_4 \cdot 10^{5}$ int coul
Ionisier.-Energie/Ionisier.-Spannung	$0{,}9649_4 \cdot 10^{5}$ int joule · int volt^{-1}

d) Atom- und Elektronenkonstanten.

Atomgewicht des Sauerstoffs	$16{,}000$
Atomgewicht des Silbers	$107{,}88$
LOSCHMIDTsche Zahl (für 1 Mol)	$6{,}06_1 \cdot 10^{23}$
BOLTZMANNsche Konstante k	$1{,}372 \cdot 10^{-16}$ erg · grad^{-1}
$^1/_{16}$ der Masse des Sauerstoffatoms	$1{,}650 \cdot 10^{-24}$ g
Elektrisches Elementarquantum e	$1{,}592 \cdot 10^{-19}$ int coul $4{,}77_4 \cdot 10^{-10}$ dyn$^{1/2}$ · cm
Spezifische Ladung des ruhenden Elektrons e/m	$1{,}76_6 \cdot 10^{8}$ int coul · g^{-1}
Masse des ruhenden Elektrons m	$9{,}02 \cdot 10^{-28}$ g
Geschwindigkeit von 1-Volt-Elektronen	$5{,}94_5 \cdot 10^{7}$ cm · sec^{-1}
Atomgewicht des Elektrons	$5{,}46 \cdot 10^{-4}$

e) Optische und Strahlungskonstanten.

Lichtgeschwindigkeit (im Vakuum)	$2{,}998_5 \cdot 10^{10}$ cm · sec^{-1}
Wellenlänge der roten Cd-Linie (1 atm, 15° C)	$6438{,}470_0 \cdot 10^{-8}$ cm
RYDBERGsche Konstante für unendl. Kernmasse	$109737{,}1$ cm^{-1}
SOMMERFELDsche Konstante der Feinstruktur	$0{,}729 \cdot 10^{-2}$
STEFAN-BOLTZMANNsche Strahlungskonstante σ	$5{,}7_5 \cdot 10^{-12}$ int watt · cm^{-2} · grad^{-4} $1{,}37_4 \cdot 10^{-12}$ cal · cm^{-2} · sec^{-1} · grad^{-4}
Konstante des WIENschen Verschiebungsgesetzes	$0{,}288$ cm · grad
WIEN-PLANCKsche Strahlungskonstante c_2	$1{,}43$ cm · grad

f) Quantenkonstanten.

PLANCKsches Wirkungsquantum h	$6{,}55 \cdot 10^{-27}$ erg · sec
Quantenkonstante für Frequenzen $\beta = h/k$	$4{,}77_5 \cdot 10^{-11}$ sec · grad
Durch 1-Volt-Elektronen angeregte Wellenlänge	$1{,}233 \cdot 10^{-4}$ cm
Radius der Normalbahn des H-Elektrons	$0{,}529 \cdot 10^{-8}$ cm

[1]) Erläuterungen und Begründungen s. Bd. II d. Handb. Kap. 10, S. 487—518.

A. Die Natur des Lichtes.

Kapitel 1.

Klassische und moderne Interferenzversuche und Interferenzapparate. Elementare Theorie derselben.

Von

L. Grebe, Bonn.

Mit 45 Abbildungen.

I. Interferenzversuche.

1. Superposition kleiner periodischer Bewegungen. Die Lehre von der Interferenz des Lichtes umfaßt diejenigen Erscheinungen, bei denen die gleichzeitige Einwirkung mehrerer Lichterregungen an einer Stelle des Raumes nicht die Summe der einzelnen Lichtintensitäten hervorbringt. Am auffallendsten werden solche Erscheinungen dann, wenn die gleichzeitige Einwirkung zweier Lichtwirkungen zu Dunkelheit führt, also eine gegenseitige Vernichtung der beiden Lichtwirkungen eintritt. Aus der Wellentheorie des Lichtes können solche Erscheinungen vorausgesagt werden, und ihr Nachweis ist immer als eine unmittelbare Bestätigung der Wellentheorie aufgefaßt worden. Es ist bisher nicht zu erkennen, wie aus den Vorstellungen der extremen Quantentheorie des Lichtes eine befriedigende Erklärung der Interferenzerscheinungen abgeleitet werden kann, und wir stellen uns daher in diesem Abschnitt vollständig auf den Boden der klassischen Undulationstheorie. Gleichgültig bleibt es dabei, ob wir von den Vorstellungen der elastischen oder elektromagnetischen Lichttheorie ausgehen.

Die Interferenzerscheinungen lassen sich erklären durch das Prinzip von der Superposition kleiner Bewegungen, das, auf die einzelnen Wellenbewegungen angewendet, eine geometrische Addition der in demselben Raumpunkte wirksam werdenden Lichtvektoren erfordert. Die geometrische Summe liefert den Vektor der resultierenden Lichtbewegung. Nehmen wir zur Vereinfachung an, die betrachteten Lichtwellen seien eben, was durch genügende Entfernung der aussendenden Lichtquelle erreicht werden kann, und außerdem gleichgerichtet und in derselben Ebene polarisiert, so ist die Richtung des Lichtvektors in jedem Raumpunkte für jede der beiden Lichtbewegungen die gleiche gerade Linie und die geometrische Addition der beiden Lichtvektoren geht bei der Superposition in eine algebraische Addition über. Als weitere Vereinfachung wollen wir noch annehmen, die Schwingungsdauer bzw. Wellenlänge der beiden Wellenbewegungen sei die gleiche, so daß sie sich nur durch ihre Amplitude und ihre Phase voneinander unterscheiden. Die Phasendifferenz bleibt dann im Laufe der Zeit immer die gleiche. Man bezeichnet Lichtwellen, die in dieser Weise eine konstante Phasendifferenz und einen gegeneinander unveränderlichen Polarisationszustand besitzen, als kohärent.

Wir stellen die beiden ebenen Lichtwellen, die sich in der x-Richtung eines rechtwinkligen Koordinatensystems fortpflanzen mögen und die die gleiche Polarisationsebene besitzen, durch die Beziehungen dar:

$$\left.\begin{aligned} y_1 &= A_1 \cdot \sin 2\pi\left(\frac{t}{T} - \frac{x}{\lambda}\right), \\ y_2 &= A_2 \cdot \sin 2\pi\left(\frac{t}{T} - \frac{x+\delta}{\lambda}\right). \end{aligned}\right\} \tag{1}$$

Dabei ist also T die Schwingungsdauer, λ die Wellenlänge, A_1 und A_2 sind die Amplituden und δ ist der sog. Gangunterschied der beiden Wellen, also die Strecke auf der gemeinsamen Fortpflanzungsrichtung, um die zwei Punkte gleicher Phase der beiden Wellen auseinanderliegen.

Um die Superposition der beiden Wellen (1) durchzuführen, wollen wir die Gleichungen etwas umformen.

Wir schreiben die erste dieser Gleichungen

$$y_1 = A_1 \cdot \sin\frac{2\pi}{T}\left(t - \frac{T}{\lambda}\cdot x\right) = A_1 \cdot \sin\frac{2\pi}{T}\,t \cdot \cos\frac{2\pi}{\lambda}\cdot x - A_1 \cdot \cos\frac{2\pi}{T}\cdot t \cdot \sin\frac{2\pi}{\lambda}\cdot x\,.$$

Setzen wir nun

$$A_1' = A_1 \cdot \cos\frac{2\pi}{\lambda}\cdot x\,, \qquad A_1'' = A_1 \cdot \sin\frac{2\pi}{\lambda}\cdot x\,,$$

so ist

$$y_1 = A_1' \cdot \sin\frac{2\pi}{T}\cdot t - A_1'' \cdot \cos\frac{2\pi}{T}\cdot t\,, \tag{2}$$

wobei

$$A_1'^2 + A_1''^2 = A_1^2 \qquad \text{und} \qquad \frac{A_1''}{A_1'} = \operatorname{tg}\frac{2\pi}{\lambda}\cdot x$$

ist.

Für die zweite der Gleichungen (1) folgt ebenso

$$y_2 = A_2' \cdot \sin\frac{2\pi}{T}\cdot t - A_2'' \cos\frac{2\pi}{T}\cdot t\,, \tag{2a}$$

wo

$$A_2'^2 + A_2''^2 = A_2^2 \qquad \text{und} \qquad \frac{A_2''}{A_2'} = tg\frac{2\pi}{\lambda}\cdot(x+\delta)\,.$$

Die Superposition der beiden Wellen wird durch Addition der beiden Gleichungen (2) und (2a) erhalten und liefert

$$y = y_1 + y_2 = (A_1' + A_2') \cdot \sin\frac{2\pi}{T}\cdot t - (A_1'' + A_2'') \cdot \cos\frac{2\pi}{T}\cdot t\,.$$

Das ist wieder eine Gleichung von der Form (2). Um sie in die Form der Gleichungen (1) zu bringen, setzen wir

$$A_1' + A_2' = A'\,, \qquad A_1'' + A_2'' = A''\,,$$

und

$$A'^2 + A''^2 = A^2\,, \qquad \frac{A''}{A'} = \operatorname{tg}\frac{2\pi}{\lambda}(x+\varphi)\,.$$

Dann erhalten wir

$$y = A \cdot \sin 2\pi\left(\frac{t}{T} - \frac{x+\varphi}{\lambda}\right). \tag{3}$$

Für die Beziehung zwischen der resultierenden Lichtintensität und der der sie zusammensetzenden Teile interessiert uns die Beziehung zwischen den Amplitudenquadraten, denen die Intensität proportional ist.

Nun ist

$$A^2 = A'^2 + A''^2 = (A_1' + A_2')^2 + (A_1'' + A_2'')^2$$
$$= \left(A_1 \cdot \cos\frac{2\pi}{\lambda}\cdot x + A_2 \cdot \cos\frac{2\pi}{\lambda}(x+\delta)\right)^2 + \left(A_1 \cdot \sin\frac{2\pi}{\lambda}\cdot x + A_2 \cdot \sin\frac{2\pi}{\lambda}(x+\delta)\right)^2.$$

Die Ausrechnung ergibt

$$A^2 = A_1^2 + A_2^2 + 2A_1A_2 \cdot \cos\frac{2\pi\delta}{\lambda}. \tag{4}$$

Die Amplituden addieren sich also geometrisch, wenn sie als Vektoren mit dem Winkel $\frac{2\pi\delta}{\lambda}$ gegeneinander aufgetragen werden. Aus der Gleichung (4) ergibt sich, daß die Superposition je nach dem Werte von δ größere oder geringere Helligkeit liefert. Ist δ ein ganzes Vielfaches von λ oder ein gerades Vielfaches von $\lambda/2$, so ist die resultierende Lichtbewegung ein Maximum. Ist δ ein ungerades Vielfaches von $\lambda/2$, so ist sie ein Minimum. Sind die Amplituden der interferierenden Lichtbewegungen gleich, so ist $A_1 = A_2 = B$ also

$$A^2 = 2B^2\left(1 + \cos\frac{2\pi\delta}{\lambda}\right) = 4B^2 \cdot \cos^2\pi \cdot \frac{\delta}{\lambda}. \tag{5}$$

Es tritt also Vervierfachung der Lichtintensität des einzelnen Büschels für den Fall ein, daß der Gangunterschied δ ein gerades Vielfaches von $\lambda/2$ und Vernichtung, wenn er gleich einem ungeraden Vielfachen von $\lambda/2$ ist.

2. FRESNELS Spiegelversuch. Die Versuchsanordnungen, die ersonnen worden sind, um Interferenzerscheinungen zu verwirklichen, laufen in der Hauptsache darauf hinaus, kohärente Strahlenbüschel herzustellen. Wollte man einfach das aus zwei beleuchteten Öffnungen austretende Licht benutzen, so würde man niemals Interferenzerscheinungen erhalten, selbst wenn man monochromatisches Licht benutzt. Es ist dann ebensowohl der Phasenunterschied wie auch der gegenseitige Polarisierungszustand der beiden Bündel dauernden Veränderungen infolge der Vorgänge in der Lichtquelle unterworfen; die Bedingung der Kohärenz ist also nicht erfüllt.

Die erste einwandfreie Anordnung zur Erzeugung von Lichtinterferenzen ist von FRESNEL[1]) angegeben worden in dem berühmten FRESNELschen Spiegelversuch. Älter ist zwar eine Anordnung von YOUNG zur Erzeugung von Interferenzen; jedoch sind in dieser Beugungserscheinungen für die Interferenzerzeugung wesentlich. Wir wollen deshalb diesen Versuch erst weiter unten besprechen.

Der FRESNELsche Spiegelversuch benutzt folgende Anordnung (Abb. 1): Zwei wenig gegeneinander geneigte Spiegel S_1 und S_2 werden von einer Lichtquelle L beleuchtet. Das Licht wird von den Spiegeln so reflektiert, als ob es von den hinter dem Spiegel liegenden virtuellen Lichtquellen L_1 und L_2 herkäme. Diese sind in unserem Sinne unter allen Umständen kohärent, so daß in dem Raume, in dem Licht von beiden Quellen L_1 und L_2 gleichzeitig auftritt, Inter-

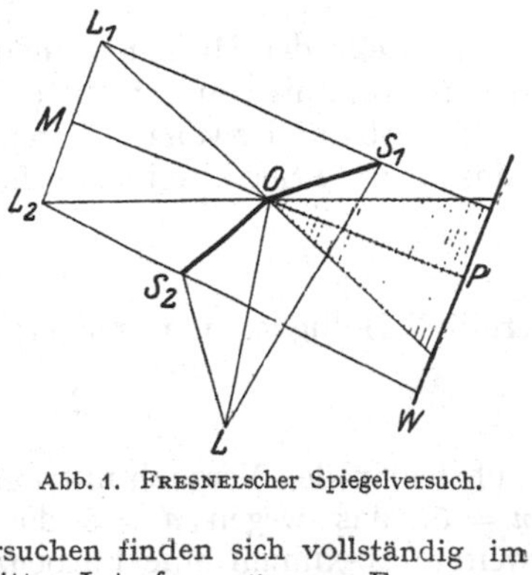

Abb. 1. FRESNELscher Spiegelversuch.

[1]) Literaturangaben zu den älteren Interferenzversuchen finden sich vollständig im Handb. d. Phys. von WINCKELMANN Bd. 6, Abschnitt „Interferenz", von FEUSSNER. 2. Aufl. 1906.

ferenz entstehen muß. Ist M der Mittelpunkt auf der Verbindungslinie zwischen den beiden virtuellen Lichtquellen, so wird MO eine Symmetrieachse für die auftretenden Interferenzerscheinungen sein müssen. Wir bemerken noch, daß $L\,L_1\,L_2$ auf einem Kreise um O als Mittelpunkt liegen, was ohne weiteres aus der Konstruktion von L_1 und L_2 als Spiegelbilder von L folgt.

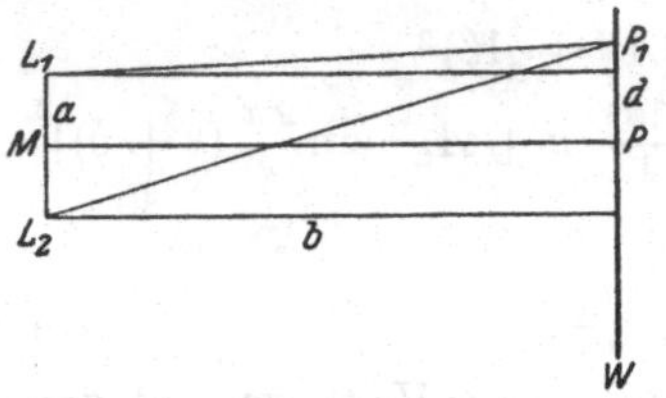

Abb. 2. Zustandekommen der Interferenzerscheinung beim FRESNELschen Spiegelversuch.

Auf einem Schirm W möge die Symmetrieachse die Spur P haben. Wir wollen die Interferenzerscheinung im Punkte P_1 (Abb. 2) untersuchen. Setzen wir $ML_1 = ML_2 = a$, $MP = b$, $PP_1 = d$, so ist

$$\overline{L_1P_1^2} = b^2 + (d - a)^2$$
$$\overline{L_2P_1^2} = b^2 + (d + a)^2.$$

Daraus folgt

$$\overline{L_2P_1^2} - \overline{L_1P_1^2} = (L_2P_1 + L_1P_1)(L_2P_1 - L_1P_1) = 4ad.$$

Da nun wegen der Kleinheit von a und d sehr nahe $L_2P_1 + L_1P_1 = 2b$ ist, so wird

$$L_2P_1 - L_1P_1 = \frac{2ad}{b} = \delta. \tag{6}$$

Das ist aber der Gangunterschied der beiden Strahlen, da die beiden Spiegelbilder L_1 und L_2 die gleiche Phase haben — durch die Spiegelung wird beidemal der gleiche Phasenunterschied hervorgebracht — und es muß Dunkelheit eintreten, wenn

$$\frac{2da}{b} = \frac{2n+1}{2}\cdot\lambda, \quad n = 0, \ \pm 1, \ \pm 2 \text{ usw.}$$

oder

$$d = \pm\frac{(2n+1)\,b\cdot\lambda}{4a}.$$

Messen wir a, b und d, so läßt sich λ, die Wellenlänge des verwendeten Lichts berechnen. Die Messung von a und b ergibt sich aus dem Winkel zwischen den beiden Spiegeln und der Entfernung LO (Abb. 1). Es ist

$$a = \overline{LO}\cdot\sin\omega,$$

wenn ω der Winkel zwischen den Spiegeln und

$$b = \overline{OP} + \overline{LO}\cdot\cos\omega,$$

d ist direkt der Messung zugänglich; es ist die Entfernung des $n$ten Dunkelheitsmaximums von der Mitte der Interferenzerscheinung. Besser zu beobachten ist der Abstand zweier aufeinanderfolgender Dunkelheitsmaxima, der sich durch Einsetzen zweier aufeinanderfolgender Werte für n zu

$$\Delta = \frac{b\cdot\lambda}{2a}$$

ergibt. Helligkeitsmaxima ergeben sich entsprechend an den Stellen

$$d = \pm\frac{n\cdot b\cdot\lambda}{2a}, \quad \Delta = \frac{b\cdot\lambda}{2a}.$$

Führt man den Versuch mit weißem Licht aus, so muß außer dem Maximum für $n = 0$, das wegen $d = 0$ die Mitte der Interferenzerscheinung liefert, jedes weitere Maximum eine Farbenzerlegung zeigen, bei dem der rote Saum außen, der violette innen liegt.

3. Fresnels Biprisma. Die Erzeugung zweier kohärenter Lichtquellen durch Verwandlung einer einzigen in eine Doppellichtquelle ist noch auf mannigfache andere Art ausgeführt worden. Statt der Spiegelung hat schon FRESNEL die Brechung zu diesem Zweck benutzt. Sein Biprisma ist ein Doppelprisma aus Glas, dessen Querschnitt senkrecht zu den brechenden Kanten aus Abb. 3 ersichtlich ist. Wird eine spaltförmige Lichtquelle parallel den brechenden Kanten in der Symmetrieebene des Biprismas angebracht, so entstehen infolge der Brechung, wenn die brechenden Winkel der Prismen genügend klein sind, zwei virtuelle Bilder des Spaltes in geringem gegenseitigem Abstand.

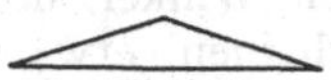

Abb. 3. Querschnitt des FRESNELschen Biprismas.

Man kann das leicht einsehen, wenn man ein enges von einem Punkte S ausgehendes Lichtbündel betrachtet, welches auf die Trennungsfläche FF (Abb. 4) zweier Medien von verschiedenem Brechungsindex auffällt. Es ist für den Strahl SA, wenn ε der Einfallswinkel, β der Brechungswinkel ist:

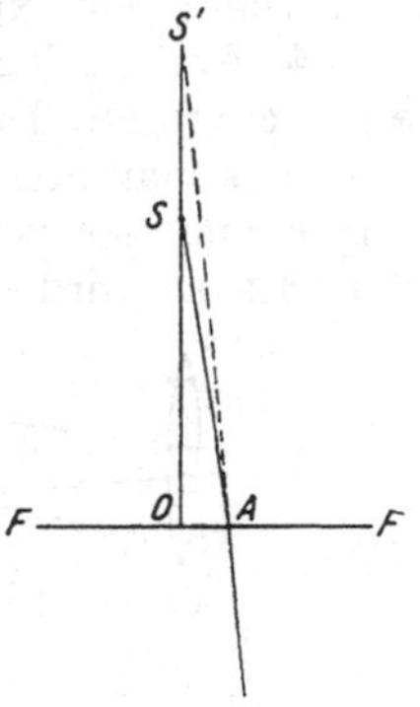

Abb. 4. Erzeugung eines virtuellen Bildes.

$$\frac{\sin\varepsilon}{\sin\beta} = \nu,$$

wo ν das Verhältnis der Brechungsexponenten der beiden Medien ist. Andererseits ist

$$OA = OS \cdot \operatorname{tg}\varepsilon = OS' \cdot \operatorname{tg}\beta,$$

oder

$$OS' = OS \cdot \frac{\operatorname{tg}\varepsilon}{\operatorname{tg}\beta}.$$

Ist das Bündel schmal, so sind ε und β kleine Winkel, also

$$\frac{\operatorname{tg}\varepsilon}{\operatorname{tg}\beta} = \frac{\sin\varepsilon}{\sin\beta} = \nu$$

oder

$$\overline{OS'} = \overline{OS} \cdot \nu .$$

In dieser Beziehung sind die Winkel ε und β nicht mehr enthalten; man sieht also, daß durch die Brechung ein virtuelles Bild S' von S erzeugt worden ist, das auf der Normalen von S auf F liegt und einen größeren oder kleineren Abstand als S von F hat, je nachdem ν größer oder kleiner als 1 ist.

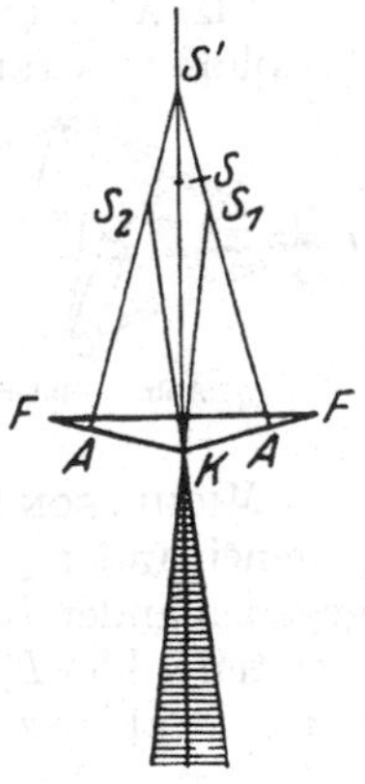

Abb. 5. FRESNELS Biprisma.

Die Verhältnisse beim Biprisma sind nun leicht zu übersehen. Die erste Brechung an der Fläche FF (Abb. 5) erzeugt vor dem Spalt S ein virtuelles Bild S', das als Gegenstand für die zweite Brechung an den Flächen KF dient. Die Brechung bewirkt hier eine Verschiebung auf der Normalen $S'A$ auf die Fläche zu, so daß die symmetrisch liegenden virtuellen Bilder S_1 und S_2 entstehen.

Durch das Biprisma erhalten wir also ebenso wie beim Spiegelversuch zwei virtuelle Lichtquellen, die nach der Art ihrer Entstehung kohärent sein müssen und die in dem gemeinsamen, in der Figur schraffierten Raum Veranlassung zu Interferenzerscheinungen geben.

Der Abstand der Interferenzfransen ist wieder wie beim Spiegelversuch

$$\Delta = \frac{b}{2a} \cdot \lambda ,$$

wenn b der Abstand der Mitte der beiden virtuellen Spaltbilder vom Beobachtungsschirm und a der halbe Abstand der beiden Spaltbilder ist. λ ist wieder die

Wellenlänge. a und b lassen sich nach den obigen Überlegungen berechnen und so aus dem beobachteten Δ das λ bestimmen. Man kann aber auch $\frac{2a}{b} = \alpha$, den Winkel, unter dem die beiden Spalte S_1 und S_2 am Beobachtungsort erscheinen, etwa mit einem Goniometer bestimmen.

Dann ist der Fransenabstand

$$\Delta = \frac{\lambda}{\alpha}$$

sehr leicht zur experimentellen Wellenlängenbestimmung verwendbar.

4. Andere Methoden zur Erzeugung zweier kohärenter Lichtquellen aus einer einzigen. Die hier besprochenen Anordnungen von FRESNEL zur Erzeugung zweier kohärenter Lichtquellen sind vielfach modifiziert worden. Wir wollen nur einige der verwendeten Methoden hier beschreiben. Bei der Anordnung von BILLET wird eine Sammellinse von beiläufig etwa 50 cm Brennweite in zwei Teile zerschnitten, und diese beiden Teile werden etwas voneinander entfernt (Abb. 6). Von einer Lichtquelle L werden dann zwei reelle oder virtuelle Bilder je nach der Lage von L zur Linse erzeugt, die als kohärente Lichtquellen dienen und in dem in der Figur schraffierten Raum Interferenz erzeugen. In dem Falle, daß man reelle Bilder erzeugt, ist bei dieser Anordnung die Ausmessung der für die Interferenz maßgebenden Daten besonders einfach.

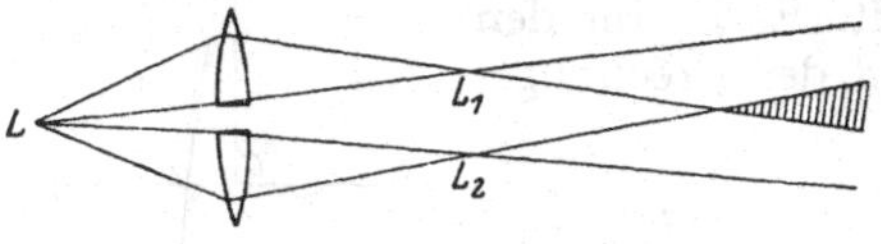

Abb. 6. BILLETsche Halblinsen.

FIZEAU zugeschrieben wird eine Anordnung, die ähnlich den BILLETschen Halblinsen wirkt. Bei ihr ist die Linse unzerschnitten, statt dessen sind aber zwei gegeneinander geneigte Glasplatten gleicher Dicke davorgesetzt (Abb. 7), die beiden Bilder L_1' und L_2' bilden die kohärenten Lichtquellen. Nach FEUSSNER stammt indes dieses Verfahren wahrscheinlich von JAMIN.

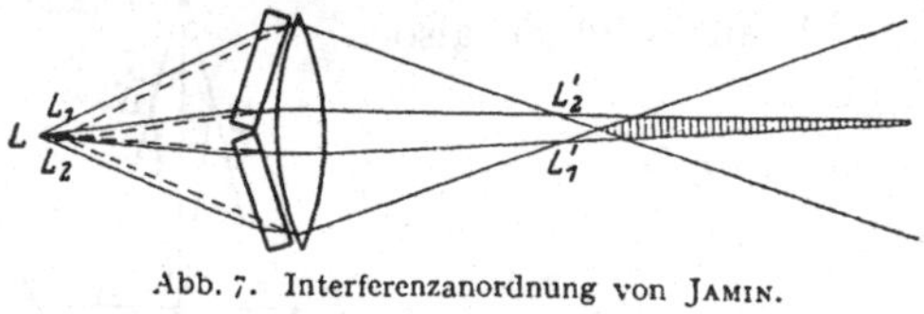

Abb. 7. Interferenzanordnung von JAMIN.

MICHELSON hat einen Spiegelversuch beschrieben, bei dem statt der schwach gegeneinander geneigten Spiegel FRESNELS solche von ungefähr 45° Neigung gegeneinander benutzt werden (Abb. 8). Die durch zweimalige Reflexion erzeugten Bilder L_1' und L_2' der Lichtquelle L bilden hier die kohärenten Lichtquellen, deren Strahlen zur Interferenz kommen. L_1 und L_2 liegen um so näher zusammen, je weniger der Winkel zwischen den beiden Spiegeln S_1 und S_2 von einem Rechten abweicht.

LLOYD hat den FRESNELschen Spiegelversuch dadurch abgeändert, daß er die von

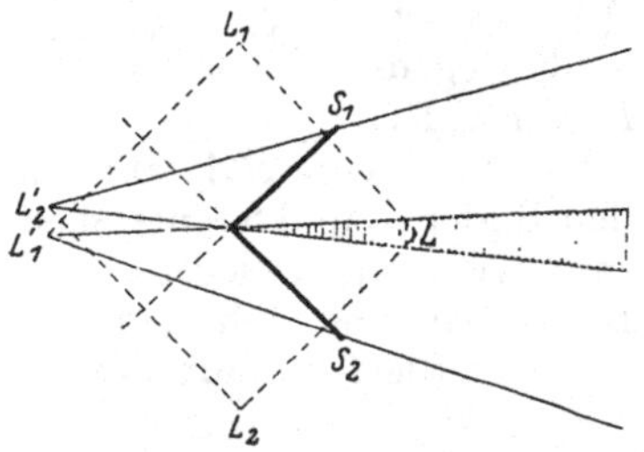

Abb. 8. Spiegelversuch von MICHELSON.

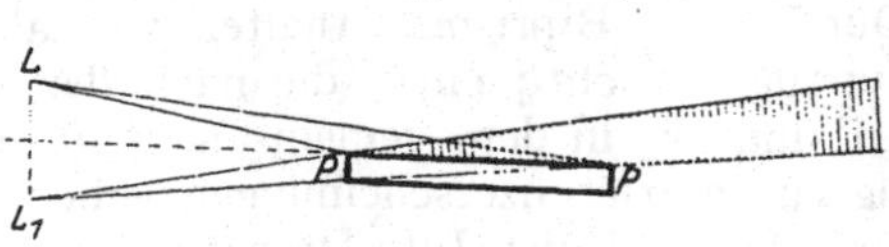

Abb. 9. LOYDscher Spiegelversuch.

der Lichtquelle ausgehenden Strahlen an e i n e m Spiegel nahezu streifend reflektieren und mit den Strahlen der Lichtquelle selbst interferieren ließ (Abb. 9). Die Lichtquelle L und das Spiegelbild L_1 wirken in diesem Falle als kohärente Lichtquellen. Bei dieser Anordnung ist aber gegen die vorher beschriebenen der Unterschied vorhanden, daß die zur Interferenz kommenden Strahlen nicht in optischer Beziehung gleich behandelt sind. Der eine hat eine Reflexion erfahren, der andere nicht. Da, wie sich aus den Theorien des Lichtes ergibt, bei der Reflexion sowohl am dichteren wie am dünneren Medium bei streifender Inzidenz ein Phasensprung von π eintritt, so muß im Gegensatz zu den früheren Versuchen die in der Mittelsenkrechten der Verbindungslinie LL_1 auftretende Interferenzfranse dunkel sein. Da diese Normale die Spiegelebene tangiert, begrenzt sie gleichzeitig den Interferenzraum nach der Spiegelseite hin, so daß bei diesem Versuch die Interferenzerscheinung im Gegensatz zu den früheren Anordnungen nicht zweiseitig-symmetrisch, sondern nur einseitig ist. Der Versuch bestätigt sowohl für Reflexion am dichteren, wie am dünneren Medium die oben erwähnten Überlegungen (QUINCKE, MASCART).

Ein Versuch, bei dem ebenfalls die beiden interferierenden Bündel einen Phasenunterschied von π haben, ist der sog. FRESNELsche Dreispiegelversuch. Die Anordnung ist in Abb. 10 angegeben. Die drei Spiegel S S_1 S_2 befinden sich in einer symmetrischen Anordnung, wie sie in der Abbildung dargestellt ist. Zur Interferenz kommt das Bündel, das durch zweimalige Reflexion an den Spiegeln S_1 und S_2 entsteht, mit demjenigen, das einmal am Spiegel S reflektiert wird. Ersteres geht von dem virtuellen Bildpunkt L_1', letzteres von L_2 aus. Diese beiden bilden also die kohärenten Lichtquellen. Da das eine Bündel eine zweimalige, das andere eine einmalige Reflexion erfahren hat, besteht zwischen beiden eine Phasendifferenz π, so daß die Mitte der Interferenzerscheinung durch einen schwarzen Streifen gebildet wird.

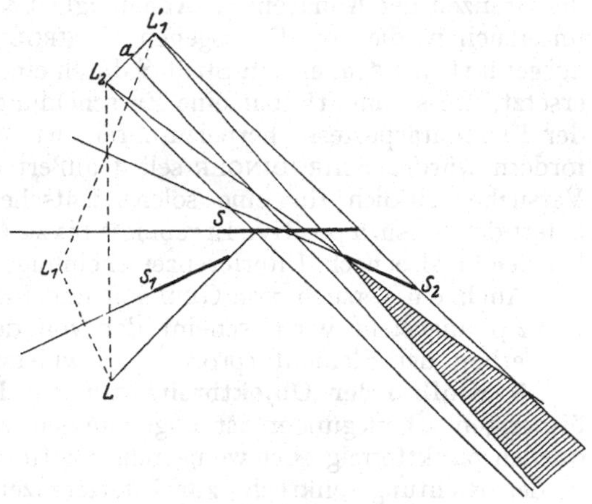

Abb. 10. FRESNELscher Dreispiegelversuch.

5. Einige Interferenzversuche, bei denen die interferierenden Bündel durch Beugung erzeugt werden. Bei den bisher besprochenen Versuchen wurden Reflexions- oder Brechungsvorgänge benutzt, um aus einer Lichtquelle die Strahlenbündel zu erzeugen, die die Interferenzerscheinungen liefern sollen. Auch in diesen Versuchen kommen die Erscheinungen meist nicht in der Einfachheit zustande, wie wir sie eben geschildert haben. Alle Kanten der Spiegel, Prismen oder Linsen wirken vielmehr als Beugungsschirme, und die dadurch auftretenden Beugungserscheinungen geben zu mannigfaltigen Störungen Anlaß. Es gelingt aber bei einiger Übung leicht, die durch die Beugung hervorgerufenen Störungen von der eigentlichen Interferenzerscheinung zu unterscheiden.

Man kann aber auch Beugungserscheinungen absichtlich benutzen, um aus einer Lichtquelle mehrere andere herzustellen, die die Bedingung der Kohärenz erfüllen und so miteinander interferierende Büschel liefern.

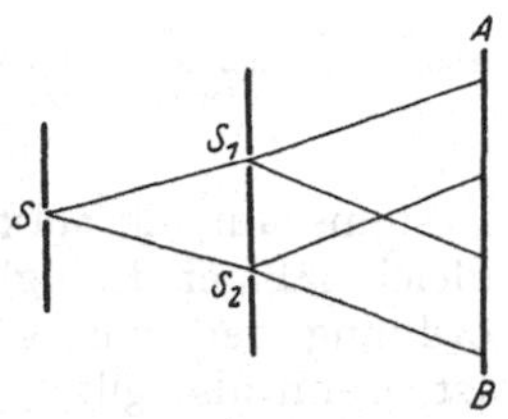

Abb. 11. Interferenzversuch von YOUNG.

Der älteste dieser Interferenzversuche stammt von YOUNG. Durch eine Lichtquelle wird eine Öffnung S beleuchtet (Abb. 11), von der die Wellen auf zwei weitere enge Öffnungen S_1 und S_2 fallen. Sie bilden, indem sie nach dem HUYGHENSschen Prinzip als Ausgangspunkte neuer Wellen wirken, in denen bei gleichen Entfernungen SS_1 und SS_2 die Phase gleich ist, kohärente Lichtquellen, die auf einem Schirme AB Interferenzerscheinungen liefern. Da wegen der bei der Beugung des Lichtes zu besprechenden Erscheinungen die Spalten S_1 und S_2 nicht nach allen Richtungen mit gleicher Intensität strahlen, so zeigen die Interferenzfransen unregelmäßige Intensitätsunterschiede. Bringt man zwischen die beiden Spalten S_1 und S_2 und den Schirm AB eine Linse, so ändert sich grundsätzlich an der Erscheinung nichts. Nur bilden dann die (reellen oder virtuellen) Bilder von S_1 und S_2 die kohärenten Lichtquellen.

In neuerer Zeit ist der YOUNGsche Versuch wiederholt worden mit dem Ziel, die Grenzen der Kohärenz in Abhängigkeit vom Öffnungswinkel der Büschel zu untersuchen, die von S ausgehen. SCHRÖDINGER[1]) hat einen solchen Versuch ausgeführt, bei dem er den Spalt S durch einen feinen elektrisch geglühten Draht ersetzt, um so unmittelbar eine Entscheidung über eine etwaige „Gerichtetheit" der Elementarprozesse herbeizuführen, wie die moderne Quantentheorie sie erfordern würde. SCHRÖDINGER selbst äußert dann jedoch wieder Zweifel, ob die Versuche wirklich für eine solche Entscheidung geeignet wären. Jedenfalls liefert der Versuch positive Ergebnisse bis zu Öffnungswinkeln von 50 bis 60 Grad, bei denen also noch Interferenzerscheinungen beobachtet werden konnten.

Auch ein Versuch von GERLACH und LANDÉ[2]), der nach dem YOUNGschen Prinzip angestellt wird, scheint der von der Quantentheorie geforderten Gerichtetheit der Elementarprozesse zu widersprechen.

6. Einfluß der Objektbreite auf die Interferenzerscheinung. Bei allen bisherigen Überlegungen ist angenommen worden, daß die kohärenten Lichtquellen punktförmig oder wenigstens spaltförmig waren, so daß ihre Ausdehnung in der Richtung senkrecht zur Interferenzerscheinung zu vernachlässigen war. Lassen wir diese Voraussetzung fallen, so treten Modifikationen der beschriebenen Erscheinungen auf. Wir wollen den einfachen Fall betrachten, daß kohärente Lichtquellen eine Breite B besitzen, und daß in dieser Breite die Kohärenz so verteilt ist, daß etwa die Punkte $L_1\, L_2$ und $L_1'\, L_2'$ gleiche Schwingungszustände haben (Abb. 12). Wie wir früher sahen, tritt durch die Lichtpunkte $L_1\, L_2$ auf einen Schirm SS ein Interferenzfransensystem mit der Mitte O und einem Fransenabstand $\frac{b \cdot \lambda}{2a}$ auf, wenn b die Entfernung MO und a der Abstand $L_1 L_2$ ist. Ebenso werden die Punkte $L_1 L_2$ ein Fransensystem von gleichem Abstand erzeugen, das aber seine Mitte in O' hat, wo OO' gleich $B/2$ ist. Ist nun die Verschiebung so groß, daß gerade die Minima des ersten Systems auf die Maxima des zweiten fallen, so werden sich beide Systeme zu gleichmäßiger Helligkeit überlagern. Das ist zum ersten Male in unserer Anordnung der Fall, wenn die Verschiebung gleich dem halben Streifenabstand ist, wenn also gilt

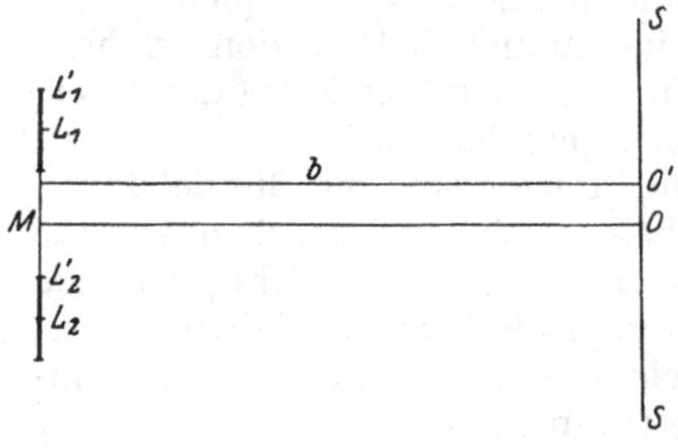

Abb. 12. Einfluß der Objektbreite auf die Interferenzerscheinung.

$$\frac{B}{2} = \frac{1}{2} \cdot \frac{b \cdot \lambda}{2a} \quad \text{oder} \quad B = \frac{b \cdot \lambda}{2a}.$$

[1]) E. SCHRÖDINGER, Ann. d. Phys. Bd. 61, S. 69ff. 1920.
[2]) W. GERLACH u. A. LANDÉ, ZS. f. Phys. Bd. 36, S. 169ff. 1926.

In diesem Falle werden auch alle anderen Punkte der Lichtquelle 1 einen entsprechenden der Lichtquelle 2 finden, für den diese Überlagerung zu gleichmäßiger Helligkeit eintritt, so daß also die Interferenzerscheinung vollständig verschwindet. Nimmt die Breite der Lichtquellen dann weiter zu, so treten wieder Interferenzen auf, die aber dann nur von den die Breite B überschreitenden Teilen herrühren und auf dem helleren Grunde der früheren gleichen Helligkeit liegen. Bei 2 B Breite tritt wieder vollkommenes Verschwinden ein. Man sieht ferner, daß auch bei konstanter Breite B ein periodisches Verschwinden und Wiedererscheinen der Interferenzstreifen auftreten muß, wenn der Abstand der Lichtquellen L_1 und L_2 geändert wird. Je größer der Abstand $2a$ ist, um so kleiner ist die Breite B, bei der zum erstenmal das Verschwinden der Interferenzen eintritt. Im Prinzip haben wir hier die Methode, die MICHELSON[1]) zur Messung von Sterndurchmessern verwendet hat. Nur ist unsere hier besprochene idealisierte Interferenzerscheinung bei den wirklichen Versuchsanordnungen insofern nicht verwirklicht, als bei ihnen die Ausdehnungen $L_1' L_1$ und $L_2' L_2$ keine gerade Linie bilden. Beim FRESNELschen Spiegelversuch zeigt das Abb. 13. Für diesen Fall hat FEUSSNER die Erscheinung durchgerechnet und gezeigt, daß für $\omega = \varphi$ oder 2φ, 3φ usw. das Verschwinden der Streifen eintritt. Beim YOUNGschen Versuch ist bei nicht punktförmiger Lichtquelle L für die seitlichen Punkte z. B. L' (Abb. 14) in L_1 und L_2 die Phase verschieden, wodurch die Erscheinung ganz entsprechend wird. Diese letztere Anordnung entspricht derjenigen von MICHELSON für die Sterngrößenbestimmung, indem bei ihr vor das Objektiv des Beobachtungsfernrohrs zwei Spaltblenden mit veränderlichem Abstand gebracht werden.

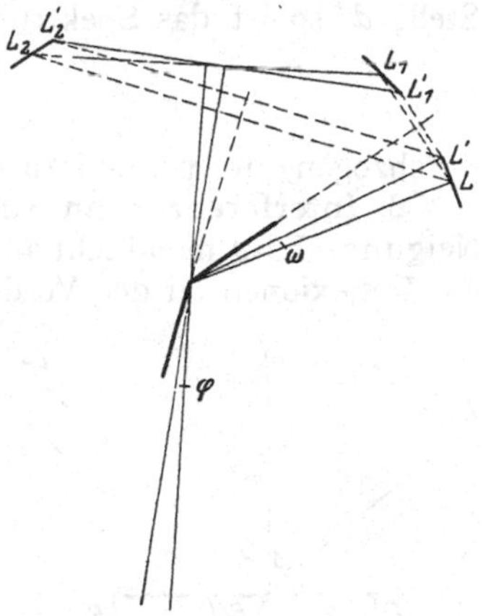

Abb. 13. FRESNELscher Spiegelversuch bei breiter Lichtquelle.

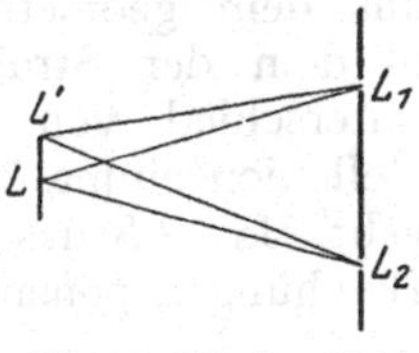

Abb. 14. Breite Lichtquelle beim YOUNGschen Interferenzversuch.

7. Verwendung weißen Lichtes. Bisher haben wir angenommen, daß einfarbiges Licht einer bestimmten Wellenlänge für die Versuche verwendet würde. Bei den bisher besprochenen Interferenzerscheinungen, bei denen die interferierenden Büschel nur kleine Gangunterschiede haben, lassen sich die Erscheinungen indes auch noch beobachten, wenn weißes Licht verwendet wird. Aus der Beziehung

$$\Delta = \frac{b \cdot \lambda}{2a}$$

folgt aber, daß z. B. die Maxima der violetten und die der roten Strahlen nicht zusammenfallen. Nur für die Mitte der Erscheinung ist das der Fall. Die seitlich gelegenen Interferenzstreifen bekommen also farbige Ränder, sie sind enge Spektra, bei denen das Violett innen, das Rot außen liegt. Allmählich überlagern sich die für die verschiedenen Farben auftretenden Interferenzstreifen und es entstehen Mischfarben, die schließlich Weiß bilden. Die Zahl der Interferenzstreifen bei weißem Licht ist infolgedessen gering gegenüber der bei einfarbigem Licht auftretenden Anzahl. Nach Gleichung (5) S. 3 ist die im Abstand d von der Mitte für die Wellenlänge auftretende Interferenzintensität gegeben durch

$$A^2 = 4\overline{B^2}\cos^2\pi \cdot \frac{\delta}{\lambda} \quad \text{oder da} \quad \delta = \frac{2ad}{b} \quad \text{[Gl. (6), S. 5]},$$

[1]) A. A. MICHELSON, Phil. Mag. (5) Bd. 30, S. 1 ff. 1890.

so ist

$$A^2 = 4B^2 \cos^2 \pi \cdot \frac{c \cdot d}{\lambda \cdot b}.$$

Liegen alle möglichen Wellenlängen übereinander, so ist λ zu variieren und jedesmal für

$$\frac{c \cdot d}{\lambda \cdot b} = \frac{1}{2}, \quad \frac{3}{2}, \quad \frac{5}{2} \quad \text{usw.}$$

muß die Intensität O sein. Bringt man also den Spalt eines Spektroskops an die Stelle d, so ist das Spektrum von dunklen Streifen an den Stellen

$$\lambda = \frac{2c \cdot d}{b(2n+1)}$$

durchzogen, die parallel zu den Fraunhoferschen Linien liegen.

8. Interferenzen an einer planparallelen Platte. Interferenzen gleicher Neigung. Läßt man Licht auf eine planparallele Platte auffallen, so können durch die Reflexionen an der Vorder- und Hinterfläche der Platte Interferenzerscheinungen auftreten, die wir jetzt betrachten wollen. In Abb. 15 sei PP die planparallele Platte, L eine Lichtquelle, von der ein Strahl LA auf die Platte auffalle. Ein Teil wird an der Vorderfläche reflektiert, ein anderer Teil an der Rückfläche. Die beiden austretenden parallelen Strahlen AL_1 und CL_2 sind offenbar kohärent, da sie durch Teilung desselben Strahles entstanden sind. Sie haben einen Gangunterschied, der durch die Differenz der optischen Wege ABC und AD (CD senkrecht AL_1) gegeben ist, wobei wie üblich unter dem optischen Wege das Produkt aus dem geometrischen Wege und dem Brechungsexponent des Mediums, in dem der Strahl verläuft, verstanden ist. Dazu kommt noch der Gangunterschied von einer halben Wellenlänge, der dadurch entsteht, daß die Reflexion einmal am dichteren, das andere Mal am dünneren Medium vor sich geht. Ist AS das Einfallslot, α der Einfalls- und β der Brechungswinkel, n der Brechungsexponent der Platte gegen das umgebende Medium und d die Dicke der Platte, so ist $AB = BC = \frac{d}{\cos\beta}$. Ferner ist $\overline{AD} = \overline{AC} \cdot \sin\alpha$ und $AC = 2d \operatorname{tg}\beta$ also $AD = 2d \sin\alpha \cdot \operatorname{tg}\beta$. Der Gangunterschied ist nun auf das die Platte umgebende Medium berechnet

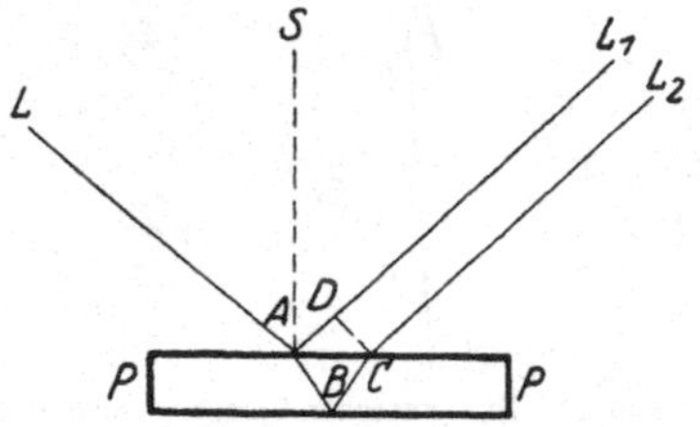

Abb. 15. Interferenz an einer planparallelen Platte im reflektierten Licht.

$$(AB + BC) \cdot n - AD = \frac{n \cdot 2d}{\cos\beta} - 2d \operatorname{tg}\beta \cdot \sin\alpha.$$

Da $\frac{\sin\alpha}{\sin\beta} = n$, so erhält man daraus nach leichter Umformung

$$2d \cdot n \cdot \cos\beta = 2d\sqrt{n^2 - \sin^2\alpha}.$$

Dazu kommt also noch der durch den Phasensprung verursachte Gangunterschied von $\lambda/2$.

Der gesamte Gangunterschied ist also

$$\delta = 2d\sqrt{n^2 - \sin^2\alpha} + \frac{\lambda}{2}.$$

Ist dieser Gangunterschied ein gerades Vielfaches von $\lambda/2$, so tritt Helligkeit, ist er ein ungerades Vielfaches von $\lambda/2$, so tritt Dunkelheit ein. Die Interferenzerscheinung wird, da die interferierenden Strahlen parallel sind, im Unendlichen liegen. Sie tritt in der Brennebene einer Linse auf, wenn wir eine solche in den Gang der interferierenden Strahlen bringen.

Man erkennt sofort, daß die Lage der Interferenzmaxima und Minima nur von dem Winkel abhängig ist, unter dem der einfallende Strahl die Platte trifft, nicht aber von der Stelle A der Platte, die getroffen wird. Die Richtung der austretenden interferierenden Strahlen ist dann immer die gleiche und in der Brennebene der sammelnden Linse liegt die Erscheinung an derselben Stelle. Die verwendete Lichtquelle L darf also ruhig eine große Ausdehnung haben. Jeder ihrer Punkte $L L' L''$ usw. (Abb. 16) wird für die Strahlen LA, $L'A'$, $L''A''$ usw., die untereinander nicht kohärent sind, gleiche Interferenzerscheinungen an derselben Stelle liefern, die sich gegenseitig addieren. Da außerdem die Winkel gegen die Einfallslote symmetrisch auftreten, so müssen die Interferenzen Kreise sein, deren Mittelpunkt durch den Vereinigungspunkt der zur Platte senkrechten Strahlen in der Brennebene der abbildenden Linse bestimmt ist. Diese Interferenzen im Unendlichen sind zuerst von HAIDINGER[1]) beschrieben und erklärt, später von LUMMER[2]) genauer untersucht worden. Von letzterem ist für diese Interferenzkurven der Name „Kurven gleicher Neigung" eingeführt worden, da ja von der Neigung gegen die Platte die

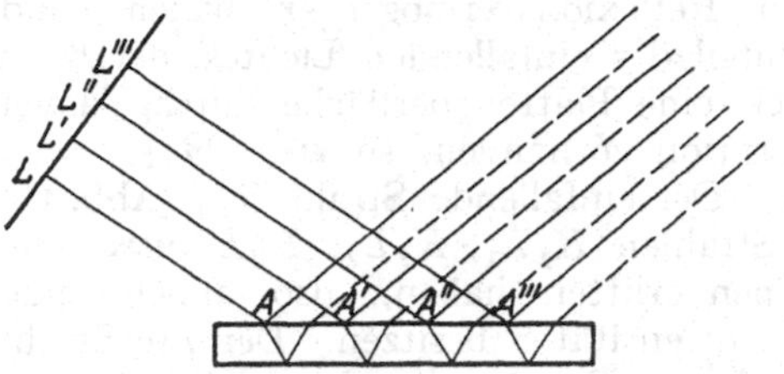

Abb. 16. Ausgedehnte Lichtquelle bei der Interferenz an einer planparallelen Platte.

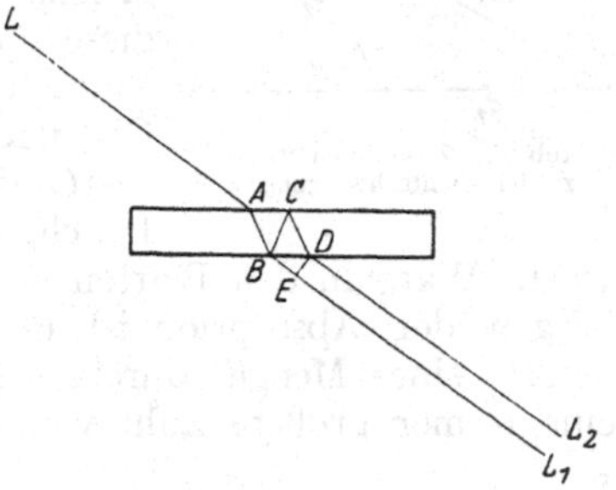

Abb. 17. Interferenz an einer planparallelen Platte im durchfallenden Licht.

auftretende Interferenz bestimmt wird. Prinzipiell ist dabei zunächst gleichgültig, ob die verwendete Platte dick oder dünn ist. Nur die Größenordnung des Gangunterschiedes wird durch die Dimension der Platte bestimmt.

Eine Interferenzerscheinung tritt aber nicht nur, wie bisher betrachtet, im reflektierten Licht auf, sondern ist auch im durchgehenden Licht vorhanden. Der Gangunterschied der Strahlen L_1 und L_2 ist (Abb. 17) gleich der Differenz der optischen Wege $BCD - BE$ oder auf Luft berechnet wie oben

$$\frac{2dn}{\cos\beta} - 2d \cdot \operatorname{tg}\beta \cdot \sin\alpha\,.$$

Da hier aber L eine doppelte Reflexion am dünneren Medium erfahren hat, so ist der Gangunterschied λ oder, was für die Erscheinung dasselbe ist, gar kein Gangunterschied hinzuzufügen, so daß hier Helligkeit für

$$2dn \cdot \cos\beta = 2d\sqrt{n^2 - \sin^2\alpha} = m \cdot \lambda\,,$$

Dunkelheit für

$$2dn \cdot \cos\beta = 2d\sqrt{n^2 - \sin^2\alpha}$$

(m ganze Zahl) eintritt. Die Erscheinung ist also zu der im reflektierten Licht auftretenden komplementär. Wo dort Minima sind, sind hier Maxima und umgekehrt.

---

[1]) W. HAIDINGER, Pogg. Ann. Bd. 77, S. 219. 1849.
[2]) O. LUMMER, Wied. Ann. Bd. 23, S. 49. 1884.

Bei den bisherigen Überlegungen ist angenommen worden, daß nur zwei Strahlen zur Interferenz kommen. In Wirklichkeit sind aber die mehrfachen Reflexionen in der Platte nicht zu vernachlässigen, besonders dann nicht, wenn das Reflexionsvermögen der Plattenoberfläche groß ist. Wir wollen die Erscheinung im durchfallenden Lichte betrachten[1]).

Die Zusammensetzung zweier Lichtschwingungen vom Gangunterschied δ bei gleicher Wellenlänge mit den Amplituden A_1 und A_2 ergab (Abschn. 1)

$$A^2 = A_1^2 + A_2^2 + 2A_1A_2 \cdot \cos\frac{2\pi\delta}{\lambda}.$$

Man kann diese Superposition nach einem schon von FRESNEL angegebenen Verfahren graphisch auftragen. Setzen wir $\frac{2\pi\delta}{\lambda} = \psi$, so stellt die Gleichung die geometrische Addition der beiden um den Winkel ψ gegeneinander geneigter Vektoren A_1 und A_2 dar (Abb. 18). ψ ist die Phasendifferenz. Bei mehreren Wellen, die immer um die gleiche Phasendifferenz verschieden sind, haben wir diese geometrische Addition mehrfach auszuführen. Betrachten wir also eine planparallele Platte, deren Oberflächen ein Reflexionsvermögen r haben, und sei Θ der Bruchteil des einfallenden Lichtes, der beim Durchgang durch eine Plattenoberfläche durchgelassen wird. Wäre in den Platten keine Absorption vorhanden, so wäre $\Theta + r = 1$. Wegen der Absorption ist $\Theta + r < 1$. Der einfallende Strahl SI_0 (Abb. 19) liefert eine Menge durchgegangener Strahlen K_1L_1, K_2L_2, K_3L_3 usw., die eine immer größere Zahl von Reflexionen erlitten haben, also abnehmende Intensitäten besitzen. Der $k$te Strahl hat 2 Durchgänge durch die Plattenoberfläche und $2k$-Reflexionen erlitten. Ist die Intensität des einfallenden Strahls gleich 1, so wird die Intensität des $k$ten Strahls wegen der beiden Durchgänge durch die Oberflächen mit Θ^2 wegen der $2k$-Reflexionen mit r^{2k} zu multiplizieren sein, ist also

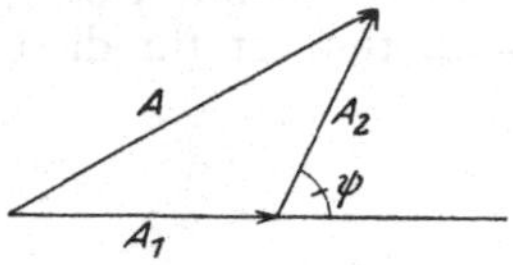

Abb. 18. Zusammensetzung zweier Lichtschwingungen.

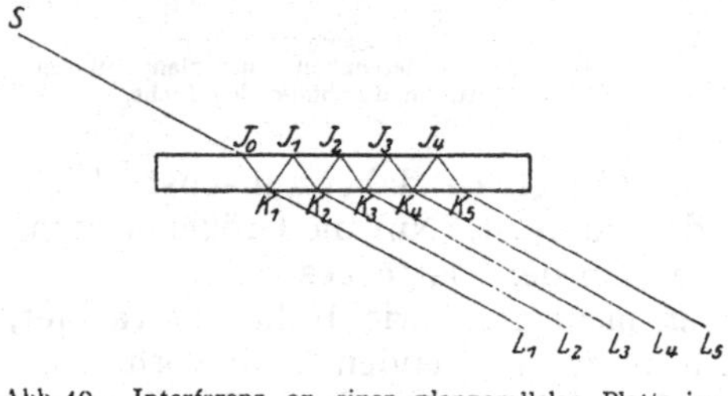

Abb. 19. Interferenz an einer planparallelen Platte im durchfallenden Licht unter Berücksichtigung mehrfacher Reflexion.

$$\Theta^2 \cdot r^{2k},$$

seine Amplitude ist also proportional Θr^k.

Der Gangunterschied nimmt von Strahl zu Strahl um den gleichen Betrag $2nd \cdot \cos\beta$ zu, wo d die Dicke, n der Brechungsexponent der Platte und β der Brechungswinkel ist. Die Phasendifferenz ψ bildet also eine arithmetische Reihe:

$$0, \quad \psi, \quad 2\psi, \quad 3\psi \quad \text{usw.}$$

Die Amplituden sind entsprechend

$$\Theta, \quad \Theta \cdot r, \quad \Theta r^2, \quad \Theta r^3.$$

Lassen wir den konstanten Faktor Θ zunächst weg, um ihn am Schluß wieder einzuführen, und setzen die Amplituden unter Berücksichtigung der Phasen geometrisch zusammen, so erhalten wir einen Linienzug wie in Abb. 20 und

[1]) S. z. B. CH. FABRY, Optique, S. 49ff. Paris 1926.

OM ist die resultierende Amplitude. Die Koordinaten des Punktes M in der Abbildung sind offensichtlich

$$x = 1 + r \cdot \cos\psi + r^2 \cdot \cos 2\psi + \cdots = \sum_k r^k \cdot \cos k \cdot \psi,$$

$$y = \sigma + r \cdot \sin\psi + r^2 \cdot \sin 2\psi + \cdots = \sum_k r^k \cdot \sin k \cdot \psi,$$

$$k = 0,\ 1,\ 2 \text{ usw.}$$

und da $OM^2 = x^2 + y^2$, so ist das die Intensität der resultierenden Lichterscheinung.

Bilden wir $z = x + iy$, so wird das

$$z = \sum_k r^k (\cos k\psi + i \cdot \sin k \cdot \psi) = \sum_k r^k \cdot e^{ik\psi} = \sum_k (r \cdot e^{i\psi})^k.$$

Das ist eine geometrische Reihe mit den Quotienten $r \cdot e^{i\psi}$, deren Wert ist

$$z = \frac{r^k e^{ik\psi} - 1}{r \cdot e^{i\psi} - 1}.$$

Bilden wir ebenso

$$z_1 = x - iy,$$

so erhalten wir

$$z_1 = \frac{r^k \cdot e^{-ik\psi} - 1}{r \cdot e^{-i\psi} - 1}.$$

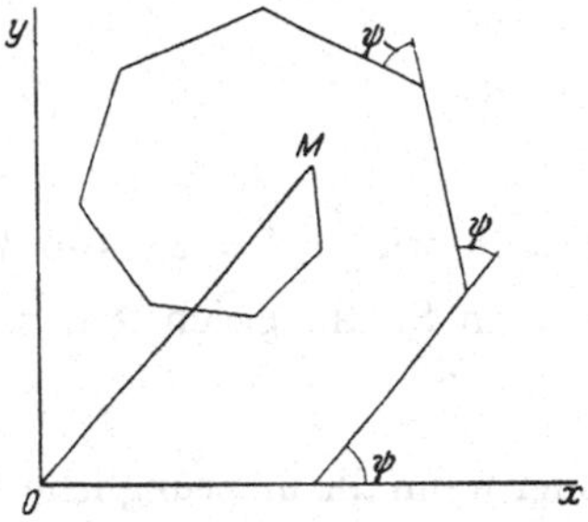

Abb. 20. Geometrische Zusammensetzung der Amplitude bei der multiplen Interferenz.

Da $x^2 + y^2 = z \cdot z_1$, so wird

$$x^2 + y^2 = OM^2 = \frac{r^{2k} - r^k e^{-ik\psi} - r^k e^{ik\psi} + 1}{r^2 - r e^{-i\psi} - r \cdot e^{i\psi} + 1} = \frac{1 + r^{2k} - 2r^k \cdot \cos k\psi}{1 + r^2 - 2r \cdot \cos\psi}.$$

Setzen wir noch

$$1 + r^{2k} - 2r^k \cos k \cdot \psi \equiv (1 - r^k)^2 + 2r^k (1 - \cos k \cdot \psi) \equiv (1 - r^k)^2 + 4r^k \sin^2 \frac{k \cdot \psi}{2}$$

$$1 + r^2 - 2r \cdot \cos\psi \equiv (1 - r)^2 + 2r(1 - \cos\psi) \equiv (1 - r)^2 + 4r \cdot \sin \frac{\psi}{2},$$

so wird das

$$J = \frac{(1 - r^k)^2 + 4r^k \cdot \sin^2 \frac{k \cdot \psi}{2}}{(1 - r)^2 + 4r \cdot \sin^2 \frac{\psi}{2}}.$$

Für $k = \infty$, also unendlich viele austretende Strahlen, wird aus der allgemeinen Formel für J:

$$J = \frac{1}{(1 - r)^2 + 4r \cdot \sin^2 \frac{\psi}{2}},$$

oder nach leichter Umformung und Wiedereinführung des Faktors Θ^2

$$J = \frac{\Theta^2}{(1 - r)^2} \frac{1}{1 + \frac{4r}{(1 - r)^2} \sin^2 \frac{\psi}{2}}.$$

Das ist eine Formel für die Interferenzintensität, die im wesentlichen schon von AIRY[1]) abgeleitet worden ist.

[1]) G. B. AIRY, Phil. Mag. (3) Bd. 2, S. 20. 1833. Pogg. Ann. Bd. 41, S. 512. 1837.

Wir können für den Fall, daß $r = 1$ ist, also alle interferierenden Strahlen gleiche Amplitude haben, folgern:

$$J = \frac{4 \cdot \sin^2 \frac{k \cdot \psi}{2}}{\sin \frac{\psi}{2}} = \frac{\sin^2 \frac{k \cdot \psi}{2}}{\sin^2 \frac{\psi}{2}}.$$

Für die Amplitude der resultierenden Lichtbewegung ergibt sich also

$$A = \frac{\sin \frac{k\ \psi}{2}}{\sin \frac{\psi}{2}}.$$

Ist die Phasendifferenz zweier aufeinanderfolgender Strahlen klein, so ist

$$A = \frac{\sin \frac{k \cdot \psi}{2}}{\frac{\psi}{2}} \equiv \frac{k \cdot \sin \frac{k \cdot \psi}{2}}{k \cdot \frac{\psi}{2}}.$$

Setzen wir $\frac{k \cdot \psi}{2} = \alpha$, also $k \cdot \psi$, die Phasendifferenz zwischen dem ersten und letzten Strahl gleich 2α, so ist

$$A = \frac{k \cdot \sin\alpha}{\alpha},$$

oder wenn die ursprüngliche Amplitude des einzelnen Strahls nicht 1, sondern a ist,

$$A = a \cdot \frac{k \cdot \sin\alpha}{\alpha}.$$

Diese Formel werden wir an anderer Stelle verwenden (s. Abschn. Beugung). Jetzt kehren wir zur allgemeinen Formel für I zurück, bei der r von 1 verschieden ist. Man sieht, daß Maxima der Intensität für die Minima des Nenners, also für $\psi = 0$, allgemein $\psi = 2k\pi$ auftreten, also bei

$$\frac{2\pi}{\lambda} \cdot 2n \cdot d \cdot \cos\beta = 2k\pi,$$

oder

$$2nd \cdot \cos\beta = k \cdot \lambda,$$

wo k eine ganze Zahl ist. Sie liegen also an denselben Stellen wie bei der Interferenz nur zweier Strahlen. Der Maximalwert der Intensität liegt im Streifen, für den $\psi = 0$ ist, also im Mittelstreifen. Er ist $J_0 = \frac{\Theta^2}{(1-r)^2}$. Setzen wir außerdem noch

$$C = \frac{4r}{(1-r)^2},$$

so wird unsere Gleichung

$$J = \frac{J_0}{1 + C \cdot \sin^2 \frac{\psi}{2}}.$$

Die konstante C ist groß, wenn r einen hohen Wert hat. Für $r = 0{,}8$ ist $C = 80$. Für $r = 0{,}9$, was aber sehr schwer praktisch zu erreichen ist, ist $C = 360$. Für $\psi = 0$ ist $J = J_0$. Läßt man aber ψ wachsen, so fällt J sehr schnell ab und zwar um so mehr, je größer C ist. Die Minima haben eine Intensität

$$J = \frac{J_0}{1 + C},$$

und sind um so schwächer, je größer C ist.

Die folgende Tabelle nach BENOIT, FABRY und PEROT[1]) gibt für verschiedene Werte des Reflexionskoeffizienten die Größe der Konstanten C und des Intensitätsverhältnisses Minimum—Maximum im durchfallenden Licht.

r	$C = \frac{4r}{(1-r)^2}$	$\frac{\min}{\max} = \frac{1}{1+C}$
0,0	0,00	1,00
0,2	1,25	0,44
0,4	4,44	0,19
0,6	15	0,063
0,7	31	0,031
0,8	80	0,012
0,9	360	0,003

Der wesentliche Vorteil der Benutzung multipler Interferenzen ist also die im durchfallenden Licht auftretende Schärfe der Interferenzerscheinung. In Abb. 21 zeigt Kurve A die Intensitätsverteilung bei der Interferenz zweier Strahlen im reflektierten Licht, Kurve C dieselbe im durchgehenden Licht und Kurve B die letztere bei Benutzung multipler Interferenzen.

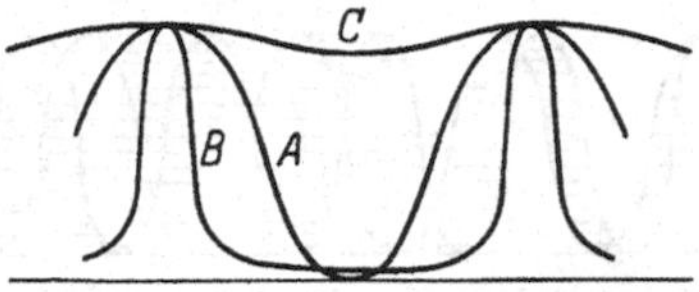

Abb. 21. Intensitätsverteilung zwischen Maximum und Minimum im Interferenzbild.

Man kann das Reflexionsvermögen der planparallelen Platten durch Versilberung steigern. Diese Silberschichten müssen aber so dünn sein, daß noch genügend Licht durchgelassen wird. Die Interferenzerscheinung im reflektierten Licht ist der hier betrachteten wieder komplementär. Es sind also hier scharfe Minima vorhanden. Blendet man den ersten an der Oberfläche der Platte direkt reflektierten Strahl ab, so treten auch hier scharfe Maxima auf, worauf LUMMER[2]) zuerst hingewiesen hat.

9. Grenze der Interferenzfähigkeit des Lichtes. Auflösungsfähigkeit. Bei den vorstehenden Betrachtungen haben wir immer streng homogenes Licht vorausgesetzt, welches jedoch in der Natur in Wirklichkeit nicht vorkommt. Die Interferenzerscheinung einer wirklichen Lichtquelle bildet also immer eine Überlagerung der Erscheinungen, die durch die einzelnen Komponenten hervorgebracht werden. Zwei Wellen mit dem Unterschied $\delta\lambda$, der klein gegen die Wellenlänge λ angenommen werden möge, werden also zwei Systeme von Interferenzstreifen erzeugen, die sich überlagern. Damit zwei Maxima der beiden Systeme zusammenfallen, muß gelten

$$m_1 \cdot \lambda_1 = m_2 \cdot \lambda_2$$

oder

$$\frac{\lambda_1}{\lambda_2} = \frac{m_2}{m_1}, \qquad \frac{\delta\lambda}{\lambda} = \frac{m_2 - m_1}{m_1} \qquad \text{also} \qquad \frac{m_2}{m_1} = \frac{\delta\lambda}{\lambda} + 1\,.$$

Ist etwa

$$\frac{\delta\lambda}{\lambda} = \frac{1}{100\,000}, \qquad \text{so ist demnach} \qquad \frac{m_2}{m_1} = 1{,}00001\,.$$

Da m_2 und m_1 ganze Zahlen sind, so ist diese Bedingung zum erstenmal erfüllt, wenn

$$m_2 = 100\,001 \qquad \text{und} \qquad m_1 = 100\,000$$

[1]) I. R. BENOIT, CH. FABRY u. A. PEROT, Nouvelle Détermination du Rapport des Longueurs d'Onde fondamentales avec l'Unité métrique. S. 13ff. Paris 1907.

[2]) O. LUMMER, Sitzungsber. d. Berl. Akad. d. Wiss. 1900, S. 504—513.

ist. Also liefert die hunderttausendste bzw. hunderttausendunderste Interferenz eine Koinzidenz der Maxima. Soll das Maximum der einen mit dem Minimum der anderen Interferenzerscheinung zusammenfallen, so muß gelten

$$m_1 \cdot \lambda_1 = \frac{2m_2 + 1}{2} \cdot \lambda_2 ,$$

daraus folgt

$$\frac{\lambda_1}{\lambda_2} = \frac{\frac{2m_2+1}{2}}{m_1} \quad \text{oder} \quad \frac{\delta\lambda}{\lambda} = \frac{m_2 - m_1 + \frac{1}{2}}{m_1} \quad \text{oder} \quad \frac{m_2 + \frac{1}{2}}{m_1} = \frac{\delta\lambda}{\lambda} + 1 .$$

Ist wieder $\frac{\delta\lambda}{\lambda} = \frac{1}{100000}$, so ist diese Bedingung für ganzzahlige m_2 und m_1 zum erstenmal erfüllt, wenn $m_2 = m_1 = 50000$ ist. An dieser Stelle löscht also das eine Maxima das andere Minimum aus. Ist nun der ganze Wellenlängenbezirk zwischen λ_1 und λ_2 kontinuierlich mit Licht erfüllt, so liegen die Interferenzsysteme, die von den zwischen λ_1 und λ_2 liegenden Wellen gebildet werden, innerhalb derjenigen, die von λ_1 bzw. λ_2 gebildet werden. In Abb. 22, in der die Interferenzen von zwei Strahlen mit verschiedener Wellenlänge aufgetragen sind und der von den zwischenliegenden Wellen belichtete Teil schraffiert ist, sieht man, daß nach $\lambda/\delta\lambda$ Gangunterschied überhaupt keine Interferenzerscheinung mehr sichtbar ist, weil jede Periodizität verschwunden ist. Ein Wellenlängenbereich $\delta\lambda$ gibt also nur bis zu Gangunterschieden von $\lambda/\delta\lambda$ Wellenlängen Interferenzen[1]). Die Kurve bezieht sich auf den Fall, daß die Helligkeitsverteilung im Interferenzbild für jede Wellenlänge sinusförmig ist. Man sieht aber ohne weiteres ein, daß das gleiche Resultat auch für jede andere periodische Helligkeitsverteilung eintreten muß.

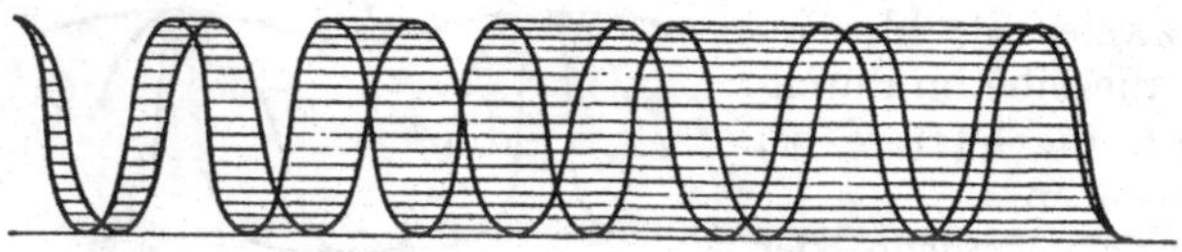

Abb. 22. Beleuchtung eines Interferenzbildes bei Überlagerung der Interferenzerscheinungen eines endlichen Wellenlängenbezirks.

10. Auflösungsvermögen eines Interferenzapparates[2]). Das Auflösungsvermögen eines Interferenzapparates ist definiert durch die Wellenlängendifferenz $\Delta\lambda$ zweier Strahlungen, die noch getrennte Interferenzen geben. Als mathematischen Ausdruck da ür setzt man den Wert $\lambda/\Delta\lambda$.

Aus der Gleichung für die Intensität einer Interferenzerscheinung beim Zusammenwirken von k Büscheln

$$J = \frac{(1 - r^k)^2 + 4r^k \cdot \sin^2 \frac{k\psi}{2}}{(1 - r)^2 + 4r \cdot \sin^2 \frac{\psi}{2}}$$

sieht man, daß die Interferenzerscheinung, wenn k eine nicht zu kleine Zahl ist, wegen des kleinen Wertes von r^k Hauptmaxima für $\frac{\psi}{2} = m\pi$ und Nebenmaxima für $\frac{k \cdot \psi}{2} = m \cdot \frac{\pi}{2}$ liefert, wo m eine ganze Zahl ist. Die Minima liegen bei

$$\frac{k \cdot \psi}{2} = m\pi ,$$

ihr Abstand ist gegeben durch

$$\Delta\psi = \frac{2\pi}{k} .$$

---

[1]) E. GEHRCKE, Die Anwendung der Interferenzen in der Spektroskopie und Metrologie, Braunschweig 1906, S. 25ff.

[2]) Lord RAYLEIGH, Phil. Mag. (4) Bd. 47, S. 81, 193. 1874; E. GEHRCKE, l. c. S. 72ff.

Der Abstand der Hauptmaxima ist gegeben durch

$$\Delta\psi'_k = 2\pi .$$

Der Abstand der Minima ist also $1/k$ des Abstandes zweier Hauptmaxima. Da das Hauptmaximum selbst an einer Stelle eines Maximums des Nenners liegt, so sind also die beiden benachbarten Minima je um $1/k$ des Abstandes der Hauptmaxima vom Maximum entfernt, ihre gegenseitige Entfernung ist demnach $2/k$ dieses Abstandes. Diese Größe kann als Breite des Hauptmaximums bezeichnet werden. Sollen nun die von zwei Wellen λ' und λ gebildeten Hauptmaxima noch deutlich getrennt wahrgenommen werden, so dürfen sie sich höchstens zur Hälfte überlagern. Die geringste zulässige Entfernung der Interferenzstreifen ist also $1/k$ des Abstandes zweier Hauptmaxima. Es ist also da

$$\psi = \frac{2\pi\delta}{\lambda},$$

wo δ der Gangunterschied ist:

$$\Delta\psi = \frac{2\pi}{k} \quad \text{oder} \quad 2\pi\frac{\delta}{\lambda} - 2\pi\frac{\delta'}{\lambda'} = \frac{2\pi}{k} \quad \text{oder} \quad \frac{\delta}{\lambda} - \frac{\delta'}{\lambda'} = \frac{1}{k}.$$

Daraus folgt

$$\frac{\delta \cdot \Delta\lambda}{\lambda^2} = \frac{1}{k},$$

wo wegen des kleinen Unterschiedes von λ und λ' für $\lambda \cdot \lambda' = \lambda^2$ gesetzt ist. Nun ist aber $\frac{\delta}{\lambda} = m$ der Ordnungszahl, so daß folgt

$$\frac{\lambda}{\Delta\lambda} = m \cdot k .$$

Das Auflösungsvermögen eines Interferenzapparates ist also dem Produkt aus Ordnungszahl und Zahl der interferierenden Büschel gleich.

11. Interferenzen an dünnen Blättchen. Kurven gleicher Dicke. Außer der im Unendlichen gelegenen Interferenzerscheinung, die wir eben für eine planparallele Platte gefunden haben, erscheinen auch im Endlichen gelegene Interferenzen, wenn das Blättchen genügend dünn ist. Es sei (Abb. 23) SS' eine ausgedehnte Lichtquelle, PP' das zunächst planparallel angenommene Blättchen von der Dicke d. Wir betrachten einen Lichtstrahl, der vom Punkte S der Lichtquelle ausgeht, der in a reflektiert wird und dort mit einem Strahl zusammentrifft, der in C reflektiert worden ist. Eine Linse L vereinigt diese Strahlen in B. Der Gangunterschied der beiden Strahlen ist wie früher

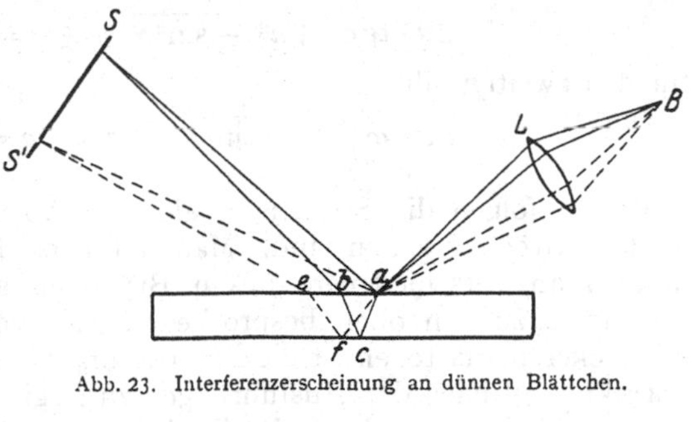

Abb. 23. Interferenzerscheinung an dünnen Blättchen.

$$\delta = 2d\sqrt{n^2 - \sin^2\alpha} + \frac{\lambda}{2},$$

wenn α der wegen der geringen Dicke von PP' für die Strahlen Sa und Sb als gleich anzunehmende Einfallswinkel ist. Die Strahlen interferieren und liefern eine dem Gangunterschied entsprechende Helligkeit. Wegen der Größe der Linse L kommen in der Bildebene aber auch noch andere Strahlen in B zur Interferenz, etwa $S'a$ und $S'efa$, deren Gangunterschied etwas anders ist. Er ist hier

$$\delta' = 2d\sqrt{n^2 - \sin^2\alpha'},$$

wenn α' der Einfallswinkel für dieses Strahlenpaar ist. Die Differenz beider Gangunterschiede ist

$$\Delta = 2d\left(\sqrt{n^2 - \sin^2\alpha'} - \sqrt{n^2 - \sin^2\alpha}\right).$$

Ist d genügend klein, so wird diese Differenz unterhalb einer halben Wellenlänge bleiben können selbst für die am weitesten divergent auf die Linse auffallenden Strahlenbündel. In diesem Falle wird also die Interferenzerscheinung noch wahrnehmbar bleiben. Bei größerer Dicke der Platte tritt aber eine Überlagerung ein, die zur Vernichtung der Erscheinung führt. Übrigens sieht man, daß für die Begrenzung der Interferenzmöglichkeit auch die Größe der Öffnung der abbildenden Linse eine Rolle spielt. Je größer diese ist, um so dünner muß die Platte sein, damit keine zur Vernichtung führende Überlagerung der Interferenzen eintritt. Bei Betrachtung mit bloßem Auge spielt die Öffnung der Augenpupille diese Rolle. Die Interferenz liefert für das ganze Blättchen einen gleichen Grad von Helligkeit.

Anders wird die Erscheinung, wenn die Dicke des Blättchens nicht überall gleich ist. Man sieht, daß unter im übrigen gleichen Verhältnissen, also vor allem immer noch geringer Dicke der Blättchen, je nach dem Werte von δ Helligkeit oder Dunkelheit herrschen wird. Betrachten wir insbesondere ein keilförmiges Blättchen mit dem Keilwinkel φ, so ist an einer Stelle X in einer Entfernung a von der Keilkante (Abb. 24) die Blättchendicke

Abb. 24. Interferenz an keilförmigen Blättchen.

$$d = a \cdot \operatorname{tg}\varphi,$$

also

$$\delta = 2a \cdot \operatorname{tg}\varphi\sqrt{n^2 - \sin^2\alpha} + \frac{\lambda}{2}.$$

Man erkennt, daß als Interferenzerscheinung parallel zur Keilkante verlaufende Streifen auftreten müssen. Für den ersten dunklen Streifen muß gelten

$$2a \cdot \operatorname{tg}\varphi \cdot \sqrt{n^2 - \sin^2\alpha} + \frac{\lambda}{2} = \frac{\lambda}{2} \quad \text{oder} \quad a = 0,$$

für den zweiten gilt

$$2a\operatorname{tg}\varphi\sqrt{n^2 - \sin^2\alpha} \quad \text{oder} \quad a = \frac{\lambda}{2\operatorname{tg}\varphi\sqrt{n^2 - \sin^2\alpha}},$$

weiterhin folgen die Streifen in gleichen Abständen, die ebenfalls durch diese letztere Größe gegeben sind. Man hat nach LUMMER diese Interferenzerscheinungen an verschiedenen dicken Blättchen als „Kurven gleicher Dicke" im Gegensatz zu den oben besprochenen „Kurven gleicher Neigung" bezeichnet. Bei dickeren Blättchen ist die Bezeichnung als Kurven gleicher Dicke nicht mehr korrekt, weil nach den Ausführungen zu Beginn des Abschnittes dann die Interferenzerscheinung nicht mehr Funktion der Dicke allein ist. In diesem Falle liegen die Verhältnisse überhaupt viel komplizierter, sowohl was die Form als auch was die Lage der Interferenzstreifen angeht. Für keilförmige Platten ist der allgemeine Fall eingehend von FEUSSNER[1]) behandelt worden. GEHRCKE und JANICKI[2]) haben gezeigt, daß auch bei keilförmigen Platten eine Verschärfung der Interferenzstreifen eintritt, wenn man durch eine schwache Versilberung

---

[1]) W. FEUSSNER, Winkelmanns Handb. d. Phys. 2. Aufl. Bd. 6, S. 956ff. 1906; Sitzber. d. Ges. z. Beförd. d. ges. Naturw. zu Marburg 1880, S. 1ff.

[2]) E. GEHRCKE u. L. JANICKI, Ann. d. Phys. Bd. 39, S. 451ff. 1912.

das Reflexionsvermögen der Flächen erhöht, und so mehrfache Reflexionen ermöglicht. Die genauere Theorie dieses Falles hat VON DER PAHLEN[1]) gegeben.

12. NEWTONsche Ringe. Zu den Interferenzkurven gleicher Dicke gehören auch die als NEWTONsche Ringe bekannten Figuren, die in einer dünnen Luftschicht entstehen, welche durch eine plane Platte und eine schwache Konvexlinse begrenzt wird. Die Anordnung ist zuerst von HOOKE[2]) angegeben worden, aber erst NEWTON[3]) hat die Erscheinung messend verfolgt. Nach der im vorigen Abschnitt gegebenen Formel ergibt sich die Interferenzerscheinung ohne weiteres aus der Dicke der zwischen den Gläsern liegenden Luftschicht. Bezeichnen wir den Berührungspunkt der beiden Gläser mit O (Abb. 25), so ist in einer Entfernung $OA = a$ von diesen die Dicke der Luftschicht gegeben durch die Beziehung

$$a^2 = d(2r - d),$$

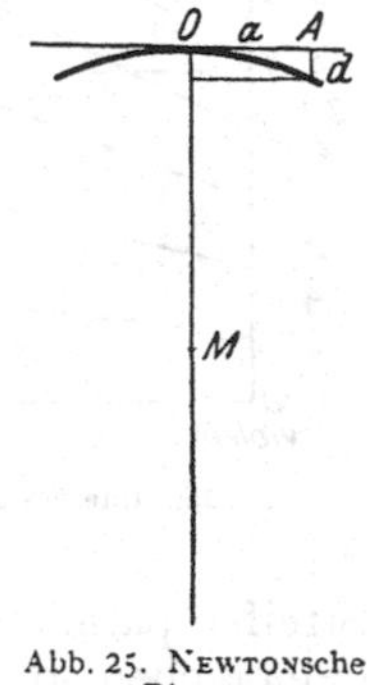

Abb. 25. NEWTONsche Ringe.

wo r der Krümmungsradius der Konvexlinse ist. Wegen der geringen Größe von d ist d^2 gegen $2rd$ zu vernachlässigen, so daß folgt

$$d = \frac{a^2}{2r}.$$

Daraus ergibt sich für die Lage der dunklen Streifen:

$$\frac{2a^2}{2r}\sqrt{1^2 - \sin^2\alpha} + \frac{\lambda}{2} = \frac{\lambda}{2}(2m - 1),$$

wo m eine ganze Zahl ist, und für den Fall senkrechter Inzidenz

$$a = \sqrt{r \cdot \lambda(m - 1)}.$$

Die Abstände der Streifen von der Mitte verhalten sich also wie die Quadratwurzeln aus den ganzen Zahlen.

Übrigens liefert auch hier die genaue Theorie, die für die Erscheinung im reflektierten Licht von SOHNKE und WANGERIN[4]) für die im durchgehenden Licht von GUMLICH[5]) gegeben worden ist, wesentlich kompliziertere Verhältnisse aus denselben Gründen, die wir bei der Betrachtung der keilförmigen Platten erwähnt haben. Es ergibt sich, daß in Wirklichkeit die Kurven nicht Kreise sind, die in der Oberfläche der begrenzenden Platte zustande kommen und sich konzentrisch um den Berührungspunkt gruppieren, sondern Kurven doppelter Krümmung, die sämtlich durch elliptische Zylinder, deren Leitlinie parallel ist der Achse des beobachtenden Instrumentes, herausgeschnitten werden aus einer geradlinigen Fläche dritter Ordnung, der sog. Interferenzfläche.

13. Erscheinungen in weißem Licht. Farben dünner Blättchen. Wir haben bei den bisherigen Betrachtungen immer homogenes Licht vorausgesetzt. Wenn wir dagegen weißes Licht verwenden, so tritt eine Überlagerung der Interferenzerscheinungen für die einzelnen Komponenten auf, wodurch Farbenerscheinungen entstehen. Man übersieht diese Überlagerung sofort mit Hilfe einer Figur, die schon von NEWTON stammt (Abb. 26). Als Abszissen sind die Wellenlängen der Spektralfarben, als Ordinaten die Dicken der Blättchen aufgetragen. Für z. B. senkrechte Inzidenz kann man nun für jede Wellenlänge die Blättchendicke einzeichnen, für die im reflektierten Licht Dunkelheit bzw.

[1]) G. v. D. PAHLEN, Ann. d. Phys. Bd. 39, S. 1567. 1912; s. auch L. JANICKI, Ann. d. Phys. Bd. 40, S. 493. 1913.
[2]) R. HOOKE, Micrographia, London 1665.
[3]) NEWTON, Optice, lib. 2. London 1704.
[4]) L. SOHNKE u. A. WANGERIN, Wied. Ann. Bd. 12, S. 1–40, 201–249. 1881.
[5]) E. GUMLICH, Wied. Ann. Bd. 26, S. 337–374. 1885.

Helligkeit eintritt und erhält dann gerade Linien 11, 22, 33, 44 usw., deren Durchschnittspunkte mit den Ordinaten die für die entsprechenden Wellenlängen geltenden Dicken liefern, bei denen diese Wellenlänge ausgelöscht ist. (Die punktierten Linien geben entsprechend die Maxima der Helligkeit.) Die für eine gleichzeitige Einwirkung aller Wellenlängen auftretende Erscheinung erhält man nun, wenn man in der der wirksamen Dicke des Blättchens entsprechenden Entfernung eine Parallele zur Abszissenachse, etwa AB zieht. Es entsteht eine Mischfarbe, in der die dem Punkte C entsprechende Wellenlänge vollständige fehlt und die benachbarten nur mit geringer Intensität vertreten sind. Eine Darstellung der auf diese Weise z. B. an Seifenlamellen entstehenden Mischfarben ist u. a. von BOYS[1]) gegeben worden. Bei sehr geringer Dicke der Lamelle, unterhalb $\lambda/4$ für das kurzwelligste Licht, erscheint diese auch im weißen Licht schwarz. Betrachtet man die Farbe eines dünnen Blättchens in einem Spektralapparat, so sieht man das Spektrum von dunklen Streifen parallel den FRAUNHOFERschen Linien durchzogen, die eben den Farben entsprechen, die durch Interferenz ausgelöscht sind. Je dicker das verwendete Blättchen ist, um so zahlreicher werden diese Streifen. Zum Schlusse seien noch die Dicken einer Luftschicht und die bei senkrechter Inzidenz dabei auftretenden Farben nebeneinander gestellt: Die Tabelle ist den Angaben von LUMMER in MÜLLER-POUILLETS Lehrbuch der Physik, 2. Aufl., Optik S. 744 entnommen.

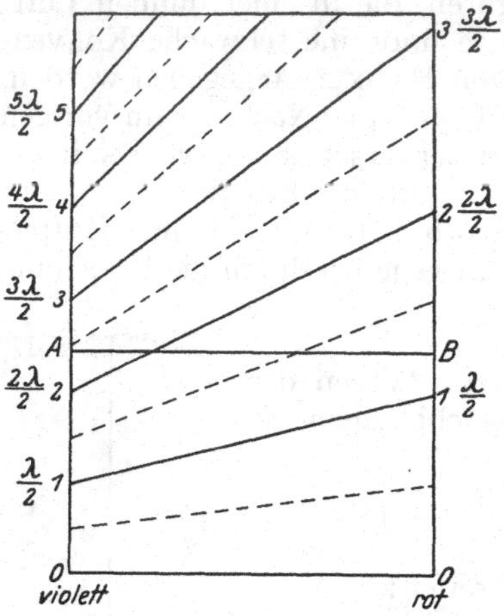

Abb. 26. Interferenz in weißem Licht.

Dicke der Luftschicht mm	Farbe		
0,000114	Bläulichweiß	(Hellavendelgrau)	1. Ordnung
148	Gelblichweiß	(Strohgelb)	
168	Braunrot	(Braungelb)	
245		(Rot)	
257		(Purpur)	2. Ordnung
276	Dunkelpurpur	(Violett)	
360	Blau	(Himmelblau)	
432	Gelb	(Gelb)	
492	Rot	(Rot)	
520		(Purpur)	3. Ordnung
552	Purpur	(Purpurviolett)	
602	Blau	(Blaugrün)	
666	Gelblichgrün	(Grün)	
712	Dunkelrot	(Fahlgelb)	
828	Blaßrot	(Mattpurpur)	4. Ordnung
954	Blaßgrün	(Graugrün)	

Die uneingeklammerten Farbenbezeichnungen stammen von NEWTON, die eingeklammerten von ROLLET[2]).

[1]) C. V. BOYS, Seifenblasen, ihre Entstehung u. ihre Farben, Deutsche Übersetzung v. G. MEYER, Taf. 1, S. 118, Leipzig 1913.

[2]) A. ROLLET, Wiener Ber. Bd. 77 (3), S. 177. 1878.

14. Interferenzen an mehreren Platten. BREWSTERsche Streifen. Wenn man zwei planparallele Platten geeignet kombiniert, so kann man Interferenzerscheinungen erhalten, die zuerst von BREWSTER[1]) beobachtet worden sind, und deshalb BREWSTERsche Interferenzen genannt werden. Zwei unter einem kleinen Winkel geneigte planparallele Platten mögen von einem Strahl L getroffen werden (Abb. 27). Nach Durchsetzen der ersten Platte wird er an der zweiten bei EF reflektiert und wird teils nach Reflexion an CD den Strahl 1, teils nach Reflexion an AB den Strahl 2 bilden. Der an der Fläche GH reflektierte Teil des einfallenden Strahles wird durch Reflexionen an CD bzw. AB in die Strahlen 3 und 4 zerlegt. Alle diese Teile sind kohärent. Nun hat aber 1 und 2 einen sehr großen Gangunterschied, da 1 nur einmal, 2 aber dreimal eine Glasplatte durchsetzt hat, und das gleiche gilt für alle anderen Kombinationen mit Ausnahme der Strahlen 2 und 3, von denen jeder dreimal die Glasschicht durchsetzt hat, der Gangunterschied dieser letzteren Strahlen wäre für gleiche Plattendicken und Parallelität der beiden Platten überhaupt 0, für einen kleinen Winkel zwischen den Platten hat er dagegen einen von 0 verschiedenen aber noch kleinen Wert. Es werden also hier Interferenzen auftreten, die auch bei weitgehend inhomogenem Licht noch sichtbar sind, und in der Tat erscheinen die BREWSTERschen Interferenzen auch im weißen Licht.

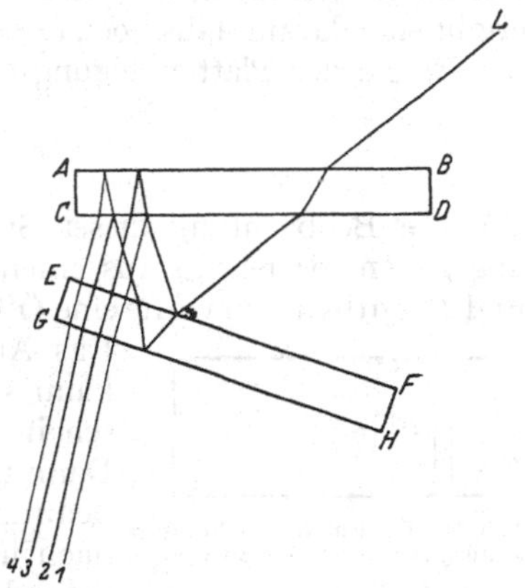

Abb. 27. Entstehung der BREWSTERschen Interferenzen an zwei planparallelen Platten.

Um den Gangunterschied zu berechnen, benutzen wir die früher in (8) abgeleitete Beziehung, daß in einer planparallelen Platte der Gangunterschied des an der Vorderfläche und des an der Rückfläche reflektierten Strahles den Wert hat

$$\delta = 2dn \cdot \cos\beta + \frac{\lambda}{2} = 2d\sqrt{n^2 - \sin^2\alpha} + \frac{\lambda}{2},$$

wo d die Dicke der Platte, n ihr Brechungsexponent, β der Brechungswinkel in der Platte und α der Einfallswinkel auf sie ist. Beziehen sich auf die erste unserer Platten die Größen $d_1\, n_1\, \beta_1$, α_1 und auf die zweite entsprechend $d_2\, n_2\, \beta_2\, \alpha_2$, so ist der gesamte Gangunterschied offenbar

$$\begin{aligned}\Delta &= 2d_1 n_1 \cdot \cos\beta_1 - 2d_2 n_2 \cos\beta_2\\ &= 2d_1\sqrt{n_1^2 - \sin^2\alpha_1} - 2d_2\sqrt{n_2^2 - \sin^2\alpha_2}.\end{aligned}$$

Die Interferenzerscheinung liegt wegen der Parallelität der austretenden Interferenzstrahlen im Unendlichen. Die Lichtquelle kann ausgedehnt sein. Jeder Punkt derselben wird dann in der zu der eben betrachteten Richtung parallelen ein interferierendes Paar mit demselben Gangunterschied geben; die Interferenzerscheinungen werden sich verstärken, weil diese einzelnen Interferenzpaare gegeneinander inkohärent sind.

Für den praktisch wichtigen Fall, daß die beiden Platten gleiche Dicke und gleichen Brechungsindex haben, wird die Formel für den Gangunterschied

$$\Delta = 2dn \cdot (\cos\beta_1 - \cos\beta_2) = 2d\left(\sqrt{n^2 - \sin^2\alpha_1} - \sqrt{n^2 - \sin^2\alpha_2}\right).$$

Der Winkel β_2 bzw. α_2 läßt sich aus β_1 bzw. α_1 berechnen, wenn der Neigungswinkel der beiden Platten φ und der Winkel ω der Einfallsebene des einfallenden

[1]) D. BREWSTER, Trans. Edinb. Roy. Soc. Bd. 7, S. 435. 1817.

Strahls der ersten Platte gegen die Ebene des Neigungswinkels der beiden Platten gegeben ist. Es ist dann für kleine Winkel φ

$$\Delta = \frac{\sin 2\alpha_1 \cos\omega}{\sqrt{n^2 - \sin^2\alpha_1}} \cdot d \cdot \varphi .$$

Für kleine Winkel α, wie sie bei der BREWSTERschen Anordnung vorhanden sind, ergibt sich daraus, falls noch $\omega = 0$ gesetzt wird, also die Strahlen in der Richtung der Ebene der Plattenneigung einfallen, eine Streifenbreite von

$$b = \frac{n \cdot \lambda}{2 \cdot d \cdot \varphi} .$$

Für die Beobachtung dieser Streifen hat BREWSTER ein einfaches Instrument angegeben, bestehend aus einem innen geschwärzten Rohr, das die Platten P_1 und P_2 enthält und vorne eine Öffnung O hat, durch die das Licht einfällt (Abb. 28). Das Auge des Beobachters befindet sich bei A. Man kann statt wie hier im durchgehenden Licht die Erscheinung auch im reflektierten Licht beobachten. Dann ist die Einrichtung die der Abb. 29, die von JAMIN benutzt worden ist und in dem später zu besprechenden nach ihm benannten Interferentialrefraktor Verwendung gefunden hat. Dabei stehen die Platten P_1 und P_2 gegen die Einfallsrichtung der Strahlen unter einen Winkel von 45° und die Interferenz erfolgt zwischen den kohärenten Strahlen 2 und 3. Eine weitere Modifikation der Anordnung rührt von LUMMER her und wird erhalten, wenn man in Abb. 29 die Platte P_2 an einer Ebene senkrecht zu den zwischen den Platten verlaufenden Strahlen gespiegelt denkt. Man erhält dann den Aufbau der Abb. 30, bei dem sich

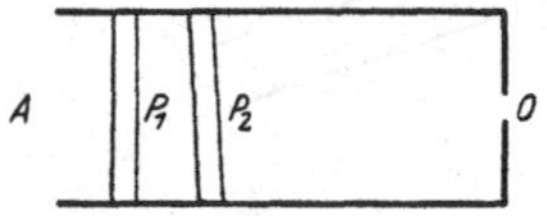

Abb. 28. Einrichtung zur Beobachtung BREWSTERscher Streifen.

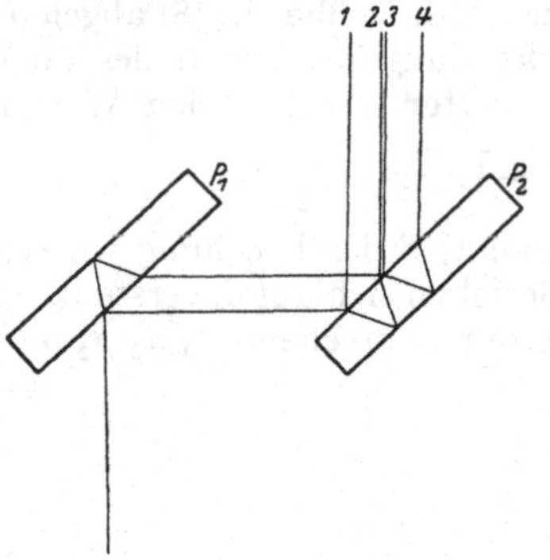

Abb. 29. JAMINsche Anordnung zur Erzeugung BREWSTERscher Interferenzen.

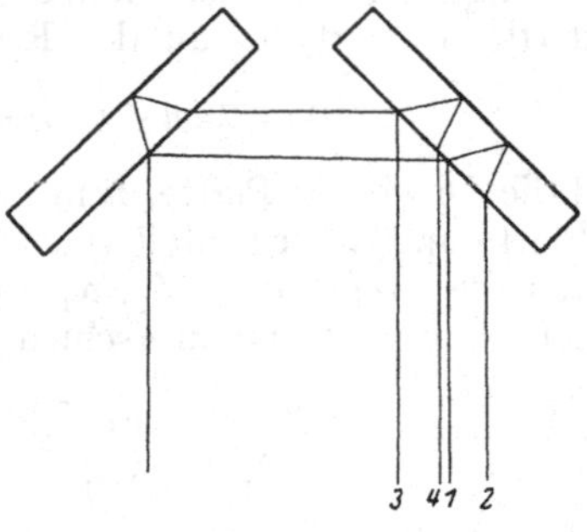

Abb. 30. Anordnung von LUMMER zur Erzeugung BREWSTERscher Interferenzen.

der Strahlengang der die BREWSTERschen Interferenzen hervorbringenden Strahlen 2 und 3 von den früheren nur dadurch wesentlich unterscheidet, daß diese Strahlen nicht mehr nahe zusammenliegen, sondern eine erhebliche Entfernung voneinander haben. Das zur Beobachtung der Interferenzen benutze Objektiv muß dann eine solche Größe haben, daß diese Strahlen noch aufgenommen werden. Man findet die genauere Theorie dieser verschiedenen Anordnungen in Arbeiten von KETTELER[1]), BLASIUS[2]) und LUMMER[3]), auf die wir hier verweisen müssen.

[1]) E. KETTELER, Beobachtungen über die Farbenzerstreuung der Gase, Bonn 1865.
[2]) E. BLASIUS, Wiener Anz. Bd. 45, S. 316. 1892.
[3]) O. LUMMER, Wiener Anz. Bd. 24, S. 417. 1885.

Einige Anordnungen für die speziellen Zwecke der Refraktionsbestimmungen werden später noch genauer zu besprechen sein. Der Fall der Benutzung mehrfacher Reflexionen an versilberten Platten ist von PEROT und FABRY behandelt worden[1]).

15. Stehende Lichtschwingungen. WIENERsche Interferenzen. Die bisher besprochenen Interferenzerscheinungen beruhen aus dem Zusammenwirken zweier fortschreitender Wellenzüge. WIENER[2]) hat zum erstenmal stehende Lichtschwingungen nachgewiesen, die durch Interferenz eines Strahlenbündels mit dem an einem Spiegel reflektierten entstehen. Ist der Spiegel eben, das einfallende Licht parallel, so liegen die Schwingungsbäuche und Schwingungsknoten in Parallelebenen zum Spiegel, deren Abstände jedesmal Vielfache einer halben Wellenlänge sind. Denkt man nun dieses System von stehenden Wellen von einer gegen den Spiegel schwach geneigten Ebene durchsetzt, so werden unsere Ebenen eine Schar von parallelen untereinander gleich weit abstehenden Geraden ausschneiden, deren ganze Längen den gleichen Schwingungszustand besitzen. Es wechseln also Geraden, die den Schwingungsbäuchen entsprechen mit solchen ab, auf denen Schwingungsknoten liegen. Der Abstand dieser Geraden hängt von der Neigung der kreuzenden Ebene gegen den Spiegel ab. Ist die Neigung schwach genug, so werden die Geraden mit Schwingungsknoten und -bäuchen so weit getrennt, daß man sie mit bloßem Auge wahrnehmen kann. Um sie sichtbar zu machen, verwendete WIENER als kreuzende Ebene ein dünnes lichtempfindliches Häutchen aus Chlorsilberkollodium, das nur eine Dicke von etwa $^1/_{30}$ der Wellenlänge des Natriumlichtes hatte. In den Schwingungsbäuchen muß dieses Häutchen eine Schwärzung liefern, in den Knoten hell bleiben. Der Versuch wurde dann so angestellt, daß eine auf einer ebenen Glasplatte niedergeschlagene polierte Silberschicht als Spiegel diente, und daß eine zweite ebene Glasplatte, auf der sich das Kollodiumhäutchen befand, auf die erste Platte aufgelegt wurde, das Häutchen dem Silberspiegel zugewandt. Die geeignete Neigung wurde durch die in der keilförmigen Zwischenschicht zwischen beiden Platten auftretende Interferenzerscheinung ermittelt.

Beim Versuch war der für Natriumlicht in dem Keil auftretende Interferenzfransenabstand gewöhnlich zwischen $^1/_2$ und 2 mm. Für den eigentlichen Versuch war das Natriumlicht wegen der geringen photographischen Wirkung ungeeignet. Benutzt wurde das Licht einer elektrischen Bogenlampe, das wegen der alleinigen Wirkung eines begrenzten Wellenbereiches im Violett und Ultraviolett genügend homogen für den photographischen Effekt war. Für die endgültigen Versuche wurde trotzdem zur Erzeugung schärferer Streifen spektral zerlegtes Licht benutzt. Daß es sich bei diesen Versuchen von WIENER nicht um gewöhnliche Interferenzen an keilförmigen Schichten handelt, die übrigens denselben Fransenabstand liefern würden, wie er bei den hier beschriebenen Experimenten auftritt, wird dadurch bewiesen, daß die Minima vollkommen dunkel sind. Diese Beobachtung ist aber mit der Annahme der Entstehung der Streifen durch gewöhnliche Interferenzen allein unverträglich; denn über die Wirkung dieser Interferenzen müßte sich die ungeschwächte Wirkung des einfallenden Lichtes legen, auch an den Stellen der Interferenzminima. Daß man keine solche Wirkung findet, ist ein Beweis dafür, daß die Wirkung des einfallenden Lichtes durch Interferenz mit dem am Silberspiegel reflektierten vernichtet wurde, d. h. für das Auftreten der stehenden Wellen. Das gleiche beweisen Versuche, bei denen der Silberspiegel durch eine Glasplatte ersetzt wurde.

---

[1]) C. FABRY u. A. PEROT, Ann. de chim. et phys. (7) Bd. 12, S. 475. 1897.

[2]) O. WIENER, Wiener Anz. Bd. 40, S. 203ff. 1890.

Die Versuche von WIENER zeigten außer dem Vorhandensein stehender Lichtwellen, daß der elektrische Vektor es ist, der die chemische Wirkung auf die photographische Platte hervorbringt. Denn die Maxima der chemischen Wirkung lagen in den Schwingungsbäuchen des elektrischen Vektors, dessen Knoten in der reflektierenden Metallschicht liegt, während der magnetische Vektor seinen Knoten eine viertel Wellenlänge von der spiegelnden Wand entfernt hat. In der Anschauungsweise der elektrischen Lichttheorien lieferten die Versuche eine Entscheidung zugunsten der FRESNELschen Auffassungsweise, nach der die Lichtschwingungen zur Polarisationsebene senkrecht ziehen, wenigstens findet die photographische Wirkung im Schwingungsbauche desjenigen Vektors statt, welcher die FRESNELschen Gesetze befolgt[1]). Das gleiche gilt nach Untersuchungen von DRUDE und NERNST[2]) für die Fluoreszenzwirkung, da man nach den genannten Autoren die gleichen Maxima der stehenden Wellen bekommt, wenn man das lichtempfindliche Kollodiumhäutchen der WIENERschen Versuche durch ein fluoreszierendes Häutchen ersetzt.

Schon vor den Experimenten von WIENER hatte ZENKER[3]) die Wiedergabe der natürlichen Farben durch Chlorsilber mittels stehender Lichtwellen zu erklären versucht. Die durch die stehenden Wellen vor einem Spiegel in der lichtempfindlichen Schicht einer photographischen Platte erzeugten Schichten werden daher manchmal auch als ZENKERsche Schichten bezeichnet. Bei den auf der Einwirkung stehender Lichtwellen beruhenden LIPPMANNschen Farbenphotographien hat zuerst NEUHAUSS[4]) die ZENKERschen Schichten auf mikrophotographischem Wege nachgewiesen.

16. Lichtschwebungen. Versuche von RIGHI. Für die Erzeugung von Lichtschwebungen ist es nötig, daß Lichtwellen verschiedener Schwingungszahl miteinander interferieren. Diese müssen außerdem die Bedingung der Kohärenz erfüllen. Die Schwebungen müßten sich als Intensitätsschwankungen an einer Raumstelle zu erkennen geben, deren sekundliche Zahl gleich der Differenz der Schwingungszahlen der beiden interferierenden Lichtarten ist. Es ist klar, daß bei der ungeheuer großen Schwingungszahl der Lichtwellen eine beobachtbare Schwebungszahl nur herauskommen kann, wenn der Wellenlängenunterschied der beiden interferierenden Strahlenarten außerordentlich klein ist.

Unterschiede, die man etwa spektroskopisch selbst mit Apparaten von größtem Auflösungsvermögen herstellen kann, sind noch viel zu groß, um hier in Betracht zu kommen. RIGHI[5]) ist es durch einen Kunstgriff gelungen, kohärente Strahlen sehr wenig verschiedener Schwingungszahl herzustellen und zur Interferenz zu bringen. Er konnte dabei tatsächlich eine Schwebungserscheinung beobachten. Das Prinzip der Versuche ist das folgende: Das aus einem NICOLschen Prisma austretende linear polarisierte Licht läßt sich aus einem rechts- und einem linkszirkular polarisierten Anteil zusammengesetzt denken. Setzt man nun den Nicol um seine Achse in Rotation, so wird die eine dieser Komponenten beschleunigt, die andere verzögert. Macht man mit Hilfe geeigneter Vorrichtungen, wie sie in der Kristalloptik besprochen werden, diese zirkularen Schwingungen wieder zu linearen und bringt sie in geeigneter Weise, etwa mit Hilfe FRESNELscher Spiegel zur Interferenz, so treten langsame Schwebungen auf, deren Frequenz von der Rotationsgeschwindigkeit des Nicols abhängig ist. Nach diesem Prinzip hat RIGHI eine ganze Anzahl derartiger Versuche angestellt.

---

[1]) Vgl. P. DRUDE, Wiener Anz. Bd. 48, S. 121. 1893.

[2]) P. DRUDE u. W. NERNST, Wiener Anz. Bd. 45, S. 460. 1892.

[3]) W. ZENKER, Lehrbuch der Photochromie 1868, S. 77.

[4]) R. NEUHAUSS, Wiener Anz. Bd. 65, S. 164ff. 1898.

[5]) A. RIGHI, Mem. di Bologna (4) Bd. 4, S. 247; Cim (3) Bd. 14, S. 173; Journ. de phys. (2) 1883, S. 437.

II. Interferenzapparate.

Von den außerordentlich zahlreichen Apparaten, die auf Grund der Interferenzerscheinungen zu den verschiedensten Zwecken konstruiert worden sind, können hier nur einige der wichtigsten besprochen werden. Wir werden hier diejenigen vornehmlich behandeln, die ein mehr physikalisches Interesse beanspruchen, während die rein technischen Zwecken dienenden weniger berücksichtigt werden sollen.

A. Interferometer.

Eine erste Gruppe solcher Apparate bilden diejenigen, die dazu dienen, das Verhältnis der Längeneinheit zur Lichtwellenlänge zu bestimmen, sei es nun, daß eine im Längenmaß schon gegebene Lichtwelle als Grundeinheit zur Bestimmung anderer Lichtwellenlängen benutzt wird, oder daß eine andere gegebene Längeneinheit, wie das Normalmeter, in Beziehung zur Wellenlänge einer bestimmten Lichtsorte gesetzt wird.

17. MICHELSONS Interferometer. Das Interferometer von MICHELSON[1]) benutzt die an planparallelen Platten auftretenden Kurven gleicher Neigung. Die prinzipielle Anordnung ist die in Abb. 31 gegebene. Das Licht der Lichtquelle L fällt auf die halbdurchlässig versilberte Platte P, die unter 45° gegen die Richtung der einfallenden Strahlen geneigt ist. Ein Teil des einfallenden Lichtes wird an der Platte reflektiert und erreicht den Spiegel S_1, der zur Strahlrichtung senkrecht steht und das Licht in sich selbst zurückreflektiert. Ein anderer Teil durchsetzt die Platte und trifft auf den Spiegel S_2, der ebenfalls eine Reflexion entgegen der Einfallsrichtung bewirkt. Das von S_1 zurückgeworfene Licht durchsetzt die Platte P, das von S_2 reflektierte wird an ihr gespiegelt, und beide Bündel gelangen in das Fernrohr F. Die Wirkung der Anordnung ist infolge der Spiegelung an P offenbar so, als ob die von S_2 zurückgeworfenen Strahlen von einer Ebene S_2', der sog. Referenzebene, reflektiert würden, die parallel zu S_1 im Abstande S_2: Mitte von P liegt, und S_1 und S_2' können als Vorderfläche und Rückfläche einer planparallelen Platte angesehen werden. In dem auf Unendlich eingestellten Fernrohr F müssen also nach den Betrachtungen des Absatzes 9 Kurven gleicher Neigung auftreten. Der Abstand $S_1 S_2'$ stellt die Dicke der verwendeten Platte, die hier eine Luftplatte ist, dar. Durch Verschieben des Spiegels S_1 parallel zu seiner spiegelnden Fläche kann die Dicke der Platte geändert werden. Bei nicht genau parallelen Spiegeln S_1 und S_2' können auch Interferenzen gleicher Dicke an keilförmiger Platte auftreten. Bei genügend dünner Platte können Interferenzen im weißen Licht beobachtet werden. Die wirkliche Ausführung des Interferometers ist dadurch etwas anders, daß die reflektierende Platte P einen Träger in Gestalt einer planparallelen Platte aus einem durchsichtigen Material haben muß. Dadurch erhält der durch sie hindurchgehende Strahl eine Veränderung seines optischen Weges, der wieder für den reflektierten Strahl kompensiert werden muß. Dies geschieht dadurch, daß auch in den Weg des reflektierten Strahls eine gleichartige Platte eingeführt wird, die zur ersten parallel steht und die zur genauen Kompensation mit der

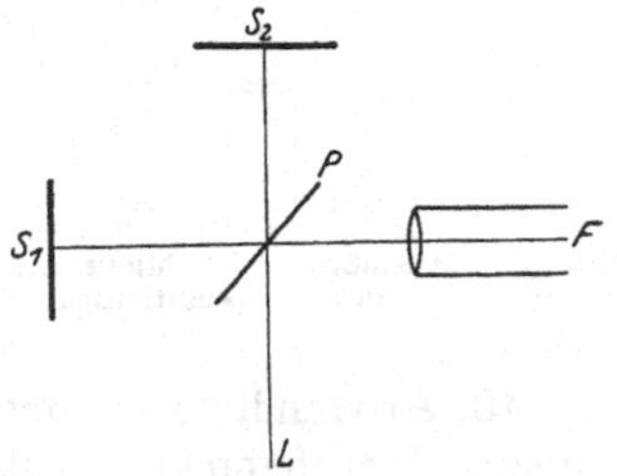

Abb. 31. Schema des MICHELSONschen Interferometers.

[1]) Siehe z. B. A. A. MICHELSON, Phil. Mag. (5) Bd. 34, S. 280, 1892 oder A. A. MICHELSON, Lichtwellen u. ihre Anwendungen, übers. v. M. IKLÉ, S. 43. Leipzig 1910.

ersten Platte aus dem gleichen planparallelen Glasstück ausgeschnitten ist. Die Anordnung wird dann die der Abb. 32. Hier ist P_1 die an der Fläche *aa* versilberte Platte, die zur Trennung der beiden interferierenden Bündel dient, und P_2 die zur Kompensation bestimmte Hilfsplatte. Bei der Ausführung des Instrumentes muß besonders die genau parallel bleibende Stellung der Spiegeloberfläche S_1 gesichert bleiben. Die Führung ist bei MICHELSON so exakt gemacht, daß der größte Winkel, um den sich dieser Spiegel bei seiner Bewegung dreht, kleiner als eine Bogensekunde bleibt.

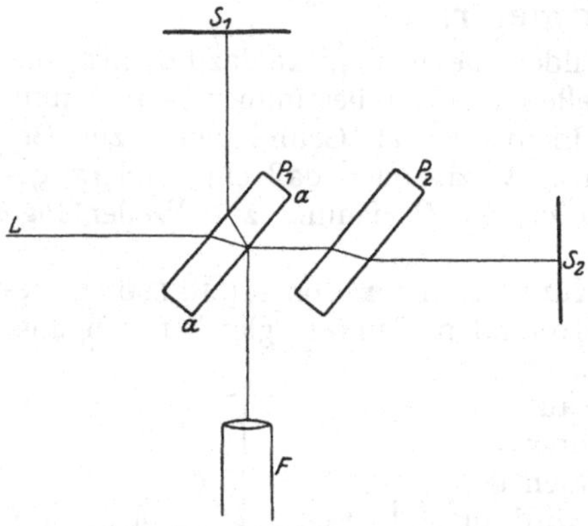

Abb. 32. Ausführung des MICHELSON-Interferometers mit Kompensationsplatte.

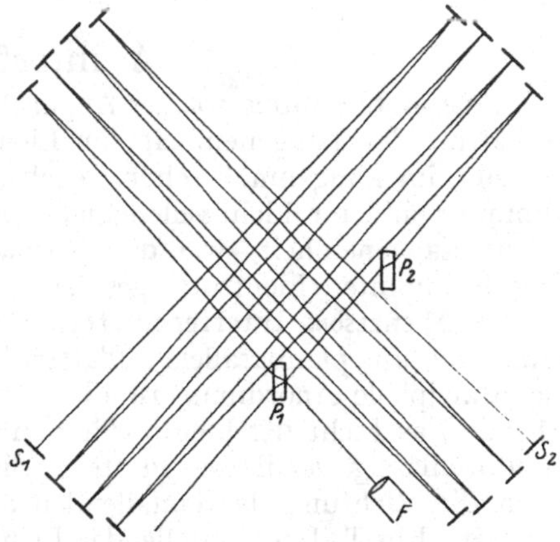

Abb. 33. Anordnung des MICHELSON-Interferometers zur Bestimmung von Äthereffekten.

18. Anwendungen des MICHELSONschen Interferometers. Das MICHELSONsche Interferometer wurde zu dem Zwecke ersonnen, um die Unterschiede der Geschwindigkeit des Lichtes in der Bahnrichtung der Erde und in der Richtung senkrecht dazu nachzuweisen. Die beiden zur Interferenz kommenden Lichtstrahlen verlaufen je in zueinander senkrechten Richtungen. Der negative Verlauf dieser Versuche und seine Bedeutung wird an anderer Stelle dieses Handbuches ausführlich behandelt. Hier soll nur die besondere Konstruktion des Instrumentes für diesen Versuch besprochen werden. Es war dazu nötig, die Lichtwege der beiden interferierenden Bündel möglichst lang zu machen, und eine Einrichtung zu schaffen, die es ermöglichte, einmal den einen, das andere Mal den anderen der beiden Strahlen in die Bewegungsrichtung der Erde einzustellen. Die Anordnung ist in Abb. 33 schematisch dargestellt. Die Verlängerung der Lichtwege wird in jedem Bündel durch mehrfache Reflexionen erreicht. Das ganze System ruht auf einer Steinplatte, die auf einem hölzernen Zylinder aufliegt. Dieser schwimmt auf Quecksilber, so daß das ganze System leicht gedreht werden kann. Besteht ein Unterschied in der Fortpflanzungsgeschwindigkeit des Lichtes in der Richtung der Erdbahn und senkrecht dazu, so müssen Interferenzstreifen, die bei einer Stellung des Interferometers vorhanden sind, sich verschieben, wenn der Apparat um 90° gedreht wird.

Eine wichtige Anwendung hat das Instrument gefunden, um die Länge des Meters in Wellenlängen auszudrücken[1]), um so ein Längennormal zu schaffen, das von zufälligen Veränderungen oder Beschädigungen eines Maßstabes unabhängig ist. Als Bezugswellenlänge mußte eine solche gewählt werden, die auch bei großen Gangunterschieden scharfe Interferenzen liefert. Als geeignet erwiesen

[1]) A. A. MICHELSON, Trav. et Mém. du Bur. intern. des Poids et Mes, Bd. 11, 1895.

sich die in einer Geißlerröhre erzeugten Linien des Kadmiumspektrums, eine rote, eine grüne und eine blaue. Die für die Ausmessung des Meters in Wellenlängen angewendete Versuchsanordnung war folgende: In dem etwas abgeänderten Interferometer, das in Abb. 34 schematisch dargestellt ist, sind P_1 und P_2 die beiden Platten, b ist ein Hilfsspiegel, und die beiden Spiegel des Interferometers sind einmal d und das andere Mal das kompliziertere Gebilde $mm'nn'$. Der Spiegel d ist verstellbar. Er kann nun zuerst so eingestellt werden, daß der Strahl, der an ihm und an m reflektiert wird, keinen Gangunterschied hat. Das geschieht unter Benutzung weißen Lichtes durch Beobachtung von Interferenzen gleicher Dicke. Der mittlere Streifen des Systems ist schwarz, die übrigen sind farbig. Der erstere entspricht dem Gangunterschied O. Das gleiche kann für den Spiegel n ausgeführt werden, so daß dieser mit m in der gleichen Ebene steht. Dann wird d so verschoben, daß m' mit d die Interferenzen vom Gangunterschied O liefert und dann das System mm' so weit nach rückwärts gerückt, daß m an die Stelle kommt, wo vorher m' war. Ist nn' doppelt so lang als mm', so liegt jetzt m' in der Ebene von n'. Durch Verschieben von d kann festgestellt werden, ob das wirklich der Fall ist. Eine kleine Differenz kann durch Zählung der Interferenzstreifen genau ermittelt werden. So können vom Originalmeter Hilfsnormale hergestellt werden, die $^1/_2$, $^1/_4$, $^1/_8$ bis $^1/_{256}$ des Normalmeters sind, bzw. deren Abweichungen von diesen Größen genau bekannt sind. Jedes besteht aus zwei miteinander verbundenen Spiegeln, deren Ebenen parallel sind, die aber übereinanderliegen. Abb. 35 zeigt den Vertikalschnitt dieses Hilfsnormals mm', das im Horizontalschnitt in Abb. 34 gezeichnet war. Das kürzeste dieser Hilfsnormalien wird nun in Wellenlängen ausgemessen, indem mit einer Kadmiumlinie Interferenzen gleicher Neigung erzeugt werden und die Zahl der bei der Verschiebung von d durch das Gesichtsfeld wandernden Interferenzen bestimmt wird, wenn d von der Koinzidenz mit m bis zu der mit m' bewegt wird. Auf diese Weise wurde die Zahl der Wellenlängen in Meter gefunden für die rote Kadmiumlinie zu 1553163,5 für die grüne zu 1966249,7 und für die blaue zu 2083372,1 Wellenlängen.

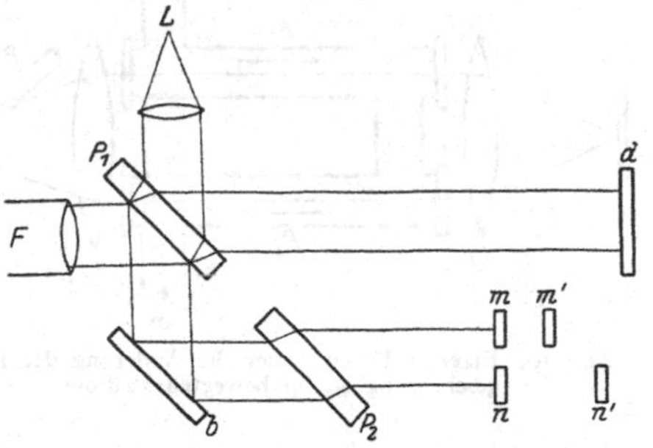

Abb. 34. Anordnung des MICHELSON-Interferometers zur Ausmessung des Meters in Wellenlängen.

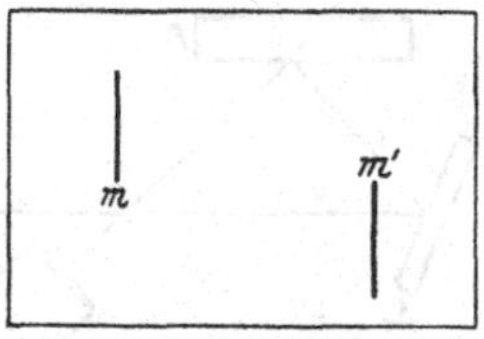

Abb. 35. Vertikalschnitt eines Hilfsnormals zur MICHELSONschen Auswertung des Meters in Wellenlängen.

Außer den beschriebenen Anwendungen ist das MICHELSONsche Interferometer auch zur Ermittlung der Struktur von Spektrallinien und ihrer Veränderung z. B. im Zeemaneffekt benutzt worden[1]). Da aber die Methode hierbei ziemlich umständlich ist — wegen der unscharfen Interferenzen des Michelsoninterferometers muß eine harmonische Analyse der Kurve der Streifenhelligkeit in Abhängigkeit vom Gangunterschied ausgeführt werden — und andere Methoden leichter zum Ziel führen, soll hier nicht auf diese Anwendung eingegangen werden.

In etwas abgeänderter Form ist das Michelsoninterferometer von seinem Erfinder ferner zur Wiederholung eines von FIZEAU[2]) zuerst angestellten Ver-

---

[1]) A. A. MICHELSON, Phil. Mag. (5) Bd. 44, S. 109. 1897; Astrophys. Journ. Bd. 6, S. 48. 1897.

[2]) H. FIZEAU, C. R. Bd. 33, S. 349. 1851; Pogg. Ann. Ergänzungsband III, S. 457. 1853.

suches benutzt worden, der dazu dienen sollte, die Änderung der Lichtgeschwindigkeit infolge der Bewegung eines Mediums zu bestimmen. Die ursprüngliche Versuchsanordnung von FIZEAU ist in Abb. 36 angegeben. Das Licht einer kleinen Lichtquelle L fällt durch eine unter 45° geneigte Glasplatte P auf eine Linse, wird parallel gemacht und durchsetzt die beiden Röhren R_1 und R_2, die von einem Wasserstrom durchflossen werden. Eine zweite Linse L_2 macht die Büschel wieder konvergent, sie werden an einem Spiegel S reflektiert, und gelangen, diese beiden Röhren jetzt im Durchgang vertauschend, über L_1 durch Reflexion an P zum Auge A des Beobachters. Es ist also das Bündel LR_1SR_2A in der Strömungsrichtung fortgeschritten, das Bündel LR_2SR_1A entgegengesetzt dazu. Infolge der Strömung des Wassers sind die geometrisch gleichen Wege der Bündel optisch verschieden und in A tritt eine Interferenzerscheinung auf. Nach Umkehrung der Strömungsrichtung ändert sich die Interferenzerscheinung und aus der Streifenverschiebung kann der durch die Bewegung des Wassers erzeugte Gangunterschied berechnet werden. Die Abänderung des Versuches durch MICHELSON und MORLEY[1]) ist in Abb. 37 dargestellt. Das Licht geht von einer ausgedehnten Lichtquelle L aus und wird durch die halbdurchlässig versilberte Platte P in zwei Bündel zerlegt, die einmal über S_1R_1 das totalreflektierende Prisma T durchsetzen, um dann über S_2P nach dem Beobachtungsfernrohr F zu gelangen, während das zweite Bündel von L nach Reflexion an P über $S_2R_2TR_1S_1P$ nach F gelangt. Man sieht, daß diese Anordnung nichts anderes als ein Michelsoninterferometer darstellt, bei dem etwa die zwischen S_2 und dem Spiegelbild an P von S_1 liegende planparallele Luftplatte Interferenzen gleicher Neigung liefert. Auch hier wird durch die Strömung des Wassers ein Gangunterschied der beiden Bündel hervorgebracht, der sich bei Umkehr der Richtung verändert. Auf die Bedeutung des Experimentes für die Relativitätstheorie und auf eine neuere Wiederholung von ZEEMAN[2]) wird im Bd. 4 dieses Handb. näher eingegangen. Daselbst wird auch die genauere Theorie des Experimentes auseinandergesetzt.

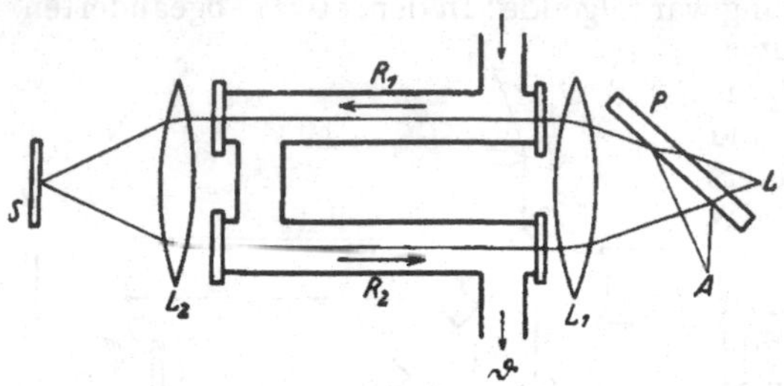

Abb. 36. FIZEAUS Versuch über die Änderung der Lichtgeschwindigkeit im bewegten Medium.

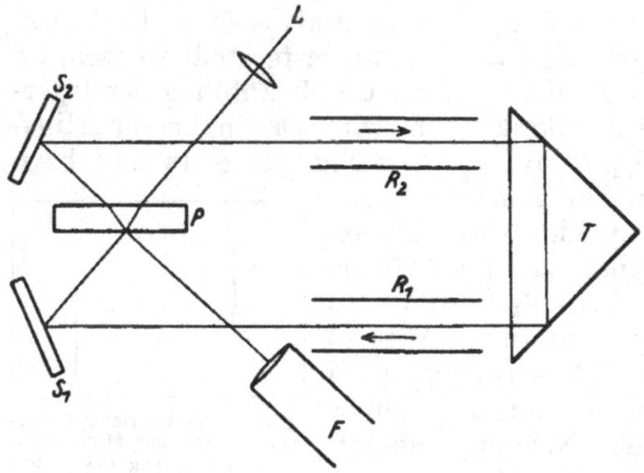

Abb. 37. Anordnung des MICHELSON-Interferometers für die Wiederholung des FIZEAU-Versuches durch MICHELSON und MORLEY.

19. Interferometer von PEROT und FABRY. Auch beim Interferometer von PEROT und FABRY[3]) wird zur Erzeugung von Interferenzkurven gleicher

[1]) A. A. MICHELSON u. E. W. MORLEY, Amer. Journ. of Science (3) Bd. 31, S. 377. 1886.

[2]) P. ZEEMAN, Proc. Amsterdam, Bd. 17, S. 445; Bd. 18, S. 398, 711, 1240; Bd. 19, S. 125. 1914–1917.

[3]) A. PEROT u. CH. FABRY, Ann. de chim. et de phys. (7) Bd. 12, S. 459. 1897; Bd. 16, S. 115. 1899; Bd. 22, S. 564. 1901.

Neigung eine planparallele Luftplatte benutzt. Während aber beim MICHELSONschen Interferometer nur zwei Bündel die Interferenzerscheinung liefern, sind hier die in Ziff. 8 besprochenen mehrfachen Reflexionen ausgenutzt, wodurch die Schärfe der Interferenzen wesentlich gesteigert wird. Das Interferometer besteht aus zwei planparallelen Glasplatten $P_1 P_2$ (Abb. 38), die parallel zueinander aufgestellt sind und auf den einander zugekehrten Flächen $A A_1$ und $B B_1$ halbdurchlässig versilbert sind. Die Platte P_2 ist durch eine Schraube auf einer guten Schlittenführung parallel zu sich selbst verschiebbar, so daß die Dicke der Luftschicht kontinuierlich verändert werden kann. Fällt monochromatisches Licht von einer ausgedehnten Lichtquelle durch die Platten hindurch, so entstehen in der Brennebene einer Linse L als Kurven gleicher Neigung Kreise, die nach den in Ziff. 8 gegebenen Überlegungen eine große Schärfe haben. Die Lage der Maxima ist wegen der Verwendung der Luft als Plattenmaterial nach Ziff. 8 gegeben durch

$$2d\sqrt{1-\sin^2\alpha} = m\cdot\lambda$$

oder

$$2d\cdot\cos\alpha = m\cdot\lambda,$$

wo α der Einfallswinkel und d die Dicke der Luftschicht ist. In der Mitte des Ringsystems ist $\alpha = 0$ also

$$2d = m\cdot\lambda.$$

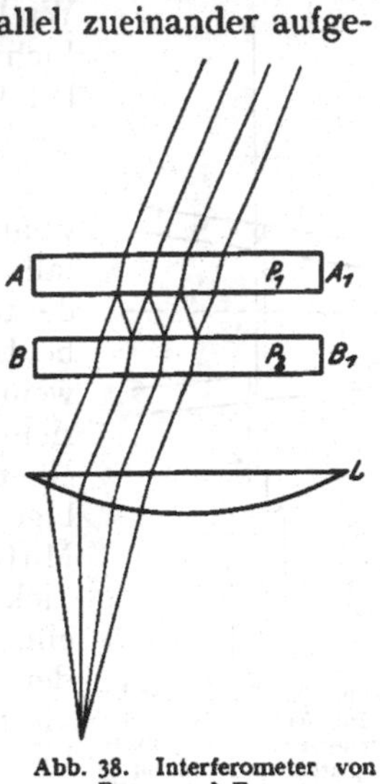

Abb. 38. Interferometer von PEROT und FABRY.

Diese einfache Beziehung gestattet die Bestimmung von λ, wenn d und die Ordnungszahl m für die Mitte der Interferenzerscheinung bekannt ist. Die Ordnungszahl kann theoretisch durch Auszählen der Interferenzen bei Bewegung der Platte P_2 von der Dicke Null an bestimmt werden. Man kann sich die Abzählung erleichtern, wenn man gleichzeitig Interferenzen von mehreren monochromatischen Lichtquellen, etwa der roten und grünen Kadmiumlinie, erzeugt. Dann treten in regelmäßigen Abständen Koinzidenzen der Interferenzmaxima auf, und man kann dieseKoinzidenzen statt der einzelnen Interferenzstreifen zählen. Wenn man nun einmal weiß, daß auf jedesmal 4,76 grüne Ringe eine Koinzidenz mit einem roten Ring kommt, so erhält man durch Multiplikation der Koinzidenzen mit dieser Zahl die Ordnungszahl der grünen Kadmiumlinie. Man kann auch auf andere Weise zur Bestimmung der Ordnungszahl kommen, wenn man die verwendete Wellenlänge schon einigermaßen genau kennt. Zu diesem Zwecke sind verschiedene Methoden angegeben worden[1]), wegen deren auf die Originalarbeiten verwiesen werden muß.

Auch das Interferometer von FABRY und PEROT ist wie das von MICHELSON zur Ausmessung des Meters in Wellenlängen benutzt worden. Die Untersuchung wurde von BENOIT, FABRY und PEROT[2]) im Jahre 1907 ausgeführt und ergab sehr gute Übereinstimmung mit den Werten von MICHELSON. Das Verfahren war in ähnlicher Weise wie bei MICHELSON so, daß nach dem Meterprototyp eine Reihe optischer Hilfsmaßstäbe hergestellt wurde, die durch versilberte

[1]) I. R. BENOIT, Journ. de Phys. (3) Bd. 7, S. 57. 1898; Lord RAYLEIGH, Phil. Mag. (6) Bd. 11, S. 68.

[2]) I. R. BENOIT, CH. FABRY u. A. PEROT, Nouvelle Détermination de Rapport des Longueurs d'Onde Fondamentales avec l'Unité métrique. Paris: Gauthier Villars 1907. Vgl. auch P. EVERSHEIM, Wellenlängenmessungen des Lichtes im sichtbaren und unsichtbaren Spektralbereich, Braunschweig, Vieweg & Sohn 1926.

Luftplatten gebildet wurden und 1 m, 0,5 m, 0,25 m, 0,125 m und 0,0625 m Länge hatten. Zum Vergleich dieser Hilfsmaßstäbe untereinander wurden BREWSTERsche Interferenzen (s. Ziff. 14) benutzt. Das Prinzip des Vergleichs ist das folgende: Die beiden zu vergleichenden Luftplatten werden unter kleinem Winkel gegeneinander geneigt aufgestellt und mit weißem Licht beleuchtet. Der Gangunterschied zwischen den Strahlen 1 und 2 (Abb. 39) ist nach Ziff. 14 gegeben durch

$$\delta = 2d_1 \cdot \cos\alpha_1 - 2d_2 \cdot \cos\alpha_2,$$

wenn d_1 und d_2 die Plattendicken und α_1 bzw. α_2 die Einfallswinkel (die hier gleich den Brechungswinkeln sind) bedeuten. In der Normalrichtung zur Symmetrieebene der beiden Platten ist $\alpha_1 = \alpha_2$, der Gangunterschied ist also 0, wenn $d_1 = d_2$ ist. Beobachtet man also in dieser Normalrichtung, so braucht man nur durch Veränderung der Dicke einer Platte dafür zu sorgen, daß der Mittelstreifen ohne farbige Ränder, der dem Gangunterschied 0 entspricht, in die Mitte des Fernrohres kommt. Dann sind die Platten gleich dick. Man kann aber auf diese Weise auch die doppelte Dicke einer gegebenen herstellen. Ist etwa $d_1 = 2d_2$, so erhält man den Gangunterschied, wenn man den in der zweiten Platte viermal reflektierten Strahl benutzt. Man erhält also auch hier bei Beobachtung in der Normalrichtung in weißem Licht (Abb. 40) BREWSTERsche Interferenzen und kann die Erfüllung der Bedingung $d_1 = 2d_2$ exakt prüfen.

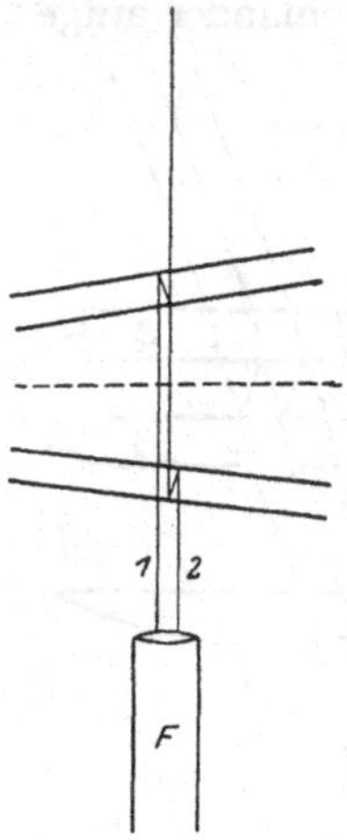

Abb. 39. BREWSTERsche Interferenzen bei zwei PEROT-FABRYschen Luftplatten zur Erzielung gleicher Dicke.

Der kleinste auf diese Weise hergestellte Hilfsmaßstab wird dann gleich der Luftplatte des Interferometers auf dieselbe Weise durch BREWSTERsche Interferenzen gemacht, und dann werden im Interferometer Interferenzen gleicher Neigung mit der zu benutzenden Kadmiumlinie hergestellt. Die Bestimmung der Ordnungszahlen dieser Interferenzen in der oben angedeuteten Weise ermöglicht dann den Vergleich der Längeneinheit mit der Wellenlänge. Hier ergab sich

$$1\,m = 1553164{,}13\,\lambda,$$

für die rote Kadmiumlinie oder die Wellenlänge dieser Linie

$$\lambda = 6438{,}4693$$

ANGSTRÖMsche Einheiten (1 Å. $= 10^{-8}$ cm). Noch wesentlicher als zur absoluten Messung von Wellenlängen hat sich aber die Bedeutung des FABRY-PEROTschen Interferometers zur Bestimmung der Wellenlängen von Spektrallinien relativ zu anderen schon bekannten Spektrallinien erwiesen. In dieser Beziehung ist die versilberte Luftplatte eines der wichtigsten Hilfsmittel der modernen Spektroskopie geworden. Man kann bei dieser Verwendung auf die Beweglichkeit der einen Interferometerplatte verzichten und braucht nur eine Luftplatte unveränderlicher Dicke, einen „Etalon", durch den man Interferenzringe von der zu untersuchenden Spektrallinie und der Vergleichslinie herstellt. Für einen Ring, der dem Inzidenzwinkel α entspricht, ist nach dem früheren

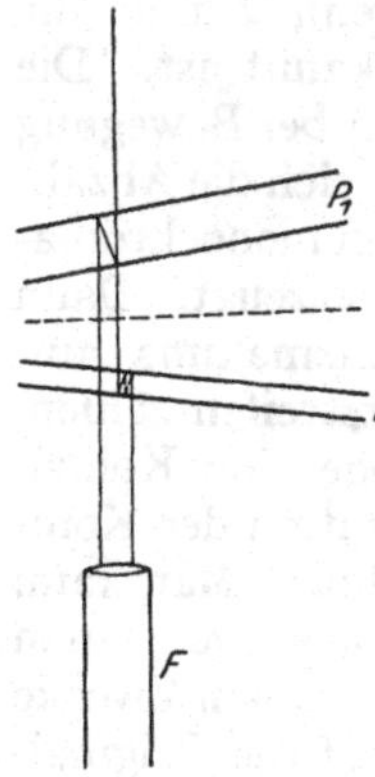

Abb. 40. BREWSTERsche Interferenzen an PEROT-FABRYschen Luftplatten zur Herstellung einer Platte von genau der halben Dicke einer anderen.

$$m \cdot \lambda = 2d \cdot \cos\alpha.$$

Für die Vergleichslinie bei einem Ring vom Winkel α'

$$m'\lambda' = 2d \cdot \cos\alpha'.$$

Der Winkel α bzw. α' läßt sich aus dem gemessenen Ringdurchmesser und der Brennweite des abbildenden Objektives berechnen, die Ordnungszahl wird etwa nach der RAYLEIGHschen Methode bestimmt, die Dicke des Etalons ergibt sich aus der bekannten Wellenlänge der Vergleichslinie, so daß die Wellenlänge der zu bestimmenden Linie ermittelt werden kann. Auf diese Weise sind zuerst von FABRY und BUISSON[1]) Wellenlängenbestimmungen an einer großen Reihe von Spektrallinien ausgeführt worden, die später von EVERSHEIM[2]), PFUND[3]), MEISSNER[4]), BURNS, MEGGERS und MERRIL[5]), WALLERATH[6]) und anderen[7]) fortgeführt worden sind.

Mit Vorteil läßt sich das Interferometer von FABRY und PEROT auch zu Brechungsexponentenbestimmungen von Gasen benutzen. Ist λ die Wellenlänge der verwendeten Lichtquelle im Vakuum, so ist für die Mitte der Interferenzerscheinung bei gasfreiem Plattenzwischenraum

$$2d = m_1 \cdot \lambda.$$

Für ein Gas mit dem Brechungsexponenten n ist

$$2dn = m_2 \cdot \lambda.$$

Also wird durch Subtraktion der beiden Gleichungen

$$n - 1 = \frac{(m_2 - m_1) \cdot \lambda}{2d}.$$

Zu den Versuchen wird das Interferometer in ein evakuierbares Gefäß eingeschlossen, das dann, allmählich vom Druck 0 ausgehend, mit dem zu untersuchenden Gase gefüllt wird. Man sieht, daß durch Abzählen der Streifen, die bei kontinuierlicher Füllung des Interferometers mit dem zu untersuchenden Gase entstehen und bekannter Interferometerdicke und Wellenlänge der Brechungsexponent des Gases bestimmt werden kann. Auf diese Weise haben zuerst RENTSCHLER[8]), dann MEGGERS und PETERS[9]), Miss HOWELL[10]) und ZWETSCH[11]) Refraktionsbestimmungen an Gasen mit dem Interferometer ausgeführt. Jedoch scheinen auf diesem Gebiet die Möglichkeiten, die das Interferometer bietet, noch nicht völlig ausgeschöpft zu sein.

20. Interferenzspektroskop von LUMMER und GEHRCKE. Statt der versilberten Luftplatte von FABRY und PEROT hat LUMMER[12]) eine planparallele Glasplatte zur Erzeugung scharfer Interferenzen benutzt, bei der die vielfachen Reflexionen, die die Schärfe der Interferenzerscheinung bedingen, durch möglichst streifenden Einfall der benutzten Lichtstrahlen bewirkt werden. Dabei muß die verwendete Platte möglichst lang sein, damit viele Reflexionen ermög-

[1]) H. BUISSON u. CH. FABRY, Journ. de Phys. (4) Bd. 7, S. 169. 1908; Astrophys. Journ. Bd. 28, S. 169. 1908.
[2]) P. EVERSHEIM, ZS. f. wiss. Photogr. (5) Bd. 5, S. 152. 1907; Ann. d. Phys. Bd. 30, S. 815. 1909; Bd. 45, S. 454. 1914.
[3]) A. H. PFUND, Astrophys. Journ. Bd. 28, S. 197. 1908.
[4]) K. W. MEISSNER, Ann. d. Phys. Bd. 51, S. 95. 1916.
[5]) K. BURNS, W. F. MEGGERS u. P. W. MERRIL, Bull. Bur. Stand, Bd. 13, S. 2. 1916
[6]) P. WALLERATH, Ann. d. Phys. Bd. 75, S. 37. 1924.
[7]) Literatur bei P. EVERSHEIM, Wellenlängenmessungen des Lichtes, Braunschweig 1926.
[8]) H. C. RENTSCHLER, Astrophys. Journ. Bd. 28, S. 345. 1908.
[9]) W. F. MEGGERS u. C. G. PETERS, Bull. Bur. Stand, Bd. 14, S. 697. 1919.
[10]) Miss HOWELL, Phys. Rev. Bd. 6, S. 81. 1915.
[11]) A. ZWETSCH, ZS. f. Phys. Bd. 19, S. 398. 1923.
[12]) O. LUMMER, Verh. d. D. Phys. Ges. Bd. 3, S. 85. 1901; Phys. ZS. Bd. 3, S. 172. 1902.

licht werden. Da die streifende Inzidenz den ersten an der Plattenoberfläche reflektierten Strahl sehr stark werden läßt, für die weiteren Reflexionen aber sehr wenig Licht übrigbleibt, ist die Interferenzerscheinung sehr lichtschwach. GEHRCKE[1]) hat, um diesen Nachteil zu vermeiden, ein rechtwinkliges Prisma auf den Rand der Platte aufgekittet. Dadurch wird der erste große Lichtverlust beseitigt. Außerdem wird auf diese Weise die Interferenzerscheinung im durchgehenden und im reflektierten Licht gleich — es entstehen in beiden Fällen scharfe Maxima (s. Ziff. 8). Man kann also die Anordnung wie in Abb. 41 treffen, wo die abbildende Linse gleichzeitig die durchgehende und die reflektierte Interferenzerscheinung sammelt. Die LUMMER-GEHRCKEsche Platte ist besonders zur Bestimmung der Feinstruktur von Spektrallinien benutzt worden. Das ist zuerst von den genannten Autoren selbst geschehen, die auf diese Weise die Feinstruktur der grünen Quecksilberlinie bestimmt haben. Ebenso lassen sich Zeemanneffekte bei schwachen Magnetfeldern untersuchen, und in neuerer Zeit hat die Methode erhebliche Bedeutung bei der Untersuchung feiner Dubletts erlangt, deren Abstände im Zusammenhang mit der Relativitätstheorie ein erhöhtes Interesse bieten[2]). Die Messungen kleiner Abstände von nahe beieinander liegenden Spektrallinien, die durch Interferenzapparate erzeugt sind, wird dadurch erschwert, daß die Intensitätsfunktion einer Spektrallinie im Interferenzapparat nicht die gleiche ist, wie sie die Spektrallinie in Wirklichkeit zeigt. Man muß daher Korrekturen anbringen, die diesen Umständen Rechnung tragen[3]). Ein weiterer Punkt, der zu beachten ist, ist der, daß kleine Fehler in der Planparallelität der Platte Spektrallinien vortäuschen können, die in Wirklichkeit nicht vorhanden sind. Die Herstellung guter Lummerplatten von genügender Größe ist daher sehr schwierig und bedingt einen hohen Preis. Die Auflösungsfähigkeit guter großer Platten ist aber sehr erheblich und kann bis über 500000 gehen (s. Ziff. 8). Um das Erkennen falscher Spektrallinien bei der Lummerplatte zu ermöglichen, haben GEHRCKE[4]) und GEHRCKE und v. BAEYER[5]) zwei solcher Platten verwendet, die nacheinander unter rechtem Winkel gegeneinander in den Strahlengang gebracht werden. Die beiden Platten zusammen liefern Interferenzmaxima da, wo sich die von jeder einzelnen Platte erzeugten Maxima schneiden. Es entsteht also ein System von Interferenzpunkten. Die Lage dieser Interferenzpunkte gegeneinander kann benutzt werden, um festzustellen, ob eine Spektrallinie reell oder nur vorgetäuscht ist. Liegen etwa die Interferenzmaxima der einen Platte (Abb. 42) in der Vertikalen für eine bestimmte Wellenlänge, die der anderen in der Horizontalen, so liegen die Interferenzpunkte in

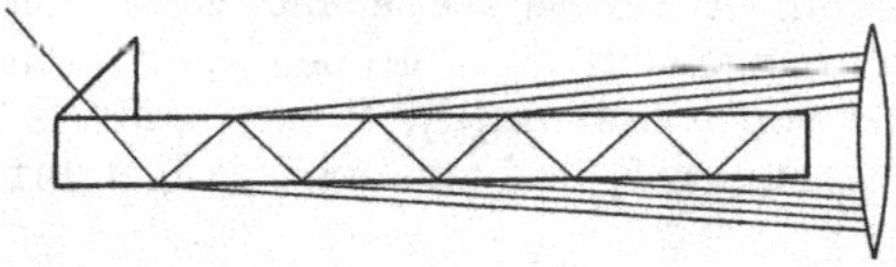

Abb. 41. Strahlengang im LUMMER-GEHRCKEschen Interferometer.

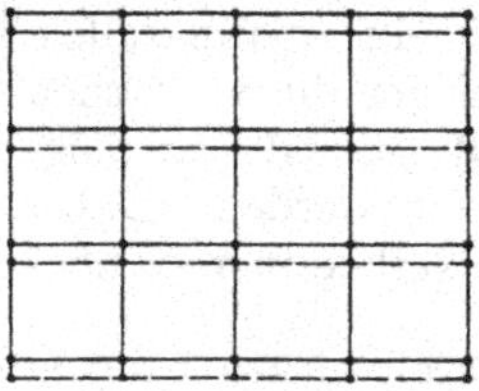

Abb. 42. Interferenzpunkte bei homogener Lichtquelle, aber fehlerhafter Herstellung der einen Interferenzplatte.

[1]) O. LUMMER u. E. GEHRCKE, Berl. Ber. 1902, S. 11.

[2]) Siehe den zusammenfassenden Bericht von E. LAU, Phys. ZS. Bd. 25, S. 60. 1924. — E. GEHRCKE u. E. LAU, Ann. d. Phys. Bd. 65, S. 564. 1921; Bd. 67, S. 388. 1922.

[3]) J. STÄCKEL, Arch. d. Math. u. Phys. Bd. 8, S. 45. 1904. Vgl. auch d. Diskussion zwischen E. GEHRCKE u. P. H. VAN CITTERT, Ann. d. Phys. Bd. 77, S. 372; Bd. 78, S. 461. 1925. Bd. 79, S. 94. 1926.

[4]) E. GEHRCKE, Verh. d. D. Phys. Ges. Bd. 7, S. 237. 1905.

[5]) E. GEHRCKE u. O. v. BAEYER, Berl. Ber. 1902, S. 1037; Ann. d. Phys. Bd. 20, S. 269. 1906.

den Schnittpunkten. Hat die zweite Platte Fehler, die etwa eine falsche Linie in Form von Interferenzen der gestrichelten Linien liefern, so treten neue Interferenzpunkte auf den senkrechten Linien hinzu. Sind aber in Wirklichkeit zwei verschiedene Wellenlängen vorhanden, so liefert auch die erste Platte zwei Streifensysteme und nur die Schnittpunkte der zusammengehörigen liefern Interferenzpunkte. Die beiden Punktsysteme sind also diagonal zueinander verschoben (Abb. 43).

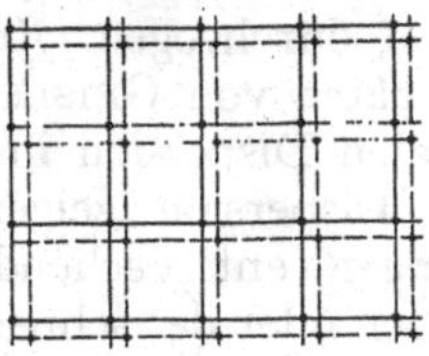

Abb. 43. Interferenzpunkte bei einer aus zwei Nachbarwellenlängen bestehenden Lichtquelle und guten Interferenzplatten.

Über die Auswertung der Aufnahmen mit einer LUMMER-GEHRCKEschen Platte, der die Formel für die Interferenzen gleicher Neigung zugrunde liegt,

$$m \cdot \lambda = 2d\sqrt{n^2 - \sin^2\alpha},$$

vergleiche man Arbeiten von HANSEN[1]) und KUNZE[2]).

LUMMER hat auch eine Methode angegeben, die Interferenzen gleicher Neigung nach Art der PEROT-FABRYschen mit Hilfe einer Glasplatte zu erzeugen gestattet. Dabei ist die beiderseitig versilberte planparallele Glasplatte als Doppelkeil ausgebildet, wodurch eine Veränderung der Plattendicke durch Verschiebung der Keile auf der durch einen Öltropfen optischen Kontakt liefernden Gleitfläche bewirkt wird.

21. Interferentialrefraktoren. Von JAMIN[3]) ist eine Methode zur Untersuchung von Brechungsexponenten ausgebildet worden, die auf der Verwendung BREWSTERscher Interferenzen (Ziff. 12) beruht. Die verwendete Anordnung ist die der Abb. 29. Die benutzten Platten sind aus einem Stück planparallelen Glases geschnitten und sind genügend dick, um die zur Interferenz kommenden Strahlen hinreichend weit zu trennen. In den einen Strahlenweg können die zu untersuchenden Substanzen in Form einer planparallelen Platte eingeführt werden. Die Änderung des Gangunterschiedes, die dadurch hervorgerufen wird, ist, wenn der eine Strahl in Luft verläuft,

$$d(n - 1),$$

wenn d die Dicke der eingeschalteten Schicht, und n ihr Brechungsexponent gegen Luft ist. Die entsprechende Streifenverschiebung ist gegeben durch

$$m \cdot \lambda = d(n - 1),$$

wo m die Zahl der durch das Gesichtsfeld gewanderten Streifen, λ die Wellenlänge des verwendeten Lichtes in Luft ist. Der Brechungsexponent n kann daraus berechnet werden. Kann man die Streifen nicht direkt abzählen, was nur dann möglich ist, wenn man den Brechungsexponent der zwischengeführten Substanz stetig ändern kann, so geht man derart vor, daß man weißes Licht benutzt, und dadurch die Möglichkeit erhält, den Nullstreifen, der keine Farbränder hat, von den anderen zu unterscheiden. Dann stellt man das Fadenkreuz des Fernrohrs auf diesen ein, schiebt die zu untersuchende Platte in den Strahlengang und dreht nun die eine Platte so lange, bis wieder der Nullstreifen erscheint. Die durch das Fadenkreuz wandernden Streifen werden dabei abgezählt.

Der JAMINsche Interferentialrefraktor ist besonders zur Untersuchung der Brechung von Gasen vielfach angewendet worden. Eine Zusammenstellung der hier in Betracht kommenden Literatur durch FEUSSNER[4]) findet man in WINKEL-

---

1) G. HANSEN, ZS. f. wiss. Photogr. Bd. 23, S. 17. 1924.
2) P. KUNZE, Ann. d. Phys. Bd. 79, S. 528. 1926.
3) J. JAMIN, C. R. Bd. 42, S. 482. 1856; Pogg. Ann. Bd. 98, S. 345. 1856.
4) W. FEUSSNER, Winkelmanns Handbuch d. Physik, II. Aufl. Bd. 6, S. 1016.

MANNs Handbuch der Physik, auf die hier verwiesen sei. Man kann die Interferenzfransen auch auf den Spalt eines Spektralapparates entwerfen, dann erscheint das Spektrum, falls weißes Licht verwendet wurde, von Interferenzstreifen durchzogen. In dieser Anordnung ist der Apparat von PUCCIANTI[1]) und später von GEISLER[2]), LADENBURG[3]) und anderen zur Untersuchung der anomalen Dispersion in Dämpfen verwendet worden. Im Spektralbereich anomaler Dispersion zeigen nämlich die Interferenzfransen im Spektrum Ausbiegungen entsprechend dem schnellen Wachsen oder der schnellen Abnahme des Brechungsexponenten an diesen Stellen.

Die Form des Interferentialrefraktors ist mehrfach abgeändert worden. Abb. 44 stellt den Strahlengang in einer

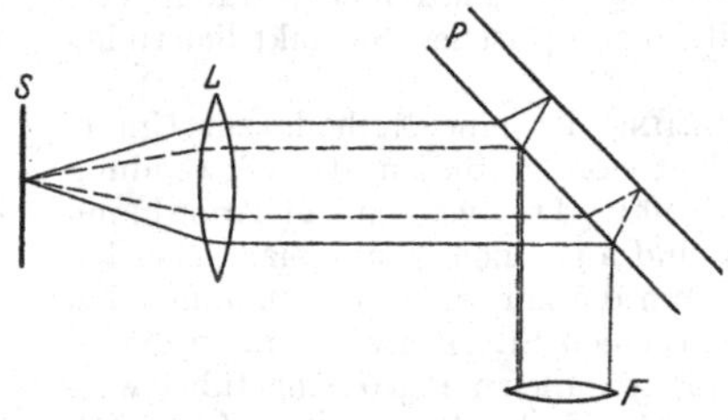

Abb. 44. Anordnung zur Erzeugung BREWSTERscher Interferenzen nach MASCART-LUMMER.

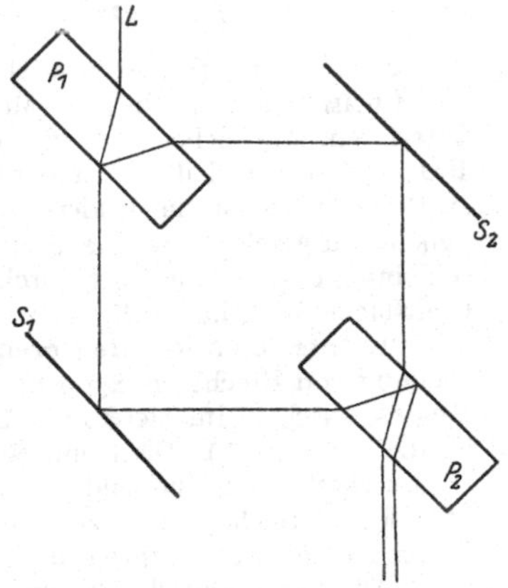

Abb. 45. BREWSTERsche Interferenzen im MACHschen Interferentialrefraktor.

Anordnung von MASCART[4]) und LUMMER dar. P ist eine planparallele Platte, L eine Linse, in deren Brennebene ein Spiegel S steht, F ist ein Fernrohr, das auf Unendlich eingestellt ist. Die ausgedehnte Lichtquelle befindet sich an der gleichen Stelle. In dieser Form ist das Instrument von WAETZMANN zur Untersuchung von Linsenfehlern ausgebildet worden[4]).

Um die Strahlen im Refraktor weiter zu trennen, als das in der JAMINschen Konstruktion möglich ist, haben ZEHNDER[5]) und gleichzeitig MACH[6]) eine Konstruktion angegeben, deren Strahlengang in Abb. 45 angegeben ist. P_1 und P_2 sind die aus einem Stück geschnittenen planparallelen Platten, S_1 und S_2 zwei Spiegel. Die Wirkung ist aus der Abbildung ohne weiteres verständlich.

[1]) L. PUCCIANTI, Mem. Spettrosc. Ital. Bd. 33, S. 133. 1904; Bd. 35, S. 47. 1905.
[2]) H. GEISLER, ZS. f. wiss. Photogr. Bd. 7, S. 89. 1909.
[3]) R. LADENBURG, Ann. d. Phys. Bd. 38, S. 247. 1912.
[4]) E. MASCART, Ann. de chim. et de phys. Bd. 23, S. 140. 1871. O. LUMMER, Wied. Ann. Bd. 23, S. 513. 1884; E. WAETZMANN, Ann. d. Phys. Bd. 39, S. 1024. 1912.
[5]) L. ZEHNDER, ZS. f. Instrkde. Bd. 11, S. 275. 1891.
[6]) L. MACH, Wien. Ber. Bd. 101, (IIa) S. 107. 1892; ZS. f. Instrkde. Bd. 12, S. 89. 1892.

Kapitel 2.

Beugung.

Von

L. GREBE, Bonn.

Mit 31 Abbildungen.

a) Einfachste Beugungsversuche mit elementarer Theorie.

Unter der Lichtbeugung versteht man die Abweichung der Lichtausbreitung von den Gesetzen der geometrischen Optik, welche auftritt, wenn die Ausbreitung der Lichtwellen auf ein Hindernis trifft. Beugungserscheinungen wurden zuerst von GRIMALDI[1]) beschrieben. Sie bestehen in einer Modifikation der Schattengrenzen, die nicht, wie es die geometrische Optik fordern würde, einen diskontinuierlichen Übergang zwischen Hell und Dunkel darstellen, sondern mehr oder weniger komplizierte, aber kontinuierliche Übergänge von der Helligkeit zur Dunkelheit bilden. Es sollen zuerst einige der einfachsten Beugungserscheinungen mit ihrer elementaren Theorie besprochen werden, wobei gleich bemerkt sei, daß diese elementare Theorie die Erscheinungen nur bis zu einem gewissen Grade richtig darstellt. Die genaue Theorie wird an einer anderen Stelle dieses Handbuches gegeben werden.

1. HUYGENSsches Prinzip. FRESNELsche Zonen. Zur Erklärung der Beugungserscheinungen benutzt man das sog. HUYGENSsche Prinzip. Dieses sagt aus, daß man die Lichtwirkung eines leuchtenden Punktes L auf einen Raumpunkt P (Abb. 1) ersetzen kann durch die Wirkung aller Flächenelemente einer Wellenfläche F auf diesen Punkt. Jeder Punkt dieser Wellenfläche wird als Ausgangspunkt einer neuen Kugelwelle aufgefaßt, und die Superposition aller dieser Wellenbewegungen in P liefert die dort beobachtete Gesamterregung. In dieser Form ist das HUYGENSsche Prinzip von FRESNEL ausgesprochen worden. Wir wollen mit Hilfe dieses Prinzipes die Lichterregung im Punkte P berechnen. Machen wir zuerst die Annahme, daß die Wellenfläche F eine Ebene sei (Abb. 2).

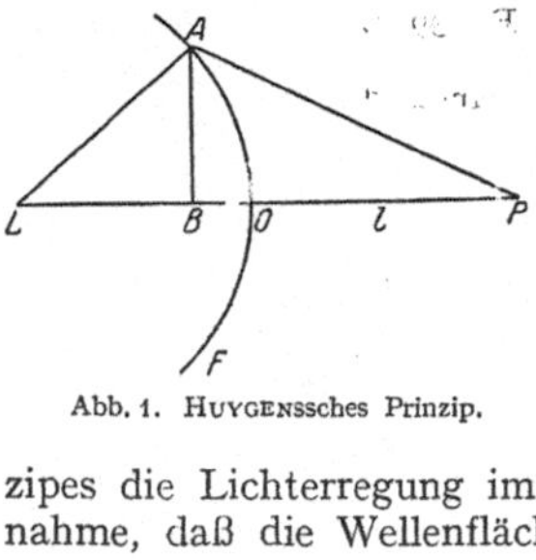

Abb. 1. HUYGENSsches Prinzip.

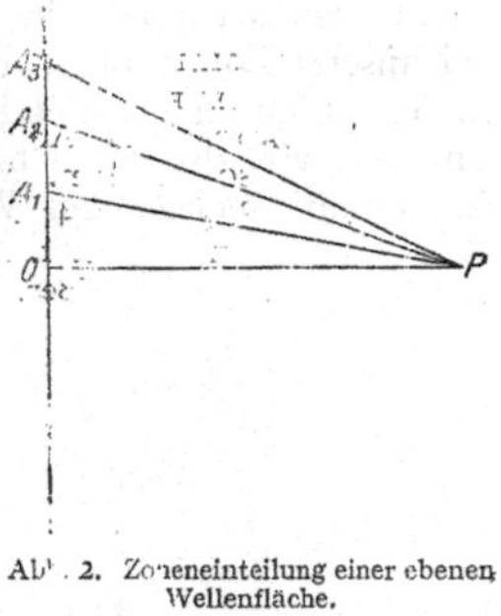

Abb. 2. Zoneneinteilung einer ebenen Wellenfläche.

---

[1]) GRIMALDI, Physico-Mathesis de lumine, Bononiae, 1665.

Der Fußpunkt des Lotes vom Punkte P auf die Wellenfläche sei 0. Wir teilen nun die Fläche dadurch in Zonen ein, daß wir mit P als Spitze und PO als Achse Kreiskegel konstruieren, deren Seitenlinien PA_1, PA_2, PA_3 usw. sich von PO um $\lambda/2$, $2\lambda/2$, $3\lambda/2$ usw. unterscheiden, wo λ die Wellenlänge des als monochromatisch angenommenen Lichtes ist. Die so auf der Wellenfläche entstandenen Zonen sind Kreisringe, nur die mittlere ist ein Vollkreis. Der Inhalt desselben ist, wenn $OP = l$ gesetzt wird,

$$\overline{OA_1^2} \cdot \pi = \left[\left(l + \frac{\lambda}{2}\right)^2 - l^2\right] \pi = \left(l \cdot \lambda + \frac{\lambda^2}{4}\right) \pi .$$

Die $n$te Zone hat den Inhalt

$$\pi(\overline{OA_n^2} - \overline{OA_{n-1}^2}) = \left\{\left(l + \frac{n \cdot \lambda}{2}\right)^2 - l^2 - \left(l + \frac{(n-1) \cdot \lambda}{2}\right)^2 - l^2\right\} \pi$$

$$= \left\{n \cdot \lambda \cdot l + \frac{n^2 \cdot \lambda^2}{4} - (n-1) \cdot \lambda \cdot l + \frac{(n-1)^2 \cdot \lambda^2}{4}\right\} \pi$$

$$= \left\{l \cdot \lambda + \frac{\lambda^2}{4} (n^2 - (n-1)^2)\right\} \pi .$$

Da die Glieder, die mit $\lambda^2/4$ multipliziert sind, wegen der kleinen Dimension von λ gegen l gegen $\lambda \cdot l$ zu vernachlässigen sind, bleibt für beide Zonen der gleiche Betrag

$$\pi \cdot \lambda \cdot l .$$

Die auf die genannte Weise ausgeblendeten Zonen haben also alle gleiche Größe. Betrachten wir nun die Lichtwirkung aller dieser Zonen auf den Punkt P. Für eine Reihe von Zonen A_n bis A_{n+x}, für die die Neigung von PA_n und PA_{n+x} gegen die Wellenfläche als gleich angesehen werden kann, kann die Wirkung auf P einfach summiert werden. Wir haben im Abschnitt Interferenz die Summierung einer Anzahl von Strahlen mit in arithmetischer Reihe wachsender Phase untersucht (s. S. 14) und fanden, wenn die gemeinsame Amplitude, die ja hier wegen der Flächengleichheit der Ringe immer denselben Wert hat, a ist, für die Zusammenwirkung von x Schwingungen die Amplitude

$$a \cdot \frac{x \cdot \sin \alpha}{\alpha}, \tag{1}$$

wo α die halbe Phasendifferenz der ersten und der letzten Schwingung ist. Jedenfalls wird diese Beziehung für eine unserer Zonen gelten, innerhalb deren die Phase um π geändert ist (einem Gangunterschied $\lambda/2$ entspricht eine Phasenänderung von π). Die Amplitude der resultierenden Schwingung von den Elementen einer Zone ist also

$$a \cdot \frac{x \cdot \sin \frac{\pi}{2}}{\frac{\pi}{2}} = \frac{2c}{\pi}, \tag{2}$$

wenn $ax = c$ gesetzt wird. Die Phase dieser resultierenden Schwingung ist, wie sich aus der FRESNELschen Konstruktion auf S. 13 für gleiche Amplituden sofort ergibt, das arithmetische Mittel zwischen den Phasen der Grenzen der Zone. Bei unserer Zonenkonstruktion unterscheiden sich also die resultierenden Phasen zweier aufeinanderfolgender Zonen um π. Die Summenwirkung aller Zonen erhalten wir also einfach dadurch, daß wir die Effekte aufeinanderfolgender Zonen mit wechselnden Vorzeichen addieren. Also

$$S = m_1 - m_2 + m_3 - m_4 + \cdots ,$$

wo

$$m_1 = \frac{2c_1}{\pi}, \qquad m_2 = \frac{2c_2}{\pi} \text{ usw.}$$

Die Größen $c_1 c_2$ usw. hängen von der Entfernung $A_n P$ und von dem Winkel $A_n PO$ ab. Sie ändern sich von Ring zu Ring nur sehr wenig, so daß auch die m von Ring zu Ring nur geringe Unterschiede haben. Der Ausdruck für S läßt sich nun folgendermaßen schreiben:

$$= S\frac{m_1}{2} + \left(\frac{m_1}{2} - m_2 + \frac{m_3}{2}\right) + \left(\frac{m_3}{2} - m_4 + \frac{m_5}{2}\right) + \cdots + \frac{m_n}{2} \text{ (für ungerades } n)$$

$$\cdots + \frac{m_{n-1}}{2} - m_n \text{ (für gerades } n).$$

Jeder der Klammerausdrücke ist wegen der langsamen Änderung von m klein. Nun ist aber, wenn jedes m größer ist, als das arithmetische Mittel aus dem vorhergehenden und folgenden

$$S < \frac{m_1}{2} + \frac{m_n}{2} \text{ für ungerades } n,$$

$$S < \frac{m_1}{2} + \frac{m_{n-1}}{2} - m_n \text{ für gerades } n \text{ oder auch } S < \frac{m_1}{2} - \frac{m_n}{2} \text{ für gerades } n.$$

Fassen wir aber die Glieder der Reihe folgendermaßen zusammen:

$$S = m_1 - \frac{m_2}{2} - \left(\frac{m_2}{2} - m_3 + \frac{m_4}{2}\right) - \left(\frac{m_4}{2} - m_5 + \frac{m_6}{2}\right) - \cdots$$

$$- \frac{m_{n-1}}{2} + m_n \text{ (für ungerades } n)$$

$$- \frac{m_n}{2} \text{ (für gerades } n),$$

so folgt

$$S > m_1 - \frac{m_2}{2} + m_n - \frac{m_{n-1}}{2}$$

$$> \frac{m_1}{2} + \frac{m_n}{2} \text{ für ungerades } n,$$

$$S > \frac{m_1}{2} - \frac{m_n}{2} \text{ für gerades } n.$$

Es muß also sein

$$S = \frac{m_1}{2} \pm \frac{m_n}{2} \text{ für ungerades oder gerades } n. \tag{3}$$

Dieselbe Überlegung kann für den Fall angestellt werden, daß jedes m kleiner ist als das arithmetische Mittel aus dem vorhergehenden und folgenden[1]). Man sieht also, daß der Lichteffekt in P gleich der halben Summe der Wirkungen der ersten und letzten Zone ist, wo jeder Zone die mittlere Phase ihrer Grenzen zugeordnet ist. Ist die Wirkung der äußersten Zone klein gegen die der ersten, wie es in vielen Fällen, z. B. bei unendlich ausgedehnter Ebene als Wellenfläche eintritt, so ist

$$S = \frac{m_1}{2} \tag{4}$$

---

[1]) A. SCHUSTER, Theory of Optics, S. 88ff. 3. Aufl. London 1924. An diese Darstellung sind die folgenden Betrachtungen über die elementare Theorie d. d. Beugungserscheinungen, da sie trotz der elementaren Behandlung genügend streng erscheinen, eng angeschlossen.

gleich der Wirkung der halben Zentralzone allein. Da der Inhalt dieser Zone $\pi \cdot \lambda \cdot l$ ist, so ist wegen (2) die Wirkung in P gegeben durch die Amplitude

$$\frac{2}{\pi} \cdot \frac{\pi \cdot \lambda \cdot l}{2} \cdot \frac{1}{\sigma} \cdot k \cdot \sigma,$$

wenn $k \cdot \sigma$ die Wirkung eines Flächenelementes σ bei 0 auf P ist. Oder

$$a = \lambda \cdot l \cdot k.$$

Bei einer ebenen Welle ist die Amplitude überall gleich, also ist a auch die Amplitude bei 0. Es folgt also

$$k = \frac{a}{\lambda \cdot l}. \tag{5}$$

Der Beitrag des einzelnen Flächenelementes σ zur Amplitude in dem Punkt P ist also

$$k \cdot \sigma = \frac{a \cdot \sigma}{\lambda \cdot l}. \tag{6}$$

Bisher haben wir die Wellenfläche als Ebene angenommen. Nehmen wir jetzt die Kugelfläche der Abb. 1 an, so können wir hier die Zoneneinteilung genau so ausführen wie vorher. Dann bleiben die bisherigen Schlüsse bestehen. Die Größe der Zentralzone ist neu zu berechnen. Ist AB das Lot von A auf LP und wird wieder $OP = l$ gesetzt, während $LO = r$, $AB = h$ und $BO = e$ ist, so gilt

$$h^2 = (2r - e) \cdot e, \quad \text{oder wegen der Kleinheit von } e^2\text{: } h^2 = 2 \cdot r \cdot e.$$

Ferner

$$h^2 = PA^2 - PB^2 = (PA + PB)(PA - PB)$$

oder angenähert

$$h^2 = 2\overline{PA}(PA - PB),$$

oder da $PA = l + \frac{\lambda}{2}$,

$$h^2 = 2\left(l + \frac{\lambda}{2}\right) \cdot \left(l + \frac{\lambda}{2} - l - e\right) = 2\left(l + \frac{\lambda}{2}\right)\left(\frac{\lambda}{2} - e\right)$$

oder angenähert

$$h^2 = 2l\left(\frac{\lambda}{2} - e\right).$$

Aus beiden Werten für h^2 folgt, da $e = \frac{h^2}{2r}$,

$$h^2 = \frac{l \cdot r \cdot \lambda}{l + r}.$$

Die Größe der Zone ist $h^2\pi$.

Der Amplitudenbeitrag dieser Zone in P ist wie oben zu berechnen und ergibt sich nach (2) zu

$$\frac{2}{\pi} \cdot \frac{1}{2} \cdot \frac{l \cdot r \cdot \lambda \cdot \pi}{l + r} \cdot \frac{1}{\sigma} \cdot k \cdot \sigma = k \cdot \frac{l \cdot r \cdot \lambda}{l + r}.$$

Setzen wir wieder

$$k = \frac{a}{\lambda \cdot l},$$

so folgt für die Amplitude in P

$$\frac{a \cdot r}{l + r}.$$

Die Amplitude in P nimmt also umgekehrt proportional mit der Entfernung von L ab, wie es sein muß, wenn die Intensität mit dem Quadrat der Entfernung abnehmen soll. Die Zonenkonstruktion und die Anwendung des Superpositionsprinzips liefert also in P die richtige Amplitude, die auch durch die direkte Einwirkung von L auf P herauskommen würde. Die Phase in P ergibt sich als die wirksame Phase der ersten Zone, die den Mittelwert der Phasen ihrer Grenzen darstellt. Das Element in O würde eine Phase liefern, die sich von der in O um

$$2\pi \cdot \frac{l}{\lambda}$$

unterscheidet, weil l der inzwischen durchlaufene Weg ist. Die Randteile der Zone, von denen der Weg um $\lambda/2$ länger ist, würden

$$2\pi \cdot \frac{l + \frac{\lambda}{2}}{\lambda} = 2\pi \cdot \frac{l}{\lambda} + \pi,$$

also eine um π größere Phase liefern. Der Mittelwert unterscheidet sich also um π von der durch direkte Fortpflanzung von O aus erhaltenen Phase. Wir können also, wenn die Lichterregung im Punkte O durch die Beziehung dargestellt ist:

$$s = \frac{A}{r} \cdot \cos 2\pi\left(\frac{t}{T} - \frac{r}{\lambda}\right),$$

wo $a = A/r$ gesetzt ist, also A die Amplitude in der Entfernung 1 von der Lichtquelle bedeutet, die Li[illegible] im Punkte P gewonnen aus der direkten Lichtfortpflanz[illegible]

$$s_1 = \frac{[illegible]}{r+l} [illegible] 2\pi\left(\frac{t}{T} - \frac{r+l}{\lambda}\right),$$

während die aus dem HUYGENSschen Prinzip eine um 90° davon verschiedene Phase liefert, also sich schreiben läßt:

$$s_1 = \frac{A}{r+l} \sin 2\pi\left(\frac{t}{T} - \frac{r+l}{\lambda}\right).$$

Die hier betrachtete Form des HUYGENSschen Prinzips, die von FRESNEL entwickelt worden ist, führt also zu einem richtigen Amplituden- bzw. Intensitätswert, liefert aber die Phase um 90° falsch, was bei der Anwendung zu beachten ist.

2. SCHUSTERsche Zonen. Statt die Wellenfront in ringförmige Zonen zu teilen, kann man für viele Probleme auch eine Einteilung in laminare Zonen wählen, die wir hier nach der Methode von SCHUSTER[1]) ausführen wollen. Ist WF die Wellenfront (Abb. 3), die wir als eben annehmen, so können wir sie in eine Anzahl paralleler Streifen einteilen, die senkrecht zu einer Richtung HK verlaufen. Ist LM ein solcher Streifen, so können wir ihn in kleinere Flächen einteilen, deren Größe so bemessen ist, daß die von zwei aufeinanderfolgenden Elementarteilen herrührenden resultierenden Phasen sich um π unterscheiden, und wir können wie früher eine Reihe bilden. Wir finden dann, daß die resultierende Wirkung in P ein bestimmter Bruchteil des Elementes von LM ist, das der Mittellinie HK am nächsten liegt. Da die ganze Wirkung der Weite t des Streifens

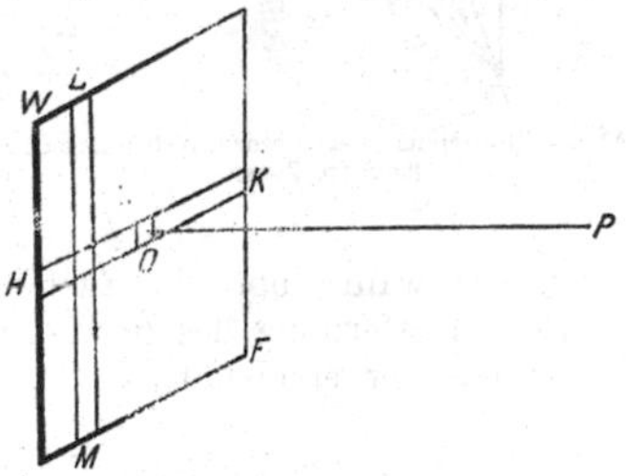

Abb. 3. Einteilung einer ebenen Wellenfläche in laminare Zonen.

[1]) A. SCHUSTER, Phil. Mag. (5) Bd. 31, S. 77. 1891; s. auch SCHUSTER, Theory of Optics, S. 92ff. 3. Aufl. 1924.

proportional sein wird, können wir die Wirkung des resultierenden Elementes gleich $k \cdot h \cdot t$ setzen, wo k der früher bestimmte Faktor ist und h eine noch zu bestimmende lineare Größe darstellt. Damit ist also ausgedrückt, daß die Wirkung des Streifens LM ersetzt ist durch die Wirkung einer Fläche in der Nähe der Mittellinie von der Höhe h und der Breite t. Dieselbe Überlegung kann für jeden zu LM parallelen Streifen angestellt werden, und es reduziert sich schließlich die Wirkung der ganzen Wellenfläche auf die eines horizontalen Streifens von der Breite h. Dieser Streifen kann wieder unterteilt werden. Da der Streifen der Breite t in P eine Wirkung $k \cdot h \cdot t$ hervorbringen sollte, so wird die Wirkung des Streifens der Breite h gleich $k \cdot h^2$ sein. Auf diese Weise ist die Wirkung der ganzen Wellenfläche auf die einer Fläche h^2 in der Nähe des Fußpunktes O der Senkrechten PO auf die Wellenfläche zurückgeführt. Ist die Amplitude der ebenen Welle a, so muß nach Ziff. 1, $k \cdot h^2 = a$ also $h = \sqrt{\frac{a}{k}}$ oder, weil nach (5) $k = \frac{a}{\lambda \cdot l}$ war, $h = \sqrt{\lambda \cdot l}$ sein, wenn l wieder die Entfernung des Punktes P von der Wellenfläche ist. Die Wirkung des Streifens LM von der Weite t wird demnach

$$[illegible] \cdot \frac{a}{\lambda} [illegible]$$

sein. Um die von jedem Streifen [illegible] resultierende Phase zu erhalten, beachten wir wieder, daß die von der [illegible] Phase um $\pi/2$ falsch ist. Wir müssen also den optischen [illegible] viertel Wellenlänge verkleinert denken, wenn wir das [illegible] Resultat erhalten wollen. Nun haben wir unser Resultat in zwei Schritten [illegible] die ganz gleichartig waren. Wir haben zuerst die resultierende Lichtbewegung eines vertikalen Streifens LM berechnet und dann die Summierung für den resultierenden horizontalen Streifen HK vorgenommen. Für die Phase muß jeder dieser beiden Schritte den gleichen Beitrag liefern, für die Phasenberechnung müssen wir uns also jeden Streifen um $\lambda/8$ dem Punkt P näher gerückt denken. Das l gilt dann für diese näher gerückte Entfernung und die Wellenfläche erscheint also für die Phasenberechnung im Abstand $l + \lambda/8$.

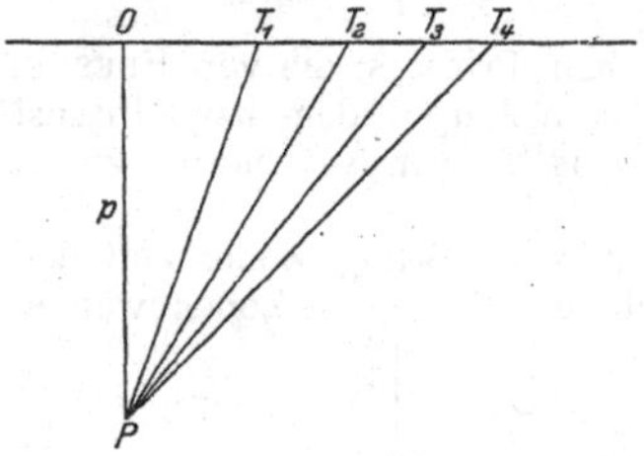

Abb. 4. Einteilung einer ebenen Wellenfläche in laminare Zonen.

Wir wollen jetzt noch die Weite t der Streifen bestimmen, die vorhanden sein muß, damit die oben zugrunde gelegte Bedingung erfüllt ist, daß aufeinanderfolgende Streifen entgegengesetzte Phasen in P liefern (Abb. 4). Ist die Breite der Streifen OT_1, T_1T_2, T_2T_3, so entspricht, wenn wir der $PO = l$ gesetzt wird, die wahre optische Entfernung einer Länge $l + \lambda/8$. Die resultierende optische Entfernung des zweiten Streifens muß also, damit er entgegengesetzte Phase wie der erste hat,

$$l + \frac{\lambda}{8} + \frac{\lambda}{2} = l + \frac{5\lambda}{8},$$

die des dritten $l + \frac{9\lambda}{8}$ und die des $n$ten

$$l + \frac{4n-3}{8} \cdot \lambda$$

sein. Die von einem dieser Streifen in P hervorgerufene Phase kann genähert einer optischen Entfernung zugeschrieben werden, die das arithmetische Mittel von PT_n und PT_{n+1} ist. Für den ersten Streifen ist dann jedoch eine Korrektion anzubringen, da hier die Änderung von OP nach T_1P zu sehr von der Gleichförmigkeit abweicht. Für den zweiten Streifen aber können wir schon als begrenzende optische Entfernung

$$PT_1 = l + \frac{3}{8}\lambda \quad \text{und} \quad PT_2 = l + \frac{7}{8}\lambda$$

setzen usw., also

$$PT_3 = l + \frac{11}{8}\lambda \quad \text{und} \quad PT_n = l + \frac{4n-1}{8}\lambda.$$

Die Weite aufeinanderfolgender Streifen erhält man aus der Beziehung

$$OT_n = \sqrt{PT_n^2 - l^2} = \sqrt{\frac{4n-1}{4} \cdot l \cdot \lambda},$$

wenn das Glied mit λ^2 gegen das mit $l \cdot \lambda$ als klein vernachlässigt wird. Wir erhalten also als Weite des ersten Streifens

$$t_1 = \frac{1}{2}\sqrt{l \cdot \lambda} \cdot \sqrt{3},$$

für den zweiten

$$t_2 = \frac{1}{2}\sqrt{l \cdot \text{[illegible]}} \; \text{[illegible]} - \sqrt{3}),$$

und für de[illegible] $n$ten

$$t_n = \frac{1}{2}\sqrt{l \cdot \lambda}\{\sqrt{4\text{[illegible]}} - \sqrt{4n-5}\}.$$

Die Wirkung de[illegible] $n$ten Streifens i[illegible]uf die Amplitude ist also nach dem früheren wegen der Phasendiffe[illegible] π

$$\frac{2}{\pi}\frac{t_n}{\sqrt{l \cdot \lambda}} = \frac{1}{\pi}\,\sqrt{4n-1} - \sqrt{4n-5})$$

mit wechselnden Vorzeichen. Die numerischen Werte dieser Wirkungen sind die folgenden, wenn die Amplitude der ebenen Welle gleich 1 gesetzt wird:

Streifennummer	Amplitudenwirkung	Streifennummer	Amplitudenwirkung
1	+ 0,6725	2	− 0,2908
3	+ 0,2135	4	− 0,1771
5	+ 0,1547	6	− 0,1391
7	+ 0,1274	8	− 0,1183
9	+ 0,1109	10	− 0,1047
11	+ 0,0995	12	− 0,0949

Die Wirkung der ersten Zone ist aus den übrigen durch die Überlegung gewonnen, daß der vollständige Effekt einer Seite 0,5 sein muß. Diese elementare Methode der Berechnung der Lichtwirkung nach dem HUYGENSschen Prinzip liefert sehr angenähert die gleichen Resultate wie die strengere Behandlung des Problems. Die Berechnung wird aber sehr viel weniger mit der exakten übereinstimmend, wenn man den hier beachteten Phasenfehler vernachlässigt und die Einteilung in Zonen ohne Berücksichtigung dieses Umstandes ausführt. Wegen der hier angewendeten Methode der Zonenberechnung, die unter Berücksichtigung des Phasenfehlers zuerst von SCHUSTER ausgeführt wurde, haben wir die gewonnenen Zonen als SCHUSTERsche bezeichnet.

3. Beugung am geradlinigen Rande eines Schirmes. Wir können jetzt die gewonnenen Resultate benutzen, um eine Reihe einfacher Beugungserscheinungen zu erklären, und wollen zuerst die Beugung am geradlinigen Rande eines Schirmes in parallelem Licht betrachten. Das experimentelle Ergebnis des Versuches ist in Abb. 5 nach einer von ARKADIEW[1]) veröffentlichten Photographie gegeben. Die hier benutzte Anordnung ist so, daß das Licht einer starken Bogenlampe auf den Spalt eines Spektrographen projiziert und dann ein spaltförmiges Diaphragma von 1,5 mm Breite in den blauen Spektralbereich gebracht wurde, so daß die Wellenlänge $\lambda = 0{,}46\,\mu$ austrat. In einer Entfernung 24,17 m von der so gewonnenen monochromatischen Lichtquelle befand sich die beugende Schirmgrenze parallel zum Beleuchtungsspalt und in weiteren 15,47 m davon die photographische Platte. Man sieht, daß an der Grenze des geometrischen Schattens, der sich an der Stelle O des unter der Abbildung angebrachten Maßstabes befinden würde, die Intensität ein Viertel derjenigen ist, die weit außerhalb des Schattens besteht, und daß nahe der Schattengrenze ein periodischer Helligkeitswechsel vorhanden ist, der mit abnehmender Amplitude nach der beleuchteten Seite hin verläuft. Die vier übereinanderstehenden Teile der Abbildung beziehen sich auf verschiedene Krümmungsradien und verschiedene Materialien der schattenwerfenden Kante. Diese Variation der Versuchsbedingungen wurde von FRESNEL[2]) zuerst ausgeführt, um die Annahme von YOUNG zu widerlegen, daß nur die Interferenz der direkten mit den an den Rändern der Körper streifend reflektierten Strahlen die Beugung bewirke, und um zu beweisen, daß auch entferntere Gebiete der Wellenfläche an der Interferenz teilnehmen. In der Tat sieht man, daß die beobachtete Erscheinung von diesen Versuchsbedingungen unab[illegible] ist.

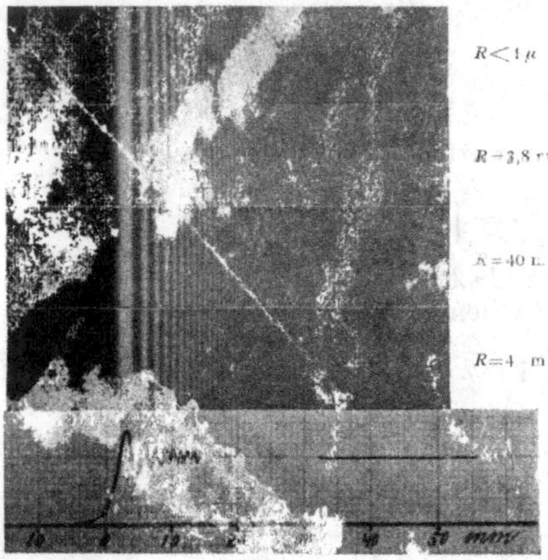

Abb. 5. Beugung am geradlinigen Rande eines Schirms (nach ARKADIEW). Die vier übereinanderstehenden Teile der Abbildung beziehen sich auf verschiedene Materialien und verschiedene Krümmungsradien der beugenden Kante.

Wir betrac[illegible] Theorie der Erscheinung nach den [illegible]eiteten Beziehungen. Es sei AO Abb. 6 der schattenwerfende Schirm, der gleichzeitig ein Stück der Wellenfläche darstellt, und SS der Schirm, auf dem die Lichterscheinung beobachtet wird. OP ist die Normale auf der Wellenfläche und P die Grenze des geometrischen Schattens auf dem Schirm. Im Punkte P stellt die wirksame Wellenfläche OB die eine von zwei vollkommen symmetrischen Hälften der ganzen Wellenfläche dar, die ohne den schattenwerfenden Schirm einwirken würde. Durch die Einführung des Schirmes ist also an dieser Stelle die Amplitude der Lichtwirkung auf die Hälfte reduziert, die Inten-

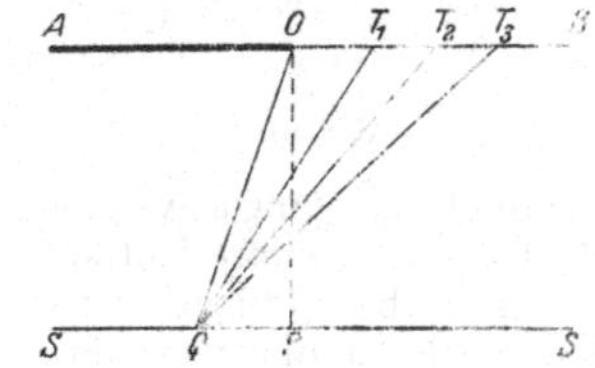

Abb. 6. Beugung am geradlinigen Rande eines Schirms. Wirkung auf einen Punkt im geometrischen Schatten.

[1]) W. ARKADIEW, Die Fresnelschen Beugungserscheinungen, Phys. ZS. Bd. 14, Taf. 39. 1913.

[2]) A. FRESNEL, Oeuvres compl. Bd. 1, S. 332. 1866.

sität, die dem Quadrat der Amplitude proportional ist, also auf den vierten Teil in Übereinstimmung mit dem Befund des Experimentes. Um die Intensitätsverteilung in einem Punkte P außerhalb des geometrischen Schattens zu erhalten, konstruieren wir die im vorigen Abschnitt besprochenen SCHUSTERschen Zonen (Abb. 7). Ist PT_0 die Senkrechte von P auf die Wellenfläche, so ist die Amplitudenwirkung aller Zonen rechts von T_0 auf P gleich $^1/_2$. Dazu kommt die Wirkung der Zonen links von T_0. Die Einwirkung der links liegenden ungeraden Zonen bewirkt eine Vermehrung, die der geraden eine Verminderung dieser Amplitudenwirkung. Je nach der Zahl dieser linken einwirkenden Zonen wird also ein Maximum oder Minimum der eintretenden Lichtwirkung vorhanden sein. Das erste Maximum ist vorhanden, wenn $OT_0 = T_0T_1$ ist, das erste Minimum, wenn $OT_0 = T_0T_2$ ist. Nun war $T_0T_n = \sqrt{\frac{4n-1}{4}\, l\cdot\lambda}$, also sind die Entfernungen der Maxima und Minima vom Rande des geometrischen Schattens durch diese Beziehung gegeben. Die Gleichung zeigt, daß die Orter dieser Maxima und Minima Parabeln sind. Die Rechnung ergibt eine gute Übereinstimmung mit den Resultaten des Versuchs. Im Innern des geometrischen Schattens kommt man in ähnlicher Weise zu einer Darstellung der Versuchsergebnisse, wenn man FRESNELsche Zonen wie in Abb. 6 konstruiert, so daß für einen Punkt Q

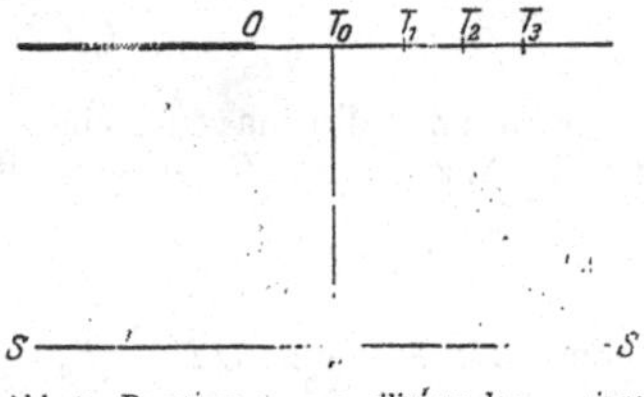

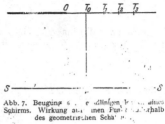

Abb. 7. Beugung am geradlinigen Rande eines Schirms. Wirkung auf einen Punkt außerhalb des geometrischen Schattens.

$$T_1Q - OQ = T_2Q - T_1Q = T_3Q - T_2Q = \cdots = \frac{\lambda}{2}$$

ist. Dann ist entsprechend dem früheren der Effekt in Q durch eine Reihe mit abwechselnden Vorzeichen gegeben.

$$m_1 - m_2 + m_3 - m_4 \ldots$$

In ähnlicher Weise wie früher kann gezeigt werden, daß die Summe gleich einem Bruchteil von m_1 ist. Da aber mit wachsendem Abstand PQ die Zonen immer kleiner werden, wird der Effekt in Q um so kleiner, je weiter Q von P entfernt ist. Auch dieser Befund ist mit dem Experiment in Einklang. In der folgenden Tabelle sind die Intensitäten der einzelnen Beugungsmaxima, die sich aus den früher angegebenen Zonenwirkungen berechnen, angegeben, wenn die Intensität des einfallenden [illegible] ist [illegible].

n	1	2	3	4	5	6	7
Maxima	1,3748	1,1995	1,1509	1,1259	1,1103	1,0993	1,0910
Minima	0,7774	0,8429	0,8718	0,8891	0,9006	0,9092	

Die Resultate dieser elementaren Überlegung sind mit den Versuchsresultaten in sehr gutem Einklang.

Bei Verwendung nicht ebener Lichtwellen ist die Überlegung etwas zu modifizieren. Betrachten wir Licht, das von einem im Endlichen gelegenen Spalt ausgeht, der der Grenze des schattenwerfenden Schirmes parallel ist, so können wir die Wellenfläche als Zylinderfläche auffassen, die den Spalt als Achse hat. Um die Lichtbewegung in einem Punkte Q (Abb. 8) auf dem Schirm SS zu erhalten, können wir wieder die Wellenfläche OF in Zonen vom Punkte T_0, wo LT_0Q als Radius die Normale zur Wellenfläche ist, teilen, so daß die resultierenden

Wirkungen aufeinanderfolgender Zonen im Punkte Q entgegengesetzte Phasen haben. Die Randentfernungen der Zonen müssen dann die gleichen wie früher sein, also

$$QT_n = QT_0 + \frac{4n-1}{8}\lambda .$$

Maxima und Minima entstehen wieder, je nachdem OT_0 eine ungerade oder gerade Anzahl von Zonen enthält, also für

$$QO - QT_0 = \frac{4n-1}{8}\cdot\lambda .$$

Setzen wir $PQ = x$, $OL = T_0L = q$ und wieder $OP = l$, so ist

$$QO = \sqrt{l^2 + x^2} \quad \text{oder angenähert} \quad QO = l + \frac{x^2}{2l},$$

$$QT_0 = LQ - q \quad \text{oder angenähert} \quad QT_0 = l + \frac{x^2}{2(l+q)} .$$

Die Maxima und Minima sind also bestimmt durch

$$x^2\left(\frac{1}{2l} - \frac{1}{2(l+q)}\right) = \frac{4n-1}{8}\lambda$$

oder

$$x = \sqrt{\frac{4n-1}{4} l\cdot\lambda\cdot\frac{l+q}{q}} .$$

Der Wert unter der Quadratwurzel unterscheidet sich also von dem früher bei ebenen Wellen gewonnenen nur durch den Faktor $\frac{l+q}{q}$, der für $q = \infty$, wie es sein muß, zu l wird.

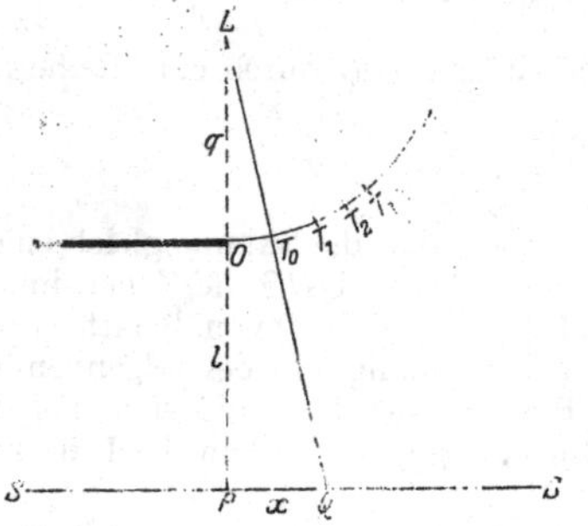

Abb. 8. Beugung am geradlinigen Rande eines Schirmes bei zylindrischer Wellenfläche

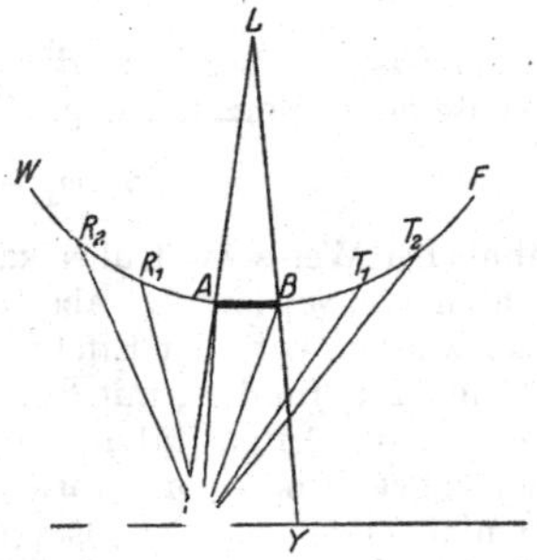

Abb. 9. Beugung an einem schmalen rechteckigen Schirm.

4. Beugung an einem schmalen rechteckigen Schirm. Die von einem Spalt ausgehende Lichtbewegung, für die wir also wieder eine zylindrische Wellenfläche annehmen können, falle auf einen schmalen rechteckigen Schirm, dessen Längskante dem Spalte parallel sei. Ist AB (Abb. 9) die Spur des senkrecht zur Zeichenebene gedachten Schirmes, so können wir für die Betrachtung eines Punktes P im geometrischen Schatten XY wieder eine Zoneneinteilung der Wellenfläche WF vornehmen, so daß $PT_1 - PB = PT_2 - PT_1$ usw. $= \frac{\lambda}{2}$ ist, und ebenso auf der anderen Seite, so daß $PR_1 - PA = \frac{\lambda}{2}$ usw. Die Wirkung dieser Zonen läßt sich als ein Bruchteil der beiden Randzonen bei A und B auffassen, und deren Gesamtwirkung wird zu einem Maximum oder Minimum der Lichterregung führen, je nachdem die Differenz $AP - BP$ ein gerades oder ungerades Vielfaches der halben Wellenlänge ist. Die Lagen der Maxima und Minima im geometrischen Schatten sind also gerade so, als ob sich bei A und B kohärente Lichtquellen befänden, woraus sich für den Schattenraum YX nach den Betrachtungen im Abschnitt Interferenz ein System von äquidistanten hellen und dunklen Streifen ergibt. Die Streifenbreite ist um so größer, je näher A und B aneinander liegen. Sind die Streifen bis zur Mitte des Schattenraumes sichtbar, so ist der Mittelstreifen hell. Außerhalb des Schattenraumes treten bei genügend breitem beugenden Schirm die gewöhnlichen Beugungsfransen des schattenwerfenden Schirmes auf, die wir im vorigen Abschnitt betrachtet haben, deren Streifenbreite also nach außen abnimmt. Ist der Schirm dagegen nicht hinreichend breit, so kann man auch für die Berechnung der außerhalb des geometrischen Schattens liegenden Streifen die Mitwirkung der auf der anderen Seite liegenden Zonen nicht mehr vernachlässigen, und es tritt eine Abweichung von den gewöhnlichen Schattenstreifen auf. Bei sehr engem beugenden Schirm wird die ganze Beugungserscheinung immer lichtschwächer, wie ohne weiteres aus der Überlegung hervorgeht, daß mit abnehmender Schirmbreite die Erscheinung mehr und mehr der

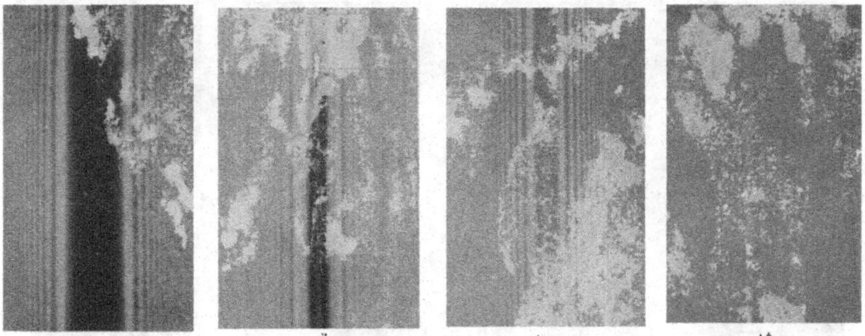

7	8	9	10
Bleistift Durchm. 7,15 mm	Nähnadel 1,97 mm	Pferdehaar 0,22 mm	Menschenhaar 0,045 mm

Abb. 10. Beugungserscheinung an schmalem Schirm (nach ARKADIEW).

ungestörten Beleuchtung des Auffangeschirmes entsprechen muß. Abb. 10 gibt wieder nach ARKADIEW die Beugungserscheinung für verschiedene Schirmbreiten.

5. Lichtdurchgang durch eine kreisförmige Öffnung. Betrachten wir ebene Wellen, die auf eine zu ihnen parallele kreisförmige Öffnung auffallen, so können wir die Öffnung in FRESNELsche Zonen einteilen und so zunächst die Lichtintensität in einem Punkte P der Mittelpunktnormalen des Kreises (Abb. 11) leicht berechnen. Ist die Öffnung so klein, daß die Anzahl der auf sie entfallenden FRESNELschen Zonen nur gering ist, so sind die Amplitudenwirkungen der einzelnen Zonen nach den Überlegungen des Abschnittes 1 gleich groß. Da nun die Summenwirkung

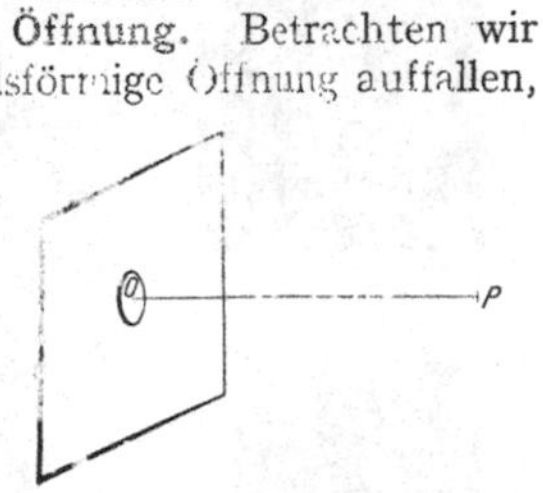

Abb. 11. Lichtdurchgang durch eine kreisförmige Öffnung.

$$S = \frac{m_1}{2} \pm \frac{m_n}{2}$$

war, wo m_n die Wirkung der $n$ten Zone bedeutete und das positive Zeichen sich auf eine ungerade, das negative aber auf eine gerade Anzahl von Zonen

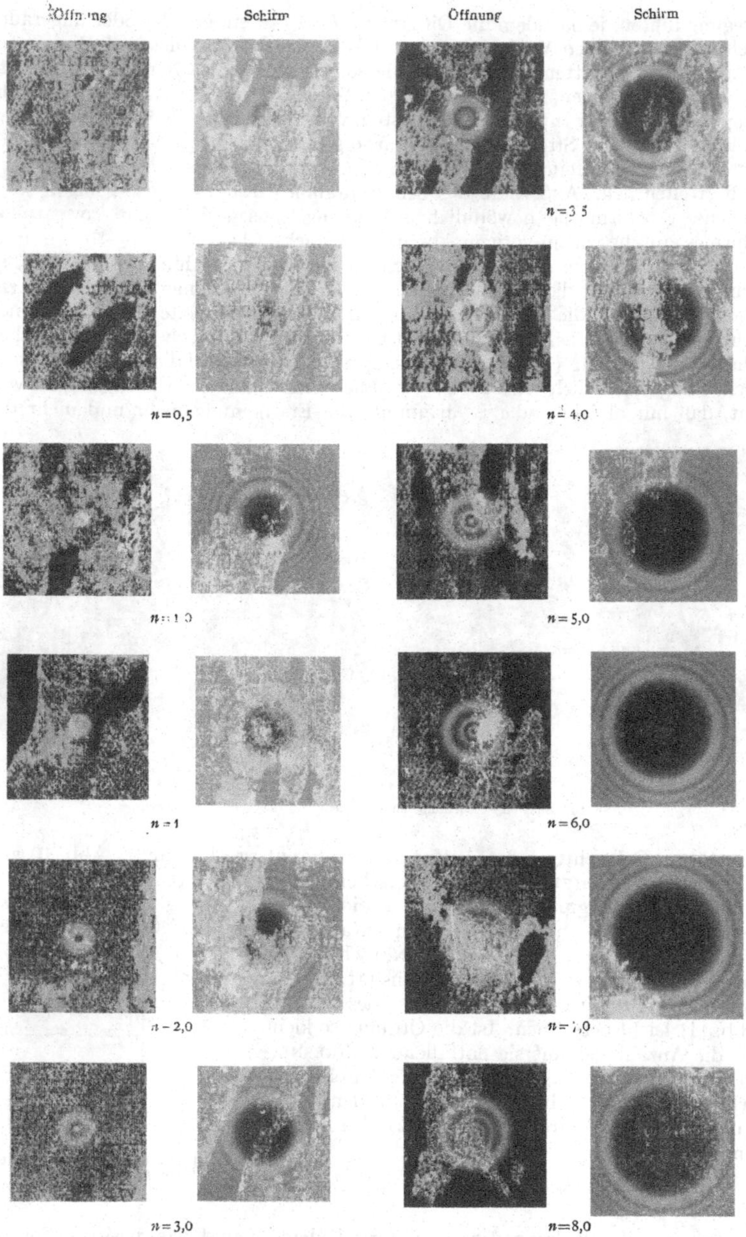

Abb. 12. Beugung an kreisförmiger Öffnung und kreisförmigem Schirm (nach ARKADIEW).
Die beigefügte Zahl *n* gibt die auf die Öffnung bzw. den Schirm entfallende Zahl der FRESNELschen Zonen an.

bezog, so ist für eine gerade Zonenzahl die Amplitude in P gleich Null, für eine gerade aber gleich m_1, der Wirkung der ganzen ersten Zone. In diesem letzteren Falle ist also die Amplitude in P doppelt, oder die Intensität viermal so groß als für die ungestörte Wellenbewegung. Setzen wir wieder $OP = l$ und den Radius der Öffnung gleich r, so ist die Bedingung für das Auftreten dieser Maxima und Minima in P das Vorhandensein einer ganzen Anzahl von Zonen in der Öffnung. Da die Zonen so bestimmt sind, daß die Differenz $PR - PO$ ein ganzes Vielfaches von $\lambda/2$ sein muß, wenn R ein Punkt der Kreisperipherie ist, so muß diese gelten

$$PR - PO = \sqrt{l^2 + r^2} - l^2 = \frac{n\lambda}{2} \quad \text{oder angenähert} \quad \frac{n\cdot\lambda}{2} = \frac{r^2}{2l}, \quad \text{also} \quad l = \frac{r^2}{n\cdot\lambda}.$$

Dabei tritt für ungerades n das Maximum, für gerades n das Minimum auf. Ist l nicht durch eine solche Beziehung mit r und λ verknüpft, so können wir die Amplitudenwirkung im Achsenpunkt P so bestimmen, daß wir die Kreisöffnung in eine ganze Anzahl x beliebiger Zonen teilen, die gleiche Flächeninhalte haben. Nach Absatz 1 ist ihre Gesamtwirkung in P

$$S = \frac{x\cdot a\cdot\sin\alpha}{\alpha},$$

wo α die halbe Phasendifferenz zwischen den Wirkungen der ersten und letzten Zone ist und a die Amplitudenwirkung einer Zone bedeutet. Ist diese einer optischen Wegdifferenz $r^2/2l$ entsprechen, so ist die Phasendifferenz $\frac{r^2}{2l}\cdot\frac{2\pi}{\lambda}$ oder die halbe Phasendifferenz $\alpha = \frac{r^2\pi}{2l\cdot\lambda}$. Die Größe a ist die Amplitudenwirkung eines Zonenringes, dessen Fläche wir σ nennen wollen. Nach Ziff. 4 Gleichung 6 ist sie gleich $\frac{A\cdot\sigma}{l\cdot\lambda}$, wenn A die Amplitude bei O ist. Also ist die Größe $x\cdot a$ gleich $\frac{A\cdot x\cdot\sigma}{l\cdot\lambda} = \frac{A\cdot r^2\pi}{l\cdot\lambda}$. Es wird also die Amplitudenwirkung in P

$$S = \frac{A\cdot r^2\cdot\pi}{l\cdot\lambda}\cdot\frac{\sin\alpha\cdot 2l\cdot\lambda}{r^2\pi} = 2A\sin\frac{r^2\pi}{2l\cdot\lambda}$$

oder die Intensität

$$J = 4J_0\cdot\sin^2\frac{r^2\pi}{2l\cdot\lambda}.$$

Seitlich der Achse ist die Berechnung komplizierter. Die Rechnung ergibt das Auftreten heller und dunkler Ringe um den Punkt P. In Abb. 12 sind nach ARKADIEW Photographien der Beugung an kreisförmigen Öffnungen gegeben, bei denen die beigefügte Zahl die Anzahl der auf die Öffnung entfallenden FRESNELschen Zonen angibt. Man sieht die hier mitgeteilten Überlegungen über das Verhalten der Mitte des Beugungsbildes vollkommen bestätigt.

Bei Benutzung von divergentem Licht können wir genau in derselben Weise wie vorhin eine Einteilung in Zonen gleicher Oberfläche vornehmen. Die Amplitudenwirkung in P ist wieder

$$x\cdot a\cdot\frac{\sin\alpha}{\alpha},$$

wobei nur der Wert von α, der halbe Phasenunterschied zwischen dem Mittel- und Randstrahl sich von dem früheren unterscheidet. Es ist nämlich der optische Wegunterschied dieser beiden Strahlen gleich (Abb. 13):

$$(AL + AP) - (OL + OP) = AL - OL + AP - OP$$
$$= \frac{r^2}{2q} + \frac{r^2}{2l},$$

wenn wieder $PO = l$ und $OL = q$ gesetzt wird. Der halbe dementsprechende Phasenunterschied ist also

$$\frac{\pi}{\lambda} \cdot r^2 \left(\frac{1}{2l} + \frac{1}{2q}\right),$$

und daraus ergibt sich für die Amplitudenwirkung in P ein Maximum oder Minimum, wenn dieser Gangunterschied ein ganzes Viertel von $\lambda/2$ ist, also für

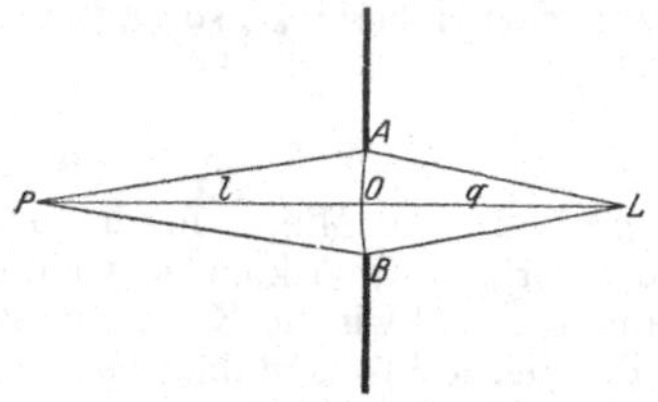

Abb. 13. Beugung an einer kreisförmigen Öffnung.

$$\frac{r^2}{2q} + \frac{r^2}{2l} = \frac{n \cdot \lambda}{2}$$

oder

$$\frac{1}{q} + \frac{1}{l} = \frac{n \cdot \lambda}{r^2}.$$

Dabei ist ein Maximum für ungerades, ein Minimum für gerades n vorhanden. Die Amplitude im Maximum ist

$$\frac{2q}{l+q},$$

wenn sie bei 0 gleich 1 gesetzt wird.

6. Beugung an einem kreisförmigen Schirm. Betrachten wir eine Kugelwelle, die auf eine kreisförmige Scheibe senkrecht zum Kugelradius trifft, so ist mit Hilfe der FRESNELschen Zonenkonstruktion die Lichtwirkung in einem Achsenpunkte P (Abb. 14) leicht zu bestimmen. Man findet die Amplitudenwirkung in P entsprechend den früheren Betrachtungen gleich der Wirkung der halben ersten Zone außerhalb des Schirmchens. Wenn dieses genügend klein ist, so hat diese Zone denselben Flächeninhalt wie die Zentralzone bei O, die durch das Schirmchen abgeblendet wird. Die Lichtwirkung in P ist also gerade so groß, als wenn der kleine kreisförmige Schirm gar nicht vorhanden wäre. Dieses zunächst überraschende Resultat wurde aus den FRESNELschen Überlegungen zuerst von POISSON abgeleitet und als Gegenbeweis für die Richtigkeit der FRESNELschen Theorie angesehen. Die Experimente von Arago bestätigten aber das theoretische Resultat, das dann eine wichtige Stütze der Wellentheorie des Lichtes wurde. In Abb. 12 sieht man auf den Bildern von ARKADIEW diesen hellen Punkt in der Mitte des Schattens einer Kreisblende für verschiedene Blendengrößen wirklich auftreten.

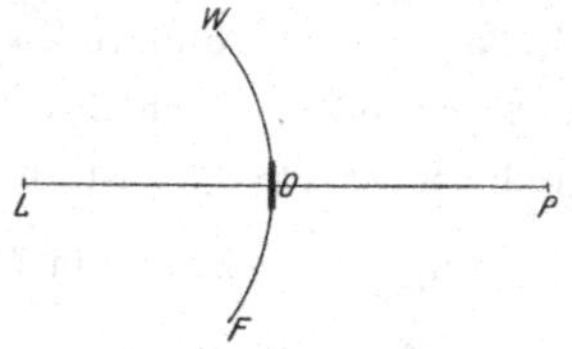

Abb. 14. Beugung an einem kreisförmigen Schirm.

7. Beugung ebener Wellen an einem Spalt. FRAUNHOFERsche Beugungserscheinungen. Wenn ebene Wellen auf einen Spalt auffallen, dessen Ebene mit der Wellenfläche parallel ist, die also von einer unendlich weit entfernten Lichtquelle ausgehend gedacht werden können, so tritt eine leicht zu untersuchende Beugungserscheinung auf einem Schirm auf, der sehr weit von dem Spalt entfernt angenommen ist. Man kann diese Bedingungen dadurch experimentell herstellen, daß man die Lichtquelle in die Brennebene einer Kollimatorlinse stellt, und die Beobachtung in der Brennebene eines auf Unendlich eingestellten Fernrohrs ausführt. Diese Anordnung ist insbesondere von FRAUNHOFER angewendet worden, weshalb die unter diesen Bedingungen gewonnenen Beugungserscheinungen meist als FRAUNHOFERsche bezeichnet werden. Im Gegensatz dazu hat man die Erscheinungen, bei denen Lichtquelle und Auffangeschirm, wie bei den bisher betrachteten, beide im Endlichen liegen, vielfach als FRESNELsche Beugungserscheinungen bezeichnet. Für die folgende Überlegung sollen die

FRAUNHOFERschen Bedingungen vorausgesetzt werden. Es sei (Abb. 15) AB der senkrecht zur Zeichenebene gedachte Spalt. Der Punkt P liege auf dem unendlich fern gedachten Schirm SS, m entspreche dem Durchschnitt der Mittelebene auf dem Spalt mit SS. Teilen wir die Spaltfläche in eine große Anzahl x von äquidistanten Streifen, so ist die Lichtwirkung in einem Punkte P des unendlich fernen Schirmes für jede dieser Zonen für sich die gleiche. Die Phasendifferenz der einzelnen Zonen ist die gleiche wie auf dem mit PA um P geschlagenen Kreisbogen, der für unendlich entferntes P mit dem Lot von A auf PB zusammenfällt. Die Phasendifferenz von Zone zu Zone steigt also um den gleichen Betrag, und die Randzonen unterscheiden sich in der Phase um einen Betrag, der dem optischen Wegunterschied BC entspricht. Dieser Phasenunterschied ist, wenn der Winkel $POM = \vartheta$ gesetzt wird, gleich

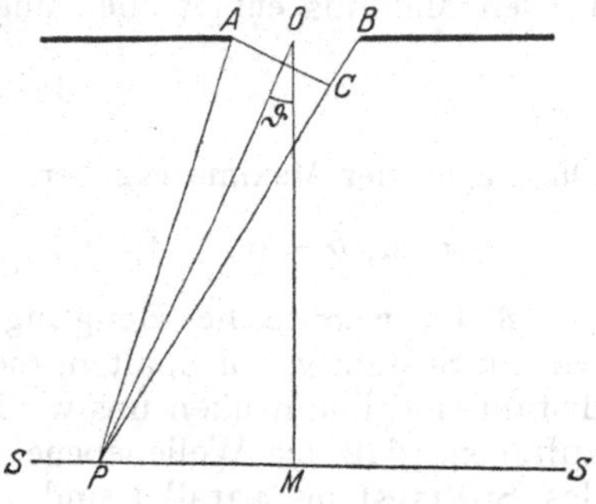

Abb. 15. Beugung an einem Spalt.

$$2\alpha = \overline{AB} \cdot \sin\vartheta \cdot \frac{2\pi}{\lambda}$$

oder die halbe Phasendifferenz $\alpha = \frac{\pi}{\lambda} \cdot d \cdot \sin\vartheta$, wenn die Spaltbreite gleich d gesetzt wird. Die resultierende Amplitude in P ist also nach Ziff. 1, Gleichung 1 gleich

$$x \cdot a \cdot \frac{\sin\alpha}{\alpha} = A \cdot \frac{\sin\alpha}{\alpha},$$

wenn die Amplitude in M, wo die Phasen aller Zonen gleich sind, $x \cdot a = A$ gesetzt wird. Die Beugungserscheinung auf dem Schirm SS ist also periodisch. Die Amplitude ist Null, wenn $\sin\alpha = 0$ oder α ein ganzes Vielfaches von π ist. Das tritt aber ein, wenn $d \cdot \sin\vartheta$ ein ganzes Vielfaches von λ ist. Die Intensitätsverteilung, die den Amplitudenquadraten proportional ist, ergibt sich aus der Beziehung

$$J = J_0 \cdot \frac{\sin^2\alpha}{\alpha^2},$$

wo J_0 die Intensität bei M bedeutet. Für die Maxima der Intensität in Abhängigkeit von der Phasendifferenz α ergibt sich durch Differentiation nach α und Nullsetzen

$$\operatorname{tg}\alpha = \alpha\,.$$

Die Wurzeln dieser Gleichung findet man durch eine graphische Darstellung nach Abb. 16. Darin ist einmal aufgetragen die Funktion

$$y = \operatorname{tg}\alpha$$

und ferner die Gerade durch den Koordinatenanfang $y = \alpha$, die unter 45° gegen die Koordinatenachse geneigt ist. Die Schnittpunkte beider geben die Wurzeln der Gleichung $\operatorname{tg}\alpha = \alpha$. Setzt man die gewonnenen Werte in die Gleichung für die Intensität ein, so findet man eine Intensitäts-

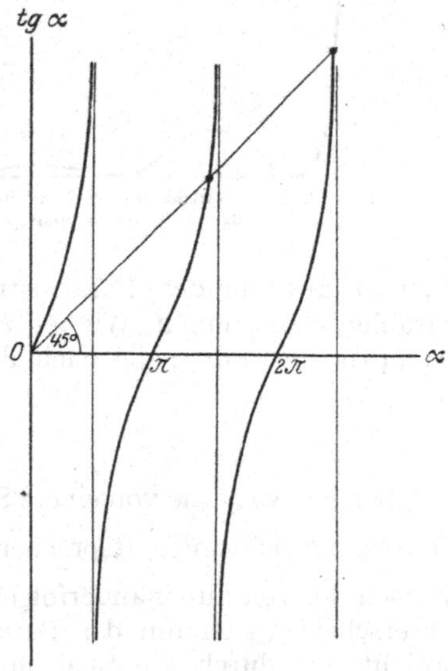

Abb. 16. Graphische Bestimmung der Gleichung $\operatorname{tg}\alpha = \alpha$.

kurve wie in Abb. 17, aus der man sieht, daß die Intensitäten der Maxima vom Hauptmaximum aus sehr schnell abnehmen. Die Verhältnisse dieser Intensitäten in den Maximis entsprechen ungefähr der Reihe

$$1 : \frac{1}{20} : \frac{1}{56} : \frac{1}{110} \text{ usw.}$$

Die Lagen der Maxima ergeben sich bei

$$d \cdot \sin\vartheta = 0, \quad 1{,}430\,\lambda, \quad 2{,}459\,\lambda, \quad 3{,}471\,\lambda, \quad 4{,}477\,\lambda \quad \text{usw.}$$

8. Fraunhofersche Beugung an mehreren Spalten. Gitter. Betrachten wir ein System von n Spalten, die untereinander parallel, gleich breit und äquidistant sind und denken uns wieder ebene Lichtwellen, die auf dieses System so auffallen, daß die Wellenebene der Ebene des Spaltsystems parallel sind. Die Spaltbreite sei d, der Abstand zweier Spaltöffnungen, die sog. Balkenbreite, sei b. Wir wollen die Lichtbewegung in einem unendlich fernen Punkte P untersuchen, der einem

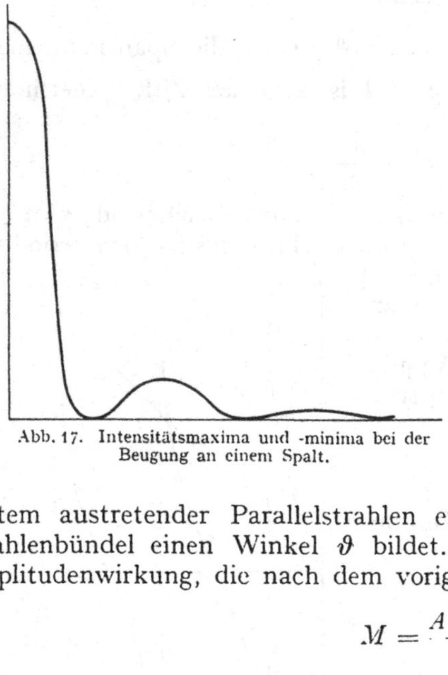

Abb. 17. Intensitätsmaxima und -minima bei der Beugung an einem Spalt.

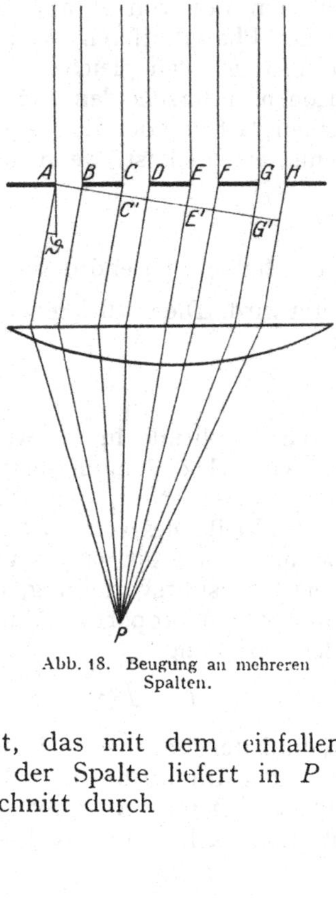

Abb. 18. Beugung an mehreren Spalten.

System austretender Parallelstrahlen entspricht, das mit dem einfallenden Strahlenbündel einen Winkel ϑ bildet. Jeder der Spalte liefert in P eine Amplitudenwirkung, die nach dem vorigen Abschnitt durch

$$M = \frac{A \cdot \sin\alpha}{\alpha}$$

gegeben ist, wo A die von einem Spalt herrührende Amplitude in dem der direkten Durchgangsrichtung entsprechenden Punkt ist, und $\alpha = \frac{\pi}{\lambda} \cdot d \cdot \sin\vartheta$ ist. Die Phasen der von aufeinanderfolgenden Spalten hervorgerufenen Lichtbewegungen unterscheiden sich um den Betrag, der dem Gangunterschied der Strahlen entspricht, die durch die Spaltmitten der aufeinanderfolgenden Strahlen gehen. Dieser Gangunterschied ist gleich der Strecke CC' (Abb. 18), und der entsprechende Phasenunterschied ist

$$2\varphi = \overline{CC'} \cdot \frac{2\pi}{\lambda} = (d + b)\sin\vartheta \cdot \frac{2\pi}{\lambda}.$$

Wir haben also in P das Zusammenwirken von n Erregungen gleicher Amplitude, deren Phasen eine arithmetische Reihe mit der Differenz 2φ bilden. Die Gesamtwirkung ist also nach dem früheren (Abschn. Interferenz, Ziff. 8)

$$Z = \frac{n \cdot M \cdot \sin n\varphi}{\sin\varphi}.$$

Setzen wir den Wert für M ein, so erhalten wir:

$$Z = \frac{n \cdot A \cdot \sin\alpha}{\alpha} \cdot \frac{\sin n\varphi}{\sin\varphi} = B \cdot \frac{\sin\alpha}{\alpha} \cdot \frac{\sin n\varphi}{\sin\varphi},$$

wo $B = n \cdot A$ die Amplitude in einem dem direkten Durchgang entsprechenden Punkte ist. Die Intensität in P ist dem Quadrat der Amplitude proportional, also

$$\boxed{J = J_0 \cdot \frac{\sin^2\alpha}{\alpha^2} \cdot \frac{\sin^2 n\varphi}{\sin^2\varphi},} \quad \text{wo} \quad \alpha = \frac{\pi}{\lambda} \cdot d \cdot \sin\vartheta, \quad \varphi = \frac{\pi}{\lambda}(d + b)\sin\vartheta$$

ist und J_0 die Intensität des unabgebeugten Maximums bedeutet. Es ist $J_0 = n^2 \cdot A^2$, also dem Quadrat der Spaltzahl proportional. Ist $\sin n\varphi = 0$, $\sin\varphi$ aber von 0 verschieden, was eintritt für $n\varphi = K \cdot \pi$ (K ganze Zahl außer 0, n, $2n$ usw.) so ist $J = 0$. Die Maxima der Intensität ergeben sich durch Nullsetzen der Ableitung von $\frac{\sin n\varphi}{\sin\varphi}$ aus der Gleichung

$$\operatorname{tg} n\varphi = n \cdot \operatorname{tg}\varphi.$$

Sie liegen bei $\varphi = 0$, π, 2π usw. oder da $\varphi = \frac{\pi}{\lambda}(d + b) \cdot \sin\vartheta$ ist, bei

$$\sin\vartheta = 0, \quad \frac{\lambda}{d + b}, \quad \frac{2\lambda}{d + b} \quad \text{usw.} \quad \frac{K \cdot \lambda}{d + b}.$$

Außerdem treten noch Nebenmaxima auf, die zwischen den einzelnen Minimas liegen, in denen die Intensität aber sehr gering ist. Man erhält sie etwa durch eine graphische Auflösung der obigen Gleichung.

Aus der Beziehung für die Lage der Hauptmaxima folgt, daß für kleine Beugungswinkel ϑ, für die der Sinus mit dem Winkel indentifiziert werden kann, die Abbeugung proportional der Wellenlänge ist. Bei Verwendung nicht homogenen Lichtes tritt also eine Farbenzerlegung auf, wobei jedes einzelne der Hauptmaxima einem Spektrum entspricht, das man wegen der Proportionalität der Ablenkung mit der Wellenlänge als ein normales Spektrum bezeichnet. Die verschiedenen Maxima liefern das Spektrum 0ter, 1ter, 2ter usw. Ordnung, je nachdem es sich um das mittlere, erste seitliche, zweite usw. Maximum handelt. Systeme äquidistanter gleich breiter Spalte, wie wir sie eben behandelt haben, bezeichnet man als Gitter. Solche Anordnungen bilden mit die wichtigsten Hilfsmittel für die Spektroskopie. Man sieht sofort, daß Messungen der Wellenlängen möglich sind, wenn die Größe $d + b$, die sog. Gitterkonstante, bekannt ist.

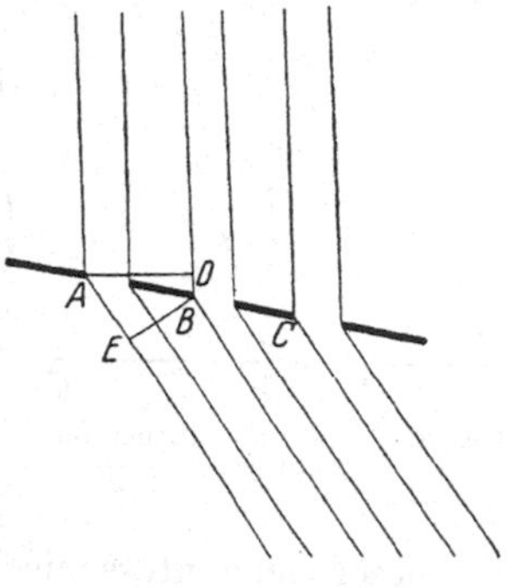

Abb. 19. Beugung an mehreren Spalten bei schiefem Einfall gegen die Spaltebene.

Ist die Einfallsrichtung des Parallelstrahlbündels nicht senkrecht gegen die Gitterebene, so ist der Gangunterschied zweier Bündel in der Abb. 19 durch die Differenz $AE - BD$ gegeben. Ist ε_0 der Richtungskosinus des einfallenden Bündels gegen die Gitterebene oder der Sinus des Einfallswinkels auf das Gitter und ε der Richtungskosinus für das abgebeugte Bündel gleich dem Sinus des Beugungswinkels, so ist diese Differenz

$$(d + b) \cdot \varepsilon - (d + b) \cdot \varepsilon_0.$$

Für die Hauptmaxima muß dieser Gangunterschied ein ganzes Vielfaches der Wellenlänge sein, also gilt, wenn wir noch die Gitterkonstante $d + b = a$ setzen,

$$a(\varepsilon - \varepsilon_0) = h \cdot \lambda, \quad \text{wo} \quad h = 0, 1, 2, 3 \quad \text{usw. ist.}$$

9. Kreuzgitter. In der zuletzt abgeleiteten einfachen Form läßt sich die Gleichung für die Lage der Maxima eines Gitters leicht verallgemeinern für den Fall, daß das Gitter nicht aus parallelen Spalten besteht, sondern etwa ein System von Öffnungen darstellt, die auf den Ecken eines Quadratrasters liegen. Fällt auf ein solches sog. Kreuzgitter paralleles Licht auf, dessen Richtungskosinus gegen die eine Rasterrichtung ε_0, gegen die andere η_0 ist, während die abgebeugten Strahlen die Richtungskosinus ε und η haben, so liegen die Interferenzmaxima da, wo sich in beiden gekreuzten Spaltsystemen die Lichtwirkungen verstärken. Das ist dort der Fall, wo beide Systeme die Maximumbedingung erfüllen, wo also gleichzeitig gilt

$$a_1(\varepsilon - \varepsilon_0) = h_1 \cdot \lambda,$$
$$a_2(\eta - \eta_0) = h_2 \cdot \lambda,$$

wenn a_1 und a_2 die Gitterkonstanten für die beiden sich kreuzenden Rasterrichtungen bedeuten. Die Gleichungen sind von LAUE auch auf das Raumgitter erweitert worden, wobei eine dritte Gleichung hinzukommt. Diese Erweiterung wird an anderer Stelle bei der Betrachtung der Röntgenstrahleninterferenzen besprochen, weil sie für das Licht nicht realisiert werden kann.

10. TALBOTsche Streifen. Betrachtet man das kontinuierliche Spektrum des weißen Lichtes in einem Spektralapparat und schiebt vor die halbe Pupille von der Seite des Violett her ein dünnes Glasplättchen — etwa ein Deckgläschen —, so treten im Spektrum dunkle Streifen parallel den FRAUNHOFERschen Linien auf, die von TALBOT im Jahre 1837[1]) zuerst beobachtet wurden und nach ihm als TALBOTsche Streifen bezeichnet werden. Eine einfache, aber unvollständige Erklärung des Phänomens ergibt sich aus der Betrachtung der Interferenz der durch das Blättchen und an dem Blättchen vorbei verlaufenden Strahlen auf der Netzhaut des Auges. Ist (Abb. 20) L eine homogene Lichtquelle, deren Wellenlänge in Luft λ, in dem Glase des Plättchens $P\lambda'$ ist, und bedeutet n' den Brechungsexponent des Glases, so ist

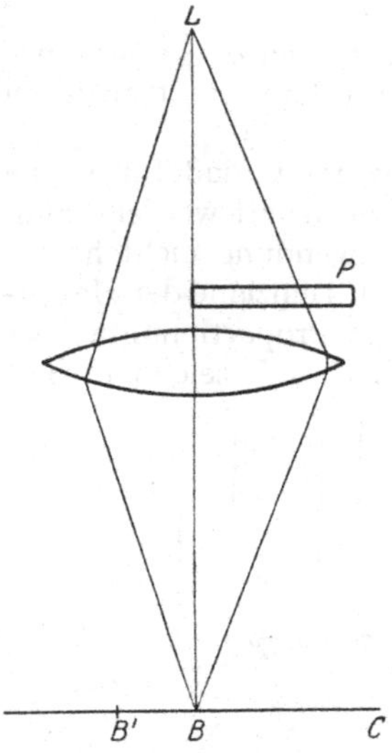

Abb. 20. TALBOTsche Streifen im Spektrum.

$$\lambda' = \frac{\lambda}{n'}.$$

Ist a die Dicke des Plättchens, so verlaufen in ihm a/λ' Wellen, während in der gleich dicken Luftschicht a/λ Wellen verlaufen. Die beiden Hälften des Bündels, von denen die eine durch Luft, die andere durch das Glas gegangen ist, erhalten also einen Gangunterschied

$$\frac{a}{\lambda'} - \frac{a}{\lambda} = \frac{a}{\lambda}(n' - 1).$$

Ist dieser Gangunterschied ein ungerades Vielfaches von $\lambda/2$, so tritt Vernichtung ein. Da nun im Spektrum sowohl λ als n' kontinuierlich variiert, so wird abwechselnd ein Gangunterschied $\frac{\lambda}{2}(2n - 1)$ und $\frac{\lambda}{2} \cdot 2n$ auftreten, so daß die Entstehung der TALBOTschen Streifen verständlich ist.

[1]) H. TALBOT, Phil. Mag. (3) Bd. 10, S. 364. 1837.

Wie schon gesagt, ist aber diese Erklärung unvollständig; denn sie bringt nicht zum Ausdruck, weshalb die Erscheinung nur auftritt, wenn das Plättchen von der violetten und nicht, wenn es von der roten Seite des Spektrums her eingeschoben wird. Die vollständige Theorie ist von AIRY[1]) gegeben worden und berücksichtigt den hier gleichzeitig auftretenden Beugungsvorgang. Die AIRYsche Beugungstheorie betrachtet die beiden Hälften der Pupille, deren eine von dem Plättchen bedeckt, während die andere frei ist, als System von zwei beugenden Spalten, deren Büschel auf der Netzhaut zur Interferenz kommen. Der Phasenunterschied, der in dem Plättchen hervorgerufen wird, sei R. Wir benutzen die Formel, die wir für die Intensität der Beugungserscheinung durch eine Reihe von Spalten in Ziff. 8 abgeleitet haben und die sich für zwei Spalten in der Form schreibt:

$$J = J_0 \cdot \frac{\sin^2\alpha}{\alpha^2} \cdot \cos^2\varphi .$$

Dabei ist $\alpha = \frac{\pi}{\lambda} \cdot d \cdot \sin\vartheta$ (d Spaltbreite, ϑ Beugungswinkel) und $\varphi = \frac{\pi}{\lambda} \cdot (d + b)\sin\vartheta$ (b Balkenbreite).

Nennen wir den Radius der Augenpupille h, die Brennweite der Augenlinse f, nehmen die Achse LB als x-Achse, BC als y-Achse eines Koordinatensystems, so daß

$$\sin\vartheta = \frac{y}{f} ,$$

und schreiben die Intensitätsformel für diese Bezeichnungen, so wird

$$J = J_0 \cdot \frac{\sin^2\left(\frac{\pi}{\lambda} h \cdot \frac{y}{f}\right)}{\frac{\pi^2}{\lambda^2} \cdot h^2 \cdot \frac{y^2}{f^2}} \cos^2\left(\frac{\pi}{\lambda} \cdot h \cdot \frac{y}{f} \cdot \pm \frac{R}{2}\right)$$

oder wenn $\frac{\pi \cdot h \cdot y}{\lambda \cdot f} = \omega$ gesetzt wird

$$J = \left(\frac{\sin\omega}{\omega}\right)^2 \cos^2\left(\omega \pm \frac{R}{2}\right).$$

Wir haben bisher nur einen einzigen monochromatischen Lichtpunkt L angenommen. Ein benachbarter Punkt L' würde eine ähnliche Lichterscheinung mit dem Beugungszentrum B' ergeben. Ist dessen Ordinate η, so ist in der obigen Formel statt $y \sim y - \eta$ einzusetzen, um die Intensitätsverteilung zu bekommen. Allgemein ist also

$$\omega = \frac{\pi \cdot h}{\lambda \cdot f}(y - \eta)$$

zu setzen. η kann übrigens klein angenommen werden, da weit entfernte Punkte L' auf die Lichtverteilung bei B keinen Einfluß mehr haben werden. Außer ω ist aber auch R Funktion von η, da die Lichtquelle ja als Spektrum gedacht ist, und die Phasenverzögerung mit zunehmendem Brechungsexponent wächst. Nehmen wir diese Funktion, weil wir immer nur kleine η in Betracht zu ziehen brauchen, linear an, so gilt

$$R = K \cdot \eta ,$$

wenn das Spektrum auf der Netzhaut mit der violetten Seite nach positiven y liegt und $K > 1$ ist. Setzen wir noch

$$\frac{K \cdot \lambda \cdot f}{\pi \cdot h} = C ,$$

[1]) G. AIRY, Phil. Trans. 1840, S. 225; 1841, S. 1.

so wird die auf dem Punkt y von irgendeinem Punkt des betrachteten Spektralteiles gelieferte Intensität

$$J = \left(\frac{\sin\omega}{\omega}\right)^2 \cdot \cos^2\left[\omega\left(1 \mp \frac{C}{2}\right) \pm \frac{K}{2} \cdot \eta\right].$$

C ist wegen der langsamen Veränderlichkeit von λ als konstant zu betrachten Für die Gesamtintensität im Punkte y erhalten wir also

$$J = \int_{-\infty}^{+\infty} \left(\frac{\sin\omega}{\omega}\right)^2 \cdot \cos^2\left[\omega\left(1 \mp \frac{C}{2}\right) \pm \frac{K}{2} \cdot \eta\right] d\omega.$$

Die Begrenzung des Integrals von $-\infty$ bis $+\infty$ ist unbedenklich, weil die Wirkung entfernterer Teile des Spektrums sehr schnell unmerklich sind. Daraus folgt

$$J = \frac{\pi}{2} + (\cos(K \cdot \eta)) \cdot \frac{1}{2} \int_{-\infty}^{+\infty} \left(\frac{\sin\omega}{\omega}\right)^2 \cos[\omega(2 \mp C)]\, d\omega.$$

Man kann nun zeigen, daß das Integral für das Zeichen $-$ oder $+$ verschiedene Werte hat. Das negative Zeichen bezieht sich aber auf die Einführung des Plättchens von der violetten, das positive auf die von der roten Seite des Spektrums her. Setzen wir noch $K \cdot \eta = R'$, so ist also R' die dem Punkte y entsprechende Phasenvergrößerung. Wird ferner das Intergal gleich A gesetzt, so folgt

$$J = \frac{\pi}{2} + \frac{A}{2} \cos R'.$$

Diese Gleichung sagt aus, daß die Lage der Streifen nur von R, also der Verzögerung der einzelnen Farben im Plättchen abhängt. Es muß also die früher entwickelte Interferenztheorie der TALBOTschen Streifen für die Lage das richtige Resultat geliefert haben. Die Intensität der Maxima und Minima ist aber vom Wert der Konstanten A abhängig. Nur ergibt sich für positives Vorzeichen von C im Integral für dieses der Wert 0, also für Einschieben des Plättchens von der roten Seite:

$$J = \frac{\pi}{2},$$

d. h. konstante Intensität, oder kein Auftreten von Streifen in Übereinstimmung mit der Erfahrung. Für negatives Vorzeichen von C sind folgende Fälle zu unterscheiden

$$C < 2, \qquad A = \frac{C}{2} \cdot \pi,$$

$$2 < C < 4, \qquad A = \left(2 - \frac{C}{2}\right) \cdot \pi,$$

$$4 < C, \qquad A = 0.$$

Liegt also C zwischen 0 und 2, so ist

$$J = \frac{\pi}{2} + \frac{\pi}{2} \cdot \frac{C}{2} \cdot \cos R'.$$

und wenn C zwischen 2 und 4 liegt,

$$J = \frac{\pi}{2} + \frac{\pi}{2}\left(2 - \frac{C}{2}\right) \cos R'.$$

Für C größer als 4

$$J = \frac{\pi}{2}.$$

Im letzteren Falle entstehen also wieder keine Streifen. Einführung des Plättchens von der violetten Seite des Spektrums und ein unter 4 liegender Wert der Größe C ist also zum Auftreten der Streifen erforderlich.

b) Beugungsapparate.

11. Zonenplatten. Bei der Betrachtung des Lichtdurchgangs durch eine kreisförmige Öffnung haben wir eine Einteilung der Öffnung in FRESNELsche Zonen ausgeführt. Mit Bezug auf einen auf der Mittelsenkrechten der Kreisöffnung gelegenen Punkt P haben wir für die Radien der Zonen den Wert

$$r = \sqrt{n \cdot l \cdot \lambda}\,, \qquad l = \frac{r^2}{n \cdot \lambda}$$

gefunden, wo l der Abstand des Punktes P vom Kreismittelpunkt und n eine ganze Zahl war. Aufeinanderfolgende Zonen lieferten nun in P Lichterregungen, deren Phasen sich um π unterscheiden, wegen der Gleichheit der Amplituden sich also gegenseitig aufhoben. Stellt man nun einen Schirm her, auf dem konzentrische Kreise mit Radien von der oben angegebenen Größe gezeichnet sind, und macht die dadurch gebildeten Zonen abwechselnd durchsichtig und undurchsichtig, so werden in dem Achsenpunkt P, auf den sich die Zonenkonstruktion bezieht, sich die Wirkungen aller durchsichtigen Zonen, deren Phasendifferenz jetzt 2π ist, verstärken. Die Amplitude in P wird also $\frac{1}{2}N \cdot m$ sein, wenn m die Amplitudenwirkung einer Zone und N deren Gesamtzahl ist. Wenn kein Schirm vorhanden ist, ist nach Ziff. 1 die Lichtwirkung in P gleich $m/2$, in diesem Falle ist sie also das Nfache davon. Die Amplitude in P ist also das Nfache der Amplitude des einfallenden Lichtes. Es wird demnach das parallel einfallende Licht in dem Punkte P konzentriert, die Zonenplatte wirkt wie eine Linse mit der Brennweite 1. Natürlich wird aber auch eine Verstärkung der Zonenwirkungen eintreten, wenn die Phasen aufeinanderfolgender Zonen sich um 2π, die der durchlässigen Zonen sich also um 4π unterscheiden. Dann ist nach Ziff. 5

$$n \cdot \lambda = \frac{r^2}{2l} \quad \text{oder} \quad l = \frac{r^2}{2n \cdot \lambda}\,.$$

Es wird also auch $l/2$ eine Brennweite der Platte sein, und das gilt allgemein für l/k wo k eine ganze Zahl ist. Lassen wir auf eine solche Platte divergentes Licht auffallen, das von einem Punkte L ausgeht, so ist nach Ziff. 5 die verstärkende Wirkung aller Zonen in P dann vorhanden, wenn beim Zusammenwirken aller Zonen ein Maximum oder Minimum eintritt. Das war der Fall für

$$\frac{1}{q} + \frac{1}{l} = \frac{n \cdot \lambda}{r^2}\,,$$

wo q die Entfernung von L zur Platte und l wieder diejenige von P dahin ist. Setzen wir die Vereinigungsweite der parallelen Strahlen gleich f, so wird das

$$\frac{1}{q} + \frac{1}{l} = \frac{1}{f}\,.$$

Wir erhalten also eine Gleichung, welche vollkommen der Linsengleichung entspricht. Allerdings ist auch hier diese Gleichung nicht die einzig mögliche, sondern allgemein kann auch

$$\frac{1}{q} + \frac{1}{l} = \frac{k}{f}\,,$$

wo k wieder eine ganze Zahl ist, gelten.

Nehmen wir an, daß statt einer punktförmigen Lichtquelle eine solche von einer gewissen Ausdehnung LL' vorhanden ist (Abb. 21). P sei der durch die

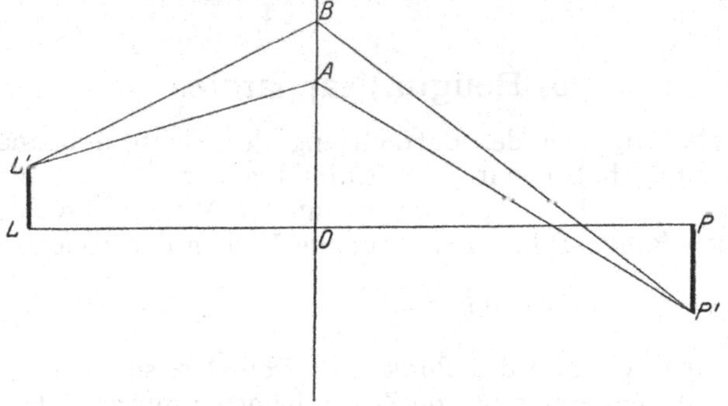

Abb. 21. Bilderzeugung in einer Zonenplatte.

Platte bewirkte Abbildungspunkt von L. P' liege auf der in P zu LP errichteten Senkrechten. Nun ist bei kleiner Ausdehnung von LL' und PP' angenähert

$$L'B + BP' = LO + OP + \frac{(BO - LL')^2}{2\,LO} + \frac{(BO + PP')^2}{2\,OP}$$

und

$$L'A + AP' = LO + OP + \frac{(AO - LL')^2}{2LO} + \frac{(AO + PP')^2}{2OP}.$$

Der Gangunterschied der beiden Strahlen ist durch die Differenz dieser Ausdrücke gegeben und wird

$$\frac{1}{2}\left(OB^2 - OA^2\right)\left(\frac{1}{LO} + \frac{1}{OP}\right) - AB\left(\frac{LL'}{LO} - \frac{PP'}{OP}\right).$$

Sind OA und OB die Radien zweier aufeinanderfolgender durchsichtiger Zonen, so ist $\overline{OB}^2 - \overline{OA}^2 = r_n^2 - r_{n-2}^2 = 2l \cdot \lambda = \frac{2r^2}{n}$ und, wenn $\frac{LL'}{LO} = \frac{PP'}{OP}$ ist, so wird, da außerdem nach dem Obigen $\frac{1}{LO} + \frac{1}{OP} = \frac{n \cdot \lambda}{r^2}$ war, der Gangunterschied in P' gleich

$$\frac{1}{2} \cdot \frac{n \cdot \lambda}{r^2} \cdot \frac{2r^2}{n} = \lambda.$$

Im Falle der Gültigkeit der Beziehung $\frac{LL'}{LO} = \frac{PP'}{OP}$ geben also aufeinanderfolgende durchsichtige Zonen von L' in P' Verstärkung, und es ist P' das Bild von L'. Bei kleinen Dimensionen wird also ein Gegenstand LL' durch PP' abgebildet, wobei das Verhältnis von Bild- und Gegenstandsgröße dasselbe ist wie das von Bild- und Gegenstandsweite. Das Abbildungsgesetz ist also das gleiche wie bei einer Linse.

Solche Zonenplatten sind zuerst von SORET[1]) behandelt worden. Später hat sich WOOD[2]) eingehend damit beschäftigt und auch experimentelle Methoden zur Herstellung angegeben. Die WOODsche Arbeit enthält auch eine Zeichnung, durch deren Photographie solche Zonenplatten gewonnen werden können. WOOD hat auch Zonenplatten hergestellt, bei denen die undurchsichtigen Zonen ersetzt

[1]) CH. SORET, Pogg. Ann. Bd. 156, S. 91. 1875.
[2]) R. W. WOOD, Phil. Mag. Bd. 45, S. 511. 1898.

sind durch solche, die eine Phasenänderung entsprechend einem Gangunterschied von einer halben Wellenlänge bewirken, aber ebenfalls durchsichtig sind. Es ist klar, daß der Effekt der gleiche sein muß, nur steigert sich die Helligkeit wegen der Ausnutzung aller Zonen auf den doppelten Betrag. Die Herstellung solcher Platten geschieht in der Weise, daß eine Kopie einer gewöhnlichen Zonenplatte auf einer Glasplatte hergestellt wird, die eine Schicht von lichtempfindlicher Chromatgelatine enthält. Nach der Belichtung werden die vom Licht nicht unlöslich gemachten, auf der ursprünglichen Platte dunklen Zonenringe ausgewaschen, und es bleibt eine Platte mit erhabenen Gelatinezonen zurück. Die Bedingung der Phasenumkehr kann durch geeignete Dicke der Gelatineschicht annähernd verwirklicht werden, und man erhält so Zonenplatten von sehr guter Wirkung.

12. Gitter. Bei der Betrachtung der Beugungserscheinungen an mehreren äquidistanten und gleich breiten Spalten haben wir schon die wesentlichsten Züge der Theorie ebener Gitter besprochen. Sie sind zuerst von FRAUNHOFER[1]) hergestellt und untersucht worden. Die ersten FRAUNHOFERschen Gitter waren wirklich solche Systeme von Spalten, hergestellt aus parallel zueinander in gleichem Abstand gespannten Drähten oder aus Spalten, die in die Blattgoldbelegung einer ebenen Glasplatte eingeritzt waren. FRAUNHOFER hat aber auch schon Gitter hergestellt, die durch Einritzen von Furchen in eine ebene Glasplatte hergestellt sind. Diese Gitter unterscheiden sich von den früher betrachteten Systemen von Spalten wesentlich dadurch, daß undurchsichtige Stellen gar nicht vorhanden sind. FRAUNHOFER hat auch zuerst die Gitter in Reflexion benutzt, indem er ein Glasgitter auf der Rückseite schwärzte und so deren Spiegelung verhinderte.

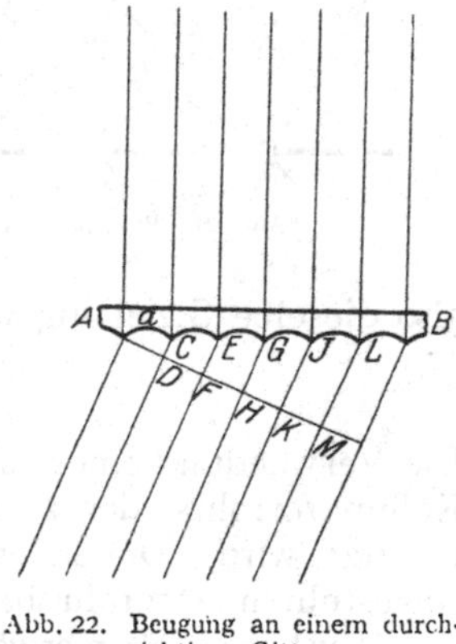

Abb. 22. Beugung an einem durchsichtigen Gitter.

Betrachten wir zunächst den Fall des ebenen durchsichtigen Gitters. Stellt AB in Abb. 22 ein Stück des zur Zeichenebene senkrecht gedachten Gitters dar, so ist das Wesentliche dabei, daß eine Anzahl gleichartiger Furchen in gleichem Abstand aufeinanderfolgen. Betrachten wir senkrecht einfallendes Licht, so können wir für eine der Furchen die Lichtwirkung in einem unendlich fernen Punkt, dessen Lage durch die Richtung der gezeichneten Parallelstrahlen bestimmt ist, dadurch erhalten, daß wir die Oberfläche dieser Furche in geeignete Zonen teilen und ihre Wirkungen in der früher besprochenen Weise zusammensetzen. Jede Furche wird infolgedessen einen Beitrag liefern, dessen Amplitude wegen der Gleichheit der Furchen die gleiche ist, im übrigen aber von der Gestalt der Furche abhängt. Die Gesamtheit der Furchen liefert in dem betrachteten unendlich fernen Punkt eine Lichtwirkung, die sich durch Zusammensetzung der Einzelwirkungen unter Berücksichtigung des Umstandes ergibt, daß die Phasen eine arithmetische Reihe bilden, entsprechend dem von Furche zu Furche vergrößerten Gangunterschied CD, EF, GH usw. Wir erhalten also die Maxima der Lichterregung in genau derselben Weise wie früher bei der Betrachtung eines Systems von Spalten. Die Intensitäten können wir aber nicht in der früheren einfachen Weise berechnen, da die Amplitudenwirkung der einzelnen Furche in einer bestimmten Richtung von ihrer Gestalt abhängig ist. Tatsächlich findet man, daß die Intensitätsverteilung etwa auf die verschiedenen Ordnungen

[1]) J. FRAUNHOFER, Ges. Schriften, S. 51ff.

bei verschiedenen Gittern ganz verschieden ist. Gültig bleibt nur die Amplitudenformel (Ziff. 8)

$$Z = \frac{n \cdot M \cdot \sin n \cdot \varphi}{\sin \varphi},$$

wo M die Amplitudenwirkung einer Furche ist, die sich aber nicht in der früheren einfachen Weise berechnen läßt. Die Intensität wird also

$$J = n^2 M^2 \cdot \frac{\sin^2 n \varphi}{\sin^2 \varphi}.$$

Für die Lage der Maxima gilt wie früher bei der Gitterkonstanten a

$$\sin \vartheta = \frac{k \cdot \lambda}{a}$$

(k ganze Zahl) oder bei beliebiger Inzidenz unter dem Winkel ε

$$\sin \vartheta - \sin \varepsilon = \frac{k \cdot \lambda}{a}.$$

Auch für das ebene Reflexionsgitter läßt sich die Beziehung für die Maxima leicht ableiten. Ist in Abb. 23 ε der Winkel des einfallenden Büschels gegen die Gitternormale, β der der Beugungsrichtung dagegen, so ist der Gangunterschied in zwei aufeinanderfolgenden Bündeln $AB - CD$ oder

$$a(\sin \varepsilon - \sin \beta).$$

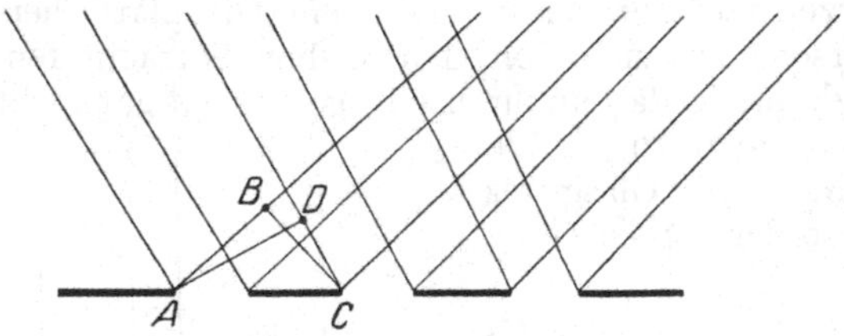

Abb. 23. Beugung am Reflexionsgitter.

Dieser muß ein Vielfaches der Wellenlänge λ sein, damit ein Maximum auftritt. Wir haben also dieselbe Gleichung wie beim durchsichtigen Gitter für die Lage der Maxima

$$a(\sin \varepsilon - \sin \beta) = k \cdot \lambda.$$

Die Verwendung eines solchen Gitters erfolgt in der Weise, daß der Spalt eines Kollimatorrohrs, der zu den Gitterfurchen parallel gestellt ist, als Lichtquelle benutzt wird. Die Interferenzerscheinung wird dann in einem auf unendlich eingestellten Fernrohr beobachtet.

Wir haben schon erwähnt, daß die Gitter mit die wichtigsten spektroskopischen Apparate geworden sind. Was die Feinheit der Gitterteilungen angeht, so ist die Grenze der erreichten Feinheit etwa 1500 Furchen auf das Millimeter. In neuerer Zeit werden vornehmlich Reflexionsgitter benutzt, die auf Spiegelmetall geteilt sind. Seit ROWLANDS Erfolgen sind die Amerikaner in der Gitterherstellung führend geblieben, so daß man in dieser Beziehung von einem amerikanischen Monopol sprechen kann. Die wesentliche Voraussetzung für die Gitterherstellung, eine Teilmaschine mit sehr guter Schraube, ist jedoch nicht so schwer zu erfüllen, daß man nicht auch bei uns an die Gitterherstellung gehen könnte. Bei dem verhältnismäßig großen Bedarf würde dies nur erwünscht sein.

13. Auflösungsvermögen eines Gitters. Die Beziehung für das Auflösungsvermögen eines Gitters ergibt sich in derselben Weise, wie wir sie für dasjenige eines Interferenzapparates gefunden haben (s. Kap. Interferenz, Abs. 10), da hier wie dort die Funktion

$$\frac{\sin^2 n \varphi}{\sin^2 \varphi}$$

für die Lage der Maxima und Minima maßgebend ist. Es wird also auch hier das Auflösungsvermögen

$$\frac{\lambda}{\Delta\lambda} = k \cdot n$$

sein, wo k die Ordnungszahl und n die Anzahl der interferierenden Büschel ist. Diese letztere ist hier durch die Anzahl der Gitterfurchen gegeben. Ein Gitter mit 100000 Furchen ergibt demnach für eine Wellenlänge von 5000 Å.-E. eine auflösende Kraft von $\frac{\lambda}{\Delta\lambda} = 100000$ in der ersten Ordnung, also eine Trennung von $\Delta\lambda = 0{,}00001\,\lambda$ oder 0,05 Å.-E. Betrachtet man die auflösende Kraft nicht als Funktion der Ordnungszahl und der Zahl der Gitterfurchen, sondern als Funktion des Beugungswinkels, so ergibt sich aus der Beziehung für senkrechte Inzidenz

$$\sin\vartheta = \frac{k \cdot \lambda}{a} = \frac{k \cdot \lambda \cdot n}{B},$$

wo B die gesamte Breite der Gitterfläche ist, für die auflösende Kraft

$$k \cdot n = \frac{B}{\lambda} \cdot \sin\vartheta\,.$$

Für einen bestimmten Beugungswinkel ϑ ist also die auflösende Kraft des Gitters bei bestimmter Wellenlänge nur von der Breite der Gitterfläche abhängig[1]).

14. Gitterfehler. Der wichtigste Fehler der Gitter besteht darin, daß die Teilung nicht genau gleichmäßig ist, sondern daß sie fortschreitende oder periodische Fehler enthält. Durch die Art der Herstellung der Gitter mit Hilfe einer Schraube stellt sich besonders leicht der letztere Fehler ein und gibt Anlaß zum Auftreten der sog. ,,Geister'', die sich darin äußern, daß stärkere Spektrallinien zu beiden Seiten von schwächeren Linien in gleichem Abstand begleitet sind. Treten die Spektrallinien selber bei Gangunterschieden

$$d = k \cdot \lambda$$

auf, so liegen diese Geister an den Stellen der Gangunterschiede

$$d = k \cdot \lambda \pm k_1 \cdot \frac{\lambda}{m},$$

wo k und k_1 ganze Zahlen sind und m die Periode des Teilungsfehlers darstellt, so daß sich also immer nach m Furchen derselbe Teilungsfehler wiederholt. Die Theorie dieser Geister ist von ROWLAND[2]) gegeben worden. Eine andere Art von Geistern ist von LYMAN gefunden, und von RUNGE[3]) theoretisch behandelt worden. Sie werden durch Doppelperioden in der Teilung hervorgebracht. Die Geister können besonders in den höheren Ordnungen der Gitter störend auftreten und dann besonders in linienreichen Spektren zur Annahme von Linien führen, die in Wirklichkeit nicht vorhanden sind.

Ist ein fortschreitender Fehler in der Teilung vorhanden, so bekommen die Gitter fokale Eigenschaften, jedoch ist dieser Fehler nicht so störend wie der eben besprochene.

Im übrigen ist die Intensität in dem von einem Gitter entworfenen Spektrum sehr stark von der Gestalt der Furchen abhängig, wie ja auch schon aus den oben gegebenen theoretischen Betrachtungen hervorgeht. Man kann geradezu durch geeignete Wahl der Furchengestalt Gitter mit ausgezeichneter Intensität

---

[1]) H. KAYSER, Handb. d. Spektroskopie, Bd. 1, S. 423, wo auch eine Diskussion über Einflüsse von Fehlern auf die auflösende Kraft gegeben ist.

[2]) H. A. ROWLAND, Astronomy and Astrophysic Bd. 12, S. 129. 1893.

[3]) C. RUNGE, Ann. d. Phys. Bd. 71, S. 178. 1923.

in einer bestimmten Ordnung herstellen. Solche Gitter sind z. B. von THORP absichtlich ausgeführt worden.

Auf die Fehler, die durch vollkommen unregelmäßige Furchung entstehen, brauchen wir nicht einzugehen, da solche Gitter für den praktischen Gebrauch als unbrauchbar nicht in Frage kommen.

15. Konkavgitter. ROWLAND hat als erster Gitter auf Hohlspiegel geteilt, bei denen die Gitterfurchen auf der Sehne gleichen Abstand haben. Diese Gitter sind für die Entwicklung der Spektroskopie von fundamentaler Bedeutung geworden und bilden heutzutage für die spektroskopische Technik mit die wichtigsten Hilfsmittel. Die Theorie des Konkavgitters ist von ROWLAND selbst gegeben worden[1]) und später von RUNGE[2]) eingehend entwickelt worden. Wir geben die Darstellung der RUNGEschen Theorie nach SCHUSTER[3]) wieder.

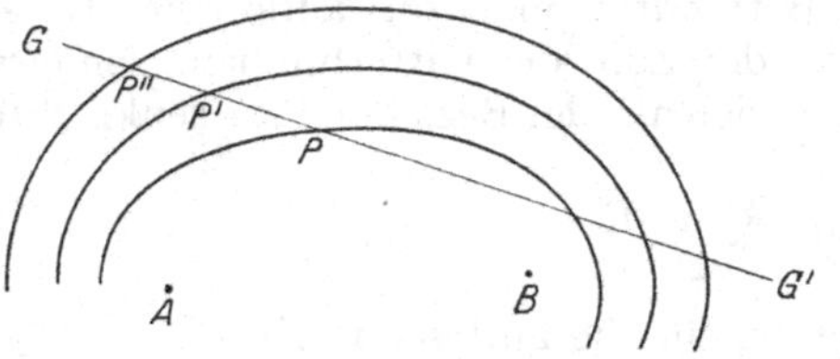

Abb. 24. Zur Theorie des Konkavgitters. Zoneneinteilung der Gitterfläche.

Es sei A (Abb. 24) eine punktförmige Lichtquelle, und es soll ein Bild des Spektrums erster Ordnung derart entworfen werden, daß alles Licht der Wellenlänge λ in B vereinigt wird. Wir wollen Ellipsoide mit A und B als Brennpunkte konstruieren, so daß für Punkte $P P' P''$ auf aufeinanderfolgenden Ellipsoiden gilt

$$AP + PB = m \cdot \lambda,$$
$$AP' + P'B = (m + \tfrac{1}{2}) \cdot \lambda,$$
$$AP'' + P''B = (m + 1) \cdot \lambda \text{ usw.}$$

GG' sei die Spur der Fläche, die eine Gitterteilung erhalten soll. Das Gitter schneidet die Ellipsoidflächen in Kurven, die es in FRESNELsche Zonen einteilen. Das Licht, das B von aufeinanderfolgenden Zonen erreicht, ist jedesmal im Gangunterschied um $\lambda/2$ verschieden, so daß die Wirkungen sich in B aufheben. Wenn man aber die Zonen so abändert, daß immer das Licht einer Zone abwechselnd ausgelöscht oder geschwächt wird, so wirkt die Fläche GG als Zonenplatte, und das Licht wird sich in B verstärken. Diesen Effekt kann man erreichen, wenn man in die Fläche Furchen einritzt, die parallel zu den Teilungslinien der Zonen in solchen Abständen verlaufen, daß immer eine Zone überschlagen wird. Da die Zonenkonstruktion von der Wellenlänge abhängt, hat das erzeugte Spektrum den Brennpunkt in B nur für eine bestimmte Wellenlänge. Die benachbarten Wellenlängen werden aber in anderen Brennpunkten in der Nähe vereinigt.

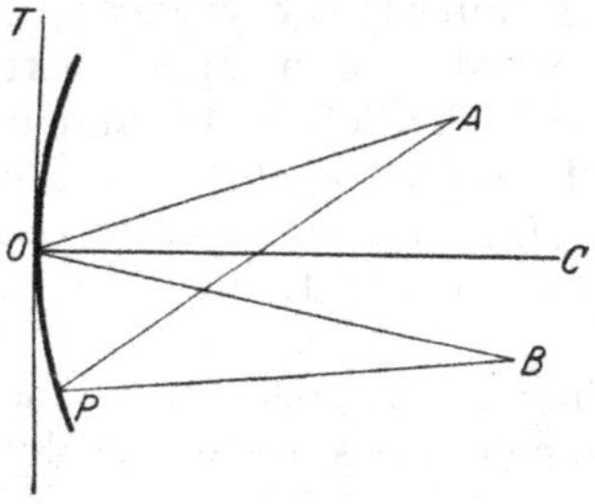

Abb. 25. Zur Theorie des Konkavgitters.

In der Praxis lassen sich solche Teilungen nur auf ebenen oder sphärischen Flächen als gerade Linien ausführen, wobei wegen der Ausführung der Teilung mit einer Schraube gleiche Abstände nur auf der Sehne hergestellt werden können. In Abb. 25 ist A wieder die Lichtquelle und B der Punkt, in dem das Spektrum erster Ordnung entstehen soll. Wir beschränken die Betrachtung auf Strahlen, die in

[1]) H. A. ROWLAND, Phil. Mag. Bd. 16, S. 197. 1883; Amer. Journ. Bd. 26, S. 87. 1883.

[2]) C. RUNGE, mitgeteilt in H. KAYSER, Handb. d. Spektrokospie Bd. 1, S. 452ff. Leipzig 1900.

[3]) A. SCHUSTER, Theory of optics, 3. Aufl., S. 126ff. London 1924.

der Ebene von AB und der Gitternormalen OC liegen, wenn C der Krümmungsmittelpunkt der Gitterfläche ist. Wir betrachten OC als x-Achse und die Gittertangente OT als y-Achse eines rechtwinkligen Koordinatensystems. Wir setzen $OA = r$, $BO = r_1$, $AP = u$, $BP = v$ und geben P die Koordinaten x und y. Liegt P auf dem Rande der $m$ten Zone und ist B der Fokus des Spektrums erster Ordnung, so ist

$$u + v = r + r_1 \pm m \cdot \lambda .$$

Wenn der Abstand zweier aufeinanderfolgender Furchen derart ist, daß seine Projektion auf die y-Achse konstant gleich e ist, so ist $y = me$, also wird $m = y/e$ und

$$u + v = r + r_1 \pm \frac{\lambda \cdot y}{e} .$$

Wenn diese Bedingung exakt erfüllt werden kann, haben wir in B ein vollkommenes Bild. Wir fragen, wie weit die Erfüllung dieser Bedingung möglich ist. Nennen wir die Koordinaten von A a und b, die von B a_1 und b_1, so gilt

$$u^2 = (y - b)^2 + (x - a)^2 = r^2 + x^2 + y^2 - 2by - 2ax .$$

Wenn ϱ der Krümmungradius des Gitters ist, so gilt für den Schnittkreis die Gitterfläche mit der Zeichenebene

$$2\varrho x = x^2 + y^2 .$$

Aus beiden Gleichungen folgt

$$u^2 = \left(r - \frac{by}{r}\right)^2 + \left(\frac{a}{r^2} - \frac{1}{\varrho}\right) \cdot a y^2 + \left(1 - \frac{a}{\varrho}\right) x^2 .$$

Bei geringer Krümmung ist das dritte Glied klein gegen die beiden anderen, so daß wir angenähert setzen können, wenn wir uns auf Glieder 2. Ordnung in y beschränken:

$$u = \left(r - \frac{b \cdot y}{r}\right) + \frac{1}{2r}\left(\frac{a}{r^2} - \frac{1}{\varrho}\right) \cdot a y^2 ,$$

und ebenso erhalten wir

$$v = \left(r_1 - \frac{b_1 y}{r_1}\right) + \frac{1}{2r_1}\left(\frac{a_1}{r_1^2} - \frac{1}{\varrho}\right) \cdot a_1 y^2 .$$

Bis zu dieser Größenordnung muß die Gleichung

$$u + v = r + r_1 \pm \lambda \cdot \frac{y}{e}$$

erfüllt sein, wenn das Gitter seine Aufgabe erfüllen soll. Setzen wir die Werte für u und v hierin ein, so folgt

$$\left(-\frac{b}{r} - \frac{b_1}{r_1} \pm \frac{\lambda}{e}\right) y + \left[\frac{a}{2r}\left(\frac{a}{r^2} - \frac{1}{\varrho}\right) + \frac{a_1}{2r_1}\left(\frac{a_1}{r_1^2} - \frac{1}{\varrho}\right)\right] y^2 = 0 ,$$

eine Gleichung, die wegen des endlichen veränderlichen Wertes von y nur bestehen kann, wenn die Faktoren von y und y^2 einzeln verschwinden, es besteht also

$$\frac{b}{r} + \frac{b_1}{r_1} = \mp \frac{\lambda}{e} , \tag{1}$$

$$\frac{a}{r}\left(\frac{a}{r^2} - \frac{1}{\varrho}\right) + \frac{a_1}{r_1}\left(\frac{a_1}{r_1^2} - \frac{1}{\varrho}\right) = 0 . \tag{2}$$

Die erste Bedingung bestimmt die Richtung, in der das gebeugte Bild liegt; denn wenn ε und β die Winkel sind, die AO und BO mit der Gitternormalen bilden, so ist $r \cdot \sin\varepsilon = b$ und $-r_1 \cdot \sin\beta = b_1$, so daß die Gleichung wird

$$e(\sin\varepsilon - \sin\beta) = \pm \lambda .$$

Wenn es sich nicht um das Bild erster, wie angenommen, sondern um das $n$ter Ordnung handelt, ist auf der rechten Seite $n \cdot \lambda$ zu setzen. Das ist dieselbe Gleichung, die wir früher beim Plangitter gefunden haben.

Die zweite Gleichung liefert die Entfernung des gebeugten Bildes. Es ist $a = r \cdot \cos\varepsilon$, $a_1 = r_1 \cdot \cos\beta$. Also wird

$$\frac{\cos^2\varepsilon}{r} + \frac{\cos^2\beta}{r_1} = (\cos\varepsilon + \cos\beta)\frac{1}{\varrho}.$$

Wenn ε und β klein und gleich sind, wird daraus die Hohlspiegelgleichung. Ist $a \cdot \varrho = r^2$, so folgt aus (2), daß auch $a_1\varrho = r_1^2$ sein muß. Die erste Bedingung bedeutet, daß die Lichtquelle auf einem Kreis mit dem Radius $\varrho/2$ liegt (Abb. 26). Dann sagt unsere Gleichung, daß dann auch das gebeugte Bild auf diesem Kreise liegt.

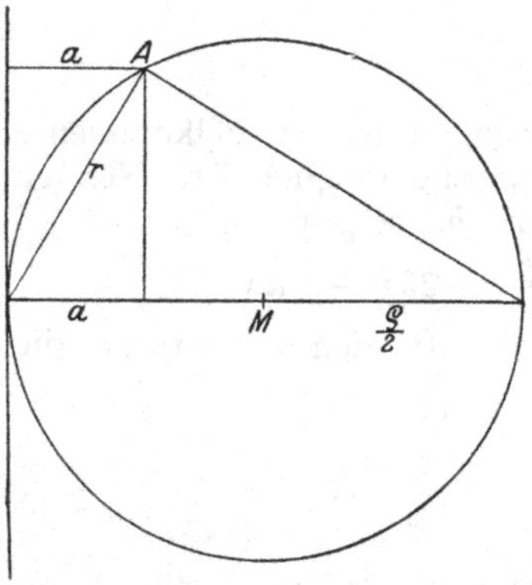

Abb. 26. Zur Theorie des Konkavgitters. Bestehen der Bedingung $a \cdot \varrho = r^2$.

Aus der Gleichung

$$e(\sin\varepsilon - \sin\beta) = \pm n \cdot \lambda$$

folgt durch Differentiation für konstantes ε

$$\frac{d\beta}{d\lambda} = \pm \frac{n}{e \cdot \cos\beta}.$$

Diese Größe gibt die Änderung des Beugungswinkels mit der Wellenlänge für konstanten Einfallswinkel, eine Größe, die wir als Dispersion des Gitters bezeichnen können. Für $\beta = 0$, also bei Betrachtung des Beugungsbildes in der Nähe der Gitternormalen, ist diese Größe konstant, das erzeugte Spektrum also ein normales.

Aus den vorstehenden Betrachtungen folgen die Bedingungen, die für die Aufstellung eines Konkavgitters zu erfüllen sind. Die Aufstellung, die ROWLAND selbst für seine Gitter gewählt hat, ist in Abb. 27 angegeben. Auf zwei zueinander senkrechten Schienen SA und SB liegen Schienen, auf denen sich je ein Wagen W_1 und W_2 bewegen kann. Beide Wagen tragen genau über der Schiene je einen Drehzapfen, und ein Balken verbindet beide Drehzapfen miteinander. Es kann also das System aus den beiden Wagen und dem Balken auf den Schienen verschoben werden. Bei S befindet sich nun der Spalt der Gitteraufstellung, bei G auf dem Wagen W_1 genau über dem Drehzapfen das Gitter so, daß seine Normale mit der Richtung des Balkens $W_1 W_2$ zusammenfällt, und auf dem zweiten Wagen W_2 steht die Kamera P, die die photographische Platte aufnimmt. Die Entfernung GP ist genau gleich dem Krümmungsradius des Gitters, die photographische Platte ist so gebogen, daß ihre Krümmung mit dem Kreise der Spektren zusammenfällt, also auf den Radius $\varrho/2$. Diese Aufstellung erfüllt die oben aufgestellten Bedingungen. Es liegt immer SG und P auf dem Kreise mit dem Radius $\varrho/2$, und es ist immer der Beugungswinkel nahe gleich 0, weil die Platte auf der Gitternormalen liegt. Genaue Vorschriften über die Ausführung der

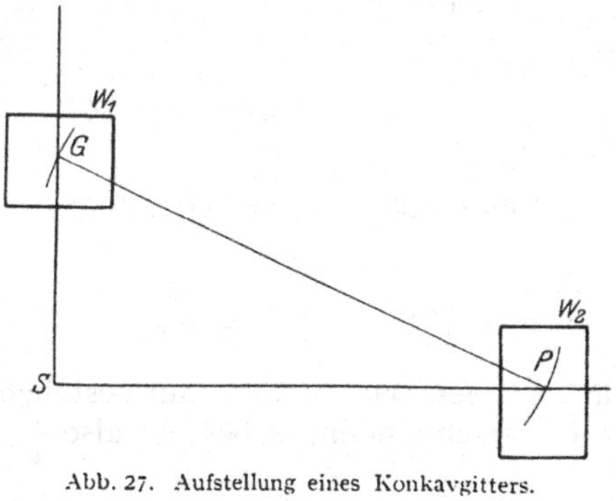

Abb. 27. Aufstellung eines Konkavgitters.

Aufstellung befinden sich im ersten Bande des KAYSERschen Handbuchs der Spektroskopie, auf das hier verwiesen wird[1]). Je nach dem Verwendungszweck ist nun die ROWLANDsche Gitteraufstellung vielfach abgeändert worden. Die Verbindung der schweren Teile Gitter und Kassette und deren Bewegung bedingt Unzuträglichkeiten für die Erhaltung der einmal gewonnenen Justierung; indes war bei ROWLAND diese Aufstellung unbedingt erforderlich, weil bei den Sonnenaufnahmen, für die er das Gitter verwendete, der Spalt einen festen Ort einnehmen mußte. Ist diese Notwendigkeit nicht vorhanden, so kann man Gitter und Kassette auf den entgegengesetzten Enden eines Durchmessers des Kreises mit der halben Gitterkrümmung fest aufstellen und den Spalt auf dem Kreise herumbewegen. Diese Aufstellung ist von ABNEY[2]) angegeben worden und ist später für physikalische Zwecke eine der meist benutzten Anordnungen des Konkavgitters geworden.

Wenn man auf die konstante Dispersion im Spektrum verzichtet, so ist die Lage der Kamera auf der Gitternormalen nicht mehr notwendig. Man kann dann etwa Spalt und Gitter auf die Enden eines Durchmessers setzen und die Kamera auf dem Bildkreis bewegen. Diese Methode, die u. a. von PASCHEN verwendet worden ist, gestattet die gleichzeitige Photographie des Spektrums an vielen Stellen des Bildkreises und wird mit Vorteil da benutzt, wo Herstellung und Betrieb der Lichtquelle in ihrer Ausnutzung möglichste Ökonomie erfordern. Der Umstand, daß die Spektren nicht normal sind, stört besonders dann nicht wesentlich, wenn es sich um die Untersuchung geringer Spektralabschnitte an den einzelnen Stellen, also Feinstrukturen, Zeemanneffekte u. dgl. handelt, wogegen für Präzisionsmessungen der Wellenlängen von ausgedehnten Spektren diese Methode eine erheblich größere Zahl von exakt bestimmten Normalen eines Vergleichsspektrums erfordert, als sie bei konstanter Dispersion erforderlich wäre.

16. Fehler der Konkavgitter. Das Konkavgitter kann natürlich mit den gleichen Fehlern behaftet sein, die wir schon beim ebenen Gitter besprochen haben. Wir wollen nur die Fehler betrachten, die dem Konkavgitter eigentümlich sind.

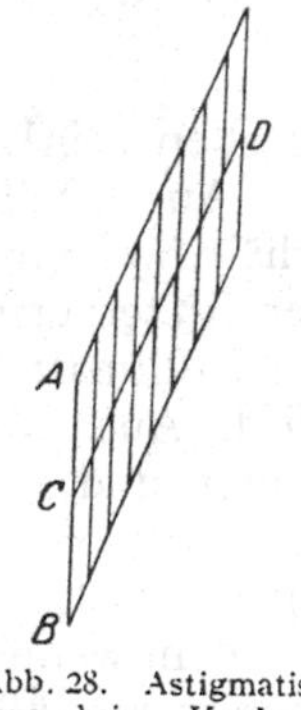

Abb. 28. Astigmatismus beim Konkavgitter.

Wie auch die Konkavspiegel zeigen die Konkavgitter die Erscheinung des Astigmatismus. Jeder Punkt des Spaltes wird im Beugungsbild als kurze Linie abgebildet, die dem Spalt und den Gitterfurchen parallel ist. Sind Spalt und Gitterfurchen nicht genau parallel, so fallen die einzelnen astigmatischen Bilder nicht genau übereinander, sondern liegen nebeneinander. Statt einer scharfen Spektrallinie entsteht eine verbreiterte mit rhombischer Gestalt (Abb. 28). Die Aufstellung des Gitters muß deshalb eine Einrichtung besitzen, um die Parallelstellung von Spalt und Gitterfurchen genau ausführen zu können. Die Erscheinung und Größe des Astigmatismus beim Konkavgitter ergibt sich aus der vollständigen Theorie (KAYSER, Handb. d. Spektroskopie, a. a. O.). Neuerdings haben RUNGE und MANNKOPF[3]) diese Frage einer nochmaligen Diskussion unterzogen, mit dem Ziel, Anordnungen zur Beseitigung des Astigmatismus anzugeben. Die theoretische Untersuchung geht in folgender Weise vor: Berücksichtigt man im Gegensatz zur obigen Ableitung auch die Lichtbewegung außerhalb der xy-Ebene, so treten in dem Ausdruck für $AP + BP$ (vgl. Abb. 25) außer den Gliedern mit y noch Glieder mit z von zweiter oder höherer Ordnung auf, und es ist im allgemeinen nicht möglich, die Glieder

[1]) H. KAYSER, Handb. d. Spektroskopie Bd. 1, S. 471 ff. Leipzig 1900.
[2]) W. ABNEY, Phil Trans, Bd. 177 (II), S. 457. 1886.
[3]) C. RUNGE u. R. MANNKOPF, ZS. f. Phys. Bd. 45, S. 13. 1927.

mit y^2 und z^2 gleichzeitig zu beseitigen. Man erhält daher, falls der Koeffizient von y^2 zu Null gemacht wird, ein in der z-Richtung ausgedehntes Bild des leuchtenden Punktes in der Entfernung r_b, und, falls der Koeffizient von z^2 gleich 0 wird, eine in der xy-Ebene liegende Lichtlinie in dem größeren Abstand r_{b^1} von der Gittermitte O. Liegt A auf dem ROWLANDschen Kreise, so gilt insbesondere

$$\frac{1}{r_{b^1}} = \frac{\cos\varepsilon + \cos\beta}{\varrho} - \frac{1}{r_a},$$

wenn $AO = r_a$, $BO = r_b$ und $B'O = r_{b^1}$ gesetzt ist. Die Länge l der auf der xy-Ebene senkrecht stehenden Lichtlinie berechnet sich zu

$$l = \frac{L\,(r_{b^1} - r_b)}{r_{b^1}},$$

wo L die Länge der Gitterfurchen ist.

Der Astigmatismus ist dann besonders störend, wenn man gleichzeitig mit dem Spektrum quer zum Spalt verlaufende Lichterscheinungen, etwa Interferenzstreifen u. dgl., beobachten will. Man kann sich dann dadurch helfen, daß man die abzubildende Erscheinung nicht in der Ebene des Spaltes entwirft. Die Punkte des — vertikal angenommenen — Spaltes bilden mit Bezug auf die Platte eine vertikale Brennlinie. Die zugehörige horizontale Brennlinie der astigmatischen Abbildung liegt dann vor dem Spalt. Entwirft man in ihrer Ebene die horizontal abzubildende Lichterscheinung, etwa ein horizontales Interferenzstreifensystem, so erscheint das Spektrum von scharfen horizontalen Linien durchzogen. Die Entfernung vom Spalt muß dann für die ROWLANDsche Aufstellung des Gitters, bei der also der Beugungswinkel β immer etwa 0° ist, durch die Beziehung

$$a = \frac{\varrho}{\cos\varepsilon} - \varrho \cdot \cos\varepsilon$$

gegeben sein[1]).

Aus der Theorie folgt, daß man eine vollkommene stigmatische Abbildung erhält, wenn man auf das Gitter paralleles Licht auffallen läßt und in der Richtung der Gitternormalen beobachtet. Allerdings braucht man bei dieser Anordnung ein Kollimatorrohr, durch das das vom Spalt ausgehende Licht parallel gemacht wird. Auch im umgekehrten Falle, daß man die Lichtquelle in die Gitternormale bringt und mit auf unendlich eingestelltem Fernrohr beobachtet, erhält man stigmatische Abbildung. Auch für beliebige Lage des Spaltes kann man an irgendeiner Stelle des Spektrums eine stigmatische Abbildung einer Lichtquelle erzielen, wenn man durch den Spalt ein Lichtbündel von geeignetem Astigmatismus treten läßt. Über die Herstellung mit Hilfe von Hohlspiegeln und Zylinderlinsen sehe man die erwähnte Arbeit von RUNGE und MANNKOPF nach.

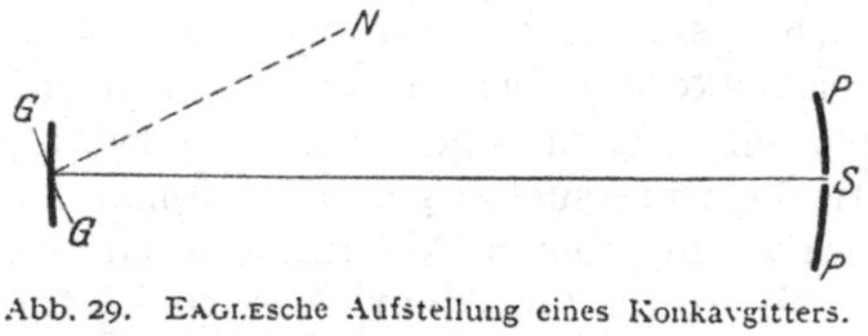

Abb. 29. EAGLEsche Aufstellung eines Konkavgitters.

Man kann aber den Astigmatismus auch verringern, wenn man einfallenden und abgebeugten Strahl in dieselbe Gerade bringt. Man muß dann den Spalt etwa direkt über der Mitte der Kassette anbringen und erhält die verschiedenen Spektralbezirke durch eine Drehung des Gitters. Es fällt dann also die Gitternormale GN (Abb. 29) nicht mehr in die Bildrichtung. Diese sog. EAGLEsche Anordnung ist da von Nutzen, wo das Konkavgitter als Dispersionsapparat für

[1]) Siehe auch I. L. SIRKS, Astronomy and Astrophysics Bd. 13, S. 763. 1894.

ein Interferometer benutzt werden soll. Dann aber ist das Konkavgitter für solche Zwecke vorzüglich geeignet.

Andere Fehler der Konkavgitter, die in unrichtiger Herstellung begründet sind, sollen hier nicht besprochen werden.

17. Stufengitter. Die Wirkungsweise eines Gitters beruhte darauf, daß dieser Beugungsapparat eine Anzahl Lichtbündel zur Interferenz brachte, deren jedes gegen das vorhergehende einen bestimmten Gangunterschied hatte. Für die Beugungsbilder erster Ordnung war die Größe dieses Gangunterschiedes eine Wellenlänge, für die zweite Ordnung das Doppelte und für die *n*te Ordnung das *n*fache der Wellenlänge. Das Auflösungsvermögen war durch das Produkt aus Ordnungszahl und Zahl der interferierenden Bündel gegeben. Das Auflösungsvermögen wird also auch schon bei sehr wenigen beugenden Öffnungen groß, wenn man Spektren sehr hoher Ordnungszahl betrachtet. Das wird erreicht beim Stufengitter von MICHELSON[1]), dessen Wirkungsweise man folgendermaßen darstellen kann: Betrachtet man ein System von zwei beugenden Spalten, von denen der eine mit einer planparallelen Glasplatte bedeckt ist, und läßt paralleles Licht auffallen (Abb. 30), so werden im Punkte P die beiden Bündel mit einem erheblichen Gangunterschied ankommen, der durch den optischen Unterschied der Wege in der Glasschicht bzw. der Luftschicht gegeben ist. Für den Punkt P' kommt dazu der gewöhnliche, durch die Beugung verursachte Gangunterschied. Ist d die Dicke, n der Brechungsexponent der Platte gegen Luft, so ist bei senkrechter Inzidenz der Strahlen dieser Gangunterschied

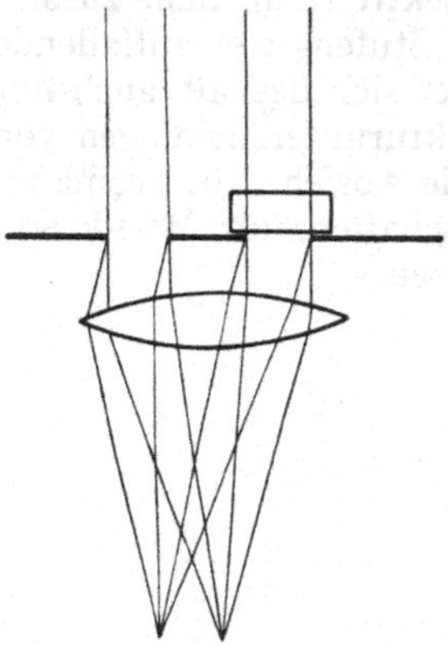

Abb. 30. Zur Theorie des Stufengitters.

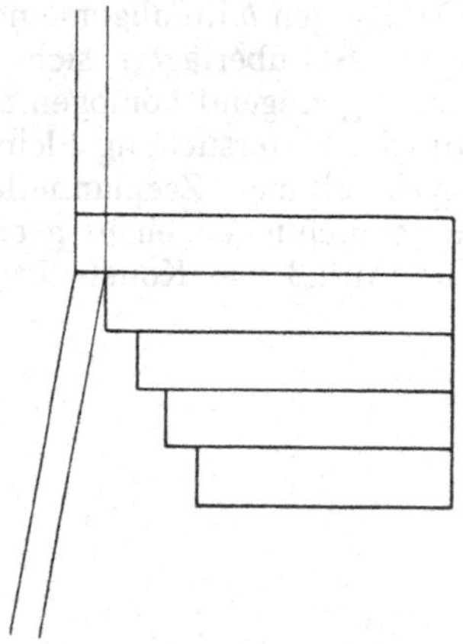

Abb. 31. MICHELSONS Stufengitter.

$$\delta = d(n - 1).$$

Für $d = 5$ mm, $n = 1{,}5$ wird also bei $\lambda = 5000$ Å.-E. $= 0{,}0005$ mm, $\delta = 5000$. Um genügende Schärfe der Beugungsbilder zu erzeugen, genügen zwei beugende Öffnungen nicht. Die praktische Verwirklichung eines solchen Beugungsapparates mit mehreren Beugungsöffnungen hat nun MICHELSON in der Weise bewirkt, daß er planparallele genau gleich dicke Glasplatten so übereinanderschichtet, daß an einer Seite eine Treppe mit genau gleich breiten Stufen entsteht (Abb. 31) Die Treppenabsätze wirken dann als Beugungsöffnungen, und für jedes folgende Bündel ist die zu durchsetzende Glasschicht um eine Plattendicke geringer als für das vorhergehende. Nennen wir die Breite einer Stufe b, den Beugungswinkel β, so ist der zu dem oben berechneten Gangunterschied infolge der Winkeländerung hinzukommende Betrag $b \cdot \sin\beta$ oder für kleine Beugungswinkel, die beim Stufengitter allein in Betracht kommen, $b \cdot \beta$. Der gesamte Gangunterschied, der für die Beugungsbilder ein ganzes Vielfaches der Wellenlänge sein muß, ist also

$$m \cdot \lambda = (n - 1) \cdot d + b \cdot \beta.$$

[1]) A. A. MICHELSON, Astrophys. Journ. Bd. 8, S. 36. 1898; Journ. d. Phys. Bd. 8, S. 305. 1899.

Bilden wir daraus $d\beta/d\lambda$, so erhalten wir die Dispersion des Stufengitters. Sie wird

$$\frac{d\beta}{d\lambda} = \frac{1}{b}\left(m - d \cdot \frac{dn}{d\lambda}\right).$$

Setzt man darin für die Ordnungszahl m den angenäherten Wert $m = (n-1) \cdot \frac{d}{\lambda}$, so wird das

$$\lambda \cdot \frac{d\beta}{d\lambda} = \frac{d}{b}\left[(n-1) - \lambda \frac{dn}{d\lambda}\right] = \frac{d}{b} \cdot C,$$

wo die Klammer gleich C gesetzt ist. Die Dispersion ist also der Dicke der Stufen direkt und ihrer Breite umgekehrt proportional.

Der Abstand der Spektren verschiedener Ordnungen ergibt sich aus der Gleichung für den Gangunterschied durch Differentiation nach m

$$\frac{d\beta}{dm} = \frac{\lambda}{b}, \qquad d\beta = dm \cdot \frac{\lambda}{b} \qquad \text{oder für} \qquad dm = 1: \ d\beta = \frac{\lambda}{b}.$$

Da λ gegen b im allgemeinen klein ist, liegen also die Spektren sehr nahe zusammen. Sie überlagern sich, wenn man nicht das auf das Stufengitter auffallende Licht genügend homogen macht. Das Stufengitter eignet sich deshalb auch nur für die Untersuchung kleiner Spektralbereiche, für Strukturuntersuchungen von Spektrallinien, Zeemanneffekte u. dgl. Tatsächlich ist die Absicht, für Zeemannuntersuchungen einen geeigneten Spektralapparat zu schaffen, für MICHELSON der Anlaß zur Konstruktion seines Stufengitters gewesen.

Kapitel 3.

Andere Fälle von Beugung
(Atmosphärische Beugungserscheinungen).

Von

R. Mecke, Bonn.

Mit 8 Abbildungen.

In diesem Abschnitte sollen die Fälle der Beugung behandelt werden, die hauptsächlich in der Atmosphäre zu beobachten sind, wenn dieselbe durch kleine Teilchen wie Wassertropfen oder Eiskristalle in Gestalt von Regen, Wolken und Nebeln getrübt ist. Es sind dies 1. die sog. Kränze um Sonne und Mond, sichtbar, wenn feines Gewölk diese Gestirne verschleiert, 2. die damit nahe verwandten Glorien — Beugungserscheinungen im reflektierten Licht —, 3. die altbekannte Erscheinung des Regenbogens — in seiner strengen Theorie auch auf Beugung beruhend — und schließlich 4. die Halos — große weiße Ringe, die besonders an kalten dunstigen Tagen und Nächten Sonne und Mond umgeben, allerdings keine Beugungserscheinungen, der Vollständigkeit halber als auffallende atmosphärische Lichterscheinung aber auch hier erwähnt.

1. Kranzerscheinungen im homogenen Nebel. Die Kränze, oft fälschlich auch Halos oder „Höfe kleiner Art" genannt, treten stets dann auf, wenn leichter Nebel oder dünne Wolken an Sonne oder Mond vorbeiziehen, besonders schön, wenn diese Wolken Federwolken sind. Daß sie häufiger nachts bei Mondlicht, seltener bei Sonnenlicht beobachtet werden, liegt lediglich an der blendenden Helligkeit der Sonne, die ihre Wahrnehmung ohne Schutzfilter fürs Auge erschwert. Man sieht die Lichtquelle umgeben von einer bläulichweißen Aureole, an die sich eine Anzahl farbiger Ringsysteme — es sind bis zu vier beobachtet worden — in der vom Regenbogen her bekannten Farbfolge: orange, rot, blau, grün, rot usw., anschließt. Schon Fraunhofer fand, daß dies Phänomen mit der Beugung an kreisförmigen Scheibchen, wie sie sich durch eine mit Lykopodiumsamen bestreute Glasplatte nachahmen läßt, identisch ist und gab damit auch als erster die richtige Erklärung der Kränze. Solange wir nun die Nebeltröpfchen infolge ihrer starken Streuwirkung als Kugellinsen (s. Ziff. 4) undurchsichtig annehmen können, ist die Theorie der Erscheinung einfach und soll deshalb — es handelt sich um bereits abgeleitete Formeln — nur kurz skizziert werden. Wir haben ja die folgenden Entstehungsbedingungen: Paralleles weißes Licht fällt auf eine Nebelschicht, bestehend aus einer großen Anzahl vollkommen unregelmäßig verteilter, undurchsichtiger Tröpfchen, die, wenn sie Veranlassung zu farbigen Beugungserscheinungen geben sollen, in der Mehrzahl gleichen Radius haben müssen. Der Nebel muß also homogen sein, und unter diesen Voraussetzungen gilt das Babinetsche Prinzip der Gleichheit von Beugungsbildern komplementärer Beugungsschirme und der Satz von der Proportionalität zwischen

Intensität des gebeugten Lichtes und Anzahl der beugenden Teilchen. Zu behandeln ist also nur der Fall FRAUNHOFERscher Beugung an einer kreisförmigen Öffnung. Die Intensität des unter dem Winkel φ gebeugten Lichtes im Abstande R von der Öffnung ist gegeben durch

$$J = J_0 \left(\frac{\pi r^2}{\lambda R}\right)^2 \left[\frac{2 \cdot J_1(z)}{z}\right]^2. \tag{1}$$

$J_1(z)$ ist die BESSELsche Funktion erster Ordnung, die sich in die konvergente unendliche Reihe

$$\frac{2 J_1(z)}{z} = \left(1 - \frac{z^2}{2 \cdot 4} + \frac{z^4}{2 \cdot 4 \cdot 4 \cdot 6} - \frac{z^6}{2 \cdot 4 \cdot 6 \cdot 4 \cdot 6 \cdot 8} \cdots\right) \tag{2}$$

mit dem Parameter

$$z = \frac{2\pi r \sin\varphi}{\lambda} \tag{3}$$

(r Radius der Öffnung = Tropfenradius, λ Wellenlänge des Lichtes) entwickeln läßt. Die Funktion ist bekanntlich periodisch und hat unendlich viele Nullstellen, deren erste gegeben sind durch

$$z_1 = 1{,}220\pi; \quad z_2 = 2{,}233\pi; \quad z_3 = 3{,}238\pi; \quad z_4 = 4{,}241\pi \tag{4}$$

oder angenähert auch

$$z_n = (n + 0{,}23)\pi; \qquad \sin\varphi_n = (n + 0{,}23)\frac{\lambda}{2r}. \tag{5}$$

Maxima der Funktion mit den Werten

$$J_0 = 1; \quad J_1 = 0{,}0175: \quad J_2 = 0{,}00416; \quad J_3 = 0{,}00165; \quad J_4 = 0{,}00078 \tag{6}$$

liegen bei

$$z_0 = 0; \quad z_1 = 1{,}638\pi; \quad z_2 = 2{,}666\pi; \quad z_3 = 3{,}694\pi; \quad z_4 = 4{,}722\pi. \tag{7}$$

Hiermit ist das Beugungsbild in seinem Intensitätsverlauf eindeutig charakterisiert. Es besteht bei Verwendung von monochromatischem Licht aus hellen und dunklen konzentrischen Ringen, wobei die Winkeldurchmesser der letzteren sich bei kleinen Beugungswinkeln (d. h. $\sin\varphi_n \sim \varphi_n$) angenähert verhalten wie

$$\varphi_1 : \varphi_2 : \varphi_3 : \varphi_4 = 1 : 1{,}83 : 2{,}76 : 3{,}48\,.$$

Ihre Ausmessung gestattet bei bekannter Wellenlänge λ somit eine Bestimmung der Tropfengröße (n. Gleichung (5)].

2. Berechnung von Beugungsfarben im weißen Licht. Im weißen Licht erscheinen die Beugungsringe farbig, weil ja die Ringdurchmesser für verschiedene Wellenlängen verschieden groß ausfallen, und zwar für rotes Licht stets kleiner als für violettes. Eine Berechnung dieser Farben mit Hilfe des MAXWELLschen Farbendreieckes bringt R. MECKE[1]). Da dies Verfahren der Farbbestimmung bei Interferenz-[2]) und Beugungserscheinungen häufiger angewandt wird, so sei der Gang der Rechnung hier kurz mitgeteilt. Nach der YOUNG-HELMHOLTZschen Farbentheorie wird bekanntlich jede Farbempfindung der Netzhaut unseres Auges hervorgerufen durch das Zusammenwirken von drei Grundfarben: Rot, Grün und Blau. Kennt man nun den Anteil, den jede einzelne reine Spektralfarbe an diesen drei Grundfarben hat, so kann man nach obigen Beugungsformeln den für einen bestimmten Beugungswinkel zu erwartenden Farbton und seine

---

[1]) R. MECKE, Ann. d. Phys. Bd. 62, S. 623. 1920.

[2]) Die Farbkurve im MAXWELLschen Dreieck für die Farben dünner Blättchen, s. z. B. F. AUERBACH, Physik in graphischen Darstellungen, 2. Aufl., S. 224. 1925. Für eine kurze Übersicht s. auch z. B. J. RUNGE, ZS. f. techn. Phys. Bd. 8, S. 289. 1927, ferner Handb. XIX, S. 10f.

Intensität aus einer Anzahl von sog. Farbgleichungen berechnen. Der erste, der hier ausführliche quantitative Messungen über die Verteilung der reinen Spektralfarben auf die drei Grundfarben anstellte, dürfte MAXWELL[1]) gewesen sein, und seine Messungen werden in der Regel den Berechnungen zugrunde gelegt. MAXWELL wählte als Grundfarben ein Rot der Wellenlänge λ 0,630 μ, ein Grün bei λ 0,528 μ und ein Indigo bei λ 0,457 μ, von denen nach seinen Messungen 24% Rot, 38,3% Grün und 37,7% Indigo zusammen Weiß ergaben. Wir haben also die Farbgleichung des weißen Lichtes

$$24{,}0R + 38{,}3Gr + 37{,}7V = 100{,}0W. \tag{8}$$

Für die Verteilung der Grundfarben auf die einzelnen Spektralfarben wählte MAXWELL 22 verschiedene Wellenlängen des sichtbaren Spektrums aus, PERNTER[2]) hat aber gezeigt, daß man die Rechnung auch mit nur 8 geeignet verteilten Farben durchführen kann, nur muß man die blaue Grundfarbe dann etwas kurzwelliger wählen (Violett), um die gleichen Resultate zu erzielen. Die Verteilung des weißen Lichtes auf die 8 Spektralfarben gibt Tabelle 1 wieder, und zwar in Prozenten des Sonnenlichtes. Sie liefert 8 Farbgleichungen, deren Addition selbstverständlich wieder die Farbgleichung des weißen Lichtes ergeben muß. Liegt jedoch eine andere Intensitätsverteilung der Spektralfarben vor, so gibt ihre Addition eine Gleichung, die nicht mehr der des weißen Lichtes entspricht. So findet man z. B. durch Multiplikation der aus der Beugungsformel (1) berechneten Intensitäten mit den entsprechenden Zahlenwerten der obigen Tabelle, daß für ein bestimmtes $z \cdot \lambda$ (hier $z \cdot \lambda = 1{,}65\,\mu$) diese Additionsgleichung umgerechnet auf 100% lautet:

Tabelle 1.

λ	Rot		Grün		Violett		Weiß
0,687 μ	2,3		0,0		0,0		2,3
0,656	8,5		0,1		0,8		9,4
0,589	14,6		11,7		−0,1		26,2
0,527	−0,1		15,2		0,2		15,3
0,494	−0,8		7,1		5,5		11,8
0,486	−0,8		4,5		9,3		13,0
0,449	0,1		0,1		14,8		15,2
0,431	0,0		0,4		7,2		6,8
Weiß	24,0	+	38,3	+	37,7	=	100,0%

$$53{,}5R + 38{,}3Gr + 8{,}2V = 100{,}0F. \tag{9}$$

Um hieraus den Farbton F zu bestimmen, nimmt man an, daß derselbe sich jetzt nicht aus drei Grundfarben, sondern aus einer Mischung reiner Spektralfarbe mit einem bestimmten Prozentgehalt von Weiß zusammensetzt. Letzteren erhält man sofort durch Reduktion der Weißgleichung (8) auf den Gehalt derjenigen Grundfarbe von der in der Farbgleichung (9) am wenigsten enthalten ist (Violett = 8,2%), also im obigen Beispiel auf

$$5{,}3R + 8{,}4Gr + 8{,}2V = 21{,}9W. \tag{10}$$

Weiß ist demnach im Farbton mit 21,9% vertreten[3]), reine Spektralfarbe nur mit 78,1%, und zwar entfallen davon, wie die Subtraktion beider Gleichungen zeigt, auf die Grundfarbe Rot 48,2%, auf Grün 29,9%. Die Bestimmung dieser Spektralfarbe geschieht nun mittels des MAXWELLschen Farbendreiecks, in welches man in Dreieckskoordinaten die jeweilige Farbgleichung (9) einträgt. Die Ecken des Dreiecks nehmen die drei Grundfarben ein, die übrigen Farben werden längs der drei Seiten ausgebreitet. Die ungefähren Grenzen sind durch punktierte

[1]) J. C. MAXWELL, Phil Trans., S. 52. 1860.

[2]) Siehe unter J. PERNTER u. F. EXNER, Meteorol. Optik, S. 530. 1910.

[3]) In praxi dürfte bei den Farben der Kränze der Weißgehalt größer ausfallen, da hier noch die allgemeine Lichtzerstreuung infolge einer gewissen Inhomogenität des Nebels und die Ausdehnung der Lichtquelle hinzukommt.

Linien angedeutet. Außerdem ist jede Seite fortlaufend numeriert in 10 Teile geteilt, so daß jede Spektralfarbe jetzt durch eine reine Zahl angebbar ist. [In Abb. 1 ist davon abgesehen worden, die aus Tabelle 1 ermittelbare Farbkurve der reinen Spektralfarben, die ersichtlich nicht mit den Dreiecksseiten zusammenfällt, einzutragen[1]).]

Im obigen Beispiel besteht nun die Farbe aus $48,2/78,2 = 0,62$ Teilen Rot und $29,9/78,2 = 0,38$ Teilen Grün, welches dem Punkte 3,8 des Farbendreiecks entspricht, da die Abstände von den Dreiecksecken umgekehrt proportional den Anteilen an Grundfarbe sind. Der Farbton für $z \cdot \lambda = 1,65$ ist also ein tiefes Orange mit wenig Weiß. Diesen Farbton kann man nun auch graphisch aus dem Dreieck unmittelbar bestimmen, wenn man den Weißpunkt W [Gleichung (8)] mit dem Farbpunkt A [Gleichung (9)] verbindet und durch Verlängerung der Geraden den Schnittpunkt F mit der Dreiecksseite feststellt. Dieser gibt dann direkt die gesuchte Spektralfarbe an, während der Farbpunkt A selbst die Strecke WF im Verhältnis von Weiß zu Farbgehalt teilt, d. h. es ist $WA:WF = 78,1$ und $AF:WF = 21,9$. Ist also für eine Farberscheinung, die aus Mischfarben besteht, der funktionale Zusammenhang zwischen Intensität und Wellenlänge des Lichtes bekannt, so kann man jedem Parameterwert z einen Punkt im Farbendreieck zuordnen und so durch eine Farbkurve die Farbenfolge der Erscheinung für verschiedene z bestimmen[2]). Dies ist für die Beugung an kreisförmigen Scheibchen in Abb. 1 bis $z = 4,4$ geschehen. Tabelle 2 bringt dann noch die Einzelheiten dieser Farbkurve,

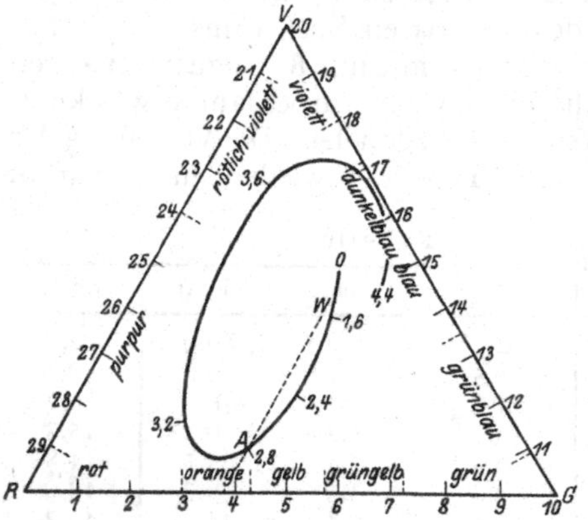

Abb. 1. Farbkurve im MAXWELL-HELMHOLTZschen Farbendreieck der Beugungsringe undurchsichtiger Scheibchen.

Tabelle 2.

z	Rot	Grün	Violett	Intensität	Weiß %	Farbe %	L	Farbton (ber.)
0,0	21,23	46,81	61,15	129,19	68,5	31,5	16,8	weißlichblau
1,6	11,78	19,89	19,10	50,77	96,6	3,4	13,5	weiß
2,4	4,97	5,51	2,72	13,20	54,6	45,4	4,6	hellgelb
2,8	2,606	1,866	0,402	4,874	21,9	78,1	3,8	dunkelorange
3,2	1,041	0,381	0,266	1,688	41,8	58,2	1,1	tiefrot
3,6	0,241	0,168	0,771	1,180	37,1	62,9	21,8	schwarzviolett
4,0	0,025	0,445	0,996	1,466	7,1	92,9	17,0	dunkelblau
4,4	0,093	0,691	0,784	1,568	24,7	75,3	15,4	dunkelblau.

die vollauf den Beobachtungen an Kränzen entspricht. Besonders bemerkenswert ist der schroffe Farbenwechsel von Rot zu Violett zwischen $z = 3,2$ und $z = 3,8$, verbunden mit einer beträchtlichen Abnahme der Gesamtintensität (Spalte 5), Minimum bei $z \sim 3,8$. Für $z = 3,8$ ist der Farbton nun ein sehr dunkles Violett (etwa $L = 19$), seine Komplementärfarbe, die hier naturgemäß ihr Intensitäts-

[1]) S. hierzu Handb. Bd. XIX, S. 10.

[2]) Da z auch von λ abhängt, so muß z auf eine bestimmte Wellenlänge bezogen werden, hier ist aus gleich zu erörternden Gründen als diese „Wellenlänge des weißen Lichtes" λ 0,571 gewählt worden.

minimum besitzen muß, ein Grüngelb. Schon FRAUNHOFER benutzte diesen recht scharf erscheinenden Übergang vom roten zum blauen Ringe zur Ausmessung der Beugungsbilder im weißen Licht und fand auf Grund von zahlreichen Messungen, daß an dieser Stelle gerade das Grüngelb der Wellenlänge λ 0,571 ein Minimum hat. Er nannte daher diese Wellenlänge die „Wellenlänge des weißen Lichtes", sie entspricht jedoch nicht dem Empfindlichkeitsmaximum des farbtüchtigen Auges, dieses liegt vielmehr bei λ 0,556 μ, ist also kurzwelliger.

3. Messungen an Kränzen. Messungen an Kränzen im monochromatisierten Licht — etwa durch Zwischenschalten von Farbfiltern — scheinen nicht gemacht worden zu sein und sind wohl auch wegen der relativen Seltenheit und Lichtschwäche der Erscheinung schwierig. Man ist also auf Messungen im weißen Licht durch Einführung der physikalisch vielleicht nicht ganz gerechtfertigten Wellenlänge des weißen Lichtes angewiesen unter Zugrundelegung des äußeren Randes vom roten Ringe, wo — dies sei nochmals betont — nur bei derartig einfachen Beugungserscheinungen die Wellenlänge λ0,571 ihr Intensitätsminimum hat. Diese Ausmessung gestattet dann aber schon mit primitiven Hilfsmitteln die Größe dieser Wolkenelemente nach Gleichung (3) zu bestimmen; häufig auch noch deren zeitliche Änderung, die manchmal gewisse Rückschlüsse auf die Wetterprognose zuläßt. Auch die Übereinstimmung der aus den einzelnen Ringen erhaltenen Tropfendurchmesser ist meist befriedigend. So zeigen z. B. 11 von KÄMTZ mitgeteilte Messungen, bei denen die beiden ersten Ringe ausgemessen wurden, nur durchschnittliche Abweichungen von 3% voneinander. Als weiteres Beispiel für die Übereinstimmung zwischen Theorie und Beobachtung sei erwähnt, daß bei dem nahe verwandten Beugungsphänomen der mit Lykopodium bestreuten Glasplatten die Ausmessung des ersten Ringes einen Durchmesser der Pollen von 30,3 μ, die des zweiten den gleichen Wert 30,3 μ und die des dritten 30,4 μ ergibt, während die direkte Ausmessung unterm Mikroskop für die keineswegs vollkommen kreisrunden Pollen den Durchschnittswert 30,6 μ lieferte.

Andererseits sind bei den Kranzerscheinungen aber auch Fälle bekannt geworden, in denen nicht das von der Theorie geforderte Verhältnis der beiden ersten Ringe von 1:1,87 vorliegt, vielmehr ist der zweite Ring genau doppelt so groß wie der erste. In diesen Fällen müssen wir nun annehmen, daß nicht Wassertropfen die beugenden Teilchen sind, sondern feine Eisnadeln, die alle nahezu die gleiche Dicke besitzen, während ihre Längen so inhomogen bzw. so groß sind, daß sie zu einer beobachtbaren Beugungserscheinung keine Veranlassung mehr geben können. Es ist klar, daß auch derartige Eisnadeln bei vollkommen regelloser Verteilung im Beugungsbild ein Ringsystem zeigen müssen, wobei es sich aber jetzt um eine Beugung an schmalen Rechtecken handelt, und für diese gilt die Beziehung $\sin\varphi = n \cdot \frac{\lambda}{d}$, d. h. die Ringdurchmesser müssen sich wie die ganzen Zahlen verhalten. Die einigermaßen zuverlässige Ausmessung der Ringe gibt also auch ein Mittel an die Hand, die Art der Wolkenelemente zu bestimmen. Eine Statistik der vorliegenden Messungen zeigt nun, daß in der Atmosphäre für 15 bis 20 μ Tropfendurchmesser ein ausgeprägtes Maximum besteht (s. Abb. 2, wo die Häufigkeit der Beobachtungen in Stufen von 5 μ Breite eingetragen ist). Bei Eiskristallen

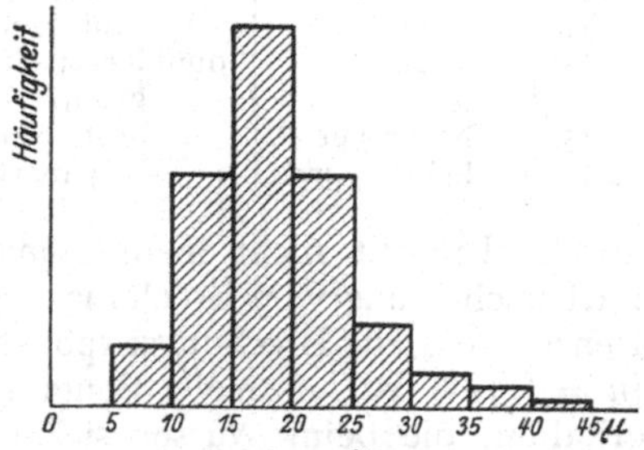

Abb. 2. Häufigkeitsverteilung der Größe der Wolkenelemente.

verschiebt sich dieses Maximum noch etwas nach kleineren Dicken (rund 10 μ) und ist auch nicht so ausgeprägt.

4. Beugungserscheinungen im künstlich erzeugten Nebel. In der Natur kann also die Erscheinung der Kränze als einfache Beugung an Wassertropfen bzw. Eiskristallen ohne Schwierigkeiten erklärt werden, nicht so im Experiment beim künstlichen Nebel, der durch adiabatische Expansion von wasserdampfgesättigter Luft leicht herstellbar ist (Versuchsanordnung s. Bd. I, Ziff. 210). Hier haben wir es mit ganz anderen, anomalen Farbenanordnungen zu tun, deren Aussehen schon auf einen komplizierten Interferenzvorgang hindeutet. So ist die die Lichtquelle direkt umgebende Aureole nicht mehr, wie bei den Kränzen, weißlichblau, sondern sie weist eine sehr lebhafte Färbung auf, die mit wachsender Tropfengröße etwa die Farbenfolge durchläuft: hellviolett, bläulichgrün, smaragdgrün, gelbgrün, hellorange, dunkelorange, scharlachrot, karmoisinrot, purpur, steingrau, smaragdgrün, olivengrün usw., daran schließen sich nun Ringe an, die auch nicht die übliche Farbenfolge zeigen, sondern aus viel satteren Farben in den mannigfaltigsten Anordnungen (s. Tabelle 3) bestehen, im ganzen ein lebhaftes Farbenspiel, das mit den gewohnten Beugungsbildern gar nichts mehr gemeinsam hat. Allerdings ist die Tropfengröße beim künstlichen Nebel bedeutend geringer, der Spielraum, der hier durch Variation der Versuchsbedingungen zur Verfügung steht, ist etwa 2 μ bis höchstens 10 μ, stellt also eine Größenanordnung dar, die in der Atmosphäre nie beobachtet worden ist. Eingehende Versuche[1]), besonders an Flüssigkeiten mit verschiedenen Brechungsexponenten, haben nun unzweideutig gezeigt, daß bei dieser Tropfengröße die Voraussetzung der Undurchsichtigkeit nicht mehr gemacht werden kann, da eine Abhängigkeit der Farberscheinung vom Brechungsexponent nachweisbar war. So sind z. B. beim Benzol, dessen Brechungsexponent ($n = 1{,}504$) größer als der des Wassers ($n = 1{,}333$) ist, normale Beugungsbilder bereits bei einer Tropfengröße zu erhalten, die beim Wasser sicher noch anormale Farberscheinungen bedingt. Die Erklärung der Erscheinung, die hier nur im Auszuge gegeben werden kann, liegt somit auf der Hand.

Tabelle 3.

r	Aureole	Ringe
1,0 μ	hellviolett	grün
1,06	blauviolett	gelbgrün
1,2	hellblau	grün, rosa
1,27	blau (grünlich)	dunkelblau, rot
1,32	grünblau	hellviolett (rötlich)
1,4	grün	violettblau, hellgrün, rosa
1,45	gelbgrün	blau, rosa
1,52	gelb	grün, violett
1,57	orange	grün, violett
1,60	rot	grün, violett
1,63	rot	hellgrün, (gelblich), rosa
1,66	purpurrot	fahlgrün, rosa
1,75	hellpurpur	grün, rötlich, violett
1,87	violett	grün, rot, grün
1,92	violett	gelb, rot, dunkelblau
2,0	graublau	grün, dunkelviolett, gelb
2,07	blaugrün	gelb, violett, grün
2,09	bläulich grün	gelb, grün, rosa
2,15	smaragdgrün	(rein grün), dunkelblau, rot
2,22	olivengrün	schmales dunkelblau, rot
2,3	grüngelb	blau, grün, rot, violett
2,31	grünlichgelb	rot, blau, grün
2,32	gelb	rot, grün, violett
2,33	gelb	dunkler Streifen (schwach blau, grün, rot, blau), rot
2,35	hellorange	rot, grün, violett
2,4	hellpurpur	gelbgrün, rosa

Wohl wird das Licht beim Durchgang durch den Tropfen stark konvergent gemacht, eine Durchrechnung des Strahlenganges zeigt aber, daß das Intensi-

[1]) R. MECKE, Ann. d. Phys. Bd. 61, S. 471; Bd. 62, S. 623. 1920.

tätsverhältnis von dem Licht, welches den Tropfen mit zweimaliger Brechung durchsetzt, zum **gebeugten** Licht mit abnehmender Tropfengröße immer günstiger wird $\left[\text{für } \varphi \sim 0 \text{ ist dies Verhältnis gegeben durch } 0{,}22 \cdot \left(\frac{\lambda}{r}\right)^2\right]$, also nicht mehr unberücksichtigt bleiben kann. Ferner sind diese Strahlen stets kohärent, somit auch interferenzfähig. Die ganze Erscheinung im künstlichen Nebel ist also auf eine zusammengesetzte Beugungs-Interferenzwirkung von drei Strahlenarten zurückzuführen, nämlich 1. von „gebeugten" Lichtstrahlen, 2. von Strahlen, die durch den Tropfen hindurchgegangen sind, und 3. von solchen, die an der Oberfläche reflektiert werden. Die Strahlen 1 und 2 weisen bei Wasser einen Wegunterschied von nahezu

$$\Delta_1 = 2r(n - \cos\varphi) \tag{11}$$

auf, die von 1 und 3 einen solchen von

$$\Delta_2 = 2r \sin\frac{\varphi}{2}. \tag{12}$$

Der Wegunterschied von 2 und 3 ist gleich der Summe $\Delta_1 + \Delta_2$. Nach Berücksichtigung der Phasenbeziehungen (gebeugtes Licht hat gegenüber ungebeugtem eine Phasenverschiebung von $\pi/2$, ebenso tritt bei Lichtstrahlen nach Durchgang durch einen Brennpunkt ein Phasensprung von π auf) erhält man eine resultierende Lichtbewegung

$$s = C \cdot \sin 2\pi\left(\frac{t}{T} - \frac{R}{\lambda}\right) + S \cdot \cos 2\pi\left(\frac{t}{T} - \frac{R}{\lambda}\right). \tag{13}$$

Hier haben die Amplituden C und S die Werte

$$\left.\begin{aligned} C &= a_0\left[\frac{2}{z} J_1(2)\right] - a_1 \sin\frac{2\pi}{\lambda}\Delta_1 + a_2 \sin\frac{2\pi}{\lambda}\Delta_2, \\ S &= \qquad\qquad\quad - a_1 \cos\frac{2\pi}{\lambda}\Delta_1 - a_2 \cos\frac{2\pi}{\lambda}\Delta_2, \end{aligned}\right\} \tag{13 a}$$

und ihre Quadratsumme $C^2 + S^2$ gibt die Intensität des Lichtes, die Amplituden a_0, a_1 und a_2 sind dabei leicht bestimmbar. Abb. 3, die für drei verschiedene Tropfenradien und monochromatisches Licht der Wellenlänge $\lambda\, 0{,}589\,\mu$ diese Interferenzkurven wiedergibt, zeigt im Vergleich zu der Kurve undurchsichtiger Tropfen, wie stark sich die Beugungserscheinung durch eine derartige Interferenz ändern kann. Das ganze Beugungsphänomen hängt jetzt also in komplizierter Weise von drei Parametern ab, nämlich von $z = \frac{2\pi r}{\lambda}\sin\varphi$, von $\left(\frac{r}{\lambda}\right)$ und vom Brechungsexponenten n. Es ist klar, daß bei dieser Mannigfaltigkeit eine Größenbestimmung der Nebelelemente aus den Ringdurchmessern auf Schwierigkeiten stoßen muß. Man ist also wieder auf die Methode der Farbberechnung im weißen Licht für verschiedene r und z angewiesen, um aus den Beobachtungen schnell Aussagen über den Tropfenradius machen zu können. Die Durchführung dieser Berechnung hat dann zu den in Tabelle 3 mitgeteilten Tropfengrößen geführt. Abb. 4

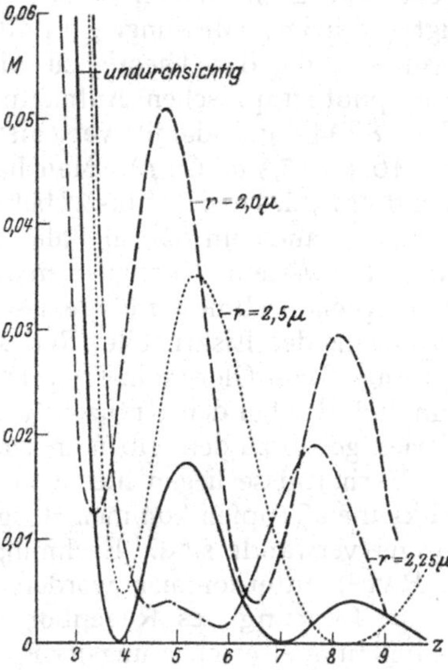

Abb. 3. Beugungskurven durchsichtiger Tröpfchen.

zeigt noch als Beispiel die Farbkurve für $z \cdot \lambda = 0{,}94\,\mu$ als Funktion der Tropfenradien.

5. Glorien. Glorien sind wie die Kränze einfache Beugungserscheinungen, jedoch solche im reflektierten Licht. Voraussetzung ist also, daß die Sonne (Mond) sich im Rücken des Beobachters befindet und sein Kopfschatten auf eine unter ihm liegende Nebelschicht fällt, beobachtbar sind sie daher vorwiegend auf hohen Bergen oder im Ballon.

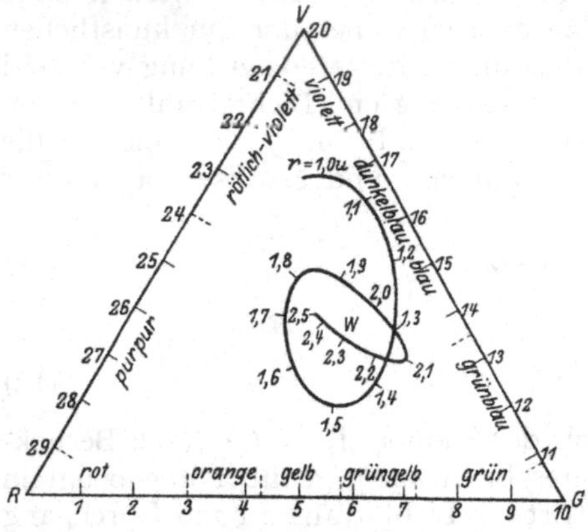

Abb. 4. Farbkurve der Aureole für verschiedene Tropfengrößen.

Die Deutung des Beugungsphänomens als solches stößt nun nicht auf Schwierigkeiten: sie ist dieselbe wie bei den Kränzen und bietet somit nichts Neues. Was aber bei den Glorien anfänglich einige Erklärungsschwierigkeiten machte, war die Entstehung eines Intensitätsmaximums in einer an und für sich diffus reflektierenden Schicht, denn ohne ein solches Maximum, das ja die Lichtquelle ersetzen muß, ist eine farbige Beugungserscheinung nicht denkbar. Dieses Maximum existiert nun tatsächlich und ist häufig schon bei inhomogenen Teilchengrößen als sog. Heiligenschein (z. B. auf betauten Wiesen bei tiefstehender Sonne) um den Kopfschatten des Beobachters zu sehen[1]). Die Erklärungen laufen hauptsächlich darauf hinaus, daß bei der Reflexion an tiefer liegenden Wolkenelementen diejenigen Strahlen, die genau in der Einfallsrichtung reflektiert werden, die Nebelschicht ungestört — d. h. unverdeckt durch davorliegende Teilchen — wieder verlassen können, so daß diese Einfallsrichtung der Strahlen stets bevorzugt erscheint. Messungen an Glorien brachten nun zunächst unbefriedigende Resultate, die der Theorie zu widersprechen schienen. Auch die Ausmessung einer photographischen Aufnahme der Glorie[2]) lieferte die Ringradien 1° 13′, 5° 0′, 8° 44′ und damit verschiedene Tropfengröße aus den einzelnen Ringen ($r = 16{,}4\,\mu$, $7{,}3\,\mu$, $6{,}1\,\mu$). Man hat aber nicht die Ausdehnung des Intensitätsmaximums, das etwa 1° bis 2° betragen kann, dabei berücksichtigt und zählte dies häufig, so auch im obigen Falle, als den ersten Ring, den ersten Beugungsring dann als zweiten. Korrigiert man diesen Fehler, so liefern auch die Glorien für die Tropfendurchmesser übereinstimmende Werte. Wegen des höheren Reflexionsvermögens der Eiskristalle (Reflexionen an ebenen Flächen!) dürften nun Beobachtungen von Glorien in Eiswolken häufiger sein. Für diese gilt dann selbstverständlich das bei den Kränzen Gesagte. Auch die im künstlichen Nebel erzeugten Glorien geben zu demselben anormalen Farbenspiel Veranlassung wie die Kränze. Die Verhältnisse liegen hier allerdings noch etwas komplizierter, und besonders bei kleinen Tropfen kommen Beugungsvorgänge hinzu, die mit denen des Regenbogens verwandt sind. Rechnungen nach dieser Richtung hin sind z. B. von S. RAY[3]) unternommen worden.

6. Deutung des Regenbogens nach DESCARTES. Die bekannte atmosphärische Himmelserscheinung des Regenbogens, die hier wohl nicht näher beschrieben

[1]) Auch die sog. Untersonnen und Lichtsäulen, hervorgerufen durch Reflexionen an Eiskristallen, sind ähnliche Erscheinungen.

[2]) A. WEGNER, Jahrb. d. deutschen Luftschifferverbandes 1911, S. 74.

[3]) S. RAY, Proc. Ind. Assoc. Bd. 8, S. 23. 1923.

zu werden braucht, wird nach DESCARTES als reines Problem der Strahlenbrechung und der dadurch bedingten Farbendispersion gedeutet, eine Erklärung, die zwar die Grundtatsachen richtig wiederzugeben vermag, für eine vollkommene Deutung der Beobachtungen jedoch nicht ausreicht. Bekanntlich dringen beim Regenbogen die parallelen Sonnenstrahlen in den Regentropfen ein und verlassen ihn erst wieder nach einer ein- oder zweimaligen inneren Reflexion, und zwar — von einem Grenzfall abgesehen — als stark divergierendes Strahlenbündel. Der hierbei erzielte Drehwinkel der Strahlen läßt sich leicht berechnen: Jede Brechung von Lichtstrahlen lenkt diese ja um den Betrag $(\alpha - \beta)$ (α Einfallswinkel, β Brechungswinkel) ab, jede innere Reflexion jedoch um den Winkel $(\pi - 2\beta)$; erfährt der Strahl also r innere Reflexionen, so ist die Gesamtablenkung δ des austretenden Strahles (Abb. 5)

$$\delta = 2(\alpha - \beta) + r(\pi - 2\beta) = r\pi + 2[\alpha - (r+1)\beta]. \tag{14}$$

Die Theorie von DESCARTES erstreckt sich nun auf den obenerwähnten Sonderfall, in dem der Parallelismus eines engen einfallenden Strahlenbündels beim Austritt aus dem Tropfen nahezu bewahrt bleibt, so daß die Intensität desselben noch auf große Entfernungen wirksam ist. Dieser Grenzfall tritt aber dann ein, wenn die Gesamtdrehung der Strahlen ein Minimum ist, denn hier besitzt, wie wir später (Abb. 6) sehen werden, die austretende Wellenfläche einen Wendepunkt, hat also an dieser Stelle die Krümmung Null. Differenziert man also Gleichung (14) nach α, setzt den Differentialquotienten gleich Null:

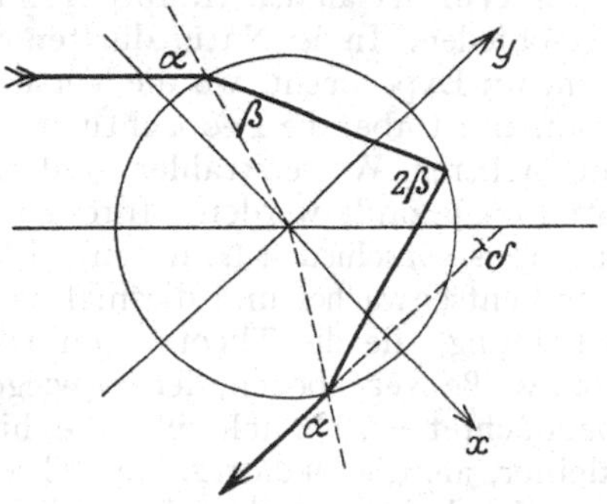

Abb. 5. Strahlengang im Regentropfen.

$$\frac{1}{2}\frac{d\vartheta}{d\alpha} = 1 - (r+1)\cdot\frac{d\beta}{d\alpha} = 0, \tag{15}$$

und eliminiert β mit Hilfe des Brechungsgesetzes, so erhält man für den Einfallswinkel dieser „wirksamen" Strahlen von DESCARTES den Wert

$$\cos\alpha_0 = \sqrt{\frac{n^2 - 1}{p^2 - 1}}, \qquad \cos\beta_0 = \frac{p}{n}\cos\alpha_0, \qquad (p = r + 1). \tag{16}$$

Tabelle 4 gibt einige Zahlenwerte, bei denen stets der spitze Winkel zwischen Einfallsrichtung und austretendem Strahl angegeben ist, d. h. es treten bei einmaliger und zweimaliger Reflexion die Strahlen auf der Vorderseite des Tropfens aus und erzeugen so den Haupt- und Nebenregenbogen. Bei drei- und viermaliger Reflexion liegen die austretenden Strahlen auf der Rückseite des Tropfens (bei Glas nur der dritte Strahl), und erst die beiden folgenden erscheinen wieder auf der Vorderseite. Regenbogen, die diesen mehrfachen Reflexionen entsprechen (bei $p = 3$ und 4 muß sich der Regen selbstverständlich zwischen Sonne und Beobachter befinden), sind in der Natur infolge ihrer geringen Intensität, die von der allgemeinen Tageshelle überstrahlt wird, nie beobachtet worden, wohl aber im Experiment an Wasserstrahlen und Glasstäben. Obige Werte gelten allerdings nur für Licht einer mittleren

Tabelle 4.

p	Wasser ($n = 1,333$) α	δ		Glas ($n = 1,5$) α	δ	
2	59°24′	42° 4′	v	49°48′	22°51′	v
3	71°49′	50°56′		66°43′	86°52′	
4	76°50′	42°48′	r	73°13′	9° 8′	r
5	79°38′	43°46′		76°48′	71° 6′	v

Wellenlänge. Wegen der Abhängigkeit des Brechungsexponenten von der Wellenlänge liegt aber für rotes Licht (λ 0,687) die Minimalablenkung (einmalige Reflexion vorausgesetzt) bei 42° 16′, für violettes jedoch bei 40° 44′, mithin eine Winkeldifferenz von 1° 32′ ergebend. Da sich die Ausdehnung der Lichtquelle (Sonne = 31′) noch hinzuaddiert, so ist nach der DESCARTESschen Theorie ein farbiges Band von ungefähr 2° Breite zu erwarten, und zwar muß die äußere (rote) Begrenzung dieses Bandes stets dunkler erscheinen als die innere, denn Ablenkungen der (roten) Strahlen größer als 42° 16′ können ja überhaupt nicht auftreten, wohl aber kleinere, wenn auch mit stark verminderter Intensität. Für den Nebenbogen liegen die Verhältnisse analog, nur ist hier der rote Rand der innere, der violette der äußere. Die entsprechenden Werte sind 50° 22′ für Rot und 53° 24′ für Violett, die Breite des Bandes also rund $3^1/_2$°.

7. Theorie des Regenbogens nach AIRY. Wenn auch die Theorie von DESCARTES die Winkeldurchmesser von Haupt- und Nebenbogen und die Farbenfolge im großen und ganzen richtig wiedergibt, so vermag sie doch nicht die sog. überzähligen oder sekundären Bögen zu erklären. Es sind dies Bögen, die sich unmittelbar an den Hauptbogen nach innen zu anschließen. Ihre Zahl ist sehr verschieden. In der Natur dürften mehr als sechs bisher nicht beobachtet worden sein, im Experiment, wo die Versuchsbedingungen viel sauberer gewählt werden können, ist aber die Beobachtungsmöglichkeit eine weit bessere, so konnten z. B. an dickeren Wasserstrahlen und Glasstäben bis zu 200 derartiger sekundärer Streifen gezählt werden. Ihre Farbfolge ist jedoch von der des Hauptbogens meistens verschieden (s. unten). Ebenso liefert der Nebenbogen ähnliche Bögen, nur lichtschwächer und diesmal nach außen hin anschließend. Eine weitere Erscheinung, die die Theorie von DESCARTES nicht zu erklären vermag, ist der sog. weiße Regenbogen, der vorwiegend im Nebel, d. h. bei kleinen Wassertropfen, beobachtet wird, auch sind die hierbei beobachteten Winkeldurchmesser stets kleiner, als die DECARTESsche Theorie fordert.

Zur Erklärung der überzähligen Bögen machte schon YOUNG auf die komplizierte Gestalt der Wellenfläche in der Nähe der Minimalablenkung aufmerksam. Es ist dies in erster Näherung (s. unten) die Rotationsfläche einer Kurve dritten Grades ($y = kx^3$), die, wie schon erwähnt, beim Minimumswinkel einen Wendepunkt besitzt (Abb. 6). Da die Strahlenrichtung normal zur Wellenoberfläche verläuft, so müssen bei einer derartigen Gestalt der Kurve für jede Richtung zwei kohärente Strahlen vorhanden sein, die parallel zueinander laufen, aber einen Wegunterschied miteinander haben, der zu Interferenzerscheinungen Veranlassung gibt. Als eine derartige Interferenzerscheinung erklärte nun YOUNG die überzähligen Bögen. AIRY stellte dann das ganze Regenbogenproblem auf eine noch strengere Basis und behandelte es als ein Beugungsphänomen nichtsphärischer Wellen. Seine Theorie sei hier unter Weglassung längerer Ableitungen mitgeteilt. Wichtig ist zunächst die Festlegung der austretenden Wellenoberfläche. Da es sich dabei um eine Rotationsfläche handelt, so genügt die Form der Mediankurve und zwar auch nur in unmittelbarer Nähe des mindestgedrehten Strahles, denn nur hier werden nennenswerte Beugungseffekte erzielt. Bekanntlich gilt für Wellenoberflächen ganz allgemein die Bedingung, daß die zeitliche Entfernung zweier solcher Flächen für alle Strahlen desselben Strahlenbündels die gleiche ist. Beim Regenbogen setzt sich aber der Gesamtweg des

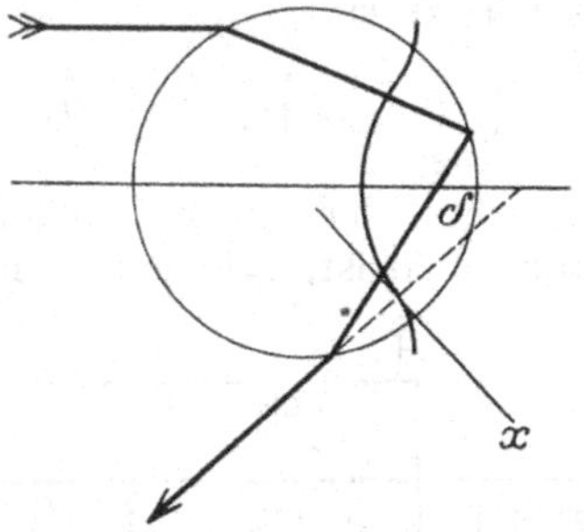

Abb. 6. Wellenfläche des aus dem Regentropfen austretenden Strahlenbündels.

Strahlenganges aus drei Teilstrecken zusammen; nämlich 1. aus dem Weg s_1 der Strahlen bis zum Eintritt in den Tropfen, 2. aus dem Weg s_2 im Tropfen selbst und 3. aus dem Weg s_3 nach Verlassen des Tropfens. Es ist daher (c = Lichtgeschwindigkeit)

$$c(t_1 + t_2 + t_3) = (s_1 + n s_2 + s_3) = \text{konst.} \tag{17}$$

Da wir nun zur Berechnung einer Lichtwirkung nach dem HUYGENSschen Prinzip in der Wahl der Lage der Wellenfläche vor und nach Verlassen des Tropfens vollkommen freie Hand haben, so kann auch die Konstante ganz willkürlich gewählt werden. Wir wählen sie hier zweckmäßig gleich r (Tropfenradius) und können dann für die drei Wegstrecken setzen

$$s_1 = r(1 - \cos\alpha), \qquad s_2 = 2pr\cos\beta, \qquad s_3 = r(\cos\alpha - 2pn\cos\beta). \tag{18}$$

In diesen Ausdrücken sind nun die trigonometrischen Größen zu eliminieren und dafür rechtwinklige Koordinaten x, y einzuführen von einem Koordinatensystem, dessen y-Achse mit dem mindestgedrehten Strahl parallel läuft. Dies kann natürlich nur näherungsweise durch Reihenentwicklung nach einem Parameter ξ $(\alpha = \alpha_0 + \xi)$ durchgeführt werden. Man erhält dann für den Fall, daß der Koordinatenursprung sich im Tropfenmittelpunkt befindet, die Kurve:

$$\left.\begin{aligned} x &= (r\sin\alpha_0) + (r\cos\alpha_0)\cdot\xi, \\ y &= 2r(1 - p^2)\cos\alpha_0 + r\frac{p^2-1}{3p^2}\sin\alpha_0\cdot\xi^3. \end{aligned}\right\} \tag{19}$$

$r\sin\alpha_0$ und $2r(1 - p^2)\cos\alpha_0$ sind aber nichts weiter als die Koordinaten des Wendepunktes der Kurve dritten Grades. Legen wir also durch eine Parallelverschiebung den Koordinatenursprung in diesen Punkt und eliminieren ξ, so lautet die endgültige Kurvengleichung

$$y = kx^3 = \frac{h}{3\cdot r^2}x^3, \tag{20}$$

wo h unter Berücksichtigung von Gleichung (16) den Wert besitzt[1])

$$h = \frac{(p^2-1)^2}{p^2(n^2-1)}\sqrt{\frac{p^2-n^2}{n^2-1}}\,.$$

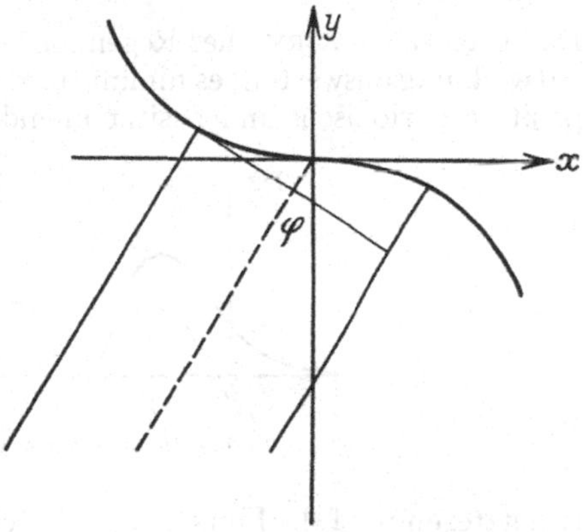

Abb. 7. Wegunterschied zweier parallel austretenden Strahlen.

Wir kommen jetzt zum beugungstheoretischen Teil des Problems. Nach der KIRCHHOFFschen Fassung des HUYGENSschen Prinzipes ist die Lichtwirkung in einem Punkte P in großer Entfernung R vom Tropfen für kleine Beugungswinkel φ gegeben durch

$$s_p = \frac{a}{\lambda R}\int \sin 2\pi\left(\frac{t'}{T} - \frac{\Delta}{\lambda}\right)d\sigma, \tag{22}$$

wo $\Delta = y\cos\varphi - x\sin\varphi$ der Wegunterschied zweier beliebiger paralleler Strahlen ist, die hier mit dem mindestgedrehten Strahl den Winkel φ bilden, x und y aber die Koordinatendifferenzen der beiden Wellenflächenpunkte bedeuten, von denen diese Strahlen ausgehen (Abb. 7). Wählen wir als Ausgangspunkt des einen Strahles den Koordinatenanfangspunkt, so können wir in Δ direkt die Gleichung (20) einsetzen. Mit der gleichen Näherung, mit der diese Gleichung

[1]) Für Wasser ($n = 1{,}333$) ist bei $p = 2$, $h = 4{,}89$ und bei $p = 3$, $h = 27{,}86$.

erfüllt ist, ist auch das Flächenelement $d\sigma$ proportional $r\,dx$. Wir erhalten dann die zwei Integrale

$$\left.\begin{aligned} C &= \int \cos\frac{2\pi}{\lambda}(k x^3 \cos\varphi - x\sin\varphi)\,dx\,,\\ S &= \int \sin\frac{2\pi}{\lambda}(k x^3 \cos\varphi - x\sin\varphi)\,dx\,, \end{aligned}\right\} \tag{23}$$

deren Quadratsumme multipliziert mit $(r/\lambda)^2$ bekanntlich der Intensität der resultierenden Lichtbewegung proportional ist[1]):

$$J = J_0\left(\frac{r}{\lambda}\right)^2 (C^2 + S^2)\,. \tag{24}$$

Ferner zeigt sich, daß wir, ohne die Gültigkeit der Näherungsformel (20) zu verletzen, die Grenzen $-\infty$ und $+\infty$ in die Integrale einführen können, da nur Werte in unmittelbarer Nähe des Koordinatenursprunges nennenswerte Beiträge zum Integral liefern. Dann verschwindet aber S, während C den doppelten Wert des von 0 bis $+\infty$ genommenen Integrals annimmt. Wir finden also für die Intensität in P den Ausdruck

$$J = 4J_0\left(\frac{r}{\lambda}\right)^2 \left(\int\limits_0^\infty \cos\frac{2\pi}{\lambda}(k x^3\cos\varphi - x\sin\varphi)\,dx\right)^2. \tag{25}$$

Diesen müssen wir noch durch Einführung zweier Substitutionen

$$\frac{2\pi}{\lambda} k x^3 \cos\varphi = \frac{\pi}{2} u^3; \qquad \frac{2\pi}{\lambda} x \sin\varphi = \frac{\pi}{2} z\cdot u \tag{26}$$

umformen, und erhalten dann

$$J = J_0\cdot\left(\frac{6 r^5}{h\cdot\lambda^2\cos\varphi}\right)^{\frac{2}{3}} \left(\int\limits_0^\infty \cos\frac{\pi}{2}(u^3 - z u)\,du\right)^2. \tag{27}$$

Das Integral — AIRYsches Regenbogenintegral $f(z)$ — läßt sich nur durch Reihenentwicklung auswerten; es nimmt für negative Werte von z monoton ab, ist aber für positive periodisch und besitzt unendlich viele Maxima und Minima (Abb. 8).

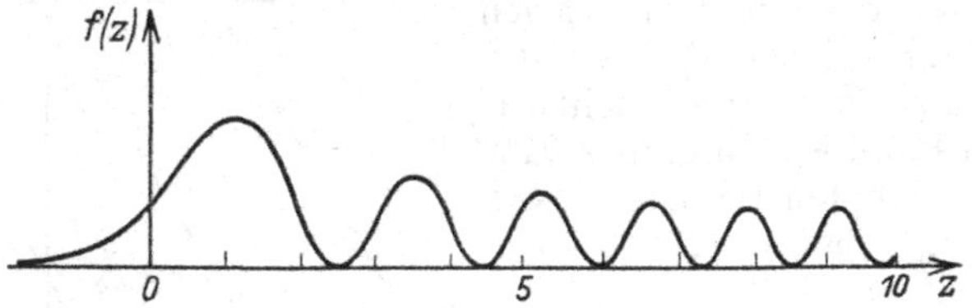

Abb. 8. $f(z)$-Werte des AIRYschen Regenbogenintegrals.

In letzteren wird die Funktion Null. Ich beschränke mich auf die Wiedergabe für die ersten fünf Maxima und Minima. Bei größeren z sind dieselben sehr angenähert gegeben durch $z = 3\left(m + \frac{1}{4}\right)^{\frac{2}{3}}$ bzw. $3\left(\frac{2m+1}{2} + \frac{1}{4}\right)^{\frac{2}{3}}$, während die

[1]) MASCART und mit ihm PERNTER u. a. setzen die Intensität nur proportional r/λ nicht $(r/\lambda)^2$, und zwar leiten sie dieses Resultat aus der FRESNELschen Zonenkonstruktion ab. Eine einfache Grenzbetrachtung lehrt aber, daß bei der strengeren Lösung des Problems nach der KIRCHHOFFschen Formulierung des HUYGENSschen Prinzipes diese Folgerungen aus den FRESNELschen Zonen nicht zulässig sind.

einfache YOUNGsche Interferenztheorie (s. oben) die Werte $z = 3\,(m)^{\frac{2}{3}}$ (Maxima) und $z = 3\left(\frac{2m+1}{2}\right)^{\frac{2}{3}}$ (Minima) liefern müßte (Tabelle 5).

Tabelle 5.

	Maxima			Minima	
	z	$f^2(z)$	JOUNG	z	JOUNG
1	1,084	1,005	0	2,495	1,89
2	3,467	0,615	3	4,363	3,93
3	5,145	0,510	4,76	5,892	5,53
4	6,578	0,450	6,24	7,244	6,92
5	7,868	0,412	7,56	8,479	8,17

z hängt nun mit dem Beugungswinkel φ durch die Beziehung

$$z = 2\sqrt[3]{\frac{6 \cdot r^2}{h \cdot \lambda^2}\sin^2\varphi \operatorname{tg}\varphi} \tag{28}$$

zusammen, und da $\sin^2\varphi \cdot \operatorname{tg}\varphi$ selbst noch bei größeren Werten gleich φ^3 gesetzt werden kann, ist z also dem Beugungswinkel direkt proportional.

Tabelle 6.

r	∞	500 μ	50 μ	25 μ
λ 0,687	42° 16′	41° 54′	40° 36′	39° 37′
λ 0,431	40° 44′	40° 28′	39° 32′	38° 50′
$\delta_r - \delta_v$	1° 32′	1° 26′	1° 4′	0° 47′
λ 0,768	50° 22′	51° 0′	53° 20′	55° 7′
λ 0,431	53° 24′	53° 51′	55° 32′	56° 47′
$\delta_r - \delta_v$	3° 2′	2° 51′	2° 12′	1° 42′

Die Periodizität des AIRYschen Integrals erklärt nun sofort das Auftreten der sekundären Bögen. Es ergibt sich aber auch, daß das erste Maximum nicht bei $z = 0$, sondern bei $z = 1{,}084$ liegt. Da z ja dem Winkel φ proportional ist, der von der Minimalablenkung nach Innen gerechnet wird, so folgt, daß der Bogen maximaler Intensität einen um

$$\varphi = 0{,}542 \cdot \sqrt[3]{\frac{h}{6}\left(\frac{\lambda}{r}\right)^3} = 0{,}507\left(\frac{\lambda}{r}\right)^{\frac{2}{3}}$$

kleineren Winkelradius haben muß als der mindestgedrehte Strahl, was bei kleinerem Tropfenradius ($< 100\,\mu$) schon mehrere Bogengrade ausmachen kann. Im Nebenbogen fallen die Winkelradien entsprechend größer aus, und zwar um den Betrag

$$\varphi = 0{,}902\left(\frac{\lambda}{r}\right)^{\frac{2}{3}}$$

(s. Tabelle 6). Aber auch jenseits des mindestgedrehten Strahles, d. h. für negative Werte von z muß noch eine, wenn auch schwache Lichtwirkung vorhanden sein. Die Abhängigkeit der Winkeldifferenz von der Wellenlänge hat weiter die interessante Folgerung, daß bei den sekundären Maxima sogar eine Umkehrung der Farbenfolge eintreten kann. So liegt z. B. bei einem Tropfenradius von 0,5 mm für Rot (λ 0,687) das erste sekundäre Maximum bei 41°7′, für Blau (λ 0,431) bei 39°54′, aber schon bei 0,05 mm Tropfengröße fallen beide Strahlen zusammen (36°56′ und 36°55′), sind also „achromatisiert", und bei $r = 0{,}025$ tritt schon die Farbenumkehr ein (Rot 33°47′, Violett 34°40′).

Tabelle 7.

	500 μ	150 μ	50 μ	25 μ
Hauptbogen	Tiefrot	Orange	Schwaches Gelb	Sehr schwaches Gelb
	Hellrot	Gelb	Weißliches Gelb	Sehr weißliches Gelb
	Orange	Grün	Weißliches Grün	Glänzendes Weiß
	Gelb	Blaugrün	Weißliches Blau	
	Grün	Hellblau	Violett	Weißlicher Hauch von Violett
	Blaugrün	Violett	Sehr schwaches Violett	
	Hellblau Violett		Farbloser Zwischenraum	Farbloser Zwischenraum
1. sekundärer Bogen	Hellblau	Rosa Gelb	Schwaches sehr weiß- liches Grün	Weißliches Blau
	Violett	Grün Blaugrün Blau Violett	Schwaches sehr weiß- liches Violett	Weiß Schwaches weißliches Rot
2. sekundärer Bogen	Hellblau	Rosa	Blau	
	Grünblau	Orange	Weißliches Rot	Blau
	Violett	Gelb Grün Violett		

Das Experiment[1]) hat nun die AIRYsche Theorie vollauf bestätigt. Insbesondere im monochromatischen Licht konnten an Glasstäben und Wasserstrahlen bis zu 100 Beugungsstreifen ausgemessen und ihre Lage innerhalb der Fehlergrenzen mit der Theorie übereinstimmend gefunden werden. Für die Deutung der Naturerscheinung aber, wo wegen erschwerender Bedingungen Messungen im monochromatischen Licht nicht ausführbar sind, bleibt wieder nur der Ausweg übrig, nach der bewährten Methode des MAXWELLschen Farbendreiecks (s. Ziff. 2) die Farbenerscheinung im weißen Lichte zu berechnen Diese weitläufigen Rechnungen hat PERNTER[2]) in sehr ausführlicher Weise vorgenommen und z. B. für die Tropfenradien 500μ, 150μ, 50μ und 25μ die in Tabelle 7 zusammengestellten Farben im Hauptbogen, ersten und zweiten Sekundärbogen festgestellt. Seine Rechnungen lieferten ferner das interessante Resultat, daß von einer Tropfengröße von ca. 25μ an die Erscheinung in ein nahezu farbloses Weiß übergeht. Schon die Tabelle 6 lehrt, daß die Winkelbreite $\delta_r - \delta_v$ des Hauptbogens mit abnehmender Tropfengröße kleiner wird und bei $r = 25\mu$ bereits nahezu den Sonnendurchmesser von $31'$ erreicht, der selbstverständlich eine Überlagerung der Farben bedingt und bei der Berechnung daher mitberücksichtigt werden muß. Derartige „weiße" Regenbogen sind häufig in Nebeln, wo erfahrungsgemäß kleine Tropfen vorherrschen (s. Ziff. 3) beobachtet worden. Messungen an denselben lieferten dabei stets einen

---

[1]) W. H. MILLER, Pogg. Ann. Bd. 53, S. 214. 1841; Bd. 56, S. 558. 1842; E. MASCART, Ann. de chim. et de phys. Bd. 26, S. 501. 1892; W. MÖBIUS, Ann. d. Phys. Bd. 33, S. 1493. 1910.

[2]) J. M. PERNTER, Wiener Ber. Bd. 106, Abt. IIA, S. 153, s. auch PERNTER-EXNER, Meteorol. Optik 1910, S. 530. Ich betone nochmals, daß die Formel von PERNTER sich von der Gleichung (27) um den Faktor λ/r unterscheidet (s. Anm. 1, S. 78). Hierdurch werden die violetten Farbtöne gegenüber den roten etwas benachteiligt. Eine nennenswerte Änderung der Farbfolge dürfte dadurch aber nicht eintreten.

um einige Grade kleineren Winkelradius. So wurden z. B. für die äußeren Ränder eines weißen Hauptbogens und zweier daran anschließender sekundärer die Werte 41°, 35°24′ und 32°55′ festgestellt, ganz wie die Theorie es etwa für $r = 25\,\mu$ verlangt.

8. Strenge Theorie des Regenbogens. Es läßt sich nicht leugnen, daß die AIRYsche Theorie des Regenbogens in der Deutung der Beobachtungstatsachen überraschend gute Erfolge gezeitigt hat, obwohl sie ja mit einer ganzen Reihe von Vernachlässigungen arbeitet, deren Einfluß auf das Endresultat nicht immer leicht abzuschätzen ist. So ist die Wellenfläche näherungsweise durch eine Parabel dritten Grades ersetzt und die Integration gleichzeitig auf eine unendlich ausgedehnte Fläche erstreckt worden, während dieselbe in Wirklichkeit durch die Tropfendimensionen eng begrenzt ist. Ferner wird die Lichtintensität längs der ganzen Wellenfläche konstant angenommen, was wegen der Reflexionsverluste beim Durchgang durch den Tropfen auch nicht streng zutrifft. Schließlich ist auch die Polarisation des Lichtes unberücksichtigt geblieben. Hier lehren aber Beobachtungen, daß das Licht des Regenbogens sogar weitgehend polarisiert ist, und zwar schwingt es vorwiegend tangential zum Bogen[1]). In der Tat zeigt eine Durchrechnung des Strahlenganges unter Zuhilfenahme der FRESNELschen Formeln, daß die Intensitäten des senkrecht und parallel polarisierten Lichtes sich im Hauptbogen nahe wie 25:1 $\left(J_s : J_p = \frac{\cos^6(\alpha_0 - \beta_0)}{\cos^2(\alpha_0 + \beta_0)}\right)$, im Nebenbogen wie 10:1 $\left(J_s : J_p = \frac{\cos^8(\alpha_0 - \beta_0)}{\cos^4(\alpha_0 + \beta_0)}\right)$ verhalten müssen.

Diese obenerwähnten Vernachlässigungen müssen sich besonders bei kleinen Tropfen bemerkbar machen und dort erhebliche Abweichungen in der Lage und Intensität der Beugungsstreifen hervorrufen. Um nun aber diese Einschränkungen zu vermeiden, kann man direkt von den beiden Grundgleichungen (17) und (20) unter gleichzeitiger Berücksichtigung der Schwingungsamplitude ausgehen, muß dann allerdings auf eine geschlossene Berechnung der jetzt sehr komplizierten Integrale verzichten und den mühsamen Weg der mechanischen Quadratur einschlagen. Derartige Rechnungen wurden von MÖBIUS[2]) zur Prüfung der Theorie an Glaskugeln und Zylindern (1 bis 4 mm) ausgeführt, dann aber auch für Wassertropfen von 1 bis 10 Lichtwellenlängen Durchmesser. Seine so erhaltenen Intensitätskurven harren für letztere jedoch noch der experimentellen Nachprüfung.

9. Halos. Halos und die damit verwandten Neben- und Gegensonnen dürften wohl die auffälligsten und mannigfaltigsten Lichterscheinungen der Atmosphäre sein. Obwohl nicht auf Beugung beruhend, haben sie mit dem Regenbogen doch vieles gemeinsam, so daß das Grundsätzliche hier wohl erläutert werden darf. Sie verdanken ihre Entstehung der Brechung und Reflexion in Eiskristallen, und schon der Mangel an lebhaften Farben — nur der innere Rand erscheint rotgesäumt — deutet darauf hin, daß Beugungsphänomene hier keine Rolle spielen, somit auch keine der angegebenen Methoden zur Größenbestimmung der erzeugenden Teilchen anwendbar ist. Am häufigsten beobachtbar ist der sog. Halo von 22°, ein weißlicher innen rot gesäumter Ring, der Sonne oder Mond im Abstand von 22°, genauer 21°50′, umgibt. Er entsteht durch eine zweimalige Brechung der Strahlen in den Sechskantprismen der Eiskristalle, und zwar bilden die beiden allein in Betracht kommenden Flächen einen brechenden Winkel von 60° miteinander. Auch hier haben, bei der vollkommen regellosen Verteilung

[1]) Siehe z. B. F. RINNE, Naturwissensch. Bd. 14, S. 1283. 1926.

[2]) W. MÖBIUS, Ann. d. phys. Bd. 33, S. 1493. 1910; Bd. 40, S. 736. 1913; Preisschrift d. Fürstl. Jablonowskischen Gesell. Leipzig 1912, Nr. 42.

der Kristalle, genau wie beim Regenbogen diejenigen Prismen eine intensitätssteigernde Wirkung, die sich gerade in der Stellung der Minimalablenkung befinden. Da dieser Winkel durch

$$\sin\frac{\delta + 60^\circ}{2} = n \cdot \sin 30^\circ \tag{29}$$

gegeben ist, so folgt für einen Brechungsexponenten des Eises von 1,307, daß die innere (dunklere) Begrenzung des Halos in einem Abstande von 21°50′ von der Lichtquelle liegen muß[1]). Eingehende Untersuchungen über die Form der in der Atmosphäre vorwiegend auftretenden Eiskristalle haben ferner gezeigt, daß teils die säulenförmigen hexagonalen Prismen, teils aber die plättchenförmigen Prismen mit kurzer Hauptachse vorherrschen. Bei vollkommen ruhiger, d. h. turbulenzfreier Luft werden sich nun im ersteren Falle die Eiskristalle der Schwere folgend vorwiegend so einstellen, daß ihre brechende Kante senkrecht zum Horizont steht. Wir werden dann rechts und links von der Sonne eine den Halo überstrahlende Lichterscheinung wahrnehmen — die sog. Nebensonnen. Ihr Abstand von der Sonne ist jedoch von der Sonnenhöhe abhängig, denn bei einer derartigen Bevorzugung der Richtung treffen die Sonnenstrahlen nicht mehr normal zur brechenden Kante auf die Eiskristalle, so daß der Minimumswinkel größer wird, und zwar ist er im Azimut gemessen bei einer Sonnenhöhe h gegeben durch

$$\sin\frac{\varphi' + 60^\circ}{2} = n\frac{\cos h}{\cos k}\sin 30^\circ\,, \tag{30}$$

wobei $\sin h = n \sin k$ ist[2]). Ebenso werden die Nebensonnen im Vertikal durch die bevorzugte Einstellungsrichtung der plattenförmigen Eiskristalle erklärt, die an diese „Sonnen" sich anschließenden „Berührungsbögen" aber mit Hilfe einer pendelnden Bewegung der langsam fallenden Eiskristalle. Neben dem Halo von 22° wird, wenn auch viel seltener, noch ein zweiter von 46° beobachtet mit gleichen Nebenerscheinungen. Er verdankt seine Entstehung der Brechung an der Grund- und einer Seitenfläche der hexagonalen Kristalle, der brechende Winkel ist also 90°, und eine einfache Rechnung [Gleichung (29)] liefert den genauen Wert von 45°44′. Es ist hier nicht der Platz, auf weitere kompliziertere Haloerscheinungen und ihre Erklärungen einzugehen[3]). Erwähnt sei nur noch, daß die sog. Gegen- und Untersonnen[4]) durch innere Reflexionen in den Kristallen erklärt werden können.

10. Andere atmosphärische Beugungserscheinungen. Mit den im vorstehenden behandelten Phänomenen sind die atmosphärischen Lichterscheinungen, die ihre Entstehung der Trübung der Luft verdanken und in der Hauptsache auf Beugung beruhen, noch nicht restlos erschöpft. Was noch zu erwähnen wäre, bringt aber physikalisch nicht wesentlich Neues. So sind z. B. die manchmal beobachteten „irisierenden" Wolken als Kranzfragmente anzusehen, hervorgerufen durch sehr feine Eiskristalle. Auch bei der allgemeinen Zerstreuung des Tageslichtes durch Wolken und Nebel spielt die Beugung eine Rolle. Ferner sind ein Teil der verschiedenen Dämmerungserscheinungen (z. B. das sog. Purpurlicht und das Nachglühen beim Alpenglühen) auf Beugung des Lichtes zurückzuführen. Die Beugung des Lichtes an allerkleinsten Teilchen, an den Luftmolekülen selbst, und damit die Erklärung der blauen Himmelsfarbe soll jedoch einem anderen Abschnitt vorbehalten bleiben (RAYLEIGHsche Beugung).

---

1) Der Durchschnittswert der vorliegenden Messungen beträgt 21°52′ ± 5′.

2) Es ist für $h = 20°$, $\varphi' = 24°34'$, $h = 30°$, $\varphi' = 28°44'$, $h = 50°$, $\varphi' = 51°30'$.

3) Siehe z. B. A. WEGENER, Theorie der Haupthalos. Siehe auch Arch. d. D. Seewarte Hamburg Bd. 43, S. 32. 1926; J. M. PERNTER u. F. M. EXNER, Meteorol. Optik, Leipzig 1910.

4) K. STUCHTEY, Ann. d. Phys. Bd. 59, S. 33. 1919.

Kapitel 4.

Polarisation.

Von

G. SZIVESSY, Münster i. W.

Mit 9 Abbildungen.

I. Grundversuche über die Eigenschaften des polarisierten Lichtes.

1. Polarisation durch Doppelbrechung. Die Polarisation des Lichtes wurde von HUYGENS[1]) entdeckt, als er die von BARTHOLINUS[2]) gefundene Doppelbrechung beim Kalkspat näher untersuchte; die fundamentalen Versuche von HUYGHENS hatten folgende, durch spätere Untersuchungen von WOLLASTON[3]) bestätigte Ergebnisse:

Läßt man ein eng begrenztes, paralleles Strahlenbündel *s* (Abb. 1) senkrecht auf eine der ebenen Begrenzungsflächen eines rhomboedrischen Kalkspat-Spaltstückes *K* fallen, so zerlegt sich dasselbe im Inneren des Kristalls in zwei Strahlenbündel. Das eine liegt in der Verlängerung des auffallenden Strahlenbündels, es gehorcht somit dem gewöhnlichen Brechungsgesetz und heißt deshalb das ordentliche, ordinäre oder gewöhnliche Strahlenbündel; das zweite Strahlenbündel besitzt eine geringe Neigung gegen das erstere, es folgt somit dem gewöhnlichen Brechungsgesetz nicht und wird daher außerordentliches, extraordinäres oder außergewöhnliches Strahlenbündel genannt. Beide Strahlenbündel treten aus der zweiten Begrenzungsfläche des Kalkspatrhomboeders als parallele Strahlenbündel *o* und *e* aus und sind völlig voneinander getrennt, falls das Kalkspatstück hinreichende Dicke besitzt. Ordentliches und außerordentliches Strahlenbündel liegen in dem zum Einfallslot gehörenden Hauptschnitt des Kristalls, d. h. in einer Ebene, die parallel zum Einfallslot (und somit zur Richtung des auffallenden Parallelstrahlenbündels) und zur kristallographischen Hauptachse gelegt ist.

Ist das auffallende Strahlenbündel ein natürliches (z. B. ein Strahlenbündel, das von einer Flamme oder der Sonne stammt und vor dem Auffallen auf den Kristall nicht durch Reflexionen oder Brechungen modifiziert wurde), so sind

---

1) CHR. HUYGENS, Traité de la lumière, S. 48. Leiden 1690 (Opera reliqua. Bd. 1, S. 39. Amsterdam 1728); deutsch von E. LOMMEL in Ostwalds Klassiker der exakten Wissensch. Nr. 20, S. 49. Leipzig 1890.

2) E. BARTHOLINUS, Experimenta crystalli islandici disdiaclastici quibus mira et insolita refractio detegitur. Kopenhagen 1669; deutsch von K. MIELEITNER in Ostwalds Klassiker der exakten Wissensch. Nr. 205. Leipzig 1922.

3) W. H. WOLLASTON, Phil. Trans. Jg. 1802, S. 381.

die Intensitäten des ordentlichen und außerordentlichen Strahlenbündels gleich und ändern sich nicht, wenn man die Lage des zum Einfallslot gehörenden Hauptschnittes ändert, d. h. den Kristall um die Richtung des Einfallslotes dreht. Das Verhalten ist jedoch anders, falls das auffallende Parallelstrahlenbündel ein in der angegebenen Weise durch ein Kalkspatstück gewonnenes, ordentliches oder außerordentliches Parallelstrahlenbündel ist.

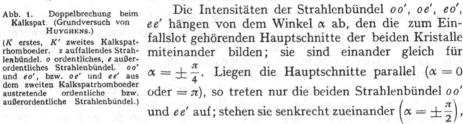

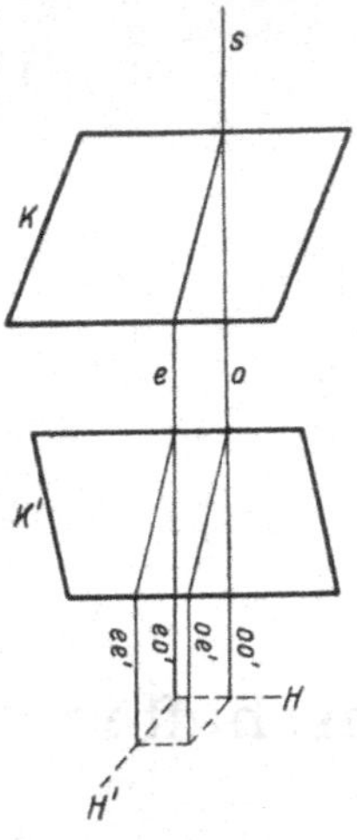

Abb. 1. Doppelbrechung beim Kalkspat. (Grundversuch von HUYGHENS.)
(*K* erstes, *K'* zweites Kalkspatrhomboeder. *s* auffallendes Strahlenbündel. *o* ordentliches, *e* außerordentliches Strahlenbündel. *oo'* und *eo'*, bzw. *oe'* und *ee'* aus dem zweiten Kalkspatrhomboeder austretende ordentliche bzw. außerordentliche Strahlenbündel.)

Läßt man die beiden letzteren (Abb 1) senkrecht auf eine Begrenzungsfläche eines zweiten Kalkspatrhomboeders K' fallen, so erzeugt das ordentliche Strahlenbündel o in K' ein neues ordentliches und außerordentliches Strahlenbündel oo' und oe', und ebenso liefert das außerordentliche Strahlenbündel e ein weiteres ordentliches und außerordentliches Strahlenbündel eo' und ee'. Es treten somit aus dem zweiten Kristall im allgemeinen vier Parallelstrahlenbündel aus; oo' und eo' liegen in dem zum Einfallslot gehörenden Hauptschnitt H des ersten Kristalls, oe' und ee' sind gegen dieselben verschoben und befinden sich in dem zum Einfallslot gehörenden Hauptschnitt H' des zweiten Kristalls.

Die Intensitäten der Strahlenbündel oo', oe', eo', ee' hängen von dem Winkel α ab, den die zum Einfallslot gehörenden Hauptschnitte der beiden Kristalle miteinander bilden; sie sind einander gleich für $\alpha = \pm\frac{\pi}{4}$. Liegen die Hauptschnitte parallel ($\alpha = 0$ oder $= \pi$), so treten nur die beiden Strahlenbündel oo' und ee' auf; stehen sie senkrecht zueinander $\left(\alpha = \pm\frac{\pi}{2}\right)$, so hat man nur die beiden Strahlenbündel oe' und eo'. Geht man von einer Parallelstellung der Hauptschnitte aus und läßt α allmählich bis $\pi/2$ wachsen, so nimmt die Intensität von oo' allmählich ab und verschwindet bei $\alpha = \frac{\pi}{2}$, während oe' allmählich entsteht und an Intensität zunimmt; das gegenseitige Verhalten von eo' und ee' ist gerade umgekehrt.

Diese Versuche von HUYGHENS zeigen, daß die aus dem Kalkspat austretenden Strahlenbündel sich anders verhalten als das auffallende Strahlenbündel natürlichen Lichtes, und zwar verhält sich offenbar das ordentliche Strahlenbündel o in bezug auf den zum Einfallslot gehörenden Hauptschnitt ebenso wie das außerordentliche Strahlenbündel e in bezug auf die parallel zu ihm und senkrecht zu jenem Hauptschnitt gelegte Ebene.

Man bezeichnet daher die durch Doppelbrechung entstandenen Strahlenbündel als polarisiert[1]) und bringt damit zum Ausdruck, daß sie sich rings um ihre Fortpflanzungsrichtung nicht gleichmäßig verhalten; dieselbe Bezeichnung verwendet man ferner für jedes Strahlenbündel, das durch irgendwelche Vorgänge dieselben Eigenschaften bekommen hat, wie ein durch Doppelbrechung gewonnenes. Ordentliches und außerordentliches Strahlenbündel sind senkrecht zueinander polarisiert.

---

[1]) E. L. MALUS, Mém. présent. à l'Inst. par div. sav. étrang. Bd. 2, S. 447. 1811.

Im Gegensatz zu einem polarisierten Strahlenbündel bezeichnet man ein solches, welches überhaupt keine Polarisation zeigt, als unpolarisiert[1]).

Der zum Einfallslot gehörende Hauptschnitt heißt die Polarisationsebene des ordentlichen Strahlenbündels, und damit wird gekennzeichnet, daß die Ungleichmäßigkeiten des ordentlichen Parallelstrahlenbündels rings um seine Fortpflanzungsrichtung symmetrisch in bezug auf eine Ebene sind, die durch dieses Strahlenbündel parallel zu jenem Hauptschnitt gelegt ist; entsprechend nennt man Polarisationsebene des außerordentlichen Strahlenbündels die parallel zu ihm und senkrecht zum Hauptschnitt des Einfallslotes gelegte Ebene. Abkürzend pflegt man zu sagen, daß das ordentliche Strahlenbündel in dem zum Einfallslot gehörenden Hauptschnitt, das außerordentliche senkrecht zu letzterem polarisiert ist[2]).

Die Lichtwelle, welche zu einem unpolarisierten bzw. zum ordentlichen oder außerordentlichen Strahlenbündel gehört, wird als unpolarisierte bzw. ordentliche oder außerordentliche Welle bezeichnet. Die Polarisationsebene der ordentlichen Welle ist der zum Einfallslot gehörende Hauptschnitt, fällt also stets mit der Polarisationsebene des ordentlichen Strahlenbündels zusammen. Die Polarisationsebene der außerordentlichen Welle ist die durch das ordentliche Strahlenbündel senkrecht zu diesem Hauptschnitt gelegte Ebene; im isotropen Außenmedium, in welchem die aus dem Kalkspatrhomboeder austretenden Strahlenbündel o und e parallel sind, fällt somit die Polarisationsebene der außerordentlichen Welle mit der Polarisationsebene des außerordentlichen Strahlenbündels zusammen, im Inneren des Kristalls jedoch im allgemeinen nicht. Ordentliche und außerordentliche Welle sind senkrecht zueinander polarisiert.

Im Inneren des Kristalls besitzen ordentliche und außerordentliche Welle verschiedene Geschwindigkeiten, daher sind auch die Brechungsindizes der beiden Wellen verschieden; dieselben werden als ordentlicher und außerordentlicher Brechungsindex bezeichnet.

Die Doppelbrechung tritt außer beim Kalkspat bei allen Kristallen auf, die nicht dem kubischen Kristallsystem angehören; stets sind bei senkrechtem Einfall die beiden durch die Doppelbrechung entstehenden Wellen senkrecht zueinander polarisiert.

2. Gesetz von MALUS für die Intensität des ordentlichen und außerordentlichen Strahlenbündels. Das Gesetz der Intensitäten der beim HUYGHENSschen Versuche entstandenen Strahlenbündel ist zuerst von MALUS[3]) ausgesprochen worden. Bei dem in Ziff. 1 besprochenen Grundversuche zerlegt sich das auffallende unpolarisierte Strahlenbündel s von der Intensität J in die beiden

[1]) Vielfach werden die Bezeichnungen „unpolarisierte" und „natürliche" Strahlung synonym gebraucht, doch zeigt die von den natürlichen Lichtquellen stammende Strahlung meistens eine gewisse teilweise Polarisation (Ziff. 16).

[2]) Ein Unterschied zwischen unpolarisiertem und polarisiertem Lichte macht sich bei subjektiver Beobachtung durch die Erscheinung der HAIDINGERschen Büschel bemerkbar. Läßt man nämlich polarisiertes Licht ins Auge fallen, so beobachtet man unter geeigneten Umständen für eine kurze Zeit eine eigentümliche Figur, die aus zwei gekreuzten Büscheln besteht; das eine derselben ist dunkler, gelblich und liegt parallel zur Polarisationsebene, während das andere dazu senkrechte heller und bläulich ist. Die Erscheinung wurde von W. HAIDINGER (Pogg. Ann. Bd. 63, S. 29, 1844; Bd. 67, S. 435. 1846; Bd. 68, S. 73. 1846; Bd. 85, S. 350. 1852; Bd. 91, S. 591. 1854; Bd. 93, S. 318. 1854; Bd. 96, S. 314. 1855; Wiener Ber. Bd. 7, S. 389. 1851; Bd. 12, S. 3, 678, 685. 1854) beschrieben und später von H. v. HELMHOLTZ (Handb. d. physiol. Optik., 3. Aufl., Bd. 2, S. 256. Leipzig 1911) durch den Bau der Netzhaut des menschlichen Auges erklärt; über ihre Verwendung bei Untersuchung der Himmelsstrahlung vgl. Bd. XIX ds. Handb.

[3]) E. L. MALUS, Mém. présent. a. l'Inst. par div. sav. étrang. Bd. 2, S. 415. 1811.

senkrecht zueinander polarisierten Strahlenbündel o und e mit den Intensitäten J_o und J_e, für welche nach MALUS

$$J_o = J_e = \frac{m}{2} J \tag{1}$$

ist, wobei m einen Faktor bedeutet, der die durch Reflexion an den Grenzflächen und Absorption im Kalkspat hervorgerufenen Intensitätsabschwächungen angibt.

Für die Intensitäten $J_{oo'}$, $J_{oe'}$, $J_{eo'}$ und $J_{ee'}$ der aus dem zweiten Kalkspatrhomboeder austretenden Strahlenbündel oo', oe', eo' und ee' hat man

$$\left.\begin{aligned} J_{oo'} &= m J_o \cos^2\alpha = \frac{m^2}{2} J \cos^2\alpha, & J_{oe'} &= m J_o \sin^2\alpha = \frac{m^2}{2} J \sin^2\alpha, \\ J_{eo'} &= m J_e \sin^2\alpha = \frac{m^2}{2} J \sin^2\alpha, & J_{ee'} &= m J_e \cos^2\alpha = \frac{m^2}{2} J \cos^2\alpha; \end{aligned}\right\} \tag{2}$$

hierbei bedeutet α wieder den Winkel zwischen den zu den Einfallsloten gehörenden Hauptschnitten der beiden Kristalle. Für $\alpha = 0$ oder $= \pi$ wird $J_{oo'} = \frac{m^2}{2} J$, $J_{oe'} = 0$, $J_{eo'} = 0$, $J_{ee'} = \frac{m^2}{2} J$; für $\alpha = \pm \frac{\pi}{2}$ hat man dagegen $J_{oo'} = 0$, $J_{oe'} = \frac{m^2}{2} J$, $J_{eo'} = \frac{m^2}{2} J$, $J_{ee'} = 0$, in Übereinstimmung mit den in Ziff. 1 angeführten Versuchsergebnissen. Ist $\alpha = \pi$ (d. h. sind die zu den Einfallsloten gehörenden Hauptschnitte parallel und die Rhomboeder mit ihren entsprechenden Ecken entgegengesetzt orientiert), so fallen die dann allein vorhandenen Strahlenbündel oo' und ee' zusammen, falls die Kristalle gleiche Dicken besitzen. Für $\alpha = \pm \frac{\pi}{4}$ besitzen die vier austretenden Strahlenbündel gleiche Intensität $\frac{m^2}{4} J$.

MALUS gibt nicht an, ob er zu seinen Gesetzen durch photometrische Messungen gelangt ist, oder ob er dieselben aus theoretischen Überlegungen erschlossen hat. Eine experimentelle Nachprüfung der MALUSschen Gesetze wurde zurest von ARAGO[1]) und später mit vollkommeneren Hilfsmitteln von WILD[2]) vorgenommen. Danach sind dieselben nur angenähert richtig, da ordentliche und außerordentliche Welle wegen der Verschiedenheit ihrer Brechungsindizes durch Reflexion ungleich geschwächt werden. Während nach (1) $J_e = J_o$ sein müßte, ist nach WILD $\frac{J_e - J_o}{J_o} = \frac{1}{33}$; ferner ist die aus (2) folgende Beziehung

$$\frac{J_{oe'}}{J_{oo'}} = \operatorname{tg}^2\alpha$$

nach WILD durch

$$\frac{J_{oe'}}{J_{oo'}} = k \operatorname{tg}^2\alpha$$

zu ersetzen, wobei k eine Konstante bedeutet, die von der Natur des betreffenden doppelbrechenden Kristalls sowie von seiner Orientierung abhängt. k läßt sich aus den Formeln der Kristalloptik berechnen[3]), und zwar ist nach WILD für eine Platte eines optisch einachsigen Kristalls[4]) bei senkrecht auffallendem Lichte

$$k = \left(n_o + \frac{1}{n_o}\right) \frac{\sqrt{\left(\frac{\sin\beta}{n_e}\right)^2 + \left(\frac{\cos\beta}{n_o}\right)^2}}{1 + \left(\frac{\sin\beta}{n_e}\right)^2 + \left(\frac{\cos\beta}{n_o}\right)^2}, \tag{3}$$

---

[1]) F. ARAGO, C. R. Bd. 30, S. 305. 1850; Oeuvr. compl. Bd. 10, S. 168. Paris-Leipzig 1858.

[2]) H. WILD, Pogg. Ann. Bd. 118, S. 222. 1863.

[3]) H. BASSO, Atti di Torino Bd. 21, S. 586. 1886; Bd. 22, S. 923. 1887.

[4]) Optisch einachsig sind die Kristalle des trigonalen, tetragonalen und hexagonalen Systems; vgl. Kap. 11 ds. Bandes.

wobei β den Winkel zwischen dem Einfallslot und der kristallograpphischen Hautachse ist und n_o und n_e die Brechungsindizes einer Kristallplatte mit $\beta = 90°$ bedeuten. Die Unterschiede zwischen den von WILD beobachteten und nach (3) berechneten Werten von k sind kleiner als 0,24%. Bei Kalkspat ergibt sich z. B. aus (3) für die Wellenlänge $\lambda = 589\,\mathrm{m}\mu$ und eine parallel zur kristallographischen Hauptachse geschnittene Platte $k = 1{,}04739$, für eine unter 45° gegen die Hauptachse geschnittene Platte $k = 1{,}02598$.

3. Polarisation durch Reflexion. BREWSTERsches Gesetz. MALUS[1]) fand, daß man polarisiertes Licht außer durch Doppelbrechung auch durch Reflexion erzeugen kann. Läßt man ein unpolarisiertes Strahlenbündel unter einem von Null und $\pi/2$ verschiedenen, sonst aber beliebigen Einfallswinkel auf die Begrenzungsfläche eines nicht absorbierenden, isotropen Körpers (z. B. Glas oder Wasser) fallen und dann das reflektierte Strahlenbündel durch einen Kalkspatkristall gehen, so sind die Intensitäten des aus dem Kalkspat austretenden ordentlichen und außerordentlichen Strahlenbündels im allgemeinen verschieden; dieselben hängen von dem Winkel ab, den die Einfallsebene des auf den reflektierenden Körper fallenden Strahlenbündels mit dem Hauptschnitt des Einfallslots des Kristalls bildet. Fällt die Einfallsebene mit letzteren zusammen, so erreicht die Intensität des ordentlichen Strahlenbündels ihren größten Wert, ohne daß jedoch im allgemeinen die Intensität des außerordentlichen Strahlenbündels vollständig verschwindet. Nach Ziff. 2 ist daher zu schließen, daß sich das reflektierte Strahlenbündel im allgemeinen so verhält, als ob es aus einem unpolarisierten und einem polarisierten Strahlenbündel, dessen Polarisationsebene mit der Einfallsebene zusammenfällt, zusammengesetzt wäre; man bezeichnet daher das reflektierte Strahlenbündel (bzw. die reflektierte Welle) als teilweise in der Einfallsebene polarisiert.

Die Intensität des polarisierten Anteils im reflektierten Strahlenbündel hängt vom Einfallswinkel des auffallenden Strahlenbündels ab; sie verschwindet für die Einfallswinkel 0 und $\pi/2$. Die Intensität des unpolarisierten Anteils dagegen verschwindet bei monochromatischer Strahlung für einen ganz bestimmten, zwischen 0 und $\pi/2$ liegenden Einfallswinkel. Dieser spezielle Einfallswinkel, bei dem somit das reflektierte Strahlenbündel vollständig in der Einfallsebene polarisiert ist, heißt der Polarisationswinkel des reflektierenden Körpers in bezug auf das Außenmedium; er hängt von der Natur des reflektierenden Körpers und der Wellenlänge λ der Strahlung nach einem gleich zu besprechenden Gesetze ab[2]).

Unterwirft man ein teilweise polarisiertes Strahlenbündel, welches durch Reflexion unter einem beliebigen, vom Polarisationswinkel verschiedenen Einfallswinkel gewonnen wurde, wiederholten Reflexionen unter beliebigen Einfallswinkeln, so erhält man, wie BREWSTER[3]) zuerst gezeigt hat, schließlich ein nahezu vollständig polarisiertes Strahlenbündel.

Ist das auffallende Strahlenbündel polarisiert, so ist das reflektierte Strahlenbündel, unabhängig vom Einfallswinkel, stets vollständig polarisiert, falls der Brechungsindex des reflektierenden Körpers in bezug auf das Außenmedium größer ist als 1. Bedeutet β das Azimut der Polarisationsebene des auffallenden Strahlenbündels (d. h. den Winkel, den

[1]) E. L. MALUS, Nouv. Bullet. des Scienc. par la Soc. philomat. Bd. 1, S. 266. 1807; Bd. 2, S. 320. 1810; Mem. de phys. et de chim. de la Soc. d'Arcueil Bd. 2, S. 143 1809; Mem. de l'Acad. des Scienc. Jg. 1810 (2), S. 112.

[2]) Über die Abweichungen von diesem Verhalten, hervorgerufen durch die stets vorhandenen Oberflächen- und Übergangsschichten, vgl. Kap. 6 ds. Bandes.

[3]) D. BREWSTER, Phil. Trans. Jg. 1815, S. 142.

seine Polarisationsebene mit der Einfallsebene bildet), γ das Azimut der Polarisationsebene des reflektierten Strahlenbündels, so ist im allgemeinen γ von β verschieden; durch die Reflexion findet somit im allgemeinen eine Drehung der Polarisationsebene des auffallenden polarisierten Strahlenbündels statt. γ hängt bei bestimmter Wellenlänge von β, vom Einfallswinkel und der Natur des reflektierenden Körpers ab (vgl. Kap. 6 dieses Bandes). Ist der Einfallswinkel gleich dem Polarisationswinkel, so ist $\gamma = 0$, d. h. das reflektierte Strahlenbündel ist dann in der Einfallsebene polarisiert; ist der Einfallswinkel gleich $\pi/2$ oder gleich 0 (Fall streifenden und normalen Einfalls), so ist $\gamma = \beta$.

Der Zusammenhang zwischen dem Polarisationswinkel und den optischen Eigenschaften des reflektierenden, nicht absorbierenden Körpers ist von MALUS und BREWSTER aufgefunden worden.

Sind 1 und 2 zwei aneinandergrenzende, isotrope, nicht absorbierende Medien, und ist (für eine bestimmte Wellenlänge λ) φ_{12} der Polarisationswinkel von 1 in bezug auf 2, φ_{21} der Polarisationswinkel von 2 in bezug auf 1, so besteht nach MALUS[1]) die Beziehung

$$\sin\varphi_{12} = n_{12}\sin\varphi_{21},$$

wobei n_{12} den Brechungsindex des Mediums 1 in bezug auf das Medium 2 (für die Wellenlänge λ) bedeutet; φ_{21} ist somit gleich dem Brechungswinkel des von 2 gegen 1 unter dem Polarisationswinkel φ_{12} einfallenden Strahlenbündels.

Das vollkommenere Gesetz verdankt man BREWSTER[2]); er fand, daß der Polarisationswinkel derjenige Einfallswinkel ist, bei dem das reflektierte Strahlenbündel zum gebrochenen Strahlenbündel senkrecht steht. Nach dem Brechungsgesetz ist nun $\sin\varphi = n_{12}\sin\chi$, wobei φ den Einfallswinkel, und χ den Brechungswinkel für das Medium 1 bedeutet; wird $\varphi = \varphi_{12}$, so ist noch BREWSTER $\varphi_{12} + \chi = \frac{\pi}{2}$, und man erhält

$$\operatorname{tg}\varphi_{12} = n_{12}.$$

Für eine bestimmte Wellenlänge ist demnach die Tangente des Polarisationswinkels eines nicht absorbierenden, isotropen Körpers in bezug auf das isotrope Außenmedium gleich dem Brechungsindex des Körpers in bezug auf das Außenmedium; diese Beziehung bezeichnet man als das BREWSTERsche Gesetz. Dasselbe wurde von BREWSTER experimentell gefunden und zunächst nur unvollkommen bestätigt, jedoch später von SEEBECK[3]) bei zahlreichen Körpern mit großer Genauigkeit als richtig erwiesen.

Ist der nicht absorbierende, reflektierende Körper anisotrop, so existiert ebenfalls ein bestimmter Polarisationswinkel; die Polarisationsebene des reflektierten Strahlenbündels bildet mit der Einfallsebene im allgemeinen einen von Null verschiedenen Winkel, der die Ablenkung der Polarisationsebene heißt. Polarisationswinkel und Ablenkung der Polarisationsebene hängen, wie BREWSTER[4]) zuerst fand, von der kristallographischen Orientierung der reflektierenden Fläche sowie von der Lage der Einfallsebene in bezug auf die reflektierende Fläche ab (vgl. Kap. 11 dieses Bandes).

---

1) Vgl. die Zitate S. 87, Anm. 1.
2) D. BREWSTER, Phil. Trans. Jg. 1815, S. 125.
3) A. SEEBECK, Pogg. Ann. Bd. 20, S. 27. 1830.
4) D. BREWSTER, Phil. Trans. Jg. 1819, S. 145.

4. Polarisation durch Brechung. Fällt ein unpolarisiertes Strahlenbündel auf die Begrenzungsfläche eines nichtabsorbierenden isotropen Körpers, dessen Brechungsindex in bezug auf das Außenmedium größer ist als 1, so ist das gebrochene Strahlenbündel stets teilweise polarisiert, falls man von den Grenzfällen streifenden und normalen Einfalls absieht; die Polarisationsebene des polarisierten Anteils steht senkrecht zur Polarisationsebene des reflektierten Strahlenbündels, das gebrochene Strahlenbündel ist somit teilweise senkrecht zur Einfallsebene polarisiert. Die Intensität des unpolarisierten Anteils des gebrochenen Strahlenbündels verschwindet für keinen Einfallswinkel, auch dann nicht, wenn der Einfallswinkel gleich dem Polarisationswinkel ist.

Für die Intensität des polarisierten Anteils im gebrochenen Strahlenbündel gilt das von ARAGO[1]) im Jahre 1815 experimentell gefundene Gesetz, daß die polarisierten Anteile im reflektierten und im gebrochenen Strahlenbündel stets gleiche Intensitäten besitzen.

II. Elementare Theorie des polarisierten Lichtes.

a) Analytische Darstellung einer polarisierten Lichtwelle.

5. Analytische Darstellung des polarisierten Lichtes. Wir betrachten die Ausbreitung der Lichtwellen in einem homogenen, isotropen, nicht absorbierenden (durchsichtigen) Medium; in hinreichender Entfernung von der Lichtquelle können die Lichtwellen als eben angesehen werden, d. h es läßt sich eine Schar paralleler Ebenen legen derart, daß die Lichterregung in allen Punkten derselben Ebene die gleiche ist. Diese Ebenen nennt man Wellenebenen, ihre gemeinsame Normale heißt die Wellennormale und fällt in isotropen Körpern mit der Richtung der Lichtstrahlen zusammen. Ebenen Wellen entspricht daher eine Parallelstrahlung.

Die Erscheinungen der Interferenz der Lichtwellen (vgl. Kap. 6 dieses Bandes) führen zu der Annahme, daß die von einer ebenen Lichtwelle in einem Punkte P hervorgerufene Lichterregung eine periodische Funktion des Arguments

$$t - \frac{d}{c_n} \tag{4}$$

ist. Hierin bedeutet t die Zeit und d den Abstand der durch den Punkt P gehenden Wellenebene von einem festen Punkte O; c_n ist die in Richtung der Wellennormale gemessene Fortpflanzungsgeschwindigkeit der Welle und hängt ab von der Natur des Mediums, in welchem die Lichtausbreitung erfolgt. Sind α, β, γ die Winkel, welche die Wellennormale mit den Koordinatenachsen eines rechtwinkligen Koordinatensystems bildet, dessen Anfangspunkt in O liegt, und sind x, y, z die Koordinaten von P in diesem Koordinatensystem, so ist

$$d = x\cos\alpha + y\cos\beta + z\cos\gamma.$$

Die Erscheinung der Polarisation des Lichtes nötigt zu der Auffassung, daß die durch eine polarisierte Lichtwelle in P hervorgerufene Lichterregung durch eine Vektorgröße charakterisiert wird, deren Richtung nicht in die Wellennormale fällt, da sonst die auf die Polarisationsebene (Ziff. 1) bezogenen seitlichen Verschiedenheiten nicht erklärt werden können. Man bezeichnet diese Vektorgröße als den Lichtvektor[2]). Für die nach den Koordinatenachsen

---

[1]) F. ARAGO, Oeuvr. compl. Bd. 7, S. 324; 379. Bd. 10, S. 176. Paris-Leipzig 1858.

[2]) Über die Deutung des Lichtvektors in der elektromagnetischen Lichttheorie bzw. in den älteren mechanischen Theorien vgl. Kap. 6.

genommenen Komponenten des Lichtvektors $\mathfrak{D}$ haben wir somit eine periodische Funktion von (4) anzusetzen und schreiben

$$\left.\begin{aligned} \mathfrak{D}_x &= \overline{\mathfrak{D}}_x \cos\left\{\frac{2\pi}{T}\left(t - \frac{d}{c_n}\right) - \Delta_1\right\}, \quad \mathfrak{D}_y = \overline{\mathfrak{D}}_y \cos\left\{\frac{2\pi}{T}\left(t - \frac{d}{c_n}\right) - \Delta_2\right\}, \\ \mathfrak{D}_z &= \overline{\mathfrak{D}}_z \cos\left\{\frac{2\pi}{T}\left(t - \frac{d}{c_n}\right) - \Delta_3\right\}. \end{aligned}\right\} \tag{5}$$

Die zeitliche Periode T heißt die Schwingungsdauer der Welle, durch sie wird die Lage der Welle im Spektrum (d. h. ihre Farbe) bestimmt; (5) sind somit die Komponenten des Lichtvektors einer ebenen, polarisierten, monochromatischen Lichtwelle. Ist λ die Wellenlänge in dem Medium, in welchem die Lichtausbreitung erfolgt, so besteht die Beziehung

$$\lambda = c_n T.$$

Δ_1, Δ_2 und Δ_3 sind von t, x, y, z unabhängige Größen, welche zusammen mit $\overline{\mathfrak{D}}_x$, $\overline{\mathfrak{D}}_y$ und $\overline{\mathfrak{D}}_z$, die Komponenten von $\mathfrak{D}$ zum Zeitpunkte $t = 0$ für die durch den Koordinatenanfangspunkt O gehende Wellenebene bestimmen. Wir setzen zur Abkürzung

$$\delta_1 = \frac{2\pi d}{\lambda} + \Delta_1, \qquad \delta_2 = \frac{2\pi d}{\lambda} + \Delta_2, \qquad \delta_3 = \frac{2\pi d}{\lambda} + \Delta_3,$$

und erhalten dann an Stelle von (5)

$$\mathfrak{D}_x = \overline{\mathfrak{D}}_x \cos\left(\frac{2\pi}{T} t - \delta_1\right), \quad \mathfrak{D}_y = \overline{\mathfrak{D}}_y \cos\left(\frac{2\pi}{T} t - \delta_2\right), \quad \mathfrak{D}_z = \overline{\mathfrak{D}}_z \cos\left(\frac{2\pi}{T} t - \delta_3\right). \tag{6}$$

δ_1, δ_2 und δ_3 heißen die Phasenkonstanten der Lichtvektorkomponenten.

In (5) und (6) bestimmen $\overline{\mathfrak{D}}_x$, $\overline{\mathfrak{D}}_y$ und $\overline{\mathfrak{D}}_z$ die Komponenten eines Vektors $\overline{\mathfrak{D}}$, der räumlich und zeitlich konstant ist, und dessen Betrag die Amplitude von $\mathfrak{D}$ heißt; dementsprechend nennt man $\overline{\mathfrak{D}}_x$, $\overline{\mathfrak{D}}_y$ und $\overline{\mathfrak{D}}_z$ die Amplituden der Lichtvektorkomponenten $\mathfrak{D}_x$, $\mathfrak{D}_y$ und $\mathfrak{D}_z$. $\overline{\mathfrak{D}}_x$, $\overline{\mathfrak{D}}_y$ und $\overline{\mathfrak{D}}_z$ werden stets positiv gerechnet; besitzt eine der Komponenten (6) ein negatives Vorzeichen, so wird dieses in die Phasenkonstante einbezogen, wodurch sich letztere um $\pm\pi$ ändert.

6. Intensität einer Lichtwelle. Die Energie einer Lichtwelle ist nach allen Lichttheorien proportional dem Quadrate von $\mathfrak{D}$ (vgl. Kap. 6 dieses Bandes). Wegen der Kleinheit der Schwingungsdauer T ist aber eine Messung von $\mathfrak{D}^2$ zu einem bestimmten Zeitpunkte t nicht möglich; meßbar ist vielmehr nur der zeitliche Mittelwert der Energie, erstreckt über ein Zeitintervall Δt, welches zwar nur den Bruchteil einer Sekunde bildet, aber doch groß ist im Vergleich zur Schwingungsdauer T. Setzt man

$$\frac{\Delta t}{T} = m + \frac{J}{T},$$

wobei m eine große ganze Zahl und $J < T$ ist, so erhält man für jenen zeitlichen Mittelwert

$$\frac{1}{\Delta t}\int_0^{\Delta t} \mathfrak{D}^2 dt = \frac{1}{mT}\int_0^{mT} (\mathfrak{D}_x^2 + \mathfrak{D}_y^2 + \mathfrak{D}_z^2)\, dt$$

und zwar gilt diese Beziehung mit um so größerer Annäherung, je größer mT im Vergleich zu J ist; mit Hilfe von (6) folgt dann

$$\frac{1}{\Delta t}\int_0^{\Delta t} \mathfrak{D}^2 dt = \frac{\overline{\mathfrak{D}}_x^2 + \overline{\mathfrak{D}}_y^2 + \overline{\mathfrak{D}}_z^2}{2} = \frac{\overline{\mathfrak{D}}^2}{2}. \tag{7}$$

Als Maß für die **Intensität** J der **Lichterregung** in dem Punkte P nehmen wir eine dem zeitlichen Mittelwert (7) proportionale Größe, und zwar setzen wir

$$J = \overline{\mathfrak{D}}_x^2 + \overline{\mathfrak{D}}_y^2 + \overline{\mathfrak{D}}_z^2 = \overline{\mathfrak{D}}^2. \tag{8}$$

Treffen in einem Punkte mehrere Wellen mit den Lichtvektoren $\mathfrak{D}_1, \mathfrak{D}_2, \mathfrak{D}_3, \ldots$ zusammen, so setzen sich dieselben, wie aus den Interferenzerscheinungen geschlossen werden muß (vgl. Kap. 1 dieses Bandes), zu einer resultierenden Welle mit dem Lichtvektor

$$\mathfrak{D} = \mathfrak{D}_1 + \mathfrak{D}_2 + \mathfrak{D}_3 + \cdots \tag{9}$$

zusammen; die Intensität der resultierenden Welle berechnet sich nach (8), wobei für $\overline{\mathfrak{D}}_x, \overline{\mathfrak{D}}_y, \overline{\mathfrak{D}}_z$ die Amplituden der Komponenten des durch (9) bestimmten resultierenden Vektors $\mathfrak{D}$ einzusetzen sind.

7. Komplexe Darstellung des Lichtvektors. In vielen Fällen ist eine symbolische Darstellung des Lichtvektors nützlich, die darauf beruht, daß $\cos\varphi$ der reelle, $\sin\varphi$ der mit $-i$ multiplizierte imaginäre Teil der komplexen Größe $e^{i\varphi}$ ist; wir können daher die Komponenten (6) des Lichtvektors als die reellen Teile der komplexen Ausdrücke

$$D_x e^{i\frac{2\pi}{T}t}, \qquad D_y e^{i\frac{2\pi}{T}t}, \qquad D_z e^{i\frac{2\pi}{T}t}$$

auffassen, wobei D_x, D_y und D_z im allgemeinen komplexe Größen sind.

Sind D'_x, D'_y und D'_z die reellen, iD''_x, iD''_y und iD''_z die imaginären Teile von D_x, D_y und D_z, so haben wir mit Rücksicht auf (6)

$$D_x = D'_x + iD''_x = \overline{\mathfrak{D}}_x e^{-i\delta_1}, \quad D_y = D'_y + iD''_y = \overline{\mathfrak{D}}_y e^{-i\delta_2}, \quad D_z = D'_z + iD''_z = \overline{\mathfrak{D}}_z e^{-i\delta_3},$$

und die Komponenten des Lichtvektors werden

$$\left.\begin{aligned} \mathfrak{D}_x &= \overline{\mathfrak{D}}_x \cos\left(\frac{2\pi}{T}t - \delta_1\right) = D'_x \cos\frac{2\pi}{T}t - D''_x \sin\frac{2\pi}{T}t, \\ \mathfrak{D}_y &= \overline{\mathfrak{D}}_y \cos\left(\frac{2\pi}{T}t - \delta_2\right) = D'_y \cos\frac{2\pi}{T}t - D''_y \sin\frac{2\pi}{T}t, \\ \mathfrak{D}_z &= \overline{\mathfrak{D}}_z \cos\left(\frac{2\pi}{T}t - \delta_3\right) = D'_z \cos\frac{2\pi}{T}t - D''_z \sin\frac{2\pi}{T}t; \end{aligned}\right\} \tag{10}$$

demnach sind $\pm D'_x$, $\pm D'_y$, $\pm D'_z$ bzw. $\pm D''_x$, $\pm D''_y$, $\pm D''_z$ die Lichtvektorkomponenten zu den Zeitpunkten

$$t = \frac{kT}{2}, \qquad \text{bzw.} \qquad t = \frac{2k+1}{2}T. \qquad (k = 0, 1, 2, \ldots)$$

Aus (10) ergibt sich

$$\left.\begin{aligned} \overline{\mathfrak{D}}_x \cos\delta_1 = D'_x, \quad \overline{\mathfrak{D}}_x \sin\delta_1 = -D''_x, \quad \overline{\mathfrak{D}}_y \cos\delta_2 = D'_y, \quad \overline{\mathfrak{D}}_y \sin\delta_2 = -D''_y, \\ \overline{\mathfrak{D}}_z \cos\delta_3 = D'_z, \quad \overline{\mathfrak{D}}_z \sin\delta_3 = -D''_z, \end{aligned}\right\} \tag{11}$$

für die Intensität J der Lichtwelle können wir daher auch schreiben

$$J = D'^2_x + D''^2_x + D'^2_y + D''^2_y + D'^2_z + D''^2_z.$$

Bezeichnen wir die zur komplexen Größe $D = D' + iD''$ gehörende konjugiert komplexe Größe mit D^*, so ist $DD^* = D'^2 + D''^2$, und wir erhalten daher für J den Ausdruck

$$J = D_x D_x^* + D_y D_y^* + D_z D_z^*. \tag{12}$$

b) Schwingungsbahn einer polarisierten Lichtwelle.

8. Schwingungsbahn. Der freie Endpunkt des zum Punkte P gehörenden Lichtvektors $\mathfrak{D}$ beschreibt im Laufe der Zeit eine Kurve, welche als Schwingungsbahn oder Bahnkurve des Lichtvektors bezeichnet wird. Durch Elimination von t aus den Gleichungen (6) erhält man

$$\begin{vmatrix} \frac{\mathfrak{D}_x}{\overline{\mathfrak{D}}_x} & \cos\delta_1 & \sin\delta_1 \\ \frac{\mathfrak{D}_y}{\overline{\mathfrak{D}}_y} & \cos\delta_2 & \sin\delta_2 \\ \frac{\mathfrak{D}_z}{\overline{\mathfrak{D}}_z} & \cos\delta_3 & \sin\delta_3 \end{vmatrix} = 0,$$

also eine lineare Gleichung zwischen $\mathfrak{D}_x$, $\mathfrak{D}_y$, $\mathfrak{D}_z$; die Schwingungsbahn ist somit eine ebene Kurve.

Wir denken uns jetzt das Koordinatensystem so gelegt, daß die xy-Ebene in die Ebene der Schwingungsbahn fällt; dann folgt aus (6)

$$\mathfrak{D}_x = \overline{\mathfrak{D}}_x \cos\left(\frac{2\pi}{T}t - \delta_1\right), \qquad \mathfrak{D}_y = \overline{\mathfrak{D}}_y \cos\left(\frac{2\pi}{T}t - \delta_2\right), \qquad \mathfrak{D}_z = 0. \tag{13}$$

Die Gleichung der Schwingungsbahn ergibt sich durch Elimination von t aus (13) zu

$$\frac{\mathfrak{D}_x^2}{\overline{\mathfrak{D}}_x^2} + \frac{\mathfrak{D}_y^2}{\overline{\mathfrak{D}}_y^2} - 2\frac{\mathfrak{D}_x\mathfrak{D}_y}{\overline{\mathfrak{D}}_x\overline{\mathfrak{D}}_y}\cos(\delta_2 - \delta_1) = \sin^2(\delta_2 - \delta_1). \tag{14}$$

(14) ist die Gleichung einer Ellipse, die einem Rechteck mit der Seite $2\overline{\mathfrak{D}}_x$ parallel zur x-Achse und der Seite $2\overline{\mathfrak{D}}_y$ parallel zur y-Achse einbeschrieben ist; die Schwingungsbahn des polarisierten Lichtes ist somit im allgemeinsten Falle eine Ellipse, und die Welle heißt daher elliptisch polarisiert[1]).

Die Differenz

$$\delta = \delta_2 - \delta_1$$

nennt man die Phasendifferenz zwischen den Komponenten $\mathfrak{D}_x$ und $\mathfrak{D}_y$; an Stelle der Phasendifferenz δ wird zuweilen auch die Größe $g = \frac{\delta\lambda}{2\pi}$ benutzt, die man als Gangunterschied der Komponenten $\mathfrak{D}_x$ und $\mathfrak{D}_y$ bezeichnet.

Der Flächeninhalt der durch (14) dargestellten Ellipse wird vom Lichtvektor während einer Schwingungsdauer T beschrieben. Bezeichnen wir mit df das während des Zeitelementes dt bestrichene Flächenelement, so haben wir für die Flächengeschwindigkeit

$$\frac{df}{dt} = \frac{1}{2}\left(\mathfrak{D}_x\frac{d\mathfrak{D}_y}{dt} - \mathfrak{D}_y\frac{d\mathfrak{D}_x}{dt}\right) = \frac{\pi}{T}\overline{\mathfrak{D}}_x\overline{\mathfrak{D}}_y\sin\delta. \tag{15}$$

Legen wir das Koordinatensystem so, daß positive x-Achse, positive y-Achse und Wellennormale ein Rechtssystem bilden, so wird die Flächengeschwindigkeit positiv oder negativ, je nachdem die Wellennormale vom Lichtvektor im positiven oder negativen Sinne umlaufen wird; im ersteren Falle bezeichnet man die Welle als linkselliptisch, im letzteren als rechtselliptisch polarisiert. Da $\overline{\mathfrak{D}}_x$ und $\overline{\mathfrak{D}}_y$ stets positiv genommen werden (Ziff. 5), so ist die Welle nach (15) rechts- bzw. linkselliptisch polarisiert, je nachdem $\sin\delta$ negativ bzw. positiv ist.

[1]) Die Bezeichnung rührt von D. BREWSTER her, der die elliptische Polarisation anläßlich seiner Untersuchungen über Metallreflexion entdeckte (Phil. Trans. Jg. 1830, Bd. 2, S. 293); die Herleitung der Gleichung der Schwingungsbahn (14) erfolgte durch F. NEUMANN (Pogg. Ann. Bd. 26, S. 93. 1832; Ges. Werke Bd. 2, S. 203. Leipzig 1906).

Die Lage der Schwingungsellipse wird bestimmt durch ihr Azimut, d. h. durch den Winkel $\varphi\left(-\frac{\pi}{2}\leqq\varphi\leqq+\frac{\pi}{2}\right)$ zwischen einer Ellipsenachse und der positiven x-Achse; ihre Gestalt ergibt sich aus der Elliptizität, d. h. aus dem Achsenverhältnis $\frac{\eta}{\xi}=\operatorname{tg}\psi\left(0\leqq\psi\leqq\frac{\pi}{2}\right)$ der Ellipsenhalbachsen ξ und η. Setzt man zur Abkürzung für das Amplitudenverhältnis

$$\frac{\overline{\mathfrak{D}}_y}{\overline{\mathfrak{D}}_x}=\operatorname{tg}\gamma\left(0\leqq\gamma\leqq\frac{\pi}{2}\right), \tag{16}$$

so folgt[1]) aus Gleichung (14)

$$\operatorname{tg}2\varphi=\operatorname{tg}2\gamma\cos\delta, \tag{17}$$

$$\sin 2\psi=\mp\sin 2\gamma\sin\delta. \tag{18}$$

Aus (17) und (18) ergibt sich

$$\operatorname{tg}\delta=\mp\frac{\operatorname{tg}2\psi}{\sin 2\varphi}, \tag{19}$$

$$\cos 2\gamma=\cos 2\psi\cos 2\varphi; \tag{20}$$

dabei gilt in (18) und (19) das obere oder das untere Vorzeichen, je nachdem die Welle rechts- oder linkselliptisch polarisiert ist.

(17) und (18) gestatten die Bestimmung des Azimuts und der Elliptizität der Schwingungsellipse, falls Amplitudenverhältnis und Phasendifferenz der Lichtvektorkomponenten gegeben sind[2]).

Ist umgekehrt die Schwingungsellipse gegeben, so kann man die Lichtvektorkomponenten nach zwei zueinander senkrechten Richtungen auf unendlich viele Arten erhalten. Phasendifferenz und Amplitudenverhältnis ändern sich mit der Lage der Richtungen und bestimmen sich aus (19) und (20)[3]).

Ist

$$\delta=\frac{2k+1}{2}\pi\;(k=0,1,2,\ldots)$$

so fallen die Ellipsenachsen mit den Koordinatenachsen zusammen; die Welle ist rechts- oder linkselliptisch polarisiert, je nachdem k ungerade oder gerade ist. Die Komponenten des Lichtvektors sind dann gemäß (13)

$$\mathfrak{D}_x=\xi\cos\left(\frac{2\pi}{T}t-\delta_1\right),\qquad \mathfrak{D}_y=\mp\eta\sin\left(\frac{2\pi}{T}t-\delta_1\right),\qquad \mathfrak{D}_z=0; \tag{21}$$

hierbei gilt das obere Vorzeichen für rechts-, das untere für linkselliptische Polarisation.

Ist

$$\delta=\frac{2k+1}{2}\pi\;(k=0,1,2,\ldots)$$

und außerdem $\overline{\mathfrak{D}}_x=\overline{\mathfrak{D}}_y$, somit nach (16) $\operatorname{tg}\gamma=1$, so wird die Ellipse nach Gleichung (14) zu einem Kreise, und φ bleibt gemäß (17) unbestimmt. Die Welle bezeichnet man dann als zirkular polarisiert[4]), und zwar als rechts- oder

---

[1]) H. DE SÉNARMONT, Ann. chim. phys. Bd. 73, S. 337. 1840.

[2]) Über eine geometrische Konstruktion zur Bestimmung von φ aus γ und δ, vgl. J. CL. MAXWELL, Trans. Edinbg. Roy. Soc. Bd. 26, S. 185. 1872.

[3]) Die Methoden zur experimentellen Bestimmung von Phasendifferenz δ und Amplitudenverhältnis $\operatorname{tg}\gamma$, bzw. von Azimut φ und Elliptizität $\operatorname{tg}\psi$ werden in Bd. XIX ds. Handb. besprochen.

[4]) Die Entdeckung des zirkular polarisierten Lichtes erfolgte durch A. FRESNEL, Bull. des Scienc. par la Soc. philomat. Jg. 1822, S. 194; Ann. chim. phys. Bd. 28, S. 153. 1825; Oeuvr. compl. Bd. 1, S. 724, 744. Paris 1866.

linkszirkular, je nachdem k ungerade oder gerade ist. Die Komponenten des Lichtvektors einer zirkular polarisierten Welle ergeben sich demnach mit Hilfe von (13) zu

$$\mathfrak{D}_x = \xi \cos\left(\frac{2\pi}{T} t - \delta_1\right), \qquad \mathfrak{D}_y = \mp \xi \sin\left(\frac{2\pi}{T} t - \delta_1\right), \qquad \mathfrak{D}_z = 0; \tag{22}$$

das obere Vorzeichen gilt wieder für rechts-, das untere für linkszirkulare Polarisation.

Ist

$$\delta = k\pi \, (k = 0, 1, 2, \ldots),$$

so geht die Ellipse nach Gleichung (14) in eine Gerade über, und die Welle heißt dann linear oder geradlinig polarisiert[1]). Das Azimut der Geraden gegen die positive x-Achse folgt aus (16) und (17) mit Rücksicht auf die Grenzen von φ zu

$$\operatorname{tg}\varphi = \pm \operatorname{tg}\gamma = \pm \frac{\overline{\mathfrak{D}}_y}{\overline{\mathfrak{D}}_x}, \tag{23}$$

wobei das obere oder untere Vorzeichen gilt, je nachdem k gerade oder ungerade ist. Die Gleichungen (13) für die Komponenten des Lichtvektors gehen daher bei einer linear polarisierten Welle über in

$$\mathfrak{D}_x = \overline{\mathfrak{D}}_x \cos\left(\frac{2\pi}{T} t - \delta_1\right), \qquad \mathfrak{D}_y = \overline{\mathfrak{D}}_y \cos\left(\frac{2\pi}{T} t - \delta_1\right), \qquad \mathfrak{D}_z = 0. \tag{24}$$

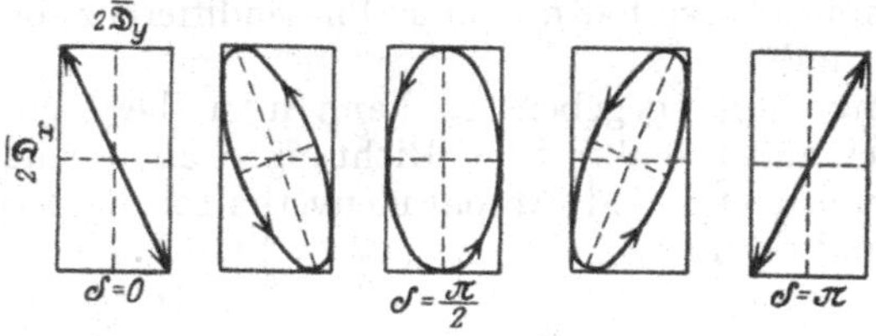

Abb. 2. Schwingungsbahn einer polarisierten Welle. (δ Phasendifferenz zwischen den Lichtvektorkomponenten $\mathfrak{D}_x$ und $\mathfrak{D}_y$; $\overline{\mathfrak{D}}_x$ und $\overline{\mathfrak{D}}_y$ Amplituden dieser Komponenten.)

Die Änderungen der Schwingungsbahn, welche eintreten, falls die Phasendifferenz δ von 0 bis π wächst, ergeben sich aus Abb. 2, in welcher der Umlaufssinn durch Pfeilspitzen angedeutet ist; wächst die Phasendifferenz von π bis 2π, so werden dieselben Figuren in umgekehrter Reihenfolge und entgegengesetztem Umlaufssinn durchlaufen.

9. Geometrische Darstellung der Schwingungsbahn nach POINCARÉ. Wir können in (13) $\mathfrak{D}_x$ und $\mathfrak{D}_y$ als die reellen Teile der komplexen Größen

$$D_x e^{i\frac{2\pi}{T}t}, \qquad D_y e^{i\frac{2\pi}{T}t}$$

betrachten (Ziff. 7), wobei D_x und D_y im allgemeinen komplexe Größen sind.

Das Verhältnis

$$\frac{D_y}{D_x} = \frac{\overline{\mathfrak{D}}_y}{\overline{\mathfrak{D}}_x} e^{-i(\delta_2 - \delta_1)} = \operatorname{tg}\gamma \cos\delta - i \operatorname{tg}\gamma \sin\delta = u + iv \tag{25}$$

bestimmt Amplitudenverhältnis $\operatorname{tg}\gamma$ und Phasendifferenz $\delta = \delta_2 - \delta_1$, somit gemäß (17) und (18) auch Azimut und Elliptizität der Schwingungsellipse. Wir können daher jeden Polarisationszustand der Welle durch einen Punkt w der komplexen Zahlenebene u, v darstellen; der absolute Betrag von w liefert das Amplitudenverhältnis $\operatorname{tg}\gamma$, die Anomalie von w ergibt die negative Phasendifferenz $-\delta$.

Da die Welle rechts- bzw. linkselliptisch polarisiert ist, je nachdem $\sin\delta$ negativ bzw. positiv, d. h. je nachdem $-\pi \leq \delta \leq 0$ bzw. $0 \leq \delta \leq \pi$ ist (Ziff. 8),

[1]) Die Bezeichnung stammt ebenfalls von A. FRESNEL (vgl. die Zitate S. 93, Anm. 4).

so liegt bei einer rechtselliptisch polarisierten Welle der entsprechende Bildpunkt w oberhalb, bei einer linkselliptisch polarisierten Welle unterhalb der u-Achse.

Bei einer linear polarisierten Welle ist nach Ziff. 8 $\delta = k\pi\,(k = 0, 1, 2, \ldots)$, somit $v = 0$; der eine linear polarisierte Welle darstellende Bildpunkt w liegt daher auf der u-Achse, und der Winkel φ, den die geradlinige Schwingungsbahn mit der positiven x-Achse bildet, wird mit Rücksicht auf (23)

$$w = u = \operatorname{tg}\varphi. \tag{26}$$

Für die Punkte der v-Achse ist

$$\delta = \frac{2k+1}{2}\pi\,(k = 0, 1, 2, \cdots);$$

diesen Punkten entsprechen nach Ziff. 8 Schwingungsellipsen, deren Achsen parallel zur x-Achse und y-Achse liegen und deren Elliptizität durch

$$v = \operatorname{tg}\psi \tag{27}$$

gegeben ist.

Die Punkte P_1 und P_2 (Abb. 3) mit den Koordinaten $u = 0$, $v = \pm 1$ entsprechen demnach einer rechts- und einer linkszirkular polarisierten Welle.

Für das Azimut φ der Schwingungsellipse gegen die positive x-Achse und den Winkel ψ der Elliptizität hat man nach (17) und (18)

$$\operatorname{tg}2\varphi = \operatorname{tg}2\gamma\cos\delta, \qquad \sin 2\psi = \mp\sin 2\gamma\sin\delta. \tag{28}$$

Andererseits folgt aus (25)

$$u = \operatorname{tg}\gamma\cos\delta, \qquad v = -\operatorname{tg}\gamma\sin\delta; \tag{29}$$

in (28) gilt nach Ziff. 8 das obere bzw. das untere Vorzeichen, je nachdem die Welle rechts- bzw. linkselliptisch polarisiert ist. Aus (28) und (29) erhält man nun

$$u^2 + v^2 + 2\frac{u}{\operatorname{tg}2\varphi} - 1 = 0, \tag{30}$$

$$u^2 + v^2 \mp 2\frac{v}{\sin 2\psi} + 1 = 0. \tag{31}$$

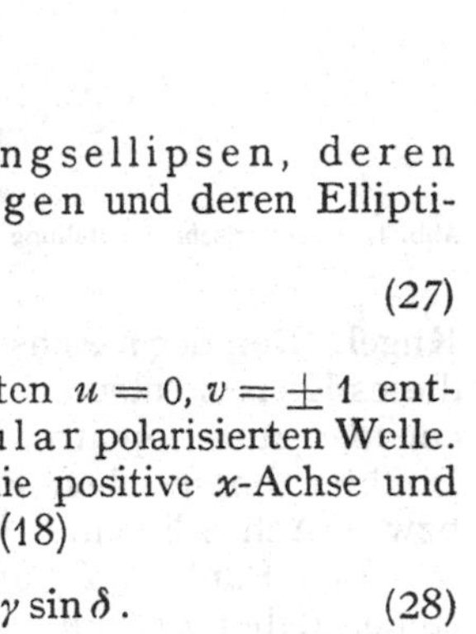

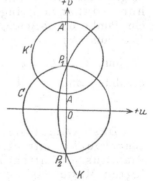

Abb. 3. Zur geometrischen Darstellung der Schwingungsbahn nach POINCARÉ.

Diejenigen Punkte w, die Ellipsen mit gleichen Achsenrichtungen, d. h. mit konstantem Azimut φ entsprechen, liegen nach (30) auf einem Kreise K (Abb. 3), der durch die beiden Punkte P_1 und P_2 geht; diejenigen Punkte w, die Ellipsen mit gleichen Elliptizitäten, d. h. mit konstantem ψ entsprechen, liegen nach (31) auf einem zu K orthogonalen Kreise K'.

Sind A und A' die Schnittpunkte von K' mit der v-Achse, so entsprechen diesen Punkten zwei um 90° gegeneinander gedrehte Ellipsen. Denn ist C derjenige Kreis der Schar K, dessen Mittelpunkt im Koordinatenanfangspunkte O liegt, so folgt wegen der Orthogonalität von C und K'

$$OA \cdot OA' = OP_1^2 = 1;$$

OA und OA' sind aber nach (27) die Elliptizitäten der den Punkten A und A' entsprechenden Schwingungsellipsen, deren Achsen parallel zur x-Achse bzw. zur y-Achse liegen.

Wir bilden jetzt diese Abbildung durch eine stereographische Projektion auf eine Kugel mit dem Durchmesser 1 ab, welche die uv-Ebene im Koordinatenanfangspunkte O berührt; diese Abbildung ist bekanntlich konform, und jedem Kreise der uv-Ebene entspricht ein Kreis auf der Kugeloberfläche. Ist M der Kugelmittelpunkt und Q der zweite Endpunkt des durch O gehenden Kugeldurchmessers, so ist Q das Projektionszentrum (Abbild. 4); einem Punkte w der uv-Ebene entspricht derjenige Punkt der Kugeloberfläche, in welchem letztere von der Verbindungslinie Qw getroffen wird.

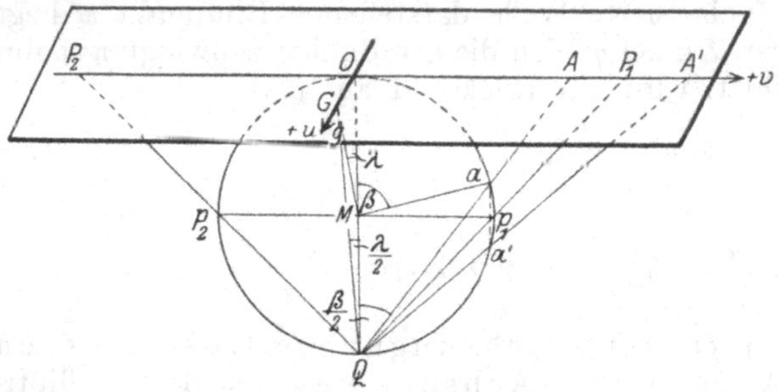

Abb. 4. Geometrische Darstellung der Schwingungsbahn nach POINCARÉ.

Den Achsen u und v entsprechen Großkreise der Kugel. Der der u-Achse entsprechende Großkreis heißt Äquator, den Punkten dieses Kreises entsprechen linear polarisierte Wellen. Der der v-Achse entsprechende, zum Äquator senkrechte Großkreis heißt erster Meridian; seinen Punkten entsprechen Schwingungsellipsen, deren Achsen parallel zur x-Achse bzw. y-Achse liegen.

Den Punkten P_1 und P_2 entsprechen die Pole p_1 und p_2 der Kugel; diese stellen daher zirkular polarisierte Wellen dar. Der Äquator trennt die den rechts- bzw. linkselliptisch polarisierten Wellen entsprechenden Punkte; erstere liegen auf der p_1, letztere auf der p_2 zugewandten Halbkugel. Wir bezeichnen zur Abkürzung p_1 als den Nordpol, p_2 als den Südpol der Kugel.

Den durch P_1 und P_2 gehenden Kreisen K entsprechen die durch p_1 und p_2 gehenden Meridiane der Kugel; zu den Punkten eines Meridians gehören daher Schwingungsellipsen mit konstantem Azimut φ. Ist G ein Punkt der u-Achse, g der entsprechende Punkt der Kugeloberfläche, so folgt aus (26)

$$\operatorname{tg}\varphi = OG;$$

ist nun $\sphericalangle OMG = \lambda$ die zum Punkte g gehörende, vom ersten Meridian aus gezählte Länge, somit $\sphericalangle OQG = \frac{\lambda}{2}$, so wird $OG = \operatorname{tg}\frac{\lambda}{2}$ und daher

$$\varphi = \frac{\lambda}{2}. \tag{32}$$

Das Azimut der Schwingungsellipse, die einem bestimmten Kugelpunkte entspricht, ist demnach gleich der (vom ersten Meridian aus gezählten) halben Länge des durch jenen Kugelpunkt gelegten Meridians.

Den zu K orthogonalen Kreisen K' entsprechen auf der Kugeloberfläche die Breitenkreise; den Punkten der letzteren entsprechen somit Wellen mit konstanter Elliptizität. Sind a und a' die den Punkten A und A' entsprechenden Punkte der Kugeloberfläche, so haben wir nach (27)

$$\operatorname{tg}\psi = OA;$$

ist nun $\sphericalangle OMa = \beta$ die zum Punkte a gehörende Breite, somit $\sphericalangle OQa = \frac{\beta}{2}$, so wird $OA = \operatorname{tg}\frac{\beta}{2}$ und daher

$$\psi = \frac{\beta}{2}.$$

Der Winkel ψ der Elliptizität der Schwingungsbahn, die zu einem bestimmten Kugelpunkte gehört, ist somit gleich der halben Breite des durch diesen Punkt gehenden Breitekreises. Der Punkt a' liegt demnach symmetrisch zu a in Bezug auf $p_1 p_2$.

Aus diesen Sätzen folgt, daß jedem Punkt der Kugeloberfläche ein bestimmter Polarisationszustand entspricht; das Azimut der Schwingungsellipse ist gleich der halben Länge, die Elliptizität gleich der Tangente der halben Breite des Kugelpunktes und die Polarisation ist rechts- bzw. linkselliptisch, je nachdem der Punkt auf der nördlichen bzw. südlichen Halbkugel liegt. Den Endpunkten eines beliebigen Kugeldurchmessers entspricht eine rechts- und eine linkselliptische polarisierte Welle, deren Schwingungsellipsen ähnlich und deren große Achsen rechtwinklig gekreuzt sind; ferner ergibt sich, daß zwei Wellen, bei welchen das Verhältnis D_y/D_x den Wert w_1 bzw. w_2 hat, ähnliche, mit den großen Achsen rechtwinklig gekreuzte und im selben Sinne umlaufene Schwingungsellipsen besitzen, falls

$$w_1 \cdot w_2 = -1$$

ist.

Diese geometrische Darstellung können wir dazu benutzen, um die Veränderungen darzustellen, welche die Schwingungsellipse erfährt, falls die nach beliebigen senkrechten Richtungen genommenen Komponenten $\mathfrak{D}_x$ und $\mathfrak{D}_y$ eine Änderung ihrer Phasendifferenz erhalten.

Geht die Phasendifferenz δ in $\delta - \Delta$ über, so wird dies analytisch durch Multiplikation von (25) mit dem Faktor $e^{i\Delta}$, geometrisch durch Drehung der uv-Ebene in sich um den Winkel Δ ausgedrückt. Dieser ebenen Drehung entspricht in unserer stereographischen Projektion eine Drehung Δ der Kugel um den Äquatordurchmesser OQ. Die Schwingungsellipse, welche dadurch entsteht, daß die Komponenten $\mathfrak{D}_x$ und $\mathfrak{D}_y$ eine Änderung Δ ihrer ursprünglichen Phasendifferenz erhalten, wird somit durch einen Kugelpunkt dargestellt, der aus dem die ursprüngliche Schwingungsellipse darstellenden Kugelpunkt durch eine Drehung Δ um den Äquatordurchmesser OQ hervorgeht.

Mit Hilfe von (26) folgt, daß die Punkte O und Q den Richtungen der x-Achse und y-Achse entsprechen. Dreht man nun das Koordinatensystem xy in seiner Ebene um den Winkel χ in eine neue Lage $x'y'$, so entspricht nach (26) der x'-Achse der Punkt $u = \operatorname{tg}\chi$, $v = 0$, und der y'-Achse der Punkt $u = -\operatorname{cotg}\chi$, $v = 0$. Diese beiden Punkte werden auf der Kugeloberfläche durch die Endpunkte $O'Q'$ eines Äquatordurchmessers dargestellt, von dem aus die Längen λ' zu rechnen sind und der mit OQ offenbar den Winkel 2χ bildet; denn ist φ das Azimut der Schwingungsellipse in bezug auf die positive x-Achse, φ' ihr Azimut in bezug auf die positive x'-Achse, so ist $\varphi' = \varphi - \chi$, und gemäß (32) $\frac{\lambda'}{2} = \frac{\lambda}{2} - \chi$, somit in der Tat $\lambda - \lambda' = 2\chi$. Erleiden die nach den Richtungen x', y' genommenen Komponenten $\mathfrak{D}'_x$ und $\mathfrak{D}'_y$ der Schwingungsellipse eine Änderung Δ' ihrer Phasendifferenz, so hat man demnach eine Drehung Δ' der Kugel um den Äquatordurchmesser $O'Q'$ auszuführen.

Einer Änderung der Phasendifferenz, welche die nach zwei beliebigen senkrechten Richtungen genommenen Komponenten der Schwingungsellipse erleiden, entspricht daher stets eine Drehung der Kugel um einen Äquatordurchmesser.

Erhält die Schwingungsellipse durch irgendeinen Vorgang lediglich eine Änderung ϱ ihres Azimuts (wie z. B. beim Durchgang der Welle durch eine isotrope „optisch-aktive" Schicht), so erhält man nach (32) den der neuen Lage der Schwingungsellipse entsprechenden Kugelpunkt, indem man den die ursprüngliche Ellipse darstellenden Kugelpunkt so verschiebt, wie es durch eine Drehung 2ϱ der Kugel um ihren Polardurchmesser $p_1 p_2$ geschieht.

Die in dieser Ziffer besprochene geometrische Darstellung der Schwingungsbahn und ihrer Veränderungen stammt von POINCARÉ[1]).

c) Interferenz polarisierten Lichtes.

10. Allgemeine Bedingung für die Nichtinterferenz zweier polarisierter Wellen. Wir betrachten zwei in derselben Richtung fortschreitende, ebene, monochromatische, elliptisch polarisierte Wellenzüge, die beide von demselben ursprünglichen Wellenzuge stammen und fragen nach den Bedingungen, die erfüllt sein müssen, damit die beiden Wellenzüge nach ihrem Zusammentreffen nicht interferieren können.

Wir legen das Koordinatensystem x, y, z so, daß die positive z-Achse in die gemeinsame Wellennormale fällt, und benutzen für die Komponenten der Lichtvektoren $\mathfrak{D}'$ und $\mathfrak{D}''$ der beiden Wellen die komplexe Darstellung (Ziff. 7). Bezeichnen wir die Halbachsen der Schwingungsellipsen, die sich durch senkrechte Projektion der Schwingungsbahnen auf die xy-Ebene ergeben, mit ξ', η' bzw. ξ'', η'', so können wir für die nach diesen Achsenrichtungen und der z-Achse genommenen Komponenten von $\mathfrak{D}'$ und $\mathfrak{D}''$ schreiben [vgl. Gleichung (21)]:

$$\left.\begin{aligned}
\mathfrak{D}'_{\xi'} &= \xi' e^{i\left(\frac{2\pi}{T}t-\delta'\right)}, & \mathfrak{D}'_{\eta'} &= -i\eta' e^{i\left(\frac{2\pi}{T}t-\delta'\right)}, & \mathfrak{D}'_z &= \mathfrak{D}'_z e^{i\left(\frac{2\pi}{T}t-\delta'-\vartheta'\right)},\\
\mathfrak{D}''_{\xi''} &= \xi'' e^{i\left(\frac{2\pi}{T}t-\delta''\right)}, & \mathfrak{D}''_{\eta''} &= -i\eta'' e^{i\left(\frac{2\pi}{T}t-\delta''\right)}, & \mathfrak{D}''_z &= \mathfrak{D}''_z e^{i\left(\frac{2\pi}{T}t-\delta''-\vartheta''\right)},
\end{aligned}\right\} \quad (33)$$

Vor dem Zusammentreffen der beiden Wellen mögen ihre Phasenkonstanten δ' bzw. δ'' die Änderungen Δ' bzw. Δ'' erleiden; sind φ' und φ'' die Azimute der auf die xy-Ebene projizierten Schwingungsellipsen gegen die positive x-Achse, und setzt man $\Delta = (\delta'' + \Delta'') - (\delta' + \Delta')$, so erhält man mit Hilfe von (9) für die Komponenten des Lichtvektors $\mathfrak{D}$ der resultierenden Welle, die durch Zusammentreffen der Wellen (33) in einem Punkte P entsteht, die Ausdrücke

$$\begin{aligned}
\mathfrak{D}_x &= (\xi'\cos\varphi' + i\eta'\sin\varphi')e^{i\left(\frac{2\pi}{T}t-\delta'-\Delta'\right)} + (\xi''\cos\varphi'' + i\eta''\sin\varphi'')e^{i\left(\frac{2\pi}{T}t-\delta''-\Delta''\right)}\\
&= \{(\xi'\cos\varphi' + \xi''\cos\varphi'' e^{-i\Delta}) + i(\eta'\sin\varphi' + \eta''\sin\varphi'' e^{-i\Delta})\}e^{i\left(\frac{2\pi}{T}t-\delta'-\Delta'\right)},\\
\mathfrak{D}_y &= \{(\xi'\sin\varphi' + \xi''\sin\varphi'' e^{-i\Delta}) - i(\eta'\cos\varphi' + \eta''\cos\varphi'' e^{-i\Delta})\}e^{i\left(\frac{2\pi}{T}t-\delta'-\Delta'\right)},\\
\mathfrak{D}_z &= \{\overline{\mathfrak{D}}'_z + \overline{\mathfrak{D}}''_z e^{-i(\Delta+\vartheta''-\vartheta')}\}e^{i\left(\frac{2\pi}{T}t-\delta'-\Delta'-\vartheta'\right)}.
\end{aligned}$$

[1]) H. POINCARÉ, Théorie mathématique de la lumière. Bd. 2, S. 275. Paris 1892. Eingehende Darstellungen der Methode mit Anwendungen auf spezielle Fälle finden sich bei J. WALKER, Phil. mag. (6) Bd. 3, S. 541. 1902; H. JOACHIM, N. Jahrb. f. Mim. Beil. Bd. 21, S. 547. 1906; CH. MAUGUIN, Bull. soc. minéral. Bd. 34, S. 6. 1911; O. GALLI, N. Jahrb. f. Min. Beil. Bd. 38, S. 687. 1915; L. CHAUMONT, Ann. de phys. Bd. 4, S. 103. 1915; R. DE MALLEMAN, Ann. de phys. Bd. 11, S. 21. 1925.

Die Intensität der resultierenden Lichtwelle folgt hieraus mit Hilfe von (12) zu

$$\begin{aligned} J = {} & \{(\xi'\cos\varphi' + \xi''\cos\varphi'' e^{-i\Delta}) + i(\eta'\sin\varphi' + \eta''\sin\varphi'' e^{-i\Delta})\} \\ & \{(\xi'\cos\varphi' + \xi''\cos\varphi'' e^{i\Delta}) - i(\eta'\sin\varphi' + \eta''\sin\varphi'' e^{i\Delta})\} \\ & + \{(\xi'\sin\varphi' + \xi''\sin\varphi'' e^{-i\Delta}) - i(\eta'\cos\varphi' + \eta''\cos\varphi'' e^{-i\Delta})\} \\ & \{(\xi'\sin\varphi' + \xi''\sin\varphi'' e^{i\Delta}) + i(\eta'\cos\varphi' + \eta''\cos\varphi'' e^{i\Delta})\} \\ & + \{\mathfrak{D}'_z + \overline{\mathfrak{D}}''_z e^{-i(\Delta+\vartheta''-\vartheta')}\} \cdot \{\overline{\mathfrak{D}}'_z + \overline{\mathfrak{D}}''_z e^{i(\Delta+\vartheta''-\vartheta')}\} \\ = {} & \xi'^2 + \eta'^2 + \xi''^2 + \eta''^2 + \overline{\mathfrak{D}}'^2_z + \overline{\mathfrak{D}}''^2_z + 2(\xi'\xi'' + \eta'\eta'')\cos(\varphi'' - \varphi')\cos\Delta \\ & + 2(\xi'\eta'' + \xi''\eta')\sin(\varphi'' - \varphi')\sin\Delta + 2\overline{\mathfrak{D}'_z\mathfrak{D}''_z}\cos(\Delta + \vartheta'' - \vartheta'). \end{aligned}$$

Ist J' bzw. J'' die Intensität, welche jede der Wellen (33), für sich allein vorhanden, im Punkte P erzeugen würde, so haben wir nach (8) mit Rücksicht auf (33)

$$J' = \xi'^2 + \eta'^2 + \overline{\mathfrak{D}}'^2_z, \qquad J'' = \xi''^2 + \eta''^2 + \overline{\mathfrak{D}}''^2_z; \tag{34}$$

wir erhalten daher

$$\begin{aligned} J = J' + J'' + 2(\xi'\xi'' + \eta'\eta'')\cos(\varphi'' - \varphi')\cos\Delta + 2(\xi'\eta'' + \xi''\eta')\sin(\varphi'' - \varphi')\sin\Delta \\ + 2\overline{\mathfrak{D}'_z\mathfrak{D}''_z}\cos(\Delta + \vartheta'' - \vartheta'), \end{aligned}$$

und dieser Ausdruck geht nach Einführung der durch die Elliptizitäten

$$\operatorname{tg}\psi' = \frac{\eta'}{\xi'}, \qquad \operatorname{tg}\psi'' = \frac{\eta''}{\xi''} \tag{35}$$

bestimmten Winkel ψ' und ψ'' in die Form über

$$\begin{aligned} J = J' + J'' + 2\xi'\xi''\{(1 + \operatorname{tg}\psi'\operatorname{tg}\psi'')\cos(\varphi'' - \varphi')\cos\Delta + (\operatorname{tg}\psi' + \operatorname{tg}\psi'')\sin(\varphi'' - \varphi')\sin\Delta\} \\ + 2\overline{\mathfrak{D}'_z\mathfrak{D}''_z}\cos(\Delta + \vartheta'' - \vartheta'). \end{aligned}$$

Die resultierende Intensität J ist somit im allgemeinen nicht gleich der Summe der Einzelintensitäten J' und J'', sondern hängt noch von der Differenz der Azimute $\varphi'' - \varphi'$ sowie von den Phasendifferenzen Δ und $\vartheta'' - \vartheta'$ ab.

Soll überhaupt keine Interferenz der beiden Wellen (33) stattfinden können, so muß J von der Phasendifferenz $\Delta'' - \Delta'$ unabhängig sein, d. h. es muß

$$\left.\begin{aligned} \xi'\xi''(1 + \operatorname{tg}\psi'\operatorname{tg}\psi'')\cos(\varphi'' - \varphi') + 2\overline{\mathfrak{D}'_z\overline{\mathfrak{D}}''_z}\cos(\vartheta'' - \vartheta') = 0, \\ \xi'\xi''(\operatorname{tg}\psi' + \operatorname{tg}\psi'')\sin(\varphi'' - \varphi') - \overline{\mathfrak{D}'_z\overline{\mathfrak{D}}''_z}\sin(\vartheta'' - \vartheta'') = 0 \end{aligned}\right\} \tag{36}$$

sein. Diese beiden Bedingungen lassen sich auf unendlich viele, verschiedene Arten erfüllen.

11. Lage des Lichtvektors zur Wellennormale bei ebenen polarisierten Wellen. Nun zeigt die Erfahrung, daß die beim HUYGHENSschen Fundamentalversuche erhaltenen senkrecht zueinander polarisierten, ebenen Wellen (Ziff. 1) keine Interferenzen zeigen, falls man mit ihnen einen der bekannten Interferenzversuche (vgl. Kap. 1 dieses Bandes) ausführt. Diese Tatsache ist zuerst von FRESNEL und ARAGO[1]) gefunden und später wiederholt[2]) festgestellt worden.

---

[1]) A. FRESNEL, Oeuvr. compl. Bd. 1, S. 385, 410, 509. Paris 1866; F. ARAGO u. A. FRESNEL, Ann. chim. phys. Bd. 10, S. 288. 1819; F. ARAGO, Oeuvr. compl. Bd. 10, S. 132. Paris-Leipzig 1858.

[2]) J. STEFAN, Wiener Ber. Bd. 53 (2), S. 548, 1866; Bd. 66, (2), S. 425, 1872; E. MACH u. W. ROSICKY, Wiener Ber. Bd. 72 (2), S. 197, 1872; E. MACH, Boltzmann-Festschrift S. 441. Leipzig 1904. Zusammenfassende Darstellung der Versuche bei J. FRÖHLICH, Mathem. u. naturw. Berichte aus Ungarn. Bd. 21 (Jg. 1903), S. 159. 1907.

Werden z. B. bei der in Abb. 1 dargestellten Versuchsanordnung die beiden Kalkspatrhomboeder so gegeneinander orientiert, daß ihre zum Einfallslot gehörenden Hauptschnitte senkrecht zueinander stehen, so erhält man nur die beiden senkrecht zueinander polarisierten Wellen oo' und oe'; da diese nach dem Gesagten nicht interferieren, müssen für sie die Bedingungen (36) erfüllt sein. Nun verhält sich aber jede dieser beiden Wellen bezüglich ihres Polarisationszustandes wie die andere, falls diese um die Richtung der Wellennormale um $\pm\frac{\pi}{2}$ gedreht wird. Es ist daher

$$\varphi'' - \varphi' = \pm\frac{\pi}{2}, \qquad \psi'' = \psi', \qquad \overline{\mathfrak{D}''_z} = \overline{\mathfrak{D}'_z}, \qquad \vartheta'' = \vartheta'$$

zu setzen. In Verbindung mit (36) folgt hieraus

$$\overline{\mathfrak{D}'_z} = \overline{\mathfrak{D}''_z} = 0, \qquad \operatorname{tg}\psi' = \operatorname{tg}\psi'' = 0. \tag{37}$$

Die erste der Gleichungen (37) sagt aus, daß beim HUYGHENSschen Fundamentalversuche der Lichtvektor in den aus dem Kalkspatrhomboeder austretenden senkrecht zueinander polarisierten, ebenen Wellen senkrecht zur z-Achse, d. h. zur Wellennormale liegt; man pflegt hierfür auch zu sagen, daß die Lichtschwingungen bei diesen Wellen transversal[1]) sind.

Aus der zweiten der Gleichungen (37) folgt, daß die Schwingungsellipsen zu Geraden degenerieren, d. h. daß die aus dem Kalkspat austretenden Wellen linear polarisiert sind.

Unter der Polarisationsebene einer linear polarisierten Welle versteht man die Ebene, die durch die Wellennormale senkrecht zur Richtung des Lichtvektors gelegt ist[2]); bei dieser Festsetzung liegt demnach der Lichtvektor der ordentlichen Welle senkrecht zum Hauptschnitt des Einfallslotes des Kalkspats (Ziff. 1). Unter der Schwingungsebene versteht man die durch Wellennormale und Lichtvektor bestimmte Ebene; Schwingungsebene und Polarisationsebene stehen senkrecht zueinander.

Da das durch Reflexion unter dem Polarisationswinkel (Ziff. 3) sowie durch Brechung (Ziff. 4) erhaltene polarisierte Licht dieselben Eigenschaften hat, wie das durch Doppelbrechung gewonnene, so ist es ebenfalls als linear polarisiert zu betrachten. Das bei der Besprechung der Grundversuche in Ziff. 1 bis 4 schlechtweg als „polarisiert" bezeichnete Licht ist demnach linear polarisiertes Licht.

Eine elliptisch polarisierte, ebene Welle entsteht gemäß (13) durch Überlagerung zweier linear und senkrecht zueinander polarisierter Wellen; es müssen daher auch bei ihr die Lichtschwingungen transversal sein, d. h. die Schwingungsbahn liegt in der Wellenebene.

---

[1]) Daß aus der Nichtinterferenzfähigkeit senkrecht polarisierter Wellen die Transversalität der Lichtschwingungen gefolgert werden muß, hat zuerst A. FRESNEL ausgesprochen (Ann. chim. phys. Bd. 17, S. 179. 1821; Bull. des Sciences par la Soc. philomat. Jg. 1824, S. 147; Mém de l Acad. des Scienc Bd. 7, S. 55. 1827; Oeuvr. compl. Bd. 1, S. 394, 629; Bd. 2, S. 490. Paris 1866, 1868), allerdings mit einer unrichtigen Beweisführung. Den richtigen Beweis lieferte später E. VERDET [C. R. Bd. 32, S. 46. 1851; Ann. chim. phys. (3) Bd. 31, S. 377. 1851; Oeuvr. Bd. 1, S. 73. Paris 1872].

[2]) Diese Lage des Lichtvektors zur Polarisationsebene entspricht den Ergebnissen der Versuche O. WIENERS (Wied. Ann. Bd. 40, S. 203. 1890) über stehende Lichtwellen und ist in Übereinstimmung mit der mechanischen Lichttheorie A. FRESNELS (Mém. de l'Acad. des Scienc Bd. 7, S. 61. 157. 1827; Oeuvr. compl. Bd. 2, S. 495, 578. Paris 1868); die mechanische Lichttheorie von F. NEUMANN verlangte dagegen, daß der Lichtvektor in der Polarisationsebene liegt (Pogg. Ann. Bd. 25, S. 451. 1832; Ges. Werke Bd. 2, S. 186. Leipzig 1906). Vgl. hierüber Kap. 7 ds. Bandes.

12. Entgegengesetzt polarisierte Wellen. Die allgemeinen Bedingungen (36) für die Nichtinterferenz ebener, polarisierter Wellen reduzieren sich mit Rücksicht auf die Transversalität der Lichtschwingungen ($\mathfrak{D}'_z = \mathfrak{D}''_z = 0$) auf folgende:

$$(1 + \operatorname{tg}\psi' \operatorname{tg}\psi'')\cos(\varphi'' - \varphi') = 0\,, \qquad (\operatorname{tg}\psi' + \operatorname{tg}\psi'')\sin(\varphi'' - \varphi') = 0\,;$$

diese sind erfüllt, wenn entweder

$$\cos(\varphi'' - \varphi') = 0 \quad \text{und} \quad \operatorname{tg}\psi' + \operatorname{tg}\psi'' = 0 \tag{38}$$

oder

$$\sin(\varphi'' - \varphi') = 0 \quad \text{und} \quad 1 + \operatorname{tg}\psi' \operatorname{tg}\psi'' = 0 \tag{39}$$

oder

$$1 + \operatorname{tg}\psi' \operatorname{tg}\psi'' = 0 \quad \text{und} \quad \operatorname{tg}\psi' + \operatorname{tg}\psi'' = 0 \tag{40}$$

ist.

Aus den Gleichungen (38) folgt

$$\varphi'' - \varphi' = \pm \frac{\pi}{2}\,, \qquad \operatorname{tg}\psi'' = -\operatorname{tg}\psi'.$$

Die beiden Wellen besitzen somit ähnliche und mit ihren großen Achsen rechtwinklig gekreuzte Schwingungsellipsen; die eine Welle ist [(vg. Gleichung (21) und (35)] rechts-, die andere linkselliptisch polarisiert. Ist insbesondere $\psi' = \psi'' = 0$, so sind beide Wellen linear und senkrecht zueinander polarisiert.

Die beiden Gleichungen (39) ergeben $\varphi'' - \varphi' = 0$ oder $= \pi$ und $\psi'' = \psi' \pm \frac{\pi}{2}$; sie führen offenbar zu demselben Ergebnis wie (38).

Die Gleichungen (40) liefern $\psi'' = -\psi' = \pm \frac{\pi}{4}$, ergeben somit [vgl. Gleichung (22)] eine rechts- und eine linkszirkular polarisierte Welle; dies ist aber ein spezieller Fall des eben besprochenen.

Man kann daher sagen, daß zwei von demselben ursprünglichen Wellenzuge stammende, ebene, monochromatische, polarisierte Wellen nur dann keine Interferenz zeigen, wenn ihre Schwingungsbahnen ähnlich und rechtwinklig gekreuzt sind, und wenn die eine Welle rechts-, die andere links polarisiert ist. Derartige Wellen bezeichnet man als entgegengesetzt polarisiert[1]). Der experimentelle Nachweis dieses Satzes ist zuerst von Fresnel und Arago geführt worden (vgl. Ziff. 11).

Von Wichtigkeit mit Rücksicht auf gewisse Erscheinungen[2]) ist der Sonderfall zweier sich überlagernder, entgegengesetzt zirkular polarisierter Wellen, deren Lichtvektoren $\mathfrak{D}'$ und $\mathfrak{D}''$ die Komponenten

$$\mathfrak{D}'_x = \xi \cos\left(\frac{2\pi}{T} t - \delta'\right), \qquad \mathfrak{D}'_y = \xi \sin\left(\frac{2\pi}{T} t - \delta'\right), \qquad \mathfrak{D}'_z = 0$$

und

$$\mathfrak{D}''_x = \xi \cos\left(\frac{2\pi}{T} t - \delta''\right), \qquad \mathfrak{D}''_y = -\xi \sin\left(\frac{2\pi}{T} t - \delta''\right), \qquad \mathfrak{D}''_z = 0$$

besitzen. Der Lichtvektor der resultierenden Welle hat dann nach (9) die Komponenten

$$\mathfrak{D}_x = \mathfrak{D}'_x + \mathfrak{D}''_x = 2\xi \cos\frac{\delta'' - \delta}{2} \cos\left(\frac{2\pi}{T} t - \frac{\delta' + \delta''}{2}\right),$$

$$\mathfrak{D}_y = \mathfrak{D}'_y + \mathfrak{D}''_y = 2\xi \sin\frac{\delta'' - \delta'}{2} \cos\left(\frac{2\pi}{T} t - \frac{\delta' + \delta''}{2}\right), \qquad \mathfrak{D}_z = \mathfrak{D}'_z + \mathfrak{D}''_z = 0.$$

---

[1]) G. G. Stokes, Trans. Cambr. Phil Soc. Bd. 9, S. 404. 1852; Mathemat. and Physic. Papers. Bd. 3, S. 241. Cambridge 1901.

[2]) Vgl. die Ausführungen über optische Aktivität in Kap. 11 ds. Bandes.

Die resultierende Welle ist somit [vgl. Gleichung (24)] linear polarisiert; das Azimut der Schwingungsgeraden gegen die positive x-Achse ist nach (23) gleich $\frac{\delta''-\delta'}{2}$, also gleich der halben Phasendifferenz der beiden zirkular polarisierten Wellen.

13. Gleichartig polarisierte Wellen. Besitzen die beiden ebenen polarisierten Wellen gleiche Intensität, so folgt aus (34) und der folgenden Gleichung bei Berücksichtigung der Transversalität der Lichtschwingungen ($\mathfrak{Z}'_z = \mathfrak{Z}''_z = 0$):

$$J' = J'' = \xi'^2 + \eta'^2,$$
$$J = 2J'(1+\Theta)$$

wobei

$$\Theta = \cos(\psi''-\psi')\cos(\varphi''-\varphi')\cos\Delta + \sin(\psi''+\psi')\sin(\varphi''-\varphi')\sin\Delta \qquad (41)$$

gesetzt ist.

Zeigen die beiden Wellen Interferenzerscheinungen, so werden diese dann am schärfsten auftreten, wenn die Maxima von J gleich $4J'$, die Minima von J gleich Null sind; dies ist aber der Fall, wenn der maximale bzw. minimale Wert von Θ gleich 1 bzw. gleich -1 ist[1]).

Nun folgt aus (41) für den extremen Wert Θ_m von Θ

$$\Theta_m^2 = \cos^2(\psi''-\psi')\cos^2(\varphi''-\varphi') + \sin^2(\psi''+\psi')\sin^2(\varphi''-\varphi'),$$

wir erhalten daher als Bedingung für die vollständigste Interferenz der beiden Wellen

$$\cos^2(\psi''-\psi')\cos^2(\varphi''-\varphi') + \sin^2(\psi''+\psi')\sin^2(\varphi''-\varphi') = 1$$
$$= \cos^2(\varphi''-\varphi') + \sin^2(\varphi''-\varphi')$$

oder

$$\cos^2(\varphi''-\varphi')\sin^2(\psi''-\psi') + \sin^2(\varphi''-\varphi')\cos^2(\psi''+\psi') = 0;$$

diese Gleichung wird erfüllt für

$$\sin(\varphi''-\varphi') = 0, \qquad \sin(\psi''-\psi') = 0, \qquad (42)$$

oder

$$\cos(\varphi''-\varphi') = 0, \qquad \cos(\psi''+\psi') = 0, \qquad (43)$$

oder

$$\sin(\psi''-\psi') = 0, \qquad \cos(\psi''+\psi') = 0. \qquad (44)$$

Die beiden Gleichungen (42) verlangen, daß $\varphi'' = \varphi'$ und $\psi'' = \psi'$ ist, d. h. daß die beiden Wellen vollständig gleichartig polarisiert sind. Ist insbesondere $\psi'' = \psi' = 0$, so sind die beiden Wellen linear und parallel polarisiert.

Die Gleichungen (43) fordern $\psi'' = \frac{\pi}{2} - \psi'$ und $\varphi'' - \varphi' = \frac{\pi}{2}$, führen also offenbar zu demselben Schlusse wie (42).

Die Gleichungen (44) verlangen $\psi'' = \psi' = \mp\frac{\pi}{4}$, d. h. [vgl. Gleichung (22)], daß beide Wellen rechts- oder beide linkszirkular polarisiert sind; dieser Fall ist in dem eben angegebenen enthalten.

Man kann daher sagen, daß zwei von demselben ursprünglichen Wellenzuge stammende ebene, monochromatische, polarisierte Wellen dann am vollständigsten interferieren, wenn ihre Polarisationszustände völlig gleichartig sind.

---

[1]) G. G. STOKES, vgl. die Zitate S. 101, Anm. 1.

Der experimentelle Nachweis dieses Salzes ist zuerst von FRESNEL[1]) und ARAGO[2]) erbracht und später wiederholt[3]) geliefert worden.

14. Unpolarisiertes (natürliches) Licht. Aus der Tatsache, daß beim HUYGHENSschen Grundversuche die aus dem Kalkspat austretenden, linear polarisierten Wellen nur transversale Schwingungen enthalten (Ziff. 11), schließt man[4]), daß die auffallende unpolarisierte, ebene Welle gleiches Verhalten zeigt. Würde letztere nämlich außer transversalen auch longitudinale Schwingungen enthalten, die in den durchgehenden Wellen nicht mehr auftreten, so müßte in der reflektierten Welle ein Überschuß von longitudinalen Schwingungen vorhanden sein. Dieser würde dann durch mehrere aufeinanderfolgende Reflexionen immer größer werden, und es müßte sich damit auch der reflektierte Bruchteil der auffallenden Welle steigern. Ein derartiges Anwachsen der relativen Intensität des reflektierten Lichtes wird jedoch durch die Beobachtungen nicht bestätigt.

Um die analytischen Ausdrücke für die Bedingungen zu erhalten, welchen der Lichtvektor einer unpolarisierten, ebenen Lichtwelle genügen muß, gehen wir von folgenden Erfahrungstatsachen aus:

1. Die Intensitäten der beiden linear polarisierten Wellen o und e, die beim HUYGHENSschen Versuche aus der senkrecht auffallenden, unpolarisierten Welle s (Abb. 1) entstehen, sind unabhängig von der Orientierung des zum Einfallslot gehörenden Hauptschnittes des Kalkspatrhomboeders K (Ziff. 1); da sich nun jede ebene Welle durch die Komponenten ihres Lichtvektors, genommen nach zwei senkrechten, in der Wellenebene liegenden Richtungen darstellen läßt, so sind demnach bei einer unpolarisierten Welle die nach (8) berechneten Intensitäten dieser Kompoponenten unabhängig von den Richtungen, nach welchen sie genommen werden.

2. Die Gleichheit der Intensitäten der beiden Wellen o und e ist unabhängig von ihrer Phasendifferenz, die sie infolge ihrer verschiedenen Geschwindigkeit in K erleiden, und die offenbar durch die Dicke von K bestimmt wird (vgl. Ziff. 25); hieraus folgt, daß bei einer unpolarisierten, ebenen Welle die Intensitäten der nach zwei senkrechten, in der Wellenebene liegenden Richtungen genommenen Komponenten unabhängig von deren Phasendifferenz ist.

Wir zeigen jetzt, daß diese Eigenschaften des unpolarisierten Lichtes[5]) sich durch die Annahme erklären lassen, daß die Schwingungsbahn einer ebenen, unpolarisierten Lichtwelle eine Ellipse ist, welche in sehr kurzen Zeitintervallen unstetige Änderungen der Elliptizität und des Azimuts erleidet[6]).

Wir legen in die Wellenebene ein rechtwinkliges Achsenkreuz x, y; sind zu einem bestimmten Zeitpunkte ξ und η die Halbachsen der Schwingungsellipse und ist φ ihr Azimut gegen die positive x-Achse, so erhält man für die Komponenten $\mathfrak{D}_x$, $\mathfrak{D}_y$ des Lichtvektors mit Hilfe von (9) und (21) bei Benutzung der komplexen Darstellung (Ziff. 7)

$$\mathfrak{D}_x = (\xi\cos\varphi \mp i\eta\sin\varphi)\,e^{i\left(\frac{2\pi}{T}t-\delta\right)}, \qquad \mathfrak{D}_y = (\xi\sin\varphi \pm i\eta\cos\varphi)\,e^{i\left(\frac{2\pi}{T}t-\delta\right)}, \tag{45}$$

[1]) A. FRESNEL, Oeuvr. compl. Bd. 1, S. 385, 410. Paris 1866.

[2]) F. ARAGO u. A. FRESNEL, Ann. chim. phys. Bd. 10, S. 288. 1819; F. ARAGO, Oeuvr. compl. Bd. 10, S. 132. Paris-Leipzig 1858; A. FRESNEL, Oeuvr. compl. Bd. 1, S. 509. Paris 1866.

[3]) Vgl. die Angaben S. 99, Anm. 2.

[4]) Vgl. z. B. E. MASCART, Traité d'optique Bd. 1, S. 540. Paris 1889; W. VOIGT, Kompendium der theoret. Physik. Bd. 2, S. 542. Leipzig 1896.

[5]) Die erste der angegebenen Eigenschaften würde nach (8) und (22) auch eine zirkular polarisierte Welle zeigen, nicht aber die zweite.

[6]) Die Grundlage dieser Vorstellung geht auf A. FRESNEL zurück (Ann. chim. phys. Bd. 17, S. 185. 1821; Oeuvr. compl. Bd. 1, S. 635. Paris 1866).

wobei das obere Vorzeichen im Falle rechts-, und das untere im Falle linkselliptischer Polarisation gilt. Bei zeitlich veränderlichen Werten ξ, η und φ stellen (45) die Komponenten des Lichtvektors einer ebenen, monochromatischen, elliptisch polarisierten Welle mit zeitlich veränderlicher Schwingungsbahn dar.

Wir suchen nun die Bedingungen, welchen die Größen ξ, η und φ zu genügen haben, damit die Lichtvektorkomponenten (45) mit den angegebenen Eigenschaften des unpolarisierten Lichtes in Übereinstimmung sind[1]).

Erhält $\mathfrak{D}_x$ gegen $\mathfrak{D}_y$ die Phasendifferenz $\varDelta$, und nehmen wir in der Wellenebene ein zweites rechtwinkliges Achsenkreuz x', y', dessen positive x'-Achse gegen die positive x-Achse den Winkel χ bildet, so verlangt die Eigenschaft des unpolarisierten Lichtes, daß der zeitliche Mittelwert von $\overline{\mathfrak{D}}^2_{x'}$, erstreckt über ein der Wahrnehmung eben noch zugängliches Zeitintervall, für jeden Wert $\varDelta$ unabhängig von χ wird.

Nun folgt bei Berücksichtigung von (45)

$$\mathfrak{D}_{x'} = \mathfrak{D}_x \cos\chi + \mathfrak{D}_y \sin\chi = \{\xi(\cos\varphi\cos\chi e^{-i\varDelta} + \sin\varphi\sin\chi) \\ \mp i\eta(\sin\varphi\cos\chi e^{-i\varDelta} - \cos\varphi\sin\chi)\} e^{i\left(\frac{2\pi}{T}t-\delta\right)},$$

somit wird

$$\left.\begin{aligned} \overline{\mathfrak{D}}^2_{x'} &= (\xi^2\cos^2\varphi + \eta^2\sin^2\varphi)\cos^2\chi + (\xi^2\sin^2\varphi + \eta^2\cos^2\varphi)\sin^2\chi \\ &\quad + \sin\chi\cos\chi\{2(\xi^2-\eta^2)\sin\varphi\cos\varphi\cos\varDelta \pm 2\xi\eta\sin\varDelta\} \\ &= \tfrac{1}{2}(A+B)\cos^2\chi + \tfrac{1}{2}(A-B)\sin^2\chi + \sin\chi\cos\chi(C\cos\varDelta \pm D\sin\varDelta), \end{aligned}\right\} \quad (46)$$

wobei

$$A = \xi^2 + \eta^2, \quad B = (\xi^2 - \eta^2)\cos 2\varphi, \quad C = (\xi^2 - \eta^2)\sin 2\varphi, \quad D = 2\xi\eta \quad (47)$$

gesetzt ist.

Bezeichnen wir den zeitlichen Mittelwert einer Funktion f, erstreckt über ein der Wahrnehmung eben noch zugängliches Zeitintervall, mit $M(f)$, so muß bei unpolarisiertem Lichte $M(\overline{\mathfrak{D}}^2_{x'})$ für jeden Wert $\varDelta$ unabhängig von χ sein; aus (46) und (47) folgt dann

$$M\{(\xi^2-\eta^2)\cos 2\varphi\} = 0, \qquad M\{(\xi^2-\eta^2)\sin 2\varphi\} = 0, \qquad M(\xi\eta) = 0. \quad (48)$$

(48) sind die Bedingungen, welche die Elemente der Schwingungsellipse ξ, η und φ bei ebenen, monochromatischen unpolarisierten Wellen erfüllen müssen.

Mit Hilfe von (11) schließt man

$$\left.\begin{aligned} \overline{\mathfrak{D}}_x\cos\delta &= \xi\cos\varphi, & \overline{\mathfrak{D}}_x\sin\delta &= \mp\eta\sin\varphi, \\ \overline{\mathfrak{D}}_y\cos(\delta+\varDelta) &= \xi\sin\varphi, & \overline{\mathfrak{D}}_y\sin(\delta+\varDelta) &= \pm\eta\cos\varphi, \end{aligned}\right\} \quad (49)$$

wobei sich das obere Vorzeichen auf rechts-, das untere auf linkselliptische Polarisation bezieht. Führt man daher $\overline{\mathfrak{D}}_x$, $\overline{\mathfrak{D}}_y$ und $\varDelta$ an Stelle von ξ, η und φ ein, so folgt aus (48) und (49)

$$M(\overline{\mathfrak{D}}_x\overline{\mathfrak{D}}_y\cos\varDelta) = 0, \qquad M(\overline{\mathfrak{D}}_x\overline{\mathfrak{D}}_y\sin\varDelta) = 0, \qquad M(\overline{\mathfrak{D}}^2_x - \overline{\mathfrak{D}}^2_y) = 0. \quad (50)$$

(50) sind die Bedingungen, welchen die Lichtvektorkomponenten $\mathfrak{D}_x$, $\mathfrak{D}_y$ (bezogen auf zwei beliebige in der Wellenebene liegende, zueinander senkrechte Richtungen) und deren Phasendifferenz $\varDelta$ bei einer ebenen unpolarisierten Welle genügen müssen.

---

[1]) E. VERDET, Ann. de l'Ecole norm. Bd. 2, S. 291. 1865; Oeuvr. Bd. 1, S. 281. Paris 1872.

Die Intensität der unpolarisierten Welle folgt aus (7), (8) und (50) zu

$$J = M(\overline{\mathfrak{D}_x^2} + \overline{\mathfrak{D}_y^2}) = 2M(\overline{\mathfrak{D}_x^2}).$$

Die Bedingungen (48) und (50) sind einander gleichwertig; sie lassen sich auf unendlich viele verschiedene Arten erfüllen[1]), und hierdurch erklärt sich das negative Ergebnis früherer Versuche[2]), die spezielle Gestalt der Schwingungsbahn einer unpolarisierten Welle auf experimentellem Wege zu ermitteln.

Den Bedingungen (48) oder (50) kann man z. B. genügen durch den speziellen Ansatz einer linear polarisierten Welle, deren Polarisationsebene mit großer konstanter Winkelgeschwindigkeit um die Wellennormale rotiert. Bei dieser Annahme würde in (45) ξ unabhängig von t anzunehmen und

$$\eta = 0, \qquad \varphi = 2\pi\frac{t}{\tau} + \varphi_0$$

zu setzen sein, wobei τ die Periode der rotierenden Polarisationsebene bedeutet und φ_0 deren Azimut gegen die zx-Ebene zum Zeitpunkte $t = o$ ist; die Mittelwerte (48) werden dann durch Integration über eine Periode τ erhalten. Wird in der Tat z. B. beim HUYGENSschen Grundversuche eines der beiden austretenden, linear polarisierten Strahlenbündel o oder e (etwa durch Abblenden des anderen) isoliert und der Kalkspatkristall um die Richtung des auffallenden Strahlenbündels s in schnelle konstante Rotation versetzt, so zeigt das nicht abgeblendete Strahlenbündel die oben angegebenen beiden Eigenschaften eines unpolarisierten Strahlenbündels[3]).

Jedoch kann die zeitliche Änderung der Schwingungsbahn bei unpolarisiertem Lichte nicht stetig erfolgen, da sonst nahezu monochromatische, sehr enge Spektralbereiche nicht isoliert werden könnten[4]). Eine ebene, elliptisch polarisierte Welle mit gleichförmig sich änderndem Azimut φ der Schwingungsellipse kann nämlich stets erzeugt gedacht werden durch Überlagerung ebener, entgegengesetzt zirkular polarisierter Wellen von verschiedenen Schwingungsdauern; denn ist

$$\varphi = 2\pi\frac{t}{\tau} + \varphi_0,$$

so erhalten wir für die Komponenten des Lichtvektors nach (45)

$$\mathfrak{D}_x = \tfrac{1}{2}(\xi \mp \eta)\, e^{i\left\{2\pi\left(\frac{1}{T}+\frac{1}{\tau}\right)t - \delta + \varphi_0\right\}} + \tfrac{1}{2}(\xi \pm \eta)\, e^{i\left\{2\pi\left(\frac{1}{T}-\frac{1}{\tau}\right)t - \delta - \varphi_0\right\}},$$

$$\mathfrak{D}_y = -\frac{i}{2}(\xi \mp \eta)\, e^{i\left\{2\pi\left(\frac{1}{T}+\frac{1}{\tau}\right)t - \delta + \varphi_0\right\}} + \frac{i}{2}(\xi \pm \eta)\, e^{i\left\{2\pi\left(\frac{1}{T}-\frac{1}{\tau}\right)t - \delta - \varphi_0\right\}}.$$

Die Schwingungsbahn läßt sich somit in der Tat von den beiden entgegengesetzt zirkular polarisierten Wellen[5])

$$\mathfrak{D}_x = \frac{\xi \mp \eta}{2}\cos\left\{2\pi\left(\frac{1}{T} + \frac{1}{\tau}\right)t - \delta + \varphi_0\right\}, \quad \mathfrak{D}_y = \frac{\xi \mp \eta}{2}\sin\left\{2\pi\left(\frac{1}{T} + \frac{1}{\tau}\right)t - \delta + \varphi_0\right\}$$

---

[1]) G. G. STOKES, Trans. Cambr. Phil. Soc. Bd. 9, S. 412. 1852; Mathemat. and Physic. Papers Bd. 3, S. 252. Cambridge 1901.

[2]) J. STEFAN, Wiener Ber. Bd. 50 (2), S. 380, 1864; Bd. 66 (2), S. 427, 1872; Pogg. Ann. Bd. 124, S. 623. 1865; E. MACH u. W. ROSICKY, Wiener Ber. Bd. 72 (2), S. 208, 1875.

[3]) H. W. DOVE, Pogg. Ann. Bd. 71, S. 97. 1847.

[4]) G. AIRY, Trans. Cambr. Phil. Soc. Bd. 4, S. 79, 198. 1831; F. LIPPICH, Wiener Ber. Bd. 48 (2), S. 146, 1863.

[5]) Der experimentelle Nachweis dieser beiden Wellen erfolgte durch A. RIGHI, Mem. di Bologna (4) Bd. 4, S. 247. 1883; Cim. (3) Bd. 14, S. 173. 1883; Journ. de phys. (2) Bd. 2, S. 437. 1883.

und

$$\mathfrak{D}_x = \frac{\xi \pm \eta}{2} \cos\left\{2\pi\left(\frac{1}{T} - \frac{1}{\tau}\right)t - \delta - \varphi_0\right\}, \quad \mathfrak{D}_y = -\frac{\xi \pm \eta}{2} \sin\left\{2\pi\left(\frac{1}{T} - \frac{1}{\tau}\right)t - \delta - \varphi_0\right\}$$

erzeugt betrachten, deren Schwingungsdauern T_1 und T_2 durch

$$\frac{1}{T_1} = \frac{1}{T} + \frac{1}{\tau}, \quad \frac{1}{T_2} = \frac{1}{T} - \frac{1}{\tau}$$

gegeben sind. Bei gleichförmiger Änderung der Schwingungsbahn würden somit monochromatische, unpolarisierte Wellen nicht existieren.

Da in Wirklichkeit jedoch sehr schmale, nahezu monochromatische Spektralbereiche unpolarisierten Lichtes isoliert werden können, so ist man zu der Annahme genötigt, daß bei einer unpolarisierten Welle die Änderung der Schwingungsbahn in Zeitintervallen erfolgt, die zwar sehr klein sind, aber doch noch eine große Anzahl von Schwingungsdauern umfassen, daß also z. B. in dem oben besprochenen Falle τ sehr groß sein muß im Vergleich zu T.

Daß in der Tat die Änderungen der Schwingungsbahn des unpolarisierten Lichtes langsam erfolgen im Vergleich zu den Lichtschwingungen, zeigen die Beobachtungen über die Interferenzfähigkeit des unpolarisierten Lichtes (vgl. Kap. 1 dieses Bandes), welche ergeben, daß z. B. bei der grünen Quecksilberlinie in einem Zeitintervall, welches mindestens $1{,}2 \cdot 10^6$ Schwingungsdauern enthält, die Schwingungsbahn sich noch nicht geändert hat[1]). Andererseits entspricht diesen $1{,}2 \cdot 10^6$ Schwingungsdauern eine Zeit von etwa $2 \cdot 10^{-10}$ Sekunden, und da selbst die kürzesten (okular oder photographisch) wahrnehmbaren Lichteindrücke viel größer sind, so läßt sich der momentane Polarisationszustand des unpolarisierten Lichtes nicht beobachten.

Über die neuere thermodynamische Theorie des unpolarisierten Lichtes vgl. Kap. 8 dieses Bandes.

15. Interferenz linear und senkrecht zueinander polarisierte Wellen nach Zurückführung auf dieselbe Polarisationsebene. Die Vorstellung, daß bei einer unpolarisierten Welle Elliptizität und Azimut der Schwingungsbahn sehr häufig in unregelmäßiger Weise in Zeitintervallen wechseln, die klein sind gegen die Dauer eben wahrnehmbarer Lichteindrücke, wird gestützt durch die von FRESNEL und ARAGO[2]) entdeckte und später wiederholt[3]) beobachtete Erscheinung, daß zwei von einer ebenen Welle stammende, linear und senkrecht zueinander polarisierte Wellen nach Zurückführung auf dieselbe Polarisationsebene nicht interferieren, außer wenn die ursprüngliche Welle selbst schon polarisiert war.

Zwei auf dieselbe Polarisationsebene zurückgeführte, ursprünglich linear und senkrecht zueinander polarisierte Wellen erhält man z. B. beim HUYGHENSschen Grundversuche (Abb. 1), wenn man von den aus dem zweiten Kalkspatrhomboeder K' austretenden vier Strahlenbündeln oo', eo', oe', ee' entweder oo' und eo' oder oe' und ee' abblendet; die nicht abgeblendeten Strahlenbündel sind nach den erwähnten Beobachtungen nur dann interferenzfähig, wenn die auffallende Welle s polarisiert ist.

Zur analytischen Darstellung legen wir das rechtwinklige Koordinatensystem x, y, z so, daß seine positive z-Achse in Richtung der Wellennormale

---

1) O. LUMMER u. E. GEHRCKE, Verh. d. D. Phys. Ges. Jg. 4, S. 337. 1902; E. RUPP, Ann. d. Phys. (4) Bd. 79, S. 1. 1926.

2) F. ARAGO u. A. FRESNEL, Ann. chim. phys. Bd. 10, S. 300. 1819; F. ARAGO, Oeuvr. compl. Bd. 10, S. 144. Paris-Leipzig 1858; A. FRESNEL, Oeuvr. compl. Bd. 1, S. 518. Paris 1866.

3) Vgl. die Angaben S. 99, Anm. 2.

von s fällt; die x-Achse soll senkrecht zum Hauptschnitt des Einfallslotes von K, die y-Achse somit im Hauptschnitt des Einfallslotes von K liegen. Wir betrachten zunächst den Fall, daß die ebene monochromatische Welle s elliptisch polarisiert ist; die nach den Achsen der Schwingungsellipse genommenen Komponenten des Lichtvektors $\mathfrak{D}^{(s)}$ dieser Welle sind nach (21) bei Benutzung der komplexen Darstellung (Ziff. 7)

$$\mathfrak{D}_\xi^{(s)} = \xi e^{i\left(\frac{2\pi}{T}t-\delta\right)}, \qquad \mathfrak{D}_\eta^{(s)} = \pm i\eta e^{i\left(\frac{2\pi}{T}t-\delta\right)}, \tag{51}$$

wobei das obere Vorzeichen im Falle rechts-, und das untere im Falle linkselliptischer Polarisation gilt.

Ist $\mathfrak{D}^{(o)}$, bzw. $\mathfrak{D}^{(e)}$ der Lichtvektor der aus K austretenden Welle o bzw. e, so liegt $\mathfrak{D}^{(o)}$ parallel zur x-Achse, $\mathfrak{D}^{(e)}$ parallel zur y-Achse. Besitzt die Schwingungsellipse von (51) das Azimut φ gegen die positive x-Achse, so ergibt sich der Betrag von $\mathfrak{D}^{(o)}$ aus (51) zu

$$\mathfrak{D}_x^{(s)} = (\xi\cos\varphi \mp i\eta\sin\varphi)\, e^{i\left(\frac{2\pi}{T}t-\delta\right)}, \tag{52}$$

der Betrag von $\mathfrak{D}^{(e)}$ zu

$$\mathfrak{D}_y^{(s)} e^{-i\Delta} = (\xi\sin\varphi \pm i\eta\cos\varphi)\, e^{i\left(\frac{2\pi}{T}t-\delta-\Delta\right)}; \tag{53}$$

hierin bedeutet Δ die Phasendifferenz, welche e gegen o beim Durchgang durch K infolge der verschiedenen Geschwindigkeiten der beiden Wellen (vgl. Ziff. 1) erhalten hat.

Der Winkel, den die zu oo' und eo' gehörenden Lichtvektoren $\mathfrak{D}^{(oo')}$ und $\mathfrak{D}^{(eo')}$ mit der positiven x-Achse bilden, ist gleich dem Winkel α zwischen den zum Einfallslot gehörenden Hauptschnitten von K und K'; der Betrag von $\mathfrak{D}^{(oo')}$ bzw. $\mathfrak{D}^{(eo')}$ ergibt sich somit aus (52) und (53) zu

$$(\xi\cos\varphi\cos\alpha \mp i\eta\sin\varphi\cos\alpha)\, e^{i\left(\frac{2\pi}{T}t-\delta-\Delta'\right)}, \tag{54}$$

bzw.

$$(\xi\sin\varphi\sin\alpha \pm i\eta\cos\varphi\sin\alpha)\, e^{i\left(\frac{2\pi}{T}t-\delta-\Delta-\Delta'\right)}, \tag{55}$$

wobei Δ' die Phasendifferenz ist, welche oo' und eo' gegen die auffallenden Wellen o und e infolge Durchganges durch K' erhalten.

Nach Abblendung von oe' und ee' tritt aus K' eine resultierende, linear polarisierte Welle aus, deren Polarisationsebene der zum Einfallslot gehörende Hauptschnitt von K' ist, und die durch Überlagerung der parallel polarisierten Wellen oo' und eo' entstanden ist. Der Betrag des Lichtvektors $\mathfrak{D}^{(r)}$ dieser Welle ist nach (54) und (55) offenbar der reelle Teil von

$$\left.\begin{aligned}&\{\xi(\cos\varphi\cos\alpha + \sin\varphi\sin\alpha\, e^{-i\Delta})\\ &\quad\mp i\eta(\sin\varphi\cos\alpha - \cos\varphi\sin\alpha\, e^{-i\Delta})\}\, e^{i\left(\frac{2\pi}{T}t-\delta-\Delta'\right)},\end{aligned}\right\} \tag{56}$$

und die Intensität J der Welle ergibt sich nach (12) und (56) zu

$$\left.\begin{aligned}J &= \{\xi(\cos\varphi\cos\alpha + \sin\varphi\sin\alpha\, e^{-i\Delta}) \mp i\eta(\sin\varphi\cos\alpha - \cos\varphi\sin\alpha\, e^{-i\Delta})\}\\ &\quad\cdot\{\xi(\cos\varphi\cos\alpha + \sin\varphi\sin\alpha\, e^{i\Delta}) \pm i\eta(\sin\varphi\cos\alpha - \cos\varphi\sin\alpha\, e^{i\Delta})\}\\ &= \xi^2(\cos^2\varphi\cos^2\alpha + \sin^2\varphi\sin^2\alpha) + \eta^2(\cos^2\varphi\sin^2\alpha + \sin^2\varphi\cos^2\alpha)\\ &\quad + 2(\xi^2-\eta^2)\sin\varphi\sin\alpha\cos\varphi\cos\alpha\cos\Delta \pm 2\xi\eta\sin\varphi\cos\varphi\sin\Delta\,.\end{aligned}\right\} \tag{57}$$

Beachtet man ferner, daß nach (12) und (51)

$$J_0 = \xi^2 + \eta^2$$

die Intensität der auffallenden Welle s ist, und führt man die Elliptizität $\operatorname{tg}\psi = \frac{\eta}{\xi}$ ein (vgl. Ziff. 8), so erhält man aus (57) für die Intensität der aus K' austretenden, linear polarisierten Welle (56)

$$\left.\begin{aligned} J = J_0\{&\cos^2\psi\,(\cos^2\varphi\cos^2\alpha + \sin^2\varphi\sin^2\alpha) + \sin^2\psi\,(\cos^2\varphi\sin^2\alpha + \sin^2\varphi\cos^2\alpha) \\ &+ \tfrac{1}{2}\cos 2\psi\sin 2\varphi\sin 2\alpha\cos\Delta \pm \tfrac{1}{2}\sin 2\psi\sin 2\varphi\sin\Delta\}\,. \end{aligned}\right\} \quad (58)$$

Da demnach J von der Phasendifferenz Δ der Wellen o und e abhängt, so sagt Gleichung (58) aus, daß die beiden von der elliptisch polarisierten Welle s stammenden, linear und senkrecht zueinander polarisierten Wellen o und e nach Zurückführung auf dieselbe Polarisationsebene interferieren, in Übereinstimmung mit den obenerwähnten Beobachtungsergebnissen.

Ist die auffallende Welle s linear polarisiert, so ist in (58) $\psi = o$ zu setzen, und man erhält

$$J = J_0(\cos^2\varphi\cos^2\alpha + \sin^2\varphi\sin^2\alpha + \tfrac{1}{2}\sin 2\varphi\sin 2\alpha\cos\Delta)\,. \quad (59)$$

Der Faktor $\sin 2\varphi\cos 2\alpha$ in dem letzten Gliede dieses Ausdruckes hat positives oder negatives Vorzeichen, je nachdem $\varphi\left(-\frac{\pi}{2} \leqq \varphi \leqq +\frac{\pi}{2}\right)$ und $\alpha\left(-\frac{\pi}{2} \leqq \alpha \leqq +\frac{\pi}{2}\right)$ beide im selben Quadranten oder in verschiedenen Quadranten liegen. Im ersteren Falle interferieren die beiden Wellen o und e nach Zurückführung auf dieselbe Polarisationsebene wie gewöhnliche parallel polarisierte Wellen mit der Phasendifferenz Δ (vgl. Ziff. 13); im letzteren Falle befinden sich die Intensitätsminima dort, wo vorher die Intensitätsmaxima gelegen haben, die Wellen verhalten sich also wie parallel polarisierte, deren Phasendifferenz $\Delta \pm \pi$ ist[1]).

Werden die Wellen oo' und eo' abgeblendet, dagegen die Wellen oe' und ee' durchgelassen, so muß in (58) α durch $\alpha + \frac{\pi}{2}$ ersetzt werden, wodurch sich in (59) das Vorzeichen des von Δ abhängigen Gliedes umkehrt. Somit erhält man, falls überhaupt keine Abblendung der aus K' austretenden Strahlenbündel stattfindet, eine zweifache Zurückführung der linear und senkrecht zueinander polarisierten Wellen o und e auf zueinander senkrechte Polarisationsebenen, und falls dann die vier Strahlenbündel oo', oe', eo', ee' (z. B. bei hinreichend dünnem K') nicht getrennt werden, sondern sich überlagern, so tritt nicht etwa eine Interferenz mit doppelter Intensität, sondern überhaupt keine auf.

Wir wenden uns jetzt dem Falle zu, daß die auffallende monochromatische Welle unpolarisiert ist. φ und ψ sind dann (vgl. Ziff. 14) als zeitlich schnell veränderlich anzusehen, und zwar erhält φ alle Werte zwischen $-\frac{\pi}{2}$ und $+\frac{\pi}{2}$, ψ alle Werte zwischen $-\frac{\pi}{2}$ und o bzw. o und $+\frac{\pi}{2}$ [2]) in unregelmäßiger Reihenfolge, aber während eines Lichteindruckes doch in durchschnittlich

[1]) F. ARAGO u. A. FRESNEL, Ann. chim. phys. Bd. 10, S. 305. 1819; F. ARAGO, Oeuvr. compl. Bd. 10, S. 149. Paris-Leipzig 1858; A. FRESNEL, Oeuvr. compl. Bd. 1, S. 522. Paris 1866.

[2]) Die Grenzen $-\frac{\pi}{2}$ und 0 entsprechen nach Gleichung (21) rechts-, die Grenzen 0 und $+\frac{\pi}{2}$ linkselliptischer Polarisation.

gleichmäßiger Verteilung. Die vom Auge wahrgenommene Intensität ergibt sich mit Hilfe von (58) als Mittelwert zu

$$\frac{1}{\pi^2}\int\limits_{-\frac{\pi}{2}}^{+\frac{\pi}{2}} d\varphi \int\limits_{-\frac{\pi}{2}}^{+\frac{\pi}{2}} J\,d\psi = \frac{J_0}{2},$$

ist also unabhängig von der Phasendifferenz Δ. In Übereinstimmung mit der Erfahrung folgt somit, daß zwei linear und senkrecht polarisierte Wellen, die von einer unpolarisierten Welle herrühren, nach Zurückführung auf dieselbe Polarisationsebene nicht interferieren.

16. Teilweise polarisiertes Licht. Sind bei einer gegebenen Welle nicht alle drei Bedingungen (48) bzw. (50) erfüllt, so nennt man die Welle teilweise polarisiert oder partiell polarisiert; teilweise polarisiertes Licht erhält man z. B. bei der Reflexion unter beliebigem Einfallswinkel (Ziff. 3). Für $\mathfrak{D}_x$, $\mathfrak{D}_y$ und Δ hat man demnach bei einer teilweise polarisierten Welle

$$M(\overline{\mathfrak{D}}_x \overline{\mathfrak{D}}_y \cos\Delta) = A, \quad M(\mathfrak{D}_x \overline{\mathfrak{D}}_y \sin\Delta) = B, \quad M(\overline{\mathfrak{D}}_x^2) = \Gamma, \quad M(\mathfrak{D}_y^2) = Z, \tag{60}$$

wobei A, B, Γ, Z im allgemeinen von Null und untereinander verschieden sind.

Man kann sich die gegebene, teilweise polarisierte Welle stets durch Überlagerung einer unpolarisierten und einer polarisierten Welle zusammengesetzt denken. Ist $\mathfrak{D}^{(u)}$ der Lichtvektor der unpolarisierten, $\mathfrak{D}^{(p)}$ der Lichtvektor der polarisierten Teilwelle, und ist etwa $\Gamma > Z$, so hat man mit Rücksicht auf (50) für die Komponenten von $\mathfrak{D}^{(u)}$ und $\mathfrak{D}^{(p)}$ offenbar die Bedingungen

$$\left.\begin{aligned} &M(\overline{\mathfrak{D}}_x^{(u)} \mathfrak{D}_y^{(u)} \cos\Delta) = 0, \quad M(\overline{\mathfrak{D}}_x^{(u)} \mathfrak{D}_y^{(u)} \sin\Delta) = 0, \quad M(\overline{\mathfrak{D}}_x^{(u)2}) = M(\overline{\mathfrak{D}}_y^{(u)2}) = \Xi,\\ &\overline{\mathfrak{D}}_x^{(p)} \overline{\mathfrak{D}}_y^{(p)} \cos\Delta = A, \quad \overline{\mathfrak{D}}_x^{(p)} \overline{\mathfrak{D}}_y^{(p)} \sin\Delta = B, \quad \overline{\mathfrak{D}}_x^{(p)2} = \Gamma - \Xi, \quad \overline{\mathfrak{D}}_y^{(p)2} = Z - \Xi; \end{aligned}\right\} \tag{61}$$

die Konstante Ξ wird dabei[1]) durch die positive Wurzel der Gleichung

$$(\Gamma - \Xi)(Z - \Xi) = \overline{\mathfrak{D}}_x^{(p)2}\, \overline{\mathfrak{D}}_y^{(p)2} = A^2 + B^2$$

bestimmt.

Unter dem Polarisationsfaktor oder Polarisationsgrad p der teilweise polarisierten Welle versteht man das Verhältnis der Intensität J_p des polarisierten Anteils zur Gesamtintensität J der Welle. Nun folgt aus (8) mit Rücksicht auf (60) und (61)

$$J_p = \overline{\mathfrak{D}}_x^{(p)2} + \overline{\mathfrak{D}}_y^{(p)2} = \Gamma + Z - 2\Xi, \quad J = M(\overline{\mathfrak{D}}_x^2 + \mathfrak{D}_y^2) = \Gamma + Z,$$

somit ist

$$p = \frac{J_p}{J} = \frac{\Gamma + Z - 2\Xi}{\Gamma + Z}. \tag{62}$$

Ist der polarisierte Anteil elliptisch polarisiert, so sind Azimut und Elliptizität der Schwingungsbahn nach (17), (18) und (61) bestimmt durch

$$\operatorname{tg} 2\varphi = \frac{2\overline{\mathfrak{D}}_x^{(p)} \overline{\mathfrak{D}}_y^{(p)}}{\overline{\mathfrak{D}}_x^{(p)2} - \overline{\mathfrak{D}}_y^{(p)2}} \cos\Delta = \frac{2A}{\Gamma - Z}, \quad \sin 2\psi = \frac{2\overline{\mathfrak{D}}_y^{(p)} \mathfrak{D}_y^{(p)}}{\mathfrak{D}_x^{(p)2} + \mathfrak{D}_y^{(p)2}} \sin\Delta = \frac{2B}{\Gamma + Z - 2\Xi};$$

ist er zirkular polarisiert ($\operatorname{tg}\psi = 1$), so muß

$$\Gamma + Z - 2\Xi = 2B$$

sein. Ist er linear polarisiert ($\operatorname{tg}\psi = 0$), so ist

$$B = 0$$

[1]) E. Verdet, Ann. de l'Ecole norm. Bd. 2, S. 291. 1865; Oeuvr. Bd. 1, S. 308. Paris 1872.

und das Azimut φ der Schwingungsrichtung gegen die positive x-Achse ist dann nach (23) und (61) bestimmt durch

$$\operatorname{tg}^2\varphi = \frac{Z - \Xi}{\Gamma - \Xi};$$

legt man die x-Achse in die Schwingungsrichtung, so wird $\varphi = o$, $Z = \Xi$, und man erhält für den Polarisationsfaktor nach (62) und (60) den einfachen Ausdruck

$$p = \frac{\Gamma - Z}{\Gamma + Z} = \frac{M(\mathfrak{D}_x^2 - \mathfrak{D}_y^2)}{M(\mathfrak{D}_x^2 + \mathfrak{D}_y^2)}.$$

Die Methode zur Bestimmung der Schwingungsbahn des polarisierten Anteils einer teilweise polarisierten Welle sowie zur Messung des Polarisationsfaktors p werden in Bd. XIX ds. Handb. besprochen.

III. Prinzipien der Methoden zur Herstellung polarisierten Lichtes.

a) Allgemeines über die Methoden zur Herstellung linear polarisierten Lichtes.

17. Polarisator, Analysator. Jede Vorrichtung, welche aus einem unpolarisierten Strahlenbündel ein linear polarisiertes zu gewinnen gestattet, heißt ein Polarisator. Eine linear polarisierende Vorrichtung kann auch (vgl. die Ausführungen in Bd. XIX ds. Handb.) zur Ermittelung der Lage der Schwingungsbahn einer gegebenen linear polarisierten Strahlung benutzt werden sowie zur Feststellung, ob ein gegebenes Strahlenbündel einen polarisierten Anteil enthält; bei dieser Verwendung wird die linear polarisierende Vorrichtung als Analysator bezeichnet. Eine Verbindung von Polarisator und Analysator nennt man Polarisationsapparat.

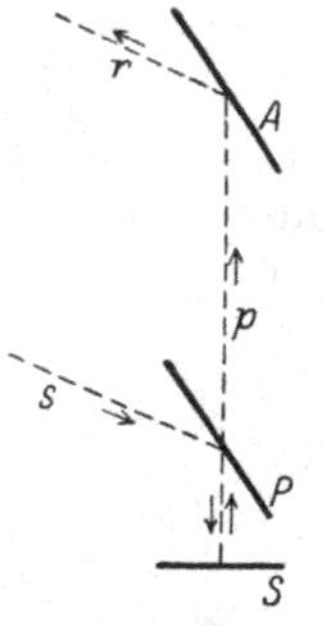

Abb. 5. NÖRRENBERGscher Polarisationsapparat. (P polarisierende Glasplatte, A Analysator, S reflektierender Spiegel, s einfallendes unpolarisiertes Strahlenbündel, p polarisiertes Strahlenbündel, r von A reflektiertes Strahlenbündel.)

18. Herstellung linear polarisierten Lichtes durch Reflexion. Fällt ein unpolarisiertes, monochromatisches Strahlenbündel auf die ebene Begrenzungsfläche einer Glasplatte unter einem Einfallswinkel, der gleich dem durch das BREWSTERsche Gesetz bestimmten Polarisationswinkel ist, so ist das reflektierte Strahlenbündel in der Einfallsebene polarisiert. (Ziff. 3); eine eben geschliffene Glasplatte kann daher als Polarisator oder als Analysator dienen.

Beim NÖRRENBERGschen Polarisationsapparat[1]) (Abb. 5) ist der Polarisator eine durchsichtige, unbelegte, um eine horizontale Achse drehbare Glasplatte P, die unter dem Polarisationswinkel gegen die Horizontalebene geneigt wird. Ein unter dem Polarisationswinkel einfallendes, unpolarisiertes Strahlenbündel s wird linear polarisiert nach unten reflektiert und von dem horizontalen Spiegel S nach oben zurückgeworfen; es tritt dann (unter Schwä-

[1]) Zuerst beschrieben von J. HACHETTE, Nouv. Bull. de la Soc. philomat. Jg. 1833, S. 86; ausführliche Beschreibungen bei E. MASCART, Traite d'optique Bd. 2, S. 30. Paris 1891; MÜLLER-POUILLETS Lehrbuch der Physik und Meteorologie. 10. Aufl. Bd. 2 (3), S. 823. Braunschweig 1909; P. DRUDE, Lehrbuch der Optik. 3. Aufl. S. 233. Leipzig 1912; F. J. CHESHIRE, Trans. Opt. Soc. Bd. 23, S. 246. 1922.

chung seiner Intensität) durch P hindurch und fällt auf den Analysator A. Dieser ist eine hinten geschwärzte Glasplatte, die ebenfalls unter dem Polarisationswinkel gegen die Horizontalebene geneigt ist[1]) und außerdem um die vertikale Achse gedreht werden kann. Ist α der Winkel, den die Einfallsebenen von P und A bilden, und ist J die Intensität des auf den Analysator fallenden Strahlenbündels p, so ist die Intensität des von ihm reflektierten Strahlenbündels r nach dem MALUSschen Gesetz (Ziff. 2) proportional $\cos^2\alpha$; in Abb. 5 sind P und A parallel gestellt gezeichnet.

Die Methode zur Herstellung linear polarisierten Lichtes durch Reflexion hat den Nachteil, daß die lineare Polarisation des reflektierten Strahlenbündels nur dann angenähert vollständig ist, wenn der Öffnungswinkel des auffallenden Strahlenbündels hinreichend klein bleibt[2]); ferner tritt bei ihr stets eine Richtungsänderung des Strahlenbündels[3]) sowie eine Schwächung seiner Intensität ein. Sie findet daher im sichtbaren Spektralbereiche nur noch bei speziellen Versuchsanordnungen[4]) Verwendung; desgleichen wird auch der NÖRRENBERGsche Polarisationsapparat nur noch zu qualitativen Beobachtungen benutzt. Im Ultravioletten Gebiete benutzt man die Methode zur Herstellung linear polarisierten Lichtes, dessen Wellenlänge unterhalb 200 mμ liegt; als reflektierende Fläche dient dann eine Quarzglasplatte.

19. Herstellung linear polarisierten Lichtes durch einfache Brechung. Fällt ein monochromatisches, unpolarisiertes Parallelstrahlenbündel unter beliebigem (von o und $\pi/2$ verschiedenem) Einfallswinkel auf die ebene Begrenzungsfläche eines isotropen, nicht absorbierenden Körpers (z. B. einer Glasplatte), so ist das reflektierte Strahlenbündel teilweise in der Einfallsebene, das gebrochene Strahlenbündel teilweise senkrecht zur Einfallsebene polarisiert; die Intensität des polarisierten Anteils ist in beiden Strahlenbündeln gleich (Ziff. 4). Fällt das gebrochene Strahlenbündel auf eine zweite Glasplatte, so wird der polarisierte Teil vollständig gebrochen; der unpolarisierte Teil wird zum Teil reflektiert, zum Teil gebrochen, und der gebrochene Anteil ist wieder teilweise senkrecht zur Einfallsebene polarisiert. Benutzt man einen Glasplattensatz[5]), d. h. ein System planparalleler, aufeinanderliegender Glasplatten, so wiederholt sich der Vorgang bei jeder folgenden Platte und das hindurchgehende Licht ist bei hinreichend großer Plattenzahl (etwa 10) nahezu senkrecht zur Einfallsebene polarisiert, falls der Einfallswinkel des auffallenden Strahlenbündels gleich dem Polarisationswinkel des Glases ist[6]).

---

[1]) Über die Ausschaltung der von P nicht unter dem Polarisationswinkel reflektierten Strahlen vgl. L. LAURENCE und H. O. WOOD, Optician. Bd. 68, S. 326. 1924.

[2]) Bei größeren Öffnungswinkeln muß die Lichtquelle klein und die reflektierende Fläche geeignet gekrümmt sein (F. JENTZSCH-GRAEFE, Verh. d. D. Phys. Ges. Jg. 21, S. 361. 1919; H. SCHULTZ, Zentral-Ztg. f. Opt. u. Mech. Bd. 47, S. 112. 1926).

[3]) Die Richtungsänderung läßt sich durch Einschaltung reflektierender Flächen aufheben (DELEZENNE, Mém. de la Soc. Roy. des Scienc., de l'agric et des arts. de Lille. Jg. 1834, S. 284 [1835]; H. SCHULZ, ZS. f. Istrkde. Jg. 31, S. 180. 1911; P. METZNER, ZS. f. wiss. Mikrosk. Bd. 37, S. 273. 1920).

[4]) Z. B. zur Herstellung linear polarisierter Strahlenbündel von sehr großem Querschnitt, vgl. E. G. COKER u. S. P. THOMPSON, Engineering, Bd. 94, S. 134. 1912.

[5]) F. ARAGO, Oeuvr. compl. Bd. 10, S. 271. Paris-Leipzig 1858. Über eine Verbesserung der Wirkung durch Einschließung des Glasplattensatzes zwischen zwei Prismen vgl. G. BRODSKY, Nature Bd. 103, S. 97. 1919; P. METZNER, ZS. f. wiss. Mikrosk. Bd. 37, S. 273. 1920.

[6]) Der Polarisationsfaktor des hindurchgehenden Strahlenbündels läßt sich berechnen, wenn der Einfallswinkel des auffallenden unpolarisierten Strahlenbündels sowie der Brechungsindex des Glases bekannt sind (F. NEUMANN, Vorlesungen über theoret. Optik. Herausgeg. von E. DORN, S. 149. Leipzig 1885; C. BOHN, Pogg. Ann. Bd. 117, S. 117. 1862; vgl. auch Kap. 6 ds. Bandes). Die genauere Theorie erfordert die Berücksichtigung der Absorption des Lichtes im Glase (G. G. STOKES, Proc. Roy. Soc. Bd. 11, S. 545. 1862; Phil. Mag. [4] Bd. 24, S. 480. 1862; Mathem. and Physic. Papers Bd. 4, S. 145. Cambridge 1904; F. BENFORD, Journ. Opt. Soc. Amer. Bd. 7, S. 1017. 1923).

Als Polarisator wird der Glasplattensatz wegen der unvollkommenen Polarisation des austretenden Strahlenbündels nur noch bei qualitativen Versuchen benutzt; seine Verwendung bei der Bestimmung des Polarisationsfaktors einer teilweise polarisierten Welle wird in Bd. XIX ds. Handb. besprochen.

20. Herstellung linear polarisierten Lichtes durch Doppelbrechung. Der in Ziff. 1 besprochene Grundversuch, mit Kalkspat oder irgendeinem anderen doppelbrechenden Kristall angestellt, kann prinzipiell zur Herstellung linear polarisierten Lichtes benutzt werden, wenn das eine der beiden durch Doppelbrechung entstehenden, linear polarisierten Strahlenbündel beseitigt wird.

Gewisse absorbierende Kristalle, wie z. B. Turmalin[1]), besitzen die Eigenschaft, ordentliches und außerordentliches Strahlenbündel verschieden stark zu absorbieren. Fällt ein unpolarisiertes Strahlenbündel auf die ebene Begrenzungsfläche einer parallel zur kristallographischen Hauptachse geschnittenen Turmalinplatte[2]), so wird im Inneren des Kristalls das ordentliche Strahlenbündel stärker absorbiert, und bei hinreichender Dicke (etwa 1 bis 2 mm) der Platte tritt fast nur das außerordentliche Strahlenbündel aus; die Erscheinung tritt auch dann noch auf, wenn der Einfallswinkel des auffallenden unpolarisierten Strahlenbündels erheblich von Null abweicht. Das austretende außerordentliche Strahlenbündel ist aber gefärbt, und außerdem ist seine Intensität ebenfalls erheblich geschwächt, weshalb die Anordnung als Polarisator oder Analysator nur noch zu orientierenden Versuchen Verwendung findet.

Weit vorteilhafter ist das Verfahren, eines der beiden linear polarisierten Strahlenbündel, welche bei einem nichtabsorbierenden, doppelbrechenden Kristall aus einem auffallenden unpolarisierten Strahlenbündel entstehen, abzusondern. Dies geschieht bei den sog. Polarisationsprismen[3]), von welchen zwei Gruppen zu unterscheiden sind; bei der einen trennt man die beiden austretenden, linear polarisierten Strahlenbündel räumlich und blendet das eine ab (Ziff. 21), bei der anderen wird eines der beiden Strahlenbündel durch Totalreflexion beseitigt, und es tritt nur ein linear polarisiertes Strahlenbündel aus (Ziff. 22, 23).

b) Polarisationsprismen.

21. Polarisationsprismen mit zwei austretenden, linear polarisierten Strahlenbündeln. Bei der in Abb. 1 dargestellten Anordnung sind die aus dem Kalkspat K austretenden Strahlenbündel o und e nur dann räumlich getrennt, wenn das auffallende Strahlenbündel s hinreichend kleinen Querschnitt und der Kalkspat K hinreichende Dicke besitzt. Eine vollständige räumliche Trennung auch bei größerem Querschnitt des auffallenden Strahlenbündels erzielt man bei prismatischer Form des doppelbrechenden Kalkspatstückes; um die Richtung des einen der austretenden Strahlenbündel e in die Richtung des auffallenden s zu bringen und angenähert zu achromatisieren, kombiniert man ein Kalkspat-

[1]) Die Erscheinung wurde bei Turmalin zuerst von J. B. BIOT (Bull. des Scienc. par la Soc. philomat. Jg. 1815, S. 26; Ann. chim. phys. Bd. 94, S. 191. 1815) beobachtet. Noch stärker tritt dieselbe bei einem gewissen Chininsalz auf (W. B. HERAPATH, Phil. Mag. [4] Bd. 3, S. 161. 1852; G. G. STOKES, Rep. Brit. Assoc. Jg. 1852 [2] S. 15; Mathem. and Physic. Papers Bd. 4, S. 18. Cambridge 1904; A. ZIMMERN, C. R. Bd. 182, S. 1082. 1926).

[2]) Besonders geeignet sind braune und grüne Turmalinkristalle.

[3]) Zusammenfassende Darstellungen: E. MASCART, Traité d'optique Bd. 1, S. 605. Paris 1889; J. WALKER, The analytical theory of light. S. 300. Cambridge 1904; W. GROSSE, Die gebräuchlichsten Polarisationsprismen mit besonderer Berücksichtigung ihrer Anwendung in Photometern. Clausthal 1887; Verh. d. Ges. D. Naturf. u. Ärzte. Bd. 63 (2), S. 33 (Jg. 1890); S. P. THOMPSON, Proceed. optic. convention Nr. 1, S. 216. 1905; H. SCHULZ, ZS. f. techn. Phys. Bd. 3, S. 49. 1922; Polarisation (in E. GEHRCKE, Handb. der physikal. Optik Bd. 1, S. 883. Leipzig 1927); Polarisation des Lichtes (in Handbuch der Experimentalphysik, herausgeg. von W. WIEN und F. HARMS. Bd. 18, S. 374—400. Leipzig 1928).

prisma *K*, dessen kristallographische Hauptachse parallel zu einer brechenden Fläche und parallel oder senkrecht zur brechenden Kante des Prismas liegt, mit einem gleich großen Glasprisma *G*, welches angenähert dieselbe Dispersion und denselben Brechungsindex besitzt wie das Kalkspatprisma für die außerordentliche Welle (Abb. 6). Fällt ein unpolarisiertes Strahlenbündel *s* senkrecht auf das Kalkspatprisma *K*, so gehen im Inneren desselben ordentliches und außerordentliches Strahlenbündel in derselben Richtung bis zur gemeinsamen Hypotenusenfläche beider Prismen (vgl. die Ausführungen in Kap. 11 ds. Bandes). Das außerordentliche Strahlenbündel tritt in *G* ein, ohne eine merkliche Brechung zu erleiden, und besitzt nach dem Austritt die von *s* wenig abweichende Richtung *e*; der Winkel zwischen *s* und *e* hängt noch in geringem Maße von der Wellenlänge ab, kann aber wegen seiner Kleinheit als angenähert achromatisiert betrachtet werden. Das ordentliche Strahlenbündel besitzt in *G* größere Geschwindigkeit als in *K*, es tritt in der von *e* abweichenden Richtung *o* aus.

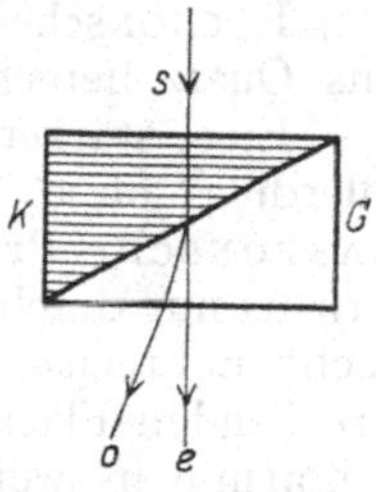

Abb. 6. Achromatisiertes Kalkspat-Glasprisma. (*K* Kalkspat-, *G* Glasprisma. Die Richtung der kristallographischen Hauptachse im Kalkspatprisma ist durch Schraffierung angedeutet. *s* auffallendes unpolarisiertes Strahlenbündel, *o* ordentliches, *e* außerordentliches Strahlenbündel.)

Bei der Prismenkombination Kalkspat-Glas wird keine vollkommene Achromatisierung erzielt; eine solche erreicht man nahezu, wenn man, wie dies bei den Polarisationsprismen von Rochon und Sénarmont der Fall ist, das Glasprisma *G* durch ein Kalkspatprisma ersetzt.

Bei dem Prisma von Rochon[1]) liegt die kristallographische Hauptachse in dem einen Kalkspatprisma *K* senkrecht zur Prismenkante und zur äußeren brechenden Fläche, in dem zweiten Kalkspatprisma *K'* parallel zur Prismenkante (Abb. 7, *R*). Das auffallende unpolarisierte Strahlenbündel *s* zerlegt sich, da beim Fortschreiten in Richtung der kristallographischen Hauptachse keine Doppelbrechung stattfindet (vgl. Kap. 11 ds. Bandes), erst beim Auftreffen auf die gemeinsame Hypotenusenfläche in das ordentliche Strahlenbündel *o* und das außerordentliche Strahlenbündel *e*; ersteres tritt in ungeänderter Richtung aus und ist achromatisiert, *e* ist abgelenkt mit einer von der Wellenlänge abhängenden Winkelabweichung und wird abgeblendet. Die Polarisationsebene von *o* liegt parallel, die von *e* senkrecht zur brechenden Kante des Prismas.

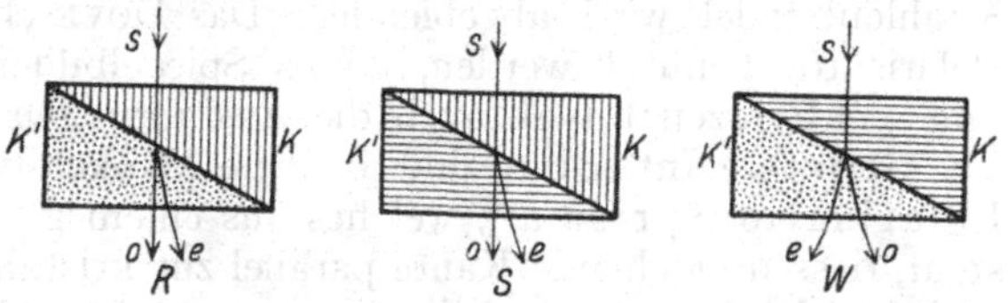

Abb. 7. Prisma von Rochon (*R*), Sénarmont (*S*) und Wollaston (*W*). (Die Richtung der kristallographischen Hauptachse ist durch Schraffierung bzw. Punktierung angedeutet. *s* auffallendes unpolarisiertes Strahlenbündel, *o* ordentliches, *e* außerordentliches Strahlenbündel.)

Beim Prisma von Sénarmont[2]) liegt die kristallographische Hauptachse in beiden Prismen senkrecht zur brechenden Prismenkante, und zwar in

---

[1]) A. M. de Rochon, Receuil de mém. sur la mécanique et la physique. Paris 1783; Nova Acta Acad. Petropolitanae Bd. 6, S. 37. 1790; Journ. de phys., de chim. et d'hist. nat. Bd. 53, S. 169. 1801; Gilb. Ann. Bd. 40, S. 141. 1812. Rochon verwandte sein Prisma als Distanzmesser (Rochonsches Mikrometer); vgl. hierüber E. Mascart, Traité d'optique. Bd. 1, S. 625. Paris 1889; M. Brendel, Beobachtungsergebn. d. K. Sternwarte Berlin, Heft 6, S. 37. 1892; Müller-Pouillets Lehrbuch der Physik und Meteorologie 10. Aufl. Bd. 2 (3), S. 851. Braunschweig 1909; A. König, Die Fernrohre und Entfernungsmesser. S. 139. Berlin 1923. Über die Verwendung doppelbrechender Kristallkeile zu demselben Zweck, vgl. L. Wulff, ZS. f. Instrkde. Jg. 17, S. 292. 1897.

[2]) H. de Sénarmont, Ann. chim. phys. (3) Bd. 50, S. 480. 1857.

dem einen K senkrecht, in dem anderen K' parallel zur äußeren brechenden Fläche (Abb. 7, S). Der Gang der austretenden Strahlenbündel ist derselbe wie beim ROCHONschen Prisma, nur sind die Lagen der Polarisationsebenen vertauscht (vgl. auch die Ausführungen in Bd. XIX ds. Handb.).

ROCHONsches und SÉNARMONTsches Prisma werden statt aus Kalkspat auch aus Quarz hergestellt.

Eine stärkere Winkeldivergenz der beiden austretenden Strahlenbündel, allerdings ohne Achromatisierung, erzielt das aus Kalkspat hergestellte WOLLASTONsche Prisma[1]) (Abb. 7, W); es unterscheidet sich vom ROCHONschen Prisma nur durch die Lage der kristallographischen Hauptachse in K, welche senkrecht zur brechenden Kante und parallel zu der durch diese Kante gehenden äußeren brechenden Fläche liegt. Das auffallende unpolarisierte Strahlenbündel s wird schon in K in zwei senkrecht zueinander polarisierte Strahlenbündel zerlegt, welche sich in gleicher Richtung, aber mit verschiedenen Geschwindigkeiten fortpflanzen und beim Auftreffen auf die gemeinsame Hypotenusenfläche in entgegengesetzten Richtungen gebrochen werden; ihre (von der Wellenlänge abhängige) Winkeldivergenz ist nahezu doppelt so groß wie bei einem ROCHONschen Prisma gleicher Dimension.

Eine starke Winkelabweichung erzielt auch das DOVEsche Prisma[2]), welches aus einem gleichschenklig-rechtwinkligen Kalkspatprisma besteht, dessen kristallographische Hauptachse senkrecht zur einen Kathetenfläche liegt. Das ordentliche Strahlenbündel, das aus dem unter beliebigem Winkel (meist 0° oder 45°) einfallenden unpolarisierten Strahlenbündel entsteht, ist nach dem Austritt achromatisiert; es erfährt eine zweimalige Brechung an den Kathetenflächen und totale Reflexion an der Hypotenusenfläche. Das außerordentliche Strahlenbündel wird abgeblendet. Das DOVEsche Prisma kann aber nur als Polarisator benutzt werden, da es Spiegelbilder mit Vertauschung von links und rechts erzeugt (vgl. auch die Ausführungen in Bd. XIX ds. Handb.).

Geringere Intensität und kleinere Winkeldivergenz liefert das ABBEsche Polarisationsprisma[3]), welches aus einem gleichseitigen Kalkspatprisma besteht, dessen brechende Kante parallel zur kristallographischen Hauptachse liegt und das durch zwei Glaskeile zu einem rechtwinkligen Parallelepiped mit senkrechten Endflächen ergänzt wird. Eine ähnliche, aber nicht in den Gebrauch gekommene Form, bestehend aus einem rechtwinkligen Kalkspatprisma zwischen zwei Flußspatprismen, hat THOMPSON[4]) angegeben.

Eine räumliche Trennung des ordentlichen und außerordentlichen Strahlenbündels kann man auch durch Linsen aus Kalkspat erzielen, deren kristallographische Hauptachse senkrecht zur Linsenachse liegt[5]).

22. Polarisationsprismen mit austretendem außerordentlichen Strahlenbündel. Die Polarisationsprismen, bei welchen eines der beiden entstehenden, senkrecht zueinander polarisierten Strahlenbündel entfernt wird und nur ein

---

[1]) W. H. WOLLASTON, Phil. Trans. Jg. 1820, S. 126. Über ein dem WOLLASTONschen Prisma ähnliches Prisma vgl. C. D. AHRENS, Journ. Roy. microsc. Soc. (2) Bd. 4, S. 533. 1884; Phil. Mag. (5) Bd. 19, S. 69. 1885; H. G. MADAN, Nature Bd. 31, S. 371. 1885.

[2]) H. W. DOVE, Monatsber. Berl. Akad. Jg. 1864, S. 42; Pogg. Ann. Bd. 122, S. 18. 456. 1864; W. GROSSE, Über Polarisationsprismen. S. 25. Dissert. Kiel 1886; Zentral-Ztg. f. Opt. u. Mech. Bd. 8, S. 157. 1887.

[3]) E. ABBE, Journ. Roy. microsc. Soc. (2) Bd. 4, S. 462. 1884; E. J. CHESHIRE, Nature Bd. 103, S. 239. 1919.

[4]) S. P. THOMPSON, Phil. Mag. (5) Bd. 31, S. 120. 1891.

[5]) E. v. FEDOROW, Annuaire géol. et minéral. de Russie. Bd. 4, S. 142. 1900; ZS. f. Krist. Bd. 37, S. 413. 1903; W. SCHÜTZ, ZS. f. Phys. Bd. 32, S. 502; Bd. 34, S. 545. 1925; H. SCHULZ, ZS. f. Phys. Bd. 33, S. 183. 1925; ZS. f. Instrkde Bd. 45, S. 539. 1925; ZS. f. techn. Phys. Bd. 6, S. 614. 1925.

Strahlenbündel austritt (vgl. Ziff 20), zerfallen in zwei Gruppen, je nachdem das ordentliche oder das außerordentliche Strahlenbündel beseitigt wird[1])

Die zur ersteren Gruppe gehörenden Polarisationsprismen sind Modifikationen des NICOLschen Prismas[2]) und werden erhalten, indem man ein prismatisches Kalkspatstück durch einen geeigneten Schnitt in zwei Hälften zerlegt und diese nachträglich mit Hilfe einer dünnen Kittschicht (meist Kanadabalsam, Terpentin oder Leinöl) zusammenkittet[3]); der Brechungsindex des Kittes muß kleiner sein als der ordentliche Brechungsindex des Kalkspates. Übersteigt der Einfallswinkel bei der Kittschicht einen bestimmten Wert, so wird das ordentliche Strahlenbündel total reflektiert und an der geschwärzten Seitenfläche absorbiert[4]); da der außerordentliche Brechungsindex bei Kalkspat für jeden Einfallswinkel kleiner ist als der ordentliche Brechungsindex, so geht das außerordentliche Strahlenbündel im allgemeinen durch die Kittschicht und tritt aus dem Prisma aus.

Die Polarisationsprismen dieser Gruppe unterscheiden sich bezüglich der kristallographischen Orientierung der Endflächen und der Schnittebene. Bei der klassischen Form von NICOL werden die Endflächen eines natürlich abgespaltenen, länglichen Kalkspatrhomboeders, welche mit der Längskante k (Abb. 8) ursprünglich den Winkel von ca. 72° bilden, so abgeschliffen, daß dieser Winkel nur noch 68° beträgt. Die Schnittebene AA' wird senkrecht zu den neuen Endflächen sowie der durch k und die kristallographische Hauptachse bestimmte Ebene (d. h. senkrecht zur kurzen Diagonale der Endfläche) gelegt; die beiden durch den Schnitt entstehenden Teile werden mit Kanadabalsam zusammengekittet.

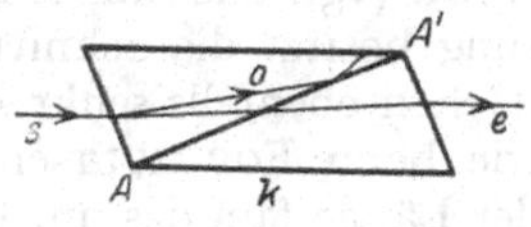

Abb. 8. NICOLsches Prisma. (AA' Schnittfläche, s auffallendes unpolarisiertes Strahlenbündel, o ordentliches, e außerordentliches Strahlenbündel.

Diese ursprüngliche Form hat den Nachteil, daß das austretende polarisierte Strahlenbündel e gegen die Richtung des auffallenden unpolarisierten Strahlenbündels s verschoben[5]) und die Polarisation der austretenden Strahlung für ein konvergent auffallendes Strahlenbündel unvollständig ist. Um ein vollständig polarisiertes Gesichtsfeld zu erhalten, dürfen die auffallenden Strahlen mit der Längskante k einen Winkel von höchstens $\alpha = 14{,}5°$ bilden; den doppel-

[1]) Über die Theorie der Polarisationsprismen vgl. außer den S. 112, Anm. 3 gemachten Angaben K. FEUSSNER, ZS. f. Instrkde. Jg. 4, S. 41. 1884; H. SCHULZ, ZS. f. Instrkde. Jg. 36, S. 247. 1916; Jg. 38, S. 69. 1918; Jg. 39, S. 254, 350. 1919; Jg. 40, S. 180. 1920; Jg. 41, S. 118. 1921; Jg. 44, S. 453. 1924. Über den Astigmatismus der Polarisationsprismen und seine Beseitigung bei der Verwendung eines Polarisationsprismas im Mikrsoskop vgl. S. BECHER, Ann. d. Phys. Bd. 47, S. 285. 1915; M. BEREK, Zentralbl. f. Min. Jg. 1919, S. 218, 247, 275; A. EHRINGHAUS, Zentralbl. f. Min. Jg. 1921, S. 54, 252, sowie die Ausführungen in Bd. XIX ds. Handb.

[2]) W. NICOL, Edinb. new. phil. Journ. Bd. 11, S. 83. 1829; Bd. 27, S. 332. 1839; M. SPASSKY, Pogg. Ann. Bd. 44, S. 168. 1838; G. RADICKE, Pogg. Ann. Bd. 50, S. 25. 1840; POTTER, Phil. mag. (4) Bd. 14, S. 452. 1857; Bd. 16, S. 419. 1859; B. HASERT, Pogg. Ann. Bd. 113, S. 188. 1861; K. FEUSSNER, ZS. f. Instrkde. Jg. 4, S. 44. 1884; S. P. THOMPSON, Phil. Mag. (5) Bd. 21, S. 478. 1886.

[3]) Ist die Dispersion der Kittschicht nicht richtig gewählt, so erscheinen die Grenzkurven der Totalreflexion, durch welche das linear polarisierte Gesichtsfeld abgegrenzt wird, bei Beleuchtung mit weißem Lichte gefärbt; über die von der Kittschicht zu forderndc Dispersion vgl. H. SCHULZ, ZS. f. Instrkde. Jg. 39, S. 154. 1919.

[4]) Will man die bei Benutzung sehr starker Intensitäten infolge Absorption des totalreflektierten Strahlenbündels auftretende Erwärmung vermeiden, so kann man durch ein an der einen Seitenfläche angebrachtes Glasprisma das nicht benutzte ordentliche Strahlenbündel zum Austritt bringen. Vgl. W. v. IGNATOWSKY, ZS. f. Instrkde. Jg. 30, S. 217. 1910.

[5]) Über die Verwendung gegeneinander drehbarer Glaskeile zur Beseitigung dieser Verschiebung vgl. C. A. REESER, Physica Bd. 2, S. 81. 1922.

ten Grenzwinkel 2α bezeichnet man als das Polarisationsfeld oder kurz als das Gesichtsfeld des NICOLschen Prismas[1]).

Alle Abänderungen, welche die ursprüngliche Form des NICOLschen Prismas später erfahren hat, bezwecken Steigerung der Größe des Polarisationsfeldes und Herabsetzung des bei der Herstellung eintretenden Materialverbrauches, sowie Vermeidung der Parallelverschiebung des austretenden Strahlenbündels. Beim FOUCAULTschen Prisma[2]), dessen Zwischenschicht aus Luft besteht, ist der Materialverbrauch sehr gering; die Prismenlänge ist nur das 1,5fache seiner Breite. Das Polarisationsfeld beträgt allerdings nur etwa 8°, außerdem wirken die an der Luftschicht eintretenden mehrfachen Reflexionen störend.

Bei der THOMPSONschen Form des NICOLschen Prismas[3]) liegt die kristallographische Hauptachse parallel zur brechenden Kante des Prismas, die Schnittebene liegt parallel zum Hauptschnitt des Einfallslotes; das Polarisationsfeld beträgt 39°. Diese Form läßt sich auch mit Endflächen senkrecht zur Längskante herstellen[4]) und ist in dieser Ausführung jetzt die am meisten gebräuchliche (vgl. auch die Ausführungen in Bd. XIX ds. Handb.). Dieselbe Orientierung besitzt die Schnittfläche beim GLANschen Prisma[5]), bei dem die Endflächen ebenfalls senkrecht zur Längskante liegen. Die Zwischenschicht ist hier, wie beim FOUCAULTschen Prisma, Luft, wodurch eine erhebliche Verkürzung der Länge (auf das nur ca. 0,9fache der Breite) erzielt wird; das Polarisationsfeld beträgt etwa 8°. Der Materialverlust bei der Herstellung dieser Prismen ist bedeutend[6]).

Beim Prisma von HARTNACK und PRAZMOWSKI[7]) liegt die kristallographische Hauptachse senkrecht zur Schnittebene, die Endflächen liegen senkrecht zur Längskante. Im günstigsten Falle beträgt das Polarisationsfeld ca. 42°, die Länge ist dann (bei Leinöl als Kittschicht) das 4fache der Breite. Eine Herabsetzung der Prismenlänge (auf das ca. 2fache der Breite) ohne Verringerung des Polarisationsfeldes (ca. 40°) hat AHRENS[8]) durch Herstellung eines dreiteiligen Prismas mit zwei Kittflächen erzielt, doch ist diese Form wegen der Schwierigkeit der Herstellung sowie wegen eines störenden, das Gesichtsfeld durchziehenden Bandes (bedingt durch die zusammenstoßenden beiden Schnittflächen) nicht in Gebrauch gekommen.

Bei der Verwendung im ultravioletten Spektralbereiche[9]) muß als Zwischenschicht Luft oder (zur Erzielung eines größeren Gesichtsfeldes) Glyzerin

---

1) Außer den S. 115, Anm. 1 zitierten Abhandlungen vgl. J. TH. GROOSMULLER, ZS. f. Instrkde. Jg. 46, S. 563. 1926. Über die Messung des Polarisationsfeldes vgl. H. SCHULZ, ZS. f. Instrkde. Jg. 41, S. 144. 1921.

2) L. FOUCAULT, C. R. Bd. 45, S. 238. 1857; Rec. des trav. scientif. S. 301. Paris 1878.

3) S. P. THOMPSON, Rep. Brit. Assoc. Jg. 1881. S. 563; Phil. Mag. (5) Bd. 12, S. 349. 1881; Bd. 15, S. 435. 1883.

4) R. T. GLAZEBROOK, Phil. Mag. (5) Bd. 10, S. 247. 1880; Bd. 15, S. 352. 1883.

5) P. GLAN, Carls Repert. f. Experimentalphys. Bd. 16, S. 570. 1880; Bd. 17, S. 195. 1881.

6) Um den Materialverlust herabzusetzen, wurden Polarisationsprismen konstruiert (C. LEISS, Berl. Ber. Jg. 1897, S. 901; E. v. LOMMEL, Münchener Ber. Bd. 28, S. 111. 1898), bei welchen die eine Prismenhälfte aus einer Glassorte besteht, welche nahezu denselben Brechungsindex und dieselbe Dispersion besitzt wie Kalkspat für den außerordentlichen Strahl; doch waren die Ergebnisse wegen der eintretenden Gesichtsfeldverzerrung nicht befriedigend. Vgl. hierzu H. SCHULZ, ZS. f. Instrkde. Jg. 44, S. 453. 1924.

7) E. HARTNACK u. A. PRAZMOWSKI, Ann. chim. phys. (4) Bd. 7, S. 181. 1866; Pogg. Ann. Bd. 127, S. 494; Bd. 128, S. 336. 1866, vgl. hierzu K. FEUSSNER, ZS. f. Instrkde. Jg. 4, S. 45. 1884.

8) C. D. AHRENS, Journ. Roy. Microsc. Soc. (2) Bd. 6, S. 397, 859. 1886. S. P. THOMPSON, Phil. Mag. (5) Bd. 21, S. 476. 1886. Über eine ähnliche Form vgl. B. HALLE, Handb. d. prakt. Optik 2. Aufl., S. 112. Berlin 1921.

9) S. S. RICHARDSON, Phil. Mag. (6) Bd. 28, S. 256. 1914.

benutzt werden; da sich letzteres unter der Einwirkung der ultravioletten Strahlung zersetzen kann[1]), wird noch besser Rhizinusöl verwendet. Am gebräuchlichsten ist für diesen Zweck das GLANsche Polarisationsprisma.

23. Polarisationsprismen mit austretendem ordentlichen Strahlenbündel. Will man das bei der Doppelbrechung entstehende ordentliche Strahlenbündel benützen und das außerordentliche Strahlenbündel durch Totalreflexion entfernen, so bringt man die doppelbrechende Kristallplatte als Zwischenschicht zwischen zwei gleich gestaltete, entgegengesetzt gerichtete Prismen aus einem Material mit hinreichend großem Brechungsindex[2]).

JAMIN[3]) benutzte eine planparallele Kalkspatplatte, die sich in einem mit Schwefelkohlenstoff gefüllten Trog befand; an Stelle der Flüssigkeit wurde später von BERTRAND[4]) Flintglas verwendet. FEUSSNER[5]) gebrauchte statt einer Kalkspatzwischenschicht eine solche aus Natronsalpeter, welche den Vorteil bietet, daß bei ihr die Differenz zwischen ordentlichem und außerordentlichem Brechungsindex noch größer ist. Bei Benutzung einer Kalkspatplatte beträgt das Polarisationsfeld bei einem Prisma, dessen Länge rund das vierfache der Breite ist, ca. 44°; bei einer Natronsalpeterzwischenschicht (bei einem Verhältnis der Prismenlänge zur Breite von ca. 3,5) sogar ca. 53°. Diese Polarisationsprismen erfordern zwar nur dünne Kristallplatten, sind aber fast gar nicht in Gebrauch gekommen

24. LANDOLTscher Streifen. Falls bei einem Polarisationsapparat, dessen Polarisator und Analysator NICOLsche Prismen (oder eine der in Ziff. 22 besprochenen Prismenformen) sind, der Analysator sich in solcher Stellung befindet, daß die Polarisationsebene der aus ihm austretenden Strahlung senkrecht steht zur Polarisationsebene der aus dem Polarisator austretenden Strahlung, so muß das Gesichtsfeld bei parallelstrahliger Beleuchtung vollständig dunkel sein. Bei Beleuchtung mit einer sehr hellen Lichtquelle zeigt sich jedoch, daß bei dieser Stellung das sehr dunkle Gesichtsfeld von einem schwarzen, schwach parabolisch gekrümmten Streifen durchzogen wird, von dem aus die Intensität nach beiden Seiten hin wächst. Dieser Streifen, dessen Lage sich schon bei geringer Drehung des einen der beiden Polarisationsprismen ändert, wird als LANDOLTscher Streifen[6]) bezeichnet, obgleich er schon vorher von JAMIN[7]) beobachtet worden war.

Die Theorie des LANDOLTschen Streifens ist von LIPPICH[8]) gegeben und später von BEREK[9]), von BRUHAT und HANOT[10]) und von GROOSMULLER[11]) vervollkommnet worden. Sie zeigt, daß die Polarisationsebenen der aus dem Polarisationsprisma austretenden Teilstrahlenbündel verschiedene Lagen haben, die den verschiedenen Einfallswinkeln der auffallenden Teilstrahlenbündel entsprechen.

[1]) V. HENRI u. A. RANC, C. R. Bd. 154, S. 1261. 1912.

[2]) Diese Prismenform wurde 1837 von E. SANG der Roy. Society in Edinburgh vorgeschlagen (vgl. P. G. TAIT, Proc. Edinburgh Bd. 18, S. 337. 1891). Über die Theorie dieser Polarisationsprismen vgl. außer den S. 115, Anm. 1 gemachten Angaben H. SCHULZ, ZS. f. Instrkde. Jg. 40, S. 180. 1920.

[3]) J. JAMIN, C. R. Bd. 68, S. 221. 1869; D. B. BRACE (Phil. Mag. [6] Bd. 5, S. 164. 1903) benutzte eine Kalkspatplatte in einem mit Monobromnaphthalin gefüllten Troge.

[4]) E. BERTRAND, C. R. Bd. 99, S. 538. 1884. Bull. soc. minéral. Bd. 7, S. 340. 1884.

[5]) K. FEUSSNER, ZS. f. Instrkde. Jg. 4, S. 47. 1884.

[6]) H. LANDOLT, Das optische Drehungsvermögen organischer Substanzen. S. 95. Braunschweig 1879.

[7]) J. JAMIN, Ann. chim. phys. (3) Bd. 29, S. 267. 1850; vgl. hierzu R. SISSINGH, Arch. néerl. Bd. 20, S. 177. 1886.

[8]) F. LIPPICH, Wiener Ber. Bd. 85 (2), S. 268. 1882.

[9]) M. BEREK, Verh. d. D. Phys. Ges. Jg. 21, S. 338. 1919.

[10]) G. BRUHAT u. M. HANOT, C. R. Bd. 172, S. 1340. 1921.

[11]) J. TH. GROOSMULLER, ZS. f. Instrkde. Jg. 46, S. 573. 1926.

Vollständige Dunkelheit tritt bei gekreuzten Polarisationsprismen nur in demjenigen streifenförmigen Gebiet des Gesichtsfeldes ein, in welchem die Polarisationsebenen der aus dem Polarisator austretenden Teilstrahlenbündel streng senkrecht zur Polarisationsebene des Analysators stehen.

c) Methoden zur Herstellung elliptisch und zirkular polarisierten Lichtes.

25. Herstellung elliptisch polarisierten Lichtes. Eine ebene, linear polarisierte, monochromatische Lichtwelle falle senkrecht auf die ebene Begrenzungsfläche einer planparallelen, doppelbrechenden Kristallplatte. Ist die Platte eine parallel zur kristallographischen Hauptachse geschnittene Kalkspat- oder Quarzplatte, so sind die Polarisationsebenen der im Inneren durch Doppelbrechung entstehenden Wellen diejenigen beiden Ebenen, welche durch das Einfallslot parallel bzw. senkrecht zur kristallographischen Hauptachse gelegt sind (vgl. Ziff. 1). Wir benutzen ein rechtwinkliges Koordinatensystem x, y, z, dessen positive z-Achse mit der Wellennormale (und damit mit dem Einfallslot) zusammenfällt und dessen x-Achse parallel zur kristallographischen Hauptachse des Kristalls liegt. Bezeichnen wir mit α den Winkel, den die durch den Lichtvektor $\mathfrak{D}$ und die z-Achse gelegte Schwingungsebene der auffallenden Welle mit der zx-Ebene bildet, so sind die Komponenten von $\mathfrak{D}$ vor dem Eintritt in die Kristallplatte

$$\left.\begin{aligned} \mathfrak{D}_x &= |\mathfrak{D}|\cos\alpha = |\overline{\mathfrak{D}}|\cos\alpha\cos\left(\frac{2\pi}{T}t - \delta_0\right),\\ \mathfrak{D}_y &= |\mathfrak{D}|\sin\alpha = |\overline{\mathfrak{D}}|\sin\alpha\cos\left(\frac{2\pi}{T}t - \delta_0\right),\\ \mathfrak{D}_z &= 0. \end{aligned}\right\} \tag{63}$$

Ist d die Dicke der Platte, und sind c_1 und c_2 die Fortpflanzungsgeschwindigkeiten der beiden im Inneren des Kristalls entstehenden, linear und senkrecht zueinander polarisierten Wellen, so bleiben diese gegen die auffallenden Komponenten (63) gemäß (4) zeitlich um d/c_1 bzw. d/c_2 zurück. Die Komponenten von $\mathfrak{D}$ nach dem Austritt aus der Platte lauten daher

$$\left.\begin{aligned} \mathfrak{D}_x &= |\mathfrak{D}|\cos\alpha\cos\left\{\frac{2\pi}{T}\left(t - \frac{d}{c_1}\right) - \delta_0\right\} = |\mathfrak{D}|\cos\alpha\cos\left(\frac{2\pi}{T}t - \delta_1\right),\\ \mathfrak{D}_y &= |\mathfrak{D}|\sin\alpha\cos\left\{\frac{2\pi}{T}\left(t - \frac{d}{c_2}\right) - \delta_0\right\} = |\mathfrak{D}|\sin\alpha\cos\left(\frac{2\pi}{T}t - \delta_2\right),\\ \mathfrak{D}_z &= 0. \end{aligned}\right\} \tag{64}$$

Die aus der Kristallplatte austretende, durch Überlagerung der beiden linear polarisierten Teilwellen entstehende Welle ist daher, wie der Vergleich mit (13) zeigt, elliptisch polarisiert. Die Phasendifferenz zwischen den Komponenten $\mathfrak{D}_x$ und $\mathfrak{D}_y$ beträgt nach (64)

$$\delta = \delta_2 - \delta_1 = 2\pi d\left(\frac{1}{\lambda_2} - \frac{1}{\lambda_1}\right), \tag{65}$$

wobei λ_1 und λ_2 die Wellenlängen der beiden linear polarisierten Wellen im Inneren des Kristalls sind.

Hierfür kann man auch schreiben

$$\delta = \frac{2\pi}{\lambda}d\left(\frac{c}{c_2} - \frac{c}{c_1}\right) = \frac{2\pi}{\lambda}d(n_2 - n_1),$$

wobei λ die Wellenlänge im Außenraume (Luft) ist und n_1, n_2 die Brechungsindizes des Kristalls für die beiden im Inneren desselben fortschreitenden, linear polarisierten Wellen in Bezug auf den Außenraum bedeuten.

Für den Gangunterschied g (Ziff. 8) hat man dann

$$g = d(n_2 - n_1).$$

Die Phasendifferenz δ ist nach (65) der Plattendicke proportional. Das Amplitudenverhältnis wird nach (64) und (16)

$$\operatorname{tg}\gamma = \operatorname{tg}\alpha.$$

Durch Änderung von d und α kann man somit (vgl. Ziff. 8) Gestalt, Lage und Umlaufsinn der Schwingungsellipse beliebig variieren.

Zur Herstellung elliptisch polarisierten Lichtes läßt man daher die (durch ein Polarisationsprisma erzeugte) linear polarisierte Parallelstrahlung senkrecht auf eine parallel zur kristallographischen Hauptachse geschnittene Quarzplatte (oder auch Kalkspatplatte) mit variierbarer Dicke fallen; eine solche wird dargestellt durch den SOLEILschen Kompensator[1]. Derselbe besteht aus zwei parallel zur kristallographischen Hauptachse geschnittenen, planparallelen Platten, die mit rechtwinklig gekreuzten Achsenrichtungen aufeinandergelegt sind. Die eine Platte besitzt konstante Dicke; die zweite Platte besteht aus zwei Keilen, die sich zu einer planparallelen Platte ergänzen. Der eine Keil ist fest, der zweite mikrometrisch verstellbar. Durch Änderung der Stellung des zweiten Keiles kann der wirksamen Dicke des Plattenpaares und damit der Phasendifferenz δ der beiden austretenden, sich überlagernden, linear polarisierten Wellen jeder beliebige Wert erteilt werden. Eine Änderung von α erzielt man durch Drehung des die auffallende linear polarisierte Strahlung erzeugenden Polarisationsprismas um seine Längsachse.

Über weitere Einzelheiten betreffs Theorie und Gebrauch des SOLEILschen Kompensators vgl. die Ausführungen in Bd. XIX ds. Handb.

26. Herstellung zirkular polarisierten Lichtes. Zirkular polarisiertes Licht erhält man nach Ziff. 8 mit der in Ziff. 25 besprochenen Anordnung, wenn $\alpha = \frac{\pi}{4}$ und $\delta = \frac{\pi}{2}$ gemacht wird. Eine Kristallplatte, bei welcher $\delta = \frac{\pi}{2}$ ist, bezeichnet man als Viertelwellenlängenplatte, weil bei ihr der Gangunterschied $g = \frac{\delta\lambda}{2\pi} = \frac{\lambda}{4}$ beträgt. Eine Viertelwellenlängenplatte liefert z. B. der SOLEILsche Kompensator, indem man bei diesem die wirksame Dicke so wählt, daß $\delta = \frac{\pi}{2}$ wird; sehr gebräuchlich sind auch Glimmer- oder Gipsplatten geeigneter Dicke[2].

Da n_1 und n_2 sich mit der Wellenlänge ändern, so kann eine aus einem doppelbrechenden Kristall hergestellte Viertelwellenlängenplatte nur für eine Wellenlänge richtig sein[3].

Frei von diesem Übelstande ist folgende, von FRESNEL[4] herrührende Methode zur Herstellung zirkular polarisierten Lichtes: Wird linear polarisiertes Licht von

---

[1] A. BRAVAIS, C. R. Bd. 32, S. 112. 1851; Ann. chim. phys. (3) Bd. 43, S. 141. 1855.

[2] Über die Methoden zur Herstellung von Viertelwellenlängenplatten sowie zur Feststellung der Wellenlänge, für welche eine ungefähre Viertelwellenlängenplatte die exakte Phasendifferenz $\pi/2$ besitzt, vgl. A. RIGHI, Atti dei Lincei. Classe di sc. fis. mat. e nat. Jg. 289 (5) Bd. 1, S. 189. 1893; A. COTTON und H. MOUTON, Ann. chim. phys. (8) Bd. 20, S. 275. 1910; L. CHAUMONT, C. R. Bd. 154, S. 271. 1912; C. BERGHOLM, Ann. d. phys. (4) Bd. 44, S. 1057. 1914; S. WEDENEEWA, Ann. d. Phys. (4) Bd. 73, S. 138. 1923. Vgl. auch die Angaben in Bd. XIX dieses Handb.

[3] Über die Herstellung nahezu achromatischer Viertelwellenlängenplatten vgl. D. B. BRACE, Phil. Mag. (5) Bd. 48, S. 345. 1899; E. PERUCCA, Atti di Torino Bd. 54, S. 1013. 1919.

[4] A. FRESNEL, Ann. chim. phys. (2) Bd. 29, S. 185. 1825; Oeuvr. compl. Bd. 1, S. 760. Paris 1866.

einer Glasplatte mit dem Brechungsindex 1,51 unter dem Einfallswinkel 54°37′ total reflektiert, so besitzen die beiden reflektierten Komponenten parallel und senkrecht zur Einfallsebene die Phasendifferenz $\pi/4$; durch zweimalige Totalreflexion unter diesem Einfallswinkel bekommt man somit die Phasendifferenz $\pi/2$ und daher zirkular polarisiertes Licht, falls die Polarisationsebene des auffallenden linear polarisierten Lichtes mit der Einfallsebene einen Winkel von 45° bildet. Eine derartige zweimalige Totalreflexion erhält man mit Hilfe des FRESNELschen Parallelepipeds[1]), d.h. eines Glasprismas von der in Abb. 9 dargestellten Form. Fällt das linear polarisierte Strahlenbündel l senkrecht auf die schmale Seite des Glasprismas, so ist das austretende Strahlenbündel c zirkular polarisiert. Im Gegensatz zu der aus einem doppelbrechenden Kristall hergestellten Viertelwellenlängenplatte ist hier die erzielte Phasendifferenz nahezu unabhängig von der Wellenlänge.

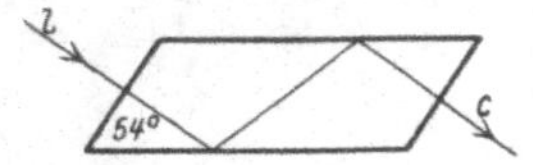

Abb. 9. FRESNELsches Parallelepiped. (l auffallendes linear polarisiertes Strahlenbündel, c austretendes zirkular polarisiertes Strahlenbündel.)

[1]) Über die Theorie des FRESNELschen Parallelepipedes vgl. Lord KELVIN, Baltimore lectures on molecular dynamics and the wave theory of light. S. 393 Cambridge, 1904; deutsche Ausgabe von B. WEINSTEIN, S. 328. Leipzig 1909, sowie auch Kap. 6 ds. Bandes. Über eine nach Art des FRESNELschen Parallelepipedes hergestellte Anordnung vgl. A. OXLEY, Chem. News. Jg. 102, S. 189. 1910; Phil. Mag. (6) Bd. 21, S. 517. 1911.

Kapitel 5.

Weißes Licht. Gesetzmäßigkeiten schwarzer und nichtschwarzer Strahlung.

Von

L. GREBE, Bonn.

Während die leuchtenden Gase und Dämpfe Licht aussenden, das meist aus einzelnen sehr engen Wellenlängenbezirken besteht, haben die leuchtenden, festen und flüssigen Körper Emissionen, die breite Spektrengebiete kontinuierlich erfüllen. Erstreckt sich dieser kontinuierliche Wellenlängenbezirk über die Wellen des sichtbaren Spektrums, so erscheint das emittierte Licht mehr oder weniger vollkommen weiß. Wir wollen für die folgenden Betrachtungen unter weißem Licht allgemein eine Emission verstehen, die ein größeres Spektralgebiet kontinuierlich erfüllt. Ferner wollen wir uns für das folgende zunächst auf den Boden der klassischen Undulationstheorien stellen.

Häufig hat nun die Frage die Physiker beschäftigt, wie die von der Lichtquelle ausgehenden Störungen — seien sie nun mechanisch oder elektromagnetisch aufgefaßt — beschaffen sein müssen, damit das Spektroskop ein solches kontinuierliches Spektrum liefert. Besonders eingehend hat sich GOUY[1]) mit diesem Problem beschäftigt. Er hat zuerst darauf hingewiesen, daß man den Lichtvektor an einer Raumstelle durch eine FOURIERsche Reihe darstellen, und so in einfache Sinusschwingungen auflösen kann, die bei konstanter Lichtquelle konstante Schwingungszahl Amplitude und Phase haben. Gegen diese Auffassung sind besonders von CARVALLO[2]) und CORBINO[3]) Einwände erhoben worden, die darauf fußen, daß, falls die GOUYsche Auffassung richtig wäre, durch das Zusammenwirken von Partialschwingungen mit genügend benachbarten Schwingungszahlen sichtbare Interferenzen entstehen müßten. Später hat dann PLANCK[4]) die Frage aufgegriffen, und den Einwand vollkommen widerlegt. Nach ihm finden zwar zwischen je zwei einander naheliegenden Partialschwingungen fortwährende regelmäßige Interferenzen statt, aber diese partialen Interferenzen sind sehr zahlreich und wirken im allgemeinen in verschiedenem Sinne, d. h. wenn zwei Partialschwingungen sich in einem Augenblick verstärken, so schwächen sich in demselben Augenblick an derselben Stelle zwei andere. Eine sichtbare Wirkung dieser partialen Interferenzen würde nur dann eintreten, wenn sie an einem Orte zu einer bestimmten Zeit zum überwiegenden Teil in demselben Sinne erfolgten.

---

[1]) A. GOUY, Journ. de phys. et le Radium (2) Bd. 5, S. 354. 1886. Spätere Bemerkungen C. R. Bd. 130, S. 241 u. 560. 1900.

[2]) E. CARVALLO, C. R. Bd. 130, S. 79 u. 401. 1900.

[3]) O. M. CORBINO, C. R. Bd. 133, S. 412. 1901.

[4]) M. PLANCK, Ann. d. phys. (4) Bd. 7, S. 390. 1902.

In konstantem weißen Licht sind also die Amplituden und Phasen der Partialschwingungen — eben weil die Wirkungen der partialen Interferenzen sich gegenseitig aufheben — vollkommen unregelmäßig angeordnet. Zwei unmittelbar benachbarte Partialschwingen stehen in gar keinem Zusammenhang miteinander, und deshalb ist die gemessene Lichtintensität die Summe der Intensitäten der einzelnen Partialschwingungen. Normales weißes Licht von konstanter Intensität, ist also nach PLANCK vollständig definiert 1. durch die Verteilung der Energie auf die verschiedenen Gebiete des Spektrums, 2. durch den Satz, daß innerhalb eines schmalen Spektralbereiches, in dem die Energieverteilung als gleichmäßig angesehen werden kann, die Amplituden und Phasen der einzelnen einfach periodischen Partialschwingungen absolut unregelmäßig angeordnet sind.

Man kann auch mit PLANCK, RAYLEIGH[1]) und anderen das weiße Licht als aus einer großen Anzahl mehr oder weniger schnell abklingender Einzelschwingungen oder auch aus Impulsen zusammengesetzt denken, die ganz unregelmäßige Stöße darstellen.

Wendet man zur Herstellung der oben angedeuteten Unordnung, die dem weißen Licht charakteristisch ist, die Gesetze der Wahrscheinlichkeitsrechnung an, und dehnt die Betrachtung über das ganze Spektrum aus, so erhält man eine ganz bestimmte Energieverteilung im Spektrum als die wahrscheinlichste. Diese Energieverteilung ist die im sog. absolut schwarzen Körper bei reiner Temperaturstrahlung verwirklichte, zu deren Betrachtung wir jetzt übergehen wollen.

1. Das KIRCHHOFFsche Gesetz. Das erste sicher fundierte Gesetz über die Strahlung der Körper, die durch reine Temperaturerhöhung zur Ausdehnung elektromagnetischer Wellen angeregt werden, wurde von KIRCHHOFF aufgestellt. Dieses Gesetz enthält eine Beziehung zwischen dem Absorptionsvermögen und dem Emissionsvermögen eines Körpers und sagt aus, daß das Verhältnis von Emissionsvermögen und Absorptionsvermögen eines Körpers von seiner Natur unabhängig ist[2]).

Zur Definition des Absorptions- und Emissionsvermögens nimmt KIRCHHOFF eine durch zwei kleine Öffnungen begrenzte Strahlung an und läßt durch diese Öffnungen die Strahlung des emittierenden Körpers hindurchtreten. Von dieser Strahlung betrachtet er den Teil, der ein Wellenlängengebiet zwischen $\lambda + d\lambda$ erfüllt und zerlegt ihn in zwei senkrecht zueinander polarisierte Komponenten. Die Intensität der nach der einen dieser Richtungen polarisierten Komponente nennt er $E \cdot d\lambda$ und bezeichnet dann E als das Emissionsvermögen des Körpers für die so festgelegte Strahlenrichtung, Wellenlänge und Polarisationsebene.

Fällt umgekehrt durch die Öffnungen ein Strahlenbündel auf den Körper auf, das die Wellenlänge und die entsprechende Polarisationsebene hat, so wird ein Teil desselben von dem Körper absorbiert. Der übrige Teil kann reflektiert oder durchgelassen werden. Das Verhältnis der Intensität des absorbierten zu dem des auffallenden Teils heißt das Absorptionsvermögen A, das also einen echten Bruch bedeuten muß, und das wieder für Wellenlänge, Richtung und Polarisationszustand definiert ist. Der Satz von KIRCHHOFF lautet nun: Das Verhältnis von Emissionsvermögen und Absorptionsvermögen ist für alle Körper bei derselben Temperatur dasselbe. Es gilt also:

$$\frac{E}{A} = e,$$

[1]) Lord RAYLEIGH, Phil. Mag. (6) Bd. 10, S. 401. 1905; Bd. 11, S. 123. 1906.

[2]) G. KIRCHHOFF, Berl. Ber. 1859, S. 783; Pogg. Ann. Bd. 109, S. 275. 1860; Abhandlgn. d. Berl. Akad. 1861, S. 63.

wo e eine von der Natur der Körper unabhängige Größe ist, die nur von der Temperatur abhängt. Für $A = 1$, für einen Körper also, der alle auf ihn auffallende Strahlung absorbiert, ist $E = e$. Einen solchen Körper pflegt man als absolut schwarzen Körper zu bezeichnen, und e ist also das Emissionsvermögen des absolut schwarzen Körpers für die entsprechende Temperatur.

Der Beweis des Satzes ist von KIRCHHOFF an den angegebenen Stellen auf etwas verschiedene Arten geführt worden. Da gegen den Beweis Einwendungen erhoben worden sind, ist er später mehrfach modifiziert worden. Einen einfachen Beweis, der von den gegen den KIRCHHOFFschen erhobenen Einwendungen frei ist, hat PRINGSHEIM[1]) geliefert. Andere Beweise sind später gegeben worden, z. B. von DUNOYER[2, 3]). Wir können also das KIRCHHOFFsche Gesetz als eine theoretisch wohl begründete Beziehung für die Strahlung der Körper ansehen, die auch der experimentellen Prüfung, soweit sie erfolgt ist, immer standgehalten hat. Die theoretischen Beweise selbst sollen hier nicht gegeben werden, da die Strahlungstheorie an einer anderen Stelle dieses Handbuches behandelt wird.

Bei den experimentellen Arbeiten zur Prüfung des Gesetzes ist zu unterscheiden zwischen solchen, die nur eine qualitative und solchen, die eine quantitative Prüfung enthalten. Die Zahl der ersteren ist sehr groß, die der letzteren sehr gering. Alte Messungen von PROVOSTAYE und DESAINS, TYNDALL, STEWART, LE CHATELIER, KIRCHHOFF und anderen, welche zeigen, daß Körper, die stark absorbieren, auch stark emittieren, findet man kritisch zusammengestellt im 2. Bande von KAYSERS Handbuch der Spektroskopie[4]). Einige wenige dieser Versuche seien erwähnt: KIRCHHOFF erhitzt in einem Platinring eine Perle aus phosphorsaurem Natrium. Die Perle bleibt durchsichtig, leuchtet aber auch nicht, während der undurchsichtige Platinring stark leuchtet. STEWART zeigt, daß farbiges Glas beim Erhitzen stärker strahlt als farbloses. In neuerer Zeit hat STUCHTEY[5]) einen Versuch beschrieben, nach dem ein in einer Vertiefung eines Asbestpappstücks durch eine Knallgasflamme erhitztes Goldstückchen mit grüner Farbe zu glühen beginnt. Ebenso geht die Farbe des zur Weißglut erhitzten Goldes bei der Erkaltung durch Weißlichgrün in Dunkelgrün über und die Eigenemission hört mit dieser Grünglut bei weiterer Erkaltung auf, ohne daß Rotglut eingetreten wäre. Dies ist nach dem KIRCHHOFFschen Gesetz zu erwarten, da das Gold das Grün stark absorbiert. Einen Versuch, der die Gültigkeit des Gesetzes für die verschiedenen Polarisationszustände beweist, hat wieder KIRCHHOFF selbst gegeben, indem er eine Turmalinplatte erhitzte. Eine parallel zur Achse geschliffene Turmalinplatte absorbiert mehr Strahlen, die parallel zur Achse, als solche, die senkrecht dazu polarisiert sind. Wenn das auch bei hoher Temperatur noch gilt, muß das emittierte Licht teilweise polarisiert sein. Die Beobachtung zeigt, daß das richtig ist, wenngleich die Polarisation nicht so stark ist, wie sie nach dem Verhalten des Turmalins im kalten Zustande zu erwarten wäre. Auf das Verhalten der Spektrallinien in Emission und Absorption, das KIRCHHOFF hauptsächlich zur Aufstellung seines Satzes führte, können wir heutzutage nicht mehr hinweisen, da wir wissen, daß es sich hier meist nicht um ein Temperaturleuchten handelt.

Die quantitativen Prüfungen des Gesetzes sind immer noch sehr spärlich, allerdings reicht bei der guten theoretischen Begründung das vorhandene Material

[1]) E. PRINGSHEIM, Verh. d. D. Phys. Ges. Bd. 3, S. 81. 1901.

[2]) L. DUNOYER, Ann. de chim et d. phys. (8) Bd. 9, S. 30. 1906.

[3]) Wegen eines Versuchs einer axiomatischen Begründung des Gesetzes durch HILBERT und eine daran anschließende Diskussion mit PRINGSHEIM s. Phys. ZS. Bd. 13, S. 1057. 1912; Bd. 14, S. 589, 592, 847. 1913.

[4]) H. KAYSER, Handb. d. Spektroskopie Bd. II, S. 39ff. Leipzig 1902.

[5]) K. STUCHTEY, Sitz-Ber. Ges. z. Bef. d. ges. Naturw. Marburg 1908, S. 85.

aus, um auch experimentell das Gesetz genügend zu begründen. Zwar ist eine Prüfung von RIZZO[1]) negativ ausgefallen, doch scheinen dabei grundsätzliche Fehler in der Versuchsanordnung vorzuliegen. Dagegen zeigen schon Versuche von BOUMAN[2]), daß für das Verhältnis E bei einem erhitzten Glase und für die Emission e des Kupferoxyds, das nahezu wie ein schwarzer Körper strahlt, Proportionalität besteht. Eine weitere Versuchsreihe ist von ROSENTHAL[3]) an Quarz und Glimmer ausgeführt worden. Dabei wurden für diese Substanzen die Gebiete starker selektiver Absorption im Ultrarot verwendet. Als schwarzer Körper diente auch hier ein oxydiertes Kupferblech. Wegen der starken Absorption kann die Durchlässigkeit unberücksichtigt bleiben, und das Absorptionsvermögen A aus dem Reflexionsvermögen R zu $1 - R$ berechnet werden. Allerdings wird hier das Reflektionsvermögen beim kalten Material bestimmt. Immerhin erweist sich die Beziehung des KIRCHHOFFschen Gesetzes innerhalb der Fehlergrenzen erfüllt.

Den Turmalinversuch KIRCHHOFFS hat PFLÜGER[4]) quantitativ wiederholt. Es werden bei der gleichen Temperatur sowohl die Absorptions- wie die Emissionsintensitäten einer glühenden Turmalinplatte für eine bestimmte Wellenlänge thermoelektrisch bestimmt, und zwar sowohl für die in der Achse des Turmalins wie die dazu senkrecht polarisierten Komponenten. Ist J die Intensität der benutzten Lichtquelle, D der von der Platte durchgelassene, R der von ihr reflektierte Bruchteil, so ist die absorbierte Intensität $A = E\,(1 - R - D)$. Sind die Komponenten der Intensität für den ordinären und extraordinären Strahl bezüglich E_o und E_e die Absorptionsvermögen A_o und A_e, so muß nach dem KIRCHHOFFschen Gesetz $\frac{E_o}{E_e} = \frac{A_o}{A_e}$ sein. Diese Beziehung wird mit bemerkenswerter Genauigkeit bestätigt gefunden.

Aus dem KIRCHHOFFschen Gesetz ergibt sich die Möglichkeit der experimentellen Verwirklichung des absolut schwarzen Körpers. KIRCHHOFF selbst hat in seiner grundlegenden Arbeit diese Möglichkeit schon angedeutet. Er sagt, daß ein von Körpern gleicher Temperatur umschlossener Hohlraum, durch dessen Wände keine Strahlen hindurchtreten können, die aber im übrigen beliebig beschaffen sein können, in seinem Innern nur Strahlen enthalten kann, die nach Qualität und Intensität so beschaffen sind, als ob sie von einem schwarzen Körper von derselben Temperatur herkämen. Man sieht das nach dem KIRCHHOFFschen Gesetz sofort ein, wenn man berücksichtigt, daß jedes Strahlenbündel in einem solchen Körper bei den vielen Reflexionen, die es erfährt, allmählich vollständig absorbiert wird. Ein entgegengesetzt gerichtetes Bündel muß dann also die vollkommene Emission des schwarzen Körpers darstellen.

Obwohl nach dieser Bemerkung von KIRCHHOFF die Realisierung des schwarzen Körpers durch einen Hohlraum mit gleich temperierten Wänden, der nur eine kleine Öffnung enthält, durch die er Strahlen nach außen senden kann, nahe gelegen hatte, ist diese praktische Folgerung doch erst sehr viel später von WIEN und LUMMER[5]) gezogen worden. Sie zeigen, daß ein kugelförmiger Hohlraum mit gleich temperierten und diffus reflektierenden Wänden mit einer Öffnung $d\sigma$ bei senkrechter Bestrahlung derselben eine Energiemenge

$$E \cdot \frac{d\sigma}{4 r^2 \pi} \cdot \frac{R}{1 - R}$$

---

1) G. B. RIZZO, Atti di Torino Bd. 29, S. 292. 1893/94.
2) J. P. BOUMAN, Versl. K. Ak. v. Wetensch. Amsterdam Bd. 5, S. 438. 1897.
3) H. ROSENTHAL, Wied. Ann. Bd. 68, S. 783. 1899.
4) A. PFLÜGER, Ann. d. phys. Bd. 7, S. 806. 1902.
5) W. WIEN u. O. LUMMER, Wied. Ann. Bd. 56, S. 451. 1895.

wieder nach außen abgibt, wenn E die einfallende Energie, R das Reflexionsvermögen der Wände und r der Radius der Kugel ist. Dieser Ausdruck ist dann gleichzeitig ein Maß für die Abweichung vom absolut schwarzen Körper. Sorgt man dafür, daß $d\sigma$ klein gegen die Kugeloberfläche und R klein gegen 1 ist, so kann man diese Annäherung sehr vollkommen machen.

Für einen praktischen Zweck, nämlich für die Messung der Gesamtstrahlung eines absolut schwarzen Körpers haben LUMMER und PRINGSHEIM[1]) diese Idee zum erstenmal verwendet, und seither werden alle Messungen der schwarzen Strahlung an derartigen strahlenden Hohlräumen ausgeführt.

2. Das STEFAN-BOLTZMANNsche Gesetz. Da durch das KIRCHHOFFsche Gesetz die Emission eines beliebig strahlenden Körpers zur Emission des absolut schwarzen Körpers in Beziehung gesetzt ist, so ist die Kenntnis dieser letzteren von fundamentalem Interesse. Die Untersuchung kann sich auf die von dem schwarzen Körper emittierte Gesamtstrahlung und auf diejenige der Emission für jede einzelne Wellenlänge erstrecken.

Für die Gesamtstrahlung gilt das von STEFAN[2]) auf Grund vorliegenden experimentellen Materials aufgestellte Gesetz. STEFAN selbst wußte noch nicht, daß es sich dabei um eine Beziehung für den schwarzen Körper handelte; er glaubte, sie gelte für alle Körper. Die wahre Bedeutung des Gesetzes wurde von BOLTZMANN[3]) erkannt, der auf einen gleichtemperierten wärmedurchlässigen Hohlraum die Ergebnisse der elektromagnetischen Lichttheorie und der Thermodynamik anwandte. Nach diesem Gesetz ist die Gesamtemission des schwarzen Körpers der vierten Potenz seiner absoluten Temperatur proportional. Weitere Beweise des Satzes sind von GALITZINE[4]), PLANCK[5]) und W. WIEN[6]) gegeben worden, so daß es sich auch hier um ein wohlbegründetes Gesetz der Strahlung handelt.

Strahlen zwei kleine schwarze Flächen in einem gegen ihre Dimensionen großen Abstand R gegeneinander, so erhält also die Fläche von der niederen Temperatur T_2 von der mit der höheren Temperatur T_1 wenn F_1 und F_2 die Flächengrößen sind, die zur Verbindungslinie senkrecht stehen sollen, in der Sekunde die Energie

$$E = \frac{\sigma}{\pi}(T_1^4 - T_2^4)\cdot\frac{F_1\cdot F_2}{R^2}.$$

Diese Gleichung ist die Beziehung des STEFAN-BOLTZMANNschen Gesetzes, wie sie für experimentelle Untersuchungen des Gesetzes zugrunde gelegt werden muß. Die Konstante σ ist die Energie, die das Flächenelement des schwarzen Körpers von der Größe l pro Sekunde in den Raum ausstrahlt.

Die Prüfungen des Gesetzes, die vor der Erkenntnis seiner ausschließlichen Gültigkeit für den schwarzen Körper liegen, können hier außer Betracht bleiben. Die erste brauchbare Arbeit zur Prüfung des Gesetzes, bei der bewußt ein schwarzer Körper als Strahlungsquelle benutzt wird, stammt von LUMMER und PRINGSHEIM[7]). Der schwarze Körper wird hier durch einen strahlenden Hohlraum mit gleich temperierten Wänden und kleiner Öffnung realisiert, und dessen Strahlung bei verschiedenen Temperaturen in relativem Maß mittelst eines Bolometers

---

[1]) O. LUMMER u. E. PRINGSHEIM, Wied. Ann. Bd. 63, S. 395. 1897.
[2]) J. STEFAN, Wiener Ber. Bd. 79 (2), S. 391. 1879.
[3]) L. BOLTZMANN, Wiener Ann. Bd. 22, S. 291. 1884.
[4]) B. GALITZINE, Wiener Ann. Bd. 47, S. 479. 1892.
[5]) M. PLANCK, Ann. d. phys. Bd. 1, S. 111. 1899.
[6]) W. WIEN, Wied. Ann. Bd. 52, S. 155. 1894.
[7]) O. LUMMER u. E. PRINGSHEIM, Wied. Ann. Bd. 63, S. 395. 1895. Ann. d. phys. Bd. 3, S. 159. 1900.

bestimmt. Das Bolometer ist mit Platinmoor überzogen und absorbiert die auffallende Strahlung einigermaßen vollständig. Siedendes Wasser, geschmolzener Salpeter und ein elektrisch erhitzter Chamotteofen dienen zur Heizung des strahlenden Hohlkörpers. Als Maß für die Energiegröße der Ausstrahlung dienen die Ausschläge des Galvanometers der Bolometeranordnung. Ist das STEFAN-BOLTZMANNsche Gesetz richtig, so muß für diesen Ausschlag A die Beziehung

$$A = C \cdot (T_1^4 - T_2^4)$$

gelten, wo T_1 die absolute Temperatur des schwarzen Körpers und T_2 die des Bolometers ist. Die Temperatur wird mit Thermometern und Thermoelementen gemessen. Für die Konstante C ergeben sich die in der folgenden Tabelle zusammengestellten Werte:

Temperatur	C	Temperatur	C
373°	127	877°	118
492°	124	1106°	110
733°	118	1125°	111
755°	120	1403°	116
799°	111	1492°	116
820°	116	1522°	113
		1561°	114

Das Mittel ist 116 mit verhältnismäßig kleinen Abweichungen. In der zweiten Arbeit zeigen die Verfasser, daß die Abweichungen noch geringer werden, wenn eine Korrektur an den Temperaturbestimmungen angebracht wird, die infolge einer Neubestimmung der Temperaturskala nötig war. Die Richtigkeit des STEFAN-BOLTZMANNschen Gesetzes für den schwarzen Körper ist damit nachgewiesen. Als eine relative Messung, die das STEFAN-BOLTZMANNsche Gesetz ausgezeichnet bestätigt, ist auch eine Untersuchung von MENDENHALL[1]) und FORSYTHE zu nennen, die das Gesetz zu Temperaturmessungen verwenden, und eine vollständige Übereinstimmung der so gewonnenen Temperaturen mit der gasthermometrischen Temperaturskala von DAY und SOSNAN zwischen 1063 und 1549° C bis auf $\pm 0{,}5°$ finden.

Eine weitere Prüfung des Gesetzes, die gleichzeitig zum erstenmal einen absoluten Wert für die Konstante desse ben lieferte, stammt von KURLBAUM[2]).

Die Methode besteht darin, daß die Strahlung eines schwarzen Körpers, der entweder auf 0° oder auf 100° C erwärmt wird, auf einen mit Platinmoor geschwärzten Bolometerstreifen auffällt. Nachher wird derselbe Galvanometerausschlag durch elektrische Erwärmung des Streifens erzeugt, und aus den elektrischen Größen des Heizstroms die Energie ermittelt. Bei einer Bolometertemperatur von 18,73° C ergibt sich für den schwarzen Körper von 0°

$$\frac{S_0}{T_2^4 - T_1^4} = 2960\,,$$

für den von 100°

$$\frac{S_{100}}{T_1^4 - T_2^4} = 2951\,,$$

wo S_0 und S_{100} die in willkürlichem Maß gemessene Strahlungsenergie und T_1 und T_2 die Temperatur von Bolometer und schwarzem Körper ist. Der Unter-

[1]) C. E. MENDENHALL und W. E. FORSYTHE, Phys. Rev. Bd. 4, S. 62. 1914.
[2]) F. KURLBAUM, Wied. Ann. Bd. 65, S. 746. 1898.

schied ist nur $^1/_3$%, das STEFANsche Gesetz für diese beiden Temperaturen also erfüllt. Die Konstante ergibt sich zu

$$5{,}32 \cdot 10^{-12}\,\text{Watt}\,\text{cm}^{-2}\,\text{Grad}^{-4}.$$

Nach der Methode von KURLBAUM hat VALENTINER[1]) bei Temperatur des Strahlers bis 1450° C weitere Messungen ausgeführt und für den schwärzesten Empfänger 5,58 als Strahlungskonstante erhalten, nachdem eine Korrektur an den direkten Messungen wegen mangelnder Schwärze des Strahlers und des Empfängers angebracht war.

Gegen diese Bestimmungen ist zuerst von FÉRY[2]) eingewendet worden, daß eine berußte oder mit Platinmoor überzogene Fläche immer noch ein erhebliches Reflexionsvermögen besitze, also kein absolut schwarzer Empfänger sei. Er ersetzt deshalb den Empfänger durch einen Kupferkonus von 30° Öffnungswinkel, der innen mit Ruß geschwärzt ist, und in der Mitte einer Metallkugel liegt. Er wird durch elektrische Heizung eines um den Konus gewickelten Drahtes in Watt geeicht. Mit dieser Anordnung erhält FÉRY im Temperaturbereich des strahlenden schwarzen Körpers von 529 bis 1262° C eine gute Konstanz des Ausdrucks

$$\frac{S}{T_2^4 - T_1^4}.$$

Der Wert der Konstanten ergibt sich im Mittel zu

$$6{,}30 \cdot 10^{-12}\,\text{Watt}\,\text{cm}^{-2}\,\text{Grad}^{-4}$$

mit Extremwerten von 6,66 und 6,02. Auch gegen die FÉRYsche Arbeit, die später von FÉRY und DRECQ[3]) wiederholt worden ist, und einen noch höheren Wert von 6,51 ergeben hat, sind Einwände erhoben worden, die hauptsächlich in der Kritik der Eichung des Empfängers beruhen. Später sind FÉRY und DRECQ zu einem etwas niedrigeren Wert 6,2 gekommen.

Eine Arbeit von GERLACH[4]) sucht einen Fehler der KURLBAUMschen Methode zu vermeiden, der von PASCHEN[5]) aufgedeckt wurde, und der darin besteht, daß ein Bolometerstreifen, der nicht überall gleichmäßige Dicke hat, bei Bestrahlung eine andere Wärmeableitung zeigt, wie bei elektrischer Heizung. Der Wert der Strahlungskonstanten muß darum nach PASCHEN zu klein ausfallen. Bei GERLACH wird deshalb hinter den bestrahlten Streifen eine empfindliche Thermosäule gesetzt, die durch eine dünne Luftschicht von dem Streifen isoliert ist. Wird dann der Streifen elektrisch erwärmt, so gibt er bei gleichem Ausschlag des Galvanometers nach PASCHEN die gleiche Wärme ab, wie bei Bestrahlung mit der gleichen Energie. GERLACH erhält so aus den Bestimmungen für einen schwarzen Körper von 0° und 100° den Wert

$$\sigma = 5{,}80 \cdot 10^{-12}\,\text{Watt}\,\text{cm}^{-2}\,\text{Grad}^{-4}.$$

Dieser Wert ist durch Berücksichtigung der nicht vollkommenen Schwärzung auf 5,9 zu erhöhen. Später hat GERLACH[6]) seine Messung in einen größeren Temperaturintervall des Strahlens zwischen 20 und 450° C wiederholt und ist zu einem Werte von

$$\sigma = 5{,}85 \cdot 10^{-12}$$

---

1) S. VALENTINER, Ann. d. phys. Bd. 31, S. 272. 1910; Bd. 39, S. 489. 1912.

2) CH. FÉRY, C. R. Bd. 148, S. 915. 1909; Ann. de chém. et d. phys. Bd. 17, S. 267. 1909.

3) CH. FÉRY u. M. DRECQ, C. R. Bd. 152, S. 590; Journ. de phys. (5) Bd. 1, S. 551. 1911; C. R. Bd. 155, S. 1239. 1912.

4) W. GERLACH, Ann. d. phys. Bd. 38, S. 1. 1912.

5) F. PASCHEN, Ann. d. phys. Bd. 38, S. 30. 1912.

6) W. GERLACH, Ann. d. phys. Bd. 50, S. 259. 1916.

gekommen, den er später[1]) durch Einführung einer genaueren Schwärzungskorrektion auf

$$\sigma = 5{,}80 \cdot 10^{-12}\,\text{Watt cm}^{-2}\,\text{Grad}^{-4}$$

abgeändert hat. Die GERLACHschen Versuche sind sehr sorgfältig ausgeführt, und es ist ihnen infolgedessen ein erhebliches Gewicht beizulegen.

Im wesentlichen die gleiche Methode wie GERLACH hat COBLENTZ[2]) zu seinen Bestimmungen der Konstante σ benutzt. Er findet teils in Zusammenarbeit mit EMERSON einen Wert von

$$5{,}72 \cdot 10^{-12}.$$

Von COBLENTZ[3]) stammen auch einige wertvolle kritische Zusammenstellungen über die hier in Frage kommenden Meßmethoden. Auch KAHANOWICZ[4]) hat nach der vorhin beschriebenen Methode gearbeitet und den Empfänger zur Vermeidung von Strahlungsverlusten in eine versilberte Halbkugel gesetzt, die zum Eintritt der Strahlung einen Schlitz hat. Ihr Wert ist $5{,}61 \cdot 10^{-12}$. Die GERLACHsche Methode ist schließlich mit einer Modifikation von KUSSMANN[5]) benutzt worden. Als Empfänger diente auch hier ein geschwärzter Platinstreifen. Statt der dahintergestellten Thermosäule wurde aber ein Radiomikrometer benutzt, auf dessen Lötstelle die Strahlung des erwärmten Streifens durch eine Steinsalzlinse gesammelt wurde. Der gefundene Wert für die Konstante bei dieser ebenfalls sehr sorgfältig ausgeführten Messung beträgt

$$5{,}79_5 \cdot 10^{-12}$$

mit einem wahrscheinlichen Fehler von 1%. Die Unterschiede in den Resultaten von GERLACH, KOBLENTZ und KUSSMANN scheinen im wesentlichen von der verschiedenen Einführung der Schwärzungskorrektur herzurühren, und zeigen sonst recht gute Übereinstimmung.

Es soll nun noch eine Reihe anderer Methoden zur Bestimmung der Konstante σ besprochen werden, wenn sie sich auch zum Teil nicht als brauchbare Präzisionsmethoden erwiesen haben.

Der Einwand, der gegen die Methoden mit elektrischer Bestimmung des Empfängerwertes gemacht werden kann, ist der der verschiedenen Ableitungsverhältnisse bei Stromerwärmung und Strahlungserwärmung. Deshalb haben BAUER und MOULIN[6]) versucht, auch die Eichung des Empfängers durch Strahlung zu bewirken. Sie benutzen dazu einen elektrisch geheizten Platinstreifen, der als Strahlungsquelle dient, und bestimmen den Teil der elektrisch zugeführten Energie, der ausgestrahlt wird, indem sie den durch Leitung und Konvektion entfernten Anteil eliminieren. Die Sicherheit ihres Wertes wird durch eine hohe Korrekturgröße beeinträchtigt. Dieser ist 5,30, also dem KURLBAUMschen Werte nahe. Jedoch hat GERLACH auf eine Unstimmigkeit in der Rechnung hingewiesen.

Eine interessante Bolometermethode hat PUCCIANTI[7]) benutzt. Er konstruiert zwei Bolometerzweige von genau gleicher Form und unter gleichen Ableitungs- und Konvektionsverhältnissen aus schwarzen Körpern und läßt den einen gegen einen niedrig temperierten schwarzen Körper (Temperatur der flüs-

---

[1]) W. GERLACH, ZS. f. Phys. Bd. 2, S. 76. 1920.

[2]) W. W. COBLENTZ, Phys. ZS. Bd. 15, S. 762. 1914; Bull. Bur. of Stand Bd. 12, S. 503. 1916 (mit EMERSON).

[3]) W. W. COBLENTZ, Jahrb. d. Radioakt. Bd. 10, S. 340. 1913; Scient. Bureau of Stand. Bd. 17, S. 7. 1921.

[4]) M. KAHANOWICZ, Lincei Rend. (5) Bd. 28 [1], S. 73. 1919.

[5]) A. KUSSMANN, ZS. f. Phys. Bd. 25, S. 58. 1924.

[6]) E. BAUER u. M. MOULIN, C. R. Bd. 149, S. 988. 1909; Bd. 150, S. 167. 1910.

[7]) L. PUCCIANTI, Cim. (6) Bd. 4, S. 31. 1912.

sigen Luft) strahlen, den anderen nicht. Der Unterschied in der Temperatur der beiden Körper wird dann nur durch den Strahlungsverlust des einen bestimmt, und dieser Verlust kann durch elektrische Heizung kompensiert werden; auf diese Weise wird die abgegebene Strahlungsenergie gemessen, PUCCIANTI erhält den Wert

$$\sigma = 5{,}96 \cdot 10^{-12}\,\text{Watt cm}^{-2}\,\text{Grad}^{-4}.$$

Nach einem Einwand von COBLENTZ ist dieser Wert vielleicht zu hoch, weil nach der Versuchanordnung Strahlungsverluste, die nicht den Empfänger treffen, nicht ganz ausgeschlossen sind.

Eine weitere thermometrische Methode von PUCCIANTI[1]) liefert als Resultat für die Strahlungskonstante den ebenfalls sehr hohen Wert von 6,15, eine genauere von KEENE[2])

$$5{,}89 \cdot 10^{-12}\,\text{Watt cm}^{-2}\,\text{Grad}^{-4}.$$

Auf eine wieder andere Art ist SHAKESPEAR[3]) vorgegangen. Eine ebene Metallplatte wird durch elektrische Heizung auf 100° C gehalten. Ihr gegenüber steht eine andere geheizte Platte, die durch Wasser gekühlt wird und auf konstanter Temperatur bleibt. Die erwärmte Platte gibt einen Teil ihrer Energie durch Leitung, Konvektion und Strahlung ab. Ändert man nun das Emissionsvermögen dieser Platte, indem man sie einmal schwärzt, das andere Mal poliert, so bleiben die Verluste durch Leitung und Konvektion die gleichen, der Strahlungsverlust ändert sich. Mißt man also den Verbrauch der erwärmten Platte an elektrischer Energie bei denselben Temperaturen der beiden Platten einmal bei hohem und dann bei niedrigem Emissionsvermögen der beiden Platten, so läßt sich der Verlust durch Leitung und Konvektion eliminieren. Das Verhältnis der Emissionsvermögen wird dann mit einem Radiomikrometer bestimmt. Schließlich wird noch das Emissionsvermögen der Rußfläche gegen einen schwarzen Körper bestimmt. Aus diesen Daten läßt sich die Konstante σ bestimmen. Die Messungen ergaben

$$\sigma = 5{,}67 \cdot 10^{-12}\,\text{Watt cm}^{-2}\,\text{Grad}^{-4}.$$

Eine ähnliche Methode hat WESTPHAL[4]) benutzt. Um zu vermeiden, daß Leitung und Konvektion den größten Teil des Energieverlustes bewirkten, wurden die gegeneinander strahlenden Körper, hier ein Kupferzylinder, und die geschwärzte Wand einer Glasfläche in Luft von 1 mm Druck untersucht. WESTPHAL findet den Wert

$$\sigma = 5{,}54 \cdot 10^{-12}.$$

Später hat HOFFMANN[5]) nach der WESTPHALschen Methode die Bestimmung wiederholt, da die Emissionsbestimmung bei WESTPHAL nicht ganz genau erschien, und den Wert $\sigma = 5{,}76_4$ gefunden. Auch WACHSMUTH[6]) hat eine ähnliche Methode benutzt und $5{,}73 \cdot 10^{-12}$ gefunden. Aus allen diesen Messungen wird man mit GERLACH einen wahrscheinlichsten Wert von

$$\boxed{5{,}76 \cdot 10^{-12}\,\text{Watt cm}^{-2}\,\text{Grad}^{-4}}$$

ableiten können.

[1]) L. PUCCIANTI, Cim. (6) Bd. 4, S. 322. 1912.
[2]) W. KEENE, Proc. Roy. Soc. London Bd. 88, S. 49. 1913; s. auch G. W. TODD, Proc. Roy. Soc. London Bd. 83, S. 19. 1909.
[3]) G. A. SHAKESPEAR, Proc. Roy. Soc. London Bd. 86, S. 180. 1911.
[4]) W. WESTPHAL, Verh. d. D. Phys. Ges. Bd. 14, S. 987. 1912.
[5]) K. HOFFMANN, ZS. f. Phys. Bd. 14, S. 301. 1923.
[6]) R. WACHSMUTH, Verh. d. D. Phys. Ges. (3) Bd. 2, S. 36. 1921.

3. Das WIENsche Verschiebungsgesetz. Auf theoretischem Wege ist W. WIEN[1]) zu einem Gesetze für die Emission des schwarzen Körpers gelangt, welches heute als WIENsches Verschiebungsgesetz bezeichnet wird. Dieses Gesetz bildete einen ersten Schritt auf dem Wege, die Größe e des KIRCHHOFFschen Gesetzes also das Emissionsvermögen eines schwarzen Körpers, in ihrer Abhängigkeit von Wellenlänge und Temperatur darzustellen. Man kann dieses Gesetz in der Form schreiben

$$e(\lambda, T) = \frac{1}{\lambda^5} \cdot f(\lambda \cdot T) .$$

Aus dieser Gleichung ergibt sich, daß der Verlauf der Funktion e für jede beliebige Temperatur berechnet werden kann, wenn er für eine einzige Temperatur bekannt ist. Nehmen wir bei der Temperatur T_1 eine bestimmte Wellenlänge λ_1 und bei einer anderen Temperatur T_2 eine andere Wellenlänge λ_2, so daß $\lambda_1 T_1 = \lambda_2 T_2$ ist, so hat für beide Temperaturen die Funktion f den gleichen Wert. Es ergibt sich also

$$\frac{e_2}{e_1} = \frac{\lambda_1^5}{\lambda_2^5} ,$$

wobei e_1 sich auf die Temperatur T_1 und die Wellenlänge λ_1, e_2 auf die Temperatur T_2 und die Wellenlänge λ_2 bezieht. Bei der zweiten Temperatur erhalten wir also, wenn wir die Wellenlänge als Abszissen, die zugehörigen Energien als Ordinaten auftragen, ein Abzissenverhältnis von $T_2 : T_1$, und ein Ordinatenverhältnis von $\lambda_1^5 : \lambda_2^5$ oder auch von $T_2^5 : T_1^5$. Der Flächeninhalt der von der Kurve und der λ-Achse umschlossenen Fläche ändert sich also mit T^4, wie es das STEFAN-BOLTZMANNsche Gesetz erfordert.

Die Experimente zeigen nun, daß die Funktion $e(\lambda, T)$ ein Maximum hat. Nennen wir λ_m die Wellenlänge dieses Maximums für die Temperatur T, so hat die Funktion $\lambda^{-5} \cdot f(\lambda \cdot T)$ für diesen Wert ihr Maximum. Die Differentiation nach λ bei Konstanten T und die Maximumbedingung liefert

$$\frac{de}{d\lambda} = -5 \cdot \lambda_m^{-6} \cdot f(\lambda_m \cdot T) + \lambda^{-5} \cdot f'(\lambda_m \cdot T) \cdot T = 0 .$$

Daraus folgt

$$5 \cdot f(\lambda_m \cdot T) = \lambda_m \cdot T \cdot f'(\lambda_m \cdot T) .$$

Das ist aber eine Bestimmungsgleichung für das Produkt $\lambda_m \cdot T$, die unabhängig von dem gewählten Temperaturwert für das Produkt $\lambda_m \cdot T$ immer das gleiche Resultat liefert. Wir folgern also aus dem WIENschen Gesetz

$$\lambda_m \cdot T = \text{konst.}$$

für jede Temperatur T, d. h. die Wellenlängen der maximalen Strahlung sind den absoluten Temperaturen umgekehrt proportional. Bei Zunahme der Temperatur verschiebt sich das Energiemaximum nach kürzeren Wellen. Das Gesetz wird deshalb auch das WIENsche Verschiebungsgesetz genannt.

Die experimentelle Prüfung des WIENschen Verschiebungsgesetzes ist fast immer in Verbindung mit Untersuchungen über die vollständige Strahlungsformel erfolgt. Um Wiederholungen zu vermeiden, wollen wir uns deshalb zuerst dieser selbst zuwenden.

4. Das vollständige Strahlungsgesetz des schwarzen Körpers. Es handelt sich noch darum, im WIENschen Verschiebungsgesetz die Funktion $f(\lambda \cdot T)$

---

1) W. WIEN, Wied. Ann. Bd. 52, S. 132. 1894; Berl. Ber. 1893, S. 55; s. auch M. THIESEN, Verh. d. D. Phys. Ges. Bd. 2, S. 65. 1900.

zu bestimmen. Dieser Bestimmung ist eine große und sehr schwierige experimentelle und theoretische Arbeit gewidmet worden.

Auf theoretischem Wege sind drei Gleichungen abgeleitet worden, die genügend begründet worden sind, um als Grundlage für die Untersuchung zu dienen. Die erste stammt von RAYLEIGH und JEANS[1]) und lautet

$$e(\lambda, T) = C \cdot \lambda^{-4} \cdot T,$$

wo C eine Konstante ist. Man sieht, daß sie das WIENsche Verschiebungsgesetz erfüllt, indem die Funktion $f(\lambda \cdot T)$ den Wert $\lambda \cdot T$ selbst hat. Später hat RAYLEIGH noch den Faktor $e^{-\frac{c_2}{\lambda \cdot T}}$ hinzugefügt.

Die zweite Formel stammt wieder von WIEN[2]) und wurde später von PLANCK[3]) besser begründet. Sie lautet

$$e(\lambda, T) = C_1 \cdot \lambda^{-5} \cdot e^{-\frac{c_2}{\lambda \cdot T}}.$$

Die dritte Formel endlich, die als Ausgangspunkt der Quantentheorie historische Berühmtheit erlangt hat, stammt wieder von PLANCK[4]). Sie lautet

$$e(\lambda, T) = c_1 \cdot \lambda^{-5} \cdot \frac{1}{e^{\frac{c_2}{\lambda T}} - 1}.$$

Alle drei Formeln erfüllen das WIENsche Verschiebungsgesetz; nur gibt die RAYLEIGH-JEANSsche Formel in der ersten Form keine Rechenschaft von dem schon durch rohe Annäherungsversuche feststellbaren Intensitätsmaximum bei festgehaltener Temperatur. Man sieht aber, daß für hohe Werte von $\lambda \cdot T$ die PLANCKsche Formel in die RAYLEIGHsche übergeht, wenn man die e-Funktion in eine Reihe entwickelt, und höhere Glieder vernachlässigt. Für kleine Werte von $\lambda \cdot T$ aber geht die PLANCKsche Formel in die von WIEN über, weil dann die 1 im Nenner gegen das erste Glied verschwindet. Es ergibt sich ferner durch die Aufstellung der Maximumbedingung aus der WIENschen Formel

$$b = \lambda_m \cdot T = \frac{c_2}{5},$$

aus der von PLANCK

$$b = \lambda_m \cdot T = \frac{c_2}{4{,}965},$$

als Zusammenhang mit der Konstanten b des WIENschen Verschiebungsgesetzes.

Für die experimentelle Prüfung der Strahlungsformeln können zwei Wege beschritten werden. Einmal kann man bei konstanter Temperatur des schwarzen Strahlers die Abhängigkeit der Strahlungsintensität von der Wellenlänge untersuchen, also Kurven zeichnen, die man Isothermen nennt, dann aber kann man bei konstant gehaltener Wellenlänge die Temperatur verändern, und erhält eine Abhängigkeit, die sich durch sog. Isochromaten darstellt.

Beide Methoden sind für die Prüfung der Formeln vielfach verwendet worden. Wieder wollen wir bei Besprechung der Versuche diejenigen Arbeiten, die vor der experimentellen Herstellung des schwarzen Körpers als strahlender Hohl-

---

[1]) Siehe z. B. Lord RAYLEIGH, Phil. Mag. (5) Bd. 49, S. 539. 1900 oder H. A. LORENTZ, Theorie d. Strahlung, Leipzig 1927, S. 56ff.

[2]) W. WIEN, Wied. Ann. Bd. 58, S. 662. 1896.

[3]) M. PLANCK, Ann. d. Phys. Bd. 1, S. 719. 1900.

[4]) M. PLANCK, Verh. d. D. Phys. Ges. Bd. 2, S. 202, 237. 1900; s. besonders auch M. PLANCK, Theorie der Wärmestrahlung 5. Aufl. Leipzig 1923.

raum liegen, außer Betracht lassen. Nur diejenigen von PASCHEN[1]) müssen erwähnt werden, weil in ihnen die Methodik solcher Untersuchungen sehr vollkommen entwickelt worden ist.

Auch bei den Messungen mit schwarzen Strahlern sind wieder zuerst solche von PASCHEN[2]) zu nennen, der mit schwarzen Körpern verschiedener Temperatur als Strahler und geschwärztem Platinbolometer in spiegelnder Kugel als Empfänger die Untersuchungen ausführte und sowohl Isothermen wie Isochromaten zu den Rechnungen benutzte. Er glaubt für das Temperaturintervall von 100 bis 1300° C und den Wellenlängenbereich von 0,5 bis 9,2 μ das WIENsche Gesetz innerhalb der Versuchsfehler beseitigt zu haben. Allerdings fallen ihm bei den höchsten verwendeten Temperaturen Abweichungen auf, die sich in einem größeren Wert der Konstante C_2 äußern.

Für das Gebiet der sichtbaren Wellen bestätigte sich das WIENsche Gesetz jedoch mit großer Vollkommenheit. Dies geht aus Messungen von PASCHEN und WANNER[3]) hervor, die mit dem Spektralbolometer isochromatische Linien sichtbarer Wellenlängen untersuchten, und weiteren Beobachtungen von WANNER[4]), der die Isochromaten photometrisch untersuchte, und bis zu 4000° zeigte, daß das WIENsche Gesetz nahe gültig sein müsse.

Daß das WIENsche Gesetz nicht als allgemeines Strahlungsgesetz brauchbar ist, haben dann LUMMER und PRINGSHEIM[5]) gezeigt. Bei ihren Messungen an der durch ein Fluoritprisma oder Sylvinprisma spektral zerlegten Strahlung eines schwarzen Körpers ergab sich, daß aus Isochromaten für verschiedene Wellenlängen errechnete Werte der Größe c_2 des WIENschen Gesetzes nicht konstant waren, sondern mit wachsender Wellenlänge anstiegen. So ergab sich der Wert dieser Größe bei einer Wellenlänge von 4,56 μ zu 16500 gegen 13500 bei einer Wellenlänge von 1,21 μ. Messungen von BECKMANN[6]) hatten für die Wellenlängen der Reststrahlen des Flußspats von 23,5 und 25,5 μ sogar einen Wert von 24250 ergeben. Ebenso zeigten Messungen von RUBENS und KURLBAUM[7]) bei den Wellenlängen 8,85 bis 51,2 μ und bei Temperaturen zwischen -190 und 1500° die Unbrauchbarkeit der WIENschen und die Gültigkeit der PLANCKschen Formel, die bei hohen Temperaturen durch die RAYLEIGHsche ersetzt werden kann. Auch weitere Untersuchungen von PASCHEN[8]) bestätigen diesen Befund. Auch diese Versuche sind an Isochromaten ausgeführt und ergeben für die Konstante C_2 der PLANCKschen Formel $c_2 = 14498$ Mikron · Grad. Die Konstante b des WIENschen Verschiebungsgesetzes folgt daraus zu 2920 Mikron · Grad. Einen etwas kleineren Wert fanden HOLBORN und VALENTINER[9]), die gegen die Temperaturbestimmung in den früheren Arbeiten Bedenken erhoben. Sie fanden ebenfalls durch Messungen an Isochromaten $c_2 = 14200$. Im kurzwelligen Teil des Spektrums hat BAISCH[10]) Isochromaten durch Schwärzungsmessungen an photographischen Platten bestimmt, und zwischen 0,334 und 0,496 μ den Wert $c_2 = 14950$ gefunden.

---

1) F. PASCHEN, Wied. Ann. Bd. 58, S. 455, 1896; Bd. 60, S. 662. 1897.
2) F. PASCHEN, Berl. Ber. 1899, S. 405, 959.
3) F. PASCHEN, u. H. WANNER, Berl. Ber. 1899, S. 5.
4) H. WANNER, Ann. d. Phys. Bd. 2, S. 141. 1900.
5) O. LUMMER u. E. PRINGSHEIM, Verh. d. D. Phys. Ges. Bd. 1, S. 23, 215. 1899; Bd. 2, S. 163. 1900.
6) H. BECKMANN, Diss. Tübingen 1898.
7) H. RUBENS u. F. KURLBAUM, Ann. d. Phys. Bd. 4, S. 649. 1901; Berl. Ber. 1900, S. 929.
8) F. PASCHEN, Ann. d. Phys. Bd. 4, S. 277. 1901.
9) L. HOLBORN u. S. VALENTINER, Ann. d. phys. Bd. 22, S. 1. 1907.
10) E. BAISCH, Ann. d. Phys. Bd. 35, S. 543. 1911.

Sehr sorgfältige Messungen sind dann in der physikalisch-technischen Reichsanstalt von WARBURG und seinen Mitarbeitern[1]) ausgeführt worden. Bei zwei Temperaturen wurden Isothermen einer prismatisch zerlegten Hohlraumstrahlung spektralbolometrisch aufgenommen und außerdem vergleichende Helligkeitsmessungen bei der Wellenlänge der roten Wasserstofflinie ausgeführt. Aus Isothermen und Isochromaten kann dann c_2 bestimmt werden. Besonderer Wert wurde in diesen Arbeiten auf die richtige Temperaturbestimmung gelegt. Die Ergebnisse der ersten Arbeit führen zu einem Wert

$$c_2 = 14370 \pm 40 \,\text{Mikron} \cdot \text{Grad},$$

die der zweiten 14250 oder 14300 oder 14400 je nach der benutzten Temperaturskala und der für das Quarzprisma angenommenen Dispersionskurse. Als wahrscheinlichster Wert wird aus allen diesen Messungen

$$c_2 = 14300 \,\text{Mikron} \cdot \text{Grad},$$

oder für die Konstante des WIENschen Verschiebungsgesetzes

$$b = 2880 \,\text{Mikron} \cdot \text{Grad}$$

gewonnen.

Zu einem Werte, der dem vorigen nahe liegt, ist dann auch COBLENTZ[2]) gekommen, der aus Isothermen und Isochromaten nach anfänglich etwas höheren Werten $c_2 = 14320$ $b = 2882$ fand. In der angeführten Arbeit findet sich eine Zusammenstellung der von dem Verf. angestellten Versuche.

Alle diese Untersuchungen lassen es kaum zweifelhaft erscheinen, daß das PLANCKsche Strahlungsgesetz, welches das WIENsche Verschiebungsgesetz in sich einschließt, der adäquate Ausdruck für die KIRCHHOFFsche Funktion der Strahlung des absolut schwarzen Körpers ist, und man wird die Werte

$$\underline{c_2 = 14300 \,\text{Mikron} \cdot \text{Grad}} \qquad \text{und} \qquad \underline{b = 2880 \,\text{Mikron} \cdot \text{Grad}}$$

als wahrscheinliche Werte für die Strahlungskonstanten ansehen können.

Zwar haben NERNST und WULF[3]) bei nochmaliger eingehender Kritik aller früheren Untersuchungen eine kleine Modifikation der PLANCKschen Formel durch die empirische Gleichung

$$e = \frac{1}{\lambda^5} \cdot \frac{c}{e^x - 1} (1 + \alpha),$$

wo wieder $x = \frac{c_2}{\lambda \cdot T}$ und α eine kleine von x abhängige Korrekturgröße mit einem Maximum bei $x = 2{,}5$ und einem größten Werte von 0,07 ist, einführen zu müssen geglaubt. RUBENS und MICHEL[4]) haben aber dann durch sehr sorgfältige Messungen an Isochromaten in einem weiten Bereich des Produktes $\lambda \cdot T$ zeigen können, daß es doch wohl Fehlerquellen in den alten Messungen sein müssen, die die Notwendigkeit der α-Korrektur bedingen, und MICHEL[5]) hat dann die Messungen zu einer nochmaligen Bestimmung der Konstante c_2 benutzt, die den Wert 14270 liefert.

Wir dürfen also für den untersuchten Temperatur- und Wellenlängenbereich, der sich über alle herstellbaren Temperaturen und über Wellenlängen von 8 Oktaven erstreckt, die Richtigkeit der PLANCKschen Formel annehmen.

---

[1]) E. WARBURG, G. LEITHÄUSER, E. HUPKA u. E. MÜLLER, Ann. d. Phys. Bd. 40, S. 609. 1913; E. WARBURG u. E. MÜLLER, Ann. d. Phys. Bd. 48, S. 410. 1915.

[2]) W. W. COBLENTZ, Zusammengefaßt in Journ. Opt. Soc. Amer. Bd. 5, S. 131. 1921.

[3]) W. NERNST u. TH. WULF, Verh. d. D. Phys. Ges. Bd. 21, S. 294. 1919.

[4]) H. RUBENS u. G. MICHEL, Berl. Ber. 1921, S. 590.

[5]) G. MICHEL, ZS. f. Phys. Bd. 9, S. 285. 1922.

Außer den besprochenen experimentellen Methoden zur Bestimmung der Strahlungskonstanten σ und c_2 liegt noch die Möglichkeit vor, diese Konstanten aus ihren theoretischen Zusammenhängen mit anderen physikalischen Größen zu berechnen. Die PLANCKsche Strahlungstheorie liefert für σ und c_2 die Beziehungen

$$\sigma = 40{,}862 \cdot \frac{c \cdot k}{c_2^3} \quad \text{und} \quad c_2 = \frac{c \cdot h}{k}.$$

Darin ist c die Lichtgeschwindigkeit, k die BOLTZMANNsche Konstante und h das PLANCKsche Wirkungsquantum. Für die nach dem augenblicklichen Stande der Forschung besten Werte dieser Größen

$$c = 2{,}9985 \cdot 10^{10}\,\text{cm}\,\text{sec}^{-1}\ ^{1)},$$
$$k = 1{,}372 \cdot 10^{-16}\,\text{erg} \cdot \text{grad}^{-1}\ ^{2)},$$
$$h = 6{,}55 \cdot 10^{-27}\,\text{erg} \cdot \text{sec}\ ^{3)}$$

ergibt sich

$$\sigma = 5{,}716 \cdot 10^{-5} \cdot 10^{-12}\,\text{Watt}\,\text{cm}^{-2}\,\text{Grad}^{-4},$$
$$c_2 = 14\,320\,\text{Mikron} \cdot \text{Grad},$$
$$b = 2880\,\text{Mikron} \cdot \text{Grad}.$$

Der Wert von σ ist etwas kleiner als der aus den Experimenten direkt gefundene, während c_2 gut mit dem experimentellen Mittelwert übereinstimmt.

5. Die Strahlung nichtschwarzer Körper. Die Gesetzmäßigkeiten der Strahlung nichtschwarzer Körper sind noch wenig erforscht. Nach dem KIRCHHOFFschen Gesetz kommt die Untersuchung im wesentlichen auf diejenige des Absorptionsvermögens A heraus, da das Emissionsvermögen E mit diesem durch die Beziehung

$$\frac{E}{A} = e$$

verknüpft ist, und e die besprochenen Gesetze befolgt. Die Abhängigkeit der Größe A von Temperatur und Wellenlänge ist aber nur für wenige Fälle genügend bekannt. Für die Fälle, in denen der strahlende Körper für die Strahlung undurchlässig ist, steht, wie früher schon erwähnt, das Absorptionsvermögen A mit dem Reflexionsvermögen R in der Beziehung

$$A = 1 - R,$$

so daß auch die Untersuchung der Temperatur- und Wellenlängenabhängigkeit von R in vielen Fällen das Problem lösen würde. Für Metalle[4]) läßt sich eine Beziehung zwischen dem Absorptionsvermögen, der Schwingungsdauer T des einfallenden Lichtes und der elektrostatisch gemessenen Leitfähigkeit σ in der von DRUDE herrschenden Form aufstellen

$$A = \frac{2}{\sqrt{\sigma \cdot T \cdot m}},$$

wo m die Magnetisierungskonstante ist, die sich im allgemeinen nur wenig von 1 unterscheidet. Wird statt der Schwingungsdauer die Wellenlänge λ in μ ge-

---

[1]) F. HENNING u. W. JAEGER, ds. Handb. Bd. 2, S. 507. 1926.

[2]) F. HENNING u. W. JAEGER, ebenda, S. 504.

[3]) F. HENNING u. W. JAEGER, ebenda, S. 511.

[4]) Vgl. den Bericht von F. HENNING, Jahrb. d. Radioakt. Bd. 17, S. 30. 1920, wo auch ausführliches Literaturverzeichnis.

messen und statt σ der spezifische Widerstand γ des 1 Meter-Drahtes von 1 mm² Querschnitt in Ohm gemessen eingeführt, so wird für $m = 1$

$$A = 0{,}365 \cdot \sqrt{\frac{\gamma}{\lambda}}\,.$$

Diese aus der MAXWELLschen Theorie gewonnene Gleichung gilt jedoch nur für lange Wellen. Man kann für ihren Gültigkeitsbereich die Strahlungsgesetze für die Metalle angeben und findet nach ASCHKINASS[1])

$$E = 0{,}665 \cdot c_1 \cdot \sqrt{\gamma} \cdot \lambda^{-5,5} \cdot \left(e^{\frac{c_2}{\lambda \cdot T}} - 1\right)^{-1},$$

wo c_1 und c_2 die Konstanten der PLANCKschen Formel sind.

Für das Maximum der Energie folgt daraus

$$\lambda_m \cdot T = 2611\,,$$

und für die Gesamtstrahlung, wenn sie im Gebiet genügend langer Wellen bleibt,

$$G = C \cdot \sqrt{\gamma} \cdot T^{4,5}\,.$$

Im Gebiete der langen Wellen sind diese Beziehungen insbesondere durch HAGEN und RUBENS[2]) geprüft worden. Es zeigte sich, daß für eine große Anzahl von Metallen bei Zimmertemperatur und Wellenlängen zwischen 8 und 12 μ sowie bei 170° und einer Wellenlänge von 25,5 μ die Beziehung zwischen Absorptionsvermögen, Leitfähigkeit und Wellenlänge der DRUDEschen Formel folgte. Auch Platin, das bei der Wellenlänge 25,5 μ in einem größeren Temperaturintervall untersucht wurde, folgte bis etwa 1560° bis auf geringe Abweichungen diesem Gesetz. Die Abweichungen erfolgen hierbei im Sinne eines gegen die Theorie zu großen Emissionsvermögens.

Geht man jedoch zu kleineren Wellenlängen über, so sind die aus der MAXWELLschen Theorie gefolgerten Gesetze, wie es ja auch zu erwarten ist, nicht mehr gültig. Im sichtbaren Gebiet ändert sich das Reflexionsvermögen der Metalle für eine bestimmte Wellenlänge augenscheinlich nur noch sehr wenig mit der Temperatur[3]). Das Absorptionsvermögen ist also hier ebenfalls eine Konstante. Da im sichtbaren Gebiet für die Strahlung des schwarzen Körpers das WIENsche Strahlungsgesetz als gültig angenommen werden kann, läßt sich das KIRCHHOFFsche Gesetz hier in der Form schreiben:

$$E = A \cdot c_1 \cdot \lambda^{-5} \cdot e^{-\frac{c_2}{\lambda T}}.$$

Bestimmt man nun die Temperatur S eines schwarzen Körpers für eine bestimmte sichtbare Wellenlänge λ, für die die Emission des schwarzen Strahlers bei der gleichen Wellenlänge dieselbe ist wie die des nichtschwarzen bei der Temperatur T, so ist

$$E = c_1 \cdot \lambda^{-5} \cdot e^{-\frac{c_2}{\lambda \cdot S}},$$

also

$$e^{-\frac{c_2}{\lambda \cdot S}} = A \cdot e^{-\frac{c_2}{\lambda T}},$$

oder

$$\ln A = \frac{c_2}{\lambda} \cdot \left[\frac{1}{T} - \frac{1}{S}\right].$$

---

1) E. ASCHKINASS, Ann. d. Phys. Bd. 17, S. 960. 1905.

2) E. HAGEN u. H. RUBENS, Ann. d. Phys. Bd. 8, S. 432. 1902; Bd. 11, S. 873. 1903; Verh. d. D. Phys. Ges. Bd. 6, S. 128. 1904; Berl. Ber. 1909, S. 478; 1910, S. 467.

3) Siehe z. B. L. HOLBORN u. F. HENNING, Berl. Ber. 1905, S. 311.

Die Temperatur S heißt die „schwarze Temperatur" des Strahlers für die bestimmte Wellenlänge, und die obige Gleichung gestattet daher aus wahrer und schwarzer Temperatur eines Strahlers sein Absorptionsvermögen zu bestimmen. Umgekehrt erlaubt die Formel bei bekannten Absorptionsvermögen und gemessener schwarzer Temperatur, die mit einem optischen Pyrometer ausgeführt werden kann, auch die Temperaturbestimmung eines nichtschwarzen Strahlers[1]).

Unter der Voraussetzung, daß bei langen Wellen (etwa über $8\,\mu$) die MAXWELLsche Theorie angewendet werden darf, und daß im sichtbaren Spektralgebiet das Absorptions- bzw Reflexionsvermögen konstant ist, läßt sich also für Metalle eine theoretische Behandlung der Strahlung für diese Bereiche durchführen. Im übrigen aber sind wir auf empirische Beziehungen angewiesen, und für eine Reihe von Metallen sind solche Beziehungen aufgestellt worden.

Besonders einfach zu bestimmen bei Metallen ist die Gesamtstrahlung als Funktion des spezifischen Widerstandes. Man braucht dazu nur eine Aufnahme der Stromspannungskurve eines im Vakuum geglühten Drahtes, dessen Abmessungen bestimmt sind, auszuführen. Nach Eintreten eines Gleichgewichtszustandes geht die verbrauchte Leistung als Ausstrahlung verloren.

Wenn der Temperaturkoeffizient des Widerstandes bekannt ist, kann dann auch die Temperaturabhängigkeit der Strahlung bestimmt werden. Auf diesem Wege findet VERNON A. SUYDAM[2]) für eine Reihe von Metallen die Gesamtstrahlung, darstellbar durch eine Formel von dem Typus

$$G = c \cdot T^n.$$

Für Silber zwischen 610° und 981° abs. findet er

$$c = 2{,}9 \cdot 10^{-13}\,\text{Watt cm}^{-2} \cdot \text{grad}^{-4{,}1}, \qquad n = 4{,}1.$$

Für Platin zwischen 647° und 1135° abs. findet er

$$c = 2{,}1 \text{ bis } 2{,}9 \cdot 10^{-15}\,\text{Watt cm}^{-2}\,\text{grad}^{-5}, \qquad n = 5.$$

Für Eisen zwischen 696° und 1303° abs. findet er

$$c = 2{,}9 \text{ bis } 3{,}9 \cdot 10^{-17}\,\text{Watt cm}^{-2}\,\text{grad}^{-5{,}55}, \qquad n = 5{,}55.$$

Für Nickel zwischen 463° und 1283° abs. war die Beziehung schlechter erfüllt, ließ sich aber für $c = 1{,}04 \cdot 10^{-14}$ und $n = 4{,}65$ noch einigermaßen aufrecht erhalten.

In ähnlicher Weise haben später FORSYTHE und WORTHING[3]), ZWIKKER[4]) und GEISS[5]) die Gesamtstrahlung von Wolfram bestimmt. Nach GEISS läßt sich diese durch die Beziehung

$$G = 1{,}425 \cdot 10^{-6} \cdot \gamma^{4{,}14}\,\text{Watt cm}^{-2}$$

als Funktion des spezifischen Widerstandes γ darstellen. Der Temperaturbereich geht dabei von 1700° bis 2700° abs. Für Platin ist nach GEISS[6]) im Temperaturbereich zwischen 475° und 1575° abs.

$$G = c \cdot T^{\varphi} \cdot \sigma \cdot T^4\,\text{Watt cm}^{-2},$$

wo σ die Konstante des STEFANschen Gesetzes, $c = 6{,}22 \cdot 10^{-4}$ und $\varphi = 0{,}767$ ist.

[1]) Siehe z. B. M. v. PIRANI, Verh. d. D. Phys. Ges. Bd. 12, S. 301. 1910; Phys. ZS. Bd. 13, S. 753. 1912.

[2]) VERNON A. SUYDAM, Phys. Rev. Bd. 5, S. 497. 1915.

[3]) W. E. FORSYTHE u. G. WORTHING, Astrophys. Journ. Bd. 61, S. 146. 1925.

[4]) C. ZWIKKER, Diss. Amsterdam 1925; Arch. Neerland (3A) Bd. 9, S. 207. 1925.

[5]) W. GEISS, Ann. d. Phys. Bd. 79, S. 85. 1926.

[6]) W. GEISS, Physica Bd. 5, S. 203. 1925.

Bei einigen Metallen ist versucht worden, eine vollständige Strahlungsgleichung aufzustellen. PASCHEN[1]) erhielt für die Platinstrahlung Anschluß der Messungen an eine der WIENschen Strahlungsgleichung ähnliche Formel

$$E = c_1 \cdot \lambda^{-\alpha} \cdot e^{-\frac{c_2}{\lambda T}}$$

mit den Konstanten $\alpha = 6{,}4$ und $c_2 = 15000$. Daß dies nicht die wahre Strahlungsgleichung für alle Temperaturen sein kann, folgt aus dem Umstande, daß aus dieser Gleichung für sehr hohe Temperaturen ein Emissionsvermögen folgen würde, das größer als das des schwarzen Körpers bei gleicher Temperatur wäre. Die Gesamtstrahlung ergibt sich nämlich aus der obigen Gleichung proportional zu $\alpha - 1$, also zu 5,4. Auch der Wert von $\alpha = 6$, den LUMMER und PRINGSHEIM[2]) fanden, würde zu diesem Widerspruch führen. Deshalb ist die Beobachtung von COBLENTZ[3]) wichtig, der für α mit zunehmender Temperatur abnehmende Werte findet. Dementsprechend ergibt sich auch für das Produkt $\lambda_{\max} T$, das nach der obigen Formel konstant gleich c_2/α sein müßte, mit steigernder Temperatur eine Zunahme.

Von nichtmetallischen Strahlern, die untersucht worden sind, ist zunächst die Kohle zu nennen. Sie ist schon von PASCHEN[4]) in der Form von Graphit untersucht worden, und ihre Emission läßt sich durch die PASCHENsche Strahlungsformel im Temperaturbereich von 343 bis 1206° C mit den Konstanten $c_2 = 13380$ bis 14110 und $\alpha = 5$ bis 5,6 darstellen. In der Form von Ruß wird die Kohle zur Schwärzung von Strahlungsempfängern benutzt, und vielfach ist die Schwärze solcher berußter Flächen bestimmt worden. Hier ist natürlich das Emissionsvermögen wegen der nichtdefinierten Oberfläche nicht immer das gleiche, sondern von der Art der Herstellung abhängig. Besonders eingehende Untersuchungen solcher geschwärzter Flächen sind von RUBENS und HOFFMANN[5]) angestellt worden. Dabei waren die strahlenden Flächen die Seiten eines mit siedendem Anilin von 184° C gefüllten Kupferkastens. Bei geeigneter Herstellung und geeigneter Dicke der strahlenden Schicht kann erreicht werden, daß der Ruß ungefähr als vollkommen grauer Körper strahlt, so daß also ein Emissionsvermögen vorhanden ist, welches unabhängig von der Wellenlänge immer den gleichen Bruchteil des Emissionsvermögens eines absolut schwarzen Körpers von der gleichen Temperatur bildet. Als bestes Schwärzungsmittel finden RUBENS und HOFFMANN ein nach folgendem Rezept hergestelltes: 5 g käufliches Ölschwarz werden in 15 ccm Alkohol gelöst und dreimal unter Zusatz von je 10 ccm Wasser auf kleiner Flamme unter dauerndem Rühren zu dünnem Brei eingedampft, bis aller Alkohol verdampft ist. Dann wird der Brei nach Zusatz von 3 ccm Natronwasserglas (2,5 g fester Substanz) mit einem Haarpinsel in dünner Schicht mehrmals auf die zu schwärzende Fläche aufgetragen. Bei einer Schichtdicke von 400 μ ergibt sich dann ein Emissionsvermögen von 93 bis 97% derjenigen des schwarzen Körpers, wobei die kleineren Werte sich auf kürzere, die größeren auf längere Wellenlängen beziehen. Andere Rußschichten (Terpentinruß, Crovaruß) sowie auch Platinmoor zeigen etwas geringere Schwärzung und größere Wellenlängenabhängigkeit.

Eine größere Anzahl von Untersuchungen liegt über die Strahlung von

[1]) F. PASCHEN, Wied. Ann. Bd. 58, S. 455. 1896; Bd. 60, S. 622. 1897.
[2]) O. LUMMER u. E. PRINGSHEIM, Verh. d. D. Phys. Ges. Bd. 1, S. 215. 1899.
[3]) W. W. COBLENTZ, Bull. Bureau of Stand. Bd. 9, S. 81. 1912.
[4]) F. PASCHEN, Wied. Ann. Bd. 58, S. 455. 1896; Bd. 60, S. 622. 1897.
[5]) H. RUBENS u. K. HOFFMANN, Berl. Ber. 1922, S. 424.

Metalloxyden vor. Für Eisenoxyd und Kupferoxyd findet PASCHEN[1]) seine Strahlungsformel

$$J = c_1 \cdot \lambda^{-\alpha} \cdot e^{-\frac{c_2}{\lambda \cdot T}}$$

mit den Konstanten $\alpha = 5{,}618$ und $c_2 = 14245$ für Kupferoxyd und $\alpha = 5{,}560$ und $c_2 = 14630$ für Eisenoxyd gültig. M. KAHANOWICZ[2]) findet für die Gesamtstrahlung von Eisenoxyd, Nickeloxyd und Kupferoxyd statt des STEFANschen Gesetzes eine Beziehung von der Form

$$G = C \cdot T^4 \cdot e^{-\frac{c}{T}}$$

erfüllt. Die Konstante C hat dabei für alle diese Oxyde den gleichen Wert.

Für Aluminiumoxyd und Magnesiumoxyd finden HENNING und HEUSE[3]), daß bei 1100° eine 9 mm dicke Schicht im Sichtbaren nahe wie ein grauer Körper vom Emissionsvermögen 0,8 des schwarzen Körpers strahlt.

Besonders interessant ist die Strahlung einer Reihe von Oxyden, die stark selektive Eigenschaften aufweisen. Hier ist die Emission des Auerstrumpfes zu nennen, die insbesondere von RUBENS[4]) genauer untersucht worden ist. Das Energiespektrum des aus 99,2% Thoriumoxyd und 0,8% Ceroxyd bestehenden Auerstrumpfes zeigt ein starkes Maximum in Blau und Grün, das dem des schwarzen Körpers bei gleicher Temperatur nahekommt, fällt dann stark ab bis auf etwa 0,01 der Emission des schwarzen Körpers und erreicht erst bei sehr langen Wellen, bei denen die Strahlung überhaupt nur noch einen sehr geringen Bruchteil der Gesamtstrahlung ausmacht, wieder höhere Werte, die schließlich dem Emissionsvermögen des schwarzen Körpers bei etwa 18 μ wieder nahekommen. Die Messungen bilden eine Bestätigung einer von NERNST und BOSE aufgestellten Hypothese, nach der infolge der feinen Massenverteilung und der geringen Gesamtemission der Auerstrumpf in der Bunsenflamme eine hohe Temperatur erreicht. In Verbindung mit der großen strahlenden Oberfläche des Glühkörpers und seinem hohen Emissionsvermögen im sichtbaren Spektralgebiet bedingt diese hohe Temperatur von 1500 bis 1600° C den günstigen Lichteffekt. Übrigens ist das Absorptionsvermögen und damit auch das Emissionsvermögen des Strumpfes stark vom Cergehalt abhängig. Die günstigste Leuchtwirkung wird bei dem oben angegebenen geringen Cergehalt erreicht, weil mit zunehmendem Cergehalt wegen der dickeren Schicht die Absorption und damit auch die Emission im unsichtbaren Spektralgebiet erhöht wird, so daß keine so hohe Temperatur mehr erreicht werden kann. Auch von der Temperatur ist das Emissionsvermögen des Ceroxyds stark abhängig im Sinne eines Wachsens mit steigender Temperatur.

Das gleiche gilt für die Masse des Nernstfadens, der aus Zirkonoxyd mit einem Zusatz von 15% Yttererden besteht. Auch diese Substanz zeigt nach KURLBAUM und GÜNTHER-SCHULZE[5]) zwischen 1100 bis 1500° in der Gegend von 0,5 bis 0,55 μ ein Gebiet selektiver Emission. Die Gesamtstrahlung ist von WIEGAND[6]) untersucht worden. Sie beträgt bei 1000° C nur 16% der Strahlung des schwarzen Körpers und steigt mit zunehmender Temperatur erst langsam, dann schneller, bis sie bei der Brenntemperatur der Nernstmasse von etwa

[1]) F. PASCHEN, Wied. Ann. Bd. 58, S. 455. 1896; Bd. 60, S. 622. 1897.
[2]) M. KAHANOWICZ, Lincei Rend. Bd. 30, S. 132. 1921.
[3]) F. HENNING u. W. HEUSE, ZS. f. Phys. Bd. 20, S. 132. 1923.
[4]) H. RUBENS, Verh. d. D. Phys. Ges. Bd. 7, S. 346. 1905; Ann. d. Phys. Bd. 18, S. 725; Phys. ZS. Bd. 6, S. 790. 1905.
[5]) F. KURLBAUM u. GÜNTHER-SCHULZE, Verh. d. D. Phys. Ges. Bd. 5, S. 428. 1903.
[6]) E. WIEGAND, ZS. f. Phys. Bd. 30, S. 40. 1924.

2200° C etwa 75% der Strahlung des schwarzen Körpers gleicher Temperatur erreicht hat. Über die Emission des Nernstfadens im Sichtbaren ist noch eine Untersuchung von PFLÜGER[1]) zu nennen, der mit der linearen Thermosäule die spektrale Energieverteilung in diesem Gebiet gemessen hat.

Von weiteren Arbeiten über die Emission von Oxyden ist besonders bemerkenswert eine von MALLORY[2]) herrührende Untersuchung über die Strahlung des Erbiumoxyds. Auch hier ist eine ausgesprochene Selektivität vorhanden, die von der Temperatur abhängig ist, aber der Vergleich mit der Strahlung des schwarzen Körpers zeigt hier eine Abweichung vom KIRCHHOFFschen Gesetz. Bei Temperaturen nahe 1000° C übersteigt nämlich die Intensität der Strahlung besonders im Grün die des schwarzen Körpers. Die Strahlung des Oxyds im Grün kam bei 900° der des schwarzen Körpers bei 1000° gleich und war bei 980° viermal so stark, während im Rot diese Anomalie schon nicht mehr auftrat. Dieser Befund wurde später von NICHOLS und HOWES[3]) bestätigt und dahin gedeutet, daß in diesem Spektralbereich sich eine Lumineszenzstrahlung über die reine Temperaturstrahlung überlagert. Auch das von NICHOLS[4]) im sichtbaren Spektralgebiet untersuchte Germaniumoxyd zeigt eine starke, von der Temperatur abhängige Selektivität, ohne aber das Emissionsvermögen des schwarzen Körpers zu übersteigen.

In diesem Zusammenhang ist schließlich noch die Emission solcher leuchtender Flammen zu nennen, die weißes Licht aussenden, und in denen die Emission durch glühende kleine Teilchen fester Substanz bewirkt wird.

Als Normallichtquelle ist hier besonders die Hefnerlampe untersucht worden. Ihre Gesamtstrahlung hat ANGSTRÖM[5]) mit Hilfe seines Kompensationspyrheliometers in 1 m Entfernung von der Flammenmitte zu $2{,}15 \cdot 10^{-5}$ cal cm^{-2} sec^{-2} gemessen, wobei durch ein sich nicht erwärmendes Diaphragma die Strahlung des Flammenrohres und der warmen Luft über der Flamme abgeblendet war. Später hat GERLACH[6]) mit seiner Methode der absoluten Thermosäule die Messung wiederholt, wobei das definierende Diaphragma in 10 cm von der Flammenmitte aufgestellt war und eine Größe von 14 · 50 mm hatte. Das Diaphragma war aus dreifachem Metallblech hergestellt, an den Ecken durch Lederstückchen zusammengehalten, blank auf der Flammenseite, geschwärzt auf der Seite der Thermosäule. Das Resultat ist $2{,}25 \cdot 10^{-5}$ cal cm^{-2} sec^{-1} mit einer Reproduzierbarkeit von $\pm 2\%$. Die spektrale Energieverteilung der Hefnerlampe im sichtbaren Spektralgebiet ist ebenfalls von ANGSTRÖM gemessen worden[7]). Er findet eine WIENsche Formel für die Energie pro cm² in Grammkalorien in 1 m Abstand von der Flamme

$$E = 0{,}016 \cdot \lambda^{-5} \cdot e^{-\frac{14300}{\lambda \cdot 1820}}$$

gültig. Eine spätere genauere Messung von VALENTINER und RÖSSIGER[8]) gibt besseren Anschluß durch die Formeln

$$E = 0{,}01585 \cdot \lambda^{-5} \cdot e^{-\frac{14300}{\lambda \cdot 1840}},$$

[1]) A. PFLÜGER, Ann. d. Phys. Bd. 9, S. 185. 1902.
[2]) W. S. MALLORY, Phys. Rev. Bd. 14, S. 54. 1919.
[3]) E. L. NICHOLS u. H. L. HOWES, Science Bd. 55, S. 53. 1922.
[4]) E. D. NICHOLS, Proc. Nat. Acad. Amer. Bd. 9, S. 248. 1923.
[5]) K. ANGSTRÖM, Wied. Ann. Bd. 67, S. 633. 1899; Phys. ZS. Bd. 3, S. 257. 1902; Phys. Rev. Bd. 17, S. 302. 1903.
[6]) W. GERLACH, Phys. ZS. Bd. 14, S. 577. 1913.
[7]) K. ANGSTRÖM, Phys. Rev. Bd. 3, S. 137. 1895 und Bd. 18, S. 456. 1904.
[8]) S. VALENTINER u. M. RÖSSIGER, Ann. d. Phys. Bd. 76, S. 786. 1925.

oder

$$E = 0{,}700 \cdot \lambda^{-6{,}4} \cdot e^{-\frac{14300}{\lambda \cdot 1675}}$$

im Bereiche von 0,44 bis 0,75 μ.

Einige amerikanische Arbeiten beschäftigen sich mit der Emission der Azetylenflamme. HYDE, FORSYTHE und CADY[1]) stellten für die zylindrische Flamme des Eastmanbrenners eine Strahlungsverteilung fest, die mit der des schwarzen Körpers übereinstimmte, glaubten aber im Rot jenseits 0,7 μ für die Azetylenflamme eine stärkere Strahlung als die des schwarzen Körpers zu finden. Nach COBLENTZ[2]) ist aber bis zu 0,74 μ die Übereinstimmung der Energieverteilung mit der des schwarzen Körpers von 2360° abs. vorhanden.

---

[1]) E. P. HYDE, W. E. FORSYTHE u. F. E. CADY, Phys. Rev. (2) Bd. 14, S. 379. 1919.
[2]) W. W. COBLENTZ, Phys. Rev. Bd. 14, S. 168. 1919.

B. Fortbildung der Wellentheorie.

Kapitel 6.

Elektromagnetische Lichttheorie.

Von

W. KÖNIG, Gießen[1]).

Mit 19 Abbildungen.

I. Historische Übersicht.

1. Einleitung. Von einer Theorie des Lichtes in dem Sinne, den wir heute mit diesem Worte verbinden, in dem Sinne einer Ableitung der Erscheinungen aus einer bestimmten Grundvorstellung über die Natur des Lichtes, kann man erst seit dem letzten Viertel des 17. Jahrhunderts sprechen. Nicht als ob man sich in früheren Zeiten keine Vorstellungen über die Natur des Lichtes gemacht hätte. Die optischen Erfahrungen, die jeder Mensch macht, sind ja so unmittelbar, ja man kann sagen, so viel unmittelbarer, eindringlicher und reichhaltiger, als alles, was uns unsere anderen Sinne an Erfahrungen vermitteln, daß jeder Versuch, das Wesen der Naturvorgänge zu erfassen, die Lichterscheinungen vor allem behandeln mußte. Aber die Vorstellungen, die man sich im Altertume und im Mittelalter von der Natur des Lichtes bildete, waren doch rein spekulativer, man kann sagen, willkürlicher Art; denn es fehlte die Kenntnis bestimmter Gesetzmäßigkeiten, die die Grundlage und den Prüfstein der theoretischen Vorstellungen abgeben konnten. Solche Kenntnisse wurden erst im Laufe des 17. Jahrhunderts gewonnen. SNELLIUS und DESCARTES stellten die Gesetze der Spiegelung und Brechung fest, OLAF RÖMER bewies die endliche Fortpflanzungsgeschwindigkeit des Lichtes, BARTHOLINUS entdeckte die Doppelbrechung, GRIMALDI die Beugungserscheinungen. Diesen Komplex von Erscheinungen galt es nun aus einer einheitlichen Vorstellung von dem Wesen des Lichtvorganges abzuleiten.

2. HUYGENS. Der Schöpfer dieser Idee und damit der Begründer unserer Lichttheorie war CHRISTIAN HUYGENS, der seine Gedanken über die Art der Lichtausbreitung 1676 in der französischen Akademie vortrug und sie 1690 in seiner Schrift: Traité de la lumière[2]) im Druck erscheinen ließ. Es war offenbar die Analogie mit der Ausbreitung des Schalles einerseits und die Kenntnis der Stoßgesetze andererseits, die ihn in seiner Vorstellung von der Art der Ausbreitung des Lichtes geleitet haben; denn er denkt sich das Licht aus Impulsen be-

---

[1]) Ich bin Herrn Studienassesor Dr. phil. HEINRICH FUHR aus Gießen, der mir in der Kontrolle der Rechnungen und beim Lesen der Korrekturen wertvollste Hilfe geleistet hat, zu großem Danke verpflichtet.

[2]) CHR. HUYGENS, Abhandlung über das Licht, Ostwalds Klassiker, Nr. 20.

stehend, die von der Lichtquelle aus, wie der Schall von einer Schallquelle aus, nach allen Seiten sich fortpflanzen, und in der Art übertragen werden, wie ein Stoß durch eine Reihe sich berührender elastischer Kugeln übertragen wird. Dazu bedarf es dann freilich der Vorstellung eines besonderen, auch den leeren Raum erfüllenden und die Körper durchdringenden Mittels von entsprechenden elastischen Eigenschaften; diesem Mittel hat Huygens den Namen gegeben, den wir schon bei den Griechen als Bezeichnung für die himmlische Sphäre, für das Feinste und Höchste der Welt finden, den Namen „Äther". Damit war diejenige Ausdrucksweise formuliert, deren wir uns bis heute bedienen, um die Tatsache, daß das Licht den leeren Raum mit endlicher Geschwindigkeit durcheilt, gewissermaßen dem physikalischen Verständnis zu erschließen, die Hypothese des das Weltall erfüllenden Lichtäthers als des Übertragers der Lichtwirkungen. Die Entwicklung der Lichttheorien ist die Geschichte der Versuche, die Eigenschaften dieses Lichtäthers physikalisch zu begreifen.

3. Die Huygenssche Wellenfläche. Huygens schrieb dem Äther, wie gesagt, die Fähigkeit zu, elastische Stöße fortzupflanzen. Dieser Gedanke wäre an und für sich nicht als etwas Besonderes und besonders Neues anzusehen; denn der Äther als Lichtübertrager war schon von Hooke und anderen angenommen worden, aber niemals mit der gleichzeitigen Vorstellung der endlichen Ausbreitung des Lichtes. Diese Vorstellung aber ist es, die Huyghens auf die Einführung jenes fundamentalen Begriffes geführt hat, mit dem er die Ausbreitung des Lichtes in ihren verschiedenen Formen einheitlich zu erklären vermochte, des Begriffs der Wellenfläche. Denn wenn das Licht eine endliche Fortpflanzungsgeschwindigkeit besitzt, so erreicht der von einem Punkt der Lichtquelle ausgehende Impuls nach einer gewissen Zeit (in einem homogenen, isotropen Mittel) die Punkte einer jenen Lichtpunkt umgebenden Kugelfläche. Diese Fläche ist die Wellenfläche; in Gestalt ihrer fortschreitenden Erweiterung vollzieht sich die Ausbreitung des Lichtes, eine Vorstellung, die offenbar ganz unabhängig von den Vorstellungen über die Art der fortschreitenden Erschütterung und über die Natur ihres Trägers ist, die also ebensogut für Wasserwellen wie für Schall- und Lichtwellen gültig ist. Gewiß hat Mach Recht, wenn er die Ansicht ausspricht[1]), daß es die Erscheinungen an Wasserwellen gewesen sind, die Huygens auf den Begriff der Wellenfläche geführt haben. Man kann ja auch die Huygensschen Ideen experimentell gar nicht besser veranschaulichen, als mit Hilfe von Wasserwellen. Infolge dieser ihrer allgemeinen Bedeutung bilden die Huygensschen Ideen einen grundlegenden Bestandteil der allgemeinen Wellenoptik, ganz unabhängig von der besonderen Form der Lichttheorie.

4. Das Huygenssche Prinzip. Die Anwendung, die Huygens von seiner Wellenfläche macht, beruht auf jenem geistreichen Gedanken, den man im besonderen das „Huygenssche Prinzip" nennt. Er sagt: „Jedes Teilchen des Stoffes, in welchem eine Welle sich ausbreitet, muß seine Bewegung nicht nur dem nächsten Teilchen, welches in der von dem leuchtenden Punkte aus gezogenen geraden Linie liegt, mitteilen, sondern muß notwendig allen übrigen davon abgeben, welche es berühren und sich seiner Bewegung widersetzen. Daher muß sich um jedes Teilchen eine Welle bilden, deren Mittelpunkt dieses Teilchen ist". Die eigentliche Wellenfläche ist die Berührende aller dieser Elementarwellen. Mit Hilfe dieser Elementarwellen leitet Huygens die geradlinige Ausbreitung des Lichtes ab, indem er für alle Punkte des durch eine Öffnung hindurchtretenden Stückes einer kugelförmigen Wellenfläche die Elementarwellen mit gleichem Radius konstruiert (Abb. 1). Sie haben eine gemeinsame

[1]) E. Mach, Die Prinzipien der physikalischen Optik. Leipzig: J. A. Barth 1921, S. 353.

Berührende nur so weit, als sie innerhalb des durch den Lichtpunkt und die die Wellenfläche begrenzende Öffnung BG bestimmten Kegels liegen. Die von A kommenden Wellen werden also immer durch die geraden Linien AC, AE begrenzt werden, da diejenigen Teile der Elementarwellen, welche sich über den Raum ACE hinaus ausbreiten, zu schwach sind, um daselbst Lichteindrücke hervorzubringen. Um Reflexion und Brechung abzuleiten, werden die Elementarwellen nicht für die in diesem Falle als eben angenommene Wellenfläche, sondern für die vom Lichte getroffenen Punkte der ebenen Grenzfläche des brechenden Mittels konstruiert; sie müssen in diesem Falle, entsprechend den verschiedenen Zeiten, in denen diese Punkte von der ankommenden Erschütterung getroffen werden, mit verschiedenen Radien gezeichnet werden, um in der Berührenden Punkte zusammenzufassen, die wieder zu derselben Zeit von der Erschütterung getroffen werden (Abb. 2). Dabei müssen in dem vorderen Mittel, in dem das reflektierte Licht sich mit derselben Geschwindigkeit fortpflanzt, wie das einfallende, die Radien der Elementarwellen so bemessen werden, daß $AN = CB$, $K_1N_1 = CB - H_1K_1$, $K_2N_2 = CB - H_2K_2$ ist, während in dem unteren Mittel, um die Brechung erklären zu können, eine andere Lichtgeschwindigkeit angenommen werden muß, und die Radien der Elementarwellen sämtlich in einem konstanten Verhältnis — im dichteren Mittel verkürzt, im dünneren verlängert werden müssen. Dann ergibt die Konstruktion das SNELLIUSsche Brechungsgesetz, und der Brechungsexponent als Quotient der Sinus des Einfalls- und des Brechungswinkels ist gleich dem Verhältnis der Lichtgeschwindigkeiten in den beiden Mitteln. Nach denselben Prinzipien erfahren die optischen Erscheinungen im Isländischen Doppelspat ihre Erklärung; nur verlangt die Tatsache der doppelten Brechung die Annahme, daß sich die Lichtfortpflanzung im Kalkspat nicht in einer, sondern in zwei Wellenflächen vollzieht, und daß entsprechend die Elementarwellen in dieser doppelten Form zu konstruieren sind. Es ist ein wahrhaft genialer Einfall von HUYGENS, den Unterschied der außerordentlichen Brechung von der ordentlichen dadurch zu erklären, daß er sich die Wellenfläche für die außerordentliche Brechung in Gestalt eines Rotationsellipsoides denkt, das die kugelförmige Wellenfläche der ordentlichen Brechung umschließt, eine Annahme, die durch die feinsten Messungen einer späteren Zeit immer wieder bestätigt worden ist (s. darüber den Abschnitt über Kristalloptik).

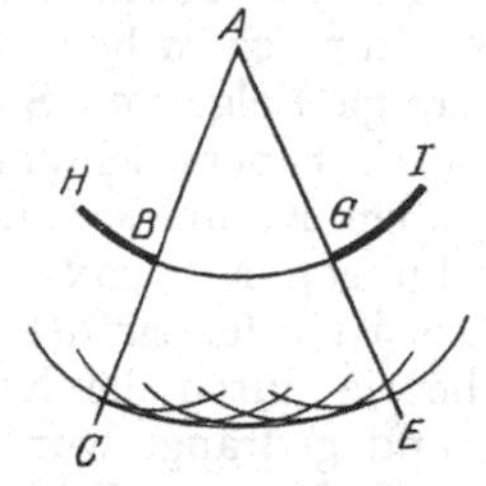

Abb. 1. HUYGENS' Konstruktion der geradlinigen Ausbreitung des Lichtes mit Hilfe der Elementarwellen.

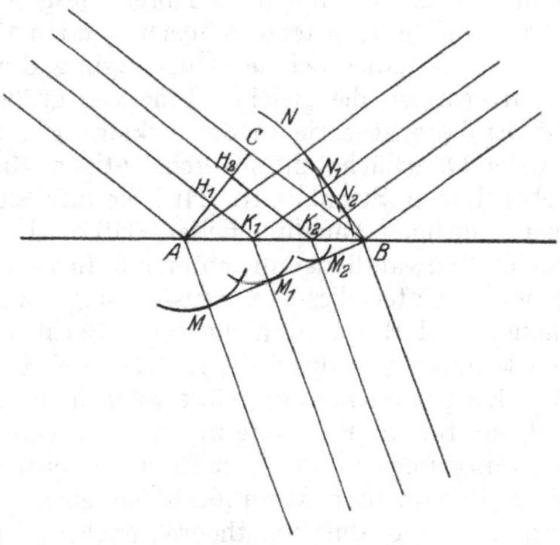

Abb. 2. HUYGENS' Konstruktion der Reflexion und Brechung mit Hilfe der Elementarwellen.

5. Mängel der HUYGENSschen Wellentheorie. Überblickt man diese Leistungen von HUYGENS, so kann es verwunderlich erscheinen, daß er das von ihm selbst betonte Übergreifen der Elementarwellen in den Schattenraum nicht zur Deutung der von GRIMALDI entdeckten Beugungserscheinungen benutzt hat.

Man hat daraus den Schluß gezogen, daß er die Beugungserscheinungen nicht gekannt habe. Allein es war weniger das Übergreifen des Lichtes über die geometrische Schattengrenze hinaus, als vielmehr die Entstehung der Beugungsfransen diesseits der Schattengrenze, was den Zeitgenossen Grimaldis als das Neue und Erklärungsbedürftige erschien, wie deutlich aus der Behandlung hervorgeht, die Newton im 3. Buche seiner Optik diesen Erscheinungen zuteil werden läßt[1]). Für solche Erscheinungen aber versagte die Huygenssche Lehre. Hier war ihr schwacher Punkt. Huygens betrachtet das Licht als eine unregelmäßige Folge von Stößen. Es war ihm dadurch jede Möglichkeit genommen, die Farbenerscheinungen und alles, was mit den Farben zusammenhängt, jenen großen Komplex von Erfahrungen, um den gerade zu derselben Zeit die Forschungen Newtons die Optik bereichert hatten, in seine Lehre aufzunehmen. Das ist offenbar der letzte Grund dafür, daß die Huygenssche Undulationstheorie durch die Newtonsche Emissionstheorie[2]) vollständig in den Hintergrund gedrängt wurde.

6. Newtons Emissionstheorie. Man wird nun zwar beim besten Willen von der Emissionstheorie nicht behaupten können, daß sie die grundlegenden Tatsachen der Optik einleuchtender und faßlicher erklärte, als die Undulationstheorie. Das gilt höchstens von der geradlinigen Ausbreitung des Lichtes; diese findet in der Annahme, daß die Lichtstrahlen aus sehr kleinen Körpern bestehen, die von den leuchtenden Stoffen ausgesandt werden, in der Tat eine unmittelbar anschauliche Deutung, der gegenüber die Huyghenssche Konstruktion aus der Wellenfläche mit den Elementarwellen gekünstelt erscheint. Allein schon hier führt die Frage, warum alle diese Teilchen mit der gleichen Geschwindigkeit fortgeschleudert werden, auf eine Schwierigkeit, die die Wellenlehre nicht kennt; denn bei dieser hängt die Ausbreitungsgeschwindigkeit der Wellen ausschließlich von den Eigenschaften des übertragenden Mittels ab und ist, wie die Geschwindigkeit des Schalles bei der Übertragung durch die Luft, für alle Arten von Erschütterungen die gleiche. Eine viel größere Schwierigkeit aber erhob sich für die Emissionstheorie in der Erklärung der Tatsache, daß sich ein Lichtstrahl an der Oberfläche eines durchsichtigen Mittels in einen reflektierten und einen gebrochenen Strahl teilt. Hier konnte sich Newton nur mit der gewiß sehr merkwürdigen Annahme helfen, daß die Lichtstrahlen wechselnde Anwandlungen hätten, Anwandlungen leichterer Reflexion und Anwandlungen leichteren Durchganges. Unter dieser Voraussetzung erklärt er alsdann den Vorgang der Reflexion und Brechung nicht durch Berührung der Lichtteilchen mit den Körperteilchen, sondern durch fernwirkende Kräfte, die in der Nähe der Oberfläche von den Körperteilchen ausgeübt würden, und die für die Spiegelung in einer Repulsion, für die Brechung in einer Attraktion bestünden. Aus dieser anziehenden Wirkung folgerte Newton für das dichtere Mittel eine im Verhältnis des Brechungsexponenten vergrößerte Geschwindigkeit der Lichtteilchen, im Gegensatz zu der Undulationstheorie, nach der die Lichtgeschwindigkeit im dichteren Mittel dem umgekehrten Verhältnis des Brechungsexponenten proportional wäre. An diesem Punkte lag die Möglichkeit einer experimentellen Entscheidung zwischen den beiden Theorien vor, wenn man in der Lage gewesen wäre, die Geschwindigkeit des Lichtes, etwa im Wasser, unmittelbar zu messen und festzustellen, ob sie $^4/_3$ oder $^3/_4$ der Lichtgeschwindigkeit im leeren Raume ist. Das konnte man zu Newtons Zeiten nicht. Erst in der Mitte des 19. Jahrhunderts, als die Emissionstheorie aus anderen Gründen längst über Bord geworfen war, ist dieser interessante und wichtige Versuch durch Foucault, mit seiner Methode

[1]) Newtons Optik, Ostwalds Klassiker, Nr. 97, S. 116.
[2]) Newtons Optik, Ostwalds Klassiker Nr. 96 u. Nr. 97.

des rotierenden Spiegels, die ihm die Lichtgeschwindigkeit innerhalb eines Zimmers zu messen gestattete, ausgeführt und die Frage zugunsten der Undulationstheorie entschieden worden (s. Bd. 29).

7. Das Licht als periodische Erscheinung. So viel Schwierigkeiten aber auch die NEWTONsche Theorie durch die Häufung von Annahmen bot, die zu ihrer Durchführung nötig waren, in einem Punkte war sie der HUYGENSschen Lehre entschieden überlegen. Die von NEWTON festgestellten Gesetzmäßigkeiten der Farben dünner Blättchen führten ihn zu dem zwingenden Schlusse, daß es sich bei dem Licht um eine streng periodische Erscheinung handele. Er ist der Urheber dieses fundamentalen Gedankens, und wenn er ihn auch seiner Emissionstheorie insofern anpaßte, als er den wechselnden Anwandlungen diesen periodischen Charakter zuschrieb, so hat er doch den Gedanken als eine von allen Hypothesen unabhängige Folgerung aus den beobachteten Erscheinungen hingestellt. Und in der Tat ist dieser Gedanke eines der Fundamente der weiteren Entwicklung aller Lichttheorien geworden. NEWTON selbst hat, entsprechend seinem Grundsatze, keine Hypothesen aufzustellen, die Emissionstheorie mit einem gewissen Vorbehalte behandelt; er hat auch die Anschauungen der Undulationstheorie in seinem Werke besprochen. Aber er hat schließlich doch die Ätherhypothese mit aller Entschiedenheit abgelehnt und sich dadurch auf die Seite der Emissionstheorie gestellt. Damit war die HUYGENSsche Lehre beseitigt, nicht bloß für die Zeitgenossen der beiden großen Physiker; die Autorität NEWTONS war so überragend, daß über 100 Jahre hinaus die Emissionstheorie die Grundlage der theoretischen Optik bildete. Es war vergeblich, daß der große Mathematiker EULER 1760 die Äthertheorie wieder aufnahm und mit größter Entschiedenheit gegen die Emissionstheorie vorging; er war der erste, der den Gedanken der Periodizität mit der Undulationstheorie verband, indem er jeder Farbe Schwingungen von ganz bestimmter Schwingungszahl zuschrieb[1]). Und selbst die weitere Entwicklung dieses Gedankens im ersten Jahrzehnt des 19. Jahrhunderts durch THOMAS YOUNG[2]), der das Prinzip der Interferenz in die Optik einführte, die NEWTONschen Ringe und die Beugungserscheinungen übereinstimmend daraus erklärte und die ersten Werte der Lichtwellenlängen berechnete, vermochten der Undulationstheorie noch nicht zum Siege zu verhelfen. Aber nun mehrten sich durch die Entdeckungen auf dem Gebiete der Polarisation in den Jahren 1810 bis 1812 — die MALUSsche Entdeckung der Polarisation durch Spiegelung und die Entdeckung und das Studium der Erscheinungen der chromatischen Polarisation durch ARAGO, BIOT und BREWSTER — die von einer Lichttheorie zu lösenden Probleme in einem solchen Maße, daß ein genialer Kopf eine neue und viel vollkommenere Lichttheorie entwickeln konnte, als sie bisher bestanden hatte. Der Begründer dieser ersten, mathematisch durchgebildeten Lichttheorie, deren Ergebnisse, da sie mit den Versuchen übereinstimmten, alle späteren Lichttheorien nur wiederholen konnten, war AUGUSTIN FRESNEL.

8. FRESNEL und die Transversalität der Lichtschwingungen. FRESNEL verhalf der Undulationstheorie zum endgültigen Siege, indem er erstens das Interferenzprinzip YOUNGS mit dem HUYGENSschen Prinzip der Elementarwellen verband und daraus die vollständige Erklärung der Beugungserscheinungen herleitete, und indem er zweitens für die Polarisationserscheinungen die Möglichkeit der Erklärung auf der Grundlage der Wellenlehre gewann durch die Annahme, daß die Lichtschwingungen transversal wären. Diese Idee FRESNELS war offenbar von besonderer Kühnheit; denn man hatte sich bisher den Äther

[1]) L. EULER, Briefe an eine deutsche Prinzessin. Leipzig 1773. 1. Teil. 28. Brief.

[2]) THOMAS YOUNG, A course of lectures on natural philosophy and the mechanical arts. London 1807. 39. Vorlesung.

doch ausschließlich als ein Mittel von gasartiger Beschaffenheit gedacht, und in solchen kannte man nur longitudinale Wellen. Transversale Schwingungen aber kommen in der Materie nur in festen Körpern vor. Man mußte also dem Äther die Eigenschaften eines festen elastischen Körpers zuschreiben. FRESNEL begründete diese Annahme mit der Bemerkung, daß sich feste Körper von flüssigen und gasförmigen in Hinsicht der inneren Beweglichkeit ihrer Teilchen erst dann unterscheiden, wenn die Verschiebung der Teilchen aus der Gleichgewichtslage so groß ist, daß eine neue Gleichgewichtslage eintritt; der Unterschied fällt fort, so lange die Verschiebungen kleiner sind, als die Sphäre des stabilen Gleichgewichts; von den Lichtbewegungen aber kann man annehmen, daß die Elongationen so klein sind, daß sie innerhalb dieser Sphäre verlaufen, und darum fällt der Unterschied der Kohäsionszustände hier fort[1]).

Von diesem Gesichtspunkte aus behandelte FRESNEL die Lichtschwingungen als elastische Schwingungen, indem er sich vorstellte, daß ein Ätherteilchen bei einer Verrückung nach der Gleichgewichtslage zurückgezogen werde durch eine Kraft, die der Verrückung proportional sei. In isotropen Mitteln ist diese Kraft nach allen Richtungen gleich groß und mit der Richtung der Verrückung zusammenfallend zu denken. Für anisotrope Mittel gilt das im allgemeinen nicht mehr; nur für drei zueinander senkrechte Richtungen soll die elastische Gegenkraft mit der Richtung der Verrückung zusammen fallen, aber ihre Größe soll bei gleichen Verrückungen verschieden sein. Auf dieser Grundlage hat FRESNEL die Gesetze der Lichtausbreitung in Kristallen abgeleitet und die Gleichung der Wellenfläche für zweiachsige Kristalle aufgestellt. Aber auch für isotrope Mittel hat er als Erster die Gesetze der Spiegelung und Brechung in aller Vollständigkeit unter Ableitung der Formeln für die Intensität des reflektierten und des gebrochenen Strahles aufgestellt und hat das Problem der Totalreflexion in höchst geistreicher Weise behandelt und die dabei auftretenden Phasendifferenzen zwischen der in der Einfallsebene und der senkrecht dazu schwingenden Komponente der Lichtbewegung theoretisch abgeleitet und durch Versuche an Glasparallelepipeden bestätigt.

9. Die Mängel der FRESNELschen Theorie und die NEUMANNsche Theorie. Alle diese Erfolge der FRESNELschen Arbeiten beruhen aber nicht auf einer einheitlichen und streng durchgeführten Theorie der Elastizität fester Körper. Eine solche gab es zu FRESNELS Zeiten noch nicht; zu ihrer Ausgestaltung im Laufe der folgenden Jahrzehnte haben vielmehr gerade die FRESNELschen Gedanken neben den grundlegenden Arbeiten NAVIERS einen wesentlichen Anstoß gegeben. Die FRESNELschen Entwicklungen beruhen auf einer Reihe von Annahmen, die zum Teil durchaus willkürlich erscheinen und miteinander nicht in einem inneren Zusammenhange stehen. Es seien nur zwei von diesen Annahmen erwähnt. Seit der Entdeckung von MALUS war es üblich, die Reflexionsebene des durch Spiegelung polarisierten Lichtes als seine Polarisationsebene zu bezeichnen. Bei der Doppelbrechung in einachsigen Kristallen fällt dann die Polarisationsebene des ordentlichen Strahles mit dem Hauptschnitt zusammen, die des außerordentlichen Strahles steht auf dem Hauptschnitt senkrecht. Erklärt man diese Erscheinungen durch die Annahme transversaler Schwingungen, so war, bei der völligen Symmetrie, die ein polarisierter Strahl in bezug auf die Polarisationsebene besitzt, die Frage offen, ob die Lichtschwingungen in der Polarisationsebene erfolgen oder senkrecht zu ihr. FRESNEL nahm das Letztere an. Damit hängt die Vorstellung zusammen, daß in einem doppelbrechenden Mittel die Geschwindigkeit des Fortschreitens einer ebenen Welle nur durch die

[1]) A. FRESNEL, Ann. de chim. et de phys. Bd. (2) 17, S. 190, 312. 1821; Oeuvres compl. Bd. I, S. 632; F. NEUMANN, Pogg. Ann. Bd. 25, S. 418. 1832; Ges. Werke II, S. 164.

Richtung der Lichtschwingungen, aber nicht auch durch die Richtung, in der die Welle fortschreitet, bestimmt sei. Ferner bedient sich FRESNEL für die Fortpflanzungsgeschwindigkeit des Lichtes in ihrer Abhängigkeit von den Eigenschaften des durchstrahlten Mittels jener Formel, die seit NEWTON für die Fortpflanzung beliebiger Erschütterungen in einem elastischen Mittel bekannt war, $v = \sqrt{E/\varrho}$, worin E eine die elastischen Kräfte bestimmende Konstante und ϱ die Dichte des Mittels bedeutet. Für die Behandlung der Lichtbewegung in anisotropen Mitteln hat nun FRESNEL, wie schon oben erwähnt, die Verschiedenheit der Lichtgeschwindigkeit für die beiden Strahlen und ihre Abhängigkeit von der Richtung dadurch erklärt, daß er die elastischen Kräfte nach verschiedenen Richtungen als verschieden annahm. Bei der Ableitung seiner Spiegelungs- und Brechungsformeln hat er dagegen die Annahme gemacht, daß die Elastizität des Äthers in allen Mitteln die gleiche wäre, und die Änderung der Lichtgeschwindigkeit beim Übergang in ein anderes Mittel durch die verschiedene Dichte der Mittel bedingt wäre. Hier liegt eine Unausgeglichenheit der FRESNELschen Theorie vor, die zur Kritik herausforderte. FRANZ NEUMANN versuchte die FRESNELschen Resultate aus einer strengeren und einheitlicheren Theorie abzuleiten. Er nahm, um die Verschiedenheit der Lichtgeschwindigkeit zu erklären, nicht die Dichte, sondern die Elastizität des Äthers in den verschiedenen Mitteln als verschieden an. Aber NEUMANN konnte auf dieser Grundlage zu den von der Erfahrung so gut bestätigten FRESNELschen Ergebnissen nur gelangen, wenn er die Schwingungen des polarisierten Strahles als in der Polarisationsebene liegend annahm. So stand man vor der Möglichkeit zweier, durchaus gegensätzlicher Fassungen der Grundlagen der Optik. Beide Standpunkte erschienen gleichberechtigt. Beide haben ihre Vertreter gefunden, sind weiter entwickelt und ausgebaut worden, aber der Dualismus der FRESNELschen und der NEUMANNschen Auffassung von der Lage der Schwingungen zur Polarisationsebene blieb bestehen, da es keinen Versuch gab, der über diese Frage hätte entscheiden können.

10. Weiterentwicklung der elastischen Lichttheorien. Allein man kann dem Problem, das in diesem Dualismus steckt, auch eine andere Deutung geben. Die vollständige Theorie der Elastizität der festen Körper, wie sie von LAMÉ entwickelt worden ist, führt zu Gleichungen, die für isotrope Mittel, wenn u, v, w die Komponenten der Verrückung eines Ätherteilchens bedeuten, folgendermaßen lauten:

$$\varrho \frac{\partial^2 u}{\partial t^2} = K \Delta u + (K + L) \frac{\partial \sigma}{\partial x}, \tag{1}$$

entsprechend für v und w. Dabei ist

$$\Delta = \frac{\partial^2}{\partial x^2} + \frac{\partial^2}{\partial y^2} + \frac{\partial^2}{\partial z^2}$$

gesetzt und

$$\sigma = \frac{\partial u}{\partial x} + \frac{\partial v}{\partial y} + \frac{\partial w}{\partial z}$$

bedeutet die räumliche Dilatation. Nimmt man an, daß die Lichtschwingungen ausschließlich transversaler Natur sind, so ist die räumliche Dilatation $\sigma = 0$ zu setzen und die Grundgleichungen der Lichtausbreitung lauten:

$$\varrho \frac{\partial^2 u}{\partial t^2} = K \Delta u, \qquad \varrho \frac{\partial^2 v}{\partial t^2} = K \Delta v, \qquad \varrho \frac{\partial^2 w}{\partial t^2} = K \Delta w, \tag{2}$$

Bildet man die Ausdrücke:

$$2\xi = \frac{\partial w}{\partial y} - \frac{\partial v}{\partial z}, \qquad 2\eta = \frac{\partial u}{\partial z} - \frac{\partial w}{\partial x}, \qquad 2\zeta = \frac{\partial v}{\partial x} - \frac{\partial u}{\partial y}, \tag{3}$$

so stellen die Größen ξ, η, ζ die Komponenten der Drehung dar, die mit der Verschiebung im Punkte x, y, z verbunden ist. Diese Größen ξ, η, ζ genügen denselben Gleichungen, wie die Größen u, v, w. Aber die Richtung des Vektors, der die Drehung darstellt, steht senkrecht auf der Richtung des Vektors, der die Verschiebung darstellt. In den elastischen Theorien der Optik, wie sie im vorstehenden erörtert sind, war man von der als selbstverständlich erscheinenden Vorstellung ausgegangen, daß die Lichtwahrnehmungen durch die Verschiebung der Ätherteilchen bedingt seien. Läßt man die Frage offen, ob es nicht vielleicht die Drehungen sind, die als Ursache der Lichtwahrnehmungen anzusehen sind, so liegt der Dualismus, den wir als Gegensatz der Fresnelschen und der Neumannschen Theorie kennen lernten, schon in der einzelnen Theorie selber, in der Frage, welchen der beiden Vektoren, den Verschiebungs- oder den Drehungsvektor man als maßgebenden Lichtvektor der Theorie zugrunde legen will; denn beide Vektoren sind in den transversalen Wellen untrennbar miteinander verknüpft. Setzt man die Ausdrücke für die Drehungen $= 0$, so folgt daraus, daß

$$\Delta u = \frac{\partial \sigma}{\partial x}, \qquad \Delta v = \frac{\partial \sigma}{\partial y}, \qquad \Delta w = \frac{\partial \sigma}{\partial z}$$

ist, und die Gleichungen (1) zeigen, daß die Verschiebungen dann nur Änderungen der räumlichen Dilatation bewirken, also rein longitudinalen Charakter haben. Wir werden weiter unten, in der elektromagnetischen Theorie des Lichtes, dem Dualismus in der gleichen Formulierung begegnen, wie hier in der elastischen Theorie, so daß in diesem Punkte eine formale Verwandtschaft beider Theorien besteht. Sie ist besonders ausgeprägt in der Theorie von Mac Cullagh, die in der Tat nicht mit den Verschiebungen, sondern mit den Drehungen arbeitet[1]).

Alle Theorien, die, um die Transversalität der Lichtschwingungen erklären zu können, die Eigenschaften der festen elastischen Körper als Vorbild für die Konstitution des Äthers nehmen, müssen die in den elastischen Körpern stets möglichen, longitudinalen Erschütterungen durch besondere Bedingungen ausschalten. Es wird die räumliche Dilatation $= 0$ gesetzt; der Äther wird als unzusammendrückbar angesehen, d. h. die Kräfte, die einer Dichteänderung entgegenwirken, als außerordentlich groß gegenüber der leichteren Verschiebbarkeit der Teilchen in transversaler Richtung, entsprechend die Geschwindigkeit, mit der sich die longitudinalen Erschütterungen fortpflanzen würden, als ungeheuer groß. Es möge nicht unerwähnt bleiben, daß Sir William Thomson eine Lichttheorie entwickelt hat, in der er die Möglichkeit longitudinaler Erschütterungen dadurch beseitigt, daß er ihre Fortpflanzungsgeschwindigkeit — sie wäre in den Gleichungen (1) die Größe $L + 2K$ — gleich Null setzt. Einen Äther, der diese Eigenschaft hat, müßte man sich unter dem Bilde eines luftfreien, homogenen Schaumes vorstellen[2]).

11. Verknüpfung der Lichttheorien mit der Molekulartheorie der Materie. So gut die Theorien von Fresnel, Neumann und ihren Nachfolgern die Grundtatsachen der Reflexion, Brechung und Doppelbrechung darzustellen vermochten, in einem Punkte versagten sie alle. So lange die Fortpflanzungsgeschwindigkeit des Lichtes einfach proportional mit $\sqrt{E/\varrho}$ gesetzt wird, ergibt die Theorie für jedes durchsichtige Mittel nur eine Lichtgeschwindigkeit, und es besteht keine Möglichkeit, die Abhängigkeit der Lichtgeschwindigkeit in der Materie von der Schwingungszahl des Lichtes, die Tatsache der Dispersion, zu erklären. In einem homogenen, kontinuierlichen, elastischen Mittel besteht für

[1]) The collected works of J. Mac Cullagh, ed. by J. Jellet and S. Haughton, Dublin, London 1880.

[2]) Sir W. Thomson, Phil. Mag. (5) Bd. 26, S. 414. 1888; Baltimore Lectures, London. 1904. S. 174, 351—354, 407.

jede der beiden möglichen Wellenarten, die transversalen und die longitudinalen, nur je eine Fortpflanzungsgeschwindigkeit. Man muß den Gedanken der Kontinuität des Mittels aufgeben, um zu einer Erklärung der Dispersion zu gelangen. Nun sind allerdings schon die älteren Elastizitätstheorien von NAVIER und POISSON von der Annahme einer molekularen Struktur des elastischen Mittels und von Fernkräften zwischen den Molekülen ausgegangen. Wenn sie trotzdem zu einer von der Schwingungszahl unabhängigen Fortpflanzungsgeschwindigkeit führten, so lag dies, wie CAUCHY gezeigt hat, daran, daß sie ihre Betrachtungen auf Glieder der ersten Ordnung bechränkten. CAUCHY war der Erste, der eine Dispersionstheorie aufstellte, indem er die Beziehung zwischen den Molekularkräften und den Verrükkungen in Potenzreihen entwickelte und die Glieder höherer Ordnung berücksichtigte. Er kam auf diesem Wege auch für den Brechungsexponenten zu einer nach Potenzen von $1/\lambda^2$ fortschreitenden Reihe, einer Formel, die schon in ihren ersten Gliedern die gewöhnlichen Dispersionserscheinungen in befriedigender Weise darstellte[1]).

Die CAUCHYsche Theorie hatte die Vorstellung eines Mittels von molekularer Struktur auf den Äther selbst übertragen und mußte infolgedessen die Tatsache, daß der Äther im leeren Raume keine Dispersion besitzt, durch besondere Annahmen erklären. Eine bessere Herleitung der CAUCHYschen Dispersionsformel gab BOUSSINESQ, indem er die Verlangsamung des Lichtes in der Materie und die Abhängigkeit von der Schwingungszahl auf den Einfluß zurückführte, den die Körpermoleküle auf die Ätherschwingungen ausüben[2]). Hier liegt der Ansatz, auf dem sich die weitere Entwicklung der Dispersionstheorien bewegte, als von CHRISTIANSEN und KUNDT die anomale Dispersion entdeckt und ihre Gesetzmäßigkeiten festgestellt wurden. Für deren Erklärung reichte die CAUCHYsche Formel nicht aus. Aber sie gelang, wenn man die Vorstellung der vom Äther bewegten Körpermoleküle durch die Annahme vervollständigte, daß diese Körpermoleküle infolge von elastischen Kräften, die zwischen ihnen wirksam sind, Eigenschwingungen von bestimmter Periode um ihre Gleichgewichtslage ausführen. Wenn die Körpermoleküle durch die Ätherschwingungen angeregt werden, so muß bei Übereinstimmung der Periode der Lichtschwingungen mit der Periode der Eigenschwingungen der Körpermoleküle ein Resonanzvorgang auftreten. Das Licht dieser Periode wird absorbiert, indem seine Energie auf die Körpermoleküle übergeht. SELLMEIER war der erste, der zeigte, daß durch diese Vorstellung nicht bloß die Absorption, sondern auch die merkwürdige Veränderlichkeit des Brechungsexponenten in der Nähe des Absorptionsgebietes hergeleitet werden kann[3]). HELMHOLTZ hat die SELLMEIERsche Theorie verbessert, indem er außer den elastischen Molekularkräften noch eine der Bewegung der Moleküle entgegenwirkende Reibungskraft einführte[4]). Eine solche Annahme erscheint erforderlich, um die von den Körpermolekülen aufgenommene Energie nicht ins Unendliche wachsen zu lassen.

Für die mechanisch-elastischen Lichttheorien vermehrten sich mit diesem Ausbau nach der Seite der Molekulartheorien die Schwierigkeiten, die ihrer Erfassung als physikalisch-möglicher Wirklichkeiten im Wege standen. Schon die Auffassung des Äthers als eines unzusammendrückbaren, festen elastischen Mittels war doch im Grunde ein Bild, dem man irgendeine Realität nicht gut zuschreiben konnte. Die Dispersionstheorien fügten die Annahme von Kräften

---

[1]) A. L. CAUCHY. Exercises de mathématique, Bd. 3, 4, 5. 1828—1830; Mémoire sur la dispersion de la lumière. Prague 1836; [Oeuvres (2) Bd. X].

[2]) J. BOUSSINESQ, C. R. Bd. 65, S. 167. 1867; Journ. d. math. (2) Bd. 13, S. 313. 1868; ferner Journ. d. math. Bd. 13, 17, 18; Ann de chim. (4) Bd. 30.

[3]) W. SELLMEIER, Pogg. Ann. Bd. 145, S. 399, 520; Bd. 147, S. 386, 525. 1872.

[4]) H. HELMHOLTZ, Pogg. Ann. Bd. 154, S. 582. 1875; Wiss. Abhdlg. II, S. 213.

zwischen dem Äther und den materiellen Molekülen hinzu — Kräfte, die ja übrigens auch erforderlich waren, wenn man die Aussendung der Lichtwellen von den Lichtquellen erklären wollte — und ferner die Annahme von Kräften zwischen den Molekülen — Kräften, die doch wieder von anderer Art waren als die Kräfte der gewöhnlichen Elastizität der Körper. Es fehlte jede Beziehung dieser Wirkungen zu irgendwelchen anderen Wirkungen oder Eigenschaften der Materie.

12. Die elektromagnetische Lichttheorie MAXWELLS. Diese Schwierigkeiten verschwanden mit einem Schlage, als MAXWELL die Lichterscheinungen als elektromagnetische Vorgänge auffassen[1]) lehrte und H. HERTZ die Möglichkeit nachwies, elektrische Wellen zu erzeugen, die die gleiche Fortpflanzungsgeschwindigkeit und den gleichen transversalen Charakter haben wie die Lichtwellen. Damit wurde die Optik ein Sondergebiet der Elektrodynamik, wie die Akustik schon lange ein Sondergebiet der Mechanik war. Die MAXWELLsche Theorie ersetzt die Formel $v = \sqrt{E/\varrho}$ der elastischen Theorie durch die Formel $v = c/\sqrt{\varepsilon \cdot \mu}$, in der c die Lichtgeschwindigkeit im leeren Raume, ε und μ Dielektrizitätskonstante und Permeabilität des durchstrahlten Mittels bedeuten, und verknüpft dadurch die Lichtvorgänge mit den elektrischen und magnetischen Eigenschaften der Materie. Aber sie litt in dieser Form an dem gleichen Mangel, wie die elastische Theorie; die Formel ergibt nur e i n e, von der Schwingungszahl unabhängige Lichtgeschwindigkeit in der Materie, erklärt also nicht die Dispersion. Dafür bedurfte die elektromagnetische Theorie ebenso wie die elastische der Hinzunahme molekularer Vorstellungen. Diese aber nahmen auf dem Boden der MAXWELLschen Theorie eine ganz andere Gestalt an. Denn wenn die Lichtstrahlen fortschreitende elektrische und magnetische Wechselfelder sind, dann müssen elektrische Ladungen der Moleküle die Ausgangspunkte bzw. die Angriffspunkte der Lichtwellen sein. Diese notwendige Konsequenz der MAXWELLschen Theorie fand ihre Ausgestaltung in der Elektronentheorie in erster Linie durch H. A. LORENTZ[2]).

Aber bei den Bemühungen, nicht bloß die Absorption, sondern auch die Emission, zunächst die Gesetzmäßigkeiten der schwarzen Strahlung, aus Schwingungsvorgängen in der Materie abzuleiten, ergaben sich Schwierigkeiten, die nur durch sehr eigentümliche, mit der bisherigen Theorie nicht vereinbare Annahmen überwunden werden konnten. Das ist die von PLANCK begründete Vorstellung von der quantenmäßigen Struktur der Strahlung, eine Vorstellung, die in ihrer weiteren Ausdehnung und Anwendung auf die Erklärung der Emissionsspektra der Gase und Dämpfe die Optik zum Fundament der modernen Anschauungen vom Aufbau der Materie gemacht hat. Mit dieser Erweiterung der Aufgaben, die eine Lichttheorie zusammenfassend und einheitlich zu behandeln hat, ist nun aber die alte, seit 100 Jahren bestehende und als so wohl begründet angesehene Undulationstheorie in eine schwere Krisis eingetreten, deren Lösung noch nicht gelungen ist. Es muß hinsichtlich dieser neuesten Wendung und des gegenwärtigen Standes der Lichttheorie auf die weiter unten folgende Darstellung des Herrn LANDÉ und hinsichtlich der ausführlichen Ausgestaltung der Quantentheorie in der Optik auf die folgenden Bände dieses Werkes verwiesen werden. An dieser Stelle, in den folgenden Kapiteln dieses Bandes, soll nur die klassische Theorie auf der Grundlage der MAXWELL-HERTZschen Elektrodynamik behandelt werden. Eine ausführliche Darstellung der historischen Entwicklung der älteren Lichttheorie, über die hier nur ein kurzer Überblick gegeben werden konnte, findet man in dem Aufsatz von A. WANGERIN in der Enzyklop. d. math. Wiss. Bd. V 3, H. 1.

[1]) J. C. MAXWELL, Phil. Trans. Bd. 155, S. 459. 1864; Scient-Papers I, S. 577; Treatise on electricity and magnetism. Bd. II, Chap. 20, London 1873.

[2]) H. A. LORENTZ, The theory of electrons. Leipzig 1909.

II. Elektromagnetische Lichttheorie.

a) Die Grundlagen.

13. R. KOHLRAUSCH und W. WEBER[1]) stellten 1856 zum ersten Male das Verhältnis einer im elektrostatischen Maße gemessenen Elektrizitätsmenge zu derselben im elektromagnetischen Maße gemessenen Menge fest. Diese Zahl v war sehr nahe gleich der Lichtgeschwindigkeit ($3 \cdot 10^{10}$ cm/sec). Als daher MAXWELL[2]) 1862 zeigte, daß die Ausbreitungsgeschwindigkeit elektromagnetischer Wellen durch diese Größe v bestimmt sei, kam er zu dem überraschenden Schluß, daß elektromagnetische Wellen sich mit Lichtgeschwindigkeit fortpflanzen müßten, und daß umgekehrt das Licht als ein elektromagnetischer Vorgang aufzufassen sei. Damit war die Brücke von der Elektrizität zur Optik geschlagen. Es sei hier in Kürze die Ableitung der MAXWELLschen Gleichungen wiedergegeben, die die Grundgleichungen der Lichttheorie bilden (s. im übrigen Bd. 15 ds. Handb.).

Abb. 3. Positiver Drehungssinn.

Man kann die Beziehung zwischen den elektrischen und magnetischen Kräften in den beiden symmetrisch gefaßten Sätzen aussprechen: Ein elektrischer Strom erzeugt um sich herum einen Wirbel magnetischer Kraft, und ein magnetischer Strom erzeugt um sich herum einen Wirbel elektrischer Kraft. Der erste Satz ist der Ausdruck der von OERSTEDT entdeckten magnetischen Wirkung eines elektrischen Leitungsstromes. Der zweite Satz ist die verallgemeinerte Fassung des FARADAYschen Induktionsgesetzes, wenn man unter einem magnetischen Strom die zeitliche Änderung der magnetischen Induktion versteht. Bedient man sich für den Wirbel des Symbols „rot" und bezeichnet man die magnetische Kraft mit $\mathfrak{H}$, die magnetische Induktion $\mu\mathfrak{H}$ mit $\mathfrak{B}$, die elektrische Kraft mit $\mathfrak{E}$, den elektrischen Leitungsstrom mit $\mathfrak{J}$, so sind die beiden Sätze durch die Gleichungen formuliert:

$$J = a \operatorname{rot} \mathfrak{H}, \qquad \frac{\partial \mathfrak{B}}{\partial t} = -b \operatorname{rot} \mathfrak{E},$$

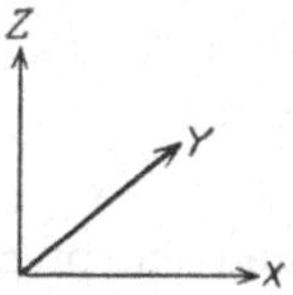

Abb. 4. Koordinatensystem.

in denen a und b zwei von den zu wählenden Maßeinheiten abhängige Konstanten sind. Dabei ist die Drehung positiv gerechnet im Sinne der Abb. 3, oder wenn man, wie stets im folgenden, ein Koordinatensystem benutzt, dessen X-Achse nach rechts, Y-Achse nach hinten, Z-Achse nach oben gerichtet ist (Abb. 4), so ist die positive Drehung diejenige, die bei einer Drehung um die Z-Achse die $+X$-Achse auf dem kürzesten Wege (Drehung um 90°) in die $+Y$-Achse überführt. Denkt man sich die Stromstärke und die elektrische Kraft in elektrostatischem Maße, die magnetischen Größen in magnetischem Maße ausgedrückt, so ist $a = c/4\pi$ und $b = c$ zu setzen, unter c das Verhältnis der beiden Maßsysteme, d. h. die Lichtgeschwindigkeit verstanden.

Der wesentlichste Punkt der MAXWELLschen Theorie ist aber die Erweiterung, die MAXWELL der ersten der beiden Gleichungen hat zuteil werden lassen. Wie in der zweiten Gleichung unter einem magnetischen Strom die veränderliche magnetische Polarisation eines magnetisierten Mittels verstanden wird — einen Leitungsstrom gibt es ja beim Magnetismus nicht —, so hat MAXWELL auch die veränderliche elektrische Polarisation eines elektrisierten Mittels als elektrischen Strom aufgefaßt und die für die ganze Entwicklung grundlegende Hypothese

---

[1]) R. KOHLRAUSCH und W. WEBER, Abhdlg. d. K. Sächs. Ges. d. Wiss. V. S. 278. Pogg. Ann. Bd. 99, S. 10. 1856. Ostwalds Klassiker, Nr. 142.

[2]) J. C. MAXWELL, Phil. Mag. Bd. 23, S. 22. 1862. Scientific Papers I, S. 500. 1890.

aufgestellt, daß dieser Vorgang einer zeitlichen Veränderung der elektrischen Polarisation die gleichen magnetischen Wirkungen ausübe, wie sie von Leitungsströmen bekannt waren. Dieser sog. „Verschiebungsstrom" ist, in elektrostatischem Maße ausgedrückt, durch die Formel gegeben:

$$j = \frac{1}{4\pi}\frac{\partial \mathfrak{D}}{\partial t} = \frac{\varepsilon}{4\pi}\frac{\partial \mathfrak{E}}{\partial t},$$

in der $\mathfrak{D} = \varepsilon\mathfrak{E}$ die elektrische Erregung und ε die Dielektrizitätskonstante bedeuten, entsprechend der Permeabilität μ in der magnetischen Beziehung $\mathfrak{B} = \mu\mathfrak{H}$. Dann würden in einem Dielektrikum, das zugleich Leitfähigkeit besitzt, die Grundgleichungen lauten:

$$\frac{\partial \mathfrak{D}}{\partial t} + 4\pi J = c\,\mathrm{rot}\,\mathfrak{H}, \qquad \frac{\partial \mathfrak{B}}{\partial t} = -c\,\mathrm{rot}\,\mathfrak{E}.$$

Führt man schließlich noch die spezifische elektrische Leitfähigkeit σ des Mittels ein, so ist $J = \sigma\mathfrak{E}$ zu setzen, und die Grundgleichungen der Lichtausbreitung nehmen die Form an:

$$\varepsilon\frac{\partial \mathfrak{E}}{\partial t} + 4\pi\sigma\mathfrak{E} = c\,\mathrm{rot}\,\mathfrak{H}, \qquad \mu\frac{\partial \mathfrak{H}}{\partial t} = -c\,\mathrm{rot}\,\mathfrak{E}, \tag{1}$$

oder in kartesischen Koordinaten ausgedrückt:

$$\left.\begin{aligned}
\varepsilon\frac{\partial \mathfrak{E}_x}{\partial t} + 4\pi\sigma\mathfrak{E}_x &= c\left(\frac{\partial \mathfrak{H}_z}{\partial y} - \frac{\partial \mathfrak{H}_y}{\partial z}\right), & \mu\frac{\partial \mathfrak{H}_x}{\partial t} &= c\left(\frac{\partial \mathfrak{E}_y}{\partial z} - \frac{\partial \mathfrak{E}_z}{\partial y}\right),\\
\varepsilon\frac{\partial \mathfrak{E}_y}{\partial t} + 4\pi\sigma\mathfrak{E}_y &= c\left(\frac{\partial \mathfrak{H}_x}{\partial z} - \frac{\partial \mathfrak{H}_z}{\partial x}\right), & \mu\frac{\partial \mathfrak{H}_y}{\partial t} &= c\left(\frac{\partial \mathfrak{E}_z}{\partial x} - \frac{\partial \mathfrak{E}_x}{\partial z}\right),\\
\varepsilon\frac{\partial \mathfrak{E}_z}{\partial t} + 4\pi\sigma\mathfrak{E}_z &= c\left(\frac{\partial \mathfrak{H}_y}{\partial x} - \frac{\partial \mathfrak{H}_x}{\partial y}\right), & \mu\frac{\partial \mathfrak{H}_z}{\partial t} &= c\left(\frac{\partial \mathfrak{E}_x}{\partial y} - \frac{\partial \mathfrak{E}_y}{\partial x}\right).
\end{aligned}\right\} \tag{2}$$

Indem man diese Gleichungen noch einmal nach der Zeit differenziert, kann man die $\mathfrak{H}$- oder die $\mathfrak{E}$-Größen eliminieren und erhält Gleichungen von der Form

$$\left.\begin{aligned}
\varepsilon\mu\frac{\partial^2 \mathfrak{E}_x}{\partial t^2} + 4\pi\mu\sigma\frac{\partial \mathfrak{E}_x}{\partial t} &= c^2\Delta\mathfrak{E}_x - c^2\frac{\partial}{\partial x}(\mathrm{div}\,\mathfrak{E}),\\
\varepsilon\mu\frac{\partial^2 \mathfrak{H}_x}{\partial t^2} + 4\pi\mu\sigma\frac{\partial \mathfrak{H}_x}{\partial t} &= c^2\Delta\mathfrak{H}_x - c^2\frac{\partial}{\partial x}(\mathrm{div}\,\mathfrak{H}),
\end{aligned}\right\} \tag{3}$$

und entsprechend für $\mathfrak{E}_y$, $\mathfrak{E}_z$, $\mathfrak{H}_y$ und $\mathfrak{H}_z$. Dabei bedeutet $\Delta\varphi$ den Ausdruck

$$\frac{\partial^2\varphi}{\partial x^2} + \frac{\partial^2\varphi}{\partial y^2} + \frac{\partial^2\varphi}{\partial z^2}$$

und $\mathrm{div}\,f$ den Ausdruck

$$\frac{\partial f_x}{\partial x} + \frac{\partial f_y}{\partial y} + \frac{\partial f_z}{\partial z}.$$

Abgesehen von dem die Leitfähigkeit σ enthaltenden Gliede auf der linken Seite, das für einen Isolator $= 0$ wird, haben diese Gleichungen dieselbe Form wie die Gleichungen (1) in der historischen Übersicht, die aus den Grundgleichungen der Elastizität gewonnen waren. Aber während es dort einer besonderen Annahme bedurfte — der Annahme der Unzusammendrückbarkeit des Aethers —, um die zweiten Glieder auf der rechten Seite zum Verschwinden zu bringen, fallen in der elektromagnetischen Theorie diese Glieder ohne weiteres fort. Denn die magnetischen Kraftfelder sind überhaupt dadurch charakterisiert, daß

$$\mathrm{div}\,\mathfrak{H} = 0 \tag{4}$$

ist, und für die elektrischen Kraftfelder gilt ebenso

$$\mathrm{div}\,\mathfrak{E} = 0, \tag{5}$$

solange es sich um Räume handelt, die keine elektrischen Ladungen einschließen.

Im leeren Raume ist $\sigma = 0$, $\varepsilon = \mu = 1$: Daher:

$$\left.\begin{aligned} \frac{\partial^2 \mathfrak{E}_x}{\partial t^2} &= c^2 \Delta \mathfrak{E}_x, & \frac{\partial^2 \mathfrak{E}_y}{\partial t^2} &= c^2 \Delta \mathfrak{E}_y, & \frac{\partial^2 \mathfrak{E}_z}{\partial t^2} &= c^2 \Delta \mathfrak{E}_z, \\ \frac{\partial^2 \mathfrak{H}_x}{\partial t^2} &= c^2 \Delta \mathfrak{H}_x, & \frac{\partial^2 \mathfrak{H}_y}{\partial t^2} &= c^2 \Delta \mathfrak{H}_y, & \frac{\partial^2 \mathfrak{H}_z}{\partial t^2} &= c^2 \Delta \mathfrak{H}_z. \end{aligned}\right\} \tag{6}$$

Für die überwiegende Mehrzahl der Stoffe ist die Permeabilität μ so wenig von 1 verschieden, daß diese Größe in den folgenden Entwicklungen auch innerhalb der Materie $= 1$ gesetzt werden kann. Doch möge zur Wahrung der Allgemeinheit das Symbol μ zunächst beibehalten werden.

b) Lichtausbreitung im leeren Raume.

14. Ebene geradlinig polarisierte Wellen. Die einfachste Lösung der ersten 3 Gleichungen (6) ist gegeben durch den Ansatz:

$$\mathfrak{E}_x = f(pt - qz + \delta_1), \qquad \mathfrak{E}_y = 0, \qquad \mathfrak{E}_z = 0. \tag{7}$$

Er gilt, wenn

$$p^2 = c^2 q^2 \tag{8}$$

ist, und stellt einen mit der Geschwindigkeit c in der Richtung der $+Z$-Achse fortschreitenden Zustand dar, der ausschließlich durch zur X-Achse parallel wirkende elektrische Kräfte charakterisiert ist. Aus den Grundgleichungen (2) folgt

$$\mathfrak{H}_x = 0, \qquad \mathfrak{H}_y = f(pt - qz + \delta_1), \qquad \mathfrak{H}_z = 0.$$

Also wirken gleichzeitig magnetische Kräfte längs der Y-Achse. Beide, die elektrischen und die magnetischen Kräfte liegen senkrecht zueinander und zur Fortpflanzungsrichtung der Welle. Da in jeder zur Z-Achse senkrechten Ebene der Zustand in allen Punkten der gleiche ist, so stellt die Lösung eine ebene Welle dar, und zwar, da die elektrische Kraft nur in einer Richtung wirkt, eine ebene Welle geradlinig polarisierten Lichtes. Da es sich erfahrungsgemäß bei den Lichtvorgängen um Schwingungen von strenger Periodizität handelt, kann man die allgemeine Funktion f spezialisieren durch eine Sinus- oder Kosinusfunktion, indem man schreibt:

$$\mathfrak{E}_x = A_1 \sin 2\pi\left(\frac{t}{\tau} - \frac{z}{\lambda} + \delta_1\right), \qquad \mathfrak{H}_y = A_1 \sin 2\pi\left(\frac{t}{\tau} - \frac{z}{\lambda} + \delta_1\right), \tag{9}$$

oder allgemeiner

$$\mathfrak{E}_x = A_1 e^{i 2\pi\left(\frac{t}{\tau} - \frac{z}{\lambda} + \delta_1\right)},$$

und ebenso $\mathfrak{H}_y$. Darin bedeutet τ die Schwingungsdauer, λ die Wellenlänge, die nach (8) durch die Gleichung:

$$\lambda = c \cdot \tau \tag{10}$$

zusammenhängen. A_1 ist die Amplitude der Schwingung, δ_1 eine den Anfangspunkt der Zeitzählung bestimmende Phasenkonstante.

Eine ebensolche Lösung stellt das System dar:

$$\mathfrak{E}_x = 0, \qquad \mathfrak{E}_y = A_2 \sin 2\pi\left(\frac{t}{\tau} - \frac{z}{\lambda} + \delta_2\right), \qquad \mathfrak{E}_z = 0,$$

$$\mathfrak{H}_x = -A_2 \sin 2\pi\left(\frac{t}{\tau} - \frac{z}{\lambda} + \delta_2\right), \qquad \mathfrak{H}_y = 0, \qquad \mathfrak{H}_z = 0.$$

15. Das Prinzip der Übereinanderlagerung kleiner Bewegungen. Aus der Tatsache, daß die Differentialgleichungen der Lichtbewegung linear und homogen sind, folgt, daß die Summe zweier Lösungen auch wieder eine Lösung darstellt. Man bezeichnet diesen Satz als das Prinzip der Übereinanderlagerung kleiner Bewegungen. Er möge hier zunächst auf Schwingungen von gleicher Schwingungsdauer angewandt werden, also τ und λ gleich in beiden Wellen. Setzt man dann noch gleiche Phasen voraus, $\delta_2 = \delta_1$, so setzen sich die beiden Schwingungen wieder zu einer geradlinig polarisierten Schwingung zusammen, in der die elektrische Kraft mit der X-Achse einen Winkel φ bildet, der durch die Gleichung

$$\operatorname{tg}\varphi = \frac{\mathfrak{E}_y}{\mathfrak{E}_x} = \frac{A_2}{A_1}$$

gegeben ist.

16. Elliptisch und kreisförmig polarisiertes Licht. Ist $\delta_2 = \delta_1 + \frac{1}{4}$, und bezeichnet man das Argument der Sinusfunktion zur Abkürzung mit Θ, so ist

$$\mathfrak{E}_x = A_1 \sin\Theta, \qquad \mathfrak{E}_y = A_2 \cos\Theta,$$

daher

$$\frac{\mathfrak{E}_x^2}{A_1^2} + \frac{\mathfrak{E}_y^2}{A_2^2} = 1. \tag{11}$$

Die beiden Schwingungen setzen sich nicht mehr zu einer geradlinigen Schwingung zusammen, sondern der resultierende Lichtvektor beschreibt während einer Schwingung die Fläche einer Ellipse, deren Achsen mit der X- und Y-Achse zusammenfallen. Man nennt Licht von dieser Schwingungsform elliptisch polarisiert.

Ist $A_1 = A_2$, so ist die Ellipse ein Kreis. Das Licht ist zirkular oder kreisförmig polarisiert, und zwar wird der Kreis, wenn

$$\mathfrak{E}_x = A \sin\Theta, \qquad \mathfrak{E}_y = A \cos\Theta$$

ist, in negativem Sinne, d. h. von der $+Z$-Achse gesehen, im Sinne des Uhrzeigers oder rechts herum durchlaufen, wenn

$$\mathfrak{E}_x = A \sin\Theta, \qquad \mathfrak{E}_y = -A \cos\Theta,$$

in entgegengesetztem Sinne oder links herum.

Hat die Phasendifferenz der beiden Schwingungen einen beliebigen Wert, so ist die resultierende Schwingung eine Ellipse, deren Gleichung durch Elimination von Θ aus den beiden Gleichungen für $\mathfrak{E}_x$ und $\mathfrak{E}_y$ in der Form erhalten wird:

$$\left(\frac{\mathfrak{E}_x}{A_1}\right)^2 + \left(\frac{\mathfrak{E}_y}{A_2}\right)^2 - \frac{2\mathfrak{E}_x\mathfrak{E}_y}{A_1 A_2}\cos 2\pi(\delta_2 - \delta_1) = \sin^2 2\pi(\delta_2 - \delta_1). \tag{12}$$

Die Achsen dieser Ellipse bilden mit der X- bzw. Y-Achse einen Winkel φ, der durch die Gleichung gegeben ist:

$$\operatorname{tg} 2\varphi = \frac{2 A_1 A_2 \cos 2\pi(\delta_2 - \delta_1)}{A_1^2 - A_2^2}.$$

Haben beide Schwingungen gleiche Amplitude, so liegen die Achsen der Ellipse immer unter 45° zur X- und Y-Achse. Sind in den Gleichungen:

$$\mathfrak{E}_x = A_1 \sin\Theta, \qquad \mathfrak{E}_y = A_2 \sin(\Theta + \Delta),$$

die Amplituden A_1 und A_2 positiv, so wird die Ellipse rechts herum durchlaufen, wenn Δ zwischen 0 und $+\pi$, links herum, wenn es zwischen 0 und $-\pi$ liegt.

17. Geradlinig polarisierte Kugelwellen. Heinrich Hertz hat eine partikuläre Lösung der Maxwellschen Gleichungen aufgestellt, die die Ausbreitung der elektrischen und magnetischen Kräfte von der geradlinigen Schwingung eines elektrischen Dipols aus zum Ausdruck bringt. Diejenigen Glieder dieser Lösung, die die Wirkung in großer Entfernung vom Schwingungszentrum darstellen, kann man zunächst als Ausdruck für die Lichtausbreitung um einen leuchtenden Punkt herum benutzen. HERTZ setzt[1])

$$\mathfrak{E}_x = -\frac{\partial^2 \Pi}{\partial x \partial z}, \qquad \mathfrak{E}_y = -\frac{\partial^2 \Pi}{\partial y \partial z}, \qquad \mathfrak{E}_z = \frac{\partial^2 \Pi}{\partial x^2} + \frac{\partial^2 \Pi}{\partial y^2}. \tag{13}$$

Dieser Ansatz erfüllt die Gleichungen (6), wenn Π der Bedingung genügt:

$$\frac{\partial^2 \Pi}{\partial t^2} = c^2 \Delta \Pi. \tag{14}$$

Man kann die Lösung dieser Gleichung in der allgemeinen Form ansetzen:

$$\Pi = \frac{f(pt - qr)}{r}. \tag{15}$$

Sie erfüllt die Gleichung (14), wenn zwischen p und q wieder die Beziehung $p^2 = c^2 q^2$ besteht. Dann ist

$$\Pi = \frac{f[q(ct - r)]}{r}$$

und stellt offenbar einen Zustand auf einer Kugelfläche dar, die sich mit der Geschwindigkeit c im Raume ausbreitet. Um die elektrischen und magnetischen Kräfte auf dieser Kugel darzustellen, führen wir noch für die Winkel, die der Radius r mit den Koordinatenachsen bildet, die Bezeichnungen α, β, γ ein, also

$$\cos\alpha = \frac{x}{r}, \qquad \cos\beta = \frac{y}{r}, \qquad \cos\gamma = \frac{z}{r}.$$

Dann ergibt sich aus (13)

$$\left.\begin{aligned} \mathfrak{E}_x &= -\left[\frac{q^2 f''}{r} + \frac{3qf'}{r^2} + \frac{3f}{r^3}\right]\cos\alpha\cos\gamma, \\ \mathfrak{E}_y &= -\left[\frac{q^2 f''}{r} + \frac{3qf'}{r^2} + \frac{3f}{r^3}\right]\cos\beta\cos\gamma, \\ \mathfrak{E}_z &= +\left[\frac{q^2 f''}{r} + \frac{3qf'}{r^2} + \frac{3f}{r^3}\right]\sin^2\gamma - \frac{2qf'}{r^2} - \frac{2f}{r^3}. \end{aligned}\right\} \tag{16}$$

Bei den Lichtschwingungen kann man die allgemeine Funktion f durch eine einfache harmonische Funktion oder allgemeiner durch eine e-Funktion mit imaginärem Exponenten spezialisieren. Setzt man dann noch

$$p = \frac{2\pi}{\tau} \quad \text{oder} \quad = 2\pi\nu \quad \text{und} \quad q = \frac{2\pi}{\lambda},$$

so ist τ die Schwingungsdauer, ν die Schwingungszahl in der Sekunde, $\lambda = c \cdot \tau$ die Wellenlänge der betrachteten Schwingung. Da die Lichtwellenlängen außerordentlich klein sind, so brauchen in den obigen Gleichungen für endliche Werte von r nur die Glieder mit q^2/r berücksichtigt zu werden. Dann ist

$$\mathfrak{E}_x = -\frac{4\pi^2}{\lambda^2} f'' \frac{\cos\alpha\cos\gamma}{r}, \quad \mathfrak{E}_y = -\frac{4\pi^2}{\lambda^2} f'' \frac{\cos\beta\cos\gamma}{r}, \quad \mathfrak{E}_z = +\frac{4\pi^2}{\lambda^2} f'' \frac{\sin^2\gamma}{r}. \tag{17}$$

Die Resultante dieser 3 Komponenten hat den Betrag

$$\mathfrak{E} = \frac{4\pi^2}{\lambda^2} \frac{\sin\gamma}{r} f'' \qquad \text{bzw.} \qquad \mathfrak{E} = \frac{4\pi^2}{\lambda^2} \frac{\sin\gamma}{r} A \cdot \sin 2\pi\left(\frac{t}{\tau} - \frac{r}{\lambda}\right). \tag{18}$$

Sie steht auf dem Radius r senkrecht, da $\mathfrak{E}_x \cos\alpha + \mathfrak{E}_y \cos\beta + \mathfrak{E}_z \cos\gamma = 0$ ist, und fällt in die durch r und die Z-Achse gehende Ebene. Man nennt die Z-Achse die Polarachse dieser Kugelwelle. In den Polen ($\gamma = 0$ oder π) ist $\mathfrak{E} = 0$, am Äquator $\left(\gamma = \frac{\pi}{2}\right)$ hat die elektrische Kraft ihr Maximum. Setzt

[1]) H. HERTZ, Wied. Ann. Bd. 36, S. 1. 1888. Gesammelte Werke, II. S. 148.

man die Werte von (17) in das 2. Tripel der MAXWELLschen Gleichungen (2) ein, so erhält man für die magnetischen Kräfte die Ausdrücke:

$$\mathfrak{H}_x = \frac{4\pi^2}{\lambda^2} f'' \frac{\cos\beta}{r}, \qquad \mathfrak{H}_y = -\frac{4\pi^2}{\lambda^2} f'' \frac{\cos\alpha}{r}, \qquad \mathfrak{H}_z = 0,$$

aus denen als Resultante folgt:

$$\mathfrak{H} = \frac{4\pi^2}{\lambda^2} \frac{\sin\gamma}{r} A \cdot \sin 2\pi\left(\frac{t}{\tau} - \frac{r}{\lambda}\right). \tag{18a}$$

Da sowohl $\mathfrak{H}_x \cos\alpha + \mathfrak{H}_y \cos\beta = 0$ als auch $\mathfrak{H}_x\mathfrak{E}_x + \mathfrak{H}_y\mathfrak{E}_y = 0$ ist, so folgt, daß die Richtung von $\mathfrak{H}$ auf dem Radius und auf der Richtung der elektrischen Kraft senkrecht steht. Während also bei dieser Art von Kugelwellen die elektrischen Kräfte in Richtung der Meridiane verlaufen, fallen die magnetischen Kräfte in die Richtung der Breitenkreise (Abb. 5).

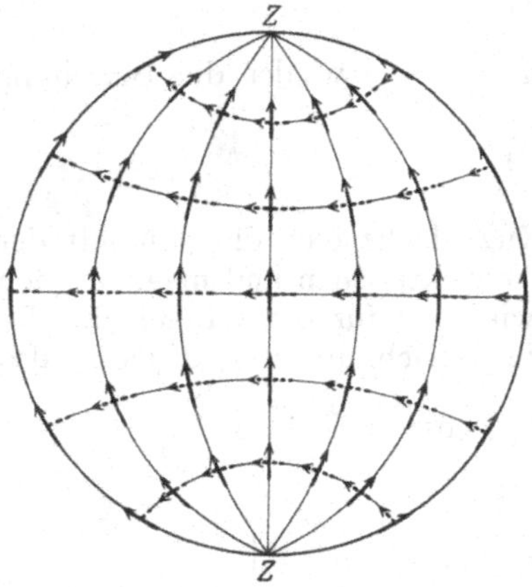

Abb. 5. Geradlinig polarisierte Kugelwelle. ——— Elektr. Kraft, ... Magn. Kraft.

Um zu erkennen, welcher Art der Vorgang im Mittelpunkt der Kugelwelle ist, der die Aussendung der Kugelwelle veranlaßt, kann man in den Ausgangsgleichungen (13), (14), (15) die Betrachtung auf Werte von r beschränken, die klein sind gegen λ, so daß in der Funktion $f\ qr$ gegen pt vernachlässigt werden kann. Dann ist:

$$\Pi = \frac{f(pt)}{r} \qquad \text{und} \qquad \Delta\Pi = f(pt) \cdot \Delta\frac{1}{r} = 0.$$

Daher

$$\mathfrak{E}_x = -\frac{\partial}{\partial x}\left(\frac{\partial\Pi}{\partial z}\right), \qquad \mathfrak{E}_y = -\frac{\partial}{\partial y}\left(\frac{\partial\Pi}{\partial z}\right), \qquad \mathfrak{E}_z = -\frac{\partial}{\partial z}\left(\frac{\partial\Pi}{\partial z}\right), \tag{19}$$

d. h. die Komponenten erscheinen als Ableitungen eines Potentials von der Form

$$-\frac{\partial}{\partial z}\left(\frac{f(pt)}{r}\right) \qquad \text{oder} \qquad -\frac{\partial}{\partial z}\left(\frac{A\sin pt}{r}\right).$$

Das ist aber das Potential eines elektrischen Dipols, der in der Richtung der Z-Achse Schwingungen von der Periode τ ausführt.

Bei der vollkommenen Symmetrie der Grundgleichungen in bezug auf die elektrischen und die magnetischen Kräfte kann natürlich die gleiche Lösung auch für die magnetischen Kräfte aufgestellt werden, wie sie vorstehend für die elektrischen Kräfte aufgestellt wurde. Dann erhält man polarisierte Kugelwellen, bei denen die magnetischen Kräfte längs den Meridianen und die elektrischen Kräfte längs den Breitenkreisen schwingen, und die gleichen Betrachtungen ergeben als erregenden Vorgang im Mittelpunkt der Kugelwelle die Schwingung eines magnetischen Dipols in der Richtung der Z-Achse, eine Schwingung, die man etwa durch die elektrische Schwingung eines kreisförmigen Oszillators nach Art der BLONDLOTschen Oszillatoren hervorgebracht denken könnte.

18. Der Dualismus der Theorie und die Entscheidung an der Erfahrung. Der Dualismus, den wir in den elastischen Theorien bereits kennengelernt haben, tritt uns hier wieder in doppelter Weise entgegen. Erstens könnte es fraglich erscheinen, ob wir die elektrische oder die magnetische Kraft als den eigentlichen wirksamen Lichtvektor in einem polarisierten Strahle anzusehen haben. Allein da wir seit AMPÈRE gewöhnt sind, alle magnetischen Wirkungen auf elektrische Ströme zurückzuführen, erscheint es naturgemäß, die elektrische Kraft als den maßgebenden Lichtvektor anzusehen, dessen zeitliche Veränderungen allerdings stets zwangsläufig mit dem Auftreten magnetischer Kräfte verbunden sind.

Allein selbst wenn wir diesen Standpunkt festhalten, könnte es bei der Betrachtung einer polarisierten Kugelwelle infolge der vollkommenen Symmetrie in bezug auf die Längen- und die Breitenkreise immer noch fraglich erscheinen, ob man es mit der einen oder der anderen Art von Kugelwellen zu tun hat. Das hängt davon ab, ob wir uns die Schwingungsvorgänge in den Licht aussendenden Molekülen oder Atomen eher als geradlinige oder als kreisförmige Schwingungen denken können.

Die Ausgangspunkte der elektrischen Kräfte sind elektrische Massen, elektrische Ladungen. Der Elektrizität schreiben wir ebenso wie der Materie eine atomistische Struktur zu. Aus positiv geladenen Kernen, die von negativen Elektronen umkreist werden, denken wir uns nach den neuesten Anschauungen die letzten Teilchen der Materie, die Atome der chemischen Elemente aufgebaut (s. Bd. 22 ds. Handb.). Daß bei leuchtenden Atomen oder Molekülen die ausgesandten elektrischen Wellen von Schwingungen dieser elementaren Ladungen nach Art der Schwingungen eines elektrischen Dipols herrühren, das dürfte bei den erwähnten Anschauungen vom Bau der Atome wohl annehmbar sein, während Hinundherschwingungen dieser Elementarladungen auf Kreisbahnen, die einem schwingenden magnetischen Dipol entsprächen, wohl weniger gut vorstellbar sein würden. Man kann demnach als Grundtypus der von einem Lichtpunkt ausgehenden Kugelwellen die erste Form der oben behandelten polarisierten Kugelwellen ansehen.

Diese Auffassung wird bestätigt durch die Erfahrungen, die man in den Fällen gemacht hat, in denen es gelingt, polarisierte Kugelwellen wirklich herzustellen. Im allgemeinen ist das Licht einer natürlichen Lichtquelle vollkommen unpolarisiert. ZEEMAN hat gezeigt, daß das unpolarisierte Licht einer Spektrallinie eines leuchtenden Gases im magnetischen Felde in polarisierte Schwingungen von verschiedener Schwingungsdauer aufgespalten wird. Bei der einfachsten Form des Zeemaneffektes sendet diejenige Komponente, die eine vom Magnetfeld nicht beeinflußte Schwingungsdauer besitzt, eine geradlinig polarisierte Kugelwelle aus, deren Polarachse mit der Richtung der magnetischen Kraftlinien zusammenfällt. Dasselbe gilt bei der Aufspaltung einer Spektrallinie im elektrischen Felde, dem sog. Starkeffekt. Auch hier gibt es Komponenten, die eine polarisierte Kugelwelle aussenden mit einer in die Richtung der Kraftlinien fallenden Polarachse. In beiden Fällen ist die Erscheinung unmittelbar verständlich, wenn man sich die Lichterregung als eine in der Richtung der magnetischen bzw. elektrischen Kraftlinien verlaufende elektrische Schwingung, die elektrischen Kräfte in der Kugelwelle also längs der Meridiane verlaufend denkt, entsprechend dem ersten Typus. In der Tat — beobachtet man in Richtung der Kraftlinien, so sieht man diese Komponenten überhaupt nicht; senkrecht zu den Kraftlinien haben sie das Maximum ihrer Intensität.

Bei beiden Effekten treten neben diesen Komponenten andere auf, die bei der Beobachtung senkrecht zu den Kraftlinien ebenfalls geradlinige Polarisation zeigen, aber mit einer um 90° verschiedenen Richtung, bei denen also die elektrischen Kräfte auf der Richtung der Kraftlinien senkrecht stehen, wenn wir annehmen, daß sie bei den ersten Komponenten bei derselben Beobachtungsrichtung mit den Kraftlinien zusammenfallen. Allein die Kugelwellen, die diese zweite Art von Komponenten aussenden, entsprechen nicht etwa dem zweiten Typus, wie er oben behandelt ist, denn diese Komponenten verschwinden nicht, wenn man in Richtung der Kraftlinien beobachtet, sondern erweisen sich im magnetischen Felde als zirkular polarisiert, im elektrischen Felde als unpolarisiert. Es sind also Kugelwellen von einem komplizierteren Typus, die man sich durch Übereinanderlagerung von Kugelwellen des Grundtypus entstanden denken kann.

19. Elliptisch polarisierte Kugelwellen. Wie bei den ebenen Wellen, kann man auch bei den Kugelwellen Wellen verschiedener Schwingungsrichtungen übereinanderlagern. Stellen die Gleichungen (13), (14), (15) eine geradlinig polarisierte Kugelwelle dar, deren Polarachse in der Z-Achse liegt, so stellen die Gleichungen:

$$\left.\begin{aligned} &\mathfrak{E}_x = -\frac{\partial^2 \Pi}{\partial x \partial y}, \qquad \mathfrak{E}_y = \frac{\partial^2 \Pi}{\partial x^2} + \frac{\partial^2 \Pi}{\partial z^2}, \qquad \mathfrak{E}_z = -\frac{\partial^2 \Pi}{\partial y \partial z}, \\ &\Pi = \frac{f_1(pt - qr)}{r} \end{aligned}\right\} \tag{20}$$

eine ebensolche Kugelwelle dar, deren Polarachse in der Y-Achse liegt. Setzt man $f = A \sin\Theta$, $f_1 = B \sin\Theta$, wobei zur Abkürzung Θ für $2\pi\left(\frac{t}{\tau} - \frac{r}{\lambda}\right)$ geschrieben ist, so stellt die Summe der Ausdrücke (13) und (20) abermals eine geradlinig polarisierte Kugelwelle dar, deren Polarachse in der YZ-Ebene liegt und mit der Y-Achse den durch die Gleichung

$$\operatorname{tg}\psi = \frac{A}{B}$$

bestimmten Winkel ψ einschließt. Anders, wenn zwischen f und f_1 eine Phasendifferenz besteht:

$$f = A \sin\Theta, \qquad f_1 = B \sin(\Theta + \delta).$$

Dann setzen sich die Schwingungen zu einer elliptischen Schwingung zusammen, und man erhält als Summe der beiden Lösungen die Formeln für eine elliptisch polarisierte Kugelwelle. Die Darstellung möge sich auf den Fall beschränken, daß $\delta = \frac{\pi}{2}$ und $A = B$ ist, also

$$f = A \sin\Theta, \qquad f_1 = A \cos\Theta.$$

Dann ist

$$\left.\begin{aligned} \mathfrak{E}_x &= -\frac{4\pi^2}{\lambda^2}\frac{A}{r}[\sin\Theta\cos\gamma + \cos\Theta\cos\beta]\cos\alpha, \\ \mathfrak{E}_y &= -\frac{4\pi^2}{\lambda^2}\frac{A}{r}[\sin\Theta\cos\beta\cos\gamma - \cos\Theta\sin^2\beta], \\ \mathfrak{E}_z &= +\frac{4\pi^2}{\lambda^2}\frac{A}{r}[\sin\Theta\sin^2\gamma - \cos\Theta\cos\beta\cos\gamma]. \end{aligned}\right\} \tag{21}$$

In der YZ-Ebene $\left(\alpha = \frac{\pi}{2}\right)$ ist $\mathfrak{E}_x = 0$,

$$\mathfrak{E}_y = -\frac{4\pi^2}{\lambda^2}\frac{A}{r}\sin(\Theta - \beta)\cdot\sin\beta,$$

$$\mathfrak{E}_z = +\frac{4\pi^2}{\lambda^2}\frac{A}{r}\sin(\Theta - \beta)\cdot\cos\beta.$$

Hier ist also das Licht geradlinig polarisiert; die Schwingungsrichtung liegt in der YZ-Ebene; die Amplitude ist in allen Richtungen innerhalb dieser Ebene gleich, nur die Phase variiert. In der X-Achse $\left(\alpha = 0,\ \beta = \gamma = \frac{\pi}{2}\right)$ ist $\mathfrak{E}_x$ ebenfalls $= 0$,

$$\mathfrak{E}_y = +\frac{4\pi^2}{\lambda^2}\frac{A}{r}\cos\Theta, \qquad \mathfrak{E}_z = +\frac{4\pi^2}{\lambda^2}\frac{A}{r}\sin\Theta.$$

In dieser Richtung setzen sich die beiden Schwingungen zu einer Kreisschwingung zusammen (s. Ziff. 15). Eine Kugelwelle dieser Art hat also die Eigenschaften, die man an den beiden äußeren Komponenten eines einfachen ZEEMANschen Triplets wahrnimmt, wenn man die X-Achse mit der Richtung der magnetischen Kraftlinien zusammenfallend denkt. In Richtungen, die zwischen der X-Achse und der YZ-Ebene liegen, ist das Licht dieser Kugelwelle elliptisch polarisiert, z. B. für eine beliebige Richtung in der XY-Ebene $\left(\gamma = \frac{\pi}{2}, \beta = \frac{\pi}{2} - \alpha\right)$:

$$\left.\begin{aligned} \mathfrak{E}_x &= -\frac{4\pi^2}{\lambda^2}\frac{A}{r}\cos\Theta\cos\alpha\sin\alpha, \\ \mathfrak{E}_y &= +\frac{4\pi^2}{\lambda^2}\frac{A}{r}\cos\Theta\cos\alpha\cos\alpha, \\ \mathfrak{E}_z &= +\frac{4\pi^2}{\lambda^2}\frac{A}{r}\sin\Theta. \end{aligned}\right\} \tag{22}$$

Die in die XY-Ebene fallende Komponente hat hier wieder den Zeitfaktor $\cos\Theta$, die dazu senkrechte Komponente den Zeitfaktor $\sin\Theta$. Aber die Amplituden sind nicht mehr gleich. Während die zur XY-Ebene senkrechte Schwingung für alle Richtungen die konstante Amplitude $\frac{4\pi^2}{\lambda^2}\frac{A}{r}$ hat, nimmt für die in der XY-Ebene liegende Komponente die Amplitude ab nach der Formel $\frac{4\pi^2}{\lambda^2}\frac{A}{r}\cos\alpha$. Die resultierende Schwingung ist eine Ellipse, deren große Achse auf der XY-Ebene senkrecht steht[1]).

Nehmen wir entsprechend (19) als Erregungsvorgang einer geradlinig polarisierten Kugelwelle die geradlinige Schwingung eines elektrischen Dipols oder eines im Atomverbande schwingenden Elektrons an, so müssen wir für Kugelwellen der hier beschriebenen Art als Erregungsvorgang Kreisschwingungen annehmen, aber nicht Hinundherschwingungen, wie sie eine Kugelwelle des zweiten geradlinig polarisierten Typus hervorrufen würden, sondern Kreisumläufe von konstantem Umlaufsinn und konstanter Geschwindigkeit.

20. Weitere Schlüsse aus dem Zeemaneffekt. Die Feststellung des Umlaufssinnes der Kreisschwingungen eines ZEEMANschen Triplets gestattet eine noch tiefere Einsicht in die Natur des Leuchtvorganges. H. A. LORENTZ hat zuerst bewiesen, daß eine geradlinige Schwingung elektrischer Ladungen durch ein magnetisches Feld in zwei kreisförmige Schwingungen, eine von vergrößerter, die andere von verkleinerter Schwingungsdauer, zerlegt wird. Man kann die Ableitung ganz elementar auf den Satz gründen, daß eine geradlinige Schwingung als Resultante zweier entgegengesetzt kreisförmiger Schwingungen aufgefaßt bzw. in solche zerlegt werden kann. Beobachtet man in der Richtung der X-Achse eine transversale Schwingung, die längs der Z-Achse erfolgt, so ist der Zustand durch die Gleichungen dargestellt:

$$y = 0, \qquad z = a\sin 2\pi n_0 t,$$

für die man auch schreiben kann:

$$\begin{aligned} y &= +\tfrac{1}{2}a\cos 2\pi n_0 t, & z &= +\tfrac{1}{2}a\sin 2\pi n_0 t, \\ y &= -\tfrac{1}{2}a\cos 2\pi n_0 t, & z &= +\tfrac{1}{2}a\sin 2\pi n_0 t. \end{aligned}$$

Das erste Paar stellt eine Kreisschwingung im positiven, das zweite Paar eine gleich große Kreisschwingung im negativen Sinne um die X-Achse dar. Voraussetzung für das Bestehen solcher einfacher Sinusschwingungen ist die Vor-

[1]) Über die allgemeineren Formen elliptisch polarisierter Kugelwellen s. W. KÖNIG, Wied. Ann. Bd. 17, S. 1016. 1882.

stellung, daß die schwingende elektrische Ladung e durch eine quasielastische Kraft nach einer bestimmten Gleichgewichtslage gezogen werde. Ist dann m die mit der Ladung verbundene Masse, so ist die Frequenz der Schwingung bzw. des Kreisumlaufs bei nicht erregtem Felde durch die Gleichung gegeben, die die Gleichheit von Zentrifugalkraft des Umlaufs mit der quasielastischen Kraft ausdrückt:

$$m 4\pi^2 \nu_0^2 r = f \cdot r,$$

woraus folgt

$$\tau_0 = \frac{1}{\nu_0} = 2\pi \sqrt{\frac{m}{f}}.$$

Bei erregtem Felde kommt die der linken Handregel entsprechende Wirkung des Feldes auf die bewegte Ladung hinzu. Steht die Kraftrichtung des Feldes auf der Kreisbahn senkrecht, so wird die quasielastische Kraft für den einen Umlauf um $2\pi r \nu e \mathfrak{H}/c$ vermehrt, für den entgegengesetzten Umlauf um ebensoviel vermindert. Entsprechend ändern sich die Frequenzen in

$$\nu_1^2 = \nu_0^2 + \frac{e}{m}\,\frac{\mathfrak{H}}{c}\,\frac{\nu_1}{2\pi}, \qquad \nu_2^2 = \nu_0^2 - \frac{e}{m}\,\frac{\mathfrak{H}}{c}\,\frac{\nu_2}{2\pi}.$$

Da die durch das Magnetfeld bewirkte Änderung nur sehr gering ist, können die Änderungen der Frequenzen geschrieben werden:

$$\nu_1 - \nu_0 = \frac{e\mathfrak{H}}{4\pi c m} \quad \text{und} \quad \nu_0 - \nu_2 = \frac{\mathfrak{H} e}{4\pi c m}. \tag{23}$$

Wenn ZEEMAN in der Kraftlinienrichtung des Magnetfeldes beobachtete, so daß die positive Richtung der Kraftlinien auf sein Auge zu lief, so fand er, daß die linksherum schwingende Komponente die verkleinerte Periode, also die größere Frequenz hatte. Würde die umlaufende elektrische Masse eine positive Ladung sein, so müßte unter den angegebenen Verhältnissen das Magnetfeld der nach dem Zentrum wirkenden quasielastischen Kraft entgegenwirken; die Periode würde verlangsamt, die Frequenz verkleinert werden müssen. Da das Umgekehrte beobachtet wurde, mußte daraus mit Notwendigkeit der Schluß gezogen werden, daß es negative Elektronen sind, die durch ihre Schwingungen und Umläufe die Lichtaussendung bewirken. Messungen der Frequenz- oder der Wellenlängenänderungen in Feldern von bekannter Stärke gewähren nach (23) die Möglichkeit, das Verhältnis e/m für die lichtaussendenden Elektronen aus dem Zeemaneffekt zu berechnen. Die vorzügliche Übereinstimmung der so gefundenen Werte mit den an Kathodenstrahlen gefundenen Werten bestätigte die Richtigkeit der Annahme negativer Elektronen als lichtaussendender Elemente. (Näheres hierüber Bd. 22 ds. Handb.)

Eine ausführliche Behandlung polarisierter Kugelwellen und ihrer Zusammensetzung hat I. FRÖHLICH im Zusammenhange mit Studien über die Polarisation des gebeugten Lichtes veröffentlicht[1]). Auf polarisierte Kugelwellen führt ferner die Theorie der Zerstreuung des Lichtes an kleinen Teilchen[2]).

21. Unpolarisiertes Licht. Anders liegen die Verhältnisse beim Starkeffekt. Beobachtet man beim Zeemaneffekt in Richtung der Kraftlinien mit einem einfachen Analysator, so kann man freilich keinerlei Polarisation nachweisen. Aber es genügt die Zwischenschaltung einer $\lambda/4$-Platte, die zwischen die beiden Komponenten, aus denen sich die kreisförmige Schwingung zusammensetzt, eine weitere Phasendifferenz von einer viertel Periode einführt, um den

[1]) I. FRÖHLICH, Experimentelle Erforschung und theoretische Deutung der allgemeinen Gesetzmäßigkeiten der Polarisation des von Glasgittern gebeugten Lichtes. Leipzig: B. G. Teubner 1907. Vgl. auch P. FRÖHLICH, Ann. d. Phys. (4) Bd. 63, S. 900. 1920.

[2]) Lord RAYLEIGH, Phil. Mag. Bd. 47, S. 375. 1899. Scient-Papers Bd. IV, S. 397.

zirkularen Charakter der Schwingung sofort zu erkennen. Beobachtet man aber im elektrischen Felde in Richtung der Kraftlinien, so ist das Licht durchaus unpolarisiert. Dasselbe gilt von dem nach allen Seiten von einer Lichtquelle ausgesandten Licht, wenn sie nicht den richtenden Kräften magnetischer oder elektrischer Felder ausgesetzt ist. Diese vollkommene Ungeordnetheit der Schwingungen des natürlichen Lichtes kann, da jedes Elektron in jedem Augenblicke nur eine bestimmte Schwingung ausführen kann, einen doppelten Grund haben. Erstens wird das Licht einer Lichtquelle nicht von einem einzelnen schwingungsfähigen Gebilde, einem einzelnen Elektron im Verbande eines einzelnen Atoms, ausgestrahlt, sondern von einer außerordentlich großen Zahl solcher Gebilde, die vollkommen unabhängig voneinander sind, wenn nicht die richtenden Kräfte magnetischer oder elektrischer Felder die beschriebenen Gleichmäßigkeiten hervorrufen. Zweitens aber wird auch die Schwingung des einzelnen Elektrons infolge der Zusammenstöße der Moleküle dauernden Änderungen nach Richtung und Phase unterworfen sein. Da jede der möglichen Schwingungen aus Komponenten längs den Koordinatenachsen zusammengesetzt bzw. in solche zerlegt werden kann, kann man sich das unpolarisierte oder natürliche Licht dargestellt denken durch drei Komponenten längs den Koordinatenachsen, die den gleichen zeitlichen Mittelwert der Amplitude haben, aber im Betrag der Amplitude und der Phase dauernd und ganz unabhängig voneinander nach den Gesetzen des Zufalls schwanken. Entsprechendes gilt von den Kugelwellen unpolarisierten Lichtes, die sich von einem unendlich kleinen Volumenelement einer natürlichen Lichtquelle ausbreiten. Auch diese Kugelwellen sind als transversale Wellen aufzufassen, da ja jeder einzelne Schwingungsvorgang eine transversale Kugelwelle hervorruft. Aber an jedem Punkte der Wellenfläche werden die Schwingungen der elektrischen und magnetischen Kraft in durchaus unregelmäßiger Folge Richtung und Phase ändern. Man kann den Zustand der unpolarisierten Welle darstellen durch zwei zueinander senkrechte Schwingungen, die den gleichen Mittelwert der Amplitude haben, aber in den Werten der Amplitude und der Phase nach den Gesetzen des Zufalls schwanken. (Über Beziehungen zur Thermodynamik s. das 3. Kap. ds. Bandes.)

22. Energieströmung. POYNTINGscher Vektor. Nach der MAXWELLschen Auffassung ist die Arbeit, die bei der Erzeugung eines elektrischen oder eines magnetischen Feldes aufgewandt wird, als potentielle Energie in dem Felde enthalten. Drückt man die Feldstärken im GAUSSschen Maße aus, indem man die Einheit der elektrischen bzw. magnetischen Menge nach dem COULOMBschen Gesetze definiert, so ist die in der Raumeinheit enthaltene Energiemenge im elektrostatischen Felde durch

$$W_e = \frac{1}{8\pi}\mathfrak{D}\mathfrak{E} = \frac{1}{8\pi}\varepsilon\mathfrak{E}^2, \tag{24}$$

im magnetischen Felde durch

$$W_m = \frac{1}{8\pi}\mathfrak{B}\mathfrak{H} = \frac{1}{8\pi}\mu\mathfrak{H}^2 \tag{25}$$

ausgedrückt. Eine in den Raum hinein fortschreitende elektrische Welle trägt entsprechend den elektrischen und magnetischen Kräften, aus denen sie besteht, Energie in den Raum hinaus. Wendet man das den statischen Feldern entnommene Energiemaß auf diesen Vorgang an, so erhält man einen Ausdruck für diese Energiewanderung aus den MAXWELLschen Gleichungen, indem man das erste Tripel mit $\mathfrak{E}_x$, $\mathfrak{E}_y$, $\mathfrak{E}_z$, das zweite Tripel mit $\mathfrak{H}_x$, $\mathfrak{H}_y$, $\mathfrak{H}_z$, beide außerdem mit $1/4\pi$ multipliziert und alle 6 Gleichungen addiert. Diese Operation ergibt für den leeren Raum, für den $\sigma = 0$, $\varepsilon = \mu = 1$ zu setzen ist:

$$\left.\begin{aligned}&\frac{\partial}{\partial t}\left[\frac{1}{8\pi}\mathfrak{E}^2 + \frac{1}{8\pi}\mathfrak{H}^2\right]\\ &\quad = \frac{c}{4\pi}\left[\frac{\partial}{\partial x}(\mathfrak{H}_y\mathfrak{E}_z - \mathfrak{H}_z\mathfrak{E}_y) + \frac{\partial}{\partial y}(\mathfrak{H}_z\mathfrak{E}_x - \mathfrak{H}_x\mathfrak{E}_z) + \frac{\partial}{\partial z}(\mathfrak{H}_x\mathfrak{E}_y - \mathfrak{H}_y\mathfrak{E}_x)\right].\end{aligned}\right\} \quad (26)$$

POYNTING[1]) hat einen Vektor $\mathfrak{S}$ eingeführt, dessen Komponenten nach den Koordinatenachsen durch die Gleichungen gegeben sind:

$$\mathfrak{S}_x = -\frac{c}{4\pi}(\mathfrak{H}_y\mathfrak{E}_z - \mathfrak{H}_z\mathfrak{E}_y), \quad \mathfrak{S}_y = -\frac{c}{4\pi}(\mathfrak{H}_z\mathfrak{E}_x - \mathfrak{H}_x\mathfrak{E}_z), \quad \mathfrak{S}_z = -\frac{c}{4\pi}(\mathfrak{H}_x\mathfrak{E}_y - \mathfrak{H}_y\mathfrak{E}_x). \quad (27)$$

Nach den Regeln der Vektorrechnung ist dieser Vektor das mit $c/4\pi$ multiplizierte Vektorprodukt der beiden Vektoren $\mathfrak{E}$ und $\mathfrak{H}$, d. h.

$$\mathfrak{S} = \frac{c}{4\pi}[\mathfrak{E}, \mathfrak{H}]. \quad (27\text{a})$$

Dann läßt sich die auf der linken Seite der Gleichung (26) stehende zeitliche Änderung der Feldenergie darstellen als Divergenz des Vektors $\mathfrak{S}$:

$$\frac{\partial}{\partial t}(W_e + W_m) = -\operatorname{div}\mathfrak{S}. \quad (28)$$

Da

$$\mathfrak{S}_x\mathfrak{E}_x + \mathfrak{S}_y\mathfrak{E}_y + \mathfrak{S}_z\mathfrak{E}_z = 0 \qquad \text{und} \qquad \mathfrak{S}_x\mathfrak{H}_x + \mathfrak{S}_y\mathfrak{H}_y + \mathfrak{S}_z\mathfrak{H}_z = 0,$$

so steht der Vektor $\mathfrak{S}$ auf den beiden Vektoren $\mathfrak{E}$ und $\mathfrak{H}$ senkrecht. Er fällt also zusammen mit der Richtung der Wellennormale, und das Vorzeichen ist so gewählt, daß die positive Richtung des Vektors in die Richtung fällt, nach der die Welle fortschreitet.

Für das oben behandelte Beispiel der ebenen Welle, die nach der X-Achse schwingt und nach der Z-Achse fortschreitet, ist, da $\mathfrak{E}_y = \mathfrak{E}_z = \mathfrak{H}_x = \mathfrak{H}_z = 0$ ist:

$$\mathfrak{S}_x = 0, \qquad \mathfrak{S}_y = 0, \qquad \mathfrak{S}_z = \frac{c}{4\pi}\mathfrak{E}_x\mathfrak{H}_y = \frac{cA_1^2}{4\pi}\sin^2 2\pi\left(\frac{t}{\tau} - \frac{z}{\lambda} + \delta_1\right). \quad (29)$$

Die besondere Bedeutung des POYNTINGschen Vektors erhellt, wenn man die Ausdrücke der Energie für einen geschlossenen Raum bildet und auf das Integral über $\operatorname{div}\mathfrak{S}$ den sog. GAUSSschen Satz anwendet, der für einen im gegebenen Raum stetigen und eindeutigen Vektor das Raumintegral in ein Integral über die Oberfläche des Raumes verwandelt:

$$\int \operatorname{div}\mathfrak{S}\, dV = \int \mathfrak{S}_n\, dS, \quad (30)$$

wenn die nach außen gerichtete Normale des Flächenelementes dS als positive Normalenrichtung genommen wird und $\mathfrak{S}_n$ den in diese Richtung fallenden Betrag des Vektors $\mathfrak{S}$ im Element dS bedeutet. Dann ist die zeitliche Änderung der in dem gegebenen Raume enthaltenen Energie

$$dW = d\int (W_e + W_m)\, dV = -dt \int \mathfrak{S}_n\, dS, \quad (31)$$

d. h. gleich dem in der betreffenden Zeit durch die Oberfläche des Raumes hindurchtretenden Betrage des Vektors $\mathfrak{S}$. Der Vektor $\mathfrak{S}$ stellt also die in den Lichtstrahlen enthaltene und mit ihnen fortschreitende Energie dar und wird daher als „Strahlvektor" bezeichnet.

Zur Anwendung auf die längs der Z-Achse fortschreitende ebene Welle denke man sich als Raum V den Inhalt eines Zylinders, dessen Achse der Z-Achse parallel, also auf der Wellenebene senkrecht steht, und der von zwei um eine Wellenlänge voneinander entfernten Wellenebenen begrenzt sei. Dann ist, da für die

[1]) J. H. POYNTING, Phil. Trans. 1884, II, S. 343.

Mantelfläche $\mathfrak{S}_n = 0$ und für die beiden Grundflächen $\mathfrak{S}_n$ gleich, aber von entgegengesetztem Vorzeichen ist nach (29)

$$\frac{\partial}{\partial t}\int (W_e + W_m)\,dV = 0\,.$$

Der Betrag der während einer Schwingung durch die eine Grundfläche eintretenden und durch die andere austretenden Energie ist:

$$\frac{\lambda A_1^2}{8\pi}\cdot S,$$

wenn S den Querschnitt des Zylinders bedeutet. Durch die Flächeneinheit tritt also während einer ganzen Schwingung die Energie $\lambda A_1^2/8\pi$, während einer Sekunde der ν fache Betrag: $cA_1^2/8\pi$. Die Energie der Strahlung ist also dem Quadrat der Amplitude proportional.

Wenden wir den POYNTINGschen Satz auf die polarisierte Kugelwelle an, so ist nach (18)

$$\mathfrak{S}_n = \mathfrak{S}_r = \frac{4\pi^3 c}{\lambda^4}\cdot\frac{\sin^2\gamma}{r^2}A^2\sin^2 2\pi\left(\frac{t}{\tau}-\frac{r}{\lambda}\right),$$

oder die durch ein Element dS der Kugelfläche während einer Schwingung hindurchtretende Strahlung:

$$\frac{2\pi^3}{\lambda^3}\cdot\frac{A^2\sin^2\gamma\cdot dS}{r^2}\,.$$

Damit ist der bekannte Satz ausgedrückt, daß die Intensität des Lichtes bei Lichtquellen von kleinen Abmessungen mit dem Quadrat der Entfernung von der Lichtquelle abnimmt. Integriert man den Ausdruck über die ganze Kugeloberfläche, wobei

$$dS = 2\pi r^2 \sin\gamma\, d\gamma$$

zu setzen ist, so wird die ganze von der Lichtquelle während einer Schwingung ausgesandte Energie

$$\frac{16\pi^4}{3\lambda^3}A^2, \tag{32}$$

während einer Sekunde

$$\frac{16\pi^4}{3\lambda^4}cA^2.$$

Diese Strahlung bedingt für die Lichtquelle eine allmähliche Abnahme ihrer Energie, vorausgesetzt, daß ihr nicht Energie immer von neuem zugeführt wird[1]. Die Schwingungen der Lichtquelle sind also durch die Ausstrahlung gedämpft, eine Art der Dämpfung, die man als „Strahlungsdämpfung" oder nach PLANCK[2]) als „konservative Dämpfung" bezeichnet, im Gegensatz zu einer durch Widerstand bedingten „konsumptiven Dämpfung", bei der elektrische Schwingungsenergie durch Umwandlung in JOULEsche Wärme verlorengeht.

23. Interferenz. Das Prinzip der Übereinanderlagerung ist oben auf zwei Wellenzüge von gleicher Fortpflanzungsrichtung angewandt, deren Schwingungen aufeinander senkrecht stehen, und führte auf die Schwingungsformen der elliptischen Polarisation. Angewandt auf zwei Wellenzüge von gleicher Fortpflanzungsrichtung und gleicher Schwingungsrichtung, führt es auf die Gesetze der

---

[1]) G. F. FITZGERALD hat den durch Strahlung eintretenden Energieverlust für einen kleinen, alternierenden Kreisstrom berechnet (Rep. Brit. Assoc. Southport, 1883, S. 404), also für den zweiten Typus einer Kugelwelle. Wenn er den Betrag nur halb so groß findet, wie er oben angegeben ist, so dürfte dies wohl damit zusammenhängen, daß sich seine Rechnungen nur auf den magnetischen Teil der Strahlungsenergie beziehen.

[2]) M. PLANCK, Wied. Ann. Bd. 57, S. 1. 1896 und Bd. 60, S. 577. 1897.

Interferenz. Zwei Planwellen, die in der X-Achse schwingen und in der Z-Achse fortschreiten:

$$\mathfrak{E}_{1x} = A_1 \sin 2\pi\left(\frac{t}{\tau} - \frac{z}{\lambda} + \delta_1\right), \qquad \mathfrak{E}_{2x} = A_2 \sin 2\pi\left(\frac{t}{\tau} - \frac{z}{\lambda} + \delta_2\right)$$

ergeben die Summe:

$$\mathfrak{E}_x = \mathfrak{E}_{1x} + \mathfrak{E}_{2x} = A \sin 2\pi\left(\frac{t}{\tau} - \frac{z}{\lambda} + \delta\right), \tag{33}$$

wenn

$$\left.\begin{aligned} A_1 \cos 2\pi\delta_1 + A_2 \cos 2\pi\delta_2 &= A \cos 2\pi\delta, \\ A_1 \sin 2\pi\delta_1 + A_2 \sin 2\pi\delta_2 &= A \sin 2\pi\delta \end{aligned}\right\} \tag{34}$$

gesetzt wird. Die resultierende Welle ist also eine Welle der gleichen Schwingungsform, aber mit anderer Amplitude und Phase. Die Amplitude ist bestimmt durch die Gleichung

$$A^2 = A_1^2 + A_2^2 + 2A_1A_2 \cos 2\pi(\delta_1 - \delta_2), \tag{35}$$

die unmittelbar die Intensität ausdrückt, da diese nach dem vorhergehenden Paragraphen dem Quadrat der Amplitude proportional ist. Die Amplitude liegt je nach dem Werte der Phasendifferenz zwischen dem Maximum $A_1 + A_2$ für $\delta_1 - \delta_2 = k$ und dem Minimum $A_1 - A_2$ für $\delta_1 - \delta_2 = (2k + 1)/2$, wenn k eine ganze Zahl bedeutet. Haben die beiden Wellenzüge gleiche Amplitude, so ist

$$A = 2A_1 \cos\pi(\delta_1 - \delta_2),$$

also $= 2A_1$ für $(\delta_1 - \delta_2) = k$, und $= 0$ für $(\delta_1 - \delta_2) = (2k + 1)/2$. Im ersteren Falle addieren sich die beiden Wellenzüge, im letzteren heben sie sich vollständig auf.

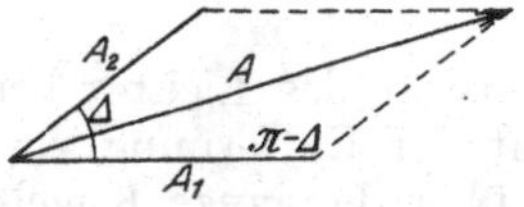

Abb. 6. Addition zweier Amplituden.

Nach Formel (35) berechnet sich, worauf schon Fresnel hingewiesen hat[1]), die resultierende Amplitude in der gleichen Weise, wie sich die Resultante A zweier Kräfte A_1 und A_2 berechnet, die an einem Punkte angreifen, und deren Richtungen den Winkel $\Delta = 2\pi(\delta_1 - \delta_2)$ miteinander bilden (Abb. 6), oder in der Sprache der Vektorrechnung, die resultierende Amplitude A ist die Summe der beiden Vektoren A_1 und A_2.

24. Interferenz zweier Lichtpunkte. Als einfachstes Beispiel werde der Fall der Übereinanderlagerung zweier Kugelwellen behandelt, die von zwei nahe beieinanderliegenden Lichtpunkten ausgehen. Die beiden Lichtpunkte sollen in der X-Achse zu beiden Seiten des Nullpunktes des Koordinatensystems um $+e$ und $-e$ von ihm entfernt liegen und ihre Schwingungen in der Z-Achse ausführen. Wir betrachten das Zusammenwirken der von ihnen ausgehenden Kugelwellen in der XY-Ebene unter der Voraussetzung, daß der Radius der Kugelwellen groß ist gegen den Abstand $2e$ der beiden leuchtenden Punkte. Unter Fortlassung des konstanten Faktors $4\pi^2/\lambda^2$ [s. (18)] ist dann

$$\mathfrak{E}_{1z} = \frac{A_1}{r_1} \sin 2\pi\left(\frac{t}{\tau} - \frac{r_1}{\lambda} + \delta_1\right), \qquad \mathfrak{E}_{2z} = \frac{A_2}{r_2} \sin 2\pi\left(\frac{t}{\tau} - \frac{r_2}{\lambda} + \delta_2\right).$$

Dann ist die Phasendifferenz der beiden Wellen

$$\Delta = 2\pi\left(\delta_1 - \delta_2 + \frac{r_2 - r_1}{\lambda}\right).$$

Zur weiteren Vereinfachung werde angenommen, daß die beiden Lichtpunkte in gleicher Phase schwingen, d. h. $\delta_1 = \delta_2$. Die Flächen gleicher Phasendifferenz

[1]) A. Fresnel, Mémoire sur la diffraction de la lumière; Couronné 1819. Oeuvres compl. Bd. I, S. 292.

sind dann offenbar Rotationshyperboloide, die die X-Achse als Achse und die beiden Lichtpunkte als Brennpunkte haben. Allgemein ist:

$$r_1 = \sqrt{(x-e)^2 + y^2 + z^2} = \sqrt{r^2 - 2ex + e^2}, \quad r_2 = \sqrt{(x+e)^2 + y^2 + z^2} = \sqrt{r^2 + 2ex + e^2},$$

wenn r, wie bisher, den Abstand vom Koordinaten-Anfangspunkt bedeutet. Nimmt man r groß gegen e, so kann geschrieben werden:

$$r_1 = r\left(1 - \frac{ex}{r^2}\right), \quad r_2 = r\left(1 + \frac{ex}{r^2}\right),$$

also

$$r_2 - r_1 = \frac{2ex}{r} \quad \text{und} \quad \Delta = \frac{4\pi e x}{\lambda r} = \frac{4\pi e}{\lambda}\cos\vartheta,$$

wenn ϑ den Winkel des Radius r mit der X-Achse bedeutet. Die Flächen gleicher Phasendifferenz sind in dieser Entfernung von den Lichtpunkten die Kreiskegel, die von den Asymptoten der Hyperboloide gebildet werden. Die Minima liegen auf den Kegeln: $\cos\vartheta = \frac{2k+1}{2} \cdot \frac{\lambda}{2e}$, die Maxima auf den Kegeln: $\cos\vartheta = k \cdot \frac{\lambda}{2e}$. Für $\vartheta = 0$, d. h. bei Beobachtung in der X-Achse, ist die Phasendifferenz $2\pi \cdot \frac{2e}{\lambda}$, also gleich $2\pi m$, wenn m die Zahl der in der Strecke $2e$ enthaltenen Wellenlängen bedeutet. Für $\vartheta = \frac{\pi}{2}$, ist $\Delta = 0$; in der YZ-Ebene hat die Intensität ein Maximum. Weitere Maxima sind durch $\cos\vartheta = k/m$ bestimmt. Da $k < m$ sein muß, so ist die Zahl der Maxima gleich der größten ganzen Zahl, die in m enthalten ist. Fängt man das Licht auf einem zur Y-Achse senkrechten Schirme auf, so erscheint auf dem Schirme zu beiden Seiten des in der YZ-Ebene liegenden hellen Mittelstreifens bei einfarbigem Lichte ein System von dunklen und hellen Streifen. In der Nähe des Mittelstreifens ist der Abstand s zweier benachbarter Maxima oder Minima gegeben durch die Gleichung:

$$s = \frac{r\lambda}{2e}.$$

Aus dem Umstande, daß der Streifenabstand von der Wellenlänge abhängt, folgt, daß im weißen Licht die Streifen farbig erscheinen.

25. Bedingungen der Interferenz. Die Bedingung für die Sichtbarkeit dieser Interferenzen ist die Unveränderlichkeit der vom Schwingungszustande der beiden Lichtpunkte abhängigen Phasendifferenz $(\delta_1 - \delta_2)$. Man drückt diese Bedingung aus, indem man verlangt, daß die beiden Lichtquellen „kohärent" sein müssen, eine Bedingung, die bei zwei voneinander unabhängigen Lichtquellen wegen der Unregelmäßigkeit der Lichtschwingungen nicht erfüllt ist. Sie kann nur erfüllt werden, indem man die beiden interferierenden Wellenzüge aus e i n e m Wellenzuge ableitet. Das geschieht in isotropen Mitteln dadurch, daß man ein Lichtbündel durch Spiegelung oder Brechung in zwei Bündel teilt, die man entweder in dem gleichen Mittel verschieden lange Wege oder gleiche Wege in Mitteln von verschiedener Lichtgeschwindigkeit durchlaufen läßt, und dann wieder übereinander lagert; ersteres ist der Fall bei dem oben besprochenen FRESNELschen Spiegelversuch, den LLOYDschen Streifen, dem Biprisma, den NEWTONschen Ringen; letzteres beim JAMINschen Interferenzapparat. Eine andere Klasse von Interferenzerscheinungen erhält man in anisotropen Mitteln, indem man polarisiertes Licht auf eine Kristallplatte fallen läßt, in der es sich durch die Anisotropie des Mittels in zwei senkrecht zueinander schwingende Wellen von verschiedener Fortpflanzungsgeschwindigkeit teilt. Nach dem Austritt aus der Platte werden diese beiden Wellen zur Interferenz gebracht, indem sie durch einen Analysator auf gleiche Schwingungsrichtung übergeführt werden. Dies sind die Erscheinungen der chromatischen Polarisation in Kristallplatten.

Eine andere Frage ist die, wie groß die Zahl m, die Phasendifferenz der beiden interferierenden Strahlen, werden kann, ohne daß durch die Unregelmäßigkeiten im Ablauf der Schwingungen die Interferenzfähigkeit gestört wird. Für die ausführliche Behandlung dieser Fragen wird auf Kap. 9 verwiesen.

26. Stehende Wellen. Während im Vorstehenden Wellenzüge von gleicher oder bei den Kugelwellen wenigstens annähernd gleicher Fortpflanzungsrichtung angenommen wurden, können auch zwei entgegengesetzt laufende Wellenzüge nach dem Prinzip der Überlagerung zusammengesetzt werden.

$$\mathfrak{E}_{1x} = A_1 \sin 2\pi\left(\frac{t}{\tau} - \frac{z}{\lambda} + \delta_1\right), \qquad \mathfrak{E}_{2x} = A_2 \sin 2\pi\left(\frac{t}{\tau} + \frac{z}{\lambda} + \delta_2\right)$$

ergeben die Summe:

$$\left.\begin{aligned} \mathfrak{E}_x = (A_1 + A_2)\cos 2\pi\left(\frac{z}{\lambda} - \frac{\delta_1 - \delta_2}{2}\right)\sin 2\pi\left(\frac{t}{\tau} + \frac{\delta_1 + \delta_2}{2}\right) \\ - (A_1 - A_2)\sin 2\pi\left(\frac{z}{\lambda} - \frac{\delta_1 - \delta_2}{2}\right)\cos 2\pi\left(\frac{t}{\tau} + \frac{\delta_1 + \delta_2}{2}\right). \end{aligned}\right\} \qquad (37)$$

Diese Gleichung stellt nicht mehr eine fortschreitende Welle dar; denn für verschiedene Werte von z ist die Amplitude verschieden. An den Stellen, wo

$$\frac{z}{\lambda} - \frac{\delta_1 - \delta_2}{2} = \frac{k}{2}$$

ist, verschwindet das zweite Glied und $\mathfrak{E}_x$ schwankt zeitlich zwischen $\pm (A_1 + A_2)$. An den Stellen aber, wo

$$\frac{z}{\lambda} - \frac{\delta_1 - \delta_2}{2} = \frac{2k + 1}{4}$$

ist, beträgt die Amplitude $(A_1 - A_2)$ und ist $= 0$, wenn die beiden sich überlagernden Wellen gleiche Amplitude haben, $A_1 = A_2$. Das Ganze stellt eine stehende Welle dar; die letztgenannten Stellen sind die Knoten, an denen die Schwingung ihr Minimum, die erstgenannten, die um $\lambda/4$ von den Knoten entfernt liegen, sind die Bäuche, an denen die Schwingung ihr Maximum hat. Der Abstand zweier benachbarter Knoten oder Bäuche ist eine halbe Wellenlänge.

Aus dem Umstande, daß die Wellen entgegengesetzte Richtung haben, d. h. die Z-Koordinate für die eine Welle das negative, für die andere das positive Vorzeichen hat, folgt, daß die die elektrischen Schwingungen begleitenden magnetischen Kräfte zwar durch dieselben Ausdrücke wie die elektrischen Kräfte gegeben sind, aber entgegengesetztes Vorzeichen haben.

$$\mathfrak{H}_{1y} = A_1 \sin 2\pi\left(\frac{t}{\tau} - \frac{z}{\lambda} + \delta_1\right), \qquad \mathfrak{H}_{2y} = -A_2 \sin 2\pi\left(\frac{t}{\tau} + \frac{z}{\lambda} + \delta_2\right).$$

Die Übereinanderlagerung der beiden Wellen gibt daher für die magnetischen Kräfte der stehenden Schwingung den anderen Ausdruck:

$$\left.\begin{aligned} \mathfrak{H}_y = -(A_1 + A_2)\sin 2\pi\left(\frac{z}{\lambda} - \frac{\delta_1 - \delta_2}{2}\right)\cos 2\pi\left(\frac{t}{\tau} + \frac{\delta_1 + \delta_2}{2}\right) \\ + (A_1 - A_2)\cos 2\pi\left(\frac{z}{\lambda} - \frac{\delta_1 - \delta_2}{2}\right)\sin 2\pi\left(\frac{t}{\tau} + \frac{\delta_1 + \delta_2}{2}\right). \end{aligned}\right\} \qquad (38)$$

Die Knoten der magnetischen Kraft liegen an den Stellen, wo die elektrische Kraft ihre Bäuche hat, und die Bäuche der magnetischen Kraft da, wo die Knoten der elektrischen Kraft liegen. Zeitlich aber hat die elektrische Kraft ihr Maximum, wenn die magnetische Kraft ihr Minimum hat, und umgekehrt. Sind die Amplituden der beiden Wellen, also auch die Energien, die sie mit sich führen, gleich, so findet in der stehenden Welle keine Fortführung der Energie nach einer Richtung mehr statt, sondern nur ein Hin- und Herfluten der Energie zwischen Bäuchen und Knoten aus der elektrischen in die magnetische Form und zurück.

Bei der im vorigen Paragraphen behandelten Überlagerung zweier Kugelwellen sind die von den beiden Lichtpunkten ausgehenden Wellen zwischen den beiden Punkten gegeneinander gerichtet und bilden hier stehende Wellen. Ihre Bäuche liegen da, wo die konfokalen Hyperboloide, auf denen die Maxima der Helligkeit im Interferenzraume liegen, die X-Achse schneiden, ihre Knoten da, wo die den dunklen Streifen entsprechenden Hyperboloide die X-Achse schneiden. Diese stehenden Schwingungen sind aber der Beobachtung nicht zugänglich. Stehende Lichtwellen sind nur in einem Falle von O. WIENER nachgewiesen worden. Über die besondere Bedeutung dieser Arbeit s. später.

27. Das HUYGENSsche Prinzip. Man kann von den Wellenfronten, gleichviel ob es ebene oder kugelförmige Wellenflächen sind, sagen, daß sie sich in Richtung ihrer Normalen fortpflanzen, und da bei ungestörter Ausbreitung die Normalen gerade Linien sind, könnte man in diesem Gedankengange von der geradlinigen Fortpflanzung des Lichtes sprechen und die Wellennormalen als die Lichtstrahlen ansehen. Allein physikalisch gründet sich der Begriff der Lichtstrahlen und die Vorstellung ihrer geradlinigen Fortpflanzung auf die Wirkung, die ein die Ausbreitung der Wellen stellenweise hemmender Körper auf diese Ausbreitung ausübt, d. h. auf die Schattenkonstruktion und die Wirkungen einer Lochkamera. Eine Erklärung dieser Erscheinungen auf der Grundlage der Wellenlehre hat HUYGENS mit Hilfe des Gedankens der Elementarwellen gegeben; FRESNEL hat durch Hinzunahme des Interferenzprinzips den HUYGENSschen Gedanken zur Grundlage der ganzen Beugungstheorie gemacht. Allein es fehlte dem Prinzip in dieser Form die strenge mathematische Begründung. Eine solche ist zuerst von KIRCHHOFF gegeben worden, indem er sich eines mathematischen Hilfssatzes bediente, der die Umwandlung eines Raumintegrals in ein Integral über die Oberfläche des Raumes gestattet. Diese unter dem Namen des GREENschen Satzes bekannte Formel lautet:

$$\int (u\Delta v - v\Delta u)\,dV = -\int\left(u\frac{\partial v}{\partial n} - v\frac{\partial u}{\partial n}\right)dF, \tag{39}$$

wenn u und v zwei Funktionen sind, die mit ihren ersten und zweiten Differentialquotienten nach x, y, z in dem ganzen Raume, über den sich das links stehende Raumintegral erstreckt, eindeutig und stetig sind, und wenn als positive Normalenrichtung an der Grenzfläche des Raumes die innere Normale genommen wird. Wenn beide Funktionen der Gleichung genügen:

$$\Delta u = -k^2 u \qquad \text{und} \qquad \Delta v = -k^2 v, \tag{40}$$

so wird das Raumintegral gleich 0 und die Gleichung (39) lautet:

$$\int\left(u\frac{\partial v}{\partial n} - v\frac{\partial u}{\partial n}\right) = 0. \tag{41}$$

Diesen Satz kann man benutzen, um den Wert u_0 von u für einen Punkt P im Innern des Raumes auszudrücken durch das Integral über die Oberfläche des Raumes. Man muß zu dem Ende die Funktion v so wählen, daß sie im Punkte P unendlich wird wie $1/r$, unter r den Abstand vom Punkte P verstanden — eine Bedingung, der zugleich mit der Schwingungsgleichung $\Delta v = -k^2 v$ genügt wird z. B. durch die Funktion $(\cos kr)/r$ [nicht durch $(\sin kr)/r$] oder allgemeiner durch den Ausdruck $\frac{e^{-ikr}}{r}$. Bei einem solchen Werte von v muß der Punkt P, in dem v unendlich wird, aus dem Integrationsgebiete ausgeschlossen werden durch eine Kugel von unendlich kleinem Radius. Die Integration ist dann nicht bloß über die Außenfläche F, sondern auch über die Oberfläche dieser Kugel zu erstrecken. Dabei verschwinden aber, wenn u und $\partial u/\partial n$ endliche Werte haben, für $r = 0$ alle Glieder bis auf eines, für das sich r^2 heraushebt, und das für $r = 0$ den Wert $-4\pi u_0$ annimmt. Dann ist also

$$u_0 = \frac{1}{4\pi}\int\left(u\frac{\partial v}{\partial n} - v\frac{\partial u}{\partial n}\right)dF\,. \tag{42}$$

Um diesen Satz auf die Lichtausbreitung anwenden zu können, ist zunächst zu beachten, daß die Wellengleichung (6)

$$c^2\Delta\varphi = \frac{\partial^2\varphi}{\partial t^2}$$

in die Schwingungsgleichung (40) übergeht, sobald φ als eine periodische Funktion der Zeit angenommen wird. Drückt man dies durch den allgemeinen Ansatz aus

$$\varphi = u\cdot e^{ipt}, \tag{43}$$

wo u nur noch von den Raumkoordinaten abhängt, so erfüllt u die Schwingungsgleichung (40), und der Faktor k in dieser Gleichung erhält die Bedeutung

$$k = \frac{p}{c} = \frac{2\pi}{\lambda}.$$

Ist nun φ der Lichtvektor, der in jedem Punkte des Raumes die Lichterregung darstellt, die von einer oder mehreren außerhalb der Fläche F liegenden Lichtquellen verursacht wird, so erhält man den Wert von φ_0 für den Punkt P innerhalb der Fläche, indem man Gleichung (42) mit e^{ipt} multipliziert:

$$\left.\begin{aligned}\varphi_0 = u_0 e^{ipt} &= \frac{e^{ipt}}{4\pi}\int\left[u\frac{\partial\frac{e^{-ikr}}{r}}{\partial n} - \frac{e^{-ikr}}{r}\cdot\frac{\partial u}{\partial n}\right]dF\\ &= \frac{1}{4\pi}\int\left[u\frac{\partial\frac{e^{i(pt-kr)}}{r}}{\partial n} - \frac{e^{i(pt-kr)}}{r}\frac{\partial u}{\partial n}\right]dF;\end{aligned}\right\} \tag{45}$$

da man e^{ipt} als einen von den Integrationsveränderlichen unabhängigen Faktor unter das Integralzeichen setzen kann. Der Ausdruck

$$\frac{e^{i(pt-kr)}}{r} = \frac{e^{ip\left(t-\frac{r}{c}\right)}}{r}$$

hat den Charakter einer vom Element dF ausgehenden Kugelwelle. Die Lichterregung φ_0 im Punkte P wird also durch Gleichung (45) dargestellt als das Ergebnis des Zusammenwirkens der von allen Elementen der Fläche F ausgehenden, mit der Geschwindigkeit c sich ausbreitenden „Elementarwellen"; denn der Erregung in P zur Zeit t entspricht die Erregung im Flächenelement dF zu einer um r/c früheren Zeit. Insoweit kommt also in dieser Formulierung die Huygenssche Idee der Elementarwellen zum Ausdruck. Aber die Belegung der Fläche mit Erregungspunkten von Elementarwellen ist wesentlich komplizierter, als die elementare Fassung des Huygensschen Prinzipes es sich vorstellt. Denn der Ausdruck für φ_0 besteht aus der Differenz zweier Integrale. Das zweite Integral stellt eine Belegung mit einfachen Erregungsquellen dar, deren Amplitude durch $\partial u/\partial n$ gegeben ist. Das erste Integral dagegen stellt durch den Ausdruck $\partial\left(\frac{e^{i(pt-kr)}}{r}\right)/\partial n$ offenbar eine Doppelschicht von Erregungspunkten dar, deren Amplitude durch u bestimmt ist. Die Werte u und $\partial u/\partial n$ sind die Werte, die dieser räumliche

Faktor der Funktion φ auf den Flächenelementen besitzt. Insofern sind also auch die Elementarwellen in ihrer Stärke durch das auf die Fläche auffallende Licht bestimmt.

28. Anwendung auf einen Spezialfall. Die Richtigkeit des Satzes läßt sich leicht für einzelne Fälle prüfen, z. B. für den Fall, daß die Lichterregung von einem Punkte L ausgeht und für einen Punkt P im Abstande a von L dargestellt werden soll. Ist r_1 der Abstand eines beliebigen Punktes von L, so kann die Lichterregung nach (15) durch die Funktion

$$\varphi = A \frac{e^{i(pt - kr_1)}}{r_1} = A e^{ipt} \cdot u, \tag{46}$$

dargestellt werden und u hat den Wert

$$u = \frac{e^{-ikr_1}}{r_1}. \tag{47}$$

Als Fläche um P werde eine Kugel vom Radius r_2 genommen, wobei $r_2 < a$ sein soll (Abb. 7). Dann ist $dr_2/dn = -1$. Es ist ferner, wenn r_1 den Abstand des Flächenelementes von L bedeutet,

$$r_1^2 = a^2 + r_2^2 - 2ar_2\cos\vartheta\,,$$

$$\frac{dr_1}{dn} = -\frac{r_2 - a\cos\vartheta}{r_1} = \frac{a^2 - r_2^2 - r_1^2}{2r_1 r_2}.$$

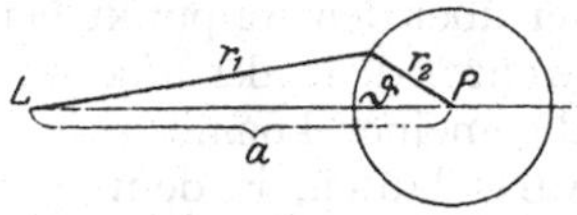

Abb. 7. Zum HUYGENSschen Prinzip.

Das Integral über die Kugelfläche kann leicht ausgeführt werden, indem man die Fläche durch Ebenen, die auf LP senkrecht stehen, in Kreiszonen zerlegt, deren Fläche $= 2\pi r_2^2 \sin\vartheta\, d\vartheta = 2\pi r_2 r_1 dr_1/a$ ist. Bei der Ausführung der Rechnung zerfällt das Integral in eine Summe von Integralen, die sich zum Teil fortheben. Es bleibt folgender Ausdruck übrig:

$$-\frac{e^{-ikr_2}}{2a}\left[e^{-ikr_1}\left(1 - \frac{r_1}{2r_2} + \frac{a^2 - r_2^2}{2r_2 r_1}\right)\right] = -\frac{e^{-ikr_2}}{2a}\left[e^{-ikr_1}\frac{a^2 - (r_1 - r_2)^2}{2r_1 r_2}\right],$$

der zwischen den Integrationsgrenzen $\vartheta = 0$ und $\vartheta = \pi$, bzw. $r_1 = a - r_2$ und $r_1 = a + r_2$ zu nehmen ist. Werden diese Grenzen eingesetzt, so ergibt sich für die obere Grenze $(r_1 - r_2 = a)$ der Wert 0, für die untere Grenze $(r_1 + r_2 = a)$

$$u_0 = \frac{e^{-ika}}{a},$$

also

$$\varphi_0 = \frac{A e^{i(pt - ka)}}{a},$$

wie es für $r_1 = a$ der Fall sein muß. Aber die Diskussion des Ausdruckes lehrt, daß das richtige Ergebnis nur erhalten wird, wenn die Integration über die ganze, den Punkt P umschließende Fläche ausgeführt wird.

Statt um P könnte man die Kugelfläche auch um L legen. Dann würde P im Außenraume liegen; entsprechend müßte die positive Normale der Fläche nach außen gerichtet sein und der Außenraum wäre, streng genommen, durch eine unendlich ferne Kugelfläche nochmals zu begrenzen. Doch kommt deren Wirkung nicht in Betracht, da die Funktionen für r_1 und $r_2 = \infty$ bei endlichen Werten der Zeit verschwinden. In diesem Falle wäre die Kugelfläche um L eine Wellenfläche, und die ganze Konstruktion entspräche in noch höherem Grade der HUYGENSschen Idee, die von der Wellenfläche ausgeht. Die Rechnung und ihr Ergebnis wäre natürlich das gleiche wie oben. Die Bedingung für das Ergebnis ist stets die, daß die Fläche, über die integriert wird, den Aufpunkt und die Lichtquellen trennt. Umschließt sie beide, so ist, wie KIRCHHOFF ausdrücklich abgeleitet hat, das Integral $= 0$. Man kann nämlich in diesem Falle den Integrationsraum durch eine Hilfsfläche in zwei Räume zerlegen, von denen der eine nur P, der andere nur die Lichtquellen enthält. Die Integration über die Oberfläche sowohl des einen wie des anderen Raumes ergibt für die Lichtbewegung in P $4\pi\varphi_0$, wenn jedesmal die positive Normale der Fläche nach der Seite, auf der sich P befindet, gerechnet wird. Für den Raum, der die Lichtquellen enthält, ist aber diese Normalenrichtung entgegengesetzt derjenigen, die bei der Integration über die ganze, P und die Lichtquellen umschließende Fläche zu gelten hat. Man erhält daher die Summe der Integrale über diese Fläche, wenn man das Ergebnis der Integration über die beiden Teilräume voneinander abzieht. Diese Differenz ist aber $= 0$.

In der ursprünglichen HUYGENSschen Fassung des Prinzipes und auch noch in der FRESNELschen Formulierung unter Verknüpfung mit dem Interferenzprinzip war es im Grunde nicht verständlich, warum die Elementarwellen nicht auch nach rückwärts wirken. Die KIRCHHOFFsche Fassung beseitigt dieses Bedenken. Schon bei der obigen Berechnung ist es charakteristisch, daß der Wert des Ausdrucks für die obere Grenze $r_1 = a + r_2$, d. h. für den Pol der Welle, der über den Aufpunkt bereits hinweggegangen ist, null wird, während die untere Grenze, d. h. der ankommende Pol der Welle, den vollen Betrag liefert. Noch allgemeiner kommt zum Ausdruck, daß die Elementarwellen nicht nach rückwärts laufen, in dem soeben erwähnten Satze von KIRCHHOFF, nach dem das Integral über die Fläche 0 ist, wenn die Fläche Lichtpunkt und Aufpunkt gleichzeitig umschließt, wenn also der Aufpunkt innerhalb der Wellenfläche liegt. Ein weiterer Fortschritt, der durch die strengere Fassung des Prinzipes erreicht wurde, war der, daß die Durchrechnung nach dem KIRCHHOFFschen Satze den richtigen Wert des Lichtvektors im Aufpunkte ergibt, während die FRESNELsche Zonenkonstruktion immer zu einem um $\pi/2$ in der Phase verschobenen Werte geführt hatte.

Gleichwohl ist auch gegen die KIRCHHOFFsche Fassung der Einwand mangelnder Strenge erhoben worden, und manche Versuche sind gemacht worden, sie durch eine strengere Fassung zu ersetzen[1]). KIRCHHOFF selber hat zugegeben, daß eine vollkommen befriedigende Theorie aus den Hypothesen der Undulationstheorie nicht zu entwickeln ist. Denn erstens ist die Darstellung insofern unendlich vieldeutig, als jede Lösung der Schwingungsgleichung (40), die in P unendlich wird wie $1/r$, in die Gleichung (41) für v eingesetzt werden kann. Zweitens aber müssen die Werte von u und $\partial u/\partial n$ auf der Oberfläche bekannt sein; das sind sie im allgemeinen nicht, und außerdem können sie nicht beide willkürlich gegeben werden, da, wenn u der Schwingungsgleichung im Raume genügt und auf der Fläche vorgeschriebene Werte hat, damit auch die Werte von $\partial u/\partial n$ gegeben sind. Auf die Schwierigkeiten, die hieraus erwachsen, wird in einem späteren Kapitel eingegangen.

29. Geradlinige Ausbreitung des Lichtes. Übergang zur geometrischen Optik. Die Anwendung des KIRCHHOFFschen Prinzipes auf die Lichtausbreitung beruht auf der Tatsache, daß die Lichtwellenlängen außerordentlich klein sind gegen die Entfernungen r und r_1, die in den Gleichungen (45) und (47) vorkommen. Denkt man sich nämlich die Lichterregung wieder durch die Gleichungen (46) und (47) gegeben und führt die Differentiationen nach n in Formel (45) aus, so erhält man

$$\varphi_0 = \frac{1}{4\pi}\int\frac{dF}{r_1 r}\left(\frac{1}{r_1}\frac{\partial r_1}{\partial n} - \frac{1}{r}\frac{\partial r}{\partial n}\right)e^{i[pt-k(r+r_1)]} + \frac{ik}{4\pi}\int\frac{dF}{r_1 r}\left(\frac{\partial r_1}{\partial n} - \frac{\partial r}{\partial n}\right)e^{i[pt-k(r+r_1)]},$$

[1]) J. LARMOR, Proc. London Math. Soc. (2) Bd. 1, S. 1. 1903; W. ANDERSON, Phil. Mag. (6) Bd. 49, S. 422. 1925.

oder, wenn man die reellen Werte einführt:

$$\left.\begin{aligned}\varphi_0 = \frac{1}{4\pi}\int \frac{dF}{r_1 r}\left(\frac{1}{r_1}\frac{\partial r_1}{\partial n} - \frac{1}{r}\frac{\partial r}{\partial n}\right)\cos[pt - k(r + r_1)] \\ - \frac{k}{4\pi}\int \frac{dF}{r_1 r}\left(\frac{\partial r_1}{\partial n} - \frac{\partial r}{\partial n}\right)\sin[pt - k(r + r_1)].\end{aligned}\right\} \tag{48}$$

KIRCHHOFF bedient sich nun eines Hilfssatzes, welcher aussagt, daß das Integral

$$R = \int_{\zeta_0}^{\zeta'} \frac{d\Phi}{d\zeta}\cdot\sin(k\zeta + \delta)\,d\zeta$$

verschwindet, wenn $k\infty$ groß wird, vorausgesetzt, daß Φ eine innerhalb der Integrationsgrenzen stetige Funktion und δ eine Konstante ist. Aus diesem Satze folgt sogleich der weitere

$$k\int_{\zeta_0}^{\zeta'} \frac{d\Phi}{d\zeta}\cdot\sin(k\zeta + \delta)\,d\zeta = -\left[\frac{d\Phi}{d\zeta}\cos(k\zeta + \delta)\right]_{\zeta_0}^{\zeta'}$$

unter der weiteren Bedingung, daß der erste Differentialquotient von Φ innerhalb der Integrationsgrenzen stetig ist. Diese Sätze werden auf die Integrale im Ausdruck für φ_0 angewandt, indem zunächst $r + r_1 = \zeta$ gesetzt wird. Das Zeitglied im Argument der Kreisfunktionen kann unberücksichtigt bleiben, da es durch Zerlegung der Funktionen ja vor das Integralzeichen gezogen werden kann. Da r den Abstand eines beliebigen Punktes vom Aufpunkt P, r_1 seinen Abstand vom Lichtpunkt L bedeutet, so stellt jeder Wert von $\zeta = r + r_1$ ein Rotationsellipsoid dar, dessen Achse die Verbindungslinie des Lichtpunktes mit dem Aufpunkte ist. Durch diese, den Werten ζ, $\zeta + d\zeta$, $\zeta + 2\,d\zeta$ usw. entsprechende Schar von Ellipsoiden wird die Fläche F in schmale Streifen zerlegt. Wenn nun in dem ersten Integral für φ_0

$$\frac{d\Phi}{d\zeta}d\zeta = \int_{\zeta}^{\zeta+d\zeta} \frac{dF}{r_1 r}\left(\frac{1}{r_1}\frac{dr_1}{dn} - \frac{1}{r}\frac{dr}{dn}\right),$$

in dem zweiten Integral

$$\frac{d\Phi}{d\zeta}d\zeta = \int_{\zeta}^{\zeta+d\zeta} \frac{dF}{r_1 r}\left(\frac{\partial r_1}{\partial n} - \frac{\partial r}{\partial n}\right)$$

gesetzt wird, beide Integrale nur über die Fläche eines dieser schmalen Streifen genommen, so nehmen die Integrale über die g a n z e Fläche F die Gestalt der Integrale R an. Für $k = \infty$ verschwindet dann das erste der beiden Integrale ganz, falls ζ für keinen Teil der Fläche F konstant ist; das Integral kann übrigens auch, wenn es nicht verschwindet, gegen das zweite Integral, das mit dem Faktor $k = 2\pi/\lambda$ behaftet ist, vernachlässigt werden. Das zweite Integral verwandelt sich in den Ausdruck

$$-\left[\frac{d\Phi}{d\zeta}\cos(k\zeta + \delta)\right]_{\zeta_0}^{\zeta'}, \tag{49}$$

wenn ζ' und ζ_0 den größten und den kleinsten Wert von ζ für das Flächenstück bedeuten, auf das sich die Integration bezieht. Die Fläche F ist eine den Aufpunkt P oder den Lichtpunkt L vollständig umschließende, geschlossene Fläche. Es werde nun ein Teil dieser Fläche durch eine geschlossene Kurve S abgegrenzt gedacht und die Integration nur über den von dieser Kurve umschlossenen Teil der Fläche ausgeführt. Dann sind ζ_0 und ζ' die Werte derjenigen Linien ζ, die die Randkurve S berühren, und wenn keine endliche Strecke dieser Kurve mit den Linien ζ_0 oder ζ' zusammenfällt, so verschwindet auch der Ausdruck (49), weil die Flächen zwischen ζ_0 und $\zeta_0 + d\zeta_0$ bzw. ζ' und $\zeta' + d\zeta$ klein von der

2. Ordnung sind. Die weitere Voraussetzung dafür ist aber die, daß $d\Phi/d\zeta$ innerhalb der ganzen, von S umrandeten Fläche sich stetig mit ζ ändert. Das ist nicht der Fall, wenn die gerade Verbindungslinie von L und P den abgegrenzten Teil der Fläche schneidet; denn in dem Schnittpunkte hat ζ ein Minimum, $d\zeta$ ist hier $= 0$. Es ist auch dann nicht der Fall, wenn die Fläche F von einem der Ellipsoide $\zeta =$ konst. berührt wird. Dieser letztere Fall aber läßt sich dadurch ausschließen, daß man der von S umrandeten Fläche eine andere Gestalt gibt. Das kann man, weil die Form der Fläche beliebig gewählt werden kann, wenn sie sich nur mit dem außerhalb S liegenden Teil zu einer L und P voneinander trennenden und den einen dieser Punkte umschließenden Fläche zusammensetzt.

Auf den vorstehenden Überlegungen beruht der KIRCHHOFFsche Beweis für die geradlinige Ausbreitung des Lichtes. Denn wenn k ∞ groß, d. h. $\lambda = 0$ genommen wird, so verschwindet in dem Integrale für φ_0 die Wirksamkeit aller Teile der Fläche mit Ausnahme desjenigen Teiles, durch den die gerade Verbindungslinie LP hindurchgeht, wenn man sich diesen Teil durch eine Kurve S abgegrenzt denkt, die an keiner Stelle mit einer der Linien $\zeta =$ konst. zusammenfällt. Für die Lichtbewegung im Punkte P ist es daher gleichgültig, ob der außerhalb S liegende Teil der Fläche eine nur gedachte, von der Lichtbewegung durchsetzte Fläche oder ein für das Licht vollkommen undurchlässiger, schwarzer Schirm ist, der eine von S begrenzte Öffnung enthält und der das auf ihn fallende Licht so vollständig absorbiert, daß die Lichtbewegung im Raume auf der Seite der Lichtquelle durch ihn nicht verändert wird. Dann ist hinter dem Schirm die Lichtbewegung für alle Punkte P, für die die Gerade LP durch die Öffnung hindurchgeht, so, als ob der Schirm nicht vorhanden wäre, für alle Punkte außerhalb des durch L und den Öffnungsrand bestimmten Kegels aber $= 0$. Nur für die Geraden, die die Randlinie selber treffen, ist das Resultat unbestimmt; aber die Unbestimmtheit, die in den hier auftretenden Beugungserscheinungen ihren Ausdruck findet, beschränkt sich auf einen um so schmaleren Raum, je kleiner λ ist. Für $\lambda = 0$ ergibt sich also die scharfe Grenze der geometrischen Schattenkonstruktion. Denkt man sich für diesen Fall die Öffnung unendlich klein, so kommt man zum Begriff des Lichtstrahles und der Abbildung durch eine Lochkamera. In dieser Weise pflegt man die Grundbegriffe der geometrischen Optik aus der Wellenoptik abzuleiten. Die geometrische Optik erscheint als Grenzfall der Wellenoptik für ∞ kleines λ.

Hinsichtlich der ausführlicheren Darstellung, die KIRCHHOFF von seinem Prinzip gegeben hat, muß auf seine Originalabhandlung oder auf seine Vorlesungen über mathematische Optik bzw. auch auf die Darstellung von W. WIEN und von M. v. LAUE in der Enzyklopädie der math. Wiss. verwiesen werden[1]).

Auf einem ganz anderen Wege hat H. A. LORENTZ das HUYGENSsche Prinzip in eine mathematische Fassung zu bringen versucht[2]). Er formuliert die mathematischen Bedingungen, die die Umwandlung einer Wellenfront aus einer Lage in eine folgende darstellen und beweist, daß in diesen Beziehungen die HUYGENSsche Konstruktion zum unmittelbaren Ausdruck kommt. Während die KIRCHHOFFsche Theorie sich auf den Fall eines homogenen, ruhenden, isotropen und dispersionsfreien Mittels beschränkt, vermag LORENTZ seine Theorie auf doppelbrechende und auf inhomogene, geschichtete Mittel auszudehnen, allerdings stets mit der Einschränkung, daß sie das Licht nicht absorbieren. Es sei wegen dieser umfassenderen Gültigkeit auf die interessante LORENTZsche

---

[1]) G. KIRCHHOFF, Wied. Ann. Bd. 18, S. 663. 1883; Ges. Abhdlg. Nachtrag, S. 22. Vorlesungen über math. Optik, Berlin 1891, S. 22ff.; W. WIEN, Enzklop. d. math. Wiss. Bd. V, 3, S. 124. 1909; M. v. LAUE, ebenda Bd. V, 3, S. 418. 1905.

[2]) H. A. LORENTZ, Abhandlg. über theor. Physik, Bd. I, S. 415. 1906.

Arbeit ausdrücklich hingewiesen, zugleich auch wegen einer gewissen Ähnlichkeit in der grundsätzlichen Betrachtungsweise mit einem Aufsatze von A. SOMMERFELD und J. RUNGE[1]), in dem die Grundlagen der geometrischen Optik, ausgehend von den Lichtstrahlen und ihren Normalflächen, in vektorieller Form dargestellt werden, und die Beziehungen zur Wellenoptik in der Weise behandelt werden, daß nach einem Gedanken von P. DEBYE aus der Wellengleichung die Gleichung des Eikonals abgeleitet wird.

c) Beugungserscheinungen.

30. Das HUYGENSsche Prinzip als Grundlage für die Erklärung der Beugungserscheinungen. Der Umstand, daß λ in Wirklichkeit nicht ∞ klein ist, bedingt die am Rande der Öffnung oder bei hinreichend kleiner Öffnung im ganzen Gebiet des durchfallenden Lichtkegels und unter Umständen weit darüber hinaus auftretenden Beugungserscheinungen. In Verfolgung des hier vorgetragenen Gedankenganges beschränkt man sich bei der Berechnung dieser Erscheinungen auf die Auswertung des zweiten Integrals in (48) bzw. des Ausdrucks (49). Zur weiteren Vereinfachung nimmt man den Schirm als eine Ebene an, die als XY-Ebene gewählt wird; die Öffnung, über die zu integrieren ist — sie ist natürlich von einer ebenen Kurve begrenzt — soll groß gegen λ, aber klein gegen die Abstände r und r_1 vom Lichtpunkt und Aufpunkt sein. Diese Annahmen haben zur Folge, daß man die Größen r und r_1, soweit sie nicht durch λ dividiert werden, bei der Integration als konstant ansehen kann, ebenso dr/dn und dr_1/dn; man kann sogar, da sich die Erscheinungen auf die Nachbarschaft des direkt durchfallenden Strahles beschränken, $dr_1/dn = -dr/dn$ bzw. $\cos(n,r_1) = -\cos(n,r)$ setzen. Dadurch reduziert sich der Ausdruck für die Amplitude auf

$$\varphi_0 = \frac{k}{2\pi}\,\frac{A\cos(n,r)}{r r_1}\int dF\cdot\sin 2\pi\left(\nu t - \frac{r+r_1}{\lambda}\right) = \frac{A\cdot\cos(n,r)}{\lambda r r_1}\int dF \sin 2\pi\left(\frac{t}{\tau} - \frac{r+r_1}{\lambda}\right).$$

Werden die Koordinaten des Flächenelementes der Öffnung mit ξ und η bezeichnet, die Koordinaten des Lichtpunktes mit x, y, z, die des Aufpunktes mit x_1, y_1, z_1, so kann geschrieben werden

$$r^2 = (x-\xi)^2 + (y-\eta)^2 + z^2, \qquad r_1^2 = (x_1-\xi)^2 + (y_1-\eta)^2 + z_1^2$$

oder:

$$r = \varrho\sqrt{1 - \frac{2(x\xi + y\eta)}{\varrho^2} + \frac{\xi^2+\eta^2}{\varrho^2}}, \qquad r_1 = \varrho_1\sqrt{1 - \frac{2(x_1\xi + y_1\eta)}{\varrho_1^2} + \frac{\xi^2+\eta^2}{\varrho_1^2}}$$

und in Berücksichtigung der Kleinheit von ξ und η:

$$r = \varrho\left(1 + \frac{\xi^2+\eta^2}{2\varrho^2} - \frac{x\xi + y\eta}{\varrho^2} - \frac{(x\xi+y\eta)^2}{2\varrho^4}\right),$$

$$r_1 = \varrho_1\left(1 + \frac{\xi^2+\eta^2}{2\varrho_1^2} - \frac{x_1\xi + y_1\eta}{\varrho_1^2} - \frac{(x_1\xi+y_1\eta)^2}{2\varrho_1^4}\right),$$

woraus folgt

$$r + r_1 = \varrho + \varrho_1 - \left(\frac{x}{\varrho} + \frac{x_1}{\varrho_1}\right)\xi - \left(\frac{y}{\varrho} + \frac{y_1}{\varrho_1}\right)\eta + \frac{\xi^2+\eta^2}{2}\left(\frac{1}{\varrho} + \frac{1}{\varrho_1}\right) - \frac{(x\xi+y\eta)^2}{2\varrho^3} - \frac{(x_1\xi+y_1\eta)^2}{2\varrho_1^3},$$

oder wenn man die Richtungskosinus $x/\varrho, x_1/\varrho_1, y/\varrho, y_1/\varrho_1$, mit $\alpha, \alpha_1, \beta, \beta_1$ bezeichnet:

$$r + r_1 = \varrho + \varrho_1 - (\alpha+\alpha_1)\,\xi - (\beta+\beta_1)\,\eta + \frac{\xi^2+\eta^2}{2}\left(\frac{1}{\varrho} + \frac{1}{\varrho_1}\right) - \frac{(\alpha\xi+\beta\eta)^2}{2\varrho} - \frac{(\alpha_1\xi+\beta_1\eta)^2}{2\varrho_1}.$$

---

[1]) A. SOMMERFELD und J. RUNGE, Ann. d. phys. (4) Bd. 35, S. 277. 1911.

Das Argument des sinus läßt sich dann schreiben:

$$\nu t - \frac{r + r_1}{\lambda} = \frac{t}{\tau} - \frac{\varrho + \varrho_1}{\lambda} + \frac{(\alpha + \alpha_1)\xi + (\beta + \beta_1)\eta}{\lambda} + \frac{f(\xi^2, \eta^2)}{\lambda}$$

und die Amplitude im Aufpunkt P läßt sich durch Zerlegung der sinus-Funktion darstellen in der Form

$$\varphi_0 = \frac{A \cos(n, r)}{\lambda r r_1}\left[C \cdot \sin 2\pi\left(\frac{t}{\tau} - \frac{\varrho + \varrho_1}{\lambda}\right) + S \cos 2\pi\left(\frac{t}{\tau} - \frac{\varrho + \varrho_1}{\lambda}\right)\right], \tag{50}$$

wenn man mit C und S die beiden Integrale über die Öffnung bezeichnet:

$$\left.\begin{aligned} C &= \int dF \cdot \cos\frac{2\pi}{\lambda}[(\alpha + \alpha_1)\xi + (\beta + \beta_1)\eta + f(\xi^2, \eta^2)], \\ S &= \int dF \cdot \sin\frac{2\pi}{\lambda}[(\alpha + \alpha_1)\xi + (\beta + \beta_1)\eta + f(\xi^2, \eta^2)]. \end{aligned}\right\} \tag{51}$$

Hier erscheint die Lichtwirkung in P als das Zusammenwirken von zwei Wellen, die um eine Viertelschwingung auseinander liegen. Daher ist die Lichtintensität, in P gegeben durch

$$I = \frac{A^2 \cos^2(n, r)}{\lambda^2 r^2 r_1^2}(C^2 + S^2). \tag{52}$$

Die Berechnung der Beugungserscheinungen läuft also auf die Auswertung dieser beiden Integrale C und S hinaus.

Die Behandlung ist verschieden nach der Art der Beugungserscheinungen, um die es sich handelt. Man unterscheidet Fresnelsche und Fraunhofersche Beugungserscheinungen. Die letzteren nimmt man wahr, wenn man die beugende Öffnung vor das Objektiv eines auf einen fernen Lichtpunkt eingestellten Fernrohrs bringt. Der Lichtpunkt erscheint dann verbreitert und von Beugungsfransen umgeben. Da hierbei die auf die Öffnung fallenden und die von ihr gebeugten Wellen als ebene Wellen angesehen werden können, genügt es, bei der Berechnung der Integrale nur die linearen Glieder in ξ und η zu berücksichtigen. Liegen dagegen Lichtpunkt und Aufpunkt im Endlichen, beobachtet man die im Aufpunkt entstehenden Beugungswirkungen etwa durch Anvisieren des Aufpunktes mit einer Lupe, dann können bei kürzeren Abständen vom Beugungsschirm die Wellenflächen nicht mehr als eben angesehen werden und die quadratischen Glieder unter den Funktionszeichen der Integrale müssen berücksichtigt werden. Man nennt die Integrale in diesem speziellen Falle „Fresnelsche Integrale“.

31. Fresnelsche Beugungserscheinungen einer kreisförmigen Öffnung. Wenn die Öffnung kreisförmig vom Radius r ist, und Lichtpunkt und Aufpunkt auf der durch den Mittelpunkt dieses Kreises hindurchgehenden Z-Achse liegen, so ist für den Rand der Öffnung $\zeta =$ konst. und die Bedingung, die den Ausdruck (49) zu 0 macht, ist nicht mehr erfüllt. Da $\alpha, \beta, \alpha_1, \beta_1$ bei dieser Lage des Licht- und des Aufpunktes $= 0$ sind, so haben die Fresnelschen Integrale die Form:

$$C = 2\pi \int_0^r \cos\left[\frac{2\pi r^2}{\lambda} \cdot \frac{(\varrho + \varrho_1)}{2\varrho\varrho_1}\right] \cdot r\,dr, \qquad S = 2\pi \int_0^r \sin\left[\frac{2\pi r^2}{\lambda} \cdot \frac{(\varrho + \varrho_1)}{2\varrho\varrho_1}\right] \cdot r\,dr.$$

Poisson[1]) hat bei der Prüfung der großen Fresnelschen Arbeiten über Beugung zuerst darauf hingewiesen, daß die Integrale für diesen Sonderfall vollständig zu berechnen sind. Für die Intensität im Aufpunkte ergibt sich die Formel:

$$I = \frac{4A^2}{(\varrho + \varrho_1)^2} \sin^2\frac{\pi}{2} \cdot \frac{r^2(\varrho + \varrho_1)}{\lambda\varrho\varrho_1}, \tag{53}$$

---

[1]) S. D. Poisson, Ann. de chim. et de phys. (2) Bd. 22, S. 270. 1823.

also ein Ausdruck, der Maxima und Minima aufweist, je nach dem Werte des Faktors, mit dem $\pi/2$ unter dem sin multipliziert ist. Die Maxima liegen da, wo

$$\frac{r^2(\varrho + \varrho_1)}{\varrho\varrho_1\lambda} = 2n + 1 \tag{54}$$

ist, die Minima da, wo derselbe Ausdruck $= 2n$ ist. An den Minimalstellen ist die Intensität $= 0$, an den Maximalstellen 4mal größer (die Amplitude doppelt so groß), als sie in dieser Entfernung vom Lichtpunkte bei ungestörter Ausbreitung sein würde. Bei gegebenen Werten von r, λ und ϱ, sind die Maximal- und Minimalstellen nach (54) bestimmt durch die Gleichung

$$\varrho_1 = \frac{\varrho r^2}{m\lambda\varrho - r^2}, \tag{55}$$

m gerade: Minima, m ungerade: Maxima.

Ist der Durchmesser der Öffnung 1 mm, der Abstand des Lichtpunktes von der Öffnung 1 m, so liegen für Licht von der mittleren Wellenlänge $\lambda = 0{,}000550$ mm hinter dem Schirme:

Maxima bei $\varrho_1 =$	833,3	178,7	100,0	69,4	53,2 mm
$m =$	1	3	5	7	9
Minima bei $\varrho_1 =$	294,1	128,2	82,0	60,2	47,6 mm
$m =$	2	4	6	8	10.

Die Messungen FRESNELS haben diese Folgerungen POISSONs bestätigt.

Formel (53) gibt den Verlauf der Intensität auf der durch den Mittelpunkt der Öffnung gehenden Achse. Rückt man mit dem Aufpunkt aus dem 1. Maximum nach dem 1. Minimum, so erweitert sich das 1. Maximum zu einem hellen Ring, der das 1. Minimum umgibt. Bei weiterer Annäherung erweitert sich das 1. Minimum zu einem dunklen Ring, in dessen Mitte das 2. Maximum auftritt usf. Die Berechnung der Lichtverteilung um die Achse herum ist von LOMMEL mit Hilfe BESSELscher Funktionen vollständig durchgeführt und die Ergebnisse der Theorie sind von ihm durch Messungen bestätigt worden. Es muß hinsichtlich der Einzelheiten auf diese Arbeit verwiesen werden[1]).

32. FRESNELsche Beugungserscheinungen eines kleinen runden Scheibchens. Die Integrale sind ebenfalls vollkommen zu berechnen, wenn der Fall genau umgekehrt liegt, d. h. wenn der Aufpunkt nicht in der Mittelachse des Lichtkegels einer kreisförmigen Öffnung, sondern in der Mittelachse des Schattenkegels eines kreisförmigen Schirmes liegt. In dem Ausdruck (48), dessen Berechnung wieder auf das zweite Glied beschränkt werden kann, ist das Integral dann von dem Rande des Scheibchens, für den $\zeta =$ konst. gilt, bis in die Unendlichkeit auszudehnen. An der unteren Grenze ist, wenn das Scheibchen hinreichend klein ist, wie oben, $dr_1/dn = -dr/dn = 1$ zu setzen; in der Unendlichkeit dagegen ist $dr_1/dn = -dr/dn = 0$. Daher reduzieren sich die beiden FRESNELschen Integrale auf die Werte für ihre untere Grenze:

$$C = -\frac{\lambda\varrho\varrho_1}{(\varrho + \varrho_1)}\sin\frac{2\pi}{\lambda}\frac{r^2(\varrho + \varrho_1)}{2\varrho\varrho_1}, \qquad S = \frac{\lambda\varrho\varrho_1}{\varrho + \varrho_1}\cos\frac{2\pi}{\lambda}\frac{r^2(\varrho + \varrho_1)}{2\varrho\varrho_1}$$

und die Summe ihrer Quadrate ergibt nach (52) für die Intensität

$$I = \frac{A^2}{(\varrho + \varrho_1)^2},$$

Die Intensität ist also bei hinreichend kleiner Scheibe, unabhängig von der Größe der Scheibe und von ihrem Abstande vom Lichtpunkt und vom Aufpunkt, im Zentrum des Schattens immer so groß, wie sie dort ohne Scheibchen sein würde.

---

[1]) E. v. LOMMEL, Abhandlgn. d. bayr. Akad. d. Wiss. Bd. 15, S. 233. 1886.

Auch diese von Poisson zuerst gezogene Folgerung ist durch Beobachtungen von Fresnel und McAbria[1]) bestätigt worden. Die genaue Berechnung der Lichtverteilung um den hellen Mittelpunkt herum ist auch hier wieder von Lommel in der vorgenannten Arbeit durchgeführt worden.

33. Allgemeine Behandlung Fresnelscher Beugungserscheinungen. Fresnel hat auf Grund seiner Theorie zuerst die Beugungserscheinungen an geradlinig begrenzten Öffnungen (Schirm, Spalt, Streifen) berechnet. In diesem Falle sind die Integrale nicht vollständig, sondern nur durch Reihenentwicklung auszuwerten. Man kann sie durch passende Wahl der Koordinaten und der Zeit auf eine gewisse Normalform bringen. Diese Umformungen sind in verschiedener Weise durchführbar, am einfachsten wohl nach Drude in folgender Form[2]). Der Anfangspunkt der Koordinaten wird in die Beugungsebene und zwar in den Punkt verlegt, in dem die gerade Verbindungslinie von der Lichtquelle zum Aufpunkt die Ebene trifft, und die X-Achse wird in dieser Ebene in die Richtung der Projektion jener Verbindungslinie auf diese Ebene gelegt. Dann ist $\alpha = -\alpha_1$, $\beta = -\beta_1 = 0$. Daher

$$\left.\begin{aligned} C &= \int dF \cos\left[\frac{\pi}{\lambda}\left(\frac{1}{\varrho} + \frac{1}{\varrho_1}\right)\left((\xi^2(1-\alpha^2) + \eta^2\right)\right], \\ S &= \int dF \sin\left[\frac{\pi}{\lambda}\left(\frac{1}{\varrho} + \frac{1}{\varrho_1}\right)\left((\xi^2(1-\alpha^2) + \eta^2\right)\right], \end{aligned}\right\}$$

oder nach Auflösung der Kreisfunktionen:

$$\left.\begin{aligned} C &= \int d\xi \cos\left[\frac{\pi(\varrho+\varrho_1)}{\lambda\varrho\varrho_1}(1-\alpha^2)\,\xi^2\right]\int d\eta \cos\left[\frac{\pi(\varrho+\varrho_1)}{\lambda\varrho\varrho_1}\,\eta^2\right] \\ &\quad - \int d\xi \sin\left[\frac{\pi(\varrho+\varrho_1)}{\lambda\varrho\varrho_1}(1-\alpha^2)\,\xi^2\right]\int d\eta \sin\left[\frac{\pi(\varrho+\varrho_1)}{\lambda\varrho\varrho_1}\,\eta^2\right] \\ S &= \int d\xi \sin\left[\frac{\pi(\varrho+\varrho_1)}{\lambda\varrho\varrho_1}(1-\alpha^2)\,\xi^2\right]\int d\eta \cos\left[\frac{\pi(\varrho+\varrho_1)}{\lambda\varrho\varrho_1}\,\eta^2\right] \\ &\quad + \int d\xi \cos\left[\frac{\pi(\varrho+\varrho_1)}{\lambda\varrho\varrho_1}(1-\alpha^2)\,\xi^2\right]\int d\eta \sin\left[\frac{\pi(\varrho+\varrho_1)}{\lambda\varrho\varrho_1}\,\eta^2\right]. \end{aligned}\right\}$$

Damit sind die ursprünglichen Integrale zurückgeführt auf Integrale von der Form:

$$c(u) = \int_0^u dv \cos\frac{\pi}{2}v^2 \qquad \text{und} \qquad s(u) = \int_0^u dv \sin\frac{\pi}{2}v^2. \tag{57}$$

Es sind im besonderen diese Integrale, die man als Fresnelsche Integrale im engeren Sinne bezeichnet. Tafeln der Werte dieser Integrale sind berechnet worden von Lommel[3]), von Ph. Gilbert[4]) und W. v. Ignatowsky[5]). Es sei auf die Wiedergabe dieser Tabellen in dem Werke von Jahnke und Emde verwiesen[6]). Eine eigenartige geometrische Veranschaulichung des Verlaufes dieser beiden Integrale hat Cornu gegeben, indem er die Werte von $c(u)$ als Abszissen, die von $s(u)$ als Ordinaten in ein rechtwinkliges Koordinatensystem eintrug. Die Kurve ist eine Spirale, die durch den Nullpunkt hindurchgeht und im positiven Quadranten den Punkt $+\frac{1}{2}$, $+\frac{1}{2}$, und symmetrisch dazu im negativen Quadranten den Punkt $-\frac{1}{2}$, $-\frac{1}{2}$ in immer enger werdenden Spiralen umkreist

---

1) A. Fresnel, Oeuvres compl. Bd. I, S. 365. 1819; Abria, Journ. d. Math. d. Liouville Bd. IV, S. 248. 1838.

2) P. Drude, Lehrbuch der Optik, 3. Aufl. S. 177. Leipzig, S. Hirzel. 1912.

3) E. v. Lommel, Abhandlgn. d. bayr. Akad. d. Wiss. (2) Bd. 15, S. 120. 1886.

4) Ph. Gilbert, Mém. cour. Acad. Bruxelles, Bd. 31. 1886.

5) W. v. Ignatowsky, Ann. d. Phys. (4) Bd. 23, S. 894. 1907.

6) E. Jahnke und F. Emde, Funktionentafeln. S. 23–26. Leipzig: B. G. Teubner 1909.

(CORNUsche Spirale). Die asymptotischen Endpunkte der Spirale entsprechen den Punkten $u = \pm\infty$, da $c(\infty) = s(\infty) = \frac{1}{2}$ ist. Es sei hinsichtlich dieser Darstellung auf M. v. LAUES Wellenoptik Ziff. 39 verwiesen[1]).

Von einer Ausrechnung bestimmter Beugungsprobleme nach dem FRESNELschen Verfahren kann abgesehen werden, da diese Probleme in neuerer Zeit eine Lösung auf strenger Grundlage gefunden haben. Sie werden in dieser Form ausführlich behandelt in Kap. 7, und es kann daher hier auf die dort entwickelten Lösungen hingewiesen werden.

34. FRAUNHOFERsche Beugungserscheinungen. Hier kann, wie oben ausgeführt, das Argument der Kreisfunktionen auf die linearen Glieder beschränkt werden. Die Integrale C und S lauten daher:

$$C = \int dF \cos\frac{2\pi}{\lambda}[(\alpha+\alpha_1)\xi + (\beta+\beta_1)\eta], \quad S = \int dF \sin\frac{2\pi}{\lambda}[(\alpha+\alpha_1)\xi + (\beta+\beta_1)\eta]. \tag{58}$$

In der Gleichung (52) für die Intensität tritt in diesen Fällen an die Stelle der bei allseitiger Ausbreitung mit der Entfernung von der Lichtquelle bzw. der beugenden Öffnung abnehmenden Amplitude (A/r, bzw. A/r_1) die für ebene Wellen beim Fortschreiten konstant bleibende Amplitude A. Für die Mehrzahl der zu behandelnden Fälle kann ferner $\cos(n, r) = 1$ gesetzt werden, da sich die berechneten Erscheinungen meist auf kleine Winkel beschränken und die Abweichung von 1 für einen Winkel (n, r) von $10°$ erst drei Prozent beträgt. Also kann die Intensität einfach in der Form

$$I = I_0(C^2 + S^2) \tag{59}$$

angesetzt werden.

35. FRAUNHOFERsche Beugungserscheinungen einer rechteckigen Öffnung. Für geradlinig begrenzte Öffnungen, z. B. eine rechteckige Öffnung, einen Spalt, ist die Berechnung einfach, wenn man die Koordinatenachsen parallel zu den Begrenzungslinien legt. Für eine rechteckige Öffnung von den Ausmaßen $2a$ und $2b$ ist dann, indem über ξ von $-a$ bis $+a$, über η von $-b$ bis $+b$ integriert wird,

$$C = \frac{\lambda^2}{\pi^2(\alpha+\alpha_1)(\beta+\beta_1)} \cdot \sin\frac{2\pi(\alpha+\alpha_1)a}{\lambda} \cdot \sin\frac{2\pi(\beta+\beta_1)b}{\lambda}, \qquad S = 0.$$

$$I = I_0 f^2 \left[\frac{\sin\frac{2\pi(\alpha+\alpha_1)a}{\lambda}}{\frac{2\pi(\alpha+\alpha_1)a}{\lambda}}\right]^2 \cdot \left[\frac{\sin\frac{2\pi(\beta+\beta_1)b}{\lambda}}{\frac{2\pi(\beta+\beta_1)b}{\lambda}}\right]^2. \tag{60}$$

Dieser Ausdruck hat sein Maximum

$$I_{max} = I_0 \cdot f^2, \tag{61}$$

unter f die Fläche der Öffnung verstanden, wenn α, α_1, β und $\beta_1 = 0$ sind, also in der Richtung der Normale der einfallenden Welle. Der Einfachheit halber möge angenommen werden, daß die Wellenebene mit der Ebene der Öffnung zusammenfalle, also $\alpha = \beta = 0$ sei. Bewegt man sich dann in der XZ-Ebene, d. h. während β_1 dauernd $= 0$ ist, nach größeren Werten von α_1, so wird die Intensität $= 0$, wenn $\sin\frac{2\pi\alpha_1 a}{\lambda} = 0$ ist, also für $\alpha_1 = n\lambda/2a$, wenn n eine ganze Zahl bedeutet. Ebenso in der YZ-Ebene ($\alpha_1 = 0$) für $\beta_1 = n\lambda/2b$. Berücksichtigt man, daß α_1 und β_1 die cos der Winkel sind, die die Richtung der Normale der gebeugten Welle mit der X- bzw. Y-Achse bildet, und bezeichnet man den Winkel dieser Normalen mit der Z-Achse mit δ, so lauten die Gleichungen für

[1]) M. v. LAUE, Enzyklop. d. math. Wiss. Bd. V, 3, S. 430. 1915.

diejenigen Richtungen, in denen die Intensität des gebeugten Lichtes vollständig verschwindet,

$$\left.\begin{array}{ll}\text{in der } XZ\text{-Ebene:} & \sin\delta = \frac{n\lambda}{2a},\\[1ex] \text{in der } YZ\text{-Ebene:} & \sin\delta = \frac{n\lambda}{2b}.\end{array}\right\} \tag{62}$$

Die Intensität verschwindet also periodisch mit wachsendem Beugungswinkel. Die entsprechenden Winkel sind um so größer, je kleiner die Dimensionen der Öffnung sind, oder die Minima liegen in derjenigen Richtung enger beieinander, in der die Dimension der Öffnung größer ist. Für Punkte außerhalb der XZ- oder YZ-Ebene sind die Bedingungen offenbar die gleichen, wie sie oben formuliert sind. Die Intensität verschwindet, sobald der Winkel der Beugungsrichtung mit der X-Achse oder mit der Y-Achse einen der durch obige Gleichungen bestimmten Werte hat. Die Minima liegen also auf Kegelmänteln, die die X- bzw. Y-Achse umgeben, mit Öffnungswinkeln von der Größe $\pi/2 - \delta$, wobei die δ den obigen Gleichungen entsprechen. In der Nähe des Zentralstrahles ($\alpha_1 = \beta_1 = 0$) erscheinen diese Minimumflächen als nahezu gerade, den Richtungen der X- bzw. Y-Achse parallel verlaufende, sich durchkreuzende, dunkle Linien.

Die zwischen diesen Stellen der Intensität 0 auftretenden Maxima des Lichtes liegen angenähert an den Stellen, wo $\sin 2\pi\alpha_1 a/\lambda$ bzw. $\sin 2\pi\beta_1 b/\lambda = 1$ ist, d. h. da, wo $\alpha_1 = \frac{2n+1}{2}\frac{\lambda}{2a}$ bzw. $\beta_1 = \frac{2n+1}{2}\frac{\lambda}{2b}$ ist. Die genaue Lage dieser Maxima ist, wie die Differentiation des Ausdruckes $\sin x/x$ ergibt, durch die Wurzeln der Gleichung $x = \operatorname{tg} x$ bestimmt. Die Werte dieser Wurzeln sind von Lommel berechnet worden nebst den Werten von $\sin x$[1]; sie lauten als Vielfache von π für die ersten 5 Maxima

	1,4303	2,4590	3,4709	4,4774	5,4818
statt	1,5000	2,5000	3,5000	4,5000	5,5000.

Man sieht daraus, daß die Abweichung der Lage der Maxima von der genauen Mitte zwischen den Minimas mit wachsender Ordnungszahl immer kleiner wird. Die Intensität dieser Maxima nimmt außerordentlich schnell ab, da in dem Ausdruck $\sin x/x$ der Nenner dauernd wächst, während der Zähler zwischen 0 und 1 schwankt. Setzt man die Intensität des zentralen Maximums ($\alpha_1 = \beta_1 = 0$) gleich 1, so haben die in Richtung der X- oder Y-Achse gelegenen Maxima für die ersten 5 Ordnungen die Werte

0,0472 0,0165 0,0083 0,0050 0,0034.

Genaue Tafeln des Intensitätsverlaufes s. bei Schwerd[2]).

Die angegebenen Werte gelten nur unter der Voraussetzung, daß der andere veränderliche Faktor in der Gleichung (60) den Wert 1 hat, also nur für die in der XZ- bzw. YZ-Ebene gelegenen Maxima. Für die anderen, zwischen den sich kreuzenden dunklen Streifen liegenden Maxima ist die Intensität noch wesentlich schwächer, weil für diese ja auch der 2. Faktor wesentlich kleinere Werte hat. Die Beugungserscheinungen einer rechteckigen Öffnung erstrecken sich daher nur in denjenigen Richtungen, die auf den Seiten des Rechteckes senkrecht stehen, bis zu höheren Ordnungen; in den Diagonalrichtungen sind nur wenige Ordnungen wahrnehmbar.

---

[1]) E. v. Lommel, Abhandlgn. d. Münch. Akad. (2) Bd. 15, S. 123. 1886.; s. auch E. Jahnke und F. Emde, Funktionentafeln mit Formeln und Kurven. S. 3. Leipzig: B. G. Teubner 1909.

[2]) F. M. Schwerd, Die Beugungserscheinungen usw. Mannheim 1835.

Ist die Erstreckung des Rechteckes in einer Richtung, z. B. der Y-Achse, sehr groß, ist also die Öffnung ein Spalt, so schrumpft die Beugungsfigur in dieser Richtung auf das Mittelbild in der X-Achse zusammen, und es bleiben nur die Beugungserscheinungen in der Richtung senkrecht zum Spalt übrig.

36. FRAUNHOFERsche Beugungserscheinungen einer kreisförmigen Öffnung. In diesem Falle müssen in die Integrale Polarkoordinaten statt der rechtwinkligen Koordinaten eingeführt werden. Der Mittelpunkt der Öffnung sei der Anfangspunkt der Koordinaten:

$$\xi = P\cos\varepsilon, \qquad \eta = P\sin\varepsilon, \qquad dF = P\,dP\,d\varepsilon.$$

Nimmt man wieder eine auf die Öffnung senkrecht einfallende Welle an ($\alpha = \beta = 0$) und führt man zwei Größen p und Θ durch die Gleichungen ein

$$\frac{2\pi}{\lambda}\alpha_1 = p\cdot\cos\Theta, \qquad \frac{2\pi}{\lambda}\beta_1 = p\cdot\sin\Theta,$$

wobei zu berücksichtigen ist, daß α_1 und β_1 die cos der Winkel sind, die die Normale der gebeugten Welle mit der X- bzw. Y-Achse bildet, so nehmen die Integrale (58) die Form an

$$C = \int_0^R P\,dP \int_\Theta^{2\pi+\Theta} d\varepsilon\cos[P\cdot p\cdot\cos(\varepsilon-\Theta)], \qquad S = \int_0^R P\,dP\int_\Theta^{2\pi+\Theta} d\varepsilon\sin[P\cdot p\cdot\cos(\varepsilon-\Theta)],$$

unter R den Radius der Öffnung verstanden. Von diesen Integralen ist S wieder $= 0$. C ist eine BESSELsche Funktion erster Ordnung. Setzt man $\varepsilon - \Theta = \omega$, $Pp = u$, $R\cdot p = u_0$, so ist

$$C = \frac{1}{p^2}\int_0^{u_0} u\,du\int_0^{2\pi} d\omega\cos(u\cos\omega) = \frac{2\pi}{p^2}\int_0^{u_0} u\,du\,J_0(u) = \frac{2\pi}{p^2}u_0 J_1(u_0) = 2\pi R^2\frac{J_1(u_0)}{u_0},$$

wenn

$$J_0(u) = \frac{1}{2\pi}\int_0^{2\pi} d\omega\cos(u\cos\omega)$$

die BESSELsche Funktion nullter Ordnung bedeutet. Für die Berechnung dieser Integrale sei auf F. NEUMANN und auf G. KIRCHHOFF verwiesen[1]). Die Intensität ist also gegeben durch

$$I = 4I_0 f^2\left[\frac{J_1(u_0)}{u_0}\right]^2. \tag{63}$$

Der Ausdruck $J_1(x)/x$ hat für $x = 0$ ein absolutes Maximum $= \frac{1}{2}$. Da $u_0 = p\cdot R = 2\pi R\sin\delta/\lambda$ ist, wenn δ wieder den Winkel bedeutet, den die Normale der gebeugten Welle mit der Z-Achse bildet, so ist in der Richtung der einfallenden Welle ($\delta = 0$) die Intensität wie in (61)

$$I_{\max} = I_0\cdot f^2.$$

Mit wachsendem u_0 oszilliert die Funktion $J_1(u_0)$, worüber die graphische Darstellung und die Tafeln bei JAHNKE und EMDE verglichen werden mögen. Die Werte von u_0, in denen $J_1(u_0)$ durch 0 hindurchgeht, bestimmen diejenigen Werte des Beugungswinkels δ, für die die Intensität verschwindet. In Vielfachen von π sind die Wurzeln der Gleichung $J_1(u_0) = 0$ mit Ausnahme der Wurzel $u_0 = 0$:

$$u_0 = 1{,}220 \qquad 2{,}233 \qquad 3{,}238 \qquad 4{,}241 \qquad 5{,}243\ldots$$

---

[1]) F. NEUMANN, Theoretische Optik, S. 84. Leipzig, B. G. Teubner. 1885; G. KIRCHHOFF, Vorlesungen über math. Optik. S. 92ff. Leipzig, B. G. Teubner. 1891.

und nähern sich mit wachsender Ordnung immer mehr dem Werte $(n + \frac{1}{4})\pi$. Die Intensität ist also 0 auf Kegelmänteln, die die Normale der einfallenden Welle als Achse haben, und deren Öffnungswinkel durch die Gleichung

$$\sin\delta = \frac{m\lambda}{2R} \tag{64}$$

bestimmt sind, in denen m eine der obigen Zahlen bzw. in den höheren Ordnungen $n + \frac{1}{4}$ bedeutet. Das erste Minimum umgibt also das zentrale Maximum in einem Winkelabstande δ_1, wenn $\sin\delta_1 = 1{,}220\lambda/2R$, das zweite in einem Abstande δ_2, wenn $\sin\delta_2 = 2{,}233\lambda/2R$ ist usf. Zwischen den so bestimmten Minimalstellen liegen die Maxima annähernd in der Mitte, also für Werte von $m = n + \frac{3}{4}$; ihre genaue Lage ist durch die Wurzeln der Gleichung:

$$\frac{dJ_1(u)}{du} = \frac{J_1(u)}{u} \qquad \text{oder} \qquad u = \frac{J_1(u)}{\dfrac{dJ_1(u)}{du}}$$

bestimmt, die der Gleichung $x = \operatorname{tg} x$ des vorigen Abschnittes für die Maxima der rechteckigen Öffnung entspricht. Die Werte dieser Maxima nehmen mit wachsender Ordnung außerordentlich schnell ab. So beträgt für das Maximum, das zwischen dem 1. und 2. Minimum liegt (bei $u_0 = 5{,}14 = 1{,}636\pi$), der Wert von $2J_1(u_0)/u_0$ 0,1323; die Intensität dieses Maximums ist also 0,0175 oder 1/57 der Intensität im Zentrum des Beugungsbildes. Eine graphische Darstellung des Intensitätsverlaufes s. bei V. LAUE, Wellenoptik[1]).

Auf den hier entwickelten Formeln für die Beugungswirkung einer kreisförmigen Öffnung beruhen die wichtigen Berechnungen über das Auflösungsvermögen optischer Instrumente (s. Bd. XVIII dieses Handbuches).

37. Beugung durch mehrere Öffnungen. Sind zwei Öffnungen gleicher Art vorhanden, so lagern sich über die Beugungserscheinungen der einzelnen Öffnung die Interferenzen der von beiden Öffnungen ausgehenden gebeugten Wellen. Angenommen 2 rechteckige Öffnungen von denselben Ausmaßen $2a$ und $2b$ liegen in der Richtung der X-Achse nebeneinander in einem Abstande d ihrer Mittelpunkte voneinander. Es ist dann in dem Ausdruck für C die Integration über ξ nicht bloß von $-a$ bis $+a$, sondern auch von $d - a$ bis $d + a$ zu erstrecken und man erhält

$$C = \frac{\lambda^2}{\pi^2(\alpha+\alpha_1)(\beta+\beta_1)} \cdot \sin\frac{2\pi(\alpha+\alpha_1)a}{\lambda} \cdot \sin\frac{2\pi(\beta+\beta_1)b}{\lambda} \cdot \left(1 + \cos\frac{2\pi(\alpha+\alpha_1)d}{\lambda}\right).$$

Die entsprechende Rechnung für S ergibt in diesem Falle

$$S = \frac{\lambda^2}{\pi^2(\alpha+\alpha_1)(\beta+\beta_1)} \cdot \sin\frac{2\pi(\alpha+\alpha_1)a}{\lambda} \cdot \sin\frac{2\pi(\beta+\beta_1)b}{\lambda} \cdot \sin\frac{2\pi(\alpha+\alpha_1)d}{\lambda}.$$

Also ist die Intensität

$$I = I_0 \cdot f^2 \left[\frac{\sin\dfrac{2\pi(\alpha+\alpha_1)a}{\lambda}}{\dfrac{2\pi(\alpha+\alpha_1)a}{\lambda}}\right]^2 \cdot \left[\frac{\sin\dfrac{2\pi(\beta+\beta_1)b}{\lambda}}{\dfrac{2\pi(\beta+\beta_1)b}{\lambda}}\right]^2 4\cdot\cos^2\frac{\pi(\alpha+\alpha_1)d}{\lambda}. \tag{65}$$

Das ist derselbe Ausdruck wie oben für eine einzige Öffnung, nur noch multipliziert mit dem Faktor $4\cos^2\pi(\alpha+\alpha_1)d/\lambda$. Er bestimmt Nullstellen der Intensität für die Werte

$$\alpha + \alpha_1 = \frac{1}{2}\,\frac{\lambda}{d}, \quad \frac{3}{2}\,\frac{\lambda}{d}, \quad \frac{5}{2}\,\frac{\lambda}{d}, \quad \ldots, \quad \frac{2n+1}{2}\,\frac{\lambda}{d},$$

[1]) Enzyklop. d. math. Wiss. Bd. V, 3, S. 426.

oder, wenn man wieder $\alpha = 0$ annimmt und für den Richtungskosinus α_1 wieder den sinus des Beugungswinkels δ einführt,

$$\sin\delta = \frac{2n+1}{2}\frac{\lambda}{d}.$$

Da $d > 2a$ ist, so liegen diese Minima bei kleineren Beugungswinkeln, als die durch die Gleichung $\sin\delta = n\lambda/2a$ bestimmten Minima der Grunderscheinung, durchziehen also die letztere als enger gelagerte schwarze Streifen, die auf der Verbindungslinie der beiden Öffnungen senkrecht stehen. An den Stellen, für die $\cos\pi(\alpha + \alpha_1)d/\lambda = \pm 1$ ist, also für $\sin\delta = n\lambda/d$, also auch für $\delta = 0$, ist die Intensität der Beugungserscheinung 4mal größer als für eine einzelne Öffnung.

Sind nicht 2, sondern m gleiche Öffnungen vorhanden, die alle in einer Reihe in gleichen Abständen d aufeinander folgen, so tritt in dem Ausdruck für C an die Stelle von $(1 + \cos\psi)$ unter ψ zur Abkürzung $2\pi(\alpha + \alpha_1)\,d/\lambda$ verstanden, die Reihe

$$1 + \cos\psi + \cos 2\psi + \cos 3\psi + \cdots + \cos(m-1)\psi$$

und für S an Stelle von $\sin\psi$ die Reihe

$$\sin\psi + \sin 2\psi + \sin 3\psi + \cdots + \sin(m-1)\psi.$$

Bezeichnet man diese Reihen mit c und s und bildet die Ausdrücke $c + is$ und $c - is$, so ergibt ihr Produkt den für die Intensität maßgebenden Ausdruck $(c^2 + s^2)$. Es ist aber

$$c + is = 1 + e^{i\psi} + e^{2i\psi} + \cdots = \frac{e^{mi\psi} - 1}{e^{i\psi} - 1},$$

$$c - is = 1 + e^{-i\psi} + e^{-2i\psi} + \cdots = \frac{e^{-mi\psi} - 1}{e^{-i\psi} - 1},$$

$$c^2 + s^2 = \frac{\sin^2\frac{m\psi}{2}}{\sin^2\frac{\psi}{2}} = \frac{\sin^2 m\frac{\pi(\alpha+\alpha_1)d}{\lambda}}{\sin^2\frac{\pi(\alpha+\alpha_1)d}{\lambda}}.$$

Dieser Faktor hat die Eigentümlichkeit, daß er nicht bloß für $\psi = 0$, sondern auch für alle ψ, die gleich ganzen Vielfachen von 2π sind, den Wert m^2 annimmt. Ist m sehr groß, so treten an diesen Stellen, d. h. für

$$\sin\delta = \frac{h\lambda}{d} \tag{66}$$

(h eine ganze Zahl) scharf begrenzte helle Maxima auf; dazwischen lagern sich in gleichen Abständen $m - 1$ Stellen völliger Auslöschung des Lichtes, entsprechend den Werten

$$\sin\delta = \frac{h\lambda}{md}.$$

Die zwischen diesen liegenden Maxima sind verschwindend klein gegenüber den m^2fachen Beträgen der durch Gleichung (66) gegebenen Hauptmaxima. Dies ist die Theorie der zuerst von FRAUNHOFER behandelten Eigenschaften der Beugungsgitter[1]).

Sind die beugenden Öffnungen zwar gleich, aber regellos verteilt, so verwischen sich die von je zwei Öffnungen herrührenden Interferenzerscheinungen, da sie sich nicht mehr an gleichen Stellen übereinander lagern, und es bleibt nur das Beugungsbild der einzelnen Öffnung bestehen, das aber bei m Öffnungen die $m$fache Intensität besitzt. Die Faktoren nämlich, mit denen die Werte von C

---

[1]) J. v. FRAUNHOFER, Denkschriften d. Akad. d. Wiss. zu München, Bd. VIII, S. 1, 1822; Ges. Schriften, S. 51. München 1888.

und S für die einzelne Öffnung zu multiplizieren sind, haben in diesem Falle die Form der Reihen:

$$c = 1 + \cos\psi_1 + \cos\psi_2 + \cdots + \cos\psi_{m-1},$$
$$s = \sin\psi_1 + \sin\psi_2 + \cdots + \sin\psi_{m-1}$$

und geben quadriert und addiert

$$c^2 + s^2 = m + 2\sum_{h,k} \cos(\psi_h - \psi_k)$$

als denjenigen Faktor, mit dem die Intensität im Beugungsbilde der einzelnen Öffnung multipliziert werden muß. Bei einer großen Zahl regellos verteilter Öffnungen verschwindet das letzte Glied, weil in der Summe der cos alle beliebigen Werte zwischen $+1$ und -1 vorkommen, und der Faktor reduziert sich auf die Zahl m.

38. Das BABINETsche Prinzip. Aus den allgemeinen Grundlagen dieser Beugungstheorie folgt der zuerst von BABINET ausgesprochene Satz, daß die Beugungserscheinung einer Öffnung und die eines der Öffnung gleichen Schirmes übereinstimmen[1]). Zur Ableitung dieses Prinzipes denkt man sich zunächst in dem die Lichtquelle und den Aufpunkt trennenden Schirm eine Öffnung von solcher Größe angebracht, daß eine merkliche Beugungswirkung im Aufpunkte durch sie nicht entsteht. Die Integrale über diese Öffnung seien C und S. Nun werde innerhalb dieser Öffnung ein Schirm f angebracht und die Integration nur über den freien Teil der Öffnung ausgedehnt; die Integrale seien in diesem Falle c_1 und s_1. Dann werde der Schirm entfernt und die Öffnung bedeckt bis auf ein Loch von der Größe des Schirmes; die Integrale c_2 und s_2 sollen die Werte der Integration über diese Öffnung darstellen. Dann ist offenbar

$$C = c_1 + c_2 \qquad \text{und} \qquad S = s_1 + s_2 .$$

Nun ist aber, wenn die ursprüngliche Öffnung keine Beugungswirkungen hervorbringt, C und S für alle Richtungen $= 0$ mit Ausnahme der direkten Verbindungslinie des Aufpunktes mit der Lichtquelle [nach Ziff. 29]. Also ist mit Ausnahme dieser zentralen Richtung für alle anderen Richtungen $c_2 = -c_1$ und $s_2 = -s_1$ und $c_1^2 + s_1^2 = c_2^2 + s_2^2$, d. h. die Intensitäten des gebeugten Lichtes sind für den Schirm und die ebenso große Öffnung vollkommen gleich. Auf diesem Satze beruht die Übertragung der Gesetze der Lichtbeugung durch eine kreisförmige Öffnung auf die Beugungsringe, die eine mit Lykopodiumsamen bestäubte Glasplatte hervorbringt, und auf die Erscheinung der Höfe, die aus Wassertröpfchen bestehende Wolken um Sonne und Mond erzeugen. Die Durchmesser der beugenden Teilchen oder Tröpfchen lassen sich aus den Winkelhalbmessern des 1. oder 2. dunklen Beugungsringes nach den Formeln (64) berechnen:

$$2R = \frac{1{,}220 \cdot \lambda}{\sin\delta_1} = \frac{2{,}233 \cdot \lambda}{\sin\delta_2}. \tag{67}$$

In bezug auf die Theorie dieser Beugungserscheinungen an vielen, unregelmäßig über eine Fläche verteilten Teilchen sei hier nur kurz erwähnt, daß M. v. LAUE in einer interessanten Arbeit[2]) die übliche Behandlungsweise als unvollständig nachgewiesen hat. Die strenge Theorie verlangt die Anwendung von Wahrscheinlichkeits-Betrachtungen auf das Zusammenwirken der an den einzelnen Teilchen gebeugten Wellen und führt zu dem Ergebnis, daß das Bild der Beugungsringe noch Intensitätsschwankungen aufweist, die strahlenartig in

---

[1]) A. BABINET, C. R. Bd. 4, S. 638. 1837.

[2]) M. v. LAUE, Berl. Ber. Bd. 47, S. 1144, 1914. Enzykl. d. math. Wiss. Bd. V, 3, S. 393.

radialer Richtung und unregelmäßiger Verteilung das Beugungsbild durchziehen. Diese Erscheinung ist tatsächlich zu beobachten, wie K. EXNER zuerst bemerkt hat[1]).

Das BABINETsche Prinzip gilt in gleicher Weise für FRESNELsche wie für FRAUNHOFERsche Beugungserscheinungen. Doch ist immer zu beachten, daß es nur für solche Punkte des Gesichtsfeldes bzw. solche Richtungen der Lichtstrahlen gilt, für die die Bedingung $C = 0$ und $S = 0$ erfüllt ist, also nicht für die zentrale Richtung oder das Bild der Lichtquelle und ihre unmittelbare Umgebung.

d) Lichtausbreitung in der Materie.

39. Die Grundgleichungen. Den bisherigen Betrachtungen liegen die Gleichungen (6) zugrunde, d. h. sie beziehen sich auf die Lichtausbreitung im leeren Raume. Für die Lichtausbreitung in der Materie, die durch ihre Dielektrizitätskonstante ε, ihre Permeabilität μ und ihre Leitfähigkeit σ charakterisiert ist, gelten die Gleichungen (1):

$$\varepsilon \frac{\partial \mathfrak{E}}{\partial t} + 4\pi\sigma\mathfrak{E} = c \cdot \operatorname{rot}\mathfrak{H}, \qquad \mu \frac{\partial \mathfrak{H}}{\partial t} = -c \cdot \operatorname{rot}\mathfrak{E},$$

oder in Koordinaten ausgedrückt die Gleichungen (2) und (3). Werden die drei Gleichungen (2) nach dx, dy und dz differenziert und addiert, so erhält man die Gleichungen

$$\frac{\partial}{\partial t}(\operatorname{div}\varepsilon\mathfrak{E}) + 4\pi\sigma\operatorname{div}\mathfrak{E} = 0, \qquad \frac{\partial}{\partial t}(\operatorname{div}\mu\mathfrak{H}) = 0. \tag{68}$$

Für die magnetischen Kräfte kann auch in der Materie die Gleichung (4): $\operatorname{div}\mathfrak{H} = 0$ angenommen werden. In elektrostatischen Feldern bedeutet $\operatorname{div}\mathfrak{D} = \operatorname{div}\varepsilon\mathfrak{E}$ die Dichte ϱ_e einer vorhandenen Raumladung. Dann folgt aus (68)

$$\frac{\partial \varrho_e}{\partial t} = -\frac{4\pi\sigma}{\varepsilon}\varrho_e \qquad \text{oder integriert:} \qquad \varrho_e = \varrho_0 e^{-\frac{4\pi\sigma}{\varepsilon}t}.$$

Eine gegebene Raumladung sinkt also in der Zeit $T = \varepsilon/4\pi\sigma$ auf den $e$ten Teil herab. Man nennt T die Relaxationszeit.

Es soll im folgenden von Raumladungen in der Materie abgesehen, also $\varrho_e = 0$ und entsprechend $\operatorname{div}\mathfrak{E} = 0$ gesetzt werden. Die Grundgleichungen der Lichtausbreitung in der Materie haben dann die Form:

$$\left.\begin{aligned} \varepsilon\mu\frac{\partial^2\mathfrak{E}_x}{\partial t^2} + 4\pi\mu\sigma\frac{\partial\mathfrak{E}_x}{\partial t} &= c^2\Delta\mathfrak{E}_x \quad \text{und entsprechend für } \mathfrak{E}_y \text{ und } \mathfrak{E}_z, \\ \varepsilon\mu\frac{\partial^2\mathfrak{H}_x}{\partial t^2} + 4\pi\mu\sigma\frac{\partial\mathfrak{H}_x}{\partial t} &= c^2\Delta\mathfrak{H}_x \quad ,, \qquad ,, \qquad ,, \ \mathfrak{H}_y \ ,, \ \mathfrak{H}_z. \end{aligned}\right\} \tag{69}$$

40. Lösung für ebene geradlinig polarisierte Wellen. Für eine in der Z-Achse fortschreitende ebene Welle, deren elektrische Schwingungen längs der X-Achse erfolgen und in der ganzen Ausdehnung der Wellenebene gleiche Amplitude haben — man nennt solche Wellen homogene Wellen — läßt sich die Lösung wieder, unter Fortlassung der Phasenkonstanten, in der Form ansetzen:

$$\mathfrak{E}_x = A \cdot e^{i(pt - qz)}, \qquad \mathfrak{E}_y = 0, \qquad \mathfrak{E}_z = 0.$$

Aber für die Beziehung zwischen p und q tritt an Stelle der Gleichung (12) die komplexe Gleichung:

$$\mu\varepsilon p^2 - i4\pi\mu\sigma p = c^2 q^2. \tag{70}$$

---

[1]) K. EXNER, Sitzgsber. d. Wien. Akad. Bd. 76, S. 522, 1877. Wied. Ann. Bd. 4, S. 525. 1877; Bd. 9, S. 239. 1880.

Man muß daher entweder q oder p in komplexer Form ansetzen. Es werde zunächst $q = q' - i q''$ gesetzt; das ergibt

$$q'^2 - q''^2 = \frac{\mu \varepsilon p^2}{c^2} \quad \text{und} \quad q' q'' = \frac{2\pi\mu\sigma p}{c^2}, \tag{71}$$

und $\mathfrak{E}_x$ nimmt die Form an:

$$\mathfrak{E}_x = A \cdot e^{-q''z} \cdot e^{i(pt - q'z)}.$$

Setzt man wieder $p = \frac{2\pi}{\tau}$ und $q' = \frac{2\pi}{\lambda}$, so kann die ebene Welle in reeller Form dargestellt werden durch

$$\mathfrak{E}_x = A \cdot e^{-q''z} \cdot \sin 2\pi \left(\frac{t}{\tau} - \frac{z}{\lambda} \right). \tag{72}$$

Die Lösung unterscheidet sich von der Gleichung (9) durch den Faktor $e^{-q''z}$. Er drückt aus, daß die Amplitude der Welle, die beim Fortschreiten im leeren Raume unverändert bleibt, in der Materie im Laufe des Fortschreitens abnimmt, für die Längeneinheit des durchlaufenen Weges im Verhältnis $e^{-q''}$. Nur in solchen Mitteln, in denen $\sigma = 0$, also auch $q'' = 0$ ist, bleibt die Amplitude der Welle beim Fortschreiten konstant.

Für die die elektrische Welle begleitende magnetische Welle ergibt sich aus den Grundgleichungen

$$\mathfrak{H}_x = 0, \quad \mathfrak{H}_y = A \cdot \frac{n}{\mu} \cdot \sqrt{1 + \varkappa^2}\, e^{-q''z} \sin 2\pi \left(\frac{t}{\tau} - \frac{z}{\lambda} - \frac{\delta}{2\pi} \right), \quad \mathfrak{H}_z = 0, \tag{73}$$

wobei die neuen Symbole n, $\varkappa$ und δ folgende Bedeutung haben: n ist das Verhältnis der Lichtgeschwindigkeit im leeren Raume zur Lichtgeschwindigkeit c' in der Materie, also eine Zahl, die für durchsichtige Mittel seit HUYGENS den Brechungsexponenten bedeutet:

$$n = \frac{c}{c'} = \frac{\lambda_0}{\lambda}, \quad \text{ferner} \quad \varkappa = \frac{q''}{q'} = \frac{q''\lambda}{2\pi} \quad \text{und} \quad \operatorname{tg}\delta = \varkappa; \tag{74}$$

mit λ_0 ist hier und im Folgenden die zur Schwingungsdauer τ gehörige Wellenlänge im leeren Raume, $\lambda_0 = c\tau$, bezeichnet, während λ die entsprechende Wellenlänge in der Materie, $\lambda = c'\tau$, bedeutet.

Wie die Gleichung (73) lehrt, hat die Materie, wenn sie Leitfähigkeit besitzt, die weitere Eigenschaft, daß die magnetische Welle mit der elektrischen Welle nicht mehr in gleicher Phase schwingt, sondern um δ gegen sie verzögert ist, eine Eigentümlichkeit, die dadurch bedingt ist, daß der Leitungsstrom der elektrischen Kraft selber, der Verschiebungsstrom dagegen ihrer zeitlichen Änderung proportional ist. In Isolatoren fällt diese Phasendifferenz zwischen elektrischer und magnetischer Welle ebenso fort, wie im leeren Raume.

Im allgemeinen ist also die Materie in optischer Beziehung durch zwei Konstanten charakterisiert, durch n und $\varkappa$, die mit den elektrischen Konstanten des Mittels, aber nicht mit diesen allein, sondern zugleich mit der Schwingungsdauer des Lichtes durch die Gleichungen verbunden sind:

$$n^2(1 - \varkappa^2) = \varepsilon\mu \quad \text{und} \quad n^2\varkappa = \mu\sigma\tau, \tag{75}$$

oder

$$n^2 = \varepsilon\mu \frac{1 + \sqrt{1 + \frac{4\sigma^2\tau^2}{\varepsilon^2}}}{2}, \qquad \varkappa = \frac{2\sigma\tau}{\varepsilon\left(1 + \sqrt{1 + \frac{4\sigma^2\tau^2}{\varepsilon^2}}\right)},$$

oder, wenn man den Ausdruck $2\sigma\tau/\varepsilon$ mit m bezeichnet:

$$n^2 = \varepsilon\mu \frac{1 + \sqrt{1 + m^2}}{2}, \qquad \varkappa = \frac{m}{1 + \sqrt{1 + m^2}}. \tag{76}$$

Löst man die Gleichung (70) dadurch, daß man nicht q, sondern p in komplexer Form ansetzt, $p = p' + i p''$, so erhält man folgende Gleichungen:

$$\mu\varepsilon(p'^2 + p''^2) = c^2 q^2 \quad \text{und} \quad p'' = \frac{2\pi\sigma}{\varepsilon},$$

$$\mathfrak{E}_x = A e^{-p''t} \cdot e^{i(p't - qz)},$$

und wenn man wieder $p' = \frac{2\pi}{\tau}$, $q = \frac{2\pi}{\lambda}$ setzt und berücksichtigt, daß $p'' = \frac{1}{2T}$ ist, wo T die oben bereits eingeführte Relaxationszeit bedeutet, so lauten die Gleichungen der ebenen Welle:

$$\left.\begin{aligned} &\mathfrak{E}_x = A e^{-\frac{t}{2T}} \sin 2\pi\left(\frac{t}{\tau} - \frac{z}{\lambda}\right), \qquad \mathfrak{E}_y = 0, \qquad \mathfrak{E}_z = 0, \\ &\mathfrak{H}_x = 0, \qquad \mathfrak{H}_y = A\sqrt{\frac{\varepsilon}{\mu}} \cdot e^{-\frac{t}{2T}} \sin 2\pi\left(\frac{t}{\tau} - \frac{z}{\lambda} - \frac{\Delta}{2\pi}\right), \qquad \mathfrak{H}_z = 0, \end{aligned}\right\} \tag{77}$$

und es ist

$$\left.\begin{aligned} &\operatorname{tg}\Delta = \frac{p''}{p'} = \frac{\tau}{4\pi T} = \frac{\sigma\tau}{\varepsilon} = \frac{m}{2}, \\ &n^2 = \varepsilon\mu\left(1 + \frac{\sigma^2\tau^2}{\varepsilon^2}\right) = \varepsilon\mu\left(1 + \frac{m^2}{4}\right), \qquad T = \frac{\varepsilon}{4\pi\sigma}. \end{aligned}\right\} \tag{78}$$

Die Form (77) für die Gleichung der ebenen Welle würde offenbar dem Fall entsprechen, daß zur Zeit $t = 0$ die Welle in ihrer ganzen Ausdehnung mit konstanter Amplitude besteht und dann mit der Zeit allmählich abklingt, während die Form (72), (73) eine Welle darstellt, deren Amplitude zur Zeit $t = 0$ im Raume längs der Z-Achse mit abnehmender Größe verteilt ist. Will man im letzteren Falle die zeitliche Abnahme beim Fortschreiten der Welle im Raume zum Ausdruck bringen, so muß man berücksichtigen, daß t und z durch die Geschwindigkeit $c' = \frac{\lambda}{\tau}$ miteinander verknüpft sind. Der Dämpfungsfaktor $e^{-q''z}$ würde dann die Form annehmen: $e^{-q''c't}$ und würde sich unter Verwendung der eingeführten Symbole schreiben lassen: $e^{-t/T(1+\sqrt{1+m^2})}$, während er in (77) die Form hat: $e^{-\frac{t}{2T}}$. Die beiden Formen der Darstellung, die ja zwei in den Anfangsbedingungen verschiedenen Zuständen entsprechen, stimmen überein, und zwar nicht bloß in bezug auf den Dämpfungsfaktor, sondern auch in den Werten von n^2 und in der Phasenverzögerung ($\delta = \Delta$), wenn der Ausdruck m so klein ist, daß m^2 gegen 1 vernachlässigt werden kann.

41. Energie und Energieströmung in der Materie. Führt man dieselbe Operation, wie in Ziff. 22 an den vollständigen MAXWELLschen Gleichungen (2) aus, unter Beibehaltung des die Leitfähigkeit des Mittels berücksichtigenden Gliedes, so erhält man unter Verwendung der Definitionen (24) und (25) für die elektrische und die magnetische Energie und der Definition (28) für den Strahlvektor die der Gleichung (29) entsprechende Gleichung

$$\frac{\partial}{\partial t}(W_e + W_m) = -\operatorname{div}\mathfrak{S} - \sigma\mathfrak{E}^2, \tag{79}$$

und bei Anwendung auf einen durch die Oberfläche S abgeschlossenen Raum V entsprechend der Gleichung (31)

$$dW = d\int (W_e + W_m)\,dV = -dt\int \mathfrak{S}_n\,dS - dt\int \sigma\mathfrak{E}^2\,dV. \tag{80}$$

Das 1. Glied stellt wieder die durch die Oberfläche hindurchtretende Strahlung dar, das 2. Glied aber eine innerhalb des Raumes V infolge der Leitfähigkeit des Mittels verschwindende elektrische Energie. In der Materie setzt sich also die gesamte Änderung der Energie aus zwei Teilen zusammen, und nur in Isolatoren, für die $\sigma = 0$ ist, verschwindet das 2. Glied und der Strahlvektor allein ist für die Energieänderung maßgebend.

Als Beispiel sollen die Betrachtungen wieder auf die ebene Welle und auf den Raum eines geraden Zylinders, dessen Grundflächen S in den Wellenebenen z und $z + \lambda$ liegen, angewendet werden. Aus (72) und (73) folgt für den Energieinhalt dieses Raumes zur Zeit t:

$$W_e = \frac{\varepsilon\lambda}{16\pi} A^2 \frac{1 - e^{-4\pi\varkappa}}{4\pi\varkappa}\left[1 - \frac{\varkappa}{\sqrt{1+\varkappa^2}} \cdot \sin 4\pi\left(\frac{t}{\tau} - \frac{z}{\lambda} + \frac{\delta}{4\pi}\right)\right] e^{-\frac{4\pi\varkappa z}{\lambda}} \cdot S,$$

$$W_m = \frac{\varepsilon\lambda}{16\pi} A^2 \frac{1+\varkappa^2}{1-\varkappa^2} \frac{1 - e^{-4\pi\varkappa}}{4\pi\varkappa}\left[1 - \frac{\varkappa}{\sqrt{1+\varkappa^2}} \cdot \sin 4\pi\left(\frac{t}{\tau} - \frac{z}{\lambda} - \frac{\delta}{4\pi}\right)\right] e^{-\frac{4\pi\varkappa z}{\lambda}} \cdot S.$$

Diese Ausdrücke gehen für Isolatoren ($\sigma = 0$, $\varkappa = 0$) über in den von t unabhängigen Ausdruck:

$$W_e = W_m = \frac{\varepsilon\lambda}{16\pi} \cdot A^2 S.$$

Für ein Mittel mit Leitfähigkeit schwankt der Energieinhalt innerhalb einer halben Schwingungsdauer; der zeitliche Mittelwert beträgt:

$$\left.\begin{aligned} \overline{W}_e &= \frac{\varepsilon\lambda}{16\pi} A^2 \frac{1 - e^{-4\pi\varkappa}}{4\pi\varkappa} \cdot e^{-\frac{4\pi\varkappa z}{\lambda}} \cdot S \\ \text{und} \qquad \overline{W}_m &= \frac{\varepsilon\lambda}{16\pi} A^2 \frac{1 - e^{-4\pi\varkappa}}{4\pi\varkappa} \cdot \frac{1+\varkappa^2}{1-\varkappa^2} e^{-\frac{4\pi\varkappa z}{\lambda}} \cdot S. \end{aligned}\right\} \tag{81}$$

In solchen Mitteln ist also die magnetische Energie größer als die elektrische im Verhältnis $(1 + \varkappa^2)/(1 - \varkappa^2)$. Die Gesamtenergie beträgt im zeitlichen Mittelwert:

$$W = \frac{\varepsilon\lambda}{8\pi} A^2 \frac{1}{1-\varkappa^2} \cdot \frac{1 - e^{-4\pi\varkappa}}{4\pi\varkappa} e^{-\frac{4\pi\varkappa z}{\lambda}} \cdot S. \tag{82}$$

Dazu ist zu bemerken, daß der Wert von $\varkappa$ nach (76) stets kleiner als 1 ist; denn erst für $m = \infty$ wird $\varkappa = 1$.

Geht man von den Gleichungen (77) aus, dann erhält man

$$W_e = W_m = \frac{\varepsilon\lambda}{16\pi} A^2 e^{-\frac{t}{T}} \cdot S,$$

und als Mittelwert für eine Schwingungsdauer für die Gesamtenergie:

$$W = \frac{\varepsilon\lambda}{8\pi} A^2 \frac{1 - e^{-2\pi m}}{2\pi m} e^{-\frac{t}{T}} \cdot S. \tag{83}$$

Für kleine Werte von m und entsprechend $\varkappa$ stimmen die Werte von $\overline{W}$ nach (82) und (83) überein. Der Unterschied der elektrischen und magnetischen Energie aber tritt bei der zweiten Form der Berechnung nicht auf, weil die Amplitude der Schwingung in diesem Falle innerhalb des betrachteten Zylinders als konstant angenommen ist.

Für den Strahlvektor ergibt sich nach (28)

$$\mathfrak{S}_z = \frac{c}{8\pi} A^2 \frac{n}{\mu} \sqrt{1+\varkappa^2}\, e^{-\frac{4\pi\varkappa z}{\lambda}} \left[\cos\delta - \cos 4\pi\left(\frac{t}{\tau} - \frac{z}{\lambda} - \frac{\delta}{4\pi}\right)\right], \tag{84}$$

und für die während einer Schwingung durch die Fläche S hindurchtretende Energie:

$$\int_0^\tau \mathfrak{S}_z dt = \frac{\lambda_0}{8\pi} A^2 \frac{n}{\mu} e^{-\frac{4\pi\varkappa z}{\lambda}} S = \frac{\varepsilon\lambda}{8\pi} A^2 \frac{1}{1-\varkappa^2} e^{-\frac{4\pi\varkappa z}{\lambda}} \cdot S. \tag{85}$$

Ist also für den betrachteten Zylinder die durch die Grundfläche z eintretende Energie $= E$, so ist die durch die andere Grundfläche $z + \lambda$ austretende Energie $= E \cdot e^{-4\pi\varkappa}$. Die verhältnismäßige Abnahme der Energie in der fortschreitenden Welle beträgt also für die Strecke einer Wellenlänge $e^{-4\pi\varkappa}$, für 1 cm $e^{-\frac{4\pi\varkappa}{\lambda}}$. In dem Zylinder ist also die Energie $E\,(1 - e^{-4\pi\varkappa})$ während einer Schwingung vernichtet bzw. in andere Energieformen umgewandelt worden. Das ist der Vorgang, der dem letzten Gliede in Gleichung (80) entspricht. In der Tat erhält man den gleichen Ausdruck für die verschwundene Lichtenergie, wenn man mit dem Werte (72) für $\mathfrak{E}_x$ das Integral $\int \sigma \mathfrak{E}^2 dV$ für den Zylinder ausrechnet und über die Zeit einer Schwingungsdauer integriert.

Drückt man dagegen das Integral mit Hilfe der Form (77) für $\mathfrak{E}_x$ aus, so ist ersichtlich, daß die zeitliche Abnahme der in dem Raum vorhandenen Energie im Verhältnis zu der ursprünglich gegebenen durch den Faktor $e^{-\frac{t}{T}}$ ausgedrückt wird. Die während einer Schwingung verschwindende Energie im Verhältnis zu der bei Beginn der Schwingung vorhandenen ist dann durch $(1 - e^{-\frac{\tau}{T}}) = 1 - e^{-2\pi m}$ ausgedrückt. Für kleine Werte von m sind die Ausdrücke $1 - e^{-4\pi\varkappa}$ und $1 - e^{-2\pi m}$ gleich. Für große Werte von m nähert sich der letztere dem Werte 1, d. h. die ganze vorhandene Energie verschwindet während einer Schwingung. Der erstere Ausdruck dagegen wird $1 - e^{-4\pi}$, sagt also aus, daß in dem Mittel bei einer Dicke von der Größe einer Wellenlänge, die allerdings in dem Falle $m = \infty$ unendlich klein wie $1/\sqrt{m}$ ist, nur 81,7% der auffallenden Strahlung vernichtet werden. Der Unterschied der beiden Berechnungsweisen beruht darauf, daß in dem einen Falle die zu Anfang gegebene Energie als ohne neue Zufuhr erlöschend angenommen wird, in dem anderen Falle während der Zeit τ durch die eine Grenzfläche dauernd neue Energie in den Raum eintritt. Für jede endliche Strecke des Fortschreitens der Welle verschwindet die Energie vollständig, da der Dämpfungsfaktor $e^{-\frac{4\pi\varkappa}{\lambda}z}$ zu 0 wird, wenn $\lambda\infty$ klein wird wie $1/\sqrt{m}$.

42. Geradlinig polarisierte Kugelwellen. Auch die Gleichungen der geradlinig polarisierten Kugelwellen lassen sich aus den Grundgleichungen für die Lichtbewegung in der Materie ableiten und stellen sich in derselben Form wie in Ziff. 17 dar, unter Hinzutritt des Dämpfungsfaktors und der Phasenverzögerung. Es ergibt sich

$$\left.\begin{aligned} \mathfrak{E} &= \frac{4\pi^2}{\lambda_0^2}\,\mu\varepsilon A \cdot e^{-\frac{2\pi\varkappa}{\lambda}r} \sin 2\pi\left(\frac{t}{\tau} - \frac{r}{\lambda}\right)\cdot\frac{\sin\gamma}{r}, \\ \mathfrak{H} &= \frac{4\pi^2}{\lambda_0^2}\,\varepsilon n\sqrt{1+\varkappa^2}\,A \cdot e^{-\frac{2\pi\varkappa}{\lambda}r} \sin 2\pi\left(\frac{t}{\tau} - \frac{r}{\lambda} - \frac{\delta}{2\pi}\right)\cdot\frac{\sin\gamma}{r}, \end{aligned}\right\} \tag{86}$$

und für die durch ein Element dS der Kugelfläche vom Radius r während einer Schwingung hindurchtretende Strahlung

$$\frac{2\pi^3}{\lambda_0^3} A^2 \frac{\sin^2\gamma\, dS}{r^2} \cdot \mu\varepsilon^2 n e^{-\frac{4\pi\varkappa r}{\lambda}}.$$

Infolge der Leitfähigkeit des Mittels nimmt die Intensität bei wachsendem r schneller ab als $1/r^2$ bzw. die durch die ganze Kugelfläche hindurchtretende Energie ist nicht mehr konstant, wie in (32), sondern hat den mit wachsendem r abnehmenden Betrag

$$\frac{16\pi^4}{3\lambda_0^3} A^2 \mu\varepsilon^2 n e^{-\frac{4\pi\varkappa r}{\lambda}} = \frac{16\pi^4}{3\lambda^3} A^2 \varepsilon (1 - \varkappa^2) e^{-\frac{4\pi\varkappa r}{\lambda}}. \tag{87}$$

Die von der Lichtquelle im Mittelpunkt der Kugel, d. h. für $r = 0$ während einer Schwingung ausgesandte Energie hat also den Betrag

$$\frac{16\pi^4}{3\lambda_0^3} A^2 \mu \varepsilon^2 n = \frac{16\pi^4}{3\lambda^3} A^2 \varepsilon (1 - \varkappa^2) \tag{88}$$

und dieser Ausdruck stellt die durch Strahlung bedingte Dämpfung der Lichtquelle dar.

Bei den Betrachtungen in Ziff. 17 war die Lichtquelle als Schwingung eines Dipols gedacht. Es ist natürlich denkbar, daß auch diese Schwingungen durch die Leitfähigkeit des Mittels eine „konsumptive" Dämpfung erfahren. Entwickelt man die Formeln in der zweiten Form des komplexen Ansatzes, so würde man $e^{-\frac{t}{T}}$ als Dämpfungsfaktor für die Energie der Schwingungen auch in der unmittelbaren Umgebung des Mittelpunktes erhalten. Doch sind Betrachtungen dieser Art ohne Bedeutung, solange man nicht ganz bestimmte Vorstellungen über die Art der Lichterzeugung in einer Lichtquelle zugrunde legt.

43. Extinktion und Absorption. Hinsichtlich der Beiwerte, durch die man das Extinktions- oder das Absorptionsvermögen der Materie charakterisiert, herrscht in der praktischen Physik eine große Unordnung. Es soll im folgenden diejenige Nomenklatur benutzt werden, die in dem bekannten Tabellenwerk von LANDOLT und BÖRNSTEIN[1]) angewandt wird.

Es mögen zunächst die Begriffe Extinktion und Absorption so, wie sie sich auf der Grundlage der vorstehenden Theorie der Lichtausbreitung in der Materie ergeben, formuliert werden. Danach soll unter Extinktion die allmähliche Auslöschung des Lichtes verstanden werden, unter Absorption die Wirkung, die diese Auslöschung auf die fortschreitende Welle in Gestalt der Verminderung ihrer Amplitude ausübt. Der erstere Vorgang würde durch die Relaxationszeit T charakterisiert. Sie ist bestimmt als die Zeit, in der eine in einem Raume abgeschlossene, sich selbst überlassene Schwingung — also etwa eine stehende Schwingung in einem Raum, der allseitig von vollkommen reflektierenden Wänden umgeben ist — auf den $e$ten Teil ihrer Anfangsintensität herabsinken würde. Für die fortschreitende Welle ist die Abnahme der Intensität durch den Faktor $e^{-2q''z}$ gegeben. Will man hier den Vorgang auch durch die Strecke charakterisieren, auf der die Intensität auf den $e$ten Teil abnimmt, so würde der betreffende Beiwert durch $\frac{1}{2q''} = \frac{\lambda}{4\pi\varkappa}$ gegeben sein. Die Beziehung der beiden Beiwerte, T für die Extinktion und $1/2q''$ für die Absorption zueinander ist durch die Gleichung gegeben:

$$\frac{1}{2q''} = \frac{c'T}{1 - \varkappa^2} \qquad \text{oder} \qquad T = \frac{1 - \varkappa^2}{4\pi\varkappa} \cdot \frac{\lambda_0}{c}\,. \tag{89}$$

Experimentell meßbar ist nur die Absorption. Ist J die Intensität am Anfang, J_1 am Ende der durchlaufenen und in Richtung der Wellennormale gemessenen Strecke d, so ist nach den obigen Formeln

$$J_1 = J \cdot e^{-2q''d} = J \cdot e^{-\frac{4\pi\varkappa}{\lambda}d}\,.$$

Der Vergleich dieser Gleichungen mit den in dem genannten Tabellenwerk aufgestellten Definitionen führt zu folgenden Festsetzungen: Es ist

der Transmissionskoeffizient β, definiert durch $J_1 = J \cdot \beta^d$,

$$\beta = e^{-2q''} = e^{-\frac{4\pi\varkappa}{\lambda}};$$

---

[1]) LANDOLT-BÖRNSTEIN, Physikalisch-chemische Tabellen. Berlin: J. Springer, 3. Aufl., S. 193. 1905; Siehe auch F. WEIGERT, Optische Methoden der Chemie. Leipzig, Ak. Verlagsges., S. 179. 1927.

der **Absorptionskoeffizient** α, definiert durch $J_1 = J \cdot e^{-\alpha d}$,

$$\alpha = 2q'' = 4\pi \frac{\varkappa}{\lambda};$$

der **Extinktionskoeffizient** oder die BUNSENsche oder **dekadische Absorptionskonstante** ε, definiert durch $J_1 = J \cdot 10^{-\varepsilon d}$

$$\varepsilon = 0{,}86859 \cdot q'' = 5{,}4576 \cdot \frac{\varkappa}{\lambda}.$$

Der **Absorptionsindex** $\varkappa$, definiert durch $J_1 = J \cdot e^{-\frac{4\pi\varkappa}{\lambda}d}$

stimmt mit dem in den obigen Gleichungen benutzten $\varkappa$ überein. Vielfach kommt in den Gleichungen für absorbierende Mittel das Produkt $n \cdot \varkappa$ vor und wird in der Regel mit k bezeichnet. KAYSER nennt diese Größe den **Extinktionsmodul.**

Diese Größen haben eine allgemeine Bedeutung für jeden Absorptionsvorgang, für den die Grundgleichung: $dJ = -\alpha J dz$ gilt, d. h. bei dem die Abnahme der Intensität der vorhandenen Intensität und dem Wegzuwachs proportional ist. In dem hier behandelten Falle ist als Ursache dieser Absorption die Leitfähigkeit des Mittels angenommen, und die Beziehung der vorstehend definierten Beiwerte zu den elektrischen Konstanten des Mittels ist durch die Gleichungen gegeben:

$$\frac{1}{T} = \frac{4\pi\sigma}{\varepsilon} \quad \text{und} \quad \varkappa = \frac{2\sigma\tau}{\varepsilon + \sqrt{\varepsilon^2 + 4\sigma^2\tau^2}}. \tag{90}$$

Ob diese Beziehungen sich an der Erfahrung überhaupt bestätigen, soll im nächsten Abschnitt erörtert werden. Hier möge in bezug auf die Messung der Absorption nur noch auf einen Umstand hingewiesen werden, der genaue Berücksichtigung erfordert. Läßt man bei einer Absorptionsmessung das Licht von Luft aus in das absorbierende Mittel eintreten, so ist die in den obigen Gleichungen vorkommende Intensität J des eintretenden Lichtes nicht identisch mit der Intensität des auffallenden Lichtes, da ein gewisser, und in manchen Fällen nicht unbeträchtlicher Anteil des auffallenden Lichtes durch Zurückwerfung an der Oberfläche für das eintretende Licht verlorengeht. In den obigen Gleichungen ist unter J stets die um den reflektierten Anteil verminderte Intensität des auffallenden Lichtes verstanden. Kennt man diesen Anteil nicht, so muß die Absorptionsmessung an zwei verschieden dicken Schichten des absorbierenden Mittels ausgeführt werden. Aus der Differenz dieser Messungen fällt der reflektierte Anteil heraus.

44. Theorie und Erfahrung. Die MAXWELLsche Theorie charakterisiert die Materie durch drei Konstanten μ, ε und σ. Von diesen ist die Permeabilität μ, da die Mehrzahl aller Stoffe entweder der Gruppe der paramagnetischen oder der der diamagnetischen Körper angehört, von 1 so wenig verschieden, daß μ in unseren Gleichungen einfach $= 1$ gesetzt werden kann. Daß dies auch für ferromagnetische Körper mit ihren hohen Magnetisierungskonstanten gilt, dafür hat DRUDE eine Ableitung gegeben[1]), der allerdings die besondere Annahme zugrunde liegt, daß die Magnetisierbarkeit auf dem Vorhandensein von Molekularströmen beruht; danach treten zu den Komponenten der magnetischen Feldstärke in den Gleichungen der Lichtbewegung Zusatzglieder, deren Größenordnung durch den Faktor $(\mu - 1)/c$ bestimmt ist, die also, selbst wenn $\mu = 1000$ genommen wird, so klein sind, daß sie vernachlässigt werden können.

[1]) P. DRUDE, Lehrbuch der Optik. 3. Aufl. S. 445.

Die Dielektrizitätskonstante ε ist bei allen Körpern größer als 1. Sie liegt bei Gläsern zwischen 6 und 10. W. Schmidt[1]) hat bei Kristallen Werte bis zu 150 (bei Pyromorphit) und 173 (bei Rutil) gemessen.

In bezug auf die Leitfähigkeit sind zwei große Gruppen zu unterscheiden, die elektrolytischen und die metallischen Leiter. Die Leitfähigkeit der ersteren in elektrostatischem Maße, geht der Größenordnung nach von 10^6 (für reines Wasser) bis 10^{12} (für bestleitende Lösungen). Die Leitfähigkeit der Metalle geht von 10^{10} bis 10^{18}.

Die optischen Konstanten der Materie hangen aber nach den Formeln (76) bzw. (78) nicht nur von den elektrischen Konstanten, sondern auch von der Schwingungsdauer τ des Lichtes bzw. der Wellenlänge λ_0 ab, da $m = \frac{2\sigma\tau}{\varepsilon} = \frac{2\sigma\lambda_0}{c\varepsilon}$ ist. Dabei ist λ_0 in Zentimeter zu rechnen, liegt also für das sichtbare Licht zwischen 4 und $8 \cdot 10^{-5}$ und geht im Ultrarot bis 10^{-2}. Also würde m für die Gruppe der schlechten Leiter selbst im ungünstigsten Falle eines Mittels von großem σ und kleinem ε im sichtbaren Gebiet und noch weit ins Ultrarot hinein eine sehr kleine Größe und auch an der oberen Grenze des Ultrarot noch immer < 1 sein. Man kann dann in optischer Beziehung 3 Gruppen der Materie unterscheiden:

1. $m = 0$ (Isolatoren): $n^2 = \varepsilon$, $\varkappa = 0$.

2. m so klein, daß höhere als quadratische Glieder von m vernachlässigt werden können: $n^2 = \varepsilon\left(1 + \frac{m^2}{4}\right)$, $\varkappa = \frac{m}{2}$.

3. m groß gegen 1 (metallische Leiter) $n^2 = \frac{\varepsilon m}{2}$, $\varkappa = 1$.

Die Erfahrung lehrt, daß durchsichtige Stoffe im allgemeinen eine Abhängigkeit des Brechungsexponenten von der Wellenlänge des Lichtes von solcher Art besitzen, daß n wächst mit abnehmenden Werten von λ_0 (normale Dispersion). Es ist ersichtlich, daß die elektromagnetische Lichttheorie in ihrer bisher dargelegten Form dieser Tatsache in keiner Weise gerecht wird; denn entweder ist n überhaupt eine Konstante, oder es sollte sogar mit abnehmendem λ_0 abnehmen statt zunehmen. Nicht besser besteht die Theorie in bezug auf den Absorptionsindex; denn er sollte der Formel nach mit wachsendem λ_0 gleichmäßig zunehmen, während doch die Stoffe im allgemeinen eine auswählende, auf gewisse Wellenbereiche beschränkte Absorption besitzen. Auch der Gedanke, auf Grund der außerordentlichen Kleinheit der Wellenlänge der Röntgenstrahlen (10^{-7} bis 10^{-9} cm) die Formel für $\varkappa$ zur Erklärung der Durchlässigkeit der Metalle für Röntgenstrahlen zu benutzen, erweist sich als unbrauchbar, da die verschiedene Absorption der Röntgenstrahlen in verschiedenen Metallen erfahrungsgemäß nicht von der Leitfähigkeit, sondern in erster Linie von der Dichte der Metalle bestimmt wird. In allen diesen Fragen erweist sich die Theorie in der dargestellten Form als unzureichend; die Anpassung an die Tatsachen ist durch die Aufgabe der Vorstellung der Materie als eines Kontinuums, durch die Einführung molekulartheoretischer Vorstellungen erreicht worden, worüber ein späteres Kapitel handelt. Hier bedürfen die beiden Grenzfälle $m = 0$ und $m = \infty$ noch einer besonderen Erörterung.

45. Isolatoren. Das Maxwellsche Gesetz: $n^2 = \varepsilon$. Für Isolatoren ($\sigma = 0$) nehmen die Grundgleichungen (69) die gleiche Form an, wie für den leeren Raum, Gleichung (6), mit dem einzigen Unterschiede, daß an Stelle von c^2 der Faktor $c^2/\varepsilon\mu$ tritt. Die Lichtausbreitung in Isolatoren erfolgt also genau so, wie im leeren Raume, nur mit einer anderen Geschwindigkeit $c' = c/\sqrt{\varepsilon\mu}$. Da

[1]) W. Schmidt, Ann. d. Phys. (4) Bd. 9, S. 932. 1902.

$c/c' = n$ ist, so folgt mit der Festsetzung $\mu = 1$ die zuerst von MAXWELL aufgestellte Beziehung

$$n^2 = \varepsilon . \tag{91}$$

Um die experimentelle Bestätigung dieser Formel hat sich vor allem BOLTZMANN bemüht[1]). Er fand eine unzweifelhafte Übereinstimmung bei den Gasen, wie folgende Zahlen beweisen[2]):

	Luft	CO_2	H_2	CO	N_2O	C_2H_4	CH_4
$\sqrt{\varepsilon}$:	1,000295	1,000473	1,000132	1,000345	1,000497	1,000656	1,000472
n:	1,000294	1,000449	1,000138	1,000340	1,000503	1,000678	1,000443

Auffällig ist auch der Parallelismus der drei verschiedenen Werte der Dielektrizitätskonstanten des rhombischen Schwefels mit den entsprechenden Brechungsexponenten:

nach BOLTZMANN[3]):	$\varepsilon_1 = 4{,}77$	$\varepsilon_2 = 3{,}97$	$\varepsilon_3 = 3{,}81$
,, BOREL[4]):	$\varepsilon_1 = 4{,}66$	$\varepsilon_2 = 3{,}86$	$\varepsilon_3 = 3{,}67$
,, W. SCHMIDT[5]):	$\varepsilon_1 = 4{,}62$	$\varepsilon_2 = 3{,}83$	$\varepsilon_3 = 3{,}59$
	$n_1^2 = 4{,}60$	$n_2^2 = 3{,}89$	$n_3^2 = 3{,}59$

Allein für die Mehrzahl der Stoffe ergibt sich eine solche Übereinstimmung nicht. Sie ist aber auch nicht zu erwarten, weil ja der Brechungsexponent eine mit der Wellenlänge veränderliche, die Dielektrizitätskonstante aber eine aus statischen Versuchen ermittelte, wirkliche Konstante ist. Von der Dispersion des Lichtes in der Materie gibt die Theorie, wie schon im vorigen Abschnitt dargelegt, keine Rechenschaft. In den Gasen ist die Dispersion gering, und BOLTZMANN konnte daher für den obigen Vergleich von $\sqrt{\varepsilon}$ und n die von DULONG für weißes Licht ermittelten Brechungsexponenten der Gase verwenden. Schwefel dagegen besitzt eine starke Dispersion, und die Übereinstimmung zwischen ε und n^2 in der Tabelle für Schwefel ist nur dadurch zustande gekommen, daß BOLTZMANN für n nicht die Brechungsexponenten des Schwefels für Lichtwellen benutzte, sondern aus den Messungen von SCHRAUF für verschiedene Wellenlängen mittels der Dispersionsformel: $n = A + B/\lambda^2$ den Brechungsexponenten A für ∞ lange Wellen berechnete und für den Vergleich mit der Dielektrizitätskonstanten benutzte. Ebenso haben RUBENS und ASCHKINASS für Flußspat und Quarz den Nachweis geführt, daß die Werte von n^2 den Dielektrizitätskonstanten sehr nahe kommen,

$n^2 = 7{,}0$	$\varepsilon = 6{,}8$	für Flußspat,
4,5	4,6	,, Quarz,

wenn man sie für die langen Wellen der Reststrahlen des Sylvins (61,1 μ) aus dem Reflexionsvermögen nach den FRESNELschen Formeln berechnet[6]). Die Bedeutung der Formel $\varepsilon = n^2$ liegt nicht auf optischem Gebiete, sondern auf dem Gebiet der langen elektrischen Wellen, bei denen Dispersion im allgemeinen nicht mehr in Frage kommt. Hier wird sie benutzt, um aus der Messung von Wellenlängen bestimmter Schwingungen bzw. deren Brechungsexponenten die Dielektrizitätskonstante des Stoffes zu bestimmen. Sie gilt dann auch nicht bloß für Isolatoren, sondern auch für Stoffe von so geringer Leitfähigkeit, wie reines Wasser.

[1]) L. BOLTZMANN, Wien. Ber. Bd. 69, S. 795. 1874; Pogg. Ann. Bd. 155, S. 403. 1875; Wiss. Abhandlgn. Bd. I, S. 537. Leipzig, J. A. Barth. 1909.
[2]) Vgl. auch die ausführlichere Tabelle in Bd. 12 ds. Handb. S. 514.
[3]) L. BOLTZMANN, Wiener Ber. Bd. 70, S. 342. 1874; Wiss. Abhandlg. Bd. I, S. 587.
[4]) C. BOREL, C. R. Bd. 116, S. 1509, 1893; Arch. sc. phys. et nat. (3) Bd. 30, S. 45. 1893.
[5]) W. SCHMIDT, Ann. d. Phys. (4) Bd. 9, S. 919. 1902; Bd. 11, S. 114. 1903.
[6]) H. RUBENS und E. ASCHKINASS, Wied. Ann. Bd. 65, S. 253. 1898.

Eine andere Verwendung hat die MAXWELLsche Formel für die Darstellung der Beziehungen zwischen Brechungsexponent und Dichte in der Theorie der sog. spezifischen Refraktion gefunden, allerdings unter Aufgabe der Vorstellung der Materie als eines Kontinuums. MOSSOTTI[1]) und später CLAUSIUS[2]) haben die dielektrischen Eigenschaften der Isolatoren dadurch zu erklären versucht, daß sie sich die Stoffe aus kleinen leitenden Kugeln aufgebaut dachten, die in Abständen, die groß gegen ihren Durchmesser sind, im leeren Raume gleichmäßig verteilt sind. Versteht man unter g das Verhältnis des von den Kugeln eingenommenen Raumes zu dem ganzen Volumen des betrachteten Dielektrikums, so stellt sich die Dielektrizitätskonstante des Stoffes dar durch die Gleichung

$$\varepsilon = \frac{1 + 2g}{1 - g},$$

aus der für den Raumerfüllungsfaktor g die Gleichung folgt

$$g = \frac{\varepsilon - 1}{\varepsilon + 2}.$$

Da man die Dichte d dem Raumerfüllungsfaktor proportional annehmen kann, ergibt die Heranziehung der MAXWELLschen Formel einen Ausdruck:

$$\frac{n^2 - 1}{n^2 + 2} : d, \tag{92}$$

der für jeden Stoff eine charakteristische Konstante, die „spezifische Refraktion" darstellt, insofern als dieser Ausdruck bei allen durch Druck-, Temperatur- oder Aggregatzustandsänderungen herbeigeführten Änderungen von d konstant bleiben soll. Die Formel ist fast gleichzeitig von H. A. LORENTZ[3]) und von L. LORENZ[4]) aufgestellt worden. Über ihre Bewährung an der Erfahrung muß auf Kapitel X verwiesen werden. Es möge nicht unerwähnt bleiben, daß O. WIENER sie auf die Vorstellung nichtkugelförmiger Teilchen erweitert hat, indem er den Ausdruck

$$\frac{n^2 - 1}{n^2 + u} : d = \text{konst.} \tag{93}$$

aufstellte, in dem $u > 2$ zu setzen ist, wenn die Teilchen von der Kugelform abweichen[5]).

46. Metallische Leiter. Das DRUDEsche Gesetz: $n^2 = \sigma \cdot \tau$. Ist σ sehr groß, so daß 1 gegen m^2 zu vernachlässigen ist, so wird $\varkappa = 1$ und für n erhält man den einfachen Ausdruck

$$n^2 = \frac{\varepsilon m}{2} \qquad \text{oder} \qquad n^2 = \sigma \cdot \tau = \frac{\sigma \lambda_0}{c}.$$

Der Brechungsexponent n ist bei Stoffen dieser Art wegen der starken Absorption im allgemeinen nicht direkt zu messen. DRUDE hat in seiner Physik des Äthers[6]) statt dessen das Reflexionsvermögen R als eine unmittelbar zu messende Größe in die Beziehung zu der Leitfähigkeit eingeführt, indem er die im nächsten Kapitel ausführlich abzuleitende Formel: $R = 1 - 2/n$ benutzte. Dabei ist R das Verhältnis der reflektierten zur einfallenden Intensität bei senkrechtem Einfall. Daraus folgt unter Benutzung der obigen Werte für n:

$$1 - R = \frac{2}{\sqrt{\sigma \cdot \tau}}. \tag{94}$$

---

[1]) O. F. MOSSOTTI, Mem. della Soc. Scient. Modena, Bd. 14, S. 49. 1850.
[2]) R. CLAUSIUS, Mechanische Wärmetheorie, Bd. II, S. 63. 1879.
[3]) H. A. LORENTZ, Wied. Ann. Bd. 9, S. 641. 1880.
[4]) L. LORENZ, Wied. Ann. Bd. 11, S. 70. 1880.
[5]) O. WIENER, Ber. d. sächs. Ges. d. Wiss. Leipzig, Bd. 62, S. 256. 1910, desgl. Abhandlg. Bd. 32, S. 581. 1912.
[6]) P. DRUDE, Physik des Äthers, 1. Aufl., S. 574. 1894.

Diese zuerst von DRUDE aus der elektromagnetischen Theorie abgeleitete Beziehung zwischen Reflexionsvermögen und Leitfähigkeit der Metalle, die um so besser erfüllt sein muß, je größer τ ist, hat eine ausgezeichnete Bestätigung in den Messungen von HAGEN und RUBENS gefunden[1]). Sie haben zuerst das Reflexionsvermögen an einer Reihe von Metallen bestimmt für Strahlen des Ultrarot von 12, 8 und 4 μ Wellenlänge. Sie haben ferner das der Größe $(1 - R)$ nach dem KIRCHHOFFschen Gesetze proportionale Emissionsvermögen der gleichen Metalle für die Reststrahlen des Flußspates von der Wellenlänge 25,5 μ bei der Temperatur von 170° gemessen und mit dem Wert der Leitfähigkeit für die gleiche Temperatur verglichen. Beide Arten von Messungen ergaben übereinstimmend, daß für eine bestimmte Wellenlänge $(1 - R)\sqrt{\sigma}$ eine Konstante ist. Die Mittelwerte dieser Messungen und ihre Genauigkeit sind aus der folgenden Tabelle zu ersehen, in der die Größe R in Prozenten, die Leitfähigkeit als reziproker Wert $\varkappa$ des in Ohm gemessenen Widerstandes eines Drahtes von 1 m Länge und 1 mm² Querschnitt und die Wellenlänge in $\mu = 10^{-4}$ cm ausgedrückt ist. Aus der DRUDEschen Formel ergibt sich in diesen Maßen für die Konstante C der Wert $36{,}5/\sqrt{\lambda_0}$.

λ_0	$C = (100 - R)\sqrt{\varkappa}$ beobachtet	Durchschnittliche Abweichung vom Mittel %	$C = \frac{36{,}5}{\sqrt{\lambda_0}}$ berechnet.
4	19,4	21,0	18,25
8	13,0	14,5	12,90
12	11,0	9,6	10,54
25,5	7,36	4,9	7,23

Der Vergleich der 2. und der 4. Spalte zeigt die vorzügliche Übereinstimmung der beobachteten Mittelwerte mit den von der Theorie geforderten Werten. Aber die 3. Spalte läßt zu gleicher Zeit erkennen, wie viel besser die Übereinstimmung der Werte für die einzelnen Metalle mit den Mittelwerten für die langen Wellen ist als für die kürzeren. Eine Ausdehnung der Messungen des Emissionsvermögens auf 12 Metalle[2]) (für $\lambda_0 = 25{,}5\,\mu$ bei 170°) ergab für die Konstante $C_\lambda/\sqrt{\lambda_0}$ folgende Werte:

Ag	Cu	Au	Al	Zn	Cd	Pt	Ni	Sn	Fe	Hg	Bi
7,07	6,67	8,10	8,91	7,24	7,29	6,88	7,33	7,32	6,62	7,33	18,2

Nur Wismut fällt aus dieser Reihe heraus. Für die anderen Metalle beträgt der Mittelwert der Konstanten 7,34 in naher Übereinstimmung mit dem theoretischen Werte 7,23.

Endlich haben HAGEN und RUBENS die Gültigkeit der DRUDEschen Formel noch durch ein drittes Verfahren geprüft[3]). In dem Bereich, in dem die Formel gültig ist, muß das Emissionsvermögen bzw. der Wert von $(1 - R)$ für das Reflexionsvermögen, mit der Temperatur proportional der Wurzel aus dem Widerstande zunehmen. Auch diese Beziehung ist von HAGEN und RUBENS sowohl durch Reflexionsmessungen an Metallen und Metallegierungen bis zu Temperaturen von 200 bis 300°, als auch durch Emissionsmessungen an Platin und Platinrhodium bis zu Temperaturen von 1400° für Wellenlängen bis zu 6 μ herunter bestätigt worden. Bei kleineren Wellenlängen verschwindet die Abhängigkeit des Reflexionsvermögens von der Temperatur allmählich und ist für alle Metalle bei 0,78 μ gleich null. Für Konstantan aber, dessen Widerstand von der Temperatur nahezu unabhängig ist, erweist sich auch das Reflexionsvermögen, auch

[1]) E. HAGEN und H. RUBENS, Berl. Ber. 1903, S. 269; Verh. d. D. Phys. Ges. Bd. 5, S. 113. 1903; Ann. d. Phys. (4) Bd. 11, S. 873. 1903.

[2]) E. HAGEN und H. RUBENS, Berl. Ber. 1903, S. 410.

[3]) E. HAGEN und H. RUBENS, Phys. ZS. Bd. 9, S. 874. 1908; Berl. Ber. 1909, S. 478; Verh. d. D. Phys. Ges. Bd. 10, S. 710, 1908; Bd. 12, S. 172. 1910; Phys. ZS. Bd. 11, S. 139. 1910; Berl. Ber. 1910, S. 467.

für längere Wellenlängen, als von der Temperatur unabhängig. Man kann also sagen, daß die elektromagnetische Theorie sich mit ihren Folgerungen für Metalle bis zu Wellenlängen von $6\,\mu$ herunter vollkommen bestätigt.

47. Lösung für inhomogene Wellen. In der bisherigen Darstellung ist unter der Wellenfläche die Fläche gleicher Phase verstanden, bei ebenen Wellen also die Ebene gleicher Phase; sie ist zugleich in den bisher betrachteten Fällen die Ebene gleicher Amplitude. Die Wellen solcher Art werden von VOIGT als homogene Wellen bezeichnet. Beim schrägen Auftreffen einer solchen homogenen Welle auf die ebene Grenzfläche eines leitenden Mittels entsteht im letzteren, wie im nächsten Kapitel zu erörtern ist, ein anderer Wellentyp, bei dem die Ebene gleicher Amplitude nicht mehr mit der Ebene gleicher Phase zusammenfällt. Dieser Wellentyp wird von VOIGT allgemein als inhomogene ebene Welle bezeichnet. Zur Vorbereitung auf die Behandlung dieser Wellen bei der Spiegelung und Brechung ist zuerst die Frage zu beantworten, wie ein Ansatz für diese Art von Wellen beschaffen sein muß, um überhaupt den Grundgleichungen der elektromagnetischen Theorie zu genügen.

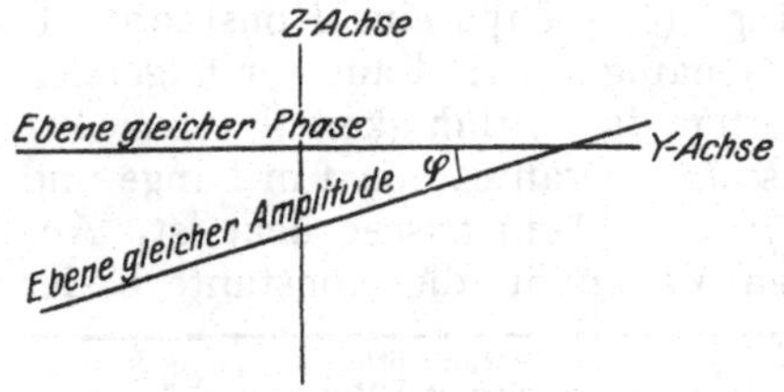

Abb. 8. Beziehung zwischen Phase und Amplitude bei inhomogener Welle.

Es werde eine ebene Welle vorausgesetzt, die in der Z-Richtung fortschreitet, und deren elektrischer Vektor in der X-Richtung schwingt; also wie in Ziff. 40:

$$\mathfrak{E}_x = A \cdot e^{-q''z} \cdot e^{i(pt-q'z)}; \qquad \mathfrak{E}_y = 0; \qquad \mathfrak{E}_z = 0. \tag{94a}$$

Aber die Amplitude A soll jetzt von den Koordinaten der Wellenebene, also von x und y abhängig sein. Wenn $\mathfrak{E}_y = \mathfrak{E}_z = 0$ ist, so folgt aus den MAXWELLschen Gleichungen, daß $\mathfrak{H}_x = \frac{\partial \mathfrak{H}_y}{\partial x} = \frac{\partial \mathfrak{H}_z}{\partial x} = 0$ sein muß. Also darf A nur eine Funktion von y sein, wenn der Ansatz den Grundgleichungen genügen soll. Für den magnetischen Vektor erhält man alsdann aus den MAXWELLschen Gleichungen die Ausdrücke:

$$\left.\begin{aligned} \mathfrak{H}_x &= 0; \qquad \mathfrak{H}_y = \frac{c}{\mu p}(q' - iq'')\,A\,e^{-q''z} \cdot e^{i(pt-q'z)}; \\ \mathfrak{H}_z &= -i\frac{c}{\mu p}A' e^{-q''z} \cdot e^{i(pt-q'z)}, \end{aligned}\right\} \tag{94b}$$

wenn unter A' der Differentialquotient dA/dy verstanden wird. Diese Form des Ansatzes genügt den MAXWELLschen Gleichungen. Es ist ferner $\operatorname{div}\mathfrak{E}$ und $\operatorname{div}\mathfrak{H} = 0$. Die Lösung stimmt mit den Gleichungen (72) und (73) für die homogene Welle überein, nur mit dem Unterschied, daß $\mathfrak{H}_z$ nicht $= 0$ ist, sondern einen von der Veränderlichkeit der Amplitude in der Phasenebene abhängigen Wert besitzt. Da dies die in der Fortpflanzungsrichtung der Welle liegende Komponente ist, so ist also die inhomogene Welle dieser Art nicht mehr eine streng transversale Welle. Der komplexe Charakter der Amplituden von $\mathfrak{H}_y$ und $\mathfrak{H}_z$ zeigt, daß beide Komponenten gegen $\mathfrak{E}_x$ eine Phasenverschiebung besitzen, und zwar ist $\mathfrak{H}_z$ um $\pi/2$, $\mathfrak{H}_y$ um δ verzögert, wenn δ wieder, wie in Gleichung (74) durch die Beziehung

$$\operatorname{tg}\delta = \frac{q''}{q'} = \varkappa$$

definiert ist. Setzt man nun aber diese Ausdrücke für die Kraftkomponenten in die Gleichungen (69) ein, so erhält man als Bedingungsgleichungen für die Größen p und q an Stelle der Gleichung (70) folgende Gleichung:

$$c^2 A'' = [c^2 q^2 - \varepsilon\mu p^2 + i4\pi\mu\sigma p]\,A, \tag{95}$$

in der unter A'' der zweite Differentialquotient von A nach y verstanden ist. Soll die inhomogene Welle als ebene Welle nach der Z-Achse fortschreiten, so sind die sämtlichen Größen in der Klammer als von y unabhängig anzusehen. Dann aber drückt die Gleichung (95) eine bestimmte Bedingung aus, welche die Form der Inhomogenität erfüllen muß, wenn eine solche ebene inhomogene Welle bestehen soll. Es genügt für das Folgende, als Lösung dieser Differentialgleichung für A die Abhängigkeit der Amplitude von y in der Gestalt einer einfachen e-Funktion anzusetzen, also die Amplitude in der Form $A_0 \cdot e^{by}$ zu schreiben, wobei A_0 nun eine Konstante bedeutet und die neu eingeführte Größe b ebenfalls eine reelle Konstante sein muß, wenn die Welle in der Z-Achse fortschreiten soll. Dann nimmt der Ausdruck für die elektrische Kraft die Form an:

$$\mathfrak{E}_x = A_0 \cdot e^{by - q''z} \cdot e^{i(pt - q'z)}.$$

Daraus ist ohne weiteres ersichtlich, daß die Flächen gleicher Amplitude Ebenen sind, die die Ebenen gleicher Phase unter einem ganz bestimmten Winkel φ schneiden. Dieser Winkel ist durch die Gleichung festgelegt:

$$\operatorname{tg}\varphi = \frac{b}{q''}. \tag{96}$$

Führt man diese Beziehung in die Gleichung (95) ein, so gewinnt man zwei Gleichungen, die zum Ausdruck bringen, daß bei einer solchen inhomogenen Welle sowohl die Fortpflanzungsgeschwindigkeit wie die Absorption vom Grade der Inhomogenität abhängen. Bezeichnet man den Brechungsexponenten und den Absorptionsindex für eine homogene Welle, also für $\varphi = 0$, mit n_0 und $\varkappa_0$, so gelten für die inhomogene Welle die Gleichungen:

$$n^2\left(1 - \frac{\varkappa^2}{\cos^2\varphi}\right) = n_0^2(1 - \varkappa_0^2) = \varepsilon\mu \qquad \text{und} \qquad n^2\varkappa = n_0^2\varkappa_0 = \mu\sigma\tau, \tag{97}$$

und die Kraftkomponenten lassen sich für diesen Fall einer inhomogenen Welle, wenn die elektrische Schwingung auf der Richtung des Gradienten der Amplitude in der Phasenebene senkrecht steht, folgendermaßen schreiben:

$$\left.\begin{aligned}
&\mathfrak{E}_x = A_0 \cdot e^{q''\frac{y\sin\varphi - z\cos\varphi}{\cos\varphi}} \cdot e^{i(pt - q'z)}; \qquad \mathfrak{E}_y = 0, \qquad \mathfrak{E}_z = 0,\\
&\mathfrak{H}_x = 0, \qquad \mathfrak{H}_y = A_0 \frac{n}{\mu}\sqrt{1 + \varkappa^2} \cdot e^{q''\frac{y\sin\varphi - z\cos\varphi}{\cos\varphi}} \cdot e^{i(pt - q'z - \delta)},\\
&\qquad\qquad \mathfrak{H}_z = A_0 \frac{n}{\mu}\varkappa \cdot \operatorname{tg}\varphi \cdot e^{q''\frac{y\sin\varphi - z\cos\varphi}{\cos\varphi}} \cdot e^{i\left(pt - q'z - \frac{\pi}{2}\right)},\\
&\operatorname{tg}\delta = \varkappa.
\end{aligned}\right\} \tag{98}$$

Man gelangt zu einem zweiten Ansatz für eine ebene inhomogene Welle, wenn man von der Annahme ausgeht, daß die magnetische Kraft in Richtung der X-Achse schwingt, also $\mathfrak{H}_x$ gegeben, $\mathfrak{H}_y = \mathfrak{H}_z = 0$ ist. Daraus folgt dann, daß $\mathfrak{E}_x = 0$ ist. Macht man dann für $\mathfrak{E}_y$ den früheren Ansatz:

$$\mathfrak{E}_y = A \cdot e^{-q''z} e^{i(pt - q'z)},$$

so ergeben die gleichen Rechnungen, wie in dem ersten Fall, daß auch hier A wieder nur von y abhängig sein und wieder derselben Differentialgleichung (95) genügen muß. Es sind auch für diese inhomogene Welle zweiter Art die Flächen gleicher Amplitude Ebenen, die die Ebenen gleicher Phase unter dem durch die Gleichung (96) bestimmten Winkel φ schneiden. Die Abhängigkeit des Brechungsexponenten und des Absorptionsindex von dem Grade der Inhomogenität ist wieder durch die Gleichung (97) ausgedrückt und für die Komponenten der elektrischen und der magnetischen Kräfte ergeben sich in diesem zweiten Falle folgende Ausdrücke:

$$\mathfrak{E}_x = 0, \quad \mathfrak{E}_y = A_0 \cdot e^{q'' \frac{y \sin\varphi - z\cos\varphi}{\cos\varphi}} e^{i(pt - q'z)},$$

$$\left.\begin{aligned}
\mathfrak{E}_z &= A_0 \frac{\varkappa \operatorname{tg}\varphi}{\sqrt{1+\varkappa^2}} e^{q'' \frac{y \sin\varphi - z\cos\varphi}{\cos\varphi}} e^{i(pt - q'z - \delta_e)},\\
\mathfrak{H}_x &= -A_0 \frac{n}{\mu} \frac{\sqrt{4\varkappa^2 + \left(1 - \frac{\varkappa^2}{\cos^2\varphi}\right)^2}}{\sqrt{1+\varkappa^2}} e^{q'' \frac{y \sin\varphi - z\cos\varphi}{\cos\varphi}} e^{i(pt - q'z - \delta_m)},\\
\mathfrak{H}_y &= 0, \qquad \mathfrak{H}_z = 0,\\
\operatorname{tg}\delta_e &= \frac{1}{\varkappa}; \qquad \operatorname{tg}\delta_m = \varkappa \frac{1 + \varkappa^2 + \varkappa^2 \operatorname{tg}^2\varphi}{1 + \varkappa^2 - \varkappa^2 \operatorname{tg}^2\varphi}.
\end{aligned}\right\} \tag{99}$$

48. Energieströmung bei inhomogenen Wellen. Von Interesse, auch wichtig für spätere Anwendungen, ist die Betrachtung der Energieströmung im Falle inhomogener Wellen. Um den Poyntingschen Vektor gemäß den früheren Formeln zu bilden, müssen die Kraftkomponenten in reeller Form geschrieben werden. Es soll also $e^{i(pt-q'z)}$ durch $\sin(pt - q'z)$ ersetzt werden. Zur Abkürzung werde das Argument $pt - q'z = \Theta$ gesetzt. Dann ist für die erste Art der inhomogenen Welle:

$$\mathfrak{S}_x = 0; \qquad \mathfrak{S}_y = -\frac{c}{8\pi}\frac{\lambda_0}{2\pi\mu} A A' e^{-2q''z} \sin 2\Theta,$$

$$\begin{aligned}
\mathfrak{S}_z &= \frac{c}{4\pi} A^2 \frac{n}{\mu} \sqrt{1+\varkappa^2}\, e^{-2q''z} \sin\Theta \cdot \sin(\Theta - \delta),\\
&= \frac{c}{8\pi} A^2 \frac{n}{\mu} \sqrt{1+\varkappa^2}\, e^{-2q''z} \left[\frac{1}{\sqrt{1+\varkappa^2}} - \cos(2\Theta - \delta)\right]
\end{aligned}$$

und bei Integration über die Dauer einer Schwingung ergibt sich:

$$\int_t^{t+\tau} \mathfrak{S}_y\, dt = 0; \qquad \int_t^{t+\tau} \mathfrak{S}_z\, dt = \frac{\lambda_0}{8\pi} A^2 \frac{n}{\mu} e^{-2q''z}, \tag{100a}$$

also derselbe Wert wie für eine homogene Welle [vgl. Formel (85)].

Für die zweite Art der inhomogenen Welle liegen die Verhältnisse weniger einfach. Es ist wieder $\mathfrak{S}_x = 0$, ferner

$$\mathfrak{S}_y = -\frac{c}{4\pi} \cdot \frac{\lambda_0}{2\pi} A A' \frac{\sqrt{4\sigma^2\tau^2 + \varepsilon^2}}{n^2(1+\varkappa^2)} e^{-2q''z} \sin(\Theta - \delta_e) \cdot \sin(\Theta - \delta_m),$$

oder, wenn man wieder $2\sigma\tau/\varepsilon$ mit m bezeichnet,

$$\begin{aligned}
\mathfrak{S}_y = -\frac{c}{8\pi}\frac{\lambda_0}{2\pi\mu} A A' \frac{1 - \varkappa^2 - \varkappa^2 \operatorname{tg}^2\varphi}{(1+\varkappa^2)^2} e^{-2q''z} [&m(1+\varkappa^2) + (m - 2\varkappa - m\varkappa^2)\cos 2\Theta\\
&- (1 + 2m\varkappa - \varkappa^2)\sin 2\Theta]
\end{aligned}$$

$$\begin{aligned}
\mathfrak{S}_z &= \frac{c}{4\pi} A^2 \frac{n}{\mu} \frac{1 - \varkappa^2 - \varkappa^2 \operatorname{tg}^2\varphi}{\sqrt{1+\varkappa^2}} \sqrt{1+m^2}\, e^{-2q''z} \sin\Theta \cdot \sin(\Theta - \delta_m),\\
&= \frac{c}{8\pi} A^2 \frac{n}{\mu} (1 - \varkappa^2 - \varkappa^2 \operatorname{tg}^2\varphi) \frac{\sqrt{1+m^2}}{\sqrt{1+\varkappa^2}} e^{-2q''z} \left[\frac{1 + m\varkappa}{\sqrt{1+\varkappa^2}\sqrt{1+m^2}} - \cos(2\Theta - \delta_m)\right].
\end{aligned}$$

Daraus folgt bei Integration über eine Schwingung, da $A' = \frac{2\pi\varkappa}{\lambda}\operatorname{tg}\varphi \cdot A$ ist,

$$\left.\begin{aligned}\int_t^{t+\tau} \mathfrak{S}_y\,dt &= -\frac{\lambda_0}{8\pi}A^2\frac{n}{\mu}\frac{2\varkappa^2\operatorname{tg}\varphi}{1+\varkappa^2}e^{-2q''z},\\ \int_t^{t+\tau} \mathfrak{S}_z\,dt &= \frac{\lambda_0}{8\pi}A^2\frac{n}{\mu}\frac{1+\varkappa^2-\varkappa^2\operatorname{tg}^2\varphi}{1+\varkappa^2}e^{-2q''z}.\end{aligned}\right\}\qquad(100\text{b})$$

Bei den inhomogenen Wellen zweiter Art strömt also die Energie nicht bloß senkrecht zur Phasenebene in der Richtung, die die Fortpflanzungsrichtung der Welle im gewöhnlichen Sinne bedeutet, sondern auch senkrecht zu dieser Richtung, also parallel zur Phasenebene, und zwar in derjenigen Richtung, in der die Amplitude in der Phasenebene abnimmt. Die physikalische Erklärung dafür kann man sich durch die Überlegung veranschaulichen, daß durch eine zur Y-Richtung senkrechte Ebene von der Seite der größeren Amplituden aus in der einen Phase der Schwingung mehr Energie hindurchtritt, als in der anderen Phase von der Seite der kleineren Amplituden.

49. Historische Bemerkungen zum Problem der inhomogenen Wellen. Die Eigentümlichkeiten der Wellen, die im Vorstehenden behandelt und als inhomogene Wellen bezeichnet sind, und ihre große Bedeutung für die Theorie der Brechung in absorbierenden Mitteln hat wohl zuerst E. KETTELER vollkommen erkannt, in verschiedenen Aufsätzen behandelt und vor allem in seiner „Theoretischen Optik" (S. 122ff.) in voller Klarheit dargestellt, alles auf dem Boden einer in besonderer Weise erweiterten elastischen Lichttheorie[1]). KETTELER hat zuerst den Satz ausgesprochen, daß in jedem absorbierenden Mittel Fortpflanzungsgeschwindigkeit und Stärke der Absorption des Lichtes von dem Winkel abhängen, den „die Propagationsnormale mit der Extinktionsnormalen" bildet, d. h. von dem Winkel, der in der obigen Darstellung mit φ bezeichnet ist, und hat als Hauptgleichungen der Theorie absorbierender Mittel Gleichungen aufgestellt, die den Gleichungen (97) entsprechen. Auch W. VOIGT hat in einem Aufsatze über die Theorie der absorbierenden isotropen Mittel von seiner Formulierung der elastischen Theorie aus das Problem behandelt; er spricht — weniger klar als KETTELER — von der Abhängigkeit der Fortpflanzungsgeschwindigkeit und der Absorption von der „Fortpflanzungsrichtung"[2]).

Schließlich hat H. A. LORENTZ in ganz allgemeiner Form, d. h. ohne bestimmte Vorstellungen über die physikalische Natur der Lichtschwingungen zu Grunde zu legen, die Gesetzmäßigkeiten inhomogener Wellen entwickelt[3]).

e) Grenzbedingungen, Spiegelung und Brechung.

50. Aufstellung der Grenzbedingungen. Wenn zwei Mittel von verschiedenen physikalischen Eigenschaften aneinander grenzen, so vollzieht sich der Übergang von Lichtwellen aus dem einen in das andere Mittel erfahrungsgemäß in Form einer Aufspaltung der einfallenden Welle in eine zurückgeworfene und eine durchgehende Welle. Zur Behandlung dieses Problems bedarf es der Aufstellung derjenigen Bedingungen, denen die elektrischen und magnetischen Kräfte an der Grenze der beiden Mittel zu genügen haben. Man kann diese Grenzbedingungen nach dem Vorgange von H. HERTZ[4]) durch die Vorstellung gewinnen,

[1]) E. KETTELER, Wied. Ann. Bd. 3, S. 83. 1878; Bd. 22, S. 204. 1884; Theoretische Optik, Braunschweig, Vieweg & Sohn 1885.
[2]) W. VOIGT, Wied. Ann. Bd. 23, S. 112. 1884.
[3]) H. A. LORENTZ, Wied. Ann. Bd. 46, S. 244. 1892.
[4]) H. HERTZ, Wied. Ann. Bd. 40, S. 577. 1890; Ges. Werke Bd. II, S. 220.

daß der Übergang an der Grenze nicht in einer sprungweisen, sondern in einer auf kurzer Strecke sich vollziehenden allmählichen Änderung der Eigenschaften, d. h. der Werte von ε, μ und σ besteht derart, daß die Grundgleichungen (2) auch in jeder Schicht dieser Übergangszone ihre Gültigkeit behalten. Diese Voraussetzung besagt, daß alle in den Gleichungen vorkommenden Differentialquotienten endliche Werte behalten müssen. Wendet man diese Überlegung auf die nach der Richtung der Normale der Grenzfläche differenzierten Größen an, so folgt daraus, daß diese Größen, wenn die Grenzschicht unendlich dünn genommen wird, zu beiden Seiten der Grenzfläche gleiche Werte haben müssen. In den Grundgleichungen (2) kommen nur solche Differentialquotienten der Kraftkomponenten nach den Raumkoordinaten vor, bei denen die Richtung der Ableitung auf der Komponentenrichtung senkrecht steht. Berücksichtigt man dies, so folgt aus dem obigen Satze, daß die tangentialen Kraftkomponenten zu beiden Seiten der Grenzfläche gleiche Werte haben müssen. Unterscheidet man also die beiden Mittel durch die Indizes 1 und 2, und bezeichnet man die tangentialen Komponenten durch den Index t, die normalen durch den Index n, so lauten die ersten Grenzbedingungen:

$$\mathfrak{E}_{1t} = \mathfrak{E}_{2t}, \qquad \mathfrak{H}_{1t} = \mathfrak{H}_{2t}. \tag{101}$$

Gelten diese Gleichungen in der Grenzfläche, und wendet man sie auf die Grundgleichungen (2) an, indem man sich die Grenzfläche in die XY-Ebene gelegt denkt, so daß die Z-Achse die Normalenrichtung darstellt, so folgen aus dem letzten der drei Paare von Grundgleichungen zwei weitere Beziehungen, die in der Grenzfläche erfüllt sein müssen. Für die Normalkomponente der magnetischen Kraft ergibt sich die Gleichung:

$$\mu_1 \mathfrak{H}_{1n} = \mu_2 \mathfrak{H}_{2n} \qquad \text{oder} \qquad \mathfrak{B}_{1n} = \mathfrak{B}_{2n}. \tag{102}$$

Sie geht, wenn man bedenkt, daß für alle Mittel $\mu = 1$ gesetzt werden darf, in die Gleichung über

$$\mathfrak{H}_{1n} = \mathfrak{H}_{2n}. \tag{103}$$

Für die Normalkomponente der elektrischen Kraft aber ergibt sich die Gleichung:

$$\varepsilon_1 \frac{\partial \mathfrak{E}_{1n}}{\partial t} + 4\pi\sigma_1 \mathfrak{E}_{1n} = \varepsilon_2 \frac{\partial \mathfrak{E}_{2n}}{\partial t} + 4\pi\sigma_2 \mathfrak{E}_{2n}. \tag{104}$$

Sind beide Mittel Isolatoren ($\sigma_1 = \sigma_2 = 0$), so läßt sich diese Bedingung in der Form schreiben:

$$\varepsilon_1 \mathfrak{E}_{1n} = \varepsilon_2 \mathfrak{E}_{2n} \qquad \text{oder} \qquad \mathfrak{D}_{1n} = \mathfrak{D}_{2n}. \tag{105}$$

Dazu ist zu bemerken, daß die Grenzbedingungen

$$\mathfrak{E}_{1t} = \mathfrak{E}_{2t} \qquad \text{und} \qquad \mathfrak{D}_{1n} = \mathfrak{D}_{2n}$$

die gleichen Bedingungen sind, die in der Elektrostatik für den Übergang eines Kraftfeldes aus einem Isolator in einen anderen Isolator aufgestellt werden, und aus denen das Tangentialgesetz für die Brechung der Kraftlinien folgt. Man hätte also für Isolatoren die Grenzbedingungen einfach aus der Elektrostatik entnehmen können. Sobald aber ein Mittel ein Leiter ist, kann diese Betrachtungsweise nicht mehr angewandt werden, da ein statisches Kraftfeld innerhalb eines Leiters ja überhaupt nicht besteht.

In Koordinaten lauten die in den Gleichungen (101), (103) und (104) aufgestellten Grenzbedingungen, wenn man die XY-Ebene als in der Grenzfläche liegend annimmt,

$$\left.\begin{array}{lll} \mathfrak{E}_{1x} = \mathfrak{E}_{2x}; & \mathfrak{E}_{1y} = \mathfrak{E}_{2y}; & \varepsilon_1 \frac{\partial \mathfrak{E}_{1z}}{\partial t} + 4\pi\sigma_1 \mathfrak{E}_{1z} = \varepsilon_2 \frac{\partial \mathfrak{E}_{2z}}{\partial t} + 4\pi\sigma_2 \mathfrak{E}_{2z}; \\ \mathfrak{H}_{1x} = \mathfrak{H}_{2x}; & \mathfrak{H}_{1y} = \mathfrak{H}_{2y}; & \mathfrak{H}_{1z} = \mathfrak{H}_{2z}. \end{array}\right\} \tag{106}$$

Diese Bedingungen sind aber, worauf besonders aufmerksam zu machen ist, nicht unabhängig voneinander; denn die beiden letzten Bedingungen folgen aus den Grundgleichungen, wenn die vier anderen bestehen.

Die Folgerungen aus diesen Grenzbedingungen sollen nachstehend für den Fall des Überganges des Lichtes aus einem Isolator in ein leitendes Mittel entwickelt werden.

51. Spiegelung und Brechung ebener Wellen bei senkrechtem Einfall auf eine ebene Grenzfläche. Es soll wie oben (Ziff. 40) eine ebene Welle angenommen werden, die längs der Z-Achse fortschreitet, und deren elektrischer Vektor nach der X-Achse schwingt. Sie kann also im 1. Mittel, das ein Isolator sein soll, wenn man sie durch den Index e als einfallende Welle kennzeichnet, dargestellt werden durch die Gleichungen:

$$\mathfrak{E}_{ex} = E \cdot e^{i(pt - q_1 z)}; \qquad \mathfrak{H}_{ey} = E \cdot n_1 e^{i(pt - q_1 z)}; \qquad \mathfrak{E}_{ey} = \mathfrak{E}_{ez} = \mathfrak{H}_{ex} = \mathfrak{H}_{ez} = 0 .$$

Da aus Symmetriegründen eine Veranlassung zu einer Richtungsänderung bei dem Übergang in das 2. Mittel nicht anzunehmen ist, und da ferner, wie die Erfahrung lehrt, in ruhenden Mitteln die Schwingungszahl $1/\tau$ des Lichtes, also entsprechend $p = \frac{2\pi}{\tau}$, bei Zurückwerfung und Brechung ungeändert bleibt, so kann die im 2. Mittel fortschreitende Welle, wenn dies Mittel als Leiter angenommen wird und der Index d die durchgehende oder gebrochene Welle andeutet, dargestellt werden durch die Formeln:

$$\mathfrak{E}_{dx} = D_0 \cdot e^{-\frac{2\pi\varkappa_2 z}{\lambda_2}} e^{i(pt - q_2 z + \delta_d)}; \qquad \mathfrak{H}_{dy} = D_0 \cdot n_2 \sqrt{1 + \varkappa_2^2}\, e^{-\frac{2\pi\varkappa_2 z}{\lambda_2}} e^{i(pt - q_2 z + \delta_d - \delta)};$$

$$\mathfrak{E}_{dy} = \mathfrak{E}_{dz} = \mathfrak{H}_{dx} = \mathfrak{H}_{dz} = 0 .$$

Gleichzeitig entsteht an der Grenzfläche eine in das 1. Mittel zurücklaufende, reflektierte Welle. Es wird sich im folgenden zeigen, daß die Annahme einer solchen reflektierten Welle nötig ist, um die Grenzbedingungen erfüllen zu können; das gilt nicht bloß für diesen Fall, sondern ganz allgemein. Die reflektierte Welle werde durch den Index r gekennzeichnet und muß, um den Grundgleichungen zu genügen, in der Form angesetzt werden:

$$\mathfrak{E}_{rx} = R_0 e^{i(pt + q_1 z + \delta_r)}; \qquad \mathfrak{H}_{ry} = -R_0 n_1 e^{i(pt + q_1 z + \delta_r)}; \qquad \mathfrak{E}_{ry} = \mathfrak{E}_{rz} = \mathfrak{H}_{rx} = \mathfrak{H}_{rz} = 0 .$$

In diesen Gleichungen bedeuten E, R_0, D_0 die Amplituden der einfallenden, der reflektierten und der gebrochenen Welle[1]); δ_r und δ_d die bei der Zurückwerfung und der Brechung eintretenden Phasenänderungen, ε_1 und ε_2 die Dielektrizitätskonstanten, $\varkappa_1$ (in unserem Falle $= 0$ gesetzt) und $\varkappa_2$ die Absorptionsindizes der beiden Mittel, $q_1 = \frac{2\pi}{\lambda_1}$ und $q_2 = \frac{2\pi}{\lambda_2}$, λ_1 und λ_2 die zur Schwingungsdauer τ gehörigen Wellenlängen des Lichtes im 1. und im 2. Mittel, endlich nach Gleichung (74) $\operatorname{tg}\delta = \varkappa_2$. Die Größen R_0, D_0, δ_r und δ_d sind aus den Grenzbedingungen zu bestimmen. Für diese ist zu berücksichtigen, daß $\mathfrak{E}_{1x} = \mathfrak{E}_{ex} + \mathfrak{E}_{rx}$ zu setzen ist. Daher muß nach Gleichung (106) für $z = 0$ sein:

$$\mathfrak{E}_{ex} + \mathfrak{E}_{rx} = \mathfrak{E}_{dx} \qquad \text{und} \qquad \mathfrak{H}_{ey} + \mathfrak{H}_{ry} = \mathfrak{H}_{dy} .$$

Daraus folgen die Gleichungen:

$$E + R_0 e^{i\delta_r} = D_0 e^{i\delta_d}$$

$$E - R_0 e^{i\delta_r} = D_0 \frac{n_2}{n_1} \sqrt{1 + \varkappa_2^2}\, e^{i(\delta_d - \delta)} .$$

[1]) Der Index 0 bei R_0 und D_0 ist angefügt, um anzudeuten, daß es sich um den Fall senkrechten Einfalles ($i = 0$) handelt. Ferner ist μ in beiden Mitteln gleich 1 angenommen.

Die Auflösung dieser Gleichungen ergibt für die gesuchten Größen folgende Werte, wenn zur Vereinfachung das Verhältnis n_2/n_1 durch n_0, den Brechungsexponenten des 2. Mittels gegen das 1. bei senkrechtem Einfall, bezeichnet und entsprechend $\varkappa_0$ statt $\varkappa_2$ geschrieben wird:

$$\left.\begin{aligned} R_0 &= -E\frac{n_0-1}{n_0+1}\sqrt{\frac{1+\dfrac{n_0^2\varkappa_0^2}{(n_0-1)^2}}{1+\dfrac{n_0^2\varkappa_0^2}{(n_0+1)^2}}}\,, \\ D_0 = E\frac{2}{\sqrt{(1+n_0)^2+n_0^2\varkappa_0^2}}\,, \qquad & \operatorname{tg}\delta_r = \frac{2\,n_0\varkappa_0}{1-n_0^2-n_0^2\varkappa_0^2}\,, \qquad \operatorname{tg}\delta_d = \frac{n_0\varkappa_0}{1+n_0}\,, \end{aligned}\right\} \tag{107}$$

R_0 und D_0 stehen zueinander in der Beziehung, daß

$$R_0^2 + n_0\cdot D_0^2 = E^2$$

ist. In Beachtung der für den Strahlvektor aufgestellten Gleichungen (29a) und (85) sagt diese Gleichung aus, daß die Energie der einfallenden Welle sich ohne Verlust an der Grenzfläche in die Energie der zurückgeworfenen und der in das andere Mittel eintretenden Welle aufspaltet.

Ist auch das 2. Mittel ein Isolator ($\varkappa = 0$), so ist

$$\delta_r = \delta_d = 0,$$

$$R = -E\frac{n-1}{n+1}\,; \qquad D = E\frac{2}{n+1}\,. \tag{108}$$

In dem anderen Grenzfalle, $\varkappa = 1$, kann man für die reflektierte Energie schreiben:

$$R^2 = E^2\left(1 - \frac{4n}{1+2n+2n^2}\right). \tag{109}$$

Da in diesem Falle n sehr groß ist, so kann $1+2n$ gegen $2n^2$ im Nenner des Bruches vernachlässigt werden, und man erhält als Ausdruck für die reflektierte Energie

$$R^2 = E^2\left(1 - \frac{2}{n}\right).$$

Das ist die oben in Ziff. 46 benutzte Formel von Drude.

52. Die Phasenänderung bei senkrechter Reflexion und Wieners Versuche über stehende Wellen. Das negative Vorzeichen von R in den Formeln (107) und (108) zeigt, daß die elektrische Kraft der einfallenden Welle bei der Zurückwerfung eine Umkehrung der Schwingungsrichtung erfährt. Für Isolatoren gilt dies nach (108), wenn $n > 1$ ist, d. h. wenn die Zurückwerfung an einem Mittel von höherer Dielektrizitätskonstante erfolgt, ein Satz, der in der Mechanik sein Analogon in der Umkehrung der Bewegungsrichtung in einer elastischen Welle bei der Zurückwerfung an der Oberfläche eines dichteren Körpers hat, weshalb man dementsprechend in der Optik den Körper mit dem höheren Brechungsexponenten als den optisch dichteren Körper bezeichnet.

Die Richtigkeit des obigen Satzes ist von O. Wiener durch die Untersuchung der stehenden Wellen bewiesen worden, die bei senkrechtem Einfall die zurückgeworfene Welle mit der einfallenden Welle bilden muß. Schreibt man die Gleichungen für $\mathfrak{E}_{ex}$ und $\mathfrak{E}_{rx}$ in reeller Form, so ergibt ihre Summe nach (37) für die stehende Welle die Formel:

$$\mathfrak{E} = (E+R)\cos\left(q_1 z + \frac{\delta_r}{2}\right)\sin\left(pt + \frac{\delta_r}{2}\right) - (E-R)\sin\left(q_1 z + \frac{\delta_r}{2}\right)\cos\left(pt + \frac{\delta_r}{2}\right).$$

Bei negativem R überwiegt das 2. Glied dieser Formel das 1.; bei der Zurückwerfung an einer metallischen, stark reflektierenden Fläche ist R nur wenig kleiner als E und das 1. Glied verschwindet vollkommen. Für Isolatoren lautet die Formel:

$$\mathfrak{E} = \frac{2E}{n+1} \cos\frac{2\pi z}{\lambda} \cdot \sin\frac{2\pi t}{\tau} - \frac{2nE}{n+1} \sin\frac{2\pi z}{\lambda} \cdot \cos\frac{2\pi t}{\tau}.$$

Für $z = 0, \frac{\lambda}{2}, \lambda, 3\frac{\lambda}{2}$ usw. schwankt also die elektrische Kraft zwischen $\pm\frac{2E}{n+1}$, für $z = \frac{\lambda}{4}, 3\frac{\lambda}{4}, 5\frac{\lambda}{4}$ usw. zwischen $\pm\frac{2nE}{n+1}$. Die ersteren Punkte entsprechen den Knoten, die letzteren den Bäuchen der stehenden Welle, wenn auch wegen der Ungleichheit von E und R die Schwingung in den Knoten nicht null ist.

O. WIENER hat diese stehenden Lichtwellen nachgewiesen durch die photographische Wirkung der Lichtschwingungen auf eine außerordentlich dünne photographische Schicht, welche die der Grenzfläche parallel laufenden Bauch- und Knotenebenen der stehenden Welle unter sehr kleinem Winkel schneidet. Als reflektierende Fläche wurde zunächst ein Silberspiegel benutzt; um die Reflexion an der lichtempfindlichen Schicht bzw. an der Glasplatte, die sie trug, auszuschalten, wurde der Zwischenraum zwischen dem Silberspiegel und der Platte durch Benzol ausgefüllt, dessen Brechungsexponent sehr nahe gleich dem des Glases und der lichtempfindlichen Schicht ist. Es waren dann bei senkrechter Beleuchtung keine Interferenzen dünner Blättchen zu sehen; wohl aber zeigte die photographische Schicht nach der Entwicklung ein Streifensystem, das der räumlichen Verteilung der Knoten und Bäuche der Lichtbewegung entsprach. Hinsichtlich der Einzelheiten sei auf die Originalarbeit verwiesen[1]). Um nach diesem Verfahren Aufschluß über die Phasenänderung des Lichtes bei senkrechter Reflexion an Glas zu erhalten, drückte WIENER die Platte mit der lichtempfindlichen Schicht gegen eine schwach konvexe Linse, ermittelte die Dicke der Luftschicht zwischen beiden durch Ausmessung der Durchmesser der im *Na*-Licht sichtbaren Interferenzringe und verglich damit die nach Belichtung mit violettem Licht durch die stehenden Wellen in der photographischen Schicht erzeugten Ringsysteme. Die Versuche ergaben, daß bei senkrechter Reflexion an einer Glasplatte die Stellen minimaler Lichtwirkung in Abständen gleich dem Vielfachen einer halben Wellenlänge von der reflektierenden Fläche liegen, die Stellen maximaler Lichtwirkung in Abständen gleich dem ungeraden Vielfachen einer Viertelwellenlänge. Diese Feststellung entspricht dem Ergebnis der theoretischen Ableitung, wenn man die ersteren Stellen als die Knoten, die letzteren als die Bäuche der stehenden Welle ansieht. Demnach liegt bei der Zurückwerfung am optisch dichteren Mittel ein Knoten in der Grenzfläche.

Bei der allgemeinen Besprechung stehender Wellen in Ziff. 26 wurde bewiesen, daß die Knoten der magnetischen Kräfte bei diesen Wellen da liegen, wo die elektrische Kraft ihre Bäuche hat, und umgekehrt. Bei der hier vorliegenden Erzeugung der stehenden Wellen hängt dies Verhalten mit dem Umstande zusammen, daß die magnetischen Kräfte bei der Zurückwerfung keine Umkehrung ihrer Richtung erfahren, und sich also in der Grenzebene nicht subtrahieren, wie es die elektrischen Kräfte tun, sondern addieren.

Den Gegensatz der Reflexion am dichteren und am dünneren Mittel in bezug auf die Phasenänderung kann man sehr einfach beobachten, indem man die Interferenzstreifen eines dünnen Deckgläschens im reflektierten Na-Licht betrachtet und die Rückseite des Blättchens teilweise mit einer höher brechenden Flüssigkeit, z. B. Cassiaöl, benetzt. Der Verlauf der Interferenzstreifen erfährt beim Übergange von der Reflexion an Luft zur Reflexion am Öl eine sprungweise Verschiebung um $\lambda/2$; Maxima und Minima erscheinen vertauscht.

---

[1]) O. WIENER, Wied. Ann. Bd. 40, S. 203. 1890.

53. Spiegelung und Brechung bei schiefem Einfall. Allgemeine Form des Ansatzes und der Berechnung. Bei schiefem Einfall gestaltet sich die Berechnung verschieden, je nachdem die Schwingungen des einfallenden Lichtes senkrecht zur Einfallsebene oder in ihr erfolgen. Aber die allgemeine Form der Grenzbedingungen, aus denen die R und D, δ_r und δ_d zu berechnen sind, ist in beiden Fällen die gleiche. Es soll daher der Gang der Rechnungen zuerst in ganz allgemeiner Form dargestellt werden. Die Grenzbedingungen haben die Gestalt:

$$\left.\begin{aligned} E + R e^{i\delta_r} &= D \cdot e^{i\delta_d}(\mathfrak{a} - i\mathfrak{b}), \\ E - R e^{i\delta_r} &= D \cdot e^{i\delta_d}(\mathfrak{c} - i\mathfrak{d}). \end{aligned}\right\} \tag{110}$$

Daraus folgt:

$$2E = D \cdot e^{i\delta_d}[\mathfrak{a} + \mathfrak{c} - i(\mathfrak{b} + \mathfrak{d})],$$

$$2R = D \cdot e^{i(\delta_d - \delta_r)}[\mathfrak{a} - \mathfrak{c} - i(\mathfrak{b} - \mathfrak{d})],$$

$$\left.\begin{aligned} &\operatorname{tg}\delta_d = \frac{\mathfrak{b} + \mathfrak{d}}{\mathfrak{a} + \mathfrak{c}}; \quad \operatorname{tg}(\delta_d - \delta_r) = \frac{\mathfrak{b} - \mathfrak{d}}{\mathfrak{a} - \mathfrak{c}}; \quad \operatorname{tg}\delta_r = 2\frac{\mathfrak{a}\mathfrak{d} - \mathfrak{b}\mathfrak{c}}{\mathfrak{a}^2 + \mathfrak{b}^2 - \mathfrak{c}^2 - \mathfrak{d}^2}, \\ &R = \sqrt{\frac{(\mathfrak{a} - \mathfrak{c})^2 + (\mathfrak{b} - \mathfrak{d})^2}{(\mathfrak{a} + \mathfrak{c})^2 + (\mathfrak{b} + \mathfrak{d})^2}}; \quad D = \frac{2E}{\sqrt{(\mathfrak{a} + \mathfrak{c})^2 + (\mathfrak{b} + \mathfrak{d})^2}}. \end{aligned}\right\} \tag{111}$$

In diese Formeln sind nun die besonderen Werte des Einzelfalles einzusetzen.

54. Spiegelung und Brechung bei schiefem Einfall. Erster Teil: Die elektrische Schwingung senkrecht zur Einfallsebene. Wie in Ziff. 51, sei das 1. Mittel wieder ein Isolator, das 2. ein Leiter. Die Grenzfläche sei wieder die XY-Ebene, die Z-Achse positiv gerechnet vom 1. zum 2. Mittel. Die YZ-Ebene sei die Einfallsebene; die in ihr liegende Normale der einfallenden ebenen Welle bilde mit der Z-Achse den Winkel i (s. Abb. 9). Die elektrische Kraft soll auf der Einfallsebene senkrecht stehen, fällt also in die X-Richtung. Für diesen Fall sollen die Amplituden und die Phasenänderungen der Wellen durch den Index s gekennzeichnet werden.

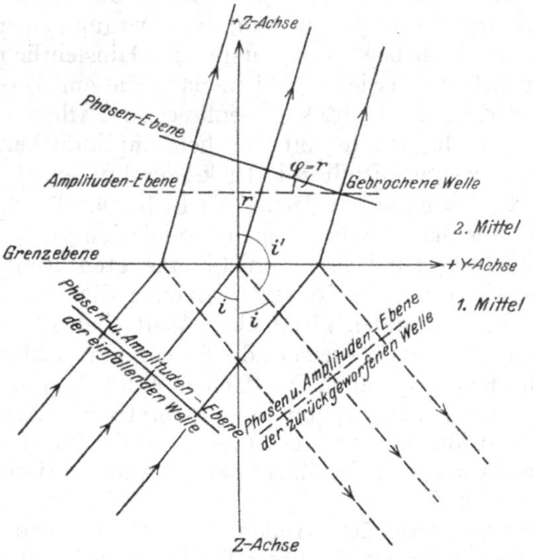

Abb. 9. Spiegelung und Brechung an der Grenze zwischen Isolator und Leiter.

Die einfallende Welle ist dann darstellbar durch das Gleichungssystem:

$$\left.\begin{aligned} &\mathfrak{E}_{ex} = E_s e^{i(pt - q_1'[y\sin i + z\cos i])}, \quad \mathfrak{E}_{ey} = 0, \quad \mathfrak{E}_{ez} = 0, \\ &\mathfrak{H}_{ex} = 0, \quad \mathfrak{H}_{ey} = E_s \frac{n_1}{\mu_1}\cos i\, e^{i(pt - q_1'[y\sin i + z\cos i])}, \\ &\mathfrak{H}_{ez} = -E\frac{n_1}{\mu_1}\sin i \cdot e^{i(pt - q_1'[y\sin i + z\cos i])}. \end{aligned}\right\} \tag{112}$$

Aus Symmetriegründen sind auch für die zurückgeworfene und die durchgehende Welle die Komponenten $\mathfrak{E}_y$, $\mathfrak{E}_z$ und $\mathfrak{H}_x = 0$ anzunehmen. Die zurückgeworfene Welle soll die Amplitude R_s haben und die Phasenänderung δ_{rs} bei der Zurückwerfung erleiden. Nennt man den Winkel, den ihre Normale mit der $+Z$-Achse bildet, zunächst i', und $\pi - i'$, den Reflexionswinkel, i_r, so ist sie durch das Gleichungssystem gegeben:

$$\left.\begin{aligned} &\mathfrak{E}_{rx} = R_s e^{i(pt - q_1'[y\sin i_r - z\cos i_r] + \delta_{rs})}, \qquad \mathfrak{E}_{ry} = 0, \qquad \mathfrak{E}_{rz} = 0, \\ &\mathfrak{H}_{rx} = 0, \qquad \mathfrak{H}_{ry} = -R_s \frac{n_1}{\mu_1} \cos i_r e^{i(pt - q_1'[y\sin i_r - z\cos i_r] + \delta_{rs})}, \\ &\qquad\qquad \mathfrak{H}_{rz} = -R_s \frac{n_1}{\mu_1} \sin i_r e^{i(pt - q_1'[y\sin i_r - z\cos i_r] + \delta_{rs})}. \end{aligned}\right\} \tag{113}$$

Auch von der in das 2. Mittel eintretenden Welle kann man annehmen, daß sie sich als ebene Welle in ihm fortpflanzen wird, da die Fortpflanzungsgeschwindigkeit ja nicht von der räumlich veränderlichen Amplitude der Welle abhängt. Der Winkel, den die Normale der Phasenebene mit der Z-Achse bildet, sei r. Da infolge der Absorption des Mittels die Amplitude der Welle nach Maßgabe des von der Eintrittsstelle aus durchlaufenen Weges abnimmt, so ist die Welle eine inhomogene Welle, und zwar eine solche der ersten Art, auf die das Gleichungssystem (98) anzuwenden ist. Es ist ohne weiteres ersichtlich, daß die Ebenen gleicher Amplitude der XY-Ebene parallel laufen, mit den Ebenen gleicher Phase also den Winkel r bilden, also $\varphi = r$. Um aber das Gleichungssystem (98) auf den vorliegenden Fall übertragen zu können, ist zu berücksichtigen, daß das dort benutzte Koordinatensystem, in dem die Z-Achse die Richtung der Normale der Phasenebene bedeutet, gegenüber dem hier benutzten um den Winkel r um die X-Achse gedreht ist. Es soll für die Umrechnung in den Gleichungen (98) die Y-Koordinate mit l, die Z-Koordinate mit n bezeichnet werden. Der Aufstellung der Gleichungen für die durchgehende Welle, deren Amplitude mit D_s, deren Phasenänderung mit δ_{ds} bezeichnet werde, sind dann die folgenden Beziehungen zugrunde zu legen:

$$l = y\cos r - z\sin r, \qquad n = y\sin r + z\cdot\cos r,$$
$$\mathfrak{H}_{dy} = \mathfrak{H}_l \cos r + \mathfrak{H}_n \sin r, \qquad \mathfrak{H}_{dz} = -\mathfrak{H}_l \sin r + \mathfrak{H}_n \cos r.$$

Die Ausrechnung ergibt für die gebrochene Welle folgendes Gleichungssystem:

$$\left.\begin{aligned} &\mathfrak{E}_{dx} = D_s \cdot e^{-\frac{q_2'' z}{\cos r}} e^{i(pt - q_2'[y\sin r + z\cos r] + \delta_{ds})}, \qquad \mathfrak{E}_{dy} = 0, \qquad \mathfrak{E}_{dz} = 0, \\ &\mathfrak{H}_{dx} = 0, \quad \mathfrak{H}_{dy} = D_s \frac{n_2}{\mu_2} \cos r \sqrt{1 + \frac{\varkappa_2^2}{\cos^4 r}}\, e^{-\frac{q_2'' z}{\cos r}} e^{i(pt - q_2'[y\sin r + z\cos r] + \delta_{ds} - \psi)}, \\ &\qquad \mathfrak{H}_{dz} = -D_s \frac{n_2}{\mu_2} \sin r \cdot e^{-\frac{q_2'' z}{\cos r}} e^{i(pt - q_2'[y\sin r + z\cos r] + \delta_{ds})}, \end{aligned}\right\} \tag{114}$$

wobei $\operatorname{tg}\psi = \varkappa_2/\cos^2 r$ ist.

Die Werte für die Amplituden R_s und D_s und die Phasenänderungen δ_{rs} und δ_{ds} ergeben sich wieder aus den Grenzbedingungen. Es muß sein für $z = 0$:

$$\mathfrak{E}_{ex} + \mathfrak{E}_{rx} = \mathfrak{E}_{dx}, \qquad \mathfrak{H}_{ey} + \mathfrak{H}_{ry} = \mathfrak{H}_{dy}, \qquad \mu_1(\mathfrak{H}_{ez} + \mathfrak{H}_{rz}) = \mu_2 \mathfrak{H}_{dz}.$$

Sollen diese Bedingungen für alle Werte von y erfüllt sein, so muß sich der y enthaltende Faktor herausheben; also muß

$$\sin i = \sin i_r \quad \text{und} \quad q_1' \sin i = q_2' \cdot \sin r,$$

d. h.

$$i_r = i \quad \text{und} \quad \frac{\sin i}{\sin r} = \frac{\lambda_1}{\lambda_2} = \frac{n_2}{n_1} = n$$

sein, wenn n den Brechungsexponenten der beiden Mittel gegeneinander, n_1 und n_2 die Brechungsexponenten gegen den leeren Raum bedeuten. Damit ist das Spiegelungs- und das Brechungsgesetz ausgedrückt. Dann nehmen die

Grenzbedingungen folgende Form an, wenn für die Phasenänderung ψ gleich die komplexe Amplitude geschrieben wird:

$$\left.\begin{aligned} &E_s + R_s e^{i\delta_{rs}} = D_s \cdot e^{i\delta_{ds}}, \\ &(E_s - R_s e^{i\delta_{rs}}) \frac{n_1}{\mu_1} \cos i = D_s \frac{n_2}{\mu_2} \cos r \left(1 - i \frac{\varkappa_2}{\cos^2 r}\right) \cdot e^{i\delta_{ds}}, \\ &(E_s + R_s e^{i\delta_{rs}}) n_1 \sin i = D_s n_2 \sin r \cdot e^{i\delta_{ds}}, \end{aligned}\right\} \quad (115)$$

also:

$$\mathfrak{a} = 1, \qquad \mathfrak{b} = 0, \qquad \mathfrak{c} = \frac{n_2}{n_1} \cdot \frac{\mu_1}{\mu_2} \frac{\cos r}{\cos i}, \qquad \mathfrak{d} = \frac{n_2}{n_1} \frac{\mu_1}{\mu_2} \frac{\varkappa_2}{\cos i \cos r}.$$

Die letzte der Gleichungen (115) ist wegen des Brechungsgesetzes mit der ersten identisch. Aus den beiden anderen ergeben sich, wenn zur Vereinfachung $\mu_1 = \mu_2$ angenommen wird, die Werte:

$$\left.\begin{aligned} R_s &= -E_s \frac{\sin(i-r)}{\sin(i+r)} \sqrt{\frac{1 + \dfrac{\varkappa_2^2 \sin^2 i}{\cos^2 r \sin^2(i-r)}}{1 + \dfrac{\varkappa_2^2 \sin^2 i}{\cos^2 r \sin^2(i+r)}}}, \\ D_s &= E_s \frac{2 \cos i \sin r}{\sin(i+r)} \frac{1}{\sqrt{1 + \dfrac{\varkappa_2^2 \sin^2 i}{\cos^2 r \sin^2(i+r)}}}, \\ \operatorname{tg} \delta_{rs} &= -\varkappa_2 \frac{2 \sin i \cos i \sin r \cos r}{\sin(i+r)\sin(i-r)\cos^2 r + \varkappa_2^2 \sin^2 i}, \\ \operatorname{tg} \delta_{ds} &= \varkappa_2 \frac{\sin i}{\sin(i+r)\cos r}. \end{aligned}\right\} \quad (116)$$

Es ist leicht zu ersehen, daß sämtliche Formeln für senkrechten Einfall ($i = r = 0$) in die Formeln (107) übergehen.

55. Spiegelung und Brechung bei schiefem Einfall. Zweiter Fall: Die elektrische Schwingung parallel zur Einfallsebene. Amplituden und Phasenänderungen sollen in diesem Falle durch den Index p gekennzeichnet werden. Die einfallende Welle ist durch das Gleichungssystem gegeben:

$$\left.\begin{aligned} &\mathfrak{E}_{ex} = 0, \qquad \mathfrak{E}_{ey} = E_p \cos i \, e^{i[pt - q_1'(y \sin i + z \cos i)]}, \\ &\qquad\qquad\quad \mathfrak{E}_{ez} = -E_p \sin i \, e^{i[pt - q_1'(y \sin i + z \cos i)]}, \\ &\mathfrak{H}_{ex} = -E_p \cdot \frac{n_1}{\mu_1} e^{i[pt - q_1'(y \sin i + z \cos i)]}, \qquad \mathfrak{H}_{ey} = 0, \qquad \mathfrak{H}_{ez} = 0; \end{aligned}\right\} \quad (117)$$

die zurückgeworfene Welle entsprechend durch die Gleichungen

$$\left.\begin{aligned} &\mathfrak{E}_{rx} = 0, \qquad \mathfrak{E}_{ry} = R_p \cos i_r e^{i[pt - q_1'(y \sin i_r - z \cos i_r) + \delta_{rp}]}, \\ &\qquad\qquad\quad \mathfrak{E}_{rz} = R_p \sin i_r e^{i[pt - q_1'(y \sin i_r - z \cos i_r) + \delta_{rp}]}, \\ &\mathfrak{H}_{rx} = R_p \frac{n_1}{\mu_1} e^{i[pt - q_1'(y \sin i_r - z \cos r_r) + \delta_{rp}]}; \qquad \mathfrak{H}_{ry} = 0, \qquad \mathfrak{H}_{rz} = 0. \end{aligned}\right\} \quad (118)$$

Die durchgehende Welle ist wieder inhomogen; aber der elektrische Vektor liegt jetzt in der Richtung der Inhomogenität. Es muß daher das Gleichungssystem (99) auf die gebrochene Welle angewandt werden. Für die Übertragung gelten die gleichen Formeln der Koordinatenumwandlung wie oben. Aber es ist jetzt

$$\mathfrak{E}_{dy} = \mathfrak{E}_l \cos r + \mathfrak{E}_n \sin r \qquad \text{und} \qquad \mathfrak{E}_{dz} = -\mathfrak{E}_l \sin r + \mathfrak{E}_n \cos r.$$

Dann ergibt die Ausrechnung für die gebrochene Welle, wenn die Phasenänderungen δ_e und δ_m gleich als komplexe Amplituden geschrieben werden, das Gleichungssystem:

$$\left.\begin{aligned}
&\mathfrak{E}_{dx} = 0\,, \quad \mathfrak{E}_{dy} = D_p \cos r \frac{1 + \frac{\varkappa_2^2}{\cos^2 r} - i\varkappa_2 \operatorname{tg}^2 r}{1+\varkappa_2^2} e^{-\frac{q_2'' z}{\cos r}} e^{i[pt - q_2'(y \sin r + z\cos r) + \delta_{dp}]}\,,\\
&\mathfrak{E}_{dz} = -D_p \sin r \frac{1 + i\varkappa_2}{1+\varkappa_2^2} e^{-\frac{q_2'' z}{\cos r}} e^{i[pt - q_2'(y \sin r + z\cos r) + \delta_{dp}]}\,,\\
&\mathfrak{H}_{dx} = -D_p \frac{n_2}{\mu_2} \frac{1 + \varkappa_2^2 - \varkappa_2^2 \operatorname{tg}^2 r - i\varkappa_2\left(1 + \frac{\varkappa_2^2}{\cos^2 r}\right)}{1+\varkappa_2^2} e^{-\frac{q_2'' z}{\cos r}} e^{i[pt - q_2'(y \sin r + z\cos r) + \delta_{dp}]}\,,\\
&\mathfrak{H}_{dy} = 0; \quad \mathfrak{H}_{dz} = 0\,.
\end{aligned}\right\}\quad(119)$$

Die Grenzbedingungen lauten in diesem Falle

$$\mathfrak{E}_{ey} + \mathfrak{E}_{ry} = \mathfrak{E}_{dy}; \qquad \varepsilon_1 \frac{\partial \mathfrak{E}_{ez}}{\partial t} + \varepsilon_1 \frac{\partial \mathfrak{E}_{rz}}{\partial t} = \varepsilon_2 \frac{\partial \mathfrak{E}_{dz}}{\partial t} + 4\pi\sigma_2 \mathfrak{E}_{dz}; \qquad \mathfrak{H}_{ex} + \mathfrak{H}_{rx} = \mathfrak{H}_{dx}\,.$$

Für $z = 0$ muß dann wieder, damit die Gleichungen für alle Werte von y erfüllt werden, $i = i_r$ und $\sin i/\sin r = n$ sein, und man erhält zur Bestimmung der Amplituden und Phasenänderungen die Gleichungen:

$$\left.\begin{aligned}
E_p + R_p e^{i\delta_{rp}} &= D_p e^{i\delta_{dp}} \frac{\cos r}{\cos i} \frac{1 + \frac{\varkappa_2^2}{\cos^2 r} - i\varkappa_2 \operatorname{tg}^2 r}{1+\varkappa_2^2}\,,\\
E_p - R_p e^{i\delta_{rp}} &= D_p e^{i\delta_{dp}} \frac{\varepsilon_2}{\varepsilon_1} \frac{\sin r}{\sin i} \frac{1 - i\varkappa_2}{1+\varkappa_2^2}\left(1 - i\frac{2\sigma\tau}{\varepsilon_2}\right),\\
E_p - R_p e^{i\delta_{rp}} &= D_p e^{i\delta_{dp}} \frac{\mu_1}{\mu_2} \frac{n_2}{n_1} \frac{1 + \varkappa_2^2 - \varkappa_2^2 \operatorname{tg}^2 r - i\varkappa_2(1 + \varkappa_2^2 + \varkappa_2^2 \operatorname{tg}^2 r)}{1+\varkappa_2^2}
\end{aligned}\right\}\quad(120)$$

Von diesen Gleichungen erweist sich die zweite als mit der dritten identisch, wenn man in ihr für ε und $\sigma\tau$ die aus den Gleichungen (97) sich ergebenden Werte einsetzt. Die Symbole der allgemeinen Lösung in Ziff. 53 sind in diesem Falle:

$$\mathfrak{a} = \frac{\cos^2 r + \varkappa_2^2}{\cos i \cdot \cos r \cdot (1+\varkappa_2^2)}\,; \qquad \mathfrak{b} = \frac{\varkappa_2 \cdot \sin^2 r}{\cos i \cos r\,(1+\varkappa_2^2)}\,;$$

$$\mathfrak{c} = \frac{\sin i}{\sin r} \frac{1 + \varkappa_2^2 - \varkappa_2^2 \operatorname{tg}^2 r}{1+\varkappa_2^2}\,; \qquad \mathfrak{d} = \varkappa_2 \frac{\sin i}{\sin r} \frac{1 + \varkappa_2^2 + \varkappa_2^2 \operatorname{tg}^2 r}{1+\varkappa_2^2}\,.$$

Die Formeln, die sich hieraus für die Amplituden und die Phasenänderungen ergeben, sind außerordentlich umfangreich. Um sie übersichtlich zu gestalten mögen noch folgende Abkürzungen eingeführt werden:

$$\left.\begin{aligned}
A &= \sin(i+r)\cos(i-r)\cos^2 r + \varkappa_2^2[\sin(i+r)\cos(i-r) - 2\sin i\cos i\sin^2 r]\\
B &= -\cos(i+r)\sin(i-r)\sin^2 r + (1+\varkappa_2^2)\sin i\cos i\\
C &= -\cos(i+r)\sin(i-r)\cos^2 r - \varkappa_2^2[\cos(i+r)\sin(i-r) - 2\sin i\cos i\sin^2 r]\\
D &= \sin(i+r)\cos(i-r)\sin^2 r - (1+\varkappa_2^2)\sin i\cos i\,.
\end{aligned}\right\}\quad(121)$$

Dann lauten die Werte der Amplituden und der Phasenänderungen:

$$\left.\begin{aligned}
R_p &= -E_p\sqrt{\frac{C^2+\varkappa_2^2 D^2}{A^2+\varkappa_2^2 B^2}} = -E_p\sqrt{\frac{\cos^2(i+r)\sin^2(i-r)\cos^4 r+\varkappa_2^2\cdots}{\sin^2(i+r)\cos^2(i-r)\cos^4 r+\varkappa_2^2\cdots}}\,,\\
D_p &= E_p\frac{2\cos i\sin r\cos r(1+\varkappa_2^2)}{\sqrt{A^2+\varkappa_2^2 B^2}}\,,\\
\operatorname{tg}(\delta_{dp}-\delta_{rp}) &= \varkappa_2\frac{D}{C}\,,\\
\operatorname{tg}\delta_{dp} &= \varkappa_2\frac{B}{A}\,;\qquad \operatorname{tg}\delta_{rp}=\varkappa_2\frac{BC-AD}{AC+\varkappa_2^2 BD}\,.
\end{aligned}\right\}\quad(122)$$

Auch diese Formeln gehen selbstverständlich in die Formeln (107) für den senkrechten Einfall über, wenn man $i = r = 0$ werden läßt.

56. Die Erhaltung der Energie beim Grenzübergang. Bei der Behandlung des senkrechten Einfalls ist der Satz nachgewiesen worden, daß die Energie der einfallenden Welle sich beim Grenzübergang ohne Verlust in die Energie der zurückgeworfenen und der in das andere Mittel eindringenden Welle aufspaltet. Will man die Richtigkeit dieses Satzes für den schiefen Einfall prüfen, so muß man berücksichtigen, daß die auf eine Fläche S der Grenzebene auffallende Energieströmung der einfallenden ebenen Welle in einem auf der Wellenebene senkrecht stehenden Zylinder vom Querschnitt $S\cdot\cos i$ enthalten ist, desgleichen die in der reflektierten Welle von der Grenzebene fortgehende Energie. In der gebrochenen Welle aber ist die Energieströmung, wie oben in Ziff. 47 auseinandergesetzt worden ist, im allgemeinen eine doppelte, eine Strömung in Richtung der Normale der Phasenebene (dort $\mathfrak{S}_z$, hier entsprechend der obigen Festsetzung mit $\mathfrak{S}_n$ zu bezeichnen) und eine dazu senkrechte Strömung, ($\mathfrak{S}_y$, hier $\mathfrak{S}_l$ genannt). Für die erste ist der Querschnitt $S\cdot\cos r$, für die zweite $S\cdot\sin r$. Bezeichnet man daher den für die Dauer einer Schwingung gerechneten Energiestrom in der einfallenden Welle mit $\overline{\mathfrak{S}}_e$, in der zurückgeworfenen mit $\overline{\mathfrak{S}}_r$, so lautet die Energiegleichung:

$$\overline{\mathfrak{S}}_e\cos i = \overline{\mathfrak{S}}_r\cos i + \overline{\mathfrak{S}}_n\cos r + \overline{\mathfrak{S}}_l\sin r,$$

wobei, wie eine einfache Überlegung zeigt, für die von der Grenzfläche fortgehende Strömung $\mathfrak{S}_l$ nicht mit dem negativen Vorzeichen von $\mathfrak{S}_y$, sondern mit positivem Vorzeichen einzusetzen ist. Liegt die elektrische Schwingung senkrecht zur Einfallsebene, so ist nach (100a) $\overline{\mathfrak{S}}_l = 0$, und die Energiegleichung nimmt für $z = 0$ die einfache Form an:

$$E_s^2 = R_s^2 + D_s^2 n\frac{\cos r}{\cos i}\,. \tag{123a}$$

Liegt der elektrische Vektor in der Einfallsebene, so lautet die Gleichung nach (100b):

$$E_p^2 = R_p^2 + D_p^2 n\frac{\cos r}{\cos i}\,\frac{1+\dfrac{\varkappa_2^2}{\cos^2 r}}{1+\varkappa^2}\,. \tag{123b}$$

Beide Gleichungen sind erfüllt, wenn man die oben gefundenen Werte von R_s und D_s bzw. R_p und D_p in sie einsetzt.

Born und Ladenburg[1]) haben darauf aufmerksam gemacht, daß der Satz von der Erhaltung der Energie beim Grenzübergange aus der elektromagnetischen Lichttheorie in Strenge nicht abzuleiten sei, wenn der Vorgang der Reflexion nicht, wie oben vorausgesetzt, in einem durchsichtigen, sondern in einem absorbierenden Mittel stattfände, auch dann nicht, wenn das zweite Mittel ein nicht absorbierendes ist. Sie stellen die Gleichung für den Poyntingschen Vektor

---

[1]) M. Born und R. Ladenburg, Phys. ZS. Bd. 12, S. 198. 1911.

auf für den Fall einer in einem absorbierenden Mittel senkrecht auf die Grenzebene einfallenden ebenen, geradlinig schwingenden Lichtwelle und zeigen, daß der Strahlvektor in dem Mittel, in dem sich einfallender und reflektierter Strahl übereinander lagern, aus einer Summe von drei Vektoren besteht, aus dem dem Strahlvektor $\mathfrak{S}_e$ des einfallenden Strahles, dem Strahlvektor $\mathfrak{S}_r$ des reflektierten Strahles, und einem dritten Gebilde $\mathfrak{S}_{er}$, das dadurch zustande kommt, daß in dem Integral, das die Strahlung in diesem Mittel darstellt, das Produkt $\mathfrak{E}_x \cdot \mathfrak{H}_y$ infolge der Übereinanderlagerung der beiden Strahlen zu schreiben ist:

$$\mathfrak{E}_x \cdot \mathfrak{H}_y = (\mathfrak{E}_{ex} + \mathfrak{E}_{rx})(\mathfrak{H}_{ey} + \mathfrak{H}_{ry}) = \mathfrak{E}_{ex}\mathfrak{H}_{ey} + \mathfrak{E}_{rx}\mathfrak{H}_{ry} + [\mathfrak{E}_{rx}\mathfrak{H}_{ey} + \mathfrak{E}_{ex}\mathfrak{H}_{ry}].$$

Aus den in der eckigen Klammer stehenden Gliedern ergibt sich der Summand $\mathfrak{S}_{er}$, der für die Grenzebene $z = 0$ den Betrag $\frac{\lambda_0}{4\pi} n_1 \varkappa_1 R \sin\delta_r$ in der hier benutzten Schreibweise annehmen würde. Da nun an der Grenze die Strahlung im ersten Mittel gleich der Strahlung im zweiten Mittel sein muß, also

$$\mathfrak{S}_e - \mathfrak{S}_r + \mathfrak{S}_{er} = \mathfrak{S}_d,$$

so ist $\mathfrak{S}_e - \mathfrak{S}_r = \mathfrak{S}_d$ nur, wenn $\mathfrak{S}_{er} = 0$ ist. Das ist aber im allgemeinen nicht der Fall, würde es nur sein, wenn $\varkappa_1 = 0$ ist.

57. Die Veränderlichkeit des Brechungsexponenten und des Absorptionsindex mit dem Einfallswinkel. Die Gleichungen (97) besagen, daß bei einer inhomogenen Welle die Fortpflanzungsgeschwindigkeit bzw. ihr Verhältnis zur Lichtgeschwindigkeit im leeren Raume, also der Brechungsexponent, und die Absorption von dem Grade der Inhomogenität abhängen, nämlich von der Größe b^2, die dem zweiten Differentialquotienten der Amplitude längs der Richtung des Gradienten der Amplitude in der Wellenebene proportional ist. In den vorstehend behandelten Fällen ist $b^2 = q_2''^2 \mathrm{tg}^2 r$, ist also vom Brechungswinkel r abhängig; also ist die Inhomogenität mit dem Einfallswinkel veränderlich. Daraus folgt, daß beim Übertritt des Lichtes aus einem isolierenden in ein leitendes Mittel Brechungsexponent und Absorptionsindex vom Einfallswinkel abhängig sind, das SNELLIUSsche Brechungsgesetz also nicht mehr gültig ist. Es soll nun das mit dem Einfallswinkel veränderliche Verhältnis $\sin i/\sin r$, d. h. das Verhältnis n_2/n_1, mit n_i bezeichnet werden, dagegen das Verhältnis der Lichtgeschwindigkeiten für homogene Wellen in den beiden Mitteln, also der Wert von n_i für senkrechten Einfall, mit n_0, entsprechend $\varkappa_2$ mit $\varkappa_i$ und $\varkappa_0$. Dann lauten die Gleichungen (97):

$$n_i^2\left(1 - \frac{\varkappa_i^2}{\cos^2 r}\right) = n_0^2(1 - \varkappa_0^2) \quad \text{und} \quad n_i^2\varkappa_i = n_0^2\varkappa_0,$$

woraus folgt:

$$\left.\begin{aligned} n_i^2 &= \frac{1}{2}\left[n_0^2(1 - \varkappa_0^2) + \sqrt{n_0^4(1 + \varkappa_0^2)^2 + 4n_0^4\varkappa_0^2 \mathrm{tg}^2 r}\right]; \\ \varkappa_i &= \frac{-(1 - \varkappa_0^2)\cos^2 r + \sqrt{(1 - \varkappa_0^2)^2\cos^4 r + 4\varkappa_0^2\cos^2 r}}{2\varkappa_0}. \end{aligned}\right\} \tag{124}$$

Führt man statt des Brechungswinkels r den Einfallswinkel i ein, ersetzt also $\cos^2 r$ durch $(n_i^2 - \sin^2 i)/n_i^2$, so drückt sich die Abhängigkeit der Größen n_i und $\varkappa_i$ von dem Einfallswinkel durch die Größen n_0, $\varkappa_0$ und $\sin i$ mittels der Formeln aus:

$$n_i^2 = \frac{1}{2}\left[n_0^2(1 - \varkappa_0^2) + \sin^2 i + \sqrt{4n_0^4\varkappa_0^2 + [n_0^2(1 - \varkappa_0^2) - \sin^2 i]^2}\right]; \quad \varkappa_i = \frac{n_0^2\varkappa_0}{n_i^2}, \tag{125}$$

und die Beziehung zwischen r und i, das Brechungsgesetz, läßt sich in der Form schreiben:

$$\operatorname{ctg} r = \sqrt{L + \sqrt{L^2 + \frac{n_0^4 \varkappa_0^2}{\sin^4 i}}}\,, \tag{126}$$

wenn

$$L = \frac{1}{2}\left\{\frac{n_0^2(1-\varkappa_0^2)}{\sin^2 i} - 1\right\}$$

gesetzt wird. Diese Formel geht für $\varkappa_0 = 0$ in das Snelliussche Brechungsgesetz über.

Die Formel (125) ist zuerst von Ketteler aus den Cauchyschen Ansätzen für die Metallreflexion abgeleitet worden[1]). In seiner Theoretischen Optik hat, er dann beide Gleichungen (124) und (125) aus seinen Hauptgleichungen der Theorie absorbierender Mittel entwickelt (s. oben Ziff. 49, Theoretische Optik S. 126 und 196). Auch Wernicke hat die Gleichung (125) aus der elastischen Lichttheorie abgeleitet[2]), ebenso Kirchhoff[3]). Wernicke macht dabei die Bemerkung, daß sich diese Formeln aus sämtlichen bisher aufgestellten Differentialgleichungen der Lichtbewegung ergeben. Aus der allgemeinen Theorie der inhomogenen Wellen von H. A. Lorentz (s. Ziff. 49) haben endlich Du Bois und Rubens die Formel für n_i noch einmal abgeleitet[4]). Diese letzten Arbeiten wurden durch die experimentellen Untersuchungen von D. Shea veranlaßt[5]), dessen genaue Messungen der Brechung des Lichtes durch Metallprismen die völlige Übereinstimmung der Formel für n_i mit der Erfahrung ergaben[6]). Aber diese Tatsache darf nicht etwa als ein Beweis zugunsten der elektromagnetischen Lichttheorie gedeutet werden. Denn einerseits ist die aus der elektromagnetischen Theorie folgende Beziehung $n_0^2\varkappa_0 = \mu\sigma\tau$ für Wellenlängen des roten Lichtes ($\lambda = 0{,}64 \cdot 10^{-4}$ cm), wie sie Shea benutzt hat, überhaupt nicht mehr gültig, wie schon aus den Ausführungen in Ziff. 44 und 46 hervorgeht. Andererseits aber folgt aus den Arbeiten von Wernicke und H. A. Lorentz, daß der Formel (125) eine weit allgemeinere Bedeutung zukommt, als es nach ihrer hier gegebenen Ableitung aus den Grundlagen der elektromagnetischen Theorie erscheinen könnte.

Schon Wernicke hat darauf aufmerksam gemacht, welch eigentümlichen Verlauf der Brechungsexponent nach Formel (125) nimmt, wenn n_0 klein ist, während für große Werte von n_0 die Abweichungen vom Snelliusschen Brechungsgesetz gering sind. Um diese Verhältnisse zu veranschaulichen, sind in der unten folgenden Tabelle die Werte von n_i zusammengestellt, die sich für die Metalle Fe, Pt, Cu, Ag und Au ergeben, wenn man sie nach Formel (125) berechnet unter Benutzung der Werte von n_0, die Shea aus seinen Beobachtungen der Brechung in Metallprismen abgeleitet hat, und der Werte von $n_0\varkappa_0$, die von Rathenau direkt und von Rubens durch Reflexionsmessungen ermittelt worden sind[7]):

---

1) E. Ketteler, Verh. des naturhist. Vereins d. preuß. Rheinlande und Westfalens Bd. 32, S. 70. 1875; Carls Rep. Bd. 16, S. 261. 1880.

2) W. Wernicke, Pogg. Ann. Bd. 159, S. 198. 1876; Wied. Ann. Bd. 3, S. 126. 1878.

3) Kirchhoff, Vorlesungen über math. Optik. S. 183. Leipzig: B. G. Teubner 1891.

4) H. E. I. G. du Bois und H. Rubens, Wied. Ann. Bd. 47, S. 203. 1892.

5) D. Shea, Wied. Ann. Bd. 47, S. 177. 1892.

6) Auch R. B. Wilsey fand bei Messung der Reflexionskoeffizienten von Metallen die Kettelerschen Gleichungen für n_i und $\varkappa_i$ gut bestätigt. Phys. Rev. Bd. 8, S. 391. 1910.

7) Es sei hinsichtlich der Literatur auf die Arbeit von Shea verwiesen. Die Zahlen für Pt und Fe sind bei Shea etwas größer angegeben als in der obigen Tabelle. Wiederholte Nachrechnung mit den von Shea benutzten Grundwerten hat die obigen Zahlen ergeben.

Tabelle 1.

	Fe	Pt	Cu	Ag	Au
$n_0 =$	3,03	1,99	0,48	0,35	0,26
$n_0 \varkappa_0 =$	1,78	2,03	2,61	1,79	2,16

Übersicht über die Veränderlichkeit von n_i mit i.

	$i=0°$	10°	20°	30°	40°	50°	60°	70°	80°	90°
Fe	3,03	3,04	3,04	3,04	3,05	3,06	3,06	3,07	3,07	3,07
Pt	1,99	2,00	2,01	2,02	2,04	2,07	2,09	2,11	2,12	2,12
Cu	0,48	0,51	0,59	0,69	0,79	0,89	0,98	1,04	1,08	1,10
Ag	0,35	0,39	0,49	0,60	0,72	0,83	0,92	0,99	1,03	1,05
Au	0,26	0,31	0,43	0,56	0,69	0,80	0,90	0,97	1,01	1,03

Abb. 10 gibt den Verlauf von n_i in der Abhängigkeit vom Einfallswinkel graphisch wieder, ebenso Abb. 11 nach einer Darstellung von RUBENS und DU BOIS die Beziehung zwischen r und i. Zum Vergleich sind die dem SNELLIUSschen Brechungsgesetz entsprechenden Kurven für $n = 3/2$ und $n = 2/3$, ferner auch für $n =$ 0,48, 0,35 und 0,26 schraffiert eingetragen.

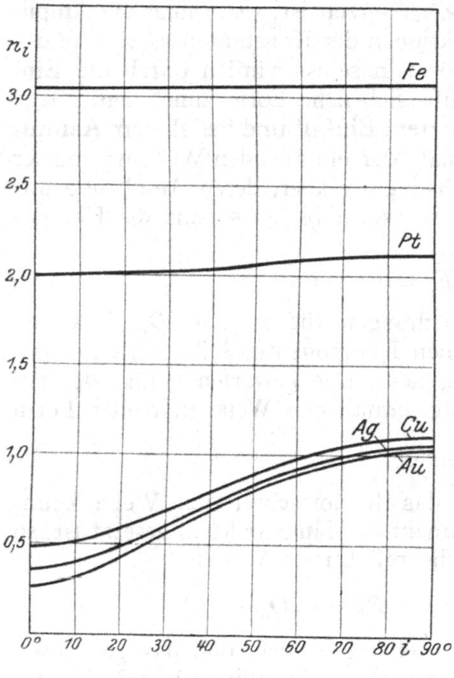

Abb. 10. Abhängigkeit des Brechungsexponenten vom Einfallswinkel.

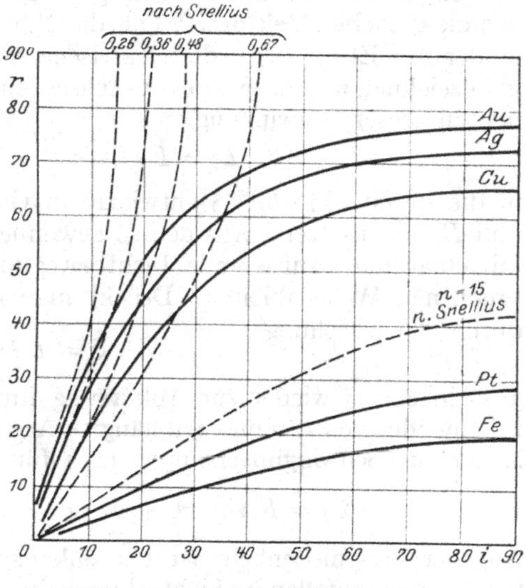

Abb. 11. Abhängigkeit des Brechungswinkels r vom Einfallswinkel i.

Bemerkenswert ist der Umstand, daß die Kurven für die drei Metalle, für die $n_0 < 1$ ist, durch die Linie $n_i = 1$ (in Abb. 11 durch die Diagonale des Koordinatennetzes, d. h. durch die Linie $r = i$) hindurchgehen. Die Abszisse des Schnittpunktes ist, wie aus (124) leicht abzuleiten ist, indem man $n_i = 1$ setzt, durch die Gleichung

$$\sin^2 i = 1 - \frac{n_0^4 \varkappa_0^2}{1 + n_0^2 \varkappa_0^2 - n_0^2}$$

gegeben[1]). Es gibt also für diese Metalle zwei Inzidenzen, für die das Licht ungebrochen in das Metall eintritt, erstens die senkrechte und zweitens die durch die letzte Gleichung bestimmte. Die Werte dieser Einfallswinkel betragen für

[1]) Auch diese Formel ist bereits von KETTELER in der ersten der obengenannten Arbeiten abgeleitet worden. Man beachte auch daselbst seine Bemerkungen über die experimentellen Untersuchungen, die QUINCKE an Silber über diese Frage angestellt hat.

Cu 62,9°, Ag 71,9°, Au 76,2°. Für die Metalle Fe und Pt mit hohem Brechungsexponenten sind die Abweichungen vom SNELLIUSschen Brechungsgesetz so gering, wie aus Abb. 10 zu ersehen ist, daß sie sich in Abb. 11 nicht darstellen ließen. Für die Metalle mit Brechungsexponenten kleiner als 1 dagegen läßt die mit wachsendem i stetig in außerordentlichem Maße zunehmende Abweichung der beiden Kurven (für n_i und für n_0 nach SNELLIUS) voneinander den Einfluß der Absorption auf den ganzen Vorgang in besonders anschaulicher Weise erkennen. Dieser Einfluß ist es auch, der es bei diesen Metallen, obwohl ihr Brechungsexponent n_0 kleiner als der des äußeren Mittels ist, zu keiner totalen Reflexion kommen läßt; die nach Gleichung (124) gezeichneten Kurven erreichen nicht den streifenden Eintritt $r = 90°$.

Es ist selbstverständlich, daß die hier entwickelten Beziehungen zwischen r und i in den Formeln für die Amplituden und die Phasenänderungen der zurückgeworfenen und der gebrochenen Wellen berücksichtigt werden müssen, ebenso wie für $\varkappa_2$ der mit i veränderliche Wert $\varkappa_i$ zu setzen ist, wenn man die Amplituden und die Phasenänderungen als Funktionen der Konstanten n_0, $\varkappa_0$ und des Einfallswinkels i ausdrücken will. Die Formeln selbst würden durch die Einführung dieser Beziehungen eine sehr unübersichtliche Form annehmen.

58. Spiegelung und Brechung bei schiefem Einfall und beliebigem Azimut des elektrischen Vektors. Wenn die Normale der einfallenden Welle wie bisher in der YZ-Ebene liegt, die elektrische Schwingung aber, deren Amplitude mit E bezeichnet werde, mit der X-Achse den Winkel α bildet, so sind die Komponenten dieser Schwingung

$$E_s = E \cdot \cos\alpha\,, \qquad E_p = E \cdot \sin\alpha \tag{127}$$

in die in Ziff. 54 und 55 entwickelten Gleichungen für R_s und D_s, bzw. R_p und D_p einzusetzen. Aus den so gewonnenen Komponenten läßt sich dann unmittelbar die resultierende Lichtbewegung der zurückgeworfenen und der gebrochenen Welle ableiten. Drückt man die einfallende Welle in reeller Form durch die Gleichung

$$\mathfrak{E} = E \cdot \sin\Theta$$

aus, in der Θ wieder zur Abkürzung für das die fortschreitende Welle kennzeichnende, von t, y und z abhängige Argument der Sinusfunktion gesetzt ist, so lauten die Schwingungskomponenten für die reflektierte Welle:

$$\mathfrak{E}_{rs} = R_s \sin(\Theta_r + \delta_{rs})\,, \qquad \mathfrak{E}_{rp} = R_p \cdot \sin(\Theta_r + \delta_{rp})\,.$$

Aus der Verschiedenheit der Phasenkonstanten ergibt sich, daß das geradlinig polarisierte einfallende Licht durch die Spiegelung in elliptisch polarisiertes umgewandelt wird. Die Gleichungen der Schwingungsellipse lassen sich nach Gleichung (12) in Ziff. 16 ohne weiteres hinschreiben:

$$\left(\frac{\mathfrak{E}_{rs}}{R_s}\right)^2 + \left(\frac{\mathfrak{E}_{rp}}{R_p}\right)^2 - 2\frac{\mathfrak{E}_{rs}}{R_s}\frac{\mathfrak{E}_{rp}}{R_p}\cos(\delta_{rp} - \delta_{rs}) = \sin^2(\delta_{rp} - \delta_{rs})\,, \tag{128}$$

Diese Gleichung geht in die Normalform über, wenn die Phasendifferenzen der beiden Komponenten $= \pi/2$ sind. Die Achsen der Ellipse liegen dann in der Einfallsebene und senkrecht zu ihr. Der Einfallswinkel, der durch die Bedingung $\delta_{rp} - \delta_{rs} = \pi/2$ gegeben ist, wird der Haupteinfallswinkel genannt, das Achsenverhältnis der Ellipse des unter diesem Winkel zurückgeworfenen Strahles das Hauptazimut. Gemäß den Feststellungen in Ziff. 16 wird die Ellipse für ein dem Strahl entgegenblickendes Auge rechtsherum, im Uhrzeigersinne, durchlaufen, wenn $\Delta = \delta_p - \delta_s$ zwischen 0 und $+\pi$ liegt, linksherum, entgegen dem Uhrzeigersinne, wenn Δ zwischen 0 und $-\pi$ liegt.

Für die gebrochene Welle gelten ähnliche Betrachtungen; doch sind die Verhältnisse verwickelter, weil hier auch schon zwischen den beiden Komponenten, aus denen der Ausdruck für $\mathfrak{E}_{dp}$ zu bilden ist, eine Phasendifferenz besteht. Die betreffenden Formeln ausführlich zu entwickeln, dürfte zu weit führen. Ich beschränke mich auf die Behandlung der beiden Sonderfälle $\varkappa_2 = 0$ und $\varkappa_2 = 1$.

f. Spiegelung und Brechung an Isolatoren.

59. Der Sonderfall $\varkappa_2 = 0$. Die FRESNELschen Formeln. Ist nicht bloß das 1. sondern auch das 2. Mittel ein Isolator, also $\varkappa_2 = 0$, so sind nach (116) und (122) sämtliche Phasenänderungen, δ_{rs}, δ_{ds}, δ_{rp}, $\delta_{dp} = 0$. Für die Amplituden der zurückgeworfenen und der durchgelassenen Welle ergeben sich aus (116) und (122) die Formeln:

$$\left.\begin{aligned} R_s &= -E_s \frac{\sin(i-r)}{\sin(i+r)}, & D_s &= E_s \frac{2\cos i \sin r}{\sin(i+r)}, \\ R_p &= -E_p \frac{\operatorname{tg}(i-r)}{\operatorname{tg}(i+r)}, & D_p &= E_p \cdot \frac{2\cos i \sin r}{\sin(i+r)\cos(i-r)}. \end{aligned}\right\} \qquad (129)$$

Dies sind die zuerst von FRESNEL aus elastisch-mechanischen Vorstellungen abgeleiteten Formeln. Sie gehen für $i = r = 0$ in die Formeln (108) über. Das negative Vorzeichen von R zeigt wieder, daß die elektrische Kraft bei der Zurückwerfung am dichteren Mittel (Mittel von höherer Dielektrizitätskonstanten, $i > r$) ihr Vorzeichen umkehrt. Das gilt bei R_s für alle Einfallswinkel, bei R_p nur, solange $i + r < \pi/2$ ist. Für $i + r = \frac{\pi}{2}$ geht R_p durch 0 hindurch und wechselt das Vorzeichen. Für streifenden Einfall $\left(i = \frac{\pi}{2}\right)$ ist $D_s = D_p = 0$, $R_s = -1$, $R_p = +1$. Der ganze Verlauf der 4 Funktionen ist für $n = 1{,}5$ in der Tabelle 2 zahlenmäßig angegeben und in der Abb. 12 graphisch dargestellt. Dabei sind für R_s und R_p die absoluten Zahlenwerte, ohne Rücksicht auf das Vorzeichen, dargestellt worden[1]). Eine Darstellung der Funktionen R_s und R_p in Polarkoordinaten hat A. BEER gegeben[2]).

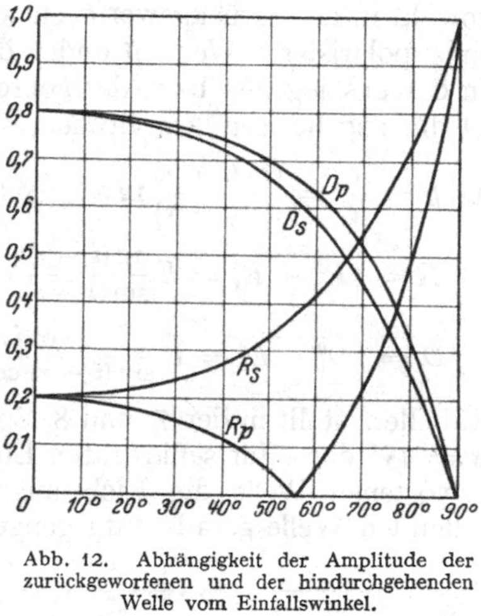

Abb. 12. Abhängigkeit der Amplitude der zurückgeworfenen und der hindurchgehenden Welle vom Einfallswinkel.

Die Veränderlichkeit des Brechungsexponenten mit dem Einfallswinkel verschwindet im Isolator; für $\varkappa_2 = 0$ geht Gleichung (124) in die Form $n_i = n_0$ über und das SNELLIUSsche Brechungsgesetz gilt in aller Strenge. Für denjenigen Einfallswinkel i_p, für den $R_p = 0$ wird, ist $r = \pi/2 - i$, also $\operatorname{tang} i_p = n$. Diese Formel enthält das von BREWSTER für den Polarisationswinkel aufgestellte Gesetz; der reflektierte und der gebrochene Strahl stehen bei diesem Einfallswinkel aufeinander senkrecht.

---

1) Bei dieser Art der Darstellung stoßen die beiden Äste der Kurve für R_p im Punkte $R_p = 0$ unter spitzem Winkel zusammen. Der Kurvenzug ist nicht abgerundet, wie es bei AUERBACH, „Physik in graphischen Darstellungen", Tafel 191, Leipzig: B. G. Teubner 1912, gezeichnet ist, da R_p ja an dieser Stelle nicht einen Minimalwert hat, sondern durch 0 hindurchgeht. Es sei auch besonders darauf aufmerksam gemacht, daß nur D_s aus E_s durch Subtraktion der Zahlenwerte von R_s berechnet werden kann, daß dagegen $D_p = (E_p - R_p)/n$ ist. Auch in dieser Beziehung ist die von AUERBACH gegebene Darstellung falsch.

2) A. BEER, Wien. Ber. (IIa). Bd. 21, S. 429. 1856.

Tabelle 2.

i	r	R_s	R_p	D_s	D_p	β für $\alpha = 45$	γ für $\alpha = 45°$
1	2	3	4	5	6	7	8
0	0° 0′	−0,200	−0,200	0,800	0,800	45° 0′	45° 0′
10	6° 39′	−0,204	−0,196	0,796	0,797	43° 49′	45° 3′
20	13° 11′	−0,217	−0,183	0,783	0,788	40° 7′	45° 12′
30	19° 28,5′	−0,240	−0,159	0,760	0,772	33° 27′	45° 29′
40	25° 22,5′	−0,278	−0,120	0,722	0,746	23° 18′	45° 57′
50	30° 43′	−0,335	−0,057	0,665	0,705	9° 42′	46° 39′
i_p = 56° 19′	33° 41′	−0,385	0,000	0,615	0,667	0° 0′	47° 18′
60	35° 16′	−0,420	+0,042	0,580	0,638	− 5° 46′	47° 45′
70	38° 47,5′	−0,547	+0,206	0,453	0,529	−20° 38′	49° 27′
80	41° 3′	−0,734	+0,487	0,266	0,342	−33° 33′	52° 8′
90	41° 49′	−1,000	+1,000	0,000	0,000	−45° 0′	56° 19′

60. Drehung der Schwingungsebene einer geradlinig polarisierten Welle durch Spiegelung und Brechung. Wenn die unter dem Winkel i einfallende Welle zwar geradlinig polarisiert ist, aber die elektrische Kraft, wie es in Ziff. 58 angenommen wurde, ein beliebiges Azimut α mit der X-Achse bildet, so ist in die Fresnelschen Formeln $E_s = E \cdot \cos\alpha$ und $E_p = E \cdot \sin\alpha$ einzusetzen.

Da die Phasenänderungen Null sind, so ist die resultierende Schwingung sowohl in der zurückgeworfenen wie in der durchgelassenen Welle wieder geradlinig polarisiert. Wenn β und γ die Winkel bedeuten, die die elektrische Kraft in der gespiegelten bzw. der gebrochenen Welle mit der X-Achse bildet, R und D die zugehörigen Amplituden, so ist:

$$\left.\begin{aligned}
\operatorname{tg}\beta &= \frac{R_p}{R_s} = \frac{\cos(i+r)}{\cos(i-r)}\operatorname{tg}\alpha, \qquad \operatorname{tg}\gamma = \frac{D_p}{D_s} = \frac{1}{\cos(i-r)}\operatorname{tg}\alpha.\\
R &= \sqrt{R_p^2 + R_s^2} = E\,\frac{\operatorname{tg}(i-r)}{\sin(i+r)}\sqrt{\cos^2(i-r)\cos^2\alpha + \cos^2(i+r)\sin^2\alpha}\,,\\
D &= \sqrt{D_p^2 + D_s^2} = E\,\frac{2\cos i\sin r}{\sin(i+r)\cos(i-r)}\sqrt{1 - \sin^2(i-r)\cos^2\alpha}\,.
\end{aligned}\right\} \tag{130}$$

Tabelle 2 stellt in der 7. und 8. Spalte den Verlauf von β und γ für $n = 1{,}5$ und $\alpha = 45°$ dar. Für senkrechten Einfall sind β und $\gamma = \alpha$; nur ist in der zurückgeworfenen Welle die Richtung der elektrischen Schwingungen der der einfallenden Welle gerade entgegengesetzt, was man auch dadurch zum Ausdruck bringen kann, daß man $\beta = \alpha + \pi$ setzt. Bei wachsendem Einfallswinkel dreht sich β mehr und mehr der zur Einfallsebene senkrechten Richtung zu, erreicht sie, wenn $i = i_p$ ist, und geht bei weiterem Wachsen des Einfallswinkels nach der anderen Seite darüber hinaus, bis bei streifendem Einfall die Schwingung wieder unter 45° zur Einfallsebene erfolgt. Abb. 13, die den Vorgang in annähernd perspektivischer Zeichnung darstellt, läßt erkennen, daß bei streifendem Einfall die Schwingung der zurückgeworfenen Welle wieder in derselben Geraden vor sich geht wie die der einfallenden Welle, doch mit entgegengesetzter Richtung. Daher kommt es, daß der an der Grenzebene streifend vorbeigehende und der streifend an ihr reflektierte Strahl sich aufheben, wenn sie sich übereinander lagern. Hierauf beruht die Besonderheit derjenigen Interferenzerscheinung, die man erhält, wenn man aus einem Lichtpunkt durch nahezu streifende Reflexion einen zweiten Lichtpunkt ableitet und die von beiden ausgehenden Strahlen sich

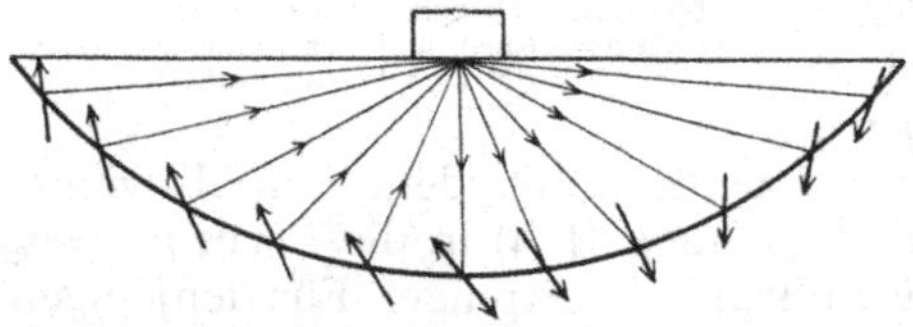

Abb. 13. Drehung der Schwingungsebene eines geradlinig polarisierten Lichtstrahles durch Reflexion.

überlagern läßt (LLOYDscher Interferenzversuch). Die beiden Lichtpunkte befinden sich in diesem Falle in entgegengesetztem Schwingungszustande, und das von der Mittelachse allerdings nur nach einer Seite hin sich ausbildende Streifensystem ist komplementär zu dem bei den FRESNELschen Doppelspiegeln oder dem Biprisma auftretenden Streifensystem. In der Mittelachse, die in die spiegelnde Ebene fällt, liegt nicht ein heller, sondern ein dunkler Streifen.

Die Erscheinungen sind stets die gleichen, gleichviel ob die Reflexion im dünneren Mittel am dichteren oder im dichteren am dünneren Mittel erfolgt. Dies hat schon QUINCKE experimentell festgestellt[1]), ebenso später E. MACH[2]) und P. V. BEVAN[3]). MACH hat die Bemerkung daran geknüpft, daß dieser LLOYDsche Versuch daher nicht als Beweis für die Umkehrung der Schwingungsrichtung bei der Reflexion am dichteren Mittel angesehen werden dürfe. Er hat dafür die Phasenverschiebung durch Versuche an JAMINschen Interferenzplatten studiert, bei denen die Reflexion nicht unter streifendem, sondern unter mittlerem Einfallswinkel stattfand; er stellte fest, daß das bei Reflexion in Luft beobachtete Streifensystem in das komplementäre überging, wenn er die Rückseite der einen Platte an Wasser, die der anderen Platte an Schwefelkohlenstoff grenzen ließ. Andere Versuche zu dieser Frage sind bereits oben Ziff. 52 erwähnt.

Den Brechungsexponenten eines durchsichtigen Mittels kann man aus Reflexionsbestimmungen ermitteln entweder nach dem BREWSTERschen Gesetz $\operatorname{tg} i_p = n$ durch Feststellung des Polarisationswinkels, oder nach der allgemeineren Beziehung, die sich für $\alpha = 45°$ aus der Gleichung für β ergibt,

$$n = \operatorname{tg} i \sqrt{\frac{1 - \cos 2i \sin 2\beta}{1 - \sin 2\beta}}, \tag{131}$$

durch Feststellung des Azimuts β, das die unter dem Einfallswinkel i reflektierte Schwingung annimmt, wenn das Azimut der einfallenden Schwingung $\alpha = 45°$ ist.

61. Spiegelung des natürlichen Lichtes. Polarisation durch Spiegelung. Ist das einfallende Licht natürliches, unpolarisiertes Licht, so kann nach den Ausführungen in Ziff. 21 auch hier die Zerlegung in die beiden Komponenten E_s und E_p vorgenommen werden; nur sind die beiden Komponenten vollkommen unabhängig voneinander, und jede besitzt die Hälfte der Gesamtintensität des einfallenden Lichtes:

$$E_s^2 = \tfrac{1}{2} E^2, \qquad E_p^2 = \tfrac{1}{2} E^2.$$

Daraus folgt

$$R_s^2 = \frac{1}{2} \frac{\sin^2(i-r)}{\sin^2(i+r)} E^2, \qquad R_p^2 = \frac{1}{2} \frac{\operatorname{tg}^2(i-r)}{\operatorname{tg}^2(i+r)} E^2,$$

und die Intensität der zurückgeworfenen Welle ist gegeben durch

$$J_r = R_s^2 + R_p^2 = \frac{1}{2} E^2 \frac{\sin^2(i-r)}{\sin^2(i+r)} \frac{\cos^2(i-r) + \cos^2(i+r)}{\cos^2(i-r)}.$$

Dieser Ausdruck stellt zugleich das Verhältnis der Intensität der zurückgeworfenen Welle zur Intensität der einfallenden Welle dar. Da R_p immer kleiner ist als R_s, so überwiegen im reflektierten Strahl die zur Einfallsebene senkrechten elektrischen Schwingungen; das gespiegelte Licht ist teilweise polarisiert. Das Maß dieser partiellen Polarisation $(PP)_r$ wird ausgedrückt durch das Verhältnis des überwiegenden Anteils zur ganzen Intensität, also durch:

$$(PP)_r = \frac{R_s^2 - R_p^2}{R_s^2 + R_p^2} = \frac{\cos^2(i-r) - \cos^2(i+r)}{\cos^2(i-r) + \cos^2(i+r)}. \tag{132}$$

[1]) G. QUINCKE, Pogg. Ann. Bd. 142, S. 222. 1871.
[2]) E. MACH, Wiener Ber. (IIa) Bd. 116, S. 997. 1907.
[3]) P. V. BEVAN, Phil. Mag. (6) Bd. 14, S. 503. 1907.

Für senkrechten und für streifenden Einfall ist das zurückgeworfene Licht unpolarisiert, wie das einfallende, $(PP)_r = 0$. Für $i = i_p$ ist $(PP)_r = 1$; das unter diesem Winkel reflektierte Licht ist vollständig polarisiert, und zwar erfolgen die elektrischen Schwingungen ausschließlich senkrecht zur Einfallsebene, da die zur Einfallsebene parallele Komponente unter diesem Winkel verschwindet. Das ist die mathematische Formulierung der von MALUS entdeckten Tatsache, daß man natürliches Licht in geradlinig polarisiertes Licht verwandeln kann, indem man es unter einem bestimmten Winkel von der spiegelnden Grenzfläche eines durchsichtigen Mittels reflektieren läßt. Aus diesem Grunde heißt der Winkel i_p der Polarisationswinkel. Der Verlauf der Intensität in Bruchteilen der einfallenden und der partiellen Polarisation in Prozenten ist in Tabelle 3 für $n = 1{,}5$ zahlenmäßig dargestellt.

Tabelle 3.

i	r	$R^2 = J_r$	$(PP)_r$ in Proz.	D^2	J_d	$(PP)_d$ in Proz.
1	2	3	4	5	6	7
0	0° 0′	0,040	0	0,640	0,960	0
10	6° 39′	0,040	4	0,634	0,960	0,2
20	13° 11′	0,040	17	0,617	0,960	0,7
30	19° 28,5′	0,042	39	0,587	0,958	1,7
40	25° 22,5′	0,045	69	0,539	0,955	3,3
50	30° 43′	0,058	94	0,470	0,942	5,8
$i_p = 56°\,19′$	33° 41′	0,074	100	0,411	0,925	8,0
60	35° 16′	0,089	98	0,372	0,911	9,6
70	38° 47,5′	0,171	75	0,242	0,829	15,5
80	41° 3′	0,388	35	0,094	0,612	24,6
90	41° 49′	1,000	0	0,000	0,000	38,5

Die Intensität des zurückgeworfenen Lichtes hat im Bereich der in der Optik vorkommenden Brechungsexponenten ihr Minimum bei senkrechtem Einfall und steigt mit wachsendem Einfallswinkel regelmäßig an. Das Verhältnis $J_r = \frac{R^2}{E^2}$ ist

für den Einfallswinkel 0: $$J_0 = \left(\frac{n-1}{n+1}\right)^2,$$

für den Polarisationswinkel i_p: $$J_p = \frac{1}{2}\left(\frac{n^2-1}{n^2+1}\right)^2,$$

für streifenden Einfall: $$J = 1\,.$$

Aus diesen Formeln ist aber ersichtlich, daß für sehr große Werte von n, für die 1 gegen n vernachlässigt werden kann, $J_0 = 1$, J_p aber $= \frac{1}{2}$ ist, die reflektierte Intensität also zwischen senkrechtem und streifendem Einfall einen Minimalwert aufweist. F. JENTZSCH-GRÄFE[1]) hat nachgewiesen, daß dieses Verhalten eintritt, sobald der Brechungsexponent größer als 3,732 ist. Bis zu diesem Wert liegt das Minimum der reflektierten Intensität bei senkrechtem Einfall. Bei Überschreitung dieses Wertes rückt es schnell auf große Werte des Einfallswinkels, die aber stets kleiner als der Polarisationswinkel sind. Die Bedingung des Minimums ist gegeben durch

$$\cos^3(i-r) = \cos(i+r)\,.$$

Die Intensität des reflektierten Lichtes an dieser Minimalstelle liegt zwischen $^1/_3$ und $^1/_2$ der Intensität des einfallenden Lichtes. Tabellarische und graphische Darstellungen dieser Verhältnisse sind in der erwähnten Arbeit zu finden.

[1]) F. JENTZSCH-GRÄFE, Verh. d. D. Phys. Ges. 1919, S. 361—368.

Für das sichtbare Gebiet sind diese Überlegungen ohne Bedeutung, da hier so hohe Brechungsexponenten nicht vorkommen. Für elektrische Wellen dagegen haben eine Reihe von Flüssigkeiten n-Werte, die $> 3{,}732$ sind, z. B. Wasser $n = 8{,}964$. K. PFANNENBERG hat die Richtigkeit der von JENTZSCH entwickelten Formeln durch Messungen der Reflexion elektrischer Wellen an Wasser und Kochsalzlösungen nachgewiesen[1]).

62. Polarisationsebene und Schwingungsebene. MALUS hat die Polarisation durch Reflexion entdeckt. Er bezeichnete die Einfallsebene als die Polarisationsebene des durch Reflexion polarisierten Lichtes. Diese Bedeutung des Begriffs Polarisationsebene ist bis heute beibehalten worden. Als FRESNEL seine elastische Äthertheorie entwickelte, kam er zu dem Schlusse, daß die Schwingungen des Lichtes eines geradlinig polarisierten Strahles auf seiner Polarisationsebene senkrecht stünden. Nach der von FRANZ NEUMANN aufgestellten Theorie dagegen würden die Lichtschwingungen sich in der Polarisationsebene vollziehen. Aus den Darlegungen des letzten Abschnittes ergibt sich, daß nach der elektromagnetischen Theorie die elektrischen Schwingungen eines durch Reflexion polarisierten Lichtstrahles auf der Einfallsebene senkrecht stehen. Also führt die heute geltende Theorie zu der Auffassung, daß in einem geradlinig polarisierten Lichtstrahl die elektrischen Schwingungen senkrecht zu der MALUSschen Polarisationsebene liegen, die magnetischen in ihr. Den alten Streit, ob die Lichtschwingungen in oder senkrecht zur Polarisationsebene erfolgen, führt also die elektromagnetische Theorie auf die Frage zurück, welches der eigentliche wirksame Lichtvektor ist, der elektrische oder der magnetische. Die naheliegenden Gründe, die zugunsten des elektrischen Vektors sprechen, sind bereits oben, Ziff. 18 erörtert worden. Eine tatsächliche Entscheidung darüber haben wir nur in den Versuchen über stehende Lichtwellen von O. WIENER, von denen oben (Ziff. 52) bereits in anderem Zusammenhange die Rede war[2]). WIENER ließ zur Entscheidung der Frage ein breites Bündel paralleler Strahlen von geradlinig polarisiertem Lichte unter 45° von einem Spiegel reflektieren. Dann durchkreuzten sich die einfallenden und die zurückgeworfenen Strahlen unter 90°. Stand die wirksame Schwingung auf der Einfallsebene senkrecht, so fielen die Schwingungen des einfallenden und des reflektierten Lichtes in dieselbe Richtung und konnten miteinander interferieren. Lag dagegen die wirksame Schwingung in der Einfallsebene, so standen die Schwingungen des einfallenden und des reflektierten Lichtes aufeinander senkrecht und konnten sich nicht interferierend verstärken oder schwächen. Es kam also darauf an, festzustellen, in welcher Lage der Polarisationsebene des einfallenden Lichtes Interferenzen auftraten. Wie oben bereits beschrieben, hat WIENER die durch Reflexion entstehenden stehenden Lichtwellen mittels einer außerordentlich dünnen photographischen Schicht nachgewiesen, die vor der reflektierenden Fläche unter ganz schwacher Neigung gegen diese ausgespannt war. Bei Anwendung polarisierten Lichtes zeigte diese Schicht die Maxima und Minima der stehenden Wellen nur, wenn die Polarisationsebene (im MALUSschen Sinne) zur Einfallsebene parallel lag. Danach sind es die elektrischen Schwingungen, die bei diesen Versuchen den wirksamen Lichtvektor gebildet haben. Das gilt für die chemischen Wirkungen, um die es sich in diesem Falle handelt. DRUDE und NERNST haben die Versuche unter Anwendung einer fluoreszierenden Schicht an Stelle der photographischen wieder-

---

[1]) K. PFANNENBERG, ZS. f. Phys. Bd. 37, S. 758. 1926.

[2]) O. WIENER, Wied. Ann. Bd. 40, S. 229. 1890. Der Gedanke des WIENERschen Versuches ist schon 1867 von W. ZENKER ausgesprochen, aber nicht ausgeführt worden (C. R. Bd. 66, S. 932 u. 1255; Bd. 67, S. 115. 1868).

holt und das gleiche Ergebnis erhalten[1]). Selényi hat zu dem gleichen Zweck die Diffusion des Lichtes an einer Schicht sehr kleiner Schwefelteilchen benutzt; hier verschwinden die Interferenzen in dem Falle des senkrecht zur Einfallsebene polarisierten Lichtes nicht vollständig, sind aber wesentlich schwächer als in dem anderen Falle[2]).

63. Brechung des natürlichen Lichtes. Polarisation durch Brechung. Für die gebrochene Welle natürlichen Lichtes ist entsprechend dem Ansatz für die zurückgeworfene:

$$D_s^2 = \frac{1}{2}\,\frac{4\cos^2 i\sin^2 r}{\sin^2(i+r)}E^2, \qquad D_p^2 = \frac{1}{2}\,\frac{4\cos^2 i\sin^2 r}{\sin^2(i+r)\cos^2(i-r)}E^2,$$

daher

$$D^2 = D_s^2 + D_p^2 = \frac{2\cos^2 i\sin^2 r}{\sin^2(i+r)}\left(1+\frac{1}{\cos^2(i-r)}\right)E^2,$$

wenn D die mittlere Amplitude der gebrochenen Welle bedeutet. Die Intensität der gebrochenen Welle im Verhältnis zur Intensität der einfallenden Welle erhält man daraus nach den Ausführungen in Ziff. 56 durch Multiplikation von D^2 mit $\operatorname{tg} i \cdot \operatorname{ctg} r$:

$$J_d = D^2 \operatorname{tg} i \operatorname{ctg} r = E^2\,\frac{\sin 2i\cdot\sin 2r\,(1+\cos^2(i-r))}{2\sin^2(i+r)\cos^2(i-r)}.$$

Tabelle 3 enthält in Spalte 5 und 6 die Werte von D^2 und J_d für $n = 1{,}5$. In der gebrochenen Welle ist D_p stets größer als D_s. Es überwiegt die zur Einfallsebene parallele Komponente. Also tritt auch hier partielle Polarisation, aber von entgegengesetztem Charakter und von geringerem Betrage wie bei der Reflexion auf. Das Maß dieser partiellen Polarisation $(PP)_d$ ist gegeben durch:

$$(PP)_d = \frac{D_p^2 - D_s^2}{D_p^2 + D_s^2} = \frac{1-\cos^2(i-r)}{1+\cos^2(i-r)}. \tag{133}$$

Spalte 7 in Tabelle 3 stellt den Betrag der partiellen Polarisation des durchgehenden Lichtes in Prozenten dar. Eine vollständige Polarisation des einfallenden Lichtes ist durch einmalige Brechung nicht zu erreichen.

64. Mehrfache Brechung. Theorie des Glasplattensatzes. Man kann die polarisierende Wirkung der Brechung verstärken durch wiederholte Brechungen, wie es beim Glasplattensatze geschieht. Um die Formeln dafür zu gewinnen, ist zunächst festzustellen, daß, wenn das Licht im 2. Mittel unter dem Winkel r einfällt und unter dem Winkel i in das 1. Mittel austritt, die Formeln der vorstehenden Paragraphen unter Vertauschung von i und r, ε_2 und ε_1 unmittelbar auf diesen Fall übertragen werden können. R_s und R_p bekommen dann positives Vorzeichen, in Übereinstimmung mit dem Umstande, daß die Reflexion jetzt am dünneren Mittel stattfindet, also keine Umkehrung der elektrischen Schwingung eintritt. Die Ausdrücke für die Intensität aber sind die gleichen, wie in dem früheren Fall.

Wendet man diese Überlegungen auf den Durchgang des Lichtes durch eine planparallele Platte vom Brechungsexponenten n an, so ist zu berücksichtigen, daß das eintretende Licht im Innern der Platte zahlreiche Reflexionen erfährt und sich infolgedessen sowohl die reflektierte wie die hindurchgehende Welle als eine Summe von unendlich vielen Wellen darstellen, deren Amplituden infolge der bei der Spiegelung und bei der Brechung jedesmal eintretenden Schwächung eine abnehmende Reihe bilden. Die Möglichkeit, daß diese Wellen wegen ihrer Wegdifferenzen miteinander interferieren, pflegt man bei dieser Berechnung außer acht zu lassen unter der Voraussetzung, daß die Platten so dick und ihre

---

[1]) P. Drude und W. Nernst, Wied. Ann. Bd. 45, S. 460. 1892.

[2]) P. Selényi, Ann. d. phys. (4) Bd. 35, S. 444. 1911.

Abstände so groß sind, daß die Farben dünner Blättchen nicht zur Erscheinung kommen. Der Faktor, mit dem die Amplitude des einfallenden Lichtes multipliziert werden muß, um die Amplitude des zurückgeworfenen Lichtes bei einmaliger Reflexion zu erhalten, sei ganz allgemein mit k bezeichnet. Dann ist, wenn die Intensität des einfallenden Lichtes $= 1$ gesetzt wird, die Intensität des zurückgeworfenen Lichtes nach einmaliger Reflexion k^2, die des durchgelassenen Lichtes $1 - k^2$. Die Berücksichtigung der inneren Reflexionen ergibt für die Gesamtintensität des von einer Platte gespiegelten Lichtes den Ausdruck:

$$J_r = k^2 + (1 - k^2)^2 (k^2 + k^6 + k^{10} + \cdots) = \frac{2k^2}{1 + k^2},$$

und für die Intensität des durchgehenden Lichtes:

$$J_d = 1 - J_r = \frac{1 - k^2}{1 + k^2}.$$

Setzt man m Platten parallel hintereinander, so ergibt die Berücksichtigung der Reflexionen der Platten untereinander nach einer ähnlichen Rechnung für das von allen Platten zurückgeworfene Licht die Intensität:

$$J_r = \frac{2mk^2}{1 + (2m - 1)k^2}$$

und für das durchgelassene Licht

$$J_d = \frac{1 - k^2}{1 + (2m - 1)k^2}.$$

Diese Formeln sind nun anzuwenden auf die in der Einfallsebene und auf die senkrecht zu ihr schwingenden Komponenten. Man erhält die Ausdrücke

$$J_{rs} = \frac{2mk_s^2}{1 + (2m - 1)k_s^2}, \qquad J_{rp} = \frac{2mk_p^2}{1 + (2m - 1)k_p^2},$$

$$J_{ds} = \frac{1 - k_s^2}{1 + (2m - 1)k_s^2}, \qquad J_{dp} = \frac{1 - k_p^2}{1 + (2m - 1)k_p^2},$$

wobei

$$k_s^2 = \frac{\sin^2(i - r)}{\sin^2(i + r)}, \qquad k_p^2 = \frac{\operatorname{tg}^2(i - r)}{\operatorname{tg}^2(i + r)}$$

einzusetzen ist. Als Maß der partiellen Polarisation ergeben sich daraus die Ausdrücke:

für das zurückgeworfene Licht: $\dfrac{k_s^2 - k_p^2}{k_s^2 + k_p^2 + 2(2m - 1)k_s^2 \cdot k_p^2}$,

für das durchgelassene Licht: $\dfrac{m(k_s^2 - k_p^2)}{1 + (m - 1)(k_s^2 + k_p^2) - (2m - 1)k_s^2 k_p^2}$.

Ist m sehr groß, so ist für alle Winkel die Intensität des reflektierten Lichtes nahezu $= 1$, die des durchgehenden Lichtes nahezu $= 0$ mit Ausnahme des Polarisationswinkels, für den $k_p = 0$ und infolgedessen $J_{rp} = 0$ und $J_{dp} = 1$ wird. Das Maß der partiellen Polarisation des reflektierten Lichtes ist für den Plattensatz im allgemeinen geringer als für einmalige Reflexion wegen des Summanden $2(2m - 1)k_s^2 k_p^2$ im Nenner, aber wiederum mit Ausnahme des Polarisationswinkels, für den es selbstverständlich wieder 100% beträgt. Für das durchgehende Licht ist die partielle Polarisation unter dem Polarisationswinkel

$$\frac{mk_s^2}{1 + (m - 1)k_s^2} = \frac{m}{m + \operatorname{tg}^2 2i_p} = \frac{m}{m + \dfrac{4n^2}{(n^2 - 1)^2}}.$$

Für $n = 1,5$ gibt diese Formel als polarisierende Wirkung von

1	2	4	8	16	32	Platten
14,8	25,8	41,0	58,2	73,6	84,7	Prozent.

Eine eingehende Diskussion des ganzen Problems, auch unter Berücksichtigung einer im Glase stattfindenden Absorption, hat G. G. STOKES geliefert[1]).

65. Die FRESNELschen Formeln und die Erfahrung. Als FRESNEL 1820 die vorstehenden quantitativen Gesetze für die Vorgänge der Reflexion und Brechung des Lichtes an durchsichtigen Mitteln entwickelte, schuf er damit einerseits die theoretische Erklärung für eine Reihe von Gesetzmäßigkeiten, die damals bereits als Ergebnisse experimenteller Untersuchungen bekannt waren; andererseits führte die Aufstellung seiner Formeln zu der Aufgabe, ihre Richtigkeit durch besonders zu diesem Zwecke angestellte Untersuchungen zu beweisen. Zu den bekannten und durch FRESNEL erklärten Gesetzen gehörten in erster Linie die Entdeckungen von MALUS über die Möglichkeit, natürliches Licht durch Reflexion vollständig zu polarisieren. Hinsichtlich des Polarisationswinkels hat er den Satz aufgestellt, daß, wenn i_p der Winkel der vollständigen Polarisation im 1. Mittel am 2. Mittel und r_p der Winkel der vollständigen Polarisation im 2. Mittel am 1. ist, zwischen beiden die Beziehung besteht: $\frac{\sin i_p}{\sin r_p} = n$, ein Satz, der ohne weiteres aus der FRESNELschen Theorie folgt, da sie die gleichen Bedingungen der Polarisation auch für den umgekehrten Lichtweg ergibt. Dasselbe gilt für das 1815 von BREWSTER aus Beobachtungen erschlossene Gesetz, daß beim Polarisationswinkel der reflektierte und der gebrochene Strahl aufeinander senkrecht stehen, also $\operatorname{tg} i_p = n$, wie es aus der FRESNELschen Bedingung für $R_p = 0$: $i + r = \pi/2$ folgt. Ein drittes durch die FRESNELsche Theorie erklärtes Gesetz war der von ARAGO aus Beobachtungen abgeleitete Satz, daß bei Reflexion natürlichen Lichtes an der Grenzfläche eines durchsichtigen Mittels das reflektierte und das gebrochene Licht gleiche absolute Anteile polarisierten Lichtes enthalten. In der Tat ist nach den Gleichungen (129)

$$R_s^2 - R_p^2 = (D_p^2 - D_s^2) \operatorname{tg} i \cdot \operatorname{ctg} r.$$

Die Untersuchungen andererseits, die nach der Aufstellung der FRESNELschen Formeln zu ihrer experimentellen Bestätigung angestellt worden sind, haben sich nach sehr verschiedenen Richtungen bewegt. FRESNEL[2]) selbst und nach ihm BREWSTER[3]) maßen die durch Reflexion oder durch Brechung bewirkte Drehung der Polarisationsebene für geradlinig polarisiertes, einfallendes Licht. SEEBECK[4]) hat sorgfältige Messungen des Polarisationswinkels an verschiedenen Glassorten, an Opal, Flußspat u. a. m. angestellt. ARAGO[5]) hat mit Hilfe eines aus 2 Quarzprismen hergestellten Doppelprismas die Intensität des an einer Glasplatte reflektierten und des durch sie hindurchgegangenen Lichtes verglichen und diejenigen Einfallswinkel bestimmt, bei denen diese Intensitäten in bestimmten einfachen Verhältnissen zueinander standen. Sehr viel genauere Messungen haben PROVOSTAYE und DESAINS[6]) auf objektivem Wege durchgeführt, indem sie die Intensitäten von Wärmestrahlen vor und nach der Reflexion an einer auf der

[1]) G. G. STOKES, Proc. Roy. Soc. London Bd. 23, S. 1962; Phil Mag. (4) Bd. 24, S. 480. 1862; Math. a. Phys. Pap. Bd. IV, S. 145. Siehe auch G. KIRCHHOFF, Vorlesungen über math. Optik, S. 166ff. Leipzig: B. G. Teubner 1891.

[2]) A. FRESNEL, Ann. de chim. et de phys. (2), Bd. 17, S. 314. 1821.

[3]) D. BREWSTER, Phil. Trans. 1830, S. 69, 133, 145.

[4]) L. F. W. A. SEEBECK, Pogg. Ann. Bd. 20, S. 27. 1830.

[5]) F. ARAGO, Oeuvres compl. Bd. 10, S. 150, 185, 217, 468.

[6]) F. DE LA PROVOSTAYE and P. DESAINS, Ann. de chim. et de phys. (3) Bd. 30, S. 159, 276. 1850.

Rückseite geschwärzten Glasplatte, desgleichen vor und nach dem Durchgange durch einen Glasplattensatz mit einem Thermomultiplikator maßen. Nach demselben Prinzip hat neuerdings W. SCHMIDT[1]) mit Hilfe eines ANGSTRÖMschen Kompensations-Pyrheliometers die Sonnenstrahlung direkt und nach Reflexion an einer Wasseroberfläche unter Einfallswinkeln von 43° bis 83° gemessen und eine gute Bestätigung der FRESNELschen Formeln gefunden, wobei allerdings der Vergleich nicht für homogenes Licht gezogen wurde, sondern die für Sonnenlicht beobachteten Werte mit den für Na-Licht, als einer dem Energiemaximum der Sonnenstrahlung naheliegenden Wellenlänge, berechneten Werten verglichen wurden. Ebenfalls eine gute Übereinstimmung zwischen Theorie und Beobachtung erhielt GLAN[2]), der die Größe R_p mit Hilfe eines Spektrophotometers bestimmte. Eine andere Art der Prüfung der FRESNELschen Formeln besteht in der Messung des polarisierten Anteils, der bei einfallendem natürlichem Licht im zurückgeworfenen Lichte enthalten ist. E. DESAINS[3]) hat darüber sorgfältige und die Theorie gut bestätigende Untersuchungen ausgeführt, indem er das durch die Reflexion partiell polarisierte Licht durch einen Glasplattensatz hindurchgehen ließ und diejenige Lage das Plattensatzes bestimmte, bei der das Licht vollkommen depolarisiert wurde. Auch die schwächende Wirkung der vielfachen Reflexionen beim Durchgang durch einen Glasplattensatz ist von LUNELUND[4]) photometrisch gemessen und mit den obigen Formeln in guter Übereinstimmung gefunden worden.

Umgekehrt ist die Sicherheit, die den FRESNELschen Formeln auf Grund ihrer ganz allgemeinen theoretischen Begründung und ihrer vielfachen Bestätigung zukommt, in manchen Untersuchungen benutzt worden, um aus Messungen der Reflexionsvorgänge den Brechungsexponenten des betreffenden Mittels zu berechnen. Es möge nur auf diese Verwendung der FRESNELschen Formeln in den Arbeiten von RUBENS und ASCHKINASS und neuerdings von M. CZERNY und A. KREBS verwiesen werden[5]). Aber es muß ausdrücklich darauf aufmerksam gemacht werden, daß die Übereinstimmung von Theorie und Erfahrung bei den FRESNELschen Formeln ebensowenig wie bei der oben behandelten Abhängigkeit des Brechungsexponenten vom Einfallswinkel, als Beweis für die Richtigkeit der elektromagnetischen Lichttheorie angesehen werden darf. Die moderne Theorie hat eben nur den Vorzug, daß sie die Formeln aus Grundlagen gewinnt, die im Gebiete des Elektromagnetismus in den Tatsachen fest verankert sind.

66. Abweichungen von den FRESNELschen Formeln. Das Problem der Oberflächenschichten. So gut sich die FRESNELschen Reflexionsformeln im allgemeinen an der Erfahrung bestätigen, so haben sich bei genauerer Prüfung doch schließlich gewisse kleine, aber ganz charakteristische und systematische Abweichungen ergeben. AIRY[6]) hat zuerst derartige Wahrnehmungen am Diamant gemacht. Als er NEWTONsche Ringe zwischen einer Diamantfläche und einer Glaslinse erzeugte und sie in Licht betrachtete, das senkrecht zur Einfallsebene polarisiert war, verschwanden die Ringe nicht unter dem Polarisationswinkel, sondern zeigten in dessen Nähe eigentümliche Veränderungen, die sich durch

[1]) W. SCHMIDT, Wiener Ber. (IIa) Bd. 117, S. 75. 1908.

[2]) P. GLAN: Berl. Ber. 1874. S. 511. Wied. Ann. Bd. 50, S. 590. 1893.

[3]) E. DESAINS, Ann. de chim. et de phys. (3) Bd. 31, S. 286. 1851.

[4]) LUNELUND, Phys. ZS. Bd. 10, S. 222. 1909.

[5]) H. RUBENS und E. F. NICHOLS, Wied. Ann. Bd. 60, S. 448. 1897; H. RUBENS und E. ASCHKINASS, Wied. Ann. Bd. 65, S. 253. 1898.; H. RUBENS, Berl. Ber. 1915, S. 4; 1919, S. 198; E. ASCHKINASS, Ann. d. Phys. (4) Bd. 1, S. 46. 1900; M. SCHUBERT, Diss. Breslau 1915; M. CZERNY, ZS. f. Phys. Bd. 16, S. 321. 1923; A. KREBS, Diss. Frankfurt a. M. 1926; Ann. d. Phys. (4) Bd. 82, S. 113. 1927.

[6]) B. G. AIRY, Cambr. Trans. Bd. 4, S. 219. 1832.

die Vorstellung erklären ließen, daß die Größe R_p nicht einen plötzlichen Phasensprung erleidet, indem sie im Polarisationswinkel durch Null hindurchgeht, sondern daß sie in der Nähe dieses Winkels eine allmähliche Phasenänderung erfährt unter Herabsinken auf ein noch wahrnehmbares Minimum. Diese Tatsache ist von Jamin[1]) durch ausgezeichnete und sorgfältige Messungen für die Mehrzahl aller durchsichtigen Körper nachgewiesen worden. Sie zeigen alle die Besonderheit, daß sie einfallendes geradlinig polarisiertes Licht, falls das Azimut α seiner Schwingung nicht gerade 0 oder $\pi/2$ ist, in der Umgebung des Polarisationswinkels in elliptisch polarisiertes Licht verwandeln. Man kann daher nicht in strengem Sinne von einem Polarisationswinkel sprechen. Zu der allmählichen Drehung, die die Schwingungsebene des reflektierten Strahles bei wachsendem Einfallswinkel erfährt, wie sie in Ziff. 60 behandelt und in Abb. 13 dargestellt ist, gesellt sich in der Nähe des Polarisationswinkels eine Auflösung der geradlinigen Schwingung in eine flache Ellipse, wie es in Abb. 14 dargestellt ist. Der Verlauf dieser Erscheinung wird durch 2 Größen charakterisiert, erstens durch denjenigen Einfallswinkel, für den im reflektierten Lichte der Phasenunterschied der beiden Komponenten $\pi/2$ beträgt, also den „Haupteinfallswinkel", der an die Stelle des Polarisationswinkels tritt, und zweitens durch das Achsenverhältnis der Schwingungsellipse unter dem Haupteinfallswinkel, wenn das Azimut des einfallenden Lichtes $\alpha = 45°$ ist. Dieses Verhältnis wird bestimmt, indem man den Phasenunterschied $\pi/2$ mit einer geeigneten Vorrichtung (Babinetschen Kompensator, $\lambda/4$-Glimmerplatte) kompensiert und das Azimut der wiederhergestellten geradlinigen Schwingung, das „Hauptazimut", ermittelt.

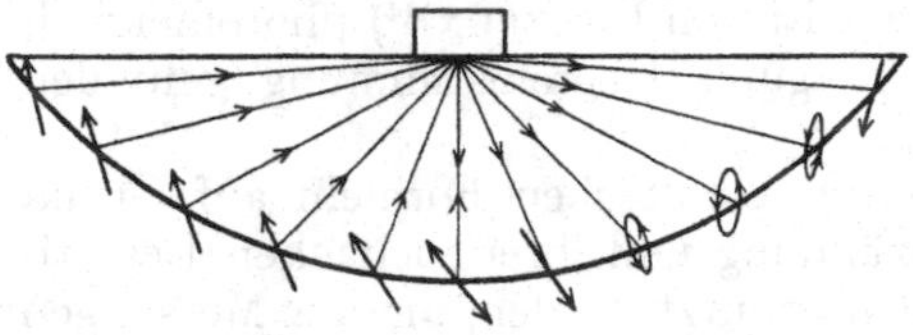

Abb. 14. Elliptische Polarisation durch Reflexion an einem positiven Körper.

Bei allen hier in Betracht kommenden Stoffen — im Gegensatz zu den später zu behandelnden Metallen — ist die Schwingungsellipse außerordentlich flach. Die Messung ist Jamin nur dadurch gelungen, daß er mit Sonnenlicht beobachtete und das Azimut des einfallenden Strahles, d. h. den Winkel, den die Schwingungsebene des elektrischen Vektors mit der X-Achse, also der Normale der Einfallsebene, bildet, nicht $= 45°$, sondern $= 84°$ nahm, wodurch die Amplitude der p-Komponente im Verhältnis zur s-Komponente nahezu verzehnfacht wurde.

Die vollständige Beschreibung des Vorganges verlangt aber schließlich noch die Angabe des Umlaufsinnes, in dem der elektrische Vektor die Schwingungsellipse durchläuft. Bei gegebener Lage der Schwingunsrichtung des einfallenden, Lichtes hängt der Umlaufsinn vom Vorzeichen des Phasenunterschiedes Δ ab, also von der Frage, welche der beiden Komponenten des reflektierten Strahles, die s- oder die p-Komponente, der anderen voraneilt. Jamin hat gefunden, daß dieses Vorzeichen von Δ nicht für alle Stoffe gleich ist. Für die Mehrzahl der von ihm untersuchten Stoffe ist der Sinn der Wirkung, die sie auf das Licht bei der Reflexion ausüben, derart, daß die in der Einfallsebene schwingende Komponente bei wachsendem Einfallswinkel verzögert erscheint gegenüber der senkrecht zur Einfallsebene schwingenden Komponente; sie stimmen in dieser Beziehung mit den Metallen überein. Jamin bezeichnet diese Stoffe bzw. diese Art der Reflexion als positive im Gegensatz zu einer anderen, kleineren Gruppe von Stoffen, bei denen die s-Komponente verzögert erscheint gegenüber der p-Komponente, und die Jamin dementsprechend als negative Körper oder Körper mit negativer Reflexion bezeichnet. Die Ordnung der Körper nach diesen beiden

[1]) J. Jamin, Ann. de chim. et de phys. (3) Bd. 29, S. 263; Bd. 31, S. 165. 1850.

Gruppen zeigt, daß positiv die Körper mit höherem Brechungsexponenten sind, negativ solche mit kleinem n; die Grenze liegt, ohne scharf zu sein, etwa zwischen $n = 1{,}46$ und $1{,}40$. Es gibt aber auch eine kleine Anzahl von Stoffen, die gar keine Elliptizität des reflektierten Lichtes aufweisen, die also den FRESNELschen Formeln vollkommen genügen. Diese werden als neutrale Körper bezeichnet.

Der Umlaufsinn der Ellipse wird natürlich nicht durch das Vorzeichen von Δ allein bestimmt, sondern zugleich auch durch die Lage der Schwingungsrichtung des einfallenden Strahles. Für einen positiven Körper würde unter den Verhältnissen der Abb. 14 der Umlauf für ein dem reflektierten Strahl entgegenblickendes Auge links herum, entgegen dem Sinn der Uhrzeigerdrehung, erfolgen; würde dagegen die Schwingungsrichtung des einfallenden Lichtes um 90° gedreht, so verliefe der Umlauf rechts herum, und bei einem negativen Körper würden die Verhältnisse umgekehrt sein.

Diese räumlichen Beziehungen werden in den Lehrbüchern nicht immer mit der wünschenswerten, leicht verständlichen Klarheit und Anschaulichkeit dargelegt. Die größte Mühe, diese Verhältnisse in einer ganz unzweideutigen Weise dem Leser klarzumachen, hat sich Lord KELVIN in seinen Baltimore Lectures[1]) gegeben, und es erscheint mir zweckmäßig, die obige perspektivische Darstellung durch die Wiedergabe der Fassung, die er diesen Gesetzmäßigkeiten in Worten gegeben hat, zu vervollständigen. Lord KELVIN nimmt der Einfachheit halber die reflektierende Fläche wagerecht an. Das einfallende Licht gehe durch einen Nicol, an dem die Schwingungsrichtung des austretenden Lichtes durch einen Zeiger markiert sei. Dieser Zeiger soll zunächst in der senkrechten, d. h. in der Einfallsebene nach aufwärts gerichtet liegen. Dreht man ihn aus dieser Richtung entgegen dem Sinn der Uhrzeigerdrehung um einen Winkel kleiner als 90°, so hat bei positiver Reflexion, wie sie bei Glas und bei Metallen auftritt, das reflektierte Licht eine elliptische Polarisation mit einem dem Sinn der Uhrzeigerdrehung entgegengesetzten Umlaufsinne. Dabei gilt der Drehungssinn unter der Voraussetzung, daß der Beobachter auf den Nicol und seinen Zeiger von derjenigen Seite aus blickt, nach der das Licht aus dem Nicol austritt, und ebenso auf das reflektierte Licht von der Seite, nach der das reflektierte Licht in sein Auge kommt.

Die Art der Rechnung des Phasenunterschiedes ist bei verschiedenen Verfassern verschieden und unterliegt, wie DRUDE gelegentlich bemerkt[2]), einer gewissen Willkür. JAMIN rechnet die Phasendifferenz für senkrechten Einfall $= \pm\pi$ und läßt sie bei wachsendem Einfallswinkel zunehmen bis $\pm 2\pi$ bei streifender Inzidenz. Die Rechnung $\Delta = \pm\pi$ bei normalem Einfall beruht auf der Überlegung, daß infolge der Umkehrung der Fortschreitungsrichtung des Strahles bei der Zurückwerfung einem dem Lichte stets entgegenblickenden Auge die Schwingungsrichtung des Lichtes, wenn sie im einfallenden Strahl einen Winkel α mit der Einfallsebene bildet, im reflektiertem Strahle den Winkel $\pi - \alpha$ oder $-\alpha$ mit der Einfallsebene bilden würde, während tatsächlich beide Schwingungen im Raum in die gleiche Gerade fallen[3]). Eine Betrachtung der

[1]) Lord KELVIN, Baltimore Lectures on molecular dynamics and the wave theory of light. London: C. J. Clay and Sons 1904, S. 404.

[2]) P. DRUDE, Winckelmanns Handbuch, 2. Auflage. Bd. 6, S. 1258. Leipzig: J. A. Barth. 1906.

[3]) Man kann die obige Art der Rechnung als ein Arbeiten mit einem mit der Welle fest verbundenen Koordinatensystem bezeichnen. Es möge dazu noch folgende Bemerkung eingeschaltet werden. Auch DRUDE rechnet in seinem Lehrbuch der Optik in dieser Weise. Auf diesem Umstande beruht es, daß er für die Amplitude des zurückgeworfenen Lichtes bei senkrechtem Einfall Werte von entgegengesetztem Vorzeichen findet, je nachdem er

perspektivischen Darstellung in Abb. 13 oder 14 dürfte diese Verhältnisse am besten klarmachen. In der hier gewählten Darstellung bedeuten δ_s und δ_p die durch den Vorgang der Reflexion verursachten Phasenänderungen der s- und der p-Komponente, positiv als Beschleunigung, negativ als Verzögerung gerechnet. Bei Reflexion an einem dichteren Mittel wird bei senkrechtem Einfall oder, um überhaupt von einer Einfallsebene sprechen zu können, bei kleinem Einfallswinkel jede der beiden Komponenten eine Umkehrung der Schwingungsrichtung, also eine Phasenänderung um π erfahren — nicht zu verwechseln mit der vorhin besprochenen, nicht physikalisch, sondern rein geometrisch begründeten Phasenänderung π infolge der Umkehrung der Strahlrichtung[1]). Betrachtet man nur diese physikalischen Phasenänderungen, so wird der Phasenunterschied der beiden Komponenten nach der Reflexion bei senkrechtem Einfall offenbar $= 0$ zu setzen sein. Bei wachsendem Einfallswinkel ändern sich die Verhältnisse für die zur Einfallsebene senkrecht schwingende Komponente sehr viel weniger als für die parallel der Einfallsebene schwingende. In der Tat haben Versuche von WERNICKE über Interferenzerscheinungen des an dünnen Blättchen reflektierten Lichtes[2]) ergeben, daß für das in der Einfallsebene polarisierte Licht, also für die senkrecht zu ihr erfolgende Schwingung die Phase mit dem Einfallswinkel keine merkliche Änderung erfährt. Die in der Einfallsebene erfolgende elektrische Schwingung dagegen erleidet bei wachsendem Einfallswinkel eine Änderung ihres δ_{rp}, die von dem Ausgangswerte für senkrechten Einfall im einen oder anderen Sinne erfolgt, je nachdem es sich um positive oder negative Reflexion handelt. Definiert man Δ wie oben Ziff. 58 als die Differenz $\delta_{rp} - \delta_{rs}$, so ist für Körper mit positiver Reflexion, bei denen die s-Komponente der p-Komponente voraneilt, Δ negativ, gleichviel ob dieser negative Wert bei positiven Werten der δ durch eine größere Beschleunigung der s-Komponente oder bei negativen Werten der δ durch eine größere Verzögerung der p-Komponente verursacht ist. Es würde bei dieser Definition von Δ positiven Körpern ein negatives, negativen Körpern ein positives Δ zukommen.

JAMIN hat das Ergebnis seiner Messungen in umfangreichen Tabellen niedergelegt, die den nach der CAUCHYschen Formel (s. den nächsten Abschnitt) berechneten Elliptizitätskoeffizienten, den Haupteinfallswinkel und den auf andere Weise gemessenen Brechungsexponenten enthalten. DRUDE hat diese Tabellen in Winkelmanns Handbuch[3]) abgedruckt und durch die Werte des Brechungsexponenten, die sich nach der BREWSTERschen Formel aus dem Haupteinfalls-

---

den Wert aus der allgemeinen Gleichung für die s- oder für die p-Komponente ableitet, s. Gl. (26) auf S. 270 der 3. Auflage

$$R_s = -E_s \frac{n-1}{n+1}, \qquad R_p = E_p \frac{n-1}{n+1}.$$

Diese Formulierung erscheint zunächst gewiß merkwürdig, ist aber durchaus folgerichtig, und wenn A. SCHUSTER (Proc. R. Soc. Bd. 107, S. 27. 1925) sie als ein bedauerliches „mistake" DRUDES bezeichnet, so beruht das auf einem vollkommenen Mißverständnis seinerseits; denn das bei R_p fehlende Minuszeichen steckt bei DRUDE von vornherein in dem Ansatz seiner ganzen Rechnung, wie er selbst es ganz deutlich in den der Gl. (26) folgenden Bemerkungen auseinandersetzt. In der hier durchgeführten Darstellung habe ich es vorgezogen, mit einem im Raume festen Koordinatensystem zu arbeiten. Aber es möge ganz ausdrücklich auf die Möglichkeit einer anderen Art der Darstellung hingewiesen werden.

[1]) BILLET bezeichnet in seinem Traité d'Optique (Bd. 2, S. 108) diese letztere Phasenänderung als „π de retournement" im Gegensatz zu der Phasenänderung, die bei Überschreitung des Polarisationswinkels eintritt, dem „π de renversement".

[2]) W. WERNICKE, Wied. Ann. Bd. 253, S. 203. 1885.

[3]) Winkelmanns Handbuch der Physik, 2. Aufl., Leipzig: J. A. Barth 1906, Bd. 6, S. 1263.

winkel berechnen lassen, ergänzt; sämtliche Zahlen beziehen sich auf Messungen in Luft. Dabei geht der Elliptizitätskoeffizient für feste Körper von +0,1200 für Selen bis +0,0070 für Kolophonium, für positive Flüssigkeiten von +0,008 bis 0,001, für negative Flüssigkeiten von −0,0138 bis −0,0017. Weitere Messungen auf diesem Gebiete liegen vor von KURZ, QUINCKE, CORNU, WERNICKE, K. E. F. SCHMIDT, DRUDE u. a. m.[1]).

67. Theorien der elliptischen Polarisation der nichtmetallischen Körper. Der erste, der eine Theorie der elliptischen Polarisation durch Reflexion gegeben hat, war CAUCHY, dessen Formeln dann auch von anderen mehrfach abgeleitet und behandelt worden sind[2]). Die Grundlage seiner Theorie war die Vorstellung, daß der Vorgang der Reflexion an der Grenzfläche für diejenige Komponente, deren Schwingungen in der Einfallsebene verlaufen, sowohl im reflektierten wie im gebrochenen Strahl auch longitudinale Schwingungen errege, die aber einer starken Absorption unterliegen und schon in unmeßbar kleinen Entfernungen von der Grenzfläche wieder verschwinden sollen. Ihre Wirkung soll nur im Intensitätsverhältnis der beiden Komponenten und ihrer allmählichen Phasenverschiebung zum Ausdruck kommen, wofür CAUCHY die Formeln aufstellt:

$$\left.\begin{aligned} \frac{R_p^2}{R_s^2} &= \frac{\cos^2(i+r) + \varepsilon'^2 \sin^2 i \sin^2(i+r)}{\cos^2(i-r) + \varepsilon'^2 \sin^2 i \sin^2(i-r)}, \\ \operatorname{tg}\Delta &= \varepsilon' \frac{\sin i[\operatorname{tg}(i+r) + \operatorname{tg}(i-r)]}{1-\varepsilon'^2 \sin^2 i \operatorname{tg}(i+r)\operatorname{tg}(i-r)} = \varepsilon' \frac{2\sin^2 i \cos i}{\cos^2 i - \sin^2 r - \varepsilon'^2 \sin^2 i[\sin^2 i - \sin^2 r]}, \end{aligned}\right\} \quad (134)$$

in denen ε' von CAUCHY als Elliptizitätskoeffizient bezeichnet wird[3]).

Andererseits liegt es nahe, zur Erklärung der Erscheinungen auf die allgemeinen Formeln der Ziff. 54, 55 und 58 zurückzugehen und das Auftreten der Elliptizität mit dem Vorhandensein einer schwachen Absorption in Verbindung zu bringen. In der Tat ließen sich aus der hier entwickelten Theorie Formeln von gleicher Bauart wie die CAUCHYschen durch die Annahme sehr geringer Werte von $\varkappa_2$ herleiten, und man könnte sogar geneigt sein, weitere Parallelen mit der CAUCHYschen Theorie zu ziehen, insofern, als ja auch in den obigen Formeln eine longitudinale Komponente eine Rolle spielt. Aber die Bedeutung dieser Komponente ist doch eine ganz andere als bei CAUCHY; sie kommt hier nur in der gebrochenen Welle vor, begleitet sie aber dauernd und ist bedingt durch ihre inhomogene Struktur. Doch läßt sich gegen jede Theorie dieser Art, die die von JAMIN entdeckte Elliptizität mit den sonstigen optischen Eigenschaften des Stoffes in Beziehung bringt, der Einwand erheben, daß die Beobachtungen gesetzmäßige Beziehungen solcher Art nicht ergeben haben. Im allgemeinen ist wohl die Elliptizität größer bei Körpern mit höherem Brechungsexponenten; aber diese Regel gilt ebensowenig streng, wie die Grenze zwischen positiven und negativen Stoffen an einen ganz bestimmten Brechungsexponenten gebunden ist. Diese Unsicherheit dürfte mit dem anderen Umstande zusammenhängen, daß die reflektorischen Eigenschaften der Stoffe, sowohl

[1]) A. KURZ, Pogg. Ann. Bd. 108, S. 588. 1859; G. QUINCKE, ebenda Bd. 128, S. 355. 1866; W. WERNICKE, Wied. Ann. Bd. 25, S. 203. 1885; A. CORNU, C. R. Bd. 108, S. 917, 1221. 1889; P. DRUDE, Wied. Ann. Bd. 36, S. 532; Bd. 38, S. 265. 1889; K. E. F. SCHMIDT, ebenda Bd. 37, S. 353. 1889. Siehe auch die Diskussion zwischen K. E. F. SCHMIDT und P. DRUDE in Wied. Ann. Bd. 51 bis 54.

[2]) A. CAUCHY, C. R. Bd. 30, S. 465; Bd. 31, S. 60, 255, 766. 1850; Mém. de l'Ac. des Sc. Bd. 22, S. 29. 1849; A. BEER, Pogg. Ann. Bd. 111, S. 467. 1854; A. v. ETTINGSHAUSEN, Wiener Ber. Bd. 8, S. 369. 1855; F. EISENLOHR, Pogg. Ann. Bd. 104, S. 346. 1858; V. v. LANG, Einleitung i. d. theor. Physik. Braunschweig: Vieweg & Sohn 1873, S. 263.

[3]) CAUCHY gebraucht für diese Größe das Symbol ε. Zur Vermeidung von Verwechslungen mit der hier benutzten Bedeutung des ε als Dielektrizitätskonstante wird dafür ε' geschrieben.

hinsichtlich der Gesamtintensität des reflektierten Lichtes wie des Elliptizitätskoeffizienten, von der Behandlung der Fläche abhängen. Die Art der Politur und das Poliermittel beeinflussen die Erscheinungen, wie schon A. SEEBECK[1]) gefunden hat und worüber besonders neuere Untersuchungen von CONROY[2]) zu nennen sind. Frisch hergestellte Oberflächen ändern ihr Verhalten allmählich mit dem Altern. Je frischer die Flächen sind, um so kleiner ist die Elliptizität des an ihnen reflektierten Lichtes und um so genauer entspricht ihr Verhalten den FRESNELschen Formeln. Das hat RAYLEIGH[3]) an frisch polierten Glasflächen und frisch hergestellten Wasserflächen, ebenso DRUDE an frischen Spaltflächen von Kristallen nachgewiesen[4]).

Diese Tatsachen haben zu einer anderen Erklärung der JAMINschen Beobachtungen geführt, die auf der Vorstellung beruht, daß die reflektierende Fläche von einer dünnen Oberflächenschicht mit einem anderen Brechungsexponenten bedeckt sei, der in der Schicht im allgemeinen als mit der Tiefe veränderlich anzunehmen sei. Die Annahme einer Übergangsschicht aus dem einen in das andere Mittel ist bereits oben zur Ableitung der Grenzbedingungen gemacht worden; aber die üblichen Grenzbedingungen werden durch die Annahme gewonnen, daß diese Übergangsschicht unendlich dünn sei. Man kommt zu einer Theorie der elliptischen Polarisation, wenn man der Übergangsschicht eine gewisse endliche Dicke zuschreibt, die immerhin noch klein gegen die Wellenlänge des Lichtes angenommen werden darf. Für eine solche Vorstellung spricht außer den oben aufgeführten Erfahrungen auch eine andere merkwürdige Erscheinung, die RAYLEIGH beobachtet hat[5]). Er tauchte eine Glasplatte in eine Mischung von Schwefelkohlenstoff und Benzol, die so abgestimmt war, daß sie für gelbes Licht denselben Brechungsexponenten hatte, wie das Glas, und beobachtete trotzdem eine merkliche Reflexion des Lichtes, im Gegensatze zu den FRESNELschen Formeln, eine Tatsache, die ihm für das Vorhandensein einer durch keine Reinigungsmittel vollständig zu entfernenden Übergangsschicht zwischen dem Glas und der Flüssigkeit zu sprechen scheint.

Theorien über die Wirkung solcher Übergangsschichten sind auf der Grundlage der älteren mechanischen Lichttheorien entwickelt worden von P. ZECH[6]), L. LORENZ[7]), V. D. MÜHLL[8]), DRUDE[9]) und MACLAURIN[10]). Letzterer hat eine eingehende Studie darüber angestellt, welche Annahme über die Veränderlichkeit des Brechungsexponenten in der Übergangsschicht zur besten Übereinstimmung mit den Beobachtungen führt; er findet dafür die Formel $n^2 = \frac{1}{\sqrt{1 + bz}}$, wenn z die Dickenkoordinate der Schicht ist. Eine Theorie der Übergangsschicht auf elektromagnetischer Grundlage hat A. C. VAN KYN VAN ALKEMADE gegeben[11]).

---

1) A. SEEBECK, Pogg. Ann. Bd. 21, S. 290. 1831.
2) J. CONROY, Phil. Trans. Bd. 180, S. 245. 1889.
3) Lord RAYLEIGH, Nat. Bd. 35, S. 64. 1886; Proc. Roy. Soc. London Bd. 41, S. 275; Phil. Mag. (5) Bd. 34, S. 309. 1892; Scient. Pap. Bd. 4, S. 3.
4) P. DRUDE, Wied. Ann. Bd. 36, S. 532. 1889; s. auch die andern, oben zitierten Arbeiten.
5) Lord RAYLEIGH, Rep. Brit. Assoc. 1887, S. 585; Scient. Pap. Bd. 3, S. 15; Bd. 6, S. 95. Ausführlicher ist der Zusammenhang der von RAYLEIGH beobachteten Erscheinungen mit den FRESNELschen Formeln von LIESE MEITNER erörtert worden. Wiener Ber. Bd. 115, S. 859. 1906; s. auch NULINI KANTA SUR, Phys. Rev. (2) Bd. 21, S. 699. 1923; R. FORRER, Vierteljschr. d. naturf. Ges. Zürich Bd. 69, S. 281—302. 1924.
6) P. ZECH, Pogg. Ann. Bd. 109, S. 60. 1860.
7) L. LORENZ, Pogg. Ann. Bd. 111, S. 460. 1860.
8) K. VON DER MÜHLL, Math. Ann. Bd. 5, S. 471. 1872.
9) P. DRUDE, Wied. Ann. Bd. 43, S. 126. 1891.
10) R. C. MACLAURIN, Proc. Roy. Soc. London (A) Bd. 79, S. 18. 1906.
11) A. C. VAN KYN VAN ALKEMADE, Wied. Ann. Bd. 20, S. 22. 1883.

Diese hat DRUDE in sein Lehrbuch der Optik aufgenommen und vereinfacht[1]). Sie soll im folgenden Abschnitt wiedergegeben werden.

68. Theorie der Übergangsschicht von ALKEMADE-DRUDE. Vorausgesetzt werden zwei isolierende Mittel mit den Dielektrizitätskonstanten ε_1 und ε_2 und eine Übergangsschicht von der Dicke l zwischen ihnen, in der die Dielektrizitätskonstante den mit dem Abstande von den Schichtgrenzen veränderlichen Wert ε habe. Es soll wieder die Z-Achse senkrecht zur Grenzfläche und die YZ-Ebene als Einfallsebene einer einfallenden ebenen Welle angenommen werden, woraus folgt, daß die Kraftkomponenten unabhängig von der X-Koordinate sind. In der Schicht sollen die MAXWELLschen Gleichungen für isolierende Mittel ebenso Gültigkeit haben wie in den Mitteln 1 und 2, und es wird ferner angenommen, daß die Größen $\mathfrak{H}_x$, $\mathfrak{H}_y$ und $\varepsilon\mathfrak{E}_z$ innerhalb der Schicht konstant sind. Man denke sich nun die Grundgleichungen mit dz multipliziert und über die Dicke der Schicht von der Grenze 1 bis zur Grenze 2 integriert. Dann ergeben sich folgende Beziehungen zwischen den der Grenzfläche parallelen Kraftkomponenten an der einen und der anderen Grenzfläche:

$$\left.\begin{aligned}
\mathfrak{E}_{1x} &= \mathfrak{E}_{2x} + \frac{\mu_2 l}{c}\frac{\partial \mathfrak{H}_{2y}}{\partial t}, &\quad \mathfrak{E}_{1y} &= \mathfrak{E}_{2y} - \frac{\mu_2 l}{c}\frac{\partial \mathfrak{H}_{2x}}{\partial t} - \varepsilon_2 h \frac{\partial \mathfrak{E}_{2z}}{\partial y},\\
\mathfrak{H}_{1x} &= \mathfrak{H}_{2x} - \frac{g}{c}\frac{\partial \mathfrak{E}_{2y}}{\partial t}, &\quad \mathfrak{H}_{1y} &= \mathfrak{H}_{2y} - l\frac{\partial \mathfrak{H}_{2z}}{\partial y} + \frac{g}{c}\frac{\partial \mathfrak{E}_{2x}}{\partial t},
\end{aligned}\right\} \tag{135}$$

wobei die Faktoren l (die Dicke), g und h gegeben sind durch die Integrale[2])

$$l = \int_1^2 dz, \qquad g = \int_1^2 \varepsilon\, dz, \qquad h = \int_1^2 \frac{dz}{\varepsilon}. \tag{136}$$

Diese Gleichungen treten nun an die Stelle der bisher benutzten Grenzbedingungen für Isolatoren, in die sie ersichtlich übergehen, wenn man die Schichtdicke unendlich dünn nimmt. Sie sind nur zu lösen durch Einführung von Phasendifferenzen für die reflektierten und die gebrochenen Komponenten, die sich aus den alten Grenzbedingungen für Isolatoren als 0 ergeben hatten. Führt man diese Grenzbedingungen in die oben in Ziff. 54 und 55 gegebenen Entwicklungen für die Größen R_s, D_s, R_p und D_p ein, während man in den dortigen allgemeinen Formeln (115) und (120) $\varkappa_2 = 0$ und zur Vereinfachung gleich $\mu_1 = \mu_2 = 1$ setzt, so erhält man folgende Gleichungen:

$$\left.\begin{aligned}
E_s + R_s e^{i\delta_{rs}} &= D_s e^{i\delta_{ds}}\left(1 + i\frac{2\pi}{\lambda_0} l n_2 \cos r\right),\\
(E_s - R_s e^{i\delta_{rs}})\, n_1 \cos i &= D_s e^{i\delta_{ds}}\left(n_2 \cos r + i\frac{2\pi}{\lambda_0}[g - l n_2^2 \sin^2 r]\right),\\
(E_p - R_p e^{i\delta_{rp}})\, n_1 &= D_p e^{i\delta_{dp}}\left(n_2 + i\frac{2\pi}{\lambda_0} g \cos r\right),\\
(E_p + R_p e^{i\delta_{rp}}) \cos i &= D_p e^{i\delta_{dp}}\left(\cos r + i\frac{2\pi}{\lambda_0} n_2 [l - h n_2^2 \sin^2 r]\right).
\end{aligned}\right\} \tag{137}$$

Bei der Auswertung dieser Gleichungen nimmt DRUDE an, daß die Schichtdicke l im Verhältnis zur Wellenlänge so klein sei, daß die höheren als die 1. Potenzen

[1]) P. DRUDE, Lehrbuch der Optik, 2. Aufl. Leipzig: S. A. Hirzel 1912, S. 273.

[2]) DRUDE gebraucht die Symbole l, p und q. Um Verwechslungen mit den hier in anderem Sinne gebrauchten Buchstaben p und q zu vermeiden, werden dafür die Buchstaben g und h benutzt.

dieser Korrektionsglieder vernachlässigt werden können. Dann ergeben sich für die Amplituden und Phasen folgende Gleichungen:

$$\left.\begin{aligned}
D_s e^{i\delta_{ds}} &= E_s \frac{2\sin r\cos i}{\sin(i+r)}\left(1 - i\frac{2\pi}{\lambda_0}\frac{g + l n_1 n_2\cos(i+r)}{n_2\cos r + n_1\cos i}\right),\\
D_p e^{i\delta_{dp}} &= E_p \frac{2\sin r\cos i}{\sin(i+r)\cos(i-r)}\left(1 - i\frac{2\pi}{\lambda_0}\frac{g\cos i\cos r + l n_1 n_2 - h n_1 n_2^3\sin^2 r}{(n_2\cos r + n_1\cos i)\cos(i-r)}\right),\\
R_s e^{i\delta_{rs}} &= -E_s\frac{\sin(i-r)}{\sin(i+r)}\left(1 + i\frac{4\pi}{\lambda_0}\frac{n_1\cos i\,(g - l n_2^2)}{n_2^2 - n_1^2}\right),\\
R_p e^{i\delta_{rp}} &= -E_p\frac{\operatorname{tg}(i-r)}{\operatorname{tg}(i+r)}\left(1 + i\frac{4\pi}{\lambda_0}\frac{n_1\cos i}{n_2^2 - n_1^2}\frac{g\cos^2 r - l n_2^2 + h n_2^4\sin^2 r}{\cos^2 i - \sin^2 r}\right),
\end{aligned}\right\} \quad (138)$$

und daraus für die Amplitudenverhältnisse der beiden Komponenten und für ihre Phasenunterschiede Δ_d und Δ_r, wenn wieder $E_p = E\sin\alpha$ und $E_s = E\cos\alpha$ gesetzt wird:

$$\left.\begin{aligned}
\frac{D_p}{D_s} &= \operatorname{tg}\alpha\cdot\frac{1}{\cos(i-r)}\sqrt{1 + \frac{4\pi^2}{\lambda_0^2}\frac{\sin^2 i\sin^2 r}{(n_2\cos i + n_1\sin i)^2}\eta^2} = \frac{\operatorname{tg}\alpha}{\cos(i-r)\cos\Delta_d};\\
\operatorname{tg}\Delta_d &= \frac{2\pi}{\lambda_0}\frac{\sin i\sin r}{(n_2\cos i + n_1\sin i)}\eta,\\
\frac{R_p}{R_s} &= \operatorname{tg}\alpha\frac{\cos(i+r)}{\cos(i-r)}\sqrt{1 + \frac{16\pi^2}{\lambda_0^2}\frac{n_1^2\cos^2 i\sin^4 i}{(n_2^2 - n_1^2)^2(\cos^2 i - \sin^2 r)^2}\eta^2} = \frac{\operatorname{tg}\alpha\cos(i+r)}{\cos(i-r)\cos\Delta_r};\\
\operatorname{tg}\Delta_r &= \frac{4\pi}{\lambda_0}\frac{n_1\cos i\sin^2 i}{(n_2^2 - n_1^2)(\cos^2 i - \sin^2 r)}\eta.
\end{aligned}\right\} \quad (139)$$

Dabei ist η zur Abkürzung gesetzt für die Summe:

$$\eta = g - l(\varepsilon_1 + \varepsilon_2) + h\varepsilon_1\varepsilon_2.$$

Für die durchgehende Welle ist der Einfluß der Übergangsschicht, wie man aus den Formeln ersieht, gering. Der Wert von $\operatorname{tg}\Delta_d$ nimmt, wenn der Einfallswinkel von 0 bis $\pi/2$ wächst, zu von 0 bis $\frac{2\pi\eta}{\lambda_0 n_2}$, hat also immer kleine Werte. Für das reflektierte Licht dagegen kann das Korrektionsglied ∞ groß werden, da $(\cos^2 i - \sin^2 r) = 0$ wird für den Fall $i + r = \frac{\pi}{2}$, d. h. unter dem Polarisationswinkel, für den $\operatorname{tg} i = n$ ist. Hier ist $\Delta_r = \frac{\pi}{2}$, das Amplitudenverhältnis aber wird dabei nicht $= 0$, weil das Unendlichwerden des Korrektionsgliedes das Nullwerden des Faktors $\cos(i + r)$ kompensiert. Die Ausrechnung ergibt für das Amplitudenverhältnis unter dem Polarisationswinkel:

$$\frac{R_p}{R_s} = -\operatorname{tg}\alpha\frac{\pi}{\lambda_0}\frac{\sqrt{n_2^2 + n_1^2}}{n_2^2 - n_1^2}\eta,$$

also wenn $\alpha = 45°$ genommen wird, für das Hauptazimut Ψ,

$$\operatorname{tg}\Psi = \frac{R_p}{R_s} = -\frac{\pi}{\lambda_0}\frac{1}{n_1}\frac{\sqrt{n^2+1}}{(n^2-1)}\cdot\eta.$$

Die Formel für die Phasendifferenz im reflektierten Licht hat den gleichen Bau, wie die CAUCHYsche [s. oben Gleichung (134)], wenigstens für kleine Werte des Elliptizitätskoeffizienten, entspricht also den Beobachtungen ebensogut wie diese. Zwischen dem CAUCHYschen Elliptizitätskoeffizienten ε' und dem von DRUDE eingeführten Koeffizienten η[1]) besteht dann die Beziehung

$$\varepsilon' = -\frac{2\pi}{\lambda_0 n_1 (n^2-1)}\eta = -\frac{2\pi n_1}{\lambda_0 (n_2^2 - n_1^2)}\cdot\eta\,.$$

Die Formel für das Amplitudenverhältnis unterscheidet sich von der CAUCHYschen, wenn man bei dieser die Rechnung auch auf die erste Annäherung beschränkt und ε' durch η nach obiger Beziehung ersetzt, dadurch, daß in der CAUCHYschen Formel das Korrektionsglied unter dem Wurzelzeichen noch den Faktor $\frac{\cos r}{n\cdot\cos i}$ hat. Dieser wird für den Polarisationswinkel $= 1$, so daß auch für das Hauptazimut die beiden Formeln übereinstimmen[2]). Aber die DRUDEschen Formeln haben offenbar den Vorteil, einen Einblick in Bedingungen zu gewähren, die man als maßgebend für das Verhalten der Körper in bezug auf die elliptische Polarisation ansehen kann. Setzt man in dem Ausdruck für η die Integrale für l, g und h ein, so ist

$$\eta = -\int_1^2 \frac{(\varepsilon_2-\varepsilon)(\varepsilon-\varepsilon_1)}{\varepsilon}\,dz$$

und das Amplitudenverhältnis für den Polarisationswinkel, das DRUDE, abweichend von CAUCHY als Elliptizitätskoeffizienten bezeichnet, nimmt den Wert an:

$$\bar\varrho = \frac{\pi}{\lambda_0}\frac{\sqrt{n^2+1}}{n_1(n^2-1)}\int\frac{(\varepsilon_2-\varepsilon)(\varepsilon-\varepsilon_1)}{\varepsilon}\,dz \quad\text{oder}\quad \frac{\pi}{\lambda_0}\frac{\sqrt{\varepsilon_2+\varepsilon_1}}{\varepsilon_2-\varepsilon_1}\int\frac{(\varepsilon_2-\varepsilon)(\varepsilon-\varepsilon_1)}{\varepsilon}\,dz\,.$$

Es ist also positiv, wenn $\varepsilon_2 > \varepsilon_1$ ist und ε in der Schicht zwischen ε_1 und ε_2 liegt. Diese Annahme dürfte wohl als die natürlichere anzusehen sein, und damit erklärt die Theorie die Tatsache, daß die Mehrzahl der Stoffe positiven Charakter haben. Wenn Flußspat mit seinem kleinen Brechungsindex negativen Charakter hat, so könnte sich auch dies nach dieser Theorie durch die Vorstellung erklären, daß hier das Poliermittel eine Übergangsschicht von höherem Brechungsexponenten erzeugt. Auch der negative Charakter gewisser Flüssigkeiten ließe sich nach DRUDE durch die Annahme solcher Schichten erklären, ,,welche Zwischenwerte der Dielektrizitätskonstanten besitzen, falls nur zugleich auch noch Schichten von größerer Dielektrizitätskonstanten als dem Werte in der Flüssigkeit vorhanden sind“. Legt man der Berechnung das von MACLAURIN als bestes gefundene Gesetz für ε:

$$\varepsilon = \frac{1}{\sqrt{1+bz}}$$

zugrunde, so ergibt sich für η der Wert:

$$-l\,\frac{(\varepsilon_2-\varepsilon_1)^2}{3(\varepsilon_2+\varepsilon_1)} = -l\,\frac{n_1^2(n^2-1)^2}{3(n^2+1)}$$

und daraus für $\bar\varrho$ der Ausdruck:

$$\bar\varrho = \frac{\pi l}{\lambda_0}\,\frac{n_1(n^2-1)}{3\sqrt{n^2+1}}$$

und für das Verhältnis der Dicke zur Wellenlänge

$$\frac{l}{\lambda_0} = \frac{3\sqrt{n^2+1}}{\pi n_1(n^2-1)}\,\bar\varrho\,.$$

[1]) Es muß ausdrücklich darauf hingewiesen werden, daß in der Darstellung, die DRUDE in Winkelmanns Handbuch gegeben hat, das von ihm dort benutzte η mit ε' identisch ist. In seinem Lehrbuch hat er die oben wiedergegebene, andere Bedeutung des Faktors η eingeführt.

[2]) In der CAUCHYschen Schreibweise ist $\bar\varrho = \frac{\varepsilon'\sqrt{n^2+1}}{2}$.

Daraus läßt sich ein Urteil über die ungefähre Dicke der Schicht gewinnen, die für ein gegebenes n eine bestimmte Elliptizität hervorbringt. DRUDE hat eine solche Rechnung unter der anderen Annahme durchgeführt, daß für ε der in der Schicht konstante mittlere Wert $\sqrt{\varepsilon_1 \varepsilon_2}$ zu setzen sei, eine Annahme, die η bei konstantem ε zu einem Maximum, also l/λ_0 für ein gegebenes $\bar{\varrho}$ zu einem Minimum macht, die also die kleinste Dicke ergibt, die die Schicht mindestens besitzen muß, um bei konstantem ε das gegebene ϱ zu verursachen. Diese untere Grenze von l nach der DRUDEschen Rechnung hat den Wert:

$$\frac{l}{\lambda_0} = \frac{n+1}{\pi n_1 \sqrt{n^2+1}\,(n-1)}\,\bar{\varrho}\,.$$

Die so gerechneten Werte sind etwas kleiner als die nach der MACLAURINschen Formel gerechneten. So würden die Formeln z. B. nach JAMINschen Werten ergeben:

			Nach MACLAURIN	Nach DRUDE
für Flintglas mit	$n = 1{,}75$	$\bar{\varrho} = 0{,}03$	$0{,}95 \cdot \bar{\varrho} = 0{,}0295$	$0{,}58 \cdot \varrho = 0{,}0174$
,, Glas	1,487	0,006	$1{,}41 \cdot \bar{\varrho} = 0{,}0085$	$0{,}91 \cdot \bar{\varrho} = 0{,}0054$
,, essigsauren Holzäther	1,359	0,001	$1{,}90 \cdot \bar{\varrho} = 0{,}0019$	$1{,}25 \cdot \bar{\varrho} = 0{,}0013$

Der Faktor, mit dem $\bar{\varrho}$ in der Formel für l/λ_0 multipliziert ist, nimmt zwar, wie man sieht, mit abnehmendem n zu, aber die Erfahrung lehrt, daß $\bar{\varrho}$ im allgemeinen noch schneller abnimmt, so daß für die kleinen n sich die Schichtdicke doch kleiner ergibt. Nimmt man als mittlere Wellenlänge des Lichtes 0,00055 mm an, so ist l von der Größenordnung 10^{-6} bis 10^{-7} cm. DRUDE weist darauf hin, daß schon so geringe Dicken genügen, um selbst eine starke elliptische Reflexionspolarisation zu erklären.

Es möge noch auf eine neuere Arbeit von R. SISSINGH und J. TH. GROOSMULLER[1]) aufmerksam gemacht werden, die die Dicke einer Oberflächenschicht auf Glas aus Reflexionsbeobachtungen abgeleitet haben. Sie haben die Abweichung zwischen dem Polarisationswinkel und dem Haupteinfallswinkel aus den DRUDEschen Formeln durch Berücksichtigung der Glieder von der Ordnung d^2/λ^2 abgeleitet und damit d berechnet, aus Beobachtungen für die Wellenlängen 486 und 657 $\mu\mu$. Sie finden an Glasflächen, die 20 Jahre alt waren, $d = 2{,}4$ bzw. $3{,}5 \cdot 10^{-5}$ mm, und an neu polierten Flächen $d = 0{,}97$ bzw. $1{,}71 \cdot 10^{-6}$ mm.

Weiteres über Oberflächenschichten s. noch in Ziff. 82.

69. Totalreflexion. Ableitung der Formeln. Die bisherige Behandlung der FRESNELschen Formeln arbeitet mit der Vorstellung, daß zu einer einfallenden Welle eine zurückgeworfene und eine gebrochene Welle gehören. Die Formeln behalten auch ihre Gültigkeit, wenn man i und r miteinander vertauscht. Aber das SNELLIUSsche Brechungsgesetz lehrt, daß die Voraussetzung des Vorhandenseins einer gebrochenen Welle nicht mehr erfüllt ist, wenn die Welle in dem dichteren Mittel auf die Grenze gegen das dünnere Mittel einfällt, und der Einfallswinkel größer ist als der durch die Gleichung

$$\sin i_T = \frac{1}{n} \tag{140}$$

gegebene Winkel. Zu diesem Winkel i_T gehört im dünneren Mittel ein Austrittswinkel, für den $\sin r = 1$, also $r = \pi/2$ ist, d. h. streifender Austritt. Für noch größere Einfallswinkel im dichteren Mittel ist ein Austritt in das dünnere Mittel nicht mehr möglich. Die ganze Intensität des einfallenden Lichtes geht in

[1]) R. SISSINGH und J. TH. GROOSMULLER, Phys. ZS. Bd. 27, S. 518. 1926.

das reflektierte Licht über; sobald der Winkel i_T überschritten wird, befinden wir uns im Gebiet der Totalreflexion; i_T ist ihr Grenzwinkel. Die Erscheinungen in diesem Gebiete bedürfen einer besonderen Behandlung.

Da im Gebiete der Totalreflexion $\sin r > 1$, also r nicht mehr reell ist, so muß in den Gleichungen, die die Wellen darstellen, und in den Grenzbedingungen $\sin r$ durch $n \cdot \sin i$, $\cos r$ durch $\sqrt{1 - n^2 \sin^2 i} = \pm i \sqrt{n^2 \sin^2 i - 1}$ ersetzt werden. Wenn also entsprechend den bisherigen Ansätzen die einfallende Welle ganz allgemein durch

$$E \cdot e^{i(pt - q_1[y \sin i + z \cos i])},$$

die zurückgeworfene durch

$$R \cdot e^{i(pt - q_1[y \sin i - z \cos i] + \delta_r)}$$

dargestellt wird, so würde für die gebrochene Welle der Ansatz lauten:

$$D \cdot e^{i(pt - q_2[y \sin r + z \cos r] + \delta_d)} = D e^{-q_2 \sqrt{n^2 \sin^2 i - 1} \cdot z} \cdot e^{i(pt - q_2 n \sin i\, y + \delta_d)},$$

wobei das negative Vorzeichen der Wurzel gewählt ist, um das Auftreten eines mit z ins Unendliche wachsenden Faktors zu vermeiden. Diese Formulierung führt also zu der Vorstellung eines gewissen Eindringens der Welle in das dünnere Mittel, aber mit sehr schnell abnehmender Amplitude, einer Folgerung der Theorie, die in Ziff. 71 ausführlich behandelt wird. Setzt man nun zunächst für den Fall der zur Einfallsebene senkrecht schwingenden elektrischen Komponente die Grenzbedingungen an, indem man in Gleichung (115) $\varkappa_2 = 0$ setzt, und berücksichtigt, daß das Mittel 1, in dem die Welle einfällt, jetzt das stärker brechende Mittel ist, so daß sein Brechungsexponent gegen das 2. Mittel $n = n_1/n_2$ zu setzen ist, so lauten die Grenzformeln für $z = 0$:

$$E_s + R_s e^{i\delta_{rs}} = D_s e^{i\delta_{ds}},$$

$$(E_s - R_s e^{i\delta_{rs}}) n \cos i = -i D_s e^{i\delta_{ds}} \sqrt{n^2 \sin^2 i - 1},$$

aus denen sich ergibt:

$$\left.\begin{aligned} R_s &= E_s, \qquad D_s = \frac{2n \cos i}{\sqrt{n^2 - 1}} E_s, \\ \operatorname{tg} \frac{\delta_{rs}}{2} &= \operatorname{tg} \delta_{ds} = \frac{\sqrt{n^2 \sin^2 i - 1}}{n \cdot \cos i}. \end{aligned}\right\} \tag{141}$$

Entsprechend lauten die Grenzbedingungen für die in der Einfallsebene schwingende Komponente:

$$(E_p + R_p e^{i\delta_{rp}}) \cos i = -i D_p e^{i\delta_{dp}} \sqrt{n^2 \sin^2 i - 1},$$

$$(E_p - R_p e^{i\delta_{rp}}) n = D_p e^{i\delta_{dp}},$$

und die Folgerungen daraus:

$$\left.\begin{aligned} R_p &= -E_p, \qquad D_p = \frac{2n \cos i}{\sqrt{(n^2 - 1)(n^2 \sin^2 i - \cos^2 i)}} E_p, \\ \operatorname{tg} \frac{\delta_{rp}}{2} &= \operatorname{tg} \delta_{dp} = \frac{n \sqrt{n^2 \sin^2 i - 1}}{\cos i}. \end{aligned}\right\} \tag{142}$$

70. Eigenschaften des total reflektierten Lichtes. Die Ergebnisse des vorigen Abschnittes zeigen, daß der reflektierte Strahl im ganzen Gebiet der Totalreflexion die gleiche Amplitude, also auch die gleiche Intensität wie der einfallende Strahl besitzt. Die gleichen Werte, $R_s = E_s$, $R_p = -E_p$, erhält man aus den FRESNELschen Formeln für die partielle Reflexion, wenn man sie auf den Einfall im dichteren Mittel unter dem Grenzwinkel i_T anwendet. (Näheres darüber s. Ziff. 74). Aber die Formeln zeigen ferner, daß die beiden Komponenten Phasenänderungen erfahren, und zwar wächst die Phase für beide von 0 beim Grenzwinkel i_T bis π bei streifendem Einfall. Aber die Phasen sind bei gleichem Einfallswinkel verschieden für die beiden Komponenten; δ_{rp} ist größer als δ_{rs}; die p-Komponente eilt in diesem Falle der s-Komponente voran, und das total reflektierte Licht ist in einer vom Einfallswinkel abhängigen Weise elliptisch polarisiert. Für den Phasenunterschied $\delta_{rp} - \delta_{rs}$ ergibt sich aus den Gleichungen für $\operatorname{tg}\frac{\delta_{rs}}{2}$ und $\operatorname{tg}\frac{\delta_{rp}}{2}$ die Beziehung:

$$\operatorname{tg}\frac{\delta_{rp} - \delta_{rs}}{2} = \frac{\cos i\sqrt{n^2 \sin^2 i - 1}}{n \sin^2 i}.$$

Diese Phasendifferenz ist also für den Grenzwinkel $i_T = 0$ und für streifenden Einfall ebenfalls $= 0$. Sie erreicht ein Maximum für den Wert von i_M, der durch die Gleichung gegeben ist

$$\sin i_M = \sqrt{\frac{2}{n^2 + 1}}, \tag{143}$$

und der Betrag dieses Maximums ist bestimmt durch die Gleichung

$$\operatorname{tg}\left(\frac{\delta_{rp} - \delta_{rs}}{2}\right)_{\max} = \frac{n^2 - 1}{2n}. \tag{144}$$

Für Glas vom Brechungsexponenten 1,5 ist $i_M = 51° 41'$ und

$$(\delta_{rp} - \delta_{rs})_{\max} = 45° 14',$$

also sehr nahe $^1/_8$ der Schwingungsdauer.

Die Formeln für die totale Reflexion sind bereits von FRESNEL abgeleitet worden, allerdings durch Überlegungen, die physikalisch nicht haltbar waren. Aber seine Formeln waren richtig, und er zog aus ihnen die Folgerung, daß eine kreisförmige Polarisation des total reflektierten Lichtes beim Glase durch einmalige Reflexion nicht zu erreichen sei, wohl aber durch zweimalige. Auf dieser Überlegung beruht die Konstruktion der FRESNELschen Glasparallelepipede, deren Winkel so bemessen sind, daß ein Lichtstrahl, der durch die eine Endfläche senkrecht eintritt, im Innern zweimal unter demjenigen Winkel total reflektiert wird, für den die Phasendifferenz $^1/_8$ ist; der aus der anderen Endfläche austretende Strahl hat dann die Phasendifferenz $^1/_4$ und ist zirkular polarisiert, wenn der einfallende Strahl linear polarisiert ist und das Azimut 45° hat. Um durch einmalige Totalreflexion Zirkularpolarisation zu erreichen, müßte das Mittel einen Brechungsexponenten von mindestens 2,4 haben.

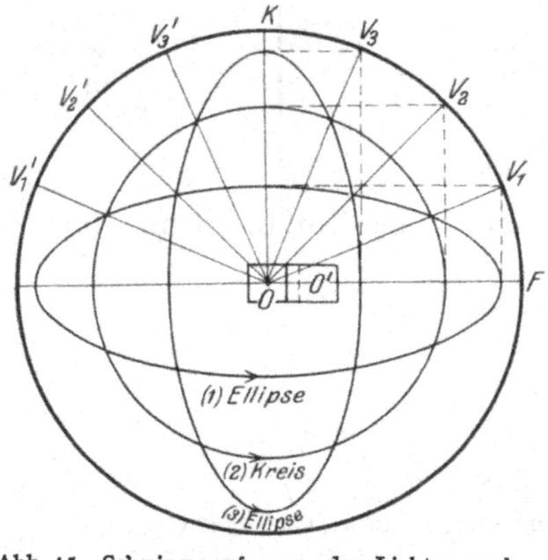

Abb. 15. Schwingungsformen des Lichtes nach dem Durchgang durch ein FRESNELsches Parallelepiped.

Lord KELVIN hat in seinen Baltimore Lectures (S. 405) die Beziehungen der Schwingungsellipse des aus einem FRESNELschen Parallelepiped austretenden Lichtes nach Form, Größe und Umlaufsinn zur Lage und Größe der einfallenden Schwingung ausführlich behandelt und in einem Diagramm dargestellt, das in Abb. 15 wiedergegeben wird. Darin bedeuten 0' die Eintrittsfläche, 0 die Austrittsfläche des Parallelepipeds, OF die Spur der Einfalls- bzw. Reflexionsebene, OV_1, OV_2, OV_3 die Lage und Größe der Schwingung des einfallenden Lichtes in drei verschiedenen Fällen. Die zugehörigen Schwingungsformen des austretenden Lichtes sind durch die Ellipsen (1) und (3) und den Kreis (2) dargestellt. Der Umlaufsinn ist unter diesen Verhältnissen dem Uhrzeigersinn entgegengerichtet. Geht das aus dem Parallelepiped austretende Licht durch ein zweites Parallelepiped, dessen Reflexionsebene der des ersten parallel liegt, so erfährt es im ganzen eine Phasenänderung von π, und das aus dem zweiten Parallelepiped austretende Licht ist wieder geradlinig polarisiert und schwingt längs der Geraden OV_1', OV_2', OV_3'. Sind die Reflexionsebenen der beiden Parallelepipede gekreuzt, so heben sich die Phasenverschiebungen auf und das austretende, wieder geradlinig polarisierte Licht schwingt in der Richtung, in der das einfallende Licht schwingt.

71. Das bei der Totalreflexion in das zweite Mittel eindringende Licht. Es ist schon in den Formeln der vorigen Ziffer zum Ausdruck gekommen, daß, obwohl die ganze Intensität des einfallenden Lichtes sich bei der Totalreflexion im zurückgeworfenen Lichte wieder findet, doch ein gewisses Eindringen des Lichtes in das andere Mittel stattfindet, allerdings mit einer Amplitude, die mit der Entfernung von der brechenden Fläche sehr schnell abnimmt. Der scheinbare Widerspruch, der in diesen Behauptungen steckt, ist Gegenstand vielfacher Erörterungen gewesen. W. VOIGT hat das Wesen des Vorganges wohl zuerst vollständig erkannt und richtig beschrieben[1]) auf Grund von Betrachtungen über die Energieströmung. In der gleichen Weise hat A. EICHENWALD[2]) das Problem auf Grundlage der elektromagnetischen Lichttheorie mit dem POYNTINGschen Vektor behandelt und ausführlich dargestellt. CL. SCHÄFER und G. GROSS haben den Inhalt dieser Arbeit in deutscher Sprache in den Annalen wiedergegeben und die Rechnungen EICHENWALDs noch weiter ausgeführt[3]).

Um die Energieströmung berechnen zu können, muß die komplexe Darstellung der Wellen durch die reelle ersetzt werden. Beschränken wir zunächst die Betrachtung auf die s-Komponente, so wäre die einfallende Welle durch die Gleichungen gegeben:

$$\mathfrak{E}_{ex} = E_s \cdot \sin(pt - q_1(y \sin i + z \cos i)), \qquad \text{entsprechend } \mathfrak{H}_{ey} \text{ und } \mathfrak{H}_{ez}.$$

Für die gebrochene Welle folgt dann aus (114) und (141) das Gleichungssystem:

$$\left.\begin{aligned}
\mathfrak{E}_{dx} &= E_s \frac{2n\cos i}{\sqrt{n^2-1}} e^{-q_2 kz} \sin(pt - q_2 n y \sin i + \delta_{ds}), \\
\mathfrak{H}_{dy} &= -E_s \frac{2n\cos i}{\sqrt{n^2-1}} e^{-q_2 kz} n_2 k \cdot \cos(pt - q_2 n y \sin i + \delta_{ds}), \\
\mathfrak{H}_{dz} &= -E_s \frac{2n\cos i}{\sqrt{n^2-1}} e^{-q_2 kz} n_2 n \sin i \sin(pt - q_2 n y \sin i + \delta_{ds}),
\end{aligned}\right\} \tag{145}$$

in dem k zur Abkürzung für $\sqrt{n^2\sin^2 i - 1}$ geschrieben ist. Diese Gleichungen stimmen in ihrem Bau vollkommen mit den Gleichungen (94a, b) für die inhomogene Welle erster Art überein, wenn man in diesen letzteren Gleichungen den Absorptionsindex des Mittels, also $q'' = 0$, die Amplitude

$$A = E_s \frac{2n\cos i}{\sqrt{n^2-1}} e^{-\frac{2\pi k z}{\lambda_2}} = E_s \frac{2n\cos i}{\sqrt{n^2-1}} e^{-\frac{2\pi z\sqrt{n^2\sin^2 i - 1}}{\lambda_2}}.$$

und den Inhomogenitätsfaktor A' entsprechend dem anderen Koordinatensystem $= \frac{\partial A}{\partial z}$ setzt. Die Gleichungen (145) stellen also eine in der Y-Richtung, also

[1]) W. VOIGT, Kompendium d. theor. Physik Bd. 2, S. 642. Leipzig: Veit & Comp. 1896.
[2]) A. EICHENWALD, Journ. d. russ. phys.-chem. Ges. Bd. 41, phys. Teil, S. 131. 1909.
[3]) CL. SCHÄFER und G. GROSS, Ann. d. Phys. (4) Bd. 32, S. 648. 1910.

parallel zur Grenzfläche fortschreitende Welle von großer Inhomogenität dar, eine inhomogene Welle im isolierenden Mittel. Beim Grenzwinkel i_T ist k und damit die Inhomogenität noch $= 0$, steigt aber bei Überschreitung des Grenzwinkels plötzlich ganz steil in die Höhe, wie aus dem Verlauf der Kurve für k in Abb. 16 zu ersehen ist. Die Welle hat die Eigentümlichkeit aller inhomogenen Wellen, daß sie nicht mehr streng transversal ist, sondern eine longitudinale Komponente hat. Bildet man mit den Werten von $\mathfrak{E}$ und $\mathfrak{H}$ den POYNTINGschen Vektor nach Gleichung (29), so erhält man entsprechend den Gleichungen in Ziff. 48, wenn Θ_s für $(pt - q_2 n y \sin i + \delta_{ds})$ gesetzt wird:

$$\left.\begin{aligned} \mathfrak{S}_{sy} &= +\frac{c}{4\pi} E_s^2 \frac{4n^2\cos^2 i\, n_2 n \cdot \sin i}{n^2-1} \cdot e^{-2q_2 kz} \sin^2\Theta_s, \\ \mathfrak{S}_{sz} &= -\frac{c}{4\pi} E_s^2 \frac{4n^2\cos^2 i\, n_2 k}{n^2-1} e^{-2q_2 kz} \sin\Theta_s \cos\Theta_s. \end{aligned}\right\} \quad (146)$$

Daraus ist ersichtlich, daß $\mathfrak{S}_y$ immer positiv ist, $\mathfrak{S}_z$ dagegen während einer Schwingung zweimal zwischen positiven und negativen Werten hin- und herschwankt. Über eine ganze Schwingunsgperiode integriert ist also die in der

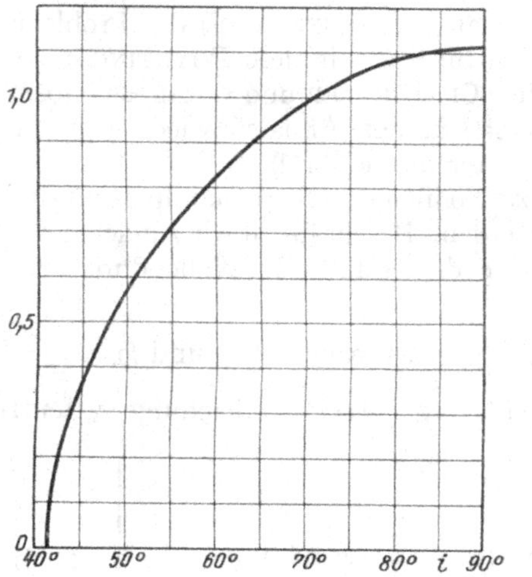

Abb. 16. Verlauf der Größe $\sqrt{n^2 \sin^2 i - 1}$ für $n = 1{,}5$.

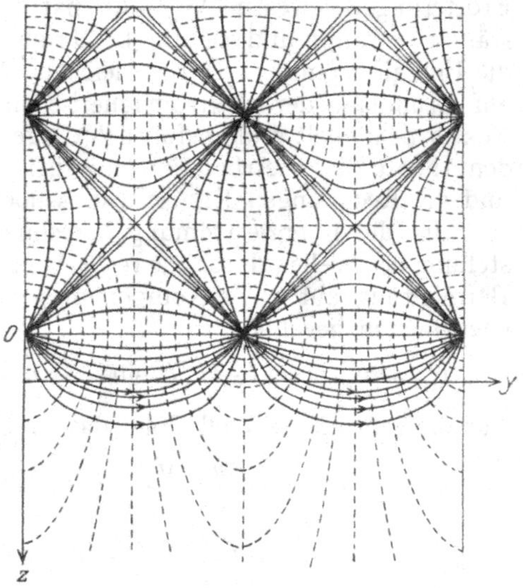

Abb. 17. Strömungslinien der Energie bei totaler Reflexion.

Z-Richtung durch die Grenzfläche hindurchtretende Energie $= 0$. Längs der Grenzfläche dagegen findet eine zwar periodisch wechselnde, aber immer in gleicher Richtung — der Richtung, in der beim Grenzwinkel das streifend austretende Licht fortschreitet — erfolgende Energieströmung statt. Der Vorgang im 2. Mittel ist also, wie ihn schon W. VOIGT an der oben angeführten Stelle beschrieben hat, ein doppelter: „ein in der Einfallsebene und längs der Grenze hingehender Energiestrom und ein periodisches Herüber- und Hinüberschwanken von Energie durch die Zwischengrenze."

Die Stromlinien der Energie, die durch die Gleichung

$$\frac{dy}{dz} = \frac{n \cdot \sin i}{\sqrt{n^2 \sin^2 i - 1}} \operatorname{tg}(pt - q_2 n y \sin i + \delta_{ds})$$

gegeben sind, hat EICHENWALD graphisch dargestellt. Abb. 17 gibt die Zeichnung von EICHENWALD, wie sie in der Arbeit von CL. SCHÄFER und G. GROSS enthalten ist, wieder. Sie stellt in den punktierten Linien die magnetischen Kraftlinien, in den stark ausgezogenen Linien die Strömungslinien der Energie in unmittelbarer Nähe des Grenzwinkels dar, der zur Vereinfachung der Rechnung $= 45°$ angenommen ist. Die Zeichnung gilt für den Augenblick $t = 0$; für alle anderen Zeiten erhält man ein Bild der Stromlinien, indem man die ganze Zeichnung starr parallel zur Y-Achse in deren positiver Richtung mit der Geschwindigkeit $c/\sin i$ verschiebt.

Die gleichen Betrachtungen gelten für die Komponente, deren elektrische Schwingung in der Einfallsebene liegt. Für die Kraftkomponenten lauten hier die Gleichungen:

$$\left.\begin{aligned}
\mathfrak{E}_{dy} &= -E_p \frac{2n\cos i\, e^{-q_2 k z}}{\sqrt{(n^2-1)(n^2\sin^2 i-\cos^2 i)}}\, k\cdot\cos\Theta_p\,,\\
\mathfrak{E}_{dz} &= -E_p \frac{2n\cos i\, e^{-q_2 k z}}{\sqrt{(n^2-1)(n^2\sin^2 i-\cos^2 i)}}\, n\cdot\sin i\sin\Theta_p\,,\\
\mathfrak{H}_{dx} &= -E_p \frac{2n\cos i\, e^{-q_2 k z}}{\sqrt{(n^2-1)(n^2\sin^2 i-\cos^2 i)}}\, n_2\cdot\sin\Theta_p
\end{aligned}\right\} \qquad (147)$$

und für die Energieströmung:

$$\left.\begin{aligned}
\mathfrak{S}_{py} &= +\frac{c}{4\pi} E_p^2 \frac{4n^2\cos^2 i\, n_2 n\sin i}{(n^2-1)(n^2\sin^2 i-\cos^2 i)}\, e^{-2q_2 k z}\cdot\sin^2\Theta_p\,,\\
\mathfrak{S}_{pz} &= -\frac{c}{4\pi} E_p^2 \frac{4n^2\cos^2 i\, n_2 k}{(n^2-1)(n^2\sin^2 i-\cos^2 i)}\, e^{-2q_2 k z}\cdot\sin\Theta_p\cos\Theta_p\,.
\end{aligned}\right\} \qquad (148)$$

Auch hier verschwindet bei der Integration über die ganze Schwingungsdauer $\mathfrak{S}_z$, während $\mathfrak{S}_y$ wieder einen stets positiven Wert besitzt, also eine Energieströmung in Richtung der $+Y$-Achse darstellt. Die Welle ist eine inhomogene Welle der 2. Art; ihre Gleichungen stimmen mit den Gleichungen (99) in Ziff. 47 im Bau überein. Aber eine Abweichung tritt insofern ein, als dort im absorbierenden Mittel die zur Fortpflanzungsrichtung der Welle senkrechte Energieströmung nicht $= 0$ wird, während sie hier verschwindet. Das ist aber verständlich, wenn man berücksichtigt, daß der Ausdruck für diese Energieströmung dort den Faktor $\varkappa$ enthält [s. Gleichung (100b)], der im isolierenden Mittel $= 0$ ist.

Vergleicht man die Ausdrücke für die beiden Komponenten miteinander, so sieht man, daß

$$\frac{\mathfrak{S}_{sy}}{\mathfrak{S}_{py}} = \frac{\mathfrak{S}_{sz}}{\mathfrak{S}_{pz}} = (n^2\sin^2 i - \cos^2 i)\frac{E_s^2}{E_p^2} = [(n^2+1)\sin^2 i - 1]\frac{E_s^2}{E_p^2}\,. \qquad (149)$$

Der Klammerausdruck ist für den Grenzwinkel $i_T = 1/n^2$, für streifenden Einfall $= n^2$ und gleich $= 1$ für den Winkel:

$$\sin i = \sqrt{\frac{2}{n^2+1}}\,,$$

d. h. für den gleichen Winkel i_M, unter dem der Phasenunterschied der beiden Komponenten im reflektierten Lichte $\delta_{rp} - \delta_{rs}$ nach (143) sein Maximum erreicht. Zwischen i_T und i_M ist also, wenn $E_s = E_p$ ist, $\mathfrak{S}_p > \mathfrak{S}_s$, zwischen i_M und $\pi/2$ ist $\mathfrak{S}_p < \mathfrak{S}_s$.

Ist das einfallende Licht natürliches, so ist (s. Ziff. 61) $E_p^2 = E_s^2 = \frac{1}{2}E^2$ zu setzen, und die Energieströme der beiden Komponenten lassen sich in ihrer Wirkung addieren. Also fließt längs der Grenzfläche während einer Schwingungsdauer die Energiemenge:

$$[\mathfrak{S}_y]_0^\tau = \int_0^\tau \mathfrak{S}_y\, dt = \frac{\lambda_0}{4\pi} E^2 \frac{n_2 n^3 (n^2+1)\cos^2 i\sin^3 i}{(n^2-1)[(n^2+1)\sin^2 i - 1]}\, e^{-2q_2 k z}. \qquad (150)$$

Um von diesem Betrage und von der Tiefe des Eindringens des Lichtes in das 2. Mittel eine Vorstellung zu geben, mögen noch folgende Rechnungen mitgeteilt werden. Beide Energieströme im 2. Mittel, sowohl $\mathfrak{S}_y$ wie $\mathfrak{S}_z$, nehmen mit der Entfernung von der Grenzfläche in ihrer Stärke ab entsprechend dem Faktor $e^{-\frac{4\pi\sqrt{n^2\sin^2 i-1}}{\lambda_2}z}$. Für $n = 1{,}5$ und $i = 45^\circ$ hat der Exponent den Zahlenwert $4{,}46\, z/\lambda_2$ oder für die Abnahme der Amplitude den Wert $2{,}2\, z/\lambda_2$. Im Abstande von einer Wellenlänge von der Grenzfläche sinkt die Amplitude also bereits auf $^1/_{10}$, für $z = 2\lambda_2$ auf $^1/_{100}$, für $z = 3\lambda_2$ auf $^1/_{1000}$, und entsprechend die Intensität auf 10^{-2}, 10^{-4}, 10^{-6}. Bildet man andererseits das Integral $\int\limits_0^\infty \mathfrak{S}_y dz$, mit dem oben erhaltenen Werte für $[\mathfrak{S}_y]_\tau$, so erhält man für die ganze Lichtenergie, die im 2. Mittel während einer Schwingungsdauer durch eine zur Y-Achse senkrechte und in der Z-Richtung unendlich ausgedehnte Wand von 1 cm Breite hindurchtritt, den Ausdruck:

$$\frac{\lambda_0}{4\pi} E^2 \frac{n_2 n^3 (n^2+1)\cos^2 i \sin^3 i}{(n^2-1)[(n^2+1)\sin^2 i - 1]} \frac{\lambda_2}{4\pi\sqrt{n^2\sin^2 i - 1}}.$$

Im Vergleich mit der Energiestromdichte der einfallenden Welle ist dieser Betrag außerordentlich klein; er ist von der Größenordnung der in Zentimeter gemessenen Wellenlänge, also für Licht von der Größenordnung 10^{-5}.

72. Totalreflexion und Beugung. Die ganzen im vorstehenden Abschnitte durchgeführten Betrachtungen beruhen auf der Voraussetzung, daß sowohl die Grenzfläche wie die einfallende Welle unendlich ausgedehnt sind. Diese Bedingung ist natürlich bei Versuchen zur Bestätigung der Formeln niemals erfüllt. Es ist daher in neuerer Zeit gegen die Theorie in der vorliegenden Darstellung der Einwand erhoben worden, daß sie den Tatsachen nicht entsprechen könne. Nach W. VOIGT (s. die obengenannte Stelle in seinem Kompendium) würde der Vorgang in Wirklichkeit so verlaufen: Am vorderen Rande, wo die Welle die Grenzfläche zuerst trifft, wird jene tangentiale Energieströmung auf Kosten der reflektierten Energie entstehen, an dem hinteren Rande der Welle, da, wo sie die Grenzfläche zuletzt berührt bzw. endgültig verläßt, wird sie, da sie die zu ihrer Erhaltung nötige Wechselwirkung mit der Bewegung im ersten Mittel nicht mehr findet, ihren Charakter ändern und sich im Raume zerstreuen. Da diese Energie nur auf Kosten der reflektierten entstehen kann, so kann man im strengen Sinne nicht mehr von total reflektiertem Lichte sprechen, wenn auch der Betrag zu gering ist, um ihn als Fehlbetrag am total reflektierten Lichte nachweisen zu können[1]).

Da jede Begrenzung einer Welle mit Beugungswirkungen verbunden ist, so wird die strenge Theorie der Versuche über Totalreflexion auch nur unter Herbeiziehung der Beugungstheorie entwickelt werden können. Die eigentümlichen Veränderungen, die die Beugungserscheinungen, z. B. eines Spaltes, erfahren, wenn das vom Spalte kommende Licht durch ein Prisma hindurch- und in der Nähe des Grenzwinkels der Totalreflexion aus dem Prisma austritt, sind von CHAKRAVARTY untersucht worden[2]). Er hat seine Beobachtungen auch im wesentlichen aus der elementaren Beugungstheorie erklären können und hat darauf hingewiesen, daß man beim streifenden Austritt des Lichtes die beugende Öffnung gewissermaßen in ihrer eigenen Ebene, unter einem Beugungswinkel

[1]) Man vgl. auch die Diskussion zwischen W. VOIGT und EICHENWALD, Ann. d. Phys. (4) Bd. 34, S. 797; Bd. 35, S. 1037, Bd. 36, S. 867. 1911.

[2]) B. N. CHAKRAVARTY (RAMAN schreibt den Namen „CHUKKERBUTTY"), Proc. Roy. Soc. London (2) Bd. 99, S. 503. 1921.

von 90° betrachtet. Dieser Gedanke ist neuerdings von A. SCHUSTER[1]) weiter ausgeführt worden. Er faßt das ganze in das dünnere Mittel beim Grenzwinkel und jenseits des Grenzwinkels eindringende Licht als eine Wirkung der Beugung auf, die durch die Begrenzung der Grenzfläche hervorgerufen wird. Er berechnet diese Wirkung mit der FRESNELschen Zoneneinteilung und kommt zu dem Schlusse, daß der Eintritt des Lichtes in das dünnere Mittel hauptsächlich an der vorderen Kante stattfindet, die zuerst von der einfallenden Welle getroffen wird. Dieser Betrachtungsweise liegt die Analogie der Beugung durch Totalreflexion mit der Beugung durch eine ganz schief gehaltene Öffnung zugrunde. Dagegen hat C. V. RAMAN[2]) Einwände erhoben. Er hat ebenfalls die Beugungstheorie auf das in das 2. Mittel eindringende Licht angewandt. Aber er hat die FRESNELschen Zonen für Punkte in unmittelbarer Nähe hinter der Grenzfläche einerseits graphisch konstruiert, andererseits analytisch entwickelt; er kommt so von der Beugungstheorie aus zu den gleichen Formeln für den Lichtstrom parallel der Grenzfläche und die Abnahme seiner Amplitude mit der Entfernung von der Grenzfläche, wie sie oben entwickelt worden sind. Auch nach ihm ist also die an der Grenzfläche im 2. Mittel entlang streifende Welle als eine Beugungswirkung aus dem HUYGENS-FRESNELschen Prinzipe abzuleiten, aber als eine Wirkung, die von den dem Beobachtungspunkte unmittelbar benachbarten Punkten der Grenzfläche herrührt, also mit der Begrenzung der Grenzfläche oder der Welle zunächst gar nichts zu tun hat. Wird die Integration über einen beschränkten Teil der Grenzfläche ausgeführt, so treten weitere Beugungswirkungen von den Rändern der Fläche her dazu. Aber dabei ist die vordere Kante nicht, wie SCHUSTER behauptet, vor der hinteren bevorzugt, sondern die Erscheinungen sind ganz symmetrisch, wie RAMAN auch durch mikroskopische Beobachtung der beiden Kanten, die als helle Lichtlinien erscheinen, bestätigt gefunden hat[3]). In gleichem Sinne hat sich A. ROSTAGNI zu der Frage geäußert[4]).

73. Experimentelle Bestätigung der Gesetze der Totalreflexion. Die Versuche FRESNELS mit den Glasparallelepipeden wurden bereits erwähnt. Die Formel für die Elliptizität des total reflektierten Lichtes ist von JAMIN[5]) und von QUINCKE[6]) durch Messung der Elliptizität mittels geeigneter Kompensatoren geprüft und im wesentlichen bestätigt worden. In neuerer Zeit hat R. KYNAST[7]) in einem Prisma aus schwerem Silikatflintglas mit einem Brechungsexponenten $n_D = 1{,}9166$ Abweichungen von den FRESNELschen Formeln gefunden, und besonders große in einem Prisma aus amorphem Quarz, wobei von ihm und LUMMER die Frage aufgeworfen wird, ob die anomale Dispersion des Quarzes im Ultraroten einen Einfluß auf die Elliptizität des total reflektierten Lichtes ausüben könnte.

Das Eindringen des total reflektierten Lichtes in das andere Mittel ist von jeher ein Gegenstand besonderen Interesses gewesen. Schon NEWTON hat gegen die Hypotenusenfläche eines totalreflektierenden Prismas die etwas konvexe Fläche eines zweiten Prismas gedrückt und aus der Größe des im total reflektierten Lichte auftretenden dunklen Fleckes den Schluß gezogen, daß die Durchsichtigkeit nicht bloß genau an der Berührungsstelle der Gläser eintrat, sondern auch noch da, wo schon ein geringer Zwischenraum zwischen ihnen vorhanden war[8]).

---

1) A. SCHUSTER, Proc. Roy Soc. London (2) Bd. 107, S. 15. 1925.
2) C. V. RAMAN, Proc. Indian Ass. for the Cultiv. of Sc. Bd. 9, S. 271. 1926.
3) C. V. RAMAN, Phil. Mag. (6) Bd. 50, S. 812. 1925.
4) A. ROSTAGNI, Nuovo Cim. Bd. 4, S. 218. 1927.
5) JAMIN, Ann. de chim. et de phys. Bd. 30, S. 257. 1850.
6) G. QUINCKE, Pogg. Ann. Bd. 127, S. 217. 1866.
7) R. KYNAST, Ann. d. Phys. (4) Bd. 22, S. 739. 1907.
8) J. NEWTON, Optik, II. Buch, 8. Beob. Ostwalds Klass. Bd. 97, S. 12.

Es ist aber klar, daß, sobald die im 2. Mittel verlaufende Energieströmung durch Berührung mit der Oberfläche des 2. Prismas zum Teil wieder in gewöhnliches, durch das 2. Prisma hindurchgehendes Licht verwandelt wird, die Reflexion im 1. Mittel nicht mehr total ist und die FRESNELschen Formeln nicht mehr streng gültig sind. Der Fall der Totalreflexion an einer dünnen Luftlamelle zwischen zwei Glasflächen ist zuerst von G. G. STOKES berechnet worden[1]). DRUDE[2]) hat in der Optik des Winkelmannschen Handbuches diese Theorie ebenfalls entwickelt, desgleichen E. HALL[3]) im Zusammenhang mit einer experimentellen Untersuchung. CL. SCHÄFER und G. GROSS haben in ihrer obenerwähnten Arbeit eine graphische Darstellung des Verlaufs der magnetischen Kraftlinien und der Energieströmung im 1., 2. und 3. Mittel gegeben, die die Abweichung von dem durch EICHENWALD dargestellten Verlauf bei wirklich totaler Reflexion (s. Abb. 17) sehr deutlich zur Anschauung bringt.

Die ersten genauen Messungen über die Tiefe des Eindringens, erschlossen aus dem Durchmesser des zentralen, das Licht durchlassenden Fleckes bei der NEWTONschen Anordnung, hat G. QUINCKE ausgeführt[4]). Er fand die Tiefe des Eindringens am größten unmittelbar hinter dem Grenzwinkel i_T und anfangs schnell, dann langsamer abnehmend mit wachsendem Einfallswinkel. Er fand sie ferner zwischen i_T und i_M kleiner für das in der Einfallsebene polarisierte Licht als für das senkrecht dazu polarisierte, d. h. in unserer Ausdrucksweise kleiner für den Fall s als für den Fall p, zwischen i_M und $\pi/2$ umgekehrt, in Übereinstimmung mit den Folgerungen aus den obigen Formeln. Die Tiefe des Eindringens fand QUINCKE unmittelbar hinter der Grenze der Totalreflexion bis zu 3 bis 4 Wellenlängen. Die Messungen von HALL und KYNAST bestätigen diese Ergebnisse. Daß sie in Übereinstimmung mit der Theorie stehen, ist von W. VOIGT dargelegt worden[5]).

Die beste und vollständigste Prüfung und Bestätigung der theoretischen Formeln für die Totalreflexion haben CL. SCHÄFER und G. GROSS in ihrer mehrfach erwähnten Arbeit geliefert, allerdings nicht für Lichtwellen, sondern für elektrische Wellen von 15 cm Wellenlänge. Sie arbeiteten mit Paraffinprismen von 55 cm Kantenlänge der Kathetenflächen nach der NEWTONschen Methode, d. h. unter Annäherung der Hypotenusenflächen zweier solcher Prismen, und erhielten sowohl für die reflektierte, wie für die durchgehende Strahlung Ergebnisse, die so gut mit der Theorie übereinstimmten, wie nur zu erwarten war. Noch interessanter aber ist es, daß sie das Eindringen der Strahlung in das andere Mittel auch ohne Zuhilfenahme des 2. Prismas nachgewiesen haben, indem sie den Empfänger direkt in den Raum hinter die total reflektierende Hypotenusenfläche des 1. Prismas brachten; sie prüften die Abnahme der Wirkung mit der Entfernung von der Fläche und fanden auch hier gute Übereinstimmung mit der Theorie.

Als optische Analoga zu diesen Versuchen mit elektrischen Wellen kann man alle diejenigen Versuchsanordnungen ansehen, die das in das 2. Mittel eindringende Licht durch irgendwelche Reaktionen direkt nachzuweisen suchen. DITSCHEINER[6]) hat das zuerst dadurch ausgeführt, daß er auf der total reflektierenden Grenzfläche ein Beugungsgitter anbrachte, ein Versuch, der von QUINCKE und anderen wiederholt worden ist, der aber sicherlich kein reiner Nachweis der gesuchten

[1]) G. G. STOKES, Trans. Cambr. Phil. Soc. Bd. 8, S. 642. 1848; Math. and Phys. Papers Bd. 2, S. 56.
[2]) P. DRUDE, Winkelmanns Handbuch, 2. Aufl. Bd. VI, S. 1275. 1906.
[3]) E. HALL, Phys. Rev. Bd. 15, S. 73. 1902.
[4]) G. QUINCKE, Pogg. Ann. Bd. 127, S. 1. 1866.
[5]) W. VOIGT, Nachr. d. Kgl. Ges. d. Wiss. Göttingen, S. 49. 1884.
[6]) J. DITSCHEINER, Wiener Ber. (2) Bd. 60, S. 584. 1870.

Wirkung ist, da, wie W. VOIGT ausgeführt hat[1]), die Gitterfurchen als feine Zylinderflächen den Austritt von Licht aus der Grenzfläche auch durch gewöhnliche Brechung ermöglichen. Einen einwandfreieren Nachweis hat HALL in der obengenannten Arbeit geliefert, indem er die Hypotenusenfläche seines Prismas mit einer dicken lichtempfindlichen Schicht bedeckte und bei Benutzung eines schmalen Lichtbündels, das von der Hypotenusenfläche total reflektiert wurde, unter der getroffenen Stelle der Fläche eine bis zu einer Tiefe von etwa 0,005 mm reichende Schwärzung der photographischen Schicht erhielt. P. FRÖHLICH bedeckte die Hypotenusenfläche mit einer ganz feinen Rußschicht und beobachtete die an den Rußteilchen durch Beugung entstehenden polarisierten Kugelwellen[2]), und SÉLÉNYI[3]) benutzte als 2. Mittel eine fluoreszierende Flüssigkeit und führte den Nachweis, daß eine deutliche Fluoreszenz auch dann noch vorhanden ist, wenn das einfallende Licht total reflektiert wird. ROSTAGNI hat nach diesem Verfahren sogar die Stärke der Wirkung gemessen[4]), indem er die fluoreszierende Flüssigkeit in einem NEWTONschen Farbenglase mit demselben Strahlenbündel direkt bestrahlte und diejenige Dicke der Flüssigkeitsschicht ermittelte, bei der die Helligkeit der Fluoreszenz die gleiche ist, wie die an der Grenzfläche durch das in das 2. Mittel eindringende Licht hervorgerufene. Doch ist gegen alle diese Versuche der Einwand zu erheben, daß die Totalreflexion nicht mehr vollkommen ist, sobald der Verlauf des Lichtes im 2. Mittel irgendwie gestört oder verändert wird. Man kann wohl in diesen Fällen das einzelne Molekül, das das Licht zerstreut oder umwandelt, als Analogon zu dem Empfänger bei den elektrischen Versuchen von SCHÄFER und GROSS ansehen. Aber man kann optisch die Wirkung nicht mit einem einzelnen Moleküle nachweisen, sondern nur mit einer dichten Verteilung von solchen, die alsdann den ganzen Lichtstrom absorbieren und beeinflussen müssen.

W. VOIGT[5]) hat darum versucht, den längs der Grenzfläche verlaufenden Energiestrom unmittelbar zur Wahrnehmung zu bringen, indem er ein totalreflektierendes Prisma mit geknickter Hypotenuse benutzte; die beiden Teile der Fläche stoßen unter einem Winkel von 20° aneinander. Fiel das Licht so ein, daß an beiden Teilen der Hypotenusenfläche Totalreflexion stattfand, so erschien die Kante des Knicks einem hinter der Hypotenuse nach der Lichtquelle zu blickenden Auge als helle Lichtlinie. Auch für Flächen mit größerem Knickwinkel, bei denen an der zweiten Fläche keine Totalreflexion mehr stattfindet, hat VOIGT das Problem theoretisch und experimentell untersucht und immer einen starken Lichtaustritt aus derjenigen Kante festgestellt, an der die totalreflektierte Welle ausläuft. W. v. IGNATOWSKY und E. OETTINGER[6]) haben die Theorie in der Weise quantitativ zu prüfen versucht, daß sie Licht vom Polarisationsazimut 45° einfallen ließen und das Polarisationsazimut des an der Kante austretenden Lichtes bestimmten. Sie fanden es verändert im Sinne der Formel (149), die das Verhältnis der POYNTINGschen Vektoren ausdrückt; doch war die numerische Übereinstimmung schlecht. Es ist aber auch bei dieser Versuchsanordnung, ebenso wie bei den vorherbesprochenen, nicht zu erwarten, daß die gesuchte Wirkung der in das 2. Mittel eingedrungenen Welle rein in die Erscheinung tritt, da der Austritt des Lichtes durchaus von der Beschaffenheit der Kante abhängt. IGNATOWSKY und OETTINGER haben die beschriebenen Versuche

[1]) W. VOIGT, Wied. Ann. Bd. 67, S. 200. 1899.
[2]) P. FRÖHLICH, Ann. d. Phys. (4) Bd. 63, S. 900. 1920
[3]) P. SÉLÉNYI, C. R. Bd. 157, S. 1408. 1913.
[4]) A. ROSTAGNI, Nuovo Cim. Bd. 4, S. 225. 1927.
[5]) W. VOIGT, Wied. Ann. Bd. 67, S. 185. 1899.
[6]) W. v. IGNATOWSKY, Ann. d. Phys. (4) Bd. 37, S. 901. 1912.; W. v. IGNATOWSKY und E. OETTINGER, ebenda Bd. 37, S. 911. 1912.

auch benutzt, um zu entscheiden, ob die Lichtenergie durch den Poyntingschen Vektor oder durch die Energie der Volumeneinheit zu definieren ist. Die von Ignatowsky abgeleiteten Formeln ergeben für den 2. Fall eine Abhängigkeit des Polarisationszustandes des austretenden Lichtes von dem Winkel, unter dem man die Kante betrachtet, für den 1. Fall nicht. Der Versuch ergibt keine Abhängigkeit, entscheidet also zugunsten der ersten Annahme.

74. Die Schärfe des Überganges von der partiellen zur totalen Reflexion. Die viel benutzte Möglichkeit, den Brechungsexponenten eines Stoffes durch die Messung des Grenzwinkels der Totalreflexion zu ermitteln, beruht auf der außerordentlichen Schärfe, mit der die Grenze zwischen partieller und totaler Reflexion oder zwischen dem Gebiet des noch durchgelassenen und des nicht mehr durchgelassenen Lichtes in die Erscheinung tritt. Zur Beurteilung der Schärfe dieses Überganges kann man die Fresnelschen Reflexionsformeln benutzen, wie sie in Abschn. 61 für die Reflexion des natürlichen Lichtes aufgestellt worden sind, indem man sie auf die Reflexion im dichteren Mittel anwendet, also unter i den Einfallswinkel, unter r den größeren Austrittswinkel im dünneren Mittel versteht, das Brechungsgesetz also in der Form $\sin i/\sin r = 1/n$ ansetzt. Bezeichnet man die Intensität des einfallenden Lichtes mit J_e, die des reflektierten mit J, und bildet man den Wert der Veränderlichkeit von J mit dem Einfallswinkel, so erhält man allgemein:

$$\frac{dJ}{di} = J_e \frac{2(n^2-1)}{\cos r} \frac{\sin r \cdot \sin^2 i \cdot \sin(i-r)}{\cos^3(i-r)\sin^3(i+r)} [\cos(i+r) - \cos^3(i-r)],$$

einen Ausdruck, der für die Grenze der Totalreflexion, d. h. für $i = i_T$, $r = \pi/2$, in den Grenzwert

$$\lim_{r=\pi/2} \frac{dJ}{di} = J_e \frac{2(n^2+1)}{\cos r} = \infty$$

übergeht. Die Kurve, die den Verlauf der Intensität im Gebiet der partiellen Reflexion darstellt, stößt also an der Grenze des Gebietes unter einem rechten Winkel mit der geraden Linie zusammen, die die Unveränderlichkeit der Intensität im Gebiet der totalen Reflexion darstellt, wie Abb. 18 zeigt, die den Verlauf der Intensität für Glas vom Brechungsexponenten 1,5 veranschaulicht.

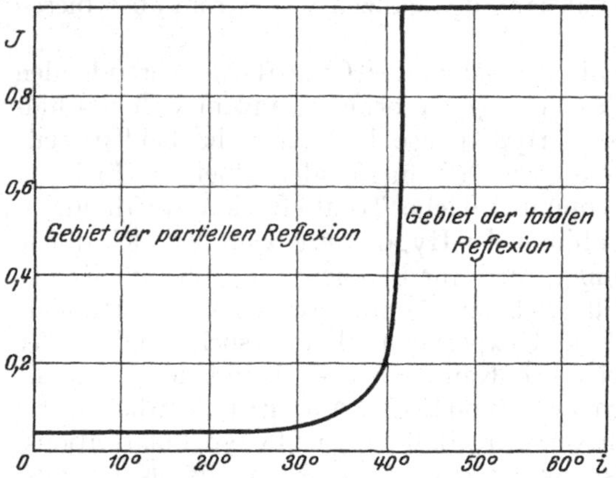

Abb. 18. Abhängigkeit der Intensität des in Glas vom Brechungsexponenten 1,5 reflektierten Lichtes vom Einfallswinkel.

Wie außerordentlich stark der Abfall der Intensität in der Nähe des Grenzwinkels ist, mögen noch die folgenden Zahlen zeigen, die die Intensitätswerte innerhalb des 1. Winkelgrades, vom Grenzwinkel an gerechnet, darstellen für denselben Fall $n = 1{,}5$, für den $i_T = 41°48{,}6'$ ist.

$i =$ 41° 48′	41° 47′	41° 46′	41° 45′	41° 40′	41° 30′	41° 20′	41° 10′	41° 0′
$r =$ 88° 50′	88° 8′	87° 38′,5	87° 13′,5	85° 42′	83° 40′,5	82° 9′,5	80° 53′	79° 45′,7
$J =$ 0,889	0,830	0,790	0,759	0,655	0,541	0,471	0,419	0,380

Noch schärfer als der Abfall der total reflektierten zur partiell reflektierten Intensität ist bei der Betrachtung des aus dem dünneren Mittel in das dichtere eintretenden Lichtes der Anstieg von der Intensität 0 jenseits des Grenzwinkels zur durchgelassenen Intensität, weil in diesem Falle das eintretende Licht auf einen engeren Winkelbereich zusammengedrängt wird. Es sei hierüber auf die ausführliche Behandlung dieser Frage bei H. KRÜSS verwiesen[1]).

Eine interessante Anwendung der FRESNELschen Formeln haben LINNIK und LASCHKAREW auf die Röntgenstrahlen gemacht[2]), für die bei Reflexion in Luft an Glas, Quarz oder Kalkspat, wie zuerst COMPTON nachgewiesen hat[3]), ein Grenzwinkel der Totalreflexion bei nahezu streifendem Einfall gefunden wird, d. h. bei Werten des Einfallswinkels, die nur um 13 bis 14′ von 90° abweichen. Für den Brechungsexponenten ergeben sich daraus Werte, die ein wenig unter 1 liegen, $n = 1 - \delta$, wo δ zwischen 7 und $9 \cdot 10^{-6}$ liegt. Wenn man in den FRESNELschen Formeln die vom Einfallslote ausgerechneten Winkel durch ihre Komplementwinkel ersetzt: $\varphi = \frac{\pi}{2} - i$, $\psi = \frac{\pi}{2} - r$, und beachtet, daß in diesem eigentümlichen Sonderfall φ und ψ sehr kleine Winkel sind, so nimmt die Formel für die reflektierte Intensität bei dieser fast streifenden Reflexion die gleiche Form an, wie für kleine Werte von i und r bei nahezu senkrechtem Einfall:

$$J = J_e\left(\frac{\varphi - \psi}{\varphi + \psi}\right)^2.$$

Aus dem Brechungsgesetz, das bei Benutzung dieser Winkel lautet: $\cos\varphi/\cos\psi = 1 - \delta$, ergibt sich zwischen ψ und φ die Beziehung:

$$\psi = \sqrt{\varphi^2 - 2\delta} = \sqrt{\varphi^2 - \alpha^2},$$

wenn α den Grenzwinkel der Totalreflexion, von der reflektierenden Fläche aus gemessen, bedeutet. Unter Berücksichtigung der Kleinheit aller dieser Winkel ergibt sich für die Intensität in der unmittelbaren Nachbarschaft der Grenze der Ausdruck:

$$J = J_e\left(\frac{\varphi}{\alpha} - \sqrt{\frac{\varphi^2}{\alpha^2} - 1}\right)^4.$$

Der Abfall der Intensität ist in diesem Falle noch viel steiler als in dem oben behandelten Falle der Totalreflexion der Lichtstrahlen. Wenn für Quarz von LINNIK und LASCHKAREW der Grenzwinkel zu 13,4′ gefunden wird (für Röntgenstrahlen von 1,537 Å Wellenlänge), so würde die Intensität schon in 4″ Abstand von dieser Grenze auf $^2/_3$, in 12″ Abstand auf die Hälfte gesunken sein. Es ist interessant, daß die FRESNELschen Formeln auch für Wellen von so außerordentlicher Kleinheit ihre Gültigkeit zu bewahren scheinen.

Auch die Rechnungen dieses Abschnittes beruhen übrigens auf der Voraussetzung, daß die einfallende Welle und die Grenzfläche unendlich ausgedehnt sind. Über die Verminderung der Schärfe des Grenzüberganges, die durch Beugungswirkung eintritt, sobald die Totalreflexion auf einen schmalen Teil der Grenzfläche beschränkt wird, hat RAMAN[4]) Beobachtungen angestellt. Die Hypotenusenfläche eines Glasprismas war mit schwarzer Farbe bestrichen und nur ein schmaler Spalt in der Mitte davon befreit. War die Breite dieses Spaltes, an dem Totalreflexion stattfand, 2 mm oder mehr, so erschien die Grenze der Totalreflexion als ganz scharfe Linie; bei geringerer Breite trat eine deutliche Verschlechterung ein und bei $^1/_2$ mm Breite war die Unschärfe ganz ausgesprochen. Es kann aber auch die andere Frage aufgeworfen werden, welchen Einfluß die in Ziff. 67 und 68 behandelten Oberflächenschichten auf die Totalreflexion und die Schärfe des Grenzüberganges ausüben. Darüber liegen noch keine Beobachtungen

---

[1]) H. KRÜSS, ZS. f. Instrkde. Bd. 39, S. 73. 1919.

[2]) LINNICK und LASCHKAREW, ZS. f. Phys. Bd. 38, S. 659. 1926. Siehe auch H. W. EDWARDS, Phys. Rev. (2) Bd. 30, S. 91. 1927.

[3]) A. H. COMPTON, Phil. Mag. (6) Bd. 45, S. 1121. 1923.

[4]) C. V. RAMAN, Proc. Indian Ass. for the Cultiv. of Sc. Bd. 9, S. 331. 1926.

oder Berechnungen vor. Aber der Einfluß, den Druckspannungen auf die elliptische Polarisation des total reflektierten Lichtes ausüben, ist von M. VOLKE[1]) untersucht worden, was in diesem Zusammenhange nicht unerwähnt bleiben soll.

g) Metalloptik.

75. Grundsätzliches. Nach der strengen elektromagnetischen Theorie der Kontinua ist der den Isolatoren gegenüberstehende andere Grenzfall der Fall $\varkappa_0 = 1$. Die Beziehung, die sich unter dieser Annahme für die Intensität des reflektierten Lichtes bei senkrechtem Einfall ergibt, ist in Ziff. 51 Gleichung (109), abgeleitet worden. Inwieweit sich diese Beziehung bei der Reflexion an Metallen in dem DRUDEschen Gesetze: $n^2 = \sigma\tau$ für längere Wellen bestätigt, ist in Ziff. 46 ausführlich besprochen. Andererseits hat sich die aus den allgemeinen Eigenschaften absorbierender Stoffe folgende Veränderlichkeit des Brechungsexponenten mit dem Einfallswinkel [Gleichung (125)] bei Messungen an Metallprismen bewährt, wie in Ziff. 57 besprochen worden ist. Aber bei der hochgradigen Undurchsichtigkeit der Metalle liegt der Schwerpunkt der Metalloptik in dem Studium des reflektierten Lichtes, das, wenn das einfallende Licht geradlinig polarisiert ist, im allgemeinen elliptisch polarisiert ist, also in der Feststellung der Lage und des Achsenverhältnisses der Ellipse, im besonderen in der Feststellung des Haupteinfallswinkels J und des Hauptazimutes Ψ. In der vorliegenden Darstellung sind in den Ziff. 54 und 55 die Formeln für die Reflexion in einem isolierenden an einem leitenden, also absorbierenden Mittel auf der Grundlage entwickelt worden, daß die in das absorbierende Mittel bei schiefem Einfall eindringende Welle inhomogen ist und daher die für die inhomogenen Wellen in Ziff. 47 entwickelten Gleichungen auf sie angewandt werden müssen. Aus den in Ziff. 50 aufgestellten Grenzbedingungen ergaben sich die Werte von R_s, R_p, δ_{rs} und δ_{rp}. Man hätte sie in die Formeln der Ziff. 58 einzusetzen, um die Formeln für die Beschaffenheit des reflektierten Lichtes bei beliebigem Einfallswinkel und beliebigem Azimut des einfallenden Lichtes zu gewinnen. Diese Formeln sind außerordentlich verwickelt und unübersichtlich, wie die langwierigen Rechnungen bei KETTELER zeigen, der sie zuerst in seiner Theoret. Optik auf dieser Grundlage entwickelt hat. Auch die Besonderheiten, die der Grenzfall $\varkappa_0 = 1$ in bezug auf die Reflexion aufweist, lassen sich besser auf dem in den folgenden Abschnitten behandelten Wege ableiten und sollen deswegen erst in Ziff. 81 besprochen werden.

Der übliche Weg, zu Formeln für die Metallreflexion zu gelangen, wie ihn z. B. DRUDE in seinem Lehrbuch oder ausführlicher in Winkelmanns Handbuch[2]) und W. WIEN[3]) in der Enzyklopädie d. Math. Wiss. befolgt hat, ist zwar physikalisch weniger durchsichtig und anschaulich, aber rechnerisch wesentlich einfacher. Er beruht darauf, daß man die Vorstellung von der zeitlichen Abhängigkeit der Größen $\mathfrak{E}$ und $\mathfrak{H}$ schon von vornherein in die Grundgleichungen einführt. Stellt man, wie es im Vorstehenden immer geschehen ist, diese Abhängigkeit durch die Zeitfunktion e^{ipt} dar, so ist

$$\frac{\partial \mathfrak{E}}{\partial t} = ip\mathfrak{E} \qquad \text{oder} \qquad \mathfrak{E} = -\frac{i}{p}\frac{\partial \mathfrak{E}}{\partial t},$$

und die Grundgleichungen lassen sich in der Form schreiben,

$$\varepsilon' \frac{\partial \mathfrak{E}}{\partial t} = c \operatorname{rot} \mathfrak{H} \qquad \mu \frac{\partial \mathfrak{H}}{\partial t} = -c \operatorname{rot} \mathfrak{E},$$

wenn

$$\varepsilon' = \varepsilon - i2\sigma\tau$$

[1]) M. VOLKE, Diss. Breslau. Ann. d. Phys. (4) Bd. 31, S. 609. 1910.
[2]) Winkelmanns Handbuch der Physik, 2. Aufl. Bd. VI, S. 1297.
[3]) Enzyklop. d. Math. Wiss. Bd. V 3, S. 138.

gesetzt wird. Die Grundgleichungen (1) und (3) bzw. (69) und ebenso die Grenzbedingungen (101) bis (106) haben dann die Form, die sie für isolierende Mittel besitzen, mit dem einzigen Unterschied, daß an Stelle der reellen Größe ε, deren physikalische Bedeutung die Dielektrizitätskonstante ist, der komplexe Ausdruck ε' tritt. Man rechnet nun mit dieser komplexen Größe so, wie mit dem reellen ε, und überträgt alle Lösungen, die man für Isolatoren gefunden hat, auf die Metalloptik, indem man in ihnen ε durch ε' ersetzt. Man legt also ein Brechungsgesetz

$$\frac{\sin i}{\sin r} = n'$$

zugrunde, in dem

$$n'^2 = \frac{\varepsilon'}{\varepsilon_1} = \frac{\varepsilon_2}{\varepsilon_1} - i\frac{2\sigma\tau}{\varepsilon_1}$$

ist. Setzt man andererseits $n' = n_0(1 - i\varkappa_0)$, so ist:

$$n_0^2(1-\varkappa_0^2) = \frac{\varepsilon_2}{\varepsilon_1} \qquad n_0^2\varkappa_0 = \frac{\sigma\tau}{\varepsilon_1}.$$

Der Vergleich mit den Formeln (75) zeigt, wenn noch zur Vereinfachung μ für beide Mittel $= 1$ angenommen wird, daß n_0 und $\varkappa_0$ den Brechungsexponenten der beiden Mittel gegeneinander, d. h. das Verhältnis der Lichtgeschwindigkeiten in ihnen und den Absorptionsindex des zweiten Mittels, beides für homogene Wellen, bedeuten.

Wenn man ferner R_s/E_s mit ϱ_s, R_p/E_p mit ϱ_p, ϱ_p/ϱ_s mit ϱ und $\delta_{rp} - \delta_{rs}$ mit Δ bezeichnet, so ergeben die Grenzbedingungen die Gleichungen:

$$\varrho_s e^{i\delta_{rs}} = -\frac{\sin(i-r')}{\sin(i+r')}, \qquad \varrho_p e^{i\delta_{rp}} = -\frac{\operatorname{tg}(i-r')}{\operatorname{tg}(i+r')}, \qquad \varrho e^{i\Delta} = \frac{\cos(i+r')}{\cos(i-r')}, \tag{151}$$

die sich von den Gleichungen (123) für Isolatoren nur dadurch unterscheiden, daß r in diesem Falle durch das komplexe Brechungsgesetz

$$\sin r' = \frac{\sin i}{n'} = \frac{\sin i}{n_0(1+\varkappa_0^2)}(1 + i\varkappa_0) \tag{152}$$

bestimmt ist, weshalb, um Irrtümer zu vermeiden, r' statt r geschrieben wird. Die Messungen der Metallreflexion laufen in der Hauptsache auf die Bestimmung der Größen ϱ und Δ hinaus, und zwar wird ϱ meistens für den Sonderfall gemessen, daß das einfallende Licht unter 45° zur Einfallsebene polarisiert, also $E_s = E_p$ ist. Dann ist ϱ unmittelbar das Verhältnis R_p/R_s, das sich nach Kompensation des Phasenunterschiedes aus dem Winkel ψ ergibt, den die wiederhergestellte geradlinige Schwingung mit der Normale der Einfallsebene bildet. Einige Forscher haben auch auf photometrischem Wege die Größen ϱ_p^2 und ϱ_s^2 bestimmt. Immer kommt es darauf an, für die gemessenen Größen, d. h. für die unter dem Einfallswinkel i gemessenen Werte von ϱ und Δ bzw. ϱ_p^2 und ϱ_s^2, vermittelst der Gleichung:

$$\operatorname{tg}\psi\, e^{i\Delta} = \frac{\cos(i+r')}{\cos(i-r')}, \tag{151 a}$$

bzw. der anderen obigen Gleichungen Beziehungen abzuleiten, die n_0 und $\varkappa_0$ aus diesen Größen zu berechnen gestatten. Auch diese Beziehungen sind im allgemeinen verwickelter Art, und um zu Formeln zu gelangen, mit denen sich bequemer rechnen läßt, haben sich die verschiedenen Forscher verschiedener Substitutionen und meistens angenäherter Lösungen bedient. Eine ausführliche Behandlung und Vergleichung dieser Formeln hat O. Wiener[1]) gegeben von dem

[1]) O. Wiener, Abhandlgn. d. Math.-phys. Kl. d. Sächs. Ges. d. Wiss. Bd. 30, S. 495 bis 555. 1908.

Gesichtspunkte aus, „eine Darstellung zu gewinnen, welche den stetigen Verlauf des genauen Zusammenhangs zwischen Konstanten und Hauptwinkeln möglichst einfach zu übersehen gestattete, wenn man von den durchsichtigen Körpern über schwache zu den starken Absorptionen übergeht, wie sie bei Metallen vorkommen". Auf diese sehr eingehende Behandlung des ganzen Problems möge hier ausdrücklich hingewiesen werden. Eine einfachere und übersichtlichere Darstellung hat CHR. PFEIFFER in seiner Dissertation[1]) im Anschluß an die WIENERsche Darstellung gegeben. Die folgende Behandlung des Problems schließt sich im wesentlichen an den PFEIFFERschen Gedankengang an.

76. Herleitung der allgemeinen Reflexionsformeln aus der Annahme eines komplexen Brechungsexponenten. Der Behandlung der FRESNELschen Formeln (151) wird das komplexe Brechungsgesetz

$$\sin r' = \frac{\sin i}{n'}, \qquad \cos r' = \frac{\sqrt{n'^2 - \sin^2 i}}{n'} \tag{152}$$

zugrunde gelegt. Zur Abkürzung werden die Symbole a und b eingeführt durch die Festsetzung[2]):

$$n' \cos r' = \sqrt{n'^2 - \sin^2 i} = a - i b\,. \tag{153}$$

Dann ist

$$\left.\begin{aligned} a^2 - b^2 &= n_0^2(1 - \varkappa_0^2) - \sin^2 i, \qquad a b = n_0^2 \varkappa_0, \\ a^2 + b^2 &= \sqrt{[n_0^2(1 - \varkappa_0^2) - \sin^2 i]^2 + 4 n_0^4 \varkappa_0^2}, \\ &\text{also} \\ a^2 &= \tfrac{1}{2}\left[\sqrt{[n_0^2(1 - \varkappa_0^2) - \sin^2 i]^2 + 4 n_0^4 \varkappa_0^2} + n_0^2(1 - \varkappa_0^2) - \sin^2 i\right], \\ b^2 &= \tfrac{1}{2}\left[\sqrt{[n_0^2(1 - \varkappa_0^2) - \sin^2 i]^2 + 4 n_0^4 \varkappa_0^2} - n_0^2(1 - \varkappa_0^2) + \sin^2 i\right]. \end{aligned}\right\} \tag{154}$$

Mit Hilfe dieser Symbole läßt sich die Abhängigkeit der Phasenunterschiede und der Intensitätsverhältnisse des reflektierten Lichtes von den Konstanten n_0 und $\varkappa_0$ und dem Einfallswinkel durch verhältnismäßig einfache und übersichtliche Formeln ausdrücken. Die Rechnung ergibt:

$$\left.\begin{aligned} \operatorname{tg} \delta_{rs} &= -\frac{2 b \cos i}{a^2 + b^2 - \cos^2 i}, \\ \varrho_s^2 &= \frac{a^2 + b^2 - 2 a \cos i + \cos^2 i}{a^2 + b^2 + 2 a \cos i + \cos^2 i}, \\ \operatorname{tg} \delta_{rp} &= \frac{2 b \cos i\,(a^2 + b^2 - \sin^2 i)}{a^2 + b^2 - n_0^4 (1 + \varkappa_0^2)^2 \cos^2 i}, \\ \varrho_p^2 &= \frac{a^2 + b^2 - 2 a \cos i + \cos^2 i}{a^2 + b^2 + 2 a \cos i + \cos^2 i} \cdot \frac{a^2 + b^2 - 2 a \sin i \operatorname{tg} i + \sin^2 i \operatorname{tg}^2 i}{a^2 + b^2 + 2 a \sin i \operatorname{tg} i + \sin^2 i \operatorname{tg}^2 i}, \\ \operatorname{tg} \Delta &= \frac{2 b \sin i \operatorname{tg} i}{\sin^2 i \operatorname{tg}^2 i - (a^2 + b^2)}, \\ \varrho^2 &= \frac{a^2 + b^2 - 2 a \sin i \operatorname{tg} i + \sin^2 i \operatorname{tg}^2 i}{a^2 + b^2 + 2 a \sin i \operatorname{tg} i + \sin^2 i \operatorname{tg}^2 i} = \frac{(a - \sin i \operatorname{tg} i)^2 + b^2}{(a + \sin i \operatorname{tg} i)^2 + b^2}. \end{aligned}\right\} \tag{155}$$

Diese Formeln gehen für $\varkappa_0 = 0$ natürlich in die FRESNELschen Formeln für nichtleitende Mittel über, für $i = 0$ in die Formeln der Ziff. 51, für senkrechten Einfall. Es ist aber in Anbetracht der Gleichheit des ganzen Problems selbstverständlich, daß sie überhaupt vollständig mit den Formeln der Ziff. 54 und 55 für δ_{rs}, δ_{rp}, ϱ_s und ϱ_p übereinstimmen, wovon man sich überzeugen kann

---

[1]) CHR. PFEIFFER, Beiträge zur Kenntnis der Metallreflexion. Diss. Gießen 1912.

[2]) PFEIFFER schreibt σ und τ. Um Verwechslungen zu vermeiden, mögen die PFEIFFERschen Symbole durch a und b ersetzt werden.

durch Einsetzen der Symbole a und b in die letzteren Formeln oder in die Grenzbedingungen, aus denen sie abgeleitet wurden.

Für den mit dem Einfallswinkel veränderlichen Brechungsexponenten n_i ergeben sich aus Formel (125) durch Einsetzen von a und b die Beziehungen:

$$n_i^2 = a^2 + \sin^2 i = b^2 + n_0^2(1 - \varkappa_0^2). \qquad (156)$$

Unter dem Reflexionsvermögen J_0 eines Metalles versteht man im allgemeinen das Verhältnis der Intensität der bei senkrechtem Einfall zurückgeworfenen Strahlung zu der Intensität der einfallenden Strahlung. Bezeichnet man dieses Verhältnis für einen beliebigen Einfallswinkel mit J_i, so ist

$$J_i = \frac{R_s^2 + R_p^2}{E_s^2 + E_p^2}.$$

Ist das einfallende Licht unpolarisiert, so ist $E_s^2 = E_p^2$ und

$$\left.\begin{aligned} J_i &= \frac{\varrho_s^2 + \varrho_p^2}{2} = \frac{\varrho_s^2}{2}(1 + \varrho^2), \\ &= \frac{a^2 + b^2 - 2a\cos i + \cos^2 i}{a^2 + b^2 + 2a\cos i + \cos^2 i} \cdot \frac{a^2 + b^2 + \sin^2 i \operatorname{tg}^2 i}{a^2 + b^2 + 2a \sin i \operatorname{tg} i + \sin^2 i \operatorname{tg}^2 i}. \end{aligned}\right\} \qquad (157)$$

Für senkrechten Einfall ($i = 0$) ist

$$a^2 + b^2 = n_0^2(1 + \varkappa_0^2), \quad a^2 - b^2 = n_0^2(1 - \varkappa_0^2), \quad \text{also} \quad a^2 = n_0^2, \quad b^2 = n_0^2\varkappa_0^2,$$

und die Formel für das Reflexionsvermögen geht über in die Formel (107)

$$J_0 = \frac{(n_0 - 1)^2 + n_0^2\varkappa_0^2}{(n_0 + 1)^2 + n_0^2\varkappa_0^2}$$

der Ziff. 51.

Die partielle Polarisation des reflektierten Lichtes ist allgemein gegeben [s. Ziff. 61, Gl. (132] durch

$$(PP)_r = \frac{R_s^2 - R_p^2}{R_s^2 + R_p^2},$$

ist also im vorliegenden Falle

$$(PP)_r = \frac{1 - \varrho^2}{1 + \varrho^2} = \frac{2a \sin i \operatorname{tg} i}{a^2 + b^2 + \sin^2 i \operatorname{tg}^2 i}. \qquad (158)$$

Da für $\varkappa_0 = 0$, $a^2 = n_0^2 - \sin^2 i$, $b^2 = 0$ ist, wird für ein isolierendes Mittel der Ausdruck der partiellen Polarisation

$$(PP)_r = \frac{2\sqrt{n_0^2 - \sin^2 i} \cdot \sin i \operatorname{tg} i}{n_0^2 - \sin^2 i + \sin^2 i \operatorname{tg}^2 i}.$$

Die Bedingung vollständiger Polarisation, $(PP)_r = 1$ führt unmittelbar auf das BREWSTERsche Gesetz: $n_0 = \operatorname{tg} i$.

Die Einführung der Symbole a und b hat vor allem den Vorteil, für die der Beobachtung unmittelbar zugänglichen Größen einfache und übersichtliche Formeln zu ergeben, die die Abhängigkeit dieser Größen von n_0 und $\varkappa_0$ darstellen.

77. Berechnung von n_0 und $\varkappa_0$ aus Δ, ϱ und i. Um die charakteristischen Konstanten eines Metalls n_0 und $\varkappa_0$ aus den Beobachtungen der Reflexion, also vor allem aus den unter dem Einfallswinkel i gemesssenen Größen Δ und ϱ bzw. ψ berechnen zu können, müssen die Grundgleichungen nach n_0 und $\varkappa_0$ aufgelöst werden. Aus den Gleichungen des vorigen Abschnitts erhält man

$$\left.\begin{aligned} n_0^2 &= \tfrac{1}{2}\left[\sqrt{(a^2 - b^2 + \sin^2 i)^2 + 4a^2b^2} + a^2 - b^2 + \sin^2 i\right], \\ \varkappa_0^2 &= \frac{\sqrt{(a^2 - b^2 + \sin^2 i)^2 + 4a^2b^2} - (a^2 - b^2 + \sin^2 i)}{\sqrt{(a^2 - b^2 + \sin^2 i)^2 + 4a^2b^2} + a^2 - b^2 + \sin^2 i}, \end{aligned}\right\} \qquad (159)$$

Gleichungen, die man auch in der Form schreiben kann[1]):

$$n_0^2 = \frac{1}{2}\left[\sqrt{A^2+B^2}+A\right], \qquad \varkappa_0 = \frac{B}{\sqrt{A^2+B^2}+A} = \frac{\sqrt{A^2+B^2}-A}{B}.$$

Die Größen a und b lassen sich aus i, Δ und ψ berechnen, indem man nach (151 a) den Ausdruck

$$\frac{1-\operatorname{tg}\psi e^{i\Delta}}{1+\operatorname{tg}\psi e^{i\Delta}} = \operatorname{tg} i \cdot \operatorname{tg} r'$$

bildet, und daraus unter Berücksichtigung des komplexen Brechungsgesetzes für $n' \cos r' = a - ib$ die Gleichung ableitet:

$$a - ib = \sin i \operatorname{tg} i \frac{\cos 2\psi + i \sin\Delta \sin 2\psi}{1-\cos\Delta \sin 2\psi}.$$

Daraus ergibt sich:

$$a = \frac{\sin i \operatorname{tg} i \cos 2\psi}{1-\cos\Delta\sin 2\psi}, \qquad b = -\frac{\sin i \operatorname{tg} i \sin\Delta \sin 2\psi}{1-\cos\Delta \sin 2\psi}. \tag{160}$$

Diese Werte sind in die Gleichungen für n_0 und $\varkappa_0$ einzusetzen. Allein für die Berechnung sind wesentlich bequemer Substitutionen, die sich der Kreisfunktionen bedienen. Zu diesem Zwecke gehen wir mit Pfeiffer von den vollständigen Formeln für $n_0^2(1-\varkappa_0^2)$ und $n_0^2(1+\varkappa_0^2)$ aus:

$$n_0^2(1-\varkappa_0^2) = \operatorname{tg}^2 i \frac{1-\cos 2i \cos\Delta \sin 2\psi}{1-\cos\Delta\sin 2\psi}\left[1-\frac{2\sin^2 i \sin^2\Delta \sin^2 2\psi}{(1-\cos 2i\cos\Delta\sin 2\psi)(1-\cos\Delta\sin 2\psi)}\right],$$

$$n_0^2(1+\varkappa_0^2) = \operatorname{tg}^2 i \frac{1-\cos 2i \cos\Delta \sin 2\psi}{1-\cos\Delta\sin 2\psi}\sqrt{1-\frac{4\sin^2 i\cos^2 i \sin^2\Delta\sin^2 2\psi}{(1-\cos 2i\cos\Delta\sin 2\psi)^2}}.$$

und setzen hierin

$$\left.\begin{aligned} \frac{\sin 2i \sin\Delta \sin 2\psi}{1-\cos 2i\cos\Delta\sin 2\psi} &= \sin 2\alpha, \\ \frac{\sin i \sin\Delta\sin 2\psi}{\sqrt{(1-\cos 2i\cos\Delta\sin 2\psi)(1-\cos\Delta\sin 2\psi)}} &= \sin\beta, \\ \frac{1-\cos 2i\cos\Delta\sin 2\psi}{1-\cos\Delta\sin 2\psi} &= f^2, \end{aligned}\right\} \tag{161}$$

wobei zwischen diesen drei Größen noch die Beziehung besteht:

$$2\cos i \sin\beta = f \sin 2\alpha.$$

Dann ist

$$n_0^2(1-\varkappa_0^2) = f^2 \operatorname{tg}^2 i \cos 2\beta,$$
$$n_0^2(1+\varkappa_0^2) = f^2 \operatorname{tg}^2 i \cos 2\alpha,$$

daher:

$$\left.\begin{aligned} n_0^2 &= f^2 \operatorname{tg}^2 i \cos(\beta+\alpha)\cos(\beta-\alpha), \\ n_0^2\varkappa_0^2 &= f^2 \operatorname{tg}^2 i \sin(\beta+\alpha)\sin(\beta-\alpha), \\ \varkappa_0^2 &= \operatorname{tg}(\beta+\alpha)\operatorname{tg}(\beta-\alpha). \end{aligned}\right\} \tag{162}$$

Für den Haupteinfallswinkel J, für den $\Delta = \frac{\pi}{2}$ ist und $\psi = \Psi$, $\alpha = \overline{\alpha}$, $\beta = \overline{\beta}$ gesetzt werden möge, ist

$$\left.\begin{aligned} \sin 2\overline{\alpha} &= \sin 2J \sin 2\Psi, \\ \sin\overline{\beta} &= \sin J \sin 2\Psi, \\ f^2 &= 1. \end{aligned}\right\} \tag{163}$$

Damit gehen die obigen allgemeinen Formeln in die von Wiener in seiner genannten Arbeit aufgestellten Gleichungen (14), (15), (20a) und (21a) über.

---

[1]) Siehe R. W. and R. C. Duncan, Phys. Rev. (2) Bd. 1, S. 300. 1913.

Einer anderen Substitution hat sich DRUDE bedient[1]). Sie läßt sich unter Berücksichtigung des hier gewählten Vorzeichens in der Form schreiben:

$$\frac{1+\operatorname{tg}\psi\cdot e^{i\Delta}}{1-\operatorname{tg}\psi\, e^{i\Delta}} = \operatorname{tg}P\, e^{-iQ}.$$

Dann sind Δ und ψ bestimmt durch P und Q mittels der Gleichungen

$$\operatorname{tg}\Delta = \sin Q \operatorname{tg} 2P, \qquad \cos 2\psi = \cos Q \sin 2P. \tag{164}$$

Andererseits hängen P und Q von ψ und Δ ab in der Form:

$$\left.\begin{aligned} &\operatorname{tg}P = \sqrt{\frac{1+\cos\Delta\sin 2\psi}{1-\cos\Delta\sin 2\psi}} \quad \text{oder} \quad \cos 2P = -\cos\Delta\sin 2\psi,\\ &\operatorname{tg}Q = -\sin\Delta\cdot\operatorname{tg}2\psi. \end{aligned}\right\} \tag{165}$$

Die Beziehungen von P und Q zu den Größen a und b haben die Form

$$\operatorname{tg}P = \frac{\sqrt{a^2+b^2}}{\sin i \operatorname{tg} i}, \qquad \operatorname{tg}Q = \frac{b}{a},$$

oder wenn man noch mit DRUDE $a^2+b^2=S^2$ setzt:

$$a^2+b^2 = S^2 = \sin^2 i \operatorname{tg}^2 i \operatorname{tg}^2 P, \quad a^2-b^2 = S^2\cos 2Q, \quad 2ab = S^2 \sin 2Q. \tag{166}$$

Durch Einsetzen der Werte von a und b erhält man schließlich die Abhängigkeit der Größen P und Q von n_0, $\varkappa_0$ und i in den von DRUDE aufgestellten Formeln:

$$\operatorname{tg}P = \frac{\sqrt[4]{[n_0^2(1-\varkappa_0^2)-\sin^2 i]^2+4n_0^4\varkappa_0^2}}{\sin i \operatorname{tg} i}, \qquad \operatorname{tg}2Q = \frac{2n_0^2\varkappa_0}{n_0^2(1-\varkappa_0^2)-\sin^2 i} \tag{167}$$

und für die vollständigen Werte von n_0 und $\varkappa_0$ die Formeln:

$$\left.\begin{aligned} n_0^2 &= \tfrac{1}{2}\left[\sqrt{(S^2\cos 2Q+\sin^2 i)^2+S^4\sin^2 2Q}+S^2\cos 2Q+\sin^2 i\right],\\ \varkappa_0^2 &= \frac{\sqrt{(S^2\cos 2Q+\sin^2 i)^2+S^4\sin^2 2Q}-S^2\cos 2Q-\sin^2 i}{\sqrt{(S^2\cos 2Q+\sin^2 i)^2+S^4\sin^2 2Q}+S^2\cos 2Q+\sin^2 i}. \end{aligned}\right\} \tag{168}$$

78. Berechnung von n_0 und $\varkappa_0$ aus Haupteinfallswinkel und Hauptazimut. Für den Haupteinfallswinkel ist nach (160)

$$\bar a = \sin J \operatorname{tg} J \cos 2\Psi, \quad \bar b = -\sin J \operatorname{tg} J \sin 2\Psi, \quad \operatorname{tg}P = 1, \quad S = \sin J \operatorname{tg} J, \quad \operatorname{tg}Q = -\operatorname{tg}2\Psi.$$

Daraus ergibt sich als Bestimmungsgleichung für den Haupteinfallswinkel eine Gleichung 4. Grades in $\operatorname{tg}^2 J$. DRUDE schreibt sie folgendermaßen:

$$\sin^4 J \operatorname{tg}^4 J = n_0^4(1+\varkappa_0^2) - 2n_0^2(1-\varkappa_0^2)\sin^2 J + \sin^4 J. \tag{169a}$$

Als Gleichung in $\operatorname{tg}^2 J$ lautet sie:

$$\left.\begin{aligned} &\operatorname{tg}^8 J - [n_0^4(1+\varkappa_0^2)^2 - 2n_0^2(1-\varkappa_0^2)+1]\operatorname{tg}^4 J - 2[n_0^2(1+\varkappa_0^2)^2 - n_0^2(1-\varkappa_0^2)]\operatorname{tg}^2 J\\ &\quad - n_0^4(1+\varkappa_0^2) = 0. \end{aligned}\right\} \tag{169b}$$

Ermittelt man experimentell den Haupteinfallswinkel und mißt unter diesem Winkel das Azimut der wiederhergestellten geradlinigen Polarisation Ψ, so lassen sich n_0 und $\varkappa_0$ aus diesen beiden Daten berechnen durch die Gleichungen

$$\left.\begin{aligned} n_0^2 &= \tfrac{1}{2}\operatorname{tg}^2 J\left[1-2\sin^2 J\sin^2 2\Psi+\sqrt{1-\sin^2 2J\sin^2 2\Psi}\right],\\ \varkappa_0^2 &= \frac{\sqrt{1-\sin^2 2J\sin^2 2\Psi}-(1-2\sin^2 J\sin^2 2\Psi)}{\sqrt{1-\sin^2 2J\sin^2 2\Psi}+1-2\sin^2 J\sin^2 2\Psi}. \end{aligned}\right\}$$

[1]) P. DRUDE, Wied. Ann. Bd. 35, S. 520. 1888.

79. Unterschied des Haupteinfallswinkels und des Winkels des kleinsten reflektierten Azimuts. Bei den durchsichtigen Mitteln ist der Polarisationswinkel zugleich der Winkel des Phasensprungs der p-Komponente von 0 zu π. In Parallele dazu hat Brewster den Satz ausgesprochen, daß der Haupteinfallswinkel zugleich derjenige Winkel sei, für den das Verhältnis R_p/R_s ein Minimum erreiche. Drude hat aber den Nachweis geführt, daß dies nicht der Fall ist. Er bildet den Ausdruck für $\partial\psi/\partial i$ und findet, daß er für den Haupteinfallswinkel den Wert $\sin 4\Psi \cdot \operatorname{ctg}^3 J$, also einen positiven Wert hat[1]). Eine andere Ableitung hat W. Voigt gegeben[2]). Er bemerkt dazu, daß die Abweichung der beiden Winkel recht beträchtlich sein kann.

80. Näherungsformeln für die Metallreflexion. Die Unhandlichkeit der strengen Formeln, wie sie in den voraufgehenden Abschnitten entwickelt worden sind, ist Veranlassung gewesen, nach Abkürzungen der Formeln zu suchen, die in ausreichender Annäherung den Verlauf der Reflexionserscheinungen darzustellen und n_0 und $\varkappa_0$ aus den Beobachtungen in einfacherer Weise und doch mit genügender Genauigkeit zu berechnen gestatten würden. Die wichtigsten dieser abgekürzten Formeln sollen im folgenden behandelt werden.

1. Die Cauchysche Näherung. Wenn in den Formeln (154) für n_0 und $\varkappa_0$ die Größe $\sin^2 i$ vernachlässigt wird, so gehen sie in die Formeln über:

$$a^2 - b^2 = n_0^2(1 - \varkappa_0^2), \qquad a^2 + b^2 = n_0^2(1 + \varkappa_0^2), \qquad a = n_0, \qquad b = n_0\varkappa_0,$$

woraus sich durch Benutzung von (160) ergibt:

$$n_0 = \frac{\sin i \operatorname{tg} i \cos 2\psi}{1 - \cos\Delta \sin 2\psi}, \qquad \varkappa_0 = -\sin\Delta \operatorname{tg} 2\psi \tag{171}$$

oder in der Drudeschen Schreibweise:

$$n_0 = S \cdot \cos Q, \qquad \varkappa_0 = \operatorname{tg} Q.$$

Diese Formeln gehen für den Haupteinfallswinkel über in die Form[3])

$$n_0 = \sin J \operatorname{tg} J \cos 2\Psi, \qquad \varkappa_0 = -\operatorname{tg} 2\Psi. \tag{172}$$

Sie entsprechen einer Vernachlässigung von

$$\frac{[2n_0^2(1 - \varkappa_0^2) - \sin^2 i] \sin^2 i}{n_0^4(1 + \varkappa_0^2)^2}$$

oder nach Wiener von $\frac{1}{2 \operatorname{tg}^2 J}$ gegen 1. Es ist leicht ersichtlich, daß die durch die Formel (171) für n_0 ausgedrückte Annäherung um so schlechter stimmt, je kleiner $\varkappa_0$ ist; denn für $\varkappa_0 = 0$, d.h. für ein durchsichtiges Mittel, wird nach (172) auch $\Psi = 0$ und $n_0 = \sin J \operatorname{tg} J$, während der Ausdruck für n_0 in diesem Falle in das Brewstersche Gesetz $n_0 = \operatorname{tg} J$ übergehen müßte. Für $J = 68°$ würde der Fehler nach Wiener 0,18 oder 7,5% betragen. Für größere J wird er geringer. Da nach den strengen Formeln $n_0^2\varkappa_0 = a \cdot b = -\sin^2 J \cdot \operatorname{tg}^2 J \cdot \sin 2\Psi \cos 2\Psi$ ist, so gibt bei der gewählten Abkürzung das Produkt $n_0^2\varkappa_0$ die richtigen Werte. Daher muß $\varkappa_0$ in der obigen Formel um so viel zu groß ausfallen, wie n_0^2 zu klein ausfällt.

Diese Annäherung läßt die Veränderlichkeit des Brechungsexponenten mit dem Einfallswinkel unberücksichtigt. Die Gleichung für den Haupteinfallswinkel reduziert sich auf

$$\sin^2 J \operatorname{tg}^2 J = n_0^2 (1 + \varkappa_0^2).$$

---

[1]) P. Drude, Wied. Ann. Bd. 32, S. 614. 1887.
[2]) W. Voigt, Ann. d. Phys. (4) Bd. 29, S. 957. 1909.
[3]) Zuerst aufgestellt von Cauchy, Pogg. Ann. Bd. 74, S. 545. 1849.

Der Ausdruck für das Reflexionsvermögen unter beliebigem Einfallswinkel nimmt die Form an

$$J_i = \frac{(n_0 - \cos i)^2 + n_0^2 \varkappa_0^2}{(n_0 + \cos i)^2 + n_0^2 \varkappa_0^2} \cdot \frac{n_0^2 (1 + \varkappa_0^2) \cos^2 i + \sin^4 i}{(n_0 \cos i + \sin^2 i)^2 + n_0^2 \varkappa_0^2 \cos^2 i}, \tag{173}$$

wobei der zweite Faktor $= 1$ gesetzt werden kann, solange $\sin^2 i$ gegen $n_0 \cdot \cos i$ vernachlässigt werden kann.

Der Ausdruck für die partielle Polarisation lautet:

$$(PP)_r = \frac{2 n_0 \sin i \operatorname{tg} i}{n_0^2 (1 + \varkappa_0^2) + \sin^2 i \operatorname{tg}^2 i} \tag{174}$$

und gibt unter dem Haupteinfallswinkel den Betrag: $1/\sqrt{1 + \varkappa_0^2}$.

2. Die BEER-DRUDEschen Näherungen. Eine wesentlich bessere Näherung erhält man, wenn man in der Formel für n_0^2 in der DRUDEschen Form [Gleichung (168)] $\sin^4 i/S^4$ unter dem Wurzelzeichen vernachlässigt und in der Reihenentwicklung für die Wurzel das Glied mit $\sin^2 i/S^2$ beibehält. Dann ist[1])

$$n_0 = S \cos Q \left(1 + \frac{\sin^2 i}{2S^2}\right), \qquad \varkappa_0 = \operatorname{tg} Q \left(1 - \frac{\sin^2 i}{S^2}\right). \tag{175}$$

Für den Haupteinfallswinkel erhält man daraus die zuerst von BEER aufgestellten Gleichungen[2])

$$n_0 = \sin J \operatorname{tg} J \cos 2\Psi \left(1 + \frac{1}{2 \operatorname{tg}^2 J}\right), \qquad \varkappa_0 = \operatorname{tg} 2\Psi \left(1 - \frac{1}{\operatorname{tg}^2 J}\right). \tag{176}$$

Um aber für eine Reihe von N Messungen unter verschiedenen Einfallswinkeln einen genauen Mittelwert zu berechnen, benutzt DRUDE die für beliebige i geltenden Formeln, indem er folgenden Ansatz macht[3]):

$$\left.\begin{aligned} n_0 &= \frac{\sum \sin i \operatorname{tg} i \operatorname{tg} P \cos Q}{N} \left(1 + \frac{1}{2S^2} \frac{\sum \sin^2 i}{N}\right), \\ n_0 \varkappa_0 &= \frac{\sum \sin i \operatorname{tg} i \operatorname{tg} P \sin Q}{N} \left(1 - \frac{1}{2S^2} \frac{\sum \sin^2 i}{N}\right). \end{aligned}\right\} \tag{177}$$

DRUDE weist zur Begründung der von ihm eingeführten Vernachlässigung darauf hin, daß die Größe $n_0^2 (1 + \varkappa_0^2)$, wie er an einer Übersicht über die Metalle, deren Konstanten W. VOIGT zusammengestellt hat, beweist, für die Mehrzahl der Metalle einen großen Wert hat. Er beträgt für Bleiglanz 21,5 und für die übrigen Metalle — abgesehen von Kupfer, Blei und Wismut — mindestens die Hälfte dieses Wertes. Die Vernachlässigung von $\sin^4 i/S^4$ unter dem Wurzelzeichen bedeutet eine Vernachlässigung von $\frac{1}{2 \operatorname{tg}^4 J}$ gegen 1. Die Abweichungen von den genauen Werten sind bei dieser Annäherung wesentlich kleiner als bei der CAUCHYschen. Für $\varkappa_0 = 0$ ist n_0 zu groß, nach WIENER z. B. für $J = 68°$ um 0,008 oder um 0,3%. Mit wachsenden Werten von Ψ nimmt der Fehler ab, wird $= 0$, dann negativ bis zu einem Maximum von etwa 0,007 und sinkt dann wieder bis 0 für $2\Psi = 90°$. Da $n_0^2 \varkappa_0$ auch bei dieser Annäherung die streng richtigen Werte bis auf Glieder von der Ordnung $1/\operatorname{tg}^4 J$ liefert, so zeigt $\varkappa_0$ den entgegengesetzten Gang wie n_0^2.

---

[1]) P. DRUDE, Wied. Ann. Bd. 39, S. 507. 1890.
[2]) A. BEER, Pogg. Ann. Bd. 92, S. 416. 1854.
[3]) P. DRUDE, Winkelmanns Handb. d. Phys. 2. Aufl. Bd. VI, S. 1302.

Bei dieser Annäherung nehmen die übrigen Größen folgende Werte an[1]):

$$a^2 = n_0^2 - \frac{\sin^2 i}{1+\varkappa_0^2}, \qquad b^2 = n_0^2\varkappa_0^2 + \frac{\varkappa_0^2}{1+\varkappa_0^2}\sin^2 i,$$

$$n_i^2 = n_0^2 + \frac{\varkappa_0^2}{1+\varkappa_0^2}\sin^2 i.$$

Durch Einsetzen von a und b lassen sich auch hier Formeln für das Reflexionsvermögen und die partielle Polarisation ableiten, die allerdings in diesem Falle ziemlich umständlich sind.

3. Näherung für schwache Absorption. Wenn für $\varkappa_0 = 0$, $n_0 = \operatorname{tg} J$ sein soll, so liegt es nahe, statt der obigen Formeln als Näherung für schwache Absorption zu setzen:

$$n_0 = \operatorname{tg} J \cos 2\Psi.$$

eine Formel, die für $2\Psi = 0$ ebenso wie für $2\Psi = 90°$ richtige, im übrigen aber überall zu kleine Werte liefert, bis zu einem Maximalbetrage der Abweichung von 0,012. Soll ferner $n_0^2\varkappa_0$ mit dem strengen Werte dieses Ausdrucks übereinstimmen, so muß

$$\varkappa_0 = \sin^2 J \operatorname{tg} 2\Psi$$

gesetzt werden. Als entsprechende Formeln für beliebige Einfallswinkel könnte man ansetzen

$$n_0 = \frac{\operatorname{tg} i \cos 2\psi}{1 - \cos\varDelta \sin 2\psi}, \qquad \varkappa_0 = \sin^2 i \sin\varDelta \cdot \operatorname{tg} 2\psi. \tag{180}$$

WIENER leitet aus graphischen Betrachtungen für den Fall schwach absorbierender Körper die anderen Formeln ab:

$$\left.\begin{aligned} n_0 &= \operatorname{tg} J(\cos 2\Psi + 2\cos^4 J \sin^2\Psi) = \operatorname{tg} J[1 - 2\sin^2\Psi \sin^2 J(1+\cos^2 J)], \\ n_0\varkappa_0 &= \operatorname{tg} J \sin^2 J \sin 2\Psi \end{aligned}\right\} \tag{181}$$

mit der Annäherung: $\frac{1}{2\operatorname{tg}^4 J}$ klein gegen 1. Die Abweichung von n_0 von dem strengen Werte erreicht bei dieser Formel erst bei etwa $2\Psi = 32°$ den Betrag von 0,001.

PFEIFFER gewinnt die Näherung für schwache Absorption, indem er den Ausdruck für $S^2 = a^2 + b^2$ in der Form

$$\sqrt{(n_0^2(1+\varkappa_0^2) - \sin^2 i)^2 + 4n_0^2\varkappa_0^2\sin^2 i}$$

ansetzt und das letzte Glied unter der Klammer fortläßt, also

$$a^2 + b^2 = n_0^2(1+\varkappa_0^2) - \sin^2 i$$

setzt unter Vernachlässigung von

$$\frac{2n_0^2\varkappa_0^2\sin^2 i}{[n_0^2(1+\varkappa_0^2) - \sin^2 i]^2} \quad \text{gegen } 1.$$

Dann ist

$$a^2 = n_0^2 - \sin^2 i, \qquad b^2 = n_0^2\varkappa_0^2$$

und man erhält die Formeln

$$\begin{aligned} n_0 &= \operatorname{tg} i \,\frac{\sqrt{\sin^2 i \cos^2 2\psi + \cos^2 i\,(1 - \cos\varDelta \sin 2\psi)^2}}{1 - \cos\varDelta \sin 2\psi}, \\ \varkappa_0 &= \frac{\sin i \sin\varDelta \cdot \sin 2\psi}{\sqrt{\sin^2 i \cos^2 2\psi + \cos^2 i\,(1 - \cos\varDelta \cdot \sin 2\psi)^2}}, \end{aligned} \tag{182}$$

[1]) W. v. ULJANIN hat sich dieser Formeln bedient; der von ihm benutzte Ausdruck $M \cdot N$ ist gleich $a^2 + b^2$ in der obigen Annäherung. Phys. ZS. Bd. 11, S. 785. 1910.

die für den Haupteinfallswinkel übergehen in

$$n_0 = \operatorname{tg} J \sqrt{1 - \sin^2 J \sin^2 2\Psi}, \qquad \varkappa_0 = \frac{\sin J \sin 2\Psi}{\sqrt{1 - \sin^2 J \sin^2 2\Psi}} \tag{183}$$

oder für kleine Werte von Ψ in:

$$n_0 = \operatorname{tg} J(1 - 2\sin^2 J \sin^2\Psi \cos^2\Psi), \qquad \varkappa_0 = \sin J \sin 2\Psi(1 + 2\sin^2 J \sin^2\Psi \cos^2\Psi).$$

Die Einführung dieser Werte in die gegen 1 vernachlässigte Größe zeigt, daß die Formeln darauf beruhen, daß $\frac{2\sin^2 2\Psi}{\operatorname{tg}^2 J}$ gegen 1 vernachlässigt wird. Bei dieser Annäherung verschwindet, wie es bei der angenommenen Kleinheit von $\varkappa_0$ selbstverständlich ist, die Abhängigkeit des Brechungsexponenten vom Einfallswinkel, n_i ist $= n_0$, und für den Haupteinfallswinkel ergibt sich die Gleichung

$$\operatorname{tg}^2 J = n_0^2(1 + \varkappa_0^2), \tag{184}$$

die für $\varkappa_0 = 0$ in das BREWSTERsche Gesetz übergeht. Das Reflexionsvermögen für beliebigen Einfallswinkel ist gegeben durch

$$J_i = \frac{[\cos i - \sqrt{n_0^2 - \sin^2 i}]^2 + n_0^2\varkappa_0^2}{[\cos i + \sqrt{n_0^2 - \sin^2 i}]^2 + n_0^2\varkappa_0^2} \cdot \frac{n_0^2(1 + \varkappa_0^2) - \operatorname{tg}^2 i \cos 2i}{(\sin i \operatorname{tg} i + \sqrt{n_0^2 - \sin^2 i})^2 + n_0^2\varkappa_0^2}, \tag{185}$$

eine Gleichung, die für $\varkappa_0 = 0$ in die aus den FRESNELschen Formeln für Isolatoren folgende Gleichung

$$J_i = \frac{\sin^2(i - r)}{\sin^2(i + r)}\left(1 + \frac{\cos^2(i + r)}{\cos^2(i - r)}\right) \tag{186}$$

übergeht. Die partielle Polarisation ist gegeben durch

$$(PP)_r = \frac{2\sqrt{n_0^2 - \sin^2 i}\,\sin i \operatorname{tg} i}{n_0^2(1 + \varkappa_0^2) - \operatorname{tg}^2 i \cos 2i}. \tag{187}$$

Die Formel geht für den Haupteinfallswinkel in die Gleichung über:

$$(PP)_r = \frac{\sqrt{n_0^2 - \sin^2 J}}{\sin J \operatorname{tg} J}, \tag{188}$$

die für $(PP)_r$ den Wert 1 ergibt, wenn $\varkappa_0 = 0$ ist.

4. Näherung für kleine Werte von n_0. Da die Erfahrung gelehrt hat, daß unter den Metallen einzelne durch sehr kleine Werte von n_0 ausgezeichnet sind, mögen auch noch diejenigen Näherungsformeln angeführt werden, die man für diesen Fall aus den allgemeinen Formeln entwickeln kann. Man kann zu diesem Zwecke $S^2 = a^2 + b^2$ in der Form schreiben

$$\sqrt{[n_0^2(1 + \varkappa_0^2) + \sin^2 i]^2 - 4n_0^2 \sin^2 i}$$

und wieder das letzte Glied unter dem Wurzelzeichen vernachlässigen, also

$$a^2 + b^2 = n_0^2(1 + \varkappa_0^2) + \sin^2 i$$

setzen unter Vernachlässigung von

$$\frac{2n_0^2 \sin^2 i}{[n_0^2(1 + \varkappa_0^2) + \sin^2 i]^2} \text{ gegen } 1.$$

Dann ist

$$a^2 = n_0^2, \qquad b^2 = n_0^2\varkappa_0^2 + \sin^2 i.$$

$$n_0 = \frac{\sin i \operatorname{tg} i \cos 2\psi}{1 - \cos\Delta \sin 2\psi}, \qquad \varkappa_0 = \frac{\sqrt{\sin^2 i \sin^2\Delta \sin^2 2\psi - \cos^2 i(1 - \cos\Delta \sin^2\psi)^2}}{\sin i \cos 2\psi}, \tag{189}$$

und für den Haupteinfallswinkel

$$n_0 = \sin J \operatorname{tg} J \cos 2\Psi, \qquad \varkappa_0 = \frac{\sqrt{\sin^2 J \sin^2 2\Psi - \cos^2 J}}{\sin J \cdot \cos 2\Psi}. \tag{190}$$

Aus dem Ausdruck für die Vernachlässigung geht hervor, daß diese Formeln gelten, wenn $2n_0^2$ selbst klein gegen 1 ist. In diesem Falle ist $n_i^2 = n_0^2 + \sin^2 i$. Die Gleichung für den Haupteinfallswinkel lautet:

$$\sin^2 J \operatorname{tg}^2 J - \sin^2 J = n_0^2 (1 + \varkappa_0^2) . \tag{191}$$

Das Reflexionsvermögen ist gegeben durch

$$J_i = \frac{n_0^2 (1 + \varkappa_0^2) + 1 - 2n_0 \cos i}{n_0^2 (1 + \varkappa_0^2) + 1 + 2n_0 \cos i} \cdot \frac{n_0^2 (1 + \varkappa_0^2) + \operatorname{tg}^2 i}{n_0^2 (1 + \varkappa_0^2) + \operatorname{tg}^2 i + 2n_0 \sin i \operatorname{tg} i} . \tag{192}$$

Ist n_0 sehr klein gegen $\varkappa_0$, so ist das Reflexionsvermögen unter allen Winkeln sehr groß und nahe = 1. Die partielle Polarisation ist gegeben durch

$$(PP)_r = \frac{2n_0 \sin i \operatorname{tg} i}{n_0^2 (1 + \varkappa_0^2) + \operatorname{tg}^2 i} \tag{193}$$

und geht für den Haupteinfallswinkel in den Wert $\cos 2\Psi$ über.

5. Die parabolische Näherung von Wiener. Wiener hat aus graphischen Betrachtungen noch folgende Annäherungsformel abgeleitet:

$$\left.\begin{aligned} n_0^2 &= \operatorname{tg}^2 J \cdot \cos^2 2\Psi + \cos^2 J \cdot \sin^2 2\Psi \cos^2 2\Psi \\ \text{und}\quad \varkappa_0^2 &= - \operatorname{tg}^2 J \cdot \cos 2J \cdot \sin^2 2\Psi + \cos^2 J \sin^2 2\Psi \cos^2 2\Psi . \end{aligned}\right\} \tag{194}$$

Formeln, die für $2\Psi = 0°$ und $= 90°$ und in der Nähe von $2\Psi = 45°$ streng richtig sind und zwischen 0 und 45° zu große, zwischen 45° und 90° zu kleine Werte ergeben.

6. Näherungsformeln für den Haupteinfallswinkel. Die Formen, die die Bestimmungsgleichung für den Haupteinfallswinkel unter den verschiedenen Näherungen annimmt, sind im obigen bereits angeführt. Pfeiffer hat noch eine besondere Formel für J abgeleitet von der Überlegung aus, daß J stets bedeutend größer ist als 45° und daher bei der Abkürzung der Formeln der Fehler geringer ist, wenn man $\sin^2 J = 1$, als wenn man es = 0 setzt. Er kommt so zu der Formel

$$\operatorname{tg} J = \sqrt{1 + \sqrt{[n_0^2 (1 + \varkappa_0^2) + 1]^2 - 4n_0^2}} , \tag{195}$$

die für $\varkappa_0 = 0$ in das Brewstersche Gesetz übergeht. Sie bewährt sich allgemein um so besser, je größer n_0 und $\varkappa_0$ sind, wie Pfeiffer an Beobachtungen von Drude und Lischner nachweist.

81. Die Metalloptik und die elektromagnetische Theorie. Die in den letzten Abschnitten entwickelten Formeln haben vielfache Anwendung zur Ermittlung der optischen Konstanten der Metalle aus Reflexionsbeobachtungen gefunden und haben sich dabei auch im ganzen gut bewährt. Es mögen aus der umfangreichen Literatur nur namhaft gemacht werden die Arbeiten von Jamin, Quincke, Hennig, Drude, W. Voigt, Minor[1]).

Aber die Bewährung der Formeln zur Darstellung der Messungsergebnisse darf, wie schon oben betont worden ist, nicht als besondere Bestätigung der Grundlagen der elektromagnetischen Theorie aufgefaßt werden. Denn erstens sind Formeln dieser Art schon früher auf dem Boden der elastischen Lichttheorien

---

[1]) J. Jamin, Ann. de chim. et d. phys. (3) Bd. 19, S. 296. 1847; Bd. 22, S. 311. 1848; Pogg. Ann. Bd. 74, S. 528. 1848; G. Quincke, ebenda Bd. 128, S. 541. 1866; R. Hennig, Gött. Nachr. Bd. 13, S. 365. 1887; W. Voigt, Phys. ZS. Bd. 2, S. 303. 1901; P. Drude, Wied. Ann. Bd. 39, S. 481. 1890; Bd. 42, S. 186. 1891; Bd. 64, S. 159. 1898; R. S. Minor, Diss. Gött. 1902; Ann. d. Phys. (4) Bd. 10, S. 581. 1903. Eine vollständigere Zusammenstellung der Literatur hat Drude in Winkelmanns Handb. d. Phys. 2. Aufl. Bd. VI, S. 1305ff. gegeben, ebenso eine Zusammenstellung der Werte von n_0, $n_0\varkappa$, J, Ψ und J_i nach seinen Reflexionsbeobachtungen.

entwickelt worden, und zweitens entsprechen die aus den Beobachtungen gewonnenen Werte für $\varkappa_0$ durchaus nicht den Werten, die man nach der MAXWELLschen Theorie erwarten sollte. Die Tabelle der n_0 und $n_0\varkappa_0$ auf S. 209 zeigt auf das deutlichste, daß die Werte für $\varkappa_0$ weit über die 1 hinausgehen, während sie nach der Theorie für sehr große Leitfähigkeit 1 als Grenzwert haben müßten.

Es ist in Ziff. 46 bereits auf das DRUDEsche Gesetz $n^2 = \sigma\tau$ hingewiesen worden, das in diesem Grenzfalle gültig ist, und es ist gezeigt worden, wie sich dies Gesetz für elektrische Wellen und auch noch für die langwelligen Wärmestrahlen nach den Messungen von HAGEN und RUBENS bewährt hat. Es mögen hier noch einige andere Folgerungen für diesen Grenzfall entwickelt werden, auf die auch wohl DRUDE zuerst in seiner Physik des Äthers[1]) aufmerksam gemacht hat. Ist nämlich $\sigma\tau$ so groß, daß $\varkappa_0 = 1$, $n_0^2 = \sigma\tau$ gesetzt werden kann, so ist in den Formeln (155) in erster Annäherung $a = b = n_0$ zu setzen und man erhält für die Phasendifferenz Δ der p- und der s-Komponente die angenäherte Gleichung:

$$\operatorname{tg}\Delta = \frac{2n_0 \sin^2 i \cos i}{\sin^4 i - 2n_0^2 \cos^2 i}\,. \tag{196}$$

Sie zeigt, daß Δ mit wachsendem i von 0 über $-\frac{\pi}{2}$ bis $-\pi$ verläuft. Aber infolge des großen Wertes von n_0 liegt der Haupteinfallswinkel, für den $\Delta = \frac{\pi}{2}$ wird, sehr nahe an 90°; denn er ist durch die Gleichung

$$\cos J = \frac{1}{n_0\sqrt{2}} = \frac{1}{\sqrt{2\sigma_e\tau}} = \frac{1}{\sqrt{2\sigma_m c\lambda_0}} \tag{197}$$

in erster Annäherung bestimmt. Daraus ergibt sich z. B. für elektrische Wellen von 1 cm Wellenlänge bei der Reflexion an Quecksilber ($n_0 = 548$) der Wert von $J = 89°\,55{,}6'$, also nur $4{,}4'$ unterhalb des streifenden Einfalls. Das Gebiet der Veränderlichkeit von Δ beschränkt sich also auf einen ganz schmalen Streifen von 9′ Breite in der unmittelbaren Nähe des streifenden Einfalls. Für das ganze übrige Reflexionsgebiet von 0° bis nahe zum streifenden Einfall tritt keinerlei Phasendifferenz der beiden Komponenten auf. Bei senkrechtem Einfall ist die reflektierte Schwingung der einfallenden genau entgegengesetzt und sie behält diese Orientierung bei, wenn der Einfallswinkel wächst bis nahe zum streifenden Einfall, wie es die angenähert perspektivische Darstellung der Abb. 19 veranschaulicht. Dadurch erklären sich die eigentümlichen Beobachtungen LINDMANS, der für eine geradlinige elektrische Schwingung bei nahezu streifender Reflexion unter dem Azimut $\alpha = 45°$ fand, daß der Empfangsapparat unter der gleichzeitigen Wirkung der direkten und der zurückgeworfenen Strahlung gleiche Stärke der Erregung für das Azimut $+45°$ und das Azimut $-45°$ und die doppelte Erregung anzeigte, wenn er in der Einfallsebene lag[2]). Die gleichen Eigentümlichkeiten müßten auch noch für die Reflexion derjenigen ultraroten Wellen bestehen, für die nach HAGEN und RUBENS das DRUDEsche Gesetz $n^2 = \sigma\tau$ noch Gültigkeit hat. Doch liegt für diese der Haupteinfallswinkel schon um 1,5° vom streifenden Einfall entfernt und die den LINDMANschen Beobachtungen entsprechenden Erscheinungen würden sehr viel schwieriger wahrzunehmen sein[3]).

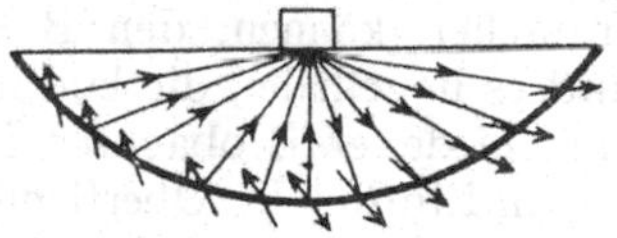

Abb. 19. Reflexion für Wellen, deren Haupteinfallswinkel nahezu 90° ist.

---

[1]) P. DRUDE, Physik des Äthers, 1. Aufl. S. 577. Stuttgart: F. Enke 1894.
[2]) P. F. LINDMAN, Ann. d. Phys. (4) Bd. 4, S. 617. 1901.
[3]) W. KÖNIG, Ann. d. Phys. (4) Bd. 71, S. 65. 1923.

Ebensowenig, wie die Werte der $\varkappa_0$ den Forderungen der Maxwellschen Theorie entsprechen, ebensowenig steht die Abhängigkeit der optischen Konstanten von der Wellenlänge mit der Theorie in Übereinstimmung. Denn die Messungen für Licht von verschiedener Wellenlänge, sowohl nach der Reflexionsmethode[1]) wie nach der Methode der Ablenkung durch Prismen[2]) oder der Interferenzen in dünnen Keilen[3]) haben gezeigt, daß die Dispersion der Metalle ganz verschieden ist. Bei Gold, Kupfer, Blei nimmt der Brechungsexponent mit abnehmender Wellenlänge zu, bei den anderen Metallen dagegen ab. Der Theorie nach sollte nur das letztere der Fall sein.

Diese Unstimmigkeiten finden auf dem Gebiet der Metalloptik ebenso wie auf dem der Optik der durchsichtigen Mittel ihre Lösung durch die Aufgabe der Vorstellung, die der Maxwellschen Theorie in der vorliegenden Fassung zugrunde liegt, der Vorstellung, die die Materie als ein Kontinuum behandelt. Die Dispersion der durchsichtigen Mittel, im besonderen die Erscheinungen der anomalen Dispersion, haben zu der Annahme geführt, daß in den Molekülen Teilchen, Elektronen, vorhanden sind, die an bestimmte Ruhelagen gebunden sind und um diese mit bestimmten Eigenschwingungen zu schwingen vermögen. In den Metallen müssen diese Vorstellungen, um der Leitfähigkeit Rechnung zu tragen, noch erweitert werden durch die Annahme von Leitungselektronen, die an keine Ruhelage gebunden sind, sondern durch den Einfluß elektrischer Kräfte dauernd verschoben werden können. Hinsichtlich des Ausbaues dieser Vorstellungen muß auf das Kapitel „Elektronentheorie" verwiesen werden.

82. Einfluß von Oberflächenschichten auf Metallen. Bei der Behandlung der durchsichtigen Mittel ist zur Sprache gekommen, daß die Fresnelschen Reflexionsformeln nicht in aller Strenge gültig sind. Man hat die von Jamin und anderen beobachtete schwache Elliptizität des reflektierten Lichtes auf den Einfluß von Oberflächenschichten zurückführen können. Es ist selbstverständlich, daß die Frage der Wirkung solcher Oberflächenschichten auch bei den Reflexionsmessungen an Metallen eine große Rolle spielt. Wenn bei diesen die Theorie schon an reinen Flächen ein gewisses Maß von Elliptizität als charakteristische Eigenschaft des Metalles voraussieht, so ist es denkbar, daß Oberflächenschichten, die durch Polieren oder durch Einfluß des umgebenden Mittels entstehen können, den Betrag der Elliptizität zu verändern imstande wären, und es liegt nahe, die beträchtlichen Unterschiede, die die Reflexionsmessungen verschiedener Beobachter für die Konstanten der reinen Metalle ergeben, auf diesen Einfluß der Oberflächenbeschaffenheit zurückzuführen[4]). Eine eingehende Theorie der Oberflächenschichten auf Metallen unter Berücksichtigung mehrfacher Reflexionen in ihnen hat Hauschild in seiner Dissertation gegeben[5]).

Aber die Drudesche Vorstellung von der Struktur und Wirkungsweise der Oberflächenschichten ist von anderer Seite beanstandet worden, zunächst von Lummer und seinen Schülern. Es sei auf die Arbeit von Kynast hingewiesen[6]), der den Einfluß künstlich hergestellter Oberflächenschichten auf Glasflächen

[1]) A. Q. Tool, Phys. Rev. Bd. 31, S. 1. 1910; J. T. Tate, ebenda Bd. 34, S. 321. 1912; C. Zakrzewski, Krak. Anz. 1910, S. 97; 1912, S. 843; W. Coblentz, Phys. Rev. Bd. 30, S. 645. 1910.

[2]) D. Shea, Wied. Ann. Bd. 47, S. 177. 1892; P. A. Ross, Phys. Rev. Bd. 33, S. 549. 1913.

[3]) P. A. Ross, Phys. Rev. Bd. 33, S. 549. 1913.

[4]) P. Drude, Ann. d. Phys. Bd. 36, S. 532. 1889; R. S. Minor, ebenda (4) Bd. 10, S. 581. 1903; A. Q. Tool, Phys. Rev. Bd. 31, S. 1. 1910; J. T. Tate, ebenda Bd. 34, S. 321. 1912.

[5]) H. Hauschild, Diss. Leipzig 1920. Gedruckt nur in einem leider sehr gekürzten Auszug erschienen in Ann. d. Phys. (4) Bd. 63, S. 816. 1920.

[6]) R. Kynast, Diss. Breslau 1906; Ann. d. Phys. (4) Bd. 22, S. 726. 1907.

studierte, und auf die Arbeit von LUMMER und SORGE[1]), die den positiven Charakter der Reflexion an der Fläche eines Glasprismas durch einseitigen, parallel zur Fläche wirkenden Druck in negativen Charakter verwandeln konnten, und an die Arbeit von M. VOLKE, der den Einfluß von Druckspannungen auf die elliptische Polarisation des total reflektierten Lichtes untersuchte, worauf bereits oben hingewiesen wurde (s. S. 240).

Von KYNAST wurde zuerst der Gedanke ausgesprochen, daß die Oberflächenschicht eines Glaskörpers eine anisotrope Struktur haben könne, indem „infolge der Anziehung der Oberflächenschicht durch die Molekularkräfte des Glases an jeder Stelle der Oberflächenschicht der Wert der Dielektrizitätskonstanten, genommen senkrecht zur Ausbreitungsebene der Schicht, verschieden von dem in dieser Ebene genommenen sei". Dieser Gedanke ist von H. SCHULZ weiter ausgeführt worden[2]); er hat unter Benutzung des NEUMANNschen Ansatzes für die künstliche Doppelbrechung Formeln für die Elliptizität des reflektierten Lichtes entwickelt und sie mit den von POCKELS[3]) an Bleigläsern ermittelten Werten der Druckkonstanten quantitativ ausgewertet und einige interessante, mit der Erfahrung übereinstimmende Folgerungen abgeleitet.

Während diese Theorie für Körper gilt, die an und für sich eine isotrope Struktur besitzen, haben H. SCHULZ und H. HANEMANN für die Metalle eine ganz andere Theorie entwickelt[4]), die sich unmittelbar auf das mikroskopische Bild der Metallstruktur als eines Gemenges anisotroper Gefügeelemente stützt. Unter vereinfachenden Annahmen über die Wirkung der einzelnen Elemente, über die Stärke ihrer Anisotropie und über ihre Größe im Vergleich zur Wellenlänge des Lichtes werden Formeln für Δ und ψ gewonnen, die denen von DRUDE für den Einfluß etwaiger Oberflächenschichten ganz ähnlich sind. Die Verf. gelangen so zu der Auffassung, daß sich die DRUDEschen Formeln ebensogut durch Verteilungsanisotropie wie durch Oberflächenschichten deuten lassen.

Von diesem Standpunkte aus erscheinen die Ergebnisse der bisherigen Messungen der Metalloptik als Mittelwerte, denen natürlich ein großes praktisches Interesse zukommt. Aber die wissenschaftliche Metalloptik dürfte wohl unter dem Einfluß der außerordentlichen Entwicklung, in der sich zur Zeit die physikalische Erforschung der Metalle befindet, andere und neue Wege einschlagen. Denn wenn es heutzutage gelingt, die Metalle in Einzelkristallen zu züchten, dann ist offenbar eine der Aufgaben, die sich unmittelbar daraus ergeben, die, die optischen Konstanten der Metalle an diesen natürlichen Kristallflächen zu ermitteln. Damit wird die Metalloptik in Zukunft ein Kapitel der Kristalloptik.

Besondere Studien über die Wirkung der Oberflächenschichten an Metallen liegen noch vor von J. J. HAAK und R. SISSINGH, C. A. REESER und R. SISSINGH[5]).

h) Lichtdruck.

83. Die ponderomotorischen Wirkungen der Strahlung. Aus der elektromagnetischen Lichttheorie heraus ist von MAXWELL zum ersten Male der Gedanke entwickelt worden, daß eine Strahlung auf einen Körper, von dem sie zurückgeworfen oder absorbiert wird, eine ponderomotorische Kraft, einen Druck, ausüben müsse[6]). Dieser Gedanke ergab sich unmittelbar aus jener Grundvor-

[1]) O. LUMMER und K. SORGE, Ann. d. Phys. (4) Bd. 31, S. 325. 1920.

[2]) H. SCHULZ, Verh. d. D. Phys. Ges. Bd. 18, S. 384. 1924.

[3]) F POCKELS, Phys. ZS. Bd. 2, S. 693. 1901; Ann. d. Phys. (4) Bd. 7, S. 145. 1902; Bd. 11, S. 651. 1903.

[4]) H. SCHULZ und H. HANEMANN, ZS. f. Phys. Bd. 16, S. 200. 1923; Bd. 22, S. 222. 1924.

[5]) J. J. HAAK und R. SISSINGH, Versl. d. K. Akad. v. Wet. Bd. 27, S. 417. 1919; C. A. REESER und R. SISSINGH, Proc. Amsterdam Bd. 24, S. 108. 1921.

[6]) J. C. MAXWELL, Lehrb. d. Elektr. u. d. Magn. Deutsche Ausg., Bd. II, S. 547. 1883.

stellung der ganzen MAXWELLschen Elektrizitätslehre, die in den durch die Gesetze von COULOMB und BIOT-SAVART ausgedrückten mechanischen Kräften nicht Fernkräfte, sondern Nahewirkungen erblickt, Wirkungen, die durch einen Zwangszustand des Zwischenmittels übertragen würden. Dieser Zustand erscheint in den statischen Feldern als eine Zugwirkung in Richtung der Kraftlinien und als ein Querdruck senkrecht zu ihnen. Hinsichtlich der verschiedenen Ansätze, die für die Größe dieser Spannungen des elektrischen und des magnetischen Feldes gemacht werden können, kann auf die Darstellung verwiesen werden, die F. ZERNER im XII. Bande dieses Handb. unter Ziff. 37 und 41 gegeben hat. Hier handelt es sich darum, den Gedanken dieser Spannungen auf den Vorgang in einer Lichtwelle zu übertragen, in der man es ja auch mit elektrischen und magnetischen Feldern, allerdings nicht mit statischen, sondern mit periodisch wechselnden, zu tun hat. Wir wollen die Betrachtung auf den Fall einer ebenen geradlinig polarisierten Welle beschränken, die in der Z-Achse fortschreitet, und deren elektrische Schwingung in der X-Richtung erfolgt, also auf den Fall, daß nur $\mathfrak{E}_x$ und $\mathfrak{H}_y$ als Sinusfunktionen von $(pt - qz)$ gegeben, die anderen Kraftkomponenten $\mathfrak{E}_y$, $\mathfrak{E}_z$, $\mathfrak{H}_x$, $\mathfrak{H}_z$ dagegen $= 0$ sind. Unter diesen Umständen sind die Schubspannungen p_{xy}, p_{xz}, p_{yz} usw. $= 0$, und nur die Normalspannungen p_{xx}, p_{yy}, p_{zz} bestehen. Die Größe dieser Spannungen würde nach der ZERNERschen Ableitung (Bd. XII, S. 68, Formel (4)] betragen:

$$p_{xx} = \frac{2\varepsilon - 1}{8\pi}\mathfrak{E}_x^2, \qquad p_{yy} = -\frac{1}{8\pi}\mathfrak{E}_x^2, \qquad p_{zz} = -\frac{1}{8\pi}\mathfrak{E}_x^2,$$

und entsprechend für das magnetische Feld; nach dem älteren, und bei den Betrachtungen über den Lichtdruck meist benutzten Ansatze, der in den Gleichungen (4a) auf S. 69 des ZERNERschen Aufsatzes wiedergegeben ist[1]), würden die Spannungswerte lauten:

$$p_{xx} = \frac{\varepsilon}{8\pi}\mathfrak{E}_x^2, \qquad p_{yy} = -\frac{\varepsilon}{8\pi}\mathfrak{E}_x^2, \qquad p_{zz} = -\frac{\varepsilon}{8\pi}\mathfrak{E}_x^2,$$

bzw.

$$p_{xx} = -\frac{\mu}{8\pi}\mathfrak{H}_y^2, \qquad p_{yy} = +\frac{\mu}{8\pi}\mathfrak{H}_y^2, \qquad p_{zz} = -\frac{\mu}{8\pi}\mathfrak{H}_y^2.$$

Bedienen wir uns dieses letzteren Ansatzes, so heben sich die Spannungen p_{xx} der beiden Felder auf, ebenso die Spannungen p_{yy}, und es bleiben nur übrig die Druckspannungen p_{zz}, die sich summieren zu einer Druckkraft p_z, die in Richtung der Wellennormale wirkt mit der Größe

$$p_z = -\frac{1}{8\pi}(\varepsilon\mathfrak{E}_x^2 + \mu\mathfrak{H}_y^2), \tag{198}$$

d. h. mit einer Größe, die durch die an der betreffenden Stelle bestehenden Feldstärken (Energie der Volumeinheit) gemessen wird. Diese Druckspannung wirkt nach beiden Richtungen mit gleicher Stärke. Nimmt die Feldstärke nach einer Richtung hin ab, so besteht nach dieser Richtung hin ein Überdruck, eine einseitig gerichtete Kraft. Da die Feldstärke in einer Welle in jedem Augenblicke räumlich nach dem $\sin^2$-Gesetze verteilt ist, so bestehen in jedem Augenblicke solche einseitig gerichteten Kräfte in der Welle; aber sie schwanken beim Fortschreiten der Welle an jeder Stelle zwischen gleichen + und —-Werten hin und her und sind im Mittel des ganzen Schwingungsvorganges $= 0$. Dagegen können einseitig gerichtete Kräfte auftreten, wenn die Welle durch die Grenzfläche zweier verschiedener Mittel hindurchgeht, an deren beiden Seiten die Energie des Schwingungsfeldes infolge der Aufspaltung der Welle in einen zurückgeworfenen und einen durchgehenden Anteil verschiedene Werte besitzt. Um diese

---

[1]) Siehe D. A. GOLDHAMMER, Ann. d. Phys. (4), Bd. 4, S. 834. 1901; W. WIEN, Enzyklop. d. math. Wiss. Bd. V 3, S. 181. 1909.

Kraft wahrnehmen zu können, muß das zweite Mittel ein frei beweglicher Körper von endlichen Ausmaßen sein, der auf den einwirkenden Druck der Strahlung mit einer Bewegung reagieren kann. Die Betrachtungen sollen auf eine Planplatte beschränkt werden, auf die eine ebene Welle senkrecht auffällt; als erstes Mittel werde der leere Raum angenommen.

Die Platte soll zunächst aus einem völlig durchsichtigen Stoff vom Brechungsexponenten n bestehen. Hat die einfallende Welle die Intensität J_e, so hat die von der Platte zurückgeworfene Welle unter Berücksichtigung der vielfachen inneren Reflexionen nach Ziff. 64 die Intensität $J_r = \frac{2k^2}{1+k^2} \cdot J_e$ und die hindurchgehende Welle die Intensität $J_d = \frac{1-k^2}{1+k^2} J_e$, wobei k den Reflexionskoeffizienten bedeutet, der für senkrechten Einfall nach (108) $= \frac{1-n}{1+n}$ ist. Im Innern der Platte besteht ein Schwingungsfeld von einer Intensität J_i, die in allen Schichten der Platte gleich groß ist. Die aus diesen Feldspannungen des Innern hervorgehenden Druckkräfte halten sich daher in der Platte vollkommen das Gleichgewicht. Als bewegende Kraft kommt also nur der Druck in Betracht, den die einfallende und die zurückgeworfene Strahlung auf die Vorderfläche in Richtung der Fortpflanzung der Welle ausüben, und der in entgegengesetzter Richtung wirkende Druck der an der Hinterfläche austretenden Strahlung, also eine Kraft, die proportional $J_e + J_r - J_d$ ist[1]). Setzen wir die Welle, wie in Ziffer 14, in der Form an:

$$\mathfrak{E}_x = A \sin(pt - qz), \qquad \mathfrak{H}_y = A \sin(pt - qz),$$

so ist der augenblickliche Druck der Strahlung auf die Flächeneinheit nach obiger Gleichung $\frac{1}{4\pi} A^2 \sin^2(pt - qz)$ und der zeitliche Mittelwert $= \frac{1}{8\pi} A^2$. Setzt man diesen Ausdruck für J_e ein, so erhält man als den auf die Flächeneinheit der durchsichtigen Platte wirkenden Gesamtdruck den Betrag

$$p = \frac{4k^2}{1+k^2} J_e = \frac{2(n-1)^2}{n^2+1} J_e = \frac{(n-1)^2}{4\pi(n^2+1)} A^2. \tag{199}$$

Für Glas mit $n = 1{,}5$ würde $p = 0{,}15\, J_e = 0{,}006\, A^2$.

Anders ist das Ergebnis, wenn das zweite Mittel die Strahlung absorbiert. Die Intensität der austretenden Strahlung ist dann auf alle Fälle kleiner als J_d; bei genügender Dicke der Platte oder genügend starker Absorption kann $J_d = 0$ werden. Im Innern der Platte ist dann an der hinteren Fläche die Intensität J_i und entsprechend die Spannung und der Druck ebenfalls kleiner als an der vorderen Fläche, unter den angegebenen Umständen überhaupt $= 0$. Aber den Druckkräften der Strahlung, die an der Vorderfläche nach außen wirken würden, wird auch in diesem Falle das Gleichgewicht gehalten durch die Druckkräfte, die infolge der Abnahme der Intensität in Richtung dieser Abnahme wirken. Denn auf jede Schicht von der Dicke dz im Innern der Platte wirkt als Differenz der Spannungen J_i und $J_i + \frac{dJ_i}{dz} dz$ ein Druck von der Größe $-\frac{dJ_i}{dz} dz$ und die ganze daraus sich ergebende Druckkraft in der Platte ist $-\int_0^h \frac{dJ_i}{dz} dz = [J_i]_0 - [J_i]_h$, wenn h die Dicke der Platte bedeutet. Diese in Richtung des Fortschreitens der Welle wirkende Druckkraft ist aber genau gleich und entgegengerichtet der Kraft, die aus der Differenz der nach außen wirkenden Drucke an den beiden Grenzflächen, entsprechend den dort vorhandenen Intensitäten $[J_i]_0$ und $[J_i]_h$ hervor-

[1]) D. A. Goldhammer, l. c.

geht. Die inneren Druckkräfte halten sich also auch in diesem Falle das Gleichgewicht, und als bewegende Kraft bleibt wieder nur der Druck $p = J_e + J_r - J_d$ übrig, oder, wenn $J_d = 0$ ist, nur die an der Vorderfläche wirkende Feldenergie. Der Betrag der Druckkraft liegt in diesem Falle zwischen zwei leicht angebbaren Grenzen. Ist die Fläche vollkommen schwarz, so ist auch $J_r = 0$, und der Druck auf die Flächeneinheit hat den Wert

$$p = J_e = \frac{1}{8\pi} A^2. \tag{200}$$

Ist die Fläche ein vollkommener Spiegel, der die ganze einfallende Strahlung zurückwirft, so ist $J_r = J_e$, und der Druck hat den Wert

$$p = 2J_e = \frac{1}{4\pi} A^2. \tag{201}$$

Man kann in diesem Falle den Vorgang insofern anders darstellen, als man die bei der Reflexion vor dem Spiegel entstehende stehende Welle in Betracht zieht. Nimmt man an, daß bei vollkommener Zurückwerfung die elektrische Kraft in der Grenzebene mit Umkehrung ihrer Richtung zurückgeworfen wird, so hat die stehende Welle in der Grenzebene einen Knoten der elektrischen und einen Bauch der magnetischen Kraft. Die Druckkräfte würden also für den elektrischen Anteil des ganzen Feldes $= 0$ sein; für den magnetischen Anteil aber wäre die Amplitude $= 2A$ zu setzen. Es wäre also der augenblickliche Druckwert $= \frac{1}{8\pi} (\mathfrak{H}_y)^2$ und der zeitliche Mittelwert

$$p = \frac{1}{16\pi} (2A)^2 = \frac{1}{4\pi} A^2$$

wie oben.

84. Andere Formen der Ableitung des Lichtdrucks. Drude hat in seinem Lehrbuch der Optik[1]) den Strahlungsdruck aus einer anderen physikalischen Überlegung abgeleitet, nicht aus der Vorstellung der Feldspannungen heraus, sondern unter Anwendung der sog. „Linken-Hand-Regel". Fällt die Lichtwelle auf die Oberfläche eines Körpers, so entstehen in ihm elektrische Ströme (Leitungs- oder Verschiebungsströme oder beides); in unserem Beispiele würden sie in der X-Richtung verlaufen und mögen in ihrer Stärke durch j_x gekennzeichnet sein. Auf diese Ströme würde die gleichzeitig vorhandene, zu ihnen senkrechte magnetische Kraft der Welle eine bewegende Kraft ausüben, die sie in Richtung des Fortschreitens der Welle zu verschieben sucht. Die Größe dieser Kraft ist $\mu \mathfrak{H}_y j_x dz$, oder, wenn j_x in elektrostatischem Maße gemessen ist, $\frac{1}{c} \mu \mathfrak{H}_y j_x dz$. Sie stellt die ponderomotorische Wirkung auf einen von der Lichtwelle durchstrahlten Zylinder von der Grundfläche 1 und der Höhe dz dar. Da nach den Maxwellschen Gleichungen $j_x = -\frac{c}{4\pi} \frac{\partial \mathfrak{H}_y}{\partial z}$ gesetzt werden kann, so ist, $\mu = 1$ gesetzt, die Kraft $= -\frac{1}{8\pi} \frac{\partial \mathfrak{H}_y^2}{\partial z} dz$. Für einen Zylinder von der Höhe h ist die ganze Kraft gegeben durch

$$-\frac{1}{8\pi} \int_0^h \frac{\partial \mathfrak{H}_y^2}{\partial z} dz = \frac{1}{8\pi} [\mathfrak{H}_y^2]_0 - \frac{1}{8\pi} [\mathfrak{H}_y^2]_h.$$

Ist am hinteren Ende des Zylinders die Intensität der Welle auf 0 herabgesunken, so erscheint die den Zylinder bewegende Kraft als Druckkraft, die auf die Vorderfläche wirkt mit der Größe $\frac{1}{8\pi} [\mathfrak{H}_y^2]_0$. Ist der Körper ein vollkommener Spiegel,

[1]) S. 479 in der 3. Aufl.

so ist für $z=0$ $\mathfrak{H}_y = 2A\sin pt$, also die Druckkraft nach ihrem Momentanwerte $\frac{A^2}{2\pi}\sin^2 pt$ und nach ihrem zeitlichen Mittelwerte $\frac{1}{4\pi}\cdot A^2$, wie oben.

Fällt die Strahlung schräg unter dem Einfallswinkel i auf die Fläche auf, so kann man die soeben durchgeführten Betrachtungen wieder auf die der Grenzfläche parallelen Schwingungskomponenten anwenden. Aber es bestehen in diesem Falle auch Komponenten, die auf der Grenzfläche senkrecht stehen. Von diesen kommt die Komponente der magnetischen Kraft, wenn man die Permeabilität des Körpers $=1$ setzt, nicht in Betracht. Die Komponente der elektrischen Kraft dagegen bedingt in einem Körper von vollkommener Leitfähigkeit eine Oberflächenladung, die einerseits das elektrische Feld im Innern des Körpers aufhebt, andererseits durch das äußere Feld einem Zug nach außen unterworfen ist, der sich von dem aus der magnetischen Einwirkung abgeleiteten Drucke der Strahlung abzieht. In dieser Form hat PLANCK den Strahlungsdruck auf einen vollkommenen Spiegel bei schiefem Einfall abgeleitet[1]). Um seinen Gedankengang kurz zu skizzieren, nehmen wir wieder die XY-Ebene als Grenzebene, die YZ-Ebene als Einfallsebene und bedienen uns der Bezeichnungen der Ziff. 54 und 55. Den zur Grenzfläche parallelen Komponenten $\mathfrak{H}_x$ und $\mathfrak{H}_y$ entspricht für die Flächeneinheit eine Druckkraft $\mathfrak{F}_m = \frac{1}{8\pi}[\mathfrak{H}_x^2 + \mathfrak{H}_y^2]$ oder da $\mathfrak{H}_x = 2E_p\sin\Theta$, $\mathfrak{H}_y = 2E_s\cos i\sin\Theta$ gesetzt werden kann:

$$\mathfrak{F}_m = \frac{1}{2\pi}[E_p^2 + E_s^2\cos^2 i]\sin^2\Theta.$$

Die Komponente $\mathfrak{E}_z$ erzeugt eine elektrostatische Zugkraft $\mathfrak{F}_e = -\frac{\sin^2 i}{2\pi}E_p^2\sin^2\Theta$.
Die Summe beider ergibt als Wert des momentanen Strahlungsdruckes:

$$p = \frac{1}{2\pi}\cos^2 i[E_p^2 + E_s^2]\sin^2\Theta,$$

und als zeitlichen Mittelwert

$$p = \frac{1}{4\pi}[E_p^2 + E_s^2]\cos^2 i. \tag{202}$$

Aber für den allgemeinen Fall eines Körpers, der nicht ein vollkommener Spiegel ist, würde diese DRUDEsche Betrachtungsweise nicht mehr den gleichen Wert des Druckes ergeben, wie er oben aus der Spannungstheorie abgeleitet worden ist, sondern nur einen Teil dieses Betrages. Denn die DRUDEsche Ableitung beruht im letzten Grunde auf einer Umformung der MAXWELLschen Gleichungen von einer ähnlichen Art, wie sie oben bei der Ableitung des POYNTINGschen Vektors angewandt worden ist, wie am einfachsten aus folgender Betrachtung hervorgeht, die die Anwendung dieser Umformung auf unser hier immer behandeltes Beispiel beschränkt. Für diesen Fall, wo nur die Größen $\mathfrak{E}_x$ und $\mathfrak{H}_y$ gegeben sind, lauten die MAXWELLschen Gleichungen (2):

$$\varepsilon\frac{\partial\mathfrak{E}_x}{\partial t} + 4\pi\sigma\mathfrak{E}_x = -c\frac{\partial\mathfrak{H}_y}{\partial z}$$

$$\mu\frac{\partial\mathfrak{H}_y}{\partial t} = -c\frac{\partial\mathfrak{E}_x}{\partial z}.$$

Multipliziert man die erste mit $\mu\mathfrak{H}_y dz$, die zweite mit $\varepsilon\mathfrak{E}_x dz$ und addiert sie, so erhält man:

$$\left[\frac{1}{4\pi}\frac{\partial\mathfrak{D}_x}{\partial t} + \sigma\mathfrak{E}_x\right]\mu\mathfrak{H}_y dz + \frac{1}{4\pi}\frac{\partial\mathfrak{B}_y}{\partial t}\varepsilon\mathfrak{E}_x dz = -\frac{c}{8\pi}\frac{\partial[\varepsilon\mathfrak{E}_x^2 + \mu\mathfrak{H}_y^2]}{\partial z}dz.$$

[1]) M. PLANCK, Vorlesungen über die Theorie der Wärmestrahlung, S. 50ff. Leipzig: J. A. Barth 1906.

Hier entspricht die rechte Seite dem Ausdruck für den Strahlungsdruck, wie er im vorigen Abschnitt aus der Vorstellung der Feldspannungen abgeleitet wurde. Auf der linken Seite stellt das erste Glied die durch die Linke-Hand-Regel ausgedrückte Kraftwirkung des magnetischen Feldes auf den elektrischen Strom dar. Dazu aber kommt das zweite Glied, das den inversen Effekt, die Kraftwirkung eines elektrischen Feldes auf einen magnetischen Strom darstellt, jene Kraft, die zuerst von H. HERTZ[1]) aus der Reziprozität der MAXWELLschen Gleichungstripel geschlossen wurde, und die POINCARÉ als „HERTZsche Kraft" bezeichnet hat[2]). Erst das Zusammenwirken dieser beiden Arten von Bewegungsantrieben ergibt als Strahlungsdruck denjenigen Betrag, der aus der Theorie der Feldspannungen abgeleitet wird.

Fällt das Licht unter dem Einfallswinkel i auf die Fläche und hat die Oberfläche ein endliches Reflexionsvermögen r, so übt die Strahlung sowohl einen normalen Druck, wie einen tangentialen Schub aus; die normalen Kräfte des einfallenden und des reflektierten Strahles wirken in gleicher Richtung und addieren sich, die tangentialen Kräfte wirken einander entgegen und subtrahieren sich. Daher hat der Normaldruck die Größe

$$(1 + r) W \cos^2 i,$$

der tangentiale Schub die Größe

$$(1 - r) W \cos i \sin i,$$

wenn W die mittlere Energiedichte der einfallenden Welle bedeutet. Für einen vollkommenen Spiegel ist $r = 1$ und die Schubkraft $= 0$[3]).

Mit der Erweiterung der MAXWELLschen Theorie zur Elektronentheorie ist dann auch die elektromagnetische Begründung des Lichtdruckes auf eine andere Grundlage gestellt worden. Es muß darüber auf den Abschnitt Elektronentheorie verwiesen werden.

Auf einem ganz anderen Wege hat gleichzeitig mit MAXWELL und durchaus unabhängig von ihm BARTOLI den Gedanken des Strahlungsdruckes entwickelt[4]). Er geht von der Tatsache aus, daß in einem von Wärme durchstrahlten Raume eine gewisse Energiemenge in Form von Wärmestrahlung vorhanden ist, welche durch Verkleinerung des Raumes, wenn seine sich zusammenziehende Oberfläche als spiegelnd angenommen wird, einem in dem Raume befindlichen, die Strahlung absorbierenden Körper zugeführt werden kann. Einen Vorgang dieser Art denkt sich BARTOLI so gestaltet, daß durch ihn Wärme von einem kälteren auf einen wärmeren Körper übergeführt wird. Nach den Grundsätzen der Thermodynamik ist das nur möglich, wenn gleichzeitig Arbeit aufgewandt wird; diese Arbeit aber könnte in dem vorliegenden Falle nur in der Überwindung eines der Verkleinerung des Raumes entgegenwirkenden Druckes bestehen. Daraus schließt BARTOLI auf das Vorhandensein einer von der Strahlung auf die Wand ausgeübten Druckkraft, für die er bei vollkommen reflektierender Wand den doppelten Betrag der in der Raumeinheit enthaltenen Energie berechnet, also den gleichen Betrag, wie ihn MAXWELL aus seinen Überlegungen erhalten hat. BOLTZMANN[5]) hat diesem Gedankengange BARTOLIS eine strengere Fassung gegeben. Er hat den Vorgang zu einem umkehrbaren Kreisprozesse ausgebaut,

---

1) H. HERTZ, Wied. Ann. Bd. 23, S. 84. 1884; Ges. Werke Bd. I, S. 295.

2) H. POINCARÉ, Electricité et Optique, 2. Aufl. S. 414. Paris: G. CARRÉ et C. NAUD, 1901.

3) Hinsichtlich dieser und anderer Ableitungen möge noch ausdrücklich auf einen die ältere Literatur über den Lichtdruck zusammenfassend darstellenden Aufsatz von F. HASENÖHRL verwiesen werden, Jahrb. d. Radioakt. Bd. 2, S. 267. 1906.

4) BARTOLI, Sopra i movimenti prodotti dalla luce e dal calore, Firenze: Le Monnier 1876.

5) L. BOLTZMANN, Wied. Ann. Bd. 22, S. 31. 1884; Wiss. Abhandlgn. Bd. III, S. 110.

hat die Abhängigkeit der Strahlung von der Temperatur, zunächst als unbekannte Funktion $\varphi(T)$ eingeführt und hat folgenden Punkt in BARTOLIS Darstellung richtig gestellt: Der Druck, der bei dem BARTOLIschen Prozesse wirksam ist, ist nicht der Druck allein der senkrecht auf die Fläche fallenden Strahlung, sondern der Gesamtdruck der von allen möglichen Richtungen auftreffenden Strahlen. Unter Berücksichtigung dieses Umstandes erhält BOLTZMANN für den Strahlungsdruck als Funktion der Temperatur der die Strahlung aussendenden Körper den Ausdruck:

$$p = f(T) = \frac{4}{Jc} \cdot T \int \frac{\varphi(T)\, dT}{T^2},$$

in dem J das thermische Arbeitsäquivalent und $\varphi(T)$ die in der Zeiteinheit von der Flächeneinheit einer vollkommen schwarzen Fläche ausgestrahlte Wärme bedeuten. Einen bestimmten Wert erhält dieser Ausdruck erst durch die Einführung eines bestimmten Gesetzes für die Beziehung zwischen Strahlung und Temperatur, etwa des STEFANschen Strahlungsgesetzes $\varphi(T) = A\,T^4$, wodurch

$$p = f(T) = \frac{4\varphi(T)}{3Jc}$$

wird. In dieser Darstellung ist die ganze in der Raumeinheit in Form von Strahlung enthaltene Energie E gegeben durch den Ausdruck $\frac{4\varphi(T)}{Jc}$. Also ist der Strahlungsdruck $E/3$. Das entspricht dem Umstande, daß die Strahlung hier als eine in vollkommen gleichmäßiger Verteilung von und nach allen Richtungen verlaufende angesehen ist. Diesen ganz ungeordneten Zustand kann man sich auch, wie BOLTZMANN an anderer Stelle ausführt[1]), in der Form denken, daß die Strahlen nach drei zueinander senkrechten Richtungen gleichmäßig verteilt sind, also ein Drittel der Strahlen senkrecht, zwei Drittel parallel zur Fläche verlaufen. Dann erhält man das MAXWELLsche Resultat, daß der Druck der Strahlung gleich der in der Raumeinheit enthaltenen Energie der senkrecht auf die Fläche fallenden Strahlung ist.

Für Wellen in einem elastischen Mittel hat J. LARMOR den Betrag des Strahlungsdruckes durch einfachere Überlegungen energetischer Art abgeleitet[2]). Von unmittelbarster Anschaulichkeit aber ist der Gedanke des Lichtdruckes in der NEWTONschen Emanationstheorie. Doch hat schon BOLTZMANN in der letztgenannten Arbeit darauf hingewiesen, daß der nach dieser Theorie aus der Stoßkraft der Lichtpartikel berechnete Druck sich im Verhältnis zur Energie der Strahlung doppelt so groß ergibt, als nach der MAXWELLschen Theorie. Ausführlicher hat PLANCK diese Parallele behandelt[3]). Er zieht aus dem Ergebnis den Schluß, daß die Größe des MAXWELLschen Strahlungsdruckes nicht aus allgemeinen energetischen Überlegungen abgeleitet werden kann, sondern daß sie der elektromagnetischen Theorie eigentümlich ist, daß daher alle Bestätigungen der MAXWELLschen Strahlungsformel als Bestätigungen der elektromagnetischen Theorie überhaupt anzusehen sind. Das führt nun schließlich zu der Frage, ob die MAXWELLsche Formel durch Versuche bestätigt werden kann oder nicht.

---

[1]) L. BOLTZMANN, Wied. Ann. Bd. 22, S. 291. 1884; Wiss. Abhdlgn. Bd. III, S. 118.

[2]) J. LARMOR, Aether and Matter. Cambridge 1900. Zit. nach G. JÄGER, Sitzungsber. d. Wien. Akad. (IIa) Bd. 124, S. 369. 1915. Doch ist die von JÄGER an dieser Stelle versuchte Übersetzung des LARMORschen Gedankenganges aus dem Mechanischen in das Elektromagnetische sicherlich nicht zulässig.

[3]) M. PLANCK, Vorlesungen über die Theorie der Wärmestrahlung. S. 57. Leipzig: J. A. Barth 1906.

85. Experimenteller Nachweis des Lichtdrucks. Die Druckkräfte des Lichtes sind ungeheuer klein. Die Formeln, wie sie oben aufgestellt worden sind, drücken den Lichtdruck durch die in der auffallenden Welle enthaltene Energie der Raumeinheit aus. Der Messung zugänglich ist die in der Zeiteinheit auf die Flächeneinheit des bestrahlten Körpers auffallende Energiemenge. Wird diese mit E bezeichnet, so ist die Energie der Volumeinheit E/c. Also ist der Druck einer senkrecht auffallenden Strahlung für eine vollkommen schwarze Fläche $= E/c$, für eine vollkommen reflektierende Fläche $2E/c$. Für die Sonnenstrahlung ist nach LANGLEY $E = 1{,}3\ 10^6$ Erg/sec für 1 cm²; daher der Druck für eine schwarze Fläche $4\ 10^{-5}$ Dyn/cm² oder 0,4 mg-Gewicht auf 1 m², für einen Spiegel $8\ 10^{-5}$ Dyn/cm² oder 0,8 mg-Gewicht auf 1 m². Die Schwierigkeit, diese geringen Wirkungen nachzuweisen, liegt aber nicht bloß in ihrer Kleinheit, sondern in noch höherem Maße in den durch die Erwärmung der bestrahlten Fläche hervorgerufenen Kräften anderer Art, den von CROOKES entdeckten radiometrischen Reaktionskräften und den durch Luftströmungen erzeugten Wirkungen. Der erste Nachweis des Lichtdruckes unter Überwindung dieser Schwierigkeiten ist LEBEDEW gelungen und nahezu gleichzeitig NICHOLS und HULL. Hinsichtlich früherer Versuche und der geschichtlichen Entwicklung des Gedankens des Lichtdruckes überhaupt kann auf die Darstellung verwiesen werden, die LEBEDEW in der Einleitung seiner Abhandlung gibt[1]).

LEBEDEW hat bei seinen Versuchen die störenden Kräfte nach Möglichkeit heruntergedrückt, indem er die Bestrahlung der an einer empfindlichen Drehwage befestigten Flächen in einem hinreichend großen Gefäße bei möglichst hohem Vakuum vornahm und als bestrahlte Körper dünne Metallbleche verwandte, sowohl blanke als platinierte, die abwechselnd auf der einen und der anderen Seite bestrahlt wurden. Die Energie der vom Krater einer Gleichstrombogenlampe kommenden Strahlung wurde kalorimetrisch gemessen durch die Erwärmung eines Kupferblockes, auf dessen berußte Fläche — bei einem anderen Block war sie vergoldet und platiniert — die Strahlung auffiel. LEBEDEW fand übereinstimmende Resultate für Belichtung mit weißem, rotem und blauem Licht. Er faßt seine Resultate in der zweiten der unten genannten Veröffentlichungen in folgender Tabelle zusammen, in der die Größe der Druckkraft auf eine vollkommen schwarze Fläche mit 1 bezeichnet ist; das Reflexionsvermögen der benutzten Flächen wurde photometrisch im weißen Lichte bestimmt.

Größe des Lichtdruckes nach LEBEDEW.

Bestrahlter Körper	beob.	ber.
Schwarz platinierter Flügel	1,1	1,0
Platin, blank	1,8	1,6
Aluminium, blank	1,9	1,8
Nickel, blank	1,4	1,6
Glimmer	0,1	—

Damit war ohne Frage das Vorhandensein des Lichtdruckes und die Richtigkeit der Größenordnung seines nach der MAXWELLschen Formel berechneten Betrages bewiesen. Die Versuchsfehler betrugen aber immerhin noch bis zu 20%. Auch die ersten Versuche von NICHOLS und HULL[2]) ergaben noch keine schärfere Übereinstimmung zwischen Theorie und Messung. In einer weiteren Arbeit[3]) aber haben diese Forscher die Genauigkeit der Messung so weit gesteigert, daß die Ergebnisse nunmehr auch als eine quantitative Bestätigung der MAXWELLschen Formel angesehen werden können. Ihr Beobachtungsverfahren war

[1]) P. LEBEDEW, Ann. d. Phys. (4) Bd. 6, S. 433. 1901; Jahrb. d. Radioakt. u. d. Elektronik Bd. 2, S. 305. 1906.

[2]) E. F. NICHOLS und G. F. HULL, Science Bd. 14, S. 588. 1901; Phys. Rev. Bd. 13, S. 293. 1901.

[3]) E. F. NICHOLS und G. F. HULL, Ann. d. Phys. (4) Bd. 12, S. 225. 1903.

anders als das von LEBEDEW. Sie benutzten nicht ein möglichst hohes Vakuum, sondern maßen bei einem Druck von etwa 16 mm Hg, nachdem sie festgestellt hatten, daß die radiometrischen Kräfte bei Drucken zwischen 20 und 11 mm ihr Vorzeichen wechselten. Sie wandten ferner, um die Wirkungen der Erwärmung herabzusetzen, eine ballistische Methode an, indem sie die Bestrahlung jedesmal nur 6 Sekunden lang einwirken ließen. Sie benutzten endlich als bestrahlte Flächen einseitig versilberte Deckgläschen, die abwechselnd auf der Silber- und auf der Glasseite bestrahlt wurden. Die Strahlungsenergie wurde durch die Erwärmung einer Silberplatte mit berußter Fläche ermittelt, deren Temperatur mit Thermoelementen gemessen wurde. Die Ergebnisse der Beobachtungen und der aus der Energie der Strahlung berechneten Druckwerte für die drei Fälle der direkten Bestrahlung, der durch ein Rubinglas und der durch einen Glastrog mit 9 mm dicker Wasserschicht gefilterten Strahlung enthält folgende Tabelle.

Größe des Lichtdruckes nach NICHOLS und HULL.

	beob. 10^{-5} Dyn.	ber. 10^{-5} Dyn.
Direkte Strahlung .	7,01 ± 0,02	7,05 ± 0,03
Rotes Glas	6,94 ± 0,02	6,86 ± 0,03
Wasserschicht . . .	6,52 ± 0,03	6,48 ± 0,04

Auch diese Versuche zeigen, daß der Strahlungsdruck nur von der Intensität der Strahlung und nicht von der Wellenlänge abhängt.

Nach diesen grundlegenden Versuchen von LEBEDEW und von NICHOLS und HULL hat zunächst POYNTING den Strahlungsdruck bei schiefem Auffall der Strahlung auf eine absorbierende Fläche gemessen. Dabei war der berußte Flügel senkrecht zum Arm der Drehwage befestigt, so daß nur die tangentiale Komponente des Druckes eine Drehung des Armes bewirkte. Er hat ferner die Druckkräfte bei der Totalreflexion und bei der Brechung des Lichtes durch Prismen nachgewiesen[1]).

In sehr origineller Weise hat AMERIO den Lichtdruck demonstriert[2]). Er läßt eine geradlinig polarisierte Strahlung durch dünne Glasscheiben, die an den Enden einer im Vakuum befindlichen Drehwage befestigt sind, unter dem Polarisationswinkel hindurchgehen. Schwingt der elektrische Vektor in der Einfallsebene, so wird die Strahlung nicht reflektiert, sondern geht mit dem vollen Betrage durch die Platten hindurch; dann hebt sich der Druck der einfallenden und der austretenden Strahlung auf. Dreht man aber den polarisierenden Nicol um 90°, so wird ein Teil der Strahlung reflektiert und ein entsprechender Lichtdruck kommt zur Wirkung. Dies Verfahren ist von ROSSI weiter ausgebaut und zu verschiedenen Messungen über den Lichtdruck benutzt worden[3]).

WEST hat den Lichtdruck an dünnen Metallfolien durch mikroskopische Beobachtung der Ablenkung gemessen[4]).

Daß der Lichtdruck, wenn ein Strahlenbündel eine Glasplatte schief durchsetzt, ein Drehungsmoment auf die Platte ausüben muß, weil die Angriffspunkte des Druckes nicht mehr in einer Linie liegen, hat zuerst GOLDHAMMER abgeleitet[5]). BARLOW hat die Theorie durch Versuche geprüft, indem er die Schwingungsdauer einer drehbar aufgehängten Glasplatte maß bei wirkender und bei abgeblendeter Strahlung, und befriedigende Übereinstimmung gefunden[6]).

Aber an Stelle dieser direkten und doch immer sehr schwierigen Versuche zum Nachweis des Lichtdruckes kann man als zwar indirekten, aber viel strengeren

---

[1]) J. POYNTING, Phil. Mag. (6) Bd. 9, S. 169, 402. 1905.
[2]) A. AMERIO, Nuovo Cim. (5) Bd. 18, S. 424. 1909.
[3]) A. G. ROSSI, Atti di Torino Bd. 48, S. 209; Nuovo Cim. (6) Bd. 6, S. 145. 1913.
[4]) G. D. WEST, Proc. Phys. Soc. Bd. 25, S. 324. 1913.
[5]) D. A. GOLDHAMMER, Ann. d. Phys. (4) Bd. 4, S. 834. 1901.
[6]) G. BARLOW, Proc. Roy. Soc. London (A) Bd. 88, S. 100. 1913.

Nachweis alle diejenigen Versuche ansehen, welche die Gültigkeit der Gesetze der schwarzen Strahlung, in erster Linie des STEFAN-BOLTZMANNschen Gesetzes über die Abhängigkeit der Gesamtstrahlung von der 4. Potenz der absoluten Temperatur erwiesen haben. Denn die theoretische Ableitung dieses Gesetzes beruht auf der Annahme, daß der Strahlungsdruck in der Größe des durch die MAXWELLsche Formel bestimmten Betrages vorhanden ist[1]). In bezug auf diesen Punkt sei auf die Behandlung der Strahlungsgesetze in Kap. 5 dieses Bandes verwiesen.

86. Anwendungen des Lichtdrucks auf kosmische Erscheinungen. Die Vorstellung eines von der Lichtstrahlung ausgeübten Druckes ist sehr viel älter als die MAXWELLsche Theorie. Denn schon KEPLER und LONGOMONTANUS haben im 17. Jahrhundert die Bildung der Kometenschweife auf die abstoßende Kraft der Sonnenstrahlung zurückgeführt, die aus der damals herrschenden Emanationstheorie des Lichtes ohne weiteres verständlich war[2]), und die gleiche Anschauung hat im 18. Jahrhundert EULER vertreten, allerdings nicht mehr von der Emanationstheorie, sondern von der Vorstellung aus, daß das Licht aus einer longitudinalen Wellenbewegung bestehe. Nach der elektromagnetischen Begründung des Lichtdrucks durch MAXWELL ist das Problem der forttreibenden Kraft, die der Strahlungsdruck auf kleine Körper auszuüben vermag, von FITZGERALD, LODGE, LEBEDEW, ARRHENIUS, NICHOLS und HULL erörtert und von SCHWARZSCHILD einer genaueren Berechnung für kleine Kugeln unter Berücksichtigung der Beugung des Lichtes unterzogen worden[3]). Da die Wirkung des Lichtdrucks auf eine Kugel der Oberfläche, die der Schwerkraft dagegen dem Volumen proportional ist, so nimmt das Verhältnis beider mit abnehmendem Radius der Kugel zu; für eine gewisse Größe besteht Gleichgewicht beider Wirkungen, und für noch kleinere Körper überwiegt der Lichtdruck über die Schwere. Für eine reflektierende Kugel ergeben die Rechnungen von SCHWARZSCHILD, daß für Teilchen von der Dichte 1 und für eine Strahlung von der Wellenlänge 0,6 μ und einer Intensität gleich der Gesamtintensität der Sonnenstrahlung Lichtdruck und Schwere gleich sind bei einem Kugeldurchmesser von $2{,}5\,\lambda = 1{,}5\,\mu$, der Lichtdruck erreicht einen Maximalwert, der die Schwere um das 18fache übertrifft, bei einem Durchmesser von $0{,}3\,\lambda = 0{,}18\,\mu$, wird bei 0,07 μ wieder gleich der Schwere und sinkt bei weiterer Abnahme des Durchmessers rasch auf Null herunter. Der Gedanke einer Wirksamkeit dieses Druckes auf kosmische Massen ist in weitgehendem Maße von ARRHENIUS zuerst in einem Aufsatze über Nordlichter und später in seinem Lehrbuch der kosmischen Physik ausgeführt worden[4]).

---

1) L. BOLTZMANN, Wied. Ann. Bd. 22, S. 291. 1884; Wiss. Abhandlgn. Bd. III, S. 118.

2) Hinsichtlich der Literatur kann verwiesen werden auf F. HASENÖHRL, Jahrb. d. Radioakt. Bd. 2, S. 267; P. LEBEDEW, ebenda S. 305, 1906 und P. LEBEDEW, Ann. d. Phys. (4) Bd. 6, S. 433. 1901.

3) K. SCHWARZSCHILD, Münch. Ber. Bd. 31, S. 293. 1902.

4) Sv. ARRHENIUS, Phys. ZS. Bd. 2, S. 81. 1900; Lehrb. d. kosmischen Physik. Leipzig: S. Hirzel 1903.

Kapitel 7.

Strenge Theorie der Interferenz und Beugung.

Von

G. WOLFSOHN, Berlin-Dahlem.

Mit 31 Abbildungen.

1. Einleitung. Die Theorie der Beugungserscheinungen, wie sie von FRESNEL und KIRCHHOFF entwickelt worden ist, kann in dem Rahmen der elektromagnetischen Lichttheorie ohne weiteres keinen Platz finden. KIRCHHOFF[1]) beschreibt die Lichterregung in jedem Punkte durch eine Funktion u, die der Schwingungsgleichung

$$\Delta u + k^2 u = 0 \tag{1}$$

genügt. Ist u eine mit ihrer ersten Ableitung stetige Funktion, so läßt sich die Lichterregung in einem Punkte P darstellen durch das Flächenintegral

$$u(P) = \frac{1}{4\pi} \int \left(u \frac{\partial}{\partial \nu} \frac{e^{-ikr}}{r} - \frac{e^{-ikr}}{r} \frac{\partial u}{\partial \nu} \right) d\sigma. \tag{2}$$

Hierin ist die Integration zunächst über eine geschlossene Fläche zu erstrecken, welche den Punkt P umhüllt und die Lichtquelle ausschließt. Ferner ist r der Abstand eines Flächenelementes von P. Die Normale ν weist nach der Seite des Aufpunktes P hin. Es läßt sich leicht zeigen, daß die Gleichung (2) auch dann noch richtig bleibt, wenn die Fläche σ nicht geschlossen ist, sondern ins Unendliche verläuft, sofern sie nur den Aufpunkt von der Lichtquelle trennt. Die Anwendbarkeit der Formel (2) ist dadurch beschränkt, daß sie die Kenntnis von u und $\partial u/\partial \nu$ auf der Integrationsfläche verlangt. Diese Kenntnis ist aber nur dann vorhanden, wenn die Lichtausbreitung nicht durch die Anwesenheit von beugenden Körpern gestört wird, wenn sich also die Anwendung der Gleichung (2) erübrigt. In jedem anderen Falle schmiegen wir nach KIRCHHOFF die Integrationsfläche an die Schattenseite des Schirmes an und setzen dort u und $\partial u/\partial \nu$ gleich 0. An den übrigen Stellen der Fläche dagegen tragen wir für u und $\partial u/\partial \nu$ diejenigen Werte ein, die sie dort bei ungestörter Ausbreitung der Welle haben würden. Dieses Vorgehen ist deswegen zu beanstanden, weil u und $\partial u/\partial \nu$ auf der Integrationsfläche nicht unabhängig voneinander gewählt werden können, ferner sind die angesetzten Randwerte nicht stetig, obwohl die Formel (2) nur unter dieser Voraussetzung gültig ist. Die Folge davon ist, daß die Funktion (2) die auf der Integrationsfläche angesetzten Randwerte gar nicht befriedigt. Physikalisch entsprechen KIRCHHOFFS Ansätze ziemlich angenähert einem schwarzen Schirm, wobei hierunter vorläufig ein Schirm zu verstehen sei, der das auffallende Licht ganz absorbiert, ohne etwas zu reflektieren. Infolgedessen

[1]) G. KIRCHHOFF, Vorlesungen über math. Optik, S. 22ff. Leipzig 1891. Vgl. auch Kap. 6, Ziff. 26.

verzichtet die KIRCHHOFFsche Theorie darauf, den Materialeinfluß und die Gestalt des Schirmes in Rechnung zu setzen, da es ihr bei letzterem nur auf den Rand ankommt. Da sie die Lichterregung durch eine skalare Funktion u beschreibt, ist sie nicht in der Lage, den Polarisationszustand des gebeugten Lichtes zu berechnen. Hiervon abgesehen, ist ihre Übereinstimmung mit der Erfahrung ausgezeichnet, und auch der Vergleich der KIRCHHOFFschen mit einer strengen Theorie ergibt zwischen beiden eine weitgehende Übereinstimmung. Wie sich die mathematischen Schwierigkeiten der KIRCHHOFFschen Theorie umgehen lassen, werden wir noch in Ziff. 7 zu zeigen haben.

Die elektromagnetische Lichttheorie beschreibt die Lichterregung durch die Feldvektoren $\mathfrak{E}$ und $\mathfrak{H}$, die durch die MAXWELLschen Gleichungen

$$\left.\begin{aligned} \operatorname{rot}\mathfrak{E} &= -\frac{1}{c}\dot{\mathfrak{H}}, & \operatorname{rot}\mathfrak{H} &= \frac{1}{c}(\varepsilon\dot{\mathfrak{E}} + \sigma\mathfrak{E}), \\ \operatorname{div}\mathfrak{E} &= 0, & \operatorname{div}\mathfrak{H} &= 0, \end{aligned}\right\} \tag{3}$$

miteinander verbunden sind. Hierin bedeutet ε die Dielektrizitätskonstante, σ die Leitfähigkeit des Mediums, c die Vakuumgeschwindigkeit des Lichtes. Die Permeabilität μ kann für optische Vorgänge gleich 1 gesetzt werden. Wir betrachten $\mathfrak{E}$ und $\mathfrak{H}$ stets als reinperiodische Funktionen der Zeit und setzen

$$\mathfrak{E} = \Re e(E e^{i\omega t}), \qquad \mathfrak{H} = \Re e(H e^{i\omega t}). \tag{4}$$

Hierdurch nehmen die Gleichungen (3) die Gestalt an

$$\left.\begin{aligned} \operatorname{rot}E &= -\frac{i\omega}{c}H, & \operatorname{rot}H &= \frac{1}{c}(i\omega\varepsilon + \sigma)E, \\ \operatorname{div}E &= 0, & \operatorname{div}H &= 0. \end{aligned}\right\} \tag{5}$$

Die Elimination von E oder H ergibt für beide die Schwingungsgleichung

$$\Delta E + k^2 E = 0, \qquad \Delta H + k^2 H = 0$$

mit

$$k^2 = \frac{1}{c^2}(\omega^2\varepsilon - i\omega\sigma). \tag{6}$$

k nennen wir die komplexe Wellenzahl, da es für den Fall durchsichtiger Medien ($\sigma = 0$) in die gewöhnliche Wellenzahl übergeht, die mit der Wellenlänge λ durch die Beziehung

$$k = \frac{\omega}{c}\sqrt{\varepsilon} = \frac{2\pi}{\lambda} \tag{7}$$

verbunden ist.

Die Aufgabe, welche wir uns vorlegen, besteht also darin, ebenfalls Lösungen der Differentialgleichung (1) zu gewinnen. Im Gegensatz zu KIRCHHOFF beschreiben wir das Beugungsphänomen durch sechs solcher Lösungen, zwischen denen die Beziehungen (5) bestehen. An der Oberfläche der beugenden Körper sind nach der MAXWELLschen Theorie die Grenzbedingungen zu erfüllen, daß die Tangentialkomponenten von E und H stetig sind. Das Verhalten der Normalkomponenten wird dann durch die Gleichungen (5) mitbestimmt.

Eine besondere Bemerkung ist über das Verhalten im Unendlichen notwendig. Die Lösungen der Schwingungsgleichung sind nicht wie diejenigen der Potentialgleichung durch vorgeschriebene Quellen und die Bedingung, im Unendlichen zu verschwinden, eindeutig bestimmt. Denn im Gegensatz zu den Lösungen der Potentialgleichung gibt es nichtverschwindende Lösungen der Schwingungsgleichung, die im Unendlichen gleich Null und im Endlichen überall regulär sind. Physikalisch bedeutet dies, daß die Schwingungsgleichung die Existenz stehender Wellen zuläßt, die jeder Lösung des vorgelegten Problems überlagert werden können, ohne die vorgeschriebenen Randbedingungen zu modifizieren. Diese stehenden Wellen kommen dadurch zustande, daß sich fortschreitende, divergierende Wellen, die aus Quellen im Endlichen kommend, ins Unendliche ausstrahlen, mit solchen überlagern, die aus dem Unendlichen einstrahlend, sich in die im Endlichen vorgeschriebenen Quellpunkte verlieren und die Quellen dadurch zum Fortfall bringen. Solche konvergierenden Wellen sind aber physikalisch unmöglich, und wir setzen daher fest, daß die Lösungen unseres Problems Wellen dieser Art nicht enthalten dürfen. Es genügt für das Folgende, diese Forderung in der Form auszusprechen, daß sich außerhalb einer Kugel von beliebig großem Radius die Lösungen aus Termen zusammensetzen müssen, die die Gestalt einer aus einer endlichen Quelle kommenden, ins Unendliche divergierenden Welle besitzen. Diese Bedingung wird als Ausstrahlungsbedingung[1]) bezeichnet. Physikalisch ist damit die Existenz stehender Wellen vermieden. Durch die Ausstrahlungsbedingung wird jede Energiezufuhr aus dem Unendlichen verboten, vielmehr ein dauernder Energieabfluß gefordert. Unter diesen Umständen wird jeder irgendwie eingeleitete Schwingungszustand, den wir als Eigenschwingung des unendlichen Gebietes betrachten können, gedämpft sein, also zu einem komplexen k gehören, während das k unserer Differentialgleichung im allgemeinen reell ist. Analytisch genügt es, zu verlangen, daß sich im Unendlichen die Lösungen von (1) bei drei- und zweidimensionalen Problemen verhalten wie

$$\frac{e^{-ikr}}{r} \quad \text{bzw.} \quad \frac{e^{-ikr}}{\sqrt{r}}. \tag{8}$$

Eine strenge Formulierung und den Beweis dafür, daß durch die Ausstrahlungsbedingung die Lösung eindeutig festgelegt wird, findet man in der angegebenen Arbeit von SOMMERFELD.

Um die Beugungstheorie der elektromagnetischen Lichttheorie anzupassen, liegt es nahe, das KIRCHHOFFsche Integral so umzuformen, daß es mit den MAXWELLschen Gleichungen verträglich ist, insbesondere also die Randwerte in (2) so zu wählen, daß dies der Fall ist. Wir werden in Ziff. 7 Ansätze besprechen, die auf diesem Wege die Beugungsprobleme zu bewältigen suchen. Es wird sich aber herausstellen, daß gerade diejenigen Beugungsprobleme, die die KIRCHHOFFsche Theorie umfaßt, nämlich die Beugung an schwarzen Schirmen, sich der Behandlung durch die elektromagnetische Lichttheorie nicht ohne weiteres einfügen, da sich keine Randbedingungen angeben lassen, die den Begriff „schwarz" charakterisieren. Die strenge Behandlung der Beugungserscheinungen ist daher mit anderen Methoden in Angriff genommen worden. SOMMERFELD hat mit funktionentheoretischen Mitteln die Lösung gewisser Beugungsprobleme auf die Kenntnis mehrwertiger Lösungen der Schwingungsgleichung zurückgeführt, d. h. solcher Lösungen, die erst auf mehrblättrigen RIEMANNschen Flächen eindeutig sind. Andererseits gelingt es manchmal, die Schwingungsgleichung direkt in der schlichten Ebene mit den vorgeschriebenen Randbedingungen zu integrieren, wenn man die Grundgleichungen auf solche krummlinigen Koordinaten transformiert, in denen die Schirmfläche Parameterfläche wird.

Wir werden es im weiteren meistens mit Problemen zu tun haben, die von einer Koordinate unabhängig sind. Ist dies etwa die z-Koordinate, so unterscheiden wir zwei Fälle:

---

[1]) A. SOMMERFELD, Jahresber. d. dtsch. Math. Ver. Bd. 21, S. 309—353. 1912, insbesondere S. 326ff.

a) Der Schwingungsvorgang sei senkrecht zur Z-Achse polarisiert ($H_z = 0$), d. h. nur die zur Z-Achse parallele Komponente E_z des elektrischen Vektors ist von Null verschieden. In diesem Falle nehmen die Gleichungen (5) die Form an:

$$\left.\begin{aligned} \frac{\partial E_z}{\partial y} &= -\frac{i\omega}{c} H_x, \\ \frac{\partial E_z}{\partial x} &= \frac{i\omega}{c} H_y, \\ \Delta E_z + k^2 E_z &= 0. \end{aligned}\right\} \tag{9a}$$

b) Der Schwingungsvorgang sei in der Z-Achse polarisiert ($E_z = 0$), der elektrische Vektor steht senkrecht auf der Z-Achse. Wir erhalten:

$$\left.\begin{aligned} \frac{\partial H_z}{\partial y} &= \frac{1}{c}(i\omega\varepsilon + \sigma) E_x, \\ \frac{\partial H_z}{\partial x} &= -\frac{1}{c}(i\omega\varepsilon + \sigma) E_y, \\ \Delta H_z + k^2 H_z &= 0. \end{aligned}\right\} \tag{9b}$$

Beide Fälle unterscheiden wir im folgenden nach der Orientierung des elektrischen Vektors als π- und σ-Komponente.

Aus dem Vergleich der Formeln (9a) und (9b) gewinnen wir die Erkenntnis, daß beide Schwingungsvorgänge unabhängig voneinander verlaufen. Wir können also jeden allgemeineren Fall als Superposition der formal übereinstimmenden Fälle (9a) und (9b) darstellen, eine polarisierte Welle durch Superposition kohärenter, eine unpolarisierte Welle durch Superposition inkohärenter linear polarisierter Schwingungen von gleicher Amplitude.

a) Der SOMMERFELDsche Problemkreis.

2. Die SOMMERFELDsche Theorie. Mehrwertige Lösungen der Schwingungsgleichung. Die funktionentheoretische Methode von SOMMERFELD behandelt ein Beugungsproblem der folgenden Art. Im Raum befinde sich eine punktförmige Lichtquelle, oder es falle aus dem Unendlichen eine ebene Welle ein. Die Ausbreitung des Lichtes werde gestört durch einen unendlich dünnen ebenen Schirm S mit der Berandung C, der einen Teil der XZ-Ebene einnimmt (Abb. 1). Der Schirm sei undurchsichtig und vollkommen blank, d. h. er besitze im Sinne der elektromagnetischen Lichttheorie unendliche Leitfähigkeit. Wir haben also auf dem Schirm die Randbedingung $E_x = E_z = 0$ zu erfüllen. An dem Ort der Lichtquelle mögen E und H einen einfachen Pol besitzen, das Verhalten im Unendlichen werde durch die Ausstrahlungsbedingung geregelt. Wir fragen nach der Lichtverteilung, die durch die Anwesenheit des Schirmes S hervorgerufen wird.

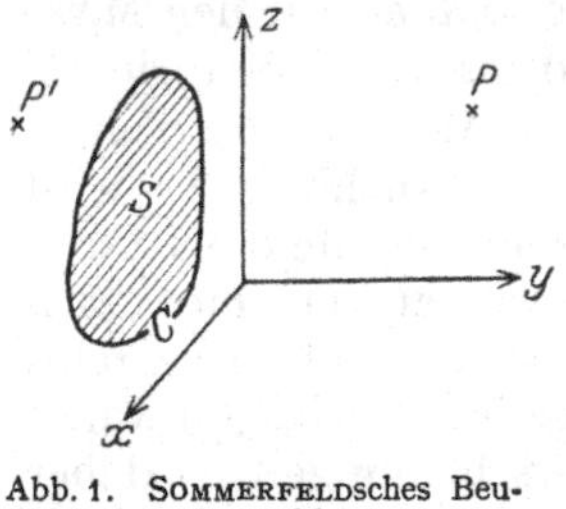

Abb. 1. SOMMERFELDsches Beugungsproblem.

Die SOMMERFELDsche Lösung[1]) ist eine Verallgemeinerung des THOMSONschen Spiegelungsprinzips, mit dessen Hilfe verwandte Aufgaben der Potentialtheorie behandelt werden. Ist P die Lichtquelle, P' ihr Spiegelbild in bezug auf den Schirm, $u(P)$ eine Lösung der Differentialgleichung (1), die in P einen ein-

[1]) A. SOMMERFELD, Göttinger Nachr. 1894, S. 338–342; 1895, S. 268–274; Math. Ann. Bd. 47, S. 317–374. 1896; Proc. Lond. Math. Soc. Bd. 28, S. 395–429. 1897; ZS. f. Math. u. Phys. Bd. 46, S. 11–97. 1901; H. S. CARLSLAW, Proc. Lond. Math. Soc. Bd. 30, S. 121–161. 1899. Die Auffassung des Beugungsproblems als Randwertaufgabe wurde zum ersten Male von H. POINCARÉ durchgeführt. (Acta math. Bd. 16, S. 297. 1892.)

fachen Pol besitzt, so genügt die Funktion $v = u(P) - u(P')$ den vorgeschriebenen Randbedingungen auf dem Schirm. Diese Lösung hat aber in dem Punkte P' einen zweiten Pol, der in unserem Problem dem physikalischen Gebiet angehört und einer weiteren Lichtquelle in P' entspricht. Die Folge davon ist, daß v nicht nur auf dem Schirm, sondern auch in seiner Öffnung verschwindet. Die Lösung ist also nur richtig für einen Schirm, der die ganze XZ-Ebene einnimmt. In der Tat würde in diesem Falle die zweite Lichtquelle den Schwingungszustand auf der Seite von P nicht beeinflussen. Um zu einer Lösung zu kommen, überdecken wir den ganzen Raum doppelt und erweitern ihn hierdurch zu einem zweifach überdeckten RIEMANNschen Raum. Der erste Raum heiße in leicht verständlicher Weise der physikalische, der zweite der mathematische. Der Schirm bilde eine Verzweigungsfläche, die Berandung den einzigen Verzweigungsschnitt, so daß jeder Halbraum mit dem gleichnamigen durch die Öffnung, mit dem ungleichnamigen durch den Schirm hindurch kommuniziert. Wir spiegeln nun die Lichtquelle P an dem Schirm und erhalten eine zweite Lichtquelle P' im mathematischen Raum. Sei nun $u(P)$ eine Lösung der Differentialgleichung (1), die in dem zweifachen RIEMANNschen Raume eindeutig ist, die Randkurve als Verzweigungslinie und in P einen einfachen Pol besitzt, $u(P')$ dieselbe Funktion in bezug auf P', so ist $u(P) - u(P')$ die gesuchte Lösung. Der Schirm hat die Eigenschaft, die Wirkung der Quelle P in den zweiten Raum ungestört durchtreten zu lassen. Das Entsprechende gilt für die Wirkung von P' auf den ersten Raum. Die Öffnung hat die entgegengesetzte Funktion. Auf den Schirm wirken also beide Lichtquellen in symmetrischer Weise ein und heben sich gegenseitig auf. Dort ist die Randbedingung erfüllt. Die Einwirkung der Lichtquelle P' stellt im wesentlichen den reflektierten Strahl dar, während die durch den Schirm gestörte Ausbreitung des Lichtes im gewöhnlichen Raum zurückgeführt ist auf eine ungestörte Ausbreitung in dem zweifach überdeckten RIEMANNschen Raum.

In der bisher angenommenen Allgemeinheit ist das Problem nicht zu lösen, da keine allgemeinen Sätze bekannt sind, nach denen die durch das Problem vorgeschriebenen Funktionen aufzufinden sind. Wir vereinfachen es zunächst durch zweidimensionale Spezialisierung, damit uns funktionentheoretische Hilfsmittel zugänglich werden. Um von einer Koordinate unabhängig zu sein, nehmen wir an, daß der Schirm in der z-Richtung sich beiderseits ins Unendliche erstreckt und von zwei zur Z-Achse parallelen Geraden begrenzt wird. Ferner ist es notwendig, als Lichtquelle einen unendlich dünnen Lichtfaden $x = x_0$, $y = y_0$ anzunehmen oder eine ebene Welle, deren Wellenfront die Schirmebene in einer Parallelen zur Z-Achse schneidet. Wir nehmen an, daß das Licht parallel oder senkrecht zur Z-Achse polarisiert ist, wodurch die vereinfachten Gleichungen (9) Gültigkeit erlangen, ohne daß die Allgemeinheit eingeschränkt wird. Wir werden demnach eine Funktion u zu suchen haben, die im Falle der π-Komponente mit E_z, im Falle der σ-Komponente mit H_z identifiziert wird. Sie muß der Schwingungsgleichung genügen und in einer doppelt überdeckten RIEMANNschen Fläche eindeutig sein. Die Blätter dieser RIEMANNschen Fläche hängen längs der Spur des Schirmes in der xy-Ebene zusammen.

Solche Lösungen der Schwingungsgleichung werden als zweiwertige Lösungen bezeichnet. Wir werden jedoch, da wir sie im weiteren gebrauchen, sogleich p-wertige Lösungen der Schwingungsgleichung aufsuchen. Sie sind nur für den Spezialfall bekannt, daß der eine Windungspunkt ins Unendliche rückt. Die RIEMANNsche Fläche dieser Lösungen stellen wir uns in der üblichen Weise her, indem wir p Blätter übereinanderlegen, längs irgendeines Halbstrahles, der vom Nullpunkt ausgeht, aufschneiden und das linke Ufer des einen mit dem rechten des nächstfolgenden verbinden. Das letzte Blatt tritt wieder in Verbindung mit dem ersten. Der Nullpunkt soll also der einzige endliche $(p-1)$fache Windungspunkt sein. Zur Auffindung der Lösungen schlagen wir den von SOMMERFELD in seinen späteren Arbeiten benutzten heuristischen Weg ein.

Wir führen in der RIEMANNschen Fläche Polarkoordinaten r, φ ein. φ durchlaufe die Werte $0 \leqq \varphi < 2p\pi$, liege also im $q$ten Blatt, wenn $2(q-1)\pi \leqq \varphi < 2q\pi$ ist. Als physikalisches Blatt wählen wir das erste. Die Gleichung (1) nimmt in Polarkoordinaten die Form an:

$$\Delta u + k^2 u = \frac{\partial^2 u}{\partial r^2} + \frac{1}{r}\frac{\partial u}{\partial r} + \frac{1}{r^2}\frac{\partial^2 u}{\partial \varphi^2} + k^2 u = 0. \tag{10}$$

In der schlichten Ebene ist die Funktion

$$u_1(r, \varphi, \varphi_0) = e^{ikr\cos(\varphi-\varphi_0)} \tag{11}$$

eine Lösung dieser Differentialgleichung und stellt in Verbindung mit (4) eine aus der Richtung φ_0 einfallende ebene Welle dar. Nach dem CAUCHYschen Satze ist nun die Formel

$$u_1 = e^{ikr\cos(\varphi-\varphi_0)} = \frac{1}{2\pi i}\int e^{ikr\cos(\zeta-\varphi)} \frac{i e^{i\zeta}\, d\zeta}{e^{i\zeta} - e^{i\varphi_0}} \tag{12}$$

eine Identität, wenn die Integration in der ζ-Ebene längs eines geschlossenen Weges ausgeführt wird, der den Punkt $\zeta = \varphi_0$, aber keine weitere Singularität des Integranden umhüllt. Denn der Integrand besitzt im Punkte φ_0 einen einfachen Pol mit dem Residuum $e^{ikr\cos(\varphi-\varphi_0)}$.

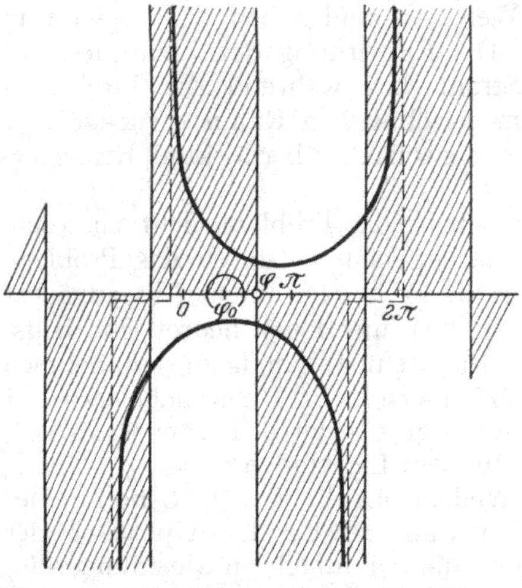

Abb. 2. Der Integrationsweg $C(\varphi)$ in der ζ-Ebene.

Zeichnen wir uns in der ζ-Ebene den Integrationsweg ein, so besteht er zunächst etwa in einer Umkreisung des Punktes φ_0. Wir deformieren diesen Weg nun so, wie Abb. 2 angibt. Er bestehe aus zwei Kurvenzweigen, die ins Unendliche gehen und durch die punktierten Streckenzüge verbunden sind. Diese Wegführung ist nur dann möglich, wenn auf den ins Unendliche gehenden Kurvenzweigen der Integrand im Unendlichen in hinreichender Weise verschwindet. Dies ist auf den schraffierten Streifen von der Breite π in der Tat der Fall, da dort $ikr\cos(\zeta-\varphi_0)$ einen negativen reellen Teil besitzt. Das ganze Streifensystem verschiebt sich mit dem Integrationsweg mit wachsendem φ nach rechts. Die Integrationen über die geradlinigen gestrichelten Wegstücke heben sich wegen der Periodizität des Integranden gegenseitig auf, da diese Strecken in entgegengesetzter Richtung durchlaufen werden. Eine Umkreisung von φ_0 ist demnach gleichbedeutend mit dem aus den beiden Kurvenzweigen bestehenden und im weiteren als $C(\varphi)$ bezeichneten Integrationsweg.

Wir betrachten nun die Funktion

$$u_p(r, \varphi, \varphi_0) = \frac{1}{2\pi p}\int^{C(\varphi)} e^{ikr\cos(\zeta-\varphi)} \frac{e^{i\frac{\zeta}{p}}\, d\zeta}{e^{i\frac{\zeta}{p}} - e^{i\frac{\varphi_0}{p}}}. \tag{13}$$

u_p ist eine Lösung der Wellengleichung, da die Differentiation unter dem Integralzeichen ausgeführt werden kann. Es besitzt ferner die Periode $2\pi p$, ist also eindeutig erst auf einer $p$fachen RIEMANNschen Fläche. Denn vergrößern wir φ um $2\pi p$, so verschiebt sich zwar der Integrationsweg ebenfalls um $2\pi p$ nach rechts, aber der Integrand durchläuft auf diesem Wege dieselben Werte, da er die Periode $2\pi p$ besitzt. u_p hat noch die folgenden Eigenschaften. Für $r \to \infty$ und $|\varphi - \varphi_0| \leqq a < \pi$ geht $u_p \to u_1$, für alle anderen φ wiederum mit Ausnahme einer beliebig kleinen Umgebung der Stelle $\varphi - \varphi_0 = \pi$ gegen Null. Um dies zu beweisen, deformieren wir den Integrationsweg weiter so, daß die Kurvenzweige, wie es in Abb. 3 für das erste und $q$te Blatt gezeichnet ist, ganz im schraffierten Gebiet verlaufen. Dies ist immer möglich, wenn $|\varphi - \varphi_0| \leqq a < \pi$ ist und wir im ersten Blatt den singulären Punkt φ_0 durch einen Umlauf ausschließen. Gehen wir mit r gegen unendlich, so konvergieren die Integrale gegen Null, da die Integrationswege ganz im schraffierten Gebiet verlaufen. Nur im ersten Blatt bleibt ein Umlauf um den Punkt φ_0, der gerade u_1 ergibt.

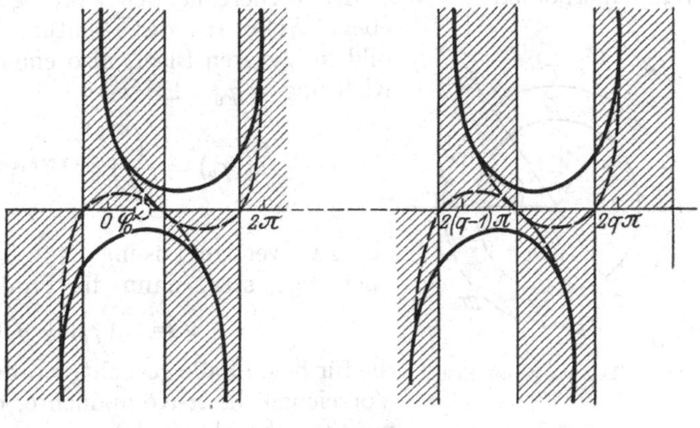

Abb. 3. Deformation des Integrationswegs $C(\varphi)$ im ersten und $q$ten Blatt der RIEMANNschen Fläche.

Es ist überall

$$u_p^{(1)} + u_p^{(2)} + u_p^{(3)} + \cdots + u_p^{(p)} = u_1, \tag{14}$$

wenn die $u_p^{(\nu)}$ die Werte der Funktion u_p an den p „übereinanderliegenden" Punkten der RIEMANNschen Fläche bedeuten. Denn das Integral

$$u_p^{(1)} + u_p^{(2)} + \cdots + u_p^{(p)} = \int^{C(\varphi)} + \int^{C(\varphi+2\pi)} + \cdots + \int^{C(\varphi+2(p-1)\pi)}$$

$$= \int^{C(\varphi)+C(\varphi+2\pi)+\cdots+C(\varphi+2(p-1)\pi)} , \qquad 0 \leqq \varphi < 2\pi$$

ist über einen einzigen zusammenhängenden Kurvenzug zu erstrecken, da die einzelnen Kurvenzweige im Unendlichen miteinander verbunden werden können. Diesen Integrationsweg ergänzen wir wie früher zu einem geschlossenen durch geradlinige Streckenzüge, die hier einen Abstand von $2p\pi$ haben und wegen der Periodizität des Integranden keinen Beitrag zum Integral liefern, da sie in entgegengesetzter Richtung durchlaufen werden. Der nun geschlossene Weg umhüllt als einzige Singularität den Punkt φ_0, in welchem der Integrand mit dem Residuum u_1 unendlich wird. Hieraus ergibt sich die Behauptung.

(13) ist also eine $p$wertige Lösung der Wellengleichung, welche sich im Unendlichen verhält wie eine ebene aus der Richtung φ_0 einfallende Welle. Sie stellt die ungestörte Lichtverteilung dar, die in der p-blättrigen RIEMANNschen Fläche durch eine solche Welle hervorgerufen wird.

3. Beugung an einer Halbebene. Als erste Anwendung berechnen wir die Beugung einer ebenen Welle, die aus der Richtung $\varphi = \varphi_0$ einfällt, an einem

Schirm, der die gesamte Halbebene $x \geqq 0$, $y = 0$ einnimmt. Wir führen in einer zur Schirmkante senkrechten Ebene Polarkoordinaten ein. Der Schirm schneide diese Ebene in der Halbgeraden $\varphi = 0$ [OP in Abb. 4]. Dort ist

im Falle der π-Komponente die Randbedingung: $u = 0$,

im Falle der σ-Komponente die Randbedingung: $r\dfrac{\partial u}{\partial \varphi} = 0$

zu erfüllen.

Wir machen den Schirm zum Verzweigungsschnitt einer doppelt überdeckten RIEMANNschen Fläche, bezeichnen jetzt aber aus Zweckmäßigkeitsgründen als physikalisches Blatt die Werte $0 < \varphi < 2\pi$, als mathematisches $-2\pi < \varphi < 0$. Wir superponieren, wie in der vorhergehenden Ziffer gezeigt worden ist, eine ebene Welle aus der Richtung φ_0 mit ihrem Spiegelbild im zweiten Blatt, also einer ebenen Welle aus der Richtung $-\varphi_0$. Es sei

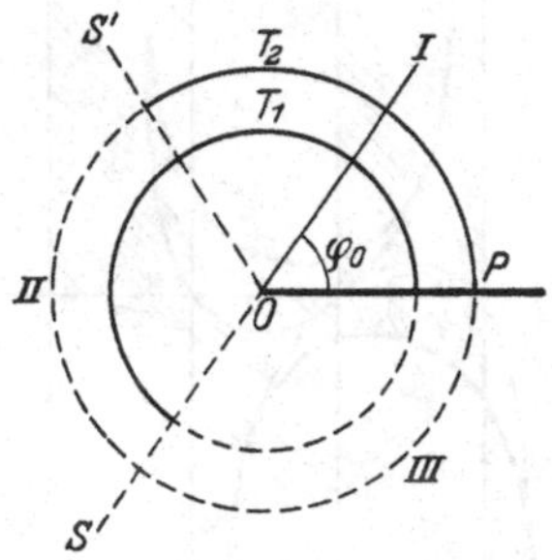

Abb. 4. Beugung an der Halbebene.

$$u_2(\varphi_0) = \frac{1}{4\pi}\int^{C(\varphi)} e^{ikr\cos(\zeta-\varphi)} \frac{e^{i\frac{\zeta}{2}}\,d\zeta}{e^{i\frac{\zeta}{2}} - e^{i\frac{\varphi_0}{2}}} \tag{15}$$

die zweiwertige Lösung (13). Wie man sich leicht überzeugt, stellt dann die Funktion

$$v = u_2(\varphi_0) \mp u_2(-\varphi_0) \tag{16}$$

die für beide Fälle gesuchte Lösung dar, wenn das obere Vorzeichen die π-Komponente, das untere die σ-Komponente charakterisiert.

Um dies einzusehen und zur weiteren numerischen Auswertung der Formel (16) transformieren wir die zweiwertige Lösung (15) in ein reelles Integral. Sind $u_2^{(1)}$ und $u_2^{(2)}$ die Werte von u_2 in den beiden Blättern, u_1 die Lösung (12) in der schlichten Ebene, so bilden wir die Funktion

$$\frac{\partial}{\partial r}\left\{\frac{u_2^{(1)} - u_2^{(2)}}{u_1}\right\} = -\frac{k}{2\pi} e^{-2ikr\cos^2\frac{\varphi-\varphi_0}{2}} \int^{C(\varphi)} \sin\frac{\zeta+\varphi_0-2\varphi}{2}\, e^{2ikr\cos^2\frac{\zeta-\varphi}{2}}\,d\zeta\,.$$

Bei dieser Funktion können wir den Integrationsweg weiter in die Geraden

$$\zeta = \varphi - \pi + i\tau \quad \text{und} \quad \zeta = \varphi + \pi + i\tau \qquad -\infty < \tau < +\infty$$

deformieren. Die Integration läßt sich dann ausführen, und es ergibt sich

$$\frac{\partial}{\partial r}\left\{\frac{u_2^{(1)} - u_2^{(2)}}{u_1}\right\} = \frac{\sqrt{2ik}}{\sqrt{\pi r}}\cos\frac{\varphi-\varphi_0}{2}\, e^{-2ikr\cos^2\frac{\varphi-\varphi_0}{2}} = \frac{2}{\sqrt{-i\pi}}\frac{\partial}{\partial r}\int\limits_0^{\sqrt{2kr}\cos\frac{\varphi-\varphi_0}{2}} e^{-i\tau^2}\,d\tau,$$

$$\frac{u_2^{(1)} - u_2^{(2)}}{u_1} = \frac{2}{\sqrt{-i\pi}}\int\limits_0^T e^{-i\tau^2}\,d\tau, \qquad T = \sqrt{2kr}\cos\frac{\varphi-\varphi_0}{2},$$

und wegen

$$\frac{u_2^{(1)} + u_2^{(2)}}{u_1} = 1\,,$$

$$u_2^{(1)} = \frac{u_1}{2}\left\{1 + \frac{2}{\sqrt{-i\pi}}\int\limits_0^T e^{-i\tau^2}\,d\tau\right\}, \qquad u_2^{(2)} = \frac{u_1}{2}\left\{1 + \frac{2}{\sqrt{-i\pi}}\int\limits_0^{-T} e^{-i\tau^2}\,d\tau\right\}.$$

Beide Ausdrücke werden identisch, wenn wir verabredungsgemäß im ersten Blatt $0 < \varphi < 2\pi$, im zweiten $-2\pi < \varphi < 0$ setzen. Wir erhalten dann, wenn wir noch berücksichtigen, daß

$$1 = \frac{2}{\sqrt{-i\pi}} \int_{-\infty}^{0} e^{-i\tau^2} d\tau$$

ist, in beiden Blättern denselben Ausdruck

$$u_2 = e^{ikr\cos(\varphi-\varphi_0)} \frac{e^{i\frac{\pi}{4}}}{\sqrt{\pi}} \int_{-\infty}^{T} e^{-i\tau^2} d\tau . \tag{17}$$

Man überzeugt sich nun leicht, auf Grund der Tatsache, daß u_2 eine gerade Funktion von $\varphi - \varphi_0$ ist, daß v den vorgeschriebenen Randbedingungen genügt. Die Funktion

$$v = e^{ikr\cos(\varphi-\varphi_0)} \frac{e^{i\frac{\pi}{4}}}{\sqrt{\pi}} \int_{-\infty}^{T_1} e^{-i\tau^2} d\tau \mp e^{ikr\cos(\varphi+\varphi_0)} \frac{e^{i\frac{\pi}{4}}}{\sqrt{\pi}} \int_{-\infty}^{T_2} e^{-i\tau^2} d\tau, \tag{18}$$

$$T_{1,2} = \sqrt{2kr}\cos\frac{\varphi \mp \varphi_0}{2}$$

stellt also die Lösung unseres Problems dar. Der Übergang zu den Feldgrößen $\mathfrak{E}$ und $\mathfrak{H}$ ist nun nach der Vorschrift (4) auszuführen. Wir erhalten:

$$\left.\begin{aligned} s = \mathfrak{E}_z,\ \mathfrak{H}_z = \Re e\Bigg\{ & e^{ikr\cos(\varphi-\varphi_0)} \frac{e^{i\left(\frac{\pi}{4}+\omega t\right)}}{\sqrt{\pi}} \int_{-\infty}^{T_1} e^{-i\tau^2} d\tau \\ & \mp e^{ikr\cos(\varphi+\varphi_0)} \frac{e^{i\left(\frac{\pi}{4}+\omega t\right)}}{\sqrt{\pi}} \int_{-\infty}^{T_2} e^{-i\tau^2} d\tau \Bigg\} = s_1 \mp s_2 . \end{aligned}\right\} \tag{19}$$

Zur Diskussion zerlegen wir die beiden Blätter durch die Halbgeraden OS und OS', in der Ausdrucksweise der geometrischen Optik also durch die von der einfallenden bzw. reflektierten Welle hervorgerufenen Schattengrenzen (Abb. 4), in drei Teile und bezeichnen im physikalischen Blatt mit I_p das Gebiet der geometrisch-optischen Reflexion, II_p das unbeschattete Gebiet, III_p das Gebiet des geometrischen Schattens. Die durch den Index m gekennzeichneten Sektoren sind die „darüberliegenden" Teile des mathematischen Blattes. In jedem dieser Gebiete besitzen T_1 und T_2 ein bestimmtes Vorzeichen. Denn es ist

$T_1 > 0$	für	$\lvert\varphi - \varphi_0\rvert < \pi$	also in	$I_p, II_p, III_m,$
< 0	für	$\lvert\varphi - \varphi_0\rvert > \pi$	also in	$III_p, I_m, II_m,$
$T_2 > 0$	für	$\lvert\varphi + \varphi_0\rvert < \pi$	also in	$I_p, II_m, III_m,$
< 0	für	$\lvert\varphi + \varphi_0\rvert > \pi$	also in	$II_p, III_p, I_m.$

Die ausgezogenen Teile der Kreise T_1, T_2 kennzeichnen die Gebiete des physikalischen Blattes, in denen diese Größen positiv sind, die gestrichelten Teile diejenigen, in denen sie negativ sind. Im mathematischen Blatt ist es umgekehrt.

Für $T \to \infty$, wenn wir uns also dem Grenzfall der geometrischen Optik nähern oder in hinreichender Entfernung vom Schirmrand befinden, geht nun

$$\frac{e^{i\frac{\pi}{4}}}{\sqrt{\pi}} \int_{-\infty}^{T} e^{-i\tau^2} d\tau \to \begin{cases} 1 \text{ für } T > 0, \\ 0 \text{ für } T < 0. \end{cases}$$

Hieraus folgt, daß in diesem Falle in II_p, III_p, I_m sich die aus der Richtung φ_0 einfallende Welle ungestört ausbreitet, in III_p, I_m, II_m verschwindet und das Entsprechende für die aus der Richtung $-\varphi_0$ einfallende Welle gilt. Das Licht der Welle aus der Richtung φ_0 scheint also aus dem physikalischen Blatt durch den Schirm hindurch ungestört in das mathematische Blatt hinein, für diesen Übergang ist der Schirm nicht vorhanden. Dagegen ist die Öffnung für den Übergang in das mathematische Blatt gesperrt. Die zweite Welle aus der Richtung $-\varphi_0$, die in das mathematische Blatt einfällt, passiert den Schirm ebenfalls ungestört und tritt in I_p als reflektierte Welle zutage. Wir erkennen hieraus die eigenartige Funktion des Schirmes, von der wir in Ziff. 2 gesprochen haben.

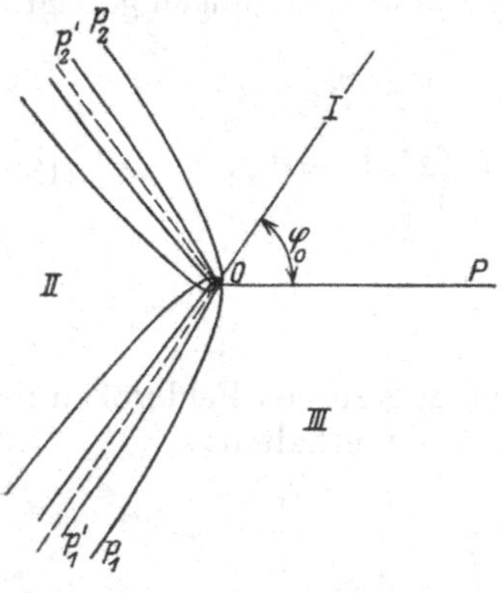

Abb. 5. Beugung an der Halbebene. Die parabolischen Gebiete, innerhalb deren bei vorgeschriebener Meßgenauigkeit eine Beugungserscheinung wahrgenommen wird.

Die hier beschriebene geometrisch optische Lichtverteilung wird bei endlicher Wellenlänge auch dann beobachtet werden, wenn der Wert von $1/|T|$ eine bestimmte Schranke ε unterschreitet, die von der Meßgenauigkeit abhängt. Da die Kurven $|T| = \text{konst.}$ Parabeln mit dem O-Punkt als Brennpunkt, den Halbgeraden OS und OS' als Achsen, und dem Parameter $|T|/\sqrt{k}$ sind, wird nur innerhalb zweier solcher die beiden Schattengrenzen umhüllenden Parabeln mit dem Parameter $\frac{1}{\varepsilon\sqrt{k}}$ eine Abweichung von der geometrisch-optischen Lichtverteilung, also eine Beugungserscheinung, zu beobachten sein. Zwei solche Parabeln sind mit der Bezeichnung p_1 und p_2 für das erste Blatt in Abb. 5 eingetragen, und zwar ist außerhalb von p_1 $1/T_1 < \varepsilon$, außerhalb von p_2 $1/T_2 < \varepsilon$.

Um die Beugungserscheinung innerhalb dieser parabolischen Gebiete zu berechnen, benutzen wir die folgende Näherungsform für

$$\int_{-\infty}^{T} e^{-i\tau^2} d\tau .$$

Für $T < 0$ erhalten wir durch partielle Integration

$$\int_{-\infty}^{T} e^{-i\tau^2} d\tau = -\frac{e^{-iT^2}}{2iT} - \int_{-\infty}^{T} \frac{e^{-i\tau^2}}{2i\tau^2} d\tau .$$

Nochmalige partielle Integration ergibt für das zweite Integral

$$\int_{-\infty}^{T} \frac{e^{-i\tau^2} d\tau}{2i\tau^2} = \frac{1}{4} \frac{e^{-iT^2}}{T^3} + \frac{3}{4} \int_{-\infty}^{T} \frac{e^{-i\tau^2} d\tau}{\tau^4}$$

und damit die Abschätzung

$$\left|\int\limits_{-\infty}^{T}\frac{e^{-i\tau^2}d\tau}{2i\tau^2}\right| \leqq \frac{1}{4|T|^3} + \frac{1}{4|T|^3} = \frac{1}{2|T|^3}.$$

Schreiben wir die gleiche Meßgenauigkeit ε vor wie vorher, so gelten demnach außerhalb der Parabeln $\frac{1}{2|T|^3} < \varepsilon$ die Näherungsformeln:

$$\int\limits_{-\infty}^{T} e^{-i\tau^2}d\tau = -\frac{e^{-iT^2}}{2iT}, \qquad T < 0.$$

Entsprechend erhalten wir für $T > 0$ (20)

$$\int\limits_{-\infty}^{T} e^{-i\tau^2}d\tau = \int\limits_{-\infty}^{+\infty} - \int\limits_{T}^{\infty} = e^{-i\frac{\pi}{4}}\sqrt{\pi} - \frac{e^{-iT^2}}{2iT}.$$

Die parabolischen Gebiete, außerhalb deren diese Formeln Gültigkeit besitzen, schmiegen sich den Schattengrenzen weit enger an. Sie sind ebenfalls in Abb. 5 unter der Bezeichnung p_1' und p_2' eingetragen.

Durch Einsetzen von (20) in (19) erhalten wir für $T_{1,2} < 0$

$$s_{1,2} = -\frac{1}{4\pi}\sqrt{\frac{\lambda}{r}}\cos\left(kr - \omega t + \frac{\pi}{4}\right)\frac{1}{\cos\frac{\varphi \mp \varphi_0}{2}},$$

für $T_{1,2} > 0$

$$s_{1,2} = \cos[kr\cos(\varphi \mp \varphi_0) + \omega t] - \frac{1}{4\pi}\sqrt{\frac{\lambda}{r}}\cos\left(kr - \omega t + \frac{\pi}{4}\right)\frac{1}{\cos\frac{\varphi \mp \varphi_0}{2}}.$$

Hieraus ergeben sich für die Lichtbewegung die folgenden Ausdrücke:

a) im Gebiete des geometrischen Schattens (III_p), $T_1 < 0$, $T_2 < 0$

$$s_{\pi,\sigma} = \frac{1}{4\pi}\sqrt{\frac{\lambda}{r}}\cos\left(kr - \omega t + \frac{\pi}{4}\right)\left\{\pm\frac{1}{\cos\frac{\varphi + \varphi_0}{2}} - \frac{1}{\cos\frac{\varphi - \varphi_0}{2}}\right\}, \tag{21a}$$

b) im unbeschatteten Gebiet (II_p), $T_1 > 0$, $T_2 < 0$

$$\left.\begin{aligned} s_{\pi,\sigma} &= \cos[kr\cos(\varphi - \varphi_0) + \omega t] \\ &\quad + \frac{1}{4\pi}\sqrt{\frac{\lambda}{r}}\cos\left(kr - \omega t + \frac{\pi}{4}\right)\left\{\pm\frac{1}{\cos\frac{\varphi + \varphi_0}{2}} - \frac{1}{\cos\frac{\varphi - \varphi_0}{2}}\right\}, \end{aligned}\right\} \tag{21b}$$

c) im Reflexionsgebiet (I_p), $T_1 > 0$, $T_2 > 0$

$$\left.\begin{aligned} s_{\pi,\sigma} &= \cos[kr\cos(\varphi - \varphi_0) + \omega t] - \cos[kr\cos(\varphi + \varphi_0) + \omega t] \\ &\quad + \frac{1}{4\pi}\sqrt{\frac{\lambda}{r}}\cos\left(kr - \omega t + \frac{\pi}{4}\right)\left\{\pm\frac{1}{\cos\frac{\varphi + \varphi_0}{2}} - \frac{1}{\cos\frac{\varphi - \varphi_0}{2}}\right\}. \end{aligned}\right\} \tag{21c}$$

Diese Formeln stellen die Lichtbewegung dar als eine Überlagerung der vorher betrachteten geometrisch optischen Lichtverteilung mit einer vom Schirmrand divergierenden Zylinderwelle, deren Intensität umgekehrt mit der Entfernung vom Schirmrand abnimmt. Eine solche, vom Schirmrand ausgehende Störung, die sich der geometrisch optischen Lichtverteilung überlagert, wird als Beugungswelle[1]) bezeichnet. Die Beugungserscheinung können wir also auffassen als eine Interferenzerscheinung, die durch Superposition der geometrisch optischen Welle mit einer vom Schirmrand ausgehenden Beugungswelle zustande kommt. Obwohl der fiktive Charakter dieser Darstellung nicht übersehen werden darf, da sich im Schirmrand keine wahre Lichtquelle befindet und die Formeln (21) für $r = 0$ keine Gültigkeit mehr besitzen, hat doch das Auge, wenn es auf den Schirmrand akkommodiert, den Eindruck, daß der Schirmrand leuchtet. Diese Erscheinung ist im Gebiete des geometrischen Schattens, wo sie nicht durch die einfallende Lichtwelle überstrahlt wird, zuerst von GOUY[2]) und WIEN[3]) beobachtet und eingehend studiert worden[4]). Für die Prüfung der Theorie sind in diesem Gebiete Intensität und Polarisation der Beugungswelle der Beobachtung zugänglich. Für die Amplitude erhalten wir aus (21) die theoretische Formel

$$A_{\pi,\sigma} = \frac{1}{4\pi}\sqrt{\frac{\lambda}{r}}\left\{\pm\frac{1}{\cos\frac{\varphi+\varphi_0}{2}} - \frac{1}{\cos\frac{\varphi-\varphi_0}{2}}\right\}. \tag{22}$$

Aus ihr kann der Intensitätsabfall der π- und der σ-Komponente im geometrischen Schatten berechnet werden. Da dieser für beide Komponenten nicht gleichmäßig erfolgt, findet bei Beleuchtung mit linear polarisiertem Licht eine Drehung der Polarisationsebene statt. Wird mit natürlichem Licht beleuchtet, so ist die Beugungswelle teilweise polarisiert. Durch die Beobachtung dieser Erscheinung läßt sich das Verhältnis A_π/A_σ messen. Aus (22) ergibt sich bei senkrechter Inzidenz $\left(\varphi_0 = \frac{\pi}{2}\right)$

$$\frac{A_\pi}{A_\sigma} = \operatorname{ctg}\left(\frac{\pi}{4} + \frac{\delta}{2}\right). \tag{23}$$

Hierin ist δ der Beugungswinkel, d. h. der Winkel zwischen einfallendem und gebeugtem Strahl:

$$\delta = \varphi - \varphi_0 - \pi.$$

Der Vergleich der Formeln (22) und (23) mit der Erfahrung ist in Abb. 6a und 6b wiedergegeben. Nach übereinstimmenden Beobachtungen von WIEN[5]) und JENTZSCH[6]) erfolgt mit wachsendem Beugungswinkel die Abnahme des Verhältnisses A_π/A_σ schneller, ebenso ist der von MAEY[7]) beobachtete Intensitätsabfall im Schatten steiler als nach der Theorie zu erwarten ist. Wir können

---

[1]) Es läßt sich zeigen, daß auch in der KIRCHHOFFschen Theorie sich ganz allgemein jede Beugungserscheinung in dieser Weise darstellen läßt, wobei die Beugungswelle als Integral über die Randkurve des Schirmes in Erscheinung tritt. Bereits E. MAEY (Wied. Ann. Bd. 49, S. 69—104. 1893) hat von der KIRCHHOFFschen Lösung für die Halbebene die Beugungswelle abspalten können. Eine allgemeine Darstellung der Beugungswelle durch ein über den Schirmrand erstrecktes Integral wurde zuerst von G. A. MAGGI (Ann. di Matem. Bd. 16, S. 21. 1888) angegeben. A. RUBINOWICZ (Ann. d. Phys. Bd. 53, S. 257—278. 1917), der eine andere Ableitung gab, diskutierte in einer zweiten Arbeit (Ann. d. Phys. Bd. 73, S. 339—364. 1924) die Eigenschaften der Beugungswelle mit Rücksicht auf die differentialgeometrischen Eigenschaften der Randkurve. F. KOTTLER (Ann. d. Phys. Bd. 70, S. 405 bis 456. 1923) leitete die Formel neu ab und benutzte sie zur numerischen Auswertung der KIRCHHOFFschen Lösung für die Beugung an der Halbebene.

[2]) L. G. GOUY, C. R. Bd. 96, S. 697—699. 1893; Bd. 98, S. 1573—1575. 1884; Bd. 100, S. 977—979. 1885; Ann. de chim. et d. phys. Bd. 8, S. 145—192. 1886.

[3]) W. WIEN, Wied. Ann. Bd. 28, S. 117—130. 1886.

[4]) Einen objektiven Nachweis der Beugungswelle erbrachte A. KALASCHNIKOW (Journ. russ. phys. Ges. Bd. 44, S. 137. 1912).

[5]) W. WIEN, l. c.

[6]) F. JENTZSCH, Ann. d. Phys. Bd. 84, S. 292—312. 1927.

[7]) E. MAEY, l. c.

hierin den Einfluß der endlichen Dicke der Schirme, der nicht idealen Schneiden und der endlichen Leitfähigkeit des benutzten Schirmmaterials erblicken. Daß auch der letztgenannte Faktor einen Einfluß hat, beweisen die Beobachtungen von GOUY und WIEN an solchen metallischen Schneiden, die sich nicht so gut schleifen lassen wie Stahl. Das Licht ist dann im Schatten intensiv gefärbt, und diese Färbung ist nur vom Material und von der Güte der Schneiden abhängig. Da die Färbung mit der Oberflächenfarbe der Metalle übereinstimmt, handelt es sich um selektive Reflexion des betreffenden Materials, die von der Theorie nicht in Rechnung gesetzt wird. Es ist aber eine Stütze der Theorie, daß diese Färbungen nur an der σ-Komponente beobachtet werden, während die π-Kompo-

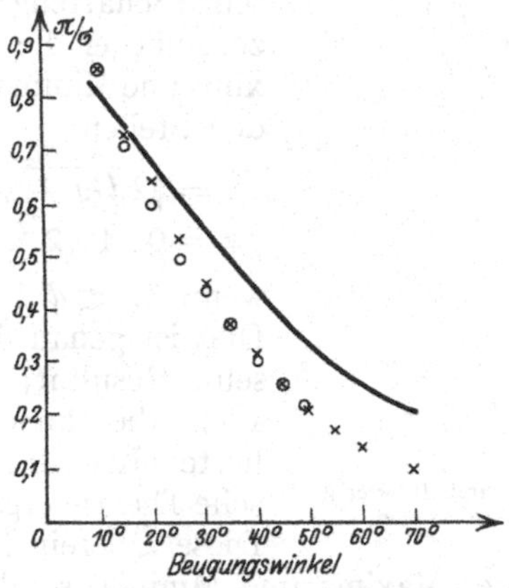

Abb. 6a. Das Verhältnis der Intensitäten der π- und der σ-Komponente des abgebeugten Lichtes im geometrischen Schatten der Halbebene.
—— Berechnet nach Formel (23),
× × × Beobacktungen von WIEN,
○ ○ ○ Beobachtungen von JENTZSCH.

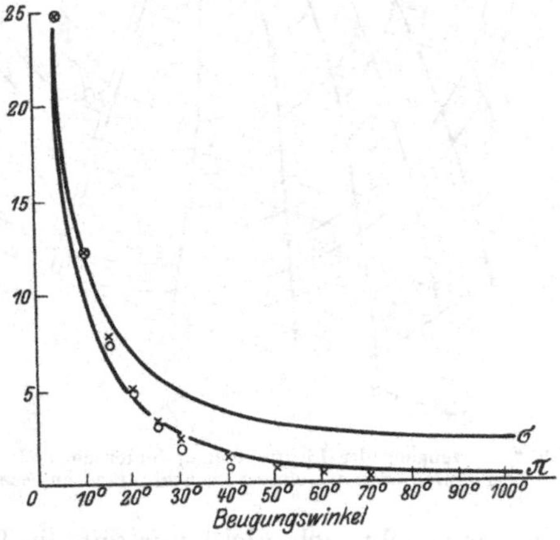

Abb. 6b. Intensitätsabfall des abgebeugten Lichtes im geometrischen Schatten der Halbebene.
—— π }
—— σ } Intensitätsverlauf der π- bzw. σ-Komponente nach Formel (22).
○ ○ ○ Beobachtungen von MAEY an der π-Komponente,
× × × Beobachtungen von MAEY an der σ-Komponente.

nente nur die geringe Bevorzugung der langwelligen Strahlen zeigt, wie sie durch den Faktor $\sqrt{\lambda}$ gefordert wird. Es wird nämlich, wie sich aus (19) ergibt, für $r = 0$ die σ-Komponente von $\mathfrak{E}$ unendlich, während die π-Komponente endlich bleibt. Infolgedessen wird die σ-Komponente durch das Material des Schirmes auch stärker beeinflußt werden als die π-Komponente.

Wir wenden uns nun zur Berechnung der Interferenzerscheinung, die außerhalb des geometrischen Schattens zu erwarten ist, da hier zu der Beugungswelle die einfallende Welle hinzutritt. Die vorliegenden Verhältnisse sind in Abb. 7 veranschaulicht. Die Maxima der Intensität liegen bei der einfallenden Welle auf den Geraden

$$k r \cos(\varphi - \varphi_0) + \omega t = m\pi, \qquad m = 0, \pm 1, \pm 2, \ldots$$

bei der Beugungswelle auf den Kreisen

$$-k r + \omega t + \tfrac{3}{4}\pi = n\pi. \qquad n = 0, \pm 1, \pm 2, \ldots$$

Durch Elimination von t ergibt sich das ortsfeste Interferenzstreifensystem

$$k r [1 + \cos(\varphi - \varphi_0)] = (q + \tfrac{3}{4})\pi, \qquad q = 0, 1, 2, \ldots \tag{24}$$

und zwar erhält man für gerades q die Maxima, für ungerades q die Minima der Intensität. Gleichung (24) stellt eine konfokale Parabelschar mit der Grenze des geometrischen Schattens als gemeinsamer Achse dar. Von diesen Parabeln sind in Abb. 7 diejenigen eingezeichnet, die Orte größter Intensität sind. Auf einem Schirm, der senkrecht zum einfallenden Lichtstrahl im Abstand d von der Kante in den Strahlengang gestellt wird, erhält man demnach ein System von Interferenzstreifen. Bezeichnet x auf diesem Schirm die Entfernung von der geometrisch optischen Schattengrenze, so liegen die Maxima und Minima an den Stellen

$$x = \sqrt{\lambda d\left(q + \tfrac{3}{4}\right)}, \quad q = 0, 1, 2, \ldots$$

wenn $\lambda \ll d$ ist. Dies ist genau dasselbe Resultat, das auch die angenäherte KIRCHHOFFsche Theorie ergibt.

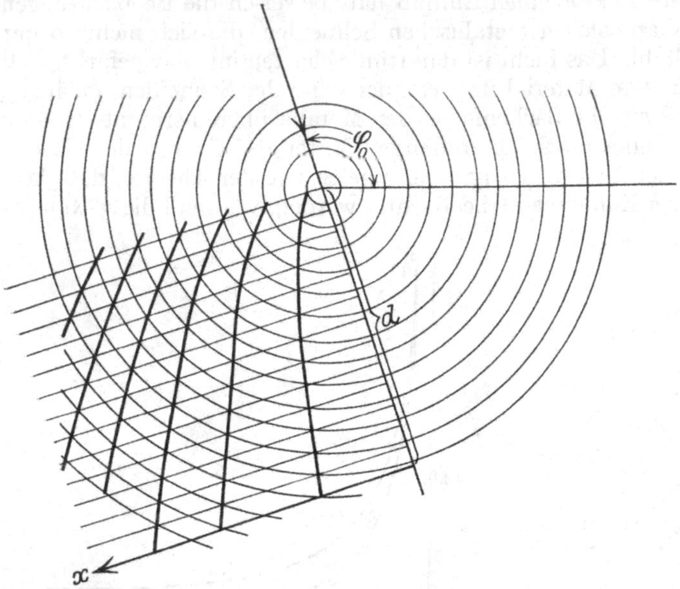

Abb. 7. Erzeugung der Lichtverteilung hinter einer Halbebene durch Interferenz der einfallenden mit einer vom Schirmrand ausgehenden Zylinderwelle.

Diese Übereinstimmung erstreckt sich nicht nur auf die Lage der Maxima und Minima, sondern auf den gesamten Intensitätsverlauf. Dieser ist gegeben durch den Integralmittelwert von s^2 über die Periode einer Schwingung, also durch den Ausdruck

$$I = \frac{\omega}{2\pi} \int_a^{a+\frac{2\pi}{\omega}} s^2\, dt. \tag{25}$$

Zu seiner Berechnung greifen wir auf (19) zurück. Wie ein Blick auf die Abb. 5 lehrt, befinden wir uns in einem Gebiet außerhalb der Parabel p_2. Demnach kann das zweite Integral gegen das erste vernachlässigt werden. Damit verschwindet auch der Unterschied zwischen der π- und der σ-Komponente. Es ist demnach keine Polarisationserscheinung zu erwarten. Wir erhalten:

$$I = \frac{1}{2\pi}\left\{\left[\int_{-\infty}^{T_1} \cos\tau^2\, d\tau\right]^2 + \left[\int_{-\infty}^{T_1} \sin\tau^2\, d\tau\right]^2\right\}. \tag{26}$$

Führen wir die FRESNELschen Integrale

$$C(u) = \int_0^u \cos\frac{\pi}{2}\tau^2\, d\tau, \qquad S(u) = \int_0^u \sin\frac{\pi}{2}\tau^2\, d\tau$$

ein, so wird wegen $C(-\infty) = S(-\infty) = -\frac{1}{2}$

$$\left.\begin{aligned} I &= \frac{1}{4}\left\{\left[C\left(\sqrt{\frac{2}{\pi}}\,T_1\right) + \frac{1}{2}\right]^2 + \left[S\left(\sqrt{\frac{2}{\pi}}\,T_1\right) + \frac{1}{2}\right]^2\right\} \\ &= \frac{1}{4}\left\{\left[C\left(2\sqrt{\frac{kr}{\pi}}\cos\frac{\varphi-\varphi_0}{2}\right) + \frac{1}{2}\right]^2 + \left[S\left(2\sqrt{\frac{kr}{\pi}}\cos\frac{\varphi-\varphi_0}{2}\right) + \frac{1}{2}\right]^2\right\}. \end{aligned}\right\} \tag{27}$$

Diese Formeln gehen in diejenigen der KIRCHHOFFschen Theorie über, wenn wir an die Stelle von $2\sqrt{\frac{kr}{\pi}}\cos\frac{\varphi-\varphi_0}{2}$ den Ausdruck $\sqrt{\frac{kr}{\pi}}\,\frac{\sin(\varphi-\varphi_0+\pi)}{\sqrt{\cos(\varphi-\varphi_0+\pi)}}$ setzen. Diese beiden Funktionen stimmen innerhalb der Meßgenauigkeit miteinander überein, so daß beide Theorien dieselbe Interferenzerscheinung liefern[1]).

Die Theorie der Beugung an der Halbebene ist noch nach einigen Richtungen hin erweitert worden. SOMMERFELD[2]) selbst hat die Beugung für den Fall einfallender Impulsstrahlung berechnet, der für die Theorie der Beugung der Röntgenstrahlen Interesse besaß, LANDÉ[3]) dafür, daß der Impuls aus einem endlichen Wellenzug von Sinusschwingungen besteht. WIEGREFE[4]) hat die Theorie auf den Fall ausgedehnt, daß die einfallende Welle nicht mehr senkrecht zur Schirmebene gerichtet ist. BASU[5]) und CHINMAYAM[6]) betrachten die Beugung am Rande eines vollkommen reflektierenden Zylinders, indem sie die Lichterregung aus drei Teilerregungen zusammensetzen, der einfallenden Welle, der an der Oberfläche reflektierten Welle und einer Beugungswelle, welche von der Kante des Zylinders ausgeht und mit derjenigen für die Halbebene identifiziert wird. Das Ergebnis ist in guter Übereinstimmung mit der Erfahrung.

4. Beugung am Keil. Die Behandlung der Beugung einer ebenen Welle am Keil ist ebenfalls bereits von SOMMERFELD[7]) durchgeführt worden und bietet prinzipiell keine neuen Schwierigkeiten. Wir idealisieren einen Keil durch einen von zwei Halbebenen begrenzten Teil des Raumes. Diese Ebenen, die von der Z-Achse ausgehen und dort die Keilkante bilden, mögen sich unter dem in π rationalen Winkel $\frac{p}{m}\pi$ schneiden (Abb. 8). Wir führen in einer zur Keilkante senkrechten Ebene Polarkoordinaten ein, so daß die Spuren der Keilflächen durch die Halbgeraden $\varphi = 0$ und $\varphi = \frac{p}{m}\pi$ gebildet werden. Den

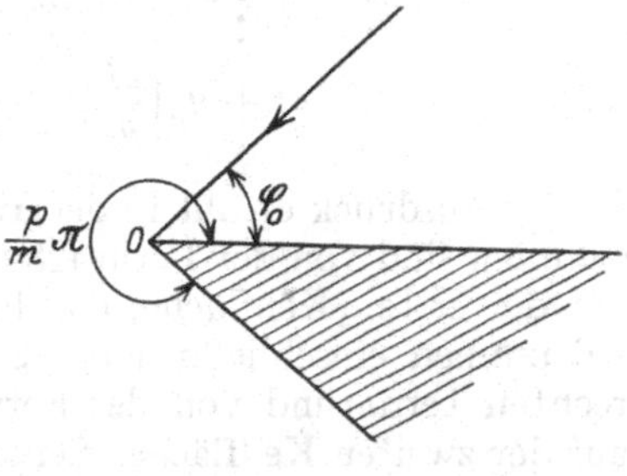

Abb. 8. Beugung am Keil.

unendlichen Sektor $0 < \varphi < \frac{p}{m}\pi$ bezeichnen wir als das physikalische Gebiet, in dem wir die Lichtbewegung zu studieren haben. An der Oberfläche des Keiles, also für $\varphi = 0$ und $\varphi = \frac{p}{m}\pi$, haben wir die Randbedingungen $u = 0$ und $\frac{\partial u}{\partial n} = 0$ für die π- bzw. die σ-Komponente zu erfüllen. Die Lösung gelingt durch einen gegenüber dem vorhergehenden verallgemeinerten Spiegelungsprozeß. Wir spiegeln das physikalische Gebiet G zunächst an der Keilfläche $\varphi = 0$ und erhalten dadurch ein Gebiet $G + G_1$ von der Öffnung $\frac{2p\pi}{m}$. Indem wir dieses Gebiet m-mal aneinander setzen, erhalten wir ein Gebiet von der Winkelöffnung $2p\pi$,

[1]) S. K. MITRA (Phil. Mag. [6] Bd. 37, S. 50. 1919) hat darauf hingewiesen, daß, wie auch Abb. 5 lehrt, bei streifender Inzidenz ($\varphi_0 \to 0, \pi$) in (19) das zweite Integral nicht gegen das erste vernachlässigt werden darf. In diesem Falle hätte man also nach der Theorie sowohl eine Polarisationserscheinung zu erwarten als auch eine Abweichung von der KIRCHHOFFschen Darstellung des Intensitätsverlaufes. Die Beobachtungen von MITRA ergaben unpolarisierte Strahlung, welche sehr genau dem SOMMERFELDschen Ausdruck, für die π-Komponente folgte und von der KIRCHHOFFschen Formel abwich. Diese Beobachtungen scheinen gegen die allgemeine Gültigkeit der Grenzbedingungen für die σ-Komponente zu sprechen.

[2]) A. SOMMERFELD, ZS. f. Math. u. Phys. Bd. 46, S. 11. 1901.

[3]) A. LANDÉ, Phys. ZS. Bd. 16, S. 201. 1915; Ann. d. Phys. Bd. 48, S. 521. 1915.

[4]) A. WIEGREFE, Ann. d. Phys. Bd. 42, S. 1241. 1913.

[5]) N. BASU, Phil. Mag. (6) Bd. 35, S. 79. 1918.

[6]) T. K. CHINMAYAM, Phil. Mag. (6) Bd. 37, S. 9. 1919.

[7]) A. SOMMERFELD, l. c.

welches auf eine $p$fache RIEMANNsche Fläche abgebildet wird. Nun liefert uns die p-wertige Lösung (13) der Wellengleichung eine Funktion $u_p(\varphi_0)$, welche in hinreichender Entfernung vom Schirmrand eine ebene Welle darstellt, die aus der Richtung φ_0 einfällt. Diese legen wir in das physikalische Gebiet, so daß $0 < \varphi_0 < \frac{p}{m}\pi$ ist. Indem wir noch beachten, daß Ausdrücke von der Form

$$u_p(\alpha) \mp u_p(-\alpha) \qquad \text{und} \qquad u_p(\alpha) \mp u_p\left(\frac{2p\pi}{m} - \alpha\right) \tag{28a, b}$$

die Randbedingungen an der ersten bzw. an der zweiten Keilfläche befriedigen und noch der Beziehung $u_p(\alpha) = u_p(\alpha + 2\pi p)$ Rechnung tragen, setzen wir die Lösung in der Form an

$$\left.\begin{aligned} & u_p(\varphi_0) \mp u_p(-\varphi_0) \\ & + u_p\left(\frac{2(m-1)p}{m}\pi + \varphi_0\right) \mp u_p\left(\frac{2p}{m}\pi - \varphi_0\right) \\ & + u_p\left(\frac{2(m-2)p}{m}\pi + \varphi_0\right) \mp u_p\left(\frac{4p}{m}\pi - \varphi_0\right) \\ & \vdots \\ & + u_p\left(\frac{2p}{m}\pi + \varphi_0\right) \mp u_p\left(\frac{2(m-1)p}{m}\pi - \varphi_0\right). \end{aligned}\right\} \tag{29}$$

Dieser Ausdruck erfüllt in der Tat die Randbedingungen. Denn die Horizontalsummen sind von der Form (28a), befriedigen also einzeln die Randbedingungen auf der ersten Keilfläche, die durch die Schrägstriche gekennzeichneten Diagonalsummen einschließlich der Summe aus dem letzten linken mit dem ersten rechten Term sind von der Form (28b) und befriedigen die Randbedingungen auf der zweiten Keilfläche. Schließlich bemerken wir noch, daß außer φ_0 keines der Argumente im physikalischen Gebiet $0 < \varphi < \frac{p}{m}\pi$ liegt, dort also außer der durch das Problem vorgeschriebenen keine weitere Lichtquelle vorhanden ist.

REICHE[1]) hat den Fall des rechtwinkligen Keiles ($p = 3$, $m = 2$) durchgerechnet. Er führt auf die dreiwertige Lösung der Schwingungsgleichung und hat insofern Interesse, als ein Keil der physikalischen Realisierung der Beugung an einer Kante näherkommt als die Halbebene. Da die Rechnung durchaus analog verläuft wie früher, genügt es, hier die Resultate anzugeben. Wir erhalten in hinreichender Entfernung von der Kante das Beugungsphänomen wiederum in der Darstellung einer Interferenz zwischen der einfallenden Welle, die sich nach den Gesetzen der geometrischen Optik ausbreitet, und einer von der Schirmkante ausgehenden Beugungswelle. Diese ist auch hier eine Zylinderwelle, deren Intensität die gleiche Abhängigkeit von λ besitzt wie vorher. Wie zu erwarten, erfolgt der Intensitätsabfall im geometrischen Schatten für die π-Komponente schneller als bei der Halbebene, da der Übergang nach 0 schon auf einem um $\pi/2$ kleineren Winkelbereich stattfindet, die σ-Komponente fällt dagegen langsamer ab. Infolgedessen nimmt das Verhältnis A_π/A_σ im geometrischen Schatten schneller ab und nähert sich den experimentellen Ergebnissen von GOUY, WIEN und JENTZSCH besser an, als es bei der Halbebene der Fall ist. Bemerkenswert ist ferner, daß sich für kleine Beugungswinkel bis auf in der Größenordnung einer Wellenlänge liegende Zusatzglieder, welche die Lage der

[1]) F. REICHE, Ann. d. Phys. Bd. 37, S. 131. 1912.

Interferenzfransen nicht ändern, dieselbe Interferenzerscheinung ergibt wie für die Halbebene, die Übereinstimmung mit der KIRCHHOFFschen Theorie also erhalten bleibt. Es zeigt sich somit, daß die Form der beschatteten Teile des Schirmes ohne wesentlichen Einfluß auf die Beugungserscheinung ist, so daß diese Voraussetzung, welche in der KIRCHHOFFschen Theorie enthalten ist, durch die strenge Durchrechnung des Problems eine neue Stütze erfährt.

Aus der Formel (29) können wir noch eine interessante Folgerung ziehen. Ist der Keilwinkel von der Größe π/m, also $p = 1$, so wird die Lichtbewegung bereits durch die Funktionen u_1, also in der schlichten Ebene, darstellbar. In einem Winkelspiegel von der Öffnung π/m, $m = 1, 2, 3, \ldots$ sind also ebene Lichtwellen möglich. Es entsteht zwischen ihnen eine reine Interferenzerscheinung trotz der Anwesenheit einer beugenden Kante. Eine Beugungswelle tritt nicht auf.

5. Theorie des FRESNELschen Doppelspiegels. Da beim FRESNELschen Spiegelversuch, dessen strenge Theorie von A. WIEGREFE[1]) gegeben worden ist, die Öffnung des Winkelspiegels fast gleich π ist, sind nach dem Vorhergehenden nur geringfügige Abweichungen von einer reinen Interferenzerscheinung zu erwarten. Diese Abweichungen sind jedoch der Beobachtung zugänglich und zuerst von WEBER[2]) erkannt und richtig gedeutet worden. Will man den FRESNELschen Spiegel mit Hilfe der Theorie der Beugung am Keil behandeln, so müssen p und m so groß gewählt werden, daß der Öffnungswinkel χ nur sehr wenig von π abweicht. In diesem Falle würde jedoch eine Diskussion der erhaltenen Resultate unmöglich werden. Es ist zu erwarten, daß der Übergang $p \to \infty$, $m \to \infty$ wieder einfachere Verhältnisse erzeugt. Zu diesem Zwecke haben wir (29) in der natürlichen Anordnung aufzuschreiben, die dem sukzessiven Spiegelungsprozeß entspricht und etwa für ungerades m die Form hat:

$$\begin{aligned} v = {} & u_p(\varphi_0) \mp u_p(-\varphi_0) + u_p\left(\frac{2p}{m}\pi + \varphi_0\right) \mp u_p\left(\frac{2p}{m}\pi - \varphi_0\right) \\ & + u_p\left(-\frac{2p}{m}\pi + \varphi_0\right) \mp u_p\left(-\frac{2p}{m}\pi - \varphi_0\right) + \cdots + u_p\left(\frac{m-1}{m}p\pi + \varphi_0\right) \\ & \mp u_p\left(\frac{m-1}{m}p\pi - \varphi_0\right) + u_p\left(-\frac{m-1}{m}p\pi + \varphi_0\right) \mp u_p\left(-\frac{m-1}{m}p\pi - \varphi_0\right). \end{aligned}$$

Setzen wir für u_p den Wert (13) ein, so erhalten wir

$$\begin{aligned} v = {} & \frac{1}{2\pi p}\int\limits^{C(\varphi)} e^{ikr\cos(\zeta-\varphi)} \left\{ \frac{1}{1 - e^{i\frac{\varphi_0-\zeta}{p}}} + \frac{1}{1 - e^{i\left(\frac{2\pi}{m} + \frac{\varphi_0-\zeta}{p}\right)}} + \frac{1}{1 - e^{i\left(-\frac{2\pi}{m} + \frac{\varphi_0-\zeta}{p}\right)}} + \cdots \right. \\ & \left. + \frac{1}{1 - e^{i\left(\frac{m-1}{m}\pi + \frac{\varphi_0-\zeta}{p}\right)}} + \frac{1}{1 - e^{i\left(-\frac{m-1}{m}\pi + \frac{\varphi_0-\zeta}{p}\right)}} \right\} d\zeta \\ & \mp \frac{1}{2\pi p}\int\limits^{C(\varphi)} e^{ikr\cos(\zeta-\varphi)} \left\{ \frac{1}{1 - e^{-i\frac{\varphi_0+\zeta}{p}}} + \frac{1}{1 - e^{i\left(\frac{2\pi}{m} - \frac{\varphi_0+\zeta}{p}\right)}} + \frac{1}{1 - e^{i\left(-\frac{2\pi}{m} - \frac{\varphi_0+\zeta}{p}\right)}} + \cdots \right. \\ & \left. + \frac{1}{1 - e^{i\left(\frac{m-1}{m}\pi - \frac{\varphi_0+\zeta}{p}\right)}} + \frac{1}{1 - e^{i\left(-\frac{m-1}{m}\pi - \frac{\varphi_0+\zeta}{p}\right)}} \right\} d\zeta. \end{aligned}$$

---

[1]) A. WIEGREFE, Diss. Göttingen 1912; Ann. d. Phys. Bd. 39, S. 449. 1912.
[2]) H. F. WEBER, Wied. Ann. Bd. 8, S. 407. 1879.

Jetzt lassen wir p und m Folgen $p_\nu \to \infty$, $m_\nu \to \infty$ durchlaufen, derart, daß $\frac{p_\nu}{m_\nu} \to \chi$ geht. Für den Keilwinkel χ lassen wir demnach nunmehr auch irrationale Werte zu. Es wird

$$v = \frac{1}{2\pi i}\int^{C(\varphi)} e^{ikr\cos(\zeta-\varphi)}\left\{\frac{1}{\zeta-\varphi_0} + \frac{1}{\zeta-\varphi_0-2\chi} + \frac{1}{\zeta-\varphi_0+2\chi} + \frac{1}{\zeta-\varphi_0-4\chi} + \frac{1}{\zeta-\psi_0+4\chi} + \cdots\right\} d\zeta,$$
$$\mp \frac{1}{2\pi i}\int^{C(\varphi)} e^{ikr\cos(\zeta-\varphi)}\left\{\frac{1}{\zeta+\varphi_0} + \frac{1}{\zeta+\varphi_0-2\chi} + \frac{1}{\zeta+\varphi_0+2\chi} + \frac{1}{\zeta+\varphi_0-4\chi} + \frac{1}{\zeta+\varphi_0+4\chi} + \cdots\right\} d\zeta.$$

Vermittels der WEIERSTRASSschen Partialbruchzerlegung der ctg-Funktion ergibt sich hieraus

$$v = \frac{1}{4i\chi}\int^{C(\varphi)} e^{ikr\cos(\zeta-\varphi)}\left\{\operatorname{ctg}\pi\frac{\zeta-\varphi_0}{2\chi} \mp \operatorname{ctg}\pi\frac{\zeta+\varphi_0}{2\chi}\right\} d\zeta.$$

Um den Anschluß an frühere Formeln zu gewinnen, setzen wir noch

$$\operatorname{ctg}\frac{\alpha}{2} = 2i\left[\frac{1}{1-e^{-i\alpha}} - \frac{1}{2}\right]$$

und erhalten wegen

$$\int^{C(\varphi)} e^{ikr\cos(\zeta-\varphi)}\, d\zeta = 0$$

$$v = \frac{1}{2\chi}\int^{C(\varphi)} e^{ikr\cos(\zeta-\varphi)}\left\{\frac{e^{i\pi\frac{\zeta}{\chi}}}{e^{i\pi\frac{\zeta}{\chi}} - e^{i\pi\frac{\varphi_0}{\chi}}} \mp \frac{e^{i\pi\frac{\zeta}{\chi}}}{e^{i\pi\frac{\zeta}{\chi}} - e^{-i\pi\frac{\varphi_0}{\chi}}}\right\} d\zeta. \tag{30}$$

Für irrationales χ ist (30) erst auf einer RIEMANNschen Fläche mit unendlich vielen Blättern eine eindeutige Funktion von φ. Rein formal besteht zwischen (30) und der zweiwertigen Lösung (16) große Ähnlichkeit. Für $\chi = 2\pi$ geht die eine in die andere über. Es ist daher auch eine analoge Auswertung der Integrale möglich. Den wesentlichsten Beitrag liefern dabei die Residua des Integranden, soweit sie im Bereich $\varphi - \pi < \zeta < \varphi + \pi$ liegen, wenn φ das physikalische Gebiet $0 < \varphi < \chi$ durchläuft. Haben wir etwa die Verhältnisse der Abb. 9, $\chi = \pi - \eta$ und $\varphi_0 > \eta$, so liegen von den Polen des Integranden $\zeta = 2k\chi \pm \varphi_0$ nur φ_0, $-\varphi_0$, $2\chi - \varphi_0$ innerhalb des betreffenden Gebietes. Sie liefern die einfallende und die an beiden Spiegeln reflektierten Wellen. Hierzu tritt eine Störung, die sich für große r wiederum als eine von der Kante ausgehende Zylinderwelle darstellen läßt und die Gestalt hat:

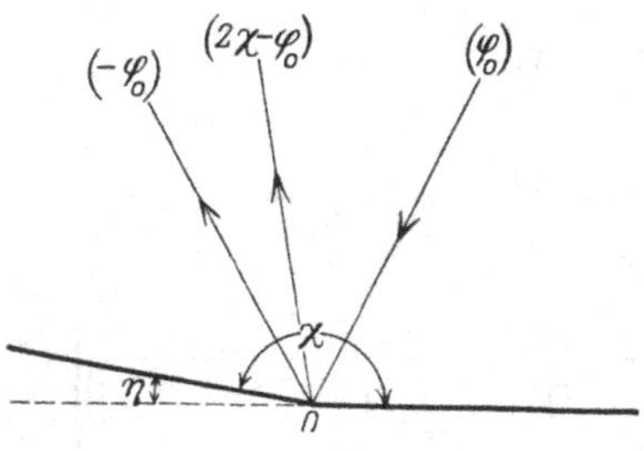

Abb. 9. FRESNELscher Doppelspiegel.

$$\sqrt{\frac{\lambda}{r}}\cdot\frac{1}{2\chi}\,\frac{\sin\frac{\pi^2}{\chi}}{\cos\frac{\pi^2}{\chi} - \cos\frac{\pi}{\chi}(\varphi-\varphi_0)}\cdot e^{-i\left(kr+\frac{\pi}{4}\right)}.$$

Diese Störung, die schon wegen des Faktors $\sqrt{\lambda}$ klein ist, wird auch noch, falls $\chi = \pi - \eta$ und η klein ist, sehr gering. Sie genügt jedoch, um die Abweichungen von der Äquidistanz zu erklären, die an den FRESNELschen Streifen beobachtet werden.

6. Beugung am Spalt. Alle bisher betrachteten Beugungserscheinungen ließen sich mit Hilfe mehrwertiger Lösungen der Schwingungsgleichung behandeln, deren RIEMANNsche Fläche nur einen Verzweigungspunkt besaß. Die Anwendung der funktionentheoretischen Methode auf die Beugung an einem Spalt oder Gitter würde bereits die Kenntnis von Integralen der Wellengleichung verlangen, die auf RIEMANNschen Flächen mit mehr als einem Verzweigungspunkt eindeutig sind. Es ist jedoch SCHWARZSCHILD[1]) gelungen, die Theorie der Beugung am Spalt für den Spezialfall senkrechter Inzidenz des einfallenden Lichtes zurückzuführen auf die Lösung des Halbebenenproblems und die Aufgabe, eine zweiwertige Lösung der Schwingungsgleichung anzugeben, welche auf dem Schirm vorgegebene Randwerte annimmt.

Diese Aufgabe ist gelöst, wenn die GREENsche Funktion der Differentialgleichung (10) bekannt ist, d. h. eine Funktion $g(r, \varphi, r_0, \varphi_0)$, welche dieser Differentialgleichung genügt, in einem berandeten Gebiet mit Ausnahme eines einzigen Punktes $P_0(r_0, \varphi_0)$ stetig ist und auf dem Rande verschwindet. In dem Unstetigkeitspunkte schreiben wir eine Singularität vor wie diejenige der Funktion $-\lg z$ im Nullpunkt. Es hat dann

$$u(r_0, \varphi_0) = -\frac{1}{2\pi}\int u(r, \varphi)\frac{dg}{d\nu}\,ds \tag{31}$$

die geforderten Eigenschaften, wenn $u(r, \varphi)$ längs des Integrationsweges die vorgeschriebenen Randwerte durchläuft und die Normale ν nach innen gerichtet ist.

Wir brauchen demnach zunächst Integrale der Schwingungsgleichung mit logarithmischen Unstetigkeitsstellen. Um solche aufzufinden, setzen wir eine Lösung der Wellengleichung in der Form an $u = u(k\varrho)$ mit

$$\varrho = \sqrt{r^2 + r_0^2 - 2r\,r_0\cos(\varphi - \varphi_0)}\,.$$

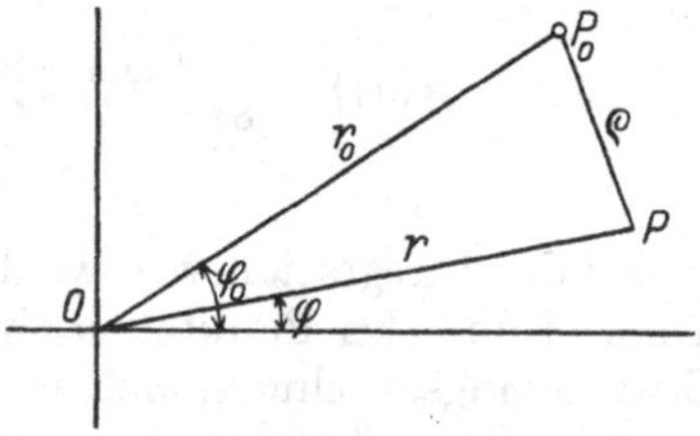

Abb. 10.

Die geometrische Bedeutung von ϱ geht aus Abb. 10 hervor. Durch Einsetzen in (10) erhalten wir für u die Differentialgleichung

$$\frac{d^2u}{d\varrho^2} + \frac{1}{\varrho}\frac{du}{d\varrho} + k^2u = 0\,, \tag{32}$$

also die BESSELsche Differentialgleichung

$$\frac{d^2u}{dx^2} + \frac{1}{x}\frac{du}{dx} + \left(1 - \frac{\lambda^2}{x^2}\right)u = 0 \tag{33}$$

für den Spezialfall $\lambda = 0$ und das Argument $x = k\varrho$. Wir setzen die allgemeine Lösung der Gleichung (33) in der Form

$$u_\lambda = c_1 J_\lambda + c_2 Y_\lambda \tag{34}$$

an, worin die J_λ die BESSELschen, die Y_λ die NEUMANNschen Zylinderfunktionen bedeuten. Insbesondere sind[2])

$$\left.\begin{aligned} J_0(x) &= \frac{2}{\pi}\int\limits_0^\infty \sin(x\cos i\zeta)\,d\zeta\,,\\ Y_0(x) &= -\frac{2}{\pi}\int\limits_0^\infty \cos(x\cos i\zeta)\,d\zeta \end{aligned}\right\} \tag{35}$$

[1]) K. SCHWARZSCHILD, Math. Ann. Bd. 55, S. 177. 1902.
[2]) NIELSEN, Handb. d. Zylinderfunktionen. Leipzig: 1904. Kap. VII.

linear unabhängige Lösungen von (32). Von ihnen ist die erste im Nullpunkt regulär und gleich 1, während die zweite sich dort verhält wie $\frac{2}{\pi}\lg x$, also für unsere Zwecke geeignet ist. Unserer komplexen Schreibweise mehr angepaßt sind die HANKELschen Zylinderfunktionen, die durch die Gleichungen

$$\left.\begin{aligned} H_\lambda^{(1)} &= J_\lambda + i Y_\lambda, \\ H_\lambda^{(2)} &= J_\lambda - i Y_\lambda \end{aligned}\right\} \tag{36}$$

definiert werden. Es ist demnach

$$\left.\begin{aligned} H_0^{(1)}(x) &= -\frac{2i}{\pi}\int_0^\infty e^{ix\cos i\zeta}\,d\zeta, \\ H_0^{(2)}(x) &= \frac{2i}{\pi}\int_0^\infty e^{-ix\cos i\zeta}\,d\zeta. \end{aligned}\right\} \tag{37}$$

Von diesen wird $\frac{\pi}{2i} H_0^{(2)}(k\varrho)$ im Punkte r_0, φ_0 unendlich wie $-\log x$ im Nullpunkt.

Wie beim Halbebenenproblem ist es weiterhin notwendig, daß die GREENsche Funktion längs der Halbgeraden $\varphi = 0$ verschwinde. Ebenso wie vorher genügen wir dieser Forderung in einer doppelt überdeckten RIEMANNschen Fläche. Wir bilden die Funktion

$$u(\varphi_0) = \frac{1}{8i}\int H_0^{(2)}\left(k\sqrt{r^2 + r_0^2 - 2r r_0 \cos(\varphi - \zeta)}\right)\frac{e^{i\frac{\zeta}{2}}\,d\zeta}{e^{i\frac{\zeta}{2}} - e^{i\frac{\varphi_0}{2}}}, \tag{38}$$

wobei der Integrationsweg wiederum durch eine geeignete Deformation aus einer Umkreisung des Punktes φ_0 hervorgeht. (38) ist eine zweiwertige Lösung der Schwingungsgleichung, welche die gleichen Eigenschaften besitzt wie die früher betrachtete und außerdem noch im Punkte r_0, φ_0 eine logarithmische Unstetigkeit hat. Setzen wir nun

$$g = u(\varphi_0) - u(-\varphi_0), \tag{39}$$

so ist g die gesuchte GREENsche Funktion. Denn sie verschwindet aus Symmetriegründen auf der Halbgeraden $\varphi = 0$ und besitzt außer der vorgeschriebenen Unstetigkeit keine weitere im physikalischen Blatt. Es sei noch erwähnt, daß g außerdem die Lösung des Halbebenenproblems für den Fall darstellt, daß die Lichtquelle im Endlichen liegt und die Gestalt des unendlich dünnen Fadens $r = r_0$, $\varphi = \varphi_0$ besitzt.

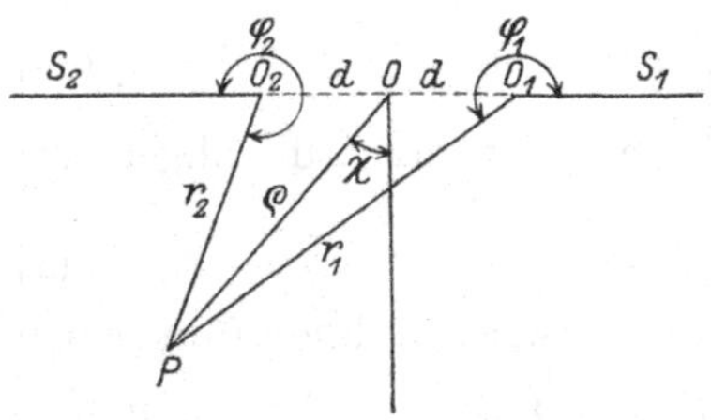

Abb. 11. Beugung am Spalt.

Wir führen nunmehr in einer Ebene senkrecht zum Spalt zwei Polarkoordinatensysteme $r_1\varphi_1$, $r_2\varphi_2$ ein (Abb. 11), die die Durchstoßungspunkte der Kanten O_1 und O_2 der Spaltflächen S_1 und S_2 als Nullpunkte haben und die Spurgeraden der Flächen als Achsen. Je nachdem wir in (39) die Argumente des einen bzw. des anderen Systems einsetzen, erhalten wir die GREENsche Funktion für die eine bzw. die andere Spaltfläche, die wir als g_1 und g_2 unterscheiden. Wir denken uns zunächst die Schirmhälfte S_2 fort. Dann geht die Aufgabe in die von SOMMERFELD gelöste über. Die Lösung heiße v_0. Nun suchen wir eine Funktion v_1, die so beschaffen ist, daß $v_0 + v_1$

auf S_2 verschwindet. Dies ist der Fall, wenn v_1 dort die entgegengesetzten Randwerte besitzt wie v_0, d. h., wenn wir setzen:

$$v_1 = \frac{1}{2\pi}\int^{S_2} v_0 \frac{dg_2}{d\nu} ds .$$

Wir hätten hiermit die Lösung gefunden, wenn nicht v_1 wiederum auf S_1 eine Störung hervorrufen, d. h. die Randwerte abändern würde. Zur Kompensierung ist die Addition der Funktion

$$v_2 = \frac{1}{2\pi}\int^{S_1} v_1 \frac{dg_1}{d\nu} ds$$

notwendig. Indem wir dieses Verfahren fortsetzen, erhalten wir eine unendliche Reihe von Funktionen

$$v_0 + v_1 + v_2 + v_3 + \cdots,$$

deren Konvergenz von SCHWARZSCHILD bewiesen werden konnte, und die daher die Lösung des Problems darstellt. Doch ist eine Auswertung nur dann möglich, wenn man sich auf die Berechnung der ersten Glieder beschränken kann. Dies ist dann der Fall, wenn die Spaltbreite groß gegen die Wellenlänge ist. Es genügt dann, die ersten beiden Glieder der Reihe zu berechnen. Physikalisch heißt dies nichts anderes, als daß bei hinreichend weitem Spalt der Einfluß des von der einen Spaltfläche abgebeugten Lichtes auf die andere so gering wird, daß man die Wirkungen beider durch Addition der Einzelwirkungen berechnen kann. Die beiden Spaltflächen stellen dann zwei SOMMERFELDsche Halbebenen dar, deren Wirkung auch ohne Anwendung der SCHWARZSCHILDschen Theorie direkt berechnet werden kann. Wir beschränken uns auch hier auf den Fall senkrechter Inzidenz. Der Spalt habe die Breite $2d$. Außer den schon erwähnten Koordinatensystemen $r_1\varphi_1$, $r_2\varphi_2$ führen wir ein weiteres Polarkoordinatensystem ϱ, χ ein, dessen Mittelpunkt mit der Spaltmitte zusammenfällt und dessen Azimut der Beugungswinkel ist (Abb. 11). Wir betrachten nur Punkte hinter dem Spalt $\left(|\chi| < \frac{\pi}{2}\right)$, die vom Spalt soweit entfernt sind, daß $\frac{d}{\varrho}$ sehr klein ist. Nach der Formel (18) wird die Lichtbewegung hinter dem Schirm dann durch den Ausdruck

$$\left.\begin{aligned} u_{\pi,\sigma} = {} & e^{ikr_1\sin\varphi_1}\frac{e^{i\frac{\pi}{4}}}{\sqrt{\pi}}\int_{-\infty}^{T_1^{(1)}} e^{-i\tau^2}d\tau \mp e^{-ikr_1\sin\varphi_1}\frac{e^{i\frac{\pi}{4}}}{\sqrt{\pi}}\int_{-\infty}^{T_2^{(1)}} e^{-i\tau^2}d\tau \\ & + e^{ikr_2\sin\varphi_2}\frac{e^{i\frac{\pi}{4}}}{\sqrt{\pi}}\int_{-\infty}^{T_1^{(2)}} e^{-i\tau^2}d\tau \mp e^{-ikr_2\sin\varphi_2}\frac{e^{i\frac{\pi}{4}}}{\sqrt{\pi}}\int_{-\infty}^{T_2^{(2)}} e^{-i\tau^2}d\tau - e^{-ik\varrho\cos\chi} \end{aligned}\right\} \quad (40)$$

dargestellt. Hierin ist

$$T_{1,2}^{(1)} = \sqrt{2kr_1}\cos\left(\frac{\pi}{4} \mp \frac{\varphi_1}{2}\right), \qquad T_{1,2}^{(2)} = \sqrt{2kr_2}\cos\left(\frac{\pi}{4} \mp \frac{\varphi_2}{2}\right).$$

Die beiden ersten Terme enthalten die einfallende und die an der ersten Spaltfläche gebeugte Welle, der dritte und vierte das Entsprechende für die zweite Spaltfläche. Die einfallende Welle ist darum in diesen Termen doppelt enthalten und muß durch den letzten Term einmal abgezogen werden. Nun ist

$$r_1\sin\varphi_1 = r_2\sin\varphi_2 = -\varrho\cos\chi$$

und daher

$$\left.\begin{aligned} u_{\pi,\sigma} &= e^{-ik\varrho\cos\chi}\left[\frac{e^{i\frac{\pi}{4}}}{\sqrt{\pi}}\int\limits_{-\infty}^{T_1^{(1)}} e^{-i\tau^2}d\tau + \frac{e^{i\frac{\pi}{4}}}{\sqrt{\pi}}\int\limits_{-\infty}^{T_1^{(2)}} e^{-i\tau^2}d\tau - 1\right] \\ &\mp e^{ik\varrho\cos\chi}\left[\frac{e^{i\frac{\pi}{4}}}{\sqrt{\pi}}\int\limits_{-\infty}^{T_2^{(1)}} e^{-i\tau^2}d\tau + \frac{e^{i\frac{\pi}{4}}}{\sqrt{\pi}}\int\limits_{-\infty}^{T_2^{(2)}} e^{-i\tau^2}d\tau\right] = u_1 \mp u_2. \end{aligned}\right\} \tag{41}$$

Für hinreichend große ϱ kann

$$r_1 = \varrho - d\sin\chi, \qquad r_2 = \varrho + d\sin\chi$$

gesetzt werden, und es ergibt sich

$$(T_{1,2}^{(1)})^2 = k\varrho\left[1 \mp \cos\chi - \frac{d}{\varrho}\sin\chi\right]; \qquad (T_{1,2}^{(2)})^2 = k\varrho\left[1 \mp \cos\chi + \frac{d}{\varrho}\sin\chi\right]. \tag{42a}$$

Durch Einführung der halben Winkel folgt hieraus wiederum unter Vernachlässigung höherer Potenzen von $\frac{d}{\varrho}$:

$$\left.\begin{aligned} |T_1^{(1)}| &= \sqrt{2k\varrho}\left|\sin\frac{\chi}{2} - \frac{d}{2\varrho}\cos\frac{\chi}{2}\right|, \quad |T_2^{(1)}| = \sqrt{2k\varrho}\left|\cos\frac{\chi}{2} - \frac{d}{2\varrho}\sin\frac{\chi}{2}\right|, \\ |T_1^{(2)}| &= \sqrt{2k\varrho}\left|\sin\frac{\chi}{2} + \frac{d}{2\varrho}\cos\frac{\chi}{2}\right|, \quad |T_2^{(2)}| = \sqrt{2k\varrho}\left|\cos\frac{\chi}{2} + \frac{d}{2\varrho}\sin\frac{\chi}{2}\right|, \end{aligned}\right\} \tag{42b}$$

Zur Auswertung der Formel (41) behandeln wir u_1 und u_2 getrennt. Da hinter dem Schirm die T_2 stets negativ sind, ist auf die Integrale in u_2 die erste der Näherungsformeln (20) anzuwenden, und wir erhalten:

$$u_2 = -e^{ik\varrho\cos\chi}\frac{e^{i\frac{\pi}{4}}}{2i\sqrt{\pi}}\left[\frac{e^{-i(T_2^{(1)})^2}}{T_2^{(1)}} + \frac{e^{-i(T_2^{(2)})^2}}{T_2^{(2)}}\right]$$

oder mit Rücksicht auf (42)

$$u_2 = \frac{e^{-i\left(k\varrho+\frac{\pi}{4}\right)}}{2\cdot\sqrt{2\pi k\varrho}}\left[\frac{e^{ikd\sin\chi}}{\cos\frac{\chi}{2} - \frac{d}{2\delta}\sin\frac{\chi}{2}} + \frac{e^{-ikd\sin\chi}}{\cos\frac{\chi}{2} + \frac{d}{2\varrho}\sin\frac{\chi}{2}}\right].$$

Vernachlässigen wir noch $\frac{d}{2\varrho}\sin\frac{\chi}{2}$ gegen $\cos\frac{\chi}{2}$, beschränken uns also auf nicht zu große Beugungswinkel, so wird schließlich

$$u_2 = \frac{e^{-i\left(k\varrho+\frac{\pi}{4}\right)}}{\sqrt{2\pi k\varrho}}\cdot\frac{\cos(kd\sin\chi)}{\cos\frac{\chi}{2}}. \tag{43}$$

u_1 betrachten wir zunächst hinreichend tief im geometrischen Schatten, etwa hinter S_1. Wir können dann wegen

$$\frac{e^{i\frac{\pi}{4}}}{\sqrt{\pi}}\int\limits_{-\infty}^{+\infty} e^{-i\tau^2}d\tau = 1$$

schreiben

$$u_1 = e^{-ik\varrho\cos\chi}\frac{e^{i\frac{\pi}{4}}}{\sqrt{\pi}}\left[\int\limits_{-\infty}^{T_1^{(1)}} e^{-i\tau^2}d\tau - \int\limits_{-\infty}^{-T_1^{(2)}} e^{-i\tau^2}d\tau\right]. \tag{44}$$

Da in dem betreffenden Gebiet $T_1^{(1)} < 0$, $T_1^{(2)} > 0$ ist, liegen nun dieselben Verhältnisse vor wie bei u_2, und wir erhalten mit Rücksicht auf die veränderten Vorzeichen unmittelbar

$$u_1 = \frac{e^{-i\left(k\varrho - \frac{\pi}{4}\right)}}{\sqrt{2\pi k\varrho}}\,\frac{\sin(kd\sin\chi)}{\sin\frac{\chi}{2}}. \tag{45a}$$

Das gleiche Resultat ergibt sich selbstverständlich im Schattengebiet hinter S_2. Die Formeln (20) verlieren ihre Gültigkeit für kleine $|T|$, werden also unbrauchbar zur Berechnung von u_1 in der Umgebung der Schattengrenzen. Dort schreiben wir (44) in der Form

$$u_1 = e^{-ik\varrho\cos\chi}\frac{e^{i\frac{\pi}{4}}}{\sqrt{\pi}}\int\limits_{-T_1^{(2)}}^{T_1^{(1)}} e^{-i\tau^2}d\tau.$$

Zunächst betrachten wir das beleuchtete Gebiet. Dort sind beide T_1 positiv und sehr klein. Der Integrationsbereich beschränkt sich daher auf eine kleine Umgebung des Nullpunktes. Wir setzen $e^{-i\tau^2} = 1$ und erhalten

$$u_1 = e^{-ik\varrho\cos\chi}\frac{e^{i\frac{\pi}{4}}}{\sqrt{\pi}}\left[T_1^{(1)} + T_1^{(2)}\right] = e^{-ik\varrho\cos\chi}\frac{e^{i\frac{\pi}{4}}}{\sqrt{\pi}}\sqrt{\frac{2kd^2}{\varrho}}\cos\frac{\chi}{2}$$

oder da χ sehr klein ist

$$u_1 = e^{-i\left(k\varrho - \frac{\pi}{4}\right)}\sqrt{\frac{2kd^2}{\pi\varrho}}. \tag{45b}$$

In den beschatteten Gebieten, die nahe an der Schattengrenze liegen, haben die T_1 entgegengesetztes Vorzeichen. Die Absolutwerte der T_1 liegen auch in diesen Gebieten noch sehr nahe beieinander. Setzen wir $\tau^2 = \frac{1}{2}[(T_1^{(1)})^2 + (T_1^{(2)})^2]$, so ergibt sich

$$u_1 = e^{-ik\varrho\cos\chi}\frac{e^{i\frac{\pi}{4}}}{\sqrt{\pi}}e^{-ik\varrho(1-\cos\chi)}\sqrt{\frac{2kd^2}{\varrho}}\cos\frac{\chi}{2}$$

oder wiederum, weil χ klein ist

$$u_1 = e^{-i\left(k\varrho - \frac{\pi}{4}\right)}\sqrt{\frac{2kd^2}{\pi\varrho}}. \tag{45c}$$

(45b) und (45c) gelten für kleine, (45a) gilt für große χ. Da jedoch (45a) für kleine χ in (45b, c) übergeht, so ist für nicht zu große Beugungswinkel und in hinreichender Entfernung vom Spalt (45a) allgemein gültig. Demnach wird die Lichtverteilung hinter einem Spalt dargestellt durch die Funktion

$$u_{\pi,\sigma} = \frac{e^{-ik\varrho}}{\sqrt{2\pi k\varrho}}\left\{e^{i\frac{\pi}{4}}\frac{\sin(kd\sin\chi)}{\sin\frac{\chi}{2}} \mp e^{-i\frac{\pi}{4}}\frac{\cos(kd\sin\chi)}{\cos\frac{\chi}{2}}\right\}. \tag{46}$$

Wird die Intensität des einfallenden Lichtes gleich 1 gesetzt, so liefert (46) für die π- und die σ-Komponente die gleiche Intensität

$$I = \frac{1}{2\pi k \varrho}\left\{\left[\frac{\sin(kd\sin\chi)}{\sin\frac{\chi}{2}}\right]^2 + \left[\frac{\cos(kd\sin\chi)}{\cos\frac{\chi}{2}}\right]^2\right\}, \tag{47}$$

aber eine Phasenverschiebung δ zwischen ihnen, welche der Beziehung

$$\operatorname{tg}\frac{\delta}{2} = \operatorname{tg}\frac{\chi}{2}\operatorname{ctg}(kd\sin\chi)$$

genügt. Innerhalb des Gültigkeitsbereichs der Formeln wird also linear polarisiertes Licht im allgemeinen elliptisch, natürliches Licht durch den Spalt nicht polarisiert. Über den Gültigkeitsbereich hinaus kann man jedoch für sehr große Beugungswinkel auch für natürliches Licht ein Überwiegen der σ-Komponente, also eine partielle Polarisation, voraussagen, da die π-Komponente bis zur Schirmfläche hin nach Null abnehmen muß. Aus (47) findet man unmittelbar:

$$I = \frac{2kd^2}{\pi\varrho}\left\{\left[\frac{\sin(kd\sin\chi)}{kd\sin\chi}\right]^2\cos\chi + \left[\frac{1}{2kd\cos\frac{\chi}{2}}\right]^2\right\},$$

während man nach der angenäherten KIRCHHOFFschen Theorie den Ausdruck

$$I' = \frac{2kd^2}{\pi\varrho}\left[\frac{\sin(kd\sin\chi)}{kd\sin\chi}\right]^2$$

erhält. Es ergeben sich also folgende Unterschiede. Wegen des Faktors $\cos\chi$ nimmt die Intensität mit wachsendem Beugungswinkel schneller ab als bei der KIRCHHOFFschen Theorie. Außerdem überlagert sich über diese Lichtverteilung ein ziemlich gleichförmiger, mit wachsendem Beugungswinkel wenig ansteigender und bei breitem Spalt schwacher Lichtschimmer. Die Lage der Maxima und Minima bleibt hiervon nahezu unbeeinflußt. Dagegen sind die Minima nicht mehr vollständig dunkel und die Maxima nicht mehr so scharf ausgeprägt.

7. Theorie der Beugung an schwarzen Schirmen. Die Theorie der Beugung an schwarzen Schirmen bietet vom Standpunkt der elektromagnetischen Lichttheorie besondere Schwierigkeiten, wenn wir als schwarz einen Schirm bezeichnen, der alles auffallende Licht restlos absorbiert, ohne etwas zu reflektieren oder hindurchzulassen. Damit keine Reflexion eintritt, muß nach der elektromagnetischen Lichttheorie die Dielektrizitätskonstante des Schirmes mit der des umgebenden Mediums übereinstimmen. Die Undurchlässigkeit könnte auf zweierleiweise bewirkt werden. Entweder müßte der Schirm das Licht vollständig reflektieren, was der ersten Annahme widerspricht, oder er müßte es vollkommen absorbieren, was bei einem unendlich dünnen Schirm unmöglich ist. VOIGT[1]) hat jedoch zum ersten Male darauf hingewiesen, daß die Schirme, welche in der SOMMERFELDschen Theorie verwendet werden, Eigenschaften besitzen, die das physikalische Verhalten schwarzer Schirme mindestens mit großer Annäherung zum Ausdruck bringen. In der Theorie der Beugung an einer Halbebene erschien die Spur des Schirmes als Verzweigungsschnitt einer zweiblättrigen RIEMANNschen Fläche, und er hatte die Eigenschaft, das Licht ungehindert aus dem physikalischen in den mathematischen Raum abzuleiten. Er glich einer offenen Tür, durch die das Licht ohne Reflexion den physikalischen Raum verließ, ein Effekt, der einer vollkommenen Absorption gleichkommen würde, wenn wir nicht damit rechnen müßten, daß ein kleiner Teil der Lichtbewegung durch den Schirm hindurch

[1]) W. VOIGT, Göttinger Nachr. 1899, S. 1—33; Kompendium der theor. Physik Bd. II, S. 768. Leipzig: 1896.

wieder Zutritt in das physikalische Blatt erhielte. Die reflektierte Welle kam dadurch zustande, daß wir aus dem mathematischen Blatt eine ebene Welle durch den Schirm hindurch in das physikalische Blatt eintreten ließen. Sie war durch den Anteil $u_2(-\varphi_0)$ gegeben. Streichen wir diesen aus unserer Endformel, so vermeiden wir auch die Reflexion am Schirm. Demnach stellt die Lösung

$$u_2 = \int^{C(\varphi)} e^{ikr\cos(\zeta-\varphi)} \frac{e^{i\frac{\zeta}{2}}}{e^{i\frac{\zeta}{2}} - e^{i\frac{\varphi_0}{2}}} \tag{48}$$

sicherlich mit großer Annäherung die Lichtbewegung dar, welche bei der Störung der einfallenden Welle durch einen schwarzen Schirm hervorgerufen wird. Die Möglichkeit, daß das Licht aus dem zweiten Blatt einen Weg in das physikalische Blatt zurückfindet, wird sich nun dadurch verringern lassen, daß wir nicht die zweiwertige, sondern eine p-wertige Lösung (13) benutzen. Wir vermehren dadurch die Anzahl der Blätter, so daß das Licht erst in den physikalischen Raum zurückkehren kann, wenn es sämtliche Blätter durchlaufen hat. Schließlich können wir sogar mit p gegen unendlich gehen. Die Anzahl der Blätter wird unendlich, das Licht läuft sich in ihnen sozusagen tot, eine Anschauung, die der physikalischen Realisierung des schwarzen Schirmes als Eintrittsöffnung in einen Hohlraum sehr nahekommt. Wir erhalten für diesen Fall aus (13):

$$u_\infty = \frac{1}{2\pi i}\int^{C(\varphi)} e^{ikr\cos(\zeta-\varphi)} \frac{d\zeta}{\zeta-\varphi_0}\,. \tag{49}$$

Die Möglichkeit, zwischen einer p-wertigen oder der unendlichwertigen Lösung zu wählen, ist charakteristisch für die Unbestimmtheit der analytischen Formulierung von Beugungsproblemen an schwarzen Schirmen. Nach VOIGT wird diese Unbestimmtheit noch dadurch erhöht, daß man in den nichtphysikalischen Teilen des Raumes offenbar abermals schwarze Schirme annehmen kann, ohne im physikalischen Raum weitere Störungen hervorzurufen. Dagegen ist die Anwesenheit von Lichtquellen und auch von reflektierenden Körpern dort ausgeschlossen, da diese durch den Schirm hindurch Licht in den physikalischen Raum senden würden. Im Gegensatz zum reflektierenden Schirm wird also durch den schwarzen Schirm die Struktur der RIEMANNschen Fläche noch nicht eindeutig bestimmt. Was wir nach VOIGT zu fordern haben, ist nur, daß der mittlere Energiestrom an der Oberfläche des Schirmes stets aus dem physikalischen in das mathematische Blatt gerichtet ist. Innerhalb dieser Forderung ist bei gegebener Berandung auch die Gestalt des Schirmes noch frei wählbar. Wir können auch zwei verschiedene Verzweigungsschnitte durch dieselbe Berandung legen und den ganzen zwischen ihnen liegenden Teil als einen massiven schwarzen Schirm auffassen. Demnach wird durch (48) bzw. (49) die Beugung am schwarzen Keil mitgelöst, nicht aber etwa durch den Ausdruck, den wir durch Fortlassen des zweiten Terms aus (30) erhalten würden. Denn der Ausdruck (30) enthält ja Lichtquellen im nichtphysikalischen Raum, wodurch er zur Beschreibung der Beugung an schwarzen Schirmen unbrauchbar wird. Durch die Streichung des zweiten Terms in (13) ist der Unterschied zwischen der π- und der σ-Komponente verschwunden. Das am schwarzen Schirm gebeugte Licht ist demnach unpolarisiert. Dieses Ergebnis stimmt mit den Beobachtungen von GOUY überein, der die schwarze Halbebene durch eine mit Ruß geschwärzte Stahlschneide realisierte.

Die Unbestimmtheit, die darin liegt, daß wir sowohl (48) wie (49) zur Darstellung der Lichtbewegung benutzen können, fällt um so weniger ins Gewicht, als beide Formeln in der numerischen Auswertung sich wenig voneinander unterscheiden. In der Nähe der Schattengrenze haben wir schon am blanken Schirm nur den ersten Term von (13) berücksichtigt, also gerade die Funktion (48) benutzt. (48) liefert dort also dieselbe Beugungserscheinung wie ein blanker Schirm, ist demnach auch in Übereinstimmung mit der KIRCHHOFFschen Theorie. Für (49) hat WIEGREFE[1]) in der Nähe der Schattengrenze die Näherungsformel

$$\frac{P}{|P|} e^{-ikr\left(1-\frac{P^2}{2}\right)} \frac{e^{i\frac{\pi}{4}}}{\sqrt{\pi}} \int\limits_{-\infty}^{-\sqrt{2kr}\frac{|P|}{2}} e^{-i\tau^2} d\tau$$

$$P = \varphi - \varphi_0 - \pi$$

entwickelt. Aus (17) erhalten wir mit den gleichen Bezeichnungen für die zweiwertige Lösung den Ausdruck

$$\frac{P}{|P|} e^{-ikr\cos P} \frac{e^{i\frac{\pi}{4}}}{\sqrt{\pi}} \int\limits_{-\infty}^{-\sqrt{2kr}\left|\sin\frac{P}{2}\right|} e^{-i\tau^2} d\tau .$$

Der Vergleich zeigt, daß in erster und zweiter Näherung Übereinstimmung herrscht. Für große r oder in genügender Entfernung von der Schattengrenze erhalten wir die Beugungswelle aus (49) wieder in Form einer Zylinderwelle:

$$e^{-i\left(kr+\frac{\pi}{4}\right)} \sqrt{\frac{\lambda}{r}} \frac{1}{(\varphi-\varphi_0)^2-\pi^2} .$$

Wir erhalten also auch hier einen Intensitätsabfall im geometrischen Schatten. Er ist steiler als der durch die Formel $\cos^{-1}\frac{\varphi-\varphi_0}{2}$ der zweiwertigen Lösung bedingte, weicht aber bis zu Beugungswinkeln von 90° nicht meßbar von dem ersten ab. Das gleiche gilt für die Wiedergabe des Lichtabfalls durch die KIRCHHOFFsche Theorie. Für noch größere Beugungswinkel ließen sich evtl. durch photographische Methoden Messungen gewinnen, die zur Bevorzugung einer bestimmten Formel führen könnten. Hinter einem blanken Schirm ist der Intensitätsabfall stets weniger stark als hinter einem schwarzen, in Einklang mit den Beobachtungen von GOUY. Die folgende Tabelle gibt über die vorliegenden Verhältnisse eine Übersicht.

Tabelle 1. Intensitätsabfall im geometrischen Schatten der Halbebene.

Beugungswinkel $\delta = \varphi - \varphi_0 - \pi$	Blanker Schirm (SOMMERFELD) $\frac{\pi}{u_2(\varphi_0)-u_2(-\varphi_0)}$	$\frac{\sigma}{u_2(\varphi_0)+u_2(-\varphi_0)}$	Schwarzer Schirm (SOMMERFELD) $u_2(\varphi_0)$	$u_\infty(\varphi_0)$	Schwarzer Schirm [KIRCHHOFF[2])] $\operatorname{tg}\frac{\varphi-\varphi_0}{2}$
10°	10,17	12,78	11,47	11,15	11,43
20°	4,53	6,98	5,76	5,43	5,67
30°	2,71	5,02	3,87	3,53	3,73
40°	1,82	4,03	2,92	2,58	2,75
50°	1,30	3,43	2,37	2,01	2,14
60°	0,96	3.03	2,00	1,60	1,73
70°	0,73	2,76	1,74	1,37	1,43
80°	0,55	2,56	1,56	1,18	1,19
90°	0,42	2,42	1,42	1,02	1,00
100°	0,30	2,31	1,31	0,90	0,84
110°	0,21	2,24	1,22	0,80	0,70
120°	0,12	2,19	1,15	0,72	0,58

[1]) A. WIEGREFE, Diss. Göttingen 1912.

[2]) Vgl. F. KOTTLER, Ann. d. Phys. Bd. 70, S. 405. 1923.

Die Unbestimmtheit der Definition, des schwarzen Schirmes läßt die Möglichkeit zu, sie auf andere Weise durchzuführen. Wir skizzieren hier noch die Ideen, die KOTTLER[1]) und IGNATOWSKY[2]) über diesen Gegenstand entwickelt haben. Das Integral (1) ist über eine geschlossene Fläche zu erstrecken, welche die Lichtquelle L ausschließt und den Aufpunkt P umhüllt. Wenn wir jedoch die Normalenrichtung umkehren und damit das Innere und Äußere der Fläche vertauschen, umhüllt die Fläche den Lichtpunkt L und den Schirm. Wir ziehen sie nunmehr über den Punkt L hinweg und umhüllen diesen statt dessen durch eine unendlich kleine Kugel. Die Integration über diese liefert den Beitrag $4\pi u_0$, wenn u_0 die von L ausgehende, durch keinen Schirm gestörte Kugelwelle bedeutet. Es ist also jetzt

$$u = u_0 + \frac{1}{4\pi}\int\left(u\frac{\partial\frac{e^{-ikr}}{r}}{\partial\nu} - \frac{\partial u}{\partial\nu}\frac{e^{-ikr}}{r}\right)d\sigma, \tag{50a}$$

wenn die Integrationsfläche weder L noch P umhüllt und die Normale ν nach außen weist.

Nunmehr zerlegen wir die Integrationsfläche durch eine geschlossene Kurve in zwei Teile S_1 und S_2, welche wir einzeln als ungeschlossene, durch die Kurve gemeinsam berandete Flächen auffassen, und schmiegen S_2 so an S_1 an, daß beide Vorder- und Rückseite einer einzigen Fläche bilden. Das Integral braucht dann nur noch über S_1 erstreckt zu werden, wenn wir

$$u = u_0 + \frac{1}{4\pi}\int^{S_1}\left(\delta u\frac{\partial\frac{e^{-ikr}}{r}}{\partial\nu} - \delta\frac{\partial u}{\partial\nu}\frac{e^{-ikr}}{r}\right)d\sigma \tag{50b}$$

setzen und

$$\delta u = u_1 - u_2, \qquad \delta\frac{du}{\partial\nu} = \left(\frac{\partial u}{\partial\nu}\right)_1 - \left(\frac{\partial u}{\partial\nu}\right)_2$$

die Differenzen der Werte sind, die u und $\frac{\partial u}{\partial\nu}$ auf beiden Seiten der Fläche annehmen. Die Formel (50b) stellt also eine Funktion dar, die an der Fläche S_1 mit ihren ersten Ableitungen Unstetigkeiten von der Größe δu und $\delta\frac{\partial u}{\partial\nu}$ aufweist.

In der mit (1) identischen Formel (50a) wird nun von KIRCHHOFF die Integration nur über den beleuchteten Teil des Schirmes geführt und dort $u = u_0$, $\frac{\partial u}{\partial\nu} = \frac{\partial u_0}{\partial\nu}$ gesetzt, so daß sie in (50b) übergeht, wenn $\delta u = u_0$, $\delta\frac{\partial u}{\partial\nu} = \frac{\partial u_0}{\partial\nu}$ gesetzt wird. Die KIRCHHOFFsche Lösung stellt also eine Funktion dar, die an der beleuchteten Seite des Schirmes Unstetigkeiten von der Größe der dort von der Lichtquelle hervorgerufenen Lichtbewegung besitzt, die also mit denjenigen der geometrisch optischen Lichtverteilung beim Sprung an der Schirmfläche vom Licht zum Schatten übereinstimmen. Definiert man demnach die Eigenschaft „schwarz" eines Schirmes als darin bestehend, an seiner Oberfläche solche „Sprungweite" hervorzurufen, so ist das KIRCHHOFFsche Integral, das als Lösung einer Randwertaufgabe unbefriedigend ist, die exakte Lösung des Beugungsproblems. Dies ist die Auffassung von KOTTLER. Die wahre Funktion des Schirmes tritt, ganz wie in der SOMMERFELDschen Theorie, auch hier erst in einem zweifachen RIEMANNschen Raum zutage, welcher den Schirm als Ver-

[1]) F. KOTTLER, Ann. d. Phys. Bd. 70, S. 405–456. 1923; Bd. 71, S. 457–508. 1923.
[2]) W. V. IGNATOWSKY, Ann. d. Phys. Bd. 77, S. 589–643. 1925.

zweigungsfläche besitzt. Es zeigt sich dann, das auch hier der Schirm das Licht in den mathematichen Raum ableitet und eine Rückkehr in den physikalischen Raum verhindert, jedoch nun, ohne zu einer Reflexion an seiner Oberfläche Anlaß zu geben.

Gehen wir von der skalaren Wellenoptik zur elektromagnetischen Lichttheorie über, so ersetzen wir mit KOTTLER die Lichtquelle durch einen linearen Oszillator und schreiben in jedem Flächenelement des Schirmes Unstetigkeiten von der Größe des Feldes vor, welches der lineare Oszillator dort besitzt. Die Unstetigkeit der Tangentialkomponenten zwingt zur Annahme von Flächenströmen, welche Ladungen auf dem Rande der Fläche nach sich ziehen. Die mit der Unstetigkeit der Tangentialkomponenten zwangsläufig verbundene Unstetigkeit der Normalkomponenten führt zur Annahme von Flächenladungen. Die Felder dieser Ströme und Ladungen bilden die Störung, welche die einfallende Welle durch den Schirm, erfährt und geben den Anlaß zu einer Beugungserscheinung. Die Durchrechnung ergibt in dem Fall der schwarzen Halbebene, daß von der Schattenseite des Schirmes keine Energie auf die Lichtseite übertritt, daß also die VOIGTsche Eigenschaft der Schwärze erfüllt ist. Ferner wird durch die Beugung keine Polarisation hervorgerufen. Im übrigen ist das numerische Resultat in Übereinstimmung mit der KIRCHHOFFschen Theorie.

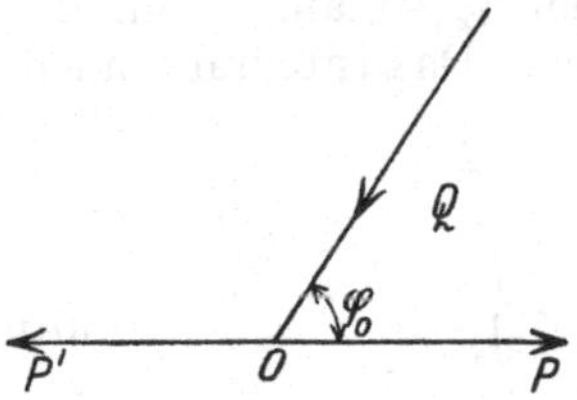

Abb. 12.

Auf Grund der Annahmen von KOTTLER hat IGNATOWSKY die Beugung an einer Halbebene, einer kreisrunden Scheibe und Öffnung, an einem unendlich langen Streifen, Spalt und Gitter neu berechnet. Schwierigkeiten, welche mit den KOTTLERschen Annahmen verbunden sind, veranlassen ihn jedoch zur Aufstellung anderer Bedingungen für die Schwärze eines Schirmes. Es zeigt sich nun, daß man diese Bedingungen nicht allgemein angeben kann, sondern in jedem Einzelfall durch spezielle Betrachtungen zu ermitteln hat. Für die Halbebene seien einige Ergebnisse angeführt. Ist in Abb. 12 OP eine schwarze Halbebene, so setzen wir fest, daß die Beugungserscheinung nicht geändert werden soll, wenn wir den Schirm um seine Kante drehen. Wir sind damit in Übereinstimmung mit der KIRCHHOFFschen Theorie, bei welcher die Beugungserscheinung ebenfalls nur durch den Rand des beugenden Schirmes bestimmt wird. Bei dieser Drehung wird, ganz im Sinne der SOMMERFELDschen Auffassung, ein Teil des nichtphysikalischen in einen Teil des physikalischen Raumes verwandelt. Da sich trotzdem an der Beugungserscheinung nichts ändern soll, so kann zwischen physikalischem und nichtphysikalischem Raum kein Unterschied bestehen, und wir müssen in beiden Räumen dieselben physikalischen Gesetze als gültig annehmen (vgl. hierzu die entgegengesetzte Auffassung bei VOIGT und SOMMERFELD). Drehen wir OP um π in die Richtung OP', so geht die untere Halbebene des physikalischen Blattes in den oberen Teil des nichtphysikalischen Blattes über und umgekehrt. Betrachten wir demnach zwei „übereinanderliegende" Punkte Q_1, Q_2 etwa im Gebiete I_p bzw. I_m der RIEMANNschen Fläche, so wird hierbei Q_1 ein Punkt des mathematischen, Q_2 ein Punkt des physikalischen Blattes, ohne daß sich laut Voraussetzung die zugehörigen Werte $u^{(1)}$ und $u^{(2)}$ ändern. Ergänzen wir aber die schwarze Halbebene zur vollen XZ-Ebene, so tritt die ungestörte Lichtwelle u_1 ohne Beugung in die untere Halbebene des mathematischen Blattes über, und dort herrscht die ungestörte Lichtverteilung u_1. Nun betrachten wir für einen Augenblick beide Halbebenen getrennt, beachten, daß bei ihrer Vereinigung zur ganzen Ebene ihre beiden nichtphysikalischen Blätter zu einem einzigen vereinigt werden und schließen hieraus, daß sich auch die zugehörigen Werte der Wellenfunktion addieren. Dies sind aber, wie wir gesehen haben, $u^{(1)}$ und $u^{(2)}$, so daß sich die Beziehung ergibt:

$$u_1 = u^{(1)} + u^{(2)}, \tag{51}$$

also gerade die Eigenschaft, welche die SOMMERFELDsche zweiwertige Lösung besitzt. Verlegen wir Q auf den Rand des Schirmes, so werden Q_1 und Q_2 die Werte auf den beiden Seiten des Schirmes. An die Stelle der Annahme eines Sprunges auf der Schirmfläche tritt also die Bedingung (51) als charakteristisch für die schwarze Halbebene.

Wir nehmen an, daß jeder schwarze Schirm das BABINETsche Prinzip erfüllt. Denken wir uns nun etwa in der XZ-Ebene beliebige unendlich dünne schwarze Schirme, so gelangen wir durch diese hindurch von der Lichtseite aus in nichtphysikalische Räume. Wir setzen nun fest, daß diese Räume einen einzigen nichtphysikalischen Halbraum bilden. Befinden wir uns in diesem Halbraum und blicken wir nach dem Schirm hin, so sehen wir dieselbe Erscheinung, wie wenn wir uns im physikalischen Raum auf der Schattenseite eines komplementären Beugungsschirmes befänden. Wir müssen demnach auch im nichtphysikalischen Raum das BABINETsche Theorem als erfüllt ansehen. Es läßt sich leicht zeigen, daß diese Forderung identisch ist mit der Erfüllung der Gleichung (51), die wir demnach für beliebige schwarze Schirme als gültig anzusehen haben. Nach IGNATOWSKY kann also das Problem der Beugung an schwarzen Schirmen nicht als Sprungwertproblem aufgefaßt werden, sondern es sind die hier erörterten Gesichtspunkte, welche allerdings nur notwendige und nicht hinreichende Bedingungen liefern, für jeden schwarzen Schirm im einzelnen zu prüfen. Hierbei ergibt sich für die schwarze Halbebene, daß die SOMMERFELDsche zweiwertige Lösung (48) dem Problem am besten angepaßt ist.

b) Direkte Lösungen.

8. Beugung am Zylinder. Im folgenden behandeln wir einige spezielle Beugungsprobleme, die durch direkte Ansätze gelöst werden können, soweit sie der experimentellen Prüfung zugänglich sind. Wir transformieren hierbei die Grundgleichungen auf Koordinaten, in denen die Schirme Parameterflächen werden. Es ist dann möglich, Grenzbedingungen einzuführen, die die Materialkonstanten des Schirmes berücksichtigen.

Die Beugung am Zylinder kann als zweidimensionales Problem behandelt werden, wenn wir den Zylinder als unendlich lang annehmen und ihn mit einer ebenen Welle beleuchten. Es genügt dann, den Schwingungsvorgang in einer zur Zylinderachse senkrechten Ebene zu studieren. Identifizieren wir die Zylinderachse mit der Z-Achse, so behalten die Gleichungssysteme (9) ihre Gültigkeit. Die Spur des Zylinders ist ein Kreis mit dem Radius ϱ. Wir führen in der Ebene Polarkoordinaten ein, wodurch die Schwingungsgleichung die Form annimmt:

$$\frac{\partial^2 u}{\partial r^2} + \frac{1}{r}\frac{\partial u}{\partial r} + \frac{1}{r^2}\frac{\partial^2 u}{\partial \varphi^2} + k^2 u = 0\,. \tag{52}$$

Die aus der Richtung $\varphi_0 = 0$ einfallende Welle u_e sei eine ebene, linear polarisierte Welle. Der elektrische Vektor schwinge in der Z-Richtung. Es ist demnach

$$u_e = E_z = e^{ikr\cos\varphi}.$$

Für konstantes r ist u eine periodische Funktion von φ mit der Periode 2π. u läßt sich hier als FOURIERsche Reihe darstellen, bei der die Koeffizienten nur noch von r abhängen. Da u aus Symmetriegründen eine gerade Funktion von φ ist, erhalten wir:

$$u = \sum_{n=0}^{\infty} A_n(r) \cos n\varphi .$$

Einsetzen in (52) liefert für die Koeffizienten die BESSELsche Differentialgleichung

$$\frac{d^2 A_n}{dr^2} + \frac{1}{r}\frac{dA_n}{dr} + \left(k^2 - \frac{n^2}{r^2}\right) A_n = 0, \tag{53}$$

deren allgemeines Integral

$$A_n = c_n^{(1)} J_n(kr) + c_n^{(2)} Y_n(kr) \tag{54}$$

wir bereits in Gleichung (34) betrachtet haben. Wir haben nun das Innere und das Äußere des Zylinders getrennt zu behandeln. Da wir mit endlicher Leitfähigkeit rechnen, darf im Inneren des Zylinders u niemals über alle Grenzen wachsen. Deshalb kommen im Innern zur Darstellung von u nur die BESSELschen Zylinderfunktionen in Betracht, weil die NEUMANNschen im Nullpunkt logarithmisch unendlich werden. Für das Innere des Zylinders müssen wir u demnach in der Form ansetzen:

$$u_i = \sum_{n=0}^{\infty} b_n J_n(k_i r) \cos n\varphi . \tag{55a}$$

Außerhalb des Zylinders geben wir u die Gestalt

$$u_a = e^{i k_a r \cos\varphi} + u^* . \tag{56}$$

Der erste Term stellt die aus der Richtung $\varphi = 0$ einfallende ebene Welle dar. Für den zweiten, der die vom Zylinder hervorgerufene Störung liefert, ist zu fordern, daß er für hinreichend große r höchstens vom Nullpunkt divergierende Wellen darstellt. Dies ist die unter Ziffer 1 besprochene Ausstrahlungsbedingung von SOMMERFELD. u^* muß sich also im Unendlichen verhalten wie $e^{-ik_a r}$. Nun gelten für große r die asymptotischen Formeln

$$\left.\begin{aligned} J_n(x) &\to \sqrt{\frac{2}{\pi x}} \sin\left(x - \frac{2n-1}{4}\pi\right) \\ Y_n(x) &\to \sqrt{\frac{2}{\pi x}} \cos\left(x - \frac{2n-1}{4}\pi\right). \end{aligned}\right\} \quad r \to \infty \tag{57a}$$

Demnach ist die zweite HANKELsche Zylinderfunktion

$$H_n^{(2)}(x) = J_n(x) - iY_n(x) \to \sqrt{\frac{2}{\pi x}}\, e^{-i\left(kr - \frac{2n+1}{4}\pi\right)} \tag{57b}$$

und hat daher die geforderte Eigenschaft. Wir haben also zu setzen:

$$u^* = \sum_{n=0}^{\infty} a_n H_n^{(2)}(k_a r) \cos n\varphi . \tag{55b}$$

Auf dem Schirm sind für die π-Komponente, welche hier allein betrachtet werden soll, die Grenzbedingungen

$$u_i = u_a , \qquad \frac{\partial u_i}{\partial r} = \frac{\partial u_a}{\partial r} \qquad \text{für} \qquad r = \varrho \tag{58}$$

zu erfüllen. Indem wir noch für u_e die Entwicklung

$$u_e = e^{i k_a r \cos\varphi} = J_0(k_a r) + 2\sum_{n=0}^{\infty} i^n J_n(k_a r) \cos n\varphi$$

einführen[1]), erhalten wir

$$u_a = J_0(k_a r) + 2\sum_{n=1}^{\infty} i^n J_n(k_a r)\cos n\varphi + \sum_{n=0}^{\infty} a_n H_n^{(2)}(k_a r)\cos n\varphi\,, \tag{55c}$$

und können nun durch Koeffizientenvergleichung aus (58) für die a_n die Formeln

$$a_n = \alpha_n + i\beta_n = -2i^n \frac{k_i J_n(k_a\varrho) J_n'(k_i\varrho) - k_a \cdot J_n'(k_a\varrho)\cdot J_n(k_i\varrho)}{k_i H_n^{(2)}(k_a\varrho) J_n'(k_i\varrho) - k_a \cdot H_n'^{(2)}(k_a\varrho)\cdot J_n(k_i\varrho)} \quad n = 1, 2, 3, \ldots \tag{59}$$

herleiten. Für a_0 ist der Faktor 2 zu streichen.

Hiermit ist das Problem formal erledigt. Die Reihen konvergieren jedoch in brauchbarer Stärke nur in dem Falle, daß der Durchmesser des Zylinders klein ist gegen die Wellenlänge. Für diesen Fall hat W. SEITZ[2]) einige Beispiele zahlenmäßig durchgerechnet. DEBYE[3]) gibt für die Reihe (55c) eine Integraldarstellung, die sich auch für das optische Gebiet auswerten läßt, und hat diese für den Fall des vollkommen reflektierenden Zylinders diskutiert. Seine Methode ist von SPOHN[4]) und PFENNINGER[5]) verallgemeinert worden und führt zu Ergebnissen, die mit der Erfahrung gut übereinstimmen. Auf anderem Wege hat IGNATOWSKY[6]) die optischen Verhältnisse diskutieren können. Ausgehend von einem allgemeinen Integral der MAXWELLschen Gleichungen erhielt er unter gewissen vereinfachenden Annahmen Ergebnisse, die mit dem Experiment übereinstimmen. Es ist bemerkenswert, daß die Lage der Maxima im geometrischen Schatten die gleiche ist, wie sie die angenäherte KIRCHHOFFsche Theorie für die Beugung an einem schwarzen unendlich langen Streifen von der Breite 2ϱ errechnet.

Die Schwierigkeit, die mit der Auswertung der Formeln verbunden ist, verschwindet, wenn nicht mit optischer, sondern mit kurzwelliger elektrischer Strahlung gearbeitet wird. Die experimentelle Anordnung kann dann so gewählt werden, daß das Verhältnis ϱ/λ klein ist. Gleichzeitig ergibt sich die Möglichkeit, den von der Theorie geforderten Einfluß des Zylindermaterials nachzuprüfen. Hierbei hat man sich zweckmäßig isolierender Zylinder zu bedienen, da elektrischen Schwingungen gegenüber die Leitfähigkeit der Metalle praktisch unendlich ist.

Solche Untersuchungen sind von SCHAEFER[7]) durchgeführt worden, zuerst mit gedämpften, später mit ungedämpften Schwingungen. Den Einfluß der Dämpfung hat KOBAYASHI-IWAO[8]) berechnet und mit den experimentellen Ergebnissen von SCHAEFER in Übereinstimmung gefunden.

Da das Feld durch einen Detektorempfänger mit eingeschaltetem Galvanometer abgetastet wurde, haben wir $\mathfrak{E}^2$ als Maß für die Intensität anzusehen. Um $\mathfrak{E}$ zu berechnen, muß für die π-Komponente im Außenraum u_a mit E identifiziert werden. Benutzen wir für die Zylinderfunktionen die asymptotischen Formeln (57), so ergibt sich

$$E = e^{ikr\cos\varphi} + \sqrt{\frac{2}{\pi k r}}\, e^{i\left(\frac{\pi}{4} - kr\right)} \sum_{n=0}^{\infty} e^{\frac{i\pi}{2} n} a_n \cos n\varphi\,.$$

---

[1]) COURANT-HILBERT, Meth. d. math. Phys. I. S. 392. Berlin 1924.

[2]) W. SEITZ, Ann. d. Phys. Bd. 16, S. 746—772. 1905; Bd. 19, S. 554—566. 1906; Bd. 21, S. 1013—1029. 1906.

[3]) P. DEBYE, Phys. ZS. Bd. 9, S. 775—778. 1908.

[4]) H. SPOHN. Diss. Breslau 1916.

[5]) H. PFENNINGER. Ann. d. Phys. Bd. 83, S. 753. 1927.

[6]) W. v. IGNATOWSKY, Ann. d. Phys. Bd. 18, S. 495—522. 1905; Bd. 23, S. 875—904. 1907.

[7]) CL. SCHAEFER und F. GROSSMANN, Ann. d. Phys. Bd. 31, S. 455—499. 1910. SCHAEFER und J. MERZKIRCH, ZS. f. Phys. Bd. 13, S. 166—194. 1923.

[8]) KOBAYASHI-IWAO, Ann. d. Phys. Bd. 43, S. 861. 1914.

Setzen wir

$$\sum_{n=0}^{\infty} e^{\frac{i\pi}{2}n} a_n \cos n\varphi = A_\varphi + i B_\varphi, \tag{60}$$

so wird

$$\left.\begin{aligned}\mathfrak{E} &= \cos nt\left\{\cos(kr\cos\varphi) + \sqrt{\frac{2}{\pi k r}}\left[A_\varphi\cos\left(\frac{\pi}{4} - kr\right) - B_\varphi\sin\left(\frac{\pi}{4} - kr\right)\right]\right\}\\ &\quad - \sin nt\left\{\sin(kr\cos\varphi) + \sqrt{\frac{2}{\pi k r}}\left[A_\varphi\sin\left(\frac{\pi}{4} - kr\right) + B_\varphi\cos\left(\frac{\pi}{4} - kr\right)\right]\right\}.\end{aligned}\right\} \tag{61}$$

Es genügt, die ersten drei Glieder der Reihe (60) zu berücksichtigen. Man kann also in (61) setzen:

$$A_\varphi = \alpha_0 - \beta_1\cos\varphi - \alpha_2\cos 2\varphi,$$
$$B_\varphi = \beta_0 + \alpha_1\cos\varphi - \beta_2\sin 2\varphi.$$

Wir beschränken die Diskussion auf die Verhältnisse vor, seitlich und hinter dem Zylinder. Die Ausdrücke für die Intensität lauten

vor dem Zylinder ($\varphi = 0$):

$$I_0 = \frac{1}{2}\left\{1 + \frac{1}{\pi^2}\frac{\lambda}{r}(A_0^2 + B_0^2) + \frac{2}{\pi}\sqrt{\frac{\lambda}{r}}\left[A_0\cos\left(\frac{\pi}{4} - \frac{4\pi r}{\lambda}\right) - B_0\sin\left(\frac{\pi}{4} - \frac{4\pi r}{\lambda}\right)\right]\right\},$$

seitlich vom Zylinder $\left(\varphi = \frac{\pi}{2}\right)$:

$$I_{\frac{\pi}{2}} = \frac{1}{2}\left\{1 + \frac{1}{\pi^2}\frac{\lambda}{r}\left(A_{\frac{\pi}{2}}^2 + B_{\frac{\pi}{2}}^2\right) + \frac{2}{\pi}\sqrt{\frac{\lambda}{r}}\left[A_{\frac{\pi}{2}}\cos\left(\frac{\pi}{2} - \frac{2\pi r}{\lambda}\right) - B_{\frac{\pi}{2}}\sin\left(\frac{\pi}{4} - \frac{2\pi r}{\lambda}\right)\right]\right\}, \tag{62}$$

hinter dem Zylinder ($\varphi = \pi$):

$$I_\pi = \frac{1}{2}\left\{1 + \frac{1}{\pi^2}\frac{\lambda}{r}(A_\pi^2 + B_\pi^2) + \frac{2}{\pi}\sqrt{\frac{\lambda}{2r}}(A_\pi - B_\pi)\right\}.$$

Aus den ersten beiden Gleichungen (62) erkennt man, daß vor und seitlich vom Zylinder Interferenzstreifen auftreten, die vor dem Zylinder einen Abstand von $\lambda/2$, seitlich von ihm einen solchen von λ haben. Die Intensität schwankt hierbei um einen Mittelwert, der größer ist als derjenige der ungestörten Strahlung, sich aber mit wachsendem r dieser asymptotisch annähert. Das Verhalten hinter dem Zylinder wird wesentlich durch das Vorzeichen des Terms $A_\pi - B_\pi$ bestimmt. Ist $A_\pi - B_\pi > 0$, so tritt hinter dem Zylinder eine Verstärkung der ungestörten Welle ein, die mit wachsendem r verschwindet (Typ I). Eine „Schattenwirkung" kann also nur eintreten, wenn $A_\pi - B_\pi < 0$ ist, und zwar dann, wenn

$$2|A_\pi - B_\pi| > \frac{1}{\pi}\sqrt{\frac{\lambda}{2r}}(A_\pi^2 + B_\pi^2)$$

ist. Gilt diese Ungleichung bereits für $r = \varrho$, so beginnt die Schattenwirkung direkt hinter dem Schirm (Typ II), sonst erst in einiger Entfernung von ihm (Typ III). Da die Schattenwirkung im Unendlichen wieder verschwindet, existiert stets eine Stelle tiefsten Schattens. Auch diese Stelle kann direkt an der Schirmfläche liegen oder erst in gewissem Abstand von ihm. Abb. 13 gibt über die vorliegenden Verhältnisse eine Übersicht. Die Realisierung der verschiedenen Typen ist von SCHAEFER durch Variation der Zylinderradien bei konstanter Wellenlänge und Dielektrizitätskonstante erreicht worden. Die Kurven $\varrho = 0{,}15$ und 0,50 cm gehören dem Typ I, $\varrho = 0{,}72$, 0,78 und 0,82 cm dem Typ III, $\varrho = 0{,}98$ und 1,21 cm dem Typ II an. Es hat zunächst den Anschein, als ob mit wachsendem ϱ der Typ II immer mehr hervortritt. Dies wäre daran zu erkennen, daß für eine feste Entfernung r vom Zylinder mit wachsendem ϱ die Schattenwirkung immer ausgeprägter würde. Zeichnet man jedoch die Werte von I_π für festes r und λ in Abhängigkeit von ϱ/λ auf, so erhält man die Kurve der Abb. 14. Es findet also eine periodische Verstärkung und Abschwächung der Intensität statt, durch die sich der Einfluß von Form und Material des Schirmes am deutlichsten ausprägt. Die Maxima und Minima treten nämlich dann auf, wenn der Radius des Zylinders so gewählt ist, daß die Frequenz der einfallenden Welle mit einer Eigenschwingung des Zylinders zusammenfällt. Es handelt sich also um eine Art Resonanzeffekt. Die Eigenschwingungen des Zylinders sind diejenigen Zustände, die auch ohne äußere Anregung bestehen können. Wir erhalten sie demnach aus (56), indem wir den ersten Term streichen. Die Gleichungen für die Koeffizienten nehmen die Form an

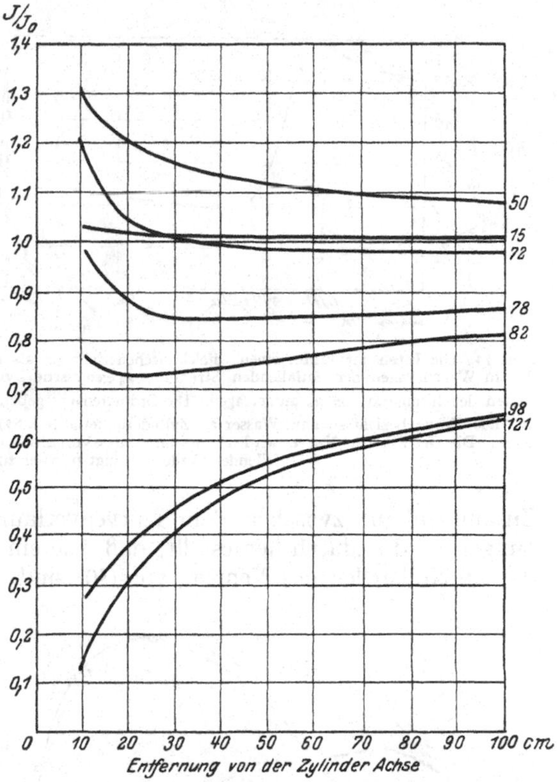

Abb. 13. Intensitätsverteilung hinter dielektrischen Zylindern. Die Kurven beziehen sich auf Wasserzylinder ($\varepsilon = 81$) und eine einfallende ebene Welle $\lambda = 58$ cm, deren elektrischer Vektor parallel zur Zylinderachse schwingt. Die Zahlen rechts geben die Zylinderradien in cm $\cdot 10^{-2}$.

$$a_n H_n^{(2)}(k_a\varrho) - b_n J_n(k_i\varrho) = 0\,,$$
$$a_n k_a H_n'^{(2)}(k_a\varrho) - b_n k_i J_n'(k_i\varrho) = 0\,,$$

und besitzen nur dann von 0 verschiedene Lösungen, wenn die Determinanten

$$\left.\begin{vmatrix} H_n^{(2)}(k_a\varrho) & J_n(k_i\varrho) \\ k_a H_n'^{(2)}(k_a\varrho) & k_i J_n'(k_i\varrho) \end{vmatrix} = 0 \quad \atop n = 0, 1, 2, \ldots \right\} \qquad (63)$$

sind. Wir erhalten also ∞^1 transzendente Gleichungen, die nur durch komplexe Werte des Arguments befriedigt werden können, da die HANKELschen im Gegensatz zu den BESSELschen Funktionen auch für reelle Werte komplex sind. Da wir ϱ reell annehmen, so folgt, daß die k komplex sind. Die Eigenschwingungen sind also gedämpft[1]). Jede der Gleichungen hat ∞^1 Wurzeln, so daß im ganzen ∞^2 Eigenschwingungen vorhanden sind, die sich der Größe nach anordnen lassen. Tabelle 2 gibt die ersten vier Werte für den in Wellenlängen der einfallenden Welle gemessenen Radius ϱ eines Wasserzylinders, der eine Eigenschwingung von der Frequenz der einfallenden Welle besitzt. Ferner sind die zugehörigen Eigendämpfungen $\varkappa$ und die Ordnung i der Schwingung hinzugefügt, die angibt, aus welcher der Gleichungen (63) der zugehörige Wert von ϱ/λ berechnet worden ist. Die Zahl j ordnet die Wurzeln in jeder dieser Gleichungen nach der Größe. Die Lage dieser Werte von ϱ/λ

Tabelle 2.

i	j	$\varrho/\lambda = \nu_i^{(j)}$	$\varkappa$
0	1	0,0153	0,1084
1	1	0,0419	0,0050
2	1	0,0674	0,0002
0	2	0,0730	0,0090

[1]) Vgl. Ziff. 1, S. 265.

ist in Abb. 14 eingetragen. Es zeigt sich, daß sie mit der Lage der Maxima und Minima zusammenfällt. Ebenso erkennt man die Einwirkung der Größe der Dämpfung auf die Schärfe der Resonanzerscheinung. Der mathematische

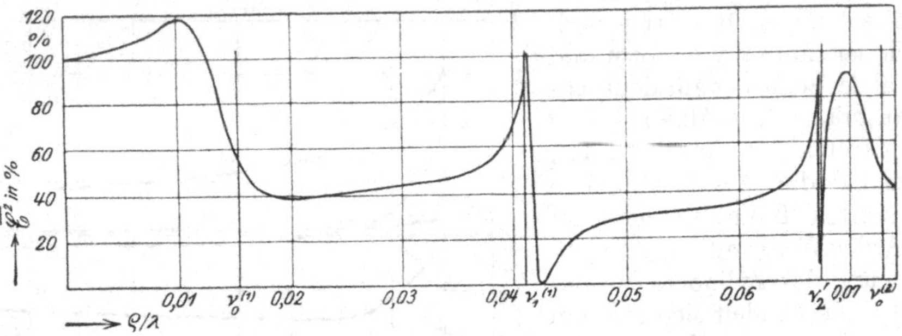

Abb. 14. Die Intensität hinter einem dielektrischen Zylinder als Funktion des Zylinderradius ϱ. Als Abszisse ist der in Wellenlängen der einfallenden Strahlung u_0 gemessene Zylinderradius, als Ordinate die Intensität in Prozenten der Intensität von u_0 aufgetragen. Die Ordinaten $\nu_i^{(j)}$ geben die Lage der Eigenschwingungen des Zylinders an. Die Kurve bezieht sich auf Wasser als Zylindermaterial ($\varepsilon = 81$) und einen Abstand $r = 10$ cm von der Zylinderachse. Die Gestalt der Kurve wird allein durch das Verhältnis ϱ/λ bestimmt. Der elektrische Vektor der einfallenden Welle schwingt parallel zur Zylinderachse.

Zusammenhang zwischen dem Kurvenverlauf und der Lage der Eigenschwingungen wird dadurch hergestellt, daß, wie ein Vergleich von (63) mit (59) lehrt, die $\nu_i^{(j)}$ Nullstellen des Nenners von (59) sind. Die von SCHAEFER beobachteten Werte lassen erkennen, daß Theorie und Experiment in vollständiger Übereinstimmung sind.

Der Einfluß der Eigenschwingungen prägt sich ebenfalls in der Energieverteilung rund um den Zylinder aus. Sie wird durch die Polardiagramme (Abb. 15 bis 18) wiedergegeben, die einer Wellenlänge von 66 cm und einem Abstand $r = 30$ cm von der Zylinderachse entsprechen. Die Größe der in der Richtung φ herrschenden Intensität wird durch die Länge des Radiusvektors gemessen, der unter dem Winkel φ vom Nullpunkt aus zur Kurve gezogen wird. Die Intensität ist in Prozenten derjenigen der einfallenden Welle angegeben.

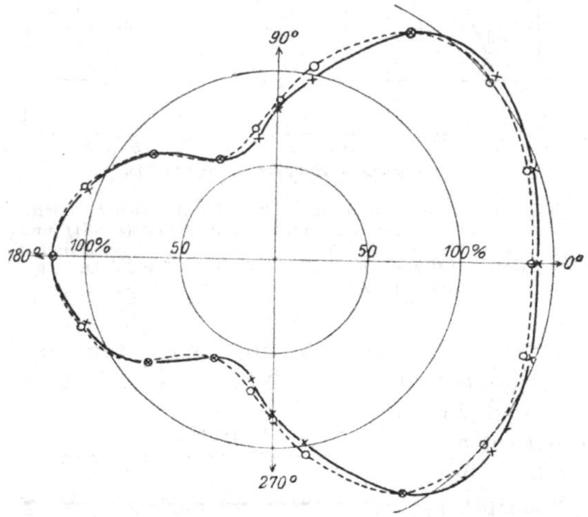

Abb. 15. Intensitätsverteilung um einen dielektrischen Zylinder ($\varepsilon = 81$) im Abstand $r = 30$ cm von der Zylinderachse. Sie hängt nun von dem Quotient ϱ/λ aus dem Zylinderradius ϱ und der Wellenlänge λ der einfallenden Strahlung ab. Elektrischer Vektor parallel zur Zylinderachse. Intensitätsverteilung vor der ersten Eigenschwingung. $\varrho/\lambda = 0{,}0106$.

Das Diagramm der ungestörten Welle ist demnach der Kreis, der die Bezeichnung 100% trägt. Die einfallende Welle kommt aus der Richtung $\varphi = 0^0$. Die ausgezogenen Kurven geben die theoretische Intensitätsverteilung, die gestrichelten die Ergebnisse des Experiments. Die Übereinstimmung ist überall ausgezeichnet. Solange der Zylinderradius sehr klein ist, ist die Störung sehr gering, in der Nähe der ersten Eigenschwingung wird sie merklich. Bemerkenswert ist die Verstärkung hinter dem Zylinder im „Schatten"gebiet auf

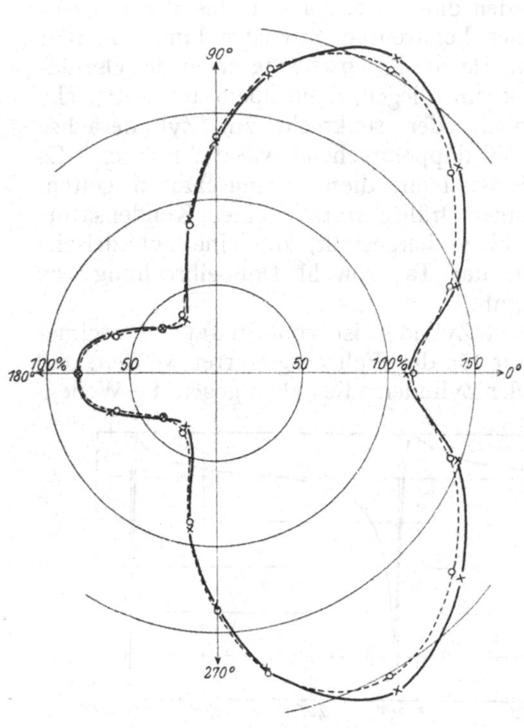

Abb. 16. Intensitätsverteilung unmittelbar vor der ersten Eigenschwingung. $\varrho/\lambda = 0{,}0136$.

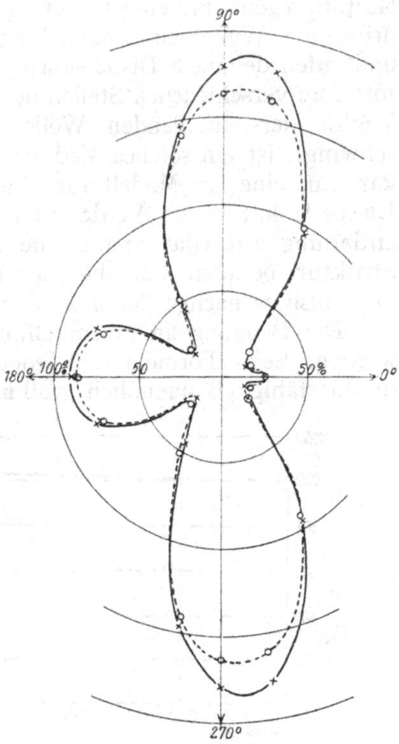

Abb. 17. Intensitätsverteilung unmittelbar vor der zweiten Eigenschwingung. $\varrho/\lambda = 0{,}0412$.

Kosten der seitlichen Strahlung, wie sie in größerer Entfernung vor der ersten Eigenschwingung eintritt (Abbildung 15), um bei weiterer Annäherung wieder zu verschwinden (Abb. 16), und der große Unterschied zwischen den Abb. 17 und 18, die den Schwingungsvorgang unmittelbar vor und hinter der zweiten Eigenschwingung $\nu_1^{(1)} = 0{,}0419$ darstellen (vgl. auch Abbildung 14).

Für die σ-Komponente haben wir durchaus analoge Verhältnisse. Abb. 19 gibt ein Bild der Abhängigkeit der Intensität von ϱ/λ hinter dem Zylinder. Im Vergleich zu der Kurve (14) verläuft die Kurve (19) noch ausgesprochener oberhalb der Geraden $I = 100$, so daß hinter dem Zylinder fast überall eine Verstärkung der freien Strahlung eintritt.

Denkt man sich in ein homogenes Medium Oszillatoren von zylindrischer

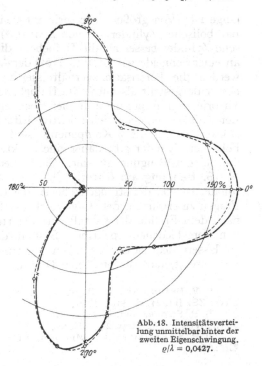

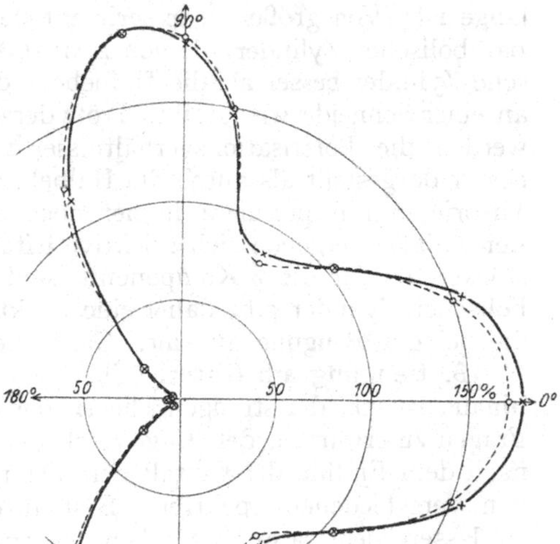

Abb. 18. Intensitätsverteilung unmittelbar hinter der zweiten Eigenschwingung. $\varrho/\lambda = 0{,}0427$.

Gestalt regelmäßig eingebettet, so werden diese durch eine in das Medium eindringende Welle zur Aussendung einer kohärenten Streustrahlung angeregt und rufen demnach Dispersion hervor. Da die Eigenschwingungen der Oszillatoren an verschiedenen Stellen des Spektrums liegen, je nachdem der elektrische Vektor der einfallenden Welle parallel oder senkrecht zur Zylinderachse schwingt, ist ein solches Medium sowohl doppelbrechend wie dichroitisch. Es kann als eine Art Modell für einen Kristall mit diesen Eigenschaften gelten. BRAUN[1]) hat durch Verdampfen dünner Drähte mittels einer Kondensatorentladung auf Glas metallische Beschläge hergestellt, die eine zylindrische Struktur besaßen und bei denen in der Tat sowohl Doppelbrechung wie Dichroismus nachgewiesen werden konnte.

Die Beugung an einem elliptischen Zylinder ist von SIEGER[2]) berechnet worden. Seine Formeln sind jedoch nur für den Fall ausgewertet worden, daß die Leitfähigkeit unendlich groß und der Zylinderradius klein gegen die Wellen-

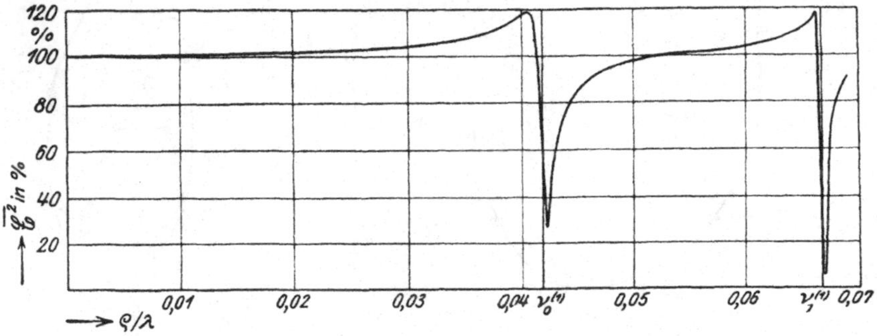

Abb. 19. Intensitätsverteilung hinter einem dielektrischen Zylinder. Die Kurve ist das Analogon zu Abb. 14 für den Fall, daß der elektrische Vektor der einfallenden Welle auf der Zylinderachse senkrecht steht.

länge ist. Von größerem experimentellem Interesse ist die Beugung an einem parabolischen Zylinder, die von EPSTEIN[3]) behandelt worden ist, da der parabolische Zylinder besser als die Halbebene die realen Verhältnisse bei der Beugung an einer Schneide wiedergibt. Trotz der Annahme unendlich großer Leitfähigkeit werden die Polarisationsverhältnisse im geometrischen Schatten in der Tat besser dargestellt als durch die Halbebene, doch bleibt die Diskrepanz zwischen Theorie und Experiment immer noch erheblich. Bei der Annahme endlicher Leitfähigkeit ergeben sich selektive Effekte, welche für die π-Komponente viel stärker als für die σ-Komponente sind. Die Theorie der Beugung am parabolischen Zylinder gibt daher eine exakte Erklärung für die Farberscheinungen, die bei der Beugung an einer Kante beobachtet werden (vgl. Ziff. 3).

9. Beugung am Gitter. Über den Rahmen der KIRCHHOFFschen Theorie hinaus ist von der strengen Theorie der Gitterbeugung die Beantwortung zweier Fragen zu erwarten, der Frage nach der Polarisation des gebeugten Lichtes und nach dem Einfluß der Gestalt der Gitterfurchen auf die Intensitätsverteilung in den verschiedenen Spektren. Besteht das Gitter aus zylindrischen Drähten, so lassen sich darauf die oben gewonnenen Resultate anwenden, falls man voraussetzt, daß die einzelnen Drähte so weit voneinander entfernt sind, daß

[1]) F. BRAUN, Ann. d. Phys. Bd. 16, S. 1 und 238. 1905. — Vgl. auch H. SPOHN, Phys. ZS. Bd. 21, S. 518. 1920.

[2]) B. SIEGER, Ann. d. Phys. Bd. 27, S. 626. 1908; vgl. P. S. EPSTEIN, Encycl. d. math. Wiss. V, 3. Kap. 24, Ziff. 65.

[3]) P. S. EPSTEIN, Diss. München 1914; Encycl. d. math. Wiss. V, 3. Kap. 24, Ziff. 66.

sie sich in ihren Wirkungen summieren, ohne sich gegenseitig zu beeinflussen. Diese Theorie ist von SCHAEFER und REICHE[1]) gegeben worden.

Das Gitter bestehe zunächst aus $\mathfrak{N} = 2N + 1$ Stäben, die unendlich lang sind und frei im Raume stehen. Der Radius der Stäbe sei gleich ϱ, der Abstand ihrer Achsen, die Gitterkonstante, gleich γ. In einer zu den Gitterstäben senkrechten Ebene sei der Mittelpunkt des von dem mittelsten Stab ausgeschnittenen Kreises Zentrum eines Koordinatensystems. Die Y-Achse liege in der Gitterebene, die X-Achse senkrecht dazu (Abb. 20). Wir führen außerdem Polarkoordinaten r, φ ein. Beleuchten wir das Gitter mit einer ebenen Welle

$$u_e = e^{ikr\cos\varphi},$$

so läßt sich nach (55b) das von dem $s$ten Zylinder abgebeugte Licht darstellen in der Form

$$u_s^* = \sum_{n=0}^{\infty} a_n H_n^{(2)}(k_a r_s) \cos n\varphi_s, \tag{64}$$

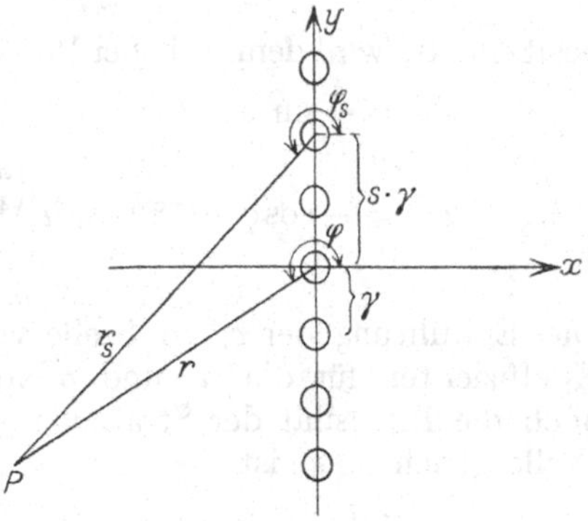

Abb. 20. Beugung am Drahtgitter.

wenn r_s den Abstand vom $s$ten Zylinder bedeutet, φ_s den Winkel, den r_s mit der Achse des Polarkoordinatensystems bildet. Indem wir r als groß gegen die Gitterbreite annehmen, können wir

$$r_s = r + s\gamma \sin\varphi,$$

$$\varphi_s = \varphi$$

setzen, das letztere, weil bei der Summierung über n wegen der schnellen Konvergenz der a_n nur wenige Glieder berücksichtigt zu werden brauchen. Für das gesamte vom Gitter abgebeugte Licht ergibt sich demnach

$$u^* = \sum_{n=0}^{\infty} a_n \cos n\varphi \sum_{s=-N}^{+N} H_n^{(2)}(k_a(r + s\gamma\sin\varphi)).$$

Für die $H_n^{(2)}$ setzen wir die asymptotischen Werte (57b) ein und schreiben noch abkürzend

$$k_a r = p, \qquad k_a \gamma \sin\varphi = p'.$$

Es wird dann

$$u^* = e^{i\left(\frac{\pi}{4} - p\right)} \sqrt{\frac{2}{\pi}} \cdot \sum_{n=0}^{\infty} i^n a_n \cos n\varphi \sum_{s=-N}^{+N} \frac{e^{-isp'}}{\sqrt{p + sp'}}.$$

Im weiteren vernachlässigen wir die Gitterbreite gegen die Entfernung des Aufpunktes vom Gitter, also sp' gegen p. Es wird dann

$$\sum_{s=-N}^{N} \frac{e^{-isp'}}{\sqrt{p + sp'}} \sim \frac{1}{\sqrt{p}} \sum_{s=-N}^{N} e^{-isp'} = \frac{1}{\sqrt{p}} \frac{\sin \mathfrak{N}\frac{p'}{2}}{\sin\frac{p'}{2}},$$

und die gesamte Lichtbewegung außerhalb des Gitters ist

$$u_a = e^{ikr\cos\varphi} + e^{i\left(\frac{\pi}{4} - p\right)} \frac{\sin\mathfrak{N}\frac{p'}{2}}{\sin\frac{p'}{2}} \sqrt{\frac{2}{\pi p}} \sum_{n=0}^{\infty} i^n a_n \cos n\varphi. \tag{65}$$

[1]) CL. SCHAEFER und F. REICHE, Ann. d. Phys. Bd. 35, S. 817. 1911.

Für die π-Komponente ist u_a mit E_z, für die σ-Komponente mit H_z zu identifizieren. Die elektrische Kraft der σ-Komponente erhalten wir aus den Gleichungen (9b), die in Polarkoordinaten die Gestalt

$$\left.\begin{aligned} i k_a E_r &= \frac{1}{r}\frac{\partial H_z}{\partial \varphi} \\ i k_a E_\varphi &= -\frac{\partial H_z}{\partial r} \end{aligned}\right\} \tag{66}$$

besitzen. Es wird demnach bei Vernachlässigung aller höheren Potenzen von $1/r$

$$\left.\begin{aligned} E_r &= -\sin\varphi\, e^{ikr\cos\varphi}, \\ E_\varphi &= -\cos\varphi\, e^{ikr\cos\varphi} + e^{i\left(\frac{\pi}{4}-p\right)} \frac{\sin\mathfrak{R}\frac{p'}{2}}{\sin\frac{p'}{2}} \sqrt{\frac{2}{\pi p}} \sum_{n=0}^{\infty} i^n c_n \cos n\varphi. \end{aligned}\right\} \tag{67}$$

Die Einführung der c_n an Stelle von a_n deute auf die Verschiedenheit dieser Koeffizienten für die π- und σ-Komponente hin. Schließlich berechnen wir noch die Intensität der Strahlung. Setzen wir die Intensität der einfallenden Welle gleich 1, so ist

$$I_\pi = \frac{\pi}{\omega}\int_{\tau}^{\tau+\frac{\omega}{2\pi}} (\Re\mathrm{e}\, E_z e^{i\omega t})^2\, dt, \qquad I_\sigma = \frac{\pi}{\omega}\int_{\tau}^{\tau+\frac{\omega}{2\pi}} [(\Re\mathrm{e}\, E_r e^{i\omega t})^2 + (\Re\mathrm{e}\, E_\varphi e^{i\omega t})^2]\, dt.$$

Setzen wir noch

$$\left.\begin{aligned} \sqrt{\frac{2}{p\pi}} \sum_{n=0}^{\infty} i^n a_n \cos n\varphi &= A_\varphi + i B_\varphi, \\ \sqrt{\frac{2}{p\pi}} \sum_{n=0}^{\infty} i^n c_n \cos n\varphi &= C_\varphi + i D_\varphi, \end{aligned}\right\} \tag{68}$$

so ergibt sich

$$\left.\begin{aligned} I_\pi = 1 &+ \frac{\sin^2\mathfrak{R}\frac{p'}{2}}{\sin^2\frac{p'}{2}}(A_\varphi^2 + B_\varphi^2) + 2A_\varphi \frac{\sin\mathfrak{R}\frac{p'}{2}}{\sin\frac{p'}{2}} \cos\left(p + p\cos\varphi - \frac{\pi}{4}\right) \\ &+ 2B_\varphi \frac{\sin\mathfrak{R}\frac{p'}{2}}{\sin\frac{p'}{2}} \sin\left(p + p\cos\varphi - \frac{\pi}{4}\right), \\ I_\sigma = 1 &+ \frac{\sin^2\mathfrak{R}\frac{p'}{2}}{\sin^2\frac{p'}{2}}(C_\varphi^2 + D_\varphi^2) - 2C_\varphi \cos\varphi \frac{\sin\mathfrak{R}\frac{p'}{2}}{\sin\frac{p'}{2}} \cos\left(p + p\cos\varphi - \frac{\pi}{4}\right) \\ &- 2D_\varphi \cos\varphi \frac{\sin\mathfrak{R}\frac{p'}{2}}{\sin\frac{p'}{2}} \sin\left(p + p\cos\varphi - \frac{\pi}{4}\right). \end{aligned}\right\} \tag{69}$$

Für $\varphi = 0$ ist

$$\left.\begin{aligned} I_{0,\pi} &= 1 + \mathfrak{R}^2[A_0^2 + B_0^2] + 2\mathfrak{R}A_0\cos\left(2p - \frac{\pi}{4}\right) + 2\mathfrak{R}B_0\sin\left(2p - \frac{\pi}{4}\right), \\ I_{0,\sigma} &= 1 + \mathfrak{R}^2[C_0^2 + D_0^2] - 2\mathfrak{R}C_0\cos\left(2p - \frac{\pi}{4}\right) - 2\mathfrak{R}D_0\sin\left(2p - \frac{\pi}{4}\right). \end{aligned}\right\} \tag{70a}$$

Vor dem Gitter bilden sich also Interferenzstreifen aus, die einen Abstand von $\lambda/2$ haben. Ihre Lage hängt vom Material der Stäbe und dem Verhältnis ϱ/λ ab, jedoch nicht von der Gitterkonstanten. Hinter dem Zylinder, also für $\varphi = \pi$, erhalten wir

$$\left.\begin{aligned} I_{\pi,\pi} &= 1 + \mathfrak{N}^2 (A_\pi^2 + B_\pi^2) + \mathfrak{N}\sqrt{2}\,(A_\pi - B_\pi) \\ I_{\pi,\sigma} &= 1 + \mathfrak{N}^2 (C_\pi^2 + D_\pi^2) + \mathfrak{N}\sqrt{2}\,(C_\pi - D_\pi). \end{aligned}\right\} \tag{70b}$$

Die Diskussion verläuft hier ganz analog wie bei einem einzelnen Zylinder. Es kann, je nach dem Verhalten der Größen A, B, C, D eine Verstärkung oder Abschwächung der einfallenden Strahlung stattfinden. Welcher Fall eintritt, hängt vom Zylindermaterial, von dem Verhältnis ϱ/λ und der Anzahl der Gitterstäbe ab. Für eine beliebige Richtung $\psi = \pi - \varphi$ wird unter Vernachlässigung höherer Potenzen

$$\left.\begin{aligned} I_{\psi,\pi} &= 1 + 2\,\frac{\sin\dfrac{\mathfrak{N}\pi\gamma\sin\psi}{\lambda}}{\sin\dfrac{\pi\gamma\sin\psi}{\lambda}}\left[A_\psi\cos\left(\frac{2\pi r(1-\cos\psi)}{\lambda} - \frac{\pi}{4}\right)\right. \\ &\qquad \left. + B_\psi\sin\left(\frac{2\pi r(1-\cos\psi)}{\lambda} - \frac{\pi}{4}\right)\right], \\ I_{\psi,\sigma} &= 1 + 2\,\frac{\sin\dfrac{\mathfrak{N}\pi\gamma\sin\psi}{\lambda}}{\sin\dfrac{\pi\gamma\sin\psi}{\lambda}}\cos\psi\left[C_\psi\cos\left(\frac{2\pi r(1-\cos\psi)}{\lambda} - \frac{\pi}{4}\right)\right. \\ &\qquad \left. + D_\psi\sin\left(\frac{2\pi r(1-\cos\psi)}{\lambda} - \frac{\pi}{4}\right)\right]. \end{aligned}\right\} \tag{70c}$$

Wir erhalten also auch hier ein System von Interferenzstreifen. Betrachten wir für einen Augenblick nur die Winkelargumente in den runden Klammern als von ψ abhängig, so liegen die Extremwerte der Intensität an den Stellen

$$\cos\left(\frac{2\pi r(1-\cos\psi)}{\lambda} - \frac{\pi}{4} - \sigma\right) = \pm 1, \qquad \frac{B_\psi}{A_\psi} = \operatorname{tg}\sigma,$$
$$\cos\left(\frac{2\pi r(1-\cos\psi)}{\lambda} - \frac{\pi}{4} - \tau\right) = \pm 1, \qquad \frac{D_\psi}{C_\psi} = \operatorname{tg}\tau.$$

Diese Gleichungen werden durch die konfokalen Parabelscharen

$$\frac{2\pi r(1-\cos\psi)}{\lambda} - \frac{\pi}{4} - \left\{\begin{matrix}\sigma\\ \tau\end{matrix}\right. = h\pi, \qquad h = 0, \pm 1, \pm 2, \ldots$$

erfüllt, die den Nullpunkt als Brennpunkt und die Richtung $\psi = 0$ als Achse haben. Bewegt man sich längs eines Radiusvektors mit der Richtung ψ vom Nullpunkt weg, so beträgt die Entfernung zwischen zwei aufeinanderfolgenden Parabeln der Schar $\lambda/2(1-\cos\psi)$. Längs eines Radiusvektors schwankt also die Intensität in diesem Abstand von Maximum zu Minimum. Dieses Verhalten ist von dem bei gewöhnlichen Gittern beobachteten wesentlich verschieden und rührt daher, daß wir das Gitter frei im Raume stehend angenommen haben. Wir kommen weiter unten darauf zurück. Sehr kompliziert ist die Abhängigkeit der Intensität vom Beugungswinkel ψ. Ohne Kenntnis der Eigenschaften des Gitters ist hierüber wegen der Abhängigkeit der A, B, C, D vom Material und den Dimensionen des Gitters wenig auszusagen. Der Faktor

$$\frac{\sin\dfrac{\mathfrak{N}\pi\gamma\sin\psi}{\lambda}}{\sin\dfrac{\pi\gamma\sin\psi}{\lambda}}$$

bewirkt wie in der gewöhnlichen Gittertheorie im allgemeinen einen Extremwert der Intensität an den Stellen

$$\sin\psi = \frac{k\lambda}{\gamma},$$

der aber durch die Einflüsse der übrigen von ψ abhängigen Faktoren stark modifiziert wird und je nach deren Verhalten ein Maximum oder ein Minimum sein kann oder gar nicht zum Ausdruck kommt.

Wir berechnen hier schließlich noch die Durchlässigkeit D des Gitters. Es ist dies das Verhältnis der Intensität der einfallenden zu derjenigen der durch-

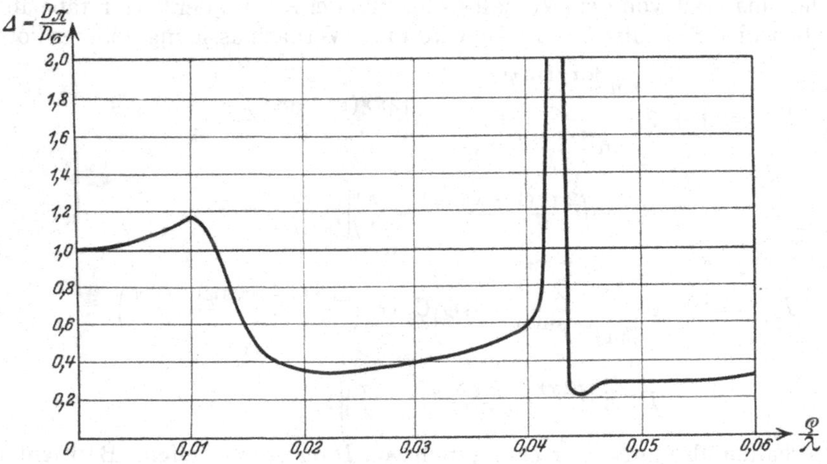

Abb. 21. Das Durchlässigkeitsverhältnis D_π/D_σ für einen einzelnen dielektrischen Zylinder.

gelassenen Strahlung, d. h. zur Intensität des Zentralbildes. Sie ist direkt gegeben durch die Ausdrücke (70b). Besonders wichtig ist das Verhältnis der Durchlässigkeit für die π- und die σ-Komponente. Nach (70b) ist

$$\varDelta = \frac{D_\pi}{D_\sigma} = \frac{1 + \mathfrak{R}\sqrt{2}(A_\pi - B_\pi) + \mathfrak{R}^2(A_\pi^2 + B_\pi^2)}{1 + \mathfrak{R}\sqrt{2}(C_\pi - D_\pi) + \mathfrak{R}^2(C_\pi^2 + D_\pi^2)}. \tag{71}$$

Ist $\varDelta \ll 1$, so haben wir ein Gitter, das die auffallende Strahlung fast vollkommen parallel zu den Gitterstäben polarisiert bzw. von einer polarisierten Strahlung nur die Komponente durchläßt, deren elektrischer Vektor senkrecht zu den Gitterstäben schwingt. Dieser Fall ist realisiert bei den bekannten Versuchen von HERTZ mit elektrischen Wellen und metallischen Gittern, bei denen Gitterkonstante und Stabradien klein gegen die Wellenlänge sind. Eine in dieser Richtung polarisierende Wirkung des Gitters wird deshalb als Hertzeffekt bezeichnet. Der entgegengesetzte Fall wurde an Gittern zum erstenmal von DU BOIS und RUBENS[1]) aufgefunden, und zwar an Metalldrahtgittern von 50 bis 100 μ Drahtdurchmessern bei Bestrahlung mit ultrarotem Licht. Er wird als Du Boiseffekt bezeichnet. Durch Vergrößerung der Wellenlänge der auffallenden Strahlung wird der Du Boiseffekt in den Hertzeffekt übergeführt. Der Punkt,

[1]) H. DU BOIS, Wied. Ann. Bd. 46, S. 542. 1892.; H. DU BOIS und H. RUBENS, Wied. Ann. Bd. 49, S. 593. 1893; Ann. d. Phys. Bd. 35, S. 243. 1911.

in dem gerade $\Delta = 1$ ist, wird als Inversionspunkt bezeichnet. Im allgemeinen ist das Verhalten sehr kompliziert. Für einen einzelnen dielektrischen Zylinder, für den die Kurven der Abb. 14 und 19 berechnet worden sind, ergibt sich z. B. der Verlauf von $\Delta(\varrho/\lambda)$ nach Abb. 21. Wir haben einen durch die Eigenschwingungen des Zylinders hervorgerufenen periodischen Verlauf von Δ in Abhängigkeit von ϱ/λ, wobei in dem betrachteten Gebiet bereits mehrere Inversionspunkte auftreten. Demnach können quantitative Aussagen über den Verlauf von Δ nur gemacht werden, wenn die A, B, C, D numerisch bekannt sind. Die Formel (71) ergibt für sehr kleine ϱ/λ, für die die Rechnungen sich ausführen lassen, an metallischen Gittern das Überwiegen des Hertzeffektes. Betreffs weiterer Einzelheiten wird auf die Originalarbeit verwiesen. Für das optische Gebiet lassen sich die Ergebnisse von DEBYE und SPOHN übertragen, da sich ein Gitter hinsichtlich des Durchlässigkeitsverhältnisses im wesentlichen wie ein einzelner Zylinder verhält. Die Rechnungen bestätigen die Existenz eines Inversionspunktes beim Übergang zu langwelliger Strahlung und geben auch quantitativ die Abhängigkeit der Lage dieses Punktes vom Material der Gitterdrähte recht gut wieder.

Die Wirkung der bisher betrachteten Gitter unterscheidet sich in einem wesentlichen Punkte von der gewöhnlicher Gitter, nämlich in der obenerwähnten Abhängigkeit der Intensität von r. Dieser Effekt wird im wesentlichen dadurch hervorgerufen, daß das Gitter frei im Raum steht, während die meisten Gitter in eine undurchsichtige Blende eingelassen sind. Nehmen wir an, daß das Gitter in der Öffnung eines Spaltes von unendlicher Leitfähigkeit angebracht ist, dessen Kanten noch um $\gamma/2$ von den Achsen der beiden äußersten Stäbe entfernt sind, so kommt zu der Gitterwirkung noch die beugende Wirkung des Spaltes hinzu, während die einfallende Welle größtenteils abgeblendet wird. Die Lichtbewegung hinter einem Spalt wird durch die Formel (46) der Ziff. 6 gegeben. Die Spaltbreite $2d$ ist hier gleich $\mathfrak{N}\gamma$. Addieren wir hierzu noch den durch den zweiten Term von (65) bzw. (67) gegebenen Ausdruck für das vom Gitter abgebeugte Licht, so erhalten wir für die gesamte Lichtbewegung hinter dem Zylinder im Falle der π-Komponente

$$\left.\begin{aligned} E_\pi = E_z &= \frac{e^{i\left(\frac{\pi}{4}-p\right)}}{\sqrt{2\pi p}}\,\frac{\sin\dfrac{\pi\mathfrak{N}\gamma\sin\psi}{\lambda}}{\sin\dfrac{\psi}{2}} - \frac{e^{-i\left(\frac{\pi}{4}+p\right)}}{\sqrt{2\pi p}}\cdot\frac{\cos\dfrac{\pi\mathfrak{N}\gamma\sin\psi}{\lambda}}{\cos\dfrac{\psi}{2}} \\ &\quad + e^{i\left(\frac{\pi}{4}-p\right)}\,\frac{\sin\dfrac{\pi\mathfrak{N}\gamma\sin\psi}{\lambda}}{\sin\dfrac{\pi\gamma\sin\psi}{\lambda}}\,(A_\psi + iB_\psi), \end{aligned}\right\}\quad (72\text{a})$$

im Falle der σ-Komponente

$$\left.\begin{aligned} E_\sigma = E_\psi &= \frac{e^{i\left(\frac{\pi}{4}-p\right)}}{\sqrt{2\pi p}}\,\frac{\sin\dfrac{\pi\mathfrak{N}\gamma\sin\psi}{\lambda}}{\sin\dfrac{\psi}{2}} + \frac{e^{-i\left(\frac{\pi}{4}+p\right)}}{\sqrt{2\pi p}}\,\frac{\cos\dfrac{\pi\mathfrak{N}\gamma\sin\psi}{\lambda}}{\cos\dfrac{\psi}{2}} \\ &\quad + e^{i\left(\frac{\pi}{4}-p\right)}\,\frac{\sin\dfrac{\pi\mathfrak{N}\gamma\sin\psi}{\lambda}}{\sin\dfrac{\pi\gamma\sin\psi}{\lambda}}\,(C_\psi + iD_\psi), \end{aligned}\right\}\quad (72\text{b})$$

da in erster Näherung der aus (46) mit Hilfe von (66) berechnete Ausdruck für E_φ mit demjenigen für H_z identisch ist, während E_r verschwindet. Aus (72) ergibt sich für die Intensität

$$\left.\begin{aligned} I_\pi = \frac{1}{2\pi p}\Biggl\{&\left[\frac{\sin\frac{\pi\mathfrak{N}\gamma\sin\psi}{\lambda}}{\sin\frac{\psi}{2}}\right]^2 + \left[\frac{\cos\frac{\pi\mathfrak{N}\gamma\sin\psi}{\lambda}}{\cos\frac{\psi}{2}}\right]^2 \\ &+ 2\pi p(A_\psi^2 + B_\psi^2)\left[\frac{\sin\frac{\pi\mathfrak{N}\gamma\sin\psi}{\lambda}}{\sin\frac{\pi\gamma\sin\psi}{\lambda}}\right]^2 \\ &+ 2\sqrt{2\pi p}\,\frac{\sin\frac{\pi\mathfrak{N}\gamma\sin\psi}{\lambda}}{\sin\frac{\pi\gamma\sin\psi}{\lambda}}\left[A_\psi\frac{\sin\frac{\pi\mathfrak{N}\gamma\sin\psi}{\lambda}}{\sin\frac{\psi}{2}} + B_\psi\frac{\cos\frac{\pi\mathfrak{N}\gamma\sin\psi}{\lambda}}{\cos\frac{\psi}{2}}\right]\Biggr\}. \end{aligned}\right\} \tag{73}$$

Entsprechend I_σ durch Ersatz der A_ψ, B_ψ durch C_ψ, $-D_\psi$. Die ersten beiden Terme liefern die Verteilung, die allein durch die Anwesenheit des Spaltes hervorgerufen wird. Sie ist innerhalb des geometrischen Schattens gering. Sind $|A_\psi|$, $|B_\psi|$, $|C_\psi|$, $|D_\psi| \gg (\mathfrak{N}\sqrt{p})^{-1}$, was bei optischen Gittern meist der Fall sein wird, so wird die Intensität im wesentlichen durch den dritten Term bestimmt und erreicht ihr Maximum an den Stellen

$$\frac{\gamma\sin\psi}{\lambda} = h, \qquad h = 0, \pm 1, \pm 2, \ldots$$

Dort wird die Intensität

$$I_\pi = (A_\psi^2 + B_\psi^2)\mathfrak{N}^2,$$
$$I_\sigma = (C_\psi^2 + D_\psi^2)\mathfrak{N}^2,$$

und zwar ist die Lage dieser Maxima unabhängig von dem Material der Gitterstäbe und im Gegensatz zu den vorher betrachteten Gittern auch unabhängig von der Entfernung vom Gitter. Es läßt sich auch hier eine Durchlässigkeit definieren, indem wir die Intensität, welche allein durch den Spalt hervorgerufen wird, mit derjenigen vergleichen, die beim Einsetzen des Gitters in den Spalt entsteht. Nach (73) ist die so definierte Durchlässigkeit des Gitters

$$\left.\begin{aligned} D_\pi &= \frac{1 + \left(\frac{2\pi\mathfrak{N}\gamma}{\lambda}\right)^2 + 2\pi p(A_0^2 + B_0^2)\mathfrak{N}^2 + 2\sqrt{2\pi p}\,\mathfrak{N}\left(A_0\frac{2\pi\mathfrak{N}\gamma}{\lambda} + B_0\right)}{1 + \left(\frac{2\pi\mathfrak{N}\gamma}{\lambda}\right)^2}, \\ D_\sigma &= \frac{1 + \left(\frac{2\pi\mathfrak{N}\gamma}{\lambda}\right)^2 + 2\pi p(C_0^2 + D_0^2)\mathfrak{N}^2 + 2\sqrt{2\pi p}\,\mathfrak{N}\left(C_0\frac{2\pi\mathfrak{N}\gamma}{\lambda} - D_0\right)}{1 + \left(\frac{2\pi\mathfrak{N}\gamma}{\lambda}\right)^2}. \end{aligned}\right\} \tag{74}$$

Hieraus berechnet sich das Durchlässigkeitsverhältnis

$$\varDelta = \frac{1 + \left(\frac{2\pi\mathfrak{N}\gamma}{\lambda}\right)^2 + 2\pi p(A_0^2 + B_0^2)\mathfrak{N}^2 + 2\sqrt{2\pi p}\,\mathfrak{N}\left(A_0\frac{2\pi\mathfrak{N}\gamma}{\lambda} + B_0\right)}{1 + \left(\frac{2\pi\mathfrak{N}\gamma}{\lambda}\right)^2 + 2\pi p(C_0^2 + D_0^2)\mathfrak{N}^2 + 2\sqrt{2\pi p}\,\mathfrak{N}\left(C_0\frac{2\pi\mathfrak{N}\gamma}{\lambda} - D_0\right)}. \tag{75}$$

Will man über das Durchlässigkeitsverhältnis quantitative Aussagen machen, so müssen die Koeffizienten A, B, C und D bestimmt werden. Die Rechnung läßt sich wieder durchführen, wenn ϱ/λ klein ist. Sie ergibt für ein Gitter aus sehr dünnen Stäben zunächst den Du Boiseffekt, der bei Vermehrung der Stäbe über einen Inversionspunkt hinweg in den Hertzeffekt übergeht.

IGNATOWSKY[1]) hat Berechnungen für beliebige Gitterprofile von unendlicher Längs- und Querausdehnung durchgeführt. In diesem Falle läßt sich der Ausdruck für das gebeugte Licht durch eine FOURIERsche Reihe darstellen. Für den Fall der Drahtgitter kommt IGNATOWSKY zu ähnlichen Resultaten wie SCHAEFER und zu einer qualitativen Übereinstimmung mit den experimentellen Ergebnissen von DU BOIS und RUBENS. Ferner ist unter der Voraussetzung der unendlichen Ausdehnung des Gitters der Winkel ϑ_h zwischen der Richtung des $h$ten Hauptmaximums und der Gitternormalen unabhängig von der Form der Furchen und dem Material des Gitters stets durch die FRAUNHOFERsche Beziehung

$$\left.\begin{aligned} \sin\vartheta_h - \sin\vartheta_0 &= h\cdot\frac{\lambda}{\gamma} = h\cdot\frac{q}{k}, \\ q &= \frac{2\pi}{\gamma} \end{aligned}\right\} \tag{76a}$$

gegeben, wenn ϑ_0 die Richtung der einfallenden Welle bedeutet und h alle ganzen Zahlen durchläuft, die hiermit verträglich sind.

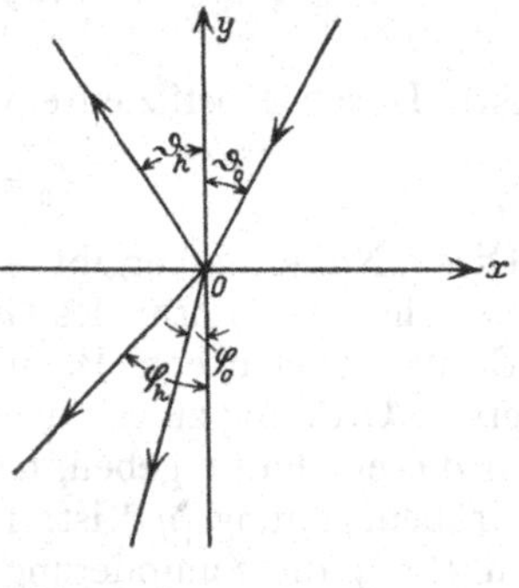

Abb. 22. Beugung am Gitter.

Dieser Tatbestand ist die Voraussetzung der Gittertheorie von Lord RAYLEIGH[2]), der den Einfluß des Furchenprofils auf die Intensitätsverteilung in den Spektren der verschiedenen Ordnungen untersucht. Das Gitter bestehe zunächst aus beliebigem Material und sei wieder in beiden Richtungen unendlich ausgedehnt. Die Furchen mögen der Z-Achse parallel laufen, die Gitterebene sei die XZ-Ebene. Die Spur des Gitters in der XY-Ebene läßt sich dann durch die Fourierreihe

$$y = \sum_{h=-\infty}^{+\infty} \eta_h e^{ihqx}, \qquad \eta_0 = 0, \qquad \eta_{-h} = \overline{\eta_h} \tag{77}$$

darstellen. Die Festsetzung $\eta_0 = 0$ macht die XZ-Ebene zur Gitterebene. Wir beleuchten das Gitter mit der ebenen Welle

$$u_e = e^{ik(x\sin\vartheta_0 + y\cos\vartheta_0)}, \tag{78a}$$

die aus der Richtung ϑ_0 einfällt (Abb. 22) und nehmen nun an, daß die reflektierte Welle nur in den durch (76) bestimmten Richtungen eine wesentliche Intensität besitzt und eine Überlagerung von ebenen, nach diesen Richtungen ausstrahlenden Wellenzügen ist. Es ergibt sich mit Rücksicht auf (76a)

$$u^* = e^{ikx\sin\vartheta_0} \sum_{h=-\infty}^{+\infty} A_h e^{ihqx}\, e^{-iky\cos\vartheta_h}. \tag{78b}$$

Entsprechend erhalten wir für die gebrochene Welle, wenn φ_0 die Richtung des regulär gebrochenen Strahles ist und φ_h die Richtungen der gebeugten sind (Abb. 22);

$$\sin\varphi_h - \sin\varphi_0 = \frac{h\lambda'}{\gamma} = h\frac{q}{k'}, \tag{76b}$$

$$u_i = e^{ik'x\sin\varphi_0} \sum_{h=-\infty}^{+\infty} B_h e^{ihqx}\, e^{ik'y\cos\vartheta_h}, \tag{78c}$$

[1]) W. v. IGNATOWSKY, Ann. d. Phys. Bd. 44, S. 369. 1914.

[2]) Lord RAYLEIGH, Theory of sound. sd. ed. London 1926. Bd. II, § 272a.; Proc. Roy. Soc. London (A) Bd. 79, S. 399. 1907.

wobei

$$\frac{k'}{k} = \frac{\sin\vartheta_0}{\sin\varphi_0}$$

ist. Wir betrachten nur noch den Fall unendlicher Leitfähigkeit. Es ist dann $u_i = 0$, und auf dem Schirm ist die Bedingung $u^* + u_e = 0$ zu erfüllen. Nach (78) ist also auf dem Gitter

$$-e^{iky\cos\vartheta_0} = \sum_{h=-\infty}^{+\infty} A_h e^{-iky\cos\vartheta_h} e^{ihqx}. \tag{79}$$

Wir nehmen nun an, daß die Tiefe der Gitterfurchen so klein gegen die Wellenlänge ist, daß auch ky eine sehr kleine Zahl ist. Als erste Näherung ergibt sich dann aus (79)

$$-1 - iky\cos\vartheta_0 = \sum_{h=-\infty}^{+\infty} A_h e^{ihqx},$$

während nach (77)

$$-1 - iky\cos\vartheta_0 = -1 + \sum_{h=-\infty}^{+\infty} - ik\cos\vartheta_0 \eta_h e^{ihqx}$$

ist. Durch Koeffizientenvergleichung ergibt sich hieraus

$$A_0 = -1, \qquad A_h = -\eta_h \cdot ik\cos\vartheta_0. \tag{80a}$$

Diese Näherung ergibt einen außerordentlich übersichtlichen Zusammenhang zwischen der Form des Gitters und der Intensität der verschiedenen Spektren. Besitzt das Gitter z. B. eine reine Sinusgestalt, so sind hiernach nur die Spektren erster Ordnung zu erwarten. Eine genauere Berechnung der Koeffizienten würde in diesem Fall ergeben, daß die Amplitude im Spektrum $n$ter Ordnung von der Größenordnung $|\eta|^n$ ist. Diese Feststellung rechtfertigt es nachträglich, daß wir in (78b) die Summierung bis ins Unendliche erstreckt haben, während sie in Wirklichkeit nur über solche h zu erstrecken ist, die mit (76a) verträglich sind. Führt man die Summation nur über die zulässigen h, so ergibt sich, wie VOIGT[1]) gezeigt hat, daß die Intensitätsverteilung in den Spektren nur von so vielen Koeffizienten η_h der Entwicklung (77) abhängt, als Spektren vorhanden sind, während die höheren Koeffizienten keinen Einfluß mehr haben. Mit derselben Annäherung erhält man für die σ-Komponente

$$A_0 = 1, \qquad A_h\cos\vartheta_h = i\eta_h[k\cos^2\vartheta_0 - hq\sin\vartheta_0]. \tag{80b}$$

Nach dieser Formel ist bei streifendem Austritt des gebeugten Lichtes ein starkes Anwachsen der Amplitude zu erwarten, auch läßt der Unterschied zwischen (80a) und (80b) auf eine polarisierende Wirkung des Gitters schließen. Auf eine nähere Diskussion kann hier nicht eingegangen werden. RAYLEIGH hat seine Untersuchungen auch auf Glasgitter ausgedehnt. Seine Resultate sind in guter Übereinstimmung mit den schon von FRAUNHOFER[2]) beobachteten Polarisationserscheinungen.

Für die experimentelle Prüfung der RAYLEIGHschen Theorie an Reflexionsgittern erweist sich die Annahme unendlich großer Leitfähigkeit als unzulässig[3]). VOIGT hat daher den Fall endlicher Leitfähigkeit diskutiert und kommt dabei zu Resultaten, die mit der Erfahrung sehr gut übereinstimmen.

---

[1]) W. VOIGT, Göttinger Nachr. 1911, S. 41. 1912, S. 385.

[2]) J. FRAUNHOFER, Ann. d. Phys. Bd. 74, S. 364. 1823. vgl. auch J. FRÖHLICH, Polarisation des gebeugten Lichtes. Leipzig 1907.

[3]) B. POGANY, Ann. d. Phys. Bd. 37, S. 257. 1912.; P. COLLET, Göttinger Nachr. 1912, S. 401.

10. Beugung an der Kugel. Die Berechnung der Beugung an einer Kugel ist zuerst von MIE[1]) durchgeführt worden. Führt man räumliche Polarkoordinaten ein (Abb. 23), so nehmen die MAXWELLschen Gleichungen die Gestalt an:

$$r\sin\vartheta\left(\frac{i\omega\varepsilon}{c}+\frac{\sigma}{c}\right)E_r=\frac{\partial(\sin\vartheta H_\varphi)}{\partial\vartheta}-\frac{\partial(H_\vartheta)}{\partial\varphi},\tag{81a}$$

$$r\sin\vartheta\left(\frac{i\omega\varepsilon}{c}+\frac{\sigma}{c}\right)E_\vartheta=\frac{\partial H_r}{\partial\varphi}-\frac{\partial(r\sin\vartheta H_\varphi)}{\partial r},\tag{81b}$$

$$r\left(\frac{i\omega\varepsilon}{c}+\frac{\sigma}{c}\right)E_\varphi=\frac{\partial(rH_\vartheta)}{\partial r}-\frac{\partial H_r}{\partial\vartheta},\tag{81c}$$

$$-\frac{i\omega}{c}r\sin\vartheta H_r=\frac{\partial(\sin\vartheta E_\varphi)}{\partial\vartheta}-\frac{\partial E_\vartheta}{\partial\varphi},\tag{81d}$$

$$-\frac{i\omega}{c}r\sin\vartheta H_\vartheta=\frac{\partial E_r}{\partial\varphi}-\frac{\partial(r\sin\vartheta E_\varphi)}{\partial r},\tag{81e}$$

$$-\frac{i\omega}{c}rH_\varphi=\frac{\partial(rE_\vartheta)}{\partial r}-\frac{\partial E_r}{\partial\vartheta}.\tag{81f}$$

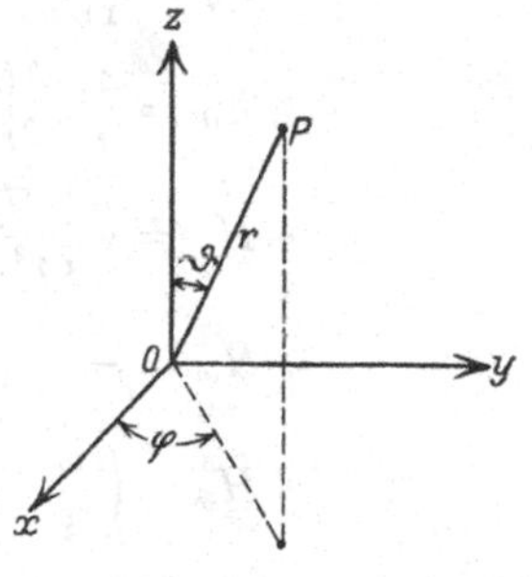

Abb. 23.

Da wir es jetzt nicht mehr mit einem zweidimensionalen Problem zu tun haben, ist die Zerlegung in eine σ- und π-Komponente nicht mehr von Vorteil. Wir können jedoch hier eine andere Zerlegung vornehmen, die die Rechnungen vereinfacht. Wir stellen jede allgemeine Schwingung als Superposition einer Welle dar, bei der dauernd $E_r=0$ und $H_r\neq 0$ ist und die wir mit MIE als magnetische Schwingung bezeichnen, und einer Welle, bei der dauernd $E_r\neq 0$ und $H_r=0$ ist und die wir als elektrische Schwingung bezeichnen. In der weiteren Darstellung folgen wir DEBYE[2]). Für den Fall der elektrischen Schwingung geht (81d) über in

$$\frac{\partial(\sin\vartheta E_\varphi)}{\partial\vartheta}=\frac{\partial E_\vartheta}{\partial\varphi}.$$

Diese Gleichung läßt sich durch den Ansatz

$$E_\varphi=\frac{1}{r\sin\vartheta}\frac{\partial^2(r\Pi_1)}{\partial\varphi\,\partial r},\qquad E_\vartheta=\frac{1}{r}\frac{\partial^2(r\Pi_1)}{\partial\vartheta\,\partial r}\tag{82a}$$

befriedigen. Die Werte der übrigen Feldgrößen lassen sich dann nacheinander aus den Gleichungen (81b, c, a) gewinnen. Durch Einsetzen in (81e) und (81f) erhält man für Π_1 beide Male dieselbe Differentialgleichung:

$$\Delta\Pi_1+k^2\Pi_1=\frac{1}{r}\frac{\partial^2(r\Pi_1)}{\partial r^2}+\frac{1}{r^2\sin\vartheta}\frac{\partial\sin\vartheta\frac{\partial\Pi_1}{\partial\vartheta}}{\partial\vartheta}+\frac{1}{r^2\sin^2\vartheta}\frac{\partial^2\Pi_1}{\partial\varphi^2}+k^2\Pi_1=0,\tag{83}$$

wodurch der Ansatz (82) gerechtfertigt wird.

Ganz entsprechend setzen wir im Fall der magnetischen Schwingung

$$H_\varphi=\frac{1}{r\sin\vartheta}\frac{\partial^2(r\Pi_2)}{\partial r\,\partial\varphi},\qquad H_\vartheta=\frac{1}{r}\frac{\partial^2(r\Pi_2)}{\partial r\,\partial\vartheta},\tag{82b}$$

berechnen in gleicher Weise die übrigen Komponenten des Feldes und erhalten für Π_2 ebenfalls die Differentialgleichung

$$\Delta\Pi_2+k^2\Pi_2=0.$$

[1]) G. MIE, Ann. d. Phys. Bd. 25, S. 377. 1908.
[2]) P. DEBYE, Ann. d. Phys. Bd. 30, S. 57. 1909.

Die Superposition beider Schwingungen liefert für den allgemeinen Fall die Formeln

$$\left.\begin{aligned}
E_r &= \frac{\partial^2(r\Pi_1)}{\partial r^2} + k^2 r\Pi_1,\\
E_\varphi &= \frac{1}{r\sin\vartheta}\frac{\partial^2(r\Pi_1)}{\partial r\,\partial\varphi} + \frac{i\omega}{c}\frac{1}{r}\frac{\partial(r\Pi_2)}{\partial\vartheta},\\
E_\vartheta &= \frac{1}{r}\frac{\partial^2(r\Pi_1)}{\partial r\,\partial\vartheta} - \frac{i\omega}{c}\frac{1}{r\sin\vartheta}\frac{\partial(r\Pi_2)}{\partial\varphi},\\
H_r &= \frac{\partial^2(r\Pi_2)}{\partial r^2} + k^2 r\Pi_2,\\
H_\varphi &= -\frac{1}{r}\left(\frac{i\omega\varepsilon}{c} + \frac{\sigma}{c}\right)\frac{\partial(r\Pi_1)}{\partial\vartheta} + \frac{1}{r\sin\vartheta}\frac{\partial^2(r\Pi_2)}{\partial r\,\partial\varphi},\\
H_\vartheta &= \left(\frac{i\omega\varepsilon}{c} + \frac{\sigma}{c}\right)\frac{1}{r\sin\vartheta}\frac{\partial(r\Pi_1)}{\partial\varphi} + \frac{1}{r}\frac{\partial^2(r\Pi_2)}{\partial r\,\partial\vartheta}.
\end{aligned}\right\} \tag{84}$$

Wir haben demnach unsere Aufgabe auf die Auffindung zweier Lösungen Π_1 und Π_2 der Schwingungsgleichung zurückgeführt. Wir integrieren die Gleichung (83) durch den Ansatz

$$\Pi = f(r)\cdot\eta(\varphi,\vartheta), \tag{85}$$

welcher für die beiden Funktionen f und η die Differentialgleichungen

$$\left.\begin{aligned}
\frac{1}{\sin\vartheta}\frac{\partial\sin\vartheta\dfrac{\partial\eta}{\partial\vartheta}}{\partial\vartheta} + \frac{1}{\sin^2\vartheta}\frac{\partial^2\eta}{\partial\varphi^2} + \tau\eta &= 0,\\
\frac{1}{r}\frac{d^2(rf)}{dr^2} + \left(k^2 - \frac{\tau}{r^2}\right)f &= 0
\end{aligned}\right\} \tag{86}$$

liefert. Die erste dieser beiden Gleichungen hat nur dann eine auf der ganzen Kugelfläche reguläre Lösung, wenn der zunächst willkürliche Parameter τ nur die diskreten Werte $n(n+1)$, $n = 0, 1, 2, \ldots$ annimmt. Die zu diesen Eigenwerten gehörigen Eigenfunktionen sind die Kugelfunktionen $\eta_n(\vartheta,\varphi)$ von LAPLACE[1]). Wir entwickeln η_n als Funktion von φ in eine FOURIERsche Reihe und schreiben

$$\eta_n(\vartheta,\varphi) = \sum_{h=0}^{\infty} P_{n,h}(a_{n,h}\cos h\varphi + b_{n,h}\sin h\varphi).$$

Durch Einsetzen in (86) erhält man für $P_{n,h}$ die Differentialgleichung:

$$\frac{1}{\sin\vartheta}\frac{d}{d\vartheta}\left(\sin\vartheta\frac{dP_{n,h}}{d\vartheta}\right) + \left[n(n+1) - \frac{h^2}{\sin^2\vartheta}\right]P_{n,h} = 0. \tag{87}$$

Diese Differentialgleichung wird durch die zugeordneten LEGENDREschen Kugelfunktionen $h$ter Ordnung mit dem Argument $\cos\vartheta$ befriedigt, die aus den gewöhnlichen Kugelfunktionen nach der Vorschrift

$$P_{n,h}(x) = \sqrt{1-x^2}^{\,h}\,\frac{d^h P_n(x)}{dx^h} \tag{88}$$

zu bilden sind. Da die LEGENDREschen Kugelfunktionen Polynome $n$ter Ordnung sind, so ist $P_{n,h} = 0$ für $h > n$. Wir erhalten demnach:

$$\eta_n(\vartheta,\varphi) = \sum_{h=0}^{n} P_{n,h}(\cos\vartheta)(a_{n,h}\cos h\varphi + b_{n,h}\sin h\varphi). \tag{89}$$

Schließlich integrieren wir die zweite der Gleichungen (86) durch den Ansatz:

$$f(r) = (kr)^{-\frac{1}{2}}\cdot C(kr).$$

---

[1]) Vgl. COURANT-HILBERT, Methoden d. math. Phys., S. 257ff, 416ff. Berlin 1924.

Er liefert für $C(kr)$ unmittelbar die Differentialgleichung

$$\frac{d^2 C(kr)}{dr^2} + \frac{1}{r}\frac{dC(kr)}{dr} + \left[k^2 - \frac{(n+\frac{1}{2})^2}{r^2}\right] C(kr) = 0, \tag{90}$$

also die BESSELsche Differentialgleichung für die Eigenwerte $n + \frac{1}{2}$. Demnach ist

$$C_{n+\frac{1}{2}}(kr) = c_{1,n} J_{n+\frac{1}{2}}(kr) + c_{2,n} Y_{n+\frac{1}{2}}(kr) \tag{91}$$

in der Bezeichnungsweise (34). Eine Lösung von (83) ist also

$$\Pi_n = (kr)^{-\frac{1}{2}} C_{n+\frac{1}{2}}(kr)\,\eta_n,$$

und die allgemeine lautet

$$\Pi = \sum_{n=0}^{\infty}\sum_{h=0}^{n} (kr)^{-\frac{1}{2}} C_{n+\frac{1}{2}}(kr)\, P_{n,h}(\cos\vartheta)\,(a_{n,h}\cos h\varphi + b_{n,h}\sin h\varphi). \tag{92}$$

Durch Einsetzen in (84) erhalten wir unter Berücksichtigung von (90) die formal gleichlautenden Ausdrücke für E_r und H_r

$$E_r, H_r = \sum_{n=1}^{\infty}\sum_{h=0}^{n}\left(\frac{r}{k}\right)^{\frac{1}{2}} \frac{n(n+1)}{r^2} C_{n+\frac{1}{2}}(kr)\, P_{n,h}(\cos\vartheta)\,(a_{n,h}\cos h\varphi + b_{n,h}\sin h\varphi). \tag{93}$$

Wir zerlegen das Feld außerhalb der Kugel in die einfallende und die gebeugte Welle, die durch die Potentiale Π^e und Π^* beschrieben werden. Hierzu kommt noch die gebrochene Welle im Inneren der Kugel Π^i. Die einfallende Welle sei eine ebene aus der Richtung der positiven Z-Achse einstrahlende senkrecht zur X-Achse linear polarisierte Welle. Es sei also

$$E_x^e = e^{ik_a z}, \quad E_y^e = E_z^e = 0; \quad H_y^e = -e^{ik_a z}, \quad H_x^e = H_z^e = 0$$

oder in Polarkoordinaten:

$$\left.\begin{aligned} E_r^e &= e^{ik_a r\cos\vartheta}\cos\varphi\sin\vartheta, & H_r^e &= -e^{ik_a r\cos\vartheta}\sin\varphi\sin\vartheta,\\ E_\vartheta^e &= e^{ik_a r\cos\vartheta}\cos\varphi\cos\vartheta, & H_\vartheta^e &= -e^{ik_a r\cos\vartheta}\sin\varphi\cos\vartheta,\\ E_\varphi^e &= -e^{ik_a r\cos\vartheta}\sin\varphi, & H_\varphi^e &= -e^{ik_a r\cos\vartheta}\cos\varphi. \end{aligned}\right\} \tag{94}$$

Um den Zusammenhang mit (93) herzustellen, entwickeln wir E_r und H_r nach Kugelfunktionen. Es ist[1])

$$e^{ik_a r\cos\vartheta} = \sum_{n=0}^{\infty} i^n (2n+1)\sqrt{\frac{\pi}{2}}\,(k_a r)^{-\frac{1}{2}} J_{n+\frac{1}{2}}(k_a r)\, P_{n,0}(\cos\vartheta),$$

woraus sich durch Differentiation nach ϑ und Multiplikation mit $-\cos\varphi/ikr$ bzw. $\sin\varphi/ikr$ ergibt

$$\left.\begin{aligned} E_r^e &= \sum_{n=1}^{\infty} i^{n-1}(2n+1)\sqrt{\frac{\pi}{2}}\,(k_a r)^{-\frac{3}{2}} J_{n+\frac{1}{2}}(k_a r)\, P_{n,1}(\cos\vartheta)\cos\varphi,\\ H_r^e &= \sum_{n=1}^{\infty} i^{n+1}(2n+1)\sqrt{\frac{\pi}{2}}\,(k_a r)^{-\frac{3}{2}} J_{n+\frac{1}{2}}(k_a r)\, P_{n,1}(\cos\vartheta)\sin\varphi. \end{aligned}\right\} \tag{95}$$

Der Vergleich mit (93) und (91) lehrt, daß wir zu setzen haben

in dem Ausdruck für E_r^e und Π_1^e:

$$a_{n,h} \equiv b_{n,h} \equiv 0, \quad h \neq 1; \quad a_{n,1} \equiv 1, \quad b_{n,1} \equiv 0, \quad c_{1,n} \equiv 0, \quad c_{2,n} = \frac{1}{k_a}\sqrt{\frac{\pi}{2}}\, i^{n-1}\frac{2n+1}{n(n+1)},$$

in dem Ausdruck für H_r^e und Π_2^e:

$$a_{n,h} \equiv b_{n,h} \equiv 0, \quad h \neq 1; \quad a_{n,1} \equiv 0, \quad b_{n,1} \equiv 1, \quad c_{2,n} \equiv 0, \quad c_{1,n} = \frac{1}{k_a}\sqrt{\frac{\pi}{2}}\, i^{n+1}\frac{2n+1}{n(n+1)}.$$

Es wird also, wenn wir noch

$$\sqrt{\frac{\pi k r}{2}}\, J_{n+\frac{1}{2}}(kr) = \psi_n(kr), \qquad \sqrt{\frac{\pi k r}{2}}\, H^{(2)}_{n+\frac{1}{2}}(kr) = \zeta_n(kr) \tag{96}$$

setzen,

$$\left.\begin{aligned} r\Pi_1^e &= \frac{1}{k_a^2}\sum_{n=1}^{\infty} i^{n-1}\frac{2n+1}{n(n+1)}\,\psi_n(k_a r)\,P_{n,1}(\cos\vartheta)\cos\varphi,\\ r\Pi_2^e &= \frac{1}{k_a^2}\sum_{n=1}^{\infty} i^{n+1}\frac{2n+1}{n(n+1)}\,\psi_n(k_a r)\,P_{n,1}(\cos\vartheta)\sin\varphi. \end{aligned}\right\} \tag{97a}$$

Für die Potentiale Π^i und Π^* führen wir in formaler Übereinstimmung für die $a_{n,h}$ und $b_{n,h}$ dieselben Werte ein wie in (97a). Für Π^i haben wir außerdem $c_{2,n} \equiv 0$ zu setzen, da die Funktionen $Y_{n+\frac{1}{2}}$ im Nullpunkt unendlich werden. Für Π^* müssen die HANKELschen Funktionen Verwendung finden ($c_{1,n} : c_{2,n} = i$), da die gebeugte Welle außerhalb einer Kugel von hinreichend großem Radius den Charakter einer divergierenden Welle erhalten muß. Es wird demnach

$$\left.\begin{aligned} r\Pi_1^i &= \frac{1}{k_i^2}\sum_{n=1}^{\infty} A_n^i\,\psi_n(k_i r)\,P_{n,1}(\cos\vartheta)\cos\varphi,\\ r\Pi_2^i &= \frac{1}{k_i^2}\sum_{n=1}^{\infty} B_n^i\,\psi_n(k_i r)\,P_{n,1}(\cos\vartheta)\sin\varphi; \end{aligned}\right\} \tag{97b}$$

$$\left.\begin{aligned} r\Pi_1^* &= \frac{1}{k_a^2}\sum_{n=1}^{\infty} A_n^*\,\zeta_n(k_a r)\,P_{n,1}(\cos\vartheta)\cos\varphi,\\ r\Pi_2^* &= \frac{1}{k_a^2}\sum_{n=1}^{\infty} B_n^*\,\zeta_n(k_a r)\,P_{n,1}(\cos\vartheta)\sin\varphi. \end{aligned}\right\} \tag{97c}$$

Zur Bestimmung der Konstanten A_n und B_n haben wir auf der Kugel die Grenzbedingungen zu erfüllen:

$$E_\vartheta^i = E_\vartheta^a, \qquad H_\vartheta^i = H_\vartheta^a, \qquad E_\varphi^i = E_\varphi^a, \qquad H_\varphi^i = H_\varphi^a.$$

Wir erhalten:

$$\left.\begin{aligned} A_n^* &= -i^{n-1}\cdot\frac{2n+1}{n(n+1)}\cdot\frac{\psi_n(p)\,\psi_n'(Np) - N\,\psi_n'(p)\,\psi_n(Np)}{\zeta_n(p)\,\psi_n'(Np) - N\,\zeta_n'(p)\,\psi_n(Np)},\\ B_n^* &= -i^{n-1}\frac{2n+1}{n(n+1)}\cdot\frac{N\,\psi(p)\,\psi'(Np) - \psi'(p)\,\psi(Np)}{N\,\zeta(p)\,\psi'(Np) - \zeta'(p)\,\psi(Np)},\\ N &= \frac{k_i}{k_a} = \sqrt{\left(\varepsilon_i - \frac{i\sigma}{\omega}\right)\frac{1}{\varepsilon_a}} \qquad p = k_a\varrho. \end{aligned}\right\} \tag{98}$$

ε_i und σ sind die Materialkonstanten der Kugel, ε_a ist die Dielektrizitätskonstante des umgebenden Dielektrikums. Die Auswertung der Reihen (97) kann wiederum nur dann auf die ersten Glieder beschränkt werden, wenn das Verhältnis Kugelradius zu Wellenlänge nicht zu groß wird. Dieser Fall ist bei den optischen Erscheinungen an kolloidalen Lösungen verwirklicht, wenn wir die Teilchen als kugelförmig auffassen. Die Rechnung ist unter dieser Voraussetzung von MIE durchgeführt und auf die Erscheinungen an kolloidalen Goldlösungen angewendet worden.

Unter Vernachlässigung der höheren Potenzen von ϱ ergeben sich für die ersten Koeffizienten die folgenden Ausdrücke:

$$\left.\begin{aligned} A_1^* &= i p^3 \frac{1-N^2}{N^2+2}, \qquad A_2^* = -\frac{1}{18} p^5 \frac{1-N^2}{2N^2+3}, \\ B_1^* &= \frac{i}{30} p^5 (1-N^2). \end{aligned}\right\} \tag{99}$$

Allgemein ist, solange die Leitfähigkeit endlich bleibt, die Größenordnung der $n$ten magnetischen gleich derjenigen der $(n-1)$ten elektrischen Partialschwingung. Sehr kleine Teilchen strahlen demnach nur die erste elektrische Partialschwingung aus, bei gröberen Partikeln in kolloidalen Lösungen ist es notwendig, wenigstens die zweite elektrische und die erste magnetische Partialschwingung noch zu berücksichtigen. Die erste elektrische Partialschwingung, deren Existenz zuerst von Lord RAYLEIGH nachgewiesen wurde, wird als RAYLEIGHsche Strahlung bezeichnet. Bei Annahme unendlich großer Leitfähigkeit werden die magnetischen Partialschwingungen von derselben Größenordnung wie die entsprechenden elektrischen.

Für den Charakter des seitlich abgebeugten Lichtes spielt die Größe von E_r und H_r keine Rolle, wenn man in Richtung auf das Teilchen beobachtet. Befinden wir uns in hinreichend großem Abstand, so können wir die asymptotischen Werte (57) der BESSELschen Funktionen anwenden und erhalten für die gebeugte Welle

$$\left.\begin{aligned} E_\varphi^* &= -\frac{\sin\varphi}{k_a r}\left\{\sum_{n=1}^{\infty}\left[A_n^* \frac{P_{n,1}(\cos\vartheta)}{\sin\vartheta} - \frac{\omega}{c k_a} B_n^* P'_{n,1} \cos\vartheta \sin\vartheta\right] e^{-i\left(kr - \frac{n}{2}\pi\right)}\right\}, \\ E_\vartheta^* &= -\frac{\cos\varphi}{k_a r}\left\{\sum_{n=1}^{\infty}\left[A_n^* P'_{n,1}(\cos\vartheta)\sin\vartheta - \frac{\omega}{c k_a} B_n^* \frac{P'_{n,1}(\cos\vartheta)}{\sin\vartheta}\right] e^{-i\left(kr - \frac{n}{2}\pi\right)}\right\}, \end{aligned}\right\} \tag{100}$$

woraus sich für die Intensität die Formeln ergeben

$$\left.\begin{aligned} \frac{I_\varphi^*}{I} &= \frac{\sin^2\varphi}{k_a^2 r^2}\left|\sum_{n=1}^{\infty}\left[A_n^* \frac{P_{n,1}(\cos\vartheta)}{\sin\vartheta} - \frac{\omega}{c k_a} B_n^* P'_{n,1}(\cos\vartheta)\sin\vartheta\right]\right|^2, \\ \frac{I_\vartheta^*}{I} &= \frac{\cos^2\varphi}{k_a^2 r^2}\left|\sum_{n=1}^{\infty}\left[A_n^* P'_{n,1}(\cos\vartheta)\sin\vartheta - \frac{\omega}{c k_a} B_n^* \frac{P'_{n,1}(\cos\vartheta)}{\sin\vartheta}\right]\right|^2. \end{aligned}\right\} \tag{101}$$

I ist die Intensität der einfallenden Welle. Die beiden Komponenten E_ϑ^* und E_φ^*, die aufeinander senkrecht stehen, haben im allgemeinen einen Phasenunterschied. Beobachtet man daher in einer beliebigen Richtung, so ist das abgebeugte Licht elliptisch polarisiert. Jedoch verschwindet die Phasendifferenz, wenn nur die RAYLEIGHsche Welle allein zu berücksichtigen ist. Eine Ausnahme bilden ferner die Fälle $\varphi = 0$ und $\varphi = \frac{\pi}{2}$, für die eine der beiden Komponenten identisch verschwindet. Beachten wir, daß φ der Winkel zwischen der Schwingungsrichtung des elektrischen Vektors der einfallenden Welle und der Beobachtungsrichtung ist, so können wir den folgenden Satz aussprechen: Beleuchtet man die kolloidale Lösung mit linear polarisiertem Licht und beobachtet in einer Richtung, die auf der Schwingungsrichtung des elektrischen Vektors senkrecht steht $\left(\varphi = \frac{\pi}{2}\right)$, so ist das seitlich zerstreute Licht geradlinig polarisiert, und zwar ist seine elektrische Schwingungsrichtung parallel zu derjenigen des durch die Lösung gehenden Lichtstrahles $(E_\vartheta = 0)$. Dreht man bei unveränderter Visionsrichtung die Schwingungsrichtung des durchgehenden Strahles um 90° ($\varphi = 0$), so bekommt man wieder geradlinig polarisiertes Licht, aber seine Schwingungsrichtung ist ebenfalls um 90° gedreht. Dieses Ergebnis der Theorie ist von STEUBING[1]) nachgeprüft worden. Es zeigt sich, daß die lineare Polarisation des gebeugten Lichtes nicht vollkommen erreicht wird. Dies ist darauf zurückzuführen, daß die Annahme kugelförmiger Teilchen eine zu weitgehende Idealisierung darstellt. Doch kann die Abweichung von der Kugelgestalt nicht sehr bedeutend sein, da Untersuchungen von GANS[2]) gezeigt haben, daß schon die Annahme einer mäßigen Elliptizität der Teilchen (Achsenverhältnis $> 0{,}9$) zu Folgerungen führt, die den experimentellen Ergebnissen widersprechen.

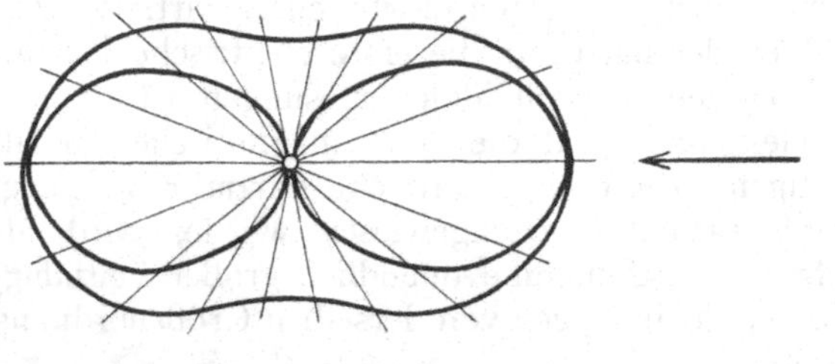

Abb. 24. Strahlungsdiagramm eines unendlich kleinen dielektrischen Teilchens (RAYLEIGHsche Strahlung). Die innere Kurve gibt den unpolarisierten Anteil, die äußere die Gesamtstrahlung. Die Richtung der einfallenden Welle ist durch einen Pfeil gekennzeichnet.

Beleuchten wir die kolloidale Lösung mit natürlichem Licht, so verliert φ seine physikalische Bedeutung. Die beiden Komponenten E_φ und E_ϑ sind als inkohärent aufzufassen. Wir erhalten eine nur von dem Winkel ϑ zwischen Einfalls- und Blickrichtung abhängige Strahlung, die partiell polarisiert ist. Die vorliegenden Verhältnisse sind in den folgenden Polardiagrammen wiedergegeben. Berücksichtigen wir nur die RAYLEIGHsche Welle, d. h. die Strahlung eines unendlich kleinen Teilchens, so erhalten wir das Bild der Abb. 24. Die Strahlung ist, da unabhängig von φ, rotationssymmetrisch um die Einfallsrichtung, die durch einen Pfeil gekennzeichnet ist. Die innere Kurve gibt den unpolarisierten Anteil, die äußere die Gesamtstrahlung. Der dazwischen liegende Abschnitt entspricht dem polarisierten Anteil. Der Winkel maximaler Polarisation beträgt $\pi/2$. Nimmt man dagegen unendlich große Leitfähigkeit an[3]) (Abb. 25), so muß auch die erste magnetische Schwingung berücksichtigt werden, und man erhält, da die Teilchen vollkommen reflektieren, das Maximum der Strahlung nach rückwärts. Dagegen bleibt die Richtung maximaler Polarisation $\vartheta = 120°$. Die Erfahrung lehrt, daß solche Strahlungsverhältnisse nicht auftreten, die Leitfähigkeit der Teilchen also nicht unendlich groß gesetzt werden darf. Bei gröberen Teilchen müssen weitere Partialschwingungen berücksichtigt werden. Ihr Einfluß besteht meistens in einer Verlagerung des Strahlungsmaximums nach der Seite hin, nach der der durch die Lösung gehende Lichtstrahl geht. Das gleiche gilt für den Winkel maximaler Polarisation. Abb. 26 zeigt dies am Beispiel eines Gold-

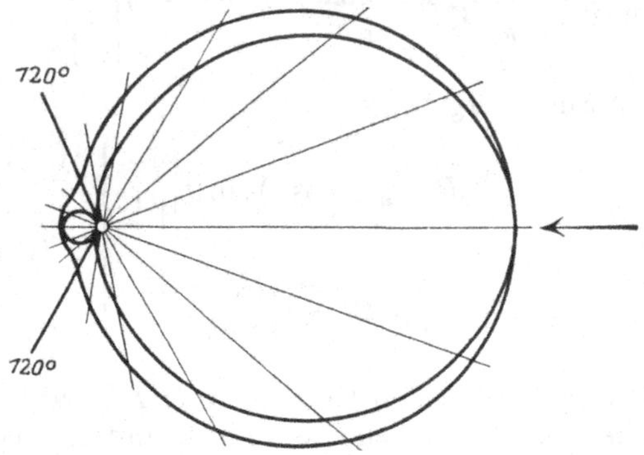

Abb. 25. Strahlungsdiagramm eines unendlich kleinen, vollkommen leitenden Teilchens.

[1]) W. STEUBING, Diss. Greifswald 1908.

[2]) R. GANS, Ann. d. Phys. Bd. 37, S. 881–900. 1912; Bd. 47, S. 270. 1915; R. GANS und R. CALATRONI, Ann. d. Phys. Bd. 61, S. 465. 1920.

[3]) Dieser Fall ist zuerst von J. J. THOMSON (Recent Researches in electricity and magnetism 1893, S. 437) behandelt worden.

teilchens von 180 $\mu\mu$ Durchmesser. Es sind die ersten beiden elektrischen Partialschwingungen und die erste magnetische berücksichtigt. Abb. 27 ist das Diagramm eines Kohleteilchens[1]). Es sind drei elektrische und zwei magnetische Partialschwingungen berücksichtigt. Dielektrische Teilchen zeigen unter Umständen den gleichen Typ wie die fiktiven Teilchen von unendlich großer Leitfähigkeit, worauf R. GANS[2]) hingewiesen hat. Abb. 28 ist das Diagramm eines dielektrischen Teilchens von 196 $\mu\mu$ Durchmesser.

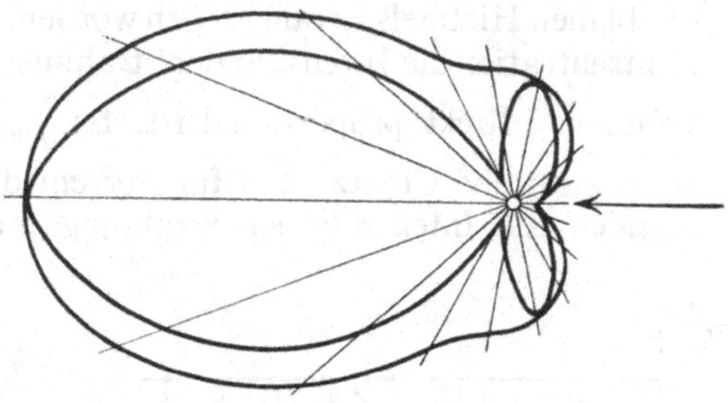

Abb. 26. Strahlungsdiagramm eines Goldkügelchens von 180 $\mu\mu$ Durchmesser.

Wir haben die Polarisationsverhältnisse eines Teilchens mit denjenigen der Lösung identifiziert. Dieses Vorgehen ist gestattet, solange die Lösung so verdünnt ist, daß die Strahlung eines Teilchens durch das von anderen Teilchen zugestrahlte Licht nicht wesentlich modifiziert wird. Diese Voraussetzung kann, besonders für kolloidale Metallösungen erfahrungsgemäß als erfüllt betrachtet werden[3]). Wir berechnen daher auch die Gesamtstrahlung der Lösung, indem wir die Strahlung eines einzelnen Teilchens mit der Anzahl der Teilchen multiplizieren.

Beschränken wir uns auf die RAYLEIGHsche Strahlung, so liefert (101) die Formeln

$$I_\varphi^* = \frac{1}{r^2 k_a^2}|A_1^*|^2 I, \qquad I_\vartheta^* = \frac{1}{r^2 k_a^2}|A_1^*|^2 I\cos^2\vartheta,$$

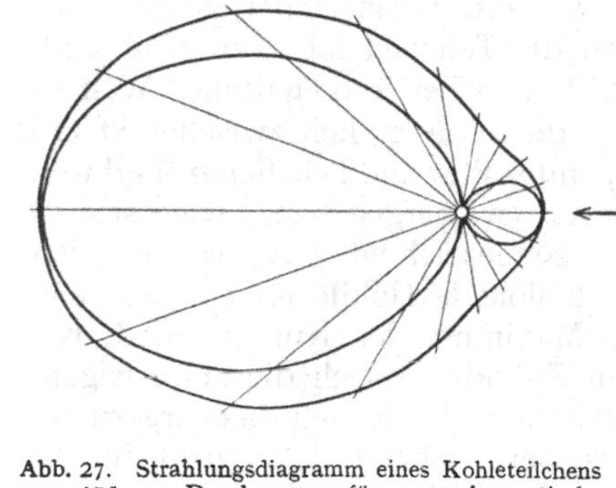

Abb. 27. Strahlungsdiagramm eines Kohleteilchens von 175 $\mu\mu$ Durchmesser für monochromatische Strahlung von der Wellenlänge $\lambda = 4910$ Å.-E.

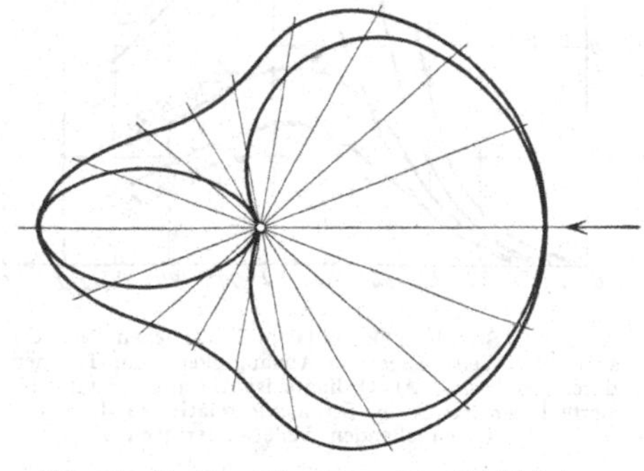

Abb. 28. Strahlungsdiagramm eines dielektrischen Teilchens von 196 $\mu\mu$ Durchmesser für monochromatische Strahlung von der Wellenlänge $\lambda = 5500$ Å.-E. Brechungsexponent relativ zum Lösungsmittel 1,2.

welche sich wegen der Inkohärenz zur Gesamtintensität addieren. Demnach erhalten wir die gesamte RAYLEIGHsche Strahlung eines Teilchens durch Integration über eine Kugelfläche vom Radius r

$$I_R = \frac{1}{r^3 k_a^2} r^2\pi |A_1^*|^2 I \int_0^\pi (1 + \cos^2\vartheta)\sin\vartheta\, d\vartheta,$$

$$I_R = \frac{2\lambda^2}{3\pi}|A_1^*|^2 I. \tag{102}$$

---

[1]) H. SENFTLEBEN und E. BENEDICT, Ann. d. Phys. Bd. 60, S. 297. 1919.

[2]) R. GANS, Ann. d. Phys. Bd. 76, S. 29. 1925.

[3]) Der Fall konzentrierterer Lösungen ist von R. GANS und H. HAPPEL behandelt worden (Ann. d. Phys. Bd. 29, S. 277. 1909); vgl. ferner: R. GANS, Ann. d. Phys. Bd. 62, S. 331. 1920; und T. ISNARDI, ebenda S. 573. Die Wechselwirkung zwischen den Teilchen führt, wie die Elliptizität, zu einer teilweisen Depolarisation der Streustrahlung.

Ist nun $\mathfrak{N}$ die Anzahl der Teilchen im Kubikzentimeter, so ist die Gesamtstrahlung eines Kubikzentimeters der Lösung $R = \mathfrak{N} I_R$, und wenn wir noch das Volumen eines einzelnen Teilchens $\frac{4}{3}\pi\varrho^3 = V$ setzen, ergibt sich unter Berücksichtigung von (99)

$$R = \frac{24\,\pi^3}{\lambda^4} V^2 \mathfrak{N} \left| \frac{1 - N^2}{N^2 + 2} \right|^2 I. \tag{103}$$

Diese Formel ist zuerst von Lord RAYLEIGH[1]) bewiesen und zur Erklärung der Farbe des blauen Himmels herangezogen worden. Sie sagt aus, daß bei konstant gehaltener Konzentration die Intensität der Strahlung einer Lösung dem Quadrat des Teilchenvolumens direkt proportional ist. Ist $\frac{1 - N^2}{N^2 + 2}$ hinreichend konstant, so gilt das RAYLEIGHsche Gesetz, daß für verschiedene Farben unter sonst gleichen Umständen die Intensität der Strahlung proportional mit λ^{-4} ist, also die kurzwelligen Strahlen überwiegen. Die Annahme, daß $\frac{1 - N^2}{N^2 + 2}$ konstant ist, ist für nichtabsorbierende Körper erlaubt, jedoch nicht für Metalle. In der Theorie des Himmelsblaus wurden als beugende Teilchen von RAYLEIGH die Luftmoleküle selbst, von SMOLUCHOWSKI[2]) und EINSTEIN[3]) die von der kinetischen Gastheorie geforderten Dichteschwankungen der Luft angenommen.

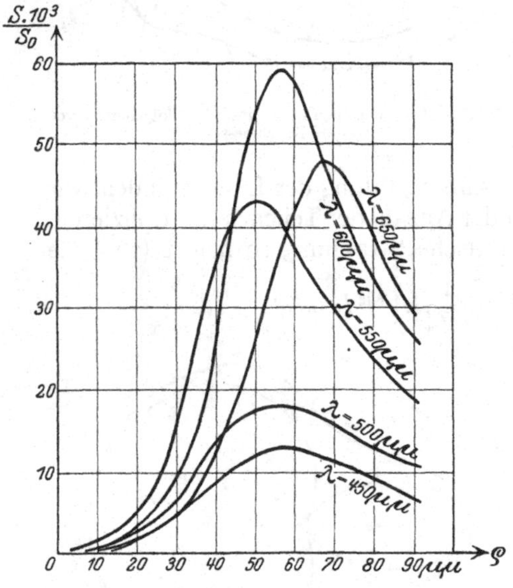

Abb. 29. Strahlung kolloidaler Goldteilchen für verschiedene Wellenlängen in Abhängigkeit vom Teilchendurchmesser 2ϱ. Als Ordinate ist die mit 10^3 multiplizierte Intensität S der Strahlung relativ zu derjenigen der einfallenden Welle aufgetragen.

Die Proportionalität der Strahlung mit dem Quadrat des Teilchenvolumens gilt wie die Formel (103) selbst nur, wenn die Teilchen nicht zu groß sind. Exakt wird bei festgehaltener Wellenlänge die Abhängigkeit zwischen Strahlungsintensität und Teilchengröße durch Kurven wiedergegeben, wie sie in Abb. 29 gezeichnet sind, welche sich auf kolloidale Goldlösungen beziehen. Das Maximum der Kurven wird, wie beim Zylinder, durch die erste Eigenschwingung der Kugeln hervorgerufen. Es ist bei gleicher Teilchengröße für die verschiedenen Farben verschieden stark ausgeprägt. Dieser Verlauf der Kurven kommt durch die Überlagerung des reinen Resonanzeffektes über den Einfluß des von der Farbe abhängigen Faktors $\frac{1 - N^2}{N^2 + 1}$ zustande. Der Resonanzeffekt allein reicht, entgegengesetzt der Annahme von EHRENHAFT[4]) und MÜLLER[5]), nicht aus, um die Abhängigkeit der Kurven von der Farbe zu erklären. Aus den Kurven der Abb. 29 ergeben sich diejenigen der Abb. 30 für natürliches einfallendes Licht und Goldkügelchen verschiedenen Durchmessers. Wir entnehmen

[1]) Lord RAYLEIGH, Phil. Mag. (4) Bd. 41, S. 107, 274, 447. 1871; (5) Bd. 12, S. 81. 1881; Bd. 47, S. 375. 1899.

[2]) M. v. SMOLUCHOWSKI, Ann. d. Phys. Bd. 25, S. 205—226 1908. Dort werden auf die gleiche Ursache auch die Opaleszenz von Gasen im kritischen Zustand und verwandte Erscheinungen zurückgeführt.

[3]) A. EINSTEIN, Ann. d. Phys. Bd. 33, S. 1275—1298. 1910.

[4]) F. EHRENHAFT, Ann. d. Phys. Bd. 11, S. 489. 1903; Phys. ZS. Bd. 5, S. 387. 1904.

[5]) E. MÜLLER, Ann. d. Phys. Bd. 24, S. 1—24. 1907.

daraus, daß die Streustrahlung kleiner Goldpartikelchen gelbgrün ist. Je größer sie werden, um so mehr verändert sich die Farbe zu Gelb und Rotgelb. Bei konstant gehaltener Konzentration strahlen Lösungen, deren Teilchen einen Durchmesser zwischen 100 und 140 $\mu\mu$ haben, am stärksten; ihre Partikel senden hauptsächlich orangefarbenes Licht aus. Die stärkststrahlenden Lösungen sind deswegen im auffallenden Lichte braun.

Um schließlich die Absorption der Teilchen zu ermitteln, bestimmen wir die Gesamtstrahlung, die durch eine zum Teilchen konzentrische Kugel hindurchgeht. Sie wird durch das über diese Kugel erstreckte Integral von $[\mathfrak{E}\mathfrak{H}]$ gemessen, wobei die Überquerung den Integralmittelwert über eine Schwingung bedeutet. Diese Strahlung setzt sich aus drei Teilen zusammen, der einfallenden Welle, deren Anteil zum Integral Null ist, der diffusen

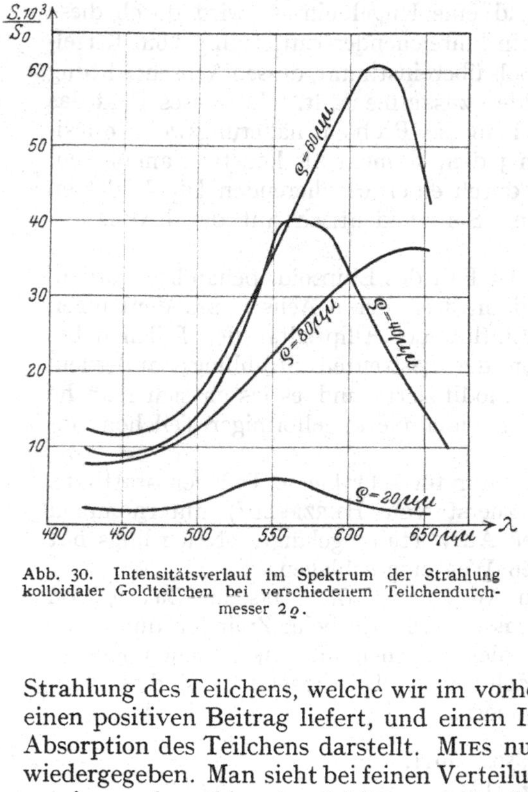

Abb. 30. Intensitätsverlauf im Spektrum der Strahlung kolloidaler Goldteilchen bei verschiedenem Teilchendurchmesser 2ϱ.

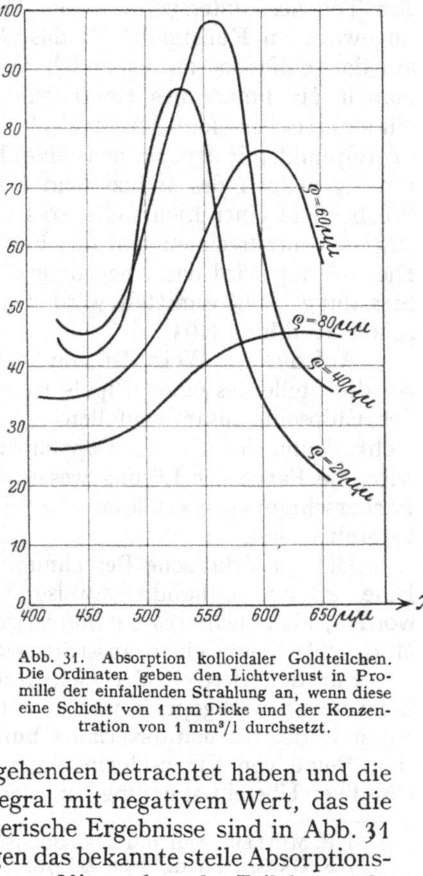

Abb. 31. Absorption kolloidaler Goldteilchen. Die Ordinaten geben den Lichtverlust in Promille der einfallenden Strahlung an, wenn diese eine Schicht von 1 mm Dicke und der Konzentration von 1 mm^3/l durchsetzt.

Strahlung des Teilchens, welche wir im vorhergehenden betrachtet haben und die einen positiven Beitrag liefert, und einem Integral mit negativem Wert, das die Absorption des Teilchens darstellt. MIES numerische Ergebnisse sind in Abb. 31 wiedergegeben. Man sieht bei feinen Verteilungen das bekannte steile Absorptionsmaximum der rubinroten Goldlösungen im Grünen. Mit wachsender Teilchengröße wächst die Gesamtabsorption und die Farbe ändert sich ein wenig nach Blau hin. Oberhalb 100 $\mu\mu$ Teilchendurchmesser wird die Lösung violett und schließlich wieder tiefblau. Alle diese Farben sind an kolloidalen Goldlösungen beobachtet worden. Die Absorption der Teilchen wird hervorgerufen durch die reine Absorption, welche ihr Maximum stets im Grünen hat, und den Lichtverlust durch die seitliche Strahlung. Je dicker die Teilchen sind, um so geringer wird der Farbeffekt der reinen Absorption, da für sehr dicke Teilchen alle Farben sehr stark absorbiert werden. Solche und nur solche Teilchen strahlen also ungefähr die Komplementärfarbe zu derjenigen aus, welche sie in der Durchsicht besitzen.

Die MIEsche Theorie ist in zahlreichen Fällen zur Berechnung der Farbe kolloidaler Lösungen herangezogen worden. MÜLLER[1]) hat die Farberscheinungen an sehr feinen Silbersolen allein unter Berücksichtigung der RAYLEIGHschen Strahlung, GANS[2]) Strahlungsdiagramme für Silber- und dielektrische Teilchen berechnet. FEIK[3]) fand für Quecksilbersole ausgezeichnete Übereinstimmung mit der MIEschen Theorie, jedoch nicht für Silbersole, was darauf schließen läßt, daß die Annahme einer massiven Kugelgestalt der Teilchen nicht durchgehend berechtigt ist. BLUMER[4]) hat umfangreiche Berechnungen für dielektrische Kugeln durchgeführt, wobei teilweise bis zu 15 Partialwellen berücksichtigt sind, so daß Diagramme auch für relativ große Werte von ϱ/λ vorliegen.

GANS[5]) hat vor allen Dingen den schon erwähnten Einfluß einer Elliptizität der Teilchen untersucht. Seine Theorie benutzt einen schon von RAYLEIGH[6]) angewandten Kunstgriff, der das Randwertproblem der Schwingungsgleichung auf das einfacher zu behandelnde der Potentialgleichung zurückführt. Führt man in ein homogenes elektrisches Feld eine Kugel ein, so wird durch diese ein elektrisches Moment induziert, das in hinreichender Entfernung vom Kugelmittelpunkt mit dem Moment eines Dipols übereinstimmt, dessen Achsenrichtung mit derjenigen des induzierenden Feldes zusammenfällt. Ist dieses Feld das Wechselfeld einer Lichtwelle, so kann man das Problem näherungsweise quasistatisch durchrechnen und das Feld in jedem Moment als konstant annehmen. Die Störung wird dann hervorgerufen durch einen oscillierenden Dipol, dessen Strahlung leicht ermittelt werden kann. Sie ist identisch mit der RAYLEIGHschen Strahlung (103).

Auf dieselbe Weise ist von GANS der Fall des Ellipsoids behandelt worden. An die Stelle des einen Dipols treten dann drei, deren Achsen mit denjenigen des Ellipsoids zusammenfallen. Der Einfluß der Elliptizität der Teilchen besteht demnach in einer Depolarisation der gestreuten Strahlung; außerdem wird die Farbe der Lösung wesentlich modifiziert, und es lassen sich manche Farberscheinungen erklären, die mit der Annahme kugelförmiger Teilchen unvereinbar sind.

Die quasistatische Berechnung ist nur für sehr kleine Teilchen statthaft. Eine strenge Behandlungsweise ist zuerst von HERZFELD[7]) unternommen worden, aber nicht bis zur numerischen Auswertung gelangt. Neuerdings hat MÖGLICH[8]) hierzu einen aussichtsreichen Weg eingeschlagen.

Für den Bereich der elektrischen Wellen ist die MIEsche Theorie von SCHAEFER[9]) nachgeprüft worden. Es lassen sich wie beim Zylinder durch die Messung des Intensitätsverlaufs hinter dielektrischen und metallischen Kugeln eine Reihe von Eigenschwingungen nachweisen. Die Ergebnisse sind in vollständiger Übereinstimmung mit der Theorie.

---

1) E. MÜLLER, Ann. d. Phys. Bd. 35, S. 500. 1911.
2) R. GANS, Ann. d. Phys. Bd. 76, S. 29. 1925.
3) R. FEIK, Ann. d. Phys. Bd. 77, S. 673. 1925.
4) H. BLUMER, ZS. f. Phys. Bd. 32, S. 115. 1925; Bd. 38, S. 920. 1926; Bd. 39, S. 195. 1926.
5) R. GANS, l. c. Anm. 2, S. 312.
6) LORD RAYLEIGH, Phil. Mag. (5) Bd. 44, S. 28. 1897.
7) K. F. HERZFELD. Wiener Ber. Bd. 120, S. 1587. 1911.
8) F. MÖGLICH, Ann. d. Phys. Bd. 83, S. 609. 1927.
9) CL. SCHAEFER und K. WILMSEN, ZS. f. Phys. Bd. 24, S. 345–354. 1924.

Kapitel 8.

Optik, Mechanik und Wellenmechanik.

Von

A. LANDÉ, Tübingen.

Mit 6 Abbildungen.

1. Überblick. Die NEWTONsche Emissionstheorie führte zu der Aufgabe, neben den geradlinigen Bahnen der Lichtkorpuskeln im Vakuum auch die krummen Kurven zu studieren, die das Licht in einem inhomogenen anisotropen Medium einschlägt. Alle möglichen Strahlwege sollten dabei aus gewissen optischen Eigenschaften des Mediums abgeleitet werden, die im allgemeinen mit dem Ort und mit der Strahlrichtung variieren. Nach der geometrischen Optik muß nur eine einzige Größe, der Brechungsindex n, an jeder Stelle und in jeder dortigen Strahlrichtung bekannt sein, um die Strahlkurven zwischen je zwei beliebigen Punkten festzulegen. (Von Variationen der Farbe und Polarisation werde dabei abgesehen.) Und zwar sucht sich das Licht denjenigen Weg s zwischen zwei Punkten P und P' aus, auf welchem die „optische Länge"

$$S = \int_P^{P'} n\,ds$$

einen Extremwert annimmt (Prinzip von FERMAT). Den Beugungserscheinungen und überhaupt allen der Wellenlehre des Lichts eigentümlichen Phänomenen wird FERMATs Prinzip nur annähernd gerecht, nur soweit der Brechungsindex längs einer Wellenlänge verschwindend wenig variiert; dadurch sind z. B. Unstetigkeiten, Beugungsschirme usw. ausgeschlossen.

Dem Boden der Emissionstheorie entsprang die Frage, ob und auf welche Weise sich der Weg eines Lichtstrahls auf Kräfte zurückführen läßt, die vom Medium ausgehen und den Lichtkorpuskeln eine krumme Bahn aufzwingen. Eine solche Mechanik des Lichts sollte das Elementargesetz der Wechselwirkung zwischen Licht und Materie aufklären und damit eine mechanische Deutung des optischen Brechungsindex durch Zurückführung des Bahngesetzes (Variationsprinzip) auf ein zugrunde liegendes Kraftgesetz (Differentialgleichung der Kurvenscharen) bringen. Durch Verfolgung dieses Gedankens gelangte MAUPERTUIS zu seinem Prinzip der kleinsten Wirkung als mechanischem Gegenstück zum FERMATschen Prinzip. MAUPERTUIS' Untersuchungen wurden von HAMILTON aufgenommen und von ihm und JAKOBI zu einer umfassenden Theorie beliebiger mechanischer Systeme verallgemeinert. Die Bedeutung dieser klassischen Untersuchungen für die Entwicklung der Mechanik und Astronomie ist bekannt[1]). Ihr gegenüber traten die optischen Anwendungen zurück, zumal sich hier das Interesse mehr den Abweichungen von der geometrischen Optik, der Wellenlehre, zuwandte. Gleichwohl blieben geometrisch-optische Sätze zur Veranschaulichung mechanischer Zusammenhänge von Bedeutung, und die Analogie zwischen FERMAT und MAUPERTUISschem Prinzip, zwischen optischen und mechanischen Bewegungsgleichungen, zwischen HUYGENSschem Prinzip und HAMILTON-JAKOBIS partieller Differentialgleichung ließ die Fortschritte der Mechanik mittelbar auch der geometrischen Optik zugute kommen.

Im ganzen blieb aber der für den Ausbau der Mechanik so folgenschwere Ideenkreis HAMILTONS, infolge der gesonderten Entwicklung der Wellenlehre, für die Optik ungenutzt. Zu neuem Leben ist die alte Analogie durch die quantentheoretischen Untersuchungen von DE BROGLIE und SCHRÖDINGER wiedererwacht, und abermals war es die Optik, welche ihren befruchtenden Einfluß auf die Mechanik ausübte. Das Studium der Strahlung schwarzer Körper hatte in PLANCKS Quantentheorie bereits zu einer Erschütterung der klassischen Mechanik und Elektrodynamik geführt, die eine Revision um so dringender forderte, als auch beim weiteren Ausbau der Quantenlehre, beim RUTHERFORD-BOHRschen Atommodell, die klassische Mechanik sich nur qualitativ bewährte. Zwar zeigte sich bei der Übertragung der astronomischen Gesetze auf den atomaren Mikrokosmos die Überlegenheit der HAMILTON-JAKOBIschen generalisierenden und uniformisierenden Methoden, jedoch eben nur bis zu einer durch die Quanten gezogenen Grenze. Letztere ließen sich der Mechanik zunächst nicht organisch einverleiben, und auch die fruchtbaren Hypothesen, durch welche BOHR der Erforschung und Deutung atomarer Vorgänge neue Wege gewiesen hat, konnten auf die Dauer nicht von der Forderung abbringen, einen Neubau der Mechanik zu errichten, in dessen Fundamente bereits die Quanten einzubauen seien, statt erst nachträglich als einschränkende Nebenbedingungen angebracht zu werden. In überzeugender Weise hat hier, auf einem von DE BROGLIE[2]) begonnenen Wege, SCHRÖDINGER[3]) die alte MAUPERTUIS-HAMILTONsche Analogie zwischen Optik und Mechanik zu Hilfe gezogen: Ebenso wie die geometrische Optik zur Undulationstheorie ausgebaut wurde, so ist die klassische „geometrische" Mechanik zu einer undulatorischen Mechanik zu erweitern.

Dieser Weg, den Problemen der Atommechanik beizukommen, war um so überraschender, als der Übergang von der Diskontinuität der NEWTONschen Lichtkorpuskeln und von den ihnen in vieler Hinsicht verwandten EINSTEINschen Lichtquanten zu dem kontinuierlichen Wellenfeld der Undulationstheorie gerade in der entgegengesetzten Richtung zu weisen schien. Der Sinn der Quantengesetze wurde doch gerade darin gesucht, daß die kontinuierlichen Zustandsgrößen der klassischen Mechanik den quantenhaften Diskontinuitäten weichen sollten. In der Tat haben HEISENBERG[4]), BORN und JORDAN[5]), ferner

[1]) Siehe Handbuch der Physik Bd. V, Kap. 3, die Hamilton-Jakobische Theorie der Dynamik, von L. NORDHEIM und E. FUES.

[2]) L. DE BROGLIE, Thèse, Paris 1924; Ann. d. phys. (10) Bd. 3, S. 22. 1925. Deutsch von K. BECKER.

[3]) E. SCHRÖDINGER, Abhandlungen zur Wellenmechanik. Leipzig 1927; Quantisierung als Eigenwertproblem. Ann. d. Phys. Bd. 79, S. 361, 489. 1926.

[4]) W. HEISENBERG, Über quantentheoretische Umdeutung kinematischer und mechanischer Beziehungen. ZS. f. Phys. Bd. 33, S. 879. 1925.

[5]) M. BORN und P. JORDAN, Zur Quantenmechanik. ZS. f. Phys. Bd. 34, S. 858, 1925; Bd. 35, S. 557. 1926.

DIRAC[1]) eine Quantenmechanik aufgebaut, die im Gegensatz zur klassischen Lehre eine wahre Diskontinuumstheorie darstellt, indem alle Differentialgleichungen durch Differenzengleichungen ersetzt und alle beobachtbaren Daten in rein algebraische (ganzzahlige) Beziehungen zueinander gebracht sind. SCHRÖDINGERS umgekehrter Weg, an die Stelle der Bewegungen eines diskontinuierlichen Massenpunktsystems von f Freiheitsgraden ein kontinuierlich-feldmäßiges Geschehen im Raum von f Dimensionen zu setzen, ist aber, wie sich nachträglich herausgestellt hat, nur eine formal abweichende Darstellung ein und desselben Inhalts: Bei SCHRÖDINGER ist das quantenmechanische Problem die Eigenwertaufgabe eines Randwertproblems im f-dimensionalen Raum, wobei die im allgemeinen diskreten Eigenwerte als Energiewerte in den Quantenzuständen des Systems gedeutet werden. Letztere und andere der Beobachtung zugängliche Größen, welche in HEISENBERGS Theorie als Komponenten algebraischer Matrizen auftreten, lassen sich gleichzeitig auch als Koeffizienten einer Entwicklung nach den Eigenfunktionen der SCHRÖDINGERschen Differentialgleichung darstellen.

Der formale Zusammenhang zwischen der klassischen Mechanik der Massenpunkte und der Undulationsmechanik ist gekennzeichnet durch die Umdeutung der Impulse $p_\varkappa$ in Differentialoperatoren nach den konjugierten Koordinaten $q_\varkappa$

$$p_\varkappa \rightarrow \frac{h}{2i\pi}\frac{\partial}{\partial q_\varkappa}, \qquad -E \rightarrow \frac{h}{2i\pi}\frac{\partial}{\partial t},$$

unter Hinzuziehung der PLANCKschen Konstante h, wodurch die HAMILTONsche Energiegleichung

$$H(q, t, p) - E = 0$$

zur SCHRÖDINGERschen partiellen Differentialgleichung

$$\left\{H\left(q, t, \frac{h}{2i\pi}\frac{\partial}{\partial t}\right) + \frac{h}{2i\pi}\frac{\partial}{\partial t}, \qquad \psi(q, t)\right\} = 0$$

für eine Funktion ψ der Koordinaten q und der Zeit t wird. Abgesehen von den rechnerischen Vorteilen des Arbeitens mit Operatoren statt mit den ausgeführten Differentialgleichungen erhält der Operatorkalkül dadurch prinzipielle Bedeutung, daß den ψ-Funktionen selbst keine direkte physikalische Bedeutung zukommen kann, weil sie nicht invariant gegenüber der Gruppe der kanonischen Transformationen sind; nur gewisse abgeleitete Funktionen, die wir als „Matrixelemente" kennenlernen werden, haben jene Invarianzeigenschaft und sind dadurch als physikalische, in der Erfahrung greifbare Größen ausgezeichnet. Diesem Umstand trägt die von HEISENBERG begründete und von BORN und JORDAN sowie von DIRAC in ein ihr adäquates mathematisches Gewand gekleidete Quantenmechanik Rechnung. Ausgehend von dem erkenntnistheoretischen Gesichtspunkt, daß die physikalischen Gleichungen nur in der Gleichsetzung von (wenigstens prinzipiell) beobachtbaren Größen bestehen sollen, gelangten HEISENBERG, BORN und JORDAN zu einer Quantenalgebra der invarianten Matrixelemente, geleitet durch die Korrespondenz zwischen den klassisch-mechanisch erwarteten Größen und den wirklich beobachteten und von der Quantentheorie vorauszusagenden Daten. Diese Matrizenalgebra tritt aber in einem formalen Gewand auf, welches zur unmittelbaren Umdeutung in eine Operatorenrechnung herausfordert. Dies erkannten BORN und

[1]) P. A. M. DIRAC, Proc. Roy. Soc. Bd. 109, S. 642. 1925; Bd. 110, S. 561. 1926.

WIENER[1]), und LANCZOS[2]) war der erste, der eine Zustandsfunktion als Objekt der Operatoren einführte, um dem leerlaufenden Operatorformalismus einen anschaulich-physikalischen Inhalt zu geben. Von einem ganz anderen Ideenkreis aus, eben von der Analogie zur Optik, kam SCHRÖDINGER zur Aufstellung seiner Undulationsgleichung für eine Zustandsfunktion ψ, deren Eigenlösungen jene Diskretheit besitzen, welche die Wirklichkeit mit ihren stationären Quantenzuständen verlangt.

Obwohl nun die SCHRÖDINGERsche Theorie mit ihrer neuen Zustandsfunktion den Vorteil der Anschaulichkeit gegenüber jenen Formalismen besitzt, darf doch der Nachteil nicht vergessen werden, der in der Nichtinvarianz dieser Zustandsfunktion gegenüber den Transformationen der Mechanik (kanonische Transformationen) liegt und der bei dem Rechnen mit jenen invarianten Matrixelementen vermieden wird. Das Verhältnis zwischen der Undulationsmechanik und der Operatormechanik von DIRAC bzw. der Matrizenmechanik von HEISENBERG, BORN und JORDAN kann ähnlich gekennzeichnet werden wie das zwischen Äther- und Relativitätstheorie. Die Lehre vom stofflichen Lichtäther als Träger der beobachtbaren Feldeigenschaften hat den Vorteil der unmittelbaren Anschaulichkeit, aber den großen Nachteil, daß jedes bewegte Koordinatensystem seinen besonderen Äther verlangt. Die Relativitätstheorie, welche auf der Invarianzforderung gegenüber Lorentztransformationen aufgebaut ist, muß die anschauliche Greifbarkeit des Äthers aufgeben zugunsten vieler gleichberechtigter Raum-Zeitsysteme, enthüllt dafür aber in formal durchsichtiger Weise die Beziehungen zwischen beobachtbaren Größen. Ebenso ist auch SCHRÖDINGERS ψ-Funktion, als ein anschauliches Bild für das Zustandekommen der quantentheoretisch-diskreten Zustände, von unmittelbarer, für den anschaulich denkenden Physiker durchschlagender heuristischer Kraft. Da aber jedes neue kanonisch-transformierte Koordinatensystem seine eigenen ψ-Funktionen besitzt, kann der Größe ψ eine physikalische Realität ebensowenig zugeschrieben werden wie dem Äther der Absoluttheorie.

Die auf den ersten Blick so verschiedenen Theorien von SCHRÖDINGER und von HEISENBERG führen aber hinsichtlich der invarianten physikalisch deutbaren Größen zu denselben Werten. Ihre physikalische Deutung kann in zwei Richtungen gesucht werden, nämlich als kontinuierlich-hydrodynamische oder als wahrscheinlichkeitstheoretisch-statistische Aussage. Die Entscheidung, die hier nur dem Experiment zukommt, ist zweifellos zugunsten der statistischen Deutung ausgefallen. Dadurch hat sich die Theorie von ihrem Ausgangspunkt, der Schaffung einer zur Wellenlehre analogen Undulationsmechanik, scheinbar weit entfernt; sie kann gekennzeichnet werden[3]) als die Lehre von der Interferenz gewisser Wahrscheinlichkeitsfunktionen in einem Koordinatenraum von so vielen Dimensionen, als die Zahl der Freiheitsgrade der zu behandelnden Systeme angibt. Daneben hat die neue Theorie aber auch in der Optik den Streit zwischen kontinuierlicher Wellenlehre und diskontinuierlicher Lichtquantenlehre geschlichtet durch eine statistische Interpretation des Wellenfeldes als eines Wahrscheinlichkeitsfeldes für das Auftreten von Lichtkorpuskeln.

---

[1]) M. BORN und N. WIENER, Eine neue Formulierung der Quantengesetze für periodische und nichtperiodische Vorgänge. ZS. f. Phys. Bd. 36. S. 174. 1926.

[2]) C. LANCZOS, Über eine feldmäßige Darstellung der neuen Quantenmechanik. ZS. f. Phys. Bd. 35, S. 812. 1926.

[3]) P. JORDAN, Eine neue Begründung der Quantenmechanik. ZS. f. Phys. Bd. 40, S. 809. 1926; Bd. 44, S. 1. 1927; D. HILBERT, J. v. NEUMANN und L. NORDHEIM, Über die Grundlagen der Quantenmechanik. Math. Ann. Bd. 98, S. 1. 1927.

I. Optisch-mechanische Analogie[1]).

2. FERMATsches Prinzip. Die geometrische Optik läßt sich aus dem Prinzip vom ausgezeichneten Lichtweg entwickeln. Wir betrachten hier nur den Sonderfall, daß das Medium zwar optisch inhomogen, aber isotrop ist, so daß seine optischen Eigenschaften durch eine skalare Ortsfunktion $n(x_1 x_2 x_3)$, genannt der Brechungsindex, in folgender Weise bestimmt sind. Führt eine Kurve

$$s = \int_P^{P'} ds$$

vom Punkt P zum Punkt P' hin, so bezeichnet man das Linienintegral

$$S = \int_P^{P'} n\,ds = \int_P^{P'} dS \tag{1}$$

längs der Kurve als deren optische Länge. Der FERMATsche Satz vom ausgezeichneten Lichtweg sagt nun aus, daß ein Lichtstrahl sich unter den zwischen P und P' möglichen Wegen denjenigen von minimaler (genauer von extremaler) optischer Länge S aussucht.

$$0 = \delta S = \delta \int_P^{P'} n\,ds. \tag{2}$$

Die extremale optische Länge zwischen zwei bestimmten Punkten in dem Medium ist eine Funktion der beiden Punktorte $S(P, P') = S(P', P)$; wir wollen sie als die FERMATsche Funktion bezeichnen. Kennt man die Funktion S, d. h. die Werte von $S(P, P')$ für jedes Punktpaar des Mediums, so lassen sich weitere geometrisch optische Eigenschaften des Mediums aus ihr ableiten.

3. Lichtstrahlen. Um zu expliziten Gleichungen von Lichtstrahlen in einem Medium mit bekannt angenommener FERMATscher Funktion $S(P, P')$ zu gelangen, fragen wir, in welcher Richtung der Lichtstrahl PP' über P' hinaus sich zu einem Nachbarpunkt P'' fortsetzt, der von P' aus die geometrische bzw. optische Entfernung ds bzw. $dS = n\,ds$ besitzt, der also von P aus die optische Entfernung $S + dS$ hat (Abb. 1). Nach dem FERMATschen Prinzip liegt dann P'' erstens auf der um P in der optischen Entfernung $S + dS$ gezogenen Fläche, zweitens auf der um P' in der optischen Entfernung dS gezogenen Fläche, also auf ihrem Berührungspunkt. Die letztere Fläche ist aber, da man bei der Kleinheit von ds die Funktion n in der Umgebung von P' als Konstante ansehen darf, eine Kugel vom optischen Radius dS und vom geometrischen Radius $ds = \frac{dS}{n}$. P'' liegt demnach von P' aus in senkrechter Richtung auf die Fläche $S + dS$ zu, d. i. in der Richtung, in welcher die Funktion $S(PP')$ beim Fortrücken des Punktes P' ihre maximale Zunahme erfährt. Die Strahlrichtung in P' zeigt also in Richtung des Gradienten

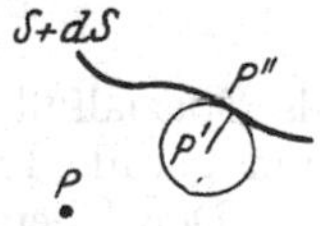

Abb. 1.

$$\operatorname{grad}' S = \lambda \mathfrak{t}',$$

wobei $\mathfrak{t}'$ einen dem Lichtstrahl parallelen Einheitsvektor, λ einen Proportionalitätsfaktor und der Strich an grad die Differentiation nach den Koordinaten

[1]) E. T. WHITTAKER, Analyt. Dynamik. Deutsch von MITTELSTEN-SCHEID. Berlin 1914; L. NORDHEIM, Prinzipe der Dynamik. Handbuch der Physik, Bd. V, Kap. 2; L. NORDHEIM und E. FUES, Hamilton-Jakobische Theorie der Dynamik. Handbuch der Physik, Bd. V, Kap. 3. Ausarbeitung einer Hamburger Optik-Vorlesung von W. LENZ. Ferner L. FLAMM. Die Grundlagen der Wellenmechanik, Phys. ZS. Bd. 27, S. 600. 1926.

von P' bei festgehaltenem P andeuten soll. Wegen $dS = n ds$ bestimmt sich $\lambda = n$, und man erhält

$$\text{grad}' S = n \mathfrak{t}' \text{ (Lichtstrahlengleichung).} \tag{3}$$

Entsprechend gilt bei festgehaltenem P' am Punkt P

$$\text{grad} S = -n \mathfrak{t} \text{ (Lichtstrahlengleichung),} \tag{3'}$$

wobei das Minuszeichen daher rührt, daß S abnimmt, wenn P in Richtung $\mathfrak{t}$ fortschreitet. Jede der beiden Vektorgleichungen (3) und (3′) repräsentiert drei Komponenten:

$$\frac{\partial S}{\partial x'} = n \mathfrak{t}'_x, \qquad \frac{\partial S}{\partial y'} = n \mathfrak{t}'_y, \qquad \frac{\partial S}{\partial z'} = n \mathfrak{t}'_z, \tag{4}$$

$$\frac{\partial S}{\partial x} = -n \mathfrak{t}_x, \qquad \frac{\partial S}{\partial y} = -n \mathfrak{t}_y, \qquad \frac{\partial S}{\partial z} = -n \mathfrak{t}_z, \tag{4'}$$

worin die linken Seiten, bei bekannt angenommener FERMATscher Funktion $S(PP')$, bekannte Funktionen der sechs Größen $xyzx'y'z'$ sind. Denkt man sich die sechs Gleichungen nach $x'y'z'\mathfrak{t}'_x\mathfrak{t}'_y\mathfrak{t}'_z$ aufgelöst in der Form

$$x' = x'(xyz\,\mathfrak{t}_x\mathfrak{t}_y\mathfrak{t}_z S), \ldots, \qquad \mathfrak{t}'_x = \mathfrak{t}'_x(xyz\,\mathfrak{t}_x\mathfrak{t}_y\mathfrak{t}_z S), \tag{5}$$

so hat man eine Parameterdarstellung (Parameter S) eines Lichtstrahls, der von gegebenem Punkt P in gegebener Richtung $\mathfrak{t}$ losgeht. Man kann somit (3) (3′) bzw. (4) (4′) bei bekannt angenommener Fermatfunktion $S(P, P')$ als implizite Bahngleichungen der Lichtstrahlen bezeichnen, welche der expliziten Form (5) entsprechen.

Beispiel: Im homogenen Medium $n =$ konst. ist die FERMATsche Funktion

$$S = ns = n \cdot \sqrt{(x'-x)^2 + (y'-y)^2 + (z'-z)^2},$$

die Gleichungen (4) lauten

$$n \cdot \frac{x'-x}{s} = n\mathfrak{t}'_x, \ldots \quad \text{und} \quad -n\frac{x'-x}{s} = -n\mathfrak{t}_x, \ldots$$

und aufgelöst

$$x' = x + s\mathfrak{t}'_x = x + \frac{S}{n}\mathfrak{t}'_x, \ldots \quad \text{und} \quad \mathfrak{t}'_x = \mathfrak{t}_x, \ldots$$

als Spezialfall von (5); die Lichtstrahlen haben hier konstante Richtung, sie sind gerade Linien.

Der Übergang von den Größen $x_k \mathfrak{t}_k$ zu den Größen $x'_k \mathfrak{t}'_k$ wird durch die Transformation (5) gegeben. Sie ist vermittelt durch die FERMATsche Funktion $S(P, P')$, die in (3) (3′) bzw. (4) (4′) auftritt. $S(P, P')$ bezeichnet man als Erzeugende der Transformation. Wegen der obigen Berührungseigenschaft (Abb. 1) nennt man die durch S vermittelte Transformation von alten Koordinaten $x_k \mathfrak{t}_k$ auf neue Koordinaten $x'_k \mathfrak{t}'_k$ eine Berührungstransformation. Die vektorielle Form (3) (3′) der Lichtstrahlendarstellung hat den Vorzug, auch bei beliebigen krummen Koordinaten gültig zu sein, im Gegensatz zu den CARTESIschen Komponenten (4) (4′).

4. Bewegungsgleichungen des Lichtes. Die optische Länge S und die geometrische Länge s auf einem Lichtstrahl, gemessen von einem Anfangspunkt des Strahles aus, sei dargestellt als Funktion eines Parameters τ:

$$s = s(\tau), \qquad ds = \dot{s}\,d\tau, \qquad S = S(\tau), \qquad dS = \dot{S}\,d\tau.$$

Bei Zugrundelegung irgendeines auch krummlinigen Koordinatensystems besitzen die Punkte des Lichtstrahls die Koordinaten und deren Ableitungen nach τ:

$$x_1(\tau)\,x_2(\tau)\,x_3(\tau); \qquad \dot{x}_1(\tau)\,\dot{x}_2(\tau)\,\dot{x}_3(\tau).$$

Es wird dann sowohl $\dot{s}$ wie $\dot{S}$ eine Funktion der x_k und $\dot{x}_k$

$$\dot{s}(x, \dot{x}), \quad S(x, \dot{x}), \qquad \text{wobei} \qquad n\dot{s} = \dot{S}.$$

Das FERMATsche Prinzip (2) läßt sich jetzt in der Form schreiben:

$$\delta \int_{\tau_1}^{\tau_2} \dot{S}(x, \dot{x})\, d\tau = 0. \tag{6}$$

Diese Variationsaufgabe wird gelöst durch die LAGRANGEschen Gleichungen

$$0 = \frac{d}{d\tau}\left(\frac{\partial \dot{S}}{\partial \dot{x}_k}\right) - \frac{\partial \dot{S}}{\partial x_k} \qquad \text{für} \qquad k = 1, 2, 3 \tag{7}$$

als Differentialgleichungen für S. Hier kann man von $\dot{S} = n\dot{s}$ den nur von den x_k, nicht von den $\dot{x}_k$ abhängenden Faktor n abspalten und erhält

$$\frac{\partial (n\dot{s})}{\partial x_k} = \frac{d}{d\tau}\left(n \frac{\partial \dot{s}}{\partial \dot{x}_k}\right) \qquad \text{für} \qquad k = 1, 2, 3. \tag{8}$$

Als Parameter τ könnte man z. B. die Zeit t nehmen, mit der man einen Punkt des Strahls (Punkt bestimmter „Phase") auf letzterem fortrücken läßt; unter Zugrundelegung des Geschwindigkeitsgesetzes $\dot{s} = \frac{c}{n}$ wird das FERMATsche Prinzip zum Prinzip der kürzesten Lichtzeit

$$0 = \delta S = \delta \int n\, ds = \delta \int n\dot{s}\, dt = \delta \int c\, dt = c\,\delta t,$$

und (8) stellt Bewegungsgleichungen des Lichtpunktes (der Lichtphase) dar. Jedoch überschreitet es eigentlich schon den Rahmen der geometrischen Optik, die zeitliche Ausbreitung einer Lichtphase zu betrachten; vielmehr kommt es hier nur auf die geometrische Gestalt der Lichtkurven an, die durch (8) bei beliebiger Bedeutung von τ gegeben ist.

Wir wollen (8) jetzt noch vektoriell zu schreiben suchen. Dazu genügt es, die Vektorform ausgehend von irgendwelchen Koordinaten, am bequemsten von rechtwinkligen aus herzustellen. Bei rechtwinkligen Koordinaten ist nun speziell

$$\dot{s} = \sqrt{\dot{x}^2 + \dot{y}^2 + \dot{z}^2},$$

und

$$\frac{\partial \dot{s}}{\partial x} = 0, \qquad \frac{\partial \dot{s}}{\partial \dot{x}} = \frac{\dot{x}}{\dot{s}} = \frac{\frac{dx}{d\tau}}{\frac{ds}{d\tau}} = \frac{dx}{ds}.$$

Dies in (8) eingesetzt gibt

$$\dot{s}\frac{\partial n}{\partial x} = \frac{d}{d\tau}\left(n \frac{dx}{ds}\right), \ldots$$

und schließlich vektoriell zusammengefaßt

$$\dot{s}\, \mathrm{grad}\, n = \frac{d}{d\tau}(n\mathfrak{t}) \qquad \text{oder auch} \qquad \frac{d(n\mathfrak{t})}{ds} = \mathrm{grad}\, n \tag{9}$$

mit $\mathfrak{t}$ als tangentialem Einheitsvektor. Diese Vektorgleichung zeigt, wie sich die Richtung $\mathfrak{t}$ längs des Strahles in Abhängigkeit von n ändert.

In homogenem Medium, wo $n =$ konst., vereinfacht sich (9) zu $\frac{d\mathfrak{t}}{ds} = 0$, d. i. unveränderte Strahlrichtung.

Wir werden später in (9) das Gegenstück zu den NEWTONschen Bewegungsgleichungen der Mechanik wiederfinden (Ziff. 11).

5. Eikonalflächen. Vorgelegt sei eine beliebige Fläche F, gesucht wird eine andere Fläche, deren Punkte die optische Entfernung S von der Ausgangsfläche F besitzen. Wir wollen F als Fläche S_0, die gesuchte Fläche als Fläche S bezeichnen. Letztere gewinnt man durch folgende Konstruktion (Abb. 2); man schlägt um jeden Punkt P von $S = 0$ eine Fläche, die von P die optische Entfernung S hat (HUYGENSsche Elementarfläche), und legt an die Elementarflächen die Enveloppe. Durch Ausführung derselben Konstruktion von S_0 aus mit verschiedenen optischen Radien $S_1 S_2 \ldots$ gewinnt man eine ganze Reihe von zusammengehörigen Lichtflächen (HUYGENSsche Enveloppen im optischen Abstand $S_1 S_2 \ldots$ von S_0), die auch als Eikonalflächen[1]) bezeichnet werden. Der Berührungspunkt P' der Enveloppe S mit der Elementarfläche vom optischen Radius S um P ist wegen des FERMATschen Prinzips dann der Durchstoßungspunkt des optisch kürzesten von P nach S führenden Strahls. Die Eikonalfläche S_2 kann man auch, statt direkt von S_0 aus, auf dem Umweg über S_1 gewinnen, indem man von S_1 aus die HUYGENSsche Enveloppenkonstruktion mit dem optischen Radius $S_2 - S_1$ ausführt.

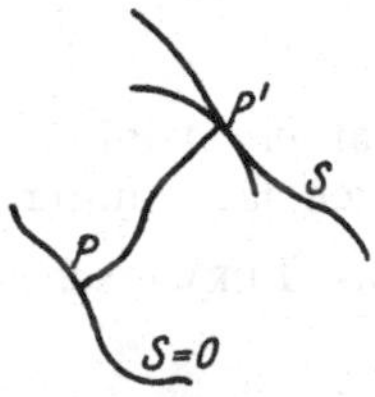

Abb. 2.

Wir wollen nun eine Lichtfläche S mit der ihr infinitesimal benachbarten $S + \delta S$ in Beziehung setzen (Abb. 3). Der Durchstoßungspunkt P'' des von P' nach $S + \delta S$ führenden Strahls liegt von P' aus in Richtung der kleinsten optischen Entfernung von P' nach $S + \delta S$, welche zugleich die kleinste geometrische Entfernung ist, da der Brechungsindex n dort näherungsweise konstant, die um P' geschlagene kleine Elementarfläche eine Kugel vom geometrischen Radius $\delta s = \frac{\delta S}{n}$ ist. Daher steht $P'P''$ senkrecht auf S und $S + \delta S$. Allgemein gilt also: Die Lichtstrahlen durchstoßen die Eikonalflächen senkrecht.

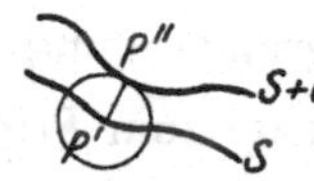

Abb. 3.

Auf dem Strahlelement δs, dessen Richtung senkrecht auf S und $S + \delta S$, d. i. in Richtung der stärksten Zu- bzw. Abnahme des Parameters S liegt, kann man schreiben $|\delta S| : \delta s = |\operatorname{grad} S|$, wenn dabei $S(x, y, z) = \text{konst.}$ ($= S_0$ bzw. $= S_1$ usw.) die Gleichungen der Eikonalflächen darstellen. Da andererseits $|\delta S| : \delta s = n$ ist, erhält man $|\operatorname{grad} S| = n$, wofür man auch schreiben kann

$$(\operatorname{grad} S)^2 = n^2 \quad \text{für die Eikonalflächen} \quad S(xyz) = \text{konst.} = S \tag{10}$$

oder bei kartesischen Koordinaten

$$\left(\frac{\partial S}{\partial x}\right)^2 + \left(\frac{\partial S}{\partial y}\right)^2 + \left(\frac{\partial S}{\partial z}\right)^2 = n^2. \tag{10'}$$

Ist also die Schar zusammengehöriger Eikonalflächen durch die Gleichungen $S(xyz) = \text{konst.} = S$ beschrieben, so muß $S(xyz)$ der partiellen Differentialgleichung (10) genügen. Umgekehrt: hat man eine Funktion $S(xyz)$, welche der partiellen Differentialgleichung genügt, so stellt $S(xyz) = S$ eine Schar von zusammengehörigen Lichtflächen in dem Medium des Brechungsindex n dar. (10) ist der analytische Ausdruck für die HUYGENSsche Enveloppenkonstruktion. Wir werden später (10) als das optische Gegenstück zur HAMILTON-JAKOBIschen partiellen Differentialgleichung für die Wirkungsfunktion S der Mechanik erkennen (Ziff. 12).

---

[1]) Das Eikonal ist ein Integral, welches, zwischen zwei Punkten einer Fläche $S = \text{konst.}$ erstreckt den Wert 0, zwischen zwei Punkten der Flächen S_1 und S_2 aber den Wert $S_2 - S_1$ hat.

6. Lichtstrahlen und Eikonalflächen. Es soll jetzt gezeigt werden, daß die FERMATschen Funktionen $S(PP')$ in einem Medium n, ferner die Strahlkurven zwischen zwei beliebigen Punkten P und P' gewonnen werden können, wenn es gelingt, eine Lösung S der partiellen Differentialgleichung $(\operatorname{grad} S)^2 = n^2$, und zwar ein sog. vollständiges Integral $S(xyz\alpha_1\alpha_2\alpha_3)$ zu finden, welches außer von den Koordinaten noch von konstanten Parametern $\alpha_1\alpha_2\alpha_3$ abhängt. Hält man die α auf bestimmten Werten fest, so bekommt man eine Schar zusammengehöriger Lichtflächen in der Form

$$S(xyz\alpha_1\alpha_2\alpha_3) = \text{konst.} = S \tag{11}$$

mit dem Parameter S. Gibt man den α andere feste Werte, so stellt (11) eine andere Schar zusammengehöriger Eikonalflächen dar. Man kann die α der besonderen Aufgabe entsprechend wählen.

Ist nun $S(x_1x_2x_3\alpha_1\alpha_2\alpha_3)$ ein vollständiges Integral von (10), so bilde man die Gleichungen

$$\frac{\partial S}{\partial \alpha_k} = \beta^k, \quad \text{für} \quad k = 1, 2, 3 \ (\text{JAKOBIsches Gleichungssystem}), \tag{12}$$

wobei die β^k Konstanten sind, die wieder nachträglich der besonderen Aufgabe angepaßt werden können. Wir behaupten, daß (12) eine Lichtstrahlkurve darstellt. Dem Beweis schicken wir ein Beispiel voraus.

Beispiel: Im homogenen Medium $n = \text{konst.}$ ist ein vollständiges Integral von (10′)

$$S = n \cdot \sqrt{(x_1 - \alpha_1)^2 + (x_2 - \alpha_2)^2 + (x_3 - \alpha_3)^2}\,.$$

Statt (12) erhält man hier speziell

$$\beta^k = -n(x_k - \alpha_k) : \sqrt{\cdots} = -n^2(x_k - \alpha_k) : S\,.$$

Es folgt, daß man $\sum (\beta^k)^2 = n^2$ zu wählen hat, und daß

$$(x_1 - \alpha_1) : (x_2 - \alpha_2) : (x_3 - \alpha_3) = \beta^1 : \beta^2 : \beta^3$$

ist; die Lichtstrahlen sind hier Gerade durch den Punkt $x_k = \alpha_k$ mit den Richtungskosinussen $\frac{\beta_k}{n}$.

Den allgemeinen Beweis, daß (12) Lichtstrahlen darstellt, führen wir, indem wir die Äquivalenz von (12) mit der Vektorgleichung $\operatorname{grad} S = n\mathfrak{t}$ der Lichtstrahlen dartun, unter Benutzung von $(\operatorname{grad} S)^2 = n^2$. Wir denken zunächst kartesische Koordinaten $\mathfrak{x}_1 = x$, $\mathfrak{x}_2 = y$, $\mathfrak{x}_3 = z$ an Stelle der willkürlichen Koordinaten $x_1x_2x_3$ eingeführt und fassen jetzt S auf als Funktion $S(\mathfrak{x}, \alpha)$. Auf der durch (12) beschriebenen Kurve möge ferner die Parameterdarstellung $\mathfrak{x}_1(\tau)\,\mathfrak{x}_2(\tau)\,\mathfrak{x}_3(\tau)$ eingeführt sein. Differentiation nach τ, d. h. längs der Kurve, deuten wir durch Punkte an. Da β^i nicht von den $\mathfrak{x}$, also nicht von τ abhängt, ist

$$0 = \frac{d\beta^i}{d\tau} = \frac{d}{d\tau}\left(\frac{\partial S}{\partial \alpha_i}\right) = \sum_k \frac{\partial^2 S}{\partial \alpha_i \partial \mathfrak{x}_k} \dot{\mathfrak{x}}_k\,.$$

Andererseits hängt n^2 nicht von den α_i, sondern nur vom Ort $\mathfrak{x}_i$ ab, so daß man wegen $n^2 = (\operatorname{grad} S)^2$ erhält

$$0 = \frac{\partial n^2}{\partial \alpha_i} = \frac{\partial}{\partial \alpha_i}(\operatorname{grad} S)^2 = \frac{\partial}{\partial \alpha_i}\sum_k \left(\frac{\partial S}{\partial \mathfrak{x}_k}\right)^2 = \sum_k 2\frac{\partial S}{\partial \mathfrak{x}_k} \cdot \frac{\partial^2 S}{\partial \mathfrak{x}_k \partial \alpha_i}\,.$$

Vergleich der beiden letzten Gleichungen zeigt die Proportionalität

$$\dot{\mathfrak{x}}_k = \lambda \frac{\partial S}{\partial \mathfrak{x}_k} \qquad \text{und} \qquad \dot{s}^2 = \sum_k \dot{\mathfrak{x}}_k^2 = \lambda^2 \sum_k \left(\frac{\partial S}{\partial \mathfrak{x}_k}\right)^2 = \lambda^2 n^2\,,$$

daher $\lambda = \frac{\dot{s}}{n}$ und

$$\frac{\partial S}{\partial \mathfrak{x}_k} = \frac{\dot{\mathfrak{x}}_k}{\lambda} = \dot{\mathfrak{x}}_k \frac{n}{\dot{s}} = n \frac{\frac{d\mathfrak{x}_k}{d\tau}}{\frac{ds}{d\tau}} = n \mathfrak{t}_k \qquad (\text{für } k = 1, 2, 3),$$

wo $\mathfrak{t}_k$ die $\mathfrak{x}_k$-Komponente des Einheitsvektors $\mathfrak{t}$ in der Kurvenrichtung bedeutet. Vektoriell schreibt sich die letzte Gleichung $\operatorname{grad} S = n\mathfrak{t}$, die Kurve ist also ein Lichtstrahl. Damit ist bewiesen, daß die Kurven (12) Lichtstrahlen sind.

Die Gleichungen des durch die 2 Punkte $x_1 x_2 x_3$ und $x_1' x_2' x_3'$ gehenden Strahls erhält man, indem man in (12) die Parameter α_1 bis β_3 mit Hilfe der sechs Gleichungen $(k = 1, 2, 3)$:

$$\frac{\partial S(x_1 x_2 x_3 \alpha_1 \alpha_2 \alpha_3)}{\partial \alpha_k} = \beta^k, \qquad \frac{\partial S(x_1' x_2' x_3' \alpha_1 \alpha_2 \alpha_3)}{\partial \alpha_k} = \beta^k \tag{13}$$

bestimmt. Die FERMATsche optische Entfernung PP' wird dann

$$S(PP') = S(x_1 x_2 x_3 \alpha_1 \alpha_2 \alpha_3) - S(x_1' x_2' x_3' \alpha_1 \alpha_2 \alpha_3). \tag{14}$$

7. Phasengeschwindigkeit. Es sollen jetzt einige weitere Zusammenhänge zwischen Lichtstrahlen und Eikonalflächen besprochen werden, die, obwohl noch zum Gebiet der geometrischen Optik gehörig, doch schon zur Wellenlehre überleiten, indem die Geschwindigkeit eines Lichtpunktes bzw. die Geschwindigkeit, mit der eine „Phase" längs des Lichtstrahls forteilt, in den Kreis der Betrachtung gezogen wird.

Es sei ein vollständiges Integral $S(x_1 x_2 x_3 \alpha_1 \alpha_2 \alpha_3)$ von

$$(\operatorname{grad} S)^2 = n^2 \tag{15}$$

gewonnen. Bei festgehaltenen α stellt dann $S(x, \alpha) = S$ mit variierendem Parameter S eine Schar auseinander hervorgehender Eikonalflächen dar, die wir die „Schar α" nennen. Es soll nun zur Zeit $t = 0$ der Wert von S als die Phase der Fläche $S(x, \alpha) = S$ bezeichnet werden. Zur Zeit t dagegen werde als Phase derselben Fläche der Wert $S - ct$ definiert:

$$\varphi(x, \alpha, t) = S(x, \alpha) - ct = \text{Phase} \tag{16}$$

der Schar α im Raumzeitpunkt (x, t). c soll dabei den Wert der Vakuumlichtgeschwindigkeit besitzen. Eine bestimmte Phase wandert also innerhalb der Schar α von Fläche zu Fläche; man kann das auch so ausdrücken: jede Einzelfläche wandert unter Mitnahme ihrer Phase über die Schar hinweg. Da nun einerseits $dS = n\,ds$, andererseits wegen (16) $dS = c\,dt$ bei konstanter Phase ist, folgt $ds/dt = c/n$ als Geschwindigkeit, mit der die Phase über die Flächen der Schar α senkrecht zu diesen hinwegwandert oder auch als Phasengeschwindigkeit, mit der eine Fläche konstanter Phase sich senkrecht zu sich selbst vorschiebt:

$$\frac{ds}{dt} = \frac{c}{n} = u = \text{Phasengeschwindigkeit.} \tag{16'}$$

Die Gleichung $(\operatorname{grad} S)^2 = n^2$ kann man übrigens wegen (16) und (16′) ersetzen durch die Gleichung für φ:

$$(\operatorname{grad} \varphi)^2 - \frac{1}{u^2}\left(\frac{\partial \varphi}{\partial t}\right)^2 = 0. \tag{17}$$

Wir betrachten weiterhin eine andere Flächenschar, die „Schar $\alpha + \delta\alpha$", die sich von der ersteren nur durch etwas variierte Werte der Konstanten unterscheidet, also die Schar $S(x, \alpha + \delta\alpha) = \text{konst.}$ Auch hier definieren wir als Phase einer Fläche den Wert der Funktion

$$\varphi(x, \alpha + \delta\alpha, t) = S(x, \alpha + \delta\alpha) - ct = \text{Phase} \tag{17'}$$

oder entwickelt, da $\partial\varphi/\partial\alpha_k = \partial S/\partial\alpha_k$

$$\varphi(x, \alpha + \delta\alpha, t) = \varphi(x, \alpha, t) + \sum_k \frac{\partial S}{\partial\alpha_k}\,\delta\alpha_k = S(x, \alpha) - ct + \sum_k \frac{\partial S}{\partial\alpha_k}\,\delta\alpha_k. \tag{18}$$

In ein und demselben Raumzeitpunkt erzeugt also die Schar α die Phase (16), die Schar $\alpha + \delta\alpha$ die Phase (18). Die Phasendifferenz D ist

$$\sum_k \frac{\partial S(x, \alpha)}{\partial\alpha_k}\,\delta\alpha_k = D. \tag{19}$$

In allen Punkten, welche der letzten Gleichung mit gegebenem Wert D und gegebenen Größen $\delta\alpha_k$ genügen, zeigen die beiden Scharen α und $\alpha + \delta\alpha$ die gleiche Phasendifferenz D, und zwar zu allen Zeiten, da t in (19) nicht vorkommt.

Wir betrachten schließlich noch eine dritte, vierte usw. Schar $\alpha + \delta\alpha'$, $\alpha + \delta\alpha''$ usw., welche mit andern bestimmten Variationen $\delta\alpha'_k$, $\delta\alpha''_k$ usw. gebildet sind, die aber sämtlich unendlich klein sein sollen. Die ganze Gruppe von Scharen, durch Variationen der Schar α erhalten, nennen wir die Gruppe α. In einem Raumpunkt P sind die Phasendifferenzen zu jeder Zeit t gleich

$$D' = \sum_k \frac{\partial S(x, \alpha)}{\partial\alpha_k}\,\delta\alpha'_k, \qquad D'' = \sum_k \frac{\partial S(x, \alpha)}{\partial\alpha_k}\,\delta\alpha''_k, \quad \text{usw.} \tag{19'}$$

wie (19), nur mit andern Werte $\delta\alpha'_k$, $\delta\alpha''_k$ usw. Entsprechend sind die Phasendifferenzen in einem Punkt P^0

$$D_0 = \sum_k \frac{\partial S(x^0, \alpha)}{\partial\alpha_k}\,\delta\alpha_k, \qquad D'_0 = \sum_k \frac{\partial S(x^0, \alpha)}{\partial\alpha_k}\,\delta\alpha'_k \quad \text{usw.} \tag{19''}$$

Die Bedingung, daß in P dieselben Phasendifferenzen wie in P^0 herrschen sollen,

$$D = D_0, \qquad D' = D'_0, \qquad D'' = D''_0, \ldots, \tag{20}$$

ist erfüllt für

$$\sum_k \frac{\partial S(x\alpha)}{\partial\alpha_k}\,\delta\alpha_k = \sum_k \frac{\partial S(x^0\alpha)}{\partial\alpha_k}\,\delta\alpha_k, \qquad \sum_k \frac{\partial S(x\alpha)}{\partial\alpha_k}\,\delta\alpha'_k = \sum \frac{\partial S(x^0\alpha)}{\partial\alpha_k}\,\delta\alpha'_k \quad \text{usw.}$$

Da hier die Variationen $\delta\alpha_k$, $\delta\alpha'_k$, ... die verschiedensten unendlich kleinen Werte besitzen können, ist das letzte Gleichungssystem nur möglich, wenn einzeln die Gleichungen

$$\frac{\partial S(x, \alpha)}{\partial\alpha_k} = \frac{\partial S(x^0\alpha)}{\partial\alpha_k} \qquad \text{für} \qquad k = 1, 2, 3 \tag{20'}$$

erfüllt sind. Alle Punkte P, welche diesem Gleichungssystem genügen, haben die Eigenschaft (20), es herrschen in ihnen dieselben Phasendifferenzen wie in P^0. Übrigens kann man (20') auch in der Form

$$\frac{\partial S(x, \alpha)}{\partial\alpha_k} = \beta^k \qquad \text{für} \qquad k = 1, 2, 3 \tag{21}$$

schreiben und erkennt dann, beim Vergleich mit (12), daß die erwähnten Punkte P die Punkte eines Lichtstrahls sind, welcher die Schar α senkrecht durchsetzt und welcher natürlich auch den Punkt P^0 selbst enthält. Man kommt so zu einer besonderen Auffassung der Lichtstrahlen: Ein Lichtstrahl, senkrecht auf der Schar $S(x, \alpha)$, ist der Ort der Punkte, in welchen die Scharen $S(x, \alpha + \delta\alpha)$, $S(x, \alpha + \delta\alpha')$ usw. gegenüber der Schar $S(x, \alpha)$ die gleichen Phasendifferenzen $D, D', D'', \ldots$ besitzen. Dabei war die Phase definiert durch (16) (17′) und gezeigt, daß sie sich mit der Geschwindigkeit $u = \frac{c}{n}$ vorschiebt.

8. Gruppengeschwindigkeit. Die Verbindung der bisherigen geometrisch-optischen Resultate mit der Wellenoptik wird dadurch hergestellt, daß man periodische Funktionen ψ der Phase betrachtet:

$$\psi = A \cdot e^{\frac{2i\pi}{\varkappa}\varphi(x,\alpha,t)} = A \cdot e^{\frac{2i\pi}{\varkappa}[S(x,\alpha) - ct]}, \tag{22}$$

worin $\varkappa$ eine Konstante von der gleichen Dimension wie S sein soll. Übrigens bezeichnet man gewöhnlich den Faktor von i, also $2\pi S/\varkappa$ als Phase, nicht S selber. $c/\varkappa$ bedeutet die zeitliche Periodenzahl ν an einem Ort, und $\frac{ds}{d(S/\varkappa)}$ ist die Strecke λ, um die man senkrecht zu einer Fläche $S =$ konst. fortschreiten muß, damit $S/\varkappa$ um 1 wächst:

$$\nu = \frac{c}{\varkappa}, \qquad \lambda = \frac{ds \cdot \varkappa}{dS}, \qquad \nu \cdot \lambda = c\,\frac{ds}{dS} = \frac{c}{n} = u. \tag{22′}$$

Es werde nun der Fall betrachtet, daß der Brechungsindex n außer vom Ort noch von einem Parameter abhängt, als welchen wir eben die Schwingungszahl $\nu = \frac{c}{\varkappa}$ annehmen wollen: $n = n(x, \nu)$. Es werden dann alle früheren Beziehungen ebenfalls diesen Parameter enthalten. Z. B. wird die Gleichung $(\operatorname{grad} S)^2 = n^2(x, \nu)$ als vollständiges Integral die Wellenflächen $S(x, \alpha, \nu) =$ konst. besitzen, deren Phase $S = S(x, \alpha, \nu) - ct$ mit der von ν abhängigen Phasengeschwindigkeit $c/n = u(x, \nu)$ senkrecht zu der Flächenschar fortrückt. Die periodischen Funktionen

$$\psi(\nu) = A_\nu e^{2i\pi\frac{\nu}{c}[S(x,\alpha,\nu) - ct]} \tag{23}$$

besitzen dann eine mit ν veränderliche Wellenlänge. Wir betrachten ferner die zum Brechungsindex $n = n(x, \nu + \delta\nu)$ gehörigen Lichtflächen und ihre periodische Funktion

$$\psi(\nu + \delta\nu) = A_{\nu+\delta\nu} e^{2i\pi\frac{\nu+\delta\nu}{c}[S(x,\alpha,\nu+\delta\nu) - ct]}. \tag{23′}$$

Die Phasendifferenz Δ von (23) (23′), d. i. die Differenz ihrer Exponenten, ist wegen der Entwicklung $S(x, \alpha, \nu + \delta\nu) = S(x, \alpha, \nu) + \frac{\partial S}{\partial \nu}\,\delta\nu$ gleich

$$\Delta = \frac{2\pi}{c}\left(\nu\frac{\partial S}{\partial \nu}\delta\nu + S\,\delta\nu - ct\,\delta\nu\right).$$

Diese Phasendifferenz ist an den durch

$$\nu\frac{\partial S}{\partial \nu} + S - ct = \frac{\partial}{\partial \nu}(\nu S) - ct = \text{const} \tag{23″}$$

beschriebenen Raumzeitpunkten überall gleich groß. Nun stellt für bestimmtes t die letzte Gleichung eine Fläche im Raume dar, auf welcher also überall die gleiche Phasendifferenz von $\psi(\nu)$ gegen $\psi(\nu + \delta\nu)$ herrscht. Bei Zuwachs von t um δt rückt die Fläche konstanter Phasendifferenz im Raume fort, wobei ein Punkt P der Fläche Koordinatenzuwachse δx_k erhält, welche durch Nullsetzen der Variation von (23″)

$$O = \sum_k \frac{\partial}{\partial x_k}\left(\frac{\partial}{\partial \nu}(\nu S)\right) \cdot \delta x_k - c \cdot \delta t$$

oder vektoriell

$$O = \left(\operatorname{grad}\left(\frac{\partial \nu S}{\partial \nu}\right) \cdot \delta \mathfrak{s}\right) - c \cdot \delta t$$

eingeschränkt sind. Falls der Punkt P senkrecht zur Fläche (23″) fortschreiten soll, ist in der letzten Gleichung $\delta \mathfrak{s}$ parallel zu dem grad zu nehmen. Man erhält daher für die Geschwindigkeit g, mit der sich ein Flächenelement der Fläche konstanter Phasendifferenz senkrecht zu sich selbst vorschiebt

$$g = \frac{\delta s}{\delta t} = c : \left|\operatorname{grad}\frac{\partial \nu S}{\partial \nu}\right|,$$

g wird die Gruppengeschwindigkeit genannt

$$g = \frac{c}{\left|\operatorname{grad}\frac{\partial(\nu S)}{\partial \nu}\right|} = \frac{c}{\left|\operatorname{grad} S + \nu \frac{\partial}{\partial \nu} \operatorname{grad} S\right|}. \tag{24}$$

Beim Vergleich mit der Phasengeschwindigkeit

$$u = \frac{c}{n} = \frac{c}{|\operatorname{grad} S|}$$

ergibt sich noch die einfache Formel

$$\frac{1}{g} = \frac{\partial\left(\frac{\nu}{u}\right)}{\partial \nu} = \frac{1}{u}\left(1 - \frac{1}{u}\frac{\partial u}{\partial \nu}\right) = \frac{\partial\left(\frac{1}{\lambda}\right)}{\partial \nu}. \tag{24'}$$

Ein wesentlicher Zug der eigentlichen Wellenoptik ist, daß man nicht mit Lichtstrahlen operiert, also auch die Phasenbeziehungen zwischen den einzelnen Raumzeitpunkten nicht aus ihrer geometrisch-optischen Verknüpfung herleitet (dies führt bekanntlich zu falschen Resultaten, zu scheinbarem Phasensprung bei Reflexion und Beugung usw.), sondern die Schwingungsfunktion ψ in Raum und Zeit als Lösung einer beherrschenden Differentialgleichung, der Wellengleichung berechnet. Nur im Grenzfall kleiner λ darf die geometrische Optik angewendet werden:

Die Differentialgleichung der Wellenoptik heißt

$$\Delta \psi - \frac{1}{u^2} \ddot{\psi} = 0. \tag{25}$$

Sucht man sie zu lösen durch den Ansatz

$$\psi = A \cdot e^{\frac{2 i \pi \varphi}{\varkappa}},$$

so erhält man für $\varphi(xyzt)$ die Differentialgleichung

$$\frac{2 i \pi}{\varkappa}\left[\Delta \varphi - \frac{1}{u^2}\ddot{\varphi}\right] + \left(\frac{2 i \pi}{\varkappa}\right)^2 \left[(\operatorname{grad}\varphi)^2 - \frac{1}{u^2}\dot{\varphi}^2\right] = 0.$$

Nur in dem Grenzfall, daß das erste Glied gegenüber dem zweiten verschwindet (kleines $\varkappa = n\lambda$), bleibt die mit (17) übereinstimmende Gleichung

$$(\operatorname{grad}\varphi)^2 - \frac{1}{u^2}\dot{\varphi}^2 = 0, \tag{25'}$$

der geometrischen Optik übrig. Man kann nun den formalen Zusammenhang zwischen (25) und (25′) folgendermaßen beschreiben. Man ersetze in (25′) die Größen

$$\frac{\partial \varphi}{\partial x} \text{ durch } \frac{\varkappa}{2 i \pi} \frac{\partial}{\partial x}, \quad \ldots, \quad \frac{\partial \varphi}{\partial t} \text{ durch } \frac{\varkappa}{2 i \pi} \frac{\partial}{\partial t}, \tag{26}$$

also z. B. $\left(\frac{\partial \varphi}{\partial x}\right)^2$ durch $\left(\frac{\varkappa}{2 i \pi} \frac{\partial}{\partial x}\right)^2 = -\frac{\varkappa^2}{4\pi^2} \cdot \frac{\partial^2}{\partial x^2}$, und übe die entstehende Operatorgleichung

$$\frac{\partial^2}{\partial x^2} + \frac{\partial^2}{\partial y^2} + \frac{\partial^2}{\partial z^2} - \frac{1}{u^2} \frac{\partial^2}{\partial t^2} = 0$$

auf eine Funktion ψ aus; so erhält man die Wellengleichung (25). Dieser formale Zusammenhang wird beim Übergang von der klassischen zur Wellenmechanik sein Gegenstück finden.

9. Allgemeine Maßbestimmung. Zur späteren Benutzung werden jetzt einige geläufige mathematische Formeln aus der Geometrie krummliniger Koordinaten zusammengestellt[1]).

Der Sinn der Vektoroperationen grad, div usw., ferner Senkrechtstehen, Winkel usw. ist unabhängig vom Koordinatensystem. Legt man ein bestimmtes krummliniges Koordinatensystem $x_1 x_2 x_3$ zugrunde, so kann man skalare geometrische Größen auch mit Hilfe von Komponenten in dem betreffenden System ausdrücken. Charakteristisch für das System ist vor allem der Ausdruck für die gewöhnliche Länge ds eines Vektorelements $d\mathfrak{s}$; $(ds)^2$ ist allgemein eine homogene quadratische Funktion der Komponenten dx_k

$$(ds)^2 = \sum_i \sum_k g^{ik} dx_i \cdot dx_k \tag{27}$$

mit den noch vom Ort $(x_1 x_2 x_3)$ abhängigen Koeffizienten g^{ik}, die man als die Komponenten des metrischen Fundamentaltensors bezeichnet, wobei $g^{ik} = g^{ki}$. Hat man ein orthogonales Koordinatensystem, so sind alle $g^{ik} = 0$, für welche $i \neq k$ ist, und nur die g^{kk} sind von Null verschieden. In einem orthogonalen Cartesischen Koordinatensystem sind überdies die g^{kk} konstant und zwar gleich 1.

Senkrecht stehen zwei Vektoren $d\mathfrak{s}$ und $\delta\mathfrak{s}$ aufeinander, wenn ihr „skalares Produkt"

$$(d\mathfrak{s}, \delta\mathfrak{s}) = \sum_i \sum_k g^{ik} dx_i \, \delta x_k \tag{27a}$$

verschwindet.

Neben den Komponenten dx_k eines Vektors $d\mathfrak{s}$, die man auch kontravariante Komponenten nennt (ihr Index k ist unten angehängt), braucht man oft auch die kovarianten Komponenten dx^k (Index oben) desselben Vektors $d\mathfrak{s}$, welche definiert sind durch

$$dx^i = \sum_k g^{ik} dx_k. \tag{27b}$$

Löst man das Gleichungssystem (27b) nach den dx_k auf, so erhält man

$$dx_k = \sum_i g_{ik} dx^i \quad \text{mit der Abkürzung } g_{ik} = \frac{\gamma^{ik}}{g^*}, \tag{27c}$$

worin g^* die Determinante der g^{ik}, γ^{ik} die zu einem g^{ik} gehörige Unterdeterminante bedeuten soll. Umgekehrt gilt ferner

$$g^{ik} = \frac{\gamma_{ik}}{g_*}, \tag{27d}$$

---

[1]) Vgl. z. B. E. MADELUNG, Die mathematischen Hilfsmittel des Physikers. Berlin: Julius Springer; oder W. PAULI, Relativitätstheorie. Enzykl. d. math. Wiss. Bd. V, 2, als Sonderdruck bei B. G. Teubner erschienen.

wobei g_* die Determinante der g_{ik}, γ_{ik} die Unterdeterminante von g_{ik} bedeutet.

Man beweist dann die Beziehung

$$g^* \cdot g_* = 1 . \tag{27e}$$

Besonders einfach werden die gemischten Ausdrücke, in welchem gleichzeitig kontra- und kovariante Komponenten auftreten, z. B.

$$(ds)^2 = \sum_k dx_k dx^k , \qquad (d\mathfrak{s}, \delta\mathfrak{s}) = \sum_k dx_k \cdot \delta x^k = \sum \delta x_k \cdot dx^k .$$

Die g_{ik} fallen dabei ganz heraus wegen der Determinantenregel

$$\sum_i \gamma^{ik} g^{il} = 0 \quad \text{für} \quad l \neq k , \quad = g^* \quad \text{für} \quad l = k .$$

Wir geben noch einige weitere skalare Größen in Komponentendarstellung an, deren Form und Betrag sich beim Übergang zu andern Koordinaten nicht ändert: Der Inhalt eines Volumelements dv ist definiert durch

$$dv = \sqrt{g^*}\, dx_1 dx_2 dx_3 = \sqrt{g_*}\, dx^1 dx^2 dx^3 . \tag{28}$$

Der Gradientvektor einer skalaren Ortsfunktion φ ist definiert durch seine Komponenten

$$(\operatorname{grad}\varphi)_k = \frac{\partial\varphi}{\partial x^k} = \sum_i g_{ik} \frac{\partial\varphi}{\partial x_i} , \qquad (\operatorname{grad}\varphi)^k = \frac{\partial\varphi}{\partial x_k} = \sum_i g^{ik} \frac{\partial\varphi}{\partial x^i} , \tag{28a}$$

woraus für das skalare Gradientenquadrat folgt

$$(\operatorname{grad}\varphi)^2 = \sum_i \sum_k g_{ik} \frac{\partial\varphi}{\partial x_i} \frac{\partial\varphi}{\partial x_k} = \sum_i \sum_k g^{ik} \frac{\partial\varphi}{\partial x^i} \frac{\partial\varphi}{\partial x^k} . \tag{28b}$$

Die Laplacesche Operation $\Delta = \operatorname{div} \operatorname{grad}$ ist definiert durch

$$\Delta\varphi = \operatorname{div}\operatorname{grad}\varphi = \sum_i \sum_k \frac{1}{\sqrt{g^*}} \frac{\partial}{\partial x_i}\left(\sqrt{g^*}\, g_{ik} \frac{\partial\varphi}{\partial x_k}\right) = \sum_i \sum_k \frac{1}{\sqrt{g_*}} \frac{\partial}{\partial x^i}\left(\sqrt{g_*}\, g^{ik} \frac{\partial\varphi}{\partial x^k}\right) . \tag{28c}$$

Alle diese Formeln sind ohne weiteres auf n statt 3 Koordinaten übertragbar. Ferner gelten sie nicht nur für den Fall, daß krummlinige Raumkoordinaten $x_1 x_2 \ldots x_n$ vorliegen, bei denen die gewöhnliche (euklidische) Maßbestimmung zu dem Längenelement

$$ds = \sqrt{\sum_i \sum_k g^{ik} dx_i dx_k}$$

führt, sondern auch für irgendwelche Koordinaten $x_1 x_2 \ldots x_n$ in einem Raum, in welchem als Element der „Länge" in nichteuklidischer Weise die Größe

$$ds = \sqrt{\sum_i \sum_k g^{ik} dx_i \cdot dx_k}$$

definiert ist. In einem solchen Koordinatenraum haben dann die Operationen des grad, div, Δ, des Senkrechtstehens, des skalaren Produkts usw. definitionsgemäß die in obigen Formeln angegebene übertragene (nichteuklidische) Bedeutung. Um daran zu erinnern, daß es sich etwa beim Senkrechtstehen um das „Senkrechtstehen" im nichteuklidischen Sinn der Formel (27a) handeln soll, werden wir zuweilen „ " zur Hervorhebung benutzen.

10. MAUPERTUIS' und FERMATS Prinzip. Die enge Analogie zwischen geometrischer Optik und klassischer Mechanik beruht darauf, daß ebenso wie die Optik aus dem FERMATschen Prinzip des kürzesten Lichtwegs, sich auch die Mechanik aus einem Variationsprinzip ableiten läßt. Gewöhnlich geht man aus vom HAMILTONschen Prinzip in der Form

$$\delta \int_{t}^{t'} (T - U)\, dt = 0\,, \tag{29}$$

worin T die kinetische, U die potentielle Energie des Systems, t und t' zwei Zeitpunkte, δ den Vergleich zwischen der wirklichen Bewegung des Systems und einer zur selben Anfangs- und Endzeit t und t' und zur selben Anfangs- und Endlage P und P' der Koordinaten gehörendenden Nachbarbahn bedeutet.

Wir wollen nun voraussetzen, die potentielle Energie U sei eine Funktion der N Koordinaten, welche die Lage des Systems von N Freiheitsgraden beschreiben. Ferner sei die kinetische Energie T eine quadratische Funktion der Geschwindigkeitskomponenten $\dot{x}_k$ in der Form

$$T = \frac{m}{2} \sum_i \sum_k g^{ik} \dot{x}_i^2 \dot{x}_k^2\,, \qquad U = U(x)\,, \tag{30}$$

wo m irgendeine Konstante von der Dimension einer Masse bedeutet, welche vorangestellt ist, damit die g^{ik}, die selbst noch Funktionen der Koordinaten sein können, dimensionslos werden. Versteht man unter ds den Ausdruck

$$ds = \sqrt{\sum_i \sum_k g^{ik} dx_i dx_k} \tag{30'}$$

d. h. führt im Raum der Koordinaten $x_1 \ldots x_n$ eine nichteuklidische Maßbestimmung ein (Ziff. 9), so läßt sich T in der Form

$$T = \frac{m}{2} \dot{s}^2 \tag{31}$$

schreiben. Man leitet in der Mechanik aus dem HAMILTONschen Prinzip unter der Voraussetzung $U = U(x_k)$ die Konstanz der Gesamtenergie E während der Bewegung ab

$$T + U = E = \text{konst.} \tag{32}$$

Wegen (32) wird dann $T - U = 2T - E$, und aus (29) wird

$$\delta \int_{t}^{t'} (2T - E)\, dt = 0\,,$$

was wegen $E = $ konst. und wegen Festhaltung von t und t' sich vereinfacht zu der Bedingung

$$\delta \int_{t}^{t'} 2T\, dt = 0\,, \qquad T = E - U\,. \tag{32'}$$

Hierin kann man $\sqrt{2T}$ durch $\sqrt{m}\,\frac{ds}{dt}$ ersetzen, so daß die letzte Gleichung übergeht in

$$\delta \int_{P}^{P'} \sqrt{2m(E - U)}\, ds = 0\,, \qquad (E = \text{konst.}) \tag{33}$$

variiert zwischen zwei festgehaltenen Anfangs- und Endkonfigurationen P und P' des Systems. Die Fassung (32') (33) des HAMILTONschen Prinzips, als EULER-MAUPERTUISsches Prinzip der kleinsten Wirkung bekannt und bei den

Voraussetzungen (30) gültig, ist nun völlig analog dem FERMATschen Prinzip vom ausgezeichneten Lichtweg (2), welches ja ebenfalls Variation bei festem Anfangs- und Endpunkt verlangt. Wir wollen es hier in der Form

$$\delta\int_P^{P'}\frac{dS}{c}=\delta\int_P^{P'}\frac{n\,ds}{c}=\delta\int\frac{1}{u}\,ds \tag{34}$$

schreiben, wo c die Vakuumlichtgeschwindigkeit, $u=\frac{c}{n}$ die Phasengeschwindigkeit im Medium bedeutet. Ferner wollen wir (33) in der Form

$$\delta\int_P^{P'}\frac{\sqrt{2m(E-U)}}{E}\,ds=0 \tag{35}$$

schreiben und die beiden letzten Gleichungen in Analogie $\approx$ setzen. Der optischen Funktion n/c der Koordinaten entspricht mechanisch die Ortsfunktion $\frac{\sqrt{2m(E-U)}}{E}$ bei irgendwie vorgegebener Gesamtenergie E

$$\frac{n(x)}{c}\approx\frac{\sqrt{2m(E-U(x))}}{E}. \tag{36}$$

Mit Benutzung der Analogie (36) können jetzt sämtliche optisch abgeleiteten Beziehungen ohne besonderen Beweis ins Mechanische übersetzt werden. Dem optischen dreidimensionalen Koordinatenraum x_k (z. B. rechtwinklige Koordinaten), in welchem Längen, Senkrechtstehen usw. im gewöhnlichen (euklidischen) Sinne aufzufassen sind, soll ein N dimensionaler Koordinatenraum x_k der mechanischen Punktkoordinaten entsprechen, in welchem „Länge", „Senkrechtstehen" usw. im nichteuklidischen Sinne des Längenelements (30′) zu verstehen sind; beidemal liegt ein isotroper Brechungsindex $n(x_k)$ vor, der mechanisch die Bedeutung (36) hat und die Bahnkurven durch $\delta\int ds=\delta\int n\,ds=0$, die auf ihnen „senkrechten" Wirkungsflächen $S=$ konst. durch $(\operatorname{grad} S)^2=n^2$ auszeichnet.

11. NEWTONS Bewegungsgleichungen. Zunächst zeigen wir, daß die optische Gleichung (9)

$$\operatorname{grad} n=\frac{d}{dt}(n\mathfrak{t})$$

($\mathfrak{t}$ = Einheitsvektor tangential zum Strahl,
$\dot{s}$ = Phasengeschwindigkeit $= c/n$),

analog ist den NEWTONschen Bewegungsgleichungen eines mechanischen Systems. Bei Benutzung der Analogie (36) wird nämlich aus (10)

$$\dot{s}\operatorname{grad}\sqrt{2m(E-U)}=\frac{d}{dt}\left(\mathfrak{t}\sqrt{2m(E-U)}\right),$$

Wegen $E-U=T=m\dot{s}^2/2$ wird die linke Seite gleich

$$\dot{s}\operatorname{grad}(m\dot{s})=\frac{1}{2m}\operatorname{grad}(m\dot{s})^2=\frac{1}{2m}\operatorname{grad}[2m(E-U)]=-\operatorname{grad}U$$

und die rechte Seite

$$\frac{d}{dt}(\mathfrak{t}m\dot{s})=\frac{d}{dt}(m\dot{\mathfrak{s}})=m\ddot{\mathfrak{s}},$$

wenn $\dot{\mathfrak{s}}$ den Geschwindigkeitsvektor $\mathfrak{t}\dot{s}$ bedeutet. Es wird somit

$$-\operatorname{grad}U=m\ddot{\mathfrak{s}}, \tag{37}$$

d. i. die Bewegungsgleichung in der üblichen Vektorform Kraft = Masse × Beschleunigung. In Komponentenform bedeutet dies nach (28a) genauer

$$-\sum_i g_{ik}\frac{\partial U}{\partial x_i} = m\frac{d^2 x_k}{dt^2} \qquad (k = 1, 2 \ldots N) \tag{37'}$$

in beliebigen Koordinaten x_k, wobei die g^{ik} dem Ausdruck (30) der kinetischen Energie entstammen, g_{ik} die zugehörigen kontravarianten Größen sind. Drückt man U, statt als Funktion der kontravarianten x_k, als Funktion der varianten x^k aus, $U(x_k) = \bar{U}(x^k)$, so schreibt sich letztere Gleichung noch einfacher:

$$-\frac{\partial \bar{U}}{\partial x^k} = m\frac{d^2 x_k}{dt^2} \qquad (k = 1, 2 \ldots n). \tag{37''}$$

Den gradlinigen Lichtstrahlen in homogenem Medium $n =$ konst. entsprechen gerade Bahnkurven bei konstanter potentieller Energie U.

12. Wirkungsfunktion und HAMILTON-JAKOBIsche Gleichung. Der Vergleich von (34) und (35) führt noch zu folgender Analogie: Dem Linienelement der „optischen Länge" $dS = n\,ds$ entspricht mechanisch die Größe

$$dS = \frac{c}{E}\sqrt{2m(E-U)}\,ds.$$

Der „optischen Entfernung" S auf einem Strahl zwischen zwei Punkten im Medium vom Brechungsindex n entspricht dann die Größe

$$S(x, x') = \int_P^{P'} dS = \frac{c}{E}\int_P^{P'}\sqrt{2m(E-U)}\,ds = \frac{c}{E}\int_P^{P'}\sqrt{2mT}\,ds \tag{38}$$

längs einer Bahnkurve zwischen P und P', welche mit der konstanten Energie E durchlaufen wird. Das schon im Prinzip der kleinsten Wirkung (33) auftretende Integral wird die „Wirkung" genannt. Wir wollen hier, um die optisch-mechanische Analogie folgerichtig durchführen zu können, das mit c/E multiplizierte Integral (38) $S(x, x')$ als Wirkung bezeichnen und können dann sagen, daß die FERMATsche Lichtwegfunktion der Punktpaare PP' analog ist zur Wirkungsfunktion der Mechanik (38) (S hat hier beidemal die Dimension einer Länge).

In der Optik wurde gezeigt, daß senkrecht auf den Eikonalflächen $S =$ konst. die Lichtstrahlen stehen. Hier sind entsprechend die Bahnkurven und die Flächen konstanter Wirkung aufeinander „senkrecht". Eine zusammengehörige Schar von Wirkungsflächen „orthogonal" zu einer Schar von Bahnkurven ist dabei, analog zur Optik, bestimmt als vollständiges Integral der Differentialgleichung (10) $(\operatorname{grad} S)^2 = n^2$, oder hier

$$(\operatorname{grad} S)^2 = \frac{c^2}{E^2}\cdot 2m(E-U) = \frac{mc^2}{E}\cdot\frac{2T}{E}. \tag{39}$$

Diese Gleichung ist identisch mit der in der Mechanik bekannten HAMILTON-JAKOBIschen partiellen Differentialgleichung (H. J. D.) zur Bestimmung der Wirkungsfunktion S, welche man meist in der nach E aufgelösten Form

$$E = U + T = U(x_k) + \frac{E^2}{2mc^2}(\operatorname{grad} S)^2 \qquad [\text{HAMILTON-JAKOBI}] \tag{39'}$$

schreibt (beachte, daß S in (38) eine vom üblichen abweichende Bedeutung hat); diese wird in der Mechanik auf folgendem Wege gewonnen:

In dem Ausdruck $T = \frac{m}{2} \sum_i \sum_k g^{ik} \dot{x}_i \dot{x}_k$ für die kinetische Energie als Funktion der Geschwindigkeitskomponenten $\dot{x}_k$ entnimmt man die durch die Gleichungen

$$\frac{\partial T}{\partial \dot{x}_k} = m \sum_i g^{ik} \dot{x}_i = m \dot{x}^k = \xi^k, \tag{40}$$

definierten kovarianten Impulskomponenten $\xi^k = m\dot{x}^k$, schreibt dann T als Funktion der Impulskomponenten

$$T = \frac{m}{2} \sum_i \sum_k g_{ik} \dot{x}^i \dot{x}^k = \frac{1}{2m} \sum_i \sum_k g_{ik} \xi^i \xi^k, \tag{40'}$$

und setzt schließlich die Impulskomponenten als Ableitungen der Wirkungsfunktion S an in der Form

$$m\dot{x}^i = \xi^i = \frac{E}{c} \cdot \frac{\partial S}{\partial x_i}, \tag{41}$$

wodurch T übergeht in die Form

$$T = \frac{E^2}{2mc^2} (\operatorname{grad} S)^2,$$

in Übereinstimmung mit (39').

Ist ein vollständiges Integral $S(x_k, \alpha_k)$ der H. J. D. (39) gefunden, so erhält man die Bahnkurven — ebenso wie in (12) die Strahlen — durch die Gleichungen

$$\frac{\partial S(x_1 \alpha)}{\partial \alpha_k} = \beta^k, \qquad (k = 1, 2 \ldots), \tag{42}$$

worin die neuen Konstanten β^k den speziellen der Bahnkurve auferlegten Anfangsbedingungen angepaßt werden können. Die mit (39) $(\operatorname{grad} S)^2 = n^2$ verträglichen Gleichungen (41)

$$\frac{\partial S}{\partial x_k} = \frac{c}{E} m \dot{x}^k \tag{43}$$

bestimmen dann auch noch die Geschwindigkeit $v = \dot{s}$ des Bildpunkts auf der Bahnkurve. (42) (43) bilden das JAKOBIsche Gleichungssystem zur Bestimmung der Bewegung des Systems. (43) enthält eine „lokale" Beschreibung der Geschwindigkeitskomponenten, die das System an einer Stelle x, in Abhängigkeit von den Integrationskonstanten α, annehmen kann; (42) gibt dagegen eine „substantielle" Beschreibung des Weges, welchen ein bestimmtes durch die Konstanten α und β charakterisiertes mechanisches System einschlägt.

Dem zeitlichen Fortschreiten der Lichtphase $\varphi = S - ct$ entspricht mechanisch ein ebensolches Vorrücken der Phase $\varphi = S - ct$ der Wirkungsflächen. φ hat dieselben räumlichen Differentialquotienten wie S, dazu noch den zeitlichen $d\varphi/dt = -c$; im ganzen ist demnach

$$\left.\begin{aligned} \frac{\partial \varphi}{\partial x_k} &= \frac{c}{E} m \dot{x}^k, & \frac{\partial \varphi}{\partial t} &= -c \\ \frac{\partial \varphi}{\partial \alpha_k} &= \beta^k, & \frac{\partial \varphi}{\partial c} &= -t \end{aligned}\right\} \tag{43'}$$

das JAKOBIsche Gleichungssystem, welches neben dem durch (42) (43) beschriebenen räumlichen auch noch das zeitliche Fortschreiten eines Bahnpunktes mit der Phasengeschwindigkeit u beschreibt.

Die Konstruktion der Flächenschar $S =$ konst., welche der H. J. D. genügt, verläuft genau wie in Ziff. 5: Man errichtet in jedem Punkt der Ausgangsfläche $S(x, \alpha) = S_0$ nach beiden Seiten hin „Senkrechte" der „Länge"

$$ds = \frac{dS}{n} = dS \frac{E}{c\sqrt{2m(E - U)}}$$

und gelangt so zu den beiden Flächen $S(x, \alpha) = S_0 \pm dS$.

Sukzessive fortfahrend gelangt man schließlich zu endlich entfernten Flächen $S(x, \alpha) = S_0 \pm \Delta S$. Dasselbe Resultat hätte man auch gewonnen durch Konstruktion HUYGHENSscher Elementarflächen mit den Radien

$$\Delta S = \int\limits_P dS = \int\limits_P \frac{c}{E} \sqrt{2m(E-U)}\, dS = \text{konst.},$$

um jeden Punkt P der Ausgangsfläche (die Radien sind im allgemeinen gekrümmt, die Elementarflächen keine Kugeln) und Konstruktion ihrer Enveloppen.

Man kann die Flächen $S(x, \alpha) = \text{konst.}$ auch zeitlich auseinander hervorgehen lassen: In der Optik bewegten sich die Flächenelemente der Ausgangsfläche $S = S_0$ senkrecht zu sich selbst mit der Phasengeschwindigkeit $u = c/n$ fort und legten während der Zeit t die Strecke

$$s = \int u\,dt = \int c/n\,dt = \int dS/n$$

zurück, wobei aus der Fläche $S(x, \alpha) = S_0$ die Fläche $S(x, \alpha) = S_0 + ct$ wurde. Ebenso kann man sich in der Mechanik die Wirkungsfläche $S(x, \alpha) = S_0 + ct$ aus $S(x, \alpha) = S_0$ entstanden denken durch Vorrücken der Flächenelemente „senkrecht“[1]) zu sich selbst während der Zeit t um die „Strecken“

$$s = \int \frac{c}{n}\,dt = \int \frac{E\,dt}{\sqrt{2m(E-U)}} = \int \frac{E\,dt}{\sqrt{2mT}} = \int \frac{dS}{n}$$

mit der „Geschwindigkeit“

$$u = \frac{c}{n} = \frac{E}{\sqrt{2m(E-U)}} = \frac{E}{\sqrt{2mT}}\,. \tag{44}$$

Führt man wie in Ziff. 7 die Bezeichnung

$$\varphi(x, \alpha, t) = S(x, \alpha) - ct$$

ein, wo φ ebenso wie S ein vollständiges Integral von $(\operatorname{grad}\varphi)^2 = n^2$ bedeutet, so wird die Gleichung der zeitlich vorrückenden Wirkungsfläche

$$\varphi(x, \alpha, t) = S_0, \tag{44'}$$

worin wieder $\varphi = S_0$ als ihre dauernd mitgeführte Phase bezeichnet werden soll. Es übertragen sich dann wörtlich die Resultate über Lichtflächenscharen und -gruppen von Ziff. 7 und 8 auf Wirkungsflächenscharen und -gruppen, die wir daher in der folgenden Ziffer ohne Beweis anführen können.

13. Wirkungswellen. Die geometrisch-optischen Resultate der Ziff. 7 und 8 können ohne weiteres in die Sprache der Mechanik übertragen werden und lauten dann wie folgt.

Es liege die Wirkungsfunktion S als ein vollständiges Integral $S(x, \alpha)$ der HAMILTON-JAKOBIschen partiellen Differentialgleichung (H. J. D.) $(\operatorname{grad} S)^2 = n^2$ vor, im Koordinatenraum mit der Metrik

$$ds = \sqrt{\sum_i \sum_k{}' g^{ik}\,dx_i\,dx_k}, \qquad \text{wo} \qquad T = \frac{m}{2} \sum_i \sum_k g^{ik} \dot{x}_i \dot{x}_k\,. \tag{45}$$

Eine Schar von Wirkungsflächen $S(x, \alpha) = \text{konst.}$, charakterisiert durch bestimmte Wahl der α_k und verschiedene Werte von konst. — wir wollen sie die „Schar α“ nennen —, entspricht dann einer Schar zusammengehöriger Eikonalflächen in einem optischen Medium vom Brechungsindex

$$n = \frac{c}{E} \sqrt{2m(E - U(x))}\,. \tag{46}$$

---

[1]) Die in „“ gesetzten Ausdrücke sind im Sinne des Linienelements (30′) gemeint, siehe auch Ziff. 8. Bei einem System von N gleichen Massen m und Benutzung kartesischer Koordinaten können also die „“ fortgelassen werden.

Jeder Fläche der Schar α ordnen wir zur Zeit t eine Phase zu, definiert durch den Wert von $\varphi = S(x, \alpha) - ct$.

$$\varphi(x, \alpha, t) = S(x, \alpha) - ct = \text{konst.} \tag{47}$$

bedeutet dann eine Wirkungsfläche mit der Phase konst., welche mit der „Geschwindigkeit" $u = c/n$ „senkrecht" zu sich selbst vorrückt, also sukzessive die Lage der Einzelflächen der Schar α überstreicht.

Außer der „Schar α" betrachten wir noch die „Schar $\alpha + \delta\alpha$", gegeben durch $S(x, \alpha + \delta\alpha) = \text{konst.}$ mit bestimmten Variationen $\delta\alpha_k$, aber denselben α_k wie oben. Schließlich betrachten wir die ganze Gruppe der Scharen $\alpha + \delta\alpha$, $\alpha + \delta\alpha'$, $\alpha + \delta\alpha''$, ... Ihre Phasen im Punkt P zur Zeit t sind

$$\varphi(x, \alpha + \delta\alpha, t), \qquad \varphi(x, \alpha + \delta\alpha', t), \qquad \varphi(x, \alpha + \delta\alpha'', t), \ldots, \tag{47'}$$

und ihre Phasendifferenzen gegenüber der Phase $\varphi(x, \alpha, t)$ sind (19')

$$\sum_k \frac{\partial S}{\partial \alpha_k}\delta\alpha_k, \qquad \sum_k \frac{\partial S}{\partial \alpha_k}\delta\alpha_k', \qquad \sum_k \frac{\partial S}{\partial \alpha_k}\delta\alpha_k'', \ldots \tag{48}$$

unabhängig von t, da in $\partial\varphi/\partial\alpha_k = \partial S/\partial\alpha_k$ die Zeit nicht vorkommt. Die entsprechenden Phasendifferenzen im Punkt P_0 zur Zeit t_0 sind (19'')

$$\sum_k \left(\frac{\partial S}{\partial \alpha_k}\right)_0 \delta\alpha_k, \qquad \sum_k \left(\frac{\partial S}{\partial \alpha_k}\right)_0 \delta\alpha_k', \qquad \sum_k \left(\frac{\partial S}{\partial \alpha_k}\right)_0 \delta\alpha_k'', \ldots \tag{48'}$$

Sollen nun in P die gleichen Phasendifferenzen wie in P_0 herrschen, so muß, da $\delta\alpha_k$, $\delta\alpha_k'$, $\delta\alpha_k''$ beliebige Größen sind, einzeln gelten

$$\frac{\partial S}{\partial \alpha_k} = \left(\frac{\partial S}{\partial \alpha_k}\right)_0 \qquad (k = 1, 2, 3 \ldots N) \tag{49}$$

oder anders geschrieben

$$\frac{\partial S(x, \alpha)}{\partial \alpha_k} = \beta^k \qquad (k = 1, 2, 3 \ldots N)\,. \tag{49'}$$

Dieses Gleichungssystem legt eine Raumkurve fest, in deren sämtlichen Punkten P die gleichen Phasendifferenzen zwischen den dort gleichzeitig sich durchkreuzenden Wirkungsflächenscharen α, $\alpha + \delta\alpha$, $\alpha + \delta\alpha'$, ... vorhanden sind.

Nun ist aber (49') identisch mit dem Jakobischen Gleichungssystem (42), welches optisch Lichtstrahlen, mechanisch Bahnkurven des Bildpunkts $x_1 x_2 \ldots x_N$ des mechanischen Systems festlegt. Man kann also die Bahnkurven auffassen als Kurven, in deren sämtlichen Punkten die dort sich durchkreuzenden Wirkungsflächenscharen: α, $\alpha + \delta\alpha$, $\alpha + \delta\alpha'$, $\alpha + \delta\alpha''$, ..., die gleichen Phasendifferenzen besitzen.

Während die Wirkungsflächen von den „senkrechten" Bahnkurven mit der Phasen„geschwindigkeit[1])"

$$u = \frac{c}{n} = \frac{E}{\sqrt{2m(E - U(x))}} \tag{50}$$

durchstoßen werden, wandert der Bildpunkt des mechanischen Systems mit der „Geschwindigkeit"

$$v = \dot{s} = \sqrt{\frac{2T}{m}} = \sqrt{\frac{2(E - U(x))}{m}} \tag{50'}$$

auf der Bahnkurve.

[1]) Siehe Fußnote auf S. 336.

Wie man sich in der Optik mit periodischen Funktionen der Phase φ von Lichtflächen [vgl. (22)], d. h. mit den Lichtwellen längs den geometrisch-optischen Strahlen

$$\psi = A e^{\frac{2i\pi}{\varkappa}\varphi(x,\alpha,t)} = A e^{\frac{2i\pi}{\varkappa}[S(x,\alpha) - ct]} \tag{51}$$

beschäftigt, so kann man auch in der Mechanik entsprechende Wirkungswellen betrachten. In (51) bedeutet dann φ die Phase der Wirkungsfläche ($\varphi = S(x, \alpha) - ct$) als Lösung von $(\operatorname{grad} S)^2 = n^2$, und $\varkappa$ eine Konstante von der Dimension S. Gewöhnlich wird nicht ψ, sondern der Faktor von i im Exponenten, also $2\pi\varphi/\varkappa$ als Phase bezeichnet. Wie in (22′) wird dann

$$\nu = \frac{c}{\varkappa}, \qquad \lambda = \frac{ds}{d\left(\frac{S}{\varkappa}\right)}, \qquad \nu\lambda = \frac{c}{n} = u \tag{52}$$

Schwingungszahl, Wellenlänge und Phasengeschwindigkeit der ψ-Funktion [ds soll „senkrecht" auf der Fläche $S(x, \alpha) =$ konst. stehen, also in Richtung der Bahnkurve zeigen]. Die Phasengeschwindigkeit ist dabei verschieden von der Bahngeschwindigkeit $v = \dot{s}$.

Wir wollen nun noch den Fall betrachten, daß der „Brechungsindex" n außer vom Ort noch von einem Parameter abhängt, als welchen wir wieder die Schwingungszahl $\nu = \frac{c}{\varkappa}$ annehmen wollen; es wird dann, da in n nach (46) nur E verfügbar ist, E diesen Parameter ν enthalten, z. B. wird die Phasengeschwindigkeit u der Wirkungswellen

$$u = \frac{c}{n} = \frac{E(\nu)}{\sqrt{2m(E(\nu) - U(x))}} = \frac{E(\nu)}{\sqrt{2mT}} \qquad \text{mit} \qquad E = E(\nu) = E\left(\frac{c}{\varkappa}\right) \tag{53}$$

von ν abhängen. Indem man die Gesamtenergie als Funktion des Parameters ν betrachtet, werden auch alle mit Benutzung von n oder E abgeleiteten Beziehungen die Schwingungszahl ν enthalten. U. a. wird die Lösung S von $(\operatorname{grad} S)^2 = n^2$ jetzt die Form $S(x, \alpha, \nu)$ besitzen, und (51) wird in die periodische Funktion

$$\psi(\nu) = A_\nu e^{2i\pi\frac{\nu}{c}[S(x,\alpha,\nu) - ct]} \tag{54}$$

übergehen, welche dann zu einer von ν abhängigen Wellenlänge (52) führt. Wiederholt man nun wörtlich die Überlegungen von Gleichung (23) bis (24) der Ziff. 8, betrachtet also außer den Wirkungswellen (54) noch die Wellen

$$\psi(\nu + \delta\nu) = A_{\nu+\delta\nu} e^{2i\pi\frac{\nu+\delta\nu}{c}[S(x,\alpha,\nu+\delta\nu) - ct]}, \tag{54′}$$

sucht dann die Flächen, auf denen zu einer Zeit t konstante Phasendifferenz zwischen $\psi(\nu)$ und $\psi(\nu + \delta\nu)$ besteht, so erhält man für die Geschwindigkeit, mit der eine solche Fläche senkrecht zu sich selbst vorrückt, d. h. für die Gruppengeschwindigkeit g der Wirkungswellen, den Betrag [vgl. (24) (24′)]

$$g = \frac{c}{\left|\operatorname{grad}\frac{\partial(\nu S)}{\partial\nu}\right|} = \frac{1}{\frac{\partial(\nu/u)}{\partial\nu}} = \frac{\partial\nu}{\partial(1/\lambda)}. \tag{55}$$

Unter Benutzung von u aus (53) nimmt dies die Form an

$$g = \sqrt{\frac{2[E(\nu) - U(x)]}{m}} = \sqrt{\frac{2T}{m}} = \dot{s} = v. \tag{56}$$

Dieses von L. DE BROGLIE gefundene Resultat[1]) sagt aus: Die Gruppengeschwindigkeit g der Wirkungswellen ist identisch mit der Bahngeschwindigkeit v des mechanischen Systems.

Dieser Satz ist deswegen von Interesse, weil er nahelegt, die mechanische Bewegung eines Massenpunktes (bzw. des Koordinatenpunktes im N-dimensionalen Raum) aufzufassen als die Bewegung des Gruppenmaximums superponierter Wirkungswellen.

Obwohl nun gerade dieser Gesichtspunkt sich in der Folge als nicht sehr fruchtbar erwiesen hat, ist um so bedeutungsvoller die Verfolgung der einzelnen Wirkungswellen, ohne Rücksicht auf ihre Gruppenzusammensetzung.

14. DE BROGLIESche Phasenwellen. Der Ausgangspunkt der Wellenmechanik ist der von DE BROGLIE begonnene, von SCHRÖDINGER durchgeführte Plan, mit der in Ziff. 10—13 dargestellten optisch-mechanischen Analogie Ernst zu machen, d. h. nicht bei der Feststellung stehenzubleiben, daß sich manche Züge der Mechanik bewegter Massenpunkte durch das Bild der mit der Zeit t im Raum sich ausbreitenden Flächen konstanter Wirkung $\varphi(x, t)$ darstellen lassen; sondern diesen Schwingungsvorgang selbst als reale Grundlage des mechanischen Geschehens aufzufassen und in der periodischen Funktion $\psi = {\sin \atop \cos} 2\pi\varphi(x, t)$ eine neue Zustandsgröße zu erblicken, aus deren Eigenschaften die beobachteten Tatsachen abzuleiten sind, und zwar besser, als es nach der klassischen Mechanik oder nach der ursprünglichen Quantentheorie möglich war. Die Zuordnung des punktmechanischen Geschehens zu dem Ausbreitungsvorgang der Wirkungsfunktion, wie sie in Ziff. 13 ausgeführt wurde, ist zunächst im Sinne der Quantentheorie dadurch zu ergänzen, daß die dort offen gelassene Beziehung zwischen Energie E und Schwingungszahl der periodischen Funktion jetzt festgelegt wird durch

$$E = h\nu \quad (h = \text{PLANCKsche Konstante}). \tag{58}$$

Für ein mechanisches System, dessen kinetische Energie eine quadratische Funktion der Geschwindigkeiten, die potentielle Energie irgendeine Funktion der Koordinaten ist

$$U = U(x), \qquad T = \frac{m}{2}\sum_i\sum_k g^{ik}\dot{x}_i\dot{x}_k, \tag{59}$$

wird also an einer Stelle $P(x)$ die Phasengeschwindigkeit u der Wirkungswellen nach (50)

$$u = \frac{h\nu}{\sqrt{2m(h\nu - U(x))}} \tag{60}$$

sein, dagegen die Gruppengeschwindigkeit g nach (56)

$$g = \sqrt{\frac{2(h\nu - U(x))}{m}} = 1 : \frac{\partial\left(\frac{\nu}{u}\right)}{\partial\nu}. \tag{61}$$

Dabei ist in dem Geschwindigkeitsquotienten (Weg: Zeit) der Weg ds in dem nichteuklidischen Maß

$$ds = \sqrt{\sum_i\sum_k g^{ik}\,dx_i\,dx_k}$$

zu messen; die Gruppengeschwindigkeit ist übrigens nach (56) gleich der Punktgeschwindigkeit v an der Stelle P bei vorgegebener Gesamtenergie $E = h\nu$.

[1]) L. DE BROGLIE, Thèse. Paris 1924; Ann. d. phys. (10). Bd. 3, S. 22. 1925.

Die Wellenlänge λ der Wirkungswellen an der Stelle P berechnet sich dann zu

$$\lambda = \frac{u}{\nu} = \frac{h}{\sqrt{2m(E-U)}} = \frac{h}{\sqrt{2mT}}, \tag{62}$$

wo T die kinetische Energie ist, die das System punktmechanisch bei der Gesamtenergie $E = T + U$ an der Stelle P haben würde. Allgemein ist nun $\sqrt{2mT} = p$ = Impulsbetrag; dies zeigt man so: Die Impulskomponente p^k ist definiert durch $p^k = \frac{\partial T}{\partial \dot{x}_k}$, d. h. nach (59) $p^k = m\sum_i g^{ki}\dot{x}_i = m\dot{x}^k$. Daher wird

$$|p|^2 = \sum_i\sum_k g_{ik}p^i p^k = m^2\sum_i\sum_k g_{ik}\dot{x}^i\dot{x}^k = m^2\sum_i\sum_k g^{ik}\dot{x}_i\dot{x}_k = 2mT.$$

Statt (62) kann man also schreiben:

$$\lambda = \frac{h}{p} \quad \text{(DE BROGLIEsche Wellenlänge).} \tag{63}$$

Diese DE BROGLIEsche Gleichung ist das räumliche Gegenstück zu der zeitlichen Gleichung $\nu = E/h$ von PLANCK.

Betrachten wir etwa das Beispiel des RUTHERFORDschen H-Atommodells mit den Ladungen $\pm\varepsilon$. Hier ist für eine Kreisbahn vom Radius a

$$-E = -\frac{U}{2} = T = \frac{\varepsilon^2}{2a},$$

daher die DE BROGLIE-Wellenlänge an jeder Stelle des Kreisumfangs

$$\lambda = \frac{h}{\sqrt{2mT}} = \frac{h\sqrt{a}}{\sqrt{m\varepsilon^2}}.$$

Die periodische Funktion ψ des Azimuts φ bzw. des Wegs $a\varphi$ auf der Kreisbahn heißt

$$\psi = e^{2i\pi\left(\nu t - \frac{\varphi a}{\lambda}\right)}.$$

Verlangt man hier, daß ψ eine eindeutige Funktion des Azimuts ist, d. h. ψ beim Zuwachs von φ um 2π in sich selbst übergeht, so ist das nur möglich, wenn der Faktor von $i\varphi$ im Exponenten gleich einer ganzen Zahl n ist

$$n = \frac{2\pi a}{\lambda} = \frac{2\pi a\sqrt{m\varepsilon^2}}{h\sqrt{a}},$$

oder nach a aufgelöst

$$a = \frac{n^2h^2}{4\pi^2 m\varepsilon^2} \quad \text{und} \quad E = -\frac{\varepsilon^2}{2a} = -\frac{2\pi^2 m\varepsilon^4}{n^2h^2}.$$

Dies sind die bekannten Formeln für Radius und Energie der n-quantigen Kreisbahn, die in der BOHRschen Theorie mit Hilfe von Quantenbedingungen ($\int p_\varphi d\varphi = h$) abgeleitet werden. Die erlaubten Energiewerte E erhält man hier, statt aus Quantenbedingungen, einfach als Folge der fast selbstverständlichen Eindeutigkeitsforderung für die Funktion ψ des Azimuts φ.

Auch für den ohne äußere Kraft bewegten relativistischen Massenpunkt m (Trägheitsbewegung eines Elektrons) wollen wir die Phasenwellen aufsuchen; hier ist die kinetische Energie nicht mehr eine quadratische Form der Geschwindigkeitskomponenten. Nach DE BROGLIE denke man sich in diesem Fall zunächst den Massenpunkt ruhend in einem Koordinatensystem K_0 mit der Ruhmasse m_0 und der relativistischen Energie $E_0 = m_0c^2$, ordne der letzteren mit Hilfe der Gleichung

$$h\nu_0 = E_0 = m_0c^2 \tag{64}$$

eine Schwingungszahl ν_0 zu, welche in der Zeitrechnung t_0 im ganzen System K_0 eine synchrone Schwingung $\psi_0 = e^{2\pi\nu_0 t_0}$ definiert. K_0 bewege sich mit der Geschwindigkeit v in der x-Richtung relativ zu einem System K; in letzteren gilt die Zeitrechnung t, wo $t_0 = \left(t - \frac{vx}{c^2}\right) : \sqrt{1 - \frac{v^2}{c^2}}$. Daher wird die obige Schwingung relativ zu K dargestellt durch

$$\psi = e^{2\pi\nu_0 \cdot \frac{t - \frac{vx}{c^2}}{\sqrt{1 - \frac{v^2}{c^2}}}},$$

man hat in K eine nach x fortschreitende Welle der

$$\text{Schwingungszahl } \nu = \frac{\nu_0}{\sqrt{1 - \frac{v^2}{c^2}}} \text{ und Phasengeschwindigkeit } u = \frac{c^2}{v} \tag{65}$$

und ihre Wellenlänge in K ergibt sich zu

$$\lambda = \frac{u}{\nu} = \frac{c^2}{v} \cdot \frac{\sqrt{1 - \frac{v^2}{c^2}}}{\nu_0},$$

oder, bei Benutzung von

$$\nu_0 = \frac{E_0}{h} = \frac{m_0 c^2}{h} \quad \text{und} \quad p = m_0 v : \sqrt{1 - \frac{v^2}{c^2}} = \text{relativistischer Impuls},$$

$$\lambda = \frac{h}{p} \quad (\text{DE BROGLIEsche Wellenlänge}) \tag{66}$$

vgl. (63). Wegen $E_0 = h\nu_0$, $E = h\nu = E_0 : \sqrt{1 - \frac{v^2}{c^2}} = h\nu_0 : \sqrt{1 - \frac{v^2}{c^2}}$ wird

$$\text{die Punktgeschwindigkeit } v = c\sqrt{1 - \frac{\nu_0^2}{\nu^2}},$$

$$\text{die Phasengeschwindigkeit } u = \frac{c^2}{v} = c : \sqrt{1 - \frac{\nu_0^2}{\nu^2}}.$$

Hieraus berechnet sich noch die

$$\text{Gruppengeschwindigkeit } g = 1 : \frac{\partial\left(\frac{\nu}{u}\right)}{\partial \nu} = c\sqrt{1 - \frac{\nu_0^2}{\nu^2}}.$$

Man erhält die Gruppengeschwindigkeit identisch mit der Punktgeschwindigkeit (vgl. 56).

Die Beschäftigung mit der in Raum und Zeit kontinuierlichen Wellenfunktion $\psi(x, t)$ erhält erst dadurch Wert, daß man ψ selbst bzw. Funktionen von ψ (im allgemeinsten Sinne, z. B. ψ^2, $\partial\psi/\partial x$, $\int \psi dx$ usw.) physikalisch deuten lernt. Auf die Zuordnung von ψ-Funktionen zu beobachtbaren physikalischen Größen werden wir im folgenden Abschnitt eingehen. Solange man nun in der Optik die Wellenfunktion längs eines Strahls s der optischen Länge S in der Form

$$\psi = A e^{\frac{2i\pi}{\varkappa}\varphi(x,t)} = A e^{\frac{2i\pi}{\varkappa}[S(x) - ct]} \tag{67}$$

ansetzt, bleibt man im Rahmen der geometrischen Optik, mit einer den Strahlen nur sekundär aufgeprägten Periodizität. Diese führt aber erfahrungsgemäß nur für breite Wellenfront und geringe Inhomogenität des Brechungsindex zu richtigen Resultaten. Bei schmalen Strahlenbündeln und starker Inhomogenität (Beugung an engen Öffnungen, Reflexion und Brechung an Unstetigkeitsstellen des Brechungsindex) führt die Funktion $\sin(2\pi\varphi/\varkappa)$ dem Lichtweg entlang nicht zu den richtigen Phasen; vielmehr muß man hier (FRESNEL-FRAUNHOFERsche Theorie) gewisse „Phasensprünge" in der Beugungsöffnung und bei der Reflexion am dünneren Medium zulassen, um einigermaßen richtige Resultate zu erhalten. Erst die KIRCHHOFFsche Theorie gibt exakt richtige Werte der Schwingungsgröße ψ durch Zurückgehen auf eine der Funktion ψ auferlegte Differentialgleichung (Wellengleichung) und Lösung derselben unter Hinzuziehung von Randbedingungen. Ähnlich liegt der Fall in der Mechanik. Setzt man hier ψ einfach längs einer mechanisch möglichen Punktbahn als periodische Funktion der Phase bzw. Wirkung an, so erhält man eine „geometrische" Mechanik mit sekundär aufgeprägter Periodizität (DE BROGLIEsche Theorie). Die Leistung SCHRÖDINGERs besteht nun darin, daß er die Notwendigkeit erkannte, die DE BROGLIEsche Schwingungsfunktion ψ als Lösung einer Feldgleichung in Raum und Zeit aufzusuchen, und daß er die betreffende Grundgleichung der Undulationsmechanik auch im Einzelfall aufzustellen, und physikalisch zu deuten lehrte. Als Gegenstück zur optischen Feldgleichung

$$\Delta\psi - \frac{1}{u^2}\ddot{\psi} = 0 \qquad \text{mit} \qquad u = \frac{c}{n(x)}$$

lautet die SCHRÖDINGERsche Grundgleichung der Undulationsmechanik

$$\Delta\psi - \frac{1}{u^2}\ddot{\psi} = 0 \qquad \text{mit} \qquad u = \frac{E}{\sqrt{2m[E - U(x)]}}\,.$$

Die Quantentheorie ist darin durch die Verknüpfung des konstanten Energiewerts E mit der zeitlichen Periodizität ν der Schwingungsfunktion ψ mit Hilfe der Gleichung $E = h\nu$ eingeführt.

II. Korpuskular- und Wellentheorie des Lichts und der Materie.

15. Statistische Theorien. Der alte Gegensatz zwischen Undulations- und Emissionstheorie des Lichts, der lange Zeit durch einen Sieg der Wellentheorie beendet schien, war durch die Beobachtung optischer Quantenprozesse wieder aufgelebt und hatte in EINSTEINs Lichtquantentheorie seinen prägnantesten Ausdruck gefunden. Dabei war aber von vornherein klar, daß es sich jetzt nicht mehr um ein Entweder-Oder, sondern um eine Vereinigung von Wellen- und Korpuskulartheorie handeln mußte, welche sowohl den typischen Interferenzerscheinungen als auch den offensichtlichen Emissionen und Absorptionen einzelner Quantenenergien und -impulse gerecht werden sollte.

Ein in dieser Richtung zielender Versuch rührt von BOHR, KRAMERS und SLATER her, die Theorie der virtuellen Strahlung[1]). Ausgehend von der Tatsache, daß die optische Beobachtung nur quantentheoretische Umsetzungen an materiellen Partikeln (Netzhaut, Film) registriert, möchte man die zwischen Emissions- und Absorptionspartikel bestehende Strahlung als eine heuristisch-mathematische Fiktion ansehen, für die man zur Veranschaulichung zwar das detaillierte Bild eines Zwischenfeldes einführen kann, ohne diesem aber eine „Realität" in dem Umfang zuzuschreiben, wie den materiellen Partikeln selbst. Die Realität des Feldes in der elektromagnetischen Lichttheorie beruht darauf, daß es als Träger von Energie, Impuls, Spannung und Strömung fungiert, derart, daß Energie- und Impulserhaltungssätze nur für das System Materie plus Feld gültig sind. Da aber die Erhaltungssätze zunächst nur

[1]) BOHR, KRAMERS und SLATER, ZS. f. Phys. Bd. 24, S. 69. 1924.

für makroskopische Prozesse empirisch bewiesen sind, könnte man sie als statistische Gesetze auffassen, die nur bei Beteiligung einer größeren Strahlungs- und Partikelmenge Gültigkeit beanspruchen, für Einzelreaktionen aber versagen.

Wenn z. B. ein Partikel A einen Quantensprung mit Energieverlust ausführt, so soll dadurch nach BOHR, KRAMERS, SLATER in anderen Atomen B die Wahrscheinlichkeit zu einem umgekehrten Quantensprung mit entsprechendem Energiezuwachs induziert werden; diese Wahrscheinlichkeit sei zu berechnen aus den Eigenschaften eines imaginären klassischen Wellenfeldes, das seinen Ursprung in einem klassisch gedachten Atom A hat, welches dem wirklichen Quantenatom A in gewisser Weise korrespondiert. Dieses „virtuelle klassische Feld" soll jedoch nur die Sprungwahrscheinlichkeit des Atomes B berechnen lassen, nicht aber selbst als Energie- und Impulsträger auftreten, denn dieses virtuelle Feld wird als klassisch-kontinuierlich und interferenzfähig angenommen, die Energieaufnahme und -abgabe der Partikel ist aber quantenhaft. Dadurch wird also der Energie- und Impulserhaltungssatz im einzelnen durchbrochen, B kann nach Wahrscheinlichkeit sofort oder eine Weile später oder sogar früher absorbieren, als A emittiert, ohne daß in der Zwischenzeit irgendwo die ausgetauschte Energie anzutreffen wäre.

Diese Auffassung vereinigt Feld- und Korpuskulartheorie; denn durch die klassischen Eigenschaften der virtuellen Strahlung ist die Möglichkeit gegeben, den Interferenzerscheinungen gerecht zu werden, andererseits sind aber die quantenhaften Emissions- und Absorptionsprozesse zugelassen, allerdings ohne im einzelnen Energie und Impuls für das System Materie plus Strahlung zu erhalten. In letzterem liegt aber gerade die schwache Seite der Theorie. Denn die Experimente von BOTHE und GEIGER[1]), COMPTON und SIMON[2]), JOFFE und DOBRONRAWOFF[3]) zeigten nachträglich, daß Emission an einem einzelnen Atom A und Absorption an B keineswegs statistisch, sondern streng kausal gekoppelt sind, und zwar eben genau so, als wenn von A ein Lichtquant fortflöge und auf seinem Weg irgendwo den entsprechenden Absorptionssprung eines Atoms B erzeugte, unter exakter Befolgung des Energie- und Impulssatzes.

Die Theorie von BOHR, KRAMERS und SLATER hatte also das statistische Element, welches zur Vereinigung von Wellen- und Lichtquantenlehre offenbar nötig ist, nicht ganz an der richtigen Stelle angebracht; denn die Lichtquanten existieren, wie das Experiment zeigt, real als direkte Energie- und Impulsträger. Statistisch geregelt ist dagegen der Zeitpunkt, in welchem das Lichtquant von A emittiert wird, und die Richtung der Emission, ähnlich wie bei der α-Strahlenemission radioaktiver Atome. Eine statische Theorie, welche diesem Faktum Rechnung trägt, werden wir sogleich kennenlernen, wollen uns dabei aber zunächst auf die Lichtausbreitung im Vakuum beschränken, und die statische Theorie der Wechselwirkung von Strahlung und materiellen Partikeln erst später behandeln (Abschn. V), wenn die Quantentheorie der von Strahlung ungestörten Materie begründet ist.

Beschränkt man sich auf die Lichtausbreitung im Vakuum, so liegt zunächst keine Möglichkeit vor, die EINSTEINschen Lichtquanten mit den Zustandsgrößen eines MAXWELLschen elektromagnetischen Feldes in Beziehung zu setzen. Denn die Lichtquanten besitzen, jedenfalls wenn künstliche Zusatzhypothesen ausgeschlossen werden, keine Polarisation und noch weniger solche Sechservektoreigenschaften wie das elektromagnetische Feld $\mathfrak{E}_x \mathfrak{E}_y \mathfrak{E}_z \mathfrak{H}_x \mathfrak{H}_y \mathfrak{H}_z$.

[1]) W. BOTHE und H. GEIGER, ZS. f. Phys. Bd. 32, S. 639. 1925.
[2]) COMPTON und SIMON, Phys. Rev. Bd. 26, S. 289. 1925.
[3]) JOFFE und DOBRONRAWOFF, ZS. f. Phys. Bd. 34, S. 889. 1925.

Vielmehr besteht zunächst nur die Möglichkeit, die Lichtquanten von gegebener Energie und Impuls einem skalaren Feld ψ zuzuordnen, als Lösung der Gleichung $\Delta\psi - \frac{1}{u^2}\psi^2 = 0$ in der Vor-MAXWELLschen Schwingungstheorie des Lichts (KIRCHHOFF).

Ähnliches wird uns später bei der Zuordnung von materiellen Korpuskeln zu den mechanischen Undulationen von SCHRÖDINGER begegnen: Auch die Materieteilchen haben Energie und Impuls, aber keine Polarisation, sind demnach nur umdeutbar in eine skalare Zustandsgröße. Allerdings zeigen die Elektronen nach UHLENBECK und GOUDSMIT einen Drehimpuls, dessen zwei erlaubte Achsenrichtungen sehr wesentlich für das Zustandekommen des atomaren Geschehens sind und welche in gewisser Weise die zwei entgegengesetzten Polarisationszustände der Materie repräsentieren[1]). Dementsprechend müßte die skalare Theorie des Lichts und der Materie, die in dem vorliegenden Artikel betrachtet wird, zu einer Vektorfeldtheorie erweitert werden, eine bereits in Angriff genommene Aufgabe (Abschn. VI).

Bleiben wir also bei der skalaren Theorie des Lichts stehen und betrachten (auch als Vorbereitung auf die Zuordnung von Korpuskular- und Wellentheorie der Materie) die Zuordnung von Lichtquanten und skalaren Lichtschwingungen.

16. Zuordnung von Lichtquanten und Wellen. Die Feldtheorie des Lichtes im Vakuum bestimmt den Feldskalar ψ aus der Gleichung

$$\Delta\psi - \frac{\ddot{\psi}}{c^2} = 0,$$

oder in rechtwinkligen Koordinaten

$$\frac{\partial^2\psi}{\partial x^2} + \frac{\partial^2\psi}{\partial y^2} + \frac{\partial^2\psi}{\partial z^2} - \frac{1}{c^2}\frac{\partial^2\psi}{\partial t^2} = 0. \tag{1}$$

Für freifliegende Lichtkorpuskeln gilt dagegen der relativistische Energie-Impuls-zusammenhang $p = \frac{E}{c}$ oder in rechtwinkligen Komponenten

$$-p_x^2 - p_y^2 - p_z^2 + \frac{E^2}{c^2} = 0, \qquad p = \frac{E}{c}. \tag{2}$$

Diese beiden Gleichungen lassen sich nun in folgender Weise formal ineinander überführen.

Wir erinnern an den Übergang von der geometrischen zur Wellenoptik am Schluß von Ziff. 8. Dort war die Wellengleichung $\Delta\psi - \frac{\ddot{\psi}}{u^2} = 0$ aus der geometrisch-optischen Gleichung $(\operatorname{grad}\varphi)^2 - \frac{\dot{\varphi}^2}{u^2} = 0$ gewonnen worden, indem man in der letzteren formal die Größen

$$\frac{\partial\varphi}{\partial x} \text{ durch } \frac{\varkappa}{2i\pi}\frac{\partial}{\partial x}, \ldots, \qquad \frac{\partial\varphi}{\partial t} = \frac{\varkappa}{2i\pi}\frac{\partial}{\partial t} \tag{3}$$

ersetzte und den erhaltenen Operator

$$\left(\frac{\varkappa}{2i\pi}\right)^2\left(\frac{\partial^2}{\partial x^2} + \cdots - \frac{1}{u^2}\frac{\partial^2}{\partial t^2}\right)$$

auf eine Funktion ψ ausübte. ($\varkappa$ stammte aus dem Ansatz $\psi = e^{2i\pi\frac{\varphi}{\varkappa}}$, welcher der Wellengleichung nur annähernd genügte, und hatte die Bedeutung $\varkappa = \frac{\nu}{c}$).

[1]) Über die Korrespondenz von polarisierten Lichtquanten mit Magnetelektronen siehe besonders P. JORDAN, Ztschr. f. Phys. Bd. 44, S. 292, 1927. C. G. DARWIN, Proc. Roy. Soc. Bd. 116, S. 227, 1927.

Hier haben wir es nun mit einer besonderen Veranschaulichung der geometrischen Optik zu tun, mit Lichtstrahlen als mechanischen Bahnen von Lichtkorpuskeln. In der Mechanik gewinnt man aber Energie und Impulse aus der Funktion $\varphi = S - ct$ durch die Ableitungen (I, 41)

$$\frac{E}{c}\frac{\partial\varphi}{\partial x} = p_x, \ldots, \qquad \frac{E}{c}\frac{\partial\varphi}{\partial t} = \frac{E}{c}(-c) = -E,$$

wo φ nicht die übliche, sondern die mit c/E multiplizierte Wirkungsfunktion der Mechanik bedeutete. Die obige Ersetzung (3) wird also zu folgender:

$$p_x \text{ durch } \frac{\varkappa}{2i\pi}\frac{c}{E}\frac{\partial}{\partial x}, \ldots, \qquad (-E) \text{ durch } \frac{\varkappa}{2i\pi}\frac{c}{E}\frac{\partial}{\partial t},$$

oder unter Benutzung von $\varkappa = \frac{c}{\nu}$, $h = \frac{E}{\nu}$,

$$p_x \text{ durch } \frac{h}{2i\pi}\frac{\partial}{\partial x}, \ldots, \qquad (-E) \text{ durch } \frac{h}{2i\pi}\frac{\partial}{\partial t}. \tag{3'}$$

Mit Hilfe dieser Umdeutung wird in der Tat die Gleichung (2) für Impuls und Energie der Lichtquanten zur Operatorgleichung

$$\left(\frac{h}{2i\pi}\right)^2\left(-\frac{\partial^2}{\partial x^2} - \cdots + \frac{1}{c^2}\frac{\partial^2}{\partial t^2}\right) = 0,$$

welche man noch auf eine Funktion ψ ausübt, um die Wellengleichung (1) in der Form

$$\frac{h^2}{4\pi^2}\left\{\frac{\partial^2}{\partial x^2} + \cdots - \frac{1}{c^2}\frac{\partial^2}{\partial t^2}, \psi\right\} = 0 \cdot \psi = \{0, \psi\} \tag{4}$$

zu erhalten. Man kann statt dessen auch die Schreibweise

$$\left\{-p_x^2 - p_y^2 - p_z^2 + \frac{E^2}{c^2}, \psi\right\} = \{0, \psi\} \tag{4'}$$

benutzen, worin $p_x, \ldots, E$ jetzt keine physikalischen Größen, sondern die in (3') eingeführten Operatoren bedeuten sollen. Die Form (4') der Wellengleichung zeigt dann besonders instruktiv ihre Verwandtschaft zur korpuskularen Gleichung (2). Der Übergang von der Punkt- zur Feldtheorie, von (2) nach (4) ist formal gekennzeichnet durch den Übergang (3') von Impulsen zu Operatoren, die auf eine Feldfunktion auszuüben sind. Die Umdeutung (3) wird in allen späteren Fällen, auch beim Übergang von der Punkt- zur Wellenmechanik, wiederkehren.

Bemerkenswert ist, daß die bei der Umdeutung (3) aus Dimensionsgründen eingeführte Größe h in der Wellengleichung (4) fortgehoben werden kann (ein bei dem entsprechenden Übergang in der Mechanik nicht wiederholtes Vorkommnis). Das weist darauf hin, daß für die Optik im Vakuum in viel weiterem Maße die klassische Theorie zu Recht besteht als etwa in der Mechanik, darf aber nicht zu dem Schluß verführen, daß nun überhaupt kein physikalischer Unterschied zwischen klassischer und Quantentheorie der Strahlung im Vakuum bestehe. Denn schon die PLANCKsche Strahlungsformel beruht ja auf wesentlichen Abweichungen statistischer Art von der klassischen Theorie.

Wir betrachten jetzt einen raumzeitlich periodischen Lösungsansatz der Wellengleichung (4), nämlich

$$\psi = A \cdot e^{2i\pi\left(\frac{\mathfrak{r}\mathfrak{s}}{\lambda} - \nu t\right)} = A \cdot e^{2i\pi\left(\frac{x}{\lambda}\mathfrak{s}_x + \frac{y}{\lambda}\mathfrak{s}_y + \frac{z}{\lambda}\mathfrak{s}_z - \nu t\right)}. \tag{5}$$

Der Einheitsvektor $\mathfrak{s}$ gibt dabei die Wellennormale der ebenen monochromatischen Wellen an. Einführung des Ansatzes (5) in die Wellengleichung (4) gibt für die Konstanten λ und ν die Beziehung

$$-\frac{h^2}{\lambda^2}\mathfrak{s}_x^2 - \frac{h^2}{\lambda^2}\mathfrak{s}_y^2 - \frac{h^2}{\lambda^2}\mathfrak{s}_z^2 + \frac{h^2\nu^2}{c^2} = 0 .$$

Der Vergleich mit (2) zeigt, daß Energie und Impuls fliegender Lichtquanten den Wellengrößen λ und ν zugeordnet sind durch die Gleichungen

$$p_x = \frac{h}{\lambda}\mathfrak{s}_x , \ldots , \qquad E = h\nu . \tag{6}$$

Die zugrunde liegende Umdeutung (3′) hat uns also zu der PLANCKschen und DE BROGLIEschen Zuordnung geführt. Einer ebenen monochromatischen Welle entspricht ein Strom von Lichtquanten, welche die Energie $E = h\nu$ und die Impulskomponenten $p_x = \mathfrak{s}_x \cdot \frac{h}{\lambda}$ usw. besitzen.

Einsetzung von (6) in (5) ergibt umgekehrt

$$\psi = A \cdot e^{\frac{2i\pi}{h}(p_x x + p_y y + p_z z - Et)} \tag{5′}$$

als die ebene monochromatische Welle, welche einem Strom von Lichtquanten $p_x p_y p_z E$ zugeordnet ist.

Die Intensität der Welle ist klassisch proportional dem Amplitudenquadrat $A^2 = \psi \cdot \tilde{\psi}$ ($\sim$ bedeutet Übergang zum Konjugiert-Komplexen). Soll nun diese Intensität in Wirklichkeit durch Lichtquanten transportiert werden, so wird man $\psi\tilde{\psi} = |\psi|^2$ als ein Maß für die Dichte auffassen, mit der die Lichtquanten dabei im Raum verteilt sind; die Zahl der Lichtquanten in einem Volumen dV ist proportional $\psi\tilde{\psi} \cdot dV$ und $\psi\tilde{\psi} \cdot dV$ soll ein Maß für die Wahrscheinlichkeit sein, in dV ein Lichtquant anzutreffen. Damit sind wir zu einer Abwandlung der BOHR-KRAMERS-SLATERschen statistischen Auffassung gelangt. Wir behaupten nämlich besonders im Anschluß an BORN, JORDAN und DIRAC[1]: Über die mikroskopische Verteilung der Lichtquanten kann man niemals exakte Daten berechnen (und auch niemals beobachten, vgl. folgende Ziffern), sondern stets nur ihre durchnittliche Verteilung (bzw. in der Beobachtung nur Daten mit einer prinzipiell nicht unterschreitbaren Ungenauigkeit). Die Berechnung der Wahrscheinlichkeitsfunktion $\psi\tilde{\psi}$ geschieht mit Hilfe der Wellentheorie, wobei aber der Wellenzustandsgröße ψ keine andere Bedeutung zukommt als eben die einer „Wahrscheinlichkeitsamplitude“, deren Quadrat $|\psi|^2$ die Wahrscheinlichkeit für das reale Auftreten von Korpuskeln angibt. Das ψ-Feld ist nur ein „virtuelles Führungsfeld“ für die realen Lichtkorpuskeln.

Von Bedeutung ist nun, daß die Wahrscheinlichkeitsamplitude ψ komplex ist, d. h. daß sie Betrag und Phase besitzt. Die lineare homogene Schwingungsgleichung hat die Eigenschaft, daß ihre verschiedenen komplexen Lösungen $\psi_1, \psi_2 \ldots$ superponiert wieder eine Lösung $\psi = \psi_1 + \psi_2 + \cdots$ ergeben. Deren Intensität ist aber jetzt

$$|\psi|^2 = |\psi_1|^2 + |\psi_2|^2 + \cdots + (\psi_1\tilde{\psi}_2 + \tilde{\psi}_1\psi_2) + \cdots \tag{7}$$

---

[1]) A. EINSTEIN, Berliner Ber. 1925, S. 3; BORN-HEISENBERG-JORDAN, Ztschr. f. Phys. Bd. 35, S. 557, 1926, Kapitel 4, § 3; P. JORDAN, Die Naturw. Bd. 15, S. 105, 1927; M. BORN, Die Naturw. Bd. 15, S. 238, 1927; W. HEISENBERG, Ztschr. f. Phys. Bd. 40, S. 501, 1926; P. JORDAN, Ztschr. f. Phys. Bd. 40, S. 661 und 809, 1926; P. A. M. DIRAC, Proc. Roy. Soc. Bd. 113, S. 621, 1926.

verschieden von der Summe der Einzelintensitäten $|\psi_1|^2 + \cdots$, vielmehr treten die gemischten Glieder $(\psi_1\tilde{\psi}_2 + \tilde{\psi}_1\psi_2) + \cdots$ hinzu. Es addieren sich nicht die Wahrscheinlichkeiten $|\psi_k|^2$, sondern es superponieren sich die komplexen Amplituden ψ_k. Die gleichzeitige Anwesenheit von zwei Wellen ψ_1 und ψ_2 von nahe zusammenfallenden Eigenschaften ($\lambda_1 \backsim \lambda_2, \nu_1 \backsim \nu_2, \mathfrak{s}_1 \backsim \mathfrak{s}_2$), welche zwei Lichtquantenströme von ähnlichen Lichtquanten führen ($p_1 \backsim p_2$, $E_1 \backsim E_2$, $\mathfrak{s}_1 \backsim \mathfrak{s}_2$), geben als statistische Dichtefunktion für die Lichtquanten nicht einfach die Dichte $|\psi_1|^2 + |\psi_2|^2$, sondern eine Dichteverteilung, welche vollkommen der Intensitätsverteilung der beiden Wellen ψ_1 und ψ_2 bei gegenseitiger Interferenz entspricht, man hat eine Interferenz der Wahrscheinlichkeiten für die Anwesenheit von Korpuskeln an den einzelnen Stellen des Raum-Zeit-Kontinuums. Ganz entsprechende Verhältnisse werden sich bei der Theorie der materiellen Partikelwiederfinden; auch deren Verteilung wird sich nur statistisch mit Hilfe einer Wahrscheinlichkeitsamplitude ψ als Lösung einer Schwingungsgleichung berechnen lassen, wobei wieder die verschiedenen Lösungen interferenzfähig sind.

Wir streifen dabei schon hier die Frage nach dem Gültigkeitsbereich des Kausalgesetzes, daß aus dem Zustand jetzt der Zustand später determiniert sei, oder empirischer gefaßt, daß durch den hinreichend bzw. beliebig genau beobachteten Zustand jetzt der Zustand später mit hinreichender bzw. mit beliebiger Genauigkeit voraus zu berechnen und durch Beobachtung feststellbar sei. In dieser Aussage ist, nach der Auffassung der Quantentheorie, schon der Vordersatz, der genau beobachtete Anfangszustand, nicht nur praktisch, sondern prinzipiell unerreichbar. Wenn nämlich das physikalische Geschehen nur durch die Wellengleichungen für Wahrscheinlichkeitsfunktionen geregelt ist, so heißt das eben, der jetzt wahrscheinliche Zustand der Korpuskeln ist mit dem späteren wahrscheinlichen Zustand gesetzmäßig verknüpft, aber der mikroskopisch exakte Anfangszustand gehe in die physikalischen Gesetze sowohl theoretisch wie experimentell ebensowenig ein wie der mikroskopische Endzustand. Aus der wahrscheinlichen Anfangsverteilung der Korpuskeln ist stets nur eine wahrscheinliche Verteilung im Endzustand vorauszusagen, und zwar mit um so größerer Streuung, je weiter Anfang und Ende voneinander raumzeitlich getrennt sind. — Man könnte nun hinter den sich uns enthüllenden statistischen Gesetzen des physikalischen Geschehens noch nach verborgenen Gesetzen suchen, denen die Individuen, die einzelnen Korpuskeln, gehorchen und die erst im Durchschnitt zu jenen beobachteten Wahrscheinlichkeitsgesetzen führen.

Für solche verborgenen Gesetze hat man aber experimentell nicht die geringste Andeutung, vielmehr scheint die Wirkungsgröße h eine prinzipielle Grenze der mikroskopischen Beobachtbarkeit festzulegen. Und umgekehrt: Ein Prinzip der Ununterscheidbarkeit gewisser individueller Zustände schafft erst Raum für die Aufstellung der Quantentheorie, und dieses Prinzip ist empirisch insofern fest verankert, als die Erfahrung uns keinerlei Anlaß gibt, an Stelle der formal verhältnismäßig einfachen Quantentheorie eine sehr viel kompliziertere Theorie unterscheidbarer Individuen zu suchen. Nebenbei ist es natürlich jedem unbenommen, an eine verborgene Kausalität zwischen den Individuen zu glauben. Ähnlich kann man ja auch glauben, daß eines Tages unendlich schnelle Signale gefunden werden, wodurch dann die Relativitätstheorie ihrer prinzipiellen Bedeutung entkleidet würde.

17. Grenzen der optischen Auflösbarkeit. Es soll jetzt an Hand der elementaren optischen Erfahrung gezeigt werden, daß die Existenz des PLANCKschen Wirkungsquantums h, als unterer Grenze der Meßgenauigkeit einer Wirkung, in der Wellentheorie ein Äquivalent hat in der Existenz einer unteren Grenze der optischen und harmonischen Auflösbarkeit von Wellenzügen. Dadurch wird in der Optik jene quantentheoretische Genauigkeitsschranke als etwas Bekanntes nachgewiesen und „erklärt“ und die entsprechende Erklärung in der Mechanik vorbereitet.

In der Wellenlehre gibt es eine ganz bestimmte, nicht mehr unterteilbare kleinste Einheit, das LAUEsche „elementare Strahlenbündel“. Ein Strahlenbündel[1]) besteht aus einem Bündel von parallelen Strahlenkegeln, deren Spitzen alle auf einer kleinen Fläche $\Delta f (= \Delta\xi \cdot \Delta\eta)$ liegen, welche alle den gleichen Kegelöffnungswinkel $\Delta\Omega$ besitzen ($\Delta\Omega = \Delta\alpha \cdot \Delta\beta$, wobei Δf senkrecht zu den Kegelachsen angenommen werden soll), die ferner dem Schwingungszahlenintervall $\Delta\nu$ angehören und die Zeitdauer Δt besitzen. Ein elementares Strahlenbündel ist ein solches, bei dem die Intervalle Δ der Beziehung

$$\Delta\nu\Delta t \cdot \frac{\Delta\alpha\Delta\xi}{\lambda} \cdot \frac{\Delta\beta\Delta\eta}{\lambda} = 1 \cdot 1 \cdot 1 \tag{8}$$

genügen. Jeder der drei Faktoren soll dabei für sich gleich 1 sein. Das elementare Strahlenbündel bezeichnet die untere Grenze der Unterscheidbarkeit von Farben-, Zeit-, Richtungs- und Ursprungsort-Differenzen der Wellenstrahlung in folgendem Sinne.

$\Delta\nu \cdot \Delta t = 1$. Um in einem Schwingungsgebilde, das aus zwei Schwingungszahlen ν und $\nu + \Delta\nu$ zusammengesetzt ist, die Differenz $\Delta\nu$ zu erkennen, braucht man mindestens die Zeit $\Delta t \approx \frac{1}{\Delta\nu}$, nämlich die Dauer einer zeitlichen Schwebung. Umgekehrt, um aus rein harmonischen (zeitlich unbegrenzten) Schwingungen ein Schwingungsaggregat der Zeitlänge Δt zusammenzusetzen, braucht man harmonische Komponenten aus einem Intervall $\Delta\nu \approx \frac{1}{\Delta t}$. — Man kann das auch so ausdrücken: Bei gegebener Zeitlänge Δt eines abgebrochenen Schwingungsgebildes ist ν bestenfalls bis auf Größen $\Delta\nu \approx \frac{1}{\Delta t}$ bestimmt; bei gegebenem $\Delta\nu$ ist das Alter des Schwingungsaggregats, d. i. die Zeit seit seiner Emission, bestenfalls bis auf Größen $\Delta t \approx \frac{1}{\Delta\nu}$ bestimmt, weil es eben selbst schon die Zeitlänge Δt besitzt.

$\frac{\Delta\alpha\Delta\xi}{\lambda} = 1$. Um an einem monochromatischen Wellengebilde, das von zwei Quellpunkten senkrecht bzw. nahezu senkrecht zu ihrer Verbindungslinie ausgesandt wird, den Quellpunktabstand $\Delta\xi$ zu erkennen, braucht man aus der Strahlung einen Bogenausschnitt mindestens der Größe $\Delta\alpha \approx \frac{\lambda}{\Delta\xi}$, nämlich das Richtungsintervall, auf welchem sich eine räumliche Schwebung (heller und dunkler Beugungsstreifen) abspielt. Um andererseits ein Wellenaggregat von begrenzter Bogenöffnung $\Delta\alpha$ aus Kugelwellen zu superponieren, braucht man als Zentren der Kugelwellen ein Linienstück $\Delta\xi \approx \frac{\lambda}{\Delta\alpha}$. — Man kann das auch so ausdrücken: Bei gegebener Ausdehnung $\Delta\xi$ der Quelle ist die Richtung der ausgesandten Strahlen bestenfalls bis auf einen Winkel $\Delta\alpha \approx \frac{\lambda}{\Delta\xi}$ bestimmt; bei gegebenem Richtungsbereich $\Delta\alpha$ ist das Zentrum der Strahlung bestenfalls bis auf Größen $\Delta\xi \approx \frac{\lambda}{\Delta\alpha}$ bestimmt.

Entsprechendes gilt für $\Delta\beta \cdot \frac{\eta}{\lambda} = 1$.

---

[1]) M. v. LAUE, Ann. d. Phys. Bd. 44, S. 1197, 1914. Siehe dieses Handbuch Bd. 20, Kap. 9, Ziff. 4ff.

Zur Ergänzung der soeben betrachteten von einem oder mehreren Zentren ausgesandten interferierenden Kugelwellen soll noch der Fall der **ebenen Wellen** betrachtet werden. Der formale Zusammenhang von (8) mit dem Kugelwellenansatz

$$\psi = \frac{a}{r} e^{2i\pi\frac{r}{\lambda}}$$

beruht darauf, daß man in

$$\frac{r}{\lambda} = (r_0 + \Delta\alpha\Delta\xi + \Delta\beta\Delta\eta)\cdot\frac{1}{\lambda_0}\left(1 - \frac{\Delta\lambda}{\lambda_0}\right),$$

die Glieder zweiter Ordnung

$$\Delta\alpha\cdot\frac{\Delta\xi}{\lambda}, \qquad \Delta\beta\cdot\frac{\Delta\eta}{\lambda}$$

gleich 1 setzt. Verfährt man entsprechend mit dem Ansatz für **ebene Wellen** in der $\mathfrak{s}$-Richtung

$$\psi = e^{2i\pi\frac{x\mathfrak{s}_x + y\mathfrak{s}_y + z\mathfrak{s}_z}{\lambda}}$$

indem man in

$$\frac{x}{\lambda}\mathfrak{s}_x = \left(x_0 + \Delta x\right)\left(\frac{1}{\lambda_0} + \Delta\frac{1}{\lambda}\right)\mathfrak{s}_x$$

die Glieder zweiter Ordnung gleich 1 setzt, so erhält man als Gegenstück zu (8)

$$\Delta x\Delta\left(\frac{1}{\lambda}\right)\mathfrak{s}_x\cdot\Delta y\Delta\left(\frac{1}{\lambda}\right)\mathfrak{s}_y\cdot\Delta z\Delta\left(\frac{1}{\lambda}\right)\mathfrak{s}_z = 1\cdot 1\cdot 1\,. \tag{9}$$

Man kann (9) zu entsprechenden Aussagen verwerten wie (8), nämlich bei $\Delta\nu\cdot\Delta t = 1$ wie oben, dazu noch:

$\mathfrak{s}_x\cdot\Delta x\cdot\Delta\left(\frac{1}{\lambda}\right) = 1$. Um in einem aus zwei verschiedenen Wellenlängen zusammengesetzten in der x-Richtung fortschreitenden ebenen Wellenaggregat die Differenz $\Delta\lambda$ zu erkennen, muß das Gebilde mindestens die Länge $\Delta x = 1 : \Delta\left(\frac{1}{\lambda}\right)$ besitzen. Um aus rein harmonischen linear unbegrenzten ebenen Wellen ein ebenes Wellengebilde der Länge Δx zusammenzusetzen, braucht man harmonische Komponenten mindestens aus einem Intervall $\Delta\left(\frac{1}{\lambda}\right) = \frac{1}{\Delta x}$.

Man kann das auch so ausdrücken: Bei gegebener Länge Δx eines ebenen Wellenaggregates ist λ bestenfalls bis auf Größen $\Delta\left(\frac{1}{\lambda}\right) = \frac{1}{\Delta x}$ bestimmt; bei gegebenem $\Delta\lambda$ ist der **Ort** des Wellenaggregats bestenfalls bis auf Größen $\Delta x \approx 1 : \Delta\left(\frac{1}{\lambda}\right)$ bestimmt.

Die soeben zusammengestellten experimentellen Tatsachen der Wellenoptik sollen nun in die Sprache der **Lichtquantentheorie**[1]) übersetzt werden. Mit Hilfe der PLANCKschen und DE BROGLIEschen Gleichung

$$E = h\nu, \qquad p_x = \frac{h}{\lambda}\mathfrak{s}_x, \ldots$$

wird aus (8) und (9)

$$\Delta E\,\Delta t\cdot p\Delta\alpha\Delta\xi\cdot p\Delta\beta\Delta\eta = h\cdot h\cdot h\,, \tag{10}$$

$$\Delta p_x\Delta x\cdot\Delta p_y\Delta y\cdot\Delta p_z\Delta z = h\cdot h\cdot h\,. \tag{11}$$

---

[1]) Die Lichtquantentheorie der Gitterbeugung ist aufgestellt worden von W. DUANE, Proc. Nat. Acad. America Bd. 9, S. 158, 1923. Siehe weiterhin G. BREIT ebenda Bd. 9 S. 238, 1923; A. H. COMPTON ebenda Bd. 9, S. 359, 1923; P. S. EPSTEIN und P. EHRENFEST ebenda Bd. 10, S. 133, 1924; Bd. 13, S. 400, 1927.

Dies führt zu folgenden Aussagen über Lichtquanten, als Folge der obigen wellenoptischen Sätze:

$\Delta E \Delta t = h$. Um die Energie E von Lichtquanten, mit der Genauigkeit ΔE festzustellen, braucht man einen Lichtquantenzug der Zeitlänge $\Delta t = \frac{h}{\Delta E}$, so daß dadurch das Alter jedes Lichtquants (die Zeit t seit der Emission) bis auf Δt unbestimmt ist. Soll dagegen das Alter jedes Lichtquants bis auf Δt bekannt sein — dies ist der Fall nur bei einem abgebrochenen Zug der Zeitlänge $\leqq \Delta t$ —, so ist die Energie jedes einzelnen Lichtquants bis auf $\Delta E = \frac{h}{\Delta t}$ unbestimmt. $\Delta E \cdot \Delta t = h$ ist das kleinste Energie-Zeit-Intervall, innerhalb dessen eine Unterscheidung von Energie- und Altersdifferenzen von Lichtquanten nicht weiter möglich ist.

$p \Delta \alpha \Delta \xi = h$: Um den Quellpunkt von Lichtquanten, die senkrecht bzw. nahezu senkrecht zur x-Richtung fortfliegen, mit der Genauigkeit $\Delta \xi$ festzustellen, braucht man ein Lichtquantenbündel der Winkelöffnung $\Delta \alpha = \frac{h}{p \Delta \xi}$, wodurch die Richtung jedes Lichtquants bis auf $\Delta \alpha$ unbestimmt bleibt.

Will man die Richtung jedes Lichtquants mit der Genauigkeit $\Delta \alpha$ kennen, was nur in einem Bündel der Bogenöffnung $\leqq \Delta \alpha$ möglich ist, so bleibt der Herkunftsort jedes einzelnen Lichtquants bis auf $\Delta \xi = \frac{h}{p \Delta \alpha}$ unbestimmt. $p \Delta \alpha \Delta \xi = h$ ist das kleinste Intervall von Richtungen und Quellorten, innerhalb dessen eine Unterscheidung nicht weiter möglich ist.

$\Delta p_x \Delta x = h$: Um den Impuls p_x von Lichtquanten mit der Genauigkeit Δp_x festzustellen, braucht man Lichtquanten, welche längs einer Strecke $\Delta x = \frac{h}{\Delta p_x}$ verteilt sind, wobei die x-Koordinate des einzelnen Lichtquants bis auf Δx unbestimmt bleibt. Will man den Ort der Lichtquanten bis auf Δx kennen, so braucht man einen abgebrochenen Zug der Länge $\leqq \Delta x$; in diesem ist aber p_x nur bis auf $\Delta p_x = \frac{h}{\Delta x}$ bestimmbar. $\Delta p_x \cdot \Delta x$ ist das kleinste Gebiet, innerhalb dessen eine Unterscheidung von Impuls- und Koordinatenkomponenten von Lichtquanten nicht weiter möglich ist.

Man kann diesen Aussagen dadurch Rechnung tragen, daß man entweder überhaupt darauf verzichtet, einem Lichtquant bestimmte Werte $E t x y z p_x p_y p_z \xi \eta \alpha \beta$ zuzuschreiben, vielmehr jedes Lichtquant über ein Gebiet ΔE, $\Delta t \ldots$ ausgebreitet denkt, welches den Bedingungen (10) (11) entspricht. Oder man kann die Lichtquanten weiterhin an und für sich als Punkte mit scharfen Orts-, Zeit-, Impuls- und Energiewerten betrachten, deren Beträge aber physikalisch in keinem Fall genauer als bis auf die Fehlergrenzen $\Delta E \Delta t = h$, $\Delta p_x \Delta x = h$ usw. feststellbar sind. Schließt man sich der zweiten Vorstellung an, will man also überhaupt scharfe Lichtquanten annehmen, so wird man, bei bis auf ΔE bekannten Wert E eines Lichtquantenzugs, das Alter der einzelnen Lichtquanten über den Zeitbereich $\Delta t = \frac{h}{\Delta E}$ statistisch ungeordnet verteilt denken; und bei bis auf Δt bekanntem Alter t, d. h. bei einem abgebrochenen Lichtquantenzug der Zeitlänge Δt, wird man die Energien der Lichtquanten über das Gebiet $\Delta E = \frac{h}{\Delta t}$ statistisch ungeordnet verteilt annehmen. Entsprechendes gilt für die Gebiete $\Delta p_x \cdot \Delta x = h$, $p \Delta \alpha \Delta \xi = h$, $p \Delta \beta \Delta y = h$ als Elementarbereiche. Da somit eine exakte Lokalisierung der Lichtquanten im Energie-, Zeit-, Impuls- und Koordinatenraum prinzipiell ausgeschlossen ist, darf die Vorstellung scharfer Lichtquanten nur als ein für manche Zwecke geeignetes Bild angesehen werden, ohne Möglichkeit ihrer exakten Messung.

18. Interferenz der Materie. Die soeben in der Optik beschriebene Verbindung zwischen Korpuskular- und Wellentheorie kann nun unmittelbar auf die Mechanik übertragen werden und führt dann zu neuartigen Vorstellungen als Grundlage der Wellentheorie der Materie[1]). In der klassischen Mechanik werden die Energie E, das Alter t (Zeit seit der Emission), der Impuls $p_x p_y p_z$, der Ort xyz usw. jedes Massenpunkts als physikalisch definierte und prinzipiell mit beliebiger Genauigkeit beobachtbare Daten angesehen. Bildet man aber die Vorstellung, daß die Massenpunkte einem mechanischen Wellenfeld durch die PLANCK-DE BROGLIEschen Gleichungen $E = h\nu$, $p = \frac{h}{\lambda}$ zugeordnet sind, so gelangt man für sie, ebenso wie für Lichtkorpuskeln, zu den Gleichungen

$$\Delta E \Delta t \cdot p \Delta\alpha \Delta\xi \cdot p \Delta\beta \Delta\eta = h \cdot h \cdot h, \tag{12}$$

$$\Delta p_x \Delta x \cdot \Delta p_y \Delta y \cdot \Delta p_z \Delta z = h \cdot h \cdot h, \tag{13}$$

als Ausdruck folgender, eine Interferenz der Materiewellen behauptender Sätze.

$\Delta E \cdot \Delta t = h$. Um die Energie von freifliegenden Massenpartikeln mit der Genauigkeit ΔE festzulegen, braucht man ein Aggregat solcher Partikel (Ausschnitt aus einem Atomstrahl) der zeitlichen Ausdehnung $\Delta t = \frac{h}{\Delta E}$, so daß dadurch das Alter t des einzelnen Partikels (die Zeit seit seiner Emission aus dem Atomstrahler) bis auf Δt unbestimmt ist. Soll umgekehrt das Alter t der Partikels mit der Genauigkeit Δt bekannt sein — dies ist der Fall nur bei einem abgebrochenen Partikelstrahl der Zeitlänge $\leqq \Delta t$ —, so bleibt dabei die Energie E jedes einzelnen Partikels nur bis auf $\Delta E = \frac{h}{\Delta t}$ bestimmbar. $\Delta E \cdot \Delta t = h$ ist das kleinste Energie-Zeit-Intervall, innerhalb dessen eine genauere Lokalisierung der Partikel nicht mehr möglich ist.

$p \Delta\alpha \Delta\xi = h$: Um den Ursprungsort von Partikeln, die senkrecht zur x-Richtung fortfliegen, mit der Genauigkeit $\Delta\xi$ festzustellen, braucht man ein Strahlenbündel mindestens von der Winkelöffnung $\Delta\alpha = \frac{h}{p \Delta\xi}$, wodurch die Richtung jedes Partikels bis auf $\Delta\alpha$ unbestimmt bleibt. Soll umgekehrt die Richtung jedes Partikels mit der Genauigkeit $\Delta\alpha$ bekannt sein — dies ist nur in einem Strahlenbündel der Öffnung $\leqq \Delta\alpha$ der Fall —, so ist der Ursprungsort jedes einzelnen Partikels nur bis auf $\Delta\xi = \frac{h}{p \Delta\alpha}$ bestimmbar. Eine exakte Lokalisierung von Partikeln innerhalb eines Gebiets $\Delta\alpha \Delta\xi = \frac{h}{p}$ ist nicht möglich.

$\Delta p \Delta q = h$: Um den Impuls p_x von Partikeln mit der Genauigkeit Δp_x festzustellen, braucht man einen Partikelstrahlabschnitt der Länge $\Delta x = \frac{h}{\Delta p_x}$, wodurch der Ort jedes einzelnen Partikels bis auf Δx unbestimmt bleibt. Umgekehrt, um den Ort eines Partikels bis auf Δx zu kennen, braucht man einen abgebrochenen Strahl der Länge $\leqq \Delta x$; in einem solchen ist aber der Impuls der Partikel nur bis auf $\Delta p_x = \frac{h}{\Delta x}$ bestimmbar.

Diese Behauptungen über die Grenze der „mechanischen Auflösbarkeit" sind nun auch in der Form auszudrücken, daß man den Massenpunkten Wellen zuordnet mit Hilfe der PLANCK-DE BROGLIEschen Gleichungen

$$E = h\nu, \qquad \mathfrak{p} = \mathfrak{s} \cdot \frac{h}{\lambda}$$

[1]) Daß die EINSTEINsche Gastheorie sich im Sinne von DE BROGLIE als Wellentheorie der Materie interpretieren läßt, zeigte SCHRÖDINGER. Phys. ZS. Bd. 27. S. 95. 1926.

und eine räumliche und zeitliche Interferenz dieser Wellen postuliert, welche der Lichtstrahleninterferenz nachgebildet ist. Die Grenze der Auflösbarkeit dieser Wellen wird durch die Gleichungen (8) (9) gekennzeichnet

$$\Delta\nu\,\Delta t \cdot \frac{\Delta\alpha\,\Delta\xi}{\lambda} \cdot \frac{\Delta\beta\,\Delta\eta}{\lambda} = 1 \cdot 1 \cdot 1\,,$$

$$\Delta x\,\Delta\left(\frac{\mathfrak{s}_x}{\lambda}\right) \cdot \Delta y\,\Delta\left(\frac{\mathfrak{s}_y}{\lambda}\right) \cdot \Delta z\,\Delta\left(\frac{\mathfrak{s}_z}{\lambda}\right) = 1 \cdot 1 \cdot 1\,,$$

deren Ableitung beim Licht ausführlich auseinandergesetzt war. Die Interferenz der Materie besteht danach in folgendem:

$\Delta\nu\,\Delta t = 1$: Läßt man zwei Atomstrahlen, welche Partikel mit den zwei kinetischen Energiewerten E und $E + \Delta E$ enthalten, auf einen Schirm auffallen, so wird die Menge der pro Zeiteinheit sich niederschlagenden Materie nicht zeitlich konstant sein, sondern eine regelmäßige langsame zeitliche Schwebungsperiode der Länge $\Delta t = \frac{h}{\Delta E}$ besitzen.

$\frac{\Delta\alpha\,\Delta\xi}{\lambda} = 1$: Läßt man von 2 um $\Delta\xi$ entfernten Quellpunkten Partikel mit dem gleichen Impuls p ausgehen, so wird auf einem in großem Abstand aufgestellten Schirm die Zahl der pro Zeiteinheit auftretenden Partikel nicht für alle Winkel α eines kleinen Bereichs um $\alpha = 0$ (senkrecht zur x-Richtung) konstant sein, sondern Maxima und Minima mit der Winkelperiode $\Delta\alpha = \frac{h}{p\,\Delta\xi}$ zeigen.

$\Delta x\,\Delta\left(\frac{1}{\lambda}\right) = 1$: In einem Strom, welcher aus Partikeln mit den zwei verschiedenen Impulsbeiträgen p_x und $p_x + \Delta p_x$ besteht, ist die Materiedichte längs des Weges x nicht konstant, sondern besitzt die räumliche Periode $\Delta x = \frac{h}{\Delta p_x}$.

Diese Behauptungen über die Interferenz der Materie, die mit Hilfe der Zuordnungsgleichungen $E = h\nu$, $\mathfrak{p} = \mathfrak{s}\frac{h}{\lambda}$ ganz der Lichtinterferenz nachgebildet sind, haben zwar in dieser besonderen Form bisher noch keine exakte experimentelle Bestätigung erfahren.

Überzeugende direkte Beweise für die Wellennatur der ponderablen Materie sind aber die Experimente über Reflexion von Elektronenstrahlen an Kristallgittern, welche von DAVISSON zusammen mit KUNSMAN und GERMER[1]) ausgeführt worden sind. Es handelt sich dabei um die Entdeckung ebensolcher Maxima selektiver Reflexion in gewissen Richtungen, wie sie auch bei der Reflexion von Röntgenstrahlen an dem betreffenden Kristall auftreten würden. Dabei bestätigte sich, nach der zuerst von W. ELSASSER[2]) gegebenen Deutung, die DE BROGLIEsche Beziehung $\lambda = h : p$. Auch das Analogon zur DEBYE-SCHERRER-Methode wurde untersucht: THOMSON und REID sowie E. RUPP[3]) fanden beim Durchstrahlen dünner Metallfolien mit Elektronen die von den Röntgenwellen her vertrauten Beugungsringe. Schließlich hat DYMOND[4]) bei der Reflexion von Elektronen an *He*-Gasatomen charakteristische Beugungsmaxima gefunden. Auch der RAMSAUER-Effekt ist möglicherweise als Beugungserscheinung zu interpretieren[5]).

---

[1]) DAVISSON und KUNSMAN, Phys. Rev. Bd. 22, S. 243. 1923. — DAVISSON und GERMER, Nature Bd. 119, S. 558. 1927; Phys. Rev. Bd. 30, S. 705. 1927.

[2]) W. ELSASSER, Naturwiss. Bd. 13, S. 711. 1925.

[3]) G. P. THOMSON und A. REID, Nature Bd. 119, S. 890. 1927; Bd. 120, S. 802. 1927. — E. RUPP, Ann. d. Phys. Bd. 85, S. 981. 1928.

[4]) E. G. DYMOND, Phys. Rev. Bd. 29, S. 433. 1927.

[5]) L. MENSING, Ztschr. f. Phys. Bd. 45, S. 603, 1927.

Einen bündigen indirekten Beweis für die Wellennatur der Materie geben die experimentell exakt bestätigten Folgerungen, welche aus der Weiterbildung der Wellenmechanik für Partikel in Kraftfeldern (Elektronen im Kernfeld und Lichtfeld) gezogen worden sind, worüber die folgenden Abschnitte berichten.

Wegen der prinzipiellen Unmöglichkeit einer exakten Verifizierung von Orts-, Zeit-, Impuls- und Energiedaten für ein Partikel ist die Vorstellung, daß ein Atom- oder Elektronenstrahl aus einzelnen individuellen Korpuskeln bestehe, nur als ein für viele Zwecke anschauliches Bild anzusehen, das nicht zu wörtlich genommen werden darf, da es eben der Tatsache der Interferenzfähigkeit nicht Rechnung trägt. Dasselbe gilt dann für die Vorstellungen der kinetischen Gastheorie (Ziff. 21) und für das Bild vom Aufbau des Atoms aus elektrischen Korpuskeln.

19. Unbestimmtheitsrelation. Nach HEISENBERG[1]) ist schon vom punktmechanischen und punktoptischen Standpunkt aus die Unmöglichkeit gleichzeitig exakter Beobachtung der konjugierten Größen E und t, p_x und x usw. einzusehen. Es soll etwa der augenblickliche Ort x eines fliegenden Elektrons festgestellt werden. Dies kann durch Beleuchtung des Elektrons und Beobachtung des gestreuten Lichtes geschehen. Der Ort x der Streulichtemission ist aber wegen der Wellennatur des Lichts nur bis auf Fehler $\Delta x \approx \lambda$ von der Größenordnung der Wellenlänge feststellbar. Nimmt man nun, um diesen Fehler kleiner zu machen, λ immer kleiner, so wird bei der Lichtstreuung das Elektron dafür eine um so größere Impulsänderung $\Delta p_x \approx h/\lambda$ (Comptoneffekt) erleiden. Je kleiner die Fehlergrenze Δx der Ortsbestimmung, um so größer wird also die Fehlergrenze Δp_x der Impulsbestimmung des Elektrons, und die Rechnung ergibt den Zusammenhang $\Delta p_x \cdot \Delta x \approx h$. Das gleiche gilt für Lichtquanten. Es soll etwa der momentane Ort eines fliegenden Lichtquants festgestellt werden. Dies kann geschehen, indem man in seinen Weg Elektronen hineinschickt und den Ursprungsort eines vom Lichtquant getroffenen Streuelektrons beobachtet. Dieser kann aber wegen der Wellennatur der Materie nur bis auf Fehler $\Delta x \approx \lambda$, wo $\lambda = \frac{h}{p}$ ($p =$ Elektronenimpuls) festgestellt werden. Bei der Elektronenstreuung wird das stoßende Lichtquant eine Impulsänderung $\Delta p_x \approx h/\lambda$ (Comptoneffekt) erleiden. Je kleiner die Fehlergrenze Δx der Ortsbestimmung des Lichtquants, um so größer wird die Fehlergrenze Δp_x seiner Impulsbestimmung.

Wie HEISENBERG bemerkt, kann man die experimentelle Unmöglichkeit einer simultanen exakten Bestimmung der Werte zweier kanonisch konjugierter Größen als Vorbedingung für die Aufstellung der Quantentheorie betrachten, ganz ähnlich wie die Unmöglichkeit, Signale schneller als mit Lichtgeschwindigkeit zu senden, die Vorbedingung für die spezielle Relativitätstheorie ist. Gäbe es Experimente, welche gleichzeitig eine schärfere Bestimmung von p und q ermöglichten, als es der Gleichung $\Delta p_x \Delta x \approx h$ usw. entspricht, so wäre die Wellenmechanik widerlegt. Die Unbestimmtheitsrelationen

$$\Delta p_x \cdot \Delta x \approx h,$$
$$\Delta E \cdot \Delta t \approx h,$$

sind ein Gegenstück zu den in der Quantenmechanik (Abschn. VII) eingeführten „Vertauschungsrelationen“

$$p_x x - x p_x = \frac{h}{2 i \pi}, \qquad t E - E t = \frac{h}{2 i \pi}.$$

[1]) W. HEISENBERG, Über den anschaulichen Inhalt der quantentheoretischen Kinematik und Mechanik, ZS. f. Phys. Bd. 43, S. 172 und 809. 1927; N. BOHR, Naturwissensch. Bd. 16, S. 245. 1928.

Man trägt jener Ungenauigkeit dadurch Rechnung, daß man das ganze Gebiet, welches für Licht bzw. Materie bezüglich ihrer E-, t-, ξ-, α- usw. Werte zur Verfügung steht, in Elementarzellen der Größe (12) (13)

$$\Delta E\,\Delta t\cdot p\,\Delta\alpha\,\Delta\xi\cdot p\,\Delta\beta\,\Delta\eta = h^3,$$

$$\Delta p_x\,\Delta x\cdot\Delta p_y\,\Delta y\cdot\Delta p_z\,\Delta z = h^3$$

einteilt als kleinste Gebiete, innerhalb deren verschiedene E-, t-, α-, ξ- usw. Werte nicht mehr unterschieden werden können. Die Zahl der Elementarzellen, welche in einem endlichen Gebiet (Hohlraum, Farbenbereich) Platz haben, ist dann die Anzahl der Freiheitsgrade dieses Gebietes. Die Elementarzelle ist vermittels $E = h\nu$, $p = \frac{h}{\lambda}$ identisch mit dem LAUEschen elementaren Strahlenbündel (8); die Anzahl der Freiheitsgrade eines endlichen Gebiets ist gleich der Anzahl der in ihm enthaltenen elementaren Strahlenbündel der Licht- bzw. Materiewellen.

20. Korpuskular- und Wellentheorie. Die Korpuskulartheorie beim Licht wie bei der Materie ist gekennzeichnet durch die korpuskularen Erhaltungssätze für Masse, Energie, Impuls einzelner in ihrer Geschichte verfolgbarer unzerstörbarer und wiedererkennbarer Licht- oder Materieteilchen, die Wellentheorie dagegen durch die Interferenzerscheinungen, bei denen Licht + Licht = Dunkelheit, Materie + Materie = Vakuum gibt im Widerspruch zu den Erhaltungspostulaten.

Für den Empiriker genügt es, eine Theorie zu besitzen, welche in allen vorkommenden Fällen die zu beobachtenden Erscheinungen mit hinreichender Genauigkeit voraussagt und gegebenenfalls die prinzipiellen Grenzen der zu erreichenden Genauigkeit solcher Voraussagen angibt. Dieser Aufgabe kommt die Wellenmechanik nach, indem sie zunächst ein im undulatorischen Anschauungskreise wurzelndes Rezept angibt, eine gewisse Wellenamplitude ψ in Raum und Zeit zu berechnen (die übrigens komplex ist, d. h. eine Phase enthält). Das Quadrat ihres absoluten Betrages $\psi\tilde{\psi} = |\psi|^2$ wird dann als Intensität des Lichtes bzw. als Dichte der Materie gedeutet in dem Sinne, daß $|\psi|^2$ die Wahrscheinlichkeit, ψ selbst die mit Phase behaftete „Wahrscheinlichkeitsamplitude" angibt, daß sich an jener Raumzeitstelle Licht- bzw. Materiekorpuskeln befinden und in den dort aufgestellten Apparaten Wirkungen ausüben.

Es ist charakteristisch, daß solche Wirkungen stets in korpuskularer Weise, z. B. als materieller Niederschlag einzelner Atome oder als photochemische Wirkung einzelner Lichtquanten in Erscheinung treten, nicht aber als Wellenaggregate, die doch zur Vorausberechnung der Wirkung wesentlich benutzt werden. Das Erbstück des Wellenursprungs liegt nur mehr in jener Unbestimmtheit, die zunächst als Breite eines Licht- oder Materiestrahlen-Beugungsstreifens in die Rechnung eingeht und korpuskular gedeutet die Auftreffstelle der individuellen Partikel nur unscharf voraussagen läßt. Man kann aber — hierauf weist DARWIN[1]) hin — jene Umdeutung der Intensitätsdichte in korpuskulare Wahrscheinlichkeit letzten Endes als eine Konzession an unsere Gewohnheit ansehen, die Beobachtungsdaten korpuskular auszulegen; man könnte genau so gut auf der beim Licht gewohnten undulatorischen Interpretationsstufe stehenbleiben. Man muß sich hier die historische Lage vergegenwärtigen, die bezüglich der Materie heute dieselbe ist, wie sie bezüglich des Lichtes vor FRESNELS Zeiten war.

Wir wollen diese Auffassung im Anschluß an DARWIN noch etwas weiter ausführen. Betrachten wir etwa einen Elektronenstrom, so wird in ihm nach

[1]) C. G. DARWIN, Proc. Roy. Soc. Bd. 117, S. 258. 1927.

korpuskularer Auffassung an jeder Stelle eine gewisse Geschwindigkeitsverteilung, etwa die MAXWELLsche, herrschen; undulatorisch liegt dagegen eine Überlagerung von Materiewellen verschiedener Wellenlänge vor. Es ist aber völlig gleich, ob man von einem Partikelstrom oder von einem Wellenzug spricht. Denn wenn auch ein Experimentator einzelne Partikel mit Geschwindigkeiten nachweisen und isolieren kann, die über oder unter dem Geschwindigkeitsmittel liegen, so sind diese Einzelgeschwindigkeiten doch keineswegs in dem Gesamtstrahl schon vorhanden, sondern man darf sagen, daß im Gegenteil der Beobachtungsapparat selbst erst jene einzelnen homogenen Geschwindigkeiten schafft; ebenso erzeugt ja erst das Spektroskop aus dem weißen Licht die einzelnen Farben, und es ist nur eine unkorrekte Ausdrucksweise, wenn man sagt, die Farben seien schon in dem weißen Licht ,,enthalten", denn dieses Enthaltensein bedeutet ja nichts anderes als einen Hinweis auf den spektroskopischen Versuch. Hat man in der älteren Quantentheorie geglaubt, der STERN-GERLACH-Versuch beweise eindeutig die Existenz einzelner Atome in verschiedenen stationären Zuständen in dem magnetisierten Atromstrahl, so wird man jetzt eher sagen, der Atomstrahl stelle einen Wellenzug dar, der durch den betreffenden Apparat in gewisse Komponenten zerlegt wird, während ein anderer Apparat vielleicht andere Komponenten herausschälen würde, die aber weniger für den ursprünglichen Atomstrahl als für den Apparat charakteristisch sein werden.

Auch empirisch besteht in gewissen Fällen ein wesentlicher Unterschied zwischen den Voraussagen der älteren und der neueren Auffassung. Betrachten wir etwa mit DARWIN einen modifizierten STERN-GERLACH-Versuch. Der Atomstrahl gehe in der x-Richtung und passiere ein inhomogenes parallel y gerichtetes Magnetfeld, in welchem er in einen nach $+y$ und einen nach $-y$ polarisierten Strahl gespalten wird. Die $-y$-Komponente werde abgeblendet, die $+y$-Komponente durchlaufe ein homogenes parallel z gerichtetes Magnetfeld, in welchem sie nach der älteren Theorie in zwei Komponenten parallel $+z$ und $-z$ gespalten wird; durchlaufen diese jetzt weiterhin ein inhomogenes Feld parallel y, so werden sie wieder nach $\pm y$ gerichtet und sollten auf einem Schirm dahinter schließlich zwei Streifen geben.

Nach der Wellenmechanik hat dagegen das z-Feld die Wirkung, die Polarisationsebene der eintretenden, nach $+y$ polarisierten Strahlen um z als Präzessionsachse mit LARMORscher Frequenz zu drehen. Hat also das homogene z-Feld gerade eine solche Länge, daß die eintretenden, nach $+y$ polarisierten Atome eine Präzession um die z-Richtung um $n \cdot 180°$ ($n =$ ganze Zahl) erleiden, so daß sie gerade nur mit $-y$- oder nur mit $+y$-Polarisation in das letzte inhomogene y-Feld eintreten, so werden sie hier nicht mehr gespalten, und es ist auf dem Schirm nur ein Streifen zu erwarten.

21. Statistik der Lichtquanten und Gasatome. In einem Volumen V bilden sich stehende Schwingungen mit solchen diskret verteilten Wellenlängen λ aus, daß die Wände zu Knotenflächen werden. Nach JEANS[1]) ist die Anzahl der Eigenschwingungen im Bereich λ bis $\lambda + \Delta\lambda$ gleich (siehe Kap. 9 Gl. 4)

$$\Delta Z = V \frac{4\pi}{\lambda^2} \Delta\left(\frac{1}{\lambda}\right). \tag{14}$$

Will man statt λ die Schwingungszahlen $\nu = u:\lambda$ verwenden mit $u =$ Phasengeschwindigkeit, so wird dabei:

$$\Delta\left(\frac{1}{\lambda}\right) = \Delta\left(\frac{\nu}{u}\right) = \frac{\Delta\nu}{u}\left(1 - \frac{\nu}{u}\frac{du}{d\nu}\right) = \frac{\Delta\nu}{g}$$

1) I. H. JEANS, Phil. Mag. Bd. 10, S. 91. 1905. Siehe auch M. PLANCK, Vorlesungen über die Theorie der Wärmestrahlung.

mit der Gruppengeschwindigkeit g, und man erhält

$$\Delta Z = V \frac{4\pi\nu^2}{u^2 g} \Delta\nu . \tag{15}$$

Die korpuskulare Umdeutung von (1) mit Hilfe der DE BROGLIEschen Zuordnung $p = \frac{h}{\lambda}$ gibt als Anzahl der diskreten Impulszellen, welche im Impulsbereich p bis $p + \Delta p$ liegen,

$$\Delta Z = V \frac{4\pi p^2}{h^3} \Delta p . \tag{16}$$

Beim Licht sind diese Ausdrücke noch mit einem Faktor 2 zu versehen, um den zwei Polarisationsfreiheiten gerecht zu werden. Bei der korpuskularen Umdeutung von (15) unterscheiden wir zwei Sonderfälle, erstens Lichtquanten im Vakuum (ohne dispergierendes Medium), zweitens Massenpunkte μ ohne gegenseitige Koppelung und ohne äußeres Kraftfeld (ideales Gas). Dann wird

$$\varepsilon = h\nu$$

und

$$u^2 \cdot g = c^3 \qquad \left(p = \frac{\varepsilon}{c}\right) \text{ beim Licht,}$$

$$u^2 \cdot g = v^3 \qquad \left(\mu v = p = \sqrt{2\mu\varepsilon}\right) \text{ beim Gas,}$$

demnach aus (15)

$$\Delta Z = V \cdot \frac{8\pi\varepsilon^2}{c^3 h^3} \Delta\varepsilon \quad \text{beim Licht,} \tag{17}$$

$$\Delta Z = V \cdot \frac{2\pi(2\mu)^{\frac{3}{2}}}{h^3} \cdot \varepsilon^{\frac{1}{2}} \Delta\varepsilon \quad \text{beim Gas} \tag{18}$$

als Anzahl der diskreten Energiezellen, welche zum Energieintervall ε bis $\varepsilon + \Delta\varepsilon$ gehören.

Numeriert man die Eigenschwingungen nach wachsendem ε von $\varepsilon = 0$ an fortlaufend mit der Nummer Z, so erhält man durch Integration aus (17) (18)

$$Z(\varepsilon) = V \cdot \frac{8\pi\varepsilon^3}{3c^3h^3}, \qquad \text{umgekehrt } \varepsilon(Z) = \left(\frac{3Z}{8\pi V}\right)^{\frac{1}{3}} \cdot hc \quad \text{(Licht),} \tag{17'}$$

$$Z(\varepsilon) = V \frac{2\pi(2\mu\varepsilon)^{\frac{3}{2}}}{h^3 \cdot \frac{3}{2}}, \qquad \text{umgekehrt } \varepsilon(Z) = \left(\frac{3Z}{4\pi V}\right)^{\frac{2}{3}} \cdot \frac{h^2}{2\mu} \quad \text{(Gas).} \tag{18'}$$

$Z(\varepsilon)$ ist die Nummer der Eigenschwingung $\varepsilon = h\nu$, $\varepsilon(Z)$ ist die Energie $\varepsilon = h\nu$ der Zten Eigenschwingung. Sie hängt vom Volumen ab.

$$\varepsilon(Z) = \text{konst. } V^{-\frac{1}{3}} \text{ beim Licht,} \qquad \varepsilon(Z) = \text{konst. } V^{-\frac{2}{3}} \text{ beim Gas.} \tag{18''}$$

Wir fragen jetzt nach der statistischen Verteilung von Licht- oder Gaspartikeln über die Energiezellen des Volumens V. Es mögen 3 Partikel a, b, c über 4 Zellen (Nr. 1, 2, 3, 4) verteilt werden. Für die Besetzung der Zellen mit Partikeln hat man folgende 20 Möglichkeiten.

Zelle Nr. 1	3	0	0	0	2	2	2	1	0	0	1	0	0	1	0	0	1	1	1	0
,, ,, 2	0	3	0	0	1	0	0	2	2	2	0	1	0	0	1	0	1	1	0	1
,, ,, 3	0	0	3	0	0	1	0	0	1	0	2	2	2	0	0	1	1	0	1	1
,, ,, 4	0	0	0	3	0	0	1	0	0	1	0	0	1	2	2	2	0	1	1	1
	$p_3 = 1, p_0 = 3$				$p_2 = 1, p_1 = 1, p_0 = 2$												$p_1 = 3, p_0 = 1$			

Bei den 4 ersten dieser Verteilungen hat man jedesmal 1 Zelle mit 3 Partikeln und 3 Zellen mit 0 Partikeln ($p_3 = 1$, $p_0 = 3$), bei den nächsten 12 Verteilungen gilt $p_2 = 1$, $p_1 = 1$, $p_0 = 2$, bei den letzten 4 Verteilungen gilt $p_1 = 3$, $p_0 = 1$.

In der BOSE-EINSTEINschen Statistik[1]) werden alle diese 20 Verteilungen als gleich wahrscheinlich angesehen, mit demselben Gewicht gezählt. Diese Annahme bedeutet, daß man „die Zellen über die Partikelzahlen verteilt", indem man jeder Zelle den Inhalt 0, 1, 2 oder 3 Partikel gleich wahrscheinlich zur Verfügung stellt. Bei der korpuskularen Deutung, wo 3 individuell unterschiedene Partikel a, b, c nach Wahrscheinlichkeit über die 4 Zellen verteilt werden, möchte man dagegen der Verteilung $\begin{vmatrix}2\\1\\0\\0\end{vmatrix}$ ein viermal so großes Gewicht beilegen als der Verteilung $\begin{vmatrix}3\\0\\0\\0\end{vmatrix}$, weil letztere nur auf eine Weise realisierbar ist, indem alle 3 Partikel in die Zelle 1 fallen $\begin{vmatrix}abc\\0\\0\\0\end{vmatrix}$, erstere dagegen auf vier Weisen $\begin{vmatrix}abc&abd&acd&bcd\\d&c&b&a\\0&0&0&0\\0&0&0&0\end{vmatrix}$. Dies geschieht in der BOLTZMANNschen Statistik der idealen Gasmoleküle, welche im statistischen Gleichgewicht zum MAXWELLschen Verteilungsgesetz führt. Wenn in der BOSEschen Statistik hiervon abweichend jede der obigen 20 Verteilungen mit gleichem Gewicht gezählt wird, so liegt darin der Verzicht auf die Vorstellung unabhängiger individueller Korpuskeln. Man kommt aber auch auf Grund der BOLTZMANNschen Statistik wenigstens angenähert zur selben statistischen Energieverteilung wie die BOSEstatistik, wenn man die in einer Zelle befindlichen Partikel mit Phase behaftet denkt und ihre Energien nicht einfach addiert, sondern ihre Amplituden superponiert, wie bei der Superposition von Schwingungen[2]).

Wir erwähnen noch die FERMIsche Statistik[3]), die sich von der BOSEschen dadurch unterscheidet, daß nur Verteilungen zugelassen werden, bei denen keine Zelle mit mehr als einem Partikel besetzt ist. In obigem Beispiel sind also nach FERMI nur die letzten 4 Verteilungen zugelassen, die 16 ersten Verteilungen werden dagegen mit dem Gewicht 0 gezählt; allgemein werden bei FERMI nur solche Verteilungen erlaubt, bei denen $p_n = 0$ für $n = 2, 3, \ldots$ und nur p_0 und p_1 von Null verschieden ist. Durch Spezialisierung auf den Fall $p_n = 0$ für $n > 1$ kann man ohne weiteres von den Resultaten der BOSEschen zu denen der FERMIschen Statistik übergehen. Die BOSEstatistik bewährt sich bei den Lichtquanten, die FERMIsche dagegen bei materiellen Partikeln; letztere ist eine Verallgemeinerung des PAULIschen Prinzips[4]), daß im Atom nicht mehr als ein Elektron einen Quantenzustand besetzen darf, auf beliebige Systeme von n gleichartigen Partikeln.

Auf die Durchrechnung der verschiedenen statistischen Ansätze bei Licht- und Materiekorpuskeln soll hier nicht eingegangen werden. Das Resultat ist für Lichtquanten im thermodynamischen Gleichgewicht das PLANCKsche Strahlungsgesetz. Für materielle Teilchen machen sich die Abweichungen der klassischen BOLTZMANNschen Statistik von der BOSE-EINSTEINschen und der FERMIschen Statistik besonders bei tiefen Temperaturen bemerkbar („Entartungserscheinungen").

[1]) S. N. BOSE, ZS. f. Phys. Bd. 26, S. 178. 1924. — A. EINSTEIN, Berliner Ber. 1924, S. 261; 1925, S. 318. — E. SCHRÖDINGER, Phys. ZS. Bd. 27, S. 95. 1924.

[2]) A. LANDÉ, ZS. f. Phys. Bd. 33, S. 571. 1925.

[3]) E. FERMI, ZS. f. Phys. Bd. 36, S. 902. 1926. Zur Quantelung des idealen einatomigen Gases.

[4]) W. PAULI, ZS. f. Phys. Bd. 31, S. 765. 1925. Siehe ferner ORNSTEIN und KRAMERS, Kinetische Herleitung des FERMIschen Verteilungsgesetzes, ZS. f. Phys. Bd. 41, S. 481. 1927; W. HEITLER, Freie Weglänge und Quantelung der Molekültranslation, ZS. f. Phys. Bd. 44, S. 161. 1927.

Ihre experimentelle Prüfung ist dadurch erschwert, daß gerade bei tiefer Temperatur die VAN DER WAALSsche Molekularkraft das ideale Verhalten des Gases beträchtlich stört; bevor also nicht eine Quantentheorie nichtidealer Gase durchgeführt ist, kann hier eine unzweideutige Prüfung an der Erfahrung kaum durchgeführt werden. Sehr viel günstiger liegen die Verhältnisse für die 2000mal leichteren Elektronen, welche z. B. als Leitungselektronen in einem Metallstück ein „Gas" bilden, das bei sehr viel höheren Temperaturen entartet, als ein Molekülgas. PAULI[1]) hat die FERMIsche Statistik auf die Leitungselektronen übertragen im besonderen im Hinblick auf die Frage, warum Leitungselektronen in einem äußeren Magnetfeld nicht zu einer starken Magnetisierung der Metalle Anlaß geben, obwohl doch jedes Elektron nach UHLENBECK und GOUDSMIT ein magnetisches Moment vom Betrage 1 Magneton besitzt. Jede Zelle kann aber nicht nur ein Elektron, sondern zwei Elektronen aufnehmen, soweit deren magnetische Quantenzahlen verschieden sind, d. h. wenn die magnetischen Achsen der beiden Elektronen nach entgegengesetzten Seiten, parallel und antiparallel zum äußeren Feld zeigen. Das Elektronengas ist schon bei gewöhnlicher Temperatur weitgehend entartet, die meisten Elektronen drängen sich in den Zellen möglichst kleiner Nummer Z mit möglichst kleiner Energie ε zusammen, so daß sie sich mit je einem entgegengesetzt orientierten Elektron in einer Zelle befinden und dadurch magnetisch neutralisiert werden.

Durch weitere Diskussion der Eigenschaften des Elektronengases in äußeren Feldern und bei Berücksichtigung von Dichte- und Temperaturgradienten ist SOMMERFELD[2]) zu einer umfassenden Theorie der Leitungselektronen gelangt. Für die Effekte von THOMSON, PELTIER, VOLTA und für die Beziehung zwischen elektrischer und thermischer Leitung usw. ergaben sich quantentheoretische Formeln, die für hohe Temperatur bzw. geringe Dichte in die Formeln der klassischen (LORENTZ-DRUDEschen) Theorie der Leitungselektronen übergehen, für tiefe Temperatur und größere Dichte aber charakteristisch Entartungen zeigen, die der Erfahrung angemessen sind und dadurch die FERMIsche Statistik bestätigen.

III. Undulationsmechanik konservativer Systeme.

22. Optisch-mechanische Analogie. Im Abschnitt I war ausführlich die enge Verwandtschaft zwischen geometrischer Optik und klassischer Mechanik geschildert worden, die ihren Ursprung in der Analogie des von den Ortskoordinaten q abhängigen Brechungsindex

$$n(q) = \frac{c}{u} = \frac{\text{Vakuumgeschwindigkeit}}{\text{Phasengeschwindigkeit}}$$

des Lichts mit der ortsabhängigen Größe

$$n = c \cdot \frac{\sqrt{2m[E - U(q)]}}{E} \tag{1}$$

bei einem Massenpunktsystem mit potentieller Energiefunktion $U(q)$ und der kinetischen Energie $T = \frac{m}{2}\sum\sum g^{KL}\dot{q}_K^2\dot{q}_L^2$ hat. Dem konstanten Energiepara-

[1]) W. PAULI, Über Gasentartung und Paramagnetismus, ZS. f. Phys. Bd. 41, S. 81. 1927.

[2]) A. SOMMERFELD, Elektronentheorie der Metalle auf Grund der FERMIschen Statistik, ZS. für Phys. Bd. 47, S. 1. 1928; Bd. 47, S. 43. 1928; Naturwissensch. Bd. 15, S. 825. 1927.

meter E entspricht der konstant gedachte Parameter ν der Farbe, von dem der Brechungsindex abhängt. Die Analogie führte zu der Gegenüberstellung von Lichtstrahlenkurven im brechenden Feld $n(q)$ und mechanischen Bahnkurven im Potentialfeld $U(q)$; ferner zur Gegenüberstellung der auf den Lichtstrahlen senkrechten Eikonalflächen $\varphi(q,t) = S(q) - ct$, die sich mit der Phasengeschwindigkeit $u = \frac{c}{n}$ vorschieben und andererseits den zu den Bahnkurven „senkrechten" (im nichteuklidischen Sinn des Linienelements $ds = \sqrt{\sum\sum g^{KL}\,dq_K\,dq_L}$) Wirkungsflächen $\varphi(q,t) = S(q) - ct$, die mit der Geschwindigkeit

$$u = \frac{c}{n} = \frac{E}{\sqrt{2m[E - U(q)]}} \tag{1'}$$

vorrücken. S war dabei zu bestimmen als ein vollständiges Integral $S(q_1 q_2 \ldots \alpha_1 \alpha_2 \ldots)$ der Eikonalgleichung

$$(\operatorname{grad} S)^2 = n^2 = \frac{c^2}{u^2}. \tag{2}$$

In der geometrischen Optik werden ferner die Wellenfunktionen

$$\psi = e^{2i\pi\frac{\varphi}{\varkappa}} = e^{2i\pi\frac{(S-ct)}{\varkappa}} \qquad \text{(Optik)}$$

mit der zeitlichen Periode $\nu = \frac{c}{\varkappa}$ betrachtet.

$\varkappa$ wird man dabei so bestimmen, daß $\nu = \frac{c}{\varkappa}$ identisch ist mit dem für n maßgebenden Parameter ν der Farbe. Im mechanischen Fall, wo n statt dessen von dem Parameter E abhängt, liegt zunächst kein Anlaß vor, die Periode ν durch besondere Wahl von $\varkappa = \frac{c}{\nu}$ in besonderer Weise festzulegen. Erst die Quantentheorie läßt hier eine bestimmte Wahl bevorzugen: $\varkappa$ soll so gewählt werden, daß $\nu = \frac{c}{\varkappa}$ zu dem Energieparameter E in der PLANCKschen Beziehung $\nu = \frac{E}{h}$ steht, also $\varkappa = \frac{ch}{E}$, wodurch die periodische Funktion der Mechanik die Form annimmt:

$$\psi = e^{2i\pi E\frac{(S-ct)}{hc}}.$$

Wir wollen von jetzt an, anders als in Abschnitt I, in der Mechanik unter S die übliche Wirkungsfunktion (siehe Ziff. 12) verstehen, also statt des bisherigen SE/c jetzt S schreiben, so daß jetzt

$$\psi = e^{\frac{2i\pi}{h}(S - Et)}, \qquad \nu = \frac{E}{h} \qquad \text{(Mechanik)} \tag{4}$$

wird. S ist dabei aus der Gleichung

$$(\operatorname{grad} S)^2 = \frac{E^2}{u^2} \quad \text{mit} \quad u = \frac{E}{\sqrt{2m(E-U)}} \tag{5}$$

zu bestimmen, die in der Form (Ziff. 12)

$$\frac{1}{2m}(\operatorname{grad} S)^2 + U(q) - E = 0 \tag{5'}$$

als HAMILTON-JAKOBIsche partielle Differentialgleichung (H.J.D.) bekannt ist. ψ in (4) stellt dann die „DE BROGLIEsche Wellenfunktion" dar. Die Schwingungszahl und Wellenlänge der Wirkungswellen ist dabei wegen (1')

$$\nu = \frac{E}{h}, \qquad \lambda = \frac{u}{\nu} = \frac{h}{\sqrt{2m(E-U)}} = \frac{h}{p}, \tag{6}$$

wo $p = \sqrt{2m(E-U)}$ den gesamten Impuls des mechanischen Systems am Ort q bei der Gesamtenergie E darstellt, auch im allgemeinen Fall eines N-Punktsystems.

23. Grundgleichung der Wellenmechanik[1]). Der Übergang zur optischen Wellengleichung für ψ war in Ziff. 8 vollzogen, indem in der Eikonalgleichung $(\operatorname{grad} S)^2 - \frac{c^2}{u^2} = 0$ die Differentialquotienten $\frac{\partial S}{\partial x}$ durch die Operatoren $\frac{\varkappa}{2i\pi}\frac{\partial}{\partial x}$ ersetzt wurden, wodurch dann die Operatorengleichung

$$\left(\frac{\varkappa}{2i\pi}\right)^2\left(\frac{\partial^2}{\partial x^2} + \cdots\right) - \frac{c^2}{u^2} = 0$$

erschien, welche, auf eine Funktion ψ ausgeübt, die Gleichung

$$\left(\frac{\varkappa}{2i\pi}\right)^2 \Delta\psi - \frac{c^2}{u^2}\psi = 0\cdot\psi$$

ergab, die wegen $\varkappa = \frac{c}{\nu}$ in die Wellengleichung

$$\Delta\psi + \frac{4\pi^2\nu^2}{u^2}\psi = 0 \tag{7}$$

überging.

Mit SCHRÖDINGER soll jetzt der entsprechende Übergang in der Mechanik vollzogen werden. Man ersetzt in der Gleichung (5)

$$\frac{\partial S}{\partial q_k} \quad \text{durch} \quad \frac{h}{2i\pi}\frac{\partial}{\partial q_k}, \ldots \tag{8}$$

und übt die erhaltene Operatorgleichung auf eine Funktion ψ aus. Betrachten wir zunächst den Sonderfall, daß das System nur aus einem einzigen Massenpunkt m besteht, also $(\operatorname{grad} S)^2$ die Form $\left(\frac{\partial S}{\partial x}\right)^2 + \cdots$ besitzt, so erhält man die Operation

$$\left(\frac{h}{2i\pi}\right)^2\left(\frac{\partial^2}{\partial x^2} + \cdots\right) - \frac{E^2}{u^2} = 0$$

ausgeübt auf ψ, d. h.

$$\left(\frac{h}{2i\pi}\right)^2 \Delta\psi - \frac{E^2}{u^2}\psi = 0\cdot\psi$$

oder schließlich unter Benutzung von $u = \frac{E}{\sqrt{2m(E-U)}}$

$$\boxed{\Delta\psi + \frac{8\pi^2 m}{h^2}[E - U(q)]\cdot\psi = 0}\,. \tag{9}$$

Dies ist SCHRÖDINGERS Schwingungsgleichung für die Funktion $\psi\,(xyz)$. Die zeitliche Periode ν ist dabei durch $\nu = \frac{E}{h}$ als mitbestimmt anzusehen; ist also $\psi(xyz)$ eine lösende Raumfunktion der letzten Gleichung, so ist

$$\psi(xyzt) = \psi(xyz)\cdot e^{\frac{2i\pi}{h}Et} \tag{9'}$$

die zugehörige Raum-Zeit-Funktion. Der klassischen Bewegung eines Massenpunktes mit der Energie E im Potentialfeld $U(xyz)$ wird hier eine Lösung ψ der SCHRÖDINGERschen Schwingungsgleichung in Raum und Zeit zugeordnet.

[1]) E. SCHRÖDINGER, Quantisierung als Eigenwertproblem, Ann. d. Phys. Bd. 79, S. 361 und 489. 1926; Bd. 80, S. 437. 1926; Abhandlungen zur Wellenmechanik. Leipzig 1927.

Wir betrachten jetzt den allgemeineren Fall eines mechanischen Systems, dessen klassische Energie als Funktion der N Koordinaten q_K und Geschwindigkeiten $\dot{q}_k$ die Gestalt

$$E = T + U = \frac{m}{2} \sum_L \sum_K g^{LK} \dot{q}_L \dot{q}_K + U(q)$$

besitzt mit den von den q abhängigen Koeffizienten $g^{LK} = g^{KL}$. Die Gleichung (5′) nimmt hier ausführlich geschrieben [siehe (28b) in Ziff. 9] die Form an:

$$\frac{1}{2m} \sum_i \sum_k g_{LK} \frac{\partial S}{\partial q_L} \frac{\partial S}{\partial q_K} + U(q) - E = 0, \quad \left[H\left(q, \frac{\partial S}{\partial q}\right) - E = 0\right]. \tag{10}$$

Die SCHRÖDINGERsche Vorschrift, $\frac{\partial S}{\partial q_K}$ durch $\frac{h}{2i\pi}\frac{\partial}{\partial q_K}$ zu ersetzen, führt nun zu einer gewissen Mehrdeutigkeit der erzielten Schwingungsgleichung. Hängt z. B. g_{LK} vom Ort q ab, so ist $g_{LK} p^L p^K$ identisch mit dem kommutierten Produkt $p^L g_{LK} p^K$. Dagegen ist $g_{KL} \frac{\partial}{\partial q_L} \frac{\partial}{\partial q_K} \psi$ eine von $\frac{\partial}{\partial q_L} g_{LK} \frac{\partial}{\partial q_K} \psi$ verschiedene Funktion, da g_{KL} bei der ersteren nicht, bei der letzteren aber wohl nach q_L differenziert wird. Um diese Mehrdeutigkeit von vornherein auszuschließen, muß die klassische Hamiltonfunktion in einer symmetrisierten Form geschrieben werden; man könnte z. B. daran denken, etwa $g_{KL} p^K p^L$ durch die symmetrischere Form $\frac{1}{6}(g_{KL} p^K p^L + 5$ weiteren Permutationen der Reihenfolge der 3 Faktoren) zu ersetzen, bevor man die Umdeutung in Differentialoperatoren vornimmt. Statt dessen benutzt man nach SCHRÖDINGER folgende Symmetrisierung. Ist g^* die Determinante der g^{LK}, so geht man aus von der symmetrisierten Form

$$\frac{1}{2m} \frac{1}{\sqrt{g^*}} \sum_L \sum_K p^K \sqrt{g^*}\, g_{KL} p^L + U(q) - E = 0. \tag{11}$$

Ersetzt man nämlich hierin p^K durch $h/2i\pi \cdot \partial/\partial q_K$, so resultiert die Form

$$\frac{1}{2m}\left(\frac{h}{2i\pi}\right)^2 \cdot \frac{1}{\sqrt{g^*}} \sum_L \sum_K \frac{\partial}{\partial q_K} \sqrt{g^*}\, g_{KL} \frac{\partial}{\partial q_L} \psi + (U - E)\,\psi = 0, \tag{11′}$$

die sich nach Ziff. 9 (28c) einfach

$$\frac{1}{2m}\left(\frac{h}{2i\pi}\right)^2 \cdot \Delta\psi + (U - E)\,\psi - 0 \tag{11″}$$

schreiben läßt; man hat also wieder die Grundgleichung (9) gewonnen, nur daß jetzt Δ den verallgemeinerten LAPLACEschen Operator in einem mehrdimensionalen Raum bedeutet, in welchem die nichteuklidische Maßbestimmung

$$(ds)^2 = \sum_K \sum_L g^{KL} dq_K dq_L$$

eingeführt ist. Die einfache Grundgleichung (9) ist dadurch in ihrem Geltungsbereich sehr erweitert. Sind speziell die g^{KL} räumlich konstant, so gilt dasselbe von g^*, und man kann die unsymmetrisierte Form (10) als Ausgangspunkt des Übergangs von der klassischen zur Undulationsmechanik nehmen.

Es fragt sich nun, ob und unter welchen Bedingungen überhaupt endliche Lösungen $\psi(q)$ der Schrödingergleichung vorhanden sind. Als solche Bedingungen treten erstens Randbedingungen auf, etwa $\psi(q)$ soll im Unendlichen genügend stark verschwinden, so daß $\int|\psi|^2 dq_1 \ldots dq_F$ endlich bleibt; oder bei endlichem Bereich von q_K (q_K sei etwa ein Winkel, der zwischen 0 und 2π variiert) kann man Periodizität bzw. Eindeutigkeit von ψ verlangen. Bei solchen aus der Natur des Problems sich ergebenden „natürlichen" Randbedingungen existieren nun im allgemeinen nur dann endliche Lösungen $\psi(q)$, wenn der Parameter E in der Schwingungsgleichung gewisse ausgezeichnete Werte $E_1 E_2 \ldots$ besitzt (Eigenwerte), zu welchen dann als Lösungen bestimmte Funktionen $\psi_1(q)$, $\psi_2(q)$, ... (Eigenfunktionen) gehören. Die physikalische Behauptung der Undulationsmechanik ist nun, die Eigenwerte E_n, die die SCHRÖDINGERsche Gleichung eines mechanischen Systems $H(q,p) - E = 0$ lösbar machen, seien identisch mit den Energiewerten des Systems in den ausgezeichneten Quantenzuständen. Die Bestimmung der Energiewerte ist also zurückgeführt auf das Eigenwertproblem einer dem klassisch-mechanischen System zugeordneten linear homogenen partiellen Differentialgleichung in einem Koordinatenraum von N Dimensionen mit natürlichen Randbedingungen.

Die zugehörigen Eigenfunktionen $\psi_n(q)$, noch mit dem periodischen Zeitfaktor $e^{2i\pi E_n t/h}$ versehen, stellen dann einen Schwingungsvorgang in jenem Koordinatenraum (q-Raum) dar. Auch die Eigenfunktionen können als Ausdruck gewisser physikalisch beobachtbarer Eigenschaften des mechanischen Systems gedeutet werden, wie später auseinandergesetzt wird. In besonderen Fällen kann übrigens die Schwingungsgleichung so beschaffen sein, daß sie neben dem diskreten Spektrum der Eigenwerte $E_1 E_2 \ldots$ noch ein kontinuierliches Spektrum von E-Werten im Intervall E_a bis E_b besitzt und dazugehörig eine kontinuierliche Schar von Eigenfunktionen ψ_a bis ψ_b. Dieser Fall tritt z. B. bei den atomaren Elektronensystemen auf, die ja neben den diskreten Quantenenergien E_n noch kontinuierlich alle Energiewerte zwischen $E =$ Ionisierungsenergie und $E = \infty$ besitzen.

24. Korrespondenz zur klassischen Theorie. Die formale Verwandtschaft zwischen klassischer und Undulationsmechanik kommt in der Gegenüberstellung der Gleichung

$$H(q,p) - E = 0 \qquad \text{oder} \qquad H\left(q, \frac{\partial S}{\partial q}\right) - E = 0 \quad \text{(HAMILTON-JAKOBI)} \tag{12}$$

und der Schwingungsgleichung in der Form (10')

$$\left\{H\left(q, \frac{h}{2i\pi}\frac{\partial}{\partial q}\right) - E, \psi\right\} = 0 \quad \text{(SCHRÖDINGER)} \tag{12'}$$

zutage. Die Beziehung der SCHRÖDINGERschen zur quasiklassischen DE BROGLIEschen Theorie der mit der Periode $\nu = \frac{E}{h}$ behafteten Wirkungswellen

$$\psi = A \cdot e^{2i\pi S/h}, \qquad \text{wo} \qquad (\text{grad } S)^2 = \frac{E^2}{u^2} = 2m(E - U) \text{ (DE BROGLIE)}, \tag{13}$$

erkennt man durch Einsetzung des Lösungsansatzes $\psi = A \cdot e^{2i\pi S/h}$ in (11''). Es bleibt dann für $S(q)$ die Differentialgleichung

$$\frac{h}{2i\pi}\Delta S + (\text{grad} S)^2 - 2m(E - U) = 0. \quad \text{(SCHRÖDINGER)} \tag{13'}$$

Diese ist, abgesehen von dem ersten mit h proportionalen Glied, identisch mit der klassischen Bestimmungsgleichung für S in (13). Für $h = 0$ geht SCHRÖDINGERS in DE BROGLIES Schwingungsfunktion über.

Man kann die Korrespondenz nach JORDAN[1]) auch noch auf folgende Weise verdeutlichen. Die klassische Gleichung (12) für S läßt sich in der Form schreiben

$$\left\{H\left(q, \frac{\partial S}{\partial q}\right) - E, 1\right\} = 0 \tag{14}$$

als Operation ausgeübt auf die konstante Funktion 1, d. h. als Multiplikation mit 1. Man betrachte nun die Differentialgleichung

$$\left\{H\left(q, \frac{\partial S}{\partial q} + \frac{h}{2i\pi}\frac{\partial}{\partial q}\right) - E, 1\right\} = 0 \tag{14'}$$

oder ausführlicher, in symmetrisierter Form (vgl. 11)

$$\left\{\frac{1}{2m}\sum_L\sum_K \frac{1}{\sqrt{g^*}}\left(\frac{\partial S}{\partial q_K} + \frac{h}{2i\pi}\frac{\partial}{\partial q_K}\right)\sqrt{g^*}\, g_{KL}\left(\frac{\partial S}{\partial q_L} + \frac{h}{2i\pi}\frac{\partial}{\partial q_L}\right) + U - E, 1\right\} = 0.$$

Da bei der Ausrechnung der Differentiationen $\frac{\partial 1}{\partial q_L} = 0$ ist, reduziert sich die letzte Gleichung auf die Form (vgl. Ziff. 9)

$$\frac{1}{2m}\left[\frac{h}{2i\pi}\Delta S + (\operatorname{grad} S)^2\right] + U - E = 0$$

identisch mit (13'). Das heißt aber, daß sich die Schrödingergleichung durch den Ansatz $\psi = e^{2i\pi S/h}$ auf die Form (14') für S reduzieren läßt, als Gegenstück zu der Gleichung (14) für die klassische Wirkungsfunktion. (14') geht für $h = 0$ in (14) über.

25. Schwingungsgleichung aus Variationsprinzip. In der LAGRANGEsche Funktion L des klassisch-mechanischen Systems L = Kinet. — Pot. Energie = $H(q, p) - 2U$ ersetze man formal

$$p^K = \frac{\partial S}{\partial q_K} \qquad \text{durch} \qquad \frac{h}{2i\pi}\frac{1}{\psi}\frac{\partial \psi}{\partial q_K}$$

und löse das Variationsproblem

$$\left.\begin{aligned} J_1 &= \int \psi^2 \cdot L\left(q, \frac{h}{2i\pi}\frac{1}{\psi}\frac{\partial\psi}{\partial q}\right) \cdot dv = \text{Extremum},\\ J_2 &= \int \psi^2\, dv \text{ als Nebenbedingung.}\end{aligned}\right\} \tag{15}$$

dv soll dabei das invariante Volumenelement $dv = \sqrt{g^*}\, dq_1\, dq_2 \ldots dq_N$ bedeuten. Mit Einführung eines LAGRANGEschen Faktors E ist (15) äquivalent der Variationsaufgabe

$$O = \delta J_1 + E\delta J_2 = -\delta\int F(\psi, \psi_q, q)\, dq_1 \ldots dq_N$$

mit

$$F = \frac{h^2}{4\pi^2}\frac{1}{2m}\sum_K\sum_L g_{KL}\frac{\partial\psi}{\partial q_K}\frac{\partial\psi}{\partial q_L}\sqrt{g^*} + \psi^2(U - E)\sqrt{g^*}$$

und mit der EULERschen Variationsgleichung

$$\sum_K \frac{d}{dq_K}\left(\frac{\partial F}{\partial \psi_{q_K}}\right) - \frac{\partial F}{\partial \psi} = 0. \qquad \left(\psi_{q_K} \text{ bedeutet } \frac{\partial\psi}{\partial q_K}\right)$$

Diese ist aber, unter Benutzung der eben angeschriebenen Funktion F, identisch mit der SCHRÖDINGERschen Gleichung in der Form (11'), (11''). Das Variations-

[1]) P. JORDAN, ZS. f. Phys. Bd. 40, S. 809. 1927.

verfahren führt also, von der gewöhnlichen nichtsymmetrisierten Lagrangefunktion ausgehend, automatisch zu der Schrödingergleichung

$$\varDelta\psi - \frac{8\pi^2 m}{h^2}(E - U)\psi = 0$$

mit richtig symmetrisiertem LAPLACEschen Operator $\varDelta$. Für komplexes und zeitabhängiges ψ ist die Variationsaufgabe in Ziff. 35 angegeben.

Die Schrödingergleichung hat, wie man aus Form (11′) sieht) selbstadjungierten Charakter, d. h. sie besitzt einen symmetrischen Differentialoperator, den man auch von rückwärts nach vorn lesen kann

$$\sum_L \sum_K \frac{\partial}{\partial q_L}\sqrt{g^*}\, g_{KL}\frac{\partial}{\partial q_K}\psi$$

unter Vertauschung der Reihenfolge der Differentiationen. Von den selbstadjungierten Differentialgleichungen ist aber bekannt, daß ihre Eigenfunktionen ein Orthogonalsystem bilden,

$$\int \psi_m(q)\,\psi_n(q)\,dv = 0 \quad \text{für } m \neq n \qquad (dv = \sqrt{g^*}\,dq_1 dq_2 \ldots), \tag{16}$$

und zwar ist das Orthogonalsystem vollständig, jede zu ψ_m orthogonale Funktion $a(q)$

$$\int a(q)\cdot\psi_m(q)\,dv = 0$$

ist eine lineare Zusammensetzung $a(q) = \sum c_n \cdot \psi_n(q)$ der von ψ_m verschiedenen Eigenfunktionen ψ_n mit konstanten Koeffizienten c_n. Man kann die Eigenfunktionen dann noch auf 1 normieren, d. h. sie nötigenfalls mit solchen konstanten Faktoren versehen, daß

$$\int \psi_m^2(q)\,dv = 1 \tag{17}$$

wird. Auf die besonderen Verhältnisse bei kontinuierlichem Eigenwertspektrum gehen wir nicht ein.

Die Äquivalenz der Schrödingergleichung mit einem Variationsproblem, welches ebenfalls die Orthogonalität und Vollständigkeit des Eigenfunktionensystems garantiert, ist auch aus dem Grunde von Bedeutung, weil ein Übergang zu andern Koordinaten sehr viel leichter im Integranden des Variationsproblems als in der Differentialgleichung selbst ausgeführt werden kann. Ferner ist es bei der angenäherten Aufsuchung der Eigenfunktionen von Nutzen, statt der langsam konvergierenden Störungsmethoden zur Lösung von Differentialgleichungen die sehr viel schneller konvergierenden Näherungsmethoden zur Lösung des Variationsproblems (RITZsche Methode) anwenden zu können.

26. Rotator mit raumfester Achse. Wir betrachten als Beispiel[1]) einen starren Körper, der um eine feste Achse gedreht werden kann. Sein einziger Freiheitsgrad ist der Drehwinkel φ. Ist J sein Trägheitsmoment, $p = J\cdot\dot\varphi$ sein Drehimpuls, so ist die klassische Gesamtenergie

$$T + U = \frac{1}{2J}p^2 = E \qquad (U = 0)$$

und die Wellengleichung wird daraus, unter Benutzung des Übergangs (8)

$$\frac{d^2\psi}{d\varphi^2} - \frac{8\pi^2 J}{h^2}E\psi = 0\,.$$

Ihre Lösung ist

$$\psi = A\cdot\sin\left(\sqrt{\frac{8\pi^2 EJ}{h^2}}\cdot\varphi - \delta\right).$$

[1]) Die folgenden Beispiele siehe bei E. SCHRÖDINGER, Ann. d. Phys. Bd. 79, S. 489. 1926.

Hier muß der Faktor von φ eine g a n z e Zahl n sein, damit ψ eine eindeutige und stetige Funktion des Drehwinkels wird, $\psi(\varphi) = \psi(\varphi \pm 2\pi)$. Dies gibt die Bedingung

$$\sqrt{\frac{8\pi^2 EJ}{h^2}} = n\,, \quad \text{d. h. } E_n = \frac{n^2 h^2}{8\pi^2 J}$$

als Quantenbedingung für die Energie des Rotators. Die Eigenfunktionen heißen dann einfach

$$\psi_n(\varphi) = \frac{1}{\sqrt{\pi}} \cdot \sin(n\varphi - \delta_n)\,.$$

Sie sind durch den Faktor $\frac{1}{\sqrt{\pi}}$ auf 1 normiert worden.

27. Starrer Rotator mit freier Achse. Bei Einführung der Polarkoordinaten ϑ und φ, der Impulse p_ϑ und p_φ und des Trägheitsmoments J lautet die klassische Energie

$$T + U = \frac{1}{2J}\left(p_\vartheta^2 + \frac{p_\varphi^2}{\sin^2\vartheta}\right) = E\,, \qquad (U = 0)$$

demnach die Wellengleichung (9) mit Δ in Polarkoordinaten $\vartheta\varphi$

$$\frac{1}{\sin\vartheta}\frac{\partial}{\partial\vartheta}\left(\sin\vartheta\frac{\partial\psi}{\partial\vartheta}\right) + \frac{1}{\sin^2\vartheta}\frac{\partial^2\psi}{\partial\varphi^2} + \frac{8\pi^2 JE}{h^2}\psi = 0\,.$$

Dies ist die Differentialgleichung der K u g e l f u n k t i o n e n. Damit ψ auf der Kugelfläche eindeutig und stetig ist, muß der Faktor von ψ

$$\frac{8\pi^2 JE}{h^2} = n(n+1) \qquad n = 0,\ 1,\ 2, \ldots$$

sein. Die Energiestufen sind demnach

$$E_n = \frac{n(n+1)h^2}{8\pi^2 J} = \left[\left(n + \frac{1}{2}\right)^2 - \frac{1}{4}\right]\cdot\frac{h^2}{8\pi^2 J}\,,$$

d. i. eine Formel mit „halbzahligen" Quanten, wie sie bei den Termen von B a n d e n s p e k t r e n vorkommt. Die zugehörigen Eigenfunktionen sind die Kugelfunktionen

$$\psi_n = Y_n(\varphi, \vartheta) = \sum_{m=0}^{n} (A_m \cos m\varphi + B_m \sin m\varphi)\sin^m\vartheta\,\frac{d^m P_n(\cos\vartheta)}{d(\cos\vartheta)^m}\,,$$

welche noch auf 1 normiert werden können.

28. Harmonischer Oszillator. Beim h a r m o n i s c h e n l i n e a r e n O s z i l l a t o r lautet die klassische Energiefunktion, wenn q die Entfernung des Massenpunktes von der Ruhelage, ν_0 die Eigenfrequenz und $p = m\dot{q}$ den Impuls bedeutet

$$T + U = \frac{1}{2m}p^2 + (2\pi\nu_0)^2\frac{1}{2m}q^2 = E\,.$$

Die Wellengleichung (9) im q-Raum ist daher

$$\frac{d^2\psi}{dq^2} + \frac{8\pi^2 m}{h^2}\left(E - \frac{(2\pi\nu_0)^2 m}{2m}q^2\right)\cdot\psi = 0\,.$$

Mit Hilfe der Abkürzung

$$x = q\cdot \cancel{2\pi\sqrt{\nu_0/m}}\ \sqrt{m\omega_0/\hbar} \qquad (18)$$

ergibt sich für ψ als Funktion der dimensionslosen Größe x die Gleichung

$$\frac{d^2\psi}{dx^2} + \left(\frac{2E}{h\nu_0} - x^2\right)\cdot\psi = 0\,. \qquad (18')$$

Die mathematische Theorie dieser Gleichung besagt nun, daß sie durch endliche und stetige Funktionen ψ nur lösbar ist für besondere Werte von $\frac{2E}{h\nu_0}$, nämlich für die Eigenwerte

$$\frac{2E}{h\nu_0} = 1, 3, 5, \ldots, 2n+1, \ldots$$

Die zum $n$ten Eigenwert

$$E_n = \frac{h\nu_0}{2}(2n+1) \qquad \nu_n = \frac{E_n}{h} \tag{18''}$$

gehörige $n$te Eigenfunktion $\psi_n(x)$ ist unter Anfügung des Zeitfaktors $e^{2i\pi\nu_n t}$ gleich

$$\psi_n(x) = H_n(x) \cdot e^{2i\pi t \frac{E_n}{h}}. \tag{19}$$

Darin bedeutet $H_n(x)$ die „$n$te HERMITEsche normierte Orthogonalfunktion"

$$\left.\begin{aligned} H_n(x) &= \frac{(-1)^n}{\sqrt{2^n \cdot n!}} \frac{d^n e^{-x^2}}{dx^n} \\ &= \frac{e^{-x^2}}{\sqrt{2^n \cdot n!}} \Big\{(2x)^n - \frac{n(n-1)}{1!}(2x)^{n-2} \\ &\qquad + \frac{n(n-1)(n-2)(n-3)}{2!}(2x)^{n-4} - + \Big\}. \end{aligned}\right\} \tag{19'}$$

Die $H_n(x)$ sind aufeinander orthogonal und auf 1 normiert:

$$\int_{-\infty}^{+\infty} H_n(x)\, H_m(x)\, dx = 0 \quad \text{für} \quad n \neq m, \qquad = 1 \quad \text{für} \quad n = m.$$

Die ersten fünf Funktionen $H_0(x)$ bis $H_4(x)$ sind in Abb. 4 graphisch dargestellt; sie zeigen Ähnlichkeit mit dem Bild der Grundschwingung und den Oberschwingungen einer Saite, und zwar einer unendlich langen Saite mit inhomogener

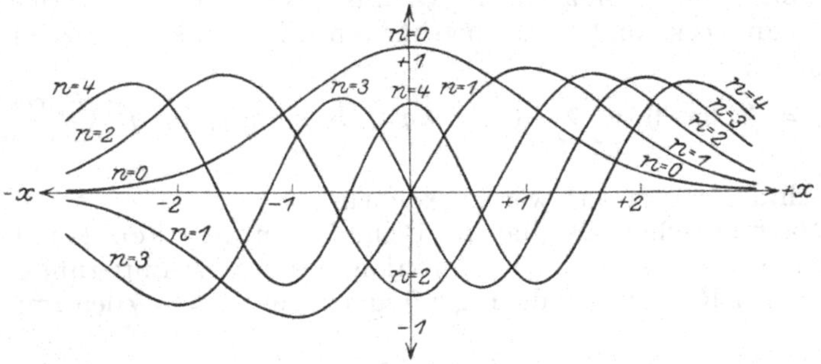

Abb. 4.

Massenverteilung, zu welcher eine vom Ort abhängige Phasengeschwindigkeit $u = \frac{E}{\sqrt{2m(E-U)}}$ längs der q-Achse gehört, entsprechend dem vom Ort abhängenden Ausdruck der potentiellen Energie $U(q)$ des Oszillators; die Eigenfunktionen sind stehende Schwingungen. Die Nullstellen (Knoten) aufeinanderfolgender $H_n(x)$ trennen einander; außerhalb $x = 3$ nähern sich alle fünf Funktionen monoton der x-Achse. $H_n(x)$ hat n Nullstellen im Endlichen und zwei Nullstellen bei $\pm\infty$, ferner $n+1$ Schwingungsbäuche.

Die Eigenwerte E_n in (18'') sind durch ungerade Vielfache von $h\nu_0/2$ gegeben; man bekommt somit „halbzahlige" Quantenniveaus, im Gegensatz zu den ganzzahligen Niveaus $E_n = n \cdot h\nu_0$ bei der Festlegung der punktmechanischen Oszillatorschwingungen durch Quantenbedingungen. Die Erfahrung, besonders an unharmonisch schwingenden Systemen, hatte schon früher zur Einführung einer besonderen „Nullpunktsenergie" vom Betrag $h\nu_0/2$ gedrängt, die den ganzzahlig gequantelten Energiewerten zu überlagern sei. Die neue Quantentheorie benötigt eine solche Zusatzannahme nicht; sie wird auch in anderen Fällen den häufig von der Erfahrung geforderten „halben Quantenzahlen" gerecht.

29. Wasserstoffatom[1]). Die klassische Energiefunktion lautet hier in Polarkoordinaten

$$T + U = \frac{1}{2\mu}\left(p_r^2 + \frac{1}{r^2}p_\vartheta^2 + \frac{1}{r^2\sin^2\vartheta}p_\varphi^2\right) - \frac{\varepsilon^2}{r} = E,$$

und die Schrödingergleichung (9) unter Benutzung von $\varDelta$ in Polarkoordinaten $r\vartheta\varphi$

$$O = \frac{\partial^2\psi}{\partial r^2} + \frac{2}{r}\frac{\partial\psi}{\partial r} + \frac{1}{r^2}\frac{1}{\sin\vartheta}\frac{\partial}{\partial\vartheta}\left(\sin\vartheta\frac{\partial\psi}{\partial\vartheta}\right) + \frac{1}{r^2\sin^2\vartheta}\frac{\partial^2\psi}{\partial\varphi^2} + \frac{8\pi^2\mu}{h^2}\left(E + \frac{\varepsilon^2}{r}\right)\psi.$$

Wir suchen sie durch den Ansatz

$$\psi(r, \vartheta, \varphi) = X(r) \cdot Y(\vartheta, \varphi)$$

zu lösen und finden durch Einsetzung

$$O = Y(\vartheta, \varphi) \cdot \left[\frac{\partial^2 X}{\partial r^2} + \frac{2}{r}\frac{\partial X}{\partial r}\right] + \frac{X}{r^2}\left[\frac{1}{\sin\vartheta}\frac{\partial}{\partial\vartheta}\left(\sin\vartheta\frac{\partial Y}{\partial\vartheta}\right) + \frac{1}{\sin^2\vartheta}\frac{\partial^2 Y}{\partial\varphi^2}\right] + \frac{8\pi^2\mu}{h^2}\left(E + \frac{\varepsilon^2}{r}\right)X \cdot Y.$$

Diese Gleichung zerspaltet in zwei Gleichungen; setzt man nämlich die zweite eckige Klammer gleich $-l(l+1) \cdot Y$

$$\frac{1}{\sin\vartheta}\frac{\partial}{\partial\vartheta}\left(\sin\vartheta\frac{\partial Y}{\partial\vartheta}\right) + \frac{1}{\sin^2\vartheta}\frac{\partial^2 Y}{\partial\varphi^2} + l(l+1)Y = 0, \quad (l = 0, 1, 2, \ldots)$$

so bleibt für $X(r)$ die Gleichung

$$\frac{\partial^2 X}{\partial r^2} + \frac{2}{r}\frac{\partial X}{\partial r} + X \cdot \left(\frac{8\pi^2\mu}{h^2}E + \frac{8\pi^2\mu}{h^2}\frac{\varepsilon^2}{r} - \frac{l(l+1)}{r^2}\right) = 0.$$

Für Y hat man die Gleichung der Kugelflächenfunktionen mit den Eigenlösungen $Y = Y_l(\vartheta, \varphi)$. Die Untersuchung der für $X(r)$ bleibenden Differentialgleichung

$$\frac{\partial^2 X}{\partial r^2} + \frac{2}{r}\frac{\partial X}{\partial r} + X \cdot \left(a + \frac{b}{r} - \frac{l(l+1)}{r^2}\right) = 0$$

zeigt, daß sie für jedes positive a, also für jede positive Energie E Lösungen $X(r)$ besitzt, die im ganzen r-Gebiet endlich und stetig sind und im Unendlichen wie $1/r$ gegen Null konvergieren; das Eigenwert- (Energieterm-) Spektrum ist also für positive E kontinuierlich.

Für negative E zeigt sich, daß sie nur dann endliche und stetige, im Unendlichen hinreichend gegen Null konvergierende Lösungen $X(r)$ besitzt, wenn

$$\frac{b}{2\sqrt{-a}} = n, \quad \text{d. h.} \quad \frac{2\pi\mu\varepsilon^2}{h\sqrt{-2\mu E}} = n \quad \text{und dabei} \quad n > l.$$

Der Energiewert ist also

$$E_n = -\frac{2\pi^2\mu\varepsilon^4}{h^2 n^2} \quad \text{(Bohrs Termwert)}$$

[1]) E. Schrödinger, Ann. d. Phys. Bd. 79, S. 361. 1926; siehe ferner J. Waller, ZS. f. Phys. Bd. 38, S. 635. 1926; C. Eckart, Phys. Rev. Bd. 28, S. 927. 1926.

und als zugehörige Eigenfunktion ergibt sich

$$X_{nl}(r) = f_{nl}(x) = x^l e^{-x} \sum_{k=0}^{n-l-1} \frac{(-2x)^k}{k!} \binom{n+l}{n-l-1-k}$$

mit dem Argument

$$x = r\,\frac{2\pi\sqrt{-2\mu E}}{h} = \frac{r}{a_1 n}, \qquad \text{mit} \qquad a_1 = \frac{h^2}{4\pi^2 \mu \varepsilon^2},$$

wo a_1 der Radius der ersten BOHRschen Wasserstoffbahn ist. $f_{nl}(x)$ ist bekannt als $2l+1$te Ableitung des $l+n$ten LAGUERREschen Polynoms. Die Eigenfunktionen

$$\psi_{nl}(r\varphi\vartheta) = \Psi_n(\varphi, \vartheta) \cdot X_{nl}(r)$$

können noch auf 1 normiert werden. Abb. 5, einer Arbeit von L. PAULING entnommen, zeigt den Verlauf des von r abhängigen Teils der ψ-Funktion für verschiedene Werte von n und l. Charakteristisch ist die Zahl der Knoten (Nullstellen von ψ); sie ist gleich n, wenn man die Nullstelle $r = \infty$ mitrechnet. Die

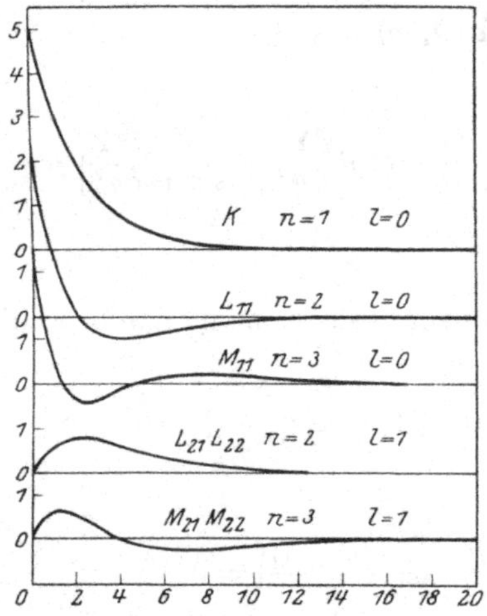

Abb. 5.

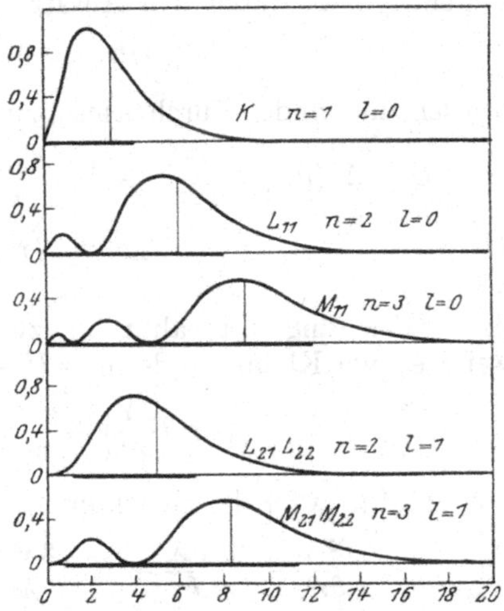

Abb. 6.

beigefügten Symbole K, L, M sind die zu n, l gehörigen Röntgentermzeichen. Abb. 6 zeigt die durch ψ^2 gemessene durchschnittliche Ladungsdichtenverteilung (s. Ziff. 30) auf Kugeln vom Radius r. Der senkrechte Querstrich teilt die gesamte Ladung in einen äußeren und gleich großen inneren Teil ein. Der wagerechte dicke Strich an der Abszissenachse zeigt den Bahnbereich des Elektrons in der BOHRschen Theorie an. Für $l > 0$ ist die radiale Dichtefunktion der Figur noch mit einer räumlichen Winkelfunktion zu multiplizieren.

Wir müssen es uns versagen, hier Beispiele von Systemen mit mehr als einem Elektron anzuführen. Die Untersuchungen hierüber haben eine große Reihe von Fragen der Atomphysik im Anschluß an die Spektra höherer Atome klären können.

30. Kontinuierliche Deutung des Feldskalars. Während die punktmechanische Theorie eines N-Körpersystems eine kontinuierliche Schar von Bahnen der N Massenpunkte im dreidimensionalen Raum zuläßt, aus denen die ältere Quantentheorie nach gewissen Vorschriften eine diskrete Zahl von „Quantenbahnen“ mit den ausgezeichneten Energiewerten $E_1 E_2 \ldots$ auswählte, beschreibt die Wellenmechanik den Zustand beim Energiewert E_k durch eine Eigenfunktion ψ_k im Raum der $3N$ Koordinaten. Um zu einer Deutung der ψ-Funktion zu kommen, betrachten wir zunächst den Sonderfall eines einzigen Massenpunkts in einem zeitlich konstanten Potentialfeld (z. B. Wasserstoffelektron im Kernfeld). Der Zustand des Systems bei der Energie E_k ist hier durch eine skalare Funktion ψ_k beschrieben, welche den ganzen dreidimensionalen Raum einnimmt, an Stelle der $k$ten Quantenbahn der BOHRschen Theorie. Sind die Eigenfunktionen auf 1 normiert $\int \psi_k^2 dv = 1$, so können wir die Gesamtenergie E_k des Zustands im ganzen Raum zusammengesetzt denken in der Form

$$E_k = \int \psi_k^2(q) E_k dv, \qquad \int \psi_k^2(q) dv = 1,$$

derart, daß der Energiebeitrag des Volumenelements dv gleich $\psi_k^2 E_k dv$, der Beitrag pro Volumeneinheit an der Stelle q gleich $\psi_k^2 E_k$ ist. ψ_k^2 tritt dabei auf als eine Art Dichtefunktion an der Stelle q. Man gelangt so zu der Vorstellung, daß der Massenpunkt sich nicht auf die diskrete BOHRsche Quantenbahn beschränkt, sondern sich über den ganzen Koordinatenraum verbreitert. Ist z. B. ε die elektrische Ladung des Massenpunktes, so wird entsprechend beim Quantenzustand k eine Ladungsdichte $\varrho_\varepsilon(q) = \psi_k^2 \cdot \varepsilon$ herrschen, und eine Massendichte $\varrho_\mu(q) = \psi_k^2 \cdot \mu$, wenn μ die Masse des Punktes ist. Man gelangt so, abweichend von den diskreten Quantenbahnen der BOHRschen Theorie, zu der Vorstellung einer kontinuierlichen Belegung des Raumes mit Massen- und Ladungsdichte. Die Ausrechnung dieser Verteilungsdichte in besonderen Fällen zeigt nun, daß sie in der Hauptsache von denjenigen Regionen des Raumes herrührt, in welchen auch die BOHRschen Quantenbahnen abliefen (siehe z. B. Abb. 6). Die kontinuierliche Ladungsverteilung wird sich dann auch nach außen bemerkbar machen als Wirkung auf andere geladene Teilchen mit Kräften, die von denen der BOHRschen Bahnen quantitativ nicht allzu sehr abweichen[1]).

Liegt in punktmechanischer Ausdrucksweise ein System von mehreren Elektronen vor, so ist ψ_k eine Funktion im $3N$-dimensionalen Raum, und dasselbe gilt von der Dichte $\psi_k^2(q_1 q_2 \ldots q_{3N}) = \psi_k^2(\mathfrak{r}_1 \mathfrak{r}_2 \ldots \mathfrak{r}_N)$. Die Ladungsdichte an einer Stelle $\mathfrak{r}$ im gewöhnlichen dreidimensionalen Raum ist dann additiv aufgebaut aus den Dichten, die jede einzelne Ladung dort für sich erzeugen würde, nämlich

$$\varrho_\varepsilon(\mathfrak{r}) = \varepsilon \sum_{L=1}^{N} \int \psi_k^2(\mathfrak{r}_1 \ldots \mathfrak{r}_{L-1} \mathfrak{r} \mathfrak{r}_{L+1} \ldots \mathfrak{r}_N) \cdot dv_1 \ldots dv_{L-1} dv_{L+1} \ldots dv_N \tag{20}$$

(Jedes $\mathfrak{r}$ soll drei Koordinaten repräsentieren, ebenso jedes dv).

Wir hatten übrigens in Ziff. 16 an Stelle der kontinuierlichen Deutung eine statistische Deutung der ψ-Funktion kennengelernt und bevorzugt.

Den Durchschnittswert irgendeiner punktmechanisch definierten physikalischen Größe des Systems, z. B. das mittlere Moment im Zustand k erhält man, indem man die Funktion $\mathfrak{M}(\mathfrak{r}_1 \mathfrak{r}_2 \ldots \mathfrak{r}_N)$, welche das Moment von N Punktladungen in der Lage $\mathfrak{r}_1 \ldots \mathfrak{r}_N$ angibt, mit dem Dichtefaktor $\psi_k^2(\mathfrak{r}_1 \mathfrak{r}_2 \ldots \mathfrak{r}_N)$ versehen, über das ganze Koordinatenvolumen $dv = dv_1 \ldots dv_N$ integriert

$$\overline{\mathfrak{M}} = \int \mathfrak{M}(\mathfrak{r}_1 \ldots \mathfrak{r}_N) \cdot \psi_k^2(\mathfrak{r}_1 \ldots \mathfrak{r}_N) dv_1 \ldots dv_N. \tag{20'}$$

Von einer elektrischen Ladungsverteilung $\varrho_\varepsilon(q)$ im Raum geht elektrodynamisch nur dann eine Strahlung aus, wenn die Ladungsverteilung bzw. ihr Moment sich zeitlich ändert. $\varrho_\varepsilon = \varepsilon \cdot \psi_k^2(q)$ ist nun eine nur vom Ort, jedoch nicht von

[1]) A. UNSÖLD, Ann. d. Phys. Bd. 82, S. 355. 1927.

der Zeit abhängende Ladungsverteilung des Zustandes k. Dadurch ist eine Erklärung für die Tatsache gewonnen, daß die stationären Quantenszustände nicht strahlen. Dies war bekanntlich in der BOHRschen Theorie der auf Quantenbahnen bewegten Elektronen physikalisch ganz unverständlich und mußte dort als besonderes Postulat hingenommen werden.

Würde man unter ψ_k nicht die obige Ortsfunktion, sondern die mit dem Faktor $e^{2i\pi E_k t/h}$ versehene zeitlich periodische Eigenfunktion verstehen, so würden die obigen Ergebnisse bestehen bleiben, wenn man nur überall statt ψ_k^2 jetzt $\psi_k \cdot \tilde{\psi}_k$ schreibt, wo $\tilde{\psi}$ die zu ψ Konjugiertkomplexe angibt; denn in $\psi\tilde{\psi}$ ergänzt sich jener Zeitfaktor mit seinem Konjugierten zu $e^0 = 1$, und man erhält die gleichen zeitunabhängigen Werte ϱ, $\mathfrak{M}$ usw. wie oben.

Ein Resultat des folgenden Abschnittes vorausnehmend führen wir schon hier an, daß für den Übergang vom Zustand k nach einem Zustand l eine „Übergangsdichte" maßgebend ist

$$\varrho^{lk} = \psi_k(q)\,\psi_l(q) \cdot e^{\frac{2i\pi}{h}(E_k - E_l)} = \text{Amplitude} \cdot \text{period. Zeitfaktor.} \tag{21}$$

Man bemerkt, daß diese „Übergangsdichte" die zeitliche Periode

$$\nu = \frac{1}{h}(\cdot E_k - E_l) \tag{21'}$$

besitzt in Übereinstimmung mit der BOHRschen Frequenzbedingung. Das Kombinationsprinzip sagt also, daß die mit $\nu_k = \frac{E_k}{h}$ periodische Eigenfunktion ψ_k des Anfangszustandes und die mit $\nu_l = \frac{E_l}{h}$ periodische ψ_l des Endzustandes miteinander die Schwebungsfrequenz $\nu = \nu_k - \nu_l$ erzeugen. Die Ausstrahlung wird verschwinden, wenn die Übergangsdichte (21) überall die Amplitude Null besitzt, oder beim Mehrkörperproblem, wenn die nach dem Muster von (21) gebildete Dichte

$$\varrho^{lk} = e^{\frac{2i\pi}{h}(E_k - E_l)t} \sum_{L=1}^{N} \int \psi_k(\mathfrak{r}_1 \mathfrak{r}\,\mathfrak{r}_N) \cdot \psi_l(\mathfrak{r}_1 \mathfrak{r}\,\mathfrak{r}_N)\, dv_1 \ldots dv_{L-1}\, dv_{L+1} \ldots dv_N \tag{21''}$$

die Amplitude Null besitzt. Tritt dieser Fall für zwei spezielle Eigenfunktionen ψ_l, ψ_k ein, so kann zwischen den beiden Zuständen l und k kein strahlender Übergang stattfinden, der betreffende Übergang ist verboten. Dies wird in Ziff. 32 angewendet.

31. Eigenfunktionen bei Mehrkörperproblemen[1]). Wir betrachten ein System von N Massenpunkten, welche sich gegenseitig nicht stören, indem die gesamte potentielle Energie U sich aufbaut aus den potentiellen Energien $U^{(L)}$ der einzelnen Partikel für sich. Die SCHRÖDINGERsche Schwingungsgleichung im $3N$-dimensionalen Raum für $\psi(\mathfrak{r}_1 \mathfrak{r}_2 \ldots \mathfrak{r}_N)$ heißt dann

$$\sum \varDelta_L \psi + \frac{8\pi^2\mu}{h^2}\left[E - \sum U^{(L)}(\mathfrak{r}_L)\right] \cdot \psi = 0\,, \tag{22}$$

wo $\varDelta_L$ den aus der kinetischen Energie des Lten Massenpunktes entspringenden LAPLACEschen Operator bedeutet. Die Lösungen ψ gewinnt man hier durch den Produktansatz mit N Faktoren

$$\psi(\mathfrak{r}_1 \ldots \mathfrak{r}_N) = \psi^{(1)}(\mathfrak{r}_1) \cdot \psi^{(2)}(\mathfrak{r}_2) \ldots \psi^{(N)}(\mathfrak{r}_N)\,, \tag{23}$$

welcher (22) reduziert auf die N Gleichungen $(L = 1, 2, \ldots, N)$

$$\varDelta_L \psi^{(L)} + \frac{8\pi^2\mu}{h^2}[E^{(L)} - U^{(L)}(\mathfrak{r}_L)]\,\psi^{(L)} = 0 \qquad \text{mit} \qquad E^{(1)} + \cdots E^{(N)} = E\,. \tag{23'}$$

---

[1]) W. HEISENBERG, Mehrkörperproblem und Resonanz in der Quantenmechanik. ZS. f. Phys. Bd. 38, S. 411. 1926; Bd. 39, S. 499. 1926; Bd. 41, S. 239. 1927.

Jede dieser Einzelgleichungen hat ein unendliches System von Eigenwerten und Eigenfunktionen

$$E_1^{(L)}, E_2^{(L)}, \ldots \quad \text{mit} \quad \psi_1^{(L)}, \psi_2^{(L)}, \ldots \qquad \text{allgemein} \quad E_k^{(L)} \quad \text{mit} \quad \psi_k^{(L)}(\mathfrak{r}_L),$$

und die ursprüngliche Gleichung (22) besitzt dann die Produktlösungen

$$\psi_{kl\ldots n} = \psi_k^{(1)} \cdot \psi_l^{(2)} \ldots \psi_n^{(N)} \quad \text{mit} \quad E_{kl\ldots n} = E_k^{(1)} + E_l^{(2)} + \cdots E_n^{(N)}, \tag{24}$$

worin $k, l \ldots n$ irgendwelche Nummern sind, welche die einzelnen Lösungsfaktoren von ψ charakterisieren.

Wir wollen nun noch spezieller annehmen, die sämtlichen N einander nicht störenden Massenpunkte bewegten sich in demselben Potentialfeld $U^{(1)}(\mathfrak{r}) = U^{(2)}(\mathfrak{r}) = \cdots = U^{(N)}(\mathfrak{r})$, etwa alle in einem nur vom Ort abhängigen Feld, z. B. Gasatome in geschlossenem Gefäß oder sich gegenseitig nicht störende Elektronen um einen positiven Kern. Dann können die oberen Indizes fortgelassen werden, denn die Reihe der Eigenfunktionen $\psi_1^{(K)}, \psi_2^{(K)}, \ldots$ ist identisch mit der Reihe der Eigenfunktionen $\psi_1^{(L)}, \psi_2^{(L)}, \ldots$, für die wir dann einfach $\psi_1, \psi_2, \ldots$ schreiben wollen; dasselbe gilt von den Eigenwerten, die nur noch die einfache unendliche Reihe $E_1 E_2 \ldots$ bilden. Die Wellengleichung des N-Körperproblems von N einander nicht störenden Punkten im gleichen Potentialfeld besitzt also eine Lösung

$$\psi^{(1)}(\mathfrak{r}_1 \mathfrak{r}_2 \ldots \mathfrak{r}_N) = \psi_k(\mathfrak{r}_1) \cdot \psi_l(\mathfrak{r}_2) \ldots \psi_n(\mathfrak{r}_N) \quad \text{mit} \quad E = E_k + E_l + \ldots E_n. \tag{25}$$

Ebenfalls ist

$$\psi^{(2)}(\mathfrak{r}_1 \mathfrak{r}_2 \ldots \mathfrak{r}_N) = \psi_{k'}(\mathfrak{r}_1) \cdot \psi_{l'}(\mathfrak{r}_2) \ldots \psi_{n'}(\mathfrak{r}_N) \qquad E' = E_{k'} + E_{l'} + \ldots E_{n'} = E \tag{25'}$$

eine Lösung mit demselben Eigenwert $E' = E$, wenn die Zahlenfolge $k'l' \ldots n'$ eine Permutation der Zahlenfolge $kl \ldots n$ ist. Sind alle Zahlen $kl \ldots n$ verschieden, d. h. besteht (25) aus lauter verschiedenen ψ-Funktionen als Faktoren, so erhält man zu dem einen Eigenwert

$$E = E_k + E_l + \ldots E_n = E_{k'} + E_{l'} + \ldots E_{n'} = E_{k''} + \ldots E_{n''} = \ldots \tag{26}$$

im ganzen $N!$ voneinander verschiedene Eigenfunktionen

$$\psi^{(1)} = \psi_k(\mathfrak{r}_1) \ldots \psi_n(\mathfrak{r}_N), \quad \psi^{(2)} = \psi_{k'}(\mathfrak{r}_1) \ldots \psi_{n'}(\mathfrak{r}_N), \ \ldots, \ \psi^{(N!)} = \ldots, \tag{26'}$$

der betreffende Eigenwert E wird dann als $N!$-fach entartet bezeichnet. Sind dagegen unter den N Zahlen $kl \ldots n$ nicht alle verschieden, sondern zerfallen sie in Gruppen von je $n_1, n_2 \ldots$ einander gleichen Zahlen $(n_1 + n_2 + \ldots = N)$, so erhält man durch Permutation der Reihenfolge nur

$$G = \frac{N!}{n_1!\, n_2! \ldots} \tag{26''}$$

verschiedene Eigenfunktionen $\psi^{(1)}, \psi^{(2)} \ldots \psi^{(G)}$ zu dem einen Eigenwert E, derselbe ist G-fach entartet. Sind schließlich alle $k, l \ldots n$ einander gleich, so gehört zu E nur eine Eigenfunktion $\psi_k(\mathfrak{r}_1)\, \psi_k(\mathfrak{r}_2) \ldots \psi_k(\mathfrak{r}_N)$, $E = E_k + E_k + \cdots E_k$ ist einfach entartet und wird gewöhnlich nichtentartet genannt.

Wir betrachten nun einen G-fach entarteten Eigenwert; zu ihm gehören nicht nur die G Eigenfunktionen $\psi^{(1)}, \psi^{(2)}, \ldots \psi^{(G)}$, die aus einer von ihnen, etwa aus $\psi^{(1)} = \psi_k(\mathfrak{r}_1) \cdot \psi_l(\mathfrak{r}_2) \ldots \psi_n(\mathfrak{r}_N)$, durch die G Permutationen der unteren Indizes entstehen, sondern es sind auch alle linearen Kombinationen mit beliebigen Koeffizienten c

$$\Psi = c_1 \psi^{(1)} + c_2 \psi^{(2)} + \cdots c_G \psi^{(G)}, \tag{27}$$

selbst wieder Eigenfunktionen dieses Gfach entarteten Eigenwerts. Freilich sind diese linear zusammengesetzt aus den G Eigenfunktionen $\psi^{(1)}$ bis $\psi^{(G)}$. Man kann aber aus Koeffizienten c_{ik} mit nichtverschwindender Determinante G Eigenfunktionen

$$\left.\begin{array}{l} \Psi^{(1)} = c_{11}\psi^{(1)} + c_{12}\psi^{(2)} + \cdots\; c_{1G}\psi^{(G)} \\ \cdots\cdots\cdots\cdots\cdots\cdots\cdots\cdots \\ \cdots\cdots\cdots\cdots\cdots\cdots\cdots\cdots \\ \Psi^{(G)} = c_{G1}\psi^{(1)} + c_{G2}\psi^{(2)} + \cdots\; c_{GG}\psi^{(G)} \end{array}\right\} \tag{28}$$

bilden, welche untereinander linear unabhängig sind. Dabei können in einer dieser Zeilen die c_{ik} so gewählt werden, daß die entstehende Funktion Ψ symmetrisch wird, d. h. sich bei Vertauschung eines $\mathfrak{r}_K$ mit einem andern $\mathfrak{r}_L$ nicht ändert; dies ist der Fall, wenn man wählt

$$\Psi_{\text{sym}} = \sum \psi_k(\mathfrak{r}_1)\psi_l(\mathfrak{r}_2)\ldots\psi_n(\mathfrak{r}_N), \tag{29}$$

summiert über alle G Permutationen der Zahlenfolge $kl\ldots n$. Ψ_{sym} ist also nichts anderes als $\Psi = \psi^{(1)} + \psi^{(2)} + \ldots \psi^{(G)}$ mit den Faktoren $c = 1$. In einer andern Zeile von (28) kann man die c so wählen, daß Ψ antisymmetrisch wird, d. h. bei Vertauschung eines $\mathfrak{r}_K$ mit irgeneinem $\mathfrak{r}_L$ stets sein Vorzeichen ändert, nämlich

$$\Psi_{\text{antisym}} = \begin{vmatrix} \psi_k(\mathfrak{r}_1) & \psi_k(\mathfrak{r}_2) & \ldots & \psi_k(\mathfrak{r}_N) \\ \cdot & \cdot & \cdot & \cdot \\ \cdot & \cdot & \cdot & \cdot \\ \psi_n(\mathfrak{r}_1) & \varphi_n(\mathfrak{r}_2) & & \psi_n(\mathfrak{r}_N) \end{vmatrix} \tag{30}$$

(mit allen c gleich $+1$ oder -1), da Vertauschung von $\mathfrak{r}_K$ mit $\mathfrak{r}_L$ einer Kolonnenvertauschung in der Determinante äquivalent ist. Man erkennt, daß unter den übrigen $G-2$ zusammengesetzten Funktionen Ψ von (28) keine symmetrische und keine antisymmetrische mehr sein darf, da sonst nicht alle G Funktionen linear unabhängig wären. Übrigens ist Ψ_{antisym} nur dann (von Null verschieden) vorhanden, wenn alle Funktionen ψ_k, $\psi_l \ldots \psi_n$ verschieden sind, weil sonst zwei oder mehr Zeilen der Determinante einander gleich wären und sie zum Verschwinden bringen würden; Ψ_{antisym} kommt also nur vor bei $G = N!$-facher Entartung, wo jedes der N Partikel in einem andern Quantenzustand ist.

Während bei fehlender gegenseitiger Störung der N Partikel die Koeffizienten c von (28) beliebig sind, wird dies anders, wenn man ein in allen Partikeln symmetrisches Störungspotential einführt und dieses gegen Null konvergieren läßt; man erhält dann zwar wieder ungestörte Lösungen (28), aber mit ganz bestimmten Koeffizienten c, und zwar, wie die Störungstheorie zeigt, erstens die symmetrische, zweitens die antisymmetrische Lösung und schließlich noch $G-2$ unsymmetrische Lösungen, ein Umstand, der von HEISENBERG als ein Analogon zu dem Resonanzphänomen der klassischen Mechanik gekoppelter Systeme erkannt worden ist. Im besonderen bleiben bei einem Zweikörperproblem nur die symmetrische und die antisymmetrische Lösung übrig

$$\left.\begin{array}{ll} \Psi_{\text{sym}} = \dfrac{1}{\sqrt{2}}[\psi_k(\mathfrak{r}_1)\,\psi_l(\mathfrak{r}_2) + \psi_l(\mathfrak{r}_1)\,\psi_k(\mathfrak{r}_2)], & E = E_k + E_l \\ \Psi_{\text{antisym}} = \dfrac{1}{\sqrt{2}}\psi_k(\mathfrak{r}_1)\,\psi_l(\mathfrak{r}_2) - \psi_l(\mathfrak{r}_1)\,\psi_k(\mathfrak{r}_2)], & E = E_k + E_l \end{array}\right\} \tag{31}$$

bei asymptotisch verschwindendem Störungspotential; der Faktor $1/\sqrt{2}$ ist hinzugefügt, um auf 1 zu normieren. Für einen anderen Eigenwert E' gilt

$$\left.\begin{array}{ll} \Psi'_{\text{sym}} = \dfrac{1}{\sqrt{2}}[\psi_{k'}(\mathfrak{r}_1)\,\psi_{l'}(\mathfrak{r}^2) + \psi_{l'}(\mathfrak{r}_1)\,\psi_{k'}(\mathfrak{r}_2)], & E' = E_{k'} + E_{l'} \\ \Psi'_{\text{antisym}} = \dfrac{1}{\sqrt{2}}[\psi_{k'}(\mathfrak{r}_1)\,\psi_{l'}(\mathfrak{r}_2) - \psi_{l'}(\mathfrak{r}_1)\,\psi_{k'}(\mathfrak{r}_2)], & E' = E_{k'} + E_{l'}. \end{array}\right\} \tag{31'}$$

Wächst das in den Partikeln symmetrische Störungspotential an, so bleibt die Symmetrie bzw. Antisymmetrie erhalten, jedoch sind jetzt die Ausdrücke auf der rechten Seite von (31) (31') modifiziert.

32. Kombinationsverbot der Termsysteme. Wir beweisen jetzt für den Spezialfall eines 2-Elektronensystems den wichtigen Satz, daß Übergänge von einem Zustand, der durch eine symmetrische Eigenfunktion beschrieben ist, nach einem antisymmetrischen Zustand verboten sind. Dazu bilden wir die mit Hilfe von (31) (31') zu bestätigende Gleichung

$$\left.\begin{aligned} &\int \Psi_{\mathrm{sym}}(\mathfrak{r}_1\mathfrak{r})\cdot\Psi'_{\mathrm{antisym}}(\mathfrak{r}_1\mathfrak{r})\,dv_1 + \int \Psi_{\mathrm{sym}}(\mathfrak{r}\mathfrak{r}_2)\cdot\Psi'_{\mathrm{antisym}}(\mathfrak{r}\mathfrak{r}_2)\,dv_2 \\ &= -\int \Psi_{\mathrm{sym}}(\mathfrak{r}\mathfrak{r}_1)\cdot\Psi'_{\mathrm{antisym}}(\mathfrak{r}\mathfrak{r}_1)\,dv_1 - \int \Psi_{\mathrm{sym}}(\mathfrak{r}_2\mathfrak{r})\cdot\Psi'_{\mathrm{antisym}}(\mathfrak{r}_2\mathfrak{r})\,dv_2\,. \end{aligned}\right\} \quad (32)$$

Hier ist die linke Seite die für den Übergang von Ψ_{sym} nach Ψ'_{antisym} maßgebende Amplitude der „Übergangsdichte" (21'').

Vertauscht man jetzt auf der rechten Seite formal die Indizes 1 mit 2, so stellt sich heraus, daß die rechte Seite gleichzeitig auch das Negative der linken ist; beide Seiten müssen also gleich Null sein; damit ist das Verschwinden der Übergangsdichte, aus der das Kombinationsverbot (Schluß von Ziff. 30) folgt, bewiesen. Ist also das Elektronensystem irgendwann etwa in einem Zustand mit symmetrischer Eigenfunktion, so wird es für alle Zeiten in ihm bleiben, wenn Übergänge zu einem anti- oder unsymmetrischen Zustand verboten sind. Die Erfahrung zeigt nun, daß in Wirklichkeit nur die Zustände mit antisymmetrischen Eigenfunktionen (s. unten) vorkommen, die dann wegen des Kombinationsverbotes auch niemals in symmetrische oder unsymmetrische Zustände übergehen.

Wenn man nämlich nur antisymmetrische Eigenfunktionen zuläßt, so beschränkt man sich auf solche Zustände des Gesamtsystems, wo (bei fehlender Koppelung) jedes Partikel eine andere (ungestörte) Eigenfunktion besitzt, anders ausgedrückt, wo jedes Partikel in einem andern Quantenzustand liegt, weil ja sonst die Determinante (30) verschwinden würde. Nun ist von PAULI das Prinzip aufgestellt worden, daß bei einem Mehrelektronensystem jedes Elektron für sich (bei aufgehobener Koppelung) in einem andern Quantenzustand sein muß. Das PAULIsche Prinzip stellt sich hier also heraus als äquivalent mit der Forderung, daß allein die antisymmetrischen Eigenfunktionen zugelassen sind.

In umfassender Weise ist die Frage des Zerfalles in nichtkombinierende Termsysteme bei Mehrelektronensystemen von E. WIGNER und F. HUND[1]) gelöst worden, nachdem HEISENBERG[2]) und DIRAC[3]) die Grundfragen in den einfachsten Fällen gestellt und geklärt hatten.

Als Beispiel führen wir nach HEISENBERG das Termsystem des Heliums an, bestehend aus einem positivem Kern und zwei Elektronen, deren GOUDSMIT-UHLENBECKsche Spinnimpulse zwei verschiedene Richtungsmöglichkeiten haben und daher zu zwei verschiedenen Zuständen Anlaß geben können, die wir durch die beiden Zeichen + und − unterscheiden wollen. Bei fehlender gegenseitiger Störung der beiden Elektronen zerfällt die Lösung ψ der Schrödingergleichung in ein Produkt $\varphi\cdot\chi$, wo φ und χ zwei Lösungen des Einelektronenproblems

---

[1]) E. WIGNER, ZS. f. Phys. Bd. 40, S. 492 und 883. 1926; Bd. 43, S. 624. 1927. — F. HUND, ZS. f. Phys. Bd. 43, S. 788. 1927.

[2]) W. HEISENBERG, ZS. f. Phys. Bd. 38, S. 411, 1926; Bd. 39, S. 499, 1926. — Auf einem verwandten Resonanzvorgang beruht nach HEITLER und LONDON (ZS. f. Phys. Bd. 44, S. 455. 1927) auch die homöopolare Molekülbindung.

[3]) P. DIRAC, Proc. Roy. Soc. Bd. 112, S. 661. 1926.

bedeuten, und zwar ist noch, je nach der Stellung der Spinnachsen, zu unterscheiden zwischen φ^+ und φ^-, χ^+ und χ^-. Bei Berücksichtigung der gegenseitigen Störung der Elektronen bleiben dann folgende acht Lösungen ψ des Zweielektronenproblems:

$$\left.\begin{matrix} \varphi^+(\mathfrak{r}_1)\cdot\chi^+(\mathfrak{r}_2) - \chi^+(\mathfrak{r}_1)\cdot\varphi^+(\mathfrak{r}_2), & \varphi^-(\mathfrak{r}_1)\cdot\chi^-(\mathfrak{r}_2) - \chi^-(\mathfrak{r}_1)\cdot\varphi^-(\mathfrak{r}_2), \\ \varphi^+(\mathfrak{r}_1)\cdot\chi^-(\mathfrak{r}_2) - \chi^-(\mathfrak{r}_1)\cdot\varphi^+(\mathfrak{r}_2), & \varphi^-(\mathfrak{r}_1)\cdot\chi^+(\mathfrak{r}_2) - \chi^+(\mathfrak{r}_1)\cdot\varphi^-(\mathfrak{r}_2), \end{matrix}\right\}\ \text{anti-symmetrisch}$$

$$\left.\begin{matrix} \varphi^+(\mathfrak{r}_1)\cdot\chi^+(\mathfrak{r}_2) + \chi^+(\mathfrak{r}_1)\cdot\varphi^+(\mathfrak{r}_2), & \varphi^-(\mathfrak{r}_1)\cdot\chi^-(\mathfrak{r}_2) + \chi^-(\mathfrak{r}_1)\cdot\varphi^-(\mathfrak{r}_2), \\ \varphi^+(\mathfrak{r}_1)\cdot\chi^-(\mathfrak{r}_2) + \chi^-(\mathfrak{r}_1)\cdot\varphi^+(\mathfrak{r}_2), & \varphi^-(\mathfrak{r}_1)\cdot\chi^+(\mathfrak{r}_2) + \chi^+(\mathfrak{r}_1)\cdot\varphi^-(\mathfrak{r}_2). \end{matrix}\right\}\ \text{symmetrisch}$$

Von diesen sind die vier symmetrischen Lösungen nach dem PAULIschen Prinzip auszuschließen. Von den vier antisymmetrischen Lösungen entsprechen die beiden in der ersten Zeile stehenden Lösungen einem Zustand des He, bei welchem beide Elektronen parallel gerichtete Spinnimpulse (+ + bzw. — —) besitzen, die zweite Zeile gehört dagegen zu antiparallelen Spinnimpulsen (+ — bzw. — +). Der ersten Zeile entspricht ein Tripletterm, der zweiten ein Singuletterm (beide sind mit je zwei ψ-Funktionen vertreten, die aber zum gleichen Eigenwert gehören). Wenn speziell beide Elektronen „auf äquivalenten Bahnen laufen", d. h. wenn $\varphi = \chi$ werden die beiden ψ-Funktionen der ersten Zeile gleich Null, und nur die Funktionen der zweiten Zeile

$$\varphi^+(\mathfrak{r}_1)\,\varphi^-(\mathfrak{r}_2) - \varphi^-(\mathfrak{r}_1)\,\varphi^+(\mathfrak{r}_2), \qquad \varphi^-(\mathfrak{r}_1)\,\varphi^+(\mathfrak{r}_2) - \varphi^+(\mathfrak{r}_1)\cdot\varphi^-(\mathfrak{r}_2)$$

sind von Null verschieden. Äquivalente Bahnen geben also nur Singuletterme; z. B. tritt der Grundzustand des He (beide Elektronen auf Bahnen der azimutalen Quantenzahl $l = 0$) nur als Singuletterm in Erscheinung, während die höher angeregten Terme ($l_1 = 0$, $l_2 = 1, 2 \ldots$) Singuletterme (Parhelium) und Tripletterme (Orthohelium) bilden.

33. Statistik von BOSE und FERMI. Um die thermodynamischen Eigenschaften eines aus N gleichartigen Partikeln bestehenden Systems abzuleiten, muß zunächst das statistische Gewicht der einzelnen „Zustände" des Systems festgelegt werden.

Die einander nicht störenden N Partikel (ideale Gasatome oder Elektronen um einen Kern ohne Koppelungskräfte) mögen sich in folgender Weise über die Gesamtenergie E verteilen:

$$E = n_1 E_1 + n_2 E_2 + \cdots, \qquad n_1 + n_2 + \cdots = N,$$

wobei E_k der zur ungestörten Eigenfunktion ψ_k gehörige Eigenwert sein soll. Der durch die Zahlen $(n_1 n_2 \ldots)$ charakterisierte Zustand des Gesamtsystems kann dann auf (26'')

$$G = \frac{N!}{n_1!\, n_2! \ldots}$$

fache Weise, nämlich durch G linear unabhängige Funktionen $\psi^{(1)}, \psi^{(2)}, \ldots \psi^{(G)}$ dargestellt werden. Sieht man alle diese G Zustände als verschieden an und zählt jeden mit dem statistischen Gewicht 1, so besitzt der durch die Zahlen $(n_1 n_2 \ldots)$ charakterisierte Zustand das Gesamtgewicht G. Dasselbe Gewicht G schreibt auch die BOLTZMANNsche Statistik einem Zustand $(n_1 n_2 \ldots)$ zu, indem jede der G Verteilungen der N Partikel über die Energiestufen $E_1, E_2 \ldots$ als gleichwahrscheinlicher Zustand gezählt wird.

Bei der Verteilung von $N = n_1 + n_2 + \ldots$ Lichtquanten über die Energiestufen $E_1, E_2, \ldots$ muß man, um das PLANCKsche Strahlungsgesetz zu erhalten, nach BOSE den durch die Zahlen $(n_1, n_2 \ldots)$ charakterisierten Verteilungszustand nur mit dem Gewicht 1 zählen; die G BOLTZMANNschen Permutationen der individuellen Lichtpartikel werden dabei als nicht unterscheidbar angesehen.

Überträgt man mit EINSTEIN diese BOSEsche Statistik auf Materiepartikel (Gasatome, atomare Elektronen), so bedeutet das, es wird von den G linear unabhängigen Zustandsfunktionen $\psi^{(1)}, \psi^{(2)}, \ldots \psi^{(G)}$, des Partikelsystems nur eine einzige zugelassen und mit dem statistischen Gewicht 1 gezählt. Mit der BOSE-EINSTEINschen Statistik bleibt man also im Einklang, wenn man als einzige nur die symmetrische Zustandsfunktion ψ_{sym} zuläßt; diese wird ja durch Vertauschungen der individuellen Partikel [Vertauschung von $\mathfrak{r}_K$ mit $\mathfrak{r}_L$ in (29)] nicht geändert. Die BOSEsche Statistik bzw. die ihr äquivalente Auswahl der symmetrischen Eigenfunktionen bei undulatorischer Auffassung bewährt sich nun zwar beim Licht, aber nicht bei der Materie.

Für materielle Partikel gilt, zunächst bei dem N-Elektronensystem eines Atoms, das PAULIsche Prinzip, daß kein Quantenzustand von mehr als einem Elektron besetzt sein darf; das bedeutet in undulatorischer Auffassung, daß die ungestörten Eigenfunktionen ψ_k der N Elektronen alle verschieden sein müssen ($E = E_1 + E_2 + \cdots E_N$, $N = 1 + 1 + \ldots + 1$, $G = N!$), bzw. daß die Reihe (27) verschwindet, sowie nicht alle ψ_k verschieden sind. Das ist aber der Fall, wenn man nur die antisymmetrische Eigenfunktion (30) zuläßt.

FERMI hat das PAULIsche Prinzip auf die N Partikel eines idealen Gases übertragen, von denen also verlangt wird, daß sie sich in N verschiedenen Energiezellen befinden. In undulatorischer Auffassung bedeutet das, von den $G = N!$ Zustandsfunktionen $\Psi^{(1)}, \ldots \Psi^{(G)}$ des Gesamtsystems wird nur eine einzige als existenzfähig angesehen, und zwar die antisymmetrische Zustandsfunktion (30), weil dadurch Verteilungen der N Partikel über weniger als N Energiezellen, d. h. Besetzungen einiger Energiezellen mit mehr als einem Partikel, automatisch ausgeschlossen sind [denn die Determinante (30) verschwindet, wenn zwei oder mehr Zeilen gleich sind]. Das PAULIsche Prinzip und die FERMIsche Statistik materieller Teilchen ist also charakterisiert durch die Forderung, daß nur antisymmetrische Zustandsfunktionen zugelassen und mit dem statistischen Gewicht 1 gezählt werden.

34. Zusammenhang mit der Matrizenmechanik[1]). Es möge gleich hier eine etwas andere Darstellung der Quantentheorie gestreift werden, die im Zusammenhang erst im Abschnitt VII besprochen wird, die von HEISENBERG, BORN und JORDAN begründete Quantenmechanik.

Wir verstehen unter f einen Operator, indem wir definieren

$$\{f, \psi_m\} = \sum_n f^{nm} \cdot \psi_n, \tag{33}$$

d. h. die Operation f, auf eine Funktion ψ_m ausgeübt, soll als Resultat eine Reihenentwicklung nach Funktionen ψ_n ergeben mit gewissen konstanten Koeffizienten f^{nm} (verallgemeinerte Fourierkoeffizienten), durch deren genaue Größenangabe erst der Sinn der Operation f festgelegt wird. Sind die Funktionen $\psi_n(q)$ zueinander orthogonal und auf 1 normiert, so bestimmen sich rückwärts aus (33) die Koeffizienten f^{mn}, die man auch als „Matrixelemente" von f bezeichnet, zu

$$f^{nm} = \int \psi_n \{f, \psi_m\}\, dv, \tag{34}$$

integriert über den ganzen Koordinatenraum der q_K. Die Schrödingergleichung

$$\{H, \psi_m\} = E_m \psi_m$$

mit dem Operator H kann somit auch in der Form

$$\sum_n H^{nm} \psi_n = E_m \psi_m$$

[1]) E. SCHRÖDINGER, Ann. d. Phys. Bd. 79, S. 734. 1926, und unabhängig davon C. ECKART, Phys. Rev. Bd. 28, S. 711. 1926.

geschrieben werden, woraus hervorgeht, daß die Matrixelemente von H gleich

$$H^{nm} = 0 \quad \text{für} \quad n \neq m, \qquad H^{nm} = E_m \tag{35}$$

sind. Die Hamiltonfunktion H ist eine Funktion der p_K und q_K, welche in ihr durch endlich oder unendlich viele Additionen und Multiplikationen verknüpft sind. Um die Matrixelemente H^{nm} aus den Matrixelementen der p_K und q_K zusammenzusetzen, muß man also wissen, wie sich die Matrixelemente zweier Operatoren f und g am Aufbau der Matrixelemente des Operators $f + g$ und $f \cdot g$ beteiligen. Es ist nun nach (34)

$$f^{nm} = \int \psi_n f \psi_m dv, \qquad g^{nm} = \int \psi_n g \psi_m dv, \qquad (fg)^{nm} = \int \psi_n f g \psi_m dv.$$

Andererseits ist nach einem Satz aus der Theorie der Eigenfunktionen[1])

$$\int \psi_n f g \psi_m \, dv = \sum_l \int \psi_n f \psi_l dv \cdot \int \psi_l g \psi_m \, dv,$$

so daß sich ergibt

$$(fg)^{nm} = \sum_l f^{nl} g^{lm} \tag{36}$$

als Produktregel. Diese ist äquivalent der Regel, nach der sich die Elemente eines Produktes zweier Determinanten aus den Elementen der ursprünglichen Determinanten zusammensetzen. Die Summenregel lautet einfach

$$(f \pm g)^{nm} = \int \psi_n (f \pm g) \, \psi_m dv = \int \psi_n f \psi_m \, dv \pm \int \psi_n g \psi_m \, dv = f^{nm} \pm g^{nm}. \tag{36'}$$

Man kann also jetzt bei einer durch Summen und Produkte der p und q gebildeten Funktion $F(p, q)$ die Matrixelemente F^{ik} aus den Matrixelementen p_K^{mn} und q_K^{mn} aufbauen.

Der Operator p_K sollte bei SCHRÖDINGER die Bedeutung $\frac{h}{2i\pi} \frac{\partial}{\partial q_K}$ besitzen; daraus entnehmen wir hier entsprechend (33)

$$\frac{h}{2i\pi} \frac{\partial}{\partial q_K} \psi_m = \{p_K \psi_m\} = \sum_n p_K^{nm} \psi_n$$

und umgekehrt entsprechend (34) als Wert seines Matrixelements

$$p_K^{nm} = \int \psi_n \{p_K \psi_m\} \, dv = \frac{h}{2i\pi} \int \psi_n \frac{\partial}{\partial q_K} \psi_m \, dv.$$

Betrachten wir ferner den Operator $p_K q_K - q_K p_K$. Es ist

$$\frac{h}{2i\pi} \left\{ \frac{\partial}{\partial q_K} q_K \psi_m - q_K \frac{\partial}{\partial q_K} \psi_m \right\} = \{p_K q_K - q_K p_K, \, \psi_m\} = \sum_n (p_K q_K - q_K p_K)^{nm} \psi_n$$

und umgekehrt

$$(p_K q_K - q_K p_K)^{nm} = \int \psi_n \cdot \frac{h}{2i\pi} \left\{ \frac{\partial}{\partial q_K} (q_K \psi_m) - q_K \frac{\partial}{\partial q_K} \psi_m \right\} dq = \frac{h}{2i\pi} \int \psi_n \cdot \psi_m dq$$

$$= \frac{h}{2i\pi} \cdot 1 \quad \text{für} \quad n = m, \quad = 0 \quad \text{für} \quad n \neq m,$$

Daraus folgt dann die nur aus einem Glied bestehende Reihenentwicklung

$$\{p_K q_K - q_K p_K, \, \psi_m\} = \frac{h}{2i\pi} \cdot \psi_m, \tag{37}$$

---

[1]) In der Ableitung derselben Ergebnisse in Ziff. 65 wird diese „Vollständigkeitsrelation" nicht direkt verwendet.

d. h. der Operator $p_K q_K - q_K p_K$ auf ψ_m ausgeübt, ist äquivalent der Multiplikation mit dem Faktor $h/2i\pi$. Auf ganz entsprechende Weise zeigt man leicht

$$\left.\begin{array}{lll} (p_K q_L - q_L p_K)^{nm} = 0 & \text{für } K \neq L, \text{ also} & \{p_K q_L - q_L p_K, \psi_m\} = 0 \cdot \psi_m \\ (p_K p_L - p_L p_K)^{nm} = 0 & \text{für alle } K \text{ und } L, \text{ also} & \{p_K p_L - p_L p_K, \psi_m\} = 0 \cdot \psi_m \\ (q_K q_L - q_L q_K)^{nm} = 0 & \text{für alle } K \text{ und } L, \text{ also} & \{q_K q_L - q_L q_K, \psi_m\} = 0 \cdot \psi_m, \end{array}\right\} \quad (37')$$

d. h. die letzteren Operatoren sind äquivalent einer Multiplikation mit dem Faktor Null.

(37) (37′) zusammenfassend, finden wir also, daß zwar der Operator $p_K p_L$ gleich dem Operator $p_L p_K$, und $q_K q_L = q_L q_K$, schließlich $p_K q_L = q_L p_K$ (für $K \neq L$) ist, dagegen $p_K q_K$ nicht gleich $q_K p_K$ ist, da ja $p_K q_K - q_K p_K$ nicht $= 0$, sondern gleich dem Operator $h/2i\pi$ als Produktfaktor ist. Etwas anders ausgedrückt heißt das, während der Operator p_L mit dem Operator p_K, q_L mit q_K und p_L mit q_K (für $K \neq L$) in ihrer Reihenfolge vertauschbar sind, ist p_K mit q_K nicht vertauschbar, und zwar gelten die Vertauschungsrelationen

$$\left.\begin{array}{c} p_K q_L - q_L p_K \begin{cases} = \dfrac{h}{2i\pi} & \text{für } K = L, \\ = 0 \quad \text{für} & K \neq L, \end{cases} \\ p_K p_L - p_L p_K = 0, \qquad q_K q_L - q_L q_K = 0 \end{array}\right\} \quad (38)$$

Das SCHRÖDINGERsche Eigenwertproblem ist demnach der folgenden HEISENBERG-BORN-JORDANschen Aufgabe äquivalent: Man bilde aus den Matrixelementen p_K^{mn} und q_K^{mn} die Matrixelemente H^{mn} des Operators $H(pq)$. Unter Beachtung der Vertauschungsregeln (37) (37′)

$$\left.\begin{array}{l} \sum\limits_l p_K^{nl} q_L^{lm} - q_L^{nl} p_K^{lm} \left\{\begin{array}{ll} = \dfrac{h}{2i\pi} & \text{für } n = m \\ = 0 & \text{für } n \neq m \end{array}\right\} \text{ für } K = L, \;\; = 0 \text{ für } K \neq L \\ \sum\limits_l p_K^{nl} p_L^{lm} - p_L^{nl} p_K^{lm} = 0, \qquad \sum\limits_l q_K^{nl} q_L^{lm} - q_L^{nl} q_K^{lm} = 0, \end{array}\right\} \quad (39)$$

suche man jetzt den p_K^{nm} und q_K^{nm} solche konstante Werte beizulegen, daß, wie in (35)

$$H^{mn} = 0 \quad \text{für} \quad m \neq n$$

und nur die H^{mm} gewisse von Null verschiedene Werte erhalten; diese sind dann die gesuchten Eigenwerte E^m der Energie des quantenmechanischen Problems.

IV. Undulationsmechanik zeitveränderlicher Systeme.

35. Zeitlich veränderliches Potential. Während im Abschnitt III die stationären Zustände eines Massenpunktsystems in einem nicht von der Zeit abhängigen Potentialfeld $U(q)$ behandelt wurden, sollen jetzt auch die Übergänge zwischen stationären Zuständen in den Kreis der Betrachtung gezogen werden, welche durch zeitabhängige Felder erzeugt werden. Wenn man nun z. B. die Wechselwirkungsenergie zwischen einen Elektronensystem und auftreffendem Licht in der Form ansetzt, daß man das konservative Potential $U(q)$ des Elektronensystems, ergänzt durch das zeitabhängige Potential $V(q, t)$ gegen das Lichtfeld, in klassischer Weise zur Aufstellung der HAMILTONschen Funktion verwendet und dann die Umdeutung der klassischen in die wellentheoretische Grundgleichung vornimmt, so liegt darin insofern eine Inkonsequenz, als dann die Rückwirkung des Elektronensystems auf die Strahlung vergessen ist, die sich in der klassischen Theorie als Strahlungsdämpfung bemerkbar macht, dabei aber überhaupt nicht durch eine von Ort und Zeit abhängige Potentialfunktion darstellbar ist, vielmehr auch vom Bewegungszustand des Elektronensystems abhängt. Diesen Mangel werden wir erst im Abschnitt V beseitigt sehen, wo das mit dem Atom in Wechselwirkung tretende Licht als ein gleichberechtigter Teil des gesamten Systems Atom + Licht behandelt wird. Vorerst betrachten wir den einfacheren und für viele Zwecke hinreichenden Fall, daß die Gesamtenergie des Massenpunktsystems klassisch durch eine kinetische und eine potentielle Energie beschrieben ist, welche außer vom Ort auch noch explizit von der Zeit abhängen soll (z. B. Lichtfeld ohne Berücksichtigung der Rückwirkung).

Aus der klassischen Mechanik ist bekannt, daß die Zeitkoordinate t als harmonisch konjugierter „Impuls" der negativen Energie $(-E)$ zugeordnet ist. Während die konservative Energiegleichung

$$H(q, p) - E = 0 \tag{1}$$

mit Hilfe einer Wirkungsfunktion $S(q)$ und

$$p_1 = \frac{\partial S}{\partial q_1} \cdots p_N = \frac{\partial S}{\partial q_N} \qquad (p_K \text{ konjugiert zu } q_K) \tag{1'}$$

zur konservativen HAMILTON-JAKOBIschen Differentialgleichung für S

$$H\left(q, \frac{\partial S}{\partial q}\right) - E = 0 \tag{1''}$$

wurde, geht die nichtkonservative Energiegleichung

$$H(q, t, p) - E = 0 \tag{2}$$

mit Hilfe einer Wirkungsfunktion $\mathrm{S}(q, t) = S(q) - Et$ und

$$p_1 = \frac{\partial \mathrm{S}}{\partial q_1}, \cdots p_N = \frac{\partial \mathrm{S}}{\partial q_N}, \qquad -E = \frac{\partial \mathrm{S}}{\partial t} \tag{2'}$$

über in die nichtkonservative HAMILTON-JAKOBIsche Gleichung für S

$$H\left(q, t, \frac{\partial \mathrm{S}}{\partial q}\right) + \frac{\partial \mathrm{S}}{\partial t} = 0. \tag{2''}$$

Die Einführung zur Wellenmechanik besteht nun darin, daß man in der HAMILTON-JAKOBIschen Gleichung die Größen (2') ersetzt durch die Operatoren

$$p_K \backsim \frac{h}{2i\pi}\frac{\partial}{\partial q_K}, \qquad -E \backsim \frac{h}{2i\pi}\frac{\partial}{\partial t} \tag{3}$$

und sie ausübt auf eine Koordinatenfunktion $\tilde{\psi}\,(q_1 \ldots q_N t)$:

$$\left\{H\left(q, t, \frac{h}{2i\pi}\frac{\partial}{\partial q}\right) + \frac{h}{2i\pi}\frac{\partial}{\partial t}, \ \tilde{\psi}\right\} = 0. \tag{4}$$

Setzt sich die klassische Hamiltonfunktion H aus potentieller Energie $U(q,t)$ und kinetischer Energie zusammen und ist letztere eine quadratische Form der Impulse (nichtrelativistische Mechanik) wie in Ziff. 22, so wird aus (4)

$$\left(\frac{h}{2i\pi}\right)^2 \frac{1}{2\mu} \Delta\tilde{\psi} + U\tilde{\psi} + \frac{h}{2i\pi}\frac{\partial\tilde{\psi}}{\partial t} = 0$$

oder, anders geschrieben,

$$\Delta\psi - \frac{8\pi^2\mu}{h^2} U\tilde{\psi} + \frac{4i\pi\mu}{h}\frac{\partial\tilde{\psi}}{\partial t} = 0 \quad \text{(Wellengleichung)} \tag{5}$$

zur Bestimmung von $\tilde{\psi}(q, t)$.

Ist $\tilde{\psi}$ eine Lösung von (5), so ist die komplex-konjugierte Funktion ψ eine Lösung der konjugierten Gleichung

$$\boxed{\Delta\psi - \frac{8\pi^2\mu}{h^2}U\psi - \frac{4\pi i\mu}{h}\frac{\partial\psi}{\partial t} = 0 \quad \text{(Wellengleichung)}}\,. \tag{5'}$$

Man kann die Wellengleichungen (5) (5′) auch aus einem Variationsprinzip ableiten (vgl. Ziff. 25): In der „LAGRANGEschen Funktion" des klassisch-mechanischen Problems

$$L = \text{Kinet.} - \text{Pot. En.} + \frac{\partial S}{\partial t} = T\left(q, \frac{\partial S}{\partial q}\right) - U(q,t) \pm \frac{\partial S}{\partial t} \tag{6}$$

nehme man die aus dem Ansatz $\psi = e^{\frac{2i\pi S}{h}}$ entspringende Ersetzung von

$$\left.\begin{aligned} &\frac{\partial S}{\partial q_K} \quad \text{durch} \quad \frac{h}{2i\pi}\frac{1}{\psi}\frac{\partial\psi}{\partial q_K} \quad \text{bzw. durch} \quad -\frac{h}{2i\pi}\frac{1}{\tilde{\psi}}\frac{\partial\tilde{\psi}}{\partial q_K} \\ \text{und} \quad &+\frac{\partial S}{\partial t} \quad \text{durch} \quad \frac{1}{2}\left(\frac{h}{2i\pi}\frac{1}{\psi}\frac{\partial\psi}{\partial t} - \frac{h}{2i\pi}\frac{1}{\tilde{\psi}}\frac{\partial\tilde{\psi}}{\partial t}\right) \end{aligned}\right\} \tag{6'}$$

vor und löse die Variationsaufgabe

$$J = \iint \psi\tilde{\psi}\cdot L\,dt\cdot dv = \text{Extremum}, \tag{6''}$$

d. h. ausführlich

$$\delta J = \delta\iint\Big[\sum_K\sum_L \frac{h^2}{8\pi^2\mu}g_{KL}\frac{\partial\psi}{\partial q_K}\frac{\partial\tilde{\psi}}{\partial q_L} + U\psi\tilde{\psi} + \frac{h}{4i\pi}(\tilde{\psi}\dot{\psi} - \psi\dot{\tilde{\psi}})\sqrt{g^*}\,dq_1\ldots dq_N\,dt = 0. \tag{6'''}$$

Bezeichnet man hier den Integranden einschließlich des Faktors $\sqrt{g^*}$ mit F, so sind die beiden EULERschen Gleichungen

$$\sum_L \frac{d}{dq_L}\left(\frac{\partial F}{\partial\tilde{\psi}_{q_L}}\right) + \frac{d}{dt}\left(\frac{\partial F}{\partial\dot{\tilde{\psi}}}\right) - \frac{\partial F}{\partial\tilde{\psi}} = 0,$$

$$\sum_K \frac{d}{dq_K}\left(\frac{\partial F}{\partial\psi_{q_K}}\right) + \frac{d}{dt}\left(\frac{\partial F}{\partial\dot{\psi}}\right) - \frac{\partial F}{\partial\psi} = 0$$

identisch mit den Wellengleichungen (5) (5′).

Es sei nun speziell U nicht von t abhängig, $U = U_0(q)$; geht man dann mit dem Ansatz $\psi(q,t) = \psi(q)\cdot e^{-\frac{2i\pi Et}{h}}$ bzw. mit $\tilde{\psi}(q,t) = \psi(q)\cdot e^{+\frac{2i\pi Et}{h}}$ in (5) bzw. in (5′) ein, so bleibt für $\psi(q)$ die frühere Schwingungsgleichung (III 9)

$$\Delta\psi - \frac{8\pi^2\mu}{h^2}(U - E)\psi = 0 \quad \text{(Schwingungsgleichung)} \tag{7}$$

mit den Lösungen ψ_n beim Eigenwert E_n, so daß die gesuchte Lösung der Wellengleichung heißt

$$\psi_n(q,t) = \psi_n(q)\,e^{-\frac{2i\pi E_n t}{h}}. \tag{8}$$

[Beachte, daß, wenn $\psi_n(q)$ eine Lösung der reellen Schwingungsgleichung ist, dann auch $\tilde{\psi}_n(q)$ eine Lösung derselben Gleichung beim selben Eigenwert ist.]

Die Form der Wellengleichung (5) bzw. (5′) besitzt aber im Fall $U = U_0(q)$ außer der Lösung (8) mit dem Index n auch alle linearen Kombinationen solcher Lösungen mit verschiedenen n und beliebigen konstanten Koeffizienten a_n:

$$\psi(q,t) = \sum a_n\psi_n(q)\,e^{-\frac{2i\pi E_n t}{h}}. \tag{9}$$

Ist aber U auch von t abhängig, $U = U_0(q) + U_1(q,t)$ mit dem zeitveränderlichen Störungspotential U_1, so kann man $\psi(q,t)$ immer noch ansetzen in Form der Reihe (9) als Entwicklung nach den Eigenfunktionen $\psi_n(q)$, jedoch mit von der Zeit abhängigen Koeffizienten $a_n(t)$:

$$\psi(q,t) = \sum a_n(t)\psi_n(q)\, e^{-\frac{2i\pi E_n t}{h}}, \qquad \tilde{\psi} = \sum \tilde{a}_n(t)\psi_n(q)\, e^{\frac{2i\pi E_n t}{h}}. \tag{10}$$

Die physikalische Bedeutung einer solchen zusammengesetzten Lösung $\psi(q, t)$, im besonderen die Bedeutung der Koeffizienten a_n mit und ohne Zeitabhängigkeit wird in der folgenden Ziff. 36 auseinandergesetzt.

36. Erhaltungssätze. Multipliziert man (5) mit $\tilde{\psi}$, (5′) mit ψ und bildet einmal die Summe, ein andermal die Differenz der erhaltenen Gleichungen, so bekommt man die beiden Gleichungen

$$\operatorname{div}(\tilde{\psi}\operatorname{grad}\psi - \psi\operatorname{grad}\tilde{\psi}) - \frac{4\pi i\mu}{h}\frac{\partial}{\partial t}|\psi|^2 = 0 \tag{11}$$

und

$$\left.\begin{aligned}&\operatorname{div}(\tilde{\psi}\operatorname{grad}\psi + \psi\operatorname{grad}\tilde{\psi}) - \frac{4\pi i\mu}{h}\left(\tilde{\psi}\frac{\partial\psi}{\partial t} - \psi\frac{\partial\tilde{\psi}}{\partial t}\right)\\ &\quad = 2\left\{|\operatorname{grad}\psi|^2 + \frac{8\pi^2\mu}{h^2}U\cdot|\psi|^2\right\}\end{aligned}\right\} \tag{12}$$

unter Benutzung der auch im mehrdimensionalen Raum bei nichteuklidischer Metrik geltenden Formeln.

$$\Delta\varphi = \operatorname{div}\operatorname{grad}\varphi \quad \text{und} \quad \chi\Delta\varphi = \operatorname{div}(\chi\operatorname{grad}\varphi) - \operatorname{grad}\chi\operatorname{grad}\varphi. \tag{13}$$

Integriert man jetzt (11) und (12) nach $dv = \sqrt{g^*}\,dq_1 dq_2 \ldots$ über den ganzen Koordinatenbereich und berücksichtigt passende Randbedingungen für ψ im Unendlichen (bzw. Periodizitätsbedingung bei Winkelkoordinaten), so fallen die Beiträge $\int div(\ldots)dv$ mit Benutzung des GAUSSschen Satzes fort und es bleiben folgende Gleichungen stehen [Erhaltungssätze von SCHRÖDINGER und BORN[1])]:

$$\frac{d}{dt}\int|\psi|^2 dv = 0, \tag{14}$$

$$\int\left(\frac{h^2}{8\pi^2\mu}|\operatorname{grad}\psi|^2 + U(q,t)|\psi|^2\right)dv = \frac{h}{4i\pi}\int\left(\psi\frac{\partial\tilde{\psi}}{\partial t} - \tilde{\psi}\frac{\partial\psi}{\partial t}\right)dv. \tag{15}$$

(14) gibt uns zunächst das Recht,

$$\int\psi\tilde{\psi}\,dv = 1 \tag{14'}$$

zu normieren, da sich ja der Wert 1 zeitlich nicht ändert. Weiterhin können wir, als Verallgemeinerung von Ziff. 30, $\psi\tilde{\psi} = |\psi|^2$ als relative Dichte, $\varepsilon|\psi|^2 = \varrho_\varepsilon$ als Ladungsdichte, $\mu|\psi|^2 = \varrho_\mu$ als Massendichte im Koordinatenraum bei dem durch $\psi(qt)$ repräsentierten Zustand deuten. (14) gibt dann an, daß die Gesamtmenge der Ladung und Masse erhalten bleibt, trotzdem sich die Dichte an den einzelnen Stellen q des Koordinatenraumes zeitlich ändert.

Benutzt man jetzt für ψ die Reihenentwicklung (10), so wird

$$\psi\tilde{\psi} = \sum|a_n|^2|\psi_n|^2 + \sum\sum a_n\tilde{a}_m\psi_n\tilde{\psi}_n\cdot e^{-\frac{2i\pi}{h}(E_n-E_m)t} \tag{16}$$

Integriert man dies unter Berücksichtigung von (14′) und der Orthogonalität und Normiertheit der ψ_n, so wird

$$1 = \int\psi\tilde{\psi}\,dv = |a_1|^2 + |a_3|^2 + |a_3|^2 + \cdots \tag{16'}$$

Man könnte dementsprechend ψ als Repräsentanten eines Zustandes ansehen, bei dem entweder jedes einzelne Atom sowohl im Quantenzustand 1 wie 2 usw. gleichzeitig in allen Quantenzuständen ist, aber mit den relativen Gewichten $|a_1|^2$, $|a_2|^2$, ... über die einzelnen Zustände verteilt; oder auch eines Zustandes,

[1]) E. SCHRÖDINGER, Ann. d. Phys. Bd. 81, S. 109. 1926; M. BORN, ZS. f. Phys. Bd. 40, S. 167. 1926.

bei dem unter vielen Atomen manche im Zustand 1, andre im Zustand 2 usw. liegen, und zwar mit den relativen Häufigkeiten a_1^2, a_2^2 usw. Bei ersterer Auffassung stellt ψ nach (10) eine Schwebung der zu den Einzelzuständen gehörigen Schwingungen mit den Einzelamplituden $a_n(t)$ dar. Die im ganzen an einer Stelle q des Raumes herrschende Dichte $|\psi|^2$ ist dabei nicht gleich der Summe $\sum a_n^2 |\psi_n|^2$ der mit den Gewichtsfaktoren $|a_n|^2$ versehenen Partialdifferenz $|\psi_n|^2$ der Einzelquantenzustände, sondern, wie (16) zeigt, noch vermehrt um eine Doppelsumme, welche einer typischen Interferenz der Partialschwingungen zuzuschreiben ist: Nicht die Partialdichten addieren sich, sondern es superponieren sich die Partialschwingungen $a_n\psi_n$ zur Gesamtschwingungsamplitude ψ, deren Quadratbetrag erst nachträglich die Gesamtdichte angibt.

Setzt man die Reihe (10) in die rechte Seite von (15) ein, so reduziert sich diese auf

$$\sum E_n |a_n|^2 .$$

Wir wollen dies als Gesamtenergie E des durch ψ repräsentierten Zustandes ansehen, wozu wir um so mehr berechtigt sind, als auch auf der linken Seite von (15)

$$\int U(q,t)|\psi|^2 dv = U$$

als gesamte potentielle Energie im Zustand ψ gedeutet werden kann.

37. Hydrodynamische Deutung. Neben der räumlich verteilten potentiellen Energie tritt in (15) links noch ein weiteres Glied auf, welches eine Deutung als räumlich verteilte kinetische Strömungsenergie nahelegt. Jedoch darf man, wie MADELUNG[1]) zeigte, nur einen Teil dieses Gliedes als kinetische Strömungsenergie auffassen; der Rest kann dann als ,,innere" Spannungsenergie gedeutet werden (s. unten). Die zu der Dichte $\varrho = |\psi|^2$ gehörige Stromdichte j ist aus (11) abzulesen, wenn man (11) als eine hydrodynamische Kontinuitätsgleichung auffaßt

$$\operatorname{div} j + \frac{\partial \varrho}{\partial t} = 0 \quad \text{mit} \quad \left.\begin{aligned} \varrho &= \psi\tilde{\psi} = |\psi|^2, \\ j &= \frac{h}{4i\pi\mu}(\psi \operatorname{grad}\tilde{\psi} - \tilde{\psi}\operatorname{grad}\psi). \end{aligned}\right\} \tag{17}$$

Massen- und Ladungsdichten erhält man aus ϱ durch Multiplizieren mit μ und ε.

Eine besonders übersichtliche Form der hydrodynamischen Darstellung erreicht MADELUNG, indem er die Lösung ψ der Wellengleichung (6)

$$\Delta\psi - \frac{8\pi^2\mu}{h^2} U\psi + i\frac{4\pi\mu}{h}\frac{\partial\psi}{\partial t} = 0$$

ansetzt in der von der DE BROGLIEschen Mechanik her geläufigen Form

$$\psi = \alpha \cdot e^{\frac{2i\pi S}{h}}, \tag{18}$$

worin die reellen Größen α und S beide noch von q und t abhängen werden. Umgekehrt folgt dann aus (17) (18) als hydrodynamische Bedeutung von α und S:

$$\alpha = |\psi| = \sqrt{\varrho}, \qquad S = \frac{h}{4i\pi}\ln\left(\frac{\psi}{\tilde{\psi}}\right) = \text{reeller Teil von } \frac{h}{4i\pi}\ln\psi . \tag{18'}$$

Einführung des Ansatzes (18) in die Wellengleichung und Trennung der reellen und imaginären Bestandteile führt zu folgenden zwei Gleichungen für α und S:

$$\frac{h^2}{4\pi^2}\Delta\alpha - \alpha\cdot(\operatorname{grad} S)^2 - 2\mu\alpha U + 2\mu\alpha\frac{\partial S}{\partial t} = 0 \tag{18''}$$

und

$$\alpha\Delta S + 2(\operatorname{grad}\alpha\cdot\operatorname{grad} S) - 2\mu\frac{\partial\alpha}{\partial t} = 0 . \tag{18'''}$$

[1]) E. MADELUNG, Quantentheorie in hydrodynamischer Form, ZS. f. Phys. Bd. 40, S. 322. 1926.

Die letztere Gleichung kann man nach Multiplikation mit α auch in der Form schreiben

$$\operatorname{div}\left(\frac{\alpha^2}{\mu}\operatorname{grad} S\right) + \frac{\partial \alpha^2}{\partial t} = 0\,;$$

sie stellt dann eine hydrodynamische Kontinuitätsgleichung [vgl. (17)] dar mit

$$\left.\begin{aligned} &\varrho = \alpha^2 = \text{Dichte}, \qquad j = \frac{\alpha^2}{\mu}\operatorname{grad} S = \text{Stromdichte}, \\ &\mathfrak{v} = \frac{j}{\varrho} = \frac{1}{\mu}\operatorname{grad} S = \text{Stromgeschwindigkeit}. \end{aligned}\right\} \tag{19}$$

Dividiert man andererseits (18'') durch $2\,\alpha\mu^2$ und bildet dann ihren Gradienten, so erhält man die Beziehung

$$-\frac{\operatorname{grad} U}{\mu} + \frac{h^2}{8\pi^2\mu^2}\operatorname{grad}\frac{\Delta\alpha}{\alpha} = \frac{\partial \mathfrak{v}}{\partial t} + \frac{1}{2}\operatorname{grad}\mathfrak{v}^2.$$

Wegen der Formeln

$$\tfrac{1}{2}\operatorname{grad}\mathfrak{B}^2 = (\mathfrak{B}\operatorname{grad})\,\mathfrak{B} + [\mathfrak{B}\operatorname{rot}\mathfrak{B}] \quad \text{und} \quad \frac{\partial\mathfrak{B}}{\partial t} + (\mathfrak{v}\operatorname{grad})\,\mathfrak{B} = \frac{d\mathfrak{B}}{dt}$$

bei

$$\operatorname{rot}\mathfrak{v} = \frac{1}{\mu}\operatorname{rot}\operatorname{grad} S = 0$$

wird schließlich

$$-\operatorname{grad} U + \frac{h^2}{8\pi^2\mu}\operatorname{grad}\frac{\Delta\alpha}{\alpha} = \mu\frac{d\mathfrak{v}}{dt}, \tag{20}$$

was in der Form $\mathfrak{K}_a + \mathfrak{K}_i = \mathfrak{K}$ geschrieben werden kann. Während $\partial\mathfrak{v}/\partial t$ die Geschwindigkeitsänderung an einem festen Raumpunkt bedeutet, ist $d\mathfrak{v}/dt$ die substantielle Beschleunigung eines mit der Flüssigkeit bewegten Punktes; auf der linken Seite entspricht $-\frac{\operatorname{grad} U}{\mu}$ einer äußeren Kraft $\mathfrak{K}_a$ pro Masseneinheit der Flüssigkeit, und $\frac{h^2}{8\pi^2\mu^2}\cdot\frac{\Delta\alpha}{\alpha}$ stellt eine Kräftefunktion innerer Kräfte $\mathfrak{K}_i$ pro Masseneinheit dar, deren Gradient an der Beschleunigung der Punkte des Kontinuums mitwirkt. Gleichung (14) zeigt, wenn dort der Ansatz (18) eingeführt wird, daß die Gesamtmenge $\int\mu\alpha^2 dv$ der Flüssigkeit dauernd erhalten bleibt.

Die Notwendigkeit der Einführung dieser inneren Kraft sieht man schon an folgendem Beispiel. Ein Wasserstoffatom befinde sich im Energiezustand E_n. Dann bedeutet $|\psi_n|^2 dV$, wie später im Zusammenhang begründet wird, die Wahrscheinlichkeit, das Elektron mit der Gesamtenergie E_n gerade im Volumen dV anzutreffen. Liegt dV im Abstand r vom Kern, so ist bei genügend großem r die potentielle Energie $-\frac{\varepsilon^2}{r}$ schwächer negativ als die vorgegebene Gesamtenergie E_n, so daß für die kinetische Energie $\frac{1}{2}\mu\mathfrak{v}^2$ nur ein negativer Restbetrag übrigbleibt, zu dem dann eine imaginäre Geschwindigkeit $\mathfrak{v}$ gehören würde; d. h. das Elektron befände sich mit der Wahrscheinlichkeit $\psi_n^2 dV$ in dV, aber mit imaginärer Geschwindigkeit, was natürlich sinnlos ist. Die Lösung des Paradoxons liegt eben darin, daß man den negativen Restbetrag nicht als kinetische Energie allein deuten darf: Dieselben Gründe, welche $|\psi_n|^2 dV$ als Aufenthaltsdichte des Elektrons in dV deuten lassen, führen in (17) dazu,

$$\frac{h}{4i\pi\mu}\left(\frac{\operatorname{grad}\tilde{\psi}}{\psi} - \frac{\operatorname{grad}\psi}{\tilde{\psi}}\right) = \mathfrak{v}$$

als die reelle Geschwindigkeit des Elektrons in dV anzusprechen; dies ist aber nur dann mechanisch möglich, wenn zu der potentiellen Energie $-\frac{\varepsilon^2}{r}$ noch eine passende negative innere potentielle Energie U_i hinzugefügt wird, welche so groß zu nehmen ist, daß die Energiebilanz

$$E_n = -\frac{\varepsilon^2}{r} + U_i + \frac{1}{2}\mu\mathfrak{v}^2$$

stimmt.

In dem Sonderfall zeitlich konstanter Potentialfunktion $U = U_0(q)$ ist ψ speziell z. B. gleich $a_n \cdot \psi_n e^{-\frac{2i\pi E_n t}{h}}$ mit zeitlich konstantem Koeffizienten.

$$\varrho = \alpha^2 = \psi\tilde{\psi} = a_n^2\psi_n^2(q)$$

ist dann ebenfalls zeitlich konstant, d. h. es liegt ein stationärer Strömungszustand vor, der überdies sogar statisch ($\mathfrak{v} = \frac{1}{\mu}\operatorname{grad} S = 0$) ist, da hier (18′)

$$S = \frac{h}{4i\pi}(\ln\psi - \ln\tilde{\psi}) = -E_n t$$

ist und verschwindenden Gradienten besitzt.

Die hydrodynamische Auslegung der Funktion $\psi(q, t)$ schien, abgesehen von ihrer großen Anschaulichkeit, noch eine besondere Bedeutung dadurch zu besitzen, daß sie nahelegte, den wellenmechanischen Zustand eines Atoms mit dem umgebenden elektrodynamischen Feld zu verknüpfen, indem die obigen hydrodynamischen Ladungs- und Stromdichten $\varepsilon\varrho$ und εj als Quellen und Angriffsstellen elektrodynamischer Felder nach der MAXWELLschen Theorie aufzufassen wären. Nun ist aber sofort zu sehen, daß man dadurch zu Widersprüchen mit der Erfahrung kommt; denn in dem Sonderfall $|a_n|^2 = 1$, $a_k = 0$ für $k \neq n$ (Atom im Zustand n) mit $\psi = \psi_n(q) \cdot e^{-\frac{2i\pi E_n t}{h}}$ ergibt sich nach (17) $j = 0$, und dadurch nach der MAXWELLschen Theorie keine Ausstrahlung, während in Wirklichkeit ein Atom im Zustand n eine spontane Strahlung abgibt.

Es ist aber auch sonst einzusehen, daß die obigen Werte ϱ und j, die aus dem Zustand ψ abgeleitet sind [aus dem Zustand $N_1 = |a_1(t)|^2$ Atome im Zustand 1 usw., bei statistischer Auffassung], nichts mit der Aus- und Einstrahlung dieser Atomschar zu tun haben kann. Denn man denke sich etwa alle N Atome, ohne daß dieselben sich gegenseitig stören sollen, ineinander geschoben, wobei also ebenso wie im getrennten Zustand keine Kräfte zwischen den Teilen verschiedener Atome auftreten sollen. Die nach obiger Methode berechneten Werte von j und ϱ bleiben bei diesem Ineinanderschieben unverändert, während bekanntlich die MAXWELLsche Ausstrahlung, die von getrennten atomaren Elektronensystemen ausgeht, eine völlig andere ist als von ineinandergeschobenen Elektronensystemen. — Wir nehmen diese Unbrauchbarkeit der kontinuierlichen Deutung der ψ-Funktion für die Berechnung der Wechselwirkung mit der Strahlung zum Anlaß, die kontinuierliche Deutung später durch eine andere, die statistische Deutung, zu ersetzen.

Es ist lehrreich, die obigen Überlegungen auch mit Einfluß eines Magnetfeldes durchzuführen. Die SCHRÖDINGERsche Gleichung heißt dann nach Ziff. 51 Gl. (6‴)

$$\Delta\psi - \frac{8\pi^2\mu}{h^2}\varepsilon\varphi\cdot\psi - \frac{4i\pi\mu}{h}\left(\frac{\partial\psi}{\partial t} - \frac{\varepsilon}{c\mu}\mathfrak{A}\operatorname{grad}\psi\right) = 0 \tag{21}$$

mit φ als skalarem und $\mathfrak{A}$ als Vektorpotential, wirkend auf die Ladung ε; eine der obigen analoge Rechnung führt unter Benutzung von $\operatorname{div}\mathfrak{A} = 0$, mit dem Ansatz $\psi = \alpha e^{\frac{2i\pi S}{h}}$, zu

$$\left.\begin{aligned} \varrho &= \alpha^2 = \text{Dichte},\; j = \frac{\alpha^2}{\mu}\left(\operatorname{grad} S + \frac{\varepsilon}{c}\mathfrak{A}\right) = \text{Stromdichte} \\ \mathfrak{v} &= \frac{j}{\varrho} = \frac{1}{\mu}\left(\operatorname{grad} S + \frac{\varepsilon}{c}\mathfrak{A}\right) = \text{Geschwindigkeit} \end{aligned}\right\} \tag{22}$$

und zu der Bewegungsgleichung

$$\mu\frac{d\mathfrak{v}}{dt} = \varepsilon\left(-\operatorname{grad}\varphi - \frac{1}{c}\frac{\partial\mathfrak{A}}{\partial t}\right) + \frac{\varepsilon}{c}[\mathfrak{v}, \operatorname{rot}\mathfrak{A}] + \frac{h^2}{8\pi^2\mu}\operatorname{grad}\frac{\Delta\alpha}{\alpha}, \qquad (22')$$

wenn man konsequent relativistische Glieder mit $\mathfrak{A}^2/c^2$ fortläßt. Wegen

$$\mathfrak{E} = -\operatorname{grad}\varphi - \frac{1}{c}\dot{\mathfrak{A}}, \quad \mathfrak{H} = \operatorname{rot}\mathfrak{A}, \quad \mathfrak{K}_a = \varepsilon\left(\mathfrak{E} + \frac{1}{c}[\mathfrak{v}, \mathfrak{H}]\right)$$

wird schließlich aus (22')

$$\mu\frac{d\mathfrak{v}}{dt} = \mathfrak{K}_a + \mathfrak{K}_i \qquad \text{mit} \qquad \mathfrak{K}_i = \frac{h^2}{8\pi^2\mu}\operatorname{grad}\frac{\Delta\alpha}{\alpha}. \qquad (23)$$

Zu der gewöhnlichen Kraft $\mathfrak{K}_a$ des äußeren Feldes kommt noch eine „innere Kraft" $\mathfrak{K}_i$ hinzu.

38. Wellenpakete[1]). Liegt eine Lösung $\psi(q, t)$ vor, welche in einem Zeitpunkt t_0 nur in naher Umgebung eines Koordinatenpunkts P_0 beträchtliche Werte von $\psi\tilde{\psi} = \varrho$ besitzt, in einiger Entfernung von P_0 aber relativ kleine Werte hat, so spricht man von einem auf engem Raum bei P_0 zusammengedrängten „Wellenpaket". Nimmt t zu, so wird im allgemeinen erstens eine Ortsveränderung des ϱ-Maximums, zweitens eine Verbreiterung stattfinden, die im Laufe der Zeit zu einem völligen Zerfließen des Maximums führen kann. Die Ortsveränderung des Wellenpakets hat nun große Ähnlichkeit zu der Bewegung eines Massenpunkts der klassischen Mechanik. Multipliziert man nämlich die Gleichung (20)

$$\frac{d}{dt}(\mu\mathfrak{v}) = -\operatorname{grad}U + \frac{h^2}{8\pi^2\mu}\operatorname{grad}\left(\frac{\Delta\alpha}{\alpha}\right)$$

mit $\varrho = \alpha^2$ und integriert über den ganzen Raum dV, so fällt das Integral über das letzte Glied rechts mit Hilfe von partiellen Integrationen fort[2]) und es bleibt

$$\int\varrho\frac{d}{dt}(\mu\mathfrak{v})\cdot dV = \int\varrho\cdot(-\operatorname{grad}U)\,dV.$$

Diese Gleichung kann man in der Form schreiben

$$\overline{\frac{d}{dt}(\mu\mathfrak{v})} = \overline{\mathfrak{K}_a},$$

mit den Mittelwerten der Beschleunigung und Kraft

$$\overline{\frac{d\mathfrak{v}}{dt}} = \int\frac{d\mathfrak{v}}{dt}\cdot\varrho\,dV, \quad \overline{\mathfrak{K}_a} = \int(-\operatorname{grad}U)\cdot\varrho\,dV, \quad \overline{\mathfrak{K}_i} = \int\frac{h^2}{8\pi^2\mu}\alpha^2\operatorname{grad}\frac{\Delta\alpha}{\alpha}\,dV = 0,$$

d. h. der Schwerpunkt des Wellenpakets bewegt sich so, als ob auf das ganze Wellenpaket nur die äußere Kraft wirkte; die innere Kraft hebt sich im ganzen weg. Ist das Wellenpaket dicht um seinen Schwerpunkt zusammengedrängt,

[1]) E. SCHRÖDINGER, Ann. d. Phys. Bd. 79, S. 489. 1926.

[2]) Es ist die x-Komponente

$$\begin{aligned}\alpha^2\operatorname{grad}_x\frac{\Delta\alpha}{\alpha} &= \alpha\operatorname{grad}_x\Delta\alpha - \Delta\alpha\cdot\operatorname{grad}_x\alpha = \operatorname{grad}_x(\alpha\Delta\alpha) - 2\Delta\alpha\cdot\operatorname{grad}_x\alpha\\ &= \operatorname{grad}_x(\alpha\Delta\alpha) - 2\{\operatorname{div}(\operatorname{grad}_x\alpha\cdot\operatorname{grad}\alpha) - \operatorname{grad}\alpha\cdot\operatorname{grad}\operatorname{grad}_x\alpha\}\\ &= \operatorname{grad}_x(\alpha\Delta\alpha) - 2\operatorname{div}(\operatorname{grad}_x\alpha\cdot\operatorname{grad}\alpha) + \operatorname{grad}_x(\operatorname{grad}\alpha)^2\\ &\quad - 2[\operatorname{grad}\alpha, \operatorname{rot}\operatorname{grad}\alpha]_x.\end{aligned}$$

Das letzte Glied verschwindet hier wegen rotgrad = 0, und es bleibt

$$\alpha^2\operatorname{grad}_x\frac{\Delta\alpha}{\alpha} = \frac{\partial}{\partial x}[\alpha\Delta\alpha + (\operatorname{grad}\alpha)^2] - 2\operatorname{div}(\operatorname{grad}_x\alpha\cdot\operatorname{grad}\alpha).$$

Die rechte Seite über den ganzen Raum nach $dx\,dy\,dz$ integriert, gibt Null, wenn α mit seinen Ableitungen im Unendlichen genügend stark verschwindet.

so kann man das eben gefundene Resultat auch so aussprechen: Die Beschleunigung des Schwerpunkts des Wellenpakets paßt im Sinne der NEWTONschen Gleichungen zu der am Orte des Wellenpakets herrschenden äußeren Kraft $(-\operatorname{grad} U)$. Nach diesem von EHRENFEST[1]) gefundenen Satz, der übrigens geradeso auch bei Anwesenheit eines Magnetfeldes (23) gilt, wäre es sehr verlockend, sich der ursprünglichen SCHRÖDINGERschen Ansicht anzuschließen, daß die materiellen Partikel, Elektronen usw. nichts anderes seien als eben Wellenpakete. Dem steht jedoch entgegen, daß die Wellenpakete im allgemeinen im Lauf der Zeit zerfließen. Um diesen Effekt zu verfolgen, betrachten wir frei in der x-Richtung fliegende Elektronen[2]) mit der Hamiltonfunktion $H(p, q) = \frac{1}{2\mu} p_x^2$ daher mit der Wellengleichung

$$\frac{\partial \psi}{\partial t} = a^2 \frac{\partial^2 \psi}{\partial x^2} \quad \text{mit} \quad a^2 = \frac{i h}{4\pi\mu}.$$

Diese hat die Form der Wärmeleitungsgleichung. Ihre allgemeine Lösung

$$\psi(x, t) = \frac{1}{2a\sqrt{\pi t}} \int_{-\infty}^{+\infty} d\xi \cdot e^{-\frac{(x-\xi)^2}{4a^2 t}} \cdot \psi(0, \xi) \tag{24}$$

betrachten wir für folgende spezielle Form des Anfangszustandes

$$\psi(x, 0) = C \cdot e^{-\frac{x^2}{2\omega^2} + i\alpha x}$$

(ω und α seien willkürliche reelle Konstanten),

also $$\varrho(x, 0) = \psi(x, 0) \cdot \tilde{\psi}(x, 0) = C^2 \cdot e^{-\frac{x^2}{\omega^2}}.$$

Der Anfangszustand stellt ein Wellenpaket mit um so steilerem Maximum dar, je kleiner ω genommen wird. Die allgemeine Lösung (24) führt dann nach einiger Rechnung zu folgender Dichteverteilung des Wellenpakets zur Zeit t

$$\psi\tilde{\psi} = c(t) \cdot e^{-\frac{\left(x - \frac{h\alpha}{2\pi\mu} t\right)^2}{\Omega^2}}$$

worin $$\Omega^2 = \omega^2 + \frac{h^2 t^2}{4\pi^2 \mu^2 \omega^2},$$

d. h. eine Verschiebung des Wellenpakets mit der Geschwindigkeit $h\alpha/2\pi\mu$ und eine mit der Zeit zunehmende Verflachung. Im besonderen tritt eine Verdopplung der Anfangsbreite (d. h. $\Omega^2 = 4\omega^2$) ein nach der Zeit

$$t = \sqrt{3} \cdot \frac{2\pi\mu\omega^2}{h},$$

Für $\mu = 1{,}7 \cdot 10^{-24}$ g (H-Atom) und $\omega = 10^{-8}$ cm (Atomdurchmesser) ist $t \approx 10^{-13}$ sec. Für $\mu = 10^{-3}$ g und $\omega = 10^{-3}$ cm ist dagegen $t \approx 10^{18}$ sec $= \frac{1}{3} \cdot 10^{11}$ Jahre. Wegen dieser ungeheuren Zeit steht der Auffassung makroskopischer Massen als Wellenpakete von experimenteller Seite zunächst nichts entgegen. Andererseits zeigt aber das Experiment immer wieder die Existenz von „mikroskopischen" Partikeln, Elektronen, α-Teilchen usw., welche trotz ihres unendlich hohen Alters noch nicht zerflossen sind.

---

[1]) P. EHRENFEST, ZS. f. Phys. Bd. 45, S. 455. 1927.

[2]) Einige kompliziertere Fälle, Elektronen im elektrischen und im magnetischen Feld behandelt C. G. DARWIN, Proc. Roy. Soc. Bd. 117, S. 258. 1927; siehe ferner KENNARD, ZS. f. Phys. Bd. 44, S. 326. 1927.

Wir werden deshalb in der hydrodynamischen Deutung des ψ-Feldes nur ein für manche Zwecke nützliches Bild zur Veranschaulichung der Eigenschaften der ψ-Funktion sehen, ohne aber die hydrodynamischen Größen ϱ und j direkt als Dichte und Stromdichte der realen Materie selbst anzusprechen. Vielmehr soll im folgenden eine ganz andersartige statistische Auffassung des ψ-Feldes verfolgt werden.

Sie möge, vor ihrer systematischen Behandlung in Ziff. 39ff, gleich hier am Beispiel des Wellenpakets illustriert werden. Es liege also eine ψ-Funktion vor, deren Betrag $|\psi|^2$ zur Zeit t_0 nur in der nächsten Umgebung eines Koordinatenpunktes P_0 beträchtliche Werte hat. $|\psi|^2 dv$ zur Zeit t_0 werde dann gedeutet als die Wahrscheinlichkeit, das System gerade im Volumenelement dV beim Punkt P anzutreffen; und zwar sei eben zur Zeit $t = 0$ diese Wahrscheinlichkeit nur nahe bei P_0 beträchtlich. Aus dieser willkürlich vorgegebenen Anfangswahrscheinlichkeitsdichte im Koordinatenraum v kann aber jetzt zwangsläufig (kausal) die Wahrscheinlichkeitsdichte $|\psi|^2$ für irgendeine spätere oder frühere Zeit t mit Hilfe der SCHRÖDINGERschen raumzeitlichen Differentialgleichung für ψ berechnet werden. Man kann das auch so ausdrücken: Man gibt einer großen Anzahl von gleichartigen Systemen solche Anfangslagen, daß die Anfangszahl der Systeme im Bereich dv proportional $|\psi|^2 dv$ ist; die statistische Verteilung $|\psi|^2$ der Systemschar zu einer späteren oder früheren Zeit t wird dann durch die SCHRÖDINGERsche Gleichung für ψ zwangsläufig beherrscht. Über das individuelle Schicksal eines einzelnen Systems der Schar ist dadurch aber gar nichts ausgesagt. Dies hängt damit zusammen, daß ja bei unserer räumlichen Verteilung der Systeme zur Zeit t_0 die Energien und die Geschwindigkeiten der einzelnen Systeme der Schar zur Zeit $t = 0$ gar nicht bestimmt sind. Im Gegenteil, je schärfer die Zacke von $|\psi|^2$ zur Zeit t_0 beim Punkt P_0, d. h. je schärfer die Anfangslagen der Systeme eingeengt sind, um so mehr sind in der Eigenfunktionenentwicklung

$$\psi(q, t) = \sum_k c_k e^{\frac{2 i \pi E_k}{h}} \psi_k(q)$$

die verschiedensten Eigenfunktionen $\psi_1, \psi_2 \ldots$ mit beträchtlichen Koeffizienten $c_k(t_0)$ am Aufbau von ψ beteiligt, d. h. um so mehr gehören die Systeme der Schar schon für t_0 zu den verschiedensten Energie- und Impulswerten mit den Häufigkeiten $c_1^2(t_0) : c_2^2(t_0) : c_3^2(t_0) : \ldots$ Würde man umgekehrt zur Zeit t_0 nur Systeme in den einen Energiezustand E_j legen, so wäre deren räumliche Verteilung durch die Dichtefunktion $|\psi_j(q)|^2$ gegeben, welche keine scharfe Zacke, sondern ein breites Raumgebiet für die räumlichen Anfangslagen der Einzelsysteme definiert. (Über die Reziprozität der Genauigkeit von Koordinaten- und Geschwindigkeits-, Zeit- und Energieangaben s. Ziff. 19.)

Zu jeder mehr oder weniger scharfen Anfangsverteilung der Lagen der Einzelsysteme, d. h. zu jeder mehr oder weniger unscharfen Anfangsverteilung der Geschwindigkeiten der Einzelsysteme, gehört nun eine bestimmte Anfangslage und Anfangsgeschwindigkeit des Schwerpunktes der Systemverteilung. Und der von EHRENFEST bewiesene Satz (s. o.) sagt, daß der Schwerpunkt sich so fortbewegt, wie ein in seine Anfangslage und Anfangsgeschwindigkeit gesetztes Einzelsystem nach der klassischen Mechanik.

Die schnelle Verbreiterung einer anfangs scharfen räumlichen Systemverteilung ist auf die zugehörige große Unschärfe der anfänglichen Geschwindigkeitsverteilung zurückzuführen. Bei einer Anfangsverteilung über ein größeres räumliches Gebiet sind umgekehrt die zugehörigen Anfangsgeschwindigkeiten der Systempunkte weniger gestreut, und die Verbreiterung des Raumgebiets geht entsprechend langsamer vonstatten. — Es braucht kaum darauf hingewiesen zu werden, daß es ganz im Widerspruch zu der eben dargelegten Auffassung stehen würde, wenn man ein Wellenpaket von gewisser räumlicher Anfangsausdehnung als ausgedehntes materielles Aggregat (Massenstück) auffassen und dann in der zeitlichen Verbreiterung des Wellenpakets ein Abbild eines räumlichen Verschwimmens des Materiestücks erblicken wollte. Im Gegenteil hält die statistische Auffassung an der Vorstellung fest, daß jedes Einzelsystem in jedem Augenblick einen scharf definierten Koordinatenpunkt einnimmt, und daß aus einer vorgegebenen statistischen Verteilung vieler solcher Raumpunkte zur Zeit t_0 die statistische Verteilung der Punktlagen zur Zeit t zu berechnen sei.

39. Feld- und Korpuskulartheorie. Es möge jetzt allgemeiner auf den Dualismus Wellen- und Korpuskulartheorie eingegangen werden.

Bekanntlich ist der Wellentheorie des Lichts an Stelle der alten scheinbar überwundenen Emissionslehre ein neuer Gegner in Gestalt der EINSTEINschen Lichtquantentheorie erwachsen, welche darauf baut, daß sich viele optische Beobachtungen nicht in ungezwungener Weise mit der Vorstellung einer kontinuierlichen Ausbreitung von Lichtenergie und -impuls vereinbaren lassen. Erinnert sei hier nur an den lichtelektrischen Effekt, d. i. die Auslösung einzelner Elektronen durch auffallendes Licht an einzelnen Stellen des bestrahlten Metalls, lange bevor an diese Stelle genügend Lichtenergie in Form kontinuierlicher Wellen gelangt sein kann; ferner an die Abhängigkeit der Energie E der ausgelösten Elektronen nicht von der Intensität, sondern von der Farbe ν des Lichts ($E \leqq h\nu$); ferner an die Versuche von BOTHE und GEIGER, welche eine direkte Koppelung eines atomaren Emissions- oder Lichtstreuungsprozesses mit einem gleichzeitigen Absorptionsprozeß von endlicher Energie beweisen. Diese und viele andere Erscheinungen stützen die EINSTEINsche Hypothese, das Licht breite sich nicht kontinuierlich, sondern in Form von korpuskularen Lichtquanten aus, deren Energie und Impuls mit der bei Interferenzversuchen zutage tretenden Schwingungszahl ν und Wellenlänge λ zusammenhängen durch die Beziehungen $E = h\nu$, $p = \frac{h}{\lambda}$. Freilich konnte dabei, wegen der Tatsache der Interferenz und der durch letztere gestützten Wellennatur der Strahlung, den Lichtkorpuskeln kein ebenso hoher Grad von Realität zugeschrieben werden, wie man es bei den materiellen Korpuskeln, den unzerstörbaren Elektronen und Protonen der Kathoden- und Kanalstrahlversuche gewohnt war (aber inzwischen aufgegeben hat). Die Versuche, die Lichtquanten als engbegrenzte Wellenaggregate aufzufassen, die durch Superposition von passenden Lösungen der MAXWELLschen Gleichungen zustande kommen, konnten niemals den Kern der Sache treffen, erstens schon wegen des Auftretens der den MAXWELLschen Gleichungen fremden Größe h, ferner auch, weil beim Auftreffen eines engbegrenzten Wellenaggregats auf Inhomogenitäten des Brechungsindex, z. B. auf einen halbdurchlässigen Spiegel, eine Zerstreuung oder Teilung des Wellenaggregats eintreten muß im Widerspruch zu den Experimenten, die zur Annahme unteilbarer Lichtquanten geführt haben.

Ganz dasselbe gilt von der Theorie der Materie. Hier schien sich, durch die Erfolge der kinetischen Gastheorie und der Elektronenlehre gestützt, die korpuskulare Natur der Materie siegreich gegenüber den alten Kontinuitätstheorien durchgesetzt zu haben. Die Quantenmechanik in der von SCHRÖDINGER gegebenen Form will jedoch, gezwungen durch die Fülle der quantentheoretischen Erfahrungen, der Punktmechanik eine Undulationstheorie der Materie entgegenstellen. Dabei treten aber ganz entsprechende Schwierigkeiten auf wie im optischen Fall, denn die Annahme punktförmiger Elektronen und der aus ihnen aufgebauten Systeme, Atome und Moleküle als selbständige unzerstörbare Korpuskeln ist so überzeugend (man denke etwa an die Bahn eines α-Teilchens in der WILSONschen Nebelkammer), daß es schwer scheint, ohne weiteres zu einer Undulationstheorie der Materie überzugehen, in der jene Unzerstörbarkeit und Wiedererkennbarkeit der Partikel nicht wenigstens in gewissem Umfang mehr gelten soll.

Nun ist es freilich auch im Rahmen der Wellenmechanik möglich, Wellenaggregate zu bilden, die sich in vieler Hinsicht wie Massenpunkte verhalten, wie eben die optisch-mechanische Analogie zeigt; z. B. kann man (Ziff. 38) durch Superposition von Lösungen der Undulationsgleichung mit passenden Phasen und Amplituden ein Wellenpaket aufbauen, welches nur sehr engen Raum einnimmt und sich wie ein klassischer Massenpunkt bewegt (ebenso wie Lichtquanten durch Wellenbündel approximierbar sind). Läßt man jedoch dieses Wellenaggregat an eine Stelle größerer oder geringerer Inhomogenität des „Brechungsindex", d. h. an eine Stelle nicht konstanten oder gar unstetigen Potentialverlaufs kommen, so wird das Wellenaggregat sich dort zerstreuen oder teilen und nicht mehr wie ein Massenpunkt zusammenhalten; erfahrungsgemäß ist aber ein elektrisches Partikel nach dem Stoß unverändert als Massenpunkt erkennbar. Die undulatorische Auffassung der Mechanik gibt also jedenfalls nur eine Seite der Erfahrung wieder.

Es würde also auch hier derselbe Dualismus wie in der Optik bestehen, wenn er nicht durch einen verbindenden Gedanken hier wie dort überbrückt würde. Dieser besteht in der statistischen Deutung der wellentheoretischen Ergebnisse in dem Sinne, daß die Wellenfunktion ψ als ein Wahrscheinlichkeitsmaß angesprochen wird, korpuskulare Teilchen an den einzelnen Stellen des Raums und der Zeit anzutreffen.

In präziser Form, an Hand der wellenmechanischen Grundgleichung und ihrer Lösungen soll die statistische Auffassung in den folgenden Ziffern näher besprochen werden.

40. Statistische Deutung der Wellenfunktion. Bei Verwendung der Koordinaten q und t und der konjugierten Impulse p und $-E$ hat ein quantenmechanisches System $H(q, t; p)$ die Wellengleichung

$$\{H(q,t,p) - E, \psi(q,t)\} = 0 \quad \text{mit} \quad -E = +\frac{h}{2i\pi}\frac{\partial}{\partial t}, \quad p_\varkappa = \frac{h}{2i\pi}\frac{\partial}{\partial q_\varkappa}.$$

Gefragt wird nach der physikalischen Deutung einer vorgelegten Lösung $\psi(q, t)$, wenn man bei der Vorstellung bleibt, das mechanische System $H(q, t; p)$ sei in kinematischer Beziehung ein punktmechanisches System, d. h. es könne sich in einem Augenblick nur in einer Lage befinden, nicht etwa zur Zeit t ein ganzes Gebiet dv mit gewisser Dichte erfüllen. Dynamisch soll dagegen die Aufeinanderfolge der verschiedenen Lagen q nicht durch die klassische Mechanik beherrscht sein, sondern durch Quantengesetze statistischer Art. Nach einem besonders deutlich zuerst von DIRAC und BORN[1]) ausgesprochenen, dann von JORDAN[2]) erfolgreich weiterverfolgten Gedanken ist $\psi(q, t)$ zu deuten als Wahrscheinlichkeitsamplitude und $|\psi|^2 dv$ als die Wahrscheinlichkeit, daß sich ein durch die Hamiltonfunktion $H(q, t; p)$ beschriebenes Atom zur Zeit t im Gebiet dv seines Koordinatenraumes befindet; vorausgesetzt sei dabei, daß $\psi(q, t)$ auf 1 normiert ist, d. h. $\int \psi\tilde{\psi}\, dv = 1$. Daß dies möglich ist, folgt aus der durch (14) gewährleisteten Konstanz von $\int \psi\tilde{\psi} dv$.

[1]) P. A. M. DIRAC, Proc. Roy. Soc. Bd. 113, S. 621. 1926; M. BORN. ZS. f. Phys. Bd. 38, S. 803. 1926.

[2]) P. JORDAN, Naturwissensch. Bd. 15, S. 105. 1927; ZS. f. Phys. Bd. 40, S. 661 u. 809. 1927.

Als 1. Beispiel betrachten wir speziell für ein konservatives System die normierte Eigenlösung

$$\psi(q, t) = \psi_n(q) e^{-\frac{2i\pi E_n t}{h}}$$

beim Eigenwert E_n. Hier ist nach der eben gegebenen Definition

$$\psi\tilde{\psi} dv = \psi_n \tilde{\psi}_n dv = |\psi_n(q)|^2 dv$$

die Wahrscheinlichkeit, daß beim Energiewert E_n die Koordinaten des Atoms gerade in dv liegen. Dies bedeutet statistisch, daß bei Anwesenheit von sehr vielen voneinander unabhängigen gleichartigen Atomen, welche alle im Zustand n sind, die relative Anzahl der in dv befindlichen Systeme gleich $|\psi_n^2(q)| dv$ ist.

Als 2. Beispiel betrachten wir die aus normierten Eigenfunktionen $\psi_n(q)$ und zeitabhängigen Größen $a_n(t)$ aufgebaute allgemeine Lösung

$$\psi(q,t) = \sum a_n(t) \psi_n(q) \cdot e^{-\frac{2i\pi E_n t}{h}} \tag{25}$$

bei einem nichtkonservativen System, welches durch eine Störung aus einem konservativen System mit den Eigenlösungen $\psi_n(q)$ hervorgegangen sein mag.

Wir setzen dabei voraus, daß ψ auf 1 normiert sei: $\int \psi\tilde{\psi}\, dv = 1$. Dann können wir $\psi\tilde{\psi}\, dv$ deuten als die Wahrscheinlichkeit, das Teilchen in dv anzutreffen. Die Gesamtwahrscheinlichkeit, das Teilchen irgendwo im Raume anzutreffen, ist

$$1 = \int \psi\tilde{\psi}\, dv = \sum |a_n|^2$$

(letzteres wie in (16′). Sie setzt sich additiv zusammen aus den $|a_n|^2$, die demnach als die Partialwahrscheinlichkeiten anzusprechen sind, das Partikel irgendwo im Raum, aber speziell im Zustand n anzutreffen. Schließlich möchte man

$$|a_n(t)|^2 \, |\psi_n(q)|^2 dv$$

als die Wahrscheinlichkeit deuten, das Teilchen im Zustand n und dabei im Volumen dv anzutreffen. In Wahrheit ist aber die Wahrscheinlichkeit, das Teilchen in irgendeinem Zustand und dabei in dv zu treffen, nicht etwa gleich $\sum_n |a_n|^2 |\psi_n|^2 dv$, sondern nach (25) gleich

$$\psi\tilde{\psi}\, dv = \sum |a_n|^2 \, |\psi_n|^2 dv + \sum\sum a_n a_m \psi_n \tilde{\psi}_m e^{-\frac{2i\pi}{h}(E_n - E_m)t} dv,$$

es kommen Interferenzglieder hinzu. An die Stelle der einfachen Addition der Partialwahrscheinlichkeiten tritt eine Superposition, indem sich die „Wahrscheinlichkeitsamplituden" $a_n \psi_n$ mit den Phasenfaktoren $e^{-\frac{2i\pi}{h} E_n t}$ zu der Gesamtamplitude ψ additiv zusammensetzen, und erst das Quadrat der letzteren die „Intensität" $\psi\tilde{\psi}$ der Gesamtwahrscheinlichkeit selber gibt. In dieser Interferenz der Wahrscheinlichkeiten kommt die Besonderheit der Quantentheorie als Undulationsmechanik in charakteristischer Weise zutage, und man kann sogar umgekehrt, wie JORDAN[1]) gezeigt hat, ausgehend von dem Postulat der Wahrscheinlichkeitsinterferenz, die Quantentheorie besonders folgerichtig aufbauen.

Der wahrscheinlichkeitstheoretischen Deutung für den Aufenthalt eines Atoms in Zuständen n und Volumelementen dv ist folgende statistische Deutung äquivalent: Es sei eine sehr große Zahl gleichartiger, voneinander unabhängiger

---

[1]) P. JORDAN, ZS. f. Phys. Bd. 40, S. 661 u. 809. 1927.

Atome vorhanden. Die relative Anzahl der Atome, welche sich im Zustand n in beliebiger Lage q befinden ist $|a_n^2(t)|$, d. h. es verhält sich

$$N_1 : N_2 : \ldots = |a_1^2| : |a_2^2| : \ldots,$$

wobei

$$N_1 + N_2 + \cdots = N = \text{konst.} \quad \text{(Erhaltung der Teilchenzahl)}$$

weil $\sum |a_n|^2$ zeitlich konstant ist.

Würde man nicht die auf 1, sondern „auf N normierte" Funktion

$$\psi(q,t) = \sum c_n(t)\,\psi_n(q)\,e^{-\frac{2i\pi E_n t}{h}} \qquad \text{mit} \qquad \sum c_n^2 = N$$

benutzen, so würde $c_n^2(t)$ direkt die Anzahl N_n der Systeme im Zustand n angeben.

Als 3. Beispiel, das in Ziff. 45 herangezogen werden wird, betrachten wir eine von den „Koordinaten" $N_1, N_2, \ldots$ abhängige Wellenfunktion $\psi(N_1, N_2, \ldots)$ als Lösung einer gewissen transformierten Wellengleichung. Wieder deuten wir ψ als Wahrscheinlichkeitsamplitude, $|\psi(N_1 N_2^2 \ldots)|^2$ als Wahrscheinlichkeit, das System in dem „Koordinatenpunkt" N_1, N_2 anzutreffen. Entsprechend gibt $|\psi(N_1' \cdot N_2' \ldots)|^2$ die Wahrscheinlichkeit an, das System in Koordinatenpunkt $N_1' N_2' \ldots$ zu treffen. Die „Koordinaten" $N_1 N_2 \ldots$, welche die „Lage" des Systems charakterisieren, mögen nun folgende Bedeutung haben. Das Gesamtsystem bestehe aus einer Anzahl gleichartiger, voneinander unabhängiger Teilsysteme, von denen N_1 im Zustand 1, N_2 im Zustand 2 usw. liegen. Bei einer großen Schar von Gesamtsystemen gibt dann $|\psi(N_1 N_2 \ldots)|^2$ die relative Anzahl der Gesamtsysteme an, die sich gerade im Zustand $N_1 N_2 \ldots$ befinden, d. h. deren Teilsysteme sich mit den Anzahlen $N_1 N_2 \ldots$ an den Zuständen 1, 2 ... beteiligen. Wir sehen an diesen Beispielen, daß je nach der Bedeutung der „Koordinaten" die statistische Deutung von ψ noch recht verschieden sein kann.

Während die normierten Eigenlösungen $\psi_n(q)$ eines konservativen Systems ein für allemal festliegen, können die Reihen $\psi(q, t) = \sum a_n \psi_n$ noch die verschiedensten Formen haben, je nach der Gestalt der Funktionen $a_n(t)$. Die Wellenmechanik bestimmt nun die $a_n(t)$ nur insofern, als sie den zeitlichen Ablauf der $a_n(t)$ festlegt, bei beliebig vorgegebenen Anfangswerten $a_n(t_0)$. D. h. bei vorgegebener Anfangsverteilung der vielen unabhängigen Atome über die Zustände n sagt sie die Verteilung zur Zeit t voraus. Dagegen bestimmt sie nicht, welches Schicksal ein individuelles System, das sich jetzt gerade im Zustand n befindet, nach Ablauf einer bestimmten Zeit t haben wird. Die Wellenmechanik enthält also keine kausale Determinierung der von einem individuellen Einzelsystem nacheinander durchlaufenen Zustände; sie berechnet vielmehr nur die Wahrscheinlichkeit, mit der ein Einzelsystem vom gegebenen Anfangszustand aus nach neuen Zuständen hinstrebt.

Sieht man in der Quantenmechanik der Elektronen das letzte Regulativ des Geschehens — vorläufig ist kein Grund, noch weiter zurückliegende verborgene Mechanismen anzunehmen —, so wird man die kausale Determiniertheit der klassischen Theorie zugunsten einer nur statistischen Determiniertheit des physikalischen Geschehens aufgeben müssen. Für die makroskopische Beobachtung stellt sich dann die exakte Kausalität als statistische Gesetzmäßigkeit asymptotisch wieder her. Je eingehender aber die mikroskopischen Verhältnisse betrachtet werden, um so stärker werden Unsicherheiten und Streuungen eine Rolle spielen, die in der prinzipiellen quantentheoretischen Unschärfe der Beobachtung ihr empirisches Gegenstück haben.

41. Erzwungene Quantenübergänge[1]). Ein mechanisches System, welches ungestört durch die Hamiltonfunktion $H^\circ(q, p) = T + U^\circ(q)$ beschrieben ist, sei der Einwirkung eines Störungspotentials $F(q, t)$ ausgesetzt. Die Wellengleichung des Systems ist dann mit $H = H^\circ + F$

$$\left\{H + \frac{h}{2i\pi}\frac{\partial}{\partial t}, \psi\right\} = \left\{H^\circ\left(q, \frac{h}{2i\pi}\frac{\partial}{\partial q}\right) + F(q, t) + \frac{h}{2i\pi}\frac{\partial}{\partial t}, \psi(q, t)\right\} = 0. \quad (26)$$

Wir setzen als Lösung dieser Gleichung die Reihe nach den Eigenfunktionen ψ_n der ungestörten Gleichung an:

$$\left.\begin{aligned} \psi(q, t) &= \Sigma_m b_m(t)\psi_m(q) = \Sigma_m a_m(t) e^{-\frac{2i\pi E_n t}{h}} \psi_m(q) \\ \text{mit} \qquad b_m(t) &= a_m(t) \cdot e^{-\frac{2i\pi E_m t}{h}} \end{aligned}\right\} \quad (26')$$

$b_m(t)$ enthält dabei den zeitlich schnell veränderlichen Phasenfaktor $e^{-\frac{2i\pi E_m t}{h}}$, während $a_m(t)$ sich nur langsam mit t ändert (die Phase ist $\Theta_m = E_m t : h$).

Nach Ziff. 40 bedeutet

$$|b_m(t)|^2 = |a_m(t)|^2 = N_m(t)$$

die jeweilige Anzahl der Atome im Zustand n. Statt direkt nach der zeitlichen Änderung dieser Anzahl unter dem Einfluß des Störungsfeldes zu fragen, untersuchen wir zuerst die einfachere Frage, in welcher Weise die $a_m(t)$ oder $b_m(t)$ sich zeitlich ändern $\left(\frac{d b_m}{dt} = \dot{b}_m\right)$.

Setzt man die Reihe (24') in (24) ein, so erhält man

$$\begin{aligned} 0 &= \Sigma_m b_m \cdot \{H^\circ \psi_m\} + F \cdot \Sigma_m b_m \psi_m + \Sigma_m \psi_m \frac{h}{2i\pi} \dot{b}_m \\ &= \Sigma_m b_m E_m \psi_m + F \Sigma_m b_m \psi_m + \frac{h}{2i\pi} \Sigma_m \dot{b}_m \psi_m. \end{aligned} \quad (26'')$$

Man entwickle hierin $F\psi_m$ in die Reihe nach Eigenfunktionen

$$F(q, t)\psi_m(q) = \Sigma_k F_{km}(t)\psi_m(q), \quad (27)$$

deren Koeffizienten $F_{km}(t)$ sich wegen der Orthogonalität und Normierung der $\psi_k(q)$ bestimmen zu

$$F_{km}(t) = \int \tilde{\psi}_k(q) F(q, t) \psi_m(q)\, dv = \tilde{F}_{mk}(t) \quad (27')$$

Man nennt F_{km} ein Matrixelement[2]) von $F(q)$. Die Einteilung von $H(qpt)$ in $H^\circ(qp) + F(q,t)$ soll dabei so vorgenommen sein, daß die Matrixelemente F_{nn} verschwinden, indem der Teil der Störungsenergie, der zu nicht verschwindenden F_{nn} Anlaß geben würde, zur Hauptenergie H° geschlagen wird. Es ist dann also

$$H_{km} = F_{km} \quad \text{für} \quad m \neq k, \qquad H_{kk} = E_k, \ F_{kk} = 0. \quad (27'')$$

Einsetzung der Reihe (27) in (26'') gibt

$$0 = \Sigma_k \psi_k \cdot \left[b_k E_k + \Sigma_m F_{km} b_m + \frac{h}{2i\pi} \dot{b}_k\right].$$

---

[1]) M. Born, Das Adiabatenprinzip in der Quantenmechanik, ZS. f. Phys. Bd. 40, S. 167. 1926.

[2]) Allgemein werden als Matrixelemente einer Funktion $A(q, p)$ bezüglich der Eigenfunktionen ψ_m einer Hamiltonfunktion die Größen $A_{km} = \int \tilde{\psi}_k(q)\, A\left(q, \frac{h}{2i\pi}\frac{\partial}{\partial q}\right) \psi_m(q)\, dv$ bezeichnet, evtl. jedes ψ noch mit seinem Zeitfaktor versehen, so daß

$\frac{dA_{km}}{dt} = \left(\frac{2i\pi}{h}\right)(\nu_k - \nu_m) A_{km}$. Matrizenalgebra siehe Ziff. 65, ferner Ziff. 34.

Multiplikation dieser Gleichung mit einem bestimmten ψ_k und Integration nach dv ergibt schließlich

$$0 = b_k E_k + \Sigma_m F_{km} b_m + \frac{h}{2i\pi} b'_k \quad \text{für} \quad k = 1, 2 \ldots,$$

wofür wir schreiben

$$\left.\begin{aligned} -\frac{h}{2i\pi} b'_k = \Sigma_m H_{km}(t)\, b_m(t) \quad \text{mit} \quad H_{km} &= F_{km} \quad \text{für} \quad m \neq k \\ &= E_k + F_{kk} \qquad\quad m = k. \end{aligned}\right\} \tag{28}$$

Dies ist das Gesetz für die zeitliche Änderung der b_k. Führt man hier die Gleichung (26′) ein, so erhält man für die langsam veränderlichen a_k die Gleichung

$$-\frac{h}{2i\pi} a'_k = \Sigma_m F_{km}(t) \cdot a_m(t)\, e^{\frac{2i\pi(E_k - E_m)t}{h}}. \tag{28'}$$

Den beiden letzten Gleichungen stellen wir noch gegenüber die Ausgangsgleichung (26) in der Form

$$-\frac{h}{2i\pi} \dot{\psi} = \{H, \psi\}. \tag{29}$$

Um nun den zeitlichen Verlauf der a_k oder b_k zu verfolgen, müssen die Gleichungen (28′) (28) integriert werden. In 1. Näherung, für kleine Zeitintervalle $t = 0$ bis t, können die auf der rechten Seite von (28′) stehenden langsam veränderlichen Größen $a_m(t)$ als Konstante behandelt werden, und man findet durch Integration in 1. Näherung

$$a_k(t) = a_k(0) + \sum_n f^{(1)}_{km}(t) \cdot a_m(0) \tag{30}$$

mit

$$f^{(1)}_{km}(t) = -\frac{2i\pi}{h} \int_0^t F_{km}(t) \cdot e^{\frac{2i\pi(E_k - E_m)t}{h}}. \tag{30'}$$

und speziell $f^{(1)}_{kk} = 0$ wegen (27″). Für größere Zeiten genügt die 1. Näherung nicht, aber auch die strenge Lösung läßt sich darstellen durch eine Reihe

$$a_k(t) = a_k(0) + \Sigma_m f_{km}(t) \cdot a_m(0), \qquad (f_{kk} = 0), \tag{31}$$

wobei jetzt die f_{km} von den Größen f^1_{km} abweichen, aber durch Reihenentwicklungen $f_{km} = f^1_{km} + \cdots$ darstellbar sind, welche BORN angegeben hat.

Die physikalische Bedeutung $f_{km}(t)$ erkennt man am besten zunächst an dem Sonderfall, daß zur Zeit $t = 0$ nur ein a, etwa $a_l(0)$ von Null verschieden ist, d. h. daß zur Zeit $t = 0$ alle Atome im Zustand l sind. Dann wird zur Zeit t nach (31)

$$a_k(t) = f_{kl}(t) \cdot a_l(0), \qquad N_k(t) = |a_k(t)|^2 = |f_{kl}(t)|^2 \cdot N_l(0) = w_{kl}(t) \cdot N_l(0).$$

Man wird hier $|f_{kl}(t)|^2 = w_{kl}(t)$ ansprechen als die Übergangswahrscheinlichkeit, daß während der Zeit t ein Atom vom Zustand l nach k springt; denn von N_l Atomen gehen $|f_{kl}|^2 N_l$ von l nach k über. $f_{kl}(t)$ selbst ist dann passend als „Wahrscheinlichkeitsamplitude“ eines Übergangs $l \to k$ während t zu bezeichnen.

Im allgemeinen, bei beliebigen Anfangswerten $a_k(0)$, sind die $a_k(t)$ mit den $a_n(0)$ nach (31) durch das lineare Additionsgesetz

$$a_k(t) - a_k(0) = \Sigma_m f_{km}(t) \cdot a_m(0)$$

verbunden, die absoluten Quadratbeträge dagegen durch das Gesetz

$$|a_k(t) - a_k(0)|^2 = \Sigma_m |f_{km}|^2 \cdot |a_m(0)|^2 + \Sigma_m \Sigma_l f_{km} \tilde{f}_{kl} a_m(0)\, \tilde{a}_l(0), \tag{32}$$

das man als Superpositionsgesetz bezeichnen und in der Form schreiben kann [falls $a_k(0) = 0$, $N_k(0) = 0$]

$$N_k(t) = \Sigma_m w_{km} \cdot N_m(0) + \Sigma_m \Sigma_l f_{km} \tilde{f}_{kl} a_m(0)\, \tilde{a}_l(0). \tag{32'}$$

Es enthält neben den Hauptgliedern $w_{km}N_m(0)$, welche proportional den Anzahlen $N_m(0)$ in den Zuständen m sind, noch Interferenzglieder, von denen jedes an die Anwesenheit von je zwei Zuständen m und l gebunden ist. Daß die Wahrscheinlichkeiten nicht in einem Additions-, sondern in einem Superpositionsgesetz auftreten, ist ein wesentlicher Zug der Wellenmechanik und kann als Interferenz der Wahrscheinlichkeiten bezeichnet werden (siehe auch Ziff. 40).

Für zeitlich sehr langsam veränderliche Potentialfunktion $F(q,t)$ konnte Born das asymptotische Verschwinden der Übergangswahrscheinlichkeiten von einem zu einem andern Zustand ableiten; die Zahlen N_k bleiben dann also zeitlich konstant, wie es der Ehrenfestsche Adiabatensatz verlangt.

42. Quantenübergänge im Strahlungsfeld. Die zeitabhängige Störung bestehe jetzt speziell aus einem elektrischen Feld $\mathfrak{E}(t)$ von konstanter Richtung. Für die Störungsenergie $F(q, t)$ ist dann einzusetzen

$$F(q, t) = -\mathfrak{M}(q) \cdot \mathfrak{E}(t) \cdot \cos(\mathfrak{E}\mathfrak{M}) \tag{33}$$

mit dem zeitlich konstanten Winkel $(\mathfrak{E}\mathfrak{M})$ zwischen Feldrichtung und elektrischem Momentvektor $\mathfrak{M}(q)$ des Elektronensystems in der Konfiguration q. Die Übergangswahrscheinlichkeit w_{kn} während der Zeit t wird dann in 1. Näherung nach voriger Ziffer

$$w_{kn}(t) = |f_{kn}^{(1)}|^2 = \left(\frac{2\pi}{h}\right)^2 |\mathfrak{M}\cos(\mathfrak{E}\mathfrak{M})_{kn}|^2 \cdot \left|\int_0^t \mathfrak{E}(t)\, e^{-2i\pi\nu_{kn}t}\, dt\right|^2 \tag{34}$$

unter Benutzung von (30′) und der Definition (27′) des Matrixelements von $\mathfrak{M}(q)\cos(\mathfrak{M}\mathfrak{E})$. Die Bedeutung des letzten Faktors in einem ungeordneten Strahlungsfeld erkennen wir aus Folgendem. Es sei $\mathfrak{E}(t)$ zwischen der Zeit 0 und t_1 dargestellt durch das Fourierintegral

$$\mathfrak{E}(t) = \int_{-\infty}^{+\infty} \mathfrak{E}_\nu e^{2i\pi\nu t}\, d\nu, \tag{35}$$

dessen Koeffizienten $\mathfrak{E}_\nu$ sich rückwärts berechnen zu

$$\mathfrak{E}_\nu = \int_0^{t_1} \mathfrak{E}(t)\, e^{-2i\pi\nu t}\, dt, \quad \text{so daß} \quad \mathfrak{E}_{-\nu} = \tilde{\mathfrak{E}}_\nu \tag{35′}$$

woraus die Identität folgt

$$\int_{-\infty}^{\infty} \mathfrak{E}_\nu \tilde{\mathfrak{E}}_\nu\, d\nu = \int_0^{t_1} \mathfrak{E}(t)\, dt \int_{-\infty}^{\infty} \tilde{\mathfrak{E}}_\nu e^{-2i\pi\nu t}\, d\nu = \int_0^{t_1} \mathfrak{E}(t)\tilde{\mathfrak{E}}(t)\, dt, \text{ d. h.}$$

$$\int_{-\infty}^{\infty} |\mathfrak{E}_\nu|^2\, d\nu = \int_0^{t_1} |\mathfrak{E}(t)|^2\, dt. \tag{35″}$$

Nun ist die Dichte der Strahlungsenergie im Mittel

$$\varrho = \frac{1}{4\pi}\overline{\mathfrak{E}(t)^2} = \frac{1}{4\pi t_1}\int_0^{t_1} |\mathfrak{E}(t)|^2\, dt, \tag{36}$$

und wegen (35″) wird

$$\varrho = \frac{1}{4\pi t_1}\int_{-\infty}^{\infty} |\mathfrak{E}_\nu|^2\, d\nu = \int_0^{\infty} \varrho_\nu\, d\nu \quad \text{mit} \quad \varrho_\nu = \frac{1}{2\pi t_1}|\mathfrak{E}_\nu|^2. \tag{36′}$$

Schließlich wird dann die zu berechnende Übergangswahrscheinlichkeit (34) unter Benutzung von (35′)

$$w_{kn}(t) = \left(\frac{2\pi}{h}\right)^2 |\mathfrak{M}\cos(\mathfrak{E}\mathfrak{M})_{kn}|^2 |\mathfrak{E}_\nu|^2 .$$

Setzt man hier $|\mathfrak{E}_\nu|^2 = 2\pi t \cdot \varrho(\nu_{kn})$ entsprechend (36′), und für $\cos^2(\mathfrak{E}\mathfrak{M})$ den Wert $^1/_3$, falls die Richtung von $\mathfrak{E}$ unregelmäßig nach allen Seiten schwankt, so wird schließlich die gesuchte Übergangswahrscheinlichkeit während der Zeit t

$$w_{kn}(t) = \frac{8\pi^3}{3h^2} |\mathfrak{M}_{kn}|^2 \cdot \varrho(\nu_{kn}) \cdot t, \tag{37}$$

wo $\varrho(\nu_{kn})$ einen monochromatischen Ausschnitt aus dem Spektrum $\varrho = \int\limits_0^\infty \varrho(\nu)\,d\nu$ der ungeordneten Strahlung angibt und $\mathfrak{M}_{kn}$ entsprechend (27′) zugebildet ist. Denselben Wert (37) erhält man auch für die im Strahlungsfeld $\varrho(\nu_{kn})$ erzwungene umgekehrte Übergangswahrscheinlichkeit von k nach n.

Neben den Übergangswahrscheinlichkeiten w_{kn} und w_{nk}, die vom Strahlungsfeld $\varrho(\nu_{nk})$ erzwungen werden, gibt es noch spontane Übergangswahrscheinlichkeiten von n nach k, wo $E_n > E_k$, aber nicht von k nach n. Diesen kann man nur durch Berücksichtigung der Reaktion des Elektronensystems auf das Feld Rechnung tragen. Dies wird in Abschnitt V geschehen, wo Atom und Feld zusammen als ein quantenmechanisches System betrachtet werden. Der Mangel der obigen Methode, welche nicht zur spontanen Strahlung führt, liegt darin, daß das elektromagnetische Feld eben „aus Lichtquanten besteht“, oder besser gesagt in einer dem klassischen Ansatz $F(q, t) = -(\mathfrak{M}\mathfrak{E})$ widersprechenden quantenhaften Weise mit dem Atom gekoppelt ist. Die Wechselwirkung zwischen Licht und Materie darf konsequenterweise nicht dadurch gewonnen werden, daß man die HAMILTONsche Gleichung eines punktmechanischen Atoms in einem elektromagnetisch-kontinuierlichen Feld ins wellenmechanische übersetzt, sondern daß man, von einem punktmechanischen Atom in einem korpuskularen Lichtfeld ausgehend, einen simultanen Übergang zur Wellentheorie des Lichts und der Materie vollzieht.

43. Spontane Übergänge. Wie in Ziff. 40 gezeigt wurde, kann die Funktion

$$\psi(q, t) = \sum_k a_k(t) \cdot \psi_k(q)\, e^{-\frac{2i\pi E_k t}{h}} \tag{38}$$

zur Charakterisierung eines Zustandes benutzt werden, bei dem je $|a_k|^2 = N_k$ Atome eines Aggregates sich auf dem Energieniveau E_k befinden ($k = 1, 2 \ldots$). Andererseits war

$$\psi\tilde{\psi} = \sum_k \sum_l a_k \tilde{a}_l \psi_k \tilde{\psi}_l \cdot e^{\frac{2i\pi(E_l - E_k)t}{h}} = \varrho(q, t) \tag{38'}$$

als eine Art Dichte erkannt, welche statistisch die Wahrscheinlichkeit angibt, ein Atom zur Zeit t in der Volumeinheit beim Koordinatenpunkt q anzutreffen.

Diese Dichte ϱ und die zugehörige Strömungsdichte j hat aber direkt nichts mit der Aus- und Einstrahlung der Atomschar zu tun, wie in Ziff. 37 auseinandergesetzt war. Jedoch mag schon hier im Anschluß an Formel (38′) ohne Beweis mitgeteilt werden, wie man die Intensität der spontanen Emission bei einer Schar von Atomen zu berechnen hat, die erst alle im Zustand l sind und zu verschiedenen tieferen Zuständen k übergehen können.

Man nimmt als „Übergangsdichte pro Atom“ die Größe

$$\varrho_{kl}(q,t) = \psi_k \psi_l e^{\frac{2i\pi(E_l - E_k)t}{h}}, \tag{39}$$

d. i. ein Entwicklungsglied von (38'), aber mit $a_k \tilde{a}_l = 1$. In Ziff. 50 wird dann wellenmechanisch begründet, daß die Ladungsdichte $\varepsilon \cdot \varrho_{lk}$ als Quelle der spontanen elektrodynamischen Ausstrahlung pro Atom beim Übergang $l \to k$ fungiert. Wir bemerken, daß die zeitliche Periode der „Übergangsdichte“

$$\nu_{lk} = \frac{E_l - E_k}{h}$$

gerade die Bohrsche Frequenzbedingung erfüllt. ν_{lk} erscheint dabei als Schwebungsfrequenz zwischen der Frequenz $\nu_l = \frac{E_l}{h}$ des Anfangs- und $\nu_k = \frac{E_k}{h}$ des Endzustandes.

Die ausgestrahlte Intensität berechnet sich aus dem elektrischen Moment, welches zu der Übergangsdichte gehört, auf folgende Weise:

Bedeutet $X(q)$ die x-Komponente des elektrischen Moments bei dem betrachteten Atom in der Koordinatenlage $(q_1 q_2 \ldots)$ seines Elektronensystems, und sind die verschiedenen Konfigurationen mit der relativen Häufigkeitsdichte $\varrho_{lk}(q, t)$ vertreten, so ist das mittlere x-Moment

$$\int X(q)\,\varrho_{lk}(q,t)\,dv = \int X(q)\,\tilde{\psi}_l(q)\,\psi_k(q)\,dv\,e^{2i\pi\nu_{lk}t} = X_{lk}\,e^{2i\pi\nu_{lk}t} \tag{40}$$

mit dem Faktor X_{lk} als Amplitude und mit ν_{lk} als Frequenz. N_l Atome, deren Momente mit den Amplituden X_{lk} und den Frequenzen ν_{lk} schwingen, würden nun nach der klassischen Elektrodynamik die Energie

$$\left.\begin{aligned} dE &= dt \cdot N_l \cdot \frac{64\pi^4}{3c^3}\,\nu_{lk}^4 \cdot (X_{lk}^2 + Y_{lk}^2 + Z_{lk}^2)\,,\\ &= dt \cdot N_l\,\frac{64\pi^4}{3c^3}\,\nu_{lk}^4\,\mathfrak{M}_{lk}^2 \end{aligned}\right\} \tag{41}$$

spontan ausstrahlen. Derselbe Ausdruck wird in Ziff. 49, Gl. (36') in konsequenter Weise auch für die quantentheoretische spontane Ausstrahlung abgeleitet.

Ist der zugrunde liegende Ausdruck $\varrho_{lk}(q, t)$ in einem besonderen Fall zeitlich konstant, so wird auch (40) zeitlich konstant; das ist nur möglich, wenn X_{lk}, Y_{lk}, Z_{lk} verschwinden; die Ausstrahlung (41) ist dann gleich Null, d. h. bei zeitlich konstantem ϱ_{lk} finden mit Strahlung verbundene Übergänge $l \to k$ nicht statt (sind „verboten“). Dasselbe gilt dann auch für Übergänge $l \to k$ und $k \to l$ unter dem Einfluß von auffallendem Licht, da auch diese an die Existenz von Momentamplituden $\mathfrak{M}_{lk}^2 = X_{lk}^2 + Y_{lk}^2 + Z_{lk}^2$ gebunden sind (Abschn. V).

Die von N_l Atomen im Zustand l beim Übergang nach den Zuständen k, m, n pro Zeiteinheit ausgestrahlten Energien (die Intensitäten) verhalten sich nach (41) wie

$$J_{lk} : J_{lm} : J_{ln} = \nu_{lk}^4 \mathfrak{M}_{lk}^2 : \nu_{lm}^4 \mathfrak{M}_{lm}^2 : \nu_{ln}^4 \mathfrak{M}_{ln}^2 : \ldots \tag{42}$$

Sind die Frequenzen ν_{lk}, ν_{lm}, ν_{ln} nur wenig voneinander verschieden, so erhält man für die Spektrallinien ν_{lk}, ν_{lm}, $\nu_{ln} \ldots$ bei spontanen Übergängen von l aus angenähert die Intensitätsverhältnisse:

$$J_{lk} : J_{lm} : J_{ln} = \mathfrak{M}_{lk}^2 : \mathfrak{M}_{lm}^2 : \mathfrak{M}_{ln}^2\,. \tag{42'}$$

V. Wechselwirkung von Materie und Strahlung.

44. Operatorrechnung. In Abschn. IV war gezeigt, wie man aus der klassischen HAMILTONschen Energiegleichung eines Systems von N Freiheitsgraden $H(q_1 \dots q_n t\, p_1 \dots p_N) - E = 0$ die zugehörige wellenmechanische Differentialgleichung gewinnt. Man ersetzt in der (passend symmetrisierten) Hamiltonfunktion die Impulse p_k und $-E$ durch die Operatoren

$$p_k \to \frac{h}{2i\pi}\frac{\partial}{\partial q_k} \quad \text{und} \quad -E \to \frac{h}{2i\pi}\frac{\partial}{\partial t} \tag{1}$$

und übt den erhaltenen Operator

$$H\left(q, t, \frac{h}{2i\pi}\frac{\partial}{\partial q}\right) + \frac{h}{2i\pi}\frac{\partial}{\partial t} \quad \text{auf} \quad \psi(q, t)$$

aus. Der Lösung ψ entsprachen dann gewisse physikalische Eigenschaften des quantenmechanischen Systems.

Um Lösungen zu erhalten, ist es nun oft vorteilhaft, von den ursprünglich gewählten Koordinaten und Impulsen qp zu neuen kanonisch konjugierten $q'p'$ überzugehen, in denen die Lösung leichter gefunden werden kann; die auf die neuen Koordinaten transformierte Hamiltonfunktion $H'(q'tp')$ führt dann zu dem neuen Operator

$$H'\left(q'\,t\,\frac{h}{2i\pi}\frac{\partial}{\partial q'}\right) + \frac{h}{2i\pi}\frac{\partial}{\partial t} \quad \text{ausgeübt auf} \quad \psi'(q'\,t)$$

Die Lösungen ψ' sind natürlich ganz andere Funktionen als die ursprünglichen $\psi(q, t)$. Es ist aber von prinzipiellem Interesse, solche aus den ψ und ψ' abgeleiteten Größen zu suchen, die von ψ aus genau dieselben Werte besitzen wie von ψ' aus, die also invariant gegenüber dem zufällig zugrunde gelegten Koordinatensystem q oder q' sind. Denn nur solche Invarianten sind fähig, physikalisch meßbare Größen zu repräsentieren, die unabhängig von dem zufällig gewählten Koordinatensystem sind. Eine solche Invariante ist z. B. die Energie, in der Wellenmechanik der Eigenwert E_n; in der Tat läßt sich beweisen (Abschn. VII), daß die Eigenwerte der Gleichungen

$$\left\{H\left(q, \frac{h}{2i\pi}\frac{\partial}{\partial q}\right) - E, \psi\right\} = 0 \quad \text{und} \quad \left\{H'\left(q', \frac{h}{2i\pi}\frac{\partial}{\partial q'}\right) - E, \psi'\right\} = 0$$

dieselben sind, während die zum Eigenwert E_n gehörigen Eigenfunktionen $\psi_n(q)$ und $\psi'_n(q')$ ganz verschieden aussehen. Dasselbe gilt allgemein von den Matrixkomponenten (S. 391, Fußnote 2) irgendeiner Funktion $F(q, p) = F'(q'_1 p')$: es läßt sich beweisen, daß die F_{kl} gleich den F'_{kl} sind; als Invarianten sind sie demnach einer physikalischen Deutung fähig.

Irgendeine Funktion der Koordinaten q und der kanonisch konjugierten Impulse p wird durch die Ersetzung $p_k \to \frac{h}{2i\pi}\frac{\partial}{\partial q_k}$ zu einem Operator, auszuüben auf eine Funktion ψ der Koordinaten.

Der Übergang zu neuen Koordinaten und Impulsen bzw. Operatoren betrifft nun zunächst den Operator $H - E$ der SCHRÖDINGERschen Gleichung, erst in zweiter Linie als Lösungen dann auch die ψ-Funktionen. Es ist demnach wichtig, sich die einfachsten Rechengesetze der Operatoren klarzumachen.

Es gilt, wegen der Produktregel der Differentiation $\frac{d}{dx}ab = a\frac{db}{dx} + b\frac{da}{dx}$,

$$\frac{h}{2i\pi}\frac{\partial}{\partial q_1}q_1\psi - q_1\frac{h}{2i\pi}\frac{\partial}{\partial q_1}\psi = \frac{h}{2i\pi}\cdot\psi, \tag{2}$$

dagegen

$$\frac{h}{2i\pi}\frac{\partial}{\partial q_1}q_2\psi - q_2\frac{h}{2i\pi}\frac{\partial}{\partial q_1}\psi = 0\cdot\psi. \tag{2'}$$

Läßt man in diesen Gleichungen das Funktionszeichen ψ fort, so erhält man die Operatorgleichungen

$$\frac{h}{2i\pi}\frac{\partial}{\partial q_1}q_1 - q_1\frac{h}{2i\pi}\frac{\partial}{\partial q_1} = \frac{h}{2i\pi}, \qquad \text{dagegen} \qquad \frac{h}{2i\pi}\frac{\partial}{\partial q_1}q_2 - q_2\frac{h}{2i\pi}\frac{\partial}{\partial q_1} = 0,$$

oder schließlich, wenn wir unter p_K den Operator $h/2i\pi\ \partial/\partial q_K$ verstehen,

$$p_1 q_1 - q_1 p_1 = \frac{h}{2i\pi}, \qquad \text{dagegen} \qquad p_1 q_2 - q_2 p_1 = 0. \tag{3}$$

Die letzte Zeile soll nichts anderes bedeuten als eine abgekürzte Schreibweise für die Gleichungen (2) (2'). (3) besagt, daß zwar der Operator $p_1 = \frac{h}{2i\pi}\frac{\partial}{\partial q_1}$ mit q_2 in der Produktreihenfolge vertauscht werden darf ($p_1 q_2 = p_2 q_1$), aber nicht p_1 mit q_1, wie eben (2) (2') als ausführliche Schreibweise von (3) beweist. Für ein Paar konjugierter Koordinaten und Impulse (Operatoren) gilt die Produktregel der Kommutation nicht.

Durch Zurückgehen auf die ausführliche Schreibweise (2) beweist man leicht allgemein folgende Regeln für die Produktkommutation

$$\left.\begin{aligned} &p_K q_L - q_K p_L = \frac{h}{2i\pi} \quad \text{für} \quad K = L, \quad = 0 \quad \text{für} \quad K \neq L,\\ &p_K p_L - p_L p_K = 0, \quad q_K q_L - q_L q_K = 0,\\ &\qquad \text{bei} \quad p_K = \frac{h}{2i\pi}\frac{\partial}{\partial q_K}. \end{aligned}\right\} \tag{4}$$

Daneben gelten, wenn $x_1\, x_2\, x_3$ drei beliebige von den $2N$ Größen $q_1 \ldots q_N p_1 \ldots p_N$ bedeuten, die Additionsgesetze der Assoziation und Distribution

$$(x_1 + x_2) + x_3 = x_1 + (x_2 + x_3), \qquad (x_1 x_2) x_3 = x_1 (x_2 x_3)$$

$$x_1(x_2 + x_3) = x_1 x_2 + x_1 x_3, \qquad x_1 = 0 \quad \text{oder} \quad x_2 = 0 \quad \text{wenn} \quad x_1 x_2 = 0$$

und allgemein das kommutative Gesetz der Addition

$$x_1 + x_2 = x_2 + x_1.$$

Man kann also mit den Größen q_K und Operatoren $p_K = \frac{h}{2i\pi}\cdot\frac{\partial}{\partial q_K}$ genau so rechnen wie mit gewöhnlichen Zahlen, nur bei der Multiplikation ist auf die Nichtimmervertauschbarkeit der Reihenfolge entsprechend (4) zu achten[1]). Nach (4) ist jedes q_K mit jedem q_L vertauschbar, aber jedes q_K nur mit jedem andern p_L wo $L \neq K$. Wir wollen allgemein zwei Funktionen $q'_K(q, p)$ und $p'_K(q, p)$ kanonisch-konjugiert nennen, wenn unter Einsetzung von $p_K = \frac{h}{2i\pi}\frac{\partial}{\partial q_K}$ die Operatorbeziehungen resultieren:

$$p'_K\left(q, \frac{h}{2i\pi}\frac{\partial}{\partial q}\right)\cdot q'_K\left(q, \frac{h}{2i\pi}\frac{\partial}{\partial q}\right)\psi - q'_K\left(q, \frac{h}{2i\pi}\frac{\partial}{\partial q}\right)\cdot p'_K\left(q, \frac{h}{2i\pi}\frac{\partial}{\partial q}\right)\psi = \frac{h}{2i\pi}\psi$$

usw., oder kürzer geschrieben

$$p'_K q'_K - q'_K p'_K = \frac{h}{2ih}, \qquad \text{usw. wie (4)}. \tag{4'}$$

---

[1]) Die Operatorrechnung mit „q-Zahlen" ist vom P. A. M. DIRAC zur formalen Begründung der Quantentheorie eingeführt worden; Proc. Roy. Soc. Bd. 109, S. 642. 1925; Bd. 110, S. 561, 1926. Siehe ferner C. ECKART, Operator-calculus, Phys. Rev. Bd. 28, S. 711, 1926.

Als Beispiel betrachten wir ein System von $2N$ als kanonisch-konjugiert vorausgesetzten, d. h. der Gl. (4) unterworfenen Größen q_K und p_K und bilden aus ihnen die Größen

$$q'_K = \sqrt{q_K}\, e^{-\frac{2i\pi p_K}{h}}, \qquad p'_K = \frac{2i\pi}{h} \cdot e^{+\frac{2i\pi p_K}{h}} \sqrt{q_K}, \tag{5}$$

von denen wir behaupten, daß sie kanonisch-konjugiert sind, d. h. der Gl. (4') unterworfen sind. Zum Beweis betrachten wir zunächst die Gleichung

$$\left.\begin{aligned} e^{\pm\frac{2i\pi p_K}{h}} \cdot f(q_1 \ldots q_N) &= e^{\pm\frac{\partial}{\partial q_K}} f(q_1 \ldots q_N) \\ &= \left\{1 \pm \frac{1}{1!}\frac{\partial}{\partial q_K} + \frac{1}{2!}\frac{\partial^2}{\partial q_K^2} \pm \cdots, f(q_1 \ldots q_K \ldots q_N)\right\} \\ &= f(q_1 \ldots, q_K \pm 1, \ldots q_N), \end{aligned}\right\} \tag{6}$$

letzteres nach dem TAYLORschen Satz. Es wird somit

$$\{p'_K q'_K - q'_K p'_K, \psi\} = \left\{\frac{2i\pi}{h} e^{\frac{2i\pi p_K}{h}} \sqrt{q_K}\sqrt{q_K}\, e^{-\frac{2i\pi p_K}{h}} \psi\right\} - \left\{\frac{2i\pi}{h}\sqrt{q_K}\, e^{-\frac{2i\pi p_K}{h}} e^{\frac{2i\pi p_K}{h}} \sqrt{q_K}\,\psi\right\}$$

$$= \frac{2i\pi}{h} e^{-\frac{2i\pi p_K}{h}} q_K\, e^{-\frac{2i\pi p_K}{h}} \cdot \psi(q_1 \ldots q_K \ldots q_N) - \frac{2i\pi}{h} q_K \psi(q_1 \ldots q_K \ldots q_N)$$

$$= \frac{2i\pi}{h} e^{\frac{2i\pi p_K}{h}} q_K \psi(q_1 \ldots, q_K - 1, \ldots q_N) - \frac{2i\pi}{h} q_K \psi(q_1 \ldots q_K \ldots q_N)$$

$$= \frac{2i\pi}{h}(q_K + 1)\,\psi(q_1 \ldots, q_K + 1 - 1, \ldots q_N) - \frac{2i\pi}{h} q_K \psi(q_1 \ldots q_K \ldots q_N)$$

$$= \frac{2i\pi}{h}\psi(q_1 \ldots q_K \ldots q_N),$$

also in Operatorschreibweise

$$p'_K q'_K - q'_K p'_K = \frac{2i\pi}{h}.$$

Entsprechend beweist man die übrigen Vertauschungsrelationen (4') für die q'_K und p'_K; die durch (5) definierten Operatoren q'_K und p'_K sind also wieder konjugiert. Umgekehrt kann man auch aus der Voraussetzung, daß die p'_K und q'_K kanonisch-konjugiert (4') sind, dasselbe für die p_K und q_K beweisen.

Als ein Gegenstück zu (6) leitet man noch folgende Formeln ab. Sind $\tau_1\tau_2 \ldots$ irgendwelche feste Größen der Dimension von $p_1 p_2 \ldots$, so ist

$$\begin{aligned} \frac{h}{2i\pi}\frac{\partial}{\partial q_K} e^{\frac{2i\pi\tau_K q_K}{h}} \psi(q) &= \frac{h}{2i\pi} e^{\frac{2i\pi\tau_K q_K}{h}} \frac{\partial}{\partial q_K}\psi + \psi\tau_K e^{\frac{2i\pi\tau_K q_K}{h}} \\ &= e^{\frac{2i\pi\tau_K q_K}{h}} \left\{\frac{h}{2i\pi}\frac{\partial}{\partial q_K} + \tau_K, \psi\right\} \end{aligned}$$

oder als Operatorgleichung geschrieben

$$p_K \cdot e^{\frac{2i\pi\tau_K q_K}{h}} = e^{\frac{2i\pi\tau_K q_K}{h}} (p_K + \tau_K). \tag{7}$$

Mit Hilfe dieser Beziehung beweist man dann leicht folgende allgemeineren Gleichungen, wenn $f(q, p)$ irgendeine nach Potenzen der p_K entwickelbare Funktion ist:

$$f(q_1 p_1)\, e^{\frac{2i\pi(\tau_1 q_1 + \ldots \tau_N q_N)}{h}} = e^{\frac{2i\pi(\tau_1 q_1 + \ldots \tau_N q_N)}{h}} \cdot f(q_1, p_1 + \tau_1) \tag{8}$$

oder in umgekehrter Richtung gelesen

$$e^{\frac{2i\pi(\tau_1 q_1+\ldots\tau_N q_N)}{h}} f(q_K p_K) = f(q_K, p_K - \tau_K) e^{\frac{2i\pi(\tau_1 q_1+\ldots\tau_N q_N)}{h}}. \quad (8')$$

Bemerkt sei, daß die hier aus der Umdeutung $p_K \rightarrow \frac{h}{2i\pi}\frac{\partial}{\partial q_K}$ als Identitäten folgenden Vertauschungsregeln (4) schon vor der Aufstellung der SCHRÖDINGERschen Wellenmechanik als Grundgesetze der „Quantenalgebra" von HEISENBERG, BORN und JORDAN sowie von DIRAC aufgestellt waren, um mit deren Hilfe beobachtbare Größen nach gewissen Vorschriften auszurechnen, die sich durch kühne Verallgemeinerung der Korrespondenz zwischen der klassischen Mechanik und der Quantentheorie diskreter Elektronenbahnen ergeben hatten. Die Operatordeutung dieser quantenalgebraischen Beziehungen war dann schon von BORN und WIENER betont worden, und eine den Operatoren unterworfene kontinuierliche Raumfunktion in nicht allzuweit von SCHRÖDINGER abweichender Weise hatte bereits LANCZOS eingeführt. Nachträglich ist dann von SCHRÖDINGER selbst und von ECKART die völlige Äquivalenz der auf der Quantenalgebra beruhenden „Quantenmechanik" mit der Undulationsmechanik gefunden worden.

Wir werden in diesem Abschnitt V obige Rechenregeln über Operatoren ausgiebig zur Abkürzung mancher sonst sehr komplizierter Formeln benutzen. Die Möglichkeit, sich mehr um die Operatoren, welche auf die ψ-Funktion ausgeübt werden, zu kümmern als um diese selbst, beruht eben in der schon erwähnten Überflüssigkeit, genauer auf nichtinvariante Funktionen einzugehen, wenn man auf beobachtbare (invariante) physikalische Größen und Gesetzmäßigkeiten hinaus will. Eine zusammenhängende Überischt über die Quantenalgebra der invarianten Größen ist dann in Abschn. VII zu finden.

45. Besetzungszahlen als Koordinaten. Im folgenden behandeln wir die Übergangswahrscheinlichkeiten von einem Zustand n nach einem andern Zustand m eines mechanischen Systems, etwa eines aus einem oder mehreren Elektronen bestehenden Atoms oder eines aus mehreren Molekülen bestehenden festen oder gasförmigen Aggregates usw. Zu diesem Zweck ist es von Nutzen, das System, das wir einfach das Atom nennen wollen, als Teilnehmer an einer großen Schar gleichartiger, d. h. dieselbe Hamiltonfunktion besitzender und voneinander unabhängiger Atome zu nehmen, von denen zu irgendeiner Zeit N_1 Atome im Zustand 1, N_2 Atome im Zustand 2 usw. liegen. $N_1 + N_2 + \ldots N$ ist die Gesamtzahl der Atome der Schar. Ferner betrachten wir noch eine zweite, dritte usw. Schar von je N solcher Atome, bei denen aber der Verteilungszustand N'_k bzw. N''_k usw. besteht. Die Wahrscheinlichkeit, unter der Gesamtheit dieser Scharen zur Zeit t eine Schar im Verteilungszustand N'_k zu finden, sei $|\psi(N'_k t)|^2$ genannt, die Wahrscheinlichkeit, zur selben Zeit eine Schar der Gesamtheit im Zustand N''_k anzutreffen, sei $|\psi(N''_k, t_1)|^2$. $\psi(N'_k, t_1)$ bzw. $\psi(N''_k t_1)$ sind die zugehörigen Wahrscheinlichkeitsamplituden. Nimmt bis zur Zeit t_2 der Wert von $|\psi(N'_k t)|^2$ ab, der von $\psi(N''_k t)$ zu, so heißt das, es besteht eine Übergangswahrscheinlichkeit vom Verteilungszustand N'_k und nach dem Verteilungszustand N''_k hin.

Während bisher ψ stets als Funktion der Koordinaten q und t betrachtet war, sind wir so mit DIRAC[1]) zu Wahrscheinlichkeitsamplituden ψ gelangt, bei denen die Besetzungszahlen N_k als Koordinaten auftreten. Der Anschluß an Abschnitt IV besonders Ziff. 41, wo ψ allgemein in der Form

$$\psi(q, t) = \Sigma_k b_k(t)\psi_k(q)$$

[1]) P. A. M. DIRAC, Proc. Roy. Soc. Bd. 114, S. 243, 1927.

als Lösung der Grundgleichung[1])

$$\frac{h}{2i\pi}\dot{\psi} + \{H, \psi\} = 0$$

dargestellt war, wird erreicht, indem man hier den Betrag $|b_k(t)|^2$ deutet als die Anzahl der Atome, welche sich gerade im Zustand k befinden, so daß

$$|b_k(t)|^2 = N_k(t) \quad \text{und} \quad \Sigma_k |b_k(t)|^2 = \Sigma_k N_k(t) = N = \text{konst.}$$

Da $b_k(t)$ selbst noch komplex sein kann, ist dann

$$b_k = \sqrt{N_k}\, e^{-\frac{2i\pi\Theta_k}{h}} \quad \text{mit} \quad \sqrt{N_k} = \text{Amplitude}, \quad \Theta_k = \text{Phase} \tag{9}$$

zu setzen, und wir erhalten

$$\psi(b_1 b_2 \ldots q, t) = \Sigma_k b_k \psi_k, \qquad \dot{\psi} = \Sigma_k \dot{b}_k \psi_k.$$

Wegen der in Ziff. 41 abgeleiteten Gleichung für die zeitliche Änderung der b

$$\frac{h}{2i\pi}\dot{b}_k + \Sigma_n H_{kn} b_n = 0 \tag{9'}$$

kann dies auch in der Form

$$\psi = \Sigma b_k \psi_k, \qquad \frac{h}{2i\pi}\dot{\psi} + \Sigma_k \Sigma_n \psi_k H_{kn}\, b_n = 0 \tag{10}$$

geschrieben werden. Wir wollen dabei wie dort die Einteilung von $H(q, t, p)$ in $H^\circ(q, p) + F(q, t)$ so vornehmen, daß die Matrixelemente F_{nn} verschwinden, indem der Teil der Störungsenergie $F(q, t)$, der zu nicht verschwindenden F_{nn} Anlaß geben würde, zur Hauptenergie H° geschlagen wird. Es ist dann

$$H_{kn} = F_{kn} \quad \text{für} \quad k \neq n, \qquad H_{nn} = E_n \quad \text{und} \quad F_{nn} = 0. \tag{10'}$$

Es werde nun $\frac{h}{2i\pi} \cdot b_k^*$ definiert als der zur Koordinate b_k konjugierte Impuls, d. h. $\frac{h}{2i\pi} \cdot b^*$ soll eine Abkürzung für den Operator $\frac{h}{2i\pi}\frac{\partial}{\partial b_k}$, b^* eine Abkürzung für $\partial/\partial b_k$ bedeuten. Es gelten dann die Operatoridentitäten (vgl. (2) (2') und (4)]

$$\left.\begin{aligned} &b_k^* b_k - b_k b_k^* = 1, \qquad b_k^* b_l - b_l b_k^* = 0\,(l \neq k), \\ &b_k b_l - b_l b_k = 0, \qquad b_k^* b_l^* - b_l^* b_k^* = 0 \\ \text{für} \qquad &b_k^* = \frac{\partial}{\partial b_k}. \end{aligned}\right\} \tag{11}$$

Wir verstehen nun unter $H(b, b^*)$ den Operator

$$H(b, b^*) = \Sigma_k \Sigma_n b_k H_{kn} b_n^* \tag{12}$$

und finden bei Ausübung auf $\psi = \Sigma_l b_l \psi_l$, da $b_n^* = \frac{\partial}{\partial b_n}$ auf $\psi_l(q)$ ausgeübt Null ergibt

$$\{H, \psi\} = \Sigma_k \Sigma_n b_k H_{kn} \psi_n,$$

so daß (10) übergeht in die Form

$$\left\{\frac{h}{2i\pi}\frac{\partial}{\partial t} + H, \psi\right\} = 0 \quad \text{für} \quad \psi(b, q) = \Sigma_n b_n \psi_n(q). \tag{13}$$

Diese Gleichung hat formal dasselbe Aussehen wie die Grundgleichung von SCHRÖDINGER, nur ist in letzterer ψ eine Funktion von q und t, in (13) eine

[1]) Die Fourierkoeffizienten $b_k(t)$ sind schnell veränderlich, $b_k = a_k e^{-2i\pi E_k t/h}$, im Gegensatz zu den langsam veränderlichen $a_k(t)$. Die $\psi_k(q)$ sind die Eigenlösungen der konservativen Gleichung $\{H^0 - E, \psi\} = 0$, wo H^0 der „ungestörte" Anteil von H, $F = H - H^0$ die Störungsfunktion ist, siehe Ziffer 41.

Funktion von q und $b_1 b_2 \ldots$, während die Zeit implizite in den $b_k(t)$ steckt. Im folgenden wird es dann weniger auf die Abhängigkeit von q als auf die von den b ankommen; da in der Differentialgleichung (13) der Operator $H(b, b^*)$ die Koordinate q gar nicht enthält, so sind die Lösungen ψ von (13) einfach Funktionen $\psi(b_1 b_2 \ldots)$, wo jedes b noch implizite die Zeit t erhält.

DIRAC geht jetzt weiter von den kanonischen Variabeln b_k und $\frac{h}{2i\pi} \cdot b_k^* = \frac{h}{2i\pi} \cdot \frac{\partial}{\partial b_k}$ zu neuen kanonischen Koordinaten und Impulsen (Operatoren) über, und zwar so, daß die $N_k = |b_k|^2$ jetzt die Rolle der Koordinaten übernehmen. Dies wird erreicht durch die Transformation

$$b_k = \sqrt{N_k}\, e^{-\frac{2i\pi\Theta_k}{h}}, \qquad b_k^* = e^{\frac{2i\pi\Theta_k}{h}} \sqrt{N_k} \tag{14}$$

zu den neuen kanonischen Variablen N_k und $\Theta_k = \frac{h}{2i\pi} \cdot \frac{\partial}{\partial N_k}$; daß in der Tat bei der durch (14) angegebenen Transformation aus den Vertauschungsregeln (11) der b_k die Vertauschungsregeln

$$\left.\begin{aligned} &\Theta_k N_k - N_k \Theta_k = \frac{h}{2i\pi}, \qquad \Theta_k N_l - N_l \Theta_k = 0 \quad \text{für} \quad l \neq k \\ &N_k N_l - N_l N_k = 0, \qquad \Theta_k \Theta_l - \Theta_l \Theta_k = 0 \end{aligned}\right\} \tag{14'}$$

entstehen, folgt wie (4') aus (5).

Bei den neuen kanonischen Variablen $N_k \Theta_k$ wird der Operator $H(bb^*)$ von (12) jetzt zu dem Operator

$$H(N, \Theta) = \Sigma_k \Sigma_n \sqrt{N_k}\, e^{-\frac{2i\pi\Theta_k}{h}} \cdot H_{kn}\, e^{\frac{2i\pi\Theta_n}{h}} \sqrt{N_n} \quad \text{mit} \quad \Theta_k = \frac{h}{2i\pi} \frac{\partial}{\partial N_k}$$

durch den der Operator der Grundgleichung (13) übergeht in

$$\frac{h}{2i\pi} \frac{\partial}{\partial t} + \Sigma_k \Sigma_n H_{kn} \sqrt{N_k}\, e^{-\frac{2i\pi\Theta_k}{h}}\, e^{\frac{2i\pi\Theta_n}{h}} \sqrt{N_n} \cdot = 0. \tag{14''}$$

Übt man ihn auf eine Funktion Ψ aus, so ist Ψ eine Funktion der kontinuierlichen Koordinaten $N_1 N_2 \ldots$, von denen jede zunächst aller Werte zwischen 0 und ∞ fähig ist. Die Beschränkung der Koordinatenwerte N_k auf ganze Zahlen, oder vielmehr der Änderungen der N_k um ganze Zahlen, ist erst ein gleich abzuleitendes Resultat der Quantenmechanik.

46. Übergangswahrscheinlichkeiten. Die letzte Gleichung kann mit Hilfe der Formeln (6) in die Gestalt

$$\left.\begin{aligned} &\frac{h}{2i\pi} \dot{\Psi}(N_1 \ldots N_k \ldots N_n \ldots) \\ &\quad + \Sigma_k \Sigma_n H_{kn} \sqrt{N_k} \cdot \sqrt{N_n + 1} \cdot \Psi(N_1 \ldots N_k - 1, \ldots N_n + 1, \ldots) = 0 \end{aligned}\right\} \tag{15}$$

gebracht werden; dabei sind in der Doppelsumme nur die Glieder mit $k \neq n$ hingeschrieben. Für $k = n$ kommt noch die einfache Summe hinzu:

$$\Sigma_k H_{kk} \sqrt{N_k} \sqrt{N_k}\, \Psi(N_1 \ldots N_k \ldots) = \Sigma_k E_k N_k \Psi(N_1 \ldots N_k \ldots). \tag{15'}$$

$\Psi(N_1 \ldots N_k \ldots N_2)$ fassen wir auf (s. auch 3. Beispiel in Ziff. 40) als die Wahrscheinlichkeitsamplitude, zur Zeit t unter einer Gesamtheit von Atomscharen eine Atomschar im Verteilungszustand $N_1 N_2 \ldots N_k \ldots$ anzutreffen. $\Psi(N_1 \ldots N_k - 1, \ldots N_n + 1, \ldots)$ ist dann die Wahrscheinlichkeitsamplitude, zur selben Zeit eine Schar der Gesamtheit in einem Verteilungszustand anzutreffen, der sich von dem ersteren dadurch unterscheidet, daß im Zustand k ein Atom weniger, im Zustand n ein Atom mehr liegt. Die zeitliche Änderung der ersteren Wahrscheinlichkeitsamplitude ist durch Gleichung (15) mit den Amplituden der letzteren Wahrscheinlichkeiten verknüpft. Zur Vereinfachung der Schreibweise verstehen wir unter Ψ_N und Ψ_M jetzt die Funktionen $\Psi(N_1 N_2 \ldots)$ und $\Psi(M_1 M_2 \ldots)$ und können dann statt (15) abgekürzt schreiben

$$0 = \frac{h}{2i\pi} \dot{\Psi}_N + \Sigma_M \mathfrak{H}_{NM} \cdot \Psi_M, \tag{16}$$

wo die Summe sich auf alle die Verteilungen M erstreckt, welche von der Verteilung N durch ein um 1 vermehrtes und ein um 1 vermindertes N abweichen, dazu kommt noch ein Glied $N = M$ entsprechend (15'); die Bedeutung der Koeffizienten $\mathfrak{H}_{NM}$ ist aus dem Vergleich mit (15) (15') abzulesen; z. B. ist nach (15') $\mathfrak{H}_{NN} = \Sigma_k N_k E_k$, wofür wir auch E_N schreiben wollen

$$\mathfrak{H}_{NN} = E_N = \Sigma_k N_k E_k \tag{16'}$$

als Gesamtenergie der Atome im Verteilungszustand N.

Von der Gleichung (16) für die schnell veränderlichen Funktionen Ψ_N kann man zu langsam veränderlichen Funktionen Φ_N übergehen, indem man den Ansatz

$$\Psi_N = \Phi_N \cdot e^{\frac{2i\pi E_N t}{h}} \tag{17}$$

in (16) einführt. Man erhält dann [vgl. Übergang von (28) zu (28') Ziff. 41] für Φ

$$0 = \frac{h}{2i\pi} \dot{\Phi}_N + \Sigma_M \mathfrak{F}_{NM} \Phi_M e^{\frac{2i\pi(E_N - E_M)t}{h}} \quad \text{mit} \quad \mathfrak{F}_{NM} \begin{array}{ll} = \mathfrak{H}_{NM} \text{ für } & N \neq M \\ = 0 \quad \text{für } & N = M \end{array} \tag{18}$$

Auch die physikalische Bedeutung der $\mathfrak{H}_{NM}$ bzw. $\mathfrak{F}_{NM}$ entspricht der in Ziff. 41 behandelten Bedeutung der H_{nm} bzw. F_{nm}. Die Integration von (18) für das Zeitintervall 0 bis t führt [vgl. in Ziff. 41 die Integration von (28')], zu der Reihe

$$\Phi_N(t) - \Phi_N(0) = \Sigma_M f_{NM}(t)\, \Phi_M(0), \tag{19}$$

wobei in 1. Näherung für kleine Zeiten, in denen sich die Φ_M nur wenig ändern:

$$f_{NM}^{(1)}(t) = -\frac{2i\pi}{h} \int_0^t \mathfrak{F}_{NM}\, e^{\frac{2i\pi(E_N - E_M)t}{h}} dt. \tag{20'}$$

Wird das Zeitintervall 0 bis t so klein genommen, daß auch $\mathfrak{F}_{NM}$ als Konstante angesehen werden darf, so erhält man durch Integration

$$f_{NM}^{(1)}(t) = \mathfrak{F}_{NM} \cdot \left(1 - e^{\frac{2i\pi(E_N - E_M)t}{h}}\right) : (E_N - E_M). \tag{21}$$

Die Entwicklungskoeffizienten $f_{NM}(t)$ in der Reihe (19) sind die Wahrscheinlichkeitsamplituden, die $|f_{NM}|^2 = w_{NM}$ die Wahrscheinlichkeiten, daß während der Zeit t eine Atomschar aus dem Verteilungszustand M nach N springt. Es gilt, genau wie in Ziff. 41, ein Interferenzgesetz der Wahrscheinlichkeiten, als Folge des Additionsgesetzes (19) der Wahrscheinlichkeitsamplituden.

Die Besonderheit des hier behandelten Problems der Übergänge einer Atomschar aus dem Verteilungszustand $M = (M_1 M_2 \ldots)$ in den Verteilungszustand $N = (N_1 N_2 \ldots)$ ergibt nun, daß die Größen $\mathfrak{H}_{NM}$ bzw. $\mathfrak{F}_{NM}$, welche zu den Übergangsamplituden f_{NM} führen, hier nur für folgenden Fall von Null verschieden sind, den man aus (15) abliest:

Endverteilung N	Anfangsverteilung M	$\mathfrak{F}_{NM} = \mathfrak{H}_{NM}$	
$= N_1 \ldots N_k \ldots N_n \ldots$	$= N_1 \ldots N_k - 1, \ldots N_n + 1 \ldots$	$= F_{kn} \sqrt{N_k}\sqrt{N_n + 1}$	(22)

d. h. die von vornherein kontinuierlichen Koordinaten N_k können nur entweder erhalten bleiben oder sich um ± 1 ändern, sukzessive also nur um ganze Vielfache von 1 springen. Im einzelnen bedeutet (22) folgendes. Beim Übergang von der Anfangs- zur Endverteilung der Atomschar springt ein Atom aus dem Zustand n in den Zustand k. Die Unsymmetrie des Übergangserzeugers $F_{kn} \sqrt{N_k}\sqrt{N_n+1}$ ist nur scheinbar, denn man bedenke, daß das springende Atom im Anfang eines der $(N_n + 1)$ Atome war, welche sich im Zustand n befanden, und daß dasselbe Atom am Ende eines der N_k Atome ist, welche sich im Zustand k befinden. Gleichwertig mit (22) ist auch folgendes Schema

Endverteilung N	Anfangsverteilung M	$\mathfrak{F}_{NM} = \mathfrak{H}_{NM}$	
$= N_1 \ldots N_k + 1, \ldots N_n - 1 \ldots$	$= N_1 \ldots N_k \ldots N_n \ldots$	$= F_{kn}\sqrt{N_k+1}\sqrt{N_n}$	(22')

Sind z. B. im Anfang alle $N_k = 0$, nur $N_n = 1$, so ist die Übergangswahrscheinlichkeit dieses Atoms vom Zustand n zum Zustand k zu berechnen aus $\mathfrak{F}_{NM} = F_{kn} \cdot \sqrt{1}\sqrt{1} = F_{kn}$, d. h. einfach aus dem Matrixelement der Störungsenergie. Man sieht hier besonders deutlich, daß für das Vorhandensein dieser Übergangswahrscheinlichkeit von n nach k es nicht etwa nötig ist, daß bereits schon vor dem Übergang ein oder mehrere Atome im Zustand k liegen (wie zuweilen unrichtig aus der Wellenmechanik geschlossen wurde).

47. Wechselwirkung von Licht und Elektron. Im Anschluß an P. Dirac[1]) verfolgen wir jetzt, indem wir das Störungspotential $F(q, t)$ spezialisieren, die Wechselwirkung von Lichtquanten und Elektronen, um zu einer Quantentheorie der Absorption, Emission, Lichtzerstreuung und Dispersion zu gelangen. Dabei mögen die einfachsten Formeln aus der relativistischen klassischen Mechanik des Elektrons im elektromagnetischen Feld vorausgesetzt werden; dieselben sind übrigens in Abschnitt VI im Zusammenhang wiedergegeben.

In einem störenden Feld mit dem skalaren Potential φ und den Vektorpotentialkomponenten $\mathfrak{A}_x\mathfrak{A}_y\mathfrak{A}_z$ lautet die Energiegleichung

$$\left(p_x + \frac{\varepsilon}{c}\mathfrak{A}_x\right)^2 + \cdots - \frac{1}{c^2}(E + \varepsilon\varphi)^2 + \mu^2 c^2 = 0.$$

Die Hamiltonfunktion ist demnach jetzt

$$H = E = c \cdot \left[\mu_0^2 c^2 + \left(p_x + \frac{\varepsilon}{c}\mathfrak{A}_x\right)^2 + \cdots\right]^{\frac{1}{2}} - \varepsilon\varphi.$$

Als ungestörten Fall betrachten wir die Anwesenheit des skalaren Potentials φ allein, welches überdies zeitunabhängig sein soll (Bewegung im Feld eines Kerns) mit der Hamiltonfunktion

$$H_0 = E_0 = c\sqrt{\mu_0^2 c^2 + p^2} - \varepsilon\varphi. \tag{23}$$

Bei Vernachlässigung von v^2/c^2 gegen 1 und von Gliedern mit $\mathfrak{A}^3$ erhält man dann näherungsweise

$$H = E = H_0 + \frac{\varepsilon}{c}(\mathfrak{v}\mathfrak{A}) + \frac{c^2}{2\mu c^2}\mathfrak{A}^2. \tag{24}$$

Diese Gleichung stellt eine Mischung zwischen Korpuskulartheorie der Materie und Feldtheorie des Lichtes dar. Um zu einer konsequenten Feldtheorie von Licht + Materie zu kommen, ist es zunächst nötig, die Wechselwirkung zwischen Elektronen und Lichtkorpuskeln (Lichtquanten) durch eine punktmechanische Hamiltonsche Funktion zu fassen, die dann ins Wellenmechanische zu übersetzen ist. Dem Atom mit seinen Freiheitsgraden steht dabei gegenüber

[1]) P. A. M. Dirac, Proc. Roy. Soc. Bd. 114, S. 243. 1927.

das Lichtfeld mit seinen Freiheitsgraden, die mathematisch als ein System von harmonischen Oszillatoren eingeführt werden, welche in gewisser Weise in störender Wechselwirkung mit dem Atom stehen; physikalisch sind diese Oszillatoren die elementaren Eigenschwingungen des von Licht erfüllten Raumes. Für unsre Zwecke besonders geeignet ist die Verwendung der elementaren LAUEschen Strahlenbündel (s. Ziff. 17, ferner Kap. 9), von denen im Volumen V und im Schwingungszahlenintervall $d\nu$ im ganzen

$$\frac{8\pi\nu^2}{c^3} V d\nu \tag{25}$$

elementare Strahlenbündel vorhanden sind, in Übereinstimmung mit der JEANSschen Zahl der Eigenschwingungen beider Polarisationsrichtungen. Die Anzahl der dabei auf den Winkelöffnungsbereich $d\omega$ (statt 4π) fallenden elementaren Strahlenbündel einer Polarisationsrichtung ist demnach

$$\sigma = \frac{\nu^2}{c^3} V d\nu\, d\omega \quad \text{elementare Strahlenbündel in } V d\nu\, d\omega. \tag{25'}$$

Jedes von ihnen wird in der Korpuskulartheorie des Lichtes mit einer ganzen Zahl N_k von Energiequanten $h\nu_k$ besetzt. Die Ganzzahligkeit der N_k wollen wir aber hier nicht voraussetzen, sondern zunächst den N_k den kontinuierlichen Bereich von 0 bis ∞ zur Verfügung stellen. Der Lichtzustand des Raumes ist dann charakterisiert durch die sämtlichen evtl. gebrochenen Zahlenwerte N_k von Lichteinheiten $h\nu_k$, welche auf den einzelnen (auf dem $k$ten) Strahlenbündeln liegen, und durch die Phasen Θ_k dieser Strahlenbündel.

Um jetzt die Störung zwischen letzteren und dem Atom zu erhalten, betrachten wir zunächst nur das $k$te Strahlenbündel mit der (kontinuierlich veränderlichen) Besetzungszahl N_k und der Phase Θ_k und fragen nach dem von ihm erzeugten Vektorpotential $\mathfrak{A}^k$. Die von dem Strahlenbündel im Volumen V erzeugte mittlere Energiedichte ist $\frac{N_k h\nu_k}{V}$. Andererseits ist die mittlere elektromagnetische Energiedichte der mit ν schwingenden Strahlung gleich

$$\frac{1}{8\pi}\left(\overline{\mathfrak{E}^2} + \overline{\mathfrak{H}^2}\right) = \frac{1}{4\pi}\overline{\mathfrak{E}^2} = \frac{1}{4\pi c^2}\overline{\left(\dot{\mathfrak{A}}\right)^2} = \frac{1}{4\pi}\frac{4\pi^2\nu^2}{c^2}\overline{\mathfrak{A}^2} = \frac{\pi\nu^2}{c^2}\overline{\mathfrak{A}^2}.$$

Aus der Gleichsetzung beider Dichten folgt $\overline{\mathfrak{A}_k^2} = \frac{c^2 h}{\pi\nu}\cdot\frac{N_k}{V}$, und wenn wir $\mathfrak{A}^k$ periodisch mit dem Phasenfaktor $\cos(2\pi\Theta_k/h)$ ansetzen, wird schließlich

$$|\mathfrak{A}^k| = \sqrt{N_k}\cos\left(\frac{2\pi\Theta_k}{h}\right)\cdot 2\sqrt{\frac{h\cdot c^2}{2\pi\cdot\nu_k V}}. \tag{26}$$

$\mathfrak{A}^k$ selbst zeigt in der Richtung des elektrischen Vektors $\mathfrak{E}^k = -\frac{\dot{\mathfrak{A}}^k}{c}$. Das gesamte Vektorpotential $\mathfrak{A}$ ist die Überlagerung aller Beiträge k. Auf diese Weise ist $\mathfrak{A}$ durch die korpuskularen Daten N_k und Θ_k ausgedrückt.

Vor der Einsetzung in die Hamiltonfunktion (24) soll noch symmetrisiert werden:

$$2\cdot\sqrt{N_k}\cos\left(\frac{2\pi\Theta_k}{h}\right) = \sqrt{N_k}\, e^{-\frac{2i\pi\Theta_k}{h}} + e^{\frac{2i\pi\Theta_k}{h}}\sqrt{N_k} = b_k + b_k^* \quad \text{[vgl. (14)]}.$$

Mit den Abkürzungen

$$|\mathfrak{v}|\cdot\cos(\mathfrak{A}^k, \mathfrak{v}) = \mathfrak{v}_k \qquad \text{und} \qquad \cos(\mathfrak{A}^k, \mathfrak{A}^l) = \cos\alpha_{kl}$$

wird dann die Hamiltonfunktion (24) zu

$$\left.\begin{aligned} H = H_0 + \frac{\varepsilon}{c} \sum_k \sqrt{\frac{h c^2}{2\pi V \nu_k}} \cdot \mathfrak{v}_k \cdot (b_k + b_k^*) \\ + \frac{\varepsilon^2}{2\mu c^2} \sum_k \sum_l \frac{h c^2}{2\pi V} \frac{\cos\alpha_{kl}}{\sqrt{\nu_k \nu_l}} (b_k + b_k^*)(b_l + b_l^*) + \sum_k N_k h \nu_k \end{aligned}\right\} \tag{27}$$

unter Hinzufügung der ungestörten Lichtenergie.

Man kann mit DIRAC diese Gleichung so auffassen: Es ist die Hamiltonfunktion eines mechanischen Systems von unendlich vielen Freiheitsgraden, nämlich des Hohlraums V mit seinen Eigenschwingungen (Strahlenbündeln $k = 1, 2, 3 \ldots \infty$) in einer „Lage", in welcher die Eigenschwingungskoordinaten die Werte $b_1 b_2 \ldots$ und die kanonisch konjugierten Impulse die Werte

$$\frac{h}{2i\pi} b_1^*, \quad \frac{h}{2i\pi} b_2^*, \ldots,$$

besitzen, oder auch bei Benutzung der Transformation

$$b_k = \sqrt{N_k}\, e^{-\frac{2i\pi\Theta_k}{h}}, \qquad b_k^* = e^{\frac{2i\pi\Theta_k}{h}} \sqrt{N_k}, \tag{28}$$

bei den Koordinatenwerten N_k und konjugierten Impulswerten Θ_k. Dazu kommen noch die Koordinaten und Impulse des Elektrons, die in H_0 und in den Faktoren $\mathfrak{v}_k$ enthalten sind.

48. Übergangswahrscheinlichkeiten[1]). Der Übergang von der punktmechanischen Hamiltonfunktion (27) zum wellenmechanischen Operator geschieht durch die Umdeutung der Impulse b_k^* in Operatoren $\partial/\partial b_k$ bzw. der Impulse Θ_k in $\frac{h}{2i\pi}\frac{\partial}{\partial N_k}$ und Bildung der Wellengleichung (16)

$$-\frac{h}{2i\pi} \dot{\Psi}_N = \Sigma_M \mathfrak{H}_{NM} \cdot \Psi_M \tag{28'}$$

mit Ψ als Funktion der kontinuierlichen Koordinaten b_k oder N_k. Ausführlich heißt diese Gleichung, wenn wir die Umformung (6)

$$e^{\pm\frac{2i\pi\Theta_k}{h}} f(N_1 \ldots N_k \ldots) = f(N_1 \ldots N_k \pm 1, \ldots)$$

beachten und zur Abkürzung statt $\Psi(N_1 N_2 \ldots)$ einfach Ψ, statt $\Psi(N_1 N_2 \ldots, N_k + 1, \ldots)$ einfach $\Psi(N_k + 1)$ schreiben:

$$\left.\begin{aligned} -\frac{h}{2i\pi}\dot{\Psi} = H_0\Psi + \sum_k N_k h\nu_k \Psi \\ + \varepsilon \cdot \sum_k \sqrt{\frac{h}{2\pi V \nu_k}}\, \mathfrak{v}_k \cdot \left[\sqrt{N_k}\,\Psi(N_k - 1) + \sqrt{N_k + 1}\,\Psi(N_k + 1)\right] \\ + \frac{\varepsilon^2}{2\mu} \sum_k \sum_l \frac{h}{2\pi V} \frac{\cos\alpha_{kl}}{\sqrt{\nu_k \cdot \nu_l}} \cdot \\ \left[\sqrt{N_k N_l} \cdot \Psi(N_k - 1, N_l - 1) + \sqrt{N_k(N_l + 1)} \cdot \Psi(N_k - 1, N_l + 1) \right. \\ \left. + \sqrt{(N_k + 1) N_l} \cdot \Psi(N_k + 1, N_l - 1) + \sqrt{(N_k + 1)(N_l + 1)} \cdot \Psi(N_k + 1, N_l + 1)\right]. \end{aligned}\right\} \tag{29}$$

Wir sehen schon hier entsprechend den Betrachtungen von Ziff. 46, daß die Zahlen N_k sich stets nur um ± 1 ändern, d. h. daß stets nur ganze Lichtquanten umgesetzt werden. Aus dem gewonnenen Resultat werden wir mit DIRAC die Wahr-

[1]) P. A. M. DIRAC, Proc. Roy. Soc. Bd. 114, S. 243. 1927.

scheinlichkeiten der verschiedenen optischen Prozesse, Emission, Absorption, Zerstreuung usw. ablesen. Dazu muß aber noch eine Ergänzung hinzugefügt werden. Die in (29) auf Ψ wirkenden Operatoren H_0 und $\mathfrak{v}_k$ enthalten nämlich Koordinaten q und Impulse p des Elektrons, so daß alle vorkommenden Funktionen Ψ außer den N_k noch das Argument q enthalten. In Ziff. 45 wurde gezeigt, daß man statt q als Koordinate des Elektrons auch Zahlen $N_1^\varepsilon N_2^\varepsilon \ldots$ als Koordinaten einführen kann, welche für eine ganze Schar von gleichartig gebundenen Elektronen die Verteilung über ihre möglichen Quantenzustände 1, 2, ... bedeuten. Dementsprechend wird Ψ bei einem System, welches aus einer Schar von Elektronen und Lichtquanten besteht, eine kontinuierliche Funktion der Argumente

$$\Psi(N_1^\varepsilon N_2^\varepsilon \ldots N_1 N_2 \ldots) \tag{30}$$

sein. Beschränken wir uns auf den Fall, daß nur ein Elektron vorhanden ist, und zwar im Anfangszustand m und im Endzustand n, so ist auf der rechten Seite von (29) statt des von q und p abhängenden Operators H sein Matrixelement $\mathfrak{H}^{nm}$ (siehe S. 391, Fußnote) einzusetzen, also für $\mathfrak{v}_k$ jetzt $\mathfrak{v}_k^{nm}$ und für H_0 jetzt $(H_0)^{nm} = 0$ zu schreiben. (28') nimmt dann folgende Gestalt an

$$-\frac{h}{2i\pi}\dot{\Psi}\binom{n}{N} = \Sigma_M \mathfrak{H}_{NM}^{nm} \cdot \Psi\binom{m}{M}, \tag{31}$$

wobei sich der obere Index n bzw. m auf den Elektronenzustand, der untere N bzw. M auf die Lichtkoordinaten beziehen soll; die Werte $\mathfrak{H}_{NM}$ sind aus (29) abzulesen, und $\mathfrak{H}_{NM}^{nm}$ sollen ihre Matrixelemente bezüglich der Eigenfunktionen $\psi_n(q)$ und $\psi_m(q)$ des Elektrons angeben, deren Eigenwerte gleich E_n und E_m sind. Wir haben damit eine der Gleichung (16) analoge Gleichung für die schnell veränderlichen Größen Ψ genommen. Der Ansatz [vgl. (17)]

$$\Psi\binom{n}{N} = \Phi\binom{n}{N} e^{\frac{2i\pi t(E_N+E_n)}{h}}$$

führt dann zu der Gleichung für die langsam veränderlichen Größen Φ [vgl. (18)]

$$-\frac{h}{2i\pi}\dot{\Phi}\binom{n}{N} = \Sigma_m \mathfrak{F}_{NM}^{nm} \cdot \Phi\binom{m}{M} e^{\frac{2i\pi t(E_N-E_M+E_n-E_m)}{h}} \tag{32}$$

von der uns nur die Glieder $N \neq M$ interessieren, welche für Lichtumsetzungen maßgebend sind.

Die Integration nach der Zeit führt dann zu einer Reihe [vgl. (19)]

$$\Phi\binom{n}{N}_{t=0} - \Phi\binom{n}{N}_t = \Sigma_M f_{NM}^{nm}(t) \cdot \Phi\binom{m}{M}_{t=0}, \tag{33}$$

deren Koeffizienten $f_{NM}^{nm}(t)$ die Übergangsamplituden vom Lichtzustand M nach N bei gleichzeitigem Elektronensprung von m nach n bedeuten. Ihre Quadratbeträge sind die zugehörigen Übergangswahrscheinlichkeiten $w_{NM}^{nm}(t)$. Im einzelnen erhält man, durch Berücksichtigung der verschiedenartigen Summenglieder von (29), in 1. Näherung die Emissions-, Absorptions- und Zerstreuungswahrscheinlichkeiten, in 2. Näherung die Dispersionserscheinungen, wie im folgenden im Anschluß an DIRAC gezeigt werden soll.

49. Emission, Absorption, Zerstreuung[1]. Die Integration von (32) führt in erster Nährung zu den Übergangsamplituden [vgl. (21)]

$$f_{NM}^{nm}(t) = \mathfrak{F}_{NM}^{nm} \cdot \left(1 - e^{\frac{2i\pi(E_N+E_n-E_M-E_m)t}{h}}\right) : (E_N + E_n - E_M - E_m)$$

[1] P. A. M. DIRAC, Proc. Roy. Soc. Bd. 114, S. 243. 1027; siehe ferner A. LANDÉ, ZS. f. Phys. Bd. 42, S. 835. 1927; L. LANDAU, ebenda Bd. 45, S. 430; G. WENTZEL, ebenda Bd. 43, S. 524, 1927; E. FUES, ebenda Bd. 43, S. 726, 1927; F. BLOCH, Phys. ZS. Bd. 29, S. 58. 1928; J. C. SLATER, Proc. Nat. Acad. Amer. Bd. 13, S. 7. 1927.

und den Übergangswahrscheinlichkeiten

$$w_{NM}^{nm}(t) = |F_{NM}^{nm}|^2 \cdot 2\left[1 - \cos\frac{2\pi t}{h}(E_N+E_n-E_M-E_m)\right] : (E_N+E_n-E_M-E_m)^2. \quad (34)$$

Der Emission eines Lichtquants $h\nu_k$ beim Atomsprung $m \to n$ entspricht beim Endzustand $N = N_1 N_2 \ldots$ der Strahlung der Anfangszustand $M = N_1 \ldots, N_k - 1, \ldots$ Der zugehörige Koeffizient $\mathfrak{F}_{NM}^{nm} = \mathfrak{H}_{NM}^{nm}$ ist, wie man aus (29) abliest,

$$\mathfrak{H}_{NM}^{nm} = \varepsilon \sqrt{\frac{h}{2\pi V\nu_k}}\, \mathfrak{v}_k^{nm} \sqrt{N_k} \qquad \begin{pmatrix} E_M = (N_k - 1)\, h\nu_k \\ E_N = N_k \cdot h\nu_k \end{pmatrix}.$$

Gleichwertig damit ist bei anderer Bezeichnung des Anfangs- und Endzustandes

$$\mathfrak{H}_{NM}^{nm} = \sqrt{\frac{h}{2\pi V\nu_k}} \cdot \dot{\mathfrak{M}}_k^{nm} \sqrt{N_k + 1} \qquad \begin{pmatrix} E_M = N_k \cdot h\nu_k \\ E_N = (N_k + 1)\, h\nu_k \end{pmatrix} \quad (34')$$

mit Einführung des elektrischen Moments $\mathfrak{M} = \varepsilon\mathfrak{r}$, $\dot{\mathfrak{M}} = \varepsilon\mathfrak{v}$. Setzt man ferner zur Abkürzung

$$E_m - E_n = \nu_{nm} \cdot h, \qquad \binom{M \to N}{m \to n}, \qquad E_M - E_N = -h\nu_k,$$

so gelangt man zu der Emissionswahrscheinlichkeit

$$w_{NM}^{nm}(t) = \frac{1}{V\pi h\nu_k} |\dot{\mathfrak{M}}_k^{nm}|^2 (N_k + 1)\, [1 - \cos 2\pi t(\nu_{nm} - \nu_k)] : (\nu_{nm} - \nu_k)^2. \quad (35)$$

Sie ist nicht proportional der Zahl N_k der Lichtquanten im Anfangszustand, sondern proportional $N_k + 1$. Den mit N_k proportionalen Teil nennt man die von der Strahlung induzierte Emission, den mit 1 proportionalen Teil die spontane Emission. Das emittierte Lichtquant ν_k braucht nicht etwa die gleiche Frequenz wie das zum Atomsprung gehörige ν_{nm} zu besitzen, allerdings ist die Emissionswahrscheinlichkeit um so größer, je geringer der Nenner $(\nu_{nm} - \nu_k)^2$ wird. Die Bohrsche Frequenzbedingung ist also nicht scharf erfüllt. (35) gibt die Intensitätsverteilung der beim Atomsprung $m \to n$ emittierten breiten Spektrallinie um das Maximum $\nu_k = \nu_{mn}$.

Die gesamte spontane Emissionswahrscheinlichkeit in Volumen V in einen Winkelbereich $d\omega$ hinein und mit Schwingungszahlen des Intervalls $d\nu$ erhält man aus (35) durch Ersetzung von $N_k + 1$ durch 1 und durch Multiplikation mit der Anzahl $\sigma_k = \frac{\nu_k^2}{c^3} \cdot V d\nu_k d\omega_k$ der zugehörigen elementaren Strahlenbündel (25'); dadurch fällt V in (35) heraus:

$$d\omega_k \cdot \frac{1}{\pi h c^3} |\dot{\mathfrak{M}}_k^{nm}|^2 \cdot \nu_k \cdot \frac{1 - \cos 2\pi t(\nu_{nm} - \nu_k)}{(\nu_{nm} - \nu_k)^2}\, d\nu_k.$$

Will man die Emissionswahrscheinlichkeit für alle Farben ν_k durch Integration über ν_k von 0 bis ∞ erhalten, so zeigt sich, daß das Integral nicht konvergiert, weil die Beiträge der hohen Frequenzen zu wenig (wie $d\nu_k/\nu_k$) abnehmen. Dies kommt daher, weil für sehr hohe Frequenzen, d. h. kleine Wellenlängen, es nicht erlaubt ist, im punktmechanischen Ansatz das auf das Elektron in seiner momentanen Lage wirkende Feld durch das Feld in seiner Ruhelage zu ersetzen. Denkt man sich diese Konvergenzschwierigkeit durch passende Modifikation für große ν_k beseitigt, so tragen wesentlich nur die ν_k in der Nähe von ν_{mn} zum Integral bei, so daß man bei der Integration den Faktor ν_k durch ν_{nm} ersetzen kann. Man findet so für die Emissionswahrscheinlichkeit beliebiger Farbe in den $d\omega_k$-Kegel hinein

$$d\omega_k \frac{1}{\pi h c^3} |\dot{\mathfrak{M}}_k^{nm}|^2\, 2\pi^2 \nu_{nm} t = d\omega_k \frac{2\pi\nu_{nm} t}{hc^3} \cdot \left|\frac{d}{dt}\mathfrak{M}_k^{nm}\right|^2 = d\omega_k \cdot \frac{8\pi^3\nu_{nm}^3 t}{hc^3} |\mathfrak{M}_k^{nm}|^2, \quad (36)$$

indem man $\dot{\mathfrak{M}}_k^{nm}$ mit $\quad \frac{d}{dt}\mathfrak{M}_k^{nm} = \frac{2i\pi}{h}\nu_{nm}\mathfrak{M}_k^{nm}$

identifiziert. Die gesamte spontane Emissionswahrscheinlichkeit des vom Zustand m nach n springenden Atoms erhält man bei Ersetzung von $d\omega_k$ durch 4π, Hinzufügung eines Faktors 2 zur Umfassung beider Polarisationsrichtungen und Ersetzung des Mittelwerts der k-Komponente durch einen Faktor $\frac{1}{3}$

$$\overline{|\mathfrak{M}_k^{nm}|^2} = \tfrac{1}{3}\overline{|\mathfrak{M}^{nm}|^2}.$$

Multipliziert man dann noch mit $h\nu_k$, so erhält man die bei einer großen Schar gleichartiger Atome pro Atom und pro Zeiteinheit ausgesandte Energie

$$\frac{dE}{dt} = \frac{64\pi^4\nu_{nm}^4}{3c^3}\overline{|\mathfrak{M}^{nm}|^2} \tag{36'}$$

beim Übergang $m \to n$. Dieser Ausdruck stimmt überein mit der in Ziff. 43, Gl. (41) benutzten Ausstrahlung und rechtfertigt nachträglich den dort benutzten Ansatz für die „Übergangsdichte" ϱ^{nm} als Quelle der klassischen Ausstrahlung.

Für die Absorption eines Lichtquants $h\nu_k$ ist beim Endzustand $N = N_1 N_2 \ldots$ der Strahlung maßgebend ein Anfangszustand $M = N_1 \ldots, N_k + 1, \ldots$ Der zugehörige Koeffizient H_{NM}^{nm} ist in (29)

$$H_{NM}^{nm} = \varepsilon\sqrt{\frac{h}{2\pi V\nu_k}}\,\mathfrak{v}_k^{nm}\sqrt{N_k+1} \qquad \begin{pmatrix} E_M = (N_k+1)\cdot h\nu_k \\ E_N = N_k \cdot h\nu_k \end{pmatrix}.$$

Gleichwertig damit ist

$$H_{NM}^{nm} = \sqrt{\frac{h}{2\pi V\nu_k}}\,\dot{\mathfrak{M}}_k^{nm}\sqrt{N_k} \qquad \begin{pmatrix} E_M = N_k h\nu_k \\ E_N = (N_k-1)h\nu_k \end{pmatrix}. \tag{37}$$

Dies unterscheidet sich von (34') nur durch den Faktor $\sqrt{N_k}$ statt $\sqrt{N_k+1}$, die Emissionswahrscheinlichkeit verhält sich zur Absorptionswahrscheinlichkeit demnach wie

$$\frac{\text{Emissionswahrscheinlichkeit}}{\text{Absorptionswahrscheinlichkeit}} = \frac{N_k+1}{N_k}. \tag{38}$$

Diese Beziehung kann man als Grundlage von EINSTEINS Beweis des PLANCKschen Strahlungsgesetzes benutzen.

Die Zerstreuung eines Lichtquants umfaßt hier nicht den Comptoneffekt, da oben v^2/c^2 vernachlässigt wurde. Wir betrachten den Übergang zum Endzustand $N = N_1 N_2 \ldots$ vom Anfangszustand $M = N_1 \ldots N_k + 1, \ldots N_l - 1, \ldots$ Ihm entspricht in (29)

$$H_{NM}^{nm} = 2\,\frac{\varepsilon^2 h}{2\mu\cdot 2\pi V}\,\frac{\cos\alpha_{kl}}{\sqrt{\nu_k\nu_l}}\sqrt{N_l}\sqrt{N_k+1} \qquad \begin{pmatrix} E_M = (N_k+1)h\nu_k + (N_l-1)h\nu_l \\ E_N = N_k h\nu_k + N_l h\nu_l \end{pmatrix}.$$

Ein solches Glied kommt nämlich in der Doppelsumme 2 mal vor. Statt dessen benutzen wir

$$H_{NM}^{nm} = \frac{\varepsilon^2 h\cos\alpha_{kl}}{2\pi\mu V\sqrt{\nu_k\nu_l}}\sqrt{N_l+1}\sqrt{N_k} \qquad \begin{pmatrix} E_M = N_k h\nu_k + N_l h\nu_l \\ E_N = (N_k-1)h\nu_k + (N_l+1)h\nu_l \end{pmatrix} \tag{39}$$

für den Übergang eines Lichtquants $h\nu_k$ in ein Lichtquant $h\nu_l$. Dies führt nach (34) zu der Übergangswahrscheinlichkeit

$$w_{NM}^{nm} = \frac{\varepsilon^4\cos^2\alpha_{kl}}{4\pi^2\mu^2\cdot V\nu_k\cdot V\nu_l}(N_l+1)N_k\cdot 2\cdot\frac{1-\cos 2\pi t(\nu_l-\nu_k-\nu_{nm})}{(\nu_l-\nu_k-\nu_{nm})^2}. \tag{39'}$$

Durch Multiplikation mit $\sigma_k = \frac{\nu_k^2}{c^3}V\,d\nu_k\,d\omega_k$ und $\sigma_l = \frac{\nu_l^2}{c^3}V\,d\nu_l\,d\omega_l$ (siehe 25') erhält man als Übergangswahrscheinlichkeit aus dem Strahlenbündel $d\nu_k\,d\omega_k$ in das Bündel $d\nu_l\,d\omega_l$

$$\frac{\varepsilon^4\cos^2\alpha_{kl}}{2\pi^2\mu^2c^6}\cdot(N_l+1)N_k\nu_k\nu_l\cdot\frac{1-\cos 2\pi t(\nu_l-\nu_k-\nu_{nm})}{(\nu_l-\nu_k-\nu_{nm})^2}\,d\nu_k\,d\omega_k\,d\nu_l\,d\omega_l. \tag{39''}$$

Besonderes Interesse hat der Fall $\nu_{nm} = 0$ beim Anfangszustand $N_l = 0$, d. i. Streuung an einem ungeändert bleibenden Atom in ein strahlungsfreies $d\omega_l d\nu_l$-Bündel hinein. Integriert man außerdem noch über $d\nu_l$ und umgeht die Konvergenzschwierigkeit wie S. 407, so erhält man für die Wahrscheinlichkeit eines Streuprozesses von $d\nu_k d\omega_k$ nach $d\omega_l$ hin während der Zeit t

$$\frac{\varepsilon^4}{2\pi^2\mu^2 c^6}\cos^2\alpha_{kl}\nu_k N_k \cdot 2\pi^2\nu_k t \cdot d\nu_k d\omega_k d\omega_l. \tag{40}$$

Die auf die Flächeneinheit pro Zeiteinheit auftreffende Strahlungsenergie bestimmter Polarisation ist dabei $\mathfrak{R}(\nu_k)d\nu_k d\omega_k$, worin $\mathfrak{R}(\nu_k) = \frac{c}{8\pi}\varrho(\nu_k)$ und die Strahlungsdichte $\varrho(\nu_k) = N_k h\nu_k \cdot \frac{8\pi\nu_k^2}{c^3}$ [vgl. (25)], also

$$\mathfrak{R}(\nu_k) = \frac{N_k h\nu_k^3}{c^2}. \tag{40'}$$

Setzt man hiernach $N_k = \frac{c^2\mathfrak{R}(\nu_k)}{h\nu_k^3}$ in (40) ein und multipliziert mit $h\nu_k$, so erhält man als gestreute Energie pro Elektron und pro Zeiteinheit aus $d\nu_k d\omega_k$ nach $d\omega_l$ hinein

$$\frac{dE}{dt} = \frac{\varepsilon^4}{\mu^2 c^4}\cos^2\alpha_{kl}\,\mathfrak{R}(\nu_k)\,d\nu_k\,d\omega_k d\omega_l \tag{41}$$

bei auffallender Strahlungsflächendichte $\mathfrak{R}(\nu_k)d\nu_k d\omega_k$. Dabei gibt α_{kl} den Winkel zwischen elektrischem Vektor der einfallenden und der gestreuten Strahlung an. (41) gibt ein auch aus der Theorie des klassischen Oszillators bekanntes Resultat wieder.

50. Dispersion. Um den Dispersionserscheinungen gerecht zu werden, ist es nach DIRAC[1]) nötig, die zweite Näherung bei der Integration von (32) zu betrachten. Statt (32) schreiben wir kurz [2])

$$-\frac{h}{2i\pi}\dot{a}_m(t) = \sum_n F_{mn}a_n(t) \cdot e^{\frac{2i\pi(E_m-E_n)t}{h}} \qquad (F_{mn} = 0 \quad \text{für} \quad m \neq n), \tag{42}$$

Die Lösung 1. Näherung [vgl. (21)]

$$a_m(t) = a_m(0) + \sum_n F_{mn}a_n(0)\left(1 - e^{\frac{2i\pi}{h}(E_m-E_n)t}\right) : (E_m - E_n)$$

benutzen wir für den Sonderfall, daß zur Zeit $t = 0$ alle Systeme im Anfangszustand k sind, $a_k(0) = 1$, $a_m(0) = 0$ für $m \neq k$.

Unter Benutzung der Abkürzung

$$\delta_{nk} = 1 \quad \text{für} \quad n = k$$
$$= 0 \quad \text{für} \quad n \neq k$$

wird dann

$$a_m(t) = \delta_{mk} + F_{mk}\left(1 - e^{\frac{2i\pi}{h}(E_m-E_k)t}\right) : (E_m - E_k). \tag{42'}$$

Setzt man diese 1. Näherung in (42) rechts ein, so erhält man

$$-\frac{h}{2i\pi}\dot{a}_m(t) = F_{mk}e^{\frac{2i\pi}{h}(E_m-E_k)t}$$
$$+ \sum_n F_{mn}F_{nk}\left(1 - e^{\frac{2i\pi}{h}(E_n-E_k)t}\right) \cdot e^{\frac{2i\pi}{h}(E_m-E_n)t} : (E_n - E_k)$$
$$= \left(F_{mk} - \sum_n \frac{F_{mn}F_{nk}}{F_n - F_k}\right)e^{\frac{2i\pi}{h}(E_m-E_k)t} + \sum_n \frac{F_{mn}F_{nk}}{E_n - E_k}e^{\frac{2i\pi}{h}(E_m-E_n)t}.$$

---

1) P. A. M. DIRAC, Proc. Roy. Soc. Bd. 114, S. 710. 1927.

2) Von Gl. (42) bis (44) ist n mit m zu vertauschen (Anm. bei der Korrektur).

Integration dieser Gleichung ergibt für $m \neq k$

$$\left.\begin{aligned} a_m(t) &= \left(F_{mk} - \sum_n \frac{F_{mn}F_{nk}}{E_n - E_k}\right)\cdot\frac{1 - e^{\frac{2i\pi}{h}(E_m - E_n)t}}{E_m - E_k} \\ &+ \sum_n \frac{F_{mn}F_{nk}}{E_n - E_k}\cdot\frac{1 - e^{\frac{2i\pi}{h}(E_m - E_n)t}}{E_m - E_n}. \end{aligned}\right\} \tag{43}$$

In der zweiten Summe Σ_n kann es nicht vorkommen, daß ein Glied durch Verschwinden eines Nenners $E_r - E_s$ unendlich wird, da im Zähler der Faktor F_{rs} steht, der für $r = s$ ebenfalls verschwindet. In dem ersten Glied rechts von (43) ist dagegen der Nenner $E_m - E_k$ nicht durch einen gleichzeitig verschwindenden Zähler F_{mk} unschädlich gemacht. Es wird also dieses erste Glied für solche E_m, die nahe bei E_k liegen, weit über die zweite Σ_n überwiegen. Für diejenigen m, deren E_m nahe bei E_k liegen, kann die Σ_n einfach fortgelassen werden, und man erhält für diese m die Summe

$$\sum_m |a_m|^2 = \sum_m \left| F_{mk} - \sum_n \frac{F_{mn}F_{nk}}{E_n - E_k}\right|^2 \cdot \frac{2\left[1 - \cos\frac{2\pi}{h}(E_m - E_k)t\right]}{(E_m - E_k)^2}.$$

Ist ΔE_m der kleine Abstand zwischen den Energieniveaus der an der Summe beteiligten Zustände m in der Gegend von E_k, so kann man die $\sum$ durch $\frac{1}{\Delta E_m}\int dE_m$ ersetzen und von $E_m = 0$ bis ∞ integrieren, da wesentlich nur die Stelle $E_m \approx E_k$ zum Integral beiträgt. Man erhält dann unter der Annahme, daß F_{mk} und F_{mn} an jener Stelle nur langsam mit m variiert

$$\sum_m |a_m|^2 = \left| F_{mk} - \sum_n \frac{F_{mn}F_{nk}}{E_n - E_k}\right|^2 \cdot \frac{4\pi^2 t}{h\cdot\Delta E_m}, \tag{44}$$

dies ist die Gesamtwahrscheinlichkeit, nach der Zeit t Zustände anzutreffen, deren Energien E_m gleich bzw. nahezu gleich sind der Energie E_k des Ausgangszustandes. Beiträge liefern hierzu erstens direkte Übergänge (F_{mk}), zweitens indirekte Übergänge ($F_{mn}\cdot F_{nk}$) auf dem Umweg über Zwischenzustände.

Dieselbe Rechnung denken wir jetzt mit der Gleichung (32) durchgeführt und erhalten

$$\sum_{N_n} |\Phi_N^n(t)|^2 = \left| \mathfrak{F}_{NM}^{nm} - \sum_{Q_q} \frac{\mathfrak{F}_{NQ}^{nq} F_{QM}^{qm}}{E_Q^q - E_M^m}\right|^2 \cdot \frac{4\pi^2 t}{h\,\Delta E_N^n} \tag{45}$$

als Gesamtwahrscheinlichkeit, nach der Zeit t Zustände des Systems Licht + Elektronen anzutreffen, deren Energie $E_N^n = E_N + E_n$ gleich bzw. nahe gleich der Energie $E_M^m = E_M + E_m$ des Anfangszustandes sind. Die Werte von $\mathfrak{F}_{NM}^{nm} = \mathfrak{H}_{NM}^{nm}$ sind jetzt wieder aus (29) abzulesen.

Anfangszustand M und Endzustand N nehmen wir wie in (39), jedoch mit $N_l = 0$ (Streuung von ν_k-Licht in den vorher strahlungsfreien Zustand ν_l hinein), also

$$\mathfrak{F}_{NM}^{nm} = \mathfrak{H}_{NM}^{nm} = \frac{\varepsilon^2 h \cos\alpha_{kl}}{2\pi\mu V\sqrt{\nu_k\nu_l}}\sqrt{N_k} \qquad \text{und} \qquad \Delta E_N^n = h\Delta\nu_l. \tag{46}$$

Als Zwischenzustand $\binom{q}{Q}$ benutzen wir einen solchen Atomzustand q, daß der Übergang $\binom{qm}{QM}$ die A b s o r p t i o n eines ν_k, der Übergang $\binom{nq}{NQ}$ die E m i s s i o n eines ν_l ist. Dazu gehört nach (34′) und (37)

$$\left.\begin{aligned} \mathfrak{H}_{QM}^{qm} &= \sqrt{\frac{h}{2\pi V\nu_k}}\,\dot{\mathfrak{M}}_k^{qm}\sqrt{N_k}, & \mathfrak{H}_{NQ}^{nq} &= \sqrt{\frac{h}{2\pi V\nu_l}}\,\dot{\mathfrak{M}}_l^{nq}, \\ E_Q^q - E_M^m &= h(\nu_{mq} - \nu_k), & E_N^n - E_Q^q &= h(\nu_{qn} + \nu_l), \end{aligned}\right\} \tag{46′}$$

wobei q so liegen muß, daß

$$E_N^n - E_M^m = h(+\nu_{mq} + \nu_{qn} + \nu_l - \nu_k) \approx 0.$$

Als Zwischenzustand benutzen wir ferner einen andern Atomzustand q, daß der Übergang $\binom{q\,m}{Q\,M}$ die Emission eines ν_l, der Übergang $\binom{n\,q}{N\,Q}$ die Absorption eines ν_k ist. Dazu gehört nach (34′) (37)

$$\left.\begin{aligned} \mathfrak{H}_{QM}^{qm} &= \sqrt{\frac{h}{2\pi V\nu_l}}\,\dot{\mathfrak{M}}_l^{qm}, & \mathfrak{H}_{NQ}^{nq} &= \sqrt{\frac{h}{2\pi V\nu_k}}\,\dot{\mathfrak{M}}_k^{nq}\sqrt{N_k}, \\ E_Q^q - E_M^m &= h(\nu_{mq} + \nu_l), & E_N^n - E_Q^q &= h(\nu_{qn} - \nu_k), \end{aligned}\right\} \tag{46''}$$

wobei q wieder so liegen muß, daß

$$E_N^n - E_M^m = h(\nu_{mq} + \nu_{qn} + \nu_l - \nu_k) \approx 0.$$

Weitere Zwischenzustände ziehen wir nicht in Betracht. Mit (46) (46′) (46″) wird aus (45)

$$\sum |\Phi_N^n(t)|^2 = \frac{4\pi^2 t}{h^2 \Delta\nu_l} N_k \cdot \frac{1}{4\pi^2 V^2 \nu_l \nu_k} \left| \frac{h\varepsilon^2}{\mu}\cos\alpha_{kl} - \sum\left(\frac{\dot{\mathfrak{M}}_l^{qm}\,\dot{\mathfrak{M}}_k^{nq}}{\nu_{mq}+\nu_l} + \frac{\dot{\mathfrak{M}}_k^{qm}\,\dot{\mathfrak{M}}_l^{nq}}{\nu_{mq}-\nu_k}\right)\right|^2 \tag{47}$$

als Gesamtwahrscheinlichkeit, nach der Zeit t Zustände anzutreffen, deren Energien E_N^n in der Nähe der Ausgangsenergie E_M^m liegen, d. i. die **Gesamtwahrscheinlichkeit für die Umsetzung eines Lichtsquants** ν_k in ν_l auf Kosten von Atomsprüngen.

Zur **Dispersion** führt der Vorgang, bei dem die verschwindenden und die neuentstehenden Lichtquanten zwar verschiedene Richtung, aber nahezu die gleiche Frequenz besitzen ($\nu_k = \nu_l$). Dazu gehört dann wegen $E_N^n - E_M^m = 0$, daß die Atomzustände n und m identisch sind ($E^n = E^m$). Es wird dadurch aus (47), wenn man nach $\nu_k = \nu_l = \nu$ schreibt und mit $\sigma_k\sigma_l = V^2 \cdot (\nu^4/c^6)\,\Delta\nu_l \cdot \Delta\omega_l \cdot \Delta\nu_k \cdot \Delta\omega_k$ [vgl. (25′)] multipliziert,

$$N_k t \frac{\nu^2}{h^2 c^6} \Delta\omega_l \Delta\nu_k \Delta\omega_k \cdot \left| \frac{h\varepsilon^2}{\mu}\cos\alpha_{kl} - \sum\left(\frac{\dot{\mathfrak{M}}_l^{qn}\,\dot{\mathfrak{M}}_k^{nq}}{\nu_{nq}+\nu} + \frac{\dot{\mathfrak{M}}_k^{qn}\,\dot{\mathfrak{M}}_l^{nq}}{\nu_{nq}-\nu}\right)\right|^2 \tag{48}$$

gleich der Anzahl der Lichtquanten, welche während t aus dem Strahlenbündel $\Delta\nu\,\Delta\omega_k$ kommen und in den Kegel $\Delta\omega_l$ hineingestreut werden.

Das Entstehen gestreuter Lichtquanten kann man formal zurückführen auf die Emission durch einen klassischen Dipol vom Moment $\mathfrak{M}$ mit der Komponente $\mathfrak{M}_l$ in Richtung des elektrischen Vektors des Streulichts. Die in den Öffnungskegel $\Delta\omega_l$ von dem Dipol ausgesandte Energie während der Zeit t ist nun

$$\Delta\omega_l \cdot \frac{8\pi^3\nu^4\mathfrak{M}_l^2 t}{c^3} \quad \text{[vgl. (36)]},$$

daher die Anzahl der von ihm ausgesandten Lichtquanten $h\nu$

$$\Delta\omega_l \cdot \frac{8\pi^3\nu^3\mathfrak{M}_l^2 t}{h c^3},$$

Dies mit (48) gleichgesetzt gibt die denselben Effekt erzeugende klassische Dipolkomponente $\mathfrak{M}_l = \varepsilon\mathfrak{r}_l$

$$\mathfrak{M}_l = \sqrt{\frac{N_k \Delta\nu_k \Delta\omega_k}{8\pi^3 h\nu c^3}}\,\varepsilon^2 \cdot \left| \frac{h}{\mu}\cos\alpha_{kl} - \sum\left(\frac{\dot{\mathfrak{r}}_l^{qn}\,\dot{\mathfrak{r}}_k^{nq}}{\nu_{nq}+\nu} + \frac{\dot{\mathfrak{r}}_k^{qn}\,\dot{\mathfrak{r}}_l^{nq}}{\nu_{nq}-\nu}\right)\right|. \tag{49}$$

Diesen Ausdruck kann man noch vereinfachen. Erstens ist [vgl. (40′)] die zum Strahlenbündel $N_k \Delta\nu_k \Delta\omega_k$ gehörende Feldstärkenamplitude

$$\frac{c}{8\pi}\mathfrak{E}_k^2 = \mathfrak{K}(\nu)\,\Delta\omega_k\,\Delta\nu_k = \frac{N_k h\nu^3}{c^2}\,\Delta\omega_k\,\Delta\nu_k$$

also

$$\mathfrak{M}_l = \frac{\mathfrak{E}_k\varepsilon^2}{h}\,\frac{1}{8\pi^2\nu^2} \cdot \left|\ \dots\ \right|.$$

Auch der Absolutbetrag $|\ldots|$ läßt sich nach DIRAC noch umformen, indem man $\dot{\mathfrak{r}}^{qn} = 2i\pi\nu_{qn}\mathfrak{r}^{qn}$ setzt und auch $\cos\alpha_{kl}$ zu $\mathfrak{r}_k^{qn}$, $\mathfrak{r}_l^{qn}$ und ν_{qn} und ν in Beziehung setzt. DIRAC erhält schließlich

$$\mathfrak{M}_l = \frac{\mathfrak{E}_k \varepsilon^2}{h} \cdot \left| \sum_q \left(\frac{\mathfrak{r}_l^{qn}\,\mathfrak{r}_k^{nq}}{\nu_{nq} + \nu} + \frac{\mathfrak{r}_k^{qn}\,\mathfrak{r}_l^{nq}}{\nu_{nq} - \nu} \right) \right|$$

und, wenn man die Vektorkomponente $\mathfrak{M}_l$ durch $\mathfrak{M}$, die Komponente $\mathfrak{r}_l$ durch den Vektor $\mathfrak{r}$ ersetzt,

$$\mathfrak{M} = \frac{\mathfrak{E}_k \varepsilon^2}{h} \cdot \left| \sum_q \left(\frac{\mathfrak{r}^{qn}\,\mathfrak{r}^{nq}}{\nu_{nq} + \nu} + \frac{\mathfrak{r}_k^{qn}\,\mathfrak{r}^{nq}}{\nu_{nq} - \nu} \right) \right| \tag{50}$$

als das Dipolmoment, welches klassisch zu der in (48) beschriebenen Zerstreuung Anlaß geben würde. (50) stimmt nun überein mit einer Dispersionsformel, welche im Anschluß an LADENBURG von KRAMERS und HEISENBERG[1]) aufgestellt war auf Grund von Schlüssen, die sich auf das Korrespondenzprinzip gründeten. Je näher ν an einer der Übergangsfrequenzen ν_{nq} des Atoms von seinem Zustand $n = m$ zu intermediären Zuständen q liegt, um so größer wird $\mathfrak{M}$. Und zwar sind Maxima von $\mathfrak{M}$ sowohl an Stellen $\nu = \nu_{nq}$ mit positivem ν_{nq}, wie auch an Stellen $\nu = -\nu_{nq}$ mit negativem ν_{nq} vorhanden, entsprechend Übergängen des Atoms vom Zustand n nach tieferen und höheren Zuständen.

VI. Relativistische Wellenmechanik.

51. Relativistisches Elektron im Feld[2]). Einer besonderen Behandlung bedarf das relativistische Elektron, da bei ihm die kinetische Energie nicht, wie bisher vorausgesetzt, eine quadratische Funktion der Koordinaten ist. Um zunächst die punktmechanische HAMILTON-JAKOBIsche Gleichung des Elektrons im Feld zu suchen, benutzen wir, wie in der Relativitätstheorie üblich, die Koordinaten

$$x_1 x_2 x_3 x_4 = x,\, y,\, z,\, ict$$

und führen noch die Masse μ und den Eigenzeitzuwachs $d\tau$ ein durch

$$\mu = \frac{\mu_0}{\sqrt{1-\beta^2}}, \qquad d\tau = dt \cdot \sqrt{1-\beta^2}, \qquad \beta = \frac{v}{c}, \qquad \mu_0 = \text{Ruhmasse}. \tag{1}$$

Wird die Differentiation nach t durch einen übergesetzten Punkt angedeutet, so gilt die Identität

$$\frac{1}{2\mu_0}[(\mu\dot{x}_1)^2 + (\mu\dot{x}_2)^2 + (\mu\dot{x}_3)^2 + (\mu\dot{x}_4)^2] + \frac{1}{2}\mu_0 c^2 \equiv 0. \tag{1'}$$

Bei fehlendem äußeren Feld sind die Größen $\mu\dot{x}_k$ die Impulse p_k, und die letzte Gleichung nimmt die Form an

$$p_1^2 + p_2^2 + p_3^2 + p_4^2 + \mu_0^2 c^2 = 0 \qquad \left(p_4 = -\frac{E}{ic},\; x_4 = ict\right). \tag{1''}$$

---

[1]) H. A. KRAMERS, Nature Bd. 113, S. 673, 1924. — KRAMERS und HEISENBERG, ZS. f. Phys. Bd. 31, S. 681. 1925. $\mathfrak{r}^{nq}$ entspricht klassisch der Amplitude der Oberfrequenz $(n-q)\nu_0$ eines (anharmonischen) Oszillators.

[2]) E. SCHRÖDINGER, Quantisierung als Eigenwertproblem, 4. Mitteilung. Ann. d. Phys. Bd. 81, S. 109. 1926. — O. KLEIN, Elektrodynamik und Wellenmechanik vom Standpunkt des Korrespondenzprinzips, ZS. f. Phys. Bd. 41, S. 407. 1927. — W. GORDON, Der Comptoneffekt nach der SCHRÖDINGERschen Theorie, ZS. f. Phys. Bd. 40, S. 117. 1926. — P. A. M. DIRAC, Proc. Roy. Soc. Bd. 111, S. 405. 1926.

Ihre wellenmechanische Umdeutung $\left(p_k = \frac{h}{2i\pi}\frac{\partial}{\partial x_k}\right)$ heißt

$$\sum_k \frac{\partial^2 \psi}{\partial x_k^2} + \left(\frac{2i\pi}{h}\right)^2 \mu_0^2 c^2 \psi = 0, \qquad \Box\psi + \left(\frac{2i\pi}{h}\right)^2 \mu_0^2 c^2 \psi = 0$$

und besitzt die partikulare Lösung (eben homogene Wellen)

$$\psi(x_1 x_2 x_3 x_4) = A\, e^{\frac{2i\pi}{h}(p_1 x_1 + \dots p_4 x_4)},$$

wobei die im übrigen willkürlichen Konstanten p_k der Bedingung (1″) zu genügen haben. Die allgemeine Lösung ψ erhält man durch Summation der verschiedenen partikularen Lösungen, welche zu verschiedenen Wertesystemen der Konstanten $(p_1 p_2 p_3 p_4)$ gehören, wobei aber die p_k jedesmal der Bedingung (1″) folgen müssen:

$$\psi = \sum A\,(p_1 p_2 p_3 p_4)\, e^{\frac{2i\pi}{h}(p_1 x_1 + \dots p_4 x_4)}.$$

Die Koeffizienten $A\,(p_1 p_2 p_3 p_4)$ sind die Wahrscheinlichkeitsamplituden für das Vorkommen von Elektronen mit den Impulswerten $p_1 p_2 p_3 p_4$.

Bei Anwesenheit eines Feldes ist zunächst wieder die punktmechanische Verallgemeinerung von (1′) zu suchen und diese dann wellenmechanisch umzudeuten. Das elektromagnetische Feld wird abgeleitet aus einem Vierervektor Φ (Potential) mit den Komponenten

$$\Phi_1 \Phi_2 \Phi_3 \Phi_4 = \mathfrak{A}_x \mathfrak{A}_y \mathfrak{A}_z\, i\varphi \quad \text{(Vektor- und skalares Potential)}.$$

Der Sechservektor F (Feld) ist definiert durch

$$F_{ik} = \frac{\partial \Phi_k}{\partial x_i} - \frac{\partial \Phi_i}{\partial x_k} = -F_{ki}, \qquad \text{kurz } \operatorname{Rot}\Phi = F. \tag{2}$$

Die geläufige Bezeichnung der Feldkomponenten ist

$$F_{23} F_{31} F_{12} F_{41} F_{42} F_{43} = \mathfrak{H}_x\, \mathfrak{H}_y\, \mathfrak{H}_z\, i\mathfrak{E}_x\, i\mathfrak{E}_y\, i\mathfrak{E}_z$$

und (2) bedeutet

$$\mathfrak{H} = \operatorname{rot}\mathfrak{A}, \quad \mathfrak{E} = -\operatorname{grad}\varphi - \frac{1}{c}\dot{\mathfrak{A}}.$$

Als Zusatzbedingung für Φ nimmt man

$$\frac{\partial \Phi_1}{\partial x_1} + \cdots \frac{\partial \Phi_4}{\partial x_4} = 0, \qquad \text{kurz } \operatorname{Div}\Phi = 0. \tag{2′}$$

Die Bewegungsgleichungen des Elektrons

$$\frac{d}{d\tau}\left(\mu_0 \frac{dx_k}{d\tau}\right) = -\frac{\varepsilon}{c}\sum_i \frac{dx_k}{d\tau}\operatorname{Rot}_{ik}\Phi, \quad \text{kurz } \frac{d}{d\tau}\left(\mu_0\frac{dx}{d\tau}\right) = -\frac{\varepsilon}{c}\left[\frac{dx}{d\tau}, \operatorname{Rot}\Phi\right]$$

nehmen kanonische Form

$$\frac{dx_k}{d\tau} = \frac{\partial H}{\partial p_k}, \qquad \frac{dp_k}{d\tau} = -\frac{\partial H}{\partial x_k}$$

an, wenn man unter $H(x, p)$ die Funktion

$$H = \frac{1}{2\mu_0}\left[\left(p_1 + \frac{\varepsilon}{c}\Phi_1\right)^2 + \cdots + \left(p_4 + \frac{\varepsilon}{c}\Phi_4\right)^2\right] + \frac{1}{2}\mu_0 c^2 \tag{3}$$

versteht, die aus der linken Seite der Identität (1′) durch die Einsetzung von

$$\mu_0 \frac{dx_k}{d\tau} = \mu \dot{x}_k = p_k + \frac{\varepsilon}{c}\Phi_k \tag{4}$$

hervorgeht. Die Identität (1′) nimmt dadurch die Form $H(x, p) = 0$ an. Die HAMILTON-JAKOBIsche Gleichung erhält man daraus unter Einführung einer Wirkungsfunktion $S(x_1 \ldots x_4)$ mit $p_k = \frac{\partial S}{\partial x_k}$ in der Form

$$H\left(x, \frac{\partial S}{\partial x}\right) = \frac{1}{2\mu_0}\left\{\left(\frac{\partial S}{\partial x_1} + \frac{\varepsilon}{c}\,\Phi_1\right)^2 + \cdots\right\} + \frac{1}{2}\,\mu_0 c^2 = 0$$

oder kürzer

$$\frac{1}{2\mu_0}\left(\operatorname{Grad} S + \frac{\varepsilon}{c}\,\Phi\right)^2 + \frac{1}{2}\,\mu_0 c^2 = 0. \tag{4'}$$

Die DE BROGLIEsche Theorie konstruiert aus einer vollständigen Lösung S dieser Gleichung die Wellenfunktion $\psi = e^{\frac{2i\pi S}{h}}$.

Der Übergang zur SCHRÖDINGERschen Wellenmechanik geschieht, indem man p_k nicht durch $\frac{\partial S}{\partial x_k}$, sondern durch den Operator $\frac{h}{2i\pi}\frac{\partial}{\partial x_k}$ ersetzt und statt $H(x, p) = 0$ die Gleichung bildet:

$$\boxed{\left\{\frac{1}{2\mu_0}\left(\frac{h}{2i\pi}\operatorname{Grad} + \frac{\varepsilon}{c}\,\Phi\right)^2 + \frac{1}{2}\,\mu_0 c^2,\ \psi\right\} = 0}\,. \tag{5}$$

Diese von mehreren Autoren[1]) gleichzeitig aufgestellte Gleichung für $\psi(x_1 x_2 x_3 x_4)$ läßt sich nach GORDON[2]) auch gewinnen als EULERsche Gleichung ($\tilde{\psi}$ = Konjugierte von ψ, $\psi_{x_k} = \frac{\partial \psi}{\partial x_k}$, $\tilde{\psi}_{x_k} = \frac{\partial \tilde{\psi}}{\partial x_k}$)

$$\sum_k \frac{d}{d x_k}\left(\frac{\partial L}{\partial \tilde{\psi}_{x_k}}\right) - \frac{\partial L}{\partial \tilde{\psi}} = 0$$

aus der LAGRANGEschen Funktion

$$L = \sum_k \left(\psi_{x_k} + \frac{2i\pi}{h}\,\frac{\varepsilon}{c}\,\Phi_k \psi\right)\left(\tilde{\psi}_{x_k} - \frac{2i\pi}{h}\,\frac{\varepsilon}{c}\,\Phi_k \tilde{\psi}\right) + \left(\frac{2\pi\mu_0 c}{h}\right)^2 \psi\tilde{\psi}.$$

Beim Übergang zum Konjugierten ist dabei x_4 stets wie eine reelle Größe zu behandeln, also nicht etwa $\tilde{x}_4 = -x_4$ zu setzen.

Ausführlich geschrieben lautet (5) bei Beachtung von (2′)

$$\Box\psi + \frac{2i\pi\varepsilon}{hc}\,2\,\Phi \operatorname{Grad}\psi + \left[\left(\frac{2i\pi}{h}\,\frac{\varepsilon}{c}\right)^2 \Phi^2 + \left(\frac{2i\pi}{h}\right)^2 \mu_0^2 c^2\right]\psi = 0. \tag{6}$$

Führt man hier den speziellen Lösungsansatz $\psi = e^{\frac{2i\pi S}{h}}$ ein, so gilt für S die Bestimmungsgleichung

$$\frac{h}{2i\pi}\Box S + \left(\operatorname{Grad} S + \frac{\varepsilon}{c}\,\Phi\right)^2 + \mu_0^2 c^2 = 0,$$

welche sich von der klassischen Gleichung (4′) nur durch das mit h proportionale erste Glied unterscheidet.

Dagegen wird in der Optik aus der Lichtquantengleichung

$$p_1^2 + p_2^2 + p_3^2 + p_4^2 = 0\left(p_4 = \frac{iE}{c} = \frac{ih\nu}{c},\quad \sqrt{p_1^2 + p_2^2 + p_3^2} = \frac{h\nu}{c}\right)$$

durch die Ersetzung von p_k durch $\frac{h}{2i\pi}\frac{\partial}{\partial x_k}$ die Wellengleichung $\Box\psi = 0$, welche h nicht enthält.

Wir betrachten noch einige Sonderfälle.

[1]) E. SCHRÖDINGER, Ann. d. Phys. Bd. 81, S. 109. 1926. — V. FOCK, ZS. f. Phys. Bd. 39, S. 226. 1926. — J. KUDAR, Ann. d. Phys. Bd. 81, S. 632. 1926.

[2]) W. GORDON, siehe ferner H. BATEMAN, Proc. Nat. Acad. America Bd. 13, S. 326. 1927; Phys. Rev. Bd. 30, S. 55. 1927. — E. GUTH, ZS. f. Phys. Bd. 41, S. 235. 1927.

a) Bei fehlendem Kraftfeld ($\Phi = 0$) wird aus (6)

$$\Box\psi + \left(\frac{2i\pi}{h}\right)^2 \mu_0^2 c^2 \psi = 0. \tag{6'}$$

b) Bei statischem Kraftfeld führt man den Ansatz $\psi = \psi_n e^{2i\pi\nu_n t}$ in (6) ein, wo ψ_n nicht mehr von t abhängt und ν_n eine Konstante bedeutet. Für ψ_n erhält man dann die Gleichung

$$\Delta\psi_n + \frac{2i\pi\varepsilon}{hc} 2\mathfrak{A}\,\mathrm{grad}\,\psi_n + \left(\frac{2i\pi}{h}\right)^2 \left[\frac{\varepsilon^2}{c^2}\mathfrak{A}^2 - \frac{1}{c^2}(h\nu_n - \varepsilon\varphi)^2 + \mu_0^2 c^2\right]\cdot\psi_n = 0 \tag{6''}$$

mit den Eigenwerten $h\nu_n$ der Energie und den normierten Eigenlösungen ψ_n.

c) Der Lösungsansatz $\psi = \psi^*(x_1 x_2 x_3 x_4)\cdot e^{-\frac{2i\pi}{h}\mu_0 c^2 t}$ in (6) eingeführt ergibt für ψ^* die Gleichung

$$\Delta\psi^* - \frac{1}{c^2}\frac{\partial^2\psi^*}{\partial t^2} - \frac{8\pi^2\mu_0}{h^2}\varepsilon\varphi\cdot\psi^* + \frac{4i\pi}{h}\left\{\frac{\varepsilon}{c}\mathfrak{A}\,\mathrm{grad} + \frac{\varepsilon\varphi}{c^2}\frac{\partial}{\partial t} - \mu_0\frac{\partial}{\partial t},\ \psi^*\right\}$$
$$+ \left(\frac{2i\pi}{h}\cdot\frac{\varepsilon}{c}\right)^2 (\mathfrak{A}^2 - \varphi^2)\,\psi^* = 0.$$

Unter Vernachlässigung der Glieder, welche den Faktor $1/c^2$ besitzen oder das Feldpotential quadratisch enthalten, wird daraus die nichtrelativistische Gleichung

$$\Delta\psi^* - \frac{8\pi^2\mu_0}{h^2}\varepsilon\varphi\cdot\psi^* + \frac{4i\pi}{h}\left(\frac{\varepsilon}{c}\mathfrak{A}\,\mathrm{grad}\,\psi^* - \mu_0\frac{\partial\psi^*}{\partial t}\right) = 0, \tag{6'''}$$

welche die Verallgemeinerung der nichtrelativistischen Schrödingergleichung bei Anwesenheit eines Magnetfeldes darstellt.

52. Hydrodynamische Deutung und Ausstrahlung[1]). Jeder Eigenlösung ψ der Wellengleichung (6) kann man ein raumzeitliches Strömungsfeld zuordnen, gegeben durch einen Strömungsvektor $\mathfrak{J}$ mit den Komponenten $\mathfrak{J}_1 \ldots \mathfrak{J}_4$, welcher die Kontinuitätsgleichung $\mathrm{Div}\,\mathfrak{J} = 0$ erfüllt. Man multipliziert (6) mit $\tilde{\psi}$ und die zu (6) konjugierte Gleichung mit ψ und subtrahiert; die entstehende Gleichung

$$(\tilde{\psi}\Box\psi - \psi\Box\tilde{\psi}) + \frac{2i\pi\varepsilon}{hc}\,2\Phi\,(\tilde{\psi}\,\mathrm{Grad}\,\psi + \psi\,\mathrm{Grad}\,\tilde{\psi}) = 0$$

läßt sich wegen $\mathrm{Div}\,\Phi = 0$ auf die Form bringen:

$$\mathrm{Div}\,\mathfrak{J} = 0 \quad \text{mit} \quad \mathfrak{J} = \frac{h}{4i\pi}\left(\tilde{\psi}\,\mathrm{Grad}\,\psi - \psi\,\mathrm{Grad}\,\tilde{\psi} + \frac{4\pi i\varepsilon}{hc}\Phi\psi\tilde{\psi}\right). \tag{7}$$

Die geläufige Form $\mathrm{div}(\varrho\mathfrak{v}) + \frac{\partial\varrho}{\partial t} = 0$ der Kontinuitätsgleichung erhält man aus $\mathrm{Div}\,\mathfrak{J} = 0$ durch die Bezeichnung

$$\mathfrak{J}_1 = \varrho\mathfrak{v}_x, \qquad \mathfrak{J}_2 = \varrho\mathfrak{v}_y, \qquad \mathfrak{J}_3 = \varrho\mathfrak{v}_z, \qquad \mathfrak{J}_4 = ic\varrho.$$

Bei Einführung der Ruhdichte $\varrho_0 = \varrho\cdot\sqrt{1 - \frac{v^2}{c^2}} = \frac{i}{c}\left|\mathfrak{J}\right|$ und des Eigenzeitdifferentials $d\tau = dt\cdot\sqrt{1 - \frac{v^2}{c^2}}$ erhält man für die Vierergeschwindigkeit $\mathfrak{B}$ mit den Komponenten $\mathfrak{B}_k = \frac{dx_k}{d\tau}$

$$\mathfrak{B}_1 = \frac{dx_1}{d\tau} = \frac{\mathfrak{v}_x}{\sqrt{1 - \frac{v^2}{c^2}}} = \frac{\mathfrak{J}_1}{\varrho_0}, \ \ldots, \qquad \mathfrak{B}_4 = \frac{icdt}{d\tau} = \frac{ic}{\sqrt{1 - \frac{v^2}{c^2}}} = \frac{\mathfrak{J}_4}{\varrho_0}, \tag{8}$$

$$\sum \mathfrak{B}_k^2 = -c^2, \qquad \mathfrak{J}^2 = -c^2\varrho_0^2. \tag{9}$$

[1]) W. Gordon, ZS. f. Phys. Bd. 40, S. 117. 1926.

Bei statischem Feld setzt sich die allgemeine Lösung von (6) aus den Eigenlösungen von (6′) zusammen

$$\psi(x_1 \ldots x_4) = \sum_n b_n \psi_n(x_1 x_2 x_3) \cdot e^{2i\pi\nu_n t} \tag{10}$$

mit beliebigen konstanten Koeffizienten b_n. Der Strömungsvektor $\mathfrak{J}$ läßt sich dann in der Form

$$\mathfrak{J} = \sum_l \sum_m b_l b_m \mathfrak{J}^{(lm)}$$

schreiben, wobei entsprechend (7)

$$\mathfrak{J}^{(lm)} = \frac{h}{4i\pi}\left(\tilde{\psi}_m \operatorname{Grad}\psi_l - \psi_l \operatorname{Grad}\tilde{\psi}_m + \frac{4i\pi\varepsilon}{hc}\Phi\psi_l\tilde{\psi}_m\right) \tag{11}$$

mit den Komponenten

$$\begin{aligned} \mathfrak{J}_1^{(lm)} &= (\varrho\mathfrak{v}_x)^{lm} = \frac{h}{4i\pi}\left(\tilde{\psi}_m \frac{\partial\psi_l}{\partial x_1} - \psi_l \frac{\partial\tilde{\psi}_m}{\partial x_1} + \frac{4i\pi\varepsilon}{hc}\Phi\psi_l\tilde{\psi}_m\right) \cdot e^{2i\pi(\nu_l - \nu_m)t}, \\ \mathfrak{J}_4^{(lm)} &= ic\varrho^{lm} = \left(\frac{h\nu_l + h\nu_m}{2ic} + \frac{\varepsilon}{c}\Phi\right)\psi_l\tilde{\psi}_m \cdot e^{2i\pi(\nu_l - \nu_m)t}. \end{aligned} \tag{12}$$

Ebenso wie in Ziff. 30 die „Übergangsdichte" $\varrho^{(lm)}$, so kann man hier die „Übergangsströmung" $\mathfrak{J}^{(lm)}$ als Quelle elektrodynamischer Ausstrahlung einführen (GORDON): Wenn in dem Feld Φ das Elektron aus dem Zustand l in den Zustand m springt, so soll das Strömungsfeld $\mathfrak{J}^{(lm)}$ als Quelle eines sekundären Strahlungsfeldes mit dem retardierten Potential Φ^*

$$\Phi^* = \frac{1}{c}\int \frac{[\mathfrak{J}^{(lm)}]_{t-r/c}}{r}\, dx_1 dx_2 dx_3 \tag{12′}$$

angesehen werden, wie in der MAXWELLschen Theorie. Auf Grund dieser Annahme ist es W. GORDON gelungen, Frequenz und Intensität des sekundären Lichtfeldes Φ^* zu berechnen, welches beim Übergang eines freien Elektrons aus dem Bewegungszustand l nach m im Feld einer primären Lichtquelle Φ ausgestrahlt wird (COMPTONsche Lichtstreuung). Aus (12) (12′) erkennt man übrigens, daß beim Übergang lm das sekundäre Feld Φ^* die zeitliche Periode $\nu_{lm} = \nu_l - \nu_m = \frac{(E_l - E_m)}{h}$ besitzt, entsprechend dem Kombinationsprinzip und der BOHRschen Frequenzbedingung.

Von Interesse ist es, den schon früher (Ziff. 37) gebrauchten Ansatz

$$\psi = \alpha(x_1 \ldots x_4) \cdot e^{\frac{2i\pi}{h}S(x_1 \ldots x_4)}, \qquad \text{also} \qquad \alpha^2 = \psi\tilde{\psi}, \qquad S = \frac{h}{4i\pi}\ln\left(\frac{\psi}{\tilde{\psi}}\right) \tag{13}$$

in die Wellengleichung (6) einzuführen (α und S reell); durch Trennung des Reellen und Imaginären ergeben sich dann für α und S die zwei Gleichungen:

$$\begin{aligned} &\frac{h^2}{4\pi^2}\Box\alpha - \alpha(\operatorname{Grad}S)^2 - 2\alpha\frac{\varepsilon}{c}\Phi\operatorname{Grad}S - \alpha\cdot\left(\frac{\varepsilon^2\Phi^2}{c^2} + \mu_0^2c^2\right) = 0 \\ &\alpha\Box S + 2\operatorname{Grad}\alpha\cdot\operatorname{Grad}S + 2\frac{\varepsilon\Phi}{c}\operatorname{Grad}\alpha = 0. \end{aligned} \tag{13′}$$

Die zweite läßt sich wegen $\operatorname{Div}\Phi = 0$ auch in der Form

$$\operatorname{Div}\mathfrak{J} = 0 \qquad \text{mit} \qquad \mathfrak{J} = \alpha^2\left(\operatorname{Grad}S + \frac{\varepsilon}{c}\Phi\right) \tag{14}$$

schreiben, die erste dagegen in der Form

$$\frac{1}{2\mu_0}\left(\operatorname{Grad}S + \frac{\varepsilon}{c}\Phi\right)^2 + \frac{1}{2}\mu_0c^2 - \frac{h^2}{8\pi^2\mu_0}\frac{\Box\alpha}{\alpha} = 0. \tag{14′}$$

Zum Unterschied von der klassischen Gleichung (4'). Wegen (8) ist

$$\varrho_0^2 = -\frac{\mathfrak{J}^2}{c^2}, \tag{14''}$$

und die Vierergeschwindigkeit $\mathfrak{B} = \frac{\mathfrak{J}}{\varrho_0}$ wird daher nach (14) (14')

$$\mathfrak{B} = \frac{\alpha^2}{\varrho_0}\left(\operatorname{Grad} S + \frac{\varepsilon}{c}\,\Phi\right) \quad \text{mit} \quad \varrho_0 = \sqrt{-\frac{\mathfrak{J}^2}{c^2}} = \mu_0\,\alpha^2\sqrt{1 - \frac{h^2}{4\pi^2\mu_0^2 c^2}\cdot\frac{\Box\alpha}{\alpha}}. \tag{15}$$

Wir suchen jetzt die „Bewegungsgleichungen" der Strömung, in Analogie zu MADELUNGs hydrodynamischer Bewegungsgleichung (Ziff. 37) der nicht relativistischen Undulationsmechanik; dazu gehen wir von der Identität für einen beliebigen Vierervektor $\mathfrak{B}$ aus

$$\frac{d\mathfrak{B}}{d\tau} = (\mathfrak{B}\operatorname{Grad})\,\mathfrak{B} \quad \text{und} \quad \frac{1}{2}\operatorname{Grad}\mathfrak{B}^2 = (\mathfrak{B}\operatorname{Grad})\,\mathfrak{B} + [\mathfrak{B}, \operatorname{Rot}\mathfrak{B}],$$

worin $d/d\tau$ die Änderung von $\mathfrak{B}$ beim Fortschreiten mit der Strömung beschreibt. Speziell für $\mathfrak{B} = \mathfrak{B}\,\mu_0$ wird

$$\frac{d}{d\tau}(\mu_0\mathfrak{B}) = \mu_0(\mathfrak{B}\operatorname{Grad})\,\mathfrak{B} = -\mu_0\,[\mathfrak{B}, \operatorname{Rot}\mathfrak{B}],$$

da $\frac{1}{2}\operatorname{Grad}\mathfrak{B}^2 = \frac{1}{2}\operatorname{Grad}(-c^2) = 0$ ist. Hierfür kann man schreiben

$$\frac{d}{d\tau}(\mu_0\mathfrak{B}) = -\mu_0\left[\mathfrak{B}, \operatorname{Rot}\frac{\mathfrak{J}}{\varrho_0}\right] = -\left[\mathfrak{B}\operatorname{Rot}\frac{\mathfrak{J}}{\alpha^2}\right] - \left[\mathfrak{B}, \operatorname{Rot}\left(\frac{\mathfrak{J}\mu_0}{\varrho_0} - \frac{\mathfrak{J}}{\alpha^2}\right)\right]$$

und schließlich wegen $\operatorname{Rot}\left(\frac{\mathfrak{J}}{\alpha^2}\right) = \operatorname{Rot}\left(\operatorname{Grad} S + \frac{\varepsilon}{c}\,\Phi\right) = \frac{\varepsilon}{c}\operatorname{Rot}\Phi$

$$\left.\begin{aligned} \frac{d}{d\tau}(\mathfrak{B}) &= -\left[\mathfrak{B}, \operatorname{Rot}\frac{\varepsilon}{\mu_0 c}\,\Phi\right] - \left[\mathfrak{B}, \operatorname{Rot}\left(\frac{\mathfrak{J}}{\varrho_0} - \frac{\mathfrak{J}}{\mu_0\alpha^2}\right)\right] \\ &= \mathfrak{K}_a + \mathfrak{K}_i = -\left[\mathfrak{B}, \operatorname{Rot}\frac{\varepsilon}{c}\,\Phi'\right] \end{aligned}\right\} \tag{16}$$

als Kraft pro Masseneinheit. Das für die Strömung wirksame Potential ist gegeben durch

$$\Phi' = \Phi + \mathfrak{J}\left(\frac{\mu_0 c}{\varrho_0\varepsilon} - \frac{c}{\alpha^2\varepsilon}\right) = \left(\Phi + \frac{\mathfrak{B}}{c}\,\Phi_5\right),$$

wenn man unter Φ_5 die skalare Größe

$$\Phi_5 = \frac{c^2\mu_0}{c}\left(1 - \frac{\varrho_0}{\mu_0\alpha^2}\right) \tag{16'}$$

versteht.

In der klassischen Elektrodynamik strömender geladener Materie tritt als wirksame Kraft pro Masseneinheit nicht die eines „äußeren Feldes" auf, sondern die Kraft

$$\mathfrak{K} = -\left[\mathfrak{B}, \operatorname{Rot}\frac{\varepsilon}{\mu_0 c}\,\Phi\right]$$

pro Masseneinheit, wo der Feldsechservektor $\operatorname{Rot}\Phi = F$ durch die MAXWELLschen Gleichungen mit der Stromdichte $\mathfrak{J}$

$$\Delta\mathrm{iv} F = \mathfrak{J}, \qquad \Delta\mathrm{iv} F^* = 0, \qquad (F_{12}^* = F_{34} \ \text{usw.})$$

verknüpft und die Ladung pro Masseneinheit ε/μ_0 genannt ist. In der wellenmechanischen Strömung ist dagegen von einer solchen oder ähnlichen Verknüpfung von $\mathfrak{J}$ und Φ keine Rede, Φ ist dort vielmehr das unabhängig von der Strömung gegebene äußere Feldpotential und ist ergänzt durch ein „inneres Spannungspotential" $\frac{\mathfrak{B}}{c}\,\Phi_5$ zum wirksamen Potential Φ'.

Eine erste Näherung für die quantentheoretische Strömung erhält man für $\mathfrak{v}^2 \ll c^2$ (Vernachlässigung der Relativitätseffekte), wenn man statt (15) die Approximation

$$\frac{\varrho_0}{\mu_0 \alpha^2} = 1 - \frac{h^2 \cdot \Delta\alpha}{8\pi^2 \mu_0^2 c^2 \cdot \alpha}$$

benutzt, unter Vernachlässigung von $\frac{1}{c^2}\ddot{\alpha}$ gegen $\Delta\alpha$ in $\Box\alpha$; man bekommt in dieser Näherung als Bewegungsgleichung

$$\frac{d}{d\tau}\mathfrak{B} = -\left[\mathfrak{B}, \operatorname{Rot}\frac{\varepsilon}{c\mu_0}\Phi\right] + \mathfrak{K}_i \qquad \text{mit} \qquad \mathfrak{K}_i = \frac{h^2}{8\pi^2\mu_0}\alpha^2 \operatorname{grad}\left(\frac{\Delta\alpha}{\alpha}\right)$$

für die drei räumlichen Komponenten von $\mathfrak{K}_i$, während in dieser Näherung die vierte Komponente von $\mathfrak{K}_i$ ganz verschwindet. Die Zusatzkraft $\mathfrak{K}_i$ hängt dabei nur von der Dichte α^2 und deren räumlichen Differentialquotienten ab und ist identisch mit MADELUNGs nichtrelativistischer Zusatzkraft (23) Ziff. 37 des „inneren" Potentials. Bei der Integration der letzteren Bewegungsgleichung über den Raum verschwindet das Integral der Zusatzkraft genau wie in Ziff. 38, und es resultiert ein Schwerpunktssatz, daß der Schwerpunkt der strömenden Flüssigkeit („Wellenpaket") sich so bewegt wie ein mechanischer Massenpunkt unter dem Einfluß der auf ihn wirkenden äußeren Kraft allein.

In höherer Näherung dagegen, unter Berücksichtigung der relativistischen Glieder, ist die innere Kraft an jeder Stelle nicht nur von der dortigen Dichteverteilung, sondern auch von der Geschwindigkeitsverteilung der Strömung abhängig. Infolgedessen gilt jetzt kein Schwerpunktssatz mehr, vielmehr ist, auch für die Bewegung eines Wellenpakets als Ganzes, jene Zusatzkraft von wesentlicher Bedeutung. Wenn also in der nichtrelativistischen Mechanik der ψ-Strömung ein Wellenpaket wenigstens hinsichtlich seines Schwerpunktes sich wie ein klassisch mechanisch bewegter Massenpunkt verhielt, so fällt diese Verwandtschaft zwischen Massenpunkten und Wellenpaketen in der relativistischen Quantenmechanik ganz fort.

53. Fünfdimensionale Fassung der Wellenmechanik[1]). Eine besonders symmetrische Form der Wellenmechanik des Elektrons erhält man nach dem Vorgang von O. KLEIN, V. FOCK, wenn man zunächst in rein formaler Weise neben den Koordinaten $xyzict = x_1x_2x_3x_4$ noch eine fünfte Koordinate x_5 heranzieht, von welcher die Wellenfunktion ψ in periodischer Weise abhängen soll; definiert man nämlich

$$\psi(x_1x_2x_3x_4x_5) = \psi(x_1x_2x_3x_4) \cdot e^{\frac{2i\pi}{h}c\mu_0 x_5}$$

so kann man statt $\left(\frac{2\pi i c\mu_0}{h}\right)^n \cdot \psi$ auch $\frac{\partial^n \psi}{\partial x_5^n}$ schreiben und an Stelle von (6) jetzt für $\psi(x_1 \ldots x_5)$ die Gleichung setzen:

$$\Box\psi + 2\frac{\varepsilon\Phi}{\mu_0 c^2}\frac{\partial}{\partial x_5}(\operatorname{Grad}\psi) + \left[\left(\frac{\varepsilon\Phi}{\mu_0 c^2}\right)^2 + 1\right]\frac{\partial^2\psi}{\partial x_5^2} = 0. \tag{17}$$

Bei fehlendem Feld ($\Phi = 0$) reduziert sich (17) auf die Form

$$\boxed{\Delta_5\psi = 0} \quad \text{d. h.} \quad \left(\frac{\partial^2\psi}{\partial x^2} + \frac{\partial^2\psi}{\partial y^2} + \frac{\partial^2\psi}{\partial y^2} + \frac{\partial^2\psi}{\partial x_5^2}\right) - \frac{1}{c^2}\frac{\partial^2\psi}{\partial t^2} = 0 \tag{17'}$$

mit der Lösung

$$\psi = a\,e^{\frac{2i\pi}{h}(p_1x_1 \ldots + p_5x_5)} \qquad \text{mit} \qquad \boxed{\sum_1^5 p_k^2 = 0} \tag{17''}$$

[1]) O. KLEIN, ZS. f. Phys. Bd. 37, S. 895. 1926; V. FOCK, ZS. f. Phys. Bd. 39, S. 226. 1926; P. EHRENFEST und G. UHLENBECK, ZS. f. Phys. Bd. 39, S. 495. 1926.

oder bei Einführung der Abkürzungen

$$p_1 = p_x\,,\; p_2 = p_y\,,\; p_3 = p_z\,,\; p_4 = \frac{iE}{c} = \frac{ih\nu}{c}\,,\; p_5 = \mu_0 c\,,$$

$$\psi = e^{\frac{2i\pi}{h}(-h\nu t + p_x x + p_y y + p_z z + \mu_0 c x_5)}$$

ψ stellt jetzt ebene Wellen im $xyzx_5$-Raum dar, deren Phase sich zeitlich mit der Geschwindigkeit v, gegeben durch

$$\frac{1}{v^2} = \left(\frac{p_x}{h\nu}\right)^2 + \left(\frac{p_y}{h\nu}\right)^2 + \left(\frac{p_z}{h\nu}\right)^2 + \left(\frac{\mu_0 c}{h\nu}\right)^2 = \frac{1}{c^2} \quad \text{d. h.} \quad \boxed{v = c} \tag{18}$$

fortpflanzt, d. h. mit der universellen Geschwindigkeit c, unabhängig von $\nu = \frac{E}{h}$; die Ausbreitung im $xyzx_5$-Raum ist dispersionsfrei. Die Spur der Wellenebenen im xyz-Raum (x_5 = konst.) breitet sich jedoch mit der Geschwindigkeit u aus, gegeben durch

$$\frac{1}{u^2} = \left(\frac{p_x}{h\nu}\right)^2 + \left(\frac{p_y}{h\nu}\right)^2 + \left(\frac{p_z}{h\nu}\right)^2 = \frac{1}{c^2} - \frac{\mu_0^2 c^2}{h^2 \nu^2}$$

$$u = \frac{c h\nu}{\sqrt{h^2\nu^2 - \mu_0^2 c^4}} = \frac{h\nu}{\sqrt{-p_4^2 - p_5^2}} = \frac{h\nu}{\sqrt{p_x^2 + p_y^2 + p_z^2}}. \tag{18'}$$

u hängt von ν ab (DE BROGLIEsches Dispersionsgesetz), die zugehörige Wellenlänge ist

$$\lambda = \frac{u}{\nu} = \frac{h}{\sqrt{p_x^2 + p_y^2 + p_z^2}} = \frac{hc}{\sqrt{E^2 - \mu_0^2 c^4}}$$

und stets reell, weil $\mu_0 c^2$ als Ruhenergie stets kleiner als E ist.

Ist ein elektromagnetisches Feld vorhanden, so versuchen wir die allgemeine Gleichung (17) zu lösen durch den Ansatz

$$\psi = \alpha e^{\frac{2i\pi}{h}S} = \alpha(x_1 \ldots x_4)\, e^{\frac{2i\pi}{h}[S(x_1 \ldots x_4) + c\mu_0 x_5]} \quad \text{mit} \quad \frac{\partial S}{\partial x_5} = c\mu_0\,. \tag{19}$$

Dieser führt wieder zu den zwei Gleichungen (13') für α und S bzw. zu (14) (14'). Im besonderen läßt sich (14') dann fünfdimensional in der Form

$$\boxed{\left(\operatorname{Grad} S + \frac{\varepsilon}{c}\Phi\right)^2 = 0}\,, \quad \text{d. h.} \quad \sum_1^5 \left(\frac{\partial S}{\partial x_k} + \Phi_k\right)^2 = 0 \tag{19'}$$

schreiben, wenn man Φ_5 nach F. LONDON[1]) definiert als die skalare Größe (16')

$$\frac{\varepsilon}{c}\Phi_5 = c\mu_0 - \frac{c\varrho_0}{\alpha^2} = c\mu_0 - \sqrt{\mu_0^2 c^2 - \frac{h^2}{4\pi^2}\frac{\Box\alpha}{\alpha}}$$

Φ_5 spielt dann die Rolle einer fünften elektromagnetischen Potentialkomponente neben Φ_1 bis Φ_4, jedoch so, daß die Komponenten Φ_1 bis Φ_4 vom relativistischen Bezugssystem abhängen, Φ_5 dagegen skalar (invariant) ist. Φ_5 ist das relativistische Gegenstück zu dem MADELUNGschen Potential der inneren Kräfte des ψ-Feldes auf sich selber (Ziff. 37). Ist Φ_1 bis $\Phi_4 = 0$, so wird α = konst., $\Box\alpha = 0$ und auch $\Phi_5 = 0$.

Den vier Komponenten des (14) Materiestromes $\mathfrak{J}_1 \ldots \mathfrak{J}_4$ kann man noch die Größe

$$\mathfrak{J}_5 = \alpha^2\left(\frac{\partial S}{\partial x_5} + \frac{\varepsilon}{c}\Phi_5\right) = \alpha^2\sqrt{\mu_0^2 c^2 - \frac{h^2}{4\mu^2}\frac{\Box\alpha}{\alpha}} = c\varrho_0\,, \tag{19''}$$

an die Seite stellen, so daß sich dann (14'') in der Form schreibt:

$$\sum_1^5 \mathfrak{J}_k^2 = 0\,, \qquad \mathfrak{J} = \alpha^2\left(\operatorname{Grad} S + \frac{\varepsilon}{c}\Phi\right). \tag{20}$$

[1]) F. LONDON, ZS. f. Phys. Bd. 42, S. 375, 1927.

Die vierdimensionale Kontinuitätsgleichung behält die Form $\mathrm{Div}\mathfrak{J} = 0$ auch im Fünfdimensionalen bei, denn es ist $\partial\mathfrak{J}_5/\partial x_5 = 0$, da α nur von $x_1 \ldots x_4$ abhängt. Die zu $\mathfrak{J}_5$ gehörige Geschwindigkeit der Strömung in der x_5-Richtung wird als Ergänzung zu den vier Komponenten $\mathfrak{B}_1 \ldots \mathfrak{B}_4$ von (15) beschrieben durch

$$\mathfrak{B}_5 = \frac{dx_5}{d\tau} = c\left(\frac{\partial S}{\partial x_5} + \frac{\varepsilon}{c}\,\Phi_5\right) : \sqrt{\mu_0^2 c^2 - \frac{h^2}{4\varkappa^2}\frac{\Box\alpha}{\alpha}} = c$$

mit Hilfe von (19′) und es wird wegen

$$\mathfrak{B}_5 = c \quad \text{und} \quad \sum_1^4 \mathfrak{B}_k^2 = -c^2 \quad \text{dann} \quad \boxed{\sum_1^5 \mathfrak{B}_k^2 = 0}. \tag{21}$$

Den materiellen Punkten des Kontinuums wird so, neben ihrer zeitlichen Bewegung im $x_1x_2x_3$-Raum, noch eine bestimmte Fortschreitung in der x_5-Richtung zugeordnet:

$$dx_5 = c \cdot d\tau \qquad \left(\mathfrak{B}_5 = \frac{dx_5}{d\tau} = c\right). \tag{21′}$$

Den Stromlinien in der $x_1 \ldots x_4$-Welt gehören dadurch bestimmte Stromlinien in der $x_1 \ldots x_5$-Welt zu.

Ein dem Strom $\mathfrak{J}$ paralleles fünfdimensionales Linienelement $d\sigma$ steht „orthogonal" auf dem Strom; denn $\sum\limits_1^5 \mathfrak{J}_k^2 = 0$ bedeutet, daß $\mathfrak{J}$ auf sich selber orthogonal steht. Es ist also

und daher nach (20)

$$\left.\begin{aligned} (\mathfrak{J}d\sigma) &= 0 \\ \mathrm{Grad}\,S \cdot d\sigma &= -\frac{\varepsilon}{c}\,\Phi d\sigma \end{aligned}\right\} \tag{22}$$

längs einem fünfdimensionalen Weltlinienelement $d\sigma$.

Verfolgt man nun $\psi = \alpha e^{2i\pi S/h} = e^{\lg\alpha + 2i\pi S/h}$ längs einer Stromlinie, so wird

$$d\lg\psi = \frac{d\psi}{\psi} = \left(\frac{d\lg\alpha}{d\sigma} + \frac{2i\pi}{h}\,\mathrm{Grad}\,S\right)d\sigma$$

und mit Benutzung von (22)

$$\frac{d\psi}{\psi} = \sum_5 \left(\frac{\partial\lg\alpha}{\partial x_k} - \frac{2i\pi}{h}\frac{\varepsilon}{c}\,\Phi_k\right)dx_k. \tag{23}$$

Es ändert sich also ψ, wenn man mit der fünfdimensionalen Strömung fortschreitet, gemäß der Formel[1])

$$\psi = \alpha e^{\frac{2i\pi S}{h}} = \psi_0 e^{\frac{2i\pi}{h}\int\sum\limits_5\left(-\frac{\varepsilon}{c}\Phi_k + \frac{h}{2i\pi}\frac{\partial\lg\alpha}{\partial x_k}\right)dx_k}. \tag{24}$$

ein für das Folgende wichtiges Resultat. Der formale Vorteil der fünfdimensionalen Schreibweise äußert sich besonders in der Einfachheit der eingerahmten Formeln gegenüber denjenigen der vorigen Ziffer. Man vergleiche (17′) mit (6′), (17″) mit (1″), (18) mit (18′), (19′) mit (14′), (21) mit (9).

54. WEYLsche Theorie des Elektromagnetismus[2]). Die soeben abgeleitete Beziehung über die Änderung der SCHRÖDINGERschen Zustandsfunktion ψ längs einer Stromlinie des zugehörigen Materiestroms hat Bedeutung für die allgemeinrelativistische WEYLsche Begründung des Elektromagnetismus als metrischer Eigenschaft des Raum-Zeit-Kontinuums (als Ergänzung zu der EINSTEINschen Erklärung der Gravitation). Es möge kurz auf die Grundlagen der EINSTEINschen und WEYLschen Theorie eingegangen werden. In der allgemeinen Relativitätstheorie werden die raumzeitlichen Ereignisse, ohne Bezug auf ein spezielles

[1]) F. LONDON, ZS. f. Phys. Bd. 42, S. 375. 1927,
[2]) H. WEYL, Ber. Preuß. Akad. d. Wiss. 1918, S. 465. Ann. d. Phys. Bd. 59, S. 101. 1919.

Koordinatensystem, dadurch geordnet, daß man die „Weltentfernung“ ds benachbarter Ereignisse (zweier Weltpunkte mit drei räumlichen und einer imaginären zeitlichen Koordinate) nach einer bestimmten Vorschrift mißt: Die Messung soll an Maßstäben und Uhren geschehen, welche in einem Inertialsystem (kleiner frei fallender Kasten) angebracht sind und die betreffende Stelle der Welt passieren; $(ds)^2$ wird dann definiert durch das Messungsergebnis

$$dX_1^2 + \cdots + dX_4^2 = dX^2 + dY^2 + dZ^2 - c^2 dT^2 = ds^2, \tag{25}$$

wo $dX\ldots$, dT die Ablesungen in dem Inertialsystem bedeuten. Dessen Maßstäbe und Uhren sollen so geeicht sein, daß je zwei Weltpunkte eines Lichtstrahls die Weltentfernung $ds = 0$ besitzen, wobei irgendein Maßstab als Längeneinheit und dazu irgendeine Uhr als Zeiteinheit genommen wird (wodurch dann erst der Zahlenwert der Konstanten c bestimmt ist). Die Relativitätstheorie behauptet dann, daß das Messungsergebnis ds für irgend zwei fragliche Weltpunkte stets dasselbe wird, ganz gleich, welches der vielen dort vorbeibewegten Inertialsysteme zur Messung ds verwendet wird.

Werden jetzt die Weltpunkte durch Koordinaten $x_1 \ldots x_4$ $(= ict)$ in einem willkürlichen nichtinertialen krummlinigen Koordinatensystem beschrieben, so läßt sich die oben gemessene Entfernung ds je zweier benachbarter Weltpunkte auch durch die zugehörigen Koordinatendifferenzen ausdrücken in der Form

$$ds^2 = \sum_i \sum_k g^{ik} dx_i dx_k \tag{26}$$

mit den vom Ort $(x_1 x_2 x_3 x_4)$ abhängigen metrischen Koeffizienten g^{ik}, welche durch inertiale Messung verschieden gerichteter ds an jeder Weltstelle bestimmt werden können.

Hätte man der Beschreibung der Weltpunkte ein anderes willkürliches Koordinatensystem $x_1' \ldots x_4'$ zugrunde gelegt, so wären durch die Messung ds in einem Inertialsystem und durch die Koordinatendifferenzen dx_k' je zweier Weltpunkte die metrischen Koeffizienten g'^{ik} in

$$ds^2 = \sum_i \sum_k g'^{ik} dx_i' dx_k'$$

anders ausgefallen.

Die ursprüngliche EINSTEINsche Theorie nahm als Grundlage der Messung zunächst an, daß sich, wie in der RIEMANNschen Geometrie, zwei entfernte Strecken messend miteinander vergleichen lassen, indem die Einheitsmaßstäbe und Einheitsuhren beim Transport an entfernte Weltpunkte als unverändert angesehen wurden. Diese Unveränderlichkeit der Eicheinheiten beim Transport (RIEMANNsche „Ferngeometrie“) wird aber von WEYL als eine zu enge Annahme betrachtet, die nur dann sinnvoll sei, wenn die in dem auszumessenden Weltgebiet herrschenden Kräfte (elektromagnetischen Felder) konstant sind. Im allgemeinen ist dagegen nach WEYL mit einer eventuellen Verzerrung der Maßstäbe und Uhren beim Transport durch das Feld zu rechnen, derart, daß für jedes kleine Weltgebiet eine neue Festlegung von Längen- und Zeiteinheit in den dort zu verwendenden Inertialsystemen nötig sei. Will man also überhaupt Strecken ds mit entfernt liegenden Strecken ds^* vergleichen, so muß man zunächst Annahmen über die Veränderung von Maßstäben und Uhren beim Transport durch das Feld machen. Zu einer konsequenten „Nahgeometrie“ gelangt nun WEYL durch die Annahme, daß der Ablauf eines materiellen Vorgangs, je nach dem Ort, an welchem er vor sich geht, durch verschieden große Weltlängen ds zu beschreiben sei; und zwar ändere sich ds bei einer Verschiebung („parallel zu sich selbt“) gemäß der linearen Formel

$$\delta(ds^2) = ds^2 \cdot K \cdot \sum_k \varphi^k \delta x_k, \tag{26'}$$

wo K eine Konstante und die Koeffizienten φ^k gewisse Funktionen der Weltkoordinaten bedeuten. Man hat also

$$\frac{\delta(ds^2)}{ds^2} = \delta \ln ds^2 = K \sum \varphi^k \, \delta x_k$$

und durch Integration hieraus

$$ds^2 = (ds^2)_0 \cdot e^{K \int \sum \varphi^k dx_k} \tag{27}$$

als Formel für die Änderung von ds^2 bei der endlichen Parallelverschiebung. Man hätte aber durch eine andere Eichung als Länge des Linienelements die abweichende Größe dS

$$dS^2 = \frac{1}{\alpha} \cdot ds^2 \qquad \text{mit} \qquad \delta(dS^2) = dS^2 \cdot K \cdot \sum_k \Phi^k \delta x_k\,, \tag{27'}$$

festlegen können, wo α eine willkürliche, die Eichung charakterisierende Koordinatenfunktion ist und die Φ^k demgemäß andere Funktionen sind.

Der Zusammenhang zwischen den metrischen Koeffizienten g^{ik} und G^{ik} bei ein und demselben Koordinatensystem, aber verschiedener Eichung ergibt sich dagegen aus

$$ds^2 = \sum_i \sum_k g^{ik} dx_i \cdot dx_k \qquad \text{und} \qquad dS^2 = \sum_i \sum_k G^{ik} dx_i \cdot dx_k$$

in der Form

$$G^{ik} = \frac{1}{\alpha} g^{ik}, \qquad (\alpha = \text{Eichfunktion})$$

Man erhält bei dieser neuen Eichung als Formel für die Länge des Linienstücks nach dem Transport

$$dS^2 = (dS^2)_0 \cdot e^{K \int \sum_k \Phi^k dx_k}. \tag{27''}$$

Den Zusammenhang zwischen den Funktionen φ^k und Φ^k findet man dabei aus

$$\alpha = \frac{ds^2}{dS^2} = \frac{(ds^2)_0}{(dS^2)_0} \cdot e^{K \int \sum_k (\varphi^k - \Phi^k) dx_k}, \qquad \text{d. h.} \qquad \frac{\partial \lg \alpha}{\partial x_k} = K(\varphi_k - \Phi_k). \tag{28}$$

so daß man wegen (27) schreiben kann

$$ds^2 = (ds^2)_0 \cdot e^{K \int \sum \left(\Phi^k + \frac{1}{K} \frac{\partial \lg \alpha}{\partial x_k}\right) dx_k} \tag{29}$$

als Formel für die Abhängigkeit der Länge ds eines Linienelements bei der Verschiebung.

Im allgemeinen ist nun die Änderung des ds^2 vom Weg der Verschiebung abhängig, ds^2 ist nicht integrabel. Nur wenn der Integrand im Exponenten ein vollständiges Differential ist, nämlich wenn die Rotationskomponenten

$$F^{ik} = \operatorname{Rot}^{ik} \Phi = \frac{\partial \Phi^k}{\partial x_i} - \frac{\partial \Phi^i}{\partial x_k} = -F^{ki} \tag{30}$$

verschwinden, ist die Änderung von ds^2 unabhängig von dem Wege, auf welchem das Linienelement von einem Anfangspunkt nach einem Endpunkt geführt wird; $\frac{\partial}{\partial x_i} \frac{\partial \lg \alpha}{\partial x_k} - \frac{\partial}{\partial x_k} \frac{\partial \lg \alpha}{\partial x_i}$ d. h. Rot Grad Gα verschwindet nämlich von selbst identisch, es ist also wegen (28) stets

$$\operatorname{Rot} \Phi = \operatorname{Rot} \varphi\,,$$

unabhängig von der willkürlichen Eichfunktion α. Ist $F^{ik} = 0$ aber dabei Φ^k nicht gleich Null, so kann man die Eichfunktion α stets so wählen, daß $\varphi^k = \Phi^k + \frac{\partial \lg \alpha}{\partial x_k}$ verschwindet.

Im allgemeinen brauchen aber die Φ^k nicht so beschaffen zu sein, daß $F^{ik} = \mathrm{Rot}^{ik}\Phi$ verschwindet. Stets gilt jedoch die Identität

$$\mathrm{Rot}^{ikl}F = \frac{\partial F^{ik}}{\partial x_l} + \frac{\partial F^{kl}}{\partial x_i} + \frac{\partial F^{li}}{\partial x_k} = 0 \qquad \text{für } F^{ik} = \mathrm{Rot}^{ik}\Phi. \tag{31}$$

Diese Gleichungen gehen aber gerade in die MAXWELLschen Gleichungen $\mathrm{rot}\,\mathfrak{E} + \frac{1}{c}\dot{\mathfrak{H}} = 0$, $\mathrm{div}\,\mathfrak{H} = 0$ der Elektrodynamik über, wenn man setzt

$$(F^{41}, F^{42}, F^{43}) = i\mathfrak{E}, \qquad (F^{23}, F^{31}, F^{12}) = \mathfrak{H}, \tag{31'}$$

d. h. Φ^k identifiziert mit den elektromagnetischen Potentialen $\mathfrak{A}_x \mathfrak{A}_y \mathfrak{A}_z i\varphi$, durch deren $\mathrm{Rot}^{ik}\Phi$ bekanntlich die Feldstärken bestimmt sind. Das andere MAXWELLsche Gleichungspaar $\mathrm{rot}\,\mathfrak{H} - \frac{1}{c}\dot{\mathfrak{E}} = \frac{1}{c}j$, $\mathrm{div}\,\mathfrak{E} = \varrho$ läßt sich schreiben in der Form

$$\sum_k \frac{\partial F_{ik}}{\partial x_k} = \mathfrak{J}_i. \tag{32}$$

In der WEYLschen Theorie sind die elektromagnetischen Potentiale nichts anderes als die metrischen Koeffizienten Φ^k der Längenänderung bei der Parallelverschiebung eines Linienelements. Wegen $\mathrm{Rot}(\mathrm{Grad}\lg\alpha) \equiv 0$ führen ferner die Potentiale Φ^k zu denselben Feldstärken wie die Potentiale $\varphi^k = \Phi^k + \frac{1}{K}\frac{\partial \lg\alpha}{\partial x_k}$. Während also die Potentiale nur bis auf die additive Funktion $\mathrm{Grad}\lg\alpha$ bestimmt sind, werden die Feldstärken unabhängig von der besonderen Eichfunktion α. Ebenso wie in der EINSTEINschen Theorie die Eigenschaften der Gravitation (Gleichheit von träger und schwerer Masse) verständlich werden, wenn man die Gravitation nicht auf Kräfte in einem euklidischen Raum, sondern auf eine Abweichung von der euklidischen Metrik zurückführt, so macht die WEYLsche Theorie den Elektromagnetismus verständlich, indem sie ihn nicht auf Kräfte in einem RIEMANNschen Raum zurückführt, sondern auf eine Abweichung von der RIEMANNschen Metrik, auf die Veränderlichkeit der Einheitsgrößen beim Transport (WEYLsche Nahgeometrie).

Die WEYLsche Theorie in der obigen allgemeinen Form führt jedoch zunächst zu einem Konflikt mit der Erfahrung[1]). Es sei z. B. $ds = \tau$ die Periode einer in einem Inertialsystem ruhenden Uhr. In einem konstanten rein elektrostatischen Feld ($\Phi^1 = \Phi^2 = \Phi^3 = 0$, $\Phi^4 = i\varphi = \text{konst.}$) ändert sich τ nach (27) gemäß

$$\frac{\tau}{\tau_0} = e^{\frac{K}{2}\int i\varphi\cdot ic\,dt} = e^{-\frac{K}{2}\varphi c(t-t_0)}.$$

Wird die Uhr nur während der Zeit $t - t_0$ im Feld gelassen, so ist dadurch ihre Periode für immer größer oder kleiner geworden (je nach dem Vorzeichen der als reell angenommenen Konstante K) als die Periode einer gleichen Uhr, die sich stets im Feld Null befand. Besonders müßte sich dies äußern in einer dauernden Frequenzverstimmung der Spektrallinien eines Atoms durch zeitweiligen Aufenthalt in einem Feld. Ein solcher Effekt, der überhaupt das Auftreten scharfer Spektrallinien verhindern würde, widerspricht nun aller Erfahrung; die nächste Ziffer wird aber diesen Einwand entkräften.

55. Periodizität des WEYLschen Maßes auf Quantenbahnen. Einen Ausweg aus diesem Widerspruch gibt nach F. LONDON eine von SCHRÖDINGER gefundene „bemerkenswerte Eigenschaft der Quantenbahnen"[2]) in der älteren BOHRschen

---

[1]) Siehe besonders A. EINSTEIN, Ber. d. Preuß. Akad. d. Wiss. S. 478. 1918.
[2]) E. SCHRÖDINGER, ZS. f. Phys. Bd. 12, S. 13. 1922.

Theorie: das Linienintegral geführt über eine räumlich geschlossene Quantenbahn

$$\oint \sum_1^4 \frac{\varepsilon}{c}\, \Phi^k\, d x_k = -n h \tag{33}$$

ist ein ganzes Vielfaches der PLANCKschen Konstante. Wir beweisen diese, von SCHRÖDINGER an Beispielen demonstrierten Gleichung mit F. LONDON relativistisch folgendermaßen. Für die mechanische Bahn eines Elektrons ε gilt nach (4)

$$\mu_0 \frac{d x_k}{d\tau} = \frac{\partial S}{\partial x_k} + \frac{\varepsilon}{c}\, \Phi_k$$

und daher nach (4′)

$$\sum_1^4 \left(\frac{\partial S}{\partial x_k} + \frac{\varepsilon}{c}\, \Phi_k\right) d x_k = -\mu_0 c^2\, d\tau = -\mu_0 c^2 \sqrt{1 - \frac{v^2}{c^2}}\, dt\,.$$

Integriert man dies über eine räumlich geschlossene periodische Quantenbahn, so erhält man infolge der Quantenbedingungen

$$\sum_1^3 \oint \frac{\partial S}{\partial x_k}\, d x_k = n h$$

die Beziehung

$$\oint \frac{\partial S}{\partial x_4}\, d x_4 + \oint \frac{\varepsilon}{c} \sum_1^4 \Phi^k\, d x_k = -n h - \oint \mu_0 c^2 \sqrt{1 - \frac{v^2}{c^2}}\, dt\,.$$

Für eine Quantenbahn in einem stationären elektromagnetischen Feld ist nun die Energie E des Elektrons beschrieben durch

$$\frac{\partial S}{\partial t} = -E\,, \qquad \frac{\partial S}{\partial x_4}\, d x_4 = -E\, dt\,,$$

folglich

$$\oint \frac{\varepsilon}{c} \sum_1^4 \Phi^k\, d x_k = -n h + \oint \left(-\mu_0 c^2 \sqrt{1 - \frac{v^2}{c^2}} + E\right) dt\,. \tag{33′}$$

Das Integral auf der rechten Seite verschwindet nun. [Denn es ist

$$\oint \left(-\mu_0 c^2 \sqrt{1 - \frac{v^2}{c^2}} + \frac{\mu_0 c^2}{\sqrt{1 - \frac{v^2}{c^2}}} + E_{\text{pot}}\right) dt = \oint \left(\frac{\mu_0 v^2}{\sqrt{1 - \frac{v^2}{c^2}}} + E_{\text{pot}}\right) dt$$

$$= \oint \left(\sum_1^3 \mu v_k \frac{d x_k}{dt} + E_{\text{pot}}\right) dt$$

und durch partielle Integration über die geschlossene periodische Bahn

$$= \oint \left(-\sum_1^3 x_k \frac{d}{dt} \mu v_k + E_{\text{pot}}\right) dt = \oint \left(\sum_1^3 x_k \frac{\partial E_{\text{pot}}}{\partial x_k} + E_{\text{pot}}\right) dt$$

infolge der Bewegungsgleichungen

$$\frac{d}{dt} \mu v_k = -\frac{\partial}{\partial x_k} E_{\text{pot}}\,.$$

Macht man jetzt die Voraussetzung, daß E_{pot} eine homogene Funktion vom Grade -1 in den x_k ist (COULOMBsches Potential), so verschwindet der Integrand nach dem EULERschen Satz über homogene Funktionen.] Es bleibt von (33′) der zu beweisende Satz (33) übrig.

Mit seiner Hilfe folgt dann aber aus (29), daß bei Führung auf einer räumlich geschlossenen Quantenbahn die WEYLsche Länge ds zu ihrem Anfangswert ds_0 zurückkehrt, wenn der in (29) der noch unbestimmte Faktor K

$$K = -\frac{2i\pi\varepsilon}{hc} \tag{34}$$

genommen wird und α stationär ist, d. h. nur vom Ort, nicht von der Zeit abhängt. Durch dieses Resultat ist dem Einwand gegen die WEYLsche Theorie (Ziff. 54 Schluß) begegnet, falls man das WEYLsche Streckenmaß allein auf stationären BOHRschen Quantenbahnen wandern läßt, eine im Sinn der BOHRschen Theorie ganz natürliche Einschränkung der erlaubten Bewegung eines solchen Gegenstandes.

56. Quantenmechanische Umdeutung der WEYLschen Theorie. Nun sind aber die durch Quantenbedingungen ausgezeichneten BOHRschen Bahnen durch die ψ-Zustände der SCHRÖDINGERschen Theorie abgelöst und das vorige Resultat dadurch wieder in Frage gestellt. Nach F. LONDON[1]) läßt sich nun aber die WEYLsche Theorie so erweitern, daß sie auch der Undulationsmechanik angemessen ist. Dem Zustand $\psi(x_1 x_2 x_3 x_4)$ entspricht ja nach Ziff. 52 eine Strömung, bei der die Koordinatenzuwachse $\delta x_1 \delta x_2 \delta x_3 \delta x_4$, an jedem Weltpunkt in bestimmten Verhältnissen stehen. In Ziff. 53 war dann noch eine fünfte Koordinate x_5 mit $\delta x_5 = c\,\delta\tau$ (τ = Eigenzeit) eingeführt, so daß sich ψ längs einer fünfdimensionalen Stromlinie ändert entsprechend der Formel (24):

$$\psi = \psi_0\, e^{\frac{2i\pi}{h}\int\sum\limits_5\left(-\frac{\varepsilon}{c}\Phi^k + \frac{h}{2i\pi}\frac{\partial\lg\alpha}{\partial x_k}\right)dx_k}. \tag{35}$$

LONDON ergänzt nun auch die WEYLsche Theorie fünfdimensional, indem er der Verschiebung δx_1 bis δx_4 noch eine Verschiebung $\delta x_5 = c\,d\tau$ zuordnet und jetzt als Ersatz für die WEYLsche Gleichung (26′) setzt

$$\delta(ds^2) = ds^2 \cdot K\sum_1^5 \varphi^k dx_k,$$

somit entsprechend (29)

$$ds^2 = (ds_0)^2 \cdot e^{K\int\left(\sum\limits_5 \Phi^k + \frac{1}{K}\frac{\partial\lg\alpha}{\partial x_k}\right)dx_k}, \tag{36}$$

worin Φ^1 bis Φ^5 Funktionen von x_1 bis x_4 sind; man erhält dann, wie in der WEYLschen Theorie, gerade die MAXWELLschen Gleichungen, wenn man Φ^1 bis Φ^4 mit den elektromagnetischen Potentialen, Φ^5 aber mit dem LONDONschen Potential (16′) identifiziert; da nämlich die partiellen Ableitungen nach x_5 von Φ^1 bis Φ^5 verschwinden, geben in (31)

$$\mathrm{Rot}^{ikl} F = 0 \qquad (\text{wobei } F^{ik} = \mathrm{Rot}^{ik}\Phi) \tag{37}$$

die Komponenten Rot^{ik5} nichts Neues zu den MAXWELLschen Gleichungen hinzu. Benutzt man nun wieder für K den speziellen Wert (34) $K = -\frac{2i\pi\varepsilon}{hc}$, so stimmen die Exponentialfunktionen in (35) und (36) überein, und man erhält mit LONDON

$$\frac{\psi}{\psi_0} = \frac{ds^2}{ds_0^2}, \qquad \frac{\psi}{ds^2} = \frac{\psi_0}{ds_0^2}. \tag{38}$$

In der fünfdimensional erweiterten WEYLschen Theorie ändert sich also der Betrag ds^2 bei Verschiebung des Eichmaßes längs einer fünfdimensionalen Stromlinie im selben Verhältnis wie die ψ-Funktion. Der Gegenstand, der sich ebenso verhält wie das WEYLsche Maß, ist die komplexe Amplitude der SCHRÖDINGERschen Undulation, sofern man das Maß im fünfdimensionalen Strom treiben läßt. Im besonderen kehrt ds^2 zu seinem Ausgangswert ds_0^2 zurück, wenn man längs der Stromlinie eine Periode von ψ durchläuft.

[1]) F. LONDON, ZS. f. Phys. Bd. 42, S. 375. 1927; Naturwissensch. Bd. 15, H. 8.

57. Kreiselelektron ohne Feld. Die bisher in diesem Abschnitt entwickelte Quantenmechanik des relativistischen Elektrons geht von dem Modell des geladenen Massenpunktes aus. In der Sprache der Modellvorstellungen besitzt das Elektron aber nach UHLENBECK und GOUDSMIT einen mechanischen Drehimpuls $\frac{1}{2}\,\frac{h}{2\pi}$, verbunden mit einem magnetischen Moment vom „anomalen" Betrage

$$1 \text{ Magneton} = \frac{\varepsilon}{2\mu_0 c}\cdot\frac{h}{2\pi}, \tag{39}$$

an Stelle des „normal" erwarteten Betrages $\frac{1}{2}$ Magneton. Versuche, diesen Elektronendrall in die Wellenmechanik einzuführen, rühren u. a. von PAULI[1]), DARWIN[2]), JORDAN[3]), FRENKEL[4]), IWANENKO und LANDAU[5]), RICHTER[6]) her, wobei es im besonderen darauf ankam, den scheinbaren Elektronendrall nicht als eine der Theorie des Punktelektrons nachträglich aufgezwungene Zusatzhypothese, sondern als die natürliche Folge einfacher wellenmechanischer Grundgleichungen zu entwickeln. Dieser Forderung entspricht in vollkommener Weise die von DIRAC[7]) aufgestellte Theorie durch eine Abänderung der früheren Grundgleichung (5)

$$\sum_k \left\{\left(p_k + \frac{\varepsilon}{c}\,\Phi_k\right)^2 + \mu_0^2 c^2, \psi\right\} = 0 \quad \text{wo} \quad p_k = \frac{h}{2i\pi}\,\frac{\partial}{\partial x_k}. \tag{40}$$

Nach DIRAC hat man es mit vier verschiedenen Wellenfunktionen $\psi_1\psi_2\psi_3\psi_4$ zu tun, welche bei fehlendem Feld dem in den p_k linearen gekoppelten Gleichungssystem

$$\{i\sum_k \gamma_k p_k + \mu_0 c, \psi_\zeta\} = 0 \quad \text{für} \quad \zeta = 1, 2, 3, 4 \tag{41}$$

genügen. Die Koeffizienten γ_k sind dabei Operatoren, welche die p und q nicht enthalten, also mit diesen vertauschbar sind; wird jedoch γ_k auf ψ_ζ ausgeübt, so soll das Resultat $\{\gamma_k\psi_\zeta\}$ definiert sein durch die Reihe

$$\{\gamma_k\psi_\zeta\} = \sum_{\zeta'}\gamma_k^{\zeta\zeta'}\cdot\psi_{\zeta'} \tag{42}$$

mit konstanten Koeffizienten $\gamma_k^{\zeta\zeta'}$, deren Werte gleich angegeben werden. Diese Koeffizienten sollen als Matrixkomponenten des Operators γ_k angesehen werden entsprechend der aus (42) durch Multiplikation mit $\psi_{\zeta''}$ und Integration über den Raum entstehenden Gleichung

$$\int\psi_{\zeta''}\gamma_k\psi_\zeta dv = \sum_{\zeta'}\gamma_k^{\zeta\zeta'}\int\psi_{\zeta''}\psi_{\zeta'}dv = \gamma_k^{\zeta\zeta''} \tag{43}$$

wobei die ψ als zueinander orthogonal und auf 1 normiert angenommen sind.

Die Anzahl der ψ-Lösungen ist, da ψ hier noch den Index $\zeta = 1, 2, 3, 4$ enthält, vervierfacht gegenüber der Schar der früher betrachteten Lösungen; jedoch wird noch eine Reduktion auf die Hälfte eintreten (s. unten).

DIRAC verlangt jetzt, daß die Operatoren γ_k solche Form haben, daß bei fehlendem Feld aus seinem Ansatz (41) die frühere Wellengleichung des Punktelektrons ohne Feld

$$\{\sum p_k^2 + \mu_0^2 c^2, \psi_\zeta\} = 0 \tag{44}$$

---

1) W. PAULI, ZS. f. Phys. Bd. 43, S. 601. 1927.
2) C. G. DARWIN, Proc. Roy. Soc. Bd. 116, S. 227. 1927.
3) P. JORDAN, ZS. f. Phys. Bd. 44, S. 1. 1927.
4) J. FRENKEL, ZS. f. Phys. Bd. 47, S. 786. 1928.
5) D. IWANENKO und L. LANDAU, ZS. f. Phys. Bd. 48, S. 340. 1928.
6) C. F. RICHTER, Proc. Nat. Acad. America Bd. 13, S. 476. 1927.
7) P. A. M. DIRAC, Proc. Roy. Soc. Bd. 117, S. 610. 1928.

hervorgeht. Übt man nun auf (41) die Operation $\{-i\sum\gamma_l p_l + \mu_0 c, \ldots\}$ aus, so erhält man die Gleichung

$$0 = \left\{\left(-i\sum_l \gamma_l p_l + \mu_0 c\right)\cdot\left(i\sum_k \gamma_k p_k + \mu_0 c\right),\ \psi_\zeta\right\}$$
$$= \left\{\sum \gamma_k^2 p_k^2 + \sum_{k<l}\sum (\gamma_k\gamma_l + \gamma_l\gamma_k + p_k p_l + \mu_0^2 c^2,\quad \psi_\zeta\right\}$$

und dies ist die frühere Gleichung (44), wenn man für die Operatoren γ fordert

$$\gamma_k^2 = 1, \qquad \gamma_k\gamma_l + \gamma_l\gamma_k = 0 \qquad \text{für} \qquad k \neq l. \tag{45}$$

Diese Forderung wird erfüllt, wenn γ_k durch folgende Matrizenkomponenten $\gamma_k^{\zeta\zeta'}$ definiert wird:

$$\left.\begin{aligned}
\gamma_1 &= \begin{Bmatrix} 0 & 0 & 0 & -i \\ 0 & 0 & -i & 0 \\ 0 & i & 0 & 0 \\ i & 0 & 0 & 0 \end{Bmatrix}, \qquad
\gamma_2 = \begin{Bmatrix} 0 & 0 & 0 & -1 \\ 0 & 0 & 1 & 0 \\ 0 & 1 & 0 & 0 \\ -1 & 0 & 0 & 0 \end{Bmatrix}, \\
\gamma_3 &= \begin{Bmatrix} 0 & 0 & -i & 0 \\ 0 & 0 & 0 & i \\ i & 0 & 0 & 0 \\ 0 & -i & 0 & 0 \end{Bmatrix}, \qquad
\gamma_4 = \begin{Bmatrix} 1 & 0 & 0 & 0 \\ 0 & 1 & 0 & 0 \\ 0 & 0 & -1 & 0 \\ 0 & 0 & 0 & -1 \end{Bmatrix}.
\end{aligned}\right\} \tag{46}$$

Für fehlendes Feld gibt DIRACs Ansatz dann nichts neues gegenüber der Theorie des Punktelektrons (wohl aber bei Anwesenheit eines Feldes, s. Ziff. 58). Die γ-Regeln (45) können auch zusammengefaßt werden zu

$$\gamma_k\gamma_l + \gamma_l\gamma_k = 2\cdot\delta_{kl} \quad (\delta_{kl} = 1 \quad \text{für} \quad k = l, \quad = 0 \quad \text{für} \quad k \neq l). \tag{47}$$

Wir zeigen jetzt die Invarianz der DIRACschen Wellengleichung gegenüber Lorentztransformationen der Koordinaten. Solche erhält man für den Vierervektor p durch die vier linearen Gleichungen (Drehung im $x_1x_2x_3x_4$-Raum)

$$p'_k = \sum_l a_{kl} p_l \quad (k, l = 1, 2, 3, 4) \tag{48}$$

mit den orthogonalen Zahlenkoeffizienten a

$$\sum_k a_{kl} a_{km} = \delta_{lm}, \qquad \sum_m a_{km} a_{lm} = \delta_{kl}. \tag{48'}$$

Einführung in die Wellengleichung (41) gibt dann

$$\{i\sum\gamma'_n p'_n + \mu_0 c, \quad \psi\} = 0, \tag{49}$$

wobei

$$\gamma'_n = \sum_m a_{nm}\gamma_m, \tag{49'}$$

d. h. γ_1 bis γ_4 transformiert sich wie ein Vierervektor. Es wird nach (49')

$$\left.\begin{aligned}
\gamma'_k\gamma'_l + \gamma'_l\gamma'_k &= \sum_m\sum_n a_{km} a_{ln}(\gamma_m\gamma_n + \gamma_n\gamma_m) = 2\sum_m\sum_n a_{km} a_{ln}\delta_{mn} \\
&= 2\sum_m a_{km} a_{lm} = 2\delta_{kl},
\end{aligned}\right\} \tag{50}$$

so daß also die γ'_k des neuen Koordinatensystems dieselben Relationen (47) wie die γ_k des ursprünglichen Koordinatensystems befolgen.

DIRAC zeigt weiter, daß die Lorentztransformation zugleich eine kanonische Transformation ist, die somit quantenmechanisch stets erlaubt ist.

Statt der in (46) benutzten γ kann man auch, bei festgehaltenen Koordinaten, andere γ' zum Ausgangspunkt nehmen, welche aus den obigen durch eine beliebige orthogonale Transformation (49') entstehen; diese braucht nicht einmal minkowskiisch zu sein (1, 2, 3 reell, 4 imaginär). Z. B. könnte man ausgehen, statt von (46), von den γ-Matrizen

$$\left.\begin{array}{ll} \gamma_1 = \begin{Bmatrix} 0 & 0 & 0 & -1 \\ 0 & 0 & 1 & 0 \\ 0 & 1 & 0 & 0 \\ -1 & 0 & 0 & 0 \end{Bmatrix}, & \gamma_2 = \begin{Bmatrix} -1 & 0 & 0 & 0 \\ 0 & -1 & 0 & 0 \\ 0 & 0 & 1 & 0 \\ 0 & 0 & 0 & 1 \end{Bmatrix}, \\ \gamma_3 = \begin{Bmatrix} 0 & 0 & 1 & 0 \\ 0 & 0 & 0 & 1 \\ 1 & 0 & 0 & 0 \\ 0 & 1 & 0 & 0 \end{Bmatrix}, & \gamma_4 = \begin{Bmatrix} 0 & 0 & 0 & -i \\ 0 & 0 & -i & 0 \\ 0 & i & 0 & 0 \\ i & 0 & 0 & 0 \end{Bmatrix}, \end{array}\right\} \tag{50'}$$

ohne daß sich an den physikalischen Ergebnissen etwas ändern würde.

Ganz allgemein kann man statt der γ_n auch die Ausgangsmatrizen

$$\gamma'_n = \Lambda^{-1}\gamma_n\Lambda$$

benutzen, wobei Λ eine beliebige vierdimensionale Matrix und Λ^{-1} ihre Reziproke ist:

$$(\gamma'_n)^{jk} = \sum_s\sum_t (\Lambda^{-1})^{js}(\gamma_n)^{st}(\Lambda)^{tk}.$$

58. Kreiselelektron im Feld. Der Übergang zu beliebigem elektromagnetischen Feld wird vollzogen durch Ersetzung der Impulskomponenten p_k durch $p_k + \frac{\varepsilon}{c}\Phi_k$ mit dem Viererpotential Φ_k. DIRAC erhält so durch Verallgemeinerung von (41) die lineare Grundgleichung des Elektrons

$$\left\{i\sum_k \gamma_k\left(p_k + \frac{\varepsilon}{c}\Phi_k\right) + \mu_0 c,\ \psi_\zeta\right\} = 0. \tag{51}$$

Multipliziert man diese mit dem konjugierten Operator, bildet also

$$\left\{\left[-i\sum_l \gamma_l\left(p_l + \frac{\varepsilon}{c}\Phi_l\right) + \mu_0 c\right]\left[i\sum_k \gamma_k\left(p_k + \frac{\varepsilon}{c}\Phi_k\right) + \mu_0 c\right],\ \psi_\zeta\right\} = 0,$$

so erhält man durch Ausmultiplizieren

$$\left\{\mu_0^2 c^2 + \sum_k \gamma_k^2\left(p_k + \frac{\varepsilon}{c}\Phi_k\right)^2 + \sum_k\sum_l \gamma_k\gamma_l\left(p_k + \frac{\varepsilon}{c}\Phi_k\right)\left(p_l + \frac{\varepsilon}{c}\Phi_l\right),\ \psi_\zeta\right\} = 0 \tag{51'}$$

Da $\gamma_k^2 = 1$, sind die ersten zwei Terme identisch mit der früheren Wellengleichung (40) des Elektrons im Feld. Wegen $\gamma_k\gamma_l = -\gamma_l\gamma_k$ für $k \neq l$ kommt aber hier noch hinzu der Term

$$\begin{aligned} &\left\{\gamma_1\gamma_2\left[\left(p_1 + \frac{\varepsilon}{c}\Phi_1\right)\left(p_2 + \frac{\varepsilon}{c}\Phi_2\right) - \left(p_2 + \frac{\varepsilon}{c}\Phi_2\right)\left(p_1 + \frac{\varepsilon}{c}\Phi_1\right)\right] + \cdots,\ \psi_\zeta\right\} \\ &\quad = \frac{\varepsilon}{c}\gamma_1\gamma_2(p_1\Phi_2 - \Phi_2 p_1 - p_2\Phi_1 + \Phi_1 p_2) + \cdots,\ \psi_\zeta\Big\} \\ &\quad = \frac{\varepsilon}{c}\frac{h}{2i\pi}\gamma_1\gamma_2\psi_\zeta\cdot\left(\frac{\partial\Phi_2}{\partial x_1} - \frac{\partial\Phi_1}{\partial x_2}\right) + \cdots = \frac{\varepsilon}{c}\frac{h}{2i\pi}\mathrm{Rot}_{12}\Phi\cdot\gamma_1\gamma_2\psi_\zeta + \cdots \end{aligned}$$

Mit Hilfe der Abkürzungen

$$\mathrm{Rot}_{kl}\,\Phi = \mathfrak{F}_{kl} = -\mathfrak{F}_{lk} \quad \text{und} \quad \frac{h}{2i\pi}\cdot\gamma_k\gamma_l = \mathfrak{G}_{kl} = -\mathfrak{G}_{lk} \tag{52}$$

wird schließlich die gesamte Wellengleichung erhalten in der Form

$$\left\{\frac{1}{2}\mu_0 c^2 + \frac{1}{2\mu_0}\sum_k\left(p_k + \frac{\varepsilon}{c}\Phi_k\right)^2 + \frac{\varepsilon}{2\mu_0 c}(\mathfrak{F},\mathfrak{G}),\ \psi_\zeta\right\} = 0, \tag{53}$$

mit dem aus 6 Gliedern bestehenden skalaren Produkt $(\mathfrak{F}, \mathfrak{G})$. Führt man noch die Bezeichnungen

$$\left\{\begin{array}{l}\mathfrak{F}_{23}=\mathfrak{H}_x,\ \mathfrak{F}_{31}=\mathfrak{H}_y,\ \mathfrak{F}_{12}=\mathfrak{H}_z,\ \mathfrak{F}_{14}=-i\mathfrak{E}_x,\ \mathfrak{F}_{24}=-i\mathfrak{E}_y,\ \mathfrak{F}_{34}=-i\mathfrak{E}_z,\\ \mathfrak{G}_{32}=\mathfrak{Q}_x,\ \mathfrak{G}_{31}=\mathfrak{Q}_y,\ \mathfrak{G}_{12}=\mathfrak{Q}_z,\ \mathfrak{G}_{14}=+i\mathfrak{P}_x,\ \mathfrak{G}_{24}=+i\mathfrak{P}_y,\ \mathfrak{G}_{34}=+i\mathfrak{P}_z,\end{array}\right\} \tag{54}$$

ein, so erhält man das Zusatzglied die Form

$$\frac{\varepsilon}{2\mu_0 c}(\mathfrak{F}, \mathfrak{G}) = \frac{\varepsilon}{2\mu_0 c}(\mathfrak{H}\mathfrak{Q}) + \frac{\varepsilon}{2\mu_0 c}(\mathfrak{E}\mathfrak{P}). \tag{54'}$$

Man kann demnach die Wellengleichung entstanden denken aus einer klassischen Energiefunktion mit solchen Zusatzgliedern, als ob das Elektron eine magnetische Zusatzenergie $\frac{\varepsilon}{2\mu_0 c}(\mathfrak{H}\mathfrak{Q})$ und eine elektrische Zusatzenergie $\frac{\varepsilon}{2\mu_0 c}(\mathfrak{E}\mathfrak{P})$ besäße, herrührend von einem magnetischen Eigenmoment $\mathfrak{q} = \frac{\varepsilon}{2\mu_0 c}\mathfrak{Q}$ und einem elektrischen Eigenmoment $\mathfrak{p} = \frac{\varepsilon}{2\mu_0 c}\mathfrak{P}$, welches, wie man aus (56′) sieht, imaginär ist. Wellenmechanisch sind dann $\mathfrak{Q}$ und $\mathfrak{P}$ bzw. $\mathfrak{G}$ die in (54) angegebenen auf ψ wirkenden Operatoren, im Sinne der Definitionsgleichung

$$\{\mathfrak{G}_{kl}\psi_\zeta\} = \sum_{\zeta}{}' \mathfrak{G}_{kl}^{\zeta\zeta'}\cdot\psi_{\zeta'} \tag{55}$$

Dabei ist im einzelnen, wie man unter Benutzung von (46) und (52) ableitet

$$\mathfrak{Q}_x = \frac{h}{2\pi}\begin{Bmatrix}0&1&0&0\\1&0&0&0\\0&0&0&1\\0&0&1&0\end{Bmatrix},\quad \mathfrak{Q}_y = \frac{h}{2\pi}\begin{Bmatrix}0&-i&0&0\\i&0&0&0\\0&0&0&-i\\0&0&i&0\end{Bmatrix},\quad \mathfrak{Q}_z = \frac{h}{2\pi}\begin{Bmatrix}1&0&0&0\\0&-1&0&0\\0&0&1&0\\0&0&0&-1\end{Bmatrix} \tag{56}$$

$$i\mathfrak{P}_x = \frac{h}{2\pi}\begin{Bmatrix}0&0&0&1\\0&0&1&0\\0&1&0&0\\1&0&0&0\end{Bmatrix},\quad i\mathfrak{P}_y = \frac{h}{2\pi}\begin{Bmatrix}0&0&0&-i\\0&0&i&0\\0&-i&0&0\\i&0&0&0\end{Bmatrix},\quad i\mathfrak{P}_z = \frac{h}{2\pi}\begin{Bmatrix}0&0&1&0\\0&0&0&-1\\1&0&0&0\\0&-1&0&0\end{Bmatrix} \tag{56'}$$

und es gilt

$$\mathfrak{Q}_x^2 = \mathfrak{Q}_y^2 = \mathfrak{Q}_z^2 = \left(\frac{h}{2\pi}\right)^2\begin{Bmatrix}1&0&0&0\\0&1&0&0\\0&0&1&0\\0&0&0&1\end{Bmatrix} = -\mathfrak{P}_x^2 = -\mathfrak{P}_y^2 = -\mathfrak{P}_z^2. \tag{57}$$

Um die Energieterme eines Elektrons in einem elektrischen Zentralfeld abzuleiten, geht DIRAC durch eine kanonische Transformation zu Polarkoordinaten über und findet dann Lösungen, die in erster Näherung mit den auch in der Erfahrung bestätigten Resultaten übereinstimmen, welche DARWIN[1]) aus der unvollkommeneren Wellengleichung (40) unter Hinzufügung eines passenden, den Elektronendrall repräsentierenden Gliedes gewonnen hatte. Der große Fortschritt der DIRACschen Wellengleichung liegt darin, daß sie auf ungezwungene Weise und ohne Zusatzhypothesen von diesen Erscheinungen Rechenschaft gibt.

Die SOMMERFELDsche relativistische Feinstruktur der H-Atomterme, die nach GOUDSMIT als eine Wirkung des Kreiselimpulses anzusehen ist, wurde auf Grund von DIRACs Theorie durch GORDON[2]) abgeleitet; Zeemaneffekt und Linienintensitäten von DIRAC[3]) selbst.

Die Notwendigkeit, neben dem reellen magnetischen Moment Q ein imaginäres elektrisches Moment $\mathfrak{P}$ [Q^2 ist ein positiver, $\mathfrak{P}^2$ ein negativer Operator,

[1]) C. G. DARWIN, Proc. Roy. Soc. Bd. 115, S. 1. 1927.
[2]) W. GORDON, ZS. f. Phys. Bd. 48, S. 11. 1928.
[3]) P. A. M. DIRAC, Proc. Roy. Soc. Bd. 118, S. 351. 1928.

vgl. (57)] einzuführen, um eine relativistisch invariante Theorie zu erhalten, ist zuerst von FRENKEL[1]) erkannt und benutzt worden.

Die Notwendigkeit, den Übergang vom Punkt- zum Kreiselelektron zu vollziehen, ist der Grund, weshalb wir es uns hier versagt haben, über die geistvollen „Untersuchungen zum Problem der Quantenelektrik" von G. MIE[2]) zu berichten.

VII. Quantenalgebra und Transformationen.

59. Korrespondenz. Die Verbindung zwischen der klassischen und der Undulationsmechanik bei einem System mit den Koordinaten $q_1 \ldots q_N$ und den kanonisch konjugierten Impulsen $p_1 \ldots p_N$ geschieht durch die Umdeutung der Impulse in Operatoren

$$p_K = \frac{h}{2i\pi}\frac{\partial}{\partial q_K}, \qquad -E = \frac{h}{2i\pi}\frac{\partial}{\partial t}.$$

Aus der HAMILTONschen Gleichung

$$H(q, p) - E = 0$$

wird dadurch die SCHRÖDINGERsche partielle Differentialgleichung

$$\left\{H\left(q, \frac{h}{2i\pi}\frac{\partial}{\partial q}\right) + \frac{h}{2i\pi}\frac{\partial}{\partial t}, \psi(q, t)\right\} = 0 \cdot \psi(q, t).$$

Es möge jetzt die Ausführung dieser Umdeutung durch Fettdruck der $\boldsymbol{q}$ und $\boldsymbol{p} = \frac{h}{2i\pi}\frac{\partial}{\partial q}$ und ihrer Funktionen angedeutet werden. Es soll also die Gleichung

$$\boldsymbol{H}(\boldsymbol{q}, \boldsymbol{p}) - \boldsymbol{E} = 0$$

genau dasselbe wie die vorhergehende Gleichung bedeuten, nämlich die Operation $H\left(q, \frac{h}{2i\pi}\frac{\partial}{\partial q}\right) + \frac{h}{2i\pi}\frac{\partial}{\partial t}$ ausgeübt auf eine Funktion $\psi(q, t)$ ist gleich 0 ausgeübt auf ψ, d. h. $= 0 \cdot \psi$. Für die $\boldsymbol{p}$ und $\boldsymbol{q}$ gelten dann die Vertauschungsregeln

$$\frac{h}{2i\pi}\frac{\partial}{\partial q_K} q_K \psi - q_K \frac{h}{2i\pi}\frac{\partial}{\partial q_K}\psi = \frac{h}{2i\pi}\psi \quad \text{usw.,}$$

d. h.

$$\left.\begin{aligned} &\boldsymbol{p}_K \boldsymbol{q}_K - \boldsymbol{q}_K \boldsymbol{p}_K = \frac{h}{2i\pi}, \qquad && \boldsymbol{p}_K \boldsymbol{q}_L - \boldsymbol{q}_L \boldsymbol{p}_K = 0 \quad \text{für} \quad L \neq K, \\ &\boldsymbol{p}_K \boldsymbol{p}_L - \boldsymbol{p}_L \boldsymbol{p}_K = 0, && \boldsymbol{q}_K \boldsymbol{q}_L - \boldsymbol{q}_L \boldsymbol{q}_K = 0. \end{aligned}\right\} \tag{1}$$

Im übrigen gelten die gewöhnlichen Rechengesetze der Assoziation und Distribution; Kommutation ist aber nur beim Addieren, nicht beim Multiplizieren der $\boldsymbol{p}$ und $\boldsymbol{q}$ erlaubt[3]). Man kann also mit den p und q so rechnen wie mit gewöhnlichen Zahlen, nur unter Beachtung der Vertauschungsregeln (1), von denen auch die Koordinate $\boldsymbol{t}$ und der konjugierte Impuls $-\boldsymbol{E}$ umfaßt sein soll; man kommt auf diese Weise zu einer Algebra der Größen $\boldsymbol{q}$ und $\boldsymbol{p}$. Sie ist die Grundlage der Quantenmechanik, die schon vor der SCHRÖDINGERschen Theorie durch HEISENBERG, BORN, JORDAN[4]) und DIRAC[5]) aufgestellt worden ist als eine Methode, beobachtbare Größen miteinander in eine numerische Beziehung zu setzen, die durch die klassische Mechanik nur unvollkommen wiedergegeben wurde. Die Aufstellung jener Vertauschungsregeln war dabei

---

[1]) J. FRENKEL, ZS. f. Phys. Bd. 47, S. 786. 1928.

[2]) G. MIE, Ann. d. Phys. Bd. 85, S. 711. 1928.

[3]) Vgl. Ziff. 44.

[4]) W. HEISENBERG, ZS. f. Phys. Bd. 33, S. 879. 1925; M. BORN und P. JORDAN, ebenda Bd. 34, S. 858. 1925; Bd. 35, S. 557. 1926.

[5]) P. A. M. DIRAC, Proc. Roy. Soc. Bd. 109, S. 642. 1925; Bd. 110, S. 561. 1926; Bd. 111, S. 281, 1926; Bd. 112, S. 661; 1926.

das Endglied eines systematischen Vergleichs der klassisch-mechanischen Erwartung mit der quantentheoretischen Wirklichkeit, als eine quantitative Verschärfung des BOHRschen Korrespondenzprinzips. Wir wollen die Korrespondenz zwischen der klassischen Mechanik und der auf der Quantenalgebra aufgebauten Quantenmechanik näher verfolgen.

Die Korrespondenz wird hergestellt durch die Zuordnung

$$[x, y] = \sum_L \left(\frac{\partial x}{\partial p_L}\frac{\partial y}{\partial q_L} - \frac{\partial y}{\partial p_L}\frac{\partial x}{\partial q_L}\right) \quad \text{klassisch,} \tag{A}$$

$$[\boldsymbol{x}, \boldsymbol{y}] = \frac{2i\pi}{h}(\boldsymbol{x}\boldsymbol{y} - \boldsymbol{y}\boldsymbol{x}) \quad \text{quantentheoretisch,} \tag{B}$$

welche der „POISSONschen Klammer" $[x(q, p), y(q, p)]$ zwei Bedeutungen, eine klassische und eine quantentheoretische, zulegt. In (A) bedeuten x und y beliebige Funktionen der q und p; in (B) bedeuten $\boldsymbol{x}$ und $\boldsymbol{y}$ dieselben Funktionen der $\boldsymbol{q}$ und $\boldsymbol{p}$, nur sollen, da es dann auf die Reihenfolge von Produktfaktoren ankommt, x und y symmetrisiert sein, also statt $\boldsymbol{x} = \boldsymbol{p}\boldsymbol{q}$ soll z. B. stehen $\boldsymbol{x} = \frac{1}{2}(\boldsymbol{p}\boldsymbol{q} + \boldsymbol{q}\boldsymbol{p})$, damit die Vertauschbarkeit auch bei der quantenalgebraischen Funktion gewährleistet ist.

Setzt man in (A) speziell $x(q, p) = p_K$, $y(q, p) = q_L$, so erhält man

$$[p_K q_L] = 1 \quad \text{für} \quad K = L, \quad = 0 \quad \text{für} \quad K \neq L.$$

Die Korrespondenz (A) → (B) führt dann zu der Forderung

$$[\boldsymbol{p}_K \boldsymbol{q}_L] = 1 \quad \text{für} \quad K = L, \quad = 0 \quad \text{für} \quad K \neq L, \tag{2}$$

Auf entsprechende Weise wird man zu den Forderungen

$$[\boldsymbol{p}_K \boldsymbol{p}_L] = 0, \qquad [\boldsymbol{q}_K \boldsymbol{q}_L] = 0 \tag{2'}$$

geführt. (2) und (2′) sind aber identisch mit den oben angeführten Vertauschungsregeln (1) wegen der Bedeutung (B) der POISSONschen Klammer in der Quantentheorie. Dies war der Weg, auf dem die Vertauschungsregeln zuerst gefunden wurden.

Setzt man in (A) rechts für x und y einmal $x(q, p)$ und q_K, ein anderes Mal p_K und $y(q, p)$ ein, so erhält man aus (A) die speziellen Gleichungen

$$\left.\begin{aligned} \frac{\partial x(q, p)}{\partial p_K} &= [x, q_K], \\ \frac{\partial y(q, p)}{\partial q_K} &= [p_K, y]. \end{aligned}\right\} \tag{3}$$

Die Korrespondenz (A) → (B) fordert dann auf, die quantenalgebraischen Differentialquotienten folgendermaßen zu definieren:

$$\left.\begin{aligned} \frac{\partial \boldsymbol{x}}{\partial \boldsymbol{p}_K} &= [\boldsymbol{x}, \boldsymbol{q}_K] = \frac{2i\pi}{h}(\boldsymbol{x}\boldsymbol{q}_K - \boldsymbol{q}_K\boldsymbol{x}) \\ \frac{\partial \boldsymbol{y}}{\partial \boldsymbol{q}_K} &= [\boldsymbol{p}_K, \boldsymbol{y}] = \frac{2i\pi}{h}(\boldsymbol{p}_K\boldsymbol{y} - \boldsymbol{y}\boldsymbol{p}_K). \end{aligned}\right\} \tag{4}$$

Um auch zu den klassischen Differentialquotienten nach der Zeit t die korrespondierende Quantenoperation kennenzulernen, betrachten wir die kanonischen Bewegungsgleichungen der klassischen Mechanik

$$\dot{q}_K = \frac{\partial H(q, p)}{\partial p_K}, \qquad \dot{p}_K = -\frac{\partial H(q, p)}{\partial q_K} \qquad (K = 1, 2 \ldots N), \tag{5}$$

nehmen eine beliebige Funktion $z(q, p)$ und bilden

$$\dot{z} = \sum_L \left(\frac{\partial z}{\partial q_L}\dot{q}_L + \frac{\partial z}{\partial p_L}\dot{p}_L\right) = \sum_L \left(\frac{\partial z}{\partial q_L}\frac{\partial H}{\partial p_L} - \frac{\partial z}{\partial p_L}\frac{\partial H}{\partial q_L}\right) = [H, z] \tag{5'}$$

als zusammenfassenden Ausdruck der kanonischen Bewegungsgleichungen, welcher die Spezialfälle (5) $z = q_K$ und $z = p_K$ umfaßt. Jetzt benutzen wir die Korrespondenz der POISSONschen Klammern, um quantentheoretisch zu definieren:

Die Punktierte $\dot{\boldsymbol{z}}$ einer q-Funktion $\boldsymbol{z}(\boldsymbol{q}, \boldsymbol{p})$ mit Bezug auf eine bestimmte HAMILTONsche Funktion $\boldsymbol{H}(\boldsymbol{q}, \boldsymbol{p})$ sei die Funktion

$$\dot{\boldsymbol{z}} = [\boldsymbol{H}, \boldsymbol{z}] = \frac{2i\pi}{h}(\boldsymbol{H}\boldsymbol{z} - \boldsymbol{z}\boldsymbol{H}). \tag{6}$$

$\dot{\boldsymbol{z}}$ korrespondiert der zeitlichen Ableitung $\dot{z}$ der klassischen Theorie, und (6) korrespondiert für $\boldsymbol{z} = \boldsymbol{q}_K$ bzw. $\boldsymbol{z} = \boldsymbol{p}_K$ den klassischen kanonischen Bewegungsgleichungen:

$$\dot{\boldsymbol{q}}_K = \frac{2i\pi}{h}(\boldsymbol{H}\boldsymbol{q}_K - \boldsymbol{q}_K\boldsymbol{H}), \qquad \dot{\boldsymbol{p}}_K = -\frac{2i\pi}{h}(\boldsymbol{p}_K\boldsymbol{H} - \boldsymbol{H}\boldsymbol{p}_K). \tag{6'}$$

Für den Spezialfall $\boldsymbol{z}(\boldsymbol{q}, \boldsymbol{p}) = \boldsymbol{H}(\boldsymbol{q}, \boldsymbol{p})$ folgt ferner aus (6)

$$\dot{\boldsymbol{H}} = [\boldsymbol{H}, \boldsymbol{H}] = 0. \tag{6''}$$

Die Punktierte der HAMILTONschen Funktion verschwindet. Dies ist das quantenmechanische Gegenstück zum Energieerhaltungssatz $\dot{H} = 0$ der klassischen Mechanik.

60. Kanonische Transformationen. Winkelvariable[1]). Um das quantenmechanische Problem zu lösen, ist es meist erforderlich, von den ursprünglichen Variablen q_k, p_k zu neuen Variablen Q_k, P_k überzugehen durch eine Transformation

$$\boldsymbol{Q}_K = \boldsymbol{Q}_K(\boldsymbol{q}_1 \ldots \boldsymbol{q}_N \boldsymbol{p}_1 \ldots \boldsymbol{p}_N), \qquad \boldsymbol{P}_K = \boldsymbol{P}_K(\boldsymbol{q}_1 \ldots \boldsymbol{q}_N \boldsymbol{p}_1 \ldots \boldsymbol{p}_N).$$

Die Forderung, daß die neuen Variablen ebenso wie die alten wieder kanonisch sind, d. h. den Vertauschungsregeln

$$\left.\begin{aligned} &[\boldsymbol{P}_K \boldsymbol{Q}_L] = 1 \quad \text{für} \quad K = L, \quad = 0 \quad \text{für} \quad K \neq L, \\ &[\boldsymbol{P}_K \boldsymbol{P}_L] = 0, \qquad [\boldsymbol{Q}_K \boldsymbol{Q}_L] = 0 \end{aligned}\right\} \tag{7}$$

genügen, wird erfüllt durch jede Transformation der Form

$$\boldsymbol{Q}_K = \boldsymbol{T}^{-1}(\boldsymbol{q}, \boldsymbol{p}) \cdot \boldsymbol{q}_K \cdot \boldsymbol{T}(\boldsymbol{q}, \boldsymbol{p}), \qquad \boldsymbol{P}_K = \boldsymbol{T}^{-1} \cdot \boldsymbol{p}_K \cdot \boldsymbol{T}, \tag{8}$$

bei der $\boldsymbol{T}(\boldsymbol{q}, \boldsymbol{p})$ eine beliebige Funktion der $\boldsymbol{q}, \boldsymbol{p}$ ist und $\boldsymbol{T}^{-1}$ ihre Reziproke bedeutet, definiert durch $\boldsymbol{T}^{-1} \cdot \boldsymbol{T} = \boldsymbol{T} \cdot \boldsymbol{T}^{-1} = 1$. Durch Anwendung auf Summen und Produkte der $\boldsymbol{p}$ und $\boldsymbol{q}$ gewinnt man leicht die allgemeinere Formel

$$\boldsymbol{F}(\boldsymbol{Q}, \boldsymbol{P}) = \boldsymbol{F}(\boldsymbol{T}^{-1}\boldsymbol{q}\boldsymbol{T}, \boldsymbol{T}^{-1}\boldsymbol{p}\boldsymbol{T}) = \boldsymbol{T}^{-1}\boldsymbol{F}(\boldsymbol{q}, \boldsymbol{p})\boldsymbol{T}. \tag{8'}$$

Ein mechanisches System sei klassisch durch eine bestimmte HAMILTONsche Funktion $H(q, p)$ charakterisiert, quantenmechanisch durch eine symmetrisierte HAMILTONsche Funktion $\boldsymbol{H}(\boldsymbol{q}, \boldsymbol{p})$.

Gefragt wird nach den quantentheoretischen Energiewerten (Spektraltermen), später auch nach den Schwingungszahlen, Intensitäten und Polarisationen des von dem System ausgestrahlten Lichtes. Die Lösung wird auf folgendem Weg erreicht. Man geht von den Koordinaten q und Impulsen p zu neuen Koordinaten w (Winkelvariablen) und Impulsen J (Wirkungsvariablen) durch eine kanonische Transformation (9) über

$$\boldsymbol{w}_K = \boldsymbol{T}^{-1}(\boldsymbol{q}, \boldsymbol{p}) \cdot \boldsymbol{q}_K \cdot \boldsymbol{T}, \qquad \boldsymbol{J}_K = \boldsymbol{T}^{-1} \cdot \boldsymbol{p}_K \cdot \boldsymbol{T}, \qquad \text{also} \quad \boldsymbol{F}(\boldsymbol{w}, \boldsymbol{J}) = \boldsymbol{T}^{-1}\boldsymbol{F}(\boldsymbol{q}, \boldsymbol{p})\boldsymbol{T}$$

[1]) M. BORN, W. HEISENBERG und P. JORDAN, ZS. f. Phys. Bd. 35, S. 557. 1926; P. JORDAN, ebenda Bd. 37, S. 383. 1926; G. WENTZEL, ebenda Bd. 37, S. 80. 1926.

mit so gewählter transformierender Funktion $\boldsymbol{T}(\boldsymbol{q},\boldsymbol{p})$, daß außer der durch (9) ohne weiteres gewährleisteten Kanonizität der $\boldsymbol{w}$ und $\boldsymbol{J}$, nämlich

$$\left.\begin{array}{llll}[\boldsymbol{J}_K\boldsymbol{w}_L]=1 & \text{für}\quad K=L, & =0 & \text{für}\quad K\neq L\\ [\boldsymbol{J}_K\boldsymbol{J}_L]=0, & [\boldsymbol{w}_K\boldsymbol{w}_L]=0, & & \end{array}\right\}\tag{10}$$

noch folgende Bedingungen erfüllt sind:

a) Setzt man in die HAMILTONsche Funktion $\boldsymbol{H}(\boldsymbol{q},\boldsymbol{p})$ für die $\boldsymbol{q}$ und $\boldsymbol{p}$ die aus (9) rückwärts folgenden Funktionen $\boldsymbol{q}_K(\boldsymbol{w},\boldsymbol{J})$, $\boldsymbol{p}_K(\boldsymbol{w},\boldsymbol{J})$ ein, so soll die so entstehende Funktion $\boldsymbol{H}(\boldsymbol{q}(\boldsymbol{w},\boldsymbol{J}),\boldsymbol{p}(\boldsymbol{w},\boldsymbol{J}))=\boldsymbol{H}^*(\boldsymbol{w},\boldsymbol{J})$ nur die $\boldsymbol{J}$, nicht die $\boldsymbol{w}$ enthalten:

$$\boldsymbol{H}(\boldsymbol{q},\boldsymbol{p})=\boldsymbol{H}^*(\boldsymbol{J}).$$

b) Die Funktionen $\boldsymbol{q}_K(\boldsymbol{w},\boldsymbol{J})$, $\boldsymbol{p}_K(\boldsymbol{w},\boldsymbol{J})$ sollen die Reihenform

$$\boldsymbol{q}_K=\sum_\tau \boldsymbol{q}_K^\tau(\boldsymbol{J})\cdot e^{i(\tau\boldsymbol{w})},\qquad \boldsymbol{p}_K=\sum_\tau \boldsymbol{p}_K^\tau(\boldsymbol{J})\cdot e^{i(\tau\boldsymbol{w})}\tag{11}$$

besitzen; darin ist $(\tau\boldsymbol{w})$ zur Abkürzung für $\tau_1\boldsymbol{w}_1+\cdots\tau_N\boldsymbol{w}_N$ geschrieben, und der zugehörige Koeffizient $\boldsymbol{q}_K^\tau(\boldsymbol{J})$ wäre genauer mit $\boldsymbol{q}_K^{\tau_1\cdots\tau_N}(\boldsymbol{J}_1\ldots\boldsymbol{J}_N)$ zu bezeichnen, $\sum\limits_\tau$ ist zur Abkürzung für $\sum\limits_{\tau_1}\ldots\sum\limits_{\tau_N}$ geschrieben, jedes τ_K summiert über alle ganzen Zahlen von $-\infty$ bis $+\infty$. Die p_K und q_K sind damit in den w periodisch mit der Periode 2π.

Ist die Bedingung (*b*) erfüllt, so folgt, daß irgendeine durch Addition und Multiplikation aus den $\boldsymbol{p}$ und $\boldsymbol{q}$ zusammengesetzte Funktion $\boldsymbol{x}(\boldsymbol{p},\boldsymbol{q})$ sich in der entsprechenden Reihenform

$$\boldsymbol{x}(\boldsymbol{q},\boldsymbol{p})=\sum_\tau \boldsymbol{x}^\tau(\boldsymbol{J})\cdot e^{i(\tau\boldsymbol{w})}\tag{11'}$$

darstellen läßt. Wegen (8) in Ziff. 44 ist dies identisch mit

$$\boldsymbol{x}(\boldsymbol{q},\boldsymbol{p})=\sum_\tau e^{i(\tau\boldsymbol{w})}\boldsymbol{x}^\tau\left(\boldsymbol{J}+\frac{\tau h}{2\pi}\right).\tag{11''}$$

Auch $\boldsymbol{x}(\boldsymbol{p},\boldsymbol{q})$ ist dann in den $\boldsymbol{w}$ periodisch mit der Periode 2π.

Es sei nun durch eine passend ausgesuchte Transformierende $\boldsymbol{T}$ die Transformation auf Winkel- und Wirkungsvariable $\boldsymbol{w}$ und $\boldsymbol{J}$ vollzogen und die transformierte HAMILTONsche Funktion $\boldsymbol{H}^*(\boldsymbol{J})$ gefunden. Sie gibt dann Anlaß zu der SCHRÖDINGERschen Gleichung

$$\left\{H^*\left(\frac{h}{2i\pi}\frac{\partial}{\partial w}\right),\quad \psi^*(w)\right\}=\{E\cdot\psi^*(w)\}.\tag{12}$$

Ist dabei $H^*(J)$ in die Potenzreihe

$$H^*(J)=\sum_\tau A_{\tau_1\ldots\tau_N}\cdot(J_1)^{\tau_1}\cdot(J_2)^{\tau_2}\ldots(J_N)^{\tau_N}\tag{12'}$$

entwickelt, so wird die Schwingungsgleichung $\left(J_K=\frac{h}{2i\pi}\cdot\frac{\partial}{\partial w_K}\right)$

$$\left.\begin{array}{l}\displaystyle\sum_\tau A_{\tau_1\ldots\tau_N}\left(\frac{h}{2i\pi}\right)^{\tau_1+\tau_2+\cdots\tau_N}\frac{\partial^{\tau_1}}{\partial w_1^{\tau_1}}\frac{\partial^{\tau_2}}{\partial w_2^{\tau_2}}\cdots\frac{\partial^{\tau_N}}{\partial w_N^{\tau_N}}\psi^*(w_1\ldots w_N)\\ \qquad\qquad =E\cdot\psi^*(w_1\ldots w_N)\end{array}\right\}\tag{13}$$

gelöst durch den Ansatz $\psi^*(w)=Be^{i(nw)}$, ausführlich geschrieben

$$\psi^*(w_1\ldots w_N)=C\cdot e^{i(n_1w_1+\cdots n_Nw_N)},\tag{14}$$

mit beliebigen Zahlwerten $n_1\ldots n_N$. Wählt man letztere ganzzahlig, so hat man erreicht, daß $\psi^*(w)$ in den w periodisch mit der Periode 2π wird. Der Ansatz (14) in (13) eingeführt gibt den zu (14) gehörigen Eigenwert

$$\sum_\tau A_{\tau_1\ldots\tau_N}\left(\frac{h}{2\pi i}\right)^{\tau_1+\tau_2+\cdots\tau_N}\cdot(n_1i)^{\tau_1}\cdot(n_2i)^{\tau_2}\ldots(n_Ni)^{\tau_N}=E,\tag{15}$$

den man genauer noch mit $E_{n_1 \ldots n_N}$ bezeichnen kann. Den noch unbestimmten Faktor C von ψ kann man so normieren, daß

$$\int_0^{2\pi} \cdots \int_0^{2\pi} \psi \tilde{\psi} \cdot dw_1 \ldots dw_N = 1$$

wird, d. h.

$$C = (2\pi)^{-\frac{N}{2}}.$$

Das Eigenwertproblem ist also gelöst, wenn es gelingt, durch kanonische Transformation $(\boldsymbol{q},\boldsymbol{p}) \to (\boldsymbol{w},\boldsymbol{J})$ die Hamiltonfunktion zu einer Funktion $\boldsymbol{H}^*(\boldsymbol{J}_1 \ldots \boldsymbol{J}_N)$ der Wirkungsvariablen allein zu machen; die Eigenfunktionen sind dann die Exponentialfunktionen (14) mit ganzzahligen $n_1 \ldots n_N$, und die Eigenwerte besitzen nach (15) (12') die einfache Form

$$E = H^*\left(\frac{n_1 h}{2\pi}, \frac{n_2 h}{2\pi}, \ldots \frac{n_N h}{2\pi}\right). \tag{15'}$$

Man kann dieses Resultat nachträglich. auch ohne von der SCHRÖDINGERschen Undulationsmechanik zu sprechen, in folgender Weise als ein Resultat der Quantenalgebra aussprechen:

Gelingt es, aus der HAMILTONschen Funktion $\boldsymbol{H}(\boldsymbol{p},\boldsymbol{q})$ durch eine kanonische Transformation $\boldsymbol{T}$ zu Winkel- und Wirkungsvariablen $\boldsymbol{w},\boldsymbol{J}$ überzugehen, so daß $\boldsymbol{H}$ übergeht in eine Funktion $\boldsymbol{H}^*(\boldsymbol{J}_1 \ldots \boldsymbol{J}_N)$, so erhält man die quantentheoretischen Energiewerte, indem man in letzterer Funktion statt der Argumente $\boldsymbol{J}_1 \ldots \boldsymbol{J}_N$ die Größen $n_1 h/2\pi \ldots n_N h/2\pi$ mit ganzzahligen $n_1 \ldots n_N$ einsetzt.

61. Kanonische Transformationen (Fortsetzung). In der klassischen Mechanik wird eine kanonische, die Form der HAMILTONschen Bewegungsgleichungen nicht ändernde Transformation von den q, p zu neuen Variablen Q, P erhalten, indem man mit Hilfe einer willkürlichen „Wirkungsfunktion" $S(Q, p)$ die Gleichungen

$$q_k = \frac{\partial S}{\partial p_k}, \quad P_k = \frac{\partial S}{\partial Q_k} \quad [S(Q, p)]$$

ansetzt und sie nach $Q_k = Q_k(q, p)$, $P_k = P_k(q, p)$ auflöst.

Auch in der Quantenmechanik stellt

$$\boldsymbol{q}_k = \frac{\partial \boldsymbol{S}}{\partial \boldsymbol{p}_k}, \quad \boldsymbol{P}_k = \frac{\partial \boldsymbol{S}}{\partial \boldsymbol{Q}_k} \quad \boldsymbol{S}(\boldsymbol{Q},\boldsymbol{p}) \tag{16}$$

eine kanonische, d. h. hier die Vertauschungsregeln erhaltende Transformation dar; wie gleich zu zeigen, läßt sich nämlich (16) auf die Form

$$\boldsymbol{Q}_K = \boldsymbol{T}^{-1} \boldsymbol{q}_K \boldsymbol{T}, \quad \boldsymbol{P}_K = \boldsymbol{T}^{-1} \boldsymbol{p}_K \boldsymbol{T} \quad [\boldsymbol{T}(\boldsymbol{q},\boldsymbol{p})] \tag{16'}$$

bringen, wenn $\boldsymbol{T}$ und $\boldsymbol{S}$ in bestimmter Weise zusammengehörig gewählt werden. Der Zusammenhang zwischen der Funktion $\boldsymbol{S}$ und der die gleiche Transformation vermittelnden Funktion $\boldsymbol{T}$ ist nach JORDAN[1]) der folgende.

Es sei $\boldsymbol{S}(\boldsymbol{Q},\boldsymbol{p})$ entwickelt in die Form

$$\boldsymbol{S}(\boldsymbol{Q},\boldsymbol{p}) = \sum_1^m {}_s \boldsymbol{f}_s(\boldsymbol{Q}) \cdot \boldsymbol{g}_s(\boldsymbol{p}) \tag{17}$$

als Summe von $\boldsymbol{m}$ Produkten, als ersten Faktor eine nur von $\boldsymbol{Q}$, als zweiten Faktor eine nur von $\boldsymbol{p}$ abhängige Funktion; die Faktoren sind nicht vertauschbar. Man definiert nun nach PAULI die Exponentialfunktion e^{xy}, in welche

[1]) P. JORDAN, ZS. f. Phys. Bd. 38, S. 513. 1926.

die Faktoren x und y als Funktionen von Quantengrößen nicht vertauschbar sind, durch die Reihe

$$e^{xy} = \sum_0^\infty {}_r \frac{x^r y^r}{r!}. \tag{18}$$

Ihre Verallgemeinerung ist die Exponentialfunktion

$$\exp\left[\sum_1^m {}_s x_s y_s\right] = \sum_0^\infty {}_{r_1} \sum_0^\infty {}_{r_2} \cdots \sum_0^\infty {}_{r_m} \frac{x_1^{r_1} \ldots x_m^{r_m} \cdot y_1^{r_1} \ldots y_m^{r_m}}{r_1!\, r_2! \ldots r_m!}, \tag{18'}$$

bei der also die x-Faktoren den y-Faktoren vorangehen sollen. Nur wenn die x mit den y vertauschbar wären, könnte man dafür auch schreiben

$$e^{\sum x_s y_s} = e^{x_1 y_1} \cdot e^{x_2 y_2} \ldots e^{x_m y_m}.$$

Wir wollen nun nach JORDAN zeigen, daß die Transformierende $T(q, p)$, welche die gleiche Transformation wie $S(Q, p)$ vermittelt, gegeben ist durch die Exponentialfunktion

$$T(q,p) = \exp\left[\frac{2i\pi}{h} S_*(q,p)\right], \tag{19}$$

worin $S_*(Q,p)$ bedeuten soll [vgl. (17)]

$$S_*(Q,p) = S(Q,p) - \sum_K Q_K p_K = \sum_1^m {}_s f_s(Q)\, g_s(p) - \sum_K Q_K p_K. \tag{20}$$

Zum Beweise der Formel (19) beachte man, daß aus den allgemeinen Differentialformeln (4)

$$T q_K - q_K T = \frac{h}{2i\pi} \frac{\partial T}{\partial p_K}, \qquad p_K T - T p_K = \frac{h}{2i\pi} \frac{\partial T}{\partial q_K}$$

folgt

$$P_K = T^{-1} p_K T = p_K + \frac{h}{2i\pi} T^{-1} \frac{\partial T}{\partial q_K}; \quad Q_K = T^{-1} q_K T = q_K - \frac{h}{2i\pi} T^{-1} \frac{\partial T}{\partial p_K}.$$

Setzt man hier auf den rechten Seiten für die Differentialquotienten von T die aus (19) folgenden Funktionen ein und beachtet, daß nach (8') gilt

$$T^{-1} f_s(q)\, T = f_s(Q), \qquad T^{-1} \frac{\partial f_s(q)}{\partial q_K} T = \frac{\partial f_s(Q)}{\partial Q_K},$$

so erhält man in der Tat gerade die Transformationsformeln (16).

Der Sonderfall der Punkttransformation ist charakterisiert durch die Erzeugende

$$S(Q, p) = \sum_K v_K(Q)\, p_K, \tag{21}$$

also

$$q_K = \frac{\partial S}{\partial p_K} = v_K(Q), \qquad P_K = \frac{\partial S}{\partial Q_K} = \sum_K \frac{\partial v_K(Q)}{\partial Q_K} \cdot p_K.$$

Hier wird

$$S_*(Q,p) = \sum_K (v_K(Q) - Q_K) \cdot p_K,$$

somit

$$T(q,p) = \exp\left[\frac{2i\pi}{h} S_*(q,p)\right] = \exp\left[\frac{2i\pi}{h} \sum_K (v_K(q) - q_K)\, p_K\right]. \tag{21'}$$

Die Transformierende T, welche die Punkttransformation $q_K = v_K(Q)$ vermittelt, ist also eine komplizierte transzendente Funktion der q und p.

62. Transformationen in der Wellenmechanik. In der Wellenmechanik handelt es sich darum, die Differentialgleichung

$$\left\{H\left(q, \frac{h}{2i\pi}\frac{\partial}{\partial q}\right) - E, \psi(q)\right\} = 0 \tag{22}$$

zu lösen, was unter Umständen durch Einführung neuer Koordinaten erleichtert wird. Zunächst kommen hier Punkttransformationen $q = q(Q)$ in Betracht, durch welche die Grundgleichung übergeht in die Form

$$\left\{H\left(q(Q), \frac{h}{2i\pi}\frac{dQ}{dq}\frac{\partial}{\partial Q}\right) - E, \psi(q(Q))\right\} = 0 .$$

An ihrer Stelle wollen wir kürzer schreiben

$$\left\{H_*\left(Q, \frac{h}{2i\pi}\frac{\partial}{\partial Q}\right) - E, \psi^*(Q)\right\} = 0 , \tag{23}$$

mit den Eigenfunktionen $\psi_n^*(Q) = \psi_n(q(Q))$
und den gleichen Eigenwerten E_n wie bei der ursprünglichen Gleichung (22).

Allgemeine kanonische Transformationen in der Wellenmechanik sind, nach dem Vorbild der JORDANschen Transformationen der Quantenmechanik, zuerst von F. LONDON[1]) behandelt worden. Von einer willkürlichen Funktion $T(q, p)$ ausgehend bilde man den Operator $T\left(q, \frac{h}{2i\pi}\frac{\partial}{\partial q}\right)$ und setze

$$Q_K = T^{-1} q_K T, \qquad \frac{h}{2i\pi}\frac{\partial}{\partial Q_K} = T^{-1}\frac{h}{2i\pi}\frac{\partial}{\partial q_K} T . \tag{24}$$

Ein Operator $F^*\left(Q, \frac{h}{2i\pi}\frac{\partial}{\partial Q}\right)$ geht dadurch über in den Operator [vgl. (8′)]

$$F_*\left(Q, \frac{h}{2i\pi}\frac{\partial}{\partial Q}\right) = T^{-1} F_*\left(q, \frac{h}{2i\pi}\frac{\partial}{\partial q}\right) T = F\left(q, \frac{h}{2i\pi}\frac{\partial}{\partial q}\right). \tag{24'}$$

Die SCHRÖDINGERsche Gleichung für die gesuchten Eigenfunktionen $\psi^*(Q)$ und Eigenwerte E^* des HAMILTONschen Operators $H_*\left(Q, \frac{h}{2i\pi}\frac{\partial}{\partial Q}\right)$ heißt dann

$$\left\{H_*\left(Q, \frac{h}{2i\pi}\frac{\partial}{\partial Q}\right) - E^*, \psi^*(Q)\right\} = 0 . \tag{25}$$

Wir zeigen jetzt, daß diese die gleichen Eigenwerte wie die ursprüngliche Gleichung (22) besitzt (was soeben nur für Punkttransformationen gezeigt war). Zu diesem Zweck schreiben wir statt (22) unter Benutzung von (24′)

$$\left\{T^{-1} H_*\left(q, \frac{h}{2i\pi}\frac{\partial}{\partial q}\right) T - E, \psi(q)\right\} = 0$$

und üben den Operator T aus:

$$\left\{H_*\left(q, \frac{h}{2i\pi}\frac{\partial}{\partial q}\right) T - T E, \psi(q)\right\} = 0 .$$

Setzen wir hierin

$$T \cdot \psi(q) = \psi^*(q) , \qquad \text{d. h.} \qquad \psi(q) = T^{-1}\psi^*(q) , \tag{26}$$

so wird daraus

$$\left\{H_*\left(q, \frac{h}{2i\pi}\frac{\partial}{\partial q}\right) - E, \psi^*(q)\right\} = 0 ,$$

und schließlich bei Ersetzung der Buchstaben q durch Q

$$\left\{H_*\left(Q, \frac{h}{2i\pi}\frac{\partial}{\partial Q}\right) - E, \psi^*(Q)\right\} = 0 . \tag{27}$$

[1]) F. LONDON, ZS. f. Phys. Bd. 40, S. 193. 1926.

Vergleich von (27) mit (25) zeigt dann die Übereinstimmung der Eigenwerte E und E^*. Der Zusammenhang der Eigenfunktionen, vermittelt durch die Transformierende T, ist durch (26) gegeben,

$$\begin{aligned} \psi_n^*(Q) &= T\left(Q, \frac{h}{2i\pi}\frac{\partial}{\partial Q}\right)\cdot\psi_n(Q) \\ \psi_n(q) &= T^{-1}\left(q, \frac{h}{2i\pi}\frac{\partial}{\partial q}\right)\psi_n^*(q) \end{aligned} \qquad \text{wo} \quad Q_K = T^{-1}q_K T, \quad P_K = T^{-1}p_K T. \tag{28}$$

Besondere Berücksichtigung erfordert der Umstand, daß der Existenzbereich von q nicht mit dem von Q übereinzustimmen braucht; q sei etwa eine Längenkoordinate $-\infty \leqq q \leqq \infty$, Q ein Winkel $0 \leqq Q \leqq 2\pi$. Wie sich im Einzelfall diese Schwierigkeit automatisch löst, zeigt das Beispiel von Ziff. 64.

Wenn die Transformierende T das Argument p in gebrochener oder negativer Potenz enthält, geben die Transformationen zu nichtganzzahligen und negativen „Differentiationen" $\frac{h}{2i\pi}\frac{\partial^n}{\partial q^n}$ Anlaß. Auf deren Bedeutung gehen wir nicht ein, bemerken nur, daß die bei der Transformation auf Winkelvariable vorkommende Formel

$$\frac{d^n e^{kx}}{dx^n} = k^n e^{kx}$$

auch auf gebrochene und negative n übertragen werden soll.

(28) gibt Antwort auf folgende Frage. Bekannt sei die zum Energiewert E_n gehörige Eigenfuntion $\psi_n(q)$, die wir bezeichnen wollen als die Wahrscheinlichkeitsamplitude, beim Energiewert E_n die Koordinaten q_K in gewissen Lagen q_K anzutreffen. Wie groß ist die Wahrscheinlichkeitsamplitude $\psi_n^*(Q)$, die Funktionen $Q_K(q, p)$ auf gewissen Werten Q_K anzutreffen? Die Antwort (28) setzt voraus, daß man die Transformierende T gefunden hat, welche die kanonische Transformation $QP \longrightarrow qp$ vermittelt.

Wir betrachten noch den Sonderfall, daß die Koordinate Q_1, die als ein Argument der Wahrscheinlichkeitsamplitude ψ_n^* $(Q_1, Q_2 \ldots Q_N)$ auftritt, gleich der Hamiltonschen Funktion $Q_1 = H(q, p)$ ist. Dann gilt $Q_1 = T^{-1}q_1 T = H(qp)$, also $q_1 T = TH$, und unter Benutzung von $E_n\psi_n(q) = H\psi_n(q)$ wird aus (28)

$$E_n\psi_n^*(q) = E_n T\psi_n(q) = TE_n\psi_n(q) = TH\psi_n(q) = q_1 T\psi_n(Q).$$

Die Gleichung $E_n\psi_n^*(q) = E_n \cdot T\psi_n = q_1 \cdot T\psi_n$ kann aber nur bestehen, wenn entweder $\psi_n^*(q) = 0$ ist oder, falls $\psi_n^*(q) \neq 0$, wenn $q_1 = E_n$ ist. Es hat also die Wahrscheinlichkeitsamplitude $\psi_n^*(q)$ nur für $q_1 = E_n$ einen nicht verschwindenden Wert, und $\psi_n^*(Q)$ nur bei $Q_1 = E_n$ einen nicht verschwindenden Funktionswert, anders ausgedrückt $\psi_n^*(Q)$ hat dort ein unendlich steiles Maximum und verschwindet sonst überall.

Von Bedeutung ist der Zusammenhang zwischen dem eine kanonische Transformation vermittelnden Operator $T\left(q, \frac{h}{2i\pi}\frac{\partial}{\partial q}\right)$

$$Q_K = T^{-1}q_K T, \quad \frac{h}{2i\pi}\frac{\partial}{\partial Q_K} = T^{-1}\frac{h}{2i\pi}\frac{\partial}{\partial q_K}T \tag{29}$$

und dem dieselbe Transformation erzeugenden Operator $S\left(Q, \frac{h}{2i\pi}\frac{\partial}{\partial q}\right)$ mit den Transformationsgleichungen

$$q_K = \frac{\partial S\left(Q, \frac{h}{2i\pi}\frac{\partial}{\partial q}\right)}{\partial p_K}, \qquad \frac{\partial S\left(Q, \frac{h}{2i\pi}\frac{\partial}{\partial q}\right)}{\partial Q_K} = \frac{h}{2i\pi}\frac{\partial}{\partial Q_K}. \tag{30}$$

War in der Quantenmechanik nach JORDAN der Zusammenhang zwischen den Funktionen $\boldsymbol{T(q,p)}$ und $\boldsymbol{S(Q,p)}$ durch (19) gegeben, so erhält man in der Wellenmechanik nach LONDON den entsprechenden Zusammenhang zwischen den Operatoren T und S durch

$$T\left(q, \frac{h}{2i\pi}\frac{\partial}{\partial q}\right) = \exp\left[\frac{2i\pi}{h} S^*\left(q, \frac{h}{2i\pi}\frac{\partial}{\partial q}\right)\right], \tag{31}$$

worin wie in (17) (20)

$$S\left(Q, \frac{h}{2i\pi}\frac{\partial}{\partial q}\right) = \sum_{1}^{m}{}_s f_s(Q)\cdot g_s\left(\frac{h}{2i\pi}\frac{\partial}{\partial q}\right) \quad \text{und} \quad S^* = S - \sum_K Q_K \frac{h}{2i\pi}\frac{\partial}{\partial q_K}. \tag{32}$$

Im Spezialfall der Punkttransformation $q_K = v_K(Q)$ wird entsprechend (21′)

$$T\left(q, \frac{h}{2i\pi}\frac{\partial}{\partial q}\right) = \exp\left[\sum_K (v_K(q) - q_K)\cdot\frac{\partial}{\partial q_K}\right].$$

In diesem Fall wird mit Benutzung von (26) und (18′)

$$\psi^*(q) = T\psi(q) = \exp\left[\sum_K (v_K(q) - q_K)\frac{\partial}{\partial q_K}\right]\psi(q).$$

Dies ist aber eine Taylorreihe

$$\psi^*(q) = \psi\left(q_1 + [v_1(q) - q_1],\quad q_2 + [v_2(q) - q_2], \ldots\right) = \psi(v(q)).$$

Schreibt man jetzt in der hiermit gefundenen Beziehung $\psi^*(q) = \psi(v(q))$ statt q den Buchstaben Q, also

$$\psi_n^*(Q) = \psi_n(v(Q)) \qquad \text{(Punkttransformation)}, \tag{33}$$

so hat man das Ergebnis, daß bei Punkttransformationen $q_K = v_K(Q)$ die Eigenfunktion $\psi_n^*(Q)$ der neuen Variablen in die Eigenfunktion $\psi_n(q)$ der alten Variablen übergeht durch die Substitution $q_K = v_K(Q)$, als Sonderfall des allgemeinen Zusammenhangs (26)

$$\psi_n^*(Q) = T\left(Q, \frac{h}{2i\pi}\frac{\partial}{\partial Q}\right)\psi_n(Q) \qquad \text{(allgemeine kanonische Transformation)}. \tag{34}$$

63. Winkelvariable in der Wellenmechanik. Es sei nun gelungen, solche neue Koordinaten w einzuführen, daß aus dem ursprünglichen HAMILTONschen Operator $H\left(q, \frac{h}{2i\pi}\frac{\partial}{\partial q}\right)$ ein Operator $H^*\left(\frac{h}{2i\pi}\frac{\partial}{\partial w}\right)$ wird, welcher nicht w, sondern nur $\partial/\partial w$ als Argument enthält, und welcher nach Potenzen von $\partial/\partial w$ mit von w unabhängigen, d. h. konstanten Koeffizienten entwickelbar sein möge:

$$H^*\left(\frac{h}{2i\pi}\frac{\partial}{\partial w}\right)\psi^*(w) = \sum_\tau A_\tau\left(\frac{h}{2i\pi}\right)^\tau \frac{\partial^\tau}{\partial w^\tau}\psi^*(w) = E\,\psi^*(w).$$

(Wir betrachten jetzt der Einfachheit halber ein System mit nur einem Freiheitsgrad.) Dann läßt sich dieses Eigenwertproblem unmittelbar lösen durch den Ansatz

$$\psi^*(w) = B e^{\beta w}, \text{ und hat den Eigenwert } E(\beta) = \sum_\tau A_\tau\left(\frac{h}{2i\pi}\right)^\tau\cdot\beta^\tau = H^*\left(\frac{h\beta}{2i\pi}\right), \tag{35}$$

worin B noch aus den Randbedingungen zu bestimmen ist. Winkelvariable sind in der klassischen Mechanik konjugierte Koordinaten w und Impulse J, für welche die HAMILTONsche Funktion eine Funktion der J allein wird, während die Ortskoordinaten periodisch in den w mit der Periode 2π sind. In der Wellenmechanik sind entsprechend Winkelvariable dadurch ausgezeichnet, daß der HAMILTONsche Operator nicht von w, sondern nur von $\partial/\partial w$ (in beliebig hoher Ordnung) abhängt, während die Eigenfunktionen als Funktionen der Ortskoordinaten periodisch in w mit der Periode 2π sein sollen. Letztere Forderung legt nun die in (35) noch offengelassene Randbedingung fest und gibt schließlich

$$\psi_n^*(w)\frac{1}{\sqrt{2\pi}}e^{inw}, \qquad E_n = H^*\left(\frac{hn}{2\pi}\right) \qquad (n = 0, 1, 2, \ldots) \tag{36}$$

als Lösung des Eigenwertproblems. Der Faktor $B = \frac{1}{\sqrt{2\pi}}$ ist dabei durch die Normierung

$$\int_0^{2\pi} \psi_n^*(w)\cdot\tilde{\psi}_n^*(w)\,dw = 1$$

bestimmt worden.

Es wird nun oft verlangt, außer $\psi_n^*(w) = \frac{1}{\sqrt{2\pi}}\cdot e^{inw}$ auch die Eigenfunktion $\psi_n(q)$ in den ursprünglichen Koordinaten anzugeben, welche zum selben Eigenwert E_n gehört. Nach LONDON wird diese Aufgabe folgendermaßen gelöst. Es sei $S(q, J)$ die Erzeugende der Transformation

$$w = \frac{\partial S\left(q, \frac{h}{2i\pi}\frac{\partial}{\partial w}\right)}{\partial J}, \qquad \frac{h}{2i\pi}\frac{\partial}{\partial q} = \frac{\partial S\left(q, \frac{h}{2i\pi}\frac{\partial}{\partial w}\right)}{\partial q},$$

welche den Übergang von q zu w vermittelt, und sei dargestellt in der Reihenform

$$S\left(q, \frac{h}{2i\pi}\frac{\partial}{\partial w}\right) = \sum_{s=1}^{m} f_s(q)\cdot g_s\left(\frac{h}{2i\pi}\frac{\partial}{\partial w}\right), \qquad S^* = \sum_{s=0}^{m} f_s(q) g_s\left(\frac{h}{2i\pi}\frac{\partial}{\partial w}\right)$$

mit $f_0(q) = -q$, $g_0\left(\frac{h}{2i\pi}\frac{\partial}{\partial w}\right) = \frac{h}{2i\pi}\frac{\partial}{\partial w}$. Kennt man die zur gleichen Transformation gehörige Transformierende $T_*\left(w, \frac{h}{2i\pi}\frac{\partial}{\partial w}\right)$, so ist nach (26) und (18′) die gesuchte Darstellung gegeben durch

$$\psi_n(w) = T_*\left(w, \frac{h}{2i\pi}\frac{\partial}{\partial w}\right)\cdot e^{inw} = \exp\left[\frac{2i\pi}{h}\sum_0^m f_s(w)\, g_s\left(\frac{h}{2i\pi}\frac{\partial}{\partial w}\right)\right] e^{inw}$$

$$= \sum_0^\infty{}_{r_1} \ldots \sum_0^\infty{}_{r_m} \frac{\prod\limits_{\nu=0}^{m}\left(\frac{2i\pi}{h}\right)^{r_\nu} f_\nu^{r_\nu}(w)\cdot \prod\limits_{\nu=0}^{\infty} g_\nu^{r_\nu}\left(\frac{h}{2i\pi}\frac{\partial}{\partial w}\right)}{\prod\limits_{\nu=0}^{\infty} r_\nu!}\, e^{inw}.$$

Die zuerst erfolgende Operation $g_\nu^{r_\nu}\left(\frac{h}{2i\pi}\frac{\partial}{\partial w}\right)$, auf e^{inw} ausgeübt, ist aber identisch mit der Multiplikation $g_\nu^{r_\nu}\left(n\frac{h}{2\pi}\right)\cdot e^{inw}$, und man erhält als Gesamtergebnis somit

$$\psi_n(w) = T_*\left(w, \frac{nh}{2\pi}\right)\cdot e^{inw} = e^{\frac{2i\pi}{h}\sum\limits_0^m f_s(w)\, g_s\left(\frac{nh}{2\pi}\right)}\cdot e^{inw}$$

$$= e^{-inw + \frac{2i\pi}{h}\sum\limits_1^m f_s(w)\, g_s\left(\frac{nh}{2\pi}\right)}\cdot e^{inw} = e^{\frac{2i\pi}{h} S\left(w, \frac{nh}{2\pi}\right)},$$

oder schließlich bei formaler Ersetzung des Buchstabens w durch q

$$\psi_n(q) = e^{\frac{2i\pi}{h} S\left(q, \frac{nh}{2\pi}\right)}. \tag{37}$$

Da in S die Größen q und nh vertauschbar sind (sämtliche Differentialoperationen sind schon ausgeführt), liegt in (37) eine gewöhnliche Exponentialfunktion vor, bei der man also gar nicht mehr auf die Reihendarstellung von S zurückzugreifen braucht. Das LONDONsche[1]) Ergebnis (37) ist deshalb von großer Bedeutung für das Eigenwertproblem, weil es die Eigenfunktionen $\psi_n(q)$ eines quantenmechanischen Systems (hier zunächst von einem Freiheitsgrad) in beliebigen Koordinaten q darzustellen lehrt als Abbildungen der Exponential- bzw. der trigonometrischen Funktionen, des Prototyps aller Schwingungsvorgänge.

Die LONDONsche Formel $\psi_n = e^{\frac{2i\pi S}{h}}$ stellt übrigens den exakten Limes eines Approximationsverfahrens zur Lösung der Wellengleichung dar, welches vorher WENTZEL und BRILLOUIN angaben. WENTZEL[2]) benutzte zur Lösung der Wellengleichung den DE BROGLIEschen Ansatz

$$\psi(q) = e^{\frac{2i\pi}{h}\int y\,dq}, \qquad \text{also} \qquad y = \frac{h}{2i\pi}\frac{\psi'}{\psi}, \tag{38}$$

wodurch die Wellengleichung sich auf eine RICCATIsche Differentialgleichung für $y(q)$ reduziert. Deren Lösung läßt sich dann durch eine Reihe nach steigenden Potenzen von h ansetzen

$$y(q) = \sum_{s=0}^{\infty} \left(\frac{h}{2i\pi}\right)^s \cdot y_s(q),$$

wobei die nullte Näherung $y_0(q)$ der klassischen Mechanik $y_0 = p$, $\int y_0\,dq = \int p\,dq$ entspricht, während die höheren Näherungsglieder eine sukzessive Annäherung an die Quantenmechanik geben. Führt man $\oint y\,dq$ auf einem geschlossenen Wege um einen Bereich herum, in welchem sämtliche n Nullstellen (Knoten) der Eigenfunktion ψ_n liegen, in welchem also $y = \frac{h}{2i\pi}\frac{\psi'}{\psi}$ n Pole vom Residuum h besitzt, so ergibt sich als Wert des Integrals

$$\oint y\,dq = nh \qquad (n = \text{ganze Zahl} = \text{Knotenzahl}).$$

Man erhält also nach WENTZEL die SOMMERFELD-WILSONsche Quantenbedingung $\oint p\,dq = nh$ als nullte Näherung der wellenmechanischen Grundgleichung zur Bestimmung der Eigenwerte. Die Reihenentwicklung bricht übrigens, wie WENTZEL an mehreren Beispielen zeigt, in vielen Fällen nach wenigen Gliedern ab, so daß man durch eine endliche Zahl von Näherungen die strenge Lösung des Eigenwertproblems erhält.

BRILLOUIN[3]) betrachtet, von der optisch-mechanischen Analogie geleitet, $\psi(q)$ als Wellenfunktion eines verallgemeinerten Eikonals S durch den Ansatz

$$\psi(q) = e^{\frac{2i\pi}{h}S(q)} \tag{39}$$

und entwickelt $S(q)$ nach Potenzen von h; als erstes Glied (Faktor von h^0) tritt dabei die klassische Wirkungsfunktion auf. Den Zusammenhang zwischen dem Eikonal und der die kanonische Transformation auf Winkelvariable erzeugenden Wirkungsfunktion stellt die LONDONsche Untersuchung [vgl. (37)] klar.

64. Harmonischer Oszillator. Zur Illustration der kanonischen Transformationen in der Wellenmechanik diene LONDONS[4]) Beispiel des harmonischen Oszillators.

---

[1]) F. LONDON, ZS. f. Phys. Bd. 40, S. 193. 1926.
[2]) G. WENTZEL, ZS. f. Phys. Bd. 38, S. 518. 1926.
[3]) L. BRILLOUIN, C. R. Bd. 183, S. 23. Juli 1926.
[4]) F. LONDON, ZS. f. Phys. Bd. 40, S. 193. 1926.

„Die Wellengleichung des Oszillators

$$-\frac{h^2}{8\pi^2}\frac{\partial^2\psi(q)}{\partial q^2}+\frac{\nu^2}{2}q^2\psi(q)=E\psi(q) \tag{40}$$

wird vermittels der Erzeugenden

$$S_1\left(q,\frac{h}{2i\pi}\frac{\partial}{\partial x}\right)=i\left(\frac{\nu}{2}q^2+\frac{h}{2i\pi}\sqrt{2\nu}\,q\frac{\partial}{\partial x}-\frac{h^2}{8\pi^2}\frac{\partial^2}{\partial x^2}\right)$$

kanonisch auf eine Variable x transformiert:

$$\frac{h\nu}{2\pi}x\frac{\partial\psi^*(x)}{\partial x}+\frac{h\nu}{4\pi}\psi^*(x)=E\psi^*(x)$$

und diese schließlich vermittelst $S_2\left(x,\frac{h}{2i\pi}\frac{\partial}{\partial w}\right)=-\frac{h}{2\pi}\cdot\ln x\cdot\frac{\partial}{\partial w}$ (Punkttransformation) auf die Winkelvariable w:

$$\frac{h\nu}{2i\pi}\frac{\partial\psi^{**}(w)}{\partial w}+\frac{h\nu}{4\pi}\psi^{**}(w)=E\psi^{**}(w)\,.$$

Für die letzten beiden Gleichungen verifiziert man leicht als eindeutige Lösungen $\psi_n^{**}(w)=e^{inw}$ bzw. $\psi_n^*(x)=e^{\frac{2i\pi}{h}S_2\left(x,\frac{nh}{2\pi}\right)}=x^n$ mit den Eigenwerten $E_n=\left(n+\frac{1}{2}\right)\frac{h\nu}{2\pi}$. Uns interessiert der Übergang zu den Eigenfunktionen $\psi_n(q)$. Man findet diese nach (31) (32) mit Hilfe der Erzeugenden S_1 durch Einwirkung des Operators

$$\begin{aligned}T\left(x,\frac{h}{2i\pi}\frac{\partial}{\partial x}\right)&=e^{\frac{2i\pi}{h}S_1\left(x,\frac{h}{2i\pi}\frac{\partial}{\partial x}\right)-x\frac{\partial}{\partial x}}\\&=e^{-\frac{2\nu\pi}{2h}x^2+i\sqrt{2\nu}x\frac{\partial}{\partial x}+\frac{h}{4\pi}\frac{\partial^2}{\partial x^2}-x\frac{\partial}{\partial x}}\\&=e^{-\frac{2\nu\pi}{2h}x^2}\cdot e^{x(i\sqrt{2\nu}-1)\frac{\partial}{\partial x}}\cdot e^{\frac{h}{4\pi}\frac{\partial^2}{\partial x^2}}\end{aligned}$$

auf $\psi_n^*(x)=x^n$. Man erhält so für $\psi_n(x)$ schrittweise:

$$\begin{aligned}\psi_n(x)&=\left[T\left(x,\frac{h}{2i\pi}\frac{\partial}{\partial x}\right),x^n\right]\\&=e^{-\frac{2\nu\pi}{2h}x^2}\cdot e^{x(i\sqrt{2\nu}-1)\frac{\partial}{\partial x}}\left(\frac{h}{4\pi}\right)^{\frac{n}{2}}\left\{\left(\sqrt{\frac{4\pi}{h}}x\right)^n\right.\\&\quad\left.+\frac{n(n-1)}{1!}\left(\sqrt{\frac{4\pi}{h}}x\right)^{n-2}+\frac{n(n-1)(n-2)(n-3)}{2!}\left(\sqrt{\frac{4\pi}{h}}x\right)^{n-4}+\cdots\right\}.\end{aligned}$$

Die jetzt auszuführende Operation $e^{x(i\sqrt{2\nu}-1)\frac{\partial}{\partial x}}$ ist die Substitution $x\to i\sqrt{2\nu}\,x$

$$\psi_n(x)=e^{-\frac{2\nu\pi}{2h}x^2}\cdot\left(\frac{h}{4\pi}\right)^{\frac{n}{2}}\cdot i^n\left\{\left(2\sqrt{\frac{2\pi\nu}{h}}x\right)^n\right.$$

$$\left.-\frac{n(n-1)}{1!}\left(2\sqrt{\frac{2\pi\nu}{h}}x\right)^{n-2}+\frac{n(n-1)(n-2)(n-3)}{2!}\left(2\sqrt{\frac{2\pi\nu}{h}}x\right)^{n-4}-+\cdots\right\}.$$

Man hätte auf diesem Wege ein neues System von Orthogonalfunktionen gefunden, wenn diese nicht als Hermitesche Polynome

$$\psi_n(x) = \text{Konst.} \cdot e^{-\frac{2\nu\pi}{2h}x^2} \cdot H_n\left(\sqrt{\frac{2\pi\nu}{h}}\,x\right)$$

schon bekannt wären".

65. Matrizenalgebra. Ist $H(q, p)$ eine bestimmte symmetrisierte Hamiltonfunktion, E_n und $\psi_n(q)$ die Eigenwerte und normierten Eigenfunktionen der zugehörigen SCHRÖDINGERschen Gleichung $\{H - E, \psi\} = 0$, ist ferner $F(q, p)$ eine beliebige Funktion, so versteht man unter den Matrixkomponenten $\mathfrak{F}_{mn}$ der Funktion $F(q, p)$ in bezug auf die HAMILTONsche Funktion $H(q. p)$ die Größen

$$\mathfrak{F}_{mn} = \int \tilde{\psi}_m(q)\, F\left(q, \frac{h}{2i\pi}\frac{\partial}{\partial q}\right) \psi_n(q)\, dv. \tag{41}$$

Das Schema

$$\mathfrak{F} = \left\{\begin{matrix} \mathfrak{F}_{11}\,\mathfrak{F}_{12}\,\mathfrak{F}_{13} \cdots \\ \mathfrak{F}_{21}\,\mathfrak{F}_{22}\,\mathfrak{F}_{23} \cdots \\ \mathfrak{F}_{31}\,\mathfrak{F}_{32}\,\mathfrak{F}_{33} \cdots \\ \cdots\cdots\cdots\cdots \\ \cdots\cdots\cdots\cdots \end{matrix}\right\}$$

ist die Matrix $\mathfrak{F}$ mit den Komponenten $\mathfrak{F}_{mn}$. Die Definition (41) ist identisch mit der folgenden. Es sei $\boldsymbol{F(q,p)}$ die Transformierende von den $\boldsymbol{q}, \boldsymbol{p}$ zu andern kanonischen Variablen $\boldsymbol{Q}, \boldsymbol{P}$, nämlich

$$\boldsymbol{Q_K = F^{-1} q_K F}, \qquad \boldsymbol{P_K = F^{-1} p_K F}. \tag{42}$$

Dann transformiert sich $H(q, p)$ in $H_*(Q, P)$ mit den gleichen Eigenwerten E_n wie vorher, aber den transformierten Eigenfunktionen $\psi^*(Q)$. Der Zusammenhang zwischen den $\psi_n(q)$ und den $\psi_n^*(Q)$ ist dabei nach (28)

$$\left.\begin{aligned} \psi_n(q) &= F^{-1}\left(q, \frac{h}{2i\pi}\frac{\partial}{\partial q}\right)\psi_n^*(q), \quad \text{d. h.} \quad \psi_n = \{F^{-1}, \psi_n^*\}, \\ \psi_n^*(Q) &= F\left(Q, \frac{h}{2i\pi}\frac{\partial}{\partial Q}\right)\psi_n(Q), \quad \text{d. h.} \quad \psi_n^* = \{F, \psi_n\}. \end{aligned}\right\} \tag{43}$$

Macht man nun den Entwicklungsansatz

$$\psi_n^*(q) = \sum_m \mathfrak{F}_{mn}\, \psi_m(q),$$

so berechnen sich die Entwicklungskoeffizienten $\mathfrak{F}_{mn}$

$$\mathfrak{F}_{mn} = \int \tilde{\psi}_m(q)\, \psi_n^*(q)\, dv = \int \tilde{\psi}_m(q)\, F\left(q, \frac{h}{2i\pi}\frac{\partial}{\partial q}\right)\psi_n(q)\, dv$$

gleich den in (41) definierten Größen. D. h. die Matrixelemente $\mathfrak{F}_{mn}$ einer beliebigen Funktion $F(q, p)$ sind die Entwicklungskoeffizienten der Reihe

$$\psi_n^*(q) = \sum_m \mathfrak{F}_{mn}\, \psi_m(q). \tag{44}$$

Wir leiten jetzt die für die Matrixkomponenten geltenden Grundrechnungsregeln ab[1]). Nach der Definition (41) gilt für zwei verschiedene Funktionen $F(q, p)$ und $G(q, p)$

$$(\mathfrak{F} \pm \mathfrak{G})_{mn} = \mathfrak{F}_{mn} \pm \mathfrak{G}_{mn}, \qquad \text{ferner} \qquad (\mathfrak{F} + \mathfrak{G})_{mn} = (\mathfrak{G} + \mathfrak{F})_{mn} \tag{45}$$

als Additionsgesetz. Um auch das Multiplikationsgesetz abzuleiten, d. h. die Komponente $(\mathfrak{F}\mathfrak{G})_{mn}$ durch die Komponenten F_{kl} und G_{kl} auszudrücken,

[1]) Im Anschluß an F. LONDON, ZS. f. Phys. Bd. 40, S. 193. 1926.

benutzen wir F, G und FG als Transformierende folgender Transformationen (42) zu neuen Variablen und neuen Eigenfunktionen:

$$Q'_K = F^{-1} q_K F, \qquad P'_K = F^{-1} p_K F \qquad \text{mit} \qquad \psi'_n(Q'),$$

$$Q''_K = G^{-1} q_K G, \qquad P''_K = G^{-1} p_K G \qquad \text{mit} \qquad \psi''_n(Q''),$$

$$Q'''_K = (FG)^{-1} q_K (FG), \qquad P'''_K = (FG)^{-1} p_K (FG) \qquad \text{mit} \qquad \psi'''_n(Q''').$$

Mit Hilfe von (43) (44) gilt dann

$$\psi'_l = \{F, \psi_l\} = \sum_m \mathfrak{F}_{ml} \psi_m,$$

$$\psi''_n = \{G, \psi_n\} = \sum_l \mathfrak{G}_{ln} \psi_l,$$

$$\psi'''_n = \{FG, \psi_n\} = \sum_m (\mathfrak{F}\mathfrak{G})_{mn} \psi_m.$$

Die letzte dieser drei Gleichungen formen wir, unter Benutzung der zwei ersten, um in

$$\sum_m (\mathfrak{F}\mathfrak{G})_{mn} \psi_m = \{FG, \psi_n\} = \{F, \sum_l \mathfrak{G}_{ln} \psi_l\} = \sum_l \mathfrak{G}_{ln} \{F, \psi_l\} = \sum_l \sum_m \mathfrak{G}_{ln} \mathfrak{F}_{ml} \psi_m,$$

woraus die Multiplikationsregel folgt

$$(\mathfrak{F}\mathfrak{G})_{mn} = \sum_l \mathfrak{F}_{ml} \mathfrak{G}_{ln}. \tag{46}$$

Sie hat die Form der bekannten Regel, nach der sich die Elemente der Produktdeterminante $\mathfrak{F} \cdot \mathfrak{G}$ aus den Elementen der Determinanten $\mathfrak{F}$ und $\mathfrak{G}$ zusammensetzen. $\mathfrak{F} \cdot \mathfrak{G}$ ist dabei nicht immer gleich $\mathfrak{G} \cdot \mathfrak{F}$, wohl aber ist nach (45) $\mathfrak{F} + \mathfrak{G} = \mathfrak{G} + \mathfrak{F}$. Aus (46) folgt weiter

$$(\mathfrak{F}\mathfrak{G}\mathfrak{H})_{mn} = \sum_l \sum_k \mathfrak{F}_{ml} \mathfrak{G}_{lk} \mathfrak{H}_{kn} \quad \text{usw.} \tag{46'}$$

Nachdem so die Komponenten, die bei Addition und Multiplikation der Matrizen von beliebigen Funktionen $F(q, p)$ und $G(q, p)$ resultieren, durch die Komponenten von $\mathfrak{F}$ und $\mathfrak{G}$ selbst ausgedrückt werden können, bleibt noch die Frage nach dem im allgemeinen nicht verschwindenden Wert der Komponenten $(\mathfrak{F}\mathfrak{G} - \mathfrak{G}\mathfrak{F})_{mn}$. Wir betrachten den Spezialfall $\mathfrak{F} = \mathfrak{p}_K$, $\mathfrak{G} = \mathfrak{q}_L$ und erhalten unter Benutzung von (41)

$$(\mathfrak{p}_K \mathfrak{q}_L - \mathfrak{q}_L \mathfrak{p}_K)_{mn} = \int \tilde{\psi}_m(q) \left(\frac{h}{2i\pi} \frac{\partial}{\partial q_K} q_L - q_L \frac{h}{2i\pi} \frac{\partial}{\partial q_K} \right) \psi_n(q) \cdot dv = 0 \quad \text{für } K \neq L$$

$$= \frac{h}{2i\pi} \int \tilde{\psi}_m(q) \psi_n(q) \, dv = \left\{ \begin{matrix} \frac{h}{2i\pi} \text{ für } m = n \\ 0 \text{ für } m \neq n \end{matrix} \right\} \text{ für } K = L.$$

Versteht man unter δ_{ik} den Wert 0 für $i \neq k$, den Wert 1 für $i = k$, so schreibt sich letzteres Resultat

$$(\mathfrak{p}_K \mathfrak{q}_L - \mathfrak{q}_L \mathfrak{p}_K)_{mn} = 0 \quad \text{für } K \neq L,$$

$$(\mathfrak{p}_K \mathfrak{q}_K - \mathfrak{q}_K \mathfrak{p}_K)_{mn} = \frac{h}{2i\pi} \delta_{mn}.$$

Im ganzen lassen sich folgende Regeln der Assoziation, Distribution und Kommutation zusammenfassen

$$\left.\begin{aligned}(\mathfrak{F}+\mathfrak{G})+\mathfrak{H}=\mathfrak{F}+(\mathfrak{G}+\mathfrak{H}),\quad &(\mathfrak{F}\cdot\mathfrak{G})\cdot\mathfrak{H}=\mathfrak{F}\cdot(\mathfrak{G}\cdot\mathfrak{H}),\\ \mathfrak{F}(\mathfrak{G}+\mathfrak{H})=\mathfrak{F}\cdot\mathfrak{G}+\mathfrak{F}\cdot\mathfrak{H},&\\ \mathfrak{F}=0\quad\text{oder}\quad\mathfrak{G}=0,\quad\text{wenn}\quad\mathfrak{F}\cdot\mathfrak{G}=0,&\\ (\mathfrak{F}+\mathfrak{G})-(\mathfrak{G}+\mathfrak{F})=0,\quad\text{aber}\quad(\mathfrak{F}\cdot\mathfrak{G})-(\mathfrak{G}\cdot\mathfrak{F})&\ \text{gewöhnlich}\neq 0,\end{aligned}\right\}\qquad(47)$$

und zwar im besonderen

$$\left.\begin{aligned}\mathfrak{p}_K\mathfrak{p}_L-\mathfrak{p}_L\mathfrak{p}_K=0,\qquad&\mathfrak{q}_K\mathfrak{q}_L-\mathfrak{q}_L\mathfrak{q}_K=0,\\ \mathfrak{p}_K\mathfrak{q}_L-\mathfrak{q}_L\mathfrak{p}_K=0\quad\text{für}\quad K\neq L,\qquad&\mathfrak{p}_K\mathfrak{q}_K-\mathfrak{q}_K\mathfrak{p}_K=\frac{h}{2i\pi}\mathbf{1},\end{aligned}\right\}\qquad(48)$$

wenn unter **1** die Matrix mit den Komponenten δ_{mn} („Einheitsmatrix") verstanden wird. (47) sind die gewöhnlichen Gesetze der Determinanten-Algebra, (48) gibt für die speziellen Determinanten $\mathfrak{p}_K$ und $\mathfrak{q}_K$ Vertauschungsregeln an. (47), (48) sind formal dieselben Regeln, die in Ziff. 44 für die Operatoren $\boldsymbol{F}(\boldsymbol{q},\boldsymbol{p})\ldots$ und speziell für die $\boldsymbol{q}_K$ und $\boldsymbol{p}_K$ selber galten. Operatorenrechnung (Rechnen mit „Quantengrößen") und Matrizenrechnung (Rechnen mit Determinanten) unter Beachtung der elementaren Vertauschungsregeln sind formal identisch; nur ist zu beachten, daß die Komponenten der Matrizen stets nur mit Bezug auf eine bestimmte Hamiltonfunktion $H(pq)$ bzw. mit Bezug auf je zwei ihrer Eigenfunktionen $\psi_m(q)$ und $\psi_n(q)$ definiert sind.

Da nach der SCHRÖDINGERschen Gleichung $H(q,p)\psi_n(q)=E_n\psi_n(q)$ ist, wird das Matrixelement der Hamiltonfunktion

$$\mathfrak{H}_{mn}=\int\tilde{\psi}_m H\left(q_1\frac{h}{2i\pi}\frac{\partial}{\partial q}\right)\psi_n dv=\int\tilde{\psi}_m E_n\psi_n dv=E_n\cdot\delta_{nm}.\qquad(49)$$

$\mathfrak{H}_{mn}$ ist eine „Diagonalmatrix", d. h. nur die in der Diagonale $m=n$ stehenden Elemente sind von Null verschieden. Allgemein gilt wegen (41) übrigens

$$\mathfrak{F}_{mn}=\tilde{\mathfrak{F}}_{nm}.\qquad(49')$$

Wir fragen noch, welches die Matrixkomponenten der Funktion $\dot{\boldsymbol{x}}(\boldsymbol{q},\boldsymbol{p})$ sind, ausgedrückt durch die von $\boldsymbol{x}(\boldsymbol{q},\boldsymbol{p})$ selber. Nun war in (5′) definiert

$$\dot{\boldsymbol{x}}=\frac{2i\pi}{h}(\boldsymbol{H}\boldsymbol{x}-\boldsymbol{x}\boldsymbol{H}),$$

man erhält demnach wegen (46) und (49)

$$\dot{\mathfrak{x}}_{mn}=\frac{2i\pi}{h}(\mathfrak{H}\mathfrak{x}-\mathfrak{x}\mathfrak{H})_{mn}=\frac{2i\pi}{h}\sum_k(\mathfrak{H}_{mk}\mathfrak{x}_{kn}-\mathfrak{x}_{mk}\mathfrak{H}_{kn}),$$

$$\left.\begin{aligned}&=\frac{2i\pi}{h}(\mathfrak{H}_{mm}-\mathfrak{H}_{nn})\mathfrak{x}_{mn}=2i\pi\,\nu^{(mn)}\cdot\mathfrak{x}_{mn},\\ \text{wenn}\qquad&\frac{\mathfrak{H}_{mm}-\mathfrak{H}_{nn}}{h}=\frac{E_m-E_n}{h}=\nu^{(mn)}\end{aligned}\right\}\qquad(50)$$

gesetzt wird. Die Division wird eingeführt, indem man die Matrix F^{-1} definiert durch die Gleichung

$$F\cdot F^{-1}=F^{-1}F=1,\qquad\text{d. h.}\qquad\sum_k\mathfrak{F}_{mk}\mathfrak{F}^{-1}_{kn}=\sum_k\mathfrak{F}^{-1}_{mk}\mathfrak{F}_{kn}=\delta_{mn}.\qquad(51')$$

Man kann $\psi(q)$ als ein Vektorfeld auffassen mit den unendlich vielen „Komponenten" $\psi_1(q)$, $\psi_2(q)$, $\psi_3(q)$ ... auf die „Achsen" 1, 2, 3, ... Die $\psi_n^*(q)$ können dann aufgefaßt werden als die Komponenten desselben Vektorfeldes $\psi(q)$ auf neue gedrehte Achsen $1^*, 2^*, 3^*, \ldots$; denn die „Koordinatentransformation" der Vektorkomponenten

$$\psi_n^*(q) = \sum_m \mathfrak{F}_{mn} \psi_m(q)$$

wird vermittelt durch ein Koeffizientenschema $\mathfrak{F}_{mn}$, welches die Orthogonalitätsrelationen

$$\sum_l \tilde{\mathfrak{F}}_{lj} \mathfrak{F}_{lk} = \delta_{jk} (= 1 \quad \text{für} \quad j = k, \qquad = 0 \quad \text{für} \quad j \neq k) \tag{51''}$$

erfüllt, die man beweist durch die Gleichungsfolge

$$\delta_{jk} = \int \tilde{\psi}_j^* \psi_k^* \, dv = \int \sum_l \tilde{\mathfrak{F}}_{lj} \tilde{\psi}_l \cdot \sum_i \mathfrak{F}_{ik} \psi_i \, dv = \sum_l \sum_i \tilde{\mathfrak{F}}_{lj} \mathfrak{F}_{ik} \delta_{li} = \sum_l \tilde{\mathfrak{F}}_{lj} \mathfrak{F}_{lk}.$$

66. Invarianz der Matrixkomponenten. Wesentlich für die physikalische Deutbarkeit der Matrixkomponenten $\mathfrak{G}_{mn}$ einer Funktion $G(q, p)$ mit Bezug auf eine bestimmte Hamiltonfunktion $H(q, p)$ ist, daß die Werte $\mathfrak{G}_{mn}$ sich nicht ändern, wenn man von den q, p zu neuen kanonischen Variablen Q, P und dadurch von $H(q, p)$ zu $H_*(Q P)$ übergeht. Diese Invarianz beweist F. LONDON[1]) folgendermaßen. Es ist definiert

$$\mathfrak{G}_{mn} = \int \tilde{\psi}_m(q) \, G\left(q, \frac{h}{2i\pi} \frac{\partial}{\partial q}\right) \psi_n(q) \, dq,$$

$$\mathfrak{G}_{mn}^* = \int \tilde{\psi}_m^*(Q) \, G_*\left(Q, \frac{h}{2i\pi} \frac{\partial}{\partial Q}\right) \psi_n^*(Q) \, dQ,$$

wobei durch die Transformation (42) $H(q, p)$ mit $\psi_n(q)$ zu $H^*(Q, P)$ mit $\psi_n^*(Q)$ geworden ist und $G(q, p) = G^*(Q, P)$, daher $G_*(q, p) = F G(q, p) F^{-1}$ Hier ist nun mit Hilfe von (43) (44)

$$\begin{aligned}
\mathfrak{G}_{mn}^* &= \int \tilde{\psi}_m^*(q) \cdot G_*\left(q, \frac{h}{2i\pi} \frac{\partial}{\partial q}\right) \cdot \psi_n^*(q) \, dq \\
&= \int \sum_k \tilde{\mathfrak{F}}_{im} \tilde{\psi}_i(q) \cdot F G F^{-1} \cdot \sum_j \mathfrak{F}_{jn} \psi_j(q) \, dq \\
&= \sum_i \sum_j \tilde{\mathfrak{F}}_{im} (\mathfrak{F} \mathfrak{G} \mathfrak{F}^{-1})_{ij} \cdot \mathfrak{F}_{jn} = \sum_i \sum_j \sum_k \sum_l \tilde{\mathfrak{F}}_{im} \mathfrak{F}_{ik} \mathfrak{G}_{kl} \mathfrak{F}_{lj}^{-1} \mathfrak{F}_{jn}
\end{aligned}$$

und schließlich wird nach (51') (51'')

$$\mathfrak{G}_{mn}^* = \sum_k \sum_l \delta_{mk} \mathfrak{G}_{kl} \delta_{ln} = \mathfrak{G}_{mn},$$

womit die Invarianz bewiesen ist, d. h. die Matrixkomponenten von $G(q, p)$ in bezug auf die $\psi(q)$ sind gleich den Matrixkomponenten von $G^*(Q, P)$ bezüglich $\psi^*(Q)$. Gleichzeitig sind auch die Eigenwerte E_n gleich den E_n^*, wie schon in Ziff. 62 gezeigt wurde.

67. Matrizenmechanik. Die Lösung des quantenmechanischen Problems im Operatorkalkül (Ziff. 60) bestand darin, bei vorgelegter Funktion $\boldsymbol{H(q, p)}$ eine solche kanonische Transformation von den Variablen $\boldsymbol{q}, \boldsymbol{p}$ zu neuen Variablen

---

[1]) F. LONDON, ZS. f. Phys. Bd. 40, S. 193. 1926.

$\boldsymbol{w}, \boldsymbol{J}$ zu finden, daß (*a*) die Hamiltonfunktion in den neuen Variablen nur von den J abhängt, (*b*) die Variablen $\boldsymbol{q}$ und $\boldsymbol{p}$ durch Reihen

$$\boldsymbol{q}_K = \sum_\tau \boldsymbol{q}_K^{(\tau)}(\boldsymbol{J}) \cdot e^{i(\tau w)}, \qquad \boldsymbol{p}_K = \sum_\tau \boldsymbol{p}_K^{(\tau)}(\boldsymbol{J}) \cdot e^{i(\tau w)}$$

darstellbar sind. Die Werte E_n der Energie waren dann $= H^*\left(\frac{nh}{2\pi}\right)$. Zu denselben Energiewerten gelangt man aber auch unter alleiniger Benutzung von Matrixkomponenten: Bei gegebener Funktion $H(q, p)$ unter Benutzung der Rechenregel

$$(\mathfrak{x}\mathfrak{y})_{mn} = \sum_k \mathfrak{x}_{mk}\mathfrak{y}_{kn} \tag{52}$$

wird ein Wertsystem

$$(\mathfrak{p}_K)_{mn}, \quad (\mathfrak{q}_K)_{mn}$$

gesucht, welches die kanonischen Bedingungen

$$\left.\begin{aligned} &(\mathfrak{p}_K\mathfrak{q}_L - \mathfrak{q}_L\mathfrak{p}_K)_{mn} = 0 \quad \text{für} \quad K \neq L \\ &(\mathfrak{p}_K\mathfrak{q}_K - \mathfrak{q}_K\mathfrak{p}_K)_{mn} = \frac{h}{2i\pi}\,\delta_{mn} \\ &(\mathfrak{p}_K\mathfrak{p}_L - \mathfrak{p}_L\mathfrak{p}_K)_{mn} = 0, \quad (\mathfrak{q}_K\mathfrak{q}_L - \mathfrak{q}_L\mathfrak{q}_K) = 0 \end{aligned}\right\} \tag{53}$$

erfüllt, welches ferner (*a*) die Hamiltonmatrix zur Diagonalmatrix macht:

$$\mathfrak{H}_{mn} = 0 \quad \text{für} \quad m \neq n \tag{54}$$

und (*b*) der Bedingung (49′)

$$\mathfrak{q}_{mn} = \tilde{\mathfrak{q}}_{nm}, \quad \mathfrak{p}_{mn} = \tilde{\mathfrak{p}}_{nm} \tag{55}$$

genügt.

Zu einem solchen Wertsystem gelangt man, indem man zunächst von irgendeinem Größensystem $(\mathfrak{q}'_K)_{mn}$, $(\mathfrak{p}'_K)_{mn}$ ausgeht, das wenigstens die Regeln (52) (53) (55) befriedigt, und dann durch eine passende kanonische Transformation

$$(q'_K)_{mn} = (T^{-1}q_K T)_{mn}, \qquad (p'_K)_{mn} = (T^{-1}p_K T)_{mn}.$$

zu Variablen $q_K p_K$ übergeht, die auch noch die Bedingungen (54) befriedigen. Die Auffindung einer solchen Transformierenden T ist freilich in den meisten Fällen mit großen Schwierigkeiten verknüpft.

Übrigens ist nach der Gleichung (50), die man auch als Matrizenbeziehung

$$\dot{\mathfrak{x}} = \frac{2i\pi}{h}(\mathfrak{H}\mathfrak{x} - \mathfrak{x}\mathfrak{H}) \tag{56}$$

schreiben kann, speziell für $\mathfrak{x} = \mathfrak{q}_K$ oder $\mathfrak{x} = \mathfrak{p}_K$

$$\dot{\mathfrak{q}}_K = \frac{2i\pi}{h}(\mathfrak{H}\mathfrak{q}_K - \mathfrak{q}_K\mathfrak{H}) \quad \text{bzw.} \quad \dot{\mathfrak{p}}_K = \frac{2i\pi}{h}(\mathfrak{H}\mathfrak{p}_K - \mathfrak{p}_K\mathfrak{H}). \tag{57}$$

Diese Identitäten sind die „kanonischen Bewegungsgleichungen" der Matrizenmechanik, ebenso wie (6′) die der Operatorenmechanik waren. Für $\mathfrak{x} = \mathfrak{H}$ erhält man

$$\dot{\mathfrak{H}} = 0, \quad \text{d. h.} \quad (\dot{\mathfrak{H}})_{mn} = 0. \tag{58}$$

Dies ist der Energieerhaltungssatz in der Matrizenmechanik.

Die Möglichkeit, das quantenmechanische Problem der Eigenenergiebestimmung E_m eines gegebenen Systems $H(q, p)$ unter alleiniger Benutzung von Matrizenkomponenten und Beziehungen zwischen ihnen zu lösen, wird von HEISENBERG, BORN und JORDAN[1]), welche die Matrizenmechanik begründeten, als ein erkenntnistheoretischer Vorzug gegenüber der SCHRÖDINGERschen Theorie angesehen, welche auf die Bestimmung von Eigenfunktionen ψ_m partieller Differentialgleichungen zurückgreift; denn die Gestalt der Eigenfunktionen hängt von dem zufällig gewählten Koordinatensystem q, p oder Q, P oder w, J usw. ab, die Eigenfunktionen können also keine physikalisch invarianten Größen repräsentieren, im Gegensatz zu den invarianten Matrizenkomponenten.

Man deutet die Komponenten H_{mm} als Energiewerte, die Komponenten x_{mn} der Amplitudenfunktion $x(q, p)$ als die bei der Ausstrahlung der Frequenz $\nu^{(mn)} = (E_m - E_n)/h$ maßgebenden Amplituden.

68. Verallgemeinerte Wahrscheinlichkeitsamplitude. In der Wellenmechanik von SCHRÖDINGER war die Eigenfunktion $\psi_k(q)$ als die Wahrscheinlichkeitsamplitude, $|\psi_k(q)|^2 dv$ als die Wahrscheinlichkeit gedeutet, das System bei vorgegebenem Energiewert E_k in dem Koordinatenintervall dv anzutreffen. Man kann nun mit JORDAN[2]) allgemeiner nach der Wahrscheinlichkeitsamplitude $\psi(q, \beta)$ fragen, das System in der Lage q bei vorgegebenen Werten β_K irgendwelcher Parameter anzutreffen, welche als Funktionen $\beta_K(q, p)$ eingeführt sind. [Bisher war für β_1 gewöhnlich die Energiefunktion $\beta_1(q, p) = -H(qp)$ genommen.] Es seien wieder

$$q_1 \dots q_N, \quad p_1 \dots p_N \quad \text{kurz} \quad q_K, \, p_K.$$

Koordinaten und Impulse (Operatoren), die den kanonischen Vertauschungsregeln

$$p_K q_K - q_K p_K = \frac{h}{2i\pi}, \qquad p_K q_L - q_L p_K = 0 \quad \text{für} \quad K \neq L \tag{59}$$

genügen. Ferner seien

$$\beta_K = \beta_K(q, p), \qquad \alpha_K = \alpha_K(q, p) \tag{60}$$

neue transformierte Koordinaten und kanonisch konjugierte Impulse, und zwar sei der kinematische Zusammenhang zwischen den p, q und den α, β gegeben durch die Transformierende $T(p, q)$ in der Form

$$\beta_K = \beta_K(q, p) = T^{-1} q_K T, \qquad \alpha_K = \alpha_K(q, p) = T^{-1} p_K T \quad (\alpha\beta \to pq). \tag{61}$$

Gefragt wird nach einer verallgemeinerten Wahrscheinlichkeitsamplitude $\varphi(q, \beta)$ als Lösung des folgenden Systems von $2N$ Differentialgleichungen

$$\left.\begin{aligned} \left\{\alpha_K\left(q, \frac{h}{2i\pi}\frac{\partial}{\partial q}\right) + \frac{h}{2i\pi}\frac{\partial}{\partial \beta_K}, \, \varphi(q, \beta)\right\} &= 0 \\ \left\{\beta_K\left(q, \frac{h}{2i\pi}\frac{\partial}{\partial q}\right) - \beta_K, \qquad \varphi(q, \beta)\right\} &= 0 \end{aligned}\right\} \quad (K = 1, 2, \dots N). \tag{62}$$

Diese Gleichungen für $\varphi(q, \beta)$ enthalten, wie gleich zu zeigen, erstens die SCHRÖDINGERsche Gleichung als Spezialfall, zweitens besitzt die Funktion

---

[1]) W. HEISENBERG, ZS. f. Phys. Bd. 33, S. 879. 1925; M. BORN und P. JORDAN ebenda Bd. 34, S. 858. 1925; HEISENBERG, BORN und JORDAN, ebenda Bd. 35, S. 557. 1926.

[2]) P. JORDAN, Über eine neue Begründung der Quantenmechanik. Göttinger Nachr. 1926. S. 161.

$\varphi(q, \beta)$ Eigenschaften, welche sie als Wahrscheinlichkeitsamplitude und $|\varphi|^2 dv$ als Wahrscheinlichkeit charakterisieren, daß bei vorgegebenen Werten β sich die q_K im Intervall dv befinden. Daß hier der einen Funktion $\varphi(q, \beta)$ gleichzeitig $2N$ Differentialgleichungen auferlegt werden können, ist nur dadurch möglich, daß die α_K und β_K ein kanonisches System bilden und aus den q, p durch Vermittlung der einen Funktion $T(q, p)$ hervorgehen.

Die Gleichungen enthalten erstens in der Tat die Schrödingergleichung als Sonderfall. Nimmt man nämlich als neue Koordinate $\beta_1(p, q)$ die negative Hamiltonfunktion $-H(p, q)$ und demgemäß $\beta_1 = -E$, $\alpha_1 = +t$, so geht das Gleichungspaar $K = 1$ über in

$$\left.\begin{aligned} &\left\{t\left(q, \frac{h}{2i\pi}\frac{\partial}{\partial q}\right) - \frac{h}{2i\pi}\frac{\partial}{\partial E}, \varphi(q_1 q_2 \ldots, E, \beta_2 \ldots)\right\} = 0, \\ &\left\{-H\left(q, \frac{h}{2i\pi}\frac{\partial}{\partial q}\right) + E, \quad \varphi(q_1 q_2 \ldots, E, \beta_2 \ldots)\right\} = 0. \end{aligned}\right\} \tag{63}$$

Letztere ist SCHRÖDINGERS Schwingungsgleichung, das Analogon der klassischen Energiegleichung $H(p, q) - E = 0$. Erstere geht durch den Ansatz $\varphi = e^{-\frac{2i\pi S}{h}}$ über in eine Gleichung für S:

$$\left\{t\left(q, \frac{h}{2i\pi}\frac{\partial}{\partial q}\right) + \frac{\partial S(q_1 q_2 \ldots, E\beta_2 \ldots)}{\partial E}, \quad \varphi(q_1 q_2 \ldots, E, \beta_2 \ldots)\right\} = 0, \tag{64}$$

ein Analogon zur klassischen Gleichung $t + \frac{\partial S}{\partial E} = 0$ für die Wirkungsfunktion S. Neben dem Gleichungspaar (63) treten aber noch $N - 1$ weitere Gleichungspaare für $K = 2, 3, \ldots N$ auf, als klassische Gegenstücke zu den JAKOBIschen Gleichungen $\alpha_K - \frac{\partial S}{\partial \beta_K} = 0$ (42) Ziff. 12.

Um jetzt zweitens $\varphi(q, \beta)$ als eine Art Wahrscheinlichkeitsamplitude aufzuzeigen, beweist JORDAN folgenden Satz: Ist $\varphi(q, \beta)$ die Lösung der Gleichungen (62), die zur Transformation $\alpha\beta \to pq$ (61) gehört, ist ferner $\psi(Q, q)$ die Lösung der Gleichungen

$$\left.\begin{aligned} &\left\{p_K\left(Q, \frac{h}{2i\pi}\frac{\partial}{\partial Q}\right) + \frac{h}{2i\pi}\frac{\partial}{\partial q_K}, \quad \psi(Q, q)\right\} = 0, \\ &\left\{q_K\left(Q, \frac{h}{2i\pi}\frac{\partial}{\partial Q}\right) - q_K, \quad \psi(Q, q)\right\} = 0 \end{aligned}\right\} \tag{65}$$

gehörig zu einer Transformation

$$q_K = q_K(Q, P) = S^{-1} Q_K S, \qquad p_K = p_K(Q, P) = S^{-1} P_K S \qquad (pq \to PQ), \tag{66}$$

und schließlich $\Phi(Q, \beta)$ die Lösung der Gleichungen

$$\left.\begin{aligned} &\left\{A_K\left(Q, \frac{h}{2i\pi}\frac{\partial}{\partial Q}\right) + \frac{h}{2i\pi}\frac{\partial}{\partial \beta_K}, \quad \Phi(Q, \beta)\right\} = 0, \\ &\left\{B_K\left(Q, \frac{h}{2i\pi}\frac{\partial}{\partial Q}\right) - \beta_K, \quad \Phi(Q, \beta)\right\} = 0, \end{aligned}\right\} \tag{67}$$

gehörig zu der direkten Transformation $(\alpha\beta \to PQ)$

$$\left.\begin{aligned} \alpha_K &= \alpha_K(q, p) = \alpha_K(S^{-1}PS, S^{-1}QS) = S^{-1}\alpha_K(Q, P)\, S = A_K(P, Q) \\ \beta_K &= \beta_K(q, p) = \beta_K(S^{-1}PS, S^{-1}QS) = S^{-1}\beta_K(Q, P)\, S = B_K(P, Q), \end{aligned}\right\} \tag{67'}$$

so ist, wie gleich nachzuweisen

$$dQ \cdot \Phi(Q, \beta) = dQ \int \psi(Q, q) \cdot \varphi(q\beta)\, dq. \tag{68}$$

Dies ist aber der Ausdruck für das Kombinationsgesetz einer „Wahrscheinlichkeitsamplitude"

$$\Phi(Q,\beta) \quad \text{aus} \quad \psi(Q,q) \quad \text{und} \quad \varphi(q,\beta).$$

Da hier die Amplituden, nicht die Wahrscheinlichkeiten selbst, sich entsprechend der Regel (68) zusammensetzen, sieht JORDAN in (68) eine Interferenz der Wahrscheinlichkeiten.

Zum Beweise von (68) bringe man (67) unter Anwendung des Operators $S\left(Q,\frac{h}{2i\pi}\frac{\partial}{\partial Q}\right)$ auf die Form $\{S^{-1}S\cdot[\ldots]\cdot S^{-1}S,\Phi\}=0$, d. h. nach (67′) auf die Form

$$\left.\begin{aligned}&\left\{S^{-1}\left[\alpha_K\left(Q,\frac{h}{2i\pi}\frac{\partial}{\partial Q}\right)+\frac{h}{2i\pi}\frac{\partial}{\partial\beta_K}\right]S,\ \Phi(Q,\beta)\right\}=0,\\&\left\{S^{-1}\left[\beta_K\left(Q,\frac{h}{2i\pi}\frac{\partial}{\partial Q}\right)-\beta_K\right]S,\qquad \Phi(Q,\beta)\right\}=0.\end{aligned}\right\}\tag{68'}$$

Vertauscht man nun in (62) den Buchstaben q mit Q, so zeigt ein Vergleich mit (68′), daß $S\Phi(Q\beta)=\varphi(Q,\beta)$ ist, somit

$$\Phi(Q,\beta)=S^{-1}\left(Q,\frac{h}{2i\pi}\frac{\partial}{\partial Q}\right)\varphi(Q,\beta)\tag{69}$$

wird, eine Gleichung, welche wegen des allgemeinen Parameters β noch etwas allgemeiner ist, als die Gleichung (28) der LONDONschen Transformationstheorie, welche für β speziell den Energieparameter E_n nahm. Man kann (69) jetzt nach rechts und links mit einer beliebigen Funktion $f(\beta)$ multiplizieren und nach β integrieren

$$\int d\beta\,\Phi(Q,\beta)f(\beta)=S^{-1}\left(Q,\frac{h}{2i\pi}\frac{\partial}{\partial Q}\right)\int d\beta\,\varphi(Q\beta)f(\beta),$$

so daß schließlich resultiert

$$S\left(Q,\frac{h}{2i\pi}\frac{\partial}{\partial Q}\right)\int d\beta\,\Phi(Q\beta)f(\beta)=\int d\beta\,\varphi(Q\beta)f(\beta).\tag{69'}$$

Man wähle nun $S(QP)$ speziell einmal gleich $T^{-1}(Q,P)$, d. h. transformiere $\alpha\beta\to pq$ und wieder zurück $pq\to\alpha\beta$; es wird dann speziell statt (67′) und mit Benutzung von (61)

$$B_K(P,Q)=T(QP)\beta_K(QP)T(QP)=Q_K,\qquad\text{ebenso}\qquad A_K(Q,P)=P_K,$$

so daß aus (67) (statt Φ schreiben wir dabei speziell χ)

$$\left.\begin{aligned}&\left\{\frac{h}{2i\pi}\frac{\partial}{\partial Q_K}+\frac{h}{2i\pi}\frac{\partial}{\partial\beta_K},\quad \chi(Q,\beta)\right\}=0,\\&\{\quad Q_K-\beta_K,\qquad\qquad \chi(Q,\beta)\}=0.\end{aligned}\right\}\tag{70}$$

wird. Wegen der ersten dieser Gleichungen hängt $\chi(Q,\beta)$ nur von den Differenzen $Q_K-\beta_K$ allein ab

$$\chi(Q,\beta)=\Phi'(Q_1-\beta_1,\ \ldots,\ Q_N-\beta_N).$$

Wegen der zweiten kann Φ' nur von Null verschieden sein, wenn $Q_1=\beta_1$ und gleichzeitig $Q_2=\beta_2$ usw. ist. Dabei kann χ so normiert werden, daß $\int d\beta\chi(Q,\beta)$ den Wert 1 hat (zu dem Integral trägt nur die Stelle $\beta_1=Q_1$,

$\beta_2 = Q_2, \ldots$ bei). Setzt man in die Gleichung (69′) für S jetzt T^{-1}, und demgemäß für Φ jetzt χ ein, so wird aus ihr, wenn man noch q statt Q schreibt und eine beliebige Funktion f heranzieht,

$$T^{-1}\left(q, \frac{2i\pi}{h}\frac{\partial}{\partial q}\right) \cdot f(q) = \int d\beta \cdot \varphi(q,\beta) f(\beta) \tag{71}$$

als eine Beziehung zwischen der von $\alpha\beta$ nach pq transformierenden Funktion T und der nach (62) zugehörigen Wahrscheinlichkeitsamplitude $\varphi(q, \beta)$: Letztere tritt in (71) als „erzeugende Funktion" des Operators $T^{-1}\left(q, \frac{h}{2i\pi}\frac{\partial}{\partial q}\right)$ auf. Es ist somit (71) eine Folge von (61) (62). Entsprechend folgt, unter Heranziehung einer beliebigen Funktion F,

$$S^{-1}\left(Q, \frac{h}{2i\pi}\frac{\partial}{\partial Q}\right) F(Q) = \int dq \cdot \psi(Q,q) \cdot F(q) \tag{72}$$

aus (65) (66). Setzt man hier die beliebige Funktion $F(Q) = \varphi(Q, \beta)$, so erhält man nach (69) die Formel

$$\Phi(Q\beta) = \int dq \cdot \psi(Qq) \cdot \varphi(q\beta),$$

womit (68) bewiesen ist.

69. Winkelvariable. Die Aufsuchung der Lösung $\varphi(q, \beta)$ von (62) ist dann erreicht, wenn es gelingt, zu Winkelvariablen überzugehen: Es möge eine solche Transformierende $S(Q, P)$ gefunden sein, daß (67′) die spezielle Form

$$A_K(Q, P) = -Q_K, \qquad B_K(Q, P) = P_K \tag{73}$$

annimmt; wir schreiben dann $Q_K = w_K$, $P_K = J_K$ (Winkelvariable). Aus (67) wird dadurch

$$\left.\begin{aligned} &\left\{-w_K + \frac{h}{2i\pi}\frac{\partial}{\partial\beta_K}, \ \Phi(w,\beta)\right\} = 0, \\ &\left\{\frac{h}{2i\pi}\frac{\partial}{\partial w_K} - \beta_K, \quad \Phi(w,\beta)\right\} = 0. \end{aligned}\right\} \tag{73′}$$

Diese Gleichungen werden nun sofort gelöst durch

$$\Phi(w, \beta) = e^{\frac{2i\pi}{h}\sum\limits_N w_K\beta_K} \tag{74}$$

und nach (69) erhält man als Lösung der ursprünglichen Gleichungen (62)

$$\varphi(w,\beta) = S\left(w, \frac{h}{2i\pi}\frac{\partial}{\partial w}\right) \Phi(w,\beta), \tag{74′}$$

worin noch der Buchstabe w durch q ersetzt werden kann. Läßt sich $S\left(w, \frac{h}{2i\pi}\frac{\partial}{\partial w}\right)$ als Reihe

$$S = \sum_m u_m(w) \cdot v_m\left(\frac{h}{2i\pi}\frac{\partial}{\partial w}\right) \tag{75}$$

darstellen, so erhält man aus (74′) (vgl. Ziff. 63) die Lösung in der expliziten Form

$$\varphi(q, \beta) = \sum_m u_m(q) \cdot v_m(\beta) \cdot e^{\frac{2i\pi}{h}\sum\limits_N q_K\beta_K} \tag{75′}$$

70. Beobachtungsschärfe physikalischer Größen. In den Gleichungen (62)

$$\left\{\alpha_K\left(q, \frac{h}{2i\pi}\frac{\partial}{\partial q}\right) + \frac{h}{2i\pi}\frac{\partial}{\partial \beta_K}, \varphi(q, \beta)\right\} = 0,$$
$$\left\{\beta_K\left(q, \frac{h}{2i\pi}\frac{\partial}{\partial q}\right) - \beta_K, \quad \varphi(q, \beta)\right\} = 0 \tag{76}$$

für die Wahrscheinlichkeitsamplitude $\varphi(q, \beta)$ ist die Antwort auf eine sehr allgemeine Frage enthalten. Die Schrödingergleichung

$$\left\{H\left(q, \frac{h}{2i\pi}\frac{\partial}{\partial q}\right) - H, \psi(q)\right\} = 0 \tag{77}$$

wurde bei den Eigenwerten H_n des Parameters H durch die zu $H(p, q)$ gehörigen Eigenfunktionen $\psi_n(q)$ gelöst, bezüglich deren die Matrix von $H(pq)$ eine Diagonalmatrix ist ($\mathfrak{H}_{mn} = 0$ für $m \neq n$, $\mathfrak{H}_{nn} = H_n$). Ganz entsprechend wird

$$\left\{\beta\left(q, \frac{h}{2i\pi}\frac{\partial}{\partial q}\right) - \beta, \varphi(q)\right\} = 0 \tag{78}$$

bei den Eigenwerten $\beta_1 \beta_2 \ldots$ durch Eigenfunktionen $\varphi_1(q), \varphi_2(q), \ldots$ gelöst, in bezug auf welche die Funktion $\beta(q, p)$ eine Diagonalmatrix gibt:

$$\beta_{mn} = \int \tilde{\varphi}_m \beta\left(q, \frac{h}{2i\pi}\frac{\partial}{\partial q}\right)\varphi_n \cdot dv = \begin{cases} 0 & \text{für} \quad m \neq n, \\ \beta_n & \text{für} \quad m = n. \end{cases} \tag{79}$$

Ebenso wie die Eigenfunktionen $\psi_n(q)$ von (77) die Wahrscheinlichkeitsamplitude angeben, bei gegebenem $H = H_n$ einen Koordinatenwert q anzutreffen, so sind die Eigenfunktionen $\varphi_n(q)$ von (78) die Wahrscheinlichkeitsamplituden, bei gegebenem Wert $\beta(q, p) = \beta_n$ einen Koordinatenwert q anzutreffen.

Die Wahrscheinlichkeitsamplitude $\varphi_n^*(Q)$, bei gegebenem β_n die Funktionen $Q_K(q, p)$ auf Werten Q_K anzutreffen, bestimmt sich dann aus der zur transformierten Funktion $\beta^*(Q, P) = \beta(q, p)$ gehörenden Differentialgleichung:

$$\left\{\beta^*\left(Q, \frac{h}{2i\pi}\frac{\partial}{\partial Q}\right) - \beta_n, \varphi_n^*(Q)\right\} = 0. \tag{80}$$

Nimmt man speziell für $Q_1(q, p)$ die Funktion $\beta(q, p)$ selber, so hat, wie in der Mitte von Ziff. 62 an dem entsprechenden Fall gezeigt, $|\varphi_n^*(Q)|^2$ nur für $Q_1 = \beta_n$ einen nicht verschwindenden Wert in Form eines unendlich scharfen Maximums. Sind dagegen alle $Q_K(q, p)$ verschieden von $\beta(q, p)$, so besitzt $|\varphi_n^*(Q)|^2$ für gewisse Werte der Q_K mehr oder weniger scharfe Maxima. Ist schließlich speziell $Q_1(q, p) = \alpha(q, p)$ und $P_1 = \beta(q, p)$, wo α die kanonische Konjugierte zu β bedeutet, so folgt aus der Transformation $\beta^*(Q, P) = \beta(q, p)$, d. h. $\beta^*(\alpha, Q_2 \ldots, \beta, P_2 \ldots) = \beta$, daß der Operator β^* gleich $\frac{h}{2i\pi}\frac{\partial}{\partial \alpha}$ ist, so daß aus (80) wird

$$\left\{\frac{h}{2i\pi}\frac{\partial}{\partial \alpha} - \beta_n, \varphi_n^*(\alpha, Q_2 \ldots)\right\} = 0. \tag{81}$$

Diese Gleichung wird gelöst durch die Wahrscheinlichkeitsamplitude

$$\varphi_n^*(\alpha, Q_2 \ldots) = \omega_n(Q_2 \ldots) \cdot e^{\frac{2i\pi\alpha\beta_n}{h}} \tag{82}$$

mit der Wahrscheinlichkeitsfunktion

$$|\varphi_n^*|^2 = |\omega_n(Q_2 \ldots)|^2, \tag{83}$$

welche das Argument α gar nicht mehr enthält, vielmehr für alle Werte α gleich groß ist. Wir haben also gefunden:

Bei vorgegebenem Wert β_n der Funktion $\beta(q, p)$ ist die Wahrscheinlichkeit, $\beta(q, p)$ selbst auf einem gewissen Wert β anzutreffen, auf den scharfen Wert $\beta = \beta_n$ konzentriert; die Wahrscheinlichkeit, die zu β konjugierte Größe $\alpha(q, p)$ auf einem gewissen Wert α anzutreffen, ist dagegen über den ganzen Variabilitätsbereich α gleichmäßig verteilt, ohne Bevorzugung irgendeines besonderen α-Wertes. Irgendeine andere Funktion $Q_K(q, p)$ besitzt dagegen bei vorgegebenem Wert $\beta(q, p) = \beta_n$ eine Wahrscheinlichkeitsfunktion mit mehr oder weniger unscharfen Maxima. Physikalisch bedeutet das, bei gegebenem $\beta(qp) = \beta_n$ ist eine Bestimmung der Größe $Q_K(p, q)$ nur mit größerer oder geringerer Unschärfe möglich, charakterisiert durch den Verlauf der Funktion $|\varphi_n^*(Q)|^2$. Eine Bestimmung der zu β konjugierten Größe $\alpha(qp)$ ist dagegen gar nicht mehr möglich.

Die Frage nach den letzten Grenzen der erreichbaren Beobachtungsgenauigkeit für irgendeine physikalische Größe $Q_K(qp)$ bei festem Wert β_n einer andern physikalischen Größe $\beta(qp)$ ist dadurch zu einem quantentheoretischen Problem geworden.

Kapitel 9.

Optik und Thermodynamik.

Von
A. LANDÉ, Tübingen.

Mit 3 Abbildungen.

I. Die Freiheitsgrade der elektromagnetischen Strahlung.

1. Überblick. In diesem Kapitel sollen Eigenschaften der Strahlung behandelt werden, die auf Grund der klassischen elektromagnetischen Lichttheorie ableitbar sind, deren Resultate jedoch allgemeinere Geltung beanspruchen, auch wenn die klassische durch die Quantentheorie ersetzt wird. Nur sind in letzterem Falle manche Resultate mit etwas andern Worten zu formulieren, in die Sprache der Quanten zu übersetzen, ohne daß dadurch ihr physikalischer Inhalt angetastet wird.

Die allgemeinste Lösung der MAXWELLschen Gleichungen stellt eine so große Mannigfaltigkeit von Strahlungsfeldern dar, daß es gerechtfertigt ist, der Frage nach dem raumzeitlichen Zusammenhang der Strahlung zunächst nur in speziellen Fällen nachzugehen. Besonderes Interesse haben stets die periodischen und annähernd periodischen Strahlungsfelder beansprucht.

Im besonderen möge die Strahlung eines bestimmten Farbenausschnittes $\Delta\nu$ während eines Zeitintervalles Δt an einem festen Raumpunkt P betrachtet werden. Ist hier die Intensität einer beteiligten Farbe ν_1 mitbestimmend für die Intensität einer mehr oder weniger verschiedenen Nachbarfarbe ν_2? Genauer, wie viele unabhängige Angaben genügen, um die Intensitätsverteilung in dem ganzen kontinuierlichen Intervall $\Delta\nu$ während der Zeit Δt festzulegen?

Es möge zweitens streng monochromatisches Licht ν aus dem räumlichen Öffnungskegel $\Delta\Omega$ unter dem Neigungswinkel Θ auf ein Flächenstück Δf fallen. Ist dann die Intensität an dem Punkt P_1 der Fläche mitbestimmend für die gleichzeitige Intensität an einem mehr oder weniger entfernten Nachbarpunkt P_2? Genauer, wie viele unabhängige Angaben sind notwendig und hinreichend, um in einem Zeitpunkt t_0 die Intensitätsverteilung auf dem ganzen, aus unendlich vielen Punkten bestehenden Flächenstück Δf festzulegen?

Die im Verlaufe dieses Kapitels gegebene Antwort heißt allgemein: Es genügt jedesmal eine endliche Zahl von Angaben, um den Strahlungszustand in einem kontinuierlichen Bereich ($\Delta\nu$ bzw. Δf) zu bestimmen, d. h. der betreffende kontinuierliche Bereich hat endlich viele Freiheitsgrade. Dieses Ergebnis steht ferner in enger Beziehung zur Frage der optischen Auflösbarkeit bei der flächenhaften Abbildung von Objekten und der harmonischen

Auflösbarkeit von Farbenbereichen und wird schließlich in den raumzeitlichen Intensitätsschwankungen des Strahlungsfeldes in Erscheinung treten.

2. Eigenschwingungen eines Hohlraums. Die Anzahl der voneinander unabhängigen Bestimmungsstücke, die den Strahlungszustand des Intervalls $\Delta\nu$ in einem Volumen V bestimmen, berechnet J. H. JEANS[1]) folgendermaßen. Er denkt sich die Strahlung aus allen stehenden Wellen verschiedener Wellenlänge aufgebaut, die innerhalb des Hohlraums $V = l^3$ (Würfel von der Kantenlänge l) möglich sind. Jede stehende Eigenschwingung des Hohlwürfels läßt sich aus acht fortschreitenden Wellen zusammensetzen, deren Richtungskosinusse die Beträge $|\cos\alpha|$, $|\cos\beta|$, $|\cos\gamma|$ haben.

Eine stehende Welle dieser „Richtung" $|\cos\alpha|$, $|\cos\beta|$, $|\cos\gamma|$ ist aber nur möglich, wenn die Wellenlänge λ in gewisser rationaler Beziehung zur Kantenlänge l des Hohlraums steht. Und zwar zeigt die nähere Rechnung, daß sowohl $2l\cos\alpha$ wie $2l\cos\beta$ wie $2l\cos\gamma$ ganzzahlige Vielfache von λ sein müssen

$$\left.\begin{aligned} 2l\cdot|\cos\alpha| &= \mathfrak{a}\cdot\lambda, \\ 2l\cdot|\cos\beta| &= \mathfrak{b}\cdot\lambda, \\ 2l\cdot|\cos\gamma| &= \mathfrak{c}\cdot\lambda, \end{aligned}\quad \begin{matrix}(\mathfrak{a},\mathfrak{b},\mathfrak{c} = \text{positive} \\ \text{ganze Zahlen}),\end{matrix}\right\} \tag{1}$$

damit der Rand des Volumens zur Knotenfläche wird.

Da nun die Quadratsumme der drei Richtungskosinusse gleich 1 ist, folgt

$$1 = \left(\frac{\lambda}{2l}\right)^2\cdot(\mathfrak{a}^2 + \mathfrak{b}^2 + \mathfrak{c}^2). \tag{2}$$

Ein beliebiges Wertetripel positiver ganzer Zahlen $\mathfrak{a}$, $\mathfrak{b}$, $\mathfrak{c}$ bestimmt also nach (2) die Wellenlänge, und nach (1) dann die „Richtung" $|\cos\alpha|$, $|\cos\beta|$, $|\cos\gamma|$ der zugehörigen stehenden Welle im Würfel l^3. Entsprechend den MAXWELLschen Gleichungen können sich aber in dieser Richtung zwei aufeinander senkrecht polarisierte, in ihren Amplituden und Phasen voneinander unabhängige stehende Wellen ausbilden; die zum Wertetripel $(\mathfrak{a}, \mathfrak{b}, \mathfrak{c})$ gehörenden Eigenschwingungen haben noch eine willkürlich vorschreibbare Amplitude und Phase für jede der beiden Polarisationen; das sind im ganzen vier Freiheiten. Zählt man die Freiheit der Phase nicht besonders mit — sie bezieht sich nur auf die Festlegung des Zeitnullpunktes —, so bleiben immer noch die zwei Amplituden der senkrecht aufeinander polarisierten Komponenten der Eigenschwingung willkürlich bestimmbar: jedes Wertetripel $(\mathfrak{a}, \mathfrak{b}, \mathfrak{c})$ hat zwei Freiheitsgrade.

Um jetzt die Gesamtzahl der Freiheitsgrade der Strahlung zu erhalten, fragt JEANS nach der Anzahl der ganzzahligen Wertetripel $(\mathfrak{a}, \mathfrak{b}, \mathfrak{c})$, welche Eigenschwingungen des Intervalls ν bis $\nu + \Delta\nu$ liefern; diese Anzahl ist dann noch mit 2 zu multiplizieren.

Zum Intervall $\Delta\lambda$ gehören nun nach (2) diejenigen positiven ganzen Zahlen $\mathfrak{a}, \mathfrak{b}, \mathfrak{c}$, die der Ungleichung

$$\left(\frac{2l}{\lambda+\Delta\lambda}\right)^2 \leqq \mathfrak{a}^2 + \mathfrak{b}^2 + \mathfrak{c}^2 \leqq \left(\frac{2l}{\lambda}\right)^2 \tag{3}$$

genügen. Denkt man sich jedes Wertetripel $(\mathfrak{a}, \mathfrak{b}, \mathfrak{c})$ als einen Punkt in einem kubischen Raumgitter mit den positiven Koordinaten $\mathfrak{a}, \mathfrak{b}, \mathfrak{c}$ dargestellt, so liegen die der Ungleichung (3) genügenden Gitterpunkte im positiven Oktanten zwischen zwei Kugeln vom Radius $\frac{2l}{\lambda}$ und $\frac{2l}{\lambda+\Delta\lambda}$; da nun jeder Gitterpunkt ein Volumen der Größe 1 vertritt, wird die gesuchte Zahl der Gitterpunkte

[1]) J. H. JEANS, Phil. Mag. Bd. 10, S. 91. 1905; vgl. auch die ausführliche Darstellung bei M. PLANCK, Vorlesungen über die Theorie der Wärmestrahlung.

innerhalb des genannten Kugelschalenoktanten einfach gleich dessen Voluminhalt, nämlich gleich

$$\frac{1}{8}\cdot 4\pi\left(\frac{2l}{\lambda}\right)^2 \Delta\left(\frac{2l}{\lambda}\right) = \frac{4\pi l^3}{\lambda^4}\Delta\lambda.$$

Da jedem Wertetripel $(\mathfrak{a}, \mathfrak{b}, \mathfrak{c})$ zwei Freiheitsgrade der Strahlung entsprechen, ergibt sich schließlich als Anzahl ΔZ der Freiheitsgrade dcs Volumens $l^3 = V$ im Intervall $\Delta\lambda$

$$\Delta Z = 2\cdot\frac{4\pi\Delta\lambda}{\lambda^4}\cdot V = 2\cdot\frac{4\pi}{\lambda^2}\Delta\left(\frac{1}{\lambda}\right) \quad (\text{Jeans}). \tag{4}$$

Diese Formel gilt, wie H. Weyl[1]) zeigte, auch für beliebige nichtkubische Form des Hohlraums V.

In einem Hohlraum von 1 cm³ Inhalt gehören bei der Wellenlänge $\lambda = 4\cdot 10^{-5}$ cm zum Intervall $\Delta\lambda = 10^{-8}$ cm (1 Ångström) rund 10^{11} Freiheitsgrade.

3. Strahlung von N leuchtenden Punkten. Dieselbe Anzahl ΔZ der Freiheitsgrade läßt sich auch auf einem Wege ableiten, der auf den ersten Blick scheinbar ein ganz anderes, der Gleichung (4) widersprechendes Resultat erwarten ließe. Denkt man sich die Strahlung ausgehen von N Oszillatoren, so sind deren Schwingungen unabhängig voneinander festlegbar, und man erwartet, daß auch die Strahlung an einem Punkt bzw. die Strahlung im ganzen Raum V durch eine zu N proportionale Zahl von Angaben bestimmt sei. Eine genauere Analyse führt aber auch hier zu der Jeansschen Zahl (4) der Bestimmungsstücke, ein Resultat, welches in der natürlichen Grenze des optischen und harmonischen Auflösungsvermögens seinen Ursprung hat. Es ist lehrreich, dies an der folgenden Rechnung[2]) zu sehen.

Irgendwo im Raum V liege das ebene Flächenstück $\Delta f = \Delta\xi\cdot\Delta\eta$, und werde von N irgendwie in V verteilten Lichtquellen bestrahlt mit Farben des Intervalls $\Delta\nu$. Gefragt wird nach der Zahl der Angaben, welche die Schwingungsamplitude $A(\nu, \xi, \eta)$ einer bestimmten Polarisationsrichtung in den unendlich vielen Punkten ξ, η von Δf für die unendlich vielen Farben ν des Intervalls $\Delta\nu$ festlegt. A setzt sich dabei aus den Beiträgen der einzelnen Strahler zusammen, deren Entfernung vom Punkt $\xi\eta$ gleich r_k sei:

$$A(\nu, \xi, \eta) = \sum_1^N a_k(\nu)\, e^{-2i\pi\nu\left(t-\frac{r_k}{c}\right)}. \tag{5}$$

Die Funktion $A(\nu, \xi, \eta)$ entwickeln wir über dem Schwingungszahlenintervall

$$\nu_0 - \frac{\Delta\nu}{2} \quad \text{bis} \quad \nu_0 + \frac{\Delta\nu}{2}$$

und über dem rechteckigen Gebiet

$$\xi_0 - \frac{\Delta\xi}{2} \quad \text{bis} \quad \xi_0 + \frac{\Delta\xi}{2}, \qquad \eta_0 - \frac{\Delta\eta}{2} \quad \text{bis} \quad \eta_0 + \frac{\Delta\eta}{2}$$

zu der Fourierschen Reihe

$$A(\nu, \xi, \eta) = \sum_{-\infty}^{+\infty}{}_s \sum_{-\infty}^{+\infty}{}_p \sum_{-\infty}^{+\infty}{}_q F_{spq}\, e^{2i\pi\left(s\frac{\nu-\nu_0}{\Delta\nu} + p\frac{\xi-\xi_0}{\Delta\xi} + q\frac{\eta-\eta_0}{\Delta\eta}\right)},$$

[1]) H. Weyl, Crelles Journ. Bd. 141, S. 163. 1912.
[2]) A. Landé, Ann. d. Phys. Bd. 50, S. 89. 1916.

wobei der Fourierkoeffizient F_{spq} den Wert erhält:

$$F_{spq} = \frac{1}{\Delta\nu \cdot \Delta\xi \cdot \Delta\eta} \int\limits_{\nu_0 - \frac{\Delta\nu}{2}}^{\nu_0 + \frac{\Delta\nu}{2}} d\nu \int\limits_{\xi_0 - \frac{\Delta\xi}{2}}^{\xi_0 + \frac{\Delta\xi}{2}} d\xi \int\limits_{\eta_0 - \frac{\Delta\eta}{2}}^{\eta_0 + \frac{\Delta\eta}{2}} d\eta \cdot A(\nu, \xi, \eta) e^{-2i\pi\left(s\frac{\nu-\nu_0}{\Delta\nu} + p\frac{\xi-\xi_0}{\Delta\xi} + q\frac{\eta-\eta_0}{\Delta\eta}\right)}.$$

Im Exponenten von (5) kann man schreiben

$$\nu\left(t - \frac{r_k}{c}\right) = \nu_0\left(t - \frac{r_k^0}{c}\right) + (\nu - \nu_0)t - (\nu - \nu_0)\frac{r_k}{c} - \frac{\nu_0}{c}[(\xi - \xi_0)\alpha_k + (\eta - \eta_0)\beta_k], \quad (6)$$

wo α_k, β_k die Richtungskosinus der Verbindung r_k^0 des $k$ten Strahlers mit der Mitte von Δf bedeuten. Daher wird durch Einsetzung von (5) der Fourierkoeffizient

$$F_{spq} = \sum_1^N {}_k \frac{e^{2i\pi\nu_0\left(t - \frac{r_k^0}{c}\right)}}{\Delta\xi \cdot \Delta\eta \cdot \Delta\nu} \int d\nu \int d\xi \int d\eta\, a_k(\nu) e^{-2i\pi\frac{\nu-\nu_0}{\Delta\nu}\left(+t\Delta\nu - r_k^0\frac{\Delta\nu}{c} + s\right)}$$
$$e^{-2i\pi\frac{\xi-\xi_0}{\Delta\xi}\left(-\alpha_k\nu_0\frac{\Delta\xi}{c} + p\right)} e^{-2i\pi\frac{\eta-\eta_0}{\Delta\eta}\left(-\beta_k\nu_0\frac{\Delta\eta}{c} + q\right)}.$$

Ersetzt man die mit ν langsam veränderliche Funktion $a_k(\nu)$ durch einen konstanten Wert $a_{k\nu}$, so erhält man durch Ausführung der Integrationen:

$$\left.\begin{aligned} F_{spq} = \sum_1^N {}_k a_{k\nu} e^{2i\pi\nu_0\left(t - \frac{r_k^0}{c}\right)} \cdot \frac{\sin\pi\left(s + t\Delta\nu - r_k^0\frac{\Delta\nu}{c}\right)}{\pi\left(s + t\Delta\nu - r_k^0\frac{\Delta\nu}{c}\right)} \cdot \frac{\sin\pi\left(p - \alpha_k\nu_0\frac{\Delta\xi}{c}\right)}{\pi\left(p - \alpha_k\nu_0\frac{\Delta\xi}{c}\right)} \\ \cdot \frac{\sin\pi\left(q - \beta_k\nu_0\frac{\Delta\eta}{c}\right)}{\pi\left(q - \beta_k\nu_0\frac{\Delta\eta}{c}\right)} \end{aligned}\right\} \quad (7)$$

Wir wollen nun zeigen, daß von den Fourierkoeffizienten F_{spq} von vornherein eine große Anzahl verschwinden und daß die übrigbleibende Zahl der Fourierkoeffizienten grade zur JEANSschen Zahl der unabhängigen Bestimmungsstücke führt. Zu diesem Zweck teilen wir den Raum V um Δf herum durch die

$$\text{Kugelschar} \quad r^{(s)} = \frac{c}{\Delta\nu}s + ct \quad (8)$$

und die beiden

$$\text{Kegelscharen} \quad \alpha^{(p)} = \frac{c}{\nu_0\Delta\xi}p, \qquad \beta^{(q)} = \frac{c}{\nu_0\Delta\eta}q \quad (8')$$

in Zellen ein, welche um so kleiner ausfallen, je größer $\Delta\nu$, $\Delta\xi$, $\Delta\eta$ sind. An jeder Ecke einer Zelle stoßen drei der Flächen (8) (8′) zusammen, so daß die Zellenecken ein System von Gitterpunkten spq bilden und zu jedem Gitterpunkt spq ein F_{spq} gehört. Mit Bezug auf einen Strahler k mit den von $\xi_0\,\eta_0$ aus gerechneten Raumkoordinaten $r_k^0\alpha_k\beta_k$ lassen sich die Gitterpunkte spq in Schalen ordnen, welche den Strahler k umgeben: Die erste Schale besteht aus 2^3 Gitterpunkten, nämlich den acht Ecken der den Strahler selbst enthaltenden Zelle; die zweite Schale besteht aus $4^3 - 2^3$, die dritte Schale aus $6^3 - (4^3 - 2^3)$ Gitterpunkten usw. Der Beitrag des $k$ten Strahlers zu einem F_{spq} ist nun um so kleiner, je größer die Nenner

$$s + t\Delta\nu - \frac{\Delta\nu}{c}r_k^0, \qquad p - \frac{\nu\Delta\xi}{c}\alpha_k, \qquad q - \frac{\nu\Delta\eta}{c}\beta_k,$$

in (7) sind. Der Strahler k trägt also am meisten zu denjenigen F_{spq} bei, die zu den 8 Gitterpunkten der ersten ihn umgebenden Schale gehören, und sein Beitrag zu einem anderen F_{spq} ist um so kleiner, je größer die Zahl m der zwischen ihm und dem Punkt spq gelegenen Schalen ist, und sinkt mit wachsendem m unter jede beliebige Grenze. Vergrößert man andererseits $\Delta\nu, \Delta\xi, \Delta\eta$ hinreichend, so wird das Netzwerk der Gitterpunkte engmaschiger. Dabei bleibt zwar die Anzahl der zu beträchtlichen F_{spq} Anlaß gebenden Gitterpunkte unverändert; dagegen wird das Raumgebiet, in welchem die wesentlich beitragenden Gitterpunkte liegen, beliebig nahe an den Strahler herangedrängt; d. h. die Einflußsphäre jedes Strahlers auf die F_{spq} läßt sich durch Vergrößerung von $\Delta\nu, \Delta\xi, \Delta\eta$ räumlich beliebig verkleinern. Liegen nun Strahler in einem gegebenen Volumelement r bis $r + \Delta r$, α bis $\alpha + \Delta\alpha$, β bis $\beta + \Delta\beta$, welches von Δf aus unter dem Neigungswinkel Θ gegen die ζ-Richtung gelegen ist

$$\Delta V = r^2 \Delta r \Delta\Omega = r^2 \Delta r \frac{\Delta\alpha\,\Delta\beta}{\gamma} \qquad (\gamma = \cos\Theta), \tag{9}$$

so sind die in ΔV liegenden Gitterpunkte spq nach (8) eingeschlossen in den Grenzen:

$$\left.\begin{aligned} -t\Delta\nu + \frac{\Delta\nu}{c} r < s < -t\Delta\nu + \frac{\Delta\nu}{c}(r + \Delta r), \\ \frac{\nu\Delta\xi}{c}\alpha < p < \frac{\nu\Delta\xi}{c}(\alpha + \Delta\alpha), \qquad \frac{\nu\Delta\eta}{c}\beta < q < \frac{\nu\Delta\eta}{c}(\beta + \Delta\beta), \end{aligned}\right\} \tag{10}$$

und man hat innerhalb ΔV im ganzen

$$\Delta z = \frac{\Delta\nu}{c}\Delta r \frac{\nu\Delta\xi}{c}\Delta\alpha \cdot \frac{\nu\Delta\eta}{c}\Delta\beta = \frac{\nu^2}{c^3}\Delta r\,\Delta\nu\,\Delta f\,\Delta\Omega\cos\Theta, \tag{11}$$

Gitterpunkte spq. Durch Vergrößerung von ΔV oder von $\Delta\nu\,\Delta f$, d. h. durch Vergrößerung[1]) von Δz,

$$\Delta z \gg 1 \tag{12}$$

läßt sich nun erreichen, daß die Einflußsphären (s. o.) der in ΔV liegenden Oszillatoren beliebig wenig über den Rand von ΔV hinausragen.

Zu den F_{spq}, deren Gitterpunkte spq innerhalb ΔV liegen, tragen dann nur diejenigen Oszillatoren k als Summenglieder (7′) bei, welche selbst in dem Volumteil ΔV liegen.

Sind andererseits Strahler nur innerhalb ΔV vorhanden, so werden im Grenzfall $\Delta z \gg 1$ alle F_{spq}, deren Gitterpunkte spq außerhalb ΔV liegen, von vornherein verschwinden. Übrig bleiben nur die F_{spq}, deren Gitterpunkte innerhalb ΔV liegen, deren spq also in den Intervallen (10) eingeschlossen sind; die Anzahl dieser nicht verschwindenden F_{spq} ist aber gleich Δz. Man hat demnach das Resultat:

Die in einem Volumteil $\Delta V = r^2 \Delta r\,\Delta\Omega$ verteilten Strahler bringen auf einem unter dem Einfallswinkel Θ gelegenen Flächenstück Δf im Intervall $\Delta\nu$ eine Lichterregung hervor, die wegen (10) beschrieben wird durch

$$\Delta z = \frac{\nu^2}{c^3}\Delta f\,\Delta\nu\,\Delta r\,\Delta\Omega\cos\Theta \qquad (\text{falls } \Delta z \gg 1), \tag{13}$$

nicht verschwindende Fourierkoeffizienten F_{spq}, während die übrigen F_{spq} von vornherein verschwinden, unabhängig von der Zahl der in dem Volumteil enthaltenen Strahler. Jedes von Null verschiedene F_{spq} verdankt sein Nichtverschwinden der Existenz von Strahlern in einer bestimmten Raumgegend.

[1]) Eine zu (12) analoge Forderung wird auch bei der Abzählung von JEANS und WEYL vorausgesetzt.

Sind Oszillatoren in mehreren Volumteilen anwesend, so setzt sich F_{spq} additiv aus den Beiträgen der einzelnen Volumteile zusammen, und es verschwinden wieder alle die F_{spq} von vornherein, deren Gitterpunkte spq außerhalb des von Oszillatoren eingenommenen Gebietes V liegen. Dadurch ist der Strahlungszustand im Intervall Δf, $\Delta\nu$ auf die Strahlung von Oszillatoren zurückgeführt. Die Zahl der Bestimmungsstücke der Strahlung hängt trotzdem nicht von der Zahl N der Oszillatoren ab, sondern von dem Voluminhalt des ihnen zur Verfügung stehenden Gebietes.

Um endlich die Zahl der Bestimmungsstücke der Strahlung in V und $\Delta\nu$ zu berechnen, betrachte man eine beliebige Ebene f, welche ein von Oszillatoren erfülltes Raumgebiet V eventuell in mehreren nicht zusammenhängenden Stücken durchsetzt. f sei aus lauter Stücken Δf zusammengesetzt, so daß $f = \sum \Delta f$. Durch jedes Δf lege man als Achse eines Kegels der Öffnung $\Delta\Omega$ in der festen Richtung Ω eine Gerade, welche mit der Normalen von Δf den Einfallswinkel Θ bildet. Den innerhalb V verlaufenden Teil R dieser Geraden denke man aus lauter Stücken Δr zusammengesetzt, so daß $\sum \Delta r = R$. Summiert man jetzt in (13) über sämtliche Stücke Δr der zu einem Δf gehörigen Geraden R und dann über sämtliche zu f gehörigen Stücke Δf, so wird

$$\sum_R \sum_f \Delta r \Delta f \cos\Theta = V;$$

also ist wegen (13)

$$\frac{\nu^2}{c^3} \Delta\Omega \cdot V \cdot \Delta\nu$$

die Zahl der Fourierkoeffizienten F_{spq}, welche die Beleuchtung der ganzen Ebene f durch sämtliche Oszillatoren mit Farben $\Delta\nu$ beschreibt, soweit diese aus der Kegelöffnung $\Delta\Omega$ auf die einzelnen Stücke Δf strahlen. Läßt man alle Einfallswinkel zu, so tritt 4π an die Stelle von $\Delta\Omega$. Da die ganze Betrachtung für jede von zwei aufeinander senkrechten Polarisationsrichtungen gilt, hat man noch mit 2 zu multiplizieren und findet schließlich

$$\Delta Z = \frac{8\pi\nu^2}{c^3} V \cdot \Delta\nu, \tag{14}$$

als Zahl der unabhängigen Angaben, die den Strahlungzustand auf einer beliebigen durch V gelegten Ebene f im Intervall $\Delta\nu$ beschreiben. Da nach Bestimmung der ΔZ Zustandsgrößen auf der Ebene f der Zustand in jedem anderen Punkt des Volumens V mitbestimmt ist, so ist ΔZ als Zahl der Freiheitsgrade des ganzen Raumes V im Intervall $\Delta\nu$ anzusprechen. Man erhält also ein Resultat, das mit der JEANSschen Zahl (4) für ΔZ übereinstimmt; die Anzahl N der Oszillatoren und ihre Freiheitsgrade sind dabei völlig unwesentlich für die Zahl der Strahlungsfreiheiten.

4. Freiheitsgrade von Strahlenbündeln. Ein monochromatischer Strahlenkegel umfaßt die linearen „Strahlen“, die aus allen Richtungen innerhalb eines räumlichen Öffnungswinkels $\Delta\Omega$ kommend, in einem Brennpunkt konvergieren und auf der anderen Seite des Brennpunktes divergieren. Die strenge wellentheoretische Darstellung eines solchen Strahlenkegels, an Stelle seiner Zusammensetzung aus wellentheoretisch nicht definierbaren linearen Strahlen, ist von DEBYE[1]) auf folgendem Wege gegeben worden: Man superponiert ebne Wellenzüge, von denen jeder einzelne den ganzen Raum erfüllen soll, und zwar eine kontinuierliche Schar von Wellenzügen, deren Wellennormalen in dem vorgegebenen Raumwinkel $\Delta\Omega$ liegen. Durch passend angenommene Phasen

[1]) P. DEBYE, Ann. d. Phys. Bd. 30, S. 755. 1909.

und Amplituden der verschiedenen beteiligten ebenen Wellen läßt sich dann erreichen, daß die ebenen Wellen sich außerhalb des vorgegebenen Doppelkegels durch Interferenz in beliebiger Annäherung aufheben.

Eine parallele Schar von monochromatischen Strahlenkegeln, deren Brennpunkte auf der Fläche Δf liegen, bilden ein monochromatisches Strahlenbündel; es erstreckt sich von der Brennfläche, ebenso wie jeder Strahlenkegel für sich, beiderseits ins Unendliche. Superponiert man Strahlenbündel verschiedener Farben ν, die in einem Intervall $\Delta\nu$ liegen, so kann man durch passende Phasen und Amplituden erreichen, daß die Erregung auch longitudinal auf einen gewissen endlichen Bereich beschränkt ist, nämlich auf die Länge $l = c \cdot T = \frac{c}{\Delta\nu}$, wenn c die Lichtgeschwindigkeit, T die Dauer der Erregung in Δf ist, während der das endliche Strahlenbündel die Brennfläche überstreicht.

M. v. LAUE[1]) fragt nun nach der Zahl der Freiheitsgrade eines Strahlenbündels (Δf, $\Delta\Omega$, T, $\Delta\nu$) und dann nach den Freiheitsgraden der gesamten Strahlung in einem gegebenen Volumen V, die aus einzelnen Strahlenbündeln aufgebaut werden kann. Schreibt man dem Bündel eine Länge l bzw. eine Zeit $T = l/c$ zu, so wird die Erregung längs l dargestellt durch die FOURIERsche Reihe

$$A(x) = \sum_0^\infty A_m \cdot \cos\left(2\pi \frac{m}{l} x - \alpha_m\right)$$

mit den Wellenlängen $\lambda_m = l/m$. Zum Intervall λ bis $\lambda + \Delta\lambda$ gehören also nur diejenigen Reihenglieder, für welche

$$\lambda < \frac{l}{m} < \lambda + \Delta\lambda, \qquad \text{d. h.} \qquad \frac{l}{\lambda} > m > \frac{l}{\lambda + \Delta\lambda}$$

ist. Ihre Anzahl ist

$$d Z' = \frac{l}{\lambda + \Delta\lambda} - \frac{l}{\lambda} = l \cdot \Delta\left(\frac{1}{\lambda}\right) = T \cdot \Delta\nu. \tag{15}$$

Der Bereich $\Delta\nu$ löst sich also während T in $\Delta Z' = T\Delta\nu$ unabhängig schwingende Fourierkomponenten, d. h. in $\Delta Z'$ Farben, auf.

Ein monochromatisches Bündel hat auf Δf im Raumwinkel $\Delta\Omega$ eine bestimmte Zahl $\Delta Z''$ von Freiheitsgraden (Bestimmungsstücken). Zu deren Berechnung stützt sich v. LAUE auf die erwähnte mathematisch exakte Darstellung eines Strahlenbündels von DEBYE, auf die wir hier nicht eingehen wollen, da sie höhere mathematische Hilfsmittel erfordert.

Durch Rechnungen, die als Vorbild für die in Ziff. 3 gegebene Ableitung gedient haben, findet v. LAUE, daß zur Fourierdarstellung eines streng monochromatischen, durch Δf und $\Delta\Omega$ begrenzten Strahlenbündels, bei dem die Normale von Δf mit der Strahlrichtung Ω den Winkel Θ einschließt, die Anzahl

$$\Delta Z'' = \frac{\Delta f \cdot \cos\Theta \cdot \Delta\Omega}{\lambda^2} = \frac{\Delta f \cdot \Delta\Omega \cos\Theta \cdot \nu^2}{c^2} \tag{16}$$

nicht verschwindender Fourierkoeffizienten nötig sind. Für ein linear polarisiertes Strahlenbündel der Länge l ergeben sich somit durch Multiplikation von (16) mit (15)

$$\Delta Z' \cdot \Delta Z'' = \frac{\Delta f \cos\Theta \Delta\Omega}{\lambda^2} \cdot T\Delta\nu = \frac{\Delta f \cdot \cos\Theta \Delta\Omega}{\lambda^2} \cdot \frac{l}{c} \Delta\nu = \frac{l \cdot \Delta f \cdot \Delta\Omega \cdot \nu^2 \Delta\nu}{c^3} \cos\Theta \tag{17}$$

Freiheitsgrade, wobei die Phasen wieder nicht als besondere Freiheitsgrade mitgezählt sind.

[1]) M. v. LAUE, Ann. d. Phys. Bd. 44, S. 1197. 1914.

Um schließlich die Zahl der Freiheitsgrade aller die Strahlung im Hohlraum V zusammensetzenden Strahlenbündel des Intervalls $\Delta\nu$ zu erhalten, bedenke man, daß bei Durchsetzung einer größeren Fläche $f = \sum \Delta f$ mit Bündeln konstanter Strahlrichtung die Summe $\cos\Theta \cdot \sum \Delta f \cdot l$ gleich dem Volumen V des Hohlraums ist, weil l für jedes Strahlenbündel den innerhalb V verlaufenden Teil der Strahlrichtungsgraden vertritt. Summiert man noch über alle Öffnungswinkel $\Delta\Omega$, d. h. ersetzt $\Delta\Omega$ durch 4π, und fügt einen Faktor 2 hinzu, welcher der Auflösung in je zwei senkrecht zueinander polarisierten, voneinander unabhängigen Linearschwingungen entspricht, so erhält man als Gesamtzahl der Freiheitsgrade für alle monochromatischen Strahlenbündel in V und im Intervall $\Delta\nu$ aus (17)

$$\Delta Z = V \cdot \frac{8\pi\nu^2 d\nu}{c^3}$$

übereinstimmend mit der JEANSschen Formel (4). LAUEs Ableitung dieser Zahl zeigt unmittelbar, daß es auf die Form des Hohlraums gar nicht ankommt. Von besonderer Bedeutung ist ferner das Resultat (17), das wir in folgender Form aussprechen können:

Ein linear polarisiertes Strahlenbündel der Länge l, welches genau einen Freiheitsgrad besitzt, ist definiert durch die Gleichung

$$l \cdot \frac{\Delta f \cdot \Delta\Omega \cdot \nu^2 \Delta\nu}{c^3} \cos\Theta = 1\,. \tag{18}$$

Ein dieser Bedingung genügendes Bündel nennt v. LAUE ein elementares Strahlenbündel; die Strahlung in V und im Intervall $\Delta\nu$ ist dann zusammengesetzt aus ΔZ elementaren Strahlenbündeln.

Die elementaren Strahlenbündel, welche je einen Freiheitsgrad repräsentieren, spielen eine wesentliche Rolle bei der statistischen Theorie des optischen und harmonischen Auflösungsvermögens (Ziff. 6 und 7), im Zusammenhang mit den Schwankungen der Strahlung (Ziff. 8ff.); sie sind auch für die quantentheoretische Behandlung des Strahlungsproblems von fundamentaler Bedeutung.

5. Strahlenbündel in dispergierenden Medien. Nach dem Sinussatz der geometrischen Optik bleibt bei jedem geometrisch-optischen Vorgang das Produkt $\Delta\Omega \cdot \Delta f \cdot \cos\Theta$ konstant, soweit das Strahlenbündel im leeren Raum bleibt. Auch die Schwingungszahl ν und die Länge $l = cT$ des Strahlenbündels ändern sich nicht. Daher bleibt auch die Zahl seiner Freiheitsgrade bei dem geometrisch-optischen Vorgang erhalten [v. LAUE[1]]. Geht das Bündel in ein anderes Medium über, so ändert sich durch den Unterschied des Brechungsindex n das Produkt $\Delta\Omega \cdot \Delta f \cdot \cos\Theta$, und durch den Unterschied der Lichtgeschwindigkeit ändert sich die Länge l des Bündels. In einem Körper vom Brechungsindex $n(\nu)$ ist also für die Zahl der Freiheitsgrade eines Strahlenbündels eine Korrektion anzubringen: Man muß in (16) statt $\lambda = \frac{c}{\nu}$ jetzt $\lambda = \frac{u}{\nu} = \frac{c}{n\nu}$ einführen, also jetzt schreiben

$$\Delta Z'' = \frac{\Delta\Omega \cdot \Delta f \cos\Theta}{\lambda^2} = \frac{\Delta\Omega \cdot \Delta f \cdot \cos\Theta \cdot \nu^2}{u^2}$$

(u = Phasengeschwindigkeit, $n = \frac{c}{u}$ = Brechungsindex). Ferner muß man in (15), wegen $u = \lambda \cdot \nu$, $du = \lambda d\nu + \nu d\lambda = d\nu \cdot du/d\nu$ jetzt schreiben

$$\Delta Z' = l \cdot \Delta\left(\frac{1}{\lambda}\right) = l\Delta\left(\frac{\nu}{u}\right) = \frac{l\Delta\nu}{u}\left(1 - \frac{\nu}{u}\frac{du}{d\nu}\right) = \frac{l}{u}\Delta\nu\left(1 + \frac{\nu}{n}\frac{dn}{d\nu}\right) = \frac{l \cdot \Delta\nu}{g}\,,$$

[1] M. v. LAUE, Ann. d. Phys. Bd. 44, S. 1197. 1914.

worin

$$g = \frac{u}{1 + \frac{\nu}{n}\frac{dn}{d\nu}}$$

die Gruppengeschwindigkeit bedeutet. Durch Multiplikation der zwei letzten Gleichungen erhält man als Zahl der Freiheitsgrade des Bündels mit v. LAUE[1])

$$\varDelta Z' \cdot \varDelta Z'' = \frac{1}{c^3} \varDelta f \cdot \cos\Theta \cdot \varDelta \Omega \cdot \nu^2 \cdot \varDelta \nu \cdot l \cdot n^2 \left(n + \nu \frac{dn}{d\nu}\right). \tag{17'}$$

Ein Volumen V mit dem Brechungsindex n besitzt somit im Intervall $\varDelta\nu$ im ganzen

$$V \cdot \frac{8\pi\nu^2 \varDelta\nu}{c^3} n^3 \left(1 + \frac{\nu}{n}\frac{dn}{d\nu}\right) = V \frac{8\pi\nu^2 \cdot \varDelta\nu}{u^2 \cdot g} \qquad \left(\begin{matrix} u = \text{Phasengeschwindigkeit} \\ g = \text{Gruppengeschwindigkeit} \end{matrix}\right) \tag{18'}$$

elektromagnetische Freiheitsgrade. — Dasselbe Resultat läßt sich auch durch Abzählung der JEANSschen Eigenschwingungen im brechenden Medium n ableiten, wie D. A. GOLDHAMMER[2]) zeigte.

Bei allen geometrisch-optischen Erlebnissen des Strahlenbündels bleibt die Zahl (17') seiner Freiheitsgrade unverändert, indem sich beim Übergang von einem zum andern Medium die Änderung von $\varDelta\Omega \cdot \varDelta f \cdot \cos\Theta$ durch die Änderung von n^2 kompensiert, und die Änderung von l durch die von $\left(n + \nu \frac{dn}{d\nu}\right)$. Auch gegenüber Lorentztransformationen erweist sich die Zahl $\varDelta Z' \cdot \varDelta Z''$ als invariant; sie hat deshalb für alle berechtigten Bezugssysteme der speziellen Relativitätstheorie den gleichen Wert und bleibt im Zusammenhang damit auch bei Spiegelung an bewegten Körpern erhalten (v. LAUE).

Bei allen Beugungsvorgängen und bei diffuser Spiegelung und Zerstreuung nimmt dagegen die Zahl der Freiheitsgrade zu in dem Maße, in welchem $\varDelta\Omega$ bei diesen Vorgängen wächst. Ein solcher Übergang von Energie auf eine größere Zahl von Freiheitsgraden ist mit Entropiezunahme verknüpft; diese Vorgänge sind also im thermodynamischen Sinne irreversibel, im Gegensatz zu den reversiblen geometrisch-optischen Vorgängen. Eine Reihe von Untersuchungen über die Thermodynamik irreversibler Strahlungsvorgänge verdankt man M. PLANCK und M. v. LAUE (s. Absch. III).

6. Harmonisches Auflösungsvermögen. Damit ein Zusammenklang von zwei gleichzeitig erklingenden akustischen Tönen oder optischen Farben ν und ν' in seiner Zusammensetzung erkannt werden, harmonisch analysiert werden kann, muß die zur Verfügung stehende Zeit T etwa gleich der Schwingungsdauer $\frac{1}{[\nu - \nu']}$ des Differenztones sein, d. h. man muß etwa eine Schwebung abwarten. Damit die zwei Schwingungen ν und ν' während der Zeit T getrennt werden können, muß also $T \cdot (\nu - \nu') = 1/\gamma$ sein, wo γ eine Zahl von der Größenordnung 1 bedeuten soll. Ein Intervall $\varDelta\nu$ zerfällt daher bezüglich der Beobachtungszeit T bzw. der Strahlweglänge $l = c \cdot T$ in

$$\varDelta Z' = \gamma \cdot T \cdot \varDelta\nu = \gamma \cdot \frac{l}{c} \varDelta\nu \tag{19}$$

Elementarfarben. Einen genauen Wert für den Faktor γ kann man nicht angeben, weil die Analyse der beiden Schwingungszahlen mit Hilfe ihrer Schwebungen noch von der Feinheit und Schnelligkeit der Beobachtung von Differenztönen abhängen wird, z. B. ob bereits eine Schwingung des Differenztones

[1]) Zitiert auf S. 459.
[2]) D. A. GOLDHAMMER, Phys. ZS. Bd. 14, S. 1188. 1913.

zu seiner Erkennung genügt, oder ob mehrere Differenzschwingungen dazu nötig sind. Ein Vergleich von (19) mit (15) zeigt jedoch, daß, wenn man $\gamma = 1$ setzt, dann die Zahl (19) der analysierbaren Farbenkomponenten übereinstimmt mit der Anzahl der Freiheitsgrade der Strahlung im Intervall $\Delta\nu$ während der Zeit T.

Während 1 Sekunde läßt sich nach (19) ein Tongemisch vom Umfang eines musikalischen Halbtones $\left(\frac{\Delta\nu}{\nu} = \sqrt[12]{2} - 1 = 0{,}06\right)$ in mittlerer Tonlage ($\nu = 300$) noch in etwa 18 Einzeltöne auflösen, dagegen während $T = \frac{1}{10}$ sec (physiologische Zeitschwelle) nur in etwa zwei Einzeltöne im Abstand eines Viertcltonintervalls; die Vierteltoneinteilung dürfte also die äußerste Grenze für eine Musik diskreter Töne sein.

Während $T = 10^{-8}$ sec läßt sich ein Farbengemisch vom Umfang eines Ångström ($\Delta\lambda = 10^{-8}$cm) bei $\lambda = 4 \cdot 10^{-5}$cm noch in etwa 2000 Einzelfarben zerlegen.

7. Optisches Auflösungsvermögen. Damit zwei im Abstand a voneinanderliegende mit der gleichen rein harmonischen Schwingungszahl $\nu = \frac{c}{\lambda}$ leuchtende Punkte P_1 und P_2 bei der Abbildung auf eine Bildebene als zwei verschiedene unabhängige Punkte erkannt werden sollen, muß der betrachtete Bildausschnitt eine lineare Ausdehnung von mindestens etwa einer „Schwebung" haben: Die von P_1 und P_2 kommenden, in A vereinigten Strahlen (siehe Abbildung) müssen einen Gangunterschied zeigen, der mindestens um etwa $1\,\lambda$ von dem Gangunterschied der von P_1 und P_2 nach B gelangenden Strahlen differiert. Denn bei kleinerer Differenz wäre in einem bestimmten Zeitpunkt die Helligkeit in A nicht wesentlich verschieden von der in B. Aus der Abbildung liest man ab

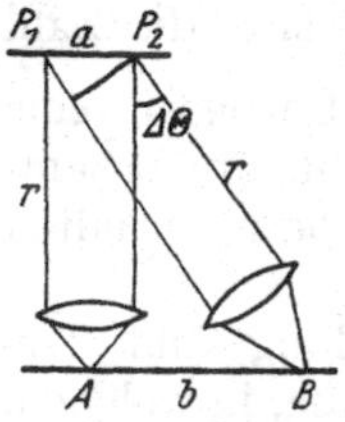

Abb. 1.

$$\frac{\lambda}{a} = \frac{b}{r} = \Delta\Theta \quad (\text{falls } \lambda \ll a \ll b \ll r \text{ ist}),$$

wobei $\Delta\Theta$ den kleinen Winkelunterschied der beiden Strahlenpaare PA gegen PB angibt, und angenommen ist, daß r nahezu senkrecht auf a und auf b steht. Der kleinste Abstand a zweier Objektpunkte P_1 und P_2, die bei gegebener Basis b bzw. gegebenem Richtungsunterschied $\Delta\Theta$ aufgelöst werden können, ist also von der Größenordnung

$$a = \lambda \cdot \frac{r}{b} = \frac{\lambda}{\Delta\Theta}.$$

Die kleinste Objektfläche a^2, die als ausgedehnt (nicht punktförmig) erkannt werden kann, ist bei gegebener Basisfläche b^2 bzw. bei gegebenem Winkel $\Delta\Theta$, unter dem b von a aus erscheint, von der Größenordnung

$$a^2 = \lambda^2 \frac{r^2}{b^2} = \frac{\lambda^2}{(\Delta\Theta)^2},$$

oder bei Einführung des räumlichen Öffnungswinkels $\Delta\Omega = (\Delta\Theta^2)$, unter welchem b^2 von a^2 aus erscheint

$$\Delta f = \frac{1}{\delta} \cdot \frac{\lambda^2}{\Delta\Omega}$$

wo δ eine Zahl von der Größenordnung 1 bedeuten soll. Schließt Δf mit der Strahlrichtung einen Winkel Θ ein, so tritt $\Delta f \cdot \cos\Theta$ an die Stelle von Δf. Eine gegebene Objektfläche Δf setzt sich somit aus

$$\Delta Z'' = \Delta f \cdot \cos\Theta : \frac{1}{\delta} \cdot \frac{\lambda^2}{\Delta\Omega} = \delta \cdot \frac{\nu^2}{c^2} \Delta\Omega \cdot \Delta f \cdot \cos\Theta \tag{20}$$

optisch voneinander unterscheidbaren Elementarbezirken zusammen. Der Faktor δ ist wieder nur größenordnungsmäßig definiert. Jedoch zeigt der Vergleich von (20) mit (16), daß man $\delta = 1$ setzen muß, wenn man die Zahl der Elementarbezirke identifizieren will mit der Zahl der Freiheitsgrade, die das von Δf ausgehende, in den Öffnungswinkel $\Delta\Omega$ gestrahlte monochromatische Strahlenbündel besitzt. Man erkennt so den engen Zusammenhang zwischen optischer und harmonischer Auflösbarkeit mit der Zahl der Freiheitsgrade eines Strahlenbündels.

Stellt man in den Weg eines Strahlenbündels $\Delta\Omega$, welches von einer Beugungsöffnung Δf herkommt, einen Schirm, so ist die Zahl der auf ihm entstehenden hellen Beugungsflecken von der Größenordnung $\Delta Z''$. Man hat auf diese Art ein einfaches anschauliches Maß für die Zahl der Freiheitsgrade eines monochromatischen Strahlenbündels gewonnen.

II. Strahlungsschwankungen.

8. Schwankungen der spektralen Intensitätsverteilung. Die Anzahl der Freiheitsgrade der Strahlung, die sich als Anzahl der harmonisch und optisch auflösbaren Elementarbezirke wiederfand (Ziff. 6 und 7), steht in engem Zusammenhang zu einer äquivalenten Einteilung der Strahlung in Elementarbezirke entsprechend den Schwankungen der spektralen und der räumlichen Intensitätsverteilung. Man stellt hier die Frage, inwieweit die zeitlichen Intensitätsschwankungen benachbarter Farben miteinander gekoppelt sind, ferner ob die Intensitätsschwankungen an benachbarten Raumpunkten in jedem Augenblick irgendwie verknüpft sind. Wir werden zeigen, daß bei den räumlichen und spektralen Intensitätsschwankungen zwei benachbarte Stellen des Raumes und des Spektrums wahrscheinlichkeitstheoretisch um so abhängiger voneinander sind, je näher sie beieinanderliegen, so daß sich, bis auf unbestimmte Zahlenfaktoren δ und γ, ein kritisches Raumintervall und ein kritisches Farbenintervall feststellen läßt, innerhalb dessen eine Abhängigkeit, außerhalb dessen Unabhängigkeit besteht. Dadurch gelingt es wieder, den Raum und das Spektrum in voneinander unabhängig schwankende Elementarbereiche zu zerlegen, deren Anzahl, bis auf jene unbestimmten Faktoren δ und γ, mit der JEANSschen Zahl (4) der Freiheitsgrade übereinstimmt. Die kritischen Intervalle sind identisch mit den kritischen Grenzen des harmonischen und optischen Auflösungsvermögens, welche beide auch nur bis auf einen unbestimmten Faktor definiert waren [s. oben (19) und (20)].

Der Beobachtungspunkt P werde bestrahlt von N Lichtquellen, welche in der Entfernung

$$r - \frac{dr}{2} \quad \text{bis} \quad r + \frac{dr}{2}$$

von P innerhalb eines räumlichen Winkels $\Delta\Omega$ liegen, also ein Volumelement $r^2 \Delta\Omega\Delta r$ erfüllen. Die Schwingung des $k$ten Oszillators werde nach FOURIER mit einer Grundperiode $2T$ dargestellt durch

$$\sum_{-\infty}^{+\infty}{}_s Q_{ks} e^{-i\frac{\pi s t}{T}}. \qquad (Q_{ks} \text{ komplex}) \tag{21}$$

Ist dann t_k die Lichtzeit vom $k$ten Oszillator zum Punkt $P\left(t_k = \frac{r_k}{c}\right)$, so wird die Lichterregung in P herrührend von allen N Lichtquellen dargestellt durch eine Reihe der Form

$$\sum_{1}^{N}{}_k \sum_{-\infty}^{+\infty}{}_s a_{ks} e^{-i\frac{\pi s}{T}(t - t_k)} = \sum_{-\infty}^{+\infty}{}_s e^{-i\frac{\pi s}{T}t} \sum_{1}^{N}{}_k a_{ks} e^{+i\frac{\pi s}{T}t_k}, \tag{22}$$

wobei die Schwingung $\nu = \frac{s}{2T}$ den Amplituden-Phasenfaktor

$$A_s = \sum_1^N {}^k a_{ks} e^{i\frac{\pi s}{T} t_k} \tag{23}$$

besitzt. Bezeichnet man mit $\tilde{z}$ die zu z konjugiert komplexe Größe, so wird die Intensität der Schwingung $\nu = \frac{s}{2T}$

$$J_s = A_s \tilde{A}_s = \sum^k \sum^l a_{ks} \tilde{a}_{ls} e^{+i\frac{\pi s}{T}(t_k - t_l)}, \tag{24}$$

und, wenn $\nu' = \frac{s'}{2T}$ die Schwingungszahl einer anderen Fourierkomponente ist,

$$J_s \cdot J_{s'} = \sum^k \sum^l \sum^m \sum^n a_{ks} \tilde{a}_{ls} a_{ms'} \tilde{a}_{ns'} \cdot e^{i\frac{\pi}{T}[s(t_k - t_l + t_m - t_n) - (s - s')(t_m - t_n)]}. \tag{25}$$

Unter der Voraussetzung im Durchschnitt gleichmäßiger Dichteerfüllung des Volumelements $r^2 \Delta\Omega \Delta r$ mit Oszillatoren variieren die Zeiten $t_1 \dots t_k$ in einem Spielraum

$$\tau = \frac{\Delta r}{2} \qquad \left(t_k = \frac{r}{c} + \tau_k, \qquad -\frac{\tau}{2} < \tau_k < +\frac{\tau}{2}\right)$$

um $t = r/c$. Dann wird in (24) der Mittelwert

$$\left.\begin{aligned} \frac{1}{\tau^2} \int_{-\frac{\tau}{2}}^{+\frac{\tau}{2}} \int_{-\frac{\tau}{2}}^{+\frac{\tau}{2}} dt_k dt_l e^{i\frac{\pi s}{T}(t_k - t_l)} &= \frac{\sin^2\left(\frac{\pi s \tau}{2T}\right)}{\left(\frac{\pi s \tau}{2T}\right)^2} \quad \text{für} \quad k \lessgtr l \\ &= 1 \qquad\qquad \text{für} \quad k = l. \end{aligned}\right\}$$

Nehmen wir an, daß $\nu\tau = \frac{s\tau}{2T}$ groß gegen 1 ist, d. h. daß auf der Strecke Δr viele Wellenlängen $\lambda = \frac{c}{\nu}$ liegen, so ist der Mittelwert der Glieder $k \lessgtr l$ gegen den der Glieder $k = l$ zu vernachlässigen, und wir erhalten aus (24)

$$\overline{J_s} = \sum^k |a_{ks}|^2. \tag{26}$$

Sind $\nu\tau$ und $\nu'\tau$ groß gegen 1, ohne daß auch $(\nu - \nu')\tau$ groß gegen 1 zu sein braucht, so finden wir entsprechend, daß in (25) bei der Mittelung nur diejenigen Glieder stehen bleiben, für welche $k = l$ und $m = n$ ist — diese geben 1 als Mittelwert des Exponentialfaktors —, oder für welche $k = n$ und $l = m$ ist — diese geben den Mittelwert $\sin^2[\pi(s - s')\tau/2T] : [\pi(s - s')\tau/2T]^2$ —. Man erhält also aus (25):

$$\left.\begin{aligned} \overline{J_s J_{s'}} &= \sum^k \sum^m |a_{ks}|^2 |a_{ms'}|^2 + \frac{\sin^2[\pi(s - s')\tau/2T]}{[\pi(s - s')\tau/2T]^2} \sum_{k \lessgtr l}^k \sum^l a_{ks} \tilde{a}_{ls} a_{ls'} \tilde{a}_{ks'}, \\ &\text{dagegen aus (26)} \qquad \overline{J_s} \cdot \overline{J_{s'}} = \sum^k \sum^m |a_{ks}|^2 |a_{ms'}|^2. \end{aligned}\right\} \tag{27}$$

Wären J_s und $J_{s'}$ voneinander ganz unabhängig, so wäre

$$\overline{J_s J_{s'}} : \overline{J_s} \cdot \overline{J_{s'}} = 1.$$

In Wirklichkeit weicht aber, wegen $\frac{(s - s')}{2T} = \nu - \nu'$, $\tau = \frac{\Delta r}{c}$, dieser Quotient um so mehr von dem „unabhängigen" Wert 1 ab, je größer in (27)

$$\sin^2[\pi(\nu - \nu')\Delta r/c] : [\pi(\nu - \nu')\Delta r/c]^2 \tag{28}$$

ist. Der unabhängige Wert 1 wird beim Auseinanderrücken von ν und ν' erstmalig erreicht, wenn (28) verschwindet, d. h. bei

$$|\nu - \nu'| = \frac{c}{\Delta r}.$$

Bei weiter wachsender Differenz $|\nu - \nu'| > \frac{c}{\Delta r}$ entfernt sich der wahre Wert $\overline{J_s J_{s'}} : \overline{J_s} \cdot \overline{J_{s'}}$ von dem unabhängigen Wert 1 nur noch minimal. Je nachdem man diesem Entfernen mehr oder weniger Rechnung trägt und unter γ eine mehr oder weniger von 1 verschiedene Zahl versteht, kann man

$$\frac{c}{\Delta r} \cdot \frac{1}{\gamma} \tag{28'}$$

als eine Art kritische Farbendifferenz auffassen, derart, daß zwei Farben ν und ν' als voneinander abhängig gelten, wenn $|\nu - \nu'| < \frac{1}{\gamma} \cdot \frac{c}{\Delta r}$, als unabhängig, wenn $|\nu - \nu'| > \frac{1}{\gamma} \cdot \frac{c}{\Delta r}$ ist. Ein Spektralbereich $\Delta\nu$ wird dadurch in

$$\gamma \cdot \frac{\Delta r}{c} \Delta\nu \tag{29}$$

unabhängig schwankende Farbenbezirke zerlegt. Da die in den Größen a_{ks} ($k = 1, 2, \ldots, N$; $-\infty < s < +\infty$) ausgedrückten speziellen Emissionseigenschaften der Oszillatoren und auch ihre Anzahl N aus dem Ergebnis herausfallen, hat man das Resultat:

Ein gleichmäßig dicht mit Lichtquellen erfülltes Volumelement $r^2 \Delta\Theta \Delta r$ gibt im Aufpunkt $r = 0$ ein Spektrum, in welchem die Intensitäten zweier Farben ν und ν' im Sinne der Wahrscheinlichkeitsrechnung um so unabhängiger voneinander schwanken, je größer $|\nu - \nu'| \Delta r/c$ gegen 1 ist, ohne Rücksicht auf Zahl und spezielle Eigenschaften der Oszillatoren. Daraus leitet sich eine Einteilung des im Aufpunkt beobachteten Spektralintervalls $\Delta\nu$ in

$$\Delta Z' = \gamma \cdot \Delta\nu \cdot \frac{\Delta r}{c} \tag{29'}$$

Elementarbezirke unabhängiger Schwankungen ab [vgl. (19)].

9. Räumliche Intensitätsschwankungen. Man denke sich wie in (21) die Emission jedes Oszillators spektral aufgelöst und betrachte in dieser Ziffer nur die Schwingungen einer einzigen Farbe $\nu = \frac{c}{\lambda}$. Ist wieder r_k die Entfernung des $k$ten Oszillators von P, r_k' die von einem benachbarten Punkt P', so wird die Lichterregung in P bzw. P' bis auf den Faktor $e^{-2i\pi\nu t}$ dargestellt durch ($\varkappa$ ist eine Abkürzung für $2\pi/\lambda$)

$$\left.\begin{aligned} A &= \sum_1^N {}^k a_k e^{i(\delta_k + \varkappa r_k)} \\ A' &= \sum_1^n {}^k a_k e^{i(\delta_k + \varkappa r_k')} \end{aligned} \quad \begin{pmatrix} \delta_k = \text{Phase}, \\ \varkappa = \frac{2\pi}{\lambda}. \end{pmatrix}\right\} \tag{30}$$

$$J = A\tilde{A} = \sum^k \sum^l a_k a_l e^{i(\delta_k - \delta_l) + i\varkappa(r_k - r_l)}$$

$$J J' = A\tilde{A} A'\tilde{A}' = \sum^k \sum^l \sum^m \sum^n a_k \tilde{a}_l a_m \tilde{a}_n \cdot e^{i(\delta_k - \delta_l + \delta_m - \delta_n) + i\varkappa(r_k - r_l + r_m' - r_n')}.$$

Geht man zu Mittelwerten über viele Phasenverteilungen δ über, so bleiben in $\overline{J}$ nur die Summenglieder mit $k = l$ stehen, so daß

$$\overline{J} = \sum^k |a_k|^2 \tag{31}$$

wird. In $\overline{JJ'}$ bleiben nur die Summenglieder stehen, bei welchen $k = l$ und $m = n$ ist — diese geben den Exponentialfaktor $e^0 = 1$ —, und die Glieder, bei denen $k = n$ und $l = m$ ist — diese geben den Faktor $e^{i\varkappa[(r_k - r'_k) - (r_l - r'_l)]}$. Also wird

$$\left.\begin{aligned} \overline{JJ'} &= \sum_k \sum_m |a_k|^2 |a_m|^2 + \sum_{k \lessgtr l} \sum_l |a|^2 |a_l|^2 e^{i\varkappa[(r_k - r'_k) - (r_l - r'_l)]}. \\ &\text{Dagegen nach (31)} \\ \overline{J} \cdot \overline{J'} &= \sum_k \sum_m \cdot |a_k|^2 |a_m|^2. \end{aligned}\right\} \quad (32)$$

Die beiden Aufpunkte P und P' mögen nun auf einem Ebenenstück f liegen; P habe auf f die Koordinaten $\xi = 0$, $\eta = 0$, P' die Koordinaten $\xi\eta$. Die Mitte des die Oszillatoren enthaltenden Raumelements $r^2 \Delta\Omega \Delta r$ liege von P aus in der Richtung mit den Kosinus $\alpha\beta\gamma$, so daß

$$\Delta\Omega = \frac{\Delta\alpha\,\Delta\beta}{\cos\Theta} = \frac{\Delta\alpha \cdot \Delta\beta}{\gamma} \tag{33}$$

wird, wenn $\gamma = \cos\Theta$ und Θ der Einfallswinkel zwischen der Richtung $\alpha\beta\gamma$ und der Flächennormalen von f ist. Die Oszillatoren mögen die um $\alpha\beta\gamma$ herumliegenden Richtungskosinus $\alpha_k \beta_k \gamma_k$ haben, wobei

$$\alpha_k = \alpha + \mathfrak{a}_k \qquad \left(-\frac{\Delta\alpha}{2} < \mathfrak{a}_k < +\frac{\Delta\alpha}{2}\right),$$

$$\beta_k = \beta + \mathfrak{b}_k \qquad \left(-\frac{\Delta\beta}{2} < \mathfrak{b}_k < \frac{\Delta\beta}{2}\right).$$

Ist die Entfernung PP' klein gegen $r_\varkappa$, so wird angenähert

$$r'_k - r_k = \xi\alpha_k + \eta\beta_k = (\xi\alpha + \eta\beta) + (\xi\mathfrak{a}_k + \eta\mathfrak{b}_k). \tag{34}$$

Unter der Voraussetzung durchschnittlich gleichmäßiger Dichteerfüllung des Volumelements $r^2 \Delta r\, \Delta\alpha\, \Delta\beta/\cos\Theta$ wird der Mittelwert des Exponentialfaktors (32) nach (34)

$$\frac{1}{(\Delta\alpha\,\Delta\beta)^2} \int\!\!\int_{-\frac{\Delta\alpha}{2}}^{+\frac{\Delta\alpha}{2}} \int\!\!\int_{-\frac{\Delta\beta}{2}}^{+\frac{\Delta\beta}{2}} e^{i\varkappa[(\xi\mathfrak{a}_\varkappa + \eta\mathfrak{b}_\varkappa) - (\xi\mathfrak{a}_l + \eta\mathfrak{b}_l)]}\, d\mathfrak{a}_\varkappa\, d\mathfrak{a}_l\, d\mathfrak{b}_\varkappa\, d\mathfrak{b}_l$$

$$= \frac{\sin^2(\varkappa\xi\Delta\alpha/2)}{(\varkappa\xi\Delta\alpha/2)^2} \cdot \frac{\sin^2(\varkappa\eta\Delta\beta/2)}{(\varkappa\eta\Delta\beta/2)}.$$

Daher wird aus (32)

$$\left.\begin{aligned} \overline{JJ'} &= \sum_k \sum_l |a_k|^2 |a_l|^2 + \frac{\sin^2(\varkappa\xi\Delta\alpha/2)\sin^2(\varkappa\eta\Delta\beta/2)}{(\varkappa\xi\Delta\alpha/2)^2(\varkappa\xi\Delta\beta/2)^2} \sum_{k \gtrless l} \sum_l |a_k|^2 |a_l|^2, \\ \overline{J} \cdot \overline{J'} &= \sum_k \sum_l |a_k|^2 |a_l|^2. \end{aligned}\right\} \quad (35)$$

Wären J und J' voneinander ganz unabhängig, so wäre

$$\overline{JJ'} : \overline{J} \cdot \overline{J'} = 1.$$

In Wirklichkeit weicht aber nach (35) dieser Quotient um so mehr von dem „unabhängigen" Wert 1 ab, je größer

$$\frac{\sin^2\left(\frac{\varkappa\xi\Delta\alpha}{2}\right)}{\left(\frac{\varkappa\xi\Delta\alpha}{2}\right)^2} \frac{\sin^2\left(\frac{\varkappa\eta\Delta\beta}{2}\right)}{\left(\frac{\varkappa\eta\Delta\beta}{2}\right)^2} \qquad \left(\varkappa = \frac{2\pi}{\lambda}\right) \tag{36}$$

ist. Der unabhängige Wert 1 wird, falls $P'(\xi, \eta)$ von $P(0, 0)$ abrückt, erstmalig erreicht, wenn (36) verschwindet, d. h. auf dem Quadratrand

$$|\xi| = \frac{2\pi}{\varkappa\,\Delta\alpha} = \frac{\lambda}{\Delta\alpha}, \qquad |\eta| = \frac{2\pi}{\varkappa\,\Delta\beta} = \frac{\lambda}{\Delta\beta}.$$

Bei weiter wachsendem Abstand PP' weicht der wahre Wert $\overline{JJ'}:\overline{J}\cdot\overline{J'}$ nur noch minimal von dem „unabhängigen" Wert 1 ab. Je nachdem man dieser Abweichung mehr oder weniger Rechnung trägt und unter δ eine mehr oder weniger die 1 übertreffende Zahl versteht, kann man

$$\frac{1}{\delta}\,\frac{\lambda}{\Delta\alpha}\cdot\frac{\lambda}{\Delta\beta} = \frac{c^2}{\delta\cdot\nu^2\,\Delta\Omega\cos\Theta} \tag{36'}$$

als eine Art kritischen Flächenbezirk ansprechen, derart, daß die Beleuchtung in zwei Punkten $P(0, 0)$ und $P'(\xi, \eta)$ als voneinander abhängig gilt, wenn

$$|\xi| < \frac{\lambda}{\Delta\alpha}\cdot\frac{1}{\sqrt{\delta}}, \qquad |\eta| < \frac{\lambda}{\Delta\beta}\cdot\frac{1}{\sqrt{\delta}},$$

dagegen als unabhängig, wenn

$$|\xi| > \frac{\lambda}{\Delta\alpha}\,\frac{1}{\sqrt{\delta}}, \qquad |\eta| > \frac{\lambda}{\Delta\beta}\,\frac{1}{\sqrt{\delta}}$$

ist. Ein Ebenenstück Δf wird dadurch in

$$\Delta Z'' = \delta\cdot\Delta f\cos\Theta\,\frac{\Delta\alpha\,\Delta\beta}{\lambda^2} = \delta\cdot\frac{\nu^2}{c^2}\,\Delta f\,\Delta\Omega\cos\Theta \tag{37}$$

unabhängig schwankende Elementarbezirke zerlegt.

Wir haben also das Resultat:

Wird ein Ebenenstück aus der Einfallsrichtung Θ her von Oszillatoren beleuchtet, welche im Durchschnitt mit gleichmäßiger Dichte ein Volumelement $r^2\Delta\Omega\Delta r$ erfüllen, so sind die Intensitätsschwankungen in zwei Punkten $P'(\xi, \eta)$ und $P(0,0)$ der Fläche um so unabhängiger voneinander, je größer

$$\frac{\varkappa\xi\,\Delta\alpha}{2\pi}\cdot\frac{\varkappa\eta\,\Delta\beta}{2\pi} = \xi\eta\,\frac{\nu^2}{c^2}\,\Delta\Omega\cos\Theta$$

gegen 1 ist, unabhängig von der Zahl und den speziellen Eigenschaften der Lichtquellen. Daraus leitet sich eine Einteilung des Ebenenstückes Δf in

$$\Delta Z'' = \delta\cdot\frac{\nu^2}{c^2}\,\Delta f\,d\Omega\cos\Theta \tag{37'}$$

unabhängig schwankende Elementarbezirke ab [vgl. (20)].

Durch Multiplikation von (37') mit (29) erhält man schließlich

$$\gamma\cdot\delta\cdot\frac{\nu^2}{c^3}\,\Delta r\,\Delta\Omega\cos\Theta\,\Delta f\,\Delta\nu \tag{38}$$

als Gesamtzahl der unabhängig schwankenden Elementarbezirke, welche die in einem Volumelement $r^2\Delta\Omega\Delta r$ gleichmäßig dicht verteilten Oszillatoren auf einem Ebenenstück Δf im Farbintervall $\Delta\nu$ aus der Einfallsrichtung Θ her hervorbringen, unabhängig von der Zahl und den speziellen Eigenschaften der Oszillatoren, falls diese nur ungeordnet sind. Die Zahl (38) der unabhängigen Elementarbereiche von $\Delta f\cdot\Delta\nu$ stimmt bis auf den unbestimmten Faktor $\gamma\cdot\delta$ überein mit der Zahl der unabhängigen Angaben zur Beschreibung des Zustandes von $\Delta f\cdot\Delta\nu$ [Produkt von (19) mit (20)].

Der unbestimmte Zahlenfaktor $\gamma\cdot\delta$ in (38) trägt dem Umstand Rechnung, daß zwei Stellen des Spektrums bzw. des Raumes auch dann noch nicht in ihren

Schwankungen ganz unabhängig sind, wenn ihre Entfernung das kritische Intervall (28') bzw. (36') übertrifft, und daß andererseits auch bei unterkritischer Entfernung ein gewisses Maß von Unabhängigkeit besteht.

Die kritische Entfernung (36') $|\xi - \xi'| = \frac{1}{\sqrt{\delta}} \cdot \frac{\lambda}{\Delta\alpha}$ unabhängiger Schwankungen bei Beleuchtung zweier Punkte aus dem Winkel $\Delta\alpha$ ist identisch mit der Grenze ihrer optischen Auflösbarkeit, die ebenfalls nur bis auf einen unbestimmten Zahlenfaktor definiert ist (s. oben). Analog führt das kritische Farbenintervall (28')

$$|\nu - \nu'| = \frac{c}{\gamma \cdot \Delta r} = \frac{1}{T\gamma}$$

zu einer „Grenze der harmonischen Auflösbarkeit", d. i. einer minimalen Schwingungszahldifferenz $|\nu - \nu'|$, welche zwei benachbarte Farben nicht unterschreiten dürfen, wenn sie während einer vorgegebenen Zeit T aufgelöst werden sollen.

10. Freiheitsgrade bei Lichtquanten. Obwohl die in diesem Kapitel entwickelten Resultate allein auf Grund der klassisch-kontinuierlichen Vorstellungen der Wellenoptik abgeleitet worden sind, beanspruchen sie doch viel allgemeinere Gültigkeit. Denn da die Ergebnisse, z. B. über das optische und harmonische Auflösungsvermögen, auch empirisch zu den sichersten und geläufigsten Tatsachen der Optik gehören, muß jede Theorie ihnen gerecht werden, und dasselbe gilt dann für die JEANSsche Zahl der Freiheitsgrade der Strahlung (4), die ja aufs engste mit dem Auflösungsvermögen verknüpft ist. Und auch die obigen Resultate über die Einteilung in unabhängige Schwankungsbezirke beanspruchen allgemeine Gültigkeit, während dagegen die Stärke der Schwankung in der Quantenoptik anders als in der klassischen Optik ausfällt.

In der Tat ist es S. N. BOSE[1]) gelungen, eine Ableitung der JEANSschen Zahl auf Grund der extremen Lichtquantentheorie zu geben, deren Vorstellungen sich sehr weit von denen der Wellenoptik entfernen. Die von EINSTEIN[2]) aufgestellte Lichtquantenhypothese behauptet, die Strahlung bestände aus einzelnen Lichtkorpuskeln oder Quanten von sehr geringer räumlicher Ausdehnung, welche von Materie nur als Ganzes emittiert oder absorbiert werden können. Dabei gebe es Lichtquanten von verschiedenem Energieinhalt ε, welche sich aber alle mit der Geschwindigkeit c durch den leeren Raum bewegen. Nach dem Satz von der Trägheit der Energie ist ihnen dann ein mechanischer Impuls p (Bewegungsgröße) vom Betrag $p = \frac{\varepsilon}{c}$ in Richtung ihrer Bewegung zuzuschreiben.

In optischen Apparaten sollen die Lichtquanten — auf zunächst rätselhafte Weise, da ihnen von vornherein keine Phase, somit keine Interferenzfähigkeit zugeschrieben wird — dieselben Erscheinungen produzieren, die nach der Wellentheorie als Wirkung von Wellen der Schwingungszahl und Wellenlänge

$$\nu = \frac{\varepsilon}{h}, \quad \lambda = \frac{hc}{\varepsilon} \quad (h = 6{,}54 \cdot 10^{-27} = \text{PLANCKs Wirkungsquantum}) \tag{39}$$

gedeutet werden, so daß man in übertragenem Sinne $\nu = \frac{\varepsilon}{h}$ als die „Schwingungszahl", $\lambda = \frac{hc}{\varepsilon}$ als die „Wellenlänge" des Lichtquants ε ansprechen kann. Gerade die Tatsache der Interferenz zeigt, daß die extreme Lichtquanten-

[1]) S. N. BOSE, ZS. f. Phys. Bd. 26, S. 178. 1924; Bd. 27, S. 384. 1924.

[2]) A. EINSTEIN, Ann. d. Phys. Bd. 17, S. 132. 1905; Bd. 20, S. 199. 1906.

hypothese in wesentlichen Zügen nicht der Wirklichkeit entsprechen kann. Im besonderen muß die Vorstellung aufgegeben werden, daß die einzelnen Lichtquanten voneinander völlig unabhängig seien; vielmehr wird man ihnen etwa in Analogie zur Wellensuperposition eine gewisse Wechselwirkung zuschreiben, so daß durch Zusammenwirken mehrerer Lichtquanten nicht nur vermehrte Helligkeit, sondern auch Dunkelheit entstehen kann. Jedoch soll an dieser Stelle auf diese Fragen nicht eingegangen werden (siehe dazu Bd. 20 Kapitel 8). In Ziff. 1 bis 9 wurde die JEANSsche Zahl der Strahlungsfreiheiten erst aus den Eigenschwingungen eines Hohlraumes, dann aus der Wellenstrahlung leuchtender Punkte, dann aus der Auflösung der Strahlung in Elementarbündel, schließlich aus der Einteilung beleuchteter Flächen entsprechend dem optischen und harmonischen Auflösungsvermögen abgeleitet und im Einklang mit den räumlichen und zeitlichen Beleuchtungsschwankungen gefunden; im folgenden soll auch die Lichtquantentheorie als ein Weg zum selben Ergebnis erwiesen werden, im Anschluß an BOSE[1]).

Ist die Energie ε und dadurch der Impuls $p = \frac{\varepsilon}{c}$ eines Lichtquants gegeben, so ist die Richtung seiner Fortbewegung bestimmt durch die Impulskomponenten p_x, p_y, p_z, derart, daß der zeitlich konstante Betrag

$$p = \sqrt{p_x^2 + p_y^2 + p_z^2} = \frac{\varepsilon}{c} \tag{39'}$$

den Radius der Kugel im $p_x p_y p_z$-Raum angibt, auf deren Oberfläche das Lichtquant dauernd bleibt, wenn es seine Energie ε und seinen Impulsbetrag p behält und nur durch Stoß (Reflexion) zuweilen seine Richtung ändert. Zum Impulsbereich p bis $p + \Delta p$ gehört demnach eine Kugelschale vom Volumen $4\pi p^2 \cdot \Delta p$. Hat man eine große Zahl von Lichtquanten, deren Energien zwischen ε und $\varepsilon + \Delta\varepsilon$ liegen und die sich in einem Hohlraum vom Volumen V befinden, so ist das ihnen zur Verfügung stehende sechsdimensionale Gebiet im $xyzp_xp_yp_z$-Raum („Phasenraum") gleich

$$\int^{V} dx \cdot dy \cdot dz \int_{p}^{p+\Delta p} dp_x \cdot dp_y \cdot dp_z = V \cdot 4\pi p^2 \cdot \Delta p = V \cdot 4\pi \frac{\varepsilon^2}{c^2} \cdot \frac{\Delta\varepsilon}{c}. \tag{40}$$

Die allgemeinen Grundlagen der PLANCKschen Quantentheorie in ihrer Anwendung auf Lichtquanten lassen nun nicht zu, daß ein Lichtquant jeden beliebigen Punkt des Phasenraums einnimmt; vielmehr ist der Phasenraum in Zellen der Größe h^3 einzuteilen, und es kann (wenn wir der einfachsten Form der Quantentheorie folgen) ein Lichtquant nur einen der unendlich vielen Punkte innerhalb einer solchen Zelle einnehmen, jedoch durch Reflexion aus dieser Zelle in eine andere Zelle verschlagen werden. Der Strahlungszustand im Volumen V ist dann vollständig bestimmt, wenn angegeben wird, wieviel Lichtquanten sich in der ersten Zelle, wieviel sich in der zweiten, dritten usw. Zelle befinden; allgemein ist also, falls der betrachtete Phasenraum aus Z Zellen besteht, der Strahlungszustand durch Z Angaben bestimmt, d. h. das betrachtete Phasengebiet hat Z Freiheitsgrade.

Nun besteht das zum Volumen V und zum Bereich $\Delta\varepsilon$ gehörige Phasengebiet (40) aus

$$\frac{1}{h^3} \cdot V 4\pi \frac{\varepsilon^2 \Delta\varepsilon}{c^3}$$

Zellen der Größe h^3, die den Lichtquanten zur Verfügung stehen. Unterscheidet man noch in jeder Zelle Lichtquanten von zwei aufeinander senkrechten Polari-

[1]) S. N. BOSE, l. c.

sationen, so verdoppelt sich die letztere Zahl der zur Beschreibung des Strahlungszustandes nötigen Angaben, und man erhält als Zahl ΔZ der Freiheitsgrade für die Strahlung im Volumen V, soweit sie von Lichtquanten des Bereichs $\Delta\varepsilon$ herrührt:

$$\Delta Z = V \frac{8\pi\,\varepsilon^2 \Delta\varepsilon}{c^3 h^3}. \tag{41}$$

Diese Zahl stimmt mit der JEANSschen Zahl (4)

$$\Delta Z = V \frac{8\pi\nu^2 \cdot \Delta\nu}{c^3} \tag{41'}$$

überein, wenn man entsprechend (39) ε durch $h\nu$ und $\Delta\varepsilon$ durch $h \cdot \Delta\nu$ ersetzt; d. h. man muß dem Lichtquant ε eine Schwingungszahl $\nu = \frac{\varepsilon}{h}$ zuordnen, um die quantentheoretischen mit den klassischen Resultaten in Einklang zu bringen. Jedoch hat die Zahl ν in der Quantentheorie nur eine übertragene Bedeutung, eben als zugeordnete Schwingungszahl klassischer Wellen, welche denselben empirischen Tatbestand hervorrufen würden wie die Lichtquanten ε der Größe $h\nu$.

Die Zahl ΔZ der von der Quantentheorie zugelassenen Energiewerte und Fortschreitungsrichtungen (Phasenzellen), die ein Lichtquant im Intervall $\Delta\lambda = 10^{-8}$ cm $= 1$ Å $\left(\Delta\varepsilon = \Delta\lambda \cdot \frac{hc}{\lambda^2}\right)$ bei

$$\lambda = 4 \cdot 10^{-5}\ \text{cm} \left(\varepsilon = \frac{hc}{\lambda} = 1{,}2 \cdot 10^{-7}\ \text{erg}\right)$$

in einem Volumen von 1 m³ annehmen kann, ist nach (41') rund 10^{11}, entsprechend dem Beispiel am Schluß von Ziff. 2.

Aber nicht nur die Gesamtzahl der JEANSschen Freiheitsgrade ΔZ in einem gegebenen Volumen V und gegebenem Umfang $\Delta\nu$ führt in der Wellentheorie wie in der Lichtquantentheorie zum gleichen Zahlenwert, sondern auch die durch die Beobachtung des optischen und harmonischen Auflösungsvermögens gestützten Zahlen $\Delta Z'$ und $\Delta Z''$ für sich, deren wellentheoretische Bedeutung in Gleichung (15), (16), ferner (19), (20) und (29), (37) behandelt war, müssen in der Lichtquantentheorie eine entsprechende Bedeutung haben:

$$\Delta Z' = T\Delta\nu = T\frac{\Delta\varepsilon}{h}, \tag{42a}$$

$$\Delta Z'' = \frac{\Delta\Omega \cdot \Delta f \cdot \cos\Theta}{\lambda^2} = \Delta\Omega \cdot \Delta f \cdot \cos\Theta \cdot \frac{\varepsilon^2}{h^2 c^2}. \tag{42b}$$

Diese Gleichungen bedeuten hier, auf dieselben Verhältnisse wie die Beispiele am Schluß von Ziff. 6 und 7 angewandt, folgendes:

a) Eine bestimmte Stelle des Raumes wird während der Zeit $T = 10^{-8}$ sec von etwa 2000 Phasenzellen, zugehörig zu Lichtquanten des Bereichs $\Delta\lambda = 1$ Å bei $\lambda = 4000$ Å, durchkreuzt. (Ob diese Phasenzellen leer oder mit einem oder mit mehreren Lichtquanten ε besetzt sind, wird die Intensität des Lichtstrahles bedingen. Ist die Intensität gleich Null, so werden die Zellen alle leer sein; bei geringer Lichtintensität werden manche Zellen leer, manche aber mit einem Lichtquant ε belegt sein, während Belegung mit zwei Quanten nur sehr selten vorkommen wird.)

b) Die Anzahl der einer bestimmten Lichtquantensorte ε zur Verfügung stehenden Phasenzellen, welche in einem bestimmten Zeitmoment eine von der Spaltöffnung Δf aus beleuchtete Fläche schneiden, ist von derselben Größenordnung wie die Anzahl der auf der Fläche erscheinenden Beugungsmaxima bei kohärenter monochromatischer $\left(\nu = \frac{\varepsilon}{h}\right)$ Strahlung. (Ob diese Phasenzellen leer oder mit Lichtquanten belegt sind, hängt wieder von der Intensität der Beleuchtung ab.)

Alle in diesem Abschnitt behandelten Fragen führten sowohl bei wellentheoretischer wie bei quantentheoretischer Behandlung physikalisch-zahlenmäßig zu gleichen Ergebnissen, die nur in ihrer anschaulichen Interpretation wellentheoretisch ein etwas anderes Aussehen als quantentheoretisch besitzen.

III. Kohärenz und Entropie.

11. Breite der Spektrallinien als Maß der Kohärenz. Die von einer Lichtquelle ausgehende Strahlung möge aus Sinusschwingungen der Wellenlänge λ und der Frequenz $\nu = \frac{c}{\lambda}$ bestehen, jedoch soll nach je k Schwingungen ein unregelmäßiger Wechsel der Phase stattfinden. Vorausberechenbare Interferenzen geben dann nur zwei zur Superposition gebrachte Stellen der ausgesandten Welle, deren Emissionszeitpunkte sich um weniger als $\tau = \frac{k}{\nu}$ unterscheiden, die also einen Gangunterschied von weniger als $l = k \cdot \lambda$ besitzen. $k\lambda$ nennt man die Kohärenzlänge, k/ν die Kohärenzdauer der Lichtquelle bzw. der von ihr ausgesandten Wellen.

Fallen solche Wellen aus großer Entfernung, so daß sie als eben betrachtet werden können, auf ein ebnes Beugungsgitter, so wirken beim Zustandekommen des Beugungsbildes nicht alle Gitterstriche zusammen; vielmehr beteiligt sich an dem Beugungsmaximum $p$ter Ordnung nur ein Teil der Gitterstriche. Denn das Beugungsmaximum $p$ter Ordnung entsteht in derjenigen Beugungsrichtung, in welcher je zwei von benachbarten Gitterstrichen herkommende Strahlen den Gangunterschied $l = p \cdot \lambda$ haben; von je zwei nicht benachbarten Gitterpunkten kommen dann Strahlen her mit den Gangunterschieden $2l = 2p\lambda$, $3l = 3p\lambda$, ..., $ml = mp\lambda$ (Abb. 2). Ist $k\lambda$ die Kohärenzlänge, so wird also die Anzahl m der mitwirkenden Gitterstriche in $p$ter Ordnung gegeben durch die Gleichung

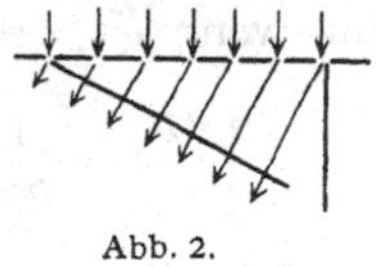

Abb. 2.

$$mp\lambda = k\lambda, \qquad \text{d. h.} \qquad m = \frac{k}{p}. \tag{43}$$

Bei k kohärenten Schwingungen wirken bei der Entstehung des Beugungsmaximums (Spektrallinie) $p$ter Ordnung nur $m = \frac{k}{p}$ Gitterstriche, natürlich nur dann, wenn das Gitter überhaupt so viele Striche besitzt; andernfalls, wenn $m = \frac{k}{p}$ größer als die Strichzahl n ist, beteiligen sich eben nur alle n Striche des Gitters am Zustandekommen des Beugungsmaximums. Je höher die Ordnung p, desto weniger Gitterstriche sind nach (43) an dem betreffenden Beugungsmaximum beteiligt, ein Einfluß, der zu einer weniger großen Schärfe des Beugungsmaximums führen würde, wenn nicht umgekehrt, je höher die Ordnung p, desto „schärfer" die von einer gegebenen Strichzahl erzeugte Spektrallinie wäre. Beide Einflüsse zusammen führen dann zu einer von der Beugungsordnung unabhängigen, nur von der Kohärenzlänge abhängigen Linienschärfe, wie gleich zu zeigen:

Die Intensität J, welche ein aus n Strichen bestehendes Gitter in der Richtung des Gangunterschieds $l \cdot \lambda$ benachbarter Strahlen gibt, ist nämlich nach der elementaren Theorie der Beugungsgitter gegeben durch

$$J = \frac{\sin^2\left(\frac{\pi n l}{\lambda}\right)}{\sin^2\left(\frac{\pi l}{\lambda}\right)}.$$

Intensitätsmaxima erhält man demnach für den Gangunterschied $l = p \cdot \lambda$ mit ganzzahligem p (Maximum $p$ter Ordnung vom Betrage $J = n^2$). Das nächste Minimum liegt beim Gangunterschied

$$l = p\lambda \pm \frac{\lambda}{n} = p\left(\lambda \pm \frac{\lambda}{pn}\right).$$

In dieser Richtung, wo λ ein Minimum gibt, würde Licht der Wellenlänge

$$\lambda\left(1 \pm \frac{1}{pn}\right) = \lambda + \varDelta\lambda \quad \text{mit} \quad \varDelta\lambda = \pm\frac{\lambda}{pn} \tag{44}$$

ein Maximum $p$ter Ordnung erzeugen, welches sich von dem Maximum von λ abhebt; die Zahl

$$\left|\frac{\varDelta\lambda}{\lambda}\right| = \frac{1}{pn} \tag{44'}$$

gibt die halbe Breite des Maximums von λ in relativem Maß an. pn nennt man das Auflösungsvermögen des aus n Strichen bestehenden Gitters in der $p$ten Ordnung. Die relative Halbbreite $\left|\frac{\varDelta\lambda}{\lambda}\right|$ nimmt also nach der letzten Formel mit zunehmender Ordnung ab, das Auflösungsvermögen nimmt entsprechend bei gegebener Strichzahl n zu.

Liegt aber nicht streng monochromatisch schwingendes Licht vor, sondern treten nach je k Wellen unregelmäßige Phasenwechsel ein, so sagt (43), daß dann in der $p$ten Ordnung nur $m = \frac{k}{p}$ Gitterstriche zusammenwirken. In J und in (44) ist dann n zu ersetzen durch die kleinere Zahl $m = \frac{k}{p}$; nur wenn $\frac{k}{p} > n$ ist, bleibt n in J und (44′) stehen:

$$\left|\frac{\varDelta\lambda}{\lambda}\right| = \frac{1}{pm} = \frac{1}{k} \quad \text{für} \quad p > \frac{k}{n}, \qquad \left|\frac{\varDelta\lambda}{\lambda}\right| = \frac{1}{pn} \quad \text{für} \quad p < \frac{k}{n}. \tag{45}$$

Bis zur $p = \frac{k}{n}$ten Ordnung nimmt die relative Breite der Spektrallinie entsprechend (44′) ab, bleibt aber in höheren Ordnungen $p > \frac{k}{n}$ unabhängig von Strichzahl und Ordnung konstant gleich der reziproken Kohärenzzahl $1/k$.

Also nur wenn man in nicht zu niedriger Ordnung beobachtet, ist die relative Linienbreite direkt ein Maß für die Kohärenzzahl k, unabhängig von Eigenschaften (Strichzahl n) des Beugungsapparates. Dagegen ist in niedriger Ordnung $\left(\text{für } p < \frac{k}{n}\right)$ die Breite der Linie wesentlich von der Strichzahl n abhängig; es ist also nicht richtig, daß die Linienbreite im Beugungsbild stets eine harmonische Analyse des phasenspringenden Wellenzugs in Analogie zur Fourierdarstellung gibt; denn die letztere mathematische Darstellung ist unabhängig von etwaigen Gittereigenschaften; die Linienbreite in $p < \frac{k}{n}$ter Ordnung ist aber von der Strichzahl n abhängig. Wir wollen uns jedoch überzeugen, daß die für $p > \frac{k}{n}$ geltende Formel für die relative Linienhalbbreite $\frac{\Delta\lambda}{\lambda} = \frac{1}{k}$ übereinstimmt mit der Halbbreite, die man bei der Fourieranalyse eines Aggregats aus k ungestörten Schwingungen ν_0 erhält. Der Wellenzug sei hier gegeben durch seine Elongation

$$\left.\begin{aligned} \mathfrak{A}(t) &= \mathfrak{A}_0 e^{2i\pi\nu_0 t} \quad \text{für} \quad |t| \leqq \frac{k}{2\nu_0}, \\ \mathfrak{A}(t) &= 0 \quad \text{für} \quad t < -\frac{k}{2\nu_0} \quad \text{und} \quad t > +\frac{k}{2\nu_0}. \end{aligned}\right\} \tag{46}$$

Setzt man für $\mathfrak{A}(t)$ das Fouriersche Integral[1])

$$\mathfrak{A}(t) = \int_{-\infty}^{\infty} \mathfrak{a}_\nu e^{2i\pi\nu t} d\nu, \tag{47}$$

so berechnet sich die Amplitude $\mathfrak{a}_\nu$ der harmonischen Komponente ν nach der inversen Formel

$$\mathfrak{a}_\nu = \int_{-\infty}^{+\infty} \mathfrak{A}(t) e^{-2i\pi\nu t} dt.$$

Setzt man hier (46) ein, so wird

$$\mathfrak{a}_\nu = \int_{-\frac{k}{2\nu_0}}^{+\frac{k}{2\nu_0}} e^{2i\pi(\nu_0-\nu)t} dt = \frac{1}{\pi(\nu_0-\nu)} \sin\left(\frac{\pi k(\nu_0-\nu)}{\nu_0}\right),$$

somit die Intensität der harmonischen Komponente ν

$$|\mathfrak{a}_\nu|^2 = \frac{1}{\pi^2(\nu_0-\nu)^2} \cdot \sin^2\left(\frac{\pi k(\nu_0-\nu)}{\nu_0}\right).$$

Ihr Hauptmaximum liegt bei

$$\nu = \nu_0 \quad \text{mit dem Betrag} \quad \frac{k^2}{\nu_0^2},$$

ihr nächstes Minimum bei

$$|\nu_0 - \nu| = \frac{\nu_0}{k},$$

d. h. bei einer relativen Wellenlängenabweichung

$$\left|\frac{\Delta\lambda}{\lambda_0}\right| = \left|\frac{\Delta\nu}{\nu_0}\right| = \frac{|\nu_0-\nu|}{\nu_0} = \frac{1}{k} \tag{48}$$

im Einklang mit (45). Mathematische Fourieranalyse und physikalische Gitteranalyse führen also bei nicht zu niedriger Beugungsordnung $p > \frac{k}{n}$ zu der gleichen relativen Spektrallinienbreite, nämlich der reziproken Kohärenzzahl k der Schwingungen, unabhängig von Strichzahl und Beugungsordnung.

Dadurch ist die Berechtigung erwiesen, die relative Breite einer Spektrallinie in beliebiger Ordnung eines beliebigen Auflösungsapparats $\left(\text{soweit } p > \frac{k}{n}\right)$

---

1) Die Darstellung in einer Fourierschen Reihe, die man bei Zugrundelegung eines endlichen Zeitintervalls T an Stelle des in (47) zugrunde gelegten unendlichen Zeitintervalls erhält, hat keine physikalische, sondern nur formale Bedeutung, weil die dabei sich ergebenden Amplituden der einzelnen diskret liegenden Fourierkomponenten von der Größe des Zeitintervalls T abhängen.

als Maß der Kohärenz und gleichzeitig als Ausdruck für die Zusammensetzung aus rein harmonischen Schwingungen in FOURIERscher Integraldarstellung anzusehen.

12. Entropie und Temperatur der Strahlung. In einem evakuierten, von spiegelnden Wänden eingeschlossenen Hohlraum möge sich Strahlung verschiedener Schwingungszahlen ν befinden mit beliebiger spektraler Energieverteilung, gegeben durch die räumliche Energiedichte

$$\frac{U}{V} = u = \int_0^\infty \mathfrak{u}(\nu) \cdot d\nu,$$

zusammengesetzt aus den spezifischen Strahlungsdichten $\mathfrak{u}(\nu)$. Dieser Strahlungszustand bleibt zeitlich unbegrenzt erhalten, vorausgesetzt daß keine absorbierende oder emittierende Substanz, welche die Energiedichte $\mathfrak{u}(\nu)$ einer Farbe auf Kosten einer anderen Farbe verändern würde, anwesend ist. Ist jedoch die Möglichkeit eines Energieaustausches zwischen den verschiedenen Farben gegeben mit Hilfe eines in dem Hohlraum anwesenden, für alle Farben absorptions- und emissionsfähigen Körpers, z. B. eines Kohlestäubchens, so verlangt der 2. Hauptsatz der Thermodynamik, wie in der allgemeinen Strahlungstheorie gezeigt wird, daß die anfangs vorliegende spektrale Energieverteilung $\mathfrak{u}(\nu)$ allmählich in eine ganz bestimmte Verteilung $\mathfrak{u}(\nu)$ übergeht, in die Verteilung des thermodynamischen Gleichgewichtszustandes der Strahlung; dabei bleibt wegen des Energiesatzes die Gesamtenergie und auch die gesamte Energiedichte u erhalten. Die endgültige stabile Energieverteilung $\mathfrak{u}(\nu)$ nennt man die der „schwarzen" Strahlung, weil sie in einfacher Beziehung zur Emission der verschiedenen Farben durch einen „schwarzen Körper" steht.

Der schwarzen Strahlung im Volumen V kann nun eine Temperatur T zugeschrieben werden, nämlich die absolute Temperatur T eines beliebigen materiellen Körpers, welcher mit der Strahlungsdichte u im Gleichgewicht ist. $\mathfrak{u}(v)$ ist eine Funktion von T.

Denkt man sich durch einen quasistatischen Prozeß im Gleichgewicht mit schwarzen Körpern die Energie U der Strahlung und damit ihre Temperatur T, ferner das Volumen V geändert, so kann man die zugehörige Entropieänderung der Strahlung durch

$$dS = \frac{dU + p\,dV}{T}$$

definieren; bei passender Normierung der Entropiekonstante wird dadurch jedem Gleichgewichtszustand der schwarzen Strahlung bei gegebenem U und V bzw. T und V ein Entropiewert S bzw. ein Wert der Entropiedichte $s = \frac{S}{V}$ zugeordnet, die man auffassen kann als zusammengesetzt aus Beiträgen der einzelnen Farben in der schwarzen Strahlung:

$$S = V \cdot s = V \cdot \int_0^\infty \mathfrak{s}(\nu) \cdot d\nu.$$

Ist die Strahlung nicht „schwarz", sondern in einer abweichenden spektralen Energieverteilung $\mathfrak{u}(\nu)$, so hat es keinen Sinn mehr, von einer bestimmten Temperatur der Strahlung zu reden. Trotzdem kann man rein formal auch jetzt noch der Strahlung in V, wie jedem in einem bestimmten Zustand befindlichen physikalischen System, eine gewisse Entropie $S = V \cdot s$ zuschreiben.

Da die verschiedenen Farben unabhängig voneinander in dem Volumen V existenzfähig sind, darf S aus Beiträgen der einzelnen Farbenbereiche $d\nu$ additiv zusammengesetzt werden:

$$S = V \cdot s = V \int_0^\infty \mathfrak{s}(\nu)\, d\nu .$$

In welcher Weise $\mathfrak{s}$ von ν und $\mathfrak{u}$ abhängt, darüber kann noch durch Definition verfügt werden; man wird diese Definition natürlich so einrichten, daß sie sich möglichst an den von materiellen Systemen her gewohnten Entropiebegriff anschließt. Vor allem wird man verlangen, daß bei gegebener Gesamtenergie U in gegebenem Volumen V die Gleichgewichtsentropie S der schwarzen Strahlung größer ist als jede Nichtgleichgewichtsentropie S; d. h. man verlangt als Bedingung für die schwarze Strahlung

$$\delta S = 0, \qquad (\delta U = 0, \qquad \delta V = 0)$$

für alle Variationen der spektralen Energieverteilung $\mathfrak{u}(\nu)$, welche bei konstantem U und V möglich sind. Denken wir uns die Variation der Energieverteilung dadurch charakterisiert, daß $\mathfrak{u}(\nu)$ für jede Schwingungszahl ν eine gewisse Änderung $\delta\mathfrak{u}$ erfährt, so wird wegen $\delta V = 0$

$$0 = \delta S = \delta\left(V \cdot \int_0^\infty \mathfrak{s}\, d\nu\right) = V \cdot \int_0^\infty \delta\mathfrak{s} \cdot d\nu = V \int \frac{\partial \mathfrak{s}}{\partial \mathfrak{u}}\, \delta\mathfrak{u} \cdot d\nu .$$

Dies ist bei beliebigen $\delta\mathfrak{u}$, welche der Nebenbedingung

$$0 = \delta U = V \cdot \int_0^\infty \delta\mathfrak{u} \cdot d\nu$$

genügen, nur möglich, wenn

$$\frac{\partial \mathfrak{s}}{\partial \mathfrak{u}} = \text{konst.} \tag{49}$$

für alle Schwingungszahlen ν.

Aus der letzten Gleichung folgt dann bei konstantem Volumen V, aber variabler Energie U

$$\delta S = V \int_0^\infty \frac{\partial \mathfrak{s}}{\partial \mathfrak{u}}\, \delta\mathfrak{u} \cdot d\nu = \frac{\partial \mathfrak{s}}{\partial \mathfrak{u}} \cdot V \int_0^\infty \delta\mathfrak{u} \cdot d\nu = \frac{\partial \mathfrak{s}}{\partial \mathfrak{u}} \cdot V \cdot \delta u = \frac{\partial \mathfrak{s}}{\partial \mathfrak{u}} \cdot \delta U .$$

Da nun andererseits für schwarze Strahlung in konstantem Volumen $\delta S = \delta U/T$ gilt, so ergibt sich

$$\frac{\partial \mathfrak{s}(\mathfrak{u}, \nu)}{\partial \mathfrak{u}} = \frac{1}{T}$$

als besondere Eigenschaft der Entropiefunktion $\mathfrak{s}$ bei schwarzer Strahlung.

Es sei nun die spezifische Strahlungsentropie $\mathfrak{s}$ als Funktion von $\mathfrak{u}$ und ν für schwarze Strahlung bekannt. Dann soll auch für beliebige nichtstabile Strahlungsverteilung dieselbe Funktion $\mathfrak{s}(\mathfrak{u}, \nu)$ als Definition der spezifischen Strahlungsentropie beibehalten und die Temperatur $T(\nu)$ der betreffenden Farbe ν in diesem Strahlungszustand definiert werden durch dieselbe Gleichung

$$\frac{1}{T(\mathfrak{u}, \nu)} = \frac{\partial \mathfrak{s}(\mathfrak{u}, \nu)}{\partial \mathfrak{u}} .$$

Bei nichtschwarzer Strahlung hat dann jede Farbe ν in dem Volumen V eine andere Temperatur; die schwarze Strahlung, bei der (49) gilt, ist unter allen möglichen spektralen Energieverteilungen dadurch ausgezeichnet, daß für sie alle Farben die gleiche Temperatur haben.

Die Temperatur $T(\nu)$ einer Farbe ν, welche sich mit der Strahlungsdichte $\mathfrak{u}(\nu)$ an nichtschwarzer Strahlung beteiligt, ist also festgelegt als die Temperatur eines schwarzen Körpers, welcher mit $\mathfrak{u}(\nu)$ im Gleichgewicht ist. Ebenso wie der Strahlung pro Volumeinheit, so kann man auch einem beliebig geformten Ausschnitt aus der Strahlung, z. B. einem Strahlenbündel ($d\Omega, df, d\nu, l, \lambda$, Ziff. 4), einen bestimmten Entropiewert beilegen. Die Gesamtentropie S wird sich dann additiv aus den Beiträgen der einzelnen Strahlenbündel zusammensetzen.

13. Nichtadditivität der Entropie kohärenter Bündel. Die Gesamtentropie eines Systems ist nur dann gleich der Entropiesumme seiner Teile, wenn die Teile in der Art voneinander unabhängig sind, daß jeder „Zustand" des einen Teils mit jedem „Zustand" des anderen Teils verträglich ist. Die Additivität der Entropie

$$S = S_1 + S_2 + \cdots$$

bedeutet nämlich nach BOLTZMANNs statistischer Entropiedefinition

$$S = k \cdot \ln W; \qquad S_1 = k \ln W_1, \qquad S_2 = k \ln W_2, \ldots,$$

daß die Wahrscheinlichkeiten W_1, W_2, ... für das Eintreten eines Zustandes des ersten, zweiten, ... Teilsystems miteinander zu multiplizieren sind

$$W = W_1 \cdot W_2 \cdot W_3 \ldots$$

um die Wahrscheinlichkeit für den Zustand des Gesamtsystems, d. h. für das gleichzeitige Eintreffen der Zustände seiner Teile zu ergeben.

Die Additivität der Entropie ist daher ohne weiteres gewährleistet bei der Zusammensetzung der Gesamtstrahlung aus Beiträgen der einzelnen Farbenbereiche entsprechend der Gleichung

$$S = V \cdot s = V \cdot \int_0^\infty \mathfrak{s}(\nu) \cdot d\nu,$$

da Energie bzw. Temperatur jedes Farbenbereichs unabhängig von Energie und Temperatur jedes andern Farbenbereichs ist. Denkt man sich dagegen die Energie, welche in einem schmalen Strahlenbündel (Ziff. 4, Gl. 18)

$$\frac{l \cdot df \cdot d\Omega \cdot \nu^2 d\nu \cdot \cos\Theta}{c^3} \ll 1,$$

konzentriert ist, durch Superposition mehrerer, etwa zweier, Strahlenbündel von passender Phase und Amplitude entstanden, so sind die beiden beteiligten Bündel nicht voneinander unabhängig; vielmehr muß das zweite eine ganz bestimmte Phase und Amplitude besitzen, um bei gegebener Phase und Amplitude des ersten Bündels zu einem gegebenen superponierten Gesamtbündel zu führen. Schreibt man also den beiden Teilbündeln und ihrer Superposition Entropiewerte σ_1, σ_2 und σ entsprechend ihren Energiewerten bzw. Temperaturen zu, so wird wegen der Abhängigkeit in den Phasen und Amplituden der Teilbündel (Kohärenz) nicht mehr $\sigma = \sigma_1 + \sigma_2$ sein: Für kohärente Strahlenbündel gilt das Additionstheorem der Entropie nicht [v. LAUE[1])].

Besonders deutlich erkennt man das aus Folgendem: Bekanntlich ist bei materiellen Systemen die Additivität der Entropie eng verknüpft mit der Un-

[1]) M. v. LAUE, Ann. d. Phys. Bd. 20, S. 365. 1906; Bd. 23, S. 1 u. 795. 1907.

möglichkeit, die Temperaturdifferenz zweier Teilsysteme ohne Kompensation zu vergrößern. Dasselbe gilt für die der Entropie materieller Körper nachgebildete Strahlungsentropie: Zeigt sich, daß man die Temperaturdifferenz zweier Strahlenbündel ohne Kompensation vergrößern kann, so wäre dadurch die Nichtadditivität ihrer Entropien gewährleistet. Hierzu hat v. LAUE folgendes Beispiel angegeben[1]).

Auf eine absorptionsfreie planparallele Platte P (Abb. 3) trifft ein monochromatisches, in der Einfallsebene oder senkrecht zu ihr polarisiertes Strahlenbündel von der Intensität $\mathfrak{K}$. Ist r das Reflexionsvermögen der Platte, so sind die Intensitäten des reflektierten und des gebrochenen Strahlenbündels

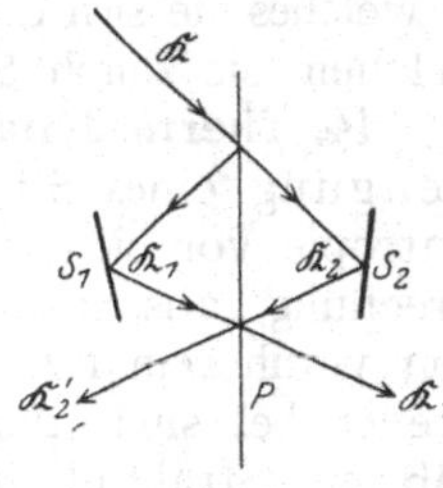

Abb. 3.

Abb. 3.

$$\mathfrak{K}_1 = r\mathfrak{K}, \qquad \mathfrak{K}_2 = (1 - r)\mathfrak{K}.$$

Letztere sollen auf zwei ebene vollkommen reflektierende zur Platte P symmetrisch gelegene Spiegel S_1 und S_2 fallen, welche sie in derselben Einfallsebene, aber unter anderen Einfallswinkel auf die Platte zurückwerfen. Ist r' das Reflexionsvermögen bei der zweiten Spiegelung, so entstehen dabei durch Interferenz zwei Strahlenbündel, deren Intensitäten $\mathfrak{K}_1'$ und $\mathfrak{K}_2'$ sich folgendermaßen berechnen: In $\mathfrak{K}_1'$ interferieren zwei Strahlenbündel mit dem Gangunterschied Null und den Intensitäten $\mathfrak{K} \cdot r(1 - r')$ und $\mathfrak{K} \cdot (1 - r) \cdot r'$, d. h. den Amplituden $\sqrt{\mathfrak{K} \cdot r(1 - r')}$ und $\sqrt{\mathfrak{K}(1 - r)r'}$, welche superponiert zur Intensität

$$\begin{aligned} \mathfrak{K}_1' &= \left(\sqrt{\mathfrak{K} \cdot r(1 - r')} + \sqrt{\mathfrak{K}(1 - r)r'}\right)^2 \\ &= \mathfrak{K}\left\{r(1 - r') + (1 - r)r' + 2\sqrt{rr'(1 - r)(1 - r')}\right\} \end{aligned}$$

führen. Wegen des Energieprinzips

$$\mathfrak{K}_1' + \mathfrak{K}_2' = \mathfrak{K}_1 + \mathfrak{K}_2 = \mathfrak{K}$$

wird daher

$$\mathfrak{K}_2' = \mathfrak{K}_1 - \mathfrak{K}_1' = \mathfrak{K}\left\{rr' + (1 - r)(1 - r') - 2\sqrt{rr'(1 - r)(1 - r')}\right\}.$$

Ist speziell

$$r = r' \qquad \text{und} \qquad \tfrac{1}{4} < r < \tfrac{3}{4},$$

so folgt aus den vorigen Gleichungen

$$|\mathfrak{K}_1' - \mathfrak{K}_2'| > |\mathfrak{K}_1 - \mathfrak{K}_2|,$$

d. h. der Intensitätsunterschied $|\mathfrak{K}_1 - \mathfrak{K}_2|$ der beiden Teilbündel ist durch die benutzte Anordnung zu $|\mathfrak{K}_1' - \mathfrak{K}_2'|$ vergrößert worden; dasselbe gilt somit von ihrem Temperaturunterschied. Die Temperaturdifferenz kohärenter Strahlenbündel läßt sich demnach durch geeignete Interferenzvorgänge ohne Kompensation vergrößern. Dies ist nur dann im Einklang mit dem zweiten Hauptsatz der Thermodynamik, wenn die Additivität der Entropie für kohärente Strahlenbündel aufgegeben wird.

Die Gleichungen dieses Beispiels lehren aber noch mehr. Wählt man den Einfallswinkel bei der zweiten Spiegelung so, daß

$$r' = 1 - r,$$

so wird

$$\mathfrak{K}_1' = \mathfrak{K}, \qquad \mathfrak{K}_2' = 0,$$

d. h. man hat die zwei kohärenten Strahlenbündel, welche aus $\mathfrak{K}$ entstanden waren, zu einem einzigen $\mathfrak{K}_1'$ zurückverwandelt. Spiegelung und Brechung ohne Absorption stellen daher vollständig umkehrbare (rever-

[1]) M. v. LAUE, Phys. ZS. Bd. 9, S. 788. 1908.

sible) Vorgänge dar. Der 2. Hauptsatz folgert daraus, daß die Entropie zweier kohärenter Strahlenbündel zusammen nicht gleich der Summe ihrer Einzelentropien, sondern gleich der Entropie des einen Strahlenbündels ist, in welches sie sich durch Spiegelung und Brechung umwandeln lassen, bzw. aus welchem sie durch Spiegelung und Brechung entstanden sind.

14. Thermodynamik der Beugung. Man kann weiter fragen, ob auch die Beugung eines Strahlenbündels umkehrbar ist, d. h. ohne Vermehrung von Entropie vor sich geht. Daß die Beugung, ähnlich wie die Reflexion und Brechung, aus Strahlenbündeln Systeme kohärenter Wellen macht, spricht von vornherein für Reversibilität, soweit Absorptionsvorgänge, die zweifellos irreversibel sind, ausgeschlossen werden. Andererseits ist aber zu bedenken, daß ein Strahlenbündel vermöge seiner einheitlichen Fortpflanzungsrichtung ein sehr viel geordneterer Vorgang ist, als die nach allen Richtungen fortschreitenden Wellen, die durch Beugung aus ihm entstehen, so daß die Annahme einer Irreversibilität ebenfalls nicht von vornherein abzuweisen ist, und eben erst eine genauere Untersuchung die Entscheidung bringen kann. M. v. LAUE[1]) geht von dem Gedanken aus, daß ein Beugungsvorgang dann reversibel zu nennen sei, wenn sein Resultat auch durch geometrisch-optische Vorgänge (reversible Spiegelung oder Brechung) zu erreichen gewesen wäre.

v. LAUE betrachtet nun zunächst im leeren Raum ein unendliches regelmäßiges Strichgitter vom Strichabstand a, auf welches ein monochromatisches Strahlenbündel von kleinem räumlichen Öffnungswinkel $d\Omega$ auffällt. Sind $\alpha_0\beta_0\gamma_0$ die Richtungskosinus eines linearen zum einfallenden Strahlenbündel gehörenden Strahls, α, β, γ die Richtungskosinus eines abgebeugten Strahls, so gilt die bekannte Gittergleichung

$$\left\{\begin{array}{ll} \alpha = \alpha_0 + p\dfrac{\lambda}{a}, & \text{mit ganzzahligem } p \\ \beta = \beta_0, & (p = \text{Beugungsordnung}). \end{array}\right. \tag{50}$$

Daher ist für jedes gebeugte Strahlenbündel im Vergleich zum einfallenden Bündel

$$d\alpha \cdot d\beta = d\alpha_0 \cdot d\beta_0 .$$

Letztere Beziehung ist aber, wenn statt α, β, γ die Polarkoordinaten ϑ, φ und der räumliche Öffnungswinkel $d\Omega$ eines Bündel eingeführt werden ($\cos\vartheta = \gamma$, $\cos\vartheta_0 = \gamma_0$), identisch mit der Gleichung

$$d\Omega \cdot \cos\vartheta = d\Omega_0 \cdot \cos\vartheta_0 .$$

Es bleibt also bei dem betrachteten Beugungsvorgang der Ausdruck

$$\frac{d\Omega \cdot \cos\vartheta \cdot df}{\lambda^2} \tag{51}$$

erhalten, wo df die unter der Neigung ϑ aus dem Öffnungswinkel $d\Omega$ beleuchtete Fläche des Gitters bedeutet:

$$df = df_0, \qquad \lambda = \lambda_0 .$$

Dieser Ausdruck (51), der schon in Gleichung (17) als Zahl dZ'' der Freiheitsgrade des monochromatischen Strahlenbündels auftrat, ist nun nach dem Sinussatz der geometrischen Optik bei allen geometrisch-optischen Erlebnissen des Strahlenbündels konstant. Kohärente Strahlenbündel, die in diesem Ausdruck dZ'' übereinstimmen, lassen sich also geometrisch-optisch aus einem einzigen Strahlenbündel erzeugen und wieder zu ihm zusammensetzen. Bei der Gitterbeugung entstehen nun eine Reihe kohärenter Strahlenbündel, die von derselben Fläche df

[1]) M. v. LAUE, Ann. d. Phys. Bd. 30, S. 225. 1909.

ausgehen und die Größe $d\Omega \cdot \cos\vartheta$ gemeinsam haben; demnach wäre das Ergebnis der Gitterbeugung auch auf geometrisch-optischem Wege sowohl zu erreichen wie rückgängig zu machen, womit dann die Reversibilität der Gitterbeugung erwiesen ist. Die Übertragung auf Vorgänge in einem Medium des Brechungsindex n gelingt ohne weiteres mit Hilfe der in Ziff. 5 angeführten Beziehungen.

Freilich sind diese Überlegungen nicht einwandfrei. Denn erstens sind die Gitterformeln (50) aus der KIRCHHOFFschen Beugungstheorie abgeleitet, die nur angenähert gilt, sofern alle in Betracht kommenden Strecken groß gegen λ sind. Ferner werden bei einem nicht unendlichen Gitter auch in von (50) abweichenden Richtungen merkliche Intensitäten auftreten. v. LAUE[1]) ist durch eine strengere Behandlung des Beugungsproblems diesen Einwänden nachgegangen und hat besonders den Fall des endlichen Gitters untersucht. Hier zeigt sich in der Tat eine Abweichung von den Gesetzen der geometrischen Optik und demnach eine durch die Beugung bewirkte Entropiezunahme, die jedoch um so kleiner ausfällt, je größer die von dem ganzen Gitter eingenommene Fläche ist; v. LAUE bewies hier nämlich den wichtigen Satz, daß die Beugung an einem (rechteckigen) Gitter von endlicher Größe sich ersetzen läßt durch geometrisch-optische Vorgänge überlagert durch die Beugung einer Öffnung von der Größe der Gitterfläche. Hinsichtlich der Entropievermehrung ist demnach die Beugung an einem endlichen Gitter thermodynamisch äquivalent der Beugung an einer Öffnung von der Form und Größe der Gitterfläche.

Nun folgt aber der letztere Vorgang um so mehr den Gesetzen der geometrischen Optik, je größer die Öffnung ist; um so kleiner ist dann die Entropievermehrung. Durch Vergrößerung der Gitterfläche kann man also die Entropievermehrung unter jedes Maß herabdrücken und die Gitterbeugung dadurch in beliebiger Annäherung reversibel machen.

Bleibt man jedoch zunächst noch bei endlichem Gitter, so wird die Annäherung, in welcher die Gleichung $d\Omega\cos\vartheta = d\Omega_0\cos\vartheta_0$ gilt, also die Annäherung, in welcher die Beugung reversibel ist, abhängen von dem Öffnungswinkel $d\Omega_0$ des auffallenden Strahlenbündels. Denn bei endlichem Gitter wird zwar aus jedem auffallenden Strahl bestimmter Richtung in jeder Ordnung p ein ganzes Bündel von abgebeugten Strahlen, deren Hauptintensität freilich in engen Öffnungsgrenzen $d\Omega$ eingeschlossen ist. Nimmt man nun einfallende Strahlen, welche ein Strahlenbündel des Öffnungswinkels $d\Omega_0$ bilden, so kann man es bei genügend großem $d\Omega_0$ erreichen, daß auch bei den abgebeugten Bündeln die Hauptintensität in Öffnungen konzentriert ist, die der Beziehung $d\Omega_0\cos\vartheta_0 = d\Omega \cdot \cos\vartheta$ genügen; der Vorgang ist dann annähernd reversibel. Läßt man dagegen Bündel von kleiner Öffnung $d\Omega_0$ auffallen, so wird deren Beugung an endlichem Gitter erheblich mehr irreversibel sein. Auf praktische Fälle angewandt heißt das, bei breitem Kollimatorspalt ist die Beugung umkehrbar, bei schmalem nicht. Will man das harmonische Auflösungsvermögen des Gitters möglichst ausnutzen, so muß man auffallende Strahlenbündel von möglichst geringer Öffnung $d\Omega_0$, d. h. möglichst parallele Strahlenbündel verwenden. In diesem Falle ist die Beugung dann nicht umkehrbar [v. LAUE[2])].

Irreversibel ist die Beugung auch dann, wenn sie nicht an regelmäßigen Gitteranordnungen, sondern an vielen unregelmäßig verteilten Partikeln geschieht, entsprechend der völligen Unordnung dieses Vorganges; solche Beugungsvorgänge sind dann mit erheblicher Vermehrung der Entropie verbunden.

[1]) M. v. LAUE, l. c.
[2]) M v. LAUE, l. c.

Kapitel 10.

Absorption und Dispersion.

Von

K. L. Wolf, Königsberg, und **K. F. Herzfeld**, Baltimore[1]).

Mit 20 Abbildungen.

I. Experimentelles und Theorie der normalen und anomalen Dispersion.

a) Allgemeine Grundlagen und Historisches.

1. Grundlegende experimentelle Tatsachen. Bereits Markus[2]) (1595—1667) und Grimaldi[3]) (1618—1663) haben die Erscheinung der Dispersion gekannt. Aber erst Newton[4]), der 1666 mit einem Glasprisma zu experimentieren begann, untersuchte sie näher. Auf Grund seiner Emanationslehre konnte er auch eine Deutung dafür geben, daß Glas für verschiedene Farben, wir würden heute sagen Wellenlängen, verschiedene Brechungsindizes, d. h. Fortpflanzungsgeschwindigkeiten zeigt. Nach seiner Theorie, nach der die Lichtkorpuskeln von den Körperteilchen angezogen, also beschleunigt werden, müßte die Fortpflanzungsgeschwindigkeit proportional mit dem Brechungsindex zunehmen, also im optisch dichteren Medium größer sein als im optisch weniger dichten, während die Undulationstheorie zu dem gegenteiligen Ergebnis führt. Foucault[5]) konnte dann im Jahre 1850 experimentell mit seiner bekannten Methode zur Bestimmung der Lichtgeschwindigkeit die sich aus der Newtonschen Annahme ergebende Folgerung endgültig widerlegen[6]).

Solange man die Farben nicht genauer präzisieren konnte, waren exakte Messungen nicht möglich. Erst nachdem Fraunhofer 1814[7]) die nach ihm benannten Linien im Sonnenspektrum entdeckt hatte, konnte man die Dispersionserscheinungen genauer verfolgen und lernte bald zwei Fälle unterscheiden. Im

---

[1]) Die Abschnitte I—III, V und VI wurden von K. L. Wolf, der Abschnitt IV wurde von K. F. Herzfeld bearbeitet.

[2]) J. Markus, Thaumantias, liber de arcu coelesti deqe colorum apparentium natura. Prag 1648. S. auch dieses Handbuch, Bd. I in dem Artikel von Hoppe.

[3]) F. M. Grimaldi, Physico-Mathesis de lumine, coloribus et irride. Bonn 1665.

[4]) J. Newton, Optics, 1704 und Laplace Méc. célestre (4) Bd. 10, S. 237. 1805.

[5]) L. Foucault, C. R. Bd. 30, S. 551. 1850; Ann. chim. phys. (1) Bd. 41, S. 129. 1850. Von Michelson wiederholt und bestätigt.

[6]) Siehe jedoch L. Flamm, Naturwissensch. Bd. 15, S. 569. 1927.

[7]) J. Fraunhofer, Gilberts Ann. 56, 264. 1817.

leeren Raum ist die Geschwindigkeit aller Lichtarten dieselbe[1]), in den ponderabeln Körpern aber der Regel nach für die größere Wellenlänge (rot) größer als für die kleinere (violett) und zwar nimmt sie stetig mit wachsender Frequenz ab. Diese, die normale, Dispersion war allein bekannt bis CHRISTIANSEN[2]) zeigen konnte, daß es Ausnahmen von dieser Regel gibt. Es gibt Körper, die, wie man sagt, anomale Dispersion zeigen. Bereits Le ROUX[3]) hatte 1862 mit Joddampfprismen Spektren mit anomaler Folge der Farben beobachtet. Genügende Beachtung fand aber erst die Beobachtung von CHRISTIANSEN, der im Jahre 1871 anomale Dispersion bei alkoholischer Fuchsinlösung feststellen konnte. Fast gleichzeitig fand KUNDT[4]) in einer Reihe von klassischen Arbeiten die Beobachtung von CHRISTIANSEN bei einer großen Zahl von ähnlichen Körpern — und zwar Lösungen und Dämpfen — bestätigt. Er erkannte auch bereits, daß die anomale Dispersion mit der Absorption zusammenhängt und in der Umgebung der Wellenlängen auftritt, die stark absorbiert werden. Von theoretischen Vorstellungen ausgehend, erwartete er anomale Dispersion bei den Substanzen, welche intensive Oberflächenfärbung mit metallischem Glanz verbinden, da die von diesen reflektierten Strahlen von denselben beim Durchgang des Lichtes stark absorbiert werden. Dadurch wird aber die genaue Messung des Brechungsexponenten im Gebiete anomaler Dispersion sehr erschwert und bleibt im wesentlichen auf die Randgebiete des Absorptionsstreifens beschränkt.

CHRISTIANSEN beobachtete die Dispersion durch direkte prismatische Erzeugung des Spektrums. Dabei überlagern sich aber unter Umständen infolge anomaler Dispersion verschiedene Spektralgebiete. Dies wird vermieden durch die Methode der „gekreuzten Prismen", deren sich KUNDT bediente. Sie besteht in folgendem: Bei etwa horizontal gestelltem Spalt entwirft man mittels eines Prismas mit horizontaler Kante (oder mittels eines Gitters) ein vertikales Spektrum. Bringt man zwischen das erste Prisma und das Auge ein zweites Prisma mit vertikaler Kante, so verschiebt sich das vertikale Spektrum seitwärts und zwar für das kurzwellige Ende stärker als für das langwellige. Zeigen beide Prismen im betrachteten Gebiet normale Dispersion, so erscheint also das neue Spektrum in schiefer Lage. Bestehen ferner beide Prismen aus demselben Material, so entsteht ein geradliniges, schrägliegendes Spektrum (s. Abb. 1). Verwendung zweier verschiedener normal dispergierender Prismen liefert ein gekrümmtes Spektrum. Zeigt aber die Substanz, aus der das zweite Prisma besteht, anomale Dispersion, so ist die seitliche Ablenkung des ersten Spektrums ebenfalls anomal. Eine Substanz mit einem Absorptionsstreifen gibt etwa das Bild der Abb. 2. An der Absorptionsstelle selbst ist das Spektrum unterbrochen, in der Nähe des Absorptionsstreifens ist die Anomalie am größten.

Man kann diese Methode auch auf Flammengase anwenden, wobei die Flamme selbst als Prisma mit horizontaler Kante wirkt. Mit dieser Anordnung beobachtete

[1]) Das ergibt sich z. B. aus der Beobachtung der Verfinsterung der Jupitermonde oder von Sternen wechselnder Helligkeit (Bedeckungsveränderlicher), wie z. B. des Algol, bei deren großer Entfernung von der Erde selbst eine sehr geringe Dispersion bereits eine starke Verzögerung des blauen gegenüber dem roten Licht verursachen würde. Über entsprechende Beobachtungen s. NORDMANN (Publikationen der Pariser Sternwarte) und TYKOFF (Publikationen der Pulkowaer Sternwarte).

[2]) C. CHRISTIANSEN, Pogg. Ann. Bd. 141, S. 479. 1870; Bd. 143, S. 250. 1871; Bd. 146, S. 154. 1872; Phil. Mag. (4) Bd. 41, S. 244. 1871; Ann. chim. et phys. Bd. 25, S. 400. 1872.

[3]) F. P. LE ROUX, C. R. Bd. 55, S. 127. 1862; Pogg. Ann. Bd. 117, S. 659. 1862. Früheste Vermutung der anomalen Dispersion s. D. BREWSTER, Pogg. Ann. Bd. 21, S. 219. 1831 sowie J. JAMIN, Ann. de chim. et de phys. (3) Bd. 22, S. 311. 1848 und die diesbez. Versuche von H. QINCKE. Pogg. Ann. Bd. 119, S. 368. 1863 und Bd. 120, S. 599. 1864.

[4]) A. KUNDT, Pogg. Ann. Bd. 142, S. 163. 1871; Bd. 143, S. 149 u. 259. 1871; Bd. 144, S. 128. 1871; Bd. 145, S. 67 u. 164. 1892; Wied. Ann. Bd. 10, S. 321. 1880.

bereits KUNDT die anomale Dispersion einer Na-Flamme in der Nähe der D-Linien. Durch Anwendung eines Spektralapparates mit größerer Dispersion gelang es BECQUEREL (1898)[1]) und genauer JULIUS (1900)[2]) bei einer Wiederholung dieses Versuches die anomale Dispersion der beiden D-Linien getrennt zu beobachten. Abb. 3 zeigt das Bild, das sich unter diesen Bedingungen beim Durchgang weißen Lichtes durch eine Na-Flamme ergibt. Die Flamme bricht natürlich nicht stark. Man sieht ihre Wirkung nur an der Stelle der stärksten Brechung im Absorptionsgebiet. Diese Methoden sind daher wohl zur schnellen Untersuchung

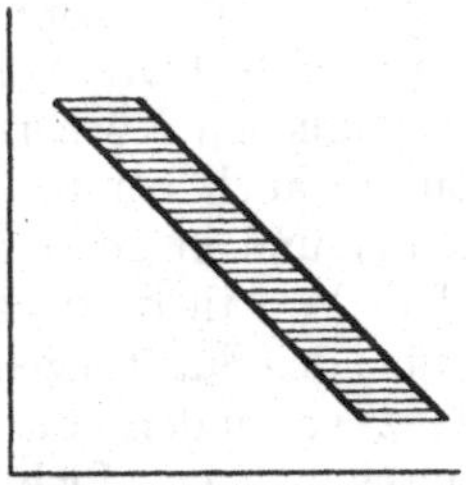
Abb. 1.

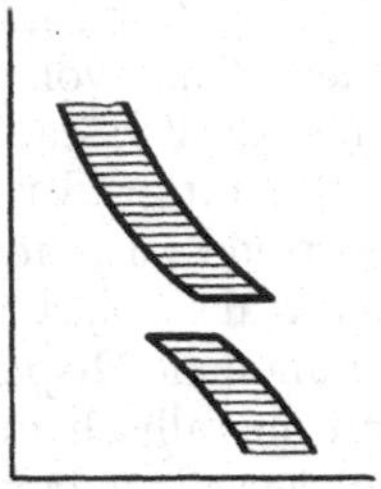
Abb. 2.

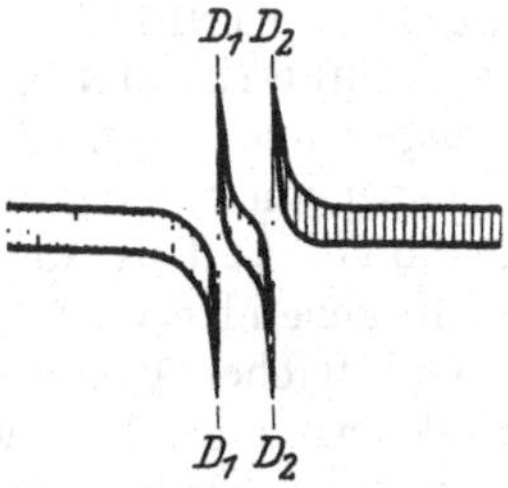

Abb. 3.

brauchbar. Zur exakten Messung auf 5 Dezimalen muß man die üblichen Refraktometer anwenden.

2. Entwicklung der Theorie von CAUCHY bis zur Elektronentheorie[3]). Bald fing auch die Theorie an, sich dieser Vorgänge zu bemächtigen und auf diesem Wege vorzugsweise wurden die Vorstellungen entwickelt, die sich heute die Physiker über die Einwirkung der Materie auf den Äther bei der Lichtausbreitung gebildet haben.

Schon das Problem der normalen Dispersion hatte der elastischen Lichttheorie große Schwierigkeiten verursacht, da Wellen verschiedener Länge sich, wie es beim Schall tatsächlich der Fall ist, in einem elastischen Medium mit gleicher Geschwindigkeit fortpflanzen sollten. Indem er annahm, daß bei den sehr kleinen Wellenlängen des Lichts die Wirkungssphäre der Molekularkräfte nicht mehr klein zu sein brauche gegenüber der Wellenlänge, gelang es CAUCHY[4]) mit Hilfe der so erweiterten elastischen Theorie, eine Dispersionsformel abzuleiten von der Form:

$$n = a + \frac{b}{\lambda^2} + \frac{c}{\lambda^4} + \frac{d}{\lambda^6} \cdots.$$

Sie schien in der abgekürzten Form

$$n = a + \frac{b}{\lambda^2}$$

zur Darstellung der damals allein bekannten normalen Dispersion zu genügen und findet sich in der Literatur noch öfter zur formelmäßigen Darstellung von Beobachtungen in nicht allzuweiten Grenzen.

Das Problem der Einwirkung der Molekularkräfte auf die Äthermoleküle wurde nach Ableitung der CAUCHYschen Formel um die Mitte des vorigen Jahrhunderts besonders von englischen Physikern mit großem Eifer behandelt.

[1]) H. BECQUEREL, C. R. Bd. 127. S. 899. 1898; W. H. JULIUS, Phys. ZS. Bd. 2, S. 349. 1901, s. auch H. WINKELMANN, Wied. Ann. Bd. 32, S. 439. 1887.

[2]) Auf die Versuche von JULIUS, die Erscheinung der anomalen Dispersion zur Erklärung gewisser Erscheinungen im Chromosphärenspektrum und der Protuberanzen heranzuziehen, kann hier nicht näher eingegangen werden.

[3]) Ausführliche historische Darstellung in Kaysers Handb. d. Spektroskopie Bd. IV, Leipzig 1908, Artikel PFLÜGER. Ferner F. ROSENBERGER, Geschichte der Physik Bd. II. Braunschweig 1882.

[4]) A. CAUCHY, Mémoires sur la Dispersion. Prag 1836.

Es finden sich damals bereits theoretische Ansätze, welche auf anomale Dispersion hinweisen. Aber im Hinblick darauf, daß eine derartige Erscheinung noch nicht beobachtet war, behielt die CAUCHYsche Theorie lange die Oberhand.

CAUCHY hatte angenommen, daß der schwingende Äther durch die Teilchen der Materie behindert werde, ohne daß an ein Mitschwingen der Teilchen gedacht wird. Aber bald kam man dahin, dieses Mitschwingen in Betracht zu ziehen. SELLMEIER[1]), der bereits vor Bekanntwerden der Versuche von CHRISTIANSEN und KUNDT auf Grund theoretischer Vorstellungen sich bemüht hatte, anomale Dispersion an Fuchsinlösung aufzufinden, entwickelte seine Theorie im Jahre 1872 eingehend und begründete, indem er das Mitschwingen der Teilchen berücksichtigte und gleichzeitig den Molekülen bestimmte Eigenschwingungen zuschrieb, die moderne Dispersionstheorie, die die normale Dispersion nur als einen Spezialfall eines allgemeineren Gesetzes ansieht und zu engem Zusammenhang zwischen Absorption und anomaler Dispersion führt. Die in weiterer Verfolgung der SELLMEIERschen Anschauungen gewonnenen Formeln von KETTELER-HELMHOLTZ[2]) sind noch heute gebräuchlich. Sie sind auf Grund der elastischen Theorie abgeleitet, lassen sich aber auf die elektro-magnetische umdeuten. Die Umdeutung hat HELMHOLTZ[3]) selbst vorgenommen. Als neueste Phase der Entwicklung greift hier die Elektronentheorie ein, für die das Dispersionsproblem von besonders großer Bedeutung ist.

Die diesbezüglichen Anschauungen, die auf DRUDE[4]), LORENTZ[5]) und PLANCK[6]) zurückgehen, sind auch der folgenden Darstellung zugrunde gelegt. Man nimmt hier als mitschwingende Teilchen in den Äther eingelagerte Elektronen und Ionen an, die durch ihre Bewegung das elektromagnetische Feld bestimmen. Ruhende elektrische Teilchen würden überhaupt nicht wirken, im Gegensatz zur elastischen Theorie, weil dort auch an starren, ruhenden Massen Oberflächenbedingungen gelten, im elektrischen Fall aber nur bewegte Ladungen auf die Strahlung Einfluß haben.

b) Ableitung der Formeln nach DRUDE-VOIGT.

3. Allgemeines zur Ableitung. Wir geben zunächst die gewöhnliche Ableitung wie man sie bei DRUDE oder VOIGT[7]) in den Lehrbüchern findet. Sie ist mathematisch kurz und elegant, hat aber den Nachteil, daß sie nicht klar erkennen läßt worauf es ankommt. Wir wollen dann später eine andere, umständlichere, dafür aber in dem letzten Punkte durchsichtigere Ableitung geben.

Zunächst müssen wir erklären, warum überhaupt das Licht in verschiedenen Körpern verschiedene Geschwindigkeiten hat, d. h. wir müssen das Vorhandensein des Brechungsexponenten erklären. Wir treffen dann allerdings automatisch auf die Dispersion, d. h. die Frage nach der Abhängigkeit von der Frequenz.

Unsere Frage lautet also: Wir haben einen Körper, den wir uns aus beweglichen Ladungen aufgebaut denken, und möchten wissen, wie sich in diesem Körper elektromagnetische Wellen fortpflanzen. Wir sehen den Körper zunächst als isotrop

[1]) W. SELLMEIER, Pogg. Ann. Bd. 143, S. 272. 1871; Ann. chim. phys. Bd. 25, S. 421. 1872; Pogg. Ann. Bd. 145, S. 399 u. 520. 1872; Bd. 147, S. 386 u. 525. 1872.

[2]) H. v. HELMHOLTZ, Pogg. Ann. Bd. 154, S. 582. 1875; E. KETTELER, Theoret. Optik. Braunschweig 1885.

[3]) H. v. HELMHOLTZ, Wied. Ann. Bd. 48, S. 389 und 723. 1893; s. auch F. KOLAČEK, Wied. Ann. Bd. 32, S. 224 und 429. 1887.

[4]) P. DRUDE, Lehrb. d. Optik, 2. Aufl., Leipzig 1906; Wied. Ann. Bd. 48, S. 536. 1893.

[5]) H. A. LORENTZ, Wied. Ann. Bd. 9, S. 641. 1880; Enzyklop. d. math. Wiss. Bd. V. Leipzig.

[6]) M. PLANCK, Berl. Ber. 1902, S. 470; 1903, S. 480; 1904, S. 740; 1905, S. 382.

[7]) W. VOIGT. Wied. Ann. Bd. 67, S. 345. 1899; Magneto- und Elektrooptik, Leipzig, 1908.

an, d. h. wir beschränken uns vorerst auf Gase, Flüssigkeiten und Gläser, schließen aber Kristalle aus. Eine zweite Voraussetzung, die wir machen, besteht darin, daß wir vom Standpunkt der elektromagnetischen Wellen aus den Körper als homogen voraussetzen können, d. h., daß wir uns um die molekulare Struktur im einzelnen nicht zu kümmern brauchen, sondern sie vielmehr in die Materialkonstanten hineinstecken können. Wenn wir z. B. einen roten Farbstoff in Wasser lösen, so wissen wir, die rote Farbe ist dadurch bestimmt, daß zwischen vielen Wassermolekülen einzelne Farbstoffmoleküle herumschwimmen. Trotzdem können wir die Farbe durch die für unsere grobe Betrachtung genügende Angabe „rot" bestimmen. Das ist der Sinn des oben gesagten an einem Beispiel. Wir denken uns also den Körper aus schwingungsfähigen Gebilden aufgebaut; aber diese molekularen Gebilde sollen so sitzen, daß ihre Abstände klein sind gegenüber der Wellenlänge des einfallenden Lichtes. Ferner betrachten wir das einzelne Molekül als punktförmig und seine Resonatoren, falls es mehrere trägt, als untereinander nicht gekoppelt[1]).

4. Wellengleichung. Wir brauchen jetzt die allgemeine Gleichung für die Ausbreitung der Wellen. Das sind einfach die MAXWELLschen Gleichungen für Dielektrika:

$$\frac{1}{c}\frac{\partial\mathfrak{D}}{\partial t} = \operatorname{rot}\mathfrak{H}; \quad \frac{1}{c}\frac{\partial\mathfrak{B}}{\partial t} = \operatorname{rot}\mathfrak{E}, \tag{1}$$

worin $\mathfrak{H}$ = magnetische Feldstärke, $\mathfrak{E}$ = elektrische Feldstärke, $\mathfrak{B}$ = magnetische Verschiebung $\mathfrak{D}$ = elektrische Verschiebung bedeuten. Nun zeigt sich, daß wir μ von vornherein = 1 setzen können. Das liegt daran, daß wir ferromagnetische Körper ausschließen[2]) und daß in andern Körpern μ nur wenig von 1 verschieden ist (um Glieder von der Größenordnung von höchstens 10^{-4}). Wir haben also:

$$\operatorname{rot}\mathfrak{E} = -\frac{1}{c}\frac{\partial\mathfrak{H}}{\partial t}. \tag{1a}$$

Wir differenzieren jetzt die erste der Gleichungen (1) nach t bei der zweiten (1a) nehmen wir noch einmal die rot-Operation vor und haben:

$$\operatorname{rot}\operatorname{rot}\mathfrak{E} = -\frac{1}{c}\frac{\partial}{\partial t}\operatorname{rot}\mathfrak{H} = -\frac{1}{c^2}\frac{\partial^2\mathfrak{D}}{\partial t^2}$$

oder die allgemeine Wellengleichung

$$\Delta\mathfrak{E} - \operatorname{grad}\operatorname{div}\mathfrak{E} = \frac{1}{c^2}\frac{\partial^2\mathfrak{D}}{\partial t^2}, \qquad \text{wo} \qquad \left(\Delta = \frac{\partial^2}{\partial x^2} + \frac{\partial^2}{\partial y^2} + \frac{\partial^2}{\partial z^2}\right).$$

Der Gradient verschwindet, wenn wir elektrostatische Felder, die sich einfach überlagern würden, ausschließen. Es bleibt dann:

$$\frac{\partial^2\mathfrak{E}}{\partial x^2} + \frac{\partial^2\mathfrak{E}}{\partial y^2} + \frac{\partial^2\mathfrak{E}}{\partial z^2} - \frac{1}{c^2}\frac{\partial^2\mathfrak{D}}{\partial t^2} = 0. \tag{2}$$

Damit brauchen wir die ursprünglichen MAXWELLschen Gleichungen überhaupt nicht mehr.

5. Dielektrizitätskonstante. In der ebenen Welle interessiert uns als Konstante die Fortpflanzungsgeschwindigkeit. Diese ist im wesentlichen durch die Dielektrizitätskonstante bestimmt. Das ist zu zeigen.

---

[1]) Nimmt man elektromagnetische Koppelung in nicht punktförmigen Molekülen an, so kommt man zur Erklärung der natürlichen Aktivität (M. BORN, Ann. d. Phys. Bd. 55, S. 177. 1918.)

[2]) Auch bei ferromagnetischen Körpern kann die Magnetisierung den hochfrequenten Lichtwellen nicht folgen. (ARKADIEW, GANS und LOYARTE.)

Wir nehmen eine ebene Welle in der z-Richtung an. Der Schwingungsvektor liegt dann in der xy-Ebene. Wir nehmen an daß er speziell in der x-Richtung liegt, so daß also

$$\mathfrak{E}_y = \mathfrak{E}_z = 0\,.$$

Also können wir (2) in der Form schreiben:

$$\frac{\partial^2 \mathfrak{E}_x}{\partial z^2} = \frac{1}{c^2}\frac{\partial^2 \mathfrak{D}_x}{\partial t^2}\,. \tag{3}$$

Wir setzen

$$\mathfrak{E}_x = \mathfrak{E}_{0x}\cdot e^{i\omega\left(t-\frac{z}{w}\right)}, \tag{4}$$

also

$$\frac{1}{c^2}\frac{\partial^2 \mathfrak{D}_x}{\partial t^2} = -\mathfrak{E}_{0x}\cdot\frac{\omega^2}{w^2}\cdot e^{i\omega\left(t-\frac{z}{w}\right)},$$

also

$$\mathfrak{D}_x = \frac{c^2}{w^2}\,\mathfrak{E}_x\,. \tag{5}$$

Das ist das aus der Elektrostatik bekannte Resultat: Die Verschiebung $\mathfrak{D}$ ist proportional der Feldstärke $\mathfrak{E}$. In der Elektrostatik bezeichnet man den Proprotionalitätsfaktor mit ε und nennt ihn Dielektrizitätskonstante. Nun ist (4) die Gleichung einer ebenen Welle, die sich in der z-Richtung mit der Geschwindigkeit w ausbreitet. Aus der Optik ist aber bekannt, daß $\frac{c}{w} = n$ ist. Wir haben also die Bedingungsgleichung:

$$\varepsilon = \frac{c^2}{w^2} = n^2\,. \tag{6}$$

Wenn man unter ε die elektrostatisch meßbare Größe versteht, ist diese Beziehung in einem großen Wellenlängenbereich erfüllt und dieser Umstand hat wesentlich beigetragen zur Durchsetzung der MAXWELLschen Theorie. In der Optik selbst stimmt die Gleichung (6) nicht mehr, da der Brechungsindex ja von der Wellenlänge abhängig ist. n wird immer bei hoher Frequenz, ε im statischen Felde gemessen. Wir müssen also ε für große Frequenzen berechnen Um das zu erreichen, müssen wir uns spezielle Vorstellungen über den Aufbau der Materie machen. Es ist hier wie so oft in der Physik: Die weitreichenden Gesetze geben nur den großen Rahmen. So können auch die MAXWELLschen Gleichungen nicht ohne weiteres die Abhängigkeit des Brechungsindex von der Wellenlänge, d. h. also n als Funktion von $\lambda\,[n = f(\lambda)]$ liefern. Sie führen nur zu der formalen Beziehung (6). Wollen wir diese weiter verwerten, so müssen wir auf die Natur der einzelnen Körper näher eingehen, indem wir die spezielle Annahme schwingungsfähiger Gebilde einführen. Die MAXWELLsche Theorie selbst, nach der ja jeder Isolator durchsichtig sein müßte und nur metallisch leitende Körper Licht absorbieren, kann hier nicht weiter führen. Die Möglichkeit detaillierterer Vorstellungen gibt erst die Elektronentheorie, welche Materialkonstanten wie die Dielektrizitätskonstante z. B. auf atomistische Größen der in den Äther eingelagerten Atome und Moleküle zurückführt.

6. Polarisation. Diejenige Feldgröße, die direkt durch die eingelagerten Teilchen bestimmt wird, ist die Polarisation der Volumeneinheit, die sich additiv aus der Polarisation der einzelnen Atome zusammensetzt. Um etwas näher hierauf einzugehen, treiben wir zunächst reine Elektrostatik. Wir haben zwei Kondensatorplatten von bestimmter Ladung. Die Feldstärke im Vakuum sei $\mathfrak{E}$. Sie ist bestimmt durch die wahren Ladungen, die auf den Kondensatorplatten sitzen. Wir bringen jetzt zwischen die Platten ein dielektrisches Medium, z. B.

Benzol. Dieses wird durch das elektrische Feld polarisiert. Darunter verstehen wir folgendes: solange die Schwerpunkte der negativen und positiven Ladungen im Molekül zusammenfallen, ist dieses nicht nur neutral, sondern noch nicht einmal polar. Im Gegensatz dazu ist eine Magnetnadel z. B. polar. Der Schwerpunkt des einen Magnetismus ist an einer andern Stelle als der des andern. Zwei Magnetnadeln, die so zusammengelegt sind, daß die zwei gleichen Pole aneinander grenzen (— ++ —), sind dagegen nicht mehr polar. Im elektrischen Felde werden nun die ursprünglich nicht polaren (Benzol-) Moleküle polarisiert. Sie verwandeln sich in Dipole, indem der Schwerpunkt der einen Elektrizität nach der einen, der der andern nach der andern Seite gezogen wird. Ladung mal Abstand der beiden Ladungen bestimmen das Dipolmoment. Grob gesprochen haben dann alle Moleküle zwischen den beiden Platten ein positives Ende auf der einen, ein negatives auf der andern Seite. Wir bemerken, daß sich auf diese Weise (s. Abb. 4) an der positiv geladenen Platte eine induzierte negative Schicht, an der negativen eine positive Schicht „scheinbarer" oder „induzierter" Elektrizität bildet. Diejenige Größe, die durch die „wahren" Ladungen bestimmt ist, nennt man jetzt elektrische Verschiebung $\mathfrak{D}$. Sie ist also in unserem speziellen Fall gleich der Feldstärke, die vor Einfüllung des Dielektrikums geherrscht hatte. Andererseits ist die Feldstärke $\mathfrak{E}$ definiert als Kraft auf die Einheitsladung und wird mit der Probekugel gemessen. Bleibt man bei dieser ursprünglichen Definition und nennt auch jetzt noch, was man mit der Probekugel mißt, Feldstärke, so erscheint die im Vakuum gemessene, von der wahren Ladung herrührende Kraftwirkung jetzt durch die Wirkung der den beiden Platten anliegenden induzierten Ladungen geschwächt.

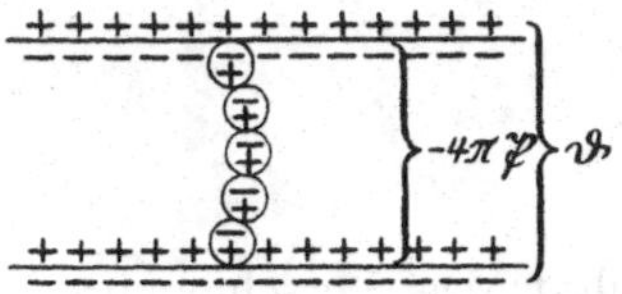

Abb. 4.

Die so skizzierte[1]) Wirkung des äußeren Feldes auf das Dielektrikum, das Auseinanderfahren der Moleküle, nennt man Polarisation. Es ist

$$\mathfrak{D} = \mathfrak{E} + 4\pi\,\mathfrak{P} \quad (\mathfrak{P} = \text{Polarisation pro Volumeneinheit})$$
$$= \mathfrak{E} + 4\pi N\mathfrak{p} \quad (N = \text{Zahl der Moleküle pro Volumeneinheit}, \; p = \text{Polarisation des einzelnen Moleküls}).$$

Aus der Definition der Dielektrizitätskonstante $\mathfrak{D}/\mathfrak{E} = \varepsilon$ folgt also:

$$\varepsilon = 1 + 4\pi N \frac{\mathfrak{p}}{\mathfrak{E}} = n^2. \tag{7}$$

Je härter die Molekel, d. h. je kleiner die Dielektrizitätskonstante ist, desto schwächer sind die induzierten Ladungen, desto mehr bleibt also von der Wirkung der wahren Elektrizität übrig, desto näher kommt $\mathfrak{D}$ an $\mathfrak{E}$.

7. Bewegungsgleichung. Unsere Aufgabe ist jetzt, die Größe $\mathfrak{P}$ durch Eigenschaften schwingungsfähiger Gebilde und in ihrer Abhängigkeit von der Frequenz des einfallenden Lichtes auszudrücken. Um ein näheres Bild über die Natur der schwingungsfähigen Gebilde zu erhalten, gehen wir von dem wichtigen Erfahrungssatz aus, daß, grob gesagt, die Farbe eines Körpers unabhängig ist von der Intensität des Lichtes, in dem man ihn betrachtet, also von der Tatsache, daß der Brechungsexponent unbeeinflußt ist von der Stärke des Lichts. Das bedeutet, daß die Frequenz der Eigenschwingungen unabhängig ist von der Amplitude, also nach bekannten Sätzen der Mechanik, daß es sich um quasielastische Schwingungen handelt. Das sind solche, die durch lineare Differentialgleichungen mit

[1]) Siehe K. F. HERZFELD, Phys. ZS. Bd. 26, S. 824. 1925.

konstanten Koeffizienten dargestellt werden. Nur sie liefern eine Lösung, in der die Farbe unbeeinflußt bleibt von der Intensität. Wir setzen also die Differentialgleichung für das schwingende Teilchen an in der Form der Bewegungsgleichung (8)

$$m\ddot{x} + m\omega_0^2 x = 0\,. \tag{8}$$

Das ist der denkbar einfachste Fall, in dem nur die Trägheitskraft ($m\ddot{x}$) und die rücktreibende Kraft $m\omega_0^2 x$ wirken. Dazu können noch Glieder kommen, die den Sinn einer Reibung haben. Darauf soll jedoch erst weiter unten eingegangen werden.

Um nun die Polarisation eines einzelnen Atoms zu bestimmen, gehen wir so vor:

Als Bewegungsgleichung der quasielastisch gebundenen Elektronen haben wir die Gleichung (8) einzusetzen. Sie stellt die freie Schwingung mit der Eigenfrequenz ω_0 dar. Ihre Lösung läßt sich ansetzen in der Form:

$$x = A \cdot e^{i\omega_0 t}. \tag{9}$$

Für die erzwungene Schwingung ist

$$m\ddot{x} + m\omega_0^2 x = \mathfrak{K} = e\mathfrak{E}_x \quad (e = \text{elektrische Ladung}).$$

Also unter Berücksichtigung von (4) und (9):

$$x = \frac{e\mathfrak{E}_x}{m(\omega_0^2 - \omega^2)}. \tag{10}$$

Nun ist $\mathfrak{p} = ex$ (Ladung mal Abstand) $= a\mathfrak{K}$, wo a/e die Weichheit mißt, d. h. die Leichtigkeit, mit der ein Teilchen polarisiert wird.

Enthält ein Molekül nicht einen, sondern p gleiche, untereinander nicht gekoppelte Resonatoren, so ist

$$\frac{\mathfrak{p}}{\mathfrak{E}_x} = \frac{e^2 p}{m(\omega_0^2 - \omega^2)}. \tag{10a}$$

Somit nach (7):

$$\varepsilon - 1 = n^2 - 1 = \frac{4\pi N e^2 p}{m(\omega_0^2 - \omega^2)}. \tag{11}$$

8. Diskussion der Formel (11). Gleichung (11) ist die Dispersionsformel, wie sie DRUDE und VOIGT aus der Elektronentheorie ableiteten. Sie wurde gewonnen durch eine Deutung der Polarisation durch quasielastisch gebundene Elektronen, die unter der Einwirkung einer elektrischen Welle erzwungene Schwingungen ausführen. Im Vakuum ist

$$n^2 = \varepsilon = \frac{c^2}{w^2} = 1\,.$$

Der Einfluß des durchstrahlten Mediums äußert sich also nach (11) in einem Zusatzglied

$$\frac{4\pi N e^2 p}{m(\omega_0^2 - \omega^2)}.$$

Darin bedeutet ω die Frequenz des einfallenden Lichts, ω_0 die Eigenfrequenz des Elektrons, m seine Masse, N die Zahl der Moleküle pro Raumeinheit und p die Resonatorenzahl pro Molekül. Exakter müßten wir für an Materie gebundene Elektronen setzen:

$$m = \frac{m_{\text{Elektron}} \cdot m_{\text{Molekül}}}{m_{\text{Elektron}} + m_{\text{Molekül}}},$$

was aber gleich m_{Elektron} gesetzt werden darf wegen $m_{\text{Molekül}} \gg m_{\text{Elektron}}$. Die statische Dielektrizitätskonstante stellt sich nach (11) dar in der Form

$$\varepsilon - 1 = \frac{4\pi N e^2 p}{m\omega_0^2} = n_{\lambda=\infty}^2 - 1\,.$$

ε ist demnach um so größer, je kleiner ω_0, d. h. je schwächer die Bindung des Elektrons ist.

Solange $\omega_0 > \omega$, haben wir Werte von $n > 1$. Für $\omega = \omega_0$ wird $n = \infty$. Dann wechselt das Vorzeichen. Hier springt die Phase der Schwingung gegen die Welle um π (s. darüber später). Die Kurve kommt aus $-\infty$ und nähert sich für Werte von $\omega \gg \omega_0$, dem Wert 1 (s. Abb. 5). Sobald wir also ω_0 nach der Seite großer Frequenzen überschritten haben, wird n^2 negativ, d. h. die Fortpflanzungsgeschwindigkeit wird imaginär. Bei noch größerer Frequenz des einfallenden Lichts wird n^2 wieder positiv und steigt an. Die Formel (11) versagt also auf jeden Fall in der Nähe der Resonanzfrequenz ($\omega \cong \omega_0$). Dagegen ist sie in Gebieten normaler Dispersion durch die Erfahrung gut bestätigt.

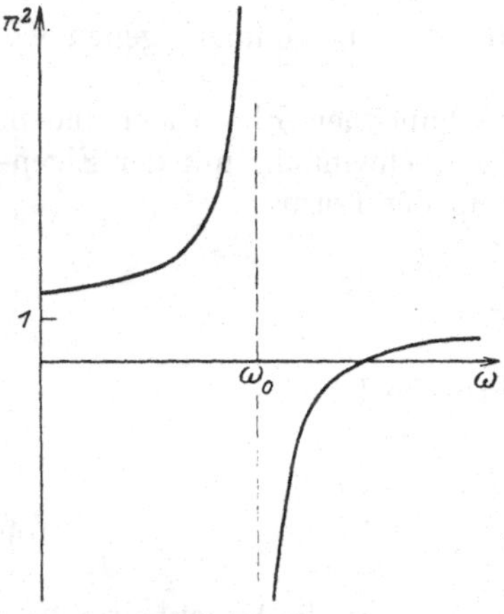

Abb. 5.

9. Ausdehnung auf mehrere Resonatorenarten. Bisher haben wir nur eine Art schwingungsfähiger Gebilde angenommen. Gewöhnlich kommt man aber mit dieser einfachen Vorstellung nicht aus. Wir müssen uns vielmehr die Körper als aus mehreren Resonatorenarten aufgebaut denken, die in verschiedener Zahl mit verschiedener Eigenschwingung (und Dämpfung) vorhanden sind. Da nun die Gesamtpolarisation sich offenbar aus der Summe der Einzelpolarisationen zusammensetzt, so ergibt sich zur Darstellung der Dispersion beim Vorhandensein mehrerer Resonatoren in Erweiterung von Gleichung (11):

$$n^2 - 1 = \sum_i \frac{4\pi N e^2 p_i}{m_i} \frac{1}{\omega_i^2 - \omega^2} = \sum_i \frac{\varrho_i'}{\omega_i^2 - \omega^2} \quad \text{mit} \quad \varrho_i' = \frac{4\pi N e^2 p_i}{m_i}\,. \tag{11a}$$

Nun fand LORENTZ[1]) zuerst, daß bei Körpern, deren Dispersion durch mehrgliedrige Formeln dargestellt wird, sich das Verhältnis e/m für Glieder mit ultravioletten Eigenfrequenzen nahe gleich dem Wert von e/m errechnet, wie es sich aus der Ablenkung von Kathodenstrahlen und aus dem Zeemanneffekt ergibt. DRUDE[2]) zeigte weiter, daß dies bei allen damals untersuchten Substanzen zutrifft, wenn man nur die Resonatorenzahl pro Molekül bzw. Atom (die Zahl der „Dispersionselektronen") gleich setzt der Zahl der „Valenzelektronen" und schloß daraus, daß die ultravioletten Eigenschwingungen durch quasielastisch gebundene Elektronen hervorgerufen werden. Heute, wo der Wert von e/m auf anderem Wege sehr genau bestimmt ist, berechnen wir umgekehrt p mit Hilfe von e/m (s. später). Und dabei zeigt sich, wie hier schon bemerkt sei, die DRUDEsche Beziehung:

Zahl der Dispersionselektronen = Zahl der Valenzelektronen

zwar oft angenähert bestätigt, doch versagt sie schon bei einfachen organischen Verbindungen[3]).

[1]) H. A. LORENTZ, Zittingsversl. Kon. Akad. Amsterdam 1898/99, S. 506 u. 555.

[2]) P. DRUDE, Ann. d. Phys. (4) Bd. 14, S. 677. 1904. H. ERFLE, Münchener Dissertation 1907.

[3]) C. u. M. CUTHBERTSON, Proc. Roy. Soc. London (A) Bd. 97, S. 152. 1920.

Etwas anders liegen die Verhältnisse bei ultraroten Gliedern. Wollte man dort mit Hilfe des Verhältnisses e/m, wie es dem Elektron zukommt, p bestimmen, so ergäben sich unverhältnismäßig kleine Zahlen. Daraus schloß DRUDE, daß für langsame Eigenschwingungen praktisch nur Atome oder Ionen in Betracht kommen, die ja eine verhältnismäßig große Masse haben.

Wir können danach auch schreiben:

$$n^2 - 1 = \underset{\text{(ultraviolett)}}{\sum_v \frac{4\pi N e^2 p_v}{m(\omega_v^2 - \omega^2)}} + \underset{\text{(ultrarot)}}{\sum_r \frac{4\pi N e^2 p_r}{M_r(\omega_r^2 - \omega^2)}}. \tag{11b}$$

Wenn wir weit genug von den Absorptionsstellen entfernt sind, können wir entwickeln. Für den praktisch wichtigen Fall

$$\omega_r < \omega$$
$$\omega_v > \omega$$

läßt sich (11b) dann schreiben

$$n^2 - 1 = \underset{\text{(ultraviolett)}}{\sum \frac{4\pi N e^2 p_v}{m\,\omega_v^2} + \sum \left(\frac{4\pi N e^2 p_v}{m\,\omega_v^2}\right)\left(\frac{\omega^2}{\omega_v^2}\right)} + \underset{\text{(ultrarot)}}{\sum \frac{4\pi N e^2 p_r}{M_r\,\omega_r^2} + \sum \frac{4\pi N e^2 p_r \omega_r^2}{M_r}\left(\frac{1}{\omega^4}\right)}. \tag{11c}$$

Das erste und dritte Glied sind meist von derselben Größenordnung. Dagegen ist das zweite oft größer als das vierte, wie leicht ersichtlich ist, wenn man sie in der Form

$$\frac{4\pi N e^2 p_v}{m\,\omega_v^2}\cdot\frac{\omega^2}{\omega_v^2} \quad \text{und} \quad \frac{4\pi N e^2 p_r}{M_r\,\omega_r^2}\left(\frac{\omega_r^4}{\omega^4}\right)$$

schreibt, da ja immer

$$\frac{\omega^2}{\omega_v^2} \gg \frac{\omega_r^4}{\omega^4}$$

ist. Deshalb werden in dem durchsichtigen Gebiet, das zwischen beiden liegt, immer die durch die Elektronenschwingungen hervorgerufenen Beiträge die Dispersion überwiegend bestimmen.

c) Experimentelles Material über normale Dispersion von Gasen und seine formelmäßige Darstellung[1]).

10. Chemische Elemente. Um nun zu zeigen, daß sich Formel (11) bzw. (11a) in Gebieten normaler Dispersion ($\omega_0 \gg \omega$) tatsächlich durch die Erfahrung gut bestätigt, betrachten wir zunächst die Dispersion von Gasen. Ausführlich soll hier nur auf die Dispersion des Argons und des Wasserstoffs eingegangen werden, während für eine Reihe anderer Gase nur den Beobachtungen genügende Formeln und die daraus berechneten Konstanten angegeben werden. Dabei werden die Formeln in der Form $n-1$ anstatt n^2-1 gegeben, da man bei Gasen, wo $n-1 \sim 1$ ist, n^2-1 durch $2(n-1)$ ersetzen darf, so daß nur der Zähler auf der rechten Seite der Gleichung (11) mit dem Faktor $\frac{1}{2}$ multipliziert zu werden braucht. Wir schreiben also (11) in der Form

$$n - 1 = \frac{2\pi N e^2 p}{m(\omega_0^2 - \omega^2)} = \frac{\varrho'/2}{\omega_0^2 - \omega^2}$$

[1]) Eine ausführlichere, aber nicht sehr tiefgehende Zusammenfassung gibt das Buch von LORIA, Die Lichtbrechung in Gasen. Braunschweig 1914. Kritische Sichtung des Beobachtungsmaterials sowie formelmäßige Darstellung für einatomige Gase s. K. F. HERZFELD u. K. L. WOLF, Ann. d. Phys. Bd. 76 (4), S. 71 u. 567. 1925. Bezügl. weiterer Messungen s. die Tabellen von LANDOLT-BÖRNSTEIN-SCHEEL-ROTH, Leipzig 1921, S. 959ff.

und indem wir zu Schwingungszahlen übergehen[1]), wegen $\omega = 2\pi\nu$,

$$n - 1 = \frac{Ne^2 p}{2\pi m(\nu_0^2 - \nu^2)},$$

oder wenn wir den von ν unabhängigen Faktor

$$\frac{Ne^2 p}{m\pi} = \frac{\varrho'}{4\pi^2}$$

mit C' bezeichnen

$$n - 1 = \frac{C'/2}{\nu_0^2 - \nu^2}.$$

Für Argon liegt eine Reihe von Beobachtungen vor. Da aber die Bestimmung der Konstanten um so genauer wird, je größer das Gebiet ist, über das sich die Messungen erstrecken, und vor allem je weiter sie nach Seiten kürzerer Wellen[2]) reichen, genügt es, die Werte von QUARDER[3]), der allein auch im Ultravioletten (bis 2441 Å) beobachtete, heranzuziehen. Sie lassen sich darstellen durch eine Formel

$$n - 1 = \frac{4{,}9981 \cdot 10^{27}}{17953 \cdot 10^{27} - \nu^2} \quad \text{mit} \quad \begin{cases} \lambda_0 = 708{,}0\ \text{Å}, \\ p = 4{,}58. \end{cases} \tag{I}$$

In Tabelle 1 sind die mit dieser Formel berechneten und die von QUARDER beobachteten Werte angegeben. Ferner sind die mit einer zweigliedrigen Formel

$$n - 1 = \frac{0{,}02715 \cdot 10^{27}}{8499{,}6 \cdot 10^{27} - \nu^2} + \frac{5{,}0131 \cdot 10^{27}}{18215 \cdot 10^{27} - \nu^2} \quad \text{mit} \quad \begin{cases} \lambda_1 = 1029\ \text{Å}\ p_1 = 0{,}025 \\ \lambda_2 = 702{,}9\ \text{Å}\ p_2 = 4{,}59 \end{cases} \tag{Ia}$$

berechneten Werte angegeben, da diese Formel, die die Beobachtung zwar nicht besser und nicht schlechter als die Formel I darstellt, aus Gründen, auf die wir später eingehen werden, wahrscheinlicher erscheint. Die Beiträge der beiden Glieder sind getrennt angegeben. Aus den kleinen Beiträgen des ersten Gliedes erklärt sich auch, inwiefern es überhaupt möglich ist, daß beide Formeln so weitgehend übereinstimmende Resultate liefern. Die Beobachtungsfehler dürften 5 bis 10 Einheiten der letzten Stelle betragen, die Differenzen zwischen beobachteten und errechneten Werter erreichen 22 Einheiten dieser Stelle. Auf den schwachen Gang zwischen Formel und Messung werden wir später zurückkommen.

Tabelle 1. Argon.

λ Å	$(n-1)\cdot 10^6$ beob. von QUARDER	$(n-1)\cdot 10^6$ berech. n. Formel (I)	Δ ber. — beob.	$(n-1)\cdot 10^6$ ber. nach Formel (Ia) 1. Glied	2. Glied	Summe	Δ ber. — beob.
2441	303,78	303,97	+0,19	3,88	300,09	303,97	+0,19
2492	302,80			3,85	299,01	302,86	+0,6
2618	300,38	300,37	−0,01	3,78	296,59	300,37	+0,1
2766	298,11			3,71	294,26	297,97	−0,14
2824	297,14			3,68	293,39	297,17	−0,07
2961	295,50	295,28	−0,22	3,63	291,66	295,29	−0,21
3349	291,62	291,43	−0,19	3,53	287,88	291,41	−0,21
4275	286,34	286,25	−0,09	3,39	282,87	286,26	−0,08
4651	284,99			3,36	281,65	285,01	+0,02
5105	283,79			3,33	280,54	283,87	+0,08
5153	283,67			3,33	280,44	283,77	+0,10
5218	283,50	283,03	+0,13	3,32	280,30	283,62	+0,12
5700	282,55	282,77	+0,22	3,30	279,47	282,77	+0,22
5782	282,47	282,65	+0,18	3,30	279,35	282,65	+0,18

[1]) Es tritt also jetzt $\nu = \frac{c}{\lambda}$ an Stelle von $\omega = \frac{2\pi c}{\lambda}$.

[2]) Messungen im Ultrarot tragen, sofern ihre Genauigkeit nicht über die bisher erreichte hinausgeht, zur Bestimmung genauerer Formeln nicht sehr viel bei, da die Dispersion nur noch sehr klein ist. Die Anzahl guter Messungen im Ultravioletten ist leider immer noch sehr klein.

[3]) B. QUARDER, Ann. d. Phys. (4) Bd. 74, S. 255. 1924.

Für einatomige Gase liegen genügend zahlreiche und genaue Messungen bis jetzt nur noch für die übrigen Edelgase vor, und zwar von CUTHBERTSON[1]) für das sichtbare Spektrum sowie für Helium eine ins Ultraviolett reichende Beobachtungsreihe von KOCH[2]). Tabelle 2 gibt die Konstanten der Formeln, die diese Beobachtungen darstellen wieder. Für Neon, Krypton und Xenon sind sie den Arbeiten von CUTHBERTSON direkt entnommen. Brauchbare zweigliedrige Formeln von der Art der Argonformel (Ia) sind hier wegen des kleinen und relativ langwelligen Spektralbereichs noch nicht angebbar. Ebenso zeigt sich, wohl aus demselben Grunde, der beim Argon und Wasserstoff beobachtete kleine Gang zwischen Rechnung und Beobachtung noch nicht.

Eine Ausdehnung der Beobachtungen nach Seite kurzer Wellen dürfte beides bringen, aber im ganzen die Konstanten der CUTHBERTSONschen Formeln nur mehr unwesentlich ändern, etwa in der Weise, wie die in der Tabelle angeführten Heliumwerte der CUTHBERTSONschen Formel gegenüber den ebenfalls in der Tabelle angegebenen Werten, die sich aus der formelmäßigen Darstellung der bis ins Ultraviolette reichenden Beobachtungen von KOCH berechnen. Neben dieser eingliedrigen lassen sich die KOCHschen Messungen, ähnlich wie die QUARDERschen Argonmessungen, durch zweigliedrige Formeln darstellen. (Näheres hierüber s. später.)

Tabelle 2. Übrige Edelgase.

Element	$\frac{C'}{2}\cdot 10^{-27}$	$\nu_0^2\cdot 10^{-27}$	λ_0 Å	p	Bemerkungen
He	1,21238	34991,7	507	1,11	Formel von CUTHBERTSON
	1,3314	38423	484	1,22	eingliedrige Formel
	0,03579 u.	26352 u.	584 u.	0,033 u.	zweigliedrige Formel
	1,2984	39003	480	1,19	
	0,55200 u.	26352 u.	584 u.	0,501 u.	zweigliedrige Formel
	1,9840	144730	249	1,82	
Ne	2,59326	38916,2	481	2,37	Formel von CUTHBERTSON
Kr	5,3445	12767,9	840	4,90	,, ,, ,,
Xe	6,1209	8977,9	1001	5,61	,, ,, ,,

Dispersionsmessungen für einatomige Metalldämpfe liegen ebenfalls vor[3]). Doch sind die Messungen noch sehr wenig zahlreich (meist nur für einige Linien des sichtbaren Spektrums) und zum Teil noch sehr unsicher, so daß auf sie nicht weiter eingegangen werden soll.

11. Moleküle und Verbindungen. Während bei einatomigen Gasen nur ultraviolette, (auf Elektronen zurückzuführende) Eigenfrequenzen in die Dispersionsformel eingehen, sind bei Molekülen auch solche im Ultraroten zu erwarten, wie denn tatsächlich bei einigen Gasen z. B. CO_2 und CH_4 im Gebiet größerer Wellenlänge (rot oder ultrarot) bereits anomale Dispersion beobachtet wurde. Für die hier zunächst allein interessierende normale Dispersion liegen Messungen für eine große Anzahl von Molekülen bzw. Verbindungen vor. Ausführlicher soll nur die Dispersion des Wasserstoffs behandelt werden.

Die Dispersion des Wasserstoffs ist von einer großen Reihe von Beobachtern gemessen worden. Die sorgfältigsten Messungen der letzten Jahre sind die von

[1]) C. u. M. CUTHBERTSON, Proc. Roy. Soc. London (A) Bd. 84, S. 13. 1910.

[2]) J. KOCH, Ark. f. Mat., Astron. och Fys. Bd. 9, Nr. 6. 1913.

[3]) C. CUTHBERTSON u. E. P. METCALFE, Proc. Roy. Soc. (A) Bd. 80, S. 411, 1908; Phil. Trans. (A) Bd. 207, S. 135. 1906; J. C. MC LENNAN, Proc. Roy. Soc. (A) Bd. 100, S. 191. 1921; K. F. HERZFELD u. K. L. WOLF, Ann. d. Phys. (4) Bd. 76, S. 71. 1925; s. auch Ziff. 16.

CUTHBERTSON[1]), KOCH[2]) und KIRN[3]), die allein berücksichtigt werden. Sowohl KOCH als KIRN geben Dispersionsformeln an. Die Formel von KOCH stellt dessen Messungen sowie die von KIRN bis 2300 Å gut dar, genügt aber nicht mehr für die von KIRN gefundenen Brechungsindizes im Gebiete kürzerer Wellen, ein Fall, an dem die besondere Bedeutung einer möglichst weiten Ausdehnung der Messungen ins Ultraviolette zur genauen Formelbestimmung deutlich hervortritt (s. Ziff. 10). Andererseits ergab eine Kontrolle der KIRNschen Tabelle (S. 572 seiner zitierten Arbeit), daß die Differenz der beobachteten und berechneten Werte größer ist, als dort angegeben. Dagegen gibt die folgende, etwas von der KIRNschen abweichende Formel[4])

$$n - 1 = \frac{0{,}75379 \cdot 10^{27}}{16681{,}3 \cdot 10^{27} - \nu^2} + \frac{0{,}919974 \cdot 10^{27}}{10130{,}5 \cdot 10^{27} - \nu^2}, \tag{II}$$

mit

$$\lambda_1 = 734{,}5\ \text{Å}; \qquad p_1 = 0{,}69.$$
$$\lambda_2 = 942{,}6\ \text{Å}; \qquad p_2 = 0{,}84.$$

die Messungen gut wieder. Tabelle 3 enthält die gemessenen und die berechneten Werte. Der Maximalfehler der Beobachtungen dürfte 18 Einheiten der letzten Dezimale betragen. Die Differenzen zwischen Messung und Rechnung überschreiten die Beobachtungsfehler nur wenig, zeigen aber, ähnlich wie beim Argon, einen wenn auch schwachen, so doch deutlichen Gang.

Tabelle 3. Wasserstoff.

λ Å	$(n-1)\cdot 10^7$ beob. von KIRN	$(n-1)\cdot 10^7$ berechnet nach Formel (II) 1. Glied	2. Glied	Summe	Δ ber. — beob.
1854	1759,96	1224,35	535,94	1760,29	+0,33
1862	1755,41	1220,66	535,08	1755,74	+0,33
1935	1718,24	1190,31	527,87	1718,18	−0,06
1990	1693,95	1170,62	523,11	1693,73	−0,22
2302	1594,18	1090,87	503,06	1593,93	−0,25
2379	1576,81	1077,19	499,49	1576,68	−0,13
2535	1546,90	1053,74	493,27	1547,01	+0,11
2753	1515,00	1028,65	486,50	1515,15	+0,15
2894	1498,59	1015,85	482,98	1498,83	+0,24
2968	1491,01	1009,97	481,36	1491,33	+0,32
3342	1461,33	986,58	474,81	1461,39	+0,06
4047	1427,41	960,19	467,26	1427,45	+0,04
4078	1426,32	959,35	467,02	1426,37	+0,05
4359	1417,73	952,65	465,07	1417,72	−0,01
5462	1396,50	936,00	460,20	1396,20	+0,30
∞				1360,00[5])	

Neben Wasserstoff ist vor allem Kohlendioxyd sehr oft und sehr genau untersucht. Auf seine anomale Dispersion im Ultraroten soll erst später eingegangen werden. Die Beobachtungen im Ultravioletten und sichtbaren Spektrum lassen sich darstellen durch eine Formel von der Form

$$n - 1 = \frac{6{,}2144 \cdot 10^{27}}{14097 \cdot 10^{27} - \nu^2}\,{}^{6)}; \qquad \lambda_0 = 799; \qquad p = 5{,}70. \tag{III}$$

[1]) C. u. M. CUTHBERTSON, Proc. Roy. Soc. London (A) Bd. 83, S. 151. 1909.
[2]) J. KOCH, Ark. f. Mat., Astron. och Fys. Bd. 8, Nr. 20. 1922.
[3]) M. KIRN, Ann. d. Phys. (4) Bd. 64, S. 566. 1921.
[4]) H. SCHÜLER u. K. L. WOLF, ZS. f. Phys. Bd. 34, S. 343. 1925.
[5]) $n^2_{\lambda=\infty} - 1$ (ber.) $= 0{,}00027$; $\varepsilon - 1$ ist von C. T. ZAHN (Phys. Rev. Bd. 24, S. 400, 1924) beobachtet zu 0,000265.
[6]) C. u. M. CUTHBERTSON, Proc. Roy. Soc. London (A) Bd. 97, S. 152. 1920; J. KOCH, Ark. f. Mat., Astron. och Fys. Bd. 10, Nr. 1. 1914.

Messungen an Sauerstoff, Stickstoff, Chlor, Brom, Jod (anomale Dispersion im Sichtbaren), Fluor, Wasserdampf, Ozon, Schwefelwasserstoff, Schwefeldioxyd, Cyan, Ammoniak, Stickoxyd, Stickoxydul und Kohlenoxyd liegen für mehr oder weniger zahlreiche Wellenlängen vor und sind teilweise auch formelmäßig dargestellt. Die Zahlenwerte und Literaturangaben sind in den bereits zitierten Zusammenstellungen zu finden. Nur die Konstanten der Formeln, die CUTHBERTSON[1]) für seine Messungen an den Halogenwasserstoffen angibt, sollen hier noch in einer Tabelle zusammengestellt werden:

Tabelle 4.

	$\frac{C'}{2} \cdot 10^{-27}$	$\nu_0^2 \cdot 10^{-27}$	λ_0 Å	p
HCl	4,6425	1066,40	919	4,25
HBr	5,1446	8668,4	1019	4,71
HJ	5,7900	6556,4	1172	5,30

Außerdem sind die Messungen FRIBERGS[2]) (im Institut von J. KOCH) besonders zu nennen, der die Dispersion von NH_3 bis ins Ultraviolette gemessen hat. Sie werden dargestellt durch eine Formel mit den Eigenwellenlängen $\lambda_1 = 873$, $\lambda_2 = 1965$ Å und den Elektronenzahlen $p_1 = 3{,}65$, $p_2 = 0{,}07$.

An gasförmigen Kohlenwasserstoffen endlich müssen Methan (anomale Dispersion im Ultraroten), Äthan, Azetylen und Äthylen angeführt werden. Methan ist [von FRIBERG[2])] bis weit ins Ultraviolette gemessen. Wie bei NH_3 werden auch hier die Beobachtungen am besten durch eine zweigliedrige Formel dargestellt. Deren Konstanten sind $\lambda_1 = 755{,}5$, $\lambda_2 = 1255{,}5$ Å; $p_1 = 5{,}08$, $p_2 = 0{,}42$. CUTHBERTSON gibt etwas andere Konstanten: $p_{NH_3} = 2{,}72$; $p_{CH_4} = 4{,}60$; $\lambda_{0\,NH_3} = 1052$; $\lambda_{0\,CH_4} = 878$ Å.)

Für die Reihe Ne, HF, H_2O, NH_3 und CH_4, für die man nach GRIMM Edelgaskonfigurationen (F^-, O^{--}, N^{3-}, C^{4-}) annimmt, sind die Konstanten in Tabelle 4a zusammengestellt:

Tabelle 4a.

	$\frac{C'}{2} \cdot 10^{-27}$	$\nu_0^2 \cdot 10^{-27}$	p
Ne	2,59326	38916	2,37
HF	(2,6)	(20703)	(2,37)
H_2O	2,6270	10697	2,41
NH_3	2,9658	8135	2,72
CH_4	5,0277	11689	4,60

Die $C'/2$ und ν_0^2 sind die von CUTHBERTSON angegebenen, die für Vergleichszwecke den Vorteil des gleichen Autors haben. Der eingeklammerte Wert für ν_0^2 bei HF ist aus der von FAJANS und JOOS geschätzten Molrefraktion (s. später) berechnet, unter der Annahme, daß $C'/2$ in der ganzen Reihe praktisch gleich $2{,}6 \cdot 10^{27}$ ist. (Weiteres s. Ziff. 76c).

Normale Dispersion ist ferner bei einer Reihe von Kristallen beobachtet und durch Formeln vom Bau der Gleichung (11a) dargestellt worden. Doch ist Gleichung (11) in dieser einfachen Gestalt bei Kristallen, wo sich die einzelnen Atome bzw. Ione wegen der dichten Packung gegenseitig beeinflussen, theoretisch nicht zulässig: Die diesbezüglichen Beobachtungen können daher erst später besprochen werden.

---

[1]) C. u. M. CUTHBERTSON, Phil. Trans. Bd. 213, S. 1. 1913.

[2]) S. FRIBERG, ZS. f. Phys. Bd. 41, S. 378. 1927. Diesbez. Absorptionsmessungen s. G. LANDSBERG u. A. PREDWODITEFF, ZS. f. Phys. Bd. 31, S. 544. 1925.

d) Ausdehnung der Formeln auf anomale Dispersion. Absorption.

12. Einführung des Dämpfungsgliedes in die Bewegungsgleichung. Formel (11) findet sich also in Gebieten, in denen $\omega < \omega_0$ ist, gut bestätigt. Dagegen versagt sie, sobald wir in die Nähe der Resonanzfrequenz kommen, weil dort, wie bereits Ziff. 8 erwähnt, n^2 negativ, also die Fortpflanzungsgeschwindigkeit des Lichts imaginär wird. An der Stelle ω_0 selbst wird der Brechungsindex ∞. Die Abweichung von n^2 vom Werte 1 kam dadurch zustande, daß die Moleküle unter dem Einfluß der einfallenden Welle zu Dipolen verzerrt wurden, wobei das Dipolmoment bestimmt war durch Ladung mal Abstand. Im Falle der Resonanz wird das Moment des Dipols und damit Polarisation und Brechungsindex unendlich groß. Wir haben jetzt dafür zu sorgen, daß in unserer Formel das Dipolmoment nicht mehr unendlich groß wird und erreichen das, wie immer wenn bei schwingenden Gebilden unendlich große Ausschläge vermieden werden sollen, durch Einführung einer Reibungskraft. Ohne Dämpfung müßte ja auch jede Feder im Resonanzfalle unendlich große Ausschläge geben.

Wir müssen also, um Gleichung (11) zu verbessern, den einen Teil unserer Gleichungen (1) bis (8) erweitern. Das, was wir über die elektromagnetischen Teile gesagt haben, bleibt unverändert, also die Beziehung (7):

$$\varepsilon = n^2 = 1 + 4\pi N \frac{\mathfrak{p}}{\mathfrak{E}}. \tag{7}$$

Dagegen ändert sich der Zusammenhang zwischen Polarisation und Feldstärke, d. h. die Bewegungsgleichung (8) des quasielastisch gebundenen Elektrons:

$$m\ddot{x} + b\dot{x} + m\omega_0^2 x = e\mathfrak{E}_x = e\mathfrak{E}_{0x} \cdot e^{i\omega t}. \tag{8a}$$

Darin stellt $b\dot{x}$ das Dämpfungsglied dar, in dem die Dämpfung proportional der Geschwindigkeit gesetzt ist. Als Lösung haben wir, wie sich leicht verifizieren läßt,

$$x = A \cdot e^{i\omega t} = \frac{e\mathfrak{E}_x}{m\left(\omega_0^2 - \omega^2 + \frac{b}{m} i\omega\right)} = \frac{e\mathfrak{E}_{0x} \cdot e^{i\omega t}}{m\left(\omega_0^2 - \omega^2 + \frac{b}{m} i\omega\right)} \tag{10a}$$

Für $b = 0$ ist das unser altes Resultat (10).

Wir wollen jetzt zunächst das Verhalten von x näher betrachten. Wir tragen in Abb. 6 als Ordinaten den absoluten Betrag der Amplitude des Ausschlages auf.

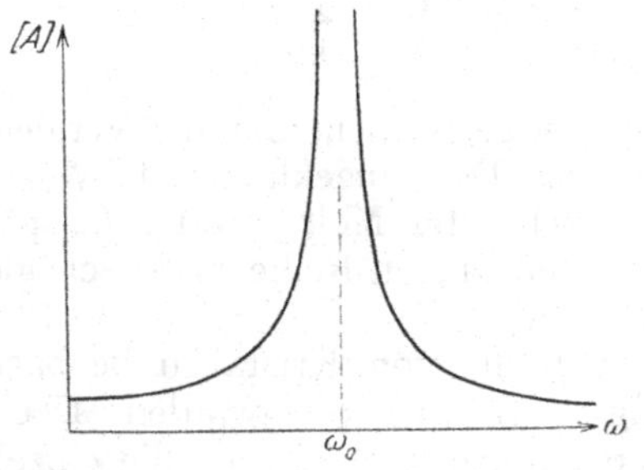

Abb. 6.

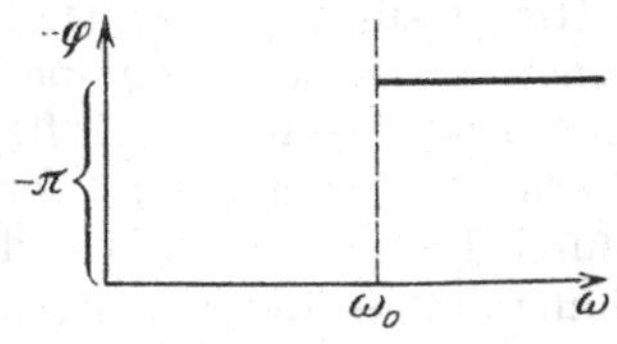

Abb. 7.

In Abb. 7 und 7a stellen die Ordinaten die Phasendifferenz φ der anregenden und der angeregten Schwingung dar. Dabei sei zunächst die Dämpfung $b = 0$. Die Gestalt der Abb. 6 ist dann aus der Formel ohne weiteres ersichtlich. Abb. 7 ergibt sich nach Formel (10a) daraus, daß für $\omega < \omega_0$ die Phase der anregenden und der angeregten Schwingung gleich, also die Phasendifferenz $\varphi = 0$ ist, während für $\omega > \omega_0$ das Vorzeichen der beiden Schwingungen entgegengesetzt, d. h. $\varphi = -\pi$ ist (s. Abschn. IVa). Wir haben also an der Resonanzstelle einen Phasensprung um π.

Betrachten wir jetzt den Fall $b \neq 0$ (s. Abb. 6a und 7a). Wir formen (10a) um in

$$x = \frac{e\mathfrak{E}_{0x}}{m} \cdot \frac{\omega_0^2 - \omega^2 - \frac{b}{m} i\omega}{(\omega_0^2 - \omega)^2 + \frac{b^2}{m^2}\omega^2} \cdot e^{i\omega t}$$

und erkennen zunächst, daß jetzt die Amplitude nicht mehr unendlich werden kann, denn die Summe der Quadrate im Nenner ist immer $\neq 0$. Durch Einführung des Dämpfungsgliedes ist also die Gefahr des unendlich großen Ausschlages beseitigt. Aus (10a) erhalten wir weiter den Ausdruck:

$$x = \frac{e\mathfrak{E}_{0x}}{m} \cdot \frac{1}{\sqrt{(\omega_0^2 - \omega^2)^2 + \frac{b^2}{m^2}\omega^2}} \cdot e^{i(\omega t + \varphi)}, \tag{12}$$

wobei

$$\operatorname{tg}\varphi = -\frac{b}{m} \cdot \frac{\omega}{(\omega_0^2 - \omega^2)} \tag{13}$$

ist. Die Amplitude ist jetzt durch den Wurzelausdruck in (12), die Phasenverschiebung durch (13) bestimmt. Für $\omega = 0$, d. h. für den statischen Fall spielt die Dämpfung keine Rolle. Mit wachsendem ω steigt die Kurve in Abb 6a nicht ganz so schnell an wie in 6, erreicht ein Maximum, das jetzt etwas gegen ω_0 verschoben ist und nähert sich mit wachsendem ω dem Werte 0. Die Frequenz, bei der die

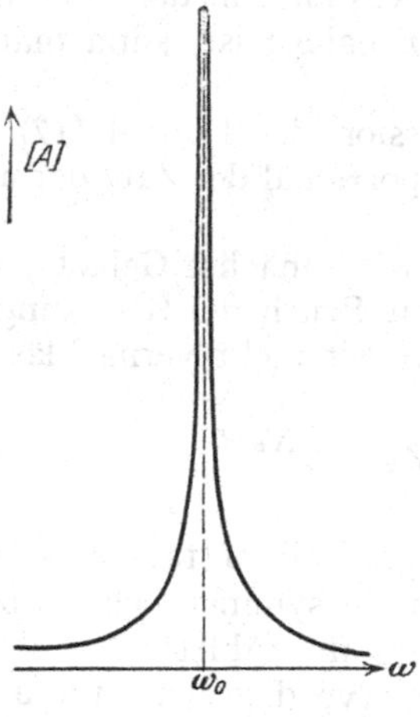

Abb. 6a.

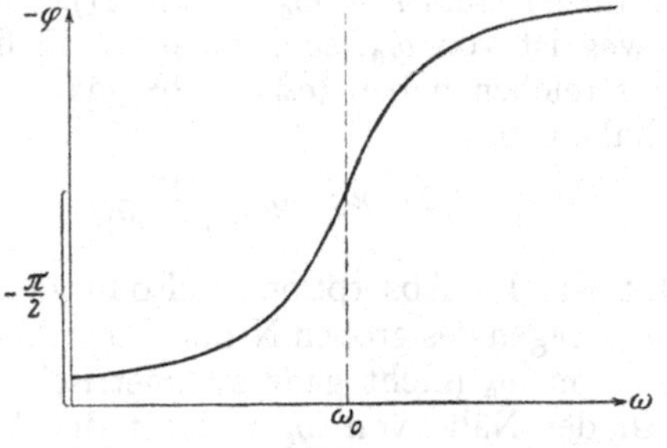

Abb. 7a.

Amplitude ihr Maximum erreicht, ergibt sich aus (12) durch Differentiation und Nullsetzen des Differentialquotienten zu

$$\omega_{\max}^2 = \omega_0^2 - \frac{b^2}{2m^2} = \omega_0^2 - \frac{\nu'^2}{2},$$

wobei im Anschluß an Voigt $b/m = \nu'$ gesetzt ist. Das Maximum liegt also links von ω_0. Die Verschiebung geht quadratisch mit b/m oder ν'. Die Phase geht wie früher von 0 bis $-\pi$, springt aber nicht an der Stelle ω_0, sondern geht dort stetig durch $-\pi/2$ (s. Abb. 7a).

13. Komplexer Brechungsindex. Wir schreiben jetzt ferner, ebenfalls im Anschluß an VOIGT, für den allgemeinen Brechungsindex $\mathfrak{n}$. Wir setzen wie oben (Ziff. 7) den Wert von x, der jetzt das Dämpfungsglied enthält, in (7) ein. Das ergibt

$$\mathfrak{n}^2 = 1 + \frac{4\pi N e^2 p}{m} \cdot \frac{1}{\omega_0^2 - \omega^2 + i\omega\nu'} = 1 + \frac{4\pi N e^2 p}{m} \cdot \frac{\omega_0^2 - \omega^2 - i\omega\nu'}{(\omega_0^2 - \omega^2)^2 + \omega^2\nu'^2}. \quad (14)$$

Der so definierte allgemeine Brechungsindex ist komplex. Wir zerlegen in den reellen und imaginären Teil und setzen $\mathfrak{n} = n(1 - i\varkappa)$. Also

$$\mathfrak{n}^2 = n^2 - 2in^2\varkappa - n^2\varkappa^2, \quad (15)$$

$$n^2(1 - \varkappa^2) = 1 + \frac{4\pi N e^2 p}{m} \frac{\omega_0^2 - \omega^2}{(\omega_0^2 - \omega^2)^2 + \omega^2\nu'^2} \quad (16)$$

und

$$2n^2\varkappa = \frac{4\pi N e^2 p}{m} \frac{\omega\nu'}{(\omega_0^2 - \omega^2)^2 + \omega^2\nu'^2}. \quad (17)$$

Um die Bedeutung des komplexen Brechungsindex zu erkennen, gehen wir auf seine Definition in der Gleichung (6) zurück. Es wird unter Berücksichtigung von (15) und (4):

$$\mathfrak{E}_x = \mathfrak{E}_{0x} \cdot e^{-\frac{\omega n \varkappa z}{c}} \cdot e^{i\omega\left(t - \frac{n}{c} z\right)}.$$

Das Glied $e^{-\frac{\omega n \varkappa z}{c}}$ zeigt eine Absorption des Lichtes, eine Verkleinerung der Amplitude mit dem Fortschreiten der Welle an. Da $\frac{c}{\omega n \varkappa} = \frac{\lambda}{2\pi\varkappa}$ ist, mißt $\frac{1}{2\pi\varkappa}$ die Zahl der Wellenlängen, innerhalb deren das Licht auf den e-ten Teil seiner ursprünglichen Amplitude abfällt, also $1/4\pi\varkappa$ den Abstand, in dem die Intensität auf $1/e$ abnimmt. Für kleine Dichten, wenn n nahe 1 ist, kann man $n^2\varkappa$ statt $n\varkappa$ als Maß für die Absorption nehmen.

14. Absorption. Wir beginnen mit der Diskussion der Formel (17). Der Faktor $4\pi N e^2 p/m$ ist von ω unabhängig. Er ist proportional der Zahl der absorbierenden Teilchen in der Volumeneinheit.

Nun ist stets $\nu' \ll \omega_0$ (s. Ziff. 27). Betrachten wir zunächst Gebiete, wo ω weit weg ist von ω_0, so können wir in dem zweiten Bruch der Gleichung (17) $\omega^2\nu'^2$ streichen neben $(\omega_0^2 - \omega^2)^2$. $\omega\nu'$ selbst wollen wir nicht vernachlässigen. Wir haben also:

$$2n^2\varkappa = \varrho' \frac{\omega\nu'}{(\omega_2^0 - \omega^2)^2}, \qquad \text{wo} \qquad \varrho' = \frac{4\pi N e^2 p}{m} \quad (17\,\text{a})$$

gesetzt ist. Die Absorption ist also für den vorliegenden Fall (ω stark verschieden von ω_0) wegen des großen Nenners sehr klein und beinahe symmetrisch auf beiden Seiten von ω_0 (nicht ganz symmetrisch wegen des ω im Zähler).

In der Nähe von ω_0 verläuft die Absorptionskurve dagegen jetzt anders. Wir setzen $\omega_0 - \omega = \delta$. Formel (14) kann dann annähernd die Form annehmen:

$$\mathfrak{n}^2 = 1 + \varrho' \frac{\omega_0^2 - (\omega_0 - \delta)^2 - i\omega\nu'}{[\omega_0^2 - (\omega_0 - \delta)^2]^2 + \omega^2\nu'^2} \quad (14\,\text{a})$$

$$\backsim 1 + \varrho' \frac{2\omega_0\delta - i\omega_0\nu'}{4\omega_0^2\delta^2 + \omega_0^2\nu'^2},$$

[1]) In dem vorliegenden Artikel sind lediglich die mit der Dispersion eng zusammenhängenden Fragen der Absorption behandelt (s. auch Abschnitt III). Wegen der übrigen Probleme der Absorption sei auf die Artikel von GREBE und LEY in Bd. XXI dieses Handbuches verwiesen.

wobei quadratische Glieder von δ vernachlässigt sind und in dem Ausdruck $\omega\nu'$ das ω ersetzt ist durch ω_0. Für Werte von ω sehr nahe gleich ω_0, also sehr kleines δ, ist $\omega\nu'$ das Maßgebende.

Für $2n^2\varkappa$ ergibt sich aus (14a) und (15):

$$2n^2\varkappa = \varrho' \frac{\nu'}{\omega_0(4\delta^2 + \nu'^2)} . \qquad (17\text{b})$$

Der Verlauf der Absorption ist dargestellt in Abb. 8[1]). Für $\delta = 0$ hat die Absorption ihr Maximum:

$$2n^2\varkappa_{\max} = \frac{\varrho'}{\omega_0\nu'} .$$

Je kleiner ν' ist, desto größer ist der Maximalwert. Im übrigen ist die Anordnung symmetrisch zu ω_0, so lange eben δ klein ist. Andernfalls ist die Symmetrie nur noch annähernd gewahrt (s. 17a). Die Höhe der Absorptionskurve ist also bestimmt durch

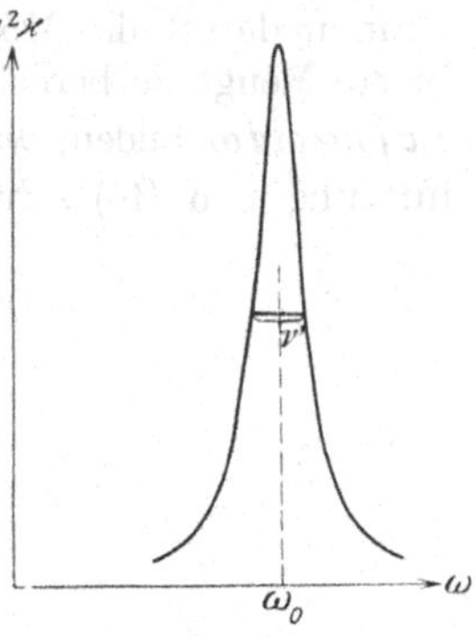

Abb. 8.

$$n^2\varkappa_{\max} = \frac{4\pi N e^2 p}{m} \cdot \frac{1}{\omega_0\nu'} .$$

Um über die Breite des Absorptionsstreifens etwas zu erfahren, betrachten wir den Ausdruck $n^2\varkappa/n^2\varkappa_{\max}$. Von besonderem Interesse ist die sog. Halbwertsbreite, d. i. derjenige Wert von δ doppelt genommen, für den der zugehörige Wert von $n^2\varkappa$ auf die Hälfte seines Wertes an der Stelle stärkster Absorption gesunken ist. Die Halbwertsbreite gibt also die Breite der Absorptionskurve an der Stelle, an der $n^2\varkappa = \frac{n^2\varkappa_{\max}}{2}$ ist. Aus der Gleichung

$$\frac{n^2\varkappa}{n^2\varkappa_{\max}} = \frac{\nu'^2}{4\delta^2 + \nu'^2} \qquad (18)$$

folgt, daß die Höhe der Absorptionskurve die Hälfte ihres Maximums erreicht für $\delta = \frac{1}{2}\nu'$. Dieser Wert soll im folgenden mit $\delta_{\frac{1}{2}}$ bezeichnet werden. Die Halbwertsbreite wird also durch ν' bestimmt und ist demnach um so größer, je größer die Dämpfung ist. Die Kurve (s. Abb. 8) wird also mit wachsendem ν' niedriger, aber breiter. Die Art der Kurve bleibt immer dieselbe, nur die Maßstäbe in den Koordinaten ändern sich. Gleichung (18) läßt sich jetzt, nach Einführung der Halbwertsbreite, auch in der Form schreiben

$$\frac{n^2\varkappa}{n^2\varkappa_{\max}} = \frac{1}{1 + \left(\frac{\delta}{\delta_{\frac{1}{2}}}\right)^2} . \qquad (19)$$

Unter der so eingeführten Halbwertsbreite einer Absorptionslinie ist die Halbwertsbreite für unendlich dünne Schicht zu verstehen. Die Stärke einer Absorptionslinie hängt nämlich exponentiell von der Schichtdicke ab. Proportionalität zwischen Intensität und Schichtdicke, also Unabhängigkeit der Halbwertsbreite von der Schichtdicke ergibt sich daher erst bei sehr geringen Schichtdicken. Bei Emissionslinien ist dagegen die Extrapolation auf unendlich dünne Schicht nicht nötig, es sei denn, daß Selbstabsorption stattfindet[2]), bei der der mittlere Teil der Linie durch den emittierenden Dampf stärker absorbiert wird als die Randpartien. Ohne Selbstabsorption ist die Intensität für die ganze Linie der Schichtdicke proportional, die Halbwertsbreite also davon unabhängig.

---

[1]) Experimentelle Bestätigung s. R. MINKOWSKI, ZS. f. Phys. Bd. 36, S. 839. 1926.

[2]) Siehe T. ROYDS, Proc. Roy. Soc. London (A) Bd. 107, S. 360. 1925; W. ORTHMANN, Ann. d. Phys. Bd. 78, S. 601. 1925; R. LADENBURG u. F. REICHE, Ann. d. Phys. (4) Bd. 42, S. 181. 1913.

Bei sehr schwacher Absorption, d. h. dünner Schicht können wir den Ausdruck $J = J_0 \cdot e^{-\frac{n\varkappa\omega z}{c}}$ (s. Ziff. 13) ersetzen durch $\frac{J_0 - J}{J} = \frac{n\varkappa\omega z}{c}$ und gewinnen damit die Möglichkeit, die im Bereich des Absorptionsstreifens absorbierte Menge zu berechnen, indem wir unter Umgehung der Exponentialfunktion $z/c\int n\varkappa\omega d\omega$ bilden, was dann aber nur für kleine Schichtdicken gilt. Unter Benutzung von (19) schreiben wir dafür

$$n^2\varkappa_{\max}\cdot\frac{z}{c}\int\limits_{-\infty}^{+\infty}\frac{\delta_{\frac{1}{2}}^2}{\left[1+\left(\frac{\delta}{\delta_{\frac{1}{2}}}\right)^2\right]\cdot\delta_{\frac{1}{2}}^2}\cdot\omega d\omega$$

$$= \frac{z}{c}\cdot\frac{2\pi N e p}{m}\cdot\frac{\pi}{2}, \tag{20}$$

wenn man die Integration über die ω durchgeführt. (Daß wir bis $\omega = \infty$ integrieren, bedingt keinen wesentlichen Fehler, da die Absorption nur in der Nähe von ω_0 merkliche Stärke erreicht.)

Bei geringer Schichtdicke können wir also nach (20) aus einer Absorptionsmessung direkt auf die Zahl der Resonatoren schließen. Die Gesamtabsorption ist in diesem Falle unabhängig von der Dämpfungsstärke ν'.

Der physikalische Grund hierfür wird noch klarer, wenn man die Wirkung der Dämpfung von einem andern Standpunkt ansieht, wie es zuerst von KRONIG[1]) ausgesprochen worden ist. Man kann nämlich sagen, daß die Wirkung der Dämpfung darin besteht, die ursprünglich vollkommen scharfe Absorptionslinie in ein Band von der Form der Abb. 8 [Gleichung (18)] auseinanderzuziehen. Die Zahl der virtuellen Resonatoren wird nicht verändert, sie haben alle eine scharfe Absorption, aber nicht alle an der gleichen Stelle ω_0, sondern bei der Frequenz $\omega_0 + \delta$, wobei der Bruchteil derjenigen mit einem δ zwischen δ und $\delta + d\delta$ gleich

$$\frac{2\nu'}{\pi}\cdot\frac{1}{4\delta^2+\nu'^2}d\delta$$

ist. (Die Konstante $2\nu'/\pi$ ist so bestimmt, daß die Gesamtzahl richtig herauskommt.) Da die Gesamtzahl der Resonatoren sich bei dieser Vorstellung nicht ändert, bleibt auch die Gesamtabsorption konstant.

Bei dieser Auffassung kommt auch als Brechungsindex für das ganze Gas richtig Gleichung (14) heraus, wenn man für den idealen Resonator mit scharfer Absorption (11) ansetzt. Es ist nämlich nach einiger Rechnung

$$\mathfrak{n}^2 - 1 = \int\limits_{-\infty}^{+\infty}\frac{A}{(\omega_0+\delta)^2-\omega^2}\cdot\frac{2\nu'}{\pi}\cdot\frac{1}{4\delta^2+\nu'^2}d\delta,$$

$$= \frac{A}{\pi}2\nu'\int\limits_{-\infty}^{+\infty}\frac{1}{\omega_0^2-\omega^2+2\omega\delta}\cdot\frac{1}{4\delta^2+\nu'^2}d\delta,$$

$$= \frac{A}{\pi(\omega_0^2-\omega^2)}\int\limits_{-\infty}^{+\infty}\frac{1}{1+\left(\frac{2\delta}{\nu'}\right)^2}\cdot\frac{1}{1+\frac{2\delta}{\nu'}\frac{\omega\nu'}{\omega_0^2-\omega^2}}d\frac{2\delta}{\nu'},$$

$$= \frac{A\{\omega_0^2-\omega^2-i\omega\nu'\}}{(\omega_0^2-\omega^2)^2+\omega^2\nu'^2}.$$

---

[1]) R. DE L. KRONIG, Journ. Amer. Opt. Soc. 1926.

15. Dispersion in der Nähe des Absorptionsstreifens. Wenn wir $\varkappa^2$ gegen 1 vernachlässigen, ergibt sich aus (16) und (14a):

$$n^2 - 1 = \frac{4\pi N e^2 p}{m} \frac{2\delta}{\omega_0(4\delta^2 + \nu'^2)}. \qquad (21)$$

Wir sehen zunächst: Der Brechungsindex verläuft jetzt auch innerhalb der Absorptionsbande stetig (s. Abb. 9 im Gegensatz zu Abb. 5). $n^2 - 1$ kehrt sein Vorzeichen um an der Stelle ω_0, da δ sein Vorzeichen umkehrt. Die Maxima und Minima des Ausdrucks liegen an den Stellen $\delta_{\frac{1}{2}}$ oder $\nu'/2$. (Es handelt sich um das Maximum einer Funktion von der Form $\frac{x}{1+x^2}$). An den Umkehrpunkten ist

$$n^2 - 1 = \pm \frac{\varrho'}{2\,\omega_0 \nu'}.$$

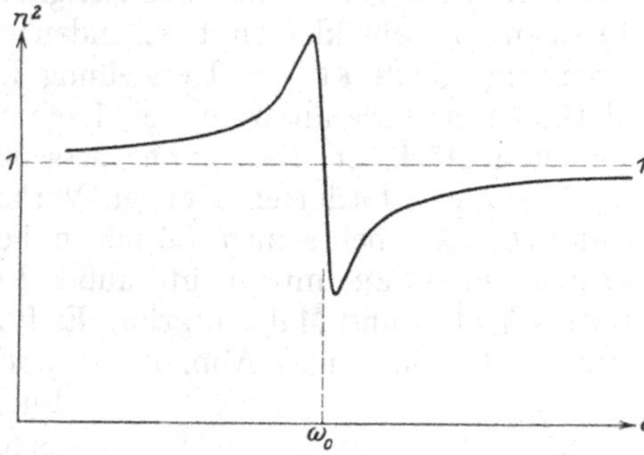

Abb. 9.

Auf beiden Seiten verläuft die Kurve wieder symmetrisch[1]) (s. Abb. 9).

16. Experimentelles zur anomalen Dispersion[2]). Formel (14) stellt also neben der Absorption auch die anomale Dispersion dar. Für die normale Dispersion geht sie in Gleichung (11) über, wie aus (14a) leicht ersichtlich ist. Wenn man von der Linie so weit entfernt ist, daß $|\omega_0^2 - \omega^2| > \omega_0 |\omega_0 - \omega| > \omega_0 \nu'$ oder $|\omega_0 - \omega| > \nu'$, darf daher immer die einfache Gleichung (11) angewandt werden. Das ist in der Entfernung einiger Linienbreiten der Fall. Experimentell bestätigt ist diese Folgerung an der Kohlensäure, bei der sich der Verlauf der Dispersion auch noch in der Nähe der beiden ultraroten Absorptionsbanden durch die einfache Gleichung (11) wiedergeben läßt (s. Ziff. 22). Für Gebiete anomaler Dispersion wird Formel (14) in der entsprechenden Form (21) ebenfalls durch die Erfahrung gut bestätigt, wie etwas eingehender gezeigt werden soll.

Christiansen hatte seine ersten Beobachtungen an 19proz. alkoholischer Fuchsinlösung gemacht (brechender Prismenwinkel 1° 14'). Bei schwachen, wenig gefärbten Lösungen wird jedoch bei Anwendung der Christiansenschen Methode die anomale Dispersion des Farbstoffes durch die normale des Lösungsmittels verdeckt, bei starken Lösungen andererseits ist die Absorption so groß, daß nur noch sehr wenig Licht durchgelassen wird. Christiansen benutzte deshalb Prismen von kleinem brechenden Winkel bei starker Konzentration. Soret[3]) konnte auch verdünnte Lösungen untersuchen, indem er sie in Prismen von größerem brechenden Winkel (30°) füllte und den Einfluß des Lösungsmittels dadurch eliminierte, daß er das Prisma selbst wieder in parallelwandige Glasgefäße setzte, die mit dem Lösungsmittel gefüllt waren.

Von neueren Messungen des Verlaufs der Dispersion von Lösungen innerhalb des Absorptionsstreifens sind vor allem die interferometrischen Messungen von van der Plaats[4]) an konzentrierten Lösungen von Kristallviolett, Erythrosin

[1]) Bei großer Absorption verschiebt sich das Maximum in Abb. 8 etwas. Ebenso verläuft die Kurve der Abb. 9 nicht mehr ganz symmetrisch.

[2]) Ausführliche Besprechung der älteren Arbeiten über anomale Dispersion s. in dem Artikel von Pflüger in Kaiser-Konens Handbuch der Spektroskopie, Bd. IV. Leipzig 1908.

[3]) J. L. Soret, Pog. Ann. Bd. 143, S. 325. 1871; Ann. chim. et phys. (4) Bd. 25, S. 412. 1872; Phil. Mag. (4) Bd. 44, S. 395, 1872.

[4]) B. J. v. d. Plaats, Ann. d. Phys. (4) Bd. 47, S. 429. 1915. Ferner B. Söderborg, ebenda Bd. 41, S. 381. 1913.

und andern Farbstoffen zwischen 3600 und 6700 Å zu nennen. VAN DER PLAATS nahm auch eine Zerlegung der ebenfalls gemessenen Absorptionskurven in Teilbanden vor und fand durch formelmäßige Darstellung seiner Beobachtungen im wesentlichen befriedigende Übereinstimmung mit der Theorie auch innerhalb der Absorptionsstreifen. Beobachtungen anomaler Dispersion von Flüssigkeiten im Ultraviolett und Ultraroten liegen ebenfalls vor[1]).

Untersuchungen über die anomale Dispersion organischer Farbstoffe in festem Zustand hat zuerst WERNICKE[2]) ausgeführt, indem er Prismen aus festem Fuchsin herstellte. Im Gebiet, wo die anomale Dispersion am deutlichsten zutage tritt, ist die Absorption natürlich sehr groß und eben deshalb mußte WERNICKE sich auf solche Spektralbereiche beschränken, die weitab von den Absorptionsstreifen liegen. Diese Schwierigkeit hat PFLÜGER[3]) überwunden, indem er Prismen von sehr kleinem brechenden Winkel (40 bis 130″) herstellte (mit Hilfe einer von QUINCKE zur Herstellung keilförmiger Silberschichten angegebenen Methode) und dadurch in der Lage war, die Brechungsindizes auch in den Gebieten stärkster Absorption messend zu verfolgen. Er konnte so den von der Theorie geforderten stetigen Verlauf innerhalb der Absorptionsbande, den CHRISTIANSEN bei seinen Lösungen beobachtet hatte, an den reinen Stoffen prüfen. PFLÜGER untersuchte außer Fuchsin noch Cyanin, Magdalarot, HOFFMANNS Violett und Malachitgrün. Er findet den von der Theorie erwarteten Verlauf (s. Tabelle 5 und Abb. 9a; s. auch Ziff. 76). Dabei ergibt sich z. B. bei Fuchsin als kleinster beobachteter Wert ein Brechungsindex von 0,83. Nach unserer bisherigen Definition hieße das, daß Geschwindigkeiten auftreten, die größer sind als die Lichtgeschwindigkeit im Vakuum. Den sich hieraus scheinbar ergebenden Widerspruch gegen die Relativitätstheorie konnte SOMMERFELD[4]) entkräften, indem er darauf hinwies, daß es sich hier um die

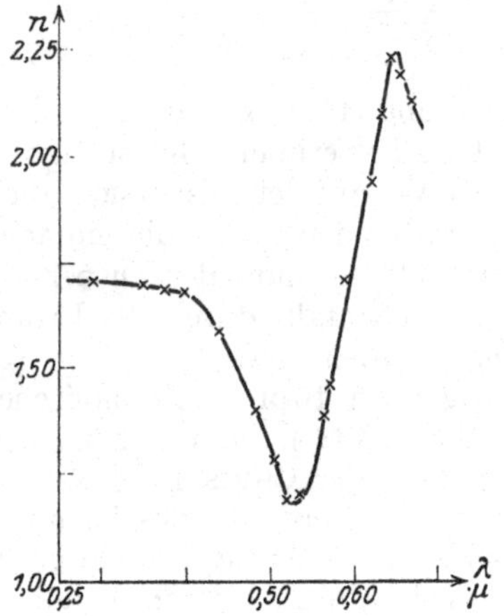

Abb. 9a. Dispersion des festen Cyanins.

Tabelle 5.
Dispersion des festen Cyanins.

λ (μ)	n	λ (μ)	n
0,288	1,71	0,565	1,39
0,350	1,70	0,570	1,46
0,378	1,69	0,589	1,71
0,400	1,69	0,620	1,94
0,440	1,59	0,635	2,10
0,486	1,40	0,645	2,23
0,505	1,28	0,656	2,19
0,520	1,19	0,671	2,13
0,535	1,20		

[1]) R. W. WOOD, Phil. Mag. (6) Bd. 6, S. 96, 1903 (Toluol im Ultravioletten); W. FRICKE, Ann. d. Phys. (4) Bd. 16, S. 865. 1905 (Farbstofflösungen, Brom, Schwefelkohlenstoff im Ultravioletten); H. VOELLMY, ZS. f. phys. Chem. Bd. 127, S. 305. 1927 (Organische Flüssigkeiten im sichtbaren und ultravioletten Spektralgebiet); H. RUBENS und E. LADENBURG, Verh. d. D. Phys. Ges. 1906, S. 16 (aus Reflexionsmessungen im Ultraroten für Wasser).

[2]) W. WERNICKE, Pogg. Ann. Bd. 155, S. 87. 1875.

[3]) A. PFLÜGER, Wied. Ann. Bd. 56, S. 412. 1895; Bd. 65, S. 173 u. 225. 1898; s. auch R. W. WOOD, Phil. Mag. (5) Bd. 46, S. 380. 1898; (6) Bd. 1, S. 664. 1909, ferner J. KÖNIGSBERGER u. K. KILCHLING, Ann. d. Phys. (4) Bd. 28, S. 889. 1901.

[4]) A. SOMMERFELD, Ann. d. Phys. (4) Bd. 44, S. 177. 1914; L. BRILLOUIN, Ann. d. Phys. Bd. 44, S. 203. 1914.

Phasengeschwindigkeit, nicht aber um die für Lichtsignale allein in Betracht kommende Gruppengeschwindigkeit handelt.

Wesentlich einfacher und in theoretischer Hinsicht durchsichtiger als bei den komplizierten organischen Farbstoffen liegen die Verhältnisse bei Gasen und Dämpfen, bei denen es aber bis jetzt noch nicht gelungen ist, die Dispersion in den Gebieten stärkster Absorption zu verfolgen. Bereits oben wurden die Beobachtungen von KUNDT und JULIUS am Na-Dampf erwähnt. WOOD[1]) hat die Dispersion des reinen Natriumdampfes zwischen 2260 und 7500 Å mit Hilfe der von ihm etwas modifizierten Methode der gekreuzten Prismen untersucht. In diesem Bereich hat der Natriumdampf drei sehr schmale Absorptionsgebiete: bei 2852, 3303 und 5890 Å. An allen dreien beobachtete WOOD anomale Dispersion. Seine Messungen reichen sehr nahe an die D-Linien heran. Bei der formelmäßigen Darstellung dürfen die beiden ultravioletten Absorptionslinien, da infolge ihrer geringen Intensität ihr Einfluß nur in ihrer unmittelbaren Nähe merklich ist, vernachlässigt werden. Durch Zusammenfassen der beiden D-Linien in ein Glied ($\lambda_0 = 5889{,}8$ Å) kommt GOLDHAMMER[2]) zu folgender Formel für WOODS Messungen:

$$n - 1 = \frac{13{,}9475 \cdot 10^{24}}{259{,}440 \cdot 10^{27} - \nu^2}\,. \qquad \text{(IV)}$$

Berücksichtigt man jedoch beide D-Linien, so führt das, wie die mit der zweigliedrigen Formel

$$n - 1 = \frac{4{,}5391 - 10^{24}}{258{,}894 \cdot 10^{27} - \nu^2} + \frac{9{,}0782 \cdot 10^{24}}{259{,}418 \cdot 10^{27} - \nu^2} \qquad \text{(V)}$$

berechneten Werte zeigen, zu wesentlich besserer Übereinstimmung (s. Tabelle 5a). Die in allernächster Nähe der D-Linien auftretenden Abweichungen rühren wohl davon her, daß das ν' hier bereits merklichen Einfluß gewinnt. Daß die Abweichung bei 5886,6 Å, also in drei Å Abstand von der Absorptionslinie, noch 25% beträgt, ist gut möglich, da die D-Linien recht breit sein dürften[3]). Die Differenzen bei 3610 und 3270 Å sind offenbar durch Ver-

Tabelle 5a. Dispersion des nichtleuchtenden Natriumdampfes bei 644° C. Beobachtet von R. W. WOOD.

λ Å	$(n-1) \cdot 10^5$ beob.	$(n-1) \cdot 10^5$ ber. nach (IV)	$(n-1) \cdot 10^5$ ber. nach (V)
2260	−1	−0,5	−0,5
3270	2	1	1
3610	3	2	2
4500	5	4	4
5300	12	11	11
5400	15	14	14
5460	17	16	16
5650	35	31	30
5700	40	40	39
5750	50	55	53
5807	91	94	89
5827	110	120	117
5843	150	170	157
5850	180	200	183
5858	230	250	227
5867	310	340	310
5875	460	530	462
5882,0	920	1010	830
5885,0	1400	1600	1250
5886,6	2300	2500	1700
5888,4	5600	5600	3420
5889,6	38600	38600	12500
5916	+297	+340	+331
5942	153	154	157
5960	116	150	116
5977	93	93	93
6013	66	66	66
6055	52	50	50
6137	34	34	34
6200	29	29	27
6310	20	21	21
7500	12	7	7

[1]) R. W. WOOD, Proc. Amer. Acad. Bd. 40, Nr. 6, S. 365. 1904; s. auch Proc. Roy. Soc. (A) Bd. 69, S. 157, 1901; Phil. Mag. (6) Bd. 3, S. 128. 1902; Phys. ZS. Bd. 3, S. 233. 1902; Phil. Mag. (6), Bd. 8, S. 293. 1904; Phys. ZS. Bd. 5, S. 750. 1904.

[2]) D. A. GOLDHAMMER, Dispersion und Absorption des Lichts. Braunschweig 1913.

[3]) R. MINKOWSKI, Ann. d. Phys. (4) Bd. 66, S. 206. 1921.

nachlässigung des Einflusses der Linie 3303 verursacht, während die Differenz bei 2260 Å wohl darauf zurückzuführen ist, daß diese Wellenlänge bereits kurzwelliger ist, als die Seriengrenze (s. Ziffer 78, 79).

Noch weiter als WOOD kam ROSCHDESTWENSKY[1]) mit Hilfe einer von PUCCIANTI[2]) angegebenen Methode (horizontale Streifen im kontinuierlichen Spektrum). Es gelang ihm, die Messung in seiner „Hakenmethode" so weit zu verfeinern, daß er den Verlauf der Dispersionskurve sogar zwischen den beiden D-Linien quantitativ verfolgen konnte. Seine Beobachtungen werden dargestellt durch eine zweigliedrige Formel, deren Eigenfrequenzen durch die beiden D-Linien gegeben sind. Das Ergebnis der Untersuchung von ROSCHDESTWENSKY darf als die schönste Bestätigung der klassischen Dispersionsformel angesehen werden[3]).

In der Nähe der übrigen Hauptserienlinien des Natriums und der Alkalien findet BEVAN[4]) mit der genannten Methode von WOOD den Verlauf der Dispersion ebenfalls in Übereinstimmung mit der Theorie, ebenso WOOD[5]) bei der Hg-Linie 2536 mit der Methode von PUCCIANTI.

Anomale Dispersion an Tl-Dampf beobachtete MC LENNAN[6]) bei 5350 und 6000 Å. Die letztgenannte Anomalie erwies sich aber nach neueren Versuchen von NARAYAN, GUNNAIYA und RAO[7]) als nicht reell. Dagegen fanden diese stärkere Anomalie in der Nähe der starken Absorptionslinie 3776 Å.

Weiterhin sind noch qualitative Beobachtungen von KING[8]) mit der seinem Kohlerohrwiderstandsofen angepaßten WOODschen Methode an zahlreichen Linien von Ca, Mg, Ti, Cr und Fe zu nennen.

Schließlich konnte anomale Dispersion auch in elektrisch angeregten Gasen beobachtet werden[9]). LADENBURG und seinen Mitarbeitern gelang es, an einigen Linien[10]) von H, He, Ne und Hg bei Anregung dieser Gase mit Gleichstrom qualitative Messungen auszuführen, wozu sie sich der bereits erwähnten Methode der horizontalen Interferenzstreifen im kontinuierlichen Spektrum bzw. der Hakenmethode bedienten. Sie fanden, daß bei kleiner Anregungsstromstärke die metastabilen Zustände vorherrschen und daß mit wachsendem Strom die Zahl der nichtmetastabilen, spontan zerfallenden Zustände rascher zunimmt als die der

---

[1]) D. ROSCHDESTWENSKI, Ann. d. Phys. (4) Bd. 39, S. 307. 1912.

[2]) L. PUCCIANTI, Cim. Bd. 2, S. 257. 1901; Mem. Spett. Ital. Bd. 33, S. 133. 1904. — Erste Anwendungen s. z. B. R. LADENBURG u. ST. LORIA, Phys. ZS. Bd. 9, S. 875. 1908; ST. LORIA, Ann. d. Phys. (4) Bd. 30, S. 240. 1909.

[3]) Es sei hier besonders auf die schönen, der zitierten Arbeit beigegebenen Tafeln verwiesen.

[4]) P. V. BEVAN, Proc. Roy. Soc. London (A) Bd. 85, S. 58. 1911; Bd. 83, S. 421. 1910.

[5]) R. W. WOOD, Phys. ZS. Bd. 14, S. 191. 1913; Phil. Mag. (6) Bd. 25, S. 433. 1913; s. auch F. E. KLINGAMAN, Phys. Rev. Bd. 28, S. 665. 1926.

[6]) J. C. MC LENNAN, Proc. Roy. Soc. (A) Bd. 100, S. 191. 1921.

[7]) A. L. NARAYAN, D. GUNNAIYA und R. RAO, Proc. Roy. Soc. (A) Bd. 106, S. 596. 1924; Über eine interessante Anwendung s. E. FERMI und F. RASETTI, ZS. f. Physik Bd. 43, S. 379. 1927.

[8]) A. S. KING, Astroph. Journ. Bd. 45, S. 254. 1917.

[9]) O. LUMMER u. E. PRINGSHEIM, Phys. ZS. Bd. 4, S. 430. 1903; F. SCHOEN, Diss. Jena 1904; H. GEISSLER, Diss. Bonn 1909; R. LADENBURG u. ST. LORIA, Phys. Z. Bd. 9, S. 874. 1908; A. PFLÜGER, Ann. d. Phys. (4) Bd. 24, S. 515. 1907; R. W. WOOD, Phys. ZS. Bd. 7, S. 926. 1906; P. P. KOCH u. W. FRIEDRICH, ebenda Bd. 12, S. 1193. 1911; R. LADENBURG, Ann. d. Phys. (4) Bd. 38, S. 250. 1913 und vor allem in neuester Zeit R. LADENBURG, H. KOPFERMANN u. A. CARST, Berl. Ber. Bd. 20, S. 255. 1926 und R. LADENBURG, Phys. ZS. Bd. 27, S. 789. 1926; s. auch die während des Druckes erschienenen Arbeiten von R. LADENBURG u. H. KOPFERMANN, ZS. f. Phys. Bd. 48, S. 26 u. 51. 1928.

[10]) Über den Zusammenhang mit BOHRschem Atommodell und Quantentheorie, auf denen die diesen Experimenten zu Grunde gelegten Gedanken basieren, s. später (bes. Ziff. 42 und 78).

metastabilen, so daß sich schließlich z. B. zwischen den energetisch benachbarten, zu einem Triplett gehörigen s-Zuständen des Neons ein statistischer Gleichgewichtszustand ausbildet. Die Zahl der Atome in den verschiedenen Anregungszuständen ändert sich dann nicht mehr mit der Stromstärke, die Verhältnisse der Zahlen der verschieden angeregten Atome sind in Übereinstimmung mit den Gesetzen der Quantenstatistik, unabhängig von dem metastabilen oder labilen Charakter der Atomzustände, wesentlich nur durch das Verhältnis ihrer Quantengewichte bestimmt.

Schließlich sei noch erwähnt, daß auch bei Molekülen in der Nähe der Absorptionsbanden bzw. deren einzelner Linien anomale Dispersion beobachtet worden ist[1]).

II. Dispersion bei dichter Packung der Atome; Temperaturabhängigkeit und Dispersion im Gebiete langer Wellen.

17. Einführung der LORENTZ-LORENZschen Kraft. Bei dichter Packung der Atome bzw. Moleküle oder Ionen macht sich ein wichtiger Faktor geltend, den wir im vorhergehenden vernachlässigt haben. Die Kraft, die auf die Einheitsladung des einzelnen Moleküls wirkt, die sog. „erregende Kraft", ist dann nämlich nicht mehr mit der äußeren Feldstärke identisch, sondern wird auch noch durch die unmittelbare Umgebung, von den Nachbarmolekülen, mitbestimmt, wie LORENTZ-LORENZ gezeigt haben[2]).

Um uns über die Art dieser Zusatzkraft eine Vorstellung machen zu können, greifen wir zunächst auf unsere frühere elektrostatische Betrachtung in Ziff. 6 zurück. Danach wird bei Einwirkung eines elektrischen Feldes auf ein dielektrisches Medium das einzelne Atom zu einem Dipol auseinandergezogen. Dasselbe geschieht aber mit allen benachbarten Atomen und diese wirken nun ihrerseits durch ihre Ladungen auf das betrachtete Atom ein.

Wir betrachten wieder zwei Kondensatorplatten mit bestimmter Ladung (s. Abb. 10). Der Zwischenraum sei mit einem Dielektrikum angefüllt. Wie können wir jetzt mit der Probekugel $\mathfrak{E}$ und $\mathfrak{D}$ messen? Um die elektrische Verschiebung $\mathfrak{D}$ zu messen, machen wir einen feinen Spalt senkrecht zur Richtung der Feldstärke. Der Spalt trägt dann von der Platte induzierte entgegengesetzte Ladungen, die gleich den induzierten Ladungen am äußeren Rande des Mediums sind und daher deren Wirkung aufheben. Was wir im Innern des Spaltes mit der Probekugel messen, ist jetzt $\mathfrak{D}$, wenn nur der Kondensator groß genug ist, so daß wir von der Randwirkung absehen können. $\mathfrak{E}$ können wir messen, wenn wir einen ebensolchen Spalt parallel zur Kraftlinienrichtung nehmen. Dieser trägt natürlich auch Randbelegungen. Aber wir brauchen den Spalt nur schmal genug zu machen, um diese induzierten Ladungen neben der Wirkung des übrigen Kondensators vernachlässigen zu können. Die kleine Schicht am Rand des Spaltes kann dann eben die lange, an den Platten induzierte Schicht nicht kompensieren.

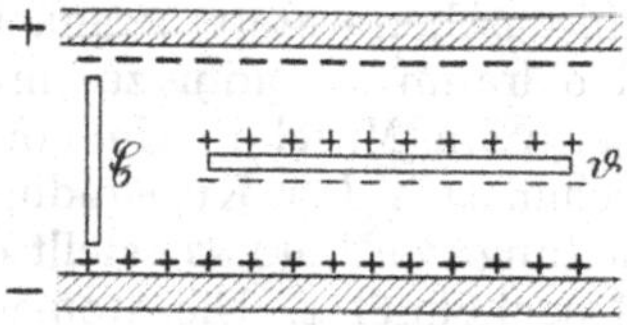

Abb. 10.

Unsere Frage lautet also, welche Kraft wirkt in einem Dielectricum auf die Einheitsladung eines einzelnen Atoms? Was man in den Spalten mißt, ist

[1]) W. H. JULIUS und B. J. VAN DER PLAATS, ZS. f. wiss. Photogr. Bd. 10, S. 62. 1911; s. auch Ziffer 22.

[2]) H. A. LORENTZ, Wied. Ann. Bd. 9, S. 641. 1880; L. LORENZ, ebenda Bd. 11, S. 70. 1880.

immer die Feldstärke, die innerhalb derselben herrscht. Was sich mit der Spaltform ändert, ist das Verhältnis der Feldstärke im Innern zu der Feldstärke im Dielektrikum. Es sind natürlich auch alle Übergänge zwischen den beiden obengenannten Spaltarten möglich. Dann ist allgemein $\mathfrak{E}_{\text{Hohlraum}} = \mathfrak{E}_{\mathfrak{D}} + a\mathfrak{P}$ [1]). Uns interessiert jetzt der Fall eines kugelförmigen Hohlraums (s. Abb. 11). Die Wirkung der induzierten Ladung liegt jetzt zwischen derjenigen in den beiden, gerade betrachteten Fällen. Die Feldstärke $\mathfrak{E}_{\bigcirc}$, die man bei Verschiebung eines Probekörpers im Kugelinnern mißt, ist gegeben durch:

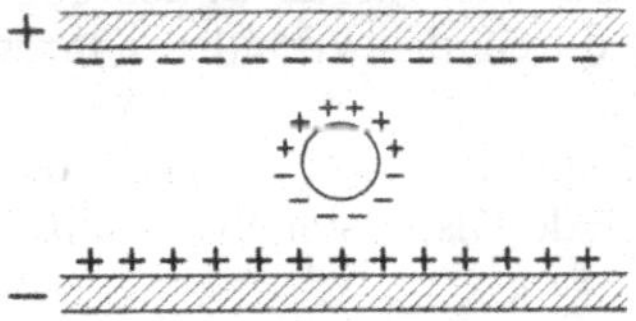

Abb. 11.

$$\mathfrak{E}_{\bigcirc} = \mathfrak{E}_{\mathfrak{D}} + \frac{4\pi}{3}\mathfrak{P}$$

($\mathfrak{E}_{\mathfrak{D}}$ = Feldstärke im Dielektrikum.) Die Verschiebung der ganzen Kugel als solcher mißt natürlich die im Dielektrikum herrschende Feldstärke $\mathfrak{E}_{\mathfrak{D}}$. Bemerkenswert ist, daß der Kugelradius nicht in die Gleichung für $\mathfrak{E}_{\bigcirc}$ eingeht. Das kommt daher, daß eine Kugelschale überhaupt keine Wirkung ausübt. Wenn wir den Radius größer nehmen, schneiden wir aber nur Kugelschalen weg, die sowieso keine Wirkung ausüben. Daß unser Hohlraum überhaupt eine Wirkung hat, rührt davon her, daß wir den Kugelraum nicht beliebig groß machen können, sondern zum Schluß auf die Kondensatorplatten treffen. Es wirken dann die Partien rechts und links auf den Innenraum ein.

Warum messen wir dann aber auch $\mathfrak{E}_{\mathfrak{D}}$, wenn wir den Probekörper direkt in das Dielektrikum tun? Die Oberfläche der Höhlung wird dann zwar auch induziert; aber wenn wir ihn bewegen, nehmen wir die induzierte Flüssigkeitsschicht mit. Der Probekörper wird also nicht gegen die an ihm induzierten Ladungen verschoben und diese wirken also nicht auf die Lage des Schwerpunktes, sondern nur als elastische Spannung. In dem Hohlraum dagegen bewegen wir den Körper gegen die an den Rändern induzierten Ladungen.

Wenn wir diese Überlegungen anwenden wollen, müssen wir nur noch rechtfertigen, daß wir gerade den Fall des kugelförmigen Hohlraumes angenommen haben. Bei einem Gas oder einer Flüssigkeit wird das in einem bestimmten Augenblick gewiß nicht stimmen. Aber im Mittel wird es so sein, daß die übrigen Atome an das betrachtete herankommen bis auf einen gewissen Abstand, den wir dem Hohlraum als Radius zuschreiben. Wir können also annehmen, die übrigen Atome seien im Mittel in ein homogenes Dielektrikum außerhalb einer Kugel „verschmiert". Der Kugelradius spielt dann ja keine Rolle. Die ursprüngliche Ableitung von LORENTZ stellt es so dar, daß sie um das Molekül eine etwas weitere Kugel einführt. Die Atome außerhalb dieser Kugel können dann als gleichmäßig verteilt angesehen werden. Im Innern ist das dann zwar nicht mehr der Fall. Aber die Wirkung der Moleküle innerhalb dieser weiteren Kugelschale läßt sich durch einen Mittelwert ersetzen, der sich zu Null ergibt.

Das Resultat bleibt, außer für isotrope homogene Medien, auch im Fall der gewöhnlichen, kubischen Raumgitter[2]) bestehen. (Betr. anderer Gitterformen s. Abschn. IV).

LUNDBLADT[3]) betrachtete auch den Fall, in dem das Atom nicht im Mittelpunkt einer Kugel, sondern eines ellipsoiden Hohlraumes anzunehmen sei. Dann

---

[1]) H. A. LORENTZ, Theorie of Electrons, S. 138. Leipzig 1909. Literatur s. DORN, Enzyklopädie der Math. Wiss. Bd. V_4, S. 758.

[2]) P. DEBYE, Münchener Vorlesung. 1912; Handb. d. Rad. Bd. VI, Leipzig 1925.

[3]) R. LUNDBLADT, Untersuchungen über die Optik der dispergierenden Medien vom molekulartheoretischen Standpunkt. Uppsala Univ. Årsskr. 1920.

erhält man als Zusatzkraft nicht mehr $\frac{4\pi}{3}\mathfrak{P}$. Ist das Ellipsoid sehr lang gestreckt, so liegt z. B. der Fall des Längsspaltes vor. Wenn die Ellipsoide verschieden orientiert sind, so kommt das im Mittel wieder auf die Wirkung einer Kugel heraus, sobald unsere obige Annahme gültig bleibt. LUNDBLADT meint nun, daß im elektrischen Felde die Ellipsoide eine bestimmte Orientierung hätten und führt hierauf den Kerreffekt zurück.

Daß wir die für den statischen Fall gültige Berechnung der LORENTZ-LORENZschen Kraft auf Wechselfelder übertragen, ist bloß dann zulässig, wenn die Größe des Moleküls klein ist gegen die Wellenlänge. Denn es war ja vorausgesetzt, daß das kugelförmige Loch (oder Molekül) sich in einem homogenen Feld befindet, daß also die Feldstärke im Gebiet der Kugel nicht merklich variiert. Das trifft nun tatsächlich auch zu (z. B. $\lambda = 3000$ Å $= 3\cdot 10^{-5}$ cm gegenüber Moleküldurchmessern von der Größenordnung 10^{-8} cm). [Zieht man die Änderung der Feldstärke innerhalb der Kugel in Betracht, so kommt man zur Erklärung der natürlichen Aktivität[1]).]

18. Formel für die Refraktion $\left(\frac{n^2-1}{n^2+2}\right)$. Das alles übertragen wir jetzt auf die Dispersion. Die Gleichung

$$n^2 = 1 + 4\pi N\frac{\mathfrak{p}}{\mathfrak{E}} = 1 + 4\pi N e p\frac{x}{\mathfrak{E}}$$

bleibt unverändert.

Ebenso bleibt die Bewegungsgleichung jetzt zwar wie früher

$$m\ddot{x} + b\dot{x} + m\omega_0^2 x = \mathfrak{K},$$

aber die Kraft $\mathfrak{K}$ ist jetzt nicht mehr wie früher $e\mathfrak{E}_0$, sondern

$$\mathfrak{K} = e\left(\mathfrak{E}_0 + \frac{4\pi}{3}\mathfrak{P}\right).$$

Der Summand $\frac{4\pi}{3}\mathfrak{P}$, die LORENTZ-LORENZsche Kraft, kommt daher, daß jetzt auch die Nachbarn eines jeden Atoms eine Kraft auf dieses ausüben, wenn sie polarisiert sind.

Das führt wie früher (s. Ziff. 7) zu

$$\mathfrak{p} = epx = ap\mathfrak{K},$$

wo a/e die Weichheit, d. h. die Leichtigkeit, mit der ein Teilchen polarisiert wird, mißt[2]). Es ist unverändert

$$a = \frac{e}{m(\omega_0^2 - \omega^2 + i\omega\nu')}.$$

Wir schreiben

$$4\pi N a p e = 4\pi N p\frac{e^2}{m(\omega_0^2 - \omega^2 + i\omega\nu')} = 3R$$

und nennen R das Refraktionsäquivalent. Dann ist

$$4\pi\mathfrak{P} = 3R\left(\mathfrak{E} + \frac{4\pi}{3}\mathfrak{P}\right),$$

$$\mathfrak{E}(n^2-1) = 4\pi\mathfrak{P} \quad \text{(Definiton)},$$

$$n^2 - 1 = 3R\left(1 + \frac{n^2-1}{3}\right),$$

---

[1]) Z. B. M. BORN, Ann. d. Phys. (4) Bd. 55, S. 177. 1918; C. W. OSEEN, ebenda Bd. 48, S. 1. 1915.

[2]) Über die Möglichkeit, die Anisotropie der Polarisierbarkeit mit Hilfe der Lichtzerstreuung und des Kerreffektes zu bestimmen, s. Ziff. 68.

also wird

$$\frac{n^2-1}{n^2+2} = R\,. \tag{22}$$

Formel (22) geht für kleine Werte von n, d. h. für Medien, die sich vom leeren Raum nur wenig unterscheiden, in $\frac{n^2-1}{3} = R$, d. h. in unsere frühere Formel über. Bei Gasen, bei denen die Zahl der Atome in der Raumeinheit klein ist und die Teilchen sich gegenseitig kaum beeinflussen, reicht sie daher vollkommen aus. Bei dichter Packung muß aber Formel (22) Anwendung finden. DRUDE und VOIGT verwenden immer die einfache Formel. Sie muß dann durch die andere ersetzt werden.

Wenn wir die Molekeln nicht im Mittel in einer kugelförmigen Höhlung anzunehmen hätten, sondern in irgendeinem sonstwie symmetrischen Gebilde, hätten wir anstatt des Faktors 3 eine Größe s zu setzen und (22) hätte beim Auflösen die Form

$$\frac{n^2-1}{n^2+s} = \frac{3}{s}\cdot R\,,$$

wobei die Größe s durch die Form der Molekeln bestimmt ist und von der Richtung abhängen kann.

Wir sehen ferner aus Formel (22), daß R immer kleiner als 1 sein muß, denn erst für $n = \infty$ erreicht der Ausdruck seinen Maximalwert 1.

R mißt die Stärke der rücktreibenden Kraft. Was bedeutet nun die Ungleichung $R < 1$? Sie kommt zustande aus der Gleichung

$$4\pi\mathfrak{P} = 3R\left(\mathfrak{E} + \frac{4\pi}{3}\mathfrak{P}\right).$$

Diese ergibt für $R = 1$ die Beziehung

$$4\pi\mathfrak{P} = 3\mathfrak{E} + 4\pi\mathfrak{P}\,,$$

die nur für $\mathfrak{E} = 0$ erfüllt ist. D. h. ohne äußere Feldstärke ist jede beliebige Polarisation möglich. Die gegenseitige Wirkung der Dipole ist dann so stark, daß sie sich in jeder Lage festhalten. Wird der Dipol noch weicher, so wird $R > 1$. Dann ist

$$4\pi\mathfrak{P} = 3R\mathfrak{E} + 4\pi R\mathfrak{P} \qquad \text{oder} \qquad -\frac{3R\mathfrak{E}}{R-1} = 4\pi\mathfrak{P}\,.$$

D. h. für eine endliche Polarisation von positivem Vorzeichen brauchen wir eine negative Feldstärke. Ohne eine solche wäre die Polarisation so stark, daß die quasielastisch gebundenen Elektronen aus dem Molekülverband geworfen würden[1]).

19. Abhängigkeit des Brechungsindex von der Dichte. Wir hatten seinerzeit $n^2 - 1$ proportional der Dichte gefunden. Das ist aber nur richtig, solange wir die gegenseitige Beeinflussung der Teilchen vernachlässigen dürfen, also z. B. bei Gasen und Dämpfen unter Normalbedingungen, wo wir immer $\frac{n^2-1}{n^2+2}$ durch $\frac{2}{3}(n-1)$ ersetzen dürfen. Die exakte Formel (22) verlangt Proportionalität zwischen $\frac{n^2-1}{n^2+2}$ und der Dichte. Wir schreiben jetzt noch, indem wir mit dem Molekularvolumen multiplizieren:

$$\frac{n^2-1}{n^2+2}\cdot\frac{M}{d} = R\frac{M}{d} \quad (M = \text{Molekulargewicht},\ d = \text{Dichte}).$$

---

[1]) S. auch K. F. HERZFELD, Phys. Rev. (2) Bd. 29, S. 701. 1927, wo die Anwesenheit der freien Elektronen in Metallen an diesen Effekt geknüpft wird.

Diese Größe heißt Molekularrefraktion. Sie müßte völlig unabhängig sein von Dichte und Temperatur, weil dies, vorausgesetzt, daß weder ω_0 noch ν' von Dichte und Temperatur abhängen, für die Polarisation des Einzelteilchens zutrifft und der Einfluß der Dichte durch den Faktor M/d eliminiert ist. (Die Änderung von ν' kann man vernachlässigen, sobald man weit von der Spektrallinie entfernt ist, über die Änderung von ω_0 s. Ziff. 20.) Die Unabhängigkeit der Molekularrefraktion von der Dichte ist tatsächlich auch sehr weitgehend erfüllt und scheint nach Versuchen von LORENZ und PRYTZ[1]) auch bei Änderung des Aggregatzustandes noch gewahrt zu bleiben. Weiteres s. Abschn. V.

20. Temperaturabhängigkeit. Wir müssen erwarten, daß die Kräfte, die im Atominnern herrschen und die Elektronenbindung bedingen, temperaturunabhängig[2]) sind. Der Brechungsindex sollte daher, soweit er auf Elektronenschwingungen zurückzuführen ist, nur dadurch von der Temperatur abhängen, daß die Dichte davon abhängt. Wir werden also nach Ziff. 19 ohne weiteres annehmen dürfen, daß zwar nicht n, wohl aber $\frac{n^2-1}{n^2+2}\cdot\frac{M}{d}$ für Glieder mit ultravioletten Eigenfrequenzen temperaturunabhängig ist. Streng richtig ist dies aber auch nur innerhalb der praktisch vorkommenden Temperaturdifferenzen. Sobald nämlich die Temperatur so hoch ist, daß höhere Elektronenbahnen angeregt sind, haben wir ja eine Mischung zwischen Atomen im Normalzustand und solchen mit höherquantigen Elektronenbahnen, wobei das Verhältnis der Komponenten der Mischung von der Temperatur abhängt. Damit haben wir dann eine direkte Temperaturabhängigkeit. Dieser Fall tritt bei Atomen, also bei den ultravioletten ν_0, von 700 bis 800° an ein. Dagegen muß bei den ultraroten Eigenschwingungen, wo es sich um Molekülbewegungen handelt, schon bei viel tieferen Temperaturen für die exakte Rechnung eine Temperaturabhängigkeit berücksichtigt werden. Das kommt so zustande, daß mit steigender Temperatur höhere Oberschwingungen des Moleküls bereits häufiger werden. Wären die die Schwingungen bedingenden innermolekularen Kräfte quasielastisch, so nähme nur die Größe der Amplitude zu. Oberschwingungen gäbe es keine. Sind die Kräfte aber nicht quasielastisch, was tatsächlich zutrifft, so ergibt sich quantentheoretisch eine Änderung mit der Temperatur. Außerdem wird aber auch die sichtbare Absorption geändert, da diese durch Überlagerung von Elektronenbewegung, Oszillationsbewegung und Rotation bestimmt ist (Bandenstruktur). Bei steigender Temperatur verschiebt sich die Intensitätsverteilung der Bande und damit ändert sich auch die Dispersion. Ein weiterer Temperatureinfluß mag unter Umständen darauf beruhen, daß infolge stärkerer Oszillation bereits eine merkliche Lockerung des Moleküls eintritt. was sich aber ebenfalls erst bei großen Temperaturen meßbar geltend machen dürfte.

21. Natürliche Dipole. Die beobachteten Dielektrizitätskonstanten zeigen oft eine viel größere Temperaturabhängigkeit, als sie nach diesen Überlegungen zu erwarten wäre. Das ist dann darauf zurückzuführen, daß wir für viele Substanzen, besonders für solche, die unter Normalbedingungen bereits nicht mehr gasförmig sind, die Existenz natürlicher, drehbarer Dipole anzunehmen haben. Bei diesen Substanzen bedingt, wie DEBYE[3]) zeigte, eine Unsymmetrie im inneren

---

[1]) L. LORENZ, Wied. Ann. Bd. 11, S. 70. 1880; K. PRYTZ, ebenda Bd. 11, S. 104. 1880; L. BLEEKRODE, Proc. Roy. Soc. London (A) Bd. 37, S. 339. 1884; Journ. de phys. (3) Bd. 4, S. 109. 1885; J. W. BRÜHL, ZS. f. phys. Chem. Bd. 7, S. 1. 1891; s. auch S. KYROPOULUS, ZS. f. Phys. Bd. 40, S. 507. 1926, wo auch weitere Literaturangaben zu finden sind.

[2]) Ob bei Molekülen die mit Temperaturerhöhung bedingte schnellere Rotation sowie die stärkere Oszillation der Atome im Molekül eine merkliche Änderung der Elektronenbindung bedingt, muß aus den Bandenspektren ersehen werden.

[3]) P. DEBYE, Handb. d. Radiol. Bd. VI, Leipzig 1925.

Aufbau der Moleküle, daß sie ein elektrisches Feld um sich erzeugen, dessen Kraftlinien ebenso verlaufen wie die magnetischen bei einem Magneten. Es sind dieselben Substanzen, für welche die MAXWELLsche Relation nicht erfüllt ist. Sie tragen elektrische Dipole in sich, deren Wirkung sich der erst bei Einschaltung des elektrischen Feldes erzeugten Polarisation überlagert. Ohne äußeres elektrisches Feld ist die Richtung dieser Dipole nicht ausgezeichnet, das räumliche elektrische Moment eines großen Volumenelementes also gleich 0. Sobald aber ein äußeres elektrisches Feld auf einen solchen Körper einwirkt, versuchen die Dipole sich in eine bestimmte Richtung einzustellen, da jetzt die richtende Wirkung des Feldes der Wärmebewegung entgegenwirkt. Das führt dann zu einer Temperaturabhängigkeit umgekehrt proportional mit T, also zu der Form

$$\frac{\varepsilon-1}{\varepsilon+2}\cdot\frac{M}{d}=\frac{a}{T}+b,$$

wo a vom Richteffekt, b von der quasielastischen Kraft abhängt. Der Ausdruck $\frac{\varepsilon-1}{\varepsilon+2}\cdot\frac{M}{d}$ heißt Molekularpolarisation. Über die mit natürlichen Dipolen verbundene Absorption und anormale Dispersion im Gebiete langer Wellen siehe den zitierten Artikel von DEBYE im Handbuch der Radiologie sowie dieses Handbuch Band XV (Artikel ROMANOFF).

Für das rein optische Gebiet interessieren die Dipolschwingungen nicht (beim Wasser z. B. beträgt die entsprechende Wellenlänge einige Zentimeter). Dagegen lassen sich die Abweichungen von der Beziehung $n^2 = \varepsilon$, die für manche Stoffe beobachtet wurden (beim Wasser z. B. ist der optische Brechungsindex 1,33 die Dielektrizitätskonstante aber 81), jetzt gut verstehen. Für sehr lange Wellen (von der Größenordnung 1 m und länger) ist auch hier die MAXWELLsche Relation (6) erfüllt.

22. Ultrarote Eigenschwingungen bei gasförmigen Molekülen. Wenn wir jetzt nachtragen, was sonst an ultraroten Frequenzen noch in Betracht kommt, können wir von den Atom- bzw. Ionenschwingungen im Kristall absehen, die in anderem Zusammenhang (Ziff. 26) behandelt werden sollen. Bei Molekülen gasförmiger Stoffe ist die polare Natur der Moleküle oder die Existenz ungleichgeladener Kerne in gemeinsamer Elektronenhülle (z. B. beim homoeopolaren CO im Gegensatz zu dem ihm isosteren N_2) Vorraussetzung für das Auftreten ultraroter Absorption, bei einatomigen Körpern fehlt sie überhaupt.

Die ultraroten Absorptionsbanden der gasförmigen Moleküle gliedern sich in zwei Gruppen: die Rotationsspektren und die Rotationsschwingungsspektren. Die Rotationsspektren, äquidistante Linienfolgen von derselben Wellenzahldifferenz, liegen im langwelligen Ultrarot (bei etwa 100 μ), die Rotationsschwingungsspektren, in denen neben Rotationen des Moleküls als Ganzes auch noch die Schwingungen der Atome gegeneinander zum Ausdruck kommen, entsprechend den Kräften, um die es sich hier handelt, bei viel kürzeren Wellenlängen [einigen μ][1]).

Der Einfluß dieser beiden Arten der Molekülabsorption auf die Dispersion im sichtbaren Spektrum ist offensichtlich nicht groß. Denn wir konnten z. B. (Ziff. 11) beim CO_2 die Dispersion bis 9000 Å sehr gut darstellen, ohne die experimentell bei 2,7 4,3 und 14,7 μ gefundenen Absorptionsbanden[2]) zu berücksichtigen. Dagegen verlangt die formelmäßige Darstellung, wenn man zu den

---

[1]) Ausführlichere Darstellung s. A. SOMMERFELD, Atombau und Spektrallinien, 4. Aufl., S. 706ff. Braunschweig 1924.

[2]) E. v. BAHR, Verh. d. D. Phys. Ges. Bd. 15, S. 710 u. 1150. 1913; W. BURMEISTER, ebenda Bd. 15, S. 610. 1913; G. HERTZ, ebenda Bd. 13, S. 617. 1911; E. F. BARKER, Astrophys. Journ. Bd. 55, S. 391. 1922; CL. SCHÄFER u. B. PHILIPPS, ZS. f. Phys. Bd. 36, S. 641. 1926.

Messungen im Ultraviolett und im Sichtbaren[1]) noch die Messungen im Ultrarot[1]) hinzunimmt, neben dem ultravioletten noch zwei ultrarote Glieder, deren Eigenwellenlängen mit den beiden stärksten ultraroten in Absorption beobachteten Wellenlängen zusammenfallen. Die dritte in Absorption gefundene Eigenfrequenz geht dagegen nicht in die Formel ein. Der Grund hierfür dürfte in ihrer geringen Stärke zu suchen sein, wie aus Messungen WETTERBLADS[2]) hervorgeht, der in allernächster Nähe der Bande bei 2,72 μ eine schwache Anomalie beobachtete. Der Einfluß der ultraroten Glieder macht sich dann im langwelligen Teil des sichtbaren Spektrums noch etwas bemerkbar. In Formel (VI), die die Dispersion von CO_2 von 2380 Å bis 13,19 μ wiedergibt, mußte daher auch das ultraviolette Glied gegenüber Formel (III) etwas geändert werden.

$$n-1=\frac{7{,}3205\cdot 10^{27}}{17\,341{,}6\cdot 10^{27}-\nu^2}+\frac{8{,}2060\cdot 10^{25}}{4108{,}8\cdot 10^{27}-\nu^2}+\frac{1{,}1676\cdot 10^{23}}{4{,}845\cdot 10^{27}-\nu^2}+\frac{8{,}1742\cdot 10^{21}}{0{,}405\cdot 10^{27}-\nu^2} \qquad \text{(VI)}$$

$$\lambda_1 = 720{,}4\ \text{Å},\quad \lambda_2 = 1480{,}0\ \text{Å},\quad \lambda_3 = 4{,}31\ \mu,\quad \lambda_4 = 14{,}91\ \mu,$$
$$p_1 = 6{,}716,\quad p_2 = 0{,}0753,\quad p_3 = 1{,}729,\quad p_4 = 0{,}121.$$

Die von O. FUCHS[3]) auf Grund der zitierten Messungen berechnete Formel (VI) weist die Gültigkeit der Dispersionsformel über einen sehr großen Wellen-

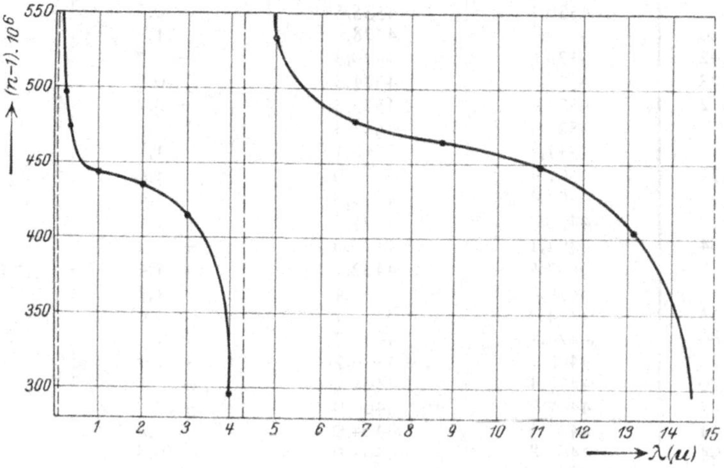

Abb. 12.

längenbereich nach. Die Übereinstimmung zwischen Rechnung und Beobachtung zeigt Tabelle 6; den Verlauf der Dispersion gibt Abb. 12 wieder. Die anomale Dispersion in der Nähe der Absorptionsstreifen (in der Abbildung punktiert) tritt deutlich hervor. Die Dielektrizitätskonstante der Kohlensäure berechnet sich mit Formel (VI) zu 1,000975, während die Beobachtung 1,000972 bzw. 1,000987[4]) ergibt. Die MAXWELLsche Relation ist also innerhalb der Fehlergrenzen erfüllt

[1]) E. KETTELER, Pogg. Ann. Bd. 124, S. 390. 1865; J. KOCH, Nova Acta Upsal. (4) Bd. 2, Nr. 5. 1909; Ark. f. Mat., Astron. och Fys. Bd. 10/11, Nr. 1. 1914; J. STATESCU, Phil. Mag. Bd. 30, S. 737. 1915; C. u. M. CUTHBERTSON, Proc. Roy. Soc. London (A) Bd. 97, S. 152. 1920; E. STOLL, Ann. d. Phys. Bd. 69, S. 81. 1922. Die genannten Arbeiten sind in der Tabelle 6 in dieser Reihenfolge zitiert mit: KT, K_1, K_2, STC, C, ST.

[2]) T. WETTERBLAD, Diss. Upsala 1924. Die dort angegebene Formel ist unvollständig, stimmt aber in den ultraroten Konstanten gut mit (VI) überein.

[3]) O. FUCHS, ZS. f. Phys. Bd. 46, S. 519. 1928.

[4]) C. T. ZAHN, Phys. Rev. Bd. 27, S. 455. 1926; H. A. STUART, ZS. f. Phys. Bd. 47, S. 457. 1928. Ältere Messungen von ε schwanken zwischen 1,000946 und 1,000994.

Tabelle 6.

λ Å	$(n-1)\cdot 10^7$ ber.	$(n-1)\cdot 10^7$ beob.	ber. — beob. · 10^7	Beobachter
2379,10	4972,9	4973,0	— 0,1	K_2
2447,64	4936,0	4937,0	— 1,0	,,
2464,82	4927,4	4928,6	— 1,2	,,
2535,55	4894,4	4895,5	— 1,1	,,
2577,08	4876,5	4878,0	— 1,5	,,
2675,77	4838,2	3839,8	— 1,6	,,
2753,60	4811,2	4813,1	— 1,9	,,
2760,58	4809,2	4810,9	— 1,7	,,
2857,80	4779,8	4781,3	— 1,5	,,
2894,44	4769,6	4771,0	— 1,4	,,
2926,13	4761,1	4762,1	— 1,0	,,
2968,13	4750,5	4751,8	— 1,3	,,
3342,42	4673,9	4674,5	— 0,6	,,
3544,69	4643,5	4644,1	— 0,6	,,
3681,04	4626,0	4624,9	+ 1,1	,,
3861,36	4605,7	4604,6	+ 1,1	,,
3985,07	4593,6	4593,2	+ 0,4	,,
4109,25	4582,3	4581,7	+ 0,6	,,
4358,34	4562,9	4562,7	+ 0,2	St
4388,10	4560,9	4560,8	+ 0,1	,,
4437,71	4557,5	4557,2	+ 0,3	,,
4471,48	4555,3	4554,7	+ 0,6	,,
4713,14	4540,9	4540,2	+ 0,7	,,
4800	4536,1	4535,5	+ 0,6	C
4917,20	4530,2	4528,9	+ 1,3	K_2
4921,92	4530,0	4529,3	+ 0,7	St
5015,73	4525,5	4524,9	+ 0,6	,,
5047,82	4524,0	4523,3	+ 0,7	,,
5085	4522,4	4521,4	+ 1,0	C
5209	4517,1	4516,1	+ 1,0	,,
5460,72	4507,4	4506,0	+ 1,4	K_2, St, C
5770	4497,4	4496,0	+ 1,4	C
5790	4496,8	4495,3	+ 1,5	,,
5875,64	4494,1	4493,0	+ 1,1	St
5896	4493,5	4492,1	+ 1,4	St, Kt
6438	4479,8	4478,4	+ 1,4	C
6678,15	4474,7	4473,1	+ 1,6	St
6707,86	4474,1	4472,7	+ 1,4	St, C
7030,23	4468,1	4466,7	+ 1,4	St
7065,20	4467,4	4465,9	+ 1,5	,,
7067,22	4467,2	4466,0	+ 1,2	,,
7147,04	4466,1	4464,9	+ 1,2	,,
7272,94	4463,8	4463,0	+ 0,8	,,
7281,81	4463,7	4462,7	+ 1,0	,,
7383,98	4462,3	4461,1	+ 1,2	,,
7635,11	4458,4	4458,0	+ 0,4	,,
7723,76	4457,1	4456,8	+ 0,3	,,
7948,18	4454,1	4453,7	+ 0,4	,,
8264,52	4450,2	4450,4	— 0,2	,,
8521,48	4447,2	4447,6	— 0,4	,,
8667,95	4445,5	4446,2	— 0,7	,,
9123,00	4440,8	4442,3	— 1,5	,,
9224,52	4439,8	4441,4	— 1,6	,,
10000	4432	4415	+17	Stc
20000	4358	4336	+21	,,
30000	4188	4185	+ 3	,,
40000	2910	2895	+15	,,
50000	5334	5316	+18	,,
67000	4781	4838	—57	,,
67094	4780,6	4803,8	—23,2	K_1
86784	4637,8	4579,2	+58,6	,,
87000	4637	4581	+56	,,
110000	4466	4472	— 6	,,
131900	3961	4004	—43	,,

was zusammen mit einer Reihe anderer Tatsachen die gestreckte Gestalt der Kohlensäuremolekel beweist[1]). Schließlich sei noch darauf hingewiesen, daß in dem Temperaturbereich, in dem die spez. Wärme der Kohlensäure stark ansteigt, die Refraktion, soweit sie von den ultraroten Gliedern mitbestimmt wird, eine Abhängigkeit von der Temperatur zeigen müßte, da eben in diesem Bereich die höheren Oszillationsquantenzustände auftreten. Die infolge von Abweichungen von der Quasielastizität auftretenden Veränderungen der Refraktion sind aber nur gering.

23. Dispersionsformel. Im Anschluß an Ziff. 18 ist jetzt noch die Frage zu betrachten, wie die Formel für die Brechung selbst geändert wird. Wir hatten früher, ohne Berücksichtigung der „LORENTZ-LORENZschen Kraft" abgeleitet (Formel 14):

$$\frac{n^2-1}{3} = R = \frac{4\pi N e^2 p}{3m} \frac{1}{\omega_0^2 - \omega^2 + i\omega\nu'},$$

wobei im folgenden der Faktor $\frac{4\pi N e^2 p}{3m}$ mit ϱ bezeichnet werden soll. Also $\varrho = \frac{\varrho'}{3}$.

An ihre Stelle tritt die Formel (22), die jetzt nach n aufzulösen ist:

$$R = \frac{n^2-1}{n^2+2} = 1 - \frac{3}{n^2+2},$$

oder

$$\frac{1}{1-R} = \frac{n^2+2}{3},$$

$$n^2 - 1 = 3\left(\frac{R}{1-R}\right).$$

Einsetzen der Werte für R ergibt:

$$n^2 - 1 = 3\,\frac{\dfrac{\varrho}{\omega_0^2 - \omega^2 + i\omega\nu'}}{1 - \dfrac{\varrho}{\omega_0^2 - \omega^2 + i\omega\nu'}} = \frac{3\varrho}{\omega_0^2 - \varrho - \omega^2 + i\omega\nu'},$$

Oder für den reellen Brechungsindex in Gebieten ohne Absorption (s. Gl. 15, Ziff. 13)

$$n^2 - 1 = \frac{3\varrho}{\omega_0^2 - \varrho - \omega^2} = \frac{\varrho'}{\omega_0'^2 - \omega^2}. \tag{23}$$

Das ist wieder dieselbe Wellenlängenabhängigkeit[2]) wie in Formel (11), nur ist die Bedeutung der im Nenner auftretenden Eigenwellenlänge ω_0' eine andere. Während ω_0 die Eigenwellenlänge des freien Moleküls ist, ist die Eigenfrequenz $\omega_0' = \sqrt{\omega_0^2 - \frac{4\pi N e^2 p}{3m}}$ im massiven Körper nach Rot zu verschoben; es ist sozusagen die Masse eines Moleküls durch das Daranhängen der andern, die es bei seiner Schwingung mitnehmen muß, vermehrt, und wir beobachten deshalb den Absorptionsstreifen optisch nicht an der Stelle, wo er im einzelnen Molekül liegt. Bei Gasen ist unter Normalbedingungen N, die Molekülzahl pro Raumeinheit, so klein, daß $4\pi N e^2 p/m$ neben ω_0^2 vernachlässigt werden darf und wir die Absorption an der richtigen Stelle beobachten. Kondensation des Gases bedeutet Vergrößerung von N. Die Absorption findet nicht mehr dort statt, wo sie im freien Molekül auftritt; die Koppelung durch die Polarisation macht sich be-

[1]) K. L. WOLF, ZS. f. phys. Chem. Bd. 131, S. 90. 1927/28.

[2]) G. H. LIVENS, Phil. Mag. Bd. 24, S. 268. 1912; T. H. HAVELOCK, Proc. Roy. Soc. London (A) Bd. 84, S. 492. 1910; M. PLANCK, Berl. Ber. 1905.

merkbar; der Absorptionsstreifen rückt nach Rot. Dieses „Rotwandern" kann ziemlich viel ausmachen (s. z. B. Xylol und CS_2 in Ziff. 25).

24. Mehrere Resonatorenarten. Additivität für $\frac{n^2-1}{n^2+2}$. Solange nur eine Art von schwingenden Elektronen in Betracht kommt, gibt (22) den Absorptionsstreifen an, dort, wo er für das einzelne Molekül liegt, (23) dort, wo wir ihn wirklich sehen. Sind mehrere Absorptionsstreifen vorhanden, so setzt sich die Polarisation der Volumeneinheit additiv aus den Einzelpolarisationen der verschiedenen Resonatoren zusammen. Es gilt dann:

$$4\pi \mathfrak{P} = \sum_i N_i p_i \mathfrak{p}_i = \left(\sum_i \frac{4\pi N_i p_i e^2}{m} \frac{1}{\omega_i^2 - \omega^2}\right)\left(\mathfrak{E} + \frac{4\pi}{3}\mathfrak{P}\right)$$

oder

$$\frac{n^2-1}{n^2+2} = \sum_i \frac{\varrho_i}{\omega_i^2 - \omega^2}. \tag{22a}$$

Demnach setzt sich die Molekularrefraktion additiv aus den Molekularrefraktionen der einzelnen Bestandteile zusammen, und nicht, wie es nach Formel (11a) zu erwarten wäre, der Ausdruck $n^2 - 1$. Für diesen ergibt sich aus (22a)

$$n^2 - 1 = \frac{4\pi e^2}{m} \frac{\frac{N_1 p_1}{\omega_1^2 - \omega^2} + \frac{N_2 p_2}{\omega_2^2 - \omega^2} + \cdots}{1 - \frac{4\pi e^2}{m}\left(\frac{N_1 p_1}{\omega_1^2 - \omega^2} + \frac{N_2 p_2}{\omega_2^2 - \omega^2} + \cdots\right)}.$$

Die Addivität der Molrefraktion hat sich dann auch bei Salzen und Mischungen gut bewährt. Andererseits zeigt es sich, daß man die Wellenlängenabhängigkeit der Brechungsindizes komplizierter gebauter Substanzen auch gut durch eine Formel von der Gestalt

$$n^2 - 1 = \sum_i \frac{\varrho_i'}{\omega_i'^2 - \omega^2}$$

darstellen kann, wie dies z. B. von DRUDE, MARTENS, PASCHEN u. a. geschehen ist. Auch die strenge Ableitung der optischen Eigenschaften von Kristallen (s. Abschn. IV) ergibt eine Formel von dieser Gestalt.

Dieser scheinbare Widerspruch klärt sich dadurch, daß sich auch für den Fall mehrerer Resonatorenarten ein Ausdruck von der Form (22a) stets in die Gestalt (11a) bringen läßt[1]). Die dann auftretenden ϱ_i' und ω_i' sind aber nicht mehr einzeln bloß durch einen einzelnen Bestandteil bestimmt, sondern hängen jetzt von den entsprechenden Größen ϱ_i, ω_i aller Bestandteile und ihrer Dichte ab. Die Umrechnung erfolgt ähnlich wie oben (s. Ziff. 23) und ergibt

$$\left.\begin{aligned} n^2 - 1 &= 3\left(\frac{1}{1 - \sum_i \frac{\varrho_i}{\omega_i^2 - \omega^2}} - 1\right) = 3\left(\frac{\sum_i \frac{\varrho_i}{\omega_i^2 - \omega^2}}{\sum_i 1 - \frac{\varrho_i}{\omega_i^2 - \omega^2}}\right) \\ &= 3\,\frac{\sum_i \varrho_i \Pi_j'(\omega_j^2 - \omega^2)}{\Pi_i(\omega_i^2 - \omega^2) - \sum_i \varrho_i \Pi_j'(\omega_j^2 - \omega^2)}. \end{aligned}\right\} \tag{24}$$

Hierbei bedeutet Π_j', daß das Produkt über alle $j \neq i$ zu nehmen ist. Eine einfache Partialbruchzerlegung dieses Ausdruckes führt stets zu (14a). Die Größen $\omega_i'^2$ sind die Wurzeln des Nenners von (24). Im einfachen Fall von bloß zwei Gliedern ist die Rechnung allgemein durchführbar, sonst muß man numerisch rechnen. So gibt die weiter unten eingeführte Formel für die Refraktion des KCl

---

[1]) K. F. HERZFELD u. K. L. WOLF, Ann. d. Phys. Bd. 78, S. 35. 1925.

(s. Ziff. 25 und 26) auf $n^2 - 1$ umgerechnet, für die vier Absorptionslinien 515, 967, 1583 Å und 55,08 μ, welche die Ionen ohne die Belastung durch die gegenseitige Kopplung zeigen würden, die nach Rot verschobenen Werte 529, 1083, 1621 Å und 70,23 μ, die allein der Beobachtung zugänglich sind. Theoretisch brauchbar sind also nur die Konstanten von Formeln vom Bau der Gleichung (22). Nur bei Gasen, wo die Packung der Moleküle sehr lose ist, ist es erlaubt, (22a) durch (14a) zu ersetzen und dort wieder $n^2 - 1$ durch $2(n-1)$, so daß also für Gase $\frac{n^2-1}{n^2+2}$ durch $\frac{2}{3}(n-1)$ ersetzt werden darf. Davon ist oben, bei der Darstellung der Dispersion von Gasen, Gebrauch gemacht. Der dort in dem Zähler auftretende Faktor $\frac{2\pi e^2}{m}$ entspricht dem in dem ϱ der Refraktionsformel steckenden Faktor $\frac{4\pi e^2}{3m}$.

25. Experimentelles Material. Als Beispiel für normale Dispersion waren oben Messungen von Gasen angeführt. Für optisch isotrope feste Körper und Flüssigkeiten[1]) liegen ebenfalls viele und genaue Bestimmungen von Brechungsindizes vor. Diese wurden teilweise auch schon formelmäßig dargestellt. Doch sind in den meisten Fällen [Martens, Paschen[2]) u. a.] Formeln von der Form (11a) anstatt der bei dichter Packung theoretisch allein brauchbaren (22a) bebenutzt. Diese Formeln wären nun nach den vorhergehenden Überlegungen ohne weiteres in die theoretisch gewünschten umzurechnen. Aber sie haben meist außer den Gliedern $\sum_i \frac{\varrho_i'}{\omega_i'^2 - \omega^2}$ noch ein konstantes Glied (also die Form $n^2 - 1 = a + \sum_i \frac{\varrho_i'}{\omega_i'^2 - \omega^2} = a + \sum_i \frac{C_i'}{\nu_i'^2 - \nu^2}\Big)$, so daß auch eine Umrechnung nicht möglich ist. Andererseits gibt z. B. Goldhammer[3]) bei KCl eine Formel für $\frac{n^2-1}{n^2+2}$ an. Aber diese hat ebenfalls ein konstantes Glied, das nach seiner Ansicht von Eigenwellen herrührt, die so weit im Ultravioletten liegen, daß sie nur noch zur Refraktion beitragen, die Dispersion im Sichtbaren und nahen Ultraviolett aber nicht mehr beeinflussen, d. h. also, daß in den Summanden $\frac{\varrho}{\omega_0^2 - \omega^2}$ oder $\frac{C}{\nu_0^2 - \nu^2}$ ω^2 bzw. ν^2 neben ω_0^2 bzw. ν_0^2 vernachlässigt werden darf. Bei der Genauigkeit, mit der die Rechnung gewöhnlich geführt wird, müßte aber, wenn diese Vernachlässigung erlaubt sein soll, ν_0^2 mindestens gleich $1 \cdot 10^{34}$ sein, d. h. das zugehörige $C = 3 \cdot 10^{33}$, was zu unerträglich hohen Elektronenzahlen (etwa 2000 pro Molekül) führen würde. Zudem führen alle diese Formeln bei Extrapolation auf $\lambda = \infty$ zu falschen Werten für die Dielektrizitätskonstante. Wirbrauchen also für feste Körper Formeln von der Form (22a) ohne konstantes Glied.

Von festen durchsichtigen und isotropen Körpern sind vor allem KCl, NaCl und Diamant sehr genau und über ein großes Gebiet untersucht. Ferner, teilweise allerdings nur über das sichtbare Gebiet, eine Reihe anderer Körper, vor allem Alaune. Für alle diese Untersuchungen sei auf die Tabellen von Landolt-Börnstein hingewiesen. Speziell für die Alkalihalogenide hat erst neuerdings

[1]) Die Dispersion mehrachsiger Kristalle soll hier nicht behandelt werden, s. dazu den Artikel von Born u. Bollnow in Bd. XXIV dieses Handbuchs. Über die Dispersion der Gläser s. F. Eckert, Jahrb. d. Radioakt. Bd. 20, S. 94. 1922. Über Dispersion der Metalle s. D. A. Goldhammer, Dispersion und Absorption des Lichts, 1913 und die neueren Arbeiten von G. Jaffé, Ann. d. Phys. Bd. 45, S. 1217. 1914 u. Bd. 46, S. 984. 1915.

[2]) F. F. Martens, Ann. d. Phys. Bd. 6, S. 603. 1901; F. Paschen, ebenda Bd. 26, S. 120. 1908.

[3]) D. A. Goldhammer, Dispersion und Absorption des Lichts. Leipzig 1913.

GYULAI[1]) die Dispersionsmessungen von KBr, KJ, NaBr, NaJ, RbCl und LiF ins Ultraviolette ausgedehnt (6150—2063 Å). Die formelmäßige Darstellung, die eine Präzision der in Ziff. 82 angegebenen Konstanten dieser Salze bedeuten dürfte, steht noch aus. Hier sollen deshalb nur NaCl und KCl etwas näher betrachtet werden, für die theoretisch brauchbare Formeln[2]) vorliegen. Das Beobachtungsmaterial ist, da verschiedene Meßreihen existieren, einer kritischen Sichtung unterzogen.

Die Messungen lassen sich bei NaCl darstellen durch die dreigliedrige Formel

$$\frac{n^2-1}{n^2+2} = \frac{1{,}4150 \cdot 10^{30}}{76950 \cdot 10^{27} - \nu^2} + \frac{2{,}6575 \cdot 10^{30}}{10275 \cdot 10^{27} - \nu^2} + \frac{0{,}11230 \cdot 10^{30}}{3778{,}3 \cdot 10^{27} - \nu^2}, \qquad \text{(VII)}$$

$$\lambda_1 = 341{,}9\,\text{Å}, \qquad \lambda_2 = 935{,}9\,\text{Å}, \qquad \lambda_3 = 1543{,}4\,\text{Å},$$

$$p_1 = 2{,}35 \qquad p_2 = 4{,}41, \qquad p_3 = 0{,}19.$$

Formel (VII) gibt die Beobachtungen im Ultravioletten und Sichtbaren gut wieder. Die Beobachtungen an KCl werden durch eine ähnliche Formel dargestellt:

$$\frac{n^2-1}{n^2+2} + \frac{1{,}9968 \cdot 10^{30}}{33999 \cdot 10^{27} - \nu^2} + \frac{1{,}8297 \cdot 10^{30}}{9525{,}8 \cdot 10^{27} - \nu^2} + \frac{0{,}10886 \cdot 10^{30}}{3613{,}7 \cdot 10^{27} - \nu^2}, \qquad \text{(VIII)}$$

$$\lambda_1 = 515{,}0\,\text{Å}, \qquad \lambda_2 = 972{,}0\,\text{Å}, \qquad \lambda_3 = 1578{,}1\,\text{Å},$$

$$p_1 = 4{,}60, \qquad p_2 = 4{,}21, \qquad p_3 = 0{,}25.$$

Die Übereinstimmung zwischen Rechnung und Messung ist dieselbe wie beim NaCl. Auf den kleinen Gang zwischen Formel und Beobachtung (s. auch Ziff. 10) kommen wir später zurück, ebenso auf die Zuordnung der einzelnen Glieder.

Rechnet man hier auf $n^2 - 1$ um, so erhält man für KCl

$$\lambda_1' = 529\,\text{Å}, \qquad \lambda_2' = 1090\,\text{Å}, \qquad \lambda_3' = 1626\,\text{Å}\,^{3)}.$$

Die Verschiebung ist hier verhältnismäßig klein, verglichen mit dem Fall des Schwefelkohlenstoffs[4]) (2250 bzw. 1850 Å) und Xylols (1366—1158 Å), weil der Hauptteil der Verschiebung erst bei sehr großer Annäherung hervorgebracht wird. Der mittlere Abstand zweier CS_2 Moleküle im flüssigen Zustand ist $2{,}9 \cdot 10^{-8}$ cm, zweier Xylolmoleküle $3{,}7 \cdot 10^{-8}$ cm, der mittlere Abstand zweier Cl^- Ionen im KCl aber $6{,}28 \cdot 10^{-8}$ cm. Zwar ist der Abstand $K^+ - Cl^-$ nur $3{,}14 \cdot 10^{-8}$ cm, aber nur gleichartige Ionen wirken stark aufeinander.

Als Beispiel für die Dispersion von Flüssigkeiten[5]) sei zunächst Xylol angeführt, dessen von RUBENS gemessene Brechungsindizes zwischen 4340 Å und 1,88 μ[6]) bis auf 10 Einheiten der 4. Dezimale dargestellt werden durch die Formel

$$n^2 - 1 = \frac{5{,}6549 \cdot 10^{30}}{4823{,}2 \cdot 10^{27} - \nu^2} \qquad \text{mit} \qquad \lambda_0' = 1366\,\text{Å}$$

oder umgerechnet nach Ziffer 23

$$\frac{n^2-1}{n^2+2} = \frac{1{,}8850 \cdot 10^{30}}{6708{,}2 \cdot 10^{27} - \nu^2} \qquad \text{mit} \qquad \lambda_0 = 1158\,\text{Å}\,,$$

---

[1]) Z. GYULAI, ZS. f. Phys. Bd. 46, S. 80. 1928.

[2]) K. F. HERZFELD u. K. L. WOLF, Ann. d. Phys. Bd. 78, S. 35. 1925; K. L. WOLF, Münchener Dissertation 1925.

[3]) In guter Übereinstimmung damit hat H. A. PFUND (Science Bd. 65, S. 595. 1927 u. Phys. Rev. (2) Bd. 31, S. 315. 1928) in jüngster Zeit bei NaCl ein Reflexionsmaximum bei etwa 1600 ÅE, bei KCl bei 1624 Å festgestellt. Exakte Übereinstimmung ist erst nach genauerer Messung und Umrechnung nach Ziff. 26 zu erwarten. Anzeichen weiterer Reflexionsmaxima sind in der Nähe von 1000 Å vorhanden.

[4]) E. FLATOW, Ann. d. Phys. Bd. 12, S. 85. 1903.

[5]) Über Dispersion von Lösungen s. unter Molrefraktion (Abschnitt V).

[6]) F. F. MARTENS, Ann. d. Phys. Bd. 6, S. 603. 1901.

ε errechnet sich mit dieser Formel zu 2,17 gegenüber einem beobachteten Wert von 2,30. Für eine große Reihe anderer Flüssigkeiten, und zwar dipollose wie Benzol, Toluol, CS_2 und CCl_4, wie auch für Dipolflüssigkeiten wie Wasser, Äthylalkohol, Azeton u. a., liegen Messungen des Brechungsexponenten im ultravioletten, sichtbaren und ultraroten Spektralgebiet vor, für die teilweise auch Formeln angegeben sind, jedoch beinahe immer in der KETTELER-HELMHOLTZschen Form für $n^2 - 1$ und mit konstantem Glied. Für all diese Messungen sei auf die Tabellen von LANDOLT-BÖRNSTEIN verwiesen, wo sich auch die nötigen Literaturangaben befinden[1]. Besonders hervorgehoben seien hier nur Wasser und CS_2. Wasser ist gemessen zwischen 1860 Å und 250 cm. Wasser ist vom kurzwelligen Ultraviolett (etwa 1200 Å) bis zu einigen μ durchsichtig und normal dispergierend. Bei ca. 5 μ setzt starke anomale Dispersion ein, die von da an bis ins Gebiet kurzer elektrischer Wellen (Dipole!) immer wieder auftritt. Eine einheitliche formelmäßige Darstellung besteht nicht und dürfte infolge der Kompliziertheit des Spektrums auch recht schwierig zu gewinnen sein, besonders da auch die verschiedenen Meßreihen schlecht an einander anschließen[2].

Die Dispersion von Schwefelkohlenstoff ist zwischen 2550 Å und 2 μ gemessen. Er zeigt anomale Dispersion bei 3300 Å. Eine formelmäßige Darstellung ist des öfteren versucht worden, so von MARTENS, FLATOW, FRICKE und FEUSSNER[3]. Eine neuere Untersuchung von PAUTHENIER und BRUHAT[4], die sich auf neue Messungen der Absorption stützen, faßt alle diese Messungen in einer KETTELER-HELMHOLTZschen Formel zusammen, deren Umrechnung in die $\frac{n^2-1}{n^2+2}$ Formel lohnend erscheint, aber noch nicht durchgeführt ist. Schließlich sei noch die Dissertation von STIEFELHAGEN[5] erwähnt, in der KETTELER-HELMHOLTZsche Dispersionsformeln für CCl_4, $CHCl_3$, $SiCl_4$, $TiCl_4$, $SnCl_4$, PCl_3 und $AsCl_3$ angegeben sind.

26. Dispersion im Ultraroten und Reststrahlfrequenzen. Die für NaCl und KCl angegebenen Gleichungen (VII) und (VIII) stellen die Beobachtungen im ultravioletten und sichtbaren Spektralgebiet dar, geben dagegen noch keine Rechenschaft über die im Ultraroten beobachtete anomale Dispersion, die durch Schwingungen der Ionen des Gitters gegeneinander bedingt wird. Die Bewegungen der Gitterteilchen innerhalb des Kristalls, also der ganzen Ionen oder von Atomen oder Ionen innerhalb der „Radikalionen" (wie SO_4^{--}, NO_3^{--} usw.), bedingen nämlich für die Kristalle zwei neue Arten von Eigenschwingungen, die sich Lichtwellen gegenüber als Resonanzstellen erweisen, derart, daß Licht, dessen Schwingungszahl mit der einer solchen Eigenfrequenz zusammenfällt, stark absorbiert und demgemäß auch reflektiert wird. Diese Eigenfrequenzen sind also der Beobachtung mit Hilfe optischer Methoden zugänglich und zwar entweder durch Messung des Reflexionsvermögens[6] oder durch Messung des Absorptionsvermögens

[1] Neuere Messungen vom langwelligen sichtbaren Spektrum bis ins Ultraviolette hat FEUSSNER (ZS. f. Phys. Bd. 45, S. 689. 1927) für Acetophenon, Anilin, Benzaldehyd, Chinolin u. Nitrobenzol mitgeteilt.

[2] Eingehende Literaturangaben s. D. A. GOLDHAMMER, Dispersion und Absorption des Lichts, S. 87ff. 1913 und H. FALKENHAGEN, im Handb. d. Phys. Optik Bd. I_2, S. 781–782.

[3] F. F. MARTENS, Ann. d. Phys. Bd. 6, S. 603. 1901; E. FLATOW, ebenda Bd. 12, S. 85. 1903; W. FRICKE, Dissert. Jena 1904; Ann. d. Phys. Bd. 16, S. 865. 1905; T. H. HAVELOCK, Proc. Roy. Soc. London (A) Bd. 84, S. 1. 1911; K. FEUSSNER, ZS. f. Phys. Bd. 45, S. 689. 1927.

[4] G. BRUHAT u. M. PAUTHENIER, Ann. d. phys. (10) Bd. 5, S. 440. 1926.

[5] STIEFELHAGEN, Dissert. Berlin 1905; s. auch F. F. MARTENS, Verh. d. D. Phys. Ges. 1902, S. 150 und H. H. MARVIN, Phys. Rev. (2) Bd. 34, S. 160. 1912.

[6] Siehe z. B. A. H. PFUND, Journ. Opt. Soc. Amer. Bd. 15, S. 69. 1927.

oder durch Dispersionsmessungen in dem in Frage kommenden Wellenlängengebiet.

Es ist nun bekannt daß die beiden oben erwähnten Arten von Eigenfrequenzen im ultraroten Teil des Spektrums liegen: Die zweite Gruppe (Schwingungen einzelner Atome oder Ionen innerhalb der Gitterbestandteile) liegt entsprechend der besonders starken gegenseitigen Bindungen der Bestandteile eines Radikalions bei kürzeren Wellenlängen (etwa bei 10 bis 20 μ). Sie sind für das betreffende Ion charakteristisch[1]) und werden auch bei Übergang dieses Ions in ein anderes Salz oder sogar beim Lösen des Salzes nur unwesentlich geändert. Die andere Gruppe von ultraroten Eigenschwingungen, die auf Schwingungen der ganzen Ionen gegeneinander beruhen und die nur dem Gitter selbst eigentümlich sind, liegen bei größeren Wellenlängen ($\lambda > 20\,\mu$). Sie sind immer nur für ein bestimmtes Gitter charakteristisch und verschwinden in jedem Fall in der Lösung. Beide bedingen, wie gesagt, Absorption und demnach auch anomale Dispersion. Dieser Umstand äußert sich z. B. in dem plötzlichen Umbiegen der Dispersionskurve im kurzwelligen Ultrarot, das z. B. bei Sulfaten auf Schwingungen innerhalb der Ionen und auf Schwingungen der Ionen gegeneinander, bei so einfachen Salzen, wie KCl und NaCl, bei denen beide Ionen nicht zusammengesetzter Natur sind, nur auf Schwingungen der ganzen Ionen zurückgeführt werden muß[2]).

Die kurzwelligeren Eigenschwingungen brauchen wir hier nicht zu betrachten. Sie sind im wesentlichen von derselben Art wie die oben bei CO_2 behandelten Eigenschwingungen. Dagegen müssen wir etwas ausführlicher auf die im langwelligen Ultrarot liegenden eigentlichen Gitterschwingungen eingehen. Sie sind mit den üblichen spektrometrischen Methoden nicht mehr zugänglich und deshalb, abgesehen von indirekter Berechnung[3]), nur noch mit Hilfe der von RUBENS und seinen Mitarbeitern ausgebildeten Reststrahlenmethode oder mit Hilfe einer Dispersionsformel zu fassen. Die Dispersionsformel liefert direkt die Eigenfrequenzen. Die Reststrahlenmethode dagegen vermittelt uns mit Sicherheit nur die Lagen der Reflexionsmaxima. Wellenlänge des Reflexionsmaximums und Eigenwellenlänge sind aber keineswegs identisch[4]). Doch läßt sich, wie FOERSTERLING und HAVELOCK zeigten, die eine aus der andern errechnen. FOERSTERLING[5]) gibt, wenn λ_M die Wellenlänge des Reflexionsmaximums, λ_4' die ihr entsprechende Eigenfrequenz der $n^2 - 1$ Formel bedeutet, die Beziehung:

$$\frac{1}{\lambda_M^2} = \frac{1}{\lambda_4'^2} + \frac{\varrho_4}{4\pi^2 c^2 \cdot 2 n_0^2}, \tag{25a}$$

n_0^2 bedeutet darin den im Ultraroten annähernd konstanten Beitrag der ultravioletten Glieder zum Brechungsexponenten, ϱ_4 ist, wie oben $= 4\pi^2 C_4'$. Doch ist die FOERSTERLINGsche Formel infolge unzulässiger Annahmen über n_0^2 nicht ausreichend. Eine allgemeinere Formel gibt HAVELOCK[6]). Sie lautet in unserer Bezeichnungsweise

$$a y^4 + b y^3 + c y^2 + d y + f = 0, \tag{25b}$$

---

1) CL. SCHAEFER u. M. SCHUBERT, Ann. d. Phys. (4) Bd. 50, S. 283. 1916.

2) S. dieses Handbuch Bd. 24, Artikel BORN-BOLLNOW, Abschnitt II (S. 382ff.).

3) Siehe z. B. M. BORN, Enzykl. d. Math. Wiss. Bd. V 3, S. 529ff.; K. FOERSTERLING, Ann. d. Phys. Bd. 61, S. 549. 1920.

4) R. W. WOOD, Phys. Rev. (1) Bd. 14, S. 315. 1902; H. RUBENS und E. LADENBURG, Verh. d. D. Ges. Bd. 11, S. 16. 1909; J. KOENIGSBERGER u. K. KILCHLING, Ann. d. Phys. (4) Bd. 32, S. 843. 1910.

5) K. FOERSTERLING, Ann. d. Phys. Bd. 61, S. 577. 1920.

6) T. H. HAVELOCK, Proc. Roy. Soc. London (A) Bd. 105, S. 488. 1924.

mit
$$y = \frac{\lambda_4'^2 - \lambda_M^2}{\lambda_M^2} \quad \text{und} \quad a = 3\,(n_0^2 - 1)^2,$$
$$-b = n_0^4\left(\frac{6C_4'}{n_0^2\nu_4'^2} - 4\right) + n_0^2\left(8 - \frac{8C_4'}{n_0^2\nu_4'^2}\right) + \frac{2C_4'}{n_0^2\nu_4'^2} - 4,$$
$$-c = 3\,\frac{n_0^2 C_4'}{\nu_4'^2}\left(3 - \frac{C_4'}{n_0^2\nu_4'^2}\right) + \frac{2C_4'}{\nu_4'^2}\left(\frac{C_4'}{n_0^2\nu_4'^2} - 6\right) + \frac{3C_4'}{n_0^2\nu_4'^2},$$
$$d = \frac{2C_4'^2}{n_0^2\nu_4'^4}\,(3n_0^2 - 2), \qquad -f = \frac{C_4'^3}{n_0^2\nu_4'^6}.$$

In gut brauchbarer Näherung kann man dafür schreiben:
$$\frac{1}{\lambda_M^2} = \frac{1}{\lambda_4'^2} + \frac{C_4'}{(6n_0^2 - 4)\,c^2} = \frac{1}{\lambda_4'^2} + \frac{\varrho_4}{4\pi^2 c^2 (6n_0^2 - 4)}, \tag{25c}$$
und diese Formel geht für den im allgemeinen nicht zutreffenden Fall, daß $n_0^2 = 1$ ist, in die FÖRSTERLINGsche über.

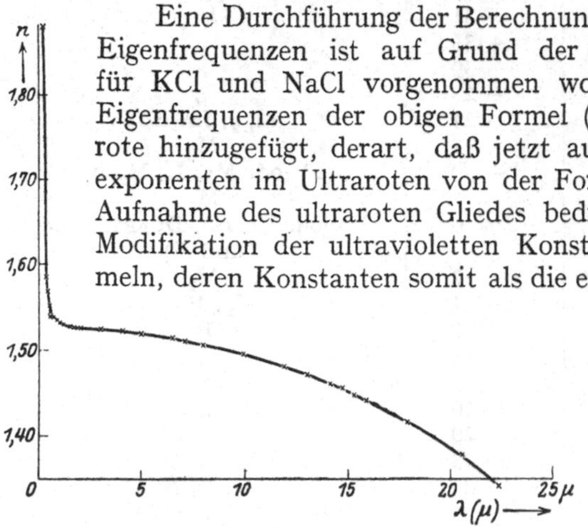

Abb. 12a.

Eine Durchführung der Berechnung der in Rede stehenden ultraroten Eigenfrequenzen ist auf Grund der Dispersionsmessungen bisher nur für KCl und NaCl vorgenommen worden[1]). Zu den drei ultraroten Eigenfrequenzen der obigen Formel (VII) und (VIII) ist eine[2]) ultrarote hinzugefügt, derart, daß jetzt auch die Messungen des Brechungsexponenten im Ultraroten von der Formel mit dargestellt werden. Die Aufnahme des ultraroten Gliedes bedingt ihrerseits eine unwesentliche Modifikation der ultravioletten Konstanten. Die neu gewonnenen Formeln, deren Konstanten somit als die endgültigen gelten können, stellen, wie Tabelle 6a (NaCl) zeigt, die Beobachtungen im ganzen durchmessenen Bereich gut dar. Auch die Dielektrizitätskonstanten kommen jetzt richtig heraus. Über den Verlauf der Dispersion s. Abb. 12a. Die Konstanten der Formeln lauten für:

NaCl:	$C_1 = 1{,}4150 \cdot 10^{30}$,	$\lambda_1 = 343{,}9$ Å,	$p_1 = 2{,}35$,
	$C_2 = 2{,}6575 \cdot 10^{30}$,	$\lambda_2 = 935{,}9$ Å,	$p_2 = 4{,}41$,
	$C_3 = 0{,}11230 \cdot 10^{30}$,	$\lambda_3 = 1543{,}4$ Å,	$p_3 = 0{,}19$,
	$C_4 = 1{,}3401 \cdot 10^{25}$,	$\lambda_4 = 45{,}75\ \mu$,	$p_4 = 0{,}57$,
KCl:	$C_1 = 2{,}0047 \cdot 10^{30}$,	$\lambda_1 = 514{,}6$ Å,	$p_1 = 4{,}61$,
	$C_2 = 1{,}8533 \cdot 10^{30}$,	$\lambda_2 = 966{,}9$ Å,	$p_2 = 4{,}26$,
	$C_3 = 0{,}10720 \cdot 10^{30}$,	$\lambda_3 = 1582{,}9$ Å,	$p_3 = 0{,}26$,
	$C_4 = 8{,}2035 \cdot 10^{24}$,	$\lambda_4 = 55{,}09\ \mu$,	$p_4 = 0{,}649$,

Aus ihnen sind mit Hilfe der in Ziff. 24 angegebenen Umrechnungsformel die Konstanten der Gleichung für $n^2 - 1$ wie folgt bestimmt:

NaCl:	$C_1' = 3 \cdot 1{,}30 \cdot 10^{30}$,	$\lambda_1' = 347$ Å,
	$C_2' = 3 \cdot 2{,}56 \cdot 10^{30}$,	$\lambda_2' = 1085$ Å,
	$C_3' = 3 \cdot 0{,}324 \cdot 10^{30}$,	$\lambda_3' = 1584$ Å,
	$C_4' = 3 \cdot 2{,}79 \cdot 10^{25}$,	$\lambda_4' = 61{,}67\ \mu$,
KCl:	$C_1' = 3 \cdot 1{,}6887 \cdot 10^{30}$,	$\lambda_1' = 529{,}1$ Å,
	$C_2' = 3 \cdot 2{,}0145 \cdot 10^{30}$,	$\lambda_2' = 1082{,}8$ Å,
	$C_3' = 3 \cdot 0{,}26178 \cdot 10^{30}$,	$\lambda_3' = 1621{,}4$ Å,
	$C_4' = 3 \cdot 1{,}5884 \cdot 10^{25}$,	$\lambda_4' = 70{,}23\ \mu$,

[1]) O. FUCHS u. K. L. WOLF, ZS. f. Phys. Bd. 47, S. 506. 1928.
[2]) C. J. BRESTER, Utrecht 1923; W. DEHLINGER, Phys. ZS. Bd. 15, S. 276. 1914.

Aus den C_4' berechnen sich[1]) nun mit Hilfe der HAVELOCKschen Gleichung (25b) die Reststrahlfrequenzmaxima zu 52,10 μ für NaCl und 60,74 μ für KCl.

Tabelle 6a.

λ Å	$\frac{n^2-1}{n^2+2}$ beob.	$\frac{n^2-1}{n^2+2}$ ber.	Differenz ber. — beob. · 10^5	Beobachter[2])
1854	0,46281	0,46310	+ 29	M_1
1862	0,46000	0,46019	+ 19	,,
1935	0,43840	0,43842	+ 2	,,
1977	0,42850	0,42845	− 5	,,
2000	0,42360	0,42360	0	,,
2110	0,40476	0,40488	+ 12	,,
2144	0,40006	0,40022	+ 16	M_2, M_1-Bo
2194	0,39375	0,39400	+ 25	M_1, Bo
2312	0,38153	0,38184	+ 31	Bo
2573	0,36305	0,36340	+ 35	,,
2748	0,35443	0,35482	+ 39	,,
3403	0,33569	0,33597	+ 28	,,
3944	0,32764	0,32788	+ 24	$M_{1,2}$, LA-Bö
4415	0,32317	0,32334	+ 17	M_2
4861	0,32020	0,32029	+ 9	P (od. MI, L, M_2 u. P)
5461	0,31734	0,31738	+ 7	M_2
5893	0,31583	0,31583	0	Bo (od. MI, Bo, DUFET, L, M_2 und P)
6438	0,31436	0,31434	− 2	M_2
6563	0,31408	0,31404	− 4	M_2, P
7857	0,31188	0,31181	− 7	P
8839	0,31085	0,31072	− 13	,,
9822	0,31009	0,30994	− 15	,,
11786	0,30908	0,30892	− 16	,,
17686	0,30765	0,30745	− 20	,,
23573	0,30688	0,30665	− 23	,,
29466	0,30623	0,30598	− 25	,,
33559	0,30556	0,30531	− 25	,,
41252	0,30482	0,30456	− 26	,,
50092	0,30351	0,30330	− 21	,,
58932	0,30205	0,30178	− 27	,,
64825	0,30087	0,30063	− 24	L, P
70718	0,29961	0,29938	− 23	P
76611	0,29825	0,29800	− 25	,,
79558	0,29750	0,29727	− 23	,,
88398	0,29513	0,29489	− 24	,,
100184	0,29148	0,29128	− 20	,,
117864	0,28500	0,28483	− 17	,,
129650	0,27988	0,27976	− 12	,,
141436	0,27417	0,27404	− 13	,,
153223	0,26744	0,26760	+ 16	,,
159116	0,26409	0,26408	− 1	,,
179300	0,25047	0,25041	− 6	R-T
205700	0,22821	0,22799	− 22	R
223000	0,20989	0,20983	− 6	,,

[1]) O. FUCHS u. K. L. WOLF, ZS. f. Phys. Bd. 46, S. 506. 1928.

[2]) Beobachter: F. F. MARTENS, Ann. d. Phys. Bd. 6, S. 603. 1901 (als M_1 zitiert); ebenda Bd. 8, S. 459. 1902 (M_2); Mittelwert zwischen beiden = MI; H. DUFET, Bull. soc. min. Bd. 14, S. 130. 1891; S. A. BOREL, C. R. Bd. 120, S. 1406. 1895; Arch. sc. phys. de Gen. (3) Bd. 34, S. 134. 1895 (Bo; nach LANDOLT-BÖRNSTEIN auf 18° reduziert); F. PASCHEN, Ann. d. Phys. Bd. 26, S. 120. 1908 (P); H. RUBENS, ebenda (4) Bd. 26, S. 615. 1908 (R); H. RUBENS u. A. TROWBRIDGE, Wied. Ann. Bd. 60, S. 733. 1897; Bd. 61, S. 224. 1897 (R-T); J. STEFAN, Wien. Ber. Bd. 63 (2), S. 239. 1871. Diskussion des Beobachtungsmaterials s. K. F. HERZFELD u. K. L. WOLF, Ann. d. Phys. Bd. 78, S. 35. 1925.

Wir haben also für

$$\begin{aligned} &\text{KCl: } \lambda_4' = 70{,}23, && \text{NaCl: } 61{,}67, \\ &\lambda_M = 60{,}74, && 52{,}10 \text{ berechnet}, \\ &\lambda_M = 63{,}4, && 52{,}00 \text{ beobachtet}^{1)}. \end{aligned}$$

Die Übereinstimmung mit der Beobachtung ist befriedigend. Die aus der Dispersionsformel bestimmten Eigenfrequenzen erscheinen damit experimentell hinreichend gesichert und können als brauchbarste Bestimmung der — direkten Messungen nicht zugänglichen — Eigenfrequenzen angesehen werden. Einige anderweitige Angaben über die Eigenfrequenzen der $n^2 - 1$-Formel sind zusammen mit den aus der Dispersion bestimmten Werten in der folgenden Tabelle zusammengestellt:

NaCl: $\lambda_4' = 61{,}67$	Nach FUCHS-WOLF[2])
$= 61{,}6$	Nach BORN[3]) aus der Theorie der Kohäsionskräfte
$= 64{,}5$	FÖRSTERLING[4]) aus der BORN-KARMANschen Theorie der spezifischen Wärme
$= 61{,}8$	Nach MARVIN[5])
KCl: $\lambda_4' = 70{,}23$	Nach FUCHS-WOLF[2])
$= 74{,}5$	Nach BORN[6])
$= 77$	FÖRSTERLING[4])
$= 71$	Nach MARVIN[5])

Für andere Stoffe stehen die analogen Rechnungen noch aus. Doch dürften die beiden behandelten Beispiele des KCl und NaCl wohl hinreichend dartun, in welch weitem Umfang Gleichungen (22a, 24 und 25) sich an der Erfahrung bestätigen.

Für Schwefelkohlenstoff (s. Ziff. 25) ließe sich auch für Flüssigkeiten eine ähnliche Betrachtung durchführen, wozu eine Umrechnung der von BRUHAT und PAUTHENIER[7]) angegebenen KETTELER-HELMHOLTZschen Dispersionsformel in die $\frac{n^2-1}{n^2+2}$ Formel nötig wäre. Die daraus gewonnenen Eigenwellenlängen müßten weiterhin mit Hilfe der HAVELOCKschen Formel (25) mit den Reflexionsmessungen HULBURTS[8]) und FLATOWS sowie den Absorptionsmessungen von BRUHAT und PAUTHENIER[9]) im Ultraviolett und von COBLENTZ[10]) im Ultraroten kombiniert eine vollständige Kenntnis der aus der Dispersion zu gewinnenden Daten dieser auch in anderer Hinsicht wichtigen Flüssigkeit gewinnen lassen.

III. Molekulartheoretische Behandlung von Absorption und Dämpfung. Breite von Spektrallinien.

In Gleichung (8a) hatten wir zur Vermeidung unendlich großer Amplituden rein phänomenologisch ein Dämpfungsglied von der Art einer Reibungskraft ein-

---

1) H. RUBENS, Berl. Ber. 1917, S. 47.
2) O. FUCHS u. K. L. WOLF, ZS. f. Phys. Bd. 46, S. 506. 1928.
3) M. BORN, Enzykl. d. math. Wiss. Bd. V 3, S. 529ff.
4) K. FÖRSTERLING, Ann. d. Phys. Bd. 61, S. 549. 1920.
5) H. H. MARVIN, Phys. Rev. Bd. 17, S. 412. 1921; s. auch R. C. MACLAURIN, Proc. Roy. Soc. (A) Bd. 81, S. 367. 1908.
6) M. BORN, Berl. Ber. S. 604. 1918.
7) G. BRUHAT u. M. PAUTHENIER, Ann. d. phys. (10) Bd. 5, S. 440. 1926.
8) O. E. HULBURT, Astropl. Journ. Bd. 46, S. 1. 1917.
9) G. BRUHAT u. M. PAUTHENIER, Journ. de phys. et le Radium Bd. 6, S. 36. 1925.
10) W. W. COBLENTZ, Phys. Rev. (1) Bd. 17, S. 51. 1903.

geführt, indem wir in die Bewegungsgleichung einen Summanden $b\dot{\xi}$ aufnahmen[1]). Dieses bedeutet einen Energieverlust. Greift nämlich keine äußere Kraft an dem Resonator an, so kann die Bewegungsgleichung

$$m\ddot{\xi} + m\omega_0^2\xi + b\dot{\xi} = 0$$

auch geschrieben werden

$$\frac{d}{dt}\left(\frac{m}{2}\dot{\xi}^2 + \frac{m}{2}\omega_0^2\xi^2\right) = -b\dot{\xi}^2, \tag{26}$$

so daß $b\dot{\xi}^2$ den Energieverlust angibt, der zu einer gedämpften Schwingung

$$\xi = \xi_0 \cdot e^{-\frac{b}{2m}t} \cos\sqrt{\omega_0^2 - \frac{b^2}{4m^2}}\, t$$

führt, bei welcher die Energie im Mittel proportional

$$e^{-\frac{b}{m}t}$$

abnimmt. ν' ist also gleich der reziproken Abklingungszeit. Andererseits ist ν', wie oben gezeigt wurde, gleich der Halbwertsbreite der Absorptionslinie, d. h. gleich dem ganzen Abstand der Stellen, an denen der Absorptionskoeffizient auf die Hälfte seines Maximalwertes gesunken ist. Wir haben also das Ergebnis, daß die natürliche Halbwertsbreite der Linie in unendlich dünner Schicht im Frequenzmaß gleich der reziproken Abklingungszeit ist.

27. Strahlungsdämpfung nach PLANCK. Nach PLANCK rührt die Verminderung der Energie des Resonators daher, daß das schwingende Elektron strahlende Energie an das Medium abgibt. Wir müssen daher die von einem Oszillator ausgestrahlte Energie berechnen. Wir spezialisieren unsere Formel gleich so, wie wir sie brauchen. Es sei ein Resonator gegeben, der sich in der ξ-Richtung bewegen kann. Dabei denken wir uns den Resonator im Nullpunkt des Koordinatensystems. Ist r der Abstand des Aufpunktes, für den wir das Feld bestimmen wollen, und ξ Funktion von $\left(t - \frac{r}{c}\right)$, so ist das von dem Resonator ausgestrahlte Feld bestimmt durch:

$$\mathfrak{E}_x = -\left(\frac{\partial^2}{\partial y^2} + \frac{\partial^2}{\partial z^2}\right)\frac{e\xi\left(t - \frac{r}{c}\right)}{r},$$

$$\mathfrak{E}_y = \frac{\partial^2}{\partial x \partial z}\frac{e\xi\left(t - \frac{r}{c}\right)}{r},$$

$$\mathfrak{E}_z = \frac{\partial^2}{\partial x \partial y}\frac{e\xi\left(t - \frac{r}{c}\right)}{r}.$$

Wenn wir genügend weit von dem Resonator entfernt sind — und das dürfen wir immer voraussetzen, denn der Abstand des leuchtenden Punktes vom Auge ist immer groß gegen die Wellenlänge —, können wir die Glieder mit $1/r^2$ und $1/r^3$ neben denen mit $1/r$ vernachlässigen. Ausrechnung führt zu gewöhnlichen Kugelfunktionen, und es ergibt sich folgendes Resultat[2]):

---

[1]) Siehe zusammenfassenden Bericht J. STARK, Jahrb. d. Radioakt. Bd. 12, S. 349. 1915. Ferner O. SCHÖNROCK, Ann. d. Phys. Bd. 22, S. 209. 1907; J. MANDERSLOOT, Jahrb. d. Radioakt. Bd. 13, S. 1. 1916; F. REICHE, Verh. d. D. Phys. Ges. Bd. 15, S. 3. 1913.

[2]) Siehe z. B. ABRAHAM-FÖPPL, Theorie der Elektrizität I, 5. Aufl. S. 331 ff. Leipzig 1918.

Elektrische und magnetische Feldstärke sind ihrem Betrag nach bestimmt durch die Gleichung:

$$|\mathfrak{E}| = |\mathfrak{H}| = \frac{e}{r}\,\frac{1}{c^2}\,\ddot{\xi}\sin\vartheta. \tag{27}$$

$\mathfrak{E}$ liegt in der Meridianebene ONP, $\mathfrak{H}$ senkrecht zu $\mathfrak{E}$ in Richtung der Tangente an den Parallelkreis durch den Aufpunkt P (s. Abb. 13). Die pro Sekunde ausgestrahlte Energie ist nach dem POYNTINGschen Satz:

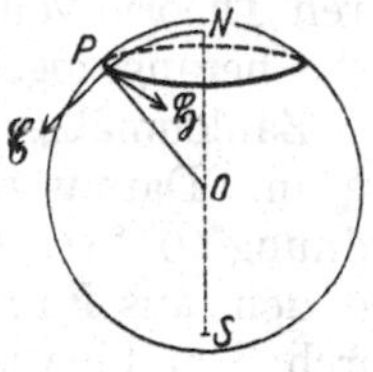

Abb. 13.

$$\begin{aligned} dW &= \mathfrak{S} r^2 d\Omega \\ &= [\mathfrak{E}\mathfrak{H}]\frac{c}{4\pi} r^2 d\Omega \end{aligned}$$

und das ist, wegen Gl. (27) und weil $\mathfrak{E} \perp \mathfrak{H}$

$$= \frac{e^2}{c^4}\ddot{\xi}^2\frac{c}{4\pi}\cdot\sin^2\vartheta\frac{1}{r^2}r^2 d\Omega.$$

Die gesamte Energieströmung ergibt sich durch Integration über die Kugeloberfläche:

$$\begin{aligned} dW &= \frac{e^2\ddot{\xi}^2}{4\pi c^3}\int_0^{2\pi} d\varphi \int_0^{\pi}\sin^2\vartheta\sin\vartheta\, d\vartheta \\ &= \frac{e^2\ddot{\xi}^2}{2c^3}\cdot\frac{4}{3} = \frac{2}{3}\frac{e^2\ddot{\xi}^2}{c^3}. \end{aligned} \tag{28}$$

Das ergibt für das Dämpfungsglied

$$\frac{dW}{\dot{\xi}} = \frac{2}{3}\frac{e^2}{c^3}\frac{\ddot{\xi}^2}{\dot{\xi}} = \frac{2}{3}\frac{e^2}{c^3}\frac{\ddot{\xi}^2}{\dot{\xi}^2}\cdot\dot{\xi}. \tag{29}$$

(29) und (26) führen also zu der Beziehung:

$$\nu' = -\frac{2}{3}\frac{e^2}{c^3}\frac{\ddot{\xi}^2}{\dot{\xi}^2}\frac{1}{m}.$$

Setzen wir wieder $\xi = A\cdot e^{i\omega t}$, so wird der Ausdruck

$$\frac{\ddot{\xi}^2}{\dot{\xi}^2} = -\omega^2 = -\frac{4\pi^2c^2}{\lambda^2},$$

also

$$\nu' = \frac{2}{3m}\frac{e^2\omega^2}{c^3} = \frac{8\pi^2}{3m}\frac{e^2}{c\lambda^2} = \frac{0{,}2}{\lambda^2}. \tag{30}$$

Das ist die Formel von PLANCK[1]).

Gemäß der Gleichung $\frac{\Delta\lambda}{\lambda} = \frac{\nu'}{\nu}$, wobei $\nu = \frac{2\pi c}{\lambda}$ ist, wird also die Halbwertsbreite in Å

$$\Delta\lambda = \frac{\nu'\lambda^2}{2\pi c},$$

also gemäß (30)

$$\begin{aligned} &= \frac{4\pi e^2}{3mc^2}, \\ &= 0{,}83\cdot 10^{-4}\ \text{Å}. \end{aligned}$$

Wenn auf unseren Resonator eine ebene Welle auffällt, so wird ihr Energie entzogen, die die nach (26) verbrauchte Energie liefert. Da hier für das Gesamt-

---

[1]) M. PLANCK, Wied. Ann. Bd. 60, S. 577. 1897; Berl. Ber. Bd. 24, S. 471. 1902.

gebiet kein Energieverlust eintritt und da Wärmebewegung nicht auftreten soll, so bleibt die ganze dem Primärstrahl entzogene Energie Strahlungsenergie. Wir haben keine Umwandlung der Strahlungsenergie, sondern lediglich Streuung, indem die Moleküle, die selbst zu Schwingungszentren werden und sekundäre Lichtwellen aussenden, zerstreuend wirken. Wir haben also wenigstens im Gebiete schwacher Dispersion, wo das Mitschwingen der Elektronen nicht stark ist, ähnliche Verhältnisse wie bei der Zerstreuung des Lichts durch trübe Medien, deren Theorie von Lord RAYLEIGH entwickelt und zur Erklärung der Himmelsfarbe herangezogen wurde.

Zahlenmäßig nimmt ν' im sichtbaren Gebiet ($\lambda = 5 \cdot 10^{-5}$) nach (30) den Wert 10^8 an. Daraus ergeben sich für die Abklingungszeit Werte von der Größenordnung 10^{-8} sec in Übereinstimmung mit dem Experiment[1]). Übereinstimmung mit dem aus Formel (30) sich ergebenden Wert findet auch MINKOWSKI[2]), der durch Kombination von Absorption und Magnetorotation für die D-Linien $\nu'_{D_1} = 0{,}63 \cdot 10^8$, $\nu'_{D_2} = 0{,}62 \cdot 10^8$ sec^{-1} bestimmt.

Strahlungsdämpfung ist mit jeder Schwingung, die Wellen in das umgebende Medium sendet, untrennbar verbunden, also immer vorhanden. Die durch sie bestimmte Halbwertsbreite bestimmt daher die „natürliche Linienbreite".

28. Theorie von LORENTZ. LORENTZ[3]) untersucht den Fall, daß der Strahlungs- und Absorptionsprozeß der ungedämpft schwingenden Elektronen durch Zusammenstoß infolge der thermischen Bewegung unterbrochen werde. Die Energieverminderung wird dabei also auf Umsetzung von Strahlungsenergie in kinetische Energie der beiden Stoßpartner zurückgeführt (Stöße zweiter Art). Und zwar wird vorausgesetzt daß die ganze momentan vorhandene Energie des Resonators in Wärmebewegung umgesetzt wird. Es sei τ die Zeit zwischen zwei Stößen. In der Sekunde erfolgen dann $1/\tau$ Stöße. Die von einem Molekül während der Zeit τ in ungeordnete Bewegung umgesetzte Schwingungsenergie wird dann nach (26) gleich $\int_0^\tau b\dot{x}^2 dt$, nach der jetzigen Auffassung aber gleich der Energie im Augenblick des Stoßes $U(\tau)$. Also

$$\frac{b}{m}\int_0^\tau m\dot{x}^2 dt = U(\tau)\,.$$

Würde man $U(\tau) = 2\frac{m}{2}\bar{\dot{x}}^2$ setzen, so erhielte man

$$\frac{b}{m} = \frac{1}{\tau}\,. \qquad (31)$$

Nun ist die Rechnung noch nicht korrekt. Wir nahmen ja die Schwingungen als praktisch ungedämpft an und führten die Dämpfung auf von Zeit zu Zeit erfolgende plötzliche Störungen zurück; diese sollten die Schwingungsvorgänge unterbrechen, so daß unmittelbar nach einem Stoß die (kinetische) Energie des Resonators $= 0$ ist. Durch die einfallende Welle wird die Schwingung dann von

[1]) W. WIEN, Ann. d. Phys. Bd. 60, S. 597. 1919; Bd. 66, S. 229. 1921; Bd. 73, S. 483. 1924 (Abklingen des Kanalstrahlleuchtens); A. ELLET, Journ. Opt. Soc. Amer. Bd. 10, S. 427. 1925 (Drehung der Polarisationsebene der Resonanzstrahlung); W. HANLE, ZS. f. Phys. Bd. 30, S. 93. 1924; zusammenfassende Darstellung der Resultate s. H. KERSCHBAUM, Ann. d. Phys. Bd. 83, S. 287. 1927; L. S. ORNSTEIN u. v. D. HELD, Ann. d. Phys. (4) Bd. 85, S. 953. 1928 (Absolute Intensitätsmessung).

[2]) R. MINKOWSKI, ZS. f. Phys. Bd. 36, S. 839. 1926.

[3]) A. A. MICHELSON, Astrophys. Journ. Bd. 2, S. 251. 1895; H. A. LORENTZ, Versl. Akad. Amsterdam Bd. 14, S. 518 u. 577. 1906.

neuem erzeugt, und ihre Amplitude nimmt zu bis zum nächsten Stoß. Die Amplitude im Moment des Stoßes ist dann nicht die mittlere, sondern hat einen größeren Betrag.

LORENTZ rechnet folgendermaßen[1]: Man setzt die Lösung der Bewegungsgleichung (9) (Ziff. 7) inkl. der zu Beginn auftretenden freien Schwingungen der Frequenz ω_0 an und bestimmt deren Konstanten so, daß unmittelbar nach dem letzten Stoß, der vor t' sec gewesen sein möge, sowohl x als $\dot{x} = 0$ sind. Man hat dann

$$x = \frac{e\mathfrak{E}_0}{m(\omega_0^2 - \omega^2)} \cdot e^{i\omega t}\left\{1 - \frac{1}{2}\left(1 + \frac{\omega}{\omega_0}\right)e^{i(\omega_0 - \omega)t'} - \frac{1}{2}\left(1 - \frac{\omega}{\omega_0}\right)e^{-(\omega_0 - \omega)t'}\right\}.$$

In einem gegebenen Augenblick ist der Bruchteil der Moleküle, die ihren letzten Stoß zwischen t' und $t' + dt'$ hatten, proportional $\frac{1}{\tau} \cdot e^{-\frac{t'}{\tau}} \cdot dt$; man erhält daher als Mittel von x über alle Moleküle

$$\bar{x} = \int_0^\infty x \cdot \frac{1}{\tau} \cdot e^{-\frac{t'}{\tau}} \cdot dt' = \frac{e\mathfrak{E}_0 \cdot e^{i\omega t}}{m\left(\omega_0^2 - \omega^2 + \frac{i2\omega}{\tau}\right)}, \tag{32}$$

d. h. Formel (10a) (Ziff. 12) mit $b = \frac{2m}{\tau}$.

Die LORENTZsche Stoßdämpfung ist direkt proportional der Stoßzahl und diese wieder dem Gasdruck. Ferner muß ν'_{LORENTZ} wie die Stoßzahl bei konstanter Dichte proportional $\sqrt{T}$ zunehmen. Da ν' die Halbweite der Spektrallinie bestimmt, muß eine Erhöhung des Druckes oder der Temperatur eine Verbreiterung der Spektrallinie bewirken.

Für Emissionslinien ergibt sich das gleiche. Die ungestört schwingenden Elektronen bedingen gemäß der klassischen Elektrodynamik, sofern man von der Strahlungsdämpfung absieht, die Emission streng monochromatischen Lichts. Die so ausgesandten Wellenzüge haben aber nur eine endliche Länge, da der Emissionsprozeß jeweils durch die thermischen Zusammenstöße unterbrochen wird. Ein endlicher Wellenzug läßt sich aber durch FOURIER-Analyse in eine stetige Folge von Wellenlängen, also in ein ganzes Spektrum zerlegen derart, daß die Intensitätsverteilung in diesem „Spektrum" sich um so mehr um die Frequenz der ungedämpften Schwingung konzentriert, je länger der Wellenzug ist[2].

29. Strahlungsdämpfung und Breite von Spektrallinien. Die rein elektromagnetisch begründete Strahlungsdämpfung ist immer gleichmäßig wirksam. Die Stoßdämpfung dagegen wird sehr schwach, wenn das Gas sehr dünn, die Stöße also selten sind. Der rein formale Ansatz (8a) umfaßt beide, und im allgemeinen werden wir anzusetzen haben:

$$\nu' = \nu'_{\text{PLANCK}} + \nu'_{\text{LORENTZ}}.$$

In sehr dünnen Gasen wirkt nur ν'_{PLANCK}. Dann bleibt die ganze Strahlungsenergie ihrer Natur nach erhalten[3]. Die Dämpfung beruht nur auf der zerstreuenden Wirkung der Resonatoren. Daher bestimmt eben ν'_{PLANCK} die natürliche Breite der Spektrallinien. Diese ist immer, wie das Zahlenbeispiel Ziff. 27 zeigt, so klein,

---

[1]) Über eine etwas andere Ableitung mit nicht ganz den gleichen Resultaten siehe G. JAFFÉ, Ann. d. Phys. (4) Bd. 45, S. 1217. 1914.

[2]) O. SCHOENROCK, Ann. d. Phys. Bd. 22, S. 209. 1907; H. A. LORENTZ, Theorie of Electrons, S. 141. Leipzig 1916.

[3]) R. W. WOOD, Phys. ZS. Bd. 13, S. 353. 1912; F. PASCHEN, Ann. d. Phys. (4) Bd. 45, S. 625. 1914; J. Z. ZIELINSKI, Phys. Rev. (2) Bd. 31, S. 559. 1928. Dieses Handbuch Bd. XXIII, Kapitel 5.

daß sie mit dem bis jetzt erreichten Auflösungsvermögen der Spektralapparate nicht gemessen werden kann. D. h. die Linie wird durch Beugungserscheinungen verbreitert. Aber auch ohne das würde der Dopplereffekt hier eine Messung stören. Wenn nämlich ein emittierendes Atom[1]) mit der Geschwindigkeit v auf den Beobachter zu bzw. von ihm fortfliegt, so ist die vom Beobachter wahrgenommene Frequenz

$$\nu = \nu_0\left(1 \pm \frac{v}{c}\right).$$

Das mittlere Geschwindigkeitsquadrat $\bar{v}$ für die Moleküle eines Gases ist gegeben durch

$$\bar{v} = \sqrt{\frac{3RT}{M}} \qquad \text{oder} \qquad 1{,}579 \cdot 10^3 \sqrt{\frac{T}{M}}.$$

Das bedeutet[2]) eine mittlere Verbreiterung nach jeder Seite von der Größenordnung $\frac{1}{c}\sqrt{\frac{3RT}{M}}\,\nu_0 = 5 \cdot 10^{-7}\sqrt{\frac{T}{M}}\,\nu_0$. Für Wasserstoff ($M = 2$) und Zimmertemperatur ($T = 300$) ergibt sich so als Gesamtbreite der Spektrallinie $\Delta\lambda \backsim \lambda_0 \cdot 10^{-5}$, während nach (30) $\Delta\lambda \backsim \lambda_0 \cdot 10^{-8}$ ist. Die durch Strahlungsdämpfung bedingte Linienbreite ist also durch die Verbreiterung infolge des Dopplereffektes[3]) vollkommen überdeckt. Der letztere nimmt mit steigender Temperatur und fallendem Molekulargewicht zu. Will man daher die natürliche Strahlungsdämpfung finden, so ist Quecksilberdampf nach (32) am günstigsten, weil er ein großes Molekulargewicht hat und der Dampfdruck schon bei gewöhnlicher Temperatur hinreichend ist.

Eine Methode zur direkten Bestimmung der natürlichen Linienbreite hat MINKOWSKI[4]) in neuester Zeit angegeben. Er geht davon aus, daß die durch Dopplerverbreiterung bedingte Intensitätsverteilung in einer Linie verschieden ist von der durch Strahlungs- oder Stoßdämpfung bedingten Breite in der Art, daß der Abfall des Absorptionskoeffizienten bei alleiniger Wirksamkeit des Dopplereffektes exponentiell mit dem Quadrat des Abstandes von der Linienmitte abfällt[2]), bei Druckverbreiterung oder natürlicher Linienbreite dagegen reziprok dem Quadrate der Frequenzdifferenz. Daher sollte auch bei Mitwirkung des Dopplereffektes der Absorptionskoeffizient in hinreichendem Abstand von der Linienmitte von diesem unabhängig sein und bei genügend dünnem Druck eine Bestimmung der natürlichen Linienbreite ermöglichen (s. den von MINKOWSKI angegebenen Wert für die natürliche Breite der D-Linien in Ziff. 27). Einige die Druckverbreiterung betreffende Daten MINKOWSKIS werden in der nächsten Ziffer angeführt werden.

---

[1]) Der Einfachheit halber wird hier die Emissionslinie betrachtet.

[2]) Exakt. Behandlung des Intensitätsverlaufs in der Linie s. Lord RAYLEIGH, Phil. Mag. Bd. 27, S. 298. 1889; O. SCHÖNROCK, Ann. d. Phys. (4) Bd. 20, S. 995. 1906.

[3]) Erste experimentelle Untersuchungen s. H. EBERT, Wied. Ann. Bd. 36, S. 466. 1889. Genauere Messungen s. A. A. MICHELSON, Phil. Mag. Bd. 34, S. 280. 1892; C. FABRY u. H. BUISSON, Journ. d. phys. Bd. 2, S. 442. 1912 und besonders M. DUFFIEUX, ebenda (9) Bd. 4, S. 252. 1925, mit ausführlicher Literatur über Messungen. Der Dopplereffekt als Ursache der Linienverbreiterung wurde zuerst von F. LIPPISCH (Pogg. Ann. Bd. 139, S. 465. 1870) und L. PFAUNDLER (Wien. Ber. Bd. 76, S. 852. 1877) behandelt. Lord RAYLEIGH (Phil. Mag. (5) Bd. 27, S. 298. 1889) leitet dann ab, daß der Intensitätsabfall von der Mitte der Linie nach außen experimentell mit dem Quadrat der Frequenzdifferenz geht (s. auch CH. GODFREY, Phil. Trans. (A) Bd. 195, S. 329. 1901). Weiterführung s. O. SCHÖNROCK, Ann. d. Phys. Bd. 20, S. 995. 1906 und Lord RAYLEIGH, Phil. Mag. (6) Bd. 29, S. 274. 1915.

[4]) R. MINKOWSKI, Naturwissensch. Bd. 13, S. 1091. 1925; ZS. f. Phys. Bd. 36, S. 839. 1926; s. auch W. SCHÜTZ, ZS. f. Phys. Bd. 38, S. 864. 1926; Bd. 45, S. 30. 1927 (mit kritischen Bemerkungen zu den Messungen MINKOWSKIS).

An dieser Stelle möge schließlich noch erwähnt werden, daß das Ausphotometrieren der Absorptionslinien im Sonnenspektrum, wenn man ebenso wie MINKOWSKI vorgeht, auch hier neben anderem Schlüsse auf die natürliche Halbwertsbreite und LORENTZ-Breite zuzulassen scheint. Untersuchungen dieser Art sind von H. v. KLÜBER in Potsdam begonnen worden. Abb. 13a gibt ein Photo-

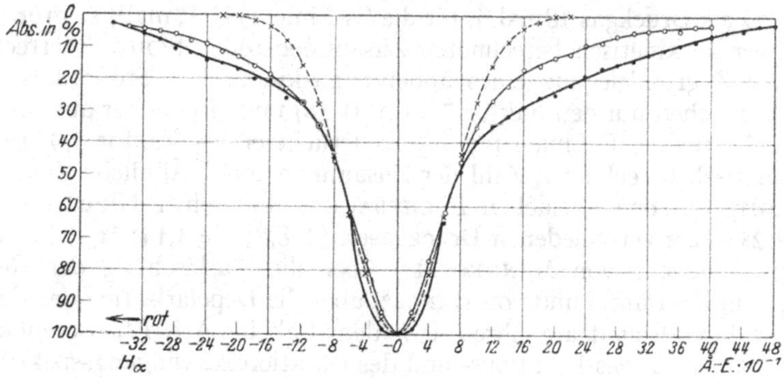

Abb. 13 a.

gramm von H_α im Sonnenspektrum wieder[1]). Die gestrichelte Kurve gibt den theoretischen Verlauf bei alleiniger Wirkung des Dopplereffektes, während die dünn ausgezogene Kurve die von Gleichung (17b) und (18) geforderte Linienform angibt. Es ist deutlich zu sehen, wie in der Linienmitte der Dopplereffekt, in weitem Abstand davon aber Gleichung (17b) den beobachteten Verlauf wiedergibt[2]).

30. Experimentelle Prüfung der LORENTZschen Theorie. Bei kleinem Drucke brauchen wir nur die Strahlungsdämpfung zu berücksichtigen. Bei Erhöhung des Gasdruckes, d. h. Verkleinerung von τ, wird aber bald ein Zustand erreicht, wo die Stoßdämpfung von der gleichen Größenordnung ist. Das ist der Fall, sobald die Stoßzeiten die Größenordnung von 10^{-8} erreichen. Wenn dann die Stoßzeiten noch kleiner werden, tritt ν'_{PLANCK} zurück gegen ν'_{LORENTZ}. Bei großen Drucken ergeben sich so die Möglichkeiten, die LORENTZsche Theorie zu prüfen, und zwar durch Prüfung der Abhängigkeit von ν' von der Temperatur (es müßte bei konstanter Dichte wachsen proportional mit $\sqrt{T}$) und durch Prüfung der Abhängigkeit vom Druck (ν' müßte zunehmen proportional mit dem Druck).

In Fällen, in denen die Linienbreite praktisch nur von der Stoßdämpfung herrührt, müßte also dieselbe Verbreiterung auftreten, wenn man einmal den Fremddruck bei konstanter Temperatur, einmal die Temperatur bei konstantem Fremddruck erhöht. Die erforderlichen Fremddrucke müssen dann den Wurzeln aus den Temperaturen proportional sein. Das Experiment scheint diese Folgerung zu bestätigen[3]).

Eine Reihe von Untersuchungen zur Prüfung der LORENTZschen Theorie unternahm FÜCHTBAUER mit seinen Mitarbeitern auf photographisch-photometrischem Weg. Indem sie in jedem Fall die Bedingungen so wählten, daß

[1]) H. v. KLÜBER, ZS. f. Phys. Bd. 44, S. 481. 1927; s. auch M. MINNAERT, ebenda Bd. 45, S. 610. 1927.

[2]) Über die Behandlung der Struktur der FRAUNHOFERschen Linien auf Grund der SCHWARZSCHILDschen Theorie des Strahlungsgleichgewichts s. A. UNSÖLD, ZS. f. Physik Bd. 46, S. 765. 1928.

[3]) W. ORTHMANN, Ann. d. Phys. Bd. 78, S. 601. 1925 (durch Änderung der Absorption einer hochmonochromatischen Resonanzlampe).

Dopplereffekt und Strahlungsdämpfung vernachlässigt werden konnten, fanden sie die Druckabhängigkeit[1]) von ν' bis zu Drucken von 30, in einer weiteren Untersuchung[2]) bis zu 50 Atmosphären vollkommen bestätigt. Auch für die Größenordnung der Störungszahlen ergab sich der erwartete Wert, dagegen nicht für ihre Absolutzahl. Es folgte vielmehr, daß die „optischen Stoßzahlen", wie sie sich aus der Halbwertsbreite nach (31) bestimmen, z. B. für die Na-Linie 5890 mit N_2 als Druckgas 18mal[3]), für die Cs-Linie 4555 32mal[1]) so groß sind, als die Zahl der gaskinetisch berechneten Zusammenstöße. SCHÜTZ[4]) errechnet jedoch unter Zugrundelegung eines anderen gaskinetischen Stoßradius aus den gleichen Versuchen nur den Faktor 7 (anstatt 18) und gibt weiter auf Grund eigener Versuche für die D-Linien mit N_2 als Druckgas den Faktor 2,9, gegenüber der gaskinetisch berechneten Zahl der Zusammenstöße. Ähnliche Zahlen folgen nach SCHÜTZ aus den Versuchen FÜCHTBAUERS und seiner Mitarbeiter für die Hg-Linie 2536 bei verschiedenen Druckgasen (A 8,8; He 3,14; H_2 5,7; CO_2 10,7; N_2O 6,9). Versuche von MANNKOPFF[5]) über die Auslöschung der Resonanzfluoreszenz in Na-Dampf und von HANLE[6]) über die Depolarisation der Resonanzfluoreszenz durch Fremdgase führen zu Zahlen ähnlicher Art. Ebenso findet HETTNER[7]) an den Linien des Rotations- und des Rotationsschwingungsspektrums von Gasen im Ultraroten Proportionalität zwischen Druck und Linienbreite. Der wirksame Stoßdurchmesser ergibt sich dabei 4- bis 8mal so groß wie der gaskinetische.

FÜCHTBAUER hatte bei allen seinen Versuchen den Fall realisiert, wo der Druck des absorbierenden Gases klein war gegenüber dem eines beigemischten, chemisch indifferenten Fremdgases (N_2, CO_2, H_2, A, H_2O, O_2), so daß also die Zahl der Zusammenstöße des absorbierenden Moleküls mit artgleichen (seiner Ansicht nach) vernachlässigt werden konnte gegenüber solchen mit dem Fremdgas (s. aber Ziff. 32). Dabei zeigte sich neben dem Faktor, der die aus der Halbwertsbreite berechnete, von der gaskinetischen Stoßzahl unterschied, noch eine weitere Abweichung von der Theorie. Die Absorptionslinien erwiesen sich nämlich als unsymmetrisch, und außerdem war die Kurvenform bei der gleichen Linie völlig verschieden für die einzelnen verbreiternden Gase. Bei N_2, A, H_2O, O_2 und CO_2 fiel die Linie nach der kurzwelligen Seite schneller ab, als die Theorie erwarten ließ. Wasserstoff als verbreiterndes Gas rief eine viel weniger starke Asymmetrie — und zwar auf der langwelligen Seite — hervor. Die eigentümliche Form der Absorptionskurve scheint also, wie FÜCHTBAUER und JOOS sich ausdrücken, „nicht charakteristisch für das gestörte, sondern für das störende Atom" zu sein[8]). Auch scheint die Stärke der verbreiternden Wirkung für die verschiedenen Fremdgase nicht gleich zu sein[9]).

Hatten die schon gerade besprochenen Untersuchungen, bei denen die Linienbreite im wesentlichen durch das Fremdgas bedingt sein sollte, zu große Störungs-

---

[1]) CHR. FÜCHTBAUER u. W. HOFMANN, Phys. ZS. Bd. 14, S. 1168. 1913 und besonders Ann. d. Phys. Bd. 43, S. 96. 1914; CHR. FÜCHTBAUER, Phys. ZS. Bd. 12, S. 722. 1911.

[2]) CHR. FÜCHTBAUER, G. JOOS u. O. DINKELACKER Phys. ZS. Bd. 23, S. 73. 1922; Ann. d. Phys. Bd. 71, S. 204. 1923.

[3]) CHR. FÜCHTBAUER u. C. SCHELL, ZS. f. Phys. Bd. 14, S. 1164. 1913; Verh. d. D. Phys. Ges. Bd. 15, S. 974. 1913.

[4]) W. SCHÜTZ, ZS. f. Phys. Bd. 45, S. 30. 1927.

[5]) R. MANNKOPFF, ZS. f. Phys. Bd. 36, S. 315. 1926.

[6]) W. HANLE, ZS. f. Phys. Bd. 41, S. 164. 1927; s. auch G. L. DATTA, ebenda Bd. 37, S. 625. 1926.

[7]) G. HETTNER, Phys. ZS. Bd. 27, S. 787. 1926. Ferner W. H. KUSSMANN, ZS. f. Phys. Bd. 48, S. 831. 1928.

[8]) S. auch CHR. FÜCHTBAUER u. H. MEIER, Phys. ZS. Bd. 27, S. 853. 1926.

[9]) S. auch B. TRUMPY, ZS. f. Phys. Bd. 40, S. 594. 1927; M. WIMMER, Ann. d. Phys. Bd. 81, S. 1091. 1926.

zahlen erfordert, so ergab die Betrachtung der Fälle, wo der Eigendruck des absorbierenden Gases allein in Betracht kommt, noch größere Unstimmigkeiten. LORENTZ selbst hatte seine Theorie auf einen solchen Fall (Versuche von HALLO an Na-Dampf) angewandt und das Verhältnis der Störungszahl zur Stoßzahl zehnmal so groß gefunden als FÜCHTBAUER. Es hat sich dann in der Tat gezeigt, daß bei Steigerung des Druckes des reinen Gases die durch stärkere Stoßdämpfung verursachte Verbreiterung der Linien viel größer ist als bei der entsprechenden Drucksteigerung eines Fremdgases. TRUMPY[1]) findet (durch Ausphotometrierung der Absorptionslinien), daß die Hauptserienlinien des Natriums mit wachsender Dichte des Na-Dampfes bei konstantem Gesamtdruck sehr viel stärker verbreitert werden, als nach der LORENTZschen Theorie zu erwarten ist. MINKOWSKI[2]) gibt an, daß die Verbreiterung der D-Linien durch den Eigendruck des Na-Dampfes bereits bei einem Druck von 10^{-2} mm bemerkbar wird und daß der Verlauf der Absorptionskurve dann von dem aus der Stoßtheorie sich ergebenden abweicht, während nach der Messung von FÜCHTBAUER und SCHELL, falls ein Na-Atom auf ein anderes ebenso einwirken würde wie ein N_2-Molekül, eine Druckverbreiterung neben der natürlichen Breite erst bei 10^{-1} mm zu erwarten wäre. Falls die Extrapolation von den großen Drucken bei FÜCHTBAUER richtig ist[3]), ergäbe sich also eine etwa 10mal so starke Störung bei Stoßdämpfung durch gleichartige Atome. Zu ähnlichen Resultaten führen Versuche von SCHÜTZ[4]) über die Depolarisation der Quecksilberresonanzstrahlung in einem äußeren Magnetfeld, aus denen hervorgeht, daß der Druck, bei dem die Störungen durch Atome der gleichen Art merklich werden, etwa 50mal so klein ist wie der entsprechende Fremdgasdruck. Schließlich finden ORTHMANN und PRINGSHEIM[5]), daß die Hg-Linie 2536 bei 7,3 mm Eigendampfdruck dieselbe Breite hat wie bei 250 mm Edelgaszusatz. Die experimentellen Daten führen also auf den verschiedensten Wegen zu derselben Größenordnung.

31. Theorie von DEBYE-HOLTSMARK-GANS. (Starkeffekt molekularer Felder.) Die LORENTZsche Theorie stellt also eine Reihe von Erscheinungen richtig dar, kann aber nicht alle experimentellen Befunde erklären. DEBYE-HOLTSMARK[6]) führen nun neben oder an Stelle der LORENTZschen Stoßdämpfung als Ursache der Linienverbreiterung einen Starkeffekt der molekularen Felder ein. Sie berechnen aus den die Atome umgebenden Feldern das mittlere Feld an der Stelle des emittierenden oder absorbierenden Atoms. Wäre es ein Gas von Ionen, so wäre das atomare Feld ein COULOMBsches. Im vorliegenden Fall hängt es im wesentlichen vom Polcharakter der Moleküle ab. In einzelnen Fällen werden wir z. B. das Feld von Dipolen haben, im allgemeinen wird es sich um Quadrupole handeln. Diese Felder beeinflussen die Bahnen im einzelnen Molekül, das in hinreichende Nähe kommt, merklich. Die Spektrallinie erleidet dann eine Aufspaltung proportional der am Ort des absorbierenden oder emittierenden Moleküls herrschenden Feldstärke $\left(\frac{h\nu}{2\pi} = E_2 + \varDelta E_2 - E_1 - \varDelta E_1\right)$. Was wir beob-

[1]) B. TRUMPY, ZS. f. Phys. Bd. 34, S. 715. 1925; s. auch G. R. HARRISON u. J. C. SLATER, Phys. Rev. Bd. 26, S. 176. 1925.

[2]) R. MINKOWSKI, ZS. f. Phys. Bd. 36, S. 839. 1926.

[3]) S. hierzu P. KUNZE, Ann. d. Phys. (4) Bd. 85, S. 1013. 1928.

[4]) W. SCHÜTZ, ZS. f. Phys. Bd. 35, S. 260. 1925; W GERLACH u. W. SCHÜTZ, Naturwissensch. Bd. 11, S. 637. 1923; s. auch J. FRANCK, ebenda Bd. 14, S. 211. 1926.

[5]) W. ORTHMANN u. P. PRINGSHEIM, ZS. f. Phys. Bd. 46, S. 160. 1928. S. hierzu auch M. SCHEIN, Ann. d. Phys. (4) Bd. 85, S. 257. 1928.

[6]) J. HOLTSMARK, Ann. d. Phys. Bd. 58, S. 577. 1919; Phys. ZS. Bd. 25, S. 73. 1924; P. DEBYE, ebenda Bd. 20, S. 160. 1919; R. GANS, Ann. d. Phys. Bd. 66, S. 396. 1921; s. auch J. STARK u. H. KIRSCHBAUM, ebenda Bd. 43, S. 1017. 1914; G. WENDT, ebenda Bd. 45, S. 1257. 1914; A. J. DEMPSTER, ebenda Bd. 47, S. 791. 1915.

achten, ist der Effekt einer großen Anzahl von Molekülen. Wenn wir also, was auf dasselbe hinauskommt, ein einzelnes längere Zeit verfolgen, so werden die Nachbarmoleküle bald näher, bald weiter sein und dementsprechend bald stärker, bald schwächer aufspaltend wirken. Nun ist es natürlich im Mittel so, daß die schwachen Felder häufiger sind als die starken. Das führt wieder zu einer Form der Intensitätsverteilung von ähnlicher Art, wie wir sie oben behandelten. Wir haben auch jetzt noch eine Energieübertragung durch Stoß; aber es gibt jetzt keinen bestimmten Abstand mehr, von dem ab wir von einem Stoß reden, also keinen definierten Stoßradius. Wir haben sozusagen dauernd Stöße, aber bald schwächerer, bald stärkerer Art. Jetzt ändern sich die Verhältnisse gegen über dem einfachen LORENTZschen Ansatz dadurch, daß die mittlere Aufspaltung nicht mehr proportional ist der Zahl der stoßenden Atome. Die bei der Stoßdämpfungstheorie lineare Druckabhängigkeit der Linienbreite wird jetzt durch folgende Beziehungen ersetzt:

$$\begin{array}{lll} \text{für Ionen} & \text{ist} & \nu' \sim p^{\frac{2}{3}} \quad (p = \text{Druck}) \\ \text{,, Dipole} & \text{,,} & \nu' \sim p \\ \text{,, Quadrupole} & \text{,,} & \nu' \sim p^{\frac{4}{3}}. \end{array}$$

Das folgt daraus, daß der mittlere Abstand zweier Moleküle proportional $1/p^{\frac{1}{3}}$ ist und ferner bei Ionen die Feldstärke proportional $1/r^2$, bei Dipolen proportional $1/r^3$ und bei Quadrupolen $1/r^4$ ist[1]).

Die Hauptschwierigkeit entsteht dieser Theorie daraus, daß auch solche Spektrallinien Verbreiterung zeigen, bei denen trotz gründlicher Untersuchung kein meßbarer Starkeffekt im homogenen Felde gefunden werden konnte. Das trifft nach PASCHEN und GERLACH[2]) z. B. auf die von FÜCHTBAUER und JOOS auf Druckverbreiterung untersuchte Hg-Linie 2537 zu. Es ist somit auch nicht erstaunlich, daß FÜCHTBAUER und JOOS einen anderen Dichteeinfluß beobachteten als den von der DEBYE-HOLTSMARKschen Theorie geforderten. Nach letzterer müßte nämlich bei den Quadrupolen N_2, CO_2 und H_2 Proportionalität der Halbweite mit der $\frac{4}{3}$., bei H_2O (starker Dipol) mit der ersten Potenz auftreten, während tatsächlich alle 4 Gase die 1. (CO_2 evtl. die $\frac{2}{3}$.) Potenz zeigen. Es kann daher der Druckeinfluß hier nicht durch Starkeffekt erklärt werden. Ebensowenig kann die Verbreiterung des ultraroten HCl-Absorptionsspektrums nach HETTNER[3]) auf einen Starkeffekt zurückgeführt werden, da der Starkeffekt zu einer Abnahme der Linienbreite mit wachsender Rotationsquantenzahl führen müßte und da ferner die beobachteten Linienbreiten, die aus dem Starkeffekt sich ergebenden bedeutend (etwa 30mal) überschreiten[4]).

32. Weitere theoretische Ansätze. JOOS macht für Fälle wie den bei 2537 vorliegenden die starken zeitlichen Veränderungen während eines Elektronenumlaufs verantwortlich[5]). STERN[6]) hat versucht anzusetzen, daß es sich nicht um den gewöhnlichen Starkeffekt handelt, der proportional $\mathfrak{E}$ selbst ist, sondern um einen, der proportional $\partial \mathfrak{E}/\partial x$ ist, also auf die Inhomogenität des Feldes zurückgeht. Dies würde erklären, daß 2537 im gewöhnlichen homogenen Feld keine

---

1) J. HOLTSMARK u. B. TRUMPY, ZS. f. Phys. Bd. 31, S. 803. 1925.

2) F. PASCHEN u. W. GERLACH, Phys. ZS. Bd. 15, S. 489. 1914; s. auch W. HANLE, ZS. f. Phys. Bd. 35, S. 346. 1926.

3) G. HETTNER, Phys. ZS. Bd. 27, S. 787. 1926.

4) Weitere experimentelle Untersuchungen über Starkeffekt und Linienbreite s. R. ROSSI, Astrophys. Journ. Bd. 34, S. 299. 1911; E. O. HULBURT, Phys. Rev. (2) Bd. 22, S. 24. 1923; M. KIMURA u. G. NAKAMURA, Jap. Journ. of Phys. Bd. 2, S. 61. 1923; J. HOLTSMARK u. B. TRUMPY, ZS. f. Phys. Bd. 31, S. 803. 1925; M. HANOT, C. R. Bd. 184, S. 281. 1927; Ann. de phys. (10) Bd. 8, S. 555. 1927.

5) G. JOOS, Phys. ZS. Bd. 23, S. 76. 1922.

6) O. STERN, Phys. ZS. Bd. 23, S. 476. 1922.

Beeinflussung zeigt. Aber auch dann ergibt sich nicht die richtige Druckabhängigkeit, denn man hätte bei Dipolen $\nu' \sim p^{\frac{4}{3}}$, bei Quadrupolen $\sim p^{\frac{5}{3}}$ zu erwarten, kommt also zu noch stärkerem Widerspruch mit dem Experiment. HUMPHREYS[1]) hat versucht, den Zeemaneffekt zur Erklärung heranzuziehen.

Alle diese Theorien sind unbefriedigender als die ursprüngliche LORENTZsche Stoßdämpfung. Die große Reihe neuerer Experimentaluntersuchungen (HETTNER, SCHÜTZ, TRUMPY) weist vielmehr darauf hin, daß die LORENTZsche Theorie in all den Fällen im wesentlichen richtig zu sein scheint, wo sich nicht andere Effekte, wie der oben genannte starke Einfluß des Eigendrucks des Absorptionsgases bemerkbar machen. Daß solche Abweichungen eintreten müssen, ist leicht verständlich, sobald man bedenkt, daß die nach LORENTZ verbreiternd wirkenden thermischen Zusammenstöße nicht nur darin bestehen können, daß sich durch einen Stoß zweiter Art Strahlungsenergie in Wärmeenergie der beiden Stoßpartner umsetzt, was LORENTZ ursprünglich allein in Betracht gezogen hatte, sondern daß sie auch in Anregungsenergie des verbreiternden Gases übergehen kann[2]). Im letzteren Fall tritt dann, je nach der Art der Stoßpartner, ein verschieden großer „Stoßradius" auf, der bei Artgleichheit der beiden stoßenden Atome einen Maximalwert annimmt[3]), was bereits auf den besonders starken Einfluß der Erhöhung des Eigendampfdruckes des absorbierenden Gases hinweist. Dieser Einfluß ist, wie bereits gesagt, hinsichtlich der Druckabhängigkeit von ν' tatsächlich direkt beobachtet (TRUMPY, MINKOWSKI, SCHÜTZ). Daß die Stärke der Verbreiterung durch Fremdgase nicht nur vom Druck, sondern auch von der Art des verbreiternden Gases abhängt, geht auf die gleiche Ursache zurück.

Für die starke Verbreiterung bei Störungen durch gleichartige Atome, deren endgültige Aufklärung einen wesentlichen Fortschritt bedeuten würde, liegen auch bereits theoretische Ansätze vor. Zunächst ist zu erwähnen, daß bereits GALITZIN[4]) 1895 auf die Möglichkeit elektromagnetischer Koppelung der Atome als Ursache für Verbreiterung und Asymmetrie hinwies. Der hier interessierende Fall artgleicher Atome dürfte eine in diesem Sinn zu verstehende Resonanzerscheinung vorstellen. Diese Ansicht findet sich auch bald nach Kenntnis des Einflusses der Dampfdichteerhöhung ausgesprochen (SCHÜTZ, TRUMPY) und ist von MENSING und HOLTSMARK eingehender entwickelt worden.

HOLTSMARK[5]), der klassisch rechnet, betrachtet die Atome als Resonatoren, die mit der Frequenz ω_0 schwingen. Diese Frequenz wird nun durch Koppelung der (gleichartigen) Atome (wenig) gestört, so daß etwas von der ursprünglichen verschiedene Eigenschwingungen eng um diese verteilt liegen. Die mittlere Abweichung führt zu der Linienverbreiterung. Die Linienbreite wird proportional der Wurzel aus der Dichte des absorbierenden Gases.

MENSING[6]) rechnet auf quantentheoretischer Grundlage. Nach mehreren vereinfachenden Annahmen (die zeitliche Änderung des Abstandes der Atome wird vernachlässigt; ferner wird nur die Wirkung zweier Atome aufeinander in Rechnung gesetzt) kommt sie zu dem Resultat, daß die Linienbreite proportional der Dichte und daß sie weiterhin für alle Linien innerhalb der Alkalihauptserien die gleiche sei.

---

1) W. J. HUMPHREYS, Astrophys. Journ. Bd. 23, S. 233. 1906.
2) Siehe z. B. G. CARIO, ZS. f. Phys. Bd. 10, S. 185. 1922.
3) W. SCHÜTZ, ZS. f. Phys. Bd. 35, S. 260. 1925.
4) B. GALITZIN, Drud. Ann. Bd. 56, S. 78. 1895.
5) J. HOLTSMARK, ZS. f. Phys. Bd. 34, S. 722. 1925.
6) L. MENSING, ZS. f. Phys. Bd. 34. S. 611. 1925.

Der Theorie von MENSING widersprechen die Versuche von TRUMPY[1]) und von HARRISON und SLATER[2]), die übereinstimmend eine Abnahme der Halbwertsbreite mit wachsender Liniennummer finden. Ein früheres entgegengesetztes Resultat von FÜCHTBAUER und BARTELS[3]) erklärt TRUMPY auf Grund seiner letzten Versuche. Schließlich scheinen auch die Untersuchungen von MINKOWSKI gegen die Theorie von MENSING zu sprechen.

Dagegen findet die Theorie von HOLTSMARK in einer Reihe von Ergebnissen TRUMPYS gute Bestätigung. Gleichzeitig finden ihr zufolge die Widersprüche gegen die ursprüngliche LORENTZsche Stoßdämpfung, dic oben erwähnt wurden, ihre Aufklärung dadurch, daß neben der Verbreiterung durch das Fremdgas die durch das Eigengas, auch wenn sein Partialdruck viel geringer ist, nicht — wie bisher meist üblich — vernachlässigt werden darf. TRUMPY hat die experimentellen Bedingungen so gewählt, daß zwischen den beiden Effekten unterschieden werden konnte. Von den zahlreichen Resultaten TRUMPYS sei nur noch das eine angeführt, daß er optische und gaskinetische Stoßzahl an der Hg-Linie 2536 in guter Übereinstimmung findet[4]). Im übrigen muß auf die Originalarbeit verwiesen werden, die als experimenteller Beleg für die ursprüngliche LORENTZsche Stoßdämpfungstheorie sowohl wie für die HOLTSMARKsche Koppelungstheorie angesehen werden will. Doch sind die Messungen TRUMPYS bezüglich der Halbwertsbreiten wahrscheinlich durch Beugungserscheinungen und photographische Effekte überdeckt, so daß es zweifelhaft erscheint, ob man sie als eindeutig heranziehen darf[5]). Einen von HASCHE, POLANYI und VOGT[6]) gegen TRUMPY erhobenen Einwand weist SCHÜTZ zurück, wobei er betont, daß deren Messungen keineswegs einen Widerspruch gegen die Koppelungstheorie bedeuten.

IV. Spezielle theoretische Fragen der Dispersion[7]).

a) Der Mechanismus, durch den die verminderte Phasengeschwindigkeit zustande kommt[8]).

33. Die Sekundärwellen. In der vorangehenden Behandlung der Dispersion sind zwei Teile zu unterscheiden: Die Berechnung der Bewegung des Elektrons unter dem Einfluß der elektrischen Welle und die Rückwirkung dieser Bewegung auf die Welle. Der erste Teil, der zu Formel (10a), Ziff. 12 führt, ist in seiner physikalischen Bedeutung vollkommen klar. Der zweite Teil ist formal

---

[1]) B. TRUMPY, ZS. f. Phys. Bd. 34, S. 715. 1925 und vor allem Bd. 40, S. 594. 1927. B. TRUMPY, ZS. f. Phys. Bd. 44, S. 575. 1927. Die experimentelle Methode s. B. TRUMPY, Über Intensität und Breite der Spektrallinien. Trondjhem 1927.

[2]) G. R. HARRISON u. J. C. SLATER, Phys. Rev. Bd. 26, S. 176. 1925.

[3]) H. BARTELS, Ann. d. Phys. (4) Bd. 65, S. 143. 1921.

[4]) Siehe aber H. W. KUSSMANN, ZS. f. Phys. Bd. 48, S. 831. 1928.

[5]) Laut persönlicher Mitteilung von Herrn R. MINKOWSKI.

[6]) R. S. HASCHE, M. POLANYI u. E. VOGT, ZS. f. Phys. Bd. 41, S. 583. 1927.

[7]) Ziff. 33—54 wurden im Sommer 1926 geschrieben und im wesentlichen unverändert gelassen. Zu dieser Zeit war der PAULIsche Artikel in Bd. XXIII dem Verf. noch nicht bekannt, so daß Wiederholungen vorkommen. Ziff. 55—66 sind zu Beginn des Jahres 1928 geschrieben.

[8]) Literatur für diese Betrachtungsweise: Lord RAYLEIGH, Phil. Mag. (5) Bd. 47, S. 375. 1899; A. SCHUSTER, Theory of optics. 2. Aufl., S. 325. London 1909; P. P. EWALD, Dissert. München 1912; Ann. d. Phys. Bd. 49, S. 1 und 117. 1916; Physica Bd. 4, S. 234. 1924; Fortschr, d. Chemie, Phys. u. phys. Chem. (B) Bd. 18, H. 8. 1925 (besonders klar); W. ESMARCH, Ann. d. Phys. Bd. 42, S. 1257. 1913; L. NATANSON, Bull. Acad. Krak. (A) 1914, S. 1 u. 335; 1916, S. 221; Phil. Mag. (6) Bd. 38, S. 269. 1919; K. F. HERZFELD, ZS. f. Phys. Bd. 23, S. 341. 1924; F. REICHE, Ann. d. Phys. Bd. 50, S. 1 und 121. 1916.

durch Benutzung der Gleichung (7), Ziff. 6:

$$n^2 - 1 = \frac{4\pi\mathfrak{P}}{\mathfrak{E}}$$

erledigt worden, doch ist physikalisch nicht klar, wieso sich die so berechnete Verminderung der Phasengeschwindigkeit ergibt. Wenn eine Welle irgendwie verändert wird, so kann man diese Veränderung immer so darstellen, daß sie aus der Überlagerung einer anderen Welle (Sekundärwelle) resultiert. Wenn die Veränderung durch irgendeinen Gegenstand hervorgerufen ist, so ist dieser Gegenstand als Quelle der Sekundärwelle anzusehen.

Wenn eine ebene Welle über eine Materialschicht wegstreicht, verändert wird und dabei eben bleibt und ihre Richtung behält, so muß eine ebene Welle überlagert worden sein. Hat z. B. die ursprüngliche ebene Welle die Form

$$\mathfrak{E}_x^{(1)} = \mathfrak{E}_{0x}^{(1)} \cdot e^{+2\pi i\nu\left(t-\frac{z}{c}\right)}, \tag{33}$$

und wird diese Form nach dem Überstreichen einer Schicht von der Dicke dz, die senkrecht auf z steht,

$$\mathfrak{E} = \mathfrak{E}_{0x}^{(1)}(1 - \Delta\chi) \cdot e^{2\pi i\nu\left(t-\frac{z}{c}\right) - i2\pi\Delta\varphi}, \tag{34}$$

so wird das formal dadurch beschrieben, daß man sagt, die Primärwelle hat eine Absorption (bezogen auf Energie) $2\Delta\chi$ erfahren, d. h., der Absorptionskoeffizient ist

$$\frac{2\Delta\chi}{\Delta z}. \tag{35}$$

Ferner ist eine Phasenverzögerung da, die einem Brechungsindex n entspricht, wo

$$-2\pi\nu\frac{n\Delta z}{c} = -2\pi\nu\frac{\Delta z}{c} - 2\pi\Delta\varphi,$$

oder

$$n - 1 = \frac{c}{\nu}\frac{\Delta\varphi}{\Delta z}. \tag{36}$$

Um diese Wirkung hervorzurufen, muß zu (33) eine ebene Sekundärwelle von der Form

$$\left.\begin{aligned} &\mathfrak{E}_{0x}^{(1)}\Delta z P e^{2\pi i\nu\left(t-\frac{z}{c}\right)+i(\psi+\pi)} \\ &P = \sqrt{\frac{\Delta\chi^2 + 4\pi^2\Delta\varphi^2}{\Delta z^2}}; \qquad \operatorname{tg}\psi = 2\pi\frac{\Delta\varphi}{\Delta\chi}. \end{aligned}\right\} \tag{33'}$$

hinzutreten, wo

Umgekehrt, wenn (33′) die überlagerte Sekundärwelle ist, berechnet man aus ihrer Amplitude $\mathfrak{E}_{0x}\Delta z P$ und ihrer Phase $\psi + \pi$ den komplexen Brechungsindex nach

$$\mathfrak{n} - 1 = n(1 - i\varkappa) - 1 = \frac{c}{2\pi\nu}Pie^{i(\psi+\pi)}, \tag{36'}$$

bzw. den reellen

$$n - 1 = \frac{c}{2\pi\nu}P \cdot \sin\psi \tag{36''}$$

und die Energieabsorption

$$2\pi\nu \cdot 2n\varkappa = 2P\cos\psi = \frac{2\Delta\chi}{\Delta z}.$$

Wenn demnach die ebene Welle (33) über die Molekularschicht hinstreicht und in ihr die ebene Sekundärwelle (33′) erregt, so ist das Resultat die ebene Welle (34), die sich so verhält, als ob die Primärwelle einen Phasensprung $\Delta\varphi$ nach rückwärts erlitten hätte. Wenn das Licht durch eine Reihe solcher Schichten hindurchgeht, dann erscheint im Mittel die Phasengeschwindigkeit kleiner, während sie in Wirklichkeit zwischen den Schichten c ist und in jeder Schicht ein endlicher Sprung nach rückwärts erfolgt. Wenn man die obigen Formeln anwendet, so wählt man Δz größer als den Abstand zweier Schichten und behandelt die Verteilung als kontinuierlich.

Wenn die ebene Welle auf ein einzelnes Teilchen trifft und dieses nach Ziff. 7 zu Schwingungen erregt, so gehen von diesem Teilchen nach Ziff. 27 Kugelwellen aus, die mit der Primärwelle zusammen keine ebene Welle geben. In der genauen Richtung der Primärwelle tritt zwar eine Phasenverschiebung durch die Überlagerung ein, aber diese nimmt proportional der Amplitude der Kugelwelle, d. h. proportional dem Abstand vom Teilchen ab und ist in meßbaren Entfernungen verschwindend. Wenn man eine ebene Sekundärwelle erhalten will, muß man zahlreiche Teilchen haben. Wir wollen annehmen, dieselben seien in einer Ebene senkrecht zum Primärstrahl im Mittel gleichmäßig angeordnet; das Gebiet, innerhalb dessen die sekundären Kugelwellen parallel zur Primärrichtung annähernd ebene Wellen geben, ist folgendermaßen begrenzt: Der Beobachter muß mindestens so weit entfernt sein, daß die Ungleichmäßigkeiten annähernd ausgeglichen sind, d. h., einige Male so weit, als der mittlere Teilchenabstand in der Ebene beträgt. Andererseits ist die obere Entfernung, von der ab die Sekundärwellen nicht mehr als eben betrachtet werden können, wo sich also die Scheibe, über welche die Teilchen verteilt sind, wie ein einzelnes Teilchen verhält, etwa durch d^2/λ gegeben, wenn d die Dimension der Scheibe ist. Man erkennt das folgendermaßen: Man kann die Sekundärwellen als das Beugungsbild der Scheibe in parallelem (Primär-) Licht auffassen. Solange das Beugungsbild ungefähr mit der wahren Größe der Scheibe übereinstimmt, kann man die Sekundärwellen als eben auffassen; die betreffende Entfernung ist oben angegeben. Bei größeren Entfernungen verschwindet aber das Bild der Scheibe auf einem Schirm, d. h. nimmt die Intensität der Sekundärwellen in der Primärrichtung merklich mit der Entfernung ab.

Wenn die Teilchen so dünn verteilt sind, daß sie sich gegenseitig nicht beeinflussen, ist die aus den Kugelwellen resultierende Sekundärwelle gegeben durch

$$-\frac{e^2}{mc} N dz \cdot \frac{i\nu\mathfrak{E}}{\nu_0^2 - \nu^2 + i\nu\nu'}, \tag{37}$$

d. h., die Amplitude ist

$$\frac{e^2}{mc} N dz \cdot \frac{\nu\mathfrak{E}}{\sqrt{(\nu_0^2 - \nu^2)^2 + \nu^2\nu'^2}}, \tag{37'}$$

die Phase

$$\psi = \operatorname{arc\,tg} \frac{\nu_0^2 - \nu^2}{\nu\nu'}. \tag{37''}$$

Die folgende Abbildung zeigt der Reihe nach, wie sich die resultierende Welle aus primärer und sekundärer zusammensetzt:

1. Für	$\nu < \nu_0$	$n - 1 > 0$,	Absorption merklich;
2. Für	$\nu = \nu_0 - \frac{\nu'}{2}$	$n - 1 =$ Maximum,	Absorption merklich;
3. Für	$\lvert\nu_0 - \nu\rvert < \frac{\nu'}{2}$	$n - 1$ fast Null,	Absorption stark (nahe der Linienmitte);
4. Für	$\nu > \nu_0$	$n - 1 < 1$,	Absorption merklich.

In den Richtungen, die von der Primärrichtung verschieden sind, geschieht folgendes: Entgegengesetzt der Primärrichtung gibt es bei dünner Schicht ($dz \ll \lambda$) einen reflektierten Strahl derselben Amplitude wie die Sekundärwelle, da für die Kugelwellen, die die Sekundärwellen bilden, diese beiden Richtungen gleichberechtigt sind. Bei dicker, ebener Schicht bleibt nur die Strahlung übrig, die von etwa $^1/_4$ bis $^1/_8\ \lambda$ herrührt, da die Wirkung tieferer Schichten sich gegenseitig aufhebt. Diese Strahlung bildet auch jetzt die reflektierte Strahlung. Bei unebener Schicht gibt es auch in dieser Richtung nur zerstreutes Licht, so wie in allen anderen. Dieses zerstreute Licht berechnet sich bei genügend dünner Packung $\left(N < \frac{1}{\lambda^3}\right)$ durch Multiplikation der von jedem einzelnen Teilchen gestreuten Energie[1]).

Ist ν', die Dämpfung, reine Strahlungsdämpfung, so wird die ganze absorbierte Energie zerstreut; ist noch eine andere Dämpfung da, so bleibt die Gesamtabsorption bei kontinuierlichem Licht ungeändert (Ziff. 14), aber die Streustrahlung nimmt ab. Und zwar bleibt weit außerhalb der Spektrallinie die Amplitude der Sekundärwelle nahe unverändert, ihre Phasenverschiebung wird aber etwas vermindert, so daß hier die Absorption bei unveränderter Streuung größer wird.

Die Linie, das Gebiet starker Absorption, wird verbreitert; innerhalb nimmt (an jeder einzelnen Stelle und im ganzen) die Amplitude der Sekundärwelle und die Streustrahlung ab, dagegen wird der Winkel so verändert, daß für manche Stellen (außen) die Adsorption zu-, für andere (in der Linienmitte) abnimmt, die Gesamtabsorption aber unverändert bleibt[2]).

34. Dichteres Medium (die rücklaufenden Wellen)[3]). In der vorhergehenden Betrachtung hat man als Primärwelle, die auf eine Schicht auffällt und sie zum Mitschwingen erregt, die wirklich auf die Schicht längs der positiven z-Richtung kommende Strahlung anzusetzen, d. h. die von außen auf den Körper fallende Strahlung vermehrt um die in den vorhergehenden Schichten erregten, in derselben Richtung laufenden Sekundärwellen. Graphisch heißt das, daß in der Abb. 14 die Richtung des resultierenden Vektors in einer Schicht als Anfangsrichtung der nächsten Schicht zu zählen ist, von der aus ψ, $\Delta\varphi$ usw. gerechnet werden; man überzeugt sich leicht, daß sonst ein unsinniges Resultat entsteht. (Hierbei erstreckt sich der Körper von $z = 0$ nach $z = \infty$.)

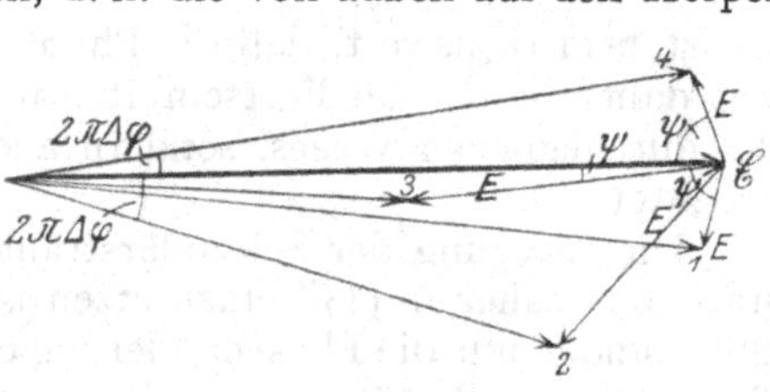

Abb. 14.

Bei etwas größerer Dichte des Körpers muß man berücksichtigen, daß als erregende Strahlung nicht nur die obengenannten beiden Komponenten, sondern auch die von den tieferen Schichten reflektierte Strahlung vorhanden ist. Hierdurch tritt auf die linke Seite von (36), (36″) statt $\mathfrak{n} - 1$ der Ausdruck

$$\frac{\mathfrak{n}^2 - 1}{2} = (\mathfrak{n} - 1)\frac{\mathfrak{n} + 1}{2},$$

in Übereinstimmung mit der Formel 11, Ziff. 7. Der Beweis läuft so.

Um die aus den tieferen Schichten stammende Strahlung zu berechnen, gehen wir folgendermaßen vor:

Es sei die (in den tieferen Schichten) vorhandene, in der positiven z-Richtung fortschreitende Gesamtstrahlung

$$\mathfrak{E}_0 \cdot e^{2\pi i \nu\left(t - \frac{n z'}{c}\right)}$$

[1]) E. Buchwald, Ann. d. Phys. (4) Bd. 52, S. 775. 1917.

[2]) Herrn Prof. R. W. Wood danke ich für manche anregende Diskussion.

[3]) Der hier behandelte Zusammenhang zum erstenmal bei P. P. Ewald, Physica l. c.

wo $\mathfrak{n}$ der komplexe Brechungsindex ist. Diese erregt an der Stelle z' eine Sekundärstrahlung, die in der positiven z-Richtung nach (33') Ziff. 33 die Größe

$$\mathfrak{E}_0 \cdot e^{2\pi i\nu\left(t-\frac{\mathfrak{n}z'}{c}\right)} P\Delta z' \cdot e^{-2\pi i\nu\frac{z-z'}{c}+i(\psi+\pi)} \tag{39}$$

nach der negativen z-Richtung den Betrag

$$\mathfrak{E}_0 \cdot e^{+2\pi i\nu\left(t-\frac{\mathfrak{n}z'}{c}\right)} P\Delta z' \cdot e^{+2\pi i\nu\frac{z-z'}{c}+i(\psi+\pi)} \tag{39'}$$

hat.

Die gesamte Strahlung, die aus den tiefer als z liegenden Schichten stammt und durch z hindurchgeht, ist

$$\mathfrak{E}_0 \cdot e^{2\pi i\nu\left(t+\frac{z}{c}\right)+i(\psi+\pi)} P\int\limits_z^\infty e^{-2\pi i\frac{\nu}{c}z'(\mathfrak{n}+1)}\,dz'.$$

Als obere Grenze des Integrals sollte man eigentlich die Stelle der unteren Plattenbegrenzung setzen; dann würde man aber Interferenzeffekte (stehende Wellen) erhalten, die eine hier unwesentliche Störung bedeuten. Nach EWALD nimmt man daher entweder die obere Grenze unendlich und denkt sich eine leichte Absorption eingeführt, so daß der Beitrag der oberen Grenze wegfällt, oder man führt die obere Grenze als endlich ein und mittelt über sie (d. h. die Plattendicke). So erhält man als Beitrag der reflektierten Strahlung

$$\mathfrak{E}_0 \cdot e^{2\pi i\nu\left(t-\frac{\mathfrak{n}z}{c}\right)} \frac{c}{2\pi i\nu}\,\frac{P}{\mathfrak{n}+1}\cdot e^{i(\psi+\pi)}. \tag{40}$$

Es ist bemerkenswert, daß die Phase in der $+z$-Richtung zu strömen scheint[1]), was daher rührt, daß Fortschreiten in der z-Richtung nicht nur eine Änderung des durchlaufenen Weges, sondern auch Wegnahme einer beitragenden Schicht bedeutet.

Die Erregung der Sekundärstrahlen findet nun durch das gesamte Feld $\mathfrak{E}$ statt, das daher in (33') einzusetzen ist. Dagegen interessiert uns für den Brechungsindex nur die Phasenänderung der wirklich in der $+z$-Richtung gehenden Welle $\mathfrak{E}^1$ gemäß (34).

Es ist daher die durch den Körper in der positiven z-Richtung hindurchgehende Welle $\mathfrak{E}^{(1)}$, nämlich die Primärwelle + den in der z-Richtung gehenden Sekundärwellen, gleich der Gesamtstrahlung $\mathfrak{E}$ weniger der „reflektierten" Welle (40), d. h.

$$\mathfrak{E} - \mathfrak{E}\cdot\frac{c}{2\pi\nu i}\,\frac{P}{\mathfrak{n}+1}e^{i(\psi+\pi)} = \mathfrak{E}^{(1)}.$$

Daher kann man nach (33') für die in der $+z$-Richtung strömende Sekundärwelle, die in der Schicht erregt wird, schreiben

$$\frac{\mathfrak{E}^{(1)}}{1-\frac{c}{2\pi i\nu}\,\frac{P}{\mathfrak{n}+1}e^{i(\psi+\pi)}}\,P e^{i(\psi+\pi)}\,\Delta z.$$

Demnach erhält man statt (36') Ziff. 33

$$\mathfrak{n}-1 = \frac{\frac{ci}{2\pi\nu}P\cdot e^{i(\psi+\pi)}}{1-\frac{c}{2\pi i\nu}\,\frac{P\cdot e^{i(\psi+\pi)}}{\mathfrak{n}+1}}$$

[1]) Obwohl die elementare Sekundärwelle in der $-z$-Richtung geht.

und daraus folgt
$$\mathfrak{n}^2 - 1 = +2\frac{ci}{2\pi\nu}\cdot P\cdot e^{i(\psi+\pi)}, \tag{41}$$

$$n^2 - n^2\varkappa^2 - 1 = \frac{2c}{2\pi\nu}P\cdot\sin\psi, \tag{41'}$$

$$2n^2\varkappa = \frac{2c}{2\pi\nu}\cdot P\cdot\cos\psi. \tag{41''}$$

35. Der Auslöschungssatz. Wir können die resultierende Welle auch anders zerlegen. Wir können das Resultat in Ziff. 33 auch so aussprechen, daß wir sagen, in der Schicht sei eine Sekundärwelle von der Form $\mathfrak{E} - \mathfrak{E}^1$ erregt worden. Hierbei kompensiert der Anteil $\mathfrak{E}^1$ den Primärstrahl, und $\mathfrak{E}$ bleibt allein übrig. Wenn wir die Addition von Primär- und Sekundärwelle nicht schichtweise vornehmen, sondern nach Durchlaufen einer dicken Platte, müssen wir sogar so vorgehen. Addiert man nämlich die gesamte Sekundärstrahlung, die an die Stelle z von vorhergehenden Teilen der Platte, d. h. von den Teilen zwischen z und 0, kommt, so erhält man entsprechend wie in der vorhergehenden Ziffer

$$\left.\begin{aligned} &\mathfrak{E}_0^0 P e^{2\pi i\nu t} e^{i(\psi+\pi)}\int_0^z e^{-2\pi i\nu\frac{(\mathfrak{n}-1)}{c}z' - 2\pi i\nu\frac{z}{c}}\,dz' \\ &= \mathfrak{E}_0^0 e^{2\pi i\nu t} P e^{i(\psi+\pi)}\frac{ci}{2\pi\nu(\mathfrak{n}-1)}\left[e^{-2\pi i\nu\mathfrak{n}\frac{z}{c}} - e^{-2\pi i\nu\frac{z}{c}}\right]. \end{aligned}\right\} \tag{42}$$

Der erste Ausdruck in der Klammer darf allein stehen bleiben, da er allein eine Wellenfortpflanzung mit dem (komplexen) Brechungsindex $\mathfrak{n}$ bedeutet. Der zweite Ausdruck, eine Welle mit der Geschwindigkeit c und ohne Absorption, vernichtet gerade die primäre Welle. EWALD nennt sie die „Randwelle", die ganze Auffassung nennt man den „Auslöschungssatz"[1]).

Man erhält aus der obengenannten Bedingung, daß der zweite Summand in (42) entgegengesetzt gleich der Primärwelle $\mathfrak{E}^1$ ist, ohne weiteres wieder die Formel (36') Ziff. (33) bzw. (41) Ziff. (34).

Diese Art der Rechnung ist weiter erforderlich, wenn man schiefen Einfall der äußeren Welle auf die Grenzfläche (Brechung) hat. Für den Fall einer schiefstehenden ebenen Platte ist das Problem nach der ersten Methode noch nicht gelöst worden, denn in einem Prisma überlagern sich nicht einfach ebene Wellen.

36. Die EWALDsche Theorie, unendlicher Körper. EWALD beginnt mit der Betrachtung der Wellenfortpflanzung in einem allseitig unendlich ausgedehnten Körper. Um präzise Resultate zu haben, nimmt er ihn als Kristall an, und zwar soll nur eine einzelne Atomart vorhanden und an den Eckpunkten eines rechtwinkligen, einfachen Gitters mit den Seitenlängen $2a$, $2b$, $2c'$ befestigt sein. Mit der speziellen kristalloptischen Frage wollen wir uns später (Ziff. 38) befassen und jetzt nur das Prinzipielle behandeln. EWALD setzt ebene Wellen in beliebiger Richtung an. Er betrachtet nun einerseits die mechanische Schwingung der Elektronen in den Atomen, andererseits die Fortpflanzung der elektromagnetischen Wellen, die von diesen Schwingungen hervorgerufen werden. Jedes Elektron sendet eine Kugelwelle aus, die sich überallhin mit Lichtgeschwindigkeit fortpflanzt, aber selbst natürlich wieder die Atome, über die sie wegstreicht, zu Schwingungen erregt. In unserer früheren Behandlung haben wir die von jeder Kugelwelle erregten Sekundärwellen sofort zu ihr addiert und das

[1]) W. ESMARCH, Ann. d. Phys. (4) Bd. 42, S. 1257. 1913; L. NATANSON, l. c. Ziff. 33; P. P. EWALD, Ann. d. Phys. (4) Bd. 49, S. 1. 1916; C. W. OSEEN, Ann. d. Phys. Bd. 48, S. 1. 1915; W. BOTHE, ebenda Bd. 64, S. 693. 1921; Dissert. Berlin 1914; H. FAXÉN, ZS. f. Phys. Bd. 2, S. 218. 1920; R. LUNDBLAD, Ups. Univ. Årsskr. 1920, Mat. och. Nat. 2.

Resultat als Absorption, Phasensprung usw. beschrieben; jetzt nehmen wir die Summation in anderer Reihenfolge vor.

Jede Atomschwingung von der Form

$$\mathfrak{p} = \mathfrak{p}_0 e^{2\pi i \nu t}$$

erregt eine Kugelwelle, deren mit e multiplizierter HERTZscher Vektor durch

$$\mathfrak{P} = \frac{\mathfrak{p}}{r} \cdot e^{-\frac{2\pi i \nu}{c} r} \tag{43}$$

gegeben ist. Hier ist $r^2 = (x - x_0)^2 + (y - y_0)^2 + (z - z_0)^2$, x_0, y_0, z_0 die Koordinaten des Beobachtungspunktes, x, y, z die des Atoms. Aus dem HERTZschen Vektor erhält man dann das Feld durch

$$\mathfrak{E} = \operatorname{rot}\operatorname{rot}\mathfrak{P}, \qquad \mathfrak{H} = \frac{1}{c}\operatorname{rot}\frac{\partial \mathfrak{P}}{\partial t}, \tag{43'}$$

wobei die Differentiationen in bezug auf $x_0 \ldots$ auszuführen sind.

Das gesamte Feld, das auf ein gegebenes Atom wirkt, ist dann die Summe aller Felder, die ihm von den anderen Atomen zugestrahlt werden, d. h. berechnet sich aus

$$\sum{}' \mathfrak{P}_i = \sum{}' \frac{\mathfrak{p}_i}{r_i} \cdot e^{-2\pi i \frac{\nu}{c} r_i}, \tag{44}$$

wobei der Strich an der Summe bedeutet, daß der Beitrag des betrachteten Atoms j mit den Koordinaten $x_0 = x_j$, $y_0 = y_j$, $z_0 = z_j$ auszulassen ist.

Die Bewegungsgleichung des Elektrons im Atom j lautet dann

$$m\ddot{\mathfrak{p}}_j + m 4\pi^2 \nu_0^2 \mathfrak{p}_j + m 2\pi \nu' \dot{\mathfrak{p}}_j = e \operatorname{rot}_j \operatorname{rot}_j \sum_{i \neq j}{}' \frac{\mathfrak{p}_i}{r_i} e^{-2\pi i \frac{\nu}{c} r_i}. \tag{45}$$

Diese Gleichung ist für jedes Atom aufzuschreiben, und die Lösung gibt dann die $\mathfrak{p}$ als Funktion von Ort und Zeit.

Um eine Lösung zu finden, versucht EWALD den Ansatz, daß sich die Elongationen so anordnen lassen, als bildeten sie eine ebene Welle mit dem Richtungskosinus $\cos\alpha$, $\cos\beta$, $\cos\gamma$ und der (komplexen) Geschwindigkeit $c/\mathfrak{n}$, d. h., er setzt

$$\mathfrak{p}_{0i} = \bar{\mathfrak{p}} e^{-2\pi i \nu \frac{\mathfrak{n}}{c}(x_i \cos\alpha + y_i \cos\beta + z_i \cos\gamma)}, \tag{46}$$

(45) nimmt dann die Form an

$$\frac{m}{e^2} \cdot 4\pi^2 (\nu_0^2 - \nu^2 + i\nu\nu')\bar{\mathfrak{p}} = \operatorname{rot}\operatorname{rot}\bar{\mathfrak{p}}\Pi'. \tag{45'}$$

wo Π' folgende Abkürzung bedeutet:

$$\Pi' = \sum_{i \neq j}{}' \frac{1}{r_{ij}} e^{-\frac{2\pi i \nu}{c}[\mathfrak{n}(x_i - x_j)\cos\alpha + \mathfrak{n}(y_i - y_j)\cos\beta + \mathfrak{n}(z_i - z_j)\cos\gamma + r_{ij}]}.$$

Anmerkung. Hierbei macht EWALD (S. 135) folgende wichtige Bemerkung: Bezeichnet man den HERTZschen Vektor des Gesamtfeldes mit P, $P = \sum \mathfrak{P}$, die Summe über alle Teilchen erstreckt, so gehorcht P der Wellengleichung im Vakuum, $\Delta P + \frac{4\pi^2\nu^2}{c^2} P = 0$. Mittelt man aber über eine Gitterzelle, so gehorcht das resultierende $\bar{P}$ „im Groben" der Wellengleichung im Medium, $\Delta\bar{P} + \frac{4\pi^2\nu^2}{c^2}\mathfrak{n}^2\bar{P} = 0$. Der Unterschied, $\frac{4\pi^2\nu^2}{c^2}(\mathfrak{n}^2 - 1)\bar{P}$, entsteht durch die Mittelung von ΔP über den Dipol.

(45') ist eine Gleichung für $\mathfrak{n}$, deren Lösung die Antwort auf folgende Frage gibt: Mit welcher Geschwindigkeit muß sich die Phase der Elektronenschwingung im Raume fortpflanzen, damit die von den Schwingungen herrührenden elektromagnetischen Wellen bei Überlagerung ein Feld geben (das sich im Großen mit derselben Geschwindigkeit zu bewegen scheint), das die Elektronenschwingung gerade aufrecht erhalten kann? „Im Großen" mußte eingeführt werden, weil das Feld zwischen den Atomen sehr kompliziert ist, und das beobachtbare optische Feld nach EWALD eine „Dühnung" darstellt, die durch Mittelung über Räume, die mehrere Teilchenabstände, aber nur Bruchteile der Wellenlänge enthalten, gewonnen wird.

Nun berücksichtigt man rot rot = grad div $-\Delta$ und erhält, da (45') eine Vektorgleichung ist, als Bedingung für die Lösbarkeit der 3 linearen Gleichungen mit den 3 Größen $\mathfrak{p}_{0x}$, $\mathfrak{p}_{0y}$, $\mathfrak{p}_{0z}$

$$\begin{vmatrix} \frac{4\pi^2 m}{e^2}(\nu_0^2-\nu^2+\iota\nu\nu')+\frac{\partial^2\Pi'}{\partial y^2}+\frac{\partial^2\Pi'}{\partial z^2} & -\frac{\partial^2\Pi'}{\partial x\,\partial y} & -\frac{\partial^2\Pi'}{\partial x\,\partial z} \\ -\frac{\partial^2\Pi'}{\partial x\,\partial y} & \frac{4\pi^2 m}{e^2}(\nu_0^2-\nu^2+\iota\nu\nu')+\frac{\partial^2\Pi'}{\partial x^2}+\frac{\partial^2\Pi'}{\partial z^2} & -\frac{\partial^2\Pi'}{\partial y\,\partial z} \\ -\frac{\partial^2\Pi'}{\partial x\,\partial z} & -\frac{\partial^2\Pi'}{\partial y\,\partial z} & \frac{4\pi^2 m}{e^2}(\nu_0^2-\nu^2+\iota\nu\nu')+\frac{\partial^2\Pi'}{\partial x^2}+\frac{\partial^2\Pi'}{\partial y^2} \end{vmatrix} = 0 \qquad (47)$$

als Dispersionsgleichung.

Nehmen wir als einfachstes ein kubisches Gitter, legen die Ausbreitung und die Schwingungsrichtung je in eine Achse (z. B. y und z), so wird (47)

$$\frac{4\pi^2 m}{e^2}(\nu_0^2-\nu^2+\iota\nu\nu')+\frac{\partial^2\Pi'}{\partial y^2}+\frac{\partial^2\Pi'}{\partial z^2}=0. \qquad (47')$$

Wir verschieben die Berechnung von Π' auf Ziff. 38, wo wir näher auf die kristalloptischen Verhältnisse eingehen und schieben hier die Berechnung des Gesamtfeldes Π im allgemeinen Fall ein, d. h. die Summe (44) über alle Atome, aber für einen Ort $x_0 y_0 z_0$, wo kein Atom sitzt. Die Umformung erfolgt mittels der Formel

$$\frac{e^{\iota AR}}{R}=\frac{1}{4\pi^2}\iiiint e^{-\frac{u^2+v^2+w^2}{4q^2}-\iota(ux+vy+wz)+\frac{A^2}{4q^2}}\,du\,dv\,dw\,\frac{dq}{q^3}$$
$$=-\frac{1}{2\pi^2}\iiint e^{\iota(ux+vy+wz)}\frac{du\,dv\,dw}{A^2-u^2-v^2+w^2}$$

und komplexer Integration unter Anwendung des Residuensatzes.

Man erhält

$$\left.\begin{aligned}\Pi=-\frac{c^2}{4\pi a b\nu^2 c'}\,e^{-\frac{2\pi\iota\nu}{c}\mathfrak{n}(x\cos\alpha+y\cos\beta+z\cos\gamma)}\\ \cdot\sum_{l_1}\sum_{l_2}\sum_{l_3}\frac{e^{-\iota\pi\left(l_1\frac{x}{a}+l_2\frac{y}{b}+l_3\frac{z}{c'}\right)}}{1-\left(\frac{l_1 c}{2\nu a}+\mathfrak{n}\cos\alpha\right)^2-\left(\frac{l_2 c}{2\nu b}+\mathfrak{n}\cos\beta\right)^2-\left(\frac{l_3 c}{2\nu c'}+\mathfrak{n}\cos\gamma\right)^2}\end{aligned}\right\} \qquad (48)$$

Die erste e-Potenz bedeutet eine Phasengeschwindigkeit $c/\mathfrak{n}$, während die Summe eine mit dem Gitterabstand periodische „mikroskopische" Struktur mit den Perioden $2a$, $2b$, $2c'$ bedeutet. Mittelt man für $2a$, $2b$, $2c' < c/2\pi\nu$, wie es bei optischen Wellen in festen Körpern stets erfüllt ist, über ein Elementarparallelepiped $2a\,2b\,2c'$, so erhält man für die dreifache Summe

$$\frac{1}{1-\mathfrak{n}^2}.$$

Das über die mikroskopische Struktur gemittelte Feld schreitet daher ebenso wie die Elektronenschwingung mit der Phasengeschwindigkeit $c/\mathfrak{n}$ fort. Wenn der Prozeß mechanisch möglich sein soll, muß (47) erfüllt sein.

37. EWALDsche Theorie, Brechung. Um zur Brechung überzugehen, nehmen wir an, daß nur die obere Hälfte des Raumes ausgefüllt ist, wobei die c'-Achse vertikal steht. D. h., es soll $-\infty < l_1,\ l_2 < \infty,\ 0 \leqq l_3 < \infty$ sein.

Wir setzen wieder an, daß im Innern die Dipolschwingungen in eine Welle mit der Phasengeschwindigkeit c/n und den Richtungskosinus $\cos\alpha$, $\cos\beta$, $\cos\gamma$ angeordnet werden können,

$$\overline{\Pi} = -\frac{c^2}{4\pi\nu^2 abc'}\,\frac{e^{2\pi\iota\nu\left[t-\frac{n}{c}(x\cos\alpha+y\cos\beta+z\cos\gamma)\right]}}{1-n^2}. \tag{49}$$

Die von den schwingenden Dipolen erzeugten Kugelwellen, die jede einzeln die Geschwindigkeit c haben, dringen auch in den unteren leeren Außenraum und geben dort eine ebene Welle, deren (mit e multiplizierter) HERTZscher Vektor die Form hat (für $\lambda > a, b, c$)

$$-\frac{c e^{2\pi\iota\nu t}}{16\pi\nu^2 ab}\,\frac{e^{-\iota\frac{2\pi\nu}{c}[nx\cos\alpha+ny\cos\beta-z\sqrt{1-n^2\cos^2\alpha-n^2\cos^2\beta}]}}{\sqrt{1-n^2\cos^2\alpha-n^2\cos^2\beta}\,(\sqrt{1-n^2\cos^2\alpha-n^2\cos^2\beta}+n\cos\gamma)}. \tag{50}$$

Das bedeutet eine ebene Welle, deren Phasengeschwindigkeit durch

$$\frac{c}{\sqrt{n^2\cos^2\alpha+n^2\cos^2\beta+1-n^2\cos^2\alpha-n^2\cos^2\beta}} = c$$

gegeben ist und deren Richtungskosinus sind:

$$\cos\alpha' = n\cos\alpha,\quad \cos\beta' = n\cos\beta,\quad \cos\gamma' = -\sqrt{1-n^2\cos^2\alpha-n^2\cos^2\beta}$$
$$= -\sqrt{1-n^2\sin^2\gamma} \quad \text{oder} \quad \sin\gamma' = n\sin\gamma.$$

Diese Außenwelle hat daher genau die Richtung des reflektierten Strahles, zu dem die Dipolschwingung als gebrochener Strahl gehören würde; (50) kann auch geschrieben werden

$$-\frac{c e^{2\pi\iota\nu\left(t-\frac{x\cos\alpha'+y\cos\beta'+z\cos\gamma'}{c}\right)}}{16\pi\nu^2 ab}\,\frac{\sin\gamma}{\sin(\gamma-\gamma')\cos\gamma'}. \tag{50'}$$

Zu (49) bzw. (50′) kommen allerdings noch weitere Glieder hinzu, die inhomogene, mit der Entfernung von der Oberfläche rasch abnehmende Wellen darstellen, entsprechend den höheren Gliedern in (48), Ziff. 36. (Bei Totalreflexion bleiben diese im „dünneren" Medium allein übrig.)

Um nun die Verhältnisse im Halbkristall zu erhalten, überlegen wir folgendermaßen. Nehmen wir an, der ganze Raum wäre ausgefüllt, dann lägen die Verhältnisse der Ziff. 36 vor, und wir hätten im oberen Halbraum nur den Ausdruck (49). Nun entfernen wir die Atomfüllung des unteren Halbraums; infolgedessen ist von der Strahlung (49) das abzuziehen, was der untere, gittererfüllte Hohlraum in den oberen strahlen würde. Wir haben aber soeben berechnet, was ein gittererfüllter Halbraum in den andern strahlt, nämlich eine ebene Welle der Fortpflanzungsgeschwindigkeit c, deren Richtung und Intensität sofort aus (50′) entnommen werden kann, wenn nur die Richtungsvertauschung (oben und unten) berücksichtigt wird. D. h., man setzt als Richtungskosinus dieser Welle

$$\cos\alpha'' = \cos\alpha' = n\cos\alpha,\ \cos\beta'' = \cos\beta' = n\cos\beta,\ \cos\gamma'' = -\cos\gamma' = \sqrt{1-n^2\sin^2\gamma},$$
$$\sin\gamma'' = \sin\gamma' = n\sin\gamma,$$

Das ist die Richtung der Phasengeschwindigkeit, die die Fortsetzung der zu (49) gehörigen einfallenden Welle in den Körper hinein haben würde. Der ganze von (49) zu subtrahierende Ausdruck lautet dann

$$-\frac{c}{16\pi\nu^2 ab}\, e^{-2\pi i\nu\left(t-\frac{x\cos\alpha''+y\cos\beta''+z\cos\gamma''}{c}\right)}\frac{\sin\gamma}{\cos\gamma''\sin(\gamma-\gamma'')}. \tag{51}$$

Es sei daran erinnert, daß so wie hier die „Randwelle der Geschwindigkeit c" von der Entfernung des einen Halbraums herrührt, ebenso in der Behandlung des Ziff. 35 die entsprechende Welle von der unteren Grenze des Integrals, $z = 0$, stammte. Wäre keine Plattenbegrenzung da, d. h. ginge die Integration bis $z = -\infty$, so fiele sie weg. Der Zustand innerhalb des Körpers wäre also durch (49) weniger (51) gegeben.

Nun ist die Fortpflanzung der (negativ genommenen) Welle (51) dynamisch unmöglich, sie würde die Bewegung der Elektronen stören; um den Zustand mechanisch wieder möglich zu machen, muß die „innere Randwelle" [nämlich der negativ genommene Ausdruck (51)] durch die äußere Welle vernichtet werden. Also

$$\Pi_{\text{äußere Welle}} = (51) \tag{52}$$

Der Rand schirmt demnach durch Erzeugung der inneren Randwelle [−(51)] das Innere gegen die mit c fortgepflanzte äußere Welle ab.

Man kann die ganze letzte Überlegung auch so ausdrücken: Die äußere Welle ersetzt im oberen Halbraum die Wirkung, die bei allseitig unendlichem Körper der untere Halbraum liefern würde.

Die Bedingung (52) gibt das Amplitudenverhältnis der äußeren Welle zur reflektierten (50′) und gebrochenen (49); man erhält so die FRESNELschen Reflexionsformeln.

38. EWALDsche Theorie. Kristalloptisches. Wir kehren nun zum eigentlichen Dispersionsproblem in Ziff. 36 zurück. Gleichung (47) dieser Ziffer gibt je nach Fortpflanzungs- und Schwingungsrichtung verschiedene n. Wir haben nun zu zeigen, daß die Abhängigkeit der n von der Richtung der phänomenologischen Kristalloptik entspricht, und haben dann die Zahlenwerte der n zu berechnen.

Hierzu betrachten wir zuerst qualitativ die Hauptbrechungsindizes, die man erhält, wenn sowohl Schwingungs- als Fortpflanzungsrichtung mit einer der Gitterachsen zusammenfallen. Zu jeder Schwingungsrichtung, z. B. x, gibt es dann zwei ausgezeichnete Fortpflanzungsrichtungen, z. B. y und z; so daß 6 verschiedene Hauptbrechungsindizes zu erwarten sind.

Betrachtet man aber a/λ, b/λ, c'/λ als klein gegen 1, was bei optischen Wellen in festen Körpern erlaubt ist, so fallen, wie im folgenden gezeigt wird, je 2 dieser Hauptbrechungsindizes zusammen, und man hat nur deren 3, je einen für jede Schwingungsrichtung. In der Tat, betrachten wir ein Atom im anisotropen Kristallgitter, so hängt die erregende Kraft auf ein Atom von der Einwirkung der Umgebung ab. Ist das erregende Feld homogen, so sind die geometrischen Verhältnisse nur von der Richtung des Feldes, d. h. von der Schwingungsrichtung, abhängig. Die Fortpflanzungsrichtung spielt nur dann eine Rolle, wenn das Feld als inhomogen betrachtet werden muß, da die Richtung dieser Inhomogenität von der Fortpflanzungsrichtung abhängt. Diese Inhomogenität ist aber proportional a/λ, b/λ, c'/λ. Ihre Berücksichtigung ergibt das natürliche Drehungsvermögen des Kristalls (s. Bd. XXIV).

Bei der Berechnung der erregenden Felder hat man Konvergenzschwierigkeiten. Es wird eine ähnliche Integralformel benutzt wie in Ziff. 36, der Integrand mittels der sog. ϑ-Funktionen umgeformt, das Integral aber dann in zwei Teile geteilt; das erste geht von 0 bis A, das zweite von A bis ∞; für diese beiden Teile werden getrennte Formeln benutzt. A ist eine geeignet gewählte Zahl. Vernachlässigt man dann $a/\lambda\ldots$ gegen 1, so wird

$$\left.\begin{aligned}
\frac{\partial^2 \Pi'}{\partial x^2} &= \frac{\pi}{2abc'}\,\frac{n^2\cos^2\alpha}{1-n^2} + \psi_{xx}, &\quad \frac{\partial^2 \Pi'}{\partial y^2} &= \frac{\pi}{2abc'}\,\frac{n^2\cos^2\beta}{1-n^2} + \psi_{yy},\\
\frac{\partial^2 \Pi'}{\partial z^2} &= \frac{\pi}{2abc'}\,\frac{n^2\cos^2\gamma}{1-n^2} + \psi_{zz}, &\quad \frac{\partial^2 \Pi'}{\partial x\,\partial y} &= \frac{\pi}{2abc'}\,\frac{n^2}{1-n^2}\cos\alpha\cos\beta\ldots
\end{aligned}\right\}\quad(53)$$

Hierin bedeutet

$$\psi_{xx} = -\frac{\pi}{2}\,\frac{1}{abc'}\sum{}' \frac{\frac{l_1^2}{a^2}}{\frac{l_1^2}{a^2}+\frac{l_2^2}{b^2}+\frac{l_3^2}{c'^2}}\, e^{-\frac{\pi^2}{A^2}\left(\frac{l_1^2}{a^2}+\frac{l_2^2}{b^2}+\frac{l_3^2}{c'^2}\right)} + \frac{A}{6}\sqrt{\frac{A}{\pi}}$$
$$+\frac{1}{2\sqrt{\pi}}\sum{}'\int_A^\infty \left(l_1^2 q a^2 - \frac{1}{2}\right)\sqrt{q}\, e^{-q(l_1^2a^2+l_2^2b^2+l_3^2c'^2)}\,dq$$

und entsprechende Ausdrücke für die ψ_{yy}, ψ_{zz}. Die ψ sind von der Fortpflanzungsrichtung unabhängig (d. h. $\cos\alpha$, $\cos\beta$, $\cos\gamma$ kommen nicht vor!) Zum Vergleich mit den EWALDschen Formeln sei erwähnt, daß er statt unseres A, q die Buchstaben E, ε benutzt, wobei $A = \frac{E^2\pi}{\sqrt[3]{a^2b^2c'^2}}$, $q = \frac{\varepsilon^2\pi}{\sqrt[3]{a^2b^2c'^2}}$ ist.

Wenn wir jetzt aus Gleichung (47) die Hauptbrechungsindizes bestimmen wollen, haben wir der Reihe nach die drei Achsen als Fortpflanzungsrichtung einzusetzen.

Wir erhalten z. B. für $\cos\alpha = 1$, $\cos\beta = \cos\gamma = 0$ (Fortpflanzung längs der x-Achse) mit (53) Ziff. 38 und (47), Ziff. 36

$$\begin{vmatrix}
\frac{4\pi^2 m}{e^2}(\nu_2^0 - \nu^2 + \iota\nu\nu') + \psi_{yy} + \psi_{zz} & 0 & 0\\
0 & \frac{4\pi^2 m^2}{e^2}(\nu_0^2 - \nu^2 + \iota\nu\nu') + \frac{\pi}{2abc'}\,\frac{n^2}{1-n^2} + \psi_{xx} + \psi_{zz} & 0\\
0 & 0 & \frac{4\pi^2 m}{e^2}(\nu_0^2 - \nu^2 + \iota\nu\nu') + \frac{\pi}{2abc'}\,\frac{n^2}{1-n^2} + \psi_{yy} + \psi_{xx}
\end{vmatrix} = 0$$

d. h.

oder

$$\left.\begin{aligned}
\frac{\pi}{2abc'}\,\frac{n^2}{n^2-1} &= \frac{4\pi^2 m}{e^2}(\nu_0^2 - \nu^2 + \iota\nu\nu') + \psi_{xx} + \psi_{zz}\\
\frac{\pi}{2abc'}\,\frac{n^2}{n^2-1} &= \frac{4\pi^2 m}{e^2}(\nu_0^2 - \nu^2 + \iota\nu\nu') + \psi_{xx} + \psi_{yy}\,.
\end{aligned}\right\}\quad(54)$$

Einer dieser Ausdrücke gilt für n_y, der andere für n_z. Wie die Zuordnung ist, ersieht man, wenn man entsprechend $\cos\beta = 1$ mit n_x und n_z und $\cos\gamma = 1$ mit n_x und n_y behandelt. Es ergibt sich, daß der erste Ausdruck (54) für n_y, der zweite für n_z gilt. Es gilt daher

$$n_x^2 - 1 = \frac{e^2}{\pi m\, 8abc'}\,\frac{1}{\nu_0^2 - \frac{e^2}{\pi m\, 8abc'}(1 - \psi_{yy} - \psi_{zz}) - \nu^2 + \iota\nu\nu'}, \quad (55)$$

usw.

Für den kubischen Fall ist $\psi_{xx} = \psi_{yy} = \psi_{zz} = \frac{1}{3}$ und daher (55) in Übereinstimmung mit (22a) Ziff. 23.

Um nun die Winkelabhängigkeit des Brechungsindex richtig zu erhalten, setzt man (53) und (54) in 47, Ziff. 36 ein und erhält nach einiger Rechnung

$$\begin{vmatrix} \frac{n^2}{1-n^2}\sin^2\alpha - \frac{n_x^2}{1-n_x^2} & -\frac{n^2}{1-n^2}\cos\alpha\cos\beta & -\frac{n^2}{1-n^2}\cos\alpha\cos\gamma \\ -\frac{n^2}{1-n^2}\cos\alpha\cos\beta & \frac{n^2}{1-n^2}\sin^2\beta - \frac{n_y^2}{1-n_y^2} & -\frac{n^2}{1-n^2}\cos\beta\cos\gamma \\ -\frac{n^2}{1-n^2}\cos\alpha\cos\gamma & -\frac{n^2}{1-n^2}\cos\beta\cos\gamma & \frac{n^2}{1-n^2}\sin^2\gamma - \frac{n_z^2}{1-n_z^2} \end{vmatrix} = 0$$

oder

$$\frac{n_x^2\cos^2\alpha}{n^2-n_x^2} + \frac{n_y^2\cos^2\beta}{n^2-n_y^2} + \frac{n_z^2\cos^2\gamma}{n^2-n_z^2} = 0. \tag{56}$$

Das ist die gewöhnliche Gleichung der Normalenfläche des zweiachsigen Kristalls.

Es gibt zwei weitere theoretische Untersuchungen über den Einfluß der Kristallstruktur auf die Doppelbrechung: Die eine ist von BRAGG[1]) durchgeführt worden, der die in Ziff. 17 behandelte elektrostatische Rechnung auf anisotrope Umgebung ausdehnt und eine vernünftige Übereinstimmung mit der Erfahrung für $CaCO_3$ (Kalzit und Aragonit), andere Karbonate und Nitrate sowie Al_2O_3 erhält, ohne für das Einzelion anisotrope Bindung annehmen zu müssen.

Die zweite Methode ist die von BORN, deren Annahmen über EWALD hinausgehen; bei EWALD sind die Atome an feste Gitterpunkte gebunden und beeinflussen einander nur durch gegenseitige Zustrahlung, oder elektrostatisch gesprochen (BRAGG), durch ihre Polarisation. Das entspricht vielleicht bei ungeladenen Teilchen genügend den Tatsachen, soweit bloß Elektronenschwingungen in Betracht kommen, weil die Elektronen praktisch oft nur an ihr eigenes Atom gebunden sind. Die BORNsche Theorie läßt nun alle Arten von Kräften zu. Sie ist in Bd. XXIV näher behandelt. Insbesondere ist in den gleich zu besprechenden Arbeiten von HYLLERAAS berücksichtigt, daß auch dann, wenn kein äußeres elektrisches Feld vorhanden ist, das die Teilchen gemäß der Anisotropie der LORENTZ-LORENZschen Kraft anisotrop polarisiert, besonders bei heteropolaren Verbindungen infolge des elektrischen Feldes der anisotrop angeordneten Teilchen (Ionen) die auf ein Elektron oder Ion wirkende rücktreibende Kraft anisotrop ist. Sie setzt sich nämlich aus der isotrop vorausgesetzten Rückwirkung des eigenen Ions und der Wirkung der umgebenden Teilchen zusammen.

Es ist bisher ein Versuch gemacht worden (außer dem BRAGGschen), die Rechnungen anzuwenden, indem HYLLERAAS[2]) versucht hat, die Doppelbrechung von Hg_2Cl_2 zu berechnen. Das Elementarparallelepiped ist rechtwinklig mit quadratischer Grundfläche und enthält je 8 Hg und Cl-Ionen. Auf jeder Gittergeraden parallel der Längsachsen sind abwechselnd je 2 Hg und 2 Cl-Ionen angeordnet. Für die Brechung sind die Cl-Ionen als maßgebend anzusehen (s. Abschnitt VI, Ziff. 81 und 82, NaCl). Es zeigt sich, daß die Doppelbrechung sehr stark von einem „Parameter" abhängt, der angibt, welcher Bruchteil der Höhe der Zelle gleich dem Abstand zweier Cl-Ionen ist. Die Röntgenanalyse zeigt ihn zwischen 0,14 und 0,16. Die Doppelbrechung ergibt sich nur richtig mit 0,1501. Dann wird aus der Dispersion des einen Brechungsindex p und ν_0

[1]) W. L. BRAGG, Proc. Roy. Soc. London Bd. 105, S. 370. 1924; Bd. 106, S. 346. 1925.

[2]) E. HYLLERAAS, Phys. ZS. Bd. 26, S. 22. 1925; ZS. f. Phys. Bd. 36, S. 859. 1926. Die Rechnungen sind inzwischen mit Erfolg auf Quarz und TiO_2 ausgedehnt worden (ZS. f. Phys. Bd. 44, S. 871. 1927).

berechnet. p findet sich zu 4,68 bzw. (für den anderen) 4,71, in ausgezeichneter Übereinstimmung mit den Resultaten für NaCl und KCl (Tab. 18, Ziff. 81). Leider benutzt aber HYLLERAAS $p = 5$ und findet folgende Formel (N' Zahl der Elementarzellen in 1 cm³)

$$n_x^2 - 1 = \frac{\frac{8 \cdot 5 \cdot N'e^2}{\pi m}}{\nu_0^2 - 2{,}1861 \cdot \frac{5\,N'e^2}{\pi m} - \nu^2},$$

$$n_z^2 - 1 = \frac{\frac{8 \cdot 5 \cdot N'e^2}{\pi m}}{\nu_0^2 - 3{,}6277 \cdot \frac{5\,N'e^2}{\pi m} - \nu^2} \quad \text{mit} \quad \lambda_0 = \frac{c}{\nu_0} = 1360\,\text{Å}.$$

Das Resultat zeigt folgende Tabelle

λ	n_x ber.	n_x beob.	n_z ber.	n_z beob.
6708	1,9582	1,9556	2,6066	2,6006
5890	1,9749	1,9733	2,6599	2,6559
5350	1,9908	1,9908	2,7129	2,7129

Als nächste Näherung gibt er zweigliedrige Formeln[1]).

b) Quantentheorien der Dispersion[2]).

39. Allgemeines über das Verhältnis von Dispersion und Quantentheorie. Wir haben im vorhergehenden die Dispersion auf Grund der klassischen Theorie behandelt. Das System läßt sich vollkommen konsequent durchführen, es führt nur bei folgenden experimentellen Resultaten auf Schwierigkeiten. a) Es erklärt zwar glatt den experimentell bestätigten (Ziff. 16 und 26) Zusammenhang zwischen Absorptionslinien und Dispersion, hat aber keine Möglichkeit, das Vorhandensein so zahlreicher Spektrallinien zu erklären — nur einige, etwa dreimal soviel, als Elektronen vorhanden sind, dürften auftreten. Ebensowenig kann die klassische Theorie die Anordnung der Linien erklären.

b) Die klassische Theorie kann keinen vernünftigen Grund für das scheinbare Auftreten sehr kleiner Elektronenzahlen angeben, während sich das Auftreten von Abweichungen von der Ganzzahligkeit, wenigstens soweit es durch Ersatz mehrerer Eigenschwingungen durch eine einzelne bedingt ist, durch die Annahme anisotroper Bindungen verständlich machen läßt[3]).

c) Als letzte Schwierigkeit ergibt sich die zu hohe LORENTZsche Stoßdämpfung (Ziff. 30 und 31).

Die Entwicklung der Physik hat nun das Auftreten der Quantentheorie gebracht. Es erhebt sich die Frage, wie die Resultate der klassischen Theorie auch mit Hilfe der Quantentheorie gedeutet werden können. Hierzu ist allgemein zu bemerken, daß die Hauptschwierigkeiten nicht auf dem Gebiete der Dispersion liegen, sondern viel allgemeiner sind.

---

[1]) Siehe auch die Messungen und Rechnungen über erzwungene Doppelbrechung von F. POCKELS, Wied. Ann. Bd. 37, S. 151. 1889; Bd. 39, S. 440. 1890; H. B. MARIS, Journ. Opt. Soc. Amer. Bd. 15, S. 203. 1927; K. F. HERZFELD, ebenda Bd. 17, S. 26. 1928.

[2]) Insbesondere in diesem Abschnitt finden sich zahlreiche Wiederholungen gegenüber dem Artikel PAULI, Handb. 23, auch sind manche Arbeiten mit einer heute (Mitte 1928) nicht mehr gerechtfertigt erscheinenden Ausführlichkeit behandelt.

[3]) CL. SCHAEFER, Ann. d. Phys. Bd. 32, S. 883. 1910; A. SOMMERFELD, ebenda Bd. 53, S. 497. 1917.

Sobald es gelingt, das Verhalten des Lichtes im Vakuum (Interferenz) und gegenüber einem isolierten Atom (Absorption) in genügender Weise zu erklären, bietet die spezielle Erklärung der Dispersionserscheinungen keine Schwierigkeit. Wir werden im folgenden im wesentlichen mit zwei Gruppen von optischen Theorien zu tun haben. Die erste (BOHR-KRAMERS-SLATER, DARWIN) ist besonders auf die Erklärung der Interferenz zugeschnitten. In ihr bietet die Erklärung der Phasengeschwindigkeit keine Schwierigkeit, die klassische Erklärung kann ohne weiteres übernommen werden. Dagegen scheitert diese Theorie an der Energieübertragung (Absorption, Streuung). Die Erklärung, die sie hierfür gibt, steht im Widerspruch zu experimentellen Ergebnissen.

Die andere Gruppe, die das Licht korpuskular auffaßt, hat keine Schwierigkeit mit der Absorption, wenn auch die klassische Deutung durch überlagerte Sekundärwellen entgegengesetzter Phase hinfällig wird. Die Schwierigkeit ist hier die Erklärung der Interferenz überhaupt, spezieller, soweit das Dispersionsproblem beteiligt ist, die Bedeutung der Worte Phase, Phasengeschwindigkeit, der Zusammenhang zwischen Phasengeschwindigkeit und Brechung, d. h. das HUYGENSsche Prinzip. Die Einwände, die gegen die Korpuskularanschauung zu erheben sind, richten sich in der Tat gegen die Erklärungen, die sie für Interferenzexperimente u. dgl. geben kann. Wir werden diese beiden Gruppen im folgenden, soweit nötig, besprechen.

Man kann nun zuerst versuchen, die Konstanten der Formeln in der Sprache der Quantentheorie auszudrücken, ohne eine speziellere Theorie für den Mechanismus vorauszusetzen. Das hat zuerst FÜCHTBAUER[1]) auf eine Anregung von DEBYE hin für die Absorption getan.

Wenn ein Lichtstrahl, dessen spektrale Helligkeit $J(\nu)d\nu$ in der Umgebung der zu absorbierenden Spektrallinie der Frequenz ν_0 von ν wenig abhängt, durch eine dünne Schicht x des Mediums durchgeht, so ist die absorbierte Lichtmenge innerhalb der Grenzen $d\nu$ nach der Definition des Absorptionskoeffizienten (Ziff. 13) für einen Querschnitt von 1 cm² $J(\nu)d\nu\left(1 - e^{\frac{-4\pi\nu n\varkappa}{c}x}\right)$, und wenn die Schicht dünn genug ist, $4\pi\cdot\frac{\nu}{c}\cdot n\varkappa J(\nu)d\nu\cdot x$. Im ganzen wird

$$x\cdot 4\pi\int\frac{\nu}{c}n\varkappa J(\nu)d\nu = xJ(\nu)\frac{4\pi}{c}\int\nu n\varkappa d\nu$$

absorbiert. Quantentheoretisch ist dies als Absorption von Quanten der Energie $h\nu$ zu deuten, wie der Mechanismus dieser Absorption auch sein mag. Ist die Wahrscheinlichkeit, daß ein Atom, mit der Intensität $J = 1$ bestrahlt, ein Quantum absorbiert, b, so absorbieren die Nx Atome unserer Schicht $NxJ(\nu)b$ Quanten, also

$$b = \frac{1}{Nh\nu_0}\cdot\frac{4\pi}{c}\int\nu n\varkappa d\nu = \frac{1}{hN}\cdot\frac{4\pi}{c}\int n\varkappa d\nu \tag{57}$$

wenn der Absorptionsstreifen so schmal ist, daß man ν vor das Integral ziehen kann.

Will man ferner statt der Absorptionswahrscheinlichkeit b bei der Strahlungsintensität $J = 1$ die Absorptionswahrscheinlichkeit b bei der Strahlungsdichte $\varrho = 1$ einführen, so hat man zu beachten, daß

$J = \varrho\cdot u'$ ist, wo $\frac{1}{u'} = \frac{d}{d\nu}\left(\frac{\nu}{nc}\right)$ die Fortpflanzungsgeschwindigkeit der Energie bedeutet. Man kann die weitere Rechnung für die Spektrallinie als Ganzes, d. h. ohne Berücksichtigung der Verteilung der Absorptionswahrscheinlichkeit über

[1]) CHR. FÜCHTBAUER, Phys. ZS. Bd. 21, S. 322. 1920.

eine breite Linie, nur durchführen, wenn man die Dichte so klein annimmt, daß man $u' = c$ (d. h. $n = 1$) setzen darf; dann ist

$$b = \bar{b} \cdot c\,, \tag{58}$$

$$b = \frac{4\pi}{hN}\int n\varkappa\, d\nu\,. \tag{59}$$

Setzen wir für die rechte Seite nun den klassischen Ausdruck ein, wobei wieder dünnes Gas ($n - 1 \ll 1$) vorausgesetzt ist, so wird

$$b = \frac{\pi e^2}{m} \cdot \frac{p}{h\nu}\,. \tag{60}$$

D. h. bei einer Energiedichte von 0,1 erg/cm³ innerhalb einer Spektralbreite von 1 Å bei $\lambda = 4000$ Å oder einer Strahlung von 300 Joule/cm² sec in diesem Spektralgebiet ($\Delta\nu \backsim 2 \cdot 10^{11}$, $\varrho \backsim 1/2 \cdot 10^{-12}$ erg/cm³) finden etwa $8{,}7 \cdot 10^7$ Übergänge (Absorptionsprozesse) pro Atom und Sekunde statt, wenn die Spektrallinie eine solche Stärke hat, daß man ihr nach der klassischen Theorie ein Elektron zuschreiben würde.

Umgekehrt, wenn wir ein Atom haben, das unter dem Einfluß der Energiedichte $\varrho = 1$ bei der Spektrallinie $\nu_{ki} = \frac{E_k - E_i}{h}$ b mal in der Sekunde vom Niveau i zum höheren Niveau k übergeht, so ist die Absorption der gleich, die ein klassisches Atom mit $p = \frac{h\nu m}{\pi e^2} \cdot b$ Elektronen geben würde.

40. Die EINSTEINsche Gleichgewichtsüberlegung. Die Ausdrucksweise ist bei Anwendung der Größen b etwas schwerfällig. Wir führen andere quantentheoretische Größen ein und müssen hierzu eine Überlegung EINSTEINS[1]) über das Gleichgewicht zwischen Materie und Strahlung einschalten.

Es seien Atome in den Zuständen i und k gegeben, so daß $E_i < E_k$ ist. Die Verteilung der Atome im Gleichgewicht bei der Temperatur T ist bestimmt durch

$$N_k : N_i = g_k \cdot e^{-\frac{E_k}{kT}} : g_i \cdot e^{-\frac{E_i}{kT}} = \frac{g_k}{g_i} \cdot e^{-\frac{E_k - E_i}{kT}}\,, \tag{61}$$

wo g_k und g_i die „a priori" Gewichte der Zustände bedeuten, die für nichtentartete Zustände $= 1$, für entartete gleich der Anzahl der nichtentarteten Zustände sind, in die der entartete durch ein äußeres Feld übergeführt werden kann.

Diese Verteilung darf nicht davon abhängen, ob die Übergänge praktisch nur z. B. durch Stöße „unerregbarer" Atome oder nur durch Strahlung stattfinden. Im letzteren Fall ist die Anzahl der Atome, die pro Zeiteinheit absorbieren und von i nach k gehen, $N_i b_{i \to k} \varrho$. Auch hier ist wieder eine im Bereich der Absorptionslinie kontinuierliche Lichtquelle vorausgesetzt. Dies ist der einfachste Ansatz; es sei hervorgehoben, daß diese Anzahl proportional ϱ, der Dichte für $\Delta\nu = 1$, gesetzt ist. Wenn wir andererseits eine Anzahl N_k Atome auf der höheren Quantenstufe k im praktisch strahlungsfreien Raum haben, so werden von diesen $N_k a_{k \to i} dt$ in der Zeit dt einen Übergang nach i ausführen, wobei $a_{k \to i}$ von k und i, aber weder von N_k noch von der Zeit t explizit abhängt (Gesetz des radioaktiven Zerfalls).

Die Zahl N_k würde abnehmen nach dem Gesetz

$$N_k = N_k^0 e^{-\alpha_{k \to i} t} = N_k^0 e^{-\frac{t}{\tau_{k \to i}}} \tag{62}$$

[1]) A. EINSTEIN, Phys. ZS. Bd. 18, S. 121. 1917.

wo $\tau_{k\to i} = \frac{1}{a_{k\to i}}$ die „mittlere Lebensdauer" eines Atoms im Zustand k wäre. Auch die emitierte Strahlung würde nach dem Gesetz

$$J = J_0 \cdot e^{-\frac{t}{\tau_{k\to i}}} \tag{63}$$

abnehmen, weil die Zahl der emittierenden Partikel abnimmt. (Andererseits würde klassisch die Intensität des Lichts, das von N_k in untereinander gleicher Weise erregten Oszillatoren ausgesandt wird, nach

$$J = J_0 \cdot e^{-\frac{t}{\tau_{kl}}} \tag{64}$$

abnehmen, wobei die Abnahme sich nicht auf die Zahl der leuchtenden Teilchen, sondern auf die Intensität jedes einzelnen bezieht.)

Bringt man nun die Atome in das Strahlungsfeld, das mit ihnen im Gleichgewicht ist, so wollen wir zuerst annehmen, daß die Zahl der Übergänge $k\to i$ dieselbe bleibt wie ohne Strahlung. Jetzt nimmt aber die Zahl der Atome N_k nicht ab, da diejenigen, die k durch Emission verlassen, durch solche ersetzt werden, die nach Absorption aus i kommen. Es gilt

$$a_{k\to i} N_k = b_{i\to k} N_i \varrho . \tag{65}$$

Diese Gleichung führt aber zur WIENschen, statt zur PLANCKschen Strahlungsformel. EINSTEIN nimmt daher an, daß auch die Zahl der Emissionen im Strahlungsfeld vermehrt wird, und zwar um $b_{k\to i} N_k \varrho$ ($b_{k\to i}$ eine neue Konstante ähnlicher Definition wie $b_{i\to k}$). Diese Annahme stützt sich auf das Korrespondenzprinzip da auch klassisch die Emission durch äußere Strahlung vermehrt wird. Die Gleichgewichtsbedingung wird

$$(a_{k\to i} + b_{k\to i}\varrho) N_k = b_{i\to k} N_i \varrho . \tag{65'}$$

Einsetzen von (61) und der PLANCKschen Strahlungsformel

$$\varrho = \frac{8\pi\nu_{ik}^2}{c^3} \frac{h\nu}{e^{\frac{h\nu}{kT}} - 1}$$

führt zu

$$\left.\begin{aligned} g_i b_{ik} &= g_k b_{ki} , \\ a_{k\to i} &= \frac{g_i}{g_k} \cdot \frac{8\pi\nu_{ik}^2}{c^3} \cdot h\nu \cdot b_{ik} . \end{aligned}\right\} \tag{66}$$

Es ist also die Häufigkeit $a_{k\to i}$, mit der ein Atom spontan einen Quantensprung aus dem höheren Zustand k in den niederen Zustand i vollführt, und die gleich der reziproken Lebensdauer im k-ten Zustand ist, eindeutig durch die Wahrscheinlichkeit b_{ik} bestimmt, mit der ein Atom im unteren Zustand i bei der Strahlungsdichte $\varrho = 1$ ein Quantum $h\nu_{ik}$ absorbiert.

Hat das Atom die Möglichkeit, aus dem Zustand k in mehrere niedrigere Zustände $i, j \ldots$ überzugehen, so gilt für die wahre Lebensdauer im Zustand k natürlich

$$\frac{1}{\tau_k} = \sum_i \frac{1}{\tau_{ki}} . \tag{67}$$

Auch das Abklingen der Intensität wird für alle Linien bei festem k und beliebigem i durch τ_k bestimmt.

41. Elektronenzahlen und mittlere Lebensdauer. Wir drücken nun mit LADENBURG[1]) die Absorptionsstärke der Linie durch die mittlere Lebensdauer

[1]) R. LADENBURG, ZS. f. Phys. Bd. 4, S. 451. 1921.

(evtl. die mittlere partielle Lebensdauer τ_{ki} bei mehreren i) aus. Es ist nach (59) Ziff. 39 und (66), Ziff. 40

$$\frac{1}{\tau_{ki}} = \frac{g_i}{g_k} \cdot \frac{8\pi\nu_{ik}^2}{c^3} \cdot h\nu_{ik} \cdot \frac{4\pi}{hN}\int n\varkappa\, d\nu = \frac{g_i}{g_k}\frac{8\pi\nu_{ik}^2}{c^3} \cdot \frac{\pi e^2}{m} \cdot p\,. \tag{68}$$

Das heißt: wenn die Spektrallinie, die in Absorption dem Übergang $i \to k$ entspricht, so stark absorbiert, daß man dies klassisch durch p Elektronen im Atom beschreiben würde, ist die mittlere (partielle) Lebensdauer des oberen Zustandes k gleich τ_{ki}. Für einen klassischen eindimensionalen Resonator, der ein Elektron hat und nur durch Ausstrahlung gedämpft wird, ist

$$\frac{1}{\tau_{kl}} = \frac{8\pi^2 e^2 \nu_0^2}{3mc^3} = 2\pi\nu'_{\text{klass.}}\,. \tag{69}$$

Für einen Resonator mit der Ladung pe und der (schwingenden) Masse pm ist dies mit p zu multiplizieren. Folglich kann man schreiben

$$\frac{1}{\tau_{ki}} = \frac{3}{\tau_{kl}} \cdot \frac{g_i}{g_k} \cdot p\,. \tag{70}$$

Das heißt: Es sei eine Spektrallinie ν_{ik} gegeben, deren Stärke in Absorption so ist, daß man sie klassisch durch p Elektronen beschreiben würde. Ein solcher klassischer Resonator hätte die Abklingungszeit τ_{kl}/p. Die mittlere Lebensdauer τ_{ki} des entsprechenden oberen Zustandes k ist dann $1/3\; g_k/g_i$ mal so groß, wobei der Faktor 3 von den drei möglichen Ausstrahlungsrichtungen herrührt.

Klassisch würde das Atom die gesamte absorbierte Energie wieder ausstrahlen, wenn die Dichte genügend klein ist, um Zusammenstöße vernachlässigen zu können, welche Schwingungsenergie in solche der fortschreitenden Bewegung verwandeln. Dasselbe findet quantentheoretisch statt, sobald man „Stöße zweiter Art" vernachlässigen kann. Wenn daher ein quantentheoretisches und ein klassisches System gleich absorbieren, zerstreuen sie auch gleich, vorausgesetzt, daß Stöße unbeachtet bleiben können.

42. Anwendung auf die Dispersion. LADENBURG[1]) ist nun weitergegangen und hat diese Überlegungen auch auf die Dispersion angewandt. Wir können dies vorderhand tun, ohne etwas über den Mechanismus zu sagen; wir postulieren einfach, daß der klassische Zusammenhang zwischen Absorption und Dispersion auch hier besteht. Wir können ihn für ein verdünntes Gas in der Form schreiben

$$n - 1 = \frac{\nu_0^2 - \nu^2}{(\nu_0^2 - \nu^2)^2 + \nu^2\nu'^2}\int n\varkappa\, d\nu \cdot \frac{2\nu}{\pi}\,. \tag{71}$$

Darin ist ausgedrückt, daß sich der Brechungsindex durch die Frequenz der Absorptionslinie ν_0, ihre Breite ν' und ihre Stärke ausdrücken läßt.

Wenn die Stärke so ist, wie sie einer Lebensdauer im oberen Zustand der Absorptionslinie τ_k entspricht, ist die Dispersion so groß, wie sie durch klassische Resonatoren der Elektronenzahl p gegeben würde, wenn

$$p = \frac{1}{3}\frac{g_k}{g_i}\frac{\tau_{kl}}{\tau_{ki}} \tag{70'}$$

ist. Man kann also schreiben, wenn man weit von dem Absorptionsstreifen entfernt ist,

$$n - 1 = \frac{e^2}{2\pi m} N \sum_i \frac{1}{3g_i}\frac{N_i}{N}\sum_k \frac{g_k f_{ki}}{\nu_{ki}^2 - \nu^2}\,, \tag{72}$$

---

[1]) R. LADENBURG, ZS. f. Phys. Bd. 4, S. 451. 1921; R. LADENBURG u. F. REICHE, Naturwissensch. Bd. 11, S. 584. 1923.

wo die zweite Summe über alle k zu erstrecken ist, für die $E_k > E_i$. N_i ist die Zahl der Atome im i-ten Niveau pro cm³, f_{ki} eine Abkürzung:

$$f_{ki} = 3\frac{g_i}{g_k}\cdot p_{ki} = \frac{\tau_{kl}}{\tau_{ki}} = \tau_{kl}\cdot a_{ki}\,. \tag{73}$$

Hier trägt also jedes Atom zur Dispersion mit den Absorptionslinien bei, die von ihm ausgehen.

43. Dispersion in kontinuierlichen Spektren. Neben den Absorptionslinien läßt die Quantentheorie das Auftreten einer besonderen Art kontinuierlicher Absorption erwarten (s. Ziff. 78). Solche kontinuierlichen Spektren sind anschließend an die (optische) Seriengrenze von Spektren (H, Na, K)[1]) gefunden worden (s. auch Ziff. 78) und spielen vor allem bei Röntgenstrahlen, wo sie an die Absorptionskanten anschließen, eine bedeutende Rolle.

Die klassische Theorie kann sie nicht erklären und daher auch nicht in die Dispersionstheorie einbeziehen. KRONIG[2]) hat, um die durch sie verursachte Dispersion zu erhalten, das in Ziff. 42 angedeutete und in Ziff. 14 auch schon benutzte Verfahren angewandt. Wir schreiben (für $n-1$ klein), wenn $\frac{4\pi\nu n\varkappa}{c} = \chi'$ der Absorptionskoeffizient bei der Frequenz ν ist:

$$n - 1 = \frac{c}{2\pi^2}\int\frac{\chi'(\nu_0)}{\nu_0^2 - \nu^2}\,d\nu_0\,, \tag{74}$$

indem wir die Wirkung der ganzen Absorption zusammensetzen aus den Wirkungen von Linien der Breite $d\nu_0$, der Lage ν_0 und der „Stärke"

$$\frac{c}{2\pi^2}\,\chi'(\nu_0)\,d\nu_0 = \frac{e^2}{2\pi m}N_i\,dp = N_i\frac{\nu_0 h}{2\pi^2}\,db\,.$$

Für den speziellen Fall, daß χ die Form hat $\chi' = NCZ^4\,c^3/\nu^3$, wo Z die Ordnungszahl des Atoms ist, welche Formel für Röntgenstrahlen nahe gilt, erhält man

$$n - 1 = -\frac{Nc^4CZ^4}{8\pi\nu^2}\left[\frac{1}{\nu^2}\ln\left(\frac{\nu_i^2-\nu^2}{\nu_i^2}\right)^2 + \frac{2}{\nu_i^2}\right].$$

44. Normale und anormale Streustrahlung. Wir haben bisher die Formeln der Absorption und Dispersion einfach formal in die Sprache der Quantentheorie übertragen. Wir können dasselbe ebenso für die Streustrahlung tun. Allerdings entsteht dabei evtl. eine Schwierigkeit, wenn man mit Licht beleuchtet, dessen Frequenz gleich der einer Absorptionslinie ist (s. Ziff. 45, 46, 47, 48, 49).

SMEKAL[3]) hat darauf hingewiesen, daß neben Streulicht derselben Frequenz ν wie die Primärstrahlung auch anderes auftreten muß. Fällt nämlich die Primärstrahlung ν auf ein erregtes Atom der Energie $E_\varkappa$, das die Emissionslinie $\nu_{\varkappa i} = \frac{E_\varkappa - E_i}{h}$ ausstrahlen kann, so kann es sein, daß erzwungene Emission (entsprechend dem $b_{\varkappa\to i}$ in Ziff. 40) eintritt. Dann kommt diesem Emissionsakt die Energie $h\nu + E_\varkappa - E_i$ und demnach die Frequenz $\nu + \frac{E_\varkappa - E_i}{h} = \nu + \nu_{\varkappa i}$ zu.

Wenn umgekehrt Licht der Frequenz ν auf ein Atom im Zustand E_i fällt, das die Absorptionslinie $|\nu_{i-\varkappa}| = \frac{E_\varkappa - E_i}{h}$ besitzt, so kann es sein, daß ein von

[1]) R. W. WOOD, Astroph. Journ. Bd. 29, S. 97. 1909; P. DEBYE, Phys. ZS. Bd. 18, S. 428. 1917; J. HARTMANN, ebenda Bd. 18, S. 429, 1917; J. HOLTSMARK, Phys. ZS. Bd. 20, S. 88. 1919; G. R. HARRISON, Proc. Nat. Acad. Wash. Bd. 8, S. 260. 1922; Phys. Rev. (2) Bd. 24, S. 466. 1924; R. W. DITSCHBURN, Proc. Roy. Soc. (A) Bd. 117, S. 486. 1928.

[2]) R. DE L. KRONIG, Journ. Amer. Opt. Soc. Bd. 12, S. 547. 1926; H. KALLMANN u. H. MARK, Naturwissensch. Bd. 14, S. 648. 1926; Ann. d. Phys. Bd. 82, S. 585. 1927; J. A. PRINS, Physica Bd. 8, S. 68. 1928; ZS. f. Phys. Bd. 47, S. 479. 1928; R. DE L. KRONIG u. H. A. KRAMERS, ZS. f. Phys. Bd. 48, S. 174. 1928.

[3]) A. SMEKAL, Naturwissensch. Bd. 11, S. 873. 1923; ZS. f. Phys. Bd. 32, S. 241. 1925.

der äußeren Strahlung gelieferter Betrag $h\nu$ teilweise zur Erregung des Atoms dient und nur der Rest der Energie gestreut wird. Diese Streustrahlung hat dann die Frequenz

$$\nu - \frac{E_\varkappa - E_i}{h} = \nu - |\nu_{i\varkappa}|.$$

Das geht natürlich nur, wenn der Energiebetrag $h\nu$ groß genug ist, d. h., wenn $\nu > |\nu_{i\varkappa}|$. Man kann sich vorstellen, daß der Prozeß in zwei Stufen geht, erst Aufnahme des Quants unter Bildung eines „metastationären" Zustands, der nicht den Quantenbedingungen gehorcht, dann nach sehr kurzer Zeit Reemission.

Nimmt man noch die kinetische Energie des ganzen Atoms dazu, so kann man den erlaubten Energiebetrag etwas variieren, $E_i + \frac{m}{2}\mathfrak{v}^2$.

Man kann so auch der Impulsbedingung genügen. Doch gibt das, wie SCHRÖDINGER[1]) gezeigt hat, nur den Dopplereffekt.

45. Die Theorie von BOHR-KRAMERS-SLATER[2]). Um sowohl die Gebiete, die bisher allein wellentheoretisch erklärt werden konnten, als auch die Gebiete, in denen die Quantentheorie alleinherrschend scheint, zu umfassen, machen die Autoren folgende Annahmen: Es gibt stationäre Bahnen wie in der ursprünglichen BOHRschen Theorie. Zwischen diesen Bahnen sind Quantensprünge möglich, deren Energie nach den bisherigen BOHRschen Prinzipien berechenbar ist. Das entspricht den alten BOHRschen Annahmen.

Dagegen wird die Strahlungsfreiheit in den stationären Bahnen nur für die (ungestörte) Grundbahn beibehalten. Alle Elektronen, die sich nicht in der Grundbahn befinden (sondern „erregt" sind), strahlen kontinuierlich aus, und zwar im allgemeinen mehrere „Partialschwingungen", d. h. Spektrallinien, gleichzeitig. Die Zahl dieser Spektrallinien ist gleich der Zahl der erlaubten Übergänge, die von dem betrachteten Zustand zu Zuständen niedrigerer Energie führen. Die Frequenzen dieser Spektrallinien sind gleich den Frequenzen, die nach der früheren BOHRschen Auffassung während eines der möglichen Übergänge gestrahlt wurden. D. h., wenn wir den Zustand i betrachten, von dem aus Übergänge nach den Zuständen 1, 2 . . . möglich sind, so daß $E_i > E_1, E_2 \ldots$ so strahlen die Elektronen im Zustand i die Linien

$$\nu_{i1} = \frac{E_i - E_1}{h}, \qquad \nu_{i2} = \frac{E_i - E_2}{h}$$

usw. gleichzeitig aus. Die Intensität der betreffenden Linie hängt mit der mechanischen Bewegung des Elektrons so zusammen, daß die Helligkeit der Spektrallinie ν_{i1}, die einer Änderung der Quantenzahl $n_i - n_1$ zugeordnet ist, vom Quadrat der Amplitude der $n_i - n_1$-ten Oberschwingung in der Bewegung im n_i-ten Zustand qualitativ bestimmt wird.

Während der Strahlung ändert sich die Energie des Atoms nicht, so daß das Prinzip der Erhaltung der Energie (und des Impulses) verletzt ist.

Von Zeit zu Zeit findet aber ein Übergang zu niedrigeren Niveaus statt, der nun nicht von Strahlung begleitet ist. Zugleich hört das Atom auf, die Wellenlängen ν_{ik}, $k < i$ zu strahlen; ist das Endniveau des Übergangs die Grundbahn, so hört die Strahlung überhaupt auf, andernfalls setzt Strahlung ein, die zu dem neuen Zustand als Ausgangszustand gehört.

Die Häufigkeit der Übergänge ist im Durchschnitt so groß, daß im Mittel das Gesetz der Erhaltung der Energie gilt. D. h., wenn N_i Atome im Zustande i vorhanden sind und die Energie, die jedes pro Zeiteinheit in der Wellenlänge

---

[1]) E. SCHRÖDINGER, Phys. ZS. Bd. 23, S. 301. 1922.
[2]) N. BOHR, H. A. KRAMERS u. J. C. SLATER, ZS. f. Phys. Bd. 24, S. 69. 1924.

$\nu_{i1}, \nu_{i2}, \ldots$ ausstrahlt, $J_{i1}, J_{i2}, \ldots$ ist, so finden im Mittel $N_i J_{i1}/h\nu_{i1}$ Übergänge in den Zustand 1, $N_i J_{i2}/h\nu_{i2}$ Übergänge aus dem Zustand i in den Zustand 2 statt. (Die Strahlung selbst verhält sich vollkommen klassisch, so daß alle Interferenzversuche erklärbar sind, nur in bezug auf Dämpfung und natürliche Breite der Spektrallinien ist die Übereinstimmung mit der klassischen Theorie ungeklärt.) Fällt die Strahlung ν_{i1} auf ein Atom des Zustandes 1, so reagiert dieses hierauf erstens durch Aussendung von Sekundärwellen in klassischer Weise (Modifikation s. Ziff. 47). Diese Sekundärwellen ergeben die Phasenverzögerung und eine evtl. Schwächung der Primärstrahlung genau wie in der klassischen Theorie, nur ist eine Schwächung der Primärstrahlung, d. h. Absorption, nicht unmittelbar mit einer entsprechenden Energiezunahme im Atom verknüpft. Aber von Zeit zu Zeit springt das Atom in den höheren Zustand i, wobei die dazu nötige Energie $E_i - E_1 = h\nu_{i1}$ nicht etwa aus der Strahlung stammt, sondern „entsteht". Nur im Mittel finden diese Sprünge unter dem Einfluß der Strahlung der Intensität J'_{i1} so häufig statt, als würde ihre Energie aus der in der gleichen Zeit durch „Absorption", d. h. Schwächung der Primärstrahlung durch sekundäre Strahlung, verschwundenen Energie stammen. (Man kann ebensogut von der Strahlung überhaupt absehen und sagen, daß im Mittel die Energie der Sprünge zu niederen Niveaus die Energie der umgekehrten Sprünge deckt. Die Strahlung hat dann nur die Bedeutung von Telegrammen, die den „absorbierenden" Atomen angeben, wie oft sie springen müssen, um den von den „emittierenden" Atomen erlittenen Energieverlust zu decken). Man kann demnach das Verhalten der Atome so beschreiben, als ob sie außer den springenden Elektronen, die die Energie bestimmen, noch „virtuelle Resonatoren" enthielten, deren Eigenschaften (Zahl, Frequenz usw.) sich mit dem Zustand ändern, die klassisch strahlen und klassisch auf Strahlung reagieren, deren Amplitude (oder vielleicht in manchen Fällen die Änderungsgeschwindigkeit der Amplitude, da im Absorptionsprozeß klassisch bei starker Dämpfung kein stationärer Zustand erreicht wird) für die Häufigkeit der Sprünge maßgebend ist, deren „Schwingungsenergie" aber nicht als Energie des Atoms zu rechnen ist. Die Versuche von GEIGER und BOTHE[1]) haben aber der ganzen Theorie den Boden entzogen, indem sie zeigten, daß der Strahlungs- und der Sprungprozeß, wenigstens soweit der Sprung zu einem freien, schnell bewegten Elektron führt, zeitlich verknüpft sind. Ebenso haben COMPTON und SIMON[2]) gezeigt, daß in diesem Fall der Impuls in jedem einzelnen Fall sich so verhält, wie es die Korpuskulartheorie fordert. Trotzdem also die Vorstellung über den Mechanismus offenbar falsch ist, sind die auf Grund des Korrespondenzprinzips im folgenden abgeleiteten Formeln richtig.

46. Anwendung auf die Dispersion und Streuung nach LADENBURG und REICHE. Noch vor der Arbeit von BOHR-KRAMERS-SLATER haben LADENBURG und REICHE ähnliche Gedanken entwickelt, wenn auch nicht so im einzelnen ausgeführt, und auf die Umdeutung der Dispersionsformeln (Ziff. 42) angewandt[3]). Danach kommt also die Dispersion genau so zustande wie in der klassischen Theorie, nämlich durch die Emission von Sekundärwellen, die mit den Primärwellen (und daher für verschiedene gleichzeitig bestrahlte Atome auch untereinander) kohärent sind. Ihre Emission hört auf, sobald das Atom in einen andern Zustand übergeht, was natürlich im Grundzustand nur durch Stöße oder durch die Anwesenheit von Licht, dessen Frequenz mit der einer Absorptions-

[1]) W. BOTHE u. H. GEIGER, ZS. f. Phys. Bd. 32, S. 639. 1925.
[2]) A. H. COMPTON u. A. W. SIMON, Phys. Rev. (2) Bd. 26, S. 289. 1925.
[3]) In der zitierten Arbeit sind diese beiden Gesichtspunkte nicht getrennt (formale Anwendung der Formeln und Deutung durch Sekundärwellen).

linie übereinstimmt, neben dem auf seine Dispersion untersuchten Licht verursacht werden kann. Die Stärke der durch diese Sekundärwellen gestreuten Energie hängt mit der Dispersion quantitativ ebenso zusammen wie in der klassischen Theorie bei Anwesenheit von „Ersatzoszillatoren" der Ladung pe und Masse pm.

Sobald man aber mit Licht einer Spektrallinie selbst bestrahlt, ergibt sich ein Unterschied, der dem Referenten für die Theorie in der ihr von LADENBURG-REICHE und BOHR-KRAMERS-SLATER gegebenen Form bedenklich erscheint, während in einer modifizierten Darstellung von SLATER (Ziff. 46, 49) und BECKER (Ziff. 48) diese Schwierigkeit vermieden ist.

Man hat dann nämlich zwei Arten von Streustrahlung zu unterscheiden, die kohärente und die inkohärente. Um präzis sprechen zu können, nehmen wir an, wir bestrahlen unter normalen Umständen Natriumdampf mit (nicht überstarkem) Licht der D_2-Linie, das dem Übergang $1s \rightarrow 2p_0$ entspricht.

Die Überzahl der Atome wird in $1s$ sein und „kohärentes" Streulicht aussenden, das die Primärstrahlung schwächt, und zwar so, daß diese Schwächung genau in der klassischen Beziehung zur Dispersion steht. Außerdem sind aber N_2 Atome im Zustand $2p_0$, deren Zahl sich aus der Bedingung der Stationärität

$$N_1 \overline{b}_{1\rightarrow 2} J = N_2 \cdot \frac{1}{\tau_{2\rightarrow 1}}$$

berechnet.

Diese Atome strahlen nach BOHR-KRAMERS-SLATER im oberen Zustand inkohärent mit der Primärwelle die D_2-Linie aus, entsprechend dem, was man früher „Resonanzstrahlung" nannte, und zwar in der Stärke, daß die hierdurch im Mittel ausgestrahlte Energie der Energie der Quantensprünge entspricht, also

$$N_2 \frac{1}{\tau_{2\rightarrow 1}} h\nu_{2\rightarrow 1}.$$

Hierbei ist vorausgesetzt, daß diese Strahlung durch die Anwesenheit der Primärstrahlung nicht beeinflußt wird. Außerdem strahlen die Atome N_2 noch kohärent, entsprechend den zu ihnen gehörigen Absorptionslinien (z. B. $2p_0 - 3d$), doch ist dieser Anteil zu vernachlässigen.

Das ersterwähnte Verhältnis von kohärent gestreuter Strahlung zur klassisch berechneten, oder genauer gesagt, die Winkelverteilung der kohärenten Streustrahlung hat zur Folge, daß die aus der ebenen Primärwelle absorbierte Energie genau gleich der gestreuten ist, so wie in der klassischen Theorie bei reiner Strahlungsdämpfung, denn die absorbierte Energie wird ja durch die Stärke derjenigen Sekundärwellen bestimmt, die in die Primärrichtung gehen. Es bleibt also gar keine Energie übrig, die im Zeitmittel die Energie kompensieren kann, die durch das „Hinaufspringen" der Elektronen verbraucht wird. Die Energie, die durch das spätere Herabfallen wieder frei wird, soll ja im Mittel in die unkohärente Resonanzstrahlung gehen, die von erregten Atomen ausgestrahlt wird oder anders gesagt, die gestreute Strahlung (kohärente + inkohärente) ist größer als die absorbierte.

Das einzige Mittel, diese Schwierigkeit zu vermeiden, würde darin bestehen, daß man innerhalb der Spektrallinie auf den klassischen Zusammenhang zwischen kohärenter Streustrahlung und Dispersion, wie er bei reiner Strahlungsdämpfung herrscht, verzichtet. Wenn man z. B. eine größere Dämpfung annimmt, was bedeutet, daß die Phase und Amplitude der Sekundärwellen außerhalb der Spektrallinien praktisch unverändert bleibt, innerhalb aber so geändert wird, daß trotz gleicher Gesamtschwächung des Primärstrahles die nach allen Seiten gestreute

Strahlung schwächer wird, dann bleibt in größerer Entfernung von der Spektrallinie der Zusammenhang zwischen Dispersion, Streustrahlung bei dieser Wellenlänge und Gesamtabsorption in der Spektrallinie unverändert gewahrt. Von dieser Gesamtabsorption wird aber nur ein Teil durch kohärente Streustrahlung verbraucht, der Rest dient zur Deckung der „wahren Absorption", d. h. im Mittel zur Erregung der Atome, und wird dann als inkohärente Resonanzstrahlung von den erregten Atomen ausgesandt. Dann ist es aber nicht richtig, die Übergangswahrscheinlichkeiten a und b, die nur für die wahre Absorption bzw. die inkohärente Strahlung maßgebend sind, in die Dispersionsformeln einzusetzen, die durch die Gesamtabsorption bestimmt werden. Diesen Ausweg hat BECKER[1]) beschritten (s. Ziff. 48). SLATER[2]) überwindet die Schwierigkeit dadurch, daß er die Annahme fallen läßt, die im erregten Zustand (2) ausgesandte, inkohärente Resonanzstrahlung der Frequenz ν_{21} sei stets in gleichem Ausmaß vorhanden. Er nimmt an, daß, im Fall die Erregung durch Absorption von Licht der Frequenz ν_{21} hervorgebracht ist, im erregten Zustand kein inkohärentes, sondern nur kohärentes Licht ν_{21}, entsprechend einem klassischen Ersatzoszillator, ausgesandt wird (genauere Formulierung s. Ziff. 49).

47. Die Dispersionsformel von KRAMERS. KRAMERS[3]) hat gezeigt, daß die konsequente Anwendung der BOHR-KRAMERS-SLATERschen Theorie nur für die unangeregten Zustände zur klassischen Dispersionsformel (16) Ziff. 13, führt.

Betrachtet man aber ein Atom im angeregten Zustande, das außer den Absorptionslinien mit den Frequenzen ν_ι und den „Stärken" f_ι noch Emissionslinien $\tilde{\nu}_j$, $\tilde{f}_j$ entsprechend Elektronenübergänge zu niederem Niveau besitzt, so trägt es zum Ausdruck $n-1$ den Anteil bei (die $g=1$ gesetßt)

$$\frac{e^2}{2\pi m}\,\frac{1}{3}\left(\sum_\iota \frac{f_\iota}{\nu_\iota^2-\nu^2} - \sum \frac{\tilde{f}_j}{\tilde{\nu}_j^2-\nu^2}\right). \tag{75}$$

Der Beweis wird von KRAMERS und HEISENBERG[4]) korrespondenzmäßig gegeben. Sie beschreiben das für die Strahlung maßgebende elektrische Moment des Modells durch eine mehrfache Fourriereihe

$$\mathfrak{p}(t) = \sum_{\tau_1\ldots\tau_S} \frac{1}{2} C_{\tau_1\ldots\tau_S} e^{2\pi i(\tau_1 w_1 + \ldots \tau_S w_S)}, \tag{76}$$

wo $w_S = \nu_S t + \delta_S$ die kanonischen Winkelvariable ist, die zum S-ten Freiheitsgrad gehört, die τ_ι alle ganzen Zahlen unabhängig voneinander durchlaufen und die C Vektoren sind, d e noch von den Wirkungsvariabeln $J_1 \ldots J_S$ und den τ abhängen.

Bringt man nun durch ein äußeres elektrisches Feld $\mathfrak{E} = \mathfrak{E}_0 \cdot e^{2\pi i\nu t}$ eine Störungsfunktion (Änderung der potentiellen Energie) an[5]), so kann man formal (76) noch immer als Lösung der Bewegungsgleichung ansehen, nur sind jetzt die w, J nicht mehr Winkelvariable der gestörten Bewegung, d. h., die J sind nicht mehr konstant, die w nicht mehr linear in der Zeit. Wenn aber die Störung klein ist, so unterscheiden sich die für die neue Bewegung als Winkelvariable

---

1) R. BECKER, ZS. f. Phys. Bd. 27, S. 173. 1924.

2) J. C. SLATER, Phys. Rev. (2) Bd. 25, S. 395. 1925.

3) H. A. KRAMERS, Nature Bd. 113, S. 673. 1924; Bd. 114, S. 310. 1924; M. BORN, ZS. f. Phys. Bd. 26, S. 379. 1924.

4) H. A. KRAMERS u. W. HEISENBERG, ZS. f. Phys. Bd. 31, S. 681. 1925; J. H. v. VLECK, Phys. Rev. (2) Bd. 24, S. 330. 1924.

5) Näheres s. M. BORN, Atomdynamik. Berlin 1924. Ferner Handb. Bd. 5, Kap. 4.

dienenden Funktionen J^*, w^* nur wenig von den alten. Man findet

$$\left.\begin{aligned} w_\varkappa &= w_\varkappa^* - \frac{1}{2}\frac{\partial\,\mathrm{Reell}}{\partial J_\varkappa^*}\left\{\sum_{\tau_1\tau_s}\frac{(\mathfrak{E}_0 C)}{2\pi\iota(\nu_\varkappa+\nu)}e^{2\pi\iota(\tau_1 w_1^*+\cdots\tau_s w_s^*)}\right\} \\ J_\varkappa &= J_\varkappa^* + \frac{1}{2}\frac{\partial\,\mathrm{Reell}}{\partial w_\varkappa^*}\left\{\qquad\right\}, \end{aligned}\right\} \tag{77}$$

wobei jetzt die J^* zeitunabhängig und die $w_\varkappa^* = \nu_\varkappa t + \delta_\varkappa^*$ sind. (77) hat man in (76) einzusetzen und nach der Störung zu entwickeln, um wieder eine mehrfache Fourierreihe, jetzt in w^*, zu erhalten. Man bekommt dann zum elektrischen Moment des ungestörten Atoms folgenden Zusatz:

$$\mathfrak{p}_1(t) = \frac{1}{4}\,\mathrm{Reell}\left\{\sum_{\tau_1\tau_s}\sum_{\tau_1'\tau_s'}\left[\left(\tau_\iota\frac{\partial C_{\tau_1\ldots\tau_s}}{\partial J_1}+\cdots\tau_s\frac{\partial C_{\tau_1\ldots\tau_s}}{\partial J_{\tau_s}}\right)e^{2\pi\iota(\tau_1\nu_1+\cdots\tau_s\nu_s)t}\right.\right.$$
$$\cdot\frac{(\mathfrak{E}_0\cdot C_{\tau_1'\ldots\tau_s'})}{\tau_1\nu_1+\cdots\tau_s\nu_s+\nu}e^{2\pi\iota(\tau_1'\nu_1+\cdots\tau_s'\nu_s'+\nu)t} - C_{\tau_1\ldots\tau_s}e^{2\pi\iota(\tau_1\nu_1+\cdots\tau_s\nu_s)t}$$
$$\left.\left.\cdot\left(\tau_1\frac{\partial}{\partial J_1}+\cdots\tau_s\frac{\partial}{\partial J_s}\right)\frac{(\mathfrak{E}_0\cdot C_{\tau_1'\ldots\tau_s'})}{\tau_1'\nu_1'+\cdots\tau_s'\nu_s'+\nu}\cdot e^{2\pi\iota(\tau_1'\nu_1'+\cdots\tau_s'\nu_s'+\nu)t}\right]\right\}.$$

Man multipliziert aus und faßt alle Produkte zusammen, die denselben Exponenten haben und erhält so

$$\left.\begin{aligned} \mathfrak{p}_1(t) &= \frac{1}{4}\mathrm{Reell}\sum_{\tau_1\tau_s}e^{2\pi\iota(\tau_1\nu_1+\cdots\tau_s\nu_s+\nu)t}\sum_{\tau_1'\tau_s'}\left\{\left((\tau_1-\tau_1')\frac{\partial}{\partial J_1}+\cdots(\tau_s-\tau_s')\frac{\partial}{\partial J_s}\right)C_{\tau_1'\ldots\tau_s'}\right. \\ &\cdot\frac{(\mathfrak{E}_0\cdot C_{\tau_1-\tau_1'\ldots\tau_s-\tau_s'})}{(\tau_1-\tau_1')\nu_1+\cdots(\tau_s-\tau_s')\nu_s+\nu} - C_{\tau_1'\ldots\tau_s'}\left(\tau_1'\frac{\partial}{\partial J_1}+\cdots\tau_s'\frac{\partial}{\partial J_s}\right)\left.\left(\frac{(\mathfrak{E}_0\cdot C_{\tau_1-\tau_1'\ldots\tau_s-\tau_s'})}{(\tau_1-\tau_1')\nu_1+\cdots(\tau_s-\tau_s')\nu_s+\nu}\right)\right\}. \end{aligned}\right\} \tag{78}$$

Wir haben also in der Streustrahlung alle Frequenzen $\tau_1\nu_1+\cdots\tau_s\nu_s+\nu$, nicht nur die auffallende Frequenz ν. Das ist dem Dopplereffekt zuzuschreiben, der infolge der periodisch wechselnden Geschwindigkeit des Elektrons auftritt und daher selbst die Perioden $\tau_1\nu_1\ldots\tau_s\nu_s$ hat.

Nun haben wir gemäß dem Korrespondenzprinzip von den klassischen Formeln zu entsprechenden Quantenformeln überzugehen, d. h., das Moment durch eine Reihe

$$\mathfrak{p}_{\mathrm{qu}} = \sum\mathfrak{A}_{\tau_1\tau_s}e^{2\pi\iota\dot{\nu}_{\tau_1\ldots\tau_s}t} \tag{78'}$$

darzustellen.

Die Quantenfrequenz $\nu_{\tau_1\ldots\tau_s}$, die der klassischen Frequenz $\tau_1\nu_1+\ldots\tau_s\nu_s$ entspricht, gehört dabei zu einem Übergang, bei dem sich die Quantenzahlen des betreffenden Zustandes $n_1\ldots n_s$ um $\tau_1\ldots\tau_s$ ändern, d. h., es ist

$$\nu_{\tau_1\ldots\tau_s} = \frac{E(n_1+\tau_1,\ n_2+\tau_2\ldots n_s+\tau_s) - E(n_1,\ n_2\ldots n_s)}{h}$$

während die korrespondierende „klassische" Frequenz

$$\nu_1\tau_1+\cdots\nu_s\tau_s = \frac{1}{h}\left(\tau_1\frac{\partial E}{\partial n_1}+\cdots\tau_s\frac{\partial E}{\partial n_s}\right)$$

ist. Die $\mathfrak{A}$ bestimmen die Stärke in der Weise, daß das EINSTEINsche a

$$a_{\tau_1\ldots\tau_s}h\nu_{\tau_1\ldots\tau_s} = \frac{(2\pi\nu_{\tau_1\ldots\tau_s})^4}{3c^3}(\mathfrak{A}_{\tau_1\ldots\tau_s}\cdot\overline{\mathfrak{A}}_{\tau_1\ldots\tau_s}). \tag{79}$$

ist (der Strich bedeutet die konjugiert komplexe Größe).

Die Differentialquotienten der klassischen Reihe (78)

$$\sum\tau_j\frac{\partial}{\partial J_j} = \sum_j\frac{\tau_j}{h}\frac{\partial}{\partial n_j}$$

werden nun durch die Differenzen

$$\frac{1}{2h}(n_1 + \tau_1 \ldots n_S + \tau_S) - \frac{1}{2h}(n_1 - \tau_1 \ldots n_S - \tau_S)$$

ersetzt.

Nun wollen wir zuerst den Anteil der Summe (78) nehmen, dessen Frequenz gleich der des auffallenden Lichtes ist, d. h. in (78) den Anteil mit $\tau_1 = \cdots \tau_S = 0$ (bei dem also das ungestörte Elektron als ruhend angenommen ist). Er gibt

$$\mathfrak{p}'_{\mathrm{qu}} = \frac{1}{4h}\,\mathrm{Reell}\left\{\sum_\iota\left[\frac{\mathfrak{A}_\iota(\mathfrak{E}_0\overline{\mathfrak{A}}_\iota)}{\nu_\iota - \nu} + \frac{\overline{\mathfrak{A}}_\iota(\mathfrak{E}_0\mathfrak{A}_\iota)}{\nu_\iota + \nu}\right] - \sum_j\left[\frac{\tilde{\mathfrak{A}}_j(\mathfrak{E}_0\bar{\tilde{\mathfrak{A}}}_j)}{\tilde{\nu}_j - \nu} + \frac{\bar{\tilde{\mathfrak{A}}}_j(\mathfrak{E}_0\tilde{\mathfrak{A}}_j)}{\tilde{\nu}_j + \nu}\right]\right\} e^{2\pi\iota\nu t}, \tag{80}$$

wo sich wie in (75) ι auf die Absorptionslinien, j und das Zeichen $\sim$ auf Emissionslinien, die von dem betrachteten Zustand ausgehen, bezieht.

Setzt man wieder wie in Ziff. 41 und 42

$$a = \frac{f}{\tau_{kl}}, \quad \tau_{kl} = \frac{3c^3 m}{8\pi^2 e^2 \nu^2} \quad \text{(nichtentartetes System, } g = 1\text{)},$$

nimmt ferner $\mathfrak{A} = \overline{\mathfrak{A}} \parallel \mathfrak{E}$, so wird

$$\mathfrak{p}'_{qu} = \mathfrak{E}_0 \frac{e^2}{4\pi^2 m}\left(\sum_\iota \frac{f_\iota}{\nu_\iota^2 - \nu^2} - \sum_j \frac{\tilde{f}_\gamma}{\tilde{\nu}_j^2 - \nu^2}\right)\cos 2\pi\nu t, \tag{81}$$

was zur KRAMERSschen Dispersionsformel (75) führt (natürlich gilt die Formel in der Linie selbst wegen Vernachlässigung der Dämpfung nicht. Dies bezieht sich auch auf das Folgende).

Wir gehen nun zu den folgenden Gliedern der Summe (78) über und nehmen den folgenden Summanden heraus:

$$e^{2\pi\iota(\tau_1\nu_1 + \cdots \tau_S\nu_S + \nu)t}\left\{\left[(\tau_1 - \tau_1')\frac{\partial}{\partial J_1} + \ldots (\tau_S - \tau_S')\frac{\partial}{\partial J_s}\right] C_{\tau_1' \ldots \tau_S'} \cdot \frac{(\mathfrak{E}_0 \cdot C_{\tau_1 - \tau_1' \ldots \tau_S - \tau_S'}}{(\tau_1 - \tau_1')\nu_1 + \ldots (\tau_S - \tau_S')\nu_S + \nu} \right.$$
$$\left. - C_{\tau_1' \ldots \tau_S'}\left[\tau_1'\frac{\partial}{\partial J_1} + \cdots \tau_S'\frac{\partial}{\partial J_s}\right]\frac{(\mathfrak{E}_0 \cdot C_{\tau_1 - \tau_1' \ldots \tau_S - \tau_S'})}{(\tau_1 - \tau_1')\nu_1 + (\tau_S - \tau_S')\nu_S + \nu}\right\}.$$

Die korrespondierende Frequenz ist quantenmäßig

$$-\frac{1}{h}\left[E(n_1 + \tau_1 \ldots n_S + \tau_S) - E(n_1 \ldots n_S)\right] + \nu. \tag{82}$$

Für die Amplituden setzen wir, wenn wir mit $\mathfrak{A}_{n_1 n_S}^{n_1+\tau_1 \ldots n_S+\tau_S}$ die für den Übergang von $n_1 \ldots n_S$ zu $n_1 + \tau_1 \ldots n_S + \tau_S$ nach (79) charakteristische Größe bezeichnen

$$\frac{1}{4h}\,\mathrm{Reell}\left\{-\frac{\overline{\mathfrak{A}}_{n_1 \ldots n_S}^{n_1+\tau_1' \ldots n_S+\tau_S'}\left(\mathfrak{E}_0\,\overline{\mathfrak{A}}_{n_1+\tau_1' \ldots n_S+\tau_S'}^{n_1+\tau_1 \ldots n_S+\tau_S}\right)}{\nu_{n_1+\tau_1' \ldots n_S+\tau_S'}^{n_1+\tau_1 \ldots n_S+\tau_S} - \nu} + \frac{\overline{\mathfrak{A}}_{n_1+\tau_1' \ldots n_S+\tau_S'}^{n_1+\tau_1 \ldots n_S+\tau_S}\left(\mathfrak{E}_0\,\overline{\mathfrak{A}}_{n_1 \ldots n_S}^{n_1+\tau_1' \ldots n_S+\tau_S'}\right)}{\nu_{n_1 \ldots n_S}^{n_1+\tau_1' \ldots n_S+\tau_S'} - \nu}\right\}. \tag{83}$$

Um die Amplitude des Streulichts[1]) zu erhalten, das die Frequenz (82) hat, ist die Summe der Amplituden (83) für alle möglichen Arten von Übergängen zwischen $n_1 \ldots n_S$ und $n_1 + \tau_1 \ldots n_s + \tau_s$ zu bilden, die eine Zwischenstufe $n_1 + \tau_1' \ldots n_s + \tau_s'$ haben, wobei alle benutzten Teilübergänge ($n_1 \ldots n_s \to n_1 + \tau_1' \ldots n_s + \tau_s' \to n_1 + \tau_1 \ldots n_s + \tau_s$) spontan möglich sein müssen ($\mathfrak{A} \neq 0$).

[1]) A. SMEKAL, Naturwissensch. Bd. 11, S. 873. 1923.

Hierbei ist noch folgendes zu beachten. In Formel (83) soll

$$\nu_{n_1 \ldots n_s}^{n_1' \ldots n_s'} = \frac{1}{h} [E(n_1' \ldots n_s') - E(n_1 \ldots n_s)]$$

bedeuten. Ist $E(n_1' \ldots n_s') < E(n_1 \ldots n_s)$ (Emissionslinie), so ist der Wert von ν mit dem resultierenden Vorzeichen, d. h. als negative Zahl, einzusetzen. Außerdem ist dann das zugehörige $\mathfrak{A}$ durch $\bar{\mathfrak{A}}$ zu ersetzen.

Wenn im letzteren Fall außerdem das auffallende Licht so langwellig ist, daß

$$h\nu < E(n_1 \ldots n_s) - E(n_1 + \tau_1 \ldots n_s + \tau_s), \qquad \text{(Emission!)}$$

so tritt neben dem Streulicht von der Frequenz (82) $\left(= \nu + \left|\nu_{n_1 \ldots n_s}^{n_1+\tau_1 \ldots n_s+\tau_s}\right|\right)$ auch noch Licht von der Frequenz

$$\frac{1}{h} [E(n_1 \ldots n_s) - E(n_1 + \tau_1 \ldots n_s + \tau_s)] - \nu = \left|\nu_{n_1 \ldots n_s}^{n_1+\tau_1 \ldots n_s+\tau_s}\right| - \nu$$

auf, dessen Amplitude wieder durch (83) gegeben ist, wenn man dort erstens wieder die $\nu_n^{n'}$ mit dem richtigen Zeichen einsetzt, zudem aber ν mit $-\nu$ und $\mathfrak{A}$ mit $\bar{\mathfrak{A}}$ vertauscht. Wenn $\nu_{n_1 \ldots n_s}^{n_1+\tau_1 \ldots n_s+\tau_s} > 0$ ist (Absorption), so muß $\nu > \nu_{n_1 \ldots n_s}^{n_1+\tau_1 \ldots n_s+\tau_s}$ sein, wenn die Streustrahlung der Frequenz (82) gemäß Formel (83) auftreten soll, sonst tritt nur solche des Frequenz ν nach (80) auf.

Auf die Möglichkeit dieser andersfarbigen Streustrahlung hat zuerst SMEKAL (s. Ziff. 44) hingewiesen und ihr vom Standpunkt der „extremen Quantentheorie" eine anschauliche Deutung gegeben.

Sie soll besonders stark in bestimmten Wellenlängen werden, wenn die Nenner in (83) klein werden (genau Null werden sie nicht, weil sich dann die bisher vernachlässigte Dämpfung bemerkbar macht). Das tritt dann ein, wenn z. B.

$$\nu = \nu_{n_1 \ldots n_s}^{n_1+\tau_1' \ldots n_s+\tau_s'} > \nu_{n_1 \ldots n_s}^{n_1+\tau_1 \ldots n_s+\tau_s}$$

In diesem Fall verhält sich eine größere Menge von Atomen genau so, wie man es nach der (älteren) BOHRschen Auffassung der Resonanzstrahlung erwarten sollte. Es werden dann Atome aus dem Zustand $n_1 \ldots n_s$ in den erregten Zustand $n_1 + \tau_1' \ldots n_s + \tau_s'$ gebracht werden und von dort unter Aussendung der Resonanzstrahlung

$$\nu_{n_1+\tau_1' \ldots n_s+\tau_s'}^{n_1+\tau_1 \ldots n_s+\tau_s} = \nu_{n_1 \ldots n_s}^{n_1+\tau_1 \ldots n_s+\tau_s} - \nu_{n_1 \ldots n_s}^{n_1+\tau_1' \ldots n_s+\tau_s'} = \nu_{n_1 \ldots n_s}^{n_1+\tau_1 \ldots n_s+\tau_s} - \nu$$

zurückfallen.

Aber auch wenn

$$\nu = \nu_{n_1+\tau_1' \ldots n_1+\tau'}^{n_1+\tau_1 \ldots n_s+\tau_s} \qquad \nu_{n_1 \ldots n_s}^{n_1+\tau_1' \ldots n_s+\tau_s'} < \nu_{n_1 \ldots n_s}^{n_1+\tau_1 \ldots n_s+\tau_s} < 0 \text{ (Emission)}$$

wird, soll starke Streustrahlung der Frequenz

$$\nu - \nu_{n_1 \ldots n_s}^{n_1+\tau_1 \ldots n_s+\tau_s} = \left|\nu_{n_1 \ldots n_s}^{n_1+\tau_1' \ldots n_1+\tau_s'}\right|$$

auftreten, und hier ist die obige Deutung nicht zulässig (Abweichung von der STOKESschen Regel).

KRAMERS und HEISENBERG weisen aber darauf hin, daß dies unmöglich eine erhöhte Energieausstrahlung bedeuten kann, da sich sonst bei diesem Frequenzwert ν auch erhöhte Absorption zeigen müßte. Zur Erklärung erinnern sie daran, daß die Frequenz $\nu_{n_1 \ldots n_s}^{n_1+\tau_1' \ldots n_1+\tau_s'}$ auch spontan emittiert wird (negatives Vorzeichen!) Wenn man nun eine geeignete Phasenbeziehung zwischen der spontan emittierten und der durch das Licht der Frequenz ν induzierten, eben besprochenen Welle der Frequenz $\nu_{n_1 \ldots n_s}^{n_1+\tau_1' \ldots n_1+\tau_s'}$ annimmt, kann es sein, daß keine verstärkte Ausstrahlung eintritt.

Experimentell ist über dieses andersfarbige Streulicht nichts bekannt[1]), es sei denn, daß man in den Fällen, die man bisher ausschließlich als Resonanzlicht von erregten Zuständen gedeutet hat, wenigstens einen Teil des andersfarbigen Lichtes als vom unerregten Atom ausgehend deuten würde.

BREIT[2]) hat eine etwas andere korrespondenzmäßige Zuordnung als die nach (79) erwähnte vorgeschlagen, wobei das negative Glied in (80) vermieden wird.

48. BECKERS Theorie[3]). BECKER hat Formeln abgeleitet, welche von den in Ziff. 46 gemachten Einwänden frei sind. Um überhaupt eine merkliche Absorption zu erhalten, und um von endlichen Wellenzügen reden zu können, nimmt er an, daß die gequantelten Energiezustände nicht ganz scharf sind. Bezeichnet man die Energieabweichung vom „scharfen" Quantenwert E_ι mit η_ι, so daß die Energie eines Atoms

$$E = E_\iota + \eta_\iota \tag{84}$$

ist, so soll die Zahl der Atome, deren Abweichung η_ι beträgt, proportional $g_\iota(\eta_\iota)\,d\eta_\iota$ sein, wobei g so bestimmt ist, daß

$$\int_{-\infty}^{\infty} g_\iota(\eta_\iota)\,d\eta_\iota = g_\iota \tag{85}$$

(g_ι Gewicht des ganzen ι-ten Zustandes) und die Unschärfe nicht sehr groß ist, d. h. $g \ll 1$ außer für $\eta/E \ll 1$. BECKER führt dann die EINSTEINsche Gleichgewichtsüberlegung für jede Stelle in der Spektrallinie durch und erhält in leicht verständlicher Bezeichnung in Analogie zu Gleichung (66) Ziff. 40

$$g_1(\eta_1)\,b_{\eta_1\to\eta_2} = g_2(\eta_2)\,b_{\eta_2\to\eta_1}, \tag{66'}$$

$$a_{\eta_2\to\eta_1} = b_{\eta_2\to\eta_1}\frac{8\pi h\nu_{12}^3}{c^3}. \tag{66''}$$

Nimmt man an, daß $b\left(\text{außer von der Spektrallinie selbst, d. h. von } \bar\nu_0 = \frac{E_2 - E_1}{h}\right)$ nur von dem η der betreffenden Endlage abhängt ($b_{\eta_1\to\eta_2}$ nur von η_2), so wird

$$b_{\eta_1\to\eta_2} = \frac{g_2(\eta_2)}{g_2}\,h\,b_{1\to 2}, \tag{86}$$

$$b_{\eta_2\to\eta_1} = \frac{g_1(\eta_1)}{g_1}\,h\,b_{2\to 1}. \tag{86'}$$

Für die Gesamtabsorptionen und Emissionen sind dann die Größen

$$\int_{-\infty}^{+\infty} g_1(\eta_1)\,d\eta_1 \int_0^{\infty} b_{\eta_1\to\eta_2}\,d\nu_2 = b_{1\to 2}\,g_1$$

und entsprechend für $b_{2\to 1}$ sowie

$$\int_{-\infty}^{\infty} g_2(\eta_2)\,d\eta_2 \int_0^{\infty} a_{\eta_2\to\eta_1}\,d\nu_1 = g_2\,a_{2\to 1}$$

maßgebend, wobei die a und b untereinander durch die EINSTEINsche Beziehung (66) Ziff. 40 verbunden sind.

---

[1]) Anm. bei der Korrektur: s. jedoch C. V. RAMANN und K. S. KRISHNAN, Nature Bd. 121, S. 501 und 711. 1928; Ind. Journ. of Phys. Bd. 2, S. 399. 1928; C. V. RAMAN, ebenda Bd. 2, S. 387. 1928. Zusammenfassung durch P. PRINGSHEIM in Naturwiss. Bd. 16, S. 597. 1928; s. ferner A. SMEKAL, ebenda Bd. 16, S. 612. 1928.

[2]) G. BREIT, Nature Bd. 114, S. 310. 1924.

[3]) R. BECKER, ZS. f. Phys. Bd. 27, S. 173. 1924.

Jedes Atom soll nun eine kohärente Kugelwelle emittieren, deren Amplitude p mal so groß als die von einem Elektron entsandte und deren ν' σ mal so groß als das klassische bei reiner Strahlungsdämpfung vorhandene ist.

$$\nu' = \sigma \nu'_{kl} = \sigma \frac{4\pi e^2 \nu^2}{3mc^3}. \tag{87}$$

Es ist demnach die sekundlich von einem Atom gestreute Energie dividiert durch $\varrho(\nu)\,d\nu = \frac{3}{8\pi} \cdot \mathfrak{E}_0^2$ im Intervall $d\nu$

$$\frac{8\pi}{9} \frac{e^4}{m^2 c^3} \frac{p \nu^4}{(\nu_0^2 - \nu^2)^2 + \sigma^2 \nu_{kl}'^2 \nu^2}, \tag{88}$$

die pro Atom wirklich absorbierte Energie, dividiert durch $\varrho\,d\nu$

$$\frac{8\pi}{9} \frac{e^4}{m^2 c^3} \frac{\nu^4}{(\nu_0^2 - \nu^2)^2 + \sigma^2 \nu_{kl}'^2 \nu^2} p(\sigma - p). \tag{89}$$

Wenn wir annehmen, daß das betrachtete „absorbierende" Atom eine Abweichung η_1 hat, so setzt BECKER für seine „Grundfrequenz"

$$\nu_0 = \bar{\nu}_0 - \frac{\eta_1}{h}$$

und erhält für $\nu = \bar{\nu}_0 + \frac{(\eta_2 - \eta_1)}{h}$ im Innern der Spektrallinie mit den üblichen Näherungen

$$b_{\eta_1 \to \eta_2} = \frac{2\pi}{9} \frac{e^4}{m^2 c^3} h^2 \frac{\bar{\nu}_0^2}{\eta_2^2 + \frac{\sigma^2}{4} \cdot \nu_{kl}'^2 h^2} p(\sigma - p). \tag{89}$$

Die linke Seite ist aber nach (86)

$$\frac{1}{g_2} g_2(\eta_2)\, h\, b_{1 \to 2}.$$

BECKER teilt nun (89) so in Faktoren, daß er setzt

$$\left.\begin{aligned} \frac{g_2(\eta_2)}{g_2} &= \frac{1}{2\pi} \frac{\sigma h \nu'_{kl}}{\eta_2^2 + \frac{\sigma^2}{4} \cdot h^2 \nu_{kl}'^2} \\ b_{1 \to 2} &= \frac{\pi}{3} \cdot \frac{e^2}{m} \cdot p_1 \left(1 - \frac{p_1}{\sigma_1}\right) \end{aligned}\right\} \tag{90}$$

wo p_1, σ_1, dem Zustand 1 zugeordnet und also von η_1 praktisch unabhängig angenommen sind.

Für $a_{2 \to 1}$ ergibt sich

$$a_{2 \to 1} = h\nu_0 \frac{8\pi^2 e^2 \nu_0^2}{3mc^3} p_1 \left(1 - \frac{p_1}{\sigma_1}\right),$$

in der Dispersionsformel (72, 73) Ziff. 42 ist statt $a = \frac{1}{\tau}$ der Ausdruck

$$\frac{a}{1 - \frac{p_1}{\sigma_1}} = \frac{1}{\tau\left(1 - \frac{p_1}{\sigma_1}\right)} = \frac{p_1}{\tau_{kl}} \tag{91}$$

einzusetzen.

Jetzt ist die in Ziff. 46 erwähnte Schwierigkeit vermieden, da die in der Dispersionsformel auftretende, die Gesamtabsorption bestimmende Größe $\frac{a}{1 - p_1/\sigma_1}$ ist, während die wahre Absorption durch a gemessen wird. $a < \frac{a}{1 - p/\sigma}$ ist für die Entstehung erregter Zustände verantwortlich, deren Energie entweder als inkohärentes Resonanzlicht wieder ausgestrahlt oder durch Stöße zweiter Art in andere Energie umgewandelt werden kann. Das kohärente Resonanzlicht ist durch

$$\frac{a}{1-\frac{p}{\sigma}} - a = \frac{p}{\sigma}\,\frac{a}{1-\frac{p}{\sigma}}$$

gemessen.

Wenn die Welle $\nu_0 \sim \frac{(E_2 - E_1)}{h}$ auf ein erregtes Atom (im Zustand 2) fällt, so tritt hier an Stelle der Absorption von Energie eine „induzierte Emission". Man erhält so für $b_{\eta_2\to\eta_1}$ eine (90) analoge Gleichung mit entgegengesetztem Vorzeichen und daher

$$b_{1\to 2} = -\frac{\pi}{3}\cdot\frac{e^2}{m}\cdot p_2\left(1-\frac{p_2}{\sigma_2}\right), \tag{90'}$$

woraus mit (66) $\left(\text{unabhängig von der Annahme}\ \frac{d}{d\eta_1}\,b_{\eta_1\to\eta_2} = 0\right)$ folgt

$$p_1\left(1-\frac{p_1}{\sigma_1}\right) = -p_2\left(1-\frac{p_2}{\sigma_2}\right).$$

Eine Strahlungsdämpfung, die zu p Elektronen klassisch gehören würde, ist $p = \sigma$; da die Linien stets breit dagegen sind, ist $\sigma > p$; also $p_2 \sim p_1$ entsprechend der Formel von KRAMERS.

LANDÉ[1]) hat die Theorie insofern abgeändert, als er annimmt: Ein Atom, das einen Quantenübergang ausführt, tut das nicht so, daß es irgendeinen scharfen Übergang innerhalb der Grenzen (84) ausführt, wobei die endliche Breite der Spektrallinie durch das Zusammenwirken vieler Atome mit etwas verschiedenen Übergängen entsteht: Sondern jedes Atom ändert während der endlichen Dauer der Emission seinen Zustand dauernd sehr schnell so, daß das Einzelatom eine endliche Breite der Spektrallinie ergibt. Wenn τ_0 die Abklingungszeit ist, dann ist die relative Zeit, während deren das Atom die Frequenz ν aussendet, und damit auch die relative Intensität dieser Frequenz

$$g = \frac{1}{2\pi^2\tau_0}\,\frac{1}{(\nu_0^2-\nu^2)^2 + \frac{1}{4\pi^2\tau_0^2}}. \tag{92}$$

Ebenso hat man nach LANDÉ bei Bestrahlung in jedem Atom eine nach (90) verteilte Menge von virtuellen Oszillatoren anzunehmen. Anders könne man die Tatsache der beschränkten Interferenzfähigkeit nicht erklären.

49. SLATERS Abänderung der BOHR-KRAMERS-SLATERschen Formeln. Wie schon in Ziff. 46 erwähnt, hat SLATER[2]) die ursprüngliche Theorie modifiziert, um die Schwierigkeiten mit der inkohärenten Resonanzstrahlung zu vermeiden und gleichzeitig die klassische Verknüpfung von Linienbreite und endlicher Länge der Wellenzüge herzustellen.

Er übernimmt zuerst die Überlegung bezüglich der Übergangswahrscheinlichkeiten nach EINSTEIN, Ziff. 40 mit der Modifikation, daß er im Fall einer stark mit der Frequenz sich ändernden Intensität

$$b_{\iota\to\varkappa}\,\varrho(\nu) \qquad \text{durch} \qquad \int b'(\nu)\,\varrho(\nu)\,d\nu\,, \qquad \int b'(\nu)\,d\nu = b$$

ersetzt (s. auch Ziff. 46, 53) und entsprechend für $b_{\varkappa\to\iota}$. Ferner kann ein Übergang auch durch Stoß erzwungen werden; die entsprechende Größe ist $k_{\iota j}$.

[1]) A. LANDÉ, ZS. f. Phys. Bd. 35, S. 317. 1926.
[2]) J. C. SLATER, Phys. Rev. (2) Bd. 25, S. 395. 1925.

Der erregte Zustand $\varkappa$ hat im Strahlungsfeld eine Lebensdauer

$$\frac{1}{\tau'_\varkappa} = \sum_i \frac{1}{\tau'_{\varkappa i}}$$

[s. die entsprechende Gleichung (67) Ziff. 40] mit

$$\frac{1}{\tau'_{\varkappa\iota}} = a_{\varkappa\to\iota} + k_{\varkappa\to\iota} + \int b_{\varkappa\to\iota}(\nu)\,\varrho(\nu)\,d\nu, \qquad (93)$$

wobei $a_{\varkappa\iota}$ wegfällt, wenn das Energieniveau i höher ist als das von $\varkappa$.

τ' bedeutet die wirkliche Lebensdauer unter den gegebenen Bedingungen, τ die „spontane" Lebensdauer. Im Zustand $\varkappa$ strahlt das Atom spontan die Frequenzen $\nu_{\varkappa\iota}$ für alle diejenigen ι, die Emissionslinien entsprechen wie in Ziff. 45. Es wird aber jetzt neu angenommen, daß es während dieser Zeit vorkommen kann, daß die Phase einer solchen Schwingung plötzlich wechselt. Es wird angenommen, daß die Wahrscheinlichkeit hierfür $1/\tau'_\iota$ ist. Demnach ist die Länge eines ungestörten Wellenzuges

$$\frac{1}{\tau''_{\varkappa\to\iota}} = \frac{1}{\tau'_\varkappa} + \frac{1}{\tau'_\iota}, \qquad (94)$$

da die Störung entweder ein vollständiges Verlassen des Zustandes oder eine Phasenänderung sein kann. Wenn eine äußere Lichtwelle vorhanden ist, so erregt diese erzwungene Schwingungen, wie in Ziff. 46, die aber ebenfalls den vorerwähnten Unterbrechungen (beim Quantensprung) und Phasenänderungen unterworfen sind. Dieses äußere Feld beeinflußt aber auch, wie schon in Ziff. 46 erwähnt, die gleichzeitig vorhandene spontane Emission.

Die spontane, also inkohärente Strahlung $\nu_{\varkappa\iota}$ soll nämlich entfallen, wenn die Erregung dadurch hervorgerufen wurde, daß das Atom im Zustand ι ein Quantum $h\nu_{\varkappa\iota}$ absorbiert hat und die jetzt erzwungene, kohärente Strahlung $\nu_{\varkappa\iota}$ noch keine sprunghafte Phasenänderung erlitten hat. Zweitens soll sie fehlen, wenn im Zustand $\varkappa$ die letzte Unterbrechung (Phasenänderung) durch den Anteil $\int b_{\iota\to\varkappa}\varrho(\nu)\,d\nu$ in $1/\tau'_\iota$ hervorgerufen wurde.

Durch diese Annahmen wird erreicht, daß bei Atomen, die durch Stöße oder durch Herabfallen aus noch höheren Energieniveaus erregt sind, Resonanzstrahlung vorhanden ist, während im Lichtfeld nur kohärentes Streulicht auftritt, außer der spontanen Strahlung nach Unterbrechungen, die der Verminderung der Kohärenz durch vergrößerte Linienbreite entsprechen. Hat die Primärstrahlung die Form

$$\mathfrak{E} = \int \mathfrak{E}_0(\nu)\cos 2\pi\nu[t - t'(\nu)]\,d\nu$$

und setzt man die erzwungene Strahlung des zu $\nu_{\varkappa\iota}$ gehörigen Oszillators so an, daß die Amplitude zur Zeit t_0 der letzten Unterbrechung 0 ist, so wird das Moment

$$\mathfrak{p}_{\varkappa\to\iota} = \pm\frac{e^2\mathfrak{A}^2_{\varkappa\iota}}{12h}\int\frac{\mathfrak{E}_0(\nu)}{\nu_{\varkappa\iota}-\nu}\{\cos 2\pi\nu[t-t'(\nu)] - \cos 2\pi[\nu_{\varkappa\iota}(t-t_0) - \nu(t'(\nu)-t_0)]\}\,d\nu. \qquad (95)$$

Der zweite Term in (95) entspricht klassisch der beim „Einschwingen" auftretenden freien Schwingung. Mittelt man über t_0, d. h. über viele Atome, so ergibt sich

$$\left.\begin{aligned}\bar{\mathfrak{p}}_{\varkappa\to\iota} = \pm\frac{e^2\mathfrak{A}^2_{\varkappa\iota}}{12h}\int\frac{1}{(\nu_{\varkappa\iota}-\nu)^2 + \frac{1}{4\pi^2}\frac{1}{\tau''^2_{\varkappa\iota}}}&\Big\{(\nu_{\varkappa\iota}-\nu)\,\mathfrak{E}_0(\nu)\cos 2\pi\nu[t-t'(\nu)]\\ &+\frac{1}{2\pi\tau''_{\varkappa\iota}}\mathfrak{E}_0(\nu)\sin 2\pi\nu[t-t'(\nu)]\Big\}\,d\nu.\end{aligned}\right\} \qquad (96)$$

In (95) und (96) ist das positive Vorzeichen zu nehmen, wenn $\nu_{\varkappa\iota}$ eine Absorptionslinie ist, das negative bei einer Emissionslinie.

Aus dieser Formel folgt angenähert ($\nu_{\varkappa\iota} - \nu < \nu$) die KRAMERSsche Dispersionsformel mit $\nu' = \frac{1}{2\pi\tau''_{\varkappa}}$. Man bemerke, daß diese Größe nach (93) (94) von ϱ abhängt.

Weiter wird in Übereinstimmung mit der klassischen Absorptionsformel angenähert

$$b'_{\varkappa\iota}(\nu) = \frac{b_{\varkappa\iota}}{\pi} \frac{\frac{1}{2\pi\tau''_{\varkappa\iota}}}{(\nu_{\varkappa\iota} - \nu)^2 + \frac{1}{4\pi^2\tau''^2_{\varkappa\iota}}}.$$

Die Linienverbreiterung durch Stoß steckt in dem Zusammenhang zwischen $\tau''_{\varkappa\iota}$ und $k_{\varkappa\iota}$.

50. Andere Korrespondenzbetrachtung (WENTZEL). Eine andere Art der Korrespondenz hat G. WENTZEL[1]) verwendet. Auch er behält (für ein verdünntes Gas) die Beziehung bei

$$n = 1 - 2\pi N \frac{\mathfrak{p}}{\mathfrak{E}}. \tag{97}$$

Hier soll man aber als für den Brechungsindex maßgebendes elektrisches Moment nicht das wirkliche elektrische Moment $\mathfrak{p}'$ einsetzen, das man aus der mechanischen Bewegung des Modells berechnet, sondern eine Größe, die mit $\mathfrak{p}'$ folgendermaßen zusammenhängt[2]):

$$\mathfrak{p} = \int_{-\infty}^{\infty} dj \int_{0}^{\infty} dw\, \mathfrak{p}'(w)\, e^{2\pi\iota(\nu t - jw)}. \tag{98}$$

Hierin ist w die Winkelvariable der Bewegung, die $\mathfrak{p}'$ bestimmt; die Bewegung ist hierbei also zuerst über eine Bahn zu mitteln, d. h. über w (es ist nur ein Freiheitsgrad vorausgesetzt).

Dann ist über die Bahnen zu mitteln, die durch j gemessen werden, und zwar über alle (Quanten- und Nichtquanten)-Bahnen; j mißt den Quantensprung, ausgehend von einer bestimmten Ausgangsbahn,

$$jh = \Delta I, \tag{99}$$

ν ist die bei dem betreffenden gedachten Übergang j ausgestrahlte Frequenz, nämlich

$$\nu = \frac{\Delta E}{h}. \tag{99'}$$

Diese kontinuierliche, nicht nur ganzzahlige Variation von j ist nötig, um zu verstehen, daß das Atom auf jedes ν reagiert. Nun trägt zum Brechungsindex für die Frequenz ν nur der Teil von $\mathfrak{p}$ bei, der selbst die Frequenz ν hat. (98) läßt sich aber schreiben

$$\mathfrak{p} = \int_{-\infty}^{\infty} \frac{d\nu}{\frac{d\nu}{dj}} \int_{0}^{\infty} dw\, \mathfrak{p}'(w)\, e^{2\pi\iota(\nu t - jw)}.$$

Die Komponente der Frequenz ν ist daher

$$\mathfrak{p}_\nu = e^{2\pi\iota\nu t} \frac{dj}{d\nu} \int_{0}^{\infty} dw\, \mathfrak{p}'(w)\, e^{-2\pi\iota jw}. \tag{100}$$

Die Frage ist nun, welcher Wert von $\mathfrak{p}'$ angemessen ist.

---

[1]) G. WENTZEL, ZS. f. Phys. Bd. 29, S. 306. 1924.

[2]) G. WENTZEL, ZS. f. Phys. Bd. 27, S. 279. 1924.

Hierzu bemerken wir, daß wir Formel (100) auch für einen harmonischen Oszillator im klassischen Fall anwenden können, wenn wir für $\mathfrak{p}'$ eine gedämpfte Schwingung setzen:

$$\mathfrak{p}'_w = \frac{e^2 \mathfrak{E}_0(\nu)}{2\pi m \nu_0} \sin 2\pi w \, e^{-\frac{\pi \nu'}{\vartheta \nu_0} w}, \qquad w = \nu_0 t$$

und ferner $d\nu/dj$ durch ν_0 (klassisch), $jw = j\nu_0 t$ durch νt ersetzen. Dann erhält man den klassischen Ausdruck für (100). Die Berechtigung hierfür findet man darin, daß man nach (99) (99') $\frac{d\nu}{dj} = \frac{\Delta E}{\Delta J}$ schreiben kann, welcher Ausdruck für den harmonischen Oszillator klassisch $= \nu_0$ ist. Andererseits ist $j\nu_0 = j\frac{\Delta E}{\Delta J} = \frac{\Delta E}{h} = \nu$. Im allgemeinen Fall wird man klassisch Oberschwingungen, quantentheoretisch Sprünge um mehr als $j = 1$ mitberücksichtigen müssen. Man erweitert daher (100) durch Summation über Oberschwingungen der Stärke p und schreibt das in Umkehrung des soeben durchgeführten Prozesses in Quantenschreibweise. Das ergibt

$$\mathfrak{p}' = \frac{e^2 \mathfrak{E}_0(\nu)}{2\pi m} \sum_k \frac{p_k}{k \frac{d\nu}{dj}} \sin 2\pi k w \, e^{-\frac{\delta_k}{2} w}. \tag{101}$$

In (97, 100) eingesetzt, ergibt dies für den Brechungsindex der Atome einer bestimmten Quantenzahl

$$n - 1 = \frac{N e^2}{2\pi m} \sum_k \frac{p_k}{\left(\frac{d\nu}{dj}\right)^2 [k^2 - j^2 + 2\iota \delta_k j]}. \tag{102}$$

Hier ist k die (ganze) Zahl, die angibt, wie groß der Quantensprung ist, den das Atom bei der Absorption der k-ten Linie ausführt. j ist eine Größe, die aussagt, um wieviel sich die Quantenzahl ändern müßte, wenn das Atom das auffallende Licht ν absorbieren würde, d. h., wenn seine Energie um $h\nu$ vermehrt würde, und ist im allgemeinen eine gebrochene Zahl. Nun ist für Wellenlängen, die viel länger als die einer Absorptionslinie sind, $j \ll 1$. Dann kann man schreiben

$$\frac{d\nu}{dj} j = \nu.$$

Mit der Abkürzung

$$\frac{d\nu}{dj} k = \bar{\nu}_0$$

wird dann (102)

$$n - 1 = \frac{N e^2}{2\pi m} \sum \frac{p_k}{\bar{\nu}_k^2 - \nu^2}$$

also die übliche Form, aber mit $\bar{\nu}_k \neq \nu_k$ der wahren Absorptionslinie. Andererseits hat, wenn ν nahe ν_k ist, (102) sein Maximum am Ort der wahren Absorptionslinie ν_k. Dazwischen muß ein Übergangsgebiet vorhanden sein.

51. Die Theorie von DARWIN. DARWIN[1]) hat schon vor BOHR-KRAMERS-SLATER eine Theorie entwickelt, die sich enger an die ursprüngliche (1912) BOHRsche Theorie anschließt, insofern ein Atom nur Wellen aussenden kann, die seinen eigenen Quantenzuständen entsprechen, nämlich solche von der Frequenz $\nu_{j\iota} = \frac{E_j - E_\iota}{h}$, nicht solche von der auffallenden Frequenz ν. Außerhalb der Materie verhalten sich die Wellen gemäß der klassischen Theorie.

[1]) C. G. DARWIN, Proc. Nat. Acad. Wash. Bd. 9, S. 25. 1923; Nature Bd. 110, S. 841. 1922.

Mit der BOHR-KRAMERS-SLATERschen Theorie hat die von DARWIN gemeinsam, daß der Energiesatz nicht in jedem einzelnen Moment, sondern nur im Mittel gilt.

Wenn nun eine ebene Welle von der Frequenz ν auf ein Atom auftrifft, so soll dieses Atom imstande sein, Kugelwellen von der ihm zukommenden Frequenz ν_{ij} auszusenden; nicht wie bei BOHR-KRAMERS-SLATER, daß diese Aussendung durch die auffallende Strahlung erzwungen wird, sondern so, daß die auffallende Strahlung als eine Art „Anregung" wirkt, die das Atom in die Lage versetzt, irgendwann plötzlich mit der Aussendung einer gedämpften Kugelwelle der Frequenz ν_{ij} zu beginnen. Um aber Absorption und Dispersion hervorrufen zu können, muß die Strahlung, die auf dieses Weise in einer größeren Gruppe von Atomen erregt wird, eine Periodizität der Frequenz ν aufgedrückt erhalten.

Dies erreicht Darwin durch folgende Annahmen:

a) Die Wahrscheinlichkeit dafür, daß ein Atom bei Anwesenheit einer äußeren Welle von der Form $\mathfrak{E} = \mathfrak{E}_0 \cos 2\pi\nu t$ in einem gegebenen Augenblick eine Kugelwelle der Frequenz $\nu_{ij} = \frac{E_j - E_i}{h}$ aussendet, ist gegeben durch $-A\frac{\partial\mathfrak{E}}{\partial t}$ (wobei A von ν_{ij}, aber weder von $\mathfrak{E}_0$ noch von ν abhängt). Wenn wir daher eine große Anzahl N von Atomen haben, so wird die Zahl derjenigen, die unter dem Einfluß dieser äußeren Welle während der Zeit dt zu emittieren beginnen, gleich

$$-NA\frac{\partial\mathfrak{E}}{\partial t} = NA\,2\pi\nu\,\mathfrak{E}_0 \sin 2\pi\nu t \cdot dt. \tag{103}$$

b) Die emittierte Kugelwelle ist so polarisiert, wie es die klassische Theorie von einem parallel $\mathfrak{E}$ schwingenden Elektron verlangen würde. Ihre Intensität, Dämpfung (und Frequenz) hängt nur von dem emittierenden Atom ab. Im Augenblick des Beginns der Emission hat das zugehörige elektrische Feld $\mathfrak{E}'$ der Kugelwelle den höchsten Wert, d. h., wenn die Emission zur Zeit t' einsetzt, so hat $\mathfrak{E}'$ in der Entfernung r vom Atom die Form

$$\mathfrak{E}' = \mathfrak{E}_0' e^{-\pi\nu'\left(t - t' - \frac{r}{c}\right)} \cos 2\pi\nu_{ij}\left(t - t' - \frac{r}{c}\right). \tag{104}$$

Alle Atome, die zu gleicher Zeit zu strahlen beginnen, haben daher die gleiche Phase.

Die gesamte Sekundärstrahlung von einer Gruppe von N Atomen, die zu einer Zeit t an einem Punkt in der Entfernung r anlangt, rührt daher von all den Atomen her, die in irgendeinem Augenblick t', der früher als $t - \frac{r}{c}$ ist, zu strahlen begonnen haben, und ist

$$N\mathfrak{E}_0 A\,\mathfrak{E}_0' \int\limits_{-\infty}^{t-\frac{r}{c}} e^{-\pi\nu'\left(t - t' - \frac{r}{c}\right)} \cos 2\pi\nu_{ij}\left(t - t' - \frac{r}{c}\right) \cdot 2\pi\nu \cdot \sin 2\pi\nu t'\,dt'. \tag{105}$$

Dieses Integral wird

$$N\mathfrak{E}_0 A\,\mathfrak{E}_0' \frac{\nu^2}{\nu_{ij}^2 - \nu^2} \cos 2\pi\nu\left(t - \frac{r}{c}\right), \tag{106}$$

wenn $\frac{\nu'}{\nu_{ij} - \nu}$ gegen 1 vernachlässigt werden kann. Die Periode ν in der Amplitude hat sich daher der resultierenden Welle aufgeprägt.

Wenn wir nun ansetzen

$$\mathfrak{E}_0' A = \frac{e^2}{m} \cdot p$$

erhalten wir für die gestreute Welle genau das gleiche Resultat wie in der klassischen Theorie und können die Überlegungen der Ziff. 33 für den Zusammenhang zwischen sekundärer Kugelwelle und Dispersion sofort anwenden.

Darwin betont, daß die erhöhte Streuung (und Absorption) bei Annäherung an die Eigenfrequenz nicht durch eine Erhöhung der Häufigkeit der Einzelemission, sondern nur dadurch bedingt ist, daß infolge der Annäherung in den Perioden von Einzelwelle und Amplitudenschwankung die Einzelwellen sich besser unterstützen. (Für ν nahe ν_{ij} gilt die angenäherte Auswertung des Integrals nicht mehr.)

Hierbei ist aber zu bemerken, daß wir bei der Ausrechnung von (105) vorausgesetzt haben, daß alle Moleküle, die bei der Erzeugung der Welle mit der Frequenz ν zusammenwirken, dieselbe Phase, d. h. dasselbe r haben. Das bedeutet, daß innerhalb des Wellenlängenkubus viele Moleküle liegen müssen. Für feste Körper ist das der Fall, nicht aber in Gasen. Nun macht das für die Dispersion nichts aus, da das in der Richtung der Primärwelle gestreute Licht in seiner Phase unabhängig von der Lage des streuenden Moleküls ist, so daß man für die ebene Sekundärwelle, die Absorption und Dispersion liefert, auch hier die Frequenz ν erhält. Dagegen ist das senkrecht gestreute (und das reflektierte) Licht im allgemeinen nicht mehr von der Frequenz ν; die Rechnung ist nicht durchgeführt, dürfte aber ein breites Frequenzintervall liefern. Auch mit der Intensität dürfte es Schwierigkeiten geben[1]).

52. Korpuskulartheorie der Interferenz. Die Anwendung der extremen Korpuskulartheorie[2]) auf optische Erscheinungen ist zuerst von Wentzel systematisch entwickelt worden. Nach ihr findet die Emission des Linienquants $h\nu$ so statt, daß die Energie wie ein Geschoß auf engen Raum zusammengedrängt und unteilbar, solange die Frequenz ungeändert bleibt, fortgeschleudert wird. Die Richtung dieser Emission wechselt nach Wahrscheinlichkeitsgesetzen. Das Quantum hat parallel seiner Flugrichtung (Lichtstrahl) die Bewegungsgröße $h\nu/c$. Diese Auffassung erklärt alle mit der Emission und Absorption verknüpften energetischen und mechanischen Verhältnisse (Rückstoß, Tatsache, daß die Emission von Photoelektronen ohne Wartezeit sofort beginnt). Dagegen sind die allgemeinen Interferenzerscheinungen sehr schwierig zu erklären. Man betrachte als einfachstes einen abgeänderten Versuch nach Fresnel (s. Abb. 15). Die Interferenzstreifen sind abwechselnd helle und dunkle, senkrecht auf der Zeichenebene stehende Schichten. In einer hellen Schicht hat man nach der klassischen Theorie inhomogene ebene Wellen, die längs der Schicht mit der Geschwindigkeit $c \cdot \cos\alpha$ fortschreiten. Die Deutung durch Quanten scheint schwierig. Entweder das Quantum muß, von einem der Spiegel kommend (z. B. A) erst in der Richtung AB fliegen, dann plötzlich umbiegen und mit verminderter Geschwindigkeit längs BC fliegen, oder es könnte auch, zwischen dunklen Räumen, die die Schicht BC begrenzen, hin und herreflektiert, im Zickzack längs BC wandern. Aber wie sollte man in beiden Fällen die Richtungsänderung der Bewegungsgröße erklären? Andererseits würde ein geradliniger Flug von A nach C eine Durchquerung der dunklen Interferenzschichten links von BC bedeuten, also eine Erleuchtung derselben.

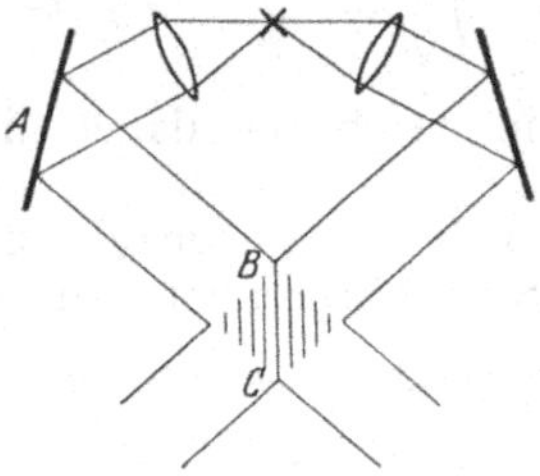

Abb. 15.

[1]) Für den Hinweis bin ich Herrn Dr. R. de L. Kronig zu Dank verpflichtet.

[2]) A. Einstein, Ann. d. Phys. Bd. 17, S. 132. 1905; Phys. ZS. Bd. 10, S. 185. 1909; Bd. 18, S. 121. 1917; J. Stark, ebenda Bd. 10, S. 579 u. 902. 1909; Bd. 11, S. 24. 1910.

Der einzige Weg, diese Schwierigkeit zu umgehen, scheint der von WENTZEL[1]) im Anschluß an Gedanken von SMEKAL[2]) und SCHOTTKY[3]) beschrittene zu sein, der drastisch folgendermaßen beschrieben werden kann: Wenn wir konstatieren wollen, daß an einer Stelle Energie strömt (ein Lichtstrahl vorhanden ist), müssen wir an diese Stelle Atome oder wenigstens ein Atom bringen, entweder um einen Teil des Lichts zu absorbieren (photographische Platte, Netzhaut des Auges, Thermoelement, Photozelle) oder abzulenken (Spiegel, Staub zur Erzeugung eines Tyndallkegels). Wenn wir sagen, die Bahn des Lichtstrahles sei ABC, so meinen wir damit, daß ein längs dieser Bahn bewegter Empfänger überall Licht anzeigt. Wir haben aber kein Mittel, zu beweisen daß durch B Licht strömt, wenn der Empfänger in C steht und in B kein (zerstreuendes oder absorbierendes) Atom sich befindet.

Es genügt daher, die Theorie so einzurichten, daß ein als Empfänger dienendes Atom immer dann und nur dann, wenn es nach der Wellentheorie in einer erleuchteten Stelle sitzt, Quanten zugeschickt bekommt. Dazu ist folgendes nötig:

Das emittierende Atom „weiß" in jedem Augenblick, wo sich alle Atome befinden, die als Empfänger in Betracht kommen. Es kennt ferner alle Wege, die von seinem Platze aus zu diesem Empfänger führen. Es „rechnet" die Helligkeit aus, die all diese möglichen Wege zusammengenommen am Ort des Empfängers auf Grund der Wellenoptik liefern würden. Dann schießt es seine Quanten „gezielt" auf die Empfangsatome los, und zwar in solcher Verteilung, daß dieselbe Helligkeit im Zeitmittel herauskommt wie es die Wellentheorie verlangt.

Wir müssen nun trachten, als Größen, die die Helligkeit bestimmen, solche zu wählen, die für das Quantum von Bedeutung sind. Wir beginnen mit Lichtwegen im Vakuum, $n = 1$. Klassisch wird das Verhalten eines Strahls durch seine Phase nach dem Durchlaufen eines bestimmten Weges geregelt, nämlich durch die Größe

$$\varphi = \int \frac{ds}{\lambda} \tag{106}$$

Quantentheoretisch gibt es keine „Wellenlänge". Das Quantum hat eine bestimmte Energie ε und den zugehörigen Impuls ε/c. Ferner müssen wir noch eine Richtung senkrecht zu seiner Bahn als „Polarisationsrichtung" auszeichnen. Die wichtigste Größe ist nach den allgemeinen Quantenregeln die „Quantenzahl"

$$\frac{1}{h}\int p\,dq. \tag{107}$$

Nun ist die Koordinate die Entfernung längs des Weges s, der Impuls ist $p = \varepsilon/c$. Folglich wird die Quantenzahl

$$\int \frac{\varepsilon}{hc}\cdot ds. \tag{107'}$$

Wir wollen nun eine Größe ν einführen, „Frequenz" nennen und so definieren: $\nu = \varepsilon/h$, ferner eine Größe „Wellenlänge"

$$\lambda = \frac{c}{\nu} = \frac{ch}{\varepsilon}. \tag{108}$$

Substituieren wir (108) in (107), so sehen wir: Wenn die Quantenzahl die Helligkeit genau so bestimmt wie die Phase in der klassischen Theorie, so erhält man die in (108) definierte Wellenlänge einer Lichtart genau so aus Interferenzmessungen wie in der klassischen Theorie.

---

[1]) G. WENTZEL, ZS. f. Phys. Bd. 22, S. 193. 1924.

[2]) A. SMEKAL, Wien. Anz. 1922, S. 79; Naturwissensch. Bd. 11, S. 411. 1923.

[3]) W. SCHOTTKY, Naturwissensch. Bd. 9, S. 492 u. 506. 1921; Bd. 10, S. 982. 1922

Die Definition (108) stimmt mit den Formeln überein, die das Experiment für das Verhältnis der aus Interferenzmessungen ermittelten „Wellenlänge“ und Energie und Impuls der Quanten geliefert hat.

Die Wahrscheinlichkeit dafür, daß ein Atom e einem andern Atom a ein Lichtquantum zusendet, ist dann gegeben durch

$$\frac{1}{\sum \mathfrak{E}_j^{0\,2}} \left(\sum \mathfrak{E}_j^0 \cdot e^{2\pi i \varphi_j}\right) \left(\sum_j \mathfrak{E}_j^0 e^{-2\pi i \varphi_j}\right). \tag{109}$$

Die Summen sind über alle möglichen Lichtwege zu erstrecken, die vom emittierenden zum absorbierenden Atom führen, die φ_j sind die Phasen (106), (107′) auf dem Weg j, die $\mathfrak{E}_j^0$ die zugehörigen vektoriell gerechneten klassischen Amplituden. Dieser Ausdruck ist so angesetzt, daß die klassisch berechneten Intensitäten herauskommen. Auf weitere Folgerungen WENTZELS bezüglich des Zusammenhanges mit dem Korrespondenzprinzip sei hier nicht eingegangen.

Die oben besprochenen Annahmen klingen etwas antropomorph. Sie scheinen aber die einzigen, die mit einer extremen Quantentheorie eine Erklärung der Interferenz liefern. Sie können durch folgende Überlegung WENTZELS mathematisch plausibel gemacht werden. Man fasse zwei Wege, die von e ausgehend in a endigen und durch Interferenz zusammenwirken, als eine geschlossene Bahn auf. Dann muß für maximale Helligkeit

$$\varphi_1 - \varphi_2 = \int p\,d q \tag{110}$$

ganzzahlig sein, erstreckt über die geschlossene Bahn e—Bahn 1 — a— Bahn 2 — e. Daß das Atom diese Bedingung kennt, ist im Prinzip nicht erstaunlicher als bei andern Quantenbahnlinien, nur ist diese Quantenbahn besonders groß. Gerade hiergegen wendet sich ein Einwand von LANDÉ[1]).

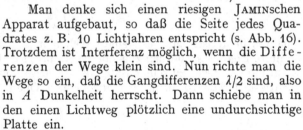

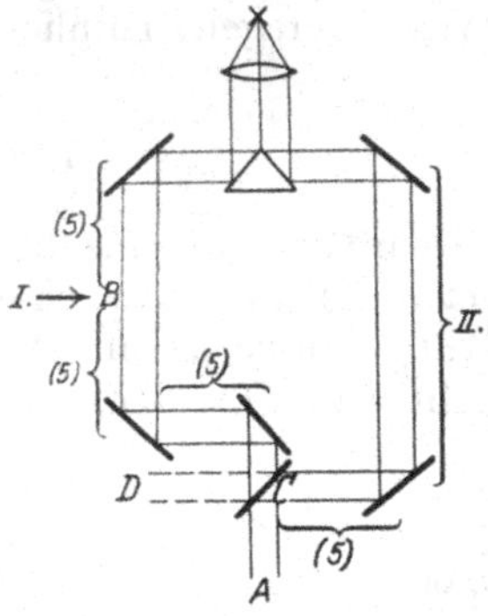

Abb. 16.

Man denke sich einen riesigen JAMINschen Apparat aufgebaut, so daß die Seite jedes Quadrates z. B. 10 Lichtjahren entspricht (s. Abb. 16). Trotzdem ist Interferenz möglich, wenn die Differenzen der Wege klein sind. Nun richte man die Wege so ein, daß die Gangdifferenzen $\lambda/2$ sind, also in A Dunkelheit herrscht. Dann schiebe man in den einen Lichtweg plötzlich eine undurchsichtige Platte ein.

Nach der klassischen Theorie wird in A zehn weitere Jahre Dunkelheit sein, bis die Wellen, die im Augenblick des Einschiebens der Platte in B waren, vorbeigestrichen sind; von da an wirkt nur das über den Weg II kommende Licht und gibt Helligkeit. Nach der hier entwickelten Theorie müßte die Lichtquelle aber zehn Jahre vor dem Einschieben der Platte beginnen, Lichtquanten nach A zu schicken, wenn dort die Beleuchtung zehn Jahre nach Einschieben der Platte beginnen soll.

Doch scheint dieses Argument nicht zwingend, da die vor Einschieben von B längs I und II strömende Energie auch nach der klassischen Theorie irgendwo hinströmen muß und tatsächlich durch D abströmt. Das Einschieben der Platte muß also nur nach zehn Jahren dem halbdurchlässigen Spiegel C „bekannt werden“, damit er den Quantenstrom so ablenkt, daß jetzt nur ein Teil nach D, ein anderer Teil nach A geht.

---

[1]) A. LANDÉ, ZS. f. Phys. Bd. 35, S. 317. 1926.

Wir wollen nun die Formel (107) in etwas anderer Weise betrachten, indem wir sie statt auf das Licht auf das absorbierende und emittierende Atom anwenden. Wir schreiben also jetzt

$$\varphi' = \frac{1}{h} \sum_{\iota} \int p_{\iota} dq_{\iota}, \tag{107''}$$

wobei die Summe über alle Koordinaten und kanonisch zugehörigen Impulse beider Atome zu erstrecken ist.

Man kann nun allgemein bei mechanischen Systemen die kanonischen Variabeln so wählen, daß als erstes Paar die Zeit t und die Gesamtenergie (beider Atome) E, als weitere Paare Größen β_2, $\alpha_2 \ldots \beta_s$, α_s dienen, die konstant sind, solange die Bewegung ohne Störung gemäß den mechanischen Bewegungsgleichungen erfolgt.

Hierbei kann man die β, α so wählen, daß die β die Bedeutung von Phasenkonstanten, die α die von Impulsen haben, wenn die Bewegung bedingt periodisch ist. (107'') wird dann:

$$\varphi' = \frac{1}{h} \int t\,dE + \frac{1}{h} \sum_{\iota=2}^{\iota=s} \int \beta_{\iota} d\alpha_{\iota}. \tag{111}$$

Betrachten wir das erste Integral, so ist dE gleich Null, solange die Energiezustände der Atome unverändert sind. Emittiert das Atom e zur Zeit t_e, so verschwindet die Energie ΔE aus dem System der beiden Atome, um zur Zeit t_a der Absorption wieder aufzutauchen.

Das Integral (111) wird daher

$$\varphi' = \frac{1}{h} \Delta E (t_a - t_e) + \frac{1}{h} \sum_{\iota} \int \beta_{\iota} d a_{\iota}. \tag{111'}$$

Der erste Teil stimmt mit dem Integral (107'), das für das Licht, statt für die Atome berechnet wird, überein. Die in (111') folgende Summe wäre 0, wenn alles entsprechend den mechanischen Bewegungsgleichungen vor sich geht. Bei Emissionen und Absorptionen ändern sich einzelne der α_{ι} des emittierenden und absorbierenden Atoms um Größen τh. Nun macht WENTZEL die Annahme, daß während eines Emissions- oder Absorptionsprozesses die zugehörige Bewegungsphase β ungeändert bleibt, so daß die Summe in (111') wird

$$\sum_{\iota} \tau_{\iota} (\beta_{\iota e} - \beta_{\iota \alpha}).$$

Setzt man in der Wahrscheinlichkeitsformel (109) die φ' statt der φ ein, so ist dann noch eine Mittelung über die β einzuführen, so daß die Endformel wieder gleich (109) wird. Dabei kann bewiesen werden, daß $\Delta \alpha = \tau h$, τ ganzzahlig, ist.

Hat man auf der Lichtbahn außer dem emittierenden und absorbierenden Atom noch andere (streuende oder dispergierende) Atome, so tragen auch diese eine Summe

$$\sum \int \beta\, d\alpha$$

bei. Setzt man auch jetzt die optische Phase gleich (111), so wird

$$n = \frac{c}{\Delta E} \frac{d}{ds} \sum_{\iota=1} \int \beta_{\iota} d\alpha_{\iota}.$$

Auch für die Endlichkeit der „Kohärenzlänge" läßt sich ein Grund angeben. Unabhängig von WENTZEL hat auch G. N. LEWIS[1]) eine ähnliche Theorie entwickelt.

[1]) G. N. LEWIS, Proc. Nat. Acad. Amer. Bd. 12, S. 22 und 439. 1926; s. auch R. C. TOLMAN u. S. SMITH, ebenda Bd. 12, S. 343 und 508. 1926.

53. Dispersionstheorie. HERZFELD[1]) hat versucht, unter den WENTZELschen Annahmen Genaueres über den Mechanismus zu erfahren, der die Erscheinungen der Dispersion bewirkt. Man muß über die Erscheinungen Rechenschaft geben:

Veränderung der Phase; auf der Strecke dz ändert sie sich um $\frac{\nu n}{c}\,dz$ statt um $\frac{\nu}{c}\cdot dz$.

Fortpflanzungsgeschwindigkeit der Energie: Die Energie braucht für die Strecke dz die Zeit

$$\frac{dz}{c}\,\frac{d\nu}{d\left(\frac{\nu}{n}\right)} = \frac{dz}{c}\,\frac{n}{1-\frac{\nu}{n}\frac{dn}{d\nu}} \sim \frac{dz}{c}\left(n+\nu\frac{dn}{d\nu}\right)$$

$\left[\text{wenn } \frac{d\ln n}{d\ln\nu} \text{ klein ist}\right]$ statt $\frac{dz}{c}$.

Es wird in dz Licht gestreut bzw. absorbiert.

Um nun irgendeine Einwirkung beliebiger Quanten $h\nu$ auf Atome zu erklären, wird angenommen, daß auch solche, deren Frequenz nicht paßt, d. h. für die $h\nu \neq E_\iota - E_\varkappa$ ist, für kurze Zeit von einem Atom aufgenommen werden können (s. auch Ziff. 44). Nach einiger Zeit werden sie dann wieder abgegeben. Die BOHRschen erlaubten Bahnen zeichnen sich vor „unerlaubten" nur dadurch aus, daß sie ihr Quantum viel länger behalten, im optischen etwa 10^{-8} sec, während die Zwischenbahnen nur eine Lebensdauer $\sim 10^{-15}$ sec haben. Die in ihnen aufgespeicherte Energie ist daher vernachlässigbar klein.

Während der Zeit seines Aufenthalts im Atom kann das Quantum durch einen Stoß in andere Energie verwandelt werden (wahre Absorption). Wenn das nicht passiert, fliegt es am Ende seines Aufenthalts weiter. Fliegt es in der ursprünglichen Richtung weiter, so bildet es einen Teil des regulären Lichtstrahls, in dem aber die Energiefortpflanzung infolge des Aufenthalts verzögert ist. Zugleich ist infolge der unmechanischen Veränderungen im Atom auch die Phase verändert. Fliegt es nicht in der ursprünglichen Richtung, so bildet es Streustrahlung.

Es wird angenommen, daß die Wahrscheinlichkeit des Quantums, in der ursprünglichen Richtung zu fliegen, sein „Gedächtnis" für die ursprüngliche Richtung, mit steigender Aufenthaltsdauer abnimmt.

Wenn daher die Quantenfrequenz mit der Mitte einer Absorptionslinie übereinstimmt, das Quantum sich also sehr lange im Atom aufhält, werden praktisch alle Quanten gestreut, die Streustrahlung (Resonanzstrahlung) ist stark, die Fortpflanzungsgeschwindigkeit c, da praktisch keine Quanten, die überhaupt festgehalten worden sind, in die ursprüngliche Richtung fliegen.

Für die Streuung und den Brechungsindex werden die klassischen Formeln Ziff. 33 für ein verdünntes Gas benutzt (mit ν' unabhängig von ν), für die Energiefortpflanzungsgeschwindigkeit die annähernd richtige[2])

$$\frac{c}{1+\frac{e^2N}{2\pi m}\,\frac{(\nu_0^2+\nu^2)\,(\nu_0^2-\nu^2)^2}{[(\nu_0^2-\nu^2)^2+\nu'^2\nu^2]^2}} = \frac{c}{n'}. \tag{112}$$

Bezeichnet man dann die Zahl der Quanten, die von N Atomen in 1 cm³ pro Sekunde absorbiert werden, wenn die Intensität der Strahlung $h\nu$ ist, d. h. wenn 1 Quantum in 1 sec durch 1 cm² geht, mit Nq, so kann man q als eine

[1]) K. F. HERZFELD, ZS. f. Phys. Bd. 23, S. 341. 1924.

[2]) Siehe A. SOMMERFELD, Ann. d. Phys. Bd. 44, S. 177. 1914; L. BRILLOUIN, ebenda S. 203.

Art „absorbierenden Querschnitt" des Atoms (oder des Quantums) auffassen. Der Zusammenhang mit der Größe $\bar{b}$ von Ziff. 39 ist

$$\int \frac{q}{h\nu} \cdot d\nu = \bar{b}.$$

Es sei ferner die mittlere Aufenthaltszeit eines Quantums, das von einem Molekül aufgenommen worden ist, τ, die zugehörige Phasenverschiebung $\Delta\varphi$. Von den aufgenommenen Quanten gehe der Bruchteil w_e in der ursprünglichen Richtung weiter, der Teil $1 - w_e$ werde seitlich gestreut oder absorbiert. Die mittlere Aufenthaltszeit für die Quanten, die in die ursprüngliche Richtung emittiert werden, sei τ_e, die für absorbierte oder gestreute τ_s.

Dann berechnen sich diese Größen aus experimentellen Größen folgendermaßen:

$$\frac{\nu}{c}(n-1) = qNw_e\Delta\varphi, \tag{113}$$

$$\frac{n'-1}{c} = qNw_e\tau_e. \tag{114}$$

S = Bruchteil der gestreuten und absorbierten Energie $= qN(1 - w_e)$.

Man hat also drei Gleichungen mit vier Unbekannten und kann eine Größe wählen. Wir[1]) wählen $\Delta\varphi$ als irgendeine Größe zwischen -1 und $+1$. Hierbei muß $\Delta\varphi$ für $\nu < \nu_0$ positiv, für $\nu > \nu_0$ negativ sein.

Ferner erhält man

$$\tau_e = \Delta\varphi \frac{n'-1}{n-1} \frac{1}{\nu}, \tag{115}$$

$$\frac{w_e}{1-w_e} = \frac{n-1}{cS\Delta\varphi}\nu, \tag{116}$$

$$q = \frac{\nu}{c}\frac{n-1}{N\Delta\varphi} + \frac{S}{N}. \tag{117}$$

Die letzte Gleichung sagt einfach aus, daß alle aufgenommenen Quanten entweder zur Dispersion beitragen oder zu S.

Durch Einsetzen der Werte für $S, \ldots$ erhält man

$$\tau_e = \frac{|\Delta\varphi|}{\nu} \frac{(\nu_0^2+\nu^2)\,|\nu_0^2-\nu^2|}{(\nu_0^2-\nu^2)^2+\nu^2\nu'^2}, \tag{115'}$$

$$q = \frac{e^2}{2\pi mc} p \frac{\nu}{|\Delta\varphi|} \frac{|\nu_0^2-\nu^2| + 4\pi\nu\nu'|\Delta\varphi|}{(\nu_0^2-\nu^2)^2+\nu^2\nu'^2} \tag{117'}$$

Für $\nu = \nu_0$ wird das $\frac{e^2}{mc} p \frac{2}{\nu'}$. Setzt man für ν' den Wert der klassischen Strahlungsdämpfung ein, so wird dies $3/2\pi \cdot p\lambda^2$, also wesentlich größer als der Atomquerschnitt (s. Ziff. 54). Für $\nu \neq \nu_0$ findet man

$$q = \frac{e^2}{2\pi mc} p \frac{\nu}{|\nu_0^2-\nu^2|\,|\Delta\varphi|} \sim 2{,}814 \cdot 10^{-13}\, p \frac{c}{\nu|\Delta\varphi|} \frac{\nu^2}{|\nu_0^2-\nu^2|},$$

ein Ausdruck, der kleiner ist als der Atomquerschnitt.

Um die übrigen auftretenden Größen zu berechnen, wird angesetzt:

Von einer Gruppe gleichzeitig erregter Atome ist zur Zeit t noch der Bruchteil $e^{-\frac{t}{\tau}}$ erregt. Von den zur Zeit t emittierenden Atomen dieser Gruppe emittiert der Bruchteil $e^{-\gamma t}$ nach vorn, so daß $1/\gamma$ das „Gedächtnis" mißt.

---

[1]) L. c. S. 353 ist irrtümlich gesagt 0 und 2π.

Man findet leicht

$$\tau_e = \frac{\tau}{1 + \gamma\tau}, \tag{115''}$$

$$1 - w_e = \frac{\gamma\tau}{1 + \gamma\tau}, \tag{116'}$$

$$\tau_s = \tau\left(1 + \frac{1}{1 + \gamma\tau}\right). \tag{118}$$

Das ergibt

$$\tau = \frac{|\nu_0^2 - \nu^2| + 4\pi\nu\nu'\,|\Delta\varphi|}{(\nu_0^2 - \nu^2)^2 + \nu^2\nu'^2}\,\frac{\nu_0^2 + \nu^2}{\nu}\,\Delta\varphi. \tag{118'}$$

Also weit weg von der Spektrallinie $\frac{\Delta\varphi}{\nu} \sim 10^{-15}$, innerhalb $\frac{8\pi|\Delta\varphi|^2}{\nu'}$; da dies von der Größenordnung $1/\nu'$ sein muß, kann $|\Delta\varphi|$ nicht sehr klein sein. Die Aufenthaltsdauer der gestreuten und absorbierten Quanten

$$\tau_S = 2\,\frac{\nu_0^2 + \nu^2}{\nu}\,|\Delta\varphi|\,\frac{|\nu_0^2 - \nu^2| + 2\pi\nu\nu'\,|\Delta\varphi|}{(\nu_0^2 - \nu^2)^2 + \nu^2\nu'^2}, \tag{118''}$$

d. h. innerhalb der Spektrallinie $\sim\tau$ (da hier alle Quanten gestreut oder absorbiert werden), außerhalb $\sim 2\tau$.

Es läßt sich für das thermische Gleichgewicht für $\Delta\varphi$, $\frac{\nu'}{\nu'_{\text{klass}}}$ und die Gewichte eine ähnliche Beziehung ausarbeiten wie bei BECKER

$$g_\iota\, 24 \cdot p_{\iota\varkappa}\,|\Delta\varphi_{\iota\varkappa}|\,\frac{\nu'_{\text{klass}}}{\nu'_{\iota\varkappa}}\left[1 + |\Delta\varphi_{\iota\varkappa}| \cdot \pi^2\right] = g_\varkappa. \tag{119}$$

Eine gewisse Schwierigkeit tritt auf, wenn die Strahlungsintensität so hoch ist, daß das PLANCKsche statt des WIENschen Gesetzes gilt. Dann muß man nämlich in Analogie zu EINSTEINS Überlegung Ziff. 40 durch die Strahlung erzwungene Übergänge annehmen und hat noch etwas die Wahl, welche Größe man beeinflussen läßt. Je nachdem wird die Streuung außerhalb der Linie, ν' oder der Brechungsindex geändert. Die Veränderung von ν' findet sich auch in SLATERS Theorie (Ziff. 49).

54. Die Überlegungen von ORNSTEIN und BURGER. ORNSTEIN und BURGER[1]) haben eine skizzenhafte Ableitung einer Dispersionsformel, oder genauer gesagt, einer Formel für die Größe n' (112) Ziff. 53, die die Energiefortpflanzungsgeschwindigkeit mißt, gegeben.

Sie betrachten ein Quantum als ein Gebilde, in welchem elektrische Felder herrschen und dessen Querschnitt [2]) von der Größenordnung λ^2 ist. Diese letztere Tatsache erhalten sie durch prinzipiell ähnliche Betrachtungen, wie sie zu 114 Ziff. 53 geführt haben. Im Grunde beruhen diese auf einem sehr allgemeinen Lehrsatz der Wellentheorie[3]) („Tiefempfang").

Als Länge des Quants wird ebenfalls etwa $\sim\lambda$ angenommen.

Es wird nun angenommen, daß das Quantum beim Überstreichen eines Atoms eine Kraft $\mathfrak{K}$ erfährt, die seine Geschwindigkeit $\mathfrak{v}$ verändert nach der Gleichung

$$\dot{\mathfrak{G}} = \mathfrak{K}, \tag{120}$$

wo $\mathfrak{G}$ der Impuls ist. Für $\mathfrak{G}$ wird angesetzt $\mathfrak{G} = \frac{h\nu}{\mathfrak{v}}$ und ν als unverändert betrachtet. Also ist

$$-\frac{h\nu}{\mathfrak{v}^2}\,\dot{\mathfrak{v}} = \mathfrak{K}. \tag{120'}$$

---

[1]) L. S. ORNSTEIN u. H. C. BURGER, ZS. f. Phys. Bd. 30, S. 253. 1924; Bd. 32, S. 678. 1925.

[2]) L. S. ORNSTEIN u. H. C. BURGER, ZS. f. Phys. Bd. 20, S. 345. 1923.

[3]) W. SCHOTTKY, ZS. f. Phys. Bd. 36, S. 689. 1926; Ann. d. Phys. Bd. 79, S. 557. 1926.

$\mathfrak{v}$ ist vor dem Stoß c, wird dann (etwas) kleiner und ist nach dem Stoß wieder c. Also ist die Zeitdifferenz, die durch das Überstreichen eines Atoms hervorgerufen wird,

$$\Delta t = \int\left(\frac{1}{\mathfrak{v}} - \frac{1}{c}\right) ds = \int \frac{c-\mathfrak{v}}{c}\, dt \sim -\frac{1}{c}\int dt \int \dot{\mathfrak{v}}\, dt \sim \frac{c}{h\nu}\int dt \int \mathfrak{K}\, dt.$$

Nun ist die Dauer des Stoßes etwa λ/c und daher, wenn $|\overline{\mathfrak{K}}|$ ein geeigneter Mittelwert über den Betrag von $\mathfrak{K}$ ist,

$$\Delta t = \frac{\lambda^3}{c^2 h}|\overline{\mathfrak{K}}|.$$

Die Zahl der auf 1 cm angetroffenen Atome ist $N\lambda^2$ (N Atomzahl in 1 cm³) und daher

$$n' - 1 = N\lambda^2 \Delta t = N\frac{1}{c^2 h}\lambda^5 |\overline{\mathfrak{K}}|. \tag{121}$$

Die Kraft $|\overline{\mathfrak{K}}|$ ergibt sich als Produkt von $\nabla\mathfrak{E}$ innerhalb des Quantums multipliziert mit dem durch $\mathfrak{E}$ im Atom induzierten Moment.

Das letztere wird so berechnet: Es gilt für das Moment des Atoms

$$m\ddot{\mathfrak{p}} + m\,4\pi^2\nu_0^2\,\mathfrak{p} = e^2\mathfrak{E},$$

wo ν_0^2 eine Konstante ist, die hier nicht als Schwingungszahl gedeutet werden muß.

$$\mathfrak{p} = \frac{e^2\mathfrak{E}}{m\,4\pi^2\nu_0^2}\left(1 - \frac{m\ddot{\mathfrak{p}}}{e^2\mathfrak{E}}\right).$$

Das zweite Klammerglied wird als Korrektur betrachtet und in ihm $\frac{|\ddot{\mathfrak{p}}|}{|\mathfrak{p}|}$ $\sim$ umgekehrt proportional dem Quadrat der Zeit gesetzt, die das Quantum zum Überstreichen des Atoms braucht, d. h. $\sim\beta\frac{c^2}{\lambda^2}$ mit β von der Größenordnung 1. Für $\mathfrak{p}$ wird hier die erste Näherung gesetzt,

$$\mathfrak{p} = \frac{e^2\mathfrak{E}}{m\,4\pi^2\nu_0^2}.$$

Ferner wird

$$\nabla\mathfrak{E} \sim \frac{\mathfrak{E}}{\lambda}$$

gesetzt, also

$$|\overline{\mathfrak{K}}| \sim \frac{\mathfrak{E}}{\lambda}\,\frac{e^2\mathfrak{E}}{m\,4\pi^2\nu_0^2}\left(1 - \beta\frac{c^2}{\lambda^2\,4\pi^2\nu_0^2}\right) \sim \frac{1}{\lambda}\,\frac{e^2\mathfrak{E}^2}{m\beta\left(\frac{4\pi^2\nu_0^2}{\beta} + \frac{c^2}{\lambda^2}\right)}.$$

Bedenkt man noch, daß im Quantum

$$\mathfrak{E}^2 \sim \alpha\frac{h\nu}{\lambda^3} \sim \frac{\alpha c h}{\lambda^4}$$

ist (α eine numerische Konstante), so erhält man zum Schluß

$$n' - 1 = \frac{N}{c^2 h}\lambda^5\,\frac{\alpha c h}{\lambda^5}\,\frac{e^2}{m}\,\frac{1}{\beta}\,\frac{1}{\left(\frac{4\pi^2\nu_0^2}{\beta} + \frac{c^2}{\lambda^2}\right)},$$

bei der Wahl $\beta = -4\pi^2$ und geeigneter Wahl von α wird daraus die klassische Form weit weg von Absorption.

c) Die neue Quantenmechanik.

55. Allgemeine Übersicht. In neuester Zeit sind zwei Theorien entwickelt worden, die in ihren mathematischen Resultaten übereinstimmen und die Lösung der Schwierigkeiten erwarten lassen. Sie werden als Wellenmechanik, neue Quantentheorie oder einfach als Quantenmechanik bezeichnet. Da Bd. XXIII vor ihrer Ausarbeitung erschienen ist, mag es zweckmäßig sein, hier eine Übersicht zu geben, bevor wir zur speziellen Anwendung auf die Dispersion übergehen

Die wesentlichen Unterschiede gegen die „alte Quantentheorie" sind: a) Es werden nicht erst „klassische" Bewegungsgleichungen aufgestellt und integriert und dann durch einen davon vollständig verschiedenen Prozeß bestimmte Lösungen als durch die Qantenbedingungen allein erlaubt herausgesucht, sondern Bewegungsgleichungen und Quantenbedingungen bilden ein einheitliches Ganzes, das nebenbei in vielen Einzelproblemen richtigere Resultate liefert als die alte Theorie (halbzahlige Quanten beim Wasserstoffatom und vielen Bandenspektren, Mehrelektronensysteme).

b) Es ist kein eigenes Korrespondenzprinzip nötig, die Lösung liefert gleichzeitig die Intensitäten, Polarisationen u. dgl.

Soweit es sich im besonderen um das Dispersionsproblem handelt, führen die neuen Theorien zur KRAMERSschen Dispersionsformel (75) und zur KRAMERS-HEISENBERGschen Formel für die Streustrahlung, aber sie führen dazu in ähnlicher Weise wie die klassische Behandlung auf direktem Wege, ohne erst, wie bei HEISENBERG-KRAMERS, eine Korrespondenzbetrachtung für den Übergang von 78 zu 78' zu benötigen. Zugleich erlauben sie (wenigstens prinzipiell) auch die Bestimmung der Stärken f

Dagegen muß betont werden, daß die neue Quantenmechanik die Hauptschwierigkeit der alten noch nicht gelöst hat, nämlich das Problem der Strahlung, die Frage, was Energiefortpflanzung im Raum bedeutet und wie die Interferenzerscheinungen mit der scheinbaren Energiekonzentration in Punkten zu vereinbaren sind (siehe jedoch Ziff. 63).

56. Die SCHRÖDINGERsche Wellenmechanik. Physikalische Grundüberlegungen. SCHRÖDINGERS Überlegungen[1]) sind angeregt durch eine Arbeit DE BROGLIES[2]), der zeigt, daß man sich mit einem Elektron „Phasenwellen" ständig verknüpft denken kann, sowie durch Bemerkungen EINSTEINS[3]) zur neuen Statistik BOSES[4]), in welchen EINSTEIN Elektronen so behandelt wie BOSE Hohlraumeigenschwingungen.

DE BROGLIE hat zuerst zur Erklärung der früher erwähnten Dualität angenommen, daß die Materie, insbesondere die Elektronen, mit „Phasenwellen" verknüpft sind. Mit großer Kühnheit hat er für diese, auf die Deutung als elektromagnetische Erscheinung verzichtend, nicht die Lichtgeschwindigkeit, sondern eine wesentlich höhere (123) als Phasengeschwindigkeit angenommen. Mit Hilfe der relativistischen Mechanik der Teilchen und des Ansatzes $E = h\nu$

---

[1]) E. SCHRÖDINGER, Ann. d. Phys. Bd. 79, S. 361, 489 u. 734. 1926; Bd. 80, S. 437. 1926; Bd. 81, S. 109. 1927; Naturwissensch. Bd. 14, S. 664. 1926. Diese Abhandlungen sind auch separat erschienen als „Abhandlungen zur Wellenmechanik". Leipzig 1927, 2. Aufl. 1928. Ferner Ann. d. Phys. Bd. 82, S. 257 u. 265. 1927. Zusammenfassend L. FLAMM, Naturwissensch. Bd. 15, S. 569. 1927; Phys. ZS. Bd 27, S. 600. 1926; C. G. DARWIN, Nature Bd. 119, S. 282. 1927. A. E. HAAS, Materiewellen und Quantenmechanik, Leipzig, 1928; G. BIRTWISTLE, The new Quantum Mechanics, Cambridge 1928; A. SOMMERFELD, Atombau und Spektrallinien. Wellenmechanischer Ergänzungsband, Braunschweig 1928.

[2]) L. DE BROGLIE, Thèses. Paris 1924; Ann. de phys. (10) Bd. 3, S. 22. 1925; Deutsch: Untersuchungen zur Quantentheorie. Leipzig 1928.

[3]) A. EINSTEIN, Berl. Ber. 1925, S. 18.

[4]) S. N. BOSE, ZS. f. Phys. Bd. 26, S. 178. 1924.

hat er dann die Gruppengeschwindigkeit nach (124) als gleich der Teilchengeschwindigkeit erkannt. Der (von den späteren Theorien wieder aufgegebene) Zusammenhang mit den Quantenbedingungen besteht darin, daß die Länge einer erlaubten Quantenbahn gleich einer ganzen Anzahl Wellenlängen der zugehörigen Phasenwellen ist.

Die allgemeinen Betrachtungen, die SCHRÖDINGER zu seinen Gleichungen führten, sind folgende: Nach HAMILTON besteht eine sehr enge Verknüpfung zwischen geometrischer Optik und Mechanik (s. Bd. III), insofern man zu jeder gegebenen Bahn eines Teilchens in einem mechanischen Problem einen entsprechend laufenden Lichtstrahl finden kann, wenn man nur den Brechungsindex des Mediums geeignet mit dem Ort variieren läßt. Die Bahn des Teilchens sowohl als die Bahn des Lichtstrahls werden (außer mit der Natur des Problems, dem Anfangspunkt usw.) noch mit der Anfangsrichtung variieren. Nimmt man bei gegebener Energie und gegebenem Anfangspunkt alle möglichen Anfangsrichtungen in Betracht, so erhält man ein Bündel von Bahnen. Diesem entspricht ein Bündel von Lichtstrahlen in einem Medium, dessen „Brechungsindex" durch

$$\frac{\sqrt{2(E-V)m}}{cE} \tag{122}$$

gegeben ist, wo E die Energie des entsprechenden mechanischen Teilchens, V seine potentielle Energie für diejenigen Koordinatenwerte des mechanischen Problems ist, welche an der Stelle herrschen, wo man den „Brechungsindex" bestimmen will.

An Stelle des Bündels von Strahlen kann man nun die zugehörigen Wellenflächen betrachten, die in geometrischer Beziehung daher vollkommen die mechanische Bewegung zu beschreiben gestatten.

SCHRÖDINGER macht nun mit dieser Beschreibung ernst, indem er die Wellen als das Reale ansieht und so, wie er sagt, den Übergang von der „geometrischen Optik" zur „Wellenoptik" vollzieht. Das hat z. B. zur Folge, daß ein Schirm, der eingeführt wird, nicht nur, wie es der geometrischen Optik entspricht, einen scharfen Schatten wirft, d. h. die Lichtstrahlen abschneidet, die auf ihn fallen, d. h. die mechanischen Bahnen beeinflußt, die auf ihn stoßen, sondern zugleich (durch Beugung) auch diejenigen etwas verändert, die nahe an ihm vorbeigehen.

Das Elektron wird dann z. B. nach SCHRÖDINGER, solange es angenähert frei ist (d. h. nicht zu starken Beschleunigungen oder Bahnkrümmungen unterworfen), aus ebenen Wellen aufgebaut, deren Richtungen und Phasen so abgestimmt sind, daß sie sich praktisch überall vernichten mit Ausnahme eines kleinen Raumes (Wellenpaket), wo sie sich verstärken und eben das Elektron darstellen. Dieses Wellenpaket bewegt sich nicht mit der „Phasengeschwindigkeit"

$$U = \frac{E}{\sqrt{2m(E-V)}}, \tag{123}$$

sondern mit der „Gruppengeschwindigkeit"; setzt[1]) man die Frequenz der Wellen proportional E, so wird diese

$$u' = \sqrt{2\frac{E-V}{m}}. \tag{124}$$

Diese ist also gleich der Geschwindigkeit v des Elektrons. Es möge betont werden, daß E nichts mit der Energie der Wellen zu tun hat, sondern definiert ist als

$$E = \tfrac{1}{2} m v^2 + V = \tfrac{1}{2} m u'^2 + V.$$

[1]) Siehe DE BROGLIE, l. c.; F. D. MURNAGHAN u. K. F. HERZFELD, Proc. Nat. Acad. Amer. Bd. 13, S. 330. 1927; A. HAAS, Phys. ZS. Bd. 28, S. 632 u. 707. 1927.

Kommt das Elektron dagegen unter den Einfluß von Kräften, die zu sehr großen Krümmungen Anlaß geben, so bleibt das Wellenpaket nicht beisammen (s. jedoch Ziff. 63), so wie bei Beugung die Form der Wellen nahe am Schirm geändert wird.

Wird z. B. das Elektron von einem Kern „eingefangen" — ein Prozeß, von dessen Verlauf die Theorie noch keine genauere Rechenschaft gibt —, so verfließt und verschmiert sich das Elektron in der Umgebung des Kerns. Die Schwingung umgibt dann den Kern, kann aber noch (je nach den „Quantenzahlen") verschiedene Formen annehmen. Wir wollen die Größe, die (als Funktion von Ort und Zeit) den Schwingungszustand beschreibt, ψ nennen. Nach SCHRÖDINGER ist ψ nicht beobachtbar, die ψ-Schwingung ist also nicht etwa eine elektromagnetische Schwingung. Dagegen hat $\psi\overline{\psi}$ ($\overline{\psi}$ ist die zu ψ konjugiert komplexe Größe) die Bedeutung der elektrischen Ladungsdichte. Für diesen Ausdruck gilt eine Kontinuitätsgleichung (er ändert sich nur durch „Konvektion"). Demnach ist die Ladung eines Elektrons (mit sehr rasch für große Entfernungen abnehmender Dichte) kontinuierlich im ganzen Raum verteilt.

57. SCHRÖDINGERsche Wellenmechanik. Mathematische Darstellung. Ganz unabhängig von dieser Deutung seiner Gleichungen ist nun aber die SCHRÖDINGERsche Rechenvorschrift, die man axiomatisch etwa folgendermaßen beschreiben kann.

Wir beschränken uns zuerst auf ein einziges Elektron. Dasselbe habe in einem beliebigen Koordinatensystem an der Stelle q_1, q_2, q_3 nach der klassischen Theorie eine potentielle Energie $V(q_1, q_2, q_3)$. Diese wäre z. B. im Wasserstoffatom mit Starkeffekt

$$V_0 - \frac{e^2}{r} + e\mathfrak{E}_z r\cos\vartheta .$$

Die kinetische Energie habe die Form

$$\frac{m}{2}(\dot{x}^2 + \dot{y}^2 + \dot{z}^2). \tag{125}$$

Dann schreibt man folgende Differentialgleichung für ψ hin:

$$\Delta\psi - \frac{8\pi^2 m}{h^2} V\psi - \frac{4\pi\iota m}{h}\frac{\partial\psi}{\partial t} = 0. \tag{126}$$

Die konjugiert komplexe Größe $\overline{\psi}$ genügt dann der entsprechenden Gleichung mit $-\iota$.

Die Randbedingung lautet: ψ und $\overline{\psi}$ überall endlich, was bei den durchgerechneten Beispielen Verschwinden im Unendlichen bedeutet. Macht man den Ansatz

$$\psi = \Psi e^{2\pi\iota\nu_\psi t}, \tag{126'}$$

so wird (126)

$$\Delta\Psi + \frac{8\pi^2 m}{h^2}(\nu_\psi h - V)\Psi = 0. \tag{127}$$

Diese Gleichung ist von dem Charakter einer Schwingungsgleichung, z. B. in der Hydrodynamik[1]) mit vom Ort und der Frequenz abhängiger „Phasengeschwindigkeit" U

$$U^2 = \frac{8\pi^2 m}{h^2}(\nu_\psi h - V).$$

---

[1]) Siehe für eine hydrodynamische Deutung E. MADELUNG, ZS. f. Phys. Bd. 40, S. 322. 1927.

In einem hydrodynamischen Problem, bei welchem die Begrenzung z. B. eine Kugel ist, sind dann nur abzählbar (nicht kontinuierlich) viele Schwingungen möglich. Jede Schwingung ist durch drei ganze Zahlen zu charakterisieren, welche z. B. angeben, wieviel Knotenflächen bei dem speziellen Schwingungszustand in jeder der drei Gruppen von Knotenflächen auftreten. Bei Problemen auf der Kugel sind z. B. die Knotenflächen: n_3 Meridianebenen im Abstand $2\pi/n_3$ entsprechend den Faktoren $\sin n_3 \chi$, n_2 Ebenen durch die Breitenkreise entsprechend den Faktoren $P^{n_3}_{n_2+n_3}(\cos\vartheta)$ und n_1 konzentrische Kugelflächen.

Für jedes Zahlentripel n_1, n_2, n_3 ist dann durch die Grenzbedingung die Frequenz (Eigenschwingungszahl, Eigenwert der Differentialgleichung) und die Schwingungsform [d. h. $\psi(x, y, z)$, die Eigenfunktion] eindeutig bestimmt.

Ganz ähnlich liegen die Verhältnisse hier. Wir können eine Eigenfunktion (Schwingungsform) durch drei ganze Zahlen charakterisieren, die die drei Arten der Knotenflächen zählen und die Rolle der Quantenzahlen spielen.

Um die Übereinstimmung klar zu machen, mögen zuerst die üblichen Bezeichnungen der Quantenzahlen besprochen werden. In der ursprünglichen SOMMERFELDschen Theorie konnte das Wasserstoffatom durch eine radiale Quantenzahl n'_r beschrieben werden, die den Bereich $0, 1 \ldots \infty$ durchlief, und eine azimutale n_φ, die die Werte $1, 2 \ldots \infty$ annahm. Die Summe, die Hauptquantenzahl $n = n'_r + n_\varphi$, geht daher von $1 \ldots \infty$. n_φ konnte wieder in zwei Größen aufgespalten werden, $n_\varphi = n'_\chi + n'_\vartheta$, wo n'_χ, die äquatoriale oder magnetische Quantenzahl, die Werte $1 \ldots n_\varphi$, n_ϑ, die polare, die Werte $n_\varphi - n'$, von 0 anfangend, annahm. Die neue Entwicklung der Seriensystematik hat nun den Bereich der Hauptquantenzahl n unverändert zu $1 \ldots \infty$ gelassen, dagegen an Stelle der azimutalen Quantenzahl n_φ eine Größe k gesetzt, die von 0 bis ∞ (bzw. bis $n - 1$) geht. Dementsprechend geht jetzt die radiale Quantenzahl $n_r = n - k$ von 1 an. k kann wie früher in eine äquatoriale oder magnetische Quantenzahl n_χ aufgeteilt werden mit einem Bereich von 0 bis k und in eine polare $n_\vartheta = k - n_\chi$ von 0 anfangend.

Ganz genau entsprechend sind beim SCHRÖDINGERschen Modell des Wasserstoffatoms ohne äußeres Feld, in welchem die potentielle Energie V Kugelsymmetrie hat, die geeigneten Zahlen zur Charakterisierung des Schwingungszustandes durch Knotenflächen die folgenden:

Eine Zahl n_1, die der Zahl der Knotenflächen entspricht, die als Kugelschalen auftreten (einschließlich des Mittelpunkts) und die genau gleich der „radialen Quantenzahl" n_r der SOMMERFELDschen Theorie in neuer Zählung ist.

Eine Quantenzahl n_2, die den Meridianebenen zukommt und der SOMMERFELDschen polaren Quantenzahl n_ϑ in neuer Zählung analog ist.

Eine Quantenzahl n_3, die die Zahl der als Knotenflächen auftretenden Parallelkreise angibt und die Rolle der äquatorialen oder magnetischen Quantenzahl n_χ spielt.

Demnach ist die Gesamtzahl der auf einer Kugelfläche liegenden Knotenlinien $n_2 + n_3$ gleich der azimutalen Quantenzahl k (bei SCHRÖDINGER n geschrieben), die Gesamtzahl der Knotenflächen $n_1 + n_2 + n_3$ gleich der Hauptquantenzahl n (bei SCHRÖDINGER l genannt).

Die Entartung äußert sich darin, daß weder die Achse der Kugelfunktionen noch die Ebene, von der aus die Meridianebenen m bestimmt sind, festgelegt ist.

Wie im hydrodynamischen Problem ist dann auch hier durch die Schwingungsgleichung und Randbedingung für ein bestimmtes Zahlentripel n_1 n_2, n_3 der Werte von ν_ψ oder genauer gesagt von $\nu_\psi - \frac{1}{h} V(\infty)$ festgelegt.

Die spezielle Lösung, die man so erhält, sei als die Eigenfunktion u_j bezeichnet, wo j für die (drei) Quantenzahlen steht. Die u haben allgemein[1]) die Eigenschaft, orthogonal zu sein.

Es ergibt sich, daß $h\nu_\psi - V_\infty$ genau [bis auf eine, dem magnetischen Elektron nach GOUDSMIT-UHLENBECK entsprechende Korrektur[2]) [3])] mit den BOHRschen Wasserstofftermwerten übereinstimmt. Die allgemeine Lösung lautet dann

$$\psi = \sum_j A_j e^{2\pi i \nu_{\psi j} t} u_j , \tag{128}$$

wo die j, wie erwähnt, eigentlich Zahlentripel sind und die A_j angeben, wie stark jede einzelne Eigenfunktion angeregt ist. Die A_j sind nicht ganz unabhängig; wir wollen es nämlich so einrichten, daß die Gesamtladung e ist. Daraus folgt nach (130)

$$\int\limits_\infty \psi\overline{\psi}\, dx\, dy\, dz = \sum A_j^2 = 1 . \tag{129}$$

Als Ladungsdichte wird dann angesetzt

$$\varrho = e\psi\overline{\psi} = e\sum_j\sum_{j'} A_j A_{j'} u_j u_{j'} \cos 2\pi (\nu_{\psi j} - \nu_{\psi j'})\, t . \tag{130}$$

Das elektrische Moment, das für die Strahlung verantwortlich ist, hat z. B. in der x-Achse die Komponente

$$\mathfrak{p}_x = e\sum_j\sum_{j'} \cos 2\pi (\nu_{\psi j} - \nu_{\psi j'})\, t\, A_j A_{j'} \int x\, u_j u_{j'}\, dx\, dy\, dz . \tag{131}$$

Die Strahlung wird daher aus einer Reihe von Komponenten bestehen, deren jeder durch zwei Indizes jj' zu bezeichnen ist. Die Frequenz $\nu_{jj'} = \nu_{\psi j} - \nu_{\psi j'}$ ist die Differenz zweier (durch h dividierter) BOHRscher Termwerte, $V(\infty)$ fällt heraus. Wenn $V(\infty)$ einen großen Wert hat, kann demnach die sichtbare Frequenz eine relativ kleine Differenz zwischen zwei großen ν_ψ-Werten sein. Die Intensität ist proportional einem charakteristischen Faktor $\int x u_j\, u_{j'}\, dx\, dy\, dz$, der der BOHRschen Übergangswahrscheinlichkeit entspricht und in Ausgangs- und Endzustand (in der alten Ausdrucksweise) symmetrisch ist, und dem Produkt der Anregungsstärken. Ist nur ein Zustand, z. B. der Grundzustand, angeregt, so findet keine Ausstrahlung statt.

Unsere Darstellung ist aber noch nicht vollständig. Es gibt nämlich außer dem diskontinuierlichen „Linienspektrum" der obenerwähnten diskreten ν_ψ-Werte noch ein kontinuierliches „Streckenspektrum", in dem alle ν_ψ-Werte zulässig sind, für die $h\nu_\psi - V(\infty)$ positiv ist. Es gibt dann für jeden dieser kontinuierlichen ν_ψ-Werte eine (oder mehrere) Lösungen u_ν, die den BOHRschen nichtgequantelten Hyperbelbahnen entsprechen und zu der allgemeinen Lösung einen Beitrag liefern

$$\psi_1 = \int A(\nu)\, u_\nu\, e^{2\pi i \nu t} d\nu , \tag{132}$$

der sich zu (128) verhält wie ein Fourierintegral zu einer Fourierreihe. Auch zu (131) kommen weitere Beiträge, die das kontinuierliche Spektrum liefern, das an die Seriengrenze anschließt (s. Ziff. 78). Für Mehrkörperprobleme ist statt des einfachen dreidimensionalen Raums ein „Konfigurationsraum" aller Koordinaten $q_1 \ldots q_s$

[1]) Siehe z. B. COURANT-HILBERT, Methoden der math. Physik. Berlin 1924.

[2]) G. E. UHLENBECK u. S. GOUDSMIT, Naturwissensch. Bd. 13, S. 953. 1925; Nature Bd. 117, S. 264. 1926; F. R. BICHOWSKY u. H. C. UREY, Proc. Nat. Acad. Amer. Bd. 12, S. 80. 1926; L. H. THOMAS, Nature Bd. 117, S. 514. 1926; J. C. SLATER, Proc. Nat. Acad. Amer. Bd. 11, S. 732. 1925; Nature Bd. 117, S. 587. 1926; A. SOMMERFELD u. A. UNSÖLD, ZS. f. Phys. Bd. 36, S. 259. 1926; s. Handb. d. Phys. Bd. XXIII, S. 215.

[3]) Einfügung in die Wellenmechanik s. C. G. DARWIN, Proc. Roy. Soc. London Bd. 116, S. 227. 1927; P. DIRAC, ebenda Bd. 117, S. 610. 1928.

zu wählen, und es ist dieser Raum, in welchem die ψ-Schwingung stattfindet. Dieser Umstand macht es allerdings schwieriger, ihr physikalische Tatsächlichkeit zuzuschreiben. Im allgemeinen Fall wird die kinetische Energie nicht mehr die einfache Form (125) haben, sondern wird allgemein $T(p_j, q_j)$ sein, allerdings quadratisch in p_j. Wir bezeichnen mit T_{pj} die Funktion $\frac{\partial}{\partial p_j} T$, ferner mit Δ die Diskriminante der quadratischen Form T. Dann lautet die Schwingungsgleichung

$$\sqrt{\Delta} \sum_j \frac{\partial}{\partial q_j} \left\{ \frac{1}{\sqrt{\Delta}} T_{pj}\left(\frac{\partial \psi}{\partial q_\iota}, q_\iota\right) - \frac{8\pi^2 m}{h^2} V(q_\iota)\psi \mp \frac{4\pi\iota m}{h} \frac{\partial \psi}{\partial t} \right\} = 0 \tag{126'}$$

als Ergebnis der Forderung, daß ein „HAMILTONsches Integral" der Form

$$\int \left\{ T\left(\frac{\partial \psi}{\partial q_\iota}, q_\iota\right) + \frac{4\pi^2 m}{h^2} V\psi \right\} \frac{1}{\sqrt{\Delta}} dq_1 \ldots dq_S$$

ein Minimum sein soll mit der Nebenbedingung

$$\int \psi^2 \frac{1}{\sqrt{\Delta}} dq_1 \ldots dq_S = 1 .$$

Hierbei dient der Operator $\pm \frac{4\pi^2 \iota m}{h} \frac{\partial}{\partial t}$ als „unbestimmter Multiplikator". In diesem allgemeinen Fall hat man in den Integralen (129), (131) wirklich das Volumelement, d. h. nicht einfach das Produkt $dq_1 \ldots dq_s$, sondern $\frac{1}{\sqrt{\Delta}} dq_1 \ldots dq_s$ $= dx_1 \ldots dz_1$, z. B. für Polarkoordinaten $r^2 \sin\vartheta \, dr \, d\vartheta \, d\chi$ zu schreiben.

58. Störungstheorie, Streustrahlung und Dispersion bei SCHRÖDINGER. SCHRÖDINGER hat eine Störungstheorie analog derjenigen in der klassischen Mechanik entwickelt[1]). Es sei z. B. die Gleichung (126) (jetzt alle Größen mit oberem Index 0 bezeichnet) gelöst. Das gestörte Problem lautet dann

$$\Delta\psi + \frac{8\pi^2 m}{h^2}\left(h \frac{1}{2\pi\iota} \frac{\partial}{\partial t} - V^0 - \mathfrak{E} V'\right)\psi = 0 , \tag{133}$$

wo $\mathfrak{E}$ eine kleine Größe erster Ordnung ist.

Es werden jetzt im allgemeinen sowohl die Eigenwerte ν_ψ als auch die Eigenfunktionen abgeändert werden. In dem uns speziell interessierenden Fall einer periodischen Störung (primäres Licht), deren Periode nicht mit der einer Eigenfunktion übereinstimmt, bleiben aber die Eigenwerte wenigstens in erster Näherung ungeändert. Setzt man dann

$$\psi = \psi^0 + \mathfrak{E}\psi', \tag{134}$$

so wird

$$\Delta\psi' + \frac{8\pi^2 m}{h^2}\left(\frac{h}{2\pi\iota} \frac{\partial}{\partial t} - V^0\right)\psi' = \frac{8\pi^2 m}{h^2} \psi^0 V'. \tag{135}$$

Da nun für ψ_0 (128) gilt, wird sich infolge der Linearität auch ψ' aus einer entsprechenden Summe zusammensetzen. Zu jeder Eigenfunktion gehört also eine Störung (oder mehrere), die proportional ist der Größe A_j, mit der die ursprüngliche Eigenfunktion u_j angeregt war, und die dieselbe Frequenz $\nu_{\psi j}$ hat, wenn V' zeitlich konstant ist, oder, wenn

$$V' = \overline{V}' e^{2\pi\iota\nu t}, \tag{136}$$

die Frequenz $\nu_{\psi j} + \nu$ hat. Also ist $\psi' = \sum A_j \psi'_j$.

---

[1]) S. auch J. WALLER, Phil. Mag. (7) Bd. 4, S. 1228. 1927.

Da die linke Seite von (135) mit (126) identisch ist, wird man versuchen, ψ'_j als Summe (mit vorderhand unbestimmten Koeffizienten) der ungestörten Eigenschwingungen zu schreiben

$$\psi'_j = \sum_n \gamma_{jn} u_n \cdot e^{2\pi i (\nu_{\psi j} + \nu) t}.$$

Nun entwickelt man jedes Glied der rechten Seite in eine Reihe von Eigenfunktionen

$$V' \psi_j^0 = e^{2\pi i (\nu_{\psi j} + \nu) t} \sum c_{jn} u_n. \tag{137}$$

Einsetzen in (135) und Beachten von (126) liefert durch Koeffizientenvergleich die vollständige Lösung

$$\psi' = \sum_j A_j e^{2\pi i (\nu_{\psi j} + \nu) t} \sum_n \frac{c_{jn} u_n}{\nu_{\psi j} - \nu_{\psi n} + \nu}. \tag{138}$$

Man erhält dann als elektrische Dichte $e \int \psi \overline{\psi}\, dx\, dy\, dz$. Da in Wirklichkeit V' (136) reell ist, schreibt man $V' = \frac{1}{2} \overline{V}' (e^{2\pi i \nu t} + e^{-2\pi i \nu t})$. Für die ξ-Komponente der elektrischen Polarisation erhält man:

$$\left.\begin{aligned} \mathfrak{P}_\xi = \varrho \xi = e \sum_j \sum_{j'} A_j A_{j'} \cos 2\pi (\nu_{\psi j} - \nu_{\psi j'}) t\, u_j u_{j'} \xi \\ + e\, 2 \cos 2\pi \nu t \sum_j \sum_n A_j^2 \frac{c_{jn}}{h} u_j u_n \xi \frac{\nu_{\psi j} - \nu_{\psi n}}{(\nu_{\psi j} - \nu_{\psi n})^2 - \nu^2} \\ + e \sum_j \sum_m \sum_n A_j A_m \cos 2\pi (\nu_{\psi j} - \nu_{\psi m} \pm \nu) t \cdot \frac{c_{jn}}{h} u_n u_m \xi \frac{\nu_{\psi j} - \nu_{\psi n}}{(\nu_{\psi j} - \nu_{\psi n})^2 - \nu^2}. \end{aligned}\right\} \tag{139}$$

Wir diskutieren der Reihe nach die drei Glieder. Das erste ist die „ungestörte" Polarisation, die zur ungestörten, freien Ausstrahlung der Frequenzen $\nu_{jj'} = \nu_{\psi j} - \nu_{\psi j'}$ führt, wenn die beiden Eigenschwingungen j und j' mit den Stärken A_j und A'_j angeregt sind[1]), oder konstant ist, wenn nur eine angeregt ist.

Das zweite Glied liefert eine Strahlung, die mit der Störungsenergie gleiche Periode hat und kohärent ist. Dieser Teil kann daher mit auffallendem Licht interferieren und zu Absorption und Dispersion Anlaß geben. Der Ausdruck besteht aus Summanden, die den Absorptions- und Emissionslinien zugeordnet sind. Ist nur ein Zustand (Grundzustand) erregt, so tritt nur

$$A_1^2 \sum_n \frac{c_{1n}}{h} u_1 u_n \xi \frac{\nu_{1n}}{\nu_{1n}^2 - \nu^2}$$

auf, d. h. Maxima bei allen vom Grundzustand ausgehenden Absorptionslinien mit einer Dispersionsformel, die (mit Ausnahme des Bereiches innerhalb der Linie selbst) mit der klassischen übereinstimmt, wobei über den Zahlenwert des Faktors c_{1n}, der die „Stärke" oder Elektronenzahl der Linie bestimmt, noch zu sprechen sein wird. Das Verhalten innerhalb der Linie kann in der klassischen Theorie nur durch Einführung der Dämpfung beschrieben werden, für die hier noch die Theorie fehlt.

Sind noch höhere Eigenschwingungen angeregt (noch andere $A \neq 0$), so äußern sich auch „von anderen Niveaus ausgehende" Absorptionslinien, ferner ist A_1 infolge der Gesamtnormierung von ψ geschwächt (in der BOHRschen Terminologie: es ist die Zahl der Atome im Grundzustand vermindert), außerdem aber treten außer den Gliedern $A_1^2 \frac{\nu_{12}}{\nu_{12}^2 - \nu^2}$ noch solche $A_2^2 \frac{\nu_{21}}{\nu_{21}^2 - \nu^2} = -A_2^2 \frac{\nu_{12}}{\nu_{12}^2 - \nu^2}$ auf, d. h. die negativen Dispersionsglieder der KRAMERSschen Formel, mit der der mittlere Ausdruck von (139) in der Tat identisch ist.

---

1) Siehe dagegen den neuen Gesichtspunkt in Ziff. 63 z. B. 180.

Das letzte Drittel des Ausdrucks entspricht der von KRAMERS-HEISENBERG-SMEKAL theoretisch abgeleiteten Erscheinung, daß Licht mit Kombinationsfrequenzen $\nu_{jm} \pm \nu$ emittiert wird, falls sowohl j als m erregt sind, und zwar besonders stark, wenn $\nu = \nu_{jn}$ ist, also gleich der Frequenz einer Absorptionslinie, die einen Term mit ν_{jm} gemeinsam hat und gewisse Auswahlbedingungen erfüllt. Das emittierte Licht hat dann die Frequenz ν_{nm}, und der Effekt ist eine Erhöhung der Spontanemission dieser Linie. In der Tat stimmt der Ausdruck (139) mit dem durch Korrespondenz abgeleiteten von KRAMERS-HEISENBERG überein und die Diskussion ist identisch Ziff. 47. Wir haben nun noch über die Koeffizienten (Linienstärken, Elektronenzahlen) zu sprechen. Der Gesamtbeitrag der Absorptionslinie ν_{jn} zur ξ-Komponente des Moments des Atoms für den kohärenten Teil ist (ξ irgendeine Richtung)

$$2e(A_j^2 - A_n^2)\frac{c_{jn}}{h}\frac{\nu_{jn}}{\nu_{jn}^2 - \nu^2}\int \xi u_j u_n \,dx\,dy\,dz \tag{140}$$

$e\int \xi u_j u_n \,dx\,dy\,dz$ ist aber die ξ-Komponente des Moments der Frequenz ν_{jn}, das für deren Spontanemission (Übergangswahrscheinlichkeit) bestimmend ist. Ist die Störung einfallendes Licht der Polarisationsrichtung η, so ist $\overline{V'} = e\eta$ und c_{jn} in (140) nach den allgemeinen Entwicklungsformeln von Normalfunktionen

$$c_{jn} = e\int \eta u_j u_n \,dx\,dy\,dz\,. \tag{140'}$$

Man kann daher den Anteil, der zur Absorptionslinie ν_{jn} gehört, schreiben

$$2(A_j^2 - A_n^2)\,c_{jn}^{(\eta)}\,c_{jn}^{(\xi)}\,\frac{1}{h}\,\frac{\nu_{jn}}{\nu_{jn}^2 - \nu^2}\cos 2\pi\nu t\,. \tag{140''}$$

Dabei sind die c^2 den LADENBURGschen spontanen Übergangswahrscheinlichkeiten a_{jn} proportional.

Wir haben nun noch den KUHN-REICHE-THOMASschen Summensatz (Ziff. 77) zu beweisen[1]).

Zu diesem Zweck gehen wir zu sehr großen ν über, so daß im Nenner ν_{jn}^2 gegen ν^2 vernachlässigt werden kann. Der kohärente Teil des Moments wird dann nach (131), wenn bloß die j-te Eigenschwingung angeregt ist ($A_j = 1$, $A_\iota = 0$ für $\iota \neq j$),

$$-\frac{2e^2}{h\nu^2}\sum_n \nu_{jn}\int \xi u_j u_n \,dx\,dy\,dz \int \eta u_j u_n \,dx\,dy\,dz\,.$$

LONDON verallgemeinert diese Formel für Z Elektronen, die durch den oberen Index an ihren Koordinaten ξ^s unterschieden werden mögen. Zugleich ist nach Ziff. 57 der Koordinatenraum nicht mehr dreidimensional, sondern wird ein $3Z$ dimensionaler Konfigurationsraum, dessen Element $d\tau$ heiße. Ebenso sind die u jetzt Funktionen von $3\,Z$ Koordinaten. Der obige Ausdruck wird dann

$$\frac{2e^2}{h^2\nu^2}\sum_n\sum_s\sum_\sigma (E_j - E_n)\int \xi^s u_j u_n \,d\tau \int \eta^\sigma u_j u_n \,d\tau\,.$$

LONDON beweist nun erstens, daß für $\xi \perp \eta$ der Ausdruck Null ist, d. h., daß für so schnelle Schwingungen, daß innere Koppelungen nicht in Betracht kommen, das Resonanzlicht keine Polarisationskomponente senkrecht zur Polarisation des erregenden Lichts hat, zweitens, daß für $\xi \| \eta$ der Ausdruck gleich $\frac{e^2}{4\pi m}\frac{Z}{\nu^2}$ wird, wie zu erwarten ist. Zu diesem Zweck haben wir zwei wichtige mathematische

1) F. LONDON, ZS. f. Phys. Bd. 39, S. 322. 1926. Dieser Abschnitt gehörte eigentlich nach Ziff. 77.

Hilfsmittel zu gebrauchen, das „Wälzen", das durch partielle Integration von $\int g\Delta f d\tau$ zu $-\int f\overline{\Delta} g d\tau$ führt[1] (f, g zwei beliebige Funktionen) und die „Vollständigkeitsrelation" für Normalfunktionen[2]) u, die lautet

$$\sum_n \int f u_n d\tau \cdot \int g u_n d\tau = \int f g d\tau .$$

Benutzung der Grundgleichung (126) führt unsern Ausdruck über in

$$\frac{e^2}{4\pi^2 m\nu^2} \sum_n \int \sum_s [\xi^s (u_n \Delta u_j - u_j \Delta u_n) d\tau] \int \sum_\sigma \eta^\sigma u_j u_n d\tau ,$$

was durch Wälzung (partielle Integration) im ersten Integral zu

$$\frac{e^2}{4\pi^2 m\nu^2} \sum_n \int \sum_s [\xi^s \Delta u_j - \Delta(\xi^s u_j)]\, u_n d\tau \int \sum_\sigma \eta^\sigma u_j u_n d\tau$$

$$= -\frac{e^2}{4\pi^2 m\nu^2} \sum_n \int \sum_s 2 \frac{\partial u_j}{\partial \xi^s} u_n d\tau \int \sum_\sigma \eta^\sigma u_j u_n d\tau = -\frac{e^2}{4\pi^2 m\nu^2} \int \sum_{s,\sigma} \eta^\sigma \frac{\partial u_j^2}{\partial \xi^s} d\tau$$

führt, das letztere durch Anwendung der Vollständigkeitsrelation auf die linke Seite. Infolge des Umstandes, daß u^2 positiv ist und ξ und η ebensoviel positive als negative Werte annehmen, verschwindet dieses Integral, wenn nicht $s = \sigma$ ist und gleichzeitig η eine Komponente $\parallel \xi$ hat, was die erste Hälfte der Behauptung beweist. Für $\eta^s = \xi^s$ läßt der Ausdruck nochmals partiell integrieren

$$-\frac{e^2}{4\pi^2 m\nu^2} \int \sum_s \xi^s \frac{\partial u_j^2}{\partial \xi^s} d\tau = \frac{e^2}{4\pi^2 m\nu^2} \int \sum_s \frac{\partial \xi^s}{\partial \xi^s} u_j^2 d\tau = \frac{e^2}{4\pi^2 m\nu^2} \sum_s \int u_j^2 d\tau$$

$$= \frac{e^2}{4\pi m\nu^2} Z ,$$

was zu beweisen war.

Sind mehrere Schwingungen angeregt, so erhält man einfach in der letzten Formel $\frac{e^2}{4\pi^2 m\nu^2} \sum_s \sum_j A_j^2 \int u_j^2 d\tau$, und das gibt infolge (129) wieder das vorige Resultat. Der inkohärente Teil liefert statt $u_j^2 : u_j u_n$, was die Integrale infolge der Normierung zum Verschwinden bringt.

59. Matrizenmechanik. Physikalische Grundlegungen. Schon vor SCHRÖDINGERS Arbeiten hat HEISENBERG die physikalischen Vorstellungen entwickelt, die der zweiten neuen Theorie zugrunde liegen. Ihre Ausarbeitung ist mit den Namen M. BORN, W. HEISENBERG, P. JORDAN, P. DIRAC verknüpft[3]).

Die physikalische Idee ist folgende: Was wir von atomistischen Vorgängen beobachten, sind im allgemeinen die Lichtwellen, die von einer großen Gruppe

---

[1]) $\overline{\Delta}$ ist der Operator, der durch partielle Integration aus Δ folgt. Für $\Delta = \frac{\partial^2}{\partial x^2} + \frac{\partial^2}{\partial y^2} + \frac{\partial^2}{\partial z^2}$ ist $\Delta = \overline{\Delta}$.

[2]) Siehe COURANT-HILBERT, Methoden der mathem. Physik. S. 36. Berlin 1925.

[3]) W. HEISENBERG, ZS. f. Phys. Bd. 33, S. 879. 1925; Bd. 38, S. 411. 1926; Bd. 39, S. 499. 1926; Bd. 40, S. 501. 1927; Bd. 41, S. 239. 1927; Bd. 43, S. 172. 1927; M. BORN, ebenda Bd. 37, S. 863. 1926; Bd. 38, S. 803. 1926; Bd. 40, S. 167. 1927; M. BORN u. P. JORDAN, ebenda Bd. 34, S. 858. 1925; M. BORN ,W. HEISENBERG u. P. JORDAN, ebenda Bd. 35, S. 557. 1926; P. DIRAC. Proc. Roy. Soc. London Bd. 109—117 (s. § 12); P. JORDAN, ZS. f. Phys. Bd. 37, S. 376 u. 383. 1926; Bd. 38, S. 513. 1926; Bd. 40, S. 661 u. 809. 1926; Bd. 41, S. 797. 1927; Bd. 44, S. 1. 292 u. 473. 1927; Bd. 45, S. 766. 1927 und zahlreiche andere Arbeiten. Zusammenfassende Darstellung M. BORN, Probleme der Atomdynamik. Berlin 1926, ursprünglich englisch: Problems of Atomdynamics. Cambridge. Mass. 1926; P. JORDAN, Naturwissensch. Bd. 15, S. 105, 614 u. 636. 1927; Nature Bd. 119, S. 566. 1927; A. LANDÉ, Naturwissensch. Bd. 14, S. 455. 1928.

von Atomen ausgehen (wobei vorderhand von Experimenten wie den C. T. R. WILSONschen abgesehen sei). Wir haben kein Mittel, Lage oder Geschwindigkeit eines Elektrons in einem Augenblick scharf zu beobachten. Wenn wir uns daher darauf beschränken, nur direkt beobachtbare Größen in unsere Beschreibung aufzunehmen, ist es besser, die Bewegung durch die ausgesandten Lichtwellen zu beschreiben. Dabei wird die Terminologie der BOHRschen Quantentheorie in gewissem Sinne beibehalten, insofern, als eine Lichtemission einem Übergang zwischen zwei Zuständen zugeordnet wird. HEISENBERG bezweifelt aber, ob es Sinn hat, im allgemeinen von Gesetzen zu sprechen, die vorschreiben, daß ein bestimmter Übergang in einem bestimmten Augenblick stattfindet. Die hier zu besprechende Theorie ist der Auffassung, daß nur die statistischen Häufigkeiten, d. h. die Intensitäten des von einer größeren Gruppe von Atomen ausgesandten Lichtes, berechenbar sind; sie gibt in gewissem Sinn die deterministische Kausalität der Mechanik, wie sie das 18. Jahrhundert hervorgebracht hat, auf (s. jedoch Ziff. 63).

60. Mathematische Formulierung der Matrizenmechanik. Wir wollen nun zur quantitativen Ausführung der in der ersten Hälfte der vorigen Ziffer dargestellten Überlegungen übergehen.

In der klassischen Theorie kann man die Bewegung eines Systems mit einem Freiheitsgrad bei einer „Librationsbewegung" (periodischen Bewegung) durch eine Fourierreihe darstellen. Bezeichnet man die Koordinate mit x (x kann aber z. B. bei der Keplerbewegung ebensogut r oder φ sein), so gilt

$$x = \sum_n q_n e^{2\pi i \nu n t}. \tag{141}$$

Diese Darstellung von x als Funktion der Zeit bestimmt gleichzeitig eindeutig die Strahlung.

In der Quantenmechanik sind hieran zwei Änderungen anzubringen: Erstens sind die „Oberschwingungen" nicht mehr harmonisch, außer im Fall des harmonischen Oszillators mit quasielastischen Kräften

$$\nu_n = n\nu, \tag{142}$$

sondern müssen allgemein durch zwei Indizes gekennzeichnet werden, ν_{nm}. Allerdings lassen sich die ν als Differenzen darstellen, die wir vorderhand formal

$$\nu_{nm} = \frac{W_n - W_m}{h} \tag{143}$$

schreiben wollen. Das allein würde aber nur eine Änderung der Darstellung von x als Funktion von t in die Form einer Doppelsumme bedingen

$$x = \sum\sum q_{nm} e^{2\pi i \frac{W_n - W_m}{h} t}. \tag{144}$$

Das Entscheidende ist aber, daß wir zweitens nicht die Bewegung des Elektrons mit ihren Phasenbeziehungen selbst beobachten, sondern das ausgesandte Licht, und daß wir dieses in einem Spektralapparat analysieren. Das bedeutet, daß wir kein Recht haben, in (144) die Summation auszuführen, sondern daß wir als charakteristisch für das Verhalten von x die Gesamtheit der einzelnen Summanden in (144) getrennt betrachten müssen. Diese Gesamtheit beschreibt im BOHRschen Sinn nicht das, was in einem Augenblick wirklich geschieht, sondern das, was überhaupt geschehen kann oder das, was als statistisches Resultat in einer großen Summe von Atomen geschieht.

Die einzelnen Summanden, deren Gesamtheit das Verhalten von x beschreibt, können wir zweckmäßig in folgendes (unendliche) quadratische Schema einordnen, das ein Viertel der unendlichen Ebene füllt:

$$\left.\begin{matrix} q_{11} e^{2\pi i \nu_{11} t} & q_{12} e^{2\pi i \nu_{12} t} & q_{13} e^{2\pi i \nu_{13} t} \\ q_{21} e^{2\pi i \nu_{21} t} & q_{22} e^{2\pi i \nu_{22} t} & \cdots\cdots \\ \cdots\cdots & \cdots\cdots & \cdots\cdots \end{matrix}\right\} \tag{145}$$

Hierbei stellt allgemein $q_{nm} e^{2\pi i \nu_{nm} t}$ die Welle dar, die mit der Frequenz ν_{nm} ausgesandt ($W_n > W_m$) oder absorbiert ($W_n < W_m$) wird, wenn der Übergang $n \to m$ erfolgt, und zwar nach Frequenz, Amplitude (Absolutwert von q_{nm}) und Phase (Phasenfaktor). Man nennt eine solche Anordnung eine Matrix (wohl zu unterscheiden von einer Determinante, die aus der Matrix hervorgeht, indem aus der Gesamtheit der Glieder, die in der Matrix individuell beizubehalten sind, nach einer bestimmten Vorschrift eine Zahl, der Wert der Determinante, berechnet wird).

Wir wollen ferner annehmen, um gewissen Realitätsbedingungen zu genügen, daß q_{nm} und q_{mn} konjugiert komplex sind (HERMITEsche Matrix).

Die Betrachtung von (143) und (145) lehrt, daß $\nu_{nn} = 0$ ist, daher die „Diagonalglieder" nicht von der Zeit abhängen. Wenn alle W voneinander verschieden sind (nicht-entartetes System), hängen dagegen alle anderen Glieder von der Zeit ab, es sei denn, ihre Amplitude q_{nm} verschwände. Eine Matrix, die nur Diagonalglieder hat:

$$\left.\begin{matrix} q_{11} & 0 & 0 & 0 \\ 0 & q_{22} & 0 & 0 \\ \cdots & \cdots & \cdots & \cdots \end{matrix}\right\} \tag{145'}$$

heißt Diagonalmatrix und ist von der Zeit unabhängig. Umgekehrt ist bei nichtentarteten Systemen nur eine Diagonalmatrix von der Zeit unabhängig.

Was soll nun weiter geschehen, um die Gesetze zu erforschen, nach denen sich eine solche durch eine Matrix charakterisierte Koordinate verhält? Im klassischen Fall besteht die Aufgabe aus zwei Teilen: Erstens stellt man eine Funktion von p und q auf, die das spezielle Problem charakterisiert, z. B. die HAMILTONsche Funktion. Ein harmonischer Oszillator ist durch $\frac{p^2}{2m} + A q^2$ charakterisiert usw. Zweitens wendet man auf diese Funktion allgemeine Rechenoperationen an, um p und q als Funktion von t zu finden, d. h., man bildet die HAMILTONschen Gleichungen und integriert sie, bzw. man setzt nach BOHR außerdem Quantenbedingungen an.

Genau so werden wir hier vorgehen. Wir charakterisieren das spezielle Problem durch Angabe einer bestimmten Funktion $H(p, q)$, und zwar wählen wir, um möglichst genauen Anschluß an die alte Theorie zu haben, dieselbe Funktionsform, die diesem Problem klassisch zukäme, z. B. für den harmonischen Oszillator wie oben $H = \frac{p^2}{2m} + A q^2$.

Zweitens wählen wir auch für die Bewegungsgleichungen formal die HAMILTONschen.

Der wesentliche Unterschied besteht nun aber darin, daß wir jetzt gar nicht mehr erwarten, unser p, q bzw. x als eine Funktion der Zeit im gewöhnlichen Sinn zu bekommen, sondern als Matrix. Was meinen wir dann überhaupt, wenn wir sagen, $H = \frac{p^2}{2m} + A q^2$, wenn weder p noch q in einem gegebenen Augenblick Zahlen sind, sondern — für den ganzen Prozeßablauf — Matrizen? Wir müssen daher festlegen, was die formalen Rechenvorschriften, die, auf Zahlen angewandt, wie das klassische p, q, eine Zahl H ergeben, bedeuten, wenn man sie auf Matrizen anwendet. Zur Vereinfachung wollen wir annehmen, daß H (formal) eine Potenzreihe ist, so daß wir mit Definitionen von Addition, Multiplikation und Differentiation auskommen. Ferner sei ausgemacht, daß Gleichheit zweier Matrizen Gleichheit aller entsprechenden Glieder bedeutet. Die einfachsten Operationen sind:

a) die Addition: Die Summe zweier Matrizen ist die Matrix, deren jedes Glied die Summe der entsprechenden Glieder der Summanden ist.

$\boldsymbol{Q} = \boldsymbol{Q}' + \boldsymbol{Q}''$ bedeutet daher:

$$\left.\begin{aligned}\begin{pmatrix} Q_{11} & Q_{12} & Q_{13} & \cdots \\ Q_{21} & Q_{22} & Q_{23} & \cdots \\ \cdots & \cdots & \cdots & \cdots \end{pmatrix} &= \begin{pmatrix} Q'_{11}+Q''_{11} & Q'_{12}+Q''_{12} & \cdots \\ Q'_{21}+Q''_{21} & Q'_{22}+Q''_{22} & \cdots \\ \cdots & \cdots & \cdots \end{pmatrix} = \begin{pmatrix} Q'_{11} & Q'_{12} & \cdots \\ Q^1_{21} & Q^1_{22} & \cdots \\ \cdots & \cdots & \cdots \end{pmatrix} \\ &\quad + \begin{pmatrix} Q''_{11} & Q''_{12} & Q''_{13} & \cdots \\ Q''_{21} & Q''_{22} & Q''_{23} & \cdots \\ \cdots & \cdots & \cdots & \cdots \end{pmatrix}.\end{aligned}\right\} \tag{146}$$

b) Man erhält den Differentialquotienten einer Matrix nach der Zeit, indem man jedes Glied nach der Zeit differentiert:

$$\dot{\boldsymbol{Q}} = \begin{pmatrix} 0 & 2\pi\iota\nu_{12}Q_{12} & 2\pi\iota\nu_{13}Q_{13} & \cdots \\ 2\pi\iota\nu_{21}Q_{21} & 0 & 2\pi\iota\nu_{23}Q_{23} & \cdots \\ 2\pi\iota\nu_{31}Q_{31} & 2\pi\iota\nu_{32}Q_{32} & 0 & \cdots \\ \cdots & \cdots & \cdots & \cdots \end{pmatrix} \tag{147}$$

c) Multiplikation. Wenn $\boldsymbol{Q} = \boldsymbol{Q}'\boldsymbol{Q}''$ sein soll, so heißt das

$$Q_{nm} = \sum_j Q'_{nj} Q''_{jm}. \tag{148}$$

Aus dieser Regel folgt sofort, daß die Multiplikation nicht kommutativ ist, d. h. $\boldsymbol{Q}^1 = \boldsymbol{Q}''\boldsymbol{Q}'$ ist von $\boldsymbol{Q}$ verschieden, denn das Glied nm von $\boldsymbol{Q}^1$ heißt

$$Q^1_{nm} = \sum_j Q''_{nj} Q'_{jm} \tag{148'}$$

und ist im allgemeinen **nicht** gleich (148).

Wenn man aber nach (148) Potenzen derselben Größe schrittweise aufbaut, kommt das nicht in Frage, d. h. $\boldsymbol{Q}^3 = \boldsymbol{Q}\boldsymbol{Q}^2 = \boldsymbol{Q}^2\boldsymbol{Q}$. **Wenn wir wünschen, daß in $\boldsymbol{Q}^s$ nur dieselben Frequenzen auftreten wie in $\boldsymbol{Q}$** (wie das klassisch auch der Fall ist), so folgt aus (148)

$$\nu_{nm} = \nu_{nj} + \nu_{jm}, \tag{149}$$

d. h., das Ritzsche Kombinationsprinzip oder Formel (143).

Die Größe $\boldsymbol{Q}'\boldsymbol{Q}'' - \boldsymbol{Q}''\boldsymbol{Q}'$ charakterisiert die Abweichung vom klassischen Verhalten (für $\boldsymbol{Q}' = \boldsymbol{Q}''$ ist sie Null).

Die für Born-Heisenberg charakteristische **Annahme** ist nun, daß für zusammengehörige Koordinaten und Impulse stets gelten soll (s. jedoch Ziff. 66).

$$\boldsymbol{p}\boldsymbol{q} - \boldsymbol{q}\boldsymbol{p} = \frac{h}{2\pi\iota} \tag{150}$$

für die Diagonalelemente und 0 für alle andern, d. h.

$$\sum_j (p_{nj} q_{jn} - q_{nj} p_{jn}) = \frac{h}{2\pi\iota} \text{ für alle } n \tag{150'}$$

$$\sum_j (p_{nj} q_{jm} - q_{nj} p_{jm}) = 0 \text{ für alle } n \text{ und alle } m \neq n \tag{150''}$$

d) Differentiation nach einer Matrix

$$\frac{\partial f}{\partial q} = \lim_{\alpha = 0} \frac{f(q') - f(q)}{\alpha}$$

wo α eine gewöhnliche Zahl ist und q' die Matrix bedeutet

$$q' = \begin{Bmatrix} q_{11} + \alpha & q_{12} & q_{13} \cdots \\ q_{21} & q_{22} + \alpha & q_{23} \cdots \\ q_{31} & q_{32} & q_{33} + \alpha \\ \cdots & \cdots & \cdots \end{Bmatrix}. \tag{151}$$

Hat man mehrere Variable, so ändert das nichts Prinzipielles, nur bezieht sich jetzt (150) auf zusammengehörige allein, während für nicht zusammengehörige Größen gelten soll

$$\left.\begin{aligned} p^{(j)} q^{(j')} - q^{(j')} p^{(j)} = 0 \\ q^{(j)} q^{(j')} - q^{(j')} q^{(j)} = 0 \\ p^{(j)} p^{(j')} - p^{(j')} p^{(j)} = 0 \end{aligned}\right\} j \neq j'. \tag{150'''}$$

Solche Größen heißen vertauschbar.

Dann werden formal die HAMILTONschen Gleichungen hingeschrieben

$$\dot{p}^{(k)} = -\frac{\partial H}{\partial q^{(k)}}, \qquad \dot{q}^{(k)} = \frac{\partial H}{\partial p^{(k)}}, \tag{152}$$

wobei der Punkt Differentiation nach der Zeit bedeutet, die in b) erklärt ist, während die Bedeutung der rechten Seiten aus c) und d) folgt.

BORN, HEISENBERG und JORDAN zeigen dann:

Der Energiesatz ist erfüllt, d. h., H ergibt sich als Diagonalmatrix.

Die Werte W_n in (143) sind identisch mit den Werten dieser Diagonalglieder

$$W_n = H_{nn}. \tag{153}$$

(Bisher war noch nicht ausgesagt worden, daß die Konstanten W in Beziehung zur Energie stehen.)

Der Satz von der Erhaltung des Drehimpulses ist erfüllt. In den durchgerechneten Fällen sind die Resultate in Übereinstimmung mit denen der BOHRschen Theorie bzw. bei Abweichung von dieser in Übereinstimmung mit der Erfahrung (halbzahlige Quantenzahlen, wie bei SCHRÖDINGER, s. Ziff. 57).

Was die Integration der HAMILTONschen Gleichungen betrifft, so läßt sich zeigen:

Nehmen wir an, es seien zwei Matrizen p und q gegeben, die die Beziehung (150) erfüllen. Ihre Frequenzen (in beiden dieselben) sind nach (143) durch Größen W_n bestimmt. Wir wollen von der Gesamtheit dieser W als der Diagonalmatrix W sprechen, d. h. $W_{nn} = W_n$, $W_{nm} = 0$, $n \neq m$.

Wenn nun die p, q in die gegebene HAMILTONsche Funktion H eingesetzt das Resultat ergeben

$$H = W, \tag{154}$$

d. h. H zu einer Diagonalmatrix machen, deren Glieder $= W_n$ sind, oder zu $H_{nn} = W_n$, $H_{nm} = 0$, $n \neq m$ führen, so genügen p und q den HAMILTONschen Bewegungsgleichungen.

Die Integration der Bewegungsgleichungen ist daher auf die Suche nach solchen, (150) genügenden p, q zurückgeführt, die zu $H = W$ führen.

61. Störungstheorie, Streustrahlung und Dispersion. Bevor wir weitergehen, haben wir den Begriff der inversen Matrix einzuführen. Wir definieren die zur Matrix $\boldsymbol{S}$ inverse $\boldsymbol{S}^{-1}$ dadurch, daß

$$\boldsymbol{S}\boldsymbol{S}^{-1} = \boldsymbol{1}. \tag{155}$$

1 ist hier die sog. Einheitsmatrix, d. h. die Diagonalmatrix

$$\begin{pmatrix} 1 & 0 & 0 & \dots \\ 0 & 1 & 0 & \dots \\ 0 & 0 & 1 & \dots \end{pmatrix}. \tag{156}$$

(155) bedeutet daher

$$\sum_j S_{nj} S_{jn}^{-1} = 1 \quad \text{für alle } n; \quad \sum_j S_{nj} S_{jm}^{-1} = 0 \quad \text{für alle } n \text{ und } n \neq m \tag{155'}$$

Ist insbesondere $\mathfrak{E}$ eine kleine Zahl und

$$\boldsymbol{S} = \boldsymbol{1} + \mathfrak{E}\boldsymbol{S}' + \mathfrak{E}^2\boldsymbol{S}'' + \cdots, \tag{157}$$

so wird

$$\boldsymbol{S}^{-1} = \boldsymbol{1} - \mathfrak{E}\boldsymbol{S}' + \mathfrak{E}^2(\boldsymbol{S}'^2 - \boldsymbol{S}'') - \cdots \tag{157'}$$

Nun läßt sich folgendes zeigen: Seien $\boldsymbol{p}$, $\boldsymbol{q}$ irgend zwei Matrizen und $\boldsymbol{f}(\boldsymbol{p}, \boldsymbol{q})$ irgendeine Funktion derselben, so gilt

$$\boldsymbol{S}\boldsymbol{f}(\boldsymbol{p}, \boldsymbol{q})\boldsymbol{S}^{-1} = \boldsymbol{f}(\boldsymbol{S}\boldsymbol{p}\boldsymbol{S}^{-1}, \boldsymbol{S}\boldsymbol{q}\boldsymbol{S}^{-1}). \tag{158}$$

Hieraus ergibt sich folgendes Verfahren für die Integration der Bewegungsgleichungen. Seien $\boldsymbol{p}$, $\boldsymbol{q}$ irgend zwei Matrizen (mit denselben Frequenzen), die kanonisch zugeordnet sind, d. h. der Beziehung (150) genügen. Dann werden sie im allgemeinen nicht auch schon Lösungen einer vorgegebenen Bewegungsgleichung sein, d. h., es wird nicht

$$\boldsymbol{H}(\boldsymbol{p}, \boldsymbol{q}) = \boldsymbol{W}$$

sein. Wenn es aber gelingt, eine Matrix $\boldsymbol{S}$ so zu finden, daß

$$\boldsymbol{S}\boldsymbol{H}(\boldsymbol{p}, \boldsymbol{q})\boldsymbol{S}^{-1} = \boldsymbol{W} \tag{159}$$

ist, dann ist nach dem Vorhergehenden auch

$$\boldsymbol{H}(\boldsymbol{S}\boldsymbol{p}\boldsymbol{S}^{-1}, \boldsymbol{S}\boldsymbol{q}\boldsymbol{S}^{-1}) = \boldsymbol{W},$$

d. h. $\boldsymbol{P} = \boldsymbol{S}\boldsymbol{p}\,\boldsymbol{S}^{-1}$, $\boldsymbol{Q} = \boldsymbol{S}\boldsymbol{q}\boldsymbol{S}^{-1}$ sind Lösungen der Bewegungsgleichungen, da sie die HAMILTONsche Funktion zur richtigen Diagonalmatrix machen und gleichzeitig nach derselben Formel (158) der Gleichung

$$\boldsymbol{P}\boldsymbol{Q} - \boldsymbol{Q}\boldsymbol{P} = \frac{h}{2\pi i}$$

genügen, also kanonisch zugeordnet sind.

Sei nun ein ungestörtes Problem integriert d. h. wir wissen, daß

$$\boldsymbol{H}^0(\boldsymbol{p}, \boldsymbol{q}) = \boldsymbol{W}^0.$$

Führt man nun eine Störungsfunktion $\mathfrak{E}\boldsymbol{H}'$, ein so hat man etwas geänderte Koordinaten zu suchen, welche die neue gestörte HAMILTONsche Funktion zu einer etwas abgeänderten Diagonalmatrix machen, d. h.

$$\boldsymbol{H}^0(\boldsymbol{P}, \boldsymbol{Q}) + \mathfrak{E}\boldsymbol{H}'(\boldsymbol{P}, \boldsymbol{Q}) = \boldsymbol{W}.$$

Zu diesem Zweck suchen wir eine Transformationsmatrix $\boldsymbol{S}$ so, daß

$$\boldsymbol{S}(\boldsymbol{H}^0 + \mathfrak{E}\boldsymbol{H}')\boldsymbol{S}^{-1} = \boldsymbol{W}^0 + \mathfrak{E}\boldsymbol{W}' + \mathfrak{E}^2\boldsymbol{W}'' + \cdots,$$

wo $\boldsymbol{W}$ die den gestörten Frequenzen entsprechende Diagonalmatrix und $\boldsymbol{S}$ von der Form (157) ist.

Setzt man die Faktoren gleicher Koeffizienten von $\mathfrak{E}$ gleich und beachtet, daß $\boldsymbol{H}^0 = \boldsymbol{W}^0$ ist, so findet man

$$\left.\begin{aligned} &\boldsymbol{S}'\boldsymbol{W}^0 - \boldsymbol{W}^0\boldsymbol{S}' + \boldsymbol{H}' = \boldsymbol{W}', \\ &\boldsymbol{S}''\boldsymbol{W}^0 - \boldsymbol{W}^0\boldsymbol{S}'' + \boldsymbol{W}^0\boldsymbol{S}'^2 - \boldsymbol{S}'\boldsymbol{W}^0\boldsymbol{S}' + \boldsymbol{S}'\boldsymbol{H}' - \boldsymbol{H}'\boldsymbol{S}' = \boldsymbol{W}''. \end{aligned}\right\} \tag{160}$$

Bildet man die Diagonalelemente (klassisch: Zeitmittelwert) zuerst, so folgt

$$H'_{nn} = W'_n, \qquad S'_{nn} = 0, \tag{160'}$$

$$W''_n = \sum_j \{(W^0_n - W^0_j) S'_{nj} S'_{jn} + S'_{nj} H'_{jn} - H'_{nj} S'_{jn}\}. \tag{160''}$$

Falls, wie bei einer rein periodischen Störung (Lichtwelle), der klassische Mittelwert 0 ist, fehlen die konstanten Diagonalglieder in $\boldsymbol{H}'$ und $\boldsymbol{W}'$ verschwindet, d. h. in erster Ordnung ist die Energie ungeändert, wie klassisch, entsprechend der Tatsache, daß bei SCHRÖDINGER in diesem Fall die Eigenwerte ν_ψ in erster Näherung ungeändert sind (Ziff. 58).

Die Elemente mit ungleichen Indizes in (160) geben

$$S'_{mn} = \frac{H'_{mn}}{h\nu_{mn}}, \qquad m \neq n, \qquad h\nu_{mn} = W_m - W_n. \tag{160'''}$$

Die Lösung für S''_{mn} interessiert uns nicht weiter.

(160‴) in (160″) eingesetzt, ergibt

$$\mathfrak{E}^2 W''_n = \frac{\mathfrak{E}^2}{h} \sum_j \frac{H'_{nj} \cdot H'_{jn}}{\nu_{nj}} \tag{160''''}$$

als Änderung der Energiewerte. Die Lösungen der Bewegungsgleichungen ergeben sich aus

$$\left.\begin{aligned} \boldsymbol{Q} &= \boldsymbol{q} + \mathfrak{E}(\boldsymbol{S}'\boldsymbol{q} - \boldsymbol{q}\boldsymbol{S}'), \\ \boldsymbol{P} &= \boldsymbol{p} + \mathfrak{E}(\boldsymbol{S}'\boldsymbol{p} - \boldsymbol{p}\boldsymbol{S}'). \end{aligned}\right\} \tag{161}$$

Wir können allerdings diese allgemeinen Resultate nicht direkt auf die Dispersion anwenden, da hier $\boldsymbol{H}'$ explizit die Zeit enthält, nämlich proportional $\cos 2\pi\nu t$ ist, und daher nicht direkt auf einen konstanten Wert gebracht werden kann. Um doch weiterzukommen, wird ein neuer Freiheitsgrad $\boldsymbol{q}^*$, $\boldsymbol{p}^*$ eingeführt, so daß $\boldsymbol{q}^*$ proportional $\cos 2\pi\nu t$ ist und demnach $\boldsymbol{H}'$ formal durch $\boldsymbol{q}$, $\boldsymbol{p}$, $\boldsymbol{q}^*$ $\boldsymbol{p}^*$ ausgedrückt werden kann[1]). Das Endresultat ist, daß in (160) die Matrix $\boldsymbol{S}^{(r)}\boldsymbol{W}^0 - \boldsymbol{W}^0\boldsymbol{S}^{(r)}$, deren allgemeines Glied $h\nu_{nm}S^{(r)}_{nm}$ ist, allgemeiner durch $-\frac{h}{2\pi i}\frac{\partial}{\partial t}\boldsymbol{S}^{(r)}$ ersetzt wird[2]).

Setzt man dann für die Lichtwelle[3])

$$\mathfrak{E}^0\boldsymbol{H}' = \frac{e\mathfrak{E}^0}{2}(e^{2\pi i\nu t} + e^{-2\pi i\nu t})\boldsymbol{q} \tag{162}$$

---

[1]) S. auch das im § 64 besprochene Verfahren von P. DIRAC, in dem das störende System eingeführt ist.

[2]) Bei BORN und HEISENBERG findet sich ein anderer Ausdruck, der mir aber irrtümlich scheint.

[3]) Mir scheint bei Anwendung dieser Formeln das im Anfang eingeführte Prinzip aufgegeben, nach welchem alle in einer Rechnung vorkommenden Matrizen dieselbe Zeitabhängigkeit haben sollen, nämlich für das mnte Glied den Faktor $e^{\frac{2\pi i}{h}(W_m - W_n)t}$. Nur dann ändert Multiplikation von Matrizen an dieser Zeitabhängigkeit nichts und nur dann ist der benutzte Satz richtig, daß die Diagonalglieder nicht von der Zeit abhängen, Diagonalmatrizen also zeitlich konstant sind. Wahrscheinlich läßt sich diese Schwierigkeit durch formale Einführung einer Hilfsvariabeln umgehen, die auch beim Beweis von (163) benutzt ist, doch ist mir das nicht unmittelbar ersichtlich.

und spricht vorderhand nur von dem einen Exponenten, so werden die Diagonalglieder der ersten Gleichung (160)

$$-\frac{h}{2\pi\iota}\frac{\partial}{\partial t}S'_{nn} + \frac{e}{2}q_{nn}e^{2\pi\iota\nu t} = W'_n. \tag{163}$$

Daraus folgt

$$S'_{nn} = \frac{e\,q_{nn}}{2h\nu}e^{2\pi\iota\nu t}, \qquad W'_n = 0. \tag{163'}$$

Für die andern Glieder erhält man entsprechend

$$S'_{nm} = \frac{e}{2h}\frac{q_{nm}}{\nu_{nm}+\nu}e^{2\pi\iota(\nu_{nm}+\nu)t}. \tag{163''}$$

Da Formel (161) unverändert ist, ergibt sich als resultierendes Moment, das zu einem evtl. vorhandenen ungestörten hinzukommt,

$$e(Q-q)_{mn} = \frac{e^2\mathfrak{E}}{2h}\sum_j\left(\frac{q_{mj}\,q_{jn}}{\nu_{mj}\pm\nu} - \frac{q_{mj}\,q_{jn}}{\nu_{jn}\pm\nu}\right)e^{2\pi\iota(\nu_{mn}\pm\nu)t}. \tag{164}$$

Diese Formel ist mit der SCHRÖDINGERschen und KRAMERS-HEISENBERGschen identisch.

Insbesondere geben die Diagonalglieder $n = m$

$$e(Q-q)_{nn} = \frac{2e^2\mathfrak{E}}{h}\sum\frac{q_{nj}\,q_{jn}}{\nu_{nj}^2-\nu^2}\nu_{nj}\cos 2\pi\nu t \tag{164'}$$

die für die Dispersion maßgebenden Glieder, die für „Emissionslinien" negativ sind ($\nu_{nj} < 0$). Für große Frequenzen, oder wenn nur eine einzige vom Grundzustand ausgehende Linie merklich in Betracht kommt, erhält man das klassische Resultat, wie es KUHN-REICHE-THOMAS nach der alten Quantentheorie gezeigt haben (Ziff. 77). Hat man nämlich nur einen Freiheitsgrad, so ist ($\tilde{m}$ Elektronenmasse)

$$\boldsymbol{p} = \tilde{m}\,\dot{\boldsymbol{q}}$$

und (150) wird für die Diagonalglieder

$$\sum_j q_{nj}\,q_{jn}\,\nu_{nj} = -\frac{h}{8\pi^2\tilde{m}}, \tag{165}$$

was in (164') eingesetzt den klassischen Wert für ein Elektron ergibt. Die Glieder von (164), für die $n \neq m$ ist, ergeben dann die HEISENBERG-KRAMERSsche Streustrahlung.

Man kann hier zum erstenmal einen Zusammenhang ableiten, der für die klassische Theorie charakteristisch war, aber in der alten Quantentheorie etwas verlorengegangen ist. In der klassischen Theorie erhält man aus der Dispersionsformel beim Übergang zur Frequenz 0 die Dielektrizitätskonstante, so daß die letztere implizit ein Produkt aus der „Stärke der Absorptionslinien" und dem reziproken Quadrat der Frequenz der Absorptionslinien enthielt. Multipliziert man das Moment mit der halben Feldstärke, so erhält man die Energie[1]) $e\mathfrak{E}z/2$. Andererseits ist dieser Energiebetrag auch als Starkeffekt berechenbar[2]), [und zwar als quadratischer[3])].

$$e\frac{\mathfrak{E}z}{2} = \mathfrak{E}^2 W''. \tag{166}$$

---

[1]) Siehe W. PAULI, Handb. d. Phys. Bd. XXIII, S. 95.

[2]) Zuerst betont von J. E. (LENNARD-) IONES, Proc. Roy. Soc. London (A) Bd. 105, S. 650. 1924.

[3]) R. BECKER, ZS. f. Phys. Bd. 9, S. 332. 1922.

In diesem Starkeffekt kommen aber nicht die Absorptionsfrequenzen vor, sondern die mechanischen Bewegungsfrequenzen. Mit andern Worten: Die Gleichung (166) ist auch in der BOHRschen Theorie richtig und wird tatsächlich zur Berechnung von W'' nach der BOHRschen Störungsmethode benutzt. Das in ihr eingehende z (in unserer Bezeichnung $Q - q$) ist das aus den mechanischen Gleichungen direkt berechnete. Für die Dispersion muß man aber ein anderes, daraus durch Korrespondenzbetrachtungen erhaltenes, benutzen (s. Ziff. 47), für das (166) nicht mehr gilt, wenn man links das Dispersions-z, rechts das alte W'' nimmt. In der neuen Theorie gilt (166) wieder[1]), denn jetzt ist auch das mechanische z gleich dem Dispersions-z, während gleichzeitig das mechanische W'', der quadratische Starkeffekt, ein anderer[2]) ist als nach BOHR, nämlich dem Dispersions-z angepaßt. Dies folgt sofort, wenn man den mit $\mathfrak{E}/2$ multiplizierten Ausdruck (164′) für $\nu = 0$ hinschreibt

$$e\frac{\mathfrak{E}}{2}(Q - q)_{nn} = \frac{e^2\mathfrak{E}^2}{h}\sum\frac{q_{nj}\,q_{jn}}{\nu_{nj}}$$

und mit (160′′′′) vergleicht, nachdem man beachtet hat, daß

$$H'_{nj} = e\,q_{nj}$$

ist.

62. Vergleich der neuen Mechanik mit der BOHRschen und Vergleich der beiden neuen Theorien untereinander. Wie schon erwähnt, liefert die neue Theorie häufig Resultate, die mit der BOHRschen übereinstimmen. Der formale Zusammenhang kommt am besten in einer Arbeit WENTZELS[3]) zum Ausdruck. Machen wir in SCHRÖDINGERS Wellengleichung (zur Vereinfachung in einem eindimensionalen Problem)

$$\frac{d^2\Psi}{dx^2} + \frac{8\pi^2 m}{h^2}[E - V(x)]\,\Psi = 0\,, \qquad E = h\nu_\psi \tag{167}$$

die Substitution

$$\Psi = e^{\frac{2\pi\iota}{h}\int\frac{dS}{dx}dx}\,,$$

so wird (167)

$$\frac{h}{4\pi\iota m}\,\frac{d}{dx}\left(\frac{dS}{dx}\right) = E - V(x) - \frac{1}{2m}\left(\frac{dS}{dx}\right)^2. \tag{167′}$$

Für $h = 0$ geht das in die klassische HAMILTON-JACOBIsche Differentialgleichung der Mechanik über. Die wellenmechanische Lösung kann also in eine Potenzserie nach h^s entwickelt werden und liefert, wenn S_0 die klassische Lösung bedeutet

$$\frac{dS}{dx} = \frac{dS_0}{dx} - \frac{h}{4\pi\iota}\,\frac{\frac{d^2S_0}{dx^2}}{\frac{dS_0}{dx}} - \left(\frac{h}{2\pi\iota}\right)^2\cdots$$

Der Zusammenhang der BOHRschen Quantenbedingungen mit der Regularitätsbedingung SCHRÖDINGERS besteht nun darin, daß wir eine Lösung suchen, die in den singulären Punkten der Differentialgleichung beschränkt bleibt, was festlegt, welche Lösung der klassischen Gleichung und damit von (167′) man

---

[1]) Wie zuerst UNSÖLD hervorgehoben hat; A. UNSÖLD, Ann. d. Phys. Bd. 82, S. 355 (spez. 381) 1927; s. F. L. PAULING, Proc. Roy. Soc. London (A) Bd. 114, S. 181. 1927.

[2]) G. WENTZEL, ZS. f. Phys. Bd. 38, S. 518. 1926; J. WALLER, ebenda S. 635. 1926; P. EPSTEIN, Phys. Rev. Bd. 28, S. 695. 1926.

[3]) G. WENTZEL, ZS. f. Phys. Bd. 38, S. 518. 1926.

wählt. Da in den Knotenstellen $\frac{\Psi'}{\Psi} = \frac{2\pi\iota}{h}\frac{dS}{dx}$ einfache Pole hat, muß nach dem CAUCHYschen Satz bei Integration im Komplexen um alle Pole $\frac{1}{h}\int\frac{dS}{dx}dx$ eine ganze Zahl sein, was mit den BOHR-SOMMERFELDschen Quantenbedingungen identisch ist.

Die mathematische Gleichwertigkeit der Wellen- und der Matrizenmechanik läßt sich nach SCHRÖDINGER[1]) durch folgenden Gedankengang beweisen: Zuerst zeigt man, daß es möglich ist zu allen p, q Matrizen zu konstruieren, die kanonisch konjugiert sind [d. h. (150) gehorchen], sonst aber noch unbestimmt sind und dementsprechend ein System willkürlicher Eigenfunktionen U_n enthalten. Wünscht man, daß die Matrizen einer bestimmten Gruppe von HAMILTONschen Bewegungsgleichungen gehorchen, die zu einem gegebenen Problem gehören, so hat man als U_n diejenigen zu wählen, die Lösungen jener SCHRÖDINGERschen Wellengleichung sind, die zum selben Problem gehört. Die Eigenwerte und Intensitäten werden dann identisch für beide Darstellungen.

Wir wollen zur Vereinfachung den Beweis für ein eindimensionales System führen. Zuerst definieren wir zu jeder (als Potenzreihe von p darstellbaren) „wohlgeordneten"[2]) Funktion F

$$F = \sum_{r_1 \ldots r_t} A_{r_1 \ldots r_t} f^{(r_1)}_{r_1 \ldots r_t}(q)\, p^{r_1} f^{(r_2)}_{r_1 \ldots r_t}(q)\, p^{r_2} \ldots f^{(r_t)}_{r_1 \ldots r_t}(q)\, p^{r_t},$$

(wo die f beliebige Funktionen von q sind), einen Operator $[F, \ldots]$, der, auf eine beliebige Funktion $U(q)$ angewandt, ergibt

$$[F, U] = \sum_{r_1 \ldots r_t} \left(\frac{h}{2\pi\iota}\right)^{r_1 + \cdots + r_t} A_{r_1 \ldots r_t} f^{(r_1)}_{r_1 \ldots r_t}(q) \frac{\partial^{r_1}}{\partial q^{r_1}} \cdots f^{(r_t)}_{r_1 \ldots r_t}(q) \frac{\partial^{r_t} U}{\partial q^{r_t}}.$$

Ist dann U_n ein vollständiges System beliebiger, normierter Eigenfunktionen mit den Eigenwerten W_n, so definiert man als zu der „Matrizenfunktion $\boldsymbol{F}$" gehörig die Matrix, deren Element

$$F_{mn} = e^{2\pi\iota(W_m - W_n)t} \int U_m [F, U_n]\, d\tau \tag{168}$$

ist. $d\tau$ ist das wahre Volumelement (d. h. hier dq, evtl. mit einer Dichtefunktion multipliziert, s. Ziff. 57). Es ist leicht zu ze gen, daß die Größen F^{mn} wirklich den in Ziff. 60 entwickelten Regeln für das Rechnen mit Matrizen genügen

$$(F + F^*)_{mn} = F_{mn} + F^*_{mn}, \quad (FF^*)_{mn} = \sum_j F_{mj} F^*_{jn} \tag{148''}$$

Es ist also

$$\left.\begin{aligned} q_{mn} &= e^{2\pi\iota(W_m - W_n)t} \int U_m q U_n\, d\tau, \\ p_{mn} &= e^{2\pi\iota(W_m - W_n)t} \int U_m \frac{h}{2\pi\iota} \frac{\partial U_n}{\partial q}\, d\tau. \end{aligned}\right\} \tag{169}$$

Damit beweist man die Gültigkeit von (150). Hiermit ist die erste Aufgabe gelöst, allgemeine Matrizen zu finden, die kanonisch konjugiert sind. Die nächste Aufgabe ist die, solche U zu finden, daß die q, p gegebenen HAMILTONschen Bewegungsgleichungen genügen, d. h.

$$\dot{q}_{mn} = \left(\frac{\partial H}{\partial p}\right)_{mn} \qquad \dot{p}_{mn} = -\left(\frac{\partial H}{\partial q}\right)_{mn}.$$

---

[1]) E. SCHRÖDINGER, Ann. d. Phys. Bd. 79, S. 734. 1926; C. ECKARDT, Phys. Rev. Bd. 28, S. 711. 1926.

[2]) In der Matrizenrechnung ist die Aufeinanderfolge von Faktoren von Bedeutung!

Dazu haben wir zuerst nachzusehen, was den Differentiationen entspricht. Für die Differentiation nach der Zeit folgt wie bei BORN

$$\dot{q}_{mn} = 2\pi\iota(W_m - W_n)\, q_{mn}.$$

Für die partiellen Differentiationen ergibt sich: Ist $\boldsymbol{F}$ eine Matrixfunktion, der der Operator $[F, \ldots]$ entspricht, so gehört zur Matrixfunktion $\frac{\partial \boldsymbol{F}}{\partial \boldsymbol{q}}$ der Operator $\left[\frac{\partial F}{\partial q}, \ldots\right] = \frac{2\pi\iota}{h}[pF - Fp, \ldots]$, zur Matrixfunktion $\frac{\partial \boldsymbol{F}}{\partial \boldsymbol{p}}$ der Operator

$$\left[\frac{\partial F}{\partial p}, \ldots\right] = \frac{2\pi\iota}{h}[Fq - qF, \ldots].$$

Diese Rechenregeln stimmen überein mit den von BORN und HEISENBERG aufgestellten.

Demnach werden den rechten Seiten der HAMILTONschen Bewegungsgleichungen Matrizen zugeordnet von der Form

$$\left(\frac{\partial H}{\partial p}\right)_{mn} = e^{\frac{2\pi\iota}{h}(W_m - W_n)t}\, \frac{2\pi\iota}{h} \int U_m [Hq - qH, U_n]\, d\tau,$$

$$-\left(\frac{\partial H}{\partial q}\right)_{mn} = e^{\frac{2\pi\iota}{h}(W_m - W_n)t}\, \frac{2\pi\iota}{h} \int U_m [pH - Hp, U_n]\, d\tau.$$

Nach Rechenregel (148″) kann man aber dafür schreiben

$$\left(\frac{\partial H}{\partial p}\right)_{mn} = e^{\frac{2\pi\iota}{h}(W_m - W_n)t}\, \frac{2\pi\iota}{h} \sum_j \left\{\int U_m [H, U_j]\, d\tau \int U_j q U_n\, d\tau - \int U_n q U_j\, d\tau \int U_j [H, U_n]\, d\tau\right\}$$

und entsprechend für die zweite Gleichung. Das wird nach (169)

$$\left(\frac{\partial H}{\partial p}\right)_{mn} = e^{\frac{2\pi\iota}{h}(W_m - W_n)t}\, \frac{2\pi\iota}{h} \sum_j \left\{\int U_m [H, U_j]\, d\tau \cdot q_{jn} - q_{mj} \int U_j [H, U_n]\, d\tau.\right\} \quad (170)$$

Um nun der Bewegungsgleichung zu genügen, nehmen wir jenes System von Eigenfunktionen, das der Differentialgleichung genügt

$$[H, U_j] = W_j U_j \quad (171)$$

und nennen es u_j. Dann wird der in (170) auftretende Ausdruck

$$\int U_m [H, U_j]\, d\tau = \int u_m [H, u_j]\, d\tau = W_j \int u_m u_j\, d\tau = \begin{matrix} 0 & j \neq m \\ W_m & j = m \end{matrix}.$$

Daher ist

$$\left(\frac{\partial H}{\partial p}\right)_{mn} = e^{\frac{2\pi\iota}{h}(W_m - W_n)t}\, \frac{2\pi\iota}{h}\,(W_m - W_n)\, q_{mn} = \dot{q}_{mn},$$

und der einen Bewegungsgleichung ist genügt, ebenso beweist man, daß auch die andere erfüllt ist (171) ist aber mit der SCHRÖDINGERschen Schwingungsgleichung (127) identisch, wenn nur die HAMILTONsche Matrizenfunktion $\boldsymbol{H}$ geeignet symmetrisch gemacht ist. Die u sind demnach die nach SCHRÖDINGER zu dem betreffenden Problem gehörigen Eigenfunktionen, die W die nach SCHRÖDINGER dazu gehörigen Eigenwerte $h\nu_\psi$, so daß die Frequenz der beobachtbaren Schwingungen nach beiden Theorien übereinstimmt. Endlich stimmen auch die Intensitäten überein, die nach BORN-HEISENBERG den (mit e^2 multiplizierten) Quadraten der Matrizenglieder q_{mn}, nach SCHRÖDINGER den Quadraten der

Glieder des elektrischen Moments proportional s nd. Vergleich von (131) und (169) zeigt aber die Identität der beiden Ausdrücke.

Die Überlegung kann ähnlich für mehrere Variable geführt werden.

63. Weiterentwicklung des physikalischen Gesichtspunktes. Eine wesentliche Änderung des ursprünglichen physikalischen Gesichtspunktes HEISENBERGS (Ziff. 59) ist, veranlaßt durch den Äquivalenzbeweis, von BORN[1]), DIRAC[2]), JORDAN[3]) und DE BROGLIE[4]) ausgegangen. Nach der neuen Auffassung hat die SCHRÖDINGERsche Lösung folgende Bedeutung: Es sei eine Gesamtheit von N gleichen (nicht aufeinander einwirkenden) Atomen gegeben, für welche (128) die Lösung der SCHRÖDINGERschen Gleichung ist: Dann sollen die A_j, die nach SCHRÖDINGER die Stärke der Anregung der j-ten Eigenschwingung messen, nach BORN die Zahl der Atome messen, die im j-ten Zustand sind, so daß

$$A_j^2 = \frac{N_j}{N} . \tag{172}$$

Die Normierung

$$\int \psi \overline{\psi}\, dx\, dy\, dz = \sum A_j^2 = 1 \tag{129'}$$

bedeutet dann die Erhaltung der Gesamtzahl der Atome. ψ mißt also die Wahrscheinlichkeit eines Zustandes des Elektrons (auch im Raum). Im Speziellen mißt $\psi_n^2(xyz)\, dx\, dy\, dz$ die Wahrscheinlichkeit, daß ein Elektron des n-ten Quantenzustandes in $dx\, dy\, dz$ liegt[5]). Die BORNsche Auffassung kombiniert so die Diskretheit der einzelnen BOHRschen Zustände mit der aus einer partiellen Differentialgleichung abgeleiteten kontinuierlichen Wahrscheinlichkeitsfunktion.

Die wesentliche Bedeutung dieser Auffassung beruht auf folgendem:

Es sei ein System ursprünglich durch (128) gegeben, also mit Teilchenzahlen A_j^{02}. Nun führe man eine Störung ein. Nach den Störungsrechnungen (Ziff. 58) wird dann die Lösung lauten

$$\psi = \sum_n A_n^0 e^{2\pi i \nu_n t} (u_n + \mathfrak{E} \sum_j b'_{nj} u_j) . \tag{173}$$

Jetzt ist der Koeffizient von u_n, der die Zahl der jetzt im n-ten Zustand befindlichen Teilchen mißt

$$A_n = A_n^0 + \mathfrak{E} \sum_j b'_{jn} A_j^0 e^{2\pi i (\nu_j - \nu_n) t}$$

oder mit $b_{nn} = 1 + \mathfrak{E} b'_{nn}$, $b_{jn} = \mathfrak{E} b'_{jn} e^{2\pi i (\nu_j - \nu_n) t}$ $\quad j \neq n$,

$$A_n = \sum_j b_{jn} A_j^0 \tag{174}$$

$$N_n = N A_n^2 = N (\sum_j b_{jn} A_j^0)^2 . \tag{174'}$$

Die b_{nj} messen daher in gewissem Sinn die Übergangswahrscheinlichkeiten.

Dadurch, daß die Gleichungen in ψ linear sind, für die Wahrscheinlichkeit aber ψ^2 maßgebend ist, sind die einzelnen Ereignisse nicht mehr statistisch unabhängig (Interferenz der Wahrscheinlichkeiten), was diese neue Auffassung nun aufs engste mit der neuen Statistik[6]) verknüpft. In der Tat hatte LANDÉ[7]) diese neue Statistik schon früher als eine Interferenz der „Lichtquantenamplituden"

---

[1]) M. BORN, ZS. f. Phys. Bd. 37, S. 863. 1926; Bd. 38, S. 803. 1926; Bd. 40, S. 167. 1927.
[2]) P. DIRAC, Proc. Roy. Soc. Bd. 112, S. 661. 1926.
[3]) P. JORDAN, ZS. f. Phys. Bd. 40, S. 661, 809. 1927; Bd. 41, S. 797. 1927.
[4]) L. DE BROGLIE Journ. d. Phys. (VI) Bd. 8, S. 225. 1927.
[5]) W. PAULI, ZS. f. Phys. Bd. 41, S. 81. 1926.
[6]) S. N. BOSE, ZS. f. Phys. Bd. 27, S. 384. 1924; A. EINSTEIN, Berl. Ber. 1924, S. 261 u. 1925, S. 3 u. 18; E. FERMI, ZS. f. Phys. Bd. 36, S. 902. 1926.
[7]) A. LANDÉ, ZS. f. Phys. Bd. 33, S. 571. 1925.

gedeutet. Wir werden die Diskussion von (174) in Ziff. 64 aufnehmen und hier, in der allgemeinen Diskussion fortfahrend, betonen, daß demnach die ψ-Phasenwelle als „Gespensterfeld" die Wahrscheinlichkeitsverteilung der materiellen Teilchen angibt bzw. sie ihnen vorschreibt. BORN (l. c.) behandelt z. B. den Stoß eines Elektronenstroms auf ein Atom so, daß er die die Verteilung der ankommenden, parallel fliegenden Teilchen repräsentierende ebene ψ-Welle am Teilchen streuen läßt und aus der (nach allen Richtungen) gestreuten ψ-Welle die Wahrscheinlichkeitsverteilung der gestreuten Teilchen berechnet.

Dieselbe Auffassung, daß das optische Lichtwellenfeld als „Gespensterfeld" nicht selbst Energie trägt, sondern den mit Energie und Impuls begabten korpuskelhaften Lichtquanten nur die Wahrscheinlichkeitsverteilung ihrer Flugbahnen angibt und so die mittlere Intensitätsverteilung vorschreibt, wird von DE BROGLIE[1]), BECK[2]) und JORDAN[3]) vertreten. Das ist aber gar nichts anderes als die WENTZELsche Theorie[4]), nach der das Lichtquant seine Bahn wahrscheinlichkeitstheoretisch vorausberechnet (Ziff. 52) und der gegen diese erhobene Einwand von LANDÉ[5]) scheint auch hier zu gelten.

Neuerdings hat HEISENBERG[6]) diese Anschauungen wesentlich präzisiert (und damit seine ursprüngliche Auffassung teilweise geändert). Seine Überlegungen machen die Bedeutung des SCHRÖDINGERschen Wellenpakets, das nur in speziellen Fällen dauernd zusammenhalte, in der Deutung der ψ als im Raum kontinuierlich ausgebreitete Wahrscheinlichkeitsfunktion deutlich. Er betont, daß alle physikalisch meßbaren Größen sich zu Paaren anordnen lassen, z. B. Ort q und Geschwindigkeit bzw. Moment p, Energie und Zeit bzw. Phase, Impulswert J und Wirkungsvariable w, so daß sich bei geeigneter Anordnung die eine Größe des Paares mit beliebiger Genauigkeit messen läßt, daß aber durch diese Messung die andere Größe derart gestört wird, daß sie nur mit desto größerer Ungenauigkeit bekannt ist. Und zwar stehen diese Genauigkeiten in der Beziehung z. B.

$$\Delta p \, \Delta q \sim h \,. \tag{175}$$

Hat man z. B. den Ort eines Elektrons zu bestimmen, so kann man das mit (im Prinzip) beliebiger Genauigkeit mit Hilfe eines „γ-Strahl-Mikroskopes" tun, wenn man nur die Wellenlänge genügend klein macht. Dann wird aber diese γ-Strahlung infolge des Comptoneffekts den Geschwindigkeitswert des Elektrons ändern, und zwar um so mehr, je kurzwelliger die γ-Strahlung, je genauer also die Ortsbestimmung ist. Infolge des notwendigen Öffnungswinkels[7]) im γ-Strahlmikroskop kann man aber nicht aus der Bewegung nach dem Comptonprozeß auf die Geschwindigkeit vor demselben mit Schärfe zurückschließen. Umgekehrt kann man die Geschwindigkeit des Elektrons durch den Dopplereffekt des gestreuten Lichts finden. Will man aber den Comptoneffekt möglichst wirkungslos machen, so hat man möglichst langwelliges Licht zu nehmen, was nach dem Obigen eine gleichzeitige Ortsbestimmung ungenau macht.

Entsprechend gibt es bei einer genauen Messung der Energie (etwa bei Stoßmessungen) keine Möglichkeit, gleichzeitig die Phase, den Elektronenort, genau zu bestimmen.

---

[1]) L. DE BROGLIE, Journ. de phys. (VI) Bd. 8, S. 225. 1927.
[2]) G. BECK, ZS. f. Phys. Bd. 43, S. 658. 1927.
[3]) P. JORDAN, Naturwissensch. Bd. 15, S. 636. 1927.
[4]) G. WENTZEL, ZS. f. Phys. Bd. 22, S. 193. 1924.
[5]) A. LANDÉ, ZS. f. Phys. Bd. 35, S. 317. 1926.
[6]) W. HEISENBERG, ZS. f. Phys. Bd. 43, S. 172. 1927; s. auch z. B. N. R. CAMPBELL, Phil. Mag. (7) Bd. 1, S. 1106. 1926; Nature Bd. 119, S. 779. 1926.
[7]) Apertur!

Ähnlich steht es mit dem Begriff der Bahn eines Elektrons. Verstehen wir darunter die Reihenfolge der „Orte", die ein Elektron im Laufe der Zeit einnimmt, so wäre zu ihrer Beobachtung z. B. Licht von wesentlich kürzerer Wellenlänge als 10^{-8} cm erforderlich. Da aber ein einziges Quant so kurzwelligen Lichts genügt, das Elektron vollkommen aus seiner Bahn zu werfen, ist die Beobachtung einer vollständigen individuellen Bahn unmöglich.

Dagegen ist es im Prinzip möglich, an einer großen Zahl von Atomen, die sich im selben Quantenzustand befinden, die Verteilung der Elektronen im Raum in einem gegebenen Augenblick zu bestimmen und so eine Wahrscheinlichkeitsfunktion für die Verteilung der Elektronenorte im Raum zu geben.

Für den Rest zitieren wir am besten 3 Stellen aus HEISENBERGS Arbeit: „Darin, daß in der Quantentheorie in einem bestimmten Zustand, z. B. 1 S, nur die Wahrscheinlichkeitsfunktion des Elektronenorts angegeben werden kann, mag man mit BORN und JORDAN einen charakteristisch-statistischen Zug der Quantentheorie im Gegensatz zur klassischen Theorie erblicken. Man kann aber, wenn man will, mit DIRAC auch sagen, daß die Statistik durch unsere Experimente hereingebracht sei. Denn offenbar wäre auch in der klassischen Theorie nur die Wahrscheinlichkeit einer bestimmten Elektronenorts angebbar, solange wir die Phasen nicht kennen. Der Unterschied zwischen klassischer und Quantenmechanik besteht vielmehr darin: klassisch können wir uns durch vorausgesetzte Experimente immer die Phase bestimmt denken. In Wirklichkeit ist dies aber unmöglich, weil jedes Experiment zur Bestimmung der Phase das Atom zerstört bzw. verändert." (S. 177.)

„Es liegt nahe, hier die Quantentheorie mit der speziellen Relativitätstheorie zu vergleichen. Nach der Relativitätstheorie läßt sich das Wort ‚gleichzeitig' nicht anders definieren als durch Experimente, in welche die Ausbreitungsgeschwindigkeit des Lichts wesentlich eingeht. Gäbe es eine schärfere Definition der Gleichzeitigkeit, also z. B. Signale, die sich unendlich schnell fortpflanzen, so wäre die Relativitätstheorie unmöglich ... Ähnlich steht es mit der Definition der Begriffe: ‚Elektronenort, Geschwindigkeit' in der Quantentheorie ... Gäbe es Experimente, die gleichzeitig eine schärfere Bestimmung von p und q ermöglichen, als es der Gleichung (175) entspricht, so wäre die Quantentheorie unmöglich." (S. 179, 180.)

„Ich glaube, daß man die Entstehung der klassischen ‚Bahn' [in der Makromechanik] prägnant so formulieren kann: Die Bahn entsteht erst dadurch, daß wir sie beobachten. Sei z. B. ein Atom im 1000. Anregungszustand gegeben. Die Bahndimensionen sind hier schon relativ groß, so daß es im Sinn von S. 591 genügt, die Bestimmung des Elektronenortes mit verhältnismäßig langwelligem Licht vorzunehmen. Wenn die Bestimmung des Ortes nicht allzu ungenau sein soll, so wird der Comptonrückstoß zur Folge haben, daß das Atom sich nach dem Stoß n irgendeinem Zustand zwischen, sagen wir dem 950. und 1050., befindet; gleichzeitig kann der Impuls des Elektrons mit einer aus (175) bestimmbaren Genauigkeit aus dem Dopplereffekt geschlossen werden. Das so gegebene experimentelle Faktum kann man durch ein Wellenpaket[1]) — besser Wahrscheinlichkeitspaket — im q-Raum, von einer durch die Wellenlänge des benutzten Lichts gegebenen Größe, zusammengesetzt im wesentlichen aus Eigenfunktionen zwischen der 950. und 1050. Eigenfunktion, und durch ein entsprechendes Paket im p-Raum charakterisieren. Nach einiger Zeit werde eine neue Ortsbestimmung mit der gleichen Genauigkeit ausgeführt. Ihr Resultat läßt sich ... nur statistisch angeben, als wahrscheinliche Orte kommen alle innerhalb des nun

[1]) Siehe Ziff. 56. C. G. DARWIN, Proc. Roy. Soc. Bd. 117, S. 258. 1927; P. EHRENFEST, ZS. f. Phys. Bd. 45, S. 455, 1927.

schon verbreiterten Wellenpakets mit berechenbarer Wahrscheinlichkeit in Betracht. Dies wäre in der klassischen Theorie keineswegs anders, denn auch in der klassischen Theorie wäre das Resultat der zweiten Ortsbestimmung wegen der Unsicherheit der ersten Bestimmung nur statistisch angebbar; auch die Systembahnen der klassischen Theorie würden sich ähnlich ausbreiten wie das Wellenpaket. Allerdings sind die statistischen Gesetze selbst in der Quantumsmechanik und in der klassischen Mechanik verschieden. Die zweite Ortsbestimmung wählt aus der Fülle der Möglichkeiten eine bestimmte ‚q' aus und beschränkt für alle folgenden die Möglichkeiten. Nach der zweiten Ortsbestimmung können die Resultate späterer Messungen nun berechnet werden, indem man dem Elektron wieder ein ‚kleineres' Wellenpaket der Größe λ (Wellenlänge des zur Beobachtung benutzten Lichtes) zuordnet. Jede Ortsbestimmung reduziert also das Wellenpaket wieder auf seine ursprüngliche Größe λ." (S. 186)[1]).

64. Änderung der Verteilung, Übergangswahrscheinlichkeiten. Linienstärken. HEISENBERG hatte (Ziff. 60) angenommen, daß die Quadrate der Matrixelemente ein Maß für die betreffenden Intensitäten sind, SCHRÖDINGER (Ziff. 57) hatte als solches die Quadrate der damit identischen Dipolmomente angesehen. Die hier darzustellenden Überlegungen sollen diese Ansätze aus den Grundlagen der Theorie ableiten, bzw. Abänderungen von diesen Ansätzen liefern. Da die Stärke der Linien sich einerseits in EINSTEINS Übergangswahrscheinlichkeiten ausdrücken läßt (Ziff. 41), andererseits in die dispersionstheoretischen Elektronenzahlen eingeht, so liefern die Überlegungen dieser Ziffer die quantitative Theorie dieser Größen. Zu diesem Zweck gehen wir mit JORDAN, BORN, DIRAC und SLATER[2]) folgendermaßen vor: Wir setzen als Lösung der SCHRÖDINGERschen Gleichung (135) an

$$\psi = \psi^0 + \mathfrak{E}\psi' = \sum A_j^0 e^{2\pi i \nu_j t} u_j + \mathfrak{E} \sum_j A_j' e^{2\pi i \nu_j t} u_j . \tag{176}$$

Hier sind also die A_j^0 die Größen, die die ursprüngliche Verteilung der Atome bestimmen,

$$N_j^0 = A_j^{0\,2} N . \tag{172'}$$

Zur Zeit t haben diese Größen die Werte angenommen

$$N_j = A_j^2 N , \qquad A_j = A_j^0 + \mathfrak{E} A_j' . \tag{172''}$$

Um diese zu finden, entwickeln wir wie in Ziff. 58 $V'\psi^0$ in eine Summe nach u_j

$$V'\psi^0 = \sum_n e^{2\pi i \nu_n t} u_n \sum_j A_j^0 e^{2\pi i(\nu_j - \nu_n)t} \int V'(t, x \ldots)\, u_j u_n \, d\tau .$$

Dann führt Einsetzen dieser Entwicklungen mit Berücksichtigung von (138) und Beibehaltung der ersten Potenz von $\mathfrak{E}$ zu

$$\frac{\partial}{\partial t} A_n' = \frac{2\pi i}{h} \sum_j A_j^0 \, e^{2\pi i(\nu_j - \nu_n)t} \int V'(t, x) u_j u_n \, d\tau$$

bzw. mit der Abkürzung $V_{jn}' = \frac{2\pi i}{h} \mathfrak{E} \int V'(t, x)\, u_j u_n \, d\tau$ zu der Gleichung für die zeitliche Änderung der A_j

$$\frac{\partial}{\partial t} A_n = \sum_j A_j \, e^{2\pi i(\nu_j - \nu_n)t}\, V_{jn}'(t) . \tag{177}$$

---

[1]) Siehe auch N. BOHR, Nature Bd. 121, S. 580. 1928. Anwendung auf Lichtquanten. J. C. SLATER, Phys. Rev. Bd. 31, S. 895. 1928.

[2]) P. JORDAN, ZS. f. Phys. Bd. 33, S. 506. 1926; M. BORN, ebenda Bd. 40, S. 167. 1927; P. DIRAC, Proc. Roy. Soc. London Bd. 112, S. 661. 1926; Bd. 114, S. 243 u. 710. 1927; J. C. SLATER, Proc. Nat. Acad. Amer. Bd. 13, S. 7 u. 104. 1927.

Daraus lassen sich eine Reihe von Folgerungen ableiten. Integriert man erstens (177) für kleine Änderungen von A (schwache Störung oder kurze Zeit), so erhält man die in (174) auftretenden Übergangswahrscheinlichkeiten

$$b_{jn} = \mathfrak{E}\int e^{2\pi i(\nu_j-\nu_n)t}\, V'_{jn}(t)\, dt. \tag{178}$$

Dann folgt für die eigentlichen Übergangswahrscheinlichkeiten

$$\beta_{jn} = b_{jn}\overline{b}_{jn} \quad (\overline{b} \text{ konjugiert komplexer Wert}) \quad j \neq n,$$

$$\beta_{nn} = 1 - \sum_j \beta_{nj}.$$

Findet im besonderen die Störung unendlich langsam statt, so ist $A_j = A_j^0$, d. h., die „adiabatische Störung“ induziert (in der Sprache der Bohrschen Theorie) keine unmechanischen Übergänge, sondern verändert nur den einzelnen Zustand.

Geht man nun zur Berechnung der Einsteinschen Übergangswahrscheinlichkeiten über, d. h., setzt man als Störung eine Lichtwelle an, so ergibt sich sofort eine merkwürdige Schwierigkeit.

Setzt man nämlich eine genau monochromatische Welle an, so hat man

$$\mathfrak{E}V' = \frac{e\mathfrak{E}_x^0}{2}\left(e^{2\pi i\nu t} + e^{-2\pi i\nu t}\right)x, \tag{179}$$

also

$$V'_{nj} = \frac{2\pi i}{2h}\left(e^{2\pi i\nu t} + e^{2\pi i\nu t}\right)\mathfrak{p}_{nj}, \tag{179'}$$

wo

$$\mathfrak{p}_{nj} = e\int x\, u_n\, u_j\, d\tau \tag{131'}$$

das nj-te Element der Matrix ist, die die x-Komponente des elektrischen Moments des Atoms darstellt.

Bildet man nun das Integral (178), so erhält man einen wesentlichen Beitrag nur, wenn $\nu = \nu_n - \nu_j$ ist, mit

$$b_{nj} = \frac{\pi i}{h}\mathfrak{E}_x^0\mathfrak{p}_{nj}\, t$$

und wenn ursprünglich nur die beiden Zustände n und j da waren

$$N_n = N_n^0 + \frac{\pi^2}{h^2}\mathfrak{E}_0^2\mathfrak{p}_{nj}^2 t^2 (N_j^0 - N_n^0)$$

Die Wahrscheinlichkeit des Überganges nimmt also proportional t^2 zu. Richtig kommt heraus, daß die erzwungenen Übergangswahrscheinlichkeiten nach beiden Seiten ($n \to j$ und $j \to n$) gleich sind.

Setzt man nun aber natürliche Strahlung an, so ist[1])

$$\mathfrak{E}_x^2(\nu) = \frac{8\pi}{3}\frac{\varrho(\nu)}{T}, \tag{179''}$$

indem für einen, die Zeit T andauernden Wellenzug die Intensität einer g a n z b e s t i m m t e n Wellenlänge desto kleiner wird, je länger er anhält (Abnahme des einzelnen Koeffizienten bei der Fourieranalyse). Dann gibt (179″) direkt

$$N_n = N_n^0 + \frac{8\pi^3}{3h^2}\mathfrak{p}_{nj}^2\, T\, \varrho(\nu_{nj})\,(N_j^0 - N_n^0), \tag{180}$$

[1]) M. Planck, Theorie der Wärmestrahlung, S. 119. Leipzig 1906.

also

$$B_n^j = B_j^n = \frac{8\pi^3}{3h^2} \mathfrak{p}_{nj}^2$$

in Übereinstimmung[1]) mit dem korrespondenzmäßig erwarteten Wert[2]).

Ferner findet man, daß bei natürlicher Strahlung, bei welcher die Phasen benachbarter Frequenzen unregelmäßig verteilt sind, im Gegensatz zum allgemeinen Fall die Übergänge von $j \to n$ unabhängig davon sind, welchen Wert $N_k (k \neq j \neq n)$ hat und ob auch diese Übergänge angeregt werden, ebenso wie in der BOHRschen Theorie.

Ähnliche Rechnungen für das kontinuierliche Spektrum haben WENTZEL[3]) OPPENHEIMER[4]) und SUGIURA[5]) angestellt. WENTZEL gibt für den Verlauf des Absorptionskoeffizienten in der kontinuierlichen Absorption, die an die Lymangrenze $\lambda_\varkappa$ anschließt, folgende Formel

$$\alpha = \frac{16}{3} \frac{e^2 h}{m c^2} \left(\frac{\lambda}{\lambda_\varkappa}\right)^{\frac{5}{2}} \left[9\gamma^2 \lambda + (1-\gamma^2)\lambda_\varkappa + 6\gamma\sqrt{1-\gamma^2}\sqrt{\lambda\lambda_\varkappa}\right],$$

wo γ eine Größe zwischen 0 und 1 (Kosinus der Phase der auslaufenden Welle im Atommittelpunkt) ist.

Zieht man nach WENTZEL[6]) in Betracht, daß die Lichtwelle innerhalb des Atoms (der Funktion ψ_n) nicht streng als örtlich konstantes Feld betrachtet werden kann, d. h., führt man in (179) den Faktor $e^{-2\pi c\nu \frac{z}{c}}$ ein, so erhält man auch den Strahlungsdruck und damit den Comptoneffekt. Andere Behandlungen des Comptoneffektes stammen von SCHRÖDINGER[7]), BECK[8]) und DIRAC[9]). Ferner hat WENTZEL die Häufigkeit von strahlungslosen (Auger-) Sprüngen berechnet[10]).

Wesentlich schwieriger ist die Frage nach der spontanen Ausstrahlung zu behandeln. Wenn nämlich von vornherein kein äußeres Feld da ist, ist die Störungsfunktion und demnach jedes V'_{nj} Null, und die A und N bleiben konstant.

Einen Versuch, die Frage durch Berufung auf das Korrespondenzprinzip zu beantworten, hat KLEIN[11]) gemacht, der auch die Absorptionsprozesse ähnlich behandelte. Andere Vorschläge betreffen die Einführung eines Dämpfungsfeldes [LANDÉ[12])] oder einer Reibungskraft [SLATER[13])], die so gewählt sind, daß sich die richtigen Werte der spontanen Ausstrahlung ergeben.

Die entscheidende Antwort scheint aber nach DIRAC[14]) viel tiefer mit den Grundlagen der Theorie verknüpft zu sein.

DIRAC setzt die Störungsenergie ursprünglich ebenso an wie wir (178), aber er betrachtet dann das elektrische Feld nicht als äußere vorgegebene Größe, sondern behandelt das ganze System, Atom + Feld, als aus zwei Teilen aufgebaut,

---

[1]) M. BORN, l. c. S. 180, Formel 39 hat 4 statt 2; s. auch P. DIRAC, Proc. Roy. Soc. London Bd. 114, S. 262 (Anm.). 1927.

[2]) S. z. B. J. H. VAN VLECK, Phys. Rev. Bd. 24, S. 330 u. 347. 1924; W. PAULI, Dies. Handb. Bd. XXIII, S. 44; man beachte, daß $\mathfrak{p}_{nj}$ $\frac{1}{2}$ der Amplitude in der komplexen Schreibweise ist!

[3]) G. WENTZEL, ZS. f. Phys. Bd. 40, S. 574. 1927.

[4]) J. R. OPPENHEIMER, ZS. f. Phys. Bd. 41, S. 268. 1927.

[5]) Y. SUGIURA, Journ. de phys. (6) Bd. 8, S. 113. 1927.

[6]) G. WENTZEL, ZS. f. Phys. Bd. 43, S. 1 u. 779. 1927.

[7]) E. SCHRÖDINGER, Ann. d. Phys. Bd. 82, S. 257. 1927.

[8]) G. BECK, ZS. f. Phys. Bd. 38, S. 144. 1926.

[9]) P. DIRAC, Proc. Roy. Soc. London Bd. 111, S. 405. 1926.

[10]) G. WENTZEL, ZS. f. Phys. Bd. 43, S. 524. 1927.

[11]) O. KLEIN, ZS. f. Phys. Bd. 41, S. 407. 1927.

[12]) A. LANDÉ, ZS. f. Phys. Bd. 42, S. 835. 1927.

[13]) J. C. SLATER, Proc. Nat. Acad. Amer. Bd. 13, S. 104. 1927.

[14]) P. DIRAC, Proc. Roy. Soc. London Bd. 114, S. 243 u. 710. 1927.

deren jeder gequantelt werden muß. Zu diesem Zweck betrachtet er zuerst das System, das aus dem Atom (HAMILTONsche Funktion H^0) und den in einem Hohlraum befindlichen Lichtquanten besteht, ohne Koppelung zwischen Lichtquanten und Atom zu berücksichtigen. Hat der r-te Hohlraumfreiheitsgrad N_r^* Lichtquanten, so ist die HAMILTONsche Funktion

$$H = H^0 + \sum_r h\nu_r N_r^* \,. \tag{181}$$

Nennen wir die zu hN_r^* als Wirkungsvariable kanonisch zugeordnete Winkelvariable w_r (s. dies. Handb. Bd. 5, IV), so ist

$$h\dot{N}_r^* = -\frac{\partial H}{\partial w_r} = 0\,, \qquad \dot{w}_r = \frac{1}{h}\frac{\partial H}{\partial N_r} = \nu_r\,,$$

w_r ist also einfach die Phase der Lichtwelle.

Führen wir nun die Koppelung zwischen Atom und Lichtquanten wieder ein, so haben wir den Ausdruck $\frac{e}{2}\mathfrak{E}_r x$ zu bilden. Um $\mathfrak{E}$ durch N_r^* auszudrücken, beachten wir, daß die Strahlungsdichte, die zwischen den Frequenzen ν und $\nu + d\nu$ liegt, gleich

$$\varrho_\nu d\nu = \frac{1}{V} h\nu N_r^* V \frac{8\pi\nu^2}{c^3} d\nu$$

ist, falls N_r^* sich langsam mit r ändert, da $V\frac{8\pi\nu^2}{c^3}d\nu$ die Anzahl der Eigenschwingungen ist, die bei einem Gesamtvolumen V in diesem Intervall liegen, und jede Eigenschwingung N_r Quanten enthält. Mit (179) wird dann die Störungsfunktion

$$\frac{e}{2}\cdot\frac{2\pi\iota}{h}\sum_r \frac{8\pi}{c}\sqrt{\frac{h\nu_r^3}{3Tc}}\sqrt{N_r^*}\,(e^{2\pi\iota w_r} + e^{-2\pi\iota w_r})\,x\,. \tag{182}$$

Bisher ist die Überlegung vollkommen identisch mit der von (179) zu (180) führenden. Wenn man aber nun von der HAMILTONschen Gleichung zur SCHRÖDINGER-Gleichung übergeht, so darf man nicht mehr (182) einfach als die einer potentiellen Energie entsprechende Störungsfunktion $\mathfrak{E}^0 V'$ in (178') einführen, sondern als „Operator" gemäß Ziff. 62, da sie die den Impulsen p entsprechenden Wirkungsvariabeln enthält. Dann geht (182) über in den Ausdruck[1])

$$\frac{\pi\iota}{h}\,\frac{8\pi}{c}\sum_r\sqrt{\frac{h\nu_r^3}{3cT}}\left(\sqrt{N_r^*}\,e^{2\pi\iota w_r} + \sqrt{N_r^*+1}\,e^{-2\pi\iota w_r}\right)\mathfrak{p}\,, \tag{183}$$

[1]) Die Überlegung, die von (182) zu (183) führt, kann man meiner Meinung nach vielleicht so formulieren: (182) ist nicht direkt brauchbar, da die Wirkungsvariabeln nicht in ganzer rationaler Funktion vorkommen $\left(\sqrt{N_r^*}\right)$. Daher führt man neue kanonisch konjugierte Größen p, q ein durch

$$p = \sqrt{N_r^* h}\,e^{-2\pi\iota w_r} \qquad q = \frac{\sqrt{N_r^* h}}{2\pi\iota}\,e^{+2\pi\iota w_r}\,.$$

Dann bleibt (181) rational, der entscheidende Ausdruck in (182) wird

$$\sqrt{\frac{\nu_r^3}{3Tc}}\,(p + 2\pi\iota q) \tag{182'}$$

und ist daher auch rational. Aber die oben erwähnten p, q genügen n i c h t der quantenmechanischen Vertauschungsregel (150). Sie werden demnach abgeändert zu

$$\left.\begin{aligned} p &= \sqrt{h(N_r^* + 1)}\,e^{-2\pi\iota w_r}\,,\\ q &= \frac{\sqrt{h N_r^*}}{2\pi\iota}\,e^{2\pi\iota w_r}\,,\end{aligned}\right\} \tag{185}$$

in dem die Funktionen die gewöhnliche, nicht die Operatorbedeutung haben. Um am einfachsten zu den EINSTEINschen A zu gelangen, setzt man $N_r^* = 0$ (keine äußere Strahlung) und erhält auf demselben Weg, der zu (178) (180) führt,

$$N_n = N_n^0 - \frac{64\pi^4}{3c^3h} T \nu^3 \mathfrak{p}_{nj}^2 N_n, \tag{184}$$

mit

$$A_n^j = \frac{64\pi^4}{3c^3h} \nu^3 \mathfrak{p}_{nj}^2$$

in Übereinstimmung mit der Korrespondenzbetrachtung[1]).

Der Ersatz des N^* durch N^*+1 liefert so auch in der Abwesenheit von äußerer Strahlung das von LANDÉ geforderte Dämpfungsfeld in der richtigen Größe von 1 Quant für jede Eigenschwingung. Daß dies nur bei dem einen Glied in (182) (dem mit negativem Exponenten) auftritt, hat zur Folge, daß es nur eine spontane Emission, keine „spontane Absorption" gibt. Hätten wir nicht zur Abkürzung bei der Ableitung die $N_r^* = 0$ gesetzt, so hätten sie die schon in (184) erhaltene erzwungene Absorption und Emission geliefert; diese beiden treten auf, weil N_r^* bei beiden e-Potenzen steht.

Es ist noch kurz die Frage einer separaten Dämpfungskraft zu behandeln. BECK[2]) hat schon darauf hingewiesen, daß man die richtige Abnahme der Strahlungsintensität von selbst erhält, wenn man die richtigen Übergangswahrscheinlichkeiten hat (nur konnten diese vor DIRACS Arbeiten eben nicht ohne Strahlungswiderstand erhalten werden). BLOCH hat die ausführlichen Formeln nach den oben besprochenen Methoden entwickelt[3]).

Klassisch ist die natürliche Linienbreite mit der Dämpfungskonstante verknüpft. Dieselbe Verknüpfung besteht nun nach einer wichtigen Bemerkung von SLATER[4]) auch in der neuen Theorie. Nach dieser ist die Frequenz des ausgestrahlten Lichtes nämlich durch $\nu_n - \nu_j$ gegeben, wenn $2\pi\iota\nu_j t$ der zeitabhängige Exponent einer vor einer Eigenfunktion u_j stehenden e-Potenz ist. Wenn nun die in der Lösung (176) auftretenden A nicht zeitunabhängig sind, sondern nach (177) usw. von der Zeit abhängen, so hat man den ganzen zeitabhängigen Faktor $A_j e^{2\pi\iota\nu_j t}$ in ein Fourierintegral aufzulösen[5]), so daß mit geringerer Intensität auch zu ν_j^0 benachbarte Frequenzen auftreten.

Die genaue Form der Absorptions- und Dispersionskurve innerhalb der Spektrallinie ist noch nicht berechnet, doch hat DIRAC[6]) Formeln für den Fall genauer Resonanz angegeben.

65. Zahlenmäßige Resultate für die Linienstärke[7]). Die Auswertung der Formeln 140 für die Linienintensität der Wasserstofflinien ist zuerst zahlenmäßig

---

wobei jetzt N^* und die e-Potenz nicht mehr direkt vertauschbar sind, sondern den Vertauschungsregeln folgen (P. DIRAC, Proc. Roy. Soc. London Bd. 110, S. 566. 1926).

$$e^{\pm\iota(2\pi w_r)} f(N) = f(N \mp 1) e^{\pm\iota(2\pi w_r)},$$

$$f(N) e^{\pm\iota(2\pi w_r)} = e^{\pm\iota(2\pi w_r)} f(N \pm 1), \tag{185}$$

(185) gehorcht nun (150). Dann behält man für die Störungsfunktion die Form (182') bei, benutzt aber (185).

[1]) W. PAULI, Dies. Handb. Bd. XXIII, S. 43; s. auch Anm. 1, S. 594 dieses Artikels.

[2]) G. BECK, ZS. f. Phys. Bd. 42, S. 86. 1927.

[3]) F. BLOCH, Phys. ZS. Bd. 29, S. 58. 1928.

[4]) J. C. SLATER, Proc. Nat. Acad. Amer. Bd. 13, S. 104. 1927.

[5]) G. WENTZEL, ZS. f. Phys. Bd. 27, S. 279. 1924.

[6]) P. DIRAC, Proc. Roy. Soc. London Bd. 114, S. 710. 1927.

[7]) Man beachte hier auch bereits die Ziff. 75, 76 und 77.

von SCHRÖDINGER[1]) vorgenommen worden, dann hat PAULI[2]) allgemeine Formeln für die relativen Stärken angegeben. OPPENHEIMER[3]) hat den absoluten Absorptionskoeffizienten für einzelne Linien und das kontinuierliche Spektrum ausgerechnet, die letztere Aufgabe ist (mit Anwendung auf die Röntgenabsorption) gleichzeitig von WENTZEL[4]) gelöst worden[5]) (s. Ziff. 64).

Am vollständigsten und bequemsten aber finden sich die Resultate bei SUGIURA[6]). Wenn r_0 den Radius der innersten BOHRschen Bahn bezeichnet, so findet er für das Quadrat des Gesamtmoments für einen Übergang $nk \to n'k'$ (k in der neuen Bezeichnung, nach der $k = 0$ ein s-Term ist).

$$\mathfrak{p}^2_{nk\to n'k'} = e^2 r_0^2 k 4^{k+k'+2}\left(\frac{n}{n+n'}\right)^{2k'+4}\left(\frac{n'}{n+n'}\right)^{2k'+4}(k+k'+3)!^2$$

$$\cdot \frac{d^{n+n'-k-k'-2}}{du^{n-k-1}\,dv^{n'-k'-1}}\left\{\left(\frac{1-u}{1-v}\right)^{k'-k+2}\frac{1}{\left[1-uv-\frac{n-n'}{n+n'}(u-v)\right]^{k+k'+4}}\right\}_{u=v=0}.$$

Daraus berechnet man dann

$$f_{nk\to n'k'} = \frac{\nu}{3 g_{k'} R r_0^2}\,\mathfrak{p}^2_{nk\to n'k'}. \tag{186}$$

Im Fall der Lymanserie ($n' = 1$, $k' = 0$, $k = 1$) wird das

$$f = \frac{2^8 n^5}{3}\,\frac{(n-1)^{2n-4}}{(n+1)^{2n+4}}, \tag{187}$$

für die Balmerserie (bei der nach KRAMERS auch ein negatives Glied $n = 2 \to n' = 1$ auftritt)

$$f = \frac{2^{11} n^5}{3}\,\frac{(n-2)^{2n-6}}{(n+2)^{2n+6}}(3n^2-4)(5n^2-4). \tag{187'}$$

Für das kontinuierliche Spektrum kann man von der Elektronenzahl df in einem Frequenzbereich $d\nu$ reden. Man erhält für das an die Lymangrenze $\nu = R$ anschließende kontinuierliche Spektrum

$$df = \frac{1}{3}\,\frac{\nu}{R}\,\frac{1}{r_0^2}\,d\mathfrak{p}^2 = \frac{2^7}{3}\left(\frac{R}{\nu}\right)^4 \frac{e^{-\frac{4\sqrt{R}}{\sqrt{\nu-R}}\operatorname{arctg}\sqrt{\frac{\nu-R}{R}}}}{1-e^{-2\pi\sqrt{\frac{R}{\nu-R}}}}\,\frac{d\nu}{R}. \tag{188'}$$

Für das an die Balmerserie anschließende kontinuierliche Spektrum lautet die Formel

$$df = \frac{2^3}{3}\left(\frac{R}{\nu}\right)^4 \frac{e^{-4\sqrt{\frac{4R}{4\nu-R}}\operatorname{arctg}\sqrt{\frac{4\nu-R}{R}}}}{1-e^{-2\pi\sqrt{\frac{4R}{4\nu-R}}}}\left(3+2\frac{\nu}{R}+\frac{R}{\nu}\right)\frac{d\nu}{R}. \tag{188}$$

---

1) E. SCHRÖDINGER, Ann. d. Phys. Bd. 80, S. 437. 1926.

2) W. PAULI, Ann. d. Phys. Bd. 80, S. 489. 1926.

3) J. R. OPPENHEIMER, ZS. f. Phys. Bd. 41, S. 268. 1927; Göttinger Dissert.

4) G. WENTZEL,, ZS. f. Phys Bd. 40, S. 574. 1927.

5) Das kontinuierliche Wiedervereinigungsspektrum zweier Atome bei E. FUES, Ann. d. Phys. Bd. 81, S. 281. 1926.

6) Y. SUGIURA, Journ. de phys. (6) Bd. 8, S. 113. 1927. Anm. bei der Korr.: S. a. A. KUPPER, Ann. d. Phys. Bd. 86, S. 511. 1928; F. G. SLACK, Phys. Rev. Bd. 31, S. 527. 1928.

Die Zahlenrechnung ergibt folgende Tabelle:

	Lymanserie $n' = 1$	Balmerserie $n' = 2$
$n = 1$	—	$-\frac{f}{4} = -0{,}104$
$n = 2$	0,4162	—
$n = 3$	0,0791	0,6408
$n = 4$	0,0290	0,1193
$n = 5$	0,0139	0,0447
$n = 6$	0,0078	0,0221
$n = 7$	0,0048	0,0127
$n = 8$	0,0032	0,0080
$n = 9$	0,0022	0,0054
$\sum_{10}^{\infty}$	0,0079	0,0185
	0,564	0,768

Das Integral über das kontinuierliche Spektrum ergibt für die Lymanserie 0,437, für die Balmerserie 0,225. So ergibt sich, in Übereinstimmung mit dem KUHN-REICHE-THOMASschen Satz, als Summe der Elektronenzahlen aller vom Grundzustand ausgehenden Absorptionen $0{,}564 + 0{,}437 = 1{,}001$. SUGIURA zeigt ferner, daß die „Elektronendichte" $df/d\nu$, über die sich gegen die Grenze zu anhäufenden Linien gemittelt, denselben Wert hat wie im kontinuierlichen Teil jenseits der Grenze, so daß sich diese letztere bei Photometrierung mit niedriger Dispersion nicht scharf abhebt und daher das kontinuierliche Spektrum schon vor der Grenze anzufangen scheint.

Nach WENTZEL (l. c.) sollte die Elektronendichte sein

$$\frac{16}{3\pi}\left(\frac{R}{\nu}\right)^{\frac{5}{2}}\left(9\gamma^2 + 6\gamma\sqrt{1-\gamma^2}\sqrt{\frac{\nu}{R}} + (1-\gamma^2)\frac{\nu}{R}\right)\frac{d\nu}{\nu}.$$

Soll das mit (188) angenähert übereinstimmen, so kann man versuchen, γ geeignet zu bestimmen.

SUGIURA hat auch f für die D-Linien des Natriums zu 0,97 und $\sum f$ zu ~ 1 berechnet.

Für Helium hat HEISENBERG[1]) gezeigt, daß die Übergangswahrscheinlichkeiten innerhalb der (miteinander nicht kombinierenden) Ortho- und Parasysteme in erster Annäherung gleich den entsprechenden bei Wasserstoff sind (wobei natürlich nicht die Gesamtintensität der betreffenden H-Linie, sondern nur die entsprechende Komponente zu nehmen ist). Hierbei sind Kombinationen mit dem $1\,S$-Term auszuschließen, da dieser zu sehr von H abweicht.

OPPENHEIMER[2]) hat den Einfluß äußerer Felder auf die Linienstärke berechnet.

66. Entwicklung der mathematischen Methoden. Operatorrechnung. q-Zahlen. Neben den vorher erwähnten Methoden der Wellengleichung und der Matrizenrechnung sind zwei weitere entwickelt worden. BORN und WIENER[3]) haben, unter Beibehaltung des der ursprünglichen HEISENBERGschen Arbeit zugrunde liegenden Gedankens, an Stelle der Darstellung der quantentheoretischen Größen durch Matrizen eine Darstellung durch Operatoren [Rechenvorschriften, wie eine Reihe von Differentiationen[4])] gesetzt. DIRAC[5]) hat die Methode der q-Zahlen begründet. Jede quantentheoretisch wichtige Größe ist eine q-Zahl. Es ist nicht möglich, eine q-Zahl direkt mit irgendeiner gewöhnlichen

[1]) W. HEISENBERG, ZS. f. Phys. Bd. 39, S. 499. 1926. Anm. bei der Korr.: Genaueres bei Y. SUGIURA, ZS. f. Phys. Bd. 44, S. 190. 1927.

[2]) J. R. OPPENHEIMER, ZS. f. Phys. Bd. 43, S. 27. 1927.

[3]) M. BORN u. N. WIENER, ZS. f. Phys. Bd. 36, S. 174. 1926.

[4]) S. Ziff. 62.

[5]) P. DIRAC, Proc. Roy. Soc. London Bd. 109, S. 642. 1925; Bd. 110, S. 561. 1926; Bd. 111, S. 405. 1926; Bd. 112, S. 661. 1927; Bd. 113, S. 621. 1927; Bd. 114, S. 243 u. 710. 1927.

Zahl (c-Zahl genannt) oder einer Funktion zu identifizieren. q-Zahlen sind neue Dinge, ganz für sich. Wie man aus ihnen c-Zahlen, d. h. numerische Resultate gewinnt, die auf das Experiment anwendbar sind, vgl. später. Aber man kann systematisch Rechenvorschriften für sie aufbauen, d. h. Vorschriften, wie man aus einem solchen Ding ein anderes machen kann. So lassen sich die Addition und Multiplikation von q-Zahlen definieren, die erste genau wie die von gewöhnlichen (c-) Zahlen in der gewöhnlichen Algebra, die zweite im Gegensatz dazu im allgemeinen nicht kommutativ, sondern der Regel (150) gehorchend. Eine wichtige Rolle spielen in der Theorie die POISSONschen Klammerausdrücke (Handb. Bd. 5, S. 106), die im allgemeinen als Maß der Vertauschbarkeit benutzt werden

$$xy - yx = \iota h[x, y].$$

Mit Hilfe der so erhaltenen Rechenregeln werden dann auch Vertauschungsformeln für e-Potenzen gewonnen, wie sie auf S. 595, Anm., benutzt wurden. Ferner werden im Anschluß an SCHRÖDINGER und BORN-HEISENBERG-JORDAN Multiplikationen mit Impulsen p durch Operatoren $-\iota h\frac{\partial}{\partial q}$ ersetzt. Das für die Methode Charakteristische ist aber folgendes: Deutet man die q-Zahlen als Matrizen, so ist jedes Element durch zwei Zahlen charakterisiert, z. B. ein HEISENBERGsches Element durch n und m. Doch kommt es auch hier schon vor (im kontinuierlichen Streckenspektrum), daß in einem Teil des Bereiches die Zahlen n, m kontinuierliche Werte durchlaufen. Man kann nun ebenso die SCHRÖDINGERschen ψ als Matrizenelemente auffassen, deren einer Index das j, deren anderer die Variable z. B. x ist.

Man kann nun die Größen, die man als für die Reihen- und Kolonnenbezeichnung als maßgebend ansehen will, weitgehend frei wählen. Es wird nun die Transformationsmethode entwickelt, die von einem Paar solcher Größen zu einem andern führt[1]).

Wählt man als Größen in dem Paar, zu dem man transformiert, eine Integrationskonstante, die numerische Werte im gewöhnlichen Sinn haben kann, z. B. Energiewerte, Quantenzahlen, so geben die Diagonalglieder der resultierenden Matrix die Mittelwerte der transformierten Größe über x (z. B. die Winkelvariable). Die Transformationsgrößen hängen aufs engste mit den Lösungen der SCHRÖDINGERschen Gleichung zusammen. Im besonderen, wenn man die HAMILTONsche Funktion, als Matrix mit den beiden „Indizes" p und q betrachtet, in eine Diagonalmatrix mit den Quantenzahlen als Indizes nn (Ziff. 60) transformieren will, hat man Lösungen der SCHRÖDINGERschen Gleichung zu wählen.

Die Transformationstheorie hat im besonderen gezeigt, daß (158) die **einzige** kanonische Transformation ist. Sie ist neuerdings durch JORDAN[2]) weitgehend gefördert worden.

V. Molrefraktion[3]).

67. Molrefraktion und Volumen. a) Zur CLAUSIUS-MOSSOTIschen Theorie. Der Ausdruck $\frac{4\pi e^2}{3m(\omega_0^2 - \omega^2 + i\omega\nu')} = \frac{4\pi}{3}\frac{e x}{\mathfrak{E}}$ definiert nach Abschnitt II dasjenige

[1]) Einfache Darstellung und Anwendung bei E. H. KENNARD, ZS. f. Phys. Bd. 44, S. 326. 1927.

[2]) Siehe P. JORDAN, ZS. f. Phys. Bd. 37, S. 383. 1926; Bd. 38, S. 513. 1926; Bd. 40, S. 809. 1927; Bd. 44, S. 1. 1927; G. WENTZEL, ebenda Bd. 37, S. 80. 1926; F. LONDON, ebenda Bd. 37, S. 915. 1926; Bd. 40, S. 193. 1926.

[3]) Abschnitt V und VI lagen ebenso wie Abschnitt I bis III und IV a u. b im Herbst 1926 im Manuskript fertig vor. (Sie wurden im Frühjahr 1928 bez. der inzwischen

Dipolmoment, das das einzelne Teilchen, unbeeinflußt durch die andern Moleküle, im Felde der Stärke 1 bekommt. Nun haben, als man begann, sich mit der Natur der Dielektrika zu befassen, also zu einer Zeit, wo man noch nicht an quasielastisch gebundene Elektronen dachte, CLAUSIUS[1]) und MOSSOTI[2]) sich vorgestellt, die Dielektrika seien aus Kugeln aufgebaut (vom Radius r), die selbst metallisch leitend, voneinander isoliert ins Vakuum eingelagert sein sollten. (Ähnliche Anschauungen hatte man ja damals allgemein, z. B. WEBER über Magnete.) Eine solche Kugel wird im homogenen Felde influenziert und wirkt dann genau so als Dipol, wie wir es von dem Modell mit den quasielastisch gebundenen Elektronen voraussetzten. Solche Kugeln erhalten ein Moment, das bestimmt ist durch die Beziehung $\frac{e x}{\mathfrak{E}} = r^3$, so daß also $R = \frac{4\pi}{3} r^3 N$ ist, oder, auf ein Mol bezogen,

$$R = \frac{\frac{4\pi}{3} r^3 N_L}{\frac{M}{d}}. \tag{189}$$

$\frac{4\pi}{3} r^3$ ist der Inhalt der einzelnen Kugel, $\frac{4\pi}{3} r^3 N_L$ der Inhalt sämtlicher Kugeln, also das wahre Volumen aller Moleküle eines Mols in cm³. Nimmt man diesen Bau der Dielektrika an, so läßt sich der Radius dabei jeweils aus der Dielektrizitätskonstanten bestimmen. Der Nenner M/d ist das Molekularvolumen, d. h. der von den Molekülen im ganzen ausgefüllte Raum. Das Verhältnis beider, die sog. Raumerfüllung, ist also durch die Refraktion bestimmt. Der Ausdruck $\frac{n^2 - 1}{n^2 + 2}$ oder $\frac{\varepsilon - 1}{\varepsilon + 2}$ sollte uns somit, wenn M und d bekannt sind, den von den Molekülen wirklich eingenommenen Raum bestimmen lassen. Das Überraschende ist nun, daß das so berechnete wahre Volumen mit den aus der kinetischen Gastheorie berechneten Daten nahezu übereinstimmt. Die Tabelle gibt einige Werte (für A, H_2, N_2 und Cl_2), die das zur Genüge erkennen lassen.

Molekülradien in Å.

	Molrefraktion	Inn. Reibung	VAN DER WAALSsche Konst.
Argon	1,48	1,43	1,46
Wasserstoff	0,93	1,09	1,25
Chlor	1,65	1,85	1,65
Stickstoff	1,21	1,55	1,42

Ferner ist nach der VAN DER WAALSschen Zustandsgleichung das Molekularvolumen am kritischen Punkt $v_{kr} = 3b$ [3]), oder, da b gleich dem vierfachen wahren Volumen der Moleküle ist, 12mal so groß als das wahre Volumen der Moleküle und die Raumerfüllung demnach gleich 1/12. Also sollte nach CLAUSIUS-MOSSOTI v_{kr} gleich $12 \cdot \frac{4\pi}{3} N_h r^3$ sein und somit die Refraktion aller Stoffe am kritischen Punkt gleich 1/12. Das stimmt ebenfalls der Größenordnung nach[4]).

Die Übereinstimmung der auf Grund des unseren heutigen Ansichten gewiß fernliegenden Bildes abgeleiteten Beziehung zwischen Refraktion und wahrem

erschienenen einschlägigen Arbeiten so weit als möglich ergänzt.) Wo es sich um quantentheoretische Deutungen und Fragen handelt, wird also überall der Standpunkt der alten Quantentheorie vertreten.

[1]) R. CLAUSIUS, Ges. Abh. Bd. 2, S. 135. 1867; Mech. Wärmetheorie Bd. 2, S. 64. 1879.

[2]) O. F. MOSSOTI, Mem. Soc. Ital. Bud. Bd. 14, S. 49. 1850.

[3]) Nach A. WOHL (ZS. f. phys. Chem. Bd. 87, S. 1. 1914) wäre genauer $v_{kr} = 4b$ zu setzen.

[4]) C. SMITH, Proc. Roy. Soc. London (A) Bd. 87, S. 366. 1912. PRODHOMME. Journ. de chim. phys. Bd. 11, S. 589. 1913.

Volumen scheint also auf jeden Fall auf einen Zusammenhang hinzuweisen zwischen der Größe und der durch die Stärke der Elektronenbindung bestimmten Festigkeit der Moleküle. Dieser Zusammenhang läßt sich qualitativ tatsächlich begründen, wozu wir allerdings auf die speziellen Atommodelle eingehen müssen.

Zunächst sei aber hier noch darauf hingewiesen, daß für solche Substanzen, die, wie NH_3 oder H_2O oder die Alkohole, natürliche Dipole darstellen, die CLAUSIUS-MOSSOTIsche Theorie nicht mehr gelten kann, wenn man die statische Dielektrizitätskonstante benutzt (s. Ziff. 21), da ja der temperaturabhängige Richteffekt unabhängig ist von Größe und Polarisierbarkeit des Moleküls. Dagegen behält sie ihre Gültigkeit für n. Als Beispiel sei Ammoniak angeführt, für den sich der Wert für das wahre Volumen der in einem Mol enthaltenen Moleküle zu 0,52 aus der Zustandsgleichung, zu 63 nach CLAUSIUS-MOSSOTI (aus ε) berechnet[1]).

b) THOMSONsches Atommodell. Bis 1912 war bekanntlich das THOMSONsche Atommodell vorherrschend: eine positiv geladene Kugel mit einer homogenen Raumladung, in der sich die Elektronen bewegen. Auf Grund dieses Atommodells ergibt sich nun, wie LORD KELVIN gezeigt hat, tatsächlich die Polarisierbarkeit proportional r^3; der Zahlenfaktor ist derselbe wie für die oben angenommenen leitenden Kugeln.

c) BOHRsches Atommodell. Wir haben jetzt, anstatt der gleichmäßig geladenen Kugel, einen Kern, den die Elektronen (wir nehmen der Einfachheit halber ein solches an) umkreisen. Wenn wir jetzt dieses Atom in ein elektrisches Feld bringen, stellt sich die Bahn senkrecht zum Feld, und der Kern wird etwas aus der Bahnebene herausgezogen (s. Abb. 17). Jetzt muß die äußere Kraft $e\mathfrak{E}$ gleich der rücktreibenden Kraft von seiten des Kerns sein. Also:

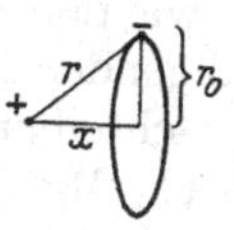

Abb. 17.

$$\frac{e^2}{r^2} \cdot \frac{x}{r} = e\mathfrak{E} \qquad \left(\frac{x}{r} = \cos\alpha\right).$$

Das ergibt

$$\frac{ex}{\mathfrak{E}} = r_0^3 \qquad \text{(wobei } r_0 = r \text{ gesetzt ist).} \tag{190}$$

ex = Moment in der Feldrichtung, da der Schwerpunkt des kreisenden Elektrons ja in der Mitte der Bahn zu lagern ist. r_0^3 bestimmt wieder den Inhalt der dem Atom umschriebenen Kugel.

Für allgemeinere Fälle läßt sich das nicht mehr durchrechnen. Aber wir können da wenigstens noch dimensionale Betrachtungen anstellen. Man kann sagen, daß $\mathfrak{p}/\mathfrak{E}$ gleich sein muß r^3 mal einer dimensionslosen Funktion, also

$$\frac{\mathfrak{p}}{\mathfrak{E}} = r^3 f(h, e, r, m). \tag{191}$$

Man sieht leicht ein, daß die einzige dimensionslose Kombination dieser Größen $\frac{e^2 r m}{h^2}$ ist. Setzt man

$$r = \frac{n^2 h^2}{4\pi^2 e^2 m Z},$$

so haben wir

$$\frac{\mathfrak{p}}{\mathfrak{E}} = r^3 f\left(\frac{n^2}{4\pi^2 Z}\right), \tag{191'}$$

wo Z = Kernladungszahl, n = effektive Quantenzahl bedeuten. Soviel läßt sich vom Standpunkt der BOHRschen Theorie für lange Wellen sagen[2]).

---

[1]) Weitere Beispiele s. P. DEBYE, Handb. d. Radiologie Bd. VI.

[2]) J. A. WASASTJERNA, ZS. f. phys. Chem. Bd. 101, S. 193. 1922. K. HERZFELD, Jahrb. d. Radioakt. Bd. 19, S. 321, 1923.

68. Molrefraktion und Festigkeit. Die Molrefraktion mißt nach dem vorhergehenden (Ziff. 7 und 18) die Leichtigkeit, mit der ein Teilchen polarisiert wird. Die Polarisation können wir wieder als eine Änderung der Elektronenhülle durch ein äußeres Feld ansehen und kommen so zu dem Ergebnis, daß die Polarisierbarkeit um so kleiner ist, je fester die Elektronen (Dispersionselektronen) gebunden sind. Nun gibt die Quantentheorie zwar Aufschluß über die Energie, die nötig ist, ein solches Elektron aus dem Atomverband herauszulösen oder es auf eine höhere Quantenbahn zu heben. Doch handelt es sich jetzt nicht um eine vollständige Loslösung oder Anregung höherer Bahnen, so daß Ionisierungs- oder Resonanzpotential uns nicht genügende Auskunft über die Polarisierbarkeit geben können. Das nächstliegende Maß wäre vielmehr die Veränderlichkeit der Grundbahnen durch ein äußeres Feld, wie sie etwa beim Starkeffekt vorliegt (s. auch Ziff. 61). Da aber unsere diesbezüglichen Kenntnisse noch sehr unvollkommen sind, bleibt als bestes Maß für den Grad der Beeinflussung durch äußere Felder, d. h. für die „Festigkeit" der Elektronenhülle, die Molrefraktion.

Die Berechtigung, die Molrefraktion als Maß der Festigkeit anzusehen, zeigt sich darin, daß die so definierte Festigkeit bei einfachen Gebilden in Übereinstimmung mit den aus den Atommodellen sich ergebenden Resultaten ist, wie sich an freien, gasförmigen Ionen mit edelgasähnlicher Elektronenschale zeigen läßt. Nach KOSSEL[1]) und LEWIS[2]) muß man ja den Alkali- und Halogenionen sowie den höhergeladenen Ionen der im periodischen System vorangehenden und folgenden Elemente Elektronenhüllen von derselben Struktur und Besetzungszahl zuschreiben wie den benachbarten Edelgasen. Betrachten wir etwa O^{--}, F^-, Ne, Na^+, Mg^{++}. Die äußere Elektronenhülle ist in jedem Fall von derselben Art, die Kernladungszahl nimmt aber mit der Ordnungszahl um je eine Einheit zu, und dementsprechend wird die Festigkeit der Elektronenbindung größer, Molrefraktion (und Radius) also kleiner. Für die Molrefraktion ist diese Forderung,

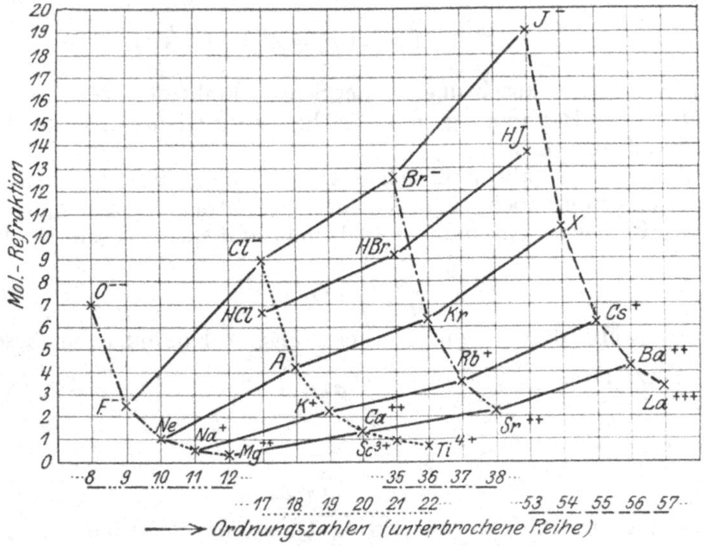

Abb. 18.

---

1) W. KOSSEL, Ann. d. Phys. Bd. 49, S. 229. 1916; Naturwissensch. Bd. 7, S. 339 u. 360. 1919.

2) G. N. LEWIS, Journ. Amer. Chem. Soc. Bd. 38, S. 762. 1916.

wie WASASTJERNA[1]) und FAJANS und JOOS[2]) zeigen konnten, erfüllt (s. Tab. 7 und Abb. 18, die der Arbeit von FAJANS und JOOS entnommen ist).

Bei nicht isotrop gebauter Elektronenhülle ist die Polarisierbarkeit für verschiedene Richtungen im Molekül verschieden. Die aus der Molrefraktion entnommene Polarisierbarkeit gibt dann einen Mittelwert. Ein Maß für die Anisotropie der Elektronenbindung gibt erst die Beobachtung der Depolarisation des gestreuten Lichtes und bei Fehlen eines natürlichen Dipolmomentes auch der Kerreffekt, wenigstens bei Gasen. Bei Flüssigkeiten ist die Theorie noch nicht weit genug ausgebildet[3]).

Tabelle 7. Molrefraktion (D-Linien) der Edelgase und edelgasähnlichen Ionen.

Ladung	−1	0	+1	+2	+3	+4
		He 0,50	Li (0,20)	Be (0,1)	B (0,05)	C (0,03)
	F (2,50)	Ne 1,00	Na 0,50	Mg (0,28)	Al (0,17)	Si (0,1)
	Cl 9,00	A 4,20	K 2,23	Ca 1,33	Sc (0,9)	Ti (0,5)
	Br 12,67	Kr 6,37	Rb 3,58	Sr (2,24)		
	J 19,24	X 10,42	Cs 6,24	Ba 4,28	La (3,3)	

69. Molrefraktion und Radius[4]). In Ziff. 67 war auf die Zusammenhänge zwischen Molrefraktion und Atomvolumen, d. h. also auch Atomradius, bereits hingewiesen worden. WASASTJERNA und FAJANS und JOOS fanden den oben für Ionen mit edelgasähnlicher Schale geforderten Parallelismus in der Abstufung der von ihnen geschätzten Refraktionswerte und den aus den Gitterabständen berechneten Ionenradien[5]) bestätigt. Ein Vergleich der von GRIMM für die Ionenradien gegebenen Abb. 19 mit Abb. 18 zeigt deutlich, daß die für die Ionenradien gefundenen Gesetzmäßigkeiten in vollkommener Analogie bei den Refraktionswerten wieder auftreten, und zwar nicht nur, wie seit langem bekannt war, für die Ionen derselben Vertikalreihe

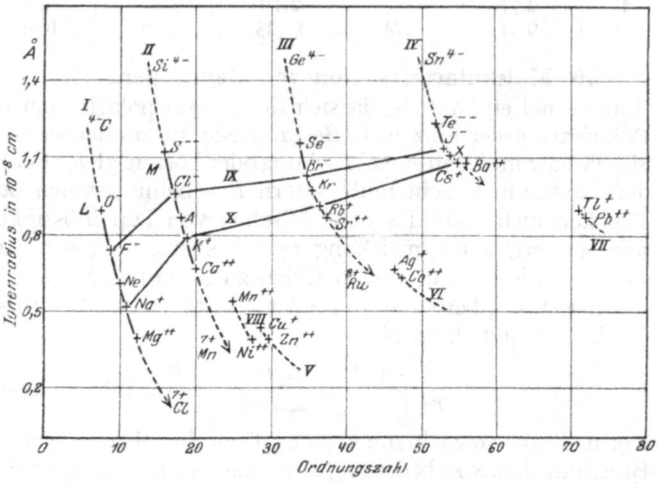

Abb. 19.

[1]) J. A. WASASTJERNA, ZS. f. phys. Chem. Bd. 101, S. 193. 1922.

[2]) K. FAJANS u. G. JOOS, ZS. f. Phys. Bd. 23, S. 1. 1923; R. RUDY, Rev. gén. d. sciences Bd. 34, S. 362. 1923; K. F. HERZFELD, Jahrb. d. Radioakt. Bd. 19, S. 321. 1923.

[3]) Siehe P. DEBYE, Handb. d. Radiologie Bd. VI.

[4]) Ausführliche Darstellung s. ds. Handb. Bd. XXII, Kap. 5, Abschn. F.

[5]) K. FAJANS u. K. F. HERZFELD, ZS. f. Phys. Bd. 2, S. 309. 1920; H. G. GRIMM, ZS. f. phys. Chem. Bd. 98, S. 353. 1921 (s. bes. S. 370 ff.).

des periodischen Systems (z. B. Alkaliionen untereinander), sondern auch für solche mit gleicher Elektronenzahl und verschiedener Kernladungszahl. Dieselbe Gesetzmäßigkeit lassen die einer Arbeit von SPANGENBERG[1]) entnommenen Tabellen 8 und 8a für Molrefraktion und Molekularvolumen erkennen.

Tabelle 8. Experimentelle Molekularvolumina.

	F	Δ	Cl	Δ	Br	Δ	J
Li	9,83	10,67	20,50	4,58	25,08	7,88	32,96
Δ	5,13		6,47		7,05		7,95
Na	14,96	12,01	26,97	5,16	32,13	8,78	40,91
Δ	8,37		10,52		11,15		12,15
K	23,33	14,16	37,49	5,79	43,28	9,78	53,06
Δ	4,60		5,65		6,04		6,65
Rb	27,93×	15,21	43,14	6,18	49,32	10,39	59,71
Δ	5,66		− 0,90		− 1,46		− 2,29
Cs	33,59	8,65	42,24+	5,62	47,86+	9,56	57,42+

+ = β-Cs-Salze. × = Berechnete Werte.

Tabelle 8a. Experimentelle Molekularrefraktionen.

	F	Δ	Cl	Δ	Br	Δ	J
Li	2,34	5,25	7,59	2,97	10,56	5,42	15,98
Δ	0,68		0,93		1,00		1,10
Na	3,02	5,50	8,52	3,04	11,56	5,51	17,07
Δ	2,15		2,33		2,42		2,68
K	5,17	5,68	10,85	3,14	13,98	5,77	19,75
Δ	1,58		1,70		1,80		1,96
Rb	6,74	5,81	12,55	3,23	15,78	5,93	21,71
Δ	2,77		2,70		2,68		2,56
Cs	9,51	5,74	15,25	3,21	18,46	5,81	24,27

70. Molekularrefraktion von Gemischen. Aus der Ableitung der Refraktionsformel ergibt sich, da sich die Gesamtpolarisation offenbar additiv aus der Polarisation der einzelnen Bestandteile zusammensetzt, die Forderung, daß die Molekularrefraktion einer Mischung oder Lösung gleich der Summe der Refraktionen der Bestandteile sein muß, sofern nur beim Mischen oder Lösen die einzelnen Teilchen nicht, wie das beim Mischen von Dipolflüssigkeiten immer der Fall zu sein scheint, der Einwirkung neuer Kräfte ausgesetzt werden, die groß genug sind, die Eigenfrequenzen merklich zu ändern[2]). Bei gasförmigen Stoffen ist diese Voraussetzung bei nicht zu großer Dichte immer, bei Flüssigkeiten oft annähernd erfüllt. Es gilt dann also

$$\frac{n^2-1}{n^2+2}\,\frac{P}{d} = \sum \frac{n_i^2-1}{n_i^2+2}\,\frac{P_i}{d_i} \quad \text{(Mischungsregel)}, \tag{192}$$

worin P_i die Gewichtsmenge des Teils der Mischung mit der Dichte d_i und dem Brechungsindex n_i bedeutet; P ist das Gewicht der gesamten Mischung ($P = \sum P_i$) und d ihre Dichte.

Bei Gemischen von Gasen schienen ältere Beobachtungen (RAMSAY und TRAVERS) an Mischungen von He und H_2 sowie CO_2 und O_2 die Mischungsregel nicht zu bestätigen. Für die bestuntersuchte Gasmischung, Luft, ergaben indessen neue exakte Messungen CUTHBERTSONS [1909[3])] eine Bestätigung der Mischungsregel (n beob. = 1,0002938; n berechnet = 1,0002936).

[1]) K. SPANGENBERG, ZS. f. Krist. Bd. 57, S. 494. 1922.

[2]) S. z. B. G. SCHEIBE u. Mitarbeiter, Ber. d. D. Chem. Ges. Bd. 59, S. 2617. 1926; Bd. 60, S. 1406, 1927; K. L. WOLF und E. LEDERLE, ZS. f. phys. Chem. 1928.

[3]) L. u. M. CUTHBERTSON, Proc. of the Roy. Soc. (A) Bd. 83, S. 151, 1909.

Sehr gut ist die Mischungsregel auch noch bei Mischungen dipolfreier Flüssigkeiten, wie Benzol und Schwefelkohlenstoff erfüllt. Auch Mischungen von Dipolflüssigkeiten, wie Äthylenbromid und Propylalkohol, lassen sich nach der Mischungsregel berechnen (F. SCHÜTT; F. MARTENS), wie Tabelle 9a zeigt. Doch macht sich hier bereits ein systematischer Gang in $n_{\text{ber.}} - n_{\text{beob.}}$ bemerkbar.

Tabelle 9a. Mischungen von Äthylenbromid und Propylalkohol (18°, Na-Licht).

Gewichtsprozent Äthylenbromid	d	n beob.	n ber.-beob. 10^5
0	0,80659	1,38616	00
20,9516	0,92908	1,39914	− 03
40,730	1,08453	1,41582	− 12
60,094	1,29695	1,43901	− 34
80,0893	1,62640	1,46580	− 57
100	2,18300	1,54040	00

Halbwachs hat für mehrere verdünnte wässerige Lösungen die spezifische Refraktion D der gelösten Substanz berechnet nach der aus der Mischungsregel (192) folgenden Beziehung

$$D = \frac{n^2-1}{n^2+2} \cdot \frac{1}{d} \cdot \frac{100}{q} - \frac{n_0^2-1}{n_0^2-2} \frac{1}{d_0} \frac{100-q}{q}, \tag{193}$$

worin n_0 und d_0 sich auf das Lösungsmittel, n und d sich auf die Lösung beziehen und q die Gewichtsprozente der Lösung bedeuten. Er fand D bei verschiedenen Konzentrationen recht gut konstant, wie Tabelle 9b zeigt, in der v die Verdünnung bedeutet. Der Einfluß der Assoziation bzw. Dissoziation ist in keinem Falle merklich, was sich verstehen läßt unter der Annahme, daß die ultravioletten Eigenfrequenzen bei der Assoziation in den betreffenden Fällen nur wenig verändert werden (s. auch Ziff. 72).

Tabelle 9b. Spezifische Refraktion gelöster Stoffe bei verschiedener Konzentration (Na-Licht).

Essigsäure		Zucker		Schwefelsäure	
v	D	v	D	v	D
1,09	0,2165	16,0	0,2065	2,028	0,1370
2,18	0,2164	32,0	0,207	2,704	0,1367
4,36	0,2164	384	0,2070	4,056	0,1360
26,18	0,2167	769	0,208	(8,112)	(0,137)
52,4	0,2166	(1573)	(0,208)	64,9	0,1377
104,7	0,2165			97,4	0,1368
				(194,9)	(0,134)

Die nach der Mischungsregel berechnete „Refraktion des gelösten Stoffes" schließt auch die Änderung der Refraktion des Lösungsmittels ein. So ist z. B. in der berechneten Refraktion eines gelösten Moleküls bei verdünnten Lösungen auch die Änderung der Refraktion des „Hofes" von Lösungsmittelmolekülen enthalten.

71. Molrefraktion gasförmiger chemischer Verbindungen. Atomrefraktionen. In der organischen Chemie beschäftigt man sich seit GLADSTONE und DALE mit der Beziehung zwischen der Refraktion einer chemischen Verbindung und der ihrer Bestandteile. Der Satz, daß die Molekularrefraktion einer Verbindung aus der Summe der „Atomrefraktionen" sich berechnen lasse, hat sich dabei als sehr fruchtbar erwiesen. Jedoch ergab sich, wie eine große Reihe von Arbeiten (erwähnt seien die Namen von GLADSTONE und DALE, LANDOLT, SCHRAUFF, BRÜHL, KANOWNIKOW, v. AUWERS, EISENLOHR) zeigen, daß die Atomrefraktion nicht unabhängig ist von der Natur der im Molekül außer dem betrachteten noch vorhandenen Atome und der Art ihres Einbaues in das Molekül. Gerade die letztere Tatsache ließ die Molrefraktion zu einem wichtigen Hilfsmittel bei der Konstitutionsforschung werden[1]). Andererseits aber ist es aus demselben Grund noch nicht möglich, das Material für exaktere theoretische Überlegungen auf Grund der modernen Atomtheorie zu verwerten, es sei denn, daß man den Schluß zieht, daß von einer wirklich konstanten Atomrefraktion keine Rede sein kann, wenn man beachtet, daß z. B. BRÜHL sich genötigt sah, dem Stickstoff je nach der Art seiner Bindung im ganzen 32 verschiedene Atomrefraktionen zuzuschreiben, oder daß sich aus den gasförmigen Kohlenstoffverbindungen ganz verschiedene Zahlen für die Atomrefraktion des Kohlenstoffs[2]) ergeben und daß ferner in vielen Fällen die berechneten und die gemessenen Werte nur sehr schlecht übereinstimmen.

Faßt man übrigens die Refraktion als durch die Valenzelektionen bedingt auf, welche die Bindung bewirken, so ist es zweckmäßiger, statt der Atomrefraktionen die ihnen in formaler und praktischer Hinsicht gleichwertigen, von FAJANS und KNORR[3]) diskutierten Bindungs- und Oktettrefraktionen zu benutzen.

Auf anorganischem Gebiete, wo die Verhältnisse vom Standpunkt der Theorie aus viel durchsichtiger sind, liegen nur sehr wenig Versuche vor, die Molrefraktion von Verbindungen aus Atomrefraktionen der Bestandteile zu berechnen. Speziell für Gase zeigt die Tabelle 10, daß in keinem einzigen Falle die beobachteten mit den unter Annahme einfacher, additiver Zusammensetzung aus Atomrefraktionen berechneten Werten übereinstimmen. Die Abweichungen betragen bis zu 24%, während die Messungen selbst gewöhnlich auf 1 Promille, schlimmstenfalls auf 1% genau sein dürften. Vor allem sind hier die Untersuchungen CUTHBERTSONS[4]) anzuführen, der zur Klärung der vorliegenden Frage die Brechungsexponenten von N_2, O_2 und NO_2 besonders sorgfältig bestimmt hat, wobei sich für NO_2 die Abweichung von der Additivität zu 21% ergab.

Tabelle 10. Atom- und Molekularrefraktion von Gasen bei 0° und 760 mm für Na-Licht.

Elemente.

Element	Atomgewicht	n beob.	Dichte	Atomrefraktion
H_2	1	1,000139	0,00009	1,03
O_2	16	1,000270	0,00144	2,00
N_2	14	1,000299	0,00126	2,21
Cl_2	35,5	1,000780	0,00291	5,82
Br_2	80	1,001173	0,00720	8,69
J_2	126,9	1,002150	0,01142	15,9
(S_2)	32	(2,04)	(2,04)	8,2

Verbindungen.

Verbindung	Molekulargewicht	n beob.	Molrefraktion beob.	Molrefr. ber. aus Atomrefr.
H_2O	18	1,000252	3,74	4,06
NH_3	17	1,000377	5,58	5,30
HCl	36,5	1,000447	6,67	6,85
HBr	81	1,000613	9,08	9,72
HJ	127,9	1,000921	13,64	16,93
H_2S	34	1,000641	9,50	10,27
SO_2	64	1,000661	9,79	12,21
N_2O	44	1,000508	7,53	6,42
NO	30	1,000295	4,36	4,21
O_3	48	1,000515	7,63	6,00

Dieses Resultat ist denn auch keineswegs überraschend, wenn man berücksichtigt, daß die lockerst gebundenen Elektronen, welche die Dispersion eines Elementes fast allein bestimmen, nach unseren heutigen Vorstellungen die Fähig-

[1]) Ausführlichere Angaben s. z. B. W. NERNST, Theoretische Chemie, S. 361 ff. Stuttgart 1921 oder EISENLOHR, Spektrochemie Stuttgart 1912.
[2]) Siehe ST. LORIA, Die Lichtbrechung in Gasen, S. 77. Braunschweig 1914.
[3]) K. FAJANS u. C. A. KNORR, Ber. d. D. Chem. Ges. Bd. 59, S. 249. 1926.
[4]) C. u. M. CUTHBERTSON, Proc. Roy. Soc. London (A) Bd. 89, S. 361. 1913.

keit der Atome bedingen, zu Molekülen zusammenzutreten, wobei in der Anordnung der äußeren Elektronenhüllen beträchtliche Umgruppierungen auftreten können. FAJANS und JOOS[1]), deren Darstellungen wir uns im folgenden anschließen, weisen darauf hin, daß es nicht angängig ist, aus der Tatsache, daß die Molrefraktion von HCl (6,67) angenähert mit der Summe der Refraktion des gasförmigen Wasserstoffes pro Grammatom (1,04) und des Chlors (5,82) übereinstimmt, zu schließen, „daß im HCl-Molekül die Atome auch nur in erster Annäherung ihre Elektronenhüllen intakt behalten, oder etwa unter Heranziehung der CLAUSIUS-MOSSOTIschen Theorie zu folgern, daß ihr wahres Volumen unverändert bleibt. Denn die Werte 1,04 und 5,82 beziehen sich gar nicht auf die freien Atome H und Cl, sondern auf $\frac{1}{2}H_2$ und $\frac{1}{2}Cl_2$, und es ist der Bindungszustand der Elektronen z. B. im H_2-Molekül sicher ein anderer als im freien H-Atom. Dies ergibt sich schon daraus, daß das Spektrum des H_2, auch nach Berücksichtigung der Atomschwingungen und Rotationen, von dem des H verschieden ist[2]). Wir müssen deshalb aus der eben erwähnten Additivität eher umgekehrt schließen, daß sich bei der Vereinigung von atomarm H und Cl zu dem homöopolaren „HCl der Bindungszustand ihrer Elektronen weitgehend ändert"[3]). Doch ist die Kenntnis der optischen Eigenschaften bei den meisten der in Frage kommenden mehratomigen Substanzen noch zu wenig bekannt, um bezüglich dieser Änderungen zu einfachen Gesetzmäßigkeiten gelangen zu können. Nur im Falle der gasförmigen Halogenwasserstoffe und salzartiger, heteropolarer Verbindungen im festen Zustand und in Lösungen lassen sich weitergehende Schlüsse ziehen.

72. Molrefraktion salzartiger Verbindungen. Die Bindung in rein heteropolaren Molekülen und Kristallen binärer Salze, auf die wir uns zunächst beschränken wollen, pflegt man heute als rein elektrostatische Anziehung starrer Ionen anzusehen. Besetzungszahl und Bau der Elektronenhüllen dieser Ionen haben wir uns dabei ähnlich vorzustellen wie bei den im periodischen System benachbarten Edelgasatomen (s. Ziff. 68). Die Molrefraktion ist hiernach in zwei Anteile zu zerlegen, von denen je einer einer der beiden Ionenarten zukommt. Andererseits liegen in verdünnten Lösungen die geladenen Ionen in getrenntem Zustand vor und in unendlich verdünnter Lösung setzt sich die Molrefraktion der Salze wohl additiv aus den Refraktionen der gelösten (solvatisierten!) Ionen zusammen (s. aber auch Ziff. 70, letzter Absatz). Es liegt daher nahe, zu prüfen, inwieweit bei der Vereinigung der Ionen zu (undissoziierten Molekülen oder) festen Salzen sich eine durch Änderung der Elektronenhülle bedingte Abweichung der Molrefraktion der Salze von der Summe der Ionenrefraktionen zeigt. Zunächst fanden HALLWACHS[4]) und CHENEVEAU[5]) zwischen den Molrefraktionen der Salze in Lösung und im festen Zustand kaum einen Unterschied. Auch HEYDWEILLER[6]) zog noch 1913 aus seinen Messungen diesen Schluß, obwohl er die Refraktion bei den festen Körpern meist etwas kleiner fand als bei den Lösungen. Ebenso vertraten HANTZSCH[7]) sowie WASASTJERNA[8]) die Ansicht, daß bei streng heteropolaren Molekülen in optischer Hinsicht kein Unterschied

[1]) K. FAJANS u. G. JOOS, ZS. f. Phys. Bd. 23, S. 1. 1923; K. FAJANS, ZS. f. Krist. Bd. 61, S. 18. 1925; Bd. 66, 5, S. 321. 1928.

[2]) H. GLITSCHER, Münchener Ber. 1916, S. 125.

[3]) Das ist auch der Grund, warum wir uns oben darauf beschränken mußten, den Atomrefraktionen der organischen Chemie nur eine rein rechnerische Bedeutung zuzuschreiben.

[4]) W. HALLWACHS, Ann. d. Phys. Bd. 47, S. 380. 1892 u. Bd. 53, S. 1. 1894.

[5]) C. CHENEVEAU, Ann. chim. phys. Bd. 12, S. 145 u. 289. 1907; Bd. 21, S. 36. 1910.

[6]) A. HEYDWEILLER, Ann. d. Phys. Bd. 41, S. 499. 1913.

[7]) A. HANTZSCH, ZS. f. Elektrochem. Bd. 29, S. 221. 1923.

[8]) J. A. WASASTJERNA, ZS. f. phys. Chem. Bd. 101, S. 193. 1922.

bestehe zwischen den dissoziierten und nichtdissoziierten Molekülen, d. h. also, daß die Dissoziation und Solvatation ohne optische Änderung vor sich gehe.

Im Gegensatz hierzu folgerte FAJANS[1]) aus einer Reihe von Tatsachen (Gitterabständen, Gitterenergien, Flüchtigkeit, Löslichkeit usw.), daß bei jeder Vereinigung von freien, gasförmigen Ionen zu Kristallgittern oder Molekülen eine mehr oder minder große Veränderung der Elektronenhüllen (von FAJANS als Deformation bezeichnet) eintritt. Daß dies sogar für den extremen Fall der polaren Bindungsart, nämlich für die Alkalihalogenide, anzunehmen ist, fand FAJANS zuerst aus der Abstufung[2]) in den Siedepunkten. Die Bestätigung an Hand der optischen Daten gaben FAJANS und JOOS, indem sie die feineren, vorher unbeachteten Veränderungen der Molrefraktion in Betracht zogen. In der von ihnen zusammengestellten Tabelle 11 bedeutet $R_{\text{Lös.}}$ die Molrefraktion[3]) des gelösten Salzes [nach Messungen von HEYDWEILLER[4]) und seinen Schülern von HEYDWEILLER auf unendlich verdünnte Lösung extrapoliert]. R_{fest} bezeichnet die Werte für die festen Salze (s. Tab. 11). Die Tabelle zeigt, daß bis auf die

Tabelle 11. Molrefraktion der Alkalihalogenide für die D-Linien.

	F	Cl	Br	J	
Li	2,38	8,58	12,25	18,82	$R_{\text{Lös.}}$
	2,34	7,59	10,56	15,98	R_{fest}
	0,04	0,99	1,69	2,84	$R_{\text{Lös.}} - R_{\text{fest}}$
	(0,36)	(1,61)	(2,31)	(3,46)	$R_{\text{Gas}} - R_{\text{fest}}$
Na	3,00	9,20	12,87	19,44	$R_{\text{Lös.}}$
	3,02	8,52	11,56	17,07	R_{fest}
	− 0,02	0,68	1,31	2,37	$R_{\text{Lös.}} - R_{\text{fest}}$
	(− 0,02)	(0,98)	(1,61)	(2,67)	$R_{\text{Gas}} - R_{\text{fest}}$
K	5,03	11,23	14,90	21,47	$R_{\text{Lös.}}$
	5,16	10,85	13,98	19,75	R_{fest}
	− 0,13	0,38	0,92	1,72	$R_{\text{Lös.}} - R_{\text{fest}}$
	(− 0,43)	—	—	—	$R_{\text{Gas}} - R_{\text{fest}}$
Rb	6,38	12,58	16,25	22,82	$R_{\text{Lös.}}$
	6,74	12,55	15,78	21,71	R_{fest}
	− 0,36	0,03	0,47	1,11	$R_{\text{Lös.}} - R_{\text{fest}}$
	(− 0,66)	—	—	—	$R_{\text{Gas}} - R_{\text{fest}}$
Cs	9,04	—	—	—	$R_{\text{Lös.}}$
	9,51	—	—	—	$R_{\text{fest}}\ (\alpha)$
	− 0,47	—	—	—	$R_{\text{Lös.}} - R_{\text{fest}}\ (\alpha)$
	(− 0,77)	—	—	—	$R_{\text{Gas}} - R_{\text{fest}}\ (\alpha)$
Cs	—	15,24	18,91	25,48	$R_{\text{Lös.}}$
	—	15,25	18,46	24,27	$R_{\text{fest}}\ (\beta)$
	—	− 0,01	0,45	1,21	$R_{\text{Lös.}} - R_{\text{fest}}\ (\beta)$

Fluoride die Refraktionswerte der Lösungen größer sind als die der Salze. Die Differenzen überschreiten die Beobachtungsfehler bei weitem. Sie wachsen mit steigendem Atomgewicht des Halogens und mit fallendem Atomgewicht des Alkalimetalls. Die negativen Differenzen bei den Fluoriden ordnen sich in algebraischer Hinsicht dieser Gesetzmäßigkeit ein.

---

[1]) K. FAJANS, Naturwissensch. Bd. 11, S. 165. 1923; ZS. f. Krist. Bd. 66, S. 321. 1928.

[2]) H. v. WARTENBERG und H. SCHULZ, ZS. f. Elektrochem. Bd. 27, S. 568. 1921.

[3]) Sonst bezeichnet R in diesem Artikel die Refraktion.

[4]) Experimentelles Material in Arbeiten von A. HEYDWEILLER, Ann. d. Phys. Bd. 41, S. 499. 1913; Bd. 48, S. 681. 1915; Bd. 49, S. 653. 1916 (mit O. GRUBE); Verh. d. D. Phys. Ges. Bd. 16, S. 722. 1914; ZS. f. anorg. Chem. Bd. 88, S. 103. 1914; A. KÜMMEL, Rostocker Dissert. 1914; G. LIMANN, ZS. f. Phys. Bd. 8, S. 13. 1921.

Weist so die Tatsache, daß $R_{Lös.} \neq R_{fest}$ ist, darauf hin, daß die Dissoziation und Hydratation nicht ohne Änderung der Elektronenhüllen vor sich gehen, so zeigt die Veränderlichkeit dieser Differenz von Salz zu Salz, da $R_{Lös.}$ streng additiv sein sollte, daß die Molrefraktion der festen Salze sich nicht mehr additiv aus Atom- bzw. Ionenrefraktion zusammensetzen läßt. Ebendas zeigt auch Tabelle 8a, da die mit Δ bezeichneten Differenzen in den einzelnen Horizontal- und Vertikalreihen nicht gleich sind, wie sie es bei additiver Zusammensetzung aus const. Atom- bzw. Ionenrefraktionen sein sollten [das Analoge für Molekularvolumina[1]) s. Tab. 8]. Auf Grund dieser Differenzen wies SPANGENBERG schon darauf hin, daß zum mindesten für den kristallisierten Zustand von einer bestimmten Ionenrefraktion eines Kations oder Anions nicht mehr gesprochen werden könne, daß diese sich vielmehr gegenseitig beeinflussen (nach FAJANS „deformieren") müßten.

73. Molrefraktion und Ionendeformation[2]). Die Natur der Deformationserscheinungen kann man sich mit FAJANS und JOOS etwa folgendermaßen klarmachen: „Wenn man ein Atom oder Ion in ein elektrisches Feld bringt, so erleiden, wie der Starkeffekt zeigt, die Bahnen seiner Elektronen eine Deformation, deren Grad mit der Feldstärke kontinuierlich veränderlich ist. Deshalb ist anzunehmen, daß, wenn die Elektronenhülle eines Ions oder neutralen Moleküls (H_2O, NH_3) in die Nähe eines Ions kommt, auch hier eine Deformation eintritt, die als ein Starkeffekt im inhomogenen Feld angesehen werden kann, und zwar wird dieser Effekt sehr erheblich sein: ist doch das elektrische Feld der Elementarladung in der Entfernung 10^{-8} cm, der Größenordnung der Atomabstände, von der Stärke $15 \cdot 10^8$ Volt/cm. Von vornherein ist zu erwarten, daß diese Deformation um so stärker ist, je stärker das elektrische Feld des deformierenden Ions, d. h., je größer seine Ladung ist und je näher die im Mittelpunkt des Ions gedachte Ladung an die zu deformierende Hülle herantreten kann, d. h. je kleiner das Ion ist. Es muß somit die deformierende Wirkung des Na^+ größer sein als die des K^+ und die des Mg^{++} größer als die des Na^+. Da das elektrische Feld in der unmittelbaren Nähe eines Ions auch von dem Bau seiner eigenen Elektronenhülle abhängt, worauf besonders H. G. GRIMM[3]) mit Nachdruck hingewiesen hat, ist zu erwarten, daß die deformierende Wirkung auch von dem Bau des deformierenden Ions abhängt, also z. B. beim Ag^+ (18 Elektronen in der äußeren Schale) anders ist als bei Na^+ (8 Außenelektronen)."

Andererseits muß aber die Deformation auch von der Natur der zu deformierenden Elektronenhülle abhängen, und zwar von deren Festigkeit, also dem Grad der Beeinflußbarkeit durch äußere Faktoren. Als Maß für die Festigkeit haben wir dabei (nach Ziff. 68) die Molrefraktion des in Frage kommenden Atoms oder Ions anzusehen. Es ergibt sich dann, daß die Deformation der Anionen durch die Kationen bei den Alkalihalogeniden in den meisten Fällen größer sein muß als die Beeinflussung der Kationen durch die Anionen, da nach Tabelle 7 die Molrefraktion des größten Kations Cs^+ (6,2) schon von der des Cl^- (9,0) stark übertroffen wird. Weiter muß die Deformierbarkeit der Anionen mit wachsender Ordnungszahl des Halogens (nach Tab. 7 und Ziff. 68) und abnehmender Ordnungszahl des Alkalis (Ziff. 72) zunehmen.

Es sei hervorgehoben, daß „Deformation" hier nicht eine kleine Polarisation unter quasielastischen Kräften bedeutet, die ja ν_0 (und die Molekularrefraktion) unverändert lassen würde, sondern eine so starke Verschiebung, daß gegenüber kleinen (Licht-) Schwingungen die Eigenschwingungszahl ν_0 geändert erscheint.

[1]) H. G. GRIMM, ZS. f. phys. Chem. Bd. 98, S. 353. 1921.
[2]) S. auch Ziff. 82.
[3]) H. G. GRIMM, ZS. f. phys. Chem. Bd. 98, S. 353. 1921; Bd. 102, S. 145 u. 150. 1922.

Solche Verschiebungen treten meßbar schon unter der Wirkung von Dipolmolekülen ein[1]). Doch wird man annehmen können, daß auch diese Änderung von ν_0 (Abweichung vom quasielastischen Fall) qualitativ wie die einfache Polarisierbarkeit (Molrefraktion) geht.

Das vorliegende experimentelle Material zeigt nun, daß Kationen stets im Sinne einer Verminderung der Molrefraktion, d. h. im Sinne einer Verfestigung der Elektronenhülle des angelagerten Anions wirken. Daß dies wenigstens bei einseitiger Deformation, also z. B. bei der Deformation eines Cl^- durch ein H^+ im gasförmigen HCl auch tatsächlich erwartet werden muß, stellen FAJANS und JOOS am Beispiel der Anlagerung eines H-Kernes an ein Halogenion folgendermaßen dar: Im Halogenion „beschreiben die äußersten Elektronen nach BOHR, wenn man dessen Angaben für die Edelgase auf die Halogenionen überträgt, recht exzentrische Bahnen (im Cl^- 3_1- und 3_2-Bahnen, im Br^- 4_1- und 4_2-Bahnen, im J^- 5_1- und 5_2-Bahnen), befinden sich also auf einem großen Teil ihres Weges in erheblicher Entfernung von dem sie anziehenden positiven Kern. Kommt nun ein H-Kern in unmittelbare Nähe einer solchen Bahn, oder wird er sogar, wie es C. A. KNORR[2]) annimmt, von einer oder zwei solcher Bahnen umkreist, so kommt natürlich damit die Bahn unter die anziehende und stabilisierende Wirkung einer neuen positiven Ladung und wird dadurch einer Beeinflussung, sei es durch Licht oder durch weitere angelagerte H-Kerne weniger zugänglich".

Speziell am Beispiel des HCl können wir den Deformationsvorgang heute bereits eingehender verfolgen. Hier hatte bereits HABER[3]) 1919 bemerkt, daß die Energie, die bei der Vereinigung von H^+ mit Cl^- frei wird, um etwa 30% mehr beträgt, als man bei der Vereinigung zweier starrer Ionen erwarten sollte. Er hatte dieses Resultat auch bereits durch eine Deformation, durch eine Verschiebung von Kern zu Elektronenhülle im Cl^- gedeutet. Heute haben wir allen Grund anzunehmen, daß der Wasserstoffkern in die Elektronenhülle des Cl-Ions eingebaut ist, wofür vor allem folgende Tatsachen sprechen: Die beobachtete kritische Elektronengeschwindigkeit von etwa 13 Volt entspricht nicht, wie man ursprünglich unter Zugrundelegung eines rein heteropolaren HCl-Moleküls erwartete, dem Vorgang $HCl \rightarrow H^+ + Cl^-$, was energetisch ganz gut mit dem gemessenen Werte verträglich wäre, sondern wie vor allem neuerdings BARTON[4]) mit dem Massenspektrographen zeigte, dem Vorgang $HCl \rightarrow HCl^+ + \Theta$. Eben dieser Vorgang erscheint aber bei einheitlicher Elektronenhülle wahrscheinlicher. Ferner kristallisiert HCl nicht, wie es bei rein heteropolarem Bau das Wahrscheinlichere wäre, in einem Ionen-, sondern in einem Molekülgitter[5]). Und schließlich muß dem HCl-Molekül auf Grund des kleinen Depolarisationsgrades des gestreuten Lichts[6]) eine hohe Symmetrie zugeschrieben werden, die die des Argons beinahe erreicht. Dies alles führt zu der Vorstellung, daß das Proton bei der Deformation in die Elektronenhülle des Kerns eingedrungen ist. Das bedeutet aber, daß die Elektronenhülle des Cl^-, die zunächst unter dem Einfluß der Kernladungszahl 17 stand, durch den Einfluß einer weiteren Kernladungszahl stabilisiert, verfertigt worden ist. Und das eben bedeutet eine Verringerung der Molrefraktion der Achterschale des Cl^- im HCl gegenüber dem freien, undeformierten Cl^-. Denkt man sich den H-Kern ganz mit dem Cl-Kern vereinigt,

---

[1]) G. SCHEIBE und Mitarbeiter, Chem. Ber. Bd. 59, S. 2617. 1926; Bd. 60, S. 1406. 1927.

[2]) C. A. KNORR, ZS. f. anorg. Chem. Bd. 129, S. 109. 1923.

[3]) F. HABER, Verh. d. D. phys. Ges. Bd. 21, S. 750. 1919.

[4]) H. A. BARTON, Phys. Rev. (2) Bd. 30, S. 164. 1925.

[5]) Siehe z. B. A. REIS, ZS. f. Phys. Bd. 1, S. 204. 1920; Bd. 2, S. 57. 1920; W. KOSSEL, ZS. f. Phys. Bd. 1, S. 395. 1920.

[6]) J. RAMAKRISCHNA RAO, Ind. Journ. of Phys. Bd. 2, S. 61. 1927.

so hätte man ein Isotropes des Argons mit der Molrefraktion 4,20[1]). Die tatsächliche Molrefraktion von HCl beträgt aber 6,67, gegenüber einer Molrefraktion von 9,00 für freies Cl^- (s. Tabelle 7). Der heteropolare Charakter ist also infolge der Deformation verloren gegangen, das Proton in die Hülle eingedrungen, aber keineswegs mit dem Chlorkern vereinigt. Die Elektronenhülle ist gegenüber dem freien Chlorion verfestigt, die Molrefraktion vermindert.

Gleiches gilt für HBr und HJ mit dem Unterschied, daß Br^- und J^- entsprechend ihrer größeren Molrefraktion noch mehr verfestigt erscheinen, so daß die Molrefraktion von HBr und HJ noch stärker von der der freien Ionen abweicht, als das schon beim HCl der Fall ist. Tabelle 12 läßt dies deutlich erkennen. Weiteres zur Molrefraktion der Halogenwasserstoffe s. in Ziff. 80.

Tabelle 12. Molrefraktion der Halogenionen und Halogenwasserstoffe.

X	F	Cl	Br
R_{X^-}	9,00	12,67	19,24
R_{HX}	6,67	9,14	13,74
$R_{X^-} - R_{XH}$	2,33	3,53	5,50

Bei den Halogenwasserstoffen liegen die Verhältnisse insofern besonders einfach, als das Kation (H^+) hier nicht deformiert werden kann. Tritt aber an Stelle des Wasserstoffs etwa Na (im dampfförmigen NaCl), so muß nicht nur mit einer Deformation des Cl^- durch Na^+, sondern auch mit einer Deformation des Na^+ durch das Cl^- gerechnet werden. In diesem letzteren Falle liegen die Verhältnisse aber gerade umgekehrt wie bei der Deformation eines Anions durch ein Kation. Denn Anionen wirken abstoßend auf die Elektronenhülle eines angelagerten Kations; es muß daher erwartet werden, daß sie eine Lockerung der Elektronenhülle des Kations, d. h. eine Erhöhung der Molrefraktion, verursachen. Jede Deformation ist danach als das Resultat zweiser entgegengesetzter Wirkungen anzusehen.

Alle diese Betrachtungen erscheinen zwingend bei einseitiger Feldwirkung. Wie man sich die Deformation bei allseitiger Beeinflussung, also im Kristall, vorstellen soll, läßt sich auf Grund dieser Überlegungen nicht sagen. FAJANS und JOOS übertragen sie ohne Änderung auf die Kristalle, bei denen sie ebenfalls Verfestigung der Anionen durch die Kationen und Lockerung der Kationen durch die Anionen[2]) annehmen und so eine Erklärung für die Differenzen $R_{\text{Lös.}} - R_{\text{fest}}$ in Tabelle 11 geben können. Speziell für die neg. Differenzen dieser Tabelle geschieht das so: Ist die Erhöhung der Refraktion durch das Anion größer als die Erniedrigung durch das Kation, so ist für das feste Salz ein höherer Refraktionswert zu erwarten als für die freien bzw. gelösten Ionen. Die Bedingungen hierfür sind bei den Fluoriden der am leichtest deformierbaren Kationen am ehesten erfüllt, da einerseits das Fluorion als kleinstes Halogenion am stärksten auf die Kationen (K^+, Cs^+, Rb^+) einwirkt und seinerseits am wenigsten von ihnen deformiert wird und da andererseits die größten Alkaliionen infolge ihrer großen Refraktion am stärksten deformiert werden und infolge ihres großen Radius am schwächsten deformierend wirken. Hierin finden die in Tabelle 11 bei einigen Fluorionen auftretenden negativen Differenzen ihre Erklärung.

Unter Berücksichtigung dieser Gesichtspunkte und indem sie auch noch die deformierende Wirkung der Ionen auf das Lösungsmittel in Betracht zogen[3]),

[1]) M. BORN u. W. HEISENBERG, ZS. f. Phys. Bd. 23, S. 388. 1924.

[2]) Auf anderem Wege ergibt sich in Ziff. 82 das gleiche Resultat bezüglich des Vorzeichens, nicht aber bezüglich der Größe der Deformation.

[3]) Man beachte, daß $R_{\text{Gas}} - R_{\text{fest}}$ bei den Li-, Na- und F-Salzen in Tabelle 11 von $R_{\text{Lös.}} - R_{\text{fest}}$ verschieden ist.

gelang FAJANS und JOOS die Aufteilung der Molrefraktion einer Reihe von Salzen in die dem Kation und dem Anion zuzuordnenden Beträge[1]). Die von ihnen für die freien Ionen geschätzten Werte wurden bereits früher in Tabelle 7 angegeben.

Die Abweichungen der Molrefraktion der Salze von der Summe der Ionenrefraktionen sind beim Vergleich dieser Werte mit den in Tabelle 8a und 11 angegebenen Refraktionswerten zu ersehen. Die Abhängigkeit der Molrefraktion des Anions vom Kation zeigt Tabelle 12a, in der die Refraktionswerte pro 1 Cl angegeben sind, wie sie sich aus den verschiedenen Verbindungen berechnen. Die obenerwähnte zunehmende Verfestigung mit abnehmendem Radius des Kations oder mit zunehmender Kernladungszahl tritt in der Tabelle deutlich hervor[2]).

Tabelle 12a. Refraktionswerte pro 1 Cl in verschiedenen Verbindungen.

Li^+	7,4
Na^+	8,0
K^+	8,6
Cs^+	8,97
Rb^+	9,01
C^{++++} . .	6,61
Si^{++++} . .	7,01
Ti^{++++} . .	(9,17)

Das gleiche Resultat wie FAJANS und JOOS erhalten bezüglich der „Verfestigung" des Anions durch das Kation und der „Lockerung" des Kations durch das Anion Herzfeld und Wolf auf Grund der Dispersionsformeln bei NaCl und KCl. Näheres hierüber s. Ziff. 82.

Auf Grund dieser später zu besprechenden Anschauungen läßt sich viel-, leicht auch das Verhalten der Silbersalze besser verstehen, wenn man beachtet daß die Silberhalogenide nicht mehr als rein heteropolare Salze angesehen werden dürfen. Es erscheint wahrscheinlich, daß in nicht mehr rein heteropolaren Salzen auch im Gitter, ähnlich wie es nach Untersuchungen von FRANCK und seinen Mitarbeitern[3]) bei den Dämpfen der Fall ist, die langwelligere Absorption, deren Deutung auf Grund der Versuche von FRANCK an Alkalihalogeniddämpfen in Ziff. 82 behandelt werden wird, auf Kosten der kurzwelligeren an Intensität zunimmt, was eine Erhöhung der Molrefraktion durch Änderung der Übergangswahrscheinlichkeiten bedeutet. Da andererseits nach der in Ziff. 82 zu besprechenden Anschauung gerade dieses Glied in vollkommen dissoziierter Lösung verschwindet, so dürfte auch die Molrefraktion der Lösungen der Alkalihalogenide im Anschluß an die Überlegung von Ziff. 82 wesentlich besser herauskommen als bisher.

Auf die Anwendung der Theorie der Ionendeformation auf die neuere Theorie der Elektrolyte kann hier nur hingewiesen werden[4]).

VI. Schlüsse aus Konstanten.

a) Elektronenzahlen bzw. Übergangswahrscheinlichkeiten. Stärke der Absorptionslinien.

In die Dispersionsformel gehen, sofern man von der Dämpfung, die ja auch nur in Gebieten anormaler Dispersion einen merkbaren Einfluß gewinnt, absieht (s. Abschnitt III), zwei charakteristische Atomkonstanten ein, deren eine (λ_i) die Lage der Absorptionslinien, deren andere (p_i) ihre Stärke bestimmen. Die Kenntnis dieser Konstanten ist ein wesentliches Ergebnis der Dispersions- und Absorptionsmessungen.

[1]) Über einen ähnlichen Versuch s. auch M. BORN u. W. HEISENBERG, ZS. f. Phys. Bd. 23, S. 388. 1924; s. aber E. SCHRÖDINGER, Ann. d. Phys. Bd. 77, S. 43. 1925.

[2]) Dies unter der Voraussetzung, daß die Übergangswahrscheinlichkeiten unverändert bleiben. Eine diesbezügliche Änderung ist jedoch immerhin als möglich anzusehen (s. Ziff. 80).

[3]) J. FRANCK, H. KUHN u. G. ROLEFFSON, ZS. f. Phys. Bd. 43, S. 155. 1927; J. FRANCK u. H. KUHN, ebenda Bd. 43, S. 164. 1927; Bd. 44, S. 607. 1927.

[4]) Siehe K. FAJANS, H. KOHNER u. W. GEFFKEN, ZS. f. Elektrochem. Bd. 34, S. 1. 1928.

74. Methoden. Wenden wir uns zunächst den p_i zu. Bei ihrer experimentellen Bestimmung müssen wir unterscheiden zwischen Messungen in großer Entfernung von den Absorptionslinien und solchen in deren unmittelbarer Nähe. Die erstere Methode ist gegeben durch Dispersionsmessungen in Gebieten normaler Dispersion, wo sich die Wirkungen der einzelnen Absorptionsstellen überlagern. Sie liefert daher, allerdings oft erst nach langwieriger numerischer Rechnung, alle p_i auf einmal. Zur Bestimmung der p-Werte für die einzelnen Absorptionslinien liegen im wesentlichen drei voneinander verschiedene Möglichkeiten vor, nämlich:

1. Dispersionsmessungen in der Nähe der einzelnen Absorptionslinien.

2. Messungen der Absorption, und zwar entweder von Halbwertsbreite und Maximalabsorption oder Auswertung des Integrals der Absorption über die ganze Linienbreite (kurze Schicht, geringer Gasdruck!).

3. Messung der anomalen magnetischen Drehung der Polarisationsebene (Magnetorotation). Die letzte Methode ist besonders bequem, da man mit dem Nicol direkt messen kann[1]). Alle drei liefern nur die C_i. Da die Zahl der Atome selbst in den meisten Fällen nicht zweifelhaft ist, führt die Kenntnis der C_i ohne weiteres zu den p_i.

75. Relativzahlen innerhalb der Absorptionsserien der Alkalidämpfe. Die meisten und besten Untersuchungen an einzelnen Linien sind an Alkalidämpfen ausgeführt. Die Alkalien haben den Vorteil, daß ihre Spektren vom Standpunkt der heutigen Theorie am besten übersehen werden können. Die Absorptionslinien, um die es sich hier ja allein handelt, gehen von den Grundtermen aus und sind Dublettlinien, von denen die kurzwelligeren immer die stärkeren sind, und zwar sollte das Intensitätsverhältnis für sämtliche Alkalidubletts nach der Intensitätsregel von BURGER und DORGELO[2]) gleich 2 : 1 sein.

Fragen wir zunächst nach diesem durch die p-Werte bestimmten Verhältnis der Stärke zweier Absorptionslinien eines Alkalidubletts, so zeigt sich bei den D-Linien sehr genau das Verhältnis 2 : 1. Die nach verschiedenen Methoden gewonnenen Zahlen stimmen sehr gut überein. Es ergeben die Messungen von GOUY[3]) (Flammenspektrum) 1,9; ROSCHDESTWENSKY[4]) (Dispersionsmethode) 2,0; FÜCHTBAUER und SCHELL[5]) (Absorptionsmethode) 2,0; SENFTLEBEN (Magnetorotation) 2,06, und LADENBURG und MINKOWSKI[6]) (Magnetorotation) 2,03. Endlich ergibt sich aus Formel V (Ziff. 16) das Verhältnis 2,0[7,8]).

---

[1]) Nach SENFTLEBEN, Ann. d. Phys. Bd. 47, S. 949. 1915, verdient jedoch die Messung mit der SAVARTschen Platte den Vorzug; da sie am unabhängigsten ist von Auflösungsvermögen und Spaltbreite.

[2]) H. B. DORGELLO, ZS. f. Phys. Bd. 22, S. 170. 1924; H. C. BURGER u. H. B. DORGELLO, ebenda Bd. 23, S. 258. 1924; H. B. DORGELLO, Utrechter Dissert. 1924.

[3]) H. L. GOUY, Recherches photométriques sur les flammes colorées. Ann. chim. et phys. Bd. 18, S. 70. 1890; s. auch R. LADENBURG u. W. REICHE, Ann. d. Phys. Bd. 42, S. 181. 1913 u. H. SENFTLEBEN, ebenda Bd. 47, S. 949. 1915.

[4]) D. S. ROSCHDESTWENSKY, Trans. Opt. Inst. Petrograd Bd. 2, Nr. 13, S. 39. Berlin 1921; Ann. d. Phys. Bd. 39, S. 307. 1912. Journ. Russ. phys. chem. Ges. Bd. 50, S. 11. 1922.

[5]) Chr. FÜCHTBAUER u. C. SCHELL, Phys. ZS. Bd. 14, S. 1164. 1913; Verh. d. D. Phys. Ges. Bd. 15, S. 974. 1913; CHR. FÜCHTBAUER u. H. MEIER, Phys. ZS. Bd. 27, S. 853. 1926.

[6]) R. LADENBURG u. R. MINKOWSKI, ZS. f. Phys. Bd. 6, S. 153. 1821; R. MINKOWSKI, Ann. d. Phys. Bd. 66, S. 206. 1921.

[7]) Über die Regulierung der Verteilung der angeregten Atome nach dem Quantengewicht unter verschiedenen Anregungsbedingungen s. W. LOCHTE-HOLTGREVEN, ZS. f. Phys. Bd. 47, S. 362. 1928.

[8]) Eine Reihe weiterer diesbezüglicher Daten gibt W. KUHN in einer Abhandlung der Kgl. Dänischen Wiss. Ges. (Bd. 7, Heft 12, Kopenhagen 1926), die dem Verf. dieses Artikels bei dessen Niederschrift (abgeschlossen im September 1926) noch nicht bekannt war. KUHN führt dort teilweise Neuberechnungen auf Grund älterer Messungen durch. So berechnet er

Beinahe derselbe Wert folgt für das erste Glied ($1s - 2p$) der Cs-Hauptserie aus FÜCHTBAUERS[1]) Absorptionsmessungen zusammen mit ROSCHDESTWENSKYS Dispersionsmessungen.

Für die Rb-Resonanzlinie gibt BEVAN[2]) den Wert 3 : 1. Für die höheren Hauptseriendubletts liegen beim Na noch keine Versuche vor. Dagegen hat FÜCHTBAUER[3]) die Cs-Dubletts[4]) $1s - 3p$, $1s - 4p$ und $1s - 5p$ untersucht. Er findet die Verhältniszahlen 3/1, 4/1, 5/1, woraus er schließt, daß das Verhältnis der p-Werte der beiden Komponenten eines Dubletts in der Serie $1s - mp$ gegeben sei durch $m : 1$. ROSCHDESTWENSKY beobachtet beim Cs ebenfalls eine Zunahme des Intensitätsverhältnisses mit der Laufzahl. ROSCHDESTWENSKY gibt für das 2. Glied der Rb-Hauptserie den Wert 2,5 : 1 an; GOUY für ebendasselbe 3 : 1; derselbe Wert ergibt sich aus BEVANS Messungen für die 6 ersten Serienglieder beim Rb.

Bei den höheren Gliedern ergeben also sowohl die Dispersions- als die Absorptionsmethoden Abweichungen von der oben erwähnten Intensitätsregel. Es scheint zunächst unwahrscheinlich, daß diese Abweichungen, die der PRESTONschen Regel widersprechen, reell sein sollen. Von einer Klärung dieses Widerspruches ist man aber noch weit entfernt, besonders da erneute Experimente die Ergebnisse der früheren Beobachtungen bestätigten: FILIPPOV[5]), der auf Anregung von ROSCHDESTWENSKY das blaue Cs-Dublett ($1s - 3p$) neuerdings in Emission (Bogenentladung, Flamme und Geißlerröhre) sowie FÜCHTBAUER[6]), der die Cs-Linie $1s - 4p$ mit einer der früher von ihm angewandten ähnlichen Methode in Absorption untersuchte, finden die Abhängigkeit des Intensitätsverhältnisses von der Laufzahl wiederum bestätigt. Ferner finden neuerdings KOHN und JAKOB[7]) für das 2. Rb-Hauptserienglied ($\lambda = 4202$ und 4215 Å) den Wert 2,3 bis 2,6 : 1 und für das 2. Cs-Hauptserienglied ($1s - 3p$) in Übereinstimmung mit FILIPPOV[5]) und HAGENOW und HUGHES[8]) den Wert 4 : 1 (Emission). Keine nennenswerte Abweichung von der Summenregel ergeben sich dagegen nach FILIPPOV[9]) bei der diffusen und scharfen Nebenserie des Kaliums[8]) sowie bei der diffusen Nebenserie und Bergmannserie des Cs[10]).

---

aus Angaben BECQUERELS (Magnetorotation u. Dispersion) aus dem Jahre 1898 den Wert 2,0. Auch die Messungen GEIGERS (Magnetorotation) aus dem Jahre 1907 führen unter Zugrundelegung der neueren Daten über den Zeemanneffekt, bei einer Neuberechnung zu dem Werte 2,0 anstatt des von GEIGER selbst berechneten Wertes 2,9. Bezüglich weiterer Daten sei auf die Arbeit von KÜHN selbst verwiesen.

[1]) CHR. FÜCHTBAUER u. G. JOOS, Phys. ZS. Bd. 23, S. 73. 1922.

[2]) P. V. BEVAN, Proc. Roy. Soc. London (A) Bd. 84, S. 209. 1910; Bd. 85, S. 58. 1911; Bd. 86, S. 325. 1912.

[3]) Chr. FÜCHTBAUER u. W. HOFMANN, Ann. d. Phys. Bd. 43, S. 96. 1914; Phys. ZS. Bd. 14, S. 1168. 1913; Verh. d. D. Phys. Ges. Bd. 15, S. 982. 1913; CHR. FÜCHTBAUER u. H. BARTELS, ZS. f. Phys. Bd. 4, S. 337. 1921; H. BARTELS, Ann. d. Phys. Bd. 65, S. 143. 1921.

[4]) Mit Rücksicht auf die Originalarbeiten sind hier die bis vor kurzem üblich gewesenen Termbezeichnungen (nach SOMMERFELD, Atombau u. Spektrallinien 4. Aufl. 1924) beibehalten. Nach der neuerdings eingebürgerten Schreibweise hieße es hier $m^2S - n^2P$.

[5]) A. FILIPPOV, ZS. f. Phys. Bd. 36, S. 477. 1926; Bd. 42, S. 495. 1927 (bei kleinem und großem He-Zusatzdruck).

[6]) CHR. FÜCHTBAUER und H. MEIER, Phys. ZS. Bd. 27, S. 853. 1926.

[7]) H. KOHN u. H. JAKOB, Naturwissensch. Bd. 15, S. 17. 1927 s. auch die während der Korrektur erschienene Arbeit von H. JAKOB, Ann. d. Phys. (4) Bd. 86, S. 449. 1928.

[8]) C. F. HAGENOW u. A. L. HUGHES, Phys. Rev. (2) Bd. 30. S. 284. 1927.

[9]) A. FILIPPOV, ZS. f. Phys. Bd. 42, S. 495. 1927.

[10]) Anmerkung bei der Korrektur: In einer neuerdings im Physikalischen Institut in Utrecht ausgeführten Untersuchung (S. SAMBURSKY, ZS. f. Phys. Bd. 49, S. 731. 1928) wird die Abhängigkeit des Intensitätsverhältnisses der Alkalidubletts von der Laufzahl bei den Hauptserien ebenfalls bestätigt. Untersucht wurden Na, K, Rb und Cs und zwar Cs bis zum 8., Rb bis zum 6., K bis zum 4. und Na bis zum 2. Hauptserienglied. Nach diesen Unter-

Neben dem Verhältnis der beiden Linien ein und desselben Dubletts haben wir noch das Verhältnis der p-Werte der aufeinanderfolgenden Dubletts der Absorptionsserien, also z. B. $p_{1s-2p} : p_{1s-3p} : p_{1s-4p} \ldots$ zu betrachten. Tabelle 13 gibt die aus BEVANS[1]) Messungen an den Alkalidämpfen errechneten Werte wieder. Verschiedene bei einem Metall angegebene Werte entsprechen verschiedenen Meßreihen und geben die maximalen Schwankungen. Der Wert für das erste Glied ist jeweils gleich 1 gesetzt.

Tabelle 13. Relative Intensitäten der ersten Glieder der Alkalihauptserien.

	p_{1s-2p}	p_{1s-3p}	p_{1s-4p}	p_{1s-5p}	p_{1s-6p}	p_{1s-7p}
Na	1	1/80	1/470			
	1	1/70	1/295			
K	1	1/105	1/525	1/1800		
	1	1/200	1/2050	1/7000		
Rb	1	1/105	1/570	1/1660	1/1850	1/2900

BEVAN arbeitete mit der Dispersionsmethode. Größere Genauigkeit kommt den Zahlen FÜCHTBAUERS und seiner Mitarbeiter (Absorptionsmethode) zu. Sie beginnen erst bei $1s - 3p$ und führen zu den Relativzahlen

Cs	1	1/6	1/20

ROSCHDESTWENSKY gibt für die drei ersten Glieder beim Cs die Werte[2])

Cs	1	1/62	1/372

Kombination beider führt also zu

Cs	1	1/62	1/372	1/1240

Bis zu sehr viel höheren Seriengliedern reichen die relativen p-Werte, die man aus den Angaben von TRUMPY[3]) (Absorptionsmethode)und von HARRISON[4]) bei Na erhält. Doch beginnen die Messungen beider erst beim dritten Glied. Die Zahlenwerte sind — zusammen mit solchen für die übrigen Alkalidämpfe — in Tabelle 14 zusammengestellt[5]).

Für das Intensitätsverhältnis des ersten zum zweiten Hauptsereindublett des Kaliums geben PROKOFIEW und GAMOW[6]) in befriedigender Übereinstimmung mit dem Wert BEVANS in Tabelle 14 den Wert $115 \pm 1{,}5$.

Endlich gibt LADENBURG[7]) für das Verhältnis der Stärke von H_α und H_β bei starker elektrischer Erregung mit Hilfe der Dispersionsmethode das Verhältnis $p_\beta : p_\alpha$ zu $1/4{,}7$ an[8]). Neuere Messungen, besonders über metastabile

suchungen zeigt sich zuerst ein Anstieg des Intensitätsverhältnisses mit der Laufzahl und dann, bei den höheren Gliedern, wieder eine Abnahme. Auf Einzelheiten dieser Arbeit kann leider nicht mehr eingegangen werden. Es sei nur noch bemerkt, daß auf die Möglichkeit verwiesen wird, daß auf Grund der Theorie des rotierenden Elektrons vielleicht eine Erklärung für diese merkwürdige Erscheinung erwartet werden darf.

[1]) Siehe Fußnote 2 voriger Seite.

[2]) Die Werte sind die Arbeit von CHR. FÜCHTBAUER u. G. JOOS (Phys. ZS. Bd. 23, S. 72. 1922) entnommen.

[3]) B. TRUMPY, ZS. f. Phys. Bd. 34, S. 715. 1925 u. „Über die Intensität und Breite der Spektrallinien". Trondjhem 1927.

[4]) G. R. HARRISON, Phys. Rev. (2) Bd. 25, S. 768. 1925. Über Fehlerquellen hierzu s. R. MINKOWSKI, ZS. f. Phys. Bd. 36, S. 839. 1926.

[5]) Neuere Messungen TRUMPYS für Lithium s. ZS. f. Phys. Bd. 44, S. 575. 1927.

[6]) W. PROKOFIEW u. G. GAMOW, ZS. f. Phys. Bd. 44, S. 887. 1927; W. PROKOFIEW, Phil. Mag. (6) Bd. 3, S. 1010. 1927.

[7]) R. LADENBURG, Ann. d. Phys. Bd. 38, S. 249. 1912; A. CARST u. R. LADENBURG, ZS. f. Phys. Bd. 48, S. 192. 1928.

[8]) Theoretisch ergibt sich nach der Wellenmechanik der Wert 5,37 (E. SCHRÖDINGER, Ann. d. Phys. (4) Bd. 80, S. 437, 1926). Weiteres s. Ziff. 65.

Tabelle 14. Relativintensitäten in den Alkalihauptserien.

$1s-mp$	$p_{\text{rel.}}$ Na nach			$p_{\text{rel.}}$ K nach Bevan	$p_{\text{rel.}}$ Rb nach Bevan	$p_{\text{rel.}}$ Cs nach Roschdestwensky und Füchtbauer
	Bevan	Trumpy	Harrison			
$2p$	1			1	1	1
$3p$	1/80			1/105	1/105	1/62
$4p$	1/470	1/470	1/470	1/530	1/575	1/370
$5p$		1/910	1/730	1/1855	1/1665	1/1240
$6p$		1/1230	1/865		1/1855	
$7p$		1/1980	1/1140		1/2965	
$8p$		1/2975	1/1395			
$9p$		1/4135	1/1610			
$10p$		1/5550	1/1950			
$11p$		1/6810	1/2230			
$12p$		1/8440	1/2530			
$13p$		1/9860	1/2850			
$14p$			1/3225			
$15p$			1/3585			
$16p$			1/4000			
$17p$			1/4490			

Zustände, hat in allerletzter Zeit Ladenburg[1]) mit seinen Mitarbeitern ausgeführt (näheres darüber s. Ziff. 16).

Die Bestimmungen des Verhältnisses der p-Werte der aufeinanderfolgenden Glieder der Absorptionsserien sind, wie die Tabelle 13 und 14 erkennen lassen, besonders bei den höheren Gliedern, noch sehr unsicher. Doch lassen die Versuche alle übereinstimmend eine sehr starke Intensitätsabnahme der Absorptionslinien mit der Liniennummer erkennen. Emissionslinien werden bei nicht allzu hoher Temperatur noch schneller mit zunehmender Hauptquantenzahl schwächer.

76. Absolutzahlen. a) Metalldämpfe. Die Bestimmung der Absolutzahlen, d. h. nach der klassischen Theorie der Zahl der Dispersionselektronen pro Atom bzw. Molekül aus den älteren Messungen war nicht leicht, da man die Dichte der Gase in den Flammen, mit denen man meist arbeitete, nicht genau bestimmen konnte. Aus dem Flammenspektrum findet Ladenburg[2]) nach Gouys Messungen für beide D-Linien zusammen p zu 0,411 an, für die stärkere D-Linie also 0,27. Emissionsmessungen sind aber unverwertbar, da die Zahl der erregten Atome unbekannt ist. Nach der Absorptionsmethode bekommt Füchtbauer als Summe für die beiden D-Linien 0,28. Benutzt man zur Bestimmung des Dampfdrucks anstatt der Angaben Kröners, auf die sich Füchtbauer stützte, eine von Ladenburg und Minkowski[3]) aus den Dampfdruckmessungen von Zisch[4]) (zwischen 473 und 565° C) abgeleitete Formel, so erhält man für $p_{D_1+D_2}$ den wesentlich höheren Wert 1,35. Eine neuere (wohl die genaueste) Bestimmung haben Ladenburg und Minkowski[5]) nach der Methode der Magnetorotation ausgeführt. Sie finden mit großer Annäherung für die Summe der beiden D-Linien die Zahl 1. Endlich entnimmt man der aus den Dispersionsmessungen von Wood in Ziff. 16 gewonnenen Formel, wenn man auf den Dampf-

[1]) R. Ladenburg, H. Kopfermann u. A. Karst, Berl. Ber. S. 255. 1926; R. Ladenburg, Phys. ZS. Bd. 27, S. 789. 1926; R. Ladenburg u. R. Ladenburg u. H. Kopfermann, ZS. f. Phys. Bd. 48, S. 15 u. 26 u. 351. 1928.

[2]) R. Ladenburg, ZS. f. Phys. Bd. 4, S. 451. 1921.

[3]) R. Ladenburg u. R. Minkowski, ZS. f. Phys. Bd. 6, S. 153. 1921.

[4]) F. Haber u. W. Zisch, ZS. f. Phys. Bd. 9, S. 302. 1922.

[5]) R. Minkowski, Ann. d. Phys. Bd. 66, S. 206. 1921; R. Ladenburg u. R. Minowski, ZS. f. Phys. Bd. 6, S. 153. 1921.

druck des Na bei 644° mit Hilfe der von LADENBURG und MINKOWSKI angegebenen Formel extrapoliert, für $p_{D_1} = 0{,}3$ und für $p_{D_2} = 0{,}6$, für die Summe also wiederum etwa 1. FÜCHTBAUER hat auch für Cs die Schätzung gemacht und kommt für p_{1s-3p} zu der Zahl 0,014 + 0,005. Für das Verhältnis zu $1s - 2p$ entnimmt man den Angaben ROSCHDESTWENSKYS (s. Tab. 14) den Wert 1/62 und erhält so für die Cs-Resonanzlinie (beide Dublettkomponenten) ebenfalls ungefähr 1.

Außer den Alkalien sind noch Hg, Cd und Tl untersucht. Bei Hg und Cd ist der Grundterm ein Singulett-S-Term. Das Spektrum zerfällt in ein Singulett- und ein Triplettsystem. Es treten dementsprechend als Absorptionslinien der nichtleuchtenden Dämpfe die Linien $1S - mP$ und $1S - mp_1$ auf[1]), die Hauptserie der Einfachlinien und die der Interkombinationslinien. Die Grundzustand des Thalliums ist ein Dublett-p-Term $2p_1$. In Absorption treten die Linien $2p_1 - ms$ (scharfe Nebenserie) und $2p_1 - md$ (diffuse Nebenserie) auf, sowie bei höheren Temperaturen auch noch die von $2p_2$ ausgehenden Linien[2]).

Bei Hg führen die Dispersionsmessungen von WOOD[3]) für die Interkombinationslinie 2536 ($1S - 2p_1$) zu dem Wert $p_{1S-2p_1} = 1/30$, neuere Messungen von FÜCHTBAUER und JOOS[4]) (Absorption) zu $p_{1S-2p_1} = 1/40$. Für das erste Glied der Hauptserien der Einfachlinien 1849 Å ($1S - 2P$) liegen noch keine Messungen vor.

Bei Cd hat KUHN[5]) die p-Werte für die Linien 3261 und 2288 Å nach der Methode der Magnetorotation bestimmt zu

$$\left.\begin{aligned} p_{1S-2P} &= 1{,}2 \pm 0{,}05 \text{ und} \\ p_{1S-2p_1} &= 1{,}9\cdot 10^{-3} \pm 0{,}2\cdot 10^{-3} \end{aligned}\right\} \text{Cd}.$$

Auffallend ist die Größe des Wertes von $1S - 2P$ gegenüber dem Werte 1 der D-Linien. Sie dürfte auf das Vorhandensein zweier äquivalenter Elektronen zurückzuführen sein. Der Wert der Interkombinationslinie ist hier noch kleiner als bei Hg ($2{,}5\cdot 10^{-2}$). Für Thallium findet KUHN[6])

$$\left.\begin{aligned} p_{2p-2s} &= 0{,}080, \\ p_{2p_2-3d_2} &= 0{,}20 \end{aligned}\right\} Tl.$$

b) Edelgase. Anders als bei den Metalldämpfen, wo die p-Werte einzeln durch Untersuchung der einzelnen Linien bestimmt werden können, liegen die Verhältnisse bei den ebenfalls einatomigen Edelgasen. Dort kommt man experimentell nur schwer an die Hauptserienlinien heran und muß daher die p-Werte aus der normalen Dispersion berechnen, die im Sichtbaren und bei He und A auch im langwelligen Ultraviolett bekannt ist. Die Zahlwerte sind bereits in Ziff. 10 (Tab. 2 und Formel I und Ia) angegeben.

Wenn wir die Werte aus den eingliedrigen Formeln betrachten, die hier noch einmal besonders zusammengestellt sind, so zeigt sich zunächst folgendes[7]): Bei He ist pro Atom 1 Elektron wirksam. Ne mit der ersten ausgebildeten Achter-

He 1,12	Ne 2,37	Ar 4,58	Kr 4,90	Xe 5,61

---

1) In der neuen Bezeichnung $1^1S - m^1P$ und $1^1S - m^3P$.

2) W. GROTRIAN, ZS. f. Phys. Bd. 12, S. 218. 1923.

3) R. W. WOOD, Phys. ZS. Bd. 14, S. 191. 1913; Phil. Mag. (6) Bd. 25, S. 433. 1913.

4) CHR. FÜCHTBAUER u. G. JOOS, Phys. ZS. Bd. 21, S. 694. 1920; Bd. 23, S. 73. 1922; CHR. FÜCHTBAUER, G. JOOS u. G. DINKELACKER, Ann. d. Phys. Bd. 71, S. 204. 1923; s. auch B. TRUMPY, ZS. f. Phys. Bd. 40, S. 594, 1927.

5) W. KUHN, Naturwissensch. Bd. 14, S. 48. 1926; Kgl. Danske Vidensk. Selskab Bd. 7, Heft 12. 1926.

6) W. KUHN, Naturwissensch. Bd. 13, S. 725. 1925.

7) K. F. HERZFELD u. K. L. WOLF, Ann. d. Phys. Bd. 76, S. 71 u. 567. 1925.

schale zeigt 2,4 Elektronen. Von Ne zu A verdoppelt sich p beinahe, obwohl auch das Ar nur Achterschalen hat. Die Zunahme von A zu Kr ist dagegen nur gering, trotzdem jetzt die Besetzung der (inneren) Elektronenschalen eine viel reichere geworden ist. Diese Art der Abstufung ein relativ großer Sprung zwischen Ne und A neben einem kleinen zwischen A und Kr und einem mittleren zwischen Kr und Xe tritt auch in anderen Vertikalreihen des periodischen Systems und in bezug auf andere Eigenschaften[1]) auf. Das starke Anwachsen der p von Ne zu A sowie die weitere, wenn auch langsamere Zunahme von A bis Xe weisen darauf hin, daß nicht nur die lockerst gebundenen Elektronen, sondern auch die tieferen Niveaus[2]) den Brechungsindex beeinflussen[3]). Bei He haben wir ja nur die einfach besetzte K-Schale. Beim Neon liegen bereits vier Möglichkeiten vor: die doppelt besetzte K-Schale und die 8 Elektronen der 3 L-Niveaus L_{11}, L_{21} und L_{22}[4]). Neben dem obersten, dem L_{22}-Niveau (Ionisierungsspannung entsprechend = 575 Å), scheint notwendig nicht nur L_{21}, sondern auch noch das tieferliegende L_{11} in Rechnung gesetzt werden zu müssen. Denn aus dem L_{11}-Term berechnet sich die Grenze der Absorptionsserie zu etwa 290 Å. Eigenwellenlängen von etwa 300 Å üben aber auf die Dispersion im Sichtbaren und im Ultravioletten noch einen merklichen Einfluß aus. Ähnlich wie beim Neon liegen die Verhältnisse bei A, Kr und Xe. Die Zahl der zu berücksichtigenden Niveaus scheint mit wachsender Ordnungszahl zuzunehmen, da man aus den Röntgentermen[5]) entnehmen kann, daß das Verhältnis ihrer Bindung zur Bindung der lockersten Gruppe immer kleiner wird. Das erstmalige Mitwirken einer tieferliegenden Achterschale beim Argon macht dann den Sprung von Neon zu Argon verständlich. und die reichere Besetzung und größere Zahl der die Dispersion bestimmenden Niveaus erklärt die weitere Steigung der Zahl p von A bis Xe.

Neben den eingliedrigen wurden (Ziff. 10) für He und Ar zweigliedrige Formeln berechnet, deren eine Eigenwellenlänge gleich der der Resonanzlinie (s. Ziff. 78 und 79) gesetzt ist. Beim Übergang zu diesen Formeln zeigt sich folgendes Bild: Die p-Werte des Hauptgliedes sind von derselben Größenordnung wie in den eingliedrigen Formeln. Dagegen kommen den Resonanzlinien, deren Auftreten man nach der klassischen Theorie vor allem erwarten würde, nur sehr geringe „Elektronenzahlen" zu. Beim He ist nach Ziff. 10, Tabelle 2, das p für die Resonanzlinie nur 1/30, bei A 1/40 gegenüber Werten von 1,1 bzw. 4,6 für das andere Glied. Dieselbe Zahl, nämlich 1/30 bis 1/40, fanden, wie bereits erwähnt, FÜCHTBAUER und JOOS für die Hg-Linie 2537. Doch kann aus dieser Übereinstimmung noch nicht auf eine Analogie geschlossen werden, da, wie bereits betont, bei Hg eine zweite, von der Grundbahn $1S$ ausgegehnde starke Linie existiert. Man sollte für Hg vielmehr eine Analogie zu den Alkalien erwarten, bei denen p für die Resonanzlinie = 1 ist, und die sich demnach auf jeden Fall anders verhalten als die Edelgase (s. Ziff. 79). Bei He ist noch eine zweite, zweigliedrige Formel möglich, die der Resonanzlinie einen größeren Einfluß einräumt ($p = 0{,}55$). Doch ist diese Formel, wie sich aus den entsprechenden Formeln für A, KCl und NaCl ergibt, als physikalisch weniger wahrscheinlich anzusehen.

---

[1]) H. G. GRIMM, ZS. f. phys. Chem. Bd. 98, S. 353. 1921.

[2]) R. LADENBURG u. F. REICHE, Naturwissensch. Bd. 11, S. 584. 1923; K. L. WOLF, Münchener Dissertation, 1925. K. F. HFRZFELD u. K. A. WOLF, Ann. d. Phys. Bd. 76, S. 71. 1925.

[3]) Daneben sind auch noch die Spektren ins Auge zu fassen, bei denen zwei Elektronen gleichzeitig springen (sog. gestrichene Terme).

[4]) Niveaubezeichnung nach SOMMERFELDS Atombau u. Spektrallinien. Braunschweig 1924.

[5]) N. BOHR u. D. COSTER, ZS. f. Phys. Bd. 12, S. 342. 1922.

c) Moleküle. Bei Molekülen lassen sich die Formeln bis jetzt nur bei Wasserstoff und Kohlendioxyd, Ammoniak und Methan einigermaßen übersehen, da nur für diese Gase sehr sorgfältige Messungen bis weit ins Ultraviolette existieren. Zu ihrer formelmäßigen Darstellung erwies sich bei Wasserstoff eine zweigliedrige Formel als notwendig[1]), die in Ziff. 11 bereits angegeben ist. Die Werte von p_1 und p_2 bestimmen sich daraus zu 0,84 und 0,69, ihre Summe also zu 1,53. Früher setzte man mit DRUDE umgekehrt zu der Art, wie wir es jetzt tun, in dem Zähler $\frac{Ne^2 p}{2\pi m}$ p gleich der Zahl der Valenzelektronen, also beim $H_2 = 2$ und bestimmte daraus e/m. Da an der Tatsache, daß für das einzelne Elektron e und m dieselben Werte zuzuschreiben seien wie den auf anderem Wege (Kathodenstrahlen, Zeemanneffekt) bestimmten, nicht gezweifelt werden konnte, glaubte man die Abweichungen (p ergab sich aus der Dispersion als etwas zu klein) auf Koppelungserscheinungen der Elektronen innerhalb des Moleküls zurückführen zu müssen. Auf dieser Grundlage für die Rechnung fand man, daß tatsächlich die Zahl der Dispersionselektronen bei einer Reihe von einfachen Molekülen gleich der Zahl der Valenzelektronen gesetzt werden könne. Die genauere Kenntnis der Dispersion sowie der Absorptionsverhältnisse im Ultravioletten läßt aber diese Zahlen nur als Näherungswerte erscheinen. Die theoretisch allein brauchbaren Zahlen müssen auf demselben Wege gefunden werden, wie hier beim Wasserstoff.

Wasserstoff zeigt keine Absorption im Sichtbaren — die Linien des Viellinienspektrums treten ja in Absorption nicht auf — und ultraroten Teil des Spektrums, sondern nur im Ultravioletten[2]). Dasselbe gilt für Sauerstoff und Stickstoff. Dagegen ist bei Cl_2, Br_2 und J_2 das ganze sichtbare Spektrum von feinen Absorptionslinien und kontinuierlichen Absorptionsspektren durchzogen. Da über deren Charakter[3]) noch sehr wenig Klarheit herrscht, lassen sich aus den wenigen Dispersionsmessungen weiter keine Schlüsse ziehen als höchstens der, daß die den einzelnen Linien entsprechenden p-Werte sehr klein sein müssen.

Von gasförmigen Stoffen ist die Dispersion für die Halogenwasserstoffe und einer Reihe einfacher Verbindungen so weit bekannt, daß sich die p-Werte mit einiger Sicherheit bestimmen lassen. Die Werte sind in Tabelle 15 aufgeführt. Bei den Halogenwasserstoffen, bei denen wir uns das Molekül als aus einem die Dispersion nur indirekt (durch Deformation) beeinflussenden Wasserstoffkern und einem Halogenion mit edelgasähnlicher Schale aufgebaut denken, stimmen sie für HCl, HBr und HJ annähernd mit den Werten der entsprechenden Edelgase überein. Zweigliedrige Formeln lassen sich hier, da die Messungen nur ein kleines Spektralgebiet überdecken und da neben den p_i auch noch die λ_i, die bei den Edelgasen wenigstens für Resonanzlinie und Seriengrenze bekannt sind, bei den Molekülen aus der Dispersion bestimmt werden müssen, noch nicht ganz eindeutig angeben. Doch zeigt die Rechnung[4]), daß die der Resonanzlinie zuzuordnenden p-Werte wohl von derselben Größenordnung sind wie bei Argon und daß sie ferner mit steigendem Atomgewicht des Halogens zunehmen (s. Tab. 15).

Von den übrigen Verbindungen verdient die Reihe Ne, HF, H_2O, NH_3 und CH_4 (s. Tab. 17a, Ziff. 80) etwas nähere Beachtung. Es wurde bereits früher

---

1) H. SCHÜLER u. K. L. WOLF, ZS. f. Phys. Bd. 34, S. 343. 1925.

2) Siehe J. J. HOPFIELD u. H. G. DIEKE, ZS. f. Phys. Bd. 40, S. 299. 1926.

3) Betreffend der kontinuierlichen Spektra s. J. FRANK, ZS. f. phys. Chem. Bd. 120, S. 144, 1926; K. L. WOLF, ZS. f. Phys. Bd. 35, S. 490. 1926; H. KUHN, Naturwissensch. Bd. 14, S. 600, 1926; ZS. f. Phys. Bd. 39, S. 77, 1927.

4) K. L. WOLF, Ann. d. Phys. Bd. 81, S. 637. 1926.

Tabelle 15.

	O_2	N_2	O_3	NO	N_2O	H_2O	H_2S	SO_2	CO_2	NH_3	CH_4	HCl	HBr	HJ	Cl_2	
p_0	3,11	4,61	1,87	3,22	5,19	2,41	4,42	5,24	5,69	2,72	4,60	4,25	4,71	5,30	6,55	nach CUTHBERTSON
p_1									6,17	3,65	5,08	4,45	4,75	5,50		nach FRIBERG bzw. FUCHS bzw. WOLF
p_2									+0,75	+0,07	+0,42	+0,03	0,07	0,23		
λ_0	838	720	1460	858	868	917	1073	1004	799	1052	878	919	1019	1172	967	nach CUTHBERTSON
λ_1									720	873	755	890	1000	1100		nach FRIBERG bzw. FUCHS bzw. WOLF
λ_2									1480	1965	1255	1597	1525	1691		

erwähnt, daß man sich die Vorstellung macht, alle Verbindungen dieser Reihe seien heteropolar und beständen aus einem neonähnlichen Anion und Wasserstoffkernen. Daraus wäre zu folgern, daß die p-Werte für alle fünf wenigstens annähernd gleich 2,4 sein sollten. Wir benutzen für alle vier „Hydride" und für Neon die Werte der Tabelle 4a (Ziff. 11) und sehen, daß sie tatsächlich praktisch gleich sind, bis auf CH_4, das vollkommen aus der Reihe fällt. Sein p-Wert ist vielmehr etwa dem des Argons gleich. Das kann man, zusammen mit der Tatsache, daß auch die Ionisierungsspannung (s. Tab. 4a, Ziff. 11, und Tab. 17a, Ziff. 80) nicht in die Reihenfolge der für die übrigen dieser Hydride gefundenen Werte paßt[1]), so verstehen, daß die Annahme heteropolarer Bindung zwar für Neon bis NH_3 berechtigt ist, daß dagegen dem CH_4 eine andere Struktur zukommt. Auf Grund einer ähnlichen Überlegung kommt HAVELOCK zu dem Schluß, daß CH_4 aus einem vierfach positiv geladenen Kohlenstoffkern und vier negativen Wasserstoffionen besteht[2]). Dem steht die bereits öfter betonte[3]) Ähnlichkeit der physikalischen Eigenschaften des Methans mit denen von Krypton entgegen, die sich, wie sowohl die Konstanten der Dispersionsformel von CUTHBERTSON wie auch die genaueren Werte FRIBERGs zeigen, auch hier bestätigt findet. Es ist ja

$$\text{Kr}: p_0 = 4{,}90; \qquad CH_4: p_1 = 5{,}08;$$
$$\text{X}: p_0 = 5{,}61; \qquad p_2 = 0{,}42.$$

Auch beim CH_4 muß also an einer edelgasähnlichen Schale festgehalten werden, wobei man sich des Methan wohl als ideal unpolares Molekül mit gemeinsamer Elektronenhülle um C^{4+} und die 4 Protonen vorzustellen hat. Die tetraedrische Anordnung der 4 Protonen innerhalb der Elektronenwolke erscheint dabei auf Grund der Edelgasähnlichkeit von CH_3 sowie der Tatsache, das CH_4 kein Dipolmoment hat[4]), unter allen Umständen anzunehmen zu sein. Die Tatsache, daß bei CH_4 auf Grund des beobachteten endlichen Depolarisationsgrads des gestreuten Lichtes eine Anisotropie erwartet werden müßte, die dieser Annahme widerspricht, ist kaum im gegenteiligen Sinne deutbar, da bei der geringen Größe des gemessenen Effektes Meßfehler (nicht vollkommen paralleles Licht!) eine Anisotropie leicht vortäuschen können.

Besonderes Interesse beansprucht hier noch folgende Tatsache: Der Wert von p_2 („Resonanzlinie") ist bei CH_4 ($p_2 = 0{,}42$) erheblich größer als bei Argon (0,02).

[1]) E. PITSCH u. G. WILCKE, ZS. f. Phys. Bd. 43, S. 342. 1927.

[2]) T. H. HAVELOCK, Phil. Mag. Bd. 4, S. 721. 1927; s. auch C. D. NIVEN, ebenda Bd. 3, S. 1314. 1927.

[3]) J. LANGMUIR, Journ. Amer. Chem. Soc. Bd. 41, S. 1543. 1919; A. O. RANKINE, Nature Bd. 108, S. 590. 1921; G. GLOCKLER, ebenda, Bd. 48, S. 2021. 1926; H. G. GRIMM ds Handb. Bd. 24.

[4]) R. SÄNGER, Phys. ZS. Bd. 27, S. 556. 1926.

Ähnliches dürfte danach auch bei Kr und Xe erwartet werden. Das ist in bester Übereinstimmung mit dem Verhalten der Reihe Cl^-, Br^- und J^- (s. oben und Ziff. 82).

d) Feste Körper mit Absorptionsstreifen im sichtbaren Spektrum. Anschließend sei hier zunächst eine Gruppe fester Körper mit schmalen Absorptionsstreifen betrachtet: $KMnO_4$, Uran- und Chromsalze haben bekanntlich Absorptionsstreifen im sichtbaren Spektrum. Wo das locker gebundene Elektron, das diese Absorption hervorruft, sitzt, wissen wir nicht. Beim Uran gehört es sicher dem Uranylion, beim $KMnO_4$ dem MnO_4^-, bei den Chromsalzen dem Chromation an. Ähnlich ist es bei einer Reihe gefärbter Cu- und Ni-Salze. Auch bei ihnen spricht vieles dafür, daß es nicht das Cu oder Ni ist, das färbt. Denn die entwässerten Salze sind farblos. Die Färbung gehört vielmehr hier offenbar einem Komplexe an, in dem das Kristallwasser eine Rolle spielt. Auf solche Absorptionsbänder, die also scheinbar immer auf Komplexbildung zurückgehen, sind unsere Formeln anwendbar. Daneben gibt es aber noch eine Reihe gefärbter Stoffe, z. B. das gelbliche AgJ, bei denen die Absorption sich über das ganze Spektrum erstreckt und sich durch unsere Formeln nicht mehr darstellen läßt. Ferner zeigen eine Reihe organischer Farbstoffe selektive Absorption im sichtbaren Spektrum. Über die Art der Elektronenbindung können wir auch bei ihnen noch kaum etwas aussagen, wohl aber über die Zahl der Dispersionselektronen, die von KÖNIGSBERGER und KILCHLING[1]) nach zwei verschiedenen Methoden bestimmt worden sind, von denen sich die eine auf $\varkappa$ allein, die andere auf n und $\varkappa$ zusammen bezieht. Einige Zahlen aus der Arbeit von KÖNIGSBERGER und KILCHLING sind in Tabelle 16 angeführt. Auf die Arbeiten von PFLÜGER, der die Absorptionsbanden z. B. bei Cyanin rechnerisch in Teilbanden zerlegte, wurde bereits in Ziff. 16 hingewiesen. Absorptionsbanden im Ultraroten und Ultravioletten, die gewisse Abweichungen bei Cyanin erklären, sind ebenfalls beobachtet[2]).

Tabelle 16.

Verbindung	p	Verbindung	p
Jodeosin	0,66	Antimonglanz . . .	0,38
Fuchsin	0,73	Cyanin	0,33
Eisenglanz	0,31		

Eine weitere Art selektiver Absorption im sichtbaren Spektrum zeigt sich bei den Gläsern der seltenen Erden. Ihre Breite beträgt bei Zimmertemperatur ungefähr 5 bis 10 Å und nimmt etwa $\sim \sqrt{T}$ ab[3]). Bei der Temperatur der flüssigen Luft sind sie so schmal, daß man an ihnen den Zeemaneffekt beobachten kann[4]). Die Werte für p werden hier von der Größenordnung 10^{-6} [5]). Man nahm lange Zeit an, daß diese Streifen von Verunreinigungen herrühren. Doch ist es wahrscheinlicher, daß sie scharfe Linien der Ionen darstellen, die etwa Übergängen zwischen den unfertigen Elektronenschalen zugehören und durch Starkeffekte im Molekül verbreitet sind. Die kleinen p-Werte lassen sich dann nur quantentheoretisch verstehen. Theoretisch wurde die Temperaturabhängigkeit der

[1]) J. KÖNIGSBERGER u. K. KILCHLING, Ann. d. Phys. Bd. 28, S. 889. 1909 u. Bd. 32, S. 843. 1910.

[2]) W. W. COBLENTZ, Phys. Rev. (1) Bd. 16, S. 119. 1903; R. W. WOOD u. C. E. MAGNUSSEN, Phil. Mag. (6) Bd. 1, S. 36. 1901; A. PFLÜGER, Ann. d. Phys. (4) Bd. 8, S. 230. 1902.

[3]) J. BECQUEREL, Phys. ZS. Bd. 8, S. 929. 1907.

[4]) H. DU BOIS u. G. J. ELIAS, Ann. d. Phys. (4) Bd. 27, S. 233. 1908; J. BECQUEREL, Phys. ZS. Bd. 8, S. 632. 1907.

[5]) J. BECQUEREL, Phys. ZS. Bd. 9, S. 94. 1908.

Breite dieser Bänder unter Annahme intermolekularer Starkeffekte von HERZFELD behandelt[1]), wobei auch Beziehungen zur Breite von Banden in Lösungen und Phosphoren gesucht werden. Da solch schmale Bänder nur in paramagnetischen Substanzen vorkommen, müßte man erwarten, daß sie bei Ti^{+++} und Fe^{+++}, die auf der Spitze der Magnetonenkurven liegen, besonders stark auftreten.

77. Theoretische Sätze über Elektronenzahlen. An dieser Stelle können jetzt auch einige theoretische Sätze über Elektronenzahlen behandelt werden (s. auch Ziff. 58. KUHN einerseits, REICHE und THOMAS andererseits, sind auf Grund verschiedener Überlegungen zu einem allgemeinen Satz über die p-Werte gelangt. KUHN[2]) geht von der klassischen Formel für die Polarisation aus, welche auch die Dispersion bestimmt [(7), Ziff. 6, (10a), Ziff. 7].

$$\frac{\mathfrak{p}}{\mathfrak{E}} = \frac{1}{4\pi^2}\frac{e^2}{m}\sum\frac{p_i}{\nu_i^2 - \nu^2}, \tag{194}$$

zu erstrecken über alle Absorptionslinien, wobei für kontinuierliche Absorption (s. Ziff. 43, 57, 58 und 79) Integrale einzuführen sind. Damit verknüpft ist die in der Sekunde pro Atom zerstreute Energie

$$\frac{(2\pi\nu)^4}{3c^3}\mathfrak{p}^2 = \frac{(2\pi\nu)^4}{3c^3}\frac{1}{(2\pi)^4}\frac{e^4}{m^2}\left(\sum\frac{p_i}{\nu_i^2 - \nu^2}\right)^2\mathfrak{E}^2. \tag{195}$$

Für $\nu > \nu_i$, d. h. so kurzwellige Strahlen, daß alle Elektronen als frei behandelt werden können, geht das über in

$$\frac{e^4}{3m^2c^3}\cdot\left(\sum p_i\right)^2\mathfrak{E}^2. \tag{195'}$$

Andererseits hat sich in diesem Fall bei Röntgenstrahlen folgende von J. J. THOMSON abgeleitete Formel experimentell bestätigt, sobald es möglich war, der Bedingung $\nu > \nu_i$ zu genügen, ohne die Strahlen allzu hart zu machen:

$$\frac{e^4}{3m^2c^3}Z^2\mathfrak{E}^2. \tag{195''}$$

Hier ist Z die Gesamtelektronenzahl. In der Tat ist (195″) einfach durch direkte Ableitung von (195′) auf klassischer Grundlage gewonnen. Daraus folgt experimentell

$$Z = \sum p_i. \tag{196}$$

Da KUHN nicht die KRAMERSsche Dispersionsformel anwendet, beziehen sich seine Überlegungen nur auf den Grundzustand. Ein ähnliches Resultat haben REICHE und THOMAS[3]) durch Anwendung des Korrespondenzprinzips erhalten, ohne sich auf die experimentelle Bestätigung von 195″ stützen zu müssen.

Wir gehen von der Formel aus, die BORN und HEISENBERG für die durch eine äußere Welle der Frequenz ν hervorgerufene Polarisation derselben Frequenz erhalten haben [(78′) Ziff. 47].

$$\mathfrak{p}' = \frac{\text{Reell}}{6}\cdot\mathfrak{E}_0\cdot e^{2\pi i\nu t}\sum_\tau\left\{\left(\tau_1\frac{\partial}{\partial J_1} + \tau_2\frac{\partial}{\partial J_2}\cdots\tau_s\frac{\partial}{\partial J_s}\right)\cdot\frac{|C^2\tau_1\ldots\tau_s|(\tau_1\nu_1 + \ldots\tau_s\nu_s)}{(\tau_1\nu_1 + \ldots\tau_s\nu_s)^2 - \nu^2}\right\} \tag{197}$$

Hierin ist $\frac{1}{3}|C^2|\mathfrak{E}$ für $C(\bar{C}\mathfrak{E})$ bzw. $\bar{C}(C\mathfrak{E})$ gesetzt, als Mittel über alle Orientierungen des Moleküls. Hier nimmt also

$$\frac{1}{6}\left(\tau_1\frac{\partial}{\partial J_1} + \cdots\tau_s\frac{\partial}{\partial J_s}\right)[|C^2\tau_1\ldots\tau_s|(\tau_1\nu_1 + \cdots\tau_s\nu_s)] \tag{198}$$

1) K. F. HERZFELD, Phys. ZS. Bd. 22, S. 544. 1921.
2) W. KUHN, ZS. f. Phys. Bd. 33, S. 408. 1925.
3) W. REICHE u. W. THOMAS, ZS. f. Phys. Bd. 34, S. 510. 1925.

die Stelle von $\frac{1}{4\pi^2} \cdot \frac{e^2}{m} \cdot p_i$ ein. Wir wollen nun beweisen, daß[1])

$$J_k = \frac{2\pi^2 m}{e^2} \sum_{\tau_k} \tau_k \sum_{\tau_1 \ldots \tau_{k-1} \tau_{k+1} \tau_s} [|C^2 \tau_1 \cdots \tau_s|(\tau_1 \nu_1 + \cdots \tau_k \nu_k)]. \quad (199)$$

Das geschieht so, daß man erst den Zeitmittelwert der kinetischen Energie $\frac{m}{2e^2} \cdot \bar{\mathfrak{p}}'^2$ bildet, andererseits beachtet, daß dieser Wert gleich $\frac{1}{2}(J_1 \nu_1 + \ldots J_s \nu_s)$ ist. Dann wird die daraus folgende Gleichung partiell nach ν_k differentiert, wobei die J konstant gehalten werden und in Betracht gezogen wird, daß die C nur von den J, nicht von den ν explizit abhängen. Man erhält dann (199).

Man findet so für den in (196) auftretenden Ausdruck, der nach (198) $\frac{3}{2\pi^2} \cdot \frac{e^2}{m} \sum p_i$ darstellt:

$$\sum_k \frac{\partial}{\partial J_k} \left\{ \sum_\tau [\tau_k | C^2_{\tau_1 \ldots \tau_s} | (\tau_1 \nu_1 \cdots \tau_s \nu_s)] = \sum_k \frac{\partial}{\partial J_k} \frac{e^2}{2\pi^2 m} J_k = \frac{e^2}{2\pi^2 m} s, \right. \quad (200)$$

wo s die Gesamtzahl der Freiheitsgrade ist. Aus dem Vergleich von (198) und (200) folgt dann

$$\sum p_i = \frac{s}{3} \quad (201)$$

oder die Summe der Elektronenzahlen ist 1/3 der Zahl der Freiheitsgrade. Bisher haben wir rein klassisch gerechnet, und insoweit erweitert der Satz nur ein Resultat, das bei einzelnen ruhenden Systemen selbstverständlich ist, auf ein bedingt periodisch bewegtes, beliebig kompliziert gebautes Modell, in welchem die Koeffizienten p, die die Absorptions- und Dispersionsstärke messen, nicht unbedingt wirkliche ganzzahlige Elektronenzahlen sein müssen.

Der nächste Schritt ist dann ganz wie bei KRAMERS und HEISENBERG (Ziff. 47) der korrespondenzmäßige Übergang von den Differentialquotienten und Amplituden der klassischen Gleichung (197) zu Differenzen und Übergangswahrscheinlichkeiten der Quantentheorie und führt zur KRAMERSschen Dispersionsformel mit

$$\sum f_a - \sum \tilde{f}_e = s \quad \text{(Periodizitätsgrad)} \quad (202)$$

für ein nichtentartetes System.

Für ein entartetes System erhält man statt f_a, welche Größe der Übergangswahrscheinlichkeit vom betrachteten Niveau i zu irgendeinem höheren j proportional ist, $g_j/g_i \cdot f_{i \to j, a}$ sowohl in der Dispersionsformel, als auch in (202), während die negativen Glieder unverändert $\tilde{f}_e$ bleiben.

Ferner gelingt es REICHE und THOMAS, in verschiedenen einfachen Fällen, in denen das Korrespondenzprinzip das Verhältnis der verschiedenen f gibt, jetzt diese absolut zu berechnen, z. B. für den harmonischen Oszillator $f_{j \to j-1} = j$.

An und für sich beziehen sich diese Resultate nur auf das ganze Gebilde, bei Einbeziehung aller optischen und Röntgenabsorptionen. KUHN versucht aber, den Satz auch auf Untergruppen anzuwenden. So ist bei der Erzeugung der Hauptserie einschließlich des kontinuierlichen Spektrums bei den Alkalimetallen praktisch nur das Valenzelektron beteiligt. Daher versucht KUHN, für diese Serien + dem an die Grenze anschließenden kontinuierlichen Spektrum $\sum p_i = 1$ zu setzen, während in (196) bewiesen ist, daß für die Summe aller vom unerregten Natriumatom ausgehenden Absorptionen $\sum p_i = 11$ ist.

---

[1]) Auch J. H. VAN VLECK, Phys. Rev. Bd. 24, S. 330. 1924.

Doch scheinen sich hier schon Schwierigkeiten zu ergeben. Nach den Messungen von LADENBURG und MINKOWSKI (Ziff. 76) ist ja p für D_1 und D_2 zusammen schon 1, der Anteil des kontinuierlichen Spektrums nach Ziff. 79 0,1; dazu kommen noch die höheren Serienglieder, deren Einfluß allerdings nicht groß zu sein scheint (s. Ziff. 75 und Ziff. 16). KUHN hält die Werte D_1 und D_2 für zu hoch, was ja auch nach Gleichung (V) in Ziff. 16 zuzutreffen scheint, aus der $p_{D_1+D_2} = 0{,}9$ folgt. An dieser Stelle heben REICHE und THOMAS hervor, daß die Benutzung von vier Quantenzahlen zur Beschreibung der Spektren dafür spricht, daß hier $s = 4$ und damit $\sum f = \frac{4}{3}$ zu setzen ist. Experimentelle Entscheidung sei noch nicht möglich; doch spricht die neuere Entwicklung dagegen.

Aber auch die Messungen an Edelgasen (Ziff. 76), den Cl^--Ionen in festem KCl und NaCl (Ziff. 81) und Hg_2Cl_2 (Ziff 38) sowie endlich Dispersionsmessungen an Röntgenstrahlen[1]) sprechen vielleicht gegen die allgemeine Gültigkeit dieser Auffassung, während die Gültigkeit des allgemeinen Satzes (196) durch letztere Dispersionsmessungen für $\nu > \nu_i$ bestätigt wird (s. auch Ziff. 58).

b) Eigenfrequenzen.

Während wir, um zur Kenntnis der absoluten Werte für die p_i zu gelangen, im wesentlichen auf Dispersions- und Absorptionsmessungen angewiesen sind, können wir in vielen Fällen über die λ_i von vornherein auf Grund spektroskopischer Messungen bestimmte Erwartungen aussprechen. Wir müssen uns daher, bevor wir zur Besprechung der Einzelheiten kommen, mit der quantentheoretischen Deutung der Absorptionsfrequenzen befassen (s. auch Abschn. IV b und c).

78. Absorptionslinien und kontinuierliche Absorption. ν_0 ist in unserer Formel die Eigenfrequenz der Absorptionsstelle. Den gleichen Wert hat nach der klassischen Theorie die Umlaufsfrequenz der Elektronen.

Nach der BOHRschen Theorie ist aber die Umlaufsfrequenz der Elektronen von der Frequenz des absorbierten Lichts verschieden. Messungen der Dispersion in der Nähe der Hauptserienlinien der Alkalien (s. die oben behandelten Messungen von BEVAN, WOOD und ROSCHDESTWENSKY) und der Quecksilberlinie 2537 (WOOD) (s. Ziff. 16) zeigen nun, daß hier zur Darstellung die klassische Formel geeignet ist, wenn man als Eigenfrequenz die der Absorptionslinien, nicht die des Elektronenumlaufs einsetzt. Wir haben also zu erwarten, daß die Dispersion durch die klassische Formel dargestellt wird, wenn man in ihr für die Frequenzen ν_i die der Absorptionslinien einsetzt.

Nach BOHR können in der Absorption des unangeregten Atoms nur solche Linien auftreten, die von der Grundbahn ausgehen, d. h. bei He, Cd, Hg usw. nur die Linien $1S - nP$ und von $1S$ ausgehende Interkombinationslinien, während es bei den Alkalien und den übrigen Edelgasen die von $1s$ ausgehenden Linien sind. Tatsächlich wurde von WOOD[2]) im Natriumdampf eine Anzahl dieser Linien in Absorption beobachtet. Hier ist die erste Linie, $1s - 2p$, die gelbe D-Linie, während die meisten andern Linien und die Seriengrenze im Ultravioletten liegen. An die Seriengrenze schließt sich dann ein kontinuierliches Spektrum an. Dieses ist quantentheoretisch folgendermaßen zu verstehen[3]): Wenn ein Elektron in einer Quantenbahn läuft, so daß E_i die gesamte Energie ist, die zugeführt werden muß, um dieses Elektron in unendliche Entfernung zu bringen und dort in den Zustand der Ruhe zu überführen (Ionisationsarbeit), so wird jede Energie größer als E_i dieses Elektron in unendliche Entfernung

---

1) R. DE L. KRONIG, Journ. Opt. Soc. Amer. Bd. 12. 1926.
2) R. W. WOOD, Phil. Mag. (6) Bd. 16, S. 945. 1908; Bd. 18, S. 530. 1909.
3) N. BOHR, Kopenh. Akad. Ber. Teil II, § 6. Braunschweig 1922.

bringen und ihm noch eine kinetische Energie erteilen, so daß $E = E_i + \frac{m}{2}\mathfrak{v}^2$. Während also unterhalb E_i nur einzelne diskrete Energiewerte zugeführt werden können, können oberhalb E_i beliebige Energiewerte zugeführt werden. Entsprechend hat dieses Elektron unterhalb $\nu_i = E_i/h$ nur einzelne Absorptionslinien $\nu_{ij} = \frac{E_i - E_j}{h}$, oberhalb aber ein kontinuierliches Spektrum, das bei der „Seriengrenze" (beinahe) scharf einsetzt und nach kürzeren Wellenlängen läuft, im allgemeinen mit abnehmender Intensität etwa nach dem Schema der Abb. 20, die HARRISON[1]) für Natriumdampf angegeben hat. Die Intensitätsabnahme nach Seite kürzerer Wellenlängen bedeutet, daß die Wahrscheinlichkeit der Absorption am größten für eine solche Wellenlänge ist, die gerade imstande ist, das Elektron zu entfernen, ohne ihm weitere kinetische Energie zu erteilen. (In Abb. 20 sind als Abszissen die Wellenlängen, als Ordinaten die Absorptionsstärke eingetragen.)

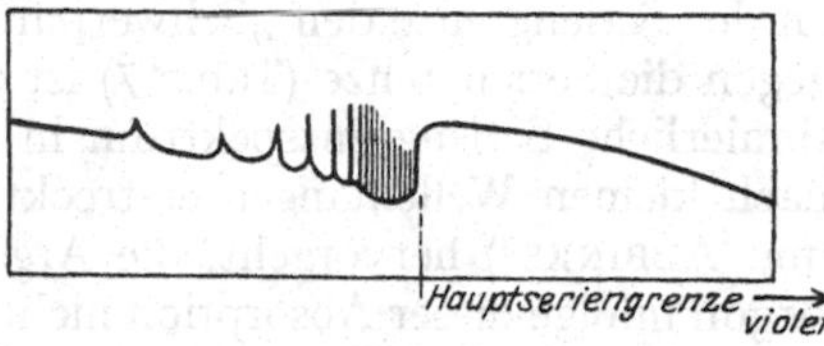

Abb. 20.

Der in Ziff. 42 gegebene Zusammenhang zwischen Dispersion und Absorptionslinien läßt zunächst erwarten, daß die Resonanzlinie die Dispersion maßgebend bestimmt. Die höheren Serienglieder sollten ohne wesentlichen Einfluß sein, da nach Ziff. 75 die Elektronenzahlen (Übergangswahrscheinlichkeiten) p in diesen Gliedern sehr schnell abnehmen.

79. Eigenfrequenzen bei einatomigen Gasen und Dämpfen. Nach dem Vorhergehenden liegt es nahe, zu erwarten, daß die kontinuierliche Absorption jenseits der Seriengrenze, die in allen Fällen im Ultravioletten liegt, auf die Dispersion im optischen Gebiet denselben Einfluß ausübt wie eine (ultraviolette) Absorptionslinie[2]). Für den Fall des Na, wo $p_{\text{Resonanzlinie}} \sim 1$ ist, schätzt KUHN[3]) aus den Messungen von HARRISON[4]) $p_{\text{kont.}}$ etwa gleich 0,1 oder etwas kleiner, so daß die kontinuierliche Absorption ähnlich wie die höheren Serienglieder die Dispersion im sichtbaren Spektrum nur sehr wenig beeinflussen dürfte. Dementsprechend treten auch in Formel V, Ziff. 16, nur die beiden D-Linien auf. Ähnliche Verhältnisse wären auch für die Dämpfe der übrigen Alkalien zu erwarten. Dagegen zeigt schon eine flüchtige Vergleichung der Eigenwellenlängen, wie sie in die Dispersionsformeln der Edelgase, die CUTHBERTSON auf Grund seiner nur ein kleines Spektralgebiet überdeckenden Messungen abgeleitet hat, mit den aus Resonanz- und Ionisierungsspannungen berechneten Wellenlängen die auffallende Tatsache, daß die Eigenfrequenz dieser einatomigen Gase nahe mit der Seriengrenze zusammenfällt oder noch kurzwelliger ist als diese. Bei Helium und Argon, wo Messungen bis weit ins Ultraviolette vorliegen, genügen aber die CUTHBERTSONschen Formeln der Beobachtung nicht mehr. Eine

---

[1]) G. R. HARRISON, Proc. Nat. Acad. Amer. Bd. 8, S. 260. 1922 (s. auch Ziff. 42). Neuere Messung an Na siehe B. TRUMPY, ZS. f. Phys. Bd. 47, S. 804. 1928 (speziell S. 808). Weitere Beobachtungen solcher kontinuierlicher Absorptionsspektren an Alkalien und Wasserstoff s. P. DEBYE, Phys. ZS. Bd. 18, S. 428. 1917; J. HARTMANN, ebenda Bd. 18, S. 429. 1917; J. HOLTSMARK, ebenda Bd. 20, S. 88. 1919; C. B. HARRISON, Phys. Rev. (2) Bd. 20, S. 198. 1922 u. Bd. 24, S. 466. 1924; R. W. DITCHBURN, Proc. Roy. Soc. (A) Bd. 117, S. 486. 1928. Ferner an Edelgasen H. B. DORGELO u. H. ABBINK, ZS. f. Phys. Bd. 41, S. 753. 1927.

[2]) K. F. HERZFELD u. K. L. WOLF, Ann. d. Phys. Bd. 76, S. 71 u. 567. 1925; A. H. KRAMERS u. W. HEISENBERG, ZS. f. Phys. Bd. 31, S. 681. 1925; s. auch E. SCHRÖDINGER, Ann. d. Phys. (4) Bd. 81, S. 109, 1926.

[3]) W. KUHN, ZS. f. Phys. Bd. 33, S. 408. 1925.

[4]) G. R. HARRISON, Phys. Rev. (2) Bd. 24, S. 466. 1924.

eingehende Durchsicht der Messungen und Berechnung neuer eingliedriger Formeln führte zu dem Ergebnis, daß die aus den eingliedrigen Dispersionsformeln errechneten Eigenwellenlängen bei sämtlichen Edelgasen ultravioletter sind als die Seriengrenze. Sie werden von HERZFELD und WOLF[1]) bei Festhaltung der Gültigkeit der klassischen Dispersionsformel als „Schwerpunkt" des kontinuierlichen Absorptionsspektrums gedeutet (s. Tab. 17). Daneben mögen noch, wie PAULI[2]) bemerkte, die (bei manchen Stoffen starken) Linien der Spektren, bei denen zwei Elektronen gleichzeitig springen (s. auch Ziff. 76b) mit in dieses Glied eingehen. Im wesentlichen dürfte jedoch die kontinuierliche Absorption an der Seriengrenze den „Schwerpunkt" bestimmen. Dessen große Verschiebung gegen die Seriengrenze (Tab. 17) ist zu erwarten, da bei den Edelgasen das kontinuierliche Seriengrenzspektrum in Absorption sich in großer Stärke sehr weit nach kleinen Wellenlängen erstreckt, wie z. B. aus einer Bemerkung DORGELOS und ABBINKS[3]) hervorgeht, die Argonlinien zwischen 769 und 661 Å in reinem Argon infolge dieser Absorption nicht beobachten konnten und auch den analogen Fall für Neon anführen.

In den eingliedrigen Formeln tritt die Resonanzlinie überhaupt nicht auf. Da die Messungen andererseits durch Formeln, in die nur die Resonanzlinie eingeht, sicher nicht darzustellen sind, bleibt nur noch die Frage offen, ob nicht zweigliedrige Formeln, deren eine Eigenwellenlänge die Resonanzlinie ist, die Messungen wiedergeben. Solche Formeln ließen sich denn auch in den beiden Fällen, in denen genügend Beobachtungen vorliegen, nämlich bei He und A, tatsächlch finden[4]); auch in ihnen hat das Glied, das neben der Resonanzlinie eingeht, eine Wellenlänge, die ultravioletter ist als die Seriengrenze. Die Elektronenzahlen dieses Gliedes bleiben annähernd dieselben wie in der eingliedrigen

Tabelle 17.

Element	p_i	Eigenwellenlänge aus Dispersionsformeln in Å	Ionisierungsspannungen in Å	Resonanzlinien in Å	Abstand des „Schwerpunktes" d. kont. Abs. von der Seriengrenze in Å	Benutzte Dispersionsformel
He	1,22	484,0	503	584,4	19	eingliedrige
	1,19 u.	480,4 u.			23	zweigliedrige nach
	0,033	584,4				HERZFELD-WOLF
Ne	2,37	480,9	575	771	94	eingliedrige nach
						CUTHBERTSON
A	4,58	708,0	786[5])	1067 u.	78	eingliedrige nach
				1048[7])		HERZFELD-WOLF
	4,59 u.	702,9 u.			84	zweigliedrige nach
	0,025	1029				HERZFELD-WOLF
Kr	4,90	839,6	928[6]) od.	1236[7])u.	88 od. 46	eingliedrige nach
			886[8])	1165[9])		CUTHBERTSON
X	5,61	1001,4	1073[3]) od.	1470 u.	72 od. 25	eingliedrige nach
			1026[8])	1296[7])[9])		CUTHBERTSON

[1]) K. F. HERZFELD u. K. L. WOLF, Ann. d. Phys. (4) Bd. 76, S. 76 u. 567. 1925.
[2]) W. PAULI, ds. Handb. Bd. XXIII.
[3]) H. B. DORGELO u. J. H. ABBINK, ZS. f. Phys. Bd. 41, S. 753. 1927.
[4]) Bei Argon ist die Resonanzlinie mit 1029 Å eingesetzt. Dieser Wert ist inzwischen genauer zu 1048 Å bestimmt, was jedoch an der Formel praktisch nichts ändern würde.
[5]) Nach K. W. MEISSNER, ZS. f. Phys. Bd. 37, S. 238. 1926; Bd. 39, S. 172. 1926; Bd. 40, S. 839. 1927.
[6]) G. HERTZ, Naturwissensch. Bd. 12, S. 1211. 1924.
[7]) G. HERTZ und J. H. ABBINK, Naturwissensch. Bd. 14, S. 27 u. 648. 1926; L. B. TAYLOR, Proc. Nat. Acad. Amer. Bd. 12, S. 658. 1926.
[8]) J. H. ABBINK u. H. B. DORGELO, ZS. f. Phys. Bd. 47, S. 221. 1928.
[9]) H. SCHÜLER u. K. L. WOLF, ZS. f. Phys. Bd. 34, S. 343. 1925.

rigen Formel (s. Ziff. 76), während der Resonanzlinie nur sehr kleine p-Werte zukommen (Tab. 17).

Der Einfluß der Resonanzlinie ist also bei den Edelgasen nur sehr gering. Doch zeigt die Dispersion der Alkalihalogenide (s. Ziff. 82), daß er nicht vernachlässigt werden darf. Bei den Edelgasen wird die Dispersion fast allein durch das kontinuierliche Seriengrenzspektrum bestimmt. Die höheren Serienglieder können, wie Ziff. 75 zeigt, in jedem Fall vernachlässigt werden.

80. Eigenfrequenzen bei Molekülen. Für eine Reihe mehratomiger Gase lassen sich die ultravioletten Eigenfrequenzen aus der Dispersionsformel entnehmen (s. Tab. 15). Diesen kommt aber in den meisten Fällen nur eine rechnerische Bedeutung zu, indem sie die gemeinsame Wirkung mehrerer Absorptionsgebiete zusammenfassen. So geben z. B. die verschiedenen Formeln, die für die Dispersion des Sauerstoffs aufgestellt worden sind, einen Wert für λ_0 von etwa 830 Å, während bereits bei 1760 und 1250 Å von LYMAN Absorptionsbanden gefunden sind. Nur bei Wasserstoff, CO_2, H_2O, NH_3, CH_4 und den Halogenwasserstoffen kann man die Eigenwellenlängen der Formeln bis jetzt in Zusammenhang mit den durch Elektronenstoßmessungen gefundenen Potentialen bringen.

Beim Wasserstoff[1]) entsprechen die in die Formel eingehenden Eigenwellenlängen [s. Formel (II), Ziff. 11] Elektronengeschwindigkeiten von 16,8 und 13,1 V. Diese Werte stimmen annähernd überein mit den am Wasserstoff beobachteten kritischen Potentialen, wo bei etwa 13 Volt[2]) der erste starke Energieverlust und bei 16,0 bis 16,4 Volt[3]) der erste mit Ionisation verbundene Stoß beobachtet wird. Der Wert von 16 Volt wird jetzt allgemein der Bildung von H_2^+ zugeschrieben[4]). Ähnlich wie an der Seriengrenze der Atome ist also auch hier ein kontinuierliches Absorptionsspektrum zu erwarten, dessen langwellige Grenze bei 16,0 Volt zu suchen ist. Das λ_2 der Dispersionsformel ist dann, wie bei den Edelgasen, als Schwerpunkt dieser kontinuierlichen Absorption anzusehen. Der Wert bei 13 Volt kann als Analogon zu dem Resonanzpotential der Edelgase betrachtet werden. Im Anschluß an HOPFIELD und DIEKE[5]) ist er aufzufassen als Schwerpunkt der beiden Anregungsstufen von 11,16 (erste Molekülanregung) und 14,53 Volt ($H + H_{\text{angeregt}}$). Daß diese beiden Anregungsstufen nicht scharf getrennt beobachtet werden können, ist nach HOPFIELD und DIEKE ohne weiteres einzusehen. Die beiden Absorptionen wurden beobachtet (1115 Å Beginn der Bandenabsorption, 850 Å Einsetzen starker kontinuierlicher Absorption).

Bei den Halogenwasserstoffen[6]) entsprechen die in Tabelle 15, Ziff. 76 angegebenen Eigenwellenlängen der eingliedrigen Formeln Elektronengeschwindigkeiten von 13,4, 12,1 und 10,5 Volt. Diese Werte fallen nahe zusammen mit den von KNIPPING[7]) nach der Ionenstoßmethode gefundenen Werten von 13,5, 13,0 und 12,6 Volt. Da diese sich nicht, wie man früher annahm, auf den Vorgang $HCl \rightarrow H^+ + Cl^-$, sondern auf $HCl \rightarrow HCl^+$ + Elektron beziehen[8]), so

[1]) Siehe Fußnote 9, S. 147.

[2]) THEA KRÜGER, Ann. d. Phys. Bd. 64, S. 288. 1921.

[3]) Zusammenstellung s. T. R. HOGNESS u. E. G. LUNN, Phys. Rev. Bd. 26, S. 53. 1925.

[4]) T. R. HOGNESS u. E. G. LUNN, Phys. Rev. Bd. 26, S. 44. 1925; H. D. SMYTH, ebenda Bd. 25, S. 452. 1925; H. KALLMANN u. M. A. BREDIG, Naturwissensch. Bd. 13, S. 802. 1925.

[5]) J. J. HOPFIELD u. G. H. DIEKE, ZS. f. Phys. Bd. 40, S. 299. 1926.

[6]) K. F. HERZFELD u. K. L. WOLF, Ann. d. Phys. Bd. 78, S. 195. 1926.

[7]) P. KNIPPING, ZS. f. Phys. Bd. 7, S. 328. 1921; C. A. MACKAY, Phil. Mag. (6) Bd. 46, S. 828. 1923; Phys. Rev. (2) Bd. 23, S. 553. 1924.

[8]) H. D. SMYTH, Phys. Rev. Bd. 25, S. 452. 1925; H. G. GRIMM, ZS. f. Elektrochem. Bd. 31, S. 474. 1925; H. A. BARTON, Phys. Rev. (2) Bd. 30, S. 614. 1925; E. F. BARKER u. O. S. DUFFENDACK, Phys. Rev. (2) Bd. 26, S. 339. 1925.

sind die Eigenwellenlängen der Cuthbertsonschen Formeln wieder als Schwerpunkte der sich an die Ionisierung anschließenden kontinuierlichen Spektra anzusehen. Diese Anschauung wird dadurch gestützt, daß die p-Werte nahe mit denen der entsprechenden Edelgase zusammenfallen. Die Formeln, welche die „Resonanzlinie" berücksichtigen (s. Tab. 15), führen zu noch besserer Übereinstimmung. Das bereits oben erwähnte Zunehmen des Einflusses der Resonanzlinie von Cl^- zu J^- macht sich in den Formeln von Cuthbertson dadurch bemerkbar, daß das λ_0, das bei HCl etwa an der Stelle des durch die Messungen von Knipping bestimmten Absorptionsbeginns liegt, bei HBr und HJ etwas nach längeren Wellen verschoben st. Das ist daraus zu erklären, daß das λ_0 das ganze Spektrum, also im wesentlichen Resonanzlinie und kontinuierliche Absorption, in einem Glied zusammenfaßt, daß es also gemeinsamer Schwerpunkt aller Absorptionsstellen ist. In den genaueren zweigliedrigen Formeln kommt dem zweiten Glied durchweg eine Wellenlänge zu, die kurzwelliger ist als die Seriengrenze. Dieses Beispiel möge neben dem von Unsöld[1]) erwähnten Fall der Lymanserie zeigen, daß die Lage der resultierenden Frequenz bei Zusammenfassung in ein Glied auch innerhalb der Serie liegen kann. Man mag in dem zweiten Glied neben dem kontinuierlichen Spektrum noch den Einfluß gestrichener Terme vermuten, wird aber mit diesen allein keineswegs auskommen. Das ist um so befriedigender, als das merkwürdige Resultat, zu dem Unsölds Annahme bei He führt (der Einfluß der Linien des gestrichenen Spektrums sollte größer sein als der des nicht gestrichenen), so nicht aufrecht erhalten werden muß, während andererseits die große Ausdehnung des kontinuierlichen Seriengrenzspektrums bei den Edelgasen (Ziff. 79) für die Stärke seines Einflusses verantwortlich zu machen ist.

Tabelle 17a.

	Ne	FH	OH_2	NH_3	CH_4	CO_2	H_2S
$V_{\text{Disp.}}$	25,4		13,5	11,7	14,0	15,4	11,5
				14,1	16,3	17,1	
$V_{\text{Ion.}}$	21,5		13,2	11,1	14,6[2])	14[3])	10,4[3])

Schließlich sind noch in Tabelle 17a für eine Reihe weiterer Gase die direkt gemessenen mit den aus den Dispersionsformeln gefundenen Eigenfrequenzen (in Volt) zusammengestellt. Die letzteren sind alle den Cuthbertsonschen eingliedrigen Dispersionsformeln entnommen. Für CH_4 und NH_3 sind außerdem die Konstanten der zweigliedrigen Formeln von Friberg, für CO_2 die der Formel von Fuchs angegeben. In jedem dieser Fälle ist die aus den angegebenen Ionisierungsspannungen zu berechnende Seriengrenze kurzwelliger als die als Schwerpunkt des kontinuierlichen Seriengrenzspektrums aufzufassende Eigenwellenlänge der Dispersionsformel (λ_0 bzw. λ_1) und zwar bei den genaueren zweigliedrigen Formeln noch eindeutiger als bei den eingliedrigen Cuthbertsons.

Hier sei darauf hingewiesen, daß auch Davis[4]) auf den Zusammenhang zwischen $V_{\text{Disp.}}$ und $V_{\text{Ion.}}$ aufmerksam gemacht hat. Doch führt er seine Betrachtungen weniger allgemein durch, worauf es wohl auch zurückzuführen ist, daß er gerade bei den Edelgasen keine befriedigenden Resultate erhält. Schließlich ist hier noch eine spätere Arbeit von Morton und Riding[5]) zu erwähnen, die aber, wohl infolge unklarer Vorstellungen über die kontinuierliche Seriengrenzabsorption, zu keinem nennenswerten Ergebnis führt.

[1]) A. Unsöld, Ann. d. Phys. (4) Bd. 82, S. 355. 1927.
[2]) E. Pietsch u. G. Wilcke, ZS. f. Phys. Bd. 43, S. 342. 1927.
[3]) C. A. Mackey, Phys. Rev. Bd. 24, S. 319. 1924; ebenda Bd. 23, S. 553. 1914. Phil. Mag. (6) Bd. 46, S. 828. 1923.
[4]) Bergen Davis, Phys. Rev. (2) Bd. 25, S. 587. 1925; Bd. 26, S. 232. 1926.
[5]) R. A. Morton u. R. W. Riding, Phil. Mag. (7) Bd. 1, S. 726. 1926.

81. Ultraviolette Eigenfrequenzen bei Kristallen[1]. Im Anschluß an die Edelgase können jetzt auch die für einige Salze sich aus den Dispersionsformeln ergebenden Konstanten betrachtet werden. Moleküle oder Kristalle von rein heteropolarem Bau sind nach unseren Erfahrungen aus in sich abgeschlossenen Ionen entgegengesetzter Ladung aufgebaut. Diese Ionen entstehen nach KOSSEL[2]) dadurch, daß die elektronegativen Elemente durch Aufnahme von Elektronen ihre äußere Schale zu einer Achterschale, einer Edelgaskonfiguration, ergänzen, während die elektropositiven Elemente durch Abgabe ihrer Valenzelektronen auf eben eine solche abbauen. So gibt z. B. das Na im NaCl sein locker gebundenes Valenzelektron an das Cl ab. Was zurückbleibt, ist ein verhältnismäßig sehr starrer Rest vom Bau des Neons. Das Elektron, das lose gebunden war und die Absorption des Metalldampfes im Sichtbaren bedingte, ist an das Anion übergegangen. Die Achterschale aber ist sehr fest und für das Na^+ ergibt sich so eine Absorption, die viel weiter im Ultravioletten liegt.

Wir haben also in den einfachsten heteropolaren Kristallen, den Alkalihalogeniden, zwei Edelgaskonfigurationen anzunehmen. Dabei ist zu erwarten, daß die Elektronenbindung gegenüber den entsprechenden Edelgasbahnen eine Änderung erfährt. Die größere Kernladungszahl des Kations bewirkt, bei gleicher äußerer Schale, eine Verfestigung, die kleinere des Anions eine Lockerung gegenüber dem benachbarten Edelgas.

Diese Überlegungen weisen auf Zusammenhänge[3]) zwischen der Dispersion bzw. Molekularrefraktion der Edelgase und der Alkalihalogenidionen bzw. der Salze selbst hin, deren Molrefraktion sich additiv aus den Anteilen der Ionen zusammensetzt. Für die beiden bestuntersuchten Salze, KCl und NaCl, wurden bereits in Ziff. 25 und 26 Dispersionsformeln angegeben. Von den bei jedem der beiden Salze auftretenden 3 Summanden mit ultravioletten Eigenfrequenzen ist je der erste dem Kation, die beiden andern dem Anion zuzuschreiben. Die Zuordnung ergibt sich recht augenfällig schon aus der weitgehenden Übereinstimmung der dem Cl^- als gemeinsamen Bestandteil beider Salze zugeschriebenen Werte 966,9 und 1582,9 Å beim KCl mit den entsprechenden 935,9 und 1543,4 Å bei NaCl, sowie daraus, daß diese Werte wesentlich langwelliger sind als irgendeine beim Argon auftretende Absorptionswellenlänge, und somit nur von einem im Vergleich zum Argon weniger festen Gebilde, also vom Cl^-, herrühren können.

Wir stellen in Tabelle 18 die den einzelnen Ionen zukommenden p_i und λ_i zusammen, um sie dann mit den Werten der entsprechenden Edelgase zu vergleichen, die noch einmal in die Tabelle aufgenommen sind. Bei den dem Cl^- zugehörigen Gliedern fällt die nahe Übereinstimmung der p-Werte des kurz-

Tabelle 18.

	K^+		Cl^-			
	p_0	λ_0	p_1	λ_1	p_2	λ_2
KCl	4,61	514,6	4,26	966,9	0,25	1582,9
NaCl	2,35	343,9	4,41	935,9	0,19	1543,4
A	4,58	708,0	4,59	702,9	0,025	1029
Ne	2,37	480,9				

[1]) Ultrarote Eigenfrequenzen s. Ziff. 26.
[2]) W. KOSSEL, Ann. d. Phys. Bd. 49, S. 229. 1916; ZS. f. Phys. Bd. 1, S. 395. 1920.
[3]) K. F. HERZFELD u. K. L. WOLF, Ann. d. Phys. Bd. 78, S. 35 u. 195. 1925.

welligen Gliedes (4,26 bzw. 4,41) mit dem des Argon (4,59) sofort in die Augen. Wir werden darum dieses Glied, wie beim Argon, dem kontinuierlichen Spektrum, welches an die von der vollständigen Ionisierung herrührende Grenze anschließt, zuordnen, während wir den dritten Summanden der Formeln der „Resonanzlinie" des Chlorions zuschreiben. Die beiden vom Cl^- herrührenden Glieder entsprechen damit ganz den beiden Summanden der zweigliedrigen Formeln für die Edelgase.

Bei den beiden Kationen haben wir nur je eine Eigenfrequenz, die im wesentlichen durch die kontinuierliche Absorption bestimmt ist. Die Elektronenzahlen stimmen mit denen der entsprechenden eingliedrigen Edelgasformeln überein.

Beim Chlorion sind die Elektronenzahlen, welche der Resonanzlinie zukommen, in den beiden Salzen nicht vollkommen gleich (0,25 beim KCl und 0,19 beim NaCl) und beide Werte sind wesentlich höher als der entsprechende beim Argon (0,025). Vom Standpunkt der rein klassischen Theorie wäre dies unverständlich, aber von diesem Standpunkt wäre ja auch das Auftreten so kleiner Zahlen überhaupt unerklärbar. Die Quantentheorie muß dagegen nach Ziff. 41 die „Elektronenzahlen" als Maß für die Wahrscheinlichkeit gewisser Übergänge ansehen. Dann bedeutet also das Resultat, daß der Übergang, welcher der Resonanzlinie entspricht, beim Chlorion im Salz häufiger ist als beim freien Argonatom oder im gasförmigen HCl-Molekül (s. Tabelle 15), ferner im Kaliumsalz etwas häufiger als im Natriumsalz. Dabei ist bemerkenswert, daß die Elektronenzahlen des Hauptgliedes (des zweiten) im Salz etwas kleiner sind als die entsprechenden Zahlen des Argons. Nur macht der Unterschied verhältnismäßig wenig aus. Die Summe der Elektronenzahlen der beiden Glieder ist dagegen recht genau gleich der Summe beim Argon, nämlich:

KCl	$4{,}26 + 0{,}25 = 4{,}51$
NaCl	$4{,}41 + 0{,}19 = 4{,}60$
Argon	$4{,}58 + 0{,}03 = 4{,}61$.

Das bedeutet also, daß die Gesamtübergangswahrscheinlichkeit nur vom Bau des Gebildes selbst abhängt; beim Einbau in ein Salz nimmt die Übergangswahrscheinlichkeit zur nächsten Bahn auf Kosten der Wahrscheinlichkeit vollständiger Abtrennung zu.

Bei KBr und KJ lagen bisher[1]) nur sehr wenige Dispersionsmessungen vor. Der Versuch, sie durch dreigliedrige Formeln (analog KCl) darzustellen, deutet ebenfalls auf ein Wachsen der Übergangswahrscheinlichkeit zur nächsthöheren Bahn („Resonanzlinie") in der Reihenfolge Cl^-, Br^-, J^- hin[2]) ($p_{\text{res}} = 0{,}22$; $0{,}65-0{,}85$; $0{,}70-0{,}95$).

82. Deutung der auftretenden Wellenlängen[3]). Bei der eben besprochenen Zuordnung der Wellenlängen 967 (bzw. 936) und 1583 (bzw. 1543) zum Chlorion als Ionisierungs- und Resonanzwellenlänge ist aber noch folgendes zu beachten. Wenn die kürzere der beiden erwähnten Wellenlängen tatsächlich derjenigen Absorption entspricht, welche bei der vollständigen Loslösung eines Elektrons aus dem Chlorion zustande kommt, so wäre zu erwarten, daß die langwellige Grenze des kontinuierlichen Spektrums dieser Absorption etwa um 90 Å weiter nach Rot liegt als diese Wellenlänge angibt, also etwa bei 1055 bzw. 1025. Ihre Schwingungszahl müßte mit der Ablösearbeit des Elektrons, d. h. der sog. Elektronenaffinität Q_E des Chlors, durch die Beziehung zusammenhängen:

$$N_L h\nu = Q_E. \tag{203}$$

---

[1]) Die neuen Messungen von GYULAI (ZS. f. Phys. Bd. 46, S. 80. 1928) lassen wohl genauere Berechnung zu.

[2]) K. L. WOLF, Ann. d. Phys. (4) Bd. 81, S. 637. 1926.

[3]) K. L. WOLF, Münchener Dissertation 1925; K. F. HERZFELD u. K. L. WOLF, Ann. d. Phys. (4) Bd. 78, S. 35. 1925.

Da Q_E etwa = 88 kcal ist, so entspricht das einer Wellenlänge von 3280 Å, mit anderen Worten: Es müßte diese Absorption einfach dem von FRANCK vorausgesagten kontinuierlichen Spektrum des Chlors entsprechen. In Wirklichkeit sind aber die Chloride in der Gegend von 3000 Å vollkommen durchsichtig, und unsere Absorption liegt sehr viel weiter im Ultraviolett; demnach muß zur Elektronenaffinität noch ein wesentlich höherer Arbeitsbetrag hinzukommen. Wenn man sich überlegt, welche Arbeit zur Entfernung eines Elektrons aus dem im Gitter eingebauten Chlorion nötig ist, dann sieht man sofort ein, daß hierzu nicht nur die Arbeit gegen die Anziehung von seiten dieses Ions selbst geleistet werden muß, welche der Elektronenaffinität entspricht, sondern auch Arbeit gegen die umgebenden Ladungen des Gitters. Die Arbeit, die nötig ist, um aus einem Gitterpunkt die Elementarladung entgegen den Anziehungen, die von den in den andern Gitterpunkten sitzenden Überschußladungen herrühren, zu entfernen, beträgt beim NaCl-Typus:

$$Q_G = N_L \frac{1{,}742\, e^2}{r} = \frac{576}{r} \text{kcal} \tag{204}$$

(r in Å der Gitterabstände zweier Ionen).

Das ist das COULOMBsche Anziehungsglied der Gitterenergie. Für KCl ($r = 3{,}140$ Å) ergibt sich diese Größe zu 183 kcal. Hierzu die Elektronenaffinität von 88 ergibt eine Gesamtarbeit von 271 kcal. Dieser entspricht eine Wellenlänge von 1065 Å. Das liegt um 98 Å von der gefundenen Wellenlänge weiter nach rechts als die Eigenwellenlänge, wie wir es erwartet haben. Bei NaCl ($r = 2{,}816$ Å) finden wir die vom Gitter herrührende Anziehung zu 204, die Gesamtarbeit zu 292 kcal, demnach die Wellenlänge zu 990, also einen Abstand von 55 Å von der gefundenen.

Als Abtrennungsarbeit gegenüber den Anziehungskräften des übrigen Gitters ist nur diejenige gerechnet, die gegen die Überschußladungen zu leisten ist. (COULOMBsche Anziehung). Außer dieser kommt noch eine Anziehung hinzu, welche gegen die induzierten Ladungen zu leisten ist, die durch das Vorhandensein des nachher zu entfernenden Elektrons an seinem Gitterpunkt erzeugt werden. Diese entsprechen etwa der BORNschen Deutung[1]) der Hydratationswärme. Aber dieser Effekt braucht nicht noch einmal berücksichtigt zu werden, denn er ist es gerade, welcher den Unterschied zwischen der erregenden Kraft und der äußeren Feldstärke bedingt (s. Ziff. 17). Er ist durch die Verwendung der Formel für $\frac{n^2-1}{n^2+2}$ statt der für $n^2 - 1$ ausgeschaltet. Ferner wären noch die Kräfte zu berücksichtigen, die von den Elektronenhüllen (Neutralkubus) der Nachbarionen auf das Elektron ausgeübt werden. Über diese ist nichts Näheres bekannt. In erster Näherung können sie vernachlässigt werden.

Bei der Deutung der folgenden Wellenlängen[2]) (1583, 1543) als „Resonanzlinien" ist eine ähnliche Überlegung zu machen. Ist das Chlorion vollkommen frei, so kann die Arbeit, die nötig ist, um das Elektron aus seiner Grundbahn in die nächste erlaubte zu heben, nicht größer sein als die, die nötig ist, um es ganz zu entfernen. Für das freie Chlorion müßte daher die Resonanzlinie, wenn es eine solche überhaupt gibt, eine Wellenlänge größer als 3300 haben. Die Wellenlänge der „Resonanzlinie" für das ins Gitter eingebaute Chlorion dagegen muß, wenn man sie auf einen Elektronensprung zwischen zwei Quantenbahnen zurückführt, wieder kleiner sein, weil beim Herausheben auch Arbeit gegen die Ladungen, die in andern Gitterpunkten sitzen, zu leisten ist. Allerdings

[1]) M. BORN, ZS. f. Phys. Bd. 1, S. 45. 1920.
[2]) Siehe A. H. PFUND, Phys. Rev. (2) Bd. 31, S. 315. 1928.

kann man hier gar nicht angeben, wie groß diese Arbeit ist, wenn man die Größe und Form der verschiedenen Quantenbahnen des Elektrons nicht kennt. Sie wird irgendein Bruchteil der Größe Q_G sein. Der Wellenlänge 1580 entspricht eine Arbeit von etwa 183 kcal. Es ist aber noch nicht möglich diese auf Arbeit gegen das eigene Ion (Resonanzlinie des freien Chlorions) und auf Arbeit gegen das Gitter aufzuteilen.

Die Frage, was unter „Resonanzlinie" im Gitter zu verstehen ist, läßt sich vorläufig überhaupt nicht eindeutig beantworten. Man könnte zunächst an den „photographischen Prozeß" der Überführung des Elektrons von Cl^- zum Na^+ denken. Für die hierzu erforderliche Arbeit wären, wenn man mit starren Gittern und Linien rechnet, anzusetzen:

$$\left.\begin{array}{l}\text{Elektronenaffinität} + \text{Entfernen des Elektrons} + \text{Zurückbringen} \\ \quad (\backsim 80\ \text{kcal}) \qquad\qquad \left(\dfrac{N_L e^2 \cdot 1{,}742}{r}\right) \\ \text{des Elektrons an den Platz des Kations} - \text{Ionisierungsarbeit des Na.} \\ \qquad \left(\dfrac{N_L e^2 \cdot 1{,}742}{r} - \dfrac{N_L e^2}{r}\right). \qquad\qquad (118\ \text{kcal})\end{array}\right\} \quad (205)$$

Das ergibt aber 1100 bis 1200 Å, anstatt 1500 bis 1600. Doch zeigen Versuche von FRANCK und Mitarbeitern[1]) über die Ultraviolettabsorption von Akali- und Silberhalogeniden, daß im Dampfmolekül eine Reihe komplizierterer Prozesse auftreten, so daß vielleicht auch im Gitter bei der Lichtabsorption nicht nur normale, sondern auch angeregte Na- und Cl-Atome entstehen dürften. Wie die Rechnung sich dann gestaltet, ist einstweilen noch nicht zu übersehen.

Auf Grund dieser Anschauungen ergibt sich sehr schön der von FAJANS und JOOS (s. Ziff. 72, 73) aus den Messungen abgeleitete Einfluß des Kations auf die Molekularrefraktion des Anions, der darin besteht, daß ein Kation mit stärkerer Feldwirkung die molekulare Refraktion des Anions stärker herabsetzt (Deformation). Denn je stärker die Feldwirkung, desto höher ist die Gitterenergie, desto mehr Arbeit muß also bei der Entfernung des Elektrons aus dem Gitter geleistet werden, auch dann, wenn die Bahn des Elektrons in dem Chlorion, zu welchem es ursprünglich gehört, bei allen Salzen dieselbe ist. Ein wesentlicher Unterschied gegen die Zahlen von FAJANS und JOOS besteht aber darin, daß dieser Verfestigungseffekt gegenüber dem vollkommen freien Ion noch viel größer ist, als ihn FAJANS und JOOS ursprünglich annahmen. Für das vollkommen freie Ion würden wir eine Absorptionswellenlänge bei 3200 Å mit einer Molekularrefraktion von etwa 140 für die D-Linie erwarten, vorausgesetzt, daß nicht die einzelnen p-Werte (bei konst. $\sum p_i$) im freien Ion anders sind als im in das Gitter eingebaute Ion. Diese Voraussetzung trifft allerdings kaum zu, so daß die Molrefraktion des freien Ions nur wenig kleiner als 140 herauskommen dürfte. Der Einbau in das Salz bewirkt demnach eine sehr große Verminderung der Molekularrefraktion, die bei allen Alkalihalogeniden von etwa derselben Größenordnung ist, weil die Gitterenergien alle von derselben Größenordnung sind.

Wenn wir nun zur Diskussion der Eigenwellenlänge des Kations übergehen, so werden wir, wie schon erwähnt, dieser eine ähnliche Deutung als Schwerpunkt des kontinuierlichen Spektrums geben, das der Losreißung eines Elektrons aus dem Kation entspricht. Die dem Kaliumion zugeschriebene Wellenlänge von 515 Å läßt die Grenze der Absorption bei etwa 590 Å erwarten, was einer Energie von 490 kcal entspricht. Bei dieser Losreißungsarbeit ist aber folgendes zu be-

---

1) J. FRANCK, H. KUHN u. G. ROLEFFSON, ZS. f. Phys. Bd. 43, S. 155. 1927; J. FRANCK u. H. KUHN, ebenda Bd. 43, S. 164. 1927; Bd. 44, S. 607. 1927.

achten: während für das negative Ion die Arbeit gegen die Anziehungskräfte des Gitters zur Elektronenaffinität des freien Ions hinzukam, ist hier die entsprechende Arbeit von der Ionisierungsspannung des freien Ions abzuziehen, denn wir haben ein negatives Elektron von einem solchen Gitterpunkte zu entfernen, der mit einer positiven Ladung besetzt ist. Die umgebenden Gitterpunkte üben auf die positive Ladung dieses Punktes Anziehungskräfte aus, demnach auf das dort sitzende Elektron Abstoßungskräfte, und es gilt daher:

$$Q_I - Q_G = Q\,, \tag{206}$$

d. h., man erhält die Arbeit zur Losreißung eines Elektrons Q durch Subtraktion der Größe $Q_G = \frac{576}{r}$ von der Ionisierungsarbeit des freien Ions Q_I. Da Q 490 ist, Q_G 183, ergibt sich die Ionisierungsarbeit des freien Kaliumions zu 673 kcal[1]). Die entsprechende Rechnung für das Natrium liefert als Grenze 410 Å, daher $Q = 705$ und mit Q_G 204 also Q_I 909.

Auch hier bewähren sich wieder die Überlegungen von FAJANS und JOOS, nach welchen das Kation durch die Wirkung des Anions gelockert wird, desto mehr, je stärker dessen Feldwirkung ist; im allgemeinen ist aber die Wirkung des Anions auf das Kation viel schwächer als umgekehrt. Das kommt jetzt so heraus, daß durch die Subtraktion der Gitterenergie die Wellenlänge nach Rot verschoben wird (Lockerung), desto mehr, je stärker die Feldwirkung, d. h., je größer die Gitterenergie ist. Bei den sehr hohen Werten der Ionisierungsarbeit der freien Kationen aber machen die Unterschiede der Gitterenergien verhältnismäßig sehr viel weniger aus als bei den Anionen (für das Kaliumion bedeutet ein Unterschied von 20 Kalorien in den Gitterenergien einen Unterschied von 4% in der Wellenlänge, für das Chlorion einen Unterschied von 7,5%). Ebenso entspricht die von FAJANS und JOOS hervorgehobene Tatsache, daß die Auflockerung desto stärker ist, je größer die Molekularrefraktion des Kations an sich schon ist, dem Umstand, daß die Gitterenergien verhältnismäßig desto mehr ausmachen, je kleiner an und für sich die Ionisierungsarbeit des freien Ions ist.

Tabelle 19. Berechnete Molekularrefraktion der Salze.

	F	Δ	Cl	Δ	Br	Δ	J
Li	2,07	4,76	6,83	2,12	8,95	4,50	13,45
Δ	1,16		1,50		1,55		1,75
Na	3,23	5,10	8,33	2,17	10,50	4,70	15,20
Δ	2,75		3,03		2,76		3,29
K	5,98	5,38	11,36	1,90	13,26	5,23	18,49
Δ	2,07		2,04		2,29		2,12
Rb	8,05	5,25	13,40	2,15	15,55	5,08	20,63
Δ	3,58		3,72		3,69		4,52
Cs	11,63	5,49	17,12	2,12	19,24	5,91	25,15

Auf Grund der so skizzierten Deutung der Eigenfrequenzen der Formeln gelang es, die Molrefraktion sämtlicher Alkalihalogenide aus Gitterenergie und Ionisierungsarbeit (Kation) bzw. Elektronenaffinität (Anion) zu berechnen[2]). Die berechneten zeigen im allgemeinen Verlauf gute Übereinstimmung mit den beobachteten Werten (beob. Werte s. Tab. 8a, Ziff. 68), und auch die meisten

[1]) Das von MOHLER (Scient. Pap. Bureau of Stand. Nr. 505, S. 167. 1925) gefundene Potential von 644 ± 46 kcal, das als Ionisierungspotential zu deuten sein dürfte und der von BOWEN [Phys. Rev. (2) Bd. 31, S. 497. 1928] aus dem Spektrum als Ionisierungsspannung von K^+ bestimmte Wert von 729 kcal, stimmt damit gut überein.

[2]) K. F. HERZFELD u. K. L. WOLF, Ann. d. Phys. Bd. 78, S. 195. 1925.

Zahlen stimmen verhältnismäßig gut überein. Die Hauptabweichungen (rechte obere Ecke der Tabelle) sind auf nicht genügende Berücksichtigung der Resonanzlinie zurückzuführen, für die p bei den Chloriden, Bromiden und Jodiden jedesmal zu 5% des p-Wertes des Hauptgliedes angesetzt war. Berücksichtigung der Zunahme der Übergangswahrscheinlichkeit zur Resonanzlinie (auf Kosten der kontinuierlichen Absorption) mit wachsendem Atomgewicht des Halogens führt zu noch besserer Übereinstimmung der Absolutzahlen (vor allem in der rechten oberen Ecke), und auch der Gang der Differenzen in den Vertikalspalten wird noch um einiges besser[1]). Die so berechneten Werte sind in Tabelle 19 zusammengestellt.

Auch für die Erdalkalioxyde, bei denen nach FAJANS und JOOS die Molrefraktion des O^{--} besonders stark veränderlich ist, führt die Rechnung zu befriedigendem Ergebnis (s. Tab. 20).

Tabelle 20. Molrefraktion der Oxyde.

	Oxyd	Anteil des Kations (von FAJANS geschätzt)	Anteil des Anions	ber. Anteil des Anions
BeO	3,28	0,1	3,2	2,45
MgO	4,50	0,3	4,2	(4,2)
CaO	7,40	1,3	6,1	7,3

Die oben an den festen Alkalihalogeniden und Erdalkalioxyden angestellten Überlegungen sollten sich in derselben Weise auf die Molrefraktion edelgasähnlicher Ionen in Lösungen anwenden lassen, wobei an Stelle der Gitterenergie die Hydratationsarbeit zu treten hätte. Die diesbezüglichen Berechnungen wurden im Anschluß an die Berechnung der Molrefraktion der Halogenide bereits durchgeführt[2]), wobei der „Resonanzlinie“ in analoger Weise wie bei den Alkalihalogeniden Rechnung getragen wurde. Die so berechneten Werte waren aber zu groß und zwar wohl im wesentlichen deshalb, weil die oben als „Resonanzlinie“ bezeichnete langwelligere Absorption, sofern ihr der Übergang eines Elektrons vom Anion zum Kation zugrunde liegt, in der Lösung wegfällt. Eine Neuberechnung läßt jedenfalls bessere Übereinstimmung erwarten, um so mehr, als die inzwischen durchgeführte Messung der Ultraviolettabsorption des Jodions in wässeriger Lösung[3]) ein Maximum der Absorptionsbande ergibt, dessen Lage etwa mit derjenigen übereinstimmt, die man auf Grund einer Berechnung im Sinne obiger Betrachtungen erwarten sollte.

Auf Grund der gleichen Überlegungen lassen sich ferner die Eigenfrequenzen und damit die Molrefraktion anderer einfacher Verbindungen berechnen, wobei an Stelle der Gitterenergie die Bildungswärme dieser Verbindungen zu treten hat. Interessante Berechnungen dieser Art hat BERGEN DAVIS[4]) durchgeführt und dabei gute Resultate erzielt.

[1]) K. L. WOLF, Ann. d. Phys. Bd. 81, S. 637. 1926.
[2]) Siehe Fußnote 2, S. 154.
[3]) G. SCHEIBE, R. RÖMER u. G. RÖSSLER, Chem. Ber. Bd. 59, S. 1221. 1926.
[4]) BERGEN DAVIS, Phys. Rev. (2) Bd. 26, S. 232. 1926.

C. Kristalloptik.

Kapitel 11.

Kristalloptik.

Von

G. SZIVESSY, Münster i. W.

Mit 37 Abbildungen.

Bei der folgenden Darstellung der Kristalloptik[1]) (mit Ausschluß der Röntgenoptik[2]) werden die nachstehenden Bezeichnungen durchgehend benutzt:

x, y, z optisches Symmetrieachsensystem.
x', y', z' beliebiges rechtwinkliges Rechtssystem.
t Zeit.
ω Frequenz einer Lichtwelle.
$\omega^{(0)}$ Eigenfrequenz.
λ_0 Wellenlänge einer Lichtwelle im Vakuum.
λ Wellenlänge einer Lichtwelle im Kristall.
k Elliptizität (Achsenverhältnis der Schwingungsellipse) einer elliptisch polarisierten Lichtwelle.
c Lichtgeschwindigkeit im Vakuum.
c_n Normalgeschwindigkeit einer Lichtwelle im Kristall.
$\boldsymbol{c}_n$ komplexe Normalgeschwindigkeit.
$\varDelta$ Phasendifferenz.
$\mathfrak{s}$ Einheitsvektor einer Wellennormalenrichtung.
$\mathfrak{S}$ POYNTINGscher Strahlvektor.
ſ Einheitsvektor von $\mathfrak{S}$ (Richtung des Lichtstrahles).
$\mathfrak{E}$ elektrische Feldstärke einer Lichtwelle; $\overline{\mathfrak{E}}$ Amplitude von $\mathfrak{E}$; $\mathfrak{e}$ Einheitsvektor von $\mathfrak{E}$.

---

[1]) Ältere zusammenfassende Darstellungen: E. VERDET, Leçons d'optique physique Bd. I u. II. Paris 1869—1870 (= Œuvr. Bd. 5 u. 6). Deutsche Ausgabe von K. EXNER Bd. I u. II. Berlin 1881—1887. (Die deutsche Ausgabe enthält ein vollständiges, bis 1881 fortgeführtes Verzeichnis der älteren Literatur.) E. MASCART, Traité d'optique Bd. I, Kap. 8 u. 9; Bd. II, Kap. 10 bis 12. Paris 1889—1891; TH. LIEBISCH, Physikalische Kristallographie S. 281—544. Leipzig 1891; J. WALKER, The analytical theory of light Kap. XI—XV, XVIII. Cambridge 1904; F. POCKELS, Lehrbuch der Kristalloptik. Leipzig 1906. Neuere zusammenfassende Darstellungen: J. BECKENKAMP, Statische und kinetische Kristalltheorien, Tl. 2, S. 1—523. Berlin 1915; E. GEHRCKE, Handb. d. physikalischen Optik Bd. I (Doppelbrechung von P. DRUDE und A. WETTHAUER S. 813—882; Rotationspolarisation von K. FÖRSTERLING, S. 901—940). Leipzig 1927; Handbuch der Experimentalphysik, herausgeg. von W. WIEN und F. HARMS, Bd. XXVIII (Polarisation des Lichtes von H. SCHULZ, S. 365—556). Leipzig 1928

[2]) Über die Röntgenoptik der Kristalle vgl. das Kapitel über den Aufbau der festen Materie und seine Erforschung durch Röntgenstrahlen in Bd. XXIV ds. Handbuches.

$\mathfrak{e}', \mathfrak{e}''$ zu einer Strahlenrichtung $\mathfrak{f}$ im Kristall gehörende Richtungen $\mathfrak{e}$.

$\mathfrak{D}$ elektrische Verschiebung einer Lichtwelle (Lichtvektor); $\overline{\mathfrak{D}}$ Amplitude von $\mathfrak{D}$; $\mathfrak{d}$ Einheitsvektor von $\mathfrak{D}$ (Schwingungsrichtung).

$\mathfrak{d}', \mathfrak{d}''$ zu einer Wellennormalenrichtung $\mathfrak{s}$ im Kristall gehörende Richtungen $\mathfrak{d}$.

$\mathfrak{H}$ magnetische Feldstärke einer Lichtwelle; $\overline{\mathfrak{H}}$ Amplitude von $\mathfrak{H}$.

$\mathfrak{P}$ elektrisches Moment der Volumeinheit; $\overline{\mathfrak{P}}$ Amplitude von $\mathfrak{P}$.

$\mathfrak{G}$ Gyrationsvektor.

n Brechungsindex des Kristalls.

n_1, n_2, n_3 Hauptbrechungsindizes.

n_0', n_0'' Brechungsindizes der beiden zu einer Wellennormalenrichtung $\mathfrak{s}$ in einem nicht absorbierenden, nicht aktiven Kristall gehörenden Wellen.

n', n'' Brechungsindizes der beiden, zu einer Strahlenrichtung $\mathfrak{f}$ in einem nicht absorbierenden, nicht aktiven Kristall gehörenden Wellen.

$\bar{n}_0', \bar{n}_0''$ Brechungsindizes der beiden zu einer Wellennormalenrichtung $\mathfrak{s}$ in einem nicht absorbierenden, aktiven Kristall gehörenden Wellen.

ν Brechungsindex des isotropen Außenmediums.

$\boldsymbol{n}$ komplexer Brechungsindex eines absorbierenden Kristalls.

$\boldsymbol{n}_1, \boldsymbol{n}_2, \boldsymbol{n}_3$ komplexe Hauptbrechungsindizes eines absorbierenden Kristalls.

$\boldsymbol{n}_0', \boldsymbol{n}_0''$ komplexe Brechungsindizes der beiden zu einer Wellennormalenrichtung $\mathfrak{s}$ in einem absorbierenden Kristall gehörenden Wellen.

s Strahlenindex des Kristalls.

s', s'' Strahlenindizes der beiden, zu einer Wellennormalenrichtung $\mathfrak{s}$ in einem nicht absorbierenden, nicht aktiven Kristall gehörenden Strahlen.

$\varkappa$ Absorptionsindex.

$\varkappa_1, \varkappa_2, \varkappa_3$ Hauptabsorptionsindizes.

$\varkappa_0', \varkappa_0''$ Absorptionsindizes der beiden zu einer Wellennormalenrichtung $\mathfrak{s}$ in einem absorbierenden Kristall gehörenden Wellen.

$\varepsilon_{11}, \varepsilon_{12}, \ldots, \varepsilon_{33}$ optische Dielektrizitätskonstanten.

$\varepsilon_1, \varepsilon_2, \varepsilon_3$ optische Hauptdielektrizitätskonstanten.

$\boldsymbol{\varepsilon}_{11}, \boldsymbol{\varepsilon}_{12}, \ldots, \boldsymbol{\varepsilon}_{33}$ komplexe optische Dielektrizitätskonstanten.

$\boldsymbol{\varepsilon}_1, \boldsymbol{\varepsilon}_2, \boldsymbol{\varepsilon}_3$ komplexe optische Hauptdielektrizitätskonstanten.

g skalarer Parameter der optischen Aktivität.

$g_{11}, g_{12}, \ldots, g_{33}$ Komponenten des Gyrationstensors.

$\mathfrak{r}$ Vektor vom Koordinatenanfangspunkt zu einem Punkte einer Wellenebene.

$\mathfrak{b}_1, \mathfrak{b}_2$ Einheitsvektoren der Binormalen.

$\mathfrak{r}_1, \mathfrak{r}_2$ Einheitsvektoren der Biradialen.

O Binormalenwinkel.

b_1 bzw. b_2 Winkel zwischen einer Wellennormalenrichtung $\mathfrak{s}$ im Kristall und $\mathfrak{b}_1$ bzw. $\mathfrak{b}_2$.

Ω Biradialenwinkel.

ζ', ζ'' Winkel zwischen einer Wellennormalenrichtung $\mathfrak{s}$ im Kristall und den zugehörigen Strahlenrichtungen.

$\bar{\zeta}', \bar{\zeta}''$ Winkel zwischen einer Strahlenrichtung $\mathfrak{f}$ im Kristall und den zugehörigen Wellennormalenrichtungen.

J Intensität einer Lichtquelle.

ϑ Temperatur.

I. Einleitung.

1. Übersicht über die Theorien der Kristalloptik. Die erste geschlossene Darstellung der Kristalloptik verdankt man FRESNEL[1]), der seiner auf rein mechanischer Grundlage beruhenden Theorie allerdings keine strenge Begründung geben konnte, da damals eine analytische Mechanik deformierbarer Körper noch nicht existierte; eine solche Begründung wurde erst später von CAUCHY[2]), und unabhängig von diesem und fast gleichzeitig von NEUMANN[3]) geliefert.

Die Theorien von FRESNEL, CAUCHY und NEUMANN bezeichnet man wegen ihrer elastizitätstheoretischen Grundlage auch kurz als elastische Theorien des Lichtes; dieselben besitzen, ebenso wie ihre spätere Weiterbildung und Vervollkommnung[4]), jetzt nur noch historisches Interesse, nachdem sie in der zweiten Hälfte des vorigen Jahrhunderts durch die von MAXWELL[5]) geschaffene elektromagnetische Lichttheorie verdrängt wurden[6]). Die Erscheinungen der Kristalloptik werden von der elektromagnetischen Theorie unter der Annahme erklärt, daß die optische Anisotropie auf die elektrische zurückzuführen ist. Elastische und elektromagnetische Theorie des Lichtes führen in der Kristalloptik formal zu denselben Ergebnissen und vermögen einen großen Komplex von Erscheinungen richtig wiederzugeben. Beide können aber ohne besondere Zusatzhypothesen weder von den Erscheinungen der Dispersion, noch von der optischen Aktivität eine befriedigende Erklärung geben. Eine solche ist nur dann möglich, wenn man, im Gegensatz zu jenen älteren Theorien, die Materie nicht als kontinuierlich ausgebreitet voraussetzt, sondern annimmt, daß dieselbe aus kleinsten Teilchen aufgebaut ist.

Dieser Standpunkt bildet die Grundlage der atomistischen Theorien; wir übergehen die früheren Theorien dieser Art[7]) und wenden uns gleich der Kristallgittertheorie[8]) zu, welche von der Vorstellung ausgeht, daß die Kristalle aus Atomen oder Atomgruppen aufgebaute Raumgitter sind; da jedes Atom aus positiven und negativen Ladungen (Atomkern und Elektronen) besteht, so bildet jedes Elektron eines Atoms mit den entsprechenden Elektronen

---

[1]) A. FRESNEL, Bull. d. Scienc. par la Soc. philomat. 1822, S. 63; Ann. chim. phys. (2) Bd. 28, S. 263. 1825; Mém. de l'Acad. d. Scienc. Bd. 7, S. 45. 1827; Œuvr. compl. Bd. II, S. 261. Paris 1868. Über die Geschichte der Entdeckungen FRESNELS vgl. die Einleitung von A. VERDET zu FRESNELS Œuvr. compl. Bd. I, S. IX. Paris 1866.

[2]) A. CAUCHY, Exercices de mathém. Bd. V, S. 19. Paris 1830; Œuvr. compl. (2) Bd. IX, S. 390. Paris 1890.

[3]) F. NEUMANN, Pogg. Ann. Bd. 25, S. 418. 1832; Ges. Werke Bd. II, S. 159. Leipzig 1906; Ostwalds Klassiker der exakt. Wissensch. Nr. 76. Leipzig 1896.

[4]) Darstellungen der älteren elastischen Theorien der Kristalloptik: H. POINCARÉ, Théorie mathématique de la lumière Bd. I, Kap. 6, S. 217—284. Paris 1889; P. VOLKMANN, Vorlesungen über die Theorie des Lichtes, Abschn. IV, 3, S. 250—264. Leipzig 1891; P. DRUDE, Theorie des Lichtes für durchsichtige ruhende Medien (in A. WINCKELMANN, Handb. d. Physik, 2. Aufl., Bd. VI, S. 1140—1166. Leipzig 1906); insbesondere A. WANGERIN, Optik. Ältere Theorie. (in Enzykl. d. math. Wissensch. Bd. V, Tl. 3, S. 1—94. Leipzig 1909).

[5]) J. CL. MAXWELL, A Treatise on electricity and magnetism. Bd. II, Kap. 20, S. 383 bis 398. Oxford 1873. Deutsche Ausgabe von B. WEINSTEIN, Bd. II, Kap. 20, S. 537—558. Berlin 1883.

[6]) Über diese vgl. Kap. 6 ds. Bandes.

[7]) Über die geschichtliche Entwicklung dieser Theorien vgl. R. LUNDBLAD, Uppsala Univ. Årsskr. 1920, H. 2, S. 6.

[8]) M. BORN, Dynamik der Kristallgitter. Leipzig 1915 (= Fortschr. d. math. Wissensch. H. 4); Atomtheorie des festen Zustandes (Dynamik der Kristallgitter). Leipzig 1923 (in Enzykl. d. math. Wissensch. Bd. V, Tl. 3, S. 527—781). Kürzere zusammenfassende Darstellungen: G. HECKMANN, Die Gittertheorie der festen Körper (in Ergebnisse d. exakt. Naturwissensch. Bd. 4, S. 100—153. 1925); M. BORN, Probleme der Atomdynamik, S. 122 bis 180. Berlin 1926.

der gleichartigen Atome ein Gitter für sich, und dasselbe gilt für die Atomkerne. Zu den Erscheinungen der Kristalloptik gelangt man, indem man das Verhalten der Gitter unter dem Einfluß des schnell wechselnden elektrischen Feldes einer Lichtwelle ermittelt. Die Überlegenheit der gittertheoretischen Kristalloptik gegenüber den älteren Theorien zeigt sich darin, daß sie die Erscheinungen der Dispersion und der optischen Aktivität zwanglos zu erklären vermag, außerdem aber noch von den Beobachtungen bestätigte Zusammenhänge zwischen den optischen Parametern und anderen physikalischen Eigenschaften der Kristalle (z. B. Beziehungen zwischen den ultraroten Eigenfrequenzen und den Elastizitätskonstanten, sowie den spezifischen Wärmen) liefert; sie ist allerdings vorerst beschränkt auf nicht absorbierende Kristalle, da eine befriedigende atomistische Theorie der Energiedissipation noch nicht existiert.

Eine streng atomistische Begründung der Kristalloptik verdankt man EWALD[1]). Die Ergebnisse der Theorie lassen sich jedoch auch auf einfacherem Wege erhalten, indem man die für ein Kontinuum geltenden Differentialgleichungen der elektromagnetischen Lichttheorie zum Ausgang nimmt und von den darin auftretenden Größen mit Hilfe der Gittertheorie diejenigen berechnet, welche die spezifischen materiellen Eigenschaften des Kristalls charakterisieren; diese elementarere Methode, bei der also Kontinuumstheorie und atomistische Theorie vermengt auftreten, hat BORN[2]) bei seinen Behandlungen der Gitteroptik benutzt.

Wir nehmen weiterhin die Bornsche Darstellung wegen ihrer größeren Einfachheit zum Ausgang unserer Betrachtungen und stellen in den folgenden einleitenden Ziffern 2 bis 6 die wichtigsten Sätze der Theorie zusammen, soweit dieselben für die speziellen Durchrechnungen der beschreibenden Kristalloptik benötigt werden. Hinsichtlich Begründung und weiterer Ausführung verweisen wir bezüglich Ziff. 2 bis 5 auf Kap. 6 dieses Bandes, bezüglich Ziff. 6 auf den Abschnitt über die theoretischen Grundlagen des Aufbaues der festen Materie in Bd. XXIV dieses Handbuches.

2. Differentialgleichungen des elektromagnetischen Feldes einer Lichtwelle. Nach der elektromagnetischen Theorie des Lichtes sind die Lichtwellen elektromagnetische Wellen. Ist $\mathfrak{E}$ die elektrische Feldstärke, $\mathfrak{D}$ die elektrische Verschiebung, $\mathfrak{H}$ die magnetische Feldstärke, $\mathfrak{B}$ die magnetische Verschiebung der Lichtwelle, $\mathfrak{J}$ die Dichte des Leitungsstromes und c die Lichtgeschwindigkeit im Vakuum, so lauten die MAXWELLschen Gleichungen des elektromagnetischen Feldes der Lichtwelle für ruhende Körper

$$\frac{1}{c}\dot{\mathfrak{D}} = \operatorname{rot}\mathfrak{H} - \frac{4\pi}{c}\mathfrak{J}, \tag{1}$$

$$\frac{1}{c}\dot{\mathfrak{B}} = -\operatorname{rot}\mathfrak{E}. \tag{2}$$

Zu diesen Vektorgleichungen treten noch zwei skalare Gleichungen. Zunächst folgt aus (1), daß die zeitliche Änderung von $\operatorname{div}\mathfrak{D}$ verschwindet, falls $\mathfrak{J} = 0$ ist; letztere Beziehung ist aber bei Nichtleitern für jede beliebige elektrische Feldstärke $\mathfrak{E}$ erfüllt. Wir nehmen über diese Folgerung hinaus bei Nichtleitern an, daß nicht nur die zeitliche Änderung von $\operatorname{div}\mathfrak{D}$, sondern $\operatorname{div}\mathfrak{D}$ selbst identisch verschwindet, setzen also allgemein

$$\operatorname{div}\mathfrak{D} = 0; \tag{3}$$

[1]) P. EWALD, Dispersion und Doppelbrechung von Elektronengittern (Kristallen). Dissert. München 1912; Ann. d. Phys. Bd. 49, S. 1 u. 117. 1916.

[2]) M. BORN, Elster-Geitel-Festschr. S. 397. Braunschweig 1915; Dynamik der Kristallgitter, S. 65 und 101. Leipzig 1915 (= Fortschr. d. math. Wissensch. H. 4); ZS. f. Phys. Bd. 8, S. 402. 1922; Atomtheorie des festen Zustandes (Dynamik der Kristallgitter), S. 596—630. Leipzig 1923 (in Enzykl. d. math. Wissensch. Bd. V, Tl. 3).

damit schließen wir wahre elektrische Ladungen aus, die doch nur statische, den Wellen überlagerte Felder erzeugen würden.

Aus (2) folgt, daß die zeitliche Änderung von div$\mathfrak{B}$ verschwindet, d. h. daß div $\mathfrak{B}$ konstant ist; wir genügen dieser Bedingung, indem wir im folgenden stets

$$\operatorname{div} \mathfrak{B} = 0 \tag{4}$$

setzen. Dieser Ansatz ist darin begründet, daß die Dichte des wahren Magnetismus immer gleich Null ist.

Nimmt man an, daß unendliche Beträge der Feldvektoren von vornherein auszuschließen sind, so ergeben sich die *Bedingungen, die an der gemeinsamen Begrenzungsfläche zweier verschiedener, aneinanderstoßender Körper* erfüllt sein müssen, aus (1) und (2) durch Grenzübergang zu

$$[\mathfrak{n}, \mathfrak{E}_1 - \mathfrak{E}_2] = 0, \qquad [\mathfrak{n}, \mathfrak{H}_1 - \mathfrak{H}_2] = 0\,; \tag{5}$$

hierbei bedeutet $\mathfrak{n}$ den Einheitsvektor der Normale der Fläche, welche die aneinander grenzenden Körper 1 und 2 mit den Feldstärken $\mathfrak{E}_1$, $\mathfrak{H}_1$ und $\mathfrak{E}_2$, $\mathfrak{H}_2$ trennt. Die Grenzbedingungen (5) sagen aus, daß die *tangentiellen Komponenten der elektrischen und der magnetischen Feldstärke die gemeinsame Begrenzungsfläche zweier aneinanderstoßender Körper stetig durchsetzen.*

Die Grenzbedingungen für $\mathfrak{D}$ und $\mathfrak{B}$ erhält man aus (3) und (4) durch Grenzübergang zu

$$\mathfrak{n}, \mathfrak{D}_1 - \mathfrak{D}_2 = 0\,, \qquad \mathfrak{n}, \mathfrak{B}_1 - \mathfrak{B}_2 = 0\,, \tag{6}$$

wobei $\mathfrak{n}$ dieselbe Bedeutung hat wie vorhin, und $\mathfrak{B}_1$, $\mathfrak{D}_1$ bzw. $\mathfrak{B}_2$, $\mathfrak{D}_2$ die Verschiebungen im Körper 1 bzw. 2 sind. Sie sagen aus, daß die *Normalkomponenten der elektrischen und der magnetischen Verschiebung die gemeinsame Begrenzungsfläche zweier aneinanderstoßender Körper stetig durchsetzen.*

Die Feldgleichungen (1) und (2) sind noch zu ergänzen durch die Beziehungen, welche einerseits die elektrische Feldstärke $\mathfrak{E}$ mit der elektrischen Verschiebung $\mathfrak{D}$, andererseits die magnetische Feldstärke $\mathfrak{H}$ mit der magnetischen Verschiebung $\mathfrak{B}$ verknüpfen.

Der Zusammenhang zwischen elektrischer Feldstärke $\mathfrak{E}$ und elektrischer Verschiebung $\mathfrak{D}$ ist bestimmt durch die Gleichung

$$\mathfrak{D} = \mathfrak{E} + 4\pi\mathfrak{P}\,. \tag{7}$$

Der hier auftretende Vektor $\mathfrak{P}$ heißt das *elektrische Moment der Volumeinheit* und charakterisiert den dielektrischen Zustand der Materie, in der sich die elektromagnetische Welle ausbreitet; während in isotropen Körpern $\mathfrak{E}$ und $\mathfrak{P}$ stets gleiche Richtungen haben, drückt sich das anisotrope Verhalten eines Kristalls darin aus, daß $\mathfrak{E}$ und $\mathfrak{P}$ im allgemeinen nicht gleichgerichtet sind.

Ein analoger Zusammenhang wie zwischen $\mathfrak{D}$ und $\mathfrak{E}$ besteht bei statischen und langsam wechselnden Feldern zwischen magnetischer Feldstärke $\mathfrak{H}$ und magnetischer Verschiebung $\mathfrak{B}$; an Stelle von $\mathfrak{P}$ tritt das *magnetische Moment der Volumeinheit* $\mathfrak{M}$. In Übereinstimmung mit der Erfahrung kann man jedoch annehmen, daß bei den zeitlich rasch wechselnden magnetischen Feldern der Lichtwellen $\mathfrak{M}$ für alle Körper verschwindend klein ist; wir setzen daher im folgenden unabhängig von der Natur des Körpers, in der sich die Lichtwelle ausbreitet, stets

$$\mathfrak{B} = \mathfrak{H}\,. \tag{8}$$

In einem *nicht absorbierenden Körper* erleidet eine fortschreitende elektromagnetische Welle keine Schwächung ihrer Energie; es muß daher die vorhin erwähnte Bedingung $\mathfrak{J} = 0$ für jede beliebige elektrische Feldstärke $\mathfrak{E}$

erfüllt sein, da sonst eine Abnahme der Energie der Welle durch JOULEsche Wärmeentwicklung eintreten würde. Die Feldgleichungen für einen nicht absorbierenden Körper lauten demnach nach (1), (2), (3) und (4) unter Berücksichtigung von (8)

$$\frac{1}{c}\dot{\mathfrak{D}} = \operatorname{rot}\mathfrak{H}, \tag{9}$$

$$\frac{1}{c}\dot{\mathfrak{H}} = -\operatorname{rot}\mathfrak{E}, \tag{10}$$

$$\operatorname{div}\mathfrak{D} = 0, \tag{11}$$

$$\operatorname{div}\mathfrak{H} = 0; \tag{12}$$

hierzu treten noch die Verknüpfungsgleichung (7), sowie die Grenzbedingungen (5) und (6) für die gemeinsamen Begrenzungsflächen aneinander grenzenden Körper.

3. Ebene, linear polarisierte Lichtwellen. Wir wenden uns ebenen, linear polarisierten Lichtwellen zu, die für unsere folgenden Betrachtungen vorwiegend in Frage kommen, sowie der gegenseitigen Lage der Feldvektoren bei einer solchen Welle, die sich im Inneren eines nicht absorbierenden, homogenen Kristalls ausbreitet.

Wir nennen eine Welle eben, wenn sich eine Schar paralleler Ebenen so legen läßt, daß in jeder derselben Beträge und Richtungen von $\mathfrak{E}$, $\mathfrak{D}$ und $\mathfrak{H}$ konstant sind. Diese Ebenen bezeichnen wir als Wellenebenen, ihre gemeinsame Normale als Wellennormale. Ist $\mathfrak{s}$ der Einheitsvektor, der die Richtung der Wellennormale angibt und $\mathfrak{r}$ der vom Koordinatenanfangspunkt zu einem Punkte der Wellenebene gezogene Vektor, so ist die Gleichung der Wellenebenenschar

$$\mathfrak{s}\mathfrak{r} = \text{const.}$$

Ist die ebene Welle außerdem linear polarisiert, so muß weiter die Richtung jedes Feldvektors für sämtliche Wellenebenen dieselbe sein. Die Feldvektoren genügen den an eine ebene, linear polarisierte Welle gestellten Bedingungen, wenn wir für sie

$$\mathfrak{D} = \overline{\mathfrak{D}} f\left(t - \frac{\mathfrak{s}\mathfrak{r}}{c_n}\right), \tag{13}$$

$$\mathfrak{E} = \overline{\mathfrak{E}} f\left(t - \frac{\mathfrak{s}\mathfrak{r}}{c_n}\right), \tag{14}$$

$$\mathfrak{H} = \overline{\mathfrak{H}} f\left(t - \frac{\mathfrak{s}\mathfrak{r}}{c_n}\right) \tag{15}$$

schreiben. In diesen Ausdrücken, die wir als partikulare Integrale für (9) und (10) ansetzen, bedeutet t die Zeit und c_n die Normalgeschwindigkeit, d. h. die Fortpflanzungsgeschwindigkeit der Welle im Inneren des Kristalls in Richtung der Wellennormale $\mathfrak{s}$. $\overline{\mathfrak{D}}$, $\overline{\mathfrak{E}}$ und $\overline{\mathfrak{H}}$ sind zeitlich und räumlich konstante Vektoren, $\mathfrak{f}\left(t - \frac{\mathfrak{s}\mathfrak{r}}{c_n}\right)$ ist eine willkürliche Funktion des Arguments $t - \frac{\mathfrak{s}\mathfrak{r}}{c_n}$.

Wir beschränken uns im folgenden stets auf rein periodische Wellen, d. h. auf solche Wellen, bei welchen $\mathfrak{f}\left(t - \frac{\mathfrak{s}\mathfrak{r}}{c_n}\right)$ gleich dem reellen Teil des komplexen Ausdruckes

$$e^{-i\omega\left(t - \frac{\mathfrak{s}\mathfrak{r}}{c_n}\right)} \tag{16}$$

zu setzen ist; hierin ist unter ω die Frequenz der Welle zu verstehen, welche mit der Schwingungsdauer T und der Wellenlänge im Vakuum $\lambda_0 = cT$ durch die Beziehung

$$\omega = \frac{2\pi}{T} = \frac{2\pi c}{\lambda_0} \tag{17}$$

zusammenhängt. Ein bestimmter Wert von ω entspricht einer monochromatischen Welle.

Der Brechungsindex n des Kristalls ist gegeben durch

$$n = \frac{c}{c_n} = \frac{\lambda_0}{c_n T} = \frac{\lambda_0}{\lambda}, \tag{18}$$

wobei $\lambda = c_n T$ die Wellenlänge im Kristall ist. n hängt, ebenso wie c_n, von der Frequenz der Welle, sowie von der Richtung $\mathfrak{s}$ der Wellennormale ab.

Bei rein periodischen Wellen bezeichnet man die in (13), (14) und (15) auftretenden Vektoren $\overline{\mathfrak{D}}$, $\overline{\mathfrak{E}}$ und $\overline{\mathfrak{H}}$ als die Amplituden der betreffenden Feldvektoren.

4. Gegenseitige Lage der Feldvektoren. Um die gegenseitige Lage der Feldvektoren bei einer ebenen, linear polarisierten Welle zu erhalten, die sich in einem homogenen, nicht absorbierenden Kristall ausbreitet[1]), setzen wir zunächst (13) in (11), sowie (15) in (12) ein und bekommen

$$\mathfrak{s}\mathfrak{D} = 0, \tag{19}$$

$$\mathfrak{s}\mathfrak{H} = 0; \tag{20}$$

elektrische Verschiebung $\mathfrak{D}$ und magnetische Feldstärke $\mathfrak{H}$ liegen somit bei ebenen Wellen senkrecht zur Wellennormale, d. h. in der Wellenebene. Da bei Kristallen der durch (7) bestimmte Vektor $\mathfrak{P}$ im allgemeinen mit $\mathfrak{E}$ nicht zusammenfällt, so muß mit Rücksicht auf (19) im allgemeinen

$$\mathfrak{s}\mathfrak{E} \neq 0$$

sein, während bei isotropen Körpern wegen der Parallelität von $\mathfrak{E}$ und $\mathfrak{P}$ stets

$$\mathfrak{s}\mathfrak{E} = 0$$

ist. Die elektrische Feldstärke $\mathfrak{E}$ einer ebenen Welle ist demnach im Inneren eines Kristalls im allgemeinen unter einem von Null verschiedenen Winkel ζ gegen die Wellenebene geneigt.

In den Ansätzen (13), (14) und (15) sind $\overline{\mathfrak{D}}$, $\overline{\mathfrak{E}}$ und $\overline{\mathfrak{H}}$ nicht unabhängig voneinander. Setzt man (14) und (15) in (10) ein, so erhält man durch Integration bei Berücksichtigung von (18)

$$\overline{\mathfrak{H}} = n[\mathfrak{s}\overline{\mathfrak{E}}]; \tag{21}$$

mittels dieser Beziehung folgt aus (9) durch Integration [bei Heranziehung von (13)]

$$\overline{\mathfrak{D}} = -n^2[\mathfrak{s}[\mathfrak{s}\overline{\mathfrak{E}}]] = n^2\{\overline{\mathfrak{E}} - \mathfrak{s}(\mathfrak{s}\overline{\mathfrak{E}})\}. \tag{22}$$

Aus (21) und (22) ergibt sich

$$\mathfrak{H}\mathfrak{E} = 0 \tag{23}$$

und

$$\mathfrak{H}\mathfrak{D} = 0. \tag{24}$$

Die magnetische Feldstärke liegt somit (außer zur Wellennormale) auch zur elektrischen Feldstärke $\mathfrak{E}$ und zur elektrischen Verschiebung $\mathfrak{D}$ senkrecht; elektrische Feldstärke, elektrische Verschiebung und Wellennormale liegen demnach parallel zu ein und derselben Ebene, die man als Schwingungsebene bezeichnet. Die elektrische Verschiebung steht nach (19) und (24) senkrecht zu der Ebene, die man parallel zur magnetischen Feldstärke und Wellennormale legen kann; diese Ebene nennt man die Polarisationsebene der Welle. Der Winkel, den die Schwingungsebene bzw. die Polarisationsebene

[1]) Die gegenseitige Lage der Feldvektoren wurde zuerst von H. Hertz (Göttinger Nachr. 1890, S. 148; Wied. Ann. Bd. 40, S. 622. 1890; Ges. Werke Bd. II, S. 253. Leipzig 1892) erläutert.

mit einer gegebenen, festen Bezugsebene bildet, heißt das Azimut der Schwingungsebene bzw. der Polarisationsebene gegen die feste Ebene.

Vom Standpunkte der elektromagnetischen Theorie aus ist es prinzipiell gleichgültig, welchen der in der fortschreitenden Welle schwingenden Feldvektoren $\mathfrak{E}$, $\mathfrak{D}$ oder $\mathfrak{H}$ man als „Lichtvektor" betrachtet (vgl. Kap. 6 dieses Bandes). In Übereinstimmung mit den bekannten Versuchsergebnissen WIENERS über stehende Lichtwellen identifizieren wir den Lichtvektor mit der zur Polarisationsebene senkrechten elektrischen Verschiebung $\mathfrak{D}$; diese Annahme führt zu denselben formalen Ergebnissen wie die elastische Lichttheorie FRESNELS [vgl. Ziff. 1 [1]].

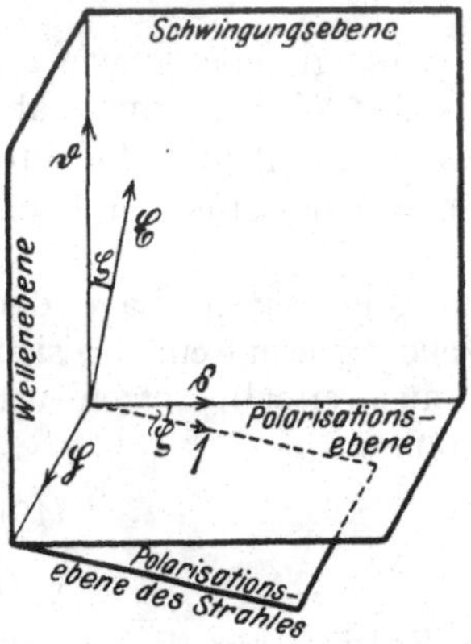

Abb. 1. Gegenseitige Lage der Feldvektoren bei einer im Inneren eines homogenen, nicht absorbierenden Kristalls fortschreitenden ebenen, linear polarisierten Welle ($\mathfrak{s}$ Wellennormalenrichtung, $\mathfrak{D}$ elektrische Verschiebung, $\mathfrak{E}$ elektrische Feldstärke, $\mathfrak{H}$ magnetische Feldstärke, $\mathfrak{S}$ POYNTINGscher Strahlvektor).

Die Richtung von $\mathfrak{D}$ wird auch schlechtweg als die Schwingungsrichtung der Lichtwelle bezeichnet; den Winkel, welchen $\mathfrak{D}$ mit einer gegebenen festen Richtung (bzw. Ebene) bildet, nennt man das Azimut der Schwingungsrichtung gegen die feste Richtung (bzw. Ebene).

Die gegenseitige Lage der Feldvektoren bei einer im Innern eines homogenen, nicht absorbierenden Kristalls fortschreitenden ebenen, linear polarisierten Lichtwelle ist in Abb. 1 dargestellt.

5. Energie einer Lichtwelle. POYNTINGscher Strahlvektor. Lichtstrahl. a) POYNTINGscher Strahlvektor. Die MAXWELLsche Theorie faßt das elektromagnetische Feld als Sitz der elektrischen und magnetischen Energie auf; jedes Volumelement liefert einen Anteil zum Gesamtbetrage der Feldenergie. Bezeichnen wir ihren auf die Volumeinheit entfallenden Betrag mit U, so ist

$$U = \frac{1}{8\pi}(\mathfrak{E}\mathfrak{D} + \mathfrak{H}\mathfrak{B}).$$

Da bei der Lichtwelle nach (8) stets $\mathfrak{B} = \mathfrak{H}$ zu setzen ist, so kann man an Stelle der letzten Gleichung auch schreiben

$$U = \frac{1}{8\pi}(\mathfrak{E}\mathfrak{D} + \mathfrak{H}^2). \tag{25}$$

Nun folgt mit Hilfe von (21) und (22)

$$\mathfrak{E}\mathfrak{D} = \mathfrak{H}^2,$$

und diese Beziehung sagt in Verbindung mit (25) aus, daß bei ebenen Wellen in nicht absorbierenden Kristallen die in einem Volumelement enthaltene Feldenergie zur Hälfte elektrischer und zur Hälfte magnetischer Art ist; wir haben daher

$$U = \frac{1}{4\pi}\mathfrak{E}\mathfrak{D} = \frac{1}{4\pi}\mathfrak{H}^2. \tag{26}$$

---

[1]) Würde man den Lichtvektor mit der magnetischen Feldstärke $\mathfrak{H}$ identifizieren, so erhielte man dieselben formalen Resultate wie die elastische Lichttheorie NEUMANNS (vgl. Ziff. 1).

Eine fortschreitende elektromagnetische Welle ist mit einem Energietransport verbunden, der nach der MAXWELLschen Theorie durch den POYNTINGschen Strahlvektor

$$\mathfrak{S} = \frac{c}{4\pi}[\mathfrak{E}\mathfrak{H}] \tag{27}$$

gegeben ist; die Komponente dieses Vektors nach irgendeiner Richtung ist gleich der Energiemenge, die in der Zeiteinheit durch die Flächeneinheit einer senkrecht zu jener Richtung gelegten Ebene hindurchgeht.

b) Lichtstrahl und Strahlgeschwindigkeit. Die Richtung des maximalen Energietransportes bei einer fortschreitenden Lichtwelle bezeichnet man als Lichtstrahl; dieser fällt daher in die Richtung des POYNTINGschen Strahlvektors.

Aus (27) folgt mit Rücksicht auf (26) und (23)

$$\mathfrak{S}^2 = \frac{c^2}{4\pi}\mathfrak{E}^2 U, \tag{28}$$

eine Beziehung, die wir später noch benötigen werden. Ist $\mathfrak{f}$ der zu $\mathfrak{S}$ gehörende Einheitsvektor, so folgt aus $\mathfrak{s}\mathfrak{E} \neq 0$ (Ziff. 4) und (27), daß bei Kristallen im allgemeinen

$$\mathfrak{s}\mathfrak{f} \neq 0$$

ist, während bei isotropen Körpern wegen $\mathfrak{s}\mathfrak{E} = 0$ stets auch

$$\mathfrak{s}\mathfrak{f} = 0$$

sein muß. Während also bei der Ausbreitung ebener Wellen in isotropen Körpern Wellennormale $\mathfrak{s}$ und Strahlenrichtung $\mathfrak{f}$ stets zusammenfallen, ist dies in Kristallen im allgemeinen nicht der Fall.

Aus (27) ergibt sich $\mathfrak{f}\mathfrak{H} = 0$, d. h. der Lichtstrahl liegt senkrecht zur magnetischen Feldstärke und somit in der Schwingungsebene (Abb. 1); die Schwingungsebene kann daher auch definiert werden als die parallel zum Strahl und zur elektrischen Feldstärke gelegte Ebene.

Wegen (27) ist

$$\mathfrak{f}\mathfrak{E} = 0; \tag{29}$$

aus dieser Gleichung und (23) folgt, daß $\mathfrak{E}$ senkrecht zu der parallel $\mathfrak{f}$ und $\mathfrak{H}$ gelegten Ebene steht; diese Ebene wird auch als die Polarisationsebene des Strahls[1]) (Abb. 1) bezeichnet.

Beachtet man, daß die Vektoren $\mathfrak{s}$, $\mathfrak{f}$, $\mathfrak{E}$ und $\mathfrak{D}$ komplanar sind, so folgt aus den Gleichungen (19) und (29) ohne weiteres, daß der Winkel ζ zwischen Lichtstrahl und Wellennormale gleich dem Winkel zwischen elektrischer Feldstärke $\mathfrak{E}$ und Lichtvektor $\mathfrak{D}$ ist.

Die in der Zeiteinheit durch die Flächeneinheit einer senkrecht zur Wellennormale gelegten Ebene hindurchtretende Energiemenge ist gegeben durch

$$\mathfrak{s}\mathfrak{S} = |\mathfrak{S}|\cos\zeta;$$

da nun aus (27) und (21) mit Rücksicht auf (26)

$$\mathfrak{s}\mathfrak{S} = \frac{c}{4\pi}\mathfrak{s}[\mathfrak{E}\mathfrak{H}] = \frac{c_n}{4\pi}\mathfrak{H}^2 = c_n U$$

folgt, so ergibt sich hieraus

$$\cos\zeta = \frac{c_n U}{|\mathfrak{S}|}. \tag{30}$$

---

1) A. FRESNEL, Mém. de l'Acad. des Scienc. Bd. 7, S. 157. 1827; Œuvr. compl. Bd. II, S. 579. Paris 1868.

$|\mathfrak{S}|$ ist aber die Energiemenge, die in der Zeiteinheit durch die Flächeneinheit einer senkrecht zu $\mathfrak{f}$ gelegten Ebene hindurchgeht, somit bedeutet

$$c_s = \frac{|\mathfrak{S}|}{U} \tag{31}$$

die Energiegeschwindigkeit oder Strahlgeschwindigkeit. Aus (30) und (31) ergibt sich für die Normalgeschwindigkeit c_n und die Strahlgeschwindigkeit c_s die Verknüpfungsgleichung

$$c_s = \frac{c_n}{\cos\zeta};$$

die Normalgeschwindigkeit wird somit nie größer als die Strahlgeschwindigkeit.

c) Intensität einer Lichtwelle. Wegen der Kleinheit der Schwingungsdauer ist es bei den Lichtwellen unmöglich, die Feldvektoren $\mathfrak{D}$, $\mathfrak{E}$ und $\mathfrak{H}$ selbst zu beobachten; es läßt sich immer nur die Intensität der Lichtwelle messen, die gleich dem zeitlichen Mittelwerte der Feldenergie ist, erstreckt über ein Zeitintervall, das nur einen kleinen Bruchteil einer Sekunde beträgt, jedoch sehr groß ist im Vergleiche zur Schwingungsdauer der Lichtwelle.

Die Intensität der fortschreitenden Lichtwelle wird stets in einem isotropen Außenmedium beobachtet und in einem solchen ist $\mathfrak{P}$ parallel zu $\mathfrak{E}$; somit sind dort nach (7) auch $\mathfrak{D}$ und $\mathfrak{E}$ gleichgerichtet. Für eine ebene, rein periodische Welle folgt dann aus (26), daß U im isotropen Außenmedium dem Quadrate jedes Feldvektors proportional ist; berücksichtigt man (13), (14), (15) und (16), so ergibt sich, daß der über eine große Zeit erstreckte zeitliche Mittelwert von U proportional mit jedem der Amplitudenquadrate $\bar{\mathfrak{D}}^2$, $\bar{\mathfrak{E}}^2$ und $\bar{\mathfrak{H}}^2$ wird. Es ist daher gleichgültig, welches dieser Quadrate wir bei der Messung im isotropen Außenmedium als Maß für die Intensität J der Lichtwelle verwenden; da wir die elektrische Verschiebung $\mathfrak{D}$ als Lichtvektor gewählt haben (Ziff. 4), so setzen wir im folgenden

$$J = \bar{\mathfrak{D}}^2 = |\bar{\mathfrak{D}}|^2. \tag{32}$$

Stellt sich der Betrag des Lichtvektors als reeller Teil einer komplexen Größe $\boldsymbol{D}$ dar und ist $\boldsymbol{D}^*$ die zu $\boldsymbol{D}$ konjugiert komplexe Größe, so erhält man für die durch (32) dargestellte Intensität[1])

$$J = \boldsymbol{D} \cdot \boldsymbol{D}^*. \tag{33}$$

6. Berechnung des elektrischen Moments der Volumeinheit. Zu den Gesetzen der Lichtausbreitung in nicht absorbierenden Kristallen gelangt man auf einfachstem Wege, indem man von den MAXWELLschen Feldgleichungen (9), (10), (11) und (12) für nicht absorbierende Körper ausgeht und mittels der Kristallgittertheorie das durch die Verknüpfungsgleichung (7) definierte elektrische Moment der Volumeinheit $\mathfrak{P}$ berechnet, welches von den speziellen Eigenschaften der Materie abhängt, in der sich die Lichtwelle ausbreitet. Die gittertheoretische Herleitung der Grundlagen der Kristalloptik auf diesem Wege stammt von BORN[2]) (vgl. Ziff. 1), dessen Darstellung sich die hier gegebene Zusammenstellung anschließt.

Wir betrachten eine ebene, linear polarisierte, monochramatische Lichtwelle, bei der die Feldvektoren $\mathfrak{E}$, $\mathfrak{D}$ und $\mathfrak{H}$ nach (13), (14) und (15) proportional dem reellen Teil von (16) sind; dasselbe gilt dann gemäß (7) auch von $\mathfrak{P}$. Ist $\mathfrak{P}$

[1]) Vgl. hierzu die Ausführungen in Kap. 4 ds. Bandes.

[2]) M. BORN (Dynamik der Kristallgitter, S. 65 u. 101. Leipzig 1915 (Fortschr. d. math. Wissensch. H. 4); ZS. f. Phys. Bd. 8, S. 402. 1922; Atomtheorie des festen Zustandes (Dynamik der Kristallgitter), S. 596. Leipzig 1923 (in Enzykl. d. math. Wissensch. Bd. V, Tl. 3); vgl. auch den Abschnitt über die theoretischen Grundlagen des Aufbaues der festen Materie in Bd. XXIV ds. Handb.

die Amplitude von $\mathfrak{P}$, so läßt sich $\overline{\mathfrak{P}}$ aus den durch die elektrische Feldstärke $\mathfrak{E}$ der Lichtwelle erzwungenen Verschiebungen der elektrisch geladenen Gitterteilchen berechnen.

In der Kristalloptik (ausschließlich der Röntgenoptik) kommt nur der Fall in Frage, daß die Wellenlänge λ im Kristall groß ist gegen die linearen Dimensionen der Gitterzelle [Gitterkonstante[1])]. $\overline{\mathfrak{P}}$ wird dann als eine nach Potenzen von $1/\lambda$ fortschreitende Reihe erhalten; bezieht man die Potenzen von $1/\lambda$ in die Reihenglieder ein, so erhält man

$$\overline{\mathfrak{P}} = \overline{\mathfrak{P}}^{(0)} + \overline{\mathfrak{P}}^{(1)} + \overline{\mathfrak{P}}^{(2)} + \cdots \tag{34}$$

Die beiden ersten Glieder der Entwicklung sind[2])

$$\overline{\mathfrak{P}}^{(0)} = V \sum_j \frac{\mathfrak{L}_j\,(\overline{\mathfrak{E}}\mathfrak{L}_j)}{\omega_j^{(0)2} - \omega^2} \tag{35}$$

und

$$\overline{\mathfrak{P}}^{(1)} = i\,\frac{2\pi}{\lambda}\,V \sum_{jj'} \frac{(\mathfrak{s}\,\mathfrak{N}_{jj'})\,\mathfrak{L}_j\,(\overline{\mathfrak{L}}\,\overline{\mathfrak{E}}_{j'})}{(\omega_j^{(0)2} - \omega^2)\,(\omega_{j'}^{(0)2} - \omega^2)}\,. \tag{36}$$

Hierin bedeutet V das Volumen der Gitterzelle, $\omega_j^{(0)}$ sind die Eigenfrequenzen des Gitters; diese haben den Charakter von Resonanzstellen, wie man aus (35) und (36) ersieht, wenn die Frequenz ω der auffallenden Welle mit einer Eigenfrequenz $\omega_j^{(0)}$ zusammenfällt. Die Summierungen sind über die Gesamtzahl j der Eigenschwingungen zu erstrecken, dabei gehören j und j' zu irgend zwei Eigenschwingungen. Die Vektoren $\mathfrak{L}_j$ sind diejenigen Amplituden der elektrischen Momente der Volumeinheit, welche den Amplituden der Eigenschwingungen des Gitters entsprechen und in hier nicht näher zu erörternder Weise von der Massenkonfiguration und den elektrischen Ladungen der Gitterteilchen abhängen; die Vektoren $\mathfrak{N}_{jj'}$ sind gewisse lineare, schiefsymmetrische Vektorfunktionen dieser Eigenschwingungsamplituden. Der bei (36) auftretende Faktor $i = e^{i\frac{\pi}{2}}$ drückt aus, daß $\overline{\mathfrak{P}}^{(1)}$ eine Phasendifferenz von $\pi/2$ gegen $\overline{\mathfrak{P}}^{(0)}$ besitzt.

Für die Darstellung der Erscheinungen der Kristalloptik genügt es, die Entwicklung (34) auf die beiden ersten Glieder (35) und (36) zu beschränken; dann stellt $\overline{\mathfrak{P}}^{(0)}$ die gewöhnliche Doppelbrechung, $\overline{\mathfrak{P}}^{(1)}$ die optische Aktivität dar. Die Berücksichtigung weiterer Glieder in (34) würde neue kristalloptische Erscheinungen erwarten lassen; es müßten dann z. B. Kristalle des kubischen Systems, die sich sonst in optischer Hinsicht wie isotrope Körper verhalten (vgl. Ziff. 23), optische Anisotropie zeigen. Nach letzterer Erscheinung hat LORENTZ (bei Steinsalz) gesucht und glaubt sie gefunden zu haben[3]), doch sind die Ergebnisse seiner Versuche noch nicht als unbedingt gesichert zu betrachten.

Wir beschränken uns daher darauf, die Reihe (34) spätestens nach dem zweiten Gliede abzubrechen. Wird nur das erste Glied in Betracht gezogen, so gelangt man zur Optik nicht absorbierender, nicht aktiver Kristalle, die in Abschnitt II behandelt wird; die Berücksichtigung auch des zweiten Gliedes liefert die Optik nicht absorbierender, aktiver Kristalle (Abschnitt III).

[1]) Die Gitterzelle ist ein bestimmtes kleines, von Gitterpunkten erfülltes Parallelepiped, welches das Gitter vollständig bestimmt; dieses ergibt sich durch kongruente Wiederholung der Gitterzelle. Ist V das Volumen der Gitterzelle, so ist die Gitterkonstante durch $V^{\frac{1}{3}}$ gegeben.

[2]) M. BORN, Atomtheorie des festen Zustandes (Dynamik der Kristallgitter), S. 598. Leipzig 1923 (in Enzykl. d. math. Wissensch. Bd. V, Tl. 3).

[3]) H. A. LORENTZ, Versl. Akad. Wetensch. Amsterdam Bd. 30, S. 362. 1921.

Die Optik absorbierender Kristalle läßt sich mangels einer befriedigenden atomistischen Theorie der Lichtabsorption durch die Kristallgittertheorie noch nicht erfassen. Bei ihr ist man vorderhand auf eine phänomenologische Darstellung angewiesen und wir besprechen sie daher am Schlusse (Abschnitt IV).

7. Mesomorpher Aggregatzustand[1]). Die meisten Kristalle gehen bei einer bestimmten (mit dem äußeren Druck veränderlichen) Temperatur (dem sogen. Schmelzpunkt) in den flüssigen, isotropen Aggregatzustand über. Es gibt aber eine große Anzahl organischer Verbindungen, bei welchen zwischen dem festen kristallinischen und dem isotrop-flüssigen Aggregatzustande noch ein oder mehrere anisotrop-flüssige Aggregatzustände vorhanden sind[2]), die sich durch ihre physikalischen Eigenschaften scharf voneinander abgrenzen und ebenfalls bei ganz bestimmten Temperaturen eintreten; man bezeichnet sie nach FRIEDEL[3]) als mesomorph. Eine Vorbedingung dafür, daß eine Substanz im mesomorphen Aggregatzustande auftreten kann, ist offenbar lange Stäbchen- oder Nadelform des Moleküls, die in der chemischen Strukturformel ihren Ausdruck findet[4]); charakteristisch für den mesomorphen Aggregatzustand ist, daß sich in ihm diese langen, stäbchenförmigen Moleküle spontan parallel stellen, wodurch die Anisotropie des Zustandes hervorgerufen wird.

Man kennt zwei Hauptarten des mesomorphen Zustandes, die als smektischer und nematischer Zustand unterschieden werden[5]). Beim smektischen Zustande sind die von den Molekülen ausgehenden, orientierenden Kräfte so stark, daß sie auch bis zu einem gewissen Grade in seitlicher Richtung wirken; die stäbchenförmigen Moleküle treten hier in parallel gerichteten Bündeln auf[6]). Beim nematischen Zustande dagegen reichen die orientierenden Kräfte nicht mehr aus, um diese teilweise seitliche Ordnung zu erreichen; die Moleküle liegen zwar parallel, sind aber nicht zu Bündeln angeordnet[7]). Der nematische Zustand tritt in zwei verschiedenen Formen auf, die als eigentlich nematischer und nematisch-cholesterischer Zustand unterschieden werden; außer durch andere Eigenschaften unterscheiden sich diese beiden Zustände in optischer Hinsicht dadurch, daß der eigentlich nematische Zustand, ebenso wie der smektische, keine optische Aktivität zeigt, während der nematisch-cholesterische Zustand optisch aktiv ist.

---

[1]) Neuere zusammenfassende Darstellungen: W. VOIGT, Phys. ZS. Bd. 17, S. 76, 128, 152 u. 305. 1916; F. STUMPF, Jahrb. d. Radioakt. Bd. 15, S. 1. 1918; G. FRIEDEL, Ann. d. phys. Bd. 18, S. 273. 1922.

[2]) Die Entdeckung des anisotrop-flüssigen Aggregatzustandes erfolgte durch O. LEHMANN (ZS. f. phys. Chem. Bd. 4, S. 462. 1889; Wied. Ann. Bd. 40, S. 401. 1890); vgl. ferner seine zusammenfassenden Darstellungen: Flüssige Kristalle. Leipzig 1904; Die Lehre von den flüssigen Kristallen. Wiesbaden 1918.

[3]) G. FRIEDEL, Ann. d. phys. Bd. 18, S. 275. 1922. Die älteren Bezeichnungen für den mesomorphen Aggregatzustand sind „flüssiger Kristall", „kristallinische Flüssigkeit", „doppelbrechende Flüssigkeit" und „anisotrope Flüssigkeit".

[4]) Dies ist namentlich von D. VORLÄNDER erkannt worden. Vgl. dessen zusammenfassende Darstellungen: Kristallinisch-flüssige Substanzen. Stuttgart 1908; Chemische Kristallographie der Flüssigkeiten. Leipzig 1924.

[5]) Die Bezeichnungen stammen von G. FRIEDEL (Ann. d. phys. Bd. 18, S. 276. 1922). Der smektische Zustand entspricht den „schleimig-flüssigen" und einem Teil der „fließenden" Kristalle LEHMANNS, der nematische Zustand seinen „flüssigen" und „tropfbar-flüssigen" Kristallen.

[6]) Nach den Röntgenuntersuchungen von J. R. KATZ (Naturwissensch. Bd. 16, S. 758. 1928) können auch im isotrop-flüssigen Zustande Molekülbündel auftreten; es ist aber die Annahme begründet, daß die Molekülbündel im mesomorphen Zustande bedeutend größer sind.

[7]) Über die Stützung dieser von G. FRIEDEL (s. Anm. 3) entwickelten Vorstellungen durchRöntgenuntersuchung vgl. M. DE BROGLIE u. G. FRIEDEL, C. R. Bd. 176, S. 738. 1923, sowie den Abschnitt über den Aufbau der festen Materie und seine Erforschung durch Röntgenstrahlen in Bd. XXIV ds. Handb.

Eine Substanz kann, wenn überhaupt, entweder nur in einem oder bei steigender Temperatur nacheinander in zwei verschiedenen mesomorphen Aggregatzuständen auftreten. Ist letzteres der Fall, so muß einer der beiden Zustände der smektische sein, da beide nematische Zustände bei der nämlichen Substanz anscheinend nicht vorkommen können; dabei tritt dann der smektische Zustand stets bei tieferer Temperatur ein als der nematische. Ist somit ϑ_1 die Temperatur, bei welcher der feste kristallinische Zustand in den smektischen übergeht, ϑ_2 die Temperatur des Überganges vom smektischen in den nematischen Zustand und ϑ_3 die Temperatur, bei welcher der isotrop-flüssige Zustand auftritt, so haben wir $\vartheta_1 \leqq \vartheta_2 \leqq \vartheta_3$; dabei gilt das Gleichheitszeichen, wenn der betreffende mesomorphe Zustand bei der in Rede stehenden Substanz überhaupt nicht existiert.

Es ist klar, daß die Gittertheorie der festen Kristalle die Erscheinungen des mesomorphen Zustandes nicht erfassen kann; trotzdem werden wir seine optischen Eigenschaften im folgenden besprechen[1]), soweit sie mit der Kristalloptik im Zusammenhang stehen. Insbesondere werden gewisse Erscheinungen der von der Kristallgittertheorie ohnehin noch nicht bewältigten Optik der absorbierenden Kristalle durch den mesomorphen Zustand in bemerkenswerter Weise veranschaulicht[2]).

Eine kinetische Theorie des mesomorphen Zustandes auf Grund der vorhin angedeuteten Vorstellungen hat OSEEN[3]) gegeben, nachdem schon früher BORN[4]) einen solchen Versuch unter der Annahme gemacht hat, daß die stäbchenförmigen Moleküle Dipole sind und ihre spontane Ausrichtung durch Kräfte bewirkt wird, die von den ungleichartigen Ladungen der Molekülenden herrühren. Neuere Beobachtungen lassen es jedoch zweifelhaft erscheinen, ob der mesomorphe Zustand tatsächlich auf den Dipolcharakter der Moleküle zurückzuführen ist[5]) und haben zu der von ORNSTEIN[6]) vertretenen Auffassung geführt, daß die stäbchenförmigen Elemente nicht die Moleküle selbst, sondern kleine Elementarkristalle (Molekülaggregate) sind[7]).

II. Optik nicht absorbierender, nicht aktiver Kristalle.

a) Gesetze der Lichtausbreitung in nicht absorbierenden, nicht aktiven Kristallen.

α) Lichtausbreitung monochromatischer Wellen.

8. Optische Dielektrizitätskonstanten und optische Symmetrieachsen. Wir schließen in diesem Abschnitt die optische Aktivität aus, beschränken also die Reihenentwicklung (34) auf das erste, die gewöhnliche Doppelbrechung

---

1) Vgl. die Ziff. 24, 25, 110, 147, 148 und 149.

2) Vgl. Ziff. 147, 148 und 149.

3) C. W. OSEEN, Handlingar Stockholm Bd. 61, Nr. 16; Bd. 63, Nr. 1 u. 12. 1923; Ark. f. Mat., Astron. och Fys. Bd. 18, Nr. 4, 8, 13 u. 15. 1924.

4) M. BORN, Berl. Ber. 1916, S. 614 u. 1043; Ann. d. Phys. Bd. 55, S. 221. 1918.

5) Hierher gehört z. B. die von W. KAST [Ann. d. Phys. Bd. 73, S. 145. 1924] untersuchte Abhängigkeit der Dielektrizitätskonstante des mesomorphen Zustandes von der Stärke eines äußeren magnetischen Feldes [vgl. dazu L. ORNSTEIN, Ann. d. Phys. Bd. 74, S. 445. 1924]; der Versuch, die Existenz der Dipole unmittelbar nachzuweisen, hat ebenfalls zu einem negativen Ergebnis geführt (G. SZIVESSY, ZS. f. Phys. Bd. 34, S. 474. 1925; Bd. 40, S. 477. 1927; W. KAST, ebenda Bd. 42, S. 91. 1927).

6) L. ORNSTEIN, Ann. d. Phys. Bd. 74, S. 445. 1924; ZS. f. Phys. Bd. 35, S. 394. 1925; W. KAST, Verh. d. D. Phys. Ges. (3) Bd. 7, S. 22. 1926.

7) Über Versuche, über die Natur der die spontane Ausrichtung bewirkenden Kräfte Aufschluß zu erhalten, vgl. V. FRÉEDERICKSZ u. A. REPIEWA, ZS. f. Phys. Bd. 42, S. 532. 1927.

darstellende Glied, welches durch (35) gegeben ist; dann ergibt sich für den Lichtvektor nach (7)

$$\mathfrak{D} = \mathfrak{E} + 4\pi\mathfrak{P}^{(0)}, \tag{37}$$

wobei $\mathfrak{P}^{(0)}$ die durch (35) bestimmte Amplitude $\overline{\mathfrak{P}}^{(0)}$ besitzt. Da $\overline{\mathfrak{P}}^{(0)}$ nach (35) eine homogene lineare symmetrische Vektorfunktion von $\overline{\mathfrak{E}}$ ist, so gilt nach (37) das gleiche für $\mathfrak{D}$; in einem beliebigen rechtwinkligen Rechtssystem x', y', z' ist daher[1])

$$\left.\begin{aligned} \mathfrak{D}_{x'} &= \varepsilon_{11}\mathfrak{E}_{x'} + \varepsilon_{12}\mathfrak{E}_{y'} + \varepsilon_{13}\mathfrak{E}_{z'}, \\ \mathfrak{D}_{y'} &= \varepsilon_{21}\mathfrak{E}_{x'} + \varepsilon_{22}\mathfrak{E}_{y'} + \varepsilon_{23}\mathfrak{E}_{z'}, \\ \mathfrak{D}_{z'} &= \varepsilon_{31}\mathfrak{E}_{x'} + \varepsilon_{32}\mathfrak{E}_{y'} + \varepsilon_{33}\mathfrak{E}_{z'}. \end{aligned}\right\} \quad (\varepsilon_{hl} = \varepsilon_{lh}; \qquad h, l = 1, 2, 3). \tag{38}$$

Die Koeffizienten in (38) sind nach (35) und (37) die folgenden

$$\left.\begin{aligned} \varepsilon_{11} &= 1 + 4\pi V \sum_j \frac{\mathfrak{Q}_{jx'}^2}{\omega_j^{(0)2} - \omega^2}, \\ \varepsilon_{22} &= 1 + 4\pi V \sum_j \frac{\mathfrak{Q}_{jy'}^2}{\omega_j^{(0)2} - \omega^2}, \\ \varepsilon_{33} &= 1 + 4\pi V \sum_j \frac{\mathfrak{Q}_{jz'}^2}{\omega_j^{(0)2} - \omega^2}, \\ \varepsilon_{23} = \varepsilon_{32} &= 4\pi V \sum_j \frac{\mathfrak{Q}_{jy'}\mathfrak{Q}_{jz'}}{\omega_j^{(0)2} - \omega^2}, \\ \varepsilon_{31} = \varepsilon_{13} &= 4\pi V \sum_j \frac{\mathfrak{Q}_{jz'}\mathfrak{Q}_{jx'}}{\omega_j^{(0)2} - \omega^2}, \\ \varepsilon_{12} = \varepsilon_{21} &= 4\pi V \sum_j \frac{\mathfrak{Q}_{jx'}\mathfrak{Q}_{jy'}}{\omega_j^{(0)2} - \omega^2}; \end{aligned}\right\} \tag{39}$$

sie heißen die optischen Dielektrizitätskonstanten und gehen für unendlich langsam wechselnde Felder ($\omega = 0$) in die statischen Dielektrizitätskonstanten über. Den symmetrischen Tensor, dessen Komponenten die optischen Dielektrizitätskonstanten sind, nennen wir den optischen Dielektrizitätstensor des betreffenden Kristalls. Trägt man vom Koordinatenanfangspunkte aus auf jeder Richtung $\mathfrak{s}$ eine Strecke ab, die gleich der reziproken Quadratwurzel des Ausdrucks

$$\varepsilon = \varepsilon_{11}\mathfrak{s}_{x'}^2 + \varepsilon_{22}\mathfrak{s}_{y'}^2 + \varepsilon_{33}\mathfrak{s}_{z'}^2 + 2\varepsilon_{23}\mathfrak{s}_{y'}\mathfrak{s}_{z'} + 2\varepsilon_{31}\mathfrak{s}_{z'}\mathfrak{s}_{x'} + 2\varepsilon_{12}\mathfrak{s}_{x'}\mathfrak{s}_{y'}$$

ist, so erhält man die Fläche des optischen Dielektrizitätstensors. Sie ist eine zentrische Fläche zweiter Ordnung mit der Gleichung

$$\varepsilon_{11}x'^2 + \varepsilon_{22}y'^2 + \varepsilon_{33}z'^2 + 2\varepsilon_{23}y'z' + 2\varepsilon_{31}z'x' + 2\varepsilon_{12}x'y' - 1 = 0. \tag{40}$$

Ihre Hauptachsen heißen die optischen Symmetrieachsen, die durch je zwei Hauptachsen bestimmten Ebenen die optischen Symmetrieebenen; die optischen Symmetrieachsen sind dadurch ausgezeichnet, daß in ihren Richtungen $\mathfrak{D}$ und $\mathfrak{E}$ parallel sind.

[1]) In der elektromagnetischen Theorie des Lichtes treten die Beziehungen (38) als Ansätze auf, welche die Übertragung einer für statische Felder erfahrungsmäßig geltenden Gesetzmäßigkeit auf die zeitlich schnell wechselnden Felder der Lichtwellen bedeuten (J. CL. MAXWELL, A Treatise on Elektricity and Magnetism. Bd. II, S. 392. Oxford 1873; deutsche Ausgabe von B. WEINSTEIN Bd. II, S. 549. Berlin 1883); die Symmetrie der linearen Vektorfunktion (38) wird dort aus den Prinzipien der Thermodynamik gefolgert [W. THOMSON, Phil. Mag. (4) Bd. 1, S. 186. 1851; Reprint of Papers on Electricity and Magnetism., S. 479. London 1872; deutsche Ausgabe von L. LEVY und B. WEINSTEIN. S. 463. Berlin 1890].

Läßt man die Koordinatenachsen x', y', z' mit den optischen Symmetrieachsen x, y, z zusammenfallen, so gewinnt Gleichung (40) die Form

$$\varepsilon_1 x^2 + \varepsilon_2 y^2 + \varepsilon_3 z^2 - 1 = 0, \tag{41}$$

wobei nach (39)

$$\left.\begin{aligned} \varepsilon_1 &= 1 + 4\pi V \sum_j \frac{\mathfrak{L}_{jx}^2}{\omega_j^{(0)2} - \omega^2}, \qquad \varepsilon_2 = 1 + 4\pi V \sum_j \frac{\mathfrak{L}_{jy}^2}{\omega_j^{(0)2} - \omega^2}, \\ \varepsilon_3 &= 1 + 4\pi V \sum \frac{\mathfrak{L}_{jz}^2}{\omega_j^{(0)2} - \omega^2} \end{aligned}\right\} \tag{42}$$

ist. ε_1, ε_2, ε_3 sind die Hauptwerte des optischen Dielektrizitätstensors und heißen die optischen Hauptdielektrizitätskonstanten; sie sind stets positiv, die Fläche des optischen Dielektrizitätstensors ist somit ein Ellipsoid. Für ein mit den optischen Symmetrieachsen zusammenfallendes Koordinatensystem gehen die Gleichungen (38) offenbar über in

$$\mathfrak{D}_x = \varepsilon_1 \mathfrak{E}_x, \qquad \mathfrak{D}_y = \varepsilon_2 \mathfrak{E}_y, \qquad \mathfrak{D}_z = \varepsilon_3 \mathfrak{E}_z. \tag{43}$$

9. Gesetz des Brechungsindex. Um die Abhängigkeit des Brechungsindex n des Kristalls von der Wellennormalenrichtung $\mathfrak{s}$ zu finden, gehen wir aus von der für ebene, linear polarisierte, monochromatische Wellen gemäß (22) geltenden Beziehung

$$\mathfrak{D} = n^2 \{\mathfrak{E} - \mathfrak{s}(\mathfrak{s}\mathfrak{E})\}. \tag{44}$$

Führt man die optischen Symmetrieachsen x, y, z als Koordinatenachsen ein, so folgt unter Heranziehung von (43)

$$\left(\frac{1}{n_1^2} - \frac{1}{n^2}\right)\mathfrak{D}_x = \mathfrak{s}_x(\mathfrak{s}\mathfrak{E}), \quad \left(\frac{1}{n_2^2} - \frac{1}{n^2}\right)\mathfrak{D}_y = \mathfrak{s}_y(\mathfrak{s}\mathfrak{E}), \quad \left(\frac{1}{n_3^2} - \frac{1}{n^2}\right)\mathfrak{D}_z = \mathfrak{s}_z(\mathfrak{s}\mathfrak{E}), \tag{45}$$

wobei

$$n_1^2 = \varepsilon_1, \qquad n_2^2 = \varepsilon_2, \qquad n_3^2 = \varepsilon_3 \tag{46}$$

gesetzt ist; aus (45) und (19) erhält man

$$\frac{\mathfrak{s}_x^2}{\frac{1}{n_1^2} - \frac{1}{n^2}} + \frac{\mathfrak{s}_y^2}{\frac{1}{n_2^2} - \frac{1}{n^2}} + \frac{\mathfrak{s}_z^2}{\frac{1}{n_3^2} - \frac{1}{n^2}} = 0. \tag{47}$$

Diese Gleichung stellt das FRESNELsche Gesetz[1]) dar; es enthält sämtliche Gesetze der Lichtausbreitung in nicht absorbierenden, nicht aktiven Kristallen, die wir in den folgenden Ziffern 10—22 aus ihm herleiten.

Durch Gleichung (47) wird der Brechungsindex n als Funktion der Wellennormalenrichtung $\mathfrak{s}$ bestimmt; sie ist eine quadratische Gleichung für n^2, die in ausführlicher Schreibweise lautet

$$\left.\begin{aligned} n^4(n_1^2\mathfrak{s}_x^2 + n_2^2\mathfrak{s}_y^2 + n_3^2\mathfrak{s}_z^2) - n^2\{n_2^2 n_3^2(\mathfrak{s}_y^2 + \mathfrak{s}_z^2) + n_3^2 n_1^2(\mathfrak{s}_z^2 + \mathfrak{s}_x^2) + n_1^2 n_2^2(\mathfrak{s}_x^2 + \mathfrak{s}_y^2)\} \\ + n_1^2 n_2^2 n_3^2 = 0. \end{aligned}\right\} \tag{48}$$

Wie in Ziff. 10 gezeigt wird, besitzt sie reelle Wurzeln, die im allgemeinen nicht zusammenfallen. Es pflanzen sich also im Innern des Kristalls in jeder Richtung im allgemeinen zwei Wellen mit verschiedenen Brechungsindizes fort. Hierauf beruht die von BARTHOLINUS[2]) gefundene Erscheinung der Doppel-

[1]) A. FRESNEL, Mém. de l'Acad. des Scienc. Bd. 7, S. 132. 1827; Œuvr. compl. Bd. II, S. 555. Paris 1868.

[2]) E. BARTHOLINUS, Experimenta crystalli islandici disdiaclastici quibus mira et insolita refractio detegitur, S. 29. Kopenhagen 1669 (Deutsch von K. MIELEITNER, in Ostwalds Klassiker der exakt. Wissensch. Nr. 205, S. 20. Leipzig 1922).

brechung; sie wurde von ihm am Kalkspat entdeckt und einige Zeit später von HUYGHENS[1]) eingehend untersucht.

Aus (45) und (19) folgt weiter

$$\left(\frac{1}{n_1^2} - \frac{1}{n^2}\right)\mathfrak{D}_x^2 + \left(\frac{1}{n_2^2} - \frac{1}{n^2}\right)\mathfrak{D}_y^2 + \left(\frac{1}{n_3^2} - \frac{1}{n^2}\right)\mathfrak{D}_z^2 = 0\,;$$

bezeichnen wir den zu $\mathfrak{D}$ gehörenden Einheitsvektor mit $\mathfrak{d}$, so erhält man aus der letzten Gleichung

$$\frac{1}{n^2} = \frac{\mathfrak{d}_x^2}{n_1^2} + \frac{\mathfrak{d}_y^2}{n_2^2} + \frac{\mathfrak{d}_z^2}{n_3^2}\,. \tag{49}$$

Der Brechungsindex n ist somit durch die Schwingungsrichtung $\mathfrak{d}$ eindeutig bestimmt[2]).

Die durch (46) bestimmten Größen n_1, n_2 und n_3 heißen die Hauptbrechungsindizes; entsprechend nennt man die in den [analog (18) gebildeten] Verhältnissen

$$n_1 = \frac{c}{c_1}\,, \qquad n_2 = \frac{c}{c_2}\,, \qquad n_3 = \frac{c}{c_3}$$

auftretenden Größen c_1, c_2 und c_3 die Hauptlichtgeschwindigkeiten. Fällt $\mathfrak{s}$ in Richtung einer optischen Symmetrieachse, so werden je zwei Hauptbrechungsindizes zu Wurzeln der Gleichung (47).

Die Differenzen $n_2 - n_3$, $n_3 - n_1$ und $n_1 - n_2$ benutzt man als Maß für die Größe der Doppelbrechung[3]).

Das FRESNELsche Gesetz (47) hat sich bei allen nicht absorbierenden, nicht aktiven Kristallen als richtig erwiesen. Die genaueste Bestätigung erhielt es durch die Messungen von GLAZEBROOK[4]), HASTINGS[5]), KOHLRAUSCH[6]), DANKER[7]), ZÁVIŠKA[8]), VERSCHAFFELT[9]) und SCOUVART[10]); geringe Abweichungen, welche VIOLA[11]) bei Quarz und Turmalin[12]) nachgewiesen zu haben glaubte, konnten durch die späteren Untersuchungen von MACÉ DE LÉPINAY[13]) und WÜLFING[14]) sowie durch die sehr genauen Messungen von NAKAMURA[15]) nicht bestätigt werden.

---

[1]) CHR. HUYGHENS, Traité de la lumière, S. 48. Leiden 1690 (Deutsch von E. LOMMEL, in Ostwalds Klassiker der exakt. Wissensch. Nr. 20, S. 49. Leipzig 1890); Opera reliqua Bd. I, S. 39. Amsterdam 1728.

[2]) Diese Beziehung lag der elastischen Theorie FRESNELS (Ziff. 1) als Annahme zugrunde.

[3]) Über empirisch erkannte Faktoren (z. B. Stärke der Brechung), welche auf die Größe der Doppelbrechung von Einfluß sind, vgl. J. BECKENKAMP, Statische und kinetische Kristalltheorien, Tl. 2, S. 180. Berlin 1915.

[4]) R. T. GLAZEBROOK, Proc. Roy. Soc. London Bd. 27, S. 496. 1878 (Aragonit); Phil. Trans. Bd. 170, S. 287. 1879 (Aragonit); Bd. 171, S. 421. 1880 (Kalkspat).

[5]) CH. S. HASTINGS, Sill. Journ. (3) Bd. 35, S. 60. 1885 (Kalkspat).

[6]) W. KOHLRAUSCH, Wied. Ann. Bd. 6, S. 86. 1879; Bd. 7, S. 427. 1879 (Natronsalpeter, Gips, Weinsäure); vgl. hierzu TH. LIEBISCH, N. Jahrb. f. Min. 1885, (1) S. 246 sowie das folgende Zitat S. 248.

[7]) F. DANKER, N. Jahrb. f. Min. Beil., Bd. 4, S. 241. 1886 (Kalkspat, Quarz, Beryll, Dolomit, Aragonit, Anhydrit, Baryt, Gips).

[8]) F. ZÁVIŠKA, N. Jahrb. f. Min. 1905 (1) S. 183 (Aragonit).

[9]) J. E. VERSCHAFFELT u. A. SCOUVART, Bull. de Belg. 1910, S. 518 u. 590; 1911, S. 12 (Topas).

[10]) A. SCOUVART, Bull. de Belg. 1911, S. 473 (Baryt); 1912, S. 97 (Aragonit); 1913, S. 497 (Kalkspat).

[11]) C. VIOLA, ZS. f. Krist. Bd. 32, S. 551 u. 557. 1900; Bd. 34, S. 281. 1901; Bd. 37, S. 120. 1903.

[12]) Quarz gehört allerdings zu den nicht absorbierenden aktiven und Turmalin zu den schwach absorbierenden, nicht aktiven Kristallen; doch besitzen ihre entsprechenden abweichenden Eigenschaften keinen merklichen Einfluß auf das FRESNELsche Gesetz (vgl. hierzu Ziff. 108 und 134).

[13]) J. MACÉ DE LÉPINAY, ZS. f. Krist. Bd. 34, S. 280. 1901.

[14]) E. A. WÜLFING, Centralbl. f. Min. 1901, S. 299.

[15]) S. NAKAMURA, Göttinger Nachr. 1903, S. 343.

Für spätere Anwendungen beachten wir noch folgende, aus (45) folgende Beziehung

$$\frac{1}{P^2} = \frac{\mathfrak{z}_x^2}{\left(\frac{1}{n_1^2} - \frac{1}{n^2}\right)^2} + \frac{\mathfrak{z}_y^2}{\left(\frac{1}{n_2^2} - \frac{1}{n^2}\right)^2} + \frac{\mathfrak{z}_z^2}{\left(\frac{1}{n_3^2} - \frac{1}{n^2}\right)^2}, \tag{50}$$

in der

$$P = \frac{\mathfrak{z}\mathfrak{E}}{|\mathfrak{D}|} \tag{51}$$

gesetzt ist; für P kann mit Rücksicht auf (19) und (45) auch

$$P = \frac{1}{n_1^2}\mathfrak{z}_x\mathfrak{d}_x + \frac{1}{n_2^2}\mathfrak{z}_y\mathfrak{d}_y + \frac{1}{n_3^2}\mathfrak{z}_z\mathfrak{d}_z \tag{52}$$

geschrieben werden.

10. Gesetz des Strahlenindex. Wir bilden mit der Strahlgeschwindigkeit c_s die dem Brechungsindex (18) analoge Größe

$$s = \frac{c}{c_s},$$

die wir als Strahlenindex[1]) bezeichnen, und stellen uns die Aufgabe, s als Funktion der Strahlenrichtung $\mathfrak{s}$ im Kristall zu ermitteln.

Zu dem Zwecke führen wir in (45) statt $\mathfrak{z}$ und $\mathfrak{D}$ die Vektoren $\mathfrak{s}$ und $\mathfrak{E}$ ein. Aus (27) und (21) folgt zunächst

$$\mathfrak{S} = \frac{cn}{4\pi}\left[\mathfrak{E}[\mathfrak{z}\mathfrak{E}]\right] = \frac{cn}{4\pi}\{\mathfrak{z}\mathfrak{E}^2 - \mathfrak{E}(\mathfrak{z}\mathfrak{E})\} \tag{53}$$

und somit

$$\mathfrak{z} = \frac{4\pi}{cn}\cdot\frac{\mathfrak{S}}{\mathfrak{E}^2} + \frac{\mathfrak{z}\mathfrak{E}}{\mathfrak{E}^2}\mathfrak{E};$$

mit Hilfe dieser Beziehung erhält man dann aus (43) und (44)

$$\left.\begin{aligned}
\mathfrak{E}_x\left(1 - \frac{n_1^2}{n^2} - \frac{(\mathfrak{z}\mathfrak{E})^2}{\mathfrak{E}^2}\right) &= \frac{4\pi}{cn}\frac{\mathfrak{z}\mathfrak{E}}{\mathfrak{E}^2}\mathfrak{S}_x,\\
\mathfrak{E}_y\left(1 - \frac{n_2^2}{n^2} - \frac{(\mathfrak{z}\mathfrak{E})^2}{\mathfrak{E}^2}\right) &= \frac{4\pi}{cn}\frac{\mathfrak{z}\mathfrak{E}}{\mathfrak{E}^2}\mathfrak{S}_y,\\
\mathfrak{E}_z\left(1 - \frac{n_3^2}{n^2} - \frac{(\mathfrak{z}\mathfrak{E})^2}{\mathfrak{E}^2}\right) &= \frac{4\pi}{cn}\frac{\mathfrak{z}\mathfrak{E}}{\mathfrak{E}^2}\mathfrak{S}_z.
\end{aligned}\right\} \tag{54}$$

Zur Umformung des auf der rechten Seite auftretenden Faktors $\frac{\mathfrak{z}\mathfrak{E}}{\mathfrak{E}^2}$ folgern wir aus (53) bei Benützung von (19) und (26)

$$\mathfrak{S}\mathfrak{D} = -\frac{cn}{4\pi}(\mathfrak{E}\mathfrak{D})(\mathfrak{z}\mathfrak{E}) = -cnU(\mathfrak{z}\mathfrak{E});$$

somit wird

$$\frac{\mathfrak{z}\mathfrak{E}}{\mathfrak{E}^2} = -\frac{1}{cn}\frac{\mathfrak{S}\mathfrak{D}}{U\mathfrak{E}^2}$$

und dieser Ausdruck läßt sich mit Rücksicht auf (28) in der Form schreiben

$$\frac{\mathfrak{z}\mathfrak{E}}{\mathfrak{E}^2} = -\frac{c}{4\pi n}\frac{\mathfrak{S}\mathfrak{D}}{\mathfrak{S}^2}. \tag{55}$$

Um den in den linken Seiten von (54) vorkommenden Ausdruck $1 - \frac{(\mathfrak{z}\mathfrak{E})^2}{\mathfrak{E}^2}$ zu erhalten, gehen wir aus von der aus (26) mit Hilfe von (22) folgenden Beziehung

$$U = \frac{n^2}{4\pi}\{\mathfrak{E}^2 - (\mathfrak{z}\mathfrak{E})^2\}$$

[1]) Die Bezeichnung stammt von M. Born (ZS. f. Phys. Bd. 8, S. 407. 1922).

und gewinnen hieraus unter Heranziehung von (28) und (31)

$$1 - \frac{(\mathfrak{s}\mathfrak{E})^2}{\mathfrak{E}^2} = \frac{4\pi U}{n^2\mathfrak{E}^2} = \frac{s^2}{n^2}, \tag{56}$$

wobei s der vorhin eingeführte Strahlenindex ist.

Setzt man (55) und (56) in (54) ein, so ergibt sich bei Berücksichtigung von (28)

$$\mathfrak{E}_x(n_1^2 - s^2) = \mathfrak{f}_x(\mathfrak{f}\mathfrak{D}), \qquad \mathfrak{E}_y(n_2^2 - s^2) = \mathfrak{f}_y(\mathfrak{f}\mathfrak{D}), \qquad \mathfrak{E}_z(n_3^2 - s^2) = \mathfrak{f}_z(\mathfrak{f}\mathfrak{D}). \tag{57}$$

Schreibt man das Gleichungssystem (45) unter Heranziehung von (43) in der Form

$$\left.\begin{aligned}
\mathfrak{D}_x\left(\frac{1}{n_1^2} - \frac{1}{n^2}\right) &= \mathfrak{s}_x\left(\frac{1}{n_1^2}\mathfrak{s}_x\mathfrak{D}_x + \frac{1}{n_2^2}\mathfrak{s}_y\mathfrak{D}_y + \frac{1}{n_3^2}\mathfrak{s}_z\mathfrak{D}_z\right),\\
\mathfrak{D}_y\left(\frac{1}{n_2^2} - \frac{1}{n^2}\right) &= \mathfrak{s}_y\left(\frac{1}{n_1^2}\mathfrak{s}_x\mathfrak{D}_x + \frac{1}{n_2^2}\mathfrak{s}_y\mathfrak{D}_y + \frac{1}{n_3^2}\mathfrak{s}_z\mathfrak{D}_z\right),\\
\mathfrak{D}_z\left(\frac{1}{n_3^2} - \frac{1}{n^2}\right) &= \mathfrak{s}_z\left(\frac{1}{n_1^2}\mathfrak{s}_x\mathfrak{D}_x + \frac{1}{n_2^2}\mathfrak{s}_y\mathfrak{D}_y + \frac{1}{n_3^2}\mathfrak{s}_z\mathfrak{D}_z\right),
\end{aligned}\right\} \tag{58}$$

so erhält man den Zusammenhang zwischen Wellennormalenrichtung $\mathfrak{s}$ und Lichtvektor $\mathfrak{D}$; entsprechend liefert das Gleichungssystem (57), unter Heranziehung von (43) auf die Form

$$\left.\begin{aligned}
\mathfrak{E}_x(n_1^2 - s^2) &= \mathfrak{f}_x(n_1^2\mathfrak{f}_x\mathfrak{E}_x + n_2^2\mathfrak{f}_y\mathfrak{E}_y + n_3^2\mathfrak{f}_z\mathfrak{E}_z),\\
\mathfrak{E}_y(n_2^2 - s^2) &= \mathfrak{f}_y(n_1^2\mathfrak{f}_x\mathfrak{E}_x + n_2^2\mathfrak{f}_y\mathfrak{E}_y + n_3^2\mathfrak{f}_z\mathfrak{E}_z),\\
\mathfrak{E}_z(n_3^2 - s^2) &= \mathfrak{f}_z(n_1^2\mathfrak{f}_x\mathfrak{E}_x + n_2^2\mathfrak{f}_y\mathfrak{E}_y + n_3^2\mathfrak{f}_z\mathfrak{E}_z)
\end{aligned}\right\} \tag{59}$$

gebracht, den Zusammenhang zwischen Strahlenrichtung $\mathfrak{f}$ und elektrischer Feldstärke $\mathfrak{E}$. Die Gegenüberstellung von (58) und (59) zeigt, daß die Größen

$$\begin{array}{llllll}
\mathfrak{s}, & \mathfrak{D}, & n, & n_1, & n_2, & n_3 \text{ (Wellennormale)}\\
\mathfrak{f}, & \mathfrak{E}, & \frac{1}{s}, & \frac{1}{n_1}, & \frac{1}{n_2}, & \frac{1}{n_3} \text{ (Strahl)}
\end{array}$$

einander entsprechen. Diese Dualitätsbeziehung ordnet jedem für die Wellennormale abgeleiteten Resultat ein entsprechendes für den Strahl zu; so z. B. entsprechen die Gleichungen (19) und (29)

$$\mathfrak{s}\mathfrak{D} = 0 \quad \text{und} \quad \mathfrak{f}\mathfrak{E} = 0$$

einander.

Aus (57) und (29) ergibt sich

$$\frac{\mathfrak{f}_x^2}{n_1^2 - s^2} + \frac{\mathfrak{f}_y^2}{n_2^2 - s^2} + \frac{\mathfrak{f}_z^2}{n_3^2 - s^2} = 0 \tag{60}$$

oder

$$\frac{\frac{\mathfrak{f}_x^2}{n_1^2}}{\frac{1}{s^2} - \frac{1}{n_1^2}} + \frac{\frac{\mathfrak{f}_y^2}{n_2^2}}{\frac{1}{s^2} - \frac{1}{n_2^2}} + \frac{\frac{\mathfrak{f}_z^2}{n_3^2}}{\frac{1}{s^2} - \frac{1}{n_3^2}} = 0; \tag{61}$$

letztere Beziehung geht durch Addition von

$$\mathfrak{f}_x^2 + \mathfrak{f}_y^2 + \mathfrak{f}_z^2 = 1$$

in die Form

$$\frac{\mathfrak{f}_x^2}{\frac{1}{s^2} - \frac{1}{n_1^2}} + \frac{\mathfrak{f}_y^2}{\frac{1}{s^2} - \frac{1}{n_2^2}} + \frac{\mathfrak{f}_z^2}{\frac{1}{s^2} - \frac{1}{n_3^2}} = s^2 \tag{62}$$

über.

Jede der Gleichungen (60), (61) oder (62) stellt das Gesetz des Strahlenindex dar[1]) und entspricht dem durch (47) ausgedrückten FRESNELschen Gesetz des Brechungsindex; es liefert die gesuchte Abhängigkeit des Strahlenindex s von der Strahlenrichtung $\mathfrak{f}$ und ist eine quadratische Gleichung für s^2. Diese lautet ausführlich geschrieben

$$\left.\begin{aligned} s^4 - s^2 \big\{\big(n_1^2(\mathfrak{f}_y^2 + \mathfrak{f}_z^2) + n_2^2(\mathfrak{f}_z^2 + \mathfrak{f}_x^2) + n_3^2(\mathfrak{f}_x^2 + \mathfrak{f}_y^2)\big)\big\} \\ + (n_2^2 n_3^2 \mathfrak{f}_x^2 + n_3^2 n_1^2 \mathfrak{f}_y^2 + n_1^2 n_2^2 \mathfrak{f}_z^2) = 0 \end{aligned}\right\} \tag{63}$$

und besitzt, wie in Ziff. 14 ausgeführt wird, reelle, im allgemeinen nicht zusammenfallende Wurzeln. Im Inneren des Kristalls gehören somit zu jeder Richtung zwei Strahlen mit im allgemeinen verschiedenen Strahlenindizes. Fällt $\mathfrak{f}$ in Richtung einer optischen Symmetrieachse, so werden zwei der Größen n_1, n_2 und n_3 zu Wurzeln der Gleichung (63), d. h. die beiden Strahlenindizes werden gleich den entsprechenden Hauptbrechungsindizes.

Aus (57) und (29) folgt

$$(n_1^2 - s^2)\mathfrak{E}_x^2 + (n_2^2 - s^2)\mathfrak{E}_y^2 + (n_3^2 - s^2)\mathfrak{E}_z^2 = 0$$

und hieraus ergibt sich

$$s^2 = n_1^2 \mathfrak{e}_x^2 + n_2^2 \mathfrak{e}_y^2 + n_3^2 \mathfrak{e}_z^2 ,$$

wobei $\mathfrak{e}$ den zu $\mathfrak{E}$ gehörenden Einheitsvektor bedeutet. Diese Beziehung entspricht (49) und zeigt, daß der Strahlenindex durch die Richtung der elektrischen Feldstärke der Lichtwelle eindeutig bestimmt ist.

Mit Rücksicht auf spätere Anwendungen fassen wir noch die aus (57) folgende Formel

$$\frac{1}{\Pi^2} = \frac{\mathfrak{f}_x^2}{(n_1^2 - s^2)^2} + \frac{\mathfrak{f}_y^2}{(n_2^2 - s^2)^2} + \frac{\mathfrak{f}_z^2}{(n_3^2 - s^2)^2} \tag{64}$$

ins Auge, in der

$$\Pi = \frac{\mathfrak{f}\mathfrak{D}}{|\mathfrak{E}|} \tag{65}$$

gesetzt ist; dieser Ausdruck entspricht der durch (51) definierten Größe P und kann mit Hilfe von (57) und (29) in der (52) entsprechenden Form

$$\Pi = n_1^2 \mathfrak{f}_x \mathfrak{e}_x + n_2^2 \mathfrak{f}_y \mathfrak{e}_y + n_3^2 \mathfrak{f}_z \mathfrak{e}_z \tag{66}$$

geschrieben werden.

Aus (65) und (51) folgt ferner

$$\frac{P}{\Pi} = \frac{|\mathfrak{E}|\,(\mathfrak{s}\mathfrak{E})}{|\mathfrak{D}|\,(\mathfrak{f}\mathfrak{D})} = \frac{\mathfrak{E}^2(\mathfrak{s}\mathfrak{e})}{\mathfrak{D}^2(\mathfrak{f}\mathfrak{d})} . \tag{67}$$

Nun liegen $\mathfrak{E}$, $\mathfrak{D}$, $\mathfrak{f}$ und $\mathfrak{s}$ in derselben Ebene, nämlich der Schwingungsebene (Ziff. 4 und 5); man schließt daher mittels (19) und (29) $\mathfrak{s}\mathfrak{e} = \mathfrak{f}\mathfrak{d}$ und erhält somit für (67) die Form

$$\frac{P}{\Pi} = \frac{\mathfrak{E}^2}{\mathfrak{D}^2} .$$

Hieraus ergibt sich bei Heranziehung von (22) und (56)

$$\frac{\Pi}{P} = n^2 s^2 . \tag{68}$$

[1]) Die Form (61) dieses Gesetzes wurde von F. NEUMANN (Berl. Ber. 1835, S. 90) und W. R. HAMILTON (Trans. R. Irish Acad. Bd. 17, S. 130. 1837) fast gleichzeitig angegeben.

11. Bestimmung der zu einer Wellennormalenrichtung gehörenden Brechungsindizes. Binormalen. a) Berechnung der zu einer Wellennormalenrichtung $\mathfrak{s}$ gehörenden Brechungsindizes n_0' und n_0''. Wir gehen jetzt dazu über, die Brechungsindizes der beiden Wellen zu ermitteln, die zu einer gegebenen Wellennormalenrichtung $\mathfrak{s}$ gehören.

Zu dem Zwecke haben wir die Wurzeln $n_0'^2$ und $n_0''^2$ der Gleichung (48) zu berechnen[1]) und schreiben letztere in der Form

$$\frac{1}{n^4}-\frac{1}{n^2}\left\{\left(\frac{1}{n_2^2}+\frac{1}{n_3^2}\right)\mathfrak{s}_x^2+\left(\frac{1}{n_3^2}+\frac{1}{n_1^2}\right)\mathfrak{s}_y^2+\left(\frac{1}{n_1^2}+\frac{1}{n_2^2}\right)\mathfrak{s}_z^2\right\}+\left(\frac{1}{n_2^2n_3^2}\mathfrak{s}_x^2+\frac{1}{n_3^2n_1^2}\mathfrak{s}_y^2+\frac{1}{n_1^2n_2^2}\mathfrak{s}_z^2\right)=0,$$

multiplizieren das von $\frac{1}{n^2}$ freie Glied mit

$$\mathfrak{s}_x^2+\mathfrak{s}_y^2+\mathfrak{s}_z^2=1 \tag{69}$$

und setzen zur Abkürzung

$$N_1=\mathfrak{s}_x^2\left(\frac{1}{n_2^2}-\frac{1}{n_3^2}\right),\qquad N_2=\mathfrak{s}_y^2\left(\frac{1}{n_3^2}-\frac{1}{n_1^2}\right),\qquad N_3=\mathfrak{s}_z^2\left(\frac{1}{n_1^2}-\frac{1}{n_2^2}\right); \tag{70}$$

dann ergibt sich

$$\left.\begin{aligned}\frac{1}{n_0'^2}&=\frac{1}{2}\left\{\left(\frac{1}{n_2^2}+\frac{1}{n_3^2}\right)\mathfrak{s}_x^2+\left(\frac{1}{n_3^2}+\frac{1}{n_1^2}\right)\mathfrak{s}_y^2+\left(\frac{1}{n_1^2}+\frac{1}{n_2^2}\right)\mathfrak{s}_z^2\right\}\\&\quad+\sqrt{N_1^2+N_2^2+N_3^2-2N_2N_3-2N_3N_1-2N_1N_2},\\\frac{1}{n_0''^2}&=\frac{1}{2}\left\{\left(\frac{1}{n_2^2}+\frac{1}{n_3^2}\right)\mathfrak{s}_x^2+\left(\frac{1}{n_3^2}+\frac{1}{n_1^2}\right)\mathfrak{s}_y^2+\left(\frac{1}{n_1^2}+\frac{1}{n_2^2}\right)\mathfrak{s}_z^2\right\}\\&\quad-\sqrt{N_1^2+N_2^2+N_3^2-2N_2N_3-2N_3N_1-2N_1N_2},\end{aligned}\right\} \tag{71}$$

wobei entweder beide Quadratwurzeln mit dem positiven oder beide mit dem negativen Vorzeichen zu nehmen sind.

Für die auf die Längeneinheit bezogene Phasendifferenz der beiden zur Wellennormalenrichtung $\mathfrak{s}$ gehörenden Wellen ergibt sich mit Rücksicht auf (16), (17) und (18) der Ausdruck

$$\delta=\frac{\omega}{c}(n_0'-n_0'')=\frac{2\pi}{\lambda_0}(n_0'-n_0''). \tag{72}$$

Liegt, wie wir im folgenden stets annehmen wollen, n_2 zwischen n_1 und n_3, so besitzen von den durch (70) eingeführten Größen N_1 und N_3 das gleiche, N_2 jedoch das entgegengesetzte Vorzeichen. Nun ist aber

$$N_1^2+N_2^2+N_3^2-2N_2N_3-2N_3N_1-2N_1N_2=(N_1+N_2-N_3)^2-4N_1N_2;$$

der Ausdruck unter dem Wurzelzeichen (71) kann somit nicht negativ werden und nur verschwinden, wenn

$$N_2=0,\qquad N_1=N_3 \tag{73}$$

ist. Gleichung (48) hat daher stets zwei reelle Wurzeln, die nach (73), (71) und (69) für

$$\mathfrak{s}_x=\pm\sqrt{\frac{\frac{1}{n_1^2}-\frac{1}{n_2^2}}{\frac{1}{n_1^2}-\frac{1}{n_3^2}}},\qquad \mathfrak{s}_y=0,\qquad \mathfrak{s}_z=\pm\sqrt{\frac{\frac{1}{n_2^2}-\frac{1}{n_3^2}}{\frac{1}{n_1^2}-\frac{1}{n_3^2}}} \tag{74}$$

zusammenfallen.

b) Binormalen. Durch (74) werden vier Wellennormalenrichtungen bestimmt, von denen jedoch je zwei einander entgegengesetzt sind. Es genügt daher, zwei dieser Richtungen ins Auge zu fassen, deren Einheitsvektoren $\mathfrak{b}_1$

---

[1]) Diese Form der Lösung stammt von G. KIRCHHOFF, Vorlesungen über mathem. Physik Bd. II. Mathem. Optik. Herausgeg. von K. HENSEL, S. 201. Leipzig 1891.

und $\mathfrak{b}_2$ wir so wählen, daß die positive z-Achse zwischen ihnen liegt; dann wird nach (74)

$$\left.\begin{aligned} \mathfrak{b}_{1x} &= +\left|\sqrt{\frac{\frac{1}{n_1^2}-\frac{1}{n_2^2}}{\frac{1}{n_1^2}-\frac{1}{n_3^2}}}\right|, \quad \mathfrak{b}_{1y}=0, \quad \mathfrak{b}_{1z} = +\left|\sqrt{\frac{\frac{1}{n_2^2}-\frac{1}{n_3^2}}{\frac{1}{n_1^2}-\frac{1}{n_3^2}}}\right|; \\ \mathfrak{b}_{2x} &= -\left|\sqrt{\frac{\frac{1}{n_1^2}-\frac{1}{n_2^2}}{\frac{1}{n_1^2}-\frac{1}{n_3^2}}}\right|, \quad \mathfrak{b}_{2y}=0, \quad \mathfrak{b}_{2z} = +\left|\sqrt{\frac{\frac{1}{n_2^2}-\frac{1}{n_3^2}}{\frac{1}{n_1^2}-\frac{1}{n_3^2}}}\right|. \end{aligned}\right\} \tag{75}$$

Die durch (75) bestimmten Richtungen nennt man die Binormalen oder optischen Achsen[1]). Die Binormalen liegen in einer bestimmten optischen Symmetrieebene symmetrisch zu den optischen Symmetrieachsen; bei der angenommenen Größenbeziehung zwischen n_1, n_2 und n_3 ist diese optische Symmetrieebene die zx-Ebene. Die optische Symmetrieachse, welche den spitzen Winkel der Binormalen halbiert, heißt die erste Mittellinie, diejenige, welche seinen Nebenwinkel halbiert, die zweite Mittellinie.

Fällt die Wellennormale mit einer Binormale zusammen, so folgt aus (71) und (74)

$$n_0' = n_0'' = n_2;$$

ferner ergibt sich aus (45) und (74), daß dann die Schwingungsrichtung unbestimmt bleibt. In Richtung einer Binormale eines nicht absorbierenden, nicht aktiven Kristalls pflanzt sich demnach nur eine einzige Welle fort, deren Polarisationszustand beliebig sein kann und sich beim Fortschreiten im Kristall nicht ändert[2]).

Der als Binormalenwinkel oder optischer Achsenwinkel (von den Mineralogen als Achsenwinkel schlechtweg) bezeichnete Winkel O zwischen den Binormalen bestimmt sich nach (75) durch eine der beiden Gleichungen

$$\sin^2\frac{O}{2} = \frac{\frac{1}{n_1^2}-\frac{1}{n_2^2}}{\frac{1}{n_1^2}-\frac{1}{n_3^2}} \quad \text{oder} \quad \cos^2\frac{O}{2} = \frac{\frac{1}{n_2^2}-\frac{1}{n_3^2}}{\frac{1}{n_1^2}-\frac{1}{n_3^2}}. \tag{76}$$

Aus (76) folgt, daß der Binormalenwinkel berechnet werden kann, falls die Hauptbrechungsindizes bekannt sind[3]).

---

[1]) Der Name optische Achsen geht auf D. BREWSTER [Phil. Trans. 1818, (1) S. 210] zurück. Manche Autoren verwenden jedoch diese Bezeichnung für die in Ziff. 14 zu besprechenden Biradialen, so z. B. A. FRESNEL in einigen Abhandlungen (Mém. de l'Acad. des Scienc. Bd. 7, S. 150. 1827; Œuvr. compl. Bd. II, S. 288, 321, 332, 396 u. 573. Paris 1868), während sie bei ihm an anderen Stellen [Bull. des Scienc. par la Soc. philomat. 1822, S. 68; Ann. chim. phys. (2) Bd. 28, S. 272. 1825; Mém. de l'Acad. des Scienc. Bd. 7, S. 118. 1827; Œuvr. compl. Bd. II, S. 339, 473 u. 545. Paris 1868] in dem hier gebrauchten Sinne auftritt. Zur Vermeidung von Verwechslungen ist daher die von L. FLETCHER (Mineral. Mag. Bd. 9, S. 338. 1892; The optical indicatrix and the transmission of light in crystals, S. 63. London 1892; deutsche Übers. von H. AMBRONN und W. KÖNIG, S. 57. Leipzig 1893) stammende Bezeichnung Binormalen vorzuziehen. W. R. HAMILTON (Trans. R. Irish Acad. Bd. 17, S. 132. 1837) nannte die Binormalen Linien mit nur einer Normalgeschwindigkeit, E. MALLARD (Traité de cristallographie géometr. et phys. Bd. II, S. 113. Paris 1884) spricht von Achsen innerer Brechung.

[2]) Hierdurch unterscheiden sich die nicht absorbierenden, nicht aktiven Kristalle von den aktiven Kristallen; bei letzteren erleidet eine polarisierte, in Richtung einer Binormale sich ausbreitende Welle beim Fortschreiten im Kristall eine Drehung der Lage ihrer Schwingungsbahn (vgl. Ziff. 96).

[3]) Über die Verwendung von (76) bei der Bestimmung des Binormalenwinkels von Dünnschliffen vgl. A. C. LANE, Sill. Journ. (3) Bd. 39, S. 53. 1890; J. UHLIG, Centralbl. f. Min. 1911, S. 305; S. RÖSCH und M. STÜRENBERG, ZS. f. Krist. Bd. 65, S. 588. 1927.

Zuweilen ist es vorteilhaft, die zur Wellennormalenrichtung $\mathfrak{s}$ gehörenden Brechungsindizes n_0' und n_0'' durch die Winkel b_1 und b_2 auszudrücken, welche $\mathfrak{s}$ mit den Binormalenrichtungen $\mathfrak{b}_1$ und $\mathfrak{b}_2$ bildet. Mit Hilfe von

$$\cos b_1 = \mathfrak{s}_x \left|\sqrt{\frac{\frac{1}{n_1^2} - \frac{1}{n_2^2}}{\frac{1}{n_1^2} - \frac{1}{n_3^2}}}\right| + \mathfrak{s}_z \left|\sqrt{\frac{\frac{1}{n_2^2} - \frac{1}{n_3^2}}{\frac{1}{n_1^2} - \frac{1}{n_3^2}}}\right|,$$

$$\cos b_2 = -\mathfrak{s}_x \left|\sqrt{\frac{\frac{1}{n_1^2} - \frac{1}{n_2^2}}{\frac{1}{n_1^2} - \frac{1}{n_3^2}}}\right| + \mathfrak{s}_z \left|\sqrt{\frac{\frac{1}{n_2^2} - \frac{1}{n_3^2}}{\frac{1}{n_1^2} - \frac{1}{n_3^2}}}\right|$$

und (69) ergibt sich aus (71) nach einiger Umformung für die Wurzeln der Gleichung (48) die bequemere Form[1])

$$\left.\begin{aligned} \frac{1}{n_0'^2} &= \frac{1}{2}\left(\frac{1}{n_1^2} + \frac{1}{n_3^2}\right) + \frac{1}{2}\left(\frac{1}{n_1^2} - \frac{1}{n_3^2}\right)\cos(b_1 - b_2), \\ \frac{1}{n_0''^2} &= \frac{1}{2}\left(\frac{1}{n_1^2} + \frac{1}{n_3^2}\right) + \frac{1}{2}\left(\frac{1}{n_1^2} - \frac{1}{n_3^2}\right)\cos(b_1 + b_2); \end{aligned}\right\} \tag{77}$$

hierfür kann man auch schreiben

$$\frac{1}{n_0'^2} = \frac{1}{n_1^2} - \left(\frac{1}{n_1^2} - \frac{1}{n_3^2}\right)\sin^2\frac{b_1 - b_2}{2}, \qquad \frac{1}{n_0''^2} = \frac{1}{n_1^2} - \left(\frac{1}{n_1^2} - \frac{1}{n_3^2}\right)\sin^2\frac{b_1 + b_2}{2}. \tag{78}$$

Aus (77) folgt weiter die Beziehung[2])

$$\frac{1}{n_0'^2} - \frac{1}{n_0''^2} = \left(\frac{1}{n_1^2} - \frac{1}{n_3^2}\right)\sin b_1 \sin b_2, \tag{79}$$

die wir später noch benötigen werden.

c) Wellennormalenkegel konstanter Brechungsindizes. Wir suchen jetzt den geometrischen Ort der Wellennormalenrichtungen, für die n_0' bzw. n_0'' konstant ist. Da die durch (77) gegebenen Brechungsindizes n_0' und n_0'' Wurzeln der Gleichung (47) sind, so wird die Gleichung

$$\begin{aligned}\left(\frac{1}{n^2} - \frac{1}{n_0'^2}\right)\left(\frac{1}{n^2} - \frac{1}{n_0''^2}\right) = \mathfrak{s}_x^2\left(\frac{1}{n^2} - \frac{1}{n_2^2}\right)\left(\frac{1}{n^2} - \frac{1}{n_3^2}\right) + \mathfrak{s}_y^2\left(\frac{1}{n^2} - \frac{1}{n_3^2}\right)\left(\frac{1}{n^2} - \frac{1}{n_1^2}\right) \\ + \mathfrak{s}_z^2\left(\frac{1}{n^2} - \frac{1}{n_1^2}\right)\left(\frac{1}{n^2} - \frac{1}{n_2^2}\right)\end{aligned}$$

für alle Werte n identisch erfüllt. Setzen wir für n^2 der Reihe nach n_1^2, n_2^2 und n_3^2 ein, so erhalten wir

$$\left.\begin{aligned} \mathfrak{s}_x^2 &= \frac{\left(\frac{1}{n_1^2} - \frac{1}{n_0'^2}\right)\left(\frac{1}{n_1^2} - \frac{1}{n_0''^2}\right)}{\left(\frac{1}{n_1^2} - \frac{1}{n_2^2}\right)\left(\frac{1}{n_1^2} - \frac{1}{n_3^2}\right)}, \\ \mathfrak{s}_y^2 &= \frac{\left(\frac{1}{n_2^2} - \frac{1}{n_0'^2}\right)\left(\frac{1}{n_2^2} - \frac{1}{n_0''^2}\right)}{\left(\frac{1}{n_2^2} - \frac{1}{n_3^2}\right)\left(\frac{1}{n_2^2} - \frac{1}{n_1^2}\right)}, \\ \mathfrak{s}_z^2 &= \frac{\left(\frac{1}{n_3^2} - \frac{1}{n_0'^2}\right)\left(\frac{1}{n_3^2} - \frac{1}{n_0''^2}\right)}{\left(\frac{1}{n_3^2} - \frac{1}{n_1^2}\right)\left(\frac{1}{n_3^2} - \frac{1}{n_2^2}\right)}. \end{aligned}\right\} \tag{80}$$

---

1) Diese Form der Lösung der Gleichung (48) stammt von F. NEUMANN, Pogg. Ann. Bd. 33, S. 278. 1834; Ges. Werke Bd. II, S. 337. Leipzig 1906.

2) J. J. SYLVESTER, Phil. Mag. (3) Bd. 11, S. 468. 1837.

Die durch (80) bestimmten Werte $\mathfrak{s}_x$, $\mathfrak{s}_y$ und $\mathfrak{s}_z$ definieren eine Wellennormalenrichtung $\mathfrak{s}$, welche wir durch einen Punkt der um den Koordinatenanfangspunkt beschriebenen Einheitskugel darstellen können. Ist n_0'' konstant und n_0' veränderlich, so beschreibt dieser Punkt eine sphärische Ellipse, deren erzeugender Kegel durch

$$\frac{\mathfrak{s}_x^2}{\frac{1}{n_1^2}-\frac{1}{n_0''^2}}+\frac{\mathfrak{s}_y^2}{\frac{1}{n_2^2}-\frac{1}{n_0''^2}}+\frac{\mathfrak{s}_z^2}{\frac{1}{n_3^2}-\frac{1}{n_0''^2}}=0$$

gegeben ist; der Mittelpunkt und die Brennpunkte dieser sphärischen Ellipse sind die der positiven z-Achse bzw. den Binormalenrichtungen $\mathfrak{b}_1$ und $\mathfrak{b}_2$ entsprechenden Punkte der Einheitskugel.

Ist andererseits n_0'' veränderlich, während n_0' konstant bleibt, so beschreibt der zu $\mathfrak{s}$ gehörende Punkt eine durch den Kegel

$$\frac{\mathfrak{s}_x^2}{\frac{1}{n_1^2}-\frac{1}{n_0'^2}}+\frac{\mathfrak{s}_y^2}{\frac{1}{n_2^2}-\frac{1}{n_0'^2}}+\frac{\mathfrak{s}_z^2}{\frac{1}{n_3^2}-\frac{1}{n_0'^2}}=0$$

erzeugte sphärische Ellipse, deren Mittelpunkt und Brennpunkte die der positiven x-Achse bzw. den Binormalenrichtungen $\mathfrak{b}_1$ und $-\mathfrak{b}_2$ entsprechenden Punkte der Einheitskugel sind.

Zusammenfassend können wir sagen, daß diejenigen Wellennormalenrichtungen, für welche einer der Werte n_0' bzw. n_0'' konstant ist, die Mäntel zweier Kegelscharen zweiten Grades bilden, deren Achsen die beiden Mittellinien und deren Fokallinien die Binormalen sind; durch jede Wellennormalenrichtung geht je ein Kegel der beiden Scharen[1]). Stellt man sämtliche Richtungen durch die Punkte der Einheitskugel dar, so entsprechen den Kegelscharen konfokale sphärische Ellipsen[2]); durch jeden Kugelpunkt gehen zwei Ellipsen, von welchen die eine die Spur der ersten, die andere die Spur der zweiten Mittellinie zum Mittelpunkt hat und deren Brennpunkte die Spuren der Binormalenrichtungen sind. Die orthogonalen Projektionen dieser Ellipsen auf eine beliebige Ebene nennt man Skiodromen[3]): sie finden bei der Darstellung der Interferenzkurven Verwendung [vgl. Ziff. 83b)].

12. Wahrer und scheinbarer Binormalenwinkel. Zwei Wellennormalen, die im Inneren des Kristalls die Richtungen der Binormalen besitzen, werden nach Austritt in das isotrope Außenmedium im allgemeinen einen von O verschiedenen Winkel O' miteinander bilden. O' heißt der scheinbare Binormalenwinkel im Gegensatz zum wahren Binormalenwinkel O; O' ist der Messung unmittelbar zugänglich (Ziff. 87), hängt aber noch von der kristallographischen Orientierung der Begrenzungsfläche des Kristalls, aus welcher die Wellen austreten, sowie vom Brechungsindex ν des isotropen Außenmediums ab.

Wir behandeln in dieser Ziffer das Prinzip der Methoden, die dazu dienen, aus dem gemessenen scheinbaren Binormalenwinkel O' den wahren Binormalenwinkel O zu ermitteln.

Sind die scheinbaren Binormalenwinkel O_1' und O_2' für zwei Platten desselben Kristalls, deren Normalen parallel zur Binormalenebene

---

1) A. Beer, Arch. Math. u. Phys. Bd. 16, S. 223. 1851. Über die geometrischen Eigenschaften dieser Kegel vgl. A. Schrader, Geometrische Untersuchung der Geschwindigkeitskegel und der Oberflächen gleichen Gangunterschiedes optisch doppeltbrechender Kristalle. Dissert. Münster 1892.

2) A. Clebsch, Prinzipien der mathemat. Optik. Herausgeg. von A. Kurz S. 38. Augsburg 1887.

3) F. Becke, Tschermaks mineral. u. petrogr. Mitt. Bd. 24, S. 1. 1905; Wiener Denkschr. Bd. 75 (1), S. 66. 1913.

liegen und beliebige, aber verschiedene Winkel mit der ersten Mittellinie bilden, ermittelt, so kann hieraus O berechnet werden[1]). Die Verhältnisse vereinfachen sich[2]), wenn die beiden Platten senkrecht zur ersten bzw. zweiten Mittellinie geschnitten sind. Im ersteren Falle ist nach dem Brechungsgesetz (vgl. Ziff. 32), da der Brechungsindex des Kristalls für eine in Richtung einer Binormale fortschreitende Welle n_2 beträgt (Ziff. 11),

$$\sin\frac{O}{2} = \frac{\nu}{n_2}\sin\frac{O_1'}{2}; \tag{81}$$

für die senkrecht zur zweiten Mittellinie geschnittene Platte haben wir, da bei dieser die Binormalen mit der Plattennormale die Winkel $\frac{\pi}{2} \mp \frac{O}{2}$ bilden,

$$\cos\frac{O}{2} = \frac{\nu}{n_2}\sin\frac{O_2'}{2}. \tag{82}$$

Sind O_1' und O_2' gemessen, so folgt aus (81) und (82)

$$\operatorname{tg}\frac{O}{2} = \frac{\sin\frac{O_1'}{2}}{\sin\frac{O_2'}{2}}.$$

Der allgemeine Fall einer einzigen, beliebig zur ersten Mittellinie geneigten Platte erfordert außer O' noch die Kenntnis der Winkel p_1' und p_2', welche die Schenkel des scheinbaren Binormalenwinkels mit der Plattennormale $\mathfrak{n}$ bilden. Bedeutet p_1 bzw. p_2 den Winkel zwischen $\mathfrak{n}$ und $\mathfrak{b}_1$ bzw. $\mathfrak{b}_2$, ferner γ den Winkel zwischen den parallel zu $\mathfrak{n}$ und $\mathfrak{b}_1$ bzw. $\mathfrak{n}$ und $\mathfrak{b}_2$ gelegten Ebenen, so ergibt eine einfache Betrachtung[3])

$$\left.\begin{aligned} \cos O' &= \cos p_1' \cos p_2' + \sin p_1' \sin p_2' \cos\gamma, \\ \cos O &= \cos p_1 \cos p_2 + \sin p_1 \sin p_2 \cos\gamma, \\ \sin p_1 : \sin p_1' &= \sin p_2 : \sin p_2' = \nu : n_2. \end{aligned}\right\} \tag{83}$$

Sind O', p_1' und p_2' gemessen (vgl. Ziff. 87), so liefert die erste dieser Gleichungen γ, während die letzte [bei bekannten Werten ν und n_2[4])] p_1 und p_2 ergibt; aus der zweiten Gleichung folgt dann der gesuchte Winkel O.

Liegt $\mathfrak{n}$ parallel zur ersten Mittellinie, so geht die dritte Gleichung (83) wieder in die Beziehung (81) über[5]); letztere ergibt sich aus dem Gleichungssystem (83) übrigens auch dann, wenn $\mathfrak{n}$ in der durch die erste Mittellinie senkrecht zur Binormalenebene gelegten Ebene eine beliebige Lage besitzt.

13. Polarisationszustand der zu einer Wellennormalenrichtung $\mathfrak{s}$ gehörenden Wellen. Wir zeigen jetzt, daß die beiden zur selben Wellennormalenrichtung $\mathfrak{s}$ gehörenden, im Inneren eines nicht absorbierenden, nicht aktiven Kristalls fortschreitenden Wellen linear und senkrecht zueinander polarisiert sind.

---

[1]) H. DE SÉNARMONT, Ann. chim. phys. (3) Bd. 33, S. 412. 1851.

[2]) A. DESCLOIZEAUX, C. R. Bd. 52, S. 784. 1861.

[3]) G. KIRCHHOFF, Pogg. Ann. Bd. 108, S. 580. 1859; Ges. Abhandlgn, S. 561. Leipzig 1882.

[4]) In den meisten Fällen genügt es, an Stelle von n_2 einen mittleren Brechungsindex des Kristall zu setzen.

[5]) Über die Korrektionen, die gemäß (83) an (81) anzubringen sind, falls $\mathfrak{n}$ nicht genau parallel zur ersten Mittellinie liegt, vgl. B. HECHT, N. Jahrb. f. Min. 1887 (1), S. 250.

Ist $\mathfrak{D}'$ bzw. $\mathfrak{D}''$ der Lichtvektor der Welle mit dem Brechungsindex n_0' bzw. n_0'', so folgt aus (45)

$$\left.\begin{aligned} \mathfrak{d}_x' : \mathfrak{d}_y' : \mathfrak{d}_z' &= \frac{\mathfrak{s}_x}{\frac{1}{n_1^2} - \frac{1}{n_0'^2}} : \frac{\mathfrak{s}_y}{\frac{1}{n_2^2} - \frac{1}{n_0'^2}} : \frac{\mathfrak{s}_z}{\frac{1}{n_3^2} - \frac{1}{n_0'^2}}, \\ \mathfrak{d}_x'' : \mathfrak{d}_y'' : \mathfrak{d}_z'' &= \frac{\mathfrak{s}_x}{\frac{1}{n_1^2} - \frac{1}{n_0''^2}} : \frac{\mathfrak{s}_y}{\frac{1}{n_2^2} - \frac{1}{n_0''^2}} : \frac{\mathfrak{s}_z}{\frac{1}{n_3^2} - \frac{1}{n_0''^2}}. \end{aligned}\right\} \tag{84}$$

Aus (84) und (71) ergibt sich, daß die Schwingungsrichtungen $\mathfrak{d}'$ und $\mathfrak{d}''$ durch $\mathfrak{s}$ und die Hauptbrechungsindizes n_1, n_2, n_3 eindeutig bestimmt sind; die beiden Wellen sind somit (vgl. Ziff. 3) linear polarisiert[1]).

Um die gegenseitige Lage der Schwingungsebenen der beiden Wellen zu erhalten, bilden wir das skalare Produkt $\mathfrak{d}'\mathfrak{d}''$; dieses ist nach (84) proportional

$$\frac{\mathfrak{s}_x^2}{\left(\frac{1}{n_1^2} - \frac{1}{n_0'^2}\right)\left(\frac{1}{n_1^2} - \frac{1}{n_0''^2}\right)} + \frac{\mathfrak{s}_y^2}{\left(\frac{1}{n_2^2} - \frac{1}{n_0'^2}\right)\left(\frac{1}{n_2^2} - \frac{1}{n_0''^2}\right)} + \frac{\mathfrak{s}_z^2}{\left(\frac{1}{n_3^2} - \frac{1}{n_0'^2}\right)\left(\frac{1}{n_3^2} - \frac{1}{n_0''^2}\right)}$$

$$= \frac{1}{\frac{1}{n_0'^2} - \frac{1}{n_0''^2}} \left\{ \left(\frac{\mathfrak{s}_x^2}{\frac{1}{n_1^2} - \frac{1}{n_0'^2}} + \frac{\mathfrak{s}_y^2}{\frac{1}{n_2^2} - \frac{1}{n_0'^2}} + \frac{\mathfrak{s}_z^2}{\frac{1}{n_3^2} - \frac{1}{n_0'^2}} \right) - \left(\frac{\mathfrak{s}_x^2}{\frac{1}{n_1^2} - \frac{1}{n_0''^2}} + \frac{\mathfrak{s}_y^2}{\frac{1}{n_2^2} - \frac{1}{n_0''^2}} + \frac{\mathfrak{s}_z^2}{\frac{1}{n_3^2} - \frac{1}{n_0''^2}} \right) \right\},$$

und da der Klammerausdruck rechts wegen (47) verschwindet, so wird

$$\mathfrak{d}'\mathfrak{d}'' = 0. \tag{85}$$

$\mathfrak{d}'$ und $\mathfrak{d}''$ sind aber (vgl. Ziff. 4) die Normalen der Polarisationsebenen der beiden Wellen; diese stehen somit nach (85) senkrecht zueinander.

Wir leiten jetzt noch einige Beziehungen für die Schwingungsrichtungen $\mathfrak{d}'$ und $\mathfrak{d}''$ der zu $\mathfrak{s}$ gehörenden Wellen her, die wir im folgenden benötigen werden.

Aus (84) und (50) erhalten wir

$$\left.\begin{aligned} \mathfrak{d}_x' &= \frac{\mathfrak{s}_x}{\frac{1}{n_1^2} - \frac{1}{n_0'^2}} P', & \mathfrak{d}_y' &= \frac{\mathfrak{s}_y}{\frac{1}{n_2^2} - \frac{1}{n_0'^2}} P', & \mathfrak{d}_z' &= \frac{\mathfrak{s}_z}{\frac{1}{n_3^2} - \frac{1}{n_0'^2}} P'; \\ \mathfrak{d}_x'' &= \frac{\mathfrak{s}_x}{\frac{1}{n_1^2} - \frac{1}{n_0''^2}} P'', & \mathfrak{d}_y'' &= \frac{\mathfrak{s}_y}{\frac{1}{n_2^2} - \frac{1}{n_0''^2}} P'', & \mathfrak{d}_z'' &= \frac{\mathfrak{s}_z}{\frac{1}{n_3^2} - \frac{1}{n_0''^2}} P'', \end{aligned}\right\} \tag{86}$$

wobei P' bzw. P'' den aus (50) für $n = n_0'$ bzw. $n = n_0''$ sich ergebenden Wert bedeutet; nun gelten für $\mathfrak{d}'$ und $\mathfrak{d}''$ noch die beiden in (19) enthaltenen Gleichungen

$$\mathfrak{s}\mathfrak{d}' = 0, \tag{87}$$

$$\mathfrak{s}\mathfrak{d}'' = 0. \tag{88}$$

und jede derselben liefert zusammen mit (85) und (86) die Beziehung

$$\frac{1}{n_1^2}\mathfrak{d}_x'\mathfrak{d}_x'' + \frac{1}{n_2^2}\mathfrak{d}_y'\mathfrak{d}_y'' + \frac{1}{n_3^2}\mathfrak{d}_z'\mathfrak{d}_z'' = 0. \tag{89}$$

[1]) Die zu einer gegebenen Wellennormalenrichtung $\mathfrak{s}$ gehörenden Schwingungsrichtungen $\mathfrak{d}'$ und $\mathfrak{d}''$ bezeichnet man auch als die zu $\mathfrak{s}$ gehörenden Grundrichtungen oder Grundschwingungsrichtungen (A. Frenkel, Lehrbuch der Elektrodynamik, Bd. 2, S. 203. Berlin 1928).

Fällt $\mathfrak{s}$ der Reihe nach mit den Richtungen der optischen Symmetrieachsen x, y und z zusammen, so folgt aus (71) und (84) für eine Lage

$||$ zur x-Achse: $n_0' = n_2$, $\mathfrak{d}_x' = \mathfrak{d}_z' = 0$, $\mathfrak{d}_y' = 1$; $n_0'' = n_3$, $\mathfrak{d}_x'' = \mathfrak{d}_y'' = 0$, $\mathfrak{d}_z'' = 1$,

$||$ zur y-Achse: $n_0' = n_3$, $\mathfrak{d}_y' = \mathfrak{d}_x' = 0$, $\mathfrak{d}_z' = 1$; $n_0'' = n_1$, $\mathfrak{d}_y'' = \mathfrak{d}_z'' = 0$, $\mathfrak{d}_x'' = 1$,

$||$ zur z-Achse: $n_0' = n_1$, $\mathfrak{d}_z' = \mathfrak{d}_y' = 0$; $\mathfrak{d}_x' = 1$; $n_0'' = n_2$, $\mathfrak{d}_z'' = \mathfrak{d}_x'' = 0$, $\mathfrak{d}_y'' = 1$.

Von den in den Richtungen zweier optischer Symmetrieachsen fortschreitenden Wellen besitzen somit diejenigen gleiche Brechungsindizes, bei welchen der Lichtvektor gleiche Lage hat.

14. Bestimmung der zu einer gegebenen Strahlenrichtung gehörenden Strahlenindizes. Biradialen. Wir behandeln jetzt die zu der in Ziff. 11 besprochenen duale Aufgabe, nämlich die Bestimmung der zu einer gegebenen Strahlenrichtung $\mathfrak{f}$ gehörenden Strahlenindizes s_0' und s_0''. Zu dem Zwecke haben wir die Wurzeln der Gleichung (63) zu berechnen und können dabei ganz entsprechend verfahren wie in Ziff. 11 bei Behandlung der Gleichung (48). Es ergibt sich, daß (63) stets zwei reelle Wurzeln hat, die für vier Richtungen zusammenfallen, von denen je zwei entgegengesetzt sind; es genügt daher, zwei dieser Richtungen ins Auge zu fassen. Liegt n_2 zwischen n_1 und n_3, so fallen diese Richtungen in die zx-Ebene; wir wählen ihre Einheitsvektoren $\mathfrak{r}_1$ und $\mathfrak{r}_2$ so, daß die z-Achse zwischen ihnen liegt, und erhalten dann

$$\left.\begin{aligned} \mathfrak{r}_{1x} &= +\left|\sqrt{\frac{n_1^2-n_2^2}{n_1^2-n_3^2}}\right|, & \mathfrak{r}_{1y} &= 0, & \mathfrak{r}_{1z} &= +\left|\sqrt{\frac{n_2^2-n_3^2}{n_1^2-n_3^2}}\right|;\\ \mathfrak{r}_{2x} &= -\left|\sqrt{\frac{n_1^2-n_2^2}{n_1^2-n_3^2}}\right|, & \mathfrak{r}_{2y} &= 0, & \mathfrak{r}_{2z} &= +\left|\sqrt{\frac{n_2^2-n_3^2}{n_1^2-n_3^2}}\right|. \end{aligned}\right\} \tag{90}$$

Die durch (90) bestimmten Richtungen heißen Biradialen oder Strahlenachsen[1]). Die Biradialen liegen in derselben optischen Symmetrieebene wie die Binormalen und wie diese symmetrisch zu den optischen Symmetrieachsen; in unserem Falle ist jene optische Symmetrieebene die zx-Ebene.

Fällt die Strahlenrichtung mit einer Biradiale zusammen, so wird $s_0' = s_0'' = n_2$; ferner folgt aus (57) und (90), daß die Richtung der elektrischen Feldstärke dann unbestimmt bleibt. In Richtung einer Biradiale eines nicht absorbierenden, nicht aktiven Kristalls pflanzt sich daher nur ein einziger Strahl fort, dessen Polarisationszustand beliebig sein kann und sich beim Fortschreiten im Kristall nicht ändert.

Für den Biradialenwinkel Ω, d. h. den von den Einheitsvektoren $\mathfrak{r}_1$ und $\mathfrak{r}_2$ gebildeten Winkel, erhält man aus (90)

$$\sin^2\frac{\Omega}{2} = \frac{n_1^2-n_2^2}{n_1^2-n_3^2}, \qquad \cos^2\frac{\Omega}{2} = \frac{n_2^2-n_3^2}{n_1^2-n_3^2}; \tag{91}$$

[1]) A. Fresnel bezeichnete die Biradialen in den meisten Abhandlungen (Mém. de l'Acad. des Scienc. Bd. 7, S. 150. 1827; Œuvr. compl. Bd. II, S. 288, 321, 332, 396 u. 573. Paris 1868) als optische Achsen, während er hierunter an einigen anderen Stellen [Bull. des Scienc. par la Soc. philomat. 1822, S. 68; Ann. chim. phys. (2) Bd. 28, S. 272. 1825; Mém. de l'Acad. des Scienc. Bd. 7, S. 119. 1827; Œuvr. compl. Bd. II, S. 339, 473 u. 545. Paris 1868] die Binormalen (vgl. Ziff. 11) versteht; die Bezeichnung Strahlenachsen tritt zuerst bei F. Neumann (Pogg. Ann. Bd. 33, S. 278. 1834; Ges. Werke Bd. II, S. 337. Leipzig 1906) auf. Spätere Autoren nannten die Binormalen primäre, die Biradialen sekundäre optische Achsen. W. R. Hamilton (Trans. R. Irish Acad. Bd. 17, S. 132. 1837) bezeichnete die Biradialen als Linien mit nur einer Strahlgeschwindigkeit, E. Mallard (Traité de cristallographie géometr. et phys. Bd. II, S. 137. Paris 1884) als Achsen äußerer Brechung. Der Ausdruck Biradiale rührt von A. Fletcher (Mineral. Mag. Bd. 9, S. 319. 1892; The optical indicatrix and the transmission of light in crystals, S. 43. London 1892; deutsche Übers. von H. Ambronn und W. König, S. 35. Leipzig 1893) her.

nach (76) und (91) besteht demnach zwischen Binormalen- und Biradialenwinkel die Beziehung

$$\sin^2\frac{\Omega}{2} = \frac{n_2^2}{n_3^2}\sin^2\frac{O}{2}, \qquad \cos^2\frac{\Omega}{2} = \frac{n_2^2}{n_1^2}\cos^2\frac{O}{2}. \tag{92}$$

Aus (92) folgt, daß der Biradialenwinkel bei Kristallen, die nicht sehr verschiedene Hauptbrechungsindizes [d. h. nur geringe Doppelbrechung (Ziff. 9)] besitzen, nur wenig vom Binormalenwinkel abweicht[1]).

Drückt man die Wurzeln s_0' und s_0'' der Gleichung (63) durch die Winkel β_1 und β_2 aus, welche die Strahlenrichtung $\mathfrak{f}$ mit den Biradialenrichtungen $\mathfrak{r}_1$ und $\mathfrak{r}_2$ bildet, so erhält man die den Formeln (77) entsprechenden Beziehungen[2])

$$\left.\begin{aligned} s_0'^2 &= \frac{1}{2}(n_1^2+n_3^2) + \frac{1}{2}(n_1^2-n_3^2)\cos(\beta_1-\beta_2),\\ s_0''^2 &= \frac{1}{2}(n_1^2+n_3^2) + \frac{1}{2}(n_1^2-n_3^2)\cos(\beta_1+\beta_2) \end{aligned}\right\} \tag{93}$$

oder

$$s_0'^2 = n_1^2 - (n_1^2-n_3^2)\sin^2\frac{\beta_1-\beta_2}{2}, \qquad s_0''^2 = n_1^2 - (n_1^2-n_3^2)\sin^2\frac{\beta_1+\beta_2}{2}.$$

Hieraus folgt die der Gleichung (79) entsprechende Gleichung

$$s_0'^2 - s_0''^2 = (n_1^2-n_3^2)\sin\beta_1\sin\beta_2;$$

dieselbe wurde schon von BREWSTER[3]) und BIOT[4]) angegeben, aber erst später von FRESNEL[5]) hergeleitet.

15. Polarisationszustand der zu einer Strahlenrichtung $\mathfrak{f}$ gehörenden Strahlen. Wir zeigen jetzt, daß die Polarisationsebenen der beiden zur selben Strahlenrichtung $\mathfrak{f}$ gehörenden Strahlen senkrecht zueinander stehen.

Ist $\mathfrak{E}'$ bzw. $\mathfrak{E}''$ die elektrische Feldstärke des zur Richtung $\mathfrak{f}$ gehörenden Strahles mit dem Strahlenindex s_0' bzw. s_0'', so folgt aus (57)

$$\mathfrak{e}_x' : \mathfrak{e}_y' : \mathfrak{e}_z' = \frac{\mathfrak{f}_x}{n_1^2-s_0'^2} : \frac{\mathfrak{f}_y}{n_2^2-s_0'^2} : \frac{\mathfrak{f}_z}{n_3^2-s_0'^2}, \quad \mathfrak{e}_x'' : \mathfrak{e}_y'' : \mathfrak{e}_z'' = \frac{\mathfrak{f}_x}{n_1^2-s_0''^2} : \frac{\mathfrak{f}_y}{n_2^2-s_0''^2} : \frac{\mathfrak{f}_z}{n_3^2-s_0''^2}. \tag{94}$$

Aus (94) und (93) ergibt sich, daß die Richtungen $\mathfrak{e}'$ und $\mathfrak{e}''$ der elektrischen Feldstärken $\mathfrak{E}'$ und $\mathfrak{E}''$ durch $\mathfrak{f}$ und die Hauptbrechungsindizes n_1, n_2, n_3 eindeutig bestimmt sind; hierin drückt sich wieder (vgl. Ziff. 13) die lineare Polarisation der sich im Kristall ausbreitenden Wellen aus.

Um die gegenseitige Lage der Polarisationsebenen der beiden Strahlen zu erhalten, bilden wir das skalare Produkt $\mathfrak{e}'\mathfrak{e}''$ und erhalten aus (94) mit Hilfe von (60)

$$\mathfrak{e}'\mathfrak{e}'' = 0 \tag{95}$$

in ganz entsprechender Weise, wie sich (85) aus (84) mit Hilfe von (47) ergeben hat. $\mathfrak{e}'$ und $\mathfrak{e}''$ sind aber die Normalen der Polarisationsebenen der beiden Strahlen; diese stehen somit nach (95) in der Tat senkrecht zueinander.

---

[1]) Dies bemerkte schon A. FRESNEL, Mém. de l'Acad. des Scienc. Bd. 7, S. 163. 1827; Œuvr. compl. Bd. II, S. 584. Paris 1868. Eine Zusammenstellung der Winke O und Ω für eine Anzahl Kristalle findet sich bei TH. LIEBISCH, Physikal. Kristallographie, S. 321. Leipzig 1891.

[2]) A. FRESNEL, Mém. de l'Acad. des Scienc. Bd. 7, S. 155. 1827; Œuvr. compl. Bd. II, S. 297 u. 577. Paris 1868.

[3]) D. BREWSTER, Phil. Trans. 1818, S. 267.

[4]) J. B. BIOT, Mém. de l'Acad. des Scienc. Bd. 3, S. 228. 1818.

[5]) A. FRESNEL, Mém. de l'Acad. des Scienc. Bd. 7, S. 150. 1827; Œuvr. compl. Bd. II, S. 298 u. 573. Paris 1868.

16. Konstruktionsflächen. Die wichtigsten der in den Ziff. 11, 13, 14 und 15 behandelten Beziehungen lassen sich auch auf geometrischem Wege gewinnen. Wir besprechen diese rein geometrischen Konstruktionen in dieser und der nächsten Ziffer, da sie bei den späteren Betrachtungen wiederholt benötigt werden.

a) Ovaloid, Indexellipsoid. Um die zu einer gegebenen Wellennormalenrichtung $\mathfrak{s}$ gehörenden Brechungsindizes n_0' und n_0'' sowie die zugehörigen Schwingungsrichtungen $\mathfrak{d}'$ und $\mathfrak{d}''$ zu erhalten, geht man von einer Fläche aus, deren Gleichung in bezug auf die optischen Symmetrieachsen

$$\left(x^2 + y^2 + z^2\right)^m = \frac{x^2}{n_1^2} + \frac{y^2}{n_2^2} + \frac{z^2}{n_3^2} \qquad (m = 0, 1, 2, \ldots) \tag{96}$$

lautet[1]; die Fläche ist ovalförmig und liegt symmetrisch zu den optischen Symmetrieebenen.

An Stelle von (96) kann man auch schreiben

$$|\mathfrak{V}|^{2m-2} = \frac{\mathfrak{v}_x^2}{n_1^2} + \frac{\mathfrak{v}_y^2}{n_2^2} + \frac{\mathfrak{v}_z^2}{n_3^2}, \tag{97}$$

wobei $\mathfrak{V}$ den vom Koordinatenanfangspunkt zu einem Flächenpunkt gezogenen Vektor und $\mathfrak{v}$ den zu $\mathfrak{V}$ gehörenden Einheitsvektor bedeutet. Das Doppelte der in die optischen Symmetrieachsen fallenden Werte $|\mathfrak{V}|$ heißen die Hauptachsen der Fläche.

Legt man durch den Koordinatenanfangspunkt eine Ebene senkrecht zu $\mathfrak{s}$, so ist die Schnittkurve mit (96) ein Oval; dieses besitzt in paarweise entgegengesetzten Richtungen zwei größte und zwei kleinste Vektoren $\mathfrak{V}'$ und $\mathfrak{V}''$, deren Beträge $|\mathfrak{V}'|$ und $|\mathfrak{V}''|$ wir die Halbachsen des Ovals nennen. Wir zeigen, daß

1. die durch (71) oder (77) bestimmten, zur Wellennormalenrichtung $\mathfrak{s}$ gehörenden Brechungsindizes n_0' und n_0'' gleich $|\mathfrak{V}'|^{-(m-1)}$ und $|\mathfrak{V}''|^{-(m-1)}$ sind,
2. die entsprechenden Schwingungsrichtungen durch $\mathfrak{v}'$ und $\mathfrak{v}''$ bestimmt werden, und daß $\mathfrak{v}'$ zu $|\mathfrak{V}'|^{-(m-1)}$, $\mathfrak{v}''$ zu $|\mathfrak{V}''|^{-(m-1)}$ gehört[2].

Es ist nämlich für jeden in dem ebenen Zentralschnitt liegenden Vektor $\mathfrak{V}$

$$\mathfrak{v}\mathfrak{s} = \mathfrak{v}_x\mathfrak{s}_x + \mathfrak{v}_y\mathfrak{s}_y + \mathfrak{v}_z\mathfrak{s}_z = 0, \tag{98}$$

außerdem haben wir

$$\mathfrak{v}_x^2 + \mathfrak{v}_y^2 + \mathfrak{v}_z^2 - 1 = 0; \tag{99}$$

um Beträge und Richtungen der extremen Werte von $\mathfrak{V}'$ und $\mathfrak{V}''$ zu finden, hat man die Bedingungen des Maximums und Minimums der Funktion

$$|\mathfrak{V}|^{2m-2} - \mu_1(\mathfrak{v}_x^2 + \mathfrak{v}_y^2 + \mathfrak{v}_z^2) - \mu_2(\mathfrak{v}_x\mathfrak{s}_x + \mathfrak{v}_y\mathfrak{s}_y + \mathfrak{v}_z\mathfrak{s}_z) = 0 \tag{100}$$

aufzusuchen, wobei μ_1 und μ_2 noch unbestimmte Multiplikatoren sind. Für diese Bedingungen erhält man aus (97) und (100)

$$2\left(\frac{1}{n_1^2} - \mu_1\right)\mathfrak{v}_x - \mu_2\mathfrak{s}_x = 0, \quad 2\left(\frac{1}{n_2^2} - \mu_1\right)\mathfrak{v}_y - \mu_2\mathfrak{s}_y = 0, \quad 2\left(\frac{1}{n_3^2} - \mu_1\right)\mathfrak{v}_z - \mu_2\mathfrak{s}_z = 0.$$

Multipliziert man diese Gleichungen bzw. mit $\mathfrak{v}_x$, $\mathfrak{v}_y$, $\mathfrak{v}_z$ und addiert, so ergibt sich mit Rücksicht auf (97), (98) und (99)

$$\mu_1 = |\mathfrak{V}|^{2m-2},$$

[1] V. v. LANG, Wiener Ber. Bd. 43 (2), S. 645. 1861.

[2] A. FRESNEL, Bull. des Scienc. par la Soc. philomat. 1822, S. 67; Ann. chim. phys. (2) Bd. 28, S. 271. 1825; Mém. de l'Acad. des Scienc. Bd. 7, S. 112. 1827; Œuvr. compl. Bd. II, S. 338, 351, 472 u. 540. Paris 1868. FRESNEL betrachtete den speziellen Fall $m = 2$.

wobei $\mathfrak{W}$ einen der extremen Werte von $\mathfrak{V}'$ oder $\mathfrak{V}''$ bedeutet; durch Einsetzen in die letzten Gleichungen erhält man

$$\left(\frac{1}{n_1^2} - |\mathfrak{W}|^{2m-2}\right)\mathfrak{v}_x = \frac{\mu_2}{2}\mathfrak{s}_x, \quad \left(\frac{1}{n_2^2} - |\mathfrak{W}|^{2m-2}\right)\mathfrak{v}_y = \frac{\mu_2}{2}\mathfrak{s}_y, \quad \left(\frac{1}{n_3^2} - |\mathfrak{W}|^{2m-2}\right)\mathfrak{v}_z = \frac{\mu_2}{2}\mathfrak{s}_z.$$

Der Vergleich mit (45) ergibt in der Tat, daß jede Halbachse des Ovalschnittes durch ihre $-(m-1)$te Potenz den Brechungsindex und durch ihren Einheitsvektor die zugehörige Schwingungsrichtung liefert.

Aus (97) und (75) folgt, daß der Ovalschnitt zu einem Kreise wird, falls $\mathfrak{s}$ mit $\mathfrak{b}_1$ oder $\mathfrak{b}_2$ zusammenfällt; der Radius eines jeden dieser beiden Kreise ist (bei der in Ziff. 11 angenommenen Größenbeziehung zwischen n_1, n_2 und n_3) gleich $\frac{1}{n_2}$. Die angegebene Konstruktion zeigt somit das in Ziff. 11 analytisch gewonnene Resultat, daß sich in Richtung einer Binormale nur eine Welle ausbreitet und ihre Schwingungsrichtung unbestimmt bleibt, ihr Polarisationszustand somit beliebig sein kann.

Für $m = 2$ geht die Fläche (96) in

$$(x^2 + y^2 + z^2)^2 = \frac{x^2}{n_1^2} + \frac{y^2}{n_2^2} + \frac{z^2}{n_3^2} \tag{101}$$

und für $m = 0$ in

$$\frac{x^2}{n_1^2} + \frac{y^2}{n_2^2} + \frac{z^2}{n_3^2} - 1 = 0 \tag{102}$$

über[1]).

(101) ist eine Fläche vierten Grades und wird als Ovaloid[2]) bezeichnet; die Fläche (102) heißt Indexellipsoid[3]). Die zu $\mathfrak{s}$ gehörenden Brechungsindizes n_0' und n_0'' werden beim Ovaloid durch die reziproken Halbachsen, beim Indexellipsoid durch die Halbachsen des zu $\mathfrak{s}$ gehörenden ebenen Zentralschnittes dargestellt.

b) FRESNELsches Ellipsoid. Um die zu a) duale Aufgabe zu lösen, nämlich die zu einer bestimmten Strahlenrichtung $\mathfrak{f}$ gehörenden Strahlenindizes s_0' und s_0'' sowie die Richtungen $\mathfrak{e}'$ und $\mathfrak{e}''$ der zugehörigen elektrischen Feldstärken durch geometrische

---

1) Für $m = 1$ stellt (96) einen Asymptotenkegel dar und wird zur Konstruktion ungeeignet.

2) Der Name Ovaloid wurde von F. NEUMANN (Vorlesungen über theoret. Optik. Herausgeg. von E. DORN, S. 181. Leipzig 1885; Ges. Werke Bd. II, S. 460. Leipzig 1906) in seinen Vorlesungen benutzt. Die Fläche selbst tritt zuerst bei A. FRESNEL [Bull. des Scienc. par la Soc. philomat. 1822, S. 67; Ann. chim. phys. (2) Bd. 28, S. 270. 1825; Mém. de l'Acad. des Scienc. Bd. 7, S. 110. 1827; Œuvr. compl. Bd. II, S. 338, 469 u. 538. Paris 1868] auf, der sie Elastizitätsfläche nannte. W. VOIGT (Kompend. d. theoret. Physik Bd. II, S. 577. Leipzig 1896) gebrauchte die Bezeichnung Polarisationsovaloid.

3) Die Fläche wurde zuerst von J. PLÜCKER (Journ. f. Math. Bd. 19, S. 10. 1839; Ges. wissensch. Abhandlgn. Bd. I, S. 348. Leipzig 1895) untersucht, der sie zweites Ellipsoid nannte; von A. CAUCHY [Mém. sur la dispersion de la lumière, S. 27. Prag 1836; Œuvr. compl. (2) Bd. IX, S. 226. Paris 1895] wurde sie als Polarisationsellipsoid, von F. BILLET (Traité d'optique physique Bd. II, S. 513. Paris 1859) als inverses Geschwindigkeitsellipsoid oder als erstes Ellipsoid, von J. STEFAN [Wiener Ber. Bd. 50, (2) S. 510. 1864] als Ellipsoid der gleichen Arbeit, von G. KIRCHHOFF (Abhandlgn. d. Berl. Akad. 1876, S. 67; Ges. Abhandlgn., S. 361. Leipzig 1882) als Elastizitätsellipsoid und von A. FLETCHER (Mineral. Mag. Bd. 9, S. 296. 1892; The optical indicatrix and the transmission of light in crystals, S. 20. London 1892; deutsche Übers. von H. AMBRONN und W. KÖNIG, S. 17. Leipzig 1893) als Indicatrix bezeichnet. Bei J. MAC CULLAGH (Trans. R. Irish Acad. Bd. 21, S. 31. 1848; Collect. Works, S. 161. London 1880) tritt das Ellipsoid ohne besonderen Namen auf; die Bezeichnung Indexellipsoid findet sich zuerst bei TH. LIEBISCH (Physikal. Kristallographie, S. 316, 317 u. 351. Leipzig 1891).

Konstruktion zu erhalten, geht man von der (96) entsprechenden Fläche

$$(x^2 + y^2 + z^2)^m = n_1^2 x^2 + n_2^2 y^2 + n_3^2 z^2 \tag{103}$$

aus[1]), die ebenfalls ovalförmig ist und symmetrisch zu den optischen Symmetrieebenen liegt; die (97) entsprechende Gleichungsform dieser Fläche lautet

$$|\mathfrak{V}|^{2m-2} = n_1^2 \mathfrak{v}_x^2 + n_2^2 \mathfrak{v}_y^2 + n_3^2 \mathfrak{v}_z^2 .$$

Das Doppelte der in die optischen Symmetrieachsen fallenden Werte $|\mathfrak{V}|$ heißen wieder die Hauptachsen der Fläche.

Legt man durch den Koordinatenanfangspunkt eine Ebene senkrecht zu $\mathfrak{f}$, so erzeugt diese mit (103) ein Oval als Schnittkurve, welches in paarweise entgegengesetzten Richtungen zwei größte und zwei kleinste Vektoren $\mathfrak{V}'$ und $\mathfrak{V}''$ besitzt, deren Beträge $|\mathfrak{V}'|$ und $|\mathfrak{V}''|$ wir wieder die Halbachsen des Ovals nennen. In ähnlicher Weise wie bei Behandlung der Fläche (96) läßt sich dann [unter Heranziehung von (57) an Stelle von (45)] zeigen, daß

1. die durch (93) bestimmten, zur Strahlenrichtung $\mathfrak{f}$ gehörenden Strahlenindizes s_0' und s_0'' gleich $|\mathfrak{V}'|^{m-1}$ und $|\mathfrak{V}''|^{m-1}$ sind,

2. die Richtungen $\mathfrak{e}'$ und $\mathfrak{e}''$ der entsprechenden elektrischen Feldstärken $\mathfrak{E}'$ und $\mathfrak{E}''$ durch $\mathfrak{v}'$ und $\mathfrak{v}''$ bestimmt werden, und $\mathfrak{v}'$ zu $|\mathfrak{V}'|^{m-1}$, $\mathfrak{v}''$ zu $|\mathfrak{V}''|^{m-1}$ gehört[2]).

Aus (103) und (90) folgt ferner, daß der Ovalschnitt zu einem Kreise wird, wenn $\mathfrak{f}$ mit $\mathfrak{r}_1$ oder $\mathfrak{r}_2$ zusammenfällt, und daß der Radius eines jeden dieser Kreise (bei der in Ziff. 11 angenommenen Größenbeziehung zwischen n_1, n_2, und n_3) gleich $\frac{1}{n_2}$ ist. Aus der angegebenen Konstruktion ergibt sich daher das in Ziff. 14 angeführte Resultat, daß in Richtung einer Biradiale sich nur ein Strahl fortpflanzt und die Richtung seiner elektrischen Feldstärke unbestimmt bleibt, sein Polarisationszustand somit beliebig sein kann.

Von den aus (103) durch Spezialisierung von m folgenden besonderen Konstruktionsflächen ist nur die dem Werte $m = 0$ entsprechende gebräuchlich. Diese Fläche ist ein Ellipsoid mit der Gleichung

$$n_1^2 x^2 + n_2^2 y^2 + n_3^2 z^2 - 1 = 0 \tag{104}$$

und wird als FRESNELsches Ellipsoid[3]) bezeichnet; mit Rücksicht auf (41) und (46) folgt, daß es mit der Fläche des optischen Dielektrizitätstensors identisch ist (vgl. dazu Ziff. 23). Ein ebener Zentralschnitt senkrecht zu $\mathfrak{f}$ erzeugt beim FRESNELschen Ellipsoid eine Ellipse als Schnittkurve, deren reziproke Halbachsen die zu $\mathfrak{f}$ gehörenden Strahlenindizes s_0' und s_0'' sind.

c) Geometrische Beziehungen zwischen Ovaloid, Indexellipsoid und FRESNELschem Ellipsoid. Zwischen Ovaloid, Indexellipsoid und FRESNEL-

---

[1]) V. v. LANG, Wiener Ber. Bd. 43 (2), S. 652. 1861.

[2]) A. FRESNEL, Bull. des Scienc. par la Soc. philomat. 1822, S. 70; Ann. chim. phys. (2) Bd. 28, S. 276. 1825; Mém. de l'Acad. des Scienc. Bd. 7, S. 137. 1827; Œuvr. compl. Bd. II, S. 475 u 561. Paris 1868. FRESNEL betrachtete den speziellen Fall $m = 0$.

[3]) Die Fläche tritt zuerst bei A. FRESNEL [Bull. des Scienc. par la Soc. philomat. 1822, S. 70; Ann. chim. phys. (2) Bd. 28, S. 276. 1825; Mém. de l'Acad. des Scienc. Bd. 7, S. 137. 1827; Œuvr. compl. Bd. II, S. 475 u. 561. Paris 1860] auf. Von J. PLÜCKER (Journ. f. Math. Bd. 19, S. 10. 1839; Ges. wissensch. Abhandlgn. Bd. I, S. 348. Leipzig 1895) wurde sie erstes Ellipsoid, von V. v. LANG [Wiener Ber. Bd. 43 (2), S. 652. 1861) Ergänzungsellipsoid, von F. BILLET (Traité d'optique physique Bd. II, S. 525. Paris 1859) direktes Ellipsoid oder zweites Ellipsoid und von E. MALLARD (Traité de cristallographie géometr. et phys. Bd. II, S. 107. Paris 1884) Hauptellipsoid genannt.

schem Ellipsoid bestehen gewisse einfache geometrische Beziehungen, die im Zusammenhange zuerst von PLÜCKER[1]) dargestellt wurden.

Wir zeigen zunächst, daß das Ovaloid die Fußpunktsfläche des FRESNELschen Ellipsoids ist[2]). Die Gleichung der Tangentialebene in einem Punkte x_0, y_0, z_0 des FRESNELschen Ellipsoides (104) lautet

$$n_1^2 x_0 x + n_2^2 y_0 y + n_3^2 z_0 z - 1 = 0.$$

Sind x_1, y_1, z_1 die Koordinaten des Fußpunktes des vom Flächenmittelpunkt auf die Tangentialebene gefällten Lotes, so haben wir zu zeigen, daß x_1, y_1, z_1 die Koordinaten eines Ovaloidpunktes sind. Ist $\mathfrak{F}$ der vom Flächenmittelpunkt zum Fußpunkte des Lotes gezogene Vektor, $\mathfrak{f}$ der zu $\mathfrak{F}$ gehörende Einheitsvektor, so folgt aus der letzten Gleichung

$$\mathfrak{f}_x = n_1^2 |\mathfrak{F}| x_0, \qquad \mathfrak{f}_y = n_2^2 |\mathfrak{F}| y_0, \qquad \mathfrak{f}_z = n_3^2 |\mathfrak{F}| z_0$$

Da x_0, y_0, z_0 der Gleichung (104) genügen müssen, so haben wir

$$|\mathfrak{F}|^2 = \frac{\mathfrak{f}_x^2}{n_1^2} + \frac{\mathfrak{f}_y^2}{n_2^2} + \frac{\mathfrak{f}_z^2}{n_3^2}$$

oder, weil

$$|\mathfrak{F}|^2 = x_1^2 + y_1^2 + z_1^2, \qquad x_1 = |\mathfrak{F}|\mathfrak{f}_x, \qquad y_1 = |\mathfrak{F}|\mathfrak{f}_y, \qquad z_1 = |\mathfrak{F}|\mathfrak{f}_z$$

ist,

$$(x_1^2 + y_1^2 + z_1^2)^2 = \frac{x_1^2}{n_1^2} + \frac{y_1^2}{n_2^2} + \frac{z_1^2}{n_3^2},$$

d. h. x_1, y_1, z_1 genügen in der Tat der Gleichung (101) des Ovaloides.

Weiter ergibt sich, daß Ovaloid und Indexellipsoid zueinander invers sind. Gehört nämlich $\mathfrak{B}^{(0)}$ zum Ovaloid, $\mathfrak{B}^{(i)}$ zum Indexellipsoid, so folgt aus (97) für die nämliche Richtung $\mathfrak{v}$ sofort $|\mathfrak{B}^{(0)}|\,|\mathfrak{B}^{(i)}| = 1$.

Aus diesem und dem vorigen Satze schließt man, daß das Indexellipsoid und das FRESNELsche Ellipsoid reziproke Polarflächen in bezug auf die konzentrische Einheitskugel sind.

Die gegenseitigen Lagen von FRESNELschem Ellipsoid, Ovaloid und Indexellipsoid werden durch Abb. 2 erläutert, welche die Schnittkurven dieser Flächen mit der die Binormalen $\mathfrak{b}_1$, $\mathfrak{b}_2$ (und Biradialen $\mathfrak{r}_1$, $\mathfrak{r}_2$) enthaltenden optischen Symmetrieebene (zx-Ebene) darstellt.

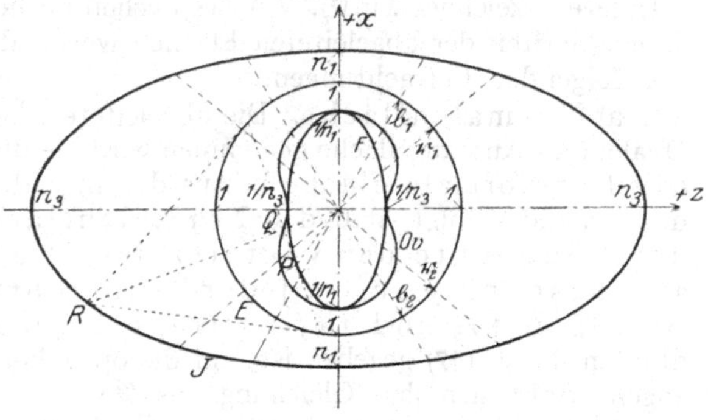

Abb. 2. Schnittkurven der Konstruktionsflächen mit der zx-Ebene (F FRESNELsches Ellipsoid, Ov Ovaloid, J Indexellipsoid. E Einheitskugel. $\mathfrak{b}_1$, $\mathfrak{b}_2$ Binormalenrichtungen. $\mathfrak{r}_1$, $\mathfrak{r}_2$ Biradialenrichtungen. n_1 und n_3 kleinster und größter Hauptbrechungsindex. F, Q und R einander zugeordnete Punkte des FRESNELschen Ellipsoides, Ovaloides und Indexellipsoides.)

d) POTIERsche Relation. Mit Rücksicht auf spätere Anwendungen erwähnen wir noch eine zwischen zugeordneten Punktepaaren des FRESNELschen Ellipsoides und des Indexellipsoides bestehende Beziehung. Es seien x_1', y_1', z_1' und x_2', y_2', z_2' die Koordinaten zweier Punkte des FRESNELschen Ellipsoides, bezogen auf ein beliebiges rechtwinkliges Rechtssystem x', y', z', dessen Anfangs-

---

[1]) J. PLÜCKER, Journ. f. Math. Bd. 19, S. 10. 1839; Ges. wissensch. Abhandlgn. Bd. I, S. 348. Leipzig 1895.

[2]) Dieser Satz wurde zuerst gefunden von L. J. MAGNUS, Sammlung von Aufgaben und Lehrsätzen aus der analytischen Geometrie des Raumes, 1. Abt., S. 402. Berlin 1837.

punkt mit dem Ellipsoidmittelpunkt zusammenfällt; $\bar{x}_1'$, $\bar{y}_1'$, $\bar{z}_1'$ und $\bar{x}_2'$, $\bar{y}_2'$, $\bar{z}_2'$ seien die zugeordneten Punkte des konzentrischen Indexellipsoides. Da dieses die reziproke Polarfläche des FRESNELschen Ellipsoides in bezug auf die konzentrische Einheitskugel ist, so ergibt sich z. B. Punkt $\bar{x}_1'$, $\bar{y}_1'$, $\bar{z}_1'$ als Endpunkt des Vektors, der vom Flächenmittelpunkt normal zu der durch x_1', y_1', z_1' an das FRESNELsche Ellipsoid gelegten Tangentialebene gezogen wird und dessen Betrag gleich dem reziproken Mittelpunktsabstande dieser Tangentialebene ist. Bedeutet $F(x', y', z') - 1 = 0$ die Gleichung des FRESNELschen Ellipsoides, so hat man

$$\bar{x}_1' = \frac{1}{2}\left(\frac{\partial F}{\partial x'}\right)_1, \quad \bar{y}_1' = \frac{1}{2}\left(\frac{\partial F}{\partial y'}\right)_1, \quad \bar{z}_1' = \frac{1}{2}\left(\frac{\partial F}{\partial z'}\right)_1$$

und ebenso

$$\bar{x}_2' = \frac{1}{2}\left(\frac{\partial F}{\partial x'}\right)_2, \quad \bar{y}_2' = \frac{1}{2}\left(\frac{\partial F}{\partial y'}\right)_2, \quad \bar{z}_2' = \frac{1}{2}\left(\frac{\partial F}{\partial z'}\right)_2,$$

wobei die Indizes andeuten, daß nach Ausführung der Differentiation die Koordinaten des betreffenden Punktes des FRESNELschen Ellipsoides einzusetzen sind.

Da F eine quadratische Form ist, so ergibt sich unmittelbar die POTIERsche Relation[1])

$$x_1'\bar{x}_2' + y_1'\bar{y}_2' + z_1'\bar{z}_2' = x_2'\bar{x}_1' + y_2'\bar{y}_1' + z_2'\bar{z}_1', \tag{105}$$

welche den Zusammenhang zwischen zugeordneten Punktepaaren des FRESNELschen Ellipsoides und des Indexellipsoides gibt.

17. Abgeleitete Flächen. Aus jeder der in Ziff. 16 besprochenen Konstruktionsflächen läßt sich eine weitere Fläche ableiten, indem man im Mittelpunkte jedes ebenen Zentralschnittes zu beiden Seiten in Richtung seiner Normale zwei Vektoren aufträgt, deren Beträge die Halbachsen des Zentralschnittes sind. Die Endpunkte dieser Vektoren erfüllen dann eine zweischalige Fläche, die symmetrisch zu den optischen Symmetrieebenen liegt und die als abgeleitete Fläche bezeichnet wird[2]). Wir besprechen in dieser Ziff. die rein geometrischen Eigenschaften der abgeleiteten Flächen wegen ihrer häufigen Verwendung bei den folgenden Betrachtungen.

a) Normalenfläche. Die abgeleitete Fläche, die man erhält, wenn das Ovaloid als Ausgangsfläche genommen wird, heißt Normalgeschwindigkeits- oder kurz Normalenfläche[3]). Aus den in Ziff. 16 angegebenen Eigenschaften des Ovaloides folgt, daß die Normalenfläche der geometrische Ort der Endpunkte der Vektoren ist, die man vom Koordinatenanfangspunkte aus zu jeder Wellennormalenrichtung $\mathfrak{s}$ mit den Beträgen $1/n_0'$ und $1/n_0''$ aufträgt und daß ihre Gleichung in Polarkoordfnaten durch (47) gegeben ist; auf die optischen Symmetrieachsen x, y, z bezogen ergibt sich ihre Gleichung aus (48) zu

$$n_1^2 n_2^2 n_3^2 (x^2+y^2+z^2)^3 - \{n_1^2(n_2^2+n^2)x^2 + n_2^2(n_3^2+n_1^2)y^2 + n_3^2(n_1^2+n_2^2)z^2\}(x^2+y^2+z^2)$$
$$+ n_1^2 x^2 + n_2^2 y^2 + n_3^2 z^2 = 0.$$

[1]) A. POTIER, Journ. de phys. (2) Bd. 10, S. 351. 1891; vgl. hierzu F. SCHWIETRING, N. Jahrb. f. Min. 1915 (1), S. 76.

[2]) J. MAC CULLAGH (Trans. R. Irish Acad. Bd. 17, S. 244. 1837; Collect. Works, S. 24. London 1880) bezeichnete die abgeleiteten Flächen als Biaxialflächen.

[3]) Die Bezeichnung Normalgeschwindigkeitsfläche stammt von H. DE SÉNARMONT (Journ. de l'école polyt. Bd. 20, S. 7. 1853; A. FRESNEL, Œuvr. compl. Bd. II, S. 604. Paris 1868), doch gebrauchte er auch den Namen Elastizitätsfläche, während FRESNEL diesen für das Ovaloid verwandte. F. BILLET (Traité d'optique physique Bd. II, S. 521. Paris 1859) bezeichnete die Normalenfläche als zweischalige Elastizitätsfläche, A. CLEBSCH (Prinzipien der mathem. Optik. Herausgeg. von A. KURZ, S. 20. Augsburg 1887) als Wellenfläche, F. RINNE (Leipziger Ber. Bd. 65, S. 350. 1913) als Wellenlängenfläche. Der Name Wellenfläche wurde jedoch von anderen Autoren vorzugsweise für die gleich zu besprechende Strahlenfläche gebraucht (vgl. S. 667, Anm. 1).

Die Normalenfläche ist demnach eine Fläche sechsten Grades; die Gleichungen ihrer Schnittkurven mit den Symmetrieebenen sind

in der yz-Ebene $\{n_1^2(y^2+z^2)-1\}\{n_2^2n_3^2(y^2+z^2)^2-(n_2^2y^2+n_3^2z^2)\}=0$,
in der zx-Ebene $\{n_2^2(z^2+x^2)-1\}\{n_3^2n_1^2(z^2+x^2)^2-(n_3^2z^2+n_1^2x^2)\}=0$,
in der xy-Ebene $\{n_3^2(x^2+y^2)-1\}\{n_1^2n_2^2(x^2+y^2)^2-(n_1^2x^2+n_2^2y^2)\}=0$.

Die Schnittkurven werden somit in jeder Symmetrieebene je durch einen Kreis und ein konzentrisches Oval dargestellt. In einer Symmetrieebene schneiden sich Kreis und Oval in vier Punkten; bei der in Ziff. 11 angegebenen Größenbeziehung zwischen n_1, n_2 und n_3 ist diese Symmetrieebene die zx-Ebene. Die vier Schnittpunkte sind konische Doppelpunkte, in welchen die beiden Schalen der Normalenfläche zusammenhängen; die beiden Verbindungslinien je zweier symmetrisch zum Koordinatenanfangspunkt liegender Doppelpunkte liefern die Binormalen $\mathfrak{b}_1$ und $\mathfrak{b}_2$ als diejenigen Wellennormalenrichtungen, für welche die im allgemeinen verschiedenen Wurzeln der Gleichung (47) zusammenfallen.

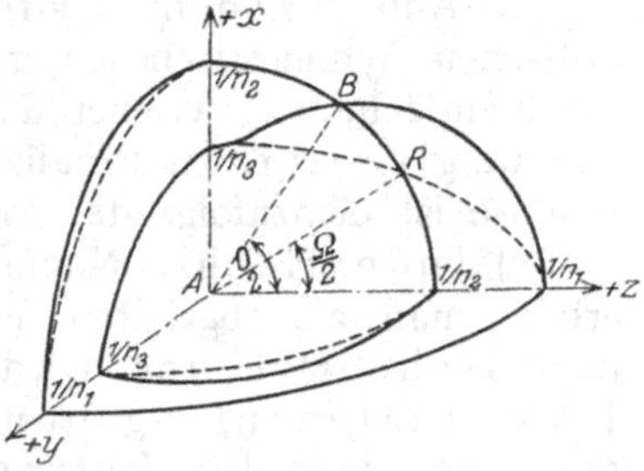

Abb. 3. Schnittkurven der Normalen- und Strahlenfläche mit den optischen Symmetrieebenen. (Normalenfläche ausgezogen, Strahlenfläche gestrichelt. AB Richtung einer Binormale, AR Richtung einer Biradiale. $O/2$ halber Binormalenwinkel, $\Omega/2$ halber Biradialenwinkel. n_1, n_2, n_3 Hauptbrechungsindizes.)

In Abb. 3 sind die ausgezogenen Kurven die Schnittlinien der optischen Symmetrieebenen mit dem im ersten Oktanten liegenden Teil der Normalenfläche; B ist einer der vier konischen Doppelpunkte, AB ergibt die Richtung der einen Binormale $\mathfrak{b}_1$, der Winkel zwischen AB und der positiven z-Achse ist demnach der halbe Binormalenwinkel $O/2$.

b) Strahlenfläche. Wählt man als Ausgangsfläche das FRESNELsche Ellipsoid, so erhält man als abgeleitete Fläche die Strahlgeschwindigkeits- oder kurz Strahlenfläche[1]). Aus den in Ziff. 16 behandelten Eigenschaften des FRESNELschen Ellipsoides ergibt sich, daß die Strahlenfläche der geometrische Ort der Endpunkte der Vektoren ist, die man vom Koordinatenanfangspunkte aus zu jeder Strahlenrichtung $\mathfrak{f}$ mit den Beträgen $\frac{1}{s_0'}$ und $\frac{1}{s_0''}$ aufträgt. Die Gleichung der Strahlenfläche in Polarkoordinaten ist durch (61) oder (62) gegeben; bezogen auf die optischen Symmetrieachsen x, y, z lautet sie

$$\left.\begin{aligned}(x^2+y^2+z^2)(n_2^2n_3^2x^2+n_3^2n_1^2y^2+n_1^2n_2^2z^2)-(n_2^2+n_3^2)\,x^2-(n_3^2+n_1^2)\,y^2\\-(n_1^2+n_2^2)\,z^2+1=0\,.\end{aligned}\right\}\tag{106}$$

Die Strahlenfläche ist also eine Fläche vierten Grades[2]); die Gleichungen der Schnittkurven der Strahlenfläche mit den Symmetrieebenen sind

$$\left.\begin{aligned}&\text{in der } yz\text{-Ebene } \{n_1^2(y^2+z^2)-1\}(n_3^2y^2+n_2^2z^2-1)=0\,,\\&\text{in der } zx\text{-Ebene } \{n_2^2(z^2+x^2)-1\}(n_1^2z^2+n_3^2x^2-1)=0\,,\\&\text{in der } xy\text{-Ebene } \{n_3^2(x^2+y^2)-1\}(n_2^2x^2+n_1^2y^2-1)=0\,.\end{aligned}\right\}\tag{107}$$

[1]) A. FRESNEL benutzte in seinen Abhandlungen die Bezeichnung Wellenfläche, die aber später von anderen Autoren (z. B. A. CLEBSCH) für die Normalenfläche gebraucht wurde (S. 666, Anm. 3). Der Name Strahlenfläche stammt von A. CLEBSCH (Prinzipien der mathem. Optik. Herausgeg. von A. KURZ, S. 28. Augsburg 1887).

[2]) Die geometrischen Eigenschaften der Strahlenfläche und ihre Beziehungen zu den übrigen in dieser und der vorhergehenden Ziffer behandelten Flächen sind zusammenhängend zuerst von J. PLÜCKER (Journ. f. Math. Bd. 19, S. 1 u. 91. 1839; Ges. wissensch. Abhandlgn. Bd. I, S. 339. Leipzig 1895) untersucht worden. Eine Zusammenstellung der zur Strahlenfläche gehörenden mathematischen Literatur findet sich bei G. LORIA, Il passato ed il presente delle principali teorie geometriche, 3. Aufl., S. 113. Torino 1907.

Die Schnittkurven werden somit in jeder Symmetrieebene durch einen Kreis und eine konzentrische Ellipse dargestellt. In einer Symmetrieebene schneiden sich Kreis und Ellipse in vier Punkten, und zwar findet dieser Schnitt bei der in Ziff. 11 angenommenen Größenbeziehung zwischen n_1, n_2 und n_3 in der zx-Ebene statt. Die vier Schnittpunkte sind konische Doppelpunkte, in welchen die beiden Schalen der Strahlenfläche zusammenhängen; die beiden Verbindungslinien je zweier symmetrisch zum Koordinatenanfangspunkt liegender Doppelpunkte ergeben die Biradialen $\mathfrak{r}_1$ und $\mathfrak{r}_2$ als diejenigen Richtungen, für welche die im allgemeinen verschiedenen Wurzeln der Gleichung (61) einander gleich werden.

In Abb. 3 sind die gestrichelt gezeichneten Kurven die Schnittlinien der optischen Symmetrieebenen mit dem im ersten Oktanten liegenden Teil der Strahlenfläche; R ist einer der vier konischen Doppelpunkte, AR ergibt die Richtung $\mathfrak{r}_1$ der einen Biradiale, der Winkel zwischen AR und der positiven z-Achse ist demzufolge der halbe Biradialenwinkel.

c) Indexfläche. Nimmt man das Indexellipsoid als Ausgangsfläche, so erhält man als abgeleitete Fläche die Indexfläche[1]). Sie ist der geometrische Ort der Endpunkte der Vektoren, die man vom Koordinatenanfangspunkte aus zu jeder Wellennormalenrichtung mit den Beträgen n_0' und n_0'' aufträgt; sie ist also die zur Normalenfläche inverse Fläche. Wir erhalten daher ihre Gleichung in Polarkoordinaten, indem wir in der Gleichung (47) der Normalenfläche $\frac{1}{n}$ an Stelle von n schreiben, und bekommen

$$\frac{\mathfrak{s}_x^2}{\frac{1}{n_1^2} - n^2} + \frac{\mathfrak{s}_y^2}{\frac{1}{n_2^2} - n^2} + \frac{\mathfrak{s}_z^2}{\frac{1}{n_3^2} - n^2} = 0; \tag{108}$$

für ihre auf die optischen Symmetrieachsen x, y, z bezogene Gleichung folgt aus (107)

$$\left.\begin{aligned}&(n_1^2 x^2 + n_2^2 y^2 + n_3^2 z^2)(x^2 + y^2 + z^2)\\ &\quad - \{n_1^2(n_2^2 + n_3^2)x^2 + n_2^2(n_3^2 + n_1^2)y^2 + n_3^2(n_1^2 + n_2^2)z^2\} + n_1^2 n_2^2 n_3^2 = 0.\end{aligned}\right\} \tag{109}$$

Die Indexfläche ist daher, wie die Strahlenfläche, eine Fläche vierten Grades; die Gleichungen ihrer Schnittkurven mit den Symmetrieebenen sind

$$\text{in der } yz\text{-Ebene } (y^2 + z^2 - n_1^2)\left(\frac{y^2}{n_3^2} + \frac{z^2}{n_2^2} - 1\right) = 0,$$

$$\text{in der } zx\text{-Ebene } (z^2 + x^2 - n_2^2)\left(\frac{z^2}{n_1^2} + \frac{x^2}{n_3^2} - 1\right) = 0,$$

$$\text{in der } xy\text{-Ebene } (x^2 + y^2 - n_3^2)\left(\frac{x^2}{n_2^2} + \frac{y^2}{n_1^2} - 1\right) = 0;$$

die Schnittkurven werden somit in jeder Symmetrieebene durch einen Kreis und eine konzentrische Ellipse dargestellt. In einer Symmetrieebene müssen sich Kreis und Ellipse in vier Punkten schneiden, und dieser Schnitt findet

[1]) Die Fläche tritt zuerst bei A. CAUCHY [Ecercices de mathém. Bd. V, S. 36. Paris 1830; Œuvr. compl. (2) Bd. IX, S. 410. Paris 1891] auf. Der Name Indexfläche stammt von J. MAC CULLAGH (Trans. R. Irish Acad. Bd. 18, S. 38. 1839; Collect. Works, S. 96. London 1880); in einer früheren Abhandlung (Trans. R. Irish Acad. Bd. 17, S. 252. 1837; Collect. Works, S. 36. London 1880) wurde die Fläche von ihm als Refraktionsfläche bezeichnet. W. R. HAMILTON nannte sie (Rep. Brit. Assoc. 1833, S. 367; Trans. R. Irish Acad. Bd. 17, S. 142. 1837) Komponentenfläche.

bei der in Ziff. 11 angenommenen Größenbeziehung zwischen n_1, n_2 und n_3 in der zx-Ebene statt. Diese vier Schnittpunkte sind konische Doppelpunkte, in welchen die beiden Schalen der Indexfläche zusammenhängen; die beiden Verbindungslinien je zweier symmetrisch zum Koordinatenanfangspunkt liegender Doppelpunkte ergeben (wie bei der Normalenfläche) die Binormalen $\mathfrak{b}_1$ und $\mathfrak{b}_2$.

d) Geometrische Beziehungen zwischen Normalen-, Strahlen- und Indexfläche. Zwischen den abgeleiteten Flächen bestehen entsprechende geometrische Beziehungen wie zwischen den Ausgangsflächen.

Wir zeigen zunächst, daß die Normalenfläche die Fußpunktsfläche der Strahlenfläche ist. Zum Beweise ziehen wir vom Mittelpunkte der Normalenfläche Vektoren nach drei unendlich benachbarten Flächenpunkten, legen durch ihre Endpunkte die zu ihren Richtungen senkrechten Ebenen und zeigen, daß der Schnittpunkt dieser drei Ebenen ein Punkt der Strahlenfläche ist.

Die Gleichungen der drei Ebenen sind

$$\left.\begin{aligned}
\mathfrak{z}_x x + \mathfrak{z}_y y + \mathfrak{z}_z z - \frac{1}{n} &= 0, \\
(\mathfrak{z}_x + \delta\mathfrak{z}_x)\, x + \mathfrak{z}_y y + \left(\mathfrak{z}_z + \frac{\partial \mathfrak{z}_z}{\partial \mathfrak{z}_x}\,\delta\mathfrak{z}_x\right) z - \left(\frac{1}{n} + \frac{\partial \frac{1}{n}}{\partial \mathfrak{z}_x}\,\delta\mathfrak{z}_x\right) &= 0, \\
\mathfrak{z}_x x + (\mathfrak{z}_y + \delta\mathfrak{z}_y)\, y + \left(\mathfrak{z}_z + \frac{\partial \mathfrak{z}_z}{\partial \mathfrak{z}_y}\,\delta\mathfrak{z}_y\right) z - \left(\frac{1}{n} + \frac{\partial \frac{1}{n}}{\partial \mathfrak{z}_y}\,\delta\mathfrak{z}_y\right) &= 0,
\end{aligned}\right\} \tag{110}$$

wobei wegen $\mathfrak{z}_x^2 + \mathfrak{z}_y^2 + \mathfrak{z}_z^2 - 1 = 0$ die Beziehungen

$$\mathfrak{z}_x + \mathfrak{z}_z \frac{\partial \mathfrak{z}_z}{\partial \mathfrak{z}_x} = 0, \qquad \mathfrak{z}_y + \mathfrak{z}_z \frac{\partial \mathfrak{z}_z}{\partial \mathfrak{z}_y} = 0 \tag{111}$$

bestehen. Für die Koordinaten $\bar{x}$, $\bar{y}$, $\bar{z}$ des Schnittpunktes der drei Ebenen erhalten wir daher die Gleichungen

$$\mathfrak{z}_x \bar{x} + \mathfrak{z}_y \bar{y} + \mathfrak{z}_z \bar{z} - \frac{1}{n} = 0, \quad \bar{x} - \frac{\mathfrak{z}_x}{\mathfrak{z}_z}\bar{z} - \frac{\partial \frac{1}{n}}{\partial \mathfrak{z}_x} = 0, \quad \bar{y} - \frac{\mathfrak{z}_y}{\mathfrak{z}_z}\bar{z} - \frac{\partial \frac{1}{n}}{\partial \mathfrak{z}_y} = 0. \tag{112}$$

Für $\frac{\partial \frac{1}{n}}{\partial \mathfrak{z}_x}$ und $\frac{\partial \frac{1}{n}}{\partial \mathfrak{z}_y}$ bekommt man aus (47) bei Heranziehung von (50) und (111) die Gleichungen

$$\mathfrak{z}_x \left(\frac{1}{\frac{1}{n_1^2} - \frac{1}{n^2}} - \frac{1}{\frac{1}{n_3^2} - \frac{1}{n^2}} \right) + \frac{1}{n P^2} \frac{\partial \frac{1}{n}}{\partial \mathfrak{z}_x} = 0,$$

$$\mathfrak{z}_y \left(\frac{1}{\frac{1}{n_2^2} - \frac{1}{n^2}} - \frac{1}{\frac{1}{n_3^2} - \frac{1}{n^2}} \right) + \frac{1}{n P^2} \frac{\partial \frac{1}{n}}{\partial \mathfrak{z}_y} = 0,$$

und diese ergeben mit den beiden letzten Gleichungen (112) die Beziehungen

$$\bar{x} - \frac{\mathfrak{z}_x}{\mathfrak{z}_z}\bar{z} = \mathfrak{z}_x \left(\frac{1}{\frac{1}{n_3^2} - \frac{1}{n^2}} - \frac{1}{\frac{1}{n_1^2} - \frac{1}{n^2}} \right) n P^2,$$

$$\bar{y} - \frac{\mathfrak{z}_y}{\mathfrak{z}_z}\bar{z} = \mathfrak{z}_y \left(\frac{1}{\frac{1}{n_3^2} - \frac{1}{n^2}} - \frac{1}{\frac{1}{n_2^2} - \frac{1}{n^2}} \right) n P^2,$$

zu welcher wir noch die identische Formel

$$\bar{z} - \frac{\mathfrak{s}_z}{\mathfrak{s}_z}\bar{z} = \mathfrak{s}_z\left(\frac{1}{\frac{1}{n_3^2}-\frac{1}{n^2}} - \frac{1}{\frac{1}{n_3^2}-\frac{1}{n^2}}\right) n P^2$$

hinzufügen. Durch Multiplikation mit den Faktoren $\mathfrak{s}_x$, $\mathfrak{s}_y$, $\mathfrak{s}_z$ und Addition folgt unter Berücksichtigung von (47) und der ersten Gleichungen (112)

$$\frac{1}{n} - \frac{\bar{z}}{\mathfrak{s}_z} = \frac{n P^2}{\frac{1}{n_3^2}-\frac{1}{n^2}};$$

für die Koordinaten des Schnittpunktes der drei Ebenen (110) ergibt sich daher

$$\bar{x} = \left(1 - \frac{n^2 P^2}{\frac{1}{n_1^2}-\frac{1}{n^2}}\right)\frac{\mathfrak{s}_x}{n}, \quad \bar{y} = \left(1 - \frac{n^2 P^2}{\frac{1}{n_2^2}-\frac{1}{n^2}}\right)\frac{\mathfrak{s}_y}{n}, \quad \bar{z} = \left(1 - \frac{n^2 P^2}{\frac{1}{n_3^2}-\frac{1}{n^2}}\right)\frac{\mathfrak{s}_z}{n}. \tag{113}$$

Durch Quadrieren und Addieren erhält man hieraus mit Rücksicht auf (47) und (50)

$$\bar{x}^2 + \bar{y}^2 + \bar{z}^2 = \frac{1}{n^2} + n^2 P^2,$$

somit folgt

$$\left.\begin{aligned} \bar{x} &= \frac{\frac{1}{n_1^2} - (\bar{x}^2+\bar{y}^2+\bar{z}^2)}{\frac{1}{n_1^2}-\frac{1}{n^2}}\cdot\frac{\mathfrak{s}_x}{n}, \qquad \bar{y} = \frac{\frac{1}{n_2^2} - (\bar{x}^2+\bar{y}^2+\bar{z}^2)}{\frac{1}{n_2^2}-\frac{1}{n^2}}\cdot\frac{\mathfrak{s}_y}{n}, \\ \bar{z} &= \frac{\frac{1}{n_3^2} - (\bar{x}^2+\bar{y}^2+\bar{z}^2)}{\frac{1}{n_3^2}-\frac{1}{n^2}}\cdot\frac{\mathfrak{s}_z}{n}. \end{aligned}\right\} \tag{114}$$

Es ist jetzt zu zeigen, daß $\bar{x}$, $\bar{y}$ und $\bar{z}$ die Koordinaten eines Punktes der Strahlenfläche sind. Multipliziert man die auf $\bar{x}$ bezüglichen Gleichungen (113) und (114) miteinander, so bekommt man weiter

$$\frac{\bar{x}^2}{\frac{1}{n_1^2} - (\bar{x}^2+\bar{y}^2+\bar{z}^2)} = \frac{\mathfrak{s}_x^2}{n\left(\frac{1}{n_1^2}-\frac{1}{n^2}\right)}\left(\frac{1}{n} - \frac{n P^2}{\frac{1}{n_1^2}-\frac{1}{n^2}}\right);$$

addiert man hierzu die entsprechenden Ausdrücke für

$$\frac{\bar{y}^2}{\frac{1}{n_2^2} - (\bar{x}^2+\bar{y}^2+\bar{z}^2)} \quad \text{und} \quad \frac{\bar{z}^2}{\frac{1}{n_3^2} - (\bar{x}^2+\bar{y}^2+\bar{z}^2)},$$

so ergibt sich

$$\frac{\bar{x}^2}{\frac{1}{n_1^2} - (\bar{x}^2+\bar{y}^2+\bar{z}^2)} + \frac{\bar{y}^2}{\frac{1}{n_2^2} - (\bar{x}^2+\bar{y}^2+\bar{z}^2)} + \frac{\bar{z}^2}{\frac{1}{n_3^2} - (\bar{x}^2+\bar{y}^2+\bar{z}^2)} + 1 = 0. \tag{115}$$

Ist nun $\mathfrak{f}$ der Einheitsvektor des vom Flächenmittelpunkt zum Schnittpunkt der drei Ebenen gezogenen Vektors, und $1/s$ dessen Betrag, so hat man

$$\bar{x} = \frac{1}{s}\mathfrak{f}_x, \quad \bar{y} = \frac{1}{s}\mathfrak{f}_y, \quad \bar{z} = \frac{1}{s}\mathfrak{f}_z; \tag{116}$$

die Einführung dieser Werte in Gleichung (115) führt diese in die Form (62) der Strahlenfläche über, der Schnittpunkt $\bar{x}$, $\bar{y}$, $\bar{z}$ der drei Ebenen (110) ist also in der Tat ein Punkt dieser Fläche.

Durch Variieren von $\mathfrak{s}$ in (110) erhält man die Lagen aller derjenigen Wellenebenen zur Zeit $t = \frac{1}{c}$, welche zur Zeit $t = 0$ durch den Koordinatenanfangspunkt gingen; die Strahlenfläche ist daher die Enveloppe dieser Wellenebenen[1]).

Da die Normalenfläche die Fußpunktsfläche der Strahlenfläche ist, andererseits [nach (c)] Normalenfläche und Indexfläche inverse Flächen sind, so folgt unmittelbar, daß Index- und Strahlenfläche reziproke Polarflächen in bezug auf die konzentrische Einheitskugel sind[2]) und daß Strahlenfläche und Fußpunktfläche der Indexfläche inverse Flächen sind.

Die gegenseitige Lage der Normalen-, Strahlen- und Indexfläche ist aus Abb. 4 ersichtlich, welche die Schnittkurven dieser Flächen mit der die Binormalen $\mathfrak{b}_1$, $\mathfrak{b}_2$ (und Biradialen $\mathfrak{r}_1$, $\mathfrak{r}_2$) enthaltenden optischen Symmetrieebene (zx-Ebene) darstellt.

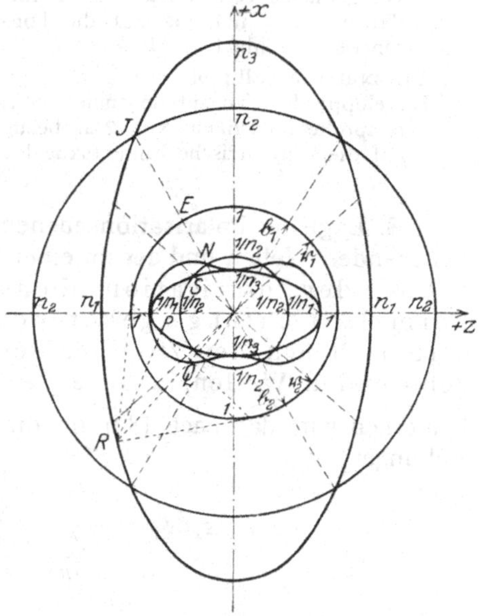

Abb. 4. Schnittkurven der abgeleiteten Flächen mit der zx-Ebene. (S Strahlenfläche [innerster Kreis und innerste Ellipse], N Normalenfläche [innerster Kreis und Oval], J Indexfläche [äußerster Kreis und äußerste Ellipse], E Einheitskugel. $\mathfrak{b}_1$, $\mathfrak{b}_2$ Binormalenrichtungen. $\mathfrak{r}_1$, $\mathfrak{r}_2$ Biradialenrichtungen. n_1, n_2, n_3 Hauptbrechungsindizes. P, Q und R einander zugeordnete Punkte der Strahlen-, Normalen- und Indexfläche.)

e) Polarebene. Es sei P der zur Strahlenrichtung $\mathfrak{t}$ gehörende Punkt der Strahlenfläche und R der dem Punkte P entsprechende Punkt der konzentrischen Indexfläche; eine Ebene, welche parallel zu PR und senkrecht zu dem durch PR gehenden ebenen Zentralschnitt gelegt wird, heißt Polarebene[3]) der Strahlenrichtung $\mathfrak{t}$; ihre Einführung ist bei der geometrischen Behandlung der Brechungs- und Reflexionsgesetze von Vorteil (vgl. Ziff. 43).

f) Die gegenseitigen Beziehungen zwischen den Konstruktionsflächen und den aus ihnen abgeleiteten Flächen sind zusammenfassend in der folgenden Tabelle 1 zusammengestellt.

---

[1]) Die Gewinnung der Gleichung der Strahlenfläche als Enveloppe der Ebenen (110) geht auf A. Fresnel (Mém. de l'Acad. des Scienc. Bd. 7, S. 134. 1827; Œuvr. compl. Bd. II, S. 559. Paris 1868) zurück; dieser hat die Durchrechnung allerdings selbst nicht ausgeführt, sondern das Ergebnis durch eine geschickte Verallgemeinerung nur erraten. Die erste strenge Ableitung erfolgte durch A. M. Ampère [Ann. chim. phys. (2) Bd. 39, S. 113. 1828]; ein einfacheres Verfahren, dem sich die oben gegebene Darstellung anschließt, wurde von C. E. Senff (Experimentelle und theoretische Untersuchungen über die Gesetze der doppelten Strahlenbrechung in den Kristallen des zwei- und eingliedrigen Systems, S. 101. Dorpat 1837; vgl. auch F. Neumann, Abhandlgn. d. Berl. Akad. 1835, S. 90; Ges. Werke Bd. II, S. 464. Leipzig 1906) und fast gleichzeitig von A. Smith [Trans. Cambr. Phil. Soc. (1) Bd. 6, S. 85. 1838; Phil. Mag. Bd. 12, S. 335. 1838] gegeben. Andere Ableitungen stammen von J. Mac Cullagh (Trans. R. Irish Acad. Bd. 21, S. 32. 1848; Collect. Works S. 163. London 1880) und H. de Sénarmont (Journ. de math. Bd. 8, S. 368. 1843).

[2]) J. Plücker, Journ. f. Math. Bd. 19, S. 15. 1839; Ges. wissensch. Abhandlgn. Bd. I, S. 353. Leipzig 1895.

[3]) J. Mac Cullagh, Trans. R. Irish Acad. Bd. 18, S. 39. 1838; Collect. Works, S. 96. London 1880.

Tabelle 1.
Beziehungen zwischen Konstruktionsflächen und abgeleiteten Flächen.

Konstruktionsfläche	Abgeleitete Fläche
1. Ovaloid Inverse Fläche von 2, Fußpunktfläche von 3	1. Normalfläche Inverse Fläche von 2, Fußpunktfläche von 3
2. Indexellipsoid Inverse Fläche von 1, reziproke Polarfläche von 3 in bezug auf die konzentrische Einheitskugel	2. Indexfläche Inverse Fläche von 1, reziproke Polarfläche von 3 in bezug auf die konzentrische Einheitskugel.
3. FRESNELsches Ellipsoid Enveloppe der Tangentialebenen von 1, reziproke Polarfläche von 2 in bezug auf die konzentrische Einheitskugel	3. Strahlenfläche Enveloppe der Tangentialebenen von 1, reziproke Polarfläche von 2 in bezug auf die konzentrische Einheitskugel

18. Lage der Polarisationsebenen der zu einer Wellennormalenrichtung $\mathfrak{s}$ gehörenden Wellen und der zu einer Strahlenrichtung $\mathfrak{f}$ gehörenden Strahlen. a) Lage der Polarisationsebenen der zu einer gegebenen Wellennormalenrichtung $\mathfrak{s}$ gehörenden Wellen. Um die Lage der Polarisationsebenen der zu einer gegebenen Wellennormalenrichtung $\mathfrak{s}$ gehörenden Wellen in bezug auf die Binormalen $\mathfrak{b}_1$ und $\mathfrak{b}_2$ zu finden, bemerken wir, daß nach (80) für die sphärische Ellipse $\frac{1}{n_0'} =$ konst. die Beziehungen

$$\mathfrak{s}_x d\mathfrak{s}_x = -\frac{\frac{1}{n_1^2} - \frac{1}{n_0'^2}}{\left(\frac{1}{n_1^2} - \frac{1}{n_2^2}\right)\left(\frac{1}{n_1^2} - \frac{1}{n_3^2}\right)} \frac{1}{n_0''} d\left(\frac{1}{n_0''}\right),$$

$$\mathfrak{s}_y d\mathfrak{s}_y = -\frac{\frac{1}{n_2^2} - \frac{1}{n_0'^2}}{\left(\frac{1}{n_2^2} - \frac{1}{n_3^2}\right)\left(\frac{1}{n_2^2} - \frac{1}{n_1^2}\right)} \frac{1}{n_0''} d\left(\frac{1}{n_0''}\right),$$

$$\mathfrak{s}_z d\mathfrak{s}_z = -\frac{\frac{1}{n_3^2} - \frac{1}{n_0'^2}}{\left(\frac{1}{n_3^2} - \frac{1}{n_1^2}\right)\left(\frac{1}{n_3^2} - \frac{1}{n_2^2}\right)} \frac{1}{n_0''} d\left(\frac{1}{n_0''}\right)$$

gelten; da $\mathfrak{d}'$ die Normale der Polarisationsebene der Welle mit dem Brechungsindex n_0' ist, so ist

$$\mathfrak{d}_x' d\mathfrak{s}_x + \mathfrak{d}_y' d\mathfrak{s}_y + \mathfrak{d}_z' d\mathfrak{s}_z = 0,$$

die Polarisationsebene der zu $\mathfrak{s}$ gehörenden Welle mit dem Brechungsindex n_0' schneidet demnach die Einheitskugel in einer Tangente der sphärischen Ellipse $\frac{1}{n_0'} =$ konst[1]).

Ebenso läßt sich zeigen, daß die Polarisationsebene der zu $\mathfrak{s}$ gehörenden Welle mit dem Brechungsindex n_0'' die Fläche der Einheitskugel in einer Tangente der sphärischen Ellipse $\frac{1}{n_0''} =$ konst. schneidet.

---

[1]) A. CLEBSCH, Prinzipien der mathem. Optik. Herausgeg. von A. KURZ, S. 38. Augsburg 1887; vgl. hierzu auch J. WALKER, The analytical theory of light, S. 199. Cambridge 1904.

Die Tangente an einen sphärischen Kegelschnitt bildet aber gleiche Winkel mit den Großkreisbögen, welche seine Brennpunkte mit dem Berührungspunkte verbinden; es folgt hieraus, daß die Polarisationsebenen der zur selben Wellennormalenrichtung $\mathfrak{s}$ gehörenden Wellen die Winkel N und $\pi - N$ der beiden Ebenen halbieren, welche durch die Wellennormale und je eine Binormale bestimmt sind und daß die Polarisationsebene der Welle mit dem Brechungsindex n_0' diejenige dieser beiden winkelhalbierenden Ebenen ist, welche die z-Achse enthält.

Diese Lagebeziehung der Polarisationsebenen der beiden zur selben Wellennormalenrichtung gehörenden Wellen läßt sich auch auf geometrischem Wege mit Hilfe der Konstruktionsfläche (96) erhalten. Man hat dabei zu beachten, daß in einem ebenen Zentralschnitt dieser Fläche die mit $\mathfrak{d}'$ und $\mathfrak{d}''$ zusammenfallenden Halbachsen Symmetrielinien sind, welche die Winkel zweier beliebiger, aber gleicher Durchmesser halbieren und daß die zu zwei derartigen gleichen Durchmessern gezogenen Mittelsenkrechten wieder zwei gleiche Durchmesser ergeben. Die Geraden, in welchen die durch $\mathfrak{s}$ und $\mathfrak{b}_1$ bzw. $\mathfrak{s}$ und $\mathfrak{b}_2$ gelegten Ebenen den senkrecht zu $\mathfrak{s}$ gelegten ebenen Zentralschnitt schneiden, sind aber die Mittelsenkrechten zu denjenigen beiden gleichen Durchmessern, in welchen der ebene Zentralschnitt von den Kreisschnitten der Konstruktionsfläche geschnitten wird. Damit ist der obige Satz über die Lage der Polarisationsebenen geometrisch gewonnen; er wurde in dieser Weise zuerst von FRESNEL[1]) hergeleitet.

b) Lage der Polarisationsebenen der zu einer gegebenen Strahlenrichtung $\mathfrak{f}$ gehörenden Strahlen. Ein analoger Satz, wie der unter a) besprochene, gilt für die Lage der Polarisationsebenen der zu einer gegebenen Strahlenrichtung $\mathfrak{f}$ gehörenden beiden Strahlen in bezug auf die Biradialen $\mathfrak{r}_1$ und $\mathfrak{r}_2$. Die Polarisationsebenen der beiden Strahlen halbieren die Winkel S und $\pi - S$ der beiden Ebenen, welche durch die Strahlenrichtung $\mathfrak{f}$ und je eine Biradiale bestimmt sind; sind s_0' und s_0'' die durch (93) bestimmten Strahlenindizes, so ist die Polarisationsebene des Strahles mit dem Strahlenindex s_0' diejenige dieser beiden winkelhalbierenden Ebenen, welche die z-Achse enthält.

Schon BIOT[2]) hat eine auf empirischem Wege gefundene Regel angegeben, die mit diesem Satze übereinstimmt. Ein analytischer Beweis, der sich in ganz entsprechender Weise führen läßt wie bei dem unter a) besprochenen Satze[3]), ist (allerdings auf anderem Wege) zuerst von SYLVESTER[4]) gegeben worden; der entsprechende geometrische Beweis bedient sich der Konstruktionsfläche (103) und stammt von PLÜCKER[5]).

c) Formeln für die Größen P und Π. Mit Rücksicht auf spätere Anwendungen drücken wir die durch (51) definierte Größe P, die nach (50) und

[1]) A. FRESNEL, Mém. de l'Acad. des Scienc. Bd. 7, S. 160. 1827; Œuvr. compl. Bd. II, S. 581. Paris 1868. Die vielfach verbreitete Meinung, daß F. NEUMANN der Entdecker dieses Satzes war (vgl. z. B. C. NEUMANN, in F. NEUMANNS Ges. Werke Bd. II, S. 460 [Fußnote]. Leipzig 1906), ist irrig.

[2]) J. B. BIOT, Précis élémentaire de physique expériment, 3. Aufl., Bd. II, S. 559. Paris 1824.

[3]) A. CLEBSCH, Prinzipien der mathem. Optik. Herausgeg. von A. KURZ, S. 38. Augsburg 1887.

[4]) J. J. SYLVESTER, Phil. Mag. (3) Bd. 12, S. 77 u. 81. 1838.

[5]) J. PLÜCKER, Journ. f. Math. Bd. 19, S. 38. 1839; Ges. wissensch. Abhandlgn. Bd. I, S. 378. Leipzig 1895.

(52) nur von $\mathfrak{s}$ und $\mathfrak{n}$ bzw. von $\mathfrak{s}$ und $\mathfrak{d}$ abhängt, durch die Winkel b_1, b_2 und O aus[1]). Aus (50) und (80) folgt

$$\left.\begin{aligned} P'^2 &= \frac{\left(\frac{1}{n_1^2}-\frac{1}{n_0'^2}\right)\left(\frac{1}{n_2^2}-\frac{1}{n_0'^2}\right)\left(\frac{1}{n_3^2}-\frac{1}{n_0'^2}\right)}{\frac{1}{n_0'^2}-\frac{1}{n_0''^2}}, \\ P''^2 &= \frac{\left(\frac{1}{n_1^2}-\frac{1}{n_0''^2}\right)\left(\frac{1}{n_2^2}-\frac{1}{n_0''^2}\right)\left(\frac{1}{n_3^2}-\frac{1}{n_0''^2}\right)}{\frac{1}{n_0''^2}-\frac{1}{n_0'^2}}, \end{aligned}\right\} \tag{117}$$

wobei P' sich auf die Welle mit dem Brechungsindex n_0' und P'' auf die Welle mit dem Brechungsindex n_0'' bezieht.

Aus (78) folgt nun

$$\frac{1}{n_1^2}-\frac{1}{n_0'^2}=\left(\frac{1}{n_1^2}-\frac{1}{n_3^2}\right)\sin^2\frac{b_1-b_2}{2}, \qquad \frac{1}{n_3^2}-\frac{1}{n_0'^2}=-\left(\frac{1}{n_1^2}-\frac{1}{n_3^2}\right)\cos^2\frac{b_1-b_2}{2};$$

ferner erhält man mit Hilfe von (76)

$$\begin{aligned} \frac{1}{n_2^2}-\frac{1}{n_0'^2} &= -\left(\frac{1}{n_1^2}-\frac{1}{n_3^2}\right)\left(\sin^2\frac{O}{2}-\sin^2\frac{b_1-b_2}{2}\right) \\ &= -\frac{1}{2}\left(\frac{1}{n_1^2}-\frac{1}{n_3^2}\right)\{\cos(b_1-b_2)-\cos O\}. \end{aligned}$$

Nun gewinnt man aber leicht mit Hilfe des sphärischen Dreiecks, das auf der Einheitskugel durch die den Richtungen $\mathfrak{s}$, $\mathfrak{b}_1$ und $\mathfrak{b}_2$ entsprechenden Punkte markiert wird, die Beziehung

$$\cos O = \cos b_1 \cos b_2 + \sin b_1 \sin b_2 \cos N,$$

somit wird

$$\frac{1}{n_2^2}-\frac{1}{n_0'^2}=-\left(\frac{1}{n_1^2}-\frac{1}{n_3^2}\right)\sin b_1 \sin b_2 \sin^2\frac{N}{2}.$$

Durch Einsetzen der so gefundenen Ausdrücke für $\frac{1}{n_1^2}-\frac{1}{n_0'^2}$, $\frac{1}{n_2^2}-\frac{1}{n_0'^2}$ und $\frac{1}{n_3^2}-\frac{1}{n_0'^2}$ in die erste Formel (117) folgt mit Rücksicht auf (79)

$$P' = \pm\frac{1}{2}\left(\frac{1}{n_1^2}-\frac{1}{n_3^2}\right)\sin(b_1-b_2)\sin\frac{N}{2}; \tag{118}$$

in ganz ähnlicher Weise findet man

$$P'' = \pm\frac{1}{2}\left(\frac{1}{n_1^2}-\frac{1}{n_3^2}\right)\sin(b_1+b_2)\cos\frac{N}{2}. \tag{119}$$

In diesen Ausdrücken hängen $\sin N/2$ und $\cos N/2$ mit b_1, b_2 und O in bekannter Weise durch die trigonometrischen Beziehungen zusammen

$$\sin^2\frac{N}{2}=\frac{\sin\frac{1}{2}(b_1-b_2+O)\sin\frac{1}{2}(b_2-b_1+O)}{\sin b_1 \sin b_2},$$

$$\cos^2\frac{N}{2}=\frac{\sin\frac{1}{2}(b_1+b_2-O)\sin\frac{1}{2}(b_1+b_2+O)}{\sin b_1 \sin b_2}.$$

[1]) F. NEUMANN, Abhandlgn. d. Berl. Akad. 1835, S. 99; Ges. Werke Bd. II, S. 475, Leipzig 1906; J. MAC CULLAGH, Trans. R. Irish Acad. Bd. 18, S. 67. 1839; Collect. Works. S. 129. London 1880.

Durch eine ganz entsprechende Rechnung kann man die durch (65) definierte Größe Π, die nach (64) und (66) nur von $\mathfrak{f}$ und s bzw. $\mathfrak{f}$ und $\mathfrak{e}$ abhängt, durch die Winkel β_1, β_2 und Ω ausdrücken. Man erhält dann[1])

$$\left.\begin{aligned} \Pi' &= \pm\frac{1}{2}(n_1^2 - n_3^2)\sin(\beta_1 - \beta_2)\sin\frac{S}{2}, \\ \Pi'' &= \pm\frac{1}{2}(n_1^2 - n_3^2)\sin(\beta_1 + \beta_2)\cos\frac{S}{2}, \end{aligned}\right\} \tag{120}$$

wobei Π' sich auf den Strahl mit dem Strahlenindex s_0' und Π'' auf den Strahl mit dem Strahlenindex s_0'' bezieht; $\sin S/2$ und $\cos S/2$ hängen mit β_1, β_2 und Ω offenbar durch die trigonometrischen Formeln zusammen

$$\sin^2\frac{S}{2} = \frac{\sin\frac{1}{2}(\beta_1 - \beta_2 + \Omega)\sin\frac{1}{2}(\beta_2 - \beta_1 + \Omega)}{\sin\beta_1\sin\beta_2},$$

$$\cos^2\frac{S}{2} = \frac{\sin\frac{1}{2}(\beta_1 + \beta_2 - \Omega)\sin\frac{1}{2}(\beta_1 + \beta_2 + \Omega)}{\sin\beta_1\sin\beta_2}.$$

19. Analytische Bestimmung zusammengehöriger Wellennormalen- und Strahlenrichtungen. a) Bestimmung der zu einer gegebenen Wellennormalenrichtung gehörenden Strahlenrichtungen. Jede der beiden linear und zueinander senkrecht polarisierten Wellen, die sich in einer bestimmten Wellennormalenrichtung $\mathfrak{s}$ im Inneren eines nicht absorbierenden, nicht aktiven Kristalls ausbreiten, transportiert Energie; ihre Strahlenrichtungen $\mathfrak{f}'$ und $\mathfrak{f}''$, welche die Richtungen der maximalen Energietransporte angeben [vgl. Ziff. 5 b)], fallen aber im allgemeinen nicht zusammen.

Die Aufgabe, zu einer gegebenen Wellennormalenrichtung $\mathfrak{s}$ die zugehörigen Strahlenrichtungen $\mathfrak{f}'$ und $\mathfrak{f}''$ zu finden, wird mit Hilfe des Formelsystems (113) gelöst, das wegen (116) auch in der Form geschrieben werden kann

$$\left.\begin{aligned} \mathfrak{f}_x &= s\left(1 - \frac{n^2P^2}{\frac{1}{n_1^2} - \frac{1}{n^2}}\right)\frac{\mathfrak{s}_x}{n}, \\ \mathfrak{f}_y &= s\left(1 - \frac{n^2P^2}{\frac{1}{n_2^2} - \frac{1}{n^2}}\right)\frac{\mathfrak{s}_y}{n}, \\ \mathfrak{f}_z &= s\left(1 - \frac{n^2P^2}{\frac{1}{n_3^2} - \frac{1}{n^2}}\right)\frac{\mathfrak{s}_z}{n}; \end{aligned}\right\} \tag{121}$$

durch Quadrieren und Addieren ergibt sich hieraus unter Heranziehung von (47) und (50)

$$\frac{1}{s^2} = \frac{1}{n^2} + n^2P^2. \tag{122}$$

Die Gleichungen (121) und (122) liefern die zur Wellennormalenrichtung $\mathfrak{s}$ gehörenden Strahlenrichtungen und Strahlenindizes. Um $\mathfrak{f}'$ (bzw. $\mathfrak{f}''$) und den zugehörigen Strahlenindex s' (bzw. s'') zu erhalten, hat man in (121) und (122) für n den Wert n_0' (bzw. n_0'') und für P den durch (118) [bzw. (119)] bestimmten Wert P' (bzw. P'') einzusetzen. Da die beiden zu $\mathfrak{s}$ gehörenden Wellen zueinander senkrecht polarisiert sind (vgl. Ziff. 13), so folgt, daß die zu $\mathfrak{s}$ gehörenden Strahlen $\mathfrak{f}'$ und $\mathfrak{f}''$ zueinander senkrechte Schwingungsebenen besitzen.

[1]) F. Neumann, Vorlesungen über theoret. Optik. Herausgeg. von E. Dorn, S. 207. Leipzig 1885.

b) Bestimmung der zu einer gegebenen Strahlenrichtung gehörenden Wellennormalenrichtungen. Ist im Inneren des Kristalls eine Richtung $\mathfrak{f}$ gegeben, so können wir nach den Wellennormalenrichtungen derjenigen Wellen fragen, bei welchen die Richtung des maximalen Energietransportes in $\mathfrak{f}$ fällt.

Diese Aufgabe, zu einer gegebenen Strahlenrichtung $\mathfrak{f}$ die zugehörigen Wellennormalenrichtungen zu finden, ergibt sich mit Hilfe des Formelsystems (114), das wegen (116) auch auf die Form gebracht werden kann

$$\left.\begin{aligned} \mathfrak{s}_x &= n\left(1 + \frac{\frac{1}{s^2} - \frac{1}{n^2}}{\frac{1}{n_1^2} - \frac{1}{s^2}}\right)\frac{\mathfrak{f}_x}{s}, \\ \mathfrak{s}_y &= n\left(1 + \frac{\frac{1}{s^2} - \frac{1}{n^2}}{\frac{1}{n_2^2} - \frac{1}{s^2}}\right)\frac{\mathfrak{f}_y}{s}, \\ \mathfrak{s}_z &= n\left(1 + \frac{\frac{1}{s^2} - \frac{1}{n^2}}{\frac{1}{n_3^2} - \frac{1}{s^2}}\right)\frac{\mathfrak{f}_z}{s}; \end{aligned}\right\} \tag{123}$$

hierzu tritt die aus (122) und (68) folgende Beziehung

$$n^2 = s^2\left(1 + \frac{\Pi^2}{s^4}\right). \tag{124}$$

Die Gleichungen (123) und (124) liefern die zur Strahlenrichtung $\mathfrak{f}$ gehörenden Wellennormalenrichtungen und Brechungsindizes. Da zur Richtung $\mathfrak{f}$ zwei Strahlen mit den Strahlenindizes s_0' und s_0'' und zueinander senkrechten Schwingungsebenen gehören (vgl. Ziff. 15), so folgt hieraus, daß jeder Strahlenrichtung zwei senkrecht zueinander polarisierte Wellen mit den Wellennormalenrichtungen $\mathfrak{s}'$ und $\mathfrak{s}''$ zugeordnet sind. Um $\mathfrak{s}'$ (bzw. $\mathfrak{s}''$) und den zugehörigen Brechungsindex n' (bzw. n'') zu erhalten, hat man in (123) und (124) für s den Wert s_0' (bzw. s_0'') und für Π den durch (120) bestimmten Wert Π' (bzw. Π'') einzusetzen.

c) Zusammengehörige Wellennormalen- und Strahlenrichtungen in einer optischen Symmetrieebene. Aus (121) und (122) folgt, daß die nach derselben optischen Symmetrieachse genommenen Komponenten von $\mathfrak{s}$ und $\mathfrak{f}$ gleichzeitig verschwinden; jede optische Symmetrieebene enthält somit zugleich die einander entsprechenden Wellennormalen- und Strahlenrichtungen.

Wir betrachten eine in der zx-Ebene liegende Wellennormalenrichtung $\mathfrak{s}$; es ist dann in (118) und (119) $N = 0$ zu setzen. Für die eine zu $\mathfrak{s}$ gehörende Strahlenrichtung $\mathfrak{f}'$ wird daher $P' = 0$ und aus (121) folgt, daß $\mathfrak{f}'$ und $\mathfrak{s}$ zusammenfallen.

Um den Winkel ζ zwischen $\mathfrak{f}''$ und $\mathfrak{s}$ zu erhalten, bezeichnen wir mit φ den Winkel zwischen $\mathfrak{s}$ und der positiven z-Achse und mit ψ den Winkel zwischen $\mathfrak{f}''$ und der positiven z-Achse; dann ergibt sich aus der zweiten Gleichung (107) und der in Ziff. 17d) angegebenen geometrischen Beziehung zwischen Normalen- und Strahlenfläche

$$\operatorname{tg}\psi = \frac{x}{z}, \qquad \operatorname{tg}\varphi = \frac{n_3^2}{n_1^2}\cdot\frac{x}{z} = \frac{n_3^2}{n_1^2}\operatorname{tg}\psi.$$

Man ersieht hieraus, daß die Strahlenrichtung $\mathfrak{f}''$ näher bei der größeren und die Wellennormalenrichtung $\mathfrak{s}$ näher bei der kleineren Halbachse der Ellipse liegt, in der die Strahlenfläche von der optischen Symmetrieebene geschnitten wird. Da $\zeta = \varphi - \psi$ ist, so folgt

$$\operatorname{tg}\zeta = \frac{\operatorname{tg}\varphi - \operatorname{tg}\psi}{1 + \operatorname{tg}\varphi \operatorname{tg}\psi} = \frac{(n_3^2 - n_1^2)\operatorname{tg}\varphi}{n_3^2 + n_1^2 \operatorname{tg}^2\varphi}. \tag{125}$$

Analog erhält man, daß für eine gegebene Strahlenrichtung $\mathfrak{f}$, die in der zx-Ebene liegt, $\mathfrak{s}'$ mit $\mathfrak{f}$ zusammenfällt und der Winkel $\bar{\zeta}$ zwischen $\mathfrak{s}''$ und $\mathfrak{f}$ durch

$$\operatorname{tg}\bar{\zeta} = \frac{(n_3^2 - n_1^2)\operatorname{tg}\psi}{n_1^2 + n_3^2 \operatorname{tg}^2\psi}$$

bestimmt wird.

Aus (125) folgt, daß ζ seinen maximalen Wert $\zeta_m = \varphi_m - \psi_m$ erreicht für

$$\operatorname{tg}\varphi_m = \pm\frac{n_3}{n_1}, \qquad \operatorname{tg}\psi_m = \pm\frac{n_1}{n_3} = \operatorname{tg}\left(\frac{\pi}{2} - \varphi_m\right), \qquad \operatorname{tg}\zeta_m = \pm\frac{n_3^2 - n_1^2}{2 n_3 n_1}.$$

Ganz ähnlich ergibt sich für eine in der xy-Ebene bzw. yz-Ebene liegende Wellennormalenrichtung

$$\operatorname{tg}\varphi_m = \pm\frac{n_1}{n_2}, \qquad \operatorname{tg}\psi_m = \pm\frac{n_2}{n_1} = \operatorname{tg}\left(\frac{\pi}{2} - \varphi_m\right), \qquad \operatorname{tg}\zeta_m = \pm\frac{n_1^2 - n_2^2}{2 n_1 n_2}$$

bzw.

$$\operatorname{tg}\varphi_m = \pm\frac{n_2}{n_3}, \qquad \operatorname{tg}\psi_m = \pm\frac{n_3}{n_2} = \operatorname{tg}\left(\frac{\pi}{2} - \varphi_m\right), \qquad \operatorname{tg}\zeta_m = \pm\frac{n_2^2 - n_3^2}{2 n_2 n_3}.$$

Für den maximalen Wert $\bar{\zeta}_m$ folgt offenbar $\bar{\zeta}_m = \zeta_m$.

In jeder optischen Symmetrieebene gibt es somit zwei Richtungen $\mathfrak{s}$ (bzw. $\mathfrak{f}$), für welche ζ (bzw. $\bar{\zeta}$) ein relatives Maximum wird; die Halbierungslinien dieser Maximalwinkel fallen mit den Halbierungslinien der Winkel der in der betreffenden Symmetrieebene liegenden optischen Symmetrieachsen zusammen[1]).

d) Winkel zwischen zusammengehörigen Wellennormalen- und Strahlenrichtungen. Die unter a) und b) besprochenen Lösungen rühren von NEUMANN[2]) her; sie lassen sich in eine für die Anwendungen geeignetere Gestalt bringen, wenn man die Richtungen statt auf die optischen Symmetrieachsen auf die Binormalen bzw. Biradialen bezieht[3]). Beachtet man, daß $1/n$ der Mittelpunktsabstand der Tangentialebene ist, die an die Strahlenfläche durch den Endpunkt des vom Flächenmittelpunkt aus gezogenen Vektors $1/s\,\mathfrak{f}$ gelegt ist und daß die Normale dieser Tangentialebene die zu $\mathfrak{f}$ gehörende Richtung $\mathfrak{s}$ ist [Ziff. 17d)], so erhält man für den Winkel ζ zwischen zusammengehöriger Wellennormalen- und Strahlenrichtung aus (122) unter Heranziehung von (68)

$$\operatorname{tg}\zeta = n^2 P = \frac{\Pi}{s^2}. \tag{126}$$

Ist die Wellennormalenrichtung $\mathfrak{s}$ gegeben, so liegen die zusammengehörigen Strahleneinrichtungen $\mathfrak{f}'$ und $\mathfrak{f}''$ in den zu $\mathfrak{s}$ gehörigen Schwingungsebenen, die durch $\mathfrak{s}$ und $\mathfrak{d}'$ bzw. $\mathfrak{s}$ und $\mathfrak{d}''$ bestimmt sind, wobei $\mathfrak{d}'$ und $\mathfrak{d}''$ aus (84) zu ent-

---

[1]) W. WALTON, Quarterl. Journ. of Mathem. Bd. 4, S. 1. 1861; numerische Werte dieser Maximalwinkel für eine Anzahl Kristalle sind zusammengestellt bei TH. LIEBISCH, Physikal. Kristallographie, S. 309 u. 339. Leipzig 1891.

[2]) F. NEUMANN, Abhandlgn. d. Berl. Akad. 1835, S. 90; Ges. Werke Bd. II, S. 464. Leipzig 1906.

[3]) F. NEUMANN, Abhandlgn. d. Berl. Akad. 1835, S. 100; Vorlesungen über theoret. Optik. Herausgeg. von E. DORN, S. 195 u. 207. Leipzig 1885; Ges. Werke Bd. II, S. 475. Leipzig 1906; J. J. SYLVESTER, Phil. Mag. (3) Bd. 12, S. 76. 1838; J. MAC CULLAGH, Trans. R. Irish Acad. Bd. 18, S. 67. 1839; Collect. Works, S. 129. London 1880.

nehmen sind. Die Winkel ζ' und ζ'', welche die gesuchten Strahlenrichtungen $\mathfrak{f}'$ und $\mathfrak{f}''$ mit $\mathfrak{s}$ bilden, sind dann nach (126) und (118) bzw. (119) bestimmt durch

$$\left.\begin{aligned} \operatorname{tg}\zeta' &= \frac{n_0'^2}{2}\left(\frac{1}{n_1^2} - \frac{1}{n_3^2}\right)\sin(b_1 - b_2)\sin\frac{N}{2}, \\ \operatorname{tg}\zeta'' &= \frac{n_0''^2}{2}\left(\frac{1}{n_1^2} - \frac{1}{n_3^2}\right)\sin(b_1 + b_2)\cos\frac{N}{2}. \end{aligned}\right\} \tag{127}$$

Der Sinn, in dem $\mathfrak{f}'$ und $\mathfrak{f}''$ von $\mathfrak{s}$ abweichen, läßt sich am einfachsten durch einen Grenzübergang ermitteln, indem man die gegebene Richtung $\mathfrak{s}$ in die optischen Symmetrieebenen rücken läßt, wo sich dann mit Hilfe des unter c) Ausgeführten die gegenseitige Lage von $\mathfrak{s}$ und $\mathfrak{f}'$ bzw. $\mathfrak{s}$ und $\mathfrak{f}''$ unmittelbar ergibt. Da der Sinn der Abweichung zwischen $\mathfrak{s}$ und $\mathfrak{f}'$ bzw. $\mathfrak{s}$ und $\mathfrak{f}''$ sich bei Veränderung von $\mathfrak{s}$ stetig ändert, so ist derselbe damit auch für eine nicht in eine optische Symmetrieebene fallende Wellennormalenrichtung bestimmt.

Ist die Strahlenrichtung $\mathfrak{f}$ gegeben, so liegen die zugehörigen Wellennormalenrichtungen in den zu $\mathfrak{f}$ gehörenden Schwingungsebenen, die durch $\mathfrak{f}$ und $\mathfrak{e}'$ bzw. $\mathfrak{f}$ und $\mathfrak{e}''$ bestimmt sind; hierbei sind $\mathfrak{e}'$ und $\mathfrak{e}''$ durch (94) gegeben. Die Winkel ζ' und ζ'', welche die gesuchten Wellennormalenrichtungen $\mathfrak{s}'$ und $\mathfrak{s}''$ mit $\mathfrak{f}$ bilden, bestimmen sich dann nach (126) und (120) zu

$$\left.\begin{aligned} \operatorname{tg}\bar{\zeta}' &= \frac{1}{2 s_0'^2}(n_1^2 - n_3^2)\sin(\beta_1 - \beta_2)\sin\frac{S}{2}, \\ \operatorname{tg}\bar{\zeta}'' &= \frac{1}{2 s_0''^2}(n_1^2 - n_3^2)\sin(\beta_1 + \beta_2)\cos\frac{S}{2}. \end{aligned}\right\} \tag{128}$$

Der Sinn, in dem $\mathfrak{s}'$ und $\mathfrak{s}''$ von $\mathfrak{f}$ abweichen, läßt sich in entsprechender Weise wie vorhin bei (127) angegeben ermitteln.

20. Geometrische Bestimmung zusammengehöriger Wellennormalen- und Strahlenrichtungen. Die in Ziff. 19 behandelten Aufgaben lassen sich auch auf rein geometrischem Wege lösen; wir besprechen diese Konstruktionen in Anbetracht ihrer späteren häufigen Verwendung.

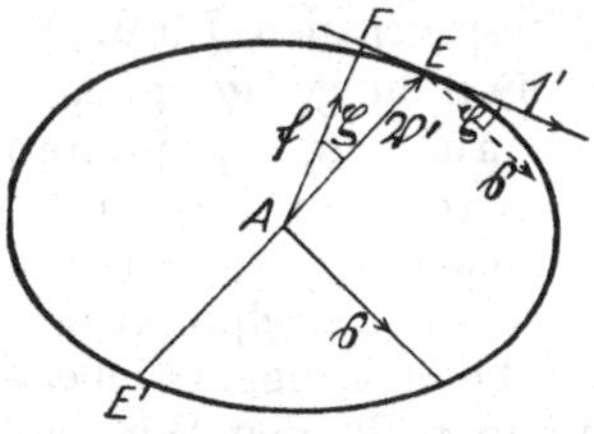

Abb. 5. Konstruktion der zu einer Wellennormalenrichtung $\mathfrak{s}$ gehörenden Strahlen mit Hilfe des Indexellipsoides. (EAE' Spur des senkrecht zu $\mathfrak{s}$ gelegten ebenen Zentralschnittes, $AE = |\mathfrak{B}'|$ Halbachse dieses ebenen Zentralschnittes. Die Abbildung stellt den Schnitt des Indexellipsoides mit der durch $\mathfrak{B}'$ und $\mathfrak{s}$ bestimmten Ebene dar. $\mathfrak{f}'$ ist die eine der beiden zu $\mathfrak{s}$ gehörenden Strahlenrichtungen.)

a) Konstruktion mit Hilfe der Konstruktionsflächen[1]). Um mit Hilfe der Konstruktionsflächen (Ziff. 16) die zu einer gegebenen Wellennormalenrichtung $\mathfrak{s}$ gehörenden Strahlenrichtungen $\mathfrak{f}'$ und $\mathfrak{f}''$ zu konstruieren, nimmt man das Indexellipsoid; bei der dualen Aufgabe, die zu einer gegebenen Strahlenrichtung $\mathfrak{f}$ gehörenden Wellennormalenrichtungen $\mathfrak{s}'$ und $\mathfrak{s}''$ zu konstruieren, wird das FRESNELsche Ellipsoid benutzt.

Es sei $\mathfrak{s}$ die gegebene Wellennormalenrichtung und $\mathfrak{f}'$ eine der beiden gesuchten, zu $\mathfrak{s}$ gehörenden Strahlenrichtungen. Wir führen beim Indexellipsoid den zu $\mathfrak{s}$ senkrechten ebenen Zentralschnitt; ist $|\mathfrak{B}'|$ dessen eine Halbachse, so gibt nach Ziff. 16 der zu $|\mathfrak{B}'|$ gehörende Einheitsvektor $\mathfrak{v}'$ die Richtung $\mathfrak{d}'$ des einen der beiden zu $\mathfrak{s}$ gehörenden Lichtvektoren, und der zugehörige Brechungsindex ist $n_0' = |\mathfrak{B}'|$. Wir legen nun im Endpunkte E von $\mathfrak{B}'$ die Tangentialebene an das Indexellipsoid (Abb. 5) und fällen auf sie vom Flächenmittelpunkt A das Lot AF. Ist $\mathfrak{f}$ der von A ausgehende Einheitsvektor dieses Lotes,

[1]) Diese Konstruktionen stammen von V. v. LANG, Wiener Ber. Bd. 43 (2), S. 651 u. 652. 1861; die spätere Abhandlung von J. BOUSSINESQ (C. R. Bd. 152, S. 1721. 1911) enthält demgegenüber nichts Neues.

so liegt $\mathfrak{f}$ in der ($\mathfrak{B}'$, $\mathfrak{s}$ und $\mathfrak{f}'$ enthaltenden) Schwingungsebene, und wir zeigen jetzt, daß die gesuchte Richtung $\mathfrak{f}'$ senkrecht zu $\mathfrak{f}$ liegt.

Bezeichnen wir die Koordinaten von E mit x_0, y_0, z_0, so haben wir mit Rücksicht auf (45) und (51)

$$x_0 = n_0'\mathfrak{d}_x' = \frac{\mathfrak{s}_x}{\frac{1}{n_1^2} - \frac{1}{n_0'^2}} n_0' P',$$

$$y_0 = n_0'\mathfrak{d}_y' = \frac{\mathfrak{s}_y}{\frac{1}{n_2^2} - \frac{1}{n_0'^2}} n_0' P',$$

$$z_0 = n_0'\mathfrak{d}_z' = \frac{\mathfrak{s}_z}{\frac{1}{n_3^2} - \frac{1}{n_0'^2}} n_0' P'$$

und gewinnen dann für $\mathfrak{f}_x, \mathfrak{f}_y, \mathfrak{f}_z$ aus (102)

$$\left.\begin{aligned} \mathfrak{f}_x &= \frac{x_0}{n_1^2}\varrho = \frac{\mathfrak{s}_x}{\frac{1}{n_1^2} - \frac{1}{n_0'^2}} \frac{n_0' P' \varrho}{n_1^2}, \\ \mathfrak{f}_y &= \frac{y_0}{n_2^2}\varrho = \frac{\mathfrak{s}_y}{\frac{1}{n_2^2} - \frac{1}{n_0'^2}} \frac{n_0' P' \varrho}{n_2^2}, \\ \mathfrak{f}_z &= \frac{z_0}{n_3^2}\varrho = \frac{\mathfrak{s}_z}{\frac{1}{n_3^2} - \frac{1}{n_0'^2}} \frac{n_0' P' \varrho}{n_3^2}, \end{aligned}\right\} \tag{129}$$

wobei $\frac{1}{\varrho} = \sqrt{\frac{x_0^2}{n_1^4} + \frac{y_0^2}{n_2^4} + \frac{z_0^2}{n_3^4}}$ zu setzen ist.

Aus (121) und (129) erhält man nach einiger Umformung unter Heranziehung von (47) und (50) in der Tat

$$\mathfrak{f}\mathfrak{f}' = 0;$$

man hat somit (Abb. 5) $AF = |\mathfrak{B}'|\cos\zeta = n_0'\cos\zeta$, oder wegen (126) und (122)

$$AF = s',$$

wobei s' wieder der zu $\mathfrak{f}'$ gehörende Strahlenindex ist.

Mit Hilfe des zweiten Halbachsenvektors $\mathfrak{B}''$ des zu $\mathfrak{s}$ senkrechten ebenen Zentralschnittes gelangt man in gleicher Weise zur zweiten zu $\mathfrak{s}$ gehörenden Strahlenrichtung $\mathfrak{f}''$ und zum zugehörigen Strahlenindex s''.

Man erhält demnach die zu $\mathfrak{s}$ gehörenden Strahlenrichtungen $\mathfrak{f}', \mathfrak{f}''$ und Strahlenindizes s' s'', indem man an das Indexellipsoid in den Endpunkten der Halbachsen des senkrecht zu $\mathfrak{s}$ gelegten ebenen Zentralschnittes die Tangentialebenen legt. Die Schnittpunkte dieser Tangentialebenen mit den Schwingungsebenen liefern die zu $\mathfrak{s}$ gehörenden Strahlenrichtungen $\mathfrak{f}'$ und $\mathfrak{f}''$, die entsprechenden Mittelpunktsabstände der Tangentialebenen sind die zu $\mathfrak{f}'$ und $\mathfrak{f}''$ gehörenden Strahlenindizes s' und s''.

Eine entsprechende, mit Hilfe des FRESNELschen Ellipsoides ausgeführte Konstruktion liefert die zu einer Strahlenrichtung $\mathfrak{f}$ gehörenden Wellennormalenrichtungen $\mathfrak{s}', \mathfrak{s}''$ und Brechungsindizes n', n''. Man legt zu diesem Zwecke an das FRESNELsche Ellipsoid in den Endpunkten der Halbachsen des senkrecht zu $\mathfrak{f}$ gelegten ebenen Zentralt schnittes die Tangentialebenen; die Schnittlinien derselben mi- den Schwingungsebenen liefern die zu $\mathfrak{f}$ gehörenden Wellennormalenrichtungen $\mathfrak{s}'$ und $\mathfrak{s}''$, ihre reziproken Mittelpunktsabstände sind die zu $\mathfrak{s}'$ und $\mathfrak{s}''$ gehörenden Brechungsindizes n' und n''.

b) Konstruktion mit Hilfe der abgeleiteten Flächen. Statt der Konstruktionsflächen kann man bei der Konstruktion zusammengehöriger Wellennormalen- und Strahlenrichtungen auch die abgeleiteten Flächen benutzen. Aus den geometrischen Eigenschaften der Strahlenfläche und der Indexfläche [vgl. Ziff. 17b), c) und d)] erhält man unmittelbar folgende Konstruktionen:

Ist die Strahlenfläche gegeben, und will man zu einer gegebenen Wellennormalenrichtung $\mathfrak{s}$ die zugehörigen Strahlenrichtungen $\mathfrak{f}'$ und $\mathfrak{f}''$ sowie die entsprechenden Strahlenindizes s' und s'' finden, so legt man senkrecht zu $\mathfrak{s}$ die Tangentialebenen an die Strahlenfläche; die vom Flächenmittelpunkt nach den Berührungspunkten gezogenen Vektoren liefern durch ihre Richtungen $\mathfrak{f}'$ und $\mathfrak{f}''$ und durch ihre reziproken Beträge s' und s'' [1]). Hat man zu einer gegebenen Strahlenrichtung $\mathfrak{f}$ die zugehörigen Wellennormalenrichtungen $\mathfrak{s}'$ und $\mathfrak{s}''$ sowie die entsprechenden Brechungsindizes n' und n'' zu finden, so legt man durch die Schnittpunkte, welche eine durch den Flächenmittelpunkt parallel zu $\mathfrak{f}$ gezogene Gerade mit der Strahlenfläche erzeugt, die Tangentialebenen; die vom Flächenmittelpunkt auf dieselben gefällten Lote liefern durch ihre Richtungen $\mathfrak{s}'$ und $\mathfrak{s}''$ und durch ihre reziproken Längen n' und n''.

Ist die Indexfläche gegeben, und hat man zu einer gegebenen Wellennormalenrichtung $\mathfrak{s}$ die zugehörigen Strahlenrichtungen $\mathfrak{f}'$ und $\mathfrak{f}''$ sowie die entsprechenden Strahlenindizes s' und s'' aufzusuchen, so legt man durch die Schnittpunkte, welche eine durch den Flächenmittelpunkt parallel zu $\mathfrak{s}$ gezogene Gerade mit der Fläche erzeugt, die Tangentialebenen; die vom Flächenmittelpunkt auf dieselben gefällten Lote liefern durch ihre Richtungen $\mathfrak{f}'$ und $\mathfrak{f}''$ und durch ihre Längen s' und s''. Will man zu einer gegebenen Strahlenrichtung $\mathfrak{f}$ die zugehörigen Wellennormalenrichtungen $\mathfrak{s}'$ und $\mathfrak{s}''$ sowie die entsprechenden Brechungsindizes n' und n'' ermitteln, so legt man senkrecht zu $\mathfrak{f}$ die Tangentialebenen an die Indexfläche; die Verbindungsstrecken des Flächenmittelpunktes mit den Berührungspunkten der Tangentialebenen ergeben durch ihre Richtungen $\mathfrak{s}'$ und $\mathfrak{s}''$ und durch ihre Längen n' und n'' [2]).

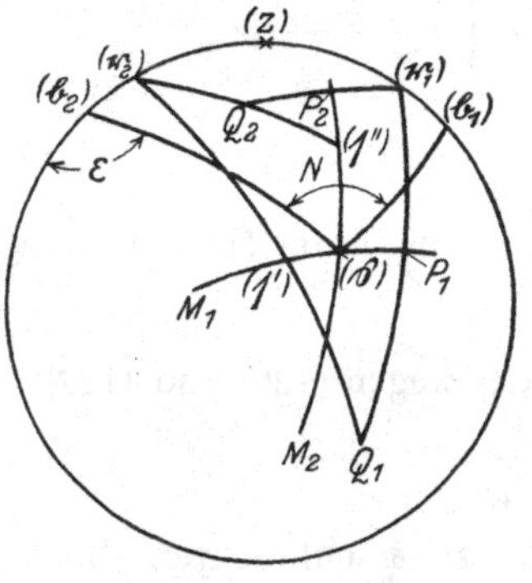

Abb. 6. SYLVESTERS Konstruktion der zu einer Wellennormalenrichtung gehörenden Strahlenrichtungen. [Sämtliche Richtungen sind durch Punkte der Einheitskugel dargestellt. $(\mathfrak{b}_1)$, $(\mathfrak{b}_2)$ Binormalen; $(\mathfrak{r}_1)$, $(\mathfrak{r}_2)$ Biradialen. $(\mathfrak{s})$ gegebene Wellennormalenrichtung. M_2 halbiert Winkel $N = (\mathfrak{b}_1)(\mathfrak{s})(\mathfrak{b}_2)$; M_1 halbiert dessen Nebenwinkel. $(\mathfrak{r}_1) P_1$ steht senkrecht M_1, $(\mathfrak{r}_1) P_2$ senkrecht M_2. $(\mathfrak{r}_1) P_2 = P_2 Q_2$, $(\mathfrak{r}_1) P_1 = P_1 Q_1$. $(\mathfrak{f}')$ und $(\mathfrak{f}'')$ zu $(\mathfrak{s})$ gehörende Strahlenrichtungen.]

c) Konstruktion von SYLVESTER. Die in Ziff. 18 angegebene Lagebeziehung der Polarisationsebenen, die zu einer Wellennormalenrichtung $\mathfrak{s}$ bzw. zu einer Strahlenrichtung $\mathfrak{f}$ gehören, gilt offenbar auch für die Schwingungsebenen; die durch die gegebene Wellennormalenrichtung $\mathfrak{s}$ und je eine der zugehörigen Strahlenrichtungen $\mathfrak{f}'$ und $\mathfrak{f}''$ bestimmten Ebenen liegen somit parallel zu den Halbierungsebenen folgender Winkel:

1. Winkel der Ebenen parallel zu $\mathfrak{s}$ und je einer Binormale,
2. Winkel der Ebenen parallel zu $\mathfrak{f}'$ (oder $\mathfrak{f}''$) und je einer Biradiale.

Hierauf gründet sich eine von SYLVESTER[3]) herrührende Konstruktion, um zu einer gegebenen Wellennormalenrichtung $\mathfrak{s}$ die zugehö-

[1]) Diese Konstruktion fand A. FRESNEL (Mém. de l'Acad. des Scienc. Bd. 7, S. 140. 1827; Œuvr. compl. Bd. II, S. 390 u. 564. Paris 1868).

[2]) Diese Konstruktion wurde von W. R. HAMILTON (Trans. R. Irish Acad. Bd. 17, S. 144. 1837) und J. MAC CULLAGH (ebenda Bd. 17, S. 252. 1837; Collect. Works, S. 36. London 1880) fast gleichzeitig angegeben.

[3]) J. J. SYLVESTER, Phil. Mag. (3) Bd. 12, S. 81. 1838.

rigen Strahlenrichtungen $\mathfrak{f}'$ und $\mathfrak{f}''$ zu finden. Wir stellen sämtliche Richtungen durch Punkte der Einheitskugel dar und bezeichnen die der positiven z-Achse bzw. den Einheitsvektoren $\mathfrak{b}_1$, $\mathfrak{b}_2$, $\mathfrak{r}_1$, $\mathfrak{r}_2$ und $\mathfrak{s}$ entsprechenden Punkte mit (z), $(\mathfrak{b}_1)$, $(\mathfrak{b}_2)$, $(\mathfrak{r}_1)$, $(\mathfrak{r}_2)$ und $(\mathfrak{s})$ (Abb. 6). Wir halbieren nun den Winkel $(\mathfrak{b}_1)\,(\mathfrak{s})\,(\mathfrak{b}_2)$ und seinen Nebenwinkel durch die Großkreise M_2 und M_1, legen durch $(\mathfrak{r}_1)$ Großkreise senkrecht zu M_1 und M_2, welche diese in P_1 und P_2 schneiden, und verlängern die Bögen $(\mathfrak{r}_1)\,P_1$ und $(\mathfrak{r}_1)\,P_2$ je um sich selbst bis Q_1 und Q_2. Die Schnittpunkte $(\mathfrak{f}')$ und $(\mathfrak{f}'')$ der Großkreisbögen $(\mathfrak{r}_2)\,Q_1$ und $(\mathfrak{r}_2)\,Q_2$ mit M_1 und M_2 sind dann die Endpunkte der zu $\mathfrak{s}$ gehörenden Einheitsvektoren $\mathfrak{f}'$ und $\mathfrak{f}''$.

Durch eine entsprechende Konstruktion, bei der die Binormalen und Biradialen vertauscht auftreten, erhält man die zu einer gegebenen Strahlenrichtung $\mathfrak{f}$ gehörenden Wellennormalenrichtungen $\mathfrak{s}'$ und $\mathfrak{s}''$.

Mit Rücksicht auf spätere Anwendungen wenden wir die SYLVESTERsche Konstruktion auf den Sonderfall an, daß die gegebene Wellennormalenrichtung $\mathfrak{s}$ sehr nahe bei einer Binormale (etwa $\mathfrak{b}_2$) liegt. Wir können dann die Betrachtung in der Tangentialebene durchführen, die in $(\mathfrak{b}_2)$ an die Einheitskugel gelegt ist und machen in dieser Ebene $(\mathfrak{b}_2)$ zum Anfangspunkt eines rechtwinkligen Koordinatensystems ξ, η, dessen ξ-Achse in der Binormalenebene, also in der durch $(\mathfrak{b}_1)\,(\mathfrak{b}_2)$ gelegten Großkreisebene liegt. Setzt man $b_2 = b$, wobei b_2 wieder den Winkel zwischen $\mathfrak{b}_2$ und $\mathfrak{s}$ bedeutet, und bezeichnet den Winkel, den die durch $(\mathfrak{s})$ und $(\mathfrak{b}_2)$ gelegte Ebene mit der Ebene der Binormalen bildet, mit ε (Abb. 6), so sind $b\,[=(\mathfrak{b}_2)\,(\mathfrak{s})]$ und ε die ebenen Polarkoordinaten des Punktes $(\mathfrak{s})$ (Abb. 7). Wir nehmen den Winkel b klein gegen den Binormalenwinkel O an und können dann

$$N = \varepsilon\,, \qquad b_1 = O + b\cos\varepsilon$$

schreiben; ferner ergibt sich aus (76) und (78), daß unter dieser Voraussetzung in erster Näherung

$$n_0' = n_0'' = n_2$$

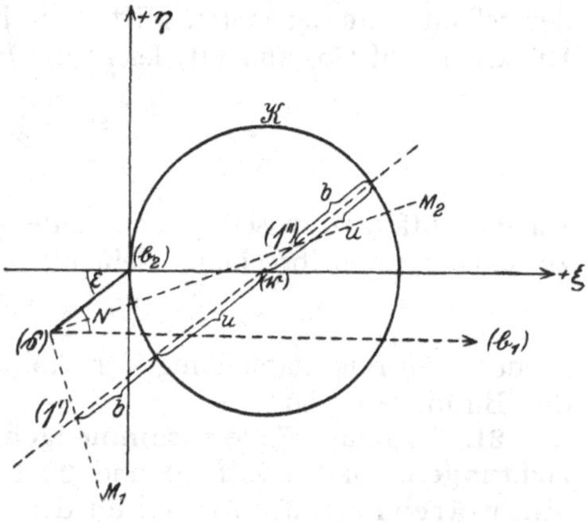

Abb. 7. Konstruktion der Strahlenrichtungen, die zu einer von einer Binormale wenig abweichenden Wellennormalenrichtung gehören. [Die Konstruktionsebene ist die in $(\mathfrak{b}_2)$ an die Einheitskugel gelegte Tangentialebene. $(\mathfrak{s})$ Spur von $\mathfrak{s}$, $(\mathfrak{f}')$ und $(\mathfrak{f}'')$ Spuren von $\mathfrak{f}'$ und $\mathfrak{f}''$. Die übrigen Bezeichnungen entsprechend Abb. 6.]

gesetzt werden darf, so daß sich für die dann kleinen Winkel ζ' und ζ'' aus (127)

$$\left.\begin{aligned} \zeta' &= \frac{n_2^2}{2}\left(\frac{1}{n_1^2} - \frac{1}{n_3^2}\right)\sin\left\{O - b\,(1 - \cos\varepsilon)\right\}\sin\frac{\varepsilon}{2}\,, \\ \zeta'' &= \frac{n_2^2}{2}\left(\frac{1}{n_1^2} - \frac{1}{n_3^2}\right)\sin\left\{O + b\,(1 + \cos\varepsilon)\right\}\cos\frac{\varepsilon}{2} \end{aligned}\right\} \tag{130}$$

ergibt.

Sind ξ', η' und ξ'', η'' die Koordinaten der Spuren $(\mathfrak{f}')$ und $(\mathfrak{f}'')$ der zu $\mathfrak{s}$ gehörenden Strahlenrichtungen $\mathfrak{f}'$ und $\mathfrak{f}''$, so hat man, da $(\mathfrak{f}')$ und $(\mathfrak{f}'')$ auf den Winkelhalbierenden M_1 und M_2 von N und seines Nebenwinkels liegen,

$$\xi' = \zeta'\sin\frac{\varepsilon}{2} - b\cos\varepsilon\,, \qquad \eta' = -\zeta'\cos\frac{\varepsilon}{2} - b\sin\varepsilon\,,$$

$$\xi'' = \zeta''\cos\frac{\varepsilon}{2} - b\cos\varepsilon\,, \qquad \eta'' = \zeta''\sin\frac{\varepsilon}{2} - b\sin\varepsilon\,.$$

Beschränkt man sich auf die nächste Umgebung von $(\mathfrak{s})$, so kann man in (130) die Glieder, welche b als Faktor enthalten, streichen und erhält, falls man noch die unter Heranziehung von (76) gebildete Abkürzung

$$\frac{n_2^2}{2}\left(\frac{1}{n_1^2}-\frac{1}{n_3^2}\right)\sin O = n_2^2\sqrt{\left(\frac{1}{n_1^2}-\frac{1}{n_2^2}\right)\left(\frac{1}{n_2^2}-\frac{1}{n_3^2}\right)} = 2u \tag{131}$$

einführt,

$$\xi' - u = -(u+b)\cos\varepsilon, \qquad \eta' = -(u+b)\sin\varepsilon,$$

$$\xi'' - u = (u-b)\cos\varepsilon, \qquad \eta'' = (u-b)\sin\varepsilon.$$

Diese Formeln liefern folgende Konstruktion zur Ermittelung der Strahlenrichtungen, welche zu einer nahe bei einer Binormalenrichtung liegenden Wellennormalenrichtung gehören[1]):

Man trägt von $(\mathfrak{b}_2)$ aus auf der positiven ξ-Achse die Strecke $(\mathfrak{b}_2)(\mathfrak{r}) = u$ ab, zieht durch $(\mathfrak{r})$ die Parallele zu $(\mathfrak{b}_2)(\mathfrak{s})$ und trägt auf dieser von $(\mathfrak{r})$ aus nach oben die Strecke $(\mathfrak{r})(\mathfrak{f}'') = u - b$, nach unten die Strecke $(\mathfrak{r})(\mathfrak{f}') = u + b$ ab. $(\mathfrak{f}')$ und $(\mathfrak{f}'')$ sind dann die Spuren der zur Wellennormalenrichtung $\mathfrak{s}$ gehörenden Strahlenrichtungen $\mathfrak{f}'$ und $\mathfrak{f}''$.

Wir zeigen jetzt noch, daß $(\mathfrak{r})$ die Spur der Biradiale $\mathfrak{r}_2$ ist, die mit $\mathfrak{b}_2$ auf der selben Seite der ersten Mittellinie liegt. Aus (131) erhält man nämlich mit Rücksicht auf (76) und (91) leicht die Beziehung

$$u = \frac{\sin\frac{O+\Omega}{2}\sin\frac{O-\Omega}{2}}{\sin O}.$$

Da die Differenz zwischen Binormalen- und Biradialenwinkel $O - \Omega$ bei nicht zu starker Doppelbrechung klein bleibt (Ziff. 14), so ist in erster Annäherung

$$u = \tfrac{1}{2}(O-\Omega); \tag{132}$$

in der Näherungsdarstellung der Abb. 7 stellt somit $(\mathfrak{r})$ in der Tat die Spur der Biradiale $\mathfrak{r}_2$ dar.

21. Singuläre Fälle zusammengehöriger Wellennormalen- und Strahlenrichtungen. Die in Ziff. 19 und 20 besprochenen Methoden versagen in den singulären Fällen, in welchen die gegebene Wellennormalenrichtung mit einer Binormale bzw. die gegebene Strahlenrichtung mit einer Biradiale zusammenfällt[2]); wir betrachten diese beiden Fälle getrennt.

a) Fällt die gegebene Wellennormalenrichtung $\mathfrak{s}$ mit einer Binormale (z. B. mit $\mathfrak{b}_2$) zusammen, so läßt sich zeigen, daß die zugehörigen Strahlenrichtungen die Mantellinien eines Kegels zweiten Grades bilden. Zunächst folgt nämlich aus (78) und (76) ($b_2 = o$, $b_1 = O$)

$$n_0' = n_0'' = n_2; \tag{133}$$

denken wir uns nun sämtliche Richtungen von einem Punkte A aus gezogen, so wird die durch $\mathfrak{s}$ und $\mathfrak{b}_2$ gelegte Ebene identisch mit der Binormalenebene. Bezeichnen wir den Winkel, den diese Ebene mit der Schwingungsebene der zum Brechungsindex n_0'' gehörenden Welle (und somit mit der Polarisationsebene der zum Brechungsindex n_0' gehörenden Welle) bildet, mit ψ, so haben wir nach Ziff. 18

$$\psi = \frac{N}{2} \tag{134}$$

[1]) W. VOIGT, N. Jahrb. f. Min. 1915 (1), S. 38.

[2]) Diese singulären Fälle waren FRESNEL entgangen. Sie wurden zuerst von W. R. HAMILTON (Rep. Brit. Assoc. 1833, S. 368; Trans. R. Irish Acad. Bd. 17, S. 132. 1837) behandelt.

zu setzen; aus (127) folgt dann unter Berücksichtigung von (133) und (134)

$$\operatorname{tg}\zeta' = \frac{n_2^2}{2}\left(\frac{1}{n_1^2} - \frac{1}{n_3^2}\right)\sin O \sin\psi, \qquad \operatorname{tg}\zeta'' = \frac{n_2^2}{2}\left(\frac{1}{n_1^2} - \frac{1}{n_3^2}\right)\sin O \cos\psi. \quad (135)$$

Die beiden Formeln (135) sind gleichbedeutend, da wegen des Zusammenfallens der Wellennormalenrichtung mit einer Binormalenrichtung ψ alle möglichen Werte zwischen o und 2π annehmen kann (vgl. Ziff. 11) und $\mathfrak{f}''$ in der Halbierungsebene des Winkels N, $\mathfrak{f}'$ in der dazu senkrechten Ebene liegt. Die Strahlenrichtungen, welche zu der mit $\mathfrak{b}_2$ zusammenfallenden Wellennormalenrichtung $\mathfrak{s}$ gehören, bilden somit in der Tat die Mantellinien eines Kegels zweiten Grades, dessen Gleichung

$$\operatorname{tg}\zeta = \frac{n_2^2}{2}\left(\frac{1}{n_1^2} - \frac{1}{n_3^2}\right)\sin O \cos\psi \quad (136)$$

lautet[1]) und dessen Spitze in A liegt. Hierin bedeutet ζ den Winkel zwischen $\mathfrak{b}_2$ und der zum Winkel ψ gehörenden Mantellinie; $\mathfrak{b}_2$ ist selbst eine Mantellinie des Kegels $\left(\psi = \frac{\pi}{2}\right)$. Der Öffnungswinkel ζ_0 des Kegels ist nach (136) und (131) bestimmt durch

$$\operatorname{tg}\zeta_0 = \frac{n_2^2}{2}\left(\frac{1}{n_1^2} - \frac{1}{n_3^2}\right)\sin O = n_2^2\sqrt{\left(\frac{1}{n_1^2} - \frac{1}{n_2^2}\right)\left(\frac{1}{n_2^2} - \frac{1}{n_3^2}\right)}. \quad (137)$$

Hierdurch ist ζ_0 durch die Hauptbrechungsindizes dargestellt und kann aus diesen berechnet werden, falls sie bekannt sind; so z. B. ist (für $\lambda_0 = 589\, m\mu$) bei Aragonit $\zeta_0 = 1°\,52'$, bei Gips $\zeta_0 = 0°\,17{,}9'$, bei rhombischem Schwefel $\zeta_0 = 7°\,10{,}9'$.

Aus (137) und den Gleichungen (131) und (132) folgt, daß ζ_0 bei kleiner Doppelbrechung gleich $O - \Omega$ ist; die Achse des zu $\mathfrak{b}_2$ gehörenden Strahlenkegels fällt somit annähernd mit der Biradiale $\mathfrak{r}_2$ zusammen.

Die Gleichung der Schnittkurve, welche der Strahlenkegel mit der zu $\mathfrak{s} = \mathfrak{b}_2$ gehörenden, von der Kegelspitze A den Abstand $1/n_2$ besitzenden Wellenebene erzeugt, ergibt sich (vgl. Abb. 8) nach Einführung der Abkürzung $p = \frac{1}{n_2}\operatorname{tg}\zeta$ mit Rücksicht auf (136) und (131) zu

$$p = \frac{n_2}{2}\left(\frac{1}{n_1^2} - \frac{1}{n_3^2}\right)\sin O \cos\psi = 2\,\frac{u}{n_2}\cos\psi, \quad (138)$$

wobei p und ψ Polarkoordinaten sind; die Kurve ist somit ein durch den Endpunkt B des (von A aus gezogenen) Vektors $\frac{1}{n_2}\mathfrak{b}_2$ gehender Kreis mit dem Durchmesser

$$d = \frac{n_2}{2}\left(\frac{1}{n_1^2} - \frac{1}{n_3^2}\right)\sin O = 2\,\frac{u}{n_2}.$$

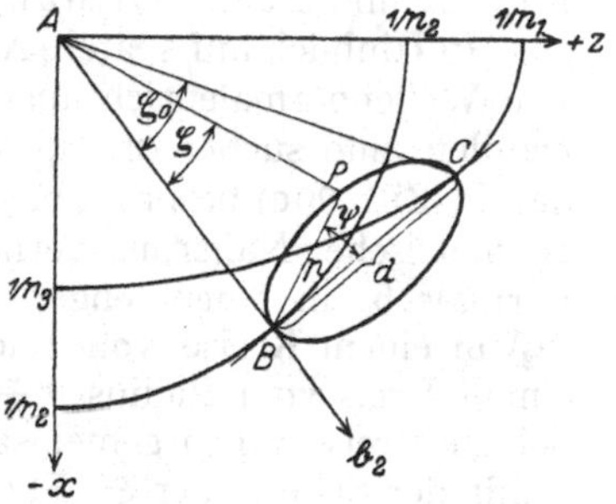

Abb. 8. Strahlenrichtungen, welche zu der mit einer Binormale zusammenfallenden Wellennormalenrichtung gehören ($\mathfrak{b}_2$ Binormalenrichtung, in welche die Wellennormalenrichtung $\mathfrak{s}$ fällt. AP Mantellinie des zu $\mathfrak{s} = \mathfrak{b}_2$ gehörenden Strahlenkegels. $BC = d$ Durchmesser des Schnittkreises [Tangentialkreises], welchen die zu $\mathfrak{b}_2$ senkrechte singuläre Tangentialebene der Strahlenfläche mit dem Strahlenkegel erzeugt. p, ψ Polarkoordinaten des Punktes P in dieser Tangentialebene. ζ Winkel zwischen AP und $\mathfrak{b}_2$. ζ_0 Öffnungswinkel des Strahlenkegels. n_1, n_2, n_3 Hauptbrechungsindizes).

Legen wir um A als Mittelpunkt die Strahlenfläche, so folgt hieraus, daß jede senkrecht zu einer Binormale im Abstande $1/n_2$ von A gelegte Ebene die Strahlenfläche in einem Kreise berührt, der durch Gleichung (138) dargestellt ist. Diese Ebenen sind singuläre Tan-

[1]) F. Neumann, Abhandlgn. d. Berl. Akad. 1835, S. 95 u. 114; Vorlesungen über theoret. Optik. Herausgeg. von E. Dorn, S. 203. Leipzig 1885; Ges. Werke Bd. II, S. 469 u. 496. Leipzig 1906.

gentialebenen der Strahlenfläche[1]), ihre Schnittlinien mit der zx-Ebene sind die gemeinsamen Tangenten an den Kreis $n_2^2(z^2+x^2)-1=0$ und die Ellipse $n_1^2 z^2 + n_3^2 x^2 - 1 = 0$ [vgl. Ziff. 17b)].

Um mit Hilfe der Strahlenfläche den Strahlenkegel zu erhalten, welcher zu der mit $\mathfrak{b}_2$ zusammenfallenden Wellennormalenrichtung $\mathfrak{s}$ gehört, hat man daher im Schnitt der Strahlenfläche mit der Binormalenebene die gemeinsame Tangente an Kreis und Ellipse zu legen und um die Verbindungsstrecke d der Berührungspunkte als Durchmesser den zur zx-Ebene senkrechten Kreis zu beschreiben. Die Verbindungslinien des Flächenmittelpunktes A mit den Punkten dieses Kreises liefern den gesuchten Strahlenkegel (Abb. 8).

Die Schwingungsebene des Strahles AP ist die durch die Wellennormalenrichtung $\mathfrak{b}_2$ und die Strahlenrichtung AP bestimmte Ebene BAP. Die Schwingungsebenen sämtlicher Strahlen des Strahlenkegels gehen somit durch die Binormale $\mathfrak{b}_2$. Für den in die Binormale $\mathfrak{b}_2$ fallenden Strahl AB $\left(\psi = \frac{\pi}{2}\right)$ steht die Schwingungsebene senkrecht zur Binormalenebene (zx-Ebene), für den gegenüberliegenden Strahl AC ($\psi = 0$) fällt sie mit der Binormalenebene zusammen[2]).

b) Der unter a) besprochene singuläre Grenzfall des Zusammenfallens einer Wellennormalenrichtung mit einer Binormale läßt sich jedoch experimentell nicht realisieren, da eine einzelne Wellenebene niemals einen von Null verschiedenen Energiebetrag transportiert, und es ist daher praktisch nicht möglich, eine bestimmte Wellennormalenrichtung zu isolieren. Ein endlicher, beobachtbarer Energiebetrag findet sich immer nur in Wellennormalenkegeln und ist der Öffnung des Kegels proportional.

In Hinblick auf spätere Anwendungen betrachten wir daher jetzt ein System von Wellennormalenrichtungen, die einen engen Kreiskegel mit $\mathfrak{b}_2$ als Achse erfüllen, und suchen die zugehörigen Strahlenrichtungen[3]); hierbei benutzen wir das in Ziff. 20c) besprochene, auf der SYLVESTERschen Konstruktion beruhende geometrische Näherungsverfahren. Umläuft die Wellennormale $\mathfrak{s}$ die Binormale $\mathfrak{b}_2$ in einem engen Kegel, so umläuft Punkt $(\mathfrak{s})$ in Abb. 7 den Punkt $(\mathfrak{b}_2)$ in einem Kreise vom Radius b. Gleichzeitig umläuft $(\mathfrak{f}')$ den Punkt $(\mathfrak{r})$ in einem Kreis vom Radius $u+b$, $(\mathfrak{f}'')$ in einem Kreis vom Radius $u-b$. Diese beiden Kreise fallen gemeinsam in den Kreis K, falls $(\mathfrak{s})$ in $(\mathfrak{b}_2)$ rückt; K ist somit der Schnitt der $\xi\eta$-Ebene mit dem singulären Strahlenkegel (136).

Ein gleichmäßig mit Wellennormalenrichtungen erfüllter dünnwandiger Kegel um $\mathfrak{b}_2$ als Achse stellt sich in der $\xi\eta$-Ebene durch zwei konzentrische Kreise um $(\mathfrak{b}_2)$ mit den Radien b und $b+\delta b$ dar; diesem Kreisring entsprechen zwei Kreisringe um $(\mathfrak{r})$ mit den Radien $u+b$ und $u+b+\delta b$ bzw. $u-b$ und $u-b-\delta b$, die mit den Strahlen $(\mathfrak{f}')$ bzw. $(\mathfrak{f}'')$ erfüllt sind.

Wir betrachten jetzt im Kristall einen von Wellennormalenrichtungen voll erfüllten engen Kreiskegel mit $\mathfrak{b}_2$ als Achse; in der $\xi\eta$-Ebene stellt sich dieser Kegel als kleine Kreisfläche mit $(\mathfrak{b}_2)$ als Mittelpunkt dar (in Abb. 9 gestrichelt gezeichnet). Diese Kreisfläche denken wir uns zerlegt in eine Schar konzentrischer, gleich breiter Kreisringe und wenden auf jeden derselben das eben gefundene Ergebnis an; der in Abb. 9 durch zwei ausgezogene Kreise begrenzte Ring um $(\mathfrak{b}_2)$ erzeugt demnach die beiden, ebenfalls ausgezogenen

[1]) Aus der in Ziff. 17d) angegebenen Beziehung zwischen Indexfläche und Strahlenfläche folgt, daß erstere ebenfalls vier singuläre Tangentialebenen besitzt, welche sie in Kreisen berühren und senkrecht zu den Biradialen liegen.

[2]) A. BEER, Pogg. Ann. Bd. 83, S. 194. 1851; Bd. 85, S. 67. 1852.

[3]) W. VOIGT, Phys. ZS. Bd. 6, S. 672 u. 818. 1905; Ann. d. Phys. Bd. 18, S. 682. 1905; N. Jahrb. f. Min. 1915 (1), S. 39.

Strahlenringe $(\mathfrak{f}')$ und $(\mathfrak{f}'')$. Je kleiner der Ring um $(\mathfrak{b}_2)$ ist, desto näher rücken die Ringe $(\mathfrak{f}')$ und $(\mathfrak{f}'')$ an den [dem singulären Kegel (136) entsprechenden] Kreis K. Hieraus folgt, daß dem kleinen Wellennormalenkegel mit $\mathfrak{b}_2$ als Achse zwei dünnwandige Strahlenkegel mit den Richtungen $\mathfrak{f}'$ und $\mathfrak{f}''$ entsprechen, die durch den Mantel des singulären Kegels (136) getrennt sind; die Intensitäten der beiden Strahlenkegel sind offenbar um so geringer, je kleiner die Öffnung des Wellennormalenkegels ist.

Zieht man durch $(\mathfrak{r})$ einen beliebigen Durchmesser, welcher mit den Ringen $(\mathfrak{f}')$ und $(\mathfrak{f}'')$ die Schnittpunkte s', σ' und s'', σ'' erzeugt, und konstruiert man für jedes Punktepaar s', s'' und σ', σ'' nach Ziff. 20c) (Abb. 7) die Schwingungsebenen M_1 und M_2, so liegen diese für zwei benachbarte, d. h. auf demselben Radius liegende Punkte (z. B. s' und σ'' oder s'' und σ') parallel.

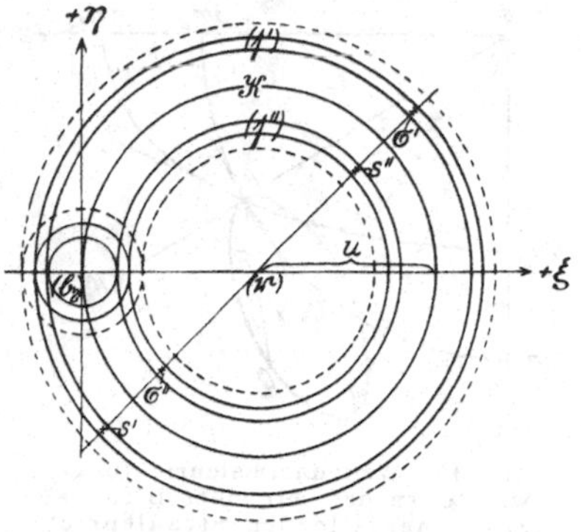

Abb. 9. Wellennormalenkegel mit einer Binormale als Achse und zugehörige Strahlenkegel. $(\mathfrak{b}_2)$ Spur der Binormale. Der um $(\mathfrak{b}_2)$ gezogene, gestrichelte Kreis gibt die Spur des von Wellennormalenrichtungen voll erfüllten Kegels. Zu dem ausgezogenen Kreisring um $(\mathfrak{b}_2)$ gehören die beiden durch ausgezogene Kreisringe dargestellten dünnwandigen Strahlenkegel $(\mathfrak{f}')$ und $(\mathfrak{f}'')$.

c) Fällt die gegebene Strahlenrichtung $\mathfrak{f}$ mit der Biradiale $\mathfrak{r}_2$ zusammen, so läßt sich zeigen, daß die zugehörigen Wellennormalenrichtungen die Mantellinien eines Kegels zweiten Grades bilden. Zunächst folgt nämlich aus (93) und (91) ($\beta_2 = 0$, $\beta_1 = \Omega$)

$$s_0' = s_0'' = n_2 ; \tag{139}$$

denken wir uns sämtliche Richtungen von einem Punkte A aus gezogen, so wird die durch $\mathfrak{f}$ und $\mathfrak{r}_2$ gelegte Ebene identisch mit der Ebene der Biradialen. Verstehen wir nun unter $\overline{\psi}$ den Winkel, welchen die Schwingungsebene des Strahles mit dem Strahlenindex s_0'' mit der durch $\mathfrak{f}$ und $\mathfrak{r}_2$ bestimmten Ebene bildet, so haben wir nach Ziff. 18

$$\overline{\psi} = \frac{S}{2} . \tag{140}$$

Aus (128) folgt dann bei Berücksichtigung von (139) und (140)

$$\operatorname{tg}\overline{\zeta}' = \frac{1}{2n_2^2}(n_1^2 - n_3^2)\sin\Omega\sin\overline{\psi} , \qquad \operatorname{tg}\overline{\zeta}'' = \frac{1}{2n_2^2}(n_1^2 - n_3^2)\sin\Omega\cos\overline{\psi} .$$

Diese Formeln entsprechen den Gleichungen (135); sie sagen aus, daß die Wellennormalen, welche zu der mit $\mathfrak{r}_2$ zusammenfallenden Strahlenrichtung $\mathfrak{f}$ gehören, den Mantel eines Kegels zweiten Grades bilden, dessen Gleichung

$$\operatorname{tg}\overline{\zeta} = \frac{1}{2n_2^2}(n_1^2 - n_3^2)\sin\Omega\cos\overline{\psi} \tag{141}$$

lautet[1]) und dessen Spitze in A liegt. Hierin bedeutet ζ den Winkel zwischen $\mathfrak{r}_2$ und der zum Winkel $\overline{\psi}$ gehörenden Mantellinie; $\mathfrak{r}_2$ ist selbst eine Mantellinie des Kegels $\left(\overline{\psi} = \frac{\pi}{2}\right)$. Der Öffnungswinkel $\overline{\zeta}_0$ des Kegels ergibt sich aus (141) bei Heranziehung von (91) zu

$$\operatorname{tg}\overline{\zeta}_0 = \frac{1}{2n_2^2}(n_1^2 - n_3^2)\sin\Omega = \frac{1}{n_2^2}\sqrt{(n_1^2 - n_2^2)(n_2^2 - n_3^2)} . \tag{142}$$

[1]) F. NEUMANN, Abhandlgn. d. Berl. Akad. 1835, S. 97; Vorlesungen über theoret. Optik. Herausgeg. von E. DORN, S. 208. Leipzig 1885; Ges. Werke Bd. II, S. 471. Leipzig 1906.

Damit ist $\overline{\zeta}_0$ durch die Hauptbrechungsindizes bestimmt und kann aus diesen berechnet werden; z. B. ist (für $\lambda_0 = 589\,\mathrm{m}\mu$) bei Aragonit $\overline{\zeta}_0 = 1^\circ\,42{,}2'$, bei Gips $\overline{\zeta}_0 = 0^\circ\,18'{,}0$, bei rhombischem Schwefel $\overline{\zeta}_0 = 7^\circ\,33'$.

Aus der letzten Formel und den Gleichungen (131) und (132) folgt, daß $\overline{\zeta}_0$ bei nicht zu starker Doppelbrechung in erster Annäherung gleich $O - \Omega$ ist, d. h. die Achse des zu $\mathfrak{r}_2$ gehörenden Wellennormalenkegels fällt nahezu mit der Binormale $\mathfrak{b}_2$ zusammen.

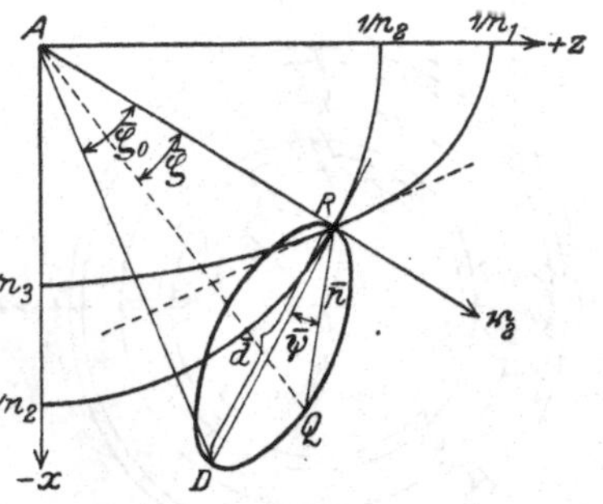

Abb. 10. Wellennormalenrichtungen, welche zu der mit einer Biradiale zusammenfallenden Strahlenrichtung gehören. ($\mathfrak{r}_2$ Biradialenrichtung, in welche die Strahlenrichtung $\mathfrak{s}$ fällt. AQ Mantellinie des zu $\mathfrak{s} = \mathfrak{r}_2$ gehörenden Wellennormalenkegels. $RD = \overline{d}$ Durchmesser des Schnittkreises, welchen die zu $\mathfrak{r}_2$ senkrechte Tangentialebene der Strahlenfläche mit dem Wellennormalenkegel erzeugt. $\overline{p}$, $\overline{\psi}$ Polarkoordinaten des Punktes Q in dieser Tangentialebene. ζ Winkel zwischen AQ und $\mathfrak{r}_2$, $\overline{\zeta}_0$ Öffnungswinkel des Wellennormalenkegels. n_1, n_2, n_3 Hauptbrechungsindizes).

Die Öffnungswinkel ζ_0 und $\overline{\zeta}_0$ hängen nach (137) und (142) durch die Beziehung zusammen

$$n_2^2 \operatorname{tg} \overline{\zeta}_0 = n_1 n_3 \operatorname{tg} \zeta_0 .$$

Eine senkrecht zu $\mathfrak{s} = \mathfrak{r}_2$ im Abstand $1/n_2$ von der Kegelspitze A gelegte Ebene schneidet den Wellennormalenkegel in einer Kurve (Abb. 10), deren Gleichung sich aus (141) nach Einführung der Abkürzung $\overline{p} = \frac{1}{n_2} \operatorname{tg} \overline{\zeta}$ in Polarkoordinaten $\overline{p}$, $\overline{\psi}$ zu

$$\overline{p} = \frac{1}{2}\,\frac{n_1^2 - n_3^2}{n_2^3} \sin\Omega \cos\overline{\psi} .$$

ergibt; diese Kurve ist somit ein Kreis, der durch den Endpunkt R des (von A aus gezogenen) Vektors $\frac{1}{n_2}\mathfrak{r}_2$ geht und den Durchmesser

$$\overline{d} = \frac{1}{2}\,\frac{n_1^2 - n_3^2}{n_2^3} \sin\Omega$$

besitzt.

Legt man durch den zu $\mathfrak{r}_2$ gehörenden konischen Doppelpunkt R der Strahlenfläche ihre sämtlichen Tangentialebenen und fällt vom Flächenmittelpunkt auf diese Ebenen die Lote, so sind diese nach Ziff. 20b) identisch mit den Mantellinien des Wellennormalenkegels (141).

Um mit Hilfe der Strahlenfläche den Wellennormalenkegel zu erhalten, welcher zu der mit $\mathfrak{r}_2$ zusammenfallenden Strahlenrichtung $\mathfrak{s}$ gehört, legt man daher im Schnitt der Strahlenfläche mit der zx-Ebene durch den Schnittpunkt R von Kreis und Ellipse die Tangenten an beide Kurven, zieht vom Flächenmittelpunkt A die Normale zur Ellipsentangente und bestimmt deren Schnittpunkt D mit der Kreistangente (Abb. 10); die Verbindungslinien des Flächenmittelpunktes A mit den Punkten des senkrecht zur zx-Ebene um $RD = \overline{d}$ als Durchmesser beschriebenen Kreises liefern den gesuchten Wellennormalenkegel.

Die Schwingungsebene der zur Wellennormalenrichtung AQ gehörenden Welle ist die durch AQ und die Strahlenrichtung $\mathfrak{r}_2$ bestimmte Ebene RAQ. Die Schwingungsebenen sämtlicher Wellen des Wellennormalenkegels gehen somit durch die Biradiale $\mathfrak{r}_2$. Für die in die Biradiale $\mathfrak{r}_2$ fallende Wellennormalenrichtung $AR\left(\overline{\psi} = \frac{\pi}{2}\right)$ steht die Schwingungsebene senkrecht zur Biradialenebene (zx-Ebene), für die gegenüberliegende Wellennormalenrichtung AD ($\overline{\psi} = 0$) fällt sie mit der Biradialenebene zusammen.

Aus Abb. 8 und 10 folgt, daß der zu einer Binormale gehörende Strahlenkegel und der zur entsprechenden Biradiale gehörende Wellennormalenkegel sich durch die Orientierung ihrer Schwingungsebenen voneinander unterscheiden; die Mantellinie, für welche die Schwingungsebene mit der Binormalenebene

(zx-Ebene) zusammenfällt, ist bei dem einen Kegel der ersten Mittellinie (z-Achse), bei dem anderen Kegel der zweiten Mittellinie (x-Achse) zugewandt.

22. Zusammengehörige Schalen der abgeleiteten Flächen. Die abgeleiteten Flächen sind (vgl. Ziff. 17) zweischalige Flächen, die beiden Schalen jeder Fläche hängen in ihren vier konischen Doppelpunkten zusammen. Wir stellen uns jetzt die Frage, welche Schalenteile der einzelnen Flächen einander entsprechen, da hierauf ein unterschiedliches Verhalten zwischen den nicht aktiven und den aktiven Kristallen beruht (vgl. Ziff. 108).

Wir betrachten zunächst Normalen- und Strahlenfläche und bezeichnen die innere Schale der Normalenfläche mit N', ihre äußere Schale mit N''; da die Normalenfläche die Fußpunktsfläche der Strahlenfläche ist (Ziff. 17d), so folgt unmittelbar, daß zu N' die innere Schale der Strahlenfläche gehört zuzüglich derjenigen Teile der äußeren Schale, welche in den konischen Doppelpunkten zusammenhängen und von den Berührungskreisen der in Ziff. 21 besprochenen singulären Tangentialebenen begrenzt werden. Zu N'' gehört die äußere Schale der Strahlenfläche, abzüglich der in den konischen Doppelpunkten zusammenhängenden und von den Berührungskreisen der singulären Tangentialebenen begrenzten Teile. Abb. 11 veranschaulicht die zugehörigen Teile der Normalen- und Strahlenfläche an Hand ihrer Schnittkurven mit dem ersten Quadranten der zx-Ebene; die den zusammengehörigen Teilen entsprechenden Kurvenstücke (N' und S' bzw. N'' und S'') sind gleich stark ausgezogen[1]).

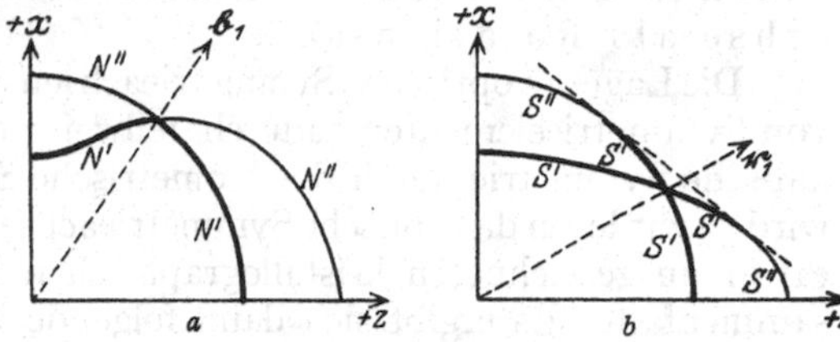

Abb. 11. Zusammengehörige Schalen der Normalen- und Strahlenfläche. (Die Abbildung gibt die Schnittkurven der Flächen mit dem ersten Quadranten der zx-Ebene. *a* Normalen-, *b* Strahlenfläche. Die den zugehörigen Schalen N' und S' bzw. N'' und S'' entsprechenden Kurvenstücke sind stark bzw. schwach ausgezogen. $\mathfrak{b}_1$ Einheitsvektor der Binormale, $\mathfrak{r}_1$ Einheitsvektor der Biradiale.)

Da Indexfläche und Normalenfläche inverse Flächen sind [Ziff. 17d)], so entspricht die äußere Schale der Indexfläche der inneren Schale der Normalenfläche und umgekehrt.

23. Optische Eigenschaften und Kristallsymmetrie. Die bisher behandelten Gesetze der Lichtausbreitung in einem nicht absorbierenden, nicht aktiven Kristall gelten ganz allgemein; wir besprechen jetzt die Vereinfachungen infolge Auftretens von Symmetrieelementen[2]), wie sie bei den einzelnen Kristallsystemen tatsächlich vorkommen.

Sind Symmetrieelemente vorhanden, so reduziert sich die Anzahl der voneinander unabhängigen Tensorkomponenten (39) auf eine geringere; hierdurch wird eine Vereinfachung der Lage und Gestalt der Fläche des optischen Dielektrizitätstensors (41) bzw. des mit ihr identischen FRESNELschen Ellipsoides (104), sowie der übrigen Konstruktions- und abgeleiteten Flächen bedingt.

Besitzt der Kristall eine Spiegelebene (z. B. die $x'y'$-Ebene), so behalten bei einer Spiegelung an dieser die Komponenten $\mathfrak{L}_{j'x'}$ und $\mathfrak{L}_{j'y'}$ des in (39) auftretenden polaren Vektors $\mathfrak{L}$ ihre Vorzeichen bei, während die Komponente $\mathfrak{L}_{jz'}$ das ihrige umkehrt; somit bleiben die Vorzeichen von ε_{11}, ε_{22}, ε_{33} und ε_{12} ungeändert, während ε_{23} und ε_{31} die Vorzeichen wechseln. Dies ist mit der Invarianz der ε_{ih} nur für $\varepsilon_{23} = \varepsilon_{31} = 0$ verträglich, d. h. die Spiegelebene ist eine optische Symmetrieebene.

1) W. VOIGT, Phys. ZS. Bd. 6, S. 788. 1905.

2) Über die Symmetrieelemente der Kristallsysteme vgl. den Abschnitt über den Aufbau der festen Materie und seine Erforschung durch Röntgenstrahlen in Bd. XXIV ds. Handb.

Ist eine zweizählige Symmetrieachse vorhanden und diese z. B. die z'-Achse, so erhält man durch eine analoge Betrachtung $\varepsilon_{23} = \varepsilon_{31} = 0$; ist die z'-Achse eine mehr als zweizählige Symmetrieachse, so wird außerdem $\varepsilon_{12} = 0$, $\varepsilon_{11} = \varepsilon_{22}$. Jede zweizählige Symmetrieachse ist somit eine optische Symmetrieachse; existiert eine mehr als zweizählige Symmetrieachse, so sind die Konstruktions- und abgeleiteten Flächen Rotationsflächen mit der Symmetrieachse als Rotationsachse.

Besitzt der Kristall eine vierzählige Drehspiegelachse, und ist diese wieder die z'-Achse, so wird bei Ausführung der Deckoperation $\mathfrak{L}_{jx'}$ in $\mathfrak{L}_{jy'}$, $\mathfrak{L}_{jy'}$ in $-\mathfrak{L}_{jx'}$ und $\mathfrak{L}_{jz'}$ in $-\mathfrak{L}_{jz'}$ übergeführt. Man erhält daher mit Hilfe von (39) $\varepsilon_{11} = \varepsilon_{22}$, $\varepsilon_{23} = \varepsilon_{31} = \varepsilon_{12} = 0$. Die Konstruktions- und abgeleiteten Flächen sind wieder Rotationsflächen mit der Drehspiegelachse als Rotationsachse.

Die Lage des optischen Symmetrieachsensystems x, y, z ist beim Vorhandensein von Symmetrieelementen dadurch teilweise oder ganz festgelegt, daß die physikalische Symmetrie durch die geometrische Symmetrie der Kristallform bedingt wird[1]; wir legen das optische Symmetrieachsensystem so, daß beim Vorhandensein einer ausgezeichneten kristallographischen Richtung die z-Achse mit ihr zusammenfällt. Es ergibt sich dann folgende Übersicht über die Kristallsysteme:

I. Triklines System (keine Symmetrieebene oder -achse, somit keine ausgezeichnete Lage des optischen Symmetrieachsensystems). Die Hauptachsen der Konstruktionsflächen sind verschieden.

II. Monoklines System (z-Achse senkrecht zur Spiegelebene bzw. parallel zur zweizähligen Symmetrieachse; $\varepsilon_{23} = \varepsilon_{31} = 0$). Die Hauptachsen der Konstruktionsflächen sind verschieden.

III. Rhombisches System (optische Symmetrieachsen parallel zu den drei untereinander senkrechten zweizähligen Symmetrieachsen; bzw. z-Achse parallel zur zweizähligen Symmetrieachse, x-Achse und y-Achse je senkrecht zu einer der beiden durch die z-Achse gehenden Symmetrieebenen; $\varepsilon_{23} = \varepsilon_{31} = \varepsilon_{12} = 0$, $\varepsilon_{11} = \varepsilon_1$, $\varepsilon_{22} = \varepsilon_2$, $\varepsilon_{33} = \varepsilon_3$). Die Hauptachsen der Konstruktionsflächen sind verschieden.

IV. Trigonales System (z-Achse parallel zur dreizähligen Symmetrieachse; $\varepsilon_{23} = \varepsilon_{31} = \varepsilon_{12} = 0$, $\varepsilon_{11} = \varepsilon_{22} = \varepsilon_1$, $\varepsilon_{33} = \varepsilon_3$). Die Konstruktionsflächen und abgeleiteten Flächen sind Rotationsflächen mit der z-Achse als Rotationsachse.

V. Tetragonales System (z-Achse parallel zur vierzähligen Symmetrieachse bzw. Drehspiegelachse; $\varepsilon_{23} = \varepsilon_{31} = \varepsilon_{12} = 0$, $\varepsilon_{11} = \varepsilon_{22} = \varepsilon_1$, $\varepsilon_{33} = \varepsilon_3$). Wie IV.

VI. Hexagonales System (z-Achse parallel zur sechszähligen Symmetrieachse bzw. Drehspiegelachse; $\varepsilon_{23} = \varepsilon_{31} = \varepsilon_{12} = 0$, $\varepsilon_{11} = \varepsilon_{22} = \varepsilon_1$, $\varepsilon_{33} = \varepsilon_3$). Wie IV.

VII. Kubisches System (optische Symmetrieachsen parallel zu den drei untereinander senkrechten, gleichwertigen, zweizähligen Symmetrieachsen; $\varepsilon_{23} = \varepsilon_{31} = \varepsilon_{12} = 0$, $\varepsilon_{11} = \varepsilon_{22} = \varepsilon_{33} = \varepsilon$). Der optische Dielektrizitätstensor wird zum Skalar, die Konstruktionsflächen und abgeleiteten Flächen sind Kugeln.

Die Kristalle des kubischen Systems verhalten sich daher in optischer Hinsicht wie isotrope Körper[2]), während alle den übrigen Kristallsystemen angehörenden Kristalle in optischer Hinsicht anisotrop sind.

---

[1]) Vgl. z. B. W. VOIGT, Lehrbuch der Kristallphysik, § 12, S. 19. Leipzig 1910.

[2]) Über eine möglicherweise bei kubischen Kristallen vorhandene optische Anisotropie vgl. Ziff. 6.

24. Optisch einachsige und zweiachsige Kristalle. a) Unterschied zwischen optisch einachsigen und optisch zweiachsigen Kristallen. Bei den Kristallen der Systeme IV, V und VI ist wegen $\varepsilon_{11} = \varepsilon_{22} = \varepsilon_1$ gemäß (46)

$$n_1 = n_2; \tag{143}$$

aus (76) und (91) ergibt sich, daß bei ihnen die Binormalen und Biradialen in die Richtung der z-Achse fallen. Die Kristalle der Systeme IV, V und VI nennt man daher optisch einachsig; die kristallographische Achse, in welche die Binormalen und Biradialen fallen, bezeichnet man als optische Achse.

Die Kristalle der Systeme I, II und III heißen wegen des Vorhandenseins von zwei nicht zusammenfallenden Binormalen bzw. Biradialen optisch zweiachsig[1]).

b) Ordentliche und außerordentliche Welle; ordentlicher und außerordentlicher Strahl. Bezeichnen wir bei optisch einachsigen Kristallen den Winkel zwischen Wellennormalenrichtung und optischer Achse mit b, so haben wir in (78) $b_1 = b_2 = b$ zu setzen und erhalten mit Rücksicht auf (143)

$$n_0' = n_1 = n_2, \tag{144}$$

$$\frac{1}{n_0''^2} = \frac{\cos^2 b}{n_1^2} + \frac{\sin^2 b}{n_3^2}. \tag{145}$$

Der Brechungsindex (144) der einen der beiden zu einer gegebenen Wellennormalenrichtung $\mathfrak{s}$ gehörenden Wellen ist somit konstant. Wegen $b_1 = b_2 = b$ wird nach (127) ferner $\zeta' = 0$, die Richtung $\mathfrak{f}'$ des zu dieser Welle gehörenden Strahles fällt also in Richtung der Wellennormale; sein Strahlenindex s' ergibt sich aus (122) und (118) zu

$$s' = n_0' = n_1. \tag{146}$$

Die Welle mit dem Brechungsindex n_0' verhält sich demnach wie eine in einem isotropen Medium fortschreitende Welle, sie wird deshalb als ordentliche, ordinäre oder gewöhnliche Welle bezeichnet; dementsprechend heißt auch der in ihre Wellennormalenrichtung fallende Strahl mit dem Strahlenindex (146) der ordentliche, ordinäre oder gewöhnliche Strahl.

Der Brechungsindex (145) der zweiten zu $\mathfrak{s}$ gehörenden Welle hängt von dem Winkel b zwischen $\mathfrak{s}$ und der optischen Achse ab. Nach (127) und (145) ist ferner ζ'' wegen $N = 0$ und $b_1 = b_2 = b$ durch die Formel bestimmt

$$\operatorname{tg}\zeta'' = \frac{1}{2\left(\frac{\cos^2 b}{n_1^2} + \frac{\sin^2 b}{n_3^2}\right)}\left(\frac{1}{n_1^2} - \frac{1}{n_3^2}\right)\sin 2b. \tag{147}$$

ζ'' ist also im allgemeinen von Null verschieden, der zugehörige Strahl besitzt demnach im allgemeinen eine von $\mathfrak{s}$ verschiedene Richtung $\mathfrak{f}''$; $\mathfrak{s}$ und $\mathfrak{f}''$ fallen nur zusammen für $b = 0$ oder $b = \frac{\pi}{2}$, d. h. bei einer parallel oder senkrecht zur optischen Achse fortschreitenden Welle. Der zu $\mathfrak{f}''$ gehörende Strahlenindex s'' bestimmt sich durch (122), wobei für P der sich aus (119) ergebende Wert ($N = 0$, $b_1 = b_2 = b$)

$$P'' = \pm\frac{1}{2}\left(\frac{1}{n_1^2} - \frac{1}{n_3^2}\right)\sin 2b$$

zu setzen ist. Aus (147) folgt, daß ζ'' sein Maximum ζ_m'' für $\operatorname{tg} b = \pm\frac{n_3}{n_1}$ erreicht und daß $\operatorname{tg}\zeta_m'' = \pm\frac{n_3^2 - n_1^2}{2n_1 n_3}$ ist[2]).

[1]) Der Unterschied zwischen optisch einachsigen und zweiachsigen Kristallen ist von D. Brewster (Phil. Trans. 1818, S. 199) gefunden worden.

[2]) Die Halbierungslinie von ζ_m'' besitzt gegen die positive z-Achse die Neigung $\pm\frac{\pi}{4}$; vgl. Ziff. 19c.

Die Welle mit dem Brechungsindex n_0'' heißt die außerordentliche, extraordinäre oder außergewöhnliche Welle, der zugehörige Strahl mit dem Strahlenindex s_0'' der außerordentliche, extraordinäre oder außergewöhnliche Strahl.

Demgemäß wird $n_0' = n_1$ auch als der ordentliche, ordinäre oder gewöhnliche Brechungsindex, n_0'' als der außerordentliche, extraordinäre oder außergewöhnliche Brechungsindex bezeichnet; entsprechend sind die Benennungen von s_0' und s_0''[1]).

Da $N = 0$ ist, so folgt aus Ziff. 18, daß die Polarisationsebene der ordentlichen Welle die durch $\mathfrak{s}$ und die optische Achse bestimmte Ebene ist, welche man als den zu $\mathfrak{s}$ gehörenden Hauptschnitt[2]) des optisch einachsigen Kristalls bezeichnet[3]). Die Schwingungsebene der ordentlichen Welle ist somit die durch die Wellennormale senkrecht zu deren Hauptschnitt gelegte Ebene, die Schwingungsebene der außerordentlichen Welle ist der Hauptschnitt der Wellennormale.

Der außerordentliche Strahl liegt demnach im Hauptschnitt der Wellennormale; ist β der Winkel, den seine Richtung $\mathfrak{f}''$ mit der optischen Achse bildet, so haben wir

$$\beta = b + \zeta'';$$

ζ'' ist durch (147) gegeben, das Vorzeichen von ζ'' bestimmt sich nach Ziff. 19d.

Die ursprünglich nur für optisch einachsige Kristalle getroffene Unterscheidung zwischen ordentlicher und außerordentlicher Welle überträgt man sinngemäß auch auf optisch zweiachsige Kristalle[4]); bei diesen nennt man von den durch (78) definierten Brechungsindizes n_0' den ordentlichen, n_0'' den außerordentlichen. Hier ist aber keineswegs immer diejenige Welle die ordentliche, welche in einer optischen Symmetrieebene konstanten Brechungsindex besitzt. In der yz-Ebene ($b_1 = b_2 = b$) wird allerdings $n_0' = n_1$, $\frac{1}{n_0''^2} = \frac{\cos^2 b}{n_1^2} + \frac{\sin^2 b}{n_3^2}$; dagegen ist in der xy-Ebene ($b_1 + b_2 = \pi$)

$$\frac{1}{n_0'^2} = \frac{\sin^2 b_1}{n_1^2} + \frac{\cos^2 b_1}{n_3^2}, \qquad n_0'' = n_3.$$

Die zx-Ebene (Binormalenebene) endlich zerfällt sogar in zwei Bereiche mit verschiedenem Verhalten; für den die z-Achse enthaltenden Winkelraum zwischen den Binormalen und ihren rückwärtigen Verlängerungen ($b_1 + b_2 = O$) folgt aus (78) und (76) $n_0'' = n_2$, dagegen für den die x-Achse enthaltenden Winkelraum ($b_2 - b_1 = \pm O$) $n_0' = n_1$.

c) Positive und negative Kristalle. Die Gestalt der Konstruktionsflächen kann als Einteilungsprinzip für das optische Verhalten der Kristalle dienen.

Die Konstruktionsflächen und abgeleiteten Flächen besitzen bei optisch einachsigen Kristallen Rotationssymmetrie (Ziff. 23), ihre auf die optischen

---

1) Die Bezeichnungen „ordentlich" und „außerordentlich" stammen von E. BARTHOLINUS, Experimenta crystalli islandici disdiaclastici quibus mira et insolita refractio detegitur, S. 29. Kopenhagen 1669; deutsch von K. MIELEITNER in Ostwalds Klassiker der exakt. Wissensch. Nr. 205, S. 20. Leipzig 1922.

2) Die Bezeichnung Hauptschnitt stammt von CHR. HUYGHENS, Traité de la lumière, S. 52. Leiden 1690 (Deutsch von E. LOMMEL in Ostwalds Klassiker der exakt. Wissensch. Nr. 20, S. 51. Leipzig 1890); Opera reliqua Bd. I, S. 41. Amsterdam 1728.

3) Der zu einer bestimmten Richtung gehörende Hauptschnitt eines optisch einachsigen Kristalls ist somit die durch diese Richtung und die optische Achse bestimmte Ebene; unter dem zu einer bestimmten Ebene gehörenden Hauptschnitt versteht man die durch die Normale dieser Ebene und die optische Achse bestimmte Ebene.

4) G. G. STOKES, Cambr. and Dublin math. Journ. Bd. 1, S. 183. 1846; Mathem. and Phys. Papers. Bd. 1, S. 148. Cambridge 1880.

Symmetrieachsen bezogenen Gleichungen sind nach Ziff. 16 und 17 mit Rücksicht auf (143) die folgenden:

Ovaloid $(x^2+y^2+z^2)^2 = \frac{1}{n_1^2}(x^2+y^2) + \frac{z^2}{n_3^2}$,

Indexellipsoid $\frac{1}{n_1^2}(x^2+y^2) + \frac{z^2}{n_3^2} - 1 = 0$,

FRESNELsches Ellipsoid $n_1^2(x^2+y^2) + n_3^2 z^2 - 1 = 0$,

Normalenfläche $\{n_1^2(x^2+y^2+z^2-1)\}\{n_1^2 n_3^2(x^2+y^2+z^2)^2 - n_1^2(x^2+y^2) - n_3^2 z^2\} = 0$.

Strahlenfläche $\{n_1^2(x^2+y^2+z^2) - 1\}\{n_3^2(x^2+y^2) + n_1^2 z^2 - 1\} = 0$,

Indexfläche $\{x^2+y^2+z^2-n_1^2\}\{n_1^2(x^2+y^2) + n_3^2 z^2 - n_1^2 n_3^2\} = 0$.

Jede abgeleitete Fläche zerfällt somit in eine Kugel und eine Rotationsfläche (ovalförmige Rotationsfläche bei der Normalenfläche, Rotationsellipsoid bei der Strahlen- und der Indexfläche), die sich in der z-Achse berühren. Bei der Indexfläche umschließt das Rotationsellipsoid die Kugel oder umgekehrt, je nachdem $n_1 < n_3$ oder $n_1 > n_3$ ist; im ersteren Falle ist das Indexellipsoid in Richtung der optischen Achse verlängert, im zweiten Falle abgeplattet. Einen optisch einachsigen Kristall mit $n_1 < n_3$ nennt man positiv, einen mit $n_1 > n_3$ negativ[1]; z. B. ist Zirkon positiv, Kalkspat negativ einachsig. Nach (144) und (145) ist bei den positiv einachsigen Kristallen die außerordentliche, bei den negativ einachsigen Kristallen die ordentliche Welle die stärker brechbare.

Die optisch zweiachsigen Kristalle heißen positiv oder negativ, je nachdem der Binormalenwinkel O spitz oder stumpf ist. Aus (76) folgt nun

$$\cos O = \frac{\frac{2}{n_2^2} - \frac{1}{n_1^2} - \frac{1}{n_3^2}}{\frac{1}{n_1^2} - \frac{1}{n_3^2}}$$

und hieraus schließt man leicht, daß der optisch zweiachsige Kristall positiv ist, wenn die mittlere Hauptachse $2n_2$ des Indexellipsoides der kleinsten Hauptachse näher liegt als der größten, und daß er negativ ist, wenn das Umgekehrte zutrifft. Die Bezeichnung geht somit beim Zusammenfallen der Binormalen in die für einachsige Kristalle geltende über.

Die Eigenschaft der Kristalle, positiv oder negativ zu sein, bezeichnet man auch als den Charakter der Doppelbrechung.

Wir bemerken noch, daß der mesomorphe Aggregatzustand (vgl. Ziff. 7) stets optisch einachsig ist[2], und zwar sind die nicht aktiven mesomorphen Zustände, nämlich der smektische Zustand und der eigentlich nematische Zustand, ausnahmslos positiv einachsig[3].

25. Einfluß der Temperatur auf die optischen Konstanten der nicht absorbierenden, nicht aktiven Kristalle. Nur beim absoluten Nullpunkt der Temperatur sind die Atome des Kristalls fest an ihre Lage in den Gitterpunkten

[1] Die beiden Arten der Doppelbrechung bei einachsigen Kristallen wurden zuerst von J. B. BIOT [Mém. de la classe des Scienc. math. et phys. de l'Inst. 1812 (2), S. 28] unterschieden. Die Bezeichnung positiv und negativ rührt von D. BREWSTER (Phil. Trans. 1818, S. 219) her.

[2] Vgl. insbesondere D. VORLÄNDER u. H. HAUSWALDT, Abhandlgn. d. K. Leop.-Car. Deutsch. Akad. d. Naturf. Bd. 90, S. 107. 1909; eine vereinzelte abweichende Beobachtung von F. WALLERANT (C. R. Bd. 148, S. 1291. 1909) bei dem von allen anderen Autoren als optisch einachsig festgestellten p-Azoxianysol hat sich nicht bestätigt und war vermutlich durch Spannungen des Präparates verursacht.

[3] D. VORLÄNDER u. M. E. HUTH, ZS. f. phys. Chem. Bd. 75, S. 641. 1911; G. FRIEDEL, Ann. d. phys. Bd. 18, S. 298 u. 347. 1922.

gebunden; bei allen anderen Temperaturen befinden sie sich in einer Wärmebewegung. Die Punkte des Raumgitters bezeichnen somit zwar die Gleichgewichtslagen, um welche sich die Atome bewegen, aber nicht deren wirkliche Stellen im Raume. Diese Wärmebewegung der Atome hat zur Folge, daß die optischen Dielektrizitätskonstanten (39) von der Temperatur abhängig sind.

Eine vollständige Ausarbeitung der Gitteroptik, durch welche diese Temperaturabhängigkeit quantitativ dargestellt wird, liegt bis jetzt noch nicht vor; die folgende Übersicht enthält daher nur eine Zusammenstellung der bisherigen Beobachtungen.

Die Temperaturabhängigkeit der optischen Dielektrizitätskonstanten bedingt eine solche der Hauptbrechungsindizes; es müssen somit sämtliche von den letzteren abhängenden Größen Temperaturabhängigkeit zeigen. Außerdem müssen die Kristalle des triklinen Systems wegen der Temperaturabhängigkeit von ε_{23}, ε_{31} und ε_{12} und die Kristalle des monoklinen Systems wegen der Temperaturabhängigkeit von ε_{12} eine mit der Temperatur veränderliche Lage des optischen Symmetrieachsensystems besitzen (vgl. Ziff. 23).

a) Temperaturabhängigkeit der Hauptbrechungsindizes. Eine Temperaturänderung hat eine thermische Dilatation und damit eine Dichteänderung des Kristalls zur Folge; da eine solche die Hauptbrechungsindizes ändert, so ist die Temperaturabhängigkeit der letzteren zum Teil schon durch die die Temperaturänderung begleitende Deformation bedingt. Ist ϑ die Temperatur, $n_h (h = 1, 2, 3)$ ein Hauptbrechungsindex, $\left(\frac{d n_h}{d \vartheta}\right)$ der durch die thermische Deformation bedingte Temperaturkoeffizient und $\frac{\partial n_h}{\partial \vartheta}$ der reine Temperaturkoeffizient von n_h, so ist der von der Beobachtung unmittelbar gelieferte totale Temperaturkoeffizient

$$\frac{d n_h}{d \vartheta} = \left(\frac{d n_h}{d \vartheta}\right) + \frac{\partial n_h}{\partial \vartheta}. \tag{148}$$

$\left(\frac{d n_h}{d \vartheta}\right)$ läßt sich aus den thermischen Ausdehnungskoeffizienten des Kristalls und den Beobachtungen über die optische Wirkung elastischer Deformationen berechnen.

Fast alle vorliegenden Beobachtungen[1]) beziehen sich auf den totalen Temperaturkoeffizienten $\frac{d n_h}{d \vartheta}$; $\left(\frac{d n_h}{d \vartheta}\right)$ und der sich mit seiner Hilfe aus (148) ergebende reine Temperaturkoeffizient $\frac{\partial n_h}{\partial \vartheta}$ sind bis jetzt nur bei einigen optisch einachsigen und kubischen Kristallen bestimmt worden[2]).

Die Temperaturabhängigkeit der Differenzen $n_2 - n_3$, $n_3 - n_1$ und $n_1 - n_2$, durch welche die Größe der Doppelbrechung bestimmt wird, ist verschieden; so z. B. nimmt mit zunehmender Temperatur die Differenz $n_1 - n_3$ bei (dem negativ einachsigen) Kalkspat ab, dagegen bei (dem gleichfalls negativ-einachsigen) Beryll zu.

---

[1]) Vgl. hierzu die Zusammenstellungen bei H. DUFET, Rec. de données numér. Tab. XI (Bd. II, S. 417—448; Bd. III, S. 1218—1223), Tab. XV (Bd. II, S. 751—766; Bd. III, S. 1255). Paris 1899—1900; LANDOLT-BÖRNSTEIN, Physikal.-chem. Tabellen, 5. Aufl., Tab. 168—173 (Bd. II, S. 919—955; Erg.-Bd. S. 485—522). Berlin 1923—1927.

[2]) F. POCKELS, Wied. Ann. Bd. 37, S. 372. 1889 (Flußspat); Bd. 39, S. 454 u. 463. 1890 (Steinsalz, Sylvin); Ann. d. Phys. Bd. 11, S. 749. 1903 (Kalkspat). Vgl. außerdem die Literaturhinweise in Ziff. 109a).

Im mesomorphen Aggregatzustande[1]) sind die Temperaturkoeffizienten von n_1 und n_3 beträchtlich[2]). Das normale Verhalten [z. B. bei Äthoxybenzalamino-α-Methylzimtsäureäthylester[3])] ist so, daß $\frac{dn_1}{d\vartheta}$ positiv und $\frac{dn_3}{d\vartheta}$ negativ wird; beim Eintritt in den isotrop-flüssigen Zustand (vgl. Ziff. 7) liegt dann dessen Brechungsindex n_i zwischen n_1 und n_3 derart, daß $n_3 - n_i$ etwa doppelt so groß ist wie $n_i - n_1$ und somit die Quotienten

$$\frac{n_3 - n_i}{n_1 - n_i} \quad \text{und} \quad \frac{n_3^2 - n_i^2}{n_1^2 - n_i^2} \cdot \frac{n_1^2 + 2}{n_3^2 + 2}$$

nahe bei -2 liegende Werte besitzen[4]). Bemerkenswert ist, daß die in Ziff. 7 erwähnte BORNsche Theorie des mesomorphen Zustandes diese „normale" Temperaturabhängigkeit der Brechungsindizes richtig wiedergibt.

Es gibt aber auch Substanzen [z. B. n-buttersaures Natrium, n-valeriansaures Natrium und isovaleriansaures Natrium[5])], die ein hiervon abweichendes Verhalten des mesomorphen Zustandes zeigen, indem in diesem $\frac{dn_1}{d\vartheta}$ und $\frac{dn_2}{d\vartheta}$ beide negativ sind und beim Übergang in den isotrop flüssigen Zustand $n_1 > n_i$, $n_2 > n_i$ ist.

b) Temperaturabhängigkeit des Binormalenwinkels. Die Temperaturabhängigkeit der Hauptbrechungsindizes hat nach (76) eine solche des Binormalenwinkels zur Folge[6]). Die Hauptbrechungsindizes sind erfahrungsgemäß mit großer Annäherung durch lineare Funktionen der Temperatur darstellbar, d. h. durch Ansätze von der Form

$$n_h = p_h + q_h \vartheta \qquad (h = 1, 2, 3);$$

ist die Doppelbrechung gering, d. h. sind die Differenzen $n_2 - n_3$, $n_3 - n_1$ und $n_1 - n_2$ klein, so erhält man aus (76) und der letzten Gleichung in erster Annäherung

$$\sin^2 \frac{O}{2} = \frac{(p_1 - p_2) + (q_1 - q_2)\vartheta}{(p_1 - p_3) + (q_1 - q_3)\vartheta}.$$

Für $\vartheta = \vartheta_0 = \frac{p_1 - p_2}{q_2 - q_1}$ verschwindet demnach O und der Kristall wird optisch einachsig. Ist der Binormalenwinkel klein, so ändert er sich in der Um-

1) Vgl. hierzu die Bemerkung Ziff. 24c.

2) Vgl. die Zusammenstellungen bei W. VOIGT, Phys. ZS. Bd. 17, S. 152. 1916; F. STUMPF Jahrb. f. Radioakt. Bd. 15, S. 12. 1918.

3) E. DORN u. W. LOHMANN, Ann. d. Phys. Bd. 29, S. 533. 1909; W. HARZ, Die optischen Eigenschaften des Äthoxybenzalamino-α-Methylzimtsäureäthylesters. Dissert. Halle 1917.

4) L. ROYER, C. R. Bd. 178, S. 1066. 1924; Journ. de phys. (6) Bd. 5, S. 208. 1924.

5) L. OBERLÄNDER, Untersuchungen über Brechungskoeffizienten flüssiger Kristalle bei höheren Temperaturen. Dissert. Halle 1914.

6) Bezüglich der bisherigen Beobachtungen vgl. außer den älteren Angaben bei H. DUFET, Rec. de données numér. Tab. XV (Bd. II, S. 751–766; Bd. III, S. 1255). Paris 1899–1900; insbesondere U. PANICHI, Mem. Acc. Linc. (5) Bd. 4, S. 389. 1904 (Heulandit, Analcit, Cerussit, Leadhillit, Gips, Anhydrit, Datolit, Brucit, Celestit, Brookit, Adular, Sanidin; ϑ bis $-190°$ C); Bd. 6, S. 64. 1906 (Baryt); A. E. H. TUTTON, ZS. f. Krist. Bd. 42, S. 554. 1907 (Cäsiummagnesiumsulfat, Cäsiummagnesiumselenat, Cäsiumselenat, Rubidiumsulfat, Ammoniumselenat); Proc. Roy. Soc. London Bd. 81, S. 40. 1908; ZS. f. Krist. Bd. 46, S. 135. 1907 (Gips); R. BRAUNS, Centralbl. f. Min. 1911, S. 401 (Gips); R. KOLB, ZS. f. Krist. Bd. 49, S. 14. 1911 (Anhydrit, Cölestin, Baryt, Anglesit); E. H. KRAUS u. L. J. YOUNGS, N. Jahrb. f. Min. 1912, (1) S. 123 (Gips); A. HUTCHINSON u. A. E. H. TUTTON, ZS. f. Krist. Bd. 52, S. 218. 1913 (Gips); E. H. KRAUS, ebenda Bd. 52, S. 321. 1913 (Glauberit); E. MARBACH, Beitrag zur Kenntnis der optischen Verhältnisse von Flußspat, Steinsalz, Sylvin, Kalkspat, Aragonit und Baryt. Dissert. Leipzig 1913 (Aragonit); H. SCHREIBER, N. Jahrb. f. Min. Beil. Bd. 37, S. 269. 1914 (Syngenit).

gebung von $\vartheta = \vartheta_0$ nahezu proportional $(\vartheta - \vartheta_0)^2$, seine Temperaturabhängigkeit ist also hier beträchtlich; beim Durchgang durch $\vartheta = \vartheta_0$ geht dann die Binormalenebene in eine andere optische Symmetrieebene über[1]). Bei (dem monoklin kristallisierenden) Gips ist z. B. $\vartheta_0 = 90{,}9^\circ$ C bei $\lambda_0 = 589\,\mathrm{m}\mu$[2]); für $\vartheta < \vartheta_0$ ist die Binormalenebene die Spiegelebene und für $\vartheta > \vartheta_0$ eine zur Spiegelebene senkrechte Ebene.

c) Temperaturabhängigkeit der Lage der optischen Symmetrieachsen. Eine Temperaturabhängigkeit der Lage des optischen Symmetrieachsensystems kann, wie schon zu Eingang dieser Ziffer bemerkt, nur beim triklinen und monoklinen System auftreten.

Bei triklinen Kristallen ist eine Änderung der Lage des ganzen optischen Symmetrieachsensystems möglich, doch liegen hierfür noch keine vollständigen Beobachtungen vor.

Bei monoklinen Kristallen ist eine optische Symmetrieachse fest, d. h. von der Temperatur unabhängig; die beiden anderen zueinander senkrechten optischen Symmetrieachsen ändern ihre Lage mit der Temperatur. Ist Φ der Winkel, den eine dieser Achsen mit einer in der Spiegelebene liegenden festen Geraden bildet, so ist z. B. bei Gips $\frac{d\Phi}{d\vartheta} = 0{,}446 \cdot 10^{-3}$ [3]).

β) Dispersionserscheinungen.

26. Dispersion der Hauptbrechungsindizes. Da die optischen Dielektrizitätskonstanten nach (39) Funktionen der Frequenz der Lichtwelle sind, so müssen alle von ihnen abhängenden Größen Dispersion zeigen.

Die Frequenzabhängigkeit oder Dispersion der Hauptbrechungsindizes folgt aus (46) und (42) zu

$$\left.\begin{aligned} n_1^2 &= 1 + 4\pi V \sum_j \frac{\mathfrak{L}_{jx}^2}{\omega_j^{(0)^2} - \omega^2}, \\ n_2^2 &= 1 + 4\pi V \sum_j \frac{\mathfrak{L}_{jy}^2}{\omega_j^{(0)^2} - \omega^2}, \\ n_3^2 &= 1 + 4\pi V \sum_j \frac{\mathfrak{L}_{jz}^2}{\omega_j^{(0)^2} - \omega^2}. \end{aligned}\right\} \tag{149}$$

Wir nehmen an, daß die Eigenfrequenzen des nicht absorbierenden, nicht aktiven Kristalls in zwei Gruppen zerfallen[4]), von denen die eine mit den Frequenzen ω_v im Ultravioletten, die andere mit den Frequenzen ω_r im Ultraroten liegt[5]). Man erhält dann aus (149) z. B. für n_1 den Ausdruck

$$n_1^2 = 1 + 4\pi V \sum_r \frac{\mathfrak{L}_{rx}^2}{\omega_r^{(0)^2} - \omega^2} + 4\pi V \sum_v \frac{\mathfrak{L}_{vx}^2}{\omega_v^{(0)^2} - \omega^2},$$

---

[1]) Zuerst von E. MITSCHERLICH (Pogg. Ann. Bd. 8, S. 519. 1826) bei Gips beobachtet.

[2]) A. E. H. TUTTON, Proc. Roy. Soc. London Bd. 81, S. 40. 1908; A. HUTCHINSON u. A. E. H. TUTTON, Mineral. Mag. Bd. 16, S. 257. 1912; ZS. f. Krist. Bd. 52, S. 218. 1913.

[3]) H. DUFET, Bull. soc. minéral. Bd. 11, S. 137. 1888; Journ. de phys. (2) Bd. 7, S. 301. 1888.

[4]) P. DRUDE, Ann. d. Phys. Bd. 14, S. 677. 1904; vgl. auch Kap. 10 dieses Bandes, sowie die Abschnitte über Dispersion in Bd. XXI ds. Handb.

[5]) Die ultraroten Eigenfrequenzen zerfallen in zwei Gruppen; die langwelligere beruht auf den Schwingungen der (die Gitterteilchen darstellenden) Ionen gegeneinander, die kurzwelligere auf den Schwingungen der einzelnen Atome innerhalb der Radikalionen. Die ultravioletten Eigenschwingungen beruhen auf den Schwingungen der Elektronen im Atom; vgl. M. BORN, Atomtheorie des festen Zustandes (Dynamik der Kristallgitter), S. 612 u. 621. Leipzig 1923 (in Enzyklop. d. mathem. Wissensch. Bd. V, Tl. 3), sowie das Kapitel über die theoretischen Grundlagen des Aufbaues der festen Materie in Bd. XXIV ds. Handb.

wobei die erste Summe über die Gesamtzahl r der ultraroten, die zweite über die Gesamtzahl v der ultravioletten Eigenfrequenzen zu erstrecken ist. Entsprechende Gleichungen erhält man für n_2 und n_3, indem man x mit y bzw. mit z vertauscht. Sieht man von dem Verhalten in unmittelbarer Umgebung der Eigenfrequenzen ab und betrachtet das zwischen ihnen liegende Gebiet, so sieht man, daß hier n_1 monoton mit ω wächst; diese Art des Dispersionsverlaufes bezeichnet man als normale Dispersion. Für das Gebiet der normalen Dispersion ($\omega_r < \omega < \omega_v$) erhält man die Reihenentwicklung

$$n_1^2 = a_{10} + a_{11}\omega^2 + a_{12}\omega^4 + \cdots - \frac{b_{11}}{\omega^2} - \frac{b_{12}}{\omega^4} - \cdots, \tag{150}$$

wobei

$$\left.\begin{aligned} a_{10} &= 1 + 4\pi V \sum_v \frac{\mathfrak{L}_{vx}^2}{\omega_v^{(0)^2}}, \quad a_{1l} = 4\pi V \sum_v \frac{\mathfrak{L}_{vx}^2}{\omega_v^{(0)^{2(l+1)}}}, \qquad (l = 1, 2, \cdots) \\ b_{1l} &= 4\pi V \sum_r \omega_r^{(0)^{2(l-1)}} \mathfrak{L}_{rx}^2 \end{aligned}\right\} \tag{151}$$

gesetzt ist.

Führt man die durch (17) bestimmte Wellenlänge im Vakuum λ_0 ein, so ergibt sich aus (150)

$$n_1^2 = \bar{a}_{10} + \frac{\bar{a}_{11}}{\lambda_0^2} + \frac{\bar{a}_{12}}{\lambda_0^4} + \cdots - \bar{b}_{11}\lambda_0^2 - \bar{b}_{12}\lambda_0^4 - \cdots, \tag{152}$$

wobei nach (151)

$$\bar{a}_{10} = a_{10}, \qquad \bar{a}_{1l} = (2\pi c)^{2l} a_{1j}, \qquad \bar{b}_{1l} = (2\pi c)^{-2l} b_{1j} \quad (l = 1, 2, 3, \ldots) \tag{153}$$

zu setzen ist.

Für n_2^2 und n_3^2 erhält man zwei den Formeln (150) bzw. (152) entsprechende Reihenentwicklungen, bei welchen für die Konstanten (151) und (153) der (erste) Index 1 mit 2 bzw. 3, und x mit y bzw. z vertauscht auftritt. Dieselben geben die Beobachtungen, die sich bei Flußspat, Sylvin, Steinsalz, Kalkspat und Quarz bis weit ins Ultrarote und Ultraviolette erstrecken, richtig wieder[1]); zu deren Darstellung genügt in den meisten Fällen die Beschränkung auf wenige Anfangsglieder der Reihe.

Aus den durch die Beobachtung gewonnenen Parametern $\bar{a}_{10}$, $\bar{a}_{kj}$ und $\bar{b}_{hl} (h = 1, 2, 3; \quad l = 1, 2, 3, \ldots)$ der Reihenentwicklung (152) lassen sich wichtige Schlüsse über die Natur der Gitterteilchen und der zwischen ihnen wirkenden Kräfte ziehen; hierüber, sowie bezüglich des Zusammenhanges der Eigenfrequenzen mit anderen physikalischen Eigenschaften der Kristalle ist auf die Darstellung der Dispersion in Kap. 10 dieses Bandes sowie auf den Abschnitt über die theoretischen Grundlagen des Aufbaues der festen Materie in Bd. XXIV dieses Handbuches zu verweisen.

Mit den Hauptbrechungsindizes hängen natürlich auch die Parameter $\bar{a}_{hl}$ und b_{hl} von der Temperatur ab[2]).

Kennt man die Dispersion der Hauptbrechungsindizes, so ist auch die Dispersion der Doppelbrechung, d. h. (vgl. Ziff. 9) der Größen $d_1 = n_2 - n_3$, $d_2 = n_3 - n_1$ und $d_3 = n_1 - n_2$ bekannt. Sind d_i' und d_i'' $(i = 1, 2, 3)$ die Doppelbrechungen für zwei Frequenzen ω' und ω'', d_i die entsprechende Doppelbrechung für eine zwischen ω' und ω'' liegende mittlere Frequenz ω, so versteht man unter der relativen Dispersion der Doppelbrechung[3]) des Intervalls (ω', ω'') den Ausdruck $\frac{d_i'' - d_i'}{d_i}$; sein reziproker Wert nimmt erfahrungsgemäß bei Kri-

---

[1]) Vgl. Kap. 10 dieses Bandes.

[2]) Vgl. die Angaben S. 692, Anm. 1.

[3]) Vgl. z. B. A. Ehringhaus, N. Jahrb. f. Min. Beil. Bd. 41, S. 357. 1916; ZS. f. Krist. Bd. 56, S. 418. 1921; Bd. 59, S. 406. 1924.

stallen, deren Kationelemente einer und derselben Vertikalreihe des periodischen Systems angehören, mit zunehmendem Atomgewicht des Kationelementes ab[1]).

Geht bei einem optisch einachsigen Kristall die Doppelbrechung $n_3 - n_1$ bei Änderung der Frequenz von positiven zu negativen Werten über, so muß sie für eine bestimmte Frequenz verschwinden; für diese Frequenz verhält sich dann der Kristall in optischer Hinsicht offenbar wie ein solcher des kubischen Systems, d. h. isotrop. Beispiele für dieses Verhalten bieten die Mineralien Apophyllit, Vesuvian[2]), Fuggerit[3]) und Torbernit[4]).

27. Dispersion der optischen Symmetrieachsen. Da die Lage des optischen Symmetrieachsenkreuzes x, y, z gegenüber dem festen Bezugssystem x', y', z' durch die optischen Dielektrizitätskonstanten ε_{23}, ε_{31} und ε_{12} bestimmt wird (vgl. Ziff. 8), so kann sie nur bei denjenigen Kristallsystemen Dispersion zeigen, bei welchen diese Konstanten nicht sämtlich identisch verschwinden, nämlich (vgl. Ziff. 23) bei den Kristallen der triklinen und monoklinen Systems.

Bei den Kristallen des triklinen Systems besitzt die Lage des ganzen optischen Symmetrieachsenkreuzes Dispersion, da bei diesen alle drei Größen ε_{23}, ε_{31} und ε_{12} von Null verschieden sind, bei den Kristallen des monoklinen Systems dagegen (wegen $\varepsilon_{23} = \varepsilon_{31} = 0$) nur das senkrecht zur ausgezeichneten z-Achse liegende xy-Achsenkreuz.

Führen wir bei den monoklinen Kristallen ein festes System x', y', z' ein, dessen z'-Achse mit der z-Achse zusammenfällt und ist φ der Winkel zwischen der zx-Ebene und der $z'x'$-Ebene, so folgt aus (40) die Beziehung[5])

$$\operatorname{tg} 2\varphi = \frac{2\varepsilon_{12}}{\varepsilon_{11} - \varepsilon_{22}}. \tag{154}$$

die zusammen mit (39) die Frequenzabhängigkeit von φ darstellt und damit die Dispersion des optischen Symmetrieachsensystems bestimmt.

Die Dispersion der optischen Symmetrieachsen wurde bei den Kristallen des monoklinen Systems im sichtbaren Spektralbereiche zuerst eingehend von DUFET[6]) und neuerdings mit vollkommeneren Hilfsmitteln von BEREK[7]) und PETROW[8]) gemessen; im ultraroten Spektralbereiche hat sie RUBENS[9]) und GOENS[10]) untersucht.

Im Ultraroten zeigt φ als Funktion der Frequenz eigentümliche Umkehrstellen, die bei manchen Kristallen (z. B. Gips) auch im sichtbaren Spektralbereiche vorkommen; auch können relative Maxima und Minima, sowie Wendepunkte auftreten. Dieser anormale Dispersionsverlauf von φ läßt sich mit Hilfe von (154) erklären und zwar ergibt sich, daß die Dispersion der optischen Symmetrieachsen bei denjenigen Frequenzen besonders stark sein muß, bei welchen die Dispersion der Doppelbrechung (vgl. Ziff. 26) am größten ist[11]).

Für unendlich lange Wellen ($\omega = 0$) gehen die optischen Dielektrizitätskonstanten in die statischen Dielektrizitätskonstanten (Ziff. 8) und daher die

---

1) A. EHRINGHAUS u. H. ROSE, ZS. f. Krist. Bd. 58, S. 460. 1923; Bd. 59, S. 249. 1924.
2) C. KLEIN, Berl. Ber. 1892, (1) S. 217.
3) E. WEINSCHENK, ZS. f. Krist. Bd. 27, S. 581. 1897.
4) N. L. BOWEN, Sill. Journ. (4) Bd. 48, S. 195. 1919.
5) S. NAKAMURA, Phys. ZS. Bd. 6, S. 172. 1905.
6) H. DUFET, Bull. soc. minéral. Bd. 10, S. 214. 1887; Bd. 11, S. 128. 1888.
7) M. BEREK, N. Jahrb. f. Min. Beil. Bd. 33, S. 633. 1912 (Gips).
8) K. PETROW, N. Jahrb. f. Min. Beil. Bd. 37, S. 457. 1914 (Adular, Borax, Colemanit, Diopsid, Euklas, Hornblende, Kobaltblüte, Sanidin, Triphan, Vivianit). In dieser Abhandlung findet sich auch eine Zusammenstellung der älteren Beobachtungen.
9) H. RUBENS, Berl. Ber. 1919, S. 976; ZS. f. Phys. Bd. 1, S. 11. 1920 (Gips, Augit, Orthoklas, Adular).
10) E. GOENS, ZS. f. Phys. Bd. 6, S. 12. 1921 (Gips, Augit, Orthoklas, Adular).
11) M. BEREK, Verh. d. D. Phys. Ges. (3) Bd. 2, S. 71. 1921; ZS. f. Phys. Bd. 8, S. 298. 1922.

optischen Symmetrieachsen in die elektrischen Symmetrieachsen über; in der Tat ist nach den Beobachtungen von RUBENS[1]) schon für die ultraroten Wellen der Unterschied zwischen den beiden Achsensystemen nur noch gering.

28. Dispersion der Schwingungsrichtungen. Aus (84) folgt, daß die auf die optischen Symmetrieachsen bezogenen Schwingungsrichtungen $\mathfrak{d}'$ und $\mathfrak{d}''$ der beiden im Kristall in einer bestimmten Wellennormalenrichtung $\mathfrak{s}$ sich fortpflanzenden, linear und senkrecht zueinander polarisierten Wellen bei optisch zweiachsigen Kristallen wegen der Frequenzabhängigkeit von n_1, n_2, n_3, n_0' und n_0'' im allgemeinen ebenfalls mit der Frequenz veränderlich sind; dieses Verhalten wird als Dispersion der Schwingungsrichtungen oder Polarisationsebenen bezeichnet.

Bei den Kristallen des triklinen und monoklinen Systems überlagern sich Dispersion der Schwingungsrichtungen und Dispersion der optischen Symmetrieachsen; ist letztere anomal, d. h. ändert sie sich mit der Frequenz nicht monoton (vgl. Ziff. 27), so kann die Dispersion der Schwingungsrichtungen für gewisse Wellennormalenrichtungen $\mathfrak{s}$ trotzdem eine normale sein[2]).

29. Dispersion der Binormalen. Aus (76) folgt, daß der Binormalenwinkel O wegen der Dispersion der Hauptbrechungsindizes ebenfalls Frequenzabhängigkeit zeigen muß; man bezeichnet diese kurz als Dispersion der Binormalen[3]).

Bei den Kristallen des triklinen Systems ist [wegen der Dispersion der optischen Symmetrieachsen (vgl. Ziff. 27)] auch bei der die Binormalen enthaltenden optischen Symmetrieebene, sowie bei den (je mit einer optischen Symmetrieachse zusammenfallenden) Mittellinien Frequenzabhängigkeit vorhanden; vollständige Messungen, die sich auf dieses Verhalten beziehen, sind jedoch noch nicht durchgeführt[4]).

Bei den Kristallen des monoklinen Systems liegt eine der beiden Mittellinien in der Spiegelebene[5]); die andere Mittellinie liegt entweder ebenfalls in der Spiegelebene oder senkrecht zu ihr[6]). Im ersteren Falle fällt die Ebene der Binormalen für alle Frequenzen mit der Spiegelebene zusammen, während sich der Binormalenwinkel und die Lage des Kreuzes der beiden Mittellinien mit der Frequenz ändern; man bezeichnet diesen Fall als geneigte Dispersion. Im zweiten Falle ist nur der Binormalenwinkel und [wegen der Dispersion des in der Spiegelebene liegenden optischen Symmetrieachsenkreuzes (vgl. Ziff. 27)] die Lage der (senkrecht zur Spiegelebene liegenden) Binormalenebene mit der Frequenz veränderlich; diesen Fall nennt man gekreuzte oder horizontale Dispersion, je nachdem die erste oder die zweite Mittellinie senkrecht zur Spiegelebene liegt[7]).

---

1) H. RUBENS, Berl. Ber. 1919, S. 976; ZS. f. Phys. Bd. 1, S. 11. 1920.

2) M. BEREK, N. Jahrb. f. Min. Beil. Bd. 33, S. 659. 1912; Centralbl. f. Min. 1912, S. 739.

3) Eine Zusammenstellung der älteren Arbeiten über die Dispersion der Binormalen und ihre Temperaturabhängigkeit bei U. PANICHI, Mem. Acc. Linc. (5) Bd. 6, S. 38. 1906.

4) Daß die Dispersion der Binormalen bei den triklinen Kristallen keinerlei Symmetrie zeigt, hat schon F. NEUMANN (Pogg. Ann. Bd. 35, S. 204. 1835; Ges. Werke Bd. II, S. 352. Leipzig, 1906) bei Traubensäure beobachtet.

5) Bzw. in der senkrecht zur zweizähligen Symmetrieachse liegenden Ebene (vgl. Ziff. 23).

6) F. NEUMANN, Pogg. Ann. Bd. 35, S. 381. 1835.

7) Die geneigte Dispersion wurde zuerst von J. G. NÖRREMBERG (F. NEUMANN, Pogg. Ann. Bd. 35, S. 81. 1835; Ges. Werke, Bd. II, S. 344. Leipzig 1906) bei Gips, die gekreuzte Dispersion von J. HERSCHEL (Corresp. math. et phys. de l'obs. de Bruxelles Bd. 7, S. 77. 1832; Pogg. Ann. Bd. 26, S. 308. 1832) und J. G. NÖRREMBERG (ebenda Bd. 26, S. 309. 1832; Bd. 35, S. 382. 1835; F. NEUMANN, ebenda Bd. 35, S. 84. 1835; Ges. Werke Bd. II, S. 344. Leipzig 1906) bei Borax, die horizontale Dispersion von D. BREWSTER [Trans. Edinbg. Roy. Soc. Bd. 11, S. 273. 1831; Phil. Mag. (3) Bd. 1, S. 417. 1833] bei Glauberit und von F. NEUMANN (Pogg. Ann. Bd. 35, S. 204. 1835; Ges. Werke Bd. II, S. 352. Leipzig 1906) bei Orthoklas (Adular) gefunden. Die Bezeichnungen stammen von A. DESCLOIZEAUX (Manuel de minéral. Bd. I, S. XXVIII. Paris 1862).

Zuweilen verläuft die Dispersion der Binormalen so, daß die Binormalenebene für einen gewissen Spektralbereich mit der Spiegelebene zusammenfällt und für einen anderen Spektralbereich senkrecht zu ihr liegt[1]; für eine bestimmte Frequenz ist der Kristall dann optisch einachsig und die optische Achse liegt entweder parallel zur Spiegelebene oder senkrecht zu ihr. So z. B. zeigt Gips[2]) bei höheren Temperaturen für den violetten Bereich des Spektrums gekreuzte, für den roten Bereich geneigte Dispersion, während sich Sanidin[3]) bei höheren Temperaturen umgekehrt verhält[4]).

Bei den Kristallen des rhombischen Systems kann wegen der festen Lage des optischen Symmetrieachsenkreuzes (vgl. Ziff. 23) sich nur der Binormalenwinkel stetig mit der Frequenz ändern[5]), nicht aber die Lage der Binormalenebene, die stets eine bestimmte kristallographische Symmetrieebene ist. Zuweilen erfolgt die Dispersion des Binormalenwinkels so, daß er für eine bestimmte Frequenz verschwindet, der Kristall also bei dieser Frequenz optisch einachsig ist[6]); beim Durchgang durch diese Frequenz geht dann die Binormalenebene in eine andere kristallographische Symmetrieebene über.

Da der Binormalenwinkel außer von der Frequenz noch von der Temperatur abhängt (vgl. Ziff. 25), so ändert sich mit der Temperatur auch die Frequenz, bei welcher er verschwindet und der Kristall optisch einachsig wird.

b) Gesetze der Reflexion und Brechung bei nicht absorbierenden, nicht aktiven Kristallen.

α) Richtung der Wellennormalen und Strahlen bei der partiellen Reflexion und Brechung.

30. Reflexion und Brechung an der ebenen Begrenzungsfläche zweier aneinander grenzender Kristalle. Wir betrachten die Reflexion und Brechung an der ebenen Begrenzungsfläche eines Kristalls und fassen zunächst den allgemeinen Fall ins Auge, daß beide aneinander grenzenden Medien nicht absorbierende, nicht aktive Kristalle sind. Den Ausgangspunkt bei der Behandlung des Problems bilden die Feldgleichungen (9), (10), (11) und (12) zusammen mit den Grenzbedingungen (5) und (6).

---

[1]) Über die empirisch gefundenen Bedingungen für das Eintreten dieses Verhaltens sowie über die Abhängigkeit des Verlaufes der Dispersion der Binormalen von der Größe des Binormalenwinkels vgl. A. E. H. TUTTON, ZS. f. Krist. Bd. 42, S. 554. 1907; ST. KREUTZ, Wiener Ber. Bd. 117 (1), S. 884. 1908.

[2]) A. DESCLOIZEAUX, Mém. présent. par div. sav. à l'Acad. des Scienc. Bd. 18, S. 644. 1868. Bei Gips zeigt der Dispersionsverlauf des Binormalenwinkels bei 19° C für die Wellenlänge $\lambda_0 = 575\ m\mu$ ein Maximum [V. v. LANG, Wiener Ber. Bd. 76 (2), S. 793. 1877; H. DUFET, Bull. soc. minéral. Bd. 11, S. 128. 1888; Journ. de phys. (2) Bd. 7, S. 295. 1888; A. MÜLHEIMS, ZS. f. Krist. Bd. 14, S. 230. 1888].

[3]) A. OFFRET, Bull. soc. minéral. Bd. 13, S. 635. 1890.

[4]) Weitere Beobachtungen hierüber: H. LASPEYRES, ZS. f. Krist. Bd. 1, S. 529. 1877 (Glauberit); G. WYROUBOFF, Bull. soc. minéral. Bd. 5, S. 160. 1882 (Natriumchromat); O. MÜGGE, N. Jahrb. f. Min. 1895, (1) S. 265 (Syngenit); A. E. H. TUTTON, ZS. f. Krist. Bd. 42, S. 554. 1907 (Cäsiummagnesiumselenat, Cäsiummagnesiumsulfat); L. DELHAYE, Bull. soc. minéral. Bd. 41, S. 90. 1918 (Natriumchromat).

[5]) Zuerst beobachtet von J. HERSCHEL (Phil. Trans. 1820, S. 45) bei Topas und Aragonit.

[6]) A. DESCLOIZEAUX, C. R. Bd. 89, S. 922. 1879 (Saccharin); TH. HIORTDAHL, ZS. f. Krist. Bd. 7, S. 69. 1883 (isomorphe Mischungen von Eisen- und Manganpikrat); V. V. ZEPHAROVICH, ebenda Bd. 8, S. 577. 1884 (Brookit); R. BRAUNS, N. Jahrb. f. Min. 1891, (2) S. 12 (isomorphe Mischungen von Chlor- und Bromzimtaldehyd); A. E. H. TUTTON, Journ. chem. soc. Bd. 65, S. 663. 1894 (Rubidiumsulfat); ZS. f. Krist. Bd. 42, S. 554. 1907 (Rubidiumsulfat, Cäsiumselenat); L. BRUGNATELLI, ebenda Bd. 29, S. 54. 1898 (Saccharin); P. SÈVE, Journ. de phys. (6) Bd. 1, S. 173. 1920 (Cerussit); Bd. 5, S. 249. 1924 (Hemimorphit); S. RÖSCH, ZS. f. Krist. Bd. 65, S. 694. 1927 (Dibenzoylmethan-enol).

Wir legen das rechtwinklige Rechtssystem x', y', z' so, daß die $x'y'$-Ebene in die gemeinsame Begrenzungsebene der Kristalle zu liegen kommt; das System x', y', z' fällt im allgemeinen mit keinem der beiden optischen Symmetrieachsensysteme zusammen. Den Kristall, in welchem die positive z'-Achse liegt, bezeichnen wir im folgenden stets als den ersten, den anderen als den zweiten.

Betrachten wir in dem ersten Kristall eine Wellennormalenrichtung $\mathfrak{s}$, so gehören zu dieser im allgemeinen zwei linear und senkrecht zueinander polarisierte Wellen mit verschiedenen Brechungsindizes (vgl. Ziff. 11 und 13). Eine solche Welle bezeichnen wir als einfallende Welle, wenn die zu ihr gehörende Strahlenrichtung mit der positiven z'-Achse einen stumpfen Winkel bildet; beim Auftreffen auf die Begrenzungsfläche gibt sie zu einem System reflektierter und gebrochener Wellen Veranlassung.

Der Fall zweier ebenflächig aneinander grenzender Kristalle läßt sich (wegen der stets vorhandenen isotropen Zwischenschicht) zur Prüfung der Brechungs- und Reflexionsgesetze experimentell kaum realisieren; er ist in der Natur verwirklicht bei Zwillingskristallen mit der Vereinfachung, daß beide (sonst gleichartigen) Kristalle sich nur durch ihre kristallographische Orientierung unterscheiden und ihre optischen Symmetrieachsensysteme symmetrisch zur gemeinsamen Begrenzungsfläche (Zwillingsebene) liegen. Die Erscheinungen der Reflexion und Brechung an der Zwillingsebene haben bei optisch einachsigen Kristallen GRAILICH[1]) und OSTHOFF[2]) berechnet und durch einige an Kalkspat angestellte Versuche qualitativ bestätigt; bei optisch zweiachsigen Kristallen wurden sie von RAYLEIGH[3]) (unter der speziellen Annahme, daß die Zwillingsebene senkrecht zu einer optischen Symmetrieebene steht und letztere parallel oder senkrecht zur Einfallsebene liegt) behandelt[4]).

In dem allgemeinen Falle zweier aneinandergrenzender kristallinischer Medien ist auch der wichtige Sonderfall enthalten, daß eines der beiden aneinandergrenzenden Medien isotrop ist; auf diesen beziehen sich fast alle zur Prüfung der Theorie angestellten Beobachtungen[5]).

31. Brechungsindex und Schwingungsazimut der einfallenden Welle bei gegebener Wellennormalenrichtung. Der Lichtvektor der einfallenden Welle ist [vgl. (13), (16) und (18)]

$$\mathfrak{D} = \overline{\mathfrak{D}} e^{-i\omega\left(t - \frac{n}{c}\mathfrak{s}\mathfrak{r}\right)}; \tag{155}$$

ist $\mathfrak{s}$ gegeben, so sind auch Brechungsindex n und Schwingungsrichtungen $\mathfrak{d}$ eindeutig bestimmt, wie in dieser Ziff. gezeigt werden soll.

---

[1]) J. GRAILICH, Wiener Ber. Bd. 11, S. 817. 1853; Bd. 12, S. 230. 1854; Bd. 15, S. 311. 1855; Bd. 19, S. 226. 1856; Wiener Denkschr. Bd. 9 (2), S. 57. 1855; Bd. 11 (2), S. 41. 1856; Pogg. Ann. Bd. 98, S. 203. 1856.

[2]) A. OSTHOFF, N. Jahrb. f. Min. Beil. Bd. 20, S. 1. 1905.

[3]) Lord RAYLEIGH, Phil. Mag. (5) Bd. 26, S. 241. 1888; Scient. Pap. Bd. 3, S. 190. Cambridge 1902.

[4]) Nach Lord RAYLEIGH [Phil. Mag. (5) Bd. 26, S. 256. 1888; Scient. Pap. Bd. 3, S. 204. Cambridge 1902] sind die Farbenerscheinungen, die bei Reflexion von weißem Lichte im Inneren mancher Kaliumchloratkristallblättchen auftreten (G. G. STOKES, Proc. Roy. Soc. London Bd. 38, S. 174. 1885; Mathem. and Phys. Pap. Bd. 5, S. 164. Cambridge 1905; H. G. MADAN, Nature Bd. 34, S. 66. 1886), auf Reflexionen an einem System zahlreicher Zwillingslamellen zurückzuführen. Über die dabei unter Umständen auftretenden dunkeln Banden vgl. R. W. WOOD, Phil. Mag. (6) Bd. 12, S. 67. 1906.

[5]) Das Problem der Reflexion und Brechung an Kristallen wurde für den Fall, daß das erste Medium isotrop ist, theoretisch zuerst von F. NEUMANN (Abhandlgn. d. Berl. Akad. 1835, S. 1; Ges. Werke Bd. II, S. 359. Leipzig 1906) und fast gleichzeitig von J. MAC CULLAGH (Trans. R. Irish Acad. Bd. 18, S. 31. 1838; Collect. Works, S. 87. London 1880) gelöst. Den allgemeineren Fall zweier aneinandergrenzender kristallinischer Medien hat später G. KIRCHHOFF (Abhandlgn. d. Berl. Akad. 1876, S. 52; Ges. Abhandlgn., S. 357. Leipzig 1882; Vorlesungen über mathem. Physik Bd. II. Mathem. Optik. Herausgeg. von K. HENSEL, S. 222. Leipzig 1891) behandelt.

a) Berechnung des Brechungsindex der einfallenden Welle. Um n zu erhalten, benutzen wir die in Ziff. 16a) besprochene, auf das Indexellipsoid gegründete Konstruktion. Die Gleichung des Indexellipsoides in bezug auf das Koordinatensystem x', y', z' ist

$$\frac{1}{n_{11}^2}x'^2 + \frac{1}{n_{22}^2}y'^2 + \frac{1}{n_{33}^2}z'^2 + \frac{2}{n_{23}^2}y'z' + \frac{2}{n_{31}^2}z'x' + \frac{2}{n_{12}^2}x'y' - 1 = 0; \tag{156}$$

dabei hat man, falls $\alpha_1, \alpha_2, \alpha_3, \beta_1, \beta_2, \beta_3, \gamma_1, \gamma_2, \gamma_3$ die Richtungskosinus der optischen Symmetrieachsen gegen die Koordinatenachsen sind,

$$\left.\begin{aligned} &\frac{1}{n_{11}^2} = \frac{\alpha_1^2}{n_1^2} + \frac{\beta_1^2}{n_2^2} + \frac{\gamma_1^2}{n_3^2}, \quad \frac{1}{n_{22}^2} = \frac{\alpha_2^2}{n_1^2} + \frac{\beta_2^2}{n_2^2} + \frac{\gamma_2^2}{n_3^2}, \quad \frac{1}{n_{33}^2} = \frac{\alpha_3^2}{n_1^2} + \frac{\beta_3^2}{n_2^2} + \frac{\gamma_3^2}{n_3^2}, \\ &\frac{1}{n_{23}^2} = \frac{\alpha_2\alpha_3}{n_1^2} + \frac{\beta_2\beta_3}{n_2^2} + \frac{\gamma_2\gamma_3}{n_3^2}, \quad \frac{1}{n_{31}^2} = \frac{\alpha_3\alpha_1}{n_1^2} + \frac{\beta_3\beta_1}{n_2^2} + \frac{\gamma_3\gamma_1}{n_3^2}, \\ &\frac{1}{n_{12}^2} = \frac{\alpha_1\alpha_2}{n_1^2} + \frac{\beta_1\beta_2}{n_2^2} + \frac{\gamma_1\gamma_2}{n_3^2}. \end{aligned}\right\} \tag{157}$$

Wählen wir der Einfachheit halber das Koordinatensystem x', y', z' so, daß die $z'x'$-Ebene parallel zur Wellennormalenrichtung $\mathfrak{s}$ der einfallenden Welle liegt, somit Einfallsebene wird, so lautet die Gleichung der durch den Koordinatenanfangspunkt senkrecht zu $\mathfrak{s}$ gelegten Ebene

$$x'\sin\varphi + z'\cos\varphi = 0, \tag{158}$$

wobei φ der (durch $\mathfrak{s}_{z'} = \cos\varphi$ bestimmte) Winkel zwischen $\mathfrak{s}$ und der positiven z'-Achse ist.

Ist $\mathfrak{V}$ der Vektor, der vom Koordinatenanfangspunkte zu einem Punkte des durch (156) und (158) bestimmten ebenen Zentralschnittes gezogen ist und bedeutet η den Winkel, den er mit der $z'x'$-Ebene bildet, so haben wir $\mathfrak{V}_{y'} = |\mathfrak{V}|\sin\eta$ und können

$$x' = \mathfrak{V}_{x'} = |\mathfrak{V}|\cos\eta\cos\varphi, \qquad y' = \mathfrak{V}_{y'} = |\mathfrak{V}|\sin\eta, \qquad z' = \mathfrak{V}_{z'} = -|\mathfrak{V}|\cos\eta\sin\varphi$$

setzen, da hierdurch die Gleichung (158), sowie die für $\mathfrak{V}$ geltende Bedingung $\mathfrak{V}^2 = \mathfrak{V}_{x'}^2 + \mathfrak{V}_{y'}^2 + \mathfrak{V}_{z'}^2$ erfüllt wird. Das Einsetzen dieser Werte in (156) liefert uns folgende Gleichung des ebenen Zentralschnittes

$$\left.\begin{aligned} \frac{1}{\mathfrak{V}^2} &= \left(\frac{1}{n_{11}^2}\cos^2\varphi + \frac{1}{n_{33}^2}\sin^2\varphi - \frac{2}{n_{31}^2}\sin\varphi\cos\varphi\right)\cos^2\eta + \frac{1}{n_{22}^2}\sin^2\eta \\ &\quad + 2\left(\frac{1}{n_{12}^2}\cos\varphi - \frac{1}{n_{23}^2}\sin\eta\right)\sin\eta\cos\eta; \end{aligned}\right\} \tag{159}$$

hierzu tritt die Nebenbedingung

$$\sin^2\eta + \cos^2\eta - 1 = 0.$$

Zur Bestimmung des größten und kleinsten Wertes von $|\mathfrak{V}|$ erhalten wir aus den beiden letzten Gleichungen bei Einführung des noch unbestimmten Multiplikators $1/n^2$ die beiden Beziehungen

$$\left.\begin{aligned} &\left(\frac{1}{n_{11}^2}\cos^2\varphi + \frac{1}{n_{33}^2}\sin^2\varphi - \frac{2}{n_{31}^2}\sin\varphi\cos\varphi - \frac{1}{n^2}\right)\cos\eta \\ &\qquad\qquad + \left(\frac{1}{n_{12}^2}\cos\varphi - \frac{1}{n_{23}^2}\sin\varphi\right)\sin\eta = 0, \\ &\left(\frac{1}{n_{12}^2}\cos\varphi - \frac{1}{n_{23}^2}\sin\varphi\right)\cos\eta + \left(\frac{1}{n_{22}^2} - \frac{1}{n^2}\right)\sin\eta = 0. \end{aligned}\right\} \tag{160}$$

Das gleichzeitige Bestehen derselben erfordert das Verschwinden ihrer Determinante, so daß wir für $1/n^2$ die biquadratische Gleichung

$$\left.\begin{aligned}\left(\frac{1}{n_{11}^2}\cos^2\varphi + \frac{1}{n_{33}^2}\sin^2\varphi - \frac{2}{n_{31}^2}\sin\varphi\cos\varphi - \frac{1}{n^2}\right)\left(\frac{1}{n_{22}^2} - \frac{1}{n^2}\right)\\ - \left(\frac{1}{n_{12}^2}\cos\varphi - \frac{1}{n_{23}^2}\sin\varphi\right)^2 = 0\end{aligned}\right\} \tag{161}$$

erhalten; außerdem ergibt sich aus (160) und (159)

$$n^2 = \mathfrak{B}^2.$$

Nach Ziff. 16 a) ist somit n in der Tat der Brechungsindex einer einfallenden Welle mit der durch $\mathfrak{s}_{x'} = \sin\varphi$, $\mathfrak{s}_{y'} = 0$, $\mathfrak{s}_{z'} = \cos\varphi$ bestimmten Wellennormalenrichtung $\mathfrak{s}$. Gleichung (161) gibt daher die Lösung der Aufgabe, den Brechungsindex der einfallenden Welle bei gegebener Wellennormalenrichtung zu berechnen; die in (161) auftretenden Koeffizienten bestimmen sich aus den Hauptbrechungsindizes des Kristalls, in dem sich die einfallende Welle ausbreitet, gemäß (157).

b) Berechnung des Schwingungsazimuts der einfallenden Welle. Die gesuchte Schwingungsrichtung $\mathfrak{d}$ der einfallenden Welle ist die Richtung der n entsprechenden Halbachse des ebenen Zentralschnittes. Wir haben somit

$$\mathfrak{d}_{x'} = \cos\eta\cos\varphi, \qquad \mathfrak{d}_{y'} = \sin\eta, \qquad \mathfrak{d}_{z'} = -\cos\eta\sin\varphi, \tag{162}$$

wobei für η, das Azimut der Schwingungsrichtung gegen die Einfallsebene oder das Schwingungsazimut, nach der zweiten Gleichung (160) die Beziehung

$$\operatorname{cotg}\eta = \frac{\dfrac{1}{n^2} - \dfrac{1}{n_{22}^2}}{\dfrac{1}{n_{12}^2}\cos\varphi - \dfrac{1}{n_{23}^2}\sin\varphi} \tag{163}$$

gilt. n_{22}, n_{23} und n_{12} sind dabei wieder durch die Hauptbrechungsindizes n_1, n_2 und n_3 des Kristalls, in dem sich die einfallende Welle ausbreitet, gemäß (157) bestimmt.

32. Lage der Wellennormalen der reflektierten und gebrochenen Wellen. Wir unterscheiden die reflektierten Wellen durch I, II, III, . . . , die gebrochenen Wellen durch 1, 2, 3, . . . und schreiben für ihre Lichtvektoren nach (155)

$$\left.\begin{aligned}&\mathfrak{D}^{(I)} = \overline{\mathfrak{D}^{(I)}}\, e^{-i\omega\left(t - \frac{n^{(I)}}{c}\mathfrak{s}^{(I)}\mathfrak{r}^{(I)}\right)}, \quad \mathfrak{D}^{(II)} = \overline{\mathfrak{D}^{(II)}}\, e^{-i\omega\left(t - \frac{n^{(II)}}{c}\mathfrak{s}^{(II)}\mathfrak{r}^{(II)}\right)},\\ &\qquad \mathfrak{D}^{(III)} = \overline{\mathfrak{D}^{(III)}}\, e^{-i\omega\left(t - \frac{n^{(III)}}{c}\mathfrak{s}^{(III)}\mathfrak{r}^{(III)}\right)}, \ldots,\\ &\mathfrak{D}^{(1)} = \overline{\mathfrak{D}^{(1)}}\, e^{-i\omega\left(t - \frac{n^{(1)}}{c}\mathfrak{s}^{(1)}\mathfrak{r}^{(1)}\right)}, \quad \mathfrak{D}^{(2)} = \overline{\mathfrak{D}^{(2)}}\, e^{-i\omega\left(t - \frac{n^{(2)}}{c}\mathfrak{s}^{(2)}\mathfrak{r}^{(2)}\right)},\\ &\qquad \mathfrak{D}^{(3)} = \overline{\mathfrak{D}^{(3)}}\, e^{-i\omega\left(t - \frac{n^{(3)}}{c}\mathfrak{s}^{(3)}\mathfrak{r}^{(3)}\right)}, \ldots\end{aligned}\right\} \tag{164}$$

Um die Lage der Wellennormalenrichtungen $\mathfrak{s}^{(I)}$, $\mathfrak{s}^{(II)}$, $\mathfrak{s}^{(III)}$, . . . und $\mathfrak{s}^{(1)}$, $\mathfrak{s}^{(2)}$, $\mathfrak{s}^{(3)}$, . . . zu erhalten, benutzen wir die erste der Gleichungen (6); (155) und (164) ergeben dann für die Begrenzungsebene $z' = 0$

$$\mathfrak{D}_{z'} + \mathfrak{D}_{z'}^{(I)} + \mathfrak{D}_{z'}^{(II)} + \mathfrak{D}_{z'}^{(III)} + \cdots = \mathfrak{D}_{z'}^{(1)} + \mathfrak{D}_{z'}^{(2)} + \mathfrak{D}_{z'}^{(3)} + \cdots. \tag{165}$$

Für jeden Punkt x', y' der gemeinsamen Begrenzungsebene $z' = 0$ ist

$$\mathfrak{r}_{x'} = \mathfrak{r}_{x'}^{(I)} = \mathfrak{r}_{x'}^{(II)} = \cdots = \mathfrak{r}_{x'}^{(1)} = \mathfrak{r}_{x'}^{(2)} = \cdots = x',$$

$$\mathfrak{r}_{y'} = \mathfrak{r}_{y'}^{(I)} = \mathfrak{r}_{y'}^{(II)} = \cdots = \mathfrak{r}_{y'}^{(1)} = \mathfrak{r}_{y'}^{(2)} = \cdots = y',$$

$$\mathfrak{r}_{z'} = \mathfrak{r}_{z'}^{(I)} = \mathfrak{r}_{z'}^{(II)} = \cdots = \mathfrak{r}_{z'}^{(1)} = \mathfrak{r}_{z'}^{(2)} = \cdots = 0;$$

da die $z'x'$-Ebene zur Einfallsebene gewählt wurde, so ist $\mathfrak{s}_{y'} = 0$, und es folgt aus der letzten Gleichung mit Rücksicht auf (155) und (164) für einen beliebigen Punkt der gemeinsamen Begrenzungsebene

$$\overline{\mathfrak{D}_{z'}}\, e^{i\omega \frac{n}{c} \mathfrak{s}_{x'} x'} + \overline{\mathfrak{D}_{z'}^{(I)}}\, e^{i\omega \frac{n^{(I)}}{c} \left(\mathfrak{s}_{x'}^{(I)} x' + \mathfrak{s}_{y'}^{(I)} y'\right)} + \overline{\mathfrak{D}_{z'}^{(II)}}\, e^{i\omega \frac{n^{(II)}}{c} \left(\mathfrak{s}_{x'}^{(II)} x' + \mathfrak{s}_{y'}^{(II)} y'\right)} + \cdots$$
$$= \overline{\mathfrak{D}_{z'}^{(1)}}\, e^{i\omega \frac{n^{(1)}}{c} \left(\mathfrak{s}_{x'}^{(1)} x' + \mathfrak{s}_{y'}^{(1)} y'\right)} + \overline{\mathfrak{D}_{z'}^{(2)}}\, e^{i\omega \frac{n^{(2)}}{c} \left(\mathfrak{s}_{x'}^{(2)} x' + \mathfrak{s}_{y'}^{(2)} y'\right)} + \cdots.$$

Diese Bedingung muß für jeden Punkt der $x'y'$-Ebene, d. h. für jedes Wertesystem x', y' gelten; es folgt somit

$$\mathfrak{s}_{y'}^{(I)} = \mathfrak{s}_{y'}^{(II)} = \mathfrak{s}_{y'}^{(III)} = \cdots = \mathfrak{s}_{y'}^{(1)} = \mathfrak{s}_{y'}^{(2)} = \mathfrak{s}_{y'}^{(3)} = \cdots = 0, \tag{166}$$

$$n\mathfrak{s}_{x'} = n^{(I)}\mathfrak{s}_{x'}^{(I)} = n^{(II)}\mathfrak{s}_{x'}^{(II)} = n^{(III)}\mathfrak{s}_{x'}^{(III)} = \cdots = n^{(1)}\mathfrak{s}_{x'}^{(1)} = n^{(2)}\mathfrak{s}_{x'}^{(2)} = n^{(3)}\mathfrak{s}_{x'}^{(3)} = \cdots \tag{167}$$

Die beiden Gleichungen enthalten das Gesetz für die Lage der Wellennormalen der reflektierten und gebrochenen Wellen.

(166) sagt aus, daß die Wellennormalen der reflektierten und gebrochenen Wellen parallel zur Einfallsebene ($y' = 0$) liegen.

Aus (167) folgt, daß die Sinus der Winkel zwischen dem Einfallslot und den Wellennormalen der reflektierten und gebrochenen Wellen sich verhalten wie die reziproken Brechungsindizes[1]). Bezeichnen wir nämlich mit φ bzw. $\varphi^{(I)}$, $\varphi^{(II)}$, $\varphi^{(III)}$ ... bzw. $\varphi^{(1)}$, $\varphi^{(2)}$, $\varphi^{(3)}$, ... die Winkel, welche das mit der positiven z'-Achse zusammenfallende Einfallslot mit $\mathfrak{s}$ bzw. $\mathfrak{s}^{I}$, $\mathfrak{s}^{II}$, $\mathfrak{s}^{III}$, ..., bzw. $\mathfrak{s}^{(1)}$, $\mathfrak{s}^{(2)}$, $\mathfrak{s}^{(3)}$, ... bildet, so haben wir $\mathfrak{s}_{x'} = \sin\varphi$, $\mathfrak{s}_{x'}^{(I)} = \sin\varphi^{(I)}$, $\mathfrak{s}_{x'}^{(II)} = \sin\varphi^{(II)}$, ..., $\mathfrak{s}_{x'}^{(1)} = \sin\varphi^{(1)}$, $\mathfrak{s}_{x'}^{(2)} = \sin\varphi^{(2)}$, ... und demnach nach (167)

$$\left.\begin{aligned} &\sin\varphi : \sin\varphi^{(I)} : \sin\varphi^{(II)} : \sin\varphi^{(III)} : \ldots : \sin\varphi^{(1)} : \sin\varphi^{(2)} : \ldots \\ &= \frac{1}{n} : \frac{1}{n^{(I)}} : \frac{1}{n^{(II)}} : \frac{1}{n^{(III)}} : \ldots : \frac{1}{n^{(1)}} : \frac{1}{n^{(2)}} : \frac{1}{n^{(3)}} : \ldots \end{aligned}\right\} \tag{168}$$

Hierbei bedeutet offenbar $\pi - \varphi$ den sog. Einfallswinkel; $\varphi^{(I)}$, $\varphi^{(II)}$, ... sind die Reflexionswinkel und $\pi - \varphi^{(1)}$, $\pi - \varphi^{(2)}$, ... die Brechungswinkel.

33. Wellennormalenrichtungen, Schwingungsazimute und Anzahl der reflektierten und gebrochenen Wellen. Während bei der Reflexion und Brechung an der gemeinsamen Begrenzungsfläche zweier isotroper Körper nie mehr als eine reflektierte und eine gebrochene Welle auftreten können, sind, wie wir jetzt zeigen werden[2]), bei dem entsprechenden Vorgang an der gemeinsamen Begrenzungsfläche zweier Kristalle im allgemeinen zwei reflektierte und zwei gebrochene Wellen vorhanden.

---

[1]) F. NEUMANN, Abhandlgn. d. Berl. Akad. 1835, S. 9; Ges. Werke Bd. II, S. 369. Leipzig 1906; G. KIRCHHOFF, Abhandlgn. d. Berl. Akad. 1876, S. 76; Ges. Abhandlgn., S. 369. Leipzig 1882.

[2]) G. KIRCHHOFF, Abhandlgn. d. Berl. Akad. 1876, S. 79; Ges. Abhandlgn., S. 370. Leipzig 1882; Vorlesungen über mathem. Physik Bd. II. Mathem. Optik. Herausgeg. von K. HENSEL. S. 224. Leipzig 1891.

a) Berechnung der Wellennormalenrichtungen der reflektierten und gebrochenen Wellen. Zwischen den Werten $\varphi^{(i)}$, $n^{(i)}$ irgendeiner im ersten Kristall sich ausbreitenden Welle und den entsprechenden Werten φ, n der einfallenden Welle (155) besteht nach (168) die Beziehung

$$n \sin\varphi = n^{(i)} \sin\varphi^{(i)}; \tag{169}$$

ferner gilt für $\varphi^{(i)}$ und $n^{(i)}$ die (161) entsprechende Gleichung

$$\left(\frac{1}{n_{11}^2}\cos^2\varphi^{(i)} + \frac{1}{n_{33}^2}\sin^2\varphi^{(i)} - \frac{2}{n_{31}^2}\sin\varphi^{(i)}\cos\varphi^{(i)} - \frac{1}{n^{(i)2}}\right)\left(\frac{1}{n_{22}^2} - \frac{1}{n^{(i)2}}\right)$$
$$- \left(\frac{1}{n_{12}^2}\cos\varphi^{(i)} - \frac{1}{n_{23}^2}\sin\varphi^{(i)}\right)^2 = 0.$$

Setzt man in diese Gleichung für $n^{(i)}$ den aus (169) folgenden Wert ein, dividiert mit $\cos^4\varphi^{(i)}$ und benutzt die Identität $\frac{1}{\cos^2\varphi^{(i)}} = 1 + \mathrm{tg}^2\varphi^{(i)}$, so folgt für den Winkel $\varphi^{(i)}$ einer sich im ersten Kristall ausbreitenden reflektierten Welle ($i = \mathrm{I, II, III}, \ldots$) die Bedingungsgleichung

$$\left.\begin{aligned} f(\varphi^{(i)}) \equiv & \left\{\frac{1}{n_{11}^2} - \frac{2}{n_{31}^2}\,\mathrm{tg}\,\varphi^{(i)} + \left(\frac{1}{n_{33}^2} - \frac{1}{n^2\sin^2\varphi}\right)\mathrm{tg}^2\varphi^{(i)}\right\}\left\{\frac{1}{n_{22}^2} + \left(\frac{1}{n_{22}^2} - \frac{1}{n^2\sin^2\varphi}\right)\mathrm{tg}^2\varphi^{(i)}\right\} \\ & - \left(\frac{1}{n_{12}^2} - \frac{1}{n_{23}^2}\,\mathrm{tg}\,\varphi^{(i)}\right)^2 (1 + \mathrm{tg}^2\varphi^{(i)}) = 0. \end{aligned}\right\} \tag{170}$$

Gleichung (170) ermöglicht die Berechnung der Reflexionswinkel $\varphi^{(i)}$ ($i = \mathrm{I, II, III}, \ldots$) der sich im ersten Kristall ausbreitenden reflektierten Wellen. Eine ganz entsprechende Gleichung gilt für die Winkel $\varphi^{(i)}$ ($i = 1, 2, 3, \ldots$) der sich im zweiten Kristall ausbreitenden, gebrochenen Wellen[1]). Die in (170) auftretenden Größen n_{11}, n_{22}, n_{33}, n_{12}, n_{23} und n_{31} sind durch die Formeln (157) bestimmt, in welchen für $n_1, n_2, n_3, \alpha_1, \alpha_2, \ldots, \gamma_3$ die Werte für den ersten bzw. zweiten Kristall einzusetzen sind, je nachdem es sich um eine Welle im ersteren bzw. letzteren handelt.

b) Berechnung der Schwingungsazimute der reflektierten und gebrochenen Wellen. Für die Schwingungsrichtungen $\mathfrak{d}^{(i)}$ der reflektierten und gebrochenen Wellen gelten Gleichungen von der Gestalt (162), nämlich

$$\left.\begin{aligned} & \mathfrak{d}_{x'}^{(i)} = \cos\eta^{(i)}\cos\varphi^{(i)}, \qquad \mathfrak{d}_{y'}^{(i)} = \sin\eta^{(i)}, \qquad \mathfrak{d}_{z'}^{(i)} = -\cos\eta^{(i)}\sin\varphi^{(i)} \\ & \qquad (i = \mathrm{I, II, III}, \ldots \text{ bzw. } = 1, 2, 3, \ldots), \end{aligned}\right\} \tag{171}$$

wobei die Schwingungsazimute $\eta^{(i)}$ die (163) entsprechende Bedingung

$$\mathrm{cotg}\,\eta^{(i)} = \frac{\dfrac{1}{n^{(i)2}} - \dfrac{1}{n_{22}^2}}{\dfrac{1}{n_{12}^2}\cos\varphi^{(i)} - \dfrac{1}{n_{23}^2}\sin\varphi^{(i)}}$$

zu erfüllen haben, die mit Hilfe von (169) auf die Form

$$\mathrm{cotg}\,\eta^{(i)} = \frac{\left(\dfrac{1}{n^2\sin^2\varphi} - \dfrac{1}{n_{22}^2}\right)\mathrm{tg}^2\varphi^{(i)} - \dfrac{1}{n_{22}^2}}{\left(\dfrac{1}{n_{12}^2} - \dfrac{1}{n_{23}^2}\,\mathrm{tg}\,\varphi^{(i)}\right)\sqrt{1 + \mathrm{tg}^2\varphi^{(i)}}} \tag{172}$$

gebracht werden kann.

---

1) Aus den Winkeln $\varphi^{(i)}$ ($i = 1, 2, 3, \ldots$) ergeben sich nach Ziff. 32 die Brechungswinkel zu $\pi - \varphi^{(i)}$.

c) Anzahl der reflektierten und gebrochenen Wellen. Aus (162) und (163) bzw. (171) und (172) folgt, daß durch jeden Wert von $\operatorname{tg}\varphi^{(i)}$ die zugehörige Schwingungsrichtung $\mathfrak{d}^{(i)}$ im ersten oder im zweiten Kristall eindeutig bestimmt ist; jeder Wurzel der Gleichung (170) und der entsprechenden, für den zweiten Kristall gebildeten Gleichung entspricht also nur eine Welle, und da beide Gleichungen biquadratisch sind, so sind demnach vier verschiedene Wellen im ersten und vier im zweiten Kristall möglich.

Aus der Zweischaligkeit der Strahlenfläche ergibt sich, daß, wenn (170) vier reelle Wurzeln besitzt, zwei von ihnen einfallenden, die beiden anderen reflektierten oder gebrochenen Wellen angehören müssen, und daß nur eine einfallende und eine reflektierte oder gebrochene Welle existiert, falls (170) nur zwei reelle Wurzeln besitzt; das gleiche gilt für die zu (170) analoge Gleichung des zweiten Kristalls. Experimentell realisieren lassen sich nur solche Fälle, in denen nur eine einfallende Welle auftritt; besitzen (170) und die entsprechende, für den zweiten Kristall gebildete Gleichung lauter reelle Wurzeln, so muß man daher die Amplituden von dreien der vier insgesamt möglichen einfallenden Wellen[1]) gleich Null annehmen, z. B. im ersten Kristall von einer, im zweiten Kristall von beiden Wellen. In dem ersten Kristall, in dem die übrigbleibende einfallende Welle sich ausbreitet, treten daher neben dieser im allgemeinen noch zwei reflektierte und in dem zweiten Kristall zwei gebrochene Wellen auf; diesen Fall, der in den folgenden Ziff. 34 bis 49 vorausgesetzt ist, bezeichnet man als partielle Reflexion und Brechung[2]).

d) Gegenseitige Lage der Schwingungsrichtungen der gebrochenen Wellen. Für die Schwingungsazimute der beiden im zweiten Kristall sich ausbreitenden gebrochenen Wellen läßt sich folgende Beziehung herleiten[3])

$$\left.\begin{aligned}\{\operatorname{tg}\eta^{(1)}\operatorname{tg}\eta^{(2)}+\cos(\varphi^{(1)}-\varphi^{(2)})\}\sin(\varphi^{(1)}+\varphi^{(2)})&\\+\frac{\operatorname{tg}\zeta^{(1)}\sin^2\varphi^{(1)}}{\cos\eta^{(1)}}-\frac{\operatorname{tg}\zeta^{(2)}\sin^2\varphi^{(2)}}{\cos\eta^{(2)}}=0;&\end{aligned}\right\}\tag{173}$$

hierin bedeuten $\zeta^{(1)}$ und $\zeta^{(2)}$ die Winkel zwischen den Wellennormalenrichtungen der gebrochenen Wellen und ihren zugehörigen Strahlenrichtungen, die sich mit Hilfe von (127) berechnen[4]). Aus (173) folgt, daß die Schwingungsrichtungen der gebrochenen Wellen jedenfalls dann senkrecht zueinander stehen, wenn $\varphi^{(1)}=\varphi^{(2)}=0$ wird; dies ist der Fall, wenn die Wellennormale der einfallenden Welle senkrecht zur gemeinsamen Begrenzungsebene liegt [vgl. Ziff. 36a)].

34. Berechnung der Reflexions- und Brechungswinkel. Wir fragen jetzt nach den Wurzeln der Gleichung (170), welche bei gegebenem Einfallswinkel die Reflexions- und Brechungswinkel liefert, falls die Hauptbrechungsindizes und die kristallographischen Orientierungen der beiden aneinandergrenzenden Kristalle bekannt sind.

Ordnet man die Glieder von (170) nach fallenden Potenzen von $\operatorname{tg}\varphi^{(i)}$ und benutzt (157), so erhält man nach einiger Umformung[5])

$$f(\operatorname{tg}\varphi^{(i)})\equiv a_0\operatorname{tg}^4\varphi^{(i)}+4a_1\operatorname{tg}^3\varphi^{(i)}+6a_2\operatorname{tg}^2\varphi^{(i)}+4a_3\operatorname{tg}\varphi^{(i)}+a_4=0,\tag{174}$$

---

1) Über die physikalische Bedeutung dieser Wellen vgl. Ziff. 35.

2) Im Gegensatz zu der in den Ziff. 50—56 behandelten Totalreflexion.

3) F. NEUMANN, Abhandlgn. d. Berl. Akad. 1835, S. 105; Ges. Werke Bd. II, S. 481. Leipzig 1906; J. MAC CULLAGH, Trans. R. Irish Acad. Bd. 18, S. 52. 1838; Collect. Works, S. 112. London 1880.

4) Beobachtungen über $\eta^{(1)}-\eta^{(2)}$ wurden von A. SCHRAUF (ZS. f. Krist. Bd. 11, S. 5. 1885) bei Kalkspat angestellt.

5) TH. LIEBISCH, N. Jahrb. f. Min. 1885 (2), S. 190.

wobei a_0, a_1, a_2, a_3 und a_4 durch folgende Ausdrücke bestimmt sind

$$\left.\begin{aligned} a_0 &= n^4 \sin^4\varphi (n_1^2\alpha_1^2 + n_2^2\beta_1^2 + n_3^2\gamma_1^2) \\ &\quad - n^2\sin^2\varphi \{n_1^2(n_2^2+n_3^2)\alpha_1^2 + n_2^2(n_3^2+n_1^2)\beta_1^2 + n_3^2(n_1^2+n_2^2)\gamma_1^2\} + n_1^2 n_2^2 n_3^2, \\ 4a_1 &= 2n^4\sin^4\varphi(n_1^2\alpha_1\alpha_3 + n_2^2\beta_1\beta_3 + n_3^2\gamma_1\gamma_3) \\ &\quad - 2n^2\sin^2\varphi\{n_1^2(n_2^2+n_3^2)\alpha_1\alpha_3 + n_2^2(n_3^2+n_1^2)\beta_1\beta_3 + n_3^2(n_1^2+n_2^2)\gamma_1\gamma_3\}, \\ 6a_2 &= n^4\sin^4\varphi\{n_1^2(\alpha_1^2+\alpha_3^2) + n_2^2(\beta_1^2+\beta_3^2) + n_3^2(\gamma_1^2+\gamma_3^2)\} \\ &\quad - n^2\sin^2\varphi\{n_1^2(n_2^2+n_3^2)\alpha_3^2 + n_2^2(n_3^2+n_1^2)\beta_3^2 + n_3^2(n_1^2+n_2^2)\gamma_3^2\}, \\ 4a_3 &= 2n^4\sin^4\varphi(n_1^2\alpha_1\alpha_3 + n_2^2\beta_1\beta_3 + n_3^2\gamma_1\gamma_3), \\ a_4 &= n^4\sin^4\varphi(n_1^2\alpha_3^2 + n_2^2\beta_3^2 + n_3^2\gamma_3^2). \end{aligned}\right\} \quad (175)$$

Die Berechnung der Wurzeln der Gleichung (174) und der analogen Gleichung für den zweiten Kristall ist im allgemeinen nur durch Näherungsmethoden möglich; eine vollständige Lösung gelingt jedoch in den folgenden Fällen, in welchen das optische Symmetrieachsensystem x, y, z des einen Kristalls eine spezielle Lage besitzt[1]) und die wir mit Rücksicht auf spätere Anwendungen besprechen müssen.

a) Liegt bei dem einen der beiden aneinandergrenzenden Kristalle eine optische Symmetrieebene parallel zur gemeinsamen Begrenzungsebene (x', y'-Ebene) oder eine optische Symmetrieachse parallel zur Schnittlinie von Einfallsebene und gemeinsamer Begrenzungsebene (x'-Achse), so reduziert sich die für ihn geltende Gleichung (174) auf eine quadratische Gleichung in $\operatorname{tg}^2\varphi^{(i)}$.

α) Ist nämlich etwa die yz-Ebene parallel der gemeinsamen Begrenzungsebene, und ε der Winkel zwischen Einfallsebene ($z'x'$-Ebene) und xy-Ebene, so ist

$$\begin{aligned} \alpha_1 &= 0, & \beta_1 &= \cos\varepsilon, & \gamma_1 &= -\sin\varepsilon, \\ \alpha_2 &= 0, & \beta_2 &= \sin\varepsilon, & \gamma_2 &= \cos\varepsilon, \\ \alpha_3 &= 1, & \beta_3 &= 0, & \gamma_3 &= 0 \end{aligned}$$

und daher nach (175)

$$\left.\begin{aligned} a_0 &= (n^2\sin^2\varphi - n_1^2)\{n^2(n_2^2\cos^2\varepsilon + n_3^2\sin^2\varepsilon)\sin^2\varphi - n_2^2 n_3^2\}, \\ 6a_2 &= n^4(n_1^2 + n_2^2\cos^2\varepsilon + n_3^2\sin^2\varepsilon)\sin^4\varphi - n^2 n_1^2(n_2^2+n_3^2)\sin^2\varphi, \\ a_4 &= n^4 n_1^2\sin^4\varphi, \\ a_1 &= a_3 = 0. \end{aligned}\right\} \quad (176)$$

β) Ist im zweiten Falle etwa die x-Achse parallel zur x'-Achse und ε der Winkel zwischen z'-Achse und z-Achse, so wird

$$\begin{aligned} \alpha_1 &= 1, & \beta_1 &= 0, & \gamma_1 &= 0, \\ \alpha_2 &= 0, & \beta_2 &= \cos\varepsilon, & \gamma_2 &= -\sin\varepsilon, \\ \alpha_3 &= 0, & \beta_3 &= \sin\varepsilon, & \gamma_3 &= \cos\varepsilon \end{aligned}$$

und somit nach (175)

$$\left.\begin{aligned} a_0 &= n_1^2(n^2\sin^2\varphi - n_2^2)(n^2\sin^2\varphi - n_3^2), \\ 6a_2 &= n^4(n_1^2 + n_2^2\sin^2\varepsilon + n_3^2\cos^2\varepsilon)\sin^4\varphi \\ &\quad - n^2(n_2^2 n_3^2 + n_3^2 n_1^2\cos^2\varepsilon + n_1^2 n_2^2\sin^2\varepsilon)\sin^2\varphi, \\ a_4 &= n^4(n_2^2\sin^2\varepsilon + n_3^2\cos^2\varepsilon)\sin^4\varphi, \\ a_1 &= a_3 = 0. \end{aligned}\right\} \quad (177)$$

[1]) Th. Liebisch, N. Jahrb. f. Min. 1885 (1), S. 250; (2), S. 191.

b) Ist die Einfallsebene ($z'x'$-Ebene) eine optische Symmetrieebene des einen Kristalls oder ist dieser optisch einachsig, so zerfällt für ihn die Gleichung (174) in zwei Gleichungen zweiten Grades.

α) Liegt die yz-Ebene parallel zur $z'x'$-Ebene und ist ε der Winkel zwischen positiver z'-Achse und positiver z-Achse, so erhalten wir

$$\begin{array}{lll} \alpha_1 = 0, & \beta_1 = -\cos\varepsilon, & \gamma_1 = \sin\varepsilon, \\ \alpha_2 = 1, & \beta_2 = 0, & \gamma_2 = 0, \\ \alpha_3 = 0, & \beta_3 = \sin\varepsilon, & \gamma_3 = \cos\varepsilon; \end{array}$$

(174) geht dann über in

$$\{(n^2 \sin^2\varphi - n_1^2)\, \mathrm{tg}^2\varphi^{(i)} + n^2 \sin^2\varphi\}\, (d_0\, \mathrm{tg}^2\varphi^{(i)} + 2d_1\, \mathrm{tg}\,\varphi^{(i)} + d_2) = 0, \tag{178}$$

wobei

$$d_0 = n^2(n_3^2 \sin^2\varepsilon + n_2^2 \cos^2\varepsilon) \sin^2\varphi - n_2^2 n_3^2, \quad d_1 = n^2(n_3^2 - n_2^2) \sin\varepsilon \cos\varepsilon \sin^2\varphi,$$
$$d_2 = n^2(n_3^2 \cos^2\varepsilon + n_2^2 \sin^2\varepsilon) \sin^2\varphi$$

ist.

β) Ist der eine Kristall optisch einachsig ($n_1 = n_2$) und ε der spitze Winkel zwischen seiner optischen Achse und der positiven z'-Achse, ferner ξ das Azimut der Einfallsebene gegen den Hauptschnitt der gemeinsamen Begrenzungsebene, so haben wir

$$\begin{array}{lll} \alpha_1 = \cos\xi \cos\varepsilon, & \alpha_2 = \sin\xi \cos\varepsilon, & \alpha_3 = -\sin\varepsilon, \\ \beta_1 = -\sin\varepsilon, & \beta_2 = \cos\varepsilon, & \beta_3 = 0, \\ \gamma_1 = \cos\xi \sin\varepsilon, & \gamma_2 = \sin\xi \sin\varepsilon, & \gamma_3 = \cos\varepsilon \end{array}$$

und bekommen für Gleichung (174) die Form

$$\{(n^2 \sin^2\varphi - n_1^2)\, \mathrm{tg}^2\varphi^{(i)} + n^2 \sin^2\varphi\}\, (d_0\, \mathrm{tg}^2\varphi^{(i)} + 2d_1\, \mathrm{tg}\,\varphi^{(i)} + d_2) = 0, \tag{179}$$

wobei jetzt

$$\left.\begin{array}{c} d_0 = n^2 \sin^2\varphi\, [n_1^2 + (n_3^2 - n_1^2) \sin^2\varepsilon \cos^2\xi] - n_1^2 n_3^2, \\ d_1 = n^2(n_3^2 - n_1^2) \sin^2\varphi \cos\xi \sin\varepsilon \cos\varepsilon, \quad d_2 = n^2(n_3^2 \cos^2\varepsilon + n_1^2 \sin^2\varepsilon) \sin^2\varphi \end{array}\right\} \tag{180}$$

gesetzt ist.

35. Konstruktion der reflektierten und gebrochenen Wellennormalenrichtungen. Statt auf dem in Ziff. 34 angegebenen analytischen Wege kann man bei gegebenem Einfallswinkel die zugehörigen Reflexions- und Brechungswinkel auch geometrisch mit Hilfe der abgeleiteten Flächen (Ziff. 17) finden.

a) Konstruktion der reflektierten und gebrochenen Wellennormalenrichtungen mit Hilfe der Strahlenflächen. Ist die Strahlenfläche [Ziff. 17b)] gegeben, so kann man zur Konstruktion der reflektierten und gebrochenen Wellennormalenrichtungen das bekannte Verfahren von HUYGHENS benutzen. Man nimmt als gemeinsamen Mittelpunkt der Strahlenflächen der beiden Kristalle einen beliebigen Punkt A der gemeinsamen Begrenzungsebene ($x'y'$-Ebene) und bestimmt die Schnittkurven $\Sigma^{(1)}$ und $\Sigma^{(2)}$, welche die Einfallsebene ($z'x'$-Ebene) mit den beiden Strahlenflächen erzeugt (Abb. 12); diese werden, wie aus (106) leicht folgt, durch je zwei geschlossene, im allgemeinen sich nicht schneidende Kurven dargestellt. $\mathfrak{s}$ sei die Wellennormalenrichtung der einfallenden Welle, AW der Schnitt der einfallenden Wellenebene mit der Einfallsebene zu einem bestimmten Zeitpunkte, DW' der Schnitt der nämlichen Wellenebene zu einem um die Zeit $t = \frac{1}{c}$ späteren

Zeitpunkte, wobei c die [in (18) auftretende] Lichtgeschwindigkeit im Vakuum ist. Man erhält nach Ziff. 17d) die Richtungen der Wellennormalen der gebrochenen und reflektierten Wellen, indem man von A aus die Normalen AN zu den Tangentialebenen zieht, welche durch die Schnittgerade D von W' und $x'y'$-Ebene an die Strahlenflächen gelegt wurden. $AN_1^{(1)}$ und $AN_2^{(1)}$ sind dann die Wellennormalen der reflektierten, $AN_1^{(2)}$ und $AN_2^{(2)}$ jene der gebrochenen Wellen. Die zu diesen Wellen gehörenden Strahlen erhält man, indem man A mit den Berührungspunkten $S_1^{(1)}$, $S_2^{(1)}$, $S_1^{(2)}$ und $S_2^{(2)}$ der Tangentialebenen verbindet; die Strahlen liegen im allgemeinen nicht in der Einfallsebene.

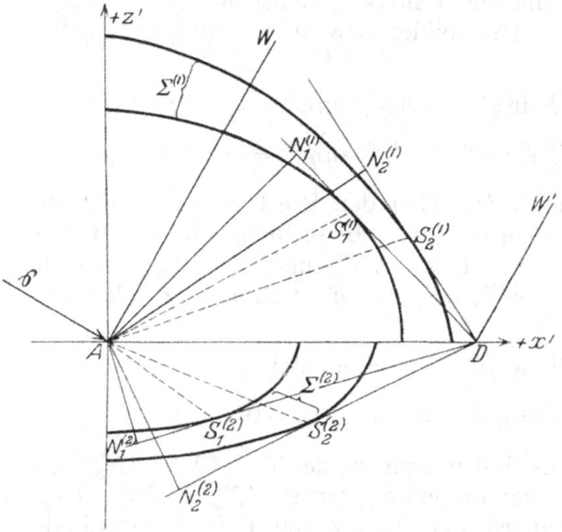

Abb. 12. Konstruktion der reflektierten und gebrochenen Wellennormalenrichtungen mit Hilfe der Strahlenflächen. ($z'x'$-Ebene Einfallsebene. $\mathfrak{s}$ Einheitsvektor der einfallenden Wellennormale. AW Spur der zu $\mathfrak{s}$ gehörenden Wellenebene zu einem bestimmten Zeitpunkte, DW' Spur der nämlichen Wellenebene zu einem um die Zeit $t = \frac{1}{c}$ späteren Zeitpunkt. $\Sigma^{(1)}$, $\Sigma^{(2)}$ Schnittkurven der Einfallsebene mit den um A als Mittelpunkt gelegten Strahlenflächen der beiden Kristalle. $AN_1^{(1)}$, $AN_2^{(1)}$ und $AN_1^{(2)}$, $AN_2^{(2)}$ Wellennormalenrichtungen der reflektierten und gebrochenen Wellen, sämtlich in der $z'x'$-Ebene liegend; $AS_1^{(1)}$, $AS_2^{(1)}$ und $AS_1^{(2)}$, $AS_2^{(2)}$ Richtungen der reflektierten und gebrochenen Strahlen, im allgemeinen nicht in der $z'x'$-Ebene liegend.)

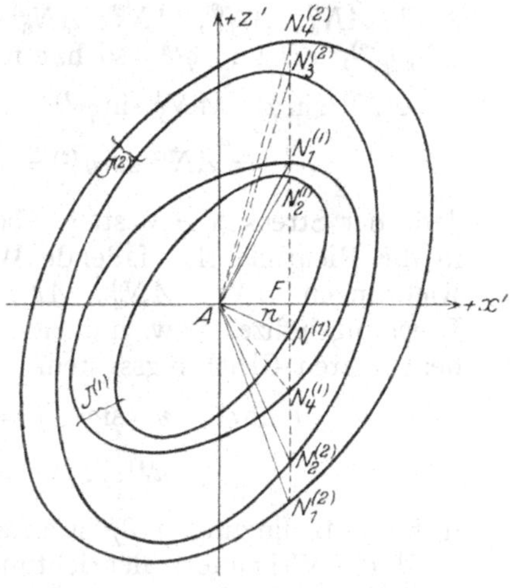

Abb. 13. Konstruktion der reflektierten und gebrochenen Wellennormalenrichtungen mit Hilfe der Indexflächen. ($z'x'$-Ebene Einfallsebene. $AN^{(1)}$ Wellennormalenrichtung der einfallenden Welle, $AN_4^{(1)}$ Wellennormalenrichtung der Hilfswelle. $AN_1^{(1)}$ und $AN_2^{(1)}$ Wellennormalenrichtungen der reflektierten, $AN_1^{(2)}$ und $AN_2^{(2)}$ Wellennormalenrichtungen der gebrochenen Wellen. $AN_3^{(2)}$ und $AN_4^{(2)}$ Wellennormalenrichtungen zweier weiterer, im zweiten Kristall möglicher Wellen.)

b) **Konstruktion der reflektierten und gebrochenen Wellennormalenrichtungen mit Hilfe der Indexflächen.** Einfacher als das unter a) besprochene Verfahren ist das folgende, auf HAMILTON[1]) und MACCULLAGH[2]) zurückgehende, das sich der Indexflächen der beiden aneinandergrenzenden Kristalle bedient.

Man wählt als gemeinsamen Mittelpunkt der Indexflächen der beiden Kristalle wieder einen beliebigen Punkt A der gemeinsamen Begrenzungsfläche ($x'y'$-Ebene) und bestimmt die Schnittkurven $J^{(1)}$ und $J^{(2)}$, welche die Einfallsebene ($z'x'$-Ebene) mit den beiden Indexflächen erzeugt (Abb. 13); diese werden, wie mit Hilfe von (109) leicht folgt, durch je zwei geschlossene, im all-

[1]) W. R. HAMILTON, Trans. R. Irish Acad. Bd. 17, S. 144. 1837.

[2]) J. MAC CULLAGH, Trans. R. Irish Acad. Bd. 17, S. 252. 1837; Collect. Works, S. 36. London 1880.

gemeinen sich nicht schneidende Kurven dargestellt[1]). Man zieht ferner durch A die Parallele zur Wellennormalenrichtung der einfallenden Welle und sucht von den beiden Schnittpunkten mit $J^{(1)}$ denjenigen $N^{(1)}$ auf, für welchen $AN^{(1)}$ gleich dem Brechungsindex n der einfallenden Welle ist. Wir betrachten hier nur den allgemeinen Fall, daß das von $N^{(1)}$ auf die $x'y'$-Ebene gefällte Lot $N^{(1)}F$ jeden Kurvenzweig von $J^{(1)}$ und $J^{(2)}$ in zwei Punkten schneidet[2]); die Schnittpunkte mit $J^{(1)}$ bzw. $J^{(2)}$ seien $N_1^{(1)}$, $N_2^{(1)}$ und $N_4^{(1)}$ bzw. $N_1^{(2)}$, $N_2^{(2)}$, $N_3^{(2)}$ und $N_4^{(2)}$. Wir zeigen, daß $AN_1^{(1)}$, $AN_2^{(1)}$ und $AN_4^{(1)}$ die Wellennormalenrichtungen der im ersten, ferner $AN_1^{(2)}$, $AN_2^{(2)}$, $AN_3^{(2)}$ und $AN_4^{(2)}$ die Wellennormalenrichtungen der im zweiten Kristall sich ausbreitenden Wellen sind.

Bezeichnet man die Winkel, welche die positive z'-Achse mit $AN^{(1)}$, $AN_1^{(1)}$, $AN_2^{(1)}$, $AN_4^{(1)}$, $AN_1^{(2)}$, $AN_2^{(2)}$, $AN_3^{(2)}$ und $AN_4^{(2)}$ bildet bzw. mit φ, $\varphi^{(I)}$, $\varphi^{(II)}$, $\varphi^{(IV)}$, $\varphi^{(1)}$, $\varphi^{(2)}$, $\varphi^{(3)}$ und $\varphi^{(4)}$, so hat man

$$AN^{(1)}\sin\varphi = AN_1^{(1)}\sin\varphi^{(I)} = AN_2^{(1)}\sin\varphi^{(II)} = AN_4^{(1)}\sin\varphi^{(IV)} = AN_1^{(2)}\sin\varphi^{(1)}$$
$$= AN_2^{(2)}\sin\varphi^{(2)} = AN_3^{(2)}\sin\varphi^{(3)} = AN_4^{(2)}\sin\varphi^{(4)} = AF.$$

Jede der Strecken AN stellt aber nach Ziff. 17c) den Brechungsindex für die in die Richtung AN fallende Wellennormale dar; bezeichnen wir die zu den Richtungen $AN_1^{(1)}$, $AN_2^{(1)}$, $AN_4^{(1)}$, $AN_1^{(2)}$, $AN_2^{(2)}$, $AN_3^{(2)}$ und $AN_4^{(2)}$ gehörenden Brechungsindizes bzw. mit $n^{(I)}$, $n^{(II)}$, $n^{(IV)}$, $n^{(1)}$, $n^{(2)}$, $n^{(3)}$ und $n^{(4)}$, so folgt aus dem letzten Gleichungssystem

$$n\sin\varphi = n^{(I)}\sin\varphi^{(I)} = n^{(II)}\sin\varphi^{(II)} = n^{(IV)}\sin\varphi^{(IV)}$$
$$= n^{(1)}\sin\varphi^{(1)} = n^{(2)}\sin\varphi^{(2)} = n^{(3)}\sin\varphi^{(3)} = n^{(4)}\sin\varphi^{(4)}\,,$$

d. h. die Bedingung (168) ist erfüllt; es stellen somit in der Tat $AN_1^{(1)}$, $AN_2^{(1)}$ und $AN_4^{(1)}$ die Wellennormalenrichtungen der im ersten, ferner $AN_1^{(2)}$, $AN_2^{(2)}$, $AN_3^{(2)}$ und $AN_4^{(2)}$ die Wellennormalenrichtungen der im zweiten Kristall fortschreitenden Wellen dar.

$AN_1^{(1)}$ und $AN_2^{(1)}$ liefern die Wellennormalenrichtungen $\mathfrak{s}^{(I)}$ und $\mathfrak{s}^{(II)}$ der beiden reflektierten, $AN_1^{(2)}$ und $AN_2^{(2)}$ die Wellennormalenrichtungen $\mathfrak{s}^{(1)}$ und $\mathfrak{s}^{(2)}$ der beiden gebrochenen Wellen.

$AN_4^{(1)}$ ergibt die Wellennormalenrichtung einer zweiten möglichen einfallenden Welle (vgl. Ziff. 33), welche als Hilfswelle[3]) bezeichnet wird; dieselbe würde reflektierte und gebrochene Wellen mit den nämlichen Wellennormalenrichtungen erzeugen wie die tatsächlich einfallende Welle mit der Wellennormalenrichtung $AN^{(1)}$.

$AN_3^{(2)}$ und $AN_4^{(2)}$ liefern die Wellennormalenrichtungen $\mathfrak{s}^{(3)}$ und $\mathfrak{s}^{(4)}$ zweier weiterer, im zweiten Kristall möglicher Wellen (vgl. Ziff. 33), deren physikalische Bedeutung man sich plausibel machen kann, indem man annimmt, daß der zweite Kristall eine zweite, zur $x'y'$-Ebene parallele Begrenzungsebene besitzt; $\mathfrak{s}^{(3)}$ und $\mathfrak{s}^{(4)}$ sind dann die Wellennormalenrichtungen der an dieser zweiten Begrenzungsebene reflektierten Wellen[4]).

---

[1]) HAMILTON und MAC CULLAGH haben die Konstruktion für den Fall behandelt, daß nur das eine der beiden aneinandergrenzenden Medien kristallinisch ist; der allgemeinere Fall, daß beide aneinandergrenzenden Medien kristallinisch sind, ist zuerst von A. OSTHOFF (N. Jahrb. f. Min. Beil. Bd. 20, S. 17. 1905) und P. KAEMMERER (ebenda Bd. 20, S. 186. 1905) durchgeführt worden.

[2]) Über die Sonderfälle, in welchen die Zahl dieser Schnittpunkte sich reduziert, vgl. Ziff. 50.

[3]) Die Bezeichnung stammt von P. KAEMMERER, N. Jahrb. f. Min. Beil. Bd. 20, S. 241. 1905.

[4]) A. OSTHOFF, N. Jahrb. f. Min. Beil. Bd. 20, S. 19. 1904.

Die zu den reflektierten und gebrochenen Wellen gehörenden Strahlen erhält man, indem man von A die Normalen auf die an die Indexflächen durch $N_1^{(1)}$ und $N_2^{(1)}$ bzw. $N_1^{(2)}$ uud $N_2^{(2)}$ gelegten Tangentialebenen fällt; die Strahlen liegen im allgemeinen nicht in der Einfallsebene[1]).

36. Spezielle Richtungen der gebrochenen Wellennormalen. a) Zusammenfallen der Wellennormalenrichtung einer gebrochenen Welle mit der Wellennormalenrichtung der einfallenden Welle. Wir fragen nach dem Einfallswinkel, bei dem die Wellennormalenrichtung einer gebrochenen Welle mit der Wellennormalenrichtung der einfallenden Welle zusammenfällt.

Bei senkrechter Inzidenz ist $\varphi = 0$, somit nach (168) auch $\varphi^{(1)} = \varphi^{(2)} = 0$; die Wellennormalenrichtungen der gebrochenen Wellen fallen dann beide in die Wellennormalenrichtung der einfallenden Welle.

Auch bei nicht senkrechter Inzidenz kann die Wellennormalenrichtung einer der beiden gebrochenen Wellen mit der Wellennormalenrichtung der einfallenden Welle zusammenfallen; die Bedingung hierfür ist nach (168) $n = n^{(1)}$ oder $n = n^{(2)}$. Um die Wellennormalenrichtungen $\mathfrak{s}$ der einfallenden Wellen zu erhalten, welche dieser Bedingung genügen, hat man um einen Punkt A der gemeinsamen Begrenzungsfläche die Normalenflächen der beiden aneinandergrenzenden Medien zu konstruieren. Schneiden sich die Flächen in einer reellen Kurve C, so sind die gesuchten Richtungen $\mathfrak{s}$ die Mantellinien des Kegels, der durch C geht und seine Spitze in A hat. Sie wurden für den speziellen Fall, daß das erste Medium isotrop und das zweite Medium optisch einachsig ist, von VERSCHAFFELT[2]) berechnet und experimentell bestätigt.

b) Zusammenfallen der Wellennormalenrichtungen beider gebrochenen Wellen. Die Wellennormalenrichtungen der gebrochenen Wellen fallen [außer dem unter a) angegebenen Fall der senkrechten Inzidenz] zusammen, wenn sie parallel einer Binormale liegen. In diesem Falle wird nämlich $n^{(1)} = n^{(2)}$ (vgl. Ziff. 11), somit nach (168) auch $\varphi^{(1)} = \varphi^{(2)}$ und nach (172) $\eta^{(1)} = \eta^{(2)}$, d. h. man hat in diesem Falle nur eine gebrochene Welle.

c) Innere konische Refraktion. Den zuletzt erwähnten Fall, daß die Wellennormalenrichtung der gebrochenen Welle parallel zu einer Binormale liegt, betrachten wir bei einem optisch zweiachsigen Kristall näher; nach Ziff. 21a) erfüllen dann die zur Wellennormalenrichtung gehörenden Strahlen den Mantel eines Kegels.

Befindet sich z. B. eine senkrecht zur Binormale $\mathfrak{b}_2$ geschnittene Platte eines optisch zweiachsigen Kristalls in einem isotropen Medium und liegt die Wellennormalenrichtung $\mathfrak{s}$ der einfallenden Welle parallel $\mathfrak{b}_2$, so haben nach a) auch die Wellennormalenrichtungen der gebrochenen Wellen diese Richtung; es tritt somit nach b) nur eine gebrochene Welle auf. Die zur einfallenden Welle gehörende Parallelstrahlung gibt dann im Inneren des Kristalls zu dem singulären Strahlenkegel (136) Veranlassung[3]), zu dessen Mantellinien auch $\mathfrak{b}_2$ gehört. Er liefert beim Austritt in das isotrope Außenmedium, in dem Wellennormalen- und Strahlenrichtung wieder zusammenfallen, einen zur Plattenebene senkrechten

[1]) Über die Konstruktion der Richtung des außerordentlichen Strahles, der an der zweiten Begrenzungsfläche einer optisch einachsigen, in einem isotropen Medium befindlichen Kristallplatte reflektiert wurde, vgl. J. WALKER, Proc. Phys. Soc. London Bd. 25, S. 298. 1913.

[2]) J. VERSCHAFFELT, Bull. soc. minéral. Bd. 19, S. 58. 1896.

[3]) Über die Komplikationen, welche eintreten, wenn der Strahlenkegel nicht ganz in der Kristallplatte liegt, vgl. G. CESÀRO, Bull. de Belg. (3) Bd. 22, S. 503. 1891.

Strahlenzylinder von kreisförmigem Querschnitt (Abb. 14), dessen Polarisationszustand in den einzelnen Mantellinien sich aus Ziff. 21a) und Abb. 8 ergibt[1]).

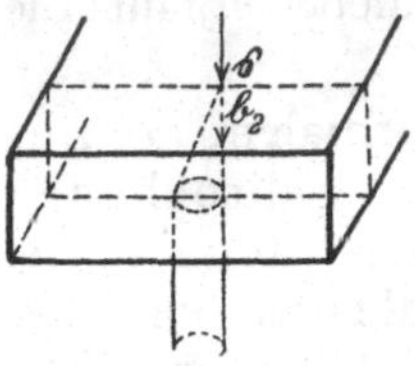

Abb. 14. Innere konische Refraktion. (𝔰 Einheitsvektor der Wellennormale der einfallenden Welle; $\mathfrak{b}_2$ mit 𝔰 gleichgerichteter Einheitsvektor der einen Binormalenrichtung.)

Dieser singuläre Fall der Brechung ist von HAMILTON[2]) theoretisch gefunden und als innere konische Refraktion bezeichnet worden. Er läßt sich jedoch experimentell nicht verwirklichen, da es nicht möglich ist, eine einzelne, bestimmte Wellennormalenrichtung zu isolieren; ein endlicher Energiebetrag findet sich vielmehr immer nur in einem Wellennormalenkegel von endlicher Öffnung. Läßt man aber auf eine planparallele Platte der beschriebenen Art einen von Wellennormalen erfüllten, sehr engen Kegel mit $\mathfrak{b}_2$ als Achse fallen, so entstehen nach Ziff. 21 b) im Inneren der Platte zwei dünnwandige Strahlenkegel, die durch den (verschwindend wenig Energie transportierenden) singulären Strahlenkegel der inneren konischen Refraktion getrennt sind; beim Austritt in das isotrope Außenmedium liefern sie zwei dünnwandige, getrennte, koaxiale Strahlenzylinder mit kreisförmigem Querschnitt, die senkrecht zur Plattenebene stehen. Fängt man diese Zylinder auf einem zur Plattenebene parallelen Schirm auf, so erhält man daher zwei konzentrische Ringe, die durch einen dunkeln Kreis getrennt sind und deren Radien vom Schirmabstande nicht abhängen. Der dunkle Zwischenkreis entspricht dem theoretischen Kegel der inneren konischen Refraktion; die beiden hellen Ringe dagegen rühren nicht von der konischen Refraktion her, da sie von Wellen stammen, deren Wellennormalenrichtungen nicht genau parallel $\mathfrak{b}_2$ liegen.

Die ersten Versuche über die innere konische Refraktion wurden auf HAMILTONS Veranlassung von LLOYD[3]) angestellt[4]); da bei ihm der auffallende Wellennormalenkegel nicht genügend eng war, so überlagerten sich beim Auffangen der austretenden Strahlung die beiden Lichtringe, und er erhielt nur einen hellen Lichtring, der von ihm und den späteren Physikern irrtümlicherweise dem Strahlenkegel der inneren konischen Refraktion zugeschrieben wurde. Die beiden Lichtringe und der sie trennende dunkle Kreis wurden zuerst von POGGENDORFF[5]) und später von HAIDINGER[6]) beobachtet. Da man aber damals die Erscheinung nicht zu deuten vermochte, geriet sie bald in Vergessenheit; ihre völlige Klarlegung erfolgte erst verhältnismäßig spät durch VOIGT[7]).

---

[1]) Über die Verteilung der Intensität in dem Strahlenzylinder vgl. A. BEER, Pogg. Ann. Bd. 85, S. 67. 1852; bei beliebiger Lage und nicht senkrechter Inzidenz vgl. F. NEUMANN, Abhandlgn. d. Berl. Akad. 1835, S. 112; Ges. Werke Bd. II, S. 493. Leipzig 1906.

[2]) W. R. HAMILTON, Rep. Brit. Assoc. 1833, S. 368; Trans. R. Irish Acad. Bd. 17, S. 136. 1837.

[3]) H. LLOYD, Phil. Mag. (3) Bd. 2, S. 112 u. 207. 1833; Trans. R. Irish Acad. Bd. 17, S. 145. 1837; Misc. Pap. connected with physic. Science, S. 1. London 1877. LLOYD benutzte Aragonit, weil bei diesem der nach (137) aus den Hauptbrechungsindizes berechnete Öffnungswinkel ζ_0 besonders groß (nahezu 2°) ist; noch größer ist dieser bei Schwefel (ζ_0 nahezu 7°). Zum Nachweis der inneren konischen Refraktion geeignet sind auch Spaltstücke von Kaliumdichromat, bei welchen stets eine Spaltungsfläche senkrecht zu einer Binormale liegt (NODOT, Journ. de phys. Bd. 4, S. 166. 1875), sowie künstliche Kristalle von Amyrolin (H. ROSE, N. Jahrb. f. Min. 1918, S. 14).

[4]) Über Anordnungen zur Demonstration der LLOYDschen Versuchsergebnisse vgl. H. SCHRAUF, Wied. Ann. Bd. 37, S. 127. 1889; TH. LIEBISCH, Physikal. Kristallographie, S. 346. Leipzig 1891; vgl. hierzu C. V. RAMAN, Nature Bd. 107, S. 747. 1921.

[5]) J. C. POGGENDORFF, Pogg. Ann. Bd. 48, S. 461. 1839.

[6]) W. HAIDINGER, Wiener Ber. Bd. 16 (2), S. 129. 1854; Pogg. Ann. Bd. 96, S. 486. 1855.

[7]) W. VOIGT, Phys. ZS. Bd. 6, S. 672 u. 818. 1905; Ann. d. Phys. Bd. 18, S. 687. 1905; Bd. 19, S. 14. 1906; N. Jahrb. f. Min. 1915, (1) S. 39.

Nach Ziff. 21b) ist der Polarisationszustand für zwei Punkte des Lichtringsystems, die auf demselben Radius liegen, der gleiche. Läßt man die austretenden koaxialen Strahlenzylinder durch einen vor dem Schirm befindlichen Analysator gehen, so erscheinen dann bei jeder Stellung desselben zwei auf demselben Radius liegende Punkte gleichzeitig ausgelöscht. Dies ist der Grund, warum den älteren Beobachtern, bei welchen stets eine Überlagerung der beiden Lichtringe vorlag, deren verschiedene Herkunft auch bei Anwendung eines Analysators entgehen mußte.

Die Verhältnisse komplizieren sich, wenn die Öffnung des auffallenden Wellennormalenkegels größer wird, z. B. bei Benutzung einer ausgedehnten Lichtquelle[1]). Die austretende Strahlung liefert im letzteren Falle auf einem Schirme ein aufrechtes Bild, welches gleiche Größe besitzt wie die Lichtquelle und als helles, unpolarisiertes Mittelfeld auf einer matter leuchtenden, größeren Scheibe auftritt[2]). Auch in diesem Falle lassen sich die Intensitäts- und Polarisationsverhältnisse der einzelnen Teile des Bildes durch das in Ziff. 21 b) besprochene Verhalten der Wellennormalen in der Nähe der Binormale vollständig übersehen[3]).

37. Spezielle Richtungen der gebrochenen Strahlen. a) Zusammenfallen der Richtung eines gebrochenen Strahles mit der Richtung des einfallenden Strahles. Bei Behandlung der Frage, wie der zur einfallenden Welle gehörende Strahl gerichtet sein muß, damit einer der zu den gebrochenen Wellen gehörenden Strahlen mit ihm zusammenfällt, betrachten wir nur den einfachen Fall, daß das erste Medium isotrop ist; dann ist $\Sigma^{(1)}$ in Abb. 12 durch einen Kreis $K^{(1)}$ darzustellen. Damit der eine der beiden gebrochenen Strahlen die Richtung des einfallenden Strahles hat, muß er in der Einfallsebene liegen, und dies ist [vgl. Ziff. 19c)] nur dann der Fall, wenn letztere eine optische Symmetrieebene ist; $\Sigma^{(2)}$ wird dann durch einen Kreis $K^{(2)}$ und eine Ellipse E dargestellt [vgl. Ziff. 17 b)]. Liegt $S_1^{(2)}$ auf $K^{(2)}$, so fällt $A S_1^{(2)}$ bei senkrechter Inzidenz in Richtung des einfallenden Strahles. Soll dagegen nicht $A S_1^{(2)}$, sondern der zum elliptischen Schnitt gehörende Strahl $A S_2^{(2)}$ in die Richtung des einfallenden Strahles fallen, so muß $S_2^{(2)}$ und der Berührungspunkt der (im zweiten Medium liegenden) Tangente, die von D an $K^{(1)}$ gezogen wird, auf einer durch A gehenden Geraden liegen. Letztere liefert die Richtung des einfallenden Strahles; ihre Bestimmung hat VERSCHAFFELT[4]) durchgeführt.

b) Zusammenfallen der Richtungen der beiden gebrochenen Strahlen. Damit die Richtungen der beiden gebrochenen Strahlen zusammenfallen, müssen $S_1^{(2)}$ und $S_2^{(2)}$ (Abb. 12) auf derselben durch A gehenden Geraden liegen; das Problem, die entsprechende Richtung des einfallenden Strahles zu ermitteln, ist für den Fall, daß die Einfallsebene eine optische Symmetrieebene ist, ebenfalls von VERSCHAFFELT behandelt worden[5]).

---

[1]) Über die Berechnung der Gestalt des singulären Strahlenkegels bei geradliniger Lichtquelle vgl. R. B. CLIFTON, Quarterl. Journ. of Mathem. Bd. 3, S. 360. 1860.

[2]) H. LLOYD, Phil. Mag. (3) Bd. 2, S. 118. 1833; Trans. R. Irish Acad. Bd. 17, S. 153. 1837; Misc. Pap. connected with physic. Science, S. 12. London 1877; E. KALKOWSKY, ZS. f. Krist. Bd. 9, S. 486. 1884; C. V. RAMAN u. V. S. TAMMA, Phil. Mag. (6) Bd. 43, S. 510. 1922; S. R. SAVUR, ebenda (6) Bd. 50, S. 1282. 1925.

[3]) Dies wurde gezeigt von O. WEIGEL, Sitz.-Ber. Ges. z. Förder. d. ges. Naturwissensch. Marburg 1924, S. 31.

[4]) J. VERSCHAFFELT, Bull. soc. minéral. Bd. 19, S. 55. 1896.

[5]) J. VERSCHAFFELT, Bull. soc. minéral. Bd. 19, S. 40. 1896; für den Fall, daß das zweite Medium ein optisch einachsiger Kristall ist, wurde das Problem schon früher wiederholt untersucht [F. BILLET, C. R. Bd. 39, S. 733. 1854; A. BRAVAIS, l'Institut (1) Bd. 22, S. 413. 1854; F. C. WACE, Quarterl. Journ. of Mathem. Bd. 3, S. 47. 1858; C. CAVAN, Arch. Math. u. Phys. Bd. 41, S. 199. 1864; G. CESÀRO, Bull. soc. minéral. Bd. 12, S. 401. 1889].

c) *Äußere konische Refraktion.* Wir behandeln jetzt den singulären Fall, daß das zweite Medium optisch zweiachsig ist und die Richtung einer der beiden gebrochenen Strahlen in die Richtung einer Biradiale (z. B. $\mathfrak{r}_2$) fällt. Da dann im Inneren des Kristalls unendlich viele Wellennormalenrichtungen existieren, die den Mantel eines Kegels K bilden [Ziff. 21 c)], so müssen auch im einfallenden Licht im ersten Medium unendlich viele Wellennormalenrichtungen vorhanden sein, die den Mantel eines bestimmten Kegels E erfüllen, der seine Spitze in der gemeinsamen Begrenzungsebene der beiden Medien hat.

Befindet sich z. B. eine Platte eines optisch zweiachsigen Kristalls in einem isotropen Medium, und läßt man den Kegel E einfallen, so erhält man im Inneren des Kristalls parallel $\mathfrak{r}_2$ einen einzelnen Strahl sowie den durch (141) gegebenen singulären Wellennormalenkegel K, dessen Polarisationszustand in den einzelnen Mantellinien sich aus Ziff. 21 c) und Abb. 10 ergibt. Beim Austritt in das isotrope Außenmedium, in dem Wellennormalen- und Strahlenrichtungen wieder zusammenfallen, entsteht aus K ein Strahlenkegel A; dieser muß durch Auffangen auf einem Schirm *einen Lichtring ergeben, dessen Durchmesser proportional dem Abstande des Schirmes von der Begrenzungsebene der Kristallplatte zunimmt.*

Dieser singuläre Fall der Strahlenbrechung wurde zuerst von Hamilton[1]) theoretisch vorausgesagt und als *äußere konische Refraktion* bezeichnet. Er läßt sich jedoch nicht streng realisieren, da es nicht möglich ist, einen von Wellennormalen gebildeten Kegel*mantel* E einfallen zu lassen und parallel $\mathfrak{r}_2$ einen *einzelnen* Strahl hervorzubringen. Zur Erzielung eines endlichen Energiebetrages muß man vielmehr stets einen *vollen*, gegen einen Punkt der Begrenzungsfläche konvergierenden Wellennormalenkegel einfallen lassen und erzeugt damit im Innern der Kristallplatte einen *vollen* Strahlenkegel, der $\mathfrak{r}_2$ zur Achse hat; der beobachtete Lichtring rührt daher vorwiegend von Strahlen her, die sich in der Kristallplatte nicht genau parallel zu $\mathfrak{r}_2$, sondern in allen möglichen, zu $\mathfrak{r}_2$ sehr benachbarten Richtungen fortgepflanzt haben, d. h. in Wirklichkeit keiner konischen Refraktion unterworfen waren. Eine dem Poggendorffschen dunkeln Ringe analoge Erscheinung tritt bei der äußeren konischen Refraktion allerdings nicht auf, da hier, wie Voigt[2]) gezeigt hat, die Intensitätsverteilung im austretenden Strahlenkegel von jener im einfallenden nicht wesentlich abweicht.

Die ersten Versuche über die äußere konische Refraktion sind auf Veranlassung Hamiltons von Lloyd[3]) mit Aragonit ausgeführt worden[4]); die völlige Aufklärung der Erscheinung erfolgte erst später durch Voigt[5]).

38. Die Sorbyschen Erscheinungen. Der Brechungsindex einer isotropen Platte läßt sich bekanntlich ermitteln[6]), indem man ihre wirkliche Dicke und

[1]) W. R. Hamilton, Rep. Brit. Assoc. 1833, S. 369; Trans. R. Irish Acad. Bd. 17, S. 136. 1837.

[2]) W. Voigt, Phys. ZS. Bd. 6, S. 672. 1905; Ann. d. Phys. Bd. 18, S. 689. 1905; N. Jahrb. f. Min. 1915, (1) S. 41.

[3]) H. Lloyd, Phil. Mag. (3) Bd. 2, S. 208. 1833; Trans. R. Irish Acad. Bd. 17, S. 155. 1837; Misc. Pap. connected with physic. Science, S. 16. London 1877.

[4]) Über verbesserte Versuchsanordnungen zum Nachweis der äußeren konischen Refraktion vgl. F. Billet, Traité d'optique physique Bd. II, S. 571. Paris 1859; L. Laurent, Journ. de phys. Bd. 3, S. 23. 1874; J. Lissajous, ebenda Bd. 3, S. 25. 1874; Th. Liebisch, Göttinger Nachr. 1888, S. 124; Physikal. Kristallographie, S. 347. Leipzig 1891.

[5]) Vgl. die Zitate S. 710, Anm. 7.

[6]) Duc de Chaulnes, Histoire de l'Académie Roy. des Scienc. Paris 1767, S. 423; A. Bertin, C. R. Bd. 28, S. 447. 1849; Ann. chim. phys. (3) Bd. 26, S. 288. 1849; H. Wild, Pogg. Ann. Bd. 99, S. 258. 1856; L. Bleekrode, Proc. Roy. Soc. London Bd. 37, S. 339. 1884; Journ. de phys. (2) Bd. 4, S. 109. 1885.

mit Hilfe eines Mikroskopes ihre scheinbare Dicke mißt, und zwar ergibt er sich als Quotient dieser beiden Dicken[1]; bei einer doppelbrechenden Platte liegen die Verhältnisse jedoch erheblich komplizierter.

Wir denken uns ein aus zwei zueinander senkrechten Liniensystemen bestehendes Objekt durch ein Mikroskop anvisiert, nachdem zwischen Objekt und Mikroskopobjektiv eine durchsichtige Platte geschoben wurde. Ist die Platte optisch isotrop, so sieht man das Liniensystem bei einer bestimmten Einstellung des Mikroskopes. Ist die Platte doppelbrechend, so hat man mehrere Einstellungen; dabei ist bei jeder Einstellung im allgemeinen nur das eine der beiden Liniensysteme scharf zu sehen, und zwar nur bei einer bestimmten Orientierung der Platte gegen die Linien. Diese Erscheinungen sind bald nach ihrer Entdeckung durch SORBY[2]) von STOKES[3]) erklärt worden.

Wir betrachten eine doppelbrechende Kristallplatte, die sich in einem isotropen Außenmedium vom Brechungsindex ν (z. B. Luft) befindet. Von einem Punkte A der unteren Plattenebene (Abb. 15) möge ein enges Strahlenbündel so ausgehen, daß seine Achse BG nach dem Austritt aus der Platte senkrecht zur Plattenebene steht. Wir legen um A als Mittelpunkt eine der beiden Schalen der Strahlenfläche des Kristalls und wählen den Maßstab bei dieser Konstruktion so, daß diese Schale die obere Plattenebene im Punkte B berührt. Nach der HUYGHENSschen Konstruktion [Ziff. 35 a)] ist dann AB die Achse des Strahlenbündels im Inneren der Platte.

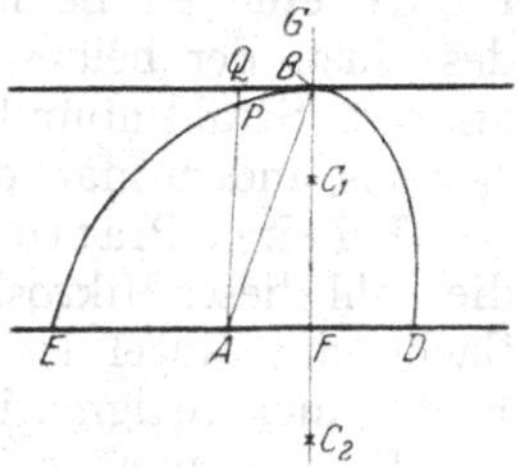

Abb. 15. Zur Veranschaulichung der SORBYschen Erscheinungen. (A Spitze des von der unteren Plattenebene ED ausgehenden Strahlenbündels. BG Richtung der Achse des in das isotrope Außenmedium austretenden Strahlenbündels. $EPBD$ eine der beiden Schalen der Strahlenfläche der Kristallplatte. C_1 und C_2 Krümmungsmittelpunkte der zum Berührungspunkt B gehörenden Hauptnormalschnitte der Strahlenfläche.)

Ist APQ ein zur AB benachbarter Strahl, der die ins Auge gefaßte Schale der Strahlenfläche in P und die Plattenebene in Q schneidet, und ist QB unendlich klein von der ersten Ordnung, so läßt sich leicht zeigen, daß sich das ins isotrope Außenmedium austretende Strahlenbündel in erster Annäherung so verhält, als wäre die Platte isotrop und hätte sich in ihr ein Strahlenbündel fortgepflanzt, dessen Richtungen die Normalen des dem Punkte B nächstgelegenen Stückes der Strahlenflächenschale DBE sind.

Wir legen jetzt durch die Plattennormale GF die beiden (zueinander senkrechten) Hauptnormalschnitte der Fläche; die beiden zugehörigen Krümmungsmittelpunkte bezeichnen wir mit C_1 und C_2, die beiden entsprechenden Hauptkrümmungsradien mit ϱ_1 und ϱ_2, wobei letztere im selben Maßstabe ausgedrückt sein mögen, wie die Plattendicke $BF = d$. Dieser Maßstab ist aber nach unserer Konstruktion so gewählt, daß $d = FB = \frac{1}{n_0'}$ ist, wobei n_0' den Brechungsindex der Welle mit der Wellennormalenrichtung FB bedeutet; es wird somit $C_1B = n_0'\varrho_1 d$. Wir können daher nach dem Gesagten die in dem einen Hauptnormalschnitt liegenden Strahlen, deren zugehörige Wellennormalen sich in C_1 schneiden, so behandeln, als ob sie von C_1 in einer isotropen Platte mit dem Brechungsindex n_0'/ν ausgehen würden. Nach dem Austritt in das isotrope Außenmedium verhalten sie sich wie ein astigmatisches Strahlenbündel, das von der oberen Plattenebene BQ den Fokalabstand $C_1B \cdot \frac{\nu}{n_0'} = \nu\varrho_1 d$ besitzt; der scheinbare Brechungs-

[1]) Vgl. z. B. F. KOHLRAUSCH, Lehrb. d. prakt. Physik, 15. Aufl., S. 301. Leipzig 1927.

[2]) H. C. SORBY, Proc. Roy. Soc. London Bd. 26, S. 384. 1877; Mineral. Mag. Bd. 1, S. 97 u. 193. 1877; Bd. 2, S. 1 u. 103. 1878.

[3]) G. G. STOKES, Proc. Roy. Soc. London Bd. 26, S. 386. 1877; Mathem. u. Phys. Pap. Bd. 5, S. 6. Cambridge 1905.

index ist daher $1/\varrho_1\nu$. Entsprechend läßt sich zeigen, daß $1/\varrho_2\nu$ der scheinbare Brechungsindex im zweiten Hauptnormalschnitt ist.

In jedem Falle erscheint daher der mit dem Mikroskop anvisierte Objektpunkt als kurze, senkrecht zum Hauptnormalschnitt liegende Linie; will man nun mit dem Mikroskop ein scharfes Bild des einen oder des anderen der beiden zueinander senkrechten Liniensysteme erhalten, so müssen die Linien offenbar senkrecht bzw. parallel zu den beiden Hauptnormalschnitten liegen.

Führt man die entsprechende Betrachtung mit der zweiten Schale der Strahlenfläche durch, so sieht man ein, daß beim Anvisieren der beiden zueinander senkrechten Liniensysteme durch ein Mikroskop nach Dazwischenschieben einer Platte eines optisch zweiachsigen Kristalls im allgemeinen vier verschiedene Mikroskopeinstellungen existieren, bei welchen die (geeignet orientierten) Linien scharf zu sehen sind; bei den beiden Einstellungen, die zu demselben Liniensystem gehören, sind dann die aus der Platte austretenden Strahlenbündel offenbar senkrecht zueinander polarisiert. Hat man für das eine der beiden polarisierten Strahlenbündel die richtige Orientierung des einen der beiden Liniensysteme gefunden, so gelangt man zu der dem anderen Strahlenbündel entsprechenden richtigen Orientierung dieses Liniensystems, indem man die Platte in ihrer Ebene um 90° dreht.

Bei einer Platte eines optisch einachsigen Kristalls reduziert sich die Zahl dieser Mikroskopeinstellungen auf drei, da die eine Schale der Strahlenfläche eine Kugel ist und das dem ordentlichen Strahlenbündel entsprechende Bild keinen Astigmatismus besitzt.

Die SORBYschen Erscheinungen lassen sich daher benutzen, um isotrope, optisch einachsige und optisch zweiachsige Platten zu unterscheiden; außerdem liefern sie die Möglichkeit einer angenäherten Bestimmung der Hauptbrechungsindizes und der kristallographischen Orientierung einer doppelbrechenden Kristallplatte[1]).

39. Astigmatische Strahlenbündel in doppelbrechenden Kristallen. In einem isotropen Medium besitzt ein astigmatisches Strahlenbündel bekanntlich die Eigenschaft, daß seine Fokalebenen senkrecht zueinander stehen. In einem doppelbrechenden Kristall dagegen können, wie die Untersuchungen von KUMMER[2]) gezeigt haben, auch astigmatische Strahlenbündel mit geneigten Fokalebenen (Bündel 2. Art) oder imaginären Fokalebenen (Bündel 3. Art) auftreten; wir geben in dieser Ziffer nur eine Übersicht über die Ergebnisse jener Untersuchungen.

Wir denken uns in einem doppelbrechenden Kristall durch irgendwelche brechenden und reflektierenden Flächen ein astigmatisches Strahlenbündel mit der Achse G erzeugt und legen um einen beliebigen, auf G liegenden Punkt als Mittelpunkt die Strahlenfläche des Kristalls. Ist P derjenige der beiden Schnittpunkte der Strahlenfläche mit G, welcher dem Achsenstrahl des Strahlenbündels zugeordnet ist, so erzeugen die durch AP gelegten Fokalebenen mit der in P an die Strahlenfläche gelegten Tangentialebene Schnittlinien, welche konjugierte Durchmesser der zu P gehörenden DUPINschen Indikatrix der Strahlenfläche sind.

In optisch einachsigen Kristallen sind die ordentlichen Strahlenbündel von derselben Art wie die Strahlenbündel in einem isotropen Medium. Da nämlich die zu den ordentlichen Strahlen gehörende Schale der Strahlenfläche eine

---

[1]) Eine eingehende Darstellung dieser Methoden bei B. HECHT, N. Jahrb. f. Min. Beil. Bd. 6, S. 258. 1889.

[2]) E. E. KUMMER, Monatsber. d. Berl. Akad. 1860, S. 469; Journ. f. Math. Bd. 57, S. 189. 1860; R. MEIBAUER, ZS. f. Math. u. Phys. Bd. 8, S. 369. 1863.

Kugel ist, so stehen die konjugierten Durchmesser der DUPINschen Indikatrix stets senkrecht zueinander und außerdem senkrecht zum Achsenstrahl; somit müssen auch die Fokalebenen senkrecht zueinander stehen. Für die den außerordentlichen Strahlen entsprechende Schale der Strahlenfläche ist die DUPINsche Indikatrix eine Ellipse, deren Achsen parallel und senkrecht zum Hauptschnitt des Achsenstrahls liegen. Die Fokalebenen stehen nur dann senkrecht zueinander, wenn die eine von ihnen parallel zum Hauptschnitt des Achsenstrahls liegt; für alle anderen Lagen ist der von den Fokalebenen gebildete Winkel kleiner als $\pi/2$ und erreicht ein Minimum, wenn sie symmetrisch zu jenen ausgezeichneten, zueinander senkrechten Fokalebenen liegen.

In optisch zweiachsigen Kristallen existieren nicht nur gewöhnliche astigmatische Strahlenbündel und Bündel 2. Art (mit allen möglichen, zwischen 0 und $\pi/2$ liegenden Winkeln der Fokalebenen), sondern auch Bündel 3. Art; denn für Achsenstrahlen, welche innerhalb eines der Kegel der inneren konischen Refraktion liegen [vgl. Ziff. 36c)], ist die DUPINsche Indikatrix eine Hyperbel und besitzt daher neben reellen auch imaginäre konjugierte Durchmesser.

Die KUMMERsche Theorie der astigmatischen Strahlenbündel in doppelbrechenden Kristallen wurde durch die an Kalkspat- und Aragonitplatten ausgeführten Messungen von QUINCKE[1]) bestätigt.

β) Polarisations- und Intensitätsverhältnisse bei der partiellen Reflexion und Brechung.

40. Phasen der reflektierten und gebrochenen Wellen. Aus (172) folgt das durch die Erfahrung bestätigte Ergebnis, daß die reflektierten und gebrochenen Wellen, welche bei der partiellen Reflexion und Brechung an der gemeinsamen Begrenzungsfläche nicht absorbierender, nicht aktiver Kristalle aus der einfallenden, linear polarisierten Welle entstehen, ebenfalls linear polarisiert sind[2]); denn die Schwingungsazimute $\eta^{(i)}$ sind nach (172) und (170) bei der partiellen Reflexion und Brechung sämtlich reell und hängen nur von dem Einfallswinkel $\pi - \varphi$, sowie von den kristallographischen Orientierungen und den Hauptbrechungsindizes der beiden aneinandergrenzenden Kristalle ab.

Es können daher die bei der partiellen Reflexion und Brechung entstehenden reflektierten und gebrochenen Wellen in den Punkten der gemeinsamen Begrenzungsebene keine Phasendifferenzen gegen die einfallende Welle besitzen; in der Tat folgt aus (164) mit Rücksicht auf (166) und (167) die Beziehung

$$\Delta^{(I)} = \Delta^{(II)} = \Delta^{(1)} = \Delta^{(2)} = 0,$$

falls wir die Phasendifferenzen zwischen der einfallenden und den beiden reflektierten, bezw. gebrochenen Wellen mit $\Delta^{(I)}$ und $\Delta^{(II)}$, bezw. $\Delta^{(1)}$ und $\Delta^{(2)}$ bezeichnen[3]).

41. Beträge der Lichtvektoramplituden der reflektierten und gebrochenen Wellen. Die weitere Untersuchung der Polarisations- und Intensitätsverhältnisse der an der gemeinsamen Begrenzungsfläche nicht absorbierender, nicht aktiver Kristalle durch partielle Reflexion und Brechung entstandenen Wellen

---

[1]) G. QUINCKE, Monatsber. d. Berl. Akad. 1862, S. 498; Pogg. Ann. Bd. 117, S. 563. 1862.

[2]) Über die durch fremde, an der gemeinsamen Begrenzungsfläche haftende Oberflächenschichten hervorgerufenen Änderungen des Polarisationszustandes vgl. Kap. 6 ds. Bandes.

[3]) Für den Fall, daß das erste Medium kristallinisch und das zweite Medium isotrop ist, wurde die Beziehung $\Delta^{(I)} = \Delta^{(II)}$ experimentell durch B. BRUNHES [C. R. Bd. 115, S. 502. 1892; Ann. chim phys. (6) Bd. 30, S. 98. 1893; Journ. de phys. (3) Bd. 2, S. 489. 1893] nachgewiesen.

erfordert die Kenntnis der Beträge der Lichtvektoramplituden dieser Wellen, die wir daher berechnen müssen.

Eine erste Beziehung für diese Größen gewinnt man aus Gleichung (165), die für Punkte der gemeinsamen Begrenzungsebene mit Rücksicht auf (166) und (168) in

$$\left.\begin{aligned} &|\overline{\mathfrak{D}}|\cos\eta\sin\varphi + |\overline{\mathfrak{D}^{(I)}}|\cos\eta^{(I)}\sin\varphi^{(I)} + |\overline{\mathfrak{D}^{(II)}}|\cos\eta^{(II)}\sin\varphi^{(II)} \\ &\quad = |\overline{\mathfrak{D}^{(1)}}|\cos\eta^{(1)}\sin\varphi^{(1)} + |\overline{\mathfrak{D}^{(2)}}|\cos\eta^{(2)}\sin\varphi^{(2)} \end{aligned}\right\} \tag{181}$$

übergeht.

Drei weitere Gleichungen ergeben sich bei Durchführung der Gleichungen (9) und (10) unter Heranziehung der Grenzbedingungen (5) und der Verknüpfungsgleichungen (43)[1], und zwar liefert die zweite Grenzbedingung (5) die Gleichungen

$$\left.\begin{aligned} &|\overline{\mathfrak{D}}|\sin\eta\sin\varphi\cos\varphi + |\overline{\mathfrak{D}^{(I)}}|\sin\eta^{(I)}\sin\varphi^{(I)}\cos\varphi^{(I)} + |\overline{\mathfrak{D}^{(II)}}|\sin\eta^{(II)}\sin\varphi^{(II)}\cos\varphi^{(II)} \\ &\quad = |\overline{\mathfrak{D}^{(1)}}|\sin\eta^{(1)}\sin\varphi^{(1)}\cos\varphi^{(1)} + |\overline{\mathfrak{D}^{(2)}}|\sin\eta^{(2)}\sin\varphi^{(2)}\cos\varphi^{(2)} \end{aligned}\right\} \tag{182}$$

und

$$\left.\begin{aligned} &|\overline{\mathfrak{D}}|\sin\eta\sin^2\varphi + |\overline{\mathfrak{D}^{(I)}}|\sin\eta^{(I)}\sin^2\varphi^{(I)} + |\overline{\mathfrak{D}^{(II)}}|\sin\eta^{(II)}\sin^2\varphi^{(II)} \\ &\quad = |\overline{\mathfrak{D}^{(1)}}|\sin\eta^{(1)}\sin^2\varphi^{(1)} + |\overline{\mathfrak{D}^{(2)}}|\sin\eta^{(2)}\sin^2\varphi^{(2)}, \end{aligned}\right\} \tag{183}$$

während die erste Grenzbedingung (5) zur Gleichung

$$\left.\begin{aligned} &|\overline{\mathfrak{D}}|\sin^2\varphi(\cos\eta\cos\varphi - \operatorname{tg}\zeta\sin\varphi) + |\overline{\mathfrak{D}^{(I)}}|\sin^2\varphi^{(I)}(\cos\eta^{(I)}\cos\varphi^{(I)} - \operatorname{tg}\zeta^{(I)}\sin\varphi^{(I)}) \\ &\quad + |\overline{\mathfrak{D}^{(II)}}|\sin^2\varphi^{(II)}(\cos\eta^{(II)}\cos\varphi^{(II)} - \operatorname{tg}\zeta^{(II)}\sin\varphi^{(II)}) \\ &\quad = |\overline{\mathfrak{D}^{(1)}}|\sin^2\varphi^{(1)}(\cos\eta^{(1)}\cos\varphi^{(1)} - \operatorname{tg}\zeta^{(1)}\sin\varphi^{(1)}) \\ &\quad + |\overline{\mathfrak{D}^{(2)}}|\sin^2\varphi^{(2)}(\cos\eta^{(2)}\cos\varphi^{(2)} - \operatorname{tg}\zeta^{(2)}\sin\varphi^{(2)}) \end{aligned}\right\} \tag{184}$$

führt.

Werden die Winkel φ und η aus (170) und (172) berechnet und sind die Winkel ζ gemäß Ziff. 19 ermittelt[2], so kann man mit Hilfe der Gleichungen (181), (182), (183) und (184) die Beträge der Lichtvektoramplituden $|\overline{\mathfrak{D}^{(I)}}|$, $|\overline{\mathfrak{D}^{(II)}}|$ und $|\overline{\mathfrak{D}^{(1)}}|$, $|\overline{\mathfrak{D}^{(2)}}|$ der reflektierten und gebrochenen Wellen durch den Betrag der Lichtvektoramplitude $|\overline{\mathfrak{D}}|$ der einfallenden Welle ausdrücken. Sind $J^{(I)}$ und $J^{(II)}$, bezw, $J^{(1)}$ und $J^{(2)}$ die Intensitäten der reflektierten, bezw. gebrochenen Wellen, so hat man noch (32)

$$J^{(I)} = |\overline{\mathfrak{D}^{(I)}}|^2, \quad J^{(II)} = |\overline{\mathfrak{D}^{(II)}}|^2, \quad J^{(1)} = |\overline{\mathfrak{D}^{(1)}}|^2, \quad J^{(2)} = |\overline{\mathfrak{D}^{(2)}}|^2.$$

Entsprechende Gleichungen wie für die Beträge der Lichtvektoramplituden erhält man für die Beträge der Amplituden der magnetischen Feldstärken in den reflektierten und gebrochenen Wellen[3].

1) Über die Einzelheiten der Durchrechnung vgl. z. B. P. VOLKMANN, Vorlesungen über die Theorie des Lichtes, S. 335–337. Leipzig 1891; CH. E. CURRY, Electromagnetic theory of light Bd. I, S. 362–368. London 1905.

2) Ist das erste Medium isotrop und kennt man die kristallographische Orientierung, sowie die Hauptbrechungsindizes des zweiten Mediums, so lassen sich die Winkel $\zeta^{(1)}$ und $\zeta^{(2)}$ für die beiden gebrochenen Wellen durch die zugehörigen Werte $\varphi^{(1)}$ und $\eta^{(1)}$, bezw. $\varphi^{(2)}$ und $\eta^{(2)}$ ausdrücken; vgl. P. KAEMMERER, N. Jahrb. f. Min. Beil. Bd. 20, S. 206. 1905; F. E. WRIGHT, Sill. Journ. (4) Bd. 31, S. 175. 1901; Tschermaks mineral. und petrogr. Mitteil. Bd. 30, S. 191. 1911.

3) F. E. WRIGHT, Sill. Journ. (4) Bd. 31, S. 159. 1911; Tschermaks mineral. und petrogr. Mitteil. Bd. 30, S. 174. 1911. Mit den Gleichungen für die Amplitudenbeträge der magnetischen Feldstärke formal identisch sind die Gleichungen, welche G. KIRCHHOFF (Abhandlungen d. Berl. Akad. 1876, S. 77; Ges. Abhandlgn., S. 369. Leipzig, 1882) für die Beträge der Lichtvektoramplituden bei zwei aneinandergrenzenden kristallinischen Medien aus der elastischen Lichttheorie (vgl. Ziff. 1) hergeleitet hat.

Für den allgemeinen Fall, daß beide aneinandergrenzenden Medien kristallinisch sind, liegen Beobachtungen nur bei Zwillingskristallen (vgl. Ziff. 30) vor. Die bisherigen experimentellen Prüfungen der Theorie beziehen sich jedoch größtenteils auf den in den folgenden Ziffern 42 bis 49 zu Grunde gelegten Fall, daß das eine der beiden aneinandergrenzenden Medien isotrop ist.

42. Beträge der Lichtvektoramplituden der reflektierten und gebrochenen Wellen für den Fall, daß das erste Medium isotrop ist. Ist das erste Medium isotrop[1]), so hat man nur eine reflektierte Welle; in diesem Falle haben wir daher $|\mathfrak{D}^{(II)}| = 0$, ferner $\zeta = \zeta^{(I)} = 0$ und nach (168) (wegen $n = n^{(I)}$) $\varphi = \pi - \varphi^{(I)}$ zu setzen. Führen wir zur Vereinfachung der Schreibweise die Bezeichnungen

$$|\overline{\mathfrak{D}}| = A, \qquad |\overline{\mathfrak{D}^{(I)}}| = P, \qquad |\overline{\mathfrak{D}^{(1)}}| = H_1 \qquad |\overline{\mathfrak{D}^{(2)}}| = H_2,$$

$$\eta = \alpha, \qquad \eta^{(I)} = \varrho, \qquad \eta^{(1)} = \eta_1, \qquad \eta^{(2)} = \eta_2,$$

$$\zeta^{(1)} = \zeta_1, \qquad \zeta^{(2)} = \zeta_2, \qquad \varphi = \pi - i, \qquad \varphi^{(I)} = i,$$

$$\varphi^{(1)} = \pi - r_1, \qquad \varphi^{(2)} = \pi - r_2$$

ein, so daß also i den Einfallswinkel, r_1 und r_2 die Brechungswinkel (vgl. Ziff. 32) bedeuten, so erhalten wir aus den Gleichungen (181), (182), (183) und (184) die folgenden

$$(A\cos\alpha + P\cos\varrho)\sin i = H_1\cos\eta_1\sin r_1 + H_2\cos\eta_2\sin r_2, \tag{185}$$

$$(A\sin\alpha - P\sin\varrho)\sin i\cos i = H_1\sin\eta_1\sin r_1\cos r_1 + H_2\sin\eta_2\sin r_2\cos r_2, \tag{186}$$

$$(A\sin\alpha + P\sin\varrho)\sin^2 i = H_1\sin\eta_1\sin^2 r_1 + H_2\sin\eta_2\sin^2 r_2, \tag{187}$$

$$\left.\begin{aligned}(A\cos\alpha - P\cos\varrho)\cos i\sin^2 i = {} & H_1(\cos\eta_1\cos r_1 + \operatorname{tg}\zeta_1\sin r_1)\sin^2 r_1 \\ & + H_2(\cos\eta_2\cos r_2 + \operatorname{tg}\zeta_2\sin r_2)\sin^2 r_2.\end{aligned}\right\} \tag{188}$$

In den Gleichungen (185), (186), (187) und (188) sind A, α und i als gegeben anzusehen, ferner sind ζ_1, ζ_2, r_1, r_2, η_1 und η_2 durch die schon besprochenen Gesetze der Doppelbrechung (Ziff. 19, 33 und 34) bekannt; man kann die Gleichungen somit benutzen, um die unbekannten Grüßen P, ϱ, H_1 und H_2 zu berechnen[2]). Wir beschränken uns im folgenden auf die Berechnung der der Beobachtung leicht zugänglichen Größen P und ϱ, von welchen erstere die Intensität der reflektierten Welle liefert.

43. Uniradiale Schwingungsazimute. Für die weitere Betrachtung ist es zweckmäßig, die speziellen Fälle zu betrachten, bei welchen im Kristall nur eine gebrochene Welle auftritt, also entweder $H_2 = 0$ oder $H_1 = 0$ ist. Das zu einem solchen Falle gehörende Schwingungsazimut α_1 bzw. α_2 der einfallenden Welle und das entsprechende Schwingungsazimut ϱ_1 bzw. ϱ_2 der reflektierten Welle bezeichnet man nach MACCULLAGH[3]) als uniradiale Schwingungsazimute;

[1]) Dieser speziellere Fall wurde auf Grund der elastischen Lichttheorie (vgl. Ziff. 1) zuerst von F. NEUMANN (Abhandlgn. d. Berl. Akad. 1835, S. 1; Ges. Werke Bd. II, S. 359. Leipzig 1906) und fast gleichzeitig von J. MAC CULLAGH [Phil. Mag. (3) Bd. 8, S. 103. 1836; Bd. 10, S. 42. 1837; Trans. R. Irish Acad. Bd. 18, S. 31. 1838; Collect. Works, S. 75, 83, 87 u. 140. London 1880] behandelt.

[2]) ϱ ist unbekannt, weil das erste Medium isotrop ist und in diesem Falle bei der in Ziff. 33 b) besprochenen Methode das Schwingungsazimut der reflektierten Welle unbestimmt bleibt.

[3]) J. MACCULLAGH, Trans. R. Irish Acad. Bd. 18, S. 40. 1837; Collect. Works, S. 98. London 1880.

die uniradialen Schwingungsazimute lassen sich experimentell leicht bestimmen[1]).

Wir setzen für den durch $H_1 = 0$, $\alpha = \alpha_2$, $\varrho = \varrho_2$ bzw. $H_2 = 0$ $\alpha = \alpha_1$, $\varrho = \varrho_1$ gekennzeichneten Fall $A = A_2$, $P = P_2$, $H_2 = \overline{H_2}$ bzw. $A = A_1$, $P = P_1$, $\overline{H_1} = H_1$.

Für $H_2 = 0$ gehen dann die Gleichungen (185), (186), (187) und (188) in die folgenden über:

$$(A_1 \cos\alpha_1 + P_1 \cos\varrho_1)\sin i = \overline{H}_1 \cos\eta_1 \sin r_1\,, \tag{189}$$

$$(A_1 \sin\alpha_1 - P_1 \sin\varrho_1)\sin i \cos i = \overline{H}_1 \sin\eta_1 \sin r_1 \cos r_1\,, \tag{190}$$

$$(A_1 \sin\alpha_1 + P_1 \sin\varrho_1)\sin^2 i = \overline{H}_1 \sin\eta_1 \sin^2 r_1\,, \tag{191}$$

$$(A_1 \cos\alpha_1 - P_1 \cos\varrho_1)\cos i \sin^2 i = \overline{H}_1(\cos\eta_1 \cos r_1 + \operatorname{tg}\zeta_1 \sin r_1)\sin^2 r_1\,. \tag{192}$$

Das gleichzeitige Bestehen der drei ersten Gleichungen fordert das Verschwinden ihrer Determinante und diese führt, gleich Null gesetzt, nach geringer Umformung zu der Beziehung

$$\sin(i + r_1)\operatorname{cotg}\alpha_1 - \sin(i - r_1)\operatorname{cotg}\varrho_1 = \sin 2i \operatorname{cotg}\eta_1\,; \tag{193}$$

ferner ergibt das analog begründete Nullsetzen der Determinante der drei letzten Gleichungen

$$\sin(i + r_1)\operatorname{cotg}\alpha_1 + \sin(i - r_1)\operatorname{cotg}\varrho_1 = \sin 2r_1 \operatorname{cotg}\eta_1 + \frac{2\sin^2 r_1 \operatorname{tg}\zeta_1}{\sin\eta_1}\,. \tag{194}$$

Aus (193) und (194) erhält man für die uniradialen Schwingungsazimute α_1 und ϱ_1 die Bestimmungsgleichungen[2])

$$\left.\begin{aligned} \operatorname{cotg}\alpha_1 &= \cos(i - r_1)\operatorname{cotg}\eta_1 + \frac{\sin^2 r_1 \operatorname{tg}\zeta_1}{\sin(i + r_1)\sin\eta_1}\,,\\ \operatorname{cotg}\varrho_1 &= -\cos(i + r_1)\operatorname{cotg}\eta_1 + \frac{\sin^2 r_1 \operatorname{tg}\zeta_1}{\sin(i - r_1)\sin\eta_1}\,. \end{aligned}\right\} \tag{195}$$

In entsprechender Weise erhält man im Falle $H_1 = 0$ für die uniradialen Schwingungsazimute α_2 und ϱ_2

$$\left.\begin{aligned} \operatorname{cotg}\alpha_2 &= \cos(i - r_2)\operatorname{cotg}\eta_2 + \frac{\sin^2 r_2 \operatorname{tg}\zeta_2}{\sin(i + r_2)\sin\eta_2}\,,\\ \operatorname{cotg}\varrho_2 &= -\cos(i + r_2)\operatorname{cotg}\eta_2 + \frac{\sin^2 r_2 \operatorname{tg}\zeta_2}{\sin(i - r_2)\sin\eta_2}\,. \end{aligned}\right\} \tag{196}$$

Die Formeln (195) und (196) für die uniradialen Schwingungsazimute vereinfachen sich erheblich bei optisch einachsigen Kristallen; ihre Richtigkeit wurde

---

[1]) Das Prinzip des Meßverfahrens ist folgendes: Man läßt das einfallende, monochromatische, parallele Licht durch einen Polarisator gehen und dreht diesen so lange, bis nur eine gebrochene Welle im Kristall auftritt, was bei zwei Stellungen des Polarisators erreicht wird; das Azimut der Schwingungsebene des Polarisators in diesen beiden Stellungen liefert die uniradialen Schwingungsazimute α_1 und α_2 der einfallenden Welle. Die entsprechenden uniradialen Schwingungsazimute der reflektierten Welle ϱ_1 und ϱ_2 werden mit Hilfe eines drehbaren Analysators bestimmt.

[2]) J. MAC CULLAGH, Trans. R. Irish Acad. Bd. 18, S. 51. 1838; Collect. Works, S. 110. London 1880; F. NEUMANN, Abhandlgn. d. Berl. Akad. 1835, S. 144; Ges. Werke Bd. II, S. 535. Leipzig 1906.

bei diesen durch die an Kalkspat angestellten Messungen von NEUMANN[1]) und WRIGHT[2]) erwiesen[3]).

Aus (193) ergibt sich, daß bei einer einfallenden Welle, die sich in einem uniradialen Schwingungsazimut befindet, die Schwingungsrichtung mit den Schwingungsrichtungen der reflektierten und gebrochenen Welle komplanar ist. Infolgedessen liegen auch die durch ein und denselben Punkt gezogenen Normalen der Schwingungsebenen dieser drei Wellen in einer Ebene, und eine einfache geometrische Betrachtung zeigt[4]), daß diese Ebene die Polarebene [vgl. Ziff. 17e)] des gebrochenen Strahles ist. Aus diesem Satze und den Gleichungen (189) und (191) folgt weiter, daß die Resultierende aus den Amplituden der in einem uniradialen Schwingungsazimut einfallenden und reflektierten Welle die Amplitude der gebrochenen Welle liefert.

Die Einführung der uniradialen Schwingungsazimute bildet die Grundlage für die zuerst von MAC CULLAGH durchgeführte geometrische Behandlung des Reflexionsproblems[5]); sie erleichtert außerdem die Berechnung der Amplitudenbeträge des Lichtvektors der reflektierten Welle, wie aus der folgenden Ziffer zu ersehen ist.

44. Berechnung der Intensität und des Schwingungsazimuts der reflektierten Welle mit Hilfe der uniradialen Schwingungsazimute. Wir erledigen jetzt mit Hilfe der uniradialen Schwingungsazimute, das in Ziffer 42 angedeutete Problem, Intensität und Schwingungsazimut der reflektierten Welle bei gegebener einfallender Welle zu berechnen.

Wir bezeichnen die parallel zur Einfallsebene genommenen Komponenten der Amplituden des Lichtvektors mit dem Index p, die senkrecht zur Einfallsebene genommenen Komponenten mit dem Index s, setzen also

$$A_p = A\cos\alpha, \qquad A_s = A\sin\alpha, \qquad P_p = P\cos\varrho, \qquad P_s = P\sin\varrho.$$

Ist für $\alpha = \alpha_1$ (also $\varrho = \varrho_1$ und $H_2 = 0$) gleichzeitig $\overline{H_1} = 1$, so bezeichnen wir die Beträge der Lichtvektoramplituden der einfallenden und reflektierten Welle mit $A_1^{(1)}$ und $P_1^{(1)}$; entsprechend benutzen wir für diese Größen die Bezeichnungen $A_2^{(1)}$ und $P_2^{(1)}$, falls für $\alpha = \alpha_2$ (also $\varrho = \varrho_2$ und $H_1 = 0$) gleichzeitig $\overline{H_2} = 1$ ist. $A_1^{(1)}$, $P_1^{(1)}$, $A_2^{(1)}$ und $P_2^{(1)}$ berechnen sich aus den entsprechend spezialisierten Gleichungen (189), (190), (191), (192); sind die uniradialen Schwingungsazimute α_1, α_2, ϱ_1 und ϱ_2 bekannt, so hat man dann

$$A_{1p}^{(1)} = A_1^{(1)}\cos\alpha_1, \quad A_{1s}^{(1)} = A_1^{(1)}\sin\alpha_1, \quad A_{2p}^{(1)} = A_2^{(1)}\cos\alpha_2, \quad A_{2s}^{(1)} = A_2^{(1)}\sin\alpha_2,$$
$$P_{1p}^{(1)} = P_1^{(1)}\cos\varrho_1, \quad P_{1s}^{(1)} = P_1^{(1)}\sin\varrho_1, \quad P_{2p}^{(1)} = P_2^{(1)}\cos\varrho_2, \quad P_{2s}^{1)} = P_2^{(1)}\sin\varrho_2.$$

Unsere Aufgabe ist, P_p und P_s durch $A_{1p}^{(1)}$, $A_{1s}^{(1)}$, $A_{2p}^{(1)}$, $A_{2s}^{(1)}$, $P_{1p}^{(1)}$, $P_{1s}^{(1)}$, $P_{2p}^{(1)}$ und $P_{2s}^{(1)}$ auszudrücken.

---

[1]) F. NEUMANN, Pogg. Ann. Bd. 42, S. 9. 1837; Ges. Werke Bd. II, S. 599. Leipzig 1906.

[2]) F. E. WRIGHT, Sill. Journ. (4) Bd. 31, S. 188. 1911; Tschermaks mineral. und petrogr. Mitteil. Bd. 30, S. 206. 1911.

[3]) Die geringere Übereinstimmung, welche die nach der Theorie berechneten und von R. T. GLAZEBROOK (Proc. Roy. Soc. London Bd. 33, S. 30. 1881; Phil. Trans. Bd. 173, S. 595. 1883) an polierten Oberflächen beobachteten Werte zeigten, war durch Oberflächenschichten bedingt; vgl. hierzu R. T. GLAZEBROOK, Proc. Cambridge Phil. Soc. Bd. 5, S. 169. 1884; C. SPURGE, Proc. Roy. Soc. London Bd. 41, S. 463. 1886; Bd. 42, S. 242. 1887. (Über den Einfluß der Oberflächenschichten auf die Reflexionspolarisation vgl. Kap. 6 ds. Bandes.)

[4]) J. MAC CULLAGH, Trans. R. Irish Acad. Bd. 18, S. 40. 1838; Collect. Works, S. 97. London 1880.

[5]) J. MAC CULLAGH, Phil. Mag. (3) Bd. 8, S. 103. 1836; Trans. R. Irish Acad. Bd. 18, S. 31. 1838; Proc. R. Irish Acad. Bd. 1, S. 228. 1841; Collect. Works, S. 75, 83, 87 u. 140. London 1880; A. CORNU, C. R. Bd. 60, S. 47. 1865; Ann. chim. phys. (4) Bd. 11, S. 283. 1867.

Da die Gleichungen (185), (186), (187), (188) in H_1 und H_2 linear sind, so haben wir für beliebige, von 0 und 1 verschiedene Werte H_1 und H_2

$$\left.\begin{aligned} A_p &= A_{1p}^{(1)} H_1 + A_{2p}^{(1)} H_2, & A_s &= A_{1s}^{(1)} H_1 + A_{2s}^{(1)} H_2, \\ P_p &= P_{1p}^{(1)} H_1 + P_{2p}^{(1)} H_2, & P_s &= P_{1s}^{(1)} H_1 + P_{2s}^{(1)} H_2. \end{aligned}\right\} \tag{197}$$

Aus diesen Gleichungen lassen sich die gesuchten Größen P_p und P_s berechnen. Man erhält zunächst aus den beiden ersten Gleichungen (197)

$$H_1 = \frac{A_s A_{2p}^{(1)} - A_p A_{2s}^{(1)}}{A_{1s}^{(1)} A_{2p}^{(1)} - A_{1p}^{(1)} A_{2s}^{(1)}}, \qquad H_2 = \frac{A_p A_{1s}^{(1)} - A_s A_{1p}^{(1)}}{A_{1s}^{(1)} A_{2p}^{(1)} - A_{1p}^{(1)} A_{2s}^{(1)}};$$

mit Hilfe dieser Ausdrücke gewinnt man aus den zweiten Gleichungen (197) P_p und P_s, und zwar folgt

$$P_p = (-P_{1p}^{(1)} A_{2s}^{(1)} + P_{2p}^{(1)} A_{1s}^{(1)}) \frac{A_p}{D} - (-P_{1p}^{(1)} A_{2p}^{(1)} + P_{2p}^{(1)} A_{1p}^{(1)}) \frac{A_s}{D},$$

$$P_s = (-P_{1s}^{(1)} A_{2s}^{(1)} + P_{2s}^{(1)} A_{1s}^{(1)}) \frac{A_p}{D} - (-P_{1s}^{(1)} A_{2p}^{(1)} + P_{2s}^{(1)} A_{1p}^{(1)}) \frac{A_s}{D},$$

wobei

$$D = (A_{1s}^{(1)} A_{2p}^{(1)} - A_{1p}^{(1)} A_{2s}^{(1)})$$

gesetzt ist.

Für die Intensität J und das Schwingungsazimut ϱ der reflektierten Welle folgt dann

$$J = P_p^2 + P_s^2, \quad \operatorname{tg} \varrho = \frac{P_s}{P_p}.$$

45. Zusammenhang zwischen den Schwingungsazimuten der einfallenden und reflektierten Welle. Zwischen den Schwingungsazimuten der einfallenden und der reflektierten Welle läßt sich aus den besprochenen Gesetzen eine Anzahl einfacher Beziehungen herleiten, die sich experimentell prüfen lassen.

a) Zusammenhang zwischen den uniradialen Schwingungsazimuten α_1, α_2, ϱ_1 und ϱ_2. Aus den Gleichungen (189), (190), (191) und (192) ergibt sich für die uniradialen Schwingungsazimute α_1, α_2, ϱ_1 und ϱ_2 bei Heranziehung der POTIERschen Relation (105) die Beziehung

$$\frac{\cos(\alpha_1 - \alpha_2)}{\cos(\varrho_1 - \varrho_2)} = \mu_1 \mu_2,$$

wobei $\mu_1 = \frac{P_1}{A_1}$, und $\mu_2 = \frac{P_2}{A_2}$ gesetzt ist; sie wurde von SCHWIETRING[1]) gefunden und durch Messungen an Kalkspat bestätigt.

b) Allgemeiner Zusammenhang zwischen den Schwingungsazimuten der einfallenden und der reflektierten Welle. Es läßt sich zeigen, daß das Schwingungsazimut ϱ der reflektierten Welle in einfacher Weise berechnet werden kann, falls der Einfallswinkel i, die Brechungswinkel r_1 und r_2, das Schwingungsazimut α der einfallenden Welle und die uniradialen Azimute α_1, α_2, ϱ_2 und ϱ_2 bekannt sind. Zunächst folgt aus (190) und (191)

$$A_1 \sin\alpha_1 = \overline{H}_1 \frac{\sin\eta_1 \sin r_1 \sin(i + r_1)}{\sin i \sin 2i}, \qquad P_1 \sin\varrho_1 = -\overline{H}_1 \frac{\sin\eta_1 \sin r_1 \sin(i - r_1)}{\sin i \sin 2i},$$

und entsprechend gilt

$$A_2 \sin\alpha_2 = \overline{H}_2 \frac{\sin\eta_2 \sin r_2 \sin(i + r_2)}{\sin i \sin 2i}, \qquad P_2 \sin\varrho_2 = -\overline{H}_2 \frac{\sin\eta_2 \sin r_2 \sin(i - r_2)}{\sin i \sin 2i};$$

somit wird

$$\frac{A_1 \sin\alpha_1}{A_2 \sin\alpha_2} : \frac{P_1 \sin\varrho_1}{P_2 \sin\varrho_2} = \frac{\sin(i + r_1)}{\sin(i + r_2)} : \frac{\sin(i - r_1)}{\sin(i - r_2)}. \tag{198}$$

---

1) F. SCHWIETRING, N. Jahrb. f. Min. Beil. Bd. 26, S. 331 u. 336. 1908.

Besitzt nun eine einfallende, linear polarisierte Welle das beliebige Schwingungsazimut α, die zugehörige reflektierte Welle das Schwingungsazimut ϱ und ist A_1 bzw. A_2 die nach dem uniradialen Azimut α_1 bzw. α_2 genommene Komponente der Lichtvektoramplitude der einfallenden Welle, ferner P_1 bzw. P_2 die nach ϱ_1 bzw. ϱ_2 genommene Komponente der Lichtvektoramoplitude der reflektierten Welle, so ergibt eine einfache geometrische Betrachtung die Beziehungen

$$\frac{A_1}{A_2} = \frac{\sin(\alpha - \alpha_2)}{\sin(\alpha_1 - \alpha)}, \qquad \frac{P_1}{P_2} = \frac{\sin(\varrho - \varrho_2)}{\sin(\varrho_1 - \varrho)},$$

woraus

$$\frac{A_1 \sin\alpha_1}{A_2 \sin\alpha_2} = \frac{\operatorname{cotg}\alpha - \operatorname{cotg}\alpha_2}{\operatorname{cotg}\alpha_1 - \operatorname{cotg}\alpha}, \qquad \frac{P_1 \sin\varrho_1}{P_2 \sin\varrho_2} = \frac{\operatorname{cotg}\varrho - \operatorname{cotg}\varrho_2}{\operatorname{cotg}\varrho_1 - \operatorname{cotg}\varrho} \tag{199}$$

folgt.

Aus (198) und (199) ergibt sich der folgende Zusammenhang[1]) zwischen den zugehörigen Schwingungsazimuten der einfallenden und der reflektierten Welle:

$$B \operatorname{cotg}\alpha \operatorname{cotg}\varrho + C \operatorname{cotg}\alpha + D \operatorname{cotg}\varrho + E = 0$$

oder

$$\operatorname{cotg}\varrho = -\frac{C \operatorname{cotg}\alpha + E}{B \operatorname{cotg}\alpha + D}, \tag{200}$$

wobei

$$B = M - N, \qquad C = N \operatorname{cotg}\varrho_1 - M \operatorname{cotg}\varrho_2,$$

$$D = -M \operatorname{cotg}\alpha_1 + N \operatorname{cotg}\alpha_2, \qquad E = M \operatorname{cotg}\alpha_1 \operatorname{cotg}\varrho_2 - N \operatorname{cotg}\alpha_2 \operatorname{cotg}\varrho_1,$$

$$M = \frac{\sin(i + r_1)}{\sin(i + r_2)}, \qquad N = \frac{\sin(i - r_1)}{\sin(i - r_2)}$$

gesetzt ist. Die zweite der Gleichungen (200) liefert in der Tat ϱ als Funktion von i, r_1, r_2, α, α_1, α_2, ϱ, und ϱ_2.

Aus den Messungen der Schwingungsazimute der Wellen, die an einer einzelnen, kristallographisch beliebig orientierten Kristallfläche unter geeigneten Einfallswinkeln reflektiert werden, lassen sich die Hauptbrechungsindizes, sowie die Lagen der Binormalen des Kristalls ermitteln[2]).

c) Hauptazimute. Setzt man in (200) für α alle möglichen Werte ein, so sieht man, daß bei einem bestimmten Einfallswinkel die (durch die einfallende bzw. reflektierte Wellennormale gelegten) Schwingungsebenen der einfallenden und der zugehörigen reflektierten Wellen zwei projektive Ebenenbüschel bilden; die Schnittgeraden der Schwingungsebenen der zu einander gehörenden einfallenden und reflektierten Wellen bilden daher die Mantellinien eines Kegels zweiten Grades, der durch die einfallende und die reflektierte Wellennormale hindurchgeht[3]).

Da in zwei projektiven Ebenenbüscheln zwei korrespondierende Ebenenpaare vorhanden sind, die senkrecht aufeinander stehen, so muß es zwei zueinander senkrechte Schwingungsazimute der einfallenden Wellen geben derart, daß die Schwingungsazimute der korrespondierenden reflektierten Wellen ebenfalls senkrecht aufeinander stehen. Die Existenz dieser sogenannten Hauptazimute wurde von CORNU[4]) durch Messungen bei Kalkspat und Schwefel mit großer Genauigkeit nachgewiesen.

[1]) F. NEUMANN, Abhandlgn. d. Berl. Akad. 1835, S. 142; Ges. Werke Bd. II, S. 532. Leipzig 1906.

[2]) C. VIOLA, Lincei Rend (5). Bd. 16 (2), S. 668. 1907; Bd. 17 (1) S. 314. 1908; ZS. f. Krist. Bd. 46. S. 154. 1909.

[3]) A. CORNU, C. R. Bd. 60, S. 47. 1865; Ann. chim. phys. (4) Bd. 11, S. 329. 1867.

[4]) A. CORNU, Ann. chim. phys. (4) Bd. 11, S. 11, 346 u. 376. 1867.

d) Beziehung zwischen den Schwingungsazimuten zweier einfallender Wellen mit gleicher Einfallsebene und entgegengesetzt gleichen Einfallswinkeln. Wir betrachten eine im ersten Medium unter dem Winkel i einfallende, linear polarisierte Welle mit dem Schwingungsazimut α und dem Betrag der Lichtvektoramplitude A; die (unter dem Winkel i) reflektierte Welle soll das Schwingungsazimut ϱ und dessen Lichtvektoramplitude den Betrag P besitzen. Außerdem fassen wir in derselben Einfallsebene eine zweite einfallende, linear polarisierte Welle ins Auge, bei welcher das Schwingungsazimut α', der Betrag der Lichtvektoramplitude A' und der Winkel zwischen Wellennormalenrichtung und Einfallslot $\varphi' = \pi + i$ ist; besitzt dann die (unter dem Winkel $-i$) reflektierte Welle das Schwingungsazimut ϱ' und den Betrag der Lichtvektoramplitude P', so kann man aus den Gleichungen (185), (186), (187) und (188) unter Heranziehung der Relation (105) die Beziehung

$$\frac{\cos(\alpha - \varrho')}{\cos(\varrho - \alpha')} = \frac{\mu}{\mu'}$$

gewinnen[1]), wobei $\mu = \frac{P}{A}$, und $\mu' = \frac{P'}{A'}$ gesetzt ist; ihre Richtigkeit konnte ebenfalls an Kalkspat bestätigt werden[2]).

46. Drehung der Schwingungsebene durch Reflexion. a) Drehung der Schwingungsebene durch Reflexion bei beliebigem Einfallswinkel. Die Differenz $\varrho - \alpha$ zwischen dem Schwingungsazimut ϱ der reflektierten Welle und dem Schwingungsazimut α der einfallenden, linear polarisierten Welle bezeichnet man als die durch die Reflexion hervorgerufene Drehung der Schwingungsebene; eine gleiche Drehung erleidet offenbar auch die Polarisationsebene. Liegt die Schwingungsebene der einfallenden Welle parallel oder senkrecht zur Einfallsebene $\left(\alpha = 0 \text{ bzw. } \alpha = \frac{\pi}{2}\right)$, so verschwindet $\varrho - \alpha$ [im Gegensatz zur Reflexion an isotropen Körpern[3])] im allgemeinen nicht, sondern nur für spezielle Wellennormalenrichtungen der einfallenden Welle; es läßt sich zeigen, daß dieselben die Mäntel zweier gleichartiger Kegel dritter Ordnung bilden, die durch das Einfallslot hindurchgehen und in Bezug auf dieses um 180° gegeneinander verdreht sind[4]).

b) Drehung der Schwingungsebene durch Reflexion bei senkrechter Inzidenz. Eine Drehung der Schwingungsebene findet (ebenfalls im Gegensatz zur Reflexion an isotropen Körpern) auch bei der Reflexion unter senkrechter Inzidenz statt[5]). Sind in diesem Falle $n^{(1)}$ und $n^{(2)}$ die Brechungsindizes der beiden gebrochenen Wellen und werden die Azimute α und ϱ auf die Schwingungsebene der Welle mit dem Brechungsindex $n^{(2)}$ bezogen[6]), so wird $\alpha_2 = \varrho_2 = 0$, $\alpha_1 = \varrho_1 = \frac{\pi}{2}$; aus (200) folgt dann

$$\operatorname{cotg}\varrho = \operatorname{cotg}\alpha \lim \frac{N}{M} = \frac{n^{(1)} - \nu}{n^{(1)} + \nu}\,\frac{n^{(2)} + \nu}{n^{(2)} - \nu} \operatorname{cotg}\alpha = p \operatorname{cotg}\alpha\,,$$

1) A. POTIER, Journ. de phys. (2) Bd. 10, S. 353. 1891; F. SCHWIETRING, N. Jahrb. f. Min., Beil. Bd. 26, S. 320. 1908.

2) F. SCHWIETRING, N. Jahrb. f. Min., Beil. Bd. 26, S. 334. 1908.

3) Vgl. hierzu die Ausführungen in Kap. 6 ds. Bandes.

4) F. NEUMANN, Abhandlgn. d. Berl. Akad. 1835, S. 138; Ges. Werke Bd. II, S. 527. Leipzig 1906.

5) Zuerst beobachtet von H. DE SÉNARMONT, Ann. chim. phys. (3) Bd. 20, S. 428. 1847.

6) Die Schwingungsebenen der bei senkrechter Inzidenz gebrochenen Wellen erhält man, indem man mittels (84) die Schwingungsrichtungen $\mathfrak{d}'$ und $\mathfrak{d}''$ für den Fall berechnet, daß die Wellennormalenrichtung $\mathfrak{s}$ mit der in das Innere des Kristalls gezogenen Normale der Begrenzungsfläche (negative z'-Achse) zusammenfällt. Die gesuchten Schwingungsebenen sind die durch die z'-Achse und $\mathfrak{d}'$ bzw. $\mathfrak{d}''$ bestimmten Ebenen.

wobei ν den Brechungsindex des isotropen Außenmediums bedeutet. Die Drehung $\varrho - \alpha$ wird am größten für $\alpha = \operatorname{arc\,cotg} \frac{1}{\sqrt{p}}$ und hat dann den Wert $\pm \frac{1-p}{2\sqrt{p}}$, der durch die von CORNU[1]) an Kalkspat und rhombischem Schwefel angestellten Beobachtungen gut bestätigt wird. Sie verschwindet, wenn entweder $\alpha = \alpha_1\left(=\frac{\pi}{2}\right)$ bzw. $\alpha = \alpha_2(=0)$ ist, d. h. wenn das Schwingungsazimut der einfallenden Welle ein uniradiales ist (denn in diesem Falle wird auch $\varrho = \frac{\pi}{2}$ bzw. $\varrho = 0$), oder wenn $n^{(1)} = n^{(2)}$ ist, d. h. wenn die Begrenzungsebene des Kristalls senkrecht zu einer Binormale liegt.

Ist $\nu = n^{(1)}$ oder $\nu = n^{(2)}$, so folgt weiter aus der letzten Gleichung, daß dann das Schwingungsazimut der reflektierten Welle unabhängig vom Schwingungsazimut der einfallenden Welle und gleich dem Schwingungsazimut derjenigen gebrochenen Welle ist, deren Brechungsindex von ν verschieden ist[2]).

47. Polarisationswinkel. Unter dem Polarisationswinkel für eine bestimmte Einfallsebene verstehen wir denjenigen Einfallswinkel $i = \bar{i}$, unter dem unpolarisiertes Licht einfallen muß, damit es nach der Reflexion an dem Kristall vollständig linear polarisiert ist[3]).

Für $i = \bar{i}$ muß demnach jede einfallende linear polarisierte Welle, unabhängig von ihrem Schwingungsazimut α, nach der Reflexion das nämliche Schwingungsazimut $\bar{\varrho}$ besitzen; die Bedingung hierfür ergibt sich durch eine einfache Betrachtung zu

$$\mu_1 \mu_2 \sin(\varrho_2 - \varrho_1) = 0\,, \tag{201}$$

wobei wieder ϱ_1 und ϱ_2 die uniradialen Schwingungsazimute der reflektierten Welle bedeuten und $\mu_1 = \frac{P_1}{A_1}$, $\mu_2 = \frac{P_2}{A_2}$ gesetzt ist[4]).

Liegt die Einfallsebene parallel zu einer optischen Symmetrieebene, so liegen, wie aus Symmetriegründen ohne weiteres ersichtlich[5]), die uniradialen Schwingungsrichtungen parallel und senkrecht zur Einfallsebene. Wir haben daher dann $\varrho_2 - \varrho_1 = \pm\frac{\pi}{2}$ und die Gleichung (201) fordert somit, daß in diesem speziellen Falle beim Einfall unter dem Polarisationswinkel mindestens einer der beiden Faktoren μ_1 und μ_2 verschwindet. Es läßt sich zeigen, daß derjenige Faktor nicht verschwinden kann, der sich auf die senkrecht zur Einfallsebene schwingende Welle bezieht; von den in uniradialen Azimuten schwingenden reflektierten Wellen muß daher die in der Einfallsebene schwingende verschwinden. Der oben definierte Polarisationswinkel für eine parallel zu einer optischen Symmetrieebene liegende Einfallsebene ist somit dadurch gekennzeichnet, daß die Schwingungsrichtung der reflektierten, linear polarisierten Welle senkrecht zur Einfallsebene liegt.

---

1) A. CORNU, Ann. chim. phys. (4) Bd. 11, S. 384. 1867.

2) M. BEREK, Ann. d. Phys. Bd. 58. S. 172. 1919.

3) F. NEUMANN, Abhandlgn. d. Berl. Akad. 1835, S. 34; Ges. Werke Bd. II, S. 396. Leipzig 1906. Über das Verhalten des Polarisationswinkels in dem Falle, daß der Brechungsindex des isotropen Außenmediums nur wenig von dem mittleren Hauptbrechungsindex des Kristalls abweicht, vgl. R. FORRER, Vierteljschr. d. Naturf. Ges. Zürich, Bd. 69, S. 296. 1924.

4) F. SCHWIETRING, Berl. Ber. 1911, S. 426. Die Bedingung (201) bedeutet, daß das Amplitudenverhältnis P/A für das eine Hauptazimut [vgl. Ziff. 45c)] der einfallenden Welle verschwindet. Das zum anderen Hauptazimut gehörende Schwingungsazimut ϱ der reflektierten Welle ist das Schwingungsazimut der linear polarisierten Welle, die aus der einfallenden unpolarisierten Welle durch Reflexion hervorgegangen ist.

5) F. SCHWIETRING, N. Jahrb. f. Min., Beil. Bd. 26, S. 340. 1908; Berl. Ber. 1911, S. 427.

Liegt die Einfallsebene nicht parallel zu einer optischen Symmetrieebene, so sind μ_1 und μ_2 von Null verschieden; aus (201) folgt dann

$$\varrho_1 = \varrho_2 = \bar{\varrho}$$

und diese Bedingung[1]) liefert in Verbindung mit (195) und (196) für $\bar{i}$ die Gleichung

$$\cos(\bar{i}+r_1)\operatorname{cotg}\eta_1 - \frac{\sin^2 r_1 \operatorname{tg}\zeta_1}{\sin(\bar{i}-r_1)\sin\eta_1} = \cos(\bar{i}+r_2)\operatorname{cotg}\eta_2 - \frac{\sin^2 r_2 \operatorname{tg}\zeta_2}{\sin(\bar{i}-r_2)\sin\eta_2}. \quad (202)$$

Das Azimut $\bar{\varrho}$ der unter dem Polarisationswinkel reflektierten Welle wird als Ablenkung der Schwingungsebene bezeichnet[2]); die Ablenkung der Polarisationsebene ist offenbar gleich $\frac{\pi}{2} - \bar{\varrho}$. $\bar{\varrho}$ ergibt sich aus der zweiten Formel (195) oder (196), indem man in dieser den aus (202) folgenden Wert $\bar{i}$ einsetzt; in gewissen, durch Symmetrieeigenschaften ausgezeichneten Fällen[3]) wird $\bar{\varrho} = \frac{\pi}{2}$, so z. B. in dem vorhin besprochenen Falle, daß die Einfallsebene parallel zu einer optischen Symmetrieebene liegt[4]).

Gleichung (202) vereinfacht sich bei optisch einachsigen Kristallen und gestattet bei diesen eine strenge Berechnung von $\sin\bar{i}$, wenn die Einfallsebene parallel zum Hauptschnitt der reflektierenden Fläche liegt[5]); andernfalls muß $\sin\bar{i}$ durch eine Näherungsformel dargestellt werden[6]). Die von der Theorie gelieferten Werte $\bar{i}$ sind in Übereinstimmung mit den an Kalkspat angestellten Beobachtungen von SEEBECK[7]) und CORNU[8]).

Auch bezüglich der Ablenkung $\bar{\varrho}$ führt die Theorie, wie die bei Kalkspat ausgeführten Messungen von SEEBECK[9]), CORNU[8]) und CONROY[10]) gezeigt haben, zu richtigen Werten[11]).

48. Schwingungsazimut einer aus einem Kristall in ein isotropes Medium austretenden Welle. Während bisher das erste Medium als isotrop und das

---

[1]) Die Bedingung $\varrho_1 = \varrho_2$ liegt der von J. MAC CULLAGH (Trans. R. Irish Acad. Bd. 18, S. 41 u. 53. 1838; Collect. Works, S. 99 u. 111. London 1880) gegebenen Definition des Polarisationswinkels zugrunde, die wegen ihrer Anschaulichkeit in den meisten Darstellungen der Kristalloptik aufgenommen wurde; sie versagt jedoch in dem vorhin besprochenen Falle, daß die Einfallsebene parallel zu einer optischen Symmetrieebene liegt.

[2]) F. NEUMANN, Abhandlgn. d. Berl. Akad. 1835, S. 33; Ges. Werke Bd. II, S. 396. Leipzig 1906; J. MAC CULLAGH, Trans. R. Irish Acad. Bd. 18, S. 41. 1838; Collect. Works, S. 99. London 1880. Beobachtet wurde die Ablenkung zuerst von D. BREWSTER (Phil. Trans. 1819, S. 152).

[3]) Diese Fälle wurden von F. NEUMANN (Abhandlgn. d. Berl. Akad. 1835, S. 134; Ges. Werke Bd. II, S. 522. Leipzig 1906) untersucht.

[4]) Im Gegensatz zur Reflexion an der gemeinsamen Begrenzungsfläche zweier isotroper Körper, bei welcher stets $\bar{\varrho} = 0$ ist; vgl. die Ausführungen im Kap. 6 ds. Bandes.

[5]) A. SEEBECK, Pogg. Ann. Bd. 22, S. 133. 1831.

[6]) F. NEUMANN, Abhand'gn. d. Ber'. Akad. 1835, S. 37; Ges. Werke Bd. II, S. 401. Leipzig 1906.

[7]) A. SEEBECK, Pogg. Ann. Bd. 21, S. 309. 1831; Bd. 22, S. 135. 1831; F. NEUMANN, Abhandlgn. d. Berl. Akad. 1835, S. 38 u. 39; Ges. Werke Bd. II, S. 401 u. 402. Leipzig 1906.

[8]) A. CORNU, Ann. chim. phys. (4) Bd. 11, S. 376. 1867.

[9]) A. SEEBECK, Pogg. Ann. Bd. 38, S. 281. 1836; F. NEUMANN, ebenda Bd. 42, S. 26. 1837; Ges. Werke Bd. II, S. 614. Leipzig 1906.

[10]) J. CONROY, Proc. Roy. Soc. London Bd. 40, S. 173. 1886.

[11]) Die im allgemeinen nur wenige Grade betragende Ablenkung $\bar{\varrho}$ läßt sich nach D. BREWSTER (Phil. Trans. 1819, S. 152) erheblich (bis zu 90°) steigern, indem man die reflektierende Fläche mit einer Flüssigkeitsschicht von geeignetem Brechungsindex bedeckt; über die Theorie dieser Anordnung vgl. F. NEUMANN, Abhandlgn. d. Berl. Akad. 1835, S. 52; Ges. Werke Bd. II, S. 417. Leipzig 1906.

zweite als kristallinisch vorausgesetzt war, nehmen wir jetzt an, daß das erste Medium kristallinisch und das zweite isotrop ist[1]).

Im allgemeinen Falle[2]) hat man vier Wellen, nämlich außer der einfallenden Welle zwei reflektierte Wellen und eine in das isotrope, zweite Medium gebrochene Welle; in den Gleichungen (181), (182), (183) und (184) ist dann $|\mathfrak{T}^{(2)}| = 0$, $\zeta^{(1)} = 0$, $\varphi^{(1)} = \varphi^{(2)}$ zu setzen[3]).

Wir schreiben ferner zur Abkürzung

$$\eta = \alpha, \qquad \eta^{(1)} = \eta', \qquad \varphi = \pi - i, \qquad \zeta = \zeta, \qquad \varphi^{(1)} = \pi - r$$

und setzen für den Fall, daß an Stelle der einfallenden Welle die zu dieser gehörende Hilfswelle (vgl. Ziff. 35 b) einfällt,

$$\eta = \alpha^*, \qquad \eta^{(1)} = \eta'', \qquad \varphi = \pi - i^*, \qquad \zeta = \zeta^*, \qquad \varphi^{(1)} = \pi - r;$$

man erhält dann aus den Gleichungen (181), (182), (183) und (184) bei wiederholter Benutzung der POTIERschen Relation (105) die folgenden Ausdrücke[4]):

$$\left.\begin{aligned} \operatorname{cotg}\eta' &= -\frac{\sin\alpha^*\sin(r+i^*)}{\cos\alpha^*\sin(r+i^*)\cos(r-i^*)+\sin^2 i^*\operatorname{tg}\zeta^*}, \\ \operatorname{cotg}\eta'' &= -\frac{\sin\alpha\sin(r+i)}{\cos\alpha\sin(r+i)\cos(r-i)+\sin^2 i\operatorname{tg}\zeta}; \end{aligned}\right\} \tag{203}$$

hierbei sind die zur Hilfswelle gehörenden Größen α^*, i^* und ζ^* als bekannt anzusehen, da i^* und der Brechungsindex der Hilfswelle und somit [nach (172)] auch das Schwingungsazimut α^* durch die gegebene einfallende Welle bestimmt sind. Die Formeln (203) sind in einem speziellen Falle durch die von NORRENBERG[5]) an Kalkspat angestellten Beobachtungen bestätigt worden[6]).

Wir denken uns nun den Lichtweg umgekehrt, nehmen somit an, daß eine Welle, aus dem isotropen zweiten Medium kommend, auf die gemeinsame Begrenzungsfläche unter dem Einfallswinkel r fällt und im Kristall zwei gebrochene Wellen erzeugt, welche (bis auf die Beträge der Lichtvektoramplituden und die entgegengerichteten Wellennormalenrichtungen) mit der vorhin behandelten einfallenden Welle und ihrer Hilfswelle identisch sind. Je eine dieser beiden gebrochenen Wellen verschwindet für die durch (195) und (196) bestimmten uniradialen Azimute α_1 und α_2, wobei in diesen Formeln $i = r$, $r_1 = i$, $r_2 = i^*$, $\eta_1 = \alpha$, $\eta_2 = \alpha^*$, $\zeta_1 = \zeta$, und $\zeta_2 = \zeta^*$ zu setzen ist; aus den so erhaltenen Ausdrücken ergibt sich durch Vergleich mit (203)

$$\operatorname{cotg}\alpha_1 = -\operatorname{tg}\eta'', \qquad \operatorname{cotg}\alpha_2 = -\operatorname{tg}\eta',$$

d. h. es ist

$$\alpha_1 - \eta'' = \pm\frac{\pi}{2}, \qquad \alpha_2 - \eta' = \pm\frac{\pi}{2}. \tag{204}$$

Die Schwingungsrichtung einer aus einem Kristall in ein angrenzendes isotropes Medium austretenden Welle, die aus einer im Kristall einfallenden linear polarisierten Welle *W* entsteht, liegt

---

[1]) Über die eingehende Behandlung dieses Falles vgl. P. KAEMMERER, N. Jahrb. f. Min., Beil. Bd. 20, S. 218. 1905.

[2]) Vgl. hierzu S. 708, Anm. 2.

[3]) Der Fall einer in einem Kristall einfallenden linear polarisierten Welle läßt sich realisieren, indem man auf die eine ebene Begrenzungsfläche einer in einem isotropen Medium befindlichen Kristallplatte eine linear polarisierte Welle in einem uniradialen Azimut einfallen läßt.

[4]) A. POTIER, Journ. de phys. (2) Bd. 10, S. 354. 1891.

[5]) J. NORRENBERG, Verhandlgn. naturhist. Ver. d. pr. Rheinl. Bd. 45, S. 1. 1888; Wied. Ann. Bd. 34, S. 843. 1888.

[6]) P. KAEMMERER, N. Jahrb. f. Min., Beil. Bd. 20, S. 287. 1905.

somit senkrecht zur Schwingungsrichtung derjenigen Welle, welche, in entgegengesetzter Richtung aus dem isotropen Medium einfallend, im Kristall nur die zu W gehörende Hilfswelle erzeugen würde[1]).

Dieses Ergebnis läßt sich mit Hilfe des in Ziff. 43 angegebenen Satzes über die Polarebene des gebrochenen Strahls auch dahin aussprechen, daß die Polarebene der Hilfswelle, die zu der einfallenden Welle im Kristall gehört, die Wellenebene der in das isotrope Außenmedium austretenden Welle in deren Schwingungsrichtung schneidet[2]).

49. Drehung der Schwingungsebene durch Brechung. Fällt eine linear polarisierte Welle W mit beliebigem Schwingungsazimut α auf eine in einem isotropen Medium befindliche, planparallele Kristallplatte, so entstehen im Inneren derselben durch Brechung im allgemeinen zwei linear polarisierte Wellen W_1 und W_2, deren Schwingungsazimute $\eta^{(1)}$ und $\eta^{(2)}$ die durch (173) bestimmte gegenseitige Lage besitzen. Die Differenzen $\eta^{(1)} - \alpha$ und $\eta^{(2)} - \alpha$ heißen die durch Brechung hervorgerufenen Drehungen der Schwingungsebene; sie sind im allgemeinen auch bei senkrechter Inzidenz von Null verschieden[3]).

W_1 bzw. W_2 tritt in das isotrope Außenmedium als linear polarisierte Welle W_1' bzw. W_2' aus. Ist η' das Schwingungsazimut von W_1' und η'' das Schwingungsazimut von W_2', ferner α_1 das zu W_1 und α_2 das zu W_2 gehörende uniradiale Schwingungsazimut von W, so bestehen die zu (204) analogen Beziehungen

$$\alpha_1 - \eta'' = \pm \frac{\pi}{2}, \qquad \alpha_2 - \eta' = \pm \frac{\pi}{2}, \tag{205}$$

die von WRIGHT[4]) hergeleitet und von ihm durch Messungen an Kalkspat bestätigt wurden.

Da aus (195), (196) und (173) folgt, daß $\alpha_1 - \alpha_2$ im allgemeinen von $\pm \frac{\pi}{2}$ verschieden ist, so ist aus (205) zu schließen, daß $\eta' - \alpha_1$ und $\eta'' - \alpha_2$ nicht verschwinden; eine linear polarisierte Welle, die mit uniradialem Schwingungsazimut auf eine Kristallplatte fällt, erleidet somit beim Durchgang durch die Platte eine Drehung ihrer Schwingungsebene.

$\eta^{(1)} - \eta'$ und $\eta^{(2)} - \eta''$ geben die Drehungen der Schwingungsebenen an, welche die in der Kristallplatte durch Brechung erzeugten Wellen beim Austritt in das isotrope Außenmedium erfahren; sie sind, wie sich mit Hilfe von (205), (195), (196) und (173) nachweisen läßt, im allgemeinen von Null verschieden.

γ) Totalreflexion.

50. Grenzkegel der Totalreflexion. Wir betrachten wieder zwei ebenflächig aneinandergrenzende Kristalle, lassen aber die bisher gemachte Annahme fallen, daß sämtliche Wurzeln der biquadratischen Gleichung (170) bzw. (174) für jedes der beiden aneinander grenzenden Medien reell sind. Existieren nur zwei reelle Wurzeln, so müssen die beiden anderen Wurzeln konjugiert komplex sein. Der

---

[1]) A. POTIER, Journ. de phys. (2) Bd. 10, S. 354 (Fußnote). 1891.

[2]) P. KAEMMERER, N. Jahrb. f. Min., Beil. Bd. 20, S. 243. 1905.

[3]) Die durch Brechung hervorgerufenen Drehungen verschwinden bei senkrechter Inzidenz, wenn die Schwingungsebene der einfallenden Welle mit der Schwingungsebene einer der gebrochenen Wellen zusammenfällt; vgl. S. 722, Anm. 6.

[4]) F. E. WRIGHT, Sill. Journ. (4) Bd. 31, S. 178 u. 188. 1911; Tschermaks mineral. u. petrogr. Mitteil. Bd. 30, S. 194 u. 205. 1911; F. SCHWIETRING, Centralbl. f. Min. 1912, S. 339; P. KAEMMERER, ebenda 1912, S. 521.

Übergang von vier zu zwei reellen Wurzeln ist durch das Zusammenfallen zweier reeller Wurzeln gegeben. Bei diesem Übergang muß also die Diskriminante von (174) verschwinden, d. h. es muß

$$(a_0 a_4 - 4 a_1 a_3 + 3 a_2^2)^3 - 27 (a_0 a_2 a_4 + 2 a_1 a_2 a_3 - a_0 a_3^2 - a_4 a_1^2 - a_2^3)^2 = 0 \quad (206)$$

sein; hierbei sind in dem die Koeffizienten a_0, a_1, a_2, a_3 und a_4 darstellenden Formelsystem (175) $\sin\varphi$ und die die Lage der Einfallsebene definierenden Parameter[1]) als unabhängige Variable anzusehen.

Bei beliebiger Wahl der Einfallsebene definiert derjenige Winkel $\varphi = \overline{\varphi}$, für den die für das erste Medium gebildete Gleichung (206) erfüllt ist, einen Grenzwinkel streifender Reflexion; entsprechend liefert die Wurzel $\varphi = \overline{\varphi}$ der für das zweite Medium gebildeten Gleichung (206) einen Grenzwinkel streifender Brechung oder der sog. Totalreflexion[2]).

Variiert man in a_0, a_1, a_2, a_3 und a_4 die Parameter, durch welche die Lage der Einfallsebene bestimmt wird[3]), so erfüllen die von einem bestimmten Punkte der gemeinsamen Begrenzungsfläche aus gezogenen, durch die Wurzeln $\varphi = \overline{\varphi}$ bestimmten Richtungen den Mantel eines zweischaligen Kegels, den man als Grenzkegel der totalen Reflexion bezeichnet; die beiden ineinanderliegenden Schalen des Kegels werden als innerer bzw. äußerer Grenzkegel unterschieden.

Eine geometrische Veranschaulichung der Grenzwinkel erhält man mit Hilfe der geometrischen Methode von HAMILTON und MAC CULLAGH [Ziff. 35 b]. Im allgemeinen Falle der partiellen Reflexion und Brechung liegt (Abb. 13) die Indexfläche $J^{(1)}$ des ersten Mediums ganz innerhalb der Indexfläche $J^{(2)}$ des zweiten Mediums, so daß $N^{(1)}F$ jede Schale von $J^{(1)}$ in zwei Punkten trifft, von denen jeder auf einer anderen Seite der gemeinsamen Begrenzungsebene liegt. Wir wenden uns nun dem Falle zu, daß für jede beliebige Wellennormalenrichtung die Brechungsindizes des zweiten Mediums kleiner sind als die Brechungsindizes des ersten Mediums, so daß $J^{(2)}$ ganz innerhalb $J^{(1)}$ liegt; für unsere Betrachtung behalten wir Abb. 13 bei, denken uns aber in dieser die äußere Schale von $J^{(2)}$ vollständig von der inneren Schale von $J^{(1)}$ umschlossen. Ist φ nahezu gleich π, so haben wir wieder partielle Reflexion und Brechung; bei abnehmendem φ wird jedoch ein Grenzwinkel $\overline{\varphi}$ erreicht, bei dem $N^{(1)}F$ die innere Schale von $J^{(2)}$ berührt, und bei einem noch kleinerem Winkel φ tritt nur eine gebrochene Welle auf. Dieser Grenzwinkel $\overline{\varphi}$ ist der Grenzwinkel der totalen Reflexion für die schwächer brechbare Welle. Der Strahl, welcher zu der durch $\overline{\varphi}$ bestimmten Wellennormalenrichtung gehört, liegt in der gemeinsamen Begrenzungsebene der beiden Kristalle, denn seine Richtung ist durch die Normale der an den Berührungspunkt von $N^{(1)}F$ gelegten (und somit durch $N^{(1)}F$ gehenden) Tangentialebene der Indexfläche gegeben [Ziff. 20b] und diese steht senkrecht zur Begrenzungsebene; da sie aber im allgemeinen nicht senkrecht zur Einfallsebene steht, so liegt der Strahl im allgemeinen nicht in letzterer.

Der entsprechende Fall kann auch bei der äußeren Schale von $J^{(2)}$ eintreten und führt dann zu einem zweiten Grenzwinkel $\overline{\varphi}$.

---

[1]) Diese Parameter sind α_2, β_2 und γ_2, falls (entsprechend der in Ziff. 31 getroffenen Festsetzung) die $z'x'$-Ebene die Einfallsebene ist.

[2]) Das Problem der Totalreflexion an Kristallen wurde zuerst von G. KIRCHHOFF (Abhandlgn. d. Berl. Akad. 1876, S. 80; Ges. Abhandlgn. S. 373. Leipzig 1882) behandelt; vgl. ferner TH. LIEBISCH, N. Jahrb. f. Min. 1885, (1) S. 245; (2) S. 181; 1886, (2) S. 47; P. VOLKMANN, Göttinger Nachr. 1885, S. 336; 1886, S. 341; Wied. Ann. Bd. 29, S. 263. 1886; M. HAMPL, Centralbl. f. Min. 1924, S. 520.

[3]) Vgl. Anm. 1.

Um die beiden Grenzkegel der Totalreflexion geometrisch zu erhalten, denken wir uns senkrecht zur gemeinsamen Begrenzungsebene der beiden Kristalle den Tangentenzylinder an $J^{(2)}$ gelegt, welcher $J^{(1)}$ in einer Kurve — der Leitlinie der beiden Grenzkegel — schneidet. Die vom gemeinsamen Mittelpunkt der Indexflächen nach den Punkten dieser Kurve gezogenen Richtungen liefern die Mantellinien der Grenzkegel.

Die Messung der Grenzwinkel der Totalreflexion bildet die Grundlage für eine Anzahl Methoden zur Bestimmung der Hauptbrechungsindizes eines Kristalls; außerdem ermöglicht sie die Prüfung des FRESNELschen Gesetzes (47)[1].

Diesen Messungen liegt der im folgenden ausnahmslos vorausgesetzte vereinfachte Fall zu Grunde, daß das erste Medium isotrop ist, reflektierter Strahl und reflektierte Wellennormale somit zusammenfallen. Liegt die einfallende Wellennormale innerhalb des inneren Grenzkegels, so hat man partielle Reflexion und Brechung, somit eine in das isotrope Medium reflektierte und zwei in den Kristall gebrochene Wellen. Liegt sie zwischen den Mänteln des inneren und des äußeren Grenzkegels, so tritt eine in das isotrope Medium reflektierte und nur eine in den Kristall gebrochene Welle auf[2]); liegt sie außerhalb des äußeren Grenzkegels, so erhält man überhaupt keine gebrochene, sondern nur eine in das isotrope Medium reflektierte Welle, somit Totalreflexion.

51. Prinzip der Methoden zur Bestimmung der Hauptbrechungsindizes mittels Totalreflexion. Die Totalreflexion kann benutzt werden, um die Hauptbrechungsindizes eines Kristalls zu bestimmen[3]). Zu dem Zwecke läßt man die ebene Begrenzungsfläche des Kristalls an ein Medium mit hinreichend hohem Brechungsindex grenzen. Dies geschieht in der Weise, daß man den Kristall entweder in eine Flüssigkeit einbettet oder seine reflektierende Fläche mit der ebenen Begrenzungsfläche eines festen Körpers (z. B. Glas mit hohem Brechungsindex) von Prismen-, Zylinder- oder Halbkugelform in Berührung bringt; dabei wird der Zwischenraum zwischen Kristall und festem Körper mit einer Flüssigkeit angefüllt, deren Brechungsindex größer ist als der größte Hauptbrechungsindex des Kristalls[4]).

Läßt man monochromatische Wellen mit allen möglichen Wellennormalenrichtungen (d. h. also diffuses oder konvergentes Licht) auf die gemeinsame Begrenzungsebene fallen und beobachtet mit einem auf unendlich eingestellten Fernrohre, so zerfällt das Gesichtsfeld bei geeigneter Orientierung des Kristalls in Gebiete verschiedener Intensität.

Die Trennungslinien dieser Gebiete entsprechen den Grenzkegeln und heißen die Grenzkurven der Totalreflexion[5]). Jedem Punkte P der Fernrohrbrennebene entspricht nämlich ein System an der Begrenzungsebene reflektierter Strahlen, die parallel zu der Verbindungslinie von P mit dem optischen Mittelpunkt C des Fernrohrobjektivs verlaufen. Die beobachteten Grenzkurven zwischen den helleren und dunkleren Gebieten sind die Schnittlinien der Fern-

---

[1]) Vgl. hierzu die Literaturangaben S. 650, Ziff. 6, 7 u. 8.

[2]) Dieser intermediäre Fall ist eingehend behandelt bei P. KAEMMERER, N. Jahrb. f. Min., Beil. Bd. 20, S. 245. 1905.

[3]) Zuerst durchgeführt von W. H. WOLLASTON, Phil. Trans. Bd. 92, S. 381. 1802.

[4]) Die diesbezüglichen Apparate nennt man Totalreflektometer. Über die experimentellen Einzelheiten der totalreflektometrischen Methoden zur Bestimmung der Brechungsindizes vgl. den betr. Abschnitt in Bd. XVIII ds. Handb. sowie die zusammenfassende Darstellung bei H. ROSENBUSCH, Mikroskopische Physiographie der Mineralien und Gesteine, 5. Aufl. von E. A. WÜLFING Bd. I (1). Untersuchungsmethoden, S. 647—661. Stuttgart 1921—1924.

[5]) Man kann die Grenzkurven noch deutlicher hervortreten lassen, indem man das Licht aus dem Kristall in das angrenzende isotrope Medium nahezu streifend eintreten läßt.

rohrbrennebene mit Kegeln, deren Spitzen sich in C befinden und deren Mantellinien parallel zu den Mantellinien der Grenzkegel der Totalreflexion liegen, welche ihre gemeinsame Spitze in dem Schnittpunkt A der Fernrohrachse mit der reflektierenden Begrenzungsebene haben. Bei hinreichend kleinem Gesichtsfeld können die beobachteten Stücke der Grenzkurven als nahezu geradlinig angesehen werden.

Wird nun das Fernrohr in eine solche Lage gebracht, daß seine Achse AF durch einen Punkt B der Grenzkurve G geht, so fällt AF mit einer Mantellinie des einen Grenzkegels zusammen; der Winkel χ, den die Grenzkurve G mit der Einfallsebene des reflektierten Strahles AF bildet, ist offenbar der Winkel zwischen dieser Ebene und der durch AF gehenden Tangentialebene des Grenzkegels. AF ist daher durch χ und den zu B gehörenden Grenzwinkel $\overline{\varphi}$ der Totalreflexion bestimmt.

Das Problem der Bestimmung der Hauptbrechungsindizes mittels Totalreflexion besteht darin, die der Messung zugänglichen Größen χ und $\overline{\varphi}$ auszudrücken durch die Hauptbrechungsindizes des Kristalls, den Brechungsindex des angrenzenden isotropen Mediums und die als bekannt anzunehmenden Winkel, durch welche die kristallographische Orientierung der Begrenzungsebene und die Lage der Einfallsebene festgelegt werden[1]).

52. Polarisation bei der Totalreflexion. Den Polarisationszustand des totalreflektierten Lichtes erhält man aus den Gleichungen (185), (186), (187) und (188), in welchen aber mindestens einer der Winkel r_1 und r_2 komplex wird, sobald die einfallende Wellennormale nicht mehr innerhalb des (vom inneren Grenzkegel der Totalreflexion begrenzten) Gebietes der partiellen Reflexion liegt. Die Durchrechnung[2]) führt zu dem Ergebnis, daß die parallel und senkrecht zur Einfallsebene schwingenden Komponenten einer einfallenden, linear polarisierten Welle bei der Totalreflexion im allgemeinen verschiedene Phasenänderungen erleiden, die total reflektierte Welle somit [im Gegensatz zu einer partiell reflektierten (vgl. Ziff. 40)] elliptisch polarisiert ist. Die Verhältnisse vereinfachen sich jedoch, wenn die Einfallsebene eine optische Symmetrieebene des Kristalls ist; ist in diesem Falle die einfallende Welle linear und parallel oder senkrecht zur Einfallsebene polarisiert, so gilt dann das gleich auch für die total reflektierte Welle.

Bei der Beobachtung der Erscheinungen der Totalreflexion ist das einfallende Licht meistens unpolarisiertes; die in diesem Falle im reflektierten Lichte herrschenden Polarisationsverhältnisse wurden theoretisch erst ziemlich spät[3]) durch KAEMMERER und SCHWIETRING aufgeklärt[4]). Sie konnten zeigen, daß bei der Reflexion außerhalb des inneren Grenzkegels das reflektierte Licht im allgemeinen teilweise elliptische Polarisation zeigt, die für diejenigen reflektierten Strahlen, welche die Mantellinien des Grenz-

[1]) Die Lage der Begrenzungsebene ($x'y'$-Ebene) in bezug auf das optische Symmetrieachsensystem x, y, z wird durch $\alpha_3, \beta_3, \gamma_3$ und die Lage der Einfallsebene ($z'x'$-Ebene) durch $\alpha_2, \beta_2, \gamma_2$ bestimmt; vgl. hierzu Ziff. 34.

[2]) Über die Durchrechnung vgl. z. B. CH. E. CURRY, Electromagnetic theory of light, Bd. I, S. 376—383. London 1905. Für den Fall, daß das erste Medium doppelbrechend und das zweite Medium isotrop ist, hat ST. RYBÁR (Ann. d. Phys. Bd. 46, S. 305. 1915) die bei der Totalreflexion eintretenden Phasenänderungen gemessen und Übereinstimmung zwischen den berechneten und den beobachteten Werten gefunden.

[3]) Die älteren Untersuchungen von E. KETTELER (Wied. Ann. Bd. 28, S. 230. 1886) und F. KOLÁČEK (Ann. d. Phys. Bd. 20, S. 433. 1906) waren nicht einwandfrei und führten zu teilweise unrichtigen Ergebnissen; vgl. hierzu P. KAEMMERER, N. Jahrb. f. Min., Beil. Bd. 20, S. 311. 1905; F. SCHWIETRING, ebenda Bd. 26, S. 369. 1908.

[4]) P. KAEMMERER, N. Jahrb. f. Min., Beil. Bd. 20, S. 299. 1905; F. SCHWIETRING, ebenda Bd. 26, S. 360. 1908; Bd. 30, S. 495. 1910.

kegels bilden, in lineare übergeht. Diese teilweise Polarisation fehlt jedoch[1]), d. h. das reflektierte Licht ist unpolarisiert, wenn die Einfallsebene parallel zu einer optischen Symmetrieebene liegt[2]).

53. Totalreflexion an optisch einachsigen Kristallen. Wir behandeln zunächst den Fall, daß der an das isotrope Medium mit dem Brechungsindex ν grenzende Kristall optisch einachsig ist[3]),

a) Berechnung der Grenzwinkel der Totalreflexion. Um die Grenzwinkel der Totalreflexion zu erhalten, bezeichnen wir mit ε den Winkel zwischen der optischen Achse des Kristalls und dem Einfallslot (positive z'-Achse) und mit ξ den Winkel zwischen Einfallsebene und Hauptschnitt der Begrenzungsebene. Die Richtungen $\varphi^{(i)}$ der gebrochenen Wellennormalen sind nach (179) durch die Gleichungen

$$\sin^2\varphi^{(i)} = \frac{\nu^2}{n_1^2}\sin^2\varphi \qquad \text{und} \qquad d_0\,\mathrm{tg}^2\varphi^{(i)} + 2d_1\,\mathrm{tg}\,\varphi^{(i)} + d_2 = 0$$

bestimmt, wobei d_0, d_1 und d_2 durch (180) gegeben sind.

Die beiden Grenzwinkel $\overline{\varphi}$ und $\overline{\varphi}'$ der Totalreflexion sind diejenigen Werte φ, welche die reellen Wurzeln dieser Gleichungen von den imaginären Wurzeln trennen (vgl. Ziff. 50). Aus der ersten Gleichung erhält man daher (wegen $\nu > n_1$)

$$\sin^2\overline{\varphi} = \frac{n_1^2}{\nu^2} \tag{207}$$

und aus der zweiten Gleichung

$$d_0 d_2 = d_1^2$$

oder

$$\sin^2\overline{\varphi}' = \frac{n_3^2}{\nu^2}\,\frac{n_1^2 + (n_3^2 - n_1^2)\cos^2\varepsilon}{n_3^2 - (n_3^2 - n_1^2)\sin^2\varepsilon\sin^2\xi}. \tag{208}$$

b) Bestimmung der Grenzkegel der Totalreflexion. Um die Gleichungen der Grenzkegel zu erhalten, führen wir ein neues rechtwinkliges Rechtssystem $x''y''z''$ ein, dessen $x''y''$-Ebene mit der $x'y'$-Ebene, dessen positive z''-Achse mit der positiven z'-Achse zusammenfällt und dessen $z''x''$-Ebene parallel zum Hauptschnitt der reflektierenden Begrenzungsebene liegt. Für die Koordinaten x'', y'', z'' eines Punktes, der auf der durch $\overline{\varphi}$ und ξ bestimmten reflektierten Strahlenrichtung liegt und vom Koordinatenanfangspunkt die Entfernung p besitzt, haben wir dann

$$x'' = p\sin\overline{\varphi}\cos\xi, \qquad y'' = p\sin\overline{\varphi}\sin\xi, \qquad z'' = p\cos\overline{\varphi}; \tag{209}$$

drei entsprechende Gleichungen bestehen für die durch $\overline{\varphi}'$ und ξ bestimmte Strahlenrichtung. Ist K der zu $\overline{\varphi}$ und K' der zu $\overline{\varphi}'$ gehörende Grenzkegel, so folgt aus (207) und (209) für die Gleichung von K

$$(\nu^2 - n_1^2)(x''^2 + y''^2) - n_1^2 z''^2 = 0\,;$$

ferner ergibt sich für die Gleichung von K' aus (208) und den zu (209) analogen, $\overline{\varphi}'$ enthaltenden Formeln

$$n_3^2\left(\frac{\nu^2}{n_3^2\cos^2\varepsilon + n_1^2\sin^2\varepsilon} - 1\right)x''^2 + (\nu^2 - n_3^2)\,y''^2 - n_3^2 z''^2 = 0\,.$$

---

[1]) F. SCHWIETRING, N. Jahrb. f. Min., Beil. Bd. 30, S. 502. 1910.

[2]) Bei dieser speziellen Lage der Einfallsebene ist somit das Verhalten wie bei einem isotropen Körper, bei welchem einfallendes unpolarisiertes Licht nach der Totalreflexion jeder beliebigen Lage der Einfallsebene unpolarisiert ist.

[3]) H. DE SÉNARMONT, C. R. Bd. 42, S. 65. 1856; Journ. de mathém. (2) Bd. 1, S. 306. 1856; TH. LIEBISCH, N. Jahrb. f. Min. 1885, (1) S. 246; (2) S. 203; 1886 (2), S. 47.

Durch Elimination von z'' aus den beiden letzten Gleichungen erhält man

$$n_3^2\cos^2\varepsilon\cdot x''^2 + (n_3^2\cos^2\varepsilon + n_1^2\sin^2\varepsilon)\,y''^2 = 0.$$

Die beiden Grenzkegel haben somit im allgemeinen nur ihre Spitzen gemeinsam; liegt aber die optische Achse parallel zur Begrenzungsebene $\left(\varepsilon = \frac{\pi}{2}\right)$ so berühren sie sich entlang der x''-Achse (Schnittlinie von Begrenzungsebene und deren Hauptschnitt.)

K ist ein senkrechter Kreiskegel, dessen Achse senkrecht zur Begrenzungsebene liegt; für diesen Kegel ist somit der Winkel χ zwischen der Einfallsebene eines reflektierten Strahles und der durch letzteren gelegten Tangentialebene (vgl. Ziff. 51) gleich $\pi/2$, also unabhängig von ξ.

Beim Kegel K' ist die Gleichung der Einfallsebene für die durch $\overline{\varphi}'$ und ξ bestimmte reflektierte Strahlenrichtung

$$x'' = y''\operatorname{cotg}\xi;$$

die durch diese Strahlenrichtung an K' gelegte Tangentialebene besitzt die Gleichung

$$n_3^2\left(\frac{\nu^2}{n_3^2\cos\varepsilon + n_1^2\sin^2\varepsilon} - 1\right)\cos\xi\cdot x'' + (\nu^2 - n_3^2)\sin\xi\cdot y'' - n_3^2\cdot\operatorname{cotg}\overline{\varphi}'\cdot z'' = 0.$$

Man erhält daher aus diesen beiden Gleichungen mit Hilfe von (208)[1])

$$\cos\chi = \frac{\nu\,(n_3^2 - n_1^2)\sin^2\varepsilon\sin\xi\cos\xi}{[n_3^4\,(\nu^2 - (n_3^2\cos^2\varepsilon + n_1^2\sin^2\varepsilon))\cos^2\xi + (\nu^2 - n_3^2)\,(n_3^2\cos^2\varepsilon + n_1^2\sin^2\varepsilon)^2\sin^2\xi]^{\frac{1}{2}}}. \qquad (210)$$

Die von DANKER[2]), PULFRICH[3]) und NORRENBERG[4]) an Kalkspat ausgeführten Messungen von χ sind in Übereinstimmung mit den nach (210) berechneten Werten.

c) **Bestimmung der Hauptbrechungsindizes des optisch einachsigen Kristalls und des Winkels zwischen seiner optischen Achse und der Normale der Bewegungsebene.** Aus (210) folgt, daß $\chi = \frac{\pi}{2}$ wird, wenn entweder die optische Achse des Kristalls senkrecht zur Begrenzungsebene liegt ($\varepsilon = 0$), oder bei beliebiger Lage der optischen Achse, wenn die Einfallsebene parallel oder senkrecht zum Hauptschnitt der Begrenzungsebene liegt $\left(\xi = 0 \text{ oder } \xi = \frac{\pi}{2}\right)$.

Für $\xi = 0$ folgt aber aus (207) und (208)

$$\sin^2\overline{\varphi} = \frac{n_1^2}{\nu^2}, \qquad \sin^2\overline{\varphi}' = \frac{1}{\nu^2}\,(n_1^2 + (n_3^2 - n_1^2)\cos^2\varepsilon) \qquad (211)$$

und entsprechend erhält man für $\xi = \frac{\pi}{2}$

$$\sin^2\overline{\varphi} = \frac{n_1^2}{\nu^2}, \qquad \sin^2\overline{\varphi}' = \frac{n_3^2}{\nu^2}. \qquad (212)$$

Bestimmt man somit bei einem optisch einachsigen Kristall an einer beliebigen Fläche (von unbekannter kristallographischer Orientierung) die Grenzwinkel der Totalreflexion $\overline{\varphi}$ und $\overline{\varphi}'$, wenn die

---

[1]) TH. LIEBISCH, N. Jahrb. f. Min. 1886, (2) S. 56 u. 58.

[2]) J. DANKER, N. Jahrb. f. Min., Beil. Bd. 4, S. 265. 1885; TH. LIEBISCH, ebenda 1886, (2) S. 63.

[3]) C. PULFRICH, N. Jahrb. f. Min. Beil. Bd. 5, S. 182. 1887.

[4]) J. NORRENBERG, Verhandlgn. naturhist. Ver. d. pr. Rheinl. Bd. 45, S. 28. 1888; Wied. Ann. Bd. 34, S. 854. 1888.

Grenzkurven senkrecht zur Einfallsebene liegen, so lassen sich die Hauptbrechungsindizes n_1 und n_3 des Kristalls aus (212) berechnen; die Messung der Grenzwinkel für den Fall, daß die Grenzkurven parallel zur Einfallsebene liegen, ergibt dann mit Hilfe von (211) den Winkel ε zwischen der optischen Achse und der Normale der Begrenzungsfläche[1]).

d) Bestimmung des Charakters der Doppelbrechung aus der Lage der Grenzkurven der Totalreflexion. Aus (207) und (208) ergibt sich, daß bei positiv einachsigen Kristallen ($n_1 < n_3$) $\bar{\varphi} < \bar{\varphi}'$ ist; bei negativ einachsigen ($n_1 > n_3$) ist umgekehrt $\bar{\varphi} > \bar{\varphi}'$. Welche der beiden Grenzkurven zu $\bar{\varphi}$, bzw. $\bar{\varphi}'$ gehört, läßt sich dadurch feststellen, daß erstere bei Änderung der Lage der Einfallsebene (d. h. des Winkels ξ) stets senkrecht zur Einfallsebene bleibt, letztere jedoch nicht. Aus der Lage der Grenzkurven kann man somit den Charakter der Doppelbrechung des optisch einachsigen Kristalls bestimmen.

54. Totalreflexion an optisch zweiachsigen Kristallen bei spezieller Lage der Begrenzungsebene. Wir behandeln die Totalreflexion an optisch zweiachsigen Kristallen[2]) zunächst bei den in Ziff. 34 besprochenen speziellen Lagen der Begrenzungsebene, bei welchen sich Gleichung (174) auf eine quadratische Gleichung in $\operatorname{tg}^2\varphi^{(i)}$ reduziert. Wir haben dann zwei Paare entgegengesetzt gleicher Wurzeln $\pm\operatorname{tg}\varphi^{(1)}$ und $\pm\operatorname{tg}\varphi^{(2)}$; sollen die beiden Werte eines solchen Paares gleich werden, wie es der Grenzfall der Totalreflexion verlangt, so müssen sie entweder gleichzeitig verschwinden oder unendlich werden. Da der erstere Fall senkrechter Inzidenz entspricht, so kommt bei der Totalreflexion nur der letztere in Frage, und dieser erfordert, daß

$$a_0 = 0 \tag{213}$$

wird.

a) Gestalt der Grenzkegel der Totalreflexion, wenn die Begrenzungsebene parallel zu einer optischen Symmetrieebene liegt. Liegt die Begrenzungsebene parallel zu einer optischen Symmetrieebene (z. B. zur yz-Ebene), so ergeben sich für die Grenzwinkel $\bar{\varphi}$ und $\bar{\varphi}'$ aus (213) und (176) die Gleichungen

$$\sin^2\bar{\varphi} = \frac{n_1^2}{\nu^2}, \qquad \sin^2\bar{\varphi}' = \frac{n_2^2 n_3^2}{\nu^2(n_2^2\cos^2\varepsilon + n_3^2\sin^2\varepsilon)},$$

wobei ν wieder den Brechungsindex des isotropen Außenmediums und ε den Winkel zwischen Einfallsebene und xy-Ebene bedeutet.

Bedeutet K den zu $\bar{\varphi}$ und K' den zu $\bar{\varphi}'$ gehörenden Grenzkegel, so ergibt sich die Gleichung von K durch eine analoge Betrachtung wie in Ziff. 53 zu

$$(\nu^2 - n_1^2)(y^2 + z^2) - n_1^2 \cdot x^2 = 0$$

und die Gleichung von K' zu

$$n_2^2(\nu^2 - n_3^2)\,y^2 + n_3^2(\nu^2 - n_2^2)\,z^2 - n_2^2 n_3^2 x^2 = 0\,.$$

K ist ein senkrechter Kreiskegel. K ist reell für $\nu > n_1$, K' für $\nu > \nu_1$ oder $\nu > n_3$. Bei K ist $\chi = \frac{\pi}{2}$, wobei χ wieder der Winkel zwischen der Einfalls-

---

[1]) Ohne Beweis zuerst angegeben von F. KOHLRAUSCH, Wied. Ann. Bd. 4, S. 15. 1878.

[2]) Das Problem der Totalreflexion an optisch zweiachsigen Kristallen wurde zuerst von H. DE SÉNARMONT, (C. R. Bd. 42, S. 65. 1856; Journ. de mathém. (2) Bd. 1, S. 309. 1856) und später von TH. LIEBISCH, [N. Jahrb. f. Min. 1885, (2) S. 198; 1886, (2) S. 58] behandelt.

ebene des reflektierten Strahles und der durch letzteren gelegten Tangentialebene des Kegels ist. Bei K' haben wir

$$\cos\chi = \frac{\nu\,(n_2^2 - n_3^2)\sin\varepsilon\cos\varepsilon}{[n_3^4\,(\nu^2 - n_2^2)\sin^2\varepsilon + n_2^4\,(\nu^2 - n_3^2)\cos^2\varepsilon]^{\frac{1}{2}}};$$

Messungen von χ hat DANKER[1]) bei Aragonit vorgenommen.

Liegt die Begrenzungsebene parallel zu einer der beiden anderen optischen Symmetrieebenen, so erhält man die entsprechenden Formeln durch zyklisches Vertauschen der Buchstaben n_1, n_2 und n_3 bzw. x, y und z.

b) Bestimmung der Hauptbrechungsindizes durch Totalreflexion, wenn die Begrenzungsebene parallel zu einer optischen Symmetrieachse liegt. Liegt die Begrenzungsebene parallel zu einer optischen Symmetrieachse (z. B. zur x-Achse) und ist die Einfallsebene ebenfalls parallel zu dieser, so folgt aus (213) und (177)

$$\sin^2\overline{\varphi} = \frac{n_2^2}{\nu^2}, \quad \sin^2\overline{\varphi}' = \frac{n_3^2}{\nu^2}; \tag{214}$$

Liegt die Einfallsebene dagegen senkrecht zur x-Achse (und damit parallel zur yz-Ebene), so erhält man für die Grenzwinkel aus (178) die Gleichungen

$$\nu^2\sin^2\varphi - n_1^2 = 0, \quad d_0 d_2 = d_1^2; \tag{215}$$

diese ergeben

$$\sin^2\overline{\varphi} = \frac{n_1^2}{\nu^2}, \quad \sin^2\overline{\varphi}^1 = \frac{1}{\nu^2}\left(n_2^2 + (n_3^2 - n_2^2)\cos^2\varepsilon\right).$$

Mißt man somit in diesen beiden Einfallsebenen (welche sich dadurch kennzeichnen, daß die Grenzkurven senkrecht zu ihnen liegen) die Grenzwinkel $\overline{\varphi}$ und $\overline{\varphi}'$, so erhält man mittels (214) und (215) die gesuchten Hauptbrechungsindizes n_1, n_2, n_3 sowie den Winkel ε, den die Einfallsebene mit der zx-Ebene bildet.

55. Totalreflexion an einer zur Binormalenebene parallelen Begrenzungsebene. Von besonderem Interesse ist derjenige der in Ziff. 55a) behandelten Fälle, bei dem die Begrenzungsebene parallel zur Binormalenebene (zx-Ebene) liegt[2]).

a) Lage der Grenzstrahlen der Totalreflexion. Die Grenzkegel K und K' haben dann vier Mantellinien gemeinsam, welche in den senkrecht zur Begrenzungsebene liegenden, durch die Binormalen gehenden Ebenen liegen. Außerdem erfüllen die Grenzstrahlen Teile der Mäntel zweier weiterer Kegel L und L', welche den Wellennormalenkegeln der in Richtung der Biradialen gebrochenen Strahlen entsprechen; sie sind durch die singulären Tangentialebenen der Indexfläche des Kristalls[3]) bestimmt, deren Mittelpunkt wir uns in die gemeinsame Spitze A der beiden Kegel K und K' gelegt denken. Diese singulären Tangentialebenen liegen offenbar senkrecht zur Begrenzungsebene und gehen durch die gemeinsamen Tangenten an den Kreis und die Ellipse, in welchen die Indexfläche von der Begrenzungsebene geschnitten wird.

Ein senkrecht zur Begrenzungsebene an die Indexfläche gelegter Tangentialzylinder berührt somit die Indexfläche nicht nur in Kreis und Ellipse, sondern auch in den Berührungskreisen der singulären Tangentialebenen; die

---

[1]) J. DANKER, N. Jahrb. f. Min., Beil. Bd. 4, S. 272. 1885; TH. LIEBISCH, ebenda 1886, (2) S. 63.

[2]) H. DE SÉNARMONT, Journ. de mathém. (2) Bd. 1, S. 310. 1856; TH. LIEBISCH, N. Jahrb. f. Min. 1856, (2) S. 60; E. MALLARD, Journ. de phys. Bd. 5, S. 389. 1886; CH. SORET, Arch. sc. phys. et nat. (3) Bd. 20, S. 279. 1888.

[3]) Vgl. S. 684, Anm. 1.

Mantellinien der Kegel L und L' sind nun die Verbindungsgeraden von A mit den Punkten der Kurve, in welcher die singulären Tangentialebenen die um A mit dem Radius ν beschriebene Kugel (d. h. die Indexfläche des angrenzenden isotropen Mediums vom Brechungsindex ν) schneiden.

Da diese Tangentialebenen senkrecht zu den Biradialen liegen, so lauten ihre auf die optischen Symmetrieachsen bezogenen Gleichungen mit Rücksicht auf (90)

$$\frac{1}{n_2}\left|\sqrt{\frac{n_2^2-n_3^2}{n_1^2-n_3^2}}\right| z \pm \frac{1}{n_2}\left|\sqrt{\frac{n_1^2-n_2^2}{n_1^2-n_3^2}}\right| x - 1 = 0;$$

zusammen mit der Gleichung der erwähnten Kugel

$$\frac{1}{\nu^2}(x^2+y^2+z^2) - 1 = 0 \tag{216}$$

liefern sie für die Kegel L und L' die Gleichungen

$$n_2(x^2+y^2+z^2) = \nu^2\left\{\left|\sqrt{\frac{n_2^2-n_3^2}{n_1^2-n_3^2}}\right| z \pm \left|\sqrt{\frac{n_1^2-n_2^2}{n_1^2-n_3^2}}\right| x\right\}.$$

Jeder der beiden Kegel L und L' hat mit jedem der Kegel K und K' eine Mantellinie gemeinsam. Die K und L (oder L') gemeinsame liegt in der durch die zugehörige Biradiale senkrecht zur Begrenzungsebene gelegten Ebene; die K' und L (oder L') gemeinsame liegt in der Ebene, welche senkrecht zur Begrenzungsebene durch A und den Berührungspunkt der singulären Tangentialebene mit der Ellipse geht, in welcher die Indexfläche des Kristalls von der Begrenzungsebene geschnitten wird. Nur die zwischen diesen gemeinsamen Mantellinien liegenden Mantelsektoren der Kegel L und L' liefern Grenzstrahlen der Totalreflexion; alle übrigen Strahlen werden total reflektiert, da die durch ihre Schnittpunkte mit der Kugel (216) gehenden Normalen der reflektierenden Begrenzungsfläche die Indexfläche des Kristalls weder berühren, noch schneiden.

b) Einfallsebene nahezu parallel zu einer Binormale. Wir wenden uns jetzt dem bemerkenswerten Falle zu, daß die reflektierende Fläche parallel zur Binormalenebene und die Einfallsebene nahezu parallel zu einer Binormale liegt. Wir bezeichnen mit F den Fußpunkt des Lotes, das vom Schnittpunkt N der einfallenden Wellennormale mit der Kugel (216) auf die Begrenzungsebene gefällt wurde und nehmen zunächst an, daß die Einfallsebene durch die Binormale AB geht (Abb. 16). Ist S der Schnittpunkt von AB mit der gemeinsamen Tangente an Kreis und Ellipse, so kann Totalreflexion offenbar nur dann eintreten, wenn F nicht auf AS liegt, da sonst das Lot NF die Indexfläche des Kristalls in zwei Punkten schneidet. Die Einfallsebene möge daher die durch die Spur $AUVW$ bestimmte Lage haben, wobei U, V und W die Schnittpunkte dieser Spur mit der Ellipse, dem Kreis und der gemeinsamen Tangente dieser Kurven sind. Liegt F zwischen A und U, so trifft das Lot NF die Indexfläche des Kristalls in zwei Punkten; es existieren dann zwei gebrochene Wellen und keine Totalreflexion.

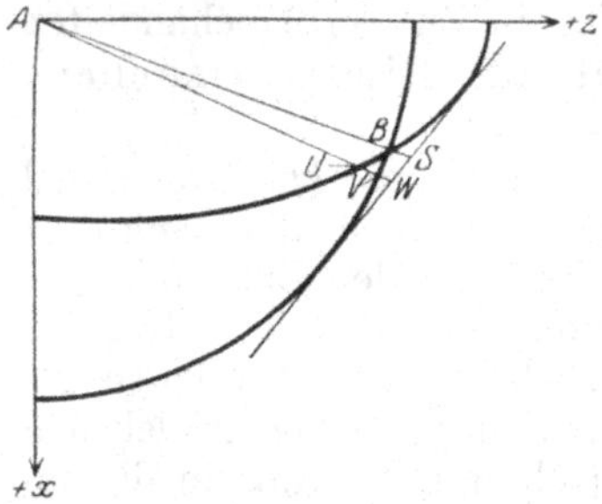

Abb. 16. Zur Totalreflexion an einer zur Binormalenebene parallelen Begrenzungsebene eines optisch zweiachsigen Kristalls, wenn die Einfallsebene nahezu parallel zu einer Binormale liegt. [Die Zeichenebene ist die Begrenzungsebene (zx-Ebene); die positive y-Achse geht von vorn nach hinten. Die Kurven sind der Schnittkreis und die Schnittellipse der Begrenzungsebene mit der um A als Mittelpunkt gelegten Indexfläche des Kristalls. ABS Richtung der einen Binormale, $AUVW$ Spur der Einfallsebene.]

Liegt F zwischen U und V, so schneidet das Lot die Indexfläche des Kristalls nur in einem Punkte; es tritt jetzt nur eine gebrochene und eine total reflektierte Welle auf. Liegt F zwischen V und W, so wird die Indexfläche des Kristalls wieder in zwei Punkten geschnitten, so daß man jetzt wieder zwei gebrochene Wellen und keine Totalreflexion hat. Liegt endlich F jenseits W, so befindet sich das Lot außerhalb der Indexfläche des Kristalls und es tritt vollständige Totalreflexion ein.

Die beobachteten Grenzkurven[1]) stellt Abb. 17 dar; in dieser wird der Bereich der partiellen Reflexion durch das engschraffierte, der Bereich der teilweisen Totalreflexion durch das breitschraffierte und der Bereich der vollständigen Totalreflexion durch das unschraffierte Gebiet dargestellt.

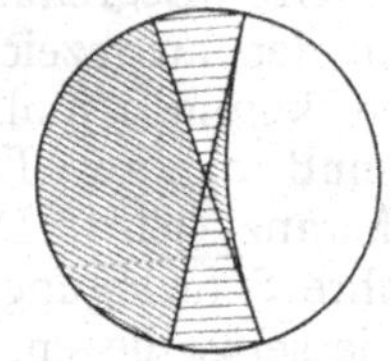

Abb. 17. Grenzkurven der Totalreflexion an einer zur Binormalenebene parallelen Begrenzungsfläche eines optisch zweiachsigen Kristalls. (Bereich partieller Reflexion eng schraffiert, Bereich teilweiser Totalreflexion breitschraffiert, Bereich vollständiger Totalreflexion unschraffiert.)

Da die Einfallsebenen, in welchen sich die Grenzkurven schneiden, durch die Binormalen gehen, so läßt sich durch Bestimmung der Grenzkurven der Totalreflexion an einer zur Binormalenebene parallelen Fläche der Binormalenwinkel messen[2]).

56. Allgemeiner Fall der Totalreflexion an einem optisch zweiachsigen Kristall. Wir wenden uns jetzt dem allgemeinen Falle zu, daß die Begrenzungsebene des optisch zweiachsigen Kristalls weder parallel, noch senkrecht zu einer optischen Symmetrieebene liegt.

Wir legen durch einen beliebigen Punkt A der Begrenzungsebene die optischen Symmetrieebenen und bezeichnen ihre Schnittgeraden mit der Begrenzungsebene mit AS_1, AS_2 und AS_3. Hierbei sollen S_1, S_2 und S_3 die Schnittpunkte dieser Geraden mit den Kreisen sein, in welchen die um A gelegte Indexfläche des Kristalls von den optischen Symmetrieebenen geschnitten wird und deren Radien n_1, n_2 und n_3 sind. S_1, S_2 und S_3 liegen auf dem senkrecht zur Begrenzungsebene an die Indexfläche gelegten Tangentialzylinder; die Grenzwinkel der Totalreflexion $\overline{\varphi}_1$, $\overline{\varphi}_2$ und $\overline{\varphi}_3$ für die durch AS_1, AS_2 und AS_3 gehenden Einfallsebenen sind durch

$$\sin\overline{\varphi}_1 = \frac{n_1}{\nu}\,, \qquad \sin\overline{\varphi}_2 = \frac{n_2}{\nu}\,, \qquad \sin\overline{\varphi}_3 = \frac{n_3}{\nu}$$

gegeben, wobei ν wieder der Brechungsindex des isotropen Außenmediums ist.

Nun folgt aus (109), daß in dem durch die Begrenzungsebene erzeugten Zentralschnitt der Indexfläche der größte bzw. kleinste Betrag der vom Mittelpunkt zu den Kurvenpunkten gezogenen Vektoren durch n_1 bzw. n_3 (oder umgekehrt) gegeben ist; n_2 ist, je nach der Orientierung der Begrenzungsebene, der Betrag des größten Vektors der inneren Kurve oder des kleinsten Vektors der äußeren Kurve.

Variiert man die Lage der Einfallsebene, so erhält man daher vier Lagen, in welchen der Grenzwinkel einen maximalen oder minimalen Wert besitzt. Drei dieser Einfallsebenen gehen durch AS_1, AS_2 und AS_3. Die durch AS_1 und AS_3 gehenden sind dadurch ausgezeichnet, daß in der einen der Grenzwinkel ein absolutes Maximum, in der anderen ein absolutes Minimum wird; diese beiden extremen Werte der Grenzwinkel liefern unmittelbar n_1 und n_3[3]). Von den beiden Grenzwinkeln, die zu den beiden anderen ausgezeichneten Einfallsebenen gehören, ergibt der eine n_2 und gehört zu der durch AS_2 gehenden

[1]) W. Kohlrausch, Wied. Ann. Bd. 6, S. 113. 1879 (Weinsäure).

[2]) A. Mülheims, ZS. f. Krist. Bd. 14, S. 202. 1888. Die Methode liefert nur bei stärkerer Doppelbrechung brauchbare Werte, da der Winkel zwischen den Grenzkurven sonst zu klein wird.

[3]) Ch. Soret, C. R. Bd. 107, S. 176 u. 479. 1888; Arch. sc. phys. et nat. (3) Bd. 20, S. 277. 1888; ZS. f. Krist. Bd. 15, S. 45. 1889; B. Hecht, N. Jahrb. f. Min., Beil. Bd. 6, S. 242. 1889.

Einfallsebene; welcher dieser beiden Grenzwinkel jedoch n_2 liefert, läßt sich ohne Heranziehung besonderer Betrachtungen nicht entscheiden[1]).

Man kann diese Entscheidung dadurch treffen, daß man entweder an einer zweiten Begrenzungsebene angestellte Beobachtungen heranzieht, da bei diesen in den ausgezeichneten Lagen der Einfallsebene der zu n_2 gehörende Wert wieder vorkommen muß[2]). Steht jedoch nur eine Kristallfläche zur Verfügung, so muß man zur Entscheidung die Polarisation der reflektierten Grenzstrahlen heranziehen[3]). Die Grenzstrahlen, welche n_1, n_2 und n_3 liefern, haben nämlich ihre Schwingungsebenen parallel zu den optischen Symmetrieebenen, in welchen sie selbst liegen, und wenn E_1, E_2 und E_3 ihre Einfallsebenen sind, so hat man für die Winkel p, q und r zwischen den optischen Symmetrieebenen und der Begrenzungsebene die Beziehungen[4])

$$\left.\begin{aligned} \cos^2 p = \operatorname{cotg}\widehat{E_1 E_2}\operatorname{cotg}\widehat{E_3 E_1}, \qquad \cos^2 q = \operatorname{cotg}\widehat{E_2 E_3}\operatorname{cotg}\widehat{E_1 E_2}, \\ \cos^2 r = \operatorname{cotg}\widehat{E_3 E_1}\operatorname{cotg}\widehat{E_2 E_3}. \end{aligned}\right\} \tag{217}$$

Diese Winkel lassen sich aber mit Hilfe eines in dem Beobachtungsfernrohr des Totalreflektometers befindlichen Analysators bestimmen[5]); die Übereinstimmung zwischen beobachteten und berechneten Werten liefert die Entscheidung über die Lage der Einfallsebene des zu n_2 gehörenden reflektierten Grenzstrahles[6]).

Ist n_4 der Brechungsindex, der sich aus dem erwähnten vierten ausgezeichneten Grenzwinkel ergibt, so gilt die Identität[7])

$$n_4^2 = n_1^2 \cos^2 p + n_2^2 \cos^2 q + n_3^2 \cos^2 r,$$

wobei p, q und r durch (217) bestimmt sind; diese Formel kann zur Kontrolle[8]) dienen, ob die richtigen Winkel zur Berechnung von n_2, p, q und r benutzt wurden.

δ) Durchgang ebener Wellen durch Prismen.

57. Allgemeines über den Durchgang ebener Wellen durch Prismen. Wir betrachten das Verhalten ebener Wellen beim Durchgang durch ein doppelbrechendes Kristallprisma P, welches sich in einem isotropen

---

[1]) Diese Zweideutigkeit hat ihre Ursache darin, daß durch einen gegebenen ebenen Zentralschnitt die Indexfläche nicht eindeutig bestimmt ist; zu einem solchen Zentralschnitt gehören vielmehr zwei verschiedene Indexflächen, bei welchen der größte und kleinste Hauptbrechungsindex übereinstimmt, der mittlere aber verschieden ist [A. BRILL, Münchener Ber. Bd. 13, S. 423. 1883; Math. Ann. Bd. 34, S. 297. 1889; TH. LIEBISCH, N. Jahrb. f. Min. 1886, (1) S. 31].

[2]) CH. SORET, ZS. f. Krist. Bd. 15, S. 45. 1889; F. L. PERROT, C. R. Bd. 108, S. 137 1889; Arch. sc. phys. et nat. (3) Bd. 21, S. 113. 1889; B. HECHT, N. Jahrb. f. Min., Beil. Bd. 6 S. 241. 1889; A. LAVENIR, Bull. soc. minéral. Bd. 14, S. 100. 1891.

[3]) C. VIOLA, ZS. f. Krist. Bd. 31, S. 40. 1899; Bd. 36, S. 345. 1902; Bull. soc. minéral. Bd. 25, S. 88 u. 147. 1902.

[4]) C. VIOLA, Lincei Rend. (5) Bd. 8 (1), S. 279. 1899; A. CORNU, C. R. Bd. 133, S. 465. 1901; Journ. de phys. (4) Bd. 1, S. 143. 1902; Bull. soc. minéral. Bd. 25, S. 17. 1902.

[5]) Vgl. die Zitate Anm. 3 sowie F. SCHWIETRING, N. Jahrb. f. Min. 1912, (1) S. 21; Centralbl. f. Min. 1913, S. 577; C. VIOLA, N. Jahrb. f. Min. 1912, (2) S. 45; Lincei Rend. (5) Bd. 21 (1), S. 737. 1912; Bull. soc. minéral. Bd. 35, S. 481. 1912.

[6]) Eine weitere Methode von C. VIOLA [N. Jahrb. f. Min. 1912 (2), S. 63; Lincei Rend. (5) Bd. 21 (1), S. 737. 1912; Bull. soc. minéral. Bd. 35, S. 481. 1912] zur Entscheidung, welcher Grenzwinkel zu n_2 gehört, beruht auf den Interferenzerscheinungen im konvergenten, polarisierten Lichte.

[7]) A. CORNU, C. R. Bd. 133, S. 129. 1901; Journ. de phys. (4) Bd. 1, S. 140. 1902; Bull. soc. minéral. Bd. 25, S. 13. 1902.

[8]) Vgl. hierzu C. VIOLA, Bull. soc. minéral. Bd. 25, S. 149. 1902; F. POCKELS, Lehrb. d. Kristalloptik, S. 132. Leipzig 1906; L. WEBER, Mitt. naturf. Ges. Freiburg (Schweiz), Ser. Math. u. Phys. Bd. 4, S. 24. 1921.

Medium vom Brechungsindex ν befindet[1]) und nehmen an, daß ν kleiner ist als der kleinste Hauptbrechungsindex des Prismas, so daß für eine im isotropen Medium einfallende Welle Totalreflexion ausgeschlossen ist (vgl. Ziff. 50). Jenes Verhalten ist von Wichtigkeit für gewisse Methoden zur Bestimmung der Hauptrechnungsindizes eines Kristalls, die wir in den folgenden Ziffern 50 bis 66 besprechen.

Wie stellen uns in diesen Ziffern die Aufgabe, den Brechungsindex n einer der in das Prisma gebrochenen Wellen durch der Messung zugängliche Winkelgrößen auszudrücken, d. h. die sog. „Prismenformel" aufzustellen. Zu diesem Zwecke legen wir um irgendeinen Punkt A der Prismenkante[2]) (Abb. 18) die Indexfläche K des isotropen Außenmediums (d. h. eine Kugel mit dem Radius ν), welche von der durch A gehenden Wellennormale der einfallenden Welle in N geschnitten werden möge und fällen von N das Lot auf die Eintrittsfläche AE des Prismas. Die auf derselben Seite wie N liegenden Schnittpunkte dieses Lotes mit der um A gelegten Indexfläche J des Kristalls seien M und Q; die durch letztere Punkte senkrecht zur Austrittsfläche AF des Prismas gezogenen Senkrechten mögen die Kugel K in den (dem Punkte N nächstgelegenen) Punkten N' und N'' schneiden. AM und AQ sind dann [vgl. Ziff. 35 b)] die Wellennormalen der in das Prisma gebrochenen, AN' und AN'' diejenigen der aus dem Prisma austretenden Wellen.

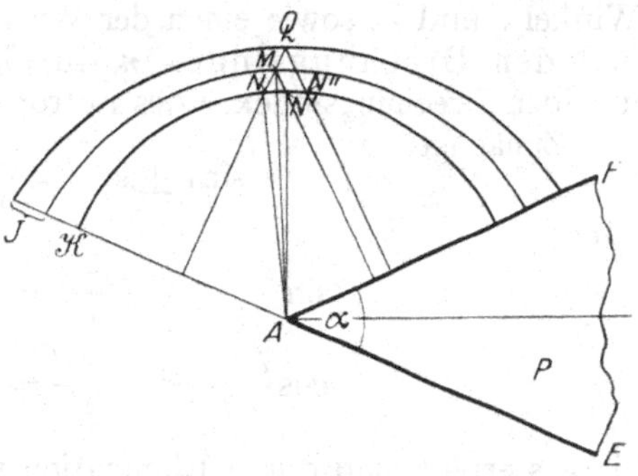

Abb. 18. Durchgang ebener Wellen durch ein doppelbrechendes Kristallprisma. [Wellenebene parallel zur Prismenkante, Zeichenebene Normalschnitt des Prismas P. A Prismenkante, AE Eintrittsfläche, AF Austrittsfläche des Prismas. α Prismenwinkel. AN Richtung der Wellennormale der einfallenden Welle. AM und AQ (letztere nicht ausgezogen) Wellennormalenrichtungen der in das Prisma gebrochenen Wellen; AN' und AN'' (letztere nicht ausgezogen) Wellennormalenrichtungen der aus dem Prisma austretenden Wellen. K Schnittkurve des Normalschnitts mit der Indexfläche des isotropen Außenmediums, J Schnittkurve des Normalschnittes mit der Indexfläche des Kristalls.]

Wir betrachten zunächst den einfacheren Fall, daß die Ebene der einfallenden Welle parallel zur Prismenkante liegt (d. h. daß der Normalschnitt des Prismas Einfallsebene ist) und bezeichnen den Prismenwinkel mit α, die Gesamtablenkung der aus dem Prisma tretenden von uns ins Auge gefaßten Welle mit D, den Winkel zwischen der einfallenden Wellennormale und der in das Innere des Prismas gezogenen Normale der Prismenfläche AE mit i, den Winkel zwischen der austretenden Wellennormale und der nach außen gezogenen Normale der Prismenfläche AF mit i', die Winkel zwischen der Wellennormale AM der gebrochenen Welle und der Normale der Fläche AE bzw. AF mit r bzw. r', endlich den Winkel zwischen AM und der Halbierungsebene des Winkels α mit Ψ.

[1]) G. G. Stokes, Cambr. and Dublin Math. Journ. Bd. 1, S. 183. 1846; Rep. Brit. Assoc. 1862, S. 272; Mathem. and Phys. Pap. Bd. 1, S. 148; Bd. 4, S. 187. Cambridge 1880 u. 1904; H. de Sénarmont, Nouv. Ann. de mathém. Bd. 16, S. 273. 1857; V. v. Lang, Wiener Ber. Bd. 33, S. 155 u. 577. 1858; H. Topsoe u. C. Christiansen, Ann. chim. phys. (5) Bd. 1, S. 12. 1874; Pogg. Ann. Erg.-Bd. 6, S. 506. 1874; A. Cornu, Ann. de l'école norm. (2) Bd. 1, S. 231. 1872; Bd. 3, S. 1. 1874; Th. Liebisch, N. Jahrb. f. Min. 1886 (1), S. 14; M. Born, ebenda, Beil. Bd. 5, S. 16. 1887; H. Smith, Phil. Mag. (6) Bd. 12, S. 29. 1906; L. Weber, Mitt. naturf. Ges. Freiburg (Schweiz), Ser. Math. u. Phys. Bd. 4, S. 1. 1921.

[2]) Über die beim Prisma gebräuchlichen Bezeichnungen vgl. den Abschnitt über Prismen in Bd. XVIII ds. Handb. Statt der sonst üblichen Bezeichnung „Hauptschnitt des Prismas" sagen wir im folgenden „Normalschnitt", um Verwechslungen mit dem kristallographischen Hauptschnitt [Ziff. 24 b)] zu vermeiden.

Stellt in Abb. 18 die Zeichenebene den Normalschnitt des Prismas dar und ist n die Länge von AM, so ergibt eine einfache geometrische Betrachtung mit Hilfe von (168)

$$\sin i = \frac{n}{\nu}\sin r, \qquad \sin i' = \frac{n}{\nu}\sin r', \qquad r + r' = \alpha, \quad i + i' = \alpha + D \tag{218}$$

und

$$\Psi + \frac{\alpha}{2} = \frac{\pi}{2} + r, \qquad \Psi - \frac{\alpha}{2} = \frac{\pi}{2} - r'$$

oder

$$2\Psi = \pi + r - r'.$$

Aus diesen Gleichungen können wir die der Messung nicht zugänglichen Winkel r und r', sowie einen der Winkel D, i oder i' eliminieren und damit Ψ und den Brechungsindex n durch α, zwei andere meßbare Winkel und den Brechungsindex ν des isotropen Außenmediums ausdrücken.

Zunächst ist

$$\sin i \pm \sin i' = \frac{n}{\nu}(\sin r \pm \sin r'),$$

oder

$$\left.\begin{aligned} \sin\frac{i+i'}{2}\cos\frac{i-i'}{2} &= \frac{n}{\nu}\sin\frac{r+r'}{2}\cos\frac{r-r'}{2}, \\ \cos\frac{i+i'}{2}\sin\frac{i-i'}{2} &= \frac{n}{\nu}\cos\frac{r+r'}{2}\sin\frac{r-r'}{2}; \end{aligned}\right\} \tag{219}$$

hieraus erhält man durch Elimination von n/ν

$$\operatorname{cotg}\frac{r-r'}{2}\operatorname{tg}\frac{r+r'}{2} = \operatorname{cotg}\frac{i-i'}{2}\operatorname{tg}\frac{i+i'}{2},$$

und diese Gleichung liefert mit (218) und dem darunter stehenden Werte für Ψ die Beziehung

$$\operatorname{tg}\Psi = -\operatorname{cotg}\frac{\alpha}{2}\operatorname{cotg}\left(i - \frac{\alpha+D}{2}\right)\operatorname{tg}\frac{\alpha+D}{2}. \tag{220}$$

Eliminiert man andererseits aus den Gleichungen (219) $\frac{i-i'}{2}$, so ergibt sich

$$\frac{\nu^2}{n^2} = \frac{\cos^2\frac{r+r'}{2}}{\cos^2\frac{i+i'}{2}}\sin^2\frac{r-r'}{2} + \frac{\sin^2\frac{r+r'}{2}}{\sin^2\frac{i+i'}{2}}\cos^2\frac{r-r'}{2} = \frac{1}{C^2}\cos^2\Psi + \frac{1}{S^2}\sin^2\Psi, \tag{221}$$

wobei

$$C = \frac{\cos\frac{\alpha+D}{2}}{\cos\frac{\alpha}{2}}, \qquad S = \frac{\sin\frac{\alpha+D}{2}}{\sin\frac{\alpha}{2}}$$

gesetzt ist.

Hat man die Winkel α, D und i gemessen und kennt man den Brechungsindex ν des isotropen Außenmediums, so kann man mit Hilfe von (220) und (221) den Winkel Ψ und den gesuchten Brechungsindex n berechnen.

Mit Hilfe der Gleichungen (220) und (221) läßt sich ferner die Schnittkurve der Normalenfläche mit dem Hauptschnitt des Prismas aus gemessenen Größen bestimmen[1]) und damit auch eine experimentelle Prüfung des FRESNELschen Gesetzes (47) vornehmen[2]).

---

[1]) G. G. STOKES, Rep. Brit. Assoc. 1862, S. 272; Proc. Roy. Soc. London Bd. 20, S. 443. 1872; C. R. Bd. 77, S. 1150. 1873; Mathem. and Phys. Papers Bd. 4, S. 187, 336 u. 337. Cambridge 1904.

[2]) Vgl. die Literaturangaben S. 650, Anm. 4, 5, 9 u. 10.

58. Schräger Durchgang ebener Wellen durch Prismen. Der allgemeinere Fall des Durchgangs ebener Wellen durch ein Prisma ist der, daß die Wellenebene der einfallenden Welle nicht parallel zur Prismenkante liegt, d. h. daß die Einfallsebene gegen den Normalschnitt des Prismas geneigt ist; wir wollen für diesen Fall die den Formeln (220) und (221) entsprechenden Ausdrücke aufstellen.

Die Prismenkante muß jedenfalls mit der Ebene der einfallenden und der austretenden Welle den gleichen Winkel χ bilden, da N, N' und N'' (Abb. 18) in einer Ebene (senkrecht zur Prismenkante) liegen und $AN = AN' = AN''$ ist.

a) Brechungsgesetz für die Schnittgeraden der Wellenebenen mit dem Normalschnitt des Prismas. Für die Schnittgeraden der Wellenebenen mit dem Normalschnitt des Prismas gilt das durch (218) ausgedrückte Sinusgesetz, wenn in diesem $m = \sqrt{\frac{n^2}{\nu^2} + \left(\frac{n^2}{\nu^2} - 1\right)\operatorname{tg}^2\chi}$ an Stelle von n geschrieben wird. Denn da M und N gleich weit vom Normalschnitt des Prismas entfernt sind, so haben wir

$$AM \sin\chi' = AN \sin\chi, \quad \text{somit} \quad \frac{AM}{AN} = \frac{\sin\chi}{\sin\chi'} = \frac{n}{\nu}, \tag{222}$$

falls χ' den Winkel zwischen der gebrochenen Wellennormale AM und dem Normalschnitt des Prismas bedeutet. Sind nun M^* und N^* die Projektionen von M und N auf den Normalschnitt des Prismas, so wird

$$\frac{AM^*}{AN^*} = \frac{AM\cos\chi'}{AN\cos\chi} = \frac{n}{\nu}\,\frac{\cos\chi'}{\cos\chi} = \sqrt{\frac{n^2}{\nu^2} + \left(\frac{n^2}{\nu^2} - 1\right)\operatorname{tg}^2\chi} = \frac{m}{\nu}\,;$$

der Vergleich mit (222) zeigt, daß in der Tat m an Stelle von n getreten ist.

b) Prismenformel bei schrägem Durchgang. Ist EAF der Normalschnitt des Prismas (Abb. 19), so denken wir uns um A als Mittelpunkt eine Kugel beschrieben und durch A die Parallelen zur Normale der Eintrittsfläche AE, der Normale der Austrittsfläche AF und den Wellennormalen der einfallenden, der gebrochenen und der austretenden Welle gezogen. Die Kugeloberfläche möge von diesen Parallelen in der angegebenen Reihenfolge in den Punkten N_1, N_2, S_1, S und S_2, von der Prismenkante im Punkte z', von der Halbierungslinie des Winkels EAF im Punkte x' und von der Halbierungslinie seines Nebenwinkels im Punkte y' getroffen werden; die Schnittpunkte der Großkreise $z'S_1$, $z'S$ und $z'S_2$ mit dem Großkreis $x'y'$ seien σ_1, σ und σ_2. Bezeichnen wir die Ablenkung S_1S_2 wieder mit D und die Ablenkung $\sigma_1\sigma_2$ der auf den Normalschnitt des Prismas projizierten Wellennormalen mit D_0, so haben wir zunächst im sphärischen Dreieck $z'S_1S_2$ (wegen $z'S_1 = z'S_2 = \frac{\pi}{2} - \chi$, $\sphericalangle S_1 z' S_2 = D_0$)

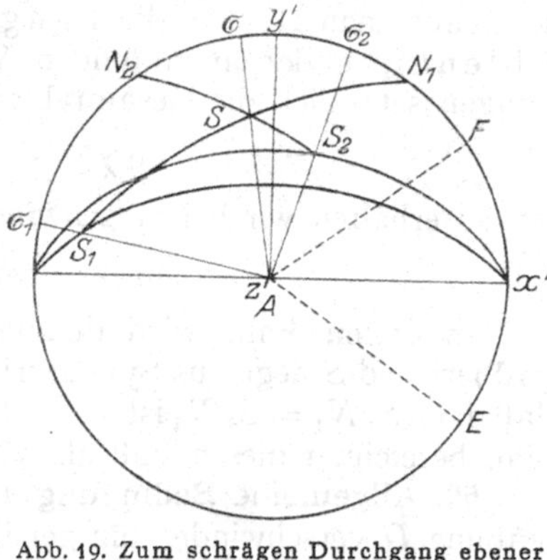

Abb. 19. Zum schrägen Durchgang ebener Wellen durch ein doppelbrechendes Kristallprisma.

$$\cos D = \sin^2\chi + \cos^2\chi\cos D_0$$

oder

$$\sin\frac{D}{2} = \cos\chi\sin\frac{D_0}{2}. \tag{223}$$

In der Bezeichnung der vorigen Ziffer ist weiter $S_1N_1 = i$, $S_2N_2 = i'$, $SN_1 = r$ und $SN_2 = r'$. Setzt man ferner $N_1\sigma_1 = i_0$, $N_2\sigma_2 = i'_0$, $N_1\sigma = r_0$, $N_2\sigma = r'_0$ und $x'\sigma = \Psi$, so wird

$$\left.\begin{aligned} \cos i &= \cos i_0 \cos\chi, & \cos i' &= \cos i'_0 \cos\chi, \\ \cos r &= \cos r_0 \cos\chi', & \cos r' &= \cos r'_0 \cos\chi'; \end{aligned}\right\} \tag{224}$$

da für die auf den Normalschnitt des Prismas projizierten Wellennormalen das durch (218) ausgedrückte Sinusgesetz gilt, falls in diesem m an Stelle von n geschrieben wird, so ergibt sich nach (220) und (221) mit Rücksicht auf (222)

$$\operatorname{tg}\Psi = -\operatorname{cotg}\frac{\alpha}{2}\operatorname{cotg}\left(i_0 - \frac{\alpha + D_0}{2}\right)\operatorname{tg}\frac{\alpha + D_0}{2} \tag{225}$$

und

$$\frac{1}{C_0^2}\cos^2\Psi + \frac{1}{S_0^2}\sin^2\Psi = \frac{\nu^2}{m^2} = \frac{\nu^2}{n^2}\,\frac{\cos^2\chi}{\cos^2\chi'} = \frac{\operatorname{tg}^2\chi'}{\operatorname{tg}^2\chi}, \tag{226}$$

wobei

$$C_0 = \frac{\cos\frac{\alpha + D_0}{2}}{\cos\frac{\alpha}{2}}, \qquad S_0 = \frac{\sin\frac{\alpha + D_0}{2}}{\sin\frac{\alpha}{2}}$$

gesetzt ist; Ψ bedeutet hierin nach seiner obigen Definition den Winkel, den die auf den Normalschnitt des Prismas projizierte Wellennormale der gebrochenen Welle mit der Halbierungsebene des Prismenwinkels bildet.

Sind α, D, i und χ gemessen und kennt man den Brechungsindex ν des isotropen Außenmediums, so lassen sich demnach D_0, i_0, Ψ, χ' und der gesuchte Brechungsindex n mit Hilfe von (223), (224), (225), (226) und (222) berechnen.

c) Symmetrischer Durchgang. Aus (223) liest man das für die Anwendungen wichtige Ergebnis ab, daß das Minimum von D dem Minimum von D_0 entspricht.

Setzen wir (Abb. 19) $S_1x' = \Lambda$, $S_2x' = \Lambda'$, $\sphericalangle S_1x'y' = \Theta$ und $\sphericalangle S_2x'y' = \Theta'$, so nennt man $\Lambda' - \Lambda$ die Längenablenkung und $\Theta' - \Theta$ die seitliche Ablenkung der austretenden Wellennormale; aus diesen beiden Teilablenkungen setzt sich die Gesamtablenkung D zusammen. Da nun

$$\sin\chi = \sin\Lambda\sin\Theta = \sin\Lambda'\sin\Theta'$$

ist, so erhalten wir bei verschwindender seitlicher Ablenkung ($\Theta = \Theta'$)

$$\sin\Lambda = \sin\Lambda' \text{ oder } \Lambda' = \pi \mp \Lambda.$$

In diesem Falle wird demnach der Bogen S_1S_2 von dem Großkreis $y'z'$ halbiert und S liegt aus Symmetriegründen auf diesem Großkreis; hieraus folgt, daß dann $S_1N_1 = S_2N_2$ ist, d. h. daß Einfalls- und Austrittswinkel gleich werden. Man bezeichnet diesen Fall als symmetrischen Durchgang.

59. Allgemeine Bedingung für das Minimum der Ablenkung. Die Ablenkung D verschwindet für gewisse Wertesysteme i, χ', wenn der Brechungsindex ν des isotropen Außenmediums innerhalb bestimmter, von der kristallographischen Orientierung des Prismas und seinen Hauptbrechungsindizes abhängenden Grenzen liegt; zwischen zwei solchen Wertesystemen liegt dann eines, für welches D ein Maximum ist[1]). Wir übergehen dieses Verhalten und wenden uns dem für die Anwendungen wichtigen Falle zu, daß die Ablenkung D ein Minimum wird.

[1]) J. E. VERSCHAFFELT, Bull. de Belg. 1910, S. 125, 169 u. 380; A. SCOUVART, ebenda 1913, S. 497. VERSCHAFFELT hat auch gezeigt, daß die Ablenkung unabhängig vom Einfallswinkel (d. h. also beim Drehen des Prismas um seine Kante konstant) sein kann, wenn ν innerhalb gewisser Grenzen liegt.

Um die Bedingungsgleichung für das Minimum der Ablenkung zu erhalten, bemerken wir, daß für den Brechungsindex n einer im Kristall fortschreitenden Welle nach (222) und (226) die Beziehung gilt

$$\left.\begin{aligned} \frac{1}{n^2} &= \frac{1}{\nu^2}\frac{\sin^2\chi'}{\sin^2\chi} = \frac{1}{\nu^2}\left(\sin^2\chi' + \cos^2\chi'\frac{\mathrm{tg}^2\chi'}{\mathrm{tg}^2\chi}\right) \\ &= \frac{1}{\nu^2}\left(\sin^2\chi' + \cos^2\chi'(K + L\cos 2\Psi)\right), \end{aligned}\right\} \tag{227}$$

wobei

$$2K = \frac{1}{C_0^2} + \frac{1}{S_0^2}, \qquad 2L = \frac{1}{C_0^2} - \frac{1}{S_0^2}$$

gesetzt ist; andererseits muß n der Gleichung der Normalenfläche des Kristalls genügen, welche wir uns in der Form

$$f(n, \Psi, \chi') = 0$$

geschrieben denken können. Eliminiert man n aus (227) und der letzten Gleichung, so ergibt sich eine Gleichung von der Form

$$F(D_0, \Psi, \chi') = 0; \tag{228}$$

da das Minimum der Ablenkung offenbar der Bedingung $\frac{dD_0}{d\Psi} = 0$ genügen muß, so gilt für dasselbe auch die Bedingungsgleichung

$$\frac{\partial F}{\partial \Psi} = 0. \tag{229}$$

60. Prismen optisch einachsiger Kristalle. Wir betrachten zunächst den einfacheren Fall, daß das Prisma aus einem optisch einachsigen Kristall von beliebiger kristallographischer Orientierung besteht[1]) und besprechen das Prinzip der Methoden zur Messung der Hauptbrechungsindizes mittels eines solchen Prismas. Dasselbe besteht darin, die Brechungsindizes $n^{(1)}$ und $n^{(2)}$ für die in das Prisma gebrochene ordentliche und außerordentliche Welle zu ermitteln und aus diesen die Hauptbrechungsindizes n_1 und n_3 zu berechnen.

Man hat zu dem Zwecke den Prismenwinkel α, den Einfallswinkel i, den Winkel zwischen Prismenkante und einfallender Wellenebene χ und die der betreffenden gebrochenen Welle entsprechende Ablenkung D zu messen. Aus (223) und der ersten Formel (224) ergibt sich dann D_0 und i_0, aus (225) folgt Ψ und aus (226) χ'; χ' liefert mittels (222) den gesuchten Brechungsindex $n^{(1)}$ bzw. $n^{(2)}$ der betreffenden Welle.

Für die weiteren Betrachtungen beziehen wir das Prisma auf ein rechtwinkliges Rechtssystem $x'y'z'$, dessen z'-Achse in die Prismenkante fällt und dessen $z'x'$-Ebene den Prismenwinkel halbiert; die x'-Achse ist dann die sogen. innere Mittellinie des Prismas, d. h. die Gerade, in der die Halbierungsebene des Prismenwinkels vom Normalschnitt des Prismas geschnitten wird. μ sei der Winkel zwischen optischer Achse und Normalschnitt des Prismas und Φ der (entgegen der Richtung der einfallenden Wellennormale positiv gerechnete) Winkel, den die auf den Normalschnitt des Prismas projizierte optische Achse mit der positiven x'-Achse bildet.

a) Bestimmung von n_1. Ist $n^{(1)}$ ermittelt, so folgt aus (144)

$$n_1 = n^{(1)}.$$

b) Bestimmung von n_3. n_3 läßt sich berechnen, wenn $n^{(2)}$ und $n_1 = n^{(1)}$ ermittelt sind. Die Normalenfläche des Prismas besteht nämlich [vgl. Ziff. 24b)]

[1]) H. Topsoe u. C. Christiansen, Ann. chim. phys. (5) Bd. 1, S. 13. 1874; Pogg. Ann., Erg.-Bd. 6, S. 506. 1874; Th. Liebisch, N. Jahrb. f. Min. 1886 (1), S. 18.

aus einer Kugel vom Radius n_1 und einer ovalförmigen Rotationsfläche mit der Gleichung

$$\frac{1}{n^{(2)2}} = \frac{\cos^2 b}{n_1^2} + \frac{\sin^2 b}{n_3^2}; \tag{230}$$

eine einfache geometrische Betrachtung[1]) ergibt

$$\cos b = \sin\mu \sin\chi' + \cos\mu \cos\chi' \cos(\Psi - \Phi); \tag{231}$$

in dieser Gleichung zur Berechnung von b sind Ψ und χ' in der vorhin angegebenen Weise durch die gemessenen Winkel bestimmt, während μ aus der als bekannt angenommenen kristallographischen Orientierung des Prismas folgt.

Sind $n^{(2)}$ und b ermittelt und ist n_1 nach a) gefunden, so folgt n_3 aus (230).

61. Minimum der Ablenkung bei Prismen optisch einachsiger Kristalle. Wir behandeln jetzt bei einem aus einem optisch einachsigen Kristall geschnittenen Prisma den wichtigen Fall, daß die Ablenkung der betreffenden gebrochenen Welle ein Minimum ist (vgl. Ziff. 59) sowie die hierauf gegründeten Methoden zur Messung von n_1 und n_3.

a) Minimum der Alenkung der ordentlichen Welle. Für die ordentliche Welle bekommt (228) die Form

$$\frac{1}{v^2}\{\sin^2\chi' + \cos^2\chi'(K + L\cos 2\Psi)\} = \frac{1}{n_1^2}; \tag{232}$$

wir erhalten daher beim Minimum der Ablenkung nach (229)

$$\frac{K}{v^2}\cos^2\chi' \sin 2\Psi = 0,$$

woraus $\Psi = \frac{\pi}{2}$ folgt, d. h. die auf den Normalschnitt projizierte Wellennormale der gebrochenen ordentlichen Welle steht beim Minimum der Ablenkung senkrecht zur Halbierungsebene des Prismenwinkels. (227) ergibt dann

$$\operatorname{tg}\chi' = \operatorname{tg}\chi\sqrt{K - L} = \operatorname{tg}\chi \frac{\sin\frac{\alpha}{2}}{\sin\frac{\alpha + d_0}{2}}, \tag{233}$$

wobei d_0 das Minimum von D_0 bedeutet; aus (232) gewinnt man schließlich die zur Bestimmung von n_1 dienende Beziehung

$$\frac{1}{n_1^2} = \frac{1}{v^2}\{\sin^2\chi' + \cos^2\chi'(K - L)\} = \frac{1}{v^2}\left(\sin^2\chi' + \cos^2\chi' \frac{\sin^2\frac{\alpha}{2}}{\sin^2\frac{\alpha + d_0}{2}}\right).$$

b) Minimum der Ablenkung der außerordentlichen Welle. Für die außerordentliche Welle bekommt (228) mit Rücksicht auf (230) und (231) die Form

$$\left.\begin{aligned} &\frac{1}{v^2}\{\sin^2\chi' + \cos^2\chi'(K + L\cos 2\Psi)\} - \frac{1}{n_3^2} \\ &\qquad - \left(\frac{1}{n_1^2} - \frac{1}{n_3^2}\right)\{\sin\mu \sin\chi' + \cos\mu \cos\chi' \cos(\Psi - \Phi)\}^2 = 0, \end{aligned}\right\} \tag{234}$$

---

[1]) Stellt man sämtliche Richtungen durch Punkte der Einheitskugel dar, so erhält man (231) aus dem sphärischen Dreieck, dessen Ecken von den Punkten der positiven z'-Achse, der optischen Achse und der Wellennormale der im Prisma fortschreitenden Welle gebildet werden.

welche für das Minimum der Ablenkung nach (229)

$$\left.\begin{aligned}&\frac{1}{\nu^2}\cos^2\chi'\cdot L\sin 2\Psi-\left(\frac{1}{n_1^2}-\frac{1}{n_3^2}\right)\{\sin\mu\sin\chi'\\&\qquad+\cos\mu\cos\chi'\cos(\Psi-\Phi)\}\cos\mu\cos\chi'\sin(\Psi-\Phi)=0\end{aligned}\right\}\quad(235)$$

liefert.

Aus (235) könnte n_3 berechnet werden, wenn n_1 [etwa nach a)] ermittelt ist. Die Geichung ist aber bei einem beliebig orientierten Prisma sowie bei beliebig schrägem Durchgang der Welle zu kompliziert; wir wenden uns daher speziellen Fällen zu.

c) Einfallende Wellenebene parallel zur Prismenkante. Ist, wie meistens bei den Meßanordnungen, die einfallende Wellenebene parallel zur Prismenkante (d. h. ihre Wellennormalenrichtung senkrecht zur Eintrittsfläche des Prismas), so ist $\chi'=0$ zu setzen. Man erhält dann aus (234) und (235)

$$\frac{1}{\nu^2}(K+L\cos 2\Psi)-\frac{1}{n_3^2}-\left(\frac{1}{n_1^2}-\frac{1}{n_3^2}\right)\cos^2\mu\cos^2(\Psi-\Phi)=0,$$

und

$$\frac{1}{\nu^2}L\sin 2\Psi-\left(\frac{1}{n_1^2}-\frac{1}{n_3^2}\right)\cos^2\mu\sin(\Psi-\Phi)\cos(\Psi-\Phi)=0;$$

hieraus ergibt sich durch Elimination von L die Gleichung

$$\frac{1}{\nu^2}K\sin 2\Psi-\frac{1}{n_3^2}\sin 2\Psi-\left(\frac{1}{n_1^2}-\frac{1}{n_3^2}\right)\cos^2\mu\cos(\Psi-\Phi)\sin(\Psi+\Phi)=0,$$

die zusammen mit der letzten Gleichung die Beziehungen

$$\left(\frac{1}{\nu^2}(K+L)-\frac{1}{n_3^2}\right)\sin 2\Psi=2\left(\frac{1}{n_1^2}-\frac{1}{n_3^2}\right)\cos^2\mu\cos(\Psi-\Phi)\cos\Phi\sin\Psi$$

und

$$\left(\frac{1}{\nu^2}(K-L)-\frac{1}{n_3^2}\right)\sin 2\Psi=2\left(\frac{1}{n_1^2}-\frac{1}{n_3^2}\right)\cos^2\mu\cos(\Psi-\Phi)\sin\Phi\cos\Psi$$

liefert. Aus diesen ergeben sich die Gleichungen

$$\left(\frac{1}{\nu^2}\cdot\frac{1}{C_0^2}-\frac{1}{n_3^2}\right)\left(\frac{1}{\nu^2}\cdot\frac{1}{S_0^2}-\frac{1}{n_3^2}\right)\sin 2\Psi=\left(\frac{1}{n_1^2}-\frac{1}{n_3^2}\right)^2\cos^4\mu\cos^2(\Psi-\Phi)\sin 2\Phi,$$

und

$$\left\{\frac{1}{\nu^2}\left(\frac{1}{C_0^2}\sin^2\Phi+\frac{1}{S_0^2}\cos^2\Phi\right)-\frac{1}{n_3^2}\right\}\sin 2\Psi=\left(\frac{1}{n_1^2}-\frac{1}{n_3^2}\right)\cos^2\mu\cos^2(\Psi-\Phi)\sin 2\Phi,$$

durch deren Division

$$\left(\frac{1}{\nu^2}\frac{1}{C_0^2}-\frac{1}{n_3^2}\right)\left(\frac{1}{\nu^2}\cdot\frac{1}{S_0^2}-\frac{1}{n_3^2}\right)=\left(\frac{1}{n_1^2}-\frac{1}{n_3^2}\right)\cos^2\mu\left\{\frac{1}{\nu^2}\left(\frac{1}{C_0^2}\sin^2\Phi+\frac{1}{S_0^2}\cos^2\Phi\right)-\frac{1}{n_3^2}\right\}\quad(236)$$

folgt. (236) gestattet, den Hauptbrechungsindex n_3 aus der Messung des Prismenwinkels und der Minimalablenkung der außerordentlichen Welle zu ermitteln, falls n_1 bekannt ist; sie ist allerdings quadratisch in n_3^2, aber da die Doppelbrechung der Kristalle erfahrungsgemäß gering ist, so muß diejenige Wurzel gewählt werden, für welche Ψ dem [nach a)] für die ordentliche Welle geltenden Werte $\frac{\pi}{2}$ möglichst nahe liegt[1]).

d) Einfallende Wellenebene schräg zur Prismenkante, Ebene der außerordentlichen Welle im Inneren des Prismas beim Mini-

[1]) Vgl. hierzu die Messungen von A. CORNU, Ann. de l'ecole norm. (2) Bd. 3, S. 25 u. 42. 1874.

mum der Ablenkung parallel zur inneren Mittellinie des Prismas. In diesem Falle ist $\Psi = \frac{\pi}{2}$ und die seitliche Ablenkung [vgl. Ziff. 58c)] verschwindet; die Gleichungen (234) und (235) gehen dann über in

$$\frac{1}{v^2}(\sin^2\chi' + \cos^2\chi'(K-L)) - \frac{1}{n_3^2} - \left(\frac{1}{n_1^2} - \frac{1}{n_3^2}\right)(\sin\mu\sin\chi' + \cos\mu\cos\chi'\sin\Phi)^2 = 0 \quad (237)$$

und

$$(\sin\mu\sin\chi' + \cos\mu\cos\chi'\sin\Phi)\cos\mu\cos\chi'\cos\Phi = 0\,. \quad (238)$$

Aus (238) folgt, daß entweder

$$\sin\mu\sin\chi' + \cos\mu\cos\chi'\sin\Phi = 0 \qquad \text{oder} \qquad \cos\mu = 0 \qquad \text{oder} \qquad \cos\Phi = 0$$

ist; wir behandeln diese Unterfälle, welche bequemere Methoden zur Bestimmung von n_3 liefern als b), getrennt.

Im ersten Unterfalle ist das Prisma nach (231) so orientiert, daß die optische Achse senkrecht zur Wellennormale der im Prisma fortschreitenden außerordentlichen Welle liegt, und wir erhalten aus (233) und (237) zur Bestimmung von n_3 die Gleichung

$$\frac{1}{n_3^2} = \frac{1}{v^2}\left(\sin^2\chi' + \cos^2\chi'\frac{\sin^2\frac{\alpha}{2}}{\sin^2\frac{\alpha+d_0}{2}}\right).$$

Im zweiten Unterfalle wird $\mu = \frac{\pi}{2}$, d. h. das Prisma ist so aus dem Kristall geschnitten, daß die optische Achse parallel zur Prismenkante liegt; (233) und (237) liefern dann für n_3 die Beziehung

$$\frac{1}{n_3^2} + \left(\frac{1}{n_1^2} - \frac{1}{n_3^2}\right)\sin^2\chi' = \frac{1}{v^2}\left(\sin^2\chi' + \cos^2\chi'\frac{\sin^2\frac{\alpha}{2}}{\sin^2\frac{\alpha+d_0}{2}}\right).$$

Im dritten Unterfalle wird $\Phi = \frac{\pi}{2}$, d. h. es wird ein Prisma vorausgesetzt, welches kristallographisch so orientiert ist, daß der Hauptschnitt der Prismenkante senkrecht zur Halbierungsebene des Prismenwinkels liegt; (233) und (237) ergeben dann für n_3 die Bestimmungsgleichung

$$\frac{1}{n_3^2} + \left(\frac{1}{n_1^2} - \frac{1}{n_3^2}\right)\cos^2(\mu - \chi') = \frac{1}{v^2}\left(\sin^2\chi' + \cos^2\chi'\frac{\sin^2\frac{\alpha}{2}}{\sin^2\frac{\alpha+d_0}{2}}\right).$$

62. Prismen optisch zweiachsiger Kristalle; Transformation der Gleichung der Normalenfläche. Wir wenden uns in den folgenden Ziffern 62 bis 66 der Behandlung von Prismen optisch zweiachsiger Kristalle[1]) zu, und stellen zunächst die Gleichung der Normalenfläche auf, die wir nach Ziff. 59 zur Herleitung der Bedingung für das Minimum der Ablenkung benötigen. Wir beziehen das Prisma auf das in Ziff. 60 eingeführte Koordinatensystem x', y', z'. Zwischen den Koordinaten x', y', z' eines Punktes und seinen Koordinaten im optischen Symmetrieachsensystem x, y, z bestehen die Beziehungen

$$x = \alpha_1 x' + \alpha_2 y' + \alpha_3 z', \qquad y = \beta_1 x' + \beta_2 y' + \beta_3 z', \qquad z = \gamma_1 x' + \gamma_2 y' + \gamma_3 z',$$

[1]) TH. LIEBISCH, N. Jahrb. f. Min. 1886 (1), S. 23; L. WEBER, Mitt. naturf. Ges. Freiburg (Schweiz), Ser. Math. u. Phys. Bd. 4, S. 1. 1921.

wobei die Koeffizienten $\alpha_1, \alpha_2, \ldots, \gamma_3$ die in Ziff. 31 angegebene Bedeutung haben und den bekannten Orthogonalitätsbedingungen genügen.

Die Gleichungen der Normalenfläche im System $x'y'z'$ folgt dann aus (47) zu

$$\frac{(\alpha_1 x' + \alpha_2 y' + \alpha_3 z')^2}{\frac{1}{n_1^2} - \frac{1}{n^2}} + \frac{(\beta_1 x' + \beta_2 y' + \beta_3 z')^2}{\frac{1}{n_2^2} - \frac{1}{n^2}} + \frac{(\gamma_1 x' + \gamma_2 y' + \gamma_3 z')^2}{\frac{1}{n_3^2} - \frac{1}{n^2}} = 0; \quad (239)$$

da nach der Bedeutung der Winkel Ψ und χ' (Ziff. 58) für die Koordinaten eines Punktes der Normalenfläche

$$x' = \frac{1}{n}\cos\Psi\cos\chi', \qquad y' = \frac{1}{n}\sin\Psi\cos\chi', \qquad z' = \frac{1}{n}\sin\chi' \quad (240)$$

ist, so geht die letzte Gleichung über in

$$\left.\begin{aligned} f(n, \Psi, \chi') \equiv \frac{1}{n^4} - \frac{1}{n^2}(K_{11}\cos^2\Psi\cos^2\chi' + K_{22}\sin^2\Psi\cos^2\chi' + K_{33}\sin^2\chi' \\ + K_{23}\sin\Psi\sin 2\chi' + K_{31}\cos\Psi\sin 2\chi' + K_{12}\sin 2\Psi\cos^2\chi') \\ + L_{11}\cos^2\Psi\cos^2\chi' + L_{22}\sin^2\Psi\cos^2\chi' + L_{33}\sin^2\chi' \\ + L_{23}\sin\Psi\sin 2\chi' + L_{31}\cos\Psi\sin 2\chi' + L_{12}\sin 2\Psi\cos^2\chi' = 0, \end{aligned}\right\} \quad (241)$$

wobei

$$K_{h,l} = \left(\frac{1}{n_2^2} + \frac{1}{n_3^2}\right)\alpha_h\alpha_l + \left(\frac{1}{n_3^2} + \frac{1}{n_1^2}\right)\beta_h\beta_l + \left(\frac{1}{n_1^2} + \frac{1}{n_2^2}\right)\gamma_h\gamma_l$$

und

$$L_{h,l} = \frac{\alpha_h\alpha_l}{n_2^2 n_3^2} + \frac{\beta_h\beta_l}{n_3^2 n_1^2} + \frac{\gamma_h\gamma_l}{n_1^2 n_2^2} \qquad (h, l = 1, 2, 3)$$

gesetzt ist.

Ist $\chi' = 0$, so gestattet die Bestimmung zusammengehöriger Werte Ψ und n die Ermittelung der Hauptbrechungsindizes eines kristallographisch beliebig orientierten Prismas, wenn außerdem die Azimute der Schwingungsrichtungen der gebrochenen Wellen für den Fall ermittelt sind, daß ihre Wellennormalenrichtungen senkrecht zur Eintritts- bzw. Austrittsfläche des Prismas liegen. Wir gehen auf dieses allgemeinere, von WEBER[1]) behandelte Problem nicht näher ein, sondern begnügen uns im folgenden mit der Besprechung der spezielleren Fälle, welche den vorzugsweise benutzten Methoden zur Bestimmung der Hauptbrechungsindizes zugrunde liegen.

63. Bestimmung der Hauptbrechungsindizes eines optisch zweiachsigen Kristalls mittels eines Prismas von bekannter kristallographischer Orientierung. Auf Gleichung (241) gründet sich ein Verfahren zur Bestimmung der Hauptbrechungsindizes mittels eines Prismas aus einem optisch zweiachsigen Kristall von beliebiger, aber bekannter kristallographischer Orientierung.

Ordnet man nämlich (241) nach $\frac{1}{n_1^2}$, $\frac{1}{n_2^2}$ und $\frac{1}{n_3^2}$, so erhält man

$$\begin{aligned} f(n, \Psi, \chi') \equiv \frac{U}{n_2^2 n_3^2} + \frac{V}{n_3^2 n_1^2} + \frac{W}{n_1^2 n_2^2} - \frac{1}{n^2 n_1^2}(V + W) - \frac{1}{n^2 n_2^2}(W + U) \\ - \frac{1}{n^2 n_3^2}(U + V) + \frac{1}{n^4} = 0, \end{aligned}$$

wobei

$$\begin{aligned} U &= (\alpha_1\cos\Psi\cos\chi' + \alpha_2\sin\Psi\cos\chi' + \alpha_3\sin\chi')^2, \\ V &= (\beta_1\cos\Psi\cos\chi' + \beta_2\sin\Psi\cos\chi' + \beta_3\sin\chi')^2, \\ W &= (\gamma_1\cos\Psi\cos\chi' + \gamma_2\sin\Psi\cos\chi' + \gamma_3\sin\chi')^2 \end{aligned}$$

[1]) L. WEBER, Mitt. naturf. Ges. Freiburg (Schweiz), Ser. Math. u. Phys. Bd. 4, S. 41. 1926.

gesetzt ist; hierbei sind die Winkel $\alpha_1, \alpha_2, \ldots, \gamma_3$ durch die bekannte kristallographische Orientierung des Prismas gegeben.

Hat man nun drei Tripel zueinander gehörender Werte $n = n_{(m)}$, $\Psi = \Psi_{(m)}$ und $\chi' = \chi'_{(m)}$ $(m = 1, 2, 3)$ durch Messung gefunden[1]), so entsprechen denselben drei Gleichungen

$$\frac{U_m}{n_2^2 n_3^2} + \frac{V_m}{n_3^2 n_1^2} + \frac{W_m}{n_1^2 n_2^2} - \frac{1}{n_{(m)}^2 n_1^2}(V_m + W_m) - \frac{1}{n_{(m)}^2 n_2^2}(W_m + U_m) - \frac{1}{n_{(m)}^2 n_3^2}(U_m + V_m)$$
$$+ \frac{1}{n_{(m)}^4} = 0, \qquad (m = 1, 2, 3),$$

die, nach $\frac{1}{n_2^2 n_3^2}$, $\frac{1}{n_3^2 n_1^2}$ und $\frac{1}{n_1^2 n_2^2}$ aufgelöst, zu den Gleichungen

$$\frac{1}{n_2^2 n_3^2} = \frac{A_1}{n_1^2} + \frac{B_1}{n_2^2} + \frac{C_1}{n_3^2} + H_1, \qquad \frac{1}{n_3^2 n_1^2} = \frac{A_2}{n_1^2} + \frac{B_2}{n_2^2} + \frac{C_2}{n_3^2} + H_2,$$
$$\frac{1}{n_1^2 n_2^2} = \frac{A_3}{n_1^2} + \frac{B_3}{n_2^2} + \frac{C_3}{n_3^2} + H_3$$

führen, in welchen $A_1, B_1, \ldots, H_3$ nur von den ermittelten Größen $U_1, V_1, \ldots, W_3$, $n_{(1)}^2$, $n_{(2)}^2$ und $n_{(3)}^2$ abhängen. Die ersten beiden dieser Gleichungen liefern

$$n_1^2 = \frac{A''' n_3^4 + B''' n_3^2 + C'''}{A' n_3^4 + B' n_3^2 + C'}, \qquad n_2^2 = \frac{A''' n_3^4 + B''' n_3^2 + C'''}{A'' n_3^4 + B'' n_3^2 + C''},$$

wobei die Koeffizienten rechts Funktionen von $U_1, V_1, \ldots W_3$, $n_{(1)}^2$, $n_{(2)}^2$ und $n_{(3)}^2$ sind. Setzt man diese Werte in die dritte Gleichung ein, so ergibt sich eine Gleichung, die nur n_3^2 und aus den gemessenen Größen zusammengesetzte Koeffizienten enthält; diese Gleichung ist aber vom fünften Grade, und um festzustellen, welche ihrer Wurzeln (nebst den zugehörigen Werten n_1 und n_2) zu nehmen ist, muß man schon anderweitig Näherungswerte von n_1, n_2 und n_3 kennen[2]).

64. Minimum der Ablenkung bei Prismen optisch zweiachsiger Kristalle. Wir leiten jetzt die Bedingung für das Minimum der Ablenkung bei Prismen optisch zweiachsiger Kristalle her, da sich hierauf die gebräuchlicheren Methoden zur Bestimmung der Hauptbrechungsindizes gründen.

n genügt einerseits der allgemeinen Bedingung (227), andererseits der Gleichung der Normalenfläche (241). Eliminiert man n aus diesen beiden Gleichungen, so folgt

$$\left.\begin{aligned}
F(E, \Psi, \chi) \equiv {} & \frac{1}{v^4}\{\sin^2\chi' + \cos^2\chi'(K + L\cos 2\Psi)\}^2 \\
& - \frac{1}{v^2}\{\sin^2\chi' + \cos^2\chi'(K + L\cos 2\Psi)\}\{K_{11}\cos^2\Psi\cos^2\chi' \\
& + K_{22}\sin^2\Psi\cos^2\chi' + K_{33}\sin^2\chi' + 2K_{23}\sin\Psi\sin\chi'\cos\chi' \\
& + 2K_{31}\cos\Psi\sin\chi'\cos\chi' + 2K_{12}\sin\Psi\cos\Psi\cos^2\chi'\} \\
& + L_{11}\cos^2\Psi\cos^2\chi' + L_{22}\sin^2\Psi\cos^2\chi' + L_{33}\sin^2\chi' \\
& + 2L_{23}\sin\Psi\sin\chi'\cos\chi' + 2L_{31}\cos\Psi\sin\chi'\cos\chi' \\
& + 2L_{12}\sin\Psi\cos\Psi\cos^2\chi' = 0.
\end{aligned}\right\} \qquad (242)$$

---

[1]) Unmittelbar gemessen werden außer dem Prismenwinkel α der Einfallswinkel i, der Winkel χ zwischen Prismenkante und einfallender Wellenebene und die Ablenkung D; aus diesen Größen werden Ψ und n mittels (225) und (226) unter Zuziehung von (223) und (224) berechnet.

[2]) M. BORN, N. Jahrb. f. Min., Beil. Bd. 5, S. 40. 1887.

Für das Minimum der Ablenkung[1]) ergibt sich aus (242) mit Rücksicht auf (229) die Bedingungsgleichung

$$\left.\begin{aligned}
&\{\sin^2\chi' + \cos^2\chi'(K + L\cos 2\Psi)\}\\
&\frac{4}{\nu^4} L\cos^2\chi'\sin 2\Psi - \frac{1}{\nu^2}\big(K_{11}\sin 2\Psi\cos^2\chi' - K_{22}\sin 2\Psi\cos^2\chi'\\
&\qquad - 2K_{23}\cos\Psi\sin\chi'\cos\chi' + 2K_{31}\sin\Psi\sin\chi'\cos\chi'\\
&\qquad - 2K_{12}\cos 2\Psi\cos^2\chi'\big)\}\\
&\qquad - \frac{2}{\nu^2} L\sin 2\Psi\cos^2\chi'(K_{11}\cos^2\Psi\cos^2\chi'\\
&\qquad + K_{22}\sin^2\Psi\cos^2\chi' + K_{33}\sin^2\chi'\\
&\qquad + 2K_{23}\sin\Psi\sin\chi'\cos\chi' + 2K_{31}\cos\Psi\sin\chi'\cos\chi'\\
&\qquad + 2K_{12}\sin\Psi\cos\Psi\cos^2\chi') + L_{11}\sin 2\Psi\cos^2\chi'\\
&\qquad - L_{22}\sin 2\Psi\cos^2\chi' - 2L_{23}\cos\Psi\sin\chi'\cos\chi'\\
&\qquad + 2L_{31}\sin\Psi\sin\chi'\cos\chi' - 2L_{12}\cos 2\Psi\cos^2\chi' = 0.
\end{aligned}\right\} \tag{243}$$

Die Gleichungen (242) und (243) stellen die Lösung des allgemeinen Problems dar; sie sind jedoch bei beliebiger kristallographischer Orientierung des Prismas für die Anwendung zur Bestimmung der Hauptbrechungsindizes n_1, n_2 und n_3 selbst dann zu kompliziert[2]), wenn $\chi' = 0$ ist, d. h. wenn die Ebene der einfallenden Welle parallel zur Prismenkante liegt[3]). Wir betrachten daher in den folgenden Ziff. 65 und 66 spezielle Fälle.

65. Minimum der Ablenkung bei Prismen optisch zweiachsiger Kristalle, wenn die Ebene der einfallenden Welle parallel zur Prismenkante und letztere eine optische Symmetrieachse ist. Wir wenden uns zunächst dem Falle zu, daß die Ebene der einfallenden Welle parallel zur Prismenkante liegt und diese eine optische Symmetrieachse ist[4]); derselbe liefert eine wichtige Methode zur Bestimmung der Hauptbrechungsindizes.

Fällt die Prismenkante in die z-Achse des optischen Symmetrieachsensystems und der Normalschnitt des Prismas somit in die xy-Ebene und ist μ der Winkel zwischen der positiven x-Achse und der positiven x'-Achse des Bezugssystems $x'y'z'$, welches wir wie in Ziff. 60 legen, so wird

$$\alpha_1 = \cos\mu,\ \alpha_2 = \sin\mu,\ \beta_1 = -\sin\mu,\ \beta_2 = \cos\mu,\ \gamma_3 = 1,\ \alpha_3 = \beta_3 = \gamma_1 = \gamma_2 = 0. \tag{244}$$

Ist die Ebene der einfallenden Welle parallel zur Prismenkante, so ist $\chi' = 0$ und wir erhalten aus (239), (240) und (244) als Gleichung der Schnittkurve der Normalenfläche mit dem Normalschnitt des Prismas

$$f(n,\Psi) \equiv \left(\frac{1}{n^2} - \frac{1}{n_3^2}\right)\left\{\frac{1}{n^2} - \frac{1}{n_2^2} - \left(\frac{1}{n_1^2} - \frac{1}{n_2^2}\right)\sin^2(\Psi - \mu)\right\} = 0.$$

---

[1]) Zuerst behandelt bei TH. LIEBISCH, Göttinger Nachr. 1888, S. 97.

[2]) Über gewisse Näherungsformeln vgl. F. NEUMANN, Vorlesungen über theoret. Optik. Herausgeg. von E. DORN, S. 211. Leipzig 1885. Ein von G. BARTALINI (Giorn. de Min., Crist. e Petrogr. Bd. 1, S. 94. 1890) angegebenes Verfahren, die Hauptbrechungsindizes eines optisch zweiachsigen Kristalls aus den Minimumablenkungen an drei verschieden orientierten Prismen zu ermitteln, liefert nur angenäherte Werte (vgl. hierzu F. POCKELS, Beibl. Ann. d. Phys. Bd. 17, S. 458. 1893).

[3]) Über spezielle Fälle bei von Null verschiedenem χ' vgl. Ziff. 66.

[4]) G. G. STOKES, Cambr. and Dublin Math. Journ. Bd. 1, S. 183. 1846; Mathem. and Phys. Papers Bd. 1, S. 148. Cambridge 1880; H. DE SÉNARMONT, Nouv. Ann. de mathém. Bd. 16, S. 273. 1856; V. v. LANG, Wiener Ber. Bd. 33, S. 155 u. 577. 1858; H. TOPSOE u. C. CHRISTIANSEN, Ann. chim. phys. (5) Bd. 1, S. 13. 1874; Pogg. Ann., Erg.-Bd. 6, S. 507. 1874; TH. LIEBISCH, N. Jahrb. f. Min. 1886 (1), S. 29.

Diese Gleichung ist erfüllt, wenn entweder

$$\frac{1}{n^2} - \frac{1}{n_3^2} = 0 \qquad \text{oder} \qquad \frac{1}{n^2} - \frac{1}{n_2^2} - \left(\frac{1}{n_1^2} - \frac{1}{n_2^2}\right)\sin^2(\Psi - \mu) = 0$$

ist.

Die erste dieser Gleichungen ergibt $n = n_3$. Da nämlich die Wellennormalen der beiden gebrochenen Wellen in einer optischen Symmetrieebene (xy-Ebene) liegen, so besitzt eine der beiden Wellen konstanten Brechungsindex [Ziff. 24b)]; für diese Welle ergibt demnach das Minimum der Ablenkung nach der gewöhnlichen Prismenformel für optisch isotrope Prismen unmittelbar n_3.

Für das Minimum der Ablenkung der anderen Welle erhält man aus der letzten Gleichung und der für $\chi' = 0$ spezialisierten Gleichung (227)

$$F \equiv \frac{1}{\nu^2}(K + L\cos 2\Psi) - \frac{1}{n_2^2} - \left(\frac{1}{n_1^2} - \frac{1}{n_2^2}\right)\sin^2(\Psi - \mu) = 0,$$

$$\frac{\partial F}{\partial \Psi} \equiv \frac{2}{\nu^2} L \sin 2\Psi + \left(\frac{1}{n_1^2} - \frac{1}{n_2^2}\right)\sin 2(\Psi - \mu) = 0;$$

die Elimination von Ψ aus diesen Gleichungen liefert die Beziehung

$$\left(\frac{1}{\nu^2 C_0^2} - \frac{\sin^2\mu}{n_1^2} - \frac{\cos^2\mu}{n_2^2}\right)\left(\frac{1}{\nu^2 S_0^2} - \frac{\cos^2\mu}{n_1^2} - \frac{\sin^2\mu}{n_2^2}\right) = \left(\frac{1}{n_1^2} - \frac{1}{n_2^2}\right)^2 \sin^2\mu\cos^2\mu\,; \qquad (245)$$

diese kann zur Bestimmung von n_1 und n_2 dienen, wenn man außerdem die Ablenkung der Welle für irgendeinen anderen, gemessenen Einfallswinkel bestimmt[1]).

66. Minimum der Ablenkung bei Prismen optisch zweiachsiger Kristalle, wenn die Ebene der gebrochenen Welle parallel zur inneren Mittellinie des Prismas liegt. Wir betrachten jetzt die Fälle, in welchen die Wellenebene im Inneren des Prismas parallel zur inneren Mittellinie liegt[2]). Es verschwindet dann die seitliche Ablenkung, d. h. wir haben symmetrischen Durchgang [vgl. Ziff. 59c)]; da ferner $\Psi = \frac{\pi}{2}$ ist, so folgt aus (242) und (243)

$$\begin{aligned} &\frac{1}{\nu^4}\{\sin^2\chi' + (K - L)\cos^2\chi'\}^2 \\ &\quad - \frac{1}{\nu^2}\{\sin^2\chi' + (K - L)\cos^2\chi'\}(K_{22}\cos^2\chi' + K_{33}\sin^2\chi' + 2K_{23}\sin\chi'\cos\chi') \\ &\quad + L_{22}\cos^2\chi' + L_{33}\sin^2\chi' + 2L_{23}\sin\chi'\cos\chi' = 0 \end{aligned}$$

und

$$\begin{aligned} &\frac{1}{\nu^2}\{\sin^2\chi' + (K - L)\cos^2\chi'\}(K_{31}\sin\chi'\cos\chi' + K_{12}\cos^2\chi') \\ &\quad - (L_{31}\sin\chi'\cos\chi' + L_{12}\cos^2\chi') = 0; \end{aligned}$$

setzen wir in diese Gleichungen die Werte für K_{12}, K_{31}, L_{12} und L_{31} (Ziff. 62) ein, so erhalten wir

$$\left.\begin{aligned} &\frac{1}{\nu^4}\{\sin^2\chi' + (K - L)\cos^2\chi'\}^2 \\ &\quad - \frac{1}{\nu^2}\{\sin^2\chi' + (K - L)\cos^2\chi'\}\cdot\left\{\left(\frac{1}{n_2^2} + \frac{1}{n_3^2}\right)(\alpha_2\cos\chi' + \alpha_3\sin\chi')^2\right. \\ &\quad \left. + \left(\frac{1}{n_3^2} + \frac{1}{n_1^2}\right)(\beta_2\cos\chi' + \beta_3\sin\chi')^2 + \left(\frac{1}{n_1^2} + \frac{1}{n_2^2}\right)(\gamma_2\cos\chi' + \gamma_3\sin\chi')^2\right\} \\ &\quad + \frac{1}{n_2^2 n_3^2}(\alpha_2\cos\chi' + \alpha_3\sin\chi')^2 + \frac{1}{n_3^2 n_1^2}(\beta_2\cos\chi' + \beta_3\sin\chi')^2 \\ &\quad + \frac{1}{n_1^2 n_2^2}(\gamma_2\cos\chi' + \gamma_3\sin\chi')^2 = 0 \end{aligned}\right\} \qquad (246)$$

---

[1]) Um den Einfluß der Beobachtungsfehler zu verringern, pflegt man gleich eine größere Anzahl zusammengehöriger Einfalls- und Ablenkungswinkel zu messen und dann unter Benutzung von (245) n_1 und n_2 nach der Methode der kleinsten Quadrate zu berechnen [V. v. LANG, Wiener Ber. Bd. 76 (2), S. 795. 1877; M. BORN, N. Jahrb. f. Min., Beil. Bd. 5, S. 44. 1887].

[2]) C. VIOLA, Lincei Rend. (5) Bd. 9 (1), S. 196. 1900; ZS. f. Krist. Bd. 32, S. 545. 1900.

und

$$\left.\begin{aligned}&\frac{1}{\nu^2}\{\sin^2\chi' + (K-L)\cos^2\chi'\}\Big\{\left(\frac{1}{n_2^2}+\frac{1}{n_3^2}\right)\alpha_1(\alpha_2\cos\chi' + \alpha_3\sin\chi')\\ &\quad+\left(\frac{1}{n_3^2}+\frac{1}{n_1^2}\right)\beta_1(\beta_2\cos\chi' + \beta_3\sin\chi')\\ &\quad+\left(\frac{1}{n_1^2}+\frac{1}{n_2^2}\right)\gamma_1(\gamma_2\cos\chi' + \gamma_3\sin\chi')\Big\} - \frac{\alpha_1}{n_2^2 n_3^2}(\alpha_2\cos\chi' + \alpha_3\sin\chi')\\ &\quad-\frac{\beta_1}{n_3^2 n_1^2}(\beta_2\cos\chi' + \beta_3\sin\chi') - \frac{\gamma_1}{n_1^2 n_2^2}(\gamma_2\cos\chi' + \gamma_3\sin\chi') = 0.\end{aligned}\right\}\quad(247)$$

Aus (247) ergibt sich mit Rücksicht auf (227) für n die Gleichung

$$= \frac{\frac{\alpha_1}{n_2^2 n_3^2}(\alpha_2\cos\chi' + \alpha_3\sin\chi') + \frac{\beta_1}{n_3^2 n_1^2}(\beta_2\cos\chi' + \beta_3\sin\chi') + \frac{\gamma_1}{n_1^2 n_2^2}(\gamma_2\cos\chi' + \gamma_3\sin\chi')}{\left(\frac{1}{n_2^2}+\frac{1}{n_3^2}\right)\alpha_1(\alpha_2\cos\chi' + \alpha_3\sin\chi') + \left(\frac{1}{n_3^2}+\frac{1}{n_1^2}\right)\beta_1(\beta_2\cos\chi' + \beta_3\sin\chi') + \left(\frac{1}{n_1^2}+\frac{1}{n_2^2}\right)\gamma_1(\gamma_2\cos\chi' + \gamma_3\sin\chi')}$$

Nun stellt aber, wie sich mit Hilfe des in Ziff. 13 Gesagten leicht zeigen läßt, dieser Ausdruck das reziproke Quadrat des Brechungsindex einer im Kristall fortschreitenden Welle dar, deren Schwingungsrichtung senkrecht zur inneren Mittellinie des Prismas liegt; wir erhalten somit das wichtige Kriterium, daß die Ablenkung bei symmetrischem Durchgang ein Minimum ist, wenn die Schwingungsebene der gebrochenen Welle parallel zur Prismenkante und senkrecht zur Halbierungsebene des Prismenwinkels liegt[1]).

Für die Anwendungen brauchbare spezielle Fälle ergeben sich mit Hilfe der Orthogonalitätsbedingung

$$\alpha_1(\alpha_2\cos\chi' + \alpha_3\sin\chi') + \beta_1(\beta_2\cos\chi' + \beta_3\sin\chi') + \gamma_1(\gamma_2\cos\chi' + \gamma_3\sin\chi') = 0. \quad (248)$$

Ist nämlich $\alpha_1(\alpha_2\cos\chi' + \alpha_3\sin\chi') = 0,$

so geht (247) mit Rücksicht auf (248) in

$$\left[\frac{1}{\nu^2}\{\sin^2\chi' + (K-L)\cos^2\chi'\} - \frac{1}{n_1^2}\right]\left(\frac{1}{n_2^2}-\frac{1}{n_3^2}\right)\gamma_1(\gamma_2\cos\chi' + \gamma_3\sin\chi') = 0$$

über, und diese Gleichung wird erfüllt, wenn entweder

$$\gamma_1(\gamma_2\cos\chi' + \gamma_3\sin\chi') = 0 \quad \text{und somit auch} \quad \beta_1(\beta_2\cos\chi' + \beta_3\sin\chi') = 0$$

oder

$$\sin^2\chi' + (K-L)\cos^2\chi' = \frac{\nu^2}{n_1^2}$$

ist; wir betrachten diese beiden Fälle getrennt.

a) Ist

$$\alpha_1(\alpha_2\cos\chi' + \alpha_3\sin\chi') = \beta_1(\beta_2\cos\chi' + \beta_3\sin\chi') = \gamma_1(\gamma_2\cos\chi' + \gamma_3\sin\chi') = 0,$$

so haben wir die folgenden drei Unterfälle zu unterscheiden:

α) $\alpha_1 = \beta_2 = \gamma_3 = 1$, $\alpha_2 = \alpha_3 = \beta_1 = \beta_3 = \gamma_1 = \gamma_2 = 0$, d. h. die Koordinatenachsen $x'y'z'$ fallen mit den optischen Symmetrieachsen zusammen. Gleichung (246) wird dann

$$\left[\frac{1}{\nu^2}\{\sin^2\chi' + (K-L)\cos^2\chi'\} - \frac{1}{n_1^2}\right]\left[\frac{1}{\nu^2}\{\sin^2\chi' + (K-L)\cos^2\chi'\} - \frac{1}{n_2^2}\sin^2\chi' - \frac{1}{n_3^2}\cos^2\chi'\right] = 0.$$

---

[1]) C. VIOLA, Lincei Rend. (5) Bd. 11 (2), S. 24. 1902. Das Problem, für welche kristallographische Orientierung eines Prismas eines optisch zweiachsigen Kristalls das Minimum der Ablenkung bei symmetrischem Durchgange eintritt, wurde zuerst von H. DE SÉNARMONT (Nouv. Ann. de mathém. Bd. 16, S. 273. 1857) und V. v. LANG (Wiener Ber. Bd. 33, S. 155. 1858) in Angriff genommen.

Hat man somit ein Prisma, welches aus einem optisch zweiachsigen Kristall so geschnitten ist, daß die eine optische Symmetrieachse (z-Achse) parallel zur Prismenkante und die eine optische Symmetrieebene (zx-Ebene) parallel zur Halbierungsebene des Prismenwinkels liegt, so liefert das Minimum der Ablenkung bei der einen Welle den einen Hauptbrechungsindex (n_1) und bei der anderen Welle eine lineare Beziehung zwischen den reziproken Quadraten der beiden anderen Hauptbrechungsindizes (n_2 und n_3).

β) $\alpha_1 = 1$, $\beta_2 = \gamma_3 = \cos\mu$, $\beta_3 = -\gamma_2 = \sin\mu$, $\alpha_2 = \alpha_3 = \beta_1 = \gamma_1 = 0$, d. h. die x-Achse ist innere Mittellinie des Prismas, und die positive y-Achse bildet mit der positiven y'-Achse den Winkel μ. Aus (246) folgt dann

$$\left[\frac{1}{\nu^2}\{\sin^2\chi' + (K-L)\cos^2\chi'\} - \frac{1}{n_1^2}\right]\cdot\left[\frac{1}{\nu^2}\{\sin^2\chi' + (K-L)\cos^2\chi'\} - \frac{1}{n_2^2}\sin^2(\chi-\mu) - \frac{1}{n_3^2}\cos^2(\chi-\mu)\right] = 0,$$

und es gilt wieder das beim Fall 1 bemerkte[1]).

γ) $\alpha_1 = 0$, $\alpha_2 = \cos\chi'$, $\alpha_3 = \sin\chi'$, $\beta_1 = -\sin\mu$, $\beta_2 = -\cos\mu\sin\chi'$, $\beta_3 = \cos\mu\cos\chi'$, $\gamma_1 = \cos\mu$, $\gamma_2 = -\sin\mu\sin\chi'$, $\gamma_3 = \sin\mu\cos\chi'$ d. h. die x-Achse steht senkrecht zur inneren Mittellinie des Prismas. Die seitliche Ablenkung verschwindet bei dieser Art der kristallographischen Orientierung des Prismas nur dann, wenn die Wellenebene im Inneren des Prismas parallel zur yz-Ebene liegt. Ist diese Bedingung erfüllt, so ergibt (246)

$$\left[\frac{1}{\nu^2}\{\sin^2\chi' + (K-L)\cos^2\chi'\} - \frac{1}{n_2^2}\right]\cdot\left[\frac{1}{\nu^2}\{\sin^2\chi' + (K-L)\cos^2\chi'\} - \frac{1}{n_3^2}\right] = 0.$$

Hat man somit ein aus einem optisch zweiachsigen Kristall derart geschnittenes Prisma, daß die eine optische Symmetrieachse (x-Achse) senkrecht zur inneren Mittellinie des Prismas liegt, so ergeben sich bei symmetrischem Durchgang zwei Hauptbrechungsindizes (n_2 und n_3) unmittelbar aus den Minimalablenkungen der beiden Wellen[2]).

b) Ist

$$\alpha_1(\alpha_2\cos\chi' + \alpha_3\sin\chi') = 0 \qquad \text{und} \qquad \sin^2\chi' + (K-L)\cos^2\chi' = \frac{\nu^2}{n_1^2},$$

so folgt aus (246) mit Rücksicht auf

$$(\alpha_2\cos\chi' + \alpha_3\sin\chi')^2 + (\beta_2\cos\chi' + \beta_3\sin\chi')^2 + (\gamma_2\cos\chi' + \gamma_3\sin\chi')^2 = 1$$

die von α_1 unabhängige Gleichung

$$\begin{aligned}\frac{1}{\nu^4}\{\sin^2\chi' + (K-L)\cos^2\chi'\}^2 &- \frac{1}{\nu^2}\{\sin^2\chi' + (K-L)\cos^2\chi'\}\Big\{\frac{1}{n_3^2} + \frac{1}{n_1^2}\\ &- \left(\frac{1}{n_1^2} - \frac{1}{n_2^2}\right)(\alpha_2\cos\chi' + \alpha_3\sin\chi')^2 + \left(\frac{1}{n_2^2} - \frac{1}{n_3^2}\right)(\gamma_2\cos\chi' + \gamma_3\sin\chi')^2\Big\}\\ &+ \frac{1}{n_3^2 n_1^2} - \frac{1}{n_3^2}\left(\frac{1}{n_1^2} - \frac{1}{n_2^2}\right)(\alpha_2\cos\chi' + \alpha_3\sin\chi')^2\\ &+ \frac{1}{n_1^2}\left(\frac{1}{n_2^2} - \frac{1}{n_3^2}\right)(\gamma_2\cos\chi' + \gamma_3\sin\chi')^2 = 0.\end{aligned}$$

---

1) Über Messung der Hauptbrechungsindizes nach dieser Methode bei senkrechtem Durchgang ($\chi' = 0$) vgl. V. v. LANG, Wiener Ber. Bd. 37, S. 380 u. 382. 1859.

2) Für senkrechten Durchgang ($\chi' = 0$) wurde dieser Fall zuerst von TH. LIEBISCH [N. Jahrb. f. Min. 1900 (1), S. 57] behandelt.

Diese Gleichung wird erfüllt, wenn neben

$$n_1^2\{\sin^2\chi' + (K - L)\cos^2\chi'\} - \nu^2 = 0$$

noch

$$\alpha_2 \cos\chi' + \alpha_3 \sin\chi' = 0$$

ist, d. h. wenn die x-Achse in der Wellenebene der im Inneren des Prismas fortschreitenden Welle liegt bzw. diese Wellenebene senkrecht zur yz-Ebene steht; das durch fehlende seitliche Ablenkung gekennzeichnete Minimum der Ablenkung liefert dann den Hauptbrechungsindex n_1.

Entsprechende Resultate ergeben sich für die beiden anderen Hauptbrechungsindizes, wenn die Wellenebene im Inneren des Prismas senkrecht zu einer der beiden anderen optischen Symmetrieebenen steht[1]).

Auf dieses Verhalten hat VIOLA[2]) eine Methode gegründet, um n_1, n_2 und n_3 durch Beobachtung der Minimumablenkung an ein und demselben beliebig orientierten Prisma zu ermitteln.

67. Richtungen der gebrochenen Strahlen. Wir denken uns ein Spektrometer, dessen Spalt sich in der Brennebene des Kollimatorrohres und auf dessen Tischchen sich ein doppelbrechendes Kristallprisma befindet. Liegt der Spalt parallel zur Prismenkante, so beobachtet man mit dem auf paralleles Licht eingestellten Beobachtungsfernrohr zwei Spaltbilder, die im allgemeinen gegen die Prismenkante geneigt sind; um eines der beiden Bilder in eine zur Prismenkante parallele Lage zu bringen, muß man den Spalt gegen letztere neigen. Der Winkel φ zwischen Spaltbild und Prismenkante ist stets dann von Null verschieden, wenn der gebrochene Strahl nicht im Normalschnitt des Prismas liegt.

Ist nun ψ der Winkel zwischen Spalt und Prismenkante, so läßt sich, wie CORNU[3]) gezeigt hat, aus der Messung zusammengehörender Werte ψ und φ bei verschiedenen Einfallswinkeln die Richtung des Strahles ermitteln, welcher zu einer gebrochenen Welle mit parallel zur Prismenkante liegender Wellenebene gehört; außerdem liefert die Messung den zu diesem Strahl gehörenden Strahlenindex s. Damit ist eine Möglichkeit zur experimentellen Prüfung der Gestalt der Strahlenfläche [vgl. Ziff. 17b)] gegeben; diese ist von CORNU[4]) bei Kalkspat durchgeführt worden und hat die Übereinstimmung zwischen den berechneten und beobachteten Werten erwiesen.

c) Interferenzerscheinungen an Platten nicht absorbierender, nicht aktiver Kristalle im polarisierten Lichte.

α) Interferenzerscheinungen im parallelen, senkrecht auffallenden polarisierten Lichte.

68. Allgemeines über Interferenzerscheinungen im parallelen, senkrecht auffallenden, linear polarisierten Lichte. Die Interferenzerscheinungen, welche Kristalle im parallelen, linear polarisierten Lichte zeigen, sind von ARAGO[5]) bei Glimmer und Gips entdeckt und bald darauf von BIOT[6]) in einer Reihe von

---

1) C. VIOLA, ZS. f. Krist. Bd. 32, S. 66. 1900; Lincei Rend. (5) Bd. 9 (1), S. 196. 1900.
2) C. VIOLA, ZS. f. Krist. Bd. 43, S. 210 u. 588. 1907.
3) A. CORNU, Ann. de l'école norm. (2) Bd. 1, S. 255. 1872.
4) A. CORNU, Ann. de l'école norm. (2) Bd. 3, S. 4. 1874.
5) F. ARAGO, Mém. de la classe des Scienc. math. et phys. de l'Inst. 1811 (1), S. 93; Œuvr. compl. Bd. X, S. 36. Paris-Leipzig 1858.
6) J. B. BIOT, Mém. de la classe des Scienc. math. et phys. de l'Inst. 1811 (1), S. 135; 1812 (1), S. 1; (2) S. 1 u. 31; Mém. de phys. et de chim. de la Soc. d'Arcueil. Bd. 3, S. 132. 1813. Zusammenfassende Darstellung in seinem Traité de physique expériment. et mathém. Bd. IV, S. 253. Paris 1816.

Arbeiten eingehend experimentell untersucht worden. Eine Erklärung der Erscheinungen auf Grund der Wellentheorie des Lichtes wurde zuerst von YOUNG[1]) versucht, gelang aber vollständig erst FRESNEL[2]) auf Grund der Gesetze, die er zusammen mit ARAGO für die Interferenz polarisierten Lichtes gefunden hatte; nach diesen Gesetzen interferieren zwei linear und senkrecht zueinander polarisierte Wellen nach Zurückführung auf eine gemeinsame Polarisationsebene, falls sie aus der nämlichen linear polarisierten Welle hervorgegangen sind (vgl. Kap. 4 dieses Bandes).

Die Erscheinungen werden am übersichtlichsten, wenn der Kristall die Form einer planparallelen Platte hat, die sich in einem homogenen, isotropen Medium (z. B. Luft) befindet[3]). Läßt man auf die eine Begrenzungsfläche der Platte eine ebene, monochromatische, linear polarisierte Welle[4]) unter einem Einfallswinkel fallen, bei dem partielle Reflexion eintritt, so entstehen im Inneren der Platte zwei gebrochene Wellen, deren Wellennormalenrichtungen im allgemeinen nicht zusammenfallen und die verschiedene Brechungsindizes besitzen (vgl. Ziff. 32 und 33); dieselben treten nach (168) mit gleichen Wellennormalenrichtungen und einer bestimmten Phasendifferenz aus der Platte in das isotrope Außenmedium aus.

Diese beiden im Inneren des Kristalls durch Brechung entstehenden Wellen sind linear polarisiert, wegen der verschiedenen Brechungswinkel stehen aber ihre Schwingungsebenen nach (173) bei beliebigem, von Null verschiedenem Einfallswinkel im allgemeinen nicht senkrecht zueinander; die in den Außenraum austretenden Wellen sind (vgl. Ziff. 40) ebenfalls linear polarisiert, ihre Schwingungsebenen stehen aber auch dann nicht senkrecht zueinander, wenn dies bei den Wellen im Inneren des Kristalls der Fall ist, da bei der Brechung in das isotrope Außenmedium Drehungen der Schwingungsebenen eintreten (vgl. Ziff. 49)[5]).

Nun vereinfachen sich die Verhältnisse aber bedeutend, wenn die Schwingungsebenen der in das isotrope Außenmedium tretenden Wellen senkrecht zueinander stehen. Dieser Fall tritt nach (173) stets dann ein, wenn die Wellennormale der auffallenden ebenen Welle senkrecht zu den ebenen Begrenzungsflächen der planparallelen Platte liegt. Man bezeichnet die zueinander senkrechten Schwingungsrichtungen der Platte bei

---

[1]) TH. YOUNG, Quarterl. Rev. Bd. 11, S. 49. 1814; Miscell. Works Bd. I, S. 270. London 1855.

[2]) A. FRESNEL, Ann. chim. phys. (2) Bd. 17, S. 80, 102, 167, 312, 393. 1821; Œuvr. compl. Bd. I, S. 523, 533, 553, 601 u. 609. Paris 1866; hierzu J. B. BIOT, Ann. chim. phys. (2) Bd. 17, S. 225. 1821; F. ARAGO, ebenda (2) Bd. 17, S. 258. 1821; Œuvr. compl. Bd. X, S. 425. Paris-Leipzig 1858.

[3]) Der Fall der planparallelen Platte ist der wichtigste. Die Interferenzerscheinungen, die beim Durchgang linear polarisierten Lichtes durch eine Kugel aus einem optisch einachsigen Kristall auftreten, sind von TURPAIN und de BONY DE LAVERGNE [Journ. de phys. (6) Bd. 6, S. 259. 1925] untersucht worden.

[4]) Wir behandeln im folgenden nur die Interferenzerscheinungen im polarisierten Lichte; bezüglich der auch bei isotropen planparallelen Platten im unpolarisierten Lichte auftretenden Interferenzen gleicher Neigung vgl. Kap. 1 dieses Bandes. Über die Modifikationen, welche die Interferenzen gleicher Neigung erfahren, wenn die planparallele Platte aus einem doppelbrechenden Kristall besteht, vgl. LORD RAYLEIGH, Phil. mag. (6) Bd. 12, S. 489. 1906; Scient. Pap. Bd. 5, S. 341. Cambridge 1912; T. V. CHINMAYANANDAM, Proc. Roy. Soc. London, Bd. 95, S. 176. 1919; Ph. N. GHOSH, ebenda Bd. 96, S. 257. 1919; Cl. SCHÄFER und K. FRICKE, ZS. f. Phys. Bd. 14, S. 253. 1923; Cl. SCHÄFER und A. HERBER, ZS. f. techn. Phys. Bd. 7, S. 98. 1926; O. M. CORBINO, Lincei Rend. (6) Bd. 3, S. 573. 1926. Über die Queteletschen Ringe bei doppelbrechenden Kristallplatten vgl. N. K. SETHI und C. M. SOGANI, Proc. Ind. Assoc. Bd. 7, S. 61. 1922.

[5]) Vgl. hierzu die Messungen von F. E. WRIGHT, Sill. Journ. (4) Bd. 31, S. 183. 1911; Tschermaks mineral. und petrogr. Mitteil. Bd. 30, S. 200. 1911.

senkrechter Inzidenz als die Hauptschwingungsrichtungen oder Auslöschungsrichtungen (vgl. Ziff. 69); dieselben sind durch die kristallographische Orientierung der Platte bestimmt und werden berechnet, indem man in (83) die Wellennormalenrichtung $\mathfrak{s}$ mit der Plattennormale zusammenfallen läßt.

Wir können uns im Folgenden auf diesen, für die Beobachtungen besonders wichtigen Fall beschränken, da auch im allgemeinen Falle nicht senkrechter Inzidenz die Schwingungsebenen der gebrochenen Wellen nahezu senkrecht zueinander liegen, wofern der Einfallswinkel hinreichend klein bleibt; ferner betrachten wir nur die Interferenz der direkt hindurchgehenden Wellen[1]), sehen also von dem Einfluß innerer Reflexionen[2]) auf die Interferenzerscheinungen ab[3]).

69. Eine einzelne Kristallplatte im parallelen, senkrecht auffallenden, linear polarisierten, monochromatischen Lichte. Wir betrachten zunächst die Interferenzerscheinungen, welche eine einzelne, planparallele Kristallplatte im parallelen, senkrecht auffallenden, linear polarisierten Lichte zeigt und denken uns dabei folgende Versuchsanordnung zugrunde gelegt:

Eine ebene, linear polarisierte, monochromatische Welle von der Frequenz ω, die von einer polarisierenden Vorrichtung, dem Polarisator, kommt, fällt senkrecht auf die eine ebene Begrenzungsfläche der Platte. Die aus ihr in das isotrope Außenmedium austretenden, linear und senkrecht zueinander polarisierten Wellen führen wir auf dieselbe Polarisationsebene zurück, indem wir sie durch eine zweite polarisierende Vorrichtung, den Analysator, hindurchgehen lassen; die den Analysator verlassenden Wellen sind dann nach dem obenerwähnten ARAGO-FRESNELschen Gesetze interferenzfähig, und es ist jetzt unsere Aufgabe, die Intensität J des aus dem Analysator austretenden Lichtes zu berechnen.

Zu diesem Zwecke legen wir ein rechtwinkliges Rechtssystem x', y', z' so, daß die Richtung der positiven z'-Achse in Richtung der Wellennormale fällt; die x'-Achse und y'-Achse mögen mit den Hauptschwingungsrichtungen der Kristallplatte (vgl. Ziff. 68) zusammenfallen. Ist $z' = 0$ die Begrenzungsebene,

---

[1]) Bei der Reflexion an der zweiten Begrenzungsfläche der Kristallplatte entstehen vier Wellen, die nach der Brechung in das isotrope Außenmedium an der ersten Begrenzungsfläche zur Interferenz gelangen; diese Interferenzerscheinungen im reflektierten Lichte wurden von E. GENZKEN (N. Jahrb. f. Min., Beil. Bd. 30, S. 383. 1910) behandelt.

[2]) Über den Einfluß der inneren Reflexionen auf die Interferenzerscheinungen vgl. Lord RAYLEIGH, Phil. Mag. (6) Bd. 12, S. 489. 1906; Scient. Pap. Bd. 5, S. 341. Cambridge 1912; H. JOACHIM, Göttinger Nachr. 1907, S. 321; Centralbl. f. Min. 1907, S. 577; M. BEREK, Ann. d. Phys. Bd. 58, S. 165. 1919.

[3]) Läßt man auf eine planparallele, parallel zur optischen Achse geschnittene Platte eines optisch einachsigen Kristalls paralleles, weißes, linear polarisiertes Licht fallen, dessen Schwingungsebene senkrecht zur Einfallsebene liegt und dann das reflektierte Licht durch einen Analysator gehen, dessen Schwingungsebene parallel zur Einfallsebene liegt, so wird das an der ersten Begrenzungsfläche der Platte reflektierte Licht wegen der durch Reflexion hervorgerufenen Drehung der Schwingungsebene (Ziff. 46) zwar nicht vollkommen, aber nahezu ausgelöscht. Die an der zweiten Begrenzungsfläche reflektierten Wellen besitzen jedoch eine von der Frequenz abhängige Phasendifferenz; wenn man daher das aus dem Analysator austretende Licht spektral zerlegt, so ist das Spektrum von dunkeln Streifen durchzogen. Ist die Platte (durch Drehen in ihrer Ebene) so orientiert, daß die Schwingungsazimute der gebrochenen Wellen angenähert 45° betragen, so ist die Lage jener dunkeln Streifen bei einer genau parallel zur optischen Achse geschnittenen Platte dieselbe, als ob das Licht durch eine gleichorientierte Platte von doppelter Dicke hindurchgegangen wäre. Hierauf hat B. BRUNHES ein Verfahren gegründet, um festzustellen, ob eine Platte genau parallel zur optischen Achse geschnitten ist und gegebenenfalls den Neigungswinkel der optischen Achse gegen die Begrenzungsfläche der Platte zu bestimmen [C. R. Bd. 115, S. 600. 1892; Etude expérimentale sur la réflexion cristalline interne, S. 82. Thèse. Paris 1893; Journ. de phys. (3) Bd. 3, S. 22. 1894].

auf welche die Welle auffällt, so sind in dieser Ebene die Komponenten des Lichtvektors $\mathfrak{D}$ der auffallenden Welle durch

$$\mathfrak{D}_{x'} = |\mathfrak{D}| \cos v\,, \qquad \mathfrak{D}_{y'} = |\mathfrak{D}| \sin v\,, \qquad \mathfrak{D}_{z'} = 0$$

gegeben, wobei nach (13) und (16)

$$\mathfrak{D} = \overline{\mathfrak{D}}\, e^{-i\omega t}$$

gesetzt werden kann und v das Azimut von $\mathfrak{D}$ gegen die positive x'-Achse bedeutet.

Sieht man von der durch Reflexionen hervorgerufenen Schwächung ab[1]), so sind beim Austritt aus der Kristallplatte die Komponenten $\mathfrak{D}_{x'}$ und $\mathfrak{D}_{y'}$ von der Form

$$\mathfrak{D}_{x'} = |\overline{\mathfrak{D}}| \cos v\, e^{-i(\omega t - \tau')}, \qquad \mathfrak{D}_{y'} = |\overline{\mathfrak{D}}| \sin v\, e^{-i(\omega t - \tau'')}. \tag{249}$$

Bedeutet d die Plattendicke, so ist

$$\tau' = \frac{\omega}{c} n_0' d\,, \qquad \tau'' = \frac{\omega}{c} n_0'' d\,,$$

wobei n_0' und n_0'' die Brechungsindizes der beiden im Kristall in Richtung der Plattennormale fortschreitenden Wellen sind; für die Phasendifferenz Δ, um welche beim Austritt $\mathfrak{D}_x'$ gegen $\mathfrak{D}_y'$ zurückgeblieben ist, erhält man daher

$$\Delta = \tau' - \tau'' = \frac{\omega}{c} (n_0' - n_0'')\, d = \frac{2\pi}{\lambda_0} (n_0' - n_0'')\, d = \delta d \tag{250}$$

wobei λ_0 die Wellenlänge im Vakuum und δ die durch (72) gegebene, auf die Längeneinheit bezogene Phasendifferenz ist.

Da Δ im allgemeinen von $2m\pi$ ($m = 1, 2, \ldots$) verschieden ist, so überlagern sich die beiden aus der Platte austretenden, linear und zueinander senkrecht polarisierten Wellen zu einer elliptisch polarisierten Welle (vgl. Kap. 4 dieses Bandes).

Ist w das Azimut der Schwingungsrichtung des Analysators A gegen die positive x'-Achse (Abb. 20), so ergibt sich der Betrag des Lichtvektors der aus A austretenden resultierenden Welle mit Rücksicht auf (249) zu

$$\mathfrak{D}_A = |\overline{\mathfrak{D}}| \{\cos v \cos w\, e^{-i(\omega t - \varepsilon - \tau')} + \sin v \sin w\, e^{-i(\omega t - \varepsilon - \tau' + \Delta)}\},$$

wobei ε von der Entfernung des Analysators von der Kristallplatte abhängt; hierfür können wir auch schreiben

$$\mathfrak{D}_A = |\overline{\mathfrak{D}}| \{\cos v \cos w + \sin v \sin w\, e^{-i\Delta}\} e^{-i(\omega t - \varepsilon - \tau')}. \tag{251}$$

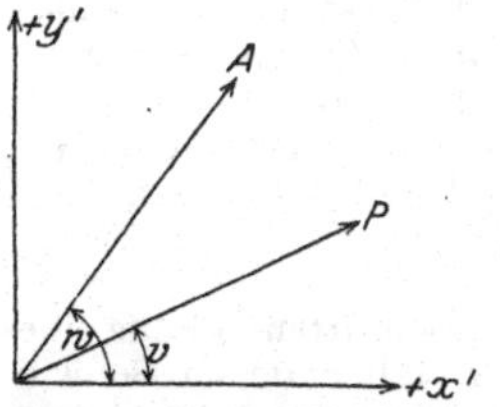

Abb. 20. Doppelbrechende Kristallplatte im parallelen, senkrecht auffallenden, linear polarisierten Lichte. (P Schwingungsrichtung des Polarisators, A Schwingungsrichtung des Analysators; x', y' Hauptschwingungsrichtungen der Platte.)

Die gesuchte Intensität J des aus dem Analysator austretenden Lichtes ergibt sich nach (33), indem man die rechte Seite von (251) mit ihrem konjugiert komplexen Werte multipliziert; man erhält somit[2])

$$J = J_0 \left\{\cos^2 (v - w) - \sin 2v \sin 2w \sin^2 \frac{\Delta}{2}\right\}, \tag{252}$$

wobei

$$J_0 = |\overline{\mathfrak{D}}|^2$$

nach (32) offenbar die Intensität der aus dem Polarisator austretenden, auf die Kristallplatte fallenden Welle ist.

[1]) Diese Vernachlässigung wäre streng berechtigt, wenn die durch Reflexionen an den Begrenzungsebenen der Platte hervorgerufenen Schwächungen für beide Komponenten $\mathfrak{D}_x'$ und $\mathfrak{D}_y'$ gleich wären. Nun hängt aber diese Schwächung bei jeder Komponente von ihrem Brechungsindex n_0' bzw. n_0'' ab; unsere Vernachlässigung ist daher um so zutreffender, je kleiner $n_0' - n_0''$, d. h. je geringer die Doppelbrechung der Platte in Richtung der Plattennormale ist. Vgl. hierzu M. Berek. Ann. d. Phys. Bd. 58, S. 165. 1919.

[2]) Diesen Ausdruck für die Intensität fand A. Fresnel, Ann. chim. phys. (2) Bd. 17, S. 107. 1821; Œuvr. compl. Bd. I, S. 615. Paris 1866.

Es ist zu beachten, daß das erste Glied auf der rechten Seite von (252) die Intensität des aus dem Analysator austretenden Lichtes darstellt für den Fall, daß entweder sich überhaupt keine doppelbrechende Kristallplatte zwischen Polarisator und Analysator befindet, oder die Platte senkrecht zu einer Binormale geschnitten ist[1]). In diesem Falle ist nämlich die nach der Schwingungsrichtung des Analysators genommene Komponente von $\mathfrak{D}$ durch $|\mathfrak{D}|\cos(v-w)$ gegeben, und die Intensität des aus dem Analysator austretenden Lichtes wird nach (32)

$$J = |\mathfrak{D}|^2\cos^2(v-w) = J_0\cos^2(v-w), \tag{253}$$

d. h. sie reduziert sich in der Tat auf das erste Glied von (252)[1]). Denselben Wert (253) besitzt J nach (252) bei einer Kristallplatte, deren Phasendifferenz $\Delta = 2m\pi\,(m = 0, 1, 2, \ldots)$ ist.

70. Abhängigkeit der Intensität J von der Orientierung der Platte. Aus (252) folgt, daß sich die Intensität J des aus dem Analysator austretenden Lichtes ändert, wenn entweder die Platte bei unveränderter Stellung von Polarisator und Analysator in ihrer Ebene gedreht wird, oder wenn die Platte festgehalten und Polarisator oder Analysator gedreht wird.

Wird die Kristallplatte in ihrer Ebene gedreht, ohne daß die Stellungen von Polarisator und Analysator geändert werden, so bleibt $v - w$ ungeändert, während die Änderungen von v und w dem Drehungswinkel der Platte entgegengesetzt gleich sind. Bei einer einmaligen Umdrehung der Platte erhält man acht singuläre Plattenstellungen, welche durch

$$v = 0, \frac{\pi}{2}, \pi, \frac{3\pi}{2} \quad \text{und} \quad w = 0, \frac{\pi}{2}, \pi, \frac{3\pi}{2} \tag{254}$$

bestimmt sind und bei welchen die Intensität nach (252)

$$J = J_0\cos^2(v-w)$$

wird. In diesen Stellungen ist somit die Intensität, wie der Vergleich mit (253) ergibt, dieselbe, als ob die Kristallplatte überhaupt nicht vorhanden wäre; zwischen ihnen erreicht die Intensität abwechselnd viermal ein Maximum und viermal ein Minimum. Besitzen die Schwingungsrichtungen der Platte Dispersion (vgl. Ziff. 28), so sind auch diese acht singulären Plattenstellungen von der Frequenz abhängig. Die beiden folgenden speziellen Fälle, bei welchen sich die acht singulären Stellungen auf je vier reduzieren, besitzen besondere Bedeutung.

a) Sind die Schwingungsrichtungen von Polarisator und Analysator gleichgerichtet [Fall „paralleler Polarisatoren" (NICOLS)], so ist $w = v$ und man erhält für die Intensität $J_{\parallel}$ aus (252)

$$J_{\parallel} = J_0\left(1 - \sin^2 2v\sin^2\frac{\Delta}{2}\right); \tag{255}$$

[1]) Eine senkrecht zu einer Binormale geschnittene Platte eines optisch zweiachsigen Kristalls müßte nach (253) bei gekreuzten Polarisatoren $\left(v - w = \frac{\pi}{2}\right)$ in jeder Stellung völlige Dunkelheit des Gesichtsfeldes zeigen. In Wirklichkeit beobachtet man jedoch stets eine geringe Aufhellung; diese rührt aber nicht, wie man früher irrtümlich annahm [E. KALKOWSKY, ZS. f. Krist. Bd. 9, S. 486. 1884; E. CARVALLO, Journ. de phys. (3) Bd. 4, S. 312. 1895], von der konischen Refraktion [vgl. Ziff. 36c)] her, sondern von der stets unvollkommenen Parallelität des benutzten Lichtes [C. TRAVIS, Sill. Journ. (4) Bd. 29, S. 427. 1910]. In der Tat findet man dieselbe Erscheinung auch bei einer senkrecht zur optischen Achse geschnittenen Platte eines optisch einachsigen Kristalls (vgl. hierzu E. BERTRAND, Bull. soc. minéral. Bd. 3, S. 93. 1880), obgleich bei einer solchen konische Refraktion ausgeschlossen ist

diese erreicht beim Drehen der Platte in ihrer Ebene das Maximum J_0 für die singulären Stellungen $v = 0, \frac{\pi}{2}, \pi$ und $\frac{3\pi}{2}$, d. h. wenn die eine Hauptschwingungsrichtung der Platte parallel zur Schwingungsrichtung von Polarisator und Analysator liegt, und das Minimum $J_0\left(1 - \sin^2\frac{\Delta}{2}\right)$ für $v = \frac{\pi}{4}, \frac{3\pi}{4}, \frac{5\pi}{4}, \frac{7\pi}{4}$, d. h. wenn die (gleichgerichteten) Schwingungsrichtungen von Polarisator und Analysator den Winkel zwischen den Hauptschwingungsrichtungen der Platte halbieren.

b) Stehen die Schwingungsrichtungen von Polarisator und Analysator senkrecht zueinander [Fall „gekreuzter Polarisatoren" (NICOLS)], so ist $v - w = \pm\frac{\pi}{2}$ und man erhält für die Intensität $J_\perp$ den Ausdruck

$$J_\perp = J_0 \sin^2 2v \sin^2\frac{\Delta}{2}. \tag{256}$$

$J_\perp$ erreicht beim Drehen der Platte in ihrer Ebene den maximalen Wert $J_0 \sin^2\frac{\Delta}{2}$ für $v = \frac{\pi}{4}, \frac{3\pi}{4}, \frac{5\pi}{4}$ und $\frac{7\pi}{4}$, d. h. wenn die Hauptschwingungsrichtungen der Platte den Winkel zwischen den Schwingungsrichtungen von Polarisator und Analysator halbieren, und ihr Minimum 0 für die singulären Stellungen $v = 0, \frac{\pi}{2}, \pi$ und $\frac{3\pi}{2}$, d. h. wenn die Hauptschwingungsrichtungen der Platte mit den Schwingungsrichtungen von Polarisator und Analysator zusammenfallen. Man bezeichnet aus diesem Grunde die Hauptschwingungsrichtungen der Platte auch als Auslöschungsrichtungen[1]); dieselben hängen, wie aus (83) und der Bemerkung in Ziff. 68 folgt, von der kristallographischen Orientierung der Platte ab[2]).

Eine einfache Methode zur Bestimmung der Auslöschungsrichtungen[3]) einer doppelbrechenden Kristallplatte besteht daher darin, daß man die Platte im parallelen, monochromatischen Lichte zwischen gekreuzten Polarisatoren so lange in ihrer Ebene dreht, bis das Gesichtsfeld völlig dunkel ist[4]).

Wir bemerken noch das nach (255) und (256) für denselben Wert v stets

$$J_\parallel + J_\perp = J_0$$

ist.

---

[1]) Fällt die Plattennormale nicht mit der Wellennormale der auffallenden Welle zusammen, so wird bei keiner Stellung der Platte völlige Auslöschung erreicht, da dann die Schwingungsrichtungen der im Kristall durch Brechung entstandenen Wellen sowohl im Innern des Kristalls, als auch nach dem Austritt in das isotrope Außenmedium nicht senkrecht zueinander stehen (vgl. Ziff. 68); vgl. hierzu F. E. WRIGHT, Sill. Journ. (4) Bd. 31, S. 209. 1911; Tschermaks mineralog. und petrogr. Mitteil. Bd. 30, S. 231. 1911.

[2]) Vgl. hierzu J. SCHMUTZER, Versl. Kon. Akad. Wetensch. Amsterdam Bd. 16, S. 362. 1907. Über die Verwendung der Auslöschungsrichtungen zur Bestimmung der Lage der Binormalen in einer Kristallplatte und des Binormalenwinkels vgl. A. BEER, Pogg. Ann. Bd. 91, S. 279. 1854; TH. LIEBISCH, N. Jahrb. f. Min. 1886 (1), S. 155; M. BEREK, ebenda Beil. Bd. 35, S. 221. 1913; ZS. f. Krist. Bd. 56, S. 515. 1921; A. JOHNSEN, Centralbl. f. Min. 1919, S. 321; L. WEBER, ZS. f. Krist. Bd. 56, S. 1 u. 96. 1921; O. MÜGGE, Centralbl. f. Min. 1924, S. 385. Über die Beziehung zwischen den Auslöschungsrichtungen und den Flächen einer Zone vgl. H. MICHEL-LEVY, Ann. d. mines Bd. 12, S. 392 u. 411. 1877; G. CESÀRO, Mém. cour. et mém. des sav. étrang. publ. par. l'Academ. de Belg. Bd. 54, Nr. 3. 1896; L. DUPARC u. L. PEARCE, Arch. sc. phys. et nat. (4) Bd. 21, S. 100. 1906; ZS. f. Krist. Bd. 42, S. 34. 1907; V. DE SOUZA-BRANDÃO, ebenda Bd. 35, S. 635. 1902; Bd. 49, S. 293. 1911.

[3]) Über ein Verfahren zur genauen Markierung der Auslöschungsrichtungen auf einer Kristallplatte vgl. A. COTTON, Ann. chim. phys. (8) Bd. 22, S. 428. 1911.

[4]) Über empfindlichere Methoden vgl. Ziff. 75 und 117.

71. Abhängigkeit der Intensität J von der Plattendicke. Aus (252) folgt mit Rücksicht auf (250), daß die Intensität des aus dem Analysator austretenden Lichtes eine periodische Funktion der Dicke der Kristallplatte ist.

Man kann die Abhängigkeit der Intensität J von der Plattendicke d übersehen, wenn man zwischen Polarisator und Analysator an Stelle der Kristallplatte einen doppelbrechenden Kristallkeil bringt, dessen Keilwinkel so gering ist, daß die Wellennormalenrichtungen der beiden Wellen, die aus der senkrecht auf die eine Keilfläche fallenden Welle durch Doppelbrechung entstehen, nach dem Austritt in das isotrope Außenmedium angenähert mit der Wellennormalenrichtung der auffallenden Welle zusammenfallen. Das Gesichtsfeld erscheint dann von parallel zur Keilkante liegenden, abwechselnd hellen und dunkeln Streifen durchzogen, die nach (252) und (250) dort liegen, wo die Keildicke der Bedingung

$$d = m \frac{\lambda_0}{n_0' - n_0''} \quad (m = 0, 1, 2, \ldots) \tag{257}$$

bzw.

$$d = \frac{2m+1}{2} \cdot \frac{\lambda_0}{n_0' - n_0''} \quad (m = 0, 1, 2, \ldots) \tag{258}$$

genügt.

Der Abstand a zweier aufeinanderfolgender heller bzw. dunkler Streifen ist daher

$$a = \frac{\lambda_0}{n_0' - n_0''} \operatorname{cotg} \tau,$$

wobei τ den Keilwinkel bedeutet; a nimmt somit mit der Wellenlänge λ_0 des auffallenden Lichtes ab.

Genügt die Dicke d einer doppelbrechenden Kristallplatte der Bedingung (257) oder (258), so ist nach (250) die aus ihr austretende Welle linear polarisiert. Aus (249) und (250) folgt, daß im ersteren Falle die Schwingungsrichtung der austretenden Welle parallel zur Schwingungsrichtung der auffallenden Welle liegt; bezüglich der Intensität (252) des aus dem Analysator austretenden Lichtes verhält sich die Platte dann für die betreffende Wellenlänge λ_0 so, als ob sie überhaupt nicht vorhanden wäre. Im zweiten Falle liegt die Schwingungsrichtung der austretenden Welle in bezug auf die Hauptschwingungsrichtungen der Platte symmetrisch zur Schwingungsrichtung der auffallenden Welle.

Besitzt d den speziellen Wert

$$d = \frac{1}{2} \frac{\lambda_0}{n_0' - n_0''} \qquad \text{bzw.} \qquad d = \frac{1}{4} \frac{\lambda_0}{n_0' - n_0''}$$

so heißt die Platte eine Halbwellenlängen- bzw. eine Viertelwellenlängenplatte[1]), weil dann die als Gangunterschied bezeichnete Größe

$$G = \frac{\lambda_0}{2\pi} \Delta = d(n_0' - n_0'') \tag{259}$$

gleich $\lambda_0/2$ bzw. $\lambda_0/4$ wird. Aus (249) und (250) ergibt sich, daß die aus einer Viertelwellenlängenplatte austretende Welle zirkular polarisiert ist, wenn außerdem $v = \pm \frac{\pi}{4}$ ist, d. h. die Schwingungsrichtung der senkrecht auffallenden linear polarisierten Welle den Winkel zwischen den Hauptschwingungsrichtungen der Kristallplatte halbiert (vgl. Kap. 4 dieses Bandes).

---

[1]) Die Viertelwellenlängenplatte wurde zuerst von G. B. Airy (Trans. Cambr. Phil. Soc. Bd. 4, S. 313. 1838) benutzt.

72. Eine einzelne Kristallplatte im parallelen, senkrecht auffallenden, linear polarisierten weißen Lichte. a) Chromatische Polarisation. Tritt bei der in Ziff. 69 beschriebenen Anordnung aus dem Polarisator weißes Licht aus, so ist das aus dem Analysator austretende Licht im allgemeinen gefärbt. Man erhält die Intensität des Gesichtsfeldes durch Summierung sämtlicher, den verschiedenen Frequenzen des weißen Lichtes entsprechender Intensitätsausdrücke (252); hierbei sind bei den optisch zweiachsigen Kristallen außer J_0 und Δ auch v und w von der Frequenz abhängig, weil die Schwingungsrichtungen dieser Kristalle Dispersion besitzen (vgl. Ziff. 28). Da diese aber stets gering bleibt, kann man sie näherungsweise vernachlässigen und erhält dann

$$J = \cos^2(v-w)\sum J_0 - \sin 2v \sin 2w \sum J_0 \sin^2\frac{\Delta}{2}; \qquad (260)$$

hierin stellt $\sum J_0$ gemäß (253) die Intensität des aus dem Polarisator austretenden weißen Lichtes dar.

Das erste Glied in (260) bezieht sich somit ebenfalls auf weißes Licht, das zweite dagegen stellt farbiges Licht dar, weil nach (250) der Faktor $\sin^2\Delta/2$ (mit λ_0, n_0' und n_0'') von der Frequenz abhängt. Das aus dem Analysator austretende Licht ist somit (als ein Gemisch von weißem und farbigem Lichte) gefärbt; diese von ARAGO[1]) entdeckte Erscheinung bezeichnet man als chromatische Polarisation[2]).

b) Abhängigkeit der chromatischen Polarisation von der Orientierung der Kristallplatte. Die Farbe des aus dem Analysator austretenden Lichtes ändert sich mit der Orientierung der Kristallplatte.

Dreht man diese in ihrer Ebene, so verschwindet das zweite Glied des Ausdruckes (260) in den acht singulären Stellungen (254); in diesen Stellungen ist daher das Gesichtsfeld weiß. In den acht Zwischenstellungen ist es abwechselnd komplementär gefärbt, da in diesen das zweite Glied von (260) abwechselnd entgegengesetzt gleich wird.

Bleibt die Platte und der Polarisator fest, während der Analysator gedreht wird, so verschwindet für den Wert $w = m\frac{\pi}{2}$ $(m = 0, 1, 2, \ldots)$ das zweite Glied und es tritt somit weiße Färbung des Gesichtsfeldes ein; in den vier Zwischenstellungen ist die Färbung abwechselnd komplementär[3]). Entsprechend ist das Verhalten, wenn man Platte und Analysator festhält und den Polarisator dreht.

Sind die Schwingungsrichtungen von Polarisator und Analysator parallel bzw. senkrecht zueinander, so tritt beim Drehen der Platte in ihrer Ebene keine Änderung der Farbe ein; für die Intensität $J_{\parallel}$ bzw. $J_{\perp}$ erhält man dann aus (260)

$$\left.\begin{aligned} &\text{für} \quad v-w=0: \quad J_{\parallel} = \sum J_0 - \sin^2 2v \sum J_0 \sin^2\frac{\Delta}{2}, \\ &\text{für} \quad v-w=\frac{\pi}{2}: \quad J_{\perp} = \sin^2 2v \sum J_0 \sin^2\frac{\Delta}{2}. \end{aligned}\right\} \qquad (261)$$

Im Falle $v - w = 0$ ändert sich beim Drehen der Platte mit v nur die Intensität des am ursprünglich weißen Lichte fehlenden Bestandteils, nicht aber

---

[1]) F. ARAGO, Mém. de la classe des Scienc. math. et phys. de l'Inst. 1811 (1), S. 93; Œuvr. compl. Bd. X, S. 36. Paris-Leipzig 1858.

[2]) Fällt teilweise polarisiertes Licht auf ein Gipsblättchen, so zeigt dieses infolge der im Inneren der Platte mehrfach reflektierten und dann interferierenden Wellen auch ohne Analysator eine matte Färbung [L. DITSCHEINER, Wiener Ber. Bd. 73 (2), S. 180. 1876]; vgl. hierzu S. 753 Anm. 1 u. 2.

[3]) Über die beim Drehen des Analysators eintretende Veränderung der Interferenzfarben vgl. A. WENZEL, Centralbl. f. Min. 1915, S. 233.

seine spektrale Zusammensetzung. Es ändert sich somit neben der Gesamtintensität auch die Sättigung der Farbe, nicht aber letztere selbst. Die Sättigung erreicht für $v = \pm \frac{\pi}{4}$ und $\pm \frac{3\pi}{4}$ ihr Maximum.

Im Falle $v - w = \frac{\pi}{2}$ ändert sich mit v nur die Intensität des austretenden gefärbten Lichtes, nicht aber die Sättigung seiner Farbe. Da nach (261) stets $J_{\parallel} + J_{\perp} = \sum J_0$ ist, so sind die Färbungen bei parallelen und gekreuzten Polarisatoren komplementär.

c) Ordnungen der Interferenzfarben; FIZEAU-FOUCAULTsche Streifen. Fällt paralleles weißes (unpolarisiertes oder polarisiertes) Licht senkrecht auf eine ebene, planparallele Luftschicht von der Dicke l, so ist bekanntlich[1]) die Intensität des durchgehenden bzw. an den Begrenzungsebenen reflektierten Lichtes durch einen Ausdruck gegeben, der mit (260) bzw. (261) übereinstimmt, falls in diesem

$$\Delta = \frac{4\pi l}{\lambda_0} \tag{262}$$

gesetzt wird.

Wird bei der Kristallplatte die meist geringe Dispersion der Doppelbrechung (vgl. Ziff. 26) vernachlässigt, so folgt aus (261), (262) und (250), daß die Interferenzfarbe einer Kristallplatte von der Dicke d zwischen parallelen bzw. gekreuzten Polarisatoren bei Beleuchtung mit senkrecht auffallendem, parallelem, weißem Lichte angenähert übereinstimmt mit der Interferenzfarbe einer planparallelen Luftschicht von der Dicke

$$l = \frac{d}{2}(n_0' - n_0'')$$

im durchgehenden bzw. reflektierten Lichte[2]). Für den Gangunterschied (259) folgt hieraus $G = d(n_0' - n_0'') = 2l$, d. h. er ist doppelt so groß wie die Dicke einer gleichwirkenden Luftschicht.

Man pflegt die Interferenzfarben in Ordnungen einzuteilen, von denen jede ein Intervall $2l = 550\ m\mu$ umfaßt; in den aufeinanderfolgenden Intervallen wiederholen sich dann die Farben in ähnlicher Reihenfolge, namentlich in den höheren Ordnungen. In diesen werden die sich wiederholenden mattgrünen und -roten Farbentöne aber immer schwächer, bis sie schließlich mit bloßem Auge von Weiß nicht mehr unterschieden werden können. Ein solches Weiß höherer Ordnung ist jedoch nach (260) von dem Weiß des auffallenden Lichtes spektral verschieden. Bei gekreuzten Polarisatoren z. B. fehlen in ihm nach (261) diejenigen Frequenzen, für welche $\Delta = \pm 2m\pi$ ist; sein Spektrum erscheint daher von einer Anzahl dunkler Streifen durchzogen[3]), die als FIZEAU-FOUCAULTsche Streifen bezeichnet werden und deren Anzahl in einem bestimmten Spektralintervall offenbar mit der Plattendicke wächst. Bei beliebiger Stellung von Polarisator und Analysator

[1]) Vgl. z. B. P. DRUDE, Lehrb. d. Optik, 3. Aufl., S. 292. Leipzig 1912.

[2]) Über die in Wirklichkeit vorhandenen Abweichungen vgl. C. GAUDEFROY, C. R. Bd. 177, S. 1046, 1227 u. 1452. 1923.

[3]) J. MÜLLER, Pogg. Ann. Bd. 69, S. 98. 1846; Bd. 71, S. 91. 1847; H. FIZEAU u. L. FOUCAULT, Ann. chim. phys. (3) Bd. 26, S. 138. 1849; Bd. 30, S. 146. 1850; L. FOUCAULT, Recueil de trav. scientif., S. 105. Paris 1878; J. STEFAN, Wiener Ber. Bd. 50 (2), S. 481. 1864; L. DITSCHEINER, ebenda Bd. 57 (2), S. 709. 1868; E. MACH, Optisch-akustische Versuche, S. 94. Prag 1873; F. DEAS, Trans. Edinbg. Roy. Soc. Bd. 26, S. 177. 1872. Über die spektrale Zerlegung der Interferenzfarben doppelbrechender Kristalle bei Beobachtung im polarisierten Lichte unter dem Mikroskop vgl. J. CL. MAXWELL, ebenda Bd. 26, S. 185. 1872; TH. LIEBISCH, Physikal. Kristallographie, S. 469. Leipzig 1891.

treten vollkommen dunkle Streifen nach (260) nur bei der speziellen Plattenstellung $v + w = \pm \frac{\pi}{2}$ auf, und zwar bei denjenigen Frequenzen, für welche $\Delta = \pm(2k + 1)\pi$ ist.

d) Skala der Interferenzfarben; empfindliche Farben. Die Reihenfolge oder Skala der Interferenzfarben dünner Platten ist zuerst von BRÜCKE[1]), WERTHEIM[2]) und QUINCKE[3]) genauer untersucht worden. ROLLETT[4]) und KRAFT[5]) haben später gezeigt, daß die Stellung einer einzelnen Farbe in dieser Skala von der Natur der benutzten weißen Lichtquelle abhängt; da aber eine weiße Normallichtquelle nicht eingeführt ist[6]), so ist der Zusammenhang zwischen Interferenzfarbe und Gangunterschied in allen bisher aufgestellten Interferenzfarbenskalen nicht streng definiert.

Tabelle 2 gibt die Skala der Interferenzfarben für Quarzplatten zwischen gekreuzten und parallelen Polarisatoren nach den Beobachtungen von KRAFT. $G = 2l = d(n_0' - n_0'')$ ist der in $m\mu$ gemessene Gangunterschied der Platte für die Wellenlänge $\lambda_0 = 550 m\mu$; als weiße Lichtquelle diente bei der Aufstellung dieser Tabelle von Schnee reflektiertes Sonnenlicht.

Man kann die Skala der Interferenzfarben übersehen, indem man eine in eine scharfe Kante auslaufende keilförmige Kristallplatte zwischen gekreuzte bzw. parallele Polarisatoren bringt; das Gesichtsfeld zeigt dann die ganze Farbenfolge[7]) der Tabelle, falls der Kristall angenähert dieselbe Dispersion der Doppelbrechung besitzt wie Quarz. Bei hiervon abweichender Dispersion der Doppelbrechung sind die Farben in der I. Ordnung, je nach der Art der Abweichung, lebhafter („übernormal") oder weißlicher und schwächer („unternormal")[8]); beträchtliche Änderungen in der Reihenfolge der Interferenzfarben treten auf, wenn der betreffende Kristall für eine bestimmte Frequenz optisch einachsig wird, wie z. B. Apophyllit (vgl, Ziff. 26)[9]).

Aus Tabelle 2 sieht man, daß zwischen gekreuzten oder parallelen Polarisatoren eine deutlich ausgesprochene Färbung nur dann auftritt, wenn die Phasendifferenz für den mittleren Spektralbereich weder zu groß noch zu klein ist; außerdem zeigt sie, daß die Platte um so dünner sein muß, je größer $n_0' - n_0''$, d. h. je stärker die Doppelbrechung in Richtung der Plattennormale ist[10]). Ferner folgt aus Tabelle 2, daß für gewisse Gangunterschiede Farben auftreten, welche sich schon bei geringer Änderung des Gangunterschiedes

[1]) E. BRÜCKE, Pogg. Ann. Bd. 74, S. 582. 1848.

[2]) G. WERTHEIM, Ann. chim. phys. (3) Bd. 40, S. 180. 1854.

[3]) G. QUINCKE, Pogg. Ann. Bd. 129, S. 177. 1866.

[4]) A. ROLLETT, Wiener Ber. Bd. 77 (3), S. 177. 1878.

[5]) C. KRAFT, Krakauer Anzeiger 1902, S. 310.

[6]) Über den Versuch zur Definition einer weißen Normallichtquelle vgl. P. G. NUTTING, Circular Bur. of Stand. Nr. 28, S. 6. 1911,

[7]) Über Keilvorrichtungen für die tieferen Stufen der Interferenzfarbenskala vgl. D. J. MAHONY, Nature Bd. 74, S. 317. 1906; F. E. WRIGHT, Tschermaks mineral. und petrogr. Mitteil. Bd. 20, S. 275. 1901; Sill. Journ. (4) Bd. 29, S. 415. 1910.

[8]) F. BECKE, Wiener Denkschr. Bd. 75 (1), S. 60. 1913.

[9]) Vgl. hierzu C. KLEIN, Berl. Ber. 1892, S. 217; N. Jahrb. f. Min. 1892 (2), S. 165; C. HLAWATSCH, Tschermaks mineral. und petrogr. Mitteil. Bd. 21, S. 107. 1902; Bd. 23, S. 415. 1904; B. TROLLE, Phys. ZS. Bd. 7, S. 700. 1906; H. AMBRONN, Leipziger Ber. Bd. 63, S. 249 u. 402. 1911; F. BECKE, Wiener Denkschr. Bd. 75 (1), S. 60. 1913; A. EHRINGHAUS, N. Jahrb. f. Min., Beil. Bd. 41, S. 392. 1917; Bd. 43, S. 589. 1920; K. HOFMANN-DEGEN, Sitzungsber. Heidelb. Akad. Bd. 10 (A), Nr. 14. 1919.

[10]) Bei sehr dünnen Platten, welche die niedrigsten Interferenzfarben zeigen, kann deutliche Färbung erzielt werden, wenn man das Licht durch Reflexion an einem Spiegel zweimal durch die Platte gehen läßt; vgl. F. WALLERANT, Bull. soc. minéral. Bd. 20, S. 172. 1897; J. COOK, Nature Bd. 60, S. 8. 1899; J. JOLY, Proc. Dublin Soc. Bd. 9, S. 485. 1901.

Tabelle 2. Skala der Interferenzfarben für Quarzplatten zwischen gekreuzten bzw. parallelen Polarisatoren (nach KRAFT). (G Gangunterschied der Platte für die Wellenlänge $\lambda_0 = 550\ m\mu$).

Ordnung	Gekreuzte Polarisatoren	Parallele Polarisatoren	G
I	Das Schwarz geht durch „Eisengrau" über in	Die Farbe der Lichtquelle geht unmittelbar über in	0
	Indigograu		65
	Graublau	Gelblichweiß	90
	Klareres Grünlichblaugrau	Klares Braun	190
			222
	Weiß mit bläulich grüner Tönung	Rötlichorange	226,6
		Rot	237
	Weiß mit Spuren von Grün	Dunkles Karmin	246,3
			253,7
	Weiß (gelblichgrün)	Dunkles Purpur	262,9
			272
	Sehr klares Grünlichgelb	Dunkelviolett	273,4
		Indigo	286
	Klares Gelb	Blau	300,8
			325,7
	Braun	Grünlichblau	351,9
	Orange		411,5
	Rötlichorange	Bläulichgrün	454,6
			473
	Klares Rot		489,1
		Grün	501
	Karmin		504,1
	Purpur		515,6
		Gelblichgrün	522,9
II	Violett		551,2
	Indigo	Grünlichgelb	571
	Blau	Gelb	586,2
	Grünlichblau		623,7
		Orange	661,5
	Bläulichgrün		705,2
		Rötlichorange	714,6
		Klares Rot	735,1
	Grün	Karmin	761,8
	Gelblichgrün	Purpur	777,3
			796

Ordnung	Gekreuzte Polarisatoren	Parallele Polarisatoren	G
II	Grünlichgelb	Violett	827,7
		Indigo	854
	Gelb	Blau	868,1
			892
	Orange	Grünlichblau	923
			938,7
	Rötlichorange		947,5
	Klares Rot	Bläulichgrün	990,2
			1026,8
	Karmin	Grün	1042,7
	Purpur	Gelblichgrün	1051,9
III	Violett		1104,8
	Indigo	Grünlichgelb	1136,1
	Blau		1151,5
	Grünlichblau	Blasses Schmutziggelb	1165,7
			1201,4
	Bläulichgrün	Fleischfarbe	1231,7
		Sehr klares Rot	1285,5
	Grün		1291,7
		Klares Karmin	1307,3
	Gelblichgrün	Klares Purpur	1326,7
		Blaßviolett	1379
	Grünlichgelb	Graugetöntes Indigo	1413,2
	Blasses Schmutziggelb	Graublau	1425,7
		Grünlichblau	1441,3
	Fleischfarbe		1460
		Bläulichgrün	1468,1
	Sehr klares Rot		1534,8
	Klares Karmin	Grün	1550
	Sehr klares Purpur		1590,9
		Gelblichgrün	1596,8
	Blasses graugefärbtes Violett	Grünlichgelb	1675,1

stark ändern; diese Interferenzfarben bezeichnet man als empfindliche Farben[1]). Die empfindlichen Farben treten nach WENZEL[2]) stets dann auf, wenn der Spektralbezirk maximaler Intensität ausgelöscht ist. Am empfindlichsten ist bei gekreuzten Polarisatoren nach WENZEL das Purpur erster Ordnung, das bei geringer Vergrößerung des Gangunterschiedes in Violett, bei Verringerung in

[1]) Über die Intensitäten der einzelnen Spektralbezirke, aus welchen sich die empfindliche Farbe zusammensetzt, vgl. E. A. WÜLFING, Sitzungsber. Heidelb. Akad. Bd. 1, Nr. 24. 1910.

[2]) A. WENZEL, Phys. ZS. Bd. 18, S. 472. 1917.

Karmin umschlägt. Auch das Violett zweiter Ordnung wird vielfach als empfindliche Farbe benutzt; dasselbe geht bei Vergrößerung des Gangunterschiedes in Indigo, bei Verringerung in Purpurrot über.

73. Zwei übereinanderliegende Kristallplatten im parallelen, senkrecht auffallenden, linear polarisierten Lichte. Die Interferenzerscheinungen, welche n übereinanderliegende Kristallplatten im parallelen, senkrecht auffallenden, polarisierten Lichte zeigen, sind von TUCKERMAN[1]) behandelt worden; wir beschränken uns im folgenden auf den wichtigen Fall $n = 2$.

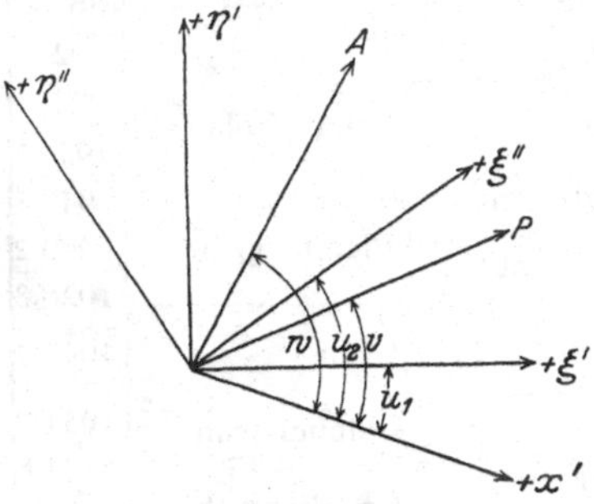

Abb. 21. Zwei übereinanderliegende Kristallplatten im parallelen, linear polarisierten, monochromatischen Lichte. (P Schwingungsrichtung des Polarisators, A Schwingungsrichtung des Analysators. x' feste Achsenrichtung. ξ', η' Hauptschwingungsrichtungen der ersten Platte; ξ'', η'' Hauptschwingungsrichtungen der zweiten Platte.)

Wir denken uns zwei planparallele, übereinanderliegende, doppelbrechende Kristallplatten zwischen Polarisator und Analysator im senkrecht auffallenden parallelen, monochromatischen Lichte und fragen nach der Intensität des aus dem Analysator austretenden Lichtes. Zu dem Zwecke legen wir das rechtwinklige Rechtssystem x', y', z' so, daß die Richtung der positiven z'-Achse in die Richtung der Wellennormale fällt und $z' = 0$ diejenige Plattenebene ist, auf welche die Welle zuerst auftrifft.

Wir bezeichnen mit ξ', η' die Hauptschwingungsrichtungen der Platte mit der Plattenebene $z' = 0$; ist v das Azimut der Schwingungsrichtung des Polarisators gegen die positive x'-Achse, u_1 der Winkel zwischen der positiven ξ'-Achse und der positiven x'-Achse (Abb. 21) und Δ_1 die gemäß (250) bestimmte Phasendifferenz, welche die Komponente $\mathfrak{D}_{\xi'}$ des Lichtvektors $\mathfrak{D}$ der auffallenden Welle beim Durchgang durch die Platte gegenüber $\mathfrak{D}_{\eta'}$ erhalten hat, so haben wir beim Austritt aus der ersten Platte

$$\mathfrak{D}_{\xi'} = |\mathfrak{D}| \cos(v - u_1)\, e^{-i\omega t}, \qquad \mathfrak{D}_{\eta'} = |\mathfrak{D}| \sin(v - u_1)\, e^{-i(\omega t + \Delta_1)} \tag{263}$$

Sind ξ'', η'' die Hauptschwingungsrichtungen der zweiten Platte und ist u_2 der Winkel zwischen der positiven ξ''-Achse und der positiven x'-Achse, ferner Δ_2 die gemäß (250) bestimmte Phasendifferenz, welche die Komponente $\mathfrak{D}_{\xi''}$ beim Durchgang durch die Platte gegenüber $\mathfrak{D}_{\eta''}$ bekommen hat, so haben wir beim Austritt aus der zweiten Platte

$$\left.\begin{aligned} \mathfrak{D}_{\xi''} &= |\mathfrak{D}|\{\cos(v-u_1)\cos(u_2-u_1) + \sin(v-u_1)\sin(u_2-u_1)\, e^{-i\Delta_1}\} e^{-i(\omega t-\varepsilon')},\\ \mathfrak{D}_{\eta''} &= |\mathfrak{D}|\{-\cos(v-u_1)\sin(u_2-u_1)\, e^{-i\Delta_2} + \sin(v-u_1)\cos(u_2-u_1)\, e^{-i(\Delta_1+\Delta_2)}\} e^{-i(\omega t-\varepsilon')}, \end{aligned}\right\} \tag{264}$$

wobei ε' von der gegenseitigen Entfernung der beiden Platten abhängt.

Bezeichnen wir mit $\mathfrak{D}_A$ die nach der Schwingungsrichtung des Analysators genommene Komponente von $\mathfrak{D}$, so haben wir

$$\mathfrak{D}_A = \mathfrak{D}_{\xi''} \cos(w - u_2) + \mathfrak{D}_{\eta''} \sin(w - u_2)\,,$$

falls w die Schwingungsrichtung des Analysators gegen die positive x'-Achse bedeutet; mit Rücksicht auf (264) folgt hieraus

$$\left.\begin{aligned} \mathfrak{D}_A = |\mathfrak{D}|\cdot[&\{\cos(v-u_1)\cos(u_2-u_1) + \sin(v-u_1)\sin(u_2-u_1)\, e^{-i\Delta_1}\}\cos(w-u_2)\\ &+\{-\cos(v-u_1)\sin(u_2-u_1)\, e^{-i\Delta_2}\\ &+\sin(v-u_1)\cos(u_2-u_1)\, e^{-i(\Delta_1+\Delta_2)}\}\sin(w-u_2)]\, e^{-i(\omega t-\varepsilon'-\varepsilon'')}, \end{aligned}\right\} \tag{265}$$

wobei ε'' von der Entfernung des Analysators von der zweiten Platte abhängt.

[1]) L. B. TUCKERMAN, Univ. Studies of the University of Nebraska Bd. 9, S. 157. 1909.

Die Intensität J des aus dem Analysator austretenden Lichtes ergibt sich aus (33), indem man die rechte Seite von (265) mit ihrem konjugiert komplexen Werte multipliziert; bezeichnen wir wieder die Intensität der aus dem Polarisator austretenden, auf die Kristallplatte fallenden Welle mit J_0, setzen also nach (32)

$$J_0 = \overline{\mathfrak{T}}^2,$$

so ergibt sich für J mit Hilfe von (265) nach einiger Umformung der folgende Ausdruck[1])

$$\left.\begin{aligned} J = J_0 \Big\{ & \cos^2(v-w) - \sin 2(v-u_1)\sin 2(w-u_1)\sin^2\frac{\Delta_1}{2} \\ & - \sin 2(v-u_2)\sin 2(w-u_2)\sin^2\frac{\Delta_2}{2} \\ & - 2\sin 2(v-u_1)\sin 2(w-u_2)\sin\frac{\Delta_1}{2}\sin\frac{\Delta_2}{2}\Big(\cos\frac{\Delta_1}{2}\cos\frac{\Delta_2}{2} \\ & - \sin\frac{\Delta_1}{2}\sin\frac{\Delta_2}{2}\cos 2(u_2-u_1)\Big)\Big\}, \end{aligned}\right\} \tag{266}$$

der sich auch auf die Form bringen läßt

$$\left.\begin{aligned} J = J_0 \Big\{ & \cos^2(v-w) - \sin 2(v-u_1)\cos 2(w-u_2)\sin 2(u_2-u_1)\sin^2\frac{\Delta_1}{2} \\ & + \cos 2(v-u_1)\sin 2(w-u_2)\sin 2(u_2-u_1)\sin^2\frac{\Delta_2}{2} \\ & - \sin 2(v-u_1)\sin 2(w-u_2)\cos^2(u_2-u_1)\sin^2\frac{\Delta_1+\Delta_2}{2} \\ & + \sin 2(v-u_1)\sin 2(w-u_2)\sin^2(u_2-u_1)\sin^2\frac{\Delta_1-\Delta_2}{2}\Big\}. \end{aligned}\right\} \tag{267}$$

Aus (266) folgt, daß bei beliebiger Stellung des Analysators eine Vertauschung von u_1 mit u_2 und Δ_1 mit Δ_2 eine Änderung von J hervorruft, d. h. die Intensität des aus dem Analysator austretenden Lichtes hängt bei beliebiger Stellung von Polarisator und Analysator von der Reihenfolge ab, in welcher die beiden übereinanderliegenden Platten in den Gang der senkrecht auffallenden Welle gebracht werden.

Ist $u_2 - u_1 = m\pi\,(m = 0, 1, 2, \ldots)$, d. h. befinden sich die beiden übereinanderliegenden Platten in solcher Lage, daß die Hauptschwingungsrichtungen der entsprechenden (weniger bzw. stärker brechbaren) Wellen einander parallel sind (sog. „Additionslage"), so folgt aus (267)

$$J = J_0\left\{\cos^2(v-w) - \sin 2(v-u_1)\sin 2(w-u_1)\sin^2\frac{\Delta_1+\Delta_2}{2}\right\}; \tag{268}$$

ist $u_2 - u_1 = \pm\frac{\pi}{2}$, d. h. befinden sich die beiden übereinanderliegenden Platten in solcher Lage, daß ihre entsprechenden Hauptschwingungsrichtungen gekreuzt sind (sog. „Subtraktionslage"), so ergibt sich aus (267)

$$J = J_0\left\{\cos^2(v-w) - \sin 2(v-u_1)\sin 2(w-u_1)\sin^2\frac{\Delta_1-\Delta_2}{2}\right\}. \tag{269}$$

Der Vergleich von (268) und (269) mit (252) zeigt, daß in diesen beiden Fällen die beiden übereinanderliegenden Platten wie eine einzelne Platte wirken, deren Phasendifferenz im ersteren Falle gleich der Summe und im zweiten Falle gleich der Differenz der Phasendifferenzen der beiden übereinanderliegenden Platten ist.

---

[1]) A. Fresnel, Ann. chim. phys. (2) Bd. 17, S. 172. 1821; Œuvr. compl. Bd. 1, S. 624. Paris 1866.

74. Zwei übereinanderliegende Kristallplatten im parallelen, senkrecht auffallenden Lichte zwischen parallelen bzw. gekreuzten Polarisatoren. Sind die Schwingungsrichtungen von Polarisator und Analysator gleichgerichtet [Fall „paralleler" Polarisatoren (Nicols)], so ist $v = w$, und wir erhalten dann aus (266) bzw. (267) für die Intensität $J_\parallel$

$$\left.\begin{aligned} J_\parallel = J_0 \Big\{ & 1 - \sin^2 2(v-u_1)\sin^2\frac{\Delta_1}{2} - \sin^2 2(v-u_2)\sin^2\frac{\Delta_2}{2} \\ & - 2\sin 2(v-u_1)\sin 2(v-u_2)\sin\frac{\Delta_1}{2}\sin\frac{\Delta_2}{2}\Big(\cos\frac{\Delta_1}{2}\cos\frac{\Delta_2}{2} \\ & - \sin\frac{\Delta_1}{2}\sin\frac{\Delta_2}{2}\cos 2(u_2-u_1)\Big)\Big\} \end{aligned}\right\} \tag{270}$$

bzw.

$$\left.\begin{aligned} J_\parallel = J_0 \Big\{ & 1 - \sin 2(v-u_1)\cos 2(v-u_2)\sin 2(u_2-u_1)\sin^2\frac{\Delta_1}{2} \\ & + \cos 2(v-u_1)\sin 2(v-u_2)\sin 2(u_2-u_1)\sin^2\frac{\Delta_2}{2} \\ & - \sin 2(v-u_1)\sin 2(v-u_2)\cos^2(u_2-u_1)\sin^2\frac{\Delta_1+\Delta_2}{2} \\ & + \sin 2(v-u_1)\sin 2(v-u_2)\sin^2(u_2-u_1)\sin^2\frac{\Delta_1-\Delta_2}{2}. \end{aligned}\right\} \tag{271}$$

Liegt die Schwingungsrichtung des Analysators senkrecht zur Schwingungsrichtung des Polarisators [Fall „gekreuzter" Polarisatoren (Nicols)], so ist $v - w = \pm\frac{\pi}{2}$, und man bekommt aus (266) bzw. (267) für die Intensität $J_\perp$

$$\left.\begin{aligned} J_\perp = J_0 \Big\{ & \sin^2 2(v-u_1)\sin^2\frac{\Delta_1}{2} + \sin^2 2(v-u_2)\sin^2\frac{\Delta_2}{2} \\ & + 2\sin 2(v-u_1)\sin 2(v-u_2)\sin\frac{\Delta_1}{2}\sin\frac{\Delta_2}{2}\Big(\cos\frac{\Delta_1}{2}\cos\frac{\Delta_2}{2} \\ & - \sin\frac{\Delta_1}{2}\sin\frac{\Delta_2}{2}\cos 2(u_2-u_1)\Big)\Big\} \end{aligned}\right\} \tag{272}$$

bzw.

$$\left.\begin{aligned} J_\perp = J_0 \{ & \sin 2(v-u_1)\cos 2(v-u_2)\sin 2(u_2-u_1)\sin^2\frac{\Delta_1}{2} \\ & - \cos 2(v-u_1)\sin 2(v-u_2)\sin 2(u_2-u_1)\sin^2\frac{\Delta_2}{2} \\ & + \sin 2(v-u_1)\sin 2(v-u_2)\cos^2(u_2-u_1)\sin^2\frac{\Delta_1+\Delta_2}{2} \\ & - \sin 2(v-u_1)\sin 2(v-u_2)\sin^2(u_2-u_1)\sin^2\frac{\Delta_1-\Delta_2}{2}. \end{aligned}\right\} \tag{273}$$

Aus (270) und (272) bzw. (271) und (273) folgt, daß

$$J_\parallel + J_\perp = J_0$$

ist.

Aus (271) und (273) ergibt sich ferner, daß bei parallelen bzw. gekreuzten Polarisatoren eine Vertauschung von u_1 mit u_2 und Δ_1 mit Δ_2 keine Änderung von $J_\parallel$ bzw. $J_\perp$ hervorruft; in diesen beiden Fällen ist somit die Intensität des aus dem Analysator austretenden Lichtes unabhängig von der Reihenfolge, in welcher die beiden übereinanderliegenden Platten in den Gang der senkrecht auffallenden Welle gebracht werden.

Für den Fall gekreuzter Polarisatoren ist aus (272) zu schließen, daß $J_\perp$ bei beliebigen Werten von Δ_1, Δ_2 und $u_2 - u_1$ durch alleinige Änderung von u_1 nicht zum Verschwinden gebracht werden kann; hieraus folgt, daß zwei beliebig übereinanderliegende doppelbrechende Kristallplatten zwischen gekreuzten Polarisatoren in keiner einzigen Lage vollkommen dunkles Gesichtsfeld ergeben können.

Weiter ergibt sich aus (272), daß $J_\perp$ jedenfalls verschwinden muß, wenn

$$\sin 2(v - u_1) \sin\frac{\Delta_1}{2} = \sin 2(v - u_2) \sin\frac{\Delta_2}{2} = 0 \tag{274}$$

ist. Sind Δ_1 und Δ_2 für die Frequenz der auffallenden Welle von $2m\pi$ ($m = 0, 1, 2, \ldots$) verschieden, sonst aber beliebig, so wird (274) erfüllt, wenn entweder

$$v - u_1 = v - u_2 = 0, \text{ oder } v - u_1 = 0,\ v - u_2 = \frac{\pi}{2} \text{ oder } v - u_1 = \frac{\pi}{2},\ v - u_2 = 0$$

ist. Im monochromatischen Lichte kann somit zwischen gekreuzten Polarisatoren bei beliebigen Phasendifferenzen der übereinanderliegenden Platten vollkommene Dunkelheit nur dann eintreten, wenn die Hauptschwingungsrichtungen der entsprechenden (weniger bzw. stärker brechbaren) Wellen der Platten parallel oder senkrecht zueinander liegen und mit den Schwingungsrichtungen der Polarisatoren zusammenfallen.

Ist dagegen $v - u_1$ und $v - u_2$ weder gleich Null, noch gleich $\pi/2$, so kann (274) nur erfüllt sein, wenn $\Delta_1 = 2m_1\pi$ ($m_1 = 0, 1, 2, \ldots$) oder $\Delta_2 = 2m_2\pi$ ($m_2 = 0, 1, 2, \ldots$) ist; in diesem Falle geht die aus dem Polarisator austretende Welle ungeändert durch jede der beiden Platten hindurch und die Plattenkombination verhält sich so, als ob sie überhaupt nicht vorhanden wäre.

75. Nachweis kleiner Doppelbrechungen und Bestimmung der Auslöschungsrichtungen. a) Platte empfindlicher Färbung. Befindet sich eine doppelbrechende Kristallplatte zwischen gekreuzten Polarisatoren und ist ihre Phasendifferenz Δ_1 von solcher Größe, daß bei Beleuchtung mit weißem Lichte die empfindliche Farbe [vgl. Ziff. 72d)] auftritt, so wird die Intensität des aus dem Analysator austretenden Lichtes durch die zweite Formel (261) gegeben; bringt man nun eine zweite doppelbrechende Platte in beliebigem Azimut zwischen die Polarisatoren, so folgt mit Hilfe von (272), daß eine Änderung der Färbung des aus dem Analysator austretenden Lichtes eintreten muß. Diese Anordnung läßt sich daher benutzen, um bei einer Kristallplatte eine geringe Doppelbrechung nachzuweisen, da sich schon Spuren einer solchen durch Umschlag der empfindlichen Farbe in eine Nachbarfarbe bemerkbar machen[1]).

Die zweite Platte wird nach (272) oder (273) unwirksam, wenn $u_2 = v$ oder $= v \pm \pi/2$ ist, d. h. wenn ihre Hauptschwingungsrichtungen mit den Schwingungsrichtungen von Polarisator und Analysator zusammenfallen; man kann daher die Auslöschungsrichtungen (Ziff. 70) einer Kristallplatte bestimmen, indem man sie zusammen mit einer Platte empfindlicher Farbe zwischen gekreuzte Polarisatoren bringt und (bei Beleuchtung mit senkrecht auffallendem, weißem Lichte) so lange in ihrer Ebene dreht, bis die empfindliche Farbe sich nicht ändert[2]).

b) Doppelbrechende Halbschattenplatten. (BRAVAISsche und CALDERONsche Doppelplatte.) Die Empfindlichkeit der unter a) besprochenen Anordnung läßt sich erheblich steigern, indem man nach dem Vor-

---

[1]) Vgl. hierzu E. KÖHLER, ZS. f. wiss. Mikrosk. Bd. 38, S. 29. 1921; E. A. WÜLFING, Sitzungsber. Heidelb. Akad. Bd. 10, Nr. 24. 1910.

[2]) Besitzen die Schwingungsrichtungen der Platte Dispersion (Ziff. 28), so liefert diese Methode nur eine gewisse mittlere Lage der Auslöschungsrichtungen.

gang von BRAVAIS[1]) die Platte empfindlicher Färbung derart zerschneidet, daß die Schnittlinie mit der einen Hauptschwingungsrichtung den Winkel $\varepsilon\left(0 < \varepsilon < \frac{\pi}{2}\right)$ bildet, hierauf die eine Hälfte um die Normale der Schnittfläche um 180° dreht und dann beide Hälften wieder zusammenfügt. Die Hauptschwingungsrichtungen der entsprechenden (weniger bzw. stärker brechbaren) Wellen der beiden Hälften bilden dann miteinander den Winkel 2ε; eine solche Doppelplatte wird als doppelbrechende Halbschattenplatte bezeichnet[2]). Sind u_1 und $u_1 + 2\varepsilon$ die gegen eine feste Richtung gezählten Azimute der entsprechenden Hauptschwingungsrichtungen der beiden Hälften, so sind die Intensitäten J' und J'' der beiden Hälften bei gekreuzten Polarisatoren und Beleuchtung mit weißem, parallelem, senkrecht auffallendem Lichte nach (261)

$$J' = \sin^2 2u_1 \sum J_0 \sin^2 \frac{\Delta_1}{2}, \qquad J'' = \sin^2 2(u_1 + 2\varepsilon) \sum J_0 \sin^2 \frac{\Delta_1}{2}, \tag{275}$$

wobei Δ_1 die Phasendifferenz der Platte ist. Bei $\varepsilon = \frac{\pi}{4}$ wird $J' = J''$ für jedes beliebige u_1; bei einem von $\pi/4$ verschiedenen ε besteht Gleichheit von J' und J'' nur für $u_1 = \frac{m\pi}{4} - \varepsilon\,(m = 0, 1, 2, \ldots)$. Eine solche Stellung der Halbschattenplatte, bei welcher die beiden Hälften bei Beleuchtung mit weißem Lichte gleich gefärbt erscheinen, nennt man eine Halbschattenstellung; bei Beleuchtung mit monochromatischem Lichte ist die Halbschattenstellung an der gleichen Intensität der beiden Hälften zu erkennen.

Befindet sich die Halbschattenplatte in einer Halbschattenstellung und bringt man zwischen die gekreuzten Polarisatoren eine zweite, schwach doppelbrechende Platte mit der Phasendifferenz Δ_2 in ein von 0 und $\pi/2$ verschiedenes Azimut u_2, so ergibt sich mit Hilfe von (272), daß bei Beleuchtung mit weißem Lichte die Farben und bei Beleuchtung mit monochromatischem Lichte die Intensitäten der beiden Hälften in entgegengesetztem Sinne umschlagen.

Die Anordnung wird benutzt, um sehr geringe Doppelbrechungen nachzuweisen; die Empfindlichkeit kann so weit gesteigert werden, daß eine Phasendifferenz Δ_2 von der Größenordnung $1 \cdot 10^{-4} \cdot 2\pi$ noch sicher zu erkennen ist. Ferner läßt sie sich verwenden, um bei Beleuchtung mit monochromatischem Lichte die Auslöschungsrichtungen einer doppelbrechenden Kristallplatte zu ermitteln[3]). Zu dem Zwecke wird diese so lange in ihrer Ebene gedreht, bis die (in Halbschattenstellung befindliche) Halbschattenplatte keinen Intensitätsunterschied der beiden Hälften zeigt; die Auslöschungsrichtungen der zu untersuchenden Platte fallen dann mit den Schwingungsrichtungen der gekreuzten Polarisatoren zusammen. Bei den Beobachtungen wird mittels einer Lupe scharf auf die Trennungslinie der beiden Hälften der Halbschattenplatte eingestellt.

Ist $\varepsilon = \frac{\pi}{4}$, so stehen die entsprechenden Hauptschwingungsrichtungen in den beiden Hälften der Halbschattenplatte senkrecht zueinander. Aus (275) ergibt sich, daß sich die Halbschattenplatte dann bei jedem beliebigen, zwischen 0 und $\pi/2$

---

[1]) A. BRAVAIS, C. R. Bd. 32, S. 112. 1851; Ann. chim. phys. (3) Bd. 43, S. 131. 1855.

[2]) Über eine auf einem anderen Prinzip beruhende Doppelplatte vgl. Ziff. 117.

[3]) Über die Methoden zur Bestimmung der Auslöschungsrichtungen vgl. F. E. WRIGHT, Sill. Journ. (4) Bd. 26, S. 34. 1908; The methods of petrographic-microscopic research, S. 115. Washington 1911 (Carnegie Instit. of Washington, Public. Nr. 158); M. BEREK, N. Jahrb f. Min., Beil. Bd. 33, S. 583. 1912; Ann. d. Phys. Bd. 58, S. 165. 1919.

gelegenen Azimut u_1 in Halbschattenstellung befindet; größte Intensität ist bei $u_1 = \frac{\pi}{4}$. Eine solche Halbschattenplatte bezeichnet man als BRAVAISsche Doppelplatte[1]).

Ist ε von $\pi/4$ verschieden, so nennt man die Halbschattenplatte eine CALDERONsche Doppelplatte[2]). Halbschattenstellung ist bei dieser nach (275) nur dann vorhanden, wenn die entsprechenden Hauptschwingungsrichtungen der beiden Plattenhälften die Azimute $u_1' = \frac{m\pi}{4} - \varepsilon$ und $u_1'' = \frac{m\pi}{4} + \varepsilon$ $(m = 0, 1, 2, \ldots)$ besitzen, d. h. wenn die Halbierungslinie ihres Winkels entweder mit der Schwingungsrichtung von Polarisator oder Analysator, oder aber mit einer der Winkelhalbierenden dieser beiden Richtungen zusammenfällt.

Bezüglich weiterer Einzelheiten über die Eigenschaften doppelbrechender Halbschattenplatten und ihrer Verwendung beim Nachweis geringer Doppelbrechungen vgl. das Kapitel über die Messung elliptisch polarisierten Lichtes in Bd. XIX dieses Handbuches.

76. Durchgang parallelen, polarisierten Lichtes durch ein symmetrisches, geschlossenes Lamellenpaket; REUSCHsche Glimmersäulen. Mit Rücksicht auf gewisse Fragen der Kristallstruktur sind die Interferenzerscheinungen bei Systemen von Kristallplatten von Interesse, bei welchen jede Platte gegen die folgende hinsichtlich ihrer Lage um denselben Winkel verdreht erscheint.

Wir betrachten daher jetzt ein System von l dünnen, planparallelen, doppelbrechenden Kristallamellen im parallelen, senkrecht auffallenden, monochromatischen, elliptisch polarisierten Lichte. Ein solches Lamellensystem bezeichnet man als ein Paket[3]); das Paket heißt symmetrisch, wenn sämtliche l Lamellen gleichartig sind und die Hauptschwingungsrichtungen der stärker brechbaren Wellen je zweier aufeinanderliegender Lamellen den gleichen Winkel w bilden. Ist insbesondere $w = \frac{\pi}{l}$, so nennt man das symmetrische Paket geschlossen.

Mehrere übereinanderliegende Pakete bilden eine Säule.

Um das Verhalten eines geschlossenen, symmetrischen Lamellenpaketes gegenüber parallelem senkrecht auffallendem, elliptisch polarisiertem Lichte zu ermitteln, benutzen wir mit POINCARÉ[4]) die von ihm herrührende geometrische Methode zur Darstellung des Schwingungszustandes einer elliptisch polarisierten Welle; die Grundlage dieser Methode ist in Kap. 4 (Ziff. 9) dieses Bandes dargestellt, auf welches wir bezüglich der Einzelheiten, sowie hinsichtlich der Bezeichnungsweise verweisen.

Ist M der Mittelpunkt der Einheitskugel und Δ die von jeder der l Lamellen hervorgerufene Phasendifferenz, so stellt sich die Wirkung des Paketes auf die durch-

---

[1]) Vgl. die Zitate S. 766 Anm. 1. BRAVAIS stellte seine Doppelplatte aus Glimmer her; später wurde auch Quarz benutzt (F. STÖBER, ZS. f. Krist. Bd. 29, S. 22. 1898). Eine Steigerung der Empfindlichkeit kann man mit vier paarweise gekreuzten, möglichst dünnen Glimmerblättchen (Vierteilung des Gesichtsfeldes) erhalten (J. KOENIGSBERGER, Centralbl. f. Min. 1908, S. 729; 1909, S. 249 u. 746). Über die praktische Herstellung der BRAVAISschen Doppelplatte vgl. E. PERUCCA, Cim. (6) Bd. 6, S. 186. 1913; ZS. f. Instrkde. Bd. 43, S. 26. 1923. Über eine Keilkombination, die wie eine BRAVAISsche Doppelplatte mit variierbarer Empfindlichkeit wirkt, vgl. F. E. WRIGHT, Sill. Journ. (4) Bd. 26, S. 370. 1908.

[2]) L. CALDERON, ZS. f. Krist. Bd. 2, S. 69. 1878; F. E. WRIGHT, Sill. Journ. (4) Bd. 26, S. 370. 1908. CALDERON stellte seine Doppelplatte aus Kalkspat her; später wurde als Material auch Glimmer [H. TRAUBE, N. Jahrb. f. Min. 1898 (1), S. 251], Gips [E. SOMMERFELDT, ZS. f. wiss. Mikrosk. Bd. 24, S. 24. 1907; F. E. WRIGHT, Sill. Journ. (4) Bd. 26, S. 371. 1908] oder Quarz [F. E. WRIGHT, Sill. Journ. (4) Bd. 26, S. 374. 1908] genommen.

[3]) E. MALLARD, C. R. Bd. 92, S. 1155. 1881; Ann. d. mines (7) Bd. 29, S. 265. 1881.

[4]) H. POINCARÉ, Théorie mathématique de la lumière Bd. II, S. 275. Paris 1892.

gehende, elliptisch polarisierte Welle als das Resultat von aufeinanderfolgenden Einzeldrehungen um den Winkel Δ um die Achsen MA_1, MA_2, ... dar, die in der Äquatorebene der Kugel liegen; hierbei ist offenbar $A_1A_2 = A_2A_3 = \cdots = \frac{2\pi}{l}$.

Bedeutet nun D_i eine dieser Drehungen um eine Achse MA_i, ferner S_l eine Drehung $\frac{2\pi}{l}$ um die Polarachse Mp_1, so können wir[1]) für die resultierende Drehung in leicht verständlicher Schreibweise

$$D_1 \cdot D_2 \ldots D_l = D \cdot S_{-l} D_1 S_l \cdot S_{-2l} D_1 S_{2l} \ldots S_{-(l-1)l} D_1 S_{(l-1)l};$$

schreiben; da nun $S_{(l-1)l} \cdot S_l = S_{ll} = S_{2\pi} = 1$ und somit auch $S_{(l-1)l} = S_{-l}$ ist, so erhält man

$$D_1 \cdot D_2 \ldots D_l = (D_1 S_{-l})^l,$$

d. h. die l aufeinanderfolgenden Einzeldrehungen sind gleichwertig mit der l-fachen Resultierenden aus den Drehungen D_1 und S_{-l}. Zur Ermittelung dieser Resultierenden legen wir durch A_1 und p_1 je einen Großkreis; ersterer soll mit A_1p_1 (entgegen dem Drehungssinn um MA) den Winkel $\Delta/2$, letzterer mit p_1A_1 (im selben Sinne wie die Drehung um Mp_1) den Winkel π/l bilden (Abb. 22). Ist B der Schnittpunkt dieser beiden Großkreise, so erhält man als Resultierende der beiden aufeinanderfolgenden Drehungen eine Drehung um den Winkel 2τ um MB als Achse, falls $\tau = A_1Bp_1$ gesetzt wird. Da $A_1p_1 = \frac{\pi}{2}$ ist, so ergibt sich für das sphärische Dreieck A_1Bp_1

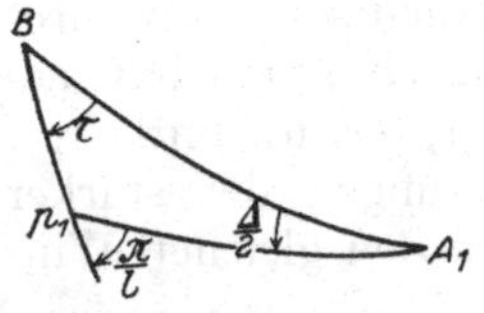

Abb. 22. Zur geometrischen Darstellung des Durchganges einer elliptisch polarisierten, ebenen Welle durch ein symmetrisches, geschlossenes Lamellenpaket. (Die Pfeilrichtungen geben die Drehungssinne um die betreffenden Kugeldurchmesser als Drechachsen an.)

$$\cos\tau = \cos\frac{\Delta}{2}\cos\frac{\pi}{l};$$

setzt man $\tau = \frac{\pi}{l} + \Theta$ und ist Θ unendlich klein von der ersten Ordnung, so folgt aus der letzten Gleichung in erster Annäherung

$$\Theta = \frac{\Delta^2}{8}\operatorname{cotg}\frac{\pi}{l}.$$

Die resultierende Drehung $(D_1S_{-l})^l$ stellt sich somit dar als eine Drehung um MB um den Winkel

$$2\tau l = \left(\frac{2\pi}{l} + \frac{\Delta^2}{4}\operatorname{cotg}\frac{\pi}{l}\right)l = 2\pi + \frac{l\Delta^2}{4}\operatorname{cotg}\frac{\pi}{l}.$$

Ist Δ sehr klein, so ist demnach die Wirkung des Paketes derart, daß sich der betreffende Kugelpunkt entlang eines Breitekreises zu einem Meridian verschiebt, der mit dem ursprünglichen Meridian den Winkel

$$P = \frac{l\Delta^2}{4}\operatorname{cotg}\frac{\pi}{l}$$

bildet; die Verschiebung erfolgt entgegengesetzt dem Sinne, in dem der Winkel zwischen den Hauptschwingungsrichtungen der stärker brechbaren Wellen zweier aufeinanderliegender Lamellen gezählt wird. Für P kann man bei Heranziehung von (72) auch

$$P = l\frac{\pi^2 d^2 (n_0' - n_0'')^2}{\lambda_0^2}\operatorname{cotg}\frac{\pi}{l}$$

schreiben, wobei n_0' und n_0'' die Brechungsindizes einer Lamelle in Richtung der Lamellennormale, d die Dicke einer Lamelle und λ_0 die Wellenlänge (im Vakuum) der auffallenden elliptisch polarisierten Welle bedeutet.

---

[1]) J. WALKER, Phil. Mag. (6) Bd. 3, S. 548. 1902; The analytical theory of light, S. 354. Cambridge 1904.

Beim Durchgang durch ein geschlossenes, symmetrisches Lamellenpaket wird daher das Azimut der Schwingungsellipse einer senkrecht auffallenden ebenen, elliptisch polarisierten Welle um den Winkel $P/2$ geändert, während die Elliptizität der Schwingungsbahn ungeändert bleibt; ist die auffallende Welle linear polarisiert, so besteht die Wirkung des Paketes in einer einfachen Drehung der Polarisationsebene. Bei einer aus m symmetrisch geschlossenen Paketen bestehenden Säule ergibt sich der Winkel, um den die Schwingungsellipse bzw. Polarisationsebene gedreht wird, offenbar zu $\frac{m}{2}P$.

Diese Erscheinung ist von REUSCH[1]) bei Säulen von symmetrischen, geschlossenen, aus Glimmerlamellen hergestellten Paketen (sog. REUSCHsche Glimmersäulen) experimentell gefunden worden. Auf ihr gründeten sich die älteren Strukturtheorien von SOHNCKE und MALLARD zur Erklärung der optischen Eigenschaften aktiver Kristalle[2]).

77. Durchgang parallelen, polarisierten Lichtes durch ein unsymmetrisches, offenes Lamellenpaket; Theorie der isomorphen Mischkristalle von MALLARD. Wir wenden uns jetzt dem allgemeineren Falle eines unsymmetrischen, offenen Paketes zu und betrachten den Durchgang einer senkrecht auffallenden ebenen, elliptisch polarisierten Welle; hierbei benutzen wir wie in der vorhergehenden Ziffer die geometrische Methode von POINCARÉ.

Sind $\Delta_1, \Delta_2, \Delta_3, \ldots$ die Phasendifferenzen der Lamellen und $w_1, w_2, w_3, \ldots$ die Winkel zwischen den Hauptschwingungsrichtungen der stärker brechbaren Wellen je zweier aufeinanderliegender Lamellen, so haben wir um die in der Äquatorebene liegenden Radien $MA_1, MA_2, \ldots$ als Achsen die aufeinanderfolgenden Drehungen $\Delta_1, \Delta_2, \ldots$ auszuführen; dabei gilt für die Punkte $A_1, A_2, \ldots$,

$$A_1A_2 = 2w_1, \quad A_2A_3 = 2w_2, \ldots$$

Diese Drehungen lassen sich insgesamt durch eine Drehung um den Winkel Δ um eine gewisse in der Äquatorebene liegende Achse MA, verbunden mit einer Drehung P um die Polarachse Mp_1, ersetzen; um diese beiden Einzeldrehungen zu ermitteln, bestimmen wir die ihnen entgegengesetzt gleichen Drehungen, welche den betreffenden ins Auge gefaßten Kugelpunkt in seine ursprüngliche Lage zurückführen würde, nachdem die aufeinanderfolgenden Drehungen Δ_1, Δ_2, Δ_3, ... ausgeführt worden sind.

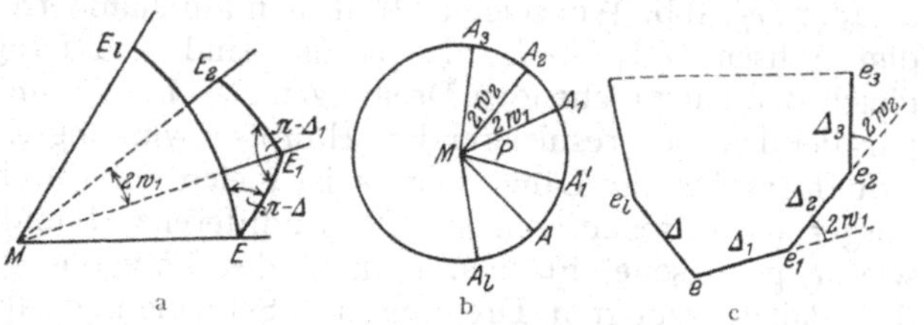

Abb. 23. Zur geometrischen Darstellung des Durchganges einer ebenen, elliptisch polarisierten Welle durch ein unsymmetrisches, offenes Lamellenpaket.

Zu dem Zwecke betrachten wir[3]) ein räumliches Vielkant $MEE_1E_2\ldots E_l$, dessen Kante ME_h den Winkel $\pi - \Delta_h$ $(h = 1, 2, \ldots)$ besitzt und dessen Seitenfläche $E_hME_{h+1} = A_hMA_{h+1} = 2w_h$ $(h = 1, 2, \ldots)$ ist (Abb. 23a). Dieses Vielkant denken wir uns so auf der Äquatorebene abgerollt, daß bei der Ausgangslage die Seitenfläche EME_1 mit der Äquatorebene und die Kante ME_1 mit dem Äquatorradius MA_1 zusammenfällt; die Kanten $ME_2, ME_3, \ldots, ME_l$ und ME fallen dann der Reihe nach mit den Radien $MA_2, MA_3, \ldots, MA_l$ und MA zusammen. Um nun den betreffenden mit dem Vielkant fest verbunden gedachten

[1]) E. REUSCH, Monatsber. d. Berl. Akad. 1869, S. 530; Pogg. Ann. Bd. 138, S. 628. 1869.
[2]) Vgl. hierzu Ziff. 96 und Ziff. 110.
[3]) H. POINCARÉ, Théorie mathématique de la lumière Bd. II, S. 296. Paris 1892.

Kugelpunkt in seine ursprüngliche Lage zurückzubringen, müssen wir zunächst eine Drehung um einen Winkel $\varDelta$ um MA als Durchmesser ausführen, wobei $\pi - \varDelta$ der Kantenwinkel von ME ist und bringen dadurch ME_1 nach MA_1' (Abb. 23b); eine zweite Drehung um den Winkel $A_1'MA_1 = P$ um die zur Äquatorebene senkrechte Achse führt MA_1' nach A_1, falls P der Exzeß von 2π über die Summe der Seiten des Vielkantes ist.

Das unsymmetrische, offene Lamellenpaket wirkt demnach auf eine senkrecht auffallende, elliptisch polarisierte Welle wie eine einzelne doppelbrechende Platte von der Phasendifferenz $\varDelta$, deren zur stärker brechbaren Welle gehörende Hauptschwingungsrichtung mit der entsprechenden Hauptschwingungsrichtung der ersten Lamelle den Winkel A_1MA_1' bildet, verbunden mit einer Drehung der Schwingungsellipse der aus der doppelbrechenden Platte austretenden Welle um den Winkel $P/2$.

Wir betrachten jetzt den Fall, daß die einzelnen Lamellen des Paketes sehr dünn und sehr schwach doppelbrechend sind, so daß die Phasendifferenzen $\varDelta_1, \varDelta_2, \ldots$ als unendlich klein von der ersten Ordnung angenommen werden können. Legt man um die Spitze des Vielkantes die Einheitskugel, so schneiden die Seiten des Vielkantes die Kugeloberfläche in einem sphärischen Polygon $EE_1E_2 \ldots E_lE$. Ist $ee_1e_2 \ldots e_le$ das zu diesem Polygon polare Polygon, so ist

$$ee_1 = \varDelta_1, \quad e_1e_2 = \varDelta_2, \quad e_2e_3 = \varDelta_3, \ldots e_le = \varDelta, \quad \sphericalangle ee_1e_2 = \pi - 2w_1,$$
$$\sphericalangle e_1e_2e_3 = \pi - 2w_2, \ldots;$$

die Winkelsumme des polaren Polygons ist somit

$$l\pi - 2(w_1 + w_2 + \ldots) = l\pi - (2\pi - P),$$

sein Flächeninhalt beträgt daher P.

Sind $\varDelta_1, \varDelta_2, \varDelta_3, \ldots$ sehr klein, so wird das polare Polygon nahezu eben, und man erhält die Wirkung des Lamellenpaketes, indem man den ebenen Linienzug $ee_1e_2 \ldots e_l$ (Abb. 23c) zeichnet[1]), dessen aufeinanderfolgende Seiten $ee_1, e_1e_2, \ldots$ den Achsen $MA_1, MA_2, \ldots$ parallel sind; die Längen von $ee_1, e_1e_2, \ldots$ sind gleich den entsprechenden Drehungen $\varDelta_1, \varDelta_2, \ldots$ um diese Achsen. ee_l ist dann parallel dem der resultierenden Hauptschwingungsrichtung OA entsprechenden Äquatorradius, die Länge von ee_l ist gleich der durch die Doppelbrechung hervorgerufenen resultierenden Phasendifferenz $\varDelta$ und der (im selben Maßstabe wie ee_l gemessene) Flächeninhalt P des Polygons gleich der doppelten, durch das Paket erzeugten Drehung der Schwingungsbahn $P/2$. Es folgt hieraus, daß diese Drehung bei einem aus sehr dünnen Lamellen bestehenden Paket unendlich klein von der zweiten Ordnung ist, falls die Phasendifferenzen $\varDelta_1, \varDelta_2, \ldots$ der einzelnen Lamellen unendlich klein von der ersten Ordnung sind und daß bei Vernachlässigung von P die Reihenfolge der Lamellen für die resultierende Wirkung gleichgültig ist.

Diese Eigentümlichkeit der unsymmetrischen, offenen Lamellenpakete hat MALLARD[2]) benutzt, um die optischen Eigenschaften isomorpher Misch-

[1]) E. MALLARD, Ann. des mines (7) Bd. 10, S. 181. 1876; Bd. 19, S. 290. 1881; Traité de cristallographie géometr. et phys. Bd. II, S. 266. Paris 1884.

[2]) E. MALLARD, Bull. soc. minéral. Bd. 4, S. 71. 1881; Ann. des mines (7) Bd. 19, S. 257. 1881; ferner A. MICHEL-LÉVY, Bull. soc. minéral. Bd. 18, S. 79. 1895 (Berechnung der Binormalenrichtungen des Mischkristalls); G. WULFF, ZS. f. Krist. Bd. 36, S. 1. 1902 (Berechnung der Binormalenrichtungen des Mischkristalls, Verhalten des Mischkristalls in den Binormalenrichtungen der Komponenten).

kristalle aus denjenigen ihrer Mischungsbestandteile (Komponenten) zu berechnen, unter Zugrundelegung der Vorstellung, daß jeder Mischkristall aus sehr dünnen Lamellen zusammengesetzt ist, die abwechselnd aus den einzelnen Komponenten bestehen. Die nach der MALLARDschen Theorie aus den Hauptbrechungsindizes der Komponenten berechneten Werte der Hauptbrechungsindizes und des Binormalenwinkels des Mischkristalls stimmen mit den beobachteten Werten[1]) befriedigend überein; dasselbe gilt auch von den Auslöschungsrichtungen[2]). Allerdings lassen sich die meisten der an Mischkristallen angestellten Beobachtungen ebensogut durch die Annahme erklären, daß sich dieselben wie feste Lösungen der einen Komponente in der anderen verhalten; für diese Annahme spricht auch die Art der Abhängigkeit der Löslichkeit der Mischkristalle von ihrem Mischungsverhältnis.

β) Interferenzerscheinungen im konvergenten, polarisierten Lichte.

78. Allgemeines über Interferenzerscheinungen im konvergenten, linear polarisierten Lichte. a) Interferenzbild. Wir wenden uns den Interferenzerscheinungen zu, welche planparallele, doppelbrechende Kristallplatten im konvergenten, linear polarisierten Lichte zeigen, betrachten also den Fall, daß ebene, linear polarisierte Wellen, deren Wellennormalen einen Kegel bilden, auf eine derartige Kristallplatte fallen. Ein Teil der hierher gehörenden Erscheinungen ist schon von BREWSTER[3]) beobachtet worden; ihre Erklärung wurde (für eine senkrecht zur optischen Achse geschnittene Platte eines optisch einachsigen Kristalls) von AIRY[4]) und später (für eine kristallographisch beliebig orientierte Platte eines optisch zweiachsigen Kristalls) von NEUMANN[5]) gegeben.

Das Prinzip der Versuchsanordnung, mit welcher man die in Rede stehenden Interferenzerscheinungen zu beobachten pflegt und die beim Polarisationsmikroskop[6]) verwirklicht ist, ist folgendes. Man läßt die von einer monochromatischen Lichtquelle ausgehenden Wellen durch ein optisches System gehen, welches aus einem Polarisator, einem ersten System von Sammellinsen, der Kristallplatte, einem zweiten System von Sammellinsen und einem Analysator besteht. Die Wellennormalen, welche sich nach dem Durchgang durch den Polarisator in einem bestimmten Punkte B derjenigen Brennebene des ersten Linsensystems vereinigen, welche dem Polarisator zugewandt ist, verlaufen zwischen den beiden Linsensystemen parallel; nach dem Durchgang durch die Kristallplatte und das zweite Linsensystem schneiden sie sich in einem Punkte B' derjenigen seiner Brennebenen, die dem Analysator zugewandt ist. Die Intensität J im Punkte B' hängt von der Orientierung

[1]) Eine Prüfung der MALLARDschen Theorie an Hand der Beobachtungsergebnisse hat F. POCKELS (N. Jahrb. f. Min., Beil. Bd. 8, S. 117. 1892; Lehrbuch der Kristalloptik, S. 283. Leipzig 1906) durchgeführt.

[2]) G. WULFF, ZS. f. Krist. Bd. 36, S. 1. 1902. Später hat G. WULFF (ebenda Bd. 42, S. 558. 1907; Bull. soc. minéral. Bd. 30, S. 282. 1907) in Zweifel gezogen, ob die Hauptbrechungsindizes isomorpher Mischkristalle lineare Funktionen der Zusammensetzung sind, wie es nach der MALLARDschen Theorie der Fall sein soll; doch ist seiner Auffassung widersprochen worden (G. WYROUBOFF, ebenda Bd. 30, S. 94 u. 289. 1907).

[3]) D. BREWSTER, A treatise on new philosophical instruments, with experiments on light and colour, S. 336. Edinburgh 1813; Phil. Trans. Bd. 104, S. 187. 1814; Bd. 108, S. 199. 1818.

[4]) G. B. AIRY, Trans. Cambr. Phil. Soc. Bd. 4, S. 88. 1833.

[5]) F. NEUMANN, Pogg. Ann. Bd. 33, S. 257. 1834; Ges. Werke Bd. II, S. 317. Leipzig 1906.

[6]) Über das Polarisationsmikroskop vgl. insbesondere H. ROSENBUSCH, Mikroskopische Physiographie der Mineralien und Gesteine, 5. Aufl. von E. A. WÜLFING, Bd. I, 1. Untersuchungsmethoden S. 318—600. Stuttgart 1921/1924 sowie den Abschnitt über optische Instrumente in Bd. XVIII ds. Handb.

der Hauptschwingungsrichtungen der Kristallplatte gegen die Schwingungsrichtungen von Polarisator und Analysator sowie von dem Einfallswinkel i ab, unter dem die von B kommenden Wellen auf die Kristallplatte fallen; da i bei bestimmter Orientierung der Kristallplatte für die einzelnen Punkte B' der Brennebene verschieden ist, so nimmt man eine ungleichmäßige Intensitätsverteilung im Gesichtsfelde — ein sog. Interferenzbild oder Interferenzfigur — wahr, falls mit dem Auge oder einer Lupe auf die Punkte B' eingestellt wird.

Erfolgt die Beleuchtung mit weißem Lichte, so tritt an Stelle einer ungleichmäßigen Intensitätsverteilung eine ungleichmäßige Färbung des Gesichtsfeldes, d. h. ein farbiges Interferenzbild auf.

Zur Ermittelung des Interferenzbildes müssen wir die Intensität berechnen, welche eine ebene, linear polarisierte, monochromatische Welle, die unter dem Einfallswinkel i auf die Kristallplatte fällt, nach dem Durchgang durch diese und den Analysator besitzt; von den durch Reflexion an den Begrenzungsflächen eintretenden Intensitätsverlusten soll dabei ebenso wie bei den bisherigen Betrachtungen abgesehen werden.

b) Interferenzerscheinungen im unpolarisierten Lichte; epoptische Kristalle. Ein Teil der Interferenzerscheinungen im konvergenten Lichte läßt sich auch ohne Polarisator und Analysator bei Benutzung von unpolarisiertem Licht erhalten[1]); dies ist insbesondere bei gewissen Zwillingsverwachsungen der Fall[2]). Wir betrachten einen Kristall I, der mit einer planparallelen Schicht II in Zwillingsstellung (vgl. Ziff. 30) verwachsen ist; ein dritter Kristall III soll mit I gleich orientiert und mit II ebenfalls in Zwillingsstellung verwachsen sein, so daß I und III symmetrisch zu II liegen. Fällt eine monochromatische, ebene, unpolarisierte Welle auf I, so entstehen im Inneren von I im allgemeinen zwei linear polarisierte gebrochene Wellen. Der Einfallswinkel der auffallenden Welle soll nun so gewählt sein, daß eine der beiden gebrochenen Wellen beim Auffallen auf II total reflektiert wird; die andere gebrochene Welle soll beim Übergang von I in II mit ihrer Wellennormalenrichtung in Richtung einer Binormale von II fallen, so daß also in II nur eine linear polarisierte Welle fortschreitet [vgl. Ziff. 36b)]; der Kristall I wirkt dann wie ein Polarisator. Beim Übergang der in II fortschreitenden Welle nach III entstehen durch Brechung wieder zwei Wellen, die beim Austritt in das isotrope Außenmedium verschiedene Wellennormalenrichtungen besitzen. Bringt man nun das Auge in eine solche Lage, daß es nur diejenige austretende Welle auffängt, deren Schwingungsrichtung nahezu senkrecht zur Schwingungsrichtung der in II fortschreitenden Welle liegt, so wirkt III wie ein mit dem Polarisator I nahezu gekreuzter Analysator; man sieht dann bei Benutzung einer hellen Lichtquelle angenähert dieselben Interferenzerscheinungen, wie sie bei einer senkrecht zu einer Binormale geschnittenen Kristallplatte im konvergenten Lichte zwischen gekreuzten Polarisatoren auftreten (Ziff. 85 und 86).

Solche Kristallverwachsungen, welche die Interferenzerscheinungen ohne Polarisator und Analysator bei Beleuchtung mit unpolarisiertem Lichte zeigen, nennt man epoptische Kristalle[3]); sie finden sich in der Natur z. B. als

---

[1]) Vgl. hierzu E. MASCART, Traité d'optique Bd. II, S. 191—198. Paris 1891.

[2]) Über die Deformation der Interferenzfigur einer doppelbrechenden Kristallplatte im konvergenten polarisierten Lichte durch eingewachsene Zwillingsschichten vgl. B. CHAKRABARTI, Bull. Calcutta Math. Soc. Bd. 12, S. 145. 1921; B. N. CHUCKERBUTTI, Phil. Mag. (6) Bd. 43, S. 560. 1922.

[3]) Der Name rührt von E. ERMANN (Abhandlgn. d. Berl. Akad. 1832, S. 1; Pogg. Ann. Bd. 26, S. 302. 1832) her. Eine andere Bezeichnung ist idiozyklophanisch, die von J. HERSCHEL (Light § 1082 in Encyklop. Metropolit. Bd. 4, S. 562. London 1827) stammt, aber jetzt zuweilen für eine andere Erscheinung [vgl. Ziff. 145b)] benutzt wird.

Aragonitzwillinge[1]), können aber auch künstlich aus Kalkspat hergestellt werden[2]).

79. Durchgang ebener Wellen durch eine planparallele, doppelbrechende Kristallplatte bei von Null verschiedenem Einfallswinkel. Wir betrachten jetzt entsprechend dem in Ziff. 78a gesagten eine ebene, monochromatische, linear polarisierte Welle, die unter einem beliebigen Einfallswinkel auf eine planparallele, doppelbrechende Kristallplatte fällt.

Aus der einfallenden Welle mit der Wellennormalenrichtung $\mathfrak{s}$ (Abb. 24) entstehen im Inneren der Platte zwei gebrochene Wellen mit den (in der Einfallsebene liegenden) Wellennormalenrichtungen MP und MQ, die beim Austritt in das isotrope Außenmedium die parallelen Wellennormalen PW' und QW'' besitzen. PW' und QW'' werden bei der in Ziff. 78a) besprochenen Anordnung durch das vor dem Analysator befindliche Linsensystem in einem Punkte B' seiner einen, dem Beobachter zugewandten Brennebene vereinigt und besitzen dort eine Phasendifferenz Δ, welche gleich der Phasendifferenz in einer beliebigen, senkrecht zu PW' gelegten Ebene ist. Legen wir durch P eine Ebene senkrecht zu PW', welche QW'' in R schneidet, so hat man offenbar

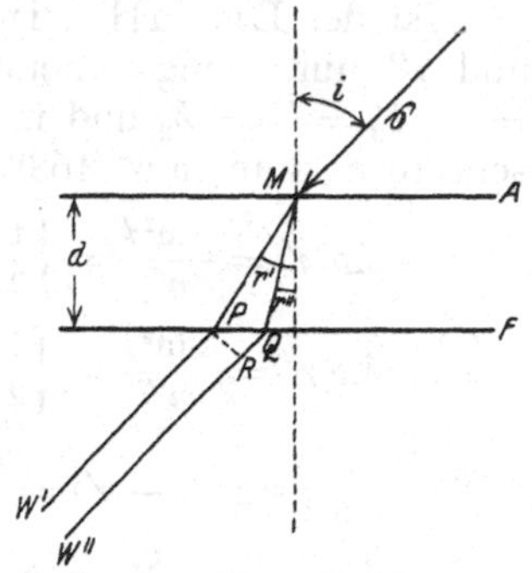

Abb. 24. Durchgang einer ebenen Welle durch eine planparallele, doppelbrechende Kristallplatte bei von Null verschiedenem Einfallswinkel. ($\mathfrak{s}$ Einheitsvektor der Wellennormalenrichtung der einfallenden Welle, MP und MQ Wellennormalenrichtungen der gebrochenen Wellen, PW' und QW'' Wellennormalenrichtungen der austretenden Wellen. i Einfallswinkel, r' und r'' Brechungswinkel. d Dicke der Kristallplatte.)

$$\Delta = 2\pi\left(\frac{MP}{\lambda'} - \frac{QR}{\lambda_0} - \frac{MQ}{\lambda''}\right), \tag{276}$$

falls λ' bzw. λ'' die zu MP bzw. MQ gehörende Wellenlänge im Inneren des Kristalls ist und λ_0 die Wellenlänge im isotropen Außenmedium (Vakuum oder Luft) bedeutet.

Ist d die Dicke der Kristallplatte, i der Einfallswinkel und sind r' und r'' die Brechungswinkel, so gilt

$$MP = \frac{d}{\cos r'}, \quad MQ = \frac{d}{\cos r''}, \quad QR = QP\sin i = (MP\sin r' - MQ\sin r'')\sin i;$$

wir erhalten somit aus (276)

$$\Delta = 2\pi d\left\{\left(\frac{\sin i \sin r''}{\lambda_0} - \frac{1}{\lambda''}\right)\frac{1}{\cos r''} - \left(\frac{\sin i \sin r'}{\lambda_0} - \frac{1}{\lambda'}\right)\frac{1}{\cos r'}\right\}$$

und da aus (168) und (18) die Beziehung

$$\frac{\sin i}{\lambda_0} = \frac{\sin r'}{\lambda'} = \frac{\sin r''}{\lambda''} \tag{277}$$

folgt, so ergibt sich für die Phasendifferenz, um welche die in Richtung MP fortschreitende Welle beim Durchgang durch die Kristallplatte gegenüber der in Richtung MQ fortschreitenden Welle zurückgeblieben ist,

$$\Delta = 2\pi d\left(\frac{\cos r'}{\lambda'} - \frac{\cos r''}{\lambda''}\right).$$

Dieser Ausdruck[3]) läßt sich bei Einführung der Brechungsindizes $n' = \frac{\lambda_0}{\lambda'}$ und $n'' = \frac{\lambda_0}{\lambda''}$ des Kristalls für die in den Richtungen MP und MQ fort-

---

[1]) Vgl. z. B. P. GROTH, Physikal. Kristallographie, 4. Aufl., S. 403. Leipzig 1905.

[2]) J. MÜLLER, Pogg. Ann. Bd. 41, S. 110. 1837; S. P. THOMSON, Chem. News. Bd. 61, S. 155. 1890.

[3]) Über eine geometrische Deutung dieses Ausdruckes vgl. G. WULFF, Ann. d. Phys. Bd. 18, S. 579. 1905.

schreitenden Wellen, sowie bei Heranziehung von (277) auf die Formen bringen[1])

$$\Delta = \frac{2\pi d}{\lambda_0}(n'\cos r' - n''\cos r'') = \frac{2\pi d}{\lambda_0}\sin i\,\frac{\sin(r''-r')}{\sin r'\sin r''}; \tag{278}$$

dieselben[2]) nehmen eine für manche Anwendungen geeignetere Gestalt an, wenn man die Winkel b_1' und b_2' bzw. b_1'' und b_2'' einführt[3]), welche die Wellennormalen MP und MQ im Inneren des Kristalls mit dessen Binormalen bilden.

Ist der Einfallswinkel i klein[4]), so sind auch die Brechungswinkel r' und r'' nur wenig voneinander verschieden, so daß man angenähert $b_1' = b_1'' = b_1$, $b_2' = b_2'' = b_2$ und in (77) n' an Stelle von n_0', sowie n'' an Stelle von n_0'' schreiben kann; aus (168) und (77) folgt dann

$$\sin^2 r' = \frac{\sin^2 i}{n'^2} = \left\{\frac{1}{2}\left(\frac{1}{n_1^2}+\frac{1}{n_3^2}\right)+\frac{1}{2}\left(\frac{1}{n_1^2}-\frac{1}{n_3^2}\right)\cos(b_1-b_2)\right\}\sin^2 i,$$

$$\sin^2 r'' = \frac{\sin^2 i}{n''^2} = \left\{\frac{1}{2}\left(\frac{1}{n_1^2}+\frac{1}{n_3^2}\right)+\frac{1}{2}\left(\frac{1}{n_1^2}-\frac{1}{n_3^2}\right)\cos(b_1+b_2)\right\}\sin^2 i,$$

also

$$\sin(r''-r') = \frac{\sin^2 r''-\sin^2 r'}{\sin(r'+r'')} = \left(\frac{1}{n_3^2}-\frac{1}{n_1^2}\right)\frac{\sin b_1\sin b_2\sin^2 i}{\sin(r'+r'')}.$$

Setzt man diesen Wert in (278) ein, so ergibt sich

$$\Delta = \frac{2\pi d}{\lambda_0}\,\frac{\sin^3 i\sin b_1\sin b_2}{\sin r'\sin r''\sin(r'+r'')}\left(\frac{1}{n_3^2}-\frac{1}{n_1^2}\right).$$

Bei kleinem Einfallswinkel i und geringer Doppelbrechung der Kristallplatte in Richtung der Plattennormale kann man weiter angenähert $r' = r'' = r$ setzen, d. h. die Wellennormalen der beiden gebrochenen Wellen als gleichgerichtet betrachten und erhält dann aus dem letzten Ausdruck die Beziehung

$$\Delta = \frac{2\pi d}{\lambda_0}\,\frac{\sin^3 i\sin b_1\sin b_2}{\sin^3 r\cos r}\,\frac{\frac{1}{n_3^2}-\frac{1}{n_1^2}}{2}.$$

Wird außerdem die Näherungsformel $\sin r = \sqrt{\frac{1}{2}\left(\frac{1}{n_3^2}+\frac{1}{n_1^2}\right)}\sin i$ eingeführt (die um so mehr gilt, je weniger die Doppelbrechung $n_3 - n_1$ von Null abweicht), so ergibt sich der Näherungsausdruck

$$\Delta = \frac{2\pi}{\lambda_0}\,\frac{\frac{\frac{1}{n_3^2}-\frac{1}{n_1^2}}{2}}{\left(\frac{\frac{1}{n_3^2}+\frac{1}{n_1^2}}{2}\right)^{\frac{3}{2}}}\,l\sin b_1\sin b_2, \tag{279}$$

---

[1]) F. NEUMANN, Pogg. Ann. Bd. 33, S. 265. 1834; Ges. Werke Bd. II, S. 325. Leipzig 1906.

[2]) Für $i = 0$ ($r' = r'' = 0$, $n' = n_0'$, $n'' = n_0''$) geht (278) in (250) über. Hieraus und aus dem in Ziff. 72 Gesagten folgt, daß die Interferenzfarbe, welche eine Kristallplatte zwischen gekreuzten Polarisatoren im parallelen, weißen Lichte zeigt, sich ändern muß, falls die Platte um eine in ihrer Ebene liegende Gerade etwas gedreht wird. Hierauf läßt sich eine Methode gründen, um bei einer optisch einachsigen Platte die Projektion der optischen Achse auf die Plattenebene und bei einer parallel oder senkrecht zur ersten Mittellinie geschnittenen optisch zweiachsigen Platte die Spur der Binormalenebene zu finden [G. MESLIN, Ann. chim. phys. (8) Bd. 17, S. 140. 1909].

[3]) F. NEUMANN, Pogg. Ann. Bd. 33, S. 275. 1834; Ges. Werke Bd. II, S. 334. Leipzig 1906; Vorlesungen über theoret. Optik. Herausgeg. von E. DORN, S. 233. Leipzig 1885.

[4]) Eine strengere Berechnung, die jeden gewünschten Annäherungsgrad liefert, hat J. WALKER (Proc. Roy. Soc. London Bd. 63, S. 79. 1898) gegeben; für den Fall optisch einachsiger Kristalle vgl. hierzu J. NAKAMURA u. R. TADIME, Proc. Tokyo math.-phys. Soc. (2) Bd. 7, S. 356. 1914.

wobei $l = \frac{d}{\cos r}$ den von den gebrochenen Wellen im Kristall zurückgelegten Weg $MP = MQ$ bedeutet. Damit ist die gesuchte Phasendifferenz der gebrochenen, in das isotrope Außenmedium tretenden Wellen durch die Hauptbrechungsindizes der Kristallplatte und die Winkel ausgedrückt, welche die Wellennormalenrichtungen der gebrochenen Wellen mit den Binormalenrichtungen der Platte bilden.

80. Intensität des Interferenzbildes. Unsere nächste Aufgabe bei der Ermittelung des Interferenzbildes ist nach Ziff. 78a) die Berechnung der Intensität der aus der Kristallplatte austretenden Wellen.

a) Kurven konstanter Phasendifferenz; Isogyren; Kurven konstanter Intensität. Ist der Wellennormalenkegel des auf die Kristallplatte fallenden konvergenten Lichtes klein, so liegen die Schwingungsebenen der beiden Wellen, die im Inneren des Kristalls aus jeder einfallenden Welle durch Brechung entstehen, angenähert senkrecht zueinander und diese senkrechte Lage bleibt auch nach dem Austritt der Wellen in das isotrope Außenmedium bestehen (vgl. Ziff. 68); ein kleiner Wellennormalenkegel des einfallenden Lichtes bedingt ferner, daß die Orientierung dieser beiden zueinander senkrechten Schwingungsebenen sich mit dem Einfallswinkel nicht merklich ändert. Die Schwingungsebenen der aus der Platte austretenden Wellen schneiden daher die Schwingungsebenen von Polarisator und Analysator in Geraden, welche nahezu parallel zur Achse des auffallenden Wellennormalenkegels liegen.

Bei dieser Annäherung erhält man für die Intensität eines Punktes des Interferenzbildes nach (252)

$$J = J_0\left\{\cos^2(v - w) - \sin 2(v - u)\sin 2(w - u)\sin^2\frac{\Delta}{2}\right\}, \tag{280}$$

wobei v bzw. w das gegen eine feste (parallel zur Kristallplatte liegende) Richtung gezählte Azimut der Schwingungsrichtung des Polarisators bzw. Analysators und u das gegen dieselbe Richtung gezählte Azimut der einen (zur betreffenden Wellennormalenrichtung gehörenden) Schwingungsrichtung der Platte bedeutet; Δ ist die Phasendifferenz, welche die in dieser Wellennormalenrichtung fortschreitenden Wellen beim Austritt in das isotrope Außenmedium besitzen. Geht man von einem Punkte des Interferenzbildes zu einem anderen über, so ändern sich im allgemeinen u und Δ.

Hieraus folgt, daß für die Interferenzerscheinungen drei Kurvenscharen wesentlich sind:

1. die Kurven konstanter Phasendifferenz $\Delta =$ konst.,
2. die Kurven konstanter Schwingungsrichtung oder Isogyren $u =$ konst. und
3. die Kurven konstanter Intensität $J =$ konst.

b) Hauptkurven konstanter Phasendifferenz; Hauptisogyren. In allen Punkten des Interferenzbildes, welche der Bedingung

$$\sin 2(v - u)\sin 2(w - u)\sin^2\frac{\Delta}{2} = 0 \tag{281}$$

genügen, verhält sich die Intensität so, als ob die Kristallplatte überhaupt nicht vorhanden wäre; Gleichung (281) liefert nun

1. eine Kurvenschar, genannt Hauptkurven konstanter Phasendifferenz, für deren Punkte $\Delta = 2m\pi$ $(m = 0, 1, 2, \ldots)$ ist, und
2. die als Hauptisogyren bezeichneten Kurven $u = v$ und $u = v + \frac{\pi}{2}$ bzw. $u = w$ und $u = w + \frac{\pi}{2}$, d. h. die Verbindungslinien derjenigen Punkte des

Interferenzbildes, für welche die Schwingungsrichtungen im Inneren der Platte parallel und senkrecht zu den Schwingungsrichtungen der Polarisatoren liegen.

Das von Δ abhängige Glied in (280) wird bei konstant gehaltenem Δ am größten, wenn $v - u = \frac{\pi}{4}$ und $w - u = \frac{\pi}{4}$ oder $v - u = \frac{\pi}{4}$ und $w - u = \frac{\pi}{4} \pm \frac{\pi}{2}$ $\left(\text{und somit } v - w = 0 \text{ oder } \pm\frac{\pi}{2}\right)$ ist, d. h. wenn Polarisator und Analysator parallel oder gekreuzt sind und ihre Schwingungsrichtungen gegen die Hauptschwingungsrichtungen der Platte unter $\pi/4$ geneigt sind [sog. Diagonalstellung der Platte, vgl. Ziff. 85 a), β)].

Aus (280) folgt, daß bei parallelen bzw. gekreuzten Polarisatoren die Hauptkurven konstanter Phasendifferenz sowie die Hauptisogyren als ganz helle bzw. ganz dunkle Linien ($J = J_0$, bzw. $J = 0$) erscheinen; dabei treten die Hauptkurven konstanter Phasendifferenz nach dem eben Gesagten am deutlichsten auf, wenn sich die Platte in Diagonalstellung befindet.

Die Hauptisogyren zerlegen das Interferenzbild in Gebiete, in welchen die Intensität abwechselnd größer und geringer ist als bei fehlender Kristallplatte; bei parallelen bzw. gekreuzten Polarisatoren $\left(v = w \text{ oder } v = w + \frac{\pi}{2}\right)$ fallen die beiden Hauptisogyrenpaare zusammen[1]), und die Intensität des Interferenzbildes wird (außer auf den Hauptisogyren und Hauptkurven konstanter Phasendifferenz selbst) für $v = w$ geringer und für $v = w + \frac{\pi}{2}$ größer als bei fehlender Kristallplatte.

c) Achromatische und isochromatische Kurven. Ist die Dispersion der optischen Symmetrieachsen und der Binormalen des Kristalls (vgl. Ziff. 27 und 29) so gering, daß sie angenähert vernachlässigt werden darf[2]), so ändern sich die Hauptisogyren mit der Frequenz des auffallenden Lichtes nicht; bei Beleuchtung mit weißem Lichte erscheinen sie daher in diesem Falle farblos und werden deshalb auch als achromatische Kurven bezeichnet. Die Hauptkurven konstanter Phasendifferenz hängen dagegen mit Δ von der Frequenz ab; sie werden bei Beleuchtung mit weißem Lichte von den Hauptisogyren in Stücke konstanter Farben der Interferenzfarbenskala [Ziff. 72d)] zerlegt, wobei zwei aneinanderstoßende Stücke komplementär gefärbt sind. Fallen die beiden Hauptisogyrenpaare zusammen, so zeigen die Kurven konstanter Phasendifferenz entlang ihrer ganzen Ausdehnung konstante Färbung; sie werden daher auch als isochromatische Kurven bezeichnet, ein Name, der aber bei beträchtlicherer Dispersion der optischen Symmetrieachsen und Binormalen nicht mehr zutreffend ist.

81. Geometrische Darstellung des Interferenzbildes. Die weiteren Betrachtungen vereinfachen sich, wenn das Interferenzbild, welches bei der in Ziff. 78a besprochenen Anordnung des Polarisationsmikroskopes in der dem Beobachter zugewandten Brennebene des zweiten Linsensystems entsteht, in folgender Weise auf die zweite Begrenzungsfläche F (Abb. 24) der Kristallplatte abgebildet wird.

Es sei M der Schnittpunkt der ersten Begrenzungsfläche A der Kristallplatte mit der Achse des Linsensystems; M entspricht dem Mittelpunkt

---

[1]) Strenggenommen hat man in den beiden Fällen $v = w$ und $v = w + \frac{\pi}{2}$ zwei sehr benachbarte Hauptisogyrenpaare, die um so deutlicher auseinandertreten, je stärker konvergent das benutzte Licht ist (G. CESÀRO, Bull. de Belg. 1906, S. 368).

[2]) Über den Einfluß der Dispersion auf das Interferenzbild bei Beleuchtung mit weißem Lichte vgl. Ziff. 88.

des Gesichtsfeldes. Man denkt sich nun die Wellennormalen sämtlicher im Inneren des Kristalls fortschreitender Wellen durch M gelegt. Dem Punkte B' der Brennebene, in dem die Wellen W' und W'' interferieren, wird Punkt P zugeordnet (oder auch Punkt Q, da für kleine Einfallswinkel i nach Ziff. 79 $r' = r'' = r$ gesetzt und MP mit MQ vertauscht werden kann). Hierdurch entsteht eine Figur auf der zweiten Begrenzungsfläche F, welche bei kleinem Einfallswinkel i dem Interferenzbilde in erster Annäherung ähnlich ist[1]); wir bezeichnen diese dem Interferenzbilde zugeordnete Figur kurz als die Projektion des Interferenzbildes und können dieselbe an Stelle des Interferenzbildes selbst betrachten.

Ehe wir dazu übergehen, die Projektion der Interferenzbilder bei Kristallplatten von spezieller kristallographischer Orientierung zu behandeln (Ziff. 85 und 86), besprechen wir die hierzu benötigten allgemeinen geometrischen Eigenschaften der Kurven konstanter Phasendifferenz, der Isogyren und der Kurven konstanter Intensität.

82. Kurven konstanter Phasendifferenz. a) Flächen konstanter Phasendifferenz. Wir denken uns von einem beliebigen Punkte im Inneren eines Kristalls den Vektor

$$\mathfrak{B} = \mathfrak{s}\,\frac{\Delta}{\delta}$$

abgetragen, wobei $\mathfrak{s}$ der Einheitsvektor einer bestimmten Wellennormalenrichtung, δ die auf die Längeneinheit bezogene, zu $\mathfrak{s}$ gehörende Phasendifferenz (72) und Δ eine gegebene Konstante ist. Läßt man $\mathfrak{s}$ alle möglichen Richtungen annehmen, so beschreibt der Endpunkt von $\mathfrak{B}$ die Fläche konstanter Phasendifferenz

$$\Delta = \text{konst.}$$

Haben nun M und F die in Ziff. 81 erläuterte Bedeutung, so sieht man, daß die Projektionen der Kurven konstanter Phasendifferenz offenbar die Schnittkurven der Ebene F mit den um M beschriebenen Flächen konstanter Phasendifferenz sind[2]).

Wir beziehen die Projektion des Interferenzbildes auf das optische Symmetrieachsensystem x, y, z, dessen Anfangspunkt wir mit M zusammenfallen lassen; ist $\mathfrak{n}$ der Einheitsvektor der Plattennormale, so ist die Gleichung von F

$$\mathfrak{n}_x x + \mathfrak{n}_y \cdot y + \mathfrak{n}_z z = d; \tag{282}$$

die Polargleichung der um M beschriebenen Fläche konstanter Phasendifferenz ergibt sich mit Hilfe von (279) zu

$$p\,|\mathfrak{B}| \sin b_1 \sin b_2 = \Delta = \text{konst.}, \tag{283}$$

---

[1]) Der in der Ebene F vom Mittelpunkt der Figur zu dem Punkte P gezogene Radiusvektor besitzt nämlich einen mit $\operatorname{tg} r$ proportionalen Betrag; andererseits ergibt sich mit Hilfe einer einfachen geometrisch-optischen Betrachtung (vgl. z. B. TH. LIEBISCH, Physikal. Kristallographie, S. 476. Leipzig 1891 oder F. POCKELS, Lehrbuch der Kristalloptik, S. 237. Leipzig 1906), daß der entsprechende, in der Brennebene vom Mittelpunkt des Interferenzbildes zum Punkte B' gezogene Radiusvektor einen Betrag besitzt, der mit $\sin r$ proportional ist. Die Ähnlichkeit besteht somit in dem Maße, als (bei kleinem Winkel r) $\sin r$ mit $\operatorname{tg} r$ vertauscht werden darf.

[2]) A. BERTIN, C. R. Bd. 52, S. 1213. 1861; Ann. chim. phys. (3) Bd. 63, S. 57. 1861; A. SCHRADER, Geometrische Untersuchung der Geschwindigkeitskegel und der Oberflächen gleichen Gangunterschiedes optisch doppeltbrechender Kristalle. Dissert. Münster 1892; C. RAVEAU, C. R. Bd. 155, S. 965. 1912. Über die Konstruktion der Flächen konstanter Phasendifferenz mit Hilfe der Indexfläche vgl. C. RAVEAU, Bull. soc. minéral. Bd. 34, S. 24. 1911.

wobei

$$p = \frac{2\pi}{\lambda_0} \frac{\dfrac{\dfrac{1}{n_3^2} - \dfrac{1}{n_1^2}}{2}}{\left(\dfrac{\dfrac{1}{n_3^2} + \dfrac{1}{n_1^2}}{2}\right)^{\frac{3}{2}}} \tag{284}$$

zu setzen ist.

Die Schnittkurve von (282) und (283) liefert somit die Projektion der zu $\Delta =$ konst. gehörenden Kurve konstanter Phasendifferenz. Nun ist aber die Schnittkurve der Ebene (282) mit der Fläche $p|\mathfrak{B}|\sin b_1 \sin b_2 = h\Delta$ offenbar derjenigen Kurve ähnlich, die sich als Schnitt der Fläche (283) mit einer zu (282) parallelen Ebene ergibt, welche von M den Abstand d/h besitzt, und zwar sind die linearen Abmessungen der letzteren Kurve h mal kleiner als die der ersteren. Man kann somit die Projektion sämtlicher Kurven konstanter Phasendifferenz erhalten, indem man eine um M gelegte Fläche konstanter Phasendifferenz durch ein System zu (282) paralleler Ebenen schneidet, jede der entstandenen Schnittkurven im umgekehrten Verhältnis des Abstandes ihrer Ebene von M linear vergrößert und dann das so erhaltene Kurvensystem senkrecht auf die Ebene F projiziert.

Aus (282), (283) und (284) läßt sich ohne weiteres folgern, daß die Hauptkurven konstanter Phasendifferenz um so dichter beieinanderliegen und um so feiner erscheinen, je größer die Plattendicke d, je stärker die Doppelbrechung $n_3 - n_1$ und je kleiner die Wellenlänge λ_0 des benutzten monochromatischen Lichtes ist.

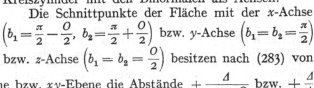

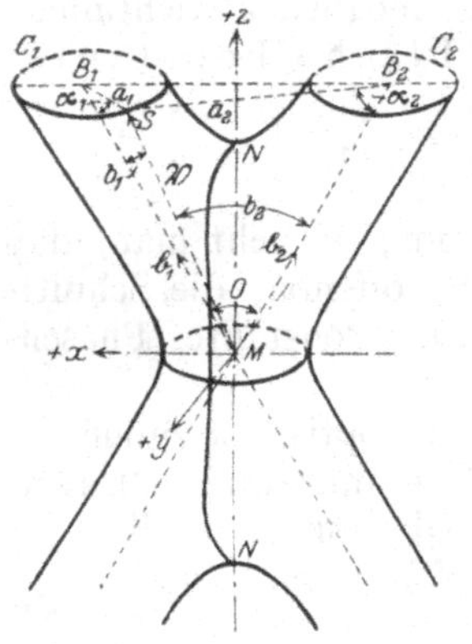

Abb. 25. Fläche konstanter Phasendifferenz eines optisch zweiachsigen Kristalls. (x, y, z optisches Symmetrieachsensystem. M Mittelpunkt der Fläche konstanter Phasendifferenz. $\mathfrak{b}_1$ und $\mathfrak{b}_2$ Einheitsvektoren der Binormalen. $\mathfrak{B}$ Radiusvektor von M zu dem Flächenpunkt S. b_1 bzw. b_2 Winkel zwischen $\mathfrak{B}$ und $\mathfrak{b}_1$ bzw. $\mathfrak{b}_2$. C_1 und C_2 Schnittkurven der Fläche mit einer Ebene parallel zu xy-Ebene; B_1 und B_2 Spuren der Binormalen in dieser Schnittebene.)

b) **Flächen konstanter Phasendifferenz bei optisch zweiachsigen Kristallen.** Bei optisch zweiachsigen Kristallen wächst $|\mathfrak{B}|$ bei Annäherung an die durch $b_1 = 0$ und $b_2 = 0$ bestimmten Binormalenrichtungen unbegrenzt; in diesen Richtungen erstreckt sich die Fläche somit ins Unendliche (Abb. 25). Um die Gestalt der vier sich ins Unendliche erstreckenden Äste zu übersehen, beachten wir, daß $|\mathfrak{B}|\sin b_1$ bzw. $|\mathfrak{B}|\sin b_2$ bei Annäherung an die Binormalenrichtung $\mathfrak{b}_1$ bzw. $\mathfrak{b}_2$ nach (283) gegen den konstanten Grenzwert $\frac{\Delta}{p \sin O}$ konvergiert, wobei O den Binormalenwinkel bedeutet; nun ist aber $|\mathfrak{B}|\sin b_1$ bzw. $|\mathfrak{B}|\sin b_2$ der Abstand des betreffenden Flächenpunktes von der Binormale $\mathfrak{b}_1$ bzw. $\mathfrak{b}_2$, die Fläche konstanter Phasendifferenz besitzt somit in hinreichender Entfernung von M die Gestalt zweier Kreiszylinder mit den Binormalen als Achsen.

Die Schnittpunkte der Fläche mit der x-Achse $\left(b_1 = \frac{\pi}{2} - \frac{O}{2},\ b_2 = \frac{\pi}{2} + \frac{O}{2}\right)$ bzw. y-Achse $\left(b_1 = b_2 = \frac{\pi}{2}\right)$ bzw. z-Achse $\left(b_1 = b_2 = \frac{O}{2}\right)$ besitzen nach (283) von der yz-Ebene bzw. zx-Ebene bzw. xy-Ebene die Abstände $\pm \frac{\Delta}{p \sin^2 \frac{O}{2}}$ bzw. $\pm \frac{\Delta}{p}$ bzw. $\pm \frac{\Delta}{p \sin^2 \frac{O}{2}}$; seinen kleinsten Wert $\frac{\Delta}{p}$ erreicht $|\mathfrak{B}|$ in Richtung der y-Achse.

Die optischen Symmetrieebenen sind zugleich auch Symmetrieebenen der Fläche konstanter Phasendifferenz; die von ihnen erzeugten Schnittkurven sind in der zx-Ebene vier hyperbelähnliche Äste mit den Binormalen als Asymptoten, in der xy-Ebene und der yz-Ebene je ein lemniskatenähnliches Oval.

c) Flächen konstanter Phasendifferenz bei optisch einachsigen Kristallen. Die Polargleichung der Fläche konstanter Phasendifferenz bei optisch einachsigen Kristallen ($b_1 = b_2 = b$) folgt aus (283) zu

$$p\,|\mathfrak{B}|\sin^2 b = \Delta = \text{konst.}, \tag{285}$$

die Fläche ist somit eine nicht geschlossene Rotationsfläche mit der z-Achse als Rotationsachse (Abb. 26). $|\mathfrak{B}|$ erreicht seinen kleinsten Wert für die in der xy-Ebene liegenden Richtungen $\left(b = \frac{\pi}{2}\right)$; derselbe beträgt $\frac{\Delta}{p}$.

Bezogen auf die optischen Symmetrieachsen geht die Flächengleichung (285) wegen

$$\sin^2 b = \frac{x^2 + y^2}{x^2 + y^2 + z^2}, \qquad |\mathfrak{B}| = \sqrt{x^2 + y^2 + z^2}$$

über in

$$p^2(x^2 + y^2)^2 - \Delta^2(x^2 + y^2 + z^2) = 0;$$

die Fläche wird für sehr große Werte z angenähert zum Rotationsparaboloid

$$p(x^2 + y^2) - \Delta z = 0,$$

für sehr kleine Werte z (d. h. in der Nähe der xy-Ebene) angenähert zum Rotationshyperboloid

$$p^2(x^2 + y^2 - z^2) - \Delta^2 = 0.$$

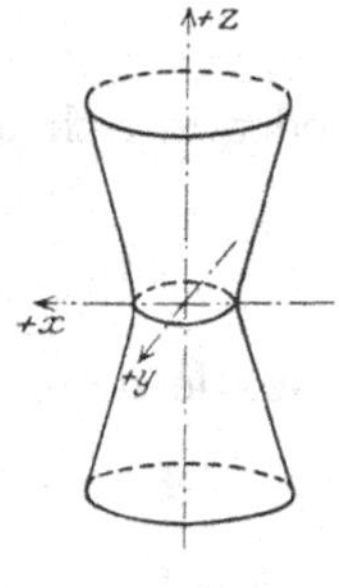

Abb. 26. Fläche konstanter Phasendifferenz eines optisch einachsigen Kristalls.

83. Isogyren. a) Isogyrenflächen. Um die Projektionen der Isogyren zu erhalten, denken wir uns in der zweiten Begrenzungsfläche F der Kristallplatte (Abb. 24) eine beliebige Richtung gezogen, deren Einheitsvektor wir mit $\mathfrak{g}$ bezeichnen. Ist M wieder der Schnitt der ersten Begrenzungsfläche A mit der Achse der Linsensysteme des Polarisationsmikroskopes (Ziff. 81), so können wir uns durch M alle Wellennormalenrichtungen $\mathfrak{s}$ gezogen denken, für welche eine der beiden zugehörigen Schwingungsrichtungen (z. B. $\mathfrak{d}'$) senkrecht zu $\mathfrak{g}$ liegt; diese Wellennormalen bilden den Mantel eines Kegels mit M als Spitze, der als Isogyrenfläche[1]) bezeichnet wird. Läßt man $\mathfrak{g}$ alle möglichen Lagen annehmen, so erhält man sämtliche überhaupt möglichen Isogyrenflächen; die Projektionen der Isogyren sind offenbar die Schnittkurven dieser Flächen mit der Ebene F.

Wir benutzen zur Herleitung der Gleichung der Isogyrenfläche[2]) das optische Symmetrieachsensystem x, y, z, dessen Anfangspunkt wir mit M zusammenfallen lassen. Aus (85) und (89) ergibt sich

$$\mathfrak{d}'_x\mathfrak{d}''_x : \mathfrak{d}'_y\mathfrak{d}''_y : \mathfrak{d}'_z\mathfrak{d}''_z = \frac{1}{n_2^2} - \frac{1}{n_3^2} : \frac{1}{n_3^2} - \frac{1}{n_1^2} : \frac{1}{n_1^2} - \frac{1}{n_2^2}; \tag{286}$$

für eine der Isogyrenfläche angehörende Wellennormalenrichtung muß ferner die Bedingung

$$\mathfrak{d}'\mathfrak{g} = 0. \tag{287}$$

erfüllt sein.

---

[1]) E. Lommel, Wied. Ann. Bd. 18, S. 56. 1883; J. Macé de Lépinay, Journ. de phys. (2) Bd. 2, S. 162. 1883; K. Pitsch, Wiener Ber. Bd. 91 (2), S. 527. 1885; G. Cesàro (Bull. de Belg. 1906, S. 373 u. 493) nennt die Isogyrenfläche „achromatischer Kegel" (cône incolore).

[2]) Über eine andere Herleitung vgl. F. Pearce, ZS. f. Krist. Bd. 41, S. 113. 1906.

Um die Gleichung der Isogyrenfläche zu erhalten, müssen wir $\mathfrak{d}'_x$, $\mathfrak{d}'_y$, $\mathfrak{d}'_z$, $\mathfrak{d}''_x$, $\mathfrak{d}''_y$ und $\mathfrak{d}''_z$ aus (87), (88), (286) und (287) eliminieren. Aus (88) und (286) ergibt sich zunächst unmittelbar

$$\frac{\mathfrak{s}_x}{\mathfrak{d}'_x}\left(\frac{1}{n_2^2}-\frac{1}{n_3^2}\right)+\frac{\mathfrak{s}_y}{\mathfrak{d}'_y}\left(\frac{1}{n_3^2}-\frac{1}{n_1^2}\right)+\frac{\mathfrak{s}_z}{\mathfrak{d}'_z}\left(\frac{1}{n_1^2}-\frac{1}{n_2^2}\right)=0, \tag{288}$$

während (87) und (287) die Beziehungen

$$\mathfrak{d}'_x:\mathfrak{d}'_y:\mathfrak{d}'_z=(\mathfrak{s}_y\mathfrak{g}_z-\mathfrak{s}_z\mathfrak{g}_y):(\mathfrak{s}_z\mathfrak{g}_x-\mathfrak{s}_x\mathfrak{g}_z):(\mathfrak{s}_x\mathfrak{g}_y-\mathfrak{s}_y\mathfrak{g}_x) \tag{289}$$

liefern. Setzt man (289) in (288) ein, so erhält man für die Gleichung der Isogyrenfläche in Polarkoordinaten die Form

$$\frac{\mathfrak{s}_x\left(\frac{1}{n_2^2}-\frac{1}{n_3^2}\right)}{\mathfrak{s}_y\mathfrak{g}_z-\mathfrak{s}_z\mathfrak{g}_y}+\frac{\mathfrak{s}_y\left(\frac{1}{n_3^2}-\frac{1}{n_1^2}\right)}{\mathfrak{s}_z\mathfrak{g}_x-\mathfrak{s}_x\mathfrak{g}_z}+\frac{\mathfrak{s}_z\left(\frac{1}{n_1^2}-\frac{1}{n_2^2}\right)}{\mathfrak{s}_x\mathfrak{g}_y-\mathfrak{s}_y\mathfrak{g}_x}=0$$

oder in rechtwinkligen Koordinaten

$$\frac{x\left(\frac{1}{n_2^2}-\frac{1}{n_3^2}\right)}{\mathfrak{g}_z y-\mathfrak{g}_y z}+\frac{y\left(\frac{1}{n_3^2}-\frac{1}{n_1^2}\right)}{\mathfrak{g}_x z-\mathfrak{g}_z x}+\frac{z\left(\frac{1}{n_1^2}-\frac{1}{n_2^2}\right)}{\mathfrak{g}_y x-\mathfrak{g}_x y}=0.$$

Aus letzterer Gleichung folgt mit Rücksicht auf (76)

$$\frac{x\cos^2\frac{O}{2}}{\mathfrak{g}_z y-\mathfrak{g}_y z}-\frac{y}{\mathfrak{g}_x z-\mathfrak{g}_z x}+\frac{z\sin^2\frac{O}{2}}{\mathfrak{g}_y x-\mathfrak{g}_x y}=0. \tag{290}$$

Die Gestalt der Isogyrenfläche hängt außer von den Hauptbrechungsindizes des Kristalls noch von der kristallographischen Orientierung der Kristallplatte ab; denn ist wieder $\mathfrak{n}$ der (in Richtung der auffallenden Wellennormalen gezogene) Einheitsvektor der Plattennormale, so besteht für die in (290) auftretenden Komponenten von $\mathfrak{g}$ die Nebenbedingung

$$\mathfrak{n}\mathfrak{g}=\mathfrak{n}_x\mathfrak{g}_x+\mathfrak{n}_y\mathfrak{g}_y+\mathfrak{n}_z\mathfrak{g}_z=0. \tag{291}$$

Für jede besondere Orientierung der Kristallplatte hat man daher eine besondere Isogyrenflächenschar, im Gegensatz zu den Flächen konstanter Phasendifferenz [Ziff. 82a)], die (bei gegebener Frequenz der durch die Platte gehenden Wellen) nur von den Hauptbrechungsindizes des Kristalls abhängen.

(290) und (291) liefern zusammen mit (282) die Projektionen der Isogyren.

b) Gestalt der Isogyrenfläche bei optisch zweiachsigen und optisch einachsigen Kristallen. Aus (290) folgt, daß die Isogyrenfläche bei optisch zweiachsigen Kristallen ein Kegel dritten Grades ist, der durch die beiden Binormalen $\left(y=0,\ x=\pm z\,\mathrm{tg}\frac{O}{2}\right)$ hindurchgeht.

Bei optisch einachsigen Kristallen ist $O=0$; Gleichung (290) zerfällt daher bei diesen in die Gleichung der Ebene

$$\mathfrak{g}_y x-\mathfrak{g}_x y=0 \tag{292}$$

und in die Gleichung des Kegels zweiten Grades

$$\mathfrak{g}_z(x^2+y^2)-z(\mathfrak{g}_x x+\mathfrak{g}_y y)=0, \tag{293}$$

der durch die optische Achse hindurchgeht.

Wir bemerken noch, daß eine angenäherte Darstellung des Verlaufes der Isogyren, die für manche Zwecke der kristallographischen Bestimmungsmethoden ausreicht, sich mit Hilfe der Skiodromen [Ziff. 11c)] geben läßt[1]).

[1]) Außer den Literaturangaben S. 657, Anm. 3 vgl. H. HILTON, ZS. f. Krist. Bd. 42, S. 277. 1907; E. SOMMERFELDT, Tschermaks mineral. und petrogr. Mitteil. Bd. 27, S. 285. 1908.

84. Kurven konstanter Intensität. Die Hauptkurven konstanter Phasendifferenz und die Hauptisogyren teilen das Interferenzbild in Gebiete, in welchen sich je ein Punkt größter und geringster Intensität ($J = J_0$ und $J = 0$) befindet; jeder dieser Punkte wird von ganz in dem betreffenden Gebiete liegenden Kurven konstanter Intensität [vgl. Ziff. 80a)] umgeben[1]). Die Gleichung der Kurven konstanter Intensität ist nach (280)

$$J_0\left\{\cos^2(v-w) - \sin 2(v-u)\sin 2(w-u)\sin^2\frac{\Delta}{2}\right\} = \text{konst.},$$

wobei u und Δ als Variable anzusehen sind.

Die Punkte größter bzw. kleinster Intensität sind offenbar die Schnittpunkte der Kurven konstanter Phasendifferenz $\Delta = (2m+1)\pi$ ($m = 0, 1, 2, \ldots$) mit den beiden Isogyren

$$u = \frac{v+w}{2}, \quad u = \frac{v+w+\pi}{2}$$

bzw.

$$u = \frac{v+w}{2} + \frac{\pi}{4}, \quad u = \frac{v+w}{2} + \frac{3\pi}{4},$$

wie sich aus (280) mittels der Bedingung $\frac{\partial J}{\partial u} = 0$ ohne weiteres ergibt. Um die Intensitätsverteilung im Interferenzbild zu übersehen, betrachten wir nun das von den Hauptisogyren $u = v$ und $u = w$ begrenzte Gebiet und setzen zur Abkürzung

$$-\sin 2(v-u)\sin 2(w-u)\sin^2\frac{\Delta}{2} = \gamma.$$

Alle in diesem Gebiet liegenden Kurven konstanter Intensität, die zu einem bestimmten γ gehören, werden von den Isogyren

$$u = \frac{v+w}{2} \pm \sigma$$

berührt, wobei

$$-\sin(2\sigma + v - w)\sin(2\sigma - v + w) = \gamma, \quad \text{somit} \quad \sin 2\sigma = \sqrt{\sin^2(v-w) - \gamma}$$

ist; durch die Berührungspunkte gehen die Kurven konstanter Phasendifferenz $\Delta = (2m+1)\pi$. Außerdem werden jene Kurven konstanter Intensität von den Kurven konstanter Phasendifferenz

$$\Delta = 2m\pi + \tau, \quad \Delta = 2(m+1)\pi - \tau$$

berührt, wobei

$$\sin^2(v-w)\sin^2\frac{\tau}{2} = \gamma$$

ist; durch die Berührungspunkte gehen die Isogyren $u = \frac{v+w}{2}$.

Endlich wird jede der zu einem bestimmten γ gehörenden Kurven konstanter Intensität von einer Kurve konstanter Phasendifferenz

$$\Delta = 2m\pi + \varepsilon \quad (\varepsilon > \tau)$$

in den Punkten der Isogyren

$$u = \frac{v+w}{2} \pm \sigma'$$

geschnitten, wobei

$$\sin 2\sigma' = \sqrt{\sin^2(v-w) - \frac{\gamma}{\sin^2\frac{\varepsilon}{2}}}$$

[1]) E. Lommel, Pogg. Ann. Bd. 120, S. 69. 1863; Münchener Ber. Bd. 19, S. 317. 1889; Wied. Ann. Bd. 39, S. 258. 1890; W. D. Niven, Quarterl. Journ. of Mathem. Bd. 13, S. 172. 1874; R. T. Glazebrook, Proc. Cambr. Phil. Soc. Bd. 4, S. 299. 1883; C. Spurge, ebenda Bd. 5, S. 74. 1884; Trans. Cambr. Phil. Soc. Bd. 14, S. 63. 1889.

ist; andererseits liegen die weiteren Schnittpunkte dieser Isogyren mit der betreffenden Kurve konstanter Intensität auf den Kurven konstanter Phasendifferenz $\Delta = 2(m+1)\pi - \varepsilon$. Bezeichnen wir nun in dem zu m gehörenden Gebiet des Interferenzbildes mit Δ_m und Δ'_m die Phasendifferenzen in denjenigen Punkten, in welchen eine Kurve konstanter Intensität γ von einer Isogyre geschnitten wird, so ist $\Delta'_m - \Delta_m = 2\pi - 2\varepsilon$, also unabhängig von m; ferner ist $\Delta'_m + \Delta_m = 2(2m+1)\pi$, d. h. unabhängig von ε und somit auch unabhängig von der Kurve konstanter Intensität γ. Sind ferner Δ_{m-1} und Δ'_{m-1} die Phasendifferenzen in denjenigen Punkten, in welchen dieselbe Isogyre die zu demselben γ gehörende Kurve konstanter Intensität in dem zu $m - 1$ gehörenden Gebiet des Interferenzbildes schneidet, so ist $\Delta'_{m-1} = 2m\pi - \varepsilon$; somit wird $\Delta_m - \Delta'_{m-1} = 2\varepsilon$, d. h. unabhängig von m, und $\Delta_m + \Delta'_{m-1} = 4m\pi$, d. h. unabhängig von γ und folglich auch unabhängig von der betreffenden Kurve konstanter Intensität.

Entsprechendes gilt für die übrigen Gebiete des Interferenzbildes.

85. Interferenzbilder optisch zweiachsiger Kristalle. Wir wenden uns jetzt den Interferenzbildern bei optisch zweiachsigen Kristallen zu[1]), beschränken uns dabei aber auf die für die Beobachtungen[2]) besonders wichtigen speziellen Fälle, daß die Kristallplatte senkrecht zu einer der beiden Mittellinien oder parallel zur Binormalenebene oder senkrecht zu einer Binormale geschnitten ist[3]).

a) Plattenebene senkrecht zu einer Mittellinie. α) Kurven konstanter Phasendifferenz. Ist die Platte senkrecht zur ersten Mittellinie (z-Achse) geschnitten und ist der Binormalenwinkel nicht zu klein, so haben wir zunächst

$$\cos b_1 = \cos r \cos\frac{O}{2} + \sin r \sin\frac{O}{2}\sin\xi, \qquad \cos b_2 = \cos r\cos\frac{O}{2} - \sin r \sin\frac{O}{2}\sin\xi,$$

wobei r den Brechungswinkel und ξ das Azimut der Einfallsebene gegen die yz-Ebene bedeutet. In der Annäherung, die bei schwach konvergentem Lichte und geringer Doppelbrechung zulässig ist (vgl. Ziff. 79), folgt dann

$$\frac{\sin b_1 \sin b_2}{\cos r} = \sin^2\frac{O}{2} + \frac{1}{2}\left(\cos^2\frac{O}{2} + 1\right)\sin^2 r(\cos^2\xi - \sin^2\xi);$$

nach Einführung der rechtwinkligen Koordinaten[4])

$$x = d\sin r \sin\xi, \; y = d\sin r\cos\xi$$

erhält man hieraus mittels (283)

$$(y^2 - x^2)\left(1 + \cos^2\frac{O}{2}\right) = \text{konst.}$$

als Gleichung für die Projektionen der Kurven konstanter Phasendifferenz; dieselben sind somit gleichseitige Hyperbeln, deren Asymptoten die Winkel zwischen x-Achse und y-Achse halbieren.

1) Reproduktionen photographischer Aufnahmen der in dieser Ziffer zu besprechenden Interferenzbilder optisch zweiachsiger Kristalle bei H. HAUSWALDT, Interferenzerscheinungen an doppeltbrechenden Kristallplatten im konvergenten polarisierten Lichte. Taf. 18—32. Magdeburg 1902.

2) Über die Verwendung der Interferenzkurven zur angenäherten Bestimmung der Hauptbrechungsindizes von Dünnschliffen vgl. F. E. WRIGHT, Journ. Washington Acad. Bd. 4, S. 534. 1914.

3) Über den allgemeinen Fall einer gegen die Binormalenebene und die Binormalen beliebig geneigten Kristallplatte vgl. F. BECKE, Tschermaks mineral. u. petrogr. Mitteil. Bd. 27, S. 177. 1908.

4) Bei der erwähnten Annäherung kann $\operatorname{tg} r$ mit $\sin r$ vertauscht werden.

Ein entsprechendes Resultat erhält man bei einer senkrecht zur zweiten Mittellinie (x-Achse) geschnittenen Platte, indem man O mit $\frac{\pi}{2} - O$ vertauscht.

Ist bei dem vorhin besprochenen Falle einer senkrecht zur ersten Mittellinie geschnittenen Platte der Binormalenwinkel klein, so erhält man die Projektionen der Kurven konstanter Phasendifferenz am einfachsten, indem man nach Ziff. 82a) die Schnittkurven einer Fläche konstanter Phasendifferenz mit den Parallelebenen zur xy-Ebene bestimmt. Sind a_1 und a_2 die Entfernungen eines Punktes S einer solchen Schnittkurve von den Binormalenspuren B_1 und B_2 (Abb. 25) und bedeutet α_1 bzw. α_2 den Winkel, welchen a_1 bzw. a_2 mit MB_1 bzw. MB_2 bildet, so haben wir

$$\sin b_1 = \frac{a_1}{|\mathfrak{B}|} \sin\alpha_1, \qquad \sin b_2 = \frac{a_2}{|\mathfrak{B}|} \sin\alpha_2;$$

somit bekommt man für die Projektionen der Kurven konstanter Phasendifferenz nach (283) die Gleichung

$$\frac{p}{|\mathfrak{B}|} a_1 a_2 \sin\alpha_1 \sin\alpha_2 = \Delta = \text{konst.}$$

Bei kleinem Binormalenwinkel O wird $|\mathfrak{B}|$ für alle Punkte einer Schnittkurve, die durch eine hinreichend weit von der xy-Ebene entfernte Schnittebene erzeugt wird, nahezu konstant; α_1 und α_2 sind dann nur wenig von $\pi/2$ verschieden, so daß $\sin\alpha_1$ und $\sin\alpha_2$ nahezu gleich 1 werden. Wir erhalten in diesem Falle für die Projektionen der Kurven konstanter Phasendifferenz

$$a_1 a_2 = \frac{\Delta |\mathfrak{B}|}{p}.$$

Nun ist, wie man ohne weiteres einsieht,

$$a_1 = \sqrt{\left(x - d \operatorname{tg}\frac{O}{2}\right)^2 + y^2}, \qquad a_2 = \sqrt{\left(x + d \operatorname{tg}\frac{O}{2}\right)^2 + y^2},$$

wobei d wieder die Plattendicke bedeutet; die letzte Gleichung nimmt daher die Form an

$$\left(x^2 - d^2 \operatorname{tg}^2\frac{O}{2}\right)^2 + y^4 + 2y^2\left(x^2 + d^2 \operatorname{tg}^2\frac{O}{2}\right) = \frac{\Delta^2 |\mathfrak{B}|^2}{p^2}.$$

Diese Gleichung sagt aus, daß die Kurven konstanter Phasendifferenz Cassinische Ovale sind; sie werden zu Lemniskaten, wenn die Schnittebene durch den Schnittpunkt N der Fläche mit der positiven z-Achse geht.

Ist der Abstand der Schnittebene von der xy-Ebene größer als MN, so besteht die Schnittkurve aus zwei getrennten, geschlossenen Kurven C_1 und C_2, von denen jede eine Binormalenspur B_1 bzw. B_2 umgibt.

Wir bemerken noch, daß der Fall des kleinen Binormalenwinkels in den vorhin behandelten Fall des größeren Binormalenwinkels übergeht, wenn man sich auf ein kleines Gebiet um den Mittelpunkt des Interferenzbildes beschränkt; es können dann x^4, y^4 und x^2y^2 gegen $x^2 d^2 \operatorname{tg}^2\frac{O}{2}$ und $y^2 d^2 \operatorname{tg}^2\frac{O}{2}$ vernachlässigt werden, so daß man als Kurven konstanter Phasendifferenz wieder die vorhin erwähnten gleichseitigen Hyperbeln

$$y^2 - x^2 = \text{konst.}$$

erhält.

β) Isogyren. Ist ψ das Azimut von $\mathfrak{g}$ gegen die zx-Ebene, so ist bei einer senkrecht zur ersten Mittellinie (z-Achse) geschnittenen Platte in (290) und (282)

$$\mathfrak{g}_x = \cos\psi\,,\quad \mathfrak{g}_y = \sin\psi\,,\quad \mathfrak{g}_z = 0\,,\quad \mathfrak{n}_x = \mathfrak{n}_y = 0\,,\quad \mathfrak{n}_z = 1$$

zu setzen; somit folgt für die Gleichung der Projektionen der Isogyren

$$x^2\cos^2\frac{O}{2} - xy\left(\cos^2\frac{O}{2}\operatorname{cotg}\psi - \operatorname{tg}\psi\right) - y^2 = d^2\sin^2\frac{O}{2}\,. \tag{294}$$

Sind $B_1\left(x = d\operatorname{tg}\frac{O}{2},\ y = 0\right)$ und $B_2\left(x = -d\operatorname{tg}\frac{O}{2},\ y = 0\right)$ die Spuren der durch M gelegten Binormalenrichtungen (sogen. Binormalenspuren)[1]), so folgt aus (294), daß jede Isogyre eine durch eine Binormalenspur B_1 bzw. B_2 gehende Hyperbel ist, deren Asymptoten durch den Mittelpunkt des Gesichtsfeldes gehen und die Gleichungen

$$x\cos^2\frac{O}{2} + y\operatorname{tg}\psi = 0\,,\qquad x - y\operatorname{cotg}\psi = 0 \tag{295}$$

besitzen.

Bei kleinem Binormalenwinkel fällt demnach die eine Asymptote mit $\mathfrak{g}$, die andere mit der zu $\mathfrak{g}$ senkrechten Richtung $\mathfrak{g}'$ zusammen. In diesem Falle sind also die Isogyren gleichseitige Hyperbeln, deren Asymptoten parallel zu den (auf jeder Hyperbel konstanten) Schwingungsrichtungen $\mathfrak{g}$ und $\mathfrak{g}'$ der beiden sich im Kristall fortpflanzenden Wellen sind; die beiden Hauptisogyren besitzen demnach [vgl. Ziff. 80 b)] Asymptoten, die parallel und senkrecht zur Schwingungsrichtung von Polarisator und Analysator liegen.

Fällt bei gekreuzten Polarisatoren die Binormalenebene mit der Schwingungsebene des Polarisators oder Analysators zusammen (sog. Hauptstellung der Platte), so ist für die dann zusammenfallenden[2]) Hauptisogyren $\psi = 0$ oder $\psi = \frac{\pi}{2}$ zu setzen; ihre Gleichung ist somit nach (294) $x = 0$, $y = 0$, d. h. die Hyperbel entartet in die durch den Mittelpunkt des Gesichtsfeldes gehenden, zu den Schwingungsrichtungen der Polarisatoren parallelen Geraden (sog. dunkle Balken). Halbiert die Ebene der Binormalen den Winkel zwischen den Schwingungsebenen der gekreuzten Polarisatoren (sog. Diagonalstellung der Platte), so hat man für die zusammenfallenden Hauptisogyren $\psi = \frac{\pi}{4}$ oder $\psi = -\frac{\pi}{4}$; dieselben bilden somit bei kleinem Binormalenwinkel nach (294) eine dunkle gleichseitige Hyperbel, deren Asymptoten nach (295) parallel zu den Halbierungslinien der Schwingungsrichtungen der Polarisatoren liegen.

Dreht man die Platte aus der Hauptstellung in die Diagonalstellung, so öffnen sich die dunkeln Balken immer mehr, bis bei $\psi = \frac{\pi}{4}$ die dunkeln gleichseitigen Hyperbeln auftreten, die sich über $\pi/4$ hinaus wieder schließen und bei $\psi = \frac{\pi}{2}$ erneut in die dunkeln Balken zerfallen[3]).

Die dunkle Hauptisogyrenhyperbel, die bei gekreuzten Polarisatoren in der Diagonalstellung die dunkeln Hauptkurven konstanter Phasendifferenz durchzieht, ist nur in der Nähe von B_1 und B_2, wo sich $\mathfrak{g}$ von Punkt zu Punkt stark ändert, als scharfe Linie zu erkennen, während sie sich in größerer Entfernung immer mehr verbreitert und verwaschener wird.

---

[1]) Die Binormalenspuren im Interferenzbilde werden von den Mineralogen als Achsenbilder bezeichnet.

[2]) Vgl. hierzu S. 776, Anm. 1.

[3]) Über die geometrische Veranschaulichung dieses Verhaltens der Hauptisogyren beim Drehen der Platte vgl. E. G. A. TEN SIETHOFF, Centralbl. f. Min. 1900, S. 267.

Bei einer senkrecht zur zweiten Mittellinie geschnittenen Platte ist das Verhalten der Isogyren im wesentlichen dasselbe.

Abb. 27 gibt das Schema des Interferenzbildes einer senkrecht zur ersten Mittellinie geschnittenen, optisch zweiachsigen Kristallplatte zwischen gekreuzten Polarisatoren bei kleinem Binormalenwinkel in der Hauptstellung (obere Figur), bzw. in der Diagonalstellung (untere Figur).

b) Plattenebene parallel zur Binormalenebene. α) Kurven konstanter Phasendifferenz. Ist die Platte parallel zur Binormalenebene (zx-Ebene) geschnitten, so daß die positive y-Achse in die Richtung des Einheitsvektors $\mathfrak{n}$ der Plattennormale fällt und bedeutet ψ das Azimut der Einfallsebene gegen die zy-Ebene, so haben wir

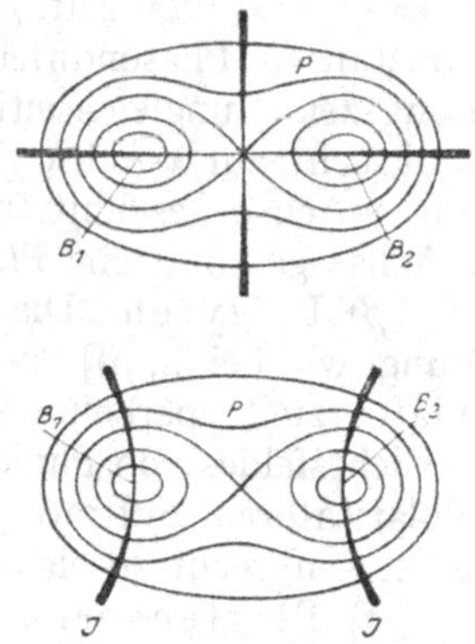

Abb. 27. Schema des Interferenzbildes einer senkrecht zur ersten Mittellinie geschnittenen, optisch zweiachsigen Kristallplatte (mit kleinem Binormalenwinkel) zwischen gekreuzten Polarisatoren im konvergenten Lichte. (Obere Figur Haupt-, untere Figur Diagonalstellung. P Hauptkurven konstanter Phasendifferenz, J Hauptisogyren. B_1, B_2 Binormalenstrahlen.)

$$\cos b_1 = \sin r \cos\left(\frac{O}{2} - \psi\right), \qquad \cos b_2 = \sin r \cos\left(\frac{O}{2} + \psi\right),$$

somit

$$\sin^2 b_1 \sin^2 b_2 = \left[1 - \sin^2 r\left(\cos^2\frac{O}{2}\cos^2\psi + \sin^2\frac{O}{2}\sin^2\psi\right)\right]^2 - \left(2\sin^2 r \cos\frac{O}{2}\sin\frac{O}{2}\cos\psi\sin\psi\right)^2;$$

hieraus folgt bei schwach konvergentem Lichte und geringer Doppelbrechung in derselben Annäherung wie bei dem unter a, α) besprochenen Falle

$$\frac{\sin b_1 \sin b_2}{\cos r} = 1 + \sin^2 r\left(\frac{1}{2} - \cos^2\frac{O}{2}\cos^2\psi - \sin^2\frac{O}{2}\sin^2\psi\right). \tag{296}$$

Führt man in diese Gleichung die rechtwinkligen Koordinaten $x = d\sin r \sin\psi$, $z = d\sin r\cos\psi$ ein, so ergibt sich mit Hilfe von (283) für die Projektion der Kurven konstanter Phasendifferenz die Gleichung

$$x^2\left(\frac{1}{2} - \sin^2\frac{O}{2}\right) + z^2\left(\frac{1}{2} - \cos^2\frac{O}{2}\right) = \text{konst.}$$

oder

$$(x^2 - z^2)\cos O = \text{konst.}$$

Die Kurven konstanter Phasendifferenz sind somit (unabhängig von der Größe des Binormalenwinkels) gleichseitige Hyperbeln, deren Asymptoten die Winkel zwischen den beiden Mittellinien (z-Achse und x-Achse) halbieren[1]; die Phasendifferenz nimmt vom Mittelpunkt des Gesichtsfeldes aus in Richtung der ersten Mittellinie ab, in Richtung der zweiten Mittellinie zu.

Hieraus und aus dem unter a, α) besprochenen Verhalten einer senkrecht zur z-Achse bzw. senkrecht zur x-Achse geschnittenen Platte folgt, daß bei schwach konvergentem Lichte, nicht zu kleinem Binormalenwinkel und geringer Doppel-

[1] Ist $O = \frac{\pi}{2}$, so verschwindet zwar das die linke Seite der letzten Gleichung darstellende Glied erster Ordnung; die Kurven konstanter Phasendifferenz sind aber auch in diesem Falle noch gleichseitige Hyperbeln, da man dann in der nach Potenzen von z und x fortschreitenden Entwicklung von (296) für das Glied zweiter Ordnung den Ausdruck $\frac{1}{4}(x^2 - z^2)^2$ erhält.

brechung die Kurven konstanter Phasendifferenz bei senkrecht zu den optischen Symmetrieachsen geschnittenen Platten eines optisch zweiachsigen Kristalls im mittleren Teile des Gesichtsfeldes (d. h. bei kleinem r) stets gleichseitige Hyperbeln sind; die kristalloptische Ungleichwertigkeit der optischen Symmetrieachsen zeigt sich erst, wenn die Doppelbrechung so stark ist, daß die Annäherung $r' = r'' = r$ (vgl. Ziff. 79) unzulässig wird. In diesem Falle sind die Kurven konstanter Phasendifferenz, wie die an (278) anknüpfende strengere Rechnung zeigt, ungleichseitige Hyperbeln, deren halber Asymptotenwinkel für eine senkrecht zur x-Achse geschnittene Platte durch $\operatorname{arctg} n_3/n_2$, für eine senkrecht zur y-Achse geschnittene Platte durch $\operatorname{arctg} n_1/n_3$ und für eine senkrecht zur z-Achse geschnittene Platte durch $\operatorname{arctg} n_2/n_1$ gegeben ist.

β) Isogyren. Die Isogyren ergeben sich [durch eine entsprechende Rechnung wie bei a, β)] auch bei einer parallel zur Binormalenebene geschnittenen Platte zu Hyperbeln. Da sich aber die Schwingungsrichtungen innerhalb des Gesichtsfeldes von Punkt zu Punkt nur wenig ändern, so sind die bei gekreuzten Polarisatoren auftretenden dunkeln Hauptisogyren viel undeutlicher als bei einer senkrecht zu einer Mittellinie geschnittenen Platte[1]).

c) Plattenebene senkrecht zu einer Binormale. α) Kurven konstanter Phasendifferenz. Um die Kurven konstanter Phasendifferenz bei einer senkrecht zu einer Binormale geschnittenen Platte eines optisch zweiachsigen Kristalls zu erhalten, beachten wir, daß sich jede Fläche konstanter Phasendifferenz nach Ziff. 82 in hinreichender Entfernung von ihrem Mittelpunkte wie zwei Kreiszylinder mit den Binormalen als Achsen verhält. Die Kurven konstanter Phasendifferenz sind daher bei einer solchen Platte angenähert Kreise, falls der Brechungswinkel r klein gegen den Binormalenwinkel O ist. Die Radien der Kreise ergeben sich aus (283) für $b_1 = r$, $b_2 = O$ und $|\mathfrak{B}| = d$ zu

$$d \sin r = \frac{\Delta}{p \sin O};$$

sie sind somit den Phasendifferenzen proportional und verhalten sich bei den Hauptkurven konstanter Phasendifferenz ($m = 0, 1, 2, \ldots$) wie die ganzen Zahlen.

In weiterer Entfernung vom mittleren Teile des Gesichtsfeldes weichen die Kurven konstanter Phasendifferenz merklich von der Kreisform ab und erscheinen nach der Spur der anderen Binormale hin deformiert.

β) Isogyren. Um die Gleichung der Isogyren bei einer senkrecht zu einer Binormale geschnittenen Platte eines optisch zweiachsigen Kristalls herzuleiten, führen wir ein zweites rechtwinkliges Rechtssystem x', y', z' mit dem Anfangspunkt im Mittelpunkt M des Gesichtsfeldes ein, dessen positive z'-Achse mit dem Einheitsvektor $\mathfrak{n}$ der Plattennormale (und damit mit der Richtung der betreffenden Binormale), und dessen positive y'-Achse mit der positiven y-Achse zusammenfällt; wir haben dann

$$x = x' \cos\frac{O}{2} + z' \sin\frac{O}{2}, \qquad y = y', \qquad z = -x' \sin\frac{O}{2} + z' \cos\frac{O}{2},$$

$$\mathfrak{g}_x = \cos\frac{O}{2} \cos\psi, \qquad \mathfrak{g}_y = \sin\psi, \qquad \mathfrak{g}_z = -\sin\frac{O}{2} \cos\psi$$

zu setzen, falls ψ das Azimut von $\mathfrak{g}$ gegen die $z'x'$-Ebene bedeutet. Führen wir diese Werte in (290) ein, so erhalten wir als Gleichung der Isogyrenfläche

$$y'(x' \sin\psi - y' \cos\psi)^2 - 2z' \operatorname{cotg} O\,(x' \sin\psi - y' \cos\psi)\,(x' \cos\psi + y' \sin\psi) \\ - z'^2 (x' \sin 2\psi - y' \cos 2\psi) = 0.$$

[1]) G. CESÀRO, Bull. de Belg. 1907, S. 397.

Da die Gleichung der Ebene (282) beim Übergang zum System x', y', z' die Form

$$z' = d$$

annimmt, so folgt hieraus in Verbindung mit der letzten Gleichung für die Projektionen der Isogyren

$$\left.\begin{aligned} y'(x'\sin\psi - y'\cos\psi)^2 - 2d\,\mathrm{cotg}\,O\,(x'\sin\psi - y'\cos\psi)\,(x'\cos\psi + y'\sin\psi) \\ - d^2(x'\sin 2\psi - y'\cos 2\psi) = 0. \end{aligned}\right\} \quad (297)$$

Beschränkt man sich auf ein Gebiet in der Nähe des Mittelpunktes des Gesichtsfeldes, so können wir in (297) die Glieder vernachlässigen, die in x' und y' von höheren als der ersten Potenz sind, und erhalten dann

$$x'\sin 2\psi - y'\cos 2\psi = 0.$$

Bei einer senkrecht zu einer Binormale geschnittenen Platte sind die Hauptisogyren somit im mittleren Gebiet des Gesichtsfeldes zwei Gerade, welche durch den Mittelpunkt des Gesichtsfeldes gehen und miteinander einen Winkel bilden, der doppelt so groß ist wie der Winkel zwischen den Schwingungsrichtungen der Polarisatoren. Sind letztere gekreuzt, so fallen die beiden Geraden zu einer einzigen dunkeln Geraden zusammen und der Winkel, den diese Gerade mit der Spur der Binormalenebene bildet, wird von der Schwingungsrichtung des Polarisators bzw. Analysators halbiert. Dreht man die Platte in ihrer Ebene, so dreht sich daher die dunkle Gerade um denselben Winkel im entgegengesetzten Sinne.

Für eine größere Ausdehnung des Gesichtsfeldes läßt sich aus (297) folgern, daß die bei gekreuzten Polarisatoren auftretende dunkle Hauptisogyre gekrümmt ist, wenn die Platte aus der Normalstellung $\left(\psi = 0 \text{ oder } \psi = \frac{\pi}{2}\right)$ herausgedreht wird. Die Krümmung ist am stärksten, wenn sich die Platte in der Diagonalstellung befindet und kehrt die konvexe Seite nach der Spur der ersten Mittellinie hin; sie wird um so kleiner, je weniger der Binormalenwinkel O von $\pi/2$ abweicht.

86. Interferenzbilder optisch einachsiger Kristalle[1]. a) Allgemeiner Fall. α) Kurven konstanter Phasendifferenz. Um die Kurven konstanter Phasendifferenz bei einer kristallographisch beliebig orientierten Platte eines optisch einachsigen Kristalls zu erhalten, führen wir neben dem optischen Symmetrieachsensystem x, y, z ein zweites rechtwinkliges Rechtssystem x', y', z' ein, dessen Anfangspunkt sich in der ersten Begrenzungsfläche A der Platte (Abb. 24) im Mittelpunkt M des Gesichtsfeldes befindet; seine positive z'-Achse soll mit dem Einheitsvektor $\mathfrak{n}$ der Plattennormale zusammenfallen und mit der optischen Achse (positiven z-Achse) den Winkel Φ bilden, seine x'-Achse parallel zum Hauptschnitt der Begrenzungsfläche liegen. Ist ξ das Azimut irgend einer Einfallsebene gegen die $z'x'$-Ebene, so kann ein Punkt der Projektion des Interferenzbildes entweder durch die Polarkoordinaten ξ und $d\sin r$[2]) oder durch die rechtwinkligen Koordinaten $x' = d\sin r\cos\xi$, $y' = d\sin r\sin\xi$ festgelegt werden.

[1]) Reproduktionen photographischer Aufnahmen der in dieser Ziffer zu besprechenden Interferenzbilder optisch einachsiger Kristalle bei H. HAUSWALDT, Interferenzerscheinungen an doppeltbrechenden Kristallplatten im konvergenten polarisierten Licht. Taf. 1—10. Magdeburg 1902. Neue Folge, Taf. 3—6. Magdeburg 1904. Die analogen Interferenzbilder des nicht aktiven mesomorphen Zustandes (Ziff. 7) von Äthoxybenzalamino-α-Äthylzimtsäureäthylester sind von D. VORLÄNDER u. H. HAUSWALDT (Abhandlgn. d. K. Leop.-Car. Deutsch. Akad. d. Naturf. Bd. 90, S. 110. Taf. 1 u. 2. 1909) reproduziert worden.

[2]) Vgl. die Bemerkung S. 782, Anm. 4.

Für die Projektionen der Kurven konstanter Phasendifferenz folgt dann aus (285), da $|\mathfrak{B}| = \frac{d}{\cos r}$ zu setzen ist

$$\frac{\sin^2 b}{\cos r} = \frac{\Delta}{p d}; \tag{298}$$

da nun für eine Wellennormalenrichtung, die in einer Einfallsebene mit dem Azimut ξ liegt, die Beziehung besteht

$$\cos b = \cos\Phi \cos r + \sin\Phi \sin r \cos\xi,$$

so ergibt sich

$$\left.\begin{aligned} \sin^2 b &= 1 - \cos^2\Phi\cos^2 r - \sin^2\Phi\sin^2 r\cos^2\xi - \sin r\cos r\sin 2\Phi\cos\xi \\ &= \sin^2\Phi + \sin^2 r(\cos^2\Phi - \sin^2\Phi\cos^2\xi) - \sin r\cos r\sin 2\Phi\cos\xi. \end{aligned}\right\} \tag{299}$$

Setzt man näherungsweise $1 + \frac{1}{2}\sin^2 r$ für $\frac{1}{\cos r}$, was bei kleinen Winkeln r zulässig ist, so erhält man aus (298) und (299) für die Projektionen der Kurven konstanter Phasendifferenz die Gleichung

$$\sin^2 r\left(\frac{1}{2}\sin^2\Phi + \cos^2\Phi - \sin^2\Phi\cos^2\xi\right) - \sin r\cos\xi\sin 2\Phi = \frac{\Delta}{p d} - \sin^2\Phi, \tag{300}$$

die bei Einführung der rechtwinkligen Koordinaten $x' = d\sin r\cos\xi$, $y' = d\sin r\sin\xi$ die Form annimmt

$$\left.\begin{aligned} x'^2\left(\cos^2\Phi - \frac{1}{2}\sin^2\Phi\right) + y'^2\left(\cos^2\Phi + \frac{1}{2}\sin^2\Phi\right) - x' d\sin 2\Phi \\ = \frac{\Delta}{p} d - d^2\sin^2\Phi = \frac{\Delta - \Delta_0}{p} d, \end{aligned}\right\} \tag{301}$$

wobei Δ_0 die Phasendifferenz der beiden in Richtung der Plattennormale ($r = 0$) fortschreitenden Wellen ist.

Die Kurven konstanter Phasendifferenz sind somit bei einer kristallographisch beliebig orientierten Platte eines optisch einachsigen Kristalls im mittleren Teile des Gesichtsfeldes konzentrische, ähnliche und ähnlich liegende Kegelschnitte, deren Mittelpunkt aus dem Mittelpunkt des Gesichtsfeldes parallel zum Hauptschnitt der Begrenzungsfläche der Platte verschoben ist.

Da Δ_0 mit Φ stark zunimmt, so kann man bei Beleuchtung mit weißem Lichte bei beträchtlich gegen die optische Achse geneigten Platten die Hauptkurven konstanter Phasendifferenz nicht mehr wahrnehmen, weil dann überall das Weiß höherer Ordnung auftritt.

Ist r sehr klein gegen Φ und betrachten wir eine durch den Mittelpunkt des Gesichtsfeldes parallel zum Hauptschnitt der Begrenzungsfläche ($\xi = 0$) gezogene Gerade, so erhalten wir für die Mittelpunktsabstände $d\sin r_m$ und $d\sin r_{m+1}$ der Schnittpunkte, welche diese Gerade mit zwei aufeinanderfolgenden Hauptkurven konstanter Phasendifferenz [$\Delta = 2m\pi$, $\Delta = (2m+1)\pi$; $m = 0, 1, 2, \ldots$] erzeugt, aus (300) die Beziehung

$$\sin r_{m+1} - \sin r_m = \frac{1}{p d} \cdot \frac{1}{\sin 2\Phi}$$

Dieser Ausdruck wird am kleinsten für $\Phi = 45°$; bei gleich dicken Platten des nämlichen Kristalls zeigt somit die unter 45° gegen die optische Achse geschnittene die Hauptkurven konstanter Phasendifferenz in dichtester Aufeinanderfolge. Bei einer sehr dicken Platte eines stark doppelbrechenden optisch einachsigen Kristalls, die ungefähr unter 45° gegen die optische Achse geschnitten ist, kann es daher vorkommen, daß auch bei Beleuchtung mit streng monochromatischem Lichte die Hauptkurven konstanter Phasendifferenz sich wegen zu großer Feinheit der Wahrnehmung entziehen.

Abgesehen von den Sonderfällen $\Phi = 0$ und $\Phi = \frac{\pi}{2}$, die weiter unten unter b) und c) besonders behandelt werden, sind folgende spezielle Werte bzw. Grenzen von Φ zu beachten:

1. $0 < \Phi < \operatorname{arctg}\sqrt{2}$. Die Kurven konstanter Phasendifferenz werden nach (301) zu Ellipsen, deren große Achsen parallel zum Hauptschnitt der Begrenzungsfläche liegen. Das Achsenverhältnis der Ellipsen beträgt $\sqrt{\frac{1-\frac{1}{2}\operatorname{tg}^2\Phi}{1+\frac{1}{2}\operatorname{tg}^2\Phi}}$; ihr Mittelpunkt ist aus dem Mittelpunkt des Gesichtsfeldes um $\frac{\frac{1}{2}\operatorname{tg}\Phi}{1-\frac{1}{2}\operatorname{tg}^2\Phi}$ in Richtung der positiven x'-Achse verschoben.

2. $\Phi = \operatorname{arctg}\sqrt{2} = 54° 44'$. Die Kurven konstanter Phasendifferenz sind nach (301) Parabeln, deren Achse parallel zum Hauptschnitt der Begrenzungsfläche liegt. Bei stärker doppelbrechenden Kristallen hängt allerdings, wie die auf (278) zurückgehende strengere Rechnung zeigt, der Grenzwert von Φ, bei dem die Ellipsen in Parabeln übergehen, noch von dem Verhältnis der Hauptbrechungsindizes ab[1]); er beträgt z. B. für Kalkspat 53° 45′[2]).

3. $\operatorname{arctg}\sqrt{2} < \Phi < 90°$. Die Kurven konstanter Phasendifferenz sind nach (301) Hyperbeln, deren Mittelpunkt aus dem Mittelpunkt des Gesichtsfeldes um $\frac{\operatorname{tg}\Phi}{\operatorname{tg}^2\Phi - 2}$ in Richtung der negativen x'-Achse verschoben ist; das Azimut der Asymptoten gegen die x'-Achse beträgt $\operatorname{arctg}\sqrt{\frac{\operatorname{tg}^2\Phi-2}{\operatorname{tg}^2\Phi+2}}$.

β) Isogyren. Um die Gleichungen für die Projektionen der Isogyren zu erhalten, denken wir uns das xy-Kreuz des optischen Symmetrieachsensystems so gelegt, daß die x-Achse parallel zum Hauptschnitt der Begrenzungsfläche liegt; außerdem führen wir ein zweites rechtwinkliges Rechtssystem x', y', z', ein, welches dieselbe Lage haben soll wie in α) angegeben. Ist ψ das Azimut von $\mathfrak{g}$ gegen die zx-Ebene, so gilt

$$x = x'\cos\Phi + z'\sin\Phi, \qquad y = y', \qquad z = -x'\sin\Phi + z'\cos\Phi$$

$$\mathfrak{g}_x = \mathfrak{g}_{x'}\cos\Phi + \mathfrak{g}_{z'}\sin\Phi, \qquad \mathfrak{g}_y = \mathfrak{g}_{y'}, \qquad \mathfrak{g}_z = -\mathfrak{g}_{x'}\sin\Phi + \mathfrak{g}_{z'}\cos\Phi;$$

diese Beziehungen gehen wegen $\mathfrak{g}_{x'} = \cos\psi$, $\mathfrak{g}_{y'} = \sin\psi$, $\mathfrak{g}_{z'} = 0$ über in

$$x = x'\cos\Phi + z'\sin\Phi, \qquad y = y', \qquad z = -x'\sin\Phi + z'\cos\Phi,$$

$$\mathfrak{g}_x = \cos\psi\cos\Phi, \qquad \mathfrak{g}_y = \sin\psi, \qquad \mathfrak{g}_{z'} = -\cos\psi\sin\Phi.$$

Führt man diese Werte in (292) und (293) ein und beachtet, daß Gleichung (282) im gestrichenen Koordinatensystem die Form

$$z' = d$$

besitzt, so erhält man für die Projektionen der Isogyren die Gleichungen

$$\left.\begin{aligned} x' - y'\operatorname{cotg}\psi + d\operatorname{tg}\Phi &= 0,\\ y'^2\operatorname{tg}\Phi - x'y'\operatorname{tg}\psi\operatorname{tg}\Phi + d(x' + y'\operatorname{tg}\psi + d\operatorname{tg}\Phi) &= 0. \end{aligned}\right\} \quad (302)$$

Die erste dieser Gleichungen stellt eine Schar von Geraden dar, die durch die Spur der durch M gelegten optischen Achse ($x' = -d\operatorname{tg}\Phi$, $y' = 0$) gehen. Der

[1]) G. S. Ohm, Münchener Abh. Bd. 7, S. 105. 1853.
[2]) E. Mascart, Traité d'optique Bd. II, S. 131. Paris 1891.

zweiten entspricht eine **Hyperbelschar**, die durch denselben Punkt hindurchgeht; ihre Asymptoten sind die Gerade $y' - x' \operatorname{tg}\psi = 0$ und die durch den Mittelpunkt des Gesichtsfeldes gehende Parallele zum Hauptschnitt der Begrenzungsfläche ($y' = 0$).

b) **Plattenebene senkrecht zur optischen Achse.** α) **Kurven konstanter Phasendifferenz.** Bei einer senkrecht zur optischen Achse geschnittenen Platte ist $\Phi = 0$; für die Projektionen der Kurven konstanter Phasendifferenz erhält man daher aus (301) die Gleichung

$$x'^2 + y'^2 = \frac{\Delta}{p} d. \tag{303}$$

Diese Kurven sind somit **konzentrische Kreise**, deren Mittelpunkt im Zentrum des Gesichtsfeldes liegt. Für die Hauptkurven konstanter Phasendifferenz erhält man daher aus (303), je nachdem man [vgl. a, α)] rechtwinklige Koordinaten bzw. Polarkoordinaten benützt,

$$x'^2 + y'^2 = \frac{2m\pi}{p} d, \quad \text{bzw.} \quad \sin r_m = \sqrt{\frac{2m\pi}{pd}} \qquad (m = 0, 1, 2, \ldots);$$

bei Einführung von (284) gehen die Gleichungen über in

$$x'^2 + y'^2 = \frac{\lambda_0 m \left(\dfrac{\frac{1}{n_3^2} + \frac{1}{n_1^2}}{2}\right)^{\frac{3}{2}}}{\dfrac{\frac{1}{n_3^2} - \frac{1}{n_1^2}}{2}} d, \quad \text{bzw.} \quad \sin r_m = \left\{\frac{\lambda_0 m \left(\dfrac{\frac{1}{n_3^2} + \frac{1}{n_1^2}}{2}\right)^{\frac{3}{2}}}{d \dfrac{\frac{1}{n_3^2} - \frac{1}{n_1^2}}{2}}\right\}^{\frac{1}{2}}.$$

Die Durchmesser der die Hauptkurven konstanter Phasendifferenz darstellenden Kreise verhalten sich somit wie die Quadratwurzeln aus den ganzen Zahlen; hierdurch unterscheiden sie sich ohne weiteres von dem Kreissystem, welches nach Ziff. 85c, α) die Hauptkurven konstanter Phasendifferenz einer senkrecht zu einer Binormale geschnittenen Platte eines optisch zweiachsigen Kristalls bildet. Durch Messen der Kreisdurchmesser läßt sich mit Hilfe der letzten Formel die Differenz der Quadrate der Hauptbrechungsindizes $n_3^2 - n_1^2$ bestimmen, falls man einen mittleren Brechungsindex des Kristalls kennt[1]).

Ist r nicht mehr so klein, daß näherungsweise $1 + \frac{1}{2}\sin^2 r$ für $\frac{1}{\cos r}$ gesetzt werden kann, so ergibt die auf (299) zurückgehende strengere Berechnung für $\sin r_m$ die genauere Beziehung[2])

$$\frac{d}{\lambda_0} \frac{\sin^2 r_m}{\sqrt{1 - \frac{1}{n_1^2}\sin^2 r_m}} \frac{\frac{1}{n_3^2} - \frac{1}{n_1^2}}{\frac{2}{n_1}} = m.$$

β) **Isogyren.** Für die Projektionen der Isogyren einer senkrecht zur optischen Achse geschnittenen Platte eines optisch einachsigen Kristalls erhält man aus (302) mittels der Substitution $\Phi = 0$ die Gleichungen

$$x' - y' \operatorname{cotg}\psi = 0, \qquad x' + y' \operatorname{tg}\psi = 0.$$

---

[1]) Über die Bestimmung von n_3 aus dem Interferenzbilde vgl. H. E. MERWIN, Journ. Washington Acad. Bd. 4, S. 530. 1914.

[2]) M. BAUER, Monatsber. d. Berl. Akad. 1881, S. 958; J. WALKER, Proc. Roy. Soc. London Bd. 63, S. 79. 1898.

Die Isogyren sind somit zwei Scharen von Geraden und die Hauptisogyren sind zwei Geradenpaare parallel und senkrecht zu den Schwingungsrichtungen der Polarisatoren. Sind letztere parallel oder gekreuzt, so reduzieren sich die Geradenpaare auf eines, welches sich bei der Interferenzfigur im ersteren Falle als helles, im letzteren als dunkles Kreuz zu erkennen gibt; dasselbe ist im Mittelpunkt des Gesichtsfeldes, wo $\mathfrak{g}$ sich von Punkt zu Punkt am stärksten ändert, am deutlichsten ausgeprägt. Wird die Platte in ihrer Ebene gedreht, so bleibt das Kreuz fest, im Gegensatz zum Verhalten der Hauptisogyren bei einer senkrecht zu einer Binormale geschnittenen Platte eines optisch zweiachsigen Kristalls zwischen gekreuzten Polarisatoren [Ziff. 85 c, β)].

c) Plattenebene parallel zur optischen Achse[1]). α) Kurven konstanter Phasendifferenz. Um die Projektionen der Kurven konstanter Phasendifferenz zu erhalten, hat man in (301) $\Phi = \frac{\pi}{2}$ zu setzen und bekommt

$$y'^2 - x'^2 = 2\frac{\Delta - \Delta_0}{p} d;$$

die Kurven konstanter Phasendifferenz sind somit gleichseitige Hyperbeln[2]) mit dem Mittelpunkt im Zentrum des Gesichtsfeldes und den Asymptoten $y' = \pm x'$. Diejenigen dieser Hyperbeln, für welche $\Delta - \Delta_0 = \pm 2m'\pi$ ($m' = 0, 1, 2, \ldots$) ist, besitzen reelle Achsen, die sich wie die Quadratwurzeln aus den ganzen Zahlen verhalten; dieselben sind jedoch nur dann Hauptkurven konstanter Phasendifferenz ($\Delta = 2m\pi$; $m = 0, 1, 2, \ldots$), wenn $\Delta_0 = \pm 2m_0\pi$ ($m_0 = 0, 1, 2, \ldots$) ist.

β) Isogyren. Bei kleinem Gesichtsfelde treten die Isogyren bei einer parallel zur optischen Achse geschnittenen Platte eines optisch einachsigen Kristalls nicht hervor, da die Schwingungsrichtungen der Platte für alle Punkte des Gesichtsfeldes nahezu konstant sind; liegt der Hauptschnitt der Begrenzungsfläche parallel zur Schwingungsrichtung einer der beiden Polarisatoren, so zeigt das Gesichtsfeld gleichförmige Intensität.

Bei größerem Gesichtsfelde folgt aus (302) für die Projektionen der Isogyren mittels der Substitution $\Phi = \pi/2$ die Gleichung

$$y'^2 - x'y'\operatorname{tg}\psi + d^2 = 0;$$

die Isogyren sind demnach Hyperbeln mit den Asymptoten $y' = 0$ und $y' = x'\operatorname{tg}\psi$. Die reelle Halbachse einer solchen Hyperbel ist $d\sqrt{\frac{2\cos\psi}{1-\cos\psi}}$; das Azimut der reellen Achse gegen die positive x'-Achse beträgt $\psi/2$.

Die Hauptisogyren werden der Beobachtung am besten zugänglich, wenn mit weißem Lichte beleuchtet wird und die Platte so dick ist, daß sie keine deutliche Interferenzfarbe im parallelen, linear polarisierten Lichte zeigt [vgl. Ziff. 72 c)], da in diesem Falle die (sonst störenden) Hauptkurven konstanter Phasendifferenz zurücktreten. Bei gekreuzten Polarisatoren bilden die Hauptisogyren ein dunkles Kreuz, dessen Arme mit den Schwingungsebenen der Polarisatoren zusammenfallen, falls der Hauptschnitt der Begrenzungsebene der Platte parallel zu einer dieser Schwingungsebenen liegt. Bei jedem anderen Azimut der Platte treten zwei Hyperbeln auf, deren reelle Achsen in dem die optische Achse enthaltenden

---

1) J. Müller, Pogg. Ann. Bd. 33, S. 282. 1834; Bd. 35, S. 95. 1835.

2) Bei stärkerer Doppelbrechung ergibt die strengere, auf (278) zurückgreifende Rechnung, daß die Hyperbeln nicht genau gleichseitig sind, sondern ihre Asymptoten gegen die x'-Achse das Azimut $\operatorname{arctg}\sqrt{\frac{n_3}{n_1}}$ besitzen; dasselbe ist somit bei positiven Kristallen $> 45°$, bei negativen Kristallen $< 45°$.

Quadranten liegen; von diesen beiden Hyperbeln wird nur eine bemerkbar, falls das Azimut des Hauptschnittes der Begrenzungsebene gegen die Schwingungsebene eines der beiden Polarisatoren klein ist. Auf dieses Verhalten hat LOMMEL[1]) ein Verfahren gegründet, um bei einer parallel zur optischen Achse geschnittenen Platte eines optisch einachsigen Kristalls die Richtung der optischen Achse festzustellen.

87. Bestimmung des scheinbaren Binormalenwinkels mit Hilfe des Interferenzbildes. Das Interferenzbild kann benutzt werden, um den scheinbaren Binormalenwinkel O' zu bestimmen, dessen Kenntnis bekanntlich bei der experimentellen Ermittelung des Binormalenwinkels O erforderlich ist (vgl. Ziff. 12); wir geben hier nur die Prinzipien der wichtigsten Methoden[2]) zur Messung von O.

1. Ausmessung des Abstandes der Binormalenspuren. Hat man eine senkrecht zu einer Mittellinie geschnittene Kristallplatte, so kann O' ermittelt werden, indem man das Interferenzbild, welches bei der in Ziff. 78 besprochenen Versuchsanordnung in der dem Analysator zugewandten Brennebene des zweiten Linsensystems entsteht, mittels eines Hilfsmikroskopes beobachtet, in dem ein Okularmikrometer angebracht ist; mit letzterem wird der Abstand a der Binormalenspuren im Interferenzbilde ausgemessen. Ist die Platte etwa senkrecht zur ersten Mittellinie geschnitten und bedeutet f die Äquivalentbrennweite, so hat man

$$\sin O' = \frac{1}{\nu}\frac{a}{f},$$

wobei ν der Brechungsindex des isotropen Außenmediums ist; bei einer senkrecht zur zweiten Mittellinie geschnittenen Platte ist in diesem Ausdruck $\pi/2 - O'$ an Stelle von O' zu setzen.

Der Faktor $q = \frac{1}{\nu f}$, die sog. MALLARDsche Konstante, läßt sich in der Weise bestimmen, daß man Messungen von a bei einer senkrecht zur Mittellinie geschnittenen Platte mit bekanntem scheinbarem Binormalenwinkel O' ausführt.

Diese Methode liefert jedoch nur bei kleinem O' hinreichend befriedigende Ergebnisse[3]).

2. Achsenwinkelapparate. Erheblich genauer läßt sich O' mit Hilfe der Achsenwinkelapparate bestimmen. Bei diesen Apparaten befindet sich die Kristallplatte so zwischen den beiden Linsensystemen der in Ziff. 78 besprochenen Versuchsanordnung, daß die Achse derselben parallel zur Binormalenebene der Platte liegt. Letztere läßt sich um eine Gerade senkrecht zur Binormalenebene (y-Achse des optischen Symmetrieachsensystems) drehen, so daß zuerst die eine, dann die andere Binormalenrichtung in eine zur Achse des Linsensystems parallele Lage gebracht werden kann. Man ermittelt diese Lagen, indem man jeweils den Mittelpunkt des in Ziff. 85c, α) besprochenen Kreissystems mit dem Schnittpunkte eines Fadenkreuzes zur Deckung bringt, das sich in der dem Beobachter zugewandten Brennebene des zweiten Linsen-

---

[1]) E. LOMMEL, Wied. Ann. Bd. 18, S. 68. 1883; F. PEARCE, ZS. f. Krist. Bd. 41, S. 131. 1906; C. VIOLA, Bull. de Belg. 1906, S. 368.

[2]) Über eine eingehende Darstellung dieser Methoden und Meßverfahren vgl. F. E. WRIGHT, Sill. Journ. (4) Bd. 24, S. 317. 1907; The methods of petrographic-microscopic research, S. 147. Washington 1911 (Carnegie Institut. of Washington, Public. Nr. 158); H. ROSENBUSCH, Mikroskopische Physiographie der Mineralien und Gesteine, 5. Aufl. von E. A. WÜLFING, Bd. I, 1. Untersuchungsmethoden, S. 600. Stuttgart 1921/1924.

[3]) Vgl. S. CZAPSKI, N. Jahrb. f. Min., Beil. Bd. 7, S. 506. 1891.

systems befindet. Der Winkel O', um den hierbei gedreht werden muß, wird an einem Teilkreise abgelesen[1]).

Die vollkommeneren Instrumente besitzen außer den beiden Rohren, in welchen der Polarisator und Analysator sitzen, noch ein seitliches Kollimatorrohr, mit welchem die Winkel p_1' und p_2' (Ziff. 12) zwischen der Plattennormale und den Schenkeln des scheinbaren Binormalenwinkels O' gemessen werden können; außerdem sind sie mit einem Monochromater verbunden, so daß die Beleuchtung mit monochromatischem Lichte erfolgen kann.

Bei einer senkrecht oder nahezu senkrecht zu einer Binormale geschnittenen Platte läßt sich der scheinbare Binormalenwinkel auch aus der Krümmung ermitteln, welche die Hauptisogyren in einem Gesichtsfelde von größerer Ausdehnung bei gekreuzten Polarisatoren zeigen, falls die Platte aus der Normalstellung herausgebracht wird (vgl. Ziff. 85c, β)[2]).

Die Achsenwinkelapparate können ferner benutzt werden, um die kristallographische Orientierung der Begrenzungsebenen einer Kristallplatte gegen die Binormalen zu bestimmen[3]).

88. Einfluß der Dispersion auf das Interferenzbild. Wir betrachten jetzt die Modifikationen, welche die Interferenzerscheinungen einer planparallelen, doppelbrechenden Kristallplatte im konvergenten, linear polarisierten Lichte erfahren, wenn dieses nicht monochromatisch, sondern weiß ist; in diesem Falle erscheint das Interferenzbild gefärbt, falls (wie bei allen Interferenzerscheinungen) die Phasendifferenzen der interferierenden Wellen nicht zu groß sind, da sonst ein Weiß höherer Ordnung auftritt [Ziff. 72c)].

Die Kurven konstanter Färbung oder isochromatischen Kurven [vgl. Ziff. 80c)] besitzen dann bei nicht zu großer Dispersion der optischen Parameter angenähert dieselbe Gestalt wie die Kurven konstanter Phasendifferenz[4]); die Hauptisogyren sind bei gekreuzten Polarisatoren dunkle, farbig geänderte Balken. Eine beträchtliche Änderung der Erscheinungen tritt jedoch ein, falls nicht nur die Hauptbrechungsindizes, sondern, wie bei den Kristallen des triklinen und monoklinen Systems, auch die optischen Symmetrieachsen Dispersion besitzen. Wir besprechen im folgenden die bei den einzelnen Kristallsystemen eintretenden Abweichungen getrennt.

a) Triklines System. Bei den Kristallen des triklinen Systems, bei welchen keine der optischen Symmetrieachsen eine durch die kristallographische Symmetrie festgelegte, von der Frequenz unabhängige Richtung besitzt (vgl. Ziff. 23), zeigt das Interferenzbild bei Beleuchtung mit weißem Lichte bei jeder

---

[1]) G. Kirchhoff, Pogg. Ann. Bd. 108, S. 567. 1859; Ges. Abhandlgn., S. 557. Leipzig 1882. Beschreibungen neuerer Formen der Achsenwinkelapparate finden sich bei H. Rosenbusch, Mikroskopische Physiographie der Mineralien und Gesteine, 5. Aufl. von E. A. Wülfing Bd. I, 1. Untersuchungsmethoden, S. 615. Stuttgart 1921/1924 (daselbst auch Literaturangaben).

[2]) F. Becke, Centralbl. f. Min. 1905, S. 286; Tschermaks mineral. und petrogr. Mitteil. Bd. 24, S. 35. 1905; Bd. 28, S. 290. 1909; F. E. Wright, Sill. Journ. (4) Bd. 24, S. 317. 1907; Tschermaks mineral. und petrogr. Mitteil. Bd. 27, S. 293. 1908; vgl. außerdem die zusammenfassende Darstellung von P. Kaemmerer, Fortschr. d. Mineral., Kristall. und Petrogr. Bd. 3, S. 141. 1913, sowie V. Souza-Brandão, ZS. f. Krist. Bd. 54, S. 113. 1915; F. Schwietring, Centralbl. f. Min. 1915, S. 293.

[3]) Über die Bestimmung der kristallographischen Orientierung einer Kristallplatte auf diesem Wege vgl. H. Dufet, Bull. soc. minéral. Bd. 13, S. 341. 1890; Journ. de phys. (2) Bd. 10, S. 171. 1891; W. J. Pope, Proc. Roy. Soc. London Bd. 60, S. 7. 1896; E. A. Wülfing, ZS. f. Krist. Bd. 36, S. 403. 1902.

[4]) Über einen Hinweis zur theoretischen Ermittlung der Abweichung zwischen der mit monochromatischem und der mit weißem Lichte erhaltenen Interferenzfigur, vgl. C. . Raman, Nature Bd. 113, S. 127. 1924. Nach Raman hat man hierzu in (18) für c_n die Gruppengeschwindigkeit der Wellen zu setzen.

beliebigen kristallographischen Orientierung der Kristallplatte völlig unsymmetrische Farbenverteilung[1]). (Beispiel Traubensäure.)

b) Monoklines System. Bei den Kristallen des monoklinen Systems sind die in Ziff. 29 unterschiedenen Fälle[2]) getrennt zu betrachten; die folgenden Bemerkungen beziehen sich auf eine senkrecht zur ersten Mittellinie geschnittene Platte [vgl. Ziff. 85a)].

α) Geneigte Dispersion. Die Binormalenspuren des Interferenzbildes ändern ihre Lagen mit der Frequenz in verschiedenem Maße, und zwar wandern sie nach derselben Seite bzw. nach entgegengesetzten Seiten, je nachdem die Dispersion der Mittellinien oder die Dispersion der Binormalen überwiegt. Die bei Beleuchtung mit weißem Lichte zu beobachtende Farbenverteilung des Interferenzbildes ist daher zwar symmetrisch zur Verbindungslinie der Binormalenspuren, besitzt aber kein Zentrum der Symmetrie; in den beiden farbigen Ringsystemen, von welchen je eines eine Binormalenspur umgibt, ist sie verschieden. Die Hauptisogyren sind in der Diagonalstellung der Platte verschieden stark farbig umsäumt. (Beispiel: Gips bei gewöhnlicher Temperatur.)

β) Horizontale Dispersion. Die Binormalenspuren liegen für jede Frequenz symmetrisch zur Spur der Spiegelebene[3]), d. h. zur Mittelsenkrechten ihrer Verbindungslinie; diese Verbindungslinie verschiebt sich bei Änderung der Frequenz parallel mit sich selbst. Das bei Beleuchtung mit weißem Lichte auftretende farbige Interferenzbild liegt daher symmetrisch zur Spur der Spiegelebene und besitzt kein Symmetriezentrum. Die die beiden Binormalenspuren umgebenden farbigen Ringsysteme sind spiegelbildlich gleich, jedes für sich ist aber unsymmetrisch. Die horizontale Dispersion ist dadurch leicht zu erkennen, daß bei einer zwischen gekreuzten Polarisatoren in Normalstellung befindlichen Platte die die Binormalenspuren verbindende Hauptisogyre zu beiden Seiten eine verschiedene (aber bei beiden Binormalenspuren gleiche) farbige Säumung zeigt. (Beispiel: Orthoklas.)

γ) Gekreuzte Dispersion. Die Verbindungslinie der Binormalenspuren besitzt eine von der Frequenz abhängige Richtung; dieselbe geht für alle Frequenzen durch den Mittelpunkt des Gesichtsfeldes, d. h. durch die Spur der ersten Mittellinie, welche für das bei Beleuchtung mit weißem Lichte entstehende farbige Interferenzbild ein Symmetriezentrum ist. Letzeres hat zur Folge, daß die die Binormalenspuren umgebenden unsymmetrisch gefärbten Ringsysteme durch Drehung zur Deckung gebracht werden könnten. Befindet sich die Platte zwischen gekreuzten Polarisatoren in Normalstellung, so ist die durch die beiden Ringsysteme gehende Hauptisogyre farbig gesäumt, und zwar (im Gegensatz zu einer Platte mit horizontaler Dispersion) in ihren beiden Hälften in entgegengesetztem Sinne. (Beispiel: Borax.)

Man sieht ohne weiteres ein, daß die Interferenzkurven an denjenigen Stellen nahezu achromatisch sein werden, wo die durch eine Änderung der Frequenz hervorgerufenen Änderungen von λ_0, n_1, n_3, b_1 und b_2 sich in der Formel (279) gerade kompensieren.

c) Rhombische Kristalle (vgl. hierzu Ziff. 29). Da die Binormalen in den meisten Fällen bei einer Änderung der Frequenz in ein und derselben optischen Symmetrieebene bleiben, so tritt nur eine Änderung des Binormalenwinkels ein. Bei einer senkrecht zur ersten Mittellinie geschnittenen Platte zwischen gekreuzten Polarisatoren ist das bei Beleuchtung mit weißem Lichte entstehende farbige Kurvensystem symmetrisch sowohl zur Verbindungslinie der Binormalen-

---

1) F. NEUMANN, Pogg. Ann. Bd. 35, S. 381. 1835.

2) Vgl. hierzu die historischen Bemerkungen S. 697, Anm. 8.

3) Bzw. zu der senkrecht zur zweizähligen Symmetrieachse liegenden Ebene.

spuren als auch zu deren Mittelsenkrechte. Da die Binormalenspuren ihren Abstand mit der Frequenz ändern, so können sich entsprechende Kurven konstanter Phasendifferenz, die zu verschiedenen Frequenzen gehören, schneiden; in diesem Falle tritt in der Anordnung der Farben eine Abweichung von der gewöhnlichen Skala der Interferenzfarben [Ziff. 72d)] ein[1]), die um so beträchtlicher wird, je stärker die Dispersion der Binormalen ist.

Die Änderung der Lage der Binormalenspuren bedingt ferner eine Änderung der Lage der Hauptisogyren; dieselben sind, je nach der Stärke der Dispersion, bei Beleuchtung mit weißem Lichte (ausgenommen in der Normalstellung) Büschel farbiger Hyperbeln oder dunkle, farbig gesäumte Hyperbeln. Ist in der Diagonalstellung der Platte der Hyperbelscheitel auf der konvexen Seite rot (bzw. blau) gefärbt, so kann man hieraus schließen, daß der Binormalenwinkel im roten Spektralbereich größer (bzw. kleiner) ist als im blauen, da nach Ziff. 85a, β) der Scheitelabstand der den ausgelöschten Farben entsprechenden Hyperbeln mit wachsendem Binormalenwinkel zunimmt.

Fällt die Binormalenebene für verschiedene Spektralbereiche mit verschiedenen optischen Symmetrieebenen zusammen, so daß der Kristall für eine bestimmte Frequenz optisch einachsig ist (Ziff. 29), so sind die isochromatischen Kurven, welche eine senkrecht zur ersten Mittellinie geschnittene Platte eines derartigen Kristalls bei Beleuchtung mit weißem Lichte zeigt, auch der Gestalt nach von den CASSINIschen Ovalen bzw. Lemniskaten konstanter Phasendifferenz [Ziff. 85a, α)] völlig verschieden.

Auch bei den rhombischen Kristallen sind die Interferenzkurven an gewissen Stellen achromatisch; der Grund ist derselbe wie der unter b) bei den monoklinen Kristallen angegebene.

d) Optisch einachsige Kristalle. Bei den optisch einachsigen Kristallen liegen die bei Beleuchtung mit weißem Lichte auftretenden isochromatischen Kurven symmetrisch zum Hauptschnitt der Begrenzungsfläche; da dieser unabhängig von der Frequenz ist, so zeigt das bei Beleuchtung mit weißem Lichte auftretende farbige Interferenzbild dieselbe Symmetrie wie das mit monochromatischem Lichte erhaltene. Die Dispersion der Doppelbrechung kann aber zur Folge haben, daß die Farbenfolge der isochromatischen Kurven von der gewöhnlichen Skala der Interferenzfarben Abweichungen zeigt; diese sind besonders deutlich bei denjenigen optisch einachsigen Kristallen, deren Doppelbrechung ihr Vorzeichen bei einer bestimmten Frequenz umkehrt (Ziff. 26)[2]).

89. Interferenzerscheinungen im konvergenten, elliptisch polarisierten Lichte. Wir wenden uns den Interferenzerscheinungen zu, welche planparallele, doppelbrechende Kristallplatten im konvergenten, elliptisch polarisierten Lichte zeigen; zu dem Zwecke denken wir uns bei der in Ziff. 78 angegebenen Anordnung elliptische Polarisatoren an Stelle der gewöhnlichen Polarisatoren verwendet.

Unter einem elliptischen Polarisator verstehen wir eine polarisierende Vorrichtung, welche die Eigenschaft besitzt, eine hindurchgeschickte Lichtwelle elliptisch polarisiert austreten zu lassen und die außerdem gestattet, Azimut und Elliptizität der Schwingungsellipse der austretenden Wellen beliebig zu variieren;

---

[1]) Zuerst beobachtet von J. HERSCHEL (Phil. Trans. 1820, S. 45.) bei Topas und Aragonit.

[2]) C. KLEIN, Berl. Ber. 1892, S. 217; N. Jahrb. f. Min. 1892 (2), S. 165; C. HLAWATSCH, Tschermaks mineral. und petrogr. Mitteil. Bd. 21, S. 107. 1902; Bd. 23, S. 415. 1904; B. TROLLE Phys. ZS. Bd. 7, S. 700. 1906; H. AMBRONN, Leipziger Ber. Bd. 63, S. 249 u. 402. 1911; F. BECKE, Wiener Denkschr. Bd. 75 (1), S. 60. 1913; A. WENZEL, N. Jahrb. f. Min., Beil. Bd. 41, S. 565. 1917; K. HOFMANN-DEGEN, Sitzungsber. Heidelb. Akad. Bd. 10 (A), Nr. 14. 1919.

eine elliptisch polarisierende Vorrichtung, als Analysator verwandt, wird auch als elliptischer Analysator bezeichnet. Man erhält einen elliptischen Polarisator, indem man das Licht zuerst durch eine gewöhnliche, linear polarisierende Vorrichtung (z. B. ein Nikol) und dann durch ein in seiner Ebene drehbares $\lambda/4$-Blättchen schickt[1]; bei einem elliptischen Analysator ist die Reihenfolge umgekehrt.

Um die Interferenzerscheinungen zu erhalten, welche bei einer planparallelen, doppelbrechenden Kristallplatte im konvergenten, elliptisch polarisierten Lichte entstehen, denken wir uns bei der in Ziff. 78 besprochenen Anordnung die Kristallplatte zwischen zwei $\lambda/4$-Blättchen eingeschlossen, rechnen sämtliche Azimute gegen die Schwingungsrichtung des (linearen) Polarisators und bezeichnen mit u_1 das Azimut der Schwingungsrichtung der stärker brechbaren Welle des ersten (zwischen Polarisator und Kristallplatte liegenden) $\lambda/4$-Blättchens, mit u das Azimut der entsprechenden Schwingungsrichtung der Kristallplatte, mit u_2 dasjenige des zweiten $\lambda/4$-Blättchens und mit w das Azimut der Schwingungsrichtung des (linearen) Analysators.

Ist $\mathfrak{D}$ die Amplitude des Lichtvektors $\mathfrak{D}$ der aus dem linearen Polarisator austretenden, monochromatischen Welle von der Frequenz ω und beachtet man, daß eine Phasendifferenz von $+\frac{\pi}{2}$ bzw. $-\frac{\pi}{2}$ sich bei (16) durch den Faktor $e^{i\frac{\pi}{2}}$ bzw. $e^{-i\frac{\pi}{2}}$ kundgibt, so erhält man für die vom Analysator durchgelassene Komponente von $\mathfrak{D}$ durch eine ähnliche Rechnung wie in Ziff. 73[2])

$$\left.\begin{aligned}\mathfrak{D}_A = |\mathfrak{D}|\Big[\big\{&\cos(u_2-u)\big(\cos u_1\cos(u_1-u)+i\sin u_1\sin(u_1-u)\big)\\ &+\sin(u_2-u)\big(\cos u_1\sin(u_1-u)-i\sin u_1\cos(u_1-u)\big)e^{-i\Delta}\big\}\cos(w-u_2)\\ &-i\big\{\sin(u_2-u)\big(\cos u_1\cos(u_1-u)+i\sin u_1\sin(u_1-u)\big)\\ &-\cos(u_2-u)\,(\cos u_1\sin(u_1-u)-i\sin u_1\cos(u_1-u)\,e^{-i\Delta}\big\}\sin(w-u_2)\Big]e^{-i\omega t}\\ = |\mathfrak{D}|&(A+iB+Ce^{-i\Delta}+iDe^{-i\Delta})e^{-i\omega t},\end{aligned}\right\}\quad(304)$$

wobei Δ die durch (278) ausgedrückte Phasendifferenz der Kristallplatte bedeutet und

$$\begin{aligned}A &= \cos u_1\cos(w-u_2)\cos(u-u_1)\cos(u-u_2)\\ &\quad+\sin u_1\sin(w-u_2)\sin(u-u_1)\sin(u-u_2)\,,\\ B &= +\cos u_1\sin(w-u_2)\cos(u-u_1)\sin(u-u_2)\\ &\quad-\sin u_1\cos(w-u_2)\sin(u-u_1)\cos(u-u_2)\,,\\ C &= \cos u_1\cos(w-u_2)\sin(u-u_1)\sin(u-u_2)\\ &\quad+\sin u_1\sin(w-u_2)\cos(u-u_1)\cos(u-u_2)\,,\\ D &= -\cos u_1\sin(w-u_2)\sin(u-u_1)\cos(u-u_2)\\ &\quad+\sin u_1\cos(w-u_2)\cos(u-u_1)\sin(u-u_2)\end{aligned}$$

gesetzt ist.

Die Intensität J des aus dem Analysator austretenden Lichtes erhält man nach (33), indem man die rechte Seite von (304) mit ihrem konjugiert komplexen Werte multipliziert; ist

$$J_0 = |\mathfrak{D}|^2$$

[1]) Über das Verhalten des $\lambda/4$-Blättchens vgl. Kap. 4 ds. Bandes.

[2]) Vgl. z. B. J. WALKER, The analytical theory of ligth, S. 289. Cambridge 1904.

die Intensität der aus dem linearen Polarisator austretenden Welle, so erhält man

$$\left.\begin{aligned}
J &= J_0\big(A^2 + B^2 + C^2 + D^2 + 2(AC + BD)\cos\Delta + 2(AD - BC)\sin\Delta\big)\\
&= J_0\Big\{(A + C)^2 + (B + D)^2 - 4(AC + BD)\sin^2\frac{\Delta}{2}\\
&\quad + 4(AD - BC)\sin\frac{\Delta}{2}\cos\frac{\Delta}{2}\Big\}\\
&= J_0\Big\{\cos^2\big(w - (u_2 + u_1)\big)\cos^2(u_2 - u_1)\\
&\quad + \sin^2\big(w - (u_2 - u_1)\big)\sin^2(u_2 - u_1) - \big(\sin 2u_1 \sin 2(w - u_2)\\
&\quad + \cos 2u_1 \cos 2(w - u_2)\sin 2(u - u_1)\sin 2(u - u_2)\big)\sin^2\frac{\Delta}{2}\\
&\quad - \big(\cos 2u_1 \sin 2(w - u_2)\sin 2(u - u_1)\\
&\quad - \sin 2u_1 \cos 2(w - u_2)\sin 2(u - u_2)\big)\sin\frac{\Delta}{2}\cos\frac{\Delta}{2}\Big\}.
\end{aligned}\right\} \quad (305)$$

Entfernt man die zwischen den beiden $\lambda/4$-Blättchen befindliche doppelbrechende Kristallplatte (d. h. setzt man $\Delta = 0$), so reduziert sich der Klammerausdruck der rechten Seite der letzten Gleichung auf die beiden ersten Glieder.

Es treten somit auch im konvergenten, *elliptisch* polarisierten Lichte Hauptkurven konstanter Phasendifferenz $\Delta = 2m\pi$ ($m = 0, 1, 2, \ldots$) auf, in deren Punkten dieselbe Intensität herrscht wie bei Entfernung der Kristallplatte; jedoch existieren im allgemeinen keine Hauptisogyren.

Die Intensität J des aus dem Analysator austretenden Lichtes wird nach (305) ein Maximum oder Minimum für

$$\operatorname{tg}\Delta = -\frac{\cos 2u_1 \sin 2(w - u_2)\sin 2(u - u_1) - \sin 2u_1 \sin 2(w - u_2)\sin 2(u - u_2)}{\sin 2u_1 \sin 2(w - u_2) + \cos 2u_1 \cos 2(w - u_2)\sin 2(u - u_1)\sin 2(u - u_2)}$$

und ergibt sich dann zu

$$\begin{aligned}
J = \frac{J_0}{2}\Big\{&1 + \cos 2u_1 \cos 2(w - u_2)\cos 2(u - u_1)\cos 2(u - u_2)\\
&\pm\sqrt{\big(1 - \cos^2 2u_1 \cos^2 2(u - u_1)\big)\big(1 - \cos^2 2(w - u_2)\cos^2 2(u - u_2)\big)}\Big\}.
\end{aligned}$$

Wir behandeln im Folgenden den für die Beobachtungen besonders wichtigen Sonderfall, daß in (305) entweder der Faktor von $\sin^2\frac{\Delta}{2}$ oder der von $\sin\frac{\Delta}{2}\cos\frac{\Delta}{2}$ verschwindet[1]).

90. Zirkularer Polarisator und linearer Analysator. Wir betrachten zunächst den Fall, daß in (305) der Faktor von $\sin^2\Delta/2$ verschwindet; es tritt dies für

$$u_1 = \pm\frac{\pi}{2} \qquad \text{und} \qquad w - u_2 = 0 \qquad \text{oder} \qquad = \frac{\pi}{2},$$

sowie für

$$u_1 = 0 \qquad \text{oder} \qquad = \frac{\pi}{2} \qquad \text{und} \qquad w - u_2 = \pm\frac{\pi}{4}$$

ein. Wir untersuchen diese beiden Unterfälle getrennt.

Im ersteren Unterfalle ist das auf die Kristallplatte fallende Licht offenbar *zirkular polarisiert*[2]), während das vor dem Analysator befindliche $\lambda/4$-Blättchen unwirksam bleibt. *Der elliptische Polarisator ist somit in diesem speziellen Falle ein zirkularer, während die analysierende Vorrichtung als gewöhnliche lineare wirkt.*

---

[1]) A. Bertin, C. R. Bd. 48, S. 458. 1859; Ann. chim. phys. (3) Bd. 57, S. 257. 1859; (5) Bd. 18, S. 495. 1879; W. Pscheidl, Pogg. Ann. Erg.-Bd. 8, S. 497. 1878.

[2]) Vgl. hierüber Kap. 4 ds. Bandes.

Die auffallende Welle ist rechts- bzw. linkszirkular polarisiert, je nachdem $u_1 = -\frac{\pi}{4}$ bzw. $= +\frac{\pi}{4}$ ist; bezeichnen wir mit $u' = u - w$ das gegen die Schwingungsrichtung des Analysators gerechnete Azimut der Schwingungsrichtung der stärker brechbaren Welle der Kristallplatte, so folgt aus (305)

$$J = \frac{J_0}{2}(1 \pm \sin 2u' \sin\Delta),$$

wobei das obere bzw. untere Vorzeichen gilt, je nachdem $u_1 = -\frac{\pi}{4}$ bzw. $= +\frac{\pi}{4}$ ist. Das Interferenzbild verhält sich entsprechend wie bei dem in der folgenden Ziff. 91 zu besprechenden zweiten Unterfall, den wir mit Rücksicht auf gewisse Meßmethoden (vgl. Ziff. 92) eingehender behandeln müssen.

91. Linearer Polarisator und zirkularer Analysator. Bei dem zweiten Unterfalle der Ziff. 90 $\left(u_1 = 0 \text{ oder } = \frac{\pi}{4} \text{ und } w - u_2 = \pm\frac{\pi}{4}\right)$ ist das zwischen linearem Polarisator und Kristallplatte befindliche $\lambda/4$-Blättchen unwirksam, die auf die Kristallplatte fallende Welle somit linear polarisiert. Die analysierende Vorrichtung läßt eine rechts- oder linkszirkular polarisierte Welle durch, je nachdem $w - u_2 = -\frac{\pi}{4}$ oder $= +\frac{\pi}{4}$ ist; der elliptische Analysator wird also in diesem Falle zu einem zirkularen. Unsere Anordnung unterscheidet sich jetzt von dem gewöhnlichen Falle einer zwischen linearem Polarisator und linearem Analysator befindlichen Kristallplatte (vgl. Ziff. 80) dadurch, daß zwischen letzterer und dem Analysator ein $\lambda/4$-Blättchen im Azimut $\pi/4$ gegen die Schwingungsrichtung des Analysators gebracht wurde; wir wollen feststellen, welche Modifikationen hierdurch im Interferenzbilde hervorgerufen werden.

Für die Intensität des aus dem Analysator austretenden Lichtes folgt aus (305)

$$J = \frac{J_0}{2}(1 \pm \sin 2u \sin\Delta), \tag{306}$$

wobei das obere bzw. untere Vorzeichen gilt, je nachdem $w - u_2 = -\frac{\pi}{4}$ bzw. $+\frac{\pi}{4}$ ist.

Wird etwa ein rechtszirkularer Analysator benutzt und bezeichnet ξ bzw. η das gegen eine feste Richtung in der Kristallplatte gerechnete Azimut der Schwingungsrichtung der auffallenden Welle bzw. der stärker brechbaren Welle im Kristall, so wird nach (306)

$$J = \frac{J_0}{2}(1 + \sin 2(\eta - \xi)\sin\Delta). \tag{307}$$

Aus der Definition der Hauptkurven konstanter Phasendifferenz und der Hauptisogyren [vgl. Ziff. 80b)] folgt, daß erstere durch $\Delta = m\pi\,(m = 0, 1, 2, \ldots)$, letztere durch $\eta = \xi$, $\eta = \xi + \frac{\pi}{2}$ gegeben sind. Die Intensität ist auf diesen Kurven in der Tat dieselbe, als ob die Kristallplatte überhaupt nicht vorhanden wäre und sich nur das $\lambda/4$-Blättchen zwischen Polarisator und Analysator befinden würde[1]).

---

[1]) Diese Intensität ist $J_0/2$, wie sich aus (307) für $\Delta = 0$ oder aus (280) für $w = -\frac{\pi}{4}$, $\Delta = \frac{\pi}{2}$ ergibt.

Durch die Hauptisogyren wird das Interferenzbild in gewisse Gebiete zerlegt. In dem durch

$$\xi < \eta < \xi + \frac{\pi}{2} \tag{308}$$

begrenzten Gebiete sind die dunkeln Kurven konstanter Phasendifferenz nach (307) durch

$$\Delta = (2m + 1)\pi + \frac{\pi}{2} \qquad (m = 0, 1, 2, \ldots)$$

bestimmt; die absoluten Intensitätsminima $J = 0$ liegen auf der Isogyre $\eta = \xi + \frac{\pi}{4}$.

Außerhalb dieses Gebietes $\left(\text{d. h. im Bereiche } \xi + \frac{\pi}{2} < \eta < \xi + \pi\right)$ sind die dunkeln Kurven konstanter Phasendifferenz nach (307) durch

$$\Delta = (2m + 1)\pi - \frac{\pi}{2} \qquad (m = 0, 1, 2, \ldots)$$

gegeben; hier liegen die absoluten Intensitätsminima $J = 0$ auf der Isogyre $\eta = \xi + \frac{3\pi}{4}$.

Durch die Einbringung des $\lambda/4$-Blättchens zwischen Kristallplatte und linearem Analysator werden somit die dunkeln Kurven konstanter Phasendifferenz in dem durch (308) begrenzten Gebiet nach der Peripherie des Gesichtsfeldes geschoben, während sie in dem übrigen Gebiete um denselben Betrag gegen den Mittelpunkt gedrängt werden.

Ein ähnliches Ergebnis erhält man, wenn der Analysator linkszirkular ist; die Gebiete, in welchen ein peripherisches Auseinanderschieben bzw. ein zentrales Zusammendrängen der dunklen Kurven konstanter Phasendifferenz stattfindet, erscheinen aber gegenüber dem vorigen Falle vertauscht.

Sind die beiden linearen Polarisatoren gekreuzt, so fallen ihre Schwingungsrichtungen mit den Richtungen der Hauptisogyren zusammen (vgl. Ziff. 80). Das von den letzteren begrenzte Gebiet, in welchem sich die dunkeln Kurven konstanter Phasendifferenz infolge Einführung des $\lambda/4$-Blättchens nach innen zusammendrängen, enthält diejenige Isogyre, bei welcher die Schwingungsrichtungen der stärker brechbaren Wellen im Kristall und im $\lambda/4$-Blättchen parallel liegen.

92. Bestimmung des Charakters der Doppelbrechung. Die zum Schlusse der letzten Ziffer erwähnte Anordnung, bestehend aus zwei gekreuzten linearen Polarisatoren und einem im Azimut $+\frac{\pi}{4}$ oder $-\frac{\pi}{4}$ gegen die Schwingungsrichtung des Analysators befindlichen $\lambda/4$-Blättchen, kann dazu dienen, den Charakter der Doppelbrechung einer Kristallplatte [vgl. Ziff. 24c)] zu bestimmen[1]).

[1]) Zusammenfassende Darstellungen der Methoden zur Bestimmung des Charakters der Doppelbrechung bei C. KLEIN, Berl. Ber. 1893, S. 221; G. CESÀRO, Ann. Soc. géol. Belg. Bd. 20, S. 87. 1893; Bull. de Belg. 1906, S. 290. 1907, S. 159; F. E. WRIGHT, The methods of petrographic-microscopic research, S. 71. Washington 1911 (Carnegie Institut. of Washington, Public. Nr. 158); H. ROSENBUSCH, Mikroskopische Physiographie der Mineralien und Gesteine, 5. Aufl. von E. A. WÜLFING Bd. I, 1. Untersuchungsmethoden, S. 639. Stuttgart 1921/1924. Über Methoden zur Bestimmung des Charakters der Doppelbrechung von Dünnschliffen vgl. F. RINNE, N. Jahrb. f. Min. 1891 (2), S. 21; Centralbl. f. Min. 1901, S. 653; Tschermaks mineral. und petrogr. Mitteil. Bd. 30, S. 321. 1912; A. KÖHLER, ZS. f. wiss. Mikrosk. Bd. 38, S. 29. 1921. Über die Bestimmung des Charakters der Doppelbrechung bei einer schief zur optischen Achse geschnittenen Platte eines optisch einachsigen Kristalls bzw. bei einer schief zur ersten Mittellinie geschnittenen Platten eines optisch zweiachsigen Kristalls vgl. F. BECKE, Tschermaks mineral. und petrogr. Mitteil. Bd. 24, S. 31. 1905; Wiener Denkschr. Bd. 75 (1), S. 77. 1913. Über eine auf Totalreflexion gegründete Methode vgl. Ziff. 53 d).

Bei einer positiv doppelbrechenden Kristallplatte ist das durch $\xi < \eta < \xi + \frac{\pi}{2}$ bestimmte Gebiet identisch mit dem durch $\xi + \frac{\pi}{2} < \eta < \xi + \pi$ bestimmten Gebiete einer gleichartig orientierten Platte eines negativ doppelbrechenden Kristalls und umgekehrt. Bringt man zwei derartige Platten abwechselnd zwischen Polarisator und $\lambda/4$-Blättchen, so erscheinen die beiden Teile des Gesichtsfeldes, in welchen eine Verschiebung der dunkeln Linien nach dem zentralen bzw. peripheren Teile erfolgt, miteinander vertauscht[1]).

a) Bestimmung des Charakters der Doppelbrechung bei einer Platte eines optisch einachsigen Kristalls. Nach Ziff. 24c) ist bei einem positiv einachsigen Kristall die außerordentliche Welle die stärker brechbare; sie besitzt eine Schwingungsrichtung, die in dem zu ihrer Wellennormalenrichtung gehörenden Hauptschnitt liegt. Wird daher eine senkrecht zur optischen Achse geschnittene Platte eines solchen Kristalls zwischen Polarisator und $\lambda/4$-Blättchen gebracht, so tritt bei gekreuzten Polarisatoren in denjenigen Quadranten, in welchen die Schwingungsrichtung der stärker brechbaren Welle des $\lambda/4$-Blättchens liegt, eine Verschiebung der dunkeln Kurven konstanter Phasendifferenz nach dem peripheren Teile des Gesichtsfeldes ein; das Interferenzbild macht daher den Eindruck, als ob diese Kurven durch das Vorhandensein des $\lambda/4$-Blättchens in jenen beiden Quadranten erweitert und in den beiden anderen verengt worden wären. Bei einem negativ einachsigen Kristall ist das Verhalten umgekehrt.

b) Bestimmung des Charakters der Doppelbrechung bei einer Platte eines optisch zweiachsigen Kristalls. Besteht die Kristallplatte aus einem optisch zweiachsigen Kristall[2]) und ist sie senkrecht zur ersten Mittellinie geschnitten, so denken wir uns dieselbe bei gekreuzten Polarisatoren in Diagonalstellung (zwischen Polarisator und $\lambda/4$-Blättchen) gebracht; die Spur der Binormalenebene liegt dann parallel oder senkrecht zur Schwingungsrichtung der stärker brechbaren Welle des $\lambda/4$-Blättchens, und die Hauptisogyre ist eine gleichseitige Hyperbel, deren Asymptoten unter 45° gegen die Spur der Binormalenebene geneigt sind. Durch das Vorhandensein des $\lambda/4$-Blättchens werden die dunkeln Kurven konstanter Phasendifferenz in gewissen von der Hauptisogyrenhyperbel begrenzten Gebieten nach dem zentralen Teile des Gesichtsfeldes zusammengedrängt; diese Gebiete enthalten die Isogyre, in deren Punkten die Schwingungsrichtungen der stärker brechbaren Wellen in Kristallplatte und $\lambda/4$-Blättchen senkrecht zueinander liegen.

Ist der zweiachsige Kristall positiv, so ist für diejenigen Punkte der Spur der Binormalenebene, die auf der konkaven Seite der Hyperbel liegen, die Schwingungsebene der stärker brechbaren Welle parallel zur Binormalenebene; dagegen liegt sie senkrecht zur letzteren für die übrigen Punkte der Spur der Binormalenebene, sowie für die Punkte der auf der Verbindungslinie der Binormalenspuren errichteten Mittelsenkrechten. Bei einer Platte eines positiv zweiachsigen Kristalls erscheinen somit die auf der konkaven Seite der Hyperbel liegenden Teile der dunkeln Kurven konstanter Phasendifferenz durch das $\lambda/4$-Blättchen nach dem peripheren bzw. zentralen Teile des Gesichtsfeldes verschoben, je nachdem die Spur der Binormalenebene parallel bzw. senkrecht zur Schwingungsebene der stärker brechbaren Welle des $\lambda/4$-Blättchens liegt. Eine Platte eines negativ zweiachsigen Kristalls verhält sich umgekehrt.

---

[1]) H. W. DOVE, Pogg. Ann. Bd. 40, S. 457 u. 482. 1837; A. BERTIN, Ann. chim. phys. (4) Bd. 13, S. 240. 1868.

[2]) G. CESÀRO, Ann. Soc. géol. Belg. Bd. 20, S. 99. 1893; F. E. WRIGHT, Sill. Journ. (4) Bd. 20, S. 285. 1905.

Die Verschiebungen werden besonders deutlich bemerkbar, wenn der Binormalenwinkel nicht zu groß und das System der dunkeln Cassinischen Ovale [Ziff. 85 a, α)] nicht zu eng ist.

Diese Methoden zur Bestimmung des Charakters der Doppelbrechung lassen sich modifizieren, indem man an Stelle des $\lambda/4$-Blättchens eine senkrecht zur optischen Achse geschnittene Platte eines optisch einachsigen Kristalls benutzt, die um eine der zu untersuchenden Platte parallele Gerade gedreht werden kann[1].

93. Elliptischer Polarisator und elliptischer Analysator mit ähnlichen Schwingungsellipsen[2]. Wir haben jetzt noch den zweiten der in Ziff. 89 erwähnten Falle zu erledigen, bei dem der Koeffizient von $\sin\frac{\Delta}{2}\cos\frac{\Delta}{2}$ in (305) verschwindet; dies trifft offenbar zu, wenn eine der folgenden Bedingungen

a) $u_1 = 0$ oder $= \frac{\pi}{2}$ und $w - u_2 = 0$ oder $= \frac{\pi}{2}$,

b) $u_1 = \pm\frac{\pi}{4}$ und $w - u_2 = \pm\frac{\pi}{4}$,

c) $u_2 - u_1 = 0$ und $w - u_2 = u_1$ oder $= u_1 + \frac{\pi}{2}$

oder $u_2 - u_1 = \frac{\pi}{2}$ und $w - u_2 = -u_1$ oder $= -u_1 + \frac{\pi}{2}$

erfüllt ist.

Im Falle a) sind die $\lambda/4$-Blättchen unwirksam, Polarisator und Analysator somit linear. Dieser Fall ist daher bereits durch die Ausführungen der Ziff. 78 bis 88 erledigt.

Im Falle b) sind Polarisator und Analysator zirkular, und zwar im selben bzw. entgegengesetzten Sinne, je nachdem $u_1 = w - u_2 = \pm\frac{\pi}{4}$ bzw. $u_1 = -(w - u_2) = \pm\frac{\pi}{4}$ ist; die Intensität des aus dem Analysator austretenden Lichtes wird dann nach (305)

$$J = J_0 \cos^2\frac{\Delta}{2} \quad \text{bzw.} \quad J = J_0 \sin^2\frac{\Delta}{2}.$$

Diese Ausdrücke sind unabhängig von u und verschwinden daher für keinen seiner Werte, es existieren somit keine Hauptisogyren; die dunkeln Kurven konstanter Phasendifferenz verlaufen kontinuierlich und zwar sind sie bei einer senkrecht zur optischen Achse geschnittenen Platte eines optisch einachsigen Kristalls Kreise und bei einer senkrecht zur ersten Mittellinie geschnittenen Platte eines optisch zweiachsigen Kristalls CASSINIsche Ovale.

Im Falle c) sind sowohl Polarisator als auch Analysator elliptisch; die Hauptschwingungsrichtungen der stärker brechbaren Wellen der beiden $\lambda/4$-Blättchen liegen parallel bzw. senkrecht zueinander, je nachdem $u_2 - u_1 = 0$ bzw. $u_2 - u_1 = \frac{\pi}{2}$ ist. Die Schwingungsellipsen, die man erhält, falls man entweder durch den elliptischen Polarisator oder durch den elliptischen Analysator allein paralleles Licht hindurchschickt, sind ähnlich mit parallelen großen Achsen und gleichem Umlaufsinn, falls $u_2 - u_1 = 0$, $w - u_2 = u_1$ bzw. $u_2 - u_1 = \frac{\pi}{2}$, $w - u_2 = \frac{\pi}{2} - u_1$ ist; dagegen sind die Ellipsen ähnlich mit gekreuzten großen

[1] J. GRAILICH, Kristallographisch-optische Untersuchungen, S. 51. Wien 1858; A. BERTIN, Ann. chim. phys. (4) Bd. 13, S. 255. 1868.

[2] Reproduktionen photographischer Aufnahmen der hierher gehörenden Interferenzbilder bei H. HAUSWALDT, Interferenzerscheinungen im polarisierten Lichte, 3. Reihe, Taf. 1 u. 2. Magdeburg 1907.

Achsen und entgegengesetztem Umlaufsinn bei $u_2 - u_1 = 0$, $w - u_2 = u_1 + \frac{\pi}{2}$ bzw. $u_2 - u_1 = \frac{\pi}{2}$, $w - u_2 = -u_1$.

Die Intensität J des aus dem Analysator austretenden Lichtes wird in diesen beiden Unterfällen nach (305)

$$J = J_0\left\{1 - \left(1 - \cos^2 2u_1 \cos^2 2(u - u_1) \sin^2 \frac{\Delta}{2}\right)\right\}$$

bzw.

$$J = J_0\left\{1 - \cos^2 2u_1 \cos^2 2(u - u_1)\right\} \sin^2 \frac{\Delta}{2},$$

wobei sich die obere Formel auf den ersten und die untere auf den zweiten Unterfall bezieht. Da die Summe dieser Ausdrücke J_0 beträgt, die Interferenzerscheinungen in beiden Fällen somit komplementär sind, so genügt es, etwa die dem zweiten Unterfalle entsprechenden Erscheinungen zu betrachten.

Die Hauptkurven konstanter Phasendifferenz sind bei diesem durch $\Delta = 2m\pi (m = 0, 1, 2, \ldots)$ bestimmt; sie sind völlig dunkel und durch die hellen Kurven konstanter Phasendifferenz $\Delta = m\pi$ getrennt. Da der Ausdruck $1 - \cos^2 2u_1 \cos^2 2(u - u_1)$ für keinen Wert u verschwindet, so existieren keine Hauptisogyren. Die Intensität ist aber in denjenigen Punkten der hellen Kurven konstanter Phasendifferenz ein Minimum, in welchen diese von den Linien $u - u_1 = 0$ und $u - u_1 = \frac{\pi}{2}$ geschnitten werden; es sind dies diejenigen Linien, für welche die Schwingungsrichtung der stärker brechbaren Welle in der Kristallplatte parallel oder senkrecht zu den Schwingungsrichtungen der stärker brechbaren Wellen in den $\lambda/4$-Blättchen liegt; dagegen wird die Intensität ein Maximum auf den Linien $u - u_1 = \frac{\pi}{4}$, $u - u_1 = \frac{3\pi}{4}$.

94. Zwei übereinanderliegende Kristallplatten im konvergenten, linear polarisierten Lichte. Geht schwach konvergentes, linear polarisiertes Licht durch zwei übereinanderliegende, planparallele Kristallplatten und dann durch einen linearen Analysator, so wird die Intensität in jedem Punkte des Gesichtsfeldes bei der in Ziff. 80 besprochenen Annäherung durch den Ausdruck (266) bestimmt.

Da sich nun im allgemeinen in den beiden Platten sowohl die Phasendifferenzen Δ_1 und Δ_2, als auch die Azimute der Schwingungsrichtungen der stärker brechbaren Wellen u_1 und u_2 von Punkt zu Punkt des Gesichtsfeldes ändern, so wird das Interferenzbild sehr kompliziert.

Aus (266) folgt, daß J bei gekreuzten Polarisatoren $\left(v - w = \frac{\pi}{2}\right)$ nur verschwindet, wenn

$$\sin 2(v - u_1) \sin \frac{\Delta_1}{2} = \pm \sin 2(w - u_2) \sin \frac{\Delta_2}{2},$$

und

$$\cos \frac{\Delta_1}{2} \cos \frac{\Delta_2}{2} - \cos 2(u_2 - u_1) \sin \frac{\Delta_1}{2} \sin \frac{\Delta_2}{2} = \mp 1$$

ist; es treten somit im Interferenzbilde keine kontinuierlichen dunkeln Kurven mehr auf, sondern man hat nur noch ein System isolierter, dunkler Punkte, welche die Schnittpunkte der durch die beiden letzten Gleichungen dargestellten Kurvensysteme sind[1]).

Die Verhältnisse vereinfachen sich, wenn sich die beiden übereinanderliegenden Platten in Zwillingsstellung zueinander befinden (vgl. Ziff. 30). Die

---

[1]) Für optisch einachsige Kristalle wurde dieser Fall zuerst behandelt von CHR. LANGBERG, Pogg. Ann., Erg.-Bd. 1, S. 529. 1842.

hierbei auftretenden Interferenzerscheinungen sind für den Fall, daß die Platten optisch einachsig sind, wiederholt eingehend untersucht worden[1]); auf ihnen hat SOLEIL[2]) ein Verfahren gegründet, welches festzustellen gestattet, ob eine Platte eines optisch einachsigen Kristalls genau parallel zur optischen Achse geschnitten ist[3]).

95. SAVARTsche Platte. Die Lösung des in Ziff. 94 angegebenen Problems, die Interferenzerscheinungen bei zwei übereinanderliegenden doppelbrechenden Kristallplatten im konvergenten Lichte zu ermitteln, gestaltet sich leichter, wenn das Gesichtsfeld so klein ist, daß nur Wellen mit kleinen Phasendifferenzen zur Interferenz gelangen; in diesem Falle kann man die Schwingungsrichtungen für beide Platten im ganzen Gesichtsfelde als konstant ansehen.

Mit dieser Annäherung behandeln wir die sogenannte Savartsche Platte[4]), die aus zwei gleich dicken Platten eines optisch einachsigen Kristalls (meist Kalkspat) besteht, welche unter demselben Winkel (von angenähert 45°) gegen die optische Achse geschnitten und so übereinandergelegt sind, daß die Hauptschnitte ihrer Begrenzungsflächen senkrecht zueinander stehen. Nimmt man den Hauptschnitt der Begrenzungsfläche der ersten Platte als feste Bezugsebene, so ergibt sich die Intensität J des Interferenzbildes, indem im Ausdruck (269) $u_1 = 0$ gesetzt wird; man erhält dann

$$J = J_0 \left\{ \cos^2 (v - w) - \sin 2v \sin 2w \sin^2 \frac{\Delta_1 - \Delta_2}{2} \right\}.$$

Das Interferenzbild[5]) wird somit ausschließlich von den Kurven konstanter Phasendifferenz $\Delta_1 - \Delta_2 =$ konst. gebildet, und die Hauptkurven konstanter Phasendifferenz sind durch $\Delta_1 - \Delta_2 = 2m\pi$ $(m = 0, 1, 2, \ldots)$ gegeben; dieselben sind völlig dunkel $(J = 0)$ oder hell $(J = J_0)$, je nachdem die Polarisatoren gekreuzt $\left(v - w = \frac{\pi}{2}\right)$ oder parallel $(v - w = 0)$ sind.

Um die Gleichung der Projektionen der Kurven konstanter Phasendifferenz zu erhalten, hat man zu beachten, daß eine Wellennormale, deren Einfallsebene gegen den Hauptschnitt der Begrenzungsfläche der ersten Platte das Azimut ξ besitzt, gegen denjenigen der zweiten Platte das Azimut $\xi + \frac{\pi}{2}$ aufweist, während der Brechungswinkel r für beide Platten der gleiche ist; aus Gleichung (300) ergibt sich dann

$$\Delta_1 - \Delta_2 = p d \{\sin^2\Phi \sin^2 r (\sin^2\xi - \cos^2\xi) - \sin 2\Phi \sin r (\cos\xi - \sin\xi)\},$$

wobei Φ wieder der Winkel zwischen Plattennormale und optischer Achse ist, ferner Δ die durch die erste, Δ_2 die durch die zweite Platte hervorgerufene Phasendifferenz und d die gemeinsame Plattendicke bedeutet.

[1]) Berechnungen dieser Interferenzbilder bei CHR. LANGBERG, Pogg. Ann., Erg.-Bd. 1, S. 529. 1842; G. OHM, Münchener Abh. Bd. 7, S. 265. 1853; V. S. M. VAN DER WILLIGEN, Arch. Musée Teyler Bd. 3, S. 241. 1874; Pogg. Ann. Jubelbd., S. 491. 1874; A. BERTIN, Ann. chim phys. (6) Bd. 2, S. 485. 1884; F. POCKELS, Göttinger Nachr. 1890, S. 259; B. HECHT, N. Jahrb. f. Min., Beil. Bd. 11, S. 318. 1898. Vgl. ferner die Angaben S. 772, Anm. 2. Reproduktionen photographischer Aufnahmen der Interferenzbilder bei H. HAUSWALDT, Interferenzerscheinungen in doppeltbrechenden Kristallplatten im konvergenten polarisierten Lichte, Taf. 7—10 u. 30—32. Magdeburg 1902; 3. Reihe, Taf. 3—7 u. 12—14. Magdeburg 1908.

[2]) H. SOLEIL, C. R. Bd. 41, S. 669. 1855.

[3]) Über ein anderes diesbezügliches Verfahren, welches außerdem den Winkel zu bestimmen gestattet, den die Normale der nicht genau parallel zur optischen Achse geschnittenen Platte mit letzterer bildet, vgl. S. 753, Anm. 3.

[4]) J. C. POGGENDORFF, Pogg. Ann. Bd. 49, S. 292. 1840.

[5]) Zuerst behandelt bei J. MÜLLER, Pogg. Ann. Bd. 35, S. 261. 1835.

Führt man in der Plattenebene, aus welcher das Licht austritt, ein rechtwinkliges Koordinatensystem x', y' ein, dessen x'-Achse parallel zum Hauptschnitt der Begrenzungsfläche der ersten Platte liegt, so haben wir [vgl. Ziff. 86a, α)]

$$x' = 2d \sin r \cos \xi, \quad y' = 2d \sin r \sin \xi.$$

Aus der letzten Gleichung folgt daher

$$(x'^2 - y'^2) \sin^2 \Phi + 2d(x' - y') \sin 2\Phi = \frac{4d(\Delta_2 - \Delta_1)}{p}$$

Die Kurven konstanter Phasendifferenz sind somit gleichseitige Hyperbeln, deren Asymptoten die Winkel halbieren, welche von den Hauptschnitten der Begrenzungsflächen der beiden Platten gebildet werden. Der Mittelpunkt dieser Hyperbeln besitzt die Koordinaten $x' = y' = -2d \operatorname{cotg} \Phi$, liegt also im Gesichtsfelde exzentrisch. Die Exzentrizität wird, falls Φ von 90° hinreichend verschieden ist, so groß, daß die Kurven konstanter Phasendifferenz als äquidistante Gerade erscheinen, die parallel zur Asymptote $y' - x' = 0$ laufen, d. h. parallel zur Winkelhalbierenden der Projektionen der (den einfallenden Wellennormalen entgegengezogenen) optischen Achsen; sie liegen um so dichter, je näher Φ bei 45° liegt (vgl. Ziff. 86a, α).

Über die Verwendung der SAVARTschen Platte beim SAVARTschen Polariskop zum Nachweis teilweiser Polarisation, sowie zur Messung des Polarisationsfaktors verweisen wir auf den Abschnitt über die Messung elliptisch polarisierten Lichtes in Bd. XIX dieses Handbuches.

III. Optik nicht absorbierender, aktiver Kristalle.

a) Gesetze der Lichtausbreitungen in nicht absorbierenden, aktiven Kristallen.

α) Lichtausbreitung monochromatischer Wellen.

96. Optische Aktivität. Die in Abschnitt II besprochenen Gesetze der Lichtausbreitung gelten keineswegs für alle nicht absorbierenden Kristalle; man kennt vielmehr auch solche mit abweichendem Verhalten in dem Sinne, daß eine ebene linear polarisierte Welle, deren Wellennormalenrichtung $\mathfrak{s}$ mit einer Binormale zusammenfällt, sich im Inneren des Kristalls nicht unverändert fortpflanzt [vgl. Ziff. 11b)], sondern eine Drehung ihrer Polarisationsebene erleidet. Bringt man z. B. eine senkrecht zur optischen Achse geschnittene Quarzplatte[1]) zwischen gekreuzte (lineare) Polarisatoren und beleuchtet mit monochromatischem Lichte parallel zur optischen Achse, so tritt eine Aufhellung des Gesichtsfeldes ein, die durch eine Drehung des Analysators rückgängig gemacht werden kann; das aus der Quarzplatte austretende Licht ist also noch linear polarisiert, aber seine Polarisationsebene ist gegen die des auffallenden Lichtes gedreht. Diese Erscheinung bezeichnet man als optische Aktivität, natürliche[2]) optische Drehung, Rotationspolarisation oder Gyration.

Die optische Aktivität, von ARAGO[3]) bei Quarz entdeckt, findet sich sowohl bei optisch zwei- und einachsigen Kristallen als auch bei Kristallen des ku-

[1]) Quarz ist positiv einachsig.

[2]) Natürlich im Gegensatz zu der durch ein äußeres Magnetfeld erzeugten magnetischen Drehung der Polarisationsebene (sogen. Faradayeffekt).

[3]) F. ARAGO, Mém. de la classe des Scienc. math. et phys. de l'Inst. 1811 (1), S. 115; Œuvr. compl. Bd. 10, S. 54. Paris-Leipzig 1858.

bischen Systems. Sie ist aber nicht auf Kristalle beschränkt, sondern tritt, wie BIOT[1]) bald nach ARAGOS' Entdeckung fand, auch bei Flüssigkeiten, Lösungen und Dämpfen auf[2]) und ist hier, ebenso wie bei den Kristallen des kubischen Systems, für alle Wellennormalenrichtungen $\mathfrak{s}$ gleich.

Der Sinn der Drehung der Polarisationsebene ist der Wellennormalenrichtung $\mathfrak{s}$ eindeutig zugeordnet; durchsetzt bei dem erwähnten Fundamentalversuche das Licht die Quarzplatte in Richtung der optischen Achse zweimal im entgegengesetzten Sinne, so ist die Drehung der Polarisationsebene bei den beiden Wegen entgegengesetzt gleich, die Gesamtdrehung für die austretende Welle somit gleich Null[3]).

Durch die Wellennormalenrichtung $\mathfrak{s}$ und die ihr zugeordnete Drehung der Polarisationsebene wird eine Schraubung bestimmt. In der Tat ist die Erscheinung der optischen Aktivität auch an eine gewisse schraubenförmige Symmetrie gebunden[4]), die entweder durch die Struktur des Kristallgitters[5]) bedingt ist, oder (wie bei Gasen, Flüssigkeiten und Lösungen) im Bau des Moleküls selbst liegt und auf der schraubenförmigen Bindung der Elektronen im Molekül beruht. Ersterer Anteil verschwindet, wenn der Kristall in Lösung geht; wenn daher die optische Aktivität ausschließlich von der Kristallgitterstruktur herrührt, so kann sie nach Zerstörung dieser Struktur im geschmolzenen oder gelösten Zustande überhaupt nicht mehr auftreten.

Daß die organischen Verbindungen, welche in Lösungen optische Aktivität aufweisen, Moleküle von asymmetrischer Form besitzen müssen, haben fast gleichzeitig und unabhängig voneinander LE BEL[6]) und VAN 'T HOFF[7]) festgestellt.

Bei Kristallen ist der Zusammenhang zwischen optischer Aktivität und Kristallstruktur zuerst von SOHNKE[8]) untersucht worden. Er nahm an, daß ein optisch einachsiger, aktiver Kristall aus einem System übereinanderliegender, gleichdicker, doppelbrechender Lamellen besteht, die schraubenförmig angeordnet sind in der Weise, daß der kleine Winkel zwischen den entsprechenden (d. h. zu den stärker brechbaren Wellen gehörenden) Hauptschwingungsrichtungen je zweier aufeinanderfolgender Lamellen konstant ist; in der Tat verhält sich nach Ziff. 76 ein derartiges Lamellenpaket gegenüber senkrecht auffallendem, linear polarisiertem Lichte wie eine senkrecht zur optischen Achse geschnittene Quarzplatte[9]). Ähnliche Vorstellungen lagen auch den späteren,

---

[1]) J. B. BIOT, Bull. des Scienc. par la Soc. philomat. 1815, S. 190; Mém. de l'Acad. d. Scienc. Bd. 2, S. 114. 1817.

[2]) Über die optische Aktivität von Flüssigkeiten und Lösungen vgl. Kap. 12 dieses Bandes.

[3]) Hierdurch unterscheidet sich die optische Aktivität von der magnetischen Drehung der Polarisationsebene, bei welcher der Drehungssinn der Richtung des äußeren magnetischen Feldes und nicht der Wellennormalenrichtung $\mathfrak{s}$ zugeordnet ist.

[4]) Dies erkannte schon A. FRESNEL (Bull. des Scienc. par la Soc. philomat. 1822, S. 195; Ann. chim. phys. Bd. 28, S. 156. 1825; Mém. de l'Acad. d. Scienc. Bd. 7, S. 72. 1827; Œuvr. compl. Bd. I, S. 726; Bd. II, S. 505. Paris 1866 u. 1868).

[5]) Über die Natur einer schraubenförmigen Gitterstruktur vgl. z. B. C. HECKMANN, Ergebnisse d. exakt. Naturwissensch. Bd. 4, S. 134. 1925, sowie den Abschnitt über die theoretischen Grundlagen des Aufbaues der zusammenhängenden Materie in Bd. XXIV ds. Handb.

[6]) J. A. LE BEL, Bull. soc. chim. (2) Bd. 22, S. 337. 1874.

[7]) J. H. VAN 'T HOFF, Voorstel tot uitbreiding der tegenwoordig in de scheikunde gebruikte structur-formules in de ruimte etc. Utrecht, 1874; Bull, soc. chim. (2) Bd. 23, S. 296 u. 338. 1875; Ber. d. D. chem. Ges. Bd. 10. S. 1620, 1877.

[8]) L. SOHNCKE, Mathem. Ann. Bd. 9, S. 504. 1876; Pogg. Ann., Erg.-Bd. 8, S. 16. 1878; Entwicklung einer Theorie der Kristallstruktur, S. 241. Leipzig 1879; ZS. f. Krist. Bd. 13 S. 229, Bd. 14, S. 426. 1888.

[9]) E. REUSCH, Monatsber. d. Berl. Akad. 1869, S. 530; Pogg. Ann. Bd. 138, S. 628. 1869.

jetzt überholten Strukturtheorien von MALLARD[1]) und WYROUBOFF[2]) zugrunde.

SOHNKE hat ferner geglaubt[3]), daß optische Aktivität bei einem Kristall nur dann auftreten kann, wenn derselbe in zwei „gewendeten" (d. h. zwar spiegelbildlich gleichen, aber nicht deckbaren) Modifikationen vorkommt, also weder Inversionszentrum noch Symmetrieebenen besitzt. Diese Annahme hat sich jedoch nicht halten lassen, vielmehr konnten später VOIGT[4]) und CHIPART[5]) fast gleichzeitig zeigen, daß eine notwendige (jedoch nicht hinreichende) Bedingung für das Vorhandensein der optischen Aktivität nur das Fehlen eines Inversionszentrums ist, daß hingegen Symmetrieebenen sehr wohl existieren können [vgl. Ziff. 104b)].

97. Ältere Theorien der optischen Aktivität. a) Elastische Lichttheorien. Die Versuche, eine Theorie der Optik aktiver Kristalle zu entwerfen, beginnen mit MAC CULLAGH[6]), welcher bereits die notwendigen Zusatzglieder gefunden hatte, die an den Differentialgleichungen des Lichtvektors für nicht absorbierende, nicht aktive, optisch einachsige Kristalle angebracht werden müssen, um die Lichtausbreitung in optisch aktiven einachsigen Kristallen darzustellen; bald darauf hat CAUCHY[7]) die entsprechenden Zusatzglieder für optisch zweiachsige Kristalle angegeben. Bei beiden Autoren treten aber die Ansätze nur in Gestalt empirischer Formeln und ohne physikalische Deutung auf. Später gelangten NEUMANN[8]) und CLEBSCH[9]) unter der Annahme spezieller Kraftgesetze, die zwischen zwei Ätherteilchen bei einer relativen Verschiebung derselben auftreten sollen, zu Differentialgleichungen des Lichtvektors, welche mit den CAUCHYschen gleichwertig sind. Da aber diese Darstellungen auf dem Boden der jetzt verlassenen elastischen Lichttheorie (vgl. Ziff. 1) stehen, so besitzen sie heute nur noch rein historisches Interesse[10]), und das gleiche gilt für die Theorien der optischen Aktivität, welche später von BRIOT[11]), BOUSSINESQ[12]), SARRAU[13]), v. LANG[14]), VOIGT[15]) und CHIPART[16]) aufgestellt wurden.

---

[1]) E. MALLARD, Ann. d. mines (7) Bd. 10, S. 186. 1876; Bd. 19, S. 285. 1881; C. R. Bd. 92, S. 1155. 1881; Journ. de phys. Bd. 10, S. 479. 1881; Traité de cristallographie géometr. et phys. Bd. II, S. 305. Paris 1884.

[2]) G. WYROUBOFF, Ann. chim. phys. (6) Bd. 8, S. 340. 1886; Journ. de phys. (2) Bd. 5, S. 258. 1886; Bull. soc. minéral. Bd. 13, S. 215. 1890.

[3]) L. SOHNCKE, Entwicklung einer Theorie der Kristallstruktur, S. 239. Leipzig 1879.

[4]) W. VOIGT, Göttinger Nachr. 1903, S. 155; Ann. d. Phys. Bd. 18, S. 645. 1905.

[5]) H. CHIPART, La theorie gyrostatique de la lumière, S. 20. Paris 1904; C. R. Bd. 178, S. 995. 1924.

[6]) J. MAC CULLAGH, Trans. R. Irish Acad. Bd. 17, S. 461. 1837; Proc. R. Irish Acad. Bd. 1, S. 385. 1841; Collect. Works, S. 63 u. 185. London 1880.

[7]) A. CAUCHY, C. R. Bd. 25, S. 331. 1847; Œuvr. compl. (1), Bd. X, S. 372. Paris 1897.

[8]) C. NEUMANN, Explicare tentatur, quomodo fiat ut lucis planum polarisationis per vires electricas vel magneticas declinetur. Dissert. Halle a. d. S. 1858; Math. Ann. Bd. 1, S. 325. 1869; Bd. 2, S. 182. 1870.

[9]) A. CLEBSCH, Journ. f. Math. Bd. 57, S. 319. 1860.

[10]) Eine eingehende Besprechung der älteren, auf der elastischen Lichttheorie beruhenden Darstellungen der optischen Aktivität findet sich bei P. DRUDE, Rotationspolarisation (in A. WINKELMANN, Handb. d. Phys., 2. Aufl., Bd. VI, S. 1335. Leipzig 1906).

[11]) CH. BRIOT, Essais sur la théorie mathémat. de la lumière, S. 121. Paris 1864; deutsche Ausgabe von W. KLINKERFUES, S. 118. Leipzig 1867.

[12]) J. BOUSSINESQ, C. R. Bd. 61, S. 19. 1865; Bd. 65, S. 235. 1867; Journ. de mathém. (2) Bd. 13, S. 313, 340 u. 425. 1868.

[13]) E. SARRAU, C. R. Bd. 60, S. 1174. 1865; Journ. de mathém. (2) Bd. 12, S. 1. 1867; Bd. 13, S. 96. 1868.

[14]) V. v. LANG, Pogg. Ann. Bd. 119, S. 74. 1863; Erg.-Bd. 8, S. 608. 1878; Wiener Ber. Bd. 75 (2), S. 719. 1877.

[15]) W. VOIGT, Göttinger Nachr. 1894, S. 72; Kompend. d. theoret. Phys. Bd. II, S. 687. Leipzig 1896; J. WALKER, Proc. Roy. Soc. London Bd. 70, S. 37. 1902.

[16]) H. CHIPART, La théorie gyrostatique de la lumière, S. 33. Paris 1904.

b) Elektromagnetische Lichttheorie. Größeres Interesse bieten die Erweiterungen, die zur Darstellung der optischen Aktivität später an den Differentialgleichungen der MAXWELLschen elektromagnetischen Lichttheorie zuerst von GIBBS[1]) und später von CHIPART[2]) vorgenommen wurden. GIBBS ging von der Vorstellung aus, daß der Äther zusammen mit den eingebetteten ponderablen Molekülen ein inhomogenes Medium darstellt und daß die Komponenten der elektrischen Verschiebung außer von den Komponenten der elektrischen Feldstärke in dem betreffenden Punkte noch von Zusatzgliedern abhängen können, welche die Differentialquotienten der elektrischen Feldstärkekomponenten nach den Koordinaten enthalten. Besitzen die Moleküle kein Symmetriezentrum, so erhalten diese Zusatzglieder bei der GIBBSschen Theorie eine Form, welche die Erscheinungen der optischen Aktivität bei Kristallen darzustellen ermöglicht.

Auf anderem Wege gelangte CHIPART zu der erforderlichen Erweiterung der MAXWELLschen Gleichungen und zwar durch die Annahme, daß die virtuelle Arbeit der elektrischen Verschiebung außer von der elektrischen Feldstärke $\mathfrak{E}$ noch von rot $\mathfrak{E}$ abhängt.

c) Elektronentheorie. Während die bisher besprochenen Erklärungsversuche eine kontinuierlich ausgebreitete Materie voraussetzen, hat DRUDE seiner im Jahre 1892 veröffentlichten ersten Theorie ein spezielles atomistisches Bild zugrunde gelegt[3]). Er nahm an, daß die Elektronen eines Moleküls bei einem aktiven Kristall unter dem Einflusse der Molekularstruktur sich nicht in kurzen geradlinigen Bahnen, sondern in kurzen, bei ein und demselben Körper im selben Sinne gewundenen Schraubenlinien bewegen. Ein elektrisches Feld parallel zur Schraubenachse erzeugt dann eine Elektronenbewegung, deren Bahn, auf eine zur Schraubenachse senkrechte Ebene projiziert, einen Kreis ergibt. Eine Änderung der elektrischen Feldstärke $\mathfrak{E}$ wird daher nicht nur eine Änderung der (bei einem isotropen Körper gleichgerichteten) elektrischen Verschiebung $\mathfrak{D}$, sondern außerdem die Wirkung elektrischer Kreisströme hervorrufen, welche ein der Schraubenachse paralleles magnetisches Feld $\mathfrak{H}$ erzeugen; umgekehrt muß die zur Schraubenachse parallele Komponente des magnetischen Feldes einer Lichtwelle jene elektrische Kreisbewegung und die mit ihr verbundene, der Schraubenachse parallele elektrische Verschiebung erregen. Letztere ergibt sich dann proportional zu rot $\mathfrak{E}$; für eine ebene, linear polarisierte, monochromatische Lichtwelle folgt nun mit Rücksicht auf (14) und (16)

$$\operatorname{rot}\mathfrak{E} = -i\frac{\omega}{c_n}[\mathfrak{E}\mathfrak{s}],$$

so daß sich für die gesamte elektrische Verschiebung $\mathfrak{D}$ der Lichtwelle, die sich in einem isotropen, optisch aktiven Körper ausbreitet, die Beziehung

$$\mathfrak{D} = \varepsilon\mathfrak{E} + i f[\mathfrak{E}\mathfrak{s}]$$

ergibt, wobei f ein skalarer, von der Natur des betreffenden aktiven Körpers abhängender Parameter ist. Führt man einen Vektor $\mathfrak{G}$ ein, der durch die Gleichung

$$f\mathfrak{s} = \mathfrak{G}, \tag{309}$$

definiert ist und durch den die optische Aktivität bestimmt wird, so geht die letzte Beziehung über in

$$\mathfrak{D} = \varepsilon\mathfrak{E} + i[\mathfrak{E}\mathfrak{G}]. \tag{310}$$

[1]) W. GIBBS, Sill. Journ. (3) Bd. 23, S. 460. 1882; Scientif. Papers. S. 195. London 1906.

[2]) H. CHIPART, C. R. Bd. 178, S. 77, 995, 1532, 1805 u. 1967. 1924.

[3]) P. DRUDE, Göttinger Nachr. 1892, S. 400; in ähnlicher Weise ist fast gleichzeitig D. GOLDHAMMER [Journ. de phys. (3) Bd. 1, S. 205 u. 345. 1892] vorgegangen.

Um die Erscheinungen bei optisch aktiven Kristallen zu erhalten, nahm DRUDE an, daß bei diesen die optische Anisotropie ebenso wie bei den nicht aktiven Kristallen nur durch den optischen Dielektrizitätstensor (vgl. Ziff. 8) bedingt wird; diese Annahme führte jedoch zu Folgerungen, die durch die Beobachtung nicht bestätigt werden (vgl. S. 832, Anm. 4).

DRUDE hat deshalb seine Theorie später erweitert[1]), indem er bei Kristallen den die optische Aktivität bestimmenden Vektor $\mathfrak{G}$ als homogene lineare Vektorfunktion der Wellennormalenrichtung $\mathfrak{s}$ ansetzte[2]) und die speziellere Beziehung (309) nur für isotrope Körper gelten ließ. DRUDE gelangte damit für die Lichtausbreitung in optisch aktiven Kristallen zu Gesetzen, die kurz vorher schon VOIGT[3]) durch rein phänomenologische Betrachtungen erhalten hatte und welche die beobachteten Erscheinungen richtig wiedergeben; doch hat die Theorie von DRUDE den Nachteil, daß sie mit einem sehr speziellen molekularen Bilde arbeitet, welches ganz auf einen besonderen Zweck zugeschnitten und offenbar mit erheblicher Willkür behaftet ist[4]).

98. Kristallgittertheorie der optischen Aktivität. Es ist daher bemerkenswert, daß, wie OSEEN[5]) und BORN[6]) fast gleichzeitig und unabhängig voneinander gezeigt haben[7]), eine elektronentheoretische Erklärung der optischen Aktivität ohne komplizierte und willkürlich anmutende Zusatzhypothesen auf Grund der folgenden beiden einfachen Annahmen möglich ist, deren erste schon vorher STARK[8]) seinen qualitativen Betrachtungen zugrunde gelegt hatte:

1. Die schwingungsfähigen Teilchen sind nicht unabhängig voneinander, sondern gekoppelt;

2. Bei Flüssigkeiten[9]) wird das Verhältnis des Moleküldurchmessers zur Wellenlänge, bei Kristallen das Verhältnis der Gitterkonstante[10]) zur Wellenlänge nicht vernachlässigt, sondern als unendlich kleine Größe erster Ordnung mitberücksichtigt.

Während OSEEN die Koppelungen auf elektrodynamische Wechselwirkungen zurückführte, und bei Kristallen eine schraubenartige Anordnung der Teilchen voraussetzte, werden bei BORN weder über die Koppelungskräfte noch über die

---

[1]) P. DRUDE, Göttinger Nachr. 1904, S. 1.

[2]) Daß $\mathfrak{G}$ eine homogene lineare Vektorfunktion der Wellennormalenrichtung $\mathfrak{s}$ sein muß, läßt sich ganz allgemein zeigen, wenn man annimmt, daß die durch das elektrische Feld der Lichtwelle zum Mitschwingen gebrachten Teilchen asymmetrisch angeordnet sind (R. DE MALLEMAN, C. R. Bd. 184, S. 1374. 1927).

[3]) W. VOIGT, Wied. Ann. Bd. 69, S. 306. 1899; Göttinger Nachr. 1903, S. 155; Ann. d. Phys. Bd. 18, S. 645. 1905.

[4]) Der Ausbau der DRUDEschen Theorie zur Darstellung der optischen Aktivität bei Flüssigkeiten erfolgte durch H. A. LORENTZ (Versuch einer Theorie der elektrischen und optischen Erscheinungen in bewegten Körpern, S. 78. Leiden 1895) und G. H. LIVENS [Phil. Mag. (6) Bd. 25, S. 817. 1913; Bd. 26, S. 362 u. 535. 1913; Bd. 27, S. 468 u. 994. 1914; Bd. 28, S. 756. 1914; Phys. ZS. Bd. 15, S. 385 u. 667. 1914].

[5]) C. W. OSEEN, Ann. d. Phys. Bd. 48, S. 1. 1915.

[6]) M. BORN, Dynamik der Kristallgitter, S. 109. Leipzig 1915 (= Fortschr. d. mathem. Wissensch. H. 4); ZS. f. Phys. Bd. 8, S. 390. 1922; Atomtheorie des festen Zustandes (Dynamik der Kristallgitter), S. 604. Leipzig 1923 (in Enzyklop. d. mathem. Wissensch. Bd. V, Tl. 3).

[7]) Eine auf derselben Grundlage beruhende Theorie hat, ohne Kenntnis der Arbeiten OSEENS und BORNS, später F. GRAY [Phys. Rev. (2) Bd. 7, S. 472. 1916] in einer allerdings weniger vollständigen Form gegeben.

[8]) J. STARK, Jahrb. d. Radioakt. Bd. 11, S. 194. 1914; Prinzipien der Atomdynamik Bd. III, S. 262. Leipzig 1915.

[9]) Die zuerst für Kristalle entworfene Theorie hat M. BORN später [Phys. ZS. Bd. 16, S. 251. 1915; Ann. d. Phys. Bd. 55, S. 177. 1918] auch für Flüssigkeiten entwickelt.

[10]) Vgl. S. 645, Anm. 1.

Struktur der aktiven Substanz derartige besondere Annahmen gemacht[1]); seine Theorie ergibt sich vielmehr ohne weiteres aus der Dynamik der Kristallgitter, welche ja auf einer Koppelung aller Gitterteilchen beruht. Der zweiten der angegebenen Annahmen wird bei der BORNschen Darstellung genügt, indem man den Ausdruck (34) für die Amplitude des elektrischen Momentes der Volumeinheit erst nach dem zweiten, durch (36) dargestellten Gliede abbricht, was wir jetzt durchführen wollen.

Berücksichtigt man, daß die in dem gittertheoretischen Ausdruck (36) für das elektrische Moment der Volumeinheit auftretenden Vektoren $\mathfrak{R}_{jj'}$ lineare, schiefsymmetrische Vektorfunktionen der Eigenschwingungsamplituden sind, d. h. daß

$$\mathfrak{R}_{jj'} = -\mathfrak{R}_{j'j}$$

ist, so ergibt sich aus (36) durch einfache Umformung unter Berücksichtigung der bekannten Identität

$$\overline{[\mathfrak{E}[\mathfrak{L}_j \overline{\mathfrak{L}}_{j'}]]} = \mathfrak{L}_j(\overline{\mathfrak{E}\mathfrak{L}_{j'}}) - \mathfrak{L}_{j'}(\overline{\mathfrak{E}\mathfrak{L}_j})$$

die Beziehung

$$\overline{\mathfrak{P}}^{(1)} = i\frac{\pi}{\lambda}V\sum_{jj'}\frac{(\mathfrak{s}\mathfrak{R}_{jj'})\overline{[\mathfrak{E}[\mathfrak{L}_j\mathfrak{L}_{j'}]]}}{(\omega_j^{(0)2}-\omega^2)(\omega_{j'}^{(0)2}-\omega^2)}.$$

Wir setzen

$$\mathfrak{G} = \frac{4\pi^2}{\lambda}V\sum_{jj'}\frac{(\mathfrak{s}\mathfrak{R}_{jj'})\,[\mathfrak{L}_j\mathfrak{L}_{j'}]}{(\omega_j^{(0)2}-\omega^2)(\omega_{j'}^{(0)2}-\omega^2)}, \tag{311}$$

dann wird

$$\overline{\mathfrak{P}}^{(1)} = \frac{i}{4\pi}[\mathfrak{E}\mathfrak{G}]. \tag{312}$$

Der durch (311) bestimmte Vektor $\mathfrak{G}$ wird als Gyrationsvektor[2]) oder Rotationsvektor[3]) bezeichnet; da $\mathfrak{s}$, $\mathfrak{R}_{jj'}$, $\mathfrak{L}_j$ und $\mathfrak{L}_{j'}$ sämtlich polare Vektoren sind, so sieht man aus (311) ohne weiteres, daß der Gyrationsvektor $\mathfrak{G}$ ein axialer Vektor ist.

Die gesamte elektrische Verschiebung ergibt sich dann bei der erstrebten Annäherung nach (7) und (34) zu

$$\mathfrak{D} = (\mathfrak{E} + 4\pi\mathfrak{P}^{(0)}) + 4\pi\mathfrak{P}^{(1)}.$$

Bezieht man diese Gleichung auf die optischen Symmetrieachsen x, y, z, so erhält man für die Komponenten des Lichtvektors der sich im aktiven, nicht absorbierenden Kristall ausbreitenden Welle mit Rücksicht auf (37) und (43)

$$\mathfrak{D}_x = \varepsilon_1\mathfrak{E}_x + 4\pi\mathfrak{P}_x^{(1)}, \qquad \mathfrak{D}_y = \varepsilon_2\mathfrak{E}_y + 4\pi\mathfrak{P}_y^{(1)}, \qquad \mathfrak{D}_z = \varepsilon_3\mathfrak{E}_z + 4\pi\mathfrak{P}_z^{(1)}$$

oder bei Heranziehung von (312)

$$\mathfrak{D}_x = \varepsilon_1\mathfrak{E}_x + i[\mathfrak{E}\mathfrak{G}]_x, \quad \mathfrak{D}_y = \varepsilon_2\mathfrak{E}_y + i[\mathfrak{E}\mathfrak{G}]_y, \quad \mathfrak{D}_z = \varepsilon_3\mathfrak{E}_z + i[\mathfrak{E}\mathfrak{G}]_z. \tag{313}$$

Dieses Gleichungsschema bildet, zusammen mit den gittertheoretischen Ausdrücken (39) für die optischen Dielektrizitätskonstanten und der Gleichung (311) für den Gyrationsvektor, die Grundlage für die Gesetze der Lichtausbreitung in nicht absorbierenden, optisch aktiven Kristallen. Es stimmt formal mit der Gleichung (310) der DRUDEschen Theorie überein; während aber dort der Zusammenhang zwischen Gyrationsvektor $\mathfrak{G}$ und Wellennormalenrichtung

[1]) Bezüglich eingehender Behandlung der Theorie verweisen wir, außer auf die S. 808, Anm. 6 angeführten Abhandlungen, auf den Abschnitt über die theoretischen Grundlagen des Aufbaues der zusammenhängenden Materie in Bd. XXIV ds. Handb.

[2]) M. BORN, ZS. f. Phys. Bd. 8, S. 405. 1922.

[3]) R. DE MALLEMAN, C. R. Bd. 184, S. 1375. 1927.

$\mathfrak{s}$ durch phänomenologisch eingeführte Materialparameter festgelegt wird, ist er bei der BORNschen Theorie durch den gittertheoretisch begründeten Ausdruck (311) bestimmt.

99. Gesetz des Brechungsindex. Wir stellen uns als nächstes die Aufgabe, den Brechungsindex n eines nicht absorbierenden, aktiven Kristalls als Funktion der Wellennormalenrichtung $\mathfrak{s}$ zu bestimmen. Für die auf die optischen Symmetrieachsen bezogenen Komponenten des Lichtvektors einer linear polarisierten Welle gilt nach (22)

$$\mathfrak{D}_x = n^2\{\mathfrak{E}_x - \mathfrak{s}_x(\mathfrak{s}\mathfrak{E})\}, \quad \mathfrak{D}_y = n^2\{\mathfrak{E}_y - \mathfrak{s}_y(\mathfrak{s}\mathfrak{E})\}, \quad \mathfrak{D}_z = n^2\{\mathfrak{E}_z - \mathfrak{s}_z(\mathfrak{s}\mathfrak{E})\}. \tag{314}$$

Setzt man die der nämlichen Koordinatenachse entsprechenden Komponenten von (313) und (314) einander gleich und führt die durch (46) definierten Hauptbrechungsindizes n_1, n_2, n_3 ein, so ergibt sich für die Komponenten der elektrischen Feldstärke $\mathfrak{E}$ das folgende System linearer Gleichungen

$$\begin{aligned}
&\mathfrak{E}_x\{n_1^2 - (1-\mathfrak{s}_x^2)n^2\} + \mathfrak{E}_y\{n^2\mathfrak{s}_x\mathfrak{s}_y + i\mathfrak{G}_z\} + \mathfrak{E}_z\{n^2\mathfrak{s}_z\mathfrak{s}_x - i\mathfrak{G}_y\} = 0,\\
&\mathfrak{E}_x\{n^2\mathfrak{s}_x\mathfrak{s}_y - i\mathfrak{G}_z\} + \mathfrak{E}_y\{n_2^2 - (1-\mathfrak{s}_y^2)n^2\} + \mathfrak{E}_z\{n^2\mathfrak{s}_y\mathfrak{s}_z + i\mathfrak{G}_x\} = 0,\\
&\mathfrak{E}_x\{n^2\mathfrak{s}_z\mathfrak{s}_x + i\mathfrak{G}_y\} + \mathfrak{E}_y\{n^2\mathfrak{s}_y\mathfrak{s}_z - i\mathfrak{G}_x\} + \mathfrak{E}_z\{n_3^2 - (1-\mathfrak{s}_z^2)n^2\} = 0.
\end{aligned}$$

Eliminiert man aus diesen drei homogenen, linearen Gleichungen $\mathfrak{E}_x$, $\mathfrak{E}_y$ und $\mathfrak{E}_z$ durch Nullsetzen der Determinante, so erhält man eine kubische Gleichung für n^2; bei dieser verschwindet aber der Koeffizient des höchsten Gliedes, so daß sich schließlich folgende quadratische Gleichung für n^2 ergibt

$$\left.\begin{aligned}
&n^4(n_1^2\mathfrak{s}_x^2 + n_2^2\mathfrak{s}_y^2 + n_3^2\mathfrak{s}_z^2) - n^2\{n_2^2n_3^2(\mathfrak{s}_y^2+\mathfrak{s}_z^2) + n_3^2n_1^2(\mathfrak{s}_z^2+\mathfrak{s}_x^2) + n_1^2n_2^2(\mathfrak{s}_x^2+\mathfrak{s}_y^2) - [\mathfrak{s}\mathfrak{G}]^2\}\\
&\quad + n_1^2n_2^2n_3^2 - (n_1^2\mathfrak{G}_x^2 + n_2^2\mathfrak{G}_y^2 + n_3^2\mathfrak{G}_z^2) = 0.
\end{aligned}\right\} \tag{315}$$

Diese Gleichung liefert uns den Brechungsindex n als Funktion der Wellennormalenrichtung $\mathfrak{s}$, d. h. sie stellt das Gesetz des Brechungsindex für nicht absorbierende, aktive Kristalle dar; bei verschwindender optischer Aktivität, d. h. für $\mathfrak{G} = 0$, geht sie in die für nicht absorbierende, nicht aktive Kristalle geltende Gleichung (48) über. Sind n_0' und n_0'' die durch (71) bestimmten Wurzeln der letzteren, so können wir demnach Gleichung (315) zwecks näherungsweiser Bestimmung ihrer Wurzeln auch in der Form schreiben

$$(n^2 - n_0'^2)(n^2 - n_0''^2) = g^2, \tag{316}$$

wobei die Abkürzung

$$g^2 = \frac{n_1^2\mathfrak{G}_x^2 + n_2^2\mathfrak{G}_y^2 + n_3^2\mathfrak{G}_z^2 - n^2[\mathfrak{s}\mathfrak{G}]^2}{n_1^2\mathfrak{s}_x^2 + n_2^2\mathfrak{s}_y^2 + n_3^2\mathfrak{s}_z^2} \tag{317}$$

eingeführt ist.

g wird als der skalare Parameter der optischen Aktivität oder Gyration[1]) bezeichnet; für n ist in dem Ausdruck (317) n_0' oder n_0'' einzuführen, je nachdem die Berechnung der Näherungskorrektur für den einen oder den anderen der beiden zur Wellennormalenrichtung $\mathfrak{s}$ gehörenden Brechungsindizes beabsichtigt ist. Die Abhängigkeit der so erhaltenen Näherungswerte g' und g'' von $\mathfrak{s}$ ist ziemlich kompliziert; sie läßt sich jedoch vereinfachen, falls man in ihnen $n_1 = n_2 = n_3 = n$ setzt, d. h. in dem die optische Aktivität bestimmenden Ausdruck (317) die Doppelbrechung vernachlässigt[2]), eine Annäherung, die für die Darstellung der bisher beobachteten Erscheinungen vollkommen hinreichend ist. Wir erhalten dann aus (317)

$$g = \mathfrak{s}\mathfrak{G}; \tag{318}$$

1) M. BORN, ZS. f. Phys. Bd. 8, S. 410. 1922.

2) W. VOIGT, Göttinger Nachr. 1903, S. 167; Wied. Ann. Bd. 18, S. 659. 1905.

g ist offenbar von derselben Größenordnung wie der Gyrationsvektor $\mathfrak{G}$, nach (311) also von der Größenordnung $V^{\frac{1}{3}}/\lambda$, wobei V das Volumen der Gitterzelle und λ die Wellenlänge des Lichtes im Kristall ist.

Für die Wurzeln $\bar{n}_0'^2$ und $\bar{n}_0''^2$ von (316) erhält man dann

$$\left.\begin{aligned} \bar{n}_0'^2 &= \tfrac{1}{2}\left\{n_0'^2 + n_0''^2 \mp \left|\sqrt{(n_0'^2 - n_0''^2)^2 + 4g^2}\right|\right\},\\ \bar{n}_0''^2 &= \tfrac{1}{2}\left\{n_0'^2 + n_0''^2 \pm \left|\sqrt{(n_0'^2 - n_0''^2)^2 + 4g^2}\right|\right\}, \end{aligned}\right\} \tag{319}$$

wobei die oberen bzw. unteren Vorzeichen zu nehmen sind, je nachdem $n_0' < n_0''$ bzw. $n_0' > n_0''$ ist.

100. Polarisationszustand der zu einer Wellennormalenrichtung $\mathfrak{s}$ gehörenden Wellen. a) Berechnung des Polarisationszustandes. Um den Polarisationszustand der beiden Wellen näherungsweise zu berechnen, die im Inneren eines nicht absorbierenden, aktiven Kristalls zu einer Wellennormalenrichtung $\mathfrak{s}$ gehören, kann man folgendermaßen verfahren[1]):

Man schreibt (44) in der Form

$$\mathfrak{E} = \frac{\mathfrak{D}}{n^2} + \mathfrak{s}(\mathfrak{s}\,\mathfrak{E})$$

und setzt diesen Wert für $\mathfrak{E}$ in die von $\mathfrak{G}$ unabhängigen Glieder von (313) ein. Dann erhält man, falls man an Stelle der Hauptdielektrizitätskonstanten ε_1, ε_2, ε_3 die durch (46) bestimmten Hauptbrechungsindizes n_1, n_2, n_3 einführt, die folgenden Gleichungen:

$$\mathfrak{D}_x\left(\frac{1}{n^2} - \frac{1}{n_1^2}\right) = -\mathfrak{s}_x(\mathfrak{s}\,\mathfrak{E}) - \frac{i}{n_1^2}[\mathfrak{E}\mathfrak{G}]_x,$$

$$\mathfrak{D}_y\left(\frac{1}{n^2} - \frac{1}{n_2^2}\right) = -\mathfrak{s}_y(\mathfrak{s}\,\mathfrak{E}) - \frac{i}{n_2^2}[\mathfrak{E}\mathfrak{G}]_y,$$

$$\mathfrak{D}_z\left(\frac{1}{n^2} - \frac{1}{n_3^2}\right) = -\mathfrak{s}_z(\mathfrak{s}\,\mathfrak{E}) - \frac{i}{n_3^2}[\mathfrak{E}\mathfrak{G}]_z.$$

In den von $\mathfrak{G}$ abhängigen Gliedern schreiben wir nun näherungsweise $n_1 = n_2 = n_3 = \bar{n}$, wobei unter $\bar{n}$ ein gewisser mittlerer Hauptbrechungsindex zu verstehen ist, d. h. wir vernachlässigen in diesen Gliedern die Doppelbrechung (vgl. Ziff. 99); dementsprechend ersetzen wir unter Hinweis auf (43) in diesen Gliedern $\mathfrak{E}$ durch $\mathfrak{D}/\bar{n}^2$. Mit demselben Annäherungsgrade, der für die Ausdrücke (319) gilt, erhält man dann

$$\left.\begin{aligned} &\mathfrak{D}_x\left(\frac{1}{n^2} - \frac{1}{n_1^2}\right) = -\mathfrak{s}_x(\mathfrak{s}\,\mathfrak{E}) - \frac{i}{\bar{n}^4}[\mathfrak{D}\mathfrak{G}]_x,\ \mathfrak{D}_y\left(\frac{1}{n^2} - \frac{1}{n_2^2}\right) = -\mathfrak{s}_y(\mathfrak{s}\,\mathfrak{E}) - \frac{i}{\bar{n}^4}[\mathfrak{D}\mathfrak{G}]_y,\\ &\qquad\mathfrak{D}_z\left(\frac{1}{n^2} - \frac{1}{n_3^2}\right) = -\mathfrak{s}_z(\mathfrak{s}\,\mathfrak{E}) - \frac{i}{\bar{n}^4}[\mathfrak{D}\mathfrak{G}]_z. \end{aligned}\right\} \tag{320}$$

Dieses Gleichungssystem für die Komponenten des Lichtvektors $\mathfrak{D}$ kann mit Hilfe des Ansatzes

$$n = \bar{n}_0', \quad \mathfrak{D} = \mathfrak{D}' + i k_1 \mathfrak{D}'', \quad |\mathfrak{D}'| = |\mathfrak{D}''| \tag{321}$$

gelöst werden, der bei der eingeführten Annäherung ($n_1 = n_2 = n_3$) für die elektrische Feldstärke $\mathfrak{E}$ der Lichtwelle die Beziehung

$$\mathfrak{E} = \mathfrak{E}' + i k_1 \mathfrak{E}'', \quad |\mathfrak{E}'| = |\mathfrak{E}''| \tag{322}$$

zur Folge hat. Hierbei sind $\mathfrak{D}'$ und $\mathfrak{D}''$ die Lichtvektoren der beiden Wellen, die sich in der Wellennormalenrichtung $\mathfrak{s}$ fortpflanzen würden, falls der Kristall nicht aktiv wäre (vgl. Ziff. 13); die Beträge dieser Lichtvektoren sind als gleich

[1]) M. Born, ZS. f. Phys. Bd. 8, S. 410. 1922; Atomtheorie des festen Zustandes (Dynamik der Kristallgitter), S. 609. Leipzig 1923 (in Enzyklop. d. mathem. Wissensch. Bd. V, Tl. 3).

angenommen. $\mathfrak{E}'$ und $\mathfrak{E}''$ sind die entsprechenden elektrischen Feldstärken dieser Wellen und $\bar n_0'^2$ ist die eine der beiden Wurzeln der Gleichung (315).

Der noch zu bestimmende Faktor k_1 muß, wie aus (316) und (321) folgt, gleichzeitig mit g verschwinden, denn in diesem Falle gehen diese Gleichungen in die entsprechenden, für nicht aktive Kristalle geltenden über. Dieser Faktor ist daher mit g für die optische Aktivität bestimmend und von derselben Größenordnung wie g, also von erster Ordnung in $V^{\frac{1}{3}}/\lambda$, falls wieder V das Volumen der Gitterzelle und λ die Wellenlänge im Kristall bedeutet. Um ihn zu ermitteln, setzt man (321) und (322) in (320) ein und trennt die reellen und imaginären Teile; dann bekommt man

$$\left.\begin{aligned}
&\mathfrak{D}'_x\left(\frac{1}{\bar n_0'^2}-\frac{1}{n_1^2}\right)+\mathfrak{s}_x(\mathfrak{s}\mathfrak{E}')=0,\qquad \mathfrak{D}'_y\left(\frac{1}{\bar n_0'^2}-\frac{1}{n_2^2}\right)+\mathfrak{s}_y(\mathfrak{s}\mathfrak{E}')=0,\\
&\mathfrak{D}'_z\left(\frac{1}{\bar n_0'^2}-\frac{1}{n_3^2}\right)+\mathfrak{s}_z(\mathfrak{s}\mathfrak{E}')=0,\\
&k_1\left\{\mathfrak{D}''_x\left(\frac{1}{\bar n_0'^2}-\frac{1}{n_1^2}\right)+\mathfrak{s}_x(\mathfrak{s}\mathfrak{E}'')\right\}+\frac{1}{\bar n^4}[\mathfrak{D}'\mathfrak{G}]_x=0,\\
&k_1\left\{\mathfrak{D}''_y\left(\frac{1}{\bar n_0'^2}-\frac{1}{n_2^2}\right)+\mathfrak{s}_y(\mathfrak{s}\mathfrak{E}'')\right\}+\frac{1}{\bar n^4}[\mathfrak{D}'\mathfrak{G}]_y=0,\\
&k_1\left\{\mathfrak{D}''_z\left(\frac{1}{\bar n_0'^2}-\frac{1}{n_3^2}\right)+\mathfrak{s}_z(\mathfrak{s}\mathfrak{E}'')\right\}+\frac{1}{\bar n^4}[\mathfrak{D}'\mathfrak{G}]_z=0.
\end{aligned}\right\}\qquad (323)$$

$\mathfrak{D}'$ und $\mathfrak{E}'$ bzw. $\mathfrak{D}''$ und $\mathfrak{E}''$ müssen aber offenbar die Gleichungen (45) erfüllen, falls in diesen n_0' bzw. n_0'' an Stelle von n gesetzt wird; es gilt also das Gleichungssystem

$$\begin{aligned}
&\mathfrak{D}'_x\left(\frac{1}{n_0'^2}-\frac{1}{n_1^2}\right)+\mathfrak{s}_x(\mathfrak{s}\mathfrak{E}')=0,\qquad \mathfrak{D}'_y\left(\frac{1}{n_0'^2}-\frac{1}{n_2^2}\right)+\mathfrak{s}_y(\mathfrak{s}\mathfrak{E}')=0,\\
&\mathfrak{D}'_z\left(\frac{1}{n_0'^2}-\frac{1}{n_3^2}\right)+\mathfrak{s}_z(\mathfrak{s}\mathfrak{E}')=0,\\
&\mathfrak{D}''_x\left(\frac{1}{n_0''^2}-\frac{1}{n_1^2}\right)+\mathfrak{s}_x(\mathfrak{s}\mathfrak{E}'')=0,\qquad \mathfrak{D}''_y\left(\frac{1}{n_0''^2}-\frac{1}{n_2^2}\right)+\mathfrak{s}_y(\mathfrak{s}\mathfrak{E}'')=0,\\
&\mathfrak{D}''_z\left(\frac{1}{n_0''^2}-\frac{1}{n_3^2}\right)+\mathfrak{s}_z(\mathfrak{s}\mathfrak{E}'')=0.
\end{aligned}$$

Subtrahiert man jede dieser Gleichungen von der für die entsprechende Koordinatenachse geltenden Gleichung des Systems (320), so folgt

$$\left.\begin{aligned}
&\mathfrak{D}'\left(\frac{1}{\bar n_0'^2}-\frac{1}{n_0'^2}\right)=0,\\
&k_1\mathfrak{D}''\left(\frac{1}{\bar n_0'^2}-\frac{1}{n_0''^2}\right)+\frac{1}{\bar n^4}[\mathfrak{D}'\mathfrak{G}]=0.
\end{aligned}\right\}\qquad (324)$$

Nun ergibt sich aber aus (319), daß die Differenz $\bar n_0'^2-n_0'^2$ von derselben Größenordnung ist wie g bzw. wie $V^{\frac{1}{3}}/\lambda$, die Differenz $\bar n_0'^2-n_0''^2$ dagegen endlich und von der Größenordnung $n_0'^2-n_0''^2$ ist; die erste der beiden Gleichungen (324) wird daher in erster Annäherung identisch erfüllt, während durch die zweite Gleichung der noch zu ermittelnde Faktor k_1 bestimmt wird.

Um diesen zu berechnen, beachten wir, daß wir mit Rücksicht auf die Gleichungen (19) und (85), sowie auf die in (321) getroffene Festsetzung $|\mathfrak{D}'|=|\mathfrak{D}''|$ die Beziehung

$$\mathfrak{D}'=[\mathfrak{D}''\mathfrak{s}]$$

haben; es wird dann

$$[\mathfrak{D}'\mathfrak{G}]=\big[\mathfrak{G}[\mathfrak{s}\mathfrak{D}'']\big]=\mathfrak{s}(\mathfrak{G}\mathfrak{D}'')-\mathfrak{D}''(\mathfrak{G}\mathfrak{s}).$$

Setzt man diesen Wert für $[\mathfrak{D}'\mathfrak{G}]$ in die zweite der beiden Gleichungen (324) ein, multipliziert diese dann skalar mit $\mathfrak{D}''$ und berücksichtigt die Transversalitätsbedingung (19), so erhält man

$$k_1\left(\frac{1}{\bar{n}_0'^2} - \frac{1}{n_0''^2}\right) = \frac{1}{\bar{n}^4}(\mathfrak{G}\mathfrak{s})$$

oder bei Heranziehung von (318)

$$k_1 = -\frac{\bar{n}_0'^2 n_0''^2}{\bar{n}^4(\bar{n}_0'^2 - n_0''^2)} g;$$

hierfür kann man bei Beschränkung auf den von uns bisher zugelassenen Annäherungsgrad offenbar auch

$$k_1 = -\frac{g}{\bar{n}_0'^2 - n_0''^2}$$

schreiben.

In derselben Weise läßt sich zeigen, daß das Gleichungssystem (320) noch eine zweite Lösung besitzt, die wir in der Form

$$n = \bar{n}_0'', \qquad \mathfrak{D} = \mathfrak{D}'' + i k_2 \mathfrak{D}', \qquad |\mathfrak{D}'| = |\mathfrak{D}''| \tag{325}$$

schreiben können. Hierbei haben $\mathfrak{D}'$ und $\mathfrak{D}''$ dieselbe Bedeutung wie in (321), $\bar{n}_0''^2$ ist die zweite Wurzel der Gleichung (315), und für den Faktor k_2 gilt die Beziehung

$$k_2 = \frac{g}{\bar{n}_0''^2 - n_0'^2},$$

die sich in entsprechender Weise gewinnen läßt wie der Ausdruck für k_1. Aus (319) folgt aber $\bar{n}_0'^2 + \bar{n}_0''^2 = n_0'^2 + n_0''^2$, somit $\bar{n}_0'^2 - n_0''^2 = -(\bar{n}_0''^2 - n_0'^2)$; man hat demnach

$$k_1 = k_2 = -\frac{2g}{n_0'^2 - n_0''^2 \mp \left|\sqrt{(n_0'^2 - n_0''^2)^2 + 4g^2}\right|} = k,$$

oder

$$k = -\frac{1}{2g}\left\{\mp\left|\sqrt{(n_0'^2 - n_0''^2)^2 + 4g^2}\right| - (n_0'^2 - n_0''^2)\right\}, \tag{326}$$

wobei wieder [wie in (319)] das obere bzw. untere Vorzeichen zu nehmen ist, je nachdem $n_0' < n_0''$ bzw. $n_0' > n_0''$ ist. Wie man aus (326) ohne weiteres sieht, muß stets $|k| \leqq 1$ sein.

Um jetzt den gesuchten Polarisationszustand der beiden Wellen mit der Wellennormalenrichtung $\mathfrak{s}$ zu erhalten, führen wir in die beiden Lösungen (321) und (325) für $\mathfrak{D}'$ und $\mathfrak{D}''$ die Ansätze (13) und (16) für ebene, linear polarisierte, rein periodische Wellen ein und nehmen dann die reellen Teile; dann ergibt sich, falls zur Abkürzung

$$\varphi = \omega\left(t - \frac{n}{c}(\mathfrak{s}\mathfrak{r})\right)$$

gesetzt wird,

$$\left.\begin{aligned} n &= n_0', & \mathfrak{D} &= \overline{\mathfrak{D}'}\cos\varphi + k\overline{\mathfrak{D}''}\sin\varphi,\\ n &= \bar{n}_0'', & \mathfrak{D} &= \overline{\mathfrak{D}''}\cos\varphi + k\overline{\mathfrak{D}'}\sin\varphi. \end{aligned}\right\} \tag{327}$$

Wir wählen nun ein rechtwinkliges Rechtssystem x', y', z' so, daß die positive z'-Achse parallel zur Wellennormalenrichtung $\mathfrak{s}$, die positive x'-Achse parallel zu $\mathfrak{D}'$ und die positive y'-Achse parallel zu $\mathfrak{D}''$ zu liegen kommt, und schreiben zur Abkürzung für die beiden als gleich vorausgesetzten Größen $|\mathfrak{D}'|$ und $|\mathfrak{D}''|$

$$|\mathfrak{D}'| = |\mathfrak{D}''| = D;$$

die beiden Lösungen (327) werden dann

$$\left.\begin{aligned} \mathfrak{D}_{x'} &= D\cos\left(\omega\left(t - \frac{\bar{n}_0'}{c}z'\right)\right), & \mathfrak{D}_{y'} &= kD\sin\left(\omega\left(t - \frac{\bar{n}_0'}{c}z'\right)\right), & \mathfrak{D}_{z'} &= 0,\\ \mathfrak{D}_{x'} &= kD\sin\left(\omega\left(t - \frac{\bar{n}_0''}{c}z'\right)\right), & \mathfrak{D}_{y'} &= D\cos\left(\omega\left(t - \frac{\bar{n}_0''}{c}z'\right)\right), & \mathfrak{D}_{z'} &= 0. \end{aligned}\right\} \tag{328}$$

Aus (328) liest man das Näherungsgesetz ab, daß sich parallel zu einer bestimmten Wellennormalenrichtung $\mathfrak{s}$ im Inneren des nicht absorbierenden, aktiven Kristalls zwei entgegengesetzt elliptisch polarisierte Wellen[1]) mit der Elliptizität k fortpflanzen, deren Brechungsindizes $\bar{n}_0'$ und $\bar{n}_0''$ verschieden sind; die großen Achsen der Schwingungsellipsen liegen parallel zu den Schwingungsrichtungen $\mathfrak{d}'$ und $\mathfrak{d}''$, die zur Wellennormalrichtung $\mathfrak{s}$ gehören würden, falls der Kristall nicht aktiv wäre. Bei positivem k ist offenbar die erste der Wellen (328) links- und die zweite rechtselliptisch polarisiert; bei negativem k gilt das umgekehrte.

Die Phasendifferenz, um welche bei positivem k die x'-Komponente der rechtselliptisch polarisierten Welle gegenüber der x'-Komponente der linkselliptisch polarisierten zurückbleibt, beträgt $\frac{\omega}{c}(\bar{n}_0'' - \bar{n}_0')z' + \frac{\pi}{2}$; die Phasendifferenz der entsprechenden y'-Komponenten ist $\frac{\omega}{c}(\bar{n}_0'' - \bar{n}_0')z' - \frac{\pi}{2}$. Beim Fortschreiten im Kristall längs einer Strecke d ist daher die rechtselliptisch polarisierte Welle gegenüber der linkselliptisch polarisierten um die Phasendifferenz

$$\Delta = \frac{\omega}{c}(\bar{n}_0'' - \bar{n}_0')\,d = \frac{2\pi}{\lambda_0}(\bar{n}_0'' - \bar{n}_0')\,d \tag{329}$$

zurückgeblieben. Bilden wir aus (319) die Differenz $\bar{n}_0''^2 - \bar{n}_0'^2$ und setzen näherungsweise $\bar{n}_0' + \bar{n}_0'' = 2\bar{n}$, so erhalten wir aus (329)

$$\Delta = \pm\frac{\omega d}{2\bar{n}c}\left|\sqrt{(n_0'^2 - n_0''^2)^2 + 4g^2}\right| = \pm\frac{\pi d}{\lambda_0\bar{n}}\left|\sqrt{(n_0'^2 - n_0''^2)^2 + 4g^2}\right|. \tag{330}$$

Das eben besprochene Gesetz des Polarisationszustandes war schon AIRY[2]) bekannt, der als erster die Vorstellung entwickelte, daß sich in einem aktiven Kristall in einer beliebigen Richtung zwei entgegengesetzt elliptisch polarisierte Wellen ungeändert fortpflanzen können; man bezeichnet diese beiden Wellen auch als „privilegierte Schwingungen"[3]).

Experimentell bestätigt wurde das Gesetz des Polarisationszustandes durch die (sämtlich an Quarz angestellten) Beobachtungen von JAMIN[4]), HECHT[5]), CROULLEBOIS[6]), BEAULARD[7]) und BRUNHES[8]).

Mit Rücksicht auf spätere Anwendungen drücken wir noch Elliptizität k und Phasendifferenz Δ der beiden zur selben Wellennormalenrichtung $\mathfrak{s}$ gehörenden Wellen durch die Winkel b_1 und b_2 aus, welche $\mathfrak{s}$ mit den Binormalenrichtungen bildet. Aus (79) folgt in erster Annäherung

$$n_0'^2 - n_0''^2 = (n_1^2 - n_3^2)\sin b_1 \sin b_2; \tag{331}$$

[1]) Entgegengesetzt polarisiert heißen nach G. G. STOKES (Trans. Cambr. Phil. Soc. Bd. 9, S. 404. 1852; Mathem. and Phys. Papers Bd. III, S. 241. Cambridge 1901) zwei Wellen, wenn ihre Schwingungsbahnen ähnlich und rechtwinklig gekreuzt sind und im entgegengesetzten Sinne umlaufen werden; vgl. hierzu Kap. 4 ds. Bandes.

[2]) G. B. AIRY, Trans. Cambr. Phil. Soc. Bd. 4, S. 79 u. 199. 1831.

[3]) L. G. GOUY, Journ. de phys. (2) Bd. 4, S. 154. 1885.

[4]) J. JAMIN, Ann. chim. phys. (3) Bd. 30, S. 55. 1850.

[5]) B. HECHT, Wied. Ann. Bd. 20, S. 426. 1883; Bd. 30, S. 274. 1887.

[6]) M. CROULLEBOIS, Ann. chim. phys. (4) Bd. 28, S. 433. 1873.

[7]) F. BEAULARD, Ann. de la faculté des Scienc. de Marseille Bd. 3 (1), S. 9. 1893; Journ. de phys. (3) Bd. 2, S. 393. 1893.

[8]) B. BRUNHES, Arch. Néerland. (2) Bd. 5, S. 13. 1900.

durch Einsetzen dieses Wertes in die beiden Gleichungen (326) und (330) ergibt sich

$$k = -\frac{1}{2g}\left\{\mp\left|\sqrt{(n_1^2 - n_3^2)^2 \sin^2 b_1 \sin^2 b_2 + 4g^2}\right| - (n_1^2 - n_3^2)\sin b_1 \sin b_2\right\}, \quad (332)$$

$$\left.\begin{aligned} \varDelta &= \pm\frac{\omega d}{2\bar{n} c}\left|\sqrt{(n_1^2 - n_3^2)^2 \sin^2 b_1 \sin^2 b_2 + 4g^2}\right| \\ &= \pm\frac{\pi d}{\lambda_0 \bar{n}}\left|\sqrt{(n_1^2 - n_3^2)^2 \sin^2 b_1 \sin^2 b_2 + 4g^2}\right|. \end{aligned}\right\} \quad (333)$$

Bei optisch einachsigen Kristallen ist $b_1 = b_2 = b$, wobei b der Winkel ist, den die Wellennormalrichtung $\mathfrak{s}$ mit der Richtung der optischen Achse bildet. Hier gehen (332) und (333) über in

$$k = -\frac{1}{2g}\left\{\mp\left|\sqrt{(n_1^2 - n_3^2)^2 \sin^4 b + 4g^2}\right| - (n_1^2 - n_3^2)\sin^2 b\right\}, \quad (334)$$

$$\varDelta = \pm\frac{\omega d}{2\bar{n} c}\left|\sqrt{(n_1^2 - n_3^2)^2 \sin^4 b + 4g^2}\right| = \pm\frac{\pi d}{\lambda_0 \bar{n}}\left|\sqrt{(n_1^2 - n_3^2)^2 \sin^4 b + 4g^2}\right|. \quad (335)$$

In den Formeln (332), (333), (334) und (335) sind wieder, entsprechend (319), die oberen bzw. unteren Vorzeichen zu nehmen, je nachdem der durch (331) gegebene Wert für $n_0'^2 - n_0''^2$ negativ bzw. positiv ist.

b) Prinzip der Methoden zur Messung von k und $\varDelta$. Das unter a) besprochene Gesetz des Polarisationszustandes der beiden Wellen, die sich im Inneren eines nicht absorbierenden, aktiven Kristalls in derselben Wellennormalenrichtung $\mathfrak{s}$ fortpflanzen, kann in der Weise geprüft werden, daß man Elliptizität k und Phasendifferenz $\varDelta$ der beiden Wellen einerseits experimentell ermittelt, andererseits nach (332) und (333) berechnet.

Um k und $\varDelta$ zu messen, läßt man eine ebene, linear polarisierte, monochromatische Welle senkrecht auf eine planparallele Platte des aktiven Kristalls fallen. Wird das rechtwinklige Rechtssystem $x'\, y'\, z'$ wie unter a) angegeben gewählt und ist u das Azimut der Schwingungsrichtung der auffallenden Welle gegen die positive x'-Achse, so sind die Komponenten des Lichtvektors $\mathfrak{D}$ der Welle

$$\mathfrak{D}_{x'} = |\overline{\mathfrak{D}}| \cos u\, e^{-i\omega t}, \qquad \mathfrak{D}_{y'} = |\overline{\mathfrak{D}}| \sin u\, e^{-i\omega t}, \qquad \mathfrak{D}_{z'} = 0.$$

Man kann sich diese Welle aber auch zusammengesetzt denken[1]) durch die Überlagerung zweier senkrecht auffallender ebener, elliptisch polarisierter Wellen gleicher Frequenz, nämlich einer linkselliptisch polarisierten Welle

$$\mathfrak{D}_{x'} = |\overline{\mathfrak{D}}'| \cos \Psi e^{-i(\omega t + \delta')}, \qquad \mathfrak{D}_{y'} = i\,|\overline{\mathfrak{D}}'| \sin \Psi e^{-i(\omega t + \delta')}, \qquad \mathfrak{D}_{z'} = 0,$$

deren Elliptizität

$$k = \operatorname{tg} \Psi$$

ist, und der rechtselliptisch polarisierten Welle

$$\mathfrak{D}''_{x'} = |\overline{\mathfrak{D}}''| \sin \Psi e^{-i(\omega t + \delta'')}, \qquad \mathfrak{D}''_{y'} = -i\,|\overline{\mathfrak{D}}''| \cos \Psi e^{-i(\omega t + \delta'')}, \qquad \mathfrak{D}''_{z'} = 0;$$

hierbei müssen die Bedingungen erfüllt sein

$$\left.\begin{aligned} |\overline{\mathfrak{D}}'|\, e^{-i\delta'} &= |\overline{\mathfrak{D}}|\,(\cos u \sin \Psi - i \sin u \cos \Psi), \\ |\overline{\mathfrak{D}}''|\, e^{-i\delta''} &= |\overline{\mathfrak{D}}|\,(\cos u \sin \Psi + i \sin u \cos \Psi). \end{aligned}\right\} \quad (336)$$

Die rechtselliptisch polarisierte Welle erleidet nun beim Durchgang durch die Kristallplatte gegen die linkselliptisch polarisierte die durch (330) bestimmte Phasendifferenz $\varDelta$; beide setzen sich nach dem Austritt zu einer elliptisch

[1]) Vgl. hierzu Kap. 4 dieses Bandes.

polarisierten Welle zusammen. Bedeutet $\mathfrak{R}$ den Lichtvektor und $\operatorname{tg}\Phi$ die Elliptizität dieser resultierenden Welle, so haben wir für die nach den Hauptachsen ξ und η ihrer Schwingungsellipse genommenen Komponenten von $\mathfrak{R}$ die Ausdrücke

$$\mathfrak{R}_\xi = |\mathfrak{R}| \cos\Phi\, e^{-i(\omega t+\delta)}, \quad \mathfrak{R}_\eta = -i\,|\mathfrak{R}| \sin\Phi\, e^{-i(\omega t+\delta)};$$

ist Θ das Azimut der positiven ξ-Achse gegen die positive x'-Achse, so müssen für $|\mathfrak{R}|$, Φ, δ und Θ offenbar die Bedingungen bestehen

$$|\mathfrak{R}| (\cos\Phi\cos\Theta + i\sin\Phi\sin\Theta)\, e^{-i\delta} = |\mathfrak{D}'| \cos\Psi e^{-i\delta'} + |\mathfrak{D}''| \sin\Psi e^{-i(\delta''-\Delta)}$$

$$|\mathfrak{R}| (\cos\Phi\sin\Theta - i\sin\Phi\cos\Theta)\, e^{-i\delta} = i\,|\mathfrak{D}'| \sin\Psi e^{-i\delta'} - i\,|\mathfrak{D}''| \cos\Psi e^{-i(\delta''-\Delta)},$$

die sich auch auf die Form bringen lassen

$$\left.\begin{aligned}
&|\mathfrak{R}| (\cos\Phi\cos\Theta + i\sin\Phi\sin\Theta)\, e^{-i\left(\delta+\frac{\Delta}{2}\right)} \\
&\qquad = |\mathfrak{D}'| \cos\Psi e^{-i\left(\delta'+\frac{\Delta}{2}\right)} + |\mathfrak{D}''| \sin\Psi e^{-i\left(\delta''-\frac{\Delta}{2}\right)}, \\
&|\mathfrak{R}| (\cos\Phi\sin\Theta - i\sin\Phi\cos\Theta)\, e^{-i\left(\delta+\frac{\Delta}{2}\right)} \\
&\qquad = i|\mathfrak{D}'| \sin\Psi e^{-i\left(\delta'+\frac{\Delta}{2}\right)} - i\,|\mathfrak{D}''| \cos\Psi e^{-i\left(\delta''-\frac{\Delta}{2}\right)}.
\end{aligned}\right\} \tag{337}$$

Wir haben nun die zu bestimmenden Größen k und Δ durch die der Messung unmittelbar zugänglichen Größen u, Θ und Φ auszudrücken. Zu dem Zwecke führen wir die durch (336) gegebenen Ausdrücke für $|\mathfrak{D}'|e^{-i\delta'}$ und $|\mathfrak{D}''|e^{-i\delta''}$ in (337) ein und definieren[1]) zwei Hilfsgrößen P und Λ durch die beiden folgenden Gleichungen

$$\left.\begin{aligned}
\operatorname{tg} P &= -\sin 2\Psi \operatorname{tg}\frac{\Delta}{2} = -\frac{2k}{1+k^2}\operatorname{tg}\frac{\Delta}{2}, \\
\operatorname{tg}\frac{\Lambda}{2} &= \operatorname{cotg} 2\Psi \sin P = \frac{1-k^2}{2k}\sin P;
\end{aligned}\right\} \tag{338}$$

dann geht das Gleichungssystem (337) über in

$$|\mathfrak{R}|\, e^{-i\left(\delta+\frac{\Delta}{2}\right)} (\cos\Phi\cos\Theta + i\sin\Phi\sin\Theta) = |\mathfrak{D}| \left\{\cos(u+P)\cos\frac{\Lambda}{2} + i\cos u \sin\frac{\Lambda}{2}\right\},$$

$$|\mathfrak{R}|\, e^{-i\left(\delta+\frac{\Delta}{2}\right)} (\cos\Phi\sin\Theta - i\sin\Phi\cos\Theta) = |\mathfrak{D}| \left\{\sin(u+P)\cos\frac{\Lambda}{2} - i\sin u \sin\frac{\Lambda}{2}\right\}$$

oder

$$\begin{aligned}
&|\mathfrak{R}|\, e^{-i\left(\delta+\frac{\Delta}{2}\right)} \left\{\cos\Phi\cos\left(\Theta-\frac{P}{2}\right) + i\sin\Phi\sin\left(\Theta-\frac{P}{2}\right)\right\} \\
&\qquad = |\mathfrak{D}| \cos\left(u+\frac{P}{2}\right)\left(\cos\frac{\Lambda}{2} + i\sin\frac{\Lambda}{2}\right), \\
&|\mathfrak{R}|\, e^{-i\left(\delta+\frac{\Delta}{2}\right)} \left\{\cos\Phi\sin\left(\Theta-\frac{P}{2}\right) - i\sin\Phi\cos\left(\Theta-\frac{P}{2}\right)\right\} \\
&\qquad = |\mathfrak{D}| \sin\left(u+\frac{P}{2}\right)\left(\cos\frac{\Lambda}{2} - i\sin\frac{\Lambda}{2}\right).
\end{aligned}$$

---

[1]) J. WALKER, The analytical theory of light, S. 350. Cambridge 1904; Phil. Mag. (6) Bd. 18, S. 196. 1909; Proc. Phys. Soc. London Bd. 21, S. 549. 1910.

Durch Division dieser beiden letzten Gleichungen fällt die Exponentialgröße, sowie $|\mathfrak{R}|\,|\mathfrak{D}|$ heraus und man erhält die nur noch von den Winkelgrößen abhängende Beziehung

$$\frac{\cos\Phi\cos\left(\Theta-\frac{P}{2}\right)+i\sin\Phi\sin\left(\Theta-\frac{P}{2}\right)}{\cos\Phi\sin\left(\Theta-\frac{P}{2}\right)-i\sin\Phi\cos\left(\Theta-\frac{P}{2}\right)}=\operatorname{cotg}\left(u+\frac{P}{2}\right)(\cos\Lambda+i\sin\Lambda),$$

woraus man durch Trennung der reellen und imaginären Teile

$$\frac{\cos2\Phi\sin(2\Theta-P)}{1-\cos2\Phi\cos(2\Theta-P)}=\operatorname{cotg}\left(u+\frac{P}{2}\right)\cos\Lambda,$$

$$\frac{\sin2\Phi}{1-\cos2\Phi\cos(2\Theta-P)}=\operatorname{cotg}\left(u+\frac{P}{2}\right)\sin\Lambda$$

findet. Aus diesen Gleichungen bekommt man nach einiger Umformung die Beziehungen

$$\operatorname{tg}(2\Theta-P)=\operatorname{tg}(2u+P)\cos\Lambda,\quad \sin2\Phi=\sin(2u+P)\sin\Lambda. \tag{339}$$

Aus dem bekannten Azimut u der auffallenden, linear polarisierten Welle und den durch Messung zu bestimmenden Konstanten der Schwingungsellipse Θ und Φ der aus der Kristallplatte austretenden Welle kann man mit Hilfe der Gleichungen (339) die Hilfsgrößen P und Λ ermitteln, die, in die Gleichungen (338) eingesetzt, die gesuchten Größen k und Δ liefern. Dieses Verfahren bildet die Grundlage der Meßmethoden zur Bestimmung von k und Δ und damit zur experimentellen Prüfung des unter a) behandelten Gesetzes des Polarisationszustandes.

Nach diesem Prinzip ist die durch (334) und (335) ausgedrückte Abhängigkeit der Größen k und Δ vom Winkel b bei Quarz zuerst von JAMIN[1]) und später von HECHT[2]), CROULLEBOIS[3]), MAC CONNEL[4]), BEAULARD[5]) und BRUNHES[6]) gemessen worden[7]); eine vollständige Prüfung der Beziehungen (334) und (335), welche die Kenntnis von g als Funktion von b voraussetzen würde [vgl. Ziff. 107b)], ist aber bis jetzt noch nicht durchgeführt worden. Bei optisch zweiachsigen Kristallen, für welche die Formeln (332) und (333) gelten, liegen vorerst überhaupt noch keine Messungen vor.

Wir bemerken hier beiläufig, daß das besprochene Meßverfahren auch die Unterlage für eine Methode liefert, um den Winkel zwischen optischer Achse und Plattennormale einer nicht genau senkrecht zur optischen Achse geschnittenen Platte eines optisch einachsigen aktiven Kristalls zu ermitteln[8]).

---

1) J. JAMIN, Ann. chim. phys. (3) Bd. 30, S. 55. 1850 (k und Δ).

2) B. HECHT, Wied. Ann. Bd. 20, S. 426. 1883; Bd. 30, S. 274. 1887 (k und Δ).

3) M. CROULLEBOIS, Ann. chim. phys. (4) Bd. 28, S. 433. 1873 (k und Δ).

4) J. C. MC. CONNEL, Proc. Cambr. Phil. Soc. Bd. 5, S. 53. 1883; Proc. Roy. Soc. London Bd. 39, S. 409. 1885; Phil. Trans. Bd. 177, S. 299. 1886 (nur Δ).

5) F. BEAULARD, Ann. de la faculté des Scienc. de Marseille Bd. 3 (1), S. 9. 1893; Journ. de phys. (3) Bd. 2, S. 393. 1893 (k und Δ).

6) B. BRUNHES, Arch. Néerland. (2) Bd. 5, S. 13. 1900 (nur k).

7) Die meisten dieser Messungen wurden ausgeführt, um die Formeln zu prüfen, welche die älteren, jetzt nur noch historisches Interesse bietenden elastischen Theorien der optischen Aktivität [Ziff. 97a)] für k und Δ ergaben [Zusammenstellung dieser Formeln bei F. BEAULARD, Ann. de la faculté des Scienc. de Marseille Bd. 3 (1), S. 91. 1893; Journ. de phys. (3) Bd. 2, S. 405. 1893; TH. LIEBISCH, Physikal. Kristallographie, S. 515. Leipzig 1891].

8) J. WALKER, Phil. Mag. (6) Bd. 18, S. 206. 1909; Proc. Phys. Soc. London Bd. 21, S. 560. 1910. Über eine Interferenzmethode, um festzustellen, ob eine optisch einachsige, aktive Platte genau senkrecht zur optischen Achse geschnitten ist, vgl. Ziff. 121.

101. Zirkulare Doppelbrechung in Richtung der Binormalen. a) Zirkulare Doppelbrechung. Wir wenden uns jetzt dem speziellen Falle zu, daß die Wellennormalenrichtung $\mathfrak{s}$ mit der Richtung einer Binormale zusammenfällt; dann wird [vgl. Ziff. 11a)] $\bar{n}_0' = \bar{n}_0'' = \bar{n}$, ferner erreicht die Elliptizität $|k|$ für die der Wellennormalenrichtung $\mathfrak{s}$ fortschreitenden Wellen nach (326) ihren maximalen Wert 1. Für die Brechungsindizes (319) der beiden Wellen erhält man dann bei positivem k

$$\bar{n}_0' = n_l = \bar{n} - \frac{g}{2\bar{n}}, \qquad \bar{n}_0'' = n_r = \bar{n} + \frac{g}{2\bar{n}}, \tag{340}$$

wobei das Vorzeichen von $n_r - n_l$ durch das Vorzeichen des skalaren Parameters der Aktivität g bestimmt wird.

Das Gleichungssystem (328) geht jetzt über in

$$\mathfrak{D}_{x'} = D\cos\left(\omega\left(t - \frac{n_l}{c}z'\right)\right), \qquad \mathfrak{D}_{y'} = D\sin\left(\omega\left(t - \frac{n_l}{c}z'\right)\right), \qquad \mathfrak{D}_{z'} = 0,$$

$$\mathfrak{D}_{x'} = D\sin\left(\omega\left(t - \frac{n_r}{c}z'\right)\right), \qquad \mathfrak{D}_{y'} = D\cos\left(\omega\left(t - \frac{n_r}{c}z'\right)\right), \qquad \mathfrak{D}_{z'} = 0;$$

die Gleichungen der ersten Zeile stellen eine links- und die der zweiten Zeile eine rechtszirkular polarisierte Welle von gleichem Amplitudenbetrag D dar, deren Brechungsindizes durch die Ausdrücke (340) gegeben sind und deren Phasendifferenz nach (329)

$$\Delta = \omega\frac{n_r - n_l}{c}d = \frac{\omega g d}{\bar{n} c} = \frac{2\pi g d}{\lambda_0 \bar{n}} \tag{341}$$

beträgt.

Die durch (340) ausgedrückte verschiedene Brechbarkeit der beiden in Richtung der Binormale fortschreitenden Wellen bezeichnet man auch als zirkulare Doppelbrechung[1]).

b) Drehung der Polarisationsebene Wir zeigen jetzt, daß eine ebene, linear polarisierte, monochromatische Welle, die sich im Innern eines aktiven Kristalls in Richtung einer Binormale fortpflanzt, eine Drehung ihrer Polarisationsebene erfährt. Wir denken uns zu dem Zwecke die Welle (Wellennormalenrichtung $\mathfrak{s}$) senkrecht auf eine senkrecht zu einer Binormale geschnittene Platte eines aktiven Kristalls von der Dicke d fallend. Die positive z'-Achse unseres Koordinatensystems x' y' z' soll mit $\mathfrak{s}$ zusammenfallen, die positive x'-Achse beliebig in der Plattenebene liegen; u sei das Azimut der Schwingungsebene der auffallenden Welle gegen die $z'x'$-Ebene.

Um den Polarisationszustand der aus der Platte austretenden Welle zu bestimmen, haben wir, da die beiden im Kristall fortschreitenden Wellen nach a) zirkular polarisiert sind, $k = \pm 1$ zu setzen und erhalten für $k = \pm 1$ aus der zweiten Gleichung (338) $\Delta = \pm 2m\pi$, somit aus der zweiten Gleichung (339)

$$\Phi = \pm\frac{m}{2}\pi \, (m = 0, 1, 2, \ldots);$$

die Elliptizität $\operatorname{tg}\Phi$ der austretenden Welle ist somit 0 oder $\pm\infty$, d. h. die Welle ist linear polarisiert.

Um das Azimut Θ ihrer Schwingungsebene gegen die $z'x'$-Ebene zu ermitteln, entnehmen wir aus der ersten Gleichung (338) für $k = 1$

$$P = \frac{\Delta}{2} \pm m\pi,$$

[1]) A. FRESNEL, Ann. chim. phys. (2) Bd. 28, S. 147. 1825; Œuvr. compl. Bd. I, S. 731. Paris 1866; vgl. hierzu H. M. REESE, Phys. Rev. Bd. 22, S. 265. 1906.

somit aus der ersten Gleichung (339)

$$\Theta = \frac{\Delta}{2} + u \pm \left(m \pm \frac{h}{2}\right)\pi \qquad (h, m = 0, 1, 2, \ldots),$$

wofür mit Rücksicht auf (341) auch

$$\Theta = \frac{\omega}{2c}(n_r - n_l)d + u \pm \left(m \pm \frac{h}{2}\right)\pi \qquad (h, m = 0, 1, 2, \ldots)$$

geschrieben werden kann. Da Θ für $d = 0$ in u übergehen muß, so muß $\pm\left(m \pm \frac{h}{2}\right) = 0$ sein und somit wird

$$\Theta = \frac{\Delta}{2} + u = \frac{\omega}{2c}(n_r - n_l)d + u.$$

Die Schwingungsebene der austretenden linear polarisierten Welle besitzt somit gegen jene der auffallenden Welle das Azimut $\Delta/2$; die Polarisationsebene hat also beim Durchgang durch die senkrecht zur Binormale geschnittene aktive Kristallplatte eine Drehung um den Winkel

$$P = \frac{\Delta}{2} = \frac{\omega}{2c}(n_r - n_l)d = \frac{\omega g d}{2\bar{n} c} \tag{342}$$

erfahren.

Nach (342) ist der Drehungswinkel der Polarisationsebene der Schichtdicke d des aktiven Kristalls proportional[1]); ist $d = 1$, so erhält man [bei Heranziehung von (17) und (18)] für den Drehungswinkel die folgenden Ausdrücke

$$\varrho = \frac{P}{d} = \frac{\omega}{2c}(n_r - n_l) = \frac{\omega g}{2\bar{n} c} = \frac{\pi g}{\lambda_0 \bar{n}} = \frac{\pi g}{\lambda \bar{n}^2}. \tag{343}$$

Der negativ gezählte Drehungswinkel

$$-\varrho = \alpha \tag{344}$$

heißt das Drehungsvermögen oder die spezifische Drehung des Kristalls für die betreffende Binormalenrichtung; die in den folgenden Ziffern gelegentlich angegebenen numerischen Werte von ϱ bzw. α beziehen sich, dem Gebrauche entsprechend, auf $d = 1$ mm und sind im Winkelmaße angedrückt[2]).

c) Rechts- und linksdrehende Kristallplatten. Man bezeichnet eine senkrecht zu einer Binormale geschnittene Platte eines optisch aktiven Kristalls als rechts- oder linksdrehend[3]), je nachdem α positiv oder negativ ist; bei einer rechtsdrehenden Kristallplatte erfolgt somit die Drehung der Polarisationsebene für einen der fortschreitenden Welle entgegenblickenden Beobachter im Sinne des Uhrzeigers, bei einer linksdrehenden Platte dagegen im entgegengesetzten Sinne.

Bei einer rechtsdrehenden Kristallplatte ist nach (343) und (344) offenbar die rechtszirkular polarisierte Welle die weniger brechbare; eine linksdrehende Platte verhält sich umgekehrt. Durch eine der vorigen ganz analoge, für $k = -1$ durchgeführten Betrachtung ergibt sich, daß α mit k sein Vorzeichen umkehrt; bei einer rechtsdrehenden Kristallplatte ist somit k in Richtung der Plattennormale negativ, bei einer linksdrehenden dagegen positiv.

---

[1]) Diese Gesetzmäßigkeit hat schon J. B. BIOT [Mém. de la classe des Scienc. math. et phys. de l'Inst. 1812 (1), S. 218; Mém. de l'Acad. des Scienc. Bd. 2, S. 41. 1817] aus seinen an Quarz angestellten Beobachtungen gefolgert.

[2]) Über die Methoden zur Bestimmung der Drehung der Polarisationsebene vgl. den betreffenden Abschnitt in Bd. XIX ds. Handb.

[3]) Zur Geschichte der Definition des Drehungssinnes vgl. F. CHESHIRE, Nature Bd. 110, S. 807. 1922; A. E. H. TUTTON, ebenda S. 809.

Bei optisch zweiachsigen Kristallen kann, wie wir sehen werden [Ziff. 107a)], α unter Umständen für beide Binormalenrichtungen entgegengesetztes Vorzeichen besitzen. Bei optisch einachsigen bzw. bei kubischen Kristallen, bei welchen beide Binormalenrichtungen zusammenfallen bzw. jede beliebige Richtung einer Binormalenrichtung gleichwertig ist, existiert nur ein Wert α und man spricht daher hier von rechts- oder linksdrehendem Kristall, je nachdem α positiv oder negativ ist.

d) Geschichtliches zur Entdeckung der Drehung der Polarisationsebene bei Kristallen. Die unter a) besprochene Drehung der Polarisationsebene einer in in einem optisch aktiven Kristall in Richtung einer Binormale fortschreitenden ebenen, linear polarisierten Welle ist zuerst von ARAGO[1]) bei Quarz beobachtet worden, und diese Entdeckung bildete den Eingang zu dem ganzen Erscheinungskomplex der optisch aktiven Körper. Bald darauf wurde auch eine große Anzahl optisch einachsiger und kubischer Kristalle bekannt, welche Drehung der Polarisationsebene zeigen.

Bei optisch zweiachsigen Kristallen ist die Drehung erst verhältnismäßig spät aufgefunden worden[2]). Für Wellennormalenrichtungen $\mathfrak{s}$, welche mit einer Binormalenrichtung nur einen kleinen Winkel δb bilden, ist nämlich die Abweichung der Elliptizität $|k|$ von 1 bei optisch zweiachsigen Kristallen gemäß (332) angenähert durch $\frac{n_1^2 - n_3^2}{2g} \sin O\,\delta b$ gegeben, bei optisch einachsigen Kristallen dagegen gemäß (334) durch $\frac{n_1^2 - n_3^2}{2g} (\delta b)^2$. Für optisch zweiachsige Kristalle mit nicht zu kleinem Binormalenwinkel O wird daher die Abweichung der Schwingungsbahnen von der Kreisform und damit die Überdeckung der Aktivität durch die gewöhnliche Doppelbrechung bei der nämlichen Richtungsabweichung δb beträchtlich größer, als für optisch einachsige Kristalle; dies ist der Grund, warum sich bei ersteren die Drehung der Polarisationsebene in Richtung einer Binormale so lange der Beobachtung entzogen hat.

102. Nachweis der zirkularen Doppelbrechung. Daß die Drehung der Polarisationsebene, welche eine in Richtung einer Binormale eines optisch aktiven Kristalls fortschreitende, linear polarisierte Welle erleidet, durch die Interferenz zweier entgegengesetzt zirkular polarisierten Wellen mit gleichen Amplituden und verschiedenen Brechungsindizes erklärt werden kann, ist zuerst von FRESNEL[3]) erkannt worden. Durch eine geistreiche Versuchsanordnung ist es ihm auch gelungen, die beiden Wellen zu trennen und damit den direkten Nachweis für ihre Existenz zu führen; sie besteht aus einer Kombination eines stumpfwinkligen Quarzprismas ACE (Abb. 28) mit zwei rechtwinkligen Prismen ABC und EDC von entgegengesetztem Drehungssinne, die mit ersterem zu einem rechtwinkligen Parallelepiped zusammengesetzt sind. Die optische Achse des Quarzes liegt in allen drei Prismen senkrecht zu den Endflächen AB und ED. Eine ebene monochromatische Welle, die senkrecht zur Fläche AB auffällt, zerlegt sich nach Ziff. 101 a) in zwei entgegengesetzt zirkular polarisierte Wellen, die an der Fläche AC in entgegengesetztem Sinne gebrochen werden, da die in ABC

[1]) Vgl. S. 804, Anm. 3.

[2]) Auf die Möglichkeit des Vorkommens der optischen Aktivität bei optisch zweiachsigen Kristallen hat schon J. MAC CULLAGH [Phil. Mag. (3) Bd. 21, S. 296. 1842; Collect. Works, S. 225. London 1880] hingewiesen (vgl. hierzu H. CHIPART, C. R. Bd. 177, S. 1213. 1923); sie wurde zuerst von H. C. POCKLINGTON [Phil. Mag. (6) Bd. 2, S. 368. 1901] bei Rohrzucker und Seignettesalz aufgefunden. Die älteren Strukturtheorien von L. SOHNCKE und E. MALLARD (vgl. Ziff. 96) schlossen das Vorhandensein optisch zweiachsiger, aktiver Kristalle aus.

[3]) A. FRESNEL, Ann. chim. phys. (2) Bd. 28, S. 147. 1825; Œuvr. compl. Bd. 1, S. 731. Paris 1866.

schwächer brechbare Welle die in ACE stärker brechbare ist und umgekehrt. An der Grenzfläche DE findet eine erneute Brechung statt, wodurch der Winkel zwischen den Wellennormalenrichtungen noch vergrößert wird.

Beim Anvisieren der Lichtquelle sieht man daher zwei Bilder, die entgegengesetzt zirkular polarisiert sind. Man zeigt dies, indem man durch einen drehbaren Analysator beobachtet und ein Viertelwellenlängenblättchen in den Gang der aus ED austretenden Wellen bringt; durch dieses werden die entgegengesetzt zirkular polarisierten Wellen in zwei linear und senkrecht zueinander polarisierte Wellen übergeführt[1]), und man findet in der Tat zwei zueinander gekreuzte Stellungen des Analysators, für welche je eines der beiden Bilder ausgelöscht wird.

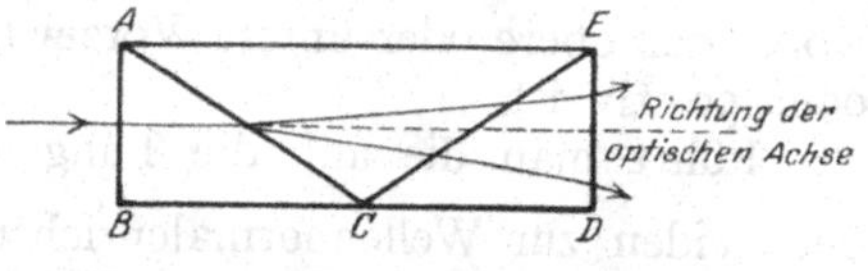

Abb. 28. FRESNELs Prismenkombination zum Nachweis der zirkularen Doppelbrechung. (Die rechtwinkligen Prismen ABC und EDC besitzen untereinander gleiches Drehungsvermögen, das Prisma ACE entgegengesetztes Drehungsvermögen; die optische Achse liegt in allen drei Prismen senkrecht zu den Begrenzungsebenen AB und ED.)

Später wurde der FRESNELsche Versuch statt mit Quarz mit dem gleichfalls optisch aktiven, aber kubisch kristallisierenden Natriumchlorat[2]) ausgeführt[3]).

Das Ergebnis des FRESNELschen Versuches ist auch noch mittels anderer Beobachtungsverfahren von BABINET[4]), STEFAN[5]), V. LANG[6]) und CORNU[7]) gewonnen worden; dieselben ermöglichen die direkte Bestimmung der Differenz der Brechungsindizes n_r und n_l, die andererseits nach (343) und (344) aus der Messung des Drehungsvermögens α berechnet werden kann. Bei Quarz haben die genannten Beobachter (für $\lambda_0 = 589\,\mathrm{m}\mu$) mit befriedigender Übereinstimmung zwischen beobachteten und berechneten Werten

$$n_r - n_l = \mp 0{,}0000711\,,$$

gefunden, wobei sich das obere Vorzeichen auf rechts- und das untere auf linksdrehenden Quarz bezieht.

103. Näherungsformeln von GOUY. Aus den bisher gewonnenen Gesetzen lassen sich gewisse Näherungsformeln gewinnen, die der experimentellen Prüfung besonders eingehend unterworfen worden sind und daher besprochen werden müssen.

Setzen wir näherungsweise $n_0' + n_0'' = 2\bar{n}$ und nehmen außerdem den skalaren Parameter der Aktivität g von der Wellennormalenrichtung $\mathfrak{s}$ unabhängig an, so erhalten wir aus (343) für eine beliebige Wellennormalenrichtung

$$g = \frac{2c\bar{n}\varrho}{\omega}\,;$$

für die Elliptizität k folgt dann aus (326) für diese Wellennormalenrichtung

$$k = -\frac{1}{2\varrho}\left\{\mp\left|\sqrt{\left\{\frac{\omega}{c}(n_0' - n_0'')\right\}^2 + (2\varrho)^2}\right| - \frac{\omega}{c}(n_0' - n_0'')\right\}. \qquad (345)$$

[1]) Vgl. hierzu den Abschnitt über die Messung elliptisch polarisierten Lichtes in Bd. XIX ds. Handb.

[2]) Vgl. Ziff. 107c).

[3]) G. MESLIN, C. R. Bd. 152, S. 1666. 2911. Mit optisch aktiven Flüssigkeiten hat E. V. FLEISCHL (Wiener Ber. Bd. 90 (2), S. 378. 1884; Wied. Ann. Bd. 24, S. 127. 1885) den FRESNELschen Versuch wiederholt.

[4]) J. BABINET, C. R. Bd. 4, S. 900. 1837.

[5]) J. STEFAN, Wiener Ber. Bd. 50 (2), S. 380. 1864; Pogg. Ann. Bd. 124, S. 623. 1865.

[6]) V. V. LANG, Wiener Ber. Bd. 60 (2), S. 767. 1869; Pogg. Ann. Bd. 140, S. 460. 1870.

[7]) A. CORNU, C. R. Bd. 92, S. 1369. 1881.

Nun ist nach (72)

$$\delta_0 = \frac{2\pi}{\lambda_0}(n_0' - n_0'') = \frac{\omega}{c}(n_0' - n_0'')$$

die auf die Längeneinheit bezogene, durch die gewöhnliche Doppelbrechung in der Wellennormalenrichtung $\mathfrak{s}$ hervorgerufene Phasendifferenz; wir erhalten daher

$$k = \pm\left|\sqrt{\left(\frac{\delta_0}{2\varrho}\right)^2 + 1}\right| + \frac{\delta_0}{2\varrho},$$

wobei das obere oder untere Vorzeichen zu nehmen ist, je nachdem δ_0 negativ oder positiv ist.

Führt man die auf die Längeneinheit bezogene Phasendifferenz $\delta = \frac{\Delta}{d}$ der beiden zur Wellennormalenrichtung $\mathfrak{s}$ gehörenden, elliptisch polarisierten Wellen ein, so erhält man aus Gleichung (330) durch eine ganz entsprechende Näherungsrechnung wie vorhin

$$\delta = \pm\left|\sqrt{\delta_0^2 + (2\varrho)^2}\right|, \tag{346}$$

wobei wieder das obere Vorzeichen für negatives und das untere für positives δ_0 zu nehmen ist.

Die Formeln (345) und (346), die sich bei unserer Darstellung als Näherungsgesetze aus der allgemeinen Theorie ergeben[1]), sind zuerst von GOUY[2]) unter der schon früher von BRIOT[3]) ausgesprochenen speziellen Annahme hergeleitet worden, daß sich bei einem optisch einachsigen, aktiven Kristall für eine beliebige Wellennormalenrichtung $\mathfrak{s}$ die gewöhnliche Doppelbrechung und ein von $\mathfrak{s}$ unabhängiges, konstantes Drehungsvermögen überlagern[4]); unter derselben Annahme wurden sie später von WIENER[5]) und [mittels einer von POINCARÉ herrührenden Methode[6])] von WALKER[7]) auf geometrischem Wege gewonnen. Sie werden nach unserer Darstellung um so eher gelten, je weniger sich der skalare Parameter der Aktivität g mit der Wellennormalenrichtung $\mathfrak{s}$ ändert.

Die experimentelle Prüfung der GOUYschen Näherungsformeln wurde an Quarz von BEAULARD[8]) durchgeführt; Formel (346) zeigte gute, Formel (345) dagegen nur ungefähre Übereinstimmung mit den Beobachtungsergebnissen. Die Abweichungen dürften wenigstens zum Teil darauf zurückzuführen sein, daß in Wirklichkeit die Abhängigkeit des Parameters g von der Wellennormalenrichtung $\mathfrak{s}$ nicht vernachlässigt werden darf [vgl. Ziff. 107b)].

104. Optische Aktivität und Kristallsymmetrie. a) Gyrationstensor. Um die von der Kristallgittertheorie gelieferte Abhängigkeit des skalaren Parameters der optischen Aktivität g von der Wellennormalenrichtung $\mathfrak{s}$ zu erhalten, setzen wir (311) in (318) ein und bekommen dann in einem beliebigen rechtwinkligen Rechtssystem x', y', z'

$$g = g_{11}\mathfrak{s}_{x'}^2 + g_{22}\mathfrak{s}_{y'}^2 + g_{33}\mathfrak{s}_{z'}^2 + 2g_{23}\mathfrak{s}_{y'}\mathfrak{s}_{z'} + 2g_{31}\mathfrak{s}_{z'}\mathfrak{s}_{x'} + 2g_{12}\mathfrak{s}_{x'}\mathfrak{s}_{y'}, \tag{347}$$

---

1) W. VOIGT, Göttinger Nachr. 1903, S. 167 u. 169.

2) L. G. GOUY, Journ. de phys. (2) Bd. 4, S. 149. 1885; MONNORY, ebenda (2) Bd. 9, S. 277. 1890; P. LEFEBURE, ebenda (3) Bd. 1, S. 121. 1892.

3) CH. BRIOT, Essais sur la théorie mathémat. de la lumière, S. 121. Paris 1864; deutsche Ausgabe von W. KLINKERFUES, S. 118. Leipzig 1867.

4) Diese Annahme machte auch DRUDE bei seinem ersten elektronentheoretischen Erklärungsversuch der Aktivität [vgl. Ziff. 97c)].

5) O. WIENER, Wied. Ann. Bd. 35, S. 1. 1888.

6) Vgl. bezüglich dieser Methode Kap. 4 (Ziff. 9) ds. Bandes.

7) J. WALKER, Phil. Mag. (6) Bd. 3, S. 546. 1902.

8) F. BEAULARD, Ann. de la faculté des Scienc. de Marseille Bd. 3 (1), S. 9. 1893; Journ. de phys. (3) Bd. 2, S. 393. 1893.

wobei

$$\left.\begin{aligned} g_{11} &= \frac{4\pi^2}{\lambda} V \sum_{jj'} \frac{\mathfrak{R}_{jj'x'}[\mathfrak{L}_j \mathfrak{L}_{j'}]_{x'}}{(\omega_j^{(0)2} - \omega^2)(\omega_{j'}^{(0)2} - \omega^2)}, \\ g_{22} &= \frac{4\pi^2}{\lambda} V \sum_{jj'} \frac{\mathfrak{R}_{jj'y'}[\mathfrak{L}_j \mathfrak{L}_{j'}]_{y'}}{(\omega_j^{(0)2} - \omega^2)(\omega_{j'}^{(0)2} - \omega^2)}, \\ g_{33} &= \frac{4\pi^2}{\lambda} V \sum_{jj'} \frac{\mathfrak{R}_{jj'z'}[\mathfrak{L}_j \mathfrak{L}_{j'}]_{z'}}{(\omega_j^{(0)2} - \omega^2)(\omega_{j'}^{(0)2} - \omega^2)}, \\ g_{23} &= \frac{2\pi^2}{\lambda} V \sum_{jj'} \frac{\mathfrak{R}_{jj'y'}[\mathfrak{L}_j \mathfrak{L}_{j'}]_{z'} + \mathfrak{R}_{jj'z'}[\mathfrak{L}_j \mathfrak{L}_{j'}]_{y'}}{(\omega_j^{(0)2} - \omega^2)(\omega_{j'}^{(0)2} - \omega^2)}, \\ g_{31} &= \frac{2\pi^2}{\lambda} V \sum_{jj'} \frac{\mathfrak{R}_{jj'z'}[\mathfrak{L}_j \mathfrak{L}_{j'}]_{x'} + \mathfrak{R}_{jj'x'}[\mathfrak{L}_j \mathfrak{L}_{j'}]_{z'}}{(\omega_j^{(0)2} - \omega^2)(\omega_{j'}^{(0)2} - \omega^2)}, \\ g_{12} &= \frac{2\pi^2}{\lambda} V \sum_{jj'} \frac{\mathfrak{R}_{jj'x'}[\mathfrak{L}_j \mathfrak{L}_{j'}]_{y'} + \mathfrak{R}_{jj'y'}[\mathfrak{L}_j \mathfrak{L}_{j'}]_{x'}}{(\omega_j^{(0)2} - \omega^2)(\omega_{j'}^{(0)2} - \omega^2)} \end{aligned}\right\} \tag{348}$$

gesetzt ist[1]).

Die durch (348) definierten Größen g_{hl} $(h, l = 1, 2, 3)$ sind die Komponenten eines symmetrischen Tensors, des Gyrationstensors, dessen (nicht notwendig zentrische) Tensorfläche die Gleichung

$$g_{11}x'^2 + g_{22}y'^2 + g_{33}z'^2 + 2g_{23}y'z' + 2g_{31}z'x' + 2g_{12}x'y' = \pm 1 \tag{349}$$

besitzt, wobei das Vorzeichen rechts so zu wählen ist, daß die Fläche reell wird; dieselbe wird als Gyrationsfläche[2]) bezeichnet[3]).

Aus (347) ergibt sich, daß g ungeändert bleibt, wenn die Wellennormalenrichtung $\mathfrak{s}$ mit der entgegengesetzten Richtung $-\mathfrak{s}$ vertauscht wird; für zwei in entgegengesetzten Richtungen fortschreitende Wellen müssen somit die Erscheinungen der optischen Aktivität dieselben sein, und dies wird in der Tat durch die Beobachtungen bestätigt[4]).

Ist g identisch gleich Null, so ist nach (316) überhaupt keine optische Aktivität vorhanden.

b) Einfluß von Symmetrieelementen. Die durch (348) gegebenen sechs Komponenten des Gyrationstensors reduzieren sich auf eine geringere Anzahl beim Vorhandensein von Symmetrieelementen[5]).

Die Beziehung der optischen Aktivität zu den Symmetrieelementen ist zuerst von GIBBS[6]) und später fast gleichzeitig in vollständigerer Form von VOIGT[7]) und CHIPART[8]) aufgeklärt worden, die auch (entgegen der früher herr-

[1]) Der Ausdruck (347) für g findet sich als phänomenologischer Ansatz schon bei W. GIBBS, Sill. Journ. (3) Bd. 23, S. 474. 1882; Scientif. Papers Bd. II, S. 208. London 1906 [Vgl. die Bemerkungen in Ziff. 97 b)].

[2]) Die Bezeichnung Gyrationsfläche stammt von H. CHIPART (La théorie gyrostatique de la lumière, S. 20 u. 43. Paris 1904).

[3]) Nach der älteren Theorie von DRUDE [vgl. Ziff. 97 c)] müßte nach (309) $g = f\mathfrak{s}^2 = f$ konstant, die Gyrationsfläche also stets eine Kugel sein.

[4]) Vgl. die Bemerkung S. 805, Anm. 3. Schon J. B. BIOT [Mém. de la classe des scienc. math. et phys. de l'Inst. 1812 (1), S. 218] hatte bei Quarz gefunden, daß für linear polarisierte ebene Wellen, welche parallel zur optischen Achse in entgegengesetzten Richtungen fortschreiten, die Drehung der Polarisationsebene dieselbe ist.

[5]) Über die Symmetrieelemente der Kristallklassen vgl. den Abschnitt über den Aufbau der festen Materie und seine Erforschung durch Röntgenstrahlen in Bd. XXIV ds. Handb.

[6]) W. GIBBS, Sill. Journ. (3) Bd. 23, S. 474. 1882; Scientif. Papers. Bd. II, S. 209. London 1906.

[7]) W. VOIGT, Göttinger Nachr. 1903, S. 188; Ann. d. Phys. Bd. 18, S. 649. 1905.

[8]) H. CHIPART, La théorie gyrostatique de la lumière, S. 20. Paris 1904; C. R. Bd. 178, S. 995. 1924.

schenden Auffassung (vgl. Ziff. 96) erkannt haben, daß bei Kristallen mit einer Spiegelebene oder einer Drehspiegelachse das Vorkommen optischer Aktivität nicht notwendig ausgeschlossen zu sein braucht.

Wir besprechen jetzt den Einfluß der einzelnen Symmetrieelemente getrennt.

Ist ein Inversionszentrum vorhanden, so verschwinden sämtliche g_{hl}, da bei einer Inversion des Koordinatensystems die Vorzeichen der Komponenten der polaren Vektoren $\mathfrak{R}_{jj'}$ sich umkehren, während dic der axialen Vektoren $[\mathfrak{L}_j \mathfrak{L}_{j'}]$ ungeändert bleiben; sämtliche g_{hl} kehren somit nach (348) ihre Vorzeichen um. Dies ist jedoch bei der Invarianz der g_{hl}, die mit der Inversion verbunden sein soll, nur für $g_{hl} = 0$ möglich. Bei Vorhandensein eines Inversionszentrums wird folglich $g \equiv 0$; bei Kristallen mit Inversionszentrum kann daher keine optische Aktivität vorkommen.

Ist eine Spiegelebene vorhanden, so reduziert sich die Zahl der g_{hl} auf zwei. Ist z. B. die $x'y'$-Ebene die Spiegelebene, so werden bei einer Spiegelung an dieser die Vorzeichen der Komponenten $\mathfrak{R}_{jj'z'}$, $[\mathfrak{L}_j \mathfrak{L}_{j'}]_{x'}$ und $[\mathfrak{L}_j \mathfrak{L}_{j'}]_{y'}$ umgekehrt, während die Vorzeichen der Komponenten $\mathfrak{R}_{jj'x'}$, $\mathfrak{R}_{jj'y'}$ und $[\mathfrak{L}_j \mathfrak{L}_{j'}]_{z'}$ ungeändert bleiben; von den g_{hl} kehren daher nach (348) g_{11}, g_{22}, g_{33} und g_{12} ihre Vorzeichen um. Die mit der Spiegelung verbundene Invarianz der g_{hl} erfordert somit $g_{11} = g_{22} = g_{33} = g_{12} = 0$ und wir erhalten für die Abhängigkeit des Parameters g von der Wellennormalenrichtung $\mathfrak{s}$ aus (347) die Beziehung

$$g = 2\mathfrak{s}_{z'}(g_{23}\mathfrak{s}_{y'} + g_{31}\mathfrak{s}_{x'}).$$

Bei Vorhandensein einer Drehspiegelachse ergeben sich die identisch verschwindenden g_{hl} durch eine entsprechende Betrachtung wie bei den vorigen Fällen. Ist z. B. die z'-Achse eine 4zählige Drehspiegelachse, so geht bei Ausführung der Deckoperation $\mathfrak{R}_{jj'x'}$ in $\mathfrak{R}_{jj'y'}$, $\mathfrak{R}_{jj'y'}$ in $-\mathfrak{R}_{jj'x'}$, $\mathfrak{R}_{jj'z'}$ in $-\mathfrak{R}_{jj'z'}$, $[\mathfrak{L}_j \mathfrak{L}_{j'}]_{x'}$ in $-[\mathfrak{L}_j \mathfrak{L}_{j'}]_{y'}$ und $[\mathfrak{L}_j \mathfrak{L}_{j'}]_{y'}$ in $[\mathfrak{L}_j \mathfrak{L}_{j'}]_{x'}$ über, während $[\mathfrak{L}_j \mathfrak{L}_{j'}]_{z'}$ ungeändert bleibt; es wird daher nach (348) g_{11} in $-g_{22}$, g_{22} in $-g_{11}$, g_{33} in $-g_{23}$, g_{23} in $-g_{31}$ und g_{31} in g_{23} übergeführt, während g_{12} sich nicht ändert. Die an die Deckoperation geknüpfte Invarianz der g_{hl} erfordert also $g_{22} = -g_{11}$, $g_{33} = g_{23} = g_{31} = 0$, und wir bekommen aus (347) für g den Ausdruck

$$g = g_{11}(\mathfrak{s}_{x'}^2 - \mathfrak{s}_{y'}^2) + 2g_{12}\mathfrak{s}_{x'}\mathfrak{s}_{y'}.$$

Die Existenz einer Symmetrieachse reduziert die Anzahl der g_{hl} auf höchstens vier. Ist z. B. die z'-Achse eine zweizählige Symmetrieachse, so werden die Vorzeichen von $\mathfrak{R}_{jj'x'}$, $\mathfrak{R}_{jj'y'}$, $[\mathfrak{L}_j \mathfrak{L}_{j'}]_{x'}$ und $[\mathfrak{L}_j \mathfrak{L}_{j'}]_{y'}$ bei Ausführung der Deckoperation umgekehrt, während sie bei $\mathfrak{R}_{jj'z'}$ und $[\mathfrak{L}_j \mathfrak{L}_{j'}]_{z'}$ ungeändert bleiben; nach (348) werden daher g_{11}, g_{22}, g_{33} und g_{12} in sich selbst übergeführt, während g_{23} und g_{31} ihre Vorzeichen wechseln. Die Invarianz der g_{hl} bei Ausführung der Deckoperation bedingt demnach $g_{23} = g_{31} = 0$, so daß sich für g aus (347) die Beziehung

$$g = g_{11}\mathfrak{s}_{x'}^2 + g_{22}\mathfrak{s}_{y'}^2 + g_{33}\mathfrak{s}_{z'}^2 + 2g_{12}\mathfrak{s}_{x'}\mathfrak{s}_{y'}$$

ergibt. Hieraus und aus (349) folgt, daß eine zweizählige Symmetrieachse stets eine Hauptachse der Gyrationsfläche sein muß. Ist die in die z'-Achse fallende Symmetrieachse mehr als zweizählig, so ergibt sich außerdem $g_{11} = g_{22}$, $g_{12} = 0$ und somit folgt dann für g aus (347) die Form

$$g = g_{11}(\mathfrak{s}_{x'}^2 + g_{y'}^2) + g_{33}\mathfrak{s}_{z'}^2;$$

bei Vorhandensein einer mehr als zweizähligen Symmetrieachse ist somit die Gyrationsfläche eine Rotationsfläche und die Symmetrieachse ihre Rotationsachse.

c) Übersicht über die einzelnen Kristallklassen. Diese Bemerkungen genügen, um den durch (347) gegebenen skalaren Parameter der optischen Aktivität g als Funktion der Wellennormalenrichtung $\mathfrak{s}$ für die einzelnen Kristallklassen anzuschreiben[1]); wir lassen dabei das System x', y', z' mit dem optischen Symmetrieachsensystem x, y, z zusammenfallen und legen das letztere bei den einzelnen Kristallsystemen wie in Ziff. 23 angegeben. Bei der folgenden Zusammenstellung geben wir bei jeder Klasse in Klammern ihre für unsere Betrachtungen wesentlichen Symmetrieelemente an; dabei bedeutet $C_n^{(z)}$ das Symbol für eine n-zählige Symmetrieachse parallel zur z-Achse, $S_n^{(z)}$ für eine n-zählige Drehspiegelachse parallel zur z-Achse, σ für eine zur z-Achse senkrechte Spiegelebene und i für ein Inversionszentrum; 0 bedeudet das Fehlen jeglicher Symmetrieelemente.

Die bisher bekanntgewordenen aktiven Kristalle sind bei jeder Klasse als Beispiel angeführt[2]).

I. Triklines System:

1. Hemiedrie (o). $g = g_{11}\mathfrak{s}_x^2 + g_{22}\mathfrak{s}_y^2 + g_{33}\mathfrak{s}_z^2 + 2g_{23}\mathfrak{s}_y\mathfrak{s}_z + 2g_{31}\mathfrak{s}_z\mathfrak{s}_x + 2g_{12}\mathfrak{s}_x\mathfrak{s}_y$. (Beispiel: Strontiumditartrat.)

2. Holoedrie (i). $g = 0$.

II. Monoklines System.

3. Hemimorphie ($C_2^{(z)}$). $g = g_{11}\mathfrak{s}_x^2 + g_{22}\mathfrak{s}_y^2 + g_{33}\mathfrak{s}_z^2 + 2g_{12}\mathfrak{s}_x\mathfrak{s}_y$. (Beispiele: Rohrzucker, Rhamnose, Weinsäure, Ammoniumtartrat, Kaliumtartrat, Lithiumsulfat-Monohydrat, Campheroxim, d-Camphersäure, Quercit.)

4. Hemiedrie (σ_z). $g = 2\mathfrak{s}_z(g_{23}\mathfrak{s}_y + g_{31}\mathfrak{s}_x)$. (Beispiel: Mesityloxydoxalsäuremethylester.)

5. Holoedrie ($C_2^{(z)}$, i). $g = 0$.

III. Rhombisches System.

6. Hemimorphie ($C_2^{(z)}$, σ_x). $g = 2g_{12}\mathfrak{s}_x\mathfrak{s}_y$. (Beispiele bis jetzt nicht bekannt.)

7. Hemiedrie ($C_2^{(z)}$, $C_2^{(x)}$). $g = g_{11}\mathfrak{s}_x^2 + g_{22}\mathfrak{s}_y^2 + g_{33}\mathfrak{s}_z^2$. (Beispiele: Magnesiumchromat-Heptahydrat, Mononatriumphosphat-Dihydrat, Magnesiumsulfat-Heptahydrat, Zinksulfat-Heptahydrat, Nickelsulfat-Heptahydrat, Hydrazinsulfat, Ammonium-Natriumtartrat-Tetrahydrat, Kalium-Natriumtartrat-Tetrahydrat, Natriumtartrat-Dihydrat, Ammoniumantimonyltartrat-Monohydrat, Strontiumformiat-Dihydrat, Strontiumformiat-Anhydrit, Bariumformiat, Bleiformiat, Calciumdimalat-Hexahydrat, Ammoniumdimalat-Monohydrat, Ammoniumoxalat-Monohydrat, Ammonium-Kaliumoxalat-Monohydrat, Triphenylbismutindichlorid, Tartramid, r-Methyl-α-Glukosid, Jodsäure, Asparagin, r-trans-Camphotricarbonsäure, Anisalcampher, Benzylcampher.)

8. Holoedrie ($C_2^{(z)}$, $C_2^{(x)}$, i). $g = 0$.

IV. Trigonales System.

9. Tetartoedrie ($C_3^{(z)}$). $g = g_{11}(\mathfrak{s}_x^2 + \mathfrak{s}_y^2) + g_{33}\mathfrak{s}_z^2$. (Beispiel: Natriummetaperjodat-Hexahydrat.)

---

[1]) Vgl. den Hinweis S. 823, Anm. 5.

[2]) Außer den nachstehend aufgeführten sind von optisch zweiachsigen aktiven Kristallen noch Ammoniummolybdomalat und Baryummolybdomalat bekannt geworden (L. LONGCHAMBON, C. R. Bd. 173, S. 89. 1921; Bull. soc. minéral. Bd. 45, S. 240 u. 242. 1922), deren Kristallform aber nicht erschöpfend angegeben ist.

Außerdem ist auch bei Eis, das sich in Benzol oder Gasolin befindet, eine Drehung der Polarisationsebene beobachtet worden (B. B. HACHEY, Journ. Frankl. Inst. Bd. 197, S. 825. 1924). Der Effekt wurde hier aber offenbar nur durch die Wirbel des Schmelzwassers vorgetäuscht; dies ist um so wahrscheinlicher, als Eis der Kristallklasse 11 angehört (vgl. P. GROTH, Chemische Kristallographie. Bd. 1, S. 66. Leipzig 1906), bei der optische Aktivität ausgeschlossen ist.

10. Paramorphie ($C_3^{(z)}$, i). $g = 0$.
11. Hemimorphie ($C_3^{(z)}$, σ_x). $g = 0$.
12. Enantiomorphie ($C_3^{(z)}$, $C_2^{(x)}$). $g = g_{11}(\mathfrak{s}_x^2 + \mathfrak{s}_y^2) + g_{33}\mathfrak{s}_z^2$. (Beispiele: α-Quarz[1]), Zinnober, Kaliumdithionat, Calciumdithionat-Tetrahydrat, Bleidithionat-Tetrahydrat, Strontiumdithionat-Tetrahydrat, Rubidiumtartrat, Cäsiumtartrat, Benzil, d-Campher, Maticocampher, Patchoulicampher, Kaliumrhodotrioxalat.)
13. Holoedrie ($C_3^{(z)}$, $C_2^{(x)}$, i oder $C_3^{(z)}$, σ_x, i). $g = 0$.

V. Tetragonales System.

14. Tetartoedrie I. Art ($C_4^{(z)}$). $g = g_{11}(\mathfrak{s}_x^2 + \mathfrak{s}_y^2) + g_{33}\mathfrak{s}_z^2$. (Beispiel: Antimonylbariumtartrat-Monohydrat.)
15. Tetartoedrie II. Art ($S_4^{(z)}$). $g = g_{11}(\mathfrak{s}_x^2 - \mathfrak{s}_y^2) + 2g_{12}\mathfrak{s}_x\mathfrak{s}_y$. (Beispiele bis jetzt nicht bekannt.)
16. Paramorphie ($C_4^{(z)}$, i). $g = 0$.
17. Hemimorphie ($C_4^{(z)}$, σ_x). $g = 0$.
18. Hemiedrie II. Art ($S_4^{(z)}$, $C_2^{(x)}$). $g = g_{11}(\mathfrak{s}_x^2 - \mathfrak{s}_y^2)$. (Beispiele bis jetzt nicht bekannt).
19. Enantiomorphie ($C_4^{(z)}$, $C_2^{(x)}$). $g = g_{11}(\mathfrak{s}_x^2 + \mathfrak{s}_y^2) + g_{33}\mathfrak{s}_z^2$. (Beispiele: Guanidinkarbonat, Strichyninsulfat-Hexahydrat, Äthylendiaminsulfat, Diazetylphenolphtalein, Sulfobenzoltrisulfid, Zinkdimalat-Dihydrat.)
20. Holoedrie ($C_4^{(z)}$, $C_2^{(x)}$, i oder $C_4^{(z)}$, σ_x, i). $g = 0$.

VI. Hexagonales System.

21. Tetartoedrie I. Art ($C_6^{(z)}$). $g = g_{11}(\mathfrak{s}_x^2 + \mathfrak{s}_y^2) + g_{33}\mathfrak{s}_z^2$. (Beispiele: Kaliumlithiumsulfat, Rubidiumlithiumsulfat, Isomorphe Mischkristalle von Kaliumlithiumsulfat und Kaliumlithiumchromat, Hydrocinchoninsulfat-Hendekahydrat, Kaliumsilicomolybdat-Oktokaidekahydrat, Kaliumsilicowolframat-Oktokaidekahydrat, *l*-cis-π-Camphansäure.)
22. Tetartoedrie II. Art. ($C_3^{(z)}$, σ_z). $g = 0$.
23. Paramorphie ($C_6^{(z)}$, i). $g = 0$.
24. Hemimorphie ($C_6^{(z)}$, σ_x). $g = 0$.
25. Hemiedrie II. Art ($C_3^{(z)}$, $C_2^{(x)}$, σ_z). $g = 0$.
26. Enantiomorphie ($C_6^{(z)}$, $C_2^{(x)}$). $g = g_{11}(\mathfrak{s}_x^2 + \mathfrak{s}_y^2) + g_{33}\mathfrak{s}_z^2$. (Beispiele: β-Quarz[1]), Cinchoninantimonyltartrat, Allocinchoninsuccinat-Hexahydrat.)
27. Holoedrie ($C_6^{(z)}$, $C_2^{(x)}$, i oder $C_6^{(z)}$, σ_x, i). $g = 0$.

VII. Kubisches System.

28. Tetartoedrie ($C_2^{(x)} = C_2^{(y)} = C_2^{(z)}$). $g = g_{11}$. (Beispiele: Natriumchlorat, Natriumbromat, Natriumuranylacetat, Natriumorthosulfantimonat-Enneahydrat, Amylammoniumaluminiumsulfat-Dodekahydrat.)
29. Paramorphie ($C_2^{(x)} = C_2^{(y)} = C_2^{(z)}$, i). $g = 0$.
30. Hemimorphie ($S_4^{(x)} = S_4^{(y)}$). $g = 0$.
31. Enantiomorphie ($C_4^{(x)}$, $C_4^{(y)}$). $g = g_{11}$. (Beispiele bis jetzt nicht bekannt.)
32. Holoedrie ($C_4^{(x)}$, $C_4^{(y)}$, i). $g = 0$.

Von den 32 Kristallklassen scheiden somit 17 Klassen (nämlich 2, 5, 8, 10, 11, 13, 16, 17, 20, 22, 23, 24, 25, 27, 29, 30, 32) aus, bei welchen g identisch verschwindet, optische Aktivität somit ausgeschlossen ist; zu den übrigbleibenden 15 Klassen gehören außer den Klassen mit „gewendeten" Formen

[1]) Quarz kommt bekanntlich in zwei Modifikationen vor, die als α-Modifikation und β-Modifikation unterschieden werden: die α-Modifikation ist unterhalb, die β-Modifikation oberhalb der Temperatur $\vartheta = 570°$ C stabil. Über die Kristallgitterstruktur der beiden Modifikationen vgl. R. W. G. WYCKOFF, ZS. f. Krist. Bd. 63, S. 507. 1926, sowie den Abschnitt über den Aufbau der festen Materie und seine Erforschung durch Röntgenstrahlen in Bd. XXIV ds. Handb.

1, 3, 7, 9, 12, 14, 19, 21, 26, 28 und 31, auf welche man früher die optische Aktivität beschränkt glaubte, noch die vier Klassen 4, 6, 15 und 18 mit Spiegelebene bzw. Drehspiegelachse. Bei diesen 15 Klassen ist optische Aktivität möglich, jedoch nicht notwendig. So z. B. ist bei dem zur Klasse 21 gehörenden Nephelin optische Aktivität nicht beobachtet worden; ebenso ist der in Klasse 31 kristallisierende Sylvin optisch nicht aktiv.

d) Symmetrie des Gyrationstensors. Es ist bemerkenswert, daß die durch (348) ausgedrückte Symmetrie des Gyrationstensors eine unmittelbare Folge aus der Kristallgittertheorie ist, während derselbe nach der zweiten, von Drude entwickelten Theorie bzw. nach der phänomenologischen Theorie von Voigt [vgl. Ziff. 97c)] auch unsymmetrisch sein könnte.

Ein unsymmetrischer Tensor läßt sich aber bekanntlich stets in einen symmetrischen Tensor und einen axialen Vektor zerlegen[1]; wäre nun der Gyrationstensor unsymmetrisch, so müßten, wie Voigt[2] gezeigt hat, bei den Kristallklassen 11, 17 und 24 die Komponenten des symmetrischen Tensors zwar identisch verschwinden, die Komponenten des axialen Vektors jedoch von Null verschieden sein. Der axiale Vektor müßte die Reflexion beeinflussen und zwar würde eine ebene, linear polarisierte, monochromatische Welle, welche normal auf eine senkrecht zur polaren Symmetrieachse geschnittene Platte eines derartigen Kristalls fällt, als rechts- bzw. linkselliptisch polarisierte Welle reflektiert werden, je nachdem die innere Normale der reflektierenden Begrenzungsfläche mit der einen oder der anderen Richtung der polaren Symmetrieachse zusammenfällt; außerdem würden Wellen, die im Inneren des Kristalls parallel zur polaren Symmetrieachse in entgegengesetzten Richtungen fortschreiten, nicht mehr gleiche Brechungsindizes besitzen können.

Die Versuche, welche Voigt zum Nachweis dieser Effekte bei dem zur Klasse 11 gehörenden Turmalin angestellt hat, führten zu negativen Ergebnissen, sind also im Einklang mit der aus der Gittertheorie sich ergebenden Symmetrie des Gyrationstensors.

105. Allgemeine Systematik der nicht absorbierenden Kristalle nach ihrem optischen Verhalten. Benutzt man bei der kristalloptischen Systematik die Gestalt der Gyrationsfläche (349) und ihre Lage zu den optischen Symmetrieachsen, sowie die Gestalt der in Ziff. 16 besprochenen Konstruktionsflächen als Einteilungsprinzip, so erhält man wie Pockels[3] gezeigt hat, für die nicht absorbierenden Kristalle 13 Gruppen, die sich auf 3 Hauptgruppen verteilen.

Bei den Hauptgruppen A und B ist optische Aktivität möglich; ihre einzelnen Untergruppen sind durch die verschiedene Gestalt der Gyrationsfläche (349) gekennzeichnet. Bei der 3. Hauptgruppe C ist optische Aktivität ausgeschlossen; die Untergruppen unterscheiden sich hier durch die Gestalt der Konstruktionsflächen.

Bei der folgenden Übersicht führen wir bei jeder Gruppe die zugehörigen Kristallklassen [vgl. Ziff. 104c)] an.

A. Kristallklassen ohne Spiegelebenen und Drehspiegelachsen. (Optische Aktivität möglich.)

a) $g = g_{11}\mathfrak{s}_x^2 + g_{22}\mathfrak{s}_y^2 + g_{33}\mathfrak{s}_z^2 + 2g_{23}\mathfrak{s}_y\mathfrak{s}_z + 2g_{31}\mathfrak{s}_z\mathfrak{s}_x + 2g_{12}\mathfrak{s}_x\mathfrak{s}_y$. Die Gyrationsfläche ist eine beliebige zentrische Fläche zweiten Grades

$$g_{11}x^2 + g_{22}y^2 + g_{33}z^2 + 2g_{23}yz + 2g_{31}zx + 2g_{12}xy = \pm 1,$$

welche beliebig gegen die optischen Symmetrieachsen orientiert ist (Klasse 1).

---

[1]) Vgl. z. B. den Abschnitt über Vektor- und Tensorrechnung in Bd. III ds. Handb.

[2]) W. Voigt, Göttinger Nachr. 1903, S. 186; Ann. d. Phys. Bd. 18, S. 660 u. 668. 1905.

[3]) F. Pockels, Lehrbuch der Kristalloptik, S. 317. Leipzig 1906.

b) $g = g_{11}\mathfrak{s}_x^2 + g_{22}\mathfrak{s}_y^2 + g_{33}\mathfrak{s}_z^2 + 2g_{12}\mathfrak{s}_x\mathfrak{s}_y$. Die Gyrationsfläche ist eine beliebige Fläche zweiten Grades

$$g_{11}x^2 + g_{22}y^2 + g_{33}z^2 + 2g_{12}xy = \pm 1,$$

deren eine Hauptachse mit einer optischen Symmetrieachse zusammenfällt (Klasse 3).

c) $g = g_{11}\mathfrak{s}_x^2 + g_{22}\mathfrak{s}_y^2 + g_{33}\mathfrak{s}_z^2$. Die Gyrationsfläche ist eine beliebige Fläche zweiten Grades

$$g_{11}x^2 + g_{22}y^2 + g_{33}z^2 = \pm 1,$$

bei welcher die Hauptachsen mit den optischen Symmetrieachsen zusammenfallen (Klasse 7).

d) $g = g_{11}(\mathfrak{s}_x^2 + \mathfrak{s}_y^2) + g_{33}\mathfrak{s}_z^2$. Die Gleichung der Gyrationsfläche ist

$$g_{11}(x^2 + y^2) + g_{33}z^2 = \pm 1,$$

sie und die Konstruktionsflächen sind Rotationsflächen mit der nämlichen optischen Symmetrieachse als Rotationsachse (Klassen 9, 12, 14, 19, 21, 26).

e) $g = g_{11}$. Die Gleichung der Gyrationsfläche wird

$$g_{11}(x^2 + y^2 + z^2) = \pm 1,$$

sie und die Konstruktionsflächen sind Kugeln (Klassen 28, 31).

B. Kristallklassen mit Spiegelebenen oder Drehspiegelachsen. (Optische Aktivität möglich.)

f) $g = 2\mathfrak{s}_z(g_{23}\mathfrak{s}_y + g_{31}\mathfrak{s}_x)$. Die Gyrationsfläche ist ein gleichseitig-hyperbolischer Zylinder

$$2z(g_{23}y + g_{31}x) = \pm 1,$$

dessen eine Asymptotenebene eine optische Symmetrieebene ist (Klasse 4).

g) $g = 2g_{12}\mathfrak{s}_x\mathfrak{s}_y$. Die Gyrationsfläche ist ein gleichseitig-hyperbolischer Zylinder

$$2g_{12}xy = \pm 1,$$

dessen beide Asymptotenebenen optische Symmetrieebenen sind (Klasse 6).

h) $g = g_{11}(\mathfrak{s}_x^2 - \mathfrak{s}_y^2) + 2g_{12}\mathfrak{s}_x\mathfrak{s}_y$ und $g = g_{11}(\mathfrak{s}_x^2 - \mathfrak{s}_y^2)$. Die Gyrationsfläche ist ein gleichseitig-hyperbolischer Zylinder

$$g_{11}(x^2 - y^2) + 2g_{12}xy = \pm 1 \qquad \text{oder} \qquad g_{11}(x^2 - y^2) = \pm 1,$$

dessen beide Asymptotenebenen durch diejenige optische Symmetrieachse gehen, welche Rotationsachse der (Rotationssymmetrie besitzenden) Konstruktionsflächen ist (Klassen 15, 18).

C. Kristallklassen, bei welchen optische Aktivität ausgeschlossen ist ($g = 0$).

i) Die optischen Symmetrieachsen besitzen Dispersion; die Hauptachsen der Konstruktionsflächen sind verschieden (Klasse 2).

k) Eine der optischen Symmetrieachsen ist fest, das Kreuz der beiden anderen besitzt Dispersion; die Hauptachsen der Konstruktionsflächen sind verschieden (Klasse 5).

l) Die optischen Symmetrieachsen besitzen keine Dispersion; die Hauptachsen der Konstruktionsflächen sind verschieden (Klasse 8).

m) Die optischen Symmetrieachsen besitzen keine Dispersion; die eine optische Symmetrieachse ist Rotationsachse der (Rotationssymmetrie besitzenden) Konstruktionsflächen (Klassen 10, 11, 13, 16, 17, 20, 22, 23, 24, 25, 27).

n) Die Konstruktionsflächen sind Kugeln (Klassen 29, 30, 32).

106. Rechts- und linksdrehende Modifikationen. Bezugnehmend auf die Systematik der vorigen Ziffer zeigen wir jetzt, daß bei den Kristallen der Gruppen b, c, d und e die in gewendeten Kristallformen auftretenden Modifikationen derselben Substanz für die nämliche Binormalenrichtung entgegengesetzt gleiches Drehungsvermögen besitzen müssen.

In der Tat müssen z. B. für zwei gewendete Kristallformen der Gruppe b, die spiegelbildlich in bezug auf eine Ebene senkrecht zur z-Achse sind, nach Ziff. 104 b) die Komponenten g_{11}, g_{22}, g_{33} und g_{12} und somit auch der Parameter $g = g_{11}\mathfrak{s}_x^2 + g_{22}\mathfrak{s}_y^2 + g_{33}\mathfrak{s}_z^2 + 2g_{12}\mathfrak{s}_x\mathfrak{s}_y$ für dieselbe, durch $\mathfrak{s}_x$, $\mathfrak{s}_y$ und $\mathfrak{s}_z$ bestimmte Wellennormalenrichtung $\mathfrak{s}$ entgegengesetzt gleich sein; das gleiche gilt dann nach (343) und (344) auch von dem zur selben Binormale der beiden Formen gehörenden Drehungsvermögen α. Ebenso wird bei gewendeten Kristallformen der Gruppen c, d und e, die spiegelbildlich in bezug auf eine der optischen Symmetrieebenen sind, der Parameter g für die nämliche, durch $\mathfrak{s}_x, \mathfrak{s}_y, \mathfrak{s}_z$ gegebene Wellennormalenrichtung entgegengesetzt gleich. Zwei solche gewendete, entgegengesetzt drehende Formen desselben Kristalls nennt man die optischen Antipoden der Substanz; bei optisch einachsigen und kubischen Kristallen bezeichnet man je nach dem Vorzeichen des Drehungsvermögens α [vgl. Ziff. 101 c)] die betreffende Form als rechtsdrehend oder linksdrehend [auch kurz als r-Form[1]) oder l-Form].

Das Auftreten von rechts- und linksdrehenden Kristallformen bei derselben Substanz hat zuerst BIOT[2]) bei Quarz gefunden; der Zusammenhang zwischen der rechts- und linksdrehenden Modifikation des Quarzes und den „gewendeten" Kristallformen ist später von HERSCHEL[3]) aufgedeckt worden, der auch erkannte, daß der Sinn des Drehungsvermögens in vielen Fällen schon äußerlich aus der Orientierung der Kristallflächen zu erkennen ist[4]).

Später wurden die optischen Antipoden auch bei anderen Kristallen nachgewiesen; außer durch die Kristallform lassen sie sich zuweilen auch durch die entgegengesetzte Lage ihrer Ätzfiguren erkennen[5]).

107. Numerische Werte der Komponenten des Gyrationstensors. a) Optisch zweiachsige Kristalle. Bei optisch zweiachsigen Kristallen ist bis jetzt der Wert des skalaren Parameters der Aktivität g nur für die Richtungen der Binormalen $\mathfrak{b}_1$ und $\mathfrak{b}_2$ ermittelt worden. Bezeichnet man den zu $\mathfrak{b}_1$ bzw. $\mathfrak{b}_2$ gehörenden Wert von g mit g_I bzw. g_{II} und das entsprechende Drehungsvermögen mit α_I bzw. α_{II}, so ist nach (343) und (344)

$$g_I = -\frac{\lambda_0 \bar{n}\alpha_I}{\pi}, \quad g_{II} = -\frac{\lambda_0 \bar{n}\alpha_{II}}{\pi};$$

aus den beiden Winkeln α_I und α_{II} und dem mittleren Brechungsindex $\bar{n}$, welche von der Beobachtung[6]) geliefert werden, lassen sich hiernach g_I und g_{II} berechnen.

Andererseits erhält man die Werte g_I und g_{II}, indem man in die für die betreffende Kristallklasse modifizierte Gleichung (347) für $\mathfrak{s}$ die Binormalenrichtung $\mathfrak{b}_1$ bzw. $\mathfrak{b}_2$ einsetzt; wir schreiben hierfür

$$g_{I,II} = g_{11}\mathfrak{b}_{ix}^2 + g_{22}\mathfrak{b}_{iy}^2 + g_{33}\mathfrak{b}_{iz}^2 + 2g_{23}\mathfrak{b}_{iy}\mathfrak{b}_{iz} + 2g_{31}\mathfrak{b}_{iz}\mathfrak{b}_{ix} + 2g_{12}\mathfrak{b}_{ix}\mathfrak{b}_{iy},$$

[1]) Statt r-Form sagt man vielfach auch d-Form (dextrogyre Form, im Gegensatz zur lävogyren oder l-Form).

[2]) J. B. BIOT, Mém. de la classe des Scienc. math. et phys. de l'Inst. 1812 (1), S. 218; Mém. de l'Acad. des Scienc. Bd. 2, S. 41. 1817.

[3]) J. HERSCHEL, Edinb. Phil. Journ. Bd. 4, S. 371. 1821; Trans. Cambr. Phil. Soc. Bd. 1, S. 43. 1821; A. DESCLOIZEAUX, Ann. chim. phys. (3) Bd. 45, S. 129. 1855; H. W. DOVE, Pogg. Ann. Bd. 40, S. 607. 1837; G. ROSE, Abhandlgn. d. Berl. Akad. 1844, S. 217.

[4]) Vgl. z. B. P. GROTH, Physikal. Kristallographie, 4. Aufl., S. 462 u. 517. Leipzig 1905.

[5]) H. BAUMHAUER, N. Jahrb. f. Min. 1876, S. 606; B. LOURY, Boll. Soc. Natur. Moscou. Bd. 14, S. 371. 1900.

[6]) Über die Methoden der Messung von α bei optisch zweiachsigen Kristallen vgl. H. DUFET, Journ. de phys. (4) Bd. 3, S. 759. 1904; Bull. soc. minéral. Bd. 27, S. 160. 1904; W. VOIGT, Phys. ZS. Bd. 9, S. 587. 1908; F. WALLERANT, C. R. Bd. 158, S. 91. 1914; L. LONGCHAMBON, ebenda Bd. 172, S. 1187. 1921; Bull. soc. minéral. Bd. 45, S. 186. 1922.

wobei auf der rechten Seite $i = 1$ bzw. $i = 2$ zu setzen ist, je nachdem g_I bzw. g_{II} berechnet werden soll.

Im allgemeinsten Falle (Kristallklasse 1) sind g_I und g_{II} und damit auch α_I und α_{II} verschieden und ohne bestimmte Beziehung zu einander; für die übrigen Kristallklassen der optisch zweiachsigen Kristalle ist folgendes zu bemerken:

α) Kristalle der Klasse 3. Es ist

$$g_{I,II} = g_{11}\mathfrak{b}_{ix}^2 + g_{22}\mathfrak{b}_{iy}^2 + g_{33}\mathfrak{b}_{iz}^2 + 2g_{12}\mathfrak{b}_{ix}\mathfrak{b}_{iy}$$

und man hat zwei Fälle zu unterscheiden, je nachdem die Binormalenebene parallel oder senkrecht zur ausgezeichneten Symmetrieachse liegt.

Liegt die Binormalenebene parallel zur Symmetrieachse (z-Achse), so ist $\mathfrak{b}_{1x} = -\mathfrak{b}_{2x}$, $\mathfrak{b}_{1y} = \mathfrak{b}_{2y} = 0$ und $\mathfrak{b}_{1z} = \mathfrak{b}_{2z}$ oder $\mathfrak{b}_{1x} = \mathfrak{b}_{2x} = 0$, $\mathfrak{b}_{1y} = -\mathfrak{b}_{2y}$ und $\mathfrak{b}_{1z} = \mathfrak{b}_{2z}$. In jedem Falle wird $g_I = g_{II}$ und somit auch α_I und α_{II}; hierher gehört z. B. Weinsäure, bei welcher in der Tat $\alpha_I = \alpha_{II} = 11{,}4°$ (für $\lambda_0 = 589\,\mathrm{m}\mu$)[1]) ist.

Liegt die Binormalenebene jedoch senkrecht zur Symmetrieachse, so ist $\mathfrak{b}_{1x} = -\mathfrak{b}_{2x}$, $\mathfrak{b}_{1y} = \mathfrak{b}_{2y}$ und $\mathfrak{b}_{1z} = \mathfrak{b}_{2z} = 0$ oder $\mathfrak{b}_{1x} = \mathfrak{b}_{2x}$, $\mathfrak{b}_{1y} = -\mathfrak{b}_{2y}$ und $\mathfrak{b}_{1z} = \mathfrak{b}_{2z} = 0$. g_I und g_{II} (und somit auch α_I und α_{II}) sind daher verschieden, und sie können auch entgegengesetzte Vorzeichen besitzen, falls g_{11} und g_{22} entgegengesetzte Vorzeichen haben oder $g_{12}^2 > g_{11}g_{22}$ ist. Für verschiedene g_I und g_{II} mit gleichen Vorzeichen ist Rhamnose [$\alpha_I = 12{,}9°$, $\alpha_{II} = 5{,}4°$ für $\lambda_0 = 589\,\mathrm{m}\mu$[1])], für verschiedene g_I und g_{II} mit entgegengesetzten Vorzeichen Rohrzucker [$\alpha_I = 5{,}38°$, $\alpha_{II} = -1{,}61°$ für $\lambda_0 = 579\,\mathrm{m}\mu$[2])] ein Beispiel.

β) Kristalle der Klasse 7. Wir haben hier

$$g_{I,II} = g_{11}\mathfrak{b}_{ix}^2 + g_{22}\mathfrak{b}_{iy}^2 + g_{33}\mathfrak{b}_{iz}^2$$

und daher stets $g_I = g_{II}$ (bzw. α_I und α_{II}), auch wenn g_{11}, g_{22}, g_{33} untereinander verschiedene Vorzeichen besitzen. Beispiele sind Ammoniumnatriumtartrat-Tetrahydrat [$\alpha_I = \alpha_{II} = 1{,}55°$ für $\lambda_0 = 589\,\mathrm{m}\mu$[1])], Mononatriumphosphat-Dihydrat [$\alpha_I = \alpha_{II} = -4{,}45°$ für $\lambda_0 = 589\,\mathrm{m}\mu$[1])], γ-Methyl-α-Glukosid [$\alpha_I = \alpha_{II} = -4{,}4°$ für $\lambda_0 = 589\,\mathrm{m}\mu$[1])], Magnesiumsulfat-Heptahydrat [$\alpha_I = \alpha_{II} = 1{,}983°$ für $\lambda_0 = 579\,\mathrm{m}\mu$[3])], Strontiumformiat-Dihydrat [$\alpha_I = \alpha_{II} = \pm 0{,}75°$ für $\lambda_0 = 579\,\mathrm{m}\mu$[3])]; die verschiedenen Vorzeichen beziehen sich auf die beiden Antipoden (Ziff. 106).

γ) Kristalle der Klasse 4. Es ist bei dieser Klasse

$$g_{I,II} = 2\mathfrak{b}_{iz}(g_{23}\mathfrak{b}_{iy} + g_{31}\mathfrak{b}_{ix})$$

und man hat auch hier zwei Unterfälle zu unterscheiden, je nachdem die Binormalenebene parallel oder senkrecht zur Spiegelebene (xy-Ebene) liegt. Liegt die Binormalenebene parallel zur Spiegelebene, so ist $\mathfrak{b}_{1z} = \mathfrak{b}_{2z} = 0$ und somit $g_I = g_{II} = 0$; liegt sie senkrecht zur Spiegelebene, so ist $\mathfrak{b}_{1x} = -\mathfrak{b}_{2x}$, $\mathfrak{b}_{1y} = \mathfrak{b}_{2y} = 0$, und $\mathfrak{b}_{1z} = \mathfrak{b}_{2z}$ oder $\mathfrak{b}_{1x} = \mathfrak{b}_{2x} = 0$, $\mathfrak{b}_{1y} = -\mathfrak{b}_{2y}$ und $\mathfrak{b}_{1z} = \mathfrak{b}_{2z}$, somit $g_I = -g_{II}$. Der erstere Fall ($g_I = g_{II} = 0$) müßte bei Mesytyloxydoxalsäuremethylester verwirklicht sein[4]); für den zweiten Fall ($g_I = -g_{II}$) ist bis jetzt kein Beispiel bekannt.

[1]) H. DUFET, Journ. de phys. (4) Bd. 3, S. 760—762. 1904; Bull. soc. minéral. Bd. 27, S. 161—164. 1904.

[2]) P. LONGCHAMBON, Bull. soc. minéral. Bd. 45, S. 242. 1922.

[3]) P. LONGCHAMBON, C. R. Bd. 173, S. 89. 1922; Bull. soc. minéral. Bd. 45, S. 237 bis 238. 1922.

[4]) Die optische Aktivität dieses Kristalls wurde zwar von E. SOMMERFELDT [Phys. ZS. Bd. 7, S. 207, 266 u. 753. 1906; Verh. d. D. phys. Ges. Bd. 8, S. 405. 1906; N. Jahrb. f. Min. 1908 (1), S. 58; vgl. dazu W. VOIGT, Phys. ZS. Bd. 7, S. 267 u. 753. 1906] festgestellt, aber nicht gemessen.

δ) Kristalle der Klasse 6. Wir haben bei diesen

$$g_{I,II} = 2 g_{12} \mathfrak{b}_{ix} \mathfrak{b}_{iy}$$

und je nach der Lage der Binormalenebene mehrere Unterfälle. Liegt die Binormalenebene parallel zur Spiegelebene (yz-Ebene), so ist $\mathfrak{b}_{1x} = \mathfrak{b}_{2x} = 0$. Liegt sie senkrecht zur Spiegelebene und parallel zur Symmetrieachse (z-Achse), so ist $\mathfrak{b}_{1x} = \mathfrak{b}_{2x} = 0$ oder $\mathfrak{b}_{1y} = \mathfrak{b}_{2y} = 0$; liegt sie senkrecht zur Symmetrieachse, so ist $\mathfrak{b}_{1z} = \mathfrak{b}_{2z} = 0$, $\mathfrak{b}_{1x} = -\mathfrak{b}_{2x}$ und $\mathfrak{b}_{1y} = \mathfrak{b}_{2y}$ oder $\mathfrak{b}_{1z} = \mathfrak{b}_{2z} = 0$, $\mathfrak{b}_{1x} = \mathfrak{b}_{2x}$ und $\mathfrak{b}_{1y} = -\mathfrak{b}_{2y}$. In den beiden ersten Fällen ist somit $g_I = g_{II} = 0$, im letzten Fall wird $g_I = -g_{II}$; auch hierfür sind, wie überhaupt für die Kristallklasse 6, noch keine Beispiele bekannt geworden.

In den Fällen γ) und δ) müssen demnach die Drehungsvermögen α_I und α_{II} entweder beide gleich Null oder aber entgegengesetzt gleich sein.

Von den bisher bekannt gewordenen optisch zweiachsigen, aktiven Kristallen [vgl. Ziff. 104c)] verlieren Lithiumsulfat-Monohydrat, Magnesiumchromat-Heptahydrat, Mononatriumphosphat-Dihydrat, Magnesiumsulfat-Heptahydrat, Zinksulfat-Heptahydrat, Nickelsulfat-Heptahydrat, Hydrazinsulfat, Strontiumformiat-Dihydrat, Bariumformiat, Bleiformiat, Ammoniumoxalat-Monohydrat, Ammonium-Kaliumoxalat-Monohydrat und Jodsäure ihr Drehungsvermögen, wenn sie in Lösung gehen; die optische Aktivität ist daher bei ihnen eine reine Folge der Kristallgitterstruktur (vgl. Ziff. 96).

b) Optisch einachsige Kristalle. Für die Kristalle der Gruppe d (vgl. Ziff. 105) kann der Ausdruck für den skalaren Parameter der optischen Aktivität g bei Einführung des Winkels b zwischen Wellennormalenrichtung $\mathfrak{s}$ und optischer Achse (z-Achse) offenbar auch in der Form geschrieben werden

$$g = g_{11} \sin^2 b + g_{33} \cos^2 b; \tag{350}$$

die vollständige Kenntnis der optischen Aktivität dieser Kristalle erfordert daher die Messung von g_{11} und g_{33}.

α) Bestimmung von g_{33}. Für eine mit der Richtung der optischen Achse ($b = 0$) zusammenfallende Wellennormalenrichtung $\mathfrak{s}$ erhalten wir $g = g_{33}$ und folglich nach (343) und (344)

$$g_{33} = -\frac{\lambda_0 \bar{n} \alpha}{\pi}. \tag{351}$$

g_{33} ist somit bestimmt, wenn das Drehungsvermögen α und der mittlere Brechungsindex $\bar{n}$ für die betreffende Wellenlänge λ_0 ermittelt sind. α ist für zahlreiche optisch einachsige, aktive Kristalle gemessen worden[1]), am genauesten für Quarz. Bei diesem ist (bei $\lambda_0 = 589\,\mathrm{m}\mu$ und der Temperatur $\vartheta = 20\,^\circ\mathrm{C}$)[2]).

$$\alpha = \pm 21{,}728^\circ \text{ (oder in Bogenmaß} = \pm 0{,}37923). \tag{352}$$

Dieser Wert kann für optisch homogene Quarze verschiedener Herkunft um $\pm 0{,}05\%$ schwanken[3]).

Für die Hauptbrechungsindizes des Quarzes hat man[4]) für $\lambda_0 = 589\,\mathrm{m}\mu$ und $\vartheta = 20\,^\circ\mathrm{C}$

$$n_1 = 1{,}54424, \qquad n_3 = 1{,}55335, \tag{353}$$

wobei unter n_1 ein Mittelwert aus n_r und n_l [vgl. Ziff. 101a)] zu verstehen ist; wir erhalten somit

$$\bar{n} = \frac{1}{2}(n_1 + n_3) = 1{,}54879. \tag{354}$$

---

1) Vgl. die Zusammenstellung Ziff. 104c).

2) E. Gumlich, Wiss. Abh. d. Phys.-Techn. Reichsanst. Bd. 2, S. 201. 1895; Wied. Ann. Bd. 64, S. 346. 1898; O. Schönrock, ZS. f. Instrkde. Bd. 30, S. 185. 1910.

3) O. Schönrock, ZS. f. Instrkde. Bd. 21, S. 91 u. 150. 1901; Bd. 25, S. 289. 1905; Bd. 27, S. 24. 1907.

4) F. F. Martens, Ann. d. Phys. Bd. 6, S. 628. 1901.

Setzt man (352) und (354) in (351) ein, so folgt für Quarz (für $\lambda_0 = 589\,\mathrm{m}\mu$) und 20° C)

$$g_{33} = \mp 1{,}1012 \cdot 10^{-4},$$

wobei sich das obere Vorzeichen auf die rechtsdrehende und das untere auf die linksdrehende Form bezieht.

β) Bestimmung von g_{11}. g_{11} ist nur bei Quarz ermittelt worden.

Um g_{11} zu messen kann man sich folgender Methode bedienen: Man läßt eine ebene, monochromatische, linear polarisierte Welle senkrecht auf die ebene Begrenzungsfläche einer parallel zur optischen Achse geschnittenen Platte des betreffenden optisch einachsigen, aktiven Kristalls fallen; es schreiten dann im Inneren der Platte in Richtung der Plattennormale zwei entgegengesetzt elliptisch polarisierte Wellen fort, deren große Ellipsenachsen nach Ziff. 100a) parallel und senkrecht zur optischen Achse liegen und deren Elliptizität k sich nach (334) und (350) $\left(\text{wegen } b = \frac{\pi}{2}\right)$ zu

$$k = \frac{1}{2g_{11}}\left\{\left|\sqrt{(n_1^2 - n_3^2)^2 + 4g_{11}^2}\right| + (n_1^2 - n_3^2)\right\}$$

ergibt falls, wie bei Quarz, $n_1 < n_3$ ist.

Hierfür kann in erster Annäherung (g_{11} klein gegen $n_1^2 - n_3^2$) auch

$$k = \frac{g_{11}}{2\bar{n}\,(n_3 - n_1)}$$

geschrieben werden kann. Somit wird

$$g_{11} = 2\bar{n}k\,(n_3 - n_1);$$

sind n_1 und n_3 in bekannter Weise (vgl. z. B. Ziff. 61) bestimmt, so ergibt sich daher g_{11} durch Messung der Elliptizität k der senkrecht zur optischen Achse fortschreitenden Wellen.

k ist zuerst von VOIGT[1]) und einem seiner Schüler[2]) bei Quarz gemessen worden, und zwar wurde von letzterem für $\lambda_0 = 540\,\mathrm{m}\mu$ der Wert $k = \pm 0{,}00226$ angegeben. Neuere Untersuchungen haben aber gezeigt[3]), daß diese Beobachtungsergebnisse durch Nebenerscheinungen vorgetäuscht waren, und daß in Wirklichkeit k für die senkrecht zur optischen Achse fortschreitenden Wellen verschwindend klein ist. Wir haben daher bei Quarz

$$g_{11} = 0,$$

d. h. die durch (350) und (349) bestimmte Gyrationsfläche ist hier ein äußerst gestrecktes Rotationsellipsoid mit verschwindend kleinem Äquatordurchmesser[4]).

Wir bemerken hier anschließend, daß von den bisher bekannt gewordenen optisch einachsigen, aktiven Kristallen [vgl. Ziff. 104c)] Quarz, Zinnober, Natriumperjodat-Hexahydrat, Kaliumdithionat, Bleidithionat-Tetrahydrat, Strontiumdithionat-Tetrahydrat, Calciumdithionat-Tetrahydrat, Benzil, Guanidinkarbonat, Äthylendiaminsulfat, Diacetylphenolphtalein, Sulfobenzoltrisulfid, Kaliumlithiumsulfat, Rubidiumlithiumsulfat, Kaliumsilicomolybdat-Oktokaidekahydrat und Kaliumsilicowolframat-Oktokaidekahydrat die Aktivität im amorphen (geschmolzenen), sowie im gelösten Zustande verlieren; sie

[1]) W. VOIGT, Göttinger Nachr. 1903, S. 180.

[2]) F. WEVER, Jahrb. d. philos. Fakultät d. Universität Göttingen. 1921 (2) S. 201.

[3]) G. SZIVESSY und C. SCHWERS in einer demnächst in den Ann. d. Phys. erscheinenden Abhandlung.

[4]) Dieses Beobachtungsergebnis widerlegt die ältere Theorie von DRUDE [vgl. Ziff. 97c)], nach welcher g unabhängig von der Wellennormalenrichtung $\mathfrak{s}$, somit $g_{11} = g_{33}$ sein müßte.

ist daher bei ihnen nach dem in Ziff. 96 gesagten eine reine Gitterstruktureigenschaft.

c) Kubische Kristalle. Bei den Kristallen des kubischen Systems ist [vgl. Ziff. 104c)] für alle Wellennormalenrichtungen

$$g = g_{11}$$

d. h. der Gyrationstensor wird zum Skalar und die Gyrationsfläche zur Kugel (Ziff. 105); diese Kristalle verhalten sich also auch hinsichtlich der optischen Aktivität in jeder beliebigen Richtung wie die nichtkubischen Kristalle in den Richtungen der Binormalen[1]), d. h. es findet in jeder Richtung zirkulare Doppelbrechung [vgl. Ziff. 101a)] statt. $g = g_{11}$ ist infolgedessen nach (343) und (344) bestimmt, wenn das Drehungsvermögen α für eine beliebige Wellennormalenrichtung $\mathfrak{s}$ ermittelt ist.

Am genauesten bekannt ist g für Natriumchlorat, und zwar ist (für $\lambda_0 = 589\,\mathrm{m}\mu$ und $\vartheta = 13\,°\mathrm{C}$)

$$\alpha = \pm\, 3{,}120°\,[2]), \qquad n = 1{,}51567\,[3])$$

somit

$$g = \mp\, 0{,}1547 \cdot 10^{-4},$$

wobei das obere Vorzeichen für die rechtsdrehende und das untere für die linksdrehende Form gilt.

Von den bisher gefundenen kubischen, aktiven Kristallen [vgl. Ziff. 104c)] verlieren Natriumchlorat, Natriumbromat, Natriumuranylacetat und Natriumorthosulfantimonat-Enneahydrat das Drehungsvermögen im gelösten Zustande; bei ihnen ist daher die optische Aktivität gemäß dem in Ziff. 96 bemerkten nur der Gitterstruktur zuzuschreiben.

d) Mischkristalle. Die optische Aktivität von isomorphen Mischkristallen ist zuerst von BODLÄNDER[4]) bei optisch einachsigen Kristallen untersucht worden und zwar beziehen sich seine Beobachtungen auf das Drehungsvermögen, d. h. nach dem unter b) ausgeführten auf die Komponente g_{33} des Gyrationstensors. Bei den optisch einachsigen isomorphen Mischkristallen aus Bleidithionat und Strontiumdithionat ergab sich empirisch die Formel

$$g_{33} = p' g'_{33} + p'' g''_{33},$$

wobei g'_{33} und g''_{33} sich auf die beiden Mischungskomponenten beziehen und p' und p'' deren Gewichtsprozentgehalte bedeuten.

Die Richtigkeit dieser Beziehung wurde später von PERUCCA[5]) bei den isomorphen (kubischen) Mischkristallen von Natriumchlorat und Silberchlorat bestätigt.

108. Normalenfläche, Strahlenfläche, Indexfläche. Der Unterschied zwischen den Gesetzen der Lichtausbreitung bei den nicht absorbierenden, nicht aktiven Kristallen einerseits und den nicht absorbierenden, aktiven Kristallen andererseits drückt sich auch in der Gestalt der Konstruktions- und abgeleiteten Flächen aus; für unsere Zwecke genügt es, die letzteren zu besprechen. a) Normalenfläche. Die Gleichung der Normalenfläche ergibt sich aus Gleichung (315) oder (316). Man erhält die Gestalt dieser Fläche wie bei den

[1]) Bei Natriumchlorat nachgeprüft und bestätigt von L. SOHNCKE, Wied. Ann. Bd. 3, S. 530. 1878.

[2]) E. PERUCCA, Cim. (6) Bd. 18, S. 131. 1919.

[3]) F. DUSSAUD, C. R. Bd. 113, S. 291. 1891; Arch. sc. phys. et nat. (3) Bd. 27, S. 534. 1892; n ist hierbei ein Mittelwert aus n_r und n_l [vgl. Ziff. 101a)].

[4]) G. BODLÄNDER, Über das optische Drehungsvermögen isomorpher Mischungen aus den Dithionaten des Bleis und des Strontiums. Dissert. Breslau 1882.

[5]) E. PERUCCA, Atti di Torino Bd. 49, S. 1127. 1914.

nicht aktiven Kristallen [Ziff. 17a)], indem man von einem festen Bezugspunkte aus parallel zu jeder Wellennormalenrichtung $\mathfrak{s}$ zwei Vektoren aufträgt, deren Beträge gleich den reziproken Werten der zu $\mathfrak{s}$ gehörenden Brechungsindizes $\frac{1}{\bar{n}_0'}$ und $\frac{1}{\bar{n}_0''}$ sind, wobei $\bar{n}_0'$ und $\bar{n}_0''$ durch (319) gegeben sind.

Aus (319) folgt leicht, daß $\bar{n}_0'^2 - \bar{n}_0''^2$ für $g \gtrless 0$ nicht verschwinden kann und für alle Wellennormalenrichtungen dasselbe Vorzeichen besitzt, sowie daß das Gleiche auch für $\frac{1}{\bar{n}_0'} - \frac{1}{\bar{n}_0''}$ gilt.

Die Normalenfläche der nicht absorbierenden, aktiven Kristalle besteht somit im allgemeinen aus zwei völlig getrennten Schalen[1]), welche sich in denjenigen vom Flächenmittelpunkt ausgehenden Richtungen am stärksten nähern, für welche der absolute Betrag der Differenz $\frac{1}{\bar{n}_0'} - \frac{1}{\bar{n}_0''}$ ein Minimum wird. Nun folgt bei Heranziehung von (319) und (331)

$$\frac{1}{\bar{n}_0'} - \frac{1}{\bar{n}_0''} = \frac{1}{(\bar{n}_0' + \bar{n}_0'')\,\bar{n}_0'\bar{n}_0''}\left|\sqrt{(n_1^2 - n_3^2)^2 \sin^2 b_1 \sin^2 b_2 + 4g^2}\right|,$$

und dieser Ausdruck wird in erster Annäherung[2]) ein Minimum für $b_1 = b_2 = 0$, d. h. für diejenigen Richtungen, welche die Binormalen $\mathfrak{b}_1$ und $\mathfrak{b}_2$ bei fehlender Aktivität besitzen würden; man bezeichnet daher diese Richtungen auch schlechtweg als die Binormalenrichtungen des aktiven Kristalls.

Für die Richtungen der Binormalen sind die Brechungsindizes in erster Annäherung durch die Ausdrücke (340) gegeben. Bei kubischen aktiven Kristallen, bei welchen g unabhängig von der Wellennormalenrichtung $\mathfrak{s}$ ist, besteht die Normalenfläche daher aus zwei konzentrischen Kugeln. Bei optisch einachsigen aktiven Kristallen erhält man die Normalenfläche, indem man sich bei der entsprechenden Fläche des nichtaktiven Kristalls die Kugel und das Rotationsovaloid [vgl. Ziff. 24c)] in der Gegend der optischen Achse im entgegengesetzten Sinne deformiert denkt derart, daß die umschließende Schale verlängert, die umschlossene Schale abgeplattet wird; bei (dem positiv einachsigen) Quarz ist dementsprechend die Kugel abgeplattet und das Rotationsovaloid verlängert. Bei den optisch zweiachsigen, aktiven Kristallen der Kristallklassen 4 und 6 ist der Fall möglich [vgl. Ziff. 107 a, γ) und a, δ)], daß g in Richtung der Binormalen verschwindet, die beiden Schalen der Normalenfläche somit in diesen Richtungen gemeinsame Punkte besitzen. Bei den übrigen optisch zweiachsigen aktiven Kristallen ist zu beachten, daß die Schnittkurven der Normalenfläche mit den optischen Symmetrieebenen, die bei den nicht absorbierenden, nicht aktiven Kristallen je in einen Kreis und ein Oval zerfallen [Ziff. 17a)], bei den nicht absorbierenden, aktiven Kristallen je zwei irreduzible Kurven sind.

Abb. 29 zeigt die Schnittkurven der Normalenfläche eines nicht absorbierenden, aktiven Kristalls mit der zx-Ebene; der Vergleich mit Abb. 11 zeigt, daß sich die innere Schale N' von der äußeren Schale N'' losgelöst hat und dabei die Spitze abgerundet wurde.

Aus (316) folgt, daß die durch $\frac{1}{\bar{n}_0'} - \frac{1}{n_0'}$ bzw. $\frac{1}{\bar{n}_0''} - \frac{1}{n_0''}$ gegebenen linearen Abweichungen zwischen der Normalenfläche des aktiven und des nicht aktiven Kristalls von derselben Größenordnung sind wie bei g, d. h. (vgl. Ziff. 99) von der Größenordnung $V^{\frac{1}{3}}/\lambda$, wobei V das Volumen der Gitterzelle und λ eine

[1]) O. WEDER, N. Jahrb. f. Min., Beil. Bd. 11, S. 1. 1898.

[2]) Bei dieser Annäherung wird die Abhängigkeit der Größen $(\bar{n}_0' + \bar{n}_0'')\,\bar{n}_0'\bar{n}_0''$ und g von der Wellennormalenrichtung $\mathfrak{s}$ vernachlässigt.

mittlere Wellenlänge im Kristall ist. In der Tat haben auch die Beobachtungen bei Quarz ergeben[1]), daß keine merklichen Abweichungen vom FRESNELschen Gesetz (47), in welches die Gleichung (316) der Normalenfläche für sehr kleine Werte g übergeht, vorhanden sind.

c) Strahlenfläche. Die Strahlenfläche der nicht absorbierenden aktiven Kristalle besteht wie die Normalenfläche aus zwei völlig getrennten Schalen; ihre Gestalt ist von POCKLINGTON[2]) und später auf geometrisch-konstruktivem Wege von VOIGT[3]) ermittelt worden. Der Schnitt mit einer optischen Symmetrieebene (zx-Ebene) ist in Abb. 29 dargestellt. Danach geht die Strahlenfläche des nicht absorbierenden aktiven Kristalls aus jener des nicht absorbierenden nicht aktiven Kristalls (Abb. 11) formal dadurch hervor, daß bei der äußeren Schale S'' die Löcher durch ein nach außen konvexes Flächenstück und bei der inneren Schale S' die Öffnungen der Kegel durch ein nach außen konkaves Flächenstück überdeckt werden; die Spitzen R der Kegel der inneren Schale sind konische Doppelpunkte, ihre Verbindungslinien mit dem Flächenmittelpunkt liefern die Biradialen $\mathfrak{r}_1$ und $\mathfrak{r}_2$ des aktiven Kristalls.

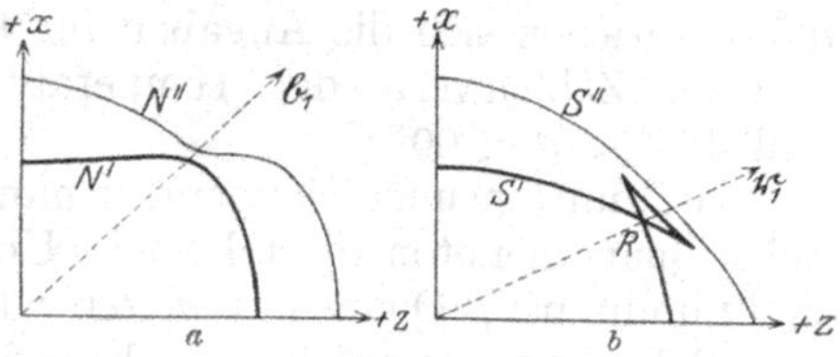

Abb. 29. Schnitt der Normalen- und Strahlenfläche eines nicht absorbierenden aktiven Kristalls mit der Ebene der Binormalen (zx-Ebene). (a Normalen-, b Strahlenfläche; $\mathfrak{b}_1$ Einheitsvektor der Binormale, $\mathfrak{r}_1$ Einheitsvektor der Biradiale.)

Da die bei den nicht absorbierenden, nicht aktiven Kristallen auftretenden singulären Tangentialebenen fehlen, beide Schalen der Strahlenfläche von jeder gemeinsamen Tangentialebene vielmehr nur in je einem Punkte berührt werden, so gehören zu jeder Wellennormalenrichtung immer nur zwei Strahlenrichtungen, auch wenn die Wellennormalenrichtung in die Richtung einer Binormale fällt. Der im letzteren Falle bei nicht absorbierenden, nicht aktiven Kristallen auftretende Strahlenkegel (136) existiert somit bei nicht absorbierenden aktiven Kristallen nicht (vgl. außerdem Ziff. 115).

Ebenso wie bei den nicht absorbierenden nicht aktiven Kristallen gehört dagegen auch bei aktiven Kristallen zu jeder Strahlenrichtung, die in die Richtung einer Biradiale fällt, ein Wellennormalenkegel.

c) Indexfläche. Da die Indexfläche die zur Normalenfläche inverse Fläche ist [vgl. Ziff. 17c)], so ist sie bei den nicht absorbierenden aktiven Kristallen wie letztere eine zweischalige Fläche ohne konische Doppelpunkte.

109. Einfluß der Temperatur. Über den Einfluß der Temperatur ϑ auf die optischen Parameter der nicht absorbierenden aktiven Kristalle gelten sinngemäß die bei den nicht aktiven Kristallen gemachten Bemerkungen der Ziff. 25.

a) Temperaturabhängigkeit der Hauptbrechungsindizes. Von optisch zweiachsigen aktiven Kristallen sind die totalen Temperaturkoeffizienten $\frac{d n_h}{d\vartheta}$ $(h = 1, 2, 3)$ nur bei Kaliumnatriumtartrat-Tetrahydrat bestimmt worden[4]).

Bei den optisch einachsigen aktiven Kristallen beziehen sich fast alle Beobachtungen[5]) auf α-Quarz[6]), bei dem auch die reinen Temperaturkoeffi-

[1]) J. MACÉ DE LÉPINAY, ZS. f. Krist. Bd. 34, S. 280. 1901.
[2]) H. C. POCKLINGTON, Phil. Mag. (6) Bd. 2, S. 364. 1901.
[3]) W. VOIGT, Phys. ZS. Bd. 6, S. 787. 1905; Verh. d. D. phys. Ges. Bd. 7, S. 340. 1905.
[4]) A. MÜTTRICH, Pogg. Ann. Bd. 121, S. 193 u. 398. 1864 (ca. $15°\,C < \vartheta < 50°\,C$); J. VALASEK, Phys. Rev. (2) Bd. 19, S. 529. 1922 ($-70°\,C < \vartheta < 40°\,C$).
[5]) Zusammenstellung der neueren Beobachtungsergebnisse bei LANDOLT-BÖRNSTEIN, Physikal.-chem. Tabellen, 5. Aufl., Bd. II, S. 915. Berlin 1923.
[6]) Vgl. S. 826, Anm. 1.

zienten der Hauptbrechungsindizes [vgl. Ziff. 25 a)] ermittelt worden sind[1]). Bezeichnet man mit n_1 einen Mittelwert aus n_r und n_l [vgl. Ziff. 101 a)], so gelten für α-Quarz bei der Wellenlänge $\lambda_0 = 589\ \mathrm{m}\mu$ für den ordentlichen Brechungsindex n_1 und den außerordentlichen n_2 folgende Werte[2])

$$n_1 = 1{,}54424\,, \qquad n_3 = 1{,}55335\,;$$

$$\frac{d n_1}{d\vartheta} = -6{,}50 \cdot 10^{-6}\,, \qquad \frac{d n_3}{d\vartheta} = -7{,}54 \cdot 10^{-6}\,;$$

$$\left(\frac{d n_1}{d\vartheta}\right) = -12{,}80 \cdot 10^{-6}\,, \qquad \left(\frac{d n_3}{d\vartheta}\right) = -14{,}10 \cdot 10^{-6}\,;$$

$$\frac{\partial n_1}{\partial\vartheta} = +6{,}30 \cdot 10^{-6} \qquad \frac{\partial n_3}{\partial\vartheta} = +6{,}56 \cdot 10^{-6}\,;$$

dabei beziehen sich die Angaben für n_1 und n_2 auf die Temperatur $\vartheta = 18^\circ$ C und die Zahlenwerte der Temperaturkoeffizienten auf das Temperaturintervall $4^\circ\ \mathrm{C} < \vartheta < 99^\circ$ C.

Mit zunehmender Temperatur nimmt die Stärke der Doppelbrechung $n_3 - n_1$ bei α-Quarz monoton ab, sinkt beim Umwandlungspunkt ($\vartheta = 570^\circ$ C) sprunghaft und nimmt bei β-Quarz mit weiterer Temperaturzunahme wieder monoton zu[3]).

b) Temperaturabhängigkeit des Binormalenwinkels. Über die durch die Temperaturabhängigkeit der Hauptbrechungsindizes bedingte Temperaturabhängigkeit des Binormalenwinkels (vgl. Ziff. 25) liegen bei aktiven Kristallen nur vereinzelte Messungen vor[4]).

c) Temperaturabhängigkeit der Komponenten des Gyrationstensors. Die Temperaturabhängigkeit der Komponenten des Gyrationstensors ist nur unvollständig bekannt.

Bei optisch zweiachsigen aktiven Kristallen liegen überhaupt keine Beobachtungen vor.

Bei optisch einachsigen aktiven Kristallen sind eingehende Messungen nur bei Quarz durchgeführt worden, und zwar beziehen sich alle Beobachtungen auf die Temperaturabhängigkeit der Drehung der Polarisationsebene, d. h. also nach den Ausführungen der Ziff. 107b) auf die Temperaturabhängigkeit von g_{33}[5]). Diese Beobachtungen erstrecken sich bei α-Quarz von sehr tiefen Temperaturen ($\vartheta = -180^\circ$ C) bis zum Umwandlungspunkte[6]) ($\vartheta = 570^\circ$ C) und bei β-Quarz bis zur Temperatur $\vartheta = 900^\circ$ C; beim Übergang von der einen zur anderen Modifikation tritt eine sprunghafte Änderung des Drehungsvermögens ein[7]). Kennt man den linearen thermischen Ausdehnungskoeffizienten in Richtung der optischen Achse, so kann aus der Temperatur-

[1]) F. POCKELS, Wied. Ann. Bd. 37, S. 305. 1889.

[2]) F. F. MARTENS, Ann. d. Phys. Bd. 6, S. 628. 1901; F. J. MICHELI, ebenda Bd. 7, S. 788. 1902; F. POCKELS, Wied. Ann. Bd. 37, S. 305. 1889.

[3]) E. MALLARD u. H. LE CHATELIER, C. R. Bd. 110, S. 399. 1890; Bull. soc. minéral. Bd. 13, S. 112. 1890; Ann. chim. phys. (7) Bd. 6, S. 92. 1895; F. RINNE u. R. KOLB, N. Jahrb. f. Min. 1910 (2), S. 138.

[4]) A. MÜTTRICH, Pogg. Ann. Bd. 121, S. 222. 1864 (Kaliumnatriumtartrat-Tetrahydrat; $\vartheta = 16$ und 45° C); G. GREENWOOD, Mineral. Mag. Bd. 20, S. 126. 1923 (Triphenylbismutindichlorid; $\vartheta = 18$ und 35° C).

[5]) Zusammenstellung der Beobachtungsergebnisse bei H. DUFET, Rec. de données numér. Bd. III, S. 792. Paris 1900; LANDOLT-BÖRNSTEIN, Physikal.-chem. Tabellen, 5. Aufl., Bd. II, S. 1009. Berlin 1923.

[6]) Vgl. S. 826, Anm. 1.

[7]) H. LE CHATELIER, C. R. Bd. 109, S. 266. 1889; F. BATES u. F. P. PHELPS, Phys. Rev. (2) Bd. 10, S. 90. 1917.

abhängigkeit der Drehung der Polarisationsebene, welche eine senkrecht zur optischen Achse geschnittene Platte von bestimmter Dicke besitzt, $\frac{\partial g_{33}}{\partial \vartheta}$ berechnet werden. So z. B. ist bei α-Quarz (in der Nähe von $\vartheta = 20^\circ$ C für die Wellenlänge $\lambda_0 = 589\,\mathrm{m}\mu$) der Temperaturkoeffizient der Drehung der Polarisationsebene 0,000143 P, wobei P den Drehungswinkel für $\vartheta = 20^\circ$ C bedeutet[1]). Da der lineare thermische Ausdehnungskoeffizient des Quarzes parallel zur optischen Achse 0,000007 beträgt, so erhält man mit Hilfe von (342), (343) und (344) $\frac{\partial \alpha}{\partial \vartheta} = 0{,}000136\,\alpha$, wobei sich α auf $\vartheta = 20^\circ$ C bezieht; hieraus und aus dem ebenfalls bekannten Werte $\frac{\partial \bar{n}}{\partial \vartheta}$ [2]) läßt sich $\frac{\partial g_{33}}{\partial \vartheta}$ mittels (351) berechnen, und zwar ist

$$\frac{\partial g_{33}}{\partial \vartheta} = -\frac{\lambda_0}{\pi}\left(\bar{n}\frac{\partial \alpha}{\partial \vartheta} + \alpha\frac{\partial \bar{n}}{\partial \vartheta}\right),$$

wobei sich die rechts in der Klammer stehenden, durch die Beobachtung gelieferten Größen auf dieselbe Temperatur beziehen wie der Temperaturkoeffizient $\frac{\partial g_{33}}{\partial \vartheta}$.

Von den kubischen aktiven Kristallen ist der Temperaturkoeffizient der Drehung der Polarisationsebene nur bei Natriumchlorat[3]) bestimmt worden; aus diesem würde sich $\frac{\partial g_{33}}{\partial \vartheta}$ in der eben angegebenen Weise berechnen lassen, falls der lineare thermische Ausdehnungskoeffizient von Natriumchlorat bekannt wäre.

110. Optische Aktivität des mesomorphen Aggregatzustandes. Von den verschiedenen mesomorphen Aggregatzuständen (vgl. Ziff. 7) besitzt nur der nematisch cholesterische Zustand optische Aktivität; dieser Zustand ist außerdem stets optisch negativ-einachsig.

Um dieses von den übrigen, sämtlich positiv einachsigen mesomorphen Aggregatzuständen [vgl. Ziff. 24c)] abweichende Verhalten zu erklären, hat man nach FRIEDEL[4]) anzunehmen, daß der nematisch-cholesterische Zustand durch sehr dünne übereinanderliegende, lamellenartige Schichten des eigentlichen nematischen (positiv einachsigen) Zustandes zustande kommt. In den einzelnen Schichten liegen die positiv-einachsigen Moleküle parallel zur Schichtebene, die Schichten sind aber gegeneinander um die Schichtnormale verdreht und bilden somit ein Lamellenpaket, wodurch sie in ihrer Gesamtheit nach Art einer REUSCHschen Glimmersäule (vgl. Ziff. 76 und 96) wie ein negativ einachsiger Kristall wirken, dessen optische Achse parallel zur Schichtnormale liegt; die abnorm großen Werte des Drehungsvermögens in Richtung der Schichtnormale, welche eine Reihe von Substanzen im nematisch cholesterischen Aggregatzustande zeigen[5]), sind ebenfalls auf diese Schichtstruktur zurückzuführen[6]).

---

[1]) Nach O. SCHÖNROCK, in LANDOLT-BÖRNSTEIN, Physikal.-chem. Tabellen, 5. Aufl., Bd. II, S. 1009. Berlin 1923.

[2]) Vgl. die numerischen Angaben dieser Ziffer unter a).

[3]) L. SOHNCKE, Wied. Ann. Bd. 3, S. 529. 1878 ($16^\circ < \vartheta < 148^\circ$ C); CH. E. GUYE, Arch. sc. phys. et nat. (3) Bd. 22, S. 149. 1889 ($0^\circ < \vartheta < 28^\circ$ C).

[4]) G. FRIEDEL, Ann. de phys. Bd. 18, S. 384. 1922; ähnliche Vorstellungen hatte schon O. LEHMANN (Molekularphysik Bd. II, S. 591. Leipzig 1889).

[5]) α beträgt z. B. im mittleren Teile des sichtbaren Spektrums bei Anisalaminozimtsäure- und Anisalamino-α-Methylzimtsäure-akt-amylester ca. 4000°, bei p-Cyanbenzalaminozimtsäure-akt-amylester ca. 12000°; vgl. die zusammenfassende Darstellungen bei W. VOIGT, Phys. ZS. Bd. 17, S. 154. 1916; F. STUMPF, Jahrb. d. Radioakt. Bd. 15, S. 27. 1918.

[6]) G. FRIEDEL, Ann. de phys. Bd. 18, S. 384. 1922; C. R. Bd. 176, S. 475. 1923; L. ROYER, ebenda Bd. 174, S. 1182. 1922; Bd. 180, S. 148. 1925.

β) Dispersionserscheinungen.

111. Dispersion der Hauptbrechungsindizes, der optischen Symmetrieachsen, der Schwingungsrichtungen und der Binormalen. a) Dispersion der Hauptbrechungsindizes. Für die Dispersion der Hauptbrechungsindizes der nicht absorbierenden, aktiven Kristalle erhält man, ebenso wie bei den nicht absorbierenden nicht aktiven Kristallen (vgl. Ziff. 26), das Gesetz (149) bzw. (152). Dasselbe ist am eingehendsten bei α-Quarz nachgeprüft worden; wir verweisen diesbezüglich auf den Abschnitt über Dispersion in Kap. 10 dieses Bandes.

Der in Ziff. 26 erwähnte Zusammenhang zwischen relativer Dispersion der Doppelbrechung und chemischer Konstitution ist auch bei aktiven Kristallen festgestellt worden[1]).

Auch bei aktiven, optisch einachsigen Kristallen kann der Fall eintreten (vgl. Ziff. 26), daß die Doppelbrechung für eine bestimmte Wellenlänge verschwindet und zu beiden Seiten dieser Wellenlänge entgegengesetztes Vorzeichen besitzt[2]), der Kristall sich daher für diese Wellenlänge wie ein solcher des kubischen Systems verhält.

b) Dispersion der optischen Symmetrieachsen und der Schwingungsrichtungen. Über die Dispersion der optischen Symmetrieachsen optisch zweiachsiger Kristalle (vgl. Ziff. 27), sowie über die Dispersion der Schwingungsrichtungen (vgl. Ziff. 28) liegen bei aktiven Kristallen bis jetzt keine Beobachtungen vor.

c) Dispersion der Binormalen. Die Dispersion der Binormalen (vgl. Ziff. 29) ist bei optisch aktiven Kristallen verschiedentlich gemessen worden. So z. B. zeigt Kaliumtartrat deutliche horizontale Dispersion[3]); bei einigen rhombischen aktiven Kristallen wurde auch die Wellenlänge ermittelt, für die der Kristall optisch einachsig wird, während zu beiden Seiten dieser Wellenlänge die Binormalenebene parallel zu verschiedenen optischen Symmetrieebenen liegt[4]).

112. Allgemeines Gesetz der Dispersion der optischen Aktivität. Wie die für die gewöhnliche Doppelbrechung maßgebenden Hauptbrechungsindizes, so zeigen auch die die optische Aktivität bestimmenden Komponenten des Gyrationstensors Abhängigkeit von der Frequenz; man nennt diese Abhängigkeit Dispersion der optischen Aktivität oder der Rotationspolarisation oder kurz Rotationsdispersion.

Die Dispersion der optischen Aktivität ergibt sich aus den Formeln (348)[5]). Da die Art der Frequenzabhängigkeit bei allen Tensorkomponenten g_{hl} $(h, l = 1, 2, 3)$ die nämliche ist, so genügt es, eine dieser Größen, z. B. g_{23}, ins Auge zu fassen. Wir schreiben hierfür

$$g_{23} = \frac{1}{\lambda} \sum_{jj'} \frac{\gamma_{jj'}}{(\omega_j^{(0)2} - \omega^2)(\omega_{j'}^{(0)2} - \omega^2)}, \tag{355}$$

[1]) Z. B. bei den Erdalkalidithionaten (A. EHRINGHAUS u. H. ROSE, ZS. f. Krist. Bd. 58, S. 470. 1923).

[2]) H. DE SÉNARMONT, Ann. chim. phys. (3) Bd. 33, S. 427. 1851; H. AMBRONN, ZS. f. Krist. Bd. 52, S. 48. 1913 (isomorphe Mischkristalle von Blei- und Strontiumdithionat).

[3]) A. DESCLOIZEAUX, Ann. d. mines (5) Bd. 14, S. 409. 1858.

[4]) H. DE SÉNARMONT, Ann. chim. phys. (3) Bd. 33, S. 429. 1851 (isomorphe Mischkristalle von Kaliumnatriumtartrat-Tetrahydrat und Ammoniumnatriumtartrat-Tetrahydrat) G. GREENWOOD, Mineral. Mag. Bd. 20, S. 126. 1923 (Triphenylbismutindichlorid); P. SÈVE, Journ. de phys. (6) Bd. 1, S. 176. 1920 (Ammoniumnatriumtartrat-Tetrahydrat).

[5]) M. BORN, ZS. f. Phys. Bd. 8, S. 414. 1922; Atomtheorie des festen Zustandes (Dynamik der Kristallgitter), S. 620. Leipzig 1923 (in Enzyklop. d. mathem. Wissensch. Bd. V, Tl. 3).

wobei die Abkürzung

$$\gamma_{jj'} = 2\pi^2 V \{\mathfrak{R}_{jj'y'}[\mathfrak{L}_j \mathfrak{L}_{j'}]_{z'} + \mathfrak{R}_{jj'z'}[\mathfrak{L}_j \mathfrak{L}_{j'}]_{y'}\}$$

eingeführt ist.

Nun zerlegen wir (355) in Partialbrüche und beachten, daß dabei die nur einmal vorkommenden Eigenfrequenzen $\omega_e^{(0)}$ zu einfachen, die mehrfach vorkommenden Eigenfrequenzen $\omega_m^{(0)}$ zu einfachen und quadratischen Nennern Veranlassung geben[1]). Man erhält daher als Dispersionsgesetz für die Tensorkomponente g_{23} einen Ausdruck von der Form

$$g_{23} = \frac{1}{\lambda}\left\{\sum_m \left(\frac{\alpha_m}{(\omega_m^{(0)2} - \omega^2)^2} + \frac{\beta_m}{\omega_m^{(0)2} - \omega^2}\right) + \sum_e \frac{\beta_e}{\omega_e^{(0)2} - \omega^2}\right\}, \tag{356}$$

wobei die erste Summe über die Gesamtzahl m der mehrfach vorkommenden und die zweite Summe über die Gesamtzahl e der einfach vorkommenden Eigenfrequenzen zu erstrecken ist.

Durch das Auftreten der quadratischen Partialbrüche[2]) unterscheidet sich das Dispersionsgesetz der optischen Aktivität (356) von dem Dispersionsgesetz der Hauptbrechungsindizes, welches (vgl. Ziff. 26 und 111) stets durch einfache Partialbrüche dargestellt wird. Die Komponenten des Gyrationstensors können daher im Gegensatz zu den Hauptbrechungsindizes beim Durchgang durch eine mehrfache Eigenfrequenz symmetrisch zu dieser verlaufen und sowohl vor als auch hinter derselben sehr große Werte mit dem nämlichen Vorzeichen annehmen[3]); dieser Fall wird offenbar dann eintreten, wenn in (356) und den entsprechenden Formeln für die übrigen Tensorkomponenten die Koeffizienten β_m und β_e klein gegen die α_m sind. Allerdings sind bis jetzt optisch aktive Kristalle mit erreichbaren, hinreichend schmalen Absorptionsstreifen nicht bekannt geworden, so daß dieses Verhalten noch nicht geprüft werden konnte [vgl. hierzu auch Ziff. 148a)].

In dem Dispersionsgesetz (356) sind die Partialbruchzähler α_m, β_m und β_e nicht notwendig positiv; die Komponenten des Gyrationstensors können daher mit zunehmender Frequenz sowohl zu- als auch abnehmen, und das gleiche gilt dann offenbar auch für das Drehungsvermögen, d. h. für die Werte des Parameters g in Richtung der Binormalen.

Es kann auch der Fall eintreten, daß sich die einzelnen Glieder des Ausdruckes (356) bei einer bestimmten Frequenz gegenseitig vernichten, so daß die betreffende Tensorkomponente für diese Frequenz verschwindet, und zu beiden Seiten desselben entgegengesetztes Vorzeichen besitzt; ein solches Verhalten fand LONGCHAMBON[4]) für g_{33} bei dem optisch einachsigen Kaliumrhodotrioxalat.

Für das Drehungsvermögen α haben wir nach (343) und (344) bei Berücksichtigung von (17) und (18)

$$\alpha = -\frac{\pi g}{\lambda \bar{n}^2} = -\frac{\omega^2}{4\pi c^2} g \lambda .$$

Führt man wieder (vgl. Ziff. 26) die ultraroten und ultravioletten Eigenfrequenzen $\omega_r^{(0)}$ und $\omega_v^{(0)}$ ein und berücksichtigt, daß der zu einer Binormalenrichtung ge-

---

[1]) M. BORN, Phys. ZS. Bd. 16, S. 437. 1915; ZS. f. Phys. Bd. 8, S. 414. 1922.

[2]) Das Auftreten der quadratischen Partialbrüche ist für die optisch aktiven Kristalle charakteristisch; bei den optisch aktiven Flüssigkeiten und Lösungen können nur die einfachen Partialbrüche vorkommen [vgl. M. BORN, Ann. d. Phys. Bd. 55, S. 214. 1918; ZS. f. Phys. Bd. 8, S. 414. 1922].

[3]) M. BORN, ZS. f. Phys. Bd. 8, S. 416. 1922.

[4]) L. LONGCHAMBON, C. R. Bd. 178, S. 1828. 1924.

hörende Wert des skalaren Parameters g ebenfalls von der Form (356) ist, so ergibt sich für das Drehungsvermögen α der Ausdruck

$$\alpha = \omega^2 \left\{ \sum_r \left(\frac{p_r}{(\omega_r^{(0)2} - \omega^2)^2} + \frac{q_r}{\omega_r^{(0)2} - \omega^2} \right) + \sum_v \left(\frac{p_v}{(\omega_v^{(0)2} - \omega^2)^2} + \frac{q_v}{\omega_v^{(0)2} - \omega^2} \right) \right\},$$

der bei Einführung der durch (17) gegebenen Wellenlänge im Vakuum λ_0 an Stelle der Frequenz ω in die Form

$$\alpha = \sum_r \left(\frac{P_r \lambda_0^2}{(\lambda_0^2 - \lambda_r^2)^2} + \frac{Q_r}{\lambda_0^2 - \lambda_r^2} \right) + \sum_v \left(\frac{P_v \lambda_0^2}{(\lambda_0^2 - \lambda_v^2)^2} + \frac{Q_v}{\lambda_0^2 - \lambda_v^2} \right) \tag{357}$$

übergeht.

Es ist bemerkenswert, daß es bei einigen speziellen aktiven Kristallen gelungen ist[1]), die Abhängigkeit des Drehungsvermögens von der Wellenlänge λ_0 mit Hilfe der strengen Gittertheorie der Kristalloptik (vgl. Ziff. 1) absolut zu berechnen, wobei sich befriedigende Übereinstimmung der berechneten mit den beobachteten Werten ergab (vgl. hierzu den Abschnitt über die theoretischen Grundlagen des Baues der zusammenhängenden Materie in Bd. XXIV dieses Handbuches).

113. Näherungsformeln für die Dispersion der optischen Aktivität; Beobachtungsergebnisse. a) Näherungsformeln für die Dispersion der optischen Aktivität. Wir wollen jetzt das Gesetz für die Dispersion des Drehungsvermögens (357) in eine für die Darstellung der Beobachtungsergebnisse geeignete Form bringen.

Für einen Spektralbereich, der zwischen den ultraroten und ultravioletten Eigenfrequenzen liegt ($\lambda_v < \lambda_0 < \lambda_r$), erhält man aus (357) die Reihenentwicklung

$$\alpha = \frac{A_1}{\lambda_0^2} + \frac{A_2}{\lambda_0^4} + \frac{A_3}{\lambda_0^6} + \cdots + B_0 + B_1 \lambda_0^2 + B_2 \lambda_0^4 + \cdots; \tag{358}$$

in dieser Entwicklung rühren die Koeffizienten A_j von den ultravioletten und die Koeffizienten B_j von den ultraroten Eigenschwingungen des Kristalls her.

Zwischen dem Dispersionsgesetz (358) für die optische Aktivität und dem Dispersionsgesetz (150) für die Hauptbrechungsindizes bestehen wesentliche Unterschiede. Während bei letzterem sämtliche Koeffizienten $\bar{a}_j$ und $\bar{b}_j$ positiv sind, können in der Reihenentwicklung (358) die Koeffizienten A_j und B_j verschiedene Vorzeichen besitzen; außerdem wird B_0 durch die ultraroten Eigenschwingungen bestimmt, während das absolute Glied in der Reihenentwicklung (150) von den ultravioletten Eigenschwingungen herrührt.

Beschränkt man die Reihenentwicklung (358) auf das erste Glied, so erhält man das BIOTsche Gesetz der Rotationsdispersion[2])

$$\alpha = \frac{A_1}{\lambda_0^2};$$

nimmt man noch das zweite Glied hinzu, so folgt das BOLTZMANNsche Gesetz[3])

$$\alpha = \frac{A_1}{\lambda_0^2} + \frac{A_2}{\lambda_0^4}.$$

Beide Formeln sind nach dem Gesagten nur ungefähre Annäherungsgesetze und ihr Geltungsbereich daher ein beschränkter.

---

[1]) E. HERMANN, ZS. f. Phys. Bd. 16, S. 103. 1923 (Natriumchlorat, Natriumbromat); E. A. HYLLERAAS, ebenda Bd. 24, S. 871. 1927 (β-Quarz).

[2]) J. B. BIOT, Mém. de l'Acad. des Scienc. Bd. 2, S. 41. 1817.

[3]) L. BOLTZMANN, Pogg. Ann. Jubelbd. S. 128. 1874; Wissensch. Abhandlgn. Bd. I, S. 645. Leipzig 1909.

b) Beobachtungsergebnisse über die Dispersion der optischen Aktivität. Die Beziehung (357) ist zuerst von DRUDE[1]) gefunden und näher diskutiert worden. Nimmt man an, daß die ultraroten Glieder dieser Reihe keinen merklichen Einfluß auf das Drehungsvermögen besitzen, so ist $P_r = Q_r = 0$ und somit auch in (358) $B_j = 0$ zu setzen; es ergibt sich dann aus (357) als Näherungsgesetz für die Rotationsdispersion der Ausdruck

$$\alpha = \sum_v \left(\frac{P_v \lambda_0^2}{(\lambda_0^2 - \lambda_v^2)^2} + \frac{Q_v}{\lambda_0^2 - \lambda_v^2} \right)$$

bzw. aus (358)

$$\alpha = \frac{A_1}{\lambda_0^2} + \frac{A_2}{\lambda_0^4} + \frac{A_3}{\lambda_0^6} + \cdots \tag{359}$$

Zur Prüfung dieser Beziehungen eignet sich am besten α-Quarz[2]), über dessen Drehungsvermögen weit eingehendere Dispersionmessungen vorliegen als bei irgendeinem anderen aktiven Kristall[3]). Die Beobachtungen an α-Quarz[4]) erstrecken sich über einen sehr großen Spektralbereich und lassen sich in der Tat, wie DRUDE gezeigt hat, schon recht gut durch eine zweigliedrige Näherungsformel

$$\alpha = \frac{Q_v}{\lambda_0^2 - \lambda_v^2} + \frac{Q_v'}{\lambda_0^2}$$

darstellen[5]). Hierin bedeutet in dem ersten Gliede λ_v eine der ultravioletten Eigenwellenlängen, welche zur Darstellung der Dispersion der Hauptbrechungsindizes erforderlich sind, falls man hierzu die auf eine Anzahl ultravioletter Glieder beschränkten Ausdrücke (149) benützt; beim zweiten Gliede ist eine noch kürzere Wellenlänge der ultravioletten Eigenschwingungen zu denken, deren Quadrat gegen λ_0^2 vernachlässigt werden kann.

Bei einer genaueren Darstellung dürfen jedoch, wie LOWRY und COODE-ADAMS[6]) gezeigt haben, die ultraroten Glieder nicht mehr vernachlässigt werden; allerdings ist ihr Einfluß so gering, daß sie durch eine einzige Konstante B_0 ersetzt werden können. Man erhält dann für α die dreigliedrige Näherungsformel

$$\alpha = \frac{Q_v}{\lambda_0^2 - \lambda_v^2} + \frac{Q_v'}{\lambda_0^2 - \lambda_v'^2} + B_0,$$

in welcher λ_v und λ_v' die Wellenlängen der berücksichtigten ultravioletten Eigenschwingungen sind. Wird λ_0 in μ ausgedrückt und setzt man $Q_v = 9{,}5639$,

[1]) P. DRUDE, Lehrbuch der Optik, S. 380. Leipzig 1900; 3. Aufl. Herausgeg. von E. GEHRCKE, S. 404. Leipzig 1912.

[2]) Vgl. S. 826, Anm. 1.

[3]) Außer den Angaben bei LANDOLT-BÖRNSTEIN, Physikal.-chem. Tabellen, 5. Aufl., S. 1009–1010. Berlin 1923 sind an neueren Arbeiten zu nennen: F. WALLERANT, C. R. Bd. 158, S. 93. 1914 (Ammoniumantimonyltartrat); L. LONGCHAMBON, ebenda Bd. 173, S. 89. 1921; Bull. soc. minéral. Bd. 45, S. 236. 1922. (Strontiumditartrat, Rohrzucker, Ammoniumtartrat, Kaliumtartrat, Lithiumsulfat-Monohydrat, Mononatriumphosphat-Dihydrat, Ammonium-Natriumtartrat-Tetrahydrat, Kalium-Natriumtartrat-Tetrahydrat, Magnesiumsulfat-Heptahydrat, Strontiumformiat-Dihydrat, Zinksulfat-Heptahydrat, Nickelsulfat-Heptahydrat, Bleiformiat, Magnesiumchromat-Heptahydrat, Ammoniumoxalat-Heptahydrat, Jodsäure, Asparagin, Ammoniummolybdomalat, Bariummolybdomalat, Hydrazinsulfat, Anisalcampher, Benzylcampher); C. R. Bd. 178, S. 1828. 1924 (Kaliumrhodotrioxalat); E. PERUCCA, Cim. (6) Bd. 18, S. 112. 1919 (Natriumchlorat).

[4]) Außer den Angaben bei H. DUFET, Rec. de données numér. Bd. III, S. 787–791. Paris 1900 und LANDOLT-BÖRNSTEIN, Physikal.-chem. Tabellen, 5. Aufl., Bd. II, S. 1009. Berlin 1923 sind an neueren Arbeiten zu nennen: L. R. INGERSOLL, Phys. Rev. (2) Bd. 9, S. 257. 1917 (ultraroter Spektralbereich); J. DUCLAUX u. P. JEANTET, Journ. de phys. (6) Bd. 7, S. 200. 1926 (ultravioletter Spektralbereich); TH. M. LOWRY u. W. R. C. COODE-ADAMS, Phil. Trans. Bd. 226, S. 391. 1927 (sichtbarer und ultravioletter Spektralbereich).

[5]) Über eine empirische. eine Exponentialfunktion enthaltende Näherungsformel an Stelle von (359) vgl. F. BÜRKI, Helv. Chim. Acta Bd. 7, S. 328. 1924.

[6]) TH. M. LOWRY u. W. R. C. COODE-ADAMS, Phil. Trans. Bd. 266, S. 391. 1927.

$Q'_v = -2{,}3113$, $B_0 = -0{,}1905$, $\lambda_v^2 = 0{,}0127493$ und $\lambda_v'^2 = 0{,}000974$, so besteht zwischen den beobachteten und berechneten Werten α im ganzen zugänglichen Spektrum ($228\,\mathrm{m}\mu < \lambda_0 < 2517\,\mathrm{m}\mu$) eine nahezu vollkommene Übereinstimmung.

In ähnlicher Weise läßt sich auch die Dispersion des Drehungsvermögens bei Natriumchlorat[1]) ausgezeichnet darstellen; weniger vollkommen jedoch die des Zinnobers, der allerdings schon im sichtbaren Bereiche mehrere Eigenfrequenzen besitzt[2]).

Optisch aktive Kristalle, welche in Lösungen aktiv bleiben, deren Aktivität also nur teilweise eine Gitterstruktureigenschaft ist und zum Teil durch den asymmetrischen Bau des Moleküls selbst bedingt wird (vgl. Ziff. 96), besitzen erfahrungsgemäß im kristallisierten und gelösten Zustande gleiche Dispersion des Drehungsvermögens[3]).

b) Gesetze der Reflexion und Brechung bei nicht absorbierenden, aktiven Kristallen.

114. Partielle Reflexion und Brechung. Fällt eine sich in einem isotropen Medium ausbreitende, ebene, monochromatische, linear polarisierte Welle auf die ebene Begrenzungsfläche eines nicht absorbierenden, aktiven Kristalls, so sind die beiden partiell gebrochenen Wellen nach Ziff. 100a) elliptisch polarisiert; dieselben besitzen im allgemeinen verschiedene Brechungsindizes und deshalb nach den auch hier gültigen Brechungsgesetzen (166) und (167) verschiedene Wellennormalenrichtungen.

Die Wellennormalenrichtung der in das isotrope Außenmedium reflektierten Welle folgt dem gewöhnlichen Reflexionsgesetz für isotrope Medien; wegen der elliptischen Polarisation der beiden gebrochenen Wellen besteht dagegen die bei nicht aktiven Kristallen geltende und in Ziff. 40 besprochene einfache Beziehung nicht mehr, es tritt vielmehr eine Änderung des Polarisationszustandes durch die partielle Reflexion ein.

Die Berechnung der Änderung der Phasen und Amplituden, welche eine in einem isotropen Medium einfallende, ebene, monochromatische, linear polarisierte Welle durch partielle Reflexion an der Begrenzungsfläche eines nicht absorbierenden, aktiven Kristalls erfährt, erfordert die Durchführung der Gleichungen (9), (10), (11) und (12), sowie der Grenzbedingungen (5) und (6) unter Heranziehung der Verknüpfungsgleichung (310); sie ist bei optisch einachsigen aktiven Kristallen von FÖRSTERLING[4]) erledigt worden und ergibt, daß die reflektierte Welle elliptisch polarisiert ist mit gegen die Einfallsebene im allgemeinen geneigten Hauptachsen der Schwingungsellipse[5]). Ihre Elliptizität ist aber bei beliebigem Einfallswinkel nur sehr klein[6]); sie verschwindet bei

---

[1]) E. PERUCCA, Cim. (6) Bd. 18, S. 112. 1919.

[2]) H. ROSE, N. Jahrb. f. Min., Beil. Bd. 29, S. 100 u. 103. 1910; Centralbl. f. Min. 1911, S. 527.

[3]) L. LONGCHAMBON, Bull. soc. minéral. Bd. 45, S. 250. 1922.

[4]) K. FÖRSTERLING, Göttinger Nachr. 1908, S. 268; Ann. d. Phys. Bd. 29, S. 809. 1909; W. VOIGT, Phys. ZS. Bd. 9, S. 782. 1908; Verh. d. D. phys. Ges. Bd. 10, S. 757. 1908. Der Fall kubischer Kristalle ist mit Hilfe eines der MAC CULLAGHschen Methode (Ziff. 43) analogen Verfahrens von P. KAEMMERER (N. Jahrb. f. Min., Beil. Bd. 30, S. 510. 1910) behandelt worden.

[5]) Die elliptische Polarisation der reflektierten Welle wurde schon aus den älteren elastischen Theorien der optischen Aktivität [Ziff. 97a)] gefolgert; vgl. W. VOIGT, Wied. Ann. Bd. 21, S. 522. 1884; Bd. 30, S. 190. 1887; Kompend. d. theoret. Phys. Bd. II, S. 695. Leipzig 1896.

[6]) Hierauf ist zurückzuführen, daß die älteren Versuche zum Nachweis der Elliptizität (P. DRUDE, Göttinger Nachr. 1892, S. 407) mißglückt sind.

senkrechter Inzidenz, in welchem Falle sich das optisch aktive Medium wie ein gewöhnliches, nicht aktives verhält.

Ist die einfallende, linear polarisierte Welle parallel oder senkrecht zur Einfallsebene polarisiert, so liegen die Achsen der Schwingungsellipse der reflektierten Welle ebenfalls parallel und senkrecht zur Einfallsebene. Bei aktiven Kristallen des kubischen Systems nimmt, wie FÖRSTERLING zeigen konnte, die sonst kleine Elliptizität der reflektierten Welle in diesen beiden Fällen merkliche Werte an, wenn der Einfallswinkel so gewählt wird, daß die eine der beiden im Kristall durch Brechung entstandenen, zirkular polarisierten Wellen streifend gebrochen wird (vgl. Ziff. 50); dasselbe Resultat ergibt sich auch für einen optisch einachsigen, aktiven Kristall, dessen optische Achse parallel zur reflektierenden Begrenzungsfläche und zur Einfallsebene liegt. Die Elliptizität der reflektierten Welle wird dann besonders beträchtlich, wenn der Einfallswinkel, bei dem die streifende Brechung der einen zirkular polarisierten Welle eintritt, möglichst groß wird, d. h. wenn der Brechungsindex des isotropen Außenmediums nahezu gleich dem mittleren Brechungsindex des reflektierenden, aktiven Kristalls ist; sie konnte unter Benutzung dieses Kunstgriffes von FÖRSTERLING bei Natriumchlorat und Quarz experimentell nachgewiesen werden.

115. Konische Refraktion. Ein bemerkenswerter Unterschied zwischen den nicht absorbierenden, nicht aktiven Kristallen und den aktiven Kristallen besteht hinsichtlich der inneren konischen Refraktion. Aus der in Abb. 29 veranschaulichten Gestalt der Strahlenfläche eines nicht absorbierenden, aktiven Kristalls folgt, daß jede Schale derselben von jeder Tangentialebene nur in einem Punkte berührt werden kann; da nun die innere konische Refraktion nach dem in Ziff. 36c) ausgeführten nur möglich ist, wenn eine die Strahlenfläche in einer Kurve berührende Tangentialebene existiert, so folgt, daß eine innere konische Refraktion bei nicht absorbierenden, aktiven Kristallen nicht auftreten kann.

Dagegen lassen sich die in Ziff. 36c) besprochenen Erscheinungen auch bei optisch aktiven Kristallen (z. B. bei Rohrzucker) beobachten; denn zu jeder von der Binormalenrichtung abweichenden Wellennormalenrichtung gehören auch bei aktiven Kristallen zwei Strahlen, und es läßt sich leicht zeigen, daß diese zusammen zwei von einem dunkeln Zwischenraum getrennte Kegelmäntel bilden müssen[1]). Ein wesentlicher Unterschied zwischen nicht absorbierenden, nicht aktiven Kristallen einerseits und aktiven Kristallen andererseits besteht jedoch bezüglich des Polarisationszustandes der beiden vom POGGENDORFFschen dunkeln Kreis getrennten, hellen Lichtringe. Während bei nicht aktiven Kristallen zwei Punkte der Lichtringe, die auf demselben Radius liegen, gleichen Polarisationszustand besitzen, ergibt die Theorie bei aktiven Kristallen[2]), daß die zu zwei gleichartig polarisierten Punkten der beiden Lichtringe gezogenen Radien einen kleinen Winkel miteinander bilden; wird in der Tat das Ringsystem durch einen drehbaren Analysator beobachtet, so zeigt sich, daß diejenigen Stellen, an welchen der äußere und der innere Ring ausgelöscht werden, nicht auf demselben Radius liegen, sondern etwas gegeneinander verschoben sind[3]).

Die äußere konische Refraktion der nicht absorbierenden, nicht aktiven Kristalle beruht nach den Ausführungen der Ziff. 37c) auf dem Vorhandensein der konischen Doppelpunkte, d. h. auf der Selbstdurchdringung der Strahlen-

[1]) W. VOIGT, Phys. ZS. Bd. 6, S. 789. 1905.
[2]) W. VOIGT, Ann. d. Phys. Bd. 18, S. 692. 1905.
[3]) Von W. VOIGT (Ann. d. Phys. Bd. 18, S. 678. 1905) bei Rohrzucker und Weinsäure beobachtet.

fläche in ihren Schnittpunkten mit den Biradialenrichtungen; da diese Eigenschaft nach dem in Ziff. 108b) gesagten bei der inneren Schale der Strahlenfläche der aktiven Kristalle auftritt, so bleibt bei ihnen die äußere konische Refraktion erhalten.

c) Interferenzerscheinungen an Platten nicht absorbierender, aktiver Kristalle im polarisierten Lichte.

α) Interferenzerscheinungen im senkrecht auffallenden, parallelen, linear polarisierten Lichte.

116. Interferenzerscheinungen einer senkrecht zu einer Binormale geschnittenen Platte eines nicht absorbierenden, aktiven Kristalls. Wir wenden uns in dieser und der folgenden Ziffer den Interferenzerscheinungen zu, welche nicht absorbierende, aktive Kristallplatten im senkrecht auffallenden, parallelen, linear polarisierten Lichte zeigen.

Wird eine senkrecht zu einer Binormale geschnittene, planparallele Platte eines nicht absorbierenden, aktiven Kristalls zwischen zwei Polarisatoren gebracht und mit senkrecht auffallendem, weißem, parallelem Lichte beleuchtet, so erscheint das Gesichtsfeld bei jeder beliebigen Stellung des Analysators gefärbt; die Interferenzfarbe ändert sich nicht, wenn man die Platte bei festgehaltenen Polarisatoren in ihrer Ebene dreht, wohl aber, wenn die Platte festgehalten und entweder der Polarisator oder der Analysator für sich allein gedreht wird.

Diese zuerst von ARAGO[1]) bei einer senkrecht zur optischen Achse geschnittenen Quarzplatte beobachtete Erscheinung ist eine Folge der Dispersion des Drehungsvermögens. Wir sehen von den durch Reflexionen an den Begrenzungsflächen der Platte hervorgerufenen Schwächungen ab und bezeichnen mit w das Azimut der Schwingungsrichtung des Analysators gegen jene des Polarisators, mit α_{λ_0} das der Wellenlänge λ_0 entsprechende Drehungsvermögen der Platte und mit d ihre Dicke; die Schwingungsrichtung des Lichtes von der Wellenlänge λ_0 besitzt dann nach dem Austritt aus der Platte gegen die Schwingungsrichtung des Polarisators ein Azimut u, welches offenbar durch

$$u = w \mp \alpha_{\lambda_0} d\,,$$

gegeben ist, wobei das obere oder das untere Vorzeichen gilt, je nachdem die Platte rechts- oder linksdrehend ist.

Ist $\overline{\mathfrak{D}^{(\lambda_0)}}$ die Amplitude des Lichtvektors der aus dem Polarisator austretenden Welle von der Wellenlänge λ_0, so ist ihre nach der Schwingungsrichtung des Analysators genommene Komponente beim Austritt aus der Platte $\overline{\mathfrak{D}^{(\lambda_0)}}\cos(w \mp \alpha_{\lambda_0} d)$; die dieser Wellenlänge entsprechende Teilintensität J_{λ_0} des aus dem Analysator austretenden Lichtes beträgt daher nach (32)

$$J_{\lambda_0} = \left\{\overline{\mathfrak{D}^{(\lambda_0)}}\cos(w \mp \alpha_{\lambda_0} d)\right\}^2.$$

Die Gesamtintensität des aus dem Analysator austretenden Lichtes wird infolgedessen

$$J = \sum\left\{\overline{\mathfrak{D}^{(\lambda_0)}}\cos(w \mp \alpha_{\lambda_0} d)\right\}^2, \tag{360}$$

wobei die Summierung über sämtliche in dem auffallenden weißen Licht enthaltenen Wellenlängen zu erstrecken ist.

---

[1]) F. ARAGO, Mém. de la classe des Scienc. math. et phys. de l'Inst. 1811 (1), S. 117; Œuvr. compl. Bd. X, S. 56. Paris-Leipzig 1858.

Die spektrale Intensitätsverteilung von J (und damit die Interferenzfarbe) ändert sich also, entsprechend der ARAGOschen Beobachtung[1]), mit w und außerdem mit d; sie ist aber unabhängig vom Azimut der Platte, da dieses in (360) überhaupt nicht vorkommt. Für zwei um $\pi/2$ auseinanderliegende Werte w erhält man, wie ebenfalls schon von ARAGO feststellt wurde, komplementäre Interferenzfarben, da die Summe der den beiden Analysatorstellungen entsprechenden Intensitäten nach (360) gleich $\sum \overline{\mathfrak{D}^{(\lambda_0)^2}}$ ist, also dieselbe spektrale Intensitätsverteilung besitzt wie das auf die Platte fallende weiße Licht.

Daß die den einzelnen Wellenlängen λ_0 entsprechenden Teilintensitäten verschieden stark geändert werden, läßt sich durch spektrale Zerlegung des vom Analysator durchgelassenen Lichtes zeigen. Ist z. B. etwa $w = 0$ (d. h. liegen die Schwingungsrichtungen der beiden Polarisatoren parallel), so müssen in dem Spektrum alle diejenigen Wellenlängen λ_0 fehlen, für welche

$$\alpha_{\lambda_0} d = (2m + 1)\frac{\pi}{2} \qquad (m = 0, 1, 2, \ldots)$$

ist; das Spektrum wird daher von dunkeln Streifen durchzogen, deren Anzahl p mit d zunimmt. Für ein bestimmtes, durch die Wellenlängen λ_{01} und λ_{02} begrenztes Spektralintervall ($\lambda_{01} < \lambda_{02}$) ist p gleich der Anzahl derjenigen ungeraden Zahlen, die zwischen $\frac{2|\alpha_{\lambda_{01}}|d}{\pi}$ und $\frac{2|\alpha_{\lambda_{02}}|d}{\pi}$ liegen; damit in diesem Spektralintervall dunkle Streifen überhaupt auftreten können, muß daher die Plattendicke d eine gewisse untere Grenze besitzen, welche (bei $|\alpha_{\lambda_{01}}| < |\alpha_{\lambda_{02}}|$) durch $\frac{\pi}{2\alpha_{\lambda_{01}}}$ gegeben ist.

Ändert man das Analysatorazimut und erteilt ihm einen von Null verschiedenen Wert w, so verschieben sich die dunkeln Streifen, da jetzt nach (360) diejenigen Wellenlängen fehlen, für welche $\alpha_{\lambda_0} d = (2m+1)\frac{\pi}{2} \pm w$ ist; wegen des Dispersionsgesetzes (358) tritt die Streifenverschiebung daher nach der kurzwelligen bzw. langwelligeren Seite des Spektrums hin ein, je nachdem die Änderung von w im selben bzw. entgegengesetzten Sinne erfolgt wie das Drehungsvermögen. Hierauf beruht eine von BROCH[2]) angegebene Methode zur Bestimmung der Dispersion des Drehungsvermögens.

Der Vergleich von (360) mit (261) zeigt bei Berücksichtigung des Dispersionsgesetzes (359), daß die Interferenzfarben, welche eine senkrecht zu einer Binormale geschnittene Platte eines aktiven Kristalls im parallelen weißen Lichte zwischen gekreuzten Polarisatoren zeigt, gänzlich verschieden sind von den Interferenzfarben, welche eine doppelbrechende Platte eines nicht aktiven Kristalls unter gleichen Umständen aufweist[3]).

Bei zunehmender Plattendicke d gehen auch die Interferenzfarben der aktiven Kristallplatte in immer mattere Töne und schließlich in ein Weiß höherer Ordnung [vgl. Ziff. 72c)] über; doch tritt letzteres erst bei einer Plattendicke auf, die erheblich größer ist als bei einer nichtaktiven, doppelbrechenden Platte. Die Abhängigkeit der Interferenzfarben einer senkrecht zu einer Binormale geschnittenen Platte eines aktiven Kristalls von der Plattendicke d kann man am einfachsten übersehen, indem man einen durch einen Glaskeil zu einer planparallelen Platte ergänzten Kristallkeil, dessen eine Keilebene senkrecht

---

[1]) Über die bei Änderung von w auftretende Farbenfolge vgl. A. WENZEL, Centralbl. f. Min. 1919, S. 236; C. PULFRICH, ZS. f. Instrkde. Bd. 44, S. 261. 1924.

[2]) O. J. BROCH, Doves Repertor. d. Phys. Bd. 7, S. 113. 1846.

[3]) Eine vergleichende Untersuchung der Interferenzfarben im parallelen, polarisierten, weißen Lichte bei einer senkrecht und einer parallel zur optischen Achse geschnittenen Quarzplatte wurde von TH. LIEBISCH und A. WENZEL (Berl. Ber. 1917, S. 3) ausgeführt.

zur Binormale liegt, zwischen gekreuzte Polarisatoren bringt und mit weißem, parallelem Lichte beleuchtet; die den einzelnen Keildicken zugeordneten Interferenzfarben erscheinen dann in kontinuierlicher Folge nebeneinander[1]).

117. Empfindliche Farbe; SOLEILsche Doppelplatte. Besitzt die Kristallplatte bei der in Ziff. 116 besprochenen Anordnung eine solche Dicke, daß das aus dem Analysator austretende Licht die im auffallenden weißen Licht enthaltenen Wellenlängen maximaler Intensität nicht enthält, so tritt eine Interferenzfarbe auf, welche den Übergang zu den Nachbarfarben besonders deutlich zeigt[2]); sie ist ein Violett, welches dem bei doppelbrechenden Platten auftretenden Violett zweiter Ordnung [vgl. Ziff. 72d)] ähnlich ist und auch hier als empfindliche Farbe bezeichnet wird. Bei Beleuchtung mit Sonnenlicht, dessen maximalste Intensität bei der Wellenlänge $\lambda_0 = 550\,\mathrm{m}\mu$ liegt, muß demnach die empfindliche Farbe bei gekreuzten (bzw. parallelen) Polarisatoren bei derjenigen Plattendicke $\bar{d}$ auftreten, für welche $\alpha_{\lambda_0=550}\cdot \bar{d} = \pi \left(\text{bzw.} = \frac{\pi}{2}\right)$ ist; für Quarz beträgt $\bar{d} = 7{,}50$ mm (bzw. $= 3{,}75$ mm)[3]). Eine geringe Drehung des Analysators aus der gekreuzten (bzw. parallelen) Stellung heraus bewirkt einen Umschlag des empfindlichen Violett in Rot bzw. Blau, je nachdem diese Drehung im Sinne der durch die Platte hervorgerufenen Drehung der Polarisationsebene bzw. im entgegengesetzten Sinne erfolgt[4]).

Kittet man zwei nebeneinanderliegende, senkrecht zur optischen Achse geschnittene Quarzplatten zusammen, welche beide gleiche, der empfindlichen Farbe entsprechende Dicken $\bar{d}$ besitzen und von welchen die eine rechts- und die andere linksdrehend ist, so zeigt die so erhaltene sogenannte SOLEILsche Doppelplatte[5]) bei Beleuchtung mit weißem Lichte zwischen zwei Polarisatoren nach (360) nur dann gleich violett gefärbte Hälften, wenn die Schwingungsrichtungen der Polarisatoren gekreuzt (bzw. parallel) sind; eine geringe Drehung einer der beiden Polarisatoren bewirkt sofort, daß die eine Hälfte in Rot und die andere in Blau umschlägt. Die SOLEILsche Doppelplatte kann daher benutzt werden, um die Schwingungsrichtung des Analysators genau senkrecht (bzw. parallel) zur Schwingungsrichtung der auffallenden, linear polarisierten Welle zu stellen und findet bei den Methoden zur Messung der Drehung der Polarisationsebene Verwendung[6]).

Befindet sich eine SOLEILsche Doppelplatte zwischen gekreuztem Polarisator und Analysator und wird zwischen ersterem und die SOLEILsche Platte noch eine doppelbrechende Kristallplatte gebracht, so können, wie in Bd. XIX ausgeführt wird, bei Beobachtung mit weißem Lichte die beiden Hälften nur dann gleichmäßig violett erscheinen, wenn die Hauptschwingungsrichtungen der doppelbrechenden Platte mit den Schwingungsrichtungen der gekreuzten Polarisatoren zusammenfallen. Die SOLEILsche Doppelplatte läßt sich daher nach BERT-

---

[1]) Über die Interferenzfarben bei Kristallen mit geringer optischer Aktivität (z. B. Natriumchlorat) vgl. TH. LIEBISCH u. A. WENZEL, Berl. Ber. 1917, S. 803.

[2]) A. WENZEL, Phys. ZS. Bd. 18, S. 472. 1917; vgl. auch Ziff. 72d).

[3]) Vgl. hierzu F. E. WRIGHT, The methods of petrographic-microscopic research, S. 137. Washington 1911 (Carnegie Institut. of Washington, Public. Nr. 158).

[4]) Die Farbenfolge bei der Drehung des Analysators ermöglicht es, rechts- und linksdrehende Platten voneinander zu unterscheiden; eine Quarzplatte z. B. ist rechts- bzw. linksdrehend, je nachdem (bei einer Platte von etwa 2 mm Dicke) die Reihenfolge Blau, Purpur, Gelb, Gelbweiß, Weiß bei einer Drehung des Analysators (aus der gekreuzten Stellung heraus) im Sinne eines positiven bzw. negativen Drehungsvermögens erfolgt (vgl. C. PULFRICH, ZS. f. Instrkde. Bd. 44, S. 263. 1924).

[5]) J. SOLEIL, C. R. Bd. 20, S. 1805. 1845.

[6]) Vgl. hierzu den Abschnitt über Polarimetrie in Bd. XIX ds. Handb.

RAND[1]) auch zum Nachweis von geringen Doppelbrechungen, sowie zur Ermittlung der Auslöschungsrichtungen einer Kristallplatte benutzen[2]).

Erfolgt die Beleuchtung mit monochromatischem Lichte, so hat man bei Verwendung der SOLEILschen Doppelplatte statt auf gleiche Färbung, auf gleiche Intensität der beiden Hälften einzustellen; die Einstellungsgenauigkeit wird nach NAKAMURA[3]) um so größer, je geringer die Dicke der Platte ist (bei NAKAMURA 0,04 mm).

β) Interferenzerscheinungen im konvergenten, polarisierten Lichte.

118. Eine nicht absorbierende, aktive Kristallplatte im konvergenten, elliptisch polarisierten Lichte. Wir betrachten in dieser und den folgenden Ziffern die Interferenzerscheinungen, welche eine planparallele Platte eines aktiven Kristalls im konvergenten, polarisierten Lichte zeigt[4]). Diese Erscheinungen wurden zuerst von AIRY[5]) bei einer senkrecht zur optischen Achse geschnittenen Quarzplatte beobachtet, aber nur unvollständig auf Grund unrichtiger Annahmen erklärt.

Zur Darstellung der Erscheinungen gehen wir aus von dem Falle, daß eine ebene, elliptisch polarisierte, monochromatische Welle eine planparallele Platte eines nicht absorbierenden aktiven Kristalls senkrecht durchsetzt und dann durch einen Analysator hindurchgeht[6]); die Begrenzungsebenen der Platte sollen gegen die Binormalen zunächst beliebige Neigung besitzen.

Wir legen das rechtwinklige Rechtssystem x', y', z' so, daß die positive z'-Achse mit der Wellennormalenrichtung $\mathfrak{s}$ der auffallenden Welle und somit mit der Plattennormale zusammenfällt. Die $x'y'$-Ebene legen wir in diejenige Begrenzungsebene der Platte, auf welche die Welle auffällt; die x'-Achse und y'-Achse lassen wir mit den Richtungen zusammenfallen, welche bei verschwindender Aktivität des Kristalls die Hauptschwingungsrichtungen $\mathfrak{d}'$ und $\mathfrak{d}''$ der Platte sein würden [vgl. Ziff. 100a)].

Ist $\mathfrak{D}$ der Lichtvektor der auffallenden elliptisch polarisierten Welle von der Frequenz ω und bezeichnen ξ und η die Richtungen der Hauptachsen ihrer Schwingungsellipse, so können wir für die nach ξ und η genommenen

---

[1]) E. BERTRAND, ZS. f. Krist. Bd. 1, S. 69. 1877; Bull. soc. minéral. Bd. 1, S. 26. 1878; eine Doppelplatte mit variierbarer Empfindlichkeit bei F. E. WRIGHT, Sill. Journ. (4) Bd. 26, S. 377. 1908; vgl. wegen der Einzelheiten den Abschnitt über die Messung elliptisch polarisierten Lichtes in Bd. XIX ds. Handb.

[2]) F. E. WRIGHT, Sill. Journ. (4) Bd. 26, S. 349. 1908; The methods of petrographic-microscopie research. S. 137. Washington 1911 (Carnegie Institut. of Washington, Public. Nr. 158); G. SZIVESSY u. CL. MÜNSTER, ZS. f. Phys. Bd. 47, S. 357. 1928. Über andere Methoden zur Bestimmung der Auslöschungsrichtungen vgl. Ziff. 75a).

[3]) S. NAKAMURA, Centralbl. f. Min. 1905, S. 267; Proc. Tokyo Math.-Phys. Soc. (2) Bd. 4, S. 26. 1907.

[4]) Reproduktionen photographischer Aufnahmen dieser Interferenzerscheinungen bei H. HAUSWALDT, Interferenzerscheinungen im polarisierten Lichte, 3. Reihe, Taf. 17—23. Magdeburg 1908.

[5]) G. AIRY, Trans. Cambr. Phil. Soc. Bd. 4, S. 79 u. 199. 1833; eine eingehende Darstellung der AIRYschen Entwicklungen findet sich bei F. NEUMANN, Vorlesungen über theoret. Optik, Herausgeg. von E. DORN. S. 244. Leipzig 1885.

[6]) J. WALKER, The analytical theory of light, S. 361. Cambridge 1904; H. JOACHIM, N. Jahrb. f. Min., Beil. Bd. 21, S. 630. 1906. Der allgemeinere Fall des Durchganges einer elliptisch polarisierten Welle durch n übereinander liegende aktive Kristallplatten wurde von O. GALL (ebenda Bd. 38, S. 685. 1915) behandelt; für die folgenden Betrachtungen genügt die Behandlung des Falles $n = 1$ bzw. $n = 2$.

Beobachtungen über die Interferenzerscheinungen bei Plattenkombinationen, bestehend aus senkrecht zur optischen Achse geschnittenen, rechts- und linksdrehenden Quarzplatten, hat TH. LIEBISCH (Berl. Ber. 1916, S. 870) angestellt.

Komponenten von $\mathfrak{D}$ in der Ebene $z' = 0$ die folgenden Ausdrücke (vgl. Kap. 4 ds. Bandes)

$$\mathfrak{D}_\xi = |\mathfrak{D}| \cos\psi' e^{-i\omega t}, \qquad \mathfrak{D}_\eta = -i |\mathfrak{D}| \sin\psi' e^{-i\omega t} \tag{361}$$

ansetzen, wobei durch $\operatorname{tg}\psi' = k'$ die Elliptizität der Welle bestimmt ist.

Im Inneren der Platte zerlegt sich die auffallende Welle nach dem in Ziff. 100a) ausgeführten in zwei entgegengesetzt elliptisch polarisierte Wellen von gleicher Elliptizität $k = \operatorname{tg}\psi$ mit gekreuzten Schwingungsellipsen von entgegengesetztem Umlaufssinn, deren große Achsen die durch $\mathfrak{d}'$ und $\mathfrak{d}''$ bestimmten Richtungen haben; sind $\mathfrak{D}^{(1)}$ und $\mathfrak{D}^{(2)}$ die Lichtvektoren dieser beiden Wellen, so haben wir für ihre Komponenten in der Ebene $z' = 0$

$$\left.\begin{aligned} \mathfrak{D}^{(1)}_{x'} &= |\overline{\mathfrak{D}^{(1)}}| \cos\psi\, e^{-i\omega t}, & \mathfrak{D}^{(1)}_{y'} &= i |\overline{\mathfrak{D}^{(1)}}| \sin\psi\, e^{-i\omega t}, \\ \mathfrak{D}^{(2)}_{x'} &= |\overline{\mathfrak{D}^{(2)}}| \sin\psi\, e^{-i\omega t}, & \mathfrak{D}^{(2)}_{y'} &= -i |\overline{\mathfrak{D}^{(2)}}| \cos\psi\, e^{-i\omega t}; \end{aligned}\right\} \tag{362}$$

von diesen Wellen ist bei positivem k (d. h. $0 < \psi < \pi/2$) die mit (1) bezeichnete links-, die mit (2) bezeichnete rechtselliptisch polarisiert. Ist u der Winkel zwischen positiver ξ-Achse und positiver x'-Achse, so folgt aus (361) und (362)

$$\begin{aligned} \mathfrak{D}^{(1)}_{x'} + \mathfrak{D}^{(2)}_{x'} &= \mathfrak{D}_\xi \cos u - \mathfrak{D}_\eta \sin u, \\ \mathfrak{D}^{(1)}_{y'} + \mathfrak{D}^{(2)}_{y'} &= \mathfrak{D}_\xi \sin u + \mathfrak{D}_\eta \cos u \end{aligned}$$

oder

$$\begin{aligned} |\overline{\mathfrak{D}^{(1)}}| \cos\psi + |\overline{\mathfrak{D}^{(2)}}| \sin\psi &= |\mathfrak{D}| (\cos\psi' \cos u + i \sin\psi' \sin u), \\ |\overline{\mathfrak{D}^{(1)}}| \sin\psi - |\overline{\mathfrak{D}^{(2)}}| \cos\psi &= -|\mathfrak{D}| (\sin\psi' \cos u + i \cos\psi' \sin u); \end{aligned}$$

hieraus ergibt sich

$$\left.\begin{aligned} |\overline{\mathfrak{D}^{(1)}}| &= |\mathfrak{D}| \{\cos u \cos(\psi + \psi') - i \sin u \sin(\psi - \psi')\}, \\ |\overline{\mathfrak{D}^{(2)}}| &= |\mathfrak{D}| \{\cos u \sin(\psi + \psi') + i \sin u \cos(\psi - \psi')\}. \end{aligned}\right\} \tag{363}$$

Von den beiden Wellen (362) erhält die rechtselliptisch polarisierte Welle gegenüber der linkselliptisch polarisierten beim Durchschreiten der Kristallplatte eine Phasendifferenz Δ, die durch (330) gegeben ist. Ist w das Azimut der Schwingungsrichtung des Analysators gegen die positive x'-Achse und $\mathfrak{D}_A$ die nach dieser Schwingungsrichtung genommene Komponente des Lichtvektors der aus der Platte austretenden Welle, so haben wir

$$\left.\begin{aligned} |\mathfrak{D}_A| = \{&(|\overline{\mathfrak{D}^{(1)}}| \cos\psi + |\overline{\mathfrak{D}^{(2)}}| \sin\psi\, e^{-i\Delta}) \cos w + i (|\overline{\mathfrak{D}^{(1)}}| \sin\psi \\ &- i |\overline{\mathfrak{D}^{(2)}}| \cos\psi\, e^{-i\Delta}) \sin w\} e^{-i(\omega t - \varepsilon')}, \end{aligned}\right\} \tag{364}$$

wobei die Phasendifferenz ε' nur durch die Entfernung des Analysators von der Kristallplatte bedingt wird.

Die Intensität J der aus dem Analysator austretenden Welle ergibt sich nach (33) durch Multiplikation der rechten Seite von (364) mit ihrem konjugiert komplexen Werte. Ist

$$|\mathfrak{D}|^2 = J_0$$

die Intensität der auffallenden Welle, so ergibt sich demzufolge aus (364) mit Rücksicht auf (363) für J nach einiger Umformung[1]) der Ausdruck

$$\left.\begin{aligned} J = J_0 \Big\{ &\sin^2\psi' + \cos 2\psi' \Big[\Big(\cos(w - u) \cos\frac{\Delta}{2} + \sin(w - u) \sin 2\psi \sin\frac{\Delta}{2}\Big)^2 \\ &+ \cos^2(w + u) \cos^2 2\psi \sin^2\frac{\Delta}{2}\Big] - \sin 2\psi' \cos 2\psi \Big(\cos 2w \sin 2\psi \sin^2\frac{\Delta}{2} \\ &+ \sin 2w \sin\frac{\Delta}{2} \cos\frac{\Delta}{2}\Big)\Big\}. \end{aligned}\right\} \tag{365}$$

[1]) Vgl. z. B. J. WALKER, The analytical theory of light, S. 362. Cambridge 1904.

Dieses unter der Voraussetzung senkrecht auffallenden, parallelen, elliptisch polarisierten Lichtes gewonnene Ergebnis läßt sich auch für den Fall schwach konvergenten, elliptisch polarisierten Lichtes verwenden, wofern man (vgl. hierzu Ziff. 80) nur so kleine Einfallswinkel benutzt, daß der Unterschied der Brechungswinkel r_1 und r_2 der beiden aus einer schräg einfallenden Welle durch Brechung entstehenden Wellen vernachlässigt werden kann, d. h. $r_1 = r_2 = r$ gesetzt werden darf. In diesem Falle stellt dann (365) eine Näherungsformel für die Intensität des aus dem Analysator austretenden Lichtes dar.

119. Interferenzerscheinungen einer senkrecht zur optischen Achse geschnittenen Platte eines optisch einachsigen, nicht absorbierenden, aktiven Kristalls im konvergenten, linear polarisierten Lichte. Um die Interferenzerscheinungen zu erhalten, welche eine Platte eines nicht absorbierenden, aktiven Kristalls im konvergenten, linear polarisierten Lichte zeigt, haben wir in dem Ausdruck (365) $\psi' = 0$ zu setzen und erhalten dann für die Intensität des aus dem Analysator austretenden Lichtes

$$J = J_0\left[\left\{\cos(w-u)\cos\frac{\Delta}{2} + \sin(w-u)\sin 2\psi\sin\frac{\Delta}{2}\right\}^2 + \cos^2(w+u)\cos^2 2\psi\sin^2\frac{\Delta}{2}\right].$$

Nun ist $w - u = \gamma$ das Azimut der Schwingungsrichtung des Analysators gegen die Schwingungsrichtung der auffallenden linear polarisierten Welle; für den letzten Ausdruck können wir daher auch

$$J = J_0\left[\left(\cos\gamma\cos\frac{\Delta}{2} + \sin\gamma\sin 2\psi\sin\frac{\Delta}{2}\right)^2 + \cos^2(2w - \gamma)\cos^2 2\psi\sin^2\frac{\Delta}{2}\right] \tag{366}$$

schreiben.

Wir betrachten jetzt eine Platte eines nicht absorbierenden, aktiven, optisch einachsigen Kristalls, welche senkrecht zur optischen Achse geschnitten ist; bei einer solchen ergibt sich für die Phasendifferenz Δ der beiden zum selben Einfallswinkel gehörenden, im Kristall durch Brechung entstandenen Wellen aus (344) und (346) der Ausdruck

$$\Delta = \frac{d\delta}{\cos r} = \pm\frac{d}{\cos r}\left|\sqrt{\delta_0^2 + (2\alpha)^2}\right|; \tag{367}$$

hierin bedeutet r den (nach Ziff. 118 für die beiden gebrochenen Wellen angenähert gleichen) Brechungswinkel, α das Drehungsvermögen und d die Dicke der Platte. Für δ_0 kann bei Heranziehung von (331) ($b_1 = b_2 = r$, $n_0' + n_0''$ angenähert gleich $n_1 + n_3$)

$$\delta_0 = \frac{2\pi}{\lambda_0}(n_0' - n_0'') = \frac{2\pi}{\lambda_0}(n_1 - n_3)\sin^2 r \tag{368}$$

geschrieben werden; hierbei darf man bei hinreichend schwacher Konvergenz der auffallenden Wellennormalen an Stelle des Brechungswinkels r in erster Annäherung den Einfallswinkel i setzen. In (367) ist gemäß Ziff. 103 das obere oder das untere Vorzeichen zu nehmen, je nachdem δ_0 negativ oder positiv ist, d. h. je nachdem der Kristall positiv oder negativ einachsig ist; es genügt offenbar einen dieser beiden Fälle zu behandeln.

Wir führen die weitere Rechnung für den Fall eines positiv einachsigen Kristalls durch, der z. B. bei Quarz zutrifft und betrachten zuerst die beiden Sonderfälle $\gamma = 0$ und $\gamma = \frac{\pi}{2}$, dann den allgemeinen Fall $0 < \gamma < \frac{\pi}{2}$ bzw. $\frac{\pi}{2} < \gamma < \pi$.

a) Parallele bzw. gekreuzte Polarisatoren. Die beiden Fälle $\gamma = 0$ und $\gamma = \frac{\pi}{2}$ sind realisiert, wenn sich die senkrecht zur optischen Achse geschnittene Platte des positiv einachsigen, aktiven Kristalls zwischen parallelen bzw. gekreuzten Polarisatoren im konvergenten, monochromatischen Lichte befindet; bezeichnen wir die dem Falle $\gamma = 0$ bzw. $\gamma = \frac{\pi}{2}$ entsprechende Intensität des aus dem Analysator austretenden Lichtes mit $J_{\parallel}$ bzw. $J_{\perp}$, so folgt aus dem Intensitätsausdruck (366)

$$J_{\parallel} = J_0\left(\cos^2\frac{\Delta}{2} + \cos^2 2w\cos^2 2\psi\sin^2\frac{\Delta}{2}\right),$$

bzw.

$$J_{\perp} = J_0\left(\sin^2 2\psi + \cos^2 2\psi\sin^2 2w\right)\sin^2\frac{\Delta}{2}.$$

Da $J_{\parallel} + J_{\perp} = J_0$ ist, so sind die Interferenzerscheinungen in den beiden Fällen $\gamma = 0$ und $\gamma = \frac{\pi}{2}$ [ebenso wie bei einer Platte eines nicht absorbierenden, nicht aktiven Kristalls (vgl. Ziff. 70)] komplementär; d. h. diejenigen Stellen des Interferenzbildes, die im einen Falle hell sind, sind im anderen Falle dunkel und umgekehrt; es genügt daher, einen der beiden Fälle zu behandeln, etwa den Fall $\gamma = \frac{\pi}{2}$.

Da $J_{\perp}$ für $\Delta = 2m\pi$ ($m = 0, 1, 2, \ldots$) verschwindet, so treten bei gekreuzten Polarisatoren ganz dunkle kreisförmige Ringe auf; ist $\bar{r}$ der Brechungswinkel, der zu einem Punkte eines solchen dunklen Kreises gehört, so ist der Radius des Kreises in der Projektion des Interferenzbildes (vgl. Ziff. 81) offenbar $d\,\mathrm{tg}\,\bar{r}$, wofür wegen der Kleinheit von $\bar{r}$ auch $d\sin\bar{r}$ geschrieben werden darf. Die Radien der dunkeln Kreise sind somit nach (367) und (368) durch

$$\sin^2\bar{r} = \frac{\lambda_0}{2\pi(n_1 - n_3)}\sqrt{\left(\frac{2m\pi}{d}\right)^2 - 4\alpha^2}.$$

bestimmt. Der Wert $m = m_1$ des innersten Ringes ist die kleinste positive Zahl, die der Bedingung $m > \frac{\alpha d}{\pi}$ genügt; für den $h$ten Ring ist $m = h + m_1$. Das Gesetz der Kreisdurchmesser ist somit ein ganz anderes als jenes, welches nach Ziff. 86b) bei einer senkrecht zur optischen Achse geschnittenen Platte eines nichtabsorbierenden, nicht aktiven Kristalls zwischen gekreuzten Polarisatoren im konvergenten, monochromatischen Lichte auftritt[1]).

In hinreichender Entfernung vom Mittelpunkt des Gesichtsfeldes weichen die Wellennormalenrichtungen der gebrochenen Wellen beträchtlich von der Richtung der optischen Achse ab. Hier wird nach (334) die Elliptizität k der im Kristall fortschreitenden Wellen und daher auch ψ sehr klein, $J_{\perp}$ nimmt daher auf den zu den Schwingungsrichtungen der Polarisatoren parallelen Durchmessern $\left(w = 0,\; w = \frac{\pi}{2},\; w = \pi,\; w = \frac{3\pi}{2}\right)$ den kleinsten Wert $J_0\sin^2 2\psi\sin^2\frac{\Delta}{2}$ an. Es tritt also im Interferenzbild ein dunkles Kreuz auf, ähnlich wie bei einer senkrecht zur optischen Achse geschnittenen Platte eines optisch einachsigen, nicht aktiven Kristalls [Ziff. 86b)]. Dasselbe wird aber hier nach dem Mittelpunkte des Gesichtsfeldes zu immer schwächer; im Mittelpunkte selbst, wo die beiden in Richtung der Plattennormale fortschreitenden Wellen

---

[1]) Das Gesetz der Kreisdurchmesser, welche eine senkrecht zur optischen Achse geschnittene Quarzplatte zwischen gekreuzten Polarisatoren in monochromatischem, konvergentem Lichte zeigt, wurde von J. C. Mc CONNEL (vgl. S. 817, Anm. 4) zur experimentellen Prüfung der Beziehung (335) benutzt.

zirkular polarisiert sind und somit $k = \operatorname{tg}\psi = \pm 1 \left(\psi = \pm \frac{\pi}{4}\right)$ ist, verschwindet es ganz, da dort die Intensität

$$J_\perp = J_0 \sin^2 \frac{\Delta}{2}$$

und damit unabhängig von jedem Azimut w wird.

Eine schematische Darstellung des Interferenzbildes zeigt Abb. 30.

b) Beliebig gestellte Polarisatoren. Die Fälle $0 < \gamma < \frac{\pi}{2}$ bzw. $\frac{\pi}{2} < \gamma < \pi$ sind verwirklicht, wenn sich die Kristallplatte im konvergenten, monochromatischen Lichte zwischen Polarisatoren befindet, die weder parallel noch gekreuzt sind.

α) Allgemeine Intensitätsverteilung im Interferenzbild. J verschwindet nach (366), wenn jeder Summand für sich verschwindet, d. h. wenn

$$w = \pm \frac{\pi}{4} + \gamma \tag{369}$$

und

$$\operatorname{tg} \frac{\Delta}{2} = - \frac{\operatorname{ctg}\gamma}{\sin 2\psi} \tag{370}$$

ist. Es treten daher bei beliebig gestellten Polarisatoren keine ganz dunkeln Kurven auf; völlige Dunkelheit herrscht vielmehr nur in denjenigen Punkten, in welchen die durch (369) bestimmten Radien von den durch (370) bestimmten Kreisen geschnitten werden.

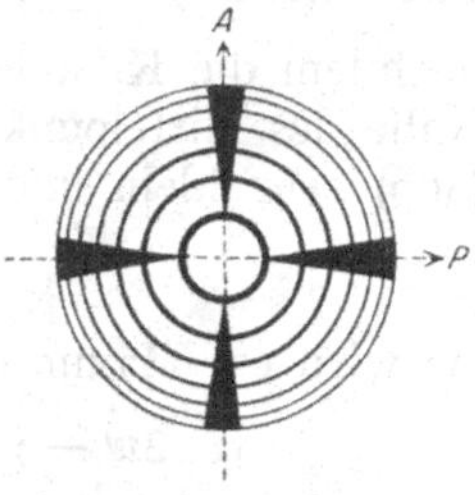

Abb. 30. Schema der Interferenzfigur einer senkrecht zur optischen Achse geschnittenen Platte eines optisch einachsigen, aktiven Kristalls zwischen gekreuzten Polarisatoren im konvergenten Lichte. (P Schwingungsrichtung des Polarisators, A Schwingungsrichtung des Analysators.)

Auf den Kreisen, deren Punkte der Phasendifferenz $\Delta = 2m\pi$ ($m = 0, 1, 2, \ldots$) entsprechen, wird die Intensität J nach (366)

$$J = J_0 \cos^2\gamma,$$

besitzt also denselben Wert wie bei nicht vorhandener Kristallplatte.

β) Interferenzbild in der Nähe des Mittelpunktes des Gesichtsfeldes. In der Nähe des Mittelpunktes des Gesichtsfeldes ist Δ nur wenig verschieden von dem Werte im Mittelpunkte selbst; in diesem ist aber $\operatorname{tg}\psi = \pm 1$ und $\psi = \pm \frac{\pi}{2}$, wir erhalten daher

$$J = J_0 \cos^2\left(\frac{\Delta}{2} \mp \gamma\right), \tag{371}$$

wobei nach Ziff. 101 c) das obere oder das untere Vorzeichen zu nehmen ist, je nachdem die Platte aus einem linksdrehenden oder einem rechtsdrehenden Kristall besteht. Der mittlere Teil des Gesichtsfeldes erscheint daher von aufeinanderfolgenden hellen und dunkeln, nahezu kreisförmigen Linien durchzogen, deren Radien sich angenähert durch die Bedingung

$$\frac{\Delta}{2} \mp \gamma = (2m + 1)\frac{\pi}{2}, \quad \Delta = \pm 2\gamma + (2m + 1)\pi \qquad (m = 0, 1, 2, \ldots)$$

bestimmen und sich ändern, wenn entweder der Analysator oder der Polarisator für sich allein gedreht wird. Erfolgt eine solche Drehung im Sinne wachsender γ, so nimmt die Phasendifferenz Δ zu oder ab, je nachdem der Kristall links- oder rechtsdrehend ist. Da nun nach (367) Δ mit r zunimmt (falls, wie wir voraussetzen, der Kristall positiv einachsig und somit das obere Vorzeichen zu nehmen ist), so ergibt sich, daß bei der angegebenen Änderung von γ die (durch $d \sin r$ gegebenen) Radien der dunkeln kreisförmigen

Linien bei einer linksdrehenden Kristallplatte zunehmen und bei einer rechtsdrehenden abnehmen[1]).

Ist die Plattendicke hinreichend groß, so folgt mit Hilfe von (367) und (368), daß dann die dunkeln kreisförmigen Linien dicht beieinander liegen; ist aber die Plattendicke sehr gering, so entsteht ein größeres, nahezu gleichförmiges mittleres Gesichtsfeld. Da im Mittelpunkte nach (367) ($r = 0$, $\delta = 0$) $\Delta = 2d\alpha$ ist, so wird dort nach (371)

$$J = J_0 \cos^2(\alpha\, d \mp \gamma).$$

Um die Intensitätsverhältnisse in der unmittelbaren Nähe des Mittelpunktes zu übersehen, denken wir uns den Analysator so gestellt, daß der Mittelpunkt selbst vollkommen dunkel wird; dies ist nach der letzten Gleichung dann der Fall, wenn $\gamma = \pm \alpha\, d + \frac{\pi}{2}$ ist, wobei das obere oder untere Vorzeichen gilt, je nachdem die Kristallplatte links- oder rechtsdrehend ist. Für Punkte in der Nähe des Mittelpunktes wird dann das erste Glied in dem Intensitätsausdruck (366) sehr klein und die Intensität annähernd gegeben durch

$$J = J_0 \cos^2(2w - \gamma) \cos^2 2\psi \sin^2 \frac{\Delta}{2};$$

sie wird ein Maximum für

$$2w - \gamma = \pm m\pi, \qquad w = \frac{\gamma}{2} \pm \frac{m\pi}{2} \; (m = 0, 1, 2, \ldots)$$

und ein Minimum für

$$2w - \gamma = \pm \frac{2m+1}{2}, \qquad w = \frac{\gamma}{2} \pm \frac{2m+1}{4}\pi \; (m = 0, 1, 2, \ldots).$$

Im mittleren Teil des Gesichtsfeldes erscheint somit bei dieser Stellung des Analysators ein rechtwinkliges dunkles Kreuz, von dem ein Arm dadurch gegeben ist, daß er den Winkel zwischen der Schwingungsrichtung P des Polarisators und der zur Schwingungsrichtung A des Analysators senkrechten Richtung A' halbiert. Wird der Analysator aus dieser Stellung herausgedreht, so löst sich das dunkle Kreuz in vier dunkle Flecken auf. Dieses Verhalten läßt sich gut beobachten, wenn die Platte sehr dünn ist, weil sich dann ihre Phasendifferenz innerhalb eines großen Gebietes nur wenig von dem Werte im Mittelpunkte unterscheidet und die angegebene Interferenzfigur eine größere Ausdehnung besitzt, wie aus der schematischen Abb. 31 zu ersehen ist.

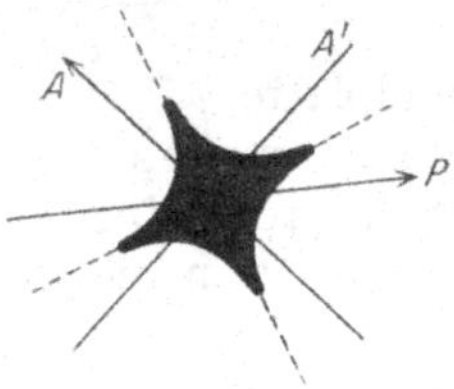

Abb. 31. Schema der Interferenzfigur im mittleren Teile des Gesichtsfeldes einer sehr dünnen, senkrecht zur optischen Achse geschnittenen Platte eines optisch einachsigen, aktiven Kristalls im konvergenten, linear polarisierten Lichte bei solcher Stellung des Analysators, daß der Mittelpunkt des Gesichtsfeldes vollständig dunkel ist. (P Schwingungsrichtung des Polarisators, A Schwingungsrichtung des Analysators; A' zu A senkrechte Richtung.)

γ) Interferenzfigur in dem vom Mittelpunkte entfernteren Gebiete; quadratische Kurven. In dem vom Mittelpunkte entfernteren Gebiete, für dessen Punkte die Elliptizität $k = \operatorname{tg}\psi$ der zu einem bestimmten Brechungswinkel r gehörenden Wellen merklich von 1 verschieden ist, sind die dunkeln Kurven bestimmt durch

$$\frac{\partial J}{\partial \Delta} = 0 \quad \left(\text{bei positivem } \frac{\partial^2 J}{\partial \Delta^2}\right). \tag{372}$$

Bei nicht zu geringer Plattendicke kann für die Punkte der zu bestimmenden Kurve die Elliptizität $\operatorname{tg}\psi$ in erster Annäherung konstant gesetzt werden;

[1]) Diese Methode zur Bestimmung des Drehungssinnes einer Kristallplatte läßt sich auch noch bei so großen Plattendicken verwenden, bei der die S. 846, Anm. 4 angegebene Methode versagt.

man erhält dann aus (366) und (372) für die in diesen Punkten geltende Phasendifferenz die Bedingung

$$\operatorname{tg}\Delta = \frac{\sin 2\psi \sin 2\gamma}{1 - \sin^2\gamma(1 + \sin^2 2\psi) - \cos^2 2\psi \cos^2(2w - \gamma)}. \tag{373}$$

Ist etwa $\operatorname{tg}\psi$ positiv, also der Kristall linksdrehend und außerdem $0 < \gamma < \frac{\pi}{2}$, so hat $\operatorname{tg}\Delta$ in bezug auf γ ein Maximum für $w = \frac{\gamma}{2} + \frac{m\pi}{2}$ $(m = 0, 1, 2, \ldots)$, ein Minimum für $w = \frac{\gamma}{2} + \frac{2m+1}{4}\pi$ $(m = 0, 1, 2, \ldots)$. Um nun die für das Interferenzbild maßgebenden dunkeln Kurven zu erhalten, beschreibt man um den Mittelpunkt M einen Kreis und verlängert dessen Radien um Beträge, die mit dem Azimut w variieren; dieselben besitzen ihre größten Werte in den Halbierungslinien der Winkel zwischen den Schwingungsrichtungen von Polarisator MP und Analysator MA, ihre kleinsten Werte in den zu diesen Halbierungslinien unter 45° geneigten Richtungen. Die dunkeln Kurven haben daher quadratische Form mit ausspringenden, abgerundeten Ecken, die in unserem Falle $\left(\operatorname{tg}\psi > 0;\ 0 < \gamma < \frac{\pi}{2}\right)$ bei $w = \frac{\gamma}{2} + \frac{m\pi}{2}$ $(m = 0, 1, 2, \ldots)$ liegen; sie werden als „quadratische Kurven" bezeichnet.

Ist der Kristall linksdrehend und $\frac{\pi}{2} < \gamma < \pi$, so liegen die ausspringenden Ecken bei $w = \frac{\gamma}{2} + \frac{2m+1}{4}\pi$ $(m = 0, 1, 2, \ldots)$.

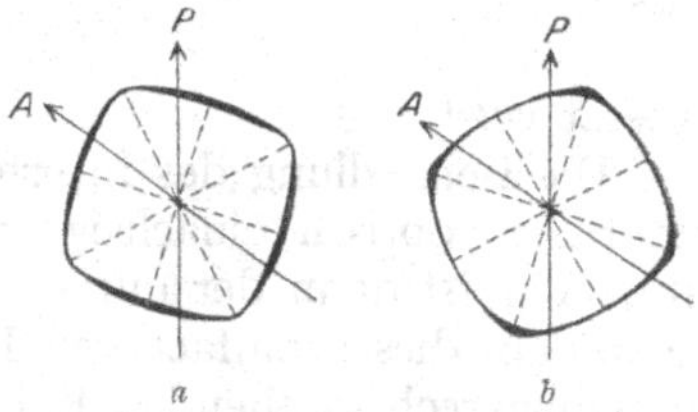

Abb. 32. Quadratische Kurven. *a* linksdrehender, *b* rechtsdrehender Kristall (P Schwingungsrichtung des Polarisators, A Schwingungsrichtung des Analysators.)

Bei einem linksdrehenden Kristall und vertikal gedachter Schwingungsrichtung P des Polarisators liegen somit die Ecken der quadratischen Kurven wie in Abb. 32a angegeben, d. h. eine Ecke liegt in dem links an P grenzenden Oktanten; bei einem rechtsdrehenden Kristall ($\operatorname{tg}\psi$ negativ) haben sie in diesem Falle die in Abb. 32b veranschaulichte Lage, d. h. eine Ecke liegt in dem rechts an P grenzenden Oktanten.

Die Intensität einer quadratischen Kurve folgt aus (366), indem man für Δ den durch (373) bestimmten Wert einführt; man erhält

$$J = \frac{J_0}{2}\{\cos^2\gamma + \sin^2\gamma \sin^2 2\psi + \cos^2(2w - \gamma)\cos^2 2\psi$$
$$- \sqrt{(\cos^2\gamma - \sin^2\gamma\sin^2 2\psi - \cos^2(2w - \gamma)\cos^2 2\psi)^2 + \sin^2 2\psi \sin^2 2\gamma}\}$$

und dieser Ausdruck erreicht seine Maxima für $w = \frac{\gamma}{2} + \frac{m\pi}{2}$ und seine Minima für $w = \frac{\gamma}{2} + \frac{2m+1}{4}\pi$ $(m = 0, 1, 2, \ldots)$. Bei einem linksdrehenden Kristall besitzen daher die Ecken größte oder geringste Intensität, je nachdem $0 < \gamma < \frac{\pi}{2}$ oder $\frac{\pi}{2} < \gamma < \pi$ ist; bei einem rechtsdrehenden Kristall ist dieses Verhalten gerade umgekehrt. In Abb. 32 sind die Intensitätsminima durch stark ausgezogene Stellen angedeutet.

c) Interferenzerscheinungen bei weißem Lichte. Bei Beleuchtung mit konvergentem, weißem Lichte erscheint das Interferenzbild gefärbt; die entstehenden Interferenzfarben werden durch das Zusammenwirken der Dispersion der optischen Aktivität und der Dispersion der Doppelbrechung in komplizierter Weise beeinflußt[1]).

[1]) Th. Liebisch u. A. Wenzel, Berl. Ber. 1917, S. 777.

120. Interferenzerscheinungen einer senkrecht zur optischen Achse geschnittenen Platte eines optisch einachsigen, nicht absorbierenden, aktiven Kristalls im konvergenten, zirkular polarisierten Lichte. Wir spezialisieren jetzt das in Ziff. 118 besprochene Interferenzproblem, indem wir annehmen, daß das auffallende Licht zirkular polarisiert ist.

Die Intensität J des aus dem Analysator austretenden Lichtes erhalten wir dann, indem wir in dem allgemeinen Intensitätsausdruck (365) $\psi' = \mp \frac{\pi}{4}$ setzen; hierbei gilt, wie aus (361) ohne weiteres folgt, das obere Vorzeichen für links- und das untere für rechtszirkularpolarisiertes Licht. Es ergibt sich somit für J die Beziehung

$$J = J_0 \left\{ \frac{1}{2} \pm \cos 2\psi \left(\cos 2w \sin 2\psi \sin^2 \frac{\Delta}{2} + \sin 2w \sin \frac{\Delta}{2} \cos \frac{\Delta}{2} \right) \right\} \qquad (374)$$

oder

$$J = \frac{J_0}{2} \left\{ 1 \pm \cos 2w \sin 2\psi \cos 2\psi \mp \cos 2\psi \sqrt{\sin^2 2w + \cos^2 2w \sin^2 2\psi} \cdot \cos(\Delta - \tau) \right\},$$

falls

$$\operatorname{tg} \tau = - \frac{\operatorname{tg} 2w}{\sin 2\psi} \qquad (375)$$

gesetzt wird.

Die Behandlung des Interferenzproblems vereinfacht sich für den Fall, daß die Platte optisch einachsig und senkrecht zur optischen Achse geschnitten ist; für Δ ist dann der durch (367) und (368) bestimmte Wert einzusetzen. Wir behandeln diesen einfacheren Fall zuerst für einen linksdrehenden und dann für einen rechtsdrehenden Kristall.

a) Linksdrehender Kristall. Ist der Kristall linksdrehend, so ist [vgl. Ziff. 101c)] $k = \operatorname{tg} \psi$ positiv. Nehmen wir in (374) etwa das obere Vorzeichen, also auffallendes linkszirkular polarisiertes Licht, so erhalten wir als Bedingung für die dunkeln Kurven

$$\Delta = \tau + 2m\pi \qquad (m = 0, 1, 2, \ldots);$$

im mittleren Teile des Gesichtsfeldes, in welchem sich der Polarisationszustand der zu einem Brechungswinkel r gehörenden Wellen nur wenig vom zirkularen unterscheidet, kann außerdem angenähert $\sin 2\psi = 1$ gesetzt werden, so daß die letzte Gleichung mit Rücksicht auf (375) die Form annimmt

$$\Delta = -2w + 2m\pi \qquad (m = 0, 1, 2, \ldots). \qquad (376)$$

Nun bedeutet w das Azimut der Schwingungsrichtung des Analysators gegen die positive x'-Achse (vgl. Ziff. 118); daher ist in (376) offenbar $-w$ das Azimut, welches ein vom Mittelpunkt des Gesichtsfeldes zu einem Punkte der dunkeln Kurve gezogener Fahrstrahl mit der (als fest angenommenen) Schwingungsrichtung des Analysators bildet. Da nach (367) r gleichzeitig mit Δ zunimmt [falls wir wieder einen positiv einachsigen Kristall annehmen und daher in (367) das obere Vorzeichen benutzen], so folgt aus (376), daß r (und somit auch die Länge[1]) $d \sin r$ des vom Mittelpunkte aus gezogenen Fahrstrahles) mit $-w$ monoton wächst; die dunkeln Kurven sind somit zwei ineinandergewundene Rechtsspiralen (Abb. 33), die im Mittelpunkte zusammenhängen. Es läßt sich leicht zeigen, daß die im Mittelpunkt O an die Spirale gezogene Tangente T mit der zur Schwingungsrichtung des Analysators senkrechten Richtung einen Winkel bildet, der gleich $\frac{\Delta_0}{2}$ ist, wobei Δ_0 die Phasendifferenz der Platte im

[1]) Die Länge des Fahrstrahles beträgt $d \operatorname{tg} r$, wofür wegen der Kleinheit von r auch $d \sin r$ gesetzt werden darf [vgl. Ziff. 119a)].

Mittelpunkte bedeutet; im Mittelpunkte ($r = 0$, $\delta = 0$) folgt aber aus (367) $\Delta_0 = 2\alpha d$, somit wird jener Winkel gleich der Drehung der Polarisationsebene einer parallel zur optischen Achse hindurchgehenden, linear polarisierten Welle von gleicher Frequenz.

Die Intensität der Spirale berechnet sich aus (374) und (376); verbleibt man in nicht zu großer Entfernung vom Mittelpunkte des Gesichtsfeldes, so ergibt sich für die Intensität in erster Annäherung

$$J = J_0\left(\frac{1}{2} - \cos 2\psi \sin^2\frac{\Delta}{2}\right). \qquad (377)$$

Die Intensität ist somit auf der Spirale nicht konstant; ihre absoluten Minima sind nach (377) die Schnittpunkte mit denjenigen Kreisen, für deren Punkte die Phasendifferenz $\Delta = (2m+1)\pi$ ($m = 0, 1, 2, \ldots$) ist. Bei der Annäherung an den Mittelpunkt werden die Spiralen immer undeutlicher. Im Mittelpunkte selbst, in welchem jede parallel zur optischen Achse fortschreitende Welle zirkular polarisiert und folglich $\operatorname{tg}\psi = \pm 1$, $\psi = \pm\frac{\pi}{4}$ ist, wird $J = \frac{J_0}{2}$, somit ebenso groß wie bei überhaupt nicht vorhandener Platte; in der Tat läßt diese die auffallende zirkular polarisierte Welle in Richtung der optischen Achse offenbar ungeändert durchgehen.

Man sieht nun leicht ein, daß in Wirklichkeit die dunkeln Kurven eine von der Spiralform etwas abweichende Gestalt besitzen müssen, da nach (375) die zur Gleichung (376) benutzte Beziehung $\tau = -2w$ nur dann streng gilt, wenn $w = \frac{m\pi}{4}$ ($m = 0, 1, 2, \ldots$) ist; ist diese Bedingung nicht erfüllt, so ist $\tau < 2w$ bzw. $\tau > 2w$, je nachdem w zwischen $\frac{m\pi}{2}$ und $\frac{2m+1}{4}\pi$, bzw. zwischen $\frac{2m+1}{4}\pi$ und $\frac{2m+1}{2}\pi$ liegt. Berücksichtigt man, daß $-w$ das Azimut eines Fahrstrahls gegen die Schwingungsrichtung A des Analysators ist, so ergibt sich, daß in den von A aus im Sinne einer Rechtsdrehung gezählten ungeraden Oktanten die Phasendifferenz Δ und folglich auch der Fahrstrahl $d \sin r$ größer ist als bei der Spirale der Abb. 33. Die dunkeln Kurven haben daher die Form sogenannter quadratischer Spiralen[1]).

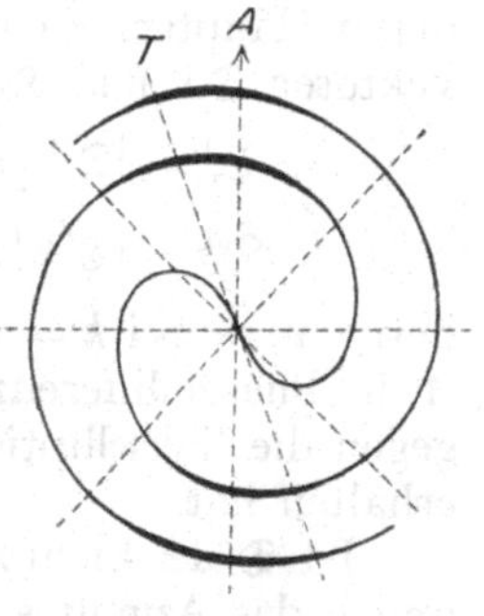

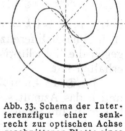

Abb. 33. Schema der Interferenzfigur einer senkrecht zur optischen Achse geschnittenen Platte eines optisch einachsigen, aktiven, linksdrehenden Kristalls im zirkular polarisierten Lichte. (A Schwingungsrichtung des Analystors, T Mittelpunktstangente.)

Ist das auffallende Licht rechtszirkular polarisiert, so ist in (374) das untere Vorzeichen zu nehmen. Die Bedingungsgleichung für die dunkeln Kurven ergibt sich dann zu

$$\Delta = -2w + (2m+1)\pi \quad (m = 0, 1, 2, \ldots);$$

diese sind somit von derselben Gestalt wie im Falle auffallenden rechtszirkular polarisierten Lichtes, erscheinen aber in bezug auf die Schwingungsrichtung OA des Analysators um einen Winkel von 90° gedreht.

b) Rechtsdrehender Kristall. Ist der Kristall rechtsdrehend, so ist $k = \operatorname{tg}\psi$ negativ. Durch eine ganz entsprechende Betrachtung wie unter a) ergibt sich, daß die dunkeln Kurven dann zwei ineinandergewundene Linksspiralen sind.

[1]) E. Mascart, Traité d'optique Bd. II, S. 318. Paris 1891; Reproduktionen photographischer Aufnahmen bei H. Hauswaldt, Interferenzerscheinungen an doppeltbrechenden Kristallplatten im konvergenten polarisierten Lichte, Taf. 14. Magdeburg 1902. Über die geometrische Konstruktion der quadratischen Spiralen vgl. H. Joachim, N. Jahrb. f. Min. Beil. Bd. 21, S. 640. 1906.

Zusammenfassend können wir somit sagen, daß der Windungssinn der Spiralen nur vom Vorzeichen des Drehungsvermögens der Kristallplatte und nicht vom Umlaufsinn des auffallenden zirkularpolarisierten Lichtes abhängt[1]).

121. AIRYsche Spiralen. Wir wenden uns jetzt der Betrachtung des zuerst von AIRY[2]) untersuchten bemerkenswerten Falles zu, daß konvergentes, linear polarisiertes, monochromatisches Licht durch zwei aufeinanderliegende, senkrecht zur optischen Achse geschnittene, gleich dicke Platten eines optisch einachsigen, aktiven Kristalls hindurchgeht, von welchen die eine rechtsdrehend und die andere linksdrehend ist.

Bezüglich der Reihenfolge nehmen wir an, daß etwa die erste Platte linksdrehend ist. Das Koordinatensystem x', y', z' wählen wir so, daß die positive z'-Achse mit der Wellennormalenrichtung $\mathfrak{s}$ der auffallenden Welle und die positive x'- und y'-Achse mit den Richtungen zusammenfallen, welche bei fehlender Aktivität die Hauptschwingungsrichtungen $\mathfrak{d}'$ und $\mathfrak{d}''$ der Platte sein würden [vgl. Ziff. 100a)]. Die $x'y'$-Ebene soll in derjenigen Plattenebene liegen, auf welche das Licht auffällt.

Das aus der ersten Platte austretende Licht besteht dann nach dem in Ziff. 100a) ausgeführten aus zwei entgegengesetzt elliptisch polarisierten Wellen, deren Hauptachsen parallel zur x'-Achse und y'-Achse liegen und deren Lichtvektoren $\mathfrak{D}^{(1)}$ und $\mathfrak{D}^{(2)}$ die Komponenten

$$\left.\begin{aligned} \mathfrak{D}^{(1)}_{x'} &= |\overline{\mathfrak{D}^{(1)}}|\cos\psi\, e^{-i\omega t}, & \mathfrak{D}^{(1)}_{y'} &= i|\overline{\mathfrak{D}^{(1)}}|\sin\psi\, e^{-i\omega t}, \\ \mathfrak{D}^{(2)}_{x'} &= |\overline{\mathfrak{D}^{(2)}}|\sin\psi\, e^{-i(\omega t-\Delta)}, & \mathfrak{D}^{(2)}_{y'} &= -i|\overline{\mathfrak{D}^{(2)}}|\cos\psi\, e^{-i(\omega t-\Delta)} \end{aligned}\right\} \tag{378}$$

besitzen, wobei $k = \operatorname{tg}\psi$ die gemeinsame Elliptizität der beiden Wellen ist und Δ die Phasendifferenz bedeutet, welche die rechtselliptisch polarisierte Welle (2) gegen die linkselliptisch polarisierte Welle (1) beim Durchgang durch die Platte erhalten hat.

Ist $\mathfrak{D}$ der Lichtvektor der auf die Platte fallenden linear polarisierten Welle und u das Azimut seiner Schwingungsrichtung gegen die positive x'-Achse, so hat man außerdem

$$\left.\begin{aligned} |\overline{\mathfrak{D}^{(1)}}| &= |\overline{\mathfrak{D}}|\,(\cos u\cos\psi - i\sin u\sin\psi)\,, \\ |\overline{\mathfrak{D}^{(2)}}| &= |\overline{\mathfrak{D}}|\,(\cos u\sin\psi + i\sin u\cos\psi)\,. \end{aligned}\right\} \tag{379}$$

In der zweiten, rechtsdrehenden Platte fällt offenbar $\mathfrak{d}'$ mit der y'-Achse und $\mathfrak{d}''$ mit der x'-Achse zusammen; beim Eintritt in diese Platte zerlegt sich das Licht in zwei entgegengesetzt elliptisch polarisierte Wellen mit den Lichtvektoren $\mathfrak{D}^{(1)\prime}$ und $\mathfrak{D}^{(2)\prime\prime}$. Die nach den Koordinatenachsen genommenen Komponenten der beiden Wellen sind

$$\mathfrak{D}^{(1)\prime}_{x'} = |\overline{\mathfrak{D}^{(1)\prime}}|\cos\psi\, e^{-i\omega t}, \qquad \mathfrak{D}^{(1)\prime}_{y'} = -i|\overline{\mathfrak{D}^{(1)\prime}}|\sin\psi\, e^{-i\omega t}, \tag{380}$$

$$\mathfrak{D}^{(2)\prime}_{x'} = |\overline{\mathfrak{D}^{(2)\prime}}|\sin\psi\, e^{-i\omega t}, \qquad \mathfrak{D}^{(2)\prime}_{y'} = i|\overline{\mathfrak{D}^{(2)\prime}}|\cos\psi\, e^{-i\omega t}\,; \tag{381}$$

hierbei bestehen nach (378), (380) und (381) zwischen $|\overline{\mathfrak{D}^{(1)}}|$, $|\overline{\mathfrak{D}^{(2)}}|$, $|\overline{\mathfrak{D}^{(1)\prime}}|$ und $|\overline{\mathfrak{D}^{(2)\prime}}|$ die Verknüpfungsgleichungen

$$|\overline{\mathfrak{D}^{(1)\prime}}|\cos\psi + |\overline{\mathfrak{D}^{(2)\prime}}|\sin\psi = |\overline{\mathfrak{D}^{(1)}}|\cos\psi + |\overline{\mathfrak{D}^{(2)}}|\sin\psi\, e^{i\Delta}\,,$$

$$|\overline{\mathfrak{D}^{(1)\prime}}|\sin\psi - |\overline{\mathfrak{D}^{(2)\prime}}|\cos\psi = -|\overline{\mathfrak{D}^{(1)}}|\sin\psi + |\overline{\mathfrak{D}^{(2)}}|\cos\psi\, e^{i\Delta}\,,$$

[1]) Über eine andere Herleitung der in dieser Ziffer besprochenen Beziehungen vgl. TH. LIEBISCH, Berl. Ber. 1918, S. 821.

[2]) G. B. AIRY, Trans. Cambr. Phil. Soc. Bd. 4, S. 111. 1832.

woraus

$$\left.\begin{aligned} |\overline{\mathfrak{D}^{(1)\prime}}| &= |\overline{\mathfrak{D}^{(1)}}| \cos 2\psi + |\overline{\mathfrak{D}^{(2)}}| \sin 2\psi\, e^{i\Delta}, \\ |\overline{\mathfrak{D}^{(2)\prime}}| &= |\overline{\mathfrak{D}^{(1)}}| \sin 2\psi - |\overline{\mathfrak{D}^{(2)}}| \cos 2\psi\, e^{i\Delta} \end{aligned}\right\} \tag{382}$$

folgt.

Beim Durchgang durch die zweite, gleich dicke Platte erfährt die linkselliptisch polarisierte Welle (381) gegen die rechtselliptisch polarisierte Welle (380) die Phasendifferenz Δ, sodaß die nach den Koordinatenachsen genommenen Komponenten des Lichtvektores beim Austritt aus der Platte

$$\mathfrak{D}^{(1)\prime}_{x'} = |\overline{\mathfrak{D}^{(1)\prime}}| \cos\psi\, e^{-i\omega t}, \qquad \mathfrak{D}^{(1)\prime}_{y'} = -i\,|\overline{\mathfrak{D}^{(1)\prime}}| \sin\psi\, e^{-i\omega t}$$

$$\mathfrak{D}^{(2)}_{x'} = |\overline{\mathfrak{D}^{(2)\prime}}| \sin\psi\, e^{-i(\omega t-\Delta)}, \qquad \mathfrak{D}^{(2)}_{y'} = i\,|\overline{\mathfrak{D}^{(2)\prime}}| \cos\psi\, e^{-i(\omega t-\Delta)}$$

sind.

Geht das Licht schließlich durch einen Analysator und ist w das Azimut seiner Schwingungsrichtung gegen die positive x'-Achse, ferner $\mathfrak{D}_A$ die nach dieser Schwingungsrichtung genommene Komponente des Lichtvektors der aus der zweiten Platte austretenden resultierenden Welle, so hat man

$$\left.\begin{aligned} \mathfrak{D}_A = \{&(|\overline{\mathfrak{D}^{(1)\prime}}| \cos\psi + |\overline{\mathfrak{D}^{(2)\prime}}| \sin\psi\, e^{i\Delta}) \cos w \\ &- i\,(|\overline{\mathfrak{D}^{(1)\prime}}| \sin\psi - |\overline{\mathfrak{D}^{(2)\prime}}| \cos\psi\, e^{i\Delta}) \sin w\}\, e^{-i(\omega t-\varepsilon')}, \end{aligned}\right\} \tag{383}$$

wobei die Phasendifferenz ε' nur von der Entfernung des Analysators von den Kristallplatten abhängt.

Die Intensität J der aus dem Analysator austretenden Welle ergibt sich nach (33) durch Multiplikation der rechten Seite von (383) mit ihrem konjugiert komplexen Werte; führt man diese Multiplikation durch, indem man die durch (379) und (382) gegebenen Werte von $|\overline{\mathfrak{D}^{(1)}}|$, $|\overline{\mathfrak{D}^{(2)}}|$, $|\overline{\mathfrak{D}^{(1)\prime}}|$ und $|\overline{\mathfrak{D}^{(2)\prime}}|$ benutzt, so erhält man nach einiger Umformung[1])

$$\left.\begin{aligned} J = J_0 \Big\{&\cos^2(w-u) - 4\cos^2 2\psi \sin^2\frac{\Delta}{2}\Big[\sin 2u \sin 2w \cos^2\frac{\Delta}{2} \\ &+ \sin 2\,(w+u) \sin 2\psi \sin\frac{\Delta}{2}\cos\frac{\Delta}{2} + \cos 2u \cos 2w \sin^2 2\psi \sin^2\frac{\Delta}{2}\Big]\Big\}, \end{aligned}\right\} \tag{384}$$

wobei

$$J_0 = |\overline{\mathfrak{D}}|^2$$

die Intensität der auf die erste Platte fallenden linear polarisierten, monochromatischen Welle ist.

Wir betrachten jetzt den speziellen Fall $w - u = \frac{\pi}{2}$, der realisiert ist, wenn die beiden entgegengesetzt drehenden, gleich dicken Platten sich bei monochromatischer, konvergenter Beleuchtung zwischen g e k r e u z t e n P o l a r i s a t o r e n befinden; man gewinnt dann aus (384) für die Intensität des aus dem Analysator austretenden Lichtes den Ausdruck

$$J = 4J_0\,(\sin^2 2u + \cos^2 2u \sin^2 2\psi) \cos^2 2\psi \sin^2\frac{\Delta}{2} \sin^2\left(\frac{\Delta}{2} + \tau\right), \tag{385}$$

wobei

$$\operatorname{tg}\tau = -\frac{\operatorname{tg} 2u}{\sin 2\psi} \tag{386}$$

gesetzt ist.

Nach (385) verschwindet J im Falle gekreuzter Polarisatoren für $\Delta = 2m\pi$ ($m = 0, 1, 2, \ldots$); es existiert also jedenfalls ein System dunkler Kurven,

[1]) Vgl. z. B. J. WALKER, The analytical theory of light, S. 367. Cambridge 1904.

welches aus jener Schar konzentrischer Kreise besteht[1]), die auch im Falle einer einzelnen Platte auftreten [vgl. Ziff. 119a)].

Nun verschwindet J nach (385) aber auch für $\Delta = 2m\pi - 2\tau$; setzt man näherungsweise $\operatorname{tg}\psi = 1$ und $\sin 2\psi = 1$, was in der Nähe des Mittelpunktes des Gesichtsfeldes gestattet ist, weil hier die Wellen nahezu parallel zur optischen Achse fortschreiten und daher nach Ziff. 101a) zirkular polarisiert sind, so erhält man mit Hilfe von (386) eine zweite Schar dunkler Kurven, für welche die Bedingung

$$\Delta = 2m\pi + 4u$$

gilt. Hieraus folgt, daß Δ [und nach dem in Ziff. 119 gesagten auch die Entfernung $d \sin r$ eines Kurvenpunktes vom Mittelpunkt des Gesichtsfeldes] zunimmt, wenn u zunimmt. Nun bedeutet u das Azimut der Schwingungsrichtung des Polarisators gegen die positive x'-Achse; folglich ist $-u$ das Azimut, welches der vom Mittelpunkt des Gesichtsfeldes zum Kurvenpunkt gezogene Fahrstrahl mit der (als fest angenommenen) Schwingungsrichtung des Polarisators bildet. Das zweite System der dunkeln Kurven besteht somit aus vier Linksspiralen, die durch eine Drehung von je 90° ineinander übergeführt werden können (Abb. 34). Es läßt sich zeigen, daß die Mittelpunktstangenten der Spiralen TT und $T'T'$ gegen die Schwingungsrichtung P des Polarisators die Azimute $-\frac{\Delta_0}{4}$ und $\frac{\pi}{2} - \frac{\Delta_0}{4}$ besitzen, wobei [vgl. Ziff. 120a)] $\Delta_0 = 2\alpha d$ die (mit dem richtigen Vorzeichen genommene) doppelte Drehung der Polarisationsebene ist, welche eine parallel zur optischen Achse fortschreitende, linear polarisierte Welle gleicher Frequenz beim Durchgang durch eine der beiden Platten erfahren würde.

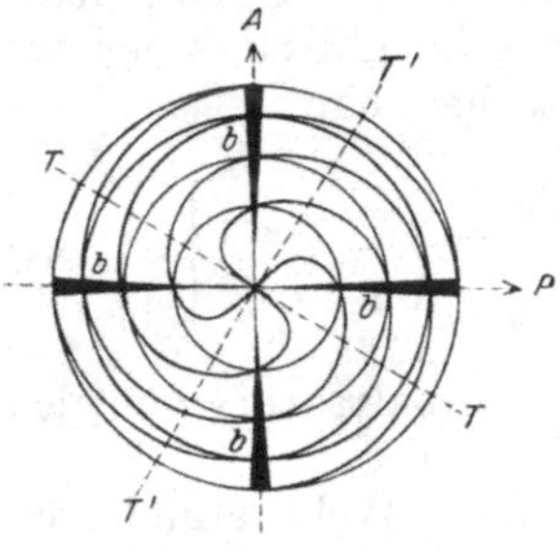

Abb. 34. AIRYsche Spiralen. (P Schwingungsrichtung des Polarisators, A Schwingungsrichtung des Analysators. TT und $T'T'$ Mittelpunktstangenten. b dunkle Büschel.)

In der Nähe des Mittelpunktes des Gesichtsfeldes nehmen $\sin^2\frac{\Delta}{2}$ und $\sin^2\left(\frac{\Delta}{2} + \tau\right)$ gleiche Werte an, wenn $\tau = \pm m\pi$ ist, d. h. wenn $u = \mp \frac{m\pi}{2}$ wird ($m = 0, 1, 2, \ldots$) Hieraus folgt, daß diejenigen Punkte, in welchen die Spiralen von den dunkeln kreisförmigen Kurven geschnitten werden, auf Geraden liegen, die mit den Schwingungsrichtungen des Polarisators P und des Analysators A zusammenfallen. Da aber in Wirklichkeit die Elliptizität $\operatorname{tg}\psi$ und somit auch $\sin 2\psi$ außerhalb des Mittelpunktes von 1 verschieden ist, so muß nach (386) τ größer bzw. kleiner als $-2u$ werden, je nachdem $m\frac{\pi}{2} < u < \frac{2m+1}{4}\pi$ bzw. $\frac{2m+1}{4}\pi < u < \frac{m+1}{2}\pi$ ist; in Wirklichkeit schneiden daher die Spiralen die dunkeln kreisförmigen Kurven unter Winkeln, die größer sind als die bei der schematischen Näherungszeichnung der Abb. 34 dargestellten[2]).

[1]) Das Vorhandensein dieser Kreise (vgl. z. B. die Reproduktionen photographischer Aufnahmen bei H. HAUSWALDT, Interferenzerscheinungen an doppeltbrechenden Kristallplatten im konvergenten, polarisierten Lichte, Taf. 15. Magdeburg 1902) widerlegt eine von G. QUESNEVILLE (C. R. Bd. 121, S. 522. 1895; Sur la double réfraction elliptique et la tetraréfringence du quartz dans le voisinage de l'axe. Paris 1898; Théorie nouvelle de la polarisation rotatoire. Paris 1903) auf Grund besonderer Vorstellungen über die Lichtausbreitung in aktiven Kristallen aufgestellte Theorie, nach welcher die dunkeln Kreise fehlen müßten.

[2]) Vgl. z. B. die Reproduktionen photographischer Aufnahmen bei H. HAUSWALDT, Interferenzerscheinungen an doppeltbrechenden Kristallplatten im konvergenten, polarisierten Lichte, Taf. 15. Magdeburg 1902. Über die geometrische Konstruktion der wahren Form der Spiralen vgl. H. JOACHIM, N. Jahrb. f. Min., Beil. Bd. 21, S. 644. 1906.

Bei sehr kleiner Elliptizität $\operatorname{tg}\psi$, d. h. in den vom Mittelpunkte entfernteren Gebieten des Gesichtsfeldes, wird die Intensität nach (385) ein Minimum für $u = \pm \frac{m}{2}\pi$; in dem vom Mittelpunkte entfernteren Teile des Gesichtsfeldes treten daher dunkle Büschel b auf, welche parallel zu den Schwingungsrichtungen von Polarisator P und Analysator A liegen.

Geht das auffallende Licht zuerst durch eine rechtsdrehende und dann durch eine linksdrehende Platte, so kehrt $\operatorname{tg}\psi$ und somit auch ψ das Vorzeichen um; dies wirkt sich bei dem vorhin behandelten Interferenzbilde dahin aus, daß die auftretenden Spiralen Rechtsspiralen werden.

Die beschriebenen Spiralen werden nach ihrem Entdecker als AIRYsche Spiralen bezeichnet; man kann sie verwenden, um das Vorhandensein von Zwillingsverwachsungen von rechts- und linksdrehendem Quarz in senkrecht zur optischen Achse geschnittenen Quarzplatten festzustellen.

Erfolgt die Beleuchtung statt mit monochromatischem mit weißem Lichte, so hören die dunkeln Kurven auf, isochromatische Kurven zu sein und es treten durch die Überlagerungen der Dispersionen der Doppelbrechung und der optischen Aktivität komplizierte Farbenerscheinungen auf[1]).

Die Erscheinung der AIRYschen Spiralen läßt sich auch an einer einzelnen Platte erhalten, indem man diese auf den unteren horizontalen Spiegel eines NÖRRENBERGschen Polarisationsapparates[2]) legt; in diesem Falle verhält sich das in das Auge des Beobachters gelangende Licht so, als ob es außer der gegebenen Platte noch eine zweite, mit ihr spiegelbildliche Platte (d. h. also eine gleich dicke Platte von entgegengesetztem Vorzeichen des Drehungsvermögens) durchsetzt hätte. Diese Anordnung wird benutzt, um festzustellen, ob eine optisch einachsige, aktive Platte genau senkrecht zur optischen Achse geschnitten ist, was sich an der regelmäßigen Gestalt der auftretenden AIRYschen Spirale zu erkennen gibt[3]).

122. Interferenzerscheinungen bei Platten aus optisch zweiachsigen, nicht absorbierenden, aktiven Kristallen im konvergenten, polarisierten Lichte. a) Konvergentes, linear polarisiertes Licht. Um die Interferenzerscheinungen zu erhalten, welche eine optisch zweiachsige, aktive Kristallplatte im konvergenten, monochromatischen, linear polarisierten Lichte zeigt[4]), hat man von dem allgemein gültigen Intensitätsausdruck (366) auszugehen. Für die Phasendifferenz Δ tritt dabei an Stelle von (367) gemäß (346) die Beziehung

$$\Delta = \pm \frac{d}{\cos r} \left| \sqrt{\delta_0^2 + (2g)^2} \right|, \tag{387}$$

wobei sich für die gewöhnliche Doppelbrechung δ_0 bei Heranziehung von (331) ($n_0' + n_0''$ angenähert gleich $n_1 + n_3$)

$$\delta_0 = \frac{2\pi}{\lambda_0} (n_1 - n_3) \sin b_1 \sin b_2 \tag{388}$$

ergibt; hierin sind b_1 und b_2 die Winkel, welche die Wellennormalenrichtung der gebrochenen Welle mit den Binormalen bildet. In erster Annäherung kann man den skalaren Parameter der Gyration g von b_1 und b_2 unabhängig annehmen; bei hinreichend kleinen Einfallwinkeln der konvergent auffallenden Wellennormalenrichtungen darf man ferner für die beiden zu i gehörenden

---

[1]) Vgl. z. B. E. MASCART, Traité d'optique Bd. II, S. 322. Paris 1891; ferner TH. LIEBISCH u. A. WENZEL, Berl. Ber. 1917, S. 799.

[2]) Über den NÖRRENBERGschen Polarisationsapparat vgl. Kap. 4 ds. Bandes.

[3]) Über das Prinzip einer anderen Methode für diese Feststellung vgl. Ziff. 100b).

[4]) H. C. POCKLINGTON, Phil. Mag. (6) Bd. 2, S. 365. 1901; H. JOACHIM, N. Jahrb. f. Min., Beil. Bd. 21, S. 630. 1906; TH. LIEBISCH, Berl. Ber. 1918, S. 831.

Brechungswinkel r_1 und r_2 der beiden gebrochenen Wellen näherungsweise $r_1 = r_2 = i$ setzen.

Die Ergebnisse vereinfachen sich beträchtlich in dem Falle, daß die Plattenebene senkrecht zur ersten Mittellinie oder senkrecht zu einer der beiden Binormale liegt; wir führen sie im Folgenden ohne Beweis an.

Liegt die Plattenebene senkrecht zur ersten Mittellinie, so sind Phasendifferenz Δ und Elliptizität $\mathrm{tg}\,\psi$ auf CASSINIschen Ovalen konstant; die gegen die Schwingungsrichtung des Analysators gerechneten Azimute $-w$ und $-w + \frac{\pi}{2}$ der Ellipsenachsenrichtungen $\mathfrak{d}'$ und $\mathfrak{d}''$ (vgl. Ziff. 118) sind auf gleichseitigen Hyperbeln konstant, welche durch die Binormalenspuren gehen. In größerer Entfernung vom mittleren Teile des Gesichtsfeldes, wo die Elliptizität $\mathrm{tg}\,\psi$ und somit auch ψ klein ist, ist die Interferenzfigur identisch mit der bei nicht aktiven, zweiachsigen Platten auftretenden; in unmittelbarer Umgebung der Binormalenspur (und bei kleinem Binormalenwinkel im ganzen mittleren Teil des Gesichtsfeldes) fehlen aber die Isogyren. Bei gekreuzten Polarisatoren sind die den Phasendifferenzen $\Delta = m\pi$ $(m = 0, 1, 2, \ldots)$ entsprechenden CASSINIschen Ovale ganz dunkel; dagegen besitzen die Binormalenspuren eine von der Plattendicke abhängige Intensität, erscheinen aber bei einer bestimmten Analysatorstellung ebenfalls ganz dunkel.

Liegt die Plattenebene senkrecht zu einer Binormale, so tritt in hinreichender Entfernung von der Binormalenspur, wo die gewöhnliche Doppelbrechung die optische Aktivität stark überwiegt [vgl. Ziff. 101 d)] dieselbe Interferenzfigur auf wie bei optisch zweiachsigen, nichtaktiven Kristallen; in der Nähe der Binormalenspuren fehlen aber die dunkeln Balken. Bei gekreuzten Polarisatoren sind die kreisförmigen Ringe ganz dunkel, dagegen besitzt die Binormalenspur eine von der Plattendicke abhängige Intensität, welche bei einer bestimmten Stellung des Analysators verschwindet; wird letztere geändert, so löst sich die dunkle Binormalenspur in zwei auseinanderrückende dunkle Flecken auf[1]).

b) Konvergentes, zirkular polarisiertes Licht. Ist das auffallende Licht zirkular polarisiert, so bestimmt sich die Interferenzfigur wieder aus den Gleichungen (365), (387) und (388), wobei aber jetzt in (365) $\psi' = \pm\frac{\pi}{4}$ zu setzen ist. Bei einer senkrecht zur ersten Mittellinie geschnittenen Platte geht von jeder der beiden Binormalenspuren eine Spirale aus; beide Spirale entsprechen zusammen der in Abb. 33 dargestellten Doppelspirale. Bei einer senkrecht zu einer Binormale geschnittenen Platte sieht man dagegen nur eine Spirale[2]).

c) AIRYsche Spiralen. Zwei von den beiden optischen Antipoden (Ziff. 106) desselben optisch zweiachsigen Kristalls stammende Platten, die senkrecht zur selben Binormale geschnitten sind, zeigen die den AIRYschen Spiralen analoge Erscheinung, wenn sie zwischen gekreuzten Polarisatoren übereinander liegen und mit schwach konvergentem Lichte beleuchtet werden[3]). Die Spiralen lassen sich aber auch an einer einzelnen Platte mittels des in Ziff. 121 erwähnten Spiegelungsverfahrens erhalten.

[1]) Reproduktionen photographischer Aufnahmen bei H. DUFET, Bull. soc. minéral. Bd. 27, Taf. 2, Fig. 3. 1904 (Rhamnose); H. HAUSWALDT, Interferenzerscheinungen im polarisierten Lichte, 3. Reihe, Taf. 26. Magdeburg 1908 (Rohrzucker); L. LONGCHAMBON, Bull. soc. minéral. Bd. 45, Taf. 1, Taf. 2 (Fig. 1, 2), Taf. 3. 1922 (Rohrzucker, Jodsäure).

[2]) H. C. POCKLINGTON, Phil. Mag. (6) Bd. 2, S. 369. 1901; H. JOACHIM, N. Jahrb. f. Min., Beil. Bd. 21, S. 643. 1906. Reproduktionen photographischer Aufnahmen bei H. DUFET, Bull. soc. minéral. Bd. 27, Taf. 1 u. 2 (Fig. 4). 1904 (Rohrzucker, Rhamnose); L. LONGCHAMBON, Bull. soc. minéral. Bd. 45, Taf. 2, Fig. 3. 1922 (Jodsäure).

[3]) Reproduktionen photographischer Aufnahmen bei H. JOACHIM, N. Jahrb. f. Min., Beil. Bd. 21, Taf. 34. 1906 (Rohrzucker).

IV. Optik absorbierender Kristalle.

a) Optik absorbierender, nicht aktiver Kristalle.

α) Gesetze der Lichtausbreitung in absorbierenden, nicht aktiven Kristallen.

123. Kontinuumstheorie der Optik absorbierender, nicht aktiver Kristalle. a) Grundeigenschaft der absorbierenden Kristalle. Ein absorbierender Kristall ist dadurch gekennzeichnet, daß eine in ihm fortschreitende Lichtwelle eine Schwächung ihrer Intensität erleidet, die mit der Länge des zurückgelegten Weges zunimmt; diese Eigentümlichkeit hat zur Folge, daß die Amplitude des Lichtvektors der fortschreitenden Welle in Richtung der Wellennormale abnehmen muß. Wie wir schon in Ziff. 1 bemerkt haben, vermag die Kristallgittertheorie die Optik der absorbierenden Kristalle noch nicht zu umfassen, da eine befriedigende atomistische Theorie der Energiedissipation vorerst nicht existiert; man ist daher bei diesem Gebiete der Kristalloptik einstweilen auf eine phänomenologische Darstellung angewiesen.

b) Ansatz der elektromagnetischen Lichttheorie; Leitfähigkeitstensor. Wir übergehen die nur noch formales Interesse bietenden elastischen Theorien der Optik absorbierender Kristalle von VOIGT[1]) und BOUSSINESQ[2]) und wenden uns gleich der elektromagnetischen Theorie zu. Nach dieser Theorie verschwindet bei einem absorbierenden Körper der Leitungsstrom $\mathfrak{J}$ (vgl. Ziff. 2) nur dann, wenn die elektrische Feldstärke $\mathfrak{E}$ verschwindet; ferner sagt sie aus, daß die Verminderung der Energie einer im Inneren des absorbierenden Körpers fortschreitenden elektromagnetischen Welle auf die JOULEsche Wärmeentwicklung durch den Leitungsstrom zurückzuführen ist. Entsprechend dem OHMschen Erfahrungsgesetz für metallische Leitung wird $\mathfrak{J}$ bei absorbierenden isotropen Körpern mit $\mathfrak{E}$ proportional angenommen und bei absorbierenden Kristallen als homogene, lineare Vektorfunktion von $\mathfrak{E}$ angesetzt[3]); bei einem solchen Kristall haben wir daher in einem beliebigen rechtwinkligen Rechtssystem x', y', z' zwischen $\mathfrak{J}$ und $\mathfrak{E}$ Verknüpfungsgleichungen von der Form

$$\left.\begin{aligned} \mathfrak{J}_{x'} &= \sigma_{11}\,\mathfrak{E}_{x'} + \sigma_{12}\,\mathfrak{E}_{y'} + \sigma_{13}\,\mathfrak{E}_{z'},\\ \mathfrak{J}_{y'} &= \sigma_{21}\,\mathfrak{E}_{x'} + \sigma_{22}\,\mathfrak{E}_{y'} + \sigma_{23}\,\mathfrak{E}_{z'},\\ \mathfrak{J}_{z'} &= \sigma_{31}\,\mathfrak{E}_{x'} + \sigma_{32}\,\mathfrak{E}_{y'} + \sigma_{33}\,\mathfrak{E}_{z'}. \end{aligned}\right\} \tag{389}$$

Diese homogene lineare Vektorfunktion kann erfahrungsgemäß als symmetrisch angenommen werden[4]), d. h. wir dürfen $\sigma_{hl} = \sigma_{lh}$ $(h, l = 1, 2, 3)$ setzen; ihre sechs Koeffizienten $\sigma_{11}, \sigma_{22}, \sigma_{33}, \sigma_{23} = \sigma_{32}, \sigma_{31} = \sigma_{13}, \sigma_{12} = \sigma_{21}$ werden als Leitfähigkeitskonstanten bezeichnet und bilden die Komponenten eines symmetrischen Tensors, des Leitfähigkeitstensors.

---

[1]) W. VOIGT, Göttinger Nachr. 1884, S. 337; Wied. Ann. Bd. 23, S. 577. 1884; N. Jahrb. f. Min. 1885 (1), S. 119; Kompend. d. theoret. Phys. Bd. II, S. 565 u. 708. Leipzig 1896. Diese Abhandlungen von VOIGT sind der erste Versuch, eine Theorie der Optik absorbierender Kristalle zu entwerfen; die älteren elastischen Theorien zur Darstellung der optischen Eigenschaften absorbierender Medien (vgl. Kap. 6 ds. Bandes) bezogen sich auf isotrope absorbierende Körper.

[2]) J. BOUSSINESQ, C. R. Bd. 136, S. 193, 272, 530 u. 581. 1903; Bd. 140, S. 401 u. 622. 1905; Bd. 152, S. 1808. 1911; Bd. 153, S. 16. 1911.

[3]) H. HERTZ, Göttinger Nachr. 1890, S. 116; Ges. Werke Bd. II, S. 219. Leipzig 1892; P. DRUDE, Göttinger Nachr. 1892, S. 399; B. BRUNHES, C. R. Bd. 120, S. 1041. 1895; Journ. de phys. (3) Bd. 5, S. 12. 1896.

[4]) Vgl. z. B. W. VOIGT, Lehrbuch der Kristallphysik, S. 358. Leipzig 1910.

Die erste MAXWELLsche Feldgleichung (1) nimmt daher in einem absorbierenden Kristall mit Rücksicht auf (38) und (389) in dem Koordinatensystem x', y', z' folgende Komponentendarstellung an

$$\left.\begin{aligned}
&\frac{1}{c}(\varepsilon_{11}\dot{\mathfrak{E}}_{x'} + \varepsilon_{12}\dot{\mathfrak{E}}_{y'} + \varepsilon_{13}\dot{\mathfrak{E}}_{z'}) + \frac{4\pi}{c}(\sigma_{11}\mathfrak{E}_{x'} + \sigma_{12}\mathfrak{E}_{y'} + \sigma_{13}\mathfrak{E}_{z'}) = \mathrm{rot}_{x'}\mathfrak{H},\\
&\frac{1}{c}(\varepsilon_{21}\dot{\mathfrak{E}}_{x'} + \varepsilon_{22}\dot{\mathfrak{E}}_{y'} + \varepsilon_{23}\dot{\mathfrak{E}}_{z'}) + \frac{4\pi}{c}(\sigma_{21}\mathfrak{E}_{x'} + \sigma_{22}\mathfrak{E}_{y'} + \sigma_{23}\mathfrak{E}_{z'}) = \mathrm{rot}_{y'}\mathfrak{H},\\
&\frac{1}{c}(\varepsilon_{31}\dot{\mathfrak{E}}_{x'} + \varepsilon_{32}\dot{\mathfrak{E}}_{y'} + \varepsilon_{33}\dot{\mathfrak{E}}_{z'}) + \frac{4\pi}{c}(\sigma_{31}\mathfrak{E}_{x'} + \sigma_{32}\mathfrak{E}_{y'} + \sigma_{33}\mathfrak{E}_{z'}) = \mathrm{rot}_{z'}\mathfrak{H}\\
&\qquad\qquad(\varepsilon_{hl} = \varepsilon_{lh},\ \sigma_{hl} = \sigma_{lh};\ h, l = 1, 2, 3).
\end{aligned}\right\} \tag{390}$$

Führen wir in den Gleichungen (390) den durch (14) und (16) gegebenen Ansatz für eine ebene, monochromatische, rein periodische Welle von der Frequenz ω ein, so erhalten wir

$$\left.\begin{aligned}
&\frac{1}{c}\left(\varepsilon_{11} + i\frac{4\pi\sigma_{11}}{\omega}\right)\dot{\mathfrak{E}}_{x'} + \frac{1}{c}\left(\varepsilon_{12} + i\frac{4\pi\sigma_{12}}{\omega}\right)\dot{\mathfrak{E}}_{y'} + \frac{1}{c}\left(\varepsilon_{13} + i\frac{4\pi\sigma_{13}}{\omega}\right)\dot{\mathfrak{E}}_{z'} = \mathrm{rot}_{x'}\mathfrak{H},\\
&\frac{1}{c}\left(\varepsilon_{21} + i\frac{4\pi\sigma_{21}}{\omega}\right)\dot{\mathfrak{E}}_{x'} + \frac{1}{c}\left(\varepsilon_{22} + i\frac{4\pi\sigma_{22}}{\omega}\right)\dot{\mathfrak{E}}_{y'} + \frac{1}{c}\left(\varepsilon_{23} + i\frac{4\pi\sigma_{23}}{\omega}\right)\dot{\mathfrak{E}}_{z'} = \mathrm{rot}_{y'}\mathfrak{H},\\
&\frac{1}{c}\left(\varepsilon_{31} + i\frac{4\pi\sigma_{31}}{\omega}\right)\dot{\mathfrak{E}}_{x'} + \frac{1}{c}\left(\varepsilon_{32} + i\frac{4\pi\sigma_{32}}{c}\right)\dot{\mathfrak{E}}_{y'} + \frac{1}{c}\left(\varepsilon_{33} + i\frac{4\pi\sigma_{33}}{\omega}\right)\dot{\mathfrak{E}}_{z'} = \mathrm{rot}_{z'}\mathfrak{H}.
\end{aligned}\right\} \tag{391}$$

Trägt man vom Koordinatenanfangspunkt aus parallel zu jeder Wellennormalenrichtung $\mathfrak{s}$ eine Strecke ab, deren Länge gleich der reziproken Quadratwurzel des Ausdruckes

$$\sigma = \sigma_{11}\mathfrak{s}_{x'}^2 + \sigma_{22}\mathfrak{s}_{y'}^2 + \sigma_{33}\mathfrak{s}_{z'}^2 + 2\sigma_{23}\mathfrak{s}_{y'}\mathfrak{s}_{z'} + 2\sigma_{31}\mathfrak{s}_{z'}\mathfrak{s}_{x'} + 2\sigma_{12}\mathfrak{s}_{x'}\mathfrak{s}_{y'}$$

ist, so erhält man die Fläche des Leitfähigkeitstensors. Sie ist eine zentrische Fläche zweiter Ordnung, deren Gleichung im Koordinatensystem x', y', z'

$$\sigma_{11}x'^2 + \sigma_{22}y'^2 + \sigma_{33}z'^2 + 2\sigma_{23}y'z' + 2\sigma_{31}z'x' + 2\sigma_{12}x'y' - 1 = 0 \tag{392}$$

lautet; ihre Hauptachsen heißen die Absorptionsachsen[1]).

c) Komplexe Koordinatentransformation. Die Absorptionsachsen fallen im allgemeinen mit den optischen Symmetrieachsen x, y, z nicht zusammen; will man daher ein rechtwinkliges Rechtssystem u, v, w finden, für welches das Gleichungssystem (391) die Form der Feldgleichung (9) annimmt, d. h. für welches es

$$\frac{\varepsilon_1}{c}\dot{\mathfrak{E}}_u = \mathrm{rot}_u\mathfrak{H}, \qquad \frac{\varepsilon_2}{c}\dot{\mathfrak{E}}_v = \mathrm{rot}_v\mathfrak{H}, \qquad \frac{\varepsilon_3}{c}\dot{\mathfrak{E}}_w = \mathrm{rot}_w\mathfrak{H} \tag{393}$$

lautet, so kann dies nur durch eine Transformation

$$\left.\begin{aligned}
u = \boldsymbol{p}_1x' + \boldsymbol{q}_1y' + \boldsymbol{r}_1z', \qquad v = \boldsymbol{p}_2x' + \boldsymbol{q}_2y' + \boldsymbol{r}_2z',\\
w = \boldsymbol{p}_3x' + \boldsymbol{q}_3y' + \boldsymbol{r}_3z'
\end{aligned}\right\} \tag{394}$$

geschehen, bei der die den bekannten Orthogonalitätsbedingungen genügenden Koeffizienten $\boldsymbol{p}_1, \boldsymbol{p}_2, \ldots \boldsymbol{r}_3$ im allgemeinen komplexe Größen sind[2]), die nur dann sämtlich reell werden, wenn die Absorptionsachsen mit den optischen Symmetrieachsen zusammenfallen (vgl. Ziff. 124).

---

[1]) Diese Bezeichnung ist die allgemein übliche; W. VOIGT gebrauchte sie in seinen späteren Abhandlungen [Göttinger Nachr. 1902, S. 51; Ann. d. Phys. Bd. 9, S. 370. 1902; Bd. 27, S. 1005. 1908] allerdings für die in Ziff. 127 zu besprechenden Absorptionsbinormalen.

[2]) P. DRUDE, Wied. Ann. Bd. 32, S. 598. 1887.

Schreibt man die Gleichungen (391) für die Koordinatenachsen u, v, w an und setzt dann die entsprechenden rechten Seiten von (391) und (393) einander gleich, so erhält man drei homogene lineare Gleichungen in $\dot{\mathfrak{E}}_u$, $\dot{\mathfrak{E}}_v$, $\dot{\mathfrak{E}}_w$; ihr gleichzeitiges Bestehen erfordert das Verschwinden ihrer Determinante und hieraus folgt, daß $\boldsymbol{\varepsilon}_1$, $\boldsymbol{\varepsilon}_2$ und $\boldsymbol{\varepsilon}_3$ die (im allgemeinen komplexen) Wurzeln der Säkulargleichung

$$\begin{vmatrix} \varepsilon_{11} + i\dfrac{4\pi\sigma_{11}}{\omega} - \boldsymbol{\varepsilon} & \varepsilon_{12} + i\dfrac{4\pi\sigma_{12}}{\omega} & \varepsilon_{13} + i\dfrac{4\pi\sigma_{13}}{\omega} \\ \varepsilon_{21} + i\dfrac{4\pi\sigma_{21}}{\omega} & \varepsilon_{22} + i\dfrac{4\pi\sigma_{22}}{\omega} - \boldsymbol{\varepsilon} & \varepsilon_{23} + i\dfrac{4\pi\sigma_{23}}{\omega} \\ \varepsilon_{31} + i\dfrac{4\pi\sigma_{31}}{\omega} & \varepsilon_{32} + i\dfrac{4\pi\sigma_{32}}{\omega} & \varepsilon_{33} + i\dfrac{4\pi\sigma_{33}}{\omega} - \boldsymbol{\varepsilon} \end{vmatrix} = 0$$

sind, während die komplexen Richtungskosinus $\boldsymbol{p}$, $\boldsymbol{q}$ und $\boldsymbol{r}$ sich durch 9 Gleichungen von der Form

$$\left.\begin{aligned} &\boldsymbol{p}_i\left(\varepsilon_{11} + i\frac{4\pi\sigma_{11}}{\omega} - \boldsymbol{\varepsilon}_i\right) + \boldsymbol{q}_i\left(\varepsilon_{12} + i\frac{4\pi\sigma_{12}}{\omega}\right) + \boldsymbol{r}_i\left(\varepsilon_{13} + i\frac{4\pi\sigma_{13}}{\omega}\right) = 0,\\ &\boldsymbol{p}_i\left(\varepsilon_{21} + i\frac{4\pi\sigma_{21}}{\omega}\right) + \boldsymbol{q}_i\left(\varepsilon_{22} + i\frac{4\pi\sigma_{22}}{\omega} - \boldsymbol{\varepsilon}_i\right) + \boldsymbol{r}_i\left(\varepsilon_{23} + i\frac{4\pi\sigma_{23}}{\omega}\right) = 0,\\ &\boldsymbol{p}_i\left(\varepsilon_{31} + i\frac{4\pi\sigma_{31}}{\omega}\right) + \boldsymbol{q}_i\left(\varepsilon_{32} + i\frac{4\pi\sigma_{32}}{\omega}\right) + \boldsymbol{r}_i\left(\varepsilon_{33} + i\frac{4\pi\sigma_{33}}{\omega} - \boldsymbol{\varepsilon}\right) = 0\\ &\qquad\qquad (i = 1, 2, 3) \end{aligned}\right\} \quad (395)$$

bestimmen.

d) Komplexe Hauptbrechungsindizes. Das Gleichungssystem (393) stimmt mit der Feldgleichung (9) formal überein, wenn zwischen den Feldvektoren $\mathfrak{E}$ und $\mathfrak{D}$ die Beziehungen

$$\mathfrak{D}_u = \boldsymbol{\varepsilon}_1 \mathfrak{E}_u, \qquad \mathfrak{D}_v = \boldsymbol{\varepsilon}_2 \mathfrak{E}_v, \qquad \mathfrak{D}_w = \boldsymbol{\varepsilon}_3 \mathfrak{E}_w \tag{396}$$

als Verknüpfungsgleichungen angenommen werden, welche den für nicht absorbierende Kristalle geltenden Gleichungen (43) entsprechen; sie unterscheiden sich von diesen aber durch die komplexen Werte $\boldsymbol{\varepsilon}_1$, $\boldsymbol{\varepsilon}_2$, $\boldsymbol{\varepsilon}_3$, die wir als die komplexen optischen Hauptdielektrizitätskonstanten bezeichnen.

Die Gleichungen (9), (10), (11), (12) und (396) beschreiben somit die Ausbreitung einer ebenen, monochromatischen Lichtwelle in einem homogenen absorbierenden, nicht aktiven Kristall; sie sind formal völlig identisch mit den für nicht absorbierende, nicht aktive Kristalle geltenden Gleichungen, nur daß an Stelle der dort auftretenden reellen optischen Hauptdielektrizitätskonstanten ε_1, ε_2, ε_3 hier die komplexen Konstanten $\boldsymbol{\varepsilon}_1$, $\boldsymbol{\varepsilon}_2$, $\boldsymbol{\varepsilon}_3$ getreten sind. Die durch

$$\boldsymbol{n}_1^2 = \boldsymbol{\varepsilon}_1, \qquad \boldsymbol{n}_2^2 = \boldsymbol{\varepsilon}_2, \qquad \boldsymbol{n}_3^2 = \boldsymbol{\varepsilon}_3 \tag{397}$$

bestimmten komplexen Größen $\boldsymbol{n}_1$, $\boldsymbol{n}_2$ und $\boldsymbol{n}_3$ heißen die komplexen Hauptbrechungsindizes.

Im folgenden werden wir zuweilen einen komplexen, symmetrischen Tensor zu betrachten haben, dessen Komponenten $\frac{1}{\boldsymbol{n}_{hl}^2}$ $(h, l = 1, 2, 3)$ in einem beliebigen rechtwinkligen Rechtssystem x', y', z' mit den komplexen Hauptbrechungsindizes $\boldsymbol{n}_1$, $\boldsymbol{n}_2$ und $\boldsymbol{n}_3$ durch Transformationsformeln zusammenhängen, welche aus den Formeln (157) hervorgehen, falls in dieser die reellen Richtungskosinus $\alpha_1, \ldots \gamma_3$ durch die komplexen Richtungskosinus der Achsen u, v, w gegen die Achsen x', y', z', und die reellen Hauptbrechungsindizes n_1, n_2, n_3 durch die komplexen Hauptbrechungsindizes $\boldsymbol{n}_1$, $\boldsymbol{n}_2$, $\boldsymbol{n}_3$ ersetzt werden. Die Hauptachsen der zu diesem Tensor gehörenden Fläche fallen somit mit u, v, w zusammen und seine Hauptwerte sind $\frac{1}{n_1^2}, \frac{1}{n_2^2}, \frac{1}{n_3^2}$.

124. Zahl der optischen Parameter bei absorbierenden, nicht aktiven Kristallen. Während das optische Verhalten eines nicht absorbierenden, nicht aktiven Kristalls durch die optischen Dielektrizitätskonstanten (d. h. durch die Komponenten des optischen Dielektrizitätstensors, vgl. Ziff. 8) bestimmt ist, treten zu diesen bei einem absorbierenden, nicht aktiven Kristall noch die Komponenten des Leitfähigkeitstensors hinzu.

Die Gesamtzahl der optischen Parameter reduziert sich aber auch hier wieder durch das Auftreten von Symmetrieelementen. Legen wir das optische Symmetrieachsensystem wie in Ziff. 23, so ergibt sich für absorbierende nichtaktive Kristalle folgende Übersicht:

I. Triklines System. Die Lage der optischen Symmetrieachsen und der Absorptionsachsen ist beliebig; die Fläche des optischen Dielektrizitätstensors (40) und die des Leitfähigkeitstensors (392) besitzen je drei ungleiche Hauptachsen. Es existieren zwölf optische Parameter, nämlich

$$\varepsilon_{11}, \varepsilon_{22}, \varepsilon_{33}, \varepsilon_{23}, \varepsilon_{31}, \varepsilon_{12}, \sigma_{11}, \sigma_{22}, \sigma_{33}, \sigma_{23}, \sigma_{31}, \sigma_{12}.$$

II. Monoklines System. Die z-Achse und eine Absorptionsachse fallen zusammen, somit wird $\varepsilon_{23} = \varepsilon_{31} = \sigma_{23} = \sigma_{31} = 0$; die Fläche des optischen Dielektrizitätstensors (40) und die des Leitfähigkeitstensors (392) besitzen je drei ungleiche Hauptachsen. Man hat acht optische Parameter, nämlich

$$\varepsilon_{11}, \varepsilon_{22}, \varepsilon_{33}, \varepsilon_{12}, \sigma_{11}, \sigma_{22}, \sigma_{33}, \sigma_{12}.$$

III. Rhombisches System. Die optischen Symmetrieachsen und die Absorptionsachsen fallen zusammen[1]), somit ist $\varepsilon_{23} = \varepsilon_{31} = \varepsilon_{12} = \sigma_{23} = \sigma_{31} = \sigma_{12} = 0$. Die Fläche des optischen Dielektrizitätstensors (40) und die des Leitfähigkeitstensors (392) besitzen je 3 ungleiche Hauptachsen. Sechs optische Parameter, nämlich

$$\varepsilon_{11}, \varepsilon_{22}, \varepsilon_{33}, \sigma_{11}, \sigma_{22}, \sigma_{33}.$$

IV. Trigonales System. Die optischen Symmetrieachsen und die Absorptionsachsen fallen zusammen, somit wird $\varepsilon_{23} = \varepsilon_{31} = \varepsilon_{12} = \sigma_{23} = \sigma_{31} = \sigma_{12} = 0$. Die Fläche des optischen Dielektrizitätstensors (40) und die des Leitfähigkeitstensors (392) sind Rotationsflächen mit der z-Achse (optischen Achse) als gemeinsame Rotationsachse, daher ist weiterhin $\varepsilon_{11} = \varepsilon_{22}$ und $\sigma_{11} = \sigma_{22}$. Es existieren vier optische Parameter, nämlich

$$\varepsilon_{11} = \varepsilon_{22} = \varepsilon_1, \quad \varepsilon_{33} = \varepsilon_3, \quad \sigma_{11} = \sigma_{22} = \sigma_1, \quad \sigma_{33} = \sigma_3.$$

V. Tetragonales System. Wie IV.

VI. Hexagonales System. Wie IV.

VII. Kubisches System. Die optischen Symmetrieachsen und die Absorptionsachsen fallen zusammen, somit wird $\varepsilon_{23} = \varepsilon_{31} = \varepsilon_{12} = \sigma_{23} = \sigma_{31} = \sigma_{12} = 0$. Die Fläche des optischen Dielektrizitätstensors (40) und die des Leitfähigkeitstensors (392) sind Kugeln, daher ist weiterhin $\varepsilon_{11} = \varepsilon_{22} = \varepsilon_{33}$, $\sigma_{11} = \sigma_{22} = \sigma_{33}$. Wir haben, wie bei isotropen Körpern, zwei optische Parameter, nämlich

$$\varepsilon_{11} = \varepsilon_{22} = \varepsilon_{33} = \varepsilon \text{ und } \sigma_{11} = \sigma_{22} = \sigma_{33} = \sigma.$$

---

[1]) Die Abweichungen der Lagen beider Achsensysteme, welche P. DRUDE (Wied. Ann. Bd. 34, S. 489. 1888) bei dem rhombisch kristallisierenden Antimonit festgestellt zu haben glaubte, bestehen in Wirklichkeit nicht; vgl. hierzu E. C. MÜLLER, N. Jahrb. f. Min., Beil. Bd. 17, S. 225. 1903.

Wir bemerken noch, daß die bei den Systemen I und II vorhandene Abweichung der Lage des Absorptionsachsensystems vom optischen Symmetrieachsensystem beträchtlich sein kann[1]).

125. Elektronentheorie der Optik absorbierender Kristalle. Eine von der Kontinuumstheorie deutlich verschiedene phänomenologische Darstellung der Optik absorbierender, nicht aktiver Kristalle gibt die Elektronentheorie[2]). Nach dieser wird jedes der in den Molekülen eines Körpers enthaltenen Elektronen, falls diese durch ein äußeres elektrisches Feld bewegt werden, an seine Gleichgewichtslage durch eine quasielastische Kraft gebunden, die als homogene, lineare, symmetrische Vektorfunktion der Verrückung aus der Gleichgewichtslage angesetzt wird; die Koeffizienten der Vektorfunktion sind die Komponenten des quasielastischen Krafttensors, dessen Tensorfläche die optischen Symmetrieachsen als Hauptachsen hat.

Außerdem wird angenommen, daß der Bewegung jedes Elektrons eine dämpfende Kraft entgegenwirkt, die eine homogene, lineare, symmetrische Vektorfunktion der Elektronengeschwindigkeit ist. Die Koeffizienten dieser Vektorfunktion sind die Komponenten des Dämpfungstensors, dessen Tensorfläche die Absorptionsachsen als Hauptachsen hat, die mit den in Ziff. 123 b) unter diesem Namen eingeführten Achsen identisch sind.

Es seien nun x', y', z' die Koordinaten eines Elektrons zu einem bestimmten Zeitpunkte in einem beliebigen rechtwinkligen Rechtssystem bei Einwirkung einer zeitlich veränderlichen äußeren elektrischen Feldstärke $\mathfrak{E}$; x'_0, y'_0, z'_0 seien die Koordinaten seiner Gleichgewichtslage. Für die Komponenten der durch $\mathfrak{E}$ hervorgerufenen Verrückung aus der Gleichgewichtslage haben wir dann

$$\alpha = x' - x'_0, \qquad \beta = y' - y'_0, \qquad \gamma = z' - z'_0.$$

Sind in den Molekülen des betreffenden Körpers verschiedene Elektronengattungen vorhanden, die wir durch den Index i voneinander unterscheiden und bedeutet N_i die in der Volumeinheit enthaltene Zahl der Elektronen einer bestimmten Gattung i, ferner e_i die Ladung eines einzelnen Elektrons dieser Gattung, so besitzt das durch die äußere elektrische Feldstärke $\mathfrak{E}$ erzwungene elektrische Moment der Volumeinheit $\mathfrak{P}$ des Körpers die Komponenten

$$\mathfrak{P}_{x'} = \sum_i N_i e_i \alpha_i, \qquad \mathfrak{P}_{y'} = \sum_i N_i e_i \beta_i, \qquad \mathfrak{P}_{z'} = \sum_i N_i e_i \gamma_i. \tag{398}$$

In diesen Ausdrücken ist die Summierung über sämtliche Elektronengattungen zu erstrecken.

Die Bewegungsgleichungen eines zur Gattung i gehörenden Elektrons lauten nun nach dem vorhin Gesagten

$$\left.\begin{aligned} m_i\ddot{\alpha}_i + a_{11i}\dot{\alpha}_i + a_{12i}\dot{\beta}_i + a_{13i}\dot{\gamma}_i + f_{11i}\alpha_i + f_{12i}\beta_i + f_{13i}\gamma_i &= e_i\mathfrak{E}_{x'},\\ m_i\ddot{\beta}_i + a_{21i}\dot{\alpha}_i + a_{22i}\dot{\beta}_i + a_{23i}\dot{\gamma}_i + f_{21i}\alpha_i + f_{22i}\beta_i + f_{23i}\gamma_i &= e_i\mathfrak{E}_{y'},\\ m_i\ddot{\gamma}_i + a_{31i}\dot{\alpha}_i + a_{32i}\dot{\beta}_i + a_{33i}\dot{\gamma}_i + f_{31i}\alpha_i + f_{32i}\beta_i + f_{33i}\gamma_i &= e_i\mathfrak{E}_{z'}. \end{aligned}\right\} \tag{399}$$

[1]) W. Voigt, Göttinger Nachr. 1896, S. 254; Wied. Ann. Bd. 60, S. 562. 1896 (Axinit [triklin]); J. Ehlers, N. Jahrb. f. Min., Beil. Bd. 11, S. 297. 1897 (Kobalt-Kupfersulfat, Kobalt-Kaliumsulfat, Kobalt-Ammoniumsulfat [monoklin]); P. Ites, Über die Abhängigkeit der Absorption des Lichtes von der Farbe in kristallisierten Körpern, S. 75. Dissert. Göttingen 1901 (Diopsid [monoklin]); V. v. Lang, Wiener Ber. Bd. 119 (2a), S. 949. 1910 (Axinit [triklin]). Bei künstlich gefärbten und dadurch absorbierend gemachten Kristallen scheint allerdings kein Unterschied zwischen den Lagen der beiden Achsensysteme vorhanden zu sein; jedenfalls konnte C. Camichel [Ann. chim. phys. (7) Bd. 5, S. 486. 1895] bei dem durch Campecheholzlösung künstlich gefärbten monoklinen Strontiumnitrat-Tetrahydrat keine Abweichung feststellen.

[2]) W. Voigt, Göttinger Nachr. 1902, S. 48; Ann. d. Phys. Bd. 9, S. 367. 1902; vgl. ferner zu dieser Ziffer die Ausführungen über Elektronentheorie in Kap. 6 ds. Bandes.

Hierin bedeutet m_i die träge Masse des Elektrons. $f_{11i}, f_{12i}, \ldots f_{33i}$ sind die Komponenten des quasielastischen Krafttensors, d. h. die x'-Komponente der quasielastischen Kraft, welche das Elektron an seine Gleichgewichtslage bindet, ist

$$f_{11i}\alpha_i + f_{12i}\beta_i + f_{13i}\gamma_i;$$

$a_{11i}, a_{12i}, \ldots a_{33i}$ sind die Komponenten des Dämpfungstensors, d. h. die x'-Komponente der Kraft, welche die Bewegung des Elektrons dämpft und dadurch die Absorption bedingt, ist

$$a_{11i}\dot{\alpha}_i + a_{12i}\dot{\beta}_i + a_{13i}\dot{\gamma}_i.$$

Bei einer rein periodischen Lichtwelle sind nach (16) die beiden Vektoren $\mathfrak{E}$ und $\mathfrak{P}$ dem Ausdruck $e^{-\omega\left(t-\frac{\mathfrak{s}\mathfrak{r}}{c_n}\right)}$ proportional; das gleiche gilt dann wegen (399) auch für die Verrückungskomponenten α_i, β_i und γ_i. Aus dem Gleichungssystem (399) folgt daher, daß $\mathfrak{E}$ eine homogene, lineare, symmetrische Vektorfunktion der Verrückung des Elektrons aus der Gleichgewichtslage ist, wobei die Koeffizienten im allgemeinen komplex sind; umgekehrt ergibt sich[1]), daß auch die Verrückung des Elektrons eine durch komplexe Koeffizienten ausgezeichnete homogene, lineare, symmetrische Vektorfunktion der elektrischen Feldstärke $\mathfrak{E}$ ist. Hieraus und aus (398) schließt man, daß $\mathfrak{P}$ ebenfalls eine homogene, lineare, symmetrische Vektorfunktion von $\mathfrak{E}$ mit komplexen Koeffizienten sein muß, deren nach x', y' und z' genommene Komponenten wir in der Form schreiben

$$\left.\begin{aligned} 4\pi\mathfrak{P}_{x'} &= (\varepsilon_{11}-1)\,\mathfrak{E}_{x'} + \varepsilon_{12}\,\mathfrak{E}_{y'} + \varepsilon_{13}\,\mathfrak{E}_{z'}, \\ 4\pi\mathfrak{P}_{y'} &= \varepsilon_{21}\,\mathfrak{E}_{x'} + (\varepsilon_{22}-1)\,\mathfrak{E}_{y'} + \varepsilon_{23}\,\mathfrak{E}_{z'}, \\ 4\pi\mathfrak{P}_{z'} &= \varepsilon_{31}\,\mathfrak{E}_{x'} + \varepsilon_{32}\,\mathfrak{E}_{y'} + (\varepsilon_{33}-1)\,\mathfrak{E}_{z'}. \end{aligned}\right\} \quad (\varepsilon_{hl}=\varepsilon_{lh};\ h,l=1,2,3) \qquad (400)$$

Die komplexen Größen ε_{hl} bestimmen sich aus den beiden Gleichungssystemen (399) und (398) und heißen die komplexen optischen Dielektrizitätskonstanten; sie sind die Komponenten eines komplexen, symmetrischen Tensors und treten, wie der Vergleich von (400) mit den Gleichungen (37) und (38) zeigt, an Stelle der reellen optischen Dielektrizitätskonstanten bei nicht absorbierenden, nicht aktiven Kristallen.

Nach Einführung des durch die komplexe Transformation (394) bestimmten rechtwinkligen Rechtssystems u, v, w gehen die Gleichungen (400) in die Form über

$$4\pi\mathfrak{P}_u = (\varepsilon_1 - 1)\,\mathfrak{E}_u, \qquad 4\pi\mathfrak{P}_v = (\varepsilon_2 - 1)\,\mathfrak{E}_v, \qquad 4\pi\mathfrak{P}_w = (\varepsilon_3 - 1)\,\mathfrak{E}_w,$$

wobei die als komplexe optische Hauptdielektrizitätskonstanten zu bezeichnenden Größen ε_1, ε_2 und ε_3 dieselbe Bedeutung haben wie in Ziff. 123 d). Aus der letzten Gleichung und (37) folgt in der Tat, daß zwischen elektrischer Feldstärke $\mathfrak{E}$ und elektrischer Verschiebung (Lichtvektor) $\mathfrak{D}$ wieder die Verknüpfungsgleichungen (396) bestehen, die in Verbindung mit den Differentialgleichungen (9), (10), (11) und (12) die Ausbreitung einer Lichtwelle im absorbierenden, nicht aktiven Kristall beschreiben.

Die auf dem Boden der Kontinuumstheorie stehende elektromagnetische Darstellung und die Elektronentheorie führen somit zu demselben Ergebnis, daß bei absorbierenden Kristallen die Gesetze der Lichtausbreitung formal dieselben sind wie bei nicht absorbierenden, nur treten an Stelle der reellen optischen Dielektrizitätskonstanten die komplexen optischen Dielektrizitätskonstanten[2]).

[1]) Vgl. z. B. A. G. WEBSTER, The dynamics of particles and of rigid, elastic and fluid bodies, 2. Aufl., S. 174. Leipzig 1912.

[2]) P. DRUDE, Wied. Ann. Bd. 32. S. 596. 1887.

Die Verhältnisse vereinfachen sich bei Kristallen von rhombischer und höherer Symmetrie, bei welchen nach dem in Ziff. 124 Ausgeführten die optischen Symmetrieachsen und die Absorptionsachsen zusammenfallen. Wählen wir die optischen Symmetrieachsen x, y, z als Koordinatenachsen, so haben wir in den durch (399) gegebenen Bewegungsgleichungen des Elektrons

$$a_{11i} = a_{1i}, \quad a_{22i} = a_{2i}, \quad a_{33i} = a_{3i}, \quad f_{11i} = f_{1i}, \quad f_{22i} = f_{2i}, \quad f_{33i} = f_{3i},$$
$$a_{23i} = a_{31i} = a_{12i} = f_{23i} = f_{31i} = f_{12i} = 0$$

zu setzen; aus (398), (399) und (400) folgt dann unmittelbar für die durch (397) definierten komplexen Hauptbrechungsindizes

$$\left.\begin{aligned} \varepsilon_1 &= \boldsymbol{n}_1^2 = 1 + 4\pi \sum_i \frac{N_i e_i^2}{f_{1i} - m_i\omega^2 - i\,\omega\, a_{1i}}, \\ \varepsilon_2 &= \boldsymbol{n}_2^2 = 1 + 4\pi \sum_i \frac{N_i e_i^2}{f_{2i} - m_i\omega^2 - i\,\omega\, a_{2i}}, \\ \varepsilon_3 &= \boldsymbol{n}_3^2 = 1 + 4\pi \sum_i \frac{N_i e_i^2}{f_{3i} - m_i\omega^2 - i\,\omega\, a_{3i}}. \end{aligned}\right\} \tag{401}$$

Verschwindet die die Absorption verursachende Dämpfung der Elektronen, d. h. ist für alle Elektronengattungen

$$a_{1i} = a_{2i} = a_{3i} = 0,$$

so nehmen die dann reell werdenden optischen Hauptdielektrizitätskonstanten (400) dieselbe Form an, wie die für nicht absorbierende Kristalle geltenden Ausdrücke (42).

126. Gesetz des komplexen Brechungsindex. Unsere nächste Aufgabe ist, den Brechungsindex des Kristalls als Funktion der Wellennormalenrichtung zu ermitteln.

Wir gelangen zu einem Ansatz für ebene, monochromatische Wellen im Inneren des absorbierenden Kristalls, indem wir in dem ausgezeichneten Koordinatensystem u, v, w [vgl. Ziff. 123c) und 125], entsprechend wie in Ziff. 3, für die Komponenten des Lichtvektors (396) die Ansätze

$$\left.\begin{aligned} \mathfrak{D}_u = \boldsymbol{\varepsilon}_1 \mathfrak{E}_u = \overline{\boldsymbol{\mathfrak{D}}}_u\, e^{-i\omega\left(t - \frac{\mathfrak{s}\mathfrak{r}}{\boldsymbol{c}_n}\right)}, \quad \mathfrak{D}_v = \boldsymbol{\varepsilon}_2 \mathfrak{E}_v = \overline{\boldsymbol{\mathfrak{D}}}_v\, e^{-i\omega\left(t - \frac{\mathfrak{s}\mathfrak{r}}{\boldsymbol{c}_n}\right)}, \\ \mathfrak{D}_w = \boldsymbol{\varepsilon}_3 \mathfrak{E}_w = \overline{\boldsymbol{\mathfrak{D}}}_w\, e^{-i\omega\left(t - \frac{\mathfrak{s}\mathfrak{r}}{\boldsymbol{c}_n}\right)} \end{aligned}\right\} \tag{402}$$

einführen, wobei $\overline{\boldsymbol{\mathfrak{D}}}_u, \overline{\boldsymbol{\mathfrak{D}}}_v, \overline{\boldsymbol{\mathfrak{D}}}_w$ und $\boldsymbol{c}_n$ komplexe Größen sind.

Um Wellen zu erhalten, bei welchen der Lichtvektor in jeder Wellenebene konstant ist[1]), der Betrag seiner Amplitude aber in Richtung der Wellennormale abnimmt [vgl. Ziff. 123a)], setzen wir

$$\boldsymbol{c}_n = \frac{c_n}{1 - i\varkappa},$$

wobei c_n (vgl. Ziff. 3) wieder die zur Wellennormalenrichtung $\mathfrak{s}$ gehörende Normalgeschwindigkeit der Welle ist und $\varkappa$ eine reelle Größe bedeutet.

$\boldsymbol{c}_n$ heißt die zur Wellennormalenrichtung $\mathfrak{s}$ gehörende komplexe Normalgeschwindigkeit und die dem Ausdruck (18) analog gebildete Größe

$$\boldsymbol{n} = \frac{c}{\boldsymbol{c}_n} = n\,(1 - i\varkappa) \tag{403}$$

[1]) Man erhält solche Wellen, wenn die aus dem homogenen, isotropen, nicht absorbierenden Außenmedium kommenden ebenen Wellen senkrecht auf die ebene Begrenzungsfläche des absorbierenden Kristalls fallen.

der zu $\mathfrak{s}$ gehörende komplexe Brechungsindex des Kristalls. n ist in dieser Gleichung offenbar der durch (18) definierte reelle Brechungsindex; $n\varkappa$ wird als Absorptionskoeffizient und $\varkappa$ als Absorptionsindex bezeichnet. Die in (402) eingeführten komplexen Größen $\overline{\mathfrak{D}}_u, \overline{\mathfrak{D}}_v$ und $\overline{\mathfrak{D}}_w$ heißen die nach den Koordinatenachsen u, v, w genommenen komplexen Komponenten der Amplitude des Lichtvektors.

$\varkappa$ bestimmt die Abnahme der reellen Amplitude $\mathfrak{D}$ des Lichtvektors beim Fortschreiten der ebenen, monochromatischen Welle und zwar ist $\mathfrak{D}$ nach (402) und (403) dem Schwächungsfaktor

$$e^{-\frac{\varkappa\omega(\mathfrak{s}\mathfrak{r})}{c_n}} = e^{-\frac{2\pi\varkappa n}{\lambda_0}(\mathfrak{s}\mathfrak{r})} \tag{404}$$

proportional.

In ganz entsprechender Weise, wie sich bei nicht absorbierenden, nicht aktiven Kristallen das FRESNELsche Gesetz (47) ergeben hat, erhält man bei absorbierenden, nicht aktiven Kristallen für den komplexen Brechungsindex $\boldsymbol{n}$ die Gleichung

$$\frac{\mathfrak{s}_u^2}{\frac{1}{\boldsymbol{n}_1^2}-\frac{1}{\boldsymbol{n}^2}} + \frac{\mathfrak{s}_v^2}{\frac{1}{\boldsymbol{n}_2^2}-\frac{1}{\boldsymbol{n}^2}} + \frac{\mathfrak{s}_w^2}{\frac{1}{\boldsymbol{n}_3^2}-\frac{1}{\boldsymbol{n}^2}} = 0\,. \tag{405}$$

Hierin bedeuten $\mathfrak{s}_u$, $\mathfrak{s}_v$ und $\mathfrak{s}_w$ die Komponenten der Wellennormalenrichtung $\mathfrak{s}$ nach den Koordinatenachsen u, v, w, für welche zu (394) und (395) analoge Formeln gelten; $\boldsymbol{n}_1$, $\boldsymbol{n}_2$ und $\boldsymbol{n}_3$ sind die durch (397) definierten komplexen Hauptbrechungsindizes des Kristalls.

Gleichung (405) ist quadratisch in $\boldsymbol{n}^2$; in jeder Wellennormalenrichtung $\mathfrak{s}$ pflanzen sich also im absorbierenden, nicht aktiven Kristall zwei Wellen mit im allgemeinen verschiedenen komplexen Brechungsindizes $\boldsymbol{n}_0'$ und $\boldsymbol{n}_0''$ fort.

Durch Trennung des reellen und imaginären Teiles erhält man aus (405) zwei reelle, voneinander unabhängige, im allgemeinen aber sehr komplizierte Gleichungen für den reellen Brechungsindex n und den Absorptionsindex $\varkappa$; wir wollen aber diese Gleichungen nicht ausrechnen, da für uns die ohne weiteres einzusehende Bemerkung genügt, daß für n das FRESNELsche Gesetz (47) nicht mehr gilt.

Wie man die Abhängigkeit der reellen Brechungsindizes n_0' und n_0'' von der Wellennormalenrichtung $\mathfrak{s}$ durch die Indexfläche [vgl. Ziff. 17c)] darstellen kann, so läßt sich auch die Abhängigkeit der Absorption von der Wellennormalenrichtung dadurch geometrisch veranschaulichen, daß man vom Koordinatenanfangspunkt aus parallel zu jeder Wellennormalenrichtung $\mathfrak{s}$ zwei Vektoren mit den Beträgen $n_0'\varkappa_0'$ und $n_0''\varkappa_0''$ abträgt; dabei sind n_0' und $\varkappa_0'$ bzw. n_0'' und $\varkappa_0''$ diejenigen Werte von n und $\varkappa$, welche zu den der Wellennormalenrichtung $\mathfrak{s}$ entsprechenden komplexen Brechungsindizes $\boldsymbol{n}_0'$ und $\boldsymbol{n}_0''$ gehören. Die Endpunkte dieser Vektoren erfüllen dann eine zweischalige Fläche, die man als Absorptionsfläche bezeichnet[1]) (vgl. Ziff. 133).

127. Refraktionsovaloid, Absorptionsovaloid. Wir schreiben für die auf ein beliebiges rechtwinkliges Rechtssystem x', y', z' bezogenen Tensorkomponenten $\frac{1}{\boldsymbol{n}_{h,l}^2}$ [Ziff. 123d)]

$$\frac{1}{\boldsymbol{n}_{hl}^2} = \frac{1}{p_{hl}^2} + i\frac{1}{q_{hl}^2} \qquad (p_{hl} = p_{lh}, \quad q_{hl} = q_{lh}; \; h, l = 1, 2, 3),$$

wobei $\frac{1}{p_{hl}^2}$ der reelle und $i\frac{1}{q_{hl}^2}$ der imaginäre Teil von $\frac{1}{\boldsymbol{n}_{hl}^2}$ ist.

[1]) Die Fläche wurde zuerst von P. DRUDE (Wied. Ann. Bd. 40, S. 676. 1890) betrachtet. Die Bezeichnung Absorptionsfläche stammt von F. POCKELS (Lehrbuch der Kristalloptik, S. 385. Leipzig 1906).

Die sechs reellen Größen $\frac{1}{p_{hl}^2}$ definieren einen reellen, symmetrischen Tensor, und das gleiche gilt für die sechs Größen $\frac{1}{q_{hl}^2}$; die Hauptachsen der zu diesen beiden Tensoren gehörenden Tensorflächen fallen jedoch im allgemeinen nicht zusammen.

Jedem der beiden Tensoren ordnen wir ein Ovaloid zu, dessen auf die Hauptachsen der betreffenden Tensorfläche bezogene Gleichung formal aus der durch (101) gegebenen Ovaloidgleichung für nicht absorbierende, nicht aktive Kristalle hervorgeht, falls in letzterer an Stelle von $\frac{1}{n_1^2}, \frac{1}{n_2^2}, \frac{1}{n_3^2}$ die Hauptwerte $\frac{1}{p_1^2}, \frac{1}{p_2^2}, \frac{1}{p_3^2}$ bzw. $\frac{1}{q_1^2}, \frac{1}{q_2^2}, \frac{1}{q_3^2}$ gesetzt werden. Ersteres Ovaloid nennen wir Refraktionsovaloid, letzteres Absorptionsovaloid; beide Ovaloide haben natürlich dieselben geometrischen Eigenschaften wie das in Ziff. 16a) besprochene Ovaloid, insbesondere existieren bei jedem zwei durch den Mittelpunkt gehende Ebenen, die die Fläche in je einem Kreise schneiden. Die Normalen der beiden Kreisschnitte des Refraktionsovaloides bezeichnen wir als Refraktionsbinormalen und diejenigen des Absorptionsovaloides als Absorptionsbinormalen[1]).

Das Refraktionsovaloid ist dadurch gekennzeichnet, daß es bei verschwindender Absorption ($\varkappa = 0$) mit dem in Ziff. 16a) behandelten gewöhnlichen Ovaloid der nicht absorbierenden Kristalle identisch wird; die Refraktionsbinormalen gehen dann in die gewöhnlichen Binormalen des nicht absorbierenden Kristalls über. Wir bezeichnen dementsprechend auch einen absorbierenden Kristall als optisch zweiachsig, wenn das Refraktionsovaloid drei verschiedene Hauptachsen besitzt, die beiden Kreisschnitte also gegeneinander geneigt sind; dagegen nennen wir ihn optisch einachsig, wenn das Refraktionsovaloid eine Rotationsfläche ist, wobei dann die beiden Kreisschnitte zusammenfallen und die Rotationsachse die optische Achse ist.

Aus den Ausführungen der Ziff. 124 folgt, daß bei den Kristallen des triklinen Systems die Ebenen der Refraktionsbinormalen und der Absorptionsbinormalen keine ausgezeichneten Lagen besitzen. Bei den Kristallen des monoklinen Systems liegen (bei der in Ziff. 124 getroffenen Wahl des optischen Symmetrieachsensystems) diese beiden Ebenen entweder senkrecht zur z-Achse oder gehen durch sie hindurch, ohne aber im allgemeinen zusammenzufallen; bei den Kristallen des rhombischen Systems liegt jede parallel zu einer optischen Symmetrieebene. Bei den (optisch einachsigen) Kristallen des trigonalen und hexagonalen Systems fallen sämtliche Refraktions- und Absorptionsbinormalen in die Richtung der optischen Achse.

128. Polarisationszustand der zu einer Wellennormalenrichtung $\mathfrak{s}$ gehörenden Wellen. Wir gehen jetzt dazu über, den Polarisationszustand der beiden Wellen zu ermitteln, die sich im Inneren eines absorbierenden, nicht aktiven Kristalls in einer Wellennormalenrichtung ausbreiten.

Vorbemerkend weisen wir darauf hin, daß bei Transformierung der Gleichung (44) auf ein rechtwinkliges Rechtssystem x', y', z', dessen positive z'-Achse

---

[1]) Die beiden Ovaloide wurden von W. Voigt (Kompend. d. theoret. Phys. Bd. II, S. 708. Leipzig 1896) in die Betrachtung eingeführt; er nannte das Refraktionsovaloid Polarisationsfläche und das Absorptionsovaloid Absorptionsfläche. Später [Göttinger Nachr. 1902, S. 50; Ann. d. Phys. Bd. 9, S. 370. 1902] bezeichnete er ersteres als Polarisationsovaloid, letzteres als Absorptionsovaloid. Die Refraktions- bzw. Absorptionsbinormalen wurden von Voigt Polarisations- bzw. Absorptionsachsen genannt, während wir, dem sonstigen Gebrauche folgend, unter Absorptionsachsen die Hauptachsen der zum Dämpfungstensor gehörenden Fläche (vgl. Ziff. 125) verstehen.

in die Wellennormalenrichtung $\mathfrak{s}$ fällt, für die Komponenten der Amplitude des Lichtvektors $\mathfrak{D}$ die Gleichungen

$$\left(\frac{1}{n_{22}^2} - \frac{1}{n^2}\right)\overline{\mathfrak{D}}_{x'} = \frac{1}{n_{12}^2}\overline{\mathfrak{D}}_{y'}, \qquad \left(\frac{1}{n_{11}^2} - \frac{1}{n^2}\right)\overline{\mathfrak{D}}_{y'} = \frac{1}{n_{12}^2}\overline{\mathfrak{D}}_{x'}, \qquad \overline{\mathfrak{D}}_{z'} = 0 \tag{406}$$

folgen, wobei sich n_{11}, n_{22} und n_{12} aus den Hauptbrechungsindizes n_1, n_2 und n_3 gemäß den Formeln (157) berechnen.

Entsprechend erhält man in einem absorbierenden, nicht aktiven Kristall bei einer Welle, deren Wellennormale in die positive z'-Achse fällt, für die komplexen Komponenten der Lichtvektoramplitude $\overline{\boldsymbol{\mathfrak{D}}}_{x'}$, $\overline{\boldsymbol{\mathfrak{D}}}_{y'}$, $\overline{\boldsymbol{\mathfrak{D}}}_{z'}$ und den komplexen Brechungsindex $\boldsymbol{n}$ die Beziehungen

$$\left(\frac{1}{\boldsymbol{n}_{22}^2} - \frac{1}{\boldsymbol{n}^2}\right)\overline{\boldsymbol{\mathfrak{D}}}_{x'} = \frac{1}{\boldsymbol{n}_{12}^2}\overline{\boldsymbol{\mathfrak{D}}}_{y'}, \qquad \left(\frac{1}{\boldsymbol{n}_{11}^2} - \frac{1}{\boldsymbol{n}^2}\right)\overline{\boldsymbol{\mathfrak{D}}}_{y'} = \frac{1}{\boldsymbol{n}_{12}^2}\overline{\boldsymbol{\mathfrak{D}}}_{x'}, \qquad \overline{\boldsymbol{\mathfrak{D}}}_{z'} = 0, \tag{407}$$

wobei der Zusammenhang zwischen den Größen $\boldsymbol{n}_{11}$, $\boldsymbol{n}_{22}$, $\boldsymbol{n}_{33}$ und den komplexen Hauptbrechungsindizes $\boldsymbol{n}_1$, $\boldsymbol{n}_2$, $\boldsymbol{n}_3$ der in Ziff. 123d) angegebene ist und $\overline{\boldsymbol{\mathfrak{D}}}_{x'}$, $\overline{\boldsymbol{\mathfrak{D}}}_{y'}$, $\overline{\boldsymbol{\mathfrak{D}}}_{z'}$ sich aus $\overline{\boldsymbol{\mathfrak{D}}}_u$, $\overline{\boldsymbol{\mathfrak{D}}}_v$, $\overline{\boldsymbol{\mathfrak{D}}}_w$ nach den bekannten Transformationsformeln für Vektorkomponenten ergeben.

Setzt man

$$\frac{\overline{\boldsymbol{\mathfrak{D}}}_{y'}}{\overline{\boldsymbol{\mathfrak{D}}}_{x'}} = \mu,$$

so erhält man aus den Gleichungen (407) durch Elimination des komplexen Brechungsindex $\boldsymbol{n}$ die Gleichung[1])

$$\mu^2 + \frac{\frac{1}{\boldsymbol{n}_{11}^2} - \frac{1}{\boldsymbol{n}_{22}^2}}{\frac{1}{\boldsymbol{n}_{12}^2}}\mu - 1 = 0.$$

Diese Gleichung ist quadratisch in μ, ihre beiden Wurzeln μ_1 und μ_2 liefern uns die Amplitudenverhältnisse der beiden in Richtung der positiven z'-Achse fortschreitenden Wellen; für diese Wurzeln haben wir die beiden Ausdrücke

$$\left.\begin{aligned} \mu_1 &= \frac{1}{2}\frac{\frac{1}{\boldsymbol{n}_{22}^2} - \frac{1}{\boldsymbol{n}_{11}^2}}{\frac{1}{\boldsymbol{n}_{12}^2}} + \sqrt{\left(\frac{1}{2}\frac{\frac{1}{\boldsymbol{n}_{22}^2} - \frac{1}{\boldsymbol{n}_{11}^2}}{\frac{1}{\boldsymbol{n}_{12}^2}}\right)^2 + 1}, \\ \mu_2 &= \frac{1}{2}\frac{\frac{1}{\boldsymbol{n}_{22}^2} - \frac{1}{\boldsymbol{n}_{11}^2}}{\frac{1}{\boldsymbol{n}_{12}^2}} - \sqrt{\left(\frac{1}{2}\frac{\frac{1}{\boldsymbol{n}_{22}^2} - \frac{1}{\boldsymbol{n}_{11}^2}}{\frac{1}{\boldsymbol{n}_{12}^2}}\right)^2 + 1}. \end{aligned}\right\} \tag{408}$$

Das Amplitudenverhältnis ist somit für beide zur selben Wellennormalenrichtung gehörenden Wellen komplex, die Wellen sind daher[2]) elliptisch polarisiert. Aus (408) folgt ferner, daß

$$\mu_1\mu_2 = -1$$

ist; die Schwingungsellipsen sind demnach ähnlich mit gekreuzten großen Achsen und werden gleichsinnig umlaufen. Hierin besteht ein Unterschied gegenüber dem Verhalten nicht absorbierender, aktiver Kristalle, bei welchen die Schwingungsellipsen im entgegengesetzten Sinne umlaufen werden [vgl. Ziff. 100a)].

---

[1]) W. VOIGT, Kompend. d. theoret. Phys. Bd. II, S. 714. Leipzig 1896; Göttinger Nachr. 1902, S. 55; Ann. d. Phys. Bd. 9, S. 375. 1902.

[2]) Vgl. Kap. 4, Ziff. 9 ds. Bandes.

Dieses Gesetz des Polarisationszustandes der zu einer Wellennormalenrichtung gehörenden beiden Wellen im Innern eines absorbierenden, nicht aktiven Kristalls wurde von DRUDE[1]) aufgefunden.

129. Bestimmung der zu einer Wellennormalenrichtung gehörenden komplexen Brechungsindizes. Wir bestimmen jetzt die komplexen Brechungsindizes $\boldsymbol{n}_0'$ und $\boldsymbol{n}_0''$ der beiden Wellen, die sich nach Ziff. 126 im Inneren eines Kristalls in einer Wellennormalenrichtung ausbreiten.

a) Berechnung der komplexen Brechungsindizes. Aus Gleichung (407) erhält man durch Elimination des komplexen Amplitudenverhältnisses $\mathfrak{D}_{y'}:\mathfrak{D}_{x'}$ für den komplexen Brechungsindex $\boldsymbol{n}$ die Gleichung[2])

$$\left(\frac{1}{\boldsymbol{n}^2}-\frac{1}{\boldsymbol{n}_{11}^2}\right)\left(\frac{1}{\boldsymbol{n}^2}-\frac{1}{\boldsymbol{n}_{22}^2}\right)-\frac{1}{\boldsymbol{n}_{12}^4}=0,$$

die quadratisch in $\frac{1}{\boldsymbol{n}^2}$ ist[3]); ihre Wurzeln liefern die komplexen Brechungsindizes $\boldsymbol{n}_0'$ und $\boldsymbol{n}_0''$ der beiden in der gegebenen Wellennormalenrichtung (positiven z'-Achse) fortschreitenden Wellen. Für diese Wurzeln haben wir

$$\left.\begin{aligned}\frac{1}{\boldsymbol{n}_0'^2}&=\frac{1}{2}\left(\frac{1}{\boldsymbol{n}_{11}^2}+\frac{1}{\boldsymbol{n}_{22}^2}\right)+\sqrt{\left(\frac{1}{2}\left(\frac{1}{\boldsymbol{n}_{22}^2}-\frac{1}{\boldsymbol{n}_{11}^2}\right)\right)^2+\frac{1}{\boldsymbol{n}_{12}^4}},\\ \frac{1}{\boldsymbol{n}_0''^2}&=\frac{1}{2}\left(\frac{1}{\boldsymbol{n}_{11}^2}+\frac{1}{\boldsymbol{n}_{22}^2}\right)-\sqrt{\left(\frac{1}{2}\left(\frac{1}{\boldsymbol{n}_{22}^2}-\frac{1}{\boldsymbol{n}_{11}^2}\right)\right)^2+\frac{1}{\boldsymbol{n}_{12}^4}};\end{aligned}\right\}\qquad(409)$$

ihre reellen und imaginären Teile liefern die Gleichungen zur Berechnung der reellen Brechungsindizes und der Absorptionsindizes [vgl. unter b)].

Mit Rücksicht auf spätere Anwendungen bemerken wir, daß sich die Ausdrücke (409) mit Hilfe von (408) auch auf die Form bringen lassen[4])

$$\frac{1}{\boldsymbol{n}_0'^2}=\frac{1}{\boldsymbol{n}_{11}^2}+\mu_1\frac{1}{\boldsymbol{n}_{12}^2}=\frac{1}{\boldsymbol{n}_{22}^2}-\mu_2\frac{1}{\boldsymbol{n}_{12}^2},\qquad \frac{1}{\boldsymbol{n}_0''^2}=\frac{1}{\boldsymbol{n}_{11}^2}+\mu_2\frac{1}{\boldsymbol{n}_{12}^2}=\frac{1}{\boldsymbol{n}_{22}^2}-\mu_1\frac{1}{\boldsymbol{n}_{12}^2}.\qquad(410)$$

b) Bestimmung der reellen Brechungs- und Absorptionsindizes. Bezeichnen wir den reellen bzw. imaginären Teil von $1/\boldsymbol{n}_0'^2$ mit $1/p'^2$ bzw. i/q'^2 und die entsprechenden Größen von $\frac{1}{\boldsymbol{n}_0''^2}$ mit $\frac{1}{p''^2}$ bzw. $\frac{i}{q''^2}$, so haben wir, falls n_0', n_0'' die reellen Brechungsindizes und $\varkappa_0'$, $\varkappa_0''$ die Absorptionsindizes der beiden in der positiven z'-Achse fortschreitenden Wellen sind, nach (403)

$$\frac{1}{\boldsymbol{n}_0'^2}=\frac{1}{n_0'^2(1-i\varkappa_0')^2}=\frac{1}{p'^2}+i\frac{1}{q'^2},\qquad \frac{1}{\boldsymbol{n}_0''^2}=\frac{1}{n_0''^2(1-i\varkappa_0'')^2}=\frac{1}{p''^2}+i\frac{1}{q''^2};$$

hieraus folgt

$$\left.\begin{aligned}\frac{1}{p'^2}&=\frac{1-\varkappa_0'^2}{n_0'^2(1+\varkappa_0'^2)^2}, & \frac{1}{p''^2}&=\frac{1-\varkappa_0''^2}{n_0''^2(1+\varkappa_0''^2)^2},\\ \frac{1}{q'^2}&=\frac{2\varkappa_0'}{n_0'^2(1+\varkappa_0'^2)^2}, & \frac{1}{q''^2}&=\frac{2\varkappa_0''}{n_0''^2(1+\varkappa_0''^2)^2}.\end{aligned}\right\}\qquad(411)$$

Sind p' und q' (bzw. p'' und q'') bekannt, so können n_0' und $\varkappa_0'$ (bzw. n_0'' und $\varkappa_0''$) mittels (411) berechnet werden.

---

[1]) P. DRUDE, Wied. Ann. Bd. 32, S. 600. 1887.

[2]) W. VOIGT, Göttinger Nachr. 1902, S. 56; Ann. d. Phys. Bd. 9, S. 375. 1902.

[3]) Diese Gleichung entspricht der auf das Koordinatensystem x', y', z' transformierten Gleichung (108) der Indexfläche bei nicht absorbierenden, nicht aktiven Kristallen.

[4]) S. BOGUSLAWSKI, Ann. d. Phys. Bd. 44, S. 1080. 1914.

Einfacher ist aber der folgende geometrische Weg zur Ermittlung von n_0' und $n_0'\varkappa_0'$ aus p' und q', der von DRUDE[1]) stammt. Setzt man

$$\boldsymbol{n}_0'^2 = n_0'^2(1 - i\varkappa_0')^2 = \varrho e^{-i\varphi} = a - ib,$$

so sind a und b in leicht anzugebender Weise durch die als bekannt anzusehenden Größen p' und q' bestimmt. Da ferner

$$n_0' = \sqrt{\varrho}\cos\frac{\varphi}{2}, \qquad n_0'\varkappa_0' = \sqrt{\varrho}\sin\frac{\varphi}{2}$$

ist, so ergibt sich folgende Konstruktion: Man zeichnet das rechtwinklige Dreieck ARB, dessen eine Kathete $AR = a$ und dessen andere Kathete $BR = b$ ist, und trägt auf der Hypothenuse $AB = \varrho$ von A aus die Strecke $AS = \sqrt{AB} = \sqrt{\varrho}$ ab. Ist F der Fußpunkt des Lotes, das von S auf die Halbierungslinie des Winkels BAR gefällt wurde, so ist

$$AF = n_0', \qquad SF = n_0'\varkappa_0'.$$

In entsprechender Weise ergeben sich n_0'' und $n_0''\varkappa_0''$ aus p'' und q''.

130. Windungsachsen. In jedem absorbierenden, nicht aktiven Kristall existieren, wie wir in dieser Ziffer zeigen, vier Richtungen, in welchen sich zirkular polarisierte Wellen ausbreiten.

Aus (408) und (409) folgt, daß sowohl μ als auch $\boldsymbol{n}^2$ zweiwertige komplexe Funktionen der Wellennormalenrichtung sind; bei beiden Funktionen tritt der Wurzelausdruck

$$\sqrt{\left(\frac{1}{2}\,\frac{\frac{1}{\boldsymbol{n}_{22}^2} - \frac{1}{\boldsymbol{n}_{11}^2}}{\frac{1}{\boldsymbol{n}_{12}^2}}\right)^2 + 1}$$

auf. Jede der beiden Funktionen besitzt somit einen Verzweigungspunkt erster Ordnung, der dadurch definiert ist, daß in ihm der Wurzelausdruck verschwindet; er ist somit durch die Gleichung

$$\frac{1}{2}\,\frac{\frac{1}{\boldsymbol{n}_{22}^2} - \frac{1}{\boldsymbol{n}_{11}^2}}{\frac{1}{\boldsymbol{n}_{12}^2}} = \pm i \qquad (412)$$

bestimmt.

Die zu diesen Verzweigungspunkten gehörenden Richtungen nennt man nach VOIGT[2]) die Windungsachsen oder Singularitätsachsen des absorbierenden, nicht aktiven Kristalls. Für die Windungsachsen wird

$$\mu_1 = \mu_2 = \pm i$$

sowie

$$\boldsymbol{n}_0' = \boldsymbol{n}_0''.$$

Die in Richtung einer Windungsachse sich fortpflanzenden beiden Wellen sind folglich[3]) zirkular polarisiert mit gleichem Umlaufsinn und gleichen komplexen Brechungsindizes (und somit auch gleichen reellen Brechungsindizes und Absorptionsindizes); die beiden Wellen unterscheiden sich daher überhaupt nicht voneinander[4]).

Insgesamt hat man, wie wir in Ziff. 133c) sehen werden, vier Windungsachsen, von denen je zwei in der Nähe einer Refraktionsbinormale liegen und

---

1) P. DRUDE, Wied. Ann. Bd. 40, S. 667. 1890.

2) W. VOIGT, Göttinger Nachr. 1902, S. 70; Ann. d. Phys. Bd. 9, S. 391. 1902.

3) Vgl. Kap. 4, Ziff. 9 ds. Bandes.

4) W. VOIGT, Göttinger Nachr. 1902, S. 269; Ann. d. Phys. Bd. 27, S. 1023. 1908.

sich dadurch voneinander unterscheiden, daß die in ihren Richtungen sich fortpflanzenden Wellen ($\mu_1 = \mu_2 = +i$ bzw. $\mu_1 = \mu_2 = -i$) entgegengesetzt zirkular polarisiert sind [vgl. Ziff. 132c)]; bei abnehmender Absorption rücken je zwei immer näher an die ihnen benachbarte Refraktionsbinormale.

131. Transformation des Koordinatensystems auf die Hauptachsen der Schwingungsellipse. Bei den folgenden Betrachtungen wird es sich als zweckmäßig erweisen, das Koordinatensystem x', y', z', dessen positive z'-Achse in die Wellennormalenrichtung gelegt ist (vgl. Ziff. 128), so zu drehen, daß die x'-Achse und y'-Achse in die Hauptachsen der Schwingungsellipsen der in Richtung der positiven z'-Achse sich fortpflanzenden Wellen zu liegen kommen; das Kriterium hierfür besteht bekanntlich[1]) darin, daß das Amplitudenverhältnis μ rein imaginär wird.

Mit Hilfe der Transformationsformeln (157) läßt sich leicht zeigen[2]), daß bei einer positiven Drehung des Koordinatensystems x', y', z' um die positive z'-Achse um einen Winkel φ die Beziehungen

$$\left.\begin{aligned} \frac{1}{\bar{\boldsymbol{n}}_{22}^2} - \frac{1}{\bar{\boldsymbol{n}}_{11}^2} &= \left(\frac{1}{\boldsymbol{n}_{22}^2} - \frac{1}{\boldsymbol{n}_{11}^2}\right)\cos 2\varphi + \frac{2}{\boldsymbol{n}_{12}^2}\sin 2\varphi\,, \\ \frac{2}{\bar{\boldsymbol{n}}_{12}^2} &= -\left(\frac{1}{\boldsymbol{n}_{22}^2} - \frac{1}{\boldsymbol{n}_{11}^2}\right)\sin 2\varphi + \frac{2}{\boldsymbol{n}_{12}^2}\cos 2\varphi \end{aligned}\right\} \tag{413}$$

gelten, wobei sich die quergestrichenen Größen auf die neue Lage des Koordinatensystems beziehen.

Es ist nun stets möglich, den Winkel φ so zu wählen, daß

$$\frac{1}{2}\,\frac{\dfrac{1}{\bar{\boldsymbol{n}}_{22}^2} - \dfrac{1}{\bar{\boldsymbol{n}}_{11}^2}}{\dfrac{1}{\bar{\boldsymbol{n}}_{12}^2}} = i\xi \tag{414}$$

wird, wobei ξ reell und $|\xi| \geqq 1$ ist. Die auf diese ausgezeichnete Lage des Koordinatensystems bezogenen Größen kennzeichnen wir dadurch, daß wir sie in geschweifte Klammern setzen; für die dieser Orientierung entsprechenden Koordinatenachsen schreiben wir dementsprechend $\{x'\}$, $\{y'\}$ und z'. Die Achsen $\{x'\}$ und $\{y'\}$ fallen nun mit den Hauptachsen der Schwingungsellipsen der beiden Wellen zusammen, die sich in Richtung der positiven z'-Achse im Inneren des absorbierenden, nicht aktiven Kristalls fortpflanzen, denn aus (408) und (414) folgt, daß $\{\mu_1\}$ und $\{\mu_2\}$ rein imaginär werden.

Sind k_1 und $k_2 = 1/k_1$ die Elliptizitäten der beiden Wellen, so haben wir

$$\{\mu_1\} = i k_1\,, \qquad \{\mu_2\} = i k_2\,;$$

hieraus, sowie aus (408) und (414) folgt

$$k_1 = \xi + \sqrt{\xi^2 - 1}\,, \quad k_2 = \xi - \sqrt{\xi^2 - 1}\,. \tag{415}$$

Wir wenden uns jetzt mit Rücksicht auf spätere Betrachtungen dem Falle eines schwach absorbierenden Kristalls zu, d. h. einem solchen, bei dem die Absorptionsindizes $\varkappa_0'$ und $\varkappa_0''$ für jede beliebige Wellennormalenrichtung so klein sind, daß $\varkappa_0'^2$ und $\varkappa_0''^2$ gegen 1 vernachlässigt werden dürfen; diese Annahme ist zulässig bei solchen absorbierenden Kristallen, welche die Beobachtung des durchgehenden Lichtes noch in einer Schicht gestatten, deren Dicke groß gegen die Wellenlänge ist (sog. „gefärbte" Kristalle), gilt aber nicht mehr bei den „metallisch" reflektierenden Kristallen.

---

1) Vgl. hierzu Kap. 4, Ziff. 9 ds. Bandes.

2) S. BOGUSLAWSKI, Ann. d. Phys. Bd. 44, S. 1081. 1914.

Bei einem schwach absorbierenden Kristall gestatten nun die Formeln (410) mit Rücksicht auf (411) eine Trennung der reellen und imaginären Teile in der einfachen Form

$$\left.\begin{aligned} \frac{1}{n_0'^2} &= \left\{\frac{1}{p_{11}^2}\right\} - k_1\left\{\frac{1}{q_{12}^2}\right\}, & \frac{1}{n_0''^2} &= \left\{\frac{1}{p_{11}^2}\right\} - k_2\left\{\frac{1}{q_{12}^2}\right\}, \\ \frac{2\varkappa_0'}{n_0'^2} &= \left\{\frac{1}{q_{11}^2}\right\} + k_1\left\{\frac{1}{p_{12}^2}\right\}, & \frac{2\varkappa_0''}{n_0''^2} &= \left\{\frac{1}{q_{11}^2}\right\} + k_2\left\{\frac{1}{p_{12}^2}\right\}, \end{aligned}\right\} \tag{416}$$

wobei die Bedeutung der Größen p_{11}, q_{11}, p_{12} und q_{12} sich aus den Ausführungen der Ziff. 127 ergibt.

132. Wellennormalenrichtungen mit zugehörigen linear polarisierten Wellen. Wir wollen jetzt zeigen, daß es in jedem absorbierenden, nicht aktiven Kristall eine Schar von Wellennormalenrichtungen gibt, in welchen die sich ausbreitenden Wellen nicht mehr elliptisch polarisiert sind, sondern zu linear polarisierten ausarten[1]).

a) Die Kegel $\psi =$ konst. Wir legen zu dem Zwecke das (mit der z'-Achse in die Wellennormale fallende) Koordinatensystem x', y', z' so, daß entweder $\frac{1}{p_{12}^2}$ oder $\frac{1}{q_{12}^2}$ verschwindet; die auf die erstere bzw. letztere Lage des Koordinatensystems bezogenen Größen kennzeichnen wir dadurch, daß wir sie in runde bzw. eckige Klammern einschließen. Da nun sowohl das Refraktionsovaloid als auch das Absorptionsovaloid dieselben geometrischen Eigenschaften besitzen wie das in Ziff. 16a) besprochene Ovaloid der nicht absorbierenden, nicht aktiven Kristalle, so ergibt sich aus den dortigen Ausführungen, daß die beiden Koordinatenachsen (x') und (y') in den Halbierungsebenen der Winkel liegen müssen, welche von den parallel zur z'-Achse und je einer der Refraktionsbinormalen gelegten Ebenen gebildet werden; die entsprechende Lage besitzen die Koordinatenachsen $[x']$ und $[y']$ in bezug auf die Absorptionsbinormalen.

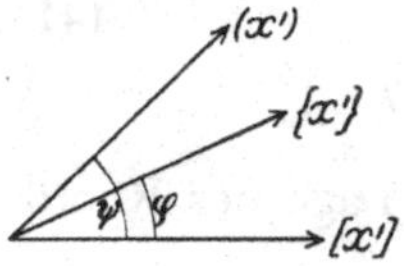

Abb. 35. Zur Bestimmung der Wellennormalenrichtungen mit zugehörigen linear polarisierten Wellen. Die Wellennormale (z'-Achse) liegt senkrecht zur Zeichenebene. Die Ebene $z'(x')$ bzw. die Ebene $z'[x']$ halbiert den Winkel der beiden Ebenen, die durch die z'-Achse und die Refraktionsbinormalen bzw. die z'-Achse und die Absorptionsbinormalen gelegt sind. Die $\{x'\}$-Achse fällt mit der einen Hauptachse der zur z'-Achse gehörenden, gekreuzten Schwingungsellipsen zusammen.

Ist ψ der Winkel zwischen der positiven (x')-Achse und der positiven $[x']$-Achse (Abb. 35), so bestimmt die Gleichung $\psi =$ konst. im absorbierenden, nicht aktiven Kristall einen Kegel von Wellennormalenrichtungen. Nun wird aber ψ nach seiner Definition unendlich vielwertig, falls die z'-Achse parallel zu einer Refraktionsbinormale oder einer Absorptionsbinormale zu liegen kommt; denken wir uns sämtliche Wellennormalenrichtungen, sowie Refraktions- und Absorptionsbinormalen durch den Anfangspunkt unseres Koordinatensystems gelegt, so folgt aus dem Gesagten, daß durch die Gleichung $\psi =$ konst. eine Schar von Kegeln definiert wird, welche durch alle Refraktions- und Absorptionsbinormalen hindurchgehen.

Werden nun sämtliche Richtungen durch Punkte der Einheitskugel dargestellt, so lassen sich die Kegel $\psi =$ konst. leicht konstruieren, wenn man die Refraktions- und Absorptionsbinormalen in dem Kristall so nahe benachbart annimmt, daß das betreffende Stück der Kugelfläche als eben betrachtet werden kann; diese Annahme trifft in den meisten Fällen näherungsweise zu. Der Winkel ψ ist dann derjenige Winkel, unter dem sich zwei Scharen konfokaler Ellipsen schneiden, deren Brennpunkte die Spuren der Refraktions- bzw. Ab-

[1]) W. VOIGT, Göttinger Nachr. 1902, S. 65; Ann. d. Phys. Bd. 9, S. 386. 1902; S. BOGUSLAWSKI, Ann. d. Phys. Bd. 44, S. 1084. 1914.

sorptionsbinormalen sind; denn die (x')-Achse bzw. $[x]$-Achse ist Halbierungslinie des Winkels zwischen den Brennpunktsfahrstrahlen der einen bzw. der anderen Ellipsenschar, und da diese Winkelhalbierenden senkrecht zu den Ellipsen stehen, so sind die von ihnen gebildeten Winkel gleich jenen, in welchen sich die Ellipsen schneiden.

Für das Folgende ist es erforderlich, den Winkel ψ durch das gegen die positive $[x']$-Achse gerechnete Azimut φ der Schwingungsellipse auszudrücken, d. h. durch den Winkel zwischen der positiven $\{x'\}$-Achse und der positiven $[x']$-Achse (Abb. 35). Das $\{x', y'\}$-Achsenkreuz ist nach Gleichung (414) dadurch ausgezeichnet, daß für dasselbe die Beziehung

$$\frac{1}{2}\,\frac{\left\{\frac{1}{n_{22}^2}\right\}-\left\{\frac{1}{n_{11}^2}\right\}}{\left\{\frac{1}{n_{12}^2}\right\}}=i\xi \tag{417}$$

gilt, wobei für die reelle Größe ξ die Ungleichung

$$|\xi|\geqq 1 \tag{418}$$

besteht; aus (417) erhalten wir dann [unter Benutzung der Transformationsformeln (413)] für φ und ξ die Beziehungen

$$\operatorname{tg} 4\varphi=\frac{\alpha^2 \sin 4\psi}{\alpha^2 \cos 4\psi+\beta^2}, \tag{419}$$

$$\xi=\frac{\alpha \cos 2(\varphi-\psi)}{\beta \sin 2\varphi}=-\frac{\beta \cos 2\varphi}{\alpha \sin 2(\varphi-\psi)}, \tag{420}$$

wobei zur Abkürzung

$$\left(\frac{1}{p_{22}^2}\right)-\left(\frac{1}{p_{11}^2}\right)=2\alpha, \quad \left[\frac{1}{q_{22}^2}\right]-\left[\frac{1}{q_{11}^2}\right]=2\beta$$

gesetzt ist.

b) **Die Kegel $\psi=0$; Wellennormalenrichtungen mit zugehörigen linear polarisierten Wellen.** Wir betrachten jetzt die speziellen Kegel $\psi=\frac{m\pi}{2}$ $(m=0, 1, 2, \ldots)$, wobei es aber offenbar genügt, die beiden Fälle $m=0$ und $m=1$ ins Auge zu fassen. In beiden Fällen folgt [aus (419) und (420) bei Berücksichtigung von (418)] $\xi=\infty$; somit ergibt sich nach (415) für die Elliptizitäten der Wellen, die zu den diese Kegel bildenden Wellennormalenrichtungen gehören,

$$k_1=\infty, \quad k_2=0.$$

Durch $\psi=0$ und $\psi=\pi/2$ werden daher im absorbierenden, nicht aktiven Kristall Kegel von Wellennormalenrichtungen definiert, in welchen sich zwei linear und senkrecht zueinander polarisierte Wellen fortpflanzen.

Man kann sich leicht überzeugen, daß der Kegel $\psi=0$ in Teilkegel zerfällt, von welchen jeder durch je eine Refraktionsbinormale und eine Absorptionsbinormale begrenzt ist, und daß das gleiche für den Kegel $\psi=\pi/2$ gilt. Sämtliche Teile der beiden Kegel setzen sich in den Refraktions- und Absorptionsbinormalen kontinuierlich ohne Knicke aneinander und können zusammen als ein einziger, durch sämtliche Refraktions- und Absorptionsbinormalen gehender Kegel aufgefaßt werden, den wir kurz als den Kegel $\psi=(0, \pi/2)$ bezeichnen.

Betrachtet man nun zwei Wellennormalenrichtungen, die dem Mantel des Kegels $\psi=(0, \pi/2)$ sehr nahe liegen, aber durch ihn getrennt sind, so findet man mittels der Beziehungen (419) und (420), daß ξ für diese beiden Wellennormalenrichtungen entgegengesetztes Vorzeichen besitzt. Beim Durchgang durch den Kegel $\psi = (0, \pi/2)$ muß sich daher der Umlaufsinn der elliptischen Polarisation umkehren; in der Tat konnte die Verschiedenheit dieses Umlaufsinnes für die verschiedenen Bereiche der Wellennormalenrichtungen von VOIGT[1]) bei einigen schwach absorbierenden Kristallen (Andalusit, Axinit, Epidot und braunem Glimmer) experimentell nachgewiesen werden.

c) Wellennormalenrichtungen mit zugehörigen linear polarisierten Wellen bei den einzelnen Kristallsystemen. Bei den absorbierenden, nicht aktiven Kristallen des triklinen Systems besitzt der Kegel $\psi = (0, \pi/2)$ keine ausgezeichnete Lage; er zerlegt die ganze Oberfläche der Einheitskugel in zwei Teile, die durch entgegengesetzten Sinn der elliptischen Polarisation gekennzeichnet sind.

Bei den absorbierenden, nicht aktiven Kristallen des monoklinen Systems zerfällt der Kegel $\psi = (0, \pi/2)$ in einen symmetrisch zur Spiegelebene $z = 0$ liegenden Kegel und in die Spiegelebene (bzw. eine senkrecht zur zweizähligen Symmetrieachse liegende Ebene); hierdurch wird die Oberfläche der Einheits-

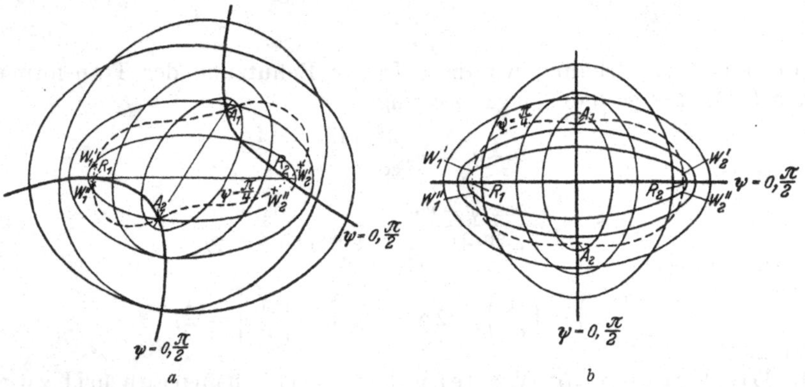

Abb. 36. Darstellung der Kegel ausgezeichneter Wellennormalenrichtungen bei absorbierenden, nicht aktiven Kristallen (nach BOGUSLAWSKI). *a* trikliner Kristall, *b* rhombischer Kristall mit gekreuzten Ebenen der Refraktions- und Absorptionsbinormalen. Die Ellipsen stellen die Spuren der Kegel ψ = konst. auf der Einheitskugel dar. R_1, R_2 Spuren der Refraktionsbinormalen; A_1, A_2 Spuren der Absorptionsbinormalen; W_1', W_1'', W_2', W_2'' Spuren der Windungsachsen. $\psi = (0, \pi/2)$ Spur des Kegels der Wellennormalenrichtungen mit zugehörigen linear polarisierten Wellen; $\psi = \pi/4$ Spur des Kegels der Wellennormalenrichtungen mit gleichen Absorptionskoeffizienten (gestrichelt) und gleichen Brechungsindizes (punktiert) bei schwacher Absorption und schwacher Doppelbrechung.

kugel in sechs Teile zerlegt, von welchen je zwei aneinandergrenzende entgegengesetzten Umlaufsinn der elliptischen Polarisation besitzen.

Bei den Kristallen des rhombischen Systems degeneriert der Kegel $\psi = (0, \pi/2)$ in die drei optischen Symmetrieebenen; die Oberfläche der Einheitskugel zerfällt daher in acht Teile mit entgegengesetztem Umlaufsinn der elliptischen Polarisation in je zwei aneinandergrenzenden Teilen. Bei rhombischen absorbierenden, nicht aktiven Kristallen gehören somit zu jeder in einer optischen Symmetrieebene liegenden Wellennormale zwei linear und senkrecht zueinander polarisierte Wellen, deren Schwingungsebenen parallel und senkrecht zur betreffenden optischen Symmetrieebene liegen.

Bei den optisch einachsigen Kristallen genügt jeder beliebige, durch die optische Achse gelegte Kegel der Bedingung $\psi = (0, \pi/2)$; bei optisch einachsigen absorbierenden, nicht aktiven Kristallen gehören somit (ebenso wie bei nicht absorbierenden, nicht aktiven Kristallen) zu jeder beliebigen Wellennormalenrichtung zwei linear und senk-

[1]) W. VOIGT, Göttinger Nachr. 1902, S. 88; Ann. d. Phys. Bd. 9, S. 412. 1902.

recht zueinander polarisierte Wellen, deren Schwingungsebenen parallel und senkrecht zum Hauptschnitt der betreffenden Wellennormale liegen.

In Abb. 36a geben nach BOGUSLASWKI[1]) die stark ausgezogenen Linien die auf der Einheitskugel gezogene Spur des Kegels $\psi = (0, \pi/2)$ für einen triklinen Kristall; Abb. 36b gibt die analoge Darstellung für einen rhombischen Kristall mit zueinander senkrechten Refraktions- und Absorptionsbinormalenebenen. A_1 und A_2 sind die Spuren der Absorptionsbinormalen, R_1 und R_2 die Spuren der Refraktionsbinormalen, durch welche der Kegel $\psi = (0, \pi/2)$ hindurchgeht.

d) Umlaufssinn der Schwingungsbahn bei den zu einer Refraktionsbinormale benachbarten Windungsachsen. Da der Kegel $\psi = (0, \pi/2)$ durch beide Refraktionsbinormalen geht und je zwei zu einer Refraktionsbinormale benachbarte Windungsachsen (in Abb. 36 mit W_1' und W_1'' bzw. W_2' und W_2'' gezeichnet) zu verschiedenen Seiten des Kegelmantels liegen, so folgt hieraus, daß diesen beiden Windungsachsen entgegengesetzter Umlaufssinn der Schwingungsbahn entspricht; da nun die in einer Windungsachse sich fortpflanzenden Wellen zirkular polarisiert sind (vgl. Ziff. 130), so schließen wir hieraus, daß die Wellen, welche sich in den zu einer Refraktionsbinormale benachbarten Windungsachsen ausbreiten, entgegengesetzt zirkular polarisiert sind.

133. Wellennormalenrichtungen mit zugehörigen gleichen Brechungsindizes und Absorptionskoeffizienten. a) Richtungsfächer gleicher Brechungsindizes und gleicher Absorptionskoeffizienten. Von besonderer Wichtigkeit sind diejenigen Kegel $\psi =$ konst., für deren Mantellinien die Brechungsindizes oder die Absorptionskoeffizienten gleich sind, d. h. entweder $n_0' = n_0''$ oder $n_0'\varkappa_0' = n_0''\varkappa_0''$ ist. VOIGT[2]) hat gezeigt, daß diese Mantellinien je Teile von Kegeln bilden, die von je zwei Windungsachsen begrenzt werden und daß sich diese Teilkegel in den sie begrenzenden Windungsachsen ohne Knicke aneinanderschließen. Für jede in eine Windungsachse fallende Wellennormalenrichtung ist sowohl $n_0' = n_0''$ als auch $\varkappa_0' = \varkappa_0''$ (vgl. Ziff. 130).

Während es in nicht absorbierenden Kristallen höchstens zwei Richtungen, nämlich die Binormalen, gibt, für welche $n_0' = n_0''$ ist, hat man somit bei absorbierenden Kristallen ganze Richtungsfächer, für welche diese Bedingung erfüllt ist; die Indexfläche der absorbierenden, nicht aktiven, optisch zweiachsigen Kristalle hängt somit nicht (wie bei den nicht absorbierenden Kristallen) in vier Punkten, sondern in vier Kurvenstücken zusammen; durch die Endpunkte dieser Kurvenstücke gehen die Windungsachsen.

Ein ganz analoges Verhalten wie die Indexfläche zeigt nach dem Gesagten offenbar auch die in Ziff. 126 erwähnte Absorptionsfläche[3]).

b) Richtungsfächer gleicher Brechungsindizes und gleicher Absorptionskoeffizienten bei schwach absorbierenden, schwach doppelbrechenden Kristallen. Wir wollen die Wellennormalenrichtungen gleicher Brechungsindizes und gleicher Absorptionskoeffizienten im Falle schwacher Absorption und geringer Doppelbrechung[4]) näher betrachten, d. h. bei solchen Kristallen, für welche einerseits (vgl. Ziff. 131) $\varkappa_0'$

[1]) S. BOGUSLAWSKI, Über die optischen Eigenschaften der Platincyanüre, S. 15 u. 17. Dissert. Göttingen 1914.

[2]) W. VOIGT, Ann. d. Phys. Bd. 27, S. 1018. 1908.

[3]) Daß die Absorptionsfläche im allgemeinen eine zweischalige Fläche ist, deren Schalen in vier Kurvenstücken zusammenhängen, hat P. DRUDE (Wied. Ann. Bd. 40, S. 676. 1890) gefunden.

[4]) W. VOIGT, Göttinger Nachr. 1902, S. 58 u. 62; Ann. d. Phys. Bd. 9, S. 378 u. 382. 1902; S. BOGUSLAWSKI, ebenda Bd. 44, S. 1084. 1914.

und $\varkappa_0''$ so klein sind, daß $\varkappa_0'^2$ und $\varkappa_0''^2$ gegen 1 vernachlässigt werden können und andererseits n_0' von n_0'' für alle Wellennormalenrichtungen nur wenig verschieden ist; wir zeigen, daß dann jene Wellennormalenrichtungen die Mantellinien des Kegels $\psi = \frac{\pi}{4}$ sind.

Aus (419) folgt, daß φ auf dem Kegel $\psi = \frac{\pi}{4}$ die Werte 0, $\frac{\pi}{4}$, $\frac{\pi}{2}$, $\frac{3\pi}{4}$ annehmen kann; welche zwei von diesen vier Werten die richtigen sind, ergibt sich aus der Bedingung (418), auf deren Erfüllung die Gleichungen (420) nachzuprüfen sind[1]). Geht man auf dem Kegel $\psi = \frac{\pi}{4}$ von einer Refraktionsbinormale zu einer Absorptionsbinormale über, so wächst α/β von 0 bis ∞, denn in den Refraktionsbinormalen ist $\alpha = 0$ und in den Absorptionsbinormalen $\beta = 0$. Aus (420) ergibt sich also, daß der Kegel durch die vier Mantellinien, in welchen $\alpha = \pm\beta$ ist, in vier Teile zerlegt wird derart, daß auf den die Refraktionsbinormalen enthaltenden Teilen $\left(\text{entsprechend } \varphi = 0 \text{ und } \varphi = \frac{\pi}{2}\right)$ die $\{x, y\}$-Achsen mit den $[x, y]$-Achsen, dagegen auf den die Absorptionsbinormalen enthaltenden Teilen $\left(\text{entsprechend } \varphi = \frac{\pi}{4} \text{ und } \varphi = \frac{3\pi}{4}\right)$ die $\{x, y\}$-Achsen mit den (x, y)-Achsen zusammenfallen.

Auf den Teilkegeln der ersten Art ist $\left\{\frac{1}{q_{12}^2}\right\} = 0$, somit nach Gleichung (416)

$$n_0' = n_0'',$$

d. h. die Mantellinien dieser Teilkegel sind Wellennormalenrichtungen mit gleichen Brechungsindizes.

Auf den beiden anderen Teilkegeln ist $\left\{\frac{1}{p_{12}^2}\right\} = 0$ und somit nach Gleichung (416)

$$\frac{\varkappa_0'}{n_0'^2} = \frac{\varkappa_0''}{n_0''^2};$$

ist nun die Doppelbrechung gering, d. h. ist für alle Wellennormalenrichtungen n_0' von n_0'' nur wenig verschieden, so haben wir für die Teilkegel der letzteren Art in erster Näherung auch

$$n_0'\varkappa_{0'} = n_0''\varkappa_0'',$$

d. h. in erster Annäherung sind die Mantellinien dieser beiden anderen Teilkegel Wellennormalenrichtungen mit gleichen Absorptionskoeffizienten.

c) Anzahl und Lage der Windungsachsen. In den kritischen Wellennormalenrichtungen der Kegel $\psi = \frac{\pi}{4}$, für welche $\alpha = \pm\beta$ ist, wird nach (420) $\xi = \pm 1$, oder nach (417)

$$\frac{1}{2}\,\frac{\frac{1}{n_{22}^2} - \frac{1}{n_{11}^2}}{\frac{1}{n_{12}^2}} = \pm i;$$

dies ist aber nach (412) die Gleichung der Windungsachsen. Da nach dem Gesagten vier Richtungen existieren, für welche $\alpha = \pm\beta$ ist, so haben wir, wie schon in Ziff. 130 bemerkt, vier Windungsachsen.

[1]) Von den beiden Ausdrücken (420) für ξ ist immer nur einer brauchbar, da der eine für $\psi = \frac{\pi}{4}$ und $\varphi = 0$ oder $= \frac{\pi}{2}$, der andere für $\psi = \frac{\pi}{4}$ und $\varphi = \frac{\pi}{4}$ oder $= \frac{3\pi}{4}$ unbestimmt wird.

Bei abnehmender Absorption wird β kleiner, infolgedessen werden dann diejenigen Teilkegel $\psi = \frac{\pi}{4}$, für welche $\varphi = 0$ oder $= \frac{\pi}{2}$ ist, immer enger und die vier Kurvenstücke, in welchen die beiden Schalen der Indexfläche zusammenhängen, immer kürzer. Je zwei Windungsachsen rücken also (vgl. Ziff. 130) um so näher zu einer Refraktionsbinormale, je geringer die Absorption ist.

In Abb. 36 sind die auf der Einheitskugel erzeugten Spuren der Teilkegel $\psi = \frac{\pi}{4}$, für welche $n_0' = n_0''$ bzw. $n_0'\varkappa_0' = n_0''\varkappa_0''$ ist, punktiert bzw. gestrichelt gezeichnet.

134. Brechungsindizes und Polarisationszustand der zu einer Wellennormalenrichtung gehörenden Wellen bei schwach absorbierenden, nicht aktiven Kristallen. a) Gesetz der Brechungsindizes bei schwach absorbierenden, nicht aktiven Kristallen. Wir betrachten jetzt die Abhängigkeit der Brechungsindizes von der Wellennormalenrichtung bei schwach absorbierenden, nicht aktiven Kristallen für solche Wellennormalenrichtungen, welche nicht zu nahe bei den Windungsachsen liegen; wir denken uns also zwei enge Kegel gelegt, deren Mäntel je zwei zu einer Refraktionsbinormale gehörende Windungsachsen umschließen und betrachten nur die außerhalb dieser Kegel liegenden Wellennormalenrichtungen.

Da bei schwach absorbierenden Kristallen $\varkappa^2$ gegen 1 vernachlässigt werden kann (vgl. Ziff. 131), so ergibt eine einfache Rechnung[1]), daß dann Gleichung (405) durch Trennung des reellen und imaginären Teiles die beiden Gleichungen

$$\frac{\mathfrak{s}_x^2}{\frac{1}{n_1^2}-\frac{1}{n^2}}+\frac{\mathfrak{s}_y^2}{\frac{1}{n_2^2}-\frac{1}{n^2}}+\frac{\mathfrak{s}_z^2}{\frac{1}{n_3^2}-\frac{1}{n^2}}=0 \tag{421}$$

und

$$\frac{2\varkappa}{n^2}=\frac{\left(\frac{1}{n^2}-\frac{1}{n_1^2}\right)\left(\frac{1}{q_{33}^2}\mathfrak{s}_y^2+\frac{1}{q_{22}^2}\mathfrak{s}_z^2-\frac{2}{q_{23}^2}\mathfrak{s}_y\mathfrak{s}_z\right)+\left(\frac{1}{n^2}-\frac{1}{n_2^2}\right)\left(\frac{1}{q_{11}^2}\mathfrak{s}_z^2+\frac{1}{q_{33}^2}\mathfrak{s}_x^2-\frac{2}{q_{31}^2}\mathfrak{s}_z\mathfrak{s}_x\right)+\left(\frac{1}{n^2}-\frac{1}{n_2^2}\right)\left(\frac{1}{q_{22}^2}\mathfrak{s}_x^2+\frac{1}{q_{11}^2}\mathfrak{s}_y^2-\frac{2}{q_{12}^2}\mathfrak{s}_x\mathfrak{s}_y\right)}{\left(\frac{1}{n^2}-\frac{1}{n_1^2}\right)(\mathfrak{s}_y^2+\mathfrak{s}_z^2)+\left(\frac{1}{n^2}-\frac{1}{n_2^2}\right)(\mathfrak{s}_z^2+\mathfrak{s}_x^2)+\left(\frac{1}{n^2}-\frac{1}{n_3^2}\right)(\mathfrak{s}_x^2+\mathfrak{s}_y^2)} \tag{422}$$

liefert, die wir getrennt behandeln.

Gleichung (421) ist mit dem FRESNELschen Gesetz (47) identisch; in hinreichender Entfernung von den Refraktionsbinormalen ist somit bei schwach absorbierenden, nicht aktiven Kristallen die Abhängigkeit der Brechungsindizes von der Wellennormalenrichtung (und daher auch die Gestalt der Normalen- und der Indexfläche) die nämliche wie bei nicht absorbierenden, nicht aktiven Kristallen.

In der Tat haben die Beobachtungen, die bei schwach absorbierenden Kristallen zur Prüfung des FRESNELschen Gesetzes angestellt wurden[2]), die Gültigkeit dieses Gesetzes erwiesen.

b) Gesetz des Polarisationszustandes der zu einer Wellennormalenrichtung gehörenden Wellen. Für den Polarisationszustand der zu einer gegebenen Wellennormalenrichtung gehörenden beiden Wellen folgt bei

---

[1]) W. VOIGT, Göttinger Nachr. 1884, S. 346; Wied. Ann. Bd. 23, S. 593. 1884; N. Jahrb. f. Min. 1885 (1), S. 128; Kompend. d. theoret. Phys. Bd. 2, S. 733. 1896; P. DRUDE, Wied. Ann. Bd. 40, S. 673. 1890.

[2]) E. A. WÜLFING, Centralbl. f. Min. 1901, S. 299; S. NAKAMURA, Göttinger Nachr. 1903, S. 343 (Turmalin).

der gemachten Einschränkung aus (408), daß die imaginären Teile der Amplitudenverhältnisse μ_1 und μ_2 von derselben Größenordnung wie $\varkappa$ werden; die reellen Teile dagegen nehmen, wie sich aus (406) ergibt, in erster Annäherung dieselben Werte an wie bei nicht absorbierenden, nicht aktiven Kristallen. In einer Wellennormalenrichtung $\mathfrak{s}$, die hinreichend weit von den Windungsachsen abliegt, pflanzen sich somit bei einem schwach absorbierenden, nicht aktiven Kristall zwei elliptisch polarisierte Wellen mit sehr gestreckten Schwingungsellipsen fort, deren große Achsen nahezu dieselben Lagen besitzen, welche die zu $\mathfrak{s}$ gehörenden Schwingungsrichtungen $\mathfrak{d}'$ und $\mathfrak{d}''$ bei verschwindender Absorption haben würden; nähert sich die Wellennormalenrichtung $\mathfrak{s}$ der Richtung einer Windungsachse, so nimmt die Elliptizität jedoch auch bei schwach absorbierenden Kristallen stark zu und erreicht beim Zusammenfallen mit der Richtung einer Windungsachse den Wert ± 1.

135. Absorptionsindizes der zu einer Wellennormalenrichtung gehörenden Wellen bei schwach absorbierenden Kristallen. a) Abhängigkeit der Absorptionsindizes von der Wellennormalenrichtung. Setzt man eine der Wurzeln der Gleichung (421) in (422) ein, so erhält man das Gesetz, nach welchem die Absorptionsindizes $\varkappa_0'$ und $\varkappa_0''$ eines schwach absorbierenden, nicht aktiven Kristalls von der Wellennormalenrichtung $\mathfrak{s}$ abhängen.

Liegt die Wellennormalenrichtung $\mathfrak{s}$ parallel zu einer optischen Symmetrieebene, etwa zur xy-Ebene, so wird[1])

$$\frac{2\varkappa_0'}{n_0'^2} = \frac{1}{q_{22}^2}\mathfrak{s}_x^2 + \frac{1}{q_{11}^2}\mathfrak{s}_y^2 - \frac{2}{q_{12}^2}\mathfrak{s}_x\mathfrak{s}_y, \qquad \frac{2\varkappa_0''}{n_0''^2} = \frac{1}{q_{33}^2}, \tag{423}$$

wobei sich nach dem in Ziff. 134b) Gesagten n_0' und n_0'' gemäß (71) ($\mathfrak{s}_z = 0$) durch die Gleichungen

$$\frac{1}{n_0'^2} = \frac{\mathfrak{s}_x^2}{n_2^2} + \frac{\mathfrak{s}_y^2}{n_1^2}, \qquad n_0'' = n_3$$

bestimmen.

Entsprechende Ausdrücke erhält man, falls die Wellennormale parallel zur yz-Ebene bzw. parallel zur zx-Ebene liegt.

b) Hauptabsorptionsindizes. Die Beziehungen vereinfachen sich bei den Kristallen von rhombischer und höherer Symmetrie, bei welchen (vgl. Ziff. 124) die Absorptionsachsen mit den optischen Symmetrieachsen zusammenfallen und

$$q_{11} = q_1, \qquad q_{22} = q_2, \qquad q_{33} = q_3, \qquad \frac{1}{q_{23}} = \frac{1}{q_{31}} = \frac{1}{q_{12}} = 0$$

wird. Für eine parallel zur xy-Ebene liegende Wellennormale gehört dann nach der zweiten Gleichung (423) zu der Welle mit dem konstanten Brechungsindex n_3 der konstante Absorptionsindex

$$\varkappa_3 = \frac{1}{2}\frac{n_3^2}{q_3^2};$$

$\varkappa_3$ und die den beiden anderen Koordinatenebenen entsprechenden, durch zyklisches Vertauschen der Buchstaben 1, 2 und 3 zu erhaltenden Werte

$$\varkappa_1 = \frac{1}{2}\frac{n_1^2}{q_1^2}, \qquad \varkappa_2 = \frac{1}{2}\frac{n_2^2}{q_2^2}$$

bezeichnet man als die Hauptabsorptionsindizes.

Bei optisch einachsigen Kristallen erhält man

$$\frac{2\varkappa_0'}{n_0'^2} = \frac{1}{q_1^2}, \qquad \frac{2\varkappa_0''}{n_0''^2} = \frac{\mathfrak{s}_x^2 + \mathfrak{s}_y^2}{q_3^2} + \frac{\mathfrak{s}_z^2}{q_1^2}, \tag{424}$$

---

[1]) P. DRUDE, Wied. Ann. Bd. 40, S. 673. 1890.

wobei n_0' und n_0'' die durch (144) und (145) gegebenen Brechungsindizes der ordentlichen und außerordentlichen Welle sind. Wie man sieht, besitzt die ordentliche Welle nicht nur einen konstanten Brechungsindex $n_0' = n_1$, sondern auch einen konstanten Absorptionsindex $\varkappa_0' = \frac{n_1^2}{2q_1^2} = \varkappa_1$[1]. Man bezeichnet daher in (424) sinngemäß $\varkappa_0'$ als den ordentlichen und $\varkappa_0''$ als den außerordentlichen Absorptionsindex; für eine senkrecht zur optischen Achse fortschreitende Welle ($\mathfrak{s}_z = 0$, $\mathfrak{s}_x^2 + \mathfrak{s}_y^2 = 1$) folgt aus (424) und (145) $\varkappa_0'' = \frac{n_3^2}{2q_3^2} = \varkappa_3$.

Die Hauptbrechungsindizes eines Kristalls können zuweilen sehr verschieden sein. Bei (dem optisch-einachsigen) Turmalin ist z. B. $\varkappa_1$ groß, $\varkappa_3$ dagegen sehr klein; hierauf beruht die Verwendungsmöglichkeit einer hinreichend dicken, parallel zur optischen Achse geschnittenen Turmalinplatte als Polarisator, da eine solche fast nur die außerordentliche Welle durchläßt[2].

c) Absorptionsindizes in Richtungen der optischen Symmetrieachsen. Legt man die Wellennormalenrichtung der Reihe nach parallel zu einer optischen Symmetrieachse, so erhält man für die Lage

$$\left.\begin{aligned}
&\parallel \text{zur } x\text{-Achse:}\quad n_0' = n_2, \quad n_0'' = n_3; \quad \varkappa_0' = \frac{n_2^2}{2q_{22}^2}, \quad \varkappa_0'' = \frac{n_3^2}{2q_{33}^2};\\
&\parallel \text{zur } y\text{-Achse:}\quad n_0' = n_3, \quad n_0'' = n_1; \quad \varkappa_0' = \frac{n_3^2}{2q_{33}^2}, \quad \varkappa_0'' = \frac{n_1^2}{2q_{11}^2};\\
&\parallel \text{zur } z\text{-Achse:}\quad n_0' = n_1, \quad n_0'' = n_2; \quad \varkappa_0' = \frac{n_1^2}{2q_{11}^2}, \quad \varkappa_0'' = \frac{2n_2^2}{2q_{22}^2}.
\end{aligned}\right\} \quad (425)$$

Da bei diesen verschiedenen Lagen gleichen Brechungsindizes gleiche Richtungen des Lichtvektors entsprechen (vgl. Ziff. 13), so folgt, daß bei schwach absorbierenden, nicht aktiven Kristallen von den in den Richtungen zweier optischer Symmetrieachsen fortschreitenden Wellen diejenigen gleich stark absorbiert werden, welche senkrecht zueinanderliegende Schwingungsebenen besitzen[3]; hierbei ist unter Schwingungsebene die durch die große Ellipsenachse und die Wellennormale gelegte Ebene zu verstehen[4].

d) Abhängigkeit der Absorptionsindizes von der Lage der Schwingungsellipse. Gleichung (422) läßt sich in eine geeignetere Form bringen, wenn man an Stelle von $\mathfrak{s}_x$, $\mathfrak{s}_y$ und $\mathfrak{s}_z$ die Richtungskosinus $\mathfrak{d}_x'$, $\mathfrak{d}_y'$, $\mathfrak{d}_z'$ und $\mathfrak{d}_x''$, $\mathfrak{d}_y''$, $\mathfrak{d}_z''$ der großen Achsen der zur Wellennormalenrichtung $\mathfrak{s}$ gehörenden Schwingungsellipsen einführt, welche nach Ziff. 134 b) durch die

---

[1]) W. Voigt, Göttinger Nachr. 1884, S. 346; Wied. Ann. Bd. 23, S. 587. 1884; N. Jahrb. f. Min. 1885 (1), S. 125. Diese Gesetzmäßigkeit wurde experimentell schon von W. Haidinger (Pogg. Ann. Bd. 65, S. 4. 1845) festgestellt, der fand, daß bei durchgehendem weißem Lichte die ordentliche Welle für jede Wellennormalenrichtung dieselbe Farbe zeigt wie in Richtung der optischen Achse; ihre genaue quantitative Prüfung und Bestätigung erfolgte durch J. A. Wesastjerna (Översikt av Finska Vetensk. Soc. Förh. (A) Bd. 64. S. 1. 1922) bei Turmalin.

[2]) Vgl. Kap. 4, Ziff. 20 ds. Bandes.

[3]) W. Voigt, Göttinger Nachr. 1884, S. 350; Wied. Ann. Bd. 23, S. 591. 1884; N. Jahrb. f. Min. 1885 (1), S. 129. Experimentell wurde dieses Resultat von W. Haidinger (Wiener Ber. Bd. 8, S. 52. 1852; Pogg. Ann. Bd. 86, S. 131. 1852) gefunden.

[4]) Bei den absorbierenden Kristallen von rhombischer und höherer Symmetrie sind die parallel zu den optischen Symmetrieachsen fortschreitenden Wellen überdies linear polarisiert [vgl. Ziff. 132c)].

Formeln (84) gegeben sind. Man erhält dann nach einiger Umformung [1]) unter Weglassung der die beiden Wellen unterscheidenden Indizes

$$\frac{2\varkappa}{n^2} = \frac{1}{q_{11}^2}\mathfrak{d}_x^2 + \frac{1}{q_{22}^2}\mathfrak{d}_y^2 + \frac{1}{q_{33}^2}\mathfrak{d}_z^2 + \frac{2}{q_{23}^2}\mathfrak{d}_y\mathfrak{d}_z + \frac{2}{q_{31}^2}\mathfrak{d}_z\mathfrak{d}_x + \frac{2}{q_{12}^2}\mathfrak{d}_x\mathfrak{d}_y$$

oder bei Benutzung von (49)

$$2\varkappa = \frac{\frac{1}{q_{11}^2}\mathfrak{d}_x^2 + \frac{1}{q_{22}^2}\mathfrak{d}_y^2 + \frac{1}{q_{33}^2}\mathfrak{d}_z^2 + \frac{2}{q_{23}^2}\mathfrak{d}_y\mathfrak{d}_z + \frac{2}{q_{31}^2}\mathfrak{d}_z\mathfrak{d}_x + \frac{2}{q_{12}^2}\mathfrak{d}_x\mathfrak{d}_y}{\frac{1}{n_1^2}\mathfrak{d}_x^2 + \frac{1}{n_2^2}\mathfrak{d}_y^2 + \frac{1}{n_3^2}\mathfrak{d}_z^2}. \tag{426}$$

Führt man ein beliebiges rechtwinkliges Rechtssystem x', y', z' ein, so geht dieser Ausdruck über in

$$2\varkappa = \frac{\frac{1}{q_{11}'^2}\mathfrak{d}_{x'}^2 + \frac{1}{q_{22}'^2}\mathfrak{d}_{y'}^2 + \frac{1}{q_{33}'^2}\mathfrak{d}_{z'}^2 + \frac{2}{q_{23}'^2}\mathfrak{d}_{y'}\mathfrak{d}_{z'} + \frac{2}{q_{31}'^2}\mathfrak{d}_{z'}\mathfrak{d}_{x'} + \frac{2}{q_{12}'^2}\mathfrak{d}_{x'}\mathfrak{d}_{y'}}{\frac{1}{n_{11}^2}\mathfrak{d}_{x'}^2 + \frac{1}{n_{22}^2}\mathfrak{d}_{y'}^2 + \frac{1}{n_{33}^2}\mathfrak{d}_{z'}^2 + \frac{2}{n_{23}^2}\mathfrak{d}_{y'}\mathfrak{d}_{z'} + \frac{2}{n_{31}^2}\mathfrak{d}_{z'}\mathfrak{d}_{x'} + \frac{2}{n_{12}^2}\mathfrak{d}_{x'}\mathfrak{d}_{y'}}.$$

Man ersieht hieraus, daß der Absorptionsindex bei schwach absorbierenden, nicht aktiven Kristallen [ebenso wie der Brechungsindex gemäß (49)] eine eindeutige Funktion der Lage der großen Achse der Schwingungsellipse ist.

Diese Beziehung hat BECQUEREL[2]) gefunden; sie wurde durch seine und DUFETS[3]) Beobachtungen an Kristallen, deren Absorptionsspektra scharfe Streifen zeigen (wie z. B. Didym-, Neodym-, Praseodym- und Samariumsulfat), bestätigt, welche ergaben, daß die relative Intensität der Absorptionsstreifen von der Schwingungsrichtung abhängt[4]). Daß die Beziehung aber, entsprechend ihrer Herleitung, nur ein Näherungsgesetz ist, wurde durch die bei Turmalin angestellten, sehr genauen Messungen von LE ROUX[5]) gezeigt.

Für den Fall geringer Doppelbrechung, d. h. kleiner Werte der Differenzen $n_2 - n_3$, $n_3 - n_1$ und $n_1 - n_2$, erhält man aus (426) die weitere Annäherungsformel

$$2\varkappa = \bar{n}^2\left(\frac{1}{q_{11}^2}\mathfrak{d}_x^2 + \frac{1}{q_{22}^2}\mathfrak{d}_y^2 + \frac{1}{q_{33}^2}\mathfrak{d}_z^2 + \frac{2}{q_{23}^2}\mathfrak{d}_y\mathfrak{d}_z + \frac{2}{q_{31}^2}\mathfrak{d}_z\mathfrak{d}_x + \frac{2}{q_{12}^2}\mathfrak{d}_x\mathfrak{d}_y\right),$$

bei welcher $\bar{n}$ einen mittleren Wert aus n_1, n_2 und n_3 bedeutet. Führt man an Stelle der optischen Symmetrieachsen x, y, z die Absorptionsachsen $\bar{x}$, $\bar{y}$, $\bar{z}$ ein, so geht die Formel in

$$\varkappa = m_1\mathfrak{d}_{\bar{x}}^2 + m_2\mathfrak{d}_{\bar{y}}^2 + m_3\mathfrak{d}_{\bar{z}}^2 \tag{427}$$

über, wobei $m_1 = \frac{\bar{n}^2}{q_1^2}$, $m_2 = \frac{\bar{n}^2}{q_2^2}$ und $m_3 = \frac{\bar{n}^2}{q_3^2}$ gesetzt ist.

Aus (427) folgt, daß der geometrische Ort der Endpunkte der Vektoren, die man von einem beliebigen Bezugspunkte aus parallel zu jeder Ellipsenachsenrichtung $\mathfrak{d}$ mit dem Betrage $1/\sqrt{\varkappa}$ aufträgt, bei den schwach absorbierenden, schwach doppelbrechenden, nicht aktiven Kristallen ein Ellipsoid ist[6]).

---

[1]) P. DRUDE, Wied. Ann. Bd. 40, S. 673. 1890.

[2]) H. BECQUEREL, Ann. chim. phys. (6) Bd. 14, S. 201. 1888.

[3]) H. DUFET, Bull. soc. minéral. Bd. 24, S. 373. 1901.

[4]) Die ersten diesbezüglichen qualitativen Beobachtungen stammen von R. BUNSEN (Pogg. Ann. Bd. 128, S. 100. 1866 [Didymsulfat]) und H. C. SORBY (Proc. Roy. Soc. London Bd. 17, S. 511. 1869 [uranhaltiges Zirkon]).

[5]) P. LE ROUX, Journ de phys. (6) Bd. 9, S. 142. 1928.

[6]) Diese Gesetzmäßigkeit wurde schon von J. GRAILICH (Kristallographisch-optische Untersuchungen, S. 52. Wien 1858) vermutet und später von E. MALLARD (Traité de cristallographie géometr. et phys. Bd. II, S. 353. Paris 1884) für beliebig starke Doppelbrechung als gültig angenommen.

Die Beziehung (426) bzw. (427) ist im sichtbaren Spektralbereiche bei den schwach absorbierenden Kristallen Turmalin und Rauchquarz durch die Messungen von CAMICHEL[1]) und EHLERS[2]), ferner im Ultraroten bei Turmalin durch CARVALLO[3]) als richtig nachgewiesen worden. Bei dem stärker doppelbrechenden Kalkspat fand jedoch STEWART[4]) im ultraroten Absorptionsgebiete für die außerordentliche Welle nicht, wie zu erwarten gewesen wäre, die strengere Beziehung (426), sondern die gröbere Näherungsformel (427) bestätigt; doch kann dieses Ergebnis noch nicht als ganz sichergestellt angesehen werden[5]) und bedarf noch der Nachprüfung.

c) Maxima und Minima der Absorptionsindizes bei schwach absorbierenden Kristallen des triklinen und monoklinen Systems. Liegen zwei Wellennormalenrichtungen symmetrisch zueinander in bezug auf eine optische Symmetrieachse, so gilt das gleiche auch für die großen Ellipsenachsen der zugehörigen ordentlichen bzw. außerordentlichen Wellen; die Richtungskosinus der einander entsprechenden großen Ellipsenachsen dieser Wellen unterscheiden sich somit nur durch ihre Vorzeichen. Für die beiden ordentlichen bzw. die beiden außerordentlichen Wellen, die zu derartigen Wellennormalenrichtungen gehören, hat daher der Nenner von (426) denselben Wert; für den Zähler gilt dies jedoch nur dann, wenn $\frac{1}{q_{23}^2}$, $\frac{1}{q_{31}^2}$ und $\frac{1}{q_{12}^2}$ identisch verschwinden, was bei den Kristallen des triklinen und monoklinen Systems nicht der Fall ist (vgl. Ziff. 124).

Bei Kristallen des triklinen und monoklinen Systems müssen daher die Wellennormalenrichtungen, für welche ein Absorptionsindex $\varkappa_0'$ (oder $\varkappa_0''$) ein Maximum und ein Minimum erreicht, unsymmetrisch zu den optischen Symmetrieachsen liegen[6]).

Dieses Verhalten ist zuerst von LASPEYRES[7]) und später durch genauere Messungen von RAMSAY[8]), CAMICHEL[9]) und CARVALLO[10]) nachgewiesen worden.

Eine einfache Berechnung ergibt ferner, daß der Winkel zwischen den Wellennormalenrichtungen, die zu einem solchen Maximum und Minimum gehören, von $\pi/2$ um einen Betrag abweicht, welcher von derselben Größenordnung ist wie die Differenz der Hauptbrechungsindizes[11]).

136. Dispersionserscheinungen. Die komplexen Hauptbrechungsindizes besitzen Frequenzabhängigkeit und zeigen daher Dispersion; das Gesetz ihrer Frequenzabhängigkeit ergibt sich aus Beziehungen von der Form der Gleichungen (401). Es müssen daher auch die Parameter p_{hl} und q_{hl} (Ziff. 127) sowie sämtliche von ihnen abhängenden Größen Frequenzabhängigkeit zeigen.

---

1) G. CAMICHEL, Ann. chim. phys. (7) Bd. 5, S. 468. 1895; Journ. de phys. (3) Bd. 4, S. 153. 1895 (Turmalin).

2) J. EHLERS, N. Jahrb. f. Min., Beil. Bd. 11, S. 284. 1897 (Turmalin, Rauchquarz).

3) E. CARVALLO, Ann. chim. phys. (7) Bd. 7, S. 82. 1896.

4) O. M. STEWART, Phys. Rev. Bd. 4, S. 433. 1897.

5) Vgl. hierzu F. POCKELS, Lehrbuch d. Kristalloptik, S. 411. Leipzig 1906.

6) P. DRUDE, Wied. Ann. Bd. 40, S. 673. 1890.

7) H. LASPEYRES, ZS. f. Krist. Bd. 4, S. 454. 1880 (Piemontit, eine Varietät des Epidot).

8) W. RAMSAY, ZS. f. Krist. Bd. 13, S. 97. 1887 (Epidot).

9) G. CAMICHEL, Ann. chim. phys. (7) Bd. 5, S. 477. 1895 (Epidot, Axinit).

10) E. CARVALLO, Ann. chim. phys. (7) Bd. 7, S. 89. 1896 (Epidot).

11) P. DRUDE, Wied. Ann. Bd. 40, S. 674. 1890. So z. B. würde bei Epidot die Abweichung 1° 40′ betragen müssen. [Der von W. RAMSAY (ZS. f. Krist. Bd. 13, S. 111. 1888; P. DRUDE, ebenda S. 567) aus seinen Beobachtungen am Epidot erschlossene Wert von 8° ist unrichtig; vgl. hierzu F. POCKELS, Lehrbuch d. Kristalloptik, S. 412. Leipzig 1906.] Bei Kobaltkaliumsulfat und Kobaltkupfersulfat konnte J. EHLERS (N. Jahrb. f. Min. Bd. 11, S. 297. 1897) und bei Diopsid P. ITES (Über die Abhängigkeit der Absorption des Lichtes von der Farbe in kristallisierten Körpern, S. 75. Dissert. Göttingen 1901) allerdings keine Abweichung von $\pi/2$ finden.

a) Dispersion der Brechungs- und Absorptionsindizes. α) Gesetz der Frequenzabhängigkeit der Brechungs- und Absorptionsindizes. Um eine Übersicht über die Frequenzabhängigkeit der Brechungs- und Absorptionsindizes zu erhalten, genügt es, den Fall eines kubischen Kristalls zu betrachten, bei welchem $n_1 = n_2 = n_3 = n$ ist und das (mit dem Absorptionsachsensystem zusammenfallende) optische Symmetrieachsensystem beliebig gelegt werden kann (vgl. Ziff. 124); aus (401) und (403) folgt dann durch Trennung des reellen und imaginären Teiles das bekannte, für isotrope Körper gültige Formelsystem[1])

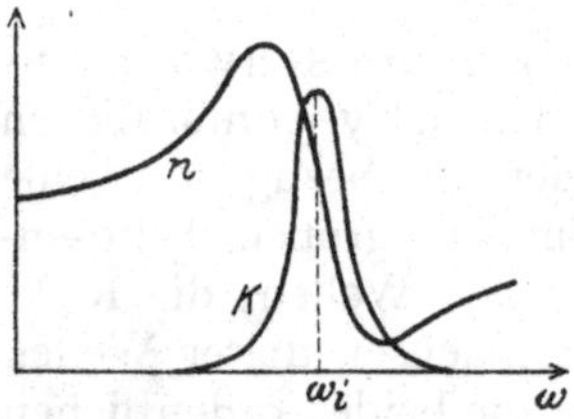

Abb. 37. Abhängigkeit des Brechungsindex n und des Absorptionsindex $\varkappa$ von der Frequenz in der Nähe einer Eigenfrequenz $\omega_i^{(0)}$ bei einem kubischen, absorbierenden Kristall.

$$n^2(1-\varkappa^2) = 1 + 4\pi \sum_i \frac{N_i e_i^2}{m_i} \frac{\omega_i^{(0)2} - \omega^2}{(\omega_i^{(0)2} - \omega^2)^2 + \frac{a_i^2}{m_i^2}\omega^2},$$

$$2n^2\varkappa = 4\pi \sum_i \frac{N_i e_i^2}{m_i} \frac{\frac{a_i}{m_i}\omega}{(\omega_i^{(0)2} - \omega^2)^2 + \frac{a_i^2}{m_i^2}\omega^2},$$

in welchem die Bezeichnungen dieselben sind wie in Ziff. 125 und $\omega_i^{(0)} = \frac{f_i}{m_i}$ die Eigenfrequenz der $i$ten Elektronengattung bedeutet.

Trägt man ω als Abszisse und n bzw. $\varkappa$ als Ordinate auf, so wird der Verlauf des Frequenzabhängigkeitsgesetzes in der Nähe einer Eigenfrequenz $\omega_i^{(0)}$ durch Abb. 37 veranschaulicht[2]). Wie man sieht, besitzt der Brechungsindex n zu beiden Seiten der Eigenfrequenz ein Maximum und ein Minimum, während der Absorptionsindex $\varkappa$ an der Stelle der Eigenfrequenz ein Maximum besitzt. In hinreichender Entfernung von der Eigenfrequenz ist bei beiden Größen die Änderung mit der Frequenz monoton. Diese Art des Dispersionsverlaufes, der die an isotropen absorbierenden Körpern angestellten Beobachtungen richtig wiedergibt, wird bekanntlich als anomale Dispersion bezeichnet.

Einen ganz analogen anomalen Dispersionsverlauf wie n und $\varkappa$ bei kubischen Kristallen zeigen die Hauptbrechungsindizes n_1, n_2 und n_3 sowie die Konstanten $\frac{1}{q_{hl}^2}$ $(h, l = 1, 2, 3)$ bei den Kristallen niedrigerer Symmetrie.

Bei den optisch einachsigen und rhombischen Kristallen, bei welchen die Absorptionsachsen mit den optischen Symmetrieachsen zusammenfallen, ist die Dispersion der Absorption bekannt, wenn sie für die Hauptabsorptionsindizes bestimmt wurde. Bei den monoklinen Kristallen ist gemäß Ziff. 124 und Gleichung (423) die Dispersion der Größen q_{11}, q_{22}, q_{33} und q_{12} zu bestimmen; sie wurde für den sichtbaren Spektralbereich bei Kobaltkupfersulfat und Kobaltkaliumsulfat von EHLERS[3]) gemessen. Bei triklinen Kristallen müßte die Dispersion für alle 6 Größen q_{11}, q_{22}, q_{33}, q_{23}, q_{31} und q_{12} bestimmt werden, doch liegen noch keine Messungen vor.

β) Beobachtungen im Bereiche der anomalen Dispersion. Beobachtungen über den anomalen Dispersionsverlauf der Hauptbrechungsindizes n_1, n_2, n_3 und der Hauptabsorptionsindizes $\varkappa_1$, $\varkappa_2$, $\varkappa_3$ liegen bei den rhombischen Kristallen Yttriumplatincyanür und Erbiumplatincyanür, sowie dem

[1]) Vgl. hierzu die Abschnitte über Absorption und Dispersion in Kap. 10 dieses Bandes.

[2]) P. DRUDE, Lehrbuch der Optik, S. 362. Leipzig 1900; 3. Aufl. von E. GEHRCKE, S. 383. Leipzig 1912.

[3]) J. EHLERS, N. Jahrb. f. Min. Bd. 11. S. 297. 1897.

optisch einachsigen Magnesiumplatincyanür[1]) vor[2]). Außerdem wurde er bei dem rhombischen Andalusit untersucht; hier zeigen die drei Hauptbrechungsindizes im violetten Gebiete des sichtbaren Spektralbereiches anomale Dispersion[3]). Bei n_2 und $\varkappa_2$ stimmen die beobachteten relativen Lagen der Maxima mit der Theorie nicht ganz überein; die Ursache liegt offenbar in der großen Breite des betreffenden Absorptionsgebietes, sowie in der Einwirkung ultravioletter Eigenfrequenzen.

γ) Beobachtungen im Bereiche normaler Dispersion. In hinreichender Entfernung von einer Eigenfrequenz wird die Frequenzabhängigkeit wieder normal, d. h. die Brechungsindizes nehmen bei zunehmender Frequenz zu und die Absorptionsindizes nehmen monoton zu bzw. ab, je nachdem man sich einer Eigenfrequenz nähert bzw. von ihr entfernt[4]). Messungen dieses normalen Dispersionsverlaufes sind im sichtbaren Spektralbereiche bei schwach absorbierenden Kristallen wiederholt[5]) ausgeführt worden.

Bei optisch einachsigen Kristallen ergab sich, daß in nicht zu großer Entfernung von einer Eigenfrequenz die sog. BABINETsche Regel gilt[6]), wonach zu dem größeren Hauptbrechungsindex auch der größere Hauptabsorptionsindex gehört[7]).

Bei den stark absorbierenden, metallisch reflektierenden Kristallen (wie z. B. Antimonit, Magnesium, Zink), bei welchen die Eigenfrequenzen nicht sehr weit außerhalb des sichtbaren Spektralbereiches liegen, ist die Dispersion der Hauptbrechungsindizes und der Hauptabsorptionsindizes im sichtbaren Spektralbereiche ebenfalls in zahlreichen Fällen gemessen worden[8]).

---

[1]) S. BOGUSLAWSKI, Ann. d. Phys. Bd. 44, S. 1099. 1914; A. POCHETTINO, Atti di Torino Bd. 59, S. 291. 1924.

[2]) Das starke Ansteigen der Hauptbrechungsindizes bei Annäherung an eine Eigenfrequenz wurde bei Magnesiumplatincyanür zuerst von A. KUNDT (Pogg. Ann. Bd. 143, S. 267. 1871) und bei Yttriumplatincyanür von W. KÖNIG (Wied. Ann. Bd. 19, S. 495. 1883) festgestellt; später wurde es von H. BAUMHAUER (ZS. f. Krist. Bd. 44, S. 23. 1907; Bd. 47, S. 13. 1910) bei Barium-, Calcium-, Natriumkalium-, Kaliumlithium- und Rubidiumlithiumplatincyanür nachgewiesen.

[3]) M. LEWITSKAJA, Göttinger Nachr. 1912, S. 504.

[4]) Die sog. nichtabsorbierenden Kristalle sind dadurch ausgezeichnet, daß bei ihnen der Spektralbereich, in dem keine Eigenfrequenzen liegen, sehr breit ist und das sichtbare Gebiet enthält. So z. B. besitzt bei Kalkspat der ordentliche Brechungsindex zwischen 0,2 bis 3,1 μ und der außerordentliche zwischen 0,2 bis 5,5 μ normale Dispersion; ersterer besitzt Eigenfrequenzen bei 0,110, 0,157, 2,44 und 2,74 μ, letzterer bei 0,107, 3,28, 3,75 und 4,66 μ. Bezüglich der ultraroten Eigenfrequenzen und ihres Zusammenhanges mit anderen physikalischen Eigenschaften der Kristalle (Elastizitätskonstanten, spezifische Wärmen) verweisen wir auf den Abschnitt über Dispersion und Absorption in Kap. 10 dieses Bandes, sowie auf den Abschnitt über die theoretischen Grundlagen des Aufbaues der festen Materie in Bd. XXIV ds. Handb.

[5]) J. EHLERS, N. Jahrb. f. Min., Beil. Bd. 11, S. 259. 1897 (Turmalin, Rauchquarz [optisch einachsig]; Kobaltkupfersulfat, Kobaltkaliumsulfat, Kobaltammoniumsulfat [monoklin]); P. ITES, Über die Abhängigkeit der Absorption des Lichtes von der Farbe in kristallisierten Körpern. Dissert. Göttingen 1901 (Opal, Granat, Spinell, Zinkblende, Grüner Flußspat [kubisch]; Turmalin, Rauchquarz, Proustit, Wulfenit, Rutil, Dioptas, Pennin, Kupferuranit [optisch einachsig]; Biotit, Diopsid [monoklin]); J. A. WASASTJERNA, Översikt av Finska Vetensk. Soc. Förh. (A) Bd. 64, S. 1. 1922 (Turmalin).

[6]) J. BABINET, C. R. Bd. 4, S. 759. 1837. Bei Turmalin gilt die BABINETsche Regel für den ganzen sichtbaren Spektralbereich (P. SCHWEBEL, ZS. f. Krist. Bd. 7, S. 153. 1883); über die vielfache Ungültigkeit der BABINETschen Regel in größerer Entfernung von den Eigenfrequenzen vgl. H. BECQUEREL, Ann. chim. phys. (6) Bd. 14, S. 254. 1888; vgl. auch die Literaturangaben der folgenden Anmerkung.

[7]) Daß die BABINETsche Regel nur in hinreichender Entfernung von den Eigenfrequenzen gilt, ist zuerst von J. KOENIGSBERGER (Absorption des Lichtes in festen Körpern, S. 21. Habilit.-Schrift Freiburg i. Br. 1900) ausgesprochen worden; vgl. auch P. ITES, Über die Abhängigkeit der Absorption des Lichtes von der Farbe in kristallisierten Körpern, S. 58. Dissert. Göttingen 1901.

[8]) Vgl. die Angaben S. 890, Anm. 2.

δ) Dichroismus, Pleochroismus. Man denke sich aus einem schwach absorbierenden, nicht aktiven Kristall einen Würfel geschnitten, dessen Kanten parallel zu den optischen Symmetrieachsen liegen, und lasse weißes, paralleles Licht senkrecht auf eine Würfelebene fallen und nach dem Austritt durch einen drehbaren Analysator gehen. Besitzen die Absorptionsindizes der beiden senkrecht zur Würfelebene fortschreitenden Wellensysteme verschiedene Dispersion, so beobachtet man dann zwei verschiedene Farben, je nachdem die Schwingungsrichtung des Analysators parallel oder senkrecht zu einer der (senkrecht zur Wellennormalenrichtung stehenden) Würfelkanten liegt.

Liegt die Wellennormale der durchgehenden Wellen nacheinander parallel zu einer der drei aufeinander senkrechten Würfelkanten, so erhält man sechs Farben, die bei einem optisch zweiachsigen Kristall nach (425) paarweise einander gleich sind; man bezeichnet daher die absorbierenden optisch zweiachsigen Kristalle als trichroitisch.

Bei den schwach absorbierenden, optisch einachsigen Kristallen reduziert sich die Zahl dieser Farben offenbar auf zwei, dementsprechend nennt man sie auch dichroitisch.

Der gemeinsame Sammelname für den Di- und Trichroismus ist Pleochroismus oder Polychroismus[1]).

b) Dispersion der Refraktionsbinormalen. Die Dispersion der Hauptbrechungsindizes hat eine Änderung der Gestalt des Refraktionsovaloides (Ziff. 127) zur Folge und bedingt damit auch eine Dispersion des Winkels der Refraktionsbinormalen.

Die Dispersion des Refraktionsbinormalenwinkels ist bei schwach absorbierenden Kristallen zuerst von BAUMHAUER[2]) beobachtet und bei dem rhombischen Yttriumplatincyanür von BOGUSLAWSKI[3]) gemessen worden. Bei diesem wird der Refraktionsbinormalenwinkel bei $\lambda_0 = 457\,\mathrm{m}\mu$ gleich Null und der Kristall optisch einachsig; bei größeren und kleineren Wellenlängen liegen die Refraktionsbinormalen in verschiedenen optischen Symmetrieebenen (vgl. hierzu Ziff. 29). Ähnlich verhält sich Erbiumplatincyanür[4]).

c) Dispersion der relativen Lage des optischen Symmetrieachsensystems und des Absorptionsachsensystems. Die relative Lage des optischen Symmetrieachsensystems und des Absorptionsachsensystems ist bestimmt, wenn man die (auf die optischen Symmetriesachsen x, y, z bezogenen) Größen q_{hl} $(h, l = 1, 2, 3)$ (Ziff. 127) kennt; durch die Dispersion dieser Parameter ist auch die Dispersion der relativen Lage der beiden Achsensysteme bestimmt.

Quantitative Messungen der Dispersion der relativen Lage der beiden Achsensysteme liegen nur bei einigen wenigen monoklinen Kristallen vor, bei welchen gemäß Ziff. 124 $q_{33} = q_3$ und $\frac{1}{q_{23}^2} = \frac{1}{q_{31}^2} = 0$ ist und die zu ermittelnden, die relative Lage der beiden Achsensysteme definierenden Größen sich auf q_{11}, q_{22} und q_{12}, reduzieren; diese Parameter können, wie die Messungen von EHLERS[5])

[1]) Der Dichroismus wurde zuerst von L. CORDIER (Journ. des mines Bd. 25, S. 129. 1809) bei dem von ihm als Dichroit bezeichneten, später von J. HERSCHEL [Light, § 1066 (= Encyklop. Metrop. Bd. 4. S. 556.) London 1827] als trichroitisch erkannten Mineral Cordierit beobachtet. Die Bezeichnungen Trichroismus und Polychroismus stammen von F. S. BEUDANT (Traité élémentaire de minéralogie, 2. Aufl., Bd. I. S. 300. Paris 1830).

[2]) H. BAUMHAUER, ZS. f. Krist. Bd. 44, S. 23. 1907.

[3]) S. BOGUSLAWSKI, Ann. d. Phys. Bd. 44, S. 1102. 1914.

[4]) A. POCHETTINO, Atti di Torino Bd. 59, S. 291. 1924.

[5]) J. EHLERS, N. Jahrb. f. Min., Beil. Bd. 11, S. 297. 1897.

bei Kobaltkupfersulfat und Kobaltkaliumsulfat gezeigt haben, beträchtliche Dispersion besitzen.

137. Einfluß der Temperatur. Wir übergehen die rein phänomenologischen Ansätze, die zur Darstellung des Einflusses der Temperatur ϑ auf die optischen Eigenschaften absorbierender Medien versucht worden sind[1]) und beschränken uns auf eine Übersicht der wenigen bei absorbierenden Kristallen vorliegenden Beobachtungsergebnisse.

a) Temperaturabhängigkeit der Eigenfrequenzen. KOENIGSBERGER[2]) fand die später von ihm und anderen Beobachtern bestätigte[3]) Regel, daß bei geringer Absorption das Absorptionsgebiet mit steigender Temperatur nach kleineren Frequenzen verschoben wird und dabei zuweilen eine geringe Ausdehnung der Absorptionsgrenzen eintritt, während die Größe des Maximums der Absorption sich nicht zu ändern scheint; bei Zinnober[4]) ergaben die Messungen von ROSE[5]), daß der Abstand der Absorptionsgrenzen der ordentlichen und der außerordentlichen Welle bei dieser Verschiebung konstant bleibt.

Der Einfluß der Temperatur auf die Eigenfrequenzen von Kristallen mit scharfen Absorptionsstreifen, wie sie die Verbindungen der seltenen Erden zeigen, ist von BECQUEREL[6]) bei dem monoklinen Monazit und den optisch einachsigen Kristallen Parisit, Tisonit und Xenotim untersucht worden. Er fand, daß bei Abkühlung auf die Temperatur der flüssigen Luft die Eigenfrequenzen kleine, verschieden starke Verschiebungen erfahren, die mit einer Verminderung der Breite und gleichzeitigen Vergrößerung der Schärfe der Absorptionsstreifen verbunden sind[7]). Hinsichtlich des Zusammenhanges dieser Resultate mit der Elektronentheorie der Absorption verweisen wir auf Kap. 10 dieses Bandes.

b) Temperaturabhängigkeit der Hauptbrechungsindizes. Bezüglich der Temperaturabhängigkeit der Hauptbrechungsindizes im Gebiete der normalen Dispersion verweisen wir auf die allgemeinen Bemerkungen in Ziff. 25a; die bisherigen Beobachtungen bei schwach absorbierenden Kristallen sind in den S. 692 Anm. 1 nachgewiesenen Stellen angeführt.

Die Temperaturabhängigkeit der Brechungsindizes in der Umgebung der Eigenfrequenzen wurde von BECQUEREL[8]) bei Tysonit bei den Temperaturen $\vartheta = 25°$ C und $\vartheta = -188°$ C untersucht; die Änderung der Brechungsindizes mit der Frequenz zeigte sich dabei bei der niedrigeren Temperatur etwa 3- bis 4mal so stark als bei 25° C.

---

[1]) W. VOIGT, Ann. d. Phys. Bd. 6, S. 459. 1901; E. O. HULBURT, Astrophys. Journ. Bd. 51, S. 223. 1920; vgl. dazu G. SZIVESSY, ebenda Bd. 53, S. 326. 1921.

[2]) J. KOENIGSBERGER, Absorption des Lichtes in festen Körpern, S. 36. Habilit.-Schrift. Freiburg i. B. 1900 (Kaliumdichromat, Klinochlor).

[3]) J. KOENIGSBERGER u. K. KILCHLING, Verh. d. D. Phys. Ges. Bd. 10, S. 537. 1908; Ann. d. Phys. Bd. 28, S. 889. 1909 (Biotit, Chlorit, Rutil, Brookit); H. ROSE, ZS. f. Phys. Bd. 6, S. 165. 1921 (Zinnober im Temperaturintervall $14° < \vartheta < 263°$ C); M. MELL, ebenda Bd. 16, S. 244. 1921 (Zinkblende im Temperaturintervall $-80° < \vartheta < 700°$ C).

[4]) Zinnober gehört allerdings zu den schwach absorbierenden, aktiven Kristallen; vgl. Ziff. 150.

[5]) H. ROSE, ZS. f. Phys. Bd. 6, S. 165. 1921 ($14° < \vartheta < 263°$ C).

[6]) J. BECQUEREL, C. R. Bd. 144, S. 1032 u. 1336. 1907; Phys. ZS. Bd. 8, S. 632 u. 929. 1907; Le Radium Bd. 4, S. 49 u. 328. 1907.

[7]) Auch bei Molybdänit tritt nach E. P. TYNDALL [Phys. Rev. (2) Bd. 21, S. 167. 1923] bei Temperaturerniedrigung eine Verschärfung der Absorptionsbanden und eine Verschiebung der Eigenfrequenzen ein.

[8]) J. BECQUEREL, C. R. Bd. 145, S. 795. 1907; Phys. ZS. Bd. 9, S. 94. 1908.

c) Temperaturabhängigkeit der Absorptionsindizes. Die Stärke der Absorption nimmt mit abnehmender Temperatur ab[1]); quantitative Bestimmungen der Temperaturkoeffizienten der Absorptionsindizes liegen bei Kristallen bis jetzt nicht vor.

β) Gesetze der Reflexion und Brechung bei absorbierenden, nicht aktiven Kristallen.

138. Allgemeines über die Reflexion bei absorbierenden, nicht aktiven Kristallen. Das Problem der Reflexion an der ebenen Begrenzungsfläche zweier aneinandergrenzender, absorbierender, nicht aktiver Kristalle ist ganz analog dem in Abschnitt II bei nicht absorbierenden, nicht aktiven Kristallen besprochenen zu behandeln, nur treten an Stelle der Gleichungen (9) und (43) die Gleichungen (393), während insbesondere die Grenzbedingungen (5) und (6) dieselben bleiben.

Es bleiben daher auch die Lösungen des Reflexionsproblems formal dieselben, die wir bei der Behandlung der nicht absorbierenden, nicht aktiven Kristalle gewonnen haben; die in diesen Lösungen auftretenden Größen sind aber jetzt nicht mehr reell, sondern komplex.

Das Problem der Reflexion an absorbierenden, nicht aktiven Kristallen ist von DRUDE[2]) eingehend behandelt worden; wir beschränken uns im Folgenden auf den für die Anwendungen wichtigen speziellen Fall, daß das erste Medium, in welchem das Licht einfällt, nicht absorbierend, nicht aktiv und isotrop (z. B. Luft) ist.

Die für das zweite Medium gebildeten, den Gleichungen (170) und (172) entsprechenden Gleichungen besitzen komplexe Koeffizienten und liefern daher bei den gebrochenen Wellen komplexe Werte sowohl für die Brechungswinkel $\pi - \varphi^{(1)}$ und $\pi - \varphi^{(2)}$, als auch für die Schwingungsazimute $\eta^{(1)}$ und $\eta^{(2)}$. Komplexe Werte der Brechungswinkel bedeuten aber, wie aus der Theorie der Reflexion an absorbierenden, nicht aktiven, isotropen Körpern[3]) bekannt ist, daß die Amplituden des Lichtvektors in den Wellenebenen der gebrochenen Wellen nicht konstant sind, diese somit inhomogen sind; komplexe Werte der Schwingungsazimute sagen aus, daß das Verhältnis der zur Einfallsebene parallelen und senkrechten Komponente der Lichtvektoramplitude bei den gebrochenen Wellen komplex wird, diese Wellen also elliptisch polarisiert sind.

Bei der reflektierten Welle erhält man für die parallel und senkrecht zur Einfallsebene genommenen Komponenten $\boldsymbol{P}_p$ und $\boldsymbol{P}_s$ der Lichtvektoramplitude analoge Ausdrücke, wie sie in Ziff. 44 bei der Behandlung der Reflexion an einem nicht absorbierenden, nicht aktiven Kristall für P_p und P_s erhalten wurden. Ist die einfallende Welle linear polarisiert, so ist in diesen Ausdrücken E_p und E_s reell, während die übrigen auf den rechten Seiten auftretenden Größen nach dem vorhin Bemerkten komplex sind, was wir wieder durch Benutzung fetter Buchstaben andeuten; man gewinnt dann durch Division das komplexe Verhältnis

$$\frac{\boldsymbol{P}_s}{\boldsymbol{P}_p} = \frac{(\boldsymbol{P}^{(1)}_{1s}\boldsymbol{A}^{(1)}_{2s} - \boldsymbol{P}^{(1)}_{2s}\boldsymbol{A}^{(1)}_{1s}) - (\boldsymbol{P}^{(1)}_{1s}\boldsymbol{A}^{(1)}_{2p} - \boldsymbol{P}^{(1)}_{2s}\boldsymbol{A}^{(1)}_{1p})\,\mathrm{tg}\,\alpha}{(\boldsymbol{P}^{(1)}_{1p}\boldsymbol{A}^{(1)}_{2s} - \boldsymbol{P}^{(1)}_{2p}\boldsymbol{A}^{(1)}_{1s}) - (\boldsymbol{P}^{(1)}_{1p}\boldsymbol{A}^{(1)}_{2p} - \boldsymbol{P}^{(1)}_{2p}\boldsymbol{A}^{(1)}_{1p})\,\mathrm{tg}\,\alpha}, \tag{428}$$

[1]) H. NAGAOKA, Proc. Tôkyô Math.-Phys. Soc. (2) Bd. 8, S. 551. 1916 (Pennin, Epidot, grüner Turmalin, Smaragd; Temperatur der flüssigen Luft); M. MELL, ZS. f. Phys. Bd. 16, S. 258. 1921 (Zinkblende; $20° < \vartheta < 700°$ C).

[2]) P. DRUDE, Wied. Ann. Bd. 32, S. 584. 1887.

[3]) Über die Theorie der Reflexion an absorbierenden, nicht aktiven, isotropen Körpern vgl. Kap. 6 ds. Bandes.

in welchem
$$\operatorname{tg}\alpha = \frac{A_s}{A_p}$$
das Schwingungsazimut der in dem isotropen Medium einfallenden, linear polarisierten Welle bestimmt.

139. Elliptische Polarisation der reflektierten Welle. Bei stark absorbierenden Kristallen werden die gebrochenen Wellen schon innerhalb einer sehr dünnen Schicht nahezu vollständig vernichtet; es ist daher nur die reflektierte Welle der Beobachtung zugänglich.

Der durch (428) gegebene komplexe Wert $\frac{P_s}{P_p}$ bedeutet, daß die aus einer einfallenden linear polarisierten Welle durch Reflexion an einem absorbierenden Kristall entstehende Welle elliptisch polarisiert ist; dieses Ergebnis gilt, wie sich zeigen läßt, im allgemeinen auch bei senkrechter Inzidenz[1]), im Gegensatz zum Verhalten eines absorbierenden, nicht aktiven, isotropen Körpers, bei welchem eine senkrecht einfallende linear polarisierte Welle als linear polarisierte Welle reflektiert wird.

Setzen wir
$$\frac{P_s}{P_p} = \operatorname{tg}\varrho\, e^{i\Delta}, \tag{429}$$
so ist Δ die Phasendifferenz der Lichtvektorkomponenten parallel und senkrecht zur Einfallsebene und ϱ das sog. Azimut der wiederhergestellten linearen Polarisation, d. h. das Schwingungsazimut der reflektierten Welle, nachdem die Phasendifferenz Δ durch irgendeine kompensierende Vorrichtung[2]) aufgehoben wurde.

Die Bestimmungsgleichungen für Δ und ϱ erhält man, indem man die rechten Seiten der Gleichungen (428) und (429) gleichsetzt und dann den reellen und imaginären Teil trennt.

Ein dem Polarisationswinkel bei nicht absorbierenden, nicht aktiven Kristallen (Ziff. 47) entsprechender Winkel, bei dem eine einfallende unpolarisierte Welle eine vollständig (elliptisch) polarisierte Welle liefert, kann bei absorbierenden Kristallen nicht existieren, da die entsprechende Bedingung als Gleichung zwischen zwei komplexen Größen in zwei reelle, nicht gleichzeitig erfüllbare Gleichungen zerfällt.

Bei gegebener Einfallsebene und gegebenem Schwingungsazimut α der einfallenden, linear polarisierten Welle läßt sich der Einfallswinkel so wählen, daß die Phasendifferenz $\Delta = \frac{\pi}{2}$ wird, die Hauptachsen der Schwingungsellipse der reflektierten Welle somit parallel und senkrecht zur Einfallsebene liegen. Ein solcher Einfallswinkel, bei dem das Schwingungsazimut $\alpha = \frac{\pi}{4}$ ist, heißt der Haupteinfallswinkel der betreffenden Einfallsebene, das zu ihm gehörende Azimut der wiederhergestellten linearen Polarisation das Hauptazimut.

Haupteinfallswinkel und Hauptazimut hängen in hier nicht näher zu erörternder Weise von der kristallographischen Orientierung der Einfallsebene ab[3]) und stehen in bestimmten Beziehungen zu den Hauptbrechungsindizes n_1, n_2, n_3 und den Absorptionskonstanten $1/q_{hl}^2$ $(h, l = 1, 2, 3)$ (Ziff. 127) des Kristalls. Diese Beziehungen sind im allgemeinen sehr kompliziert; sie vereinfachen sich

[1]) P. DRUDE, Wied. Ann. Bd. 32, S. 624. 1887.

[2]) Über derartige Vorrichtungen vgl. den Abschnitt über die Methoden zur Messung elliptisch polarisierten Lichtes in Bd. XIX dieses Handbuches.

[3]) Diese Abhängigkeit ist schon von H. DE SÉNARMONT [Ann. chim. phys. (3) Bd. 20, S. 397. 1847] durch Messungen an Antimonit, Quecksilberchlorür und Zinnoxyd experimentell gefunden worden. Sie wurde später von P. DRUDE (Wied. Ann. Bd. 32, S. 603. 1887) auf Grund der von ihm hergeleiteten Reflexionsgesetze allgemein erklärt.

aber in dem speziellen Falle, daß (wie bei rhombischen und optisch einachsigen Kristallen) die optischen Symmetrieachsen mit den Absorptionsachsen zusammenfallen; bei kubischen Kristallen gehen sie in die bekannten, für isotrope, absorbierende, nicht aktive Körper geltenden über (vgl. Kap. 6 dieses Bandes). Wie bei diesen, können jene Beziehungen dazu dienen, aus dem beobachteten Haupteinfallswinkel und Hauptazimut die Hauptbrechungs- und Hauptabsorptionsindizes zu berechnen.

Diese Berechnung hat DRUDE[1]) bei rhombischen Kristallen für den Fall durchgeführt, daß sowohl Einfallsebene als auch reflektierende Begrenzungsebene optische Symmetrieebenen des Kristalls sind. Die erhaltenen Reflexionsformeln hat er dann zur Ermittelung der Hauptbrechungs- und -absorptionsindizes von Antimonit benutzt; später wurde dieses Verfahren auch bei anderen, stark absorbierenden, nicht aktiven Kristallen zur Bestimmung ihrer optischen Parameter und deren Dispersion verwendet[2]).

140. Reflexionsvermögen. a) Metallisches Reflexionsvermögen. Für das Reflexionsvermögen R, d. h. das Verhältnis der Intensität der reflektierten Welle zur Intensität der auffallenden Welle bei senkrechter Inzidenz, hat man bei einem isotropen, absorbierenden, nicht aktiven Körper bekanntlich die Beziehung

$$R = \frac{1 + n^2(1+\varkappa^2) - 2n}{1 + n^2(1+\varkappa^2) + 2n}, \tag{430}$$

wobei n den Brechungs- und $\varkappa$ den Absorptionsindex des isotropen Körpers bedeutet; der nämliche Ausdruck gilt offenbar auch für kubische absorbierende, nicht aktive Kristalle.

Die in Ziff. 139 angedeutete Durchrechnung ergibt ferner, daß (430) auch das Reflexionsvermögen bei nicht kubischen absorbierenden, nicht aktiven Kristallen darstellt, falls die Schwingungsrichtung der im isotropen Außenmedium einfallenden, linear polarisierten Welle parallel zur Hauptachse der einen der beiden gekreuzten Schwingungsellipsen liegt, welche bei senkrechter Inzidenz zu den im Inneren des Kristalls fortschreitenden Wellen gehören[3]); diesen beiden möglichen Fällen entsprechen in (430) diejenigen Wertepaare von Brechungs- und Absorptionsindex $n = n_0'$, $\varkappa = \varkappa_0'$ bzw. $n = n_0''$, $\varkappa = \varkappa_0''$, welche zu der im Kristall senkrecht zur Begrenzungsfläche liegenden Wellennormalenrichtung gehören. Ändert man das Azimut der Schwingungsebene der einfallenden Welle, so ändert sich daher im allgemeinen auch R [4]).

---

[1]) P. DRUDE, Wied. Ann. Bd. 34, S. 489. 1888.

[2]) Rhombische Kristalle: E. C. MÜLLER, N. Jahrb. f. Min., Beil. Bd. 17, S. 187. 1903 (Antimonit); E. P. T. TYNDALL, Phys. Rev. (2) Bd. 21, S. 175. 1923 (Antimonit). Für das äußerste sichtbare Rot zeigt Antimonit übrigens keine merkliche Absorption (A. HUTCHINSON, ZS. f. Krist. Bd. 43. S. 461. 1907.) Optisch einachsige Kristalle: G. HORN, N. Jahrb. f. Min., Beil. Bd. 12, S. 360. 1899 (Magnesiumplatincyanür, Zinkblende, Wismut, Antimon); C. FÖRSTERLING, ebenda Beil. Bd. 25, S. 344. 1907 (Eisenglanz); E. P. T. TYNDALL, Phys. Rev. (2) Bd. 21, S. 177. 1923 (Molybdänit); G. DEWEY VAN DYKE, Journ. opt. Soc. Amer. Bd. 6, S. 917. 1922 (Tellur); L. P. SIEG, ebenda S. 448 (Selen); M. E. GRABER, Phys. Rev. (2) Bd. 26, S. 380. 1925 (Magnesium, Zink); R. F. MILLER, Journ. Opt. Soc. Amer. Bd. 10, S. 621. 1925; A. W. MEYER, Phys. Rev. (2) Bd. 27, S. 247. 1926 (Molybdänit; nur ordentlicher Hauptbrechungs- und -absorptionsindex im Ultravioletten); F. E. DIX u. L. H. ROWSE, Journ. Opt. Soc. Amer. Bd. 14, S. 304. 1927 (Wismut; nur ordentlicher Hauptbrechungs- und -absorptionsindex). Kubische Kristalle: P. DRUDE, Wied. Ann. Bd. 36, S. 548. 1889 (Bleiglanz); P. ZEEMAN, Versl. Kon. Akad. Wetensch. Amsterdam Bd. 3, S. 230. 1895 (Magnetit); G. HORN, N. Jahrb. f. Min., Beil. Bd. 12, S. 329. 1899 (Bleiglanz).

[3]) Diese beiden Richtungen gehen bei verschwindender Absorption in die Hauptschwingungsrichtungen über [vgl. Ziff. 134b)].

[4]) J. KOCH, Ark. f. Mat., Astron. och Fys. Bd. 7, Nr. 9. 1912. Die Messungen von KOCH beziehen sich auf Kalkspat in der Nähe einer ultraroten Eigenfrequenz (λ_0 ca. 6,6 μ).

Bei Metallen rührt der große Wert des Reflexionsvermögens R von dem großen Absorptionsindex $\varkappa$ her; nach (430) kann aber auch ein großer Wert des Brechungsindex n einen großen Wert von R hervorrufen, und dies ist z. B. bei den Metalloxyden und -sulfiden (wie Bleiglanz und Eisenglanz) der Fall[1]), die weit schwächer absorbieren als die Metalle, infolge ihrer großen Brechungsindizes aber trotzdem starken Metallglanz zeigen.

b) Schillerfarben. Wir nehmen jetzt an, daß die Absorptionsindizes $\varkappa_0'$ und $\varkappa_0''$, welche zu der senkrecht zur Begrenzungsfläche liegenden Wellennormalenrichtung gehören, sehr verschieden sind, wie dies bei den pleochroitischen Kristallen der Fall ist. Ist nur einer der beiden Werte beträchtlich, so wird bei einfallendem unpolarisiertem Lichte das reflektierte Licht teilweise linear polarisiert sein, da diejenige Lichtvektorkomponente stärker reflektiert wird, welche parallel zur großen Achse der Schwingungsellipse der im Kristall stärker absorbierten Welle liegt. Da nun der Kristall die Welle mit dem kleineren Absorptionsindex $\varkappa_0'$ nur wenig absorbiert, so kann es vorkommen, daß er zwar noch ziemlich durchsichtig ist, aber trotzdem Metallglanz zeigt, der dann aber teilweise polarisiert sein muß.

Diese metallischen Schillerfarben treten z. B. bei verschiedenen Platincyanüren auf, bei welchen sie zuerst von HAIDINGER[2]) beobachtet und später von BEHRENS[3]) und KÖNIG[4]) eingehend untersucht wurden.

141. Durchgang ebener Wellen durch Prismen. Die Methoden zur Bestimmung der Hauptbrechungsindizes nicht absorbierender Kristalle durch Prismen (Abschn. IIb, δ) lassen sich nicht unverändert auf absorbierende Kristalle übertragen; sie gelten mit um so größerer Annäherung, je geringer die Absorption und je kleiner der Prismenwinkel ist.

Die streng gültigen Prismenformeln für absorbierende, nicht aktive Kristalle hat VOIGT[5]) hergeleitet und ein darauf gegründetes Verfahren zur Messung des Absorptionskoeffizienten $n\varkappa$ angegeben.

142. Konische Refraktion bei absorbierenden, nicht aktiven Kristallen. Der elliptische Polarisationszustand der im Inneren eines schwach absorbierenden Kristalls zu einer Wellennormalenrichtung $\mathfrak{s}$ gehörenden beiden Wellen weicht nach Ziff. 134b) um so stärker von dem linearen ab, je näher $\mathfrak{s}$ an die zu einer Refraktionsbinormale (z. B. $\mathfrak{b}_2$) gehörenden Windungsachsen heranrückt; es ist infolgedessen zu erwarten, daß die Erscheinungen der inneren konischen Refraktion bei absorbierenden, nicht aktiven Kristallen ein ganz anderes Verhalten zeigen als bei nicht absorbierenden.

Die innere konische Refraktion bei schwach absorbierenden, nicht aktiven Kristallen ist von VOIGT[6]) theoretisch behandelt worden; wir geben hier nur die Ergebnisse seiner (den in Ziff. 21 besprochenen, analogen) Untersuchungen an, welche dahin lauten, daß bei hinreichend kleinem Öffnungswinkel des einfallenden Wellennormalenkegels die der Beobachtung zugäng-

---

[1]) J. KOENIGSBERGER, Phys. ZS. Bd. 4, S. 495. 1903; J. KOENIGSBERGER u. O. REICHENHEIM, Centralbl. f. Min. 1905, S. 454. Die Beobachtungen von KOENIGSBERGER beziehen sich auf langwellige Wärmestrahlen (λ_0 bis 40 μ); im sichtbaren Spektralbereiche wurde später R in seiner Abhängigkeit von der Frequenz bei mehreren Kristallen bestimmt; vgl. hierzu die Angaben in S. 890, Anm. 2.

[2]) W. HAIDINGER, Pogg. Ann. Bd. 68, S. 302. 1846; Bd. 70, S. 574. 1847; Bd. 71, S. 321. 1847; Bd. 76, S. 99 u. 294. 1849; Bd. 77, S. 89. 1849; Bd. 81, S. 572. 1850; Wiener Ber Bd. 1 (2), S. 151. 1848; Bd. 1 (4), S. 3. 1848; Bd. 2, S. 20. 1849.

[3]) H. BEHRENS, Pogg. Ann. Bd. 150, S. 303. 1873.

[4]) W. KÖNIG, Wied. Ann. Bd. 19, S. 491. 1883.

[5]) W. VOIGT, Göttinger Nachr. 1884, S. 287.

[6]) W. VOIGT, Ann. d. Phys. Bd. 20, S. 108. 1906.

lichen beiden hellen Lichtringe [vgl. Ziff. 36c)] nicht mehr Kreisform, sondern lemniskatenförmige Gestalt besitzen müssen.

Ferner ergibt sich, daß die Strahlen gleichen Polarisationszustandes, welche die zu jenem Wellennormalenkegel gehörenden Strahlenkegel bilden, nicht mehr auf denselben Meridianebenen durch die Kegelachse liegen. Es befinden sich demnach (bei der zu Abb. 9 analogen Darstellung) die Punkte σ' und σ'' bzw. s' und s'' nicht mehr auf demselben Durchmesser, sondern es erscheint der Durchmesser $\sigma'\ \sigma''$ gegen den Durchmesser $s's''$ um einen kleinen Winkel τ verdreht; τ verschwindet für die Ebene der Refraktionsbinormalen (positive ξ-Achse der Abb. 9) und die dazu senkrechte Meridianebene des Strahlenkegels.

Diese Resultate haben zur Folge, daß bei Beobachtung durch einen drehbaren Analysator bei einfallendem linear polarisiertem Lichte im allgemeinen diejenigen Stellen der Lichtringe dunkel sein werden, die nicht auf demselben Radius liegen, sondern etwas gegeneinander verschoben sind; bei einfallendem zirkular polarisiertem Lichte müssen (je nach dem Umlaufssinne desselben) auf dem zur positiven ξ-Achse senkrechten Durchmesser in den beiden Lichtringen entweder die Stellen σ' und σ'', oder die Stellen s' und s'' geschwächte Intensität zeigen.

Diese letztere von der Theorie vorausgesagten Erscheinungen konnte VOIGT bei einem Diopsidkristall in der Tat nachweisen; die oben erwähnte Deformation der Lichtringe ließ sich jedoch nicht sicher feststellen und war (wegen des verhältnismäßig schwachen Pleochroismus des Diopsid) höchstens andeutungsweise zu bemerken.

γ) Interferenzerscheinungen an Platten absorbierender, nicht aktiver Kristalle.

143. Allgemeines über die Interferenzerscheinungen im konvergenten, polarisierten Lichte bei schwach absorbierenden, nicht aktiven Kristallen. Wir wenden uns den Interferenzerscheinungen zu, welche schwach absorbierende, nicht aktive Kristallplatten im durchgehenden konvergenten, polarisierten Lichte zeigen und denken uns dabei die in Ziff. 78 beschriebene Anordnung benutzt[1]).

Für Wellennormalenrichtungen $\mathfrak{s}$ im Kristall, die mit den Refraktionsbinormalen hinreichend große Winkel bilden, kann die elliptische Polarisation der zu $\mathfrak{s}$ gehörenden Wellen vernachlässigt und durch angenähert lineare Polarisation ersetzt werden [vgl. Ziff. 134b)]; bei Berechnung der Intensität des aus dem Analysator austretenden Lichtes läßt sich dann das in Ziff. 79 besprochene, für nicht absorbierende Kristalle geltende Näherungsverfahren verwenden.

Wir legen das rechtwinklige Rechtssystem x', y', z' so, daß die positive z'-Achse mit der Richtung der Wellennormale der auf die Kristallplatte fallenden Welle zusammenfällt und die x'- und y'-Achse in derjenigen Plattenebene liegen, welche dem Polarisator zugewandt ist; die Lage des $x'y'$-Kreuzes soll beliebig sein. Wir beziehen sämtliche Azimute auf die positive x'-Achse und bezeichnen das Azimut der Schwingungsrichtung des Polarisators mit v, das Azimut der Schwingungsrichtung des Analysators mit w; sind ferner n'_0, $\varkappa'_0$ und n''_0, $\varkappa''_0$ Brechungs- und Absorptionsindizes der beiden Wellen, die im Inneren der Kristallplatte in einer bestimmten Wellennormalenrichtung fortschreiten, so soll

[1]) Reproduktionen photographischer Aufnahmen der in den folgenden Ziffern zu besprechenden Interferenzerscheinungen bei H. HAUSWALDT, Interferenzerscheinungen im polarisierten Lichte, Neue Folge, Taf. 78—80. Magdeburg 1904; Dritte Reihe, Taf. 42—70. Magdeburg 1907.

die zu n_0', $\varkappa_0'$ gehörende Schwingungsrichtung das Azimut u (und demnach die zu n_0'', $\varkappa_0''$ gehörende Schwingungsrichtung das Azimut $u + \frac{\pi}{2}$) besitzen.

Ist $\mathfrak{D}$ der Lichtvektor der aus dem Polarisator austretenden, linear polarisierten, ebenen, monochromatischen Welle von der Frequenz ω, so erhalten wir unter Berücksichtigung von (404) für seine nach den Hauptschwingungsrichtungen genommenen Komponenten beim Austritt aus der Platte

$$\left.\begin{array}{l} |\overline{\mathfrak{D}}| \cos(v-u)\, e^{-\frac{2\pi\varkappa_0' n_0'}{\lambda_0}\frac{d}{\cos r}}\, e^{-i(\omega t - \Delta_1)} \\ \text{und} \\ |\overline{\mathfrak{D}}| \sin(v-u)\, e^{-\frac{2\pi\varkappa_0'' n_0''}{\lambda_0}\frac{d}{\cos r}}\, e^{-i(\omega t - \Delta_2)}. \end{array}\right\} \quad (431)$$

Hierin bedeutet wieder λ_0 die Wellenlänge im Vakuum, d die Plattendicke und r den Brechungswinkel[1]); n_0, $\varkappa_0'$ und n_0'', $\varkappa_0''$ beziehen sich auf die beiden Wellen, die zu der durch r bestimmten Wellennormalenrichtung im Kristall gehören. Δ_1 und Δ_2 sind die Phasendifferenzen, welche diese beiden Wellen beim Durchgang durch die Kristallplatte erhalten.

Setzt man zur Abkürzung

$$p' = \frac{2\pi n_0' d}{\lambda_0 \cos r}, \qquad p'' = \frac{2\pi n_0'' d}{\lambda_0 \cos r}, \quad (432)$$

so gehen die durch (431) gegebenen Ausdrücke für die beiden Lichtvektorkomponenten über in

$$|\overline{\mathfrak{D}}| \cos(v-u)\, e^{-p'\varkappa_0'}\, e^{-i(\omega t - \Delta_1)} \quad \text{und} \quad |\overline{\mathfrak{D}}| \sin(v-u)\, e^{-p''\varkappa_0''}\, e^{-i(\omega t - \Delta_2)}.$$

Vernachlässigt man die durch Reflexionen hervorgerufenen Schwächungen, so ist beim Austritt aus dem Analysator die nach dessen Schwingungsrichtung genommene Komponente des Lichtvektors

$$\left.\begin{array}{l} \mathfrak{D}_A = |\overline{\mathfrak{D}}| \{\cos(v-u)\cos(w-u)\, e^{-p'\varkappa_0'} e^{i(\Delta_1 - \varepsilon')} \\ \qquad + \sin(v-u)\sin(w-u)\, e^{-p''\varkappa_0''} e^{i(\Delta_2 - \varepsilon')}\}\, e^{-i\omega t}, \end{array}\right\} \quad (433)$$

wobei die Phasendifferenz ε' nur von der Entfernung des Analysators von der Kristallplatte abhängt.

Die Intensität J der aus dem Analysator austretenden Welle erhält man nach (33), indem man die rechte Seite von (433) mit ihrem konjugiert komplexen Werte multipliziert; die Durchrechnung ergibt dann für J den Ausdruck

$$\left.\begin{array}{l} J = J_0\{\cos^2(v-u)\cos^2(w-u)\, e^{-2p'\varkappa_0'} + \sin^2(v-u)\sin^2(w-u)\, e^{-2p''\varkappa_0''} \\ \quad + 2\sin(v-u)\cos(v-u)\sin(w-u)\cos(w-u)\, e^{-(p'\varkappa_0' + p''\varkappa_0'')}\cos\Delta\}, \end{array}\right\} \quad (434)$$

wobei

$$J_0 = |\overline{\mathfrak{D}}|^2$$

die Intensität der aus dem Polarisator austretenden, linear polarisierten Welle bedeutet und unter

$$\Delta = \Delta_2 - \Delta_1$$

die Phasendifferenz zu verstehen ist, um welche die zu n_0'', $\varkappa_0''$ gehörende Welle gegenüber der zu n_0', $\varkappa_0'$ gehörenden Welle beim Austritt aus der Kristallplatte zurückgeblieben ist.

[1]) Über die Berechtigung der näherungsweisen Gleichsetzung der beiden zum selben Einfallswinkel gehörenden Brechungswinkel vgl. Ziff. 79.

Denkt man sich den Polarisator entfernt, d. h. ist die auf die Kristallplatte fallende Welle eine unpolarisierte von der Intensität $2J_0$, so kann dieselbe durch zwei linear polarisierte Wellen gleicher Intensität J_0 ersetzt werden, die zueinander senkrechte, sonst aber ganz beliebig liegende Schwingungsebenen besitzen[1]). Die Intensität J des aus dem Analysator austretenden Lichtes ist gleich der Summe der Intensitäten J' und J'' dieser beiden hindurchgelassenen Einzelwellen, und zwar erhält man J' bzw. J'', indem man in dem Intensitätsausdruck (434) für v den Wert v bzw. $v+\frac{\pi}{2}$ setzt. Wir erhalten daher

$$J = J_0\{\cos^2(w-u)\,e^{-2p'\varkappa_0'} + \sin^2(w-u)\,e^{-2p''\varkappa_0''}\}. \tag{435}$$

Wird der Polarisator beibehalten und nur der Analysator entfernt, so erhält man für J einen Ausdruck, der aus (435) durch Vertauschen von w mit v hervorgeht, wie aus (434) durch Bildung des doppelten Mittelwertes über sämtliche w $(0 \leqq w \leqq \pi)$ folgt.

Werden Polarisator und Analysator entfernt, d. h. läßt man eine unpolarisierte Welle von der Intensität $2J_0$ durch die absorbierende, nicht aktive Kristallplatte gehen, so erhält man aus (435) durch Bildung des doppelten Mittelwertes über sämtliche w

$$J = J_0(e^{-2p'\varkappa_0'} + e^{-2p''\varkappa_0''}). \tag{436}$$

144. Senkrecht zur optischen Achse geschnittene Platte eines optisch einachsigen absorbierenden, nicht aktiven Kristalls. Bei optisch einachsigen, absorbierenden, nicht aktiven Kristallen gehören zu jeder beliebigen Wellennormalenrichtung zwei linear und senkrecht zueinander polarisierte Wellen [vgl. Ziff. 132c)]; die in Ziff. 143 über den Polarisationszustand gemachte Annahme ist daher hier für jede beliebige Wellennormalenrichtung streng gültig. Wir betrachten in dieser Ziffer die Interferenzerscheinungen einer senkrecht zur optischen Achse geschnittenen Platte eines solchen Kristalls im konvergenten, monochromatischen Lichte[2]).

a) Sind Polarisator und Analysator vorhanden, so ist die Intensität des aus dem Analysator austretenden Lichtes durch (434) bestimmt, wobei für die Absorptionsindizes $\varkappa_0'$ und $\varkappa_0''$ der beiden Wellen gemäß (424) die Ausdrücke

$$2\varkappa_0' = \frac{n_0'^2}{q_1^2}, \qquad 2\varkappa_0'' = n_0''^2\left(\frac{\cos^2 r}{q_1^2} + \frac{\sin^2 r}{q_3^2}\right) \tag{437}$$

gelten und die entsprechenden Brechungsindizes n_0' und n_0'' nach (144) und (145) durch

$$n_0' = n_1, \qquad \frac{1}{n_0''^2} = \frac{\cos^2 r}{n_1^2} + \frac{\sin^2 r}{n_3^2} \tag{438}$$

gegeben sind.

Im Mittelpunkt des Gesichtsfeldes, d. h. in der Spur der optischen Achse $(r=0)$, folgt aus den Gleichungen (432), (437) und (438)

$$p' = p'', \quad \varkappa_0' = \varkappa_0'', \quad \Delta = 0$$

und somit nach (434)

$$J = J_0 \cos^2(v-w)\,e^{-2p'\varkappa_0'}; \tag{439}$$

hier verhält sich die Intensität ebenso wie bei dem entsprechenden Interferenzbilde eines nicht absorbierenden, nicht aktiven, optisch einachsigen Kristalls [vgl. Ziff. 86b)], d. h. es ergibt sich bei gekreuzten Polarisatoren völlige Dunkelheit $(J=0)$, bei parallelen Polarisatoren maximale Helligkeit.

[1]) Vgl. hierzu Kap. 4 ds. Bandes.

[2]) W. Voigt, Göttinger Nachr. 1884, S. 347; Wied. Ann. Bd. 23, S. 587. 1884; N. Jahrb. f. Min. 1885 (1), S. 125.

Wegen der periodischen Änderung von $\cos\Delta$ mit wachsendem r bedingt das dritte Glied der rechten Seite von (434) ein System heller und dunkler Ringe um die Spur der optischen Achse. Diese Ringe sind die Hauptkurven konstanter Phasendifferenz; sie werden aber um so undeutlicher, je stärker die Absorption der Kristallplatte ist, da dann im Intensitätsausdruck (434) das den Faktor $\cos\Delta$ enthaltende Glied gegen eines der beiden anderen Glieder sehr klein wird.

Wir haben nun die beiden Fälle getrennt zu behandeln, daß entweder q_1 groß gegen q_3 ist, oder umgekehrt q_3 groß gegen q_1; in beiden Fällen verhält sich das Interferenzbild verschieden.

α) q_1 groß gegen q_3, somit außerhalb der Umgebung der optischen Achse $\varkappa_0'$ klein gegen $\varkappa_0''$. Außerhalb des Mittelpunktes des Gesichtsfeldes bleibt nach (434) nur das Glied

$$J_0 \cos^2(v-u)\cos^2(w-u)\,e^{-2p'\varkappa_0'}$$

von Einfluß, welches für $v - u = \frac{\pi}{2}$ und $w - u = \frac{\pi}{2}$ verschwindet. Es treten somit zwei dunkle Balken im Gesichtsfelde auf, die senkrecht zu den Schwingungsrichtungen von Polarisator und Analysator liegen, aber nur dann ganz bis zum Mittelpunkt heranreichen, wenn die beiden Polarisatoren gekreuzt sind $\left(v - w = \frac{\pi}{2}\right)$, da nur in diesem Falle die Mittelpunktsintensität (439) verschwindet. Bei parallel gestellten Polarisatoren ($v = w$) fallen beide Balken in einen einzigen zusammen, der nach (439) von der hellen Stelle im Mittelpunkte des Gesichtsfeldes unterbrochen wird. Ein derartiges Verhalten zeigt Magnesiumplatincyanür[1]).

β) q_3 groß gegen q_1, somit außerhalb der Umgebung der optischen Achse $\varkappa_0''$ klein gegen $\varkappa_0'$. In der Umgebung der optischen Achse, wo die beiden Absorptionsindizes nahezu gleich werden, somit näherungsweise $\varkappa_0' = \varkappa_0''$ gesetzt werden kann, sind wegen des großen $\varkappa_0'$ alle drei Glieder von (434) klein, das Gesichtsfeld ist daher im Mittelpunkte stets dunkel. In einiger Entfernung von der optischen Achse nimmt zuerst das zweite Glied von (434) merkliche Werte an, außer jedoch auf den Geraden $v - u = 0$ oder $= \pi$ und $w - u = 0$ oder $= \pi$; das Gesichtsfeld hellt sich also von der Mitte aus nach außen hin allmählich auf, ist aber von zwei dunkeln Balken durchzogen, die parallel zu den Schwingungsrichtungen der Polarisatoren liegen. Bei parallelen Polarisatoren fallen die beiden Balken wieder zu einem einzigen zusammen. Ein Beispiel für dieses Verhalten bietet der dunkelfarbige Turmalin[2]).

b) Ist das auffallende Licht unpolarisiertes von der Intensität $2J_0$, so ist die Intensität des Gesichtsfeldes durch (435) gegeben; in Richtung der optischen Achse wird daher

$$J = J_0\,e^{-2p'\varkappa_0'}. \tag{440}$$

Bei den Kristallen von dem unter a) beschriebenen Typus α) sieht man einen dunkeln Balken senkrecht zur Schwingungsrichtung des Analysators, der gemäß (440) von dem hellen Fleck im Mittelpunkt des Gesichtsfeldes unterbrochen wird; bei den Kristallen vom Typus β) liegt ein stetig durch den Mittelpunkt des Gesichtsfeldes laufender dunkler Balken parallel zur Schwingungsrichtung des Analysators.

c) Sind beide Polarisatoren entfernt, erfolgt also die Beobachtung in unpolarisiertem Lichte, so haben wir für die Intensität des Gesichtsfeldes

---

[1]) E. Bertrand, Bull. soc. minéral. Bd. 2, S. 67. 1879; Journ. de phys. Bd. 8, S. 227. 1879; E. Lommel, Wied. Ann. Bd. 9, S. 108. 1880.

[2]) Th. Liebisch, Göttinger Nachr. 1888, S. 203.

den Ausdruck (436). Bei den Kristallen vom Typus α) ist dann im Mittelpunkt des Gesichtsfeldes ein heller Fleck im dunkeln Felde, bei den Kristallen vom Typus β) ein dunkler Fleck im hellen Felde zu sehen.

145. Senkrecht zu einer Refraktionsbinormale geschnittene Platte eines optisch zweiachsigen absorbierenden, nicht aktiven Kristalls. Wir betrachten eine senkrecht zu einer Refraktionsbinormale geschnittene Platte eines optisch zweiachsigen absorbierenden, nicht aktiven Kristalls[1]) und fassen zunächst nur solche Wellennormalenrichtungen ins Auge, die nicht zu kleine Winkel mit jener Refraktionsbinormale bilden; dann können wir nach dem in Ziff. 134b) Gesagten die zu einer solchen Wellennormalenrichtung gehörenden Wellen als angenähert linear und senkrecht zueinander polarisiert ansehen und die in Ziff. 143 angegebenen Intensitätsausdrücke benutzen.

a) Gekreuzte Polarisatoren. Befindet sich die Kristallplatte zwischen gekreuzten Polarisatoren, so wählen wir das rechtwinklige Rechtssystem x', y', z' wie in Ziff. 145 angegeben und legen die x'-Achse parallel zur Spur der Refraktionsbinormalenebene. Ist ψ das Azimut der Einfallsebene gegen die $z'x'$-Ebene, so können wir bei kleinem Einfallswinkel in erster Annäherung gemäß Ziff. 18

$$u = \frac{\psi}{2} + \frac{\pi}{2},$$

setzen; es ergibt sich daher aus (434)

$$J = \frac{J_0}{4}\sin^2(2v - \psi)\{e^{-2p\varkappa_0'} + e^{-2p\varkappa_0''} - 2e^{-p(\varkappa_0' + \varkappa_0'')}\cos\Delta\}; \qquad (441)$$

hierin ist nach (432)

$$p = p' = p'' = \frac{2\pi n_2 d}{\lambda_0},$$

da für Wellennormalenrichtungen, welche von der Refraktionsbinormale nur wenig abweichen, der Brechungswinkel r nahezu $= 0$ ist und daher angenähert $n_0' = n_0'' = n_2$ wird.

Für den Mittelpunkt des Gesichtsfeldes gilt der Näherungsausdruck (441) um so weniger, je näher man sich an die Spuren der Windungsachsen heranbegibt, da dort die elliptische Polarisation der Wellen merklich wird und nicht mehr vernachlässigt werden darf; trotzdem liefert seine Anwendung noch einen angenäherten qualitativen Überblick über die Interferenzfigur, vermag aber nicht alle beobachteten Erscheinungen wiederzugeben (vgl. Ziff. 146).

Für die Richtung der Refraktionsbinormale selbst kann man $\psi = 0$ setzen und erhält aus (441), da für diese Richtung die Phasendifferenz $\Delta = 0$ sein muß, als Intensitätsausdruck im Mittelpunkt des Gesichtsfeldes

$$J = \frac{J_0}{4}\sin^2 2v\,(e^{-2p\bar{\varkappa}_0'} + e^{-2p\bar{\varkappa}_0''}). \qquad (442)$$

Hierbei ist $\bar{\varkappa}_0'$ bzw. $\bar{\varkappa}_0''$ derjenige Wert von $\varkappa$, der zu der senkrecht bzw. parallel zur Refraktionsbinormalenebene liegenden Lichtvektorkomponente gehört; $\bar{\varkappa}_0'$ und $\bar{\varkappa}_0''$ sind aus (423) zu berechnen, indem man die Wellennormalenrichtung in die Richtung der Refraktionsbinormale fallen läßt.

Der Faktor $\sin^2(2v - \psi)$ im Intensitätsausdruck (441) liefert eine dunkle Hauptisogyre $\psi = 2v$; diese wird aber im Mittelpunkte des Gesichtsfeldes von einem hellen Flecke unterbrochen, welcher der Binormalen-

[1]) W. VOIGT, Göttinger Nachr. 1884, S. 357; Wied. Ann. Bd. 23, S. 597. 1884; N. Jahrb. f. Min. 1885 (1), S. 134.

spur entspricht und dessen Intensität durch (442) gegeben ist. Letztere verschwindet nur in der durch $v = 0$ und $v = \frac{\pi}{2}$ bestimmten sog. Hauptstellung der Platte [vgl. Ziff. 85a, β)] und wird am größten in der durch $v = \frac{\pi}{4}$ bestimmten sog. Diagonalstellung; bei pleochroitischen Kristallen ist demnach die Binormalenspur, entgegen dem Verhalten bei nicht absorbierenden Kristallen, auch bei gekreuzten Polarisatoren aufgehellt[1].

Da sich $\cos\Delta$ mit zunehmendem Einfallswinkel periodisch ändert, so liefert das letzte Glied in (441) als Hauptkurven konstanter Phasendifferenz ein System abwechselnd heller und dunkler Ringe; diese werden aber bei hinreichend großer Plattendicke undeutlich und entziehen sich der Beobachtung, da in diesem Falle der Faktor $e^{-p(\varkappa_0' + \varkappa_0'')}$ sehr klein wird und der Ausdruck (441) dann angenähert in

$$J = \frac{J_0}{4} \sin^2(2v - \psi)\,(e^{-2p\varkappa_0'} + e^{-2p\varkappa_0''})$$

übergeht.

Um die Intensitätsverteilung im Gesichtsfelde zu erhalten, hat man aus (441) den Ausdruck $\partial J/\partial\psi$ zu berechnen, wobei zu beachten ist, daß die Absorptionsindizes $\varkappa_0'$ und $\varkappa_0''$ ebenfalls von ψ abhängen, wie sich aus (422) ergibt[2]. Die Durchrechnung zeigt, daß J für $\psi = 0$ und $\psi = \pi$ ein Maximum, für $\psi = \frac{\pi}{2}$ und $\psi = \frac{3\pi}{2}$ ein Minimum wird.

Das Gesichtsfeld zeigt also außer der dunkeln Hauptisogyre noch dunkle Büschel, die senkrecht zur Spur der Refraktionsbinormalenebene liegen.

b) Unpolarisiertes, konvergentes Licht. Betrachtet man die senkrecht zur Refraktionsbinormale geschnittene Platte im unpolarisierten, konvergenten Lichte von der Intensität $2J_0$ ohne Analysator, so ist die Intensität des Gesichtsfeldes durch den Intensitätsausdruck (436) gegeben. Sind die Absorptionsindizes $\bar{\varkappa}_0'$ und $\bar{\varkappa}_0''$ beträchtlich verschieden, so wird die eine der beiden parallel und senkrecht zur Refraktionsbinormalenebene liegenden Lichtvektorkomponenten stark, die andere jedoch nur wenig absorbiert, und es folgt aus (436) für die Intensität im Mittelpunkte des Gesichtsfeldes angenähert

$$J = J_0. \tag{443}$$

Nach (436) und (443) muß man demnach im unpolarisierten Lichte dunkle Büschel sehen, die im Mittelpunkte des Gesichtsfeldes von einer hellen Stelle unterbrochen sind[3]; diese Büschel hat schon BREWSTER[4] beobachtet, und man kann sie z. B. bei Andalusit und Epidot leicht wahrnehmen, indem man durch eine geeignet geschnittene Platte nach dem Himmel blickt[5]. Die Lage dieser Büschel in bezug auf die Spur der Refraktionsbinormalenebene hängt noch von der Lage des Absorptionsachsensystems

---

[1] Diese Erscheinung kann bei sehr schwach pleochroitischen Kristallen geradezu zum Nachweis des Pleochroismus dienen [W. VOIGT, Göttinger Nachr. 1884, S. 357; Wied. Ann. Bd. 23, S. 598. 1884; N. Jahrb. f. Min. 1885 (1), S. 135; Göttinger Nachr. 1902, S. 84; Ann. d. Phys. (4) Bd. 9, S. 408. 1902].

[2] Man erhält diese Abhängigkeit, indem man in (422) die Winkel einführt, welche die Wellennormalenrichtung mit den Refraktionsbinormalen bildet; vgl. W. VOIGT, Göttinger Nachr. 1884, S. 352; Wied. Ann. Bd. 23, S. 594. 1884; N. Jahrb. f. Min. 1885 (1), S. 131.

[3] Man nennt zuweilen Kristalle, welche diese Erscheinung zeigen, idiozyklophanisch, doch wurde diese Bezeichnung ursprünglich in anderem Sinne gebraucht (vgl. S. 772, Anm. 3).

[4] D. BREWSTER, Phil. Trans. 1819, S. 11.

[5] Im weißen Lichte erscheinen diese Büschel farbig, bei Andalusit z. B. braunrot in fast farblosem Felde.

gegen das optische Symmetrieachsensystem ab[1]. Es läßt sich zeigen, daß die Büschel bei den Kristallen des rhombischen Systems und denjenigen des monoklinen Systems, deren Refraktionsbinormalenebene parallel zur Spiegelebene (bzw. senkrecht zur zweizähligen kristallographischen Symmetrieachse) liegt, senkrecht zur Spur der Refraktionsbinormalenebene stehen; bei den Kristallen des triklinen Systems und denjenigen des monoklinen Systems, deren Refraktionsbinormalenebene senkrecht zur Spiegelebene (bzw. parallel zur zweizähligen kristallographischen Symmetrieachse) liegt, sind sie zur Spur der Binormalenebene geneigt. Dieses Ergebnis der Theorie wird von den Beobachtungen ebenfalls bestätigt; bei dem triklinen Axinit z. B. beträgt die Neigung etwa 20°.

c) Parallele Polarisatoren; Fehlen des Polarisators oder Analysators. Liegen die Schwingungsrichtungen der beiden Polarisatoren parallel ($v = w$), so wird nach (434) die Intensität des Gesichtsfeldes bei denselben Annahmen wie unter a)

$$J = J_0 \left\{ \sin^4\left(v - \frac{\psi}{2}\right) e^{-2p'\varkappa_0'} + \cos^4\left(v - \frac{\psi}{2}\right) e^{-2p''\varkappa_0''} \right\}. \tag{444}$$

Die Erscheinungen sind im wesentlichen identisch mit denjenigen, die man bei Entfernung des Polarisators oder Analysators erhält, denn in diesem Falle ergibt sich mit Hilfe von (435)

$$J = J_0 \left\{ \sin^2\left(v - \frac{\psi}{2}\right) e^{-2p'\varkappa_0'} + \cos^2\left(v - \frac{\psi}{2}\right) e^{-2p''\varkappa_0''} \right\}.$$

Dieses Ergebnis hat ebenfalls durch die Beobachtungen seine Bestätigung gefunden.

Man hat nun zwei Typen von zweiachsigen absorbierenden Kristallen zu unterscheiden, je nachdem die senkrecht zur Refraktionsbinormalenebene liegende Lichtvektorkomponente die schwächer oder stärker absorbierte ist, d. h. je nachdem $\bar{\varkappa}_0'$ klein gegen $\bar{\varkappa}_0''$, oder $\bar{\varkappa}_0''$ klein gegen $\bar{\varkappa}_0'$ ist[2]. Die Diskussion des Ausdruckes (444) führt dann zu folgendem Ergebnis:

Bei Kristallen vom ersten Typ (Epidottyp) erhält man bei senkrecht zur Schwingungsrichtung des Polarisators liegender Refraktionsbinormalenebene ein dunkles, in der Binormalenspur durch eine helle Stelle unterbrochenes Büschel; dieses Büschel liegt bei rhombischen und solchen monoklinen Kristallen, deren Refraktionsbinormalenebene parallel zur Spiegelebene (bzw. senkrecht zur zweizähligen kristallographischen Symmetrieachse) liegt, senkrecht zur Spur der Refraktionsbinormalenebene. Bei parallel zur Schwingungsrichtung des Polarisators liegender Refraktionsbinormalenebene erhält man ein mäßig dunkles Kreuz, dessen Balken parallel und senkrecht zur Spur der Refraktionsbinormalenebene liegen und dessen Mittelpunkt dunkel ist. Die Kristalle vom zweiten Typ (Andalusittyp) verhalten sich gerade umgekehrt.

---

[1] W. VOIGT, Kompend. d. theoret. Phys. Bd. II, S. 728. Leipzig 1896; Göttinger Nachr. 1896, S. 17; 1902, S. 81; Wied. Ann. Bd. 60, S. 560. 1897; Ann. d. Phys. Bd. 9, S. 404. 1902.

[2] Die beiden Typen wurden zuerst von W. HAIDINGER (Wiener Ber. Bd. 13, S. 316. 1854) unterschieden. Die experimentelle Untersuchung ihrer Interferenzerscheinungen erfolgte durch A. BERTIN [Ann. chim. phys. (5) Bd. 15, S. 396. 1878; Bull. soc. minéral. Bd. 2, S. 54. 1879; Joun. der phys. Bd. 8, S. 217. 1879]; die theoretische Aufklärung der letzteren verdankt man W. VOIGT [Göttinger Nachr. 1884, S. 358; Wied. Ann. Bd. 23, S. 600. 1884; N. Jahrb. f. Min. 1885 (1), S. 137].

Zum ersten Typ gehören nach LIEBISCH[1]) Andalusit (rhombisch), Anomit, Vivianit, Kobaltblüte, basalt. Hornblende und Titanit (sämtl. monoklin), zum zweiten Typ Cordierit (rhombisch), Epidot, Muscovit, Augit (monoklin) und Axinit (triklin).

146. Einfluß der elliptischen Polarisation der in einem optisch zweiachsigen, absorbierenden Kristall fortschreitenden Wellen auf das Interferenzbild; idiophane Ringe. Die in Ziff. 145 besprochene Näherungsmethode gestattet nicht, sämtliche bei optisch zweiachsigen absorbierenden, nicht aktiven Kristallen im konvergenten Lichte beobachteten Interferenzerscheinungen darzustellen; dies ist vielmehr nur dann möglich, wenn man bei den im Kristall in einer bestimmten Wellennormalenrichtung fortschreitenden Wellen den elliptischen Polarisationszustand berücksichtigt, d. h. die Elliptizität dieser Wellen (vgl. Ziff. 128) nicht gleich Null setzt.

Die vollständige Theorie der Interferenzerscheinungen im konvergenten Lichte bei optisch zweiachsigen, schwach absorbierenden, nicht aktiven Kristallen unter Berücksichtigung der Elliptizität der im Inneren des Kristalls sich ausbreitenden Wellen ist von VOIGT[2]) entwickelt worden; wir geben in dieser Ziffer nur eine Übersicht über die Ergebnisse seiner Untersuchungen.

Wir betrachten eine senkrecht zu einer Refraktionsbinormale geschnittene Platte eines schwach absorbierenden, nicht aktiven Kristalls im konvergenten, monochromatischen Lichte zwischen Polarisator und Analysator und wählen die Bezeichnungen wie in Ziff. 143, wobei aber jetzt u das Azimut der großen Achse der Schwingungsellipse der im Kristall fortschreitenden Welle mit dem Brechungsindex n_0', dem Absorptionsindex $\varkappa_0'$ und der Elliptizität k ist[3]). Beschränkt man sich auf Wellennormalenrichtungen, die so weit von den Windungsachsen abliegen, daß das Quadrat von k gegen 1 vernachlässigt werden kann, so erhält man, wie VOIGT gezeigt hat, für die Intensität J der aus dem Analysator austretenden Welle

$$\left.\begin{aligned} J = J_0\{&\cos^2(v-u)\cos^2(w-u)\,e^{-2p'\varkappa_0'} + \sin^2(v-u)\sin^2(w-u)\,e^{-2p''\varkappa_0''}\\ &+ 2\sin(v-u)\cos(v-u)\sin(w-u)\cos(w-u)\,e^{-(p'\varkappa_0'+p''\varkappa_0'')}\cos\Delta\\ &+ k\big(\sin 2(v-u) + \sin 2(w-u)\big)\sin\Delta\, e^{-(p'\varkappa_0'+p''\varkappa_0'')}\}. \end{aligned}\right\} \tag{445}$$

Wird nur der Polarisator entfernt, der Analysator aber beibehalten, so folgt für die Intensität des Gesichtsfeldes

$$\left.\begin{aligned} J = J_0\{&\cos^2(w-u)\,e^{-2p'\varkappa_0'} + \sin^2(w-u)\,e^{-2p''\varkappa_0''}\\ &+ 2k\sin 2(w-u)\sin\Delta\, e^{-(p'\varkappa_0'+p''\varkappa_0'')}\}; \end{aligned}\right\} \tag{446}$$

wird dagegen der Polarisator beibehalten und der Analysator entfernt, so hat man für die Intensität

$$\left.\begin{aligned} J = J_0\{&\cos^2(v-u)\,e^{-2p'\varkappa_0'} + \sin^2(v-u)\,e^{-2p''\varkappa_0''}\\ &+ 2k\sin 2(v-u)\sin\Delta\, e^{-(p'\varkappa_0'+p''\varkappa_0'')}\}. \end{aligned}\right\} \tag{447}$$

Werden Polarisator und Analysator entfernt, d. h. erfolgt die Beobachtung im unpolarisierten Lichte, so gilt

$$J = J_0(e^{-2p'\varkappa_0'} + e^{-2p''\varkappa_0''}). \tag{448}$$

---

[1]) TH. LIEBISCH, Göttinger Nachr. 1888, S. 205.

[2]) W. VOIGT, Göttinger Nachr. 1902, S. 73; Ann. d. Phys. Bd. 9, S. 394. 1902.

[3]) Die Elliptizität der Welle mit dem Brechungsindex n_0'' und dem Absorptionsindex $\varkappa_0''$ beträgt dann nach (415) $1/k$.

In (448) tritt überhaupt kein von der Elliptizität k abhängiges Glied auf; in (445) enthält nur das eine der beiden von der Phasendifferenz Δ abhängigen Glieder k als Faktor und ist daher sehr klein gegenüber dem anderen. Bei Beobachtung im unpolarisierten Lichte sowie bei Benutzung von Polarisator und Analysator besitzt daher die Elliptizität k bei der vorausgesetzten Näherung (k^2 klein gegen 1) keinen merklichen Einfluß auf das Interferenzbild.

Dagegen tritt in (446) und (447) die Phasendifferenz Δ nur in dem mit der Elliptizität k proportionalen Gliede auf; bei Beobachtung mit Polarisator allein oder mit Analysator allein müssen daher abwechselnd helle und dunkle Ringe auftreten. Diese Ringe werden in der Tat bei optisch zweiachsigen, schwach absorbierenden, nicht aktiven Kristallen im natürlichen Lichte beobachtet und als idiophane Ringe bezeichnet[1]).

Es ist zu beachten, daß der Intensitätsausdruck (448) nicht mehr streng gültig ist, wenn die Elliptizität so groß wird, daß k^2 gegen 1 nicht gestrichen werden darf; treibt man die Annäherung noch weiter, indem man die mit k^2 proportionalen Glieder berücksichtigt, so erhält man nach VOIGT an Stelle von (448) die Beziehung

$$J = \frac{J_0}{(1-k^2)^2}\{(1+k^2)^2 (e^{-2p'\varkappa_0'} + e^{-2p''\varkappa_0''}) - 4k^2 e^{-(p'\varkappa_0'+p''\varkappa_0'')}\cos\Delta\}.$$

Da das die Phasendifferenz Δ enthaltende Glied mit k^2 proportional ist, so sind bei dieser Annäherung auch ohne Polarisator und Analysator im unpolarisierten Lichte helle und dunkle Ringe zu erwarten; diese wurden in der Tat auch gelegentlich festgestellt[2]).

Auch die Interferenzerscheinungen, welche eine nicht zu dicke, senkrecht zur ersten Mittellinie geschnittene Platte eines optisch zweiachsigen, schwach absorbierenden, nicht aktiven Kristalls (z. B. aus Yttriumplatincyanür) im konvergenten Lichte zeigt, nämlich das Auftreten von vier dunkeln Flecken bei Beleuchtung mit unpolarisiertem Lichte ohne Polarisator und Analysator, sowie die Deformation der ringförmigen Hauptkurven konstanter Phasendifferenz bei Beobachtung zwischen gekreuzten Polarisatoren, lassen sich, wie BOGUSLAWSKI[3]) zeigen konnte, durch Berücksichtigung des elliptischen Polarisationszustandes der im Kristall fortschreitenden Wellen erklären.

b) Optik absorbierender, aktiver Kristalle.

147. Gesetze der Lichtausbreitung in absorbierenden, aktiven Kristallen. Wie bei den absorbierenden, nicht aktiven Kristallen (vgl. Ziff. 123), so ist man auch bei der Optik absorbierender, aktiver Kristalle vorerst noch auf eine phänomenologische Darstellung der Erscheinungen angewiesen; diese erfolgt formal analog wie bei ersteren, indem man zu den Feldgleichungen (9), (10), (11) und (12)

---

[1]) Die Bezeichnung stammt von W. VOIGT (Göttinger Nachr. 1902, S. 49 u. 80; Ann. d. Phys. Bd. 9, S. 368 u. 403. 1902), der diese Ringe bei Platten von Epidot, Andalusit und Axinit beobachtete; vgl. z. B. die Reproduktionen photographischer Aufnahmen von rötlichbraunem Glimmer bei H. HAUSWALDT, Interferenzerscheinungen im polarisierten Lichte. Neue Folge, Taf. 80, Abb. 2 u. 3. Magdeburg 1904.

[2]) A. BERTIN, Ann. chim. phys. (5) Bd. 15, S. 412. 1878; Bull. soc. minéral. Bd. 2, S. 54. 1879; Journ. de phys. Bd. 8, S. 217. 1879. Die älteren unvollkommenen Erklärungsversuche der BERTINschen Beobachtung nahmen teilweise Polarisation des in die Platte eintretenden Lichtes (E. MALLARD, Bull. soc. minéral. Bd. 2, S. 72. 1879) oder mehrfache Reflexionen im Inneren der Platte an [W. VOIGT, Göttinger Nachr. 1884, S. 360; Wied. Ann. Bd. 23, S. 602. 1884; N. Jahrb. f. Min. 1885 (1), S. 139].

[3]) S. BOGUSLAWSKI, Ann. d. Phys. Bd. 44, S. 1087. 1914.

eine Verknüpfungsgleichung zwischen $\mathfrak{E}$ und $\mathfrak{D}$ hinzufügt, die formal aus den für nicht absorbierende, aktive Kristalle geltenden Beziehungen (313) dadurch hervorgeht, daß man in diesen die reellen Koeffizienten durch komplexe ersetzt.

Die Durchführung der Theorie ist schon bei optisch einachsigen Kristallen, bei welchen sie von FÖRSTERLING[1]) bewältigt wurde, außerordentlich kompliziert. Sie ergibt, daß sich in einer Wellennormalenrichtung $\mathfrak{s}$, die unter einem beliebigen Winkel b gegen die optische Achse geneigt ist, zwei elliptisch polarisierte Wellen ausbreiten, deren Schwingungsellipsen ähnlich sind und in entgegengesetztem Sinne umlaufen werden; während aber ihre großen Achsen bei den nicht absorbierenden, aktiven Kristallen mit den Schwingungsrichtungen $\mathfrak{d}'$ und $\mathfrak{d}''$ zusammenfallen, welche bei fehlender Aktivität zu jener Wellennormalenrichtung gehören würden [vgl. Ziff. 100a)], sind sie bei den absorbierenden, aktiven Kristallen aus den Richtungen $\mathfrak{d}'$ und $\mathfrak{d}''$ um den gleichen Betrag φ in entgegengesetztem Sinne herausgedreht. Die Elliptizität der beiden Wellen kann bei zunehmendem b unter Umständen verhältnismäßig langsam abnehmen und bei senkrecht zur optischen Achse liegenden Wellennormalenrichtungen noch beträchtlich sein.

Bei eigentlichen Kristallen, die sowohl absorbierend, als auch aktiv sind, ließen sich diese Ergebnisse der Theorie mangels geeigneten Beobachtungsmaterials noch nicht nachprüfen; sie konnten aber von STUMPF[2]) beim nematisch-cholesterischen Zustande (vgl. Ziff. 7 und Ziff. 110) von *p*-Cyanbenzalaminozimtsäure-akt-Amylester nachgewiesen werden, der sehr starken Dichroismus und gleichzeitig enorm große Aktivität zeigt und daher als Modell für einen optisch einachsigen absorbierenden, aktiven Kristall gelten kann.

In Richtung der optischen Achse geht die elliptische Polarisation der beiden Wellen in zirkulare über; da aber die Absorptionsindizes der beiden Wellen verschieden sind, so besitzen diese beim Austritt in das isotrope Außenmedium nicht mehr gleiche Amplituden. Fällt daher auf eine senkrecht zur optischen Achse geschnittene Platte eines optisch einachsigen absorbierenden, aktiven Kristalls eine ebene, linear polarisierte, monochromatische Welle, so tritt nicht (wie bei nicht absorbierenden, aktiven Kristallen) eine linear polarisierte Welle mit gedrehter Polarisationsebene [vgl. Ziff. 101 a)], sondern eine elliptisch polarisierte Welle aus[3]), deren große Achse im allgemeinen gegen die Richtung der auffallenden, linear polarisierten Welle eine Drehung ϱ erfahren hat. Man bezeichnet diese Erscheinung als zirkularen Dichroismus[4]), da bei Beleuchtung mit weißem Lichte verschiedene Farben auftreten, je nachdem die auffallenden Wellen rechts- oder linkszirkular polarisiert sind.

HAIDINGER[5]) und DOVE[6]) haben den zirkularen Dichroismus bei Amethyst gefunden, doch konnten ihre Beobachtungen später von PERUCCA[7]) nicht bestätigt werden; anscheinend ist die Erscheinung bei diesem Kristall auf die tiefblaue Varietät beschränkt.

---

[1]) K. FÖRSTERLING, Göttinger Nachr. 1912, S. 207.

[2]) F. STUMPF, Ann. d. Phys. Bd. 37, S. 365. 1912.

[3]) Zwei entgegengesetzt zirkular polarisierte Wellen mit verschiedenen Amplituden setzen sich zu einer elliptisch polarisierten Welle zusammen (vgl. Kap. 4 ds. Bandes).

[4]) A. COTTON, C. R. Bd. 120, S. 989 u. 1044. 1895; Ann. chim. phys. (7) Bd. 8, S. 347. 1896; Journ. de phys. (3) Bd. 5, S. 237 u. 290. 1896. COTTON hat den zirkularen Dichroismus bei Lösungen von Kupfertartrat und Chromtartrat in Kalilauge gefunden; vgl. hierzu Kap. 12 ds. Bandes.

[5]) W. HAIDINGER, Pogg. Ann. Bd. 70, S. 531. 1847.

[6]) H. W. DOVE, Pogg. Ann. Bd. 110, S. 284. 1860.

[7]) E. PERUCCA, Ann. d. Phys. Bd. 45, S. 463. 1914.

Dagegen zeigt der erwähnte *p*-Cyanbenzalaminozimtsäure-akt-Amylester im nematisch-cholesterischen Zustande den zirkularen Dichroismus nach den Beobachtungen von STUMPF[1]) sehr stark ausgeprägt.

148. Dispersionserscheinungen bei absorbierenden, aktiven Kristallen. a) Dispersion der optischen Aktivität in Richtung der optischen Achse. Die Gittertheorie der aktiven Kristalle ergibt [vgl. Ziff. 112], daß die Komponenten des Gyrationstensors (und damit auch das Drehungsvermögen in Richtung der optischen Achse bei einem optisch einachsigen Kristall) im durchlässigen Spektralbereiche zu beiden Seiten einer Eigenfrequenz außerordentlich große Werte annehmen müssen, die unter Umständen (im Gegensatz zu den Brechungsindizes) dasselbe Vorzeichen besitzen können.

Um aber das Verhalten im Inneren eines Absorptionsstreifens zu übersehen, muß man die Dämpfung der Elektronenbewegung (vgl. Ziff. 125) berücksichtigen. Die Durchführung der Rechnung nach dem in Ziff. 136 angedeuteten Schema ist für isotrope absorbierende, aktive Körper (und damit auch für absorbierende, aktive kubische Kristalle, sowie für absorbierende, aktive, optisch einachsige Kristalle in Richtung der optischen Achse) von DRUDE[2]) ausgeführt worden; ist n_l bzw. n_r der Brechungsindex der in der Richtung der optischen Achse fortschreitenden, links- bzw. rechtszirkular polarisierten Welle, $\varkappa_l$ bzw. $\varkappa_r$ der entsprechende Absorptionsindex, $\bar{n}$ der Mittelwert von n_l und n_r und g die Komponente des Gyrationstensors in Richtung der optischen Achse, so ergibt sich, falls nur eine Elektronengattung angenommen wird,

$$\left.\begin{aligned} n_{l,r}^2(1-\varkappa_{l,r}^2) &= 1 + \frac{4\pi N e^2}{m}\,\frac{\omega^{(0)2}-\omega^2}{(\omega^{(0)2}-\omega^2)^2+\dfrac{a^2}{m^2}\omega^2}\left(1\mp\frac{g}{\bar{n}}\right),\\ 2\,n_{l,r}^2\varkappa_{l,r} &= \frac{4\pi N e^2}{m^2}\,\frac{a\,\omega}{(\omega^{(0)2}-\omega^2)^2+\dfrac{a^2\omega^2}{m^2}}\left(1\mp\frac{g}{\bar{n}}\right); \end{aligned}\right\}\qquad(449)$$

hierbei bezieht sich das obere Vorzeichen auf den zur linksdrehenden und das untere auf den zur rechtsdrehenden Welle gehörenden Wert, der auf der linken Seite durch l bzw. r gekennzeichnet ist, während die übrigen Bezeichnungen dieselbe Bedeutung haben wie in Ziff. 136a) bzw. Ziff. 125.

Ermittelt man analog wie bei Gleichung (343) die Drehung ϱ (vgl. Ziff. 147), indem man aus (449) die Differenz $n_r - n_l$ berechnet, so ergibt sich, daß ϱ bei Veränderung von ω in der Nähe der Eigenfrequenz $\omega^{(0)}$ von sehr großen positiven zu sehr großen negativen Werten übergeht; der Vorzeichenwechsel findet für $\omega = \omega^{(0)}$ statt, für welchen Wert ϱ verschwinden muß.

Die quantitative Prüfung dieser Beziehungen konnte bis jetzt bei eigentlichen Kristallen, welche sowohl absorbierend, als auch aktiv sind, mangels geeigneten Materials noch nicht durchgeführt werden[3]).

Zu erwähnen sind aber die Beobachtungen, die an einigen Substanzen (z. B. *p*-Cyanbenzalaminozimtsäure-akt-Amylester und Cholesterinzimtsäureester) im nematisch-cholesterischen Zustande angestellt worden sind[4]), obgleich die bei dem-

---

[1]) F. STUMPF, Ann. d. Phys. Bd. 37, S. 359. 1912.

[2]) P. DRUDE, Lehrb. d. Optik, S. 382. Leipzig 1900; 3. Aufl. von E. GEHRCKE, S. 405. Leipzig 1912; L. NATANSON, Krakauer Anzeiger 1908, S. 764; 1909 (1), S. 25; Journ. de phys. (4) Bd. 8, S. 321. 1909.

[3]) Über die Prüfung bei aktiven Lösungen vgl. Kap. 12 ds. Bandes, sowie N. WEDENEEWA, Ann. d. Phys. Bd. 72, S. 122. 1923.

[4]) F. STUMPF, Ann. d. Phys. Bd. 37, S. 357. 1912; L. ROYER, C. R. Bd. 180, S. 148. 1925.

selben auftretende, mit Absorption verbundene Aktivität nicht eine Erscheinung des Gitterbaues, sondern die Folge einer speziellen Schichtstruktur ist (vgl. Ziff. 110), durch welche die Eigenschaften der absorbierenden, aktiven Kristalle gewissermaßen nachgeahmt werden. Diese Beobachtungen haben die zweite Formel (449) bestätigt und auch gezeigt, daß die Drehung ϱ in der Nähe der Eigenfrequenz $\omega^{(0)}$ das erwähnte Verhalten besitzt; beim Übergang von großen positiven zu großen negativen Werten, der bei $\omega^{(0)}$ stattfindet, ist aber ϱ nicht gleich Null, wie es bei den eigentlichen absorbierenden, aktiven Kristallen sein müßte[1]).

b) Einfluß der Dispersion auf den Polarisationszustand für Wellennormalenrichtungen, die zur optischen Achse geneigt sind. Bei optisch einachsigen nicht absorbierenden, aktiven Kristallen besteht die Normalenfläche aus zwei Rotationssymmetrie aufweisenden Schalen, die in Richtung der die Rotationsachse bildenden optischen Achse deformiert sind derart, daß die umschließende Schale verlängert und die umschlossene abgeplattet ist [vgl. Ziff. 108a)]. Bei optisch einachsigen absorbierenden, aktiven Kristallen ist nun der Fall möglich, daß sich beide Schalen der Normalenfläche in Richtung der optischen Achse durchdringen[2]). Kehrt nämlich in einer senkrecht zur optischen Achse liegenden Wellennormalenrichtung die Komponente des Gyrationstensors und damit die Differenz der Brechungsindizes $n_r - n_l$ das Vorzeichen bei Änderung der Frequenz nicht um, während diese Größen parallel zur optischen Achse beim Durchgang durch die Eigenfrequenz $\omega = \omega^{(0)}$ das Vorzeichen wechseln, so beginnen die beiden Schalen der Normalenfläche sich zu durchdringen, wenn man beim Variieren der Frequenz die Stelle $\omega = \omega^{(0)}$ passiert. Die beiden (symmetrisch zur Äquatorebene liegenden) Durchdringungskurven bestimmen einen Kegel von Wellennormalenrichtungen, der durch die vom Flächenmittelpunkt zu den Punkten der Durchdringungskurve weisenden Vektoren gebildet wird; in diesen Wellennormalenrichtungen werden sowohl die Brechungs- als auch die Absorptionsindizes gleich, d. h. es schreitet in jeder solchen Wellennormalenrichtung nur eine Welle im Kristall fort.

Ein solches Verhalten zeigt der nematisch-cholesterische Zustand des erwähnten *p*-Cyanbenzalaminozimtsäure-akt-Amylesters[3]); bei eigentlichen absorbierenden aktiven Kristallen ist es noch nicht beobachtet worden.

149. Interferenzerscheinungen bei absorbierenden, aktiven Kristallen. Die Interferenzerscheinungen bei einer senkrecht zur optischen Achse geschnittenen Platte eines optisch einachsigen, schwach absorbierenden, aktiven Kristalls im konvergenten Lichte sind von VOIGT[4]) behandelt worden. Wir geben hier nur die Ergebnisse seiner Untersuchungen wieder, die dahin lauten, daß bei Beleuchtung mit konvergentem weißem Lichte zwischen gekreuzten Polarisatoren einerseits der erste und dritte Quadrante des Gesichtsfeldes, andererseits der zweite und vierte gleich gefärbt sind; man bezeichnet diese Erscheinung als „Quadrantenfärbung“.

Wird entweder der Polarisator oder der Analysator entfernt, so bleibt die Quadrantenfärbung in beiden Fällen die gleiche, wenn man von gekreuzten Polarisatoren ausgeht; dagegen vertauschen die Quadrantenpaare bei nicht zu geringer Plattendicke bezüglich der Färbung ihre Rollen, wenn die beiden Polarisatoren parallel gestellt waren.

---

[1]) G. FRIEDEL, Ann. de phys. (9) Bd. 18, S. 399. 1922; L. ROYER, C. R. Bd. 174, S. 1182. 1922; Bd. 180, S. 148. 1925.

[2]) W. VOIGT, Göttinger Nachr. 1903, S. 166; K. FÖRSTERLING, Göttinger Nachr. 1912, S. 227.

[3]) F. STUMPF, Ann. d. Phys. Bd. 37, S. 375. 1912.

[4]) W. VOIGT, Verh. d. D. Phys. Ges. Bd. 14, S. 649. 1912; Göttinger Nachr. 1916, S. 27; Phys. ZS. Bd. 17, S. 159. 1916.

Wird nur der Polarisator oder nur der Analysator benutzt, so ergibt sich, daß bei Beleuchtung mit konvergentem weißem Lichte die Farbenfolge bei positivem Umlauf um die Spur der optischen Achse im ersteren Falle dieselbe ist, wie im letzteren bei negativem Umlauf.

Diese von VOIGT aus der Theorie gefolgerten Erscheinungen waren schon vorher bei einigen Substanzen im mesomorphen Aggregatzustande beobachtet worden[1]; Beobachtungen an eigentlichen absorbierenden, aktiven Kristallen wurden bis jetzt nicht ausgeführt.

150. Einfluß der Temperatur. Über den Einfluß der Temperatur auf die optischen Eigenschaften absorbierender, aktiver Kristalle liegen Beobachtungen nur bei dem schwach pleochroitischen Zinnober vor, bei dem ROSE[2] fand, daß die Temperaturkoeffizienten der Hauptbrechungsindizes stark ansteigen, wenn man sich einer Eigenfrequenz $\omega^{(0)}$ nähert.

Der Einfluß der Temperatur auf das Drehungsvermögen des Zinnobers ist von BECQUEREL[3] beobachtet worden. Das bei Annäherung an eine Eigenfrequenz $\omega^{(0)}$ beträchtlich zunehmende Drehungsvermögen verschiebt seinen Anstieg bei Änderung der Temperatur gleichzeitig mit der Eigenfrequenz; bei bestimmter Frequenz ω nimmt das Drehungsvermögen mit Abkühlung auf die Temperatur der flüssigen Luft merklich ab.

---

[1] O. LEHMANN, Ann. d. Phys. Bd. 18, S. 808. 1905; D. VORLÄNDER u. M. E. HUTH, ZS. f. phys. Chem. Bd. 75, S. 641. 1911; Bd. 83, S. 723. 1913.

[2] H. ROSE, ZS. f. Phys. Bd. 6, S. 165. 1921.

[3] J. BECQUEREL, C. R. Bd. 147, S. 1281. 1908.

Kapitel 12.

Polarisation und chemische Konstitution.

Von

H. Ley, Münster.

Mit 11 Abbildungen.

1. Auf den folgenden Seiten sollen die wichtigeren Gesetzmäßigkeiten zusammengestellt werden, die zwischen dem optischen Drehungsvermögen und der Konstitution, d. h. dem Bau des chemischen Moleküls erkannt sind. Bekanntlich lassen sich die Stoffe, die die Fähigkeit besitzen, die Ebene des polarisierten Lichtes zu drehen, in mehrere scharf gesonderte Klassen einteilen:

1. Stoffe, deren optische Aktivität lediglich an den kristallisierten Zustand gebunden ist.
2. Stoffe, die im amorphen, flüssigen, gasförmigen und gelösten Zustande aktiv sind. Sie gehören fast durchweg den organischen (Kohlenstoff-) Verbindungen an und werden uns im folgenden fast ausschließlich beschäftigen.
3. Stoffe, die sowohl im kristallisierten als auch amorphen, d. h. geschmolzenen oder gelösten Zustande Drehungsvermögen besitzen.

Bei den unter 1 genannten Stoffen ist die Zirkularpolarisation eine Eigenschaft des Kristallbaues, die Kristalle der links- und rechtsdrehenden Modifikationen kristallisieren in sog. enantiomorphen Formen, die in allen sechs Kristallsystemen vorkommen können. Das bekannteste Beispiel ist der hexagonal kristallisierende Quarz; andere dem gleichen System zugehörige aktive Verbindungen mit Zirkularpolarisation sind Zinnober und Kaliumdithionat. Regulär kristallisierende drehende Stoffe sind Natriumchlorat und Natriumsulfantimoniat.

Bei den unter 2 genannten Stoffen — klassische Beispiele sind die Weinsäuren, Milchsäuren, Zuckerarten, Kampfer u. a. — ist die Zirkularpolarisation eine Eigenschaft des chemischen Moleküls und letzten Endes durch die Anordnung der Atome innerhalb desselben bedingt, denn das Drehungsvermögen dieser Stoffe bleibt im gelösten und geschmolzenen Zustande erhalten. Von Interesse sind hier die Messungen von Gernez[1]), der im Anschluß an ältere Versuche von Biot den Nachweis erbrachte, daß optisch aktive Stoffe, wie Terpentinöl und Kampfer, auch in Dampfform Rotation besitzen. Da der Dampf des Kampfers unimolekular ist und die spezifischen Rotationen (s. S. 1906) der geschmolzenen und gasförmigen Stoffe praktisch identisch sind, haben diese Versuche für den Nachweis, daß das Drehungsvermögen der organischen Verbindungen mit dem Aufbau des Moleküls aus den Atomen ursächlich verknüpft ist, eine besondere Bedeutung. Ähnliche Messungen sind auch von Guye[2]) angestellt.

---

[1]) D. Gernez, Ann. scient. de l'Ecole Norm. Sup. Bd. 1, S. 1. 1864.

[2]) Ph. A. Guye u. P. de Amarel, Arch. sc. phys. de Genève (3) Bd. 33, S. 409 u. 513. 1894; Wied. Ann. Beibl. 1895, S. 792 u. 894.

Die bei den unter 1—3 genannten Stoffen auftretende Erscheinung war auch als natürliche optische Aktivität bezeichnet im Gegensatz zu der magnetischen Aktivität, die nach FARADAY alle durchsichtigen Stoffe zeigen, falls sie dem Einfluß eines Magnetfeldes ausgesetzt werden. Auch zwischen magnetischer Aktivität und chemischer Konstitution sind Beziehungen vorhanden, die aber hier nicht behandelt werden.

2. Spezifische und molekulare Drehung. Ehe auf die Beziehungen zwischen dem chemischen Bau des Moleküls und dem Drehungsvermögen näher einzugehen ist, sollen anknüpfend an die grundlegenden physikalischen Untersuchungen von BIOT die Maße des Drehungsvermögens flüssiger und gelöster optisch aktiver Stoffe erörtert werden. BIOT fand für diese, daß der Drehungswinkel von der Temperatur abhängt, der Länge der durchstrahlten Schicht proportional ist und mit der Menge aktiven Substanz zunimmt. Um die Stärke der Rotation auszudrücken, benutzt man mit BIOT[1]) den Begriff der spezifischen Drehung $[\alpha]$ und versteht darunter den Drehungswinkel, den man beobachten würde, falls in 1 cm³ 1 g aktive Substanz enthalten ist und der Lichtstrahl einen Weg von 1 dm zurücklegt. Sind in 1 cm³ g gr. aktiver Substanz vorhanden, beträgt die wirksame Schichtdicke l dm und der unter diesen Bedingungen abgelesene Drehungswinkel in Kreisgraden α, so ist:

$$[\alpha] = \frac{\alpha}{l \cdot g}.$$

Ist die drehende Substanz eine homogene Flüssigkeit, deren Dichte, bezogen auf Wasser von 4°, d ist, so ist:

$$[\alpha] = \frac{\alpha}{l \cdot d}. \tag{1}$$

Bei Lösungen läßt sich g in verschiedener Weise berechnen. 1. Bezeichnet p die Gewichtsprozente an aktiver Substanz und d die Dichte der Lösung, bezogen auf Wasser von 4° als Einheit, so ist

$$g = \frac{p \cdot l}{100} \quad \text{und} \quad [\alpha] = \frac{\alpha \cdot 100}{l \cdot p \cdot d}. \tag{2}$$

2. Ist c die in 100 cm³ Lösung vorhandene Menge an aktiver Substanz, so ist entsprechend der Definition:

$$[\alpha] = \frac{\alpha \cdot 100}{l \cdot c}. \tag{3}$$

Da die spezifische Drehung von der Temperatur und der Wellenlänge des polarisierten Lichtes abhängig ist, müssen diese Daten bei der Angabe der Drehung vermerkt werden: $[\alpha]_\lambda^{t^0}$ etwa $[\alpha]_D^{20}$. Nur bei einer kleinen Gruppe von Stoffen ist die spezifische Drehung in weiten Grenzen unabhängig von der Konzentration. Bei derartigen Verbindungen (Rohrzucker, Milchzucker u. a.) läßt sich die Konzentration aus dem abgelesenen Drehungswinkel bei konstantem $[\alpha]$ nach Gleichung (2) oder (3) berechnen; auf dieser Beziehung beruht bekanntlich die polarimetrische Analyse, z. B. die Bestimmung des Zuckers (Saccharimetrie).

Meist erweist sich $[\alpha]$ als konzentrationsvariabel; man kann dann aus zusammengehörigen Werten der spezifischen Drehung und des Gehaltes der Lösung die Abhängigkeit analytisch durch Formeln wie

$$[\alpha] = A + Bp \quad \text{oder} \quad [\alpha] = A + Bp + Cp^2$$

ausdrücken. (p Prozentgehalt an aktiver Substanz, A, B, C Konstanten.)

---

[1]) Siehe besonders LANDOLT I; zur Geschichte s. auch WALDEN I; vgl. die Bibliographie am Schlusse des Artikels.

Molekularrotation. Für stöchiometrische Zwecke verwendet man in der Regel die sog. Molekularrotation und versteht darunter den hundertsten Teil des Produktes von spezifischer Rotation und Molekulargewicht M der drehenden Substanz: $[M]_\lambda^{t^0} = \frac{M \cdot [\alpha]_\lambda^{t^0}}{100}$.

3. Allgemeines über optische Aktivität und molekularen Bau. a) Optisch aktive Kohlenstoffverbindungen. Die ersten Versuche, die physikalische Eigenschaft der Rotation mit dem chemischen Bau des Moleküls in Beziehung zu setzen, rühren von PASTEUR[1]) her, der, anknüpfend an das von ihm aufgestellte Prinzip, „alle in Lösung aktiven Körper kristallisieren in gewendeten (enantiomorphen) Formen", von dem asymmetrischen Aufbau des Kristalls auf einen ebenfalls asymmetrischen Aufbau des chemischen Moleküls aus den Atomen schloß. Das genannte PASTEURsche Prinzip ist später wiederholt auf seine allgemeine Gültigkeit untersucht worden, neuerdings u. a. von JAEGER[2]).

Es bedurfte erst des tieferen Ausbaues der Systematik organischer Verbindungen, bis die PASTEURschen Anregungen sich weiter entwickeln konnten. Bei der weitaus größten Zahl der drehenden Verbindungen beruht die Aktivität auf der Gegenwart eines besonders konfigurierten Kohlenstoffatoms, dessen Theorie gleichzeitig von VAN'T HOFF und LE BEL gegeben wurde. Die eingehende Darlegung derselben gehört in das von den beiden Forschern geschaffene Spezialgebiet der allgemeinen Chemie, die Stereochemie; hier kann nur in Kürze die formale Grundlage der Theorie entwickelt und im übrigen auf die Spezialwerke verwiesen werden[3]).

VAN'T HOFF zeigte, anknüpfend an die Isomerieverhältnisse der Kohlenstoffverbindungen im Sinne der Strukturchemie, daß sämtliche damals bekannte optisch aktive Verbindungen mindestens ein asymmetrisches Kohlenstoffatom: *Cabcd* enthalten, dessen vier mit dem Zentralatom verbundene Gruppen *abcd* strukturverschieden sind. Unter der Annahme, daß die vier Valenzen des Kohlenstoffs nach den Ecken eines regulären Tetraeders gerichtet sind, in dessen Schwerpunkt das Kohlenstoffatom selbst sich befindet, lassen sich für Verbindungen *Cabcd* zwei und nur zwei verschiedene räumliche Gruppierungen der vier Gruppen *abcd* vorhersehen im Sinne der obigen tetraedrischen Anordnungen I und II. Nun sind bei Verbindungen mit einem asymmetrischen Kohlenstoffatom, z. B. Milchsäure $C(CH_3)H(OH)COOH$, zwei optisch aktive Formen bekannt, die bei gleichem Energieinhalt und damit völliger Gleichheit ihrer physikalischen und chemischen Eigenschaften sich lediglich durch ihre optische Drehung voneinander unterscheiden — die eine Form (d-Form) dreht ebensoviel nach rechts, wie die andere (l-Form) nach links. Zur Erklärung dieser Isomerie hat nun VAN'T HOFF die d- und l-Formen auf die obigen beiden Tetra-

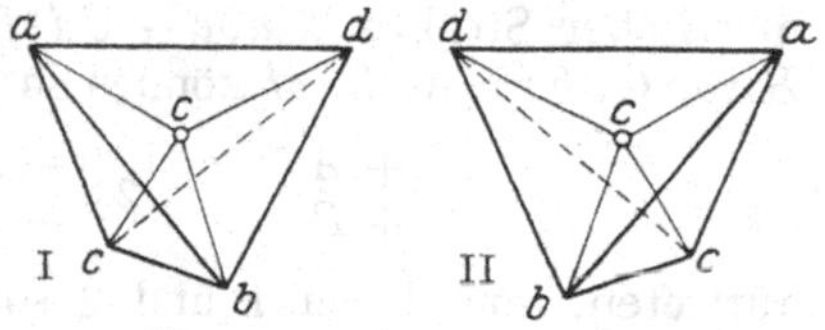

d-Form *l*-Form
Abb. 1. Kohlenstoff-Tetraeder nach VAN T' HOFF.

[1]) L. PASTEUR, Über die Asymmetrie bei natürlich vorkommenden organischen Verbindungen (1860), s. Ostwalds Klassiker Nr. 28.

[2]) F. M. JAEGER, Rec. d. traveaux chim. Pays-Bas. (3) Bd. 8, S. 171. 1919. JAEGER hat eine große Zahl optisch aktiver WERNERscher Salze des Co, Cr, Fe und anderer Metalle, z. B. [Co en_3] X_3 (s. S. 912) mit Rücksicht auf das PASTEURsche Prinzip untersucht; er kommt zu dem Schluß, daß diese in Lösung aktiven Stoffe prinzipiell stets in enantiomorphen Formen kristallisieren, daß aber die Fähigkeit, solche nicht deckbaren Formen zu liefern, häufig durch die chemische Ähnlichkeit der um das „asymmetrische" Atom angeordneten Gruppen mehr oder weniger unterdrückt wird.

[3]) Siehe die Bibliographie S. 953.

ederschemata bezogen; das d-Molekül ist dann das Spiegelbild des l-Moleküls, es kann durch keine irgendwie geartete Drehung mit dem anderen zur Deckung gebracht werden.

Für die Theorie spricht vor allem die experimentell ausnahmslos bestätigte Tatsache, daß die Aktivität verschwindet beim Übergang der asymmetrischen Verbindungen $Cabcd$ in die symmetrischen: Ca_2bc bzw. Ca_2b_2 oder Ca_3b.

Ist die Verbindung mit einem asymmetrischen Kohlenstoffatom optisch inaktiv, so stellt sie ein gleich molares Gemenge ($d + l$-Form) oder eine chemische Verbindung der beiden Spiegelbildisomeren (r-, Razemform) dar.

Was die Form des Tetraeders betrifft, so wird bei gleichen Substituenten Ca_4 von VAN'T HOFF das reguläre Tetraeder gefordert, jedoch werden bei Verschiedenheit der Gruppen allfällige Abweichungen von dieser Form zugelassen wegen der gegenseitigen Beeinflussung der Substituenten. Eine Ablenkung der Valenzen des Kohlenstoffs aus ihrer Normallage im regulären Tetraeder wird auch von v. BAEYER in seiner „Spannungstheorie" angenommen, um die Konfiguration und das Verhalten von Ringsystemen, vor allem der Verbindungen $(CH_2)_n$, $n = 2, 3, 4, 5 \ldots$ zu erklären.

Die Entwicklungen LE BELS[1]) sind insofern allgemeiner, als sie nicht von bestimmten räumlichen Vorstellungen des Molekülbaues ausgehen, sondern an den von PASTEUR[2]) geschaffenen Begriff der molekularen Asymmetrie anknüpfen. Insbesondere abstrahiert LE BEL auch von der einseitigen Anwendung des Tetraederschemas; für das Molekül des Methans könnte z. B. auch eine vierseitige Pyramide in Frage kommen, wo die vier Wasserstoffatome an den Ecken der quadratischen Grundfläche und das Kohlenstoffatom an der Spitze sich befindet.

Verbindungen mit zwei asymmetrischen Kohlenstoffatomen und unsymmetrischer Struktur $Cabc - Cdef$ mit den Gruppendrehungsvermögen A und B für $Cabc$ bzw. $Cdef$ können in vier verschiedenen optischen Isomeren:

$$1.\ \begin{matrix}+A\\+B\end{matrix} \qquad 2.\ \begin{matrix}-A\\-B\end{matrix} \qquad 3.\ \begin{matrix}+A\\-B\end{matrix} \qquad 4.\ \begin{matrix}-A\\+B\end{matrix}$$

auftreten, von denen 1 und 2 sowie 3 und 4 gleiches und entgegengesetztes Drehungsvermögen besitzen und d + l oder r-Formen geben können. Ganz allgemein sind Verbindungen mit n asymmetrischen Kohlenstoffatomen

$$C^1abc - C^2de - C^3fg \ldots C^n uvw$$

in 2^n-Formen möglich, die optisch aktiv sind.

Bei symmetrischer Struktur reduziert sich die Zahl der isomeren Formen; ist $n = 2$: $Cabc - Cabc$, so werden die Gruppendrehungsvermögen A und B gleich, und von den obigen vier Formelbildern bleiben drei übrig:

$$1.\ \begin{matrix}+A\\+A\end{matrix} \qquad 2.\ \begin{matrix}-A\\-A\end{matrix} \qquad 3.\ \begin{matrix}+A\\-A\end{matrix}$$

1 und 2 stellen Spiegelbildformen dar, die zu inaktiven ($d + l$ oder r-) Formen zusammentreten können; diese durch sog. extramolekulare Kompensation inaktiven Verbindungen sind, wie in allen anderen derartigen Fällen, nach bestimmten, schon PASTEUR bekannten Methoden in die Spiegelbildisomeren spaltbar. 3 stellt hingegen einen neuen Typ, die durch intramolekulare Kompensation inaktive und nicht spaltbare Form dar (meso-Form).

---

[1]) J. A. LE BEL, Bull. Soc. Chim. (2) Bd. 22, S. 337. 1874. Weitere Literatur siehe LANDOLT I.

[2]) L. PASTEUR, Über die Asymmetrie bei natürlich vorkommenden organischen Verbindungen (1860). Ostwalds Klassiker Nr. 28.

Das bekannteste und im folgenden sehr häufig zu erwähnende Beispiel ist die Weinsäure[1]): $\overset{*}{C}H(OH)COOH \cdot \overset{*}{C}H(OH)COOH$; die drei Formen derselben werden durch folgende Projektionsformeln[2]) veranschaulicht:

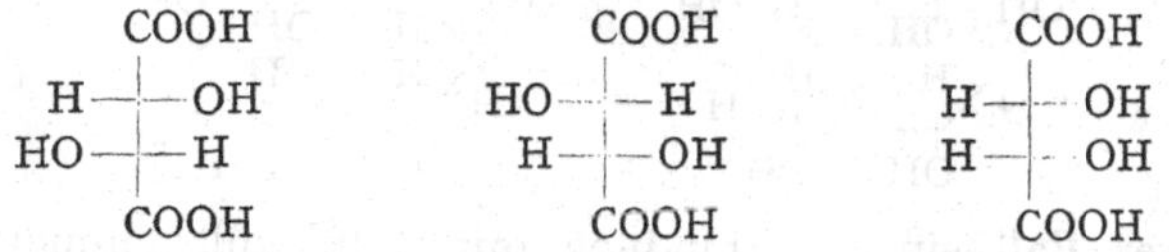

```
        COOH                COOH                COOH
    H ──┼── OH         HO ──┼── H          H ──┼── OH
    HO ──┼── H          H ──┼── OH          H ──┼── OH
        COOH                COOH                COOH
    I. d-Weinsäure      II. l-Weinsäure     III. meso-Weinsäure.
```

I und II treten zu der Razemform, der Traubensäure, einer Verbindung mit doppelter Molekulargröße zusammen[3]).

Weiteres über die Zahl der Isomeren bei Verbindungen mit mehr als zwei asymmetrischen Kohlenstoffatomen siehe in den in der Bibliographie genannten Schriften.

In der klassischen Stereochemie spielt das Prinzip der freien Drehbarkeit einfach gebundener Kohlenstoffatome eine wichtige Rolle. Dasselbe sagt aus, daß man bei Verbindungen mit einfach gebundenen Kohlenstoffatomen (mit einer C-C-Achse) durch eine Drehung um die die Kohlenstoffatome verbindende Achse nicht zu verschiedenen existenzfähigen Isomeren kommt.

```
        H                           H
    Cl ──┼── H                  Cl ──┼── H
    Cl ──┼── H        und        H ──┼── Cl
        H                           H
```

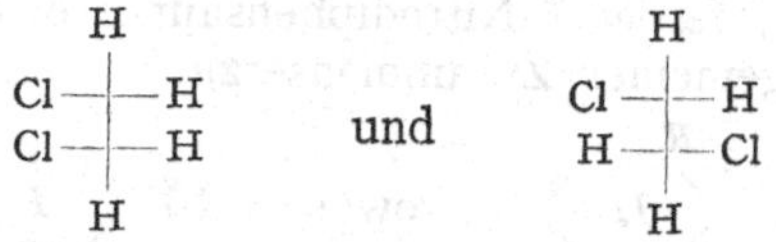

sind nicht für sich existierende Formen, es gibt nur eine Verbindung: $CH_2Cl \cdot CH_2Cl$. Erst neuerdings sind Fälle aufgefunden, die eine Durchbrechung des genannten Prinzips darstellen (s. weiter unten).

Es ist schon lange bekannt, daß das asymmetrische Kohlenstoffatom zwar eine hinreichende, aber noch keine notwendige Vorbedingung für optische Aktivität darstellt, denn es gibt eine Reihe von optisch aktiven Verbindungen, in denen kein asymmetrisches Kohlenstoffatom im Sinne VAN 'T HOFFS vorhanden ist. In diesen Fällen muß man die Symmetrieverhältnisse des gesamten Moleküls berücksichtigen. Um zu entscheiden, ob in gegebenen Fällen optische Antipoden möglich sind, bedarf es der Untersuchung, ob durch das Modell oder das aus diesem in geeigneter Weise abgeleitete Schema eine Symmetrieebene gelegt werden kann oder nicht. Moleküle optisch aktiver Verbindungen können keine Symmetrieebene besitzen. Zu diesen Verbindungen mit Molekülasymmetrie gehören u. a. Substitutionsprodukte zyklischer Systeme;

---

[1]) Im folgenden sind die asymmetrischen C-Atome bisweilen durch ein Sternchen bezeichnet.

[2]) In den Projektionsformeln sind die C-Atome an den Kreuzungspunkten zu denken; die in der Formel oben und unten stehenden COOH-Gruppen befinden sich am Tetraedermodell oberhalb der Papierebene und sind in diese projiziert, die rechts und links befindlichen H- und OH-Gruppen liegen in der Ebene des Papiers.

[3]) Die Bezeichnungen d und l sollen übrigens nicht den wirklichen Sinn der Drehung wiedergeben, sondern die Zugehörigkeit zu einer konfigurativen Normalsubstanz; als solche dient nach dem Vorschlage von E. FISCHER d-Glukose, deren relative Konfiguration durch diesen festgelegt ist. Konfigurationsbestimmungen haben augenblicklich in der organischen Chemie u. a. mit Rücksicht auf biologische Probleme eine gewisse Bedeutung. Es werden hierzu Methoden bevorzugt, die auf dem polarimetrischen Vergleich analoger optisch aktiver Verbindungen beruhen und die von C. W. CLOUGH, C. S. HUDSON, K. FREUDENBERG u. a. ausgearbeitet sind; zur Literatur s. u. a. K. FREUDENBERG u. L. MARKERT, Chem. Ber. Bd. 60, S. 2447. 1927.

ein bekanntes Beispiel ist Hexaoxy-cyclohexan: $[CH \cdot (OH)]_6$. Von den möglichen Formen gibt es zwei: d- und l-Inosit, die sich wie Bild und Spiegelbild verhalten.

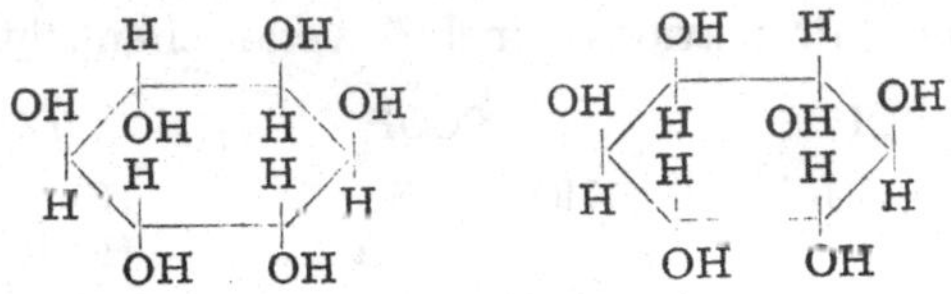

Ein weiterer Fall einer Verbindung mit „Molekülasymmetrie", die kein asymmetrisches Kohlenstoffatom enthält, ist das Spiranderivat

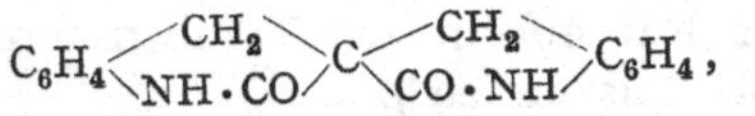

das als Disulfosäure in Form von Spiegelbildisomeren erhalten wurde[1]).

Weitere Fälle von optischer Isomerie, die sich der klassischen Stereochemie VAN 'T HOFFS nicht ohne weiteres einordnen lassen, sind neuerdings bei einigen Derivaten des Diphenyls

$C_6H_5—C_6H_5$ = 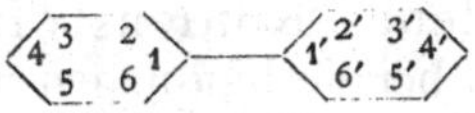

aufgefunden. Nach Versuchen von CHRISTIE und KENNER[2]) sowie von BELL und KENYON[3]) u. a., die von anderen Seiten[4]) bestätigt wurden, gelang es 6, 6'-Dinitro-, 6, 6'-Dichlor-, ferner 6-Nitrodiphensäure sowie andere Derivate des Diphenyls von der allgemeinen Zusammensetzung:

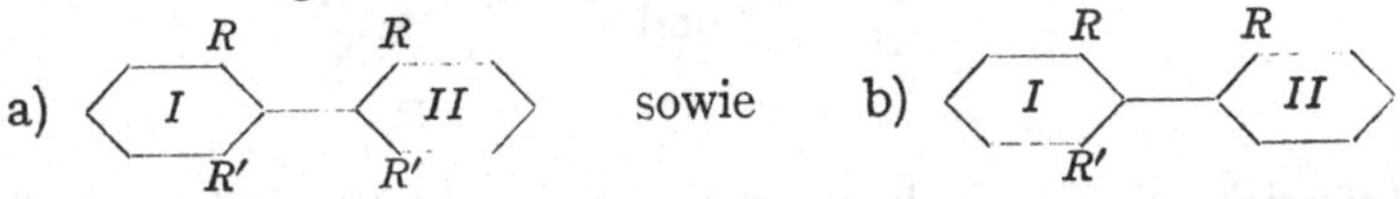
a)
R
R
I
II
R'
R'
sowie
b)
R
R
I
II
R'

in Spiegelbildisomere zu zerlegen (Diphensäure = 2, 2'-Diphenyl-dicarbonsäure). Die Existenz dieser Isomeren hängt damit zusammen, daß bei bestimmter Art von Substitution im einfachsten Falle wie bei b) die freie Drehbarkeit der beiden Benzolkerne aufgehoben ist, wobei die Raumerfüllung der Radiale R und R' ausschlaggebend wirkt.

Tritt nämlich bei hinreichender räumlicher Ausdehnung der Substituenten R und R' Berührung bzw. Überdeckung derselben ein, so ist damit die Möglichkeit gegeben, daß sich die Kerne *I* und *II* unter Fixierung gewisser Gleichgewichtslagen zueinander senkrecht oder annähernd senkrecht stellen können, womit im Sinne des obigen Schemas, siehe c) und d), Molekülasymmetrie auftreten muß.

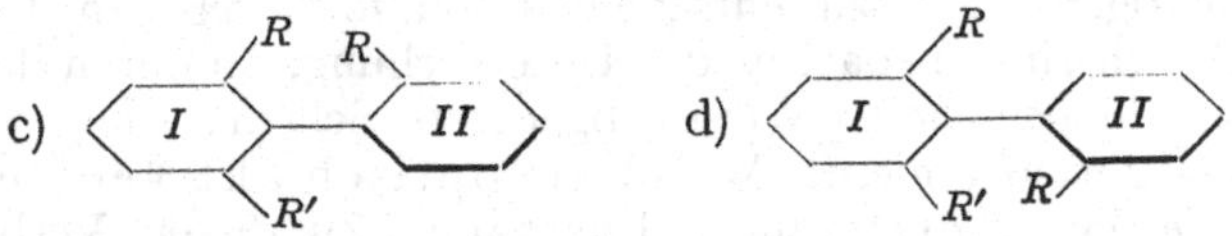
c)
R
R
I
II
R'
d)
R
I
II
R'
R

b) Homologe des Kohlenstoffs. Die Darstellung optisch aktiver Verbindungen des Siliziums ist KIPPING[5]) gelungen, der z. B. Silicolanhydride wie:

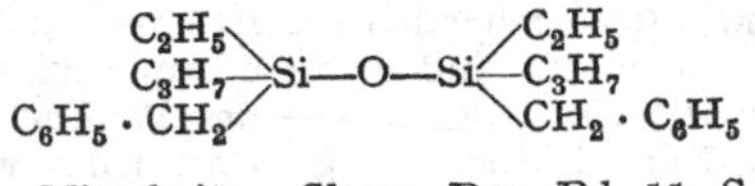

[1]) Siehe H. LEUCHS u. Mitarbeiter, Chem. Ber. Bd. 55, S. 2131. 1922.

[2]) G. H. CHRISTIE u. J. KENNER, Journ. chem. soc. Bd. 121, S. 614. 1922; Bd. 123, S. 779 u. 1948. 1923; 1926, S. 671.

[3]) F. BELL u. J. KENYON, Journ. chem. soc. 1926, S. 2707.

[4]) Siehe J. MEISENHEIMER u. M. HÖRING, Chem. Ber. Bd. 60, S. 1425. 1927; daselbst weitere Literatur.

[5]) F. ST. KIPPING, Proc. Chem. Soc. Bd. 23, S. 9. 1907; Journ. chem. soc. Bd. 91, S. 717. 1907.

in optisch aktiven Formen gewann, während POPE und PEACHEY[1]) optisch aktive Verbindungen des vierwertigen Zinns z. B. Methyl-äthyl-propyl-zinnjodid: $CH_3 \cdot C_2H_5 \cdot C_3H_7 \cdot Sn \cdot J$ isolierten.

c) Gruppe des Stickstoffs. Optisch aktive Ammoniumsalze von asymmetrischer Struktur: $[Nabcd]X$, $X = $ Anion, sind mit Sicherheit zuerst von POPE und PEACHEY[2]) erhalten, die u. a. Salze des Benzyl-phenyl-allyl-methyl-ammoniums, z. B. das Jodid $[N \cdot C_7H_7 \cdot C_6H_5 \cdot C_3H_5 \cdot CH_3] J$ in d- und l-Formen zerlegten. Die Stereochemie dieser Verbindungen ist später von WEDEKIND[3]) weiter gefördert. In ihren Asymmetrieverhältnissen entsprechen diese Ammoniumsalze bzw. ihre Kationen I, in denen die Koordinationszahl des Stickstoffs nach WERNER gleich 4 ist, völlig den asymmetrischen Verbindungen des vierwertigen Kohlenstoffs II:

$$\text{I } [Nabcd]X \qquad \text{II } [Cabcd].$$

Schließlich sind Aminoxyde, wie Methyl-Äthyl-phenylaminoxyd I sowie daraus sich ableitende Salze II und die Base III von MEISENHEIMER[4]) in aktiven Formen gewonnen:

$$\text{I.} \begin{bmatrix} CH_3 \\ C_2H_5 \end{bmatrix} N \begin{matrix} O \\ C_6H_5 \end{matrix} \qquad \text{II.} \begin{bmatrix} CH_3 \\ C_2H_5 \end{bmatrix} N \begin{matrix} OH \\ C_6H_5 \end{matrix} X \qquad \text{III.} \begin{bmatrix} CH_3 \\ C_2H_5 \end{bmatrix} N \begin{matrix} OH \\ C_6H_5 \end{matrix} OH$$

dem auch die Aktivierung analoger Verbindungen des Phosphors gelang[5]).

d) Gruppe des Schwefels. Derivate des sog. vierwertigen Schwefels und Selens sind von POPE und Mitarbeitern in spiegelbildisomeren Formen gewonnen. Es genügt, hier zwei Vertreter dieser Verbindungen zu nennen:

$$CH_3 \diagdown \diagup CH_2 \cdot COOH \qquad\qquad CH_3 \diagdown \diagup CH_2 \cdot COOH$$
$$C_2H_5 \diagup S \diagdown Br \qquad\qquad\qquad C_2H_5 \diagup Se \diagdown Br$$

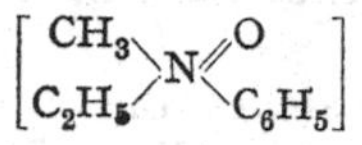

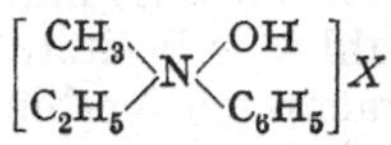

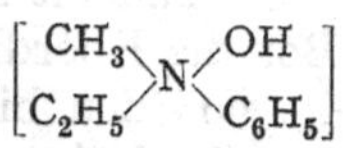

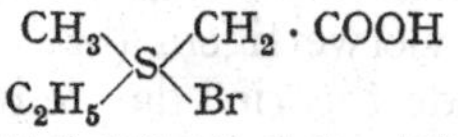

Methyl-äthyl-thetin-bromid[6])   Methyl-äthyl-selenetin-bromid[7])

dieselben sind Salze der Kationen von der allgemeinen Zusammensetzung: $[Rabc]X$, $R = S, Se$, die hinsichtlich ihrer Symmetrieverhältnisse nicht ohne weiteres mit den Ammoniumsalzen vergleichbar sind, da in den Schwefel- und Selenverbindungen das Zentralatom die Koordinationszahl 3 besitzt. Auch in diesen Fällen lassen sich die Verbindungen auf den Tetraedertypus beziehen, falls man dem Schwefel- bzw. Selenatom eine Ecke des Tetraeders anweist, während die Gruppen abc die drei anderen Ecken besetzen (das Anion X ist wie bei den Ammoniumsalzen in der äußeren Sphäre des Komplexes zu denken).

Von Interesse für die Stereochemie des Schwefels ist ein neuer Befund von PHILLIPS[8]), daß auch Sulfinsäureester, z. B.:

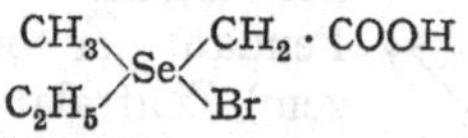

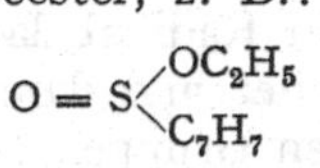

$$O = S \diagup \begin{matrix} OC_2H_5 \\ C_7H_7 \end{matrix}$$

in optisch aktiven Formen existieren; dieser Fall läßt sich formal dem eben behandelten der Thetinsalze unterordnen (S in einer Tetraederecke). PHILLIPS bevorzugt folgende Deutung; er nimmt an, daß die $S = O$-Doppelbindung eine

---

[1]) W. J. POPE u. ST. J. PEACHEY, Proc. Chem. Soc. Bd. 16, S. 42. 1900.

[2]) W. J. POPE u. ST. J. PEACHEY, Journ. chem. soc. Bd. 75, S. 1127. 1899.

[3]) E. WEDEKIND, Entwicklung der Stereochemie des fünfwertigen Stickstoffs. Stuttgart 1909.

[4]) J. MEISENHEIMER, Chem. Ber. Bd. 41, S. 3966. 1908.

[5]) J. MEISENHEIMER u. L. LICHTENSTADT, Chem. Ber. Bd. 44, S. 356. 1911.

[6]) W. J. POPE u. ST. J. PEACHEY, Journ. chem. soc. Bd. 77, S. 1072. 1900.

[7]) W. J. POPE u. A. NEVILLE, Proc. Chem. Soc. Bd. 18, S. 198. 1902.

[8]) H. PHILLIPS, Journ. chem. soc. Bd. 127, S. 2552. 1925.

„semipolare" ist und drückt das durch folgendes Konstitutionsbild des Sulfin-
säureesters aus:

$$-O-\overset{\overset{\displaystyle OC_2H_5}{|}}{\underset{\underset{\displaystyle C_7H_7}{|}}{S}}+$$

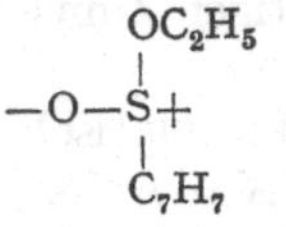

das im Sinne der Oktettheorie von LANGMUIR u. a. unter Berücksichtigung der
Elektronenverteilung des Schwefels und der am Schwefel gebundenen Atome
noch weiter aufgelöst werden kann. Damit läßt sich die optische Aktivität zurückführen auf ein Atom, das an drei verschiedene Gruppen gebunden ist und
eine positive Ladung trägt, d. h. ein Elektron verloren hat.

e) Gruppe des Bors. Schließlich ist auch bei einem Element der 3. Gruppe
des periodischen Systems, nämlich beim Bor, optische Aktivität aufgefunden.
BÖESEKEN[1]) hat u. a. Borsalizylsäure in die Spiegelbildisomeren zerlegt, die das
komplexe Anion:

$$\left[C_6H_4 \overset{\displaystyle O}{\underset{\displaystyle CO\cdot O}{\diagup}}\hspace{-0.3em}\diagdown\hspace{-0.3em} B \overset{\displaystyle O}{\underset{\displaystyle O\cdot CO}{\diagdown}}\hspace{-0.3em}\diagup\hspace{-0.3em} C_6H_4 \right]'$$

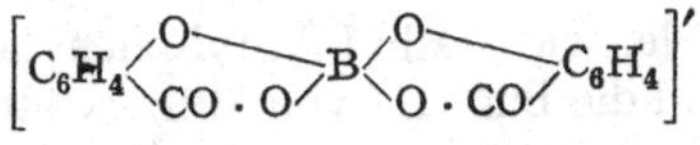

enthalten. Es handelt sich hier um ein sog. innerkomplexes Salz, in dem drei-
wertiges Bor die Koordinationszahl vier besitzt.

Abseits von den bisher betrachteten Verbindungen stehen die
f) optisch aktiven WERNERschen Salze. Die Existenz dieser Isomeren,
die bei Derivaten von Komplexen der allgemeinen Formel $[Me\,R_6]$ zuerst von
WERNER aufgefunden sind, bildet den schärfsten Beweis für die
Richtigkeit der von diesem Forscher für Komplexe mit der Koordinationszahl 6 vorgeschlagenen „Oktaedertheorie", die sich als
Pendant der für Verbindungen mit vierwertigem (bzw. vierzähli-
gem) Zentralatom gültigen „Tetraedertheorie" darstellt. Zur Erklärung aller Isomerieerscheinungen bei Verbindungen mit sechs-
zähligem Zentralatom hat sich folgende Annahme als ausreichend

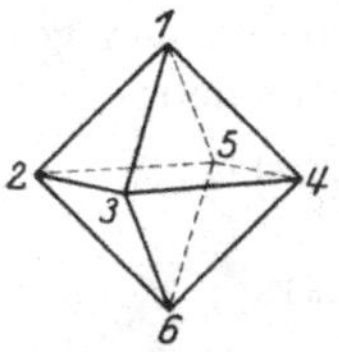

Abb. 2. WERNERS
Oktaederschema für
sechszählige Kom-
plexe [$M_e\,R_6$].
1 · 2 = cis-Stellung
1 · 6 = trans-Stellung

erwiesen: die sechs mit dem Zentralatom verbundenen Gruppen R
sind symmetrisch im Raume verteilt und daher in den Ecken eines
regulären Oktaeders, s. Abb. 2, anzunehmen, in dessen Schwerpunkte sich das zentrale Metallatom selbst befindet. Spiegel-
bildisomerie ist nun bei folgenden drei Grundtypen von komplexen Radi-
kalen beobachtet:

$$I\ [Me\,br_3], \qquad II\ \left[Me\ \overset{\displaystyle br_2}{\underset{\displaystyle X_2\,cis}{}}\right], \qquad III\ \left[Me\ \overset{\displaystyle br_2}{\underset{\displaystyle cis}{X\ Y}}\right].$$

br stellt hier ein Molekül bzw. ein Radikal dar, das gewissermaßen als Brücke
zwei Ecken des Oktaeders verbindet und damit die Asymmetrie des gesamten
Moleküls bedingt, falls die übrigen Gruppen $2X$ bzw. X und Y sich in Kanten-
oder cis- (1, 2-) Stellung des Oktaeders befinden. Als Brücken fungieren in erster
Linie Äthylendiamin $NH_2 \cdot CH_2 \cdot CH_2 \cdot NH_2 = en$ und ähnliche Diamine wie
$NH_2 \cdot CH(CH_3) \cdot CH_2 \cdot NH_2 = pn$ ferner der Rest der Oxalsäure $O \cdot CO \cdot CO \cdot O$
und anderer zweibasischer Säuren. Wie leicht zu erkennen, ist jedes der obigen
komplexen Radikale I bis III, das sowohl Kation als Anion

$$([Cr\,en_3]\,\cdots Cl_3, \qquad [Cr(C_2O_4)_3]\,\prime\prime\prime K_3)$$

sein kann, in zwei Spiegelbildisomeren (d- und l-Form) denkbar, die sich zueinander wie ein Gegenstand zu seinem nicht deckbaren Spiegelbild verhalten

---

[1]) J. BÖESEKEN, s. Chem. Ber. Bd. 58, S. 268. 1925, woselbst weitere Literatur.

(s. Abb. 3). Die ersten Komplexe, bei denen Aktivierung gelang, waren solche mit „asymmetrischem Kobaltatom“[1]).

$$\left[\begin{matrix}1\,Cl\\ 2\,H_3N\end{matrix}\,Co\,en_2\right]X_2 \quad \text{und} \quad \left[\begin{matrix}1\,Br\\ 2\,NH_3\end{matrix}\,Co\,en_2\right]X_2$$

1-Chloro-2-ammin-diäthylendiamin-cobaltsalze. 1 Bromo-2-ammin-diäthylendiamin-cobaltsalze.

Von interessanten optisch aktiven Komplexen seien noch folgende genannt:

$$[Co\,en_3]X_3\,, \quad [Co(C_2O_4)_3]Me_3\,, \quad [Fe(C_2O_4)_3]Me_3\,, \quad \left[Co\left(\begin{matrix}HO\\ HO\end{matrix}{>}Co(NH_3)_4\right)_3\right]X_6.$$

Manche Komplexe sind durch sehr hohes Drehungsvermögen ausgezeichnet, so ist $[M]_{\lambda=527}$ für $[Co\,en_3]Br_3 \sim 3100$ noch höhere Rotationen kommen bei gewissen mehrkernigen Komplexen wie Dodekammin-hexoltetrakobaltibromid[2]) $\left[Co\left(\begin{matrix}HO\\ HO\end{matrix}{>}Co(NH_3)_4\right)_3\right]Br_6$ vor, für diesen völlig kohlenstofffreien Komplex ist

$$[\alpha]_{560} = -4500 \quad \text{und} \quad [M]_{560} = -47610°.$$

Außer Co-, Cr-, Fe-Komplexen sind noch diejenigen des Platins, Iridiums, Rhodiums und neuerdings auch des Aluminiums ($[Al(C_2O_4)_3](NH_4)_3$)[3]) aktiviert worden.

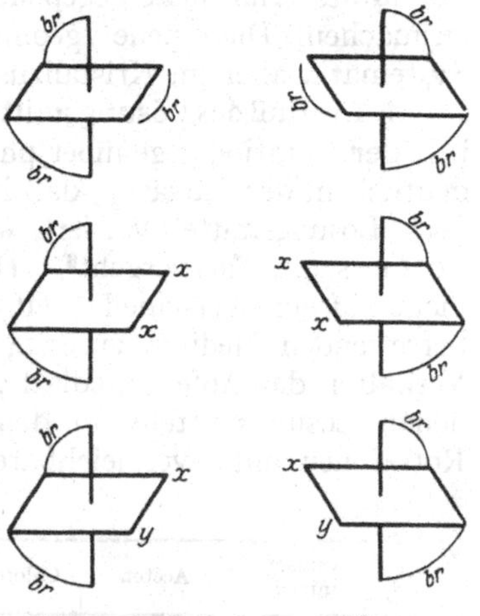

d-Formen *l*-Formen

Abb. 3. Spiegelbild — isomere WERNERsche Komplexe.

Von verschiedenen Seiten, unter anderen von WALDEN[4]), ist darauf hingewiesen, daß man sich das VAN 'T HOFFsche Kohlenstofftetraeder nicht als starres Modell vorzustellen hat. Die Auffassung der Valenzen des Kohlenstoffs als (nach den Ecken eines Tetraeders) gerichteter Einzelkräfte führt zu vielfachen Widersprüchen mit der Erfahrung; so ist es nicht möglich, mit Hilfe dieser Vorstellung die Umwandlungserscheinungen optischer Antipoden, vor allem die Razemisation, d. h. die Umlagerung der optisch aktiven Formen in die inaktiven $d-A \rightarrow (d-A+l-A) \leftarrow l-A$ zu erklären, die bisweilen als Autorazemisation ohne jeden katalytischen Einfluß vonstatten geht. Die Vorstellung starrer Valenzkräfte ist ferner ungeeignet zur Erklärung der gegenseitigen Umwandlung optischer Antipoden ohne vorherige Razemisation, d. h. der WALDENschen Umkehrung. Man versteht darunter die Möglichkeit, aus einer optisch aktiven Verbindung etwa $d-Cabcd$ vermittels einer chemischen Reaktion I ein Derivat der entgegengesetzt drehenden Form $l-Cabd'c$ darzustellen, das dann mit Hilfe einer zweiten Reaktion II in den optischen Antipoden der ursprünglichen Verbindung übergeführt wird:

$$d-Cabcd \overset{I}{\rightarrow} l-Cabd'c \overset{II}{\rightarrow} l-Cabdc.$$

Es hat nicht an Versuchen gefehlt, die ursprüngliche VAN 'T HOFFsche Theorie zu erweitern, so daß auch eine teilweise Erklärung der erwähnten dynamischen

[1]) A. WERNER, Chem. Ber. Bd. 44, S. 1887, 2445 u. 3132. 1911; weitere Literatur s. WERNER-PFEIFFER, Neuere Anschauungen auf dem Gebiete der anorganischen Chemie.

[2]) A. WERNER, Chem. Ber. Bd. 47, S. 3087. 1914.

[3]) W. WAHL, Chem. Ber. Bd. 60, S. 399. 1927.

[4]) P. WALDEN, Optische Umkehrungserscheinungen. Braunschweig 1919; s. auch WALDEN II.

Verhältnisse des asymmetrischen Kohlenstoffatoms möglich erscheint. Es sei in diesem Zusammenhang an die Versuche WERNERS[1]) erinnert, der unter Aufgabe der Vorstellung der Valenz als gerichteter Einzelkraft und unter Berücksichtigung der intramolekularen Bewegungen der vier Gruppen eine Erklärung der Razemisationserscheinungen anstrebte. Von den vielen Erklärungsversuchen der WALDENschen Umkehrung seien nur die von FISCHER[2]) und v. WEINBERG[3]) genannt. Ferner hat STARK[4]) versucht, auf Grund seiner elektroatomistischen Auffassung der Valenz die Erscheinungen der WALDENschen Umkehrung zu deuten.

Abschließend ist noch auf Bestrebungen hinzuweisen, die eine fundamentale Umgestaltung der klassischen Stereochemie zum Ziele haben. WEISSENBERG hat die von SCHÖNFLIESS[5]) u. a. geschaffene kristallographische Symmetrielehre auf die chemischen Systeme übertragen, um so bestimmte Aussagen über die Stabilitätsverhältnisse gegebener Atomanordnungen im kristallisierten Zustande zu machen. Diese neue „geometrische Stereochemie" WEISSENBERGS stellt eine Systematik aller im Kristallzustande denkbaren Atomanordnungen dar.

4. Einfluß des Lösungsmittels auf das Drehungsvermögen. Die Empfindlichkeit der Rotation gegenüber physiko-chemischen Faktoren äußert sich besonders deutlich in der Tatsache, daß in vielen Fällen das Drehungsvermögen stark mit dem Lösungsmittel variiert wie aus Versuchen von FREUNDLER, LANDOLT, TOLLENS u. a. hervorgeht[6]). Diese Lösungsmitteleinflüsse können in der Regel nicht auf eine Verschiedenheit im Assoziationsgrade des gelösten Stoffes in dem betreffenden Medium zurückgeführt werden. Von neueren Beispielen sei das Verhalten des Äpfelsäurediäthylesters[7]) (Tabelle 1) aufgeführt, der in verschiedenen Lösungsmitteln, in denen er monomolekular gelöst ist, folgende spez. Rotationen unter vergleichbaren Bedingungen aufweist:

Tabelle 1.

Lösungsmittel	Aceton	Chloroform	Methylalkohol	Äthylacetat	Benzol	homogen
$[\alpha]_D$	− 13,24	− 5,39	− 10,68	− 11,98	− 9,5	− 10,2

Wertvolles Material zu der Frage des Lösungsmitteleinflusses verdankt man ferner PATTERSON[8]). Es ist charakteristisch, daß dieser Effekt besonders bei Stoffen mit anomaler Rotationsdispersion angetroffen wird (vgl. Ziff. 13).

WALDEN[9]) hat überzeugend dargetan, daß die Lösungsmitteleffekte in vielen Fällen auf eine chemische Beteiligung des Solvens hinweisen: „wenn bei einer optisch aktiven Substanz Größe und Sinn der Drehung durch äußere Faktoren, wie Lösungsmittel u. a., sich meßbar ändern, so haben diese Faktoren in dem gegebenen System der aktiven Molekel chemische Reaktionen ausgelöst und neue Gleichgewichte herbeigeführt".

[1]) A. WERNER, Vierteljschr. d. naturf. Ges. Zürich Bd. 36, S. 1. 1891; s. auch E. BLOCH, Werners Theorie des Kohlenstoffatoms. Wien 1903.

[2]) E. FISCHER, Lieb. Ann. Bd. 402, S. 364. 1914.

[3]) A. v. WEINBERG, Kinetische Stereochemie. Braunschweig 1914.

[4]) J. STARK, Prinzipien der Atomdynamik Bd. III. 1915.

[5]) Von wichtigerer Literatur sei genannt: K. WEISSENBERG, ZS. f. Krist. Bd. 62, S. 13 u. 52. 1925; Bd. 63, S. 221. 1926; Chem. Ber. Bd. 59, S. 1526. 1926; H. MARK u. K. WEISSENBERG, ZS. f. Phys. Bd. 17, S. 301. 1923; F. RICHTER, Naturwissensch. Bd. 14, S. 889. 1926; W. HÜCKEL, Chem. Ber. Bd. 59, S. 2826. 1926; A. SCHLEEDE u. A. HETTICH, ZS. f. anorg. Chem. Bd. 172, S. 121. 1928.

[6]) Die ältere Literatur s. bei LANDOLT I.

[7]) P. WALDEN, Chem. Ber. Bd. 38, S. 389. 1905; Bd. 40, S. 2463. 1907.

[8]) T. S. PATTERSON, Literatur s. S. 918.

[9]) P. WALDEN I.

Man wird allerdings auch berücksichtigen müssen — was von chemischer Seite bis jetzt nicht genügend geschehen — daß die Beteiligung des Lösungsmittels keine eigentliche chemische zu sein braucht (Bildung von Solvaten nach stöchiometrischen Gesetzen), sondern in vielen Fällen auch auf einer gegenseitigen elektrostatischen Wechselwirkung zwischen den optisch aktiven und Lösungsmittelmolekülen beruhen kann. In der Mehrzahl der Fälle (Alkohole, Ester, Säuren, Amine) sind die drehenden Moleküle solche mit ausgesprochenem Dipolcharakter; sind diese in der Lösung ebenfalls von Dipolmolekülen des Solvens umgeben, so sind gegenseitige Beeinflussungen vorherzusehen, die zu Drehungsänderungen führen müssen.

5. Abhängigkeit des Drehungsvermögens von der Temperatur. Bei allen Stoffen beobachtet man eine mehr oder weniger große Abhängigkeit der $[\alpha]$-Werte von der Temperatur; relativ gering ist diese bei Rohrzuckerlösungen, 1 Grad Temperaturerhöhung erniedrigt $[\alpha]$ nur um etwa 0,04% [1]. Der Temperatureinfluß wird durch Formeln wie $[\alpha]^t = a + bt$ oder

$$[\alpha]^t = a + bt + ct^2 \tag{1}$$

u. a. zum Ausdruck gebracht. In der aus (1) durch Umformung hervorgehenden Formel:

$$[\alpha]^t = a_1 + b_1(t - t_0)^2 \tag{2}$$

mit 3 Konstanten bedeutet t_0 die Temperatur eines allfälligen Drehungsmaximums, a_1 ist die spezifische Drehung bei der Maximaltemperatur, b_1 ist der eigentliche Temperaturkoeffizient, der für die verschiedenen Farben und für die Glieder zusammengehöriger Reihen die Vergleichung des Temperatureinflusses ermöglicht. Der Temperatureinfluß auf die Drehung der Weinsäure und ihrer Ester ist sehr eingehend von WINTHER[2]) untersucht, t_0 ist hier bei ein und demselben Stoff für alle Farben gleich. Legt man die Formel (1) zugrunde, so sind in manchen Fällen die Verhältnisse $b : a$ und $c : a$ für alle Farben gleich, für Quarz steigt $b : a$ mit der Brechbarkeit, weit größere Effekte dieser Art sind bei Weinsäure beobachtet[3]).

6. Die Abhängigkeit des Drehungsvermögens von der Konzentration ist ebenso von Fall zu Fall verschieden, sie kann vielfach durch Formeln wie $[\alpha] = A + Bq + Cq^2$ oder seltener durch eine lineare Beziehung: $[\alpha] = A + Bq$ ausgedrückt werden, wo q den Prozentgehalt an inaktivem Lösungsmittel bedeutet. Eine lineare Änderung der Drehung von der Konzentration zeigt z. B. Nikotin in alkoholischer Lösung:

$$[\alpha]_D^{20^\circ} = 160{,}83 - 0{,}2224\, q\,.$$

Die Änderung der spezifischen Drehung bei zunehmender Verdünnung mit inaktiver Substanz erfolgt ganz allmählich, so daß sich aus dem Drehungsvermögen einer Anzahl von Lösungen dasjenige der gelösten flüssigen aktiven Substanz rechnerisch mit mehr oder weniger großer Genauigkeit ermitteln läßt. In einigen Fällen durchläuft die Kurve, die die Abhängigkeit der spez. Drehung von der Konzentration ausdrückt, ein Minimum, ein solches tritt in verdünnten wässerigen Nikotinlösungen auf; Kampfer in Isovaleriansäure zeigt bei 38,55% Kampfer ein flaches Minimum der spez. Drehung. Bei anderen Stoffen äußert sich die Konzentrationsvariation sogar in einem Drehungswechsel, so bei wässerigen Lösungen von Apfelsäure, die oberhalb 36,7% Säure rechtsdrehend, unterhalb 36,7% linksdrehend sind; auch in Lösungen einiger Malate (Natriummalat, Natrium-

[1]) Die ältere Literatur s. bei LANDOLT I.
[2]) CHR. WINTHER, ZS. f. phys. Chem. Bd. 41, S. 161. 1902; Bd. 45, S. 331. 1903.
[3]) Literatur s. bei CHR. WINTHER, l. c.

hydromalat u. a.) tritt bei bestimmten Konzentrationen Vorzeichenwechsel ein. Strenge Konstanz der spez. Drehung ist bei keinem Stoff vorhanden und auch theoretisch unwahrscheinlich. Selbst Verbindungen wie Rohrzucker und andere Zuckerarten, auf deren Konstanz der $[\alpha]$-Werte die exakte quantitative Bestimmung dieser Stoffe beruht (polarimetrische Analyse) zeigen innerhalb größerer Konzentrationsbereiche merkliche Änderungen der $[\alpha]$-Werte. Für Rohrzucker leitete TOLLENS folgende Formel aus seinen Beobachtungen ab:

$$[\alpha]_D^{20^\circ} = 66{,}386 + 0{,}015035\, p - 0{,}0003986\, p^2$$

(p Prozentgehalt an Rohrzucker, gültig zwischen $p = 3{,}8$ und $69{,}2\%$).

7. Drehungsänderung durch inaktive Stoffe. Bisweilen vermögen auch scheinbar indifferente Zusätze das Drehungsvermögen wesentlich zu ändern. Schon BIOT beobachtete die starke Erhöhung der Rotation der Weinsäure, die diese auf Zusatz von Borsäure erleidet. Bekannt ist ferner seit langem die drehungssteigernde Wirkung des Borax auf Mannit und Verbindungen der Mannitgruppe. Über den drehungssteigernden Einfluß der molybdänsauren, wolfram- und uransauren Salze auf Weinsäure liegen ältere Arbeiten von GERNEZ[1]) vor. Die Beeinflussung der Rotation der Glukose und Lävulose durch anorganische Salze (Th, Ce, Zr, Zn, Cd, Stannate, Arseniate u. a.) wurde in großem Umfange von RIMBACH und WEBER[2]) untersucht. Eingehende Messungen des Drehungsvermögens bei Salzen vom Typus des Brechweinsteins $(C_4H_4O_6)\,SbO.K$ der Borweinsäurekomplexe verdankt man vor allem DARMOIS[3]), der auch den Einfluß der Molybdänsäure und ihrer Salze auf die Drehung der Äpfelsäure und der Äpfelsäureester studierte[4]). Rotationsmessungen an wässerigen Lösungen der Bor-Weinsäure im Ultraviolett bei verschiedenen Wellenlängen sind von DESCAMPS[5]) ausgeführt.

In der Mehrzahl der Fälle handelt es sich um die Bildung neuer Komplexe (mit den zugesetzten Salzen) von wesentlich anderem Drehungsvermögen, die bisweilen auch durch andere Methoden nachgewiesen werden konnten[6]), vereinzelt gelang es auch, die Zusammensetzung der Komplexe aus den optischen Daten festzustellen.

Diesen meist erheblichen auf einer wesentlichen Veränderung der aktiven Molekel beruhenden Effekten stehen die meist geringfügigen Drehungsvariationen gegenüber, die durch neutrale Salze der Alkalien und Erdalkalien auf aktive Stoffe ausgelöst werden. So wird nach FARNSTEINER[7]) die spezifische Drehung des Rohrzuckers durch die Chloride des K, Na, Li, Ba, Sr, Ca, Mg merklich erniedrigt. Eine befriedigende Erklärung für diese Effekte hat TAMMANN[8]) gegeben, sie hängen größtenteils mit der Zunahme des inneren Druckes der Lösung infolge des Salzzusatzes zusammen, denn es ist durch Versuche[9]) erwiesen, daß auch durch äußeren Druck die Drehung der Rohrzuckerlösung im entsprechenden Sinne verändert wird.

---

[1]) Siehe die ältere Literatur bei LANDOLT I.

[2]) E. RIMBACH u. O. WEBER, ZS. f. phys. Chem. Bd. 51, S. 473. 1905.

[3]) E. DARMOIS, Bull. Soc. Chim. Belg. Bd. 36, S. 64. 1927; Journ. chim. phys. Bd. 23, S. 649 u. 130. 1926.

[4]) E. DARMOIS, Journ. de Phys. et Rad. (6) Bd. 4, S. 49. 1923; C. r. Bd. 176, S. 1140. 1923. Siehe auch C. r. Bd. 177, S. 49. 1923.

[5]) R. DESCAMPS, C. R. Bd. 184, S. 453 u. 876. 1927.

[6]) Siehe z. B. G. MAGNANINI, ZS. f. phys. Chem. Bd. 6, S. 58. 1890; Bd. 9, S. 230. 1892; Bd. 11, S. 281. 1893; vgl. VAN 'T HOFF I, S. 90.

[7]) K. FARNSTEINER, Chem. Ber. Bd. 23, S. 3570. 1890.

[8]) G. TAMMANN, Über die Beziehungen zwischen den inneren Kräften und Eigenschaften der Lösungen. 1907.

[9]) L. K. SIERTSEMA, Arch. Néerland. (2) Bd. 3, S. 79. 1899.

8. Drehungsvermögen der Elektrolyte. Nach Versuchen von OUDEMANS, LANDOLT u. a.[1]) besitzen die Salze optisch aktiver Basen mit inaktiven Säuren sowie aktiver Säuren mit inaktiven Basen Drehungsvermögen, die in hinreichender Verdünnung unabhängig sind von der Natur des inaktiven Bestandteils. So liegt die spez. Drehung der Chinasäure in den Chinaten $Me \cdot C_7H_{11}O_6$ (Me = K, Na, NH_4, Ba/2, Sr/2, Ca/2, Mg/2) bei 2,6 g Chinasäure in 100 ccm Wasser zwischen 46,6 und 48,9°.

Jenes Gesetz von OUDEMANS-LANDOLT ist eine selbstverständliche Forderung der Theorie der elektrolytischen Dissoziation[2]).

Starke Säuren wie α-Bromkampfersulfonsäure $C_{10}H_{14}BrO \cdot SO_3H$ und ihre Salze besitzen bei gleichen Konzentrationen annähernd gleiches Drehungsvermögen[3]). Der hier häufig gemachte Befund, daß mit zunehmender Verdünnung die Molrotation sich nur wenig ändert, kann im Sinne der neueren Theorie der starken Elektrolyte so gedeutet werden, daß derartige Salze völlig dissoziiert sind.

Bei schwachen und mittelstarken Elektrolyten und ihren Ionen, besonders mehrbasischen Säuren (Weinsäure und Tartrationen: $H_2 \cdot C_4H_4O_6$, $H \cdot C_4H_4O_6'$, $C_4H_4O_6''$) sind in der Regel große Unterschiede in der Drehung vorhanden.

Sind Kation und Anion aktiv, so ist die Drehung des Salzes ungefähr gleich der algebraischen Summe der Drehungen der Einzelionen wie WALDEN am bromkampfersulfonsauren Morphin nachwies, dessen $[M]_D$ für $v = 30$ l $-100°$ betrug, während die Drehung des Morphinions $-370°$ und die des Anions $+270°$ ist.

Eingehende Untersuchungen über die Drehung des Tartrations $C_4H_4O_6''$ verdankt man neuerdings DARMOIS[4]). Um gewisse Drehungsanomalien der Weinsäure zu erklären, hat man angenommen, daß die Drehung des Tartrations unter allen Umständen konstant ist. DARMOIS zeigte, daß das bei Gegenwart von Salzen nicht der Fall ist, setzt man z. B. Kalziumchlorid zu Natriumtartratlösungen, so wird die Rechtsdrehung geringer als in reinem Wasser, zwischen 3 und 4 m. $CaCl_2$ Null und in noch konzentrierterer Lösung negativ. Von ähnlicher Größe ist der Effekt bei Strontium- und Bariumchlorid, geringer ist er bei Kalziumnitrat. Ganz besonders groß ist die rotationsvermindernde Wirkung auf Zusatz von Salzen der dreiwertigen seltenen Erden wie $La(NO_3)_3$ und $Ce(NO_3)_3$, hier tritt der Effekt schon bei geringer Konzentration des Zusatzes auf. Auch Thoriumnitrat $Th(NO_3)_4$ äußert eine sehr große Wirkung, die aber in entgegengesetzter Richtung liegt.

Die Abhängigkeit des Drehungsvermögens schwacher Basen und Säuren von der Wasserstoffionenkonzentration, aus der u. a. die Dissoziationskonstanten der schwachen Elektrolyte berechenbar sind, haben LIQUIER[5]), VLES und VELLINGER[6]) u. a. gemessen.

9. Zur Theorie der Veränderlichkeit des Drehungsvermögens. Versuche, die Abhängigkeit der optischen Drehung von den genannten Faktoren, vor allem der Konzentration, Temperatur und Lösungsmittel dem Verständnis näher zu bringen, sind sehr zahlreich. So hat man Bildung von Assoziationsprodukten, Verbindungen mit dem Lösungsmittel u. a. als Ursachen angenommen[7]).

a) Wie besonders PATTERSON[8]) hervorhob, sind einfache Beziehungen allgemeiner Art zwischen Drehungsvermögen und Molekulargewicht der aktiven

---

[1]) Siehe LANDOLT I.
[2]) H. HÄDRICH, ZS. f. phys. Chem. Bd. 12, S. 476. 1893.
[3]) P. WALDEN, ZS. f. phys. Chem. Bd. 15, S. 196. 1894.
[4]) E. DARMOIS, C. R. Bd. 184, S. 1239 u. 1438. 1927.
[5]) J. LIQUIER, Ann. de phys. (10) Bd. 8, S. 121. 1927.
[6]) F. VLES u. E. VELLINGER, Arch. de phys. biol. Bd. 5, S. 31, 37. 1927.
[7]) Siehe besonders LANDOLT I u. P. WALDEN I.
[8]) T. S. PATTERSON, Chem. Ber. Bd. 38, S. 4090. 1905; Bd. 40, S. 1243. 1907.

Substanz in einem gegebenen Lösungsmittel nicht vorhanden. So finden wir in manchen Fällen, wo sich das osmotisch ermittelte Molekulargewicht sehr stark mit der Konzentration ändert, nur geringen Einfluß auf die Drehung; als Beispiel sei Äthyltartrat in Benzol angeführt[1]):

Prozentgehalt . . .	4,99	10,00	24,98
Temperatur	51,5	50,2	53,6
$[\alpha]_D^t$	10,80	10,55	10,80

Das Drehungsvermögen bleibt praktisch konstant, während das kryoskopisch ermittelte Molekulargewicht im Bereiche $p = 11,2 - 1,17\%$ sich von 387 bis 224 ändert. Die wässerigen Lösungen des Äthyltartrats zeigen gerade entgegengesetztes Verhalten: das Molekulargewicht ändert sich mit der Konzentration nicht, während das Drehungsvermögen beträchtlich mit der Konzentration wechselt[2]).

b) Von systematischen Versuchen, die zu einer Theorie des optischen Drehungsvermögens hinzielen, seien zuerst die Arbeiten PATTERSONS genannt, der das Molvolumen bzw. das molare Lösungsvolumen zur Erklärung heranzog. Übersichtliche Verhältnisse fand PATTERSON[3]) bei Äthyltartrat, wo mit Erhöhung des mol. Lösungsvolumens die spezifische Drehung abnimmt. In der Tabelle 2 sind Volumina und spezifische Drehungen auf unendliche Verdünnungen berechnet. Abgesehen von der Ausnahmestellung des Wassers tritt der Parallelismus deutlich hervor (s. Tabelle 2); auch in anderen Fällen sind Beziehungen zwischen Rotation und Molvolumen aufgefunden.

Tabelle 2.

Lösungsmittel	Mol. Lösungsvolumen in ccm 20°	$[\alpha]_D^{20°}$
Wasser	160,1	26,85
Methylalkohol	159,3	11,50
Glyzerin	163,3	10,57
Äthylalkohol	164	9,13
n-Propylalkohol	167,5	7,40
i-Butylalkohol	170,3	6,53
sec-Oktylalkohol	174,3	5,24
Benzol	175,1	6,1
Toluol	174,8	4,6
o-Xylol	176,8	2,7
m-Xylol	176,5	1,8
p-Xylol	176,1	0,7
Mesitylen	177,4	− 3,0
Chloroform	178	− 3,2

PATTERSON ist der Ansicht, daß der Einfluß einer Volumänderung auf die Drehung eines bestimmten Moleküls davon abhängt, ob sich die Symmetrie des Moleküls erhöht oder erniedrigt, was von Fall zu Fall verschieden und dazu noch schwer nachweisbar sein wird.

c) WINTHER[4]) hat die Drehungsänderungen zu zwei gleichzeitig verlaufenden molekularen Änderungen in Beziehung gesetzt, nämlich dem Molvolumen und dem Molekulargewicht. α) In den Fällen, wo das Molekulargewicht ohne Einfluß ist, wird die Drehung durch die Änderung des Molvolumens oder des mol. Lösungsvolumens MV bedingt; es gilt dann:

$$\Delta[M] = k_1 \Delta MV \quad \text{bzw.} \quad \Delta[\alpha] = k_1 \Delta v$$

v spezifisches Volumen (spez. Lösungsvol.) k_1 ist eine Konstante, die in der Regel für denselben Stoff im homogenen und gelösten Zustande ungefähr gleich ist,

[1]) T. S. PATTERSON, Journ. chem. soc. Bd. 81, S. 1115. 1902.

[2]) T. S. PATTERSON, Journ. chem. soc. Bd. 79, S. 182. 1901; Bd. 85, S. 1130. 1904.

[3]) T. S. PATTERSON, Journ. chem. soc. Bd. 79, S. 167 u. 477. 1901; Bd. 87, S. 313. 1905 sowie die vorhergehenden Arbeiten im Journ. chem. Soc.; s. auch Chem. Ber. Bd. 38, S. 4101. 1905.

[4]) CHR. WINTHER, ZS. f. phys. Chem. Bd. 55, S. 257. 1905; s. auch T. S. PATTERSON, ebenda Bd. 56, S. 366. 1906.

sofern keine Verbindungen zwischen aktivem Stoff und Solvens vorhanden sind. So ergab sich bei Nikotin[1]) in reinem Zustande und in Azetonlösung $k_1 = 70$ bzw. 76, während die Lösungen in Wasser, Äthyl- und Propylalkohol k_1 Werte von anderer Größenordnung nämlich 1536, 629 und 634 lieferten, was mit Solvatbildung gedeutet wird. In diese Gruppe gehört ferner Kampfer sowie die von FRANKLAND und Mitarbeitern[2]) untersuchten Glyzerinsäureester.

β) Für den Fall, daß das Molekulargewicht die Drehung mitbestimmt, wird den einfachen und doppelten Molekülen eine bestimmte konstante Drehung beigelegt und deren Abhängigkeit von der Temperatur berücksichtigt. Unter Festlegung einer Reihe vereinfachender Annahmen wird für diesen Fall folgende Formel abgeleitet:

$$\Delta[\alpha] = \Delta m_1 K + \Delta v K_1,$$

m_1 ist die Konzentration der Einzelmoleküle in der Volumeinheit, Δv die Änderung des spezifischen bzw. Molvolumens, $K K_1$ sind empirisch bestimmbare Konstanten. Für die homogenen Stoffe läßt sich die Temperaturabhängigkeit von $[\alpha]$ ermitteln, indem die Temperaturabhängigkeit von m_1 durch eine empirische Formel:

$$\Delta m_1 = k \frac{\Delta T}{T T_1}$$

($T T_1$ absolute Temperaturen, k Temperaturkoeffizient der Assoziation) dargestellt wird. Die vollständige Formel ist

$$[\alpha]_D = [\alpha_0]_D^0 + K k \frac{\Delta T}{T_1 T} + K_1 \Delta v.$$

Für Diäthyltartrat wird z. B.

$$[\alpha]_D = +5{,}19 + 149 \cdot 10^2 \frac{T - 273}{273 \cdot T} + \frac{87}{1{,}2254} - \frac{87}{1{,}2254 - 0{,}001013\,(T - 273)}.$$

Zwischen 11° und 89° stimmen die beobachteten und berechneten $[\alpha]$-Werte gut überein, ebenso für andere Weinsäureester.

Ähnliche Rechnungen werden auch für Lösungen durchgeführt unter Zugrundelegung der Messungen PATTERSONS an den Weinsäureestern[3]).

d) Nach TAMMANN[4]) ist die Volumänderung bei der Bildung einer Lösung ein sehr komplizierter Vorgang, auch ist das unter der sicher nicht zutreffenden Annahme, das Volumen des Lösungsmittels erfahre bei der Bildung der Lösung keine Veränderung, berechnete Lösungsvolumen nur in Ausnahmefällen zu einem Vergleich mit den Drehungswerten geeignet. In späteren Arbeiten versucht WINTHER[5]) für eine allgemeine Theorie der optischen Drehung die besonders von TAMMANN studierte Größe des Binnendrucks heranzuziehen, die unter anderem aus der Gleichung von VAN DER WAALS berechenbar ist; er nimmt an, daß die Änderungen der spezifischen Drehungen den Änderungen der Binnendrucke proportional sind. Statt des bisher benutzten spez. oder mol. Lösungsvolumens definiert WINTHER das wirkliche spezifische Volumen in der Lösung (φ) als dasjenige, das der reine Stoff einnehmen würde, wenn er einer Druckänderung unterworfen würde, die gleich der Differenz zwischen dem Binnendruck der Lösung und dem des reinen Stoffes ist. Als Basis seiner Theorie stellt WINTHER drei Grundsätze auf. 1. Isotherme Volumänderungen in homogenen Systemen

---

[1]) Siehe LANDOLT, Ann. d. Chem. Bd. 189, S. 319. 1877; LANDOLT I, vgl. HEIN, Ing.-Dissert. Berlin 1896.

[2]) P. F. FRANKLAND, F. M. WHARTON u. H. ASTON, Journ. chem. soc. Bd. 79, S. 26. 1901; P. F. FRANKLAND u. J. MCCRAE, ebenda Bd. 73, S. 307. 1898 sowie ältere Arbeiten ebenda.

[3]) T. S. PATTERSON, Journ. chem. soc. Bd. 79, S. 167 u. 477. 1901; Bd. 87, S. 313. 1905; Bd. 85, S. 1116 u. 1153. 1904; Bd. 81, S. 1097 u. 1134. 1902.

[4]) Siehe z. B. ZS. f. phys. Chem. Bd. 21, S. 529. 1896.

[5]) CHR. WINTHER, ZS. f. phys. Chem. Bd. 60, S. 590, 641 u. 685. 1907.

können entweder durch Änderung des inneren oder äußeren Druckes oder durch Änderung des Assoziations-, Dissoziations- oder Verbindungsgrades oder durch gleichzeitige Änderungen dieser Größen bedingt werden. 2. Jede Änderung der Drehung eines optisch aktiven Stoffes ist ursächlich mit einer Volumänderung verknüpft. 3. Jede Volumänderung, die ausschließlich durch eine Druckänderung verursacht wird, ohne daß sich der Assoziations- oder Verbindungsgrad dabei ändert, ist von einer damit proportionalen Drehungsänderung begleitet. Nach 3 ist: $\Delta[\alpha] = k\Delta\varphi$; φ ist das wirkliche spez. Lösungsvolumen.

Für Lösungsvorgänge bei konstanter Temperatur werden drei Fälle unterschieden.

A. Die Lösung enthält nur einen aktiven Stoff, der aber in einfachen und Doppelmolekülen auftreten kann; es wird ferner die vereinfachende Annahme gemacht, daß Volumänderungen durch Änderung des Assoziationsgrades ausgeschlossen sind und daß sich der gelöste Stoff nicht mit dem Solvens verbindet. In diesem Falle ergibt die Rechnung, daß auch zwischen der Änderung des berechneten Lösungsvolumens und der Rotation Proportionalität bestehen muß, d. h. daß die schon früher erörterte Beziehung: $\Delta[\alpha] = k_1 \Delta v$ besteht; es läßt sich zeigen, daß die Relation um so genauer gilt, je weniger die Binnendrucke der Bestandteile der Lösung voneinander abweichen. Die früheren Beispiele werden noch durch folgende ergänzt: Nikotin in Wasser nach Messungen von PŘIBRAM und GLÜCKSMANN[1]), Nikotin in Formamid und Methylalkohol nach WINTHER[2]), Kampfer in verschiedenen Lösungsmitteln und kampfersaure Salze nach Beobachtungen von HARTMANN[3]). Als Beispiel diene Nikotin in Methylalkohol.

p	$[\alpha]$	$\Delta[\alpha]$	v	Δv	k_1
100	163,91		0,9901		
		8,17		0,0130	628
81,233	155,74		0,9771		
		14,77		0,0229	645
65,111	149,14		0,9672		
		20,74		0,0330	628
47,611	143,17		0,9571		
		27,89		0,0442	631
25,213	136,02		0,9459		
		31,35		0,0511	614
12,066	132,56		0,9390		
		32,94		0,0566	582
6,031	130,97		0,9335		
		33,46		0,0580	577
3,444	130,48		0,9321		

Mit Kenntnis der Größe k ist man imstande, das wirkliche Volumen der aktiven Substanz in der Lösung zu berechnen. Ferner läßt sich beweisen, daß innerhalb nicht zu großer Druckbereiche die Änderung der Drehung annähernd der Änderung des Binnendrucks der Lösung proportional ist: $\Delta[\alpha] = k'\Delta\mathfrak{K}$, eine Beziehung, die z. B. für einige Nikotinlösungen erfüllt ist:

Nikotin in:	I $[\alpha]_D^{20}$	II $\mathfrak{K}$
Äthylenbromid	$-183,5$	2114
Benzol	$-163,5$	1792
Azeton	$-162,6$	1790
Äther	$-161,0$	1220

[1]) R. PŘIBRAM u. K. GLÜCKSMANN, Wiener Ber. Bd. 106 II, S. 314. 1897.
[2]) CHR. WINTHER, ZS. f. phys. Chem. Bd. 60, S. 55, 69 u. 568. 1907.
[3]) W. HARTMANN, Chem. Ber. Bd. 21, S. 224. 1888.

Unter I stehen die auf unendliche Verdünnung extrapolierten spez. Drehungen, unter II die von WINTHER berechneten Binnendrucke für die reinen Lösungsmittel. Mit Erhöhung der Drucke wird die negative Drehung des Nikotins größer. Anders verhalten sich die Lösungsmittel Formamid, Wasser, Methyl- und Äthylalkohol.

	I	II
Nikotin in:	$[\alpha]_D^{20}$	$\mathfrak{K}$
Formamid	− 70	$> k_{\text{Wasser}}$
Wasser	− 77,4	4900
Methylalkohol	− 129,7	2420
Äthylalkohol	− 140,1	2030

Gegen die Erwartung werden in Formamid und Wasser die niedrigsten Drehungen beobachtet, was sich wahrscheinlich dadurch erklärt, daß Nikotin in diesen Medien Verbindungen bildet, deren Menge auch vom Binnendruck der Lösung abhängig ist.

B. Die Lösung enthält zwei aktive Stoffe; es werden zwei Fälle diskutiert, 1. der aktive Stoff bildet Einzel- und Doppelmoleküle von verschiedenem Drehungsvermögen, 2. der aktive Stoff, dessen Einzel- und Doppelmoleküle gleiche Drehung haben, geht mit dem Lösungsmittel eine Verbindung mit anderem Drehwert ein. 1. Ist im Falle der einfachen Mischung ohne Bildung einer Verbindung das spezifische Volumen abhängig vom Assoziationsgrade (im Gegensatz zu A), so müssen Einzel- und Doppelmoleküle verschiedene spez. Volumina und damit auch verschiedene spez. Drehungen besitzen. Die Rechnung zeigt nun, daß auch in diesem Falle Proportionalität zwischen $\Delta[\alpha]$ und $\Delta\varphi$ besteht, daß aber diese Beziehung nicht für die Δv-Werte gilt.

Eine Ausnahme macht hier Diäthyltartrat, bei dem, besonders nach PATTERSONS Messungen, die Änderungen der Drehungen und der Lösungsvolumina bei unendlich verdünnten Lösungen einander parallel gehen; hier liegt aber insofern ein singulärer Fall vor, als das Volumen in sehr hohem Maße mit dem Assoziationsgrade variiert, in diesem Falle muß auch umgekehrt die Beziehung: $\Delta[\alpha] = k_1 \Delta v$ gelten.

Tabelle 3.

Lösungsmittel	$[\alpha]_D^{20°}$	$\mathfrak{K}$
Formamid	+ 30,4	–
Wasser	+ 26,85	4900
Methylalkohol	+ 11,50	2420
Glyzerin	+ 10,57	3493
Äthylalkohol	+ 9,13	2030
n-Propylalkohol	+ 7,40	1900
Benzol	+ 6,1	1792
Toluol	+ 4,6	1638
Chloroform	− 3,2	1680
Äthylenbromid	− 19,0	2114

Die Tabelle 3 enthält die für unendliche Verdünnung berechneten spez. Drehungen des Diäthyltartrats in verschiedenen Medien zugleich mit den Werten der Binnendrucke $\mathfrak{K}$ nach den Berechnungen WINTHERS. Normale Änderungen von $\mathfrak{K}$ und $[\alpha]$ findet man bei Lösungen in Wasser, den Alkoholen und Chloroform, Ausnahmen in Glyzerin und Äthylenbromid; auch die Lösungen in aromatischen Kohlenwasserstoffen nehmen eine Sonderstellung ein. Aus der Tatsache, daß die Proportionalität zwischen $\Delta[\alpha]$ und Δv für alle Lösungen des Diäthyltartrats in Methylalkohol gilt, wird weiter gefolgert, daß beide Stoffe nahezu den gleichen Binnendruck besitzen; denn der Theorie entsprechend gilt die genannte Proportionalität bei einem Lösungsmittel, dessen Molekulargewichtsänderungen von Volumänderungen begleitet, nur dann, wenn die Binnendrucke von Lösungsmittel und gelöstem Stoff gleich sind. Die Ausnahmestellung des Glyzerins und Äthylenbromids erklärt sich wahrscheinlich durch Bildung von Solvaten, die besondere Stellung der Lösungen in aromatischen

Kohlenwasserstoffen durch starke Polymerisation des Diäthyltartrats in diesen Medien (dreifache und höhere Molekülaggregate).

2. Wenn der wie bei A konstituierte aktive Stoff mit dem Lösungsmittel eine oder mehrere Verbindungen von konstanter Zusammensetzung bildet, haben sämtliche in der Lösung vorhandene Stoffe unabhängig von ihrer relativen Menge konstante Binnendrucke und damit konstante Lösungsvolumina und Drehungen; die Mischungsregel gilt hier exakt. Die Bildung der Verbindung ist in der Regel von einer Volumänderung begleitet, deshalb müssen die anwesenden beiden aktiven Stoffe, die freie aktive Verbindung und das Solvat verschiedene Drehungen besitzen. In diesem Falle ist $[\alpha]$ nicht allein dem wahren, sondern auch dem berechneten Lösungsvolumen proportional; das ist z. B. der Fall für Lösungen des Nikotins in Wasser, Methyl- und Äthylalkohol, und zwar stimmen hier die k_1-Werte wesentlich besser als im Falle des Kampfers, wo kein Solvat angenommen wird. Einen besonderen Fall stellt die Lösung des Nikotinazetats in Wasser dar: bei 76,2% zeigen spez. Drehung, Lösungsvolumen und spez. Gewicht eine plötzliche und sprunghafte Änderung, eine für ein homogenes System sehr ungewöhnliche Erscheinung, sie wird mit dem Auftreten eines neuen Hydrates innerhalb eines engen Konzentrationsbereichs gedeutet.

C. Enthält die Lösung mehr als zwei aktive Stoffe, so werden die Verhältnisse äußerst kompliziert, und die Beziehung $\Delta[\alpha] = k\Delta\varphi$ scheint weder für den Fall der einfachen Lösung ohne Bildung einer Verbindung zu gelten, noch für den Fall, daß zwischen aktivem Stoff und Lösungsmittel Verbindungen entstehen.

10. Asymmetrieprodukt. Von älteren Versuchen quantitative Beziehungen zwischen der Asymmetrie des Moleküls und dem Drehungsvermögen aufzufinden, sei an die Arbeiten von GUYE[1]) und CRUM BROWN[2]) erinnert. GUYE glaubte, daß für die Größe des Drehungsvermögens das sog. Asymmetrieprodukt maßgebend sei, das „dem Produkt der sechs vom Schwerpunkt eines tetraedrischen Schemas auf die sechs ursprünglichen Symmetrieebenen des regulären Tetraeders gehenden Senkrechten" entsprechen sollte. Befinden sich die Gruppen genau in den Ecken des regulären Tetraeders, so hängt das Asymmetrieprodukt allein von den Massen m_1 bis m_4 der vier Gruppen ab, und die Molrotation sollte in folgender Weise dargestellt werden können:

$$[M] = \frac{f\,(m_1 - m_2)(m_1 - m_3)(m_1 - m_4)(m_2 - m_3)(m_2 - m_4)(m_3 - m_4)}{(m_1 + m_2 + m_3 + m_4)^6},$$

wo f einen universellen Proportionalitätsfaktor bedeutet. Dieser Ausdruck paßt sich theoretisch den Asymmetrieverhältnissen in ausgezeichneter Weise an, denn 1. wird das Produkt $= 0$, falls zwei oder mehrere der Größen m einander gleich werden — in diesem Falle verschwindet die Asymmetrie und damit gleichzeitig die Drehung; 2. das Produkt bleibt gleich, ändert aber sein Vorzeichen, falls zwei Werte von m miteinander vertauscht werden; dem würde der Übergang der Rechtsform in die Linksform entsprechen. Weiter verlangt die Theorie, daß den bei der Variation der Massen m_1 bis m_4 entsprechenden Änderungen des Produktes Änderungen des Drehungsvermögens parallel gehen.

Eingehende Prüfungen besonders durch WALDEN[3]) und FRANKLAND[4]) zeigten aber, daß die Forderungen der Theorie durch die Beobachtung in wesent-

---

[1]) PH. A. GUYE, C. R. Bd. 110, S. 714. 1890; Studie über die molekulare Dissymmetrie, Thèse. Paris 1891. Weitere Literatur s. bei P. WALDEN, ZS. f. phys. Chem. Bd. 15, S. 638. 1894; LANDOLT I.

[2]) CRUM BROWN, Proc. Roy. Soc. Edinburgh Bd. 17, S. 181. 1890.

[3]) P. WALDEN, ZS. f. phys. Chem. Bd. 15, S. 638. 1894; Bd. 17, S. 245 u. 705. 1895.

[4]) S. u. a. P. FRANKLAND u. J. MCGREGOR, Journ. chem. soc. Bd. 63, S. 1419. 1893.

lichen Punkten nicht bestätigt werden. So besitzen Verbindungen, bei denen zwei Substituenten gleiches Molekulargewicht haben, häufig starkes Drehungsvermögen; als Beispiel sei angeführt:

		$[\alpha]_D$
Azetyl-apfelsäure-dimethylester:	$C(CH_2COOCH_3)(COOCH_3)(OC_2H_3O_2)H$	$-22{,}9°$
	73 59 59 1	
Azetyl-mandelsäure-methylester:	$C(C_6H_5)(COOCH_3)(OC_2H_3O_2)H$	$-146{,}1°$
	77 59 59 1	

Der von der Theorie geforderte Drehungswechsel durch Vertauschung der Reihenfolge der Gruppengewichte bleibt häufig aus, als Beispiel unter anderen:

	Reihenfolge der Gruppengewichte:	Drehungssinn der Substanz:	Vorzeichen des Asymmetrieprodukts
Mandelsäure:			
$C(C_6H_5)(COOH)(OH)H$	*a b c d*	+	+
77 45 17 1			
Mandelsäureamylester:			
$C(C_6H_5)(COOC_5H_{11})(OH)H$	*b a c d*	+	−

E. Bose[1]) hat später versucht, die Lehre vom Asymmetrieprodukt zu erweitern, in dem er von den Massen als Bestimmungsstücken für $[M]$ absieht und an Stelle derselben allgemeine noch von der Temperatur und Wellenlänge abhängige Konstanten c_1 bis c_4 einführt ohne irgendwelche Annahmen über einen Zusammenhang mit anderen Größen. Als Asymmetriefunktion benutzt er den vereinfachten Ausdruck:

$$[M] = f\,(c_1 - c_2)\,(c_1 - c_3)\,(c_1 - c_4)\,(c_2 - c_3)\,(c_2 - c_4)\,(c_3 - c_4)\,,$$

doch ist man auch auf diesem Wege nicht wesentlich weitergekommen[2]).

Auf Grund dieser Untersuchungen ist der Schluß berechtigt, daß ein Einfluß der Massen der mit dem asymmetrischen Kohlenstoffatom verbundenen Gruppen — falls er überhaupt besteht — nur von geringer Bedeutung sein kann und von rein chemischen Faktoren überdeckt wird[3]).

Neuerdings hat man versucht, an Stelle der mechanischen elektrostatische Momente zur Erklärung der Drehungsänderungen heranzuziehen. Rule[4]) bringt die Drehungsänderungen durch Einführung von Substituenten in ein optisch aktives System mit den relativen Polaritäten der Gruppen in Zusammenhang. Diese Betrachtungen hängen eng mit Vorstellungen von Thomson[5]) zusammen, der die Änderungen der chemischen Eigenschaften eines Moleküls infolge Substitution auf die Änderung der elektrostatischen Momente zurückführt, die das Molekül durch den Substitutionsvorgang erleidet. Rule versucht, die verschiedenen Substituenten nach ihrer relativen Polarität in eine Reihe einzuordnen[6]).

Auch zu den Atomdimensionen sind die Drehungswerte in Beziehung gesetzt: Brauns[7]) hat gelegentlich der Untersuchung von Fluor-, Chlor-, Brom- und Jodtetraazetylverbindungen der Glukose, Xylose, Fruktose u. a. gefunden, daß die Differenzen der spezifischen Rotationen der einzelnen Halogenderivate parallel gehen den Differenzen der von Bragg ermittelten Atomdurchmesser.

---

[1]) E. Bose, ZS. f. phys. Chem. Bd. 65, S. 695. 1909; Phys. ZS. Bd. 9, S. 860. 1908; E. Bose u. Fr. A. Willers, ZS. f. phys. Chem. Bd. 65, S. 702. 1909.

[2]) J. W. Walker, Journ. phys. chem. Bd. 13, S. 574. 1909.

[3]) S. hierzu H. Kauffmann I, S. 238.

[4]) H. G. Rule, C. R. Bd. 178, S. 1647. 1924.

[5]) J. J. Thomson, Phil. Mag. (6) Bd. 46, S. 497. 1923.

[6]) Siehe hierzu D. R. Boyd, Chem. a. Ind. Bd. 43, S. 851. 1924.

[7]) D. H. Brauns, Journ. Amer. Chem. Soc. Bd. 45, S. 238. 1923; Bd. 46, S. 1484. 1924; Bd. 47, S. 1280. 1925.

11. Optische Superposition. Bei einer Verbindung mit mehreren asymmetrischen Kohlenstoffatomen soll nach einem von van 't Hoff[1]) aufgestellten Satze das totale Drehungsvermögen gleich sein der Summe der den einzelnen asymmetrischen Atomen bzw. den einzelnen asymmetrischen Gruppen zukommenden Teildrehungsvermögen. Das würde also bedeuten, daß sich die Asymmetriezentren im Molekül gegenseitig nicht beeinflussen. Dieses Prinzip glaubten Guye[2]) und Walden[3]) durch Untersuchung aktiver Ester, die aus aktivem und razemischem Amylalkohol sowie aktiven und razemischen Säuren (Milch- und Mandelsäure) bereitet waren, bewiesen zu haben, jedoch wurden von Rosanoff[4]) und Patterson[5]) gegen die Beweisführung Einwände erhoben. Patterson hat die Drehungen der beiden Dimenthyl-diazetylester der beiden optisch aktiven Weinsäuren sowie der durch intramolekulare Kompensation inaktiven Wein-

$$\begin{array}{c} CH_3CO \cdot O \cdot C \cdot H \cdot COOC_{10}H_{19} \\ | \\ CH_3CO \cdot O \cdot C \cdot H \cdot COOC_{10}H_{19} \end{array}$$

säure miteinander verglichen. Ist $+M$ die jedem der beiden Menthyle zukommende Partialdrehung und $\pm A$ die Gruppendrehung, die den asymmetrischen Kohlenstoffatomen in den Weinsäuren entspricht, so müßte, falls das Superpositionsprinzip gültig ist, die Drehung betragen:

$$\begin{aligned} \text{für den d-Weinsäureester: } [M_1] &= 2A + 2M, \\ \text{l-Weinsäureester: } [M_2] &= -2A + 2M, \\ \text{i-Weinsäureester: } [M_3] &= +A - A + 2M = 2M, \end{aligned}$$

woraus folgt: $[M_3] = ([M_1] + [M_2])/2$.

Tatsächlich ergab sich folgendes (s. Tabelle 4):

Tabelle 4.

	$[M_1]_{beob}$	$[M_2]_{beob}$	$[M_3]_{beob}$	$([M_1]+[M_2])/2$
homogen (20°)	− 256	− 360	− 274	− 308
Lösung in C_2H_5OH . . .	− 268	− 367	− 292	− 317,5
,, ,, C_6H_6	− 285	− 313	− 248	− 299
,, ,, $C_6H_5NO_2$ . . .	− 238	− 355	− 244	− 296

Eine ähnliche Abweichung machte sich bei der Untersuchung der d-sec-Octylester der d-, l- und Mesoweinsäure[6]) bemerkbar; die Rotation des Esters der Mesoform war wesentlich kleiner als die des Mittels aus den Estern der aktiven Säuren. Der Ansicht von Patterson, daß das Prinzip mit den Tatsachen nicht in Übereinstimmung ist, schließt sich auch Lowry[7]) an. Im Anschluß an seine Arbeiten über anomale Rotationsdispersion hat Tschugaeff[8]) die Frage der Gültigkeit des Prinzips in ähnlicher Weise wie Patterson untersucht. Es wurden unter anderen die Menthylurethane der d-, l- und Mesoweinsäureester bei ver-

[1]) J. H. van't Hoff, s. u. a. Bull. Soc. Chim. (2) Bd. 23, S. 298. 1875; van't Hoff I, S. 95.

[2]) Ph. Guye u. M. Gautier, C. R. Bd. 119, S. 953. 1894; Ph. Guye, ebenda Bd. 121, S. 827. 1895.

[3]) P. Walden, ZS. f. phys. Chem. Bd. 17, S. 723. 1895.

[4]) M. A. Rosanoff, ZS. f. phys. Chem. Bd. 56, S. 565. 1906.

[5]) T. S. Patterson u. J. Kaye, Journ. chem. soc. Bd. 89, S. 1884. 1906; Bd. 91, S. 705. 1907.

[6]) T. S. Patterson u. Ch. Buchanan, Journ. chem. soc. Bd. 125, S. 1475. 1924.

[7]) Th. M. Lowry, Journ. chem. soc. Bd. 89, S. 1039. 1906.

[8]) L. Tschugaeff u. A. Glebko, Chem. Ber. Bd. 46, S. 2752. 1914.

schiedenen² Wellenlängen gemessen. Die l-Menthylurethane in Azetonlösung ($c = 7,80,\%$ $t = 22°$ C-Linie) lieferten folgendes Resultat:

Urethan der	d-Weinsäure	l-Weinsäure	Mesoweinsäure		Δ
			gefunden	berechnet	
$[\alpha]^C_{22}$	$-58,31°$	$-31,04°$	$-45,14°$	$-44,68°$	0,46

Die Abweichungen betragen bei anderen Wellenlängen bis 2,2%; in erster Annäherung stimmen jedenfalls die Messungen Tschugaeffs mit den Forderungen des Prinzips überein. Wenn diesem somit auch keine allgemeine und strenge Gültigkeit zukommt, so ist doch der Schluß berechtigt, daß in vielen Fällen die asymmetrischen Kohlenstoffatome innerhalb desselben Moleküls weitgehend voneinander unabhängig sind, so daß dem Prinzip der optischen Superposition jedenfalls eine angenäherte Gültigkeit zukommt. Von praktischer Bedeutung ist das Prinzip für die Zwecke der Konfigurationsbestimmung; unter andern ist es in der Zuckergruppe von verschiedenen Autoren mit Erfolg verwendet.

12. Spezielle konstitutive Einflüsse. Die Untersuchungen der Beziehungen zwischen dem chemischen Bau und der optischen Drehung sind besonders bei den asymmetrischen Kohlenstoffverbindungen durchgeführt und sollen auch nur bei diesen eingehender dargelegt werden.

A. Einfluß von Substituenten. Jeder Ersatz eines Wasserstoffatoms oder einer Gruppe durch einen anderen Substituenten wirkt mehr oder weniger drehungsverändernd. Dabei ist jedoch zu beachten, daß unter Umständen beim Ersatz von X in einer asymmetrischen Verbindung I durch die Gruppen Y oder Z

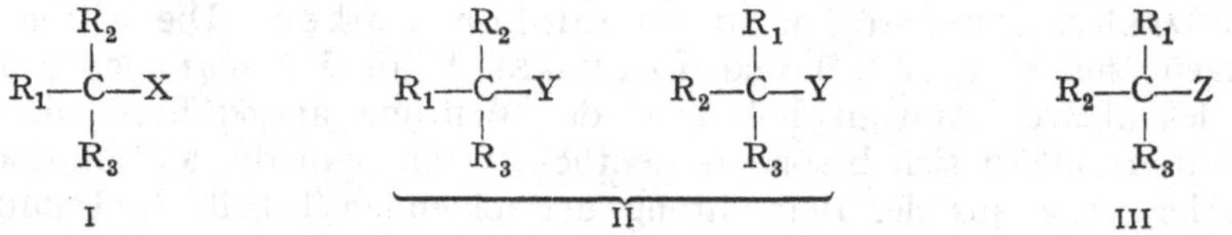

$$R_1\!-\!\underset{\displaystyle R_3}{\overset{\displaystyle R_2}{C}}\!-\!X \qquad R_1\!-\!\underset{\displaystyle R_3}{\overset{\displaystyle R_2}{C}}\!-\!Y \qquad R_2\!-\!\underset{\displaystyle R_3}{\overset{\displaystyle R_1}{C}}\!-\!Y \qquad R_2\!-\!\underset{\displaystyle R_3}{\overset{\displaystyle R_1}{C}}\!-\!Z$$

$$\text{I} \qquad\qquad \underbrace{\qquad\qquad\qquad\qquad}_{\text{II}} \qquad\qquad \text{III}$$

Umlagerungen stattfinden können entweder im Sinne einer völligen oder teilweisen Razemisation, derart, daß $R_1R_2R_3CY$ entsprechend II völlig oder teilweise inaktiv wird oder im Sinne einer sog. „Waldenschen Umkehrung" derart, daß $R_1R_2R_3CZ$ entsprechend III sich von dem optischen Antipoden von I ableitet. Durch das Bestehen derartiger Umwandlungen wird die Auffindung von Beziehungen zwischen der chemischen Natur der Substituenten und den $[\alpha]$- oder $[M]$-Werten bisweilen erschwert. Auch bei Abwesenheit derartiger Störungen ist die Ausbeute an exakteren zahlenmäßigen Beziehungen genannter Art nicht sehr erheblich.

Die Frage, ob für stöchiometrische Vergleiche die spezifischen oder Molrotationen zugrunde gelegt werden sollen, ist unter anderen von Rupe[1]) und Hilditch[2]) untersucht. Benutzt man die $[M]$-Werte, so tritt häufig der Einfluß des Molekulargewichts zu stark hervor, so beim Vergleich der polarimetrischen Effekte einer Methyl- mit einer Phenyl- oder ähnlichen höhermolekularen Gruppe; die Molrotationen sind besonders brauchbar, wenn es sich um Vergleiche in homologen Reihen handelt.

Ausschlaggebend für die Größe des Substitutionseffektes scheint nach Tschugaeff[3]) und Guye[4]) in erster Annäherung die Entfernung des Substituenten vom asymmetrischen Atom zu sein. „Je näher ein inaktiver Substituent zu einem asymmetrischen Komplex sich befindet, desto bedeutender ist seine

---

[1]) H. Rupe, Lieb. Ann. Bd. 395, S. 129. 1912.
[2]) Th. P. Hilditch, Trans. Faraday Soc. Bd. 10, S. 79. 1915.
[3]) L. Tschugaeff, Chem. Ber. Bd. 31, S. 1777. 1898.
[4]) Ph. Guye, Arch. sc. phys. et nat. Genève (4) Bd. 7, S. 114. 1899; Ph. Guye u. M. Gautier, ZS. f. phys. Chem. Bd. 58, S. 660. 1907.

optische Wirkung. Mit allmählicher Entfernung wird dieselbe stufenweise abgeschwächt, um schließlich ganz zu verschwinden." Die Prüfung dieses Satzes ist unter anderem an Derivaten des Menthols ausgeführt. Werden die verschiedenen

$$
\begin{array}{cc}
\text{CH}_3 & \text{CH}_3 \\
| & | \\
\text{H}_2\text{C—CH—CH}_2 & \text{H}_2\text{C—CH—CH}_2 \\
\text{I} \quad | \quad | & \text{II} \quad | \quad | \\
\text{H}_2\text{C—CH—CH—X} & \text{H}_2\text{C—CH—CH—O·CO·CH}_2\text{—X} \\
| & | \\
\text{CH(CH}_3)_2 & \text{CH(CH}_3)_2
\end{array}
$$

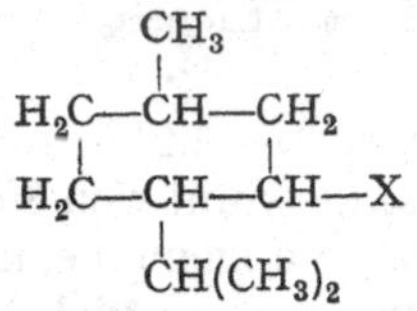

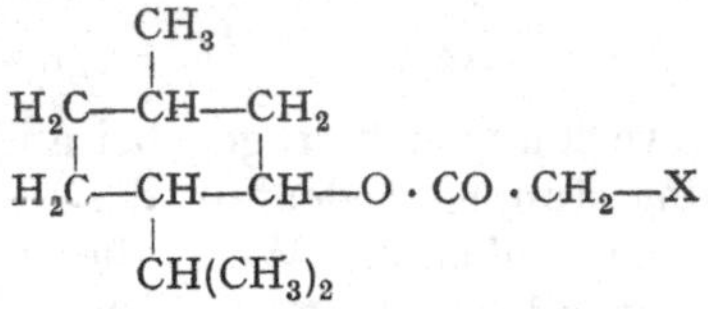

Substituenten direkt in das Menthylradikal an Stelle von X entsprechend I eingefügt, so resultieren Verbindungen von unter sich meist sehr verschiedenem Drehungsvermögen; geschieht die Substitution unter Zwischenschaltung einer anderen Gruppe, z. B. $OCOCH_2X$ entsprechend II, so weichen die Drehungen meist weniger voneinander ab, wie die folgenden Molrotationen substituierter Fettsäurementhylester erkennen lassen[1]).

$$[M]_D^{20}$$

Essigsäureester $C_{10}H_{19}·O·CO·CH_3$	− 153,7
Monochloressigsäureester $C_{10}H_{19}·O·CO·CH_2·Cl$ . . .	− 174,6
Monobromessigsäureester $C_{10}H_{19}·O·CO·CH_2·Br$ . . .	− 169,7
Monojodessigsäureester $C_{10}H_{19}·O·CO·CH_2·J$	− 158,7
Nitroessigsäureester $C_{10}H_{19}·O·CO·CH_2·NO_2$	− 162,7

Es ist allerdings zu beachten, daß dieses „Prinzip der geringsten Wirkung entfernter Substitutionen" nur beschränkter Anwendung fähig ist; wir werden bald Ausnahmen kennenlernen.

B. Drehungsvermögen in homologen Reihen. Die ersten Untersuchungen sind von GUYE[2]) und TSCHUGAEFF[3]) an den normalen Fettsäureestern des aktiven Amylalkohols bzw. des Menthols ausgeführt. Die Gesetzmäßigkeiten äußern sich besonders deutlich, wenn man die Molrotationen zugrunde legt, wie aus der Betrachtung der folgenden Tabelle 5 (TSCHUGAEFF) hervorgeht.

Tabelle 5.

Homogene Menthylester der	$[\alpha]_D^{20°}$	$[M]_D^{20°}$
Ameisensäure $H·CO_2·C_{10}H_{19}$ . .	− 79,52	− 146,3
Essigsäure $CH_3·CO_2·C_{10}H_{19}$ . .	− 79,42	− 157,3
Propionsäure $C_2H_5·CO_2·C_{10}H_{19}$.	− 75,51	− 160,2
Buttersäure $C_3H_7·CO_2·C_{10}H_{19}$ . .	− 69,52	− 156,9
Valeriansäure $C_4H_9·CO_2·C_{10}H_{19}$.	− 65,55	− 157,3
Kapronsäure $C_5H_{11}·CO_2·C_{10}H_{19}$.	− 62,07	− 157,7
Heptylsäure $C_6H_{13}·CO_2·C_{10}H_{19}$.	− 58,85	− 157,7
Kaprylsäure $C_7H_{15}·CO_2·C_{10}H_{19}$.	− 55,25	− 155,8

Während die $[\alpha]$-Werte ziemlich stark schwanken, erreichen die $[M]$-Werte meist schon in den niederen Gliedern der Reihe einen Grenzwert, um häufig bis zu hohen Gliedern herauf konstant zu bleiben (Regel von TSCHUGAEFF).

In der obigen homologen Reihe wird der Grenzwert der Molrotation schon beim Essigsäureester erreicht; das Mittel der $[M]$-Werte vom Essig- bis zum Kaprylsäureester beträgt 157,8°.

Sehr eingehende Messungen in homologen Reihen sind später von PICKARD und KENYON[4]) ausgeführt, die unter anderem normale Ester der Karbinole, z. B. Karbonsäureester des d-β-Butylalkohols:

$$CH_3·H·\overset{*}{C}·C_2H_5·O·CO·R \qquad (R = CH_3, C_2H_5, C_3H_7 \text{ usw.})$$

---

1) Siehe z. B. J. B. COHEN, Journ. chem. soc. Bd. 99, S. 1061. 1911 und KAUFFMANN I.
2) PH. GUYE u. M. CHAVANNE, C. R. Bd. 119, S. 906. 1894.
3) L. TSCHUGAEFF, Chem. Ber. Bd. 31, S. 363. 1898.
4) R. H. PICKARD u. J. KENYON, Journ. chem. soc. Bd. 105, S. 830. 1914; andere Beispiele s. ebenda Bd. 101, S. 620. 1912; Bd. 105, S. 2262. 1914.

untersuchten. In diesem Falle wird der Grenzwert etwa beim Valeriansäureester erreicht; es gilt auch hier die Regel von TSCHUGAEFF. Sehr einfache asymmetrische Systeme liegen in den normalen sec. Alkoholen:

$$CH_3 \cdot \overset{*}{C}H(OH)R, \quad C_2H_5 \cdot \overset{*}{C}H(OH)R \quad (R = CH_3, \; C_2H_5 \ldots)$$

vor[1]), auch hier erreichen die $[M]$-Werte eine obere Grenze.

In einigen Fällen kommt es innerhalb einer homologen Reihe zur Ausbildung eines Maximums, was wohl zuerst von REITTER[2]) für die Azylderivate des l-Äpfelsäureesters:

$$\overset{*}{C}H(OR)(CH_2COOC_2H_5)COOC_2H_5 \quad (R = CH_3CO, \; C_2H_5CO \ldots)$$

exakt festgestellt wurde. Hier steigen die Molrotationen zuerst an, erreichen für $R = C_4H_9$ ein Maximum, fallen dann wieder etwas ab, um in den höheren Gliedern konstant zu werden. Nach neueren Messungen[3]) gehen auch bei den normalen Estern der l-Milchsäure:

$$CH_3CH(OH)COOR, \quad R = CH_3 \text{ bis } C_9H_{19}$$

die Molrotationen durch ein Maximum hindurch, das zwischen $\lambda = 0{,}44$ und $0{,}66\,\mu$ beim Hexylester liegt, ausgenommen bei niederen Temperaturen, wo die Rotationen beim Übergang vom Hexyl- zum Heptylester schwach ansteigen. Weiteres über die Gültigkeit der TSCHUGAEFFschen Regel siehe bei WALDEN I sowie HILDITCH[4]).

Interessanten Erscheinungen sind PICKARD und KENYON[5]) in der Reihe

$$C_2H_5\overset{*}{C}H(OH)R \quad (R = CH_3, \; C_2H_5 \ldots)$$

begegnet. Die Molrotationen der homogenen Alkohole nehmen mit wachsendem R langsam zu und zeigen an den Stellen, wo $R = C_5H_{11}(C_6H_{13})$ sowie $C_{10}H_{21}(C_{11}H_{23})$ und $C_{15}H_{31}$ ist, eine deutliche Exaltation, die noch ausgesprochener in alkoholischer und benzolischer Lösung hervortritt.

Derartige Störungserscheinungen in homologen Reihen sind neuerdings in größerem Umfange untersucht. Die Anomalie zeigt sich darin, daß der regelmäßige Verlauf der Rotationswerte in homologen Reihen an bestimmten Stellen der Kohlenstoff- (bzw. Kohlenstoff-Sauerstoff-) Kette durchbrochen wird, und zwar nach Verlauf von 5 und einem Multiplum von 5 Gliedern der Kette; manchmal tritt die Unregelmäßigkeit erst beim 6., 11. bzw. 16. Gliede auf. In einer Zusammenstellung werden die früher studierten Anomalien dieser Art aufgezählt[6]).

Zur Erklärung dieser eigenartigen Erscheinungen knüpfen PICKARD und KENYON an eine Vorstellung von FRANKLAND[7]) an; nach diesem sind in den Kohlenstoffketten die Kohlenstoffatome in Spiralen angeordnet, und es läßt sich an Hand der Molekülmodelle feststellen, daß jedesmal nach Verlauf von 5 Gliedern eine Windung der Spirale geschlossen wird. FRANKLAND hat zuerst darauf aufmerksam gemacht, daß innerhalb homologer Reihen bei Verbindungen mit

[1]) R. H. PICKARD u. J. KENYON, Journ. chem. soc. Bd. 99, S. 49. 1911; Bd. 105, S. 1115. 1914.

[2]) H. REITTER, ZS. f. phys. Chem. Bd. 36, S. 129. 1901.

[3]) CH. E. WOOD, J. E. SUCH u. F. SCARF, Journ. chem. soc. Bd. 123, S. 60. 1923.

[4]) TH. P. HILDITCH, Journ. of chem. soc. Bd. 101, S. 192. 1912.

[5]) R. H. PICKARD u. J. KENYON, Journ. chem. soc. Bd. 103, S. 1923. 1913.

[6]) R. H. PICKARD, J. KENYON u. H. HUNTER, Journ. chem. soc. Bd. 123, S. 1. 1923; TH. P. HILDITCH, ebenda Bd. 95, S. 1581. 1909; Bd. 101, S. 199. 1912; vgl. K. INGOLD u. Mitarbeiter, ebenda Bd. 119, S. 305. 1921.

[7]) P. FRANKLAND, Journ. chem. soc. Bd. 75, S. 368. 1899.

5 bzw. $n \cdot 5$ Kettengliedern Anomalien gewisser physikalischer Konstanten zu erwarten seien[1]). Da die Rotation in besonders empfindlicher Weise auf konstitutive Faktoren reagiert, zeigte sich hier auch der Einfluß der Spiralanordnung besonders deutlich. Die FRANKLANDsche Auffassung hat zu einer größeren Reihe von Versuchen Veranlassung gegeben, von denen nur wenige genannt werden sollen[2]). In der Reihe der homogenen Methyl-n-Alkyl-carbinole: $C_nH_{2n+1} \cdot CH(OH)CH_3$ ist die Rotation der Propylverbindung abnorm hoch; werden die Stoffe in benzolischer oder alkoholischer Lösung untersucht, so treten außer bei der Propylverbindung ($n = 3$) noch bei dem Amyl-, Oktyl- und Decylderivat ($n = 5, 8, 10$) Anomalien auf. Ist $n = 5$ oder ein Multiplum von 5, so erstreckt sich die Bildung der Spiralen lediglich auf die dem asymmetrischen Kohlenstoffatom angegliederte Kette, ist andererseits $n = 3$ oder ein Multiplum, so ist die gesamte Kohlenstoffkette an der Spiralbildung beteiligt.

Sehr deutlich sind diese Unregelmäßigkeiten bei den homologen Äthyl-alkyl-carbinolen ausgebildet, ein anderes Beispiel ist das der Ester des l-Isopulegols, wobei auch sehr auffällige Temperatur- und Lösungsmitteleffekte beobachtet wurden.

In der Reihe der normalen Ester optisch aktiver sec. Alkohole (d-Benzyl-methyl-karbinol, d-β-Oktanol) zeigen sich abnorme Werte der spezifischen Rotation beim Propionat, n-Valerianat, Oktoat, Dekoat und Undekoat; diese Anomalien werden darauf zurückgeführt, daß ein derartiger Molekülbau die Möglichkeit zur Bildung mehrerer Kettentypen und damit mehrerer Spiralanordnungen vorhersehen läßt, je nachdem

$$\text{a)}\ \begin{matrix}R_1\\R_2\end{matrix}\!\!>\!\vdots\overset{1}{C}H\text{—}O\text{—}CO\cdot R, \qquad \text{b)}\ \begin{matrix}R_1\\R_2\end{matrix}\!\!>\!CH\text{—}O\vdots\text{—}\overset{2}{C}O\cdot R$$

a) das Anfangsglied der Kette beim asymmetrischen Kohlenstoffatom 1, oder b) beim Karbonyl-Kohlenstoffatom 2 liegt. Für den Typ a) sind die Spiralwindungen vollendet, falls die Kohlenstoffzahlen in R: 2, 7 und 12, für den Typ b) falls die entsprechenden Zahlen 4,9 und 14 sind. Tatsächlich sind auch bei der Mehrzahl der Verbindungen Rotationen beobachtet, die von den normal zu erwartenden[2]) abweichen. Schließlich ist auch noch eine Kette und damit eine Spiralbildung denkbar, die sich durch das gesamte Molekül hindurchzieht. Eine derartige dreifache Spiralbildung, nehmen KENYON und MCNICOL[3]) bei Äthern des d-β-Oktanols an:

$$\underset{\displaystyle CH_3}{C_6H_{13}\text{—}\overset{|}{C}H\text{—}O\text{—}R}, \quad R = CH_3,\ C_2H_5\ldots,$$

die auch bei verschiedenen Wellenlängen untersucht wurden. Die Resultate einiger Messungen sind in Abb. 4 wiedergegeben. Die gestrichelte Kurve bei *A* zeigt den ungefähren Verlauf der Rotation, der sich bei Abwesenheit von Störungen ergeben würde, charakteristisch ist, daß fast durchweg außer dem

---

[1]) Vgl. Journ. chem. soc. Bd. 101, S. 637 u. 1430. 1912; Bd. 117, S. 1248. 1920 (Molekularrefraktion in homologen Reihen).

[2]) Literatur s. Journ. chem. soc. Bd. 123, S. 1. 1923. Von PICKARD wird bei dieser Gelegenheit auf folgendes interessante stereochemische Problem hingewiesen. Falls die Spiralform einer Verbindung mit gerader Kohlenstoffkette wirklich existenzfähig ist, wäre die Möglichkeit einer Molekülasymmetrie gegeben insofern, als die Verbindung (etwa ein Kohlenwasserstoff wie Hexan, ein Alkohol wie Dodecylalkohol u. a.) in enantiomorphen Formen als d- und l-Spiralformen auftreten könnten. Falls diese Formen nicht existenzfähig sind, dürfte das damit zusammenhängen, daß sich die aktiven Spiralformen über die „gestreckte" Form mit linearer Kohlenstoffanordnung äußerst leicht ineinander umwandelten.

[3]) J. KENYON u. R. A. MC. NICOL, Journ. chem. soc. Bd. 123, S. 14. 1923.

Propyl- der Amyl-, Hexyl- und Oktyläther aus der Reihe herausfallen; drei der möglichen Spiralbildungen sind in der obigen Formel angedeutet[1]).

Die Rotationen der Di-d-β-Oktylester zweibasischer Säuren:

$$R(CO \cdot O \cdot CH(CH_3)C_6H_{13})_2 \quad R = 0,\ CH_2,\ C_2H_4 \ldots$$

von der Oxal- bis zur Undekandikarbonsäure sind von Hall[2]) gemessen; einen besonders großen Drehwert weist der Oxalsäureester $R = 0$ auf, was mit der Nachbarstellung der beiden CO-Gruppen zusammenhängt[3]), während dem Bernsteinsäureester $R = C_2H_4$ eine starke Depression in $[\alpha]$ eigen ist (Abb. 5).

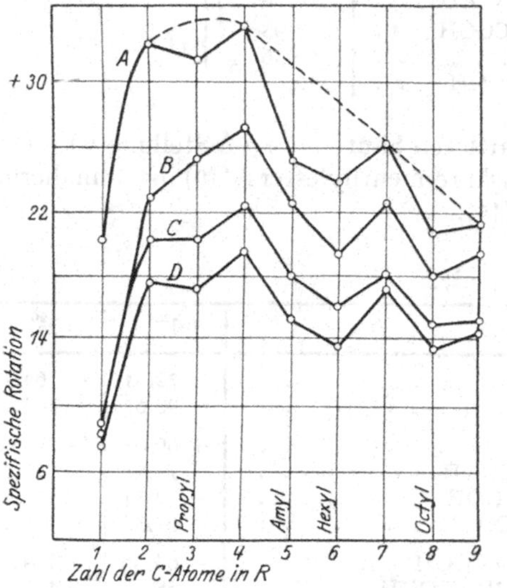

Abb. 4. Äther des d-β-Oktanols. A. $[\alpha]_{5461}$ in 5 proz. Lösung des CS_2. B. $[\alpha]_{4358}^{120}$ homogen. C. $[\alpha]_{5461}^{20}$ homogen. D. $[\alpha]_{5461}$ in 5 proz. alkohol. Lösung.

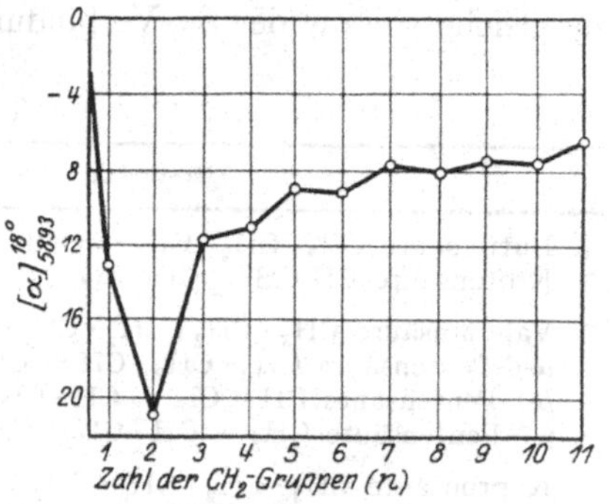

Abb. 5. d-β-Oktylester zweibasischer Säuren $(CH_2)_n(COOH)_2$. (5 proz. Lösung in CS_2.)

Die Rotationswerte der höheren Glieder sind abwechselnd hoch und niedrig, was besonders in den Werten für die 5 proz. Lösung in Schwefelkohlenstoff zum Ausdruck kommt und vielleicht so gedeutet werden kann, daß abwechselnd Cis- und Transkonfigurationen vorliegen. Bekanntlich zeigt sich eine derartige alternierende Zu- und Abnahme auch bei anderen physikalischen Konstanten in homologen Reihen (Schmelzpunkte zweibasischer Säuren).

C. Einfluß des Sättigungsgrades. Wie zuerst von Walden[4]) nachgewiesen wurde, übt der Sättigungszustand der mit dem asymmetrischen Kohlenstoffatom verbundenen Gruppen einen entscheidenden Einfluß auf den Drehwert der Verbindung aus, wie aus der folgenden Zusammenstellung ohne weiteres ersichtlich ist (s. Tabelle 6).

Rupe[5]) benutzt als aktiven Komplex die Menthylgruppe und vergleicht die Menthylester einiger gesättigter und ungesättigter Säuren in ca. 9 proz. alkoholischer Lösung (s. Tabelle 7).

Die Wirkung der Doppelbindung ist um so stärker, je näher sich diese dem asymmetrischen Komplex befindet, doch gilt diese Beziehung nur bis zu einer

1) Andere Beispiele s. bei H. Philips, Journ. chem. soc. Bd. 123, S. 22. 1923.
2) L. Hall, Journ. chem. soc. Bd. 123, S. 32. 1923.
3) Vgl. Th. P. Hilditch, Journ. chem. soc. Bd. 95, S. 1581. 1909.
4) P. Walden, ZS. f. phys. Chem. Bd. 20, S. 569. 1896; A. W. Stewart, Proc. Chem. Soc. Bd. 23, S. 8. 1907; Journ. chem. soc. Bd. 91, S. 199. 1907.
5) H. Rupe, Ann. d. Chem. Bd. 327, S. 157. 1903.

Tabelle 6.

Amylester der	$[M]_D^{20°}$	Δ
Buttersäure $CH_3 \cdot CH_2 \cdot CH_2 \cdot COOH$	4,43	2,19
Krotonsäure $CH_3CH : CH \cdot COOH$	6,62	
Bernsteinsäure $HOOC \cdot CH_2 \cdot CH_2 \cdot COOH$ . .	9,71	5,46
Fumarsäure $HOOC \cdot CH : CH \cdot COOH$	15,17	
Chlorbernsteinsäure $HOOC \cdot CHCl \cdot CH_2 \cdot COOH$	10,98	5,80
Chlorfumarsäure $HOOC \cdot CCl : CH \cdot COOH$ . .	16,78	
Hydrozimtsäure $C_6H_5 \cdot CH_2 \cdot CH_2 \cdot COOH$ . .	4,98	11,38
Zimtsäure $C_6H_5 \cdot CH : CH \cdot COOH$	16,36	
Phenylpropiolsäure $C_6H_5 \cdot C \vdots C \cdot COOH$ . . .	12,05	

gewissen Grenze, die im Falle der ungesättigten Säuren die γ-δ-Stellung ist, denn die spezifische Rotation des γ-δ-Hexensäure-menthylesters (10) ist annähernd die gleiche wie die der δ-ε-Verbindung (11).

Tabelle 7.

Menthylester der	$[\alpha]_D^{20°}$	$[M]_D^{20°}$
1. Buttersäure $CH_3 \cdot CH_2 \cdot CH_2 \cdot COOH$	− 72,91	− 164,7
2. Krotonsäure $CH_3CH = CH \cdot COOH$	− 90,67	− 203,1
3. Valeriansäure $CH_3 \cdot CH_2 \cdot CH_2 \cdot CH_2 \cdot COOH$	− 69,05	− 165,7
4. α-β-Pentensäure $CH_3 \cdot CH_2 \cdot CH = CH \cdot COOH$	− 74,41	− 177,1
5. β-γ-Pentensäure $CH_3 \cdot CH = CH \cdot CH_2 \cdot COOH$	− 72,51	− 172,5
6. γ-δ-Pentensäure $CH_2 = CH \cdot CH_2 \cdot CH_2 \cdot COOH$	− 67,32	− 160,2
7. Kapronsäure $CH_3 \cdot CH_2 \cdot CH_2 \cdot CH_2 \cdot CH_2 \cdot COOH$	− 64,86	− 164,7
8. α-β-Hexensäure $CH_3 \cdot CH_2 \cdot CH_2 \cdot CH = CH \cdot COOH$	− 68,38	− 172,4
9. β-γ-Hexensäure $CH_3 \cdot CH_2 \cdot CH = CH \cdot CH_2 \cdot COOH$	− 65,11	− 164,1
10. γ-δ-Hexensäure $CH_3CH = CH \cdot CH_2 \cdot CH_2 \cdot COOH$	− 60,93	− 153,5
11. δ-ε-Hexensäure $CH_2 = CH \cdot CH_2 \cdot CH_2 \cdot CH_2COOH$	− 61,25	− 154,4
12. Sorbinsäure $CH_3 \cdot CH = CH \cdot CH = CH \cdot COOH$	− 88,53	− 221,6

In der α-β-Stellung ist der Effekt am größten (1,2) (3,4) (7,8), kleiner in der β-γ-Stellung (3,5), (7,9), in der γ-δ-Stellung ist der Effekt negativ insofern, als der γ-δ-Säureester schwächer dreht als die Ester der gesättigten Säuren (3,6) (7,10). Die erheblich exaltierende Wirkung in der α-β-Stellung ist jedenfalls mitbedingt durch die Konjugation der Äthylen- mit der Karbonylgruppe: $CH = C - C = O$; das geht vor allem daraus hervor, daß durch die Herstellung einer weiteren konjugierten Bindung im Molekül der α-β-Hexensäure, wodurch die Sorbinsäure (12) hervorgeht, die Rotation weiter beträchtlich ansteigt (7, 8, 12).

Auch die Menthylester einiger ungesättigten hydrozyklischen Karbonsäuren sind von RUPE gemessen:

Menthylester der: $[\alpha]_D^{20°}$

Benzoesäure 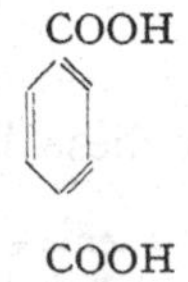 − 83,53 (1)

Δ^1-Tetrahydrobenzoesäure 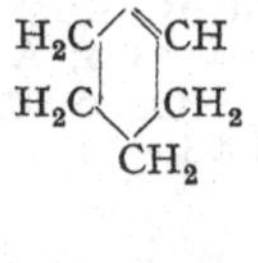 − 74,64 (2)

Δ^2-Tetrahydrobenzoesäure 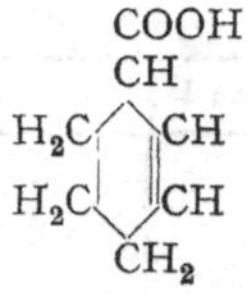 — 59,44 (3)

Hexahydrobenzoesäure 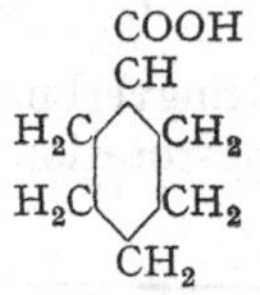 — 59,11 (4)

Je nach der Lage der Doppelbindung ist der Einfluß verschieden. Die rein aromatische Verbindung (1) besitzt die stärkste Drehung, mit dem Eintritt von Wasserstoffatomen nimmt der Einfluß ab (2,3) und erreicht in der vollständig hydrierten Verbindung den kleinsten Wert. Ähnliches wurde bei den hydrierten Naphthoesäureestern beobachtet.

Bemerkenswert sind die polarimetrischen Konstanten der Amylester der Hydrozimtsäure, Zimtsäure und Phenylpropiolsäure (s. Tabelle 6). Der Effekt der dreifachen Bindung erweist sich hier geringer als der der Doppelbindung; analoges wurde auch bei der Absorption im Ultraviolett beobachtet[1]: die Zimtsäure absorbiert merklich stärker als die Phenylpropiolsäure; auch hinsichtlich der Molrefraktion und der Verbrennungswärme übertrifft häufig der Effekt der doppelten den der dreifachen Bindung.

Andere Beispiele, daß die Verbindung mit C ⋮ C-Gruppe einen niederen Drehwert besitzt als diejenige mit C:C-Bindung, haben RUPE und GLENZ[2]) erbracht. Daß hier jedoch keine durchweg gültige Regel vorliegt, zeigten Messungen von PICKARD und KENYON[3]) an Estern des optisch aktiven Methyl-n-hexylkarbinols: $CH_3CH(C_6H_{13})OR$

$$R = C_6H_5 \cdot C \vdots C \cdot CO \qquad [\alpha]_D^{17} = +50{,}80$$
$$R = C_6H_5 \cdot CH : CH \cdot CO \qquad ,, \quad = +40{,}19$$
$$R = C_6H_5 \cdot CH_2 \cdot CH_2 \cdot CO \qquad ,, \quad = +12{,}19$$

Besonders einfach konstituierte ungesättigte Verbindungen liegen in den Vinylkarbinolen I vor, deren vier erste Glieder von KENYON und SNELLGROVE[4]) gemessen und mit den entsprechenden gesättigten Karbinolen verglichen wurden

$$\text{I} \quad CH_2 : CH \cdot CH(OH)R, \qquad \text{II} \quad CH_3 \cdot CH_2 \cdot CH(OH)R.$$

Auch hier ergaben sich in beiden Reihen erhebliche Unterschiede, z. B.:

l-n-Butyl-vinyl-karbinol	l-n-Butyl-äthylkarbinol
$CH_2 : CH \cdot CH(OH)C_4H_9$	$CH_3 \cdot CH_2 \cdot CH(OH)C_4H_9$
$[\alpha]_D^{20°}$: — 25°	$[\alpha]_D^{20°}$: — 8,11°

D. Einfluß der Ringbildung auf die Drehung. Eine beträchtliche Steigerung erfährt die Rotation einer Verbindung bisweilen dadurch, daß aus ihr eine andere mit ringförmigem Bau hervorgeht, worauf besonders VAN 'T HOFF hingewiesen hat. Eine derartige Ringbildung ist z. B. die Entstehung eines Laktons II, aus einer Oxysäure I[5]), wie die in Tabelle 8 folgenden von VAN 'T HOFF gegebenen Beispiele zeigen[5]).

[1]) H. LEY u. K. V. ENGELHARDT, ZS. f. phys. Chem. Bd. 74, S. 1. 1910.
[2]) H. RUPE u. K. GLENZ, Ann. d. Chem. Bd. 436, S. 184. 1924.
[3]) R. H. PICKARD u. J. KENYON, Journ. chem. soc. Bd. 99, S. 46. 1911.
[4]) J. KENYON u. D. R. SNELLGROVE, Journ. chem. soc. Bd. 127, S. 1169. 1925.
[5]) Siehe VAN'T HOFF I.

Tabelle 8.

	Drehung der Oxysäure I	Drehung des Laktons II
Arabonsäure	$< -8{,}5$	$-$ 73,9
Xylonsäure	-7	$+$ 21
Mannonsäure	schwach	$+$ 53,8
Mannozuckersäure	schwach	$+$ 201,8 (Doppellakton)

Weitere Beispiele, die zeigen, daß die Ringverbindung II gegenüber der nichtzyklischen I eine erheblich höhere Drehungsrotation besitzt, sind folgende[1]):

Tabelle 9.

	Drehung der nichtzyklischen Verbindung I $[\alpha]_D$	Drehung der Ringverbindung $[\alpha]_D$
Milchsäure	$+2° - +3°$	$-86°$ (Esteranhydride, Gemisch)
Mannit	schwach drehend	$+94°$ (Doppelanhydrid)
Hexahydrophthalsäure	$+18{,}2°$	$-76°$

Auch die teilweise enorm drehungssteigernde Wirkung, die Borsäure auf mehrwertige Alkohole (Mannit, Arabit u. a.), ferner antimonige Säure auf Oxysäuren (Weinsäure, Brechweinstein) ausübt, führt VAN 'T HOFF auf Ringbildung etwa im Sinne der zyklischen Anordnung $\begin{matrix} \text{C—O} \\ | \\ \text{C—O} \end{matrix}\!\!>\!\text{B(OH)}$ zurück[2]).

E. Aromatische Verbindungen. Optisch aktive einkernige Verbindungen des Benzols mit Substituenten, die kein asymmetrisches Kohlenstoffatom enthalten, sind nicht bekannt. Optische Aktivität tritt erst bei gewissen mehrkernigen Verbindungen auf, wo die Orientierung der Ringebene des Benzolkerns Veranlassung zur molekularen Asymmetrie geben kann (s. 910).

Die Phenylgruppe als Substituent wirkt häufig drehungserhöhend, falls sie, wie zuerst TSCHUGAEFF[3]) erkannte, dem asymmetrischen Komplex benachbart ist. Das geht aus dem Vergleich der Menthylester der Benzoesäure, Phenylessigsäure und Hydrozimtsäure hervor (s. Tabelle 10), in der letzten Verbindung wird etwa der normale Wert für die aliphatischen Ester erreicht.

Tabelle 10.

Menthylester der	$[\alpha]_D^{20°}$	$[M]_D^{20°}$
Benzoesäure $C_6H_5 \cdot CO \cdot OC_{10}H_{19}$	$-$ 91,95	$-$ 239,0
Phenylessigsäure $C_6H_5 \cdot CH_2 \cdot CO \cdot OC_{10}H_{19}$	$-$ 68,70	$-$ 188,2
Hydrozimtsäure $C_6H_5 \cdot CH_2 \cdot CH_2 \cdot CO \cdot OC_{10}H_{19}$	$-$ 56,21	$-$ 161,9
Normalwert der aliphatischen Säureester		$-$ 157,5

Die Wirkung des Phenyls ist aber in manchen Fällen wesentlich komplizierter, wie RUPE[4]) bei Menthylestern substituierter Zimtsäuren und ihren Reduktionsprodukten beobachtete (s. Tabelle 11).

Die Ester der Zimtsäure und α-Methyl-zimtsäure besitzen gegenüber ihren Hydrierungsprodukten, wie zu erwarten, größere Drehungsvermögen, anomal verhält sich β-Methyl-zimtsäure und ihr Reduktionsprodukt, was wahrscheinlich dem Einfluß des bei der Hydrierung neu entstehenden zweiten asymmetrischen Kohlenstoffatoms zuzuschreiben ist. Bei den Estern der Phenylzimtsäuren

---

1) S. u. a. A. WERNER I.

2) Wahrscheinlicher ist hier die Bildung von Innerkomplexsalzen.

3) L. TSCHUGAEFF, Chem. Ber. Bd. 31, S. 1778. 1898; J. B. COHEN u. H. W. DUDLEY, Journ. chem. soc. Bd. 97, S. 1732. 1910; s. auch KAUFFMANN I.

4) H. RUPE, Ann. d. Chem. Bd. 369, S. 311. 1909.

Tabelle 11.

Menthylester der	$[\alpha]_D^{20°}$	Menthylester der	$[\alpha]_D^{20°}$
Zimtsäure		Hydrozimtsäure	
$C_6H_5CH:CH \cdot COOH$	$-76,95$	$C_6H_5 \cdot CH_2 \cdot CH_2 \cdot COOH$	$-58,48$
α-Methyl-zimtsäure		α-Methyl-hydrozimtsäure	
$C_6H_5CH:C(CH_3)COOH$	$-62,60$	$C_6H_5 \cdot CH_2 \cdot CH(CH_3) \cdot COOH$	$-50,73$
β-Methyl-zimtsäure		β-Methyl-hydrozimtsäure	
$C_6H_5C(CH_3):CH \cdot COOH$	$-65,89$	$C_6H_5C(CH_3) \cdot CH_2 \cdot COOH$	$-76,23$
α-Phenyl-zimtsäure		α-Phenyl-hydrozimtsäure	
$C_6H_5CH:C(C_6H_5)COOH$	$-53,44$	$C_6H_5 \cdot CH_2 \cdot CH(C_6H_5)COOH$	$-86,04$
β-Phenylzimtsäure		β-Phenyl-hydrozimtsäure	
$C_6H_5C(C_6H_5):CH \cdot COOH$	$-37,92$	$C_6H_5 \cdot CH(C_6H_5) \cdot CH_2 \cdot COOH$	$-61,72$

steht man der merkwürdigen Tatsache gegenüber, daß die Ester der hydrierten Säuren erheblich stärker drehen als die ungesättigten Verbindungen, was sich zum Teil ebenfalls durch den Einfluß der neugebildeten Asymmetriezentren erklären dürfte; daneben kommt aber jedenfalls noch ein anderer Effekt in Betracht, der mit der Häufung negativer Gruppen, hier der Phenyle, in den ungesättigten Säuren in Beziehung steht. Auffällig tritt dieser Effekt bei den Menthylestern phenyl-substituierter Essigsäuren zutage. Während die Ester der Phenyl- und Diphenyl-essigsäuren nach RUPE in 10proz. benzolischer Lösung $[\alpha]_D^{20°}$-Werte von $-67,57$ bzw. 66,70 zeigen, besitzt der Menthylester der Triphenyl-essigsäure sehr viel kleinere Drehungen, die außerdem, wie TSCHUGAEFF und GLININ[1]) fanden, sehr stark vom Lösungsmittel beeinflußt werden.

Ersatz des Methyls durch Phenyl in den ungesättigten Säuren hat, wie RUPE an folgenden Menthylestern (Tabelle 12) feststellte, einen Rückgang der Drehung im Gefolge.

Tabelle 12.

Menthylester der		$[\alpha]_D^{20°}$
Krotonsäure	$CH_3 \cdot CH:CH \cdot COOH$	$-91,06$
Zimtsäure	$C_6H_5 \cdot CH:CH \cdot COOH$	$-76,95$
α-Methylakrylsäure	$CH_2:C(CH_3)COOH$	$-91,76$
α-Phenylakrylsäure	$CH_2:C(C_6H_5)COOH$	$-63,06$
β-Dimethylakrylsäure	$(CH_3)_2C:CH \cdot COOH$	$-88,60$
β-Methyl-zimtsäure	$C_6H_5 \cdot C(CH_3):CH \cdot COOH$	$-65,89$
β-Phenyl-zimtsäure	$C_6H_5C(C_6H_5):CH \cdot COOH$	$-37,92$

Schließlich ist noch folgende Zusammenstellung (s. Tabelle 13) RUPEs von Interesse, die den polarimetrischen Effekt des Ersatzes von Methyl durch Phenyl in den gesättigten Fettsäuren darstellt.

Tabelle 13.

Menthylester der		$[\alpha]_D^{20°}$	Δ
Propionsäure	$CH_3 \cdot CH_2 \cdot COOH$	$-75,51$	5,94
Phenyl-essigsäure	$C_6H_5 \cdot CH_2 \cdot COOH$	$-69,57$	
n-Buttersäure	$CH_3 \cdot CH_2 \cdot CH_2 \cdot COOH$	$-70,46$	11,98
Hydrozimtsäure	$C_6H_5 \cdot CH_2 \cdot CH_2 \cdot COOH$	$-58,48$	
Kapronsäure	$CH_3 \cdot CH_2 \cdot CH_2 \cdot CH_2 \cdot CH_2 \cdot COOH$	$-64,86$	31,00
δ-Phenyl-valeriansäure	$C_6H_5 \cdot CH_2 \cdot CH_2 \cdot CH_2 \cdot CH_2 \cdot COOH$	$-33,86$	
Essigsäure	$CH_3 \cdot COOH$	$-73,77$	
Benzoesäure	$C_6H_5 \cdot COOH$	$-90,90$	

[1]) L. TSCHUGAEFF u. G. GLININ, Chem. Ber. Bd. 45, S. 2759. 1912.

Sie führt zu der Konsequenz, daß die früher erwähnte Regel von TSCHUGAEFF-GUYE unter Umständen völlig versagt. Nach den Genannten sollte die Wirkung beim Ersatz von Methyl durch Phenyl in einer gewissen Entfernung vom Asymmetriezentrum gleich Null werden. Tatsächlich wird aber der durch die Substitution bewirkte Effekt mit der Entfernung vom asymmetrischen Kohlenstoffatom größer, wie die Δ-Werte erkennen lassen. Die Differenz ist am größten zwischen der Kapron- und δ-Phenyl-valeriansäure. RUPE erklärt diesen Effekt als einen solchen der Masse beim Austausch des Methyls durch das fünfmal schwerere Phenyl. Außer der polaren Wirkung ,die stets erhöhend wirkt, unterscheidet er noch eine Art Hebelwirkung; sie wird um so größer, je größer die Entfernung vom asymmetrischen Kohlenstoffatom, d. h. je größer der Hebelarm wird. Je näher der ungesättigte Komplex (Phenyl) dem aktiven Rest steht, desto mehr wird die Schwerewirkung durch den polaren Einfluß verdeckt (Essigsäure- und Benzoesäurementhylester) (s. Tabelle 13). Während die Kohlenstoffdoppelbindung vorwiegend nur polar wirkt (vgl. Tabelle. 7), kommt dem Phenyl auch noch eine Schwerewirkung zu. Der eigenartige Effekt der Phenylgruppe (δ-Phenylvaleriansäure u. a.) könnte aber auch mit dem spiraligen Bau des Moleküls in Beziehung stehen[1]).

Stellungsisomere Benzolderivate sind unter anderen von COHEN und Mitarbeitern[2]) auf ihre Rotation untersucht, als Objekte dienten neben anderen Menthylester substituierter Benzoesäuren. In der Regel haben die Orthoderivate ein von den m- und p-Verbindungen verschiedenes Drehungsvermögen, während letztere beiden ungefähr gleiche und von dem Benzoesäurementhylester nicht wesentlich abweichende Drehung besitzen, z. B. Menthylester der o-, m-, p-$C_6H_4(OCH_3)COOH$, $C_6H_4 \cdot F \cdot COOH$, $C_6H_4 \cdot Cl \cdot COOH$, $C_6H_4 \cdot Br \cdot COOH$, $C_6H_4 \cdot NO_2 \cdot COOH$. Eine Ausnahme macht $C_6H_4 \cdot J \cdot COOH$, deren drei isomere Ester sich in bezug auf die Rotation gleich verhalten. Beziehungen allgemeiner Art lassen sich nicht ableiten.

F. Konjugierte Bindungen. Zwei Äthylenbindungen verstärken sich in ihrer Wirkung auf das asymmetrische Atom in der Regel, wenn sie zueinander konjugiert sind, das gleiche trifft für andere Konjugationen wie $C = C - C = O$ zu; es gelten hier ähnliche Verhältnisse wie für Absorption und Refraktion. Der Einfluß der Konjugation äußert sich deutlich in dem großen Drehungsvermögen des Menthylesters der Sorbinsäure im Vergleich mit dem der Hexensäuren (s. Tabelle 7).

Andere konjugierte Systeme sind von HILDITCH[3]) in den Menthylestern der Muconsäure und Piperinsäure gemessen und mit ihren Reduktionsprodukten verglichen; eine Übersicht gibt Tabelle 14.

Tabelle 14.

Dimenthylester der		$[\alpha]_D^{15°}$
1. Muconsäure	$HO \cdot CO \cdot CH{:}CH \cdot CH{:}CH \cdot CO \cdot OH$	$-93{,}40$
2. α-β-Dihydro-muconsäure .	$HO \cdot CO \cdot CH{:}CH \cdot CH_2 \cdot CH_2 \cdot CO \cdot OH$	$-88{,}78$
3. β-γ-Dihydro-muconsäure .	$HO \cdot CO \cdot CH_2 \cdot CH{:}CH \cdot CH_2 \cdot CO \cdot OH$	$-80{,}78$
4. Adipinsäure	$HO \cdot CO \cdot CH_2 \cdot CH_2 \cdot CH_2 \cdot CH_2 \cdot CO \cdot OH$	$-83{,}60$
5. Menthylester der Piperinsäure	$(CH_2O_2)C_6H_3 \cdot CH{:}CH \cdot CH{:}CH \cdot CO \cdot OH$	$-53{,}02$
6. der α-β-Hydro-piperinsäure	$(CH_2O_2)C_6H_3 \cdot CH_2 \cdot CH_2 \cdot CH{:}CH \cdot CO \cdot OH$	$-45{,}92$
7. der β-γ-Hydro-piperinsäure	$(CH_2O_2)C_6H_3 \cdot CH_2 \cdot CH{:}CH \cdot CH_2 \cdot CO \cdot OH$	$-42{,}22$

[1]) TH. P. HILDITCH, Journ. chem. soc. Bd. 95, S. 1581. 1909; vgl. Bd. 101, S. 199. 1912.

[2]) J. B. COHEN u. Mitarbeiter, Journ. chem. soc. Bd. 99, S. 1058. 1911; Bd. 97, S. 1732. 1910 und vorhergehende Arbeiten; s. auch KAUFFMANN I.

[3]) TH. P. HILDITCH, Journ. chem. soc. Bd. 95, S. 1570. 1909.

Es ist zu beachten, daß in der Mucon- und Sorbinsäure wegen der Beteiligung der Karbonylgruppe mehrfache Konjugationen vorliegen:

$$O:C \cdot CH:CH \cdot CH:CH \cdot C:O \quad \text{bzw.} \quad O:C \cdot CH:CH \cdot CH:CH,$$

in der Piperinsäure ist letzteres System in Konjugation mit dem Benzolkern.

Sehr deutlich (s. Tabelle 15) prägt sich der Einfluß der mehrfachen Konjugation in den von RUPE[1]) gemessenen Menthylestern der Zinnamenylacrylsäure (3) sowie ihren Reduktionsprodukten (1, 2) aus. In (3), wo das konjugierte System CH:CH · CH:CH · C:O in direkter Bindung mit dem Benzolkern angeordnet ist, ist der Drehwert am höchsten, in der vollständig reduzierten Säure (1) am niedrigsten; die Stoffe wurden in 10proz. benzolischer Lösung untersucht.

Tabelle 15.

Menthylester der		$[\alpha]_D^{20°}$
1. δ-Phenylvaleriansäure	$C_6H_5 \cdot CH_2 \cdot CH_2 \cdot CH_2 \cdot CH_2 \cdot COOH$	− 33,86
2. δ-Phenyl-β-γ-pentensäure	$C_6H_5 \cdot CH_2 \cdot CH:CH \cdot CH_2 \cdot COOH$	− 47,54
3. Zinnamenyl-acrylsäure	$C_6H_5 \cdot CH:CH \cdot CH:CH \cdot COOH$	− 75,14

Einfachere Systeme liegen in den zuerst von KLAGES und SAUTTER[2]) studierten optisch aktiven Kohlenwasserstoffen vor (s. Tabelle 16), die den asymmetrischen Amylrest enthalten.

Tabelle 16.

	$[\alpha]_D$	$[M]_D$	t°
1. $C_6H_5 \cdot CH:CH \cdot \overset{*}{C}H(CH_3)C_2H_5$	50,3	80,6	15
2. $C_6H_5CH_2 \cdot CH_2 \cdot \overset{*}{C}H(CH_3)C_2H_5$	17,2	27,9	14,5
3. $C_3H_7 \cdot C_6H_4 \cdot CH:CH \cdot \overset{*}{C}H(CH_3)C_2H_5$	41,9	84,7	16
4. $C_3H_7 \cdot C_6H_4 \cdot CH_2 \cdot CH_2 \cdot \overset{*}{C}H(CH_3)C_2H_5$	15,9	32,5	15,5

Die Kohlenwasserstoffe 1 und 3 mit dem konjugierten System $C_6H_5CH:CH$ zeigen gegenüber 2 und 4 wieder wesentlich höhere Drehungswerte.

Ist die ungesättigte Gruppe vom Benzolkern durch einen gesättigten Komplex etwa eine CH_2-Gruppe getrennt, also die Konjugation aufgehoben, so sinkt die Rotation, wie etwa

$$\text{I.}\; H \cdot CO \cdot OC_8H_{14} \cdot CO \cdot OC_6H_3(OCH_3)CH_2 \cdot CH:CH_2 \quad [\alpha]_D^{23°} = 32{,}7$$
$$\text{II.}\; H \cdot CO \cdot OC_8H_{14} \cdot CO \cdot OC_6H_3(OCH_3)CH:CH \cdot CH_3 \quad [\alpha]_D^{23°} = 38{,}6$$

die sauren Kampfersäureester des Eugenols I und Isoeugenols II zeigen[3]).

Schließlich kann auch die meist sehr erhebliche Rotationssteigerung beim Übergang der Merkaptane bzw. Sulfide I in die Disulfide II einer Art von Konjugation in letzteren Verbindungen zugeschrieben werden, insofern als die beiden

I	$[M]_D$	II	$[M]_D$
d-Camphyl-merkaptan $(C_{10}H_{15}O)SH$	+11	d-Camphyl-disulfid $(C_{10}H_{15}O)_2S_2$	−355
l-Amyl-sulfid $(C_5H_{11})_2S$	−42,7	l-Amyl-disulfid $(C_5H_{11})_2S_2$	−149
α-Thiopropionsäure $(CH_3 \cdot CH \cdot COOH)_2S$	−190	α-Dithiopropionsäure $(CH_3 \cdot CH \cdot COOH)_2S_2$	−429

ungesättigten S-Atome in direkter Bindung miteinander stehen; auch der symmetrische Bau der Moleküle II dürfte, worauf HILDITCH hinweist, zu der Drehungsverstärkung beitragen.

[1]) H. RUPE, Ann. d. Chem. Bd. 369, S. 311. 1909.
[2]) A. KLAGES u. R. SAUTTER, Chem. Ber. Bd. 37, S. 649. 1904; Bd. 38, S. 2313. 1905.
[3]) TH. P. HILDITCH, Journ. chem. soc. Bd. 95, S. 331. 1909.

Sehr eingehend wurde von RUPE[1]) das in den Methylenkampfern vorliegende

$$CH_2\overset{*}{-}CH\underline{\hspace{1cm}}C=CHR$$
$$C(CH_3)_2$$
$$CH_2\overset{*}{-}C(CH_3)\overset{*}{-}C=O$$

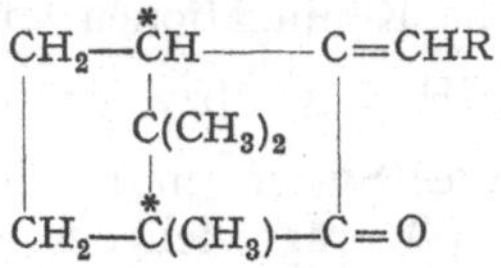

System untersucht, in dem die konjugierte Bindung $O = C \cdot C = CHR$ direkt mit den beiden asymmetrischen Kohlenstoffatomen verknüpft ist (s. Tabelle 17).

Tabelle 17.

Derivate des Methylenkampfers meist 10 proz. Lösungen in Benzol		$[\alpha]_D^{20°}$	$[M]_D^{20°}$
1. Methyl-methylenkampfer .	$C_8H_{14}\big\langle\begin{smallmatrix}C:CHCH_3\\ \vert\\ C:O\end{smallmatrix}$	+ 178,58	+ 318,1
2. Phenyl-methylenkampfer .	$C_8H_{14}\big\langle\begin{smallmatrix}C:CHC_6H_5\\ \vert\\ C:O\end{smallmatrix}$	+ 426,55	+ 1023,6
3. α-Naphthyl-methylenkampfer	$C_8H_{14}\big\langle\begin{smallmatrix}C:CHC_{10}H_7\\ \vert\\ C:O\end{smallmatrix}$	+ 353,62	+ 1026,2
4. Diphenyl-methylenkampfer	$C_8H_{14}\big\langle\begin{smallmatrix}C:C(C_6H_5)_2\\ \vert\\ C:O\end{smallmatrix}$	+ 242,90	+ 785,9
5. Phenyläthyl-methylenkampfer	$C_8H_{14}\big\langle\begin{smallmatrix}C:CH \cdot CH_2 \cdot CH_2 \cdot C_6H_5\\ \vert\\ C:O\end{smallmatrix}$	+ 117,70	+ 315,6
6. Propyl-methylenkampfer .	$C_8H_{14}\big\langle\begin{smallmatrix}C:CH \cdot CH_2 \cdot CH_2 \cdot CH_3\\ \vert\\ C:O\end{smallmatrix}$	+ 149,32	+ 307,7

Auf die Einführung verschiedener Substituenten R reagiert die Rotation in äußerst empfindlicher Weise. Geht man von (1) als Grundsubstanz aus (siehe Tabelle 17), so zeigt sich in (2) der enorme Einfluß des Phenyls (Konjugation des Phenyls mit der konjugierten Doppelbindung im Ring). Von ungefähr gleicher Größenordnung ist der Einfluß der Naphtylgruppe (3). Auffällig ist zunächst, daß durch Einführung eines zweiten Phenyls (4) die Rotation verglichen mit (2) beträchtlich gesunken ist, es liegt hier wieder ein Beispiel vor, daß durch Häufung negativer Gruppen die Rotation geschwächt wird. Ist der Phenylrest durch Methylengruppen getrennt (5), so ist der Effekt schwächer als bei der rein aliphatischen Verbindung (6).

13. Rotationsdispersion[2]). A. Einleitendes, Dispersionsformeln. In früheren Arbeiten wurden die Rotationswerte meist auf die D-Linie bezogen. Diese Beschränkung auf eine einzige Wellenlänge bedeutet jedoch eine bedenkliche Einseitigkeit, da mit Rücksicht auf den verschiedenartigen Verlauf der $[\alpha]$-Werte mit der Wellenlänge nie vorherzusehen ist, ob die bei einer einzigen Farbe ermittelten Rotationen wirklich vergleichbar sind. Später wurden dann auch für konstitutionschemische Zwecke Drehungsmessungen bei verschiedenen Wellenlängen zunächst des sichtbaren Spektrums ausgeführt und neuerdings auch auf das Ultraviolett ausgedehnt[3]).

---

[1]) H. RUPE, Ann. d. Chem. Bd. 409, S. 327. 1915; s. auch A. HALLER u. Mitarbeiter. Lit. s. bei H. RUPE (l. c.).

[2]) Siehe den Artikel Polarimetrie von SCHÖNROCK, Hdb. d. Phys. Bd. 19, S. 716.

[3]) T. M. LOWRY, Proc. Roy. Soc. London (A) Bd. 81, S. 472. 1908; A. COTTON u. R. DESCAMPS, C. R. Bd. 182, S. 22. 1926; Rev. d'opt. Bd. 5, S. 481. 1926.

Bei der Mehrzahl der farblosen Stoffe nehmen die Rotationen mit abnehmender Wellenlänge zu; man nannte diese Erscheinung früher allgemein normale Rotationsdispersion. Zur vorläufigen Charakterisierung des Wellenlängeneinflusses kann man bestimmte empirische Beziehungen benutzen, so den Dispersionskoeffizienten und die relative Rotationsdispersion, man bezeichnet:

$$[\alpha]_{\lambda_2}/[\alpha]_{\lambda_1} \quad \text{z. B.} \quad [\alpha]_F/[\alpha]_C$$

als Dispersionskoeffizient (Di.C), den Quotienten:

$$([\alpha]_{\lambda_2} - [\alpha]_{\lambda_1})/[\alpha]_{\lambda'} \quad \text{z. B.} \quad ([\alpha]_F - [\alpha]_C)/[\alpha]_D$$

als relative Rotationsdispersion (r. R.D). Gelegentlich ist auch die Differenz

$$[\alpha]_{\lambda_2} - [\alpha]_{\lambda_1} \quad \text{z. B.} \quad [\alpha]_F - [\alpha]_C$$

als spezifische (totale) Rotationsdispersion (R.D) für Vergleichszwecke benutzt.

Ausgedehnte Untersuchungen über die Zahlenwerte dieser Größen verdankt man vor allem WALDEN[1]). Für homogene aktive Verbindungen gilt unter anderem folgendes:

Die Di.C und r. R.D sind von der Temperatur nahezu unabhängig, die R.D zeigen sich in der Regel als temperaturvariabel. Die Glieder einer homologen Reihe besitzen ungefähr gleiche Di.C und r. R.D; allerdings verhalten sich die ersten Glieder bisweilen abweichend.

Große Di.C bzw. R.D gehen in der Regel parallel großen, meist negativen Temperaturkoeffizienten. Verbindungen mit großer R.D besitzen meist große optische Dispersion für dasselbe Wellenlängengebiet. Für Lösungen gilt unter anderem nach WALDEN[1]) folgendes:

Die Di.C, die relativen und spezifischen R.D eines gelösten aktiven Stoffes sind bei allen Konzentrationen eines gegebenen Lösungsmittels konstant. Für viele Lösungsmittel sind die R.D der gelösten aktiven Stoffe praktisch gleich und identisch mit den an den freien flüssigen Stoffen ermittelten R.D. Verschiedenheiten in den R.D treten bei Verwendung von Lösungsmitteln auf, die hinsichtlich der Konstitution und der optischen Eigenschaften stark differieren. Die D.C und r. R.D entfernen sich um so mehr vom Mittelwert, je größer die Eigendispersion des Lösungsmittels ist.

Unter Umständen treten aber Störungen auf, derart, daß der gelöste Stoff durch den Lösungsvorgang eine erhebliche Änderung seiner R.D erleidet oder die R.D anomal wird (l-Äpfelsäuredimethylester).

Bei den meisten farblosen normal dispergierenden Verbindungen (s. Ziff. 13 C) sind die Di.C $[\alpha]_F/[\alpha]_C$ wenig verschieden, nach WALDEN beträgt der Koeffizient im Mittel 1,95, doch können nach Messungen von TSCHUGAEFF, RUPE u. a. auch wesentlich höhere und niedrigere Werte auftreten. Dem Normalwert naheliegende Koeffizienten fand TSCHUGAEFF[2]) bei aktiven Kohlenwasserstoffen und Alkoholen der Kampfer und Terpenreihe und anderen zyklischen Verbindungen (Kohlenwasserstoffe: l-Pinen, Kampfer, d-Menthen, d-Limonen, Cholestan u. a. — Alkohole: l-Menthol, d-Borneol, Methylcyclohexanol, Fenchylalkohol, Cholesterin u. a.). Wesentlich höhere Werte fand TSCHUGAEFF bei zyklischen Ketonen (d-Kampfer: 2,75, Pulegon: 2,76, Methylcyclohexanon: 3,50, Dihydrokarvon: 3,30). Einigen dieser zuletzt genannten Stoffe wie d-Kampfer werden wir bei der Untersuchung der anomalen R.D (Cottoneffekt) wieder begegnen.

---

1) P. WALDEN, ZS. f. phys. Chem. Bd. 55, S. 1. 1906; daselbst weitere Literatur, ferner WALDEN I; s. auch CHR. WINTHER, ZS. f. phys. Chem. Bd. 52, S. 200. 1905.

2) L. TSCHUGAEFF, ZS. f. phys. Chem. Bd. 76, S. 469. 1911.

Um die zahlenmäßige Abhängigkeit der $[\alpha]$-Werte von der Wellenlänge darzustellen, sind eine Reihe von Formeln vorgeschlagen. So hat STEFAN[1]) versucht, durch Hinzunahme einer zweiten Konstanten A zu der zuerst von BIOT[2]) vorgeschlagenen Formel: $[\alpha] = B/\lambda^2$ einen besseren Anschluß an die Beobachtungen zu erzielen. In einigen Fällen vermag die STEFANsche Gleichung: $[\alpha] = A + B/\lambda^2$, deren graphische Darstellung eine Parabel ergibt, die Versuchsergebnisse befriedigend wiederzugeben, eine allgemeine Anwendbarkeit kommt ihr jedoch nicht zu. Wesentlich mehr leistet in der Regel die ebenfalls zweikonstantige Formel von BOLTZMANN[3]): $[\alpha] = A/\lambda^2 + B/\lambda^4$.

Auf die von DRUDE[4]) aufgestellte Formel, die zuerst von LOWRY und DICKSON mit Erfolg auf organische aktive Verbindungen in homogenem und gelöstem Zustande angewendet wurde, wird später noch einzugehen sein.

Von HAGENBACH sind die Formeln von STEFAN und BOLTZMANN auf die Glieder homologer Reihen mit normaler Dispersion angewendet; dabei hat sich folgende Gesetzmäßigkeit ergeben: Stellt die allgemeine Funktion:

$$[\alpha] = \varphi(\lambda)$$

die Abhängigkeit der Rotation von der Wellenlänge für ein Glied der Reihe dar, so sind die Dispersionen der anderen Glieder der Reihe darstellbar durch:

$$[\alpha]' = C'\varphi(\lambda), \quad [\alpha]'' = C''\varphi(\lambda), \quad [\alpha]''' = C'''\varphi(\lambda)\ldots$$

die C-Werte, die sog. spezifischen Faktoren sind von einem Glied zum anderen verschieden, aber unabhängig von der Wellenlänge. Sie sind gewissermaßen die Größen, die die Dispersionskurven einer homologen Reihe miteinander verbinden und stellen die Quotienten zweier beliebiger $[\alpha]$-Werte der Reihe für eine und dieselbe Wellenlänge dar. Also:

$$C' = [\alpha_\lambda]'/[\alpha_\lambda] \quad \text{z. B.} \quad [\alpha_F]'/[\alpha_F],$$

$$C'' = [\alpha_\lambda]''/[\alpha_\lambda] \quad \text{z. B.} \quad [\alpha_F]''/[\alpha_F]\ldots$$

Für die gleich noch näher zu besprechenden Methylenkampferderivate ergeben sich folgende in Tabelle 18 Kolumne 1 und 2 verzeichnete Konstanten A und B der STEFANschen Gleichung:

$$[\alpha] = A + B\nu^2; \quad (\nu = 1/\lambda);$$

zur Berechnung sind die $[\alpha]$-Werte für die Wellenlängen λ_C, λ_D, λ_E und λ_F benutzt.

Tabelle 18.

	1 A	2 B 10⁴	3 $C_A = \frac{A'}{A_{\text{Anfangsglied}}}$	4 $C_B = \frac{B'}{B_{\text{Anfangsglied}}}$	5 $C = \frac{[\alpha]'}{[\alpha]}$ (Mittel)
Phenyl-Methylenkampfer	− 186,90	21660	1	1	1
Phenäthyl- ,, ...	− 52,51	6033	0,2809	0,2785	0,2764
Benzyl- ,, ...	− 52,15	5936	0,2790	0,2740	0,2719
Phenylpropyl- ,, ...	− 46,59	5468	0,2503	0,2524	0,2532
Methyl- ,, ...	− 72,55	8863	0,3882	0,4091	0,4175
Äthyl- ,, ...	− 69,68	8037	0,3728	0,3710	0,3699
Propyl- ,, ...	− 71,40	7804	0,3820	0,3603	0,3513
Isobutyl- ,, ...	− 66,00	7445	0,3531	0,3437	0,3400

[1]) E. STEFAN, Wiener Ber. Bd. 50 II, S. 88. 1864.

[2]) J. B. BIOT, Mém. de l'Acad. Bd. 2, S. 41 u. 91. 1817; Ann. chim. phys. (2) Bd. 10, S. 63. 1819.

[3]) L. BOLTZMANN, Pogg. Ann. Jubelbd., S. 128. 1874.

[4]) Siehe P. DRUDE, Lehrb. d. Optik, 3. Aufl. 1912.

Nun gilt für irgendein Glied der homologen Reihe die Beziehung: $A'/A = B'/B = C$, wo C den spezifischen Faktor bedeutet. In der 3. und 4. Kolumne sind die Quotienten $A'/A_{\text{Anfangsglied}}$ und $B'/B_{\text{Anfangsglied}}$ gegeben, wo A' und B' sich auf das betreffende Glied der Reihe, $A_{\text{Anfangsglied}}$ und $B_{\text{Anfangsglied}}$ sich auf Phenylmethylenkampfer beziehen. Tatsächlich sind diese Quotienten praktisch identisch mit den spezifischen Faktoren (Kolumne 5), die sich aus den $[\alpha]$-Werten der Tabelle 19 berechnen lassen und Mittelwerte für die vier genannten Wellenlängen darstellen. Analoge Rechnungen lassen sich auch unter Benutzung der BOLTZMANNschen Formel für homologe bzw. zusammengehörige optisch aktive Verbindungen anstellen.

B. Charakteristische Wellenlänge. Der von GUYE, WALDEN u. a. aufgefundenen Gesetzmäßigkeit, daß die r. R.D z. B. $([\alpha]_F - [\alpha]_C)/[\alpha]_D$ innerhalb zusammengehöriger Reihen konstant ist, hat HAGENBACH[1]) auf Grund von Beobachtungen RUPEs eine etwas andere Form gegeben. Aus der Konstanz der Di.C folgt, daß in einer zusammengehörigen Reihe analoger Stoffe die Quotienten zweier $[\alpha]$ für die gleiche Farbe konstant sind $[\alpha]'_\lambda/[\alpha]_\lambda = C'$. Bezeichnet man die R.D $[\alpha]_F - [\alpha]_C$ mit $[\alpha]_a$ und gehört zu $[\alpha]_a$ die Wellenzahl $\nu_a (\nu = 1/\lambda)$, so kann man statt der r. R.D z. B. im Sinne WALDENS auch die zu $[\alpha]_a$ gehörige Wellenzahl ν_a aufsuchen, für die $([\alpha]_F - [\alpha]_C)/[\alpha]_a = 1$ ist; die entsprechende Wellenlänge $\lambda_a = 1/\nu_a$ wird als charakteristische bezeichnet. Zur Berechnung derselben muß man zur Festlegung der Krümmung der Dispersionskurven eine bestimmte Funktion $[\alpha] = f(\lambda)$ z. B. $[\alpha] = A + B\nu^2$ annehmen. Sind die $[\alpha]$ bei vier Wellenlängen entsprechend C, D, E, F ermittelt, so ist:

$$\nu_a^2 = \nu_E^2 + F(\nu_C^2 - \nu_D^2), \quad \text{wo} \quad F = \frac{[\alpha]_F - [\alpha]_C - [\alpha]_E}{[\alpha]_C - [\alpha]_D}$$

ist, oder:

$$\nu_a^2 = 3{,}3507 - 0{,}5579 \frac{[\alpha]_C - [\alpha]_E - [\alpha]_F}{[\alpha]_D - [\alpha]_C}. \tag{1}$$

Tabelle 19. Derivate des Methylenkampfers 10 proz. Lösung in Benzol.

	$[\alpha]_C$	$[\alpha]_D$	$[\alpha]_E$	$[\alpha]_F$	$[\alpha]_F - [\alpha]_C$	$\frac{[\alpha]_F}{[\alpha]_C}$	F
1. Phenyl-	322,48	426,55	530,40	741,87	419,39	2,293	1,066
2. Phenäthyl- . .	89,32	117,70	145,52	206,69	117,37	2,314	0,992
3. Benzyl-	87,78	115,72	143,39	203,38	115,60	2,317	1,071
3. Phenylpropyl- .	82,01	108,03	133,26	188,59	106,58	2,299	1,025
5. Methyl-	136,37	178,58	219,31	308,49	172,12	2,261	1,070
6. Äthyl-	119,07	157,44	195,25	276,96	157,89	2,326	0,974
7. Propyl-	112,57	149,32	185,40	264,75	152,18	2,351	0,901
8. Isobutyl- . . .	109,55	145,04	179,05	254,14	144,59	2,320	0,971
							1,007 Mittel von F

In der vorstehenden Tabelle sind die zur Berechnung von λ_a notwendigen Daten für die Methylenkampfer nach RUPE enthalten. Man erkennt die Konstanz von $[\alpha]_F/[\alpha]_C$ (auch $[\alpha]_F/[\alpha]_D$ u. a. sind konstant), ferner sieht man, daß in diesem Falle $[\alpha]_F - [\alpha]_C$ ungefähr gleich $[\alpha]_D$ ist. Mit F berechnet sich nach 1 die charakteristische Wellenlänge zu 598.8 mμ.

Von RUPE mit AKERMANN[2]) und KÄGI[3]) sind die λ_a-Werte für eine große Zahl zusammengehöriger Stoffe gemessen. In der Reihe der Menthylester (Benzoesäure, Zimtsäure, substituierte Zimtsäuren) ist λ_a weiter nach Rot verschoben

[1]) A. HAGENBACH, ZS. f. phys. Chem. Bd. 89, S. 583. 1915.
[2]) H. RUPE u. A. AKERMANN, Ann. d. Chem. Bd. 420, S. 1. 1919.
[3]) H. RUPE u. H. KÄGI, Ann. d. Chem. Bd. 420, S. 33. 1919.

und liegt bei etwa 684 mμ. Mit λ_a läßt sich in erster Annäherung der Verlauf der Dispersionskurve, d. h. ihre Steigerung und Krümmung zwischen λ_C und λ_F charakterisieren; je flacher die Kurve verläuft, desto mehr verschiebt sich λ_a nach Rot.

C. Normaler und anomaler Verlauf der Dispersionskurve, Temperaturabhängigkeit. Von der Regel, daß mit abnehmender Wellenlänge die $[\alpha]$-Werte wachsen, weicht eine große Zahl von Stoffen ab. Bei manchen steigt die Dispersionskurve $f(\lambda, [\alpha])$ mit zunehmender Brechbarkeit nicht regelmäßig an, sondern durchläuft bei bestimmter Wellenlänge ein Maximum oder Minimum oder es findet Vorzeichenwechsel statt, oder schließlich die Rotationen erweisen sich innerhalb eines bestimmten Gebietes als unabhängig von der Wellenlänge.

Derartige Anomalien waren schon BIOT bekannt, der sie an Weinsäurelösungen auffand, später wurden sie hier von ARNDTSEN, KRECKE[1]), WENDELL[2]) u. a., in neuerer Zeit unter anderen von WINTHER[3]) und GROSSMANN und WRESCHNER[4]) studiert. Die wäßrigen Lösungen sind rechtsdrehend und weisen ein Maximum auf, das in verdünnten Lösungen in Blau liegt und sich mit Erhöhung der Konzentration nach längeren Wellen verschiebt. Vom Maximum an nimmt die Rechtsdrehung mit der Brechbarkeit der Strahlen ab und geht in 70proz. Lösung sogar in Linksdrehung über. Feste geschmolzene Weinsäure zeigt, wie BRUHAT[5]) in Fortsetzung älterer Versuche von BIOT fand, von 560 mμ ab mit abnehmender Wellenlänge zunehmende Linksdrehung.

Auch die anomale R.D der Äpfelsäure ist eingehend bearbeitet[6]), die ihrer Ester u. a. von GROSSMANN und LANDAU[7]).

Die starke Beeinflußbarkeit der Rotation einer typisch anomalen Verbindung durch Lösungsmittel zeigt Abb. 6, wo nach Messungen von LOWRY und ABRAM[8]) die Dispersionskurven des Methyltartrats wiedergegeben sind. Die Lösung in Äthylenchlorid zeigt scheinbar normales Verhalten, ein Maximum im Sichtbaren weist der homogene Ester (100°) sowie die Lösung in Formamid und Azeton auf, ein Wendepunkt ist bei der Kurve in Wasser, Vorzeichenwechsel bei der Lösung in Chinolin sowie dem homogenen Ester bei 20° zu erkennen. Bei anomal dispergierenden Verbindungen ist die Dispersion in der Regel stark temperaturvariabel. Messungen des Temperatureinflusses auf die Dispersion der Weinsäureester (Methyl-, Äthyl-, Propyltartrat) sind von WINTHER[9]) angestellt. Der Temperatureinfluß kann durch die Gleichung $[\alpha] = a - b(t - 149)^2$ dargestellt werden. Alle drei Ester besitzen die maximalen Drehungen für alle Wellenlängen im Sichtbaren bei der gleichen Temperatur (etwa 149°).

In diesem Zusammenhange ist noch darauf aufmerksam zu machen, daß der S. 937 für Verbindungen mit normaler R.D definierte Di.C z. B. $[\alpha]_F/[\alpha]_C$ für anomal dispergierende Stoffe, wie leicht einzusehen, völlig versagen muß. Für diese definiert WINTHER unter Berücksichtigung des Temperatureinflusses auf die Rotation eine andere Funktion, den rationalen Di.C, der gleich dem Verhältnis der Größen b in der obigen Temperaturgleichung: $b_{\lambda_1}/b_{\lambda_2}$ ist. Die Temperaturen werden dann nicht von 0°, sondern von der Maximaltemperatur aus gerechnet;

---

[1]) Die ältere Literatur s. bei LANDOLT I, GROSSMANN u. WRESCHNER I.
[2]) G. V. WENDELL, Ann. d. Phys. Bd. 66, S. 1149. 1898.
[3]) CHR. WINTHER, ZS. f. physik. Chem. Bd. 41, S. 207. 1902; Bd. 45, S. 331. 1903.
[4]) H. GROSSMANN u. M. WRESCHNER, Journ. f. prakt. Chem. (2) Bd. 96, S. 125. 1918.
[5]) BRUHAT, Trans. Faraday Soc. Bd. 10 I, S. 42. 1914.
[6]) Literatur s. bei GROSSMANN u. WRESCHNER I.
[7]) H. GROSSMANN u. B. LANDAU, ZS. f. phys. Chem. Bd. 75, S. 129. 1910.
[8]) TH. M. LOWRY u. H. H. ABRAM, Journ. chem. soc. Bd. 107, S. 1187. 1915.
[9]) CHR. WINTHER, ZS. f. phys. Chem. Bd. 41, S. 207. 1902; Bd. 45, S. 367. 1903.

die rationalen Di.C werden somit von der Temperatur unabhängig. Praktisch berechnet sich der rationale Di.C als der Quotient aus der Differenz der spez. Drehungen für zwei Wellenlängen bei zwei verschiedenen Temperaturen:

$$\frac{[\alpha]^{t_1}_{\lambda_1} - [\alpha]^{t_2}_{\lambda_1}}{[\alpha]^{t_1}_{\lambda_2} - [\alpha]^{t_2}_{\lambda_2}}$$

wobei vorausgesetzt wird, daß die Maximaltemperaturen auch wirklich für alle Farben gleich sind. Wie WINTHER an den Estern der Weinsäure feststellte, ist der rationale Di.C von der Temperatur und Konzentration unabhängig und ebenso von der Größe des Molekulargewichtes in der homologen Reihe, er stellt für diese somit eine charakteristische Konstante dar.

D. Einfache und komplexe Rotationsdispersion. Zu einem besseren Einblick in das Wesen der Dispersionsanomalien auch nach der konstitutions-chemischen Seite gelangte man durch Verwendung einer von DRUDE aufgestellten Beziehung zwischen Rotation und Wellenlänge. Wie LOWRY und DICKSON[1]) gezeigt haben, ist man imstande, an der Hand der theoretisch begründeten Dispersionsformel von DRUDE[2]).

$$[\alpha] = \sum \frac{k_n}{\lambda_n^2 - \lambda_0^2}$$

das normale und nichtnormale Verhalten der Stoffe hinsichtlich der R.D exakt zu charakterisieren. Für eine große Zahl von Verbindungen läßt sich die R.D durch eine eingliedrige Formel:

$$[\alpha] = \frac{k}{\lambda^2 - \lambda_0^2}$$

wiedergeben, λ ist die variable Wellenlänge, k und λ_0^2 sind Konstanten, erstere wird als Rotations-, letztere als Dispersionskonstante bezeichnet (LOWRY).

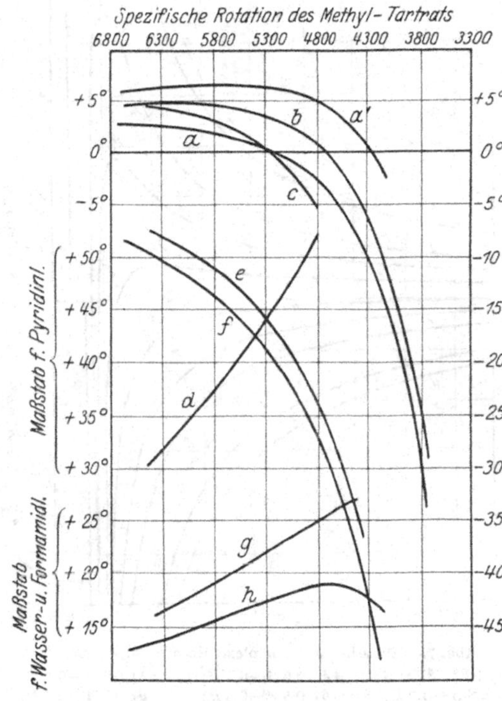

Abb. 6. Spezifische Rotation des Methyl-Tartrats.
a homogener Ester 20°; *a'* homogener Ester 100°; *b* Lösung in Aceton 25%; *c* Lösung in Chinolin 21,5%; *d* Lösung in Pyridin 20%; *e* Lösung in Anisol 20%; *f* Lösung in Äthylenchlorid 25%; *g* Lösung in Wasser 25%; *h* Lösung in Formamid 25%.

Die physikalische Bedeutung von λ_0 ist die der Wellenlänge einer Eigenschwingung einer bestimmten Elektronengattung (s. S. 943). Die graphische Darstellung $f(\lambda^2, [\alpha])$ ergibt eine gleichseitige Hyperbel.

Diesen Typus nennen LOWRY und DICKSON einfache Rotationsdispersion und geben dafür ein einfaches Kriterium: wird $1/[\alpha]$ in Abhängigkeit von λ^2 graphisch dargestellt, so ist die Kurve eine Gerade, der Schnittpunkt mit der Wellenlängenachse gibt den Wert für die Dispersionskonstante λ_0^2.

[1]) TH. M. LOWRY u. TH. W. DICKSON, Journ. chem. soc. Bd. 103, S. 1068. 1913; Bd. 107, S. 1173. 1915; s. hierzu jedoch H. HUNTER, ebenda Bd. 125, S. 1198. 1924. s. auch CHR. WINTHER, ZS. f. phys. Chem. Bd. 41, S. 188. 1902.

[2]) Siehe XVIII u. XX ds. Handb.

Alle Fälle, bei denen die einfache Formel versagt, werden als solche **komplexer Rotationsdispersion** bezeichnet. In der Regel kommt man dann mit einer zweigliedrigen Formel:

$$[\alpha] = \frac{k_1}{\lambda^2 - \lambda_1^2} + \frac{k_2}{\lambda^2 - \lambda_2^2}$$

aus.

Im Falle der komplexen R.D kommt somit die Dispersionskurve durch Superposition zweier Hyperbeln zustande. Wenn die Rotationskonstanten in dieser Formel dasselbe Vorzeichen haben und die Dispersionskonstanten sich auf Wellenlängen beziehen, die kürzer als die beobachteten sind, wird die Kurve der komplexen R.D sich nicht wesentlich von der der einfachen R.D unterscheiden und kann als normal bezeichnet werden; zum Unterschied von der einfachen R.D gibt aber $f(1/[\alpha], \lambda^2)$ keine gerade, sondern eine mehr oder weniger gekrümmte bzw. zickzackförmige Linie.

Wenn aber die beiden Rotationskonstanten entgegengesetzte Vorzeichen haben, und das Glied mit der größeren Rotationskonstanten die kleinere Dispersionskonstante besitzt, so hat die Kurve alle äußeren Merkmale, die man früher als für anomale R.D charakteristisch ansah. Die Kurve ist dann durch einen Wendepunkt sowie ein Maximum ausgezeichnet und $[\alpha]$ erleidet einen Zeichenwechsel. Um diese charakteristischen Merkmale der Kurve zu beobachten, ist es allerdings häufig notwendig, die Beobachtungen über beide Seiten des sichtbaren Spektrums auszudehnen.

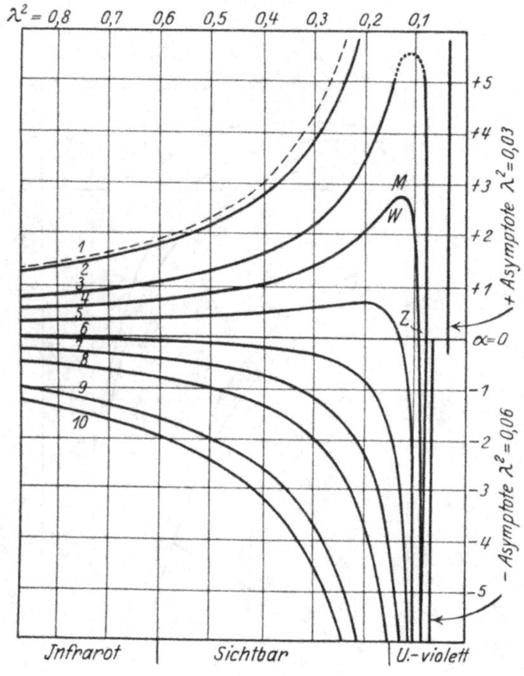

Abb. 7. Einfache und komplexe Rotationsdispersion.
1) $+B$; 2) $+A$; 3) 0,8 A—0,2 B; 4) 0,7 A—0,3 B; 5) 0,6 A—0,4 B; 6) 0,5 A—0,5 B; 7) 0,4 A—0,6 B; 8) 0,3 A—0,7 B; 9) 0,1 A—0,9 B; 10) $-B$.

Um diese Verhältnisse allgemeiner übersehen zu können, sind in der Abb. 7 eine Reihe von Kurven entsprechend der zweigliedrigen Formel:

$$[\alpha] = \frac{k}{\lambda^2 - 0{,}03} - \frac{1 - k}{\lambda^2 - 0{,}06}$$

zur Darstellung gebracht; der Einfachheit halber ist die Summe der Rotationskonstanten $= 1$ gesetzt. Die Kurven entsprechen den Gleichungen:

$$[\alpha] = nA + (1 - n)B,$$

wo $A = 1/(\lambda^2 - 0{,}03)$ und $B = 1/(\lambda^2 - 0{,}06)$ ist. Die drei oberen und unteren Grenzkurven $[\alpha] = +B, +A, -B$ (Kurve 1, 2 und 10) sind rechtwinklige Hyperbeln, sie verkörpern die einfache Rotationsdispersion (positive und negative). Die übrigen sieben Kurven sind sämtlich komplex. Man kann sie aber in zwei Gruppen teilen: die unteren Kurven (6 bis 10), die ohne Zeichenwechsel zwischen den beiden Asymptoten und hyperbelähnlich verlaufen, werden als komplex und normal, die oberen Kurven (3 bis 5), die eine der Achsen schneiden, als komplex und anomal bezeichnet. Die Punkte W, M und Z bezeichnen Wendepunkt, Maximum und Vorzeichenwechsel.

Damit ist aber die Zahl der charakteristischen Kurven der R.D noch nicht erschöpft, es wäre möglich, daß die Kurven zu beiden Seiten einer Asymptote verlaufen, was bei Anwesenheit eines intensiven Absorptionsbandes im mittleren Spektrum eintreten würde; auch ein Absorptionsband im nahen Infrarot kann einen besonderen Typus der R.D-Kurve hervorrufen.

Äußerst exakte Messungen der komplexen R.D des Äthyl- und Methyltartrats bei verschiedenen Temperaturen verdankt man DIXON und LOWRY[1]) bzw. LOWRY und ABRAM[2]). Für Äthyltartrat gelten z. B. die Formeln:

$$[\alpha] = \frac{25,22}{\lambda^2 - 0,030} - \frac{21,05}{\lambda^2 - 0,055}\,(20^\circ),$$

$$[\alpha] = \frac{22,941}{\lambda^2 - 0,030} - \frac{17,670}{\lambda^2 - 0,057}\,(64,3^\circ).$$

Der folgende Ausschnitt aus einer Versuchsserie (Äthyltartrat bei 20°) erläutert die sehr gute Übereinstimmung zwischen den beobachteten und nach der DRUDEschen Formel berechneten Werten:

λ	6708	5893	5086	4358	4191	3879
$[\alpha]_{beob}$	6,69	7,45	6,96	1,62	−1,38	−11,22
$[\alpha]_{ber}$	6,75	7,45	6,94	1,70	−1,34	−11,13

Schließlich ist noch darauf hinzuweisen, daß BÜRKI[3]) ausgehend von der Gleichung von DRUDE die Beziehung zwischen Rotation und Wellenlänge in Form einer Exponentialgleichung dargestellt hat:

$$[\alpha] = \frac{C}{\lambda^2} e^{\beta/\lambda^2},$$

C und β sind Konstanten.

$$\beta = \gamma^2 \cdot \lambda_0^2,$$

wo $\gamma > 1$, jedoch nicht sehr von 1 verschieden ist. Durch die Exponentialformel wird besonders der Tatsache Rechnung getragen, daß Stoffe mit großem Drehungsvermögen in der Regel auch große Rotationsdispersion aufweisen[4]).

Auf Grund der letzten Gleichung läßt sich noch ein weiteres Kriterium für normaldispergierende Stoffe ableiten, es muß nämlich $\log \lambda^2 [\alpha]$ eine lineare Funktion des Quadrats der Wellenzahl $\nu = 1/\lambda$ sein, was BÜRKI an verschiedenen Stoffen geprüft hat u. a. an Lösungen von Kampfer in Benzol und Alkohol auf Grund von Messungen von GUMPRICH[5]), erstere Lösung wies bei hohen Konzentrationen eine schwache Anomalie auf; vgl. Cottonphänomen S. 950.

E. Die Wellenlänge der Eigenschwingung λ_0. Für die Wellenlänge der der aktiven Elektronengattung zugehörigen Eigenschwingung berechnen sich aus den Rotationsdispersionen nach der DRUDEschen Formel Werte, die z. B. für Äthyltartrat in der Nähe von 1600 Å.-E. liegen, d. h. in einem Gebiet, das mit Hilfe der üblichen absorptionsspektroskopischen Methoden schwer zu-

---

[1]) TH. W. DIXON u. TH. M. LOWRY, Journ. chem. soc. Bd. 107, S. 1173. 1915.
[2]) TH. M. LOWRY u. H. H. ABRAM, Journ. chem. soc. Bd. 107, S. 1187. 1915.
[3]) F. BÜRKI, Helv. Chim. Acta Bd. 7, S. 163. 1924.
[4]) Siehe P. WALDEN, ZS. f. phys. Chem. Bd. 55, S. 62. 1906; R. H. PICKARD u. J. KENYON, Journ. chem. soc. Bd. 105, S. 830. 1914.
[5]) A. GUMPRICH, Phys. ZS. Bd. 24, S. 434. 1923.

gänglich ist. Es ist deshalb von Interesse, daß PICKARD und HUNTER[1]) in dem d-γ-Nonylnitrit, dem Nitrit des d-Äthyl-n-hexylkarbinols $C_6H_{13} \cdot C(C_2H_5) \cdot H \cdot O \cdot NO$ eine für die direkte Messung des Absorptionsbandes geeignete Substanz gefunden haben. Diese, eine gelbe Flüssigkeit, zeigt in homogenem Zustande komplexe Rotationsdispersion, die sich durch die zweigliedrige DRUDEsche Formel

$$[\alpha] = \frac{0,76}{\lambda^2 - 0,135} + \frac{0,43}{\lambda^2}$$

(α bezogen auf 100 mm, λ in Mikrons) berechnen läßt. Nach der Formel sollte das Absorptionsmaximum bei $\lambda_0 = \sqrt{0,135} = 3680$ Å.-E. liegen.

Die direkte Messung der Absorption, die in sehr dünnen Schichten der homogenen Substanz vorgenommen wurde, ergab in Übereinstimmung damit ein zwischen 3670 und 3720 Å. E. liegendes breites Band. Auch unter Benutzung der SELLMEIERschen Formel für den Refraktionsindex berechnet sich ein dem vorigen naheliegender Wert für λ_0 (3700 Å.-E.).

Die Frage der Beziehungen zwischen optischer Absorption und anomaler Rotationsdispersion farbloser Verbindungen ist auch von RUPE[2]) und Mitarbeitern untersucht, insbesondere mit Rücksicht auf die Erscheinung der relativ anomalen R.D (s. S. 953); ein Parallelismus zwischen anomaler R.D und selektiver Absorption war nicht deutlich ersichtlich[3]).

F. Beziehungen zur Konstitution. Nach Messungen von LOWRY, HUNTER u. a. bestehen gewisse Beziehungen zwischen der Fähigkeit der Verbindung komplex zu dispergieren und ihrer Konstitution, derart, daß komplexe R.D besonders bei Verbindungen mit doppelt gebundenem Sauerstoff angetroffen wird. Beispiele für komplexe R.D[4]): Weinsäure, Äpfelsäure, ihre Ester. d-β-Oktylester der Karbonsäuren R'(C:O)OR, R' = n-Alkyl, R = $CH_3CH(C_6H_{13})$. Normale Ester der Milchsäure[5]) (komplexe R.D, normaler Typ) d-β-Oktylester zweibasischer Karbonsäuren[6]). Oktylnitrit[4]) $CH_3CH(C_6H_{13})O \cdot N:O$. Die Rotationsdispersion der Ester ist fast durchwegs stark abhängig von der Konzentration, dem Lösungsmittel und der Temperatur. Daß geringfügige Änderungen in der Konstitution der Verbindungen den Charakter ihrer R.D völlig zu verändern vermögen, beweist unter anderem die Tatsache, daß der linksdrehende Methylenester der Weinsäure (im Gegensatz zum Dimethylester) einfache, durch eine eingliedrige DRUDEsche Formel ausdrückbare R.D besitzt[7]).

Demgegenüber zeigen sehr viele aktive Alkohole[8]) sowie Äther, in denen der Sauerstoff in anderer Bindungsart vorhanden ist, einfache R.D, so die Äther des sec. d-Oktylalkohols[9]), des Benzylmethylkarbinols[10]).

---

[1]) R. H. PICKARD u. H. HUNTER, Journ. chem. soc. Bd. 123, S. 434. 1923; s. auch H. HUNTER, ebenda Bd. 123, S. 1671. 1923.

[2]) H. RUPE, A. KRETHLOW u. K. LANGBEIN, Liebigs Ann. Bd. 423, S. 324. 1921.

[3]) Was z. T. damit zusammenhängen kann, daß die qualitativen Grenzabsorptionsmessungen der Verbindungen (Derivate des Camphers, Menthylester u. a.) in Benzol als Lösungsmittel ausgeführt wurden, das wegen seiner Eigenabsorption kurzwelligere Absorptionsbanden nicht erkennen läßt. Es wäre immerhin möglich, daß unter Mitwirkung bestimmter konstitutiver Faktoren auch ein im mittleren Ultraviolett befindliches Absorptionsband die Rotationsdispersion im sichtbaren Gebiet beeinflußt, s. auch Cottoneffekt S. 950.

[4]) Siehe u. a. J. KENYON u. TH. W. BARNES, Journ. chem. soc. Bd. 125, S. 1395. 1924 sowie die früheren Arbeiten der Serie.

[5]) CH. E. WOOD, J. E. SUCH, F. SCARF, Journ. chem. soc. Bd. 123, S. 600. 1923.

[6]) L. HALL, Journ. chem. soc. Bd. 123, S. 32. 1923.

[7]) P. C. AUSTIN u. V. A. CARPENTER, Journ. chem. soc. Bd. 125, S. 1939. 1924.

[8]) TH. M. LOWRY, R. H. PICKARD, J. KENYON, Journ. chem. soc. Bd. 105, S. 94. 1914.

[9]) J. KENYON u. R. A. MCNICOL, Journ. chem. soc. Bd. 123, S. 14. 1923.

[10]) H. PHILLIPS, Journ. chem. soc. Bd. 123, S. 29. 1923.

Diese Regeln sind aber nicht ohne Ausnahmen: die Di-l-menthylester der zweibasischen Säuren (Malonsäure u. a.) besitzen meist einfache R.D[1]). Die gleiche Form der R.D beobachtete man bei den Karbonaten und Sulfiten: RO · C:O · OR und RO · S:O · OR (R = β-Oktyl), was mit der symmetrischen Verknüpfung der aktiven Gruppen mit den C:O und S:O-Resten in Beziehung gesetzt wird[2]). Andererseits sind einfache Äther aliphatischer Alkohole (Alkyläther des d-γ-Nonanols) bekannt[3]), deren R.D sich nicht durch die eintermige DRUDEsche Formel darstellen läßt, bei denen also optische Heterogenität nicht einer entsprechenden chemischen parallel geht; die chemische Einfachheit der Verbindung schließt die Annahme von Isomerie oder Tautomerie aus.

Schließlich ist noch zu berichten, daß auch sehr komplizierte zyklische Verbindungen mit 2 und 3 asymmetrischen Kohlenstoffatomen in ihrer Rotationsdispersion sich der eingliedrigen DRUDEschen Formel anpassen. Es sind das die schon früher genannten Methylenkampfer, Menthol und Ester desselben, Kampfer, Karvon u. a. wie LOWRY und ABRAM[4]) aus den Messungen RUPEs abgeleitet haben. Durchsichtige chemische Beziehungen existieren somit nicht; vgl. hierzu HUNTER[5]).

Neuerdings ist die Frage wiederholt untersucht worden, ob die Stoffe, deren R.D sich durch eine zweitermige DRUDEsche Formel wiedergeben läßt, auch chemisch heterogen sind und etwa Gleichgewichts- oder dynamisch-isomere Formen darstellen, die verschiedenes Rotations- und Dispersionsvermögen besitzen. LOWRY und CUTTER[6]) kommen z. B. für die Ester der Weinsäure zu dem Schluß, daß tatsächlich zwei Formen der aktiven Ester existieren.

Über die Heterogenität der d-Weinsäure sind Versuche und Überlegungen von LONGCHAMBON[7]) und VELLINGER[8]) angestellt; nach ersterem enthalten die Weinsäurelösungen zwei Komponenten, die eine, linksdrehende, ist identisch mit der im Kristall enthaltenen Form, die andere, rechtsdrehende Komponente, bildet sich auf Kosten der ersteren bei höherer Temperatur oder durch Verdünnen der Lösungen. In Übereinstimmung damit stehen Versuche von DESCAMPS[9]), der die Rotationsdispersion von Weinsäurelösungen verschiedener Konzentration im Ultraviolett gemessen und festgestellt hat, daß hier auch die verdünnten Lösungen sehr erhebliche Linksdrehung besitzen; die Versuche sind bis $\lambda = 0{,}254\,\mu$ durchgeführt; für Weinsäure 1,1 g in 100 cm³ Wasser war $[\alpha]_{\lambda=0{,}254\mu}^{23^\circ} = -856$.

In diesem Zusammenhange ist noch auf eine Arbeit von BRUHAT und PAUTHENIER hinzuweisen, die[10]) die Ursache für die anomale R.D der Weinsäure nicht in einer chemischen Komplexität des Moleküls erblicken, sondern in einer Art von optischen Superposition (s. S. 949); die linksdrehende Anordnung der Moleküle soll durch die spontane Orientierung und die elektrostatische Anziehung der Moleküle, die mit steigender Konzentration größer wird, begünstigt werden. Die gleichen Autoren[11]) fanden ferner, daß die Rotationsdispersion der Weinsäure auch in stark verdünnter Lösung anomal bleibt.

---

1) L. HALL, Journ. chem. soc. Bd. 123, S. 105. 1923.
2) H. HUNTER, Journ. chem. soc. Bd. 125, S. 1389. 1924; daselbst weitere Literatur.
3) J. KENYON u. TH. W. BARNES, Journ. chem. soc. Bd. 125, S. 1395. 1924.
4) TH. M. LOWRY u. H. H. ABRAM, Journ. chem. soc. Bd. 115, S. 300. 1919.
5) H. HUNTER, Journ. chem. soc. Bd. 123, S. 1671. 1923; Bd. 125, S. 1198. 1924.
6) T. M. LOWRY u. J. O. CUTTER, Journ. chem. soc. Bd. 125, S. 1465. 1924. Die Autoren lehnen eine von W. T. ASTBURY (Proc. Roy. Soc. London Bd. 102, S. 506. 1923) aufgestellte Theorie über die Struktur der d-Weinsäure ab.
7) L. LONGCHAMBON, C. R. Bd. 178, S. 951. 1924; Bd. 183, S. 958. 1926.
8) E. VELLINGER, C. R. Bd. 183, S. 741. 1926.
9) R. DESCAMPS, C. R. Bd. 184, S. 1543. 1927.
10) G. BRUHAT u. M. PAUTHENIER, Journ. de phys. et le Radium (6) Bd. 8, S. 153. 1927.
11) G. BRUHAT u. M. PAUTHENIER, C. R. Bd. 182, S. 1024. 1926.

G. Produkt der Rotationsdispersion. Später haben auch RUPE[1]) und AKERMANN die DRUDEsche eingliedrige Formel bei ihren Untersuchungen benutzt und geben Methoden zur graphischen und analytischen Festlegung der Konstanten k und λ_0^2.

$$[\alpha] = \frac{k}{\lambda^2 - \lambda_0^2}$$

stellt ja die Asymptotengleichung einer gleichseitigen Hyperbel dar, die eine Asymptote fällt mit der $x(\lambda^2)$-Achse zusammen, die andere ist im Abstande $x = \lambda_0^2$ parallel zur $y[\alpha]$-Achse. Die Größe λ_0^2 ist somit ein Maß für die Verschiebung der Hyperbel längs der x-Achse. Aus 4 bei λ_C, λ_D, λ_{Hg} und λ_F beobachteten $[\alpha]$-Werten berechnen sich die Konstanten λ_0^2 und k_0 zu:

$$\lambda_0^2 = \frac{\lambda_{Hg}^2[\alpha]_{Hg} + \lambda_F^2[\alpha]_F - (\lambda_C^2[\alpha]_C + \lambda_D^2[\alpha]_D)}{[\alpha]_{Hg} + [\alpha]_F - ([\alpha]_C + [\alpha]_D)}$$

$$k = \tfrac{1}{4}\left[\lambda_C^2[\alpha]_C + \lambda_D^2[\alpha]_D + \lambda_{Hg}^2[\alpha]_{Hg} + \lambda_F^2[\alpha]_F - \lambda_0^2([\alpha]_C + [\alpha]_D + [\alpha]_{Hg} + [\alpha]_F)\right]$$

λ_0^2 wird im Verein mit der früher erörterten Konstanten λ_a zur Charakteristik normal dispergierender Verbindungen benutzt und diese Konstanten für eine große Zahl von aktiven Verbindungen berechnet[2]). Es ist nämlich hervorzuheben, daß die charakteristische Wellenlänge, die den ungefähren Verlauf der Dispersionskurve kennzeichnet, nicht zu der Feststellung genügt, ob ein Stoff anomal dispergiert, für anomale Dispersion sind starke Verschiebungen von λ_a notwendig, aber nicht hinreichend. Sowohl λ_0^2 als auch k sind von konstitutiven Faktoren abhängig, wie RUPE und AKERMANN an einem großen Beobachtungsmaterial nachwiesen. Vergleicht man ein aktives Substitutionsprodukt mit seiner aktiven Grundsubstanz, so scheint es, als ob λ_0^2 keine Änderung erleidet, falls durch die Substitution der asymmetrische Komplex nicht in Mitleidenschaft gezogen wird; bisweilen erweisen sich die λ_0^2-Werte als sehr empfindlich und schwanken nicht nur von einer Stoffklasse zur anderen, sondern auch innerhalb der Glieder einer homologen Reihe. Auch für k_m, d. h. den auf die Molrotation bezogenen k-Wert haben sich Gesetzmäßigkeiten ergeben.

In der folgenden Tabelle sind einige k_m-Werte für zusammengehörige Stoffe gegeben: Ist der in eine optisch aktive Verbindung eingeführte Rest ein gesättigtes Alkyl, so bleibt k_m in homologen Reihen annähernd konstant. Diese Regel gilt

Methylenkampfer-Derivate.

	k_m		k_m
Methyl-methylenkampfer	84,4	Phenyl-methylenkampfer	264,7
Äthyl- „	78,0	Diphenyl „	253,1
Propyl- „	78,2	a-Naphthyl- „	253,2
Isobutyl- „	82,1		
Benzyl- „	76,0		

Myrtenol-Derivate.

	k_m		k_m
Myrtenol	22,3	Krotonsäure-myrtenylester	28,1
n-Buttersäure-myrtenylester	23,8	Sorbinsäure- „	28,5
Kapronsäure- „	23,7	Benzoesäure- „	29,4
Phenylessigsäure- „	22,0		

[1]) H. RUPE u. A. AKERMANN, Ann. d. Chem. Bd. 420, S. 1. 1919.

[2]) Neuerdings benutzt RUPE zur Berechnung von λ_0^2 auch eine andere von ihm „Endgliederformel" genannte, bei der nur die rote und blaue Linie benutzt wird:

$$\lambda_0^2 = (d\,\lambda_F^2 - \lambda_C^2)/(d - 1) \quad \text{wo} \quad d = [\alpha]_F/[\alpha]_C$$

ist. Wenn die Verbindung normal dispergiert, stimmt der nach dieser mit dem nach der obigen Formel berechneten λ_0^2-Wert überein. (Nach freundlicher privater Mitteilung von Herrn RUPE.)

auch für aromatische Reste, vorausgesetzt, daß dieselben durch Zwischenschaltung einer oder mehrerer Methylengruppen (Benzyl u. a.) aus der direkten Wirkungssphäre der asymmetrischen Gruppe gerückt sind. Vergrößerungen der k_m-Werte werden unter anderem bewirkt 1. durch Äthylenbindungen (Krotonsäure-myrtenylester u. a.), 2. dadurch, daß ein aromatischer Rest direkt an das asymmetrische Kohlenstoffatom angegliedert wird (Phenyl-methylenkampfer u.f.)[1])

Wie RUPE fand[2]), sind λ_a und λ_0^2 einander umgekehrt proportional und das Produkt: $\lambda_0 \cdot \lambda_a =$ P.R.D. erweist sich für normaldispergierende Verbindungen innerhalb zusammengehöriger Reihen als konstant (für negative Werte von λ_0^2 wird das Produkt natürlich imaginär). Nach RUPE läßt sich mit Hilfe der Zahlenwerte P.R.D., λ_a und λ_0^2 entscheiden, ob eine zu einer bestimmten Stoffklasse gehörige Verbindung normal dispergiert oder nicht. In der folgenden Tabelle sind für einige aktive Stoffklassen von normaler Dispersion die P.R.D.-Werte sowie die Abweichungen nach oben und unten verzeichnet.

Tabelle 20.

	P.R.D.	Abweichungen in Prozenten	
Menthylester, aliphatische	106,7	+2,6, −1,8	
,, aromatische	117,7	+4,2, −4,6	
,, von Ketosäuren	97,0	+6,8, −5,1	reine Ketoformen
,, ,, ,,	119,4	+5, −11	Gleichgewichtsformen
Methylenkampfer	179,3	+3,8, −4,4	
Methylkampfer, Camphylkarbinol	188,3	+6,5, −4,2	
Camphokarbonsäure und davon sich ableitende Ketone	170,4	+4, −3	

Differieren die tatsächlich gefundenen Produkte stark von jenen Normalwerten, so liegt anomale R.D vor; einige Beispiele sind in der folgenden Tabelle 21 der Menthylester enthalten:

Tabelle 21.

Menthylester der	P.R.D. gefunden	P.R.D. normal
α-Methyl-zimtsäure[3])	86,9	117,7
Brenztraubensäure[4])	140,9	97,0
Benzalbrenztraubensäure[4])	139,8	97,0
Diphenylmethylenkampfer[5])	81,09	179,3

Daß bisweilen innerhalb einer Gruppe ähnlich gebauter Verbindungen erhebliche Differenzen in den P.R.D.-Werten auftreten, zeigen folgende Derivate des Borneols $C_8H_4\left\langle\begin{matrix}CH\\ |\\ C(OH)R\end{matrix}\right.$ mit normaler Rotationsdispersion:

R =	$[\alpha]_D$	λ_a	λ_0^2	P.R.D.
1. $C{:}C \cdot C_6H_5$	− 27,37	573,3	0,1014	182,5
2. $CH{:}CH \cdot C_6H_5$	− 101,7	579,8	0,0962	179,8
3. $CH_2 \cdot CH_2 \cdot C_6H_5$	− 25,45	634,9	0,0536	146,9

Die gesättigte Verbindung 3 fällt hier mit einem wesentlich zu großem λ_a- und abnorm kleinem λ_0^2-Wert völlig aus der Reihe heraus[6]).

[1]) Siehe hierzu auch die Arbeit von J. KENYON u. D. R. SNELLGROVE, Journ. chem. soc. Bd. 127, S. 1169. 1925.
[2]) H. RUPE, Ann. d. Chem. Bd. 428, S. 188. 1922.
[3]) Ann. d. Chem. Bd. 369, S. 355. 1909; Bd. 409, S. 340. 1915.
[4]) Ann. d. Chem. Bd. 420, S. 33. 1919.
[5]) Ann. d. Chem. Bd. 409, S. 331. 1915.
[6]) H. RUPE u. K. GLENZ, Ann. d. Chem. Bd. 436, S. 184. 1924.

Stark anomal dispergierenden Verbindungen sind RUPE und JÄGGI[1]) bei Derivaten des optisch aktiven Tri- und Tetramethylcyclopentans z. B.:

$$CH_2—CH—R_1$$
$$|CH_3 \cdot C \cdot CH_3$$
$$|CH_2—C(CH_3)—R_2$$

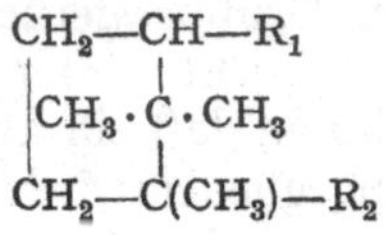

begegnet. Normal verhält sich das Methyl- und Äthylketon ($R_1 = CH_3$, $R_2 = COCH_3$ bzw. $R_1 = CH_3$, $R_2 = COC_2H_5$). Ganz erhebliche Störungen treten auf, wenn $R_2 = CO \cdot C_6H_5$ ist, sie dürften damit zusammenhängen, daß die Substitution der reaktiven Gruppe direkt am asymmetrischen Kohlenstoffatom erfolgt ist. Auch hier drückt sich die Störung in den ganz abnormen Werten der P.R.D. aus, sowie des Di.C., die zugleich mit den anderen Konstanten in der folgenden Tabelle 22 gegeben sind (B bedeutet Benzol, k_m ist der auf die Molrotation bezogene Wert von k.

Tabelle 22.

	Lösungs-mittel	$[\alpha]_D^{20°}$	$\dfrac{[\alpha]_F}{[\alpha]_C}$	λ_a	λ_0^2	P.R.D.	k	k_m	$f\left(\dfrac{1}{[\alpha]}, \lambda^2\right)$
$C_8H_{14}\diagdown^{CH_3}_{CO \cdot CH^3}$	—	+ 63,67	1,81	716,7	—	—	+ 22,09	+ 37,16	Gerade
	B	+ 53,89	1,80	734,4	—	—	+ 19,41	+ 35,37	,,
$C_8H_{14}\diagdown^{CH_3}_{CO \cdot C_2C_5}$	—	+ 63,15	1,86	708,3	0,0099	70,76	+ 21,3	+ 38,8	,,
	B	+ 54,83	1,83	713,4	0,0085	35,95	+ 18,9	+ 34,4	,,
$C_8H_{14}\diagdown^{CH_3}_{CO \cdot C_6H_5}$	—	− 1,21	—	—	—	—	+ 0,43	+ 0,99	Kurve
	B	− 11,47	24,36	412,6	0,2322	201,6	− 0,93	− 2,2	,,

Möglicherweise ist die zuletztgenannte Verbindung hinsichtlich ihrer Anomalie mit dem Menthylester der Triphenylessigsäure[2]) (s. Tabelle 23) vergleichbar, der einen äußerst stark ausgeprägten Lösungsmitteleffekt und z. B. in Azeton besonders

Tabelle 23. Lösungen des Triphenylessigsäure-l-menthylesters.

Lösungsmittel	Prozent-gehalt	$[\alpha]_C^{20}$	$[\alpha]_D^{20}$	$[\alpha]_E^{20}$	$[\alpha]_F^{20}$	$\dfrac{[\alpha]_F}{[\alpha]_C}$
Schwefelkohlenstoff . . .	19,22	+ 9,94	+ 13,79	+ 19,65	+ 25,97	2,61
Toluol	26,17	− 3,04	− 3,44	− 3,67	− 3,63	1,20
Azeton	12,89	− 1,58	− 1,58	− 1,28	− 0,70	0,44

kleine Werte des Di.C. aufweist. Die Anomalie hängt zweifellos mit der Gegenwart der Gruppe $(C_6H_5)_3C \cdot CO$ zusammen[3]), ihre einwandfreie Erklärung von rein chemischen Gesichtspunkten ist aber wie in anderen Fällen schwierig.

Weitere Anomalien, die sich unter anderem in abnormen Werten der P.R.D. äußern, sind bei einer Reihe von Ketonen in der Kampfergruppe und ähnlichen cyclischen Systemen beobachtet[4]).

Bisweilen haben geringe Änderungen in der Konstitution erheblichen Einfluß auf die Art der Anomalie. Aus der großen Zahl der von RUPE und KOPP dargebotenen Beispiele seien zwei genannt:

$$\text{I } C_8H_{14}\diagdown^{CH \cdot CO \cdot CH_3}_{CH_2} \qquad \text{II } C_8H_{14}\diagdown^{CH \cdot CO \cdot C_2H_5}_{CH_2}$$

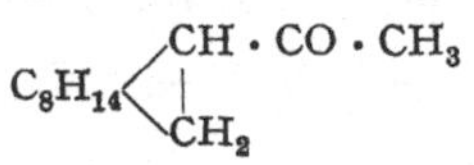

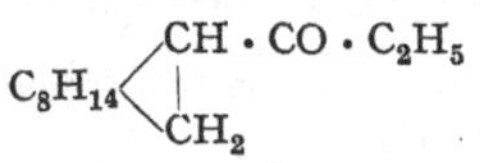

[1]) H. RUPE u. A. JÄGGI, Ann. d. Chem. Bd. 428, S. 164. 1922.
[2]) L. TSCHUGAEFF u. G. GLININ, Chem. Ber. Bd. 45, S. 2760. 1912.
[3]) S. auch KAUFFMANN I.
[4]) H. RUPE u. E. KOPP, Ann. d. Chem. Bd. 440, S. 215. 1924.

Methylkamphanketon I besitzt eine „totale“ Anomalie der Rotationsdispersion, die Kurve geht über ein Maximum, beim Äthylderivat II fehlt dieses Maximum, die R.D. ist aber auch anomal, λ_0^2 ist negativ. Dieser sehr auffällige Unterschied zwischen Methyl- und Äthyl wird mit der größeren Haftfestigkeit[1]) des ersteren Radikals im Gegensatz zum Äthyl in Beziehung gesetzt und zeigt, daß unter Umständen schon Differenzen in der Valenzbeanspruchung von Atomen innerhalb des asymmetrischen Systems die Dispersion wesentlich beeinflussen können.

Weitere Anwendungen der Konstanten P.R.D., λ_a und λ_0^2 siehe in den Arbeiten RUPES über optisch aktive Verbindungen mit dreifacher Bindung[2]).

Über Lösungsmitteleinflüsse auf die Dispersion siehe unter anderen H. RUPE[3]) H. RUPE und A. KÄGI[4]), R. H. PICKARD und J. KENYON[5]).

H. Andere Einteilung der Dispersionsanomalien. Cottonphänomen. Abschließend soll noch eine andere Einteilung der verschiedenen Fälle anomaler Rotationsdispersion gegeben werden, die zum Teil von TSCHUGAEFF herrührt.

I. BIOTscher Typus der extramolekularen Dispersionsanomalie. Derselbe tritt bei Gemischen von zwei optisch aktiven Stoffen auf, die entgegengesetztes Drehungsvermögen und verschiedene Dispersion besitzen. Durch Mischen geeigneter Stoffe kann man, wie BIOT, v. WYSS, GENNARI u. a. zeigten[6]), diese Art der Rotationsanomalie künstlich hervorrufen; sie zeigt sich z. B. in einer essigsauren Lösung von linksdrehendem Terpentinöl und rechtsdrehendem Kampfer. Auf diesen Typus läßt sich zunächst formal die anomale R.D. der Weinsäure, Apfelsäure sowie ihrer Ester und anderer früher genannter Stoffe zurückführen, auf die die zweigliedrige DRUDEsche Formel anwendbar ist (LOWRY), dabei ist allerdings zu bedenken, daß der exakte Beweis für die Existenz zweier Formen mit den verlangten optischen Eigenschaften nur in den wenigsten Fällen mit einiger Sicherheit erbracht ist. Andere Beispiele von anomaler Rotationsdispersion s. in der Zusammenstellung von GROSSMANN und WRESCHNER, in der besonders die Arbeiten über Weinsäure und Apfelsäure sowie ihre Derivate eingehend behandelt sind.

II. TSCHUGAEFFscher Typus der intramolekularen Dispersionsanomalie. Dieser steht mit dem Prinzip der optischen Superposition in Zusammenhang. Eine Verbindung enthalte zwei asymmetrische Kohlenstoffatome, deren Partialdrehungen $+R_1$ $-R_2$ entgegengesetztes Vorzeichen haben, dann wird in erster Annäherung die Rotation der Verbindung gleich der Summe der Partialdrehungen sein, sind ferner für die beiden Partialdrehungen die Dispersionskoeffizienten: $[R_1]_F/[R_1]_C = k_1$ und $[R_2]_F/[R_2]_C = k_2$ verschieden, etwa $k_2 > k_1$, so ist auch bei einem derartigen einheitlichen Stoffe anomale R.D. zu erwarten. Ein Beispiel fand TSCHUGAEFF[7]) im d-β-Kampfersulfonsäure-l-Menthylester. Vorläufige Versuche ergaben folgendes: die aliphatischen und aromatischen Menthylester inaktiver Säuren drehen bei normaler Dispersion ($[\alpha]_F/[\alpha]_C$ zwischen 1,94 und 2,00) nach links, die Ester der d-β-Kampfersulfonsäure mit inaktiven Alkoholen drehen nach rechts und besitzen wesentlich größere Dispersion ($[\alpha]_F/[\alpha]_C$ ca. 2,4). Danach war für den obengenannten Ester des l-Menthols

[1]) S. u. a. A. MEERWEIN, Ann. d. Chem. Bd. 419, S. 121. 1919.
[2]) H. RUPE u. R. RINDERKNECHT, Ann. d. Chem. Bd. 442, S. 61. 1925; H. RUPE u. F. VONAESCH, ebenda S. 74.
[3]) H. RUPE, Ann. d. Chem. Bd. 428, S. 164. 1922.
[4]) H. RUPE u. A. KÄGI, Ann. d. Chem. Bd. 420, S. 33. 1919.
[5]) R. H. PICKARD u. J. KENYON, Journ. chem. soc. Bd. 103, S. 1923. 1913.
[6]) Literatur s. LANDOLT, H. GROSSMANN u. M. WRESCHNER I.
[7]) L. TSCHUGAEFF, Chem. Ber. Bd. 44, S. 2023. 1911.

eine Anomalie zu erwarten, was der Versuch in der Tat bestätigte (s. Abb. 8 II). Die Verbindung zeigt schwache Linksdrehung und ein Maximum der R.D -Kurve in der Nähe von E (527 $\mu\mu$), während l-β-Kampfersulfonsäure-l-Menthylester stark nach links dreht und normal dispergiert (Abb. 8 I), weder die spez. Rotation noch die Dispersion werden merklich vom Lösungsmittel beeinflußt, beim d-β-Kampfersulfonsäure-l-Menthylester ist hingegen wie bei vielen anomal dispergierenden Verbindungen ein starker Lösungsmitteleffekt gefunden.

Ein sehr interessanter Fall von intramolekularer Dispersionsanomalie ist von RUPE und KOPP[1]) beim Methylkamphanketon eingehend untersucht. Die Verbindung (s. Formel I S. 948) kommt in zwei Formen vor, die eine weist totale Anomalie der R.D. auf, das andere Isomere dispergiert normal. Die Autoren zeigen, daß zwei Umstände zusammen wirken müssen, um diese Effekte zu erzielen, 1. die Wirkung mehrerer asymmetrischer Kohlenstoffatome im Sinne TSCHUGAEFFS, 2. eine spezifische Wirkung der an einem der asymmetrischen Atome befindlichen $CO \cdot CH_3$-Gruppe.

Übrigens führt TSCHUGAEFF auch das anomale Verhalten des Triphenylessigsäurementhylesters (s. S. 948) auf eine Art von intramolekularer Dispersionsanomalie zurück, indem er annimmt, daß die Anwesenheit der Gruppe $CO \cdot C(C_6H_5)_3$ die den drei asymmetrischen Kohlenstoffatomen in der Menthylgruppe entsprechenden Partialdrehungen und Dispersionskoeffizienten in ungleicher Weise beeinflussen kann.

III. COTTONscher Typus bei absorbierenden Verbindungen. Aus der früher erwähnten Gleichung $[\alpha] = \frac{k}{\lambda - \lambda_0^2}$ folgt, daß die Drehung sehr groß wird, falls die Wellenlänge λ in der Nähe der Eigenwellenlänge λ_0 der aktiven Elektronengattung liegt; die Theorie von DRUDE läßt weiter für diesen Fall des Bestehens einer Absorptionsbande Zirkulardichroismus und anomale Rotationsdispersion voraussehen. Diese Forderungen der Theorie wurden von COTTON[2]) verifiziert, der an den farbigen Lösungen von Kupfertartrat und Chromtartrat in Kalilauge Zirkulardichroismus und anomale Rotationsdispersion erstmalig auffand. In der alkalischen Lösung von Kupfertartrat liegt das Rotationsmaximum im Gelbgrün, während sich das Absorptionsmaximum im Rot befindet. Die Untersuchungen von COTTON wurden von McDOWELL[3]) und GROSSMANN[4]) an ähnlichen Lösungen bestätigt und ergänzt. Ferner ist von VOLK[5]) an den farbigen Lösungen des Kupfer-, Nickel- und Kobalt-d-laktats, die wahrscheinlich innerkomplexe Salze dieser Säure enthalten, der Cottoneffekt nachgewiesen. Die ersten Beobachtungen sind an chemisch wenig definierten Verbindungen angestellt; es war deshalb von Interesse, daß TSCHUGAEFF[6]) eingehende Untersuchungen über den Cottoneffekt an einheitlichen farbigen Stoffen unternommen hat. Es handelt sich um Xanthogenderivate der optisch aktiven Terpenalkohole Menthol $C_{10}H_{19}OH$, Borneol $C_{10}H_{17}OH$ und Fenchol $C_{10}H_{17}OH$. Besonders geeignet erwiesen sich die Thiourethane der Zusammensetzung

$$R_1—(C:S)—N\begin{cases} R_2 \\ (C:S)OR_3 \end{cases} \quad \text{(Imido-xanthide).}$$

---

1) H. RUPE u. E. KOPP, Ann. d. Chem. Bd. 440, S. 215. 1924.
2) A. COTTON, Ann. chim. phys. (7) Bd. 8, S. 347. 1896.
3) McDOWELL, Phys. Rev. Bd. 20, S. 163. 1905.
4) H. GROSSMANN u. A. LOEB, ZS. f. phys. Chem. Bd. 72, S. 93. 1910.
5) H. H. VOLK, Chem. Ber. Bd. 45, S. 3744. 1912.
6) L. TSCHUGAEFF, Chem. Ber. Bd. 42, S. 2244. 1909; L. TSCHUGAEFF u. A. OGORODNIKOFF, ZS. f. phys. Chem. Bd. 74, S. 503. 1910; Bd. 79, S. 471. 1912; Ann. chim. phys. (8) Bd. 22, S. 137. 1911.

R_1 und R_2 sind aromatische Reste, R_3 ist der Rest eines der Terpenalkohole z. B. $C_{10}H_{19}$. Außerdem wurden noch Xanthogensäureester z. B.

$$R_3O \cdot (C{:}S) \cdot SCH_3$$

(R_3 bedeutet wieder den optisch aktiven Rest), sowie ähnliche Verbindungen untersucht.

In der Abb. 9 sind die Kurven des Phenyl-o-tolyl-d-bornylimidoxanthids: $C_6H_5(C:S)$-$N(C_6H_4 \cdot CH_3)(C:S)OC_{10}H_{17}$ dargestellt, das in azetonischer und toluolischer Lösung gemessen wurde. Das Maximum der Dispersionskurve liegt im Gelb und zwar in Azeton bei längeren Wellen (574 $\mu\mu$) als in Toluol (582 $\mu\mu$); einen analogen Verlauf nehmen die Absorptionskurven, die gegenüber den Dispersionskurven um etwa 70 $\mu\mu$ nach Violett verschoben sind. Der Lösungsmitteleffekt ist somit in Dispersion und Absorption der gleiche; für die Substanz

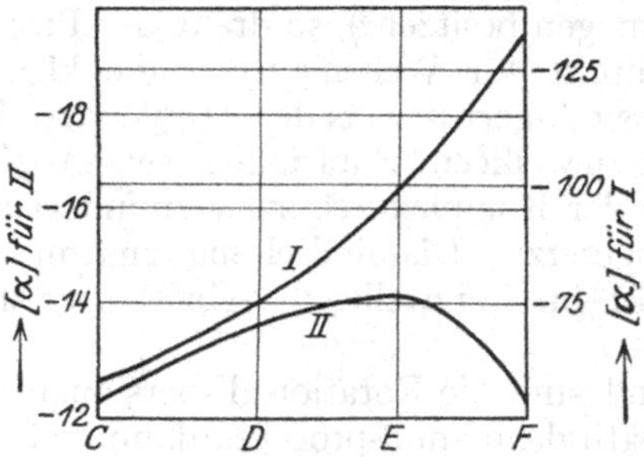

Abb. 8. Tschugaeffscher Typus der intramolekularen Dispersionsanomalie.
I) *l*-Kampfersulfonsäure-*l*-Menthylester }
II) *d*-Kampfersulfonsäure-*l*-Menthylester } in Toluol.

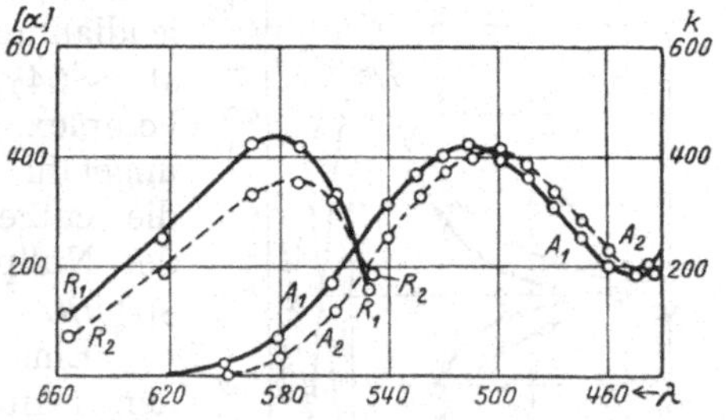

Abb. 9. Cottoneffekt bei 1-Phenyl-2-o-tolyl-d-bornyl-imidoxanthid. $R_1 R_2$ Rotationskurven, $A_1 A_2$ Absorptionskurven. Die ausgezogenen Kurven: Toluollösungen (0,1390 g in 100 cm³). Die gestrichelten Kurven: Acetonlösungen (0,1424 g in 100 cm³).

gilt übrigens die Kirchhoffsche Regel. In der Figur bedeutet k die Molarextinktion definiert durch $J = J_0 \cdot e^{-kC}$. J_0 ist die Intensität des durch die 1 cm dicke Schicht der Lösung, J die Intensität des durch das Lösungsmittel von gleicher Schichtdicke hindurchgegangenen Lichtes, C bedeutet Mole gelöster Substanz.

Es wurde übrigens noch besonders festgestellt, daß der Charakter der Rotationsdispersionskurve durch das Lösungsmittel keine prinzipielle Änderung erleidet, denn die geschmolzenen und unterkühlten Substanzen lieferten ganz analoge Kurven.

Einen Cottoneffekt im ultravioletten Absorptionsgebiete hat Darmois[1]) an d-Kampfer aufgefunden, die Verbindung hat ein schwaches Absorptionsband bei etwa 290 $\mu\mu$[2]). Durch diese Beobachtung ist auch der abnorm hohe Di.C. des Kampfers, auf den früher S. 937 hingewiesen wurde, erklärt, die Dispersionskurve verläuft im Blau und Violett sehr steil, um im Ultraviolett ein Maximum zu erreichen; auch bei den anderen durch hohe Di.C. ausgezeichneten zyklischen Ketonen dürfte der Cottoneffekt ohne Schwierigkeit nachweisbar sein.

Ein weites Feld zur Beobachtung von Cottoneffekten stellen die zuerst von Werner erhaltenen optisch aktiven Komplexsalze des Kobalts, Chroms und anderer Metalle dar, bei denen die optische Aktivität durch die Asymmetrie des gesamten Komplexes (Metallatom + koordinativ gebundene Gruppen) bedingt wird (s. S. 912). Neuerdings ist die Rotationsdispersion derartiger

---

[1]) E. Darmois, Thèse de Doctorat. Paris 1910.
[2]) S. z. B. Th. M. Lowry u. C. H. Desch, Journ. chem. soc. Bd. 95, S. 807. 1909.

WERNERscher Komplexe in Abhängigkeit von der Konfiguration in umfassender Weise von JAEGER[1]) studiert. Einfache in bezug auf die Dispersion genauer untersuchte Fälle stellen die Salze des Triäthylendiaminkobalts dar[2]).

$$[\mathrm{Co}\,en_3]X_3 (\mathrm{X} = \mathrm{Cl, Br, NO_3}\ \text{usw.},\ en = \mathrm{NH_2 \cdot CH_2 \cdot CH_2 \cdot NH_2}).$$

Das d- und l-Bromid weist ein Maximum bzw. Minimum in der Kurve der Rotationsdispersion (s. Abb. 10) bei λ ca. 522 $\mu\mu$ auf, dem die beträchtliche Molarrotation von 3100 entspricht; der Umkehrpunkt liegt bei $\lambda = 492\ \mu\mu$.

Ganz analog verlaufen die Kurven der d-Kobalt-d-propylendiamin- und l-Kobalt-l-propylendiaminsalze z. B. d$[\mathrm{Co\,d}\text{-}pn_3]\mathrm{Br_3}$ und l-$[\mathrm{Co\,l}\text{-}pn_3]\mathrm{Br_3}$, hier befinden sich im Komplex die aktiven Amine d- bzw. l-$pn = \mathrm{NH_2 \cdot CH_2 \cdot \overset{*}{C}H(CH_3)NH_2}$, deren Drehungen sich zu denen der aktiven Kobaltkomplexe addieren (s. Abb. 10).

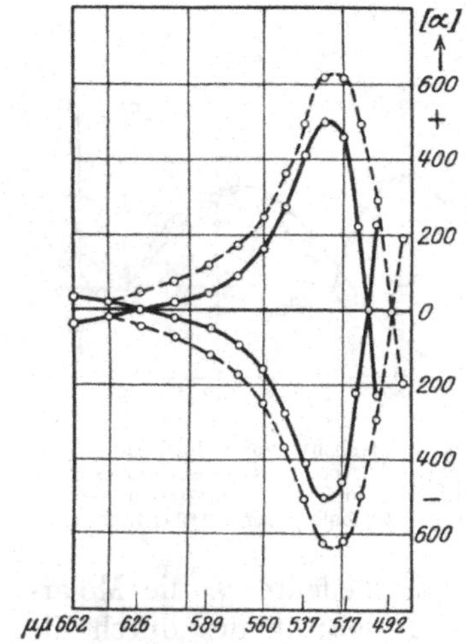

Abb. 10. Rotationsdispersionskurven. d-[Co d − pn_3]Br_3 + 2 H_2O und l-[Co l − pn_3]Br_3 + 2 H_2O (ausgezogene Kurve); d-[Co en_3]Br_3 + 2 H_2O und l-[Co en_3]Br_3 + 2 H_2O (gestrichelte Kurve).

Da die aktiven Propylendiaminmoleküle als Komponenten eines Komplexes immer entgegengesetzte Drehungsvermögen besitzen[3]), so dreht der Propylendiaminkomplex für Wellenlängen, die kleiner als ∾ 643 $\mu\mu$ sind, geringer als der Äthylendiaminkomplex, die jeweiligen Rotationen setzen sich ungefähr aus der Komplexdrehung vermindert um die entgegengesetzte Diamindrehung zusammen, der Nullpunkt im kurzwelligen Gebiet liegt bei 504 $\mu\mu$.

Eingehend sind die Rotationsdispersionen bei den Dinitro-äthylendiamin-propylendiaminkobaltsalzen von WERNER studiert[4]):

$$\left[{\mathrm{NO_2} \atop \mathrm{NO_2}}\mathrm{Co}{en \atop pn}\right]X.$$

Diese Verbindungen, die wie die vorigen intensiv farbig sind, weisen sehr interessante Isomerieerscheinungen auf, sie existieren in einer cis- (1,2 oder Flavo-) und einer trans- (1,6 oder Croceo-)reihe, und die Theorie sieht 8 optisch aktive Flavosalze voraus, die auch sämtlich erhalten sind und in ausgesprochener Weise anomale R.D. zeigen.

Schon DRUDE[5]) hat darauf hingewiesen, daß nicht jeder aktive Stoff, der selektive Absorption besitzt, die Erscheinung der anomalen Rotationsdispersion zeigt, dazu ist notwendig, daß die gleichen Elektronenarten, die die Absorption veranlassen, auch Träger der Aktivität sind. Bei den Salzen des Kobaltitripropylendiamins ist das Band bei 522 $\mu\mu$ in der Dispersionskurve Elektronen des Kobalts zuzuordnen, denn auch der Äthylendiaminkomplex, dessen Aktivität nur auf das „asymmetrische" Metallatom zurückgeführt werden kann, zeigt das Maximum in der Cottonkurve bei der gleichen Wellenlänge, dem ein Maximum in der Absorptionskurve bei etwa 470 $\mu\mu$ entspricht. In Anlehnung an DRUDE

[1]) S. u. a. F. M. JAEGER und H. B. BLUMENDAL. ZS. f. anorgan. Chem. Bd. 175, S. 161. 1928. Daselbst weitere Lit.

[2]) A. SMIRNOFF, Helv. Chim. Acta Bd. 3, S. 177. 1920; J. LIFSCHITZ u. E. ROSENBOHM, ZS. f. wiss. Photogr. Bd. 19, S. 209. 1920.

[3]) L. TSCHUGAEFF u. W. SOKOLOFF, Chem. Ber. Bd. 40, S. 3464. 1907; Bd. 42, S. 57. 1909.

[4]) A. WERNER, Helv. Chim. Acta Bd. 1, S. 5. 1918.

[5]) P. DRUDE, Optik, 3. Aufl., S. 407. 1912.

hat neuerdings LIFSCHITZ[1]) die Beziehungen zwischen Cottoneffekt und Absorptionsspektrum auf stereochemische und optisch-chemische Probleme angewendet. Ist z. B. der Chromophor einer Bande aus anderweitigen Erfahrungen bekannt[2]), so kann das Auftreten oder Fehlen eines Cottoneffektes in der Bande Auskunft geben über Lage und Art des Aktivitätszentrums. Ist anderseits der Sitz der Aktivität im Molekül bekannt, so kann das polarimetrische Verhalten innerhalb der Bande über die Art des Chromophors unterrichten. Zur Illustration sind in Abb. 11 die Dispersionskurven von drei Bromiden des Dinitro-äthylendiamin-propylendiaminkobalts nach Messungen WERNERS wiedergegeben, von denen nur *a* und *b* den Cottoneffekt geben. Sämtliche Salze zeigen im sichtbaren Gebiet übereinstimmende selektive Absorption[3]). Aus der Tatsache, daß bei *c* der Cottoneffekt fehlt, wird man schließen, daß hier kein „kobaltaktiver" Komplex vorliegt, sondern daß die im sichtbaren normale Rotationsdispersion lediglich durch das im Komplex eingebaute „kohlenstoffaktive" Amin $NH_2 \cdot CH_2 \cdot \overset{*}{C}H(CH_3)NH_2$ verursacht wird, dessen Absorptionsgebiet im Ultraviolett liegt. Bei *a* und *b* hingegen zeigt der Cottoneffekt das Vorliegen „kobaltaktiver" Komplexe an.

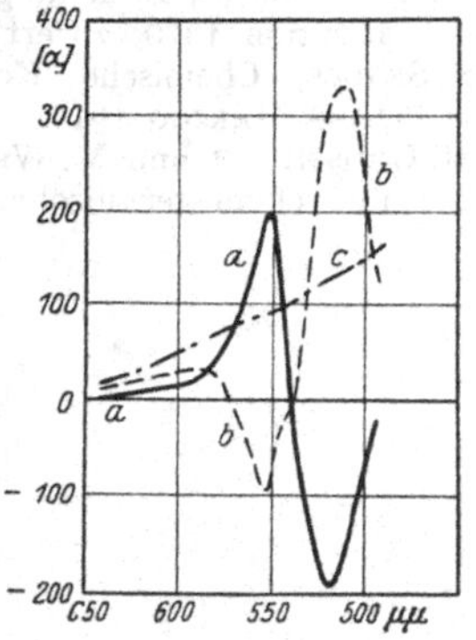

Abb. 11. Rotationsdispersionen der Salze $\left[(NO_2)_2Co^{en}_{pn}\right]Br$.
a ——— d-Co, rac-pn;
b - - - l-Co, l-pn;
c -·-· rac-Co, l-pn.

Abschließend ist darauf hinzuweisen, daß RUPE[4]) noch einen weiteren Anomalietypus aufgestellt hat, den der relativ anomalen Rotationsdispersion. Die Stoffe, die diesem Typ entsprechen, weisen zwar mit zunehmender Brechbarkeit steigende spezifische Rotationen auf, ihre charakteristische Wellenlänge ist aber beträchtlich verschoben um ca. 15 $\mu\mu$ von dem für diese betreffende Stoffklasse gültigen λ_a-Wert. Zu den optisch aktiven Verbindungen mit relativer Dispersionsanomalie rechnet RUPE u. a. β-Phenylzimtsäurementhylester und Diphenylmethylenkampfer. Auch nach BÜRKI[5]) verhalten sich diese Stoffe anomal, $\log[\alpha] \cdot \lambda^2$ in Abhängigkeit von ν^2 gibt für β-Phenylzimtsäurementhylester eine schwach gekrümmte Kurve von entgegengesetzter Neigung wie das α-Derivat[6]), während das von LOWRY angegebene Kriterium $f(\lambda^2, 1/[\alpha])$ für beide Verbindungen Gerade ergibt und keine Anomalien erkennen läßt. LOWRY und ABRAM[7]) lehnen die Realität dieser von RUPE aufgestellten Anomalie ab.

Bibliographie.

Abschließend sei eine Auswahl von Werken über Stereochemie sowie zusammenfassender Schriften über Drehungsvermögen u. a. aufgeführt, auf die zum Teil im vorhergehenden hingewiesen wurde.

---

1) J. LIFSCHITZ, ZS. f. phys. Chem. Bd. 105, S. 27. 1923; Bd. 114, S. 485. 1925; vgl. A. SMIRNOFF, Helv. Chim. Acta Bd. 3, S. 177. 1920.

2) S. hierzu J. LIFSCHITZ, ZS. f. phys. Chem. Bd. 95, S. 1. 1920; Bd. 97, S. 15. 1921.

3) J. LIFSCHITZ u. E. ROSENBOHM, ZS. f. wiss. Phot. Bd. 19, S. 198. 1920; ZS. f. phys. Chem. Bd. 97, S. 1. 1922.

4) H. RUPE, Lieb. Ann. Bd. 420, S. 57. 1919.

5) F. BÜRKI, Helv. Chim. Acta Bd. 7, S. 759. 1924.

6) Vgl. S. 943.

7) TH. M. LOWRY u. H. H. ABRAM, Journ. chem. soc. Bd. 115, S. 300. 1919; s. dagegen H. RUPE, Lieb. Ann. Bd. 420, S. 60. 1919.

a) Stereochemie:

J. H. VAN T' HOFF, Lagerung der Atome im Raume, 3. Aufl. 1908; zitiert VAN 'T HOFF I.
A. WERNER, Lehrbuch der Stereochemie 1904; zitiert WERNER I.
A. HANTZSCH, Grundriß der Stereochemie, 2. Aufl. 1904.
A. W. STEWART, Stereochemie, bearbeitet von K. LÖFFLER 1908.

b) Drehungsvermögen und Allgemeines:

H. LANDOLT, Das optische Drehungsvermögen, 2. Aufl. 1908; zitiert LANDOLT I.
F. M. JAEGER, Lectures on the Principle of Symmetry and its Applications in all Natural Sciences. Amsterdam. 1920.
P. WALDEN, Über das Drehungsvermögen optisch aktiver Körper, Vortrag. Chem. Ber. Bd. 38, S. 389. 1905; zitiert WALDEN I.
P. WALDEN, Fünfzig Jahre stereochemischer Lehre und Forschung, Vortrag. Chem. Ber. Bd. 58, S. 237. 1925; zitiert WALDEN II.
H. RUPE, Drehungsvermögen der organischen Verbindungen. Journ. chim. phys. Bd. 20, S. 87. 1923.
H. KAUFFMANN, Beziehungen zwischen physikalischen Eigenschaften und chemischer Konstitution 1920; zitiert KAUFFMANN I.
S. SMILES, Chemische Konstitution und physikalische Eigenschaften; bearbeitet von R. O. HERZOG 1914.
H. GROSSMANN und M. WRESCHNER, Die anomale Rotationsdispersion. Sammlung chem. und chem.-technischer Vorträge. 1922.

Sachverzeichnis.

Printed in the United States
By Bookmasters

Printed in the United States
By Bookmasters